东北内蒙古重点国有林区
森林资源规划设计调查成果统计

国家林业和草原局森林资源管理司　编

中国林业出版社
·北京·

图书在版编目（CIP）数据

东北内蒙古重点国有林区森林资源规划设计调查成果统计 / 国家林业和草原局森林资源管理司编. —北京：中国林业出版社，2020.5

ISBN 978-7-5219-0553-3

Ⅰ. ①东… Ⅱ. ①国… Ⅲ. ①国有林—林区—森林资源调查—调查报告—东北地区 ②国有林—林区—森林资源调查—调查报告—内蒙古 Ⅳ. ①S757.2

中国版本图书馆CIP数据核字（2020）第071485号

责任编辑：贾麦娥　孙　瑶

电话：010-83143629

出版发行　中国林业出版社 (100009 北京市西城区刘海胡同7号)
http://www.forestry.gov.cn/lycb.html

印　　刷　河北京平诚乾印刷有限公司

版　　次　2021年1月第1版

印　　次　2021年1月第1次印刷

开　　本　787mm × 1092mm 1/8

印　　张　117.5

字　　数　1800千字

定　　价　880.00元

前言

森林是陆地生态系统的主体，是经济社会发展不可或缺的自然资源，是生产优质生态产品、构建优美生态环境最重要的物质基础，其保护与发展关系我国生态文明和美丽中国建设大局。习近平总书记指出， 绿水青山就是金山银山，绿水青山既是自然财富、生态财富，又是社会财富、经济财富。东北内蒙古重点国有林区(以下简称“重点国有林区”)是我国重要的生态安全屏障和森林资源培育战略基地，对于保障国家生态安全、经济社会可持续发展具有重要的战略意义。

为贯彻落实中共中央、国务院关于《国有林区改革指导意见》（中发〔2015〕6号），深入推进重点国有林区森林可持续经营，国家林业局从2016年开始，组织开展为期三年的重点国有林区森林资源规划设计调查，并于2019年6月将数据时点更新到2018年底。调查工作由森林资源管理司统一组织，各重点国有林区主管部门组织各省级林业（森工）调查规划设计院承担调查任务，国家林业和草原局调查规划设计院负责技术质量管理和成果汇总。调查工作历时3年，投入技术人员1400多人、工作量67万个人工日，调查覆盖了重点国有林区87个森工企业局和25个经营所、实验林场等112个森林经营单位，调查总面积31.36万平方公里，调查小班数据255万条，角规数据262万个，样地数据近5000个。调查严格执行《东北内蒙古重点国有林区森林资源规划设计调查技术规定》《东北内蒙古重点国有林区森林资源规划设计调查补充技术规定》，实施承担单位自检、管理局级检查和国家级检查的“三级检查”和“首件必检”制度，调查质量总体上达到了“优秀”等级，查清了重点国有林区的森林、林地和林木等资源的种类、数量、质量与分布，结果科学准确、客观翔实。

调查结果显示，重点国有林区森林面积2728万公顷，森林蓄积30.07亿立方米，每公顷蓄积110.62立方米。天然林面积2542万公顷、蓄积27.91亿立方米，人工林面积186万公顷、蓄积2.16亿立方米。森林面积中，公益林1826万公顷，商品林901万公顷。森林蓄积中，公益林20.30亿立方米，商品林9.77亿立方米。

为方便调查成果应用，特别汇总编制了《东北内蒙古重点国有林区森林资源规划设计调查成果统计》，翔实反映重点国有林区、各森工企业及各森林经营单位的森林资源状况，包括林地和森林资源的数量，不同起源、龄组、林种、树种的森林面积和蓄积，可造林封育地的立地情况等内容。本书将成为重点国有林区森林资源保护、经营、发展的工具书，支撑重点林区各森林经营单位森林资源高质量可持续发展，助力生态文明和美丽中国建设！

2020年10月

东北内蒙古重点国有林区
森林资源规划设计调查成果统计

目　录

国家级 /1

森工级 /100

内蒙古重点国有林区 /101

吉林重点国有林区 /243

长白山重点国有林区 /329

黑龙江重点国有林区 /432

黑龙江大兴安岭重点国有林区 /832

国家级

表 1　东北内蒙古重点国有林区各类土地面积统计表

单位：公顷

统计单位	林地使用权	森林类别	总计	林地													其他土地	森林面积
				合计	乔木林地	灌木林地		未成林造林地	苗圃地	疏林地	无立木林地				宜林地	林业辅助生产用地		
						小计	其中：特殊灌木林地				小计	采伐迹地	火烧迹地	其他无立木林地				
合计	合计	合计	31361109.70	31129629.16	27181777.20	220078.06	92892.09	31239.90	6027.85	31449.33	1444611.21	591.71	8256.99	1435762.51	2059819.08	154626.53	231480.54	27274669.29
		公益林	21121576.89	20965759.62	18172804.01	199403.54	90922.42	20772.43	3784.90	22996.65	1002698.10	215.40	7221.21	995261.49	1458231.49	85068.50	155817.27	18263726.43
		商品林	10239532.81	10163869.54	9008973.19	20674.52	1969.67	10467.47	2242.95	8452.68	441913.11	376.31	1035.78	440501.02	601587.59	69558.03	75663.27	9010942.86
	国有	合计	30983245.66	30808026.83	27121370.02	208293.91	85635.77	30879.85	6022.35	30999.66	1327186.23	591.34	8256.99	1318337.90	1937558.55	145716.26	175218.83	27207005.79
		公益林	20807013.30	20703879.77	18121762.89	187653.57	83666.10	20443.50	3779.40	22612.28	904147.79	215.03	7221.21	896711.55	1366784.09	76696.25	103133.53	18205428.99
		商品林	10176232.36	10104147.06	8999607.13	20640.34	1969.67	10436.35	2242.95	8387.38	423038.44	376.31	1035.78	421626.35	570774.46	69020.01	72085.30	9001576.80
	集体	合计	377864.04	321602.33	60407.18	11784.15	7256.32	360.05	5.50	449.67	117424.98	0.37		117424.61	122260.53	8910.27	56261.71	67663.50
		公益林	314563.59	261879.85	51041.12	11749.97	7256.32	328.93	5.50	384.37	98550.31	0.37		98549.94	91447.40	8372.25	52683.74	58297.44
		商品林	63300.45	59722.48	9366.06	34.18		31.12		65.30	18874.67			18874.67	30813.13	538.02	3577.97	9366.06
内蒙古重点国有林区	合计	合计	9794952.00	9769882.68	8365923.71	186005.62	90276.19	11725.36	1322.05	21195.32	365377.25	7.70	7473.01	357896.54	787576.78	30756.59	25069.32	8456199.90
		公益林	7148196.73	7124118.59	5943908.79	171041.04	90276.19	9696.32	1264.91	15730.26	319133.73	6.70	6998.20	312128.83	635710.08	27633.46	24078.14	6034184.98
		商品林	2646755.27	2645764.09	2422014.92	14964.58		2029.04	57.14	5465.06	46243.52	1.00	474.81	45767.71	151866.70	3123.13	991.18	2422014.92
	国有	合计	9532017.96	9513615.78	8318334.64	174231.76	83019.87	11365.31	1316.55	20830.05	253990.61	7.70	7473.01	246509.90	710995.65	22551.21	18402.18	8401354.51
		公益林	6919883.98	6902083.96	5901026.64	159291.07	83019.87	9367.39	1259.41	15423.45	225616.37	6.70	6998.20	218611.47	570288.70	19810.93	17800.02	5984046.51
		商品林	2612133.98	2611531.82	2417308.00	14940.69		1997.92	57.14	5406.60	28374.24	1.00	474.81	27898.43	140706.95	2740.28	602.16	2417308.00
	集体	合计	262934.04	256266.90	47589.07	11773.86	7256.32	360.05	5.50	365.27	111386.64			111386.64	76581.13	8205.38	6667.14	54845.39
		公益林	228312.75	222034.63	42882.15	11749.97	7256.32	328.93	5.50	306.81	93517.36			93517.36	65421.38	7822.53	6278.12	50138.47
		商品林	34621.29	34232.27	4706.92	23.89		31.12		58.46	17869.28			17869.28	11159.75	382.85	389.02	4706.92
吉林省重点国有林区	合计	合计	3440149.70	3406792.07	3242074.22	11014.40	2615.90	11878.15	1199.08	576.71	68639.82	528.47	56.44	68054.91	41392.55	30017.14	33357.63	3244690.12
		公益林	1848757.17	1847376.24	1792740.98	9010.46	646.23	5438.96	217.72	365.04	20526.70	158.23	1.51	20366.96	12622.51	6453.87	1380.93	1793387.21
		商品林	1591392.53	1559415.83	1449333.24	2003.94	1969.67	6439.19	981.36	211.67	48113.12	370.24	54.93	47687.95	28770.04	23563.27	31976.70	1451302.91
	国有	合计	3440149.70	3406792.07	3242074.22	11014.40	2615.90	11878.15	1199.08	576.71	68639.82	528.47	56.44	68054.91	41392.55	30017.14	33357.63	3244690.12
		公益林	1848757.17	1847376.24	1792740.98	9010.46	646.23	5438.96	217.72	365.04	20526.70	158.23	1.51	20366.96	12622.51	6453.87	1380.93	1793387.21
		商品林	1591392.53	1559415.83	1449333.24	2003.94	1969.67	6439.19	981.36	211.67	48113.12	370.24	54.93	47687.95	28770.04	23563.27	31976.70	1451302.91
其中：吉林森工	合计	合计	1306849.10	1285180.44	1221147.92	2075.40	501.91	7708.59	654.50	434.54	27845.26	171.18	0.12	27673.96	11315.12	13999.11	21668.66	1221649.83
		公益林	585304.66	584127.48	557920.59	1547.09	7.87	4388.47	63.26	245.96	12795.86	55.52	0.12	12740.22	4627.07	2539.18	1177.18	557928.46
		商品林	721544.44	701052.96	663227.33	528.31	494.04	3320.12	591.24	188.58	15049.40	115.66		14933.74	6688.05	11459.93	20491.48	663721.37
	国有	合计	1306849.10	1285180.44	1221147.92	2075.40	501.91	7708.59	654.50	434.54	27845.26	171.18	0.12	27673.96	11315.12	13999.11	21668.66	1221649.83
		公益林	585304.66	584127.48	557920.59	1547.09	7.87	4388.47	63.26	245.96	12795.86	55.52	0.12	12740.22	4627.07	2539.18	1177.18	557928.46
		商品林	721544.44	701052.96	663227.33	528.31	494.04	3320.12	591.24	188.58	15049.40	115.66		14933.74	6688.05	11459.93	20491.48	663721.37

表 1　东北内蒙古重点国有林区各类土地面积统计表（续 1）

单位：公顷

统计单位	林地使用权	森林类别	总计	林地													其他土地	森林面积
				合计	乔木林地	灌木林地		未成林造林地	苗圃地	疏林地	无立木林地				宜林地	林业辅助生产用地		
						小计	其中：特殊灌木林地				小计	采伐迹地	火烧迹地	其他无立木林地				
其中：长白山森工	合计	合计	2133300.60	2121611.63	2020926.30	8939.00	2113.99	4169.56	544.58	142.17	40794.56	357.29	56.32	40380.95	30077.43	16018.03	11688.97	2023040.29
		公益林	1263452.51	1263248.76	1234820.39	7463.37	638.36	1050.49	154.46	119.08	7730.84	102.71	1.39	7626.74	7995.44	3914.69	203.75	1235458.75
		商品林	869848.09	858362.87	786105.91	1475.63	1475.63	3119.07	390.12	23.09	33063.72	254.58	54.93	32754.21	22081.99	12103.34	11485.22	787581.54
	国有	合计	2133300.60	2121611.63	2020926.30	8939.00	2113.99	4169.56	544.58	142.17	40794.56	357.29	56.32	40380.95	30077.43	16018.03	11688.97	2023040.29
		公益林	1263452.51	1263248.76	1234820.39	7463.37	638.36	1050.49	154.46	119.08	7730.84	102.71	1.39	7626.74	7995.44	3914.69	203.75	1235458.75
		商品林	869848.09	858362.87	786105.91	1475.63	1475.63	3119.07	390.12	23.09	33063.72	254.58	54.93	32754.21	22081.99	12103.34	11485.22	787581.54
黑龙江重点国有林区	合计	合计	10098111.00	10046963.85	8684955.28	8970.76		6985.92	3073.09	6436.53	849191.15	45.46	55.12	849090.57	418217.50	69133.62	51147.15	8684955.28
		公益林	7764143.05	7737727.49	6783849.24	7004.68		5293.70	1983.27	5512.79	570724.19	42.40	10.74	570671.05	324427.99	38931.63	26415.56	6783849.24
		商品林	2333967.95	2309236.36	1901106.04	1966.08		1692.22	1089.82	923.74	278466.96	3.06	44.38	278419.52	93789.51	30201.99	24731.59	1901106.04
	国有	合计	10098111.00	10046963.85	8684955.28	8970.76		6985.92	3073.09	6436.53	849191.15	45.46	55.12	849090.57	418217.50	69133.62	51147.15	8684955.28
		公益林	7764143.05	7737727.49	6783849.24	7004.68		5293.70	1983.27	5512.79	570724.19	42.40	10.74	570671.05	324427.99	38931.63	26415.56	6783849.24
		商品林	2333967.95	2309236.36	1901106.04	1966.08		1692.22	1089.82	923.74	278466.96	3.06	44.38	278419.52	93789.51	30201.99	24731.59	1901106.04
黑龙江大兴安岭重点国有林区	合计	合计	8027897.00	7905990.56	6888823.99	14087.28		650.47	433.63	3240.77	161402.99	10.08	672.42	160720.49	812632.25	24719.18	121906.44	6888823.99
		公益林	4360479.94	4256537.30	3652305.00	12347.36		343.45	319.00	1388.56	92313.48	8.07	210.76	92094.65	485470.91	12049.54	103942.64	3652305.00
		商品林	3667417.06	3649453.26	3236518.99	1739.92		307.02	114.63	1852.21	69089.51	2.01	461.66	68625.84	327161.34	12669.64	17963.80	3236518.99
	国有	合计	7912967.00	7840655.13	6876005.88	14076.99		650.47	433.63	3156.37	155364.65	9.71	672.42	154682.52	766952.85	24014.29	72311.87	6876005.88
		公益林	4274229.10	4216692.08	3644146.03	12347.36		343.45	319.00	1311.00	87280.53	7.70	210.76	87062.07	459444.89	11499.82	57537.02	3644146.03
		商品林	3638737.90	3623963.05	3231859.85	1729.63		307.02	114.63	1845.37	68084.12	2.01	461.66	67620.45	307507.96	12514.47	14774.85	3231859.85
	集体	合计	114930.00	65335.43	12818.11	10.29				84.40	6038.34	0.37		6037.97	45679.40	704.89	49594.57	12818.11
		公益林	86250.84	39845.22	8158.97					77.56	5032.95	0.37		5032.58	26026.02	549.72	46405.62	8158.97
		商品林	28679.16	25490.21	4659.14	10.29				6.84	1005.39			1005.39	19653.38	155.17	3188.95	4659.14

说明：森林面积＝乔木林地面积＋特殊灌木林地面积。

表 2 东北内蒙古重点国有林区各类林木面积（株数）、蓄积统计表

单位：公顷、立方米、万株

统计单位	林木经营权	活立木总蓄积	乔木林		疏林		四旁树		散生木	
			面积	蓄积	面积	蓄积	株数	蓄积	株数	蓄积
合计	合计	3069511001.9	27181777.20	3006978384.2	31449.33	786591.0	2.3045	3320.9	9837.9689	61742705.8
	国有	3066017222.3	27119311.20	3003773408.6	30995.82	781872.5	2.0346	3004.8	9684.1119	61458936.4
	集体	3451313.3	61908.50	3162666.6	453.31	4714.3	0.1774	177.4	153.8523	283755.0
	个人	42466.3	557.50	42309.0	0.20	4.2	0.0925	138.7	0.0047	14.4
内蒙古重点国有林区	合计	932012612.1	8365923.71	906531465.6	21195.32	487892.5			5130.3013	24993254.0
	国有	929483528.9	8318334.64	904195606.7	20830.05	484507.8			4999.9551	24803414.4
	集体	2529083.2	47589.07	2335858.9	365.27	3384.7			130.3462	189839.6
吉林省重点国有林区	合计	515088971.6	3242074.22	513795640.2	576.71	19903.0	2.3045	3320.9	165.5621	1270107.5
	国有	514891231.7	3240015.40	513598646.6	572.87	19820.1	2.0346	3004.8	165.4790	1269760.2
	集体	155273.6	1501.32	154684.6	3.64	78.7	0.1774	177.4	0.0784	332.9
	个人	42466.3	557.50	42309.0	0.20	4.2	0.0925	138.7	0.0047	14.4
其中：吉林森工	合计	190334501.5	1221147.92	190139798.2	434.54	17906.0	1.4615	2544.9	17.9648	174252.4
	国有	190223062.6	1220151.63	190028920.6	433.28	17890.1	1.1916	2228.8	17.9175	174023.1
	集体	71278.5	623.59	70862.6	1.06	11.7	0.1774	177.4	0.0468	226.8
	个人	40160.4	372.70	40015.0	0.20	4.2	0.0925	138.7	0.0005	2.5
其中：长白山森工	合计	324754470.1	2020926.30	323655842.0	142.17	1997.0	0.8430	776.0	147.5973	1095855.1
	国有	324668169.1	2019863.77	323569726.0	139.59	1930.0	0.8430	776.0	147.5615	1095737.1
	集体	83995.1	877.73	83822.0	2.58	67.0			0.0316	106.1
	个人	2305.9	184.80	2294.0					0.0042	11.9
黑龙江重点国有林区	合计	1032996038.0	8684955.28	1011472405.5	6436.53	203978.9			2259.6957	21319653.6
	国有	1032996038.0	8684955.28	1011472405.5	6436.53	203978.9			2259.6957	21319653.6
黑龙江大兴安岭重点国有林区	合计	589413380.2	6888823.99	575178872.9	3240.77	74816.6			2282.4098	14159690.7
	国有	588646423.7	6876005.88	574506749.8	3156.37	73565.7			2258.9821	14066108.2
	集体	766956.5	12818.11	672123.1	84.40	1250.9			23.4277	93582.5

表 3　东北内蒙古重点国有林区有林地、疏林地、灌木林地按林种和龄组面积、蓄积统计表

单位：公顷、立方米

统计单位	林种	亚林种	郁闭度（覆盖度）等级	合计		乔木林地												疏林地		灌木林地		
						小计		幼龄林		中龄林		近熟林		成熟林		过熟林				小计	特殊灌木林地	一般灌木林地
				面积	蓄积	面积	蓄积	面积	蓄积	面积	蓄积	面积	蓄积	面积	蓄积	面积	蓄积	面积	蓄积	面积	面积	面积
合计	合计	合计	合计	27433304.59	3007764975.2	27181777.20	3006978384.2	3297284.82	189245137.3	15285295.20	1649688455.6	5186198.45	689409940.6	2856734.33	393643558.8	556264.40	84991291.9	31449.33	786591.0	220078.06	92892.09	127185.97
			低（疏）	870959.50	34223239.2	808908.68	34223239.2	300150.75	5722143.8	327381.96	16604361.6	90400.18	5671838.2	72560.13	4964125.2	18415.66	1260770.4			62050.82	20781.35	41269.47
			中	16951110.19	1703416929.5	16852391.99	1703416929.5	2091758.59	112117789.6	9734613.43	973055691.0	2973945.36	354694562.6	1766559.39	223119328.8	285515.22	40429557.5			98718.20	40504.78	58213.42
			高（密）	9579785.57	1269338215.5	9520476.53	1269338215.5	905375.48	71405203.9	5223299.81	660028403.0	2121852.91	329043539.8	1017614.81	165560104.8	252333.52	43300964.0			59309.04	31605.96	27703.08
	防护林	合计	合计	13325512.04	1406883385.3	13160459.31	1406494465.7	1650289.33	88976520.9	7698024.45	825455735.5	2312694.29	294994938.9	1281832.53	166110872.1	217618.71	30956398.3	17797.67	388919.6	147255.06	62537.18	84717.88
			低（疏）	453824.62	16834954.7	414530.32	16834954.7	165869.90	2895951.3	161661.67	8195319.9	42096.21	2709775.7	36067.09	2461554.5	8835.45	572353.3			39294.30	11029.00	28265.30
			中	8218958.16	809951558.3	8153839.43	809951558.3	982407.34	48910343.5	4815476.58	482398207.9	1375919.95	159533668.5	857072.32	102969835.7	122963.24	16139502.7			65118.73	28044.62	37074.11
			高（密）	4634931.59	579707952.7	4592089.56	579707952.7	502012.09	37170226.1	2720886.20	334862207.7	894678.13	132751494.7	388693.12	60679481.9	85820.02	14244542.3			42842.03	23463.56	19378.47
		水源涵养林	合计	2214633.94	260633236.6	2205224.87	260618535.5	243597.71	12457507.2	870957.89	94203476.1	575340.40	81481057.6	451603.03	63365996.3	63725.84	9110498.3	470.08	14701.1	8938.99	596.95	8342.04
			低（疏）	94908.64	3641044.9	93907.48	3641044.9	41055.49	513109.5	25418.52	1184481.9	9447.14	614984.8	14383.55	1064843.9	3602.78	263624.8			1001.16	84.40	916.76
			中	1361810.58	147239743.7	1356904.92	147239743.7	127540.85	5659280.6	539191.13	53687637.4	314581.64	39474300.6	327534.32	42072895.5	48056.98	6345629.6			4905.66	309.97	4595.69
			高（密）	757444.64	109737746.9	754412.47	109737746.9	75001.37	6285117.1	306348.24	39331356.8	251311.62	41391772.2	109685.16	20228256.9	12066.08	2501243.9			3032.17	202.58	2829.59
		水土保持林	合计	9635133.15	997465362.7	9498025.58	997125596.2	1123400.25	61262902.8	5944872.04	637872062.6	1520563.27	183906329.2	764727.66	93548642.6	144462.36	20535659.0	16021.19	339766.5	121086.38	55799.89	65286.49
			低（疏）	307305.82	11501004.1	275206.37	11501004.1	101159.02	1911946.5	118640.92	6058108.3	30012.61	1927094.5	20430.23	1309961.0	4963.59	293893.8			32099.45	9349.04	22750.41
			中	5889247.74	573940168.1	5836385.93	573940168.1	667641.45	34086289.2	3667603.89	369121247.4	943758.96	105959651.3	488580.19	55771605.2	68801.44	9001375.0			52861.81	24742.76	28119.05
			高（密）	3422558.40	411684424.0	3386433.28	411684424.0	354599.78	25264667.1	2158627.23	262692706.9	546791.70	76019583.4	255717.24	36467076.4	70697.33	11240390.2			36125.12	21708.09	14417.03
		护岸林	合计	1409832.72	142300778.7	1396479.27	142269518.1	274097.96	14780083.5	845858.53	89527447.3	207225.82	28306898.1	61302.78	8594130.9	7994.18	1060958.3	1104.49	31260.6	12248.96	4030.59	8218.37
			低（疏）	47300.92	1599055.7	42828.02	1599055.7	22529.99	451490.8	16372.55	892092.2	2521.93	160278.0	1167.42	82579.1	236.13	12615.6			4472.90	901.90	3571.00
			中	930414.15	85382942.0	925136.79	85382942.0	182167.24	8936016.8	586440.73	57418992.9	112468.46	13497422.8	38620.51	4841631.5	5439.85	688878.0			5277.36	1961.41	3315.95
			高（密）	431013.16	55287520.4	428514.46	55287520.4	69400.73	5392575.9	243045.25	31216362.2	92235.43	14649197.3	21514.85	3669920.3	2318.20	359464.7			2498.70	1167.28	1331.42
		护路林	合计	64131.63	6284598.3	58948.99	6281406.9	8999.24	458696.1	35008.12	3708573.9	9357.53	1270845.1	4147.77	594009.1	1436.33	249282.7	201.91	3191.4	4980.73	2109.75	2870.98
			低（疏）	4305.97	93850.0	2585.18	93850.0	1122.13	19404.5	1229.68	60637.5	114.53	7418.4	85.89	4170.5	32.95	2219.1			1720.79	693.66	1027.13

表 3 东北内蒙古重点国有林区有林地、疏林地、灌木林地按林种和龄组面积、蓄积统计表（续 1）

单位：公顷、立方米

统计单位	林种	亚林种	郁闭度（覆盖度）等级	合计		乔木林地														疏林地		灌木林地		
						小计		幼龄林		中龄林		近熟林		成熟林		过熟林						小计	特殊灌木林地	一般灌木林地
				面积	蓄积	面积	蓄积	面积	蓄积	面积	蓄积	面积	蓄积	面积	蓄积	面积	蓄积			面积	蓄积	面积	面积	面积
合计	防护林	护路林	中	35742.07	3194248.9	33668.17	3194248.9	4870.42	211896.8	20912.96	2026154.6	4933.81	576967.1	2286.01	275610.3	664.97	103620.1					2073.90	1030.48	1043.42
			高（密）	23881.68	2993308.0	22695.64	2993308.0	3006.69	227394.8	12865.48	1621781.8	4309.19	686459.6	1775.87	314228.3	738.41	143443.5					1186.04	385.61	800.43
		防火林	合计	1699.90	190345.1	1699.90	190345.1	176.18	15964.5	1293.97	140488.0	178.46	25799.4	51.29	8093.2									
			中	1669.71	185862.9	1669.71	185862.9	176.18	15964.5	1293.97	140488.0	148.27	21317.2	51.29	8093.2									
			高（密）	30.19	4482.2	30.19	4482.2					30.19	4482.2											
		其他防护林	合计	80.70	9063.9	80.70	9063.9	17.99	1366.8	33.90	3687.6	28.81	4009.5											
			低（疏）	3.27		3.27		3.27																
			中	73.91	8592.7	73.91	8592.7	11.20	895.6	33.90	3687.6	28.81	4009.5											
			高（密）	3.52	471.2	3.52	471.2	3.52	471.2															
	特用林	合计	合计	5069692.16	623464344.6	5012344.70	623288762.3	497192.91	31991927.0	2438025.05	279566165.0	1131682.70	163812329.8	723808.93	111567968.0	221635.11	36350372.5			5198.98	175582.3	52148.48	28385.24	23763.24
			低（疏）	140679.61	6166902.7	124205.69	6166902.7	37932.32	843957.9	48153.48	2713854.4	19547.91	1243330.0	15137.40	1074098.8	3434.58	291661.6					16473.92	9179.12	7294.80
			中	2893189.77	322000009.3	2867782.39	322000009.3	326193.94	19970213.3	1465833.48	152803547.4	597968.93	78872578.8	376096.26	54227310.6	101689.78	16126359.2					25407.38	12022.67	13384.71
			高（密）	2030623.80	295121850.3	2020356.62	295121850.3	133066.65	11177755.8	924038.09	124048763.2	514165.86	83696421.0	332575.27	56266558.6	116510.75	19932351.7					10267.18	7183.45	3083.73
		国防林	合计	292720.21	33313946.4	290839.91	33288623.3	48865.25	2134531.9	115846.18	12472560.1	55949.80	8214402.0	52402.99	7620613.4	17775.69	2846515.9			574.49	25323.1	1305.81	1181.53	124.28
			低（疏）	6401.11	139715.6	6114.34	139715.6	4291.45	50896.0	1416.33	64399.0	342.51	20422.8	59.88	3752.2	4.17	245.6					286.77	229.81	56.96
			中	197165.16	19956577.2	196146.50	19956577.2	39921.50	1734704.5	77103.27	7439490.7	33693.32	4572759.6	33830.92	4504860.5	11597.49	1704761.9					1018.66	951.34	67.32
			高（密）	88579.45	13192330.5	88579.07	13192330.5	4652.30	348931.4	37326.58	4968670.4	21913.97	3621219.6	18512.19	3112000.7	6174.03	1141508.4					0.38	0.38	
		实验林	合计	7458.79	610559.1	7458.79	610559.1	1685.74	85855.2	4369.13	398933.7	844.42	72963.4	532.56	50838.8	26.94	1968.0							
			低（疏）	358.60	9105.5	358.60	9105.5	342.05	8638.9	16.55	466.6													
			中	4851.66	353929.0	4851.66	353929.0	1133.05	63764.3	2564.89	193021.4	675.93	53351.0	450.85	41824.3	26.94	1968.0							
			高（密）	2248.53	247524.6	2248.53	247524.6	210.64	13452.0	1787.69	205445.7	168.49	19612.4	81.71	9014.5									

表3 东北内蒙古重点国有林区有林地、疏林地、灌木林地按林种和龄组面积、蓄积统计表（续2）

单位：公顷、立方米

统计单位	林种	亚林种	郁闭度（覆盖度）等级	合计		乔木林地														疏林地		灌木林地		
						小计		幼龄林		中龄林		近熟林		成熟林		过熟林						小计	特殊灌木林地	一般灌木林地
				面积	蓄积	面积	蓄积	面积	蓄积	面积	蓄积	面积	蓄积	面积	蓄积	面积	蓄积			面积	蓄积	面积	面积	面积
合计	特用林	种质资源林（母树林）	合计	65349.39	10124302.4	65253.32	10123799.8	4562.43	396114.0	28281.45	3454530.4	12334.80	1880004.5	9990.02	1851422.7	10084.62	2541728.2			43.66	502.6	52.41		52.41
			低（疏）	1193.23	56527.5	1140.86	56527.5	324.20	7051.4	476.26	24827.4	147.53	5974.3	164.63	14174.4	28.24	4500.0					52.37		52.37
			中	34253.02	4430617.8	34252.98	4430617.8	2427.89	179848.6	16978.99	1806169.0	6688.38	917417.1	4848.45	791035.6	3309.27	736147.5					0.04		0.04
			高（密）	29859.48	5636654.5	29859.48	5636654.5	1810.34	209214.0	10826.20	1623534.0	5498.89	956613.1	4976.94	1046212.7	6747.11	1801080.7							
		环境保护林	合计	109825.87	11232945.1	102544.26	11225220.3	14596.66	854064.1	65763.41	7398974.5	16489.65	2258551.6	4887.20	627117.9	807.34	86512.2			156.12	7724.8	7125.49	2154.01	4971.48
			低（疏）	7413.36	126123.2	4461.14	126123.2	2434.07	27245.1	1623.69	67733.9	240.33	21606.5	109.38	6674.0	53.67	2863.7					2952.22	577.40	2374.82
			中	56679.69	5286805.1	53752.71	5286805.1	8009.83	447184.9	34817.85	3484256.2	7930.03	1005312.9	2617.09	308644.2	377.91	41406.9					2926.98	1406.96	1520.02
			高（密）	45576.70	5812292.0	44330.41	5812292.0	4152.76	379634.1	29321.87	3846984.4	8319.29	1231632.2	2160.73	311799.7	375.76	42241.6					1246.29	169.65	1076.64
		风景林	合计	740426.10	90205615.3	722457.09	90163105.2	59324.43	4205017.2	451374.98	53994486.3	132598.78	18973621.1	65328.65	10522977.5	13830.25	2467003.1			1453.38	42510.1	16515.63	8043.48	8472.15
			低（疏）	25408.25	635901.3	18209.82	635901.3	8009.88	82873.6	8225.82	376892.4	1065.53	84127.1	668.78	66100.5	239.81	25907.7					7198.43	4384.89	2813.54
			中	374618.46	41401609.5	366633.02	41401609.5	27099.27	1859233.1	225230.74	24345289.8	74856.69	9565905.4	33829.64	4745689.0	5616.68	885492.2					7985.44	3174.28	4811.16
			高（密）	338946.01	48125594.4	337614.25	48125594.4	24215.28	2262910.5	217918.42	29272304.1	56676.56	9323588.6	30830.23	5711188.0	7973.76	1555603.2					1331.76	484.31	847.45
		名胜古迹和革命纪念林	合计	641.86	97629.3	597.57	97629.3	0.82	12.2	391.28	63978.3	171.68	27965.5	33.79	5673.3							44.29	44.29	
			低（疏）	19.73	101.0	3.74	101.0	0.82	12.2	2.92	88.8											15.99	15.99	
			中	99.97	9062.7	75.00	9062.7			23.82	2874.7	51.18	6188.0									24.97	24.97	
			高（密）	522.16	88465.6	518.83	88465.6			364.54	61014.8	120.50	21777.5	33.79	5673.3							3.33	3.33	
		自然保护区林	合计	3853269.94	477879347.0	3823193.76	477779825.3	368157.58	24316332.4	1771998.62	201782701.7	913293.57	132384821.7	590633.72	90889324.4	179110.27	28406645.1			2971.33	99521.7	27104.85	16961.93	10142.92
			低（疏）	99885.33	5199428.6	93917.19	5199428.6	22529.85	667240.7	36391.91	2179446.3	17752.01	1111199.3	14134.73	983397.7	3108.69	258144.6					5968.14	3971.03	1997.11
			中	2225521.81	250561408.0	2212070.52	250561408.0	247602.40	15685477.9	1109113.92	115532445.6	474073.40	62751644.8	300519.31	43835257.0	80761.49	12756582.7					13451.29	6465.12	6986.17
			高（密）	1524891.47	222018988.7	1517206.05	222018988.7	98025.33	7963613.8	626492.79	84070809.8	421468.16	68521977.6	275979.68	46070669.7	95240.09	15391917.8					7685.42	6525.78	1159.64
	用材林	合计	合计	9036092.71	977416408.9	9008936.28	977194319.8	1149767.53	68275980.0	5149244.42	544666471.5	1741820.88	230602628.5	851092.87	115964718.7	117010.58	17684521.1			8452.68	222089.1	18703.75		18703.75
			低（疏）	275875.44	11221337.1	270166.87	11221337.1	96343.31	1982233.3	117566.81	5695187.3	28755.48	1718689.1	21355.64	1428471.9	6145.63	396755.5					5708.57		5708.57
			中	5838514.78	571465217.8	5830760.48	571465217.8	783148.28	43237133.2	3453302.71	337853891.2	1000056.48	116288315.3	533390.81	65922182.5	60862.20	8163695.6					7754.30		7754.30
			高（密）	2913249.81	394507764.9	2908008.93	394507764.9	270275.94	23056613.5	1578374.90	201117393.0	713008.92	112595624.1	296346.42	48614064.3	50002.75	9124070.0					5240.88		5240.88

表 3　东北内蒙古重点国有林区有林地、疏林地、灌木林地按林种和龄组面积、蓄积统计表（续 3）

单位：公顷、立方米

统计单位	林种	亚林种	郁闭度（覆盖度）等级	合计		乔木林地												疏林地		灌木林地		
						小计		幼龄林		中龄林		近熟林		成熟林		过熟林				小计	特殊灌木林地	一般灌木林地
				面积	蓄积	面积	蓄积	面积	蓄积	面积	蓄积	面积	蓄积	面积	蓄积	面积	蓄积	面积	蓄积	面积	面积	面积
合计	用材林	短轮伐期工业原料用材林	合计	518227.30	45338032.5	517628.44	45332484.5	120272.73	6499821.6	323421.91	30957413.3	51650.83	5495986.7	20741.20	2250511.4	1541.77	128751.5	589.21	5548.0	9.65		9.65
			低（疏）	19192.24	661638.5	19192.24	661638.5	10316.65	216868.7	6412.94	310286.1	1251.14	64890.5	832.08	50857.0	379.43	18736.2					
			中	442539.57	38597415.3	442529.92	38597415.3	95816.37	5279545.5	284252.53	26964967.9	43760.50	4436562.2	17575.49	1811008.6	1125.03	105331.1			9.65		9.65
			高（密）	55906.28	6073430.7	55906.28	6073430.7	14139.71	1003407.4	32756.44	3682159.3	6639.19	994534.0	2333.63	388645.8	37.31	4684.2					
		一般用材林	合计	8517865.41	932078376.4	8491307.84	931861835.3	1029494.80	61776158.4	4825822.51	513709058.2	1690170.05	225106641.8	830351.67	113714207.3	115468.81	17555769.6	7863.47	216541.1	18694.10		18694.10
			低（疏）	256683.20	10559698.6	250974.63	10559698.6	86026.66	1765364.6	111153.87	5384901.2	27504.34	1653798.6	20523.56	1377614.9	5766.20	378019.3			5708.57		5708.57
			中	5395975.21	532867802.5	5388230.56	532867802.5	687331.91	37957587.7	3169050.18	310888923.3	956295.98	111851753.1	515815.32	64111173.9	59737.17	8058364.5			7744.65		7744.65
			高（密）	2857343.53	388434334.2	2852102.65	388434334.2	256136.23	22053206.1	1545618.46	197435233.7	706369.73	111601090.1	294012.79	48225418.5	49965.44	9119385.8			5240.88		5240.88
	经济林	合计	合计	2007.68	836.4	36.91	836.4	35.05	709.4	1.28	83.6	0.58	43.4							1970.77	1969.67	1.10
			低（疏）	579.83	44.7	5.80	44.7	5.22	1.3			0.58	43.4							574.03	573.23	0.80
			中	447.48	144.1	9.69	144.1	9.03	99.6	0.66	44.5									437.79	437.49	0.30
			高（密）	980.37	647.6	21.42	647.6	20.80	608.5	0.62	39.1									958.95	958.95	
		果树林	合计	1008.06	836.4	36.91	836.4	35.05	709.4	1.28	83.6	0.58	43.4							971.15	971.15	
			低（疏）	85.99	44.7	5.80	44.7	5.22	1.3			0.58	43.4							80.19	80.19	
			中	105.10	144.1	9.69	144.1	9.03	99.6	0.66	44.5									95.41	95.41	
			高（密）	816.97	647.6	21.42	647.6	20.80	608.5	0.62	39.1									795.55	795.55	
		食用原料林	合计	133.90																133.90	133.90	
			低（疏）	9.57																9.57	9.57	
			中	70.30																70.30	70.30	
			高（密）	54.03																54.03	54.03	
		药用林	合计	157.53																157.53	157.53	
			低（疏）	12.45																12.45	12.45	
			中	106.30																106.30	106.30	
			高（密）	38.78																38.78	38.78	

表 3　东北内蒙古重点国有林区有林地、疏林地、灌木林地按林种和龄组面积、蓄积统计表（续 4）

单位：公顷、立方米

统计单位	林种	亚林种	郁闭度（覆盖度）等级	合计		乔木林地												疏林地		灌木林地		
						小计		幼龄林		中龄林		近熟林		成熟林		过熟林				小计	特殊灌木林地	一般灌木林地
				面积	蓄积	面积	蓄积	面积	蓄积	面积	蓄积	面积	蓄积	面积	蓄积	面积	蓄积	面积	蓄积	面积	面积	面积
合计	经济林	其他经济林	合计	708.19																708.19	707.09	1.10
			低（疏）	471.82																471.82	471.02	0.80
			中	165.78																165.78	165.48	0.30
			高（密）	70.59																70.59	70.59	
内蒙古重点国有林区	合计	合计	合计	8573124.65	907019358.1	8365923.71	906531465.6	629011.79	27729911.4	4598627.05	489379592.2	1548457.04	181437876.1	1254009.18	160178223.7	335818.65	47805862.2	21195.32	487892.5	186005.62	90276.19	95729.43
			低（疏）	261079.81	7779424.6	206461.45	7779424.6	73737.82	1139096.2	77389.90	3380383.2	26030.05	1360411.8	23732.59	1482006.5	5571.09	417526.9			54618.36	19924.76	34693.60
			中	4073233.49	394563230.3	3994456.44	394563230.3	306980.35	11500496.3	2083731.93	202461579.6	784794.66	82800762.7	666312.92	77713121.3	152636.58	20087270.4			78777.05	39745.96	39031.09
			高（密）	4217616.03	504188810.7	4165005.82	504188810.7	248293.62	15090318.9	2437505.22	283537629.4	737632.33	97276701.6	563963.67	80983095.9	177610.98	27301064.9			52610.21	30605.47	22004.74
	防护林	合计	合计	4517018.22	444553845.5	4377401.72	444298834.8	449052.60	18111030.1	2582605.03	269439004.2	718278.10	79447865.5	502286.73	59698032.2	125179.26	17602902.8	13293.79	255010.7	126322.71	62429.31	63893.40
			低（疏）	144396.17	3633222.1	109247.71	3633222.1	49298.59	731915.4	42421.50	1894357.6	8785.20	461791.9	6778.07	414002.0	1964.35	131155.2			35148.46	10965.86	24182.60
			中	2194920.50	199900890.4	2141392.31	199900890.4	225521.29	7584844.0	1183620.29	113811718.7	385373.80	38961357.0	288089.74	31846683.6	58787.19	7696287.1			53528.19	28013.08	25515.11
			高（密）	2164407.76	240764722.3	2126761.70	240764722.3	174232.72	9794270.7	1356563.24	153732927.9	324119.10	40024716.6	207418.92	27437346.6	64427.72	9775460.5			37646.06	23450.37	14195.69
		水源涵养林	合计	192279.29	19310430.0	190813.86	19309825.2	13957.96	714171.8	116112.72	11895133.2	25775.19	2672304.7	32414.06	3707877.3	2553.93	320338.2	29.64	604.8	1435.79	558.52	877.27
			低（疏）	5110.95	194384.3	4846.39	194384.3	1590.76	17060.3	1553.28	59541.5	456.34	24025.0	1030.10	77016.6	215.91	16740.9			264.56	69.65	194.91
			中	92549.74	9102602.3	91893.67	9102602.3	7718.33	375112.9	50601.50	4968090.9	9523.84	941591.4	22317.22	2596787.0	1732.78	221020.1			656.07	286.29	369.78
			高（密）	94588.96	10012838.6	94073.80	10012838.6	4648.87	321998.6	63957.94	6867500.8	15795.01	1706688.3	9066.74	1034073.7	605.24	82577.2			515.16	202.58	312.58
		水土保持林	合计	4210926.49	416528061.6	4089250.56	416280908.3	422251.44	16857313.7	2412339.05	252618103.7	677518.80	75238023.2	459518.13	54912087.3	117623.14	16655380.4	12885.80	247153.3	108790.13	55746.37	53043.76
			低（疏）	127437.64	3205443.9	98346.68	3205443.9	45682.78	674323.0	37850.32	1703810.8	7907.70	414759.8	5221.08	303302.7	1684.80	109247.6			29090.96	9301.91	19789.05
			中	2033545.03	185584134.1	1987361.42	185584134.1	210152.71	6907031.6	1099378.04	105983830.8	365606.09	37080147.8	258460.45	28537678.0	53764.13	7075445.9			46183.61	24741.48	21442.13
			高（密）	2037058.02	227491330.3	2003542.46	227491330.3	166415.95	9275959.1	1275110.69	144930462.1	304005.01	37743115.6	195836.60	26071106.6	62174.21	9470686.9			33515.56	21702.98	11812.58
		护岸林	合计	65324.64	4856105.4	53986.85	4852044.2	5199.06	211188.4	26890.43	2378959.1	9719.41	931300.5	7896.08	796266.7	4281.87	534329.5	176.44	4061.2	11161.35	4014.67	7146.68
			低（疏）	7635.97	143098.8	3552.78	143098.8	946.58	22188.8	1827.09	72828.2	307.42	15622.0	441.00	29512.2	30.69	2947.6			4083.19	900.64	3182.55
			中	41172.69	3145220.6	36536.58	3145220.6	3336.19	129213.1	17254.53	1468719.9	7250.25	639952.1	5755.95	549946.3	2939.66	357389.2			4636.11	1954.83	2681.28
			高（密）	16339.54	1563724.8	13897.49	1563724.8	916.29	59786.5	7808.81	837411.0	2161.74	275726.4	1699.13	216808.2	1311.52	173992.7			2442.05	1159.20	1282.85

表 3　东北内蒙古重点国有林区有林地、疏林地、灌木林地按林种和龄组面积、蓄积统计表（续 5）

单位：公顷、立方米

统计单位	林种	亚林种	郁闭度（覆盖度）等级	合计		乔木林地														疏林地		灌木林地		
						小计		幼龄林		中龄林		近熟林		成熟林		过熟林						小计	特殊灌木林地	一般灌木林地
				面积	蓄积	面积	蓄积	面积	蓄积	面积	蓄积	面积	蓄积	面积	蓄积	面积	蓄积			面积	蓄积	面积	面积	面积
内蒙古重点国有林区	防护林	护路林	合计	48487.80	3859248.5	43350.45	3856057.1	7644.14	328356.2	27262.83	2546808.2	5264.70	606237.1	2458.46	281800.9	720.32	92854.7			201.91	3191.4	4935.44	2109.75	2825.69
			低（疏）	4211.61	90295.1	2501.86	90295.1	1078.47	18343.3	1190.81	58177.1	113.74	7385.1	85.89	4170.5	32.95	2219.1					1709.75	693.66	1016.09
			中	27653.04	2068933.4	25600.64	2068933.4	4314.06	173486.4	16386.22	1391077.1	2993.62	299665.7	1556.12	162272.3	350.62	42431.9					2052.40	1030.48	1021.92
			高（密）	16421.24	1696828.6	15247.95	1696828.6	2251.61	136526.5	9685.80	1097554.0	2157.34	299186.3	816.45	115358.1	336.75	48203.7					1173.29	385.61	787.68
	特用林	合计	合计	1613661.87	201321306.8	1566507.07	201237355.4	61618.86	3072232.0	550595.20	62830722.0	346826.90	46351566.2	440469.03	63931088.7	166997.08	25051746.5			2436.47	83951.4	44718.33	27846.88	16871.45
			低（疏）	65523.45	2345978.5	51059.50	2345978.5	12274.79	182086.4	13546.95	590133.6	11235.80	571064.8	11506.00	774533.5	2495.96	228160.2					14463.95	8958.90	5505.05
			中	665852.04	73761644.2	645736.02	73761644.2	27199.25	1118661.6	227309.24	22497878.0	136959.17	15918302.8	186707.41	24702004.1	67560.95	9524797.7					20116.02	11732.88	8383.14
			高（密）	879849.91	125129732.7	869711.55	125129732.7	22144.82	1771484.0	309739.01	39742710.4	198631.93	29862198.6	242255.62	38454551.1	96940.17	15298788.6					10138.36	7155.10	2983.26
		国防林	合计	78769.04	10877273.5	77088.18	10854418.9	1669.84	73302.4	8607.62	932246.5	10216.71	1277004.9	39146.28	5779319.8	17447.73	2792545.3			490.97	22854.6	1189.89	1181.53	8.36
			低（疏）	1045.15	13988.6	806.98	13988.6	452.69	2125.4	239.39	6289.8	105.34	4953.2	5.39	374.6	4.17	245.6					238.17	229.81	8.36
			中	43549.28	5606441.5	42597.94	5606441.5	714.26	26499.6	4170.10	414640.3	3218.61	321207.7	23100.46	3173285.8	11394.51	1670808.1					951.34	951.34	
			高（密）	33683.64	5233988.8	33683.26	5233988.8	502.89	44677.4	4198.13	511316.4	6892.76	950844.0	16040.43	2605659.4	6049.05	1121491.6					0.38	0.38	
		实验林	合计	1087.50	150729.3	1087.50	150729.3			1048.90	146044.6	26.80	3668.6	11.80	1016.1									
			中	97.20	12556.6	97.20	12556.6			97.20	12556.6													
			高（密）	990.30	138172.7	990.30	138172.7			951.70	133488.0	26.80	3668.6	11.80	1016.1									
		种质资源林（母树林）	合计	14406.50	1797646.4	14406.50	1797646.4	1183.84	97192.0	6836.42	826534.2	4397.23	600060.4	1775.01	239663.2	214.00	34196.6							
			低（疏）	57.49	2533.6	57.49	2533.6	19.53	885.9	24.32	725.7	8.37	402.6	5.27	519.4									
			中	7868.43	920674.6	7868.43	920674.6	513.83	35951.9	3875.08	432885.2	2475.18	325194.2	947.74	118373.7	56.60	8269.6							
			高（密）	6480.58	874438.2	6480.58	874438.2	650.48	60354.2	2937.02	392923.3	1913.68	274463.6	822.00	120770.1	157.40	25927.0							
		环境保护林	合计	61007.35	5450886.8	53765.66	5443207.8	8832.22	372288.7	31050.24	3326743.4	9367.26	1207373.5	3716.35	451181.2	799.59	85621.0			155.64	7679.0	7086.05	2154.01	4932.04
			低（疏）	6114.66	68501.9	3198.70	68501.9	1943.53	16504.8	979.87	35271.0	141.35	9843.2	80.28	4019.2	53.67	2863.7					2915.96	577.40	2338.56
			中	26832.60	2086357.0	23908.80	2086357.0	4409.99	144128.8	13542.07	1283079.0	3828.82	427254.3	1750.01	190488.0	377.91	41406.9					2923.80	1406.96	1516.84
			高（密）	27904.45	3288348.9	26658.16	3288348.9	2478.70	211655.1	16528.30	2008393.4	5397.09	770276.0	1886.06	256674.0	368.01	41350.4					1246.29	169.65	1076.64

表 3 东北内蒙古重点国有林区有林地、疏林地、灌木林地按林种和龄组面积、蓄积统计表（续 6）

单位：公顷、立方米

统计单位	林种	亚林种	郁闭度（覆盖度）等级	合计		乔木林地												疏林地		灌木林地		
						小计		幼龄林		中龄林		近熟林		成熟林		过熟林				小计	特殊灌木林地	一般灌木林地
				面积	蓄积	面积	蓄积	面积	蓄积	面积	蓄积	面积	蓄积	面积	蓄积	面积	蓄积	面积	蓄积	面积	面积	面积
内蒙古重点国有林区	特用林	风景林	合计	274858.26	28147218.1	258675.54	28109500.7	19855.53	895929.9	174402.57	18911226.9	32162.94	4074197.6	27813.82	3605621.3	4440.68	622525.0	1294.41	37717.4	14888.31	8030.86	6857.45
			低（疏）	20593.21	375928.2	13749.30	375928.2	6049.29	29650.8	6444.71	245059.7	583.26	39050.4	462.54	40377.8	209.50	21789.5			6843.91	4384.76	2459.15
			中	116802.55	10646215.2	109997.22	10646215.2	6149.61	179784.9	70013.69	6572840.6	15478.45	1716995.6	16183.73	1895372.1	2171.74	281222.0			6805.33	3168.46	3636.87
			高（密）	136168.09	17087357.3	134929.02	17087357.3	7656.63	686494.2	97944.17	12093326.6	16101.23	2318151.6	11167.55	1669871.4	2059.44	319513.5			1239.07	477.64	761.43
		名胜古迹和革命纪念林	合计	502.76	74264.6	458.47	74264.6	0.82	12.2	391.28	63978.3	32.58	4600.8	33.79	5673.3					44.29	44.29	
			低（疏）	19.73	101.0	3.74	101.0	0.82	12.2	2.92	88.8									15.99	15.99	
			中	59.48	4155.7	34.51	4155.7			23.82	2874.7	10.69	1281.0							24.97	24.97	
			高（密）	423.55	70007.9	420.22	70007.9			364.54	61014.8	21.89	3319.8	33.79	5673.3					3.33	3.33	
		自然保护区林	合计	1183030.46	154823288.1	1161025.22	154807587.7	30076.61	1633506.8	328258.17	38623948.1	290623.38	39184660.4	367971.98	53848613.8	144095.08	21516858.6	495.45	15700.4	21509.79	16436.19	5073.60
			低（疏）	37693.21	1884925.2	33243.29	1884925.2	3808.93	132907.3	5855.74	302698.6	10397.48	516815.4	10952.52	729242.5	2228.62	203261.4			4449.92	3750.94	698.98
			中	470642.50	54485243.6	461231.92	54485243.6	15411.56	732296.4	135587.28	13779001.6	111947.42	13126370.0	144725.47	19324484.5	53560.19	7523091.1			9410.58	6181.15	3229.43
			高（密）	674199.30	98437418.9	666550.01	98437418.9	10856.12	768303.1	186815.15	24542247.9	168278.48	25541475.0	212293.99	33794886.8	88306.27	13790506.1			7649.29	6504.10	1145.19
	用材林	合计	合计	2442444.56	261144205.8	2422014.92	260995275.4	118340.33	6546649.3	1465426.82	157109866.0	483352.04	55638444.4	311253.42	36549102.8	43642.31	5151212.9	5465.06	148930.4	14964.58		14964.58
			低（疏）	51160.19	1800224.0	46154.24	1800224.0	12164.44	225094.4	21421.45	895892.0	6009.05	327555.1	5448.52	293471.0	1110.78	58211.5			5005.95		5005.95
			中	1212460.95	120900695.7	1207328.11	120900695.7	54259.81	2796990.7	672802.40	66151982.9	262461.69	27921102.9	191515.77	21164433.6	26288.44	2866185.6			5132.84		5132.84
			高（密）	1173358.36	138294355.7	1168532.57	138294355.7	51916.08	3524564.2	771202.97	90061991.1	214881.30	27389786.4	114289.13	15091198.2	16243.09	2226815.8			4825.79		4825.79
		一般用材林	合计	2442444.56	261144205.8	2422014.92	260995275.4	118340.33	6546649.3	1465426.82	157109866.0	483352.04	55638444.4	311253.42	36549102.8	43642.31	5151212.9	5465.06	148930.4	14964.58		14964.58
			低（疏）	51160.19	1800224.0	46154.24	1800224.0	12164.44	225094.4	21421.45	895892.0	6009.05	327555.1	5448.52	293471.0	1110.78	58211.5			5005.95		5005.95
			中	1212460.95	120900695.7	1207328.11	120900695.7	54259.81	2796990.7	672802.40	66151982.9	262461.69	27921102.9	191515.77	21164433.6	26288.44	2866185.6			5132.84		5132.84
			高（密）	1173358.36	138294355.7	1168532.57	138294355.7	51916.08	3524564.2	771202.97	90061991.1	214881.30	27389786.4	114289.13	15091198.2	16243.09	2226815.8			4825.79		4825.79
吉林省重点国有林区	合计	合计	合计	3253665.33	513815543.2	3242074.22	513795640.2	217638.06	17365701.3	842737.35	121633297.8	1353763.06	224439033.4	710264.38	127078023.5	117671.37	23279584.2	576.71	19903.0	11014.40	2615.90	8398.50
			低（疏）	29720.77	1456802.0	26033.18	1456802.0	13796.34	169055.8	2939.43	175322.6	3081.57	301114.9	4568.69	578845.2	1647.15	232463.5			3687.59	856.59	2831.00
			中	1190174.04	170858334.2	1184238.50	170858334.2	67911.68	3861413.6	248025.59	30861549.2	474490.77	70481202.9	345419.65	57170897.8	48390.81	8483270.7			5935.54	758.82	5176.72
			高（密）	2033193.81	341480504.0	2031802.54	341480504.0	135930.04	13335231.9	591772.33	90596426.0	876190.72	153656715.6	360276.04	69328280.5	67633.41	14563850.0			1391.27	1000.49	390.78

表 3 东北内蒙古重点国有林区有林地、疏林地、灌木林地按林种和龄组面积、蓄积统计表（续 7）

单位：公顷、立方米

统计单位	林种	亚林种	郁闭度（覆盖度）等级	合计		乔木林地														疏林地		灌木林地		
						小计		幼龄林		中龄林		近熟林		成熟林		过熟林						小计	特殊灌木林地	一般灌木林地
				面积	蓄积	面积	蓄积	面积	蓄积	面积	蓄积	面积	蓄积	面积	蓄积	面积	蓄积			面积	蓄积	面积	面积	面积
吉林省重点国有林区	防护林	合计	合计	980770.06	152774442.6	974764.42	152764031.9	61315.58	4353130.4	226541.20	31227223.7	415394.31	67872230.3	238089.41	42831449.5	33423.92	6479998.0			283.77	10410.7	5721.87	107.87	5614.00
			低（疏）	8181.93	402355.0	6440.45	402355.0	3152.96	30912.8	591.14	38031.6	1014.83	94106.9	1129.28	162056.4	552.24	77247.3					1741.48	63.14	1678.34
			中	354848.27	49444994.2	351203.22	49444994.2	20647.57	1153234.8	68211.07	7971810.3	141423.07	20473703.9	106724.18	17488070.5	14197.33	2358174.7					3645.05	31.54	3613.51
			高（密）	617456.09	102916682.7	617120.75	102916682.7	37515.05	3168982.8	157738.99	23217381.8	272956.41	47304419.5	130235.95	25181322.6	18674.35	4044576.0					335.34	13.19	322.15
		水源涵养林	合计	595429.76	94893686.3	593814.29	94884314.8	30360.50	2034257.6	119235.96	16618382.5	260109.28	42835402.9	164003.80	29596521.5	20104.75	3799750.3			236.41	9371.5	1379.06	38.43	1340.63
			低（疏）	4407.00	304593.3	4093.52	304593.3	1640.47	17895.7	392.52	27726.6	737.66	69138.4	876.79	129532.3	446.08	60300.3					313.48	14.75	298.73
			中	224341.43	32247526.8	223300.16	32247526.8	10024.91	540481.3	37646.00	4518688.5	93544.95	13701396.1	73113.65	12037052.9	8970.65	1449908.0					1041.27	23.68	1017.59
			高（密）	366444.92	62332194.7	366420.61	62332194.7	18695.12	1475880.6	81197.44	12071967.4	165826.67	29064868.4	90013.36	17429936.3	10688.02	2289542.0					24.31		24.31
		水土保持林	合计	229620.68	34253326.1	225583.63	34252919.9	21551.88	1599635.2	51618.15	6750539.6	85229.62	13732334.9	55378.50	9808445.9	11805.48	2361964.3			19.67	406.2	4017.38	53.52	3963.86
			低（疏）	2865.30	63092.6	1547.25	63092.6	1072.72	10059.6	106.52	5299.0	136.42	14635.1	139.64	17613.7	91.95	15485.2					1318.05	47.13	1270.92
			中	82493.70	11274922.3	80073.86	11274922.3	6544.58	405116.4	15074.83	1734989.8	26728.32	3935835.3	26915.35	4371482.2	4810.78	827498.6					2419.84	1.28	2418.56
			高（密）	144242.01	22914905.0	143962.52	22914905.0	13934.58	1184459.2	36436.80	5010250.8	58364.88	9781864.5	28323.51	5419350.0	6902.75	1518980.5					279.49	5.11	274.38
		护岸林	合计	146938.24	22240919.1	146630.41	22240286.1	8638.71	640340.2	53242.28	7513948.9	66843.78	10794571.9	17087.42	3126985.8	818.22	164439.3			27.69	633.0	280.14	15.92	264.22
			低（疏）	871.72	33942.7	772.81	33942.7	423.37	2752.1	82.24	4508.0	140.14	10310.4	112.85	14910.4	14.21	1461.8					98.91	1.26	97.65
			中	44513.35	5462206.9	44350.91	5462206.9	3813.68	188630.2	14548.02	1609229.8	19851.00	2667817.1	6016.12	974366.0	122.09	22163.8					162.44	6.58	155.86
			高（密）	101525.48	16744136.5	101506.69	16744136.5	4401.66	448957.9	38612.02	5900211.1	46852.64	8116444.4	10958.45	2137709.4	681.92	140813.7					18.79	8.08	10.71
		护路林	合计	8781.38	1386511.1	8736.09	1386511.1	764.49	78897.4	2444.81	344352.7	3211.63	509920.6	1619.69	299496.3	695.47	153844.1					45.29		45.29
			低（疏）	37.91	726.4	26.87	726.4	16.40	205.4	9.86	498.0	0.61	23.0									11.04		11.04
			中	3499.79	460338.2	3478.29	460338.2	264.40	19006.9	942.22	108902.2	1298.80	168655.4	679.06	105169.4	293.81	58604.3					21.50		21.50
			高（密）	5243.68	925446.5	5230.93	925446.5	483.69	59685.1	1492.73	234952.5	1912.22	341242.2	940.63	194326.9	401.66	95239.8					12.75		12.75
	特用林	合计	合计	821346.42	131250615.7	817976.56	131249604.8	37245.34	2790044.0	253349.21	36520234.6	345669.75	57308057.6	155699.99	28967311.6	26012.27	5663957.0			81.27	1010.9	3288.59	538.36	2750.23
			低（疏）	7192.47	260418.2	5832.64	260418.2	2966.45	40349.0	1192.02	57812.3	764.94	67008.5	772.04	79070.7	137.19	16177.7					1359.83	220.22	1139.61
			中	319060.43	46631762.6	317227.48	46631762.6	13488.39	727751.3	78579.23	9697670.4	128817.48	19134952.0	86349.82	15145463.5	9992.56	1925925.4					1832.95	289.79	1543.16
			高（密）	495012.25	84357424.0	494916.44	84357424.0	20790.50	2021943.7	173577.96	26764751.9	216087.33	38106097.1	68578.13	13742777.4	15882.52	3721853.9					95.81	28.35	67.46

表 3　东北内蒙古重点国有林区有林地、疏林地、灌木林地按林种和龄组面积、蓄积统计表（续 8）

单位：公顷、立方米

统计单位	林种	亚林种	郁闭度（覆盖度）等级	合计		乔木林地												疏林地		灌木林地		
						小计		幼龄林		中龄林		近熟林		成熟林		过熟林				小计	特殊灌木林地	一般灌木林地
				面积	蓄积	面积	蓄积	面积	蓄积	面积	蓄积	面积	蓄积	面积	蓄积	面积	蓄积	面积	蓄积	面积	面积	面积
吉林省重点国有林区	特用林	国防林	合计	21667.82	3799397.3	21589.21	3799397.3	893.36	43885.7	6207.80	972965.4	11526.38	2163626.4	2850.28	598326.2	111.39	20593.6			78.61		78.61
			低（疏）	192.45	3926.0	181.06	3926.0	149.48	1597.0	13.56	627.0	9.16	926.0	8.86	776.0					11.39		11.39
			中	6781.69	984346.7	6714.47	984346.7	402.06	10157.4	1588.34	194424.4	3449.55	546115.2	1230.08	224554.6	44.44	9095.1			67.22		67.22
			高（密）	14693.68	2811124.6	14693.68	2811124.6	341.82	32131.3	4605.90	777914.0	8067.67	1616585.2	1611.34	372995.6	66.95	11498.5					
		实验林	合计	10.64	2730.0	10.64	2730.0							10.64	2730.0							
			高（密）	10.64	2730.0	10.64	2730.0							10.64	2730.0							
		种质资源林（母树林）	合计	23791.11	4962985.5	23739.40	4962985.5	596.19	57937.8	4600.67	721403.8	3090.94	528736.9	5759.74	1176473.2	9691.86	2478433.8			51.71		51.71
			低（疏）	201.13	11434.4	149.42	11434.4	49.00	258.4	43.71	3547.0	10.55	695.0	17.92	2434.0	28.24	4500.0			51.71		51.71
			中	8819.75	1565605.4	8819.75	1565605.4	187.51	11746.8	1727.94	209824.5	1226.52	173337.6	2595.01	469749.3	3082.77	700947.2					
			高（密）	14770.23	3385945.7	14770.23	3385945.7	359.68	45932.6	2829.02	508032.3	1853.87	354704.3	3146.81	704289.9	6580.85	1772986.6					
		风景林	合计	108880.38	18030620.7	107382.33	18030028.8	6741.59	493949.6	31011.24	4583593.0	33691.06	5825437.6	26834.94	5333057.7	9103.50	1793990.9	32.02	591.9	1466.03	12.62	1453.41
			低（疏）	1482.97	51491.7	1147.29	51491.7	820.46	11528.5	129.42	12892.6	74.01	8911.2	93.09	14041.2	30.31	4118.2			335.68	0.13	335.55
			中	33296.31	4933141.5	32236.20	4933141.5	1576.94	68819.8	8281.13	1082576.3	9686.53	1497749.9	9446.79	1707699.6	3244.81	576295.9			1060.11	5.82	1054.29
			高（密）	74069.08	13045395.6	73998.84	13045395.6	4344.19	413601.3	22600.69	3488124.1	23930.52	4318776.5	17295.06	3611316.9	5828.38	1213576.8			70.24	6.67	63.57
		自然保护区林	合计	666996.47	104454882.2	665254.98	104454463.2	29014.20	2194270.9	211529.50	30242272.4	297361.37	48790256.7	120244.39	21856724.5	7105.52	1370938.7	49.25	419.0	1692.24	525.74	1166.50
			低（疏）	5315.92	193566.1	4354.87	193566.1	1947.51	26965.1	1005.33	40745.7	671.22	56476.3	652.17	61819.5	78.64	7559.5			961.05	220.09	740.96
			中	270162.68	39148669.0	269457.06	39148669.0	11321.88	637027.3	66981.82	8210845.2	114454.88	16917749.3	73077.94	12743460.0	3620.54	639587.2			705.62	283.97	421.65
			高（密）	391468.62	65112228.1	391443.05	65112228.1	15744.81	1530278.5	143542.35	21990681.5	182235.27	31816031.1	46514.28	9051445.0	3406.34	723792.0			25.57	21.68	3.89
	用材林	合计	合计	1449578.08	229790484.9	1449333.24	229782003.5	119077.14	10222526.9	362846.94	53885839.5	592699.00	99258745.5	316474.98	55279262.4	58235.18	11135629.2	211.67	8481.4	33.17		33.17
			低（疏）	13772.34	794028.8	13760.09	794028.8	7676.93	97794.0	1156.27	79478.7	1301.80	139999.5	2667.37	337718.1	957.72	139038.5			12.25		12.25
			中	515827.55	74781577.4	515807.80	74781577.4	33775.72	1980427.5	101235.29	13192068.5	204250.22	30872547.0	152345.65	24537363.8	24200.92	4199170.6			19.75		19.75
			高（密）	919766.52	154206397.3	919765.35	154206397.3	77624.49	8144305.4	260455.38	40614292.3	387146.98	68246199.0	161461.96	30404180.5	33076.54	6797420.1			1.17		1.17

表 3 东北内蒙古重点国有林区有林地、疏林地、灌木林地按林种和龄组面积、蓄积统计表（续 9）

单位：公顷、立方米

统计单位	林种	亚林种	郁闭度（覆盖度）等级	合计		乔木林地														疏林地		灌木林地		
						小计		幼龄林		中龄林		近熟林		成熟林		过熟林						小计	特殊灌木林地	一般灌木林地
				面积	蓄积	面积	蓄积	面积	蓄积	面积	蓄积	面积	蓄积	面积	蓄积	面积	蓄积			面积	蓄积	面积	面积	面积
吉林省重点国有林区	用材林	一般用材林	合计	1449578.08	229790484.9	1449333.24	229782003.5	119077.14	10222526.9	362846.94	53885839.5	592699.00	99258745.5	316474.98	55279262.4	58235.18	11135629.2			211.67	8481.4	33.17		33.17
			低（疏）	13772.34	794028.8	13760.09	794028.8	7676.93	97794.0	1156.27	79478.7	1301.80	139999.5	2667.37	337718.1	957.72	139038.5					12.25		12.25
			中	515827.55	74781577.4	515807.80	74781577.4	33775.72	1980427.5	101235.29	13192068.5	204250.22	30872547.0	152345.65	24537363.8	24200.92	4199170.6					19.75		19.75
			高（密）	919766.52	154206397.3	919765.35	154206397.3	77624.49	8144305.4	260455.38	40614292.3	387146.98	68246199.0	161461.96	30404180.5	33076.54	6797420.1					1.17		1.17
	经济林	合计	合计	1970.77																		1970.77	1969.67	1.10
			低（疏）	574.03																		574.03	573.23	0.80
			中	437.79																		437.79	437.49	0.30
			高（密）	958.95																		958.95	958.95	
		果树林	合计	971.15																		971.15	971.15	
			低（疏）	80.19																		80.19	80.19	
			中	95.41																		95.41	95.41	
			高（密）	795.55																		795.55	795.55	
		食用原料林	合计	133.90																		133.90	133.90	
			低（疏）	9.57																		9.57	9.57	
			中	70.30																		70.30	70.30	
			高（密）	54.03																		54.03	54.03	
		药用林	合计	157.53																		157.53	157.53	
			低（疏）	12.45																		12.45	12.45	
			中	106.30																		106.30	106.30	
			高（密）	38.78																		38.78	38.78	
		其他经济林	合计	708.19																		708.19	707.09	1.10
			低（疏）	471.82																		471.82	471.02	0.80
			中	165.78																		165.78	165.48	0.30
			高（密）	70.59																		70.59	70.59	

表 3 东北内蒙古重点国有林区有林地、疏林地、灌木林地按林种和龄组面积、蓄积统计表（续 10）

单位：公顷、立方米

统计单位	林种	亚林种	郁闭度（覆盖度）等级	合计 面积	合计 蓄积	乔木林地 小计 面积	乔木林地 小计 蓄积	幼龄林 面积	幼龄林 蓄积	中龄林 面积	中龄林 蓄积	近熟林 面积	近熟林 蓄积	成熟林 面积	成熟林 蓄积	过熟林 面积	过熟林 蓄积	疏林地 面积	疏林地 蓄积	灌木林地 小计 面积	特殊灌木林地 面积	一般灌木林地 面积
其中：吉林森工	合计	合计	合计	1223657.86	190157704.2	1221147.92	190139798.2	103706.30	7727310.3	267171.03	36997822.8	397961.01	63491517.4	354563.86	62476856.5	97745.72	19446291.2	434.54	17906.0	2075.40	501.91	1573.49
			低（疏）	9696.72	572676.0	8234.20	572676.0	4504.10	59122.8	748.34	66610.6	815.96	104988.9	1476.50	240969.2	689.30	100984.5			1462.52	292.58	1169.94
			中	395348.66	57657712.2	394833.89	57657712.2	28073.43	1708891.6	64873.49	8201342.2	125990.97	18780407.9	138698.48	22447743.8	37197.52	6519326.7			514.77	186.64	328.13
			高（密）	818177.94	131909410.0	818079.83	131909410.0	71128.77	5959295.9	201549.20	28729870.0	271154.08	44606120.6	214388.88	39788143.5	59858.90	12825980.0			98.11	22.69	75.42
	防护林	合计	合计	439297.09	67832847.6	437804.07	67823449.9	34207.34	2249268.4	78407.79	10153299.7	151464.30	24110767.3	146027.63	25941925.5	27697.01	5368189.0	225.25	9397.7	1267.77	1.20	1266.57
			低（疏）	3741.30	210944.0	2832.61	210944.0	1401.28	10575.8	223.72	18492.6	390.32	43927.9	585.05	106510.4	232.24	31437.3			908.69		908.69
			中	149126.41	21694836.2	148840.66	21694836.2	9913.73	579171.8	22237.49	2686383.3	47732.54	7116929.9	57578.13	9431306.5	11378.77	1881044.7			285.75	1.20	284.55
			高（密）	286204.13	45917669.7	286130.80	45917669.7	22892.33	1659520.8	55946.58	7448423.8	103341.44	16949909.5	87864.45	16404108.6	16086.00	3455707.0			73.33		73.33
		水源涵养林	合计	283931.54	44333843.3	283300.16	44324797.8	17144.59	1006495.6	47233.28	6077133.5	103924.00	16685708.9	99436.54	17627563.5	15561.75	2927896.3	212.11	9045.5	419.27		419.27
			低（疏）	2000.97	151259.3	1751.16	151259.3	681.56	5282.7	190.86	16674.6	270.91	29693.4	457.35	83191.3	150.48	16417.3			249.81		249.81
			中	97832.59	14399310.8	97664.60	14399310.8	4836.57	257735.3	14373.83	1719136.5	32891.52	4908424.1	38872.57	6445880.9	6690.11	1068134.0			167.99		167.99
			高（密）	183885.87	29774227.7	183884.40	29774227.7	11626.46	743477.6	32668.59	4341322.4	70761.57	11747591.4	60106.62	11098491.3	8721.16	1843345.0			1.47		1.47
		水土保持林	合计	135411.53	20186959.1	134584.29	20186606.9	16440.13	1208050.2	28791.57	3772132.6	39445.73	6158642.9	38837.67	6837217.9	11069.19	2210563.3	13.14	352.2	814.10	1.20	812.90
			低（疏）	1645.70	46072.6	989.15	46072.6	704.77	5154.6	32.76	1802.0	97.32	11844.1	74.83	12754.7	79.47	14517.2			656.55		656.55
			中	45949.12	6477812.3	45850.68	6477812.3	4743.80	305061.4	7236.24	894661.8	12752.20	1906836.3	16785.22	2630145.2	4333.22	741107.6			98.44	1.20	97.24
			高（密）	87803.57	13662722.0	87744.46	13662722.0	10991.56	897834.2	21522.57	2875668.8	26596.21	4239962.5	21977.62	4194318.0	6656.50	1454938.5			59.11		59.11
		护岸林	合计	17690.35	2946531.1	17688.86	2946531.1	529.54	28914.2	1767.29	220940.9	7703.63	1213775.9	7194.92	1379767.8	493.48	103132.3			1.49		1.49
			低（疏）	91.95	13574.7	90.46	13574.7	13.11	101.1	0.10	16.0	22.09	2390.4	52.87	10564.4	2.29	502.8			1.49		1.49
			中	4289.64	658202.9	4289.64	658202.9	268.88	12762.2	384.76	41042.8	1903.26	276563.1	1655.03	312261.0	77.71	15573.8					
			高（密）	13308.76	2274753.5	13308.76	2274753.5	247.55	16050.9	1382.43	179882.1	5778.28	934822.4	5487.02	1056942.4	413.48	87055.7					
		护路林	合计	2263.67	365514.1	2230.76	365514.1	93.08	5808.4	615.65	83092.7	390.94	52639.6	558.50	97376.3	572.59	126597.1			32.91		32.91
			低（疏）	2.68	37.4	1.84	37.4	1.84	37.4											0.84		0.84
			中	1055.06	159510.2	1035.74	159510.2	64.48	3612.9	242.66	31542.2	185.56	25106.4	265.31	43019.4	277.73	56229.3			19.32		19.32
			高（密）	1205.93	205966.5	1193.18	205966.5	26.76	2158.1	372.99	51550.5	205.38	27533.2	293.19	54356.9	294.86	70367.8			12.75		12.75

表 3　东北内蒙古重点国有林区有林地、疏林地、灌木林地按林种和龄组面积、蓄积统计表（续 11）

单位：公顷、立方米

统计单位	林种	亚林种	郁闭度（覆盖度）等级	乔木林地 合计		小计		幼龄林		中龄林		近熟林		成熟林		过熟林		疏林地		灌木林地 小计	特殊灌木林地	一般灌木林地
				面积	蓄积	面积	蓄积	面积	蓄积	面积	蓄积	面积	蓄积	面积	蓄积	面积	蓄积	面积	蓄积	面积	面积	面积
其中：吉林森工	特用林	合计	合计	120416.55	20115098.7	120116.52	20114566.8	8265.83	607620.0	19383.41	2673750.6	32778.31	5159602.6	37347.33	6758459.6	22341.64	4915134.0	20.71	531.9	279.32	6.67	272.65
			低（疏）	1036.51	62578.2	788.31	62578.2	365.39	6002.0	107.83	11507.3	91.96	13259.5	185.66	26525.7	37.47	5283.7			248.20		248.20
			中	38109.50	5841790.6	38085.97	5841790.6	1690.39	95040.3	4728.21	601881.4	10570.33	1557864.0	13372.52	2097871.5	7724.52	1489133.4			23.53		23.53
			高（密）	81249.83	14210198.0	81242.24	14210198.0	6210.05	506577.7	14547.37	2060361.9	22116.02	3588479.1	23789.15	4634062.4	14579.65	3420716.9			7.59	6.67	0.92
		国防林	合计	2596.84	519898.3	2596.84	519898.3	35.16	2313.7	153.03	19074.4	1221.99	224860.4	1112.54	263068.2	74.12	10581.6					
			低（疏）	0.30	3.0	0.30	3.0	0.30	3.0													
			中	343.70	45325.7	343.70	45325.7	6.95	527.4	61.70	7778.4	218.98	28848.2	37.65	5929.6	18.42	2242.1					
			高（密）	2252.84	474569.6	2252.84	474569.6	27.91	1783.3	91.33	11296.0	1003.01	196012.2	1074.89	257138.6	55.70	8339.5					
		实验林	合计	10.64	2730.0	10.64	2730.0							10.64	2730.0							
			高（密）	10.64	2730.0	10.64	2730.0							10.64	2730.0							
		种质资源林（母树林）	合计	14322.37	3312761.5	14270.66	3312761.5	414.65	36587.8	863.16	139145.8	580.32	110568.9	3166.88	665406.2	9245.65	2361052.8			51.71		51.71
			低（疏）	100.71	258.4	49.00	258.4	49.00	258.4											51.71		51.71
			中	4038.07	846196.4	4038.07	846196.4	106.52	4711.8	70.32	11478.5	33.89	4571.6	988.27	179412.3	2839.07	646022.2					
			高（密）	10183.59	2466306.7	10183.59	2466306.7	259.13	31617.6	792.84	127667.3	546.43	105997.3	2178.61	485993.9	6406.58	1715030.6					
		风景林	合计	58574.27	9629253.7	58463.80	9628721.8	4582.14	356611.6	11977.12	1657625.0	15273.14	2465060.6	17637.69	3380990.7	8993.71	1768433.9	20.71	531.9	89.76	6.67	83.09
			低（疏）	527.77	36072.7	449.15	36072.7	190.95	1319.5	84.15	8948.6	64.80	8625.2	78.94	13061.2	30.31	4118.2			78.62		78.62
			中	15462.23	2367738.5	15458.68	2367738.5	890.90	42980.8	2919.73	391772.3	3605.88	539913.9	4889.40	837285.6	3152.77	555785.9			3.55		3.55
			高（密）	42563.56	7224910.6	42555.97	7224910.6	3500.29	312311.3	8973.24	1256904.1	11602.46	1916521.5	12669.35	2530643.9	5810.63	1208529.8			7.59	6.67	0.92
		自然保护区林	合计	44912.43	6650455.2	44774.58	6650455.2	3233.88	212106.9	6390.10	857905.4	15702.86	2359112.7	15419.58	2446264.5	4028.16	775065.7			137.85		137.85
			低（疏）	407.73	26244.1	289.86	26244.1	125.14	4421.1	23.68	2558.7	27.16	4634.3	106.72	13464.5	7.16	1165.5			117.87		117.87
			中	18265.50	2582530.0	18245.52	2582530.0	686.02	46820.3	1676.46	190852.2	6711.58	984530.3	7457.20	1075244.0	1714.26	285083.2			19.98		19.98
			高（密）	26239.20	4041681.1	26239.20	4041681.1	2422.72	160865.5	4689.96	664494.5	8964.12	1369948.1	7855.66	1357556.0	2306.74	488817.0					
	用材林	合计	合计	663449.08	102209757.9	663227.33	102201781.5	61233.13	4870421.9	169379.83	24170772.5	213718.40	34221147.5	171188.90	29776471.4	47707.07	9162968.2	188.58	7976.4	33.17		33.17
			低（疏）	4625.53	299153.8	4613.28	299153.8	2737.43	42545.0	416.79	36610.7	333.68	47801.5	705.79	107933.1	419.59	64263.5			12.25		12.25

表3 东北内蒙古重点国有林区有林地、疏林地、灌木林地按林种和龄组面积、蓄积统计表（续12）

单位：公顷、立方米

统计单位	林种	亚林种	郁闭度（覆盖度）等级	合计		乔木林地														疏林地		灌木林地		
						小计		幼龄林		中龄林		近熟林		成熟林		过熟林				小计	特殊灌木林地	一般灌木林地
				面积	蓄积	面积	蓄积	面积	蓄积	面积	蓄积	面积	蓄积	面积	蓄积	面积	蓄积	面积	蓄积	面积	面积	面积
	用材林	合计	中	207927.01	30121085.4	207907.26	30121085.4	16469.31	1034679.5	37907.79	4913077.5	67688.10	10105614.0	67747.83	10918565.8	18094.23	3149148.6			19.75		19.75
			高（密）	450707.96	71781542.3	450706.79	71781542.3	42026.39	3793197.4	131055.25	19221084.3	145696.62	24067732.0	102735.28	18749972.5	29193.25	5949556.1			1.17		1.17
		一般用材林	合计	663449.08	102209757.9	663227.33	102201781.5	61233.13	4870421.9	169379.83	24170772.5	213718.40	34221147.5	171188.90	29776471.4	47707.07	9162968.2	188.58	7976.4	33.17		33.17
			低（疏）	4625.53	299153.8	4613.28	299153.8	2737.43	42545.0	416.79	36610.7	333.68	47801.5	705.79	107933.1	419.59	64263.5			12.25		12.25
			中	207927.01	30121085.4	207907.26	30121085.4	16469.31	1034679.5	37907.79	4913077.5	67688.10	10105614.0	67747.83	10918565.8	18094.23	3149148.6			19.75		19.75
			高（密）	450707.96	71781542.3	450706.79	71781542.3	42026.39	3793197.4	131055.25	19221084.3	145696.62	24067732.0	102735.28	18749972.5	29193.25	5949556.1			1.17		1.17
其中：吉林森工	经济林	合计	合计	495.14																495.14	494.04	1.10
			低（疏）	293.38																293.38	292.58	0.80
			中	185.74																185.74	185.44	0.30
			高（密）	16.02																16.02	16.02	
		果树林	合计	76.24																76.24	76.24	
			低（疏）	28.15																28.15	28.15	
			中	47.79																47.79	47.79	
			高（密）	0.30																0.30	0.30	
		药用林	合计	2.29																2.29	2.29	
			低（疏）	1.94																1.94	1.94	
			中	0.35																0.35	0.35	
		其他经济林	合计	416.61																416.61	415.51	1.10
			低（疏）	263.29																263.29	262.49	0.80
			中	137.60																137.60	137.30	0.30
			高（密）	15.72																15.72	15.72	
长白山森工	合计	合计	合计	2030007.47	323657839.0	2020926.30	323655842.0	113931.76	9638391.0	575566.32	84635475.0	955802.05	160947516.0	355700.52	64601167.0	19925.65	3833293.0	142.17	1997.0	8939.00	2113.99	6825.01
			低（疏）	20024.05	884126.0	17798.98	884126.0	9292.24	109933.0	2191.09	108712.0	2265.61	196126.0	3092.19	337876.0	957.85	131479.0			2225.07	564.01	1661.06
			中	794825.38	113200622.0	789404.61	113200622.0	39838.25	2152522.0	183152.10	22660207.0	348499.80	51700795.0	206721.17	34723154.0	11193.29	1963944.0			5420.77	572.18	4848.59
			高（密）	1215015.87	209571094.0	1213722.71	209571094.0	64801.27	7375936.0	390223.13	61866556.0	605036.64	109050595.0	145887.16	29540137.0	7774.51	1737870.0			1293.16	977.80	315.36

表 3　东北内蒙古重点国有林区有林地、疏林地、灌木林地按林种和龄组面积、蓄积统计表（续 13）

单位：公顷、立方米

统计单位	林种	亚林种	郁闭度（覆盖度）等级	合计		乔木林地														疏林地		灌木林地		
						小计		幼龄林		中龄林		近熟林		成熟林		过熟林				小计	特殊灌木林地	一般灌木林地
				面积	蓄积	面积	蓄积	面积	蓄积	面积	蓄积	面积	蓄积	面积	蓄积	面积	蓄积	面积	蓄积	面积	面积	面积
长白山森工	防护林	合计	合计	541472.97	84941595.0	536960.35	84940582.0	27108.24	2103862.0	148133.41	21073924.0	263930.01	43761463.0	92061.78	16889524.0	5726.91	1111809.0	58.52	1013.0	4454.10	106.67	4347.43
			低（疏）	4440.63	191411.0	3607.84	191411.0	1751.68	20337.0	367.42	19539.0	624.51	50179.0	544.23	55546.0	320.00	45810.0			832.79	63.14	769.65
			中	205721.86	27750158.0	202362.56	27750158.0	10733.84	574063.0	45973.58	5285427.0	93690.53	13356774.0	49146.05	8056764.0	2818.56	477130.0			3359.30	30.34	3328.96
			高（密）	331251.96	56999013.0	330989.95	56999013.0	14622.72	1509462.0	101792.41	15768958.0	169614.97	30354510.0	42371.50	8777214.0	2588.35	588869.0			262.01	13.19	248.82
		水源涵养林	合计	311498.22	50559843.0	310514.13	50559517.0	13215.91	1027762.0	72002.68	10541249.0	156185.28	26149694.0	64567.26	11968958.0	4543.00	871854.0	24.30	326.0	959.79	38.43	921.36
			低（疏）	2406.03	153334.0	2342.36	153334.0	958.91	12613.0	201.66	11052.0	466.75	39445.0	419.44	46341.0	295.60	43883.0			63.67	14.75	48.92
			中	126508.84	17848216.0	125635.56	17848216.0	5188.34	282746.0	23272.17	2799552.0	60653.43	8792972.0	34241.08	5591172.0	2280.54	381774.0			873.28	23.68	849.60
			高（密）	182559.05	32557967.0	182536.21	32557967.0	7068.66	732403.0	48528.85	7730645.0	95065.10	17317277.0	29906.74	6331445.0	1966.86	446197.0			22.84		22.84
		水土保持林	合计	94209.15	14066367.0	90999.34	14066313.0	5111.75	391585.0	22826.58	2978407.0	45783.89	7573692.0	16540.83	2971228.0	736.29	151401.0	6.53	54.0	3203.28	52.32	3150.96
			低（疏）	1219.60	17020.0	558.10	17020.0	367.95	4905.0	73.76	3497.0	39.10	2791.0	64.81	4859.0	12.48	968.0			661.50	47.13	614.37
			中	36544.58	4797110.0	34223.18	4797110.0	1800.78	100055.0	7838.59	840328.0	13976.12	2028999.0	10130.13	1741337.0	477.56	86391.0			2321.40	0.08	2321.32
			高（密）	56438.44	9252183.0	56218.06	9252183.0	2943.02	286625.0	14914.23	2134582.0	31768.67	5541902.0	6345.89	1225032.0	246.25	64042.0			220.38	5.11	215.27
		护岸林	合计	129247.89	19294388.0	128941.55	19293755.0	8109.17	611426.0	51474.99	7293008.0	59140.15	9580796.0	9892.50	1747218.0	324.74	61307.0	27.69	633.0	278.65	15.92	262.73
			低（疏）	779.77	20368.0	682.35	20368.0	410.26	2651.0	82.14	4492.0	118.05	7920.0	59.98	4346.0	11.92	959.0			97.42	1.26	96.16
			中	40223.71	4804004.0	40061.27	4804004.0	3544.80	175868.0	14163.26	1568187.0	17947.74	2391254.0	4361.09	662105.0	44.38	6590.0			162.44	6.58	155.86
			高（密）	88216.72	14469383.0	88197.93	14469383.0	4154.11	432907.0	37229.59	5720329.0	41074.36	7181622.0	5471.43	1080767.0	268.44	53758.0			18.79	8.08	10.71
		护路林	合计	6517.71	1020997.0	6505.33	1020997.0	671.41	73089.0	1829.16	261260.0	2820.69	457281.0	1061.19	202120.0	122.88	27247.0			12.38		12.38
			低（疏）	35.23	689.0	25.03	689.0	14.56	168.0	9.86	498.0	0.61	23.0							10.20		10.20
			中	2444.73	300828.0	2442.55	300828.0	199.92	15394.0	699.56	77360.0	1113.24	143549.0	413.75	62150.0	16.08	2375.0			2.18		2.18
			高（密）	4037.75	719480.0	4037.75	719480.0	456.93	57527.0	1119.74	183402.0	1706.84	313709.0	647.44	139970.0	106.80	24872.0					
	特用林	合计	合计	700929.87	111135517.0	697860.04	111135038.0	28979.51	2182424.0	233965.80	33846484.0	312891.44	52148455.0	118352.66	22208852.0	3670.63	748823.0	60.56	479.0	3009.27	531.69	2477.58
			低（疏）	6155.96	197840.0	5044.33	197840.0	2601.06	34347.0	1084.19	46305.0	672.98	53749.0	586.38	52545.0	99.72	10894.0			1111.63	220.22	891.41
			中	280950.93	40789972.0	279141.51	40789972.0	11798.00	632711.0	73851.02	9095789.0	118247.15	17577088.0	72977.30	13047592.0	2268.04	436792.0			1809.42	289.79	1519.63
			高（密）	413762.42	70147226.0	413674.20	70147226.0	14580.45	1515366.0	159030.59	24704390.0	193971.31	34517618.0	44788.98	9108715.0	1302.87	301137.0			88.22	21.68	66.54

表 3　东北内蒙古重点国有林区有林地、疏林地、灌木林地按林种和龄组面积、蓄积统计表（续 14）

单位：公顷、立方米

统计单位	林种	亚林种	郁闭度（覆盖度）等级	合计		乔木林地													疏林地		灌木林地		
						小计		幼龄林		中龄林		近熟林		成熟林		过熟林				小计	特殊灌木林地	一般灌木林地
				面积	蓄积	面积	蓄积	面积	蓄积	面积	蓄积	面积	蓄积	面积	蓄积	面积	蓄积	面积	蓄积	面积	面积	面积
长白山森工	特用林	国防林	合计	19070.98	3279499.0	18992.37	3279499.0	858.20	41572.0	6054.77	953891.0	10304.39	1938766.0	1737.74	335258.0	37.27	10012.0			78.61		78.61
			低（疏）	192.15	3923.0	180.76	3923.0	149.18	1594.0	13.56	627.0	9.16	926.0	8.86	776.0					11.39		11.39
			中	6437.99	939021.0	6370.77	939021.0	395.11	9630.0	1526.64	186646.0	3230.57	517267.0	1192.43	218625.0	26.02	6853.0			67.22		67.22
			高（密）	12440.84	2336555.0	12440.84	2336555.0	313.91	30348.0	4514.57	766618.0	7064.66	1420573.0	536.45	115857.0	11.25	3159.0					
		种质资源林（母树林）	合计	9468.74	1650224.0	9468.74	1650224.0	181.54	21350.0	3737.51	582258.0	2510.62	418168.0	2592.86	511067.0	446.21	117381.0					
			低（疏）	100.42	11176.0	100.42	11176.0			43.71	3547.0	10.55	695.0	17.92	2434.0	28.24	4500.0					
			中	4781.68	719409.0	4781.68	719409.0	80.99	7035.0	1657.62	198346.0	1192.63	168766.0	1606.74	290337.0	243.70	54925.0					
			高（密）	4586.64	919639.0	4586.64	919639.0	100.55	14315.0	2036.18	380365.0	1307.44	248707.0	968.20	218296.0	174.27	57956.0					
		风景林	合计	50306.11	8401367.0	48918.53	8401307.0	2159.45	137338.0	19034.12	2925968.0	18417.92	3360377.0	9197.25	1952067.0	109.79	25557.0	11.31	60.0	1376.27	5.95	1370.32
			低（疏）	955.20	15419.0	698.14	15419.0	629.51	10209.0	45.27	3944.0	9.21	286.0	14.15	980.0					257.06	0.13	256.93
			中	17834.08	2565403.0	16777.52	2565403.0	686.04	25839.0	5361.40	690804.0	6080.65	957836.0	4557.39	870414.0	92.04	20510.0			1056.56	5.82	1050.74
			高（密）	31505.52	5820485.0	31442.87	5820485.0	843.90	101290.0	13627.45	2231220.0	12328.06	2402255.0	4625.71	1080673.0	17.75	5047.0			62.65		62.65
		自然保护区林	合计	622084.04	97804427.0	620480.40	97804008.0	25780.32	1982164.0	205139.40	29384367.0	281658.51	46431144.0	104824.81	19410460.0	3077.36	595873.0	49.25	419.0	1554.39	525.74	1028.65
			低（疏）	4908.19	167322.0	4065.01	167322.0	1822.37	22544.0	981.65	38187.0	644.06	51842.0	545.45	48355.0	71.48	6394.0			843.18	220.09	623.09
			中	251897.18	36566139.0	251211.54	36566139.0	10635.86	590207.0	65305.36	8019993.0	107743.30	15933219.0	65620.74	11668216.0	1906.28	354504.0			685.64	283.97	401.67
			高（密）	365229.42	61070547.0	365203.85	61070547.0	13322.09	1369413.0	138852.39	21326187.0	173271.15	30446083.0	38658.62	7693889.0	1099.60	234975.0			25.57	21.68	3.89
	用材林	合计	合计	786129.00	127580727.0	786105.91	127580222.0	57844.01	5352105.0	193467.11	29715067.0	378980.60	65037598.0	145286.08	25502791.0	10528.11	1972661.0	23.09	505.0			
			低（疏）	9146.81	494875.0	9146.81	494875.0	4939.50	55249.0	739.48	42868.0	968.12	92198.0	1961.58	229785.0	538.13	74775.0					
			中	307900.54	44660492.0	307900.54	44660492.0	17306.41	945748.0	63327.50	8278991.0	136562.12	20766933.0	84597.82	13618798.0	6106.69	1050022.0					
			高（密）	469058.56	82424855.0	469058.56	82424855.0	35598.10	4351108.0	129400.13	21393208.0	241450.36	44178467.0	58726.68	11654208.0	3883.29	847864.0					
		一般用材林	合计	786129.00	127580727.0	786105.91	127580222.0	57844.01	5352105.0	193467.11	29715067.0	378980.60	65037598.0	145286.08	25502791.0	10528.11	1972661.0	23.09	505.0			
			低（疏）	9146.81	494875.0	9146.81	494875.0	4939.50	55249.0	739.48	42868.0	968.12	92198.0	1961.58	229785.0	538.13	74775.0					
			中	307900.54	44660492.0	307900.54	44660492.0	17306.41	945748.0	63327.50	8278991.0	136562.12	20766933.0	84597.82	13618798.0	6106.69	1050022.0					
			高（密）	469058.56	82424855.0	469058.56	82424855.0	35598.10	4351108.0	129400.13	21393208.0	241450.36	44178467.0	58726.68	11654208.0	3883.29	847864.0					

表 3 东北内蒙古重点国有林区有林地、疏林地、灌木林地按林种和龄组面积、蓄积统计表（续 15）

单位：公顷、立方米

统计单位	林种	亚林种	郁闭度（覆盖度）等级	合计		乔木林地												疏林地		灌木林地		
						小计		幼龄林		中龄林		近熟林		成熟林		过熟林				小计	特殊灌木林地	一般灌木林地
				面积	蓄积	面积	蓄积	面积	蓄积	面积	蓄积	面积	蓄积	面积	蓄积	面积	蓄积	面积	蓄积	面积	面积	面积
长白山森工	经济林	合计	合计	1475.63																1475.63	1475.63	
			低（疏）	280.65																280.65	280.65	
			中	252.05																252.05	252.05	
			高（密）	942.93																942.93	942.93	
		果树林	合计	894.91																894.91	894.91	
			低（疏）	52.04																52.04	52.04	
			中	47.62																47.62	47.62	
			高（密）	795.25																795.25	795.25	
		食用原料林	合计	133.90																133.90	133.90	
			低（疏）	9.57																9.57	9.57	
			中	70.30																70.30	70.30	
			高（密）	54.03																54.03	54.03	
		药用林	合计	155.24																155.24	155.24	
			低（疏）	10.51																10.51	10.51	
			中	105.95																105.95	105.95	
			高（密）	38.78																38.78	38.78	
		其他经济林	合计	291.58																291.58	291.58	
			低（疏）	208.53																208.53	208.53	
			中	28.18																28.18	28.18	
			高（密）	54.87																54.87	54.87	
黑龙江重点国有林区	合计	合计	合计	8700362.57	1011676384.4	8684955.28	1011472405.5	1132579.97	86109871.3	5764478.52	673845689.6	1479651.84	204445172.0	282016.37	41700656.0	26228.58	5371016.6	6436.53	203978.9	8970.76		8970.76
			低（疏）	198517.22	11511168.5	196621.72	11511168.5	60354.99	1955744.1	105642.82	6909629.7	23422.03	2009680.9	6450.27	585970.9	751.61	50142.9			1895.50		1895.50
			中	5730736.22	631608386.8	5724036.36	631608386.8	679432.76	49332479.7	3836844.50	420548369.6	993208.77	130066450.8	195049.68	27606488.5	19500.65	4054598.2			6699.86		6699.86
			高（密）	2764672.60	368352850.2	2764297.20	368352850.2	392792.22	34821647.5	1821991.20	246387690.3	463021.04	72369040.3	80516.42	13508196.6	5976.32	1266275.5			375.40		375.40

表 3　东北内蒙古重点国有林区有林地、疏林地、灌木林地按林种和龄组面积、蓄积统计表（续 16）

单位：公顷、立方米

统计单位	林种	亚林种	郁闭度（覆盖度）等级	合计		乔木林地														疏林地		灌木林地		
						小计		幼龄林		中龄林		近熟林		成熟林		过熟林						小计	特殊灌木林地	一般灌木林地
				面积	蓄积	面积	蓄积	面积	蓄积	面积	蓄积	面积	蓄积	面积	蓄积	面积	蓄积			面积	蓄积	面积	面积	面积
黑龙江重点国有林区	防护林	合计	合计	4631587.43	539931822.6	4625532.32	539836704.8	583879.78	44237544.5	3086767.46	363669403.8	800917.72	110073770.7	147177.32	20898356.2	6790.04	957629.6			3154.78	95117.8	2900.33		2900.33
			低（疏）	96776.90	5500376.1	95950.21	5500376.1	30990.62	908827.2	49109.98	3179357.0	12392.32	1087222.5	3371.52	316170.6	85.77	8798.8					826.69		826.69
			中	2921355.78	321565133.0	2919538.80	321565133.0	316297.31	22510780.0	1993819.06	219744819.4	507971.36	65650614.4	96888.22	13043474.4	4562.85	615444.8					1816.98		1816.98
			高（密）	1610299.97	212771195.7	1610043.31	212771195.7	236591.85	20817937.3	1043838.42	140745227.4	280554.04	43335933.8	46917.58	7538711.2	2141.42	333386.0					256.66		256.66
		水源涵养林	合计	589063.47	70347150.8	588874.92	70345510.5	90529.29	7292790.1	323530.50	37999583.0	148244.89	21070121.0	25819.65	3864574.2	750.59	118442.2			67.71	1640.3	120.84		120.84
			低（疏）	7836.48	395590.3	7814.69	395590.3	3162.51	61303.7	3274.52	184317.7	934.58	98564.1	443.08	51404.8							21.79		21.79
			中	304815.36	34466153.6	304799.28	34466153.6	37617.89	2810055.6	170277.42	18642995.3	80845.53	10786787.1	15651.06	2164545.7	407.38	61769.9					16.08		16.08
			高（密）	276343.92	35483766.6	276260.95	35483766.6	49748.89	4421430.8	149978.56	19172270.0	66464.78	10184769.8	9725.51	1648623.7	343.21	56672.3					82.97		82.97
		水土保持林	合计	3348719.67	392193120.2	3344157.53	392120435.0	386444.19	29544689.2	2294512.24	271722991.2	554977.04	75779378.1	102807.72	14315523.2	5416.34	757853.3			2402.17	72685.2	2159.97		2159.97
			低（疏）	76617.35	4497930.3	75915.30	4497930.3	22894.81	705661.0	39393.59	2596616.8	10739.51	931969.3	2802.89	254959.8	84.50	8723.4					702.05		702.05
			中	2193138.73	242349569.4	2191816.64	242349569.4	225614.42	16457179.6	1522531.38	168604791.0	369646.73	47482784.9	70222.63	9294868.1	3801.48	509945.8					1322.09		1322.09
			高（密）	1076561.42	145272935.3	1076425.59	145272935.3	137934.96	12381848.6	732587.27	100521583.4	174590.80	27364623.9	29782.20	4765695.3	1530.36	239184.1					135.83		135.83
		护岸林	合计	685161.24	76153303.9	683856.82	76132511.6	106121.52	7331291.4	462096.37	52985241.0	96607.32	13039775.3	18429.04	2697453.7	602.57	78750.2			684.90	20792.3	619.52		619.52
			低（疏）	12263.35	604027.0	12160.50	604027.0	4902.77	141006.7	6412.86	396460.1	718.05	56678.8	125.55	9806.0	1.27	75.4					102.85		102.85
			中	417068.83	43889977.1	416590.02	43889977.1	52585.66	3207281.2	296097.87	31826682.2	56660.63	7247069.7	10912.41	1567798.8	333.45	41145.2					478.81		478.81
			高（密）	255144.16	31638507.5	255106.30	31638507.5	48633.09	3983003.5	159585.64	20762098.7	39228.64	5736026.8	7391.08	1119848.9	267.85	37529.6					37.86		37.86
		护路林	合计	6862.45	1038838.7	6862.45	1038838.7	590.61	51442.5	5300.48	817413.0	881.20	154687.4	69.62	12711.9	20.54	2583.9							
			低（疏）	56.45	2828.5	56.45	2828.5	27.26	855.8	29.01	1962.4	0.18	10.3											
			中	4589.24	664977.3	4589.24	664977.3	291.96	19403.5	3584.52	526175.3	641.39	108646.0	50.83	8168.6	20.54	2583.9							
			高（密）	2216.76	371032.9	2216.76	371032.9	271.39	31183.2	1686.95	289275.3	239.63	46031.1	18.79	4543.3									
		防火林	合计	1699.90	190345.1	1699.90	190345.1	176.18	15964.5	1293.97	140488.0	178.46	25799.4	51.29	8093.2									
			中	1669.71	185862.9	1669.71	185862.9	176.18	15964.5	1293.97	140488.0	148.27	21317.2	51.29	8093.2									
			高（密）	30.19	4482.2	30.19	4482.2					30.19	4482.2											

表 3　东北内蒙古重点国有林区有林地、疏林地、灌木林地按林种和龄组面积、蓄积统计表（续 17）

单位：公顷、立方米

统计单位	林种	亚林种	郁闭度（覆盖度）等级	合计		乔木林地												疏林地		灌木林地		
						小计		幼龄林		中龄林		近熟林		成熟林		过熟林				小计	特殊灌木林地	一般灌木林地
				面积	蓄积	面积	蓄积	面积	蓄积	面积	蓄积	面积	蓄积	面积	蓄积	面积	蓄积	面积	蓄积	面积	面积	面积
黑龙江重点国有林区	防护林	其他防护林	合计	80.70	9063.9	80.70	9063.9	17.99	1366.8	33.90	3687.6	28.81	4009.5									
			低（疏）	3.27		3.27		3.27														
			中	73.91	8592.7	73.91	8592.7	11.20	895.6	33.90	3687.6	28.81	4009.5									
			高（密）	3.52	471.2	3.52	471.2	3.52	471.2													
	特用林	合计	合计	2164779.28	249310719.9	2158316.92	249231786.9	308689.10	22707855.5	1382258.65	157244443.7	372296.57	52221432.5	78696.73	13038404.0	16375.87	4019651.2	2358.01	78933.0	4104.35		4104.35
			低（疏）	50581.14	3045311.2	49968.21	3045311.2	13533.75	490628.5	27960.62	1834980.9	6292.59	539033.6	1630.00	146277.2	551.25	34391.0			612.93		612.93
			中	1517653.49	167467205.3	1514195.08	167467205.3	212587.86	15176423.1	954016.93	102348125.1	276438.87	37459939.8	58697.71	9355085.8	12453.71	3127631.5			3458.41		3458.41
			高（密）	594186.64	78719270.4	594153.63	78719270.4	82567.49	7040803.9	400281.10	53061337.7	89565.11	14222459.1	18369.02	3537041.0	3370.91	857628.7			33.01		33.01
		国防林	合计	72499.15	10234347.2	72452.44	10232838.3	4633.55	561472.5	38685.57	5208485.3	25915.10	3948704.0	3062.86	489742.2	155.36	24434.3	46.61	1508.9	0.10		0.10
			低（疏）	875.49	44556.6	875.49	44556.6	239.03	5216.3	516.55	30766.3	109.60	8125.6	10.31	448.4							
			中	49756.98	6739226.8	49756.88	6739226.8	3314.32	420632.6	22948.72	2771124.8	20755.45	3114742.0	2585.01	408610.1	153.38	24117.3			0.10		0.10
			高（密）	21820.07	3449054.9	21820.07	3449054.9	1080.20	135623.6	15220.30	2406594.2	5050.05	825836.4	467.54	80683.7	1.98	317.0					
		实验林	合计	134.28	7756.5	134.28	7756.5	1.67	149.6	132.61	7606.9											
			中	134.28	7756.5	134.28	7756.5	1.67	149.6	132.61	7606.9											
		种质资源林（母树林）	合计	19351.42	2679514.5	19307.06	2679011.9	2149.18	208662.1	10624.04	1350941.4	4097.13	671964.3	2257.95	418346.3	178.76	29097.8	43.66	502.6	0.70		0.70
			低（疏）	780.96	37588.8	780.30	37588.8	234.36	5101.3	296.88	17104.9	128.61	4876.7	120.45	10505.9					0.66		0.66
			中	11099.65	1389821.8	11099.61	1389821.8	1135.69	101269.4	6379.68	728420.5	2284.97	346513.5	1129.37	186687.7	169.90	26930.7			0.04		0.04
			高（密）	7427.15	1251601.3	7427.15	1251601.3	779.13	102291.4	3947.48	605416.0	1683.55	320574.1	1008.13	221152.7	8.86	2167.1					
		环境保护林	合计	38501.22	4878065.3	38461.30	4878019.5	5015.19	454224.1	26037.88	3292039.6	6535.12	986738.6	873.11	145017.2			0.48	45.8	39.44		39.44
			低（疏）	473.44	25120.8	437.18	25120.8	208.39	5166.2	123.87	7738.1	97.82	11623.0	7.10	593.5					36.26		36.26
			中	22490.90	2576927.5	22487.72	2576927.5	3197.26	284204.1	14853.04	1648453.0	3817.19	549329.3	620.23	94941.1					3.18		3.18
			高（密）	15536.40	2275971.2	15536.40	2275971.2	1609.54	164853.8	11060.97	1635848.5	2620.11	425786.3	245.78	49482.6							

表 3　东北内蒙古重点国有林区有林地、疏林地、灌木林地按林种和龄组面积、蓄积统计表（续 18）

单位：公顷、立方米

统计单位	林种	亚林种	郁闭度（覆盖度）等级	合计		乔木林地												疏林地		灌木林地		
						小计		幼龄林		中龄林		近熟林		成熟林		过熟林				小计	特殊灌木林地	一般灌木林地
				面积	蓄积	面积	蓄积	面积	蓄积	面积	蓄积	面积	蓄积	面积	蓄积	面积	蓄积	面积	蓄积	面积	面积	面积
黑龙江重点国有林区	特用林	风景林	合计	353916.93	43821905.2	353628.69	43817704.4	31791.18	2763299.1	244257.36	30356632.4	66630.62	9064945.8	10663.46	1582339.9	286.07	50487.2	126.95	4200.8	161.29		161.29
			低（疏）	3253.49	203774.4	3234.65	203774.4	1139.60	41686.3	1590.07	116199.7	408.26	36165.5	96.72	9722.9					18.84		18.84
			中	222008.06	25635095.6	221888.06	25635095.6	18554.97	1565835.0	145335.82	16555032.5	49598.02	6343636.5	8199.12	1142617.3	200.13	27974.3			120.00		120.00
			高（密）	128528.43	17978834.4	128505.98	17978834.4	12096.61	1155777.8	97331.47	13685400.2	16624.34	2685143.8	2367.62	429999.7	85.94	22512.9			22.45		22.45
		名胜古迹和革命纪念林	合计	139.10	23364.7	139.10	23364.7					139.10	23364.7									
			中	40.49	4907.0	40.49	4907.0					40.49	4907.0									
			高（密）	98.61	18457.7	98.61	18457.7					98.61	18457.7									
		自然保护区林	合计	1680237.18	187665766.5	1674194.05	187593091.6	265098.33	18720048.1	1062521.19	117028738.1	268979.50	37525715.1	61839.35	10402958.4	15755.68	3915631.9	2140.31	72674.9	3902.82		3902.82
			低（疏）	45197.76	2734270.6	44640.59	2734270.6	11712.37	433458.4	25433.25	1663171.9	5548.30	478242.8	1395.42	125006.5	551.25	34391.0			557.17		557.17
			中	1212123.13	131113470.1	1208788.04	131113470.1	186383.95	12804332.4	764367.06	80637487.4	199942.75	27100811.5	46163.98	7522229.6	11930.30	3048609.2			3335.09		3335.09
			高（密）	420775.98	53745350.9	420765.42	53745350.9	67002.01	5482257.3	272720.88	34728078.8	63488.45	9946660.8	14279.95	2755722.3	3274.13	832631.7			10.56		10.56
	用材林	合计	合计	1903958.95	222433005.5	1901069.13	222403077.4	239976.04	19163761.9	1295451.13	152931758.5	306436.97	42149925.4	56142.32	7763895.8	3062.67	393735.8	923.74	29928.1	1966.08		1966.08
			低（疏）	51153.38	2965436.5	50697.50	2965436.5	15825.40	556287.1	28572.22	1895291.8	4736.54	383381.4	1448.75	123523.1	114.59	6953.1			455.88		455.88
			中	1291717.26	142575904.4	1290292.79	142575904.4	150538.56	11645177.0	889007.85	98455380.6	208798.54	26955896.6	39463.75	5207928.3	2484.09	311521.9			1424.47		1424.47
			高（密）	560164.57	76861736.5	560078.84	76861736.5	73612.08	6962297.8	377871.06	52581086.1	92901.89	14810647.4	15229.82	2432444.4	463.99	75260.8			85.73		85.73
		短轮伐期工业原料用材林	合计	26818.23	3935056.8	26782.29	3933289.5	630.89	32104.6	13750.24	1844591.6	9358.49	1510510.5	3008.33	540680.6	34.34	5402.2	35.94	1767.3			
			低（疏）	219.10	13674.1	219.10	13674.1	50.80	1275.2	129.60	8150.7	32.20	3792.9	6.50	455.3							
			中	16348.84	2253102.8	16348.84	2253102.8	403.41	22783.6	8739.89	1110728.6	5530.21	837219.9	1658.59	279415.3	16.74	2955.4					
			高（密）	10214.35	1666512.6	10214.35	1666512.6	176.68	8045.8	4880.75	725712.3	3796.08	669497.7	1343.24	260810.0	17.60	2446.8					
		一般用材林	合计	1877140.72	218497948.7	1874286.84	218469787.9	239345.15	19131657.3	1281700.89	151087166.9	297078.48	40639414.9	53133.99	7223215.2	3028.33	388333.6	887.80	28160.8	1966.08		1966.08
			低（疏）	50934.28	2951762.4	50478.40	2951762.4	15774.60	555011.9	28442.62	1887141.1	4704.34	379588.5	1442.25	123067.8	114.59	6953.1			455.88		455.88
			中	1275368.42	140322801.6	1273943.95	140322801.6	150135.15	11622393.4	880267.96	97344652.0	203268.33	26118676.7	37805.16	4928513.0	2467.35	308566.5			1424.47		1424.47
			高（密）	549950.22	75195223.9	549864.49	75195223.9	73435.40	6954252.0	372990.31	51855373.8	89105.81	14141149.7	13886.58	2171634.4	446.39	72814.0			85.73		85.73

表 3 东北内蒙古重点国有林区有林地、疏林地、灌木林地按林种和龄组面积、蓄积统计表（续 19）

单位：公顷、立方米

统计单位	林种	亚林种	郁闭度（覆盖度）等级	合计		乔木林地												疏林地		灌木林地		
						小计		幼龄林		中龄林		近熟林		成熟林		过熟林				小计	特殊灌木林地	一般灌木林地
				面积	蓄积	面积	蓄积	面积	蓄积	面积	蓄积	面积	蓄积	面积	蓄积	面积	蓄积	面积	蓄积	面积	面积	面积
黑龙江重点国有林区	经济林	合计	合计	36.91	836.4	36.91	836.4	35.05	709.4	1.28	83.6	0.58	43.4									
			低（疏）	5.80	44.7	5.80	44.7	5.22	1.3			0.58	43.4									
			中	9.69	144.1	9.69	144.1	9.03	99.6	0.66	44.5											
			高（密）	21.42	647.6	21.42	647.6	20.80	608.5	0.62	39.1											
		果树林	合计	36.91	836.4	36.91	836.4	35.05	709.4	1.28	83.6	0.58	43.4									
			低（疏）	5.80	44.7	5.80	44.7	5.22	1.3			0.58	43.4									
			中	9.69	144.1	9.69	144.1	9.03	99.6	0.66	44.5											
			高（密）	21.42	647.6	21.42	647.6	20.80	608.5	0.62	39.1											
黑龙江大兴安岭重点国有林区	合计	合计	合计	6906152.04	575253689.5	6888823.99	575178872.9	1318055.00	58039653.3	4079452.28	364829876.0	804326.51	79087859.1	610444.40	64686655.6	76545.80	8534828.9	3240.77	74816.6	14087.28		14087.28
			低（疏）	381641.70	13475844.1	379792.33	13475844.1	152261.60	2458247.7	141409.81	6139026.1	37866.53	2000630.6	37808.58	2317302.6	10445.81	560637.1			1849.37		1849.37
			中	5956966.44	506386978.2	5949660.69	506386978.2	1037433.80	47423400.0	3566011.41	319184192.6	721451.16	71346146.2	559777.14	60628821.2	64987.18	7804418.2			7305.75		7305.75
			高（密）	564303.13	55316050.6	559370.97	55316050.6	128359.60	8158005.6	372031.06	39506657.3	45008.82	5741082.3	12858.68	1740531.8	1112.81	169773.6			4932.16		4932.16
	防护林	合计	合计	3196136.33	269623274.6	3182760.85	269594894.2	556041.37	22274815.9	1802110.76	161120103.8	378104.16	37601072.4	394279.07	42683034.2	52225.49	5915867.9	1065.33	28380.4	12310.15		12310.15
			低（疏）	204469.62	7299001.5	202891.95	7299001.5	82427.73	1224295.9	69539.05	3083573.7	19903.86	1066654.4	24788.22	1569325.5	6233.09	355152.0			1577.67		1577.67
			中	2747833.61	239040540.7	2741705.10	239040540.7	419941.17	17661484.7	1569826.16	140869859.5	341151.72	34447993.2	365370.18	40591607.2	45415.87	5469596.1			6128.51		6128.51
			高（密）	242767.77	23255352.0	238163.80	23255352.0	53672.47	3389035.3	162745.55	17166670.6	17048.58	2086424.8	4120.67	522101.5	576.53	91119.8			4603.97		4603.97
		水源涵养林	合计	837861.42	76081969.5	831721.80	76078885.0	108749.96	2416287.7	312078.71	27690377.4	141211.04	14903229.0	229365.52	26197023.3	40316.57	4871967.6	136.32	3084.5	6003.30		6003.30
			低（疏）	77554.21	2746477.0	77152.88	2746477.0	34661.75	416849.8	20198.20	912896.1	7318.56	423257.3	12033.58	806890.2	2940.79	186583.6			401.33		401.33
			中	740104.05	71423461.0	736911.81	71423461.0	72179.72	1933630.8	280666.21	25557862.7	130667.32	14044526.0	216452.39	25274509.9	36946.17	4612931.6			3192.24		3192.24
			高（密）	20066.84	1908947.0	17657.11	1908947.0	1908.49	65807.1	11214.30	1219618.6	3225.16	435445.7	879.55	115623.2	429.61	72452.4			2409.73		2409.73
		水土保持林	合计	1845866.31	154490854.8	1839033.86	154471333.0	293152.74	13261264.7	1186402.60	106780428.1	202837.81	19156593.0	147023.31	14512586.2	9617.40	760461.0	713.55	19521.8	6118.90		6118.90
			低（疏）	100385.53	3734537.3	99397.14	3734537.3	31508.71	521902.9	41290.49	1752381.7	11228.98	565730.3	12266.62	734084.8	3102.34	160437.6			988.39		988.39
			中	1580070.28	134731542.3	1577134.01	134731542.3	225329.74	10316961.6	1030619.64	92797635.8	181777.82	17460883.3	132981.76	13567576.9	6425.05	588484.7			2936.27		2936.27
			高（密）	164696.95	16005253.4	162502.71	16005253.4	36314.29	2422400.2	114492.47	12230410.6	9831.01	1129979.4	1774.93	210924.5	90.01	11538.7			2194.24		2194.24

表 3　东北内蒙古重点国有林区有林地、疏林地、灌木林地按林种和龄组面积、蓄积统计表（续 20）

单位：公顷、立方米

统计单位	林种	亚林种	郁闭度（覆盖度）等级	合计		乔木林地												疏林地		灌木林地		
						小计		幼龄林		中龄林		近熟林		成熟林		过熟林				小计	特殊灌木林地	一般灌木林地
				面积	蓄积	面积	蓄积	面积	蓄积	面积	蓄积	面积	蓄积	面积	蓄积	面积	蓄积	面积	蓄积	面积	面积	面积
黑龙江大兴安岭重点国有林区	防护林	护岸林	合计	512408.60	39050450.3	512005.19	39044676.2	154138.67	6597263.5	303629.45	26649298.3	34055.31	3541250.4	17890.24	1973424.7	2291.52	283439.3	215.46	5774.1	187.95		187.95
			低（疏）	26529.88	817987.2	26341.93	817987.2	16257.27	285543.2	8050.36	418295.9	1356.32	77666.8	488.02	28350.5	189.96	8130.8			187.95		187.95
			中	427659.28	32885537.4	427659.28	32885537.4	122431.71	5410892.3	258540.31	22514361.0	28706.58	2942583.9	15936.03	1749520.4	2044.65	268179.8					
			高（密）	58003.98	5341151.6	58003.98	5341151.6	15449.69	900828.0	37038.78	3716641.4	3992.41	520999.7	1466.19	195553.8	56.91	7128.7					
	特用林	合计	合计	469904.59	41581702.2	469544.15	41570015.2	89639.61	3421795.5	251821.99	22970764.7	66889.48	7931273.5	48943.18	5631163.7	12249.89	1615017.8	323.23	11687.0	37.21		37.21
			低（疏）	17382.55	515194.8	17345.34	515194.8	9157.33	130894.0	5453.89	230927.6	1254.58	66223.1	1229.36	74217.4	250.18	12932.7			37.21		37.21
			中	390623.81	34139397.2	390623.81	34139397.2	72918.44	2947377.3	205928.08	18259873.9	55753.41	6359384.2	44341.32	5024757.2	11682.56	1548004.6					
			高（密）	61575.00	6915423.2	61575.00	6915423.2	7563.84	343524.2	40440.02	4479963.2	9881.49	1505666.2	3372.50	532189.1	317.15	54080.5					
		国防林	合计	119784.20	8402928.4	119710.08	8401968.8	41668.50	1455871.3	62345.19	5358862.9	8291.61	825066.7	7343.57	753225.2	61.21	8942.7	36.91	959.6	37.21		37.21
			低（疏）	4288.02	77244.4	4250.81	77244.4	3450.25	41957.3	646.83	26715.9	118.41	6418.0	35.32	2153.2			37.21		37.21
			中	97077.21	6626562.2	97077.21	6626562.2	35490.86	1277414.9	48396.11	4059301.2	6269.71	590694.7	6915.37	698410.0	5.16	741.4					
			高（密）	18382.06	1698162.2	18382.06	1698162.2	2727.39	136499.1	13302.25	1272845.8	1903.49	227954.0	392.88	52662.0	56.05	8201.3					
		实验林	合计	6226.37	449343.3	6226.37	449343.3	1684.07	85705.6	3187.62	245282.2	817.62	69294.8	510.12	47092.7	26.94	1968.0					
			低（疏）	358.60	9105.5	358.60	9105.5	342.05	8638.9	16.55	466.6											
			中	4620.18	333615.9	4620.18	333615.9	1131.38	63614.7	2335.08	172857.9	675.93	53351.0	450.85	41824.3	26.94	1968.0					
			高（密）	1247.59	106621.9	1247.59	106621.9	210.64	13452.0	835.99	71957.7	141.69	15943.8	59.27	5268.4							
		种质资源林（母树林）	合计	7800.36	684156.0	7800.36	684156.0	633.22	32322.1	6220.32	555651.0	749.50	79242.9	197.32	16940.0							
			低（疏）	153.65	4970.7	153.65	4970.7	21.31	805.8	111.35	3449.8			20.99	715.1							
			中	6465.19	554516.0	6465.19	554516.0	590.86	30880.5	4996.29	435038.8	701.71	72371.8	176.33	16224.9							
			高（密）	1181.52	124669.3	1181.52	124669.3	21.05	635.8	1112.68	117162.4	47.79	6871.1									
		环境保护林	合计	10317.30	903993.0	10317.30	903993.0	749.25	27551.3	8675.29	780191.5	587.27	64439.5	297.74	30919.5	7.75	891.2					
			低（疏）	825.26	32500.5	825.26	32500.5	282.15	5574.1	519.95	24724.8	1.16	140.3	22.00	2061.3							
			中	7356.19	623520.6	7356.19	623520.6	402.58	18852.0	6422.74	552724.2	284.02	28729.3	246.85	23215.1							
			高（密）	2135.85	247971.9	2135.85	247971.9	64.52	3125.2	1732.60	202742.5	302.09	35569.9	28.89	5643.1	7.75	891.2					

表 3 东北内蒙古重点国有林区有林地、疏林地、灌木林地按林种和龄组面积、蓄积统计表（续 21）

单位：公顷、立方米

统计单位	林种	亚林种	郁闭度（覆盖度）等级	合计		乔木林地														疏林地		灌木林地		
						小计		幼龄林		中龄林		近熟林		成熟林		过熟林						小计	特殊灌木林地	一般灌木林地
				面积	蓄积	面积	蓄积	面积	蓄积	面积	蓄积	面积	蓄积	面积	蓄积	面积	蓄积			面积	蓄积	面积	面积	面积
黑龙江大兴安岭重点国有林区	特用林	风景林	合计	2770.53	205871.3	2770.53	205871.3	936.13	51838.6	1703.81	143034.0	114.16	9040.1	16.43	1958.6									
			低（疏）	78.58	4707.0	78.58	4707.0	0.53	8.0	61.62	2740.4			16.43	1958.6									
			中	2511.54	187157.2	2511.54	187157.2	817.75	44793.4	1600.10	134840.4	93.69	7523.4											
			高（密）	180.41	14007.1	180.41	14007.1	117.85	7037.2	42.09	5453.2	20.47	1516.7											
		自然保护区林	合计	323005.83	30935410.2	322719.51	30924682.8	43968.44	1768506.6	169689.76	15887743.1	56329.32	6884189.5	40578.00	4781027.7	12153.99	1603215.9			286.32	10727.4			
			低（疏）	11678.44	386666.7	11678.44	386666.7	5061.04	73909.9	4097.59	172830.1	1135.01	59664.8	1134.62	67329.2	250.18	12932.7							
			中	272593.50	25814025.3	272593.50	25814025.3	34485.01	1511821.8	142177.76	12905111.4	47728.35	5606714.0	36551.92	4245082.9	11650.46	1545295.2							
			高（密）	38447.57	4723990.8	38447.57	4723990.8	4422.39	182774.9	23414.41	2809801.6	7465.96	1217810.7	2891.46	468615.6	253.35	44988.0							
	用材林	合计	合计	3240111.12	264048712.7	3236518.99	264013963.5	672374.02	32343041.9	2025519.53	180739007.5	359332.87	33555513.2	167222.15	16372457.7	12070.42	1003943.2			1852.21	34749.2	1739.92		1739.92
			低（疏）	159789.53	5661647.8	159555.04	5661647.8	60676.54	1103057.8	66416.87	2824524.8	16708.09	867753.1	11791.00	673759.7	3962.54	192552.4					234.49		234.49
			中	2818509.02	233207040.3	2817331.78	233207040.3	544574.19	26814538.0	1790257.17	160054459.2	324546.03	30538768.8	150065.64	15012456.8	7888.75	786817.5					1177.24		1177.24
			高（密）	259960.36	25145275.4	259632.17	25145275.4	67123.29	4425446.1	168845.49	17860023.5	18078.75	2148991.3	5365.51	686241.2	219.13	24573.3					328.19		328.19
		短轮伐期工业原料用材林	合计	491409.07	41402975.7	490846.15	41399195.0	119641.84	6467717.0	309671.67	29112821.7	42292.34	3985476.2	17732.87	1709830.8	1507.43	123349.3			553.27	3780.7	9.65		9.65
			低（疏）	18973.14	647964.4	18973.14	647964.4	10265.85	215593.5	6283.34	302135.4	1218.94	61097.6	825.58	50401.7	379.43	18736.2							
			中	426190.73	36344312.5	426181.08	36344312.5	95412.96	5256761.9	275512.64	25854239.3	38230.29	3599342.3	15916.90	1531593.3	1108.29	102375.7					9.65		9.65
			高（密）	45691.93	4406918.1	45691.93	4406918.1	13963.03	995361.6	27875.69	2956447.0	2843.11	325036.3	990.39	127835.8	19.71	2237.4							
		一般用材林	合计	2748702.05	222645737.0	2745672.84	222614768.5	552732.18	25875324.9	1715847.86	151626185.8	317040.53	29570037.0	149489.28	14662626.9	10562.99	880593.9			1298.94	30968.5	1730.27		1730.27
			低（疏）	140816.39	5013683.4	140581.90	5013683.4	50410.69	887464.3	60133.53	2522389.4	15489.15	806655.5	10965.42	623358.0	3583.11	173816.2					234.49		234.49
			中	2392318.29	196862727.8	2391150.70	196862727.8	449161.23	21557776.1	1514744.53	134200219.9	286315.74	26939426.5	134148.74	13480863.5	6780.46	684441.8					1167.59		1167.59
			高（密）	214268.43	20738357.3	213940.24	20738357.3	53160.26	3430084.5	140969.80	14903576.5	15235.64	1823955.0	4375.12	558405.4	199.42	22335.9					328.19		328.19

说明：①郁闭度分低（0.20~0.39）、中（0.40~0.69）、高（0.70 以上）三级统计；

②覆盖度分疏（30%~49%）、中（50%~69%）、密（70% 以上）三级统计；

③郁闭度（覆盖度）等级各分项统计不含疏林地。

表 4　东北内蒙古重点国有林区乔木林各龄组面积、蓄积按起源和优势树种（组）统计表

单位：公顷、立方米

统计单位	起源	优势树种（组）	合计		幼龄林		中龄林		近熟林		成、过熟林	
			面积	蓄积	面积	蓄积	面积	蓄积	面积	蓄积	面积	蓄积
合计	合计	合计	27181777.20	3006978384.2	3297284.82	189245137.3	15285295.20	1649688455.6	5186198.45	689409940.6	3412998.73	478634850.7
		冷杉	818697.09	113918001.1	31785.23	3127465.4	597206.56	79758272.0	157088.70	25251678.5	32616.60	5780585.2
		云杉	481293.13	58446318.0	110404.12	8286186.3	278781.02	34446562.5	60969.52	9733530.4	31138.47	5980038.8
		落叶松	9898505.70	1075451779.0	597496.19	38349124.6	6295707.86	665224731.5	1548727.04	187191470.3	1456574.61	184686452.6
		红松	539018.40	78296861.7	118755.84	11404409.7	267266.78	36426504.9	76550.74	13275276.3	76445.04	17190670.8
		樟子松	234668.04	30791674.8	15114.77	713837.4	77092.64	8452245.9	54859.04	7768501.6	87601.59	13857089.9
		赤松	8524.11	1106737.7	231.81	21754.9	6351.62	800244.6	1735.04	259248.9	205.64	25489.3
		其他针叶树种	430.23	49163.0	125.81	4679.4	198.95	25591.1	66.36	11089.3	39.11	7803.2
		蒙古栎	2530122.44	288582594.2	417287.22	21933524.6	1254174.33	140104439.5	684601.41	98898225.5	174059.48	27646404.6
		白桦	6775905.93	635117114.3	1341292.25	63019898.3	3730213.74	367350170.5	1069215.24	125240317.4	635184.70	79506728.1
		枫桦	973419.44	124189707.3	80333.07	6769248.1	559388.51	68300390.5	244938.65	35304416.1	88759.21	13815652.6
		黑桦	262722.77	19787627.1	61821.31	2929513.0	150002.47	12307077.9	41869.92	3781683.7	9029.07	769352.5
		水胡黄	310.70	7598.0	256.30	4612.7	52.00	2675.3			2.40	310.0
		水曲柳	707829.82	89828850.9	56825.13	6154281.1	392689.81	44519265.9	196796.03	28574005.8	61518.85	10581298.1
		胡桃楸	576603.05	81247341.9	43521.06	4671351.5	232610.34	28028954.3	196979.70	30319956.4	103491.95	18227079.7
		黄波罗	40257.19	5098033.0	3571.90	392438.2	21309.86	2387841.0	11367.12	1661572.0	4008.31	656181.8
		榆树	279332.24	31033383.1	14525.99	892408.7	148633.78	14544581.3	67203.77	8398438.1	48968.70	7197955.0
		其他硬阔类	25368.32	3078786.5	9176.01	855642.4	13731.62	1826037.4	2164.72	349717.1	295.97	47389.6
		椴树	1129426.77	160909562.8	52735.85	4933023.9	462882.00	54901717.8	403349.91	63052833.5	210459.01	38021987.6
		杨树	98605.61	13605216.4	7140.21	430363.6	30166.05	3453774.5	23525.37	3523574.7	37773.98	6197503.6
		柳树	53930.85	3704737.4	12635.79	298568.7	17987.07	1248928.1	7848.78	639627.7	15459.21	1517612.9
		其他软阔类	113617.03	11793234.0	43305.78	2522036.5	48482.23	6177354.6	15724.42	2186436.5	6104.60	907406.4
		山杨	1141852.11	126183227.3	226906.84	8645033.1	478993.83	58031525.9	189518.13	26736636.3	246433.31	32770032.0
		毛赤杨	73787.77	4886210.4	27327.43	1101902.5	39579.91	3081548.1	4789.03	466346.7	2091.40	236413.1
		白牛槭	4787.24	690956.4	2.99	285.0	88.99	10621.8	1619.82	232043.7	3075.44	448005.9
		槭树	345508.41	43191861.1	13605.83	1318428.5	142802.93	14822508.3	114504.49	15365551.9	74595.16	11685372.4
		山槐	13923.65	1341064.3	1109.93	74044.8	8833.36	833378.4	2159.17	238839.2	1821.19	194801.9
		千金榆	713.35	92343.1			264.44	25475.8	178.82	24671.8	270.09	42195.5
		暴马丁香	3902.71	291508.8	1131.44	51912.0	1967.03	159054.1	400.79	44317.7	403.45	36225.0
		青楷槭	9180.68	903781.5	437.89	26328.9	5967.63	542324.7	1761.31	209816.6	1013.85	125311.3
		花楷槭	15976.41	1369582.5	1004.41	58000.5	11536.56	951798.0	2127.24	225262.1	1308.20	134521.9
		波纹柳	8555.05	433239.2	4470.70	101492.3	3552.12	277196.3	348.32	33822.7	183.91	20727.9
		稠李	1820.93	134647.9	508.84	20513.6	1085.32	91762.6	168.77	17212.2	58.00	5159.5
		山桃稠李	3681.37	449173.6	397.94	54678.8	2453.38	279577.3	468.87	65761.5	361.18	49156.0
		山丁子	2242.04	149746.0	702.78	23828.0	1154.25	87652.8	336.30	33410.3	48.71	4854.9
		岳桦	1600.48	158845.7	2.66	24.8	710.45	60993.5	658.97	71902.5	228.40	25924.9
		花曲柳	2585.45	390936.0	63.56	4425.5	640.58	74911.3	1016.55	148620.2	864.76	162979.0
		钻天柳	306.83	29674.1	68.39	5295.7	60.55	5286.1	75.48	6404.9	102.41	12687.4
		其他阔叶树种	1069.91	76597.7	512.13	10875.7	267.68	25838.4	219.55	30227.9	70.55	9655.7
		假色槭	409.16	50729.2	56.45	1648.9	85.62	7900.7	72.77	9975.9	194.32	31203.7
		其他亚乔木	1284.79	109937.2	632.97	32049.7	321.33	31740.4	192.59	27516.7	137.90	18630.4

表 4 东北内蒙古重点国有林区乔木林各龄组面积、蓄积按起源和优势树种（组）统计表（续 1）

单位：公顷、立方米

统计单位	起源	优势树种（组）	合计		幼龄林		中龄林		近熟林		成、过熟林	
			面积	蓄积	面积	蓄积	面积	蓄积	面积	蓄积	面积	蓄积
合计	天然	合计	25326055.79	2790643679.0	2777622.30	152874766.2	14442385.81	1545270619.6	4843675.12	638046281.2	3262372.56	454452012.0
		冷杉	816549.73	113596298.4	31203.39	3067719.0	596031.99	79568411.5	156786.30	25194638.8	32528.05	5765529.1
		云杉	393910.88	51450548.6	41676.74	3891631.4	261760.72	32101218.4	59697.23	9534299.4	30776.19	5923399.4
		落叶松	8574984.97	917741438.0	328608.49	21668950.3	5652894.37	587383415.5	1255736.37	143170337.6	1337745.74	165518734.6
		红松	365412.40	58201576.1	23151.62	2575632.5	194585.17	26115838.4	71811.55	12427983.4	75864.06	17082121.8
		樟子松	182556.94	24904416.3	8763.73	423453.3	55746.84	6329100.0	38154.59	5468143.3	79891.78	12683719.7
		赤松	8343.15	1087215.6	219.42	20276.0	6343.16	799354.3	1710.04	256325.9	70.53	11259.4
		其他针叶树种	282.16	33384.5	70.07	3032.4	174.31	22514.0	21.20	4200.9	16.58	3637.2
		蒙古栎	2530122.44	288582594.2	417287.22	21933524.6	1254174.33	140104439.5	684601.41	98898225.5	174059.48	27646404.6
		白桦	6775455.00	635065606.3	1341089.17	63009779.0	3730135.92	367342137.0	1069045.21	125206962.2	635184.70	79506728.1
		枫桦	973419.44	124189707.3	80333.07	6769248.1	559388.51	68300390.5	244938.65	35304416.1	88759.21	13815652.6
		黑桦	262722.77	19787627.1	61821.31	2929513.0	150002.47	12307077.9	41869.92	3781683.7	9029.07	769352.5
		水曲柳	692010.63	87839796.3	48391.75	5286907.3	387613.31	43801839.0	194814.28	28224910.8	61191.29	10526139.2
		胡桃楸	555683.44	78413207.2	32948.90	3441084.3	225239.16	26947183.3	194444.12	29877307.6	103051.26	18147632.0
		黄波罗	38530.72	4856148.8	2712.20	288122.3	20720.91	2297066.8	11118.69	1620582.4	3978.92	650377.3
		榆树	274173.40	30312536.6	13750.39	815999.9	145868.90	14152633.9	66260.80	8249724.0	48293.31	7094178.8
		椴树	1122984.73	160037025.9	50655.83	4714653.0	459975.90	54490877.4	402221.32	62867791.5	210131.68	37963704.0
		杨树	68226.63	9571465.7	4134.80	286074.5	23139.16	2752212.1	18843.30	2920841.1	22109.37	3612338.0
		柳树	53276.61	3643511.0	12402.41	292230.2	17710.01	1215665.4	7756.12	625225.1	15408.07	1510390.3
		其他软阔类	23033.47	2450205.5	4258.66	182453.0	8804.25	849573.9	6717.23	904068.0	3253.33	514110.6
		山杨	1125385.28	124396023.2	223120.33	8476307.7	471666.78	57136843.9	186291.60	26301887.4	244306.57	32480984.2
		毛赤杨	73456.00	4848872.3	27241.12	1094626.3	39360.97	3053928.1	4762.51	463904.8	2091.40	236413.1
		白牛槭	4787.24	690956.4	2.99	285.0	88.99	10621.8	1619.82	232043.7	3075.44	448005.9
		槭树	344641.82	43081834.5	13289.03	1286904.5	142451.72	14781660.4	114356.94	15337347.3	74544.13	11675922.3
		山槐	13787.69	1325607.4	1072.82	71314.2	8751.03	823513.7	2142.65	235977.6	1821.19	194801.9
		千金榆	713.35	92343.1			264.44	25475.8	178.82	24671.8	270.09	42195.5
		暴马丁香	3902.71	291508.8	1131.44	51912.0	1967.03	159054.1	400.79	44317.7	403.45	36225.0
		青楷槭	9180.68	903781.5	437.89	26328.9	5967.63	542324.7	1761.31	209816.6	1013.85	125311.3
		花楷槭	15976.41	1369582.5	1004.41	58000.5	11536.56	951798.0	2127.24	225262.1	1308.20	134521.9
		波纹柳	8555.05	433239.2	4470.70	101492.3	3552.12	277196.3	348.32	33822.7	183.91	20727.9
		稠李	1820.93	134647.9	508.84	20513.6	1085.32	91762.6	168.77	17212.2	58.00	5159.5
		山桃稠李	3360.07	394952.2	235.02	26564.4	2321.04	257382.0	449.54	62994.2	354.47	48011.6
		山丁子	2242.04	149746.0	702.78	23828.0	1154.25	87652.8	336.30	33410.3	48.71	4854.9
		岳桦	1600.48	158845.7	2.66	24.8	710.45	60993.5	658.97	71902.5	228.40	25924.9
		花曲柳	2585.45	390936.0	63.56	4425.5	640.58	74911.3	1016.55	148620.2	864.76	162979.0
		钻天柳	306.83	29674.1	68.39	5295.7	60.55	5286.1	75.48	6404.9	102.41	12687.4
		其他阔叶树种	553.12	44686.6	214.80	3184.5	117.48	12548.6	165.82	21525.3	55.02	7428.2
		假色槭	409.16	50729.2	56.45	1648.9	85.62	7900.7	72.77	9975.9	194.32	31203.7
		其他亚乔木	1111.97	91403.0	519.90	21825.3	293.86	28816.4	192.59	27516.7	105.62	13244.6

表 4　东北内蒙古重点国有林区乔木林各龄组面积、蓄积按起源和优势树种（组）统计表（续 2）

单位：公顷、立方米

统计单位	起源	优势树种（组）	合计		幼龄林		中龄林		近熟林		成、过熟林	
			面积	蓄积	面积	蓄积	面积	蓄积	面积	蓄积	面积	蓄积
合计	人工	合计	1855721.41	216334705.2	519662.52	36370371.1	842909.39	104417836.0	342523.33	51363659.4	150626.17	24182838.7
		冷杉	2147.36	321702.7	581.84	59746.4	1174.57	189860.5	302.40	57039.7	88.55	15056.1
		云杉	87382.25	6995769.4	68727.38	4394554.9	17020.30	2345344.1	1272.29	199231.0	362.28	56639.4
		落叶松	1323520.73	157710341.0	268887.70	16680174.3	642813.49	77841316.0	292990.67	44021132.7	118828.87	19167718.0
		红松	173606.00	20095285.6	95604.22	8828777.2	72681.61	10310666.5	4739.19	847292.9	580.98	108549.0
		樟子松	52111.10	5887258.5	6351.04	290384.1	21345.80	2123145.9	16704.45	2300358.3	7709.81	1173370.2
		赤松	180.96	19522.1	12.39	1478.9	8.46	890.3	25.00	2923.0	135.11	14229.9
		其他针叶树种	148.07	15778.5	55.74	1647.0	24.64	3077.1	45.16	6888.4	22.53	4166.0
		白桦	450.93	51508.0	203.08	10119.3	77.82	8033.5	170.03	33355.2		
		水胡黄	310.70	7598.0	256.30	4612.7	52.00	2675.3			2.40	310.0
		水曲柳	15819.19	1989054.6	8433.38	867373.8	5076.50	717426.9	1981.75	349095.0	327.56	55158.9
		胡桃楸	20919.61	2834134.7	10572.16	1230267.2	7371.18	1081771.0	2535.58	442648.8	440.69	79447.7
		黄波罗	1726.47	241884.2	859.70	104315.9	588.95	90774.2	248.43	40989.6	29.39	5804.5
		榆树	5158.84	720846.5	775.60	76408.8	2764.88	391947.4	942.97	148714.1	675.39	103776.2
		其他硬阔类	25368.32	3078786.5	9176.01	855642.4	13731.62	1826037.4	2164.72	349717.1	295.97	47389.6
		椴树	6442.04	872536.9	2080.02	218370.9	2906.10	410840.4	1128.59	185042.0	327.33	58283.6
		杨树	30378.98	4033750.7	3005.41	144289.1	7026.89	701562.4	4682.07	602733.6	15664.61	2585165.6
		柳树	654.24	61226.4	233.38	6338.5	277.06	33262.7	92.66	14402.6	51.14	7222.6
		其他软阔类	90583.56	9343028.5	39047.12	2339583.5	39677.98	5327780.7	9007.19	1282368.5	2851.27	393295.8
		山杨	16466.83	1787204.1	3786.51	168725.4	7327.05	894682.0	3226.53	434748.9	2126.74	289047.8
		毛赤杨	331.77	37338.1	86.31	7276.2	218.94	27620.0	26.52	2441.9		
		槭树	866.59	110026.6	316.80	31524.0	351.21	40847.9	147.55	28204.6	51.03	9450.1
		山槐	135.96	15456.9	37.11	2730.6	82.33	9864.7	16.52	2861.6		
		山桃稠李	321.30	54221.4	162.92	28114.4	132.34	22195.3	19.33	2767.3	6.71	1144.4
		其他阔叶树种	516.79	31911.1	297.33	7691.2	150.20	13289.8	53.73	8702.6	15.53	2227.5
		其他亚乔木	172.82	18534.2	113.07	10224.4	27.47	2924.0			32.28	5385.8
	其中：人天混	合计	666384.74	80256268.8	206768.54	17715634.1	314659.58	40720205.0	101893.86	15168640.0	43062.76	6651789.7
		冷杉	2147.36	321702.7	581.84	59746.4	1174.57	189860.5	302.40	57039.7	88.55	15056.1
		云杉	34718.87	3306419.8	23336.77	1781391.1	10485.56	1395078.8	717.50	102557.2	179.04	27392.7
		落叶松	357707.45	45190470.4	63391.57	5503349.3	186555.84	23501628.8	75377.26	11136450.4	32382.78	5049041.9
		红松	82630.59	9231351.8	47334.27	4466908.5	33194.40	4446928.6	1868.41	275415.3	233.51	42099.4
		樟子松	8969.16	965708.5	1017.70	68903.1	4813.46	485269.0	2327.23	301828.3	810.77	109708.1
		其他针叶树种	31.71	3661.2	2.90	362.5	6.62	942.0	18.95	2054.9	3.24	301.8
		水曲柳	12326.16	1852162.6	5606.56	790961.6	4489.74	666937.0	1903.89	339139.4	325.97	55124.6
		胡桃楸	19735.46	2717340.6	10281.66	1217221.0	6710.59	1013165.9	2342.90	416241.6	400.31	70712.1
		黄波罗	1613.97	237680.8	765.07	101961.4	574.96	89510.8	247.33	40841.1	26.61	5367.5
		榆树	5158.84	720846.5	775.60	76408.8	2764.88	391947.4	942.97	148714.1	675.39	103776.2
		其他硬阔类	25368.32	3078786.5	9176.01	855642.4	13731.62	1826037.4	2164.72	349717.1	295.97	47389.6
		椴树	6435.84	872536.9	2073.82	218370.9	2906.10	410840.4	1128.59	185042.0	327.33	58283.6

表 4　东北内蒙古重点国有林区乔木林各龄组面积、蓄积按起源和优势树种（组）统计表（续 3）

单位：公顷、立方米

统计单位	起源	优势树种（组）	合计		幼龄林		中龄林		近熟林		成、过熟林	
			面积	蓄积	面积	蓄积	面积	蓄积	面积	蓄积	面积	蓄积
合计	其中：人天混	杨树	7417.39	975570.3	894.73	51338.7	2137.77	252752.2	1275.41	183422.4	3109.48	488057.0
		柳树	511.93	58529.2	122.24	6012.8	271.55	33120.7	92.66	14402.6	25.48	4993.1
		其他软阔类	90348.59	9335809.0	38883.65	2336488.1	39621.84	5324615.5	8991.83	1281409.6	2851.27	393295.8
		山杨	9135.21	1123597.9	1692.48	94837.4	4287.52	575868.7	1931.87	289654.2	1223.34	163237.6
		毛赤杨	331.77	37338.1	86.31	7276.2	218.94	27620.0	26.52	2441.9		
		槭树	866.59	110026.6	316.80	31524.0	351.21	40847.9	147.55	28204.6	51.03	9450.1
		山槐	135.96	15456.9	37.11	2730.6	82.33	9864.7	16.52	2861.6		
		山桃稠李	321.30	54221.4	162.92	28114.4	132.34	22195.3	19.33	2767.3	6.71	1144.4
		其他阔叶树种	299.45	28516.9	115.46	5860.5	120.27	12249.4	50.02	8434.7	13.70	1972.3
		其他亚乔木	172.82	18534.2	113.07	10224.4	27.47	2924.0			32.28	5385.8
内蒙古重点国有林区	合计	合计	8365923.71	906531465.6	629011.79	27729911.4	4598627.05	489379592.2	1548457.04	181437876.1	1589827.83	207984085.9
		云杉	1181.60	88396.5	1051.23	75542.0	109.89	11298.0	20.48	1556.5		
		落叶松	5506095.67	624323532.1	292218.09	16711712.2	3458717.56	382977006.5	844174.80	104154571.8	910985.22	120480241.6
		红松	22.29	1304.9	22.29	1304.9						
		樟子松	102934.11	16514401.2	2088.89	97174.8	10465.37	1509169.2	22767.49	3732042.6	67612.36	11176014.6
		蒙古栎	273046.31	13742781.1	114690.28	3807809.1	93863.08	5346045.1	44487.01	3128419.4	20005.94	1460507.5
		白桦	2065123.26	213351706.0	155572.89	5068831.3	926845.33	91132876.7	570891.33	64550110.3	411813.71	52599887.7
		枫桦	1191.97	93756.8			178.75	12896.1	691.78	55874.7	321.44	24986.0
		黑桦	109663.15	6255300.7	35353.51	1358088.4	45869.43	2864364.5	21329.89	1475585.6	7110.32	557262.2
		榆树	111.17	5242.4	26.76	1264.3	80.39	3744.6	3.35	174.3	0.67	59.2
		其他硬阔类	440.32	22572.2	364.30	18326.4	70.18	3734.2	5.84	511.6		
		杨树	4073.35	442271.9	192.74	4364.1	240.92	13689.9	443.90	41372.9	3195.79	382845.0
		柳树	22982.00	1640079.2	3965.34	61344.2	3752.63	194771.5	4244.74	305517.3	11019.29	1078446.2
		其他软阔类	24242.72	1510246.7	11205.36	170084.7	7836.83	782745.6	3629.83	385818.2	1570.70	171598.2
		山杨	251774.88	28337041.5	11158.46	306701.9	49294.38	4446255.0	35496.63	3581205.0	155825.41	20002879.6
		毛赤杨	2909.76	202677.2	971.44	47240.0	1301.37	80963.2	269.97	25115.9	366.98	49358.1
		山丁子	130.21	123.1	130.21	123.1						
		其他阔叶树种	0.94	32.1			0.94	32.1				
	天然	合计	7896283.61	858388497.5	491398.39	21949032.5	4402522.61	465942432.8	1448131.67	167307261.2	1554230.94	203189771.0
		云杉	2.50	170.7	2.50	170.7						
		落叶松	5066957.27	578340019.5	167958.12	11230090.2	3272190.53	360526245.5	748938.69	90604494.0	877869.93	115979189.8
		樟子松	99823.80	16131279.7	1575.09	74549.7	9584.79	1394622.2	21574.19	3564566.6	67089.73	11097541.2
		蒙古栎	273046.31	13742781.1	114690.28	3807809.1	93863.08	5346045.1	44487.01	3128419.4	20005.94	1460507.5
		白桦	2065119.41	213351706.0	155569.04	5068831.3	926845.33	91132876.7	570891.33	64550110.3	411813.71	52599887.7
		枫桦	1191.97	93756.8			178.75	12896.1	691.78	55874.7	321.44	24986.0
		黑桦	109663.15	6255300.7	35353.51	1358088.4	45869.43	2864364.5	21329.89	1475585.6	7110.32	557262.2
		榆树	111.17	5242.4	26.76	1264.3	80.39	3744.6	3.35	174.3	0.67	59.2
		杨树	3812.39	423408.0	102.01	845.4	133.16	6189.0	428.75	39492.6	3148.47	376881.0
		柳树	22946.42	1637784.0	3965.34	61344.2	3717.05	192476.3	4244.74	305517.3	11019.29	1078446.2
		山杨	250571.87	28204397.8	11054.77	298697.9	48760.67	4382137.3	35271.97	3557910.5	155484.46	19965652.1
		毛赤杨	2907.14	202527.7	970.76	47218.2	1299.43	80835.5	269.97	25115.9	366.98	49358.1
		山丁子	130.21	123.1	130.21	123.1						

表 4　东北内蒙古重点国有林区乔木林各龄组面积、蓄积按起源和优势树种（组）统计表（续 4）

单位：公顷、立方米

统计单位	起源	优势树种（组）	合计		幼龄林		中龄林		近熟林		成、过熟林	
			面积	蓄积	面积	蓄积	面积	蓄积	面积	蓄积	面积	蓄积
内蒙古重点国有林区	人工	合计	469640.10	48142968.1	137613.40	5780878.9	196104.44	23437159.4	100325.37	14130614.9	35596.89	4794314.9
		云杉	1179.10	88225.8	1048.73	75371.3	109.89	11298.0	20.48	1556.5		
		落叶松	439138.40	45983512.6	124259.97	5481622.0	186527.03	22450761.0	95236.11	13550077.8	33115.29	4501051.8
		红松	22.29	1304.9	22.29	1304.9						
		樟子松	3110.31	383121.5	513.80	22625.1	880.58	114547.0	1193.30	167476.0	522.63	78473.4
		白桦	3.85		3.85							
		其他硬阔类	440.32	22572.2	364.30	18326.4	70.18	3734.2	5.84	511.6		
		杨树	260.96	18863.9	90.73	3518.7	107.76	7500.9	15.15	1880.3	47.32	5964.0
		柳树	35.58	2295.2			35.58	2295.2				
		其他软阔类	24242.72	1510246.7	11205.36	170084.7	7836.83	782745.6	3629.83	385818.2	1570.70	171598.2
		山杨	1203.01	132643.7	103.69	8004.0	533.71	64117.7	224.66	23294.5	340.95	37227.5
		毛赤杨	2.62	149.5	0.68	21.8	1.94	127.7				
		其他阔叶树种	0.94	32.1			0.94	32.1				
	其中：人天混	合计	84057.32	7403721.0	38678.77	2515154.6	26235.39	2771595.9	11848.20	1323127.4	7294.96	793843.1
		云杉	394.70	35540.3	375.51	32656.3	19.19	2884.0				
		落叶松	57601.36	5685141.6	26511.08	2272473.0	17726.90	1914680.4	7983.56	913273.1	5379.82	584715.1
		樟子松	128.51	14561.0	111.84	13278.6	9.76	826.7	4.31	230.0	2.60	225.7
		其他硬阔类	440.32	22572.2	364.30	18326.4	70.18	3734.2	5.84	511.6		
		杨树	8.50	570.8	6.31	309.8	1.30	184.4			0.89	76.6
		柳树	35.58	2295.2			35.58	2295.2				
		其他软阔类	24242.72	1510246.7	11205.36	170084.7	7836.83	782745.6	3629.83	385818.2	1570.70	171598.2
		山杨	1203.01	132643.7	103.69	8004.0	533.71	64117.7	224.66	23294.5	340.95	37227.5
		毛赤杨	2.62	149.5	0.68	21.8	1.94	127.7				
吉林省重点国有林区	合计	合计	3242074.22	513795640.2	217638.06	17365701.3	842737.35	121633297.8	1353763.06	224439033.4	827935.75	150357607.7
		冷杉	101938.70	18099681.5	1580.27	171514.5	35305.95	5990192.3	45020.03	8188174.4	20032.45	3749800.3
		云杉	108757.15	16612109.6	29822.92	2007173.9	26486.38	4469276.2	26419.88	4831500.9	26027.97	5304158.6
		落叶松	254524.09	39151190.1	20165.50	1405065.1	98371.25	13915269.7	83247.17	14032119.2	52740.17	9798736.1
		红松	110033.56	19431037.5	15012.95	960769.2	26344.22	4622287.5	21573.99	3822384.1	47102.40	10025596.7
		樟子松	12419.62	1631407.9	1412.74	85745.6	4866.41	622641.7	3490.69	493083.6	2649.78	429937.0
		其他针叶树种	222.64	29723.7	73.87	3192.8	72.91	11566.7	47.41	9034.4	28.45	5929.8
		蒙古栎	676068.45	107263786.5	22709.44	1659600.5	204077.44	28184234.7	338994.12	56436173.7	110287.45	20983777.6
		白桦	285903.52	42816691.8	31245.07	2389664.7	115029.75	16803083.8	104283.92	17401158.5	35344.78	6222784.8
		枫桦	144121.32	24109936.0	8342.89	911330.6	28557.46	4363510.9	68123.69	11692063.5	39097.28	7143031.0
		黑桦	2773.83	415032.6	53.61	3373.0	742.38	102280.0	1786.99	279596.6	190.85	29783.0
		水胡黄	310.70	7598.0	256.30	4612.7	52.00	2675.3			2.40	310.0
		水曲柳	181268.48	28529580.5	9390.00	853434.8	32710.29	4709708.0	94733.98	15222205.5	44434.21	7744232.2
		胡桃楸	355170.29	55722355.6	30617.89	3234115.0	79758.86	11268458.5	145489.66	23583529.8	99303.88	17636252.3
		黄波罗	12872.16	2042494.7	1825.42	229020.7	2895.11	451363.1	4733.62	786321.2	3418.01	575789.7
		榆树	90661.85	12647405.4	3573.34	216546.9	20566.72	2463765.4	29463.42	4199605.1	37058.37	5767488.0
		其他硬阔类	8857.86	1198485.6	3717.73	382721.3	3568.14	544246.1	1441.78	245593.1	130.21	25925.1
		椴树	552244.58	93995389.2	5943.67	555151.2	78913.02	11952320.8	271730.38	45532112.2	195657.51	35955805.0

表4 东北内蒙古重点国有林区乔木林各龄组面积、蓄积按起源和优势树种（组）统计表（续5）

单位：公顷、立方米

统计单位	起源	优势树种（组）	合计		幼龄林		中龄林		近熟林		成、过熟林	
			面积	蓄积	面积	蓄积	面积	蓄积	面积	蓄积	面积	蓄积
吉林省重点国有林区	合计	杨树	70419.69	10396890.8	5322.67	331261.1	17392.87	2100237.1	18037.82	2815823.2	29666.33	5149569.4
		柳树	5513.61	365199.9	2513.62	69091.1	1666.16	150963.3	885.48	90121.6	448.35	55023.9
		其他软阔类	55929.10	7029673.5	15311.59	1233311.5	24933.50	3386785.5	11269.14	1691014.2	4414.87	718562.3
		山杨	62061.28	9921553.7	4205.47	335792.1	21653.05	3202441.6	24059.39	4222935.4	12143.37	2160384.6
		毛赤杨	6053.57	585520.7	1534.01	88722.4	3200.35	335789.7	1190.82	145158.0	128.39	15850.6
		白牛槭	4787.24	690956.4	2.99	285.0	88.99	10621.8	1619.82	232043.7	3075.44	448005.9
		槭树	129271.07	19842469.9	1299.46	105158.9	12732.28	1645882.5	53090.52	8061577.3	62148.81	10029851.2
		山槐	1219.52	142072.9	118.26	9784.4	427.28	46857.0	543.40	69020.5	130.58	16411.0
		千金榆	488.66	72500.0			71.10	8777.7	147.47	21526.8	270.09	42195.5
		暴马丁香	386.65	39810.8	96.25	5756.0	133.22	13022.0	111.13	16230.8	46.05	4802.0
		青楷槭	829.12	115816.7	46.78	5448.0	173.41	20918.1	226.95	34949.5	381.98	54501.1
		花楷槭	511.10	63277.3	15.62	659.5	79.16	9634.6	228.25	27613.2	188.07	25370.0
		稠李	376.47	36148.2	96.59	6893.0	156.43	16604.2	92.56	9690.0	30.89	2961.0
		山桃稠李	982.82	150601.8	314.24	48521.2	499.71	74313.0	113.37	19463.2	55.50	8304.4
		山丁子	779.35	76664.2	193.53	13120.5	400.87	40360.7	147.43	19040.0	37.52	4143.0
		花曲柳	2254.77	354277.2	50.26	3853.5	355.79	42689.0	993.91	145862.4	854.81	161872.3
		钻天柳	53.08	5414.5	37.24	3538.5					15.84	1876.0
		其他阔叶树种	587.86	58710.6	176.51	3821.9	153.64	17255.3	191.39	28315.7	66.32	9317.7
		假色槭	347.66	47550.5	45.97	1285.6	37.74	5427.2	69.63	9634.0	194.32	31203.7
		其他亚乔木	1072.80	96624.4	513.39	26364.6	263.51	27836.8	163.85	24358.1	132.05	18064.9
	天然	合计	2898974.69	467193102.5	122854.35	10197833.2	732250.65	105815320.6	1280265.22	212319419.6	763604.47	138860529.1
		冷杉	100543.46	17893453.9	1179.35	135343.3	34702.58	5892231.7	44717.63	8131134.7	19943.90	3734744.2
		云杉	78108.43	14285894.7	2929.78	296210.5	23658.87	4022880.4	25753.67	4709754.7	25766.11	5257049.1
		落叶松	92688.00	14754153.7	3578.69	255579.2	44862.64	6635583.9	33660.31	5866950.9	10586.36	1996039.7
		红松	84686.33	16410011.1	1421.52	170701.7	17374.47	2976799.0	19300.70	3335763.6	46589.64	9926746.8
		樟子松	1082.14	185971.3	121.49	15144.7	444.81	71984.4	262.67	45607.0	253.17	53235.2
		其他针叶树种	121.78	17645.3	36.90	1545.8	48.27	8489.6	21.20	4200.9	15.41	3409.0
		蒙古栎	676068.45	107263786.5	22709.44	1659600.5	204077.44	28184234.7	338994.12	56436173.7	110287.45	20983777.6
		白桦	285590.58	42769512.4	31158.74	2382982.4	114973.17	16795941.9	104113.89	17367803.3	35344.78	6222784.8
		枫桦	144121.32	24109936.0	8342.89	911330.6	28557.46	4363510.9	68123.69	11692063.5	39097.28	7143031.0
		黑桦	2773.83	415032.6	53.61	3373.0	742.38	102280.0	1786.99	279596.6	190.85	29783.0
		水曲柳	172211.86	27433429.8	4623.79	466565.5	30334.64	4341928.9	93145.19	14935827.8	44108.24	7689107.6
		胡桃楸	337787.87	53373357.9	21320.20	2179301.2	74320.00	10448078.1	143284.48	23189174.0	98863.19	17556804.6
		黄波罗	11370.01	1826942.9	1002.95	129192.3	2483.21	381016.2	4495.23	746749.2	3388.62	569985.2
		榆树	87259.27	12140023.3	2973.76	155029.1	18987.14	2217307.0	28822.03	4091169.4	36476.34	5676517.8
		椴树	548782.83	93481201.4	4853.00	436483.3	77650.05	11758026.5	270949.36	45389148.9	195330.42	35897542.7
		杨树	41086.60	6460353.9	2544.01	197553.1	10676.35	1423646.5	13513.87	2232424.0	14352.37	2606730.3
		柳树	4952.41	308711.0	2318.68	63763.6	1441.82	121323.7	792.82	75719.0	399.09	47904.7
		其他软阔类	22995.91	2447769.7	4230.60	180798.7	8794.75	848792.4	6717.23	904068.0	3253.33	514110.6
		山杨	58249.24	9424672.1	3608.40	298439.2	19819.94	2968124.8	23114.65	4063555.6	11706.25	2094552.5
		毛赤杨	5891.86	567562.2	1476.84	83610.9	3111.77	324718.7	1174.86	143382.0	128.39	15850.6
		白牛槭	4787.24	690956.4	2.99	285.0	88.99	10621.8	1619.82	232043.7	3075.44	448005.9

表 4　东北内蒙古重点国有林区乔木林各龄组面积、蓄积按起源和优势树种（组）统计表（续 6）

单位：公顷、立方米

统计单位	起源	优势树种（组）	合计		幼龄林		中龄林		近熟林		成、过熟林	
			面积	蓄积	面积	蓄积	面积	蓄积	面积	蓄积	面积	蓄积
吉林省重点国有林区	天然	槭树	128738.89	19770096.0	1115.42	89795.8	12578.40	1626153.3	52947.16	8033738.8	62097.91	10020408.1
		山槐	1164.94	133395.3	99.86	7534.8	405.43	43056.0	529.07	66393.5	130.58	16411.0
		千金榆	488.66	72500.0			71.10	8777.7	147.47	21526.8	270.09	42195.5
		暴马丁香	386.65	39810.8	96.25	5756.0	133.22	13022.0	111.13	16230.8	46.05	4802.0
		青楷槭	829.12	115816.7	46.78	5448.0	173.41	20918.1	226.95	34949.5	381.98	54501.1
		花楷槭	511.10	63277.3	15.62	659.5	79.16	9634.6	228.25	27613.2	188.07	25370.0
		稠李	376.47	36148.2	96.59	6893.0	156.43	16604.2	92.56	9690.0	30.89	2961.0
		山桃稠李	696.01	101899.0	151.32	20406.8	392.67	56051.0	103.23	18281.2	48.79	7160.0
		山丁子	779.35	76664.2	193.53	13120.5	400.87	40360.7	147.43	19040.0	37.52	4143.0
		花曲柳	2254.77	354277.2	50.26	3853.5	355.79	42689.0	993.91	145862.4	854.81	161872.3
		钻天柳	53.08	5414.5	37.24	3538.5					15.84	1876.0
		其他阔叶树种	288.59	37784.5	17.56	567.4	79.64	10192.9	140.17	19790.8	51.22	7233.4
		假色槭	347.66	47550.5	45.97	1285.6	37.74	5427.2	69.63	9634.0	194.32	31203.7
		其他亚乔木	899.98	78090.2	400.32	16140.2	236.04	24912.8	163.85	24358.1	99.77	12679.1
	人工	合计	343099.53	46602537.7	94783.71	7167868.1	110486.70	15817977.2	73497.84	12119613.8	64331.28	11497078.6
		冷杉	1395.24	206227.6	400.92	36171.2	603.37	97960.6	302.40	57039.7	88.55	15056.1
		云杉	30648.72	2326214.9	26893.14	1710963.4	2827.51	446395.8	666.21	121746.2	261.86	47109.5
		落叶松	161836.09	24397036.4	16586.81	1149485.9	53508.61	7279685.8	49586.86	8165168.3	42153.81	7802696.4
		红松	25347.23	3021026.4	13591.43	790067.5	8969.75	1645488.5	2273.29	486620.5	512.76	98849.9
		樟子松	11337.48	1445436.6	1291.25	70600.9	4421.60	550657.3	3228.02	447476.6	2396.61	376701.8
		其他针叶树种	100.86	12078.4	36.97	1647.0	24.64	3077.1	26.21	4833.5	13.04	2520.8
		白桦	312.94	47179.4	86.33	6682.3	56.58	7141.9	170.03	33355.2		
		水胡黄	310.70	7598.0	256.30	4612.7	52.00	2675.3			2.40	310.0
		水曲柳	9056.62	1096150.7	4766.21	386869.3	2375.65	367779.1	1588.79	286377.7	325.97	55124.6
		胡桃楸	17382.42	2348997.7	9297.69	1054813.8	5438.86	820380.4	2205.18	394355.8	440.69	79447.7
		黄波罗	1502.15	215551.8	822.47	99828.4	411.90	70346.9	238.39	39572.0	29.39	5804.5
		榆树	3402.58	507382.1	599.58	61517.8	1579.58	246458.4	641.39	108435.7	582.03	90970.2
		其他硬阔类	8857.86	1198485.6	3717.73	382721.3	3568.14	544246.1	1441.78	245593.1	130.21	25925.1
		椴树	3461.75	514187.8	1090.67	118667.9	1262.97	194294.3	781.02	142963.3	327.09	58262.3
		杨树	29333.09	3936536.9	2778.66	133708.0	6716.52	676590.6	4523.95	583399.2	15313.96	2542839.1
		柳树	561.20	56488.9	194.94	5327.5	224.34	29639.6	92.66	14402.6	49.26	7119.2
		其他软阔类	32933.19	4581903.8	11080.99	1052512.8	16138.75	2537993.1	4551.91	786946.2	1161.54	204451.7
		山杨	3812.04	496881.6	597.07	37352.9	1833.11	234316.8	944.74	159379.8	437.12	65832.1
		毛赤杨	161.71	17958.5	57.17	5111.5	88.58	11071.0	15.96	1776.0		
		槭树	532.18	72373.9	184.04	15363.1	153.88	19729.2	143.36	27838.5	50.90	9443.1
		山槐	54.58	8677.6	18.40	2249.6	21.85	3801.0	14.33	2627.0		
		山桃稠李	286.81	48702.8	162.92	28114.4	107.04	18262.0	10.14	1182.0	6.71	1144.4
		其他阔叶树种	299.27	20926.1	158.95	3254.5	74.00	7062.4	51.22	8524.9	15.10	2084.3
		其他亚乔木	172.82	18534.2	113.07	10224.4	27.47	2924.0			32.28	5385.8

表 4 东北内蒙古重点国有林区乔木林各龄组面积、蓄积按起源和优势树种（组）统计表（续 7）

单位：公顷、立方米

统计单位	起源	优势树种（组）	合计		幼龄林		中龄林		近熟林		成、过熟林	
			面积	蓄积	面积	蓄积	面积	蓄积	面积	蓄积	面积	蓄积
吉林省重点国有林区	其中：人天混	合计	146611.48	20891879.9	41640.63	4182858.6	55649.87	8239720.3	30634.30	5148770.9	18686.68	3320530.1
		冷杉	1395.24	206227.6	400.92	36171.2	603.37	97960.6	302.40	57039.7	88.55	15056.1
		云杉	5741.72	610589.7	4417.96	390964.7	905.66	145740.9	303.22	51648.8	114.88	22235.3
		落叶松	47576.13	7281340.3	3592.59	285058.4	17061.89	2321582.8	15230.19	2510261.5	11691.46	2164437.6
		红松	4714.02	626592.5	2387.27	230579.1	1705.79	283183.6	445.54	78857.6	175.42	33972.2
		樟子松	2234.93	270912.6	255.80	17212.4	1109.60	136362.1	625.50	84971.3	244.03	32366.8
		其他针叶树种	9.52	1304.5	2.90	362.5	6.62	942.0				
		水曲柳	6334.39	1000798.9	2384.37	317977.0	2037.69	341609.6	1586.36	286087.7	325.97	55124.6
		胡桃楸	16361.56	2241523.3	9100.13	1043652.8	4841.90	758090.0	2019.22	369068.4	400.31	70712.1
		黄波罗	1405.60	212435.3	734.53	97750.4	407.17	69893.9	237.29	39423.5	26.61	5367.5
		榆树	3402.58	507382.1	599.58	61517.8	1579.58	246458.4	641.39	108435.7	582.03	90970.2
		其他硬阔类	8857.86	1198485.6	3717.73	382721.3	3568.14	544246.1	1441.78	245593.1	130.21	25925.1
		椴树	3455.55	514187.8	1084.47	118667.9	1262.97	194294.3	781.02	142963.3	327.09	58262.3
		杨树	7104.09	937294.7	853.42	48140.2	2061.37	245471.2	1241.08	176252.2	2948.22	467431.1
		柳树	445.02	54157.9	108.13	5271.5	218.83	29497.6	92.66	14402.6	25.40	4986.2
		其他软阔类	32698.47	4574684.3	10917.77	1049417.4	16082.61	2534827.9	4536.55	785987.3	1161.54	204451.7
		山杨	3497.77	468771.7	503.88	34184.0	1735.88	227336.2	916.64	155965.8	341.37	51285.7
		毛赤杨	161.71	17958.5	57.17	5111.5	88.58	11071.0	15.96	1776.0		
		槭树	532.18	72373.9	184.04	15363.1	153.88	19729.2	143.36	27838.5	50.90	9443.1
		山槐	54.58	8677.6	18.40	2249.6	21.85	3801.0	14.33	2627.0		
		山桃稠李	286.81	48702.8	162.92	28114.4	107.04	18262.0	10.14	1182.0	6.71	1144.4
		其他阔叶树种	168.93	18944.1	43.58	2147.0	61.98	6435.9	49.67	8388.9	13.70	1972.3
		其他亚乔木	172.82	18534.2	113.07	10224.4	27.47	2924.0			32.28	5385.8
其中：吉林森工	合计	合计	1221147.92	190139798.2	103706.30	7727310.3	267171.03	36997822.8	397961.01	63491517.4	452309.58	81923147.7
		冷杉	21676.43	3684559.5	839.10	96012.5	5755.90	961807.3	8252.56	1444876.4	6828.87	1181863.3
		云杉	43444.43	5637738.6	21202.56	1548384.9	8269.67	1375085.2	3828.26	679644.9	10143.94	2034623.6
		落叶松	98066.45	14752245.1	10733.40	783144.1	36982.96	5139563.7	25737.41	4334196.2	24612.68	4495341.1
		红松	65692.34	11677027.5	9293.99	527077.2	9418.02	1556259.5	11145.04	1905298.1	35835.29	7688392.7
		樟子松	7125.81	876817.9	1047.49	65863.6	4031.99	508590.7	1398.04	194776.6	648.29	107587.0
		其他针叶树种	152.52	17474.7	73.87	3192.8	34.99	6326.7	30.43	5500.4	13.23	2454.8
		蒙古栎	127047.13	21231064.5	3193.70	196280.5	20786.40	2707550.7	53829.09	8908432.7	49237.94	9418800.6
		白桦	134981.95	20407075.8	13972.81	1183093.7	55099.65	8066960.8	40430.29	6646663.5	25479.20	4510357.8
		枫桦	21728.37	3337559.0	2547.41	221704.6	4802.27	661837.9	6409.33	1004571.5	7969.36	1449445.0
		黑桦	7.78	992.6					7.78	992.6		
		水胡黄	310.70	7598.0	256.30	4612.7	52.00	2675.3			2.40	310.0
		水曲柳	72048.40	10814584.5	4491.82	240154.8	11375.23	1463178.0	31200.07	4686354.5	24981.28	4424897.2
		胡桃楸	250567.43	38990237.6	18144.78	1565831.0	49484.07	6649398.5	103397.95	16481371.8	79540.63	14293636.3
		黄波罗	3021.05	437482.7	467.07	33514.7	936.05	142253.1	1090.32	169537.2	527.61	92177.7
		榆树	49017.46	7057432.4	1272.43	78350.9	8307.29	969182.4	11554.79	1637381.1	27882.95	4372518.0
		其他硬阔类	686.70	83711.6	262.27	21339.3	244.40	29762.1	127.17	21532.1	52.86	11078.1
		椴树	136531.90	23131233.2	1718.09	133342.2	11683.11	1507918.8	43188.50	6729516.2	79942.20	14760456.0
		杨树	58759.64	8518032.8	5017.04	316224.1	15311.99	1833730.1	14673.59	2258591.2	23757.02	4109487.4

表 4 东北内蒙古重点国有林区乔木林各龄组面积、蓄积按起源和优势树种（组）统计表（续 8）

单位：公顷、立方米

统计单位	起源	优势树种（组）	合计		幼龄林		中龄林		近熟林		成、过熟林	
			面积	蓄积	面积	蓄积	面积	蓄积	面积	蓄积	面积	蓄积
其中：吉林森工	合计	柳树	1033.24	105737.9	293.17	11489.1	337.49	37194.3	218.86	28937.6	183.72	28116.9
		其他软阔类	21582.98	2943224.5	5831.88	469889.5	8440.49	1296266.5	4098.60	648341.2	3212.01	528727.3
		山杨	24097.48	3686431.7	1991.96	156888.1	8328.18	1214412.6	7832.73	1339002.4	5944.61	976128.6
		毛赤杨	58.42	5074.7	21.93	1876.4	20.95	1923.7			15.54	1274.6
		白牛槭	130.16	20234.4			30.30	3386.8	53.40	8902.7	46.46	7944.9
		槭树	79577.43	12172700.9	625.36	43185.9	6814.32	789679.5	28094.31	4159867.3	44043.44	7179968.2
		山槐	165.97	17637.9	76.24	7791.4	41.30	3555.0	48.43	6291.5		
		千金榆	382.29	57134.0			71.10	8777.7	75.72	10053.8	235.47	38302.5
		暴马丁香	23.90	3885.8					23.90	3885.8		
		青楷槭	102.30	11823.7			48.33	4689.1	2.50	434.5	51.47	6700.1
		花楷槭	93.90	10562.3	1.30	58.5	24.00	2559.6	68.60	7944.2		
		稠李	29.71	2280.2	3.41	245.0	16.95	1362.2			9.35	673.0
		山桃稠李	188.79	26677.8	75.30	9370.2	73.62	10025.0	33.16	6138.2	6.71	1144.4
		山丁子	27.78	1980.2	18.52	967.5	9.26	1012.7				
		花曲柳	2043.96	332070.2	10.03	757.5	213.98	27157.0	975.57	143693.4	844.38	160462.3
		钻天柳	50.74	4726.5	37.24	3538.5					13.50	1188.0
		其他阔叶树种	210.39	17120.6	105.47	2194.9	29.18	3059.3	63.25	10029.7	12.49	1836.7
		假色槭	228.48	35375.5	3.56	40.6	32.15	4461.2	51.46	6987.0	141.31	23886.7
		其他亚乔木	253.51	22251.4	76.80	893.6	63.44	6219.8	19.90	1771.1	93.37	13366.9
	天然	合计	1031805.74	165502923.5	47251.41	3887784.2	207053.52	28685120.6	363021.21	57690624.6	414479.60	75239394.1
		冷杉	20608.03	3520577.9	658.27	78737.3	5238.36	881727.7	7971.08	1393305.7	6740.32	1166807.2
		云杉	21005.67	3769123.7	2146.36	224432.5	5756.62	985529.4	3220.61	571647.7	9882.08	1987514.1
		落叶松	16194.85	2504636.7	1493.41	136420.2	8161.70	1229368.9	3852.63	633711.9	2687.11	505135.7
		红松	51713.92	10183567.1	1073.67	126632.7	5895.17	925640.0	9407.70	1538836.6	35337.38	7592457.8
		樟子松	110.41	14325.3	55.10	6204.7	27.15	3364.4	11.40	2026.0	16.76	2730.2
		其他针叶树种	76.11	9404.3	36.90	1545.8	27.16	5368.6	4.22	666.9	7.83	1823.0
		蒙古栎	127047.13	21231064.5	3193.70	196280.5	20786.40	2707550.7	53829.09	8908432.7	49237.94	9418800.6
		白桦	134687.68	20360639.4	13898.98	1176729.4	55048.00	8060132.9	40261.50	6613419.3	25479.20	4510357.8
		枫桦	21728.37	3337559.0	2547.41	221704.6	4802.27	661837.9	6409.33	1004571.5	7969.36	1449445.0
		黑桦	7.78	992.6					7.78	992.6		
		水曲柳	67153.62	10402737.8	1540.05	103697.5	10216.00	1309206.9	30649.48	4602149.8	24748.09	4387683.6
		胡桃楸	239144.32	37601851.9	12250.21	1006225.2	45740.34	6126010.1	101894.97	16225545.0	79258.80	14244071.6
		黄波罗	2440.40	373224.9	209.90	20017.3	771.57	115127.2	946.13	148432.2	512.80	89648.2
		榆树	47374.31	6828816.3	1005.50	54211.1	7568.74	862848.0	11426.18	1617659.4	27373.89	4294097.8
		椴树	135145.33	22948445.4	1368.18	110486.3	11178.84	1435108.5	42942.92	6694288.9	79655.39	14708561.7
		杨树	34866.84	5313220.9	2446.37	187976.1	9398.57	1223596.5	11015.48	1775823.0	12006.42	2125825.3
		柳树	862.00	88473.0	239.71	11135.6	297.00	34425.7	166.97	19781.0	158.32	23130.7
		其他软阔类	6087.78	834700.7	590.16	34744.7	975.86	102227.4	2079.50	303028.0	2442.26	394700.6
		山杨	22553.70	3502779.1	1713.07	141114.2	7804.66	1162236.8	7484.73	1282317.6	5551.24	917110.5
		毛赤杨	37.32	2470.2	11.43	437.9	10.35	757.7			15.54	1274.6
		白牛槭	130.16	20234.4			30.30	3386.8	53.40	8902.7	46.46	7944.9
		槭树	79288.69	12135871.0	523.26	33604.8	6725.82	779662.3	28047.07	4152078.8	43992.54	7170525.1

表 4 东北内蒙古重点国有林区乔木林各龄组面积、蓄积按起源和优势树种（组）统计表（续 9）

单位：公顷、立方米

统计单位	起源	优势树种（组）	合计		幼龄林		中龄林		近熟林		成、过熟林	
			面积	蓄积	面积	蓄积	面积	蓄积	面积	蓄积	面积	蓄积
		山槐	147.57	15388.3	57.84	5541.8	41.30	3555.0	48.43	6291.5		
		千金榆	382.29	57134.0			71.10	8777.7	75.72	10053.8	235.47	38302.5
		暴马丁香	23.90	3885.8					23.90	3885.8		
		青楷槭	102.30	11823.7			48.33	4689.1	2.50	434.5	51.47	6700.1
		花楷槭	93.90	10562.3	1.30	58.5	24.00	2559.6	68.60	7944.2		
		稠李	29.71	2280.2	3.41	245.0	16.95	1362.2			9.35	673.0
	天然	山桃稠李	132.59	18341.0	34.41	3209.8	65.02	8993.0	33.16	6138.2		
		山丁子	27.78	1980.2	18.52	967.5	9.26	1012.7				
		花曲柳	2043.96	332070.2	10.03	757.5	213.98	27157.0	975.57	143693.4	844.38	160462.3
		钻天柳	50.74	4726.5	37.24	3538.5					13.50	1188.0
		其他阔叶树种	67.58	8142.5	17.37	561.4	7.11	1218.9	39.80	5807.8	3.30	554.4
		假色槭	228.48	35375.5	3.56	40.6	32.15	4461.2	51.46	6987.0	141.31	23886.7
		其他亚乔木	210.52	16497.2	66.09	525.2	63.44	6219.8	19.90	1771.1	61.09	7981.1
		合计	189342.18	24636874.7	56454.89	3839526.1	60117.51	8312702.2	34939.80	5800892.8	37829.98	6683753.6
		冷杉	1068.40	163981.6	180.83	17275.2	517.54	80079.6	281.48	51570.7	88.55	15056.1
		云杉	22438.76	1868614.9	19056.20	1323952.4	2513.05	389555.8	607.65	107997.2	261.86	47109.5
		落叶松	81871.60	12247608.4	9239.99	646723.9	28821.26	3910194.8	21884.78	3700484.3	21925.57	3990205.4
		红松	13978.42	1493460.4	8220.32	400444.5	3522.85	630619.5	1737.34	366461.5	497.91	95934.9
其中：吉林森工		樟子松	7015.40	862492.6	992.39	59658.9	4004.84	505226.3	1386.64	192750.6	631.53	104856.8
		其他针叶树种	76.41	8070.4	36.97	1647.0	7.83	958.1	26.21	4833.5	5.40	631.8
		白桦	294.27	46436.4	73.83	6364.3	51.65	6827.9	168.79	33244.2		
		水胡黄	310.70	7598.0	256.30	4612.7	52.00	2675.3			2.40	310.0
		水曲柳	4894.78	411846.7	2951.77	136457.3	1159.23	153971.1	550.59	84204.7	233.19	37213.6
		胡桃楸	11423.11	1388385.7	5894.57	559605.8	3743.73	523388.4	1502.98	255826.8	281.83	49564.7
		黄波罗	580.65	64257.8	257.17	13497.4	164.48	27125.9	144.19	21105.0	14.81	2529.5
	人工	榆树	1643.15	228616.1	266.93	24139.8	738.55	106334.4	128.61	19721.7	509.06	78420.2
		其他硬阔类	686.70	83711.6	262.27	21339.3	244.40	29762.1	127.17	21532.1	52.86	11078.1
		椴树	1386.57	182787.8	349.91	22855.9	504.27	72810.3	245.58	35227.3	286.81	51894.3
		杨树	23892.80	3204811.9	2570.67	128248.0	5913.42	610133.6	3658.11	482768.2	11750.60	1983662.1
		柳树	171.24	17264.9	53.46	353.5	40.49	2768.6	51.89	9156.6	25.40	4986.2
		其他软阔类	15495.20	2108523.8	5241.72	435144.8	7464.63	1194039.1	2019.10	345313.2	769.75	134026.7
		山杨	1543.78	183652.6	278.89	15773.9	523.52	52175.8	348.00	56684.8	393.37	59018.1
		毛赤杨	21.10	2604.5	10.50	1438.5	10.60	1166.0				
		槭树	288.74	36829.9	102.10	9581.1	88.50	10017.2	47.24	7788.5	50.90	9443.1
		山槐	18.40	2249.6	18.40	2249.6						
		山桃稠李	56.20	8336.8	40.89	6160.4	8.60	1032.0			6.71	1144.4
		其他阔叶树种	142.81	8978.1	88.10	1633.5	22.07	1840.4	23.45	4221.9	9.19	1282.3
		其他亚乔木	42.99	5754.2	10.71	368.4					32.28	5385.8

表4 东北内蒙古重点国有林区乔木林各龄组面积、蓄积按起源和优势树种（组）统计表（续10）

单位：公顷、立方米

统计单位	起源	优势树种（组）	合计		幼龄林		中龄林		近熟林		成、过熟林	
			面积	蓄积	面积	蓄积	面积	蓄积	面积	蓄积	面积	蓄积
其中：吉林森工	其中：人天混	合计	81639.32	11251710.9	22349.02	1922240.6	29631.60	4242227.3	16054.30	2655859.9	13604.40	2431383.1
		冷杉	1068.40	163981.6	180.83	17275.2	517.54	80079.6	281.48	51570.7	88.55	15056.1
		云杉	4659.20	499171.7	3490.52	309759.7	767.31	119862.9	286.49	47313.8	114.88	22235.3
		落叶松	30572.21	4705216.3	2761.36	219956.4	10916.65	1490775.8	8802.68	1473768.5	8091.52	1520715.6
		红松	2931.22	365146.5	1569.11	142408.1	813.33	123776.6	385.95	67442.6	162.83	31519.2
		樟子松	1568.85	189094.6	236.72	16774.4	1005.41	125803.1	303.58	43583.3	23.14	2933.8
		其他针叶树种	2.90	362.5	2.90	362.5						
		水曲柳	2561.99	327497.9	883.74	72853.0	895.88	133466.6	549.18	83964.7	233.19	37213.6
		胡桃楸	10424.69	1283368.3	5705.53	548615.8	3147.20	461147.0	1330.51	232776.4	241.45	40829.1
		黄波罗	497.95	62031.3	175.57	11419.4	164.48	27125.9	143.09	20956.5	14.81	2529.5
		榆树	1643.15	228616.1	266.93	24139.8	738.55	106334.4	128.61	19721.7	509.06	78420.2
		其他硬阔类	686.70	83711.6	262.27	21339.3	244.40	29762.1	127.17	21532.1	52.86	11078.1
		椴树	1380.37	182787.8	343.71	22855.9	504.27	72810.3	245.58	35227.3	286.81	51894.3
		杨树	6297.81	817792.7	817.46	46265.2	1874.42	216589.2	1011.08	138608.2	2594.85	416330.1
		柳树	153.85	17122.9	41.58	353.5	34.98	2626.6	51.89	9156.6	25.40	4986.2
		其他软阔类	15458.47	2106649.3	5216.94	434484.4	7455.36	1193181.9	2016.42	344956.3	769.75	134026.7
		山杨	1229.51	155542.7	185.70	12605.0	426.29	45195.2	319.90	53270.8	297.62	44471.7
		毛赤杨	21.10	2604.5	10.50	1438.5	10.60	1166.0				
		槭树	288.74	36829.9	102.10	9581.1	88.50	10017.2	47.24	7788.5	50.90	9443.1
		山槐	18.40	2249.6	18.40	2249.6						
		山桃稠李	56.20	8336.8	40.89	6160.4	8.60	1032.0			6.71	1144.4
		其他阔叶树种	74.62	7842.1	25.55	975.0	17.83	1474.9	23.45	4221.9	7.79	1170.3
		其他亚乔木	42.99	5754.2	10.71	368.4					32.28	5385.8
其中：长白山森工	合计	合计	2020926.30	323655842.0	113931.76	9638391.0	575566.32	84635475.0	955802.05	160947516.0	375626.17	68434460.0
		冷杉	80262.27	14415122.0	741.17	75502.0	29550.05	5028385.0	36767.47	6743298.0	13203.58	2567937.0
		云杉	65312.72	10974371.0	8620.36	458789.0	18216.71	3094191.0	22591.62	4151856.0	15884.03	3269535.0
		落叶松	156457.64	24398945.0	9432.10	621921.0	61388.29	8775706.0	57509.76	9697923.0	28127.49	5303395.0
		红松	44341.22	7754010.0	5718.96	433692.0	16926.20	3066028.0	10428.95	1917086.0	11267.11	2337204.0
		樟子松	5293.81	754590.0	365.25	19882.0	834.42	114051.0	2092.65	298307.0	2001.49	322350.0
		其他针叶树种	70.12	12249.0			37.92	5240.0	16.98	3534.0	15.22	3475.0
		蒙古栎	549021.32	86032722.0	19515.74	1463320.0	183291.04	25476684.0	285165.03	47527741.0	61049.51	11564977.0
		白桦	150921.57	22409616.0	17272.26	1206571.0	59930.10	8736123.0	63853.63	10754495.0	9865.58	1712427.0
		枫桦	122392.95	20772377.0	5795.48	689626.0	23755.19	3701673.0	61714.36	10687492.0	31127.92	5693586.0
		黑桦	2766.05	414040.0	53.61	3373.0	742.38	102280.0	1779.21	278604.0	190.85	29783.0
		水曲柳	109220.08	17714996.0	4898.18	613280.0	21335.06	3246530.0	63533.91	10535851.0	19452.93	3319335.0
		胡桃楸	104602.86	16732118.0	12473.11	1668284.0	30274.79	4619060.0	42091.71	7102158.0	19763.25	3342616.0
		黄波罗	9851.11	1605012.0	1358.35	195506.0	1959.06	309110.0	3643.30	616784.0	2890.40	483612.0
		榆树	41644.39	5589973.0	2300.91	138196.0	12259.43	1494583.0	17908.63	2562224.0	9175.42	1394970.0
		其他硬阔类	8171.16	1114774.0	3455.46	361382.0	3323.74	514484.0	1314.61	224061.0	77.35	14847.0

表4 东北内蒙古重点国有林区乔木林各龄组面积、蓄积按起源和优势树种（组）统计表（续11）

单位：公顷、立方米

统计单位	起源	优势树种(组)	合计		幼龄林		中龄林		近熟林		成、过熟林	
			面积	蓄积	面积	蓄积	面积	蓄积	面积	蓄积	面积	蓄积
其中：长白山森工	合计	椴树	415712.68	70864156.0	4225.58	421809.0	67229.91	10444402.0	228541.88	38802596.0	115715.31	21195349.0
		杨树	11660.05	1878858.0	305.63	15037.0	2080.88	266507.0	3364.23	557232.0	5909.31	1040082.0
		柳树	4480.37	259462.0	2220.45	57602.0	1328.67	113769.0	666.62	61184.0	264.63	26907.0
		其他软阔类	34346.12	4086449.0	9479.71	763422.0	16493.01	2090519.0	7170.54	1042673.0	1202.86	189835.0
		山杨	37963.80	6235122.0	2213.51	178904.0	13324.87	1988029.0	16226.66	2883933.0	6198.76	1184256.0
		毛赤杨	5995.15	580446.0	1512.08	86846.0	3179.40	333866.0	1190.82	145158.0	112.85	14576.0
		白牛槭	4657.08	670722.0	2.99	285.0	58.69	7235.0	1566.42	223141.0	3028.98	440061.0
		槭树	49693.64	7669769.0	674.10	61973.0	5917.96	856203.0	24996.21	3901710.0	18105.37	2849883.0
		山槐	1053.55	124435.0	42.02	1993.0	385.98	43302.0	494.97	62729.0	130.58	16411.0
		千金榆	106.37	15366.0					71.75	11473.0	34.62	3893.0
		暴马丁香	362.75	35925.0	96.25	5756.0	133.22	13022.0	87.23	12345.0	46.05	4802.0
		青楷槭	726.82	103993.0	46.78	5448.0	125.08	16229.0	224.45	34515.0	330.51	47801.0
		花楷槭	417.20	52715.0	14.32	601.0	55.16	7075.0	159.65	19669.0	188.07	25370.0
		稠李	346.76	33868.0	93.18	6648.0	139.48	15242.0	92.56	9690.0	21.54	2288.0
		山桃稠李	794.03	123924.0	238.94	39151.0	426.09	64288.0	80.21	13325.0	48.79	7160.0
		山丁子	751.57	74684.0	175.01	12153.0	391.61	39348.0	147.43	19040.0	37.52	4143.0
		花曲柳	210.81	22207.0	40.23	3096.0	141.81	15532.0	18.34	2169.0	10.43	1410.0
		钻天柳	2.34	688.0							2.34	688.0
		其他阔叶树种	377.47	41590.0	71.04	1627.0	124.46	14196.0	128.14	18286.0	53.83	7481.0
		假色槭	119.18	12175.0	42.41	1245.0	5.59	966.0	18.17	2647.0	53.01	7317.0
		其他亚乔木	819.29	74373.0	436.59	25471.0	200.07	21617.0	143.95	22587.0	38.68	4698.0
	天然	合计	1867168.95	301690179.0	75602.94	6310049.0	525197.13	77130200.0	917244.01	154628795.0	349124.87	63621135.0
		冷杉	79935.43	14372876.0	521.08	56606.0	29464.22	5010504.0	36746.55	6737829.0	13203.58	2567937.0
		云杉	57102.76	10516771.0	783.42	71778.0	17902.25	3037351.0	22533.06	4138107.0	15884.03	3269535.0
		落叶松	76493.15	12249517.0	2085.28	119159.0	36700.94	5406215.0	29807.68	5233239.0	7899.25	1490904.0
		红松	32972.41	6226444.0	347.85	44069.0	11479.30	2051159.0	9893.00	1796927.0	11252.26	2334289.0
		樟子松	971.73	171646.0	66.39	8940.0	417.66	68620.0	251.27	43581.0	236.41	50505.0
		其他针叶树种	45.67	8241.0			21.11	3121.0	16.98	3534.0	7.58	1586.0
		蒙古栎	549021.32	86032722.0	19515.74	1463320.0	183291.04	25476684.0	285165.03	47527741.0	61049.51	11564977.0
		白桦	150902.90	22408873.0	17259.76	1206253.0	59925.17	8735809.0	63852.39	10754384.0	9865.58	1712427.0
		枫桦	122392.95	20772377.0	5795.48	689626.0	23755.19	3701673.0	61714.36	10687492.0	31127.92	5693586.0
		黑桦	2766.05	414040.0	53.61	3373.0	742.38	102280.0	1779.21	278604.0	190.85	29783.0
		水曲柳	105058.24	17030692.0	3083.74	362868.0	20118.64	3032722.0	62495.71	10333678.0	19360.15	3301424.0
		胡桃楸	98643.55	15771506.0	9069.99	1173076.0	28579.66	4322068.0	41389.51	6963629.0	19604.39	3312733.0
		黄波罗	8929.61	1453718.0	793.05	109175.0	1711.64	265889.0	3549.10	598317.0	2875.82	480337.0
		榆树	39884.96	5311207.0	1968.26	100818.0	11418.40	1354459.0	17395.85	2473510.0	9102.45	1382420.0
		椴树	413637.50	70532756.0	3484.82	325997.0	66471.21	10322918.0	228006.44	38694860.0	115675.03	21188981.0
		杨树	6219.76	1147133.0	97.64	9577.0	1277.78	200050.0	2498.39	456601.0	2345.95	480905.0
		柳树	4090.41	220238.0	2078.97	52628.0	1144.82	86898.0	625.85	55938.0	240.77	24774.0
		其他软阔类	16908.13	1613069.0	3640.44	146054.0	7818.89	746565.0	4637.73	601040.0	811.07	119410.0
		山杨	35695.54	5921893.0	1895.33	157325.0	12015.28	1805888.0	15629.92	2781238.0	6155.01	1177442.0
		毛赤杨	5854.54	565092.0	1465.41	83173.0	3101.42	323961.0	1174.86	143382.0	112.85	14576.0

表 4　东北内蒙古重点国有林区乔木林各龄组面积、蓄积按起源和优势树种（组）统计表（续 12）

单位：公顷、立方米

统计单位	起源	优势树种（组）	合计		幼龄林		中龄林		近熟林		成、过熟林	
			面积	蓄积	面积	蓄积	面积	蓄积	面积	蓄积	面积	蓄积
		白牛槭	4657.08	670722.0	2.99	285.0	58.69	7235.0	1566.42	223141.0	3028.98	440061.0
		槭树	49450.20	7634225.0	592.16	56191.0	5852.58	846491.0	24900.09	3881660.0	18105.37	2849883.0
		山槐	1017.37	118007.0	42.02	1993.0	364.13	39501.0	480.64	60102.0	130.58	16411.0
		千金榆	106.37	15366.0					71.75	11473.0	34.62	3893.0
		暴马丁香	362.75	35925.0	96.25	5756.0	133.22	13022.0	87.23	12345.0	46.05	4802.0
		青楷槭	726.82	103993.0	46.78	5448.0	125.08	16229.0	224.45	34515.0	330.51	47801.0
		花楷槭	417.20	52715.0	14.32	601.0	55.16	7075.0	159.65	19669.0	188.07	25370.0
	天然	稠李	346.76	33868.0	93.18	6648.0	139.48	15242.0	92.56	9690.0	21.54	2288.0
		山桃稠李	563.42	83558.0	116.91	17197.0	327.65	47058.0	70.07	12143.0	48.79	7160.0
		山丁子	751.57	74684.0	175.01	12153.0	391.61	39348.0	147.43	19040.0	37.52	4143.0
		花曲柳	210.81	22207.0	40.23	3096.0	141.81	15532.0	18.34	2169.0	10.43	1410.0
		钻天柳	2.34	688.0							2.34	688.0
		其他阔叶树种	221.01	29642.0	0.19	6.0	72.53	8974.0	100.37	13983.0	47.92	6679.0
		假色槭	119.18	12175.0	42.41	1245.0	5.59	966.0	18.17	2647.0	53.01	7317.0
		其他亚乔木	689.46	61593.0	334.23	15615.0	172.60	18693.0	143.95	22587.0	38.68	4698.0
		合计	153757.35	21965663.0	38328.82	3328342.0	50369.19	7505275.0	38558.04	6318721.0	26501.30	4813325.0
		冷杉	326.84	42246.0	220.09	18896.0	85.83	17881.0	20.92	5469.0		
		云杉	8209.96	457600.0	7836.94	387011.0	314.46	56840.0	58.56	13749.0		
其中：长白山森工		落叶松	79964.49	12149428.0	7346.82	502762.0	24687.35	3369491.0	27702.08	4464684.0	20228.24	3812491.0
		红松	11368.81	1527566.0	5371.11	389623.0	5446.90	1014869.0	535.95	120159.0	14.85	2915.0
		樟子松	4322.08	582944.0	298.86	10942.0	416.76	45431.0	1841.38	254726.0	1765.08	271845.0
		其他针叶树种	24.45	4008.0			16.81	2119.0			7.64	1889.0
		白桦	18.67	743.0	12.50	318.0	4.93	314.0	1.24	111.0		
		水曲柳	4161.84	684304.0	1814.44	250412.0	1216.42	213808.0	1038.20	202173.0	92.78	17911.0
		胡桃楸	5959.31	960612.0	3403.12	495208.0	1695.13	296992.0	702.20	138529.0	158.86	29883.0
		黄波罗	921.50	151294.0	565.30	86331.0	247.42	43221.0	94.20	18467.0	14.58	3275.0
		榆树	1759.43	278766.0	332.65	37378.0	841.03	140124.0	512.78	88714.0	72.97	12550.0
	人工	其他硬阔类	8171.16	1114774.0	3455.46	361382.0	3323.74	514484.0	1314.61	224061.0	77.35	14847.0
		椴树	2075.18	331400.0	740.76	95812.0	758.70	121484.0	535.44	107736.0	40.28	6368.0
		杨树	5440.29	731725.0	207.99	5460.0	803.10	66457.0	865.84	100631.0	3563.36	559177.0
		柳树	389.96	39224.0	141.48	4974.0	183.85	26871.0	40.77	5246.0	23.86	2133.0
		其他软阔类	17437.99	2473380.0	5839.27	617368.0	8674.12	1343954.0	2532.81	441633.0	391.79	70425.0
		山杨	2268.26	313229.0	318.18	21579.0	1309.59	182141.0	596.74	102695.0	43.75	6814.0
		毛赤杨	140.61	15354.0	46.67	3673.0	77.98	9905.0	15.96	1776.0		
		槭树	243.44	35544.0	81.94	5782.0	65.38	9712.0	96.12	20050.0		
		山槐	36.18	6428.0			21.85	3801.0	14.33	2627.0		
		山桃稠李	230.61	40366.0	122.03	21954.0	98.44	17230.0	10.14	1182.0		
		其他阔叶树种	156.46	11948.0	70.85	1621.0	51.93	5222.0	27.77	4303.0	5.91	802.0
		其他亚乔木	129.83	12780.0	102.36	9856.0	27.47	2924.0				

表 4　东北内蒙古重点国有林区乔木林各龄组面积、蓄积按起源和优势树种（组）统计表（续 13）

单位：公顷、立方米

统计单位	起源	优势树种（组）	合计		幼龄林		中龄林		近熟林		成、过熟林	
			面积	蓄积	面积	蓄积	面积	蓄积	面积	蓄积	面积	蓄积
其中：长白山森工	其中：人天混	合计	64972.16	9640169.0	19291.61	2260618.0	26018.27	3997493.0	14580.00	2492911.0	5082.28	889147.0
		冷杉	326.84	42246.0	220.09	18896.0	85.83	17881.0	20.92	5469.0		
		云杉	1082.52	111418.0	927.44	81205.0	138.35	25878.0	16.73	4335.0		
		落叶松	17003.92	2576124.0	831.23	65102.0	6145.24	830807.0	6427.51	1036493.0	3599.94	643722.0
		红松	1782.80	261446.0	818.16	88171.0	892.46	159407.0	59.59	11415.0	12.59	2453.0
		樟子松	666.08	81818.0	19.08	438.0	104.19	10559.0	321.92	41388.0	220.89	29433.0
		其他针叶树种	6.62	942.0			6.62	942.0				
		水曲柳	3772.40	673301.0	1500.63	245124.0	1141.81	208143.0	1037.18	202123.0	92.78	17911.0
		胡桃楸	5936.87	958155.0	3394.60	495037.0	1694.70	296943.0	688.71	136292.0	158.86	29883.0
		黄波罗	907.65	150404.0	558.96	86331.0	242.69	42768.0	94.20	18467.0	11.80	2838.0
		榆树	1759.43	278766.0	332.65	37378.0	841.03	140124.0	512.78	88714.0	72.97	12550.0
		其他硬阔类	8171.16	1114774.0	3455.46	361382.0	3323.74	514484.0	1314.61	224061.0	77.35	14847.0
		椴树	2075.18	331400.0	740.76	95812.0	758.70	121484.0	535.44	107736.0	40.28	6368.0
		杨树	806.28	119502.0	35.96	1875.0	186.95	28882.0	230.00	37644.0	353.37	51101.0
		柳树	291.17	37035.0	66.55	4918.0	183.85	26871.0	40.77	5246.0		
		其他软阔类	17240.00	2468035.0	5700.83	614933.0	8627.25	1341646.0	2520.13	441031.0	391.79	70425.0
		山杨	2268.26	313229.0	318.18	21579.0	1309.59	182141.0	596.74	102695.0	43.75	6814.0
		毛赤杨	140.61	15354.0	46.67	3673.0	77.98	9905.0	15.96	1776.0		
		槭树	243.44	35544.0	81.94	5782.0	65.38	9712.0	96.12	20050.0		
		山槐	36.18	6428.0			21.85	3801.0	14.33	2627.0		
		山桃稠李	230.61	40366.0	122.03	21954.0	98.44	17230.0	10.14	1182.0		
		其他阔叶树种	94.31	11102.0	18.03	1172.0	44.15	4961.0	26.22	4167.0	5.91	802.0
		其他亚乔木	129.83	12780.0	102.36	9856.0	27.47	2924.0				
黑龙江重点国有林区	合计	合计	8684955.28	1011472405.5	1132579.97	86109871.3	5764478.52	673845689.6	1479651.84	204445172.0	308244.95	47071672.6
		冷杉	716758.39	95818319.6	30204.96	2955950.9	561900.61	73768079.7	112068.67	17063504.1	12584.15	2030784.9
		云杉	342994.87	39081583.9	78785.93	6163197.2	228860.89	27750017.2	31255.44	4593457.5	4092.61	574912.0
		落叶松	933244.84	118435320.0	132908.88	11064616.9	581623.66	74272609.0	171999.73	25807249.9	46712.57	7290844.2
		红松	428910.52	58857164.4	103668.57	10434980.7	240922.56	31804217.4	54976.75	9452892.2	29342.64	7165074.1
		樟子松	26180.31	3447343.8	2563.37	136792.5	7837.49	1024125.6	11015.08	1574592.8	4764.37	711832.9
		赤松	8524.11	1106737.7	231.81	21754.9	6351.62	800244.6	1735.04	259248.9	205.64	25489.3
		其他针叶树种	207.59	19439.3	51.94	1486.6	126.04	14024.4	18.95	2054.9	10.66	1873.4
		蒙古栎	1404686.09	158430281.1	182675.26	12812313.0	911150.42	103725754.1	284320.03	38080390.2	26540.38	3811823.8
		白桦	1449354.86	145792459.2	292624.44	16982300.6	1028582.19	111785320.5	113008.29	14987810.2	15139.94	2037027.9
		枫桦	828106.15	99986014.5	71990.18	5857917.5	530652.30	63923983.5	176123.18	23556477.9	49340.49	6647635.6
		黑桦	117858.02	11234865.4	9724.84	670644.2	90016.23	8526445.7	17090.78	1908679.5	1026.17	129096.0
		水曲柳	526009.04	61238257.3	47196.76	5283843.7	359671.97	39766250.8	102062.05	13351800.3	17078.26	2836362.5
		胡桃楸	221432.76	25524986.3	12903.17	1437236.5	152851.48	16760495.8	51490.04	6736426.6	4188.07	590827.4
		黄波罗	27385.03	3055538.3	1746.48	163417.5	18414.75	1936477.9	6633.50	875250.8	590.30	80392.1
		榆树	188060.28	18361059.7	10885.99	673555.4	127623.87	12063751.5	37706.89	4197039.4	11843.53	1426713.4
		其他硬阔类	16070.14	1857728.7	5093.98	454594.7	10093.30	1278057.1	717.10	103612.4	165.76	21464.5
		椴树	577152.84	66912867.7	46762.83	4376566.8	383968.98	42949397.0	131619.53	17520721.3	14801.50	2066182.6

表 4　东北内蒙古重点国有林区乔木林各龄组面积、蓄积按起源和优势树种（组）统计表（续 14）

单位：公顷、立方米

统计单位	起源	优势树种（组）	合计		幼龄林		中龄林		近熟林		成、过熟林	
			面积	蓄积	面积	蓄积	面积	蓄积	面积	蓄积	面积	蓄积
黑龙江重点国有林区	合计	杨树	14165.45	1794883.2	1059.72	62607.3	7943.66	971930.2	2913.37	430105.8	2248.70	330239.9
		柳树	3625.31	213931.6	1549.74	46523.3	1702.52	130098.5	248.00	24399.2	125.05	12910.6
		其他软阔类	24332.88	2785752.7	8101.65	685643.5	15286.75	1973259.2	825.45	109604.1	119.03	17245.9
		山杨	491602.22	65348284.9	45455.88	3308768.5	297600.89	39648566.2	99925.60	15447748.6	48619.85	6943201.6
		毛赤杨	64824.44	4098012.5	24821.98	965940.1	35078.19	2664795.2	3328.24	296072.8	1596.03	171204.4
		槭树	216237.34	23349391.2	12306.37	1213269.6	130070.65	13176625.8	61413.97	7303974.6	12446.35	1655521.2
		山槐	12704.13	1198991.4	991.67	64260.4	8406.08	786521.4	1615.77	169818.7	1690.61	178390.9
		千金榆	224.69	19843.1			193.34	16698.1	31.35	3145.0		
		暴马丁香	3516.06	251698.0	1035.19	46156.0	1833.81	146032.1	289.66	28086.9	357.40	31423.0
		青楷槭	8351.56	787964.8	391.11	20880.9	5794.22	521406.6	1534.36	174867.1	631.87	70810.2
		花楷槭	15465.31	1306305.2	988.79	57341.0	11457.40	942163.4	1898.99	197648.9	1120.13	109151.9
		波纹柳	8555.05	433239.2	4470.70	101492.3	3552.12	277196.3	348.32	33822.7	183.91	20727.9
		稠李	1444.46	98499.7	412.25	13620.6	928.89	75158.4	76.21	7522.2	27.11	2198.5
		山桃稠李	2698.55	298571.8	83.70	6157.6	1953.67	205264.3	355.50	46298.3	305.68	40851.6
		山丁子	1332.48	72958.7	379.04	10584.4	753.38	47292.1	188.87	14370.3	11.19	711.9
		岳桦	1600.48	158845.7	2.66	24.8	710.45	60993.5	658.97	71902.5	228.40	25924.9
		花曲柳	330.68	36658.8	13.30	572.0	284.79	32222.3	22.64	2757.8	9.95	1106.7
		钻天柳	253.75	24259.6	31.15	1757.2	60.55	5286.1	75.48	6404.9	86.57	10811.4
		其他阔叶树种	481.11	17855.0	335.62	7053.8	113.10	8551.0	28.16	1912.2	4.23	338.0
		假色槭	61.50	3178.7	10.48	363.3	47.88	2473.5	3.14	341.9		
		其他亚乔木	211.99	13312.8	119.58	5685.1	57.82	3903.6	28.74	3158.6	5.85	565.5
	天然	合计	7829815.01	900719202.6	893770.57	65155702.6	5358101.25	616207370.2	1319820.30	180116885.8	258122.89	39239244.0
		冷杉	716006.27	95702844.5	30024.04	2932375.7	561329.41	73676179.8	112068.67	17063504.1	12584.15	2030784.9
		云杉	287626.77	34507791.7	38109.13	3557783.0	214825.95	25865322.7	30696.03	4519056.0	3995.66	565630.0
		落叶松	376700.37	40768919.9	41911.32	2946771.8	299770.99	33178019.0	31380.59	4171286.5	3637.47	472842.6
		红松	280726.07	41791565.0	21730.10	2404930.8	177210.70	23139039.4	52510.85	9092219.8	29274.42	7155375.0
		樟子松	520.50	48859.1	154.55	7208.3	278.57	32330.8	25.78	2881.6	61.60	6438.4
		赤松	8343.15	1087215.6	219.42	20276.0	6343.16	799354.3	1710.04	256325.9	70.53	11259.4
		其他针叶树种	160.38	15739.2	33.17	1486.6	126.04	14024.4			1.17	228.2
		蒙古栎	1404686.09	158430281.1	182675.26	12812313.0	911150.42	103725754.1	284320.03	38080390.2	26540.38	3811823.8
		白桦	1449220.72	145788130.6	292511.54	16978863.6	1028560.95	111784428.9	113008.29	14987810.2	15139.94	2037027.9
		枫桦	828106.15	99986014.5	71990.18	5857917.5	530652.30	63923983.5	176123.18	23556477.9	49340.49	6647635.6
		黑桦	117858.02	11234865.4	9724.84	670644.2	90016.23	8526445.7	17090.78	1908679.5	1026.17	129096.0
		水曲柳	519246.47	60345353.4	43529.59	4803339.2	356971.12	39416603.0	101669.09	13289083.0	17076.67	2836328.2
		胡桃楸	217895.57	25039849.3	11628.70	1261783.1	150919.16	16499105.2	51159.64	6688133.6	4188.07	590827.4
		黄波罗	27160.71	3029205.9	1709.25	158930.0	18237.70	1916050.6	6623.46	873833.2	590.30	80392.1
		榆树	186304.02	18147595.3	10709.97	658664.4	126438.57	11918262.5	37405.31	4156761.0	11750.17	1413907.4
		椴树	574172.55	66554518.6	45773.48	4276863.8	382325.85	42732850.9	131271.96	17478642.6	14801.26	2066161.3
		杨树	13380.52	1716533.3	923.70	55544.9	7741.05	954459.3	2770.40	412651.7	1945.37	293877.4
		柳树	3567.85	211489.3	1511.30	45512.3	1685.38	128770.6	248.00	24399.2	123.17	12807.2
		其他软阔类	37.56	2435.8	28.06	1654.3	9.50	781.5				

表 4　东北内蒙古重点国有林区乔木林各龄组面积、蓄积按起源和优势树种（组）统计表（续 15）

单位：公顷、立方米

统计单位	起源	优势树种（组）	合计		幼龄林		中龄林		近熟林		成、过熟林	
			面积	蓄积	面积	蓄积	面积	蓄积	面积	蓄积	面积	蓄积
黑龙江重点国有林区	天然	山杨	480635.99	64220542.5	42797.69	3210902.5	292698.65	39056752.6	97868.47	15195674.0	47271.18	6757213.4
		毛赤杨	64657.00	4078782.4	24793.52	963797.2	34949.77	2648373.9	3317.68	295406.9	1596.03	171204.4
		槭树	215902.93	23311738.5	12173.61	1197108.7	129873.32	13155507.1	61409.78	7303608.5	12446.22	1655514.2
		山槐	12622.75	1192212.1	972.96	63779.4	8345.60	780457.7	1613.58	169584.1	1690.61	178390.9
		千金榆	224.69	19843.1			193.34	16698.1	31.35	3145.0		
		暴马丁香	3516.06	251698.0	1035.19	46156.0	1833.81	146032.1	289.66	28086.9	357.40	31423.0
		青楷槭	8351.56	787964.8	391.11	20880.9	5794.22	521406.6	1534.36	174867.1	631.87	70810.2
		花楷槭	15465.31	1306305.2	988.79	57341.0	11457.40	942163.4	1898.99	197648.9	1120.13	109151.9
		波纹柳	8555.05	433239.2	4470.70	101492.3	3552.12	277196.3	348.32	33822.7	183.91	20727.9
		稠李	1444.46	98499.7	412.25	13620.6	928.89	75158.4	76.21	7522.2	27.11	2198.5
		山桃稠李	2664.06	293053.2	83.70	6157.6	1928.37	201331.0	346.31	44713.0	305.68	40851.6
		山丁子	1332.48	72958.7	379.04	10584.4	753.38	47292.1	188.87	14370.3	11.19	711.9
		岳桦	1600.48	158845.7	2.66	24.8	710.45	60993.5	658.97	71902.5	228.40	25924.9
		花曲柳	330.68	36658.8	13.30	572.0	284.79	32222.3	22.64	2757.8	9.95	1106.7
		钻天柳	253.75	24259.6	31.15	1757.2	60.55	5286.1	75.48	6404.9	86.57	10811.4
		其他阔叶树种	264.53	6902.1	197.24	2617.1	37.84	2355.7	25.65	1734.5	3.80	194.8
		假色槭	61.50	3178.7	10.48	363.3	47.88	2473.5	3.14	341.9		
		其他亚乔木	211.99	13312.8	119.58	5685.1	57.82	3903.6	28.74	3158.6	5.85	565.5
	人工	合计	855140.27	110753202.9	238809.40	20954168.7	406377.27	57638319.4	159831.54	24328286.2	50122.06	7832428.6
		冷杉	752.12	115475.1	180.92	23575.2	571.20	91899.9				
		云杉	55368.10	4573792.2	40676.80	2605414.2	14034.94	1884694.5	559.41	74401.5	96.95	9282.0
		落叶松	556544.47	77666400.1	90997.56	8117845.1	281852.67	41094590.0	140619.14	21635963.4	43075.10	6818001.6
		红松	148184.45	17065599.4	81938.47	8030049.9	63711.86	8665178.0	2465.90	360672.4	68.22	9699.1
		樟子松	25659.81	3398484.7	2408.82	129584.2	7558.92	991794.8	10989.30	1571711.2	4702.77	705394.5
		赤松	180.96	19522.1	12.39	1478.9	8.46	890.3	25.00	2923.0	135.11	14229.9
		其他针叶树种	47.21	3700.1	18.77				18.95	2054.9	9.49	1645.2
		白桦	134.14	4328.6	112.90	3437.0	21.24	891.6				
		水曲柳	6762.57	892903.9	3667.17	480504.5	2700.85	349647.8	392.96	62717.3	1.59	34.3
		胡桃楸	3537.19	485137.0	1274.47	175453.4	1932.32	261390.6	330.40	48293.0		
		黄波罗	224.32	26332.4	37.23	4487.5	177.05	20427.3	10.04	1417.6		
		榆树	1756.26	213464.4	176.02	14891.0	1185.30	145489.0	301.58	40278.4	93.36	12806.0
		其他硬阔类	16070.14	1857728.7	5093.98	454594.7	10093.30	1278057.1	717.10	103612.4	165.76	21464.5
		椴树	2980.29	358349.1	989.35	99703.0	1643.13	216546.1	347.57	42078.7	0.24	21.3
		杨树	784.93	78349.9	136.02	7062.4	202.61	17470.9	142.97	17454.1	303.33	36362.5
		柳树	57.46	2442.3	38.44	1011.0	17.14	1327.9			1.88	103.4
		其他软阔类	24295.32	2783316.9	8073.59	683989.2	15277.25	1972477.7	825.45	109604.1	119.03	17245.9
		山杨	10966.23	1127742.4	2658.19	97866.0	4902.24	591813.6	2057.13	252074.6	1348.67	185988.2
		毛赤杨	167.44	19230.1	28.46	2142.9	128.42	16421.3	10.56	665.9		
		槭树	334.41	37652.7	132.76	16160.9	197.33	21118.7	4.19	366.1	0.13	7.0
		山槐	81.38	6779.3	18.71	481.0	60.48	6063.7	2.19	234.6		
		山桃稠李	34.49	5518.6			25.30	3933.3	9.19	1585.3		
		其他阔叶树种	216.58	10952.9	138.38	4436.7	75.26	6195.3	2.51	177.7	0.43	143.2

表 4　东北内蒙古重点国有林区乔木林各龄组面积、蓄积按起源和优势树种（组）统计表（续 16）

单位：公顷、立方米

统计单位	起源	优势树种（组）	合计		幼龄林		中龄林		近熟林		成、过熟林	
			面积	蓄积	面积	蓄积	面积	蓄积	面积	蓄积	面积	蓄积
黑龙江重点国有林区	其中：人天混	合计	402763.46	50031022.5	113596.22	10375348.0	213446.02	28486585.4	58644.84	8632007.8	17076.38	2537081.3
		冷杉	752.12	115475.1	180.92	23575.2	571.20	91899.9				
		云杉	28557.03	2658919.5	18534.60	1357560.0	9546.02	1245441.0	414.28	50908.4	62.13	5010.1
		落叶松	230851.61	30874627.2	29746.91	2768323.2	134355.46	18155445.6	51440.45	7651157.1	15308.79	2299701.3
		红松	77916.57	8604759.3	44947.00	4236329.4	31488.61	4163745.0	1422.87	196557.7	58.09	8127.2
		樟子松	4954.89	598818.6	461.57	32343.3	2275.22	275707.9	1653.96	213651.8	564.14	77115.6
		其他针叶树种	22.19	2356.7					18.95	2054.9	3.24	301.8
		水曲柳	5991.77	851363.7	3222.19	472984.6	2452.05	325327.4	317.53	53051.7		
		胡桃楸	3373.90	475817.3	1181.53	173568.2	1868.69	255075.9	323.68	47173.2		
		黄波罗	208.37	25245.5	30.54	4211.0	167.79	19616.9	10.04	1417.6		
		榆树	1756.26	213464.4	176.02	14891.0	1185.30	145489.0	301.58	40278.4	93.36	12806.0
		其他硬阔类	16070.14	1857728.7	5093.98	454594.7	10093.30	1278057.1	717.10	103612.4	165.76	21464.5
		椴树	2980.29	358349.1	989.35	99703.0	1643.13	216546.1	347.57	42078.7	0.24	21.3
		杨树	304.80	37704.8	35.00	2888.7	75.10	7096.6	34.33	7170.2	160.37	20549.3
		柳树	31.33	2076.1	14.11	741.3	17.14	1327.9			0.08	6.9
		其他软阔类	24295.07	2783316.9	8073.34	683989.2	15277.25	1972477.7	825.45	109604.1	119.03	17245.9
		山杨	3948.88	492246.1	657.35	27146.9	1959.94	279980.9	790.57	110393.9	541.02	74724.4
		毛赤杨	167.44	19230.1	28.46	2142.9	128.42	16421.3	10.56	665.9		
		槭树	334.41	37652.7	132.76	16160.9	197.33	21118.7	4.19	366.1	0.13	7.0
		山槐	81.38	6779.3	18.71	481.0	60.48	6063.7	2.19	234.6		
		山桃稠李	34.49	5518.6			25.30	3933.3	9.19	1585.3		
		其他阔叶树种	130.52	9572.8	71.88	3713.5	58.29	5813.5	0.35	45.8		
黑龙江大兴安岭重点国有林区	合计	合计	6888823.99	575178872.9	1318055.00	58039653.3	4079452.28	364829876.0	804326.51	79087859.1	686990.20	73221484.5
		云杉	28359.51	2664228.0	744.04	40273.2	23323.86	2215971.1	3273.72	307015.5	1017.89	100968.2
		落叶松	3204641.10	293541736.8	152203.72	9167730.4	2156995.39	194059846.3	449305.34	43197529.4	446136.65	47116630.7
		红松	52.03	7354.9	52.03	7354.9						
		樟子松	93134.00	9198521.9	9049.77	394124.5	53923.37	5296309.4	17585.78	1968782.6	12575.08	1539305.4
		蒙古栎	176321.59	9145745.5	97212.24	3653802.0	45083.39	2848405.6	16800.25	1253242.2	17225.71	1390295.7
		白桦	2975524.29	233156257.3	861849.85	38579101.7	1659756.47	147628889.5	281031.70	28301238.4	172886.27	18647027.7
		黑桦	32427.77	1882428.4	16689.35	897407.4	13374.43	813987.7	1662.26	117822.0	701.73	53211.3
		水曲柳	552.30	61013.1	238.37	17002.6	307.55	43307.1			6.38	703.4
		榆树	498.94	19675.6	39.90	1042.1	362.80	13319.8	30.11	1619.3	66.13	3694.4
		椴树	29.35	1305.9	29.35	1305.9						
		杨树	9947.12	971170.5	565.08	32131.1	4588.60	367917.3	2130.28	236272.8	2663.16	334849.3
		柳树	21809.93	1485526.7	4607.09	121610.1	10865.76	773094.8	2470.56	219589.6	3866.52	371232.2
		其他软阔类	9112.33	467561.1	8687.18	432996.8	425.15	34564.3				
		山杨	336413.73	22576347.2	166087.03	4693770.6	110445.51	10734263.1	30036.51	3484747.3	29844.68	3663566.2

表4 东北内蒙古重点国有林区乔木林各龄组面积、蓄积按起源和优势树种（组）统计表（续17）

单位：公顷、立方米

统计单位	起源	优势树种（组）	合计		幼龄林		中龄林		近熟林		成、过熟林	
			面积	蓄积	面积	蓄积	面积	蓄积	面积	蓄积	面积	蓄积
黑龙江大兴安岭重点国有林区	天然	合计	6700982.48	564342876.4	1269598.99	55572197.9	3949511.30	357305496.0	795457.93	78302714.6	686414.26	73162467.9
		云杉	28173.18	2656691.5	635.33	37467.2	23275.90	2213015.3	3247.53	305488.7	1014.42	100720.3
		落叶松	3038639.33	283878344.9	115160.36	7236509.1	2036070.21	187043567.1	441756.78	42527606.2	445651.98	47070662.5
		樟子松	81130.50	8538306.2	6912.60	326550.6	45438.67	4830162.6	16291.95	1855088.1	12487.28	1526504.9
		蒙古栎	176321.59	9145745.5	97212.24	3653802.0	45083.39	2848405.6	16800.25	1253242.2	17225.71	1390295.7
		白桦	2975524.29	233156257.3	861849.85	38579101.7	1659756.47	147628889.5	281031.70	28301238.4	172886.27	18647027.7
		黑桦	32427.77	1882428.4	16689.35	897407.4	13374.43	813987.7	1662.26	117822.0	701.73	53211.3
		水曲柳	552.30	61013.1	238.37	17002.6	307.55	43307.1			6.38	703.4
		榆树	498.94	19675.6	39.90	1042.1	362.80	13319.8	30.11	1619.3	66.13	3694.4
		椴树	29.35	1305.9	29.35	1305.9						
		杨树	9947.12	971170.5	565.08	32131.1	4588.60	367917.3	2130.28	236272.8	2663.16	334849.3
		柳树	21809.93	1485526.7	4607.09	121610.1	10865.76	773094.8	2470.56	219589.6	3866.52	371232.2
		山杨	335928.18	22546410.8	165659.47	4668268.1	110387.52	10729829.2	30036.51	3484747.3	29844.68	3663566.2
	人工	合计	187841.51	10835996.5	48456.01	2467455.4	129940.98	7524380.0	8868.58	785144.5	575.94	59016.6
		云杉	186.33	7536.5	108.71	2806.0	47.96	2955.8	26.19	1526.8	3.47	247.9
		落叶松	166001.77	9663391.9	37043.36	1931221.3	120925.18	7016279.2	7548.56	669923.2	484.67	45968.2
		红松	52.03	7354.9	52.03	7354.9						
		樟子松	12003.50	660215.7	2137.17	67573.9	8484.70	466146.8	1293.83	113694.5	87.80	12800.5
		其他软阔类	9112.33	467561.1	8687.18	432996.8	425.15	34564.3				
		山杨	485.55	29936.4	427.56	25502.5	57.99	4433.9				
	其中：人天混	合计	32952.48	1929645.4	12852.92	642272.9	19328.30	1222303.4	766.52	64733.9	4.74	335.2
		云杉	25.42	1370.3	8.70	210.1	14.69	1012.9			2.03	147.3
		落叶松	21678.35	1349361.3	3540.99	177494.7	17411.59	1109920.0	723.06	61758.7	2.71	187.9
		樟子松	1650.83	81416.3	188.49	6068.8	1418.88	72372.3	43.46	2975.2		
		其他软阔类	9112.33	467561.1	8687.18	432996.8	425.15	34564.3				
		山杨	485.55	29936.4	427.56	25502.5	57.99	4433.9				

说明：（1）①本表中人工林合计中含《东北内蒙古重点国有林区森林资源规划设计调查技术规定》中起源为“人天混”数据；

②同时保留起源为“人天混”的统计结果明细；

（2）本表对蓄积量较小的树种进行了适当归并。

表 5　东北内蒙古重点国有林区国家级公益林面积按地类和保护等级统计表

单位：公顷

统计单位	保护等级	总计	林地													其他土地
			合计	乔木林地	灌木林地		未成林造林地	苗圃地	疏林地	无立木林地				宜林地	林业辅助生产用地	
					小计	其中：特殊灌木林地				小计	采伐迹地	火烧迹地	其他无立木林地			
合计	合计	8051247.18	8046983.92	7576210.51	59057.35	27382.50	3985.60	255.37	5522.63	45567.60	73.35	2040.49	43453.76	349326.08	7058.78	4263.26
	一级	2899785.55	2899214.63	2726801.44	22244.08	9763.67	477.81		1424.21	5038.71	2.56	546.93	4489.22	141665.26	1563.12	570.92
	二级	5151461.63	5147769.29	4849409.07	36813.27	17618.83	3507.79	255.37	4098.42	40528.89	70.79	1493.56	38964.54	207660.82	5495.66	3692.34
内蒙古重点国有林区	合计	2519177.24	2518661.25	2344273.19	51262.31	27363.86	1809.01	20.70	3624.40	16475.46	1.00	1973.01	14501.45	100547.60	648.58	515.99
	一级	1062690.60	1062684.76	1032034.89	16252.27	9763.67	190.46		718.88	576.07		546.93	29.14	12843.51	68.68	5.84
	二级	1456486.64	1455976.49	1312238.30	35010.04	17600.19	1618.55	20.70	2905.52	15899.39	1.00	1426.08	14472.31	87704.09	579.90	510.15
吉林省重点国有林区	合计	1100869.64	1100466.25	1098633.25	374.06	18.64	512.00		4.19	445.85	71.27		374.58	217.32	279.58	403.39
	一级	336496.24	336491.15	335952.54	306.12		157.63			27.28	2.56		24.72	23.70	23.88	5.09
	二级	764373.40	763975.10	762680.71	67.94	18.64	354.37		4.19	418.57	68.71		349.86	193.62	255.70	398.30
其中：吉林森工	合计	153752.24	153552.60	153089.64			140.30			95.87	8.66		87.21	87.94	138.85	199.64
	一级	114321.91	114321.91	114171.67			125.12			18.02	2.56		15.46	2.72	4.38	
	二级	39430.33	39230.69	38917.97			15.18			77.85	6.10		71.75	85.22	134.47	199.64
其中：长白山森工	合计	947117.40	946913.65	945543.61	374.06	18.64	371.70		4.19	349.98	62.61		287.37	129.38	140.73	203.75
	一级	222174.33	222169.24	221780.87	306.12		32.51			9.26			9.26	20.98	19.50	5.09
	二级	724943.07	724744.41	723762.74	67.94	18.64	339.19		4.19	340.72	62.61		278.11	108.40	121.23	198.66
黑龙江重点国有林区	合计	2340022.53	2339822.15	2322429.79	1207.58		1383.28	10.73	1278.17	1956.21		2.79	1953.42	10939.66	616.73	200.38
	一级	411245.28	411215.08	407280.77	600.54		94.67		296.44	177.03			177.03	2701.72	63.91	30.20
	二级	1928777.25	1928607.07	1915149.02	607.04		1288.61	10.73	981.73	1779.18		2.79	1776.39	8237.94	552.82	170.18
黑龙江大兴安岭重点国有林区	合计	2091177.77	2088034.27	1810874.28	6213.40		281.31	223.94	615.87	26690.08	1.08	64.69	26624.31	237621.50	5513.89	3143.50
	一级	1089353.43	1088823.64	951533.24	5085.15		35.05		408.89	4258.33			4258.33	126096.33	1406.65	529.79
	二级	1001824.34	999210.63	859341.04	1128.25		246.26	223.94	206.98	22431.75	1.08	64.69	22365.98	111525.17	4107.24	2613.71

表 6 东北内蒙古重点国有林区用材林各龄级面积、蓄积按优势树种和可及度统计表

单位：公顷、立方米

统计单位	优势树种	可及度	合计		Ⅰ龄级		Ⅱ龄级		Ⅲ龄级		Ⅳ龄级		Ⅴ龄级		Ⅵ龄级		Ⅶ龄级		Ⅷ以上龄级	
			面积	蓄积	面积	蓄积	面积	蓄积	面积	蓄积	面积	蓄积	面积	蓄积	面积	蓄积	面积	蓄积	面积	蓄积
合计	合计	合计	9008936.28	977194319.8	83283.75	2311953.6	629879.87	37513858.6	2906305.09	298507166.1	2455445.34	291574502.1	1731838.93	196383250.1	755299.68	93173606.0	324083.72	41270872.6	122799.90	16459110.7
		即可及	2573881.62	303839275.9									1538826.52	174741419.1	653813.60	80863757.1	278532.80	35047774.4	102708.70	13186325.3
		将可及	293743.24	36299028.6									153675.66	17556733.6	83433.74	10377044.1	38872.86	5418360.3	17760.98	2946890.6
		不可及	66397.37	7148534.9									39336.75	4085097.4	18052.34	1932804.8	6678.06	804737.9	2330.22	325894.8
	冷杉	合计	252541.57	35866959.1	289.65	17122.5	8151.70	837744.6	117893.65	15453540.8	65028.93	9508580.8	49843.27	8098374.1	9145.33	1580885.0	1664.38	281657.3	524.66	89054.0
		即可及	57958.11	9575048.1									46899.29	7674536.0	8919.79	1537150.2	1655.58	280738.5	483.45	82623.4
		将可及	2991.84	432828.2									2727.52	384041.2	214.31	41437.6	8.80	918.8	41.21	6430.6
		不可及	227.69	42094.1									216.46	39796.9	11.23	2297.2				
	云杉	合计	155714.00	18886407.5	12246.10	355104.6	17297.02	1635675.4	28279.13	3083036.4	58675.17	7364833.0	14771.98	2032136.9	13621.14	2277866.5	7431.91	1408083.7	3391.55	729671.0
		即可及	35923.85	5897400.9									13693.23	1880448.6	12462.12	2096087.4	6936.22	1325156.1	2832.28	595708.8
		将可及	3080.01	515621.4									1025.04	144346.8	1000.01	154384.8	495.69	82927.6	559.27	133962.2
		不可及	212.72	34735.8									53.71	7341.5	159.01	27394.3				
	落叶松	合计	3387988.71	349699193.9	15360.35	555452.6	179078.30	12960017.3	1415320.18	143134845.3	1048353.12	112334513.3	455879.06	50645308.4	155128.27	17196849.5	87359.88	9615374.1	31509.55	3256833.4
		即可及	669778.78	73840862.8									414948.88	45915885.0	141620.26	15714618.0	82208.82	9018079.7	31000.82	3192280.1
		将可及	42209.61	5153859.0									28333.80	3506081.9	9567.25	1118430.1	3918.15	473043.6	390.41	56303.4
		不可及	17888.37	1719643.6									12596.38	1223341.5	3940.76	363801.4	1232.91	124250.8	118.32	8249.9
	红松	合计	141696.53	20016815.1	5946.98	132769.4	16383.11	1711806.0	36334.05	4819128.4	37163.90	5280205.2	11004.14	1632604.1	16016.79	2683818.0	10537.44	1976408.7	8310.12	1780075.3
		即可及	36567.80	6295963.8									9566.77	1412629.6	13975.38	2337955.2	8648.59	1625945.1	4377.06	919433.9
		将可及	9087.89	1738901.3									1284.98	192213.1	2010.20	339740.2	1867.33	347198.6	3925.38	859749.4
		不可及	212.80	38041.0									152.39	27761.4	31.21	6122.6	21.52	3265.0	7.68	892.0
	樟子松	合计	64330.54	6937776.2	848.33	16146.1	5405.71	276437.1	17571.46	1751067.2	17582.53	2037835.6	12376.60	1463271.3	5859.49	775030.9	3749.46	485749.0	936.96	132239.0
		即可及	22248.07	2766906.4									11980.24	1411017.9	5693.59	752446.5	3657.17	474623.5	917.07	128818.5
		将可及	454.06	59911.9									261.14	32573.1	108.02	16840.2	82.41	10004.0	2.49	494.6
		不可及	220.38	29471.9									135.22	19680.3	57.88	5744.2	9.88	1121.5	17.40	2925.9
	赤松	合计	106.14	9873.8			7.23	355.1	19.25	1504.0	14.87	1684.5	64.79	6330.2						
		即可及	64.79	6330.2									64.79	6330.2						
	其他松类	合计	97.39	11034.9	36.90	1545.8	12.10	934.5	25.91	4030.0	12.46	2236.8	4.22	666.9			5.80	1620.9		
		即可及	5.80	1620.9													5.80	1620.9		
		将可及	4.22	666.9									4.22	666.9						
	紫杉	合计	62.59	9324.7					2.57	202.9			49.52	7007.8	10.50	2114.0				
		即可及	60.02	9121.8									49.52	7007.8	10.50	2114.0				
	蒙古栎	合计	512199.24	60182757.9	21393.93	430954.4	72579.31	4410816.2	211962.23	23684469.8	161195.20	24378252.7	30917.08	4888956.2	8816.81	1386223.4	4585.49	836834.5	749.19	166250.7
		即可及	38454.69	6147137.1									28532.13	4526500.1	6350.73	975073.6	3214.83	567149.7	357.00	78413.7
		将可及	5669.98	1010523.5									2086.87	316714.2	1887.37	349915.2	1303.55	256057.1	392.19	87837.0
		不可及	943.90	120604.2									298.08	45741.9	578.71	61234.6	67.11	13627.7		

表 6　东北内蒙古重点国有林区用材林各龄级面积、蓄积按优势树种和可及度统计表（续 1）

单位：公顷、立方米

统计单位	优势树种	可及度	合计		Ⅰ龄级		Ⅱ龄级		Ⅲ龄级		Ⅳ龄级		Ⅴ龄级		Ⅵ龄级		Ⅶ龄级		Ⅷ以上龄级	
			面积	蓄积	面积	蓄积	面积	蓄积	面积	蓄积	面积	蓄积	面积	蓄积	面积	蓄积	面积	蓄积	面积	蓄积
合计	白桦	合计	2647960.88	244131261.1	13023.70	138603.6	169599.01	3585167.3	412508.15	27298174.0	530827.22	50489241.9	897288.27	90198516.1	421971.31	48544849.5	150689.88	17577312.1	52053.34	6299396.6
		即可及	1320338.90	141448065.4									787900.47	79223456.7	363183.66	42322978.5	126150.94	14752990.9	43103.83	5148639.3
		将可及	166766.40	17612311.3									90125.81	9126992.8	48571.77	5164526.3	20777.15	2407579.0	7291.67	913213.2
		不可及	34897.50	3559697.6									19261.99	1848066.6	10215.88	1057344.7	3761.79	416742.2	1657.84	237544.1
	枫桦	合计	268010.14	36172184.8	1625.66	120024.3	21192.76	2276828.5	136936.85	17148851.2	75344.42	11260113.4	22088.89	3423340.2	7272.84	1243421.1	2255.24	426392.2	1293.48	273213.9
		即可及	29930.36	4889375.6									20391.40	3183316.5	6576.54	1139389.8	1798.43	326124.8	1163.99	240544.5
		将可及	2699.91	431623.6									1493.17	209010.0	672.40	100964.4	404.85	88979.8	129.49	32669.4
		不可及	280.18	45368.2									204.32	31013.7	23.90	3066.9	51.96	11287.6		
	黑桦	合计	55251.60	4245322.9	1278.66	33850.3	11873.54	672202.6	33250.03	2699357.9	7553.45	709678.5	1096.58	101991.4	98.98	11827.1	100.36	16415.1		
		即可及	908.24	86871.1									708.90	58628.9	98.98	11827.1	100.36	16415.1		
		将可及	371.08	41181.4									371.08	41181.4						
		不可及	16.60	2181.1									16.60	2181.1						
	水胡黄	合计	235.10	6364.9	36.70	73.0	140.40	3147.9	58.00	3144.0										
	水曲柳	合计	225120.47	30471138.6	1975.20	99094.3	17694.58	2185820.9	98349.75	11654452.6	78509.64	11914590.4	20561.91	3234162.4	5436.51	918781.1	2045.70	345204.9	547.18	119032.0
		即可及	22926.84	3680306.6									17391.52	2739444.3	3691.86	618904.7	1555.78	261451.6	287.68	60506.0
		将可及	5236.63	874119.8									2798.71	440052.6	1688.50	291787.9	489.92	83753.3	259.50	58526.0
		不可及	427.83	62754.0									371.68	54665.5	56.15	8088.5				
	胡桃楸	合计	230284.13	34280327.1	2141.09	157447.9	21927.25	2687156.9	75027.90	10138249.2	84708.25	13382318.1	32473.10	5449407.1	10187.45	1761257.6	3603.13	666854.8	215.96	37635.5
		即可及	35775.22	6018799.1									26347.94	4405755.5	6996.08	1179556.1	2342.82	419880.0	88.38	13607.5
		将可及	9083.27	1620723.2									5054.42	857520.9	2818.16	522898.5	1083.11	216275.8	127.58	24028.0
		不可及	1621.15	275632.7									1070.74	186130.7	373.21	58803.0	177.20	30699.0		
	黄波罗	合计	15032.04	2089991.7	252.65	25111.0	1774.72	226790.8	5804.50	722431.9	4769.77	730788.9	1698.38	267215.7	494.28	79441.3	204.19	31157.1	33.55	7055.0
		即可及	2222.28	349799.8									1587.35	250493.9	452.33	72861.9	179.12	25965.0	3.48	479.0
		将可及	178.05	28493.3									111.03	16721.8	41.95	6579.4	25.07	5192.1		
		不可及	30.07	6576.0															30.07	6576.0
	榆树	合计	81467.96	9811140.2	247.08	14635.9	1585.77	97869.6	9456.23	821397.8	11521.03	1245529.0	21416.93	2315982.1	20169.02	2751149.8	6890.87	986441.5	10181.03	1578134.5
		即可及	52195.93	6737269.7									20396.82	2191931.9	18401.40	2505905.1	5787.63	833187.5	7610.08	1206245.2
		将可及	5551.92	778746.5									921.87	114281.6	1404.33	200998.2	1021.65	142699.8	2204.07	320766.9
		不可及	910.00	115691.7									98.24	9768.6	363.29	44246.5	81.59	10554.2	366.88	51122.4
	椴树	合计	15111.87	2888344.1	37.81	1289.5	38.98	1489.0	345.79	51471.2	1472.04	246101.9	2801.39	497697.9	6410.91	1210033.9	2641.93	557691.6	1363.02	322569.1
		即可及	5729.49	1152628.7									1479.12	274829.1	2757.18	530946.9	1121.27	249075.6	371.92	97777.1
		将可及	7487.76	1435363.8									1322.27	222868.8	3653.73	679087.0	1520.66	308616.0	991.10	224792.0

表6 东北内蒙古重点国有林区用材林各龄级面积、蓄积按优势树种和可及度统计表（续2）

单位：公顷、立方米

统计单位	优势树种	可及度	合计		Ⅰ龄级		Ⅱ龄级		Ⅲ龄级		Ⅳ龄级		Ⅴ龄级		Ⅵ龄级		Ⅶ龄级		Ⅷ以上龄级	
			面积	蓄积	面积	蓄积	面积	蓄积	面积	蓄积	面积	蓄积	面积	蓄积	面积	蓄积	面积	蓄积	面积	蓄积
合计	紫椴	合计	277783.61	43602676.7	485.77	25835.6	5260.42	547021.6	71426.74	9312684.5	126013.42	20795470.8	50590.25	8603915.0	16088.55	2821960.8	7068.13	1338691.3	850.33	157097.1
		即可及	65983.88	11432601.3									46757.57	8004323.1	13267.23	2334046.4	5260.73	963164.3	698.35	131067.5
		将可及	7305.44	1270197.3									3197.57	497300.6	2325.04	404325.3	1630.85	342541.8	151.98	26029.6
		不可及	1307.94	218865.6									635.11	102291.3	496.28	83589.1	176.55	32985.2		
	糠椴	合计	67957.70	7734440.6	663.62	38542.8	7136.44	760154.6	45254.50	4908818.1	11883.25	1607025.5	2050.05	261106.4	679.49	105667.6	190.00	33935.3	100.35	19190.3
		即可及	2756.26	381599.5									1934.46	247974.0	607.62	94551.6	156.52	28541.2	57.66	10532.7
		将可及	236.27	34194.3									103.74	11480.7	71.87	11116.0	33.48	5394.1	27.18	6203.5
		不可及	27.36	4105.8									11.85	1651.7					15.51	2454.1
	杨树	合计	29224.41	4086685.6	203.64	8506.8	1992.12	149916.6	6612.10	744607.4	6599.44	960622.5	3997.43	536599.9	4401.63	740542.0	4074.43	712002.0	1343.62	233888.4
		即可及	10963.05	1778839.5									3185.10	435958.2	3574.48	616821.9	2968.96	513968.0	1234.51	212091.4
		将可及	2415.79	395185.7									631.41	88295.5	761.02	117334.9	914.25	167758.3	109.11	21797.0
		不可及	438.27	49007.1									180.92	12346.2	66.13	6385.2	191.22	30275.7		
	大青杨	合计	23348.60	3586868.2	142.11	6646.1	1412.94	89443.8	5881.18	773660.6	6151.61	1033724.1	2829.14	474424.5	2939.15	509514.7	3662.06	640026.5	330.41	59427.9
		即可及	8316.87	1418785.6									2415.99	404395.1	2581.48	444886.2	2995.26	511313.4	324.14	58190.9
		将可及	1084.18	203678.8									236.54	39946.5	282.17	52508.7	559.20	109986.6	6.27	1237.0
		不可及	359.71	60929.2									176.61	30082.9	75.50	12119.8	107.60	18726.5		
	香杨	合计	72.45	11527.9					9.10	1237.3	40.52	5964.0			16.33	3105.6	6.50	1221.0		
		即可及	6.50	1221.0													6.50	1221.0		
		将可及	16.33	3105.6											16.33	3105.6				
	柳树	合计	7585.09	562469.0	196.26	1180.3	1972.49	54274.4	1357.16	130078.7	910.14	86578.2	1051.83	93853.0	561.75	49780.9	945.08	94571.9	590.38	52151.6
		即可及	2674.33	240925.2									796.70	73318.5	453.50	37858.2	871.65	82235.7	552.48	47512.8
		将可及	286.70	37008.1									67.12	8110.4	108.25	11922.7	73.43	12336.2	37.90	4638.8
		不可及	188.01	12424.1									188.01	12424.1						
	其他软阔类	合计	5597.83	629751.5	104.74	361.3	396.25	15442.4	1172.46	75944.0	1338.61	167622.3	1550.14	213970.4	693.95	98951.7	140.30	23218.6	201.38	34240.8
		即可及	2266.68	328463.6									1316.82	183575.5	655.20	93851.8	130.00	22610.5	164.66	28425.8
		将可及	308.86	39578.5									223.09	28055.5	38.75	5099.9	10.30	608.1	36.72	5815.0
		不可及	10.23	2339.4									10.23	2339.4						
	山杨	合计	386835.74	42186722.9	3448.35	95101.6	54909.36	1525837.5	123278.70	14947628.1	70610.35	9273642.7	68968.64	8043303.7	38354.38	4798429.1	20155.53	2603933.5	7110.43	898846.7
		即可及	114060.82	14048910.8									57442.66	6813243.9	32558.71	4136686.2	17777.22	2309164.2	6282.23	789816.5
		将可及	16495.64	1837980.7									9193.73	975987.5	4728.14	541038.2	1848.69	224571.2	725.08	96383.8
		不可及	4032.52	457621.5									2332.25	254072.3	1067.53	120704.7	529.62	70198.1	103.12	12646.4
	毛赤杨	合计	19926.76	1428736.6	623.45	16239.9	5858.66	257104.5	9678.46	761614.8	1584.01	153537.8	1272.72	132165.8	753.81	90718.1	96.31	9985.2	59.34	7370.5
		即可及	2176.26	239617.7									1266.80	131543.9	753.81	90718.1	96.31	9985.2	59.34	7370.5
		将可及	5.92	621.9									5.92	621.9						

表 6 东北内蒙古重点国有林区用材林各龄级面积、蓄积按优势树种和可及度统计表（续 3）

单位：公顷、立方米

统计单位	优势树种	可及度	合计		Ⅰ龄级		Ⅱ龄级		Ⅲ龄级		Ⅳ龄级		Ⅴ龄级		Ⅵ龄级		Ⅶ龄级		Ⅷ以上龄级	
			面积	蓄积	面积	蓄积	面积	蓄积	面积	蓄积	面积	蓄积	面积	蓄积	面积	蓄积	面积	蓄积	面积	蓄积
合计	甜杨	合计	20.00	1058.4							11.75	445.3	8.25	613.1						
		即可及	8.25	613.1									8.25	613.1						
	槭树	合计	118611.31	15692241.4	304.07	14391.6	4265.57	459454.0	36034.24	3790447.7	43972.21	6146513.7	21991.59	3360975.9	8165.19	1274290.1	3284.01	514276.8	594.43	131891.6
		即可及	27461.76	4285623.6									18677.15	2895836.6	6204.71	965613.1	2222.48	342738.3	357.42	81435.6
		将可及	4503.36	714873.6									2040.68	295569.6	1433.25	238313.9	792.42	130534.1	237.01	50456.0
		不可及	2070.10	280937.2									1273.76	169569.7	527.23	70363.1	269.11	41004.4		
	山槐	合计	4170.24	393238.1	0.98	25.0	325.84	18918.0	1766.62	153769.9	635.69	64460.2	813.79	88081.1	524.98	57942.1	102.34	10041.8		
		即可及	1441.11	156065.0									813.79	88081.1	524.98	57942.1	102.34	10041.8		
	千金榆	合计	272.16	30107.4					97.06	8124.0	11.91	1509.2	52.89	7077.8	64.60	7453.0	8.28	1050.8	37.42	4892.6
		即可及	113.00	14449.6									26.60	3901.5	55.45	6492.7	8.28	1050.8	22.67	3004.6
		将可及	50.19	6024.6									26.29	3176.3	9.15	960.3			14.75	1888.0
	暴马丁香	合计	727.19	60068.9	45.91	2718.1	233.39	12724.6	221.68	18923.6	70.20	7709.9	48.91	5041.5	51.12	8999.3	26.71	1775.9	29.27	2176.0
		即可及	156.01	17992.7									48.91	5041.5	51.12	8999.3	26.71	1775.9	29.27	2176.0
	青楷槭	合计	2383.20	261550.5			53.92	2489.4	1215.59	115559.3	404.10	51283.6	144.53	15816.5	240.73	35684.5	277.76	33105.8	46.57	7611.4
		即可及	702.98	91598.2									144.53	15816.5	234.12	35064.5	277.76	33105.8	46.57	7611.4
		将可及	6.61	620.0											6.61	620.0				
	花楷槭	合计	1449.53	136283.4	4.46		162.13	9346.9	888.83	82258.9	129.26	13579.3	44.76	4160.7	82.58	8228.6	30.46	3363.0	107.05	15346.0
		即可及	233.54	28255.2									13.45	1317.6	82.58	8228.6	30.46	3363.0	107.05	15346.0
		不可及	31.31	2843.1									31.31	2843.1						
	波纹柳	合计	1798.69	89975.7	237.04	2738.9	756.59	23387.3	651.03	48893.4	82.34	8926.4	55.38	5139.2	16.31	890.5				
		即可及	71.69	6029.7									55.38	5139.2	16.31	890.5				
	稠李	合计	493.29	38881.9	8.68	116.8	66.85	2908.4	209.84	14099.9	66.39	7098.1	78.35	8626.7	58.91	5635.0	0.87	100.0	3.40	297.0
		即可及	127.32	13454.3									64.14	7422.3	58.91	5635.0	0.87	100.0	3.40	297.0
		将可及	14.21	1204.4									14.21	1204.4						
	山桃稠李	合计	1459.00	197897.1	1.88	8.1	9.51	640.4	732.65	96184.2	390.31	57931.5	113.99	15173.8	127.22	15934.2	63.18	9249.1	20.26	2775.8
		即可及	316.21	42309.0									108.37	14740.9	125.61	15704.0	63.18	9249.1	19.05	2615.0
		将可及	8.44	823.9									5.62	432.9	1.61	230.2			1.21	160.8
	山丁子	合计	676.12	58896.9	16.29	252.6	51.03	2663.2	228.97	15467.6	107.91	8912.0	183.25	20856.5	62.88	8628.0	23.50	1999.0	2.29	118.0
		即可及	271.92	31601.5									183.25	20856.5	62.88	8628.0	23.50	1999.0	2.29	118.0
	东北山杏	合计	75.89	1248.0	9.84	11.4	66.05	1236.6												
	山梨	合计	2.40	109.1			1.54	84.7	0.86	24.4										
	兴安鼠李	合计	4.21	335.8			0.63	39.8			3.58	296.0								
	水榆花楸	合计	14.41	2994.3			0.15						5.81	1082.4	8.45	1911.9				
		将可及	14.26	2994.3									5.81	1082.4	8.45	1911.9				

表 6 东北内蒙古重点国有林区用材林各龄级面积、蓄积按优势树种和可及度统计表（续 4）

单位：公顷、立方米

统计单位	优势树种	可及度	合计		Ⅰ龄级		Ⅱ龄级		Ⅲ龄级		Ⅳ龄级		Ⅴ龄级		Ⅵ龄级		Ⅶ龄级		Ⅷ以上龄级	
			面积	蓄积	面积	蓄积	面积	蓄积	面积	蓄积	面积	蓄积	面积	蓄积	面积	蓄积	面积	蓄积	面积	蓄积
合计	花曲柳	合计	815.56	134539.6			6.53	302.0	71.95	6303.2	233.41	35459.5	248.13	47986.6	139.39	21275.4	56.95	11234.6	59.20	11978.3
		即可及	498.57	91508.2									248.13	47986.6	134.29	20308.7	56.95	11234.6	59.20	11978.3
		将可及	5.10	966.7											5.10	966.7				
	钻天柳	合计	74.18	7489.5	1.71		23.03	2572.3	21.02	1623.3	12.17	1731.5	2.32	231.2	13.93	1331.2				
		即可及	14.25	1360.1									0.32	28.9	13.93	1331.2				
		将可及	2.00	202.3									2.00	202.3						
	假色槭	合计	290.48	35420.0	2.28	11.0	20.31	220.8	31.43	1398.0	13.57	1658.5	20.72	3005.7	54.42	7473.9	11.90	1384.4	135.85	20267.7
		即可及	125.52	16885.2									20.72	3005.7	54.42	7473.9			50.38	6405.6
		将可及	83.97	11762.5													11.90	1384.4	72.07	10378.1
		不可及	13.40	3484.0															13.40	3484.0
	白牛槭	合计	3186.51	423932.1	0.47		2.99	285.0	76.32	9063.2	1301.78	180786.1	1272.89	163506.8	465.52	61783.0	50.50	5851.0	16.04	2657.0
		即可及	1796.51	232298.8									1272.89	163506.8	457.08	60284.0	50.50	5851.0	16.04	2657.0
		不可及	8.44	1499.0											8.44	1499.0				
	拧筋槭	合计	76.56	10354.0					19.77	2621.0	56.79	7733.0								
	其他亚乔木	合计	792.26	71600.2	41.41	40.5	153.64	7130.1	221.20	16776.4	78.62	7776.4	107.06	13567.1	94.78	13926.1	43.26	6657.6	52.29	5726.0
		即可及	249.16	34759.5									86.17	11580.1	94.78	13926.1	43.26	6657.6	24.95	2595.7
		将可及	27.34	3130.3															27.34	3130.3
		不可及	20.89	1987.0									20.89	1987.0						
内蒙古重点国有林区	合计	合计	2422014.92	260995275.4	9956.31	292979.4	92578.77	5563678.6	647930.97	67788431.3	632528.33	69840297.3	503142.54	55763499.4	315999.78	35960246.3	164210.22	19310099.3	55668.00	6476043.8
		即可及	861828.86	98232620.3									411278.27	45857370.8	261848.86	30243353.6	141255.58	16658753.3	47446.15	5473142.6
		将可及	150659.68	16501159.2									77009.85	8380355.3	46608.15	4964708.2	20203.98	2325944.7	6837.70	830151.0
		不可及	26532.00	2776109.3									14854.42	1525773.3	7542.77	752184.5	2750.66	325401.3	1384.15	172750.2
	云杉	合计	221.17	21767.4	75.14	4128.3	146.03	17639.1												
	落叶松	合计	1633245.91	179320047.9	6681.56	247880.7	65135.47	4595735.1	595084.72	64357420.6	557336.08	63062865.4	232320.44	27027826.5	87261.25	9977919.2	65567.46	7438202.1	23858.93	2612198.3
		即可及	373877.16	42738786.7									206324.73	23861951.2	81563.16	9263521.7	62381.80	7036880.8	23607.47	2576433.0
		将可及	28536.80	3592592.4									20769.14	2596803.4	4778.20	616077.2	2754.91	346539.0	234.55	33172.8
		不可及	6594.12	724767.0									5226.57	569071.9	919.89	98320.3	430.75	54782.3	16.91	2592.5
	樟子松	合计	10016.43	1337665.1	23.40	22.2	108.39	5704.4	934.89	130406.3	1458.28	184061.6	2470.13	316425.7	2261.66	312615.7	2158.49	293902.4	601.19	94526.8
		即可及	7220.35	980001.4									2277.65	292924.3	2219.51	303898.4	2122.00	288651.9	601.19	94526.8
		将可及	271.12	37469.2									192.48	23501.4	42.15	8717.3	36.49	5250.5		
	蒙古栎	合计	41368.18	2153794.1	1513.67	26086.5	13374.43	438497.3	17132.14	981593.7	6824.51	523228.3	2012.12	147283.8	116.16	9884.6	391.72	27066.9	3.43	153.0
		即可及	2086.49	157902.2									1739.16	130017.2	107.47	9301.5	236.43	18430.5	3.43	153.0
		将可及	414.74	25242.2									250.76	16022.7	8.69	583.1	155.29	8636.4		
		不可及	22.20	1243.9									22.20	1243.9						

表 6　东北内蒙古重点国有林区用材林各龄级面积、蓄积按优势树种和可及度统计表（续 5）

单位：公顷、立方米

统计单位	优势树种	可及度	合计		Ⅰ龄级		Ⅱ龄级		Ⅲ龄级		Ⅳ龄级		Ⅴ龄级		Ⅵ龄级		Ⅶ龄级		Ⅷ以上龄级	
			面积	蓄积	面积	蓄积	面积	蓄积	面积	蓄积	面积	蓄积	面积	蓄积	面积	蓄积	面积	蓄积	面积	蓄积
内蒙古重点国有林区	白桦	合计	654797.96	69323293.8	1234.48	10819.5	8844.29	309234.2	17845.47	916480.2	53836.13	4769098.3	243872.70	25634428.4	210222.69	23553076.2	89922.44	10674510.0	29019.76	3455647.0
		即可及	444783.38	49911260.7									185498.85	19720288.2	165831.64	19008887.3	71644.13	8591093.8	21808.76	2590991.4
		将可及	111008.55	11670438.5									50332.00	5146519.0	38487.70	3968272.1	16256.63	1850588.4	5932.22	705059.0
		不可及	17245.66	1735962.4									8041.85	767621.2	5903.35	575916.8	2021.68	232827.8	1278.78	159596.6
	枫桦	合计	546.87	45744.1					97.21	7361.3	414.85	36257.0	34.81	2125.8						
		即可及	34.81	2125.8									34.81	2125.8						
	黑桦	合计	14876.17	924990.4	26.66	941.0	3290.20	131535.9	7764.76	484168.8	3182.45	239366.6	502.88	51588.1	8.86	974.9	100.36	16415.1		
		即可及	320.58	33717.0									211.36	16327.0	8.86	974.9	100.36	16415.1		
		将可及	274.92	33080.0									274.92	33080.0						
		不可及	16.60	2181.1									16.60	2181.1						
	榆树	合计	8.38	321.0									8.38	321.0						
		将可及	8.38	321.0									8.38	321.0						
	杨树	合计	211.03	13787.9			57.71	78.8	20.92	1322.4	3.70	890.2	127.25	11301.5			1.45	195.0		
		即可及	128.70	11496.5									127.25	11301.5			1.45	195.0		
	柳树	合计	452.03	43662.0	5.66	163.4	18.16	764.9	63.42	4850.8	69.53	5722.7	49.73	3906.5	84.34	6204.5	97.22	13714.8	63.97	8334.4
		即可及	250.26	26734.3									48.83	3766.8	78.14	5557.1	97.22	13714.8	26.07	3695.6
		将可及	45.00	5425.9									0.90	139.7	6.20	647.4			37.90	4638.8
	山杨	合计	65586.48	7768686.2	390.45	2771.1	1285.79	50009.7	8691.52	882865.2	9346.65	1014543.3	21735.45	2567648.4	16044.82	2099571.2	5971.08	846093.0	2120.72	305184.3
		即可及	33118.48	4369952.0									15006.98	1818025.1	12040.08	1651212.7	4672.19	693371.4	1399.23	207342.8
		将可及	10100.17	1136590.0									5181.27	563968.1	3285.21	370411.1	1000.66	114930.4	633.03	87280.4
		不可及	2653.42	311954.9									1547.20	185655.2	719.53	77947.4	298.23	37791.2	88.46	10561.1
	毛赤杨	合计	661.07	40457.1	2.05	166.7	318.30	14479.2	295.92	21962.0	44.40	3818.6	0.40	30.6						
		即可及	0.40	30.6									0.40	30.6						
	甜杨	合计	20.00	1058.4							11.75	445.3	8.25	613.1						
		即可及	8.25	613.1									8.25	613.1						
	山丁子	合计	3.24		3.24															
吉林省重点国有林区	合计	合计	1449333.24	229782003.5	20929.26	671422.4	76198.25	7601983.4	269979.44	38545961.9	540461.32	89057335.6	270809.48	45810255.8	163743.69	28180659.0	69685.48	12755624.3	37526.32	7158761.1
		即可及	457437.86	79279655.7									238187.45	40630658.9	138175.01	23742983.3	54493.47	9917245.8	26581.93	4988767.7
		将可及	73691.70	12901773.6									27484.17	4380533.4	22247.32	3890859.1	13727.92	2591500.0	10232.29	2038881.1
		不可及	10635.41	1723870.9									5137.86	799063.5	3321.36	546816.6	1464.09	246878.5	712.10	131112.3
	冷杉	合计	36606.79	6686587.9	100.22	5634.1	634.20	92027.5	3106.93	557717.2	5719.57	1021982.3	17867.79	3352630.5	7371.24	1337186.2	1335.45	237590.5	471.39	81819.6
		即可及	26131.35	4845070.8									17181.19	3233463.6	7193.33	1299546.5	1326.65	236671.7	430.18	75389.0
		将可及	730.17	128790.6									513.48	86098.7	166.68	35342.5	8.80	918.8	41.21	6430.6
		不可及	184.35	35365.4									173.12	33068.2	11.23	2297.2				

表6　东北内蒙古重点国有林区用材林各龄级面积、蓄积按优势树种和可及度统计表（续6）

单位：公顷、立方米

统计单位	优势树种	可及度	合计		Ⅰ龄级		Ⅱ龄级		Ⅲ龄级		Ⅳ龄级		Ⅴ龄级		Ⅵ龄级		Ⅶ龄级		Ⅷ以上龄级	
			面积	蓄积	面积	蓄积	面积	蓄积	面积	蓄积	面积	蓄积	面积	蓄积	面积	蓄积	面积	蓄积	面积	蓄积
吉林省重点国有林区	云杉	合计	50534.51	7182806.3	8858.60	261926.4	9189.88	939011.9	3044.58	479427.1	5605.51	986551.1	5153.74	885219.6	8755.24	1606485.7	6630.02	1304472.9	3296.94	719711.6
		即可及	22036.67	4171132.6									4770.12	826039.3	8297.45	1526923.0	6231.43	1232420.9	2737.67	585749.4
		将可及	1615.76	313852.6									359.12	55670.0	298.78	52168.4	398.59	72052.0	559.27	133962.2
		不可及	183.51	30904.6									24.50	3510.3	159.01	27394.3				
	落叶松	合计	123795.89	19599692.4	883.19	21563.3	9360.99	751155.7	38738.80	5524757.3	36341.73	6074395.7	29460.61	5494544.2	7166.55	1394931.9	1162.32	210987.3	681.70	127357.0
		即可及	35759.38	6704521.9									27301.00	5071888.2	6819.38	1327050.7	957.30	178226.0	681.70	127357.0
		将可及	2368.58	465634.6									1969.19	390979.4	249.50	50136.8	149.89	24518.4		
		不可及	343.22	57663.9									190.42	31676.6	97.67	17744.4	55.13	8242.9		
	红松	合计	47882.35	7880950.2	4453.82	66127.3	3096.96	298826.3	4632.11	819937.3	5414.48	939061.8	3303.41	541307.7	8791.78	1554577.2	9911.35	1886924.4	8278.44	1774188.2
		即可及	21653.29	4078423.6									2341.92	392509.2	6921.97	1232641.8	8044.02	1539725.8	4345.38	913546.8
		将可及	8473.15	1649169.7									841.84	126408.9	1838.60	315812.8	1867.33	347198.6	3925.38	859749.4
		不可及	158.54	29404.2									119.65	22389.6	31.21	6122.6			7.68	892.0
	樟子松	合计	4146.34	512839.9	118.41	1006.2	571.33	38794.3	2285.99	287712.0	896.96	137863.1	230.37	39850.4	38.90	6743.9	3.30	623.0	1.08	247.0
		即可及	240.31	42327.8									199.32	35067.8	36.61	6390.0	3.30	623.0	1.08	247.0
		将可及	13.89	2426.7									11.60	2072.8	2.29	353.9				
		不可及	19.45	2709.8									19.45	2709.8						
	其他松类	合计	97.39	11034.9	36.90	1545.8	12.10	934.5	25.91	4030.0	12.46	2236.8	4.22	666.9			5.80	1620.9		
		即可及	5.80	1620.9													5.80	1620.9		
		将可及	4.22	666.9									4.22	666.9						
	紫杉	合计	10.50	2114.0											10.50	2114.0				
		即可及	10.50	2114.0											10.50	2114.0				
	蒙古栎	合计	194549.50	32066344.1	849.18	39729.5	6955.95	663313.4	48036.24	7203685.7	106122.11	18070514.3	21994.25	3998448.7	6135.26	1157086.0	3718.86	768975.3	737.65	164591.2
		即可及	27383.51	5057161.2									20183.09	3676465.3	4265.70	789495.8	2589.26	514445.9	345.46	76754.2
		将可及	4755.74	947329.1									1575.55	280940.0	1725.51	337650.4	1062.49	240901.7	392.19	87837.0
		不可及	446.77	84610.9									235.61	41043.4	144.05	29939.8	67.11	13627.7		
	白桦	合计	167980.02	25125449.6	932.40	10191.4	4898.50	272770.6	19202.14	1856832.3	35956.85	5324248.4	38042.82	5830278.5	49459.06	8355941.8	11601.35	2058646.1	7886.90	1416540.5
		即可及	94097.48	15611248.4									32252.79	4999949.2	45329.61	7665556.8	9933.69	1772073.4	6581.39	1173669.0
		将可及	10844.82	1681818.4									5090.95	729814.6	3230.87	518277.1	1496.05	257439.0	1026.95	176287.7
		不可及	2047.83	368340.1									699.08	100514.7	898.58	172107.9	171.61	29133.7	278.56	66583.8
	枫桦	合计	75728.09	12708591.3	495.78	45517.9	5916.43	717773.2	13503.02	2089176.3	34473.21	5942511.2	12963.64	2298724.1	5220.34	963217.9	1868.76	379624.4	1286.91	272046.3
		即可及	19517.95	3588606.6									12058.01	2162426.8	4831.86	899163.0	1470.66	287639.9	1157.42	239376.9
		将可及	1670.26	298433.9									807.29	120866.8	364.58	60988.0	368.90	83909.7	129.49	32669.4
		不可及	151.44	26572.2									98.34	15430.5	23.90	3066.9	29.20	8074.8		

表 6　东北内蒙古重点国有林区用材林各龄级面积、蓄积按优势树种和可及度统计表（续 7）

单位：公顷、立方米

统计单位	优势树种	可及度	合计		Ⅰ龄级		Ⅱ龄级		Ⅲ龄级		Ⅳ龄级		Ⅴ龄级		Ⅵ龄级		Ⅶ龄级		Ⅷ以上龄级	
			面积	蓄积	面积	蓄积	面积	蓄积	面积	蓄积	面积	蓄积	面积	蓄积	面积	蓄积	面积	蓄积	面积	蓄积
吉林省重点国有林区	黑桦	合计	1134.17	158908.0	9.29	403.0	46.93	3760.0	424.92	55302.0	610.27	92436.0	10.18	1595.0	32.58	5412.0				
		即可及	42.76	7007.0									10.18	1595.0	32.58	5412.0				
	水曲柳	合计	107205.16	16778443.2	882.01	26321.6	5378.90	625957.1	20329.29	2943838.5	56351.31	9083518.9	17069.25	2843920.7	4795.83	817538.1	1851.39	318316.3	547.18	119032.0
		即可及	18761.04	3181888.1									14027.99	2364352.5	3051.18	517661.7	1394.19	239367.9	287.68	60506.0
		将可及	5074.78	854165.0									2669.58	424902.7	1688.50	291787.9	457.20	78948.4	259.50	58526.0
		不可及	427.83	62754.0									371.68	54665.5	56.15	8088.5				
	胡桃楸	合计	195067.70	30235817.8	1778.24	127903.3	18855.19	2284293.2	52659.02	7669355.6	76205.91	12352763.5	31604.03	5340819.8	10146.22	1756192.1	3603.13	666854.8	215.96	37635.5
		即可及	34864.92	5905146.3									25478.87	4297168.2	6954.85	1174490.6	2342.82	419880.0	88.38	13607.5
		将可及	9083.27	1620723.2									5054.42	857520.9	2818.16	522898.5	1083.11	216275.8	127.58	24028.0
		不可及	1621.15	275632.7									1070.74	186130.7	373.21	58803.0	177.20	30699.0		
	黄波罗	合计	9217.53	1444292.8	108.74	11332.1	1348.88	182854.5	2117.29	327338.4	3351.44	553569.4	1559.16	251545.0	494.28	79441.3	204.19	31157.1	33.55	7055.0
		即可及	2083.06	334129.1									1448.13	234823.2	452.33	72861.9	179.12	25965.0	3.48	479.0
		将可及	178.05	28493.3									111.03	16721.8	41.95	6579.4	25.07	5192.1		
		不可及	30.07	6576.0															30.07	6576.0
	榆树	合计	43098.24	6161112.6	47.91	312.2	475.56	29530.7	1555.69	141478.7	4522.80	575026.2	7238.13	966910.5	14538.51	2143150.2	5320.43	818965.2	9399.21	1485738.9
		即可及	30853.22	4612625.8									6455.79	867309.3	13088.67	1933058.6	4366.09	684071.3	6942.67	1128186.6
		将可及	4761.28	688980.4									712.32	92365.7	1086.55	165845.1	872.75	124339.7	2089.66	306429.9
		不可及	881.78	113158.6									70.02	7235.5	363.29	44246.5	81.59	10554.2	366.88	51122.4
	椴树	合计	15089.46	2887561.2	37.81	1289.5	16.57	706.1	345.79	51471.2	1472.04	246101.9	2801.39	497697.9	6410.91	1210033.9	2641.93	557691.6	1363.02	322569.1
		即可及	5729.49	1152628.7									1479.12	274829.1	2757.18	530946.9	1121.27	249075.6	371.92	97777.1
		将可及	7487.76	1435363.8									1322.27	222868.8	3653.73	679087.0	1520.66	308616.0	991.10	224792.0
	紫椴	合计	205081.78	34852832.0	180.61	9755.1	1590.62	176150.8	25314.30	3975269.4	106685.00	18189891.0	48096.95	8300414.9	15445.69	2728696.6	6973.30	1324332.0	795.31	148322.2
		即可及	63073.22	11062511.1									44639.62	7750631.3	12624.37	2240782.2	5165.90	948805.0	643.33	122292.6
		将可及	6992.08	1228665.5									2884.21	455768.8	2325.04	404325.3	1630.85	342541.8	151.98	26029.6
		不可及	1245.95	210589.1									573.12	94014.8	496.28	83589.1	176.55	32985.2		
	糠椴	合计	3826.34	601831.9	1.62	187.7	183.38	26022.7	827.86	116828.6	1847.54	293857.8	496.67	81404.2	310.11	53258.8	116.47	21614.5	42.69	8657.6
		即可及	829.32	141586.1									463.30	77059.9	268.18	46276.7	97.84	18249.5		
		将可及	121.11	20894.9									33.37	4344.3	41.93	6982.1	18.63	3365.0	27.18	6203.5
		不可及	15.51	2454.1															15.51	2454.1
	杨树	合计	26563.36	3822521.7	200.99	8270.9	1929.49	149593.9	6552.59	739419.0	6329.09	938938.2	3142.60	470934.2	4059.61	708016.2	3529.97	641891.5	819.02	165457.8
		即可及	8937.63	1557013.2									2510.41	379571.8	3292.81	589923.1	2424.50	443857.5	709.91	143660.8
		将可及	2393.48	394100.7									610.21	87324.1	759.91	117221.3	914.25	167758.3	109.11	21797.0
		不可及	220.09	35185.8									21.98	4038.3	6.89	871.8	191.22	30275.7		

表6 东北内蒙古重点国有林区用材林各龄级面积、蓄积按优势树种和可及度统计表（续8）

单位：公顷、立方米

统计单位	优势树种	可及度	合计		Ⅰ龄级		Ⅱ龄级		Ⅲ龄级		Ⅳ龄级		Ⅴ龄级		Ⅵ龄级		Ⅶ龄级		Ⅷ以上龄级	
			面积	蓄积	面积	蓄积	面积	蓄积	面积	蓄积	面积	蓄积	面积	蓄积	面积	蓄积	面积	蓄积	面积	蓄积
吉林省重点国有林区	大青杨	合计	20436.23	3234607.8	101.91	2961.2	1067.95	61213.3	4347.10	592592.3	5578.47	949221.4	2697.59	458568.6	2722.71	478814.9	3620.59	633514.2	299.91	57721.9
		即可及	7896.91	1364011.6									2284.44	388539.2	2365.04	414186.4	2953.79	504801.1	293.64	56484.9
		将可及	1084.18	203678.8									236.54	39946.5	282.17	52508.7	559.20	109986.6	6.27	1237.0
		不可及	359.71	60929.2									176.61	30082.9	75.50	12119.8	107.60	18726.5		
	香杨	合计	71.39	11373.6					8.04	1083.0	40.52	5964.0			16.33	3105.6	6.50	1221.0		
		即可及	6.50	1221.0													6.50	1221.0		
		将可及	16.33	3105.6											16.33	3105.6				
	柳树	合计	3024.91	206869.8	133.45	493.5	1421.61	34701.0	911.47	98933.6	345.27	43525.9	103.13	13900.6	20.40	2069.0	76.58	12639.2	13.00	607.0
		即可及	139.68	16879.6									103.13	13900.6	20.40	2069.0	3.15	303.0	13.00	607.0
		将可及	73.43	12336.2													73.43	12336.2		
	其他软阔类	合计	5597.58	629751.5	104.49	361.3	396.25	15442.4	1172.46	75944.0	1338.61	167622.3	1550.14	213970.4	693.95	98951.7	140.30	23218.6	201.38	34240.8
		即可及	2266.68	328463.6									1316.82	183575.5	655.20	93851.8	130.00	22610.5	164.66	28425.8
		将可及	308.86	39578.5									223.09	28055.5	38.75	5099.9	10.30	608.1	36.72	5815.0
		不可及	10.23	2339.4									10.23	2339.4						
	山杨	合计	32878.58	5277351.8	339.95	21704.9	1801.28	163131.0	13363.89	2011594.6	11585.61	2066540.9	2619.00	470273.3	1396.71	245557.3	1681.34	283221.1	90.80	15328.7
		即可及	4589.51	829327.3									2172.89	402771.6	1194.67	215309.2	1137.47	196991.4	84.48	14255.1
		将可及	1001.86	151344.0									436.12	65909.7	153.32	21685.4	406.10	62675.3	6.32	1073.6
		不可及	196.48	33709.1									9.99	1592.0	48.72	8562.7	137.77	23554.4		
	毛赤杨	合计	3146.17	301334.4	35.54	446.0	158.76	5977.9	577.48	36728.9	904.48	90853.0	774.94	83059.0	663.63	80838.0	31.34	3431.6		
		即可及	1469.91	167328.6									774.94	83059.0	663.63	80838.0	31.34	3431.6		
	椴树	合计	68091.71	10326385.8	148.37	6151.0	521.15	53232.4	5955.04	786167.3	30419.97	4588544.2	19701.18	3064500.5	7558.62	1192177.2	3225.20	508780.4	562.18	126832.8
		即可及	24569.89	3909594.6									16482.91	2612475.7	5598.14	883500.2	2163.67	337241.9	325.17	76376.8
		将可及	4428.52	704694.5									1965.84	285390.5	1433.25	238313.9	792.42	130534.1	237.01	50456.0
		不可及	2048.77	278001.8									1252.43	166634.3	527.23	70363.1	269.11	41004.4		
	山槐	合计	604.96	69691.0	0.98	25.0	29.27	2377.9	28.52	2616.6	132.52	16461.3	162.91	19808.0	244.93	27800.2	5.83	602.0		
		即可及	413.67	48210.2									162.91	19808.0	244.93	27800.2	5.83	602.0		
	千金榆	合计	186.57	23303.1					11.47	1319.7	11.91	1509.2	52.89	7077.8	64.60	7453.0	8.28	1050.8	37.42	4892.6
		即可及	113.00	14449.6									26.60	3901.5	55.45	6492.7	8.28	1050.8	22.67	3004.6
		将可及	50.19	6024.6									26.29	3176.3	9.15	960.3			14.75	1888.0
	暴马丁香	合计	168.32	17271.3	8.58	166.0	16.71	164.0	14.22	982.0	25.52	2468.0	22.90	2316.0	51.12	8999.3			29.27	2176.0
		即可及	103.29	13491.3									22.90	2316.0	51.12	8999.3			29.27	2176.0
	青楷槭	合计	527.06	74002.1					22.90	2083.0	62.27	10815.4	90.08	9692.2	148.46	22062.5	164.32	22523.0	39.03	6826.0
		即可及	435.28	60483.7									90.08	9692.2	141.85	21442.5	164.32	22523.0	39.03	6826.0
		将可及	6.61	620.0											6.61	620.0				

表 6　东北内蒙古重点国有林区用材林各龄级面积、蓄积按优势树种和可及度统计表（续 9）

单位：公顷、立方米

统计单位	优势树种	可及度	合计		Ⅰ龄级		Ⅱ龄级		Ⅲ龄级		Ⅳ龄级		Ⅴ龄级		Ⅵ龄级		Ⅶ龄级		Ⅷ以上龄级	
			面积	蓄积	面积	蓄积	面积	蓄积	面积	蓄积	面积	蓄积	面积	蓄积	面积	蓄积	面积	蓄积	面积	蓄积
吉林省重点国有林区	花楷槭	合计	170.29	22540.5					3.07	181.5	5.27	506.0			24.44	3144.0	30.46	3363.0	107.05	15346.0
		即可及	161.95	21853.0											24.44	3144.0	30.46	3363.0	107.05	15346.0
	稠李	合计	225.21	21607.9			10.47	599.0	35.35	2110.0	43.27	4626.5	72.94	8240.4	58.91	5635.0	0.87	100.0	3.40	297.0
		即可及	121.91	13068.0									58.73	7036.0	58.91	5635.0	0.87	100.0	3.40	297.0
		将可及	14.21	1204.4									14.21	1204.4						
	山桃稠李	合计	764.61	115910.5			5.72	510.8	284.61	46036.4	282.24	42270.2	84.71	11931.1	57.33	7841.2	29.74	4545.0	20.26	2775.8
		即可及	183.60	26269.2									79.09	11498.2	55.72	7611.0	29.74	4545.0	19.05	2615.0
		将可及	8.44	823.9									5.62	432.9	1.61	230.2			1.21	160.8
	山丁子	合计	459.42	46529.6	1.96		18.10	1374.0	87.20	6392.9	80.24	7161.2	183.25	20856.5	62.88	8628.0	23.50	1999.0	2.29	118.0
		即可及	271.92	31601.5									183.25	20856.5	62.88	8628.0	23.50	1999.0	2.29	118.0
	水榆花楸	合计	14.26	2994.3									5.81	1082.4	8.45	1911.9				
		将可及	14.26	2994.3									5.81	1082.4	8.45	1911.9				
	花曲柳	合计	778.64	131839.3			6.53	302.0	35.03	3602.9	233.41	35459.5	248.13	47986.6	139.39	21275.4	56.95	11234.6	59.20	11978.3
		即可及	498.57	91508.2									248.13	47986.6	134.29	20308.7	56.95	11234.6	59.20	11978.3
		将可及	5.10	966.7											5.10	966.7				
	钻天柳	合计	51.81	5018.2	1.71		21.50	2451.2	12.40	1014.0	2.70	365.0			13.50	1188.0				
		即可及	13.50	1188.0											13.50	1188.0				
	假色槭	合计	285.48	35315.8	2.28	11.0	15.31	116.6	31.43	1398.0	13.57	1658.5	20.72	3005.7	54.42	7473.9	11.90	1384.4	135.85	20267.7
		即可及	125.52	16885.2									20.72	3005.7	54.42	7473.9			50.38	6405.6
		将可及	83.97	11762.5													11.90	1384.4	72.07	10378.1
		不可及	13.40	3484.0															13.40	3484.0
	白牛槭	合计	3186.51	423932.1	0.47		2.99	285.0	76.32	9063.2	1301.78	180786.1	1272.89	163506.8	465.52	61783.0	50.50	5851.0	16.04	2657.0
		即可及	1796.51	232298.8									1272.89	163506.8	457.08	60284.0	50.50	5851.0	16.04	2657.0
		不可及	8.44	1499.0											8.44	1499.0				
	拧筋槭	合计	76.56	10354.0					19.77	2621.0	56.79	7733.0								
	其他亚乔木	合计	736.75	67922.4	37.15	12.2	102.39	3480.6	221.20	16776.4	78.62	7776.4	107.06	13567.1	94.78	13926.1	43.26	6657.6	52.29	5726.0
		即可及	249.16	34759.5									86.17	11580.1	94.78	13926.1	43.26	6657.6	24.95	2595.7
		将可及	27.34	3130.3															27.34	3130.3
		不可及	20.89	1987.0									20.89	1987.0						
	水胡黄	合计	235.10	6364.9	36.70	73.0	140.40	3147.9	58.00	3144.0										

表6 东北内蒙古重点国有林区用材林各龄级面积、蓄积按优势树种和可及度统计表（续10）

单位：公顷、立方米

统计单位	优势树种	可及度	合计		Ⅰ龄级		Ⅱ龄级		Ⅲ龄级		Ⅳ龄级		Ⅴ龄级		Ⅵ龄级		Ⅶ龄级		Ⅷ以上龄级	
			面积	蓄积	面积	蓄积	面积	蓄积	面积	蓄积	面积	蓄积	面积	蓄积	面积	蓄积	面积	蓄积	面积	蓄积
其中：吉林森工	合计	合计	663227.33	102201781.5	12576.38	434101.4	38465.06	3472573.4	114130.60	15338074.9	197118.42	30935125.6	123733.93	20553413.8	93991.29	15952522.0	51382.66	9342317.3	31828.99	6173653.1
		即可及	220942.14	38037335.7									93566.67	15727016.9	69870.10	11730726.3	36555.78	6565493.8	20949.59	4014098.7
		将可及	73258.70	12835919.6									27443.61	4373575.4	21990.18	3853922.1	13645.83	2577806.0	10179.08	2030616.1
		不可及	6736.03	1148650.9									2723.65	452821.5	2131.01	367873.6	1181.05	199017.5	700.32	128938.3
	冷杉	合计	16560.92	2874170.9	81.35	4952.1	553.22	79872.5	1679.64	298000.2	2644.19	454653.3	6176.41	1101216.5	4435.38	768836.2	612.12	105330.5	378.61	61309.6
		即可及	10767.89	1884655.8									5547.60	991408.6	4279.57	733956.5	603.32	104411.7	337.40	54879.0
		将可及	711.40	126526.6									513.48	86098.7	147.91	33078.5	8.80	918.8	41.21	6430.6
		不可及	123.23	25510.4									115.33	23709.2	7.90	1801.2				
	云杉	合计	30264.90	4041183.3	5666.51	191648.4	7733.16	777468.9	2800.78	436396.1	3556.20	627324.1	1825.23	304409.6	2058.31	371824.7	3460.39	643479.9	3164.32	688631.6
		即可及	8729.03	1665664.6									1441.61	245229.3	1620.57	294338.0	3061.80	571427.9	2605.05	554669.4
		将可及	1615.76	313852.6									359.12	55670.0	298.78	52168.4	398.59	72052.0	559.27	133962.2
		不可及	163.46	28828.6									24.50	3510.3	138.96	25318.3				
	落叶松	合计	62378.20	9734963.4	414.08	18270.3	5527.58	451775.7	21984.05	3087286.3	16911.44	2869037.7	12184.66	2309918.2	3762.63	708139.9	1034.48	184744.3	559.28	105791.0
		即可及	15000.54	2812987.9									10128.78	1903449.2	3477.25	650660.7	835.23	153087.0	559.28	105791.0
		将可及	2353.25	463149.6									1953.86	388494.4	249.50	50136.8	149.89	24518.4		
		不可及	187.26	32455.9									102.02	17974.6	35.88	7342.4	49.36	7138.9		
	红松	合计	33995.35	5599057.2	2796.09	49010.3	1952.73	171993.3	2094.50	334531.3	4200.43	709021.8	2579.45	402161.7	5755.53	979459.2	7091.51	1342650.4	7525.11	1610229.2
		即可及	14319.91	2655926.6									1617.96	253363.2	3885.72	657523.8	5224.18	995451.8	3592.05	749587.8
		将可及	8473.15	1649169.7									841.84	126408.9	1838.60	315812.8	1867.33	347198.6	3925.38	859749.4
		不可及	158.54	29404.2									119.65	22389.6	31.21	6122.6			7.68	892.0
	樟子松	合计	3312.78	399822.9	38.78	991.2	474.89	28937.3	2149.65	270578.0	561.48	84314.1	73.42	12406.4	12.76	2337.9	1.80	258.0		
		即可及	54.64	9865.8									42.37	7623.8	10.47	1984.0	1.80	258.0		
		将可及	13.89	2426.7									11.60	2072.8	2.29	353.9				
		不可及	19.45	2709.8									19.45	2709.8						
	其他松类	合计	80.58	8915.9	36.90	1545.8	12.10	934.5	9.10	1911.0	12.46	2236.8	4.22	666.9			5.80	1620.9		
		即可及	5.80	1620.9													5.80	1620.9		
		将可及	4.22	666.9									4.22	666.9						
	蒙古栎	合计	42038.16	7088489.1	209.28	14386.5	862.82	68523.4	6992.67	993385.7	17670.72	2922672.3	8090.94	1470152.7	4451.49	830813.0	3097.34	638768.3	662.90	149787.2
		即可及	11289.39	2092898.2									6376.41	1163529.3	2643.50	476025.8	1998.77	391392.9	270.71	61950.2
		将可及	4755.74	947329.1									1575.55	280940.0	1725.51	337650.4	1062.49	240901.7	392.19	87837.0
		不可及	257.54	49293.9									138.98	25683.4	82.48	17136.8	36.08	6473.7		

表 6　东北内蒙古重点国有林区用材林各龄级面积、蓄积按优势树种和可及度统计表（续 11）

单位：公顷、立方米

统计单位	优势树种	可及度	合计		Ⅰ龄级		Ⅱ龄级		Ⅲ龄级		Ⅳ龄级		Ⅴ龄级		Ⅵ龄级		Ⅶ龄级		Ⅷ以上龄级	
			面积	蓄积	面积	蓄积	面积	蓄积	面积	蓄积	面积	蓄积	面积	蓄积	面积	蓄积	面积	蓄积	面积	蓄积
其中：吉林森工	白桦	合计	104435.23	15889960.6	333.96	5377.4	2327.64	159601.6	9907.43	1010324.3	22670.58	3369439.4	23993.46	3649985.5	28102.86	4636824.8	9852.37	1753889.1	7246.93	1304518.5
		即可及	56832.77	9378235.4									18597.59	2879777.2	24068.58	3962870.8	8213.40	1471766.4	5953.20	1063821.0
		将可及	10844.82	1681818.4									5090.95	729814.6	3230.87	518277.1	1496.05	257439.0	1026.95	176287.7
		不可及	1518.03	285164.1									304.92	40393.7	803.41	155676.9	142.92	24683.7	266.78	64409.8
	枫桦	合计	14544.78	2191067.3	285.56	21690.9	2091.82	214073.2	3441.36	474955.3	3745.29	590700.2	2025.85	315742.1	941.29	145053.9	749.90	161842.4	1263.71	267009.3
		即可及	3218.11	574388.6									1154.60	185832.8	577.49	84358.0	351.80	69857.9	1134.22	234339.9
		将可及	1654.50	296128.9									802.89	120078.8	353.22	59471.0	368.90	83909.7	129.49	32669.4
		不可及	108.14	19130.2									68.36	9830.5	10.58	1224.9	29.20	8074.8		
	水曲柳	合计	42597.39	6233097.2	651.97	17091.6	2175.70	169351.1	7056.83	893992.5	19077.46	2837946.9	8057.55	1325895.7	3744.14	647160.1	1402.69	239713.3	431.05	101946.0
		即可及	8256.51	1416866.1									5103.31	858823.5	2036.16	353857.7	945.49	160764.9	171.55	43420.0
		将可及	5057.88	851366.0									2664.61	423982.7	1676.57	289908.9	457.20	78948.4	259.50	58526.0
		不可及	321.04	46483.0									289.63	43089.5	31.41	3393.5				
	胡桃楸	合计	122716.35	18705191.8	1209.69	74341.3	8841.56	885048.2	29247.84	4051348.6	50281.04	7910806.5	21008.77	3606036.8	8586.95	1517146.1	3335.45	624445.8	205.05	36018.5
		即可及	22929.01	3958610.3									15285.17	2621966.2	5491.23	947182.6	2075.14	377471.0	77.47	11990.5
		将可及	9069.56	1618245.2									5040.71	855042.9	2818.16	522898.5	1083.11	216275.8	127.58	24028.0
		不可及	1137.65	206791.7									682.89	129027.7	277.56	47065.0	177.20	30699.0		
	黄波罗	合计	2108.49	307749.8	19.71	333.1	283.81	26472.5	721.35	107630.4	758.25	120491.4	193.39	29045.0	62.71	10849.3	39.20	6352.1	30.07	6576.0
		即可及	127.99	19290.1									82.36	12323.2	31.50	5806.9	14.13	1160.0		
		将可及	167.31	26956.3									111.03	16721.8	31.21	5042.4	25.07	5192.1		
		不可及	30.07	6576.0															30.07	6576.0
	榆树	合计	23005.33	3366072.6	9.65	153.2	259.02	20195.7	582.75	60377.7	2560.13	330503.2	3165.32	423334.5	6233.84	912643.2	3281.61	510511.2	6913.01	1108353.9
		即可及	14027.77	2164278.8									2400.19	325757.3	4796.90	705074.6	2327.27	375617.3	4503.41	757829.6
		将可及	4707.63	680995.4									710.17	92078.7	1081.99	165175.1	872.75	124339.7	2042.72	299401.9
		不可及	858.38	109568.6									54.96	5498.5	354.95	42393.5	81.59	10554.2	366.88	51122.4
	椴树	合计	15089.46	2887561.2	37.81	1289.5	16.57	706.1	345.79	51471.2	1472.04	246101.9	2801.39	497697.9	6410.91	1210033.9	2641.93	557691.6	1363.02	322569.1
		即可及	5729.49	1152628.7									1479.12	274829.1	2757.18	530946.9	1121.27	249075.6	371.92	97777.1
		将可及	7487.76	1435363.8									1322.27	222868.8	3653.73	679087.0	1520.66	308616.0	991.10	224792.0
	紫椴	合计	47934.62	7630841.0	96.30	4473.1	493.36	49557.8	5706.01	774941.4	18953.16	2923193.0	12018.26	2017867.9	6570.55	1101986.6	3831.87	716487.0	265.11	42334.2
		即可及	15376.25	2583260.1									8850.74	1512593.3	4275.87	695208.2	2136.51	359154.0	113.13	16304.6
		将可及	6724.58	1187883.5									2884.21	455768.8	2131.87	375875.3	1556.52	330209.8	151.98	26029.6
		不可及	584.96	107532.1									283.31	49505.8	162.81	30903.1	138.84	27123.2		

表 6　东北内蒙古重点国有林区用材林各龄级面积、蓄积按优势树种和可及度统计表（续 12）

单位：公顷、立方米

统计单位	优势树种	可及度	合计		Ⅰ龄级		Ⅱ龄级		Ⅲ龄级		Ⅳ龄级		Ⅴ龄级		Ⅵ龄级		Ⅶ龄级		Ⅷ以上龄级	
			面积	蓄积	面积	蓄积	面积	蓄积	面积	蓄积	面积	蓄积	面积	蓄积	面积	蓄积	面积	蓄积	面积	蓄积
其中：吉林森工	糠椴	合计	1577.49	245696.9	1.62	187.7	70.55	9046.7	249.56	34768.6	515.08	77536.8	320.38	52687.2	261.14	41197.8	116.47	21614.5	42.69	8657.6
		即可及	604.06	100808.1									287.01	48342.9	219.21	34215.7	97.84	18249.5		
		将可及	121.11	20894.9									33.37	4344.3	41.93	6982.1	18.63	3365.0	27.18	6203.5
		不可及	15.51	2454.1															15.51	2454.1
	杨树	合计	22973.12	3315415.7	165.73	7547.9	1852.80	146412.9	6225.94	715975.0	5758.48	876457.2	2417.42	368392.2	3144.26	554700.2	2818.51	517832.5	589.98	128097.8
		即可及	6364.36	1141098.2									1785.23	277029.8	2377.46	436607.1	1720.80	321160.5	480.87	106300.8
		将可及	2385.72	392738.7									610.21	87324.1	759.91	117221.3	906.49	166396.3	109.11	21797.0
		不可及	220.09	35185.8									21.98	4038.3	6.89	871.8	191.22	30275.7		
	大青杨	合计	16689.67	2522780.8	97.30	2961.2	1053.73	60182.3	3492.33	453969.3	3946.06	640464.4	2151.87	344315.6	2262.41	384861.9	3526.32	608109.2	159.65	27916.9
		即可及	6662.63	1101832.6									1738.72	274286.2	1904.74	320233.4	2859.52	479396.1	159.65	27916.9
		将可及	1077.91	202441.8									236.54	39946.5	282.17	52508.7	559.20	109986.6		
		不可及	359.71	60929.2									176.61	30082.9	75.50	12119.8	107.60	18726.5		
	香杨	合计	22.83	4326.6											16.33	3105.6	6.50	1221.0		
		即可及	6.50	1221.0													6.50	1221.0		
		将可及	16.33	3105.6											16.33	3105.6				
	柳树	合计	720.92	73359.8	64.15	266.5	171.57	9333.0	255.47	29025.6	109.73	15554.9	43.42	6540.6			76.58	12639.2		
		即可及	46.57	6843.6									43.42	6540.6			3.15	303.0		
		将可及	73.43	12336.2													73.43	12336.2		
	其他软阔类	合计	2981.98	398917.5	19.68	1.3	74.93	3239.4	368.61	34072.0	776.29	108099.3	1064.13	151119.4	366.36	50559.7	110.60	17585.6	201.38	34240.8
		即可及	1425.96	211979.6									833.39	121116.5	327.61	45459.8	100.30	16977.5	164.66	28425.8
		将可及	308.86	39578.5									223.09	28055.5	38.75	5099.9	10.30	608.1	36.72	5815.0
		不可及	7.65	1947.4									7.65	1947.4						
	山杨	合计	15968.36	2509550.8	221.30	15387.9	1177.48	106865.0	5349.19	813462.6	5271.11	922322.9	1516.09	262958.3	957.23	158236.3	1411.64	220220.1	64.32	10097.7
		即可及	2768.91	469361.3									1079.97	197048.6	763.17	129298.2	867.77	133990.4	58.00	9024.1
		将可及	1001.86	151344.0									436.12	65909.7	153.32	21685.4	406.10	62675.3	6.32	1073.6
		不可及	178.51	30807.1											40.74	7252.7	137.77	23554.4		
	毛赤杨	合计	29.87	1936.4			11.16	437.9	3.17	223.9							15.54	1274.6		
		即可及	15.54	1274.6													15.54	1274.6		
	械树	合计	39371.60	5931995.8	60.61	2084.0	252.92	24539.4	3261.93	388806.3	15322.34	2244975.2	11612.33	1834847.5	5575.04	879248.2	2753.93	435208.4	532.50	122286.8
		即可及	15571.87	2502501.6									9333.08	1506026.7	4071.06	631683.2	1872.24	292960.9	295.49	71830.8
		将可及	4428.52	704694.5									1965.84	285390.5	1433.25	238313.9	792.42	130534.1	237.01	50456.0
		不可及	473.41	64394.8									313.41	43430.3	70.73	9251.1	89.27	11713.4		
	山槐	合计	55.99	5641.0	0.98	25.0	19.03	1842.9	18.40	2249.6	0.80	64.3	4.30	215.0	12.48	1244.2				
		即可及	16.78	1459.2									4.30	215.0	12.48	1244.2				

表 6　东北内蒙古重点国有林区用材林各龄级面积、蓄积按优势树种和可及度统计表（续 13）

单位：公顷、立方米

统计单位	优势树种	可及度	合计		Ⅰ龄级		Ⅱ龄级		Ⅲ龄级		Ⅳ龄级		Ⅴ龄级		Ⅵ龄级		Ⅶ龄级		Ⅷ以上龄级	
			面积	蓄积	面积	蓄积	面积	蓄积	面积	蓄积	面积	蓄积	面积	蓄积	面积	蓄积	面积	蓄积	面积	蓄积
其中：吉林森工	千金榆	合计	166.36	21162.1					11.47	1319.7	11.91	1509.2	52.89	7077.8	47.95	5507.0	4.72	855.8	37.42	4892.6
		即可及	92.79	12308.6									26.60	3901.5	38.80	4546.7	4.72	855.8	22.67	3004.6
		将可及	50.19	6024.6									26.29	3176.3	9.15	960.3			14.75	1888.0
	暴马丁香	合计	19.08	3415.3											19.08	3415.3				
		即可及	19.08	3415.3											19.08	3415.3				
	青楷槭	合计	51.68	5851.1							2.61	309.4	39.37	3307.2	2.50	434.5			7.20	1800.0
		即可及	49.07	5541.7									39.37	3307.2	2.50	434.5			7.20	1800.0
	花楷槭	合计	1.30	58.5					1.30	58.5										
	稠李	合计	19.32	1542.9					3.41	245.0	1.70	93.5	14.21	1204.4						
		将可及	14.21	1204.4									14.21	1204.4						
	山桃稠李	合计	120.98	16550.5			5.72	510.8	56.78	7756.4	36.78	6319.2	12.68	1108.1	7.81	695.2			1.21	160.8
		即可及	13.26	1140.2									7.06	675.2	6.20	465.0				
		将可及	8.44	823.9									5.62	432.9	1.61	230.2			1.21	160.8
	山丁子	合计	15.01	1314.6	1.96		0.56		3.23	301.9	3.60	619.2	5.66	393.5						
		即可及	5.66	393.5									5.66	393.5						
	水榆花楸	合计	14.26	2994.3									5.81	1082.4	8.45	1911.9				
		将可及	14.26	2994.3									5.81	1082.4	8.45	1911.9				
	花曲柳	合计	677.67	118296.3					18.62	2175.9	220.83	33447.5	210.82	42950.6	111.25	16509.4	56.95	11234.6	59.20	11978.3
		即可及	433.12	81706.2									210.82	42950.6	106.15	15542.7	56.95	11234.6	59.20	11978.3
		将可及	5.10	966.7											5.10	966.7				
	钻天柳	合计	49.11	4653.2	1.71		21.50	2451.2	12.40	1014.0					13.50	1188.0				
		即可及	13.50	1188.0											13.50	1188.0				
	假色槭	合计	176.53	25491.8			3.56	40.6			11.43	1455.5	20.72	3005.7	36.25	4826.9	11.90	1384.4	92.67	14778.7
		即可及	64.17	8749.2									20.72	3005.7	36.25	4826.9			7.20	916.6
		将可及	83.97	11762.5													11.90	1384.4	72.07	10378.1
		不可及	13.40	3484.0															13.40	3484.0
	白牛槭	合计	82.40	11248.1					20.80	2371.2	42.00	6270.1	19.60	2606.8						
		即可及	19.60	2606.8									19.60	2606.8						
	其他亚乔木	合计	144.16	15072.4	17.00	12.2	3.17	11.6	0.24	5.4	12.80	1184.4	23.91	3064.1	19.90	1771.1	34.54	5352.6	32.60	3671.0
		即可及	83.61	10728.5									23.91	3064.1	19.90	1771.1	34.54	5352.6	5.26	540.7
		将可及	27.34	3130.3															27.34	3130.3
	水胡黄	合计	235.10	6364.9	36.70	73.0	140.40	3147.9	58.00	3144.0										

表 6 东北内蒙古重点国有林区用材林各龄级面积、蓄积按优势树种和可及度统计表（续 14）

单位：公顷、立方米

统计单位	优势树种	可及度	合计		Ⅰ龄级		Ⅱ龄级		Ⅲ龄级		Ⅳ龄级		Ⅴ龄级		Ⅵ龄级		Ⅶ龄级		Ⅷ以上龄级	
			面积	蓄积	面积	蓄积	面积	蓄积	面积	蓄积	面积	蓄积	面积	蓄积	面积	蓄积	面积	蓄积	面积	蓄积
其中：长白山森工	合计	合计	786105.91	127580222.0	8352.88	237321.0	37733.19	4129410.0	155848.84	23207887.0	343342.90	58122210.0	147075.55	25256842.0	69752.40	12228137.0	18302.82	3413307.0	5697.33	985108.0
		即可及	236495.72	41242320.0									144620.78	24903642.0	68304.91	12012257.0	17937.69	3351752.0	5632.34	974669.0
		将可及	433.00	65854.0									40.56	6958.0	257.14	36937.0	82.09	13694.0	53.21	8265.0
		不可及	3899.38	575220.0									2414.21	346242.0	1190.35	178943.0	283.04	47861.0	11.78	2174.0
	冷杉	合计	20045.87	3812417.0	18.87	682.0	80.98	12155.0	1427.29	259717.0	3075.38	567329.0	11691.38	2251414.0	2935.86	568350.0	723.33	132260.0	92.78	20510.0
		即可及	15363.46	2960415.0									11633.59	2242055.0	2913.76	565590.0	723.33	132260.0	92.78	20510.0
		将可及	18.77	2264.0											18.77	2264.0				
		不可及	61.12	9855.0									57.79	9359.0	3.33	496.0				
	云杉	合计	20269.61	3141623.0	3192.09	70278.0	1456.72	161543.0	243.80	43031.0	2049.31	359227.0	3328.51	580810.0	6696.93	1234661.0	3169.63	660993.0	132.62	31080.0
		即可及	13307.64	2505468.0									3328.51	580810.0	6676.88	1232585.0	3169.63	660993.0	132.62	31080.0
		不可及	20.05	2076.0											20.05	2076.0				
	落叶松	合计	61417.69	9864729.0	469.11	3293.0	3833.41	299380.0	16754.75	2437471.0	19430.29	3205358.0	17275.95	3184626.0	3403.92	686792.0	127.84	26243.0	122.42	21566.0
		即可及	20758.84	3891534.0									17172.22	3168439.0	3342.13	676390.0	122.07	25139.0	122.42	21566.0
		将可及	15.33	2485.0									15.33	2485.0						
		不可及	155.96	25208.0									88.40	13702.0	61.79	10402.0	5.77	1104.0		
	红松	合计	13887.00	2281893.0	1657.73	17117.0	1144.23	126833.0	2537.61	485406.0	1214.05	230040.0	723.96	139146.0	3036.25	575118.0	2819.84	544274.0	753.33	163959.0
		即可及	7333.38	1422497.0									723.96	139146.0	3036.25	575118.0	2819.84	544274.0	753.33	163959.0
	樟子松	合计	833.56	113017.0	79.63	15.0	96.44	9857.0	136.34	17134.0	335.48	53549.0	156.95	27444.0	26.14	4406.0	1.50	365.0	1.08	247.0
		即可及	185.67	32462.0									156.95	27444.0	26.14	4406.0	1.50	365.0	1.08	247.0
	其他松类	合计	16.81	2119.0					16.81	2119.0										
	紫杉	合计	10.50	2114.0											10.50	2114.0				
		即可及	10.50	2114.0											10.50	2114.0				
	蒙古栎	合计	152511.34	24977855.0	639.90	25343.0	6093.13	594790.0	41043.57	6210300.0	88451.39	15147842.0	13903.31	2528296.0	1683.77	326273.0	621.52	130207.0	74.75	14804.0
		即可及	16094.12	2964263.0									13806.68	2512936.0	1622.20	313470.0	590.49	123053.0	74.75	14804.0
		不可及	189.23	35317.0									96.63	15360.0	61.57	12803.0	31.03	7154.0		
	白桦	合计	63544.79	9235489.0	598.44	4814.0	2570.86	113169.0	9294.71	846508.0	13286.27	1954809.0	14049.36	2180293.0	21356.20	3719117.0	1748.98	304757.0	639.97	112022.0
		即可及	37264.71	6233013.0									13655.20	2120172.0	21261.03	3702686.0	1720.29	300307.0	628.19	109848.0
		不可及	529.80	83176.0									394.16	60121.0	95.17	16431.0	28.69	4450.0	11.78	2174.0
	枫桦	合计	61183.31	10517524.0	210.22	23827.0	3824.61	503700.0	10061.66	1614221.0	30727.92	5351811.0	10937.79	1982982.0	4279.05	818164.0	1118.86	217782.0	23.20	5037.0
		即可及	16299.84	3014218.0									10903.41	1976594.0	4254.37	814805.0	1118.86	217782.0	23.20	5037.0
		将可及	15.76	2305.0									4.40	788.0	11.36	1517.0				
		不可及	43.30	7442.0									29.98	5600.0	13.32	1842.0				
	黑桦	合计	1134.17	158908.0	9.29	403.0	46.93	3760.0	424.92	55302.0	610.27	92436.0	10.18	1595.0	32.58	5412.0				
		即可及	42.76	7007.0									10.18	1595.0	32.58	5412.0				

表 6　东北内蒙古重点国有林区用材林各龄级面积、蓄积按优势树种和可及度统计表（续 15）

单位：公顷、立方米

统计单位	优势树种	可及度	合计		Ⅰ龄级		Ⅱ龄级		Ⅲ龄级		Ⅳ龄级		Ⅴ龄级		Ⅵ龄级		Ⅶ龄级		Ⅷ以上龄级	
			面积	蓄积	面积	蓄积	面积	蓄积	面积	蓄积	面积	蓄积	面积	蓄积	面积	蓄积	面积	蓄积	面积	蓄积
其中：长白山森工	水曲柳	合计	64607.77	10545346.0	230.04	9230.0	3203.20	456606.0	13272.46	2049846.0	37273.85	6245572.0	9011.70	1518025.0	1051.69	170378.0	448.70	78603.0	116.13	17086.0
		即可及	10504.53	1765022.0									8924.68	1505529.0	1015.02	163804.0	448.70	78603.0	116.13	17086.0
		将可及	16.90	2799.0									4.97	920.0	11.93	1879.0				
		不可及	106.79	16271.0									82.05	11576.0	24.74	4695.0				
	胡桃楸	合计	72351.35	11530626.0	568.55	53562.0	10013.63	1399245.0	23411.18	3618007.0	25924.87	4441957.0	10595.26	1734783.0	1559.27	239046.0	267.68	42409.0	10.91	1617.0
		即可及	11935.91	1946536.0									10193.70	1675202.0	1463.62	227308.0	267.68	42409.0	10.91	1617.0
		将可及	13.71	2478.0									13.71	2478.0						
		不可及	483.50	68841.0									387.85	57103.0	95.65	11738.0				
	黄波罗	合计	7109.04	1136543.0	89.03	10999.0	1065.07	156382.0	1395.94	219708.0	2593.19	433078.0	1365.77	222500.0	431.57	68592.0	164.99	24805.0	3.48	479.0
		即可及	1955.07	314839.0									1365.77	222500.0	420.83	67055.0	164.99	24805.0	3.48	479.0
		将可及	10.74	1537.0											10.74	1537.0				
	榆树	合计	20092.91	2795040.0	38.26	159.0	216.54	9335.0	972.94	81101.0	1962.67	244523.0	4072.81	543576.0	8304.67	1230507.0	2038.82	308454.0	2486.20	377385.0
		即可及	16825.45	2448347.0									4055.60	541552.0	8291.77	1227984.0	2038.82	308454.0	2439.26	370357.0
		将可及	53.65	7985.0									2.15	287.0	4.56	670.0			46.94	7028.0
		不可及	23.40	3590.0									15.06	1737.0	8.34	1853.0				
	紫椴	合计	157147.16	27221991.0	84.31	5282.0	1097.26	126593.0	19608.29	3200328.0	87731.84	15266698.0	36078.69	6282547.0	8875.14	1626710.0	3141.43	607845.0	530.20	105988.0
		即可及	47696.97	8479251.0									35788.88	6238038.0	8348.50	1545574.0	3029.39	589651.0	530.20	105988.0
		将可及	267.50	40782.0											193.17	28450.0	74.33	12332.0		
		不可及	660.99	103057.0									289.81	44509.0	333.47	52686.0	37.71	5862.0		
	糠椴	合计	2248.85	356135.0			112.83	16976.0	578.30	82060.0	1332.46	216321.0	176.29	28717.0	48.97	12061.0				
		即可及	225.26	40778.0									176.29	28717.0	48.97	12061.0				
	杨树	合计	3590.24	507106.0	35.26	723.0	76.69	3181.0	326.65	23444.0	570.61	62481.0	725.18	102542.0	915.35	153316.0	711.46	124059.0	229.04	37360.0
		即可及	2573.27	415915.0									725.18	102542.0	915.35	153316.0	703.70	122697.0	229.04	37360.0
		将可及	7.76	1362.0													7.76	1362.0		
	大青杨	合计	3746.56	711827.0	4.61		14.22	1031.0	854.77	138623.0	1632.41	308757.0	545.72	114253.0	460.30	93953.0	94.27	25405.0	140.26	29805.0
		即可及	1234.28	262179.0									545.72	114253.0	460.30	93953.0	94.27	25405.0	133.99	28568.0
		将可及	6.27	1237.0															6.27	1237.0
	香杨	合计	48.56	7047.0					8.04	1083.0	40.52	5964.0								
	柳树	合计	2303.99	133510.0	69.30	227.0	1250.04	25368.0	656.00	69908.0	235.54	27971.0	59.71	7360.0	20.40	2069.0			13.00	607.0
		即可及	93.11	10036.0									59.71	7360.0	20.40	2069.0			13.00	607.0
	其他软阔类	合计	2615.60	230834.0	84.81	360.0	321.32	12203.0	803.85	41872.0	562.32	59523.0	486.01	62851.0	327.59	48392.0	29.70	5633.0		
		即可及	840.72	116484.0									483.43	62459.0	327.59	48392.0	29.70	5633.0		
		不可及	2.58	392.0									2.58	392.0						

表 6　东北内蒙古重点国有林区用材林各龄级面积、蓄积按优势树种和可及度统计表（续 16）

单位：公顷、立方米

统计单位	优势树种	可及度	合计		Ⅰ龄级		Ⅱ龄级		Ⅲ龄级		Ⅳ龄级		Ⅴ龄级		Ⅵ龄级		Ⅶ龄级		Ⅷ以上龄级	
			面积	蓄积	面积	蓄积	面积	蓄积	面积	蓄积	面积	蓄积	面积	蓄积	面积	蓄积	面积	蓄积	面积	蓄积
其中：长白山森工	山杨	合计	16910.22	2767801.0	118.65	6317.0	623.80	56266.0	8014.70	1198132.0	6314.50	1144218.0	1102.91	207315.0	439.48	87321.0	269.70	63001.0	26.48	5231.0
		即可及	1820.60	359966.0									1092.92	205723.0	431.50	86011.0	269.70	63001.0	26.48	5231.0
		不可及	17.97	2902.0									9.99	1592.0	7.98	1310.0				
	毛赤杨	合计	3116.30	299398.0	35.54	446.0	147.60	5540.0	574.31	36505.0	904.48	90853.0	774.94	83059.0	663.63	80838.0	15.80	2157.0		
		即可及	1454.37	166054.0									774.94	83059.0	663.63	80838.0	15.80	2157.0		
	槭树	合计	28720.11	4394390.0	87.76	4067.0	268.23	28693.0	2693.11	397361.0	15097.63	2343569.0	8088.85	1229653.0	1983.58	312929.0	471.27	73572.0	29.68	4546.0
		即可及	8998.02	1407093.0									7149.83	1106449.0	1527.08	251817.0	291.43	44281.0	29.68	4546.0
		不可及	1575.36	213607.0									939.02	123204.0	456.50	61112.0	179.84	29291.0		
	山槐	合计	548.97	64050.0			10.24	535.0	10.12	367.0	131.72	16397.0	158.61	19593.0	232.45	26556.0	5.83	602.0		
		即可及	396.89	46751.0									158.61	19593.0	232.45	26556.0	5.83	602.0		
	千金榆	合计	20.21	2141.0											16.65	1946.0	3.56	195.0		
		即可及	20.21	2141.0											16.65	1946.0	3.56	195.0		
	暴马丁香	合计	149.24	13856.0	8.58	166.0	16.71	164.0	14.22	982.0	25.52	2468.0	22.90	2316.0	32.04	5584.0			29.27	2176.0
		即可及	84.21	10076.0									22.90	2316.0	32.04	5584.0			29.27	2176.0
	青楷槭	合计	475.38	68151.0					22.90	2083.0	59.66	10506.0	50.71	6385.0	145.96	21628.0	164.32	22523.0	31.83	5026.0
		即可及	386.21	54942.0									50.71	6385.0	139.35	21008.0	164.32	22523.0	31.83	5026.0
		将可及	6.61	620.0											6.61	620.0				
	花楷槭	合计	168.99	22482.0					1.77	123.0	5.27	506.0			24.44	3144.0	30.46	3363.0	107.05	15346.0
		即可及	161.95	21853.0											24.44	3144.0	30.46	3363.0	107.05	15346.0
	稠李	合计	205.89	20065.0			10.47	599.0	31.94	1865.0	41.57	4533.0	58.73	7036.0	58.91	5635.0	0.87	100.0	3.40	297.0
		即可及	121.91	13068.0									58.73	7036.0	58.91	5635.0	0.87	100.0	3.40	297.0
	山桃稠李	合计	643.63	99360.0					227.83	38280.0	245.46	35951.0	72.03	10823.0	49.52	7146.0	29.74	4545.0	19.05	2615.0
		即可及	170.34	25129.0									72.03	10823.0	49.52	7146.0	29.74	4545.0	19.05	2615.0
	山丁子	合计	444.41	45215.0			17.54	1374.0	83.97	6091.0	76.64	6542.0	177.59	20463.0	62.88	8628.0	23.50	1999.0	2.29	118.0
		即可及	266.26	31208.0									177.59	20463.0	62.88	8628.0	23.50	1999.0	2.29	118.0
	花曲柳	合计	100.97	13543.0			6.53	302.0	16.41	1427.0	12.58	2012.0	37.31	5036.0	28.14	4766.0				
		即可及	65.45	9802.0									37.31	5036.0	28.14	4766.0				
	钻天柳	合计	2.70	365.0							2.70	365.0								
	假色槭	合计	108.95	9824.0	2.28	11.0	11.75	76.0	31.43	1398.0	2.14	203.0			18.17	2647.0			43.18	5489.0
		即可及	61.35	8136.0											18.17	2647.0			43.18	5489.0
	白牛槭	合计	3104.11	412684.0	0.47		2.99	285.0	55.52	6692.0	1259.78	174516.0	1253.29	160900.0	465.52	61783.0	50.50	5851.0	16.04	2657.0
		即可及	1776.91	229692.0									1253.29	160900.0	457.08	60284.0	50.50	5851.0	16.04	2657.0
		不可及	8.44	1499.0											8.44	1499.0				
	拧筋槭	合计	76.56	10354.0					19.77	2621.0	56.79	7733.0								

表 6　东北内蒙古重点国有林区用材林各龄级面积、蓄积按优势树种和可及度统计表（续 17）

单位：公顷、立方米

统计单位	优势树种	可及度	合计		Ⅰ龄级		Ⅱ龄级		Ⅲ龄级		Ⅳ龄级		Ⅴ龄级		Ⅵ龄级		Ⅶ龄级		Ⅷ以上龄级	
			面积	蓄积	面积	蓄积	面积	蓄积	面积	蓄积	面积	蓄积	面积	蓄积	面积	蓄积	面积	蓄积	面积	蓄积
其中：长白山森工	其他亚乔木	合计	592.59	52850.0	20.15		99.22	3469.0	220.96	16771.0	65.82	6592.0	83.15	10503.0	74.88	12155.0	8.72	1305.0	19.69	2055.0
		即可及	165.55	24031.0									62.26	8516.0	74.88	12155.0	8.72	1305.0	19.69	2055.0
		不可及	20.89	1987.0									20.89	1987.0						
黑龙江重点国有林区	合计	合计	1901069.13	222403077.4	22681.09	841672.6	169786.06	14693480.4	916951.16	106971582.0	520325.56	65589885.7	203017.05	25059974.4	57843.15	7918307.8	8534.02	1087667.8	1931.04	240506.7
		即可及	258515.22	32689125.5									193137.79	23848919.9	55618.72	7602589.3	7942.08	1011446.6	1816.63	226169.7
		将可及	12224.03	1540347.1									9347.59	1142106.4	2214.37	314160.3	547.66	69743.4	114.41	14337.0
		不可及	586.01	76984.1									531.67	68948.1	10.06	1558.2	44.28	6477.8		
	冷杉	合计	215934.78	29180371.2	189.43	11488.4	7517.50	745717.1	114786.72	14895823.6	59309.36	8486598.5	31975.48	4745743.6	1774.09	243698.8	328.93	44066.8	53.27	7234.4
		即可及	31826.76	4729977.3									29718.10	4441072.4	1726.46	237603.7	328.93	44066.8	53.27	7234.4
		将可及	2261.67	304037.6									2214.04	297942.5	47.63	6095.1				
		不可及	43.34	6728.7									43.34	6728.7						
	云杉	合计	87467.69	10044073.2	3294.05	88991.5	7578.06	658530.1	16287.64	1754172.0	47749.55	5876802.1	7437.95	949392.7	4430.31	620610.9	611.73	87115.7	78.40	8458.2
		即可及	11064.93	1459977.5									6742.82	856884.7	3729.08	518394.5	514.63	76240.1	78.40	8458.2
		将可及	1464.25	201768.8									665.92	88676.8	701.23	102216.4	97.10	10875.6		
		不可及	29.21	3831.2									29.21	3831.2						
	落叶松	合计	199749.50	24542081.3	3323.47	120177.6	28985.21	2610489.8	110891.62	14049394.9	42808.39	5924050.3	12301.43	1644767.3	1122.17	149841.5	272.08	37547.3	45.13	5812.6
		即可及	13338.84	1800755.8									11939.11	1612832.3	1122.17	149841.5	232.43	32269.4	45.13	5812.6
		将可及	385.98	36113.6									346.33	30835.7			39.65	5277.9		
		不可及	15.99	1099.3									15.99	1099.3						
	红松	合计	93762.15	12128510.0	1493.16	66642.1	13234.12	1405624.8	31701.94	3999191.1	31749.42	4341143.4	7700.73	1091296.4	7225.01	1129240.8	626.09	89484.3	31.68	5887.1
		即可及	14914.51	2217540.2									7224.85	1020120.4	7053.41	1105313.4	604.57	86219.3	31.68	5887.1
		将可及	614.74	89731.6									443.14	65804.2	171.60	23927.4				
		不可及	54.26	8636.8									32.74	5371.8			21.52	3265.0		
	樟子松	合计	4131.49	519042.3	85.57	966.0	573.24	38285.4	1241.66	151608.2	1475.81	208858.2	737.19	116227.2	18.02	3097.3				
		即可及	755.21	119324.5									737.19	116227.2	18.02	3097.3				
	赤松	合计	106.14	9873.8			7.23	355.1	19.25	1504.0	14.87	1684.5	64.79	6330.2						
		即可及	64.79	6330.2									64.79	6330.2						
	紫杉	合计	52.09	7210.7					2.57	202.9			49.52	7007.8						
		即可及	49.52	7007.8									49.52	7007.8						
	蒙古栎	合计	191831.25	21473748.2	3721.77	142200.2	20291.27	1612814.7	126016.68	14143627.8	37921.60	5036603.1	3470.47	473844.7	302.72	48919.9	102.97	14546.8	3.77	1191.0
		即可及	3855.17	536278.8									3445.71	471621.1	302.72	48919.9	102.97	14546.8	3.77	1191.0
		将可及	24.76	2223.6									24.76	2223.6						

表 6 东北内蒙古重点国有林区用材林各龄级面积、蓄积按优势树种和可及度统计表（续 18）

单位：公顷、立方米

统计单位	优势树种	可及度	合计		Ⅰ龄级		Ⅱ龄级		Ⅲ龄级		Ⅳ龄级		Ⅴ龄级		Ⅵ龄级		Ⅶ龄级		Ⅷ以上龄级	
			面积	蓄积	面积	蓄积	面积	蓄积	面积	蓄积	面积	蓄积	面积	蓄积	面积	蓄积	面积	蓄积	面积	蓄积
黑龙江重点国有林区	白桦	合计	352318.32	36195855.1	3835.62	51390.9	24423.17	1123078.6	51543.83	4329288.3	145074.58	15521648.4	94869.22	10777428.3	28985.90	3932020.7	3075.26	398489.4	510.74	62510.5
		即可及	122721.79	14617029.5									90807.23	10325806.0	28507.05	3853549.3	2896.77	375163.7	510.74	62510.5
		将可及	4548.23	533193.9									3900.95	432955.0	468.79	76913.2	178.49	23325.7		
		不可及	171.10	20225.5									161.04	18667.3	10.06	1558.2				
	枫桦	合计	191735.18	23417849.4	1129.88	74506.4	15276.33	1559055.3	123336.62	15052313.6	40456.36	5281345.2	9090.44	1122490.3	2052.50	280203.2	386.48	46767.8	6.57	1167.6
		即可及	10377.60	1298643.2									8298.58	1018763.9	1744.68	240226.8	327.77	38484.9	6.57	1167.6
		将可及	1029.65	133189.7									685.88	88143.2	307.82	39976.4	35.95	5070.1		
		不可及	128.74	18796.0									105.98	15583.2			22.76	3212.8		
	黑桦	合计	25084.31	2327810.8	391.01	17828.6	2223.19	164894.1	19046.85	1781543.2	3213.73	342068.4	209.53	21476.5						
		即可及	209.53	21476.5									209.53	21476.5						
	水曲柳	合计	117881.95	13690670.2	1093.19	72772.7	12315.68	1559863.8	77987.10	8708588.9	22158.33	2831071.5	3492.66	390241.7	640.68	101243.0	194.31	26888.6		
		即可及	4165.80	498418.5									3363.53	375091.8	640.68	101243.0	161.59	22083.7		
		将可及	161.85	19954.8									129.13	15149.9			32.72	4804.9		
	胡桃楸	合计	35216.43	4044509.3	362.85	29544.6	3072.06	402863.7	22368.88	2468893.6	8502.34	1029554.6	869.07	108587.3	41.23	5065.5				
		即可及	910.30	113652.8									869.07	108587.3	41.23	5065.5				
	黄波罗	合计	5814.51	645698.9	143.91	13778.9	425.84	43936.3	3687.21	395093.5	1418.33	177219.5	139.22	15670.7						
		即可及	139.22	15670.7									139.22	15670.7						
	榆树	合计	38096.82	3640179.9	199.17	14323.7	1110.21	68338.9	7891.55	679611.5	6901.13	668059.2	14024.53	1342406.0	5629.32	607946.2	1559.09	167098.8	781.82	92395.6
		即可及	21195.61	2118441.6									13806.47	1318851.2	5311.54	572793.1	1410.19	148738.7	667.41	78058.6
		将可及	782.26	89445.1									201.17	21594.9	317.78	35153.1	148.90	18360.1	114.41	14337.0
		不可及	16.89	1959.9									16.89	1959.9						
	紫椴	合计	72701.83	8749844.7	305.16	16080.5	3669.80	370870.8	46112.44	5337415.1	19328.42	2605579.8	2493.30	303500.1	642.86	93264.2	94.83	14359.3	55.02	8774.9
		即可及	2910.66	370090.2									2117.95	253691.8	642.86	93264.2	94.83	14359.3	55.02	8774.9
		将可及	313.36	41531.8									313.36	41531.8						
		不可及	61.99	8276.5									61.99	8276.5						
	糠椴	合计	64131.36	7132608.7	662.00	38355.1	6953.06	734131.9	44426.64	4791989.5	10035.71	1313167.7	1553.38	179702.2	369.38	52408.8	73.53	12320.8	57.66	10532.7
		即可及	1926.94	240013.4									1471.16	170914.1	339.44	48274.9	58.68	10291.7	57.66	10532.7
		将可及	115.16	13299.4									70.37	7136.4	29.94	4133.9	14.85	2029.1		
		不可及	11.85	1651.7									11.85	1651.7						
	杨树	合计	44.85	6313.0	2.65	235.9	3.19	217.3	24.77	3297.0	1.97	183.9	11.16	2265.3	1.11	113.6				
		即可及	11.16	2265.3									11.16	2265.3						
		将可及	1.11	113.6											1.11	113.6				
	大青杨	合计	2912.37	352260.4	40.20	3684.9	344.99	28230.5	1534.08	181068.3	573.14	84502.7	131.55	15855.9	216.44	30699.8	41.47	6512.3	30.50	1706.0
		即可及	419.96	54774.0									131.55	15855.9	216.44	30699.8	41.47	6512.3	30.50	1706.0

表 6 东北内蒙古重点国有林区用材林各龄级面积、蓄积按优势树种和可及度统计表（续 19）

单位：公顷、立方米

统计单位	优势树种	可及度	合计		Ⅰ龄级		Ⅱ龄级		Ⅲ龄级		Ⅳ龄级		Ⅴ龄级		Ⅵ龄级		Ⅶ龄级		Ⅷ以上龄级	
			面积	蓄积	面积	蓄积	面积	蓄积	面积	蓄积	面积	蓄积	面积	蓄积	面积	蓄积	面积	蓄积	面积	蓄积
黑龙江重点国有林区	香杨	合计	1.06	154.3					1.06	154.3										
	柳树	合计	582.86	34384.8	57.15	523.4	227.80	7393.6	253.24	21593.8	10.39	875.8	33.79	3958.4	0.49	39.8				
		即可及	34.28	3998.2									33.79	3958.4	0.49	39.8				
	其他软阔类	合计	0.25		0.25															
	山杨	合计	124350.63	16920536.1	1294.46	48605.2	10722.95	842631.2	73333.22	10023109.9	26166.84	4104778.3	8705.36	1305947.2	3177.08	469925.6	773.37	103917.3	177.35	21621.4
		即可及	12394.91	1836671.2									8435.58	1266838.1	3008.61	444294.4	773.37	103917.3	177.35	21621.4
		将可及	438.25	64740.3									269.78	39109.1	168.47	25631.2				
	毛赤杨	合计	16119.52	1086945.1	585.86	15627.2	5381.60	236647.4	8805.06	702923.9	635.13	58866.2	497.38	49076.2	90.18	9880.1	64.97	6553.6	59.34	7370.5
		即可及	705.95	72258.5									491.46	48454.3	90.18	9880.1	64.97	6553.6	59.34	7370.5
		将可及	5.92	621.9									5.92	621.9						
	槭树	合计	50519.60	5365855.6	155.70	8240.6	3744.42	406221.6	30079.20	3004280.4	13552.24	1557969.5	2290.41	296475.4	606.57	82112.9	58.81	5496.4	32.25	5058.8
		即可及	2891.87	376029.0									2194.24	283360.9	606.57	82112.9	58.81	5496.4	32.25	5058.8
		将可及	74.84	10179.1									74.84	10179.1						
		不可及	21.33	2935.4									21.33	2935.4						
	山槐	合计	3565.28	323547.1			296.57	16540.1	1738.10	151153.3	503.17	47998.9	650.88	68273.1	280.05	30141.9	96.51	9439.8		
		即可及	1027.44	107854.8									650.88	68273.1	280.05	30141.9	96.51	9439.8		
	千金榆	合计	85.59	6804.3					85.59	6804.3										
	暴马丁香	合计	558.87	42797.6	37.33	2552.1	216.68	12560.6	207.46	17941.6	44.68	5241.9	26.01	2725.5			26.71	1775.9		
		即可及	52.72	4501.4									26.01	2725.5			26.71	1775.9		
	青楷槭	合计	1856.14	187548.4			53.92	2489.4	1192.69	113476.3	341.83	40468.2	54.45	6124.3	92.27	13622.0	113.44	10582.8	7.54	785.4
		即可及	267.70	31114.5									54.45	6124.3	92.27	13622.0	113.44	10582.8	7.54	785.4
	花楷槭	合计	1279.24	113742.9	4.46		162.13	9346.9	885.76	82077.4	123.99	13073.3	44.76	4160.7	58.14	5084.6				
		即可及	71.59	6402.2									13.45	1317.6	58.14	5084.6				
		不可及	31.31	2843.1									31.31	2843.1						
	波纹柳	合计	1798.69	89975.7	237.04	2738.9	756.59	23387.3	651.03	48893.4	82.34	8926.4	55.38	5139.2	16.31	890.5				
		即可及	71.69	6029.7									55.38	5139.2	16.31	890.5				
	稠李	合计	268.08	17274.0	8.68	116.8	56.38	2309.4	174.49	11989.9	23.12	2471.6	5.41	386.3						
		即可及	5.41	386.3									5.41	386.3						
	山桃稠李	合计	694.39	81986.6	1.88	8.1	3.79	129.6	448.04	50147.8	108.07	15661.3	29.28	3242.7	69.89	8093.0	33.44	4704.1		
		即可及	132.61	16039.8									29.28	3242.7	69.89	8093.0	33.44	4704.1		
	山丁子	合计	213.46	12367.3	11.09	252.6	32.93	1289.2	141.77	9074.7	27.67	1750.8								
	东北山杏	合计	75.89	1248.0	9.84	11.4	66.05	1236.6												
	山梨	合计	2.40	109.1			1.54	84.7	0.86	24.4										
	兴安鼠李	合计	4.21	335.8			0.63	39.8			3.58	296.0								

表 6 东北内蒙古重点国有林区用材林各龄级面积、蓄积按优势树种和可及度统计表（续 20）

单位：公顷、立方米

统计单位	优势树种	可及度	合计		Ⅰ龄级		Ⅱ龄级		Ⅲ龄级		Ⅳ龄级		Ⅴ龄级		Ⅵ龄级		Ⅶ龄级		Ⅷ以上龄级	
			面积	蓄积	面积	蓄积	面积	蓄积	面积	蓄积	面积	蓄积	面积	蓄积	面积	蓄积	面积	蓄积	面积	蓄积
黑龙江重点国有林区	水榆花楸	合计	0.15				0.15													
	花曲柳	合计	36.92	2700.3					36.92	2700.3										
	钻天柳	合计	22.37	2471.3			1.53	121.1	8.62	609.3	9.47	1366.5	2.32	231.2	0.43	143.2				
		即可及	0.75	172.1									0.32	28.9	0.43	143.2				
		将可及	2.00	202.3									2.00	202.3						
	假色槭	合计	5.00	104.2			5.00	104.2												
	其他亚乔木	合计	55.51	3677.8	4.26	28.3	51.25	3649.5												
黑龙江大兴安岭重点国有林区	合计	合计	3236518.99	264013963.5	29717.09	505879.2	291316.79	9654716.2	1071443.52	85201190.9	762130.13	67086983.5	754869.86	69749520.5	217713.06	21114392.9	81654.00	8117481.2	27674.54	2583799.1
		即可及	996099.68	93637874.4									696223.01	64404469.5	198171.01	19274830.9	74841.67	7460328.7	26863.99	2498245.3
		将可及	57167.83	5355748.7									39834.05	3653738.5	12363.90	1207316.5	4393.30	431172.2	576.58	63521.5
		不可及	28643.95	2571570.6									18812.80	1691312.5	7178.15	632245.5	2419.03	225980.3	233.97	22032.3
	云杉	合计	17490.63	1637760.6	18.31	58.4	383.05	20494.3	8946.91	849437.3	5320.11	501479.8	2180.29	197524.6	435.59	50769.9	190.16	16495.1	16.21	1501.2
		即可及	2822.25	266290.8									2180.29	197524.6	435.59	50769.9	190.16	16495.1	16.21	1501.2
	落叶松	合计	1431197.41	126237372.3	4472.13	165831.0	75596.63	5002636.7	670605.04	59203272.5	411866.92	37273201.9	181796.58	16478170.4	59578.30	5674156.9	20358.02	1928637.4	6923.79	511465.5
		即可及	246803.40	22596798.4									169384.04	15369213.3	52115.55	4974204.1	18637.29	1770703.5	6666.52	482677.5
		将可及	10918.25	1059518.4									5249.14	487463.4	4539.55	452216.1	973.70	96708.3	155.86	23130.6
		不可及	10935.04	936113.4									7163.40	621493.7	2923.20	247736.7	747.03	61225.6	101.41	5657.4
	红松	合计	52.03	7354.9			52.03	7354.9												
	樟子松	合计	46036.28	4568228.9	620.95	14151.7	4152.75	193653.0	13108.92	1181340.7	13751.48	1507052.7	8938.91	990768.0	3540.91	452574.0	1587.67	191223.6	334.69	37465.2
		即可及	14032.20	1625252.7									8766.08	966798.6	3419.45	439060.8	1531.87	185348.6	314.80	34044.7
		将可及	169.05	20016.0									57.06	6998.9	63.58	7769.0	45.92	4753.5	2.49	494.6
		不可及	200.93	26762.1									115.77	16970.5	57.88	5744.2	9.88	1121.5	17.40	2925.9
	蒙古栎	合计	84450.31	4488871.5	15309.31	222938.2	31957.66	1696190.8	20777.17	1355562.6	10326.98	747907.0	3440.24	269379.0	2262.67	170332.9	371.94	26245.5	4.34	315.5
		即可及	5129.52	395794.9									3164.17	248396.5	1674.84	127356.4	286.17	19726.5	4.34	315.5
		将可及	474.74	35728.6									235.80	17527.9	153.17	11681.7	85.77	6519.0		
		不可及	474.93	34749.4									40.27	3454.6	434.66	31294.8				
	白桦	合计	1472864.58	113486662.6	7021.20	66201.8	131433.05	1880083.9	323916.71	20195573.2	295959.66	24874246.8	520503.53	47956380.9	133303.66	12703810.8	46090.83	4445666.6	14635.94	1364698.6
		即可及	658736.25	61308526.8									479341.60	44177413.3	123515.36	11794985.1	41676.35	4014660.0	14202.94	1321468.4
		将可及	40364.80	3726860.5									30801.91	2817704.2	6384.41	601063.9	2845.98	276225.9	332.50	31866.5
		不可及	15432.91	1435169.6									10360.02	961263.4	3403.89	307761.8	1568.50	154780.7	100.50	11363.7
	黑桦	合计	14156.95	833613.7	851.70	14677.7	6313.22	372012.6	6013.50	378343.9	547.00	35807.5	373.99	27331.8	57.54	5440.2				
		即可及	335.37	24670.6									277.83	19230.4	57.54	5440.2				
		将可及	96.16	8101.4									96.16	8101.4						
	水曲柳	合计	33.36	2025.2					33.36	2025.2										

表 6　东北内蒙古重点国有林区用材林各龄级面积、蓄积按优势树种和可及度统计表（续 21）

单位：公顷、立方米

统计单位	优势树种	可及度	合计		Ⅰ龄级		Ⅱ龄级		Ⅲ龄级		Ⅳ龄级		Ⅴ龄级		Ⅵ龄级		Ⅶ龄级		Ⅷ以上龄级	
			面积	蓄积	面积	蓄积	面积	蓄积	面积	蓄积	面积	蓄积	面积	蓄积	面积	蓄积	面积	蓄积	面积	蓄积
黑龙江大兴安岭重点国有林区	榆树	合计	264.52	9526.7					8.99	307.6	97.10	2443.6	145.89	6344.6	1.19	53.4	11.35	377.5		
		即可及	147.10	6202.3									134.56	5771.4	1.19	53.4	11.35	377.5		
		不可及	11.33	573.2									11.33	573.2						
	椴树	合计	22.41	782.9			22.41	782.9												
	杨树	合计	2405.17	244063.0			1.73	26.6	13.82	569.0	264.68	20610.2	716.42	52098.9	340.91	32412.2	543.01	69915.5	524.60	68430.6
		即可及	1885.56	208064.5									536.28	42819.6	281.67	26898.8	543.01	69915.5	524.60	68430.6
		将可及	21.20	971.4									21.20	971.4						
		不可及	218.18	13821.3									158.94	8307.9	59.24	5513.4				
	柳树	合计	3525.29	277552.4			304.92	11414.9	129.03	4700.5	484.95	36453.8	865.18	72087.5	456.52	41467.6	771.28	68217.9	513.41	43210.2
		即可及	2250.11	193313.1									610.95	51692.7	354.47	30192.3	771.28	68217.9	513.41	43210.2
		将可及	168.27	19246.0									66.22	7970.7	102.05	11275.3				
		不可及	188.01	12424.1									188.01	12424.1						
	山杨	合计	164020.05	12220148.8	1423.49	22020.4	41099.34	470065.6	27890.07	2030058.4	23511.25	2087780.2	35908.83	3699434.8	17735.77	1983375.0	11729.74	1370702.1	4721.56	556712.3
		即可及	63957.92	7012960.3									31827.21	3325609.1	16315.35	1825869.9	11194.19	1314884.1	4621.17	546597.2
		将可及	4955.36	485306.4									3306.56	307000.6	1121.14	123310.5	441.93	46965.5	85.73	8029.8
		不可及	1182.62	111957.5									775.06	66825.1	299.28	34194.6	93.62	8852.5	14.66	2085.3

表 7 东北内蒙古重点国有林区可造林封育地面积按立地类型统计表

单位：公顷

统计单位	立地类型	合计	疏林地	一般灌木林地	无立木林地				宜林地			
					小计	采伐迹地	火烧迹地	其他无立木林地	小计	宜林荒山荒地	宜林沙荒地	其他宜林地
合计	合计	2533132.19	28293.47	119997.04	1092379.99	506.37	7027.95	1084845.67	1292461.69	162856.77	34906.1	1094698.82
	低山平坡厚层土类型	1554186.74	11242.15	55151.32	645595.44	190.37	2039.45	643365.62	842197.83	70501.47	2230.1	769466.26
	低山平坡中层土类型	530858.68	6190.58	28061.36	189362.87	12.98	1478.25	187871.64	307243.87	18117.29	9494.33	279632.25
	低山平坡薄层土类型	14277.85	1.82	281.59	3689.47			3689.47	10304.97	1003.81	4675.13	4626.03
	低山缓阳坡厚层土类型	130838.44	1963.09	7047.47	83299.43	118.95	380.53	82799.95	38528.45	17884.51	270.99	20372.95
	低山缓阳坡中层土类型	58404.83	1107.36	2662.86	41114.63	2.31	325.3	40787.02	13519.98	6748.6	1395.71	5375.67
	低山缓阳坡薄层土类型	4165.57	12.13	49.06	660.41		1.33	659.08	3443.97	396.99	3046.67	0.31
	低山缓阴坡厚层土类型	94283.23	1475.2	2782.15	70137.76	133.92	207.97	69795.87	19888.12	9845.39	278.27	9764.46
	低山缓阴坡中层土类型	47538.43	933.32	1644.66	35972.56	5.62	621.52	35345.42	8987.89	5916.17	351.23	2720.49
	低山缓阴坡薄层土类型	1579.58	34.18	153.27	701.72			701.72	690.41	258.21	423.9	8.3
	低山斜阳坡厚层土类型	8965.55	385.06	330.36	5772.28	15.08	53.35	5703.85	2477.85	1838.45	186.57	452.83
	低山斜阳坡中层土类型	7684.9	78.45	877.58	3361.98	2.02	270.24	3089.72	3366.89	2337.83	788.68	240.38
	低山斜阳坡薄层土类型	4562.09		23.12	163.65			163.65	4375.32	150.99	4208.99	15.34
	低山斜阴坡厚层土类型	6860.06	242.37	211.13	5124.88	5.6	52.56	5066.72	1281.68	1053.43	79.4	148.85
	低山斜阴坡中层土类型	4306.26	84.17	342.01	2716.38	0.55	108.65	2607.18	1163.7	842.73	214.21	106.76
	低山斜阴坡薄层土类型	562.8		48.81	53.65			53.65	460.34	53.62	400.26	6.46
	低山陡阳坡厚层土类型	3432.63	36.71	136.06	1031.37	2.5		1028.87	2228.49	1057.13	293.79	877.57
	低山陡阳坡中层土类型	2150.07	18.35	50.01	106.86			106.86	1974.85	751.32	958.5	265.03
	低山陡阳坡薄层土类型	3173.62		55.87	13.46			13.46	3104.29	78.13	3025.54	0.62
	低山陡阴坡厚层土类型	952.89	1.96	11.69	545.21	0.93		544.28	394.03	151.24	86.8	155.99
	低山陡阴坡中层土类型	603.6	7.22	104.42	54.79			54.79	437.17	178.95	250.62	7.6
	低山陡阴坡薄层土类型	160.95	0.69	0.39	3.38			3.38	156.49	9.12	147.37	
	低山急阳坡厚层土类型	274.67		13.48	96.57	1.16		95.41	164.62	123.46	9.71	31.45
	低山急阳坡中层土类型	260.98	21.61	9.87	8.8	0.98		7.82	220.7	104.72	42.17	73.81
	低山急阳坡薄层土类型	26.95		1.22	0.62			0.62	25.11	17.01	8.1	
	低山急阴坡厚层土类型	183.5	2.54		87.51			87.51	93.45	46.49	8.87	38.09
	低山急阴坡中层土类型	46.06	2.19		6.73		0.9	5.83	37.14	9.31	27.04	0.79
	低山急阴坡薄层土类型	5.78							5.78	0.39	5.39	
	低山险坡厚层土类型	277.34	34.6	1.54	230.22			230.22	10.98	3.82	7.16	
	低山险坡中层土类型	20.01		5.12	2.82			2.82	12.07	0.57	11.5	
	低山险坡薄层土类型	7.84			1.96			1.96	5.88		5.88	
	中山平坡厚层土类型	1939.51	7.58	1222.62	126.38	1.59	5.74	119.05	582.93	420.47	1.67	160.79
	中山平坡中层土类型	4112.74		1209.53	224.18		14.5	209.68	2679.03	2586.52	70.98	21.53
	中山平坡薄层土类型	856.31		820.95	1.37			1.37	33.99	1.14	32.85	
	中山缓阳坡厚层土类型	8590.13	1336.25	3558.82	161.16	4.55	96.21	60.4	3533.9	3451.39	1.62	80.89
	中山缓阳坡中层土类型	9324.03	990.21	1899.22	434.41		307.35	127.06	6000.19	5893.6	85.77	20.82
	中山缓阳坡薄层土类型	1093.24	4.32	965					123.92	18.22	105.7	
	中山缓阴坡厚层土类型	8995.29	1022.99	4353.71	14.75	7.26		7.49	3603.84	3582.07	9.74	12.03
	中山缓阴坡中层土类型	8100.4	565.03	2458.71	662		543.23	118.77	4414.66	4229.17	176.97	8.52
	中山缓阴坡薄层土类型	1694.47	23.07	1581.08	13.49			13.49	76.83	5.95	70.88	
	中山斜阳坡厚层土类型	500.85	56.88	163.6	41.16		39.7	1.46	239.21	239.21		

表 7　东北内蒙古重点国有林区可造林封育地面积按立地类型统计表（续 1）

单位：公顷

统计单位	立地类型	合计	疏林地	一般灌木林地	无立木林地				宜林地			
					小计	采伐迹地	火烧迹地	其他无立木林地	小计	宜林荒山荒地	宜林沙荒地	其他宜林地
合计	中山斜阳坡中层土类型	1947.03	223.14	222.44	249.96		181.76	68.2	1251.49	969.09	282.4	
	中山斜阳坡薄层土类型	279.67		6.01	43.31			43.31	230.35		230.35	
	中山斜阴坡厚层土类型	890.93	54.51	229.54	8.02			8.02	598.86	598.06	0.8	
	中山斜阴坡中层土类型	2319.29	99.36	371.53	396.04		288.96	107.08	1452.36	1148.38	303.98	
	中山斜阴坡薄层土类型	215.01		122.46					92.55		92.55	
	中山陡阳坡厚层土类型	121.02	2.96	71.46	11.75		10.45	1.3	34.85	11.8	17.1	5.95
	中山陡阳坡中层土类型	304.34	7.74	23.18	55.19			55.19	218.23	76.6	141.63	
	中山陡阳坡薄层土类型	161.31		11.12					150.19		150.19	
	中山陡阴坡厚层土类型	296.38		204.77	19.27			19.27	72.34	61.64	10.7	
	中山陡阴坡中层土类型	576.64		406.09	0.14			0.14	170.41	73.8	96.61	
	中山陡阴坡薄层土类型	94.51		23.94					70.57		70.57	
	中山急阳坡厚层土类型	12.9							12.9	2.43	10.47	
	中山急阳坡中层土类型	19.2		14.24					4.96	0.94	4.02	
	中山急阴坡厚层土类型	23.68	23.68									
	中山急阴坡中层土类型	8.67		0.6					8.07	5.14	2.93	
	中山急阴坡薄层土类型	2.74							2.74		2.74	
内蒙古重点国有林区	合计	235561.60	18811.83	91998.55	15382.60	6.40	6243.97	9132.23	109368.62	36026.78	12420.83	60921.01
	中山阳向缓坡薄土型	3968.14	922.62	1343.76	306.56		306.56		1395.20	1392.80	2.40	
	中山阳向缓坡中土型	6857.53	1256.49	2660.19	96.21		96.21		2844.64	2820.83	6.01	17.80
	中山阳向缓坡厚土型	370.64	28.86	248.30					93.48	93.48		
	中山阳向斜坡薄土型	1585.53	223.14	714.09	181.76		181.76		466.54	450.76	15.78	
	中山阳向斜坡中土型	222.83	0.73	83.90	39.70		39.70		98.50	98.50		
	中山阳向斜坡厚土型	1.73		0.87					0.86	0.86		
	中山阳向陡坡薄土型	104.40	7.74	19.37					77.29	48.00	29.29	
	中山阳向陡坡中土型	81.50	1.28	60.51	10.45		10.45		9.26	9.26		
	中山阴向缓坡薄土型	2231.52	588.10	574.98	518.25		512.48	5.77	550.19	548.30	1.89	
	中山阴向缓坡中土型	5117.00	997.91	2014.25					2104.84	2095.11		9.73
	中山阴向缓坡厚土型	168.43	11.79	135.59					21.05	21.05		
	中山阴向斜坡薄土型	758.90	99.36	239.45	281.94		281.94		138.15	138.15		
	中山阴向斜坡中土型	120.29	47.32	49.98					22.99	22.99		
	中山阴向陡坡薄土型	331.45		331.45								
	中山阴向陡坡中土型	178.48		178.48								
	低山阳向缓坡薄土型	5121.80	904.31	1197.36	120.40		119.74	0.66	2899.73	740.61	1944.39	214.73
	低山阳向缓坡中土型	22268.78	1078.09	10208.96	4528.90	4.40	3008.17	1516.33	6452.83	3652.94	415.28	2384.61
	低山阳向缓坡厚土型	13716.12	258.14	519.78	3855.49	2.00	45.02	3808.47	9082.71	2467.71	5727.13	887.87
	低山阳向斜坡薄土型	1159.59	37.12	56.52	23.39		23.39		1042.56	175.02	838.04	29.50
	低山阳向斜坡中土型	867.42	303.70	17.18	29.30		29.30		517.24	368.08	61.87	87.29
	低山阳向斜坡厚土型	53.49	6.76	14.38	2.00		2.00		30.35	21.12	9.23	
	低山阳向陡坡薄土型	2399.21	1.62	31.65					2365.94	40.53	2307.82	17.59
	低山阳向陡坡中土型	815.20							815.20	708.52	77.32	29.36
	低山阴向缓坡薄土型	3225.01	647.65	1586.13	381.07		379.07	2.00	610.16	176.59	174.79	258.78

表7 东北内蒙古重点国有林区可造林封育地面积按立地类型统计表（续2）

单位：公顷

统计单位	立地类型	合计	疏林地	一般灌木林地	无立木林地				宜林地			
					小计	采伐迹地	火烧迹地	其他无立木林地	小计	宜林荒山荒地	宜林沙荒地	其他宜林地
	低山阴向缓坡中土型	4756.57	975.23	1438.46	108.47		80.37	28.10	2234.41	1708.09	82.56	443.76
	低山阴向缓坡厚土型	2398.65		270.46	1199.90		9.20	1190.70	928.29	399.38	29.04	499.87
	低山阴向斜坡薄土型	149.54	69.64	24.54	35.61		35.61		19.75	0.79	18.96	
	低山阴向斜坡中土型	275.66	146.14	14.35	22.10		22.10		93.07	82.79	9.71	0.57
	低山阴向斜坡厚土型	83.52	39.30	15.82	25.40		25.40		3.00	3.00		
内蒙古重点国有林区	低山阴向陡坡薄土型	101.17		64.69					36.48		36.48	
	低山阴向陡坡中土型	79.21		6.08					73.13	72.86	0.27	
	低山平坡薄土型	30208.24	4009.98	19383.19	825.35		443.40	381.95	5989.72	1378.01	421.18	4190.53
	低山平坡中土型	92036.11	5303.40	38574.60	1688.61		575.99	1112.62	46469.50	10998.33	200.97	35270.20
	低山平坡厚土型	33449.36	845.41	9919.23	1100.50		16.11	1084.39	21584.22	5292.32	0.63	16291.27
	其他	298.58			1.24			1.24	297.34		9.79	287.55
	合计	85661.16	557.71	4956.07	66420.96	444.43	56.44	65920.09	13726.42	6071.88	586.00	7068.54
	中山阴坡Ⅰ级厚	88.53	0.40	78.98	8.12	0.33		7.79	1.03			1.03
	中山阴坡Ⅰ级中	44.58		12.21	11.64			11.64	20.73	6.43		14.30
	中山阴坡Ⅰ级薄	259.27		257.13					2.14	2.14		
	中山阴坡Ⅱ级中	30.18	4.05		12.26	7.16		5.10	13.87	6.68	4.59	2.60
	中山阴坡Ⅱ级薄	15.31			15.31			15.31				
	中山阴坡Ⅲ级厚	1.24							1.24	1.24		
	中山阴坡Ⅲ级中	16.39	7.19		6.72			6.72	2.48	2.48		
	中山阴坡Ⅳ级中	1.67			1.67			1.67				
	中山阴坡Ⅴ级厚	0.60		0.60								
	中山阳坡Ⅰ级厚	12.25		7.43	3.48			3.48	1.34	0.28		1.06
	中山阳坡Ⅰ级中	79.98		8.12	40.62	0.19		40.43	31.24	8.91		22.33
	中山阳坡Ⅱ级厚	23.68							23.68	7.28		16.40
	中山阳坡Ⅱ级中	89.76	46.29	0.86	16.88	4.55		12.33	25.73	24.59		1.14
	中山阳坡Ⅲ级厚	13.32	13.32									
吉林省重点国有林区	中山阳坡Ⅲ级中	68.78	2.36	51.14	0.56			0.56	14.72	14.72		
	中山阳坡Ⅳ级厚	6.15			0.20			0.20	5.95			5.95
	中山阳坡Ⅳ级中	14.47	1.68	10.95					1.84	1.61	0.23	
	中山阳坡Ⅳ级薄	3.81		3.81								
	中山阳坡Ⅴ级中	10.47							10.47		10.47	
	中山阳坡Ⅴ级薄	14.24		14.24								
	中山平坡Ⅰ级厚	60.81		53.77	7.04			7.04				
	中山平坡Ⅰ级中	111.95	7.04	27.63	5.39	1.07		4.32	71.89	24.56		47.33
	中山平坡Ⅰ级薄	17.58		17.58								
	中山平坡Ⅱ级中	6.70	2.90		1.00	0.10		0.90	2.80			2.80
	低山阴坡Ⅰ级厚	2044.96	3.11	207.73	1544.93	9.09		1535.84	289.19	85.48		203.71
	低山阴坡Ⅰ级中	8723.53	48.10	365.27	7661.45	19.37		7642.08	648.71	505.45	11.88	131.38
	低山阴坡Ⅰ级薄	280.23	2.85	7.20	48.17			48.17	222.01	6.29	117.35	98.37
	低山阴坡Ⅱ级厚	2011.77	21.85	21.25	1749.95	11.54		1738.41	218.72	44.45	4.90	169.37
	低山阴坡Ⅱ级中	6984.33	74.25	188.54	5990.44	112.22	0.12	5878.10	731.10	497.06	18.22	215.82
	低山阴坡Ⅱ级薄	344.35	13.79	10.96	156.22	0.85		155.37	163.38	16.50	53.95	92.93

表 7　东北内蒙古重点国有林区可造林封育地面积按立地类型统计表（续 3）

单位：公顷

统计单位	立地类型	合计	疏林地	一般灌木林地	无立木林地				宜林地			
					小计	采伐迹地	火烧迹地	其他无立木林地	小计	宜林荒山荒地	宜林沙荒地	其他宜林地
吉林省重点国有林区	低山阴坡Ⅲ级厚	1136.71	17.73	80.08	1035.99	1.61		1034.38	2.91	2.91		
	低山阴坡Ⅲ级中	3099.30	32.33	64.15	2401.84	3.99		2397.85	600.98	564.15	17.80	19.03
	低山阴坡Ⅲ级薄	541.52		29.43	481.49	0.55		480.94	30.60	19.47		11.13
	低山阴坡Ⅳ级厚	76.87	0.88		75.99			75.99				
	低山阴坡Ⅳ级中	458.39	1.08	4.21	413.74	0.93		412.81	39.36	12.17	23.90	3.29
	低山阴坡Ⅳ级薄	11.65	2.59		7.36			7.36	1.70	0.23	1.47	
	低山阴坡Ⅴ级厚	24.23			23.10			23.10	1.13	0.73	0.40	
	低山阴坡Ⅴ级中	81.02	0.38		57.02			57.02	23.62	3.73		19.89
	低山阴坡Ⅴ级薄	6.62			5.83			5.83	0.79			0.79
	低山阴坡Ⅵ级厚	20.41	1.21		19.20			19.20				
	低山阴坡Ⅵ级中	12.73			9.44			9.44	3.29	1.50	1.79	
	低山阴坡Ⅵ级薄	2.82			2.82			2.82				
	低山阳坡Ⅰ级厚	2938.42	0.46	197.99	1848.74	22.01	0.30	1826.43	891.23	212.81	0.47	677.95
	低山阳坡Ⅰ级中	9304.85	31.95	716.48	6990.22	35.94		6954.28	1566.20	617.61	8.93	939.66
	低山阳坡Ⅰ级薄	359.32		9.99	100.44	5.70		94.74	248.89	166.68	53.95	28.26
	低山阳坡Ⅱ级厚	1874.39	28.79	48.27	1678.30	8.02		1670.28	119.03	49.77	5.40	63.86
	低山阳坡Ⅱ级中	8226.19	27.22	460.34	6669.25	72.50	41.15	6555.60	1069.38	778.21	10.52	280.65
	低山阳坡Ⅱ级薄	570.56	5.70	42.07	316.52	2.31		314.21	206.27	38.00	35.02	133.25
	低山阳坡Ⅲ级厚	1171.75	12.98	25.28	1108.64	0.82		1107.82	24.85	19.74		5.11
	低山阳坡Ⅲ级中	2928.31	23.15	138.31	2448.51	14.26		2434.25	318.34	249.17	10.45	58.72
	低山阳坡Ⅲ级薄	428.99		13.62	387.33	2.02		385.31	28.04	22.84	4.13	1.07
	低山阳坡Ⅳ级厚	31.91		0.80	28.06			28.06	3.05	3.05		
	低山阳坡Ⅳ级中	1722.56	2.78	88.98	879.26	2.50		876.76	751.54	24.82	2.38	724.34
	低山阳坡Ⅳ级薄	47.37		16.85	12.47			12.47	18.05	5.55	11.42	1.08
	低山阳坡Ⅴ级厚	21.97			21.61			21.61	0.36	0.26	0.10	
	低山阳坡Ⅴ级中	101.94		13.48	68.00	1.16		66.84	20.46	18.41	0.73	1.32
	低山阳坡Ⅴ级薄	7.13		1.22	1.97	0.98		0.99	3.94			3.94
	低山阳坡Ⅵ级厚	19.53			19.53			19.53				
	低山阳坡Ⅵ级中	68.48	32.35	1.54	26.90			26.90	7.69	2.32	5.37	
	低山阳坡Ⅵ级薄	0.42							0.42	0.42		
	低山平坡Ⅰ级厚	3689.31	29.85	502.87	1640.07	46.97		1593.10	1516.52	429.47	25.08	1061.97
	低山平坡Ⅰ级中	23354.93	56.79	1056.20	19089.99	43.53	14.87	19031.59	3151.95	1519.69	86.33	1545.93
	低山平坡Ⅰ级薄	1273.10	0.31	97.94	830.87	12.16		818.71	343.98	44.86	58.30	240.82
	低山平坡Ⅱ级中	56.52			23.42			23.42	33.10	0.60		32.50
	低山平坡Ⅲ级厚	0.63			0.63			0.63				
	低山平坡Ⅲ级中	37.76			30.46			30.46	7.30	6.56		0.74
	低山平坡Ⅲ级薄	36.57			36.57			36.57				
	低山平坡Ⅳ级中	104.45			104.45			104.45				
	低山平坡Ⅳ级薄	0.57		0.57								
	丘陵台地阴坡Ⅱ级中	0.43							0.43			0.43
	丘陵台地阴坡Ⅲ级中	1.44							1.44		0.47	0.97
	丘陵台地平坡Ⅰ级中	1.64							1.64			1.64
	其他	426.56			242.88			242.88	183.68			183.68

表 7　东北内蒙古重点国有林区可造林封育地面积按立地类型统计表（续 4）

单位：公顷

统计单位	立地类型	合计	疏林地	一般灌木林地	无立木林地				宜林地			
					小计	采伐迹地	火烧迹地	其他无立木林地	小计	宜林荒山荒地	宜林沙荒地	其他宜林地
其中：吉林森工	合计	35472.32	415.54	1185.29	26353.69	156.51	0.12	26197.06	7517.80	2903.46	266.55	4347.79
	中山阴坡Ⅰ级厚	0.40	0.40									
	中山阴坡Ⅰ级中	12.50		1.10					11.40			11.40
	中山阴坡Ⅱ级中	28.02	4.05		12.26	7.16		5.10	11.71	4.52	4.59	2.60
	中山阴坡Ⅲ级厚	1.24							1.24	1.24		
	中山阴坡Ⅲ级中	9.20			6.72			6.72	2.48	2.48		
	中山阴坡Ⅳ级中	1.67			1.67			1.67				
	中山阴坡Ⅴ级厚	0.60		0.60								
	中山阳坡Ⅰ级厚	0.28							0.28	0.28		
	中山阳坡Ⅰ级中	32.68		0.20	14.08			14.08	18.40			18.40
	中山阳坡Ⅱ级厚	7.28							7.28	7.28		
	中山阳坡Ⅱ级中	78.54	46.29		9.05	4.55		4.50	23.20	23.20		
	中山阳坡Ⅲ级厚	13.32	13.32									
	中山阳坡Ⅲ级中	53.92	2.36	51.14					0.42	0.42		
	中山阳坡Ⅳ级中	14.47	1.68	10.95					1.84	1.61	0.23	
	中山平坡Ⅰ级中	65.89	7.04						58.85	14.25		44.60
	中山平坡Ⅱ级中	6.70	2.90		1.00	0.10		0.90	2.80			2.80
	低山阴坡Ⅰ级厚	424.67		0.82	423.16	0.37		422.79	0.69	0.69		
	低山阴坡Ⅰ级中	555.27	45.63	9.30	367.14	2.34		364.80	133.20	90.26	0.07	42.87
	低山阴坡Ⅰ级薄	119.72	2.85	3.74	14.37			14.37	98.76	4.11		94.65
	低山阴坡Ⅱ级厚	1369.91	21.85	16.11	1318.68	5.66		1313.02	13.27	5.81	4.90	2.56
	低山阴坡Ⅱ级中	2723.08	41.50	61.02	2095.65	44.49	0.12	2051.04	524.91	305.66	18.22	201.03
	低山阴坡Ⅱ级薄	240.92	13.79	10.96	109.22	0.85		108.37	106.95	15.75		91.20
	低山阴坡Ⅲ级厚	1126.30	17.73	80.08	1026.53	1.61		1024.92	1.96	1.96		
	低山阴坡Ⅲ级中	2726.34	32.33	38.89	2076.55	3.99		2072.56	578.57	542.23	17.80	18.54
	低山阴坡Ⅲ级薄	535.28		29.43	475.25	0.55		474.70	30.60	19.47		11.13
	低山阴坡Ⅳ级厚	76.14	0.88		75.26			75.26				
	低山阴坡Ⅳ级中	446.31		0.63	406.67	0.93		405.74	39.01	11.82	23.90	3.29
	低山阴坡Ⅳ级薄	11.65	2.59		7.36			7.36	1.70	0.23	1.47	
	低山阴坡Ⅴ级厚	11.25			10.12			10.12	1.13	0.73	0.40	
	低山阴坡Ⅴ级中	81.02	0.38		57.02			57.02	23.62	3.73		19.89
	低山阴坡Ⅴ级薄	6.62			5.83			5.83	0.79			0.79
	低山阴坡Ⅵ级厚	20.41	1.21		19.20			19.20				
	低山阴坡Ⅵ级中	12.73			9.44			9.44	3.29	1.50	1.79	
	低山阴坡Ⅵ级薄	2.82			2.82			2.82				
	低山阳坡Ⅰ级厚	424.85		3.01	421.76	0.08		421.68	0.08	0.08		
	低山阳坡Ⅰ级中	1714.77	19.48	67.53	675.84	7.38		668.46	951.92	122.04	2.58	827.30
	低山阳坡Ⅰ级薄	10.37			2.08			2.08	8.29	0.72		7.57
	低山阳坡Ⅱ级厚	1273.51	28.79	23.79	1210.51	0.41		1210.10	10.42	2.89	5.40	2.13
	低山阳坡Ⅱ级中	3638.91	9.71	122.91	2800.80	29.37		2771.43	705.49	465.12	8.20	232.17
	低山阳坡Ⅱ级薄	428.44	3.46	38.52	225.06	2.31		222.75	161.40	33.67	6.90	120.83
	低山阳坡Ⅲ级厚	1074.33	12.98	20.69	1039.00	0.09		1038.91	1.66	1.46		0.20

表 7　东北内蒙古重点国有林区可造林封育地面积按立地类型统计表（续 5）

单位：公顷

统计单位	立地类型	合计	疏林地	一般灌木林地	无立木林地				宜林地			
					小计	采伐迹地	火烧迹地	其他无立木林地	小计	宜林荒山荒地	宜林沙荒地	其他宜林地
	低山阳坡Ⅲ级中	2042.36	14.88	57.54	1733.48	2.02		1731.46	236.46	173.43	5.14	57.89
	低山阳坡Ⅲ级薄	407.25		10.00	375.32	1.46		373.86	21.93	19.03	1.83	1.07
	低山阳坡Ⅳ级厚	26.42		0.80	25.50			25.50	0.12	0.12		
	低山阳坡Ⅳ级中	1601.66	2.78	72.15	789.04	2.50		786.54	737.69	11.15	2.38	724.16
	低山阳坡Ⅳ级薄	17.56		1.60	9.95			9.95	6.01	5.55		0.46
	低山阳坡Ⅴ级厚	21.00			20.90			20.90	0.10		0.10	
	低山阳坡Ⅴ级中	82.12		9.26	53.34	1.16		52.18	19.52	17.47	0.73	1.32
	低山阳坡Ⅴ级薄	5.91			1.97	0.98		0.99	3.94			3.94
	低山阳坡Ⅵ级厚	19.53			19.53			19.53				
	低山阳坡Ⅵ级中	68.48	32.35	1.54	26.90			26.90	7.69	2.32	5.37	
	低山阳坡Ⅵ级薄	0.42							0.42	0.42		
其中：吉林森工	低山平坡Ⅰ级厚	839.56	24.35	135.07	616.31	1.06		615.25	63.83	20.92	25.08	17.83
	低山平坡Ⅰ级中	9521.64	7.67	227.61	6942.80	28.31		6914.49	2343.56	926.77	75.70	1341.09
	低山平坡Ⅰ级薄	876.47	0.31	77.73	486.34	6.78		479.56	312.09	34.67	53.30	224.12
	低山平坡Ⅱ级中	55.91			23.15			23.15	32.76	0.26		32.50
	低山平坡Ⅲ级中	36.49			29.61			29.61	6.88	6.14		0.74
	低山平坡Ⅲ级薄	36.57			36.57			36.57				
	低山平坡Ⅳ级薄	0.57		0.57								
	丘陵台地阴坡Ⅱ级中	0.43							0.43			0.43
	丘陵台地阴坡Ⅲ级中	1.44							1.44		0.47	0.97
	丘陵台地平坡Ⅰ级中	1.64							1.64			1.64
	其他	426.56			242.88			242.88	183.68			183.68
	合计	50188.84	142.17	3770.78	40067.27	287.92	56.32	39723.03	6208.62	3168.42	319.45	2720.75
	中山阴坡Ⅰ级厚	88.13		78.98	8.12	0.33		7.79	1.03			1.03
	中山阴坡Ⅰ级中	32.08		11.11	11.64			11.64	9.33	6.43		2.90
	中山阴坡Ⅰ级薄	259.27		257.13					2.14	2.14		
	中山阴坡Ⅱ级中	2.16							2.16	2.16		
	中山阴坡Ⅱ级薄	15.31			15.31			15.31				
	中山阴坡Ⅲ级中	7.19	7.19									
	中山阳坡Ⅰ级厚	11.97		7.43	3.48			3.48	1.06			1.06
	中山阳坡Ⅰ级中	47.30		7.92	26.54	0.19		26.35	12.84	8.91		3.93
其中：长白山森工	中山阳坡Ⅱ级厚	16.40							16.40			16.40
	中山阳坡Ⅱ级中	11.22		0.86	7.83			7.83	2.53	1.39		1.14
	中山阳坡Ⅲ级中	14.86			0.56			0.56	14.30	14.30		
	中山阳坡Ⅳ级厚	6.15			0.20			0.20	5.95			5.95
	中山阳坡Ⅳ级薄	3.81		3.81								
	中山阳坡Ⅴ级中	10.47							10.47		10.47	
	中山阳坡Ⅴ级薄	14.24		14.24								
	中山平坡Ⅰ级厚	60.81		53.77	7.04			7.04				
	中山平坡Ⅰ级中	46.06		27.63	5.39	1.07		4.32	13.04	10.31		2.73
	中山平坡Ⅰ级薄	17.58		17.58								
	低山阴坡Ⅰ级厚	1620.29	3.11	206.91	1121.77	8.72		1113.05	288.50	84.79		203.71

表 7 东北内蒙古重点国有林区可造林封育地面积按立地类型统计表（续 6）

单位：公顷

统计单位	立地类型	合计	疏林地	一般灌木林地	无立木林地				宜林地			
					小计	采伐迹地	火烧迹地	其他无立木林地	小计	宜林荒山荒地	宜林沙荒地	其他宜林地
	低山阴坡Ⅰ级中	8168.26	2.47	355.97	7294.31	17.03		7277.28	515.51	415.19	11.81	88.51
	低山阴坡Ⅰ级薄	160.51		3.46	33.80			33.80	123.25	2.18	117.35	3.72
	低山阴坡Ⅱ级厚	641.86		5.14	431.27	5.88		425.39	205.45	38.64		166.81
	低山阴坡Ⅱ级中	4261.25	32.75	127.52	3894.79	67.73		3827.06	206.19	191.40		14.79
	低山阴坡Ⅱ级薄	103.43			47.00			47.00	56.43	0.75	53.95	1.73
	低山阴坡Ⅲ级厚	10.41			9.46			9.46	0.95	0.95		
	低山阴坡Ⅲ级中	372.96		25.26	325.29			325.29	22.41	21.92		0.49
	低山阴坡Ⅲ级薄	6.24			6.24			6.24				
	低山阴坡Ⅳ级厚	0.73			0.73			0.73				
	低山阴坡Ⅳ级中	12.08	1.08	3.58	7.07			7.07	0.35	0.35		
	低山阴坡Ⅴ级厚	12.98			12.98			12.98				
	低山阳坡Ⅰ级厚	2513.57	0.46	194.98	1426.98	21.93	0.30	1404.75	891.15	212.73	0.47	677.95
	低山阳坡Ⅰ级中	7590.08	12.47	648.95	6314.38	28.56		6285.82	614.28	495.57	6.35	112.36
	低山阳坡Ⅰ级薄	348.95		9.99	98.36	5.70		92.66	240.60	165.96	53.95	20.69
	低山阳坡Ⅱ级厚	600.88		24.48	467.79	7.61		460.18	108.61	46.88		61.73
	低山阳坡Ⅱ级中	4587.28	17.51	337.43	3868.45	43.13	41.15	3784.17	363.89	313.09	2.32	48.48
其中：长白山森工	低山阳坡Ⅱ级薄	142.12	2.24	3.55	91.46			91.46	44.87	4.33	28.12	12.42
	低山阳坡Ⅲ级厚	97.42		4.59	69.64	0.73		68.91	23.19	18.28		4.91
	低山阳坡Ⅲ级中	885.95	8.27	80.77	715.03	12.24		702.79	81.88	75.74	5.31	0.83
	低山阳坡Ⅲ级薄	21.74		3.62	12.01	0.56		11.45	6.11	3.81	2.30	
	低山阳坡Ⅳ级厚	5.49			2.56			2.56	2.93	2.93		
	低山阳坡Ⅳ级中	120.90		16.83	90.22			90.22	13.85	13.67		0.18
	低山阳坡Ⅳ级薄	29.81		15.25	2.52			2.52	12.04		11.42	0.62
	低山阳坡Ⅴ级厚	0.97			0.71			0.71	0.26	0.26		
	低山阳坡Ⅴ级中	19.82		4.22	14.66			14.66	0.94	0.94		
	低山阳坡Ⅴ级薄	1.22		1.22								
	低山平坡Ⅰ级厚	2849.75	5.50	367.80	1023.76	45.91		977.85	1452.69	408.55		1044.14
	低山平坡Ⅰ级中	13833.29	49.12	828.59	12147.19	15.22	14.87	12117.10	808.39	592.92	10.63	204.84
	低山平坡Ⅰ级薄	396.63		20.21	344.53	5.38		339.15	31.89	10.19	5.00	16.70
	低山平坡Ⅱ级中	0.61			0.27			0.27	0.34	0.34		
	低山平坡Ⅲ级厚	0.63			0.63			0.63				
	低山平坡Ⅲ级中	1.27			0.85			0.85	0.42	0.42		
	低山平坡Ⅳ级中	104.45			104.45			104.45				
	合计	1220583.56	5720.58	8955.14	849173.44	45.46	55.12	849072.86	356734.40	34754.49	1918.38	320061.53
	低山平坡厚层土类型	819486.59	3478.16	6001.73	523942.06	1.69	5.67	523934.70	286064.64	16994.76	444.96	268624.92
	低山平坡中层土类型	155277.04	821.93	1931.71	115594.79	3.30	2.79	115588.70	36928.61	3425.43	922.55	32580.63
	低山平坡薄层土类型	3945.93		3.85	2857.26			2857.26	1084.82	139.57	229.88	715.37
黑龙江重点国有林区	低山缓阳坡厚层土类型	80649.14	534.49	250.73	66612.17	31.66	28.76	66551.75	13251.75	3970.49	46.90	9234.36
	低山缓阳坡中层土类型	41191.98	179.50	249.52	37490.33			37490.33	3272.63	2415.20	50.95	806.48
	低山缓阳坡薄层土类型	783.45		9.91	599.01			599.01	174.53	161.60	11.07	1.86
	低山缓阴坡厚层土类型	69332.71	361.62	176.20	58674.24	8.81		58665.43	10120.65	3195.77	62.30	6862.58
	低山缓阴坡中层土类型	36094.05	135.26	42.29	33511.40		17.90	33493.50	2405.10	1664.30	55.16	685.64

表 7　东北内蒙古重点国有林区可造林封育地面积按立地类型统计表（续 7）

单位：公顷

统计单位	立地类型	合计	疏林地	一般灌木林地	无立木林地				宜林地			
					小计	采伐迹地	火烧迹地	其他无立木林地	小计	宜林荒山荒地	宜林沙荒地	其他宜林地
黑龙江重点国有林区	低山缓阴坡薄层土类型	812.47	0.84	3.94	678.86			678.86	128.83	115.84	3.76	9.23
	低山斜阳坡厚层土类型	2945.95	60.58	103.33	2119.24			2119.24	662.80	505.38	1.78	155.64
	低山斜阳坡中层土类型	3566.31	36.10	31.09	2807.93			2807.93	691.19	630.35	29.66	31.18
	低山斜阳坡薄层土类型	224.67		21.68	103.00			103.00	99.99	95.76	4.23	
	低山斜阴坡厚层土类型	1981.77	6.87	1.52	1594.37			1594.37	379.01	297.97	2.84	78.20
	低山斜阴坡中层土类型	2626.02	14.53	5.04	2165.58			2165.58	440.87	423.08	6.67	11.12
	低山斜阴坡薄层土类型	74.08		2.73	30.87			30.87	40.48	40.33	0.15	
	低山陡阳坡厚层土类型	512.16	33.93	23.70	116.12			116.12	338.41	221.40		117.01
	低山陡阳坡中层土类型	369.97	2.96	1.51	132.66			132.66	232.84	208.84	4.87	19.13
	低山陡阳坡薄层土类型	141.24		55.87	13.46			13.46	71.91	63.94	7.97	
	低山陡阴坡厚层土类型	176.18			56.45			56.45	119.73	30.58		89.15
	低山陡阴坡中层土类型	126.71	4.63	23.41	47.19			47.19	51.48	33.14	17.49	0.85
	低山陡阴坡薄层土类型	13.58	0.69	0.39	3.38			3.38	9.12	9.12		
	低山急阳坡厚层土类型	50.71			9.17			9.17	41.54	20.20	1.04	20.30
	低山急阳坡中层土类型	99.10	21.61	9.87	5.83			5.83	61.79	58.32	3.47	
	低山急阳坡薄层土类型	22.92			0.62			0.62	22.30	17.01	5.29	
	低山急阴坡厚层土类型	54.93	25.84		1.39			1.39	27.70	9.46	0.36	17.88
	低山急阴坡中层土类型	6.50							6.50	6.50		
	低山急阴坡薄层土类型	1.01							1.01		1.01	
	低山险坡厚层土类型	3.21	1.04		2.17			2.17				
	低山险坡中层土类型	7.20		5.12	1.93			1.93	0.15	0.15		
	低山险坡薄层土类型	5.98			1.96			1.96	4.02		4.02	
黑龙江大兴安岭重点国有林区	合计	991325.87	3203.35	14087.28	161402.99	10.08	672.42	160720.49	812632.25	86003.62	19980.89	706647.74
	草类河滩森林土	3951.16	519.54		1244.45			1244.45	2187.17	1212.86	421.70	552.61
	谷地杂草草甸土	19960.99	25.23		13860.30			13860.30	6075.46	2456.35	618.24	3000.87
	谷地灌木沼泽土	315943.85	578.55		4220.72			4220.72	311144.58	2267.26	4837.56	304039.76
	谷地苔草小叶章沼泽土	174091.96	13.49		3559.72			3559.72	170518.75	150.54	228.82	170139.39
	谷地塔头苔草沼泽土	220312.49	34.94		813.22			813.22	219464.33	396.14	361.54	218706.65
	缓坡胡枝子暗棕壤	68540.06	10.54	382.79	61013.76		13.95	60999.81	7132.97	5607.21	594.00	931.76
	缓坡榛子草甸暗棕壤	946.99	14.56		185.59		107.19	78.40	746.84	746.63	0.21	
	缓坡草类生草棕针土	101879.08	611.48	19.70	72108.98	3.99	102.45	72002.54	29138.92	17238.61	7336.54	4563.77
	缓坡杜鹃典型棕针土	50767.25	1258.04	175.68	3885.97	6.09	314.63	3565.25	45447.56	40047.27	1630.35	3769.94
	缓坡杜香潜育棕针土	20105.56	112.38	9029.04	150.90		44.76	106.14	10813.24	9717.24	258.97	837.03
	斜坡榛子、胡枝子暗棕壤	1057.33		1.42	44.08		1.09	42.99	1011.83	664.07	283.65	64.11
	斜坡杜鹃典型棕针土	6715.43	5.23	678.51	294.48		80.06	214.42	5737.21	3958.07	1761.08	18.06
	斜坡阳向粗骨棕针土	67.19			7.91			7.91	59.28	44.89	14.39	
	阴向陡坡典型棕针土	336.80			0.56			0.56	336.24	82.55	253.50	0.19
	阳向陡坡粗骨棕针土	831.08	13.77		1.03			1.03	816.28	300.61	515.67	
	岭脊急坡粗骨棕针土	493.34	2.19	1.40	1.57			1.57	488.18	246.98	217.60	23.60
	偃松冻层棕色针叶林土	5325.31	3.41	3798.74	9.75		8.29	1.46	1513.41	866.34	647.07	

说明：①本次调查未统一划定立地类型标准，为便于统计工作开展在国家级统计表中设置了统一标准进行统计；
②各森工级统计表仍然按各森工单位调查技术细则规定的立地类型划分标准开展统计。

表 8 东北内蒙古重点国有林区乔木林各龄组面积、蓄积按林种、起源和林分类型统计表

单位：公顷、立方米

统计单位	林种	起源	林分类型	合计		幼龄林		中龄林		近熟林		成熟林		过熟林	
				面积	蓄积	面积	蓄积	面积	蓄积	面积	蓄积	面积	蓄积	面积	蓄积
合计	合计	合计	合计	27181777.20	3006978384.2	3297284.82	189245137.3	15285295.20	1649688455.6	5186198.45	689409940.6	2856734.33	393643558.8	556264.40	84991291.9
			纯林	11230344.67	1127186254.2	1858634.93	92586785.4	5878829.41	600385062.1	1890288.11	228719266.2	1317484.27	164590129.0	285107.95	40905011.5
			混交林	15951432.53	1879792130.0	1438649.89	96658351.9	9406465.79	1049303393.5	3295910.34	460690674.4	1539250.06	229053429.8	271156.45	44086280.4
			针叶混交林	969569.49	122882278.1	59447.48	4797936.7	569517.98	67556847.7	175859.01	25428303.6	131348.20	19594728.8	33396.82	5504461.3
			针阔混交林	6248915.09	732142915.7	422021.49	34591977.1	4139584.42	463955536.1	1039890.98	140030174.3	530132.20	75603972.7	117286.00	17961255.5
			阔叶混交林	8732947.95	1024766936.2	957180.92	57268438.1	4697363.39	517791009.7	2080160.35	295232196.5	877769.66	133854728.3	120473.63	20620563.6
		天然	合计	25326055.79	2790643679.0	2777622.30	152874766.2	14442385.81	1545270619.6	4843675.12	638046281.2	2720800.09	371806214.5	541572.47	82645797.5
			纯林	10044520.11	992677446.5	1512501.74	71187168.3	5364975.78	537735207.6	1664224.39	194609452.1	1226746.51	149678570.9	276071.69	39467047.6
			混交林	15281535.68	1797966232.5	1265120.56	81687597.9	9077410.03	1007535412.0	3179450.73	443436829.1	1494053.58	222127643.6	265500.78	43178749.9
			针叶混交林	860724.27	109975054.7	32855.62	2790451.7	520867.93	61710409.1	153552.13	22131333.6	120757.67	17949736.8	32690.92	5393123.5
			针阔混交林	5701513.85	664810313.9	278688.16	21851908.2	3863360.43	428530456.5	947790.19	126341582.2	497531.17	70616532.5	114143.90	17469834.5
			阔叶混交林	8719297.56	1023180863.9	953576.78	57045238.0	4693181.67	517294546.4	2078108.41	294963913.3	875764.74	133561374.3	118665.96	20315791.9
		人工	合计	1855721.41	216334705.2	519662.52	36370371.1	842909.39	104417836.0	342523.33	51363659.4	135934.24	21837344.3	14691.93	2345494.4
			纯林	1185824.56	134508807.7	346133.19	21399617.1	513853.63	62649854.5	226063.72	34109814.1	90737.76	14911558.1	9036.26	1437963.9
			混交林	669896.85	81825897.5	173529.33	14970754.0	329055.76	41767981.5	116459.61	17253845.3	45196.48	6925786.2	5655.67	907530.5
			针叶混交林	108845.22	12907223.4	26591.86	2007485.0	48650.05	5846438.6	22306.88	3296970.0	10590.53	1644992.0	705.90	111337.8
			针阔混交林	547401.24	67332601.8	143333.33	12740068.9	276223.99	35425079.6	92100.79	13688592.1	32601.03	4987440.2	3142.10	491421.0
			阔叶混交林	13650.39	1586072.3	3604.14	223200.1	4181.72	496463.3	2051.94	268283.2	2004.92	293354.0	1807.67	304771.7
		其中：人天混	合计	666384.74	80256268.8	206768.54	17715634.1	314659.58	40720205.0	101893.86	15168640.0	38161.82	5878890.7	4900.94	772899.0
			纯林	79917.12	7301780.1	56540.23	4198324.6	21943.68	2889278.4	1045.63	163012.0	203.64	25796.6	183.94	25368.5
			混交林	586467.62	72954488.7	150228.31	13517309.5	292715.90	37830926.6	100848.23	15005628.0	37958.18	5853094.1	4717.00	747530.5
			针叶混交林	47318.89	6234054.8	8410.12	827427.0	24055.70	3123415.3	9792.30	1457236.2	4522.77	742038.9	538.00	83937.4
			针阔混交林	528285.12	65470005.9	138734.75	12485908.1	265459.20	34323200.4	89468.04	13341897.0	31833.19	4881199.2	2789.94	437801.2
			阔叶混交林	10863.61	1250428.0	3083.44	203974.4	3201.00	384310.9	1587.89	206494.8	1602.22	229856.0	1389.06	225791.9
	防护林	合计	合计	13160459.31	1406494465.7	1650289.33	88976520.9	7698024.45	825455735.5	2312694.29	294994938.9	1281832.53	166110872.1	217618.71	30956398.3
			纯林	5734711.63	560775384.0	968344.36	45777485.7	3038628.43	310998318.3	932368.58	109119629.7	664065.35	77881626.9	131304.91	16998323.4
			混交林	7425747.68	845719081.7	681944.97	43199035.2	4659396.02	514457417.2	1380325.71	185875309.2	617767.18	88229245.2	86313.80	13958074.9
			针叶混交林	358794.01	44095885.0	23792.03	1845065.8	232946.05	27841011.1	56481.28	8018034.6	40325.25	5433587.3	5249.40	958186.2
			针阔混交林	2836348.41	321835703.2	189327.09	15161759.1	2003277.94	222486626.0	412280.45	52652783.1	196302.19	26098740.2	35160.74	5435794.8
			阔叶混交林	4230605.26	479787493.5	468825.85	26192210.3	2423172.03	264129780.1	911563.98	125204491.5	381139.74	56696917.7	45903.66	7564093.9
		天然	合计	12147951.23	1290442797.4	1351857.25	69110039.9	7241200.87	767499067.1	2125644.81	267465122.3	1217140.99	156228410.5	212107.31	30140157.6
			纯林	5069748.44	486505354.5	756026.71	33116024.8	2760134.22	275706872.1	805344.66	90173321.4	620291.69	71007733.1	127951.16	16501403.1
			混交林	7078202.79	803937442.9	595830.54	35994015.1	4481066.65	491792195.0	1320300.15	177291800.9	596849.30	85220677.4	84156.15	13638754.5
			针叶混交林	302651.96	37174120.1	11270.32	886867.3	206618.48	24418641.1	44293.57	6247334.0	35552.91	4710707.5	4916.68	910570.2
			针阔混交林	2549487.92	287412398.0	117198.92	8994758.5	1852845.15	203406014.1	365096.76	45919347.9	180617.61	23873835.6	33729.48	5218441.9
			阔叶混交林	4226062.91	479350924.8	467361.30	26112389.3	2421603.02	263967539.8	910909.82	125125119.0	380678.78	56636134.3	45509.99	7509742.4
		人工	合计	1012508.08	116051668.3	298432.08	19866481.0	456823.58	57956668.4	187049.48	27529816.6	64691.54	9882461.6	5511.40	816240.7
			纯林	664963.19	74270029.5	212317.65	12661460.9	278494.21	35291446.2	127023.92	18946308.3	43773.66	6873893.8	3353.75	496920.3
			混交林	347544.89	41781638.8	86114.43	7205020.1	178329.37	22665222.2	60025.56	8583508.3	20917.88	3008567.8	2157.65	319320.4
			针叶混交林	56142.05	6921764.9	12521.71	958198.5	26327.57	3422370.0	12187.71	1770700.6	4772.34	722879.8	332.72	47616.0
			针阔混交林	286860.49	34423305.2	72128.17	6167000.6	150432.79	19080611.9	47183.69	6733435.2	15684.58	2224904.6	1431.26	217352.9
			阔叶混交林	4542.35	436568.7	1464.55	79821.0	1569.01	162240.3	654.16	79372.5	460.96	60783.4	393.67	54351.5

表 8　东北内蒙古重点国有林区乔木林各龄组面积、蓄积按林种、起源和林分类型统计表（续 1）

单位：公顷、立方米

统计单位	林种	起源	林分类型	合计		幼龄林		中龄林		近熟林		成熟林		过熟林	
				面积	蓄积	面积	蓄积	面积	蓄积	面积	蓄积	面积	蓄积	面积	蓄积
合计	防护林	其中：人天混	合计	360303.99	41776927.6	117839.43	9523467.1	171707.30	22143913.3	51356.29	7340607.3	17389.14	2469489.4	2011.83	299450.5
			纯林	55851.56	4800703.6	42012.55	2981080.1	13135.47	1722099.0	430.65	60291.7	123.49	16659.4	149.40	20573.4
			混交林	304452.43	36976224.0	75826.88	6542387.0	158571.83	20421814.3	50925.64	7280315.6	17265.65	2452830.0	1862.43	278877.1
			针叶混交林	23667.56	3130386.8	3873.76	372177.2	13640.06	1875347.9	4282.74	613511.4	1634.44	236245.4	236.56	33104.9
			针阔混交林	276928.28	33479144.5	70639.62	6097268.8	143664.03	18415463.2	46051.61	6597199.6	15215.29	2160948.7	1357.73	208264.2
			阔叶混交林	3856.59	366692.7	1313.50	72941.0	1267.74	131003.2	591.29	69604.6	415.92	55635.9	268.14	37508.0
	特用林	合计	合计	5012344.70	623288762.3	497192.91	31991927.0	2438025.05	279566165.0	1131682.70	163812329.8	723808.93	111567968.0	221635.11	36350372.5
			纯林	1854733.71	221276546.6	234514.74	12238724.0	804919.59	89367210.2	365166.85	50895198.6	336322.60	49646580.7	113809.93	19128833.1
			混交林	3157610.99	402012215.7	262678.17	19753203.0	1633105.46	190198954.8	766515.85	112917131.2	387486.33	61921387.3	107825.18	17221539.4
			针叶混交林	286629.56	40984284.5	14210.30	1263040.9	121541.26	15520825.1	62239.61	9934154.3	64066.10	10319731.5	24572.29	3946532.7
			针阔混交林	1138001.21	149568663.6	83133.65	6895257.5	584595.27	71442092.5	255412.22	38084984.9	158147.69	24675192.8	56712.38	8471135.9
			阔叶混交林	1732980.22	211459267.6	165334.22	11594904.6	926968.93	103236037.2	448864.02	64897992.0	165272.54	26926463.0	26540.51	4803870.8
		天然	合计	4740481.22	592356170.1	421875.83	26544993.2	2314695.80	265130431.2	1081835.14	156520751.8	703077.47	108207757.1	218996.98	35952236.8
			纯林	1683858.13	202363619.1	188960.23	9338613.8	729944.18	81021685.9	330535.35	45855892.9	322180.17	47246710.8	112238.20	18900715.7
			混交林	3056623.09	389992551.0	232915.60	17206379.4	1584751.62	184108745.3	751299.79	110664858.9	380897.30	60961046.3	106758.78	17051521.1
			针叶混交林	267753.28	38827443.4	8957.02	865975.1	114272.15	14679663.8	58600.65	9398707.8	61484.62	9959966.9	24438.84	3923129.8
			针阔混交林	1057486.83	139895772.0	58964.97	4765969.8	543971.36	66246376.9	244166.97	36413969.1	154483.20	24124413.2	55900.33	8345043.0
			阔叶混交林	1731382.98	211269335.6	164993.61	11574434.5	926508.11	103182704.6	448532.17	64852182.0	164929.48	26876666.2	26419.61	4783348.3
		人工	合计	271863.48	30932592.2	75317.08	5446933.8	123329.25	14435733.8	49847.56	7291578.0	20731.46	3360210.9	2638.13	398135.7
			纯林	170875.58	18912927.5	45554.51	2900110.2	74975.41	8345524.3	34631.50	5039305.7	14142.43	2399869.9	1571.73	228117.4
			混交林	100987.90	12019664.7	29762.57	2546823.6	48353.84	6090209.5	15216.06	2252272.3	6589.03	960341.0	1066.40	170018.3
			针叶混交林	18876.28	2156841.1	5253.28	397065.8	7269.11	841161.3	3638.96	535446.5	2581.48	359764.6	133.45	23402.9
			针阔混交林	80514.38	9672891.6	24168.68	2129287.7	40623.91	5195715.6	11245.25	1671015.8	3664.49	550779.6	812.05	126092.9
			阔叶混交林	1597.24	189932.0	340.61	20470.1	460.82	53332.6	331.85	45810.0	343.06	49796.8	120.90	20522.5
		其中：人天混	合计	98212.94	11584649.7	32352.34	2785810.6	47237.25	6011301.0	13095.29	1939206.0	4657.67	709808.5	870.39	138523.6
			纯林	9665.05	934558.5	6063.49	469573.0	3455.87	446695.4	124.57	15616.8	21.12	2673.3		
			混交林	88547.89	10650091.2	26288.85	2316237.6	43781.38	5564605.6	12970.72	1923589.2	4636.55	707135.2	870.39	138523.6
			针叶混交林	8602.61	1031065.0	2208.85	186218.4	3671.71	427814.0	1858.89	271321.6	741.46	123986.6	121.70	21724.4
			针阔混交林	78735.43	9480532.8	23775.96	2110400.5	39821.78	5104548.7	10885.79	1622958.2	3598.25	540952.6	653.65	101672.8
			阔叶混交林	1209.85	138493.4	304.04	19618.7	287.89	32242.9	226.04	29309.4	296.84	42196.0	95.04	15126.4
	用材林	合计	合计	9008936.28	977194319.8	1149767.53	68275980.0	5149244.42	544666471.5	1741820.88	230602628.5	851092.87	115964718.7	117010.58	17684521.1
			纯林	3640865.60	345133638.0	655743.34	34569978.0	2035280.73	200019489.1	592752.10	68704394.5	317096.32	37061921.4	39993.11	4777855.0
			混交林	5368070.68	632060681.8	494024.19	33706002.0	3113963.69	344646982.4	1149068.78	161898234.0	533996.55	78902797.3	77017.47	12906666.1
			针叶混交林	324145.92	37802108.6	21445.15	1689830.0	215030.67	24195011.5	57138.12	7476114.7	26956.85	3841410.0	3575.13	599742.4
			针阔混交林	2274565.47	260738548.9	149560.75	12534960.5	1551711.21	170026817.6	372198.31	49292406.3	175682.32	24830039.7	25412.88	4054324.8
			阔叶混交林	2769359.29	333520024.3	323018.29	19481211.5	1347221.81	150425153.3	719732.35	105129713.0	331357.38	50231347.6	48029.46	8252598.9
		天然	合计	8437593.95	907843920.9	1003861.03	57219025.0	4886488.52	512641082.2	1636194.59	214060363.7	800581.63	107370046.9	110468.18	16553403.1
			纯林	3290887.33	303807833.1	567489.17	28731933.3	1874897.38	181006649.6	528343.80	58580194.4	284274.65	31424127.0	35882.33	4064928.8
			混交林	5146706.62	604036087.8	436371.86	28487091.7	3011591.14	331634432.6	1107850.79	155480169.3	516306.98	75945919.9	74585.85	12488474.3
			针叶混交林	290319.03	33973491.2	12628.28	1037609.3	199977.30	22612104.2	50657.91	6485291.8	23720.14	3279062.4	3335.40	559423.5
			针阔混交林	2094539.10	237502143.9	102524.27	8091179.9	1466543.92	158878065.5	338526.46	44008265.2	162430.36	22618283.7	24514.09	3906349.6
			阔叶混交林	2761848.49	332560452.7	321219.31	19358302.5	1345069.92	150144262.9	718666.42	104986612.3	330156.48	50048573.8	46736.36	8022701.2

表 8 东北内蒙古重点国有林区乔木林各龄组面积、蓄积按林种、起源和林分类型统计表（续 2）

单位：公顷、立方米

统计单位	林种	起源	林分类型	合计		幼龄林		中龄林		近熟林		成熟林		过熟林	
				面积	蓄积	面积	蓄积	面积	蓄积	面积	蓄积	面积	蓄积	面积	蓄积
合计	用材林	人工	合计	571342.33	69350398.9	145906.50	11056955.0	262755.90	32025389.3	105626.29	16542264.8	50511.24	8594671.8	6542.40	1131118.0
			纯林	349978.27	41325804.9	88254.17	5838044.7	160383.35	19012839.5	64408.30	10124200.1	32821.67	5637794.4	4110.78	712926.2
			混交林	221364.06	28024594.0	57652.33	5218910.3	102372.55	13012549.8	41217.99	6418064.7	17689.57	2956877.4	2431.62	418191.8
			针叶混交林	33826.89	3828617.4	8816.87	652220.7	15053.37	1582907.3	6480.21	990822.9	3236.71	562347.6	239.73	40318.9
			针阔混交林	180026.37	23236405.0	47036.48	4443780.6	85167.29	11148752.1	33671.85	5284141.1	13251.96	2211756.0	898.79	147975.2
			阔叶混交林	7510.80	959571.6	1798.98	122909.0	2151.89	280890.4	1065.93	143100.7	1200.90	182773.8	1293.10	229897.7
		其中：人天混	合计	207867.81	26894691.5	56576.77	5406356.4	95715.03	12564990.7	37442.28	5888826.7	16115.01	2699592.8	2018.72	334924.9
			纯林	14400.51	1566518.0	8464.19	747671.5	5352.34	720484.0	490.41	87103.5	59.03	6463.9	34.54	4795.1
			混交林	193467.30	25328173.5	48112.58	4658684.9	90362.69	11844506.7	36951.87	5801723.2	16055.98	2693128.9	1984.18	330129.8
			针叶混交林	15048.72	2072603.0	2327.51	269031.4	6743.93	820253.4	3650.67	572403.2	2146.87	381806.9	179.74	29108.1
			针阔混交林	172621.41	22510328.6	44319.17	4278238.8	81973.39	10803188.5	32530.64	5121739.2	13019.65	2179297.9	778.56	127864.2
			阔叶混交林	5797.17	745241.9	1465.90	111414.7	1645.37	221064.8	770.56	107580.8	889.46	132024.1	1025.88	173157.5
	经济林	合计	合计	36.91	836.4	35.05	709.4	1.28	83.6	0.58	43.4				
			纯林	33.73	685.6	32.49	597.7	0.66	44.5	0.58	43.4				
			混交林	3.18	150.8	2.56	111.7	0.62	39.1						
			阔叶混交林	3.18	150.8	2.56	111.7	0.62	39.1						
		天然	合计	29.39	790.6	28.19	708.1	0.62	39.1	0.58	43.4				
			纯林	26.21	639.8	25.63	596.4			0.58	43.4				
			混交林	3.18	150.8	2.56	111.7	0.62	39.1						
			阔叶混交林	3.18	150.8	2.56	111.7	0.62	39.1						
		人工	合计	7.52	45.8	6.86	1.3	0.66	44.5						
			纯林	7.52	45.8	6.86	1.3	0.66	44.5						
内蒙古重点国有林区	合计	合计	合计	8365923.71	906531465.6	629011.79	27729911.4	4598627.05	489379592.2	1548457.04	181437876.1	1254009.18	160178223.7	335818.65	47805862.2
			纯林	5212415.44	551567057.8	448010.00	16907898.9	2814537.62	296403009.7	965095.46	111915948.6	784741.53	98376539.2	200030.83	27963661.4
			混交林	3153508.27	354964407.8	181001.79	10822012.5	1784089.43	192976582.5	583361.58	69521927.5	469267.65	61801684.5	135787.82	19842200.8
			针叶混交林	166445.30	23510207.9	2155.83	182386.5	36822.46	4384017.7	38799.27	5462810.2	60836.69	9076656.6	27831.05	4404336.9
			针阔混交林	2194511.39	256091909.0	74653.38	6036637.0	1394972.95	156640345.1	387621.34	47825628.7	259378.90	34644194.0	77884.82	10945104.2
			阔叶混交林	792551.58	75362290.9	104192.58	4602989.0	352294.02	31952219.7	156940.97	16233488.6	149052.06	18080833.9	30071.95	4492759.7
		天然	合计	7896283.61	858388497.5	491398.39	21949032.5	4402522.61	465942432.8	1448131.67	167307261.2	1220306.48	155614486.0	333924.46	47575285.0
			纯林	4821007.79	511427330.4	332739.49	13099631.9	2652418.94	276533858.4	878800.26	99379366.6	758743.57	94660244.1	198305.53	27754229.4
			混交林	3075275.82	346961167.1	158658.90	8849400.6	1750103.67	189408574.4	569331.41	67927894.6	461562.91	60954241.9	135618.93	19821055.6
			针叶混交林	158728.07	22678848.4	868.88	62234.2	33703.51	4047184.4	36602.73	5209357.3	59726.45	8956058.7	27826.50	4404013.8
			针阔混交林	2125608.99	249067120.3	54108.23	4221975.6	1364836.51	153477446.2	376012.88	46507260.3	252930.89	33936156.1	77720.48	10924282.1
			阔叶混交林	790938.76	75215198.4	103681.79	4565190.8	351563.65	31883943.8	156715.80	16211277.0	148905.57	18062027.1	30071.95	4492759.7
		人工	合计	469640.10	48142968.1	137613.40	5780878.9	196104.44	23437159.4	100325.37	14130614.9	33702.70	4563737.7	1894.19	230577.2
			纯林	391407.65	40139727.4	115270.51	3808267.0	162118.68	19869151.3	86295.20	12536582.0	25997.96	3716295.1	1725.30	209432.0
			混交林	78232.45	8003240.7	22342.89	1972611.9	33985.76	3568008.1	14030.17	1594032.9	7704.74	847442.6	168.89	21145.2
			针叶混交林	7717.23	831359.5	1286.95	120152.3	3118.95	336833.3	2196.54	253452.9	1110.24	120597.9	4.55	323.1
			针阔混交林	68902.40	7024788.7	20545.15	1814661.4	30136.44	3162898.9	11608.46	1318368.4	6448.01	708037.9	164.34	20822.1
			阔叶混交林	1612.82	147092.5	510.79	37798.2	730.37	68275.9	225.17	22211.6	146.49	18806.8		

表 8　东北内蒙古重点国有林区乔木林各龄组面积、蓄积按林种、起源和林分类型统计表（续 3）

单位：公顷、立方米

统计单位	林种	起源	林分类型	合计 面积	合计 蓄积	幼龄林 面积	幼龄林 蓄积	中龄林 面积	中龄林 蓄积	近熟林 面积	近熟林 蓄积	成熟林 面积	成熟林 蓄积	过熟林 面积	过熟林 蓄积
内蒙古重点国有林区	合计	其中：人天混	合计	84057.32	7403721.0	38678.77	2515154.6	26235.39	2771595.9	11848.20	1323127.4	7063.48	763411.8	231.48	30431.3
			纯林	20352.06	899858.9	17744.78	645071.9	2301.45	221326.6	123.03	10620.6	33.40	2266.4	149.40	20573.4
			混交林	63705.26	6503862.1	20933.99	1870082.7	23933.94	2550269.3	11725.17	1312506.8	7030.08	761145.4	82.08	9857.9
			针叶混交林	5871.96	622927.4	1055.13	103468.1	2165.50	227720.5	1757.57	194105.6	889.21	97310.1	4.55	323.1
			针阔混交林	56349.17	5744626.4	19413.40	1731984.9	21121.43	2261888.6	9742.43	1096189.6	5994.38	645028.5	77.53	9534.8
			阔叶混交林	1484.13	136308.3	465.46	34629.7	647.01	60660.2	225.17	22211.6	146.49	18806.8		
	防护林	合计	合计	4377401.72	444298834.8	449052.60	18111030.1	2582605.03	269439004.2	718278.10	79447865.5	502286.73	59698032.2	125179.26	17602902.8
			纯林	2755960.41	274366872.8	317564.85	10760455.4	1561324.24	162288298.1	471143.82	52210146.2	323043.51	37920206.7	82883.99	11187766.4
			混交林	1621441.31	169931962.0	131487.75	7350574.7	1021280.79	107150706.1	247134.28	27237719.3	179243.22	21777825.5	42295.27	6415136.4
			针叶混交林	29232.62	3760077.3	1027.96	87627.4	10006.54	1044406.1	5532.83	679348.3	8312.73	1117868.3	4352.56	830827.2
			针阔混交林	1078281.27	121581961.1	44039.84	3529631.4	770349.09	85331333.6	151345.25	17823831.6	89251.03	11389292.8	23296.06	3507871.7
			阔叶混交林	513927.42	44589923.6	86419.95	3733315.9	240925.16	20774966.4	90256.20	8734539.4	81679.46	9270664.4	14646.65	2076437.5
		天然	合计	4076436.47	416434421.0	345313.28	14163913.6	2458511.89	255385092.5	664779.85	72121657.2	483609.94	57275714.4	124221.51	17488043.3
			纯林	2505916.97	251601268.9	228295.34	8074836.1	1459838.56	150504921.8	426298.92	45866410.7	309483.18	36074282.8	82000.97	11080817.5
			混交林	1570519.50	164833152.1	117017.94	6089077.5	998673.33	104880170.7	238480.93	26255246.5	174126.76	21201431.6	42220.54	6407225.8
			针叶混交林	24681.65	3273600.3	335.77	22630.5	8106.53	842164.2	4177.27	520978.9	7714.07	1057322.6	4348.01	830504.1
			针阔混交林	1033259.03	117090828.3	30663.08	2362433.5	750287.76	83321020.9	144210.07	17015657.4	84872.24	10891432.3	23225.88	3500284.2
			阔叶混交林	512578.82	44468723.5	86019.09	3704013.5	240279.04	20716985.6	90093.59	8718610.2	81540.45	9252676.7	14646.65	2076437.5
		人工	合计	300965.25	27864413.8	103739.32	3947116.5	124093.14	14053911.7	53498.25	7326208.3	18676.79	2422317.8	957.75	114859.5
			纯林	250043.44	22765603.9	89269.51	2685619.3	101485.68	11783376.3	44844.90	6343735.5	13560.33	1845923.9	883.02	106948.9
			混交林	50921.81	5098809.9	14469.81	1261497.2	22607.46	2270535.4	8653.35	982472.8	5116.46	576393.9	74.73	7910.6
			针叶混交林	4550.97	486477.0	692.19	64996.9	1900.01	202241.9	1355.56	158369.4	598.66	60545.7	4.55	323.1
			针阔混交林	45022.24	4491132.8	13376.76	1167197.9	20061.33	2010312.7	7135.18	808174.2	4378.79	497860.5	70.18	7587.5
			阔叶混交林	1348.60	121200.1	400.86	29302.4	646.12	57980.8	162.61	15929.2	139.01	17987.7		
		其中：人天混	合计	57555.46	4743668.0	28505.89	1681443.0	16770.36	1694647.1	7486.09	834716.3	4604.25	507847.3	188.87	25014.3
			纯林	16132.72	598630.8	14807.91	466148.9	1045.18	100263.5	99.43	9604.3	30.80	2040.7	149.40	20573.4
			混交林	41422.74	4145037.2	13697.98	1215294.1	15725.18	1594383.6	7386.66	825112.0	4573.45	505806.6	39.47	4440.9
			针叶混交林	3378.78	353692.1	575.56	58739.8	1282.80	130863.4	1086.68	119755.2	429.19	44010.6	4.55	323.1
			针阔混交林	36824.05	3680929.2	12766.89	1130420.4	13879.62	1413155.1	6137.37	689427.6	4005.25	443808.3	34.92	4117.8
			阔叶混交林	1219.91	110415.9	355.53	26133.9	562.76	50365.1	162.61	15929.2	139.01	17987.7		
	特用林	合计	合计	1566507.07	201237355.4	61618.86	3072232.0	550595.20	62830722.0	346826.90	46351566.2	440469.03	63931088.7	166997.08	25051746.5
			纯林	957939.41	120119162.0	48215.69	1973358.9	344975.71	38639847.9	197448.53	25993467.2	275966.08	39538825.0	91333.40	13973663.0
			混交林	608567.66	81118193.4	13403.17	1098873.1	205619.49	24190874.1	149378.37	20358099.0	164502.95	24392263.7	75663.68	11078083.5
			针叶混交林	110000.85	16369134.4	637.39	58547.3	15868.01	2096230.7	24854.15	3677281.8	46267.56	7116537.6	22373.74	3420537.0
			针阔混交林	420394.25	55102681.6	8863.88	767820.9	168233.39	20046040.7	104501.37	14330021.0	94236.45	13805255.5	44559.16	6153543.5
			阔叶混交林	78172.56	9646377.4	3901.90	272504.9	21518.09	2048602.7	20022.85	2350796.2	23998.94	3470470.6	8730.78	1504003.0
		天然	合计	1504429.75	194325046.6	45708.66	2408208.4	531402.93	60410687.0	326394.46	43529349.9	434570.39	63004637.5	166353.31	24972163.8
			纯林	903049.20	113943512.2	35673.41	1609583.9	328050.93	36475536.2	178096.69	23297489.3	270472.55	38657769.8	90755.62	13903133.0
			混交林	601380.55	80381534.4	10035.25	798624.5	203352.00	23935150.8	148297.77	20231860.6	164097.84	24346867.7	75597.69	11069030.8
			针叶混交林	109054.44	16267130.6	337.61	26572.5	15399.41	2046501.3	24754.12	3668159.0	46189.56	7105360.8	22373.74	3420537.0
			针阔混交林	414338.40	54482528.8	5888.96	505838.3	166467.28	19842204.5	103579.65	14218958.9	93909.34	13771036.3	44493.17	6144490.8
			阔叶混交林	77987.71	9631875.0	3808.68	266213.7	21485.31	2046445.0	19964.00	2344742.7	23998.94	3470470.6	8730.78	1504003.0

表 8　东北内蒙古重点国有林区乔木林各龄组面积、蓄积按林种、起源和林分类型统计表（续 4）

单位：公顷、立方米

统计单位	林种	起源	林分类型	合计		幼龄林		中龄林		近熟林		成熟林		过熟林	
				面积	蓄积	面积	蓄积	面积	蓄积	面积	蓄积	面积	蓄积	面积	蓄积
内蒙古重点国有林区	特用林	人工	合计	62077.32	6912308.8	15910.20	664023.6	19192.27	2420035.0	20432.44	2822216.3	5898.64	926451.2	643.77	79582.7
			纯林	54890.21	6175649.8	12542.28	363775.0	16924.78	2164311.7	19351.84	2695977.9	5493.53	881055.2	577.78	70530.0
			混交林	7187.11	736659.0	3367.92	300248.6	2267.49	255723.3	1080.60	126238.4	405.11	45396.0	65.99	9052.7
			针叶混交林	946.41	102003.8	299.78	31974.8	468.60	49729.4	100.03	9122.8	78.00	11176.8		
			针阔混交林	6055.85	620152.8	2974.92	261982.6	1766.11	203836.2	921.72	111062.1	327.11	34219.2	65.99	9052.7
			阔叶混交林	184.85	14502.4	93.22	6291.2	32.78	2157.7	58.85	6053.5				
		其中：人天混	合计	8107.67	708149.5	4960.98	369058.0	1992.49	210830.0	835.20	95105.6	304.56	31920.8	14.44	1235.1
			纯林	2066.15	111919.4	1643.36	73751.0	407.01	37344.2	13.18	598.5	2.60	225.7		
			混交林	6041.52	596230.1	3317.62	295307.0	1585.48	173485.8	822.02	94507.1	301.96	31695.1	14.44	1235.1
			针叶混交林	653.34	65415.7	252.76	27054.8	321.89	29654.3	52.25	4282.5	26.44	4424.1		
			针阔混交林	5203.33	516312.0	2971.64	261961.0	1230.81	141673.8	710.92	84171.1	275.52	27271.0	14.44	1235.1
			阔叶混交林	184.85	14502.4	93.22	6291.2	32.78	2157.7	58.85	6053.5				
	用材林	合计	合计	2422014.92	260995275.4	118340.33	6546649.3	1465426.82	157109866.0	483352.04	55638444.4	311253.42	36549102.8	43642.31	5151212.9
			纯林	1498515.62	157081023.0	82229.46	4174084.6	908237.67	95474863.7	296503.11	33712335.2	185731.94	20917507.5	25813.44	2802232.0
			混交林	923499.30	103914252.4	36110.87	2372564.7	557189.15	61635002.3	186848.93	21926109.2	125521.48	15631595.3	17828.87	2348980.9
			针叶混交林	27211.83	3380996.2	490.48	36211.8	10947.91	1243380.9	8412.29	1106180.1	6256.40	842250.7	1104.75	152972.7
			针阔混交林	695835.87	79407266.3	21749.66	1739184.7	456390.47	51262970.8	131774.72	15671776.1	75891.42	9449645.7	10029.60	1283689.0
			阔叶混交林	200451.60	21125989.9	13870.73	597168.2	89850.77	9128650.6	46661.92	5148153.0	43373.66	5339698.9	6694.52	912319.2
		天然	合计	2315417.39	247629029.9	100376.45	5376910.5	1412607.79	150146653.3	456957.36	51656254.1	302126.15	35334134.1	43349.64	5115077.9
			纯林	1412041.62	145882549.3	68770.74	3415211.9	864529.45	89553400.4	274404.65	30215466.6	178787.84	19928191.5	25548.94	2770278.9
			混交林	903375.77	101746480.6	31605.71	1961698.6	548078.34	60593252.9	182552.71	21440787.5	123338.31	15405942.6	17800.70	2344799.0
			针叶混交林	24991.98	3138117.5	195.50	13031.2	10197.57	1158518.9	7671.34	1020219.4	5822.82	793375.3	1104.75	152972.7
			针阔混交林	678011.56	77493763.2	17556.19	1353703.8	448081.47	50314220.8	128223.16	15272644.0	74149.31	9273687.5	10001.43	1279507.1
			阔叶混交林	200372.23	21114599.9	13854.02	594963.6	89799.30	9120513.2	46658.21	5147924.1	43366.18	5338879.8	6694.52	912319.2
		人工	合计	106597.53	13366245.5	17963.88	1169738.8	52819.03	6963212.7	26394.68	3982190.3	9127.27	1214968.7	292.67	36135.0
			纯林	86474.00	11198473.7	13458.72	758872.7	43708.22	5921463.3	22098.46	3496868.6	6944.10	989316.0	264.50	31953.1
			混交林	20123.53	2167771.8	4505.16	410866.1	9110.81	1041749.4	4296.22	485321.7	2183.17	225652.7	28.17	4181.9
			针叶混交林	2219.85	242878.7	294.98	23180.6	750.34	84862.0	740.95	85960.7	433.58	48875.4		
			针阔混交林	17824.31	1913503.1	4193.47	385480.9	8309.00	948750.0	3551.56	399132.1	1742.11	175958.2	28.17	4181.9
			阔叶混交林	79.37	11390.0	16.71	2204.6	51.47	8137.4	3.71	228.9	7.48	819.1		
		其中：人天混	合计	18394.19	1951903.5	5211.90	464653.6	7472.54	866118.8	3526.91	393305.5	2154.67	223643.7	28.17	4181.9
			纯林	2153.19	189308.7	1293.51	105172.0	849.26	83718.9	10.42	417.8				
			混交林	16241.00	1762594.8	3918.39	359481.6	6623.28	782399.9	3516.49	392887.7	2154.67	223643.7	28.17	4181.9
			针叶混交林	1839.84	203819.6	226.81	17673.5	560.81	67202.8	618.64	70067.9	433.58	48875.4		
			针阔混交林	14321.79	1547385.2	3674.87	339603.5	6011.00	707059.7	2894.14	322590.9	1713.61	173949.2	28.17	4181.9
			阔叶混交林	79.37	11390.0	16.71	2204.6	51.47	8137.4	3.71	228.9	7.48	819.1		

表 8　东北内蒙古重点国有林区乔木林各龄组面积、蓄积按林种、起源和林分类型统计表（续 5）

单位：公顷、立方米

统计单位	林种	起源	林分类型	合计		幼龄林		中龄林		近熟林		成熟林		过熟林	
				面积	蓄积	面积	蓄积	面积	蓄积	面积	蓄积	面积	蓄积	面积	蓄积
吉林省重点国有林区	合计	合计	合计	3242074.22	513795640.2	217638.06	17365701.3	842737.35	121633297.8	1353763.06	224439033.4	710264.38	127078023.5	117671.37	23279584.2
			纯林	631652.73	93368578.8	77296.00	4771530.4	224654.91	31088244.6	225732.89	37500552.4	82884.46	15489420.8	21084.47	4518830.6
			混交林	2610421.49	420427061.4	140342.06	12594170.9	618082.44	90545053.2	1128030.17	186938481.0	627379.92	111588602.7	96586.90	18760753.6
			针叶混交林	91392.89	15058718.0	10172.06	767350.8	28324.66	4502524.3	29082.79	5188688.2	21099.13	4034710.7	2714.25	565444.0
			针阔混交林	537636.78	90391310.9	46395.10	4622225.4	162584.55	25799333.6	190355.17	33515865.3	116589.13	21931228.9	21712.83	4522657.7
			阔叶混交林	1981391.82	314977032.5	83774.90	7204594.7	427173.23	60243195.3	908592.21	148233927.5	489691.66	85622663.1	72159.82	13672651.9
		天然	合计	2898974.69	467193102.5	122854.35	10197833.2	732250.65	105815320.6	1280265.22	212319419.6	656659.59	117403327.1	106944.88	21457202.0
			纯林	452120.82	69388107.5	30535.02	2066391.6	172951.86	23825118.8	186177.53	31029941.6	48374.02	9137252.5	14082.39	3329403.0
			混交林	2446853.87	397804995.0	92319.33	8131441.6	559298.79	81990201.8	1094087.69	181289478.0	608285.57	108266074.6	92862.49	18127799.0
			针叶混交林	64146.61	11571574.4	1456.58	150352.2	21163.65	3533883.7	23242.25	4217240.9	16073.00	3188945.7	2211.13	481151.9
			针阔混交林	411153.53	72529937.3	9266.77	934068.7	113738.62	18566762.0	163747.34	29054985.1	104264.11	19715903.4	20136.69	4258218.1
			阔叶混交林	1971553.73	313703483.3	81595.98	7047020.7	424396.52	59889556.1	907098.10	148017252.0	487948.46	85361225.5	70514.67	13388429.0
		人工	合计	343099.53	46602537.7	94783.71	7167868.1	110486.70	15817977.2	73497.84	12119613.8	53604.79	9674696.4	10726.49	1822382.2
			纯林	179531.91	23980471.3	46760.98	2705138.8	51703.05	7263125.8	39555.36	6470610.8	34510.44	6352168.3	7002.08	1189427.6
			混交林	163567.62	22622066.4	48022.73	4462729.3	58783.65	8554851.4	33942.48	5649003.0	19094.35	3322528.1	3724.41	632954.6
			针叶混交林	27246.28	3487143.6	8715.48	616998.6	7161.01	968640.6	5840.54	971447.3	5026.13	845765.0	503.12	84292.1
			针阔混交林	126483.25	17861373.6	37128.33	3688156.7	48845.93	7232571.6	26607.83	4460880.2	12325.02	2215325.5	1576.14	264439.6
			阔叶混交林	9838.09	1273549.2	2178.92	157574.0	2776.71	353639.2	1494.11	216675.5	1743.20	261437.6	1645.15	284222.9
		其中：人天混	合计	146611.48	20891879.9	41640.63	4182858.6	55649.87	8239720.3	30634.30	5148770.9	15729.72	2823257.2	2956.96	497272.9
			纯林	6308.60	772724.6	2829.44	223878.2	2594.29	399965.6	680.09	120555.5	170.24	23530.2	34.54	4795.1
			混交林	140302.88	20119155.3	38811.19	3958980.4	53055.58	7839754.7	29954.21	5028215.4	15559.48	2799727.0	2922.42	492477.8
			针叶混交林	11378.04	1742839.6	2514.26	260352.7	3460.54	484729.8	2911.32	517955.7	2156.70	422909.7	335.22	56891.7
			针阔混交林	121333.58	17388276.9	34480.64	3554800.5	47520.89	7081706.9	25964.60	4351303.8	12041.72	2176613.5	1325.73	223852.2
			阔叶混交林	7591.26	988038.8	1816.29	143827.2	2074.15	273318.0	1078.29	158955.9	1361.06	200203.8	1261.47	211733.9
	防护林	合计	合计	974764.42	152764031.9	61315.58	4353130.4	226541.20	31227223.7	415394.31	67872230.3	238089.41	42831449.5	33423.92	6479998.0
			纯林	204555.66	29941716.5	22892.06	1453411.7	74657.86	10210196.0	77988.50	12846865.1	25052.79	4683794.4	3964.45	747449.3
			混交林	770208.76	122822315.4	38423.52	2899718.7	151883.34	21017027.7	337405.81	55025365.2	213036.62	38147655.1	29459.47	5732548.7
			针叶混交林	20189.36	3309618.1	2351.31	173945.6	4680.14	722740.9	7797.52	1358484.0	5002.09	991332.1	358.30	63115.5
			针阔混交林	111623.46	18016324.8	11810.94	1012493.1	30570.92	4642956.3	40320.23	6819286.6	23468.96	4385081.9	5452.41	1156506.9
			阔叶混交林	638395.94	101496372.5	24261.27	1713280.0	116632.28	15651330.5	289288.06	46847594.6	184565.57	32771241.1	23648.76	4512926.3
		天然	合计	883162.91	140732566.0	35624.91	2550713.3	197154.58	27142858.5	395076.09	64603789.1	225119.97	40469555.0	30187.36	5965650.1
			纯林	150336.67	22581450.1	9730.45	670656.7	58263.68	7890396.7	65218.21	10751897.9	15439.19	2889057.4	1685.14	379441.4
			混交林	732826.24	118151115.9	25894.46	1880056.6	138890.90	19252461.8	329857.88	53851891.2	209680.78	37580497.6	28502.22	5586208.7
			针叶混交林	13382.76	2447562.7	171.08	19525.4	2909.72	480004.7	6190.71	1109622.8	3913.74	800278.2	197.51	38131.6
			针阔混交林	83189.12	14435347.0	2159.00	184525.5	19883.98	3181121.1	34690.98	5940710.0	21474.65	4047296.8	4980.51	1081693.6
			阔叶混交林	636254.36	101268206.2	23564.38	1676005.7	116097.20	15591336.0	288976.19	46801558.4	184292.39	32732922.6	23324.20	4466383.5
		人工	合计	91601.51	12031465.9	25690.67	1802417.1	29386.62	4084365.2	20318.22	3268441.2	12969.44	2361894.5	3236.56	514347.9
			纯林	54218.99	7360266.4	13161.61	782755.0	16394.18	2319799.3	12770.29	2094967.2	9613.60	1794737.0	2279.31	368007.9
			混交林	37382.52	4671199.5	12529.06	1019662.1	12992.44	1764565.9	7547.93	1173474.0	3355.84	567157.5	957.25	146340.0
			针叶混交林	6806.60	862055.4	2180.23	154420.2	1770.42	242736.2	1606.81	248861.2	1088.35	191053.9	160.79	24983.9
			针阔混交林	28434.34	3580977.8	9651.94	827967.6	10686.94	1461835.2	5629.25	878576.6	1994.31	337785.1	471.90	74813.3
			阔叶混交林	2141.58	228166.3	696.89	37274.3	535.08	59994.5	311.87	46036.2	273.18	38318.5	324.56	46542.8

表 8 东北内蒙古重点国有林区乔木林各龄组面积、蓄积按林种、起源和林分类型统计表（续 6）

单位：公顷、立方米

统计单位	林种	起源	林分类型	合计		幼龄林		中龄林		近熟林		成熟林		过熟林	
				面积	蓄积	面积	蓄积	面积	蓄积	面积	蓄积	面积	蓄积	面积	蓄积
吉林省重点国有林区	防护林	其中：人天混	合计	33084.76	4199752.7	11181.43	965498.5	12245.25	1683736.7	6430.75	1009676.8	2520.97	430379.6	706.36	110461.1
			纯林	2090.33	249997.9	872.95	72433.1	934.57	132328.4	190.12	30617.7	92.69	14618.7		
			混交林	30994.43	3949754.8	10308.48	893065.4	11310.68	1551408.3	6240.63	979059.1	2428.28	415760.9	706.36	110461.1
			针叶混交林	1928.87	269284.5	567.89	50219.0	571.36	80217.9	456.66	77607.9	268.33	50766.9	64.63	10472.8
			针阔混交林	27319.13	3495510.0	9128.86	809098.2	10318.65	1422997.3	5521.31	863754.1	1916.68	330466.1	433.63	69194.3
			阔叶混交林	1746.43	184960.3	611.73	33748.2	420.67	48193.1	262.66	37697.1	243.27	34527.9	208.10	30794.0
	特用林	合计	合计	817976.56	131249604.8	37245.34	2790044.0	253349.21	36520234.6	345669.75	57308057.6	155699.99	28967311.6	26012.27	5663957.0
			纯林	195224.67	29388188.8	12875.36	787791.3	80376.75	10822187.1	70877.76	11473529.9	21719.35	4062679.5	9375.45	2242001.0
			混交林	622751.89	101861416.0	24369.98	2002252.7	172972.46	25698047.5	274791.99	45834527.7	133980.64	24904632.1	16636.82	3421956.0
			针叶混交林	33519.51	5549040.6	2140.99	130361.0	12008.72	1892982.3	10607.25	1872186.2	8223.53	1526343.8	539.02	127167.3
			针阔混交林	167535.66	28558281.6	7586.44	643888.8	58533.82	9317966.0	61149.01	10705649.2	35590.29	6889049.2	4676.10	1001728.4
			阔叶混交林	421696.72	67754093.8	14642.55	1228002.9	102429.92	14487099.2	203035.73	33256692.3	90166.82	16489239.1	11421.70	2293060.3
		天然	合计	771924.99	125565769.8	24407.53	1927213.3	239467.64	34720283.2	336364.51	55893786.1	147288.41	27625309.4	24396.90	5399177.8
			纯林	172586.44	26615411.4	6950.32	443355.2	73777.49	9985557.8	66188.13	10783816.4	17214.37	3307590.4	8456.13	2095091.6
			混交林	599338.55	98950358.4	17457.21	1483858.1	165690.15	24734725.4	270176.38	45109969.7	130074.04	24317719.0	15940.77	3304086.2
			针叶混交林	27349.38	4859529.2	414.70	28770.9	10593.14	1740118.9	9435.09	1684894.0	6499.86	1301927.7	406.59	103817.7
			针阔混交林	151466.07	26487494.4	2610.04	240333.2	52955.44	8543877.1	57951.70	10205439.3	33741.37	6575510.2	4207.52	922334.6
			阔叶混交林	420523.10	67603334.8	14432.47	1214754.0	102141.57	14450729.4	202789.59	33219636.4	89832.81	16440281.1	11326.66	2277933.9
		人工	合计	46051.57	5683835.0	12837.81	862830.7	13881.57	1799951.4	9305.24	1414271.5	8411.58	1342002.2	1615.37	264779.2
			纯林	22638.23	2772777.4	5925.04	344436.1	6599.26	836629.3	4689.63	689713.5	4504.98	755089.1	919.32	146909.4
			混交林	23413.34	2911057.6	6912.77	518394.6	7282.31	963322.1	4615.61	724558.0	3906.60	586913.1	696.05	117869.8
			针叶混交林	6170.13	689511.4	1726.29	101590.1	1415.58	152863.4	1172.16	187292.2	1723.67	224416.1	132.43	23349.6
			针阔混交林	16069.59	2070787.2	4976.40	403555.6	5578.38	774088.9	3197.31	500209.9	1848.92	313539.0	468.58	79393.8
			阔叶混交林	1173.62	150759.0	210.08	13248.9	288.35	36369.8	246.14	37055.9	334.01	48958.0	95.04	15126.4
		其中：人天混	合计	19692.31	2544562.3	5933.73	478261.8	6856.50	935179.7	3880.05	617746.5	2442.35	413461.8	579.68	99912.5
			纯林	885.38	108872.8	366.19	26125.3	441.88	70868.5	58.79	9431.4	18.52	2447.6		
			混交林	18806.93	2435689.5	5567.54	452136.5	6414.62	864311.2	3821.26	608315.1	2423.83	411014.2	579.68	99912.5
			针叶混交林	2682.00	331122.2	748.42	49210.8	894.44	93561.4	618.67	107833.9	299.79	58845.0	120.68	21671.1
			针阔混交林	15298.75	1998758.0	4644.58	390528.2	5398.20	754949.1	3057.74	479505.5	1834.27	310660.2	363.96	63115.0
			阔叶混交林	826.18	105809.3	174.54	12397.5	121.98	15800.7	144.85	20975.7	289.77	41509.0	95.04	15126.4
	用材林	合计	合计	1449333.24	229782003.5	119077.14	10222526.9	362846.94	53885839.5	592699.00	99258745.5	316474.98	55279262.4	58235.18	11135629.2
			纯林	231872.40	34038673.5	41528.58	2530327.4	69620.30	10055861.5	76866.63	13180157.4	36112.32	6742946.9	7744.57	1529380.3
			混交林	1217460.84	195743330.0	77548.56	7692199.5	293226.64	43829978.0	515832.37	86078588.1	280362.66	48536315.5	50490.61	9606248.9
			针叶混交林	37684.02	6200059.3	5679.76	463044.2	11635.80	1886801.1	10678.02	1958018.0	7873.51	1517034.8	1816.93	375161.2
			针阔混交林	258477.66	43816704.5	26997.72	2965843.5	73479.81	11838411.3	88885.93	15990929.5	57529.88	10657097.8	11584.32	2364422.4
			阔叶混交林	921299.16	145726566.2	44871.08	4263311.8	208111.03	30104765.6	416268.42	68129640.6	214959.27	36362182.9	37089.36	6866665.3

表 8　东北内蒙古重点国有林区乔木林各龄组面积、蓄积按林种、起源和林分类型统计表（续 7）

单位：公顷、立方米

统计单位	林种	起源	林分类型	合计		幼龄林		中龄林		近熟林		成熟林		过熟林	
				面积	蓄积	面积	蓄积	面积	蓄积	面积	蓄积	面积	蓄积	面积	蓄积
吉林省重点国有林区	用材林	天然	合计	1243886.79	200894766.7	62821.91	5719906.6	295628.43	43952178.9	548824.62	91821844.4	284251.21	49308462.7	52360.62	10092374.1
			纯林	129197.71	20191246.0	13854.25	952379.7	40910.69	5949164.3	54771.19	9494227.3	15720.46	2940604.7	3941.12	854870.0
			混交林	1114689.08	180703520.7	48967.66	4767526.9	254717.74	38003014.6	494053.43	82327617.1	268530.75	46367858.0	48419.50	9237504.1
			针叶混交林	23414.47	4264482.5	870.80	102055.9	7660.79	1313760.1	7616.45	1422724.1	5659.40	1086739.8	1607.03	339202.6
			针阔混交林	176498.34	31607095.9	4497.73	509210.0	40899.20	6841763.8	71104.66	12908835.8	49048.09	9093096.4	10948.66	2254189.9
			阔叶混交林	914776.27	144831942.3	43599.13	4156261.0	206157.75	29847490.7	415332.32	67996057.2	213823.26	36188021.8	35863.81	6644111.6
		人工	合计	205446.45	28887236.8	56255.23	4502620.3	67218.51	9933660.6	43874.38	7436901.1	32223.77	5970799.7	5874.56	1043255.1
			纯林	102674.69	13847427.5	27674.33	1577947.7	28709.61	4106697.2	22095.44	3685930.1	20391.86	3802342.2	3803.45	674510.3
			混交林	102771.76	15039809.3	28580.90	2924672.6	38508.90	5826963.4	21778.94	3750971.0	11831.91	2168457.5	2071.11	368744.8
			针叶混交林	14269.55	1935576.8	4808.96	360988.3	3975.01	573041.0	3061.57	535293.9	2214.11	430295.0	209.90	35958.6
			针阔混交林	81979.32	12209608.6	22499.99	2456633.5	32580.61	4996647.5	17781.27	3082093.7	8481.79	1564001.4	635.66	110232.5
			阔叶混交林	6522.89	894623.9	1271.95	107050.8	1953.28	257274.9	936.10	133583.4	1136.01	174161.1	1225.55	222553.7
		其中：人天混	合计	93834.41	14147564.9	24525.47	2739098.3	36548.12	5620803.9	20323.50	3521347.6	10766.40	1979415.8	1670.92	286899.3
			纯林	3332.89	413853.9	1590.30	125319.8	1217.84	196768.7	431.18	80506.4	59.03	6463.9	34.54	4795.1
			混交林	90501.52	13733711.0	22935.17	2613778.5	35330.28	5424035.2	19892.32	3440841.2	10707.37	1972951.9	1636.38	282104.2
			针叶混交林	6767.17	1142432.9	1197.95	160922.9	1994.74	310950.5	1835.99	332513.9	1588.58	313297.8	149.91	24747.8
			针阔混交林	78715.70	11894008.9	20707.20	2355174.1	31804.04	4903760.5	17385.55	3008044.2	8290.77	1535487.2	528.14	91542.9
			阔叶混交林	5018.65	697269.2	1030.02	97681.5	1531.50	209324.2	670.78	100283.1	828.02	124166.9	958.33	165813.5
其中：吉林森工	合计	合计	合计	1221147.92	190139798.2	103706.30	7727310.3	267171.03	36997822.8	397961.01	63491517.4	354563.86	62476856.5	97745.72	19446291.2
			纯林	188959.90	27375610.8	39146.25	2442639.4	49965.14	6782178.6	44383.51	7303966.4	36886.58	6811987.8	18578.42	4034838.6
			混交林	1032188.02	162764187.4	64560.05	5284670.9	217205.89	30215644.2	353577.50	56187551.0	317677.28	55664868.7	79167.30	15411452.6
			针叶混交林	35545.40	5626421.0	6043.24	487848.8	10073.34	1552836.3	7789.18	1399271.2	9059.32	1651976.7	2580.32	534488.0
			针阔混交林	170794.13	26751605.9	25610.49	2222627.4	52220.17	7824433.6	38821.99	6468180.3	38023.55	6868754.9	16117.93	3367609.7
			阔叶混交林	825848.49	130386160.5	32906.32	2574194.7	154912.38	20838374.3	306966.33	48320099.5	270594.41	47144137.1	60469.05	11509354.9
		天然	合计	1031805.74	165502923.5	47251.41	3887784.2	207053.52	28685120.6	363021.21	57690624.6	325507.85	57271772.1	88971.75	17967622.0
			纯林	93583.58	15341721.5	9423.83	754449.6	22743.26	3118613.8	27628.77	4499161.6	20665.32	3845082.5	13122.40	3124414.0
			混交林	938222.16	150161202.0	37827.58	3133334.6	184310.26	25566506.8	335392.44	53191463.0	304842.53	53426689.6	75849.35	14843208.0
			针叶混交林	18974.57	3442351.4	917.76	107577.2	5544.35	922218.7	4360.22	802319.9	6036.31	1154256.7	2115.93	455978.9
			针阔混交林	101702.73	17432363.3	5586.10	559626.7	26188.57	4103945.0	25430.54	4269285.1	29763.71	5365702.4	14733.81	3133804.1
			阔叶混交林	817544.86	129286487.3	31323.72	2466130.7	152577.34	20540343.1	305601.68	48119858.0	269042.51	46906730.5	58999.61	11253425.0
		人工	合计	189342.18	24636874.7	56454.89	3839526.1	60117.51	8312702.2	34939.80	5800892.8	29056.01	5205084.4	8773.97	1478669.2
			纯林	95376.32	12033889.3	29722.42	1688189.8	27221.88	3663564.8	16754.74	2804804.8	16221.26	2966905.3	5456.02	910424.6
			混交林	93965.86	12602985.4	26732.47	2151336.3	32895.63	4649137.4	18185.06	2996088.0	12834.75	2238179.1	3317.95	568244.6
			针叶混交林	16570.83	2184069.6	5125.48	380271.6	4528.99	630617.6	3428.96	596951.3	3023.01	497720.0	464.39	78509.1
			针阔混交林	69091.40	9319242.6	20024.39	1663000.7	26031.60	3720488.6	13391.45	2198895.2	8259.84	1503052.5	1384.12	233805.6
			阔叶混交林	8303.63	1099673.2	1582.60	108064.0	2335.04	298031.2	1364.65	200241.5	1551.90	237406.6	1469.44	255929.9
		其中：人天混	合计	81639.32	11251710.9	22349.02	1922240.6	29631.60	4242227.3	16054.30	2655859.9	11005.89	1990161.2	2598.51	441221.9
			纯林	3712.81	405617.6	1837.31	131657.2	1259.12	172354.6	416.76	74190.5	165.08	22620.2	34.54	4795.1
			混交林	77926.51	10846093.3	20511.71	1790583.4	28372.48	4069872.7	15637.54	2581669.4	10840.81	1967541.0	2563.97	436426.8
			针叶混交林	7240.13	1149018.6	1495.80	156989.7	1874.44	270323.8	1903.57	345928.7	1651.43	321631.7	314.89	54144.7
			针阔混交林	64348.01	8865116.9	17660.38	1537447.5	24800.98	3576884.9	12769.63	2092254.8	7983.31	1465311.5	1133.71	193218.2
			阔叶混交林	6338.37	831957.8	1355.53	96146.2	1697.06	222664.0	964.34	143485.9	1206.07	180597.8	1115.37	189063.9

表8 东北内蒙古重点国有林区乔木林各龄组面积、蓄积按林种、起源和林分类型统计表（续8）

单位：公顷、立方米

统计单位	林种	起源	林分类型	合计 面积	合计 蓄积	幼龄林 面积	幼龄林 蓄积	中龄林 面积	中龄林 蓄积	近熟林 面积	近熟林 蓄积	成熟林 面积	成熟林 蓄积	过熟林 面积	过熟林 蓄积
其中：吉林森工	防护林	合计	合计	437804.07	67823449.9	34207.34	2249268.4	78407.79	10153299.7	151464.30	24110767.3	146027.63	25941925.5	27697.01	5368189.0
			纯林	61645.39	8598918.5	12469.50	729123.7	16728.32	2227614.0	16866.27	2755354.1	12453.48	2298904.4	3127.82	587922.3
			混交林	376158.68	59224531.4	21737.84	1520144.7	61679.47	7925685.7	134598.03	21355413.2	133574.15	23643021.1	24569.19	4780266.7
			针叶混交林	6046.73	820023.1	1772.47	133885.6	1782.37	252788.9	1070.61	171126.0	1098.16	205094.1	323.12	57128.5
			针阔混交林	35168.04	4964527.8	7569.98	555119.1	10160.90	1366958.3	7288.65	1131934.6	6232.29	1070132.9	3916.22	840382.9
			阔叶混交林	334943.91	53439980.5	12395.39	831140.0	49736.20	6305938.5	126238.77	20052352.6	126243.70	22367794.1	20329.85	3882755.3
		天然	合计	382562.84	61112361.0	16424.82	1153037.3	60515.96	7760276.5	141321.61	22511139.1	139174.35	24711710.0	25126.10	4976198.1
			纯林	29797.54	4597079.1	3094.34	233894.7	6903.64	873257.7	10757.63	1757006.9	7645.99	1413138.4	1395.94	319781.4
			混交林	352765.30	56515281.9	13330.48	919142.6	53612.32	6887018.8	130563.98	20754132.2	131528.36	23298571.6	23730.16	4656416.7
			针叶混交林	1469.84	251570.7	126.74	14127.4	371.07	59108.7	263.50	39511.8	519.62	102453.2	188.91	36369.6
			针阔混交林	18234.25	3019265.0	1448.20	107457.5	3937.04	568543.1	4352.61	704489.0	4996.00	861993.8	3500.40	776781.6
			阔叶混交林	333061.21	53244446.2	11755.54	797557.7	49304.21	6259367.0	125947.87	20010131.4	126012.74	22334124.6	20040.85	3843265.5
		人工	合计	55241.23	6711088.9	17782.52	1096231.1	17891.83	2393023.2	10142.69	1599628.2	6853.28	1230215.5	2570.91	391990.9
			纯林	31847.85	4001839.4	9375.16	495229.0	9824.68	1354356.3	6108.64	998347.2	4807.49	885766.0	1731.88	268140.9
			混交林	23393.38	2709249.5	8407.36	601002.1	8067.15	1038666.9	4034.05	601281.0	2045.79	344449.5	839.03	123850.0
			针叶混交林	4576.89	568452.4	1645.73	119758.2	1411.30	193680.2	807.11	131614.2	578.54	102640.9	134.21	20758.9
			针阔混交林	16933.79	1945262.8	6121.78	447661.6	6223.86	798415.2	2936.04	427445.6	1236.29	208139.1	415.82	63601.3
			阔叶混交林	1882.70	195534.3	639.85	33582.3	431.99	46571.5	290.90	42221.2	230.96	33669.5	289.00	39489.8
		其中：人天混	合计	20276.25	2357025.7	7296.42	540887.5	7200.94	925204.7	3487.00	515207.8	1686.01	284807.6	605.88	90918.1
			纯林	1321.35	138913.9	563.72	37154.1	518.87	64743.4	146.07	22397.7	92.69	14618.7		
			混交林	18954.90	2218111.8	6732.70	503733.4	6682.07	860461.3	3340.93	492810.1	1593.32	270188.9	605.88	90918.1
			针叶混交林	1524.07	197203.5	529.92	44358.0	459.02	61649.9	262.86	44484.9	217.45	37666.9	54.82	9043.8
			针阔混交林	15887.74	1863241.0	5636.35	429057.2	5880.77	761209.3	2834.41	414172.1	1158.66	200820.1	377.55	57982.3
			阔叶混交林	1543.09	157667.3	566.43	30318.2	342.28	37602.1	243.66	34153.1	217.21	31701.9	173.51	23892.0
	特用林	合计	合计	120116.52	20114566.8	8265.83	607620.0	19383.41	2673750.6	32778.31	5159602.6	37347.33	6758459.6	22341.64	4915134.0
			纯林	24128.99	4360771.8	2907.48	193749.3	3678.07	494258.1	3396.10	540136.9	5120.78	955017.5	9026.56	2177610.0
			混交林	95987.53	15753795.0	5358.35	413870.7	15705.34	2179492.5	29382.21	4619465.7	32226.55	5803442.1	13315.08	2737524.0
			针叶混交林	3601.71	553958.6	414.22	17460.0	489.00	71472.3	634.23	121469.2	1525.24	216389.8	539.02	127167.3
			针阔混交林	19385.02	3199474.6	2332.80	163301.8	4258.17	658310.0	3893.27	624063.2	5438.44	1019968.2	3462.34	733831.4
			阔叶混交林	73000.80	12000361.8	2611.33	233108.9	10958.17	1449710.2	24854.71	3873933.3	25262.87	4567084.1	9313.72	1876525.3
		天然	合计	101760.71	17738807.8	3793.85	328202.3	14927.21	2071779.2	29133.19	4573869.1	33026.78	6089289.4	20879.68	4675667.8
			纯林	15844.82	3312432.4	797.57	64506.2	1624.45	228473.8	2026.33	329490.4	3161.45	636800.4	8235.02	2053161.6
			混交林	85915.89	14426375.4	2996.28	263696.1	13302.76	1843305.4	27106.86	4244378.7	29865.33	5452489.0	12644.66	2622506.2
			针叶混交林	1202.18	250557.2	2.11	133.9	184.30	29627.9	97.27	17233.0	511.91	99744.7	406.59	103817.7
			针阔混交林	12783.45	2320059.4	531.83	40718.2	2430.96	399110.1	2401.02	390268.3	4400.25	832673.2	3019.39	657289.6
			阔叶混交林	71930.26	11855758.8	2462.34	222844.0	10687.50	1414567.4	24608.57	3836877.4	24953.17	4520071.1	9218.68	1861398.9
		人工	合计	18355.81	2375759.0	4471.98	279417.7	4456.20	601971.4	3645.12	585733.5	4320.55	669170.2	1461.96	239466.2
			纯林	8284.17	1048339.4	2109.91	129243.1	2053.62	265784.3	1369.77	210646.5	1959.33	318217.1	791.54	124448.4
			混交林	10071.64	1327419.6	2362.07	150174.6	2402.58	336187.1	2275.35	375087.0	2361.22	350953.1	670.42	115017.8
			针叶混交林	2399.53	303401.4	412.11	17326.1	304.70	41844.4	536.96	104236.2	1013.33	116645.1	132.43	23349.6
			针阔混交林	6601.57	879415.2	1800.97	122583.6	1827.21	259199.9	1492.25	233794.9	1038.19	187295.0	442.95	76541.8
			阔叶混交林	1070.54	144603.0	148.99	10264.9	270.67	35142.8	246.14	37055.9	309.70	47013.0	95.04	15126.4

表 8　东北内蒙古重点国有林区乔木林各龄组面积、蓄积按林种、起源和林分类型统计表（续 9）

单位：公顷、立方米

统计单位	林种	起源	林分类型	合计 面积	合计 蓄积	幼龄林 面积	幼龄林 蓄积	中龄林 面积	中龄林 蓄积	近熟林 面积	近熟林 蓄积	成熟林 面积	成熟林 蓄积	过熟林 面积	过熟林 蓄积
其中：吉林森工	特用林	其中：人天混	合计	8150.88	1120039.3	2044.38	136465.8	2072.70	296469.7	1952.88	320428.5	1526.87	269614.8	554.05	97060.5
			纯林	386.35	42681.8	173.72	10713.3	156.57	23937.5	39.99	5951.4	16.07	2079.6		
			混交林	7764.53	1077357.5	1870.66	125752.5	1916.13	272532.2	1912.89	314477.1	1510.80	267535.2	554.05	97060.5
			针叶混交林	990.28	162410.2	150.96	4385.8	96.62	13671.4	402.71	79399.9	219.31	43282.0	120.68	21671.1
			针阔混交林	6010.48	813931.0	1580.80	111666.2	1699.99	243211.1	1365.33	214101.5	1026.03	184689.2	338.33	60263.0
			阔叶混交林	763.77	101016.3	138.90	9700.5	119.52	15649.7	144.85	20975.7	265.46	39564.0	95.04	15126.4
	用材林	合计	合计	663227.33	102201781.5	61233.13	4870421.9	169379.83	24170772.5	213718.40	34221147.5	171188.90	29776471.4	47707.07	9162968.2
			纯林	103185.52	14415920.5	23769.27	1519766.4	29558.75	4060306.5	24121.14	4008475.4	19312.32	3558065.9	6424.04	1269306.3
			混交林	560041.81	87785861.0	37463.86	3350655.5	139821.08	20110466.0	189597.26	30212672.1	151876.58	26218405.5	41283.03	7893661.9
			针叶混交林	25896.96	4252439.3	3856.55	336503.2	7801.97	1228575.1	6084.34	1106676.0	6435.92	1230492.8	1718.18	350192.2
			针阔混交林	116241.07	18587603.5	15707.71	1504206.5	37801.10	5799165.3	27640.07	4712182.5	26352.82	4778653.8	8739.37	1793395.4
			阔叶混交林	417903.78	64945818.2	17899.60	1509945.8	94218.01	13082725.6	155872.85	24393813.6	119087.84	20209258.9	30825.48	5750074.3
		天然	合计	547482.19	86651754.7	27032.74	2406544.6	131610.35	18853064.9	192566.41	30605616.4	153306.72	26470772.7	42965.97	8315756.1
			纯林	47941.22	7432210.0	5531.92	456048.7	14215.17	2016882.3	14844.81	2412664.3	9857.88	1795143.7	3491.44	751471.0
			混交林	499540.97	79219544.7	21500.82	1950495.9	117395.18	16836182.6	177721.60	28192952.1	143448.84	24675629.0	39474.53	7564285.1
			针叶混交林	16302.55	2940223.5	788.91	93315.9	4988.98	833482.1	3999.45	745575.1	5004.78	952058.8	1520.43	315791.6
			针阔混交林	70685.03	12093038.9	3606.07	411451.0	19820.57	3136291.8	18676.91	3174527.8	20367.46	3671035.4	8214.02	1699732.9
			阔叶混交林	412553.39	64186282.3	17105.84	1445729.0	92585.63	12866408.7	155045.24	24272849.2	118076.60	20052534.8	29740.08	5548760.6
		人工	合计	115745.14	15550026.8	34200.39	2463877.3	37769.48	5317707.6	21151.99	3615531.1	17882.18	3305698.7	4741.10	847212.1
			纯林	55244.30	6983710.5	18237.35	1063717.7	15343.58	2043424.2	9276.33	1595811.1	9454.44	1762922.2	2932.60	517835.3
			混交林	60500.84	8566316.3	15963.04	1400159.6	22425.90	3274283.4	11875.66	2019720.0	8427.74	1542776.5	1808.50	329376.8
			针叶混交林	9594.41	1312215.8	3067.64	243187.3	2812.99	395093.0	2084.89	361100.9	1431.14	278434.0	197.75	34400.6
			针阔混交林	45556.04	6494564.6	12101.64	1092755.5	17980.53	2662873.5	8963.16	1537654.7	5985.36	1107618.4	525.35	93662.5
			阔叶混交林	5350.39	759535.9	793.76	64216.8	1632.38	216316.9	827.61	120964.4	1011.24	156724.1	1085.40	201313.7
		其中：人天混	合计	53212.19	7774645.9	13008.22	1244887.3	20357.96	3020552.9	10614.42	1820223.6	7793.01	1435738.8	1438.58	253243.3
			纯林	2005.11	224021.9	1099.87	83789.8	583.68	83673.7	230.70	45841.4	56.32	5921.9	34.54	4795.1
			混交林	51207.08	7550624.0	11908.35	1161097.5	19774.28	2936879.2	10383.72	1774382.2	7736.69	1429816.9	1404.04	248448.2
			针叶混交林	4725.78	789404.9	814.92	108245.9	1318.80	195002.5	1238.00	222043.9	1214.67	240682.8	139.39	23429.8
			针阔混交林	42449.79	6187944.9	10443.23	996724.1	17220.22	2572464.5	8569.89	1463981.2	5798.62	1079802.2	417.83	74972.9
			阔叶混交林	4031.51	573274.2	650.20	56127.5	1235.26	169412.2	575.83	88357.1	723.40	109331.9	846.82	150045.5
其中：长白山森工	合计	合计	合计	2020926.30	323655842.0	113931.76	9638391.0	575566.32	84635475.0	955802.05	160947516.0	355700.52	64601167.0	19925.65	3833293.0
			纯林	442692.83	65992968.0	38149.75	2328891.0	174689.77	24306066.0	181349.38	30196586.0	45997.88	8677433.0	2506.05	483992.0
			混交林	1578233.47	257662874.0	75782.01	7309500.0	400876.55	60329409.0	774452.67	130750930.0	309702.64	55923734.0	17419.60	3349301.0
			针叶混交林	55847.49	9432297.0	4128.82	279502.0	18251.32	2949688.0	21293.61	3789417.0	12039.81	2382734.0	133.93	30956.0
			针阔混交林	366842.65	63639705.0	20784.61	2399598.0	110364.38	17974900.0	151533.18	27047685.0	78565.58	15062474.0	5594.90	1155048.0
			阔叶混交林	1155543.33	184590872.0	50868.58	4630400.0	272260.85	39404821.0	601625.88	99913828.0	219097.25	38478526.0	11690.77	2163297.0
		天然	合计	1867168.95	301690179.0	75602.94	6310049.0	525197.13	77130200.0	917244.01	154628795.0	331151.74	60131555.0	17973.13	3489580.0
			纯林	358537.24	54046386.0	21111.19	1311942.0	150208.60	20706505.0	158548.76	26530780.0	27708.70	5292170.0	959.99	204989.0
			混交林	1508631.71	247643793.0	54491.75	4998107.0	374988.53	56423695.0	758695.25	128098015.0	303443.04	54839385.0	17013.14	3284591.0
			针叶混交林	45172.04	8129223.0	538.82	42775.0	15619.30	2611665.0	18882.03	3414921.0	10036.69	2034689.0	95.20	25173.0
			针阔混交林	309450.80	55097574.0	3680.67	374442.0	87550.05	14462817.0	138316.80	24785700.0	74500.40	14350201.0	5402.88	1124414.0
			阔叶混交林	1154008.87	184416996.0	50272.26	4580890.0	271819.18	39349213.0	601496.42	99897394.0	218905.95	38454495.0	11515.06	2135004.0

表 8 东北内蒙古重点国有林区乔木林各龄组面积、蓄积按林种、起源和林分类型统计表（续 10）

单位：公顷、立方米

统计单位	林种	起源	林分类型	合计		幼龄林		中龄林		近熟林		成熟林		过熟林	
				面积	蓄积	面积	蓄积	面积	蓄积	面积	蓄积	面积	蓄积	面积	蓄积
其中：长白山森工	合计	人工	合计	153757.35	21965663.0	38328.82	3328342.0	50369.19	7505275.0	38558.04	6318721.0	24548.78	4469612.0	1952.52	343713.0
			纯林	84155.59	11946582.0	17038.56	1016949.0	24481.17	3599561.0	22800.62	3665806.0	18289.18	3385263.0	1546.06	279003.0
			混交林	69601.76	10019081.0	21290.26	2311393.0	25888.02	3905714.0	15757.42	2652915.0	6259.60	1084349.0	406.46	64710.0
			针叶混交林	10675.45	1303074.0	3590.00	236727.0	2632.02	338023.0	2411.58	374496.0	2003.12	348045.0	38.73	5783.0
			针阔混交林	57391.85	8542131.0	17103.94	2025156.0	22814.33	3512083.0	13216.38	2261985.0	4065.18	712273.0	192.02	30634.0
			阔叶混交林	1534.46	173876.0	596.32	49510.0	441.67	55608.0	129.46	16434.0	191.30	24031.0	175.71	28293.0
		其中：人天混	合计	64972.16	9640169.0	19291.61	2260618.0	26018.27	3997493.0	14580.00	2492911.0	4723.83	833096.0	358.45	56051.0
			纯林	2595.79	367107.0	992.13	92221.0	1335.17	227611.0	263.33	46365.0	5.16	910.0		
			混交林	62376.37	9273062.0	18299.48	2168397.0	24683.10	3769882.0	14316.67	2446546.0	4718.67	832186.0	358.45	56051.0
			针叶混交林	4137.91	593821.0	1018.46	103363.0	1586.10	214406.0	1007.75	172027.0	505.27	101278.0	20.33	2747.0
			针阔混交林	56985.57	8523160.0	16820.26	2017353.0	22719.91	3504822.0	13194.97	2259049.0	4058.41	711302.0	192.02	30634.0
			阔叶混交林	1252.89	156081.0	460.76	47681.0	377.09	50654.0	113.95	15470.0	154.99	19606.0	146.10	22670.0
	防护林	合计	合计	536960.35	84940582.0	27108.24	2103862.0	148133.41	21073924.0	263930.01	43761463.0	92061.78	16889524.0	5726.91	1111809.0
			纯林	142910.27	21342798.0	10422.56	724288.0	57929.54	7982582.0	61122.23	10091511.0	12599.31	2384890.0	836.63	159527.0
			混交林	394050.08	63597784.0	16685.68	1379574.0	90203.87	13091342.0	202807.78	33669952.0	79462.47	14504634.0	4890.28	952282.0
			针叶混交林	14142.63	2489595.0	578.84	40060.0	2897.77	469952.0	6726.91	1187358.0	3903.93	786238.0	35.18	5987.0
			针阔混交林	76455.42	13051797.0	4240.96	457374.0	20410.02	3275998.0	33031.58	5687352.0	17236.67	3314949.0	1536.19	316124.0
			阔叶混交林	303452.03	48056392.0	11865.88	882140.0	66896.08	9345392.0	163049.29	26795242.0	58321.87	10403447.0	3318.91	630171.0
		天然	合计	500600.07	79620205.0	19200.09	1397676.0	136638.62	19382582.0	253754.48	42092650.0	85945.62	15757845.0	5061.26	989452.0
			纯林	120539.13	17984371.0	6636.11	436762.0	51360.04	7017139.0	54460.58	8994891.0	7793.20	1475919.0	289.20	59660.0
			混交林	380060.94	61635834.0	12563.98	960914.0	85278.58	12365443.0	199293.90	33097759.0	78152.42	14281926.0	4772.06	929792.0
			针叶混交林	11912.92	2195992.0	44.34	5398.0	2538.65	420896.0	5927.21	1070111.0	3394.12	697825.0	8.60	1762.0
			针阔混交林	64954.87	11416082.0	710.80	77068.0	15946.94	2612578.0	30338.37	5236221.0	16478.65	3185303.0	1480.11	304912.0
			阔叶混交林	303193.15	48023760.0	11808.84	878448.0	66792.99	9331969.0	163028.32	26791427.0	58279.65	10398798.0	3283.35	623118.0
		人工	合计	36360.28	5320377.0	7908.15	706186.0	11494.79	1691342.0	10175.53	1668813.0	6116.16	1131679.0	665.65	122357.0
			纯林	22371.14	3358427.0	3786.45	287526.0	6569.50	965443.0	6661.65	1096620.0	4806.11	908971.0	547.43	99867.0
			混交林	13989.14	1961950.0	4121.70	418660.0	4925.29	725899.0	3513.88	572193.0	1310.05	222708.0	118.22	22490.0
			针叶混交林	2229.71	293603.0	534.50	34662.0	359.12	49056.0	799.70	117247.0	509.81	88413.0	26.58	4225.0
			针阔混交林	11500.55	1635715.0	3530.16	380306.0	4463.08	663420.0	2693.21	451131.0	758.02	129646.0	56.08	11212.0
			阔叶混交林	258.88	32632.0	57.04	3692.0	103.09	13423.0	20.97	3815.0	42.22	4649.0	35.56	7053.0
		其中：人天混	合计	12808.51	1842727.0	3885.01	424611.0	5044.31	758532.0	2943.75	494469.0	834.96	145572.0	100.48	19543.0
			纯林	768.98	111084.0	309.23	35279.0	415.70	67585.0	44.05	8220.0				
			混交林	12039.53	1731643.0	3575.78	389332.0	4628.61	690947.0	2899.70	486249.0	834.96	145572.0	100.48	19543.0
			针叶混交林	404.80	72081.0	37.97	5861.0	112.34	18568.0	193.80	33123.0	50.88	13100.0	9.81	1429.0
			针阔混交林	11431.39	1632269.0	3492.51	380041.0	4437.88	661788.0	2686.90	449582.0	758.02	129646.0	56.08	11212.0
			阔叶混交林	203.34	27293.0	45.30	3430.0	78.39	10591.0	19.00	3544.0	26.06	2826.0	34.59	6902.0

表 8　东北内蒙古重点国有林区乔木林各龄组面积、蓄积按林种、起源和林分类型统计表（续 11）

单位：公顷、立方米

统计单位	林种	起源	林分类型	合计		幼龄林		中龄林		近熟林		成熟林		过熟林	
				面积	蓄积	面积	蓄积	面积	蓄积	面积	蓄积	面积	蓄积	面积	蓄积
其中：长白山森工	特用林	合计	合计	697860.04	111135038.0	28979.51	2182424.0	233965.80	33846484.0	312891.44	52148455.0	118352.66	22208852.0	3670.63	748823.0
			纯林	171095.68	25027417.0	9967.88	594042.0	76698.68	10327929.0	67481.66	10933393.0	16598.57	3107662.0	348.89	64391.0
			混交林	526764.36	86107621.0	19011.63	1588382.0	157267.12	23518555.0	245409.78	41215062.0	101754.09	19101190.0	3321.74	684432.0
			针叶混交林	29917.80	4995082.0	1726.77	112901.0	11519.72	1821510.0	9973.02	1750717.0	6698.29	1309954.0		
			针阔混交林	148150.64	25358807.0	5253.64	480587.0	54275.65	8659656.0	57255.74	10081586.0	30151.85	5869081.0	1213.76	267897.0
			阔叶混交林	348695.92	55753732.0	12031.22	994894.0	91471.75	13037389.0	178181.02	29382759.0	64903.95	11922155.0	2107.98	416535.0
		天然	合计	670164.28	107826962.0	20613.68	1599011.0	224540.43	32648504.0	307231.32	51319917.0	114261.63	21536020.0	3517.22	723510.0
			纯林	156741.62	23302979.0	6152.75	378849.0	72153.04	9757084.0	64161.80	10454326.0	14052.92	2670790.0	221.11	41930.0
			混交林	513422.66	84523983.0	14460.93	1220162.0	152387.39	22891420.0	243069.52	40865591.0	100208.71	18865230.0	3296.11	681580.0
			针叶混交林	26147.20	4608972.0	412.59	28637.0	10408.84	1710491.0	9337.82	1667661.0	5987.95	1202183.0		
			针阔混交林	138682.62	24167435.0	2078.21	199615.0	50524.48	8144767.0	55550.68	9815171.0	29341.12	5742837.0	1188.13	265045.0
			阔叶混交林	348592.84	55747576.0	11970.13	991910.0	91454.07	13036162.0	178181.02	29382759.0	64879.64	11920210.0	2107.98	416535.0
		人工	合计	27695.76	3308076.0	8365.83	583413.0	9425.37	1197980.0	5660.12	828538.0	4091.03	672832.0	153.41	25313.0
			纯林	14354.06	1724438.0	3815.13	215193.0	4545.64	570845.0	3319.86	479067.0	2545.65	436872.0	127.78	22461.0
			混交林	13341.70	1583638.0	4550.70	368220.0	4879.73	627135.0	2340.26	349471.0	1545.38	235960.0	25.63	2852.0
			针叶混交林	3770.60	386110.0	1314.18	84264.0	1110.88	111019.0	635.20	83056.0	710.34	107771.0		
			针阔混交林	9468.02	1191372.0	3175.43	280972.0	3751.17	514889.0	1705.06	266415.0	810.73	126244.0	25.63	2852.0
			阔叶混交林	103.08	6156.0	61.09	2984.0	17.68	1227.0			24.31	1945.0		
		其中：人天混	合计	11541.43	1424523.0	3889.35	341796.0	4783.80	638710.0	1927.17	297318.0	915.48	143847.0	25.63	2852.0
			纯林	499.03	66191.0	192.47	15412.0	285.31	46931.0	18.80	3480.0	2.45	368.0		
			混交林	11042.40	1358332.0	3696.88	326384.0	4498.49	591779.0	1908.37	293838.0	913.03	143479.0	25.63	2852.0
			针叶混交林	1691.72	168712.0	597.46	44825.0	797.82	79890.0	215.96	28434.0	80.48	15563.0		
			针阔混交林	9288.27	1184827.0	3063.78	278862.0	3698.21	511738.0	1692.41	265404.0	808.24	125971.0	25.63	2852.0
			阔叶混交林	62.41	4793.0	35.64	2697.0	2.46	151.0			24.31	1945.0		
	用材林	合计	合计	786105.91	127580222.0	57844.01	5352105.0	193467.11	29715067.0	378980.60	65037598.0	145286.08	25502791.0	10528.11	1972661.0
			纯林	128686.88	19622753.0	17759.31	1010561.0	40061.55	5995555.0	52745.49	9171682.0	16800.00	3184881.0	1320.53	260074.0
			混交林	657419.03	107957469.0	40084.70	4341544.0	153405.56	23719512.0	326235.11	55865916.0	128486.08	22317910.0	9207.58	1712587.0
			针叶混交林	11787.06	1947620.0	1823.21	126541.0	3833.83	658226.0	4593.68	851342.0	1437.59	286542.0	98.75	24969.0
			针阔混交林	142236.59	25229101.0	11290.01	1461637.0	35678.71	6039246.0	61245.86	11278747.0	31177.06	5878444.0	2844.95	571027.0
			阔叶混交林	503395.38	80780748.0	26971.48	2753366.0	113893.02	17022040.0	260395.57	43735827.0	95871.43	16152924.0	6263.88	1116591.0
		天然	合计	696404.60	114243012.0	35789.17	3313362.0	164018.08	25099114.0	356258.21	61216228.0	130944.49	22837690.0	9394.65	1776618.0
			纯林	81256.49	12759036.0	8322.33	496331.0	26695.52	3932282.0	39926.38	7081563.0	5862.58	1145461.0	449.68	103399.0
			混交林	615148.11	101483976.0	27466.84	2817031.0	137322.56	21166832.0	316331.83	54134665.0	125081.91	21692229.0	8944.97	1673219.0
			针叶混交林	7111.92	1324259.0	81.89	8740.0	2671.81	480278.0	3617.00	677149.0	654.62	134681.0	86.60	23411.0
			针阔混交林	105813.31	19514057.0	891.66	97759.0	21078.63	3705472.0	52427.75	9734308.0	28680.63	5422061.0	2734.64	554457.0
			阔叶混交林	502222.88	80645660.0	26493.29	2710532.0	113572.12	16981082.0	260287.08	43723208.0	95746.66	16135487.0	6123.73	1095351.0

表 8 东北内蒙古重点国有林区乔木林各龄组面积、蓄积按林种、起源和林分类型统计表（续 12）

单位：公顷、立方米

统计单位	林种	起源	林分类型	合计		幼龄林		中龄林		近熟林		成熟林		过熟林	
				面积	蓄积	面积	蓄积	面积	蓄积	面积	蓄积	面积	蓄积	面积	蓄积
其中：长白山森工	用材林	人工	合计	89701.31	13337210.0	22054.84	2038743.0	29449.03	4615953.0	22722.39	3821370.0	14341.59	2665101.0	1133.46	196043.0
			纯林	47430.39	6863717.0	9436.98	514230.0	13366.03	2063273.0	12819.11	2090119.0	10937.42	2039420.0	870.85	156675.0
			混交林	42270.92	6473493.0	12617.86	1524513.0	16083.00	2552680.0	9903.28	1731251.0	3404.17	625681.0	262.61	39368.0
			针叶混交林	4675.14	623361.0	1741.32	117801.0	1162.02	177948.0	976.68	174193.0	782.97	151861.0	12.15	1558.0
			针阔混交林	36423.28	5715044.0	10398.35	1363878.0	14600.08	2333774.0	8818.11	1544439.0	2496.43	456383.0	110.31	16570.0
			阔叶混交林	1172.50	135088.0	478.19	42834.0	320.90	40958.0	108.49	12619.0	124.77	17437.0	140.15	21240.0
		其中：人天混	合计	40622.22	6372919.0	11517.25	1494211.0	16190.16	2600251.0	9709.08	1701124.0	2973.39	543677.0	232.34	33656.0
			纯林	1327.78	189832.0	490.43	41530.0	634.16	113095.0	200.48	34665.0	2.71	542.0		
			混交林	39294.44	6183087.0	11026.82	1452681.0	15556.00	2487156.0	9508.60	1666459.0	2970.68	543135.0	232.34	33656.0
			针叶混交林	2041.39	353028.0	383.03	52677.0	675.94	115948.0	597.99	110470.0	373.91	72615.0	10.52	1318.0
			针阔混交林	36265.91	5706064.0	10263.97	1358450.0	14583.82	2331296.0	8815.66	1544063.0	2492.15	455685.0	110.31	16570.0
			阔叶混交林	987.14	123995.0	379.82	41554.0	296.24	39912.0	94.95	11926.0	104.62	14835.0	111.51	15768.0
黑龙江重点国有林区	合计	合计	合计	8684955.28	1011472405.5	1132579.97	86109871.3	5764478.52	673845689.6	1479651.84	204445172.0	282016.37	41700656.0	26228.58	5371016.6
			纯林	1758735.34	194901182.2	474327.39	31306463.5	950530.50	112547396.3	267690.59	38787319.6	57891.32	9972692.1	8295.54	2287310.7
			混交林	6926219.94	816571223.3	658252.58	54803407.8	4813948.02	561298293.3	1211961.25	165657852.4	224125.05	31727963.9	17933.04	3083705.9
			针叶混交林	424067.68	55649255.1	38516.11	3345983.4	310900.47	39822918.2	61751.80	9942972.7	11143.42	2128763.4	1755.88	408617.4
			针阔混交林	1777064.85	218889336.4	209665.14	18376767.8	1249240.36	153989938.2	256157.51	37223461.0	55055.19	8008483.3	6946.65	1290686.1
			阔叶混交林	4725087.41	542032631.8	410071.33	33080656.6	3253807.19	367485436.9	894051.94	118491418.7	157926.44	21590717.2	9230.51	1384402.4
		天然	合计	7829815.01	900719202.6	893770.57	65155702.6	5358101.25	616207370.2	1319820.30	180116885.8	233921.66	34156495.2	24201.23	5082748.8
			纯林	1290405.21	133005376.8	324581.90	18193760.5	754492.72	83009046.3	175115.06	24366301.6	28184.97	5183794.8	8030.56	2252473.6
			混交林	6539409.80	767713825.8	569188.67	46961942.1	4603608.53	533198323.9	1144705.24	155750584.2	205736.69	28972700.4	16170.67	2830275.2
			针叶混交林	360382.74	47583100.1	23276.27	2139409.0	280862.47	35698497.6	47991.42	7912833.2	6694.93	1450465.5	1557.65	381894.8
			针阔混交林	1456139.13	178263524.5	136755.50	11769704.4	1069613.51	130088937.6	202994.54	29375728.4	41230.55	5944627.3	5545.03	1084526.8
			阔叶混交林	4722887.93	541867201.2	409156.90	33052828.7	3253132.55	367410888.7	893719.28	118462022.6	157811.21	21577607.6	9067.99	1363853.6
		人工	合计	855140.27	110753202.9	238809.40	20954168.7	406377.27	57638319.4	159831.54	24328286.2	48094.71	7544160.8	2027.35	288267.8
			纯林	468330.13	61895805.4	149745.49	13112703.0	196037.78	29538350.0	92575.53	14421018.0	29706.35	4788897.3	264.98	34837.1
			混交林	386810.14	48857397.5	89063.91	7841465.7	210339.49	28099969.4	67256.01	9907268.2	18388.36	2755263.5	1762.37	253430.7
			针叶混交林	63684.94	8066155.0	15239.84	1206574.4	30038.00	4124420.6	13760.38	2030139.5	4448.49	678297.9	198.23	26722.6
			针阔混交林	320925.72	40625811.9	72909.64	6607063.4	179626.85	23901000.6	53162.97	7847732.6	13824.64	2063856.0	1401.62	206159.3
			阔叶混交林	2199.48	165430.6	914.43	27827.9	674.64	74548.2	332.66	29396.1	115.23	13109.6	162.52	20548.8
		其中：人天混	合计	402763.46	50031022.5	113596.22	10375348.0	213446.02	28486585.4	58644.84	8632007.8	15363.88	2291886.5	1712.50	245194.8
			纯林	53256.46	5629196.6	35966.01	3329374.5	17047.94	2267986.2	242.51	31835.9				
			混交林	349507.00	44401825.9	77630.21	7045973.5	196398.08	26218599.2	58402.33	8600171.9	15363.88	2291886.5	1712.50	245194.8
			针叶混交林	28206.28	3759270.0	4738.02	451520.7	16716.13	2317270.1	5078.42	742051.9	1475.48	221704.7	198.23	26722.6
			针阔混交林	319512.50	40516475.0	72090.50	6568935.3	179202.11	23850996.4	53039.48	7832792.7	13793.73	2059336.4	1386.68	204414.2
			阔叶混交林	1788.22	126080.9	801.69	25517.5	479.84	50332.7	284.43	25327.3	94.67	10845.4	127.59	14058.0

表 8　东北内蒙古重点国有林区乔木林各龄组面积、蓄积按林种、起源和林分类型统计表（续 13）

单位：公顷、立方米

统计单位	林种	起源	林分类型	合计 面积	合计 蓄积	幼龄林 面积	幼龄林 蓄积	中龄林 面积	中龄林 蓄积	近熟林 面积	近熟林 蓄积	成熟林 面积	成熟林 蓄积	过熟林 面积	过熟林 蓄积
黑龙江重点国有林区	防护林	合计	合计	4625532.32	539836704.8	583879.78	44237544.5	3086767.46	363669403.8	800917.72	110073770.7	147177.32	20898356.2	6790.04	957629.6
			纯林	991048.47	109809702.8	272836.14	18694461.4	528802.56	63696402.2	158119.19	22570427.3	31040.33	4816786.8	250.25	31625.1
			混交林	3634483.85	430027002.0	311043.64	25543083.1	2557964.90	299973001.6	642798.53	87503343.4	116136.99	16081569.4	6539.79	926004.5
			针叶混交林	191294.27	24997989.9	17196.48	1399897.2	143380.49	18734001.2	26444.51	4168774.0	4059.86	665599.7	212.93	29717.8
			针阔混交林	878374.18	108533084.7	95143.60	8413611.4	626692.45	77732604.6	126046.61	18050688.7	28440.34	4032037.6	2051.18	304142.4
			阔叶混交林	2564815.40	296495927.4	198703.56	15729574.5	1787891.96	203506395.8	490307.41	65283880.7	83636.79	11383932.1	4275.68	592144.3
		天然	合计	4066321.38	466754960.1	432816.13	30892818.8	2822351.42	325822731.4	691265.73	93437289.9	114381.57	15828087.6	5506.53	774032.4
			纯林	675811.90	67938330.5	174548.22	9969006.3	398696.46	44026753.5	91788.13	12318125.0	10686.68	1611348.0	92.41	13097.7
			混交林	3390509.48	398816629.6	258267.91	20923812.5	2423654.96	281795977.9	599477.60	81119164.9	103694.89	14216739.6	5414.12	760934.7
			针叶混交林	149694.77	19595384.5	7921.44	674498.1	123274.90	15888834.9	17474.87	2830136.6	978.01	194506.1	45.55	7408.8
			针阔混交林	677051.48	82812520.0	52009.71	4532984.2	512875.91	62445012.2	91875.00	13022554.7	19128.86	2642778.6	1162.00	169190.3
			阔叶混交林	2563763.23	296408725.1	198336.76	15716330.2	1787504.15	203462130.8	490127.73	65266473.6	83588.02	11379454.9	4206.57	584335.6
		人工	合计	559210.94	73081744.7	151063.65	13344725.7	264416.04	37846672.4	109651.99	16636480.8	32795.75	5070268.6	1283.51	183597.2
			纯林	315236.57	41871372.3	98287.92	8725455.1	130106.10	19669648.7	66331.06	10252302.3	20353.65	3205438.8	157.84	18527.4
			混交林	243974.37	31210372.4	52775.73	4619270.6	134309.94	18177023.7	43320.93	6384178.5	12442.10	1864829.8	1125.67	165069.8
			针叶混交林	41599.50	5402605.4	9275.04	725399.1	20105.59	2845166.3	8969.64	1338637.4	3081.85	471093.6	167.38	22309.0
			针阔混交林	201322.70	25720564.7	43133.89	3880627.2	113816.54	15287592.4	34171.61	5028134.0	9311.48	1389259.0	889.18	134952.1
			阔叶混交林	1052.17	87202.3	366.80	13244.3	387.81	44265.0	179.68	17407.1	48.77	4477.2	69.11	7808.7
		其中：人天混	合计	257151.86	32177108.5	72148.40	6581060.1	136433.10	18423252.3	37189.84	5477558.5	10263.92	1531262.5	1116.60	163975.1
			纯林	37628.51	3952074.9	26331.69	2442498.1	11155.72	1489507.1	141.10	20069.7				
			混交林	219523.35	28225033.6	45816.71	4138562.0	125277.38	16933745.2	37048.74	5457488.8	10263.92	1531262.5	1116.60	163975.1
			针叶混交林	17929.21	2481641.7	2692.18	258960.8	11395.29	1642861.0	2737.44	416043.0	936.92	141467.9	167.38	22309.0
			针阔混交林	200703.89	25672075.4	42778.29	3866542.3	113597.78	15258439.2	34145.28	5025467.5	9293.36	1386674.3	889.18	134952.1
			阔叶混交林	890.25	71316.5	346.24	13058.9	284.31	32445.0	166.02	15978.3	33.64	3120.3	60.04	6714.0
	特用林	合计	合计	2158316.92	249231786.9	308689.10	22707855.5	1382258.65	157244443.7	372296.57	52221432.5	78696.73	13038404.0	16375.87	4019651.2
			纯林	473775.29	53417589.9	117615.95	7035817.6	260012.67	29814500.7	69856.78	10467077.1	18347.75	3858761.5	7942.14	2241433.0
			混交林	1684541.63	195814197.0	191073.15	15672037.9	1122245.98	127429943.0	302439.79	41754355.4	60348.98	9179642.5	8433.73	1778218.2
			针叶混交林	124736.81	17173972.1	10959.48	1051948.8	83038.28	10477171.1	23296.45	3983609.4	5943.34	1289178.5	1499.26	372064.3
			针阔混交林	433698.72	52745350.3	63521.65	5327147.9	284059.34	33991340.0	67492.85	10227222.7	14722.12	2343588.6	3902.76	856051.1
			阔叶混交林	1126106.10	125894874.6	116592.02	9292941.2	755148.36	82961431.9	211650.49	27543523.3	39683.52	5546875.4	3031.71	550102.8
		天然	合计	2030674.52	232939407.0	269322.60	19183949.3	1319453.71	148548951.0	353605.80	49290869.8	72295.53	11949759.5	15996.88	3965877.4
			纯林	413495.39	45348245.5	96899.29	5202240.8	233901.58	25882551.6	60603.14	8934549.2	14223.87	3098148.9	7867.51	2230755.0
			混交林	1617179.13	187591161.5	172423.31	13981708.5	1085552.13	122666399.4	293002.66	40356320.6	58071.66	8851610.6	8129.37	1735122.4
			针叶混交林	114160.32	15859584.6	7965.52	798772.8	78553.84	9876099.0	20979.19	3647695.0	5163.53	1165006.8	1498.24	372011.0
			针阔混交林	377151.48	45861372.9	47903.08	3890924.5	251989.62	29843673.6	60399.84	9167802.9	13233.66	2140567.2	3625.28	818404.7
			阔叶混交林	1125867.33	125870204.0	116554.71	9292011.2	755008.67	82946626.8	211623.63	27540822.7	39674.47	5546036.6	3005.85	544706.7

表 8　东北内蒙古重点国有林区乔木林各龄组面积、蓄积按林种、起源和林分类型统计表（续 14）

单位：公顷、立方米

统计单位	林种	起源	林分类型	合计		幼龄林		中龄林		近熟林		成熟林		过熟林	
				面积	蓄积	面积	蓄积	面积	蓄积	面积	蓄积	面积	蓄积	面积	蓄积
黑龙江重点国有林区	特用林	人工	合计	127642.40	16292379.9	39366.50	3523906.2	62804.94	8695492.7	18690.77	2930562.7	6401.20	1088644.5	378.99	53773.8
			纯林	60279.90	8069344.4	20716.66	1833576.8	26111.09	3931949.1	9253.64	1532527.9	4123.88	760612.6	74.63	10678.0
			混交林	67362.50	8223035.5	18649.84	1690329.4	36693.85	4763543.6	9437.13	1398034.8	2277.32	328031.9	304.36	43095.8
			针叶混交林	10576.49	1314387.5	2993.96	253176.0	4484.44	601072.1	2317.26	335914.4	779.81	124171.7	1.02	53.3
			针阔混交林	56547.24	6883977.4	15618.57	1436223.4	32069.72	4147666.4	7093.01	1059419.8	1488.46	203021.4	277.48	37646.4
			阔叶混交林	238.77	24670.6	37.31	930.0	139.69	14805.1	26.86	2700.6	9.05	838.8	25.86	5396.1
		其中：人天混	合计	68500.46	8230896.2	20858.84	1910964.7	37109.25	4792321.7	8345.34	1225807.9	1910.76	264425.9	276.27	37376.0
			纯林	6713.52	713766.3	4053.94	369696.7	2606.98	338482.7	52.60	5586.9				
			混交林	61786.94	7517129.9	16804.90	1541268.0	34502.27	4453839.0	8292.74	1220221.0	1910.76	264425.9	276.27	37376.0
			针叶混交林	5196.47	631459.6	1207.67	109952.8	2386.07	301752.8	1186.48	158983.2	415.23	60717.5	1.02	53.3
			针阔混交林	56391.65	6867488.6	15560.95	1430385.2	31983.07	4137801.7	7083.92	1058957.6	1488.46	203021.4	275.25	37322.7
			阔叶混交林	198.82	18181.7	36.28	930.0	133.13	14284.5	22.34	2280.2	7.07	687.0		
	用材林	合计	合计	1901069.13	222403077.4	239976.04	19163761.9	1295451.13	152931758.5	306436.97	42149925.4	56142.32	7763895.8	3062.67	393735.8
			纯林	293877.85	31673203.9	83842.81	5575586.8	161714.61	19036448.9	39714.04	5749771.8	8503.24	1297143.8	103.15	14252.6
			混交林	1607191.28	190729873.5	156133.23	13588175.1	1133736.52	133895309.6	266722.93	36400153.6	47639.08	6466752.0	2959.52	379483.2
			针叶混交林	108036.60	13477293.1	10360.15	894137.4	84481.70	10611745.9	12010.84	1790589.3	1140.22	173985.2	43.69	6835.3
			针阔混交林	464991.95	57610901.4	50999.89	4636008.5	338488.57	42265993.6	62618.05	8945549.6	11892.73	1632857.1	992.71	130492.6
			阔叶混交林	1034162.73	119641679.0	94773.19	8058029.2	710766.25	81017570.1	192094.04	25664014.7	34606.13	4659909.7	1923.12	242155.3
		天然	合计	1732789.72	201024044.9	191603.65	15078226.4	1216295.50	141835648.7	274948.19	37388682.7	47244.56	6378648.1	2697.82	342839.0
			纯林	201071.71	19718161.0	53108.76	3021917.0	121894.68	13099741.2	22723.21	3113584.0	3274.42	474297.9	70.64	8620.9
			混交林	1531718.01	181305883.9	138494.89	12056309.4	1094400.82	128735907.5	252224.98	34275098.7	43970.14	5904350.2	2627.18	334218.1
			针叶混交林	96527.65	12128131.0	7389.31	666138.1	79033.73	9933563.7	9537.36	1435001.6	553.39	90952.6	13.86	2475.0
			针阔混交林	401936.17	49589631.6	36842.71	3345795.7	304747.98	37800251.8	50719.70	7185370.8	8868.03	1161281.5	757.75	96931.8
			阔叶混交林	1033254.19	119588121.3	94262.87	8044375.6	710619.11	81002092.0	191967.92	25654726.3	34548.72	4652116.1	1855.57	234811.3
		人工	合计	168279.41	21379032.5	48372.39	4085535.5	79155.63	11096109.8	31488.78	4761242.7	8897.76	1385247.7	364.85	50896.8
			纯林	92806.14	11955042.9	30734.05	2553669.8	39819.93	5936707.7	16990.83	2636187.8	5228.82	822845.9	32.51	5631.7
			混交林	75473.27	9423989.6	17638.34	1531865.7	39335.70	5159402.1	14497.95	2125054.9	3668.94	562401.8	332.34	45265.1
			针叶混交林	11508.95	1349162.1	2970.84	227999.3	5447.97	678182.2	2473.48	355587.7	586.83	83032.6	29.83	4360.3
			针阔混交林	63055.78	8021269.8	14157.18	1290212.8	33740.59	4465741.8	11898.35	1760178.8	3024.70	471575.6	234.96	33560.8
			阔叶混交林	908.54	53557.7	510.32	13653.6	147.14	15478.1	126.12	9288.4	57.41	7793.6	67.55	7344.0
		其中：人天混	合计	77111.14	9623017.8	20588.98	1883323.2	39903.67	5271011.4	13109.66	1928641.4	3189.20	496198.1	319.63	43843.7
			纯林	8914.43	963355.4	5580.38	517179.7	3285.24	439996.4	48.81	6179.3				
			混交林	68196.71	8659662.4	15008.60	1366143.5	36618.43	4831015.0	13060.85	1922462.1	3189.20	496198.1	319.63	43843.7
			针叶混交林	5080.60	646168.7	838.17	82607.1	2934.77	372656.3	1154.50	167025.7	123.33	19519.3	29.83	4360.3
			针阔混交林	62416.96	7976911.0	13751.26	1272007.8	33621.26	4454755.5	11810.28	1748367.6	3011.91	469640.7	222.25	32139.4
			阔叶混交林	699.15	36582.7	419.17	11528.6	62.40	3603.2	96.07	7068.8	53.96	7038.1	67.55	7344.0

表 8　东北内蒙古重点国有林区乔木林各龄组面积、蓄积按林种、起源和林分类型统计表（续 15）

单位：公顷、立方米

统计单位	林种	起源	林分类型	合计		幼龄林		中龄林		近熟林		成熟林		过熟林	
				面积	蓄积	面积	蓄积	面积	蓄积	面积	蓄积	面积	蓄积	面积	蓄积
黑龙江重点国有林区	经济林	合计	合计	36.91	836.4	35.05	709.4	1.28	83.6	0.58	43.4				
			纯林	33.73	685.6	32.49	597.7	0.66	44.5	0.58	43.4				
			混交林	3.18	150.8	2.56	111.7	0.62	39.1						
			阔叶混交林	3.18	150.8	2.56	111.7	0.62	39.1						
		天然	合计	29.39	790.6	28.19	708.1	0.62	39.1	0.58	43.4				
			纯林	26.21	639.8	25.63	596.4			0.58	43.4				
			混交林	3.18	150.8	2.56	111.7	0.62	39.1						
			阔叶混交林	3.18	150.8	2.56	111.7	0.62	39.1						
		人工	合计	7.52	45.8	6.86	1.3	0.66	44.5						
			纯林	7.52	45.8	6.86	1.3	0.66	44.5						
黑龙江大兴安岭重点国有林区	合计	合计	合计	6888823.99	575178872.9	1318055.00	58039653.3	4079452.28	364829876.0	804326.51	79087859.1	610444.40	64686655.6	76545.80	8534828.9
			纯林	3627541.16	287349435.4	859001.54	39600892.6	1889106.38	160346411.5	431769.17	40515445.6	391966.96	40751476.9	55697.11	6135208.8
			混交林	3261282.83	287829437.5	459053.46	18438760.7	2190345.90	204483464.5	372557.34	38572413.5	218477.44	23935178.7	20848.69	2399620.1
			针叶混交林	287663.62	28664097.1	8603.48	502216.0	193470.39	18847387.5	46225.15	4833832.5	38268.96	4354598.1	1095.64	126063.0
			针阔混交林	1739702.07	166770359.4	91307.87	5556346.9	1332786.56	127525919.2	205756.96	21465219.3	99108.98	11020066.5	10741.70	1202807.5
			阔叶混交林	1233917.14	92394981.0	359142.11	12380197.8	664088.95	58110157.8	120575.23	12273361.7	81099.50	8560514.1	9011.35	1070749.6
		天然	合计	6700982.48	564342876.4	1269598.99	55572197.9	3949511.30	357305496.0	795457.93	78302714.6	609912.36	64631906.2	76501.90	8530561.7
			纯林	3480986.29	278856631.8	824645.33	37827384.3	1785112.26	154367184.1	424131.54	39833842.3	391443.95	40697279.5	55653.21	6130941.6
			混交林	3219996.19	285486244.6	444953.66	17744813.6	2164399.04	202938311.9	371326.39	38468872.3	218468.41	23934626.7	20848.69	2399620.1
			针叶混交林	277466.85	28141531.8	7253.89	438456.3	185138.30	18430843.4	45715.73	4791902.2	38263.29	4354266.9	1095.64	126063.0
			针阔混交林	1708612.20	164949731.8	78557.66	4926159.5	1315171.79	126397310.7	205035.43	21403608.4	99105.62	11019845.7	10741.70	1202807.5
			阔叶混交林	1233917.14	92394981.0	359142.11	12380197.8	664088.95	58110157.8	120575.23	12273361.7	81099.50	8560514.1	9011.35	1070749.6
		人工	合计	187841.51	10835996.5	48456.01	2467455.4	129940.98	7524380.0	8868.58	785144.5	532.04	54749.4	43.90	4267.2
			纯林	146554.87	8492803.6	34356.21	1773508.3	103994.12	5979227.4	7637.63	681603.3	523.01	54197.4	43.90	4267.2
			混交林	41286.64	2343192.9	14099.80	693947.1	25946.86	1545152.6	1230.95	103541.2	9.03	552.0		
			针叶混交林	10196.77	522565.3	1349.59	63759.7	8332.09	416544.1	509.42	41930.3	5.67	331.2		
			针阔混交林	31089.87	1820627.6	12750.21	630187.4	17614.77	1128608.5	721.53	61610.9	3.36	220.8		
		其中：人天混	合计	32952.48	1929645.4	12852.92	642272.9	19328.30	1222303.4	766.52	64733.9	4.74	335.2		
			混交林	32952.48	1929645.4	12852.92	642272.9	19328.30	1222303.4	766.52	64733.9	4.74	335.2		
			针叶混交林	1862.61	109017.8	102.71	12085.5	1713.53	93694.9	44.99	3123.0	1.38	114.4		
			针阔混交林	31089.87	1820627.6	12750.21	630187.4	17614.77	1128608.5	721.53	61610.9	3.36	220.8		
	防护林	合计	合计	3182760.85	269594894.2	556041.37	22274815.9	1802110.76	161120103.8	378104.16	37601072.4	394279.07	42683034.2	52225.49	5915867.9
			纯林	1783147.09	146657091.9	355051.31	14869157.2	873843.77	74803422.0	225117.07	21492191.1	284928.72	30460839.0	44206.22	5031482.6
			混交林	1399613.76	122937802.3	200990.06	7405658.7	928266.99	86316681.8	152987.09	16108881.3	109350.35	12222195.2	8019.27	884385.3
			针叶混交林	118077.76	12028199.7	3216.28	183595.6	74878.88	7339862.9	16706.42	1811428.3	22950.57	2658787.2	325.61	34525.7
			针阔混交林	768069.50	73704332.6	38332.71	2206023.2	575665.48	54779731.5	94568.36	9958976.2	55141.86	6292327.9	4361.09	467273.8
			阔叶混交林	513466.50	37205270.0	159441.07	5016039.9	277722.63	24197087.4	41712.31	4338476.8	31257.92	3271080.1	3332.57	382585.8

表 8 东北内蒙古重点国有林区乔木林各龄组面积、蓄积按林种、起源和林分类型统计表（续 16）

单位：公顷、立方米

统计单位	林种	起源	林分类型	合计		幼龄林		中龄林		近熟林		成熟林		过熟林	
				面积	蓄积	面积	蓄积	面积	蓄积	面积	蓄积	面积	蓄积	面积	蓄积
黑龙江大兴安岭重点国有林区	防护林	天然	合计	3122030.47	266520850.3	538102.93	21502594.2	1763182.98	159148384.7	374523.14	37302386.1	394029.51	42655053.5	52191.91	5912431.8
			纯林	1737682.90	144384305.0	343452.70	14401525.7	843335.52	73284800.1	222039.40	21236887.8	284682.64	30433044.9	44172.64	5028046.5
			混交林	1384347.57	122136545.3	194650.23	7101068.5	919847.46	85863584.6	152483.74	16065498.3	109346.87	12222008.6	8019.27	884385.3
			针叶混交林	114892.78	11857572.6	2842.03	170213.3	72327.33	7207637.3	16450.72	1786595.7	22947.09	2658600.6	325.61	34525.7
			针阔混交林	755988.29	73073702.7	32367.13	1914815.3	569797.50	54458859.9	94320.71	9940425.8	55141.86	6292327.9	4361.09	467273.8
			阔叶混交林	513466.50	37205270.0	159441.07	5016039.9	277722.63	24197087.4	41712.31	4338476.8	31257.92	3271080.1	3332.57	382585.8
		人工	合计	60730.38	3074043.9	17938.44	772221.7	38927.78	1971719.1	3581.02	298686.3	249.56	27980.7	33.58	3436.1
			纯林	45464.19	2272786.9	11598.61	467631.5	30508.25	1518621.9	3077.67	255303.3	246.08	27794.1	33.58	3436.1
			混交林	15266.19	801257.0	6339.83	304590.2	8419.53	453097.2	503.35	43383.0	3.48	186.6		
			针叶混交林	3184.98	170627.1	374.25	13382.3	2551.55	132225.6	255.70	24832.6	3.48	186.6		
			针阔混交林	12081.21	630629.9	5965.58	291207.9	5867.98	320871.6	247.65	18550.4				
		其中：人天混	合计	12511.91	656398.4	6003.71	295465.5	6258.59	342277.2	249.61	18655.7				
			混交林	12511.91	656398.4	6003.71	295465.5	6258.59	342277.2	249.61	18655.7				
			针叶混交林	430.70	25768.5	38.13	4257.6	390.61	21405.6	1.96	105.3				
			针阔混交林	12081.21	630629.9	5965.58	291207.9	5867.98	320871.6	247.65	18550.4				
	特用林	合计	合计	469544.15	41570015.2	89639.61	3421795.5	251821.99	22970764.7	66889.48	7931273.5	48943.18	5631163.7	12249.89	1615017.8
			纯林	227794.34	18351605.9	55807.74	2441756.2	119554.46	10090674.5	26983.78	2961124.4	20289.42	2186314.7	5158.94	671736.1
			混交林	241749.81	23218409.3	33831.87	980039.3	132267.53	12880090.2	39905.70	4970149.1	28653.76	3444849.0	7090.95	943281.7
			针叶混交林	18372.39	1892137.4	472.44	22183.8	10626.25	1054441.0	3481.76	401076.9	3631.67	387671.6	160.27	26764.1
			针阔混交林	116372.58	13162350.1	3161.68	156399.9	73768.72	8086745.8	22268.99	2822092.0	13598.83	1637299.5	3574.36	459812.9
			阔叶混交林	107004.84	8163921.8	30197.75	801455.6	47872.56	3738903.4	14154.95	1746980.2	11423.26	1419877.9	3356.32	456704.7
		天然	合计	433451.96	39525946.7	82437.04	3025622.2	224371.52	21450510.0	65470.37	7806746.0	48923.14	5628050.7	12249.89	1615017.8
			纯林	194727.10	16456450.0	49437.21	2083433.9	94214.18	8678040.3	25647.39	2840038.0	20269.38	2183201.7	5158.94	671736.1
			混交林	238724.86	23069496.7	32999.83	942188.3	130157.34	12772469.7	39822.98	4966708.0	28653.76	3444849.0	7090.95	943281.7
			针叶混交林	17189.14	1841199.0	239.19	11858.9	9725.76	1016944.6	3432.25	397959.8	3631.67	387671.6	160.27	26764.1
			针阔混交林	114530.88	13064375.9	2562.89	128873.8	72559.02	8016621.7	22235.78	2821768.0	13598.83	1637299.5	3574.36	459812.9
			阔叶混交林	107004.84	8163921.8	30197.75	801455.6	47872.56	3738903.4	14154.95	1746980.2	11423.26	1419877.9	3356.32	456704.7
		人工	合计	36092.19	2044068.5	7202.57	396173.3	27450.47	1520254.7	1419.11	124527.5	20.04	3113.0		
			纯林	33067.24	1895155.9	6370.53	358322.3	25340.28	1412634.2	1336.39	121086.4	20.04	3113.0		
			混交林	3024.95	148912.6	832.04	37851.0	2110.19	107620.5	82.72	3441.1				
			针叶混交林	1183.25	50938.4	233.25	10324.9	900.49	37496.4	49.51	3117.1				
			针阔混交林	1841.70	97974.2	598.79	27526.1	1209.70	70124.1	33.21	324.0				
		其中：人天混	合计	1912.50	101041.7	598.79	27526.1	1279.01	72969.6	34.70	546.0				
			混交林	1912.50	101041.7	598.79	27526.1	1279.01	72969.6	34.70	546.0				
			针叶混交林	70.80	3067.5			69.31	2845.5	1.49	222.0				
			针阔混交林	1841.70	97974.2	598.79	27526.1	1209.70	70124.1	33.21	324.0				

表 8　东北内蒙古重点国有林区乔木林各龄组面积、蓄积按林种、起源和林分类型统计表（续 17）

单位：公顷、立方米

统计单位	林种	起源	林分类型	合计		幼龄林		中龄林		近熟林		成熟林		过熟林	
				面积	蓄积	面积	蓄积	面积	蓄积	面积	蓄积	面积	蓄积	面积	蓄积
黑龙江大兴安岭重点国有林区	用材林	合计	合计	3236518.99	264013963.5	672374.02	32343041.9	2025519.53	180739007.5	359332.87	33555513.2	167222.15	16372457.7	12070.42	1003943.2
			纯林	1616599.73	122340737.6	448142.49	22289979.2	895708.15	75452315.0	179668.32	16062130.1	86748.82	8104323.2	6331.95	431990.1
			混交林	1619919.26	141673225.9	224231.53	10053062.7	1129811.38	105286692.5	179664.55	17493383.1	80473.33	8268134.5	5738.47	571953.1
			针叶混交林	151213.47	14743760.0	4914.76	296436.6	107965.26	10453083.6	26036.97	2621327.3	11686.72	1308139.3	609.76	64773.2
			针阔混交林	855259.99	79903676.7	49813.48	3193923.8	683352.36	64659441.9	88919.61	8684151.1	30368.29	3090439.1	2806.25	275720.8
			阔叶混交林	613445.80	47025789.2	169503.29	6562702.3	338493.76	30174167.0	64707.97	6187904.7	38418.32	3869556.1	2322.46	231459.1
		天然	合计	3145500.05	258296079.4	649059.02	31043981.5	1961956.80	176706601.3	355464.42	33193582.5	166959.71	16348802.0	12060.10	1003112.1
			纯林	1548576.29	118015876.8	431755.42	21342424.7	847562.56	72404343.7	176444.75	15756916.5	86491.93	8081032.9	6321.63	431159.0
			混交林	1596923.76	140280202.6	217303.60	9701556.8	1114394.24	104302257.6	179019.67	17436666.0	80467.78	8267769.1	5738.47	571953.1
			针叶混交林	145384.93	14442760.2	4172.67	256384.1	103085.21	10206261.5	25832.76	2607346.7	11684.53	1307994.7	609.76	64773.2
			针阔混交林	838093.03	78811653.2	43627.64	2882470.4	672815.27	63921829.1	88478.94	8641414.6	30364.93	3090218.3	2806.25	275720.8
			阔叶混交林	613445.80	47025789.2	169503.29	6562702.3	338493.76	30174167.0	64707.97	6187904.7	38418.32	3869556.1	2322.46	231459.1
		人工	合计	91018.94	5717884.1	23315.00	1299060.4	63562.73	4032406.2	3868.45	361930.7	262.44	23655.7	10.32	831.1
			纯林	68023.44	4324860.8	16387.07	947554.5	48145.59	3047971.3	3223.57	305213.6	256.89	23290.3	10.32	831.1
			混交林	22995.50	1393023.3	6927.93	351505.9	15417.14	984434.9	644.88	56717.1	5.55	365.4		
			针叶混交林	5828.54	300999.8	742.09	40052.5	4880.05	246822.1	204.21	13980.6	2.19	144.6		
			针阔混交林	17166.96	1092023.5	6185.84	311453.4	10537.09	737612.8	440.67	42736.5	3.36	220.8		
		其中：人天混	合计	18528.07	1172205.3	6250.42	319281.3	11790.70	807056.6	482.21	45532.2	4.74	335.2		
			混交林	18528.07	1172205.3	6250.42	319281.3	11790.70	807056.6	482.21	45532.2	4.74	335.2		
			针叶混交林	1361.11	80181.8	64.58	7827.9	1253.61	69443.8	41.54	2795.7	1.38	114.4		
			针阔混交林	17166.96	1092023.5	6185.84	311453.4	10537.09	737612.8	440.67	42736.5	3.36	220.8		

说明：①本表中人工林合计中含《东北内蒙古重点国有林区森林资源规划设计调查技术规定》中起源为“人天混”数据；
②同时保留起源为“人天混”的统计结果明细。

表 9 东北内蒙古重点国有林区经济林各产期面积（株数）按林木经营权、起源和优势树种统计表

单位：公顷、株

统计单位	林木经营权	起源	优势树种（组）	面积合计	乔木经济林										灌木经济林				
					合计		产前期		初产期		盛产期		衰产期		合计	产前期	初产期	盛产期	衰产期
					面积	株数	面积	株数	面积	株数	面积	株数	面积	株数	面积	面积	面积	面积	面积
合计	合计	合计	合计	2007.68	36.91	63378	36.91	63378							1970.77	216.90	1467.64	264.04	22.19
			山丁子	3.97	3.97	1588	3.97	1588											
			果树类	811.23											811.23	52.23	701.48	57.52	
			苹果	41.50											41.50	28.30	3.13	10.07	
			食用原料类	1.55											1.55			1.55	
			蓝莓	281.80											281.80	37.62	203.98	40.20	
			榛子	74.00											74.00	46.99	17.98	9.03	
			沙棘	0.37											0.37		0.37		
			其他	793.26	32.94	61790	32.94	61790							760.32	51.76	540.70	145.67	22.19
		天然	合计	30.49	29.39	54549	29.39	54549							1.10		1.10		
			山丁子	3.97	3.97	1588	3.97	1588											
			其他	26.52	25.42	52961	25.42	52961							1.10		1.10		
		人工	合计	1977.19	7.52	8829	7.52	8829							1969.67	216.90	1466.54	264.04	22.19
			果树类	811.23											811.23	52.23	701.48	57.52	
			苹果	41.50											41.50	28.30	3.13	10.07	
			食用原料类	1.55											1.55			1.55	
			蓝莓	281.80											281.80	37.62	203.98	40.20	
			榛子	74.00											74.00	46.99	17.98	9.03	
			沙棘	0.37											0.37		0.37		
			其他	766.74	7.52	8829	7.52	8829							759.22	51.76	539.60	145.67	22.19
	国有	合计	合计	1637.19	36.91	63378	36.91	63378							1600.28	150.51	1168.17	259.41	22.19
			山丁子	3.97	3.97	1588	3.97	1588											
			果树类	652.18											652.18	23.93	573.74	54.51	
			苹果	41.50											41.50	28.30	3.13	10.07	
			食用原料类	1.55											1.55			1.55	
			蓝莓	258.58											258.58	22.25	196.13	40.20	
			榛子	42.00											42.00	24.97	8.00	9.03	
			沙棘	0.37											0.37		0.37		
			其他	637.04	32.94	61790	32.94	61790							604.10	51.06	386.80	144.05	22.19
		天然	合计	30.49	29.39	54549	29.39	54549							1.10		1.10		
			山丁子	3.97	3.97	1588	3.97	1588											
			其他	26.52	25.42	52961	25.42	52961							1.10		1.10		
		人工	合计	1606.70	7.52	8829	7.52	8829							1599.18	150.51	1167.07	259.41	22.19
			果树类	652.18											652.18	23.93	573.74	54.51	
			苹果	41.50											41.50	28.30	3.13	10.07	
			食用原料类	1.55											1.55			1.55	
			蓝莓	258.58											258.58	22.25	196.13	40.20	
			榛子	42.00											42.00	24.97	8.00	9.03	
			沙棘	0.37											0.37		0.37		
			其他	610.52	7.52	8829	7.52	8829							603.00	51.06	385.70	144.05	22.19

表 9　东北内蒙古重点国有林区经济林各产期面积（株数）按林木经营权、起源和优势树种统计表（续 1）

单位：公顷、株

统计单位	林木经营权	起源	优势树种（组）	面积合计	乔木经济林										灌木经济林				
					合计		产前期		初产期		盛产期		衰产期		合计	产前期	初产期	盛产期	衰产期
					面积	株数	面积	株数	面积	株数	面积	株数	面积	株数	面积	面积	面积	面积	面积
合计	集体	合计	合计	317.90											317.90	47.35	270.09	0.46	
			果树类	156.50											156.50	28.30	127.74	0.46	
			榛子	29.03											29.03	19.05	9.98		
			其他	132.37											132.37		132.37		
		人工	合计	317.90											317.90	47.35	270.09	0.46	
			果树类	156.50											156.50	28.30	127.74	0.46	
			榛子	29.03											29.03	19.05	9.98		
			其他	132.37											132.37		132.37		
	个人	合计	合计	52.59											52.59	19.04	29.38	4.17	
			果树类	2.55											2.55			2.55	
			蓝莓	23.22											23.22	15.37	7.85		
			榛子	2.97											2.97	2.97			
			其他	23.85											23.85	0.70	21.53	1.62	
		人工	合计	52.59											52.59	19.04	29.38	4.17	
			果树类	2.55											2.55			2.55	
			蓝莓	23.22											23.22	15.37	7.85		
			榛子	2.97											2.97	2.97			
			其他	23.85											23.85	0.70	21.53	1.62	
内蒙古重点国有林区	合计	合计	合计	0															
吉林省重点国有林区	合计	合计	合计	1970.77											1970.77	216.90	1467.64	264.04	22.19
			果树类	811.23											811.23	52.23	701.48	57.52	
			苹果	41.50											41.50	28.30	3.13	10.07	
			食用原料类	1.55											1.55			1.55	
			蓝莓	281.80											281.80	37.62	203.98	40.20	
			榛子	74.00											74.00	46.99	17.98	9.03	
			沙棘	0.37											0.37		0.37		
			其他	760.32											760.32	51.76	540.70	145.67	22.19
		天然	合计	1.10											1.10		1.10		
			其他	1.10											1.10		1.10		
		人工	合计	1969.67											1969.67	216.90	1466.54	264.04	22.19
			果树类	811.23											811.23	52.23	701.48	57.52	
			苹果	41.50											41.50	28.30	3.13	10.07	
			食用原料类	1.55											1.55			1.55	
			蓝莓	281.80											281.80	37.62	203.98	40.20	
			榛子	74.00											74.00	46.99	17.98	9.03	
			沙棘	0.37											0.37		0.37		
			其他	759.22											759.22	51.76	539.60	145.67	22.19

表 9 东北内蒙古重点国有林区经济林各产期面积（株数）按林木经营权、起源和优势树种统计表（续 2）

单位：公顷、株

统计单位	林木经营权	起源	优势树种（组）	面积合计	乔木经济林										灌木经济林				
					合计		产前期		初产期		盛产期		衰产期		合计	产前期	初产期	盛产期	衰产期
					面积	株数	面积	株数	面积	株数	面积	株数	面积	株数	面积	面积	面积	面积	面积
吉林省重点国有林区	国有	合计	合计	1600.28											1600.28	150.51	1168.17	259.41	22.19
			果树类	652.18											652.18	23.93	573.74	54.51	
			苹果	41.50											41.50	28.30	3.13	10.07	
			食用原料类	1.55											1.55			1.55	
			蓝莓	258.58											258.58	22.25	196.13	40.20	
			榛子	42.00											42.00	24.97	8.00	9.03	
			沙棘	0.37											0.37		0.37		
			其他	604.10											604.10	51.06	386.80	144.05	22.19
		天然	合计	1.10											1.10		1.10		
			其他	1.10											1.10		1.10		
		人工	合计	1599.18											1599.18	150.51	1167.07	259.41	22.19
			果树类	652.18											652.18	23.93	573.74	54.51	
			苹果	41.50											41.50	28.30	3.13	10.07	
			食用原料类	1.55											1.55			1.55	
			蓝莓	258.58											258.58	22.25	196.13	40.20	
			榛子	42.00											42.00	24.97	8.00	9.03	
			沙棘	0.37											0.37		0.37		
			其他	603.00											603.00	51.06	385.70	144.05	22.19
	集体	合计	合计	317.90											317.90	47.35	270.09	0.46	
			果树类	156.50											156.50	28.30	127.74	0.46	
			榛子	29.03											29.03	19.05	9.98		
			其他	132.37											132.37		132.37		
		人工	合计	317.90											317.90	47.35	270.09	0.46	
			果树类	156.50											156.50	28.30	127.74	0.46	
			榛子	29.03											29.03	19.05	9.98		
			其他	132.37											132.37		132.37		
	个人	合计	合计	52.59											52.59	19.04	29.38	4.17	
			果树类	2.55											2.55			2.55	
			蓝莓	23.22											23.22	15.37	7.85		
			榛子	2.97											2.97	2.97			
			其他	23.85											23.85	0.70	21.53	1.62	
		人工	合计	52.59											52.59	19.04	29.38	4.17	
			果树类	2.55											2.55			2.55	
			蓝莓	23.22											23.22	15.37	7.85		
			榛子	2.97											2.97	2.97			
			其他	23.85											23.85	0.70	21.53	1.62	

表 9　东北内蒙古重点国有林区经济林各产期面积（株数）按林木经营权、起源和优势树种统计表（续 3）

单位：公顷、株

统计单位	林木经营权	起源	优势树种（组）	面积合计	乔木经济林										灌木经济林				
					合计		产前期		初产期		盛产期		衰产期		合计	产前期	初产期	盛产期	衰产期
					面积	株数	面积	株数	面积	株数	面积	株数	面积	株数	面积	面积	面积	面积	面积
其中：吉林森工	合计	合计	合计	495.14											495.14	12.82	394.44	87.88	
			果树类	16.89											16.89		13.74	3.15	
			蓝莓	202.86											202.86		162.83	40.03	
			榛子	1.90											1.90		1.90		
			沙棘	0.37											0.37		0.37		
			其他	273.12											273.12	12.82	215.60	44.70	
		天然	合计	1.10											1.10		1.10		
			其他	1.10											1.10		1.10		
		人工	合计	494.04											494.04	12.82	393.34	87.88	
			果树类	16.89											16.89		13.74	3.15	
			蓝莓	202.86											202.86		162.83	40.03	
			榛子	1.90											1.90		1.90		
			沙棘	0.37											0.37		0.37		
			其他	272.02											272.02	12.82	214.50	44.70	
	国有	合计	合计	492.59											492.59	12.82	394.44	85.33	
			果树类	14.34											14.34		13.74	0.60	
			蓝莓	202.86											202.86		162.83	40.03	
			榛子	1.90											1.90		1.90		
			沙棘	0.37											0.37		0.37		
			其他	273.12											273.12	12.82	215.60	44.70	
		天然	合计	1.10											1.10		1.10		
			其他	1.10											1.10		1.10		
		人工	合计	491.49											491.49	12.82	393.34	85.33	
			果树类	14.34											14.34		13.74	0.60	
			蓝莓	202.86											202.86		162.83	40.03	
			榛子	1.90											1.90		1.90		
			沙棘	0.37											0.37		0.37		
			其他	272.02											272.02	12.82	214.50	44.70	
	个人	合计	合计	2.55											2.55			2.55	
			果树类	2.55											2.55			2.55	
		人工	合计	2.55											2.55			2.55	
			果树类	2.55											2.55			2.55	
其中：长白山森工	合计	合计	合计	1475.63											1475.63	204.08	1073.20	176.16	22.19
			果树类	794.34											794.34	52.23	687.74	54.37	
			苹果	41.50											41.50	28.30	3.13	10.07	
			食用原料类	1.55											1.55			1.55	
			蓝莓	78.94											78.94	37.62	41.15	0.17	
			榛子	72.10											72.10	46.99	16.08	9.03	
			其他	487.20											487.20	38.94	325.10	100.97	22.19

表9 东北内蒙古重点国有林区经济林各产期面积（株数）按林木经营权、起源和优势树种统计表（续4）

单位：公顷、株

统计单位	林木经营权	起源	优势树种（组）	面积合计	乔木经济林										灌木经济林				
					合计		产前期		初产期		盛产期		衰产期		合计	产前期	初产期	盛产期	衰产期
					面积	株数	面积	株数	面积	株数	面积	株数	面积	株数	面积	面积	面积	面积	面积
其中：长白山森工	合计	人工	合计	1475.63											1475.63	204.08	1073.20	176.16	22.19
			果树类	794.34											794.34	52.23	687.74	54.37	
			苹果	41.50											41.50	28.30	3.13	10.07	
			食用原料类	1.55											1.55			1.55	
			蓝莓	78.94											78.94	37.62	41.15	0.17	
			榛子	72.10											72.10	46.99	16.08	9.03	
			其他	487.20											487.20	38.94	325.10	100.97	22.19
	国有	合计	合计	1107.69											1107.69	137.69	773.73	174.08	22.19
			果树类	637.84											637.84	23.93	560.00	53.91	
			苹果	41.50											41.50	28.30	3.13	10.07	
			食用原料类	1.55											1.55			1.55	
			蓝莓	55.72											55.72	22.25	33.30	0.17	
			榛子	40.10											40.10	24.97	6.10	9.03	
			其他	330.98											330.98	38.24	171.20	99.35	22.19
		人工	合计	1107.69											1107.69	137.69	773.73	174.08	22.19
			果树类	637.84											637.84	23.93	560.00	53.91	
			苹果	41.50											41.50	28.30	3.13	10.07	
			食用原料类	1.55											1.55			1.55	
			蓝莓	55.72											55.72	22.25	33.30	0.17	
			榛子	40.10											40.10	24.97	6.10	9.03	
			其他	330.98											330.98	38.24	171.20	99.35	22.19
	集体	合计	合计	317.90											317.90	47.35	270.09	0.46	
			果树类	156.50											156.50	28.30	127.74	0.46	
			榛子	29.03											29.03	19.05	9.98		
			其他	132.37											132.37		132.37		
		人工	合计	317.90											317.90	47.35	270.09	0.46	
			果树类	156.50											156.50	28.30	127.74	0.46	
			榛子	29.03											29.03	19.05	9.98		
			其他	132.37											132.37		132.37		
	个人	合计	合计	50.04											50.04	19.04	29.38	1.62	
			蓝莓	23.22											23.22	15.37	7.85		
			榛子	2.97											2.97	2.97			
			其他	23.85											23.85	0.70	21.53	1.62	
		人工	合计	50.04											50.04	19.04	29.38	1.62	
			蓝莓	23.22											23.22	15.37	7.85		
			榛子	2.97											2.97	2.97			
			其他	23.85											23.85	0.70	21.53	1.62	

表 9　东北内蒙古重点国有林区经济林各产期面积（株数）按林木经营权、起源和优势树种统计表（续 5）

单位：公顷、株

统计单位	林木经营权	起源	优势树种（组）	面积合计	乔木经济林										灌木经济林				
					合计		产前期		初产期		盛产期		衰产期		合计	产前期	初产期	盛产期	衰产期
					面积	株数	面积	株数	面积	株数	面积	株数	面积	株数	面积	面积	面积	面积	面积
黑龙江重点国有林区	合计	合计	合计	36.91	36.91	63378	36.91	63378											
			山丁子	3.97	3.97	1588	3.97	1588											
			其他	32.94	32.94	61790	32.94	61790											
		天然	合计	29.39	29.39	54549	29.39	54549											
			山丁子	3.97	3.97	1588	3.97	1588											
			其他	25.42	25.42	52961	25.42	52961											
		人工	合计	7.52	7.52	8829	7.52	8829											
			其他	7.52	7.52	8829	7.52	8829											
	国有	合计	合计	36.91	36.91	63378	36.91	63378											
			山丁子	3.97	3.97	1588	3.97	1588											
			其他	32.94	32.94	61790	32.94	61790											
		天然	合计	29.39	29.39	54549	29.39	54549											
			山丁子	3.97	3.97	1588	3.97	1588											
			其他	25.42	25.42	52961	25.42	52961											
		人工	合计	7.52	7.52	8829	7.52	8829											
			其他	7.52	7.52	8829	7.52	8829											
黑龙江大兴安岭重点国有林区	合计	合计	合计	0															

说明：①本表中人工林合计中含《东北内蒙古重点国有林区森林资源规划设计调查技术规定》中起源为“人天混”数据；
②同时保留起源为“人天混”的统计结果明细。

森工级

表 1 内蒙古重点国有林区各类土地面积统计表

单位：公顷

统计单位	林地使用权	森林类别	总计	林地													其他土地	森林面积
				合计	乔木林地	灌木林地		未成林造林地	苗圃地	疏林地	无立木林地				宜林地	林业辅助生产用地		
						小计	其中：特殊灌木林地				小计	采伐迹地	火烧迹地	其他无立木林地				
内蒙古重点国有林区	合计	合计	9794952.00	9769882.68	8365923.71	186005.62	90276.19	11725.36	1322.05	21195.32	365377.25	7.70	7473.01	357896.54	787576.78	30756.59	25069.32	8456199.90
		公益林	7148196.73	7124118.59	5943908.79	171041.04	90276.19	9696.32	1264.91	15730.26	319133.73	6.70	6998.20	312128.83	635710.08	27633.46	24078.14	6034184.98
		商品林	2646755.27	2645764.09	2422014.92	14964.58		2029.04	57.14	5465.06	46243.52	1.00	474.81	45767.71	151866.70	3123.13	991.18	2422014.92
	国有	合计	9532017.96	9513615.78	8318334.64	174231.76	83019.87	11365.31	1316.55	20830.05	253990.61	7.70	7473.01	246509.90	710995.65	22551.21	18402.18	8401354.51
		公益林	6919883.98	6902083.96	5901026.64	159291.07	83019.87	9367.39	1259.41	15423.45	225616.37	6.70	6998.20	218611.47	570288.70	19810.93	17800.02	5984046.51
		商品林	2612133.98	2611531.82	2417308.00	14940.69		1997.92	57.14	5406.60	28374.24	1.00	474.81	27898.43	140706.95	2740.28	602.16	2417308.00
	集体	合计	262934.04	256266.90	47589.07	11773.86	7256.32	360.05	5.50	365.27	111386.64			111386.64	76581.13	8205.38	6667.14	54845.39
		公益林	228312.75	222034.63	42882.15	11749.97	7256.32	328.93	5.50	306.81	93517.36			93517.36	65421.38	7822.53	6278.12	50138.47
		商品林	34621.29	34232.27	4706.92	23.89		31.12		58.46	17869.28			17869.28	11159.75	382.85	389.02	4706.92
阿尔山林业局	合计	合计	483861.00	482595.46	384779.80	8160.95	6354.15	2550.68	243.40	1557.28	4218.36			4218.36	79342.24	1742.75	1265.54	391133.95
		公益林	327864.95	326645.84	252588.83	7313.42	6354.15	1981.57	243.40	1276.42	3277.77			3277.77	58342.67	1621.76	1219.11	258942.98
		商品林	155996.05	155949.62	132190.97	847.53		569.11		280.86	940.59			940.59	20999.57	120.99	46.43	132190.97
	国有	合计	482786.25	481555.71	384243.15	8151.85	6345.05	2550.68	243.40	1557.28	4189.52			4189.52	78893.44	1726.39	1230.54	390588.20
		公益林	326799.20	325606.09	252052.18	7304.32	6345.05	1981.57	243.40	1276.42	3248.93			3248.93	57893.87	1605.40	1193.11	258397.23
		商品林	155987.05	155949.62	132190.97	847.53		569.11		280.86	940.59			940.59	20999.57	120.99	37.43	132190.97
	集体	合计	1074.75	1039.75	536.65	9.10	9.10				28.84			28.84	448.80	16.36	35.00	545.75
		公益林	1065.75	1039.75	536.65	9.10	9.10				28.84			28.84	448.80	16.36	26.00	545.75
		商品林	9.00														9.00	
绰尔林业局	合计	合计	426580.00	424647.66	361336.98	1447.75	864.95	1117.48	73.71	351.59	2226.86			2226.86	56581.85	1511.44	1932.34	362201.93
		公益林	269125.36	267658.45	223613.65	1342.72	864.95	898.86	73.71	201.99	1960.77			1960.77	38519.45	1047.30	1466.91	224478.60
		商品林	157454.64	156989.21	137723.33	105.03		218.62		149.60	266.09			266.09	18062.40	464.14	465.43	137723.33
	国有	合计	421888.34	421186.09	360566.08	1437.47	862.86	1064.52	73.71	351.59	2129.58			2129.58	54098.45	1464.69	702.25	361428.94
		公益林	266870.05	266277.88	223217.15	1332.44	862.86	861.87	73.71	201.99	1871.21			1871.21	37712.86	1006.65	592.17	224080.01
		商品林	155018.29	154908.21	137348.93	105.03		202.65		149.60	258.37			258.37	16385.59	458.04	110.08	137348.93
	集体	合计	4691.66	3461.57	770.90	10.28	2.09	52.96			97.28			97.28	2483.40	46.75	1230.09	772.99
		公益林	2255.31	1380.57	396.50	10.28	2.09	36.99			89.56			89.56	806.59	40.65	874.74	398.59
		商品林	2436.35	2081.00	374.40			15.97			7.72			7.72	1676.81	6.10	355.35	374.40

表 1　内蒙古重点国有林区各类土地面积统计表（续 1）

单位：公顷

统计单位	林地使用权	森林类别	总计	林地													其他土地	森林面积
				合计	乔木林地	灌木林地		未成林造林地	苗圃地	疏林地	无立木林地				宜林地	林业辅助生产用地		
						小计	其中：特殊灌木林地				小计	采伐迹地	火烧迹地	其他无立木林地				
绰源林业局	合计	合计	312588.00	311554.47	256201.99	8766.42	5751.70	928.68	23.00	195.59	2556.95			2556.95	41798.57	1083.27	1033.53	261953.69
		公益林	226657.59	225698.23	179769.04	8055.93	5751.70	783.20	23.00	123.15	2539.43			2539.43	33416.09	988.39	959.36	185520.74
		商品林	85930.41	85856.24	76432.95	710.49		145.48		72.44	17.52			17.52	8382.48	94.88	74.17	76432.95
	国有	合计	299786.50	299102.08	256065.03	8052.74	5038.02	913.76	23.00	195.59	888.03			888.03	32300.70	663.23	684.42	261103.05
		公益林	215889.00	215278.75	179684.81	7342.25	5038.02	768.28	23.00	123.15	888.03			888.03	25880.88	568.35	610.25	184722.83
		商品林	83897.50	83823.33	76380.22	710.49		145.48		72.44					6419.82	94.88	74.17	76380.22
	集体	合计	12801.50	12452.39	136.96	713.68	713.68	14.92			1668.92			1668.92	9497.87	420.04	349.11	850.64
		公益林	10768.59	10419.48	84.23	713.68	713.68	14.92			1651.40			1651.40	7535.21	420.04	349.11	797.91
		商品林	2032.91	2032.91	52.73						17.52			17.52	1962.66			52.73
乌尔旗汉林业局	合计	合计	593617.00	592134.34	482049.21	10857.54	7647.81	1232.27	127.00	1029.70	12782.77	7.70	144.50	12630.57	82396.87	1658.98	1482.66	489697.02
		公益林	420725.64	419249.44	333349.83	10556.04	7647.81	885.98	113.00	811.20	9599.05	6.70		9592.35	62504.06	1430.28	1476.20	340997.64
		商品林	172891.36	172884.90	148699.38	301.50		346.29	14.00	218.50	3183.72	1.00	144.50	3038.22	19892.81	228.70	6.46	148699.38
	国有	合计	577017.00	576920.24	481767.71	10107.52	7532.37	1093.17	127.00	1029.70	5778.87	7.70	144.50	5626.67	75512.60	1503.67	96.76	489300.08
		公益林	406818.32	406728.02	333153.93	9806.02	7532.37	749.38	113.00	811.20	4200.32	6.70		4193.62	56569.60	1324.57	90.30	340686.30
		商品林	170198.68	170192.22	148613.78	301.50		343.79	14.00	218.50	1578.55	1.00	144.50	1433.05	18943.00	179.10	6.46	148613.78
	集体	合计	16600.00	15214.10	281.50	750.02	115.44	139.10			7003.90			7003.90	6884.27	155.31	1385.90	396.94
		公益林	13907.32	12521.42	195.90	750.02	115.44	136.60			5398.73			5398.73	5934.46	105.71	1385.90	311.34
		商品林	2692.68	2692.68	85.60			2.50			1605.17			1605.17	949.81	49.60		85.60
库都尔林业局	合计	合计	502646.00	502296.78	428838.66	22339.60	21430.73	81.79	85.39	261.51	7763.20			7763.20	41354.03	1572.60	349.22	450269.39
		公益林	362993.22	362655.59	296279.62	21993.52	21430.73	81.79	78.39	247.25	7476.05			7476.05	35064.96	1434.01	337.63	317710.35
		商品林	139652.78	139641.19	132559.04	346.08			7.00	14.26	287.15			287.15	6289.07	138.59	11.59	132559.04
	国有	合计	484581.96	484296.10	425271.82	17924.68	17015.81	81.79	85.39	244.68	4455.97			4455.97	34879.24	1352.53	285.86	442287.63
		公益林	344994.68	344720.41	292765.70	17578.60	17015.81	81.79	78.39	230.42	4168.82			4168.82	28602.75	1213.94	274.27	309781.51
		商品林	139587.28	139575.69	132506.12	346.08			7.00	14.26	287.15			287.15	6276.49	138.59	11.59	132506.12
	集体	合计	18064.04	18000.68	3566.84	4414.92	4414.92			16.83	3307.23			3307.23	6474.79	220.07	63.36	7981.76
		公益林	17998.54	17935.18	3513.92	4414.92	4414.92			16.83	3307.23			3307.23	6462.21	220.07	63.36	7928.84
		商品林	65.50	65.50	52.92										12.58			52.92

表 1 内蒙古重点国有林区各类土地面积统计表（续 2）

单位：公顷

统计单位	林地使用权	森林类别	总计	林地														其他土地	森林面积
				合计	乔木林地	灌木林地		未成林造林地	苗圃地	疏林地	无立木林地				宜林地	林业辅助生产用地			
						小计	其中：特殊灌木林地				小计	采伐迹地	火烧迹地	其他无立木林地					
图里河林业局	合计	合计	379339.00	378016.32	318568.31	12781.28	12781.28	455.50	37.00	228.29	11193.65			11193.65	34066.15	686.14		1322.68	331349.59
		公益林	255424.17	254146.04	203015.99	12781.28	12781.28	440.06	37.00	148.97	9990.87			9990.87	27116.96	614.91		1278.13	215797.27
		商品林	123914.83	123870.28	115552.32			15.44		79.32	1202.78			1202.78	6949.19	71.23		44.55	115552.32
	国有	合计	356234.00	356018.95	316726.53	10813.52	10813.52	423.86	37.00	185.95	4058.18			4058.18	23283.29	490.62		215.05	327540.05
		公益林	234916.55	234741.37	201486.82	10813.52	10813.52	408.42	37.00	106.63	3506.47			3506.47	17958.90	423.61		175.18	212300.34
		商品林	121317.45	121277.58	115239.71			15.44		79.32	551.71			551.71	5324.39	67.01		39.87	115239.71
	集体	合计	23105.00	21997.37	1841.78	1967.76	1967.76	31.64		42.34	7135.47			7135.47	10782.86	195.52		1107.63	3809.54
		公益林	20507.62	19404.67	1529.17	1967.76	1967.76	31.64		42.34	6484.40			6484.40	9158.06	191.30		1102.95	3496.93
		商品林	2597.38	2592.70	312.61						651.07			651.07	1624.80	4.22		4.68	312.61
伊图里河林业局	合计	合计	144750.00	144142.73	132334.92	5244.84	4997.27	600.85	18.06	1278.90	322.70			322.70	3347.07	995.39		607.27	137332.19
		公益林	104484.27	103926.29	92912.36	5182.90	4997.27	583.61	18.06	1106.47	322.70			322.70	2883.09	917.10		557.98	97909.63
		商品林	40265.73	40216.44	39422.56	61.94		17.24		172.43					463.98	78.29		49.29	39422.56
	国有	合计	144750.00	144142.73	132334.92	5244.84	4997.27	600.85	18.06	1278.90	322.70			322.70	3347.07	995.39		607.27	137332.19
		公益林	104484.27	103926.29	92912.36	5182.90	4997.27	583.61	18.06	1106.47	322.70			322.70	2883.09	917.10		557.98	97909.63
		商品林	40265.73	40216.44	39422.56	61.94		17.24		172.43					463.98	78.29		49.29	39422.56
克一河林业局	合计	合计	214576.00	213608.13	203685.70	246.80		553.00	17.80	269.30	869.72		200.50	669.22	7279.85	685.96		967.87	203685.70
		公益林	143574.49	142634.12	135335.02	246.80		458.20	17.80	238.80	813.06		200.50	612.56	4954.17	570.27		940.37	135335.02
		商品林	71001.51	70974.01	68350.68			94.80		30.50	56.66			56.66	2325.68	115.69		27.50	68350.68
	国有	合计	214531.00	213608.13	203685.70	246.80		553.00	17.80	269.30	869.72		200.50	669.22	7279.85	685.96		922.87	203685.70
		公益林	143529.49	142634.12	135335.02	246.80		458.20	17.80	238.80	813.06		200.50	612.56	4954.17	570.27		895.37	135335.02
		商品林	71001.51	70974.01	68350.68			94.80		30.50	56.66			56.66	2325.68	115.69		27.50	68350.68
	集体	合计	45.00															45.00	
		公益林	45.00															45.00	
甘河林业局	合计	合计	357258.00	356032.96	334254.90	2849.78	301.76	736.85	22.00	1316.16	2228.99		743.88	1485.11	13989.20	635.08		1225.04	334556.66
		公益林	245491.80	244273.43	225650.75	2822.53	301.76	658.30	22.00	803.88	2183.14		698.03	1485.11	11636.64	496.19		1218.37	225952.51
		商品林	111766.20	111759.53	108604.15	27.25		78.55		512.28	45.85		45.85		2352.56	138.89		6.67	108604.15
	国有	合计	357258.00	356032.96	334254.90	2849.78	301.76	736.85	22.00	1316.16	2228.99		743.88	1485.11	13989.20	635.08		1225.04	334556.66
		公益林	245491.80	244273.43	225650.75	2822.53	301.76	658.30	22.00	803.88	2183.14		698.03	1485.11	11636.64	496.19		1218.37	225952.51
		商品林	111766.20	111759.53	108604.15	27.25		78.55		512.28	45.85		45.85		2352.56	138.89		6.67	108604.15

表 1 内蒙古重点国有林区各类土地面积统计表（续 3）

单位：公顷

统计单位	林地使用权	森林类别	总计	林地													其他土地	森林面积
				合计	乔木林地	灌木林地		未成林造林地	苗圃地	疏林地	无立木林地				宜林地	林业辅助生产用地		
						小计	其中：特殊灌木林地				小计	采伐迹地	火烧迹地	其他无立木林地				
吉文林业局	合计	合计	362970.00	362240.86	319771.88	2406.62		161.35	91.80	410.20	6685.61		18.74	6666.87	31701.65	1011.75	729.14	319771.88
		公益林	281902.93	281173.79	245457.64	2389.20		161.35	91.80	406.67	6580.35			6580.35	25152.57	934.21	729.14	245457.64
		商品林	81067.07	81067.07	74314.24	17.42				3.53	105.26		18.74	86.52	6549.08	77.54		74314.24
	国有	合计	362437.00	361736.26	319762.93	2401.82		161.35	91.80	410.20	6290.01		18.74	6271.27	31653.78	964.37	700.74	319762.93
		公益林	281369.93	280669.19	245448.69	2384.40		161.35	91.80	406.67	6184.75			6184.75	25104.70	886.83	700.74	245448.69
		商品林	81067.07	81067.07	74314.24	17.42				3.53	105.26		18.74	86.52	6549.08	77.54		74314.24
	集体	合计	533.00	504.60	8.95	4.80					395.60			395.60	47.87	47.38	28.40	8.95
		公益林	533.00	504.60	8.95	4.80					395.60			395.60	47.87	47.38	28.40	8.95
阿里河林业局	合计	合计	451958.00	450098.56	402701.05	5889.85		201.56	58.60	24.48	5759.67			5759.67	34128.80	1334.55	1859.44	402701.05
		公益林	362650.05	360835.89	319810.87	5144.79		137.34	46.73	24.48	5372.56			5372.56	29116.72	1182.40	1814.16	319810.87
		商品林	89307.95	89262.67	82890.18	745.06		64.22	11.87		387.11			387.11	5012.08	152.15	45.28	82890.18
	国有	合计	451896.93	450098.56	402701.05	5889.85		201.56	58.60	24.48	5759.67			5759.67	34128.80	1334.55	1798.37	402701.05
		公益林	362588.98	360835.89	319810.87	5144.79		137.34	46.73	24.48	5372.56			5372.56	29116.72	1182.40	1753.09	319810.87
		商品林	89307.95	89262.67	82890.18	745.06		64.22	11.87		387.11			387.11	5012.08	152.15	45.28	82890.18
	集体	合计	61.07														61.07	
		公益林	61.07														61.07	
根河林业局	合计	合计	632424.00	631286.45	581555.77	25658.48	2465.32	706.41	153.41	4486.67	2965.57			2965.57	13486.61	2273.53	1137.55	584021.09
		公益林	433219.35	432094.04	389352.81	21182.71	2465.32	574.50	153.41	3866.70	2940.30			2940.30	11943.66	2079.95	1125.31	391818.13
		商品林	199204.65	199192.41	192202.96	4475.77		131.91		619.97	25.27			25.27	1542.95	193.58	12.24	192202.96
	国有	合计	627617.79	626806.56	580006.90	25441.86	2465.32	706.41	153.41	4486.67	2014.07			2014.07	12744.06	1253.18	811.23	582472.22
		公益林	428451.65	427651.32	387810.96	20966.09	2465.32	574.50	153.41	3866.70	1988.80			1988.80	11231.26	1059.60	800.33	390276.28
		商品林	199166.14	199155.24	192195.94	4475.77		131.91		619.97	25.27			25.27	1512.80	193.58	10.90	192195.94
	集体	合计	4806.21	4479.89	1548.87	216.62					951.50			951.50	742.55	1020.35	326.32	1548.87
		公益林	4767.70	4442.72	1541.85	216.62					951.50			951.50	712.40	1020.35	324.98	1541.85
		商品林	38.51	37.17	7.02										30.15		1.34	7.02
金河林业局	合计	合计	517228.00	515911.62	477171.07	28605.70	4288.25	18.73	32.53	2717.40	683.74		656.20	27.54	5805.00	877.45	1316.38	481459.32
		公益林	292050.74	290780.41	260102.95	23511.21	4288.25	0.77	8.26	1653.11	462.89		444.56	18.33	4299.01	742.21	1270.33	264391.20
		商品林	225177.26	225131.21	217068.12	5094.49		17.96	24.27	1064.29	220.85		211.64	9.21	1505.99	135.24	46.05	217068.12

表 1　内蒙古重点国有林区各类土地面积统计表（续 4）

单位：公顷

统计单位	林地使用权	森林类别	总计	林地													其他土地	森林面积
				合计	乔木林地	灌木林地		未成林造林地	苗圃地	疏林地	无立木林地				宜林地	林业辅助生产用地		
						小计	其中：特殊灌木林地				小计	采伐迹地	火烧迹地	其他无立木林地				
金河林业局	国有	合计	516244.00	515576.30	477132.83	28455.16	4288.25	18.73	32.53	2717.40	683.74		656.20	27.54	5805.00	730.91	667.70	481421.08
		公益林	291071.74	290450.09	260064.71	23365.67	4288.25	0.77	8.26	1653.11	462.89		444.56	18.33	4299.01	595.67	621.65	264352.96
		商品林	225172.26	225126.21	217068.12	5089.49		17.96	24.27	1064.29	220.85		211.64	9.21	1505.99	135.24	46.05	217068.12
	集体	合计	984.00	335.32	38.24	150.54										146.54	648.68	38.24
		公益林	979.00	330.32	38.24	145.54										146.54	648.68	38.24
		商品林	5.00	5.00		5.00												
阿龙山林业局	合计	合计	357427.00	356350.50	342076.78	6945.49	5353.40	127.28	16.00	330.40	2405.24			2405.24	3614.54	834.77	1076.50	347430.18
		公益林	163436.90	162360.40	151249.78	6756.68	5353.40	4.78	16.00	65.50	883.04			883.04	2813.34	571.28	1076.50	156603.18
		商品林	193990.10	193990.10	190827.00	188.81		122.50		264.90	1522.20			1522.20	801.20	263.49		190827.00
	国有	合计	356815.00	356217.50	342058.78	6945.49	5353.40	127.28	16.00	330.40	2405.24			2405.24	3579.54	754.77	597.50	347412.18
		公益林	162824.90	162227.40	151231.78	6756.68	5353.40	4.78	16.00	65.50	883.04			883.04	2778.34	491.28	597.50	156585.18
		商品林	193990.10	193990.10	190827.00	188.81		122.50		264.90	1522.20			1522.20	801.20	263.49		190827.00
	集体	合计	612.00	133.00	18.00										35.00	80.00	479.00	18.00
		公益林	612.00	133.00	18.00										35.00	80.00	479.00	18.00
满归林业局	合计	合计	390295.00	389611.80	373029.92	5786.34	1311.07	392.61	14.00	3039.43	1975.08		1952.42	22.66	4556.92	817.50	683.20	374340.99
		公益林	228601.26	227918.06	214594.88	5333.58	1311.07	314.67	14.00	1363.66	1950.42		1944.72	5.70	3673.20	673.65	683.20	215905.95
		商品林	161693.74	161693.74	158435.04	452.76		77.94		1675.77	24.66		7.70	16.96	883.72	143.85		158435.04
	国有	合计	390295.00	389611.80	373029.92	5786.34	1311.07	392.61	14.00	3039.43	1975.08		1952.42	22.66	4556.92	817.50	683.20	374340.99
		公益林	228601.26	227918.06	214594.88	5333.58	1311.07	314.67	14.00	1363.66	1950.42		1944.72	5.70	3673.20	673.65	683.20	215905.95
		商品林	161693.74	161693.74	158435.04	452.76		77.94		1675.77	24.66		7.70	16.96	883.72	143.85		158435.04
得耳布尔林业局	合计	合计	255360.00	255150.26	232540.24	8039.96	331.00	124.90	28.00	533.14	447.89			447.89	12049.41	1386.72	209.74	232871.24
		公益林	165622.44	165418.70	146236.84	6980.15	331.00	124.90	28.00	464.03	445.54			445.54	9803.12	1336.12	203.74	146567.84
		商品林	89737.56	89731.56	86303.40	1059.81				69.11	2.35			2.35	2246.29	50.60	6.00	86303.40
	国有	合计	254309.00	254170.06	232365.99	7793.60	331.00	124.90	28.00	533.14	377.89			377.89	12010.01	936.53	138.94	232696.99
		公益林	164580.80	164441.86	146062.59	6733.79	331.00	124.90	28.00	464.03	375.54			375.54	9765.72	887.29	138.94	146393.59
		商品林	89728.20	89728.20	86303.40	1059.81				69.11	2.35			2.35	2244.29	49.24		86303.40
	集体	合计	1051.00	980.20	174.25	246.36					70.00			70.00	39.40	450.19	70.80	174.25
		公益林	1041.64	976.84	174.25	246.36					70.00			70.00	37.40	448.83	64.80	174.25
		商品林	9.36	3.36											2.00	1.36	6.00	

表1 内蒙古重点国有林区各类土地面积统计表（续5）

单位：公顷

统计单位	林地使用权	森林类别	总计	林地													其他土地	森林面积
				合计	乔木林地	灌木林地		未成林造林地	苗圃地	疏林地	无立木林地				宜林地	林业辅助生产用地		
						小计	其中：特殊灌木林地				小计	采伐迹地	火烧迹地	其他无立木林地				
莫尔道嘎林业局	合计	合计	455225.00	453777.72	435588.67	3735.35	3735.35	244.47	64.81	296.16	683.80		43.39	640.41	12138.38	1026.08	1447.28	439324.02
		公益林	235208.22	233883.12	219199.55	3735.35	3735.35	222.05	64.81	249.69	631.64		7.35	624.29	8871.63	908.40	1325.10	222934.90
		商品林	220016.78	219894.60	216389.12			22.42		46.47	52.16		36.04	16.12	3266.75	117.68	122.18	216389.12
	国有	合计	455225.00	453777.72	435588.67	3735.35	3735.35	244.47	64.81	296.16	683.80		43.39	640.41	12138.38	1026.08	1447.28	439324.02
		公益林	235208.22	233883.12	219199.55	3735.35	3735.35	222.05	64.81	249.69	631.64		7.35	624.29	8871.63	908.40	1325.10	222934.90
		商品林	220016.78	219894.60	216389.12			22.42		46.47	52.16		36.04	16.12	3266.75	117.68	122.18	216389.12
大杨树林业局	合计	合计	793033.00	791949.69	413390.77	6320.56		822.26	186.54	1009.07	226008.32			226008.32	136548.88	7663.29	1083.31	413390.77
		公益林	706868.70	705808.44	372231.60	6085.19		746.83	186.54	890.22	196443.46			196443.46	121949.79	7274.81	1060.26	372231.60
		商品林	86164.30	86141.25	41159.17	235.37		75.43		118.85	29564.86			29564.86	14599.09	388.48	23.05	41159.17
	国有	合计	643414.00	642531.59	376734.44	3520.63		700.83	181.04	716.97	156724.07			156724.07	100736.19	3217.42	882.41	376734.44
		公益林	574275.56	573403.55	339393.41	3300.34		638.05	181.04	656.58	136452.18			136452.18	89744.46	3037.49	872.01	339393.41
		商品林	69138.44	69128.04	37341.03	220.29		62.78		60.39	20271.89			20271.89	10991.73	179.93	10.40	37341.03
	集体	合计	149619.00	149418.10	36656.33	2799.93		121.43	5.50	292.10	69284.25			69284.25	35812.69	4445.87	200.90	36656.33
		公益林	132593.14	132404.89	32838.19	2784.85		108.78	5.50	233.64	59991.28			59991.28	32205.33	4237.32	188.25	32838.19
		商品林	17025.86	17013.21	3818.14	15.08		12.65		58.46	9292.97			9292.97	3607.36	208.55	12.65	3818.14
毕拉河林业局	合计	合计	415042.00	414467.18	288046.38	3582.44		344.58	29.00	86.26	67170.88		2928.16	64242.72	54029.62	1178.02	574.82	288046.38
		公益林	336335.61	335765.08	225859.07	3368.64		340.66	29.00	85.47	59712.07		2920.38	56791.69	45315.60	1054.57	570.53	225859.07
		商品林	78706.39	78702.10	62187.31	213.80		3.92		0.79	7458.81		7.78	7451.03	8714.02	123.45	4.29	62187.31
	国有	合计	388467.38	388401.52	287139.79	3125.92		344.58	29.00	86.26	45952.23		2928.16	43024.07	51409.56	314.18	65.86	287139.79
		公益林	317469.73	317408.16	224955.98	2915.93		340.66	29.00	85.47	44788.25		2920.38	41867.87	43989.12	303.75	61.57	224955.98
		商品林	70997.65	70993.36	62183.81	209.99		3.92		0.79	1163.98		7.78	1156.20	7420.44	10.43	4.29	62183.81
	集体	合计	26574.62	26065.66	906.59	456.52					21218.65			21218.65	2620.06	863.84	508.96	906.59
		公益林	18865.88	18356.92	903.09	452.71					14923.82			14923.82	1326.48	750.82	508.96	903.09
		商品林	7708.74	7708.74	3.50	3.81					6294.83			6294.83	1293.58	113.02		3.50
北大河林业局	合计	合计	363824.00	363824.00	290861.74	87.20		104.71		216.06	4626.05		756.62	3869.43	67639.42	288.82		290861.74
		公益林	262709.74	262709.74	207967.94	73.63		81.30		150.87	3819.72		754.06	3065.66	50341.43	274.85		207967.94
		商品林	101114.26	101114.26	82893.80	13.57		23.41		65.19	806.33		2.56	803.77	17297.99	13.97		82893.80
	国有	合计	363824.00	363824.00	290861.74	87.20		104.71		216.06	4626.05		756.62	3869.43	67639.42	288.82		290861.74
		公益林	262709.74	262709.74	207967.94	73.63		81.30		150.87	3819.72		754.06	3065.66	50341.43	274.85		207967.94
		商品林	101114.26	101114.26	82893.80	13.57		23.41		65.19	806.33		2.56	803.77	17297.99	13.97		82893.80

表 1　内蒙古重点国有林区各类土地面积统计表（续 6）

单位：公顷

统计单位	林地使用权	森林类别	总计	林地													其他土地	森林面积
				合计	乔木林地	灌木林地		未成林造林地	苗圃地	疏林地	无立木林地				宜林地	林业辅助生产用地		
						小计	其中：特殊灌木林地				小计	采伐迹地	火烧迹地	其他无立木林地				
乌玛林业局	合计	合计	375791.00	374057.60	360362.22	4677.06	4677.06			31.97					8604.12	382.23	1733.40	365039.28
		公益林	375791.00	374057.60	360362.22	4677.06	4677.06			31.97					8604.12	382.23	1733.40	365039.28
	国有	合计	375791.00	374057.60	360362.22	4677.06	4677.06			31.97					8604.12	382.23	1733.40	365039.28
		公益林	375791.00	374057.60	360362.22	4677.06	4677.06			31.97					8604.12	382.23	1733.40	365039.28
永安山林业局	合计	合计	283581.00	282694.65	273085.03	2184.63	2184.63			91.46	14.98			14.98	7088.14	230.41	886.35	275269.66
		公益林	283581.00	282694.65	273085.03	2184.63	2184.63			91.46	14.98			14.98	7088.14	230.41	886.35	275269.66
	国有	合计	283575.81	282689.46	273082.05	2184.63	2184.63			91.46	14.98			14.98	7086.10	230.24	886.35	275266.68
		公益林	283575.81	282689.46	273082.05	2184.63	2184.63			91.46	14.98			14.98	7086.10	230.24	886.35	275266.68
	集体	合计	5.19	5.19	2.98										2.04	0.17		2.98
		公益林	5.19	5.19	2.98										2.04	0.17		2.98
奇乾林业局	合计	合计	288330.00	287538.09	275938.33	1918.71	1918.71			930.78	96.03			96.03	8298.01	356.23	791.91	277857.04
		公益林	288330.00	287538.09	275938.33	1918.71	1918.71			930.78	96.03			96.03	8298.01	356.23	791.91	277857.04
	国有	合计	288330.00	287538.09	275938.33	1918.71	1918.71			930.78	96.03			96.03	8298.01	356.23	791.91	277857.04
		公益林	288330.00	287538.09	275938.33	1918.71	1918.71			930.78	96.03			96.03	8298.01	356.23	791.91	277857.04
诺敏森林经营所	合计	合计	148770.00	148769.80	133243.00	82.80		219.40		133.40	1346.71		28.60	1318.11	13582.20	162.29	0.20	133243.00
		公益林	87068.30	87068.10	75433.80	14.90		215.60		127.40	1273.41		28.60	1244.81	9852.40	150.59	0.20	75433.80
		商品林	61701.70	61701.70	57809.20	67.90		3.80		6.00	73.30			73.30	3729.80	11.70		57809.20
	国有	合计	148770.00	148769.80	133243.00	82.80		219.40		133.40	1346.71		28.60	1318.11	13582.20	162.29	0.20	133243.00
		公益林	87068.30	87068.10	75433.80	14.90		215.60		127.40	1273.41		28.60	1244.81	9852.40	150.59	0.20	75433.80
		商品林	61701.70	61701.70	57809.20	67.90		3.80		6.00	73.30			73.30	3729.80	11.70		57809.20
汗马自然保护区	合计	合计	107348.00	107348.00	98610.17	6622.00	3154.00			270.00	0.06			0.06	1807.24	38.53		101764.17
		公益林	107348.00	107348.00	98610.17	6622.00	3154.00			270.00	0.06			0.06	1807.24	38.53		101764.17
	国有	合计	107348.00	107348.00	98610.17	6622.00	3154.00			270.00	0.06			0.06	1807.24	38.53		101764.17
		公益林	107348.00	107348.00	98610.17	6622.00	3154.00			270.00	0.06			0.06	1807.24	38.53		101764.17
额尔古纳自然保护区	合计	合计	124527.00	123173.05	117637.68	727.75	727.75			100.12	305.18			305.18	4098.02	304.30	1353.95	118365.43
		公益林	124527.00	123173.05	117637.68	727.75	727.75			100.12	305.18			305.18	4098.02	304.30	1353.95	118365.43

表1 内蒙古重点国有林区各类土地面积统计表（续7）

单位：公顷

统计单位	林地使用权	森林类别	总计	林地													其他土地	森林面积
				合计	乔木林地	灌木林地		未成林造林地	苗圃地	疏林地	无立木林地				宜林地	林业辅助生产用地		
						小计	其中：特殊灌木林地				小计	采伐迹地	火烧迹地	其他无立木林地				
额尔古纳自然保护区	国有	合计	122221.00	120993.97	116537.45	694.42	694.42			86.12	80.18			80.18	3388.49	207.31	1227.03	117231.87
		公益林	122221.00	120993.97	116537.45	694.42	694.42			86.12	80.18			80.18	3388.49	207.31	1227.03	117231.87
	集体	合计	2306.00	2179.08	1100.23	33.33	33.33			14.00	225.00			225.00	709.53	96.99	126.92	1133.56
		公益林	2306.00	2179.08	1100.23	33.33	33.33			14.00	225.00			225.00	709.53	96.99	126.92	1133.56
毕拉河自然保护区	合计	合计	56604.00	56604.00	48262.54	39.72					39.24			39.24	8243.99	18.51		48262.54
		公益林	56604.00	56604.00	48262.54	39.72					39.24			39.24	8243.99	18.51		48262.54
	国有	合计	56604.00	56604.00	48262.54	39.72					39.24			39.24	8243.99	18.51		48262.54
		公益林	56604.00	56604.00	48262.54	39.72					39.24			39.24	8243.99	18.51		48262.54

说明：森林面积＝乔木林地面积＋特殊灌木林地面积。

表2　内蒙古重点国有林区各类林木面积（株数）、蓄积统计表

单位：公顷、立方米、万株

统计单位	林木经营权	活立木总蓄积	乔木林		疏林		四旁树		散生木	
			面积	蓄积	面积	蓄积	株数	蓄积	株数	蓄积
内蒙古重点国有林区	合计	932012612.1	8365923.71	906531465.6	21195.32	487892.5			5130.3013	24993254.0
	国有	929483528.9	8318334.64	904195606.7	20830.05	484507.8			4999.9551	24803414.4
	集体	2529083.2	47589.07	2335858.9	365.27	3384.7			130.3462	189839.6
阿尔山林业局	合计	47796164.2	384779.80	47574534.1	1557.28	11430.5			73.6888	210199.6
	国有	47748392.6	384243.15	47526764.6	1557.28	11430.5			73.6881	210197.5
	集体	47771.6	536.65	47769.5					0.0007	2.1
绰尔林业局	合计	43272915.5	361336.98	40648763.8	351.59	9755.6			317.4788	2614396.1
	国有	43165212.9	360566.08	40546824.8	351.59	9755.6			316.8113	2608632.5
	集体	107702.6	770.90	101939.0					0.6675	5763.6
绰源林业局	合计	31773894.7	256201.99	30994059.7	195.59	4646.1			168.5024	775188.9
	国有	31714306.3	256065.03	30981334.9	195.59	4646.1			155.1635	728325.3
	集体	59588.4	136.96	12724.8					13.3389	46863.6
乌尔旗汉林业局	合计	61637343.4	482049.21	58742191.6	1029.70	36758.3			514.3404	2858393.5
	国有	61615418.1	481767.71	58731385.1	1029.70	36758.3			510.6602	2847274.7
	集体	21925.3	281.50	10806.5					3.6802	11118.8
库都尔林业局	合计	49436294.8	428838.66	48523473.2	261.51	3933.1			266.0623	908888.5
	国有	49213803.6	425271.82	48320830.8	244.68	3673.9			249.6763	889298.9
	集体	222491.2	3566.84	202642.4	16.83	259.2			16.3860	19589.6
图里河林业局	合计	36164792.0	318568.31	35452222.7	228.29	7176.7			300.5190	705392.6
	国有	36061887.9	316726.53	35359302.4	185.95	6977.7			272.9943	695607.8
	集体	102904.1	1841.78	92920.3	42.34	199.0			27.5247	9784.8
伊图里河林业局	合计	14113333.2	132334.92	13690322.4	1278.90	39420.1			184.7266	383590.7
	国有	14113333.2	132334.92	13690322.4	1278.90	39420.1			184.7266	383590.7
克一河林业局	合计	24491730.1	203685.70	23528018.9	269.30	8241.6			14.2523	955469.6
	国有	24491730.1	203685.70	23528018.9	269.30	8241.6			14.2523	955469.6
甘河林业局	合计	34096150.6	334254.90	33369799.8	1316.16	33688.4			76.1358	692662.4
	国有	34096150.6	334254.90	33369799.8	1316.16	33688.4			76.1358	692662.4
吉文林业局	合计	36950915.9	319771.88	36018993.0	410.20	11401.1			267.5494	920521.8
	国有	36950833.0	319762.93	36018923.6	410.20	11401.1			267.5477	920508.3

表2 内蒙古重点国有林区各类林木面积（株数）、蓄积统计表（续1）

单位：公顷、立方米、万株

统计单位	林木经营权	活立木总蓄积	乔木林		疏林		四旁树		散生木	
			面积	蓄积	面积	蓄积	株数	蓄积	株数	蓄积
吉文林业局	集体	82.9	8.95	69.4					0.0017	13.5
阿里河林业局	合计	38353423.6	402701.05	37132717.8	24.48	257.0			234.6520	1220448.8
	国有	38353423.6	402701.05	37132717.8	24.48	257.0			234.6520	1220448.8
根河林业局	合计	61193788.7	581555.77	58391097.7	4486.67	70273.8			504.1843	2732417.2
	国有	61091907.2	580006.90	58311388.1	4486.67	70273.8			496.8771	2710245.3
	集体	101881.5	1548.87	79709.6					7.3072	22171.9
金河林业局	合计	44254223.9	477171.07	43869808.4	2717.40	41172.1			68.1739	343243.4
	国有	44252573.9	477132.83	43868158.4	2717.40	41172.1			68.1739	343243.4
	集体	1650.0	38.24	1650.0						
阿龙山林业局	合计	31994755.7	342076.78	30989572.1	330.40	5596.2			208.9624	999587.4
	国有	31994375.6	342058.78	30989192.0	330.40	5596.2			208.9624	999587.4
	集体	380.1	18.00	380.1						
满归林业局	合计	37574011.1	373029.92	35709626.0	3039.43	129186.1			427.8882	1735199.0
	国有	37574011.1	373029.92	35709626.0	3039.43	129186.1			427.8882	1735199.0
得耳布尔林业局	合计	25159684.3	232540.24	24212223.8	533.14	8837.6			151.7373	938622.9
	国有	25145360.5	232365.99	24198791.1	533.14	8837.6			151.6228	937731.8
	集体	14323.8	174.25	13432.7					0.1145	891.1
莫尔道嘎林业局	合计	50785489.6	435588.67	49944907.9	296.16	4030.2			91.7616	836551.5
	国有	50785489.6	435588.67	49944907.9	296.16	4030.2			91.7616	836551.5
大杨树林业局	合计	23689811.3	413390.77	22556448.1	1009.07	8574.2			795.8858	1124789.0
	国有	21982618.8	376734.44	20920285.6	716.97	6013.2			736.4798	1056320.0
	集体	1707192.5	36656.33	1636162.5	292.10	2561.0			59.4060	68469.0
毕拉河林业局	合计	24336164.6	288046.38	23321078.5	86.26	761.2			212.4916	1014324.9
	国有	24301947.2	287139.79	23287967.1	86.26	761.2			211.9376	1013218.9
	集体	34217.4	906.59	33111.4					0.5540	1106.0
北大河林业局	合计	32283222.5	290861.74	31141575.5	216.06	4411.1			117.2104	1137235.9
	国有	32283222.5	290861.74	31141575.5	216.06	4411.1			117.2104	1137235.9

表2　内蒙古重点国有林区各类林木面积（株数）、蓄积统计表（续2）

单位：公顷、立方米、万株

统计单位	林木经营权	活立木总蓄积	乔木林		疏林		四旁树		散生木	
			面积	蓄积	面积	蓄积	株数	蓄积	株数	蓄积
乌玛林业局	合计	54790984.2	360362.22	54701502.5	31.97	2936.7			10.0615	86545.0
	国有	54790984.2	360362.22	54701502.5	31.97	2936.7			10.0615	86545.0
永安山林业局	合计	40421122.9	273085.03	40380578.7	91.46	2802.6			5.2664	37741.6
	国有	40420799.1	273082.05	40380255.9	91.46	2802.6			5.2659	37740.6
	集体	323.8	2.98	322.8					0.0005	1.0
奇乾林业局	合计	38947194.6	275938.33	38830054.0	930.78	29887.6			4.9515	87253.0
	国有	38947194.6	275938.33	38830054.0	930.78	29887.6			4.9515	87253.0
诺敏森林经营所	合计	16438976.0	133243.00	15548758.7	133.40	2789.6			22.6862	887427.7
	国有	16438976.0	133243.00	15548758.7	133.40	2789.6			22.6862	887427.7
汗马自然保护区	合计	9139942.3	98610.17	9085159.1	270.00	7673.7			7.6391	47109.5
	国有	9139942.3	98610.17	9085159.1	270.00	7673.7			7.6391	47109.5
额尔古纳自然保护区	合计	18273676.7	117637.68	17846659.1	100.12	2251.3			71.9286	424766.3
	国有	18167028.7	116537.45	17744441.2	86.12	1885.8			70.5643	420701.7
	集体	106648.0	1100.23	102217.9	14.00	365.5			1.3643	4064.6
毕拉河自然保护区	合计	4642605.7	48262.54	4327318.5					11.5647	315287.2
	国有	4642605.7	48262.54	4327318.5					11.5647	315287.2

表 3 内蒙古重点国有林区有林地、疏林地、灌木林地按林种和龄组面积、蓄积统计表

单位：公顷、立方米

统计单位	林种	亚林种	郁闭度（覆盖度）等级	合计		乔木林地														疏林地		灌木林地		
						小计		幼龄林		中龄林		近熟林		成熟林		过熟林						小计	特殊灌木林地	一般灌木林地
				面积	蓄积	面积	蓄积	面积	蓄积	面积	蓄积	面积	蓄积	面积	蓄积	面积	蓄积			面积	蓄积	面积	面积	面积
内蒙古重点国有林区	合计	合计	合计	8573124.65	907019358.1	8365923.71	906531465.6	629011.79	27729911.4	4598627.05	489379592.2	1548457.04	181437876.1	1254009.18	160178223.7	335818.65	47805862.2			21195.32	487892.5	186005.62	90276.19	95729.43
			低（疏）	261079.81	7779424.6	206461.45	7779424.6	73737.82	1139096.2	77389.90	3380383.2	26030.05	1360411.8	23732.59	1482006.5	5571.09	417526.9					54618.36	19924.76	34693.60
			中	4073233.49	394563230.3	3994456.44	394563230.3	306980.35	11500496.3	2083731.93	202461579.6	784794.66	82800762.7	666312.92	77713121.3	152636.58	20087270.4					78777.05	39745.96	39031.09
			高（密）	4217616.03	504188810.7	4165005.82	504188810.7	248293.62	15090318.9	2437505.22	283537629.4	737632.33	97276701.6	563963.67	80983095.9	177610.98	27301064.9					52610.21	30605.47	22004.74
	防护林	合计	合计	4517018.22	444553845.5	4377401.72	444298834.8	449052.60	18111030.1	2582605.03	269439004.2	718278.10	79447865.5	502286.73	59698032.2	125179.26	17602902.8			13293.79	255010.7	126322.71	62429.31	63893.40
			低（疏）	144396.17	3633222.1	109247.71	3633222.1	49298.59	731915.4	42421.50	1894357.6	8785.20	461791.9	6778.07	414002.0	1964.35	131155.2					35148.46	10965.86	24182.60
			中	2194920.50	199900890.4	2141392.31	199900890.4	225521.29	7584844.0	1183620.29	113811718.7	385373.80	38961357.0	288089.74	31846683.6	58787.19	7696287.1					53528.19	28013.08	25515.11
			高（密）	2164407.76	240764722.3	2126761.70	240764722.3	174232.72	9794270.7	1356563.24	153732927.9	324119.10	40024716.6	207418.92	27437346.6	64427.72	9775460.5					37646.06	23450.37	14195.69
		水源涵养林	合计	192279.29	19310430.0	190813.86	19309825.2	13957.96	714171.8	116112.72	11895133.2	25775.19	2672304.7	32414.06	3707877.3	2553.93	320338.2			29.64	604.8	1435.79	558.52	877.27
			低（疏）	5110.95	194384.3	4846.39	194384.3	1590.76	17060.3	1553.28	59541.5	456.34	24025.0	1030.10	77016.6	215.91	16740.9					264.56	69.65	194.91
			中	92549.74	9102602.3	91893.67	9102602.3	7718.33	375112.9	50601.50	4968090.9	9523.84	941591.4	22317.22	2596787.0	1732.78	221020.1					656.07	286.29	369.78
			高（密）	94588.96	10012838.6	94073.80	10012838.6	4648.87	321998.6	63957.94	6867500.8	15795.01	1706688.3	9066.74	1034073.7	605.24	82577.2					515.16	202.58	312.58
		水土保持林	合计	4210926.49	416528061.6	4089250.56	416280908.3	422251.44	16857313.7	2412339.05	252618103.7	677518.80	75238023.2	459518.13	54912087.3	117623.14	16655380.4			12885.80	247153.3	108790.13	55746.37	53043.76
			低（疏）	127437.64	3205443.9	98346.68	3205443.9	45682.78	674323.0	37850.32	1703810.8	7907.70	414759.8	5221.08	303302.7	1684.80	109247.6					29090.96	9301.91	19789.05
			中	2033545.03	185584134.1	1987361.42	185584134.1	210152.71	6907031.6	1099378.04	105983830.8	365606.09	37080147.8	258460.45	28537678.0	53764.13	7075445.9					46183.61	24741.48	21442.13
			高（密）	2037058.02	227491330.3	2003542.46	227491330.3	166415.95	9275959.1	1275110.69	144930462.1	304005.01	37743115.6	195836.60	26071106.6	62174.21	9470686.9					33515.56	21702.98	11812.58
		护岸林	合计	65324.64	4856105.4	53986.85	4852044.2	5199.06	211188.4	26890.43	2378959.1	9719.41	931300.5	7896.08	796266.7	4281.87	534329.5			176.44	4061.2	11161.35	4014.67	7146.68
			低（疏）	7635.97	143098.8	3552.78	143098.8	946.58	22188.8	1827.09	72828.2	307.42	15622.0	441.00	29512.2	30.69	2947.6					4083.19	900.64	3182.55
			中	41172.69	3145220.6	36536.58	3145220.6	3336.19	129213.1	17254.53	1468719.9	7250.25	639952.1	5755.95	549946.3	2939.66	357389.2					4636.11	1954.83	2681.28
			高（密）	16339.54	1563724.8	13897.49	1563724.8	916.29	59786.5	7808.81	837411.0	2161.74	275726.4	1699.13	216808.2	1311.52	173992.7					2442.05	1159.20	1282.85
		护路林	合计	48487.80	3859248.5	43350.45	3856057.1	7644.14	328356.2	27262.83	2546808.2	5264.70	606237.1	2458.46	281800.9	720.32	92854.7			201.91	3191.4	4935.44	2109.75	2825.69
			低（疏）	4211.61	90295.1	2501.86	90295.1	1078.47	18343.3	1190.81	58177.1	113.74	7385.1	85.89	4170.5	32.95	2219.1					1709.75	693.66	1016.09
			中	27653.04	2068933.4	25600.64	2068933.4	4314.06	173486.4	16386.22	1391077.1	2993.62	299665.7	1556.12	162272.3	350.62	42431.9					2052.40	1030.48	1021.92
			高（密）	16421.24	1696828.6	15247.95	1696828.6	2251.61	136526.5	9685.80	1097554.0	2157.34	299186.3	816.45	115358.1	336.75	48203.7					1173.29	385.61	787.68
	特用林	合计	合计	1613661.87	201321306.8	1566507.07	201237355.4	61618.86	3072232.0	550595.20	62830722.0	346826.90	46351566.2	440469.03	63931088.7	166997.08	25051746.5			2436.47	83951.4	44718.33	27846.88	16871.45
			低（疏）	65523.45	2345978.5	51059.50	2345978.5	12274.79	182086.4	13546.95	590133.6	11235.80	571064.8	11506.00	774533.5	2495.96	228160.2					14463.95	8958.90	5505.05
			中	665852.04	73761644.2	645736.02	73761644.2	27199.25	1118661.6	227309.24	22497878.0	136959.17	15918302.8	186707.41	24702004.1	67560.95	9524797.7					20116.02	11732.88	8383.14
			高（密）	879849.91	125129732.7	869711.55	125129732.7	22144.82	1771484.0	309739.01	39742710.4	198631.93	29862198.6	242255.62	38454551.1	96940.17	15298788.6					10138.36	7155.10	2983.26

表 3　内蒙古重点国有林区有林地、疏林地、灌木林地按林种和龄组面积、蓄积统计表（续 1）

单位：公顷、立方米

统计单位	林种	亚林种	郁闭度（覆盖度）等级	合计		乔木林地												疏林地		灌木林地		
						小计		幼龄林		中龄林		近熟林		成熟林		过熟林				小计	特殊灌木林地	一般灌木林地
				面积	蓄积	面积	蓄积	面积	蓄积	面积	蓄积	面积	蓄积	面积	蓄积	面积	蓄积	面积	蓄积	面积	面积	面积
内蒙古重点国有林区	特用林	国防林	合计	78769.04	10877273.5	77088.18	10854418.9	1669.84	73302.4	8607.62	932246.5	10216.71	1277004.9	39146.28	5779319.8	17447.73	2792545.3	490.97	22854.6	1189.89	1181.53	8.36
			低（疏）	1045.15	13988.6	806.98	13988.6	452.69	2125.4	239.39	6289.8	105.34	4953.2	5.39	374.6	4.17	245.6			238.17	229.81	8.36
			中	43549.28	5606441.5	42597.94	5606441.5	714.26	26499.6	4170.10	414640.3	3218.61	321207.7	23100.46	3173285.8	11394.51	1670808.1			951.34	951.34	
			高（密）	33683.64	5233988.8	33683.26	5233988.8	502.89	44677.4	4198.13	511316.4	6892.76	950844.0	16040.43	2605659.4	6049.05	1121491.6			0.38	0.38	
		实验林	合计	1087.50	150729.3	1087.50	150729.3			1048.90	146044.6	26.80	3668.6	11.80	1016.1							
			中	97.20	12556.6	97.20	12556.6			97.20	12556.6											
			高（密）	990.30	138172.7	990.30	138172.7			951.70	133488.0	26.80	3668.6	11.80	1016.1							
		种质资源林（母树林）	合计	14406.50	1797646.4	14406.50	1797646.4	1183.84	97192.0	6836.42	826534.2	4397.23	600060.4	1775.01	239663.2	214.00	34196.6					
			低（疏）	57.49	2533.6	57.49	2533.6	19.53	885.9	24.32	725.7	8.37	402.6	5.27	519.4							
			中	7868.43	920674.6	7868.43	920674.6	513.83	35951.9	3875.08	432885.2	2475.18	325194.2	947.74	118373.7	56.60	8269.6					
			高（密）	6480.58	874438.2	6480.58	874438.2	650.48	60354.2	2937.02	392923.3	1913.68	274463.6	822.00	120770.1	157.40	25927.0					
		环境保护林	合计	61007.35	5450886.8	53765.66	5443207.8	8832.22	372288.7	31050.24	3326743.4	9367.26	1207373.5	3716.35	451181.2	799.59	85621.0	155.64	7679.0	7086.05	2154.01	4932.04
			低（疏）	6114.66	68501.9	3198.70	68501.9	1943.53	16504.8	979.87	35271.0	141.35	9843.2	80.28	4019.2	53.67	2863.7			2915.96	577.40	2338.56
			中	26832.60	2086357.0	23908.80	2086357.0	4409.99	144128.8	13542.07	1283079.0	3828.82	427254.3	1750.01	190488.0	377.91	41406.9			2923.80	1406.96	1516.84
			高（密）	27904.45	3288348.9	26658.16	3288348.9	2478.70	211655.1	16528.30	2008393.4	5397.09	770276.0	1886.06	256674.0	368.01	41350.4			1246.29	169.65	1076.64
		风景林	合计	274858.26	28147218.1	258675.54	28109500.7	19855.53	895929.9	174402.57	18911226.9	32162.94	4074197.6	27813.82	3605621.3	4440.68	622525.0	1294.41	37717.4	14888.31	8030.86	6857.45
			低（疏）	20593.21	375928.2	13749.30	375928.2	6049.29	29650.8	6444.71	245059.7	583.26	39050.4	462.54	40377.8	209.50	21789.5			6843.91	4384.76	2459.15
			中	116802.55	10646215.2	109997.22	10646215.2	6149.61	179784.9	70013.69	6572840.6	15478.45	1716995.6	16183.73	1895372.1	2171.74	281222.0			6805.33	3168.46	3636.87
			高（密）	136168.09	17087357.3	134929.02	17087357.3	7656.63	686494.2	97944.17	12093326.6	16101.23	2318151.6	11167.55	1669871.4	2059.44	319513.5			1239.07	477.64	761.43
		名胜古迹和革命纪念林	合计	502.76	74264.6	458.47	74264.6	0.82	12.2	391.28	63978.3	32.58	4600.8	33.79	5673.3					44.29	44.29	
			低（疏）	19.73	101.0	3.74	101.0	0.82	12.2	2.92	88.8									15.99	15.99	
			中	59.48	4155.7	34.51	4155.7			23.82	2874.7	10.69	1281.0							24.97	24.97	
			高（密）	423.55	70007.9	420.22	70007.9			364.54	61014.8	21.89	3319.8	33.79	5673.3					3.33	3.33	
		自然保护区林	合计	1183030.46	154823288.1	1161025.22	154807587.7	30076.61	1633506.8	328258.17	38623948.1	290623.38	39184660.4	367971.98	53848613.8	144095.08	21516858.6	495.45	15700.4	21509.79	16436.19	5073.60
			低（疏）	37693.21	1884925.2	33243.29	1884925.2	3808.93	132907.3	5855.74	302698.6	10397.48	516815.4	10952.52	729242.5	2228.62	203261.4			4449.92	3750.94	698.98
			中	470642.50	54485243.6	461231.92	54485243.6	15411.56	732296.4	135587.28	13779001.6	111947.42	13126370.0	144725.47	19324484.5	53560.19	7523091.1			9410.58	6181.15	3229.43
			高（密）	674199.30	98437418.9	666550.01	98437418.9	10856.12	768303.1	186815.15	24542247.9	168278.48	25541475.0	212293.99	33794886.8	88306.27	13790506.1			7649.29	6504.10	1145.19

表 3 内蒙古重点国有林区有林地、疏林地、灌木林地按林种和龄组面积、蓄积统计表（续 2）

单位：公顷、立方米

统计单位	林种	亚林种	郁闭度（覆盖度）等级	合计 面积	合计 蓄积	乔木林地 小计 面积	乔木林地 小计 蓄积	幼龄林 面积	幼龄林 蓄积	中龄林 面积	中龄林 蓄积	近熟林 面积	近熟林 蓄积	成熟林 面积	成熟林 蓄积	过熟林 面积	过熟林 蓄积	疏林地 面积	疏林地 蓄积	灌木林地 小计 面积	特殊灌木林地 面积	一般灌木林地 面积
内蒙古重点国有林区	用材林	合计	合计	2442444.56	261144205.8	2422014.92	260995275.4	118340.33	6546649.3	1465426.82	157109866.0	483352.04	55638444.4	311253.42	36549102.8	43642.31	5151212.9	5465.06	148930.4	14964.58		14964.58
内蒙古重点国有林区	用材林	合计	低（疏）	51160.19	1800224.0	46154.24	1800224.0	12164.44	225094.4	21421.45	895892.0	6009.05	327555.1	5448.52	293471.0	1110.78	58211.5			5005.95		5005.95
内蒙古重点国有林区	用材林	合计	中	1212460.95	120900695.7	1207328.11	120900695.7	54259.81	2796990.7	672802.40	66151982.9	262461.69	27921102.9	191515.77	21164433.6	26288.44	2866185.6			5132.84		5132.84
内蒙古重点国有林区	用材林	合计	高（密）	1173358.36	138294355.7	1168532.57	138294355.7	51916.08	3524564.2	771202.97	90061991.1	214881.30	27389786.4	114289.13	15091198.2	16243.09	2226815.8			4825.79		4825.79
内蒙古重点国有林区	用材林	一般用材林	合计	2442444.56	261144205.8	2422014.92	260995275.4	118340.33	6546649.3	1465426.82	157109866.0	483352.04	55638444.4	311253.42	36549102.8	43642.31	5151212.9	5465.06	148930.4	14964.58		14964.58
内蒙古重点国有林区	用材林	一般用材林	低（疏）	51160.19	1800224.0	46154.24	1800224.0	12164.44	225094.4	21421.45	895892.0	6009.05	327555.1	5448.52	293471.0	1110.78	58211.5			5005.95		5005.95
内蒙古重点国有林区	用材林	一般用材林	中	1212460.95	120900695.7	1207328.11	120900695.7	54259.81	2796990.7	672802.40	66151982.9	262461.69	27921102.9	191515.77	21164433.6	26288.44	2866185.6			5132.84		5132.84
内蒙古重点国有林区	用材林	一般用材林	高（密）	1173358.36	138294355.7	1168532.57	138294355.7	51916.08	3524564.2	771202.97	90061991.1	214881.30	27389786.4	114289.13	15091198.2	16243.09	2226815.8			4825.79		4825.79
阿尔山林业局	合计	合计	合计	394498.03	47585964.6	384779.80	47574534.1	12326.59	192549.9	94007.50	11633126.2	230952.30	29505113.6	44895.45	5913912.3	2597.96	329832.1	1557.28	11430.5	8160.95	6354.15	1806.80
阿尔山林业局	合计	合计	低（疏）	23328.19	683320.6	18194.51	683320.6	5361.58	31891.6	5024.56	221122.2	7104.56	385359.8	673.88	42373.2	29.93	2573.8			5133.68	4185.70	947.98
阿尔山林业局	合计	合计	中	150012.70	15580269.7	147073.01	15580269.7	5368.95	67129.5	30711.18	2979097.5	95007.09	10684456.7	15024.59	1746186.3	961.20	103399.7			2939.69	2121.37	818.32
阿尔山林业局	合计	合计	高（密）	219599.86	31310943.8	219512.28	31310943.8	1596.06	93528.8	58271.76	8432906.5	128840.65	18435297.1	29196.98	4125352.8	1606.83	223858.6			87.58	47.08	40.50
阿尔山林业局	防护林	合计	合计	159271.66	19385861.3	154963.56	19380221.0	3236.81	65540.3	40505.42	4998977.0	91518.07	11688224.2	18288.42	2437143.5	1414.84	190336.0	699.89	5640.3	3608.21	2936.45	671.76
阿尔山林业局	防护林	合计	低（疏）	7559.71	235198.4	5793.42	235198.4	1648.22	12440.3	1505.20	71693.7	2295.52	127639.5	328.19	21894.9	16.29	1530.0			1766.29	1428.76	337.53
阿尔山林业局	防护林	合计	中	62234.41	6470940.8	60431.00	6470940.8	1067.21	21114.4	13999.54	1374902.9	38631.00	4297782.0	6196.20	715412.5	537.05	61729.0			1803.41	1469.38	334.03
阿尔山林业局	防护林	合计	高（密）	88777.65	12674081.8	88739.14	12674081.8	521.38	31985.6	25000.68	3552380.4	50591.55	7262802.7	11764.03	1699836.1	861.50	127077.0			38.51	38.31	0.20
阿尔山林业局	防护林	水土保持林	合计	155372.35	19009504.3	151514.25	19004658.3	2996.37	60579.1	39232.31	4837791.4	89815.57	11511465.8	18162.89	2421948.9	1307.11	172873.1	657.53	4846.0	3200.57	2652.75	547.82
阿尔山林业局	防护林	水土保持林	低（疏）	7084.90	221687.4	5475.35	221687.4	1574.46	12192.9	1394.97	64686.8	2168.96	121706.3	321.96	21668.9	15.00	1432.5			1609.55	1361.55	248.00
阿尔山林业局	防护林	水土保持林	中	60231.54	6323849.0	58677.13	6323849.0	958.95	18819.1	13535.50	1337834.2	37582.47	4206738.7	6132.67	709426.7	467.54	51030.3			1554.41	1254.59	299.82
阿尔山林业局	防护林	水土保持林	高（密）	87398.38	12459121.9	87361.77	12459121.9	462.96	29567.1	24301.84	3435270.4	50064.14	7183020.8	11708.26	1690853.3	824.57	120410.3			36.61	36.61	
阿尔山林业局	防护林	护岸林	合计	2414.65	233632.5	2099.11	233134.1	37.90	1026.7	721.92	95400.1	1193.63	113848.4	44.93	6495.5	100.73	16363.4	21.62	498.4	293.92	225.89	68.03
阿尔山林业局	防护林	护岸林	低（疏）	292.67	10495.1	208.59	10495.1	20.03	93.5	80.68	5196.0	106.09	5076.9	0.50	31.2	1.29	97.5			84.08	31.39	52.69
阿尔山林业局	防护林	护岸林	中	1354.72	100035.3	1146.58	100035.3	15.52	503.1	285.69	23240.2	761.34	64178.4	21.52	2514.4	62.51	9599.2			208.14	192.80	15.34
阿尔山林业局	防护林	护岸林	高（密）	745.64	122603.7	743.94	122603.7	2.35	430.1	355.55	66963.9	326.20	44593.1	22.91	3949.9	36.93	6666.7			1.70	1.70	
阿尔山林业局	防护林	护路林	合计	1484.66	142724.5	1350.20	142428.6	202.54	3934.5	551.19	65785.5	508.87	62910.0	80.60	8699.1	7.00	1099.5	20.74	295.9	113.72	57.81	55.91
阿尔山林业局	防护林	护路林	低（疏）	182.14	3015.9	109.48	3015.9	53.73	153.9	29.55	1810.9	20.47	856.3	5.73	194.8					72.66	35.82	36.84
阿尔山林业局	防护林	护路林	中	648.15	47056.5	607.29	47056.5	92.74	1792.2	178.35	13828.5	287.19	26864.9	42.01	3471.4	7.00	1099.5			40.86	21.99	18.87
阿尔山林业局	防护林	护路林	高（密）	633.63	92356.2	633.43	92356.2	56.07	1988.4	343.29	50146.1	201.21	35188.8	32.86	5032.9					0.20		0.20

表 3　内蒙古重点国有林区有林地、疏林地、灌木林地按林种和龄组面积、蓄积统计表（续 3）

单位：公顷、立方米

统计单位	林种	亚林种	郁闭度（覆盖度）等级	合计		乔木林地														疏林地		灌木林地		
						小计		幼龄林		中龄林		近熟林		成熟林		过熟林						小计	特殊灌木林地	一般灌木林地
				面积	蓄积	面积	蓄积	面积	蓄积	面积	蓄积	面积	蓄积	面积	蓄积	面积	蓄积			面积	蓄积	面积	面积	面积
阿尔山林业局	特用林	合计	合计	101907.01	10845728.8	97625.27	10843453.9	6677.71	69274.9	22713.87	2436820.8	56138.13	6830318.9	11694.62	1469333.9	400.94	37705.4			576.53	2274.9	3705.21	3417.70	287.51
			低（疏）	10328.92	239443.0	7512.31	239443.0	2233.62	9374.3	2406.93	94372.2	2672.08	124290.1	196.71	11272.7	2.97	133.7					2816.61	2756.94	59.67
			中	37216.15	3442818.3	36336.32	3442818.3	3796.69	32975.4	8258.80	765844.8	20023.42	2153827.8	4078.14	479176.1	179.27	10994.2					879.83	651.99	227.84
			高（密）	53785.41	7161192.6	53776.64	7161192.6	647.40	26925.2	12048.14	1576603.8	33442.63	4552201.0	7419.77	978885.1	218.70	26577.5					8.77	8.77	
		国防林	合计	12684.32	1314197.9	12386.02	1313968.8	936.00	13220.7	3838.30	371069.7	6520.98	794658.5	1087.45	134640.9	3.29	379.0			26.80	229.1	271.50	271.50	
			低（疏）	961.47	12545.0	735.84	12545.0	424.28	2000.0	207.88	5580.8	102.09	4808.9	1.59	155.3							225.63	225.63	
			中	2963.66	208232.9	2918.17	208232.9	369.30	6724.8	1036.23	54881.9	1242.81	117680.4	266.54	28566.8	3.29	379.0					45.49	45.49	
			高（密）	8732.39	1093190.9	8732.01	1093190.9	142.42	4495.9	2594.19	310607.0	5176.08	672169.2	819.32	105918.8							0.38	0.38	
		母树林（种质资源林）	合计	299.21	37598.6	299.21	37598.6			33.83	4267.4	239.58	30129.7	25.80	3201.5									
			中	181.20	20112.3	181.20	20112.3			25.16	2392.7	156.04	17719.6											
			高（密）	118.01	17486.3	118.01	17486.3			8.67	1874.7	83.54	12410.1	25.80	3201.5									
		环境保护林	合计	6425.09	757070.9	6214.55	756579.0	828.54	12858.0	1594.30	200921.4	3326.74	477420.6	463.92	65291.8	1.05	87.2			35.00	491.9	175.54	175.54	
			低（疏）	644.02	11637.9	549.42	11637.9	372.62	693.4	38.73	1342.3	125.32	9172.8	12.75	429.4							94.60	94.60	
			中	2183.95	221532.7	2103.01	221532.7	301.65	3611.0	566.30	58649.7	1122.94	146045.8	111.07	13139.0	1.05	87.2					80.94	80.94	
			高（密）	3562.12	523408.4	3562.12	523408.4	154.27	8553.6	989.27	140929.4	2078.48	322202.0	340.10	51723.4									
		风景林	合计	12943.12	1170649.5	12151.68	1169131.7	2486.39	24568.2	2751.25	242109.8	5720.30	774580.2	1091.64	118516.4	102.10	9357.1			512.83	1517.8	278.61	278.61	
			低（疏）	1849.60	21004.6	1742.62	21004.6	1422.13	6040.1	141.59	4180.8	171.59	10304.2	7.31	479.5							106.98	106.98	
			中	5833.79	543434.4	5670.55	543434.4	783.46	10268.9	1123.89	72387.3	3076.68	392944.2	630.64	63650.5	55.88	4183.5					163.24	163.24	
			高（密）	4746.90	604692.7	4738.51	604692.7	280.80	8259.2	1485.77	165541.7	2472.03	371331.8	453.69	54386.4	46.22	5173.6					8.39	8.39	
		自然保护区林	合计	69555.27	7566211.9	66573.81	7566175.8	2426.78	18628.0	14496.19	1618452.5	40330.53	4753529.9	9025.81	1147683.3	294.50	27882.1			1.90	36.1	2979.56	2692.05	287.51
			低（疏）	6873.83	194255.5	4484.43	194255.5	14.59	640.8	2018.73	83268.3	2273.08	100004.2	175.06	10208.5	2.97	133.7					2389.40	2329.73	59.67
			中	26053.55	2449506.0	25463.39	2449506.0	2342.28	12370.7	5507.22	577533.2	14424.95	1479437.8	3069.89	373819.8	119.05	6344.5					590.16	362.32	227.84
			高（密）	36625.99	4922414.3	36625.99	4922414.3	69.91	5616.5	6970.24	957651.0	23632.50	3174087.9	5780.86	763655.0	172.48	21403.9							
	用材林	合计	合计	133319.36	17354374.5	132190.97	17350859.2	2412.07	57734.7	30788.21	4197328.4	83296.10	10986570.5	14912.41	2007434.9	782.18	101790.7			280.86	3515.3	847.53		847.53
			低（疏）	5439.56	208679.2	4888.78	208679.2	1479.74	10077.0	1112.43	55056.3	2136.96	133430.2	148.98	9205.6	10.67	910.1					550.78		550.78
			中	50562.14	5666510.6	50305.69	5666510.6	505.05	13039.7	8452.84	838349.8	36352.67	4232846.9	4750.25	551597.7	244.88	30676.5					256.45		256.45
			高（密）	77036.80	11475669.4	76996.50	11475669.4	427.28	34618.0	21222.94	3303922.3	44806.47	6620293.4	10013.18	1446631.6	526.63	70204.1					40.30		40.30

表3　内蒙古重点国有林区有林地、疏林地、灌木林地按林种和龄组面积、蓄积统计表（续4）

单位：公顷、立方米

统计单位	林种	亚林种	郁闭度（覆盖度）等级	合计		乔木林地														疏林地		灌木林地		
						小计		幼龄林		中龄林		近熟林		成熟林		过熟林						小计	特殊灌木林地	一般灌木林地
				面积	蓄积	面积	蓄积	面积	蓄积	面积	蓄积	面积	蓄积	面积	蓄积	面积	蓄积			面积	蓄积	面积	面积	面积
阿尔山林业局	用材林	一般用材林	合计	133319.36	17354374.5	132190.97	17350859.2	2412.07	57734.7	30788.21	4197328.4	83296.10	10986570.5	14912.41	2007434.9	782.18	101790.7			280.86	3515.3	847.53		847.53
			低（疏）	5439.56	208679.2	4888.78	208679.2	1479.74	10077.0	1112.43	55056.3	2136.96	133430.2	148.98	9205.6	10.67	910.1					550.78		550.78
			中	50562.14	5666510.6	50305.69	5666510.6	505.05	13039.7	8452.84	838349.8	36352.67	4232846.9	4750.25	551597.7	244.88	30676.5					256.45		256.45
			高（密）	77036.80	11475669.4	76996.50	11475669.4	427.28	34618.0	21222.94	3303922.3	44806.47	6620293.4	10013.18	1446631.6	526.63	70204.1					40.30		40.30
绰尔林业局	合计	合计	合计	363136.32	40658519.4	361336.98	40648763.8	23023.91	1757281.4	268617.84	31286652.6	38052.45	4100642.9	29261.15	3221026.8	2381.63	283160.1			351.59	9755.6	1447.75	864.95	582.80
			低（疏）	12253.77	539410.0	11247.95	539410.0	4519.17	195501.9	5830.31	292606.9	488.26	28694.9	393.07	21654.9	17.14	951.4					1005.82	526.16	479.66
			中	208642.44	22580629.1	208216.88	22580629.1	9949.09	731258.1	154989.67	17455915.9	20321.32	1997836.7	21259.91	2211086.2	1696.89	184532.2					425.56	323.55	102.01
			高（密）	141888.52	17528724.7	141872.15	17528724.7	8555.65	830521.4	107797.86	13538129.8	17242.87	2074111.3	7608.17	988285.7	667.60	97676.5					16.37	15.24	1.13
	防护林	合计	合计	204164.47	22477912.3	202670.89	22474628.8	15141.61	1066273.1	143493.09	16578001.7	23518.18	2559693.1	18740.91	2058911.7	1777.10	211749.2			184.19	3283.5	1309.39	840.93	468.46
			低（疏）	8410.72	367703.8	7543.26	367703.8	3619.18	163948.2	3374.03	174855.2	307.07	17048.0	231.48	11174.8	11.50	677.6					867.46	502.14	365.32
			中	116295.01	12401163.6	115869.45	12401163.6	6156.50	390628.5	82104.97	9186547.3	12826.02	1275608.9	13493.28	1406901.9	1288.68	141477.0					425.56	323.55	102.01
			高（密）	79274.55	9705761.4	79258.18	9705761.4	5365.93	511696.4	58014.09	7216599.2	10385.09	1267036.2	5016.15	640835.0	476.92	69594.6					16.37	15.24	1.13
		水土保持林	合计	201919.78	22229811.2	200483.01	22226527.7	15009.43	1059035.6	142107.37	16409136.0	23236.13	2530179.2	18499.81	2032903.9	1630.27	195273.0			184.19	3283.5	1252.58	837.86	414.72
			低（疏）	8147.78	358171.3	7334.12	358171.3	3557.42	160581.3	3298.82	172094.4	289.18	16354.8	179.16	8607.3	9.54	533.5					813.66	500.31	313.35
			中	115047.95	12257203.9	114625.40	12257203.9	6105.83	388425.1	81303.48	9087860.1	12703.05	1262824.8	13360.95	1391869.2	1152.09	126224.7					422.55	322.31	100.24
			高（密）	78539.86	9611152.5	78523.49	9611152.5	5346.18	510029.2	57505.07	7149181.5	10243.90	1250999.6	4959.70	632427.4	468.64	68514.8					16.37	15.24	1.13
		护岸林	合计	1001.65	106211.9	948.40	106211.9	28.07	1322.8	531.11	64461.3	104.69	9849.1	148.52	15113.9	136.01	15464.8					53.25	0.78	52.47
			低（疏）	156.40	4522.2	105.70	4522.2	10.28	223.6	36.90	1411.2	17.89	693.2	38.67	2050.1	1.96	144.1					50.70		50.70
			中	585.20	68239.2	582.65	68239.2	7.98	223.9	331.70	41549.0	40.45	3626.2	76.75	8599.2	125.77	14240.9					2.55	0.78	1.77
			高（密）	260.05	33450.5	260.05	33450.5	9.81	875.3	162.51	21501.1	46.35	5529.7	33.10	4464.6	8.28	1079.8							
		护路林	合计	1243.04	141889.2	1239.48	141889.2	104.11	5914.7	854.61	104404.4	177.36	19664.8	92.58	10893.9	10.82	1011.4					3.56	2.29	1.27
			低（疏）	106.54	5010.3	103.44	5010.3	51.48	3143.3	38.31	1349.6			13.65	517.4							3.10	1.83	1.27
			中	661.86	75720.5	661.40	75720.5	42.69	1979.5	469.79	57138.2	82.52	9157.9	55.58	6433.5	10.82	1011.4					0.46	0.46	
			高（密）	474.64	61158.4	474.64	61158.4	9.94	791.9	346.51	45916.6	94.84	10506.9	23.35	3943.0									
	特用林	合计	合计	20993.89	2362470.4	20942.76	2361581.3	583.18	47413.9	16957.83	1940863.4	2514.63	272666.6	837.01	96660.0	50.11	3977.4			17.80	889.1	33.33	24.02	9.31
			低（疏）	523.62	24660.2	490.29	24660.2	12.01	177.2	403.57	20640.1	39.74	2036.0	29.33	1533.1	5.64	273.8					33.33	24.02	9.31
			中	11800.68	1271291.6	11800.68	1271291.6	191.42	14484.8	9614.72	1061329.5	1290.46	117533.4	661.89	74563.3	42.19	3380.6							
			高（密）	8651.79	1065629.5	8651.79	1065629.5	379.75	32751.9	6939.54	858893.8	1184.43	153097.2	145.79	20563.6	2.28	323.0							

表 3　内蒙古重点国有林区有林地、疏林地、灌木林地按林种和龄组面积、蓄积统计表（续 5）

单位：公顷、立方米

统计单位	林种	亚林种	郁闭度（覆盖度）等级	合计		乔木林地 小计		幼龄林		中龄林		近熟林		成熟林		过熟林		疏林地		灌木林地 小计	特殊灌木林地	一般灌木林地
				面积	蓄积	面积	蓄积	面积	蓄积	面积	蓄积	面积	蓄积	面积	蓄积	面积	蓄积	面积	蓄积	面积	面积	面积
绰尔林业局	特用林	种质资源林（母树林）	合计	1035.20	155630.0	1035.20	155630.0	12.10	1743.0	703.76	100316.2	97.99	16435.1	221.35	37135.7							
			低（疏）	8.89	399.5	8.89	399.5			8.89	399.5											
			中	741.96	109060.8	741.96	109060.8	8.80	1341.4	553.41	78136.7	24.30	3706.4	155.45	25876.3							
			高（密）	284.35	46169.7	284.35	46169.7	3.30	401.6	141.46	21780.0	73.69	12728.7	65.90	11259.4							
		环境保护林	合计	469.80	75706.5	469.80	75706.5			261.18	39871.8	190.64	34543.0	17.98	1291.7							
			低（疏）	40.17	5741.5	40.17	5741.5			40.17	5741.5											
			中	164.37	16904.8	164.37	16904.8			66.06	7450.4	94.29	8986.9	4.02	467.5							
			高（密）	265.26	53060.2	265.26	53060.2			154.95	26679.9	96.35	25556.1	13.96	824.2							
		风景林	合计	19488.89	2131133.9	19437.76	2130244.8	571.08	45670.9	15992.89	1800675.4	2226.00	221688.5	597.68	58232.6	50.11	3977.4	17.80	889.1	33.33	24.02	9.31
			低（疏）	474.56	18519.2	441.23	18519.2	12.01	177.2	354.51	14499.1	39.74	2036.0	29.33	1533.1	5.64	273.8			33.33	24.02	9.31
			中	10894.35	1145326.0	10894.35	1145326.0	182.62	13143.4	8995.25	975742.4	1171.87	104840.1	502.42	48219.5	42.19	3380.6					
			高（密）	8102.18	966399.6	8102.18	966399.6	376.45	32350.3	6643.13	810433.9	1014.39	114812.4	65.93	8480.0	2.28	323.0					
	用材林	合计	合计	137977.96	15818136.7	137723.33	15812553.7	7299.12	643594.4	108166.92	12767787.5	12019.64	1268283.2	9683.23	1065455.1	554.42	67433.5	149.60	5583.0	105.03		105.03
			低（疏）	3319.43	147046.0	3214.40	147046.0	887.98	31376.5	2052.71	97111.6	141.45	9610.9	132.26	8947.0					105.03		105.03
			中	80546.75	8908173.9	80546.75	8908173.9	3601.17	326144.8	63269.98	7208039.1	6204.84	604694.4	7104.74	729621.0	366.02	39674.6					
			高（密）	53962.18	6757333.8	53962.18	6757333.8	2809.97	286073.1	42844.23	5462636.8	5673.35	653977.9	2446.23	326887.1	188.40	27758.9					
		一般用材林	合计	137977.96	15818136.7	137723.33	15812553.7	7299.12	643594.4	108166.92	12767787.5	12019.64	1268283.2	9683.23	1065455.1	554.42	67433.5	149.60	5583.0	105.03		105.03
			低（疏）	3319.43	147046.0	3214.40	147046.0	887.98	31376.5	2052.71	97111.6	141.45	9610.9	132.26	8947.0					105.03		105.03
			中	80546.75	8908173.9	80546.75	8908173.9	3601.17	326144.8	63269.98	7208039.1	6204.84	604694.4	7104.74	729621.0	366.02	39674.6					
			高（密）	53962.18	6757333.8	53962.18	6757333.8	2809.97	286073.1	42844.23	5462636.8	5673.35	653977.9	2446.23	326887.1	188.40	27758.9					
绰源林业局	合计	合计	合计	265164.00	30998705.8	256201.99	30994059.7	10184.21	731258.7	202392.63	24670619.1	14850.03	1760673.5	27170.46	3610553.2	1604.66	220955.2	195.59	4646.1	8766.42	5751.70	3014.72
			低（疏）	9108.76	52888.2	2559.02	52888.2	1203.33	7079.5	1302.47	43048.3	33.08	1750.8	20.14	1009.6					6549.74	4034.82	2514.92
			中	77471.25	8123539.0	76451.11	8123539.0	3433.24	124280.1	56013.98	6064687.9	6910.46	739736.9	9766.63	1150372.6	326.80	44461.5			1020.14	788.86	231.28
			高（密）	178388.40	22817632.5	177191.86	22817632.5	5547.64	599899.1	145076.18	18562882.9	7906.49	1019185.8	17383.69	2459171.0	1277.86	176493.7			1196.54	928.02	268.52
	防护林	合计	合计	141943.20	16170014.6	136925.86	16167983.2	6742.63	479808.5	104253.89	12542436.9	8867.99	983402.9	16010.43	2014235.2	1050.92	148099.7	108.43	2031.4	4908.91	2643.53	2265.38
			低（疏）	4948.75	27069.3	1435.88	27069.3	756.70	2503.9	630.33	22006.6	30.24	1648.4	18.61	910.4					3512.87	1576.09	1936.78
			中	40365.78	4022666.5	39822.37	4022666.5	2297.51	77280.5	27435.09	2863624.0	4021.35	394848.9	5829.83	653645.2	238.59	33267.9			543.41	431.15	112.26
			高（密）	96520.24	12118247.4	95667.61	12118247.4	3688.42	400024.1	76188.47	9656806.3	4816.40	586905.6	10161.99	1359679.6	812.33	114831.8			852.63	636.29	216.34

表3 内蒙古重点国有林区有林地、疏林地、灌木林地按林种和龄组面积、蓄积统计表（续6）

单位：公顷、立方米

统计单位	林种	亚林种	郁闭度（覆盖度）等级	合计		乔木林地												疏林地		灌木林地		
						小计		幼龄林		中龄林		近熟林		成熟林		过熟林				小计	特殊灌木林地	一般灌木林地
				面积	蓄积	面积	蓄积	面积	蓄积	面积	蓄积	面积	蓄积	面积	蓄积	面积	蓄积	面积	蓄积	面积	面积	面积
绰源林业局	防护林	水源涵养林	合计	4695.23	598618.6	4460.79	598618.6	1.07	57.6	4399.69	593351.6			60.03	5209.4					234.44	234.44	
			低（疏）	57.01	1935.3	50.38	1935.3			50.38	1935.3									6.63	6.63	
			中	1278.84	148477.9	1224.81	148477.9	1.07	57.6	1163.71	143210.9			60.03	5209.4					54.03	54.03	
			高（密）	3359.38	448205.4	3185.60	448205.4			3185.60	448205.4									173.78	173.78	
		水土保持林	合计	135404.98	15431269.0	130882.43	15429237.6	6627.61	474322.1	98808.73	11851693.6	8717.31	971068.1	15677.86	1984054.1	1050.92	148099.7	108.43	2031.4	4414.12	2222.36	2191.76
			低（疏）	4647.92	22713.5	1296.14	22713.5	728.82	2503.9	528.78	18182.9	30.24	1648.4	8.30	378.3					3351.78	1488.54	1863.24
			中	38074.92	3808166.9	37678.20	3808166.9	2243.37	75316.8	25690.15	2676065.8	3915.48	387855.7	5590.61	635660.7	238.59	33267.9			396.72	284.54	112.18
			高（密）	92573.71	11598357.2	91908.09	11598357.2	3655.42	396501.4	72589.80	9157444.9	4771.59	581564.0	10078.95	1348015.1	812.33	114831.8			665.62	449.28	216.34
		护岸林	合计	704.31	48110.4	616.84	48110.4	2.08	125.4	312.71	25069.9	106.21	6274.2	195.84	16640.9					87.47	51.41	36.06
			低（疏）	115.96	1528.9	41.72	1528.9			41.72	1528.9									74.24	38.18	36.06
			中	367.43	22476.6	367.43	22476.6			116.77	6468.0	86.97	4630.4	163.69	11378.2							
			高（密）	220.92	24104.9	207.69	24104.9	2.08	125.4	154.22	17073.0	19.24	1643.8	32.15	5262.7					13.23	13.23	
		护路林	合计	1138.68	92016.6	965.80	92016.6	111.87	5303.4	732.76	72321.8	44.47	6060.6	76.70	8330.8					172.88	135.32	37.56
			低（疏）	127.86	891.6	47.64	891.6	27.88		9.45	359.5			10.31	532.1					80.22	42.74	37.48
			中	644.59	43545.1	551.93	43545.1	53.07	1906.1	464.46	37879.3	18.90	2362.8	15.50	1396.9					92.66	92.58	0.08
			高（密）	366.23	47579.9	366.23	47579.9	30.92	3397.3	258.85	34083.0	25.57	3697.8	50.89	6401.8							
	特用林	合计	合计	46004.92	5341802.0	42843.18	5341154.7	1432.40	97494.6	34796.64	4224932.3	1798.90	259560.5	4639.92	733224.4	175.32	25942.9	14.72	647.3	3147.02	3108.17	38.85
			低（疏）	3294.89	19765.1	797.31	19765.1	291.45	3688.2	501.49	15875.3	2.84	102.4	1.53	99.2					2497.58	2458.73	38.85
			中	11355.72	1112770.3	10998.01	1112770.3	443.57	18169.4	9156.07	929388.4	409.83	48101.6	942.84	110612.1	45.70	6498.8			357.71	357.71	
			高（密）	31339.59	4208619.3	31047.86	4208619.3	697.38	75637.0	25139.08	3279668.6	1386.23	211356.5	3695.55	622513.1	129.62	19444.1			291.73	291.73	
		母树林（种质资源林）	合计	690.91	87600.3	690.91	87600.3	103.06	10441.2	309.18	38839.6	101.74	12901.7	176.93	25417.8							
			中	360.96	46961.3	360.96	46961.3	9.98	978.3	232.84	30372.5	54.74	7025.8	63.40	8584.7							
			高（密）	329.95	40639.0	329.95	40639.0	93.08	9462.9	76.34	8467.1	47.00	5875.9	113.53	16833.1							
		风景林	合计	45314.01	5254201.7	42152.27	5253554.4	1329.34	87053.4	34487.46	4186092.7	1697.16	246658.8	4462.99	707806.6	175.32	25942.9	14.72	647.3	3147.02	3108.17	38.85
			低（疏）	3294.89	19765.1	797.31	19765.1	291.45	3688.2	501.49	15875.3	2.84	102.4	1.53	99.2					2497.58	2458.73	38.85
			中	10994.76	1065809.0	10637.05	1065809.0	433.59	17191.1	8923.23	899015.9	355.09	41075.8	879.44	102027.4	45.70	6498.8			357.71	357.71	
			高（密）	31009.64	4167980.3	30717.91	4167980.3	604.30	66174.1	25062.74	3271201.5	1339.23	205480.6	3582.02	605680.0	129.62	19444.1			291.73	291.73	

表 3　内蒙古重点国有林区有林地、疏林地、灌木林地按林种和龄组面积、蓄积统计表（续 7）

统计单位	林种	亚林种	郁闭度（覆盖度）等级	乔木林地 合计 面积	合计 蓄积	小计 面积	小计 蓄积	幼龄林 面积	幼龄林 蓄积	中龄林 面积	中龄林 蓄积	近熟林 面积	近熟林 蓄积	成熟林 面积	成熟林 蓄积	过熟林 面积	过熟林 蓄积	疏林地 面积	疏林地 蓄积	灌木林地 小计 面积	特殊灌木林地 面积	一般灌木林地 面积
绰源林业局	用材林	合计	合计	77215.88	9486889.2	76432.95	9484921.8	2009.18	153955.6	63342.10	7903249.9	4183.14	517710.1	6520.11	863093.6	378.42	46912.6	72.44	1967.4	710.49		710.49
			低（疏）	865.12	6053.8	325.83	6053.8	155.18	887.4	170.65	5166.4									539.29		539.29
			中	25749.75	2988102.2	25630.73	2988102.2	692.16	28830.2	19422.82	2271675.5	2479.28	296786.4	2993.96	386115.3	42.51	4694.8			119.02		119.02
			高（密）	50528.57	6490765.8	50476.39	6490765.8	1161.84	124238.0	43748.63	5626408.0	1703.86	220923.7	3526.15	476978.3	335.91	42217.8			52.18		52.18
		一般用材林	合计	77215.88	9486889.2	76432.95	9484921.8	2009.18	153955.6	63342.10	7903249.9	4183.14	517710.1	6520.11	863093.6	378.42	46912.6	72.44	1967.4	710.49		710.49
			低（疏）	865.12	6053.8	325.83	6053.8	155.18	887.4	170.65	5166.4									539.29		539.29
			中	25749.75	2988102.2	25630.73	2988102.2	692.16	28830.2	19422.82	2271675.5	2479.28	296786.4	2993.96	386115.3	42.51	4694.8			119.02		119.02
			高（密）	50528.57	6490765.8	50476.39	6490765.8	1161.84	124238.0	43748.63	5626408.0	1703.86	220923.7	3526.15	476978.3	335.91	42217.8			52.18		52.18
乌尔旗汉林业局	合计	合计	合计	493936.45	58778949.9	482049.21	58742191.6	39963.95	2505077.2	358786.04	44959881.8	32213.62	4375023.3	45951.40	6265651.3	5134.20	636558.0	1029.70	36758.3	10857.54	7647.81	3209.73
			低（疏）	13674.21	219822.4	10373.56	219822.4	6878.86	45020.8	3156.00	151824.5	161.20	10325.9	170.40	12322.4	7.10	328.8			3300.65	1405.11	1895.54
			中	110525.84	9645684.1	104691.15	9645684.1	11721.33	471284.2	72084.93	6842466.5	7799.09	895149.5	11074.60	1222408.2	2011.20	214375.7			5834.69	4873.20	961.49
			高（密）	368706.70	48876685.1	366984.50	48876685.1	21363.76	1988772.2	283545.11	37965590.8	24253.33	3469547.9	34706.40	5030920.7	3115.90	421853.5			1722.20	1369.50	352.70
	防护林	合计	合计	244764.69	28642065.5	238478.20	28611259.8	19292.14	1205475.3	174549.71	21572338.2	16033.95	2112225.3	24962.10	3265775.9	3640.30	455445.1	753.80	30805.7	5532.69	4123.34	1409.35
			低（疏）	5798.15	112888.8	4313.46	112888.8	2639.86	18047.2	1538.20	87223.4	49.40	1990.2	86.00	5628.0					1484.69	879.64	605.05
			中	66478.82	5898587.7	63071.22	5898587.7	6540.01	237561.0	43252.42	4228417.9	4536.29	497443.8	7471.50	802462.4	1271.00	132702.6			3407.60	2708.80	698.80
			高（密）	171733.92	22599783.3	171093.52	22599783.3	10112.27	949867.1	129759.09	17256696.9	11448.26	1612791.3	17404.60	2457685.5	2369.30	322742.5			640.40	534.90	105.50
		水土保持林	合计	239409.79	28219048.9	233943.35	28188286.7	18871.64	1189775.7	171448.36	21262800.9	15628.05	2065091.9	24496.00	3227702.6	3499.30	442915.6	751.30	30762.2	4715.14	3823.84	891.30
			低（疏）	5273.10	109213.9	4176.86	109213.9	2574.96	17711.6	1488.10	85105.1	49.40	1990.2	64.40	4407.0					1096.24	867.34	228.90
			中	63796.06	5717149.9	60658.86	5717149.9	6267.01	228308.2	41838.36	4113242.2	4290.89	476352.2	7117.90	777747.7	1144.70	121499.6			3137.20	2574.60	562.60
			高（密）	169589.33	22361922.9	169107.63	22361922.9	10029.67	943755.9	128121.90	17064453.6	11287.76	1586749.5	17313.70	2445547.9	2354.60	321416.0			481.70	381.90	99.80
		护岸林	合计	3278.21	211571.9	2504.06	211528.4	123.80	4150.9	1585.16	142107.4	261.40	23817.7	392.70	28922.9	141.00	12529.5	2.50	43.5	771.65	272.10	499.55
			低（疏）	440.85	2804.7	61.70	2804.7	2.60		38.20	1619.6			20.90	1185.1					379.15	5.50	373.65
			中	1741.86	109878.3	1502.36	109878.3	108.20	2988.6	738.16	55798.7	215.30	17385.0	314.40	22503.0	126.30	11203.0			239.50	113.60	125.90
			高（密）	1093.00	98845.4	940.00	98845.4	13.00	1162.3	808.80	84689.1	46.10	6432.7	57.40	5234.8	14.70	1326.5			153.00	153.00	
		护路林	合计	2076.69	211444.7	2030.79	211444.7	296.70	11548.7	1516.19	167429.9	144.50	23315.7	73.40	9150.4					45.90	27.40	18.50
			低（疏）	84.20	870.2	74.90	870.2	62.30	335.6	11.90	498.7			0.70	35.9					9.30	6.80	2.50
			中	940.90	71559.5	910.00	71559.5	164.80	6264.2	675.90	59377.0	30.10	3706.6	39.20	2211.7					30.90	20.60	10.30
			高（密）	1051.59	139015.0	1045.89	139015.0	69.60	4948.9	828.39	107554.2	114.40	19609.1	33.50	6902.8					5.70		5.70

表3 内蒙古重点国有林区有林地、疏林地、灌木林地按林种和龄组面积、蓄积统计表（续8）

单位：公顷、立方米

统计单位	林种	亚林种	郁闭度（覆盖度）等级	合计		乔木林地														疏林地		灌木林地		
						小计		幼龄林		中龄林		近熟林		成熟林		过熟林				小计	特殊灌木林地	一般灌木林地
				面积	蓄积	面积	蓄积	面积	蓄积	面积	蓄积	面积	蓄积	面积	蓄积	面积	蓄积	面积	蓄积	面积	面积	面积
乌尔旗汉林业局	特用林	合计	合计	99952.38	11246676.7	94871.63	11244374.5	10368.21	449022.9	71990.00	9003870.1	5582.92	790936.2	6682.70	970310.2	247.80	30235.1	57.40	2302.2	5023.35	3524.47	1498.88
			低（疏）	5806.66	42341.7	4079.90	42341.7	3413.20	17399.6	583.20	18390.2	76.40	6223.1			7.10	328.8			1726.76	525.47	1201.29
			中	13489.66	756537.4	11174.47	756537.4	2727.92	69875.5	7246.05	555571.9	670.20	77099.8	454.00	48034.3	76.30	5955.9			2315.19	2164.40	150.79
			高（密）	80598.66	10445495.4	79617.26	10445495.4	4227.09	361747.8	64160.75	8429908.0	4836.32	707613.3	6228.70	922275.9	164.40	23950.4			981.40	834.60	146.80
		实验林	合计	1087.50	150729.3	1087.50	150729.3			1048.90	146044.6	26.80	3668.6	11.80	1016.1							
			中	97.20	12556.6	97.20	12556.6			97.20	12556.6											
			高（密）	990.30	138172.7	990.30	138172.7			951.70	133488.0	26.80	3668.6	11.80	1016.1							
		种质资源（母树林）	合计	834.60	128149.5	834.60	128149.5	147.80	13061.5	395.90	69725.6	236.70	35748.1	54.20	9614.3							
			中	239.40	28552.5	239.40	28552.5	64.50	4796.0	50.50	7973.6	97.10	11715.0	27.30	4067.9							
			高（密）	595.20	99597.0	595.20	99597.0	83.30	8265.5	345.40	61752.0	139.60	24033.1	26.90	5546.4							
		环境保护林	合计	1467.75	37135.8	252.00	37135.8	25.90	681.5	104.00	12226.1	81.00	16185.9	41.10	8042.3					1215.75	2.57	1213.18
			低（疏）	1023.36																1023.36	2.57	1020.79
			中	134.89	2482.2	28.40	2482.2	12.00	48.2	8.20	984.2	7.00	1242.4	1.20	207.4					106.49		106.49
			高（密）	309.50	34653.6	223.60	34653.6	13.90	633.3	95.80	11241.9	74.00	14943.5	39.90	7834.9					85.90		85.90
		风景林	合计	31178.73	3273644.3	30314.43	3271342.1	7448.21	298844.3	18628.70	2371704.6	2080.32	298006.2	2049.30	287143.9	107.90	15643.1	57.40	2302.2	806.90	521.20	285.70
			低（疏）	3482.20	12066.2	3109.80	12066.2	2970.00	3891.3	73.10	2494.6	66.70	5680.3							372.40	191.90	180.50
			中	5188.87	316856.5	4815.27	316856.5	1597.32	27837.7	2661.65	227841.4	329.70	37970.4	210.90	21485.2	15.70	1721.8			373.60	329.30	44.30
			高（密）	22450.26	2942419.4	22389.36	2942419.4	2880.89	267115.3	15893.95	2141368.6	1683.92	254355.5	1838.40	265658.7	92.20	13921.3			60.90		60.90
		自然保护区林	合计	65383.80	7657017.8	62383.10	7657017.8	2746.30	136435.6	51812.50	6404169.2	3158.10	437327.4	4526.30	664493.6	139.90	14592.0			3000.70	3000.70	
			低（疏）	1301.10	30275.5	970.10	30275.5	443.20	13508.3	510.10	15895.6	9.70	542.8			7.10	328.8			331.00	331.00	
			中	7829.30	396089.6	5994.20	396089.6	1054.10	37193.6	4428.50	306216.1	236.40	26172.0	214.60	22273.8	60.60	4234.1			1835.10	1835.10	
			高（密）	56253.40	7230652.7	55418.80	7230652.7	1249.00	85733.7	46873.90	6082057.5	2912.00	410612.6	4311.70	642219.8	72.20	10029.1			834.60	834.60	
	用材林	合计	合计	149219.38	18890207.7	148699.38	18886557.3	10303.60	850579.0	112246.33	14383673.5	10596.75	1471861.8	14306.60	2029565.2	1246.10	150877.8	218.50	3650.4	301.50		301.50
			低（疏）	2069.40	64591.9	1980.20	64591.9	825.80	9574.0	1034.60	46210.9	35.40	2112.6	84.40	6694.4					89.20		89.20
			中	30557.36	2990559.0	30445.46	2990559.0	2453.40	163847.7	21586.46	2058476.7	2592.60	320605.9	3149.10	371911.5	663.90	75717.2			111.90		111.90
			高（密）	116374.12	15831406.4	116273.72	15831406.4	7024.40	677157.3	89625.27	12278985.9	7968.75	1149143.3	11073.10	1650959.3	582.20	75160.6			100.40		100.40

表 3　内蒙古重点国有林区有林地、疏林地、灌木林地按林种和龄组面积、蓄积统计表（续 9）

单位：公顷、立方米

统计单位	林种	亚林种	郁闭度（覆盖度）等级	合计		乔木林地														疏林地		灌木林地		
						小计		幼龄林		中龄林		近熟林		成熟林		过熟林						小计	特殊灌木林地	一般灌木林地
				面积	蓄积	面积	蓄积	面积	蓄积	面积	蓄积	面积	蓄积	面积	蓄积	面积	蓄积			面积	蓄积	面积	面积	面积
乌尔旗汉林业局	用材林	一般用材林	合计	149219.38	18890207.7	148699.38	18886557.3	10303.60	850579.0	112246.33	14383673.5	10596.75	1471861.8	14306.60	2029565.2	1246.10	150877.8			218.50	3650.4	301.50		301.50
			低（疏）	2069.40	64591.9	1980.20	64591.9	825.80	9574.0	1034.60	46210.9	35.40	2112.6	84.40	6694.4							89.20		89.20
			中	30557.36	2990559.0	30445.46	2990559.0	2453.40	163847.7	21586.46	2058476.7	2592.60	320605.9	3149.10	371911.5	663.90	75717.2					111.90		111.90
			高（密）	116374.12	15831406.4	116273.72	15831406.4	7024.40	677157.3	89625.27	12278985.9	7968.75	1149143.3	11073.10	1650959.3	582.20	75160.6					100.40		100.40
	合计	合计	合计	451439.77	48527406.3	428838.66	48523473.2	25510.31	1127683.3	254804.57	28771765.4	121735.47	15237388.5	25117.34	3170344.2	1670.97	216291.8			261.51	3933.1	22339.60	21430.73	908.87
			低（疏）	15774.84	352477.0	13994.06	352477.0	8105.48	130346.1	5000.61	165779.5	558.84	33273.1	329.13	23078.3							1780.78	1621.19	159.59
			中	182028.43	18063130.9	167904.00	18063130.9	9223.22	424156.0	97207.60	10448358.1	48485.34	5597784.0	12484.67	1534967.2	503.17	57865.6					14124.43	13570.20	554.23
			高（密）	253374.99	30107865.3	246940.60	30107865.3	8181.61	573181.2	152596.36	18157627.8	72691.29	9606331.4	12303.54	1612298.7	1167.80	158426.2					6434.39	6239.34	195.05
库都尔林业局	防护林	合计	合计	307967.71	31952929.1	288045.30	31949317.2	20702.01	924070.3	169310.87	18679763.5	80738.52	10158033.5	16144.81	2035987.9	1149.09	151462.0			247.25	3611.9	19675.16	19112.37	562.79
			低（疏）	11661.44	265953.3	10225.21	265953.3	5731.73	93977.9	3844.80	130620.7	388.03	23740.2	260.65	17614.5							1436.23	1310.71	125.52
			中	117380.67	11129269.0	105449.88	11129269.0	7945.41	371956.6	60121.48	6377206.5	29248.12	3377506.0	7812.43	965345.0	322.44	37254.9					11930.79	11579.24	351.55
			高（密）	178678.35	20554094.9	172370.21	20554094.9	7024.87	458135.8	105344.59	12171936.3	51102.37	6756787.3	8071.73	1053028.4	826.65	114207.1					6308.14	6222.42	85.72
		水源涵养林	合计	28390.07	2168014.0	28081.43	2168014.0	3056.60	76024.2	15418.58	1137763.1	8903.56	885319.2	685.36	66755.1	17.33	2152.4					308.64	308.64	
			低（疏）	1473.17	19868.7	1417.57	19868.7	1124.81	10899.5	265.93	7944.7	26.83	1024.5									55.60	55.60	
			中	5854.16	368211.8	5629.92	368211.8	1272.53	40905.9	3152.23	217921.6	860.89	79265.2	344.27	30119.1							224.24	224.24	
			高（密）	21062.74	1779933.5	21033.94	1779933.5	659.26	24218.8	12000.42	911896.8	8015.84	805029.5	341.09	36636.0	17.33	2152.4					28.80	28.80	
		水土保持林	合计	270344.83	29245366.5	253135.28	29242150.3	16518.69	814051.3	149700.97	17208105.2	70682.64	9140062.7	15101.22	1930621.5	1131.76	149309.6			205.75	3216.2	17003.80	16660.04	343.76
			低（疏）	8586.10	212266.6	7568.96	212266.6	4066.10	75710.7	2982.35	105320.2	308.97	18989.8	211.54	12245.9							1017.14	949.24	67.90
			中	106833.48	10517328.7	96568.05	10517328.7	6226.50	312361.2	54886.83	6003770.3	27859.42	3248009.2	7272.86	915933.1	322.44	37254.9					10265.43	10059.42	206.01
			高（密）	154719.50	18512555.0	148998.27	18512555.0	6226.09	425979.4	91831.79	11099014.7	42514.25	5873063.7	7616.82	1002442.5	809.32	112054.7					5721.23	5651.38	69.85
		护岸林	合计	5278.87	287549.9	3975.57	287549.9	599.26	18257.3	2334.16	159399.6	753.36	82231.2	288.79	27661.8							1303.30	1113.84	189.46
			低（疏）	1188.97	29032.8	971.08	29032.8	311.98	4243.8	561.58	15975.1	49.03	3534.4	48.49	5279.5							217.89	173.84	44.05
			中	2726.90	141806.4	1900.60	141806.4	245.19	10942.1	1100.71	79647.1	389.68	35524.3	165.02	15692.9							826.30	696.76	129.54
			高（密）	1363.00	116710.7	1103.89	116710.7	42.09	3071.4	671.87	63777.4	314.65	43172.5	75.28	6689.4							259.11	243.24	15.87
		护路林	合计	3953.94	251998.7	2853.02	251603.0	527.46	15737.5	1857.16	174495.6	398.96	50420.4	69.44	10949.5					41.50	395.7	1059.42	1029.85	29.57
			低（疏）	413.20	4785.2	267.60	4785.2	228.84	3123.9	34.94	1380.7	3.20	191.5	0.62	89.1							145.60	132.03	13.57
			中	1966.13	101922.1	1351.31	101922.1	201.19	7747.4	981.71	75867.5	138.13	14707.3	30.28	3599.9							614.82	598.82	16.00
			高（密）	1533.11	144895.7	1234.11	144895.7	97.43	4866.2	840.51	97247.4	257.63	35521.6	38.54	7260.5							299.00	299.00	

表3 内蒙古重点国有林区有林地、疏林地、灌木林地按林种和龄组面积、蓄积统计表（续10）

单位：公顷、立方米

统计单位	林种	亚林种	郁闭度（覆盖度）等级	合计		乔木林地												疏林地		灌木林地		
						小计		幼龄林		中龄林		近熟林		成熟林		过熟林				小计	特殊灌木林地	一般灌木林地
				面积	蓄积	面积	蓄积	面积	蓄积	面积	蓄积	面积	蓄积	面积	蓄积	面积	蓄积	面积	蓄积	面积	面积	面积
库都尔林业局	特用林	合计	合计	10552.68	855200.5	8234.32	855200.5	1309.97	31998.5	3982.18	464952.7	2429.73	291648.5	510.31	66440.4	2.13	160.4			2318.36	2318.36	
			低（疏）	1314.41	14281.6	1003.93	14281.6	839.48	7327.0	108.72	3799.7	55.73	3154.9							310.48	310.48	
			中	5145.53	300032.1	3154.57	300032.1	341.78	9265.0	1449.64	129805.9	1090.11	126291.1	270.91	34509.7	2.13	160.4			1990.96	1990.96	
			高（密）	4092.74	540886.8	4075.82	540886.8	128.71	15406.5	2423.82	331347.1	1283.89	162202.5	239.40	31930.7					16.92	16.92	
		种质资源林（母树林）	合计	1254.43	161928.9	1254.43	161928.9	43.49	5055.8	430.05	52409.6	584.03	78980.2	196.86	25483.3							
			低（疏）	4.49	263.4	4.49	263.4					4.49	263.4									
			中	736.36	88419.4	736.36	88419.4	9.82	1360.1	215.69	20562.5	364.23	48368.2	146.62	18128.6							
			高（密）	513.58	73246.1	513.58	73246.1	33.67	3695.7	214.36	31847.1	215.31	30348.6	50.24	7354.7							
		环境保护林	合计	5437.32	411786.7	4319.11	411786.7	1109.02	23080.5	2201.41	262663.4	860.13	105411.5	148.55	20631.3					1118.21	1118.21	
			低（疏）	1048.35	7499.1	829.50	7499.1	790.80	6562.8	38.70	936.3									218.85	218.85	
			中	2217.85	108451.1	1318.49	108451.1	229.03	5439.9	856.67	78753.9	197.94	19195.8	34.85	5061.5					899.36	899.36	
			高（密）	2171.12	295836.5	2171.12	295836.5	89.19	11077.8	1306.04	182973.2	662.19	86215.7	113.70	15569.8							
		风景林	合计	3860.93	281484.9	2660.78	281484.9	157.46	3862.2	1350.72	149879.7	985.57	107256.8	164.90	20325.8	2.13	160.4			1200.15	1200.15	
			低（疏）	261.57	6519.1	169.94	6519.1	48.68	764.2	70.02	2863.4	51.24	2891.5							91.63	91.63	
			中	2191.32	103161.6	1099.72	103161.6	102.93	2465.0	377.28	30489.5	527.94	58727.1	89.44	11319.6	2.13	160.4			1091.60	1091.60	
			高（密）	1408.04	171804.2	1391.12	171804.2	5.85	633.0	903.42	116526.8	406.39	45638.2	75.46	9006.2					16.92	16.92	
	用材林	合计	合计	132919.38	15719276.7	132559.04	15718955.5	3498.33	171614.5	81511.52	9627049.2	38567.22	4787706.5	8462.22	1067915.9	519.75	64669.4	14.26	321.2	346.08		346.08
			低（疏）	2798.99	72242.1	2764.92	72242.1	1534.27	29041.2	1047.09	31359.1	115.08	6378.0	68.48	5463.8					34.07		34.07
			中	59502.23	6633829.8	59299.55	6633829.8	936.03	42934.4	35636.48	3941345.7	18147.11	2093986.9	4401.33	535112.5	178.60	20450.3			202.68		202.68
			高（密）	70603.90	9012883.6	70494.57	9012883.6	1028.03	99638.9	44827.95	5654344.4	20305.03	2687341.6	3992.41	527339.6	341.15	44219.1			109.33		109.33
		一般用材林	合计	132919.38	15719276.7	132559.04	15718955.5	3498.33	171614.5	81511.52	9627049.2	38567.22	4787706.5	8462.22	1067915.9	519.75	64669.4	14.26	321.2	346.08		346.08
			低（疏）	2798.99	72242.1	2764.92	72242.1	1534.27	29041.2	1047.09	31359.1	115.08	6378.0	68.48	5463.8					34.07		34.07
			中	59502.23	6633829.8	59299.55	6633829.8	936.03	42934.4	35636.48	3941345.7	18147.11	2093986.9	4401.33	535112.5	178.60	20450.3			202.68		202.68
			高（密）	70603.90	9012883.6	70494.57	9012883.6	1028.03	99638.9	44827.95	5654344.4	20305.03	2687341.6	3992.41	527339.6	341.15	44219.1			109.33		109.33
图里河林业局	合计	合计	合计	331577.88	35459399.4	318568.31	35452222.7	14967.27	819131.8	236484.86	26626157.5	50443.62	5779008.7	14636.12	1924799.7	2036.44	303125.0	228.29	7176.7	12781.28	12781.28	
			低（疏）	8954.72	292576.4	7033.37	292576.4	1284.07	40324.4	5472.92	238883.5	217.55	10312.9	46.66	2347.7	12.17	707.9			1921.35	1921.35	
			中	243819.08	25629598.7	238620.62	25629598.7	11134.40	609971.6	180850.19	19758893.2	36365.46	3982921.8	9492.35	1167449.6	778.22	110362.5			5198.46	5198.46	
			高（密）	78575.79	9530047.6	72914.32	9530047.6	2548.80	168835.8	50161.75	6628380.8	13860.61	1785774.0	5097.11	755002.4	1246.05	192054.6			5661.47	5661.47	

表 3　内蒙古重点国有林区有林地、疏林地、灌木林地按林种和龄组面积、蓄积统计表（续 11）

单位：公顷、立方米

统计单位	林种	亚林种	郁闭度（覆盖度）等级	合计		乔木林地												疏林地		灌木林地		
						小计		幼龄林		中龄林		近熟林		成熟林		过熟林				小计	特殊灌木林地	一般灌木林地
				面积	蓄积	面积	蓄积	面积	蓄积	面积	蓄积	面积	蓄积	面积	蓄积	面积	蓄积	面积	蓄积	面积	面积	面积
图里河林业局	防护林	合计	合计	206622.60	21240508.7	194897.85	21237566.5	8107.96	454747.1	146407.08	16021774.0	29668.52	3320975.2	9168.39	1201297.6	1545.90	238772.6	148.97	2942.2	11575.78	11575.78	
			低（疏）	6956.55	234187.6	5327.13	234187.6	698.84	23963.2	4431.72	200806.3	149.08	7190.3	36.60	1777.9	10.89	449.9			1629.42	1629.42	
			中	148725.47	15136700.0	144296.18	15136700.0	5897.20	323496.0	109161.68	11565711.8	22847.05	2458780.7	5779.95	699674.0	610.30	89037.5			4429.29	4429.29	
			高（密）	50791.61	5866678.9	45274.54	5866678.9	1511.92	107287.9	32813.68	4255255.9	6672.39	855004.2	3351.84	499845.7	924.71	149285.2			5517.07	5517.07	
		水土保持林	合计	200249.03	20833302.6	190610.60	20830819.4	7601.27	433727.1	143309.24	15714349.5	29157.77	3266114.9	9070.83	1190839.7	1471.49	225788.2	130.31	2483.2	9508.12	9508.12	
			低（疏）	5777.91	207256.8	4772.36	207256.8	456.75	14036.3	4146.92	185275.8	121.48	5731.7	36.32	1763.1	10.89	449.9			1005.55	1005.55	
			中	144626.96	14807549.6	140902.95	14807549.6	5638.68	312672.4	106590.00	11309849.2	22448.28	2418322.6	5682.67	689230.9	543.32	77474.5			3724.01	3724.01	
			高（密）	49713.85	5816013.0	44935.29	5816013.0	1505.84	107018.4	32572.32	4219224.5	6588.01	842060.6	3351.84	499845.7	917.28	147863.8			4778.56	4778.56	
		护岸林	合计	4174.23	187290.0	2286.67	186831.0	373.40	14852.7	1508.04	127930.5	276.18	26404.2	62.64	5767.1	66.41	11876.5	18.66	459.0	1868.90	1868.90	
			低（疏）	1067.18	24407.1	506.79	24407.1	238.61	9842.0	243.46	13520.2	24.44	1030.1	0.28	14.8					560.39	560.39	
			中	2285.36	145153.6	1651.38	145153.6	131.05	4808.1	1167.34	102416.1	231.65	21722.0	62.36	5752.3	58.98	10455.1			633.98	633.98	
			高（密）	803.03	17270.3	128.50	17270.3	3.74	202.6	97.24	11994.2	20.09	3652.1			7.43	1421.4			674.53	674.53	
		护路林	合计	2199.34	219916.1	2000.58	219916.1	133.29	6167.3	1589.80	179494.0	234.57	28456.1	34.92	4690.8	8.00	1107.9			198.76	198.76	
			低（疏）	111.46	2523.7	47.98	2523.7	3.48	84.9	41.34	2010.3	3.16	428.5							63.48	63.48	
			中	1813.15	183996.8	1741.85	183996.8	127.47	6015.5	1404.34	153446.5	167.12	18736.1	34.92	4690.8	8.00	1107.9			71.30	71.30	
			高（密）	274.73	33395.6	210.75	33395.6	2.34	66.9	144.12	24037.2	64.29	9291.5							63.98	63.98	
	特用林	合计	合计	9323.64	973753.3	8118.14	973753.3	416.73	21691.4	6361.85	769493.2	863.75	114745.3	451.45	64676.9	24.36	3146.5			1205.50	1205.50	
			低（疏）	751.10	11016.8	459.17	11016.8	169.65	1716.6	275.69	8163.1	8.70	609.2	3.85	269.9	1.28	258.0			291.93	291.93	
			中	6379.56	655829.9	5610.39	655829.9	174.11	9540.5	4430.69	512185.9	580.43	73765.7	402.08	57449.3	23.08	2888.5			769.17	769.17	
			高（密）	2192.98	306906.6	2048.58	306906.6	72.97	10434.3	1655.47	249144.2	274.62	40370.4	45.52	6957.7					144.40	144.40	
		母树林（种质资源林）	合计	845.39	113766.4	845.39	113766.4	58.49	7078.4	388.58	54066.7	370.29	49847.1	11.73	1284.4	16.30	1489.8					
			中	428.66	56342.6	428.66	56342.6	32.10	3175.3	233.31	33921.9	146.95	17755.6			16.30	1489.8					
			高（密）	416.73	57423.8	416.73	57423.8	26.39	3903.1	155.27	20144.8	223.34	32091.5	11.73	1284.4							
		环境保护林	合计	4771.06	463839.0	4257.62	463839.0	263.84	9726.0	3799.52	426384.1	144.46	20525.6	49.80	7203.3					513.44	513.44	
			低（疏）	483.94	7448.3	385.68	7448.3	139.61	945.3	244.48	6377.1			1.59	125.9					98.26	98.26	
			中	3027.47	292496.2	2745.12	292496.2	84.63	3470.3	2496.05	266134.5	116.23	15814.0	48.21	7077.4					282.35	282.35	
			高（密）	1259.65	163894.5	1126.82	163894.5	39.60	5310.4	1058.99	153872.5	28.23	4711.6							132.83	132.83	

表 3 内蒙古重点国有林区有林地、疏林地、灌木林地按林种和龄组面积、蓄积统计表（续 12）

单位：公顷、立方米

统计单位	林种	亚林种	郁闭度（覆盖度）等级	合计		乔木林地 小计		幼龄林		中龄林		近熟林		成熟林		过熟林		疏林地		灌木林地 小计	特殊灌木林地	一般灌木林地
				面积	蓄积	面积	蓄积	面积	蓄积	面积	蓄积	面积	蓄积	面积	蓄积	面积	蓄积	面积	蓄积	面积	面积	面积
图里河林业局	特用林	风景林	合计	3204.43	321883.3	2556.66	321883.3	93.58	4874.8	1782.47	225064.1	316.42	39771.8	356.13	50515.9	8.06	1656.7			647.77	647.77	
			低（疏）	247.43	3467.5	69.75	3467.5	29.22	759.1	28.29	1697.2	8.70	609.2	2.26	144.0	1.28	258.0			177.68	177.68	
			中	2863.95	302835.4	2402.10	302835.4	57.38	2894.9	1677.51	209254.8	306.56	38915.1	353.87	50371.9	6.78	1398.7			461.85	461.85	
			高（密）	93.05	15580.4	84.81	15580.4	6.98	1220.8	76.67	14112.1	1.16	247.5							8.24	8.24	
		名胜古迹和革命纪念林	合计	502.76	74264.6	458.47	74264.6	0.82	12.2	391.28	63978.3	32.58	4600.8	33.79	5673.3					44.29	44.29	
			低（疏）	19.73	101.0	3.74	101.0	0.82	12.2	2.92	88.8									15.99	15.99	
			中	59.48	4155.7	34.51	4155.7			23.82	2874.7	10.69	1281.0							24.97	24.97	
			高（密）	423.55	70007.9	420.22	70007.9			364.54	61014.8	21.89	3319.8	33.79	5673.3					3.33	3.33	
	用材林	合计	合计	115631.64	13245137.4	115552.32	13240902.9	6442.58	342693.3	83715.93	9834890.3	19911.35	2343288.2	5016.28	658825.2	466.18	61205.9	79.32	4234.5			
			低（疏）	1247.07	47372.0	1247.07	47372.0	415.58	14644.6	765.51	29914.1	59.77	2513.4	6.21	299.9							
			中	88714.05	9837068.8	88714.05	9837068.8	5063.09	276935.1	67257.82	7680995.5	12937.98	1450375.4	3310.32	410326.3	144.84	18436.5					
			高（密）	25591.20	3356462.1	25591.20	3356462.1	963.91	51113.6	15692.60	2123980.7	6913.60	890399.4	1699.75	248199.0	321.34	42769.4					
		一般用材林	合计	115631.64	13245137.4	115552.32	13240902.9	6442.58	342693.3	83715.93	9834890.3	19911.35	2343288.2	5016.28	658825.2	466.18	61205.9	79.32	4234.5			
			低（疏）	1247.07	47372.0	1247.07	47372.0	415.58	14644.6	765.51	29914.1	59.77	2513.4	6.21	299.9							
			中	88714.05	9837068.8	88714.05	9837068.8	5063.09	276935.1	67257.82	7680995.5	12937.98	1450375.4	3310.32	410326.3	144.84	18436.5					
			高（密）	25591.20	3356462.1	25591.20	3356462.1	963.91	51113.6	15692.60	2123980.7	6913.60	890399.4	1699.75	248199.0	321.34	42769.4					
伊图里河林业局	合计	合计	合计	138858.66	13729742.5	132334.92	13690322.4	5884.13	284021.4	89986.80	8957691.5	21831.91	2527688.8	13024.16	1689957.7	1607.92	230963.0	1278.90	39420.1	5244.84	4997.27	247.57
			低（疏）	9167.13	264239.6	6331.49	264239.6	726.62	10005.8	4761.61	203583.0	545.06	31744.8	279.58	17982.1	18.62	923.9			2835.64	2763.66	71.98
			中	56578.02	5186667.2	54828.78	5186667.2	3690.16	177072.3	28440.21	2411409.3	14023.52	1540088.1	7766.04	943918.2	908.85	114179.3			1749.24	1597.35	151.89
			高（密）	71834.61	8239415.6	71174.65	8239415.6	1467.35	96943.3	56784.98	6342699.2	7263.33	955855.9	4978.54	728057.4	680.45	115859.8			659.96	636.26	23.70
	防护林	合计	合计	89291.08	8876550.5	85097.79	8851210.1	4787.13	227231.6	58879.13	5999045.6	13058.94	1511990.0	7831.25	1016807.4	541.34	96135.5	903.11	25340.4	3290.18	3104.55	185.63
			低（疏）	5285.81	165172.0	3797.95	165172.0	560.97	5997.8	2511.68	114127.3	453.44	27466.2	271.86	17580.7					1487.86	1442.42	45.44
			中	38756.85	3536529.6	37507.76	3536529.6	3354.80	163733.3	20288.65	1753475.6	8728.43	974279.5	4883.36	606610.9	252.52	38430.3			1249.09	1114.55	134.54
			高（密）	44345.31	5149508.5	43792.08	5149508.5	871.36	57500.5	36078.80	4131442.7	3877.07	510244.3	2676.03	392615.8	288.82	57705.2			553.23	547.58	5.65
		水土保持林	合计	86363.81	8658812.3	82789.01	8634706.2	4718.85	224830.3	56943.72	5819557.6	12858.75	1485055.6	7726.35	1009127.2	541.34	96135.5	848.51	24106.1	2726.29	2572.50	153.79
			低（疏）	4506.68	148791.1	3437.01	148791.1	528.69	5359.5	2217.65	100282.4	447.30	27160.6	243.37	15988.6					1069.67	1040.09	29.58
			中	37654.54	3458024.3	36534.97	3458024.3	3332.86	162591.1	19488.70	1689027.6	8617.79	964101.4	4843.10	603873.9	252.52	38430.3			1119.57	999.27	120.30
			高（密）	43354.08	5027890.8	42817.03	5027890.8	857.30	56879.7	35237.37	4030247.6	3793.66	493793.6	2639.88	389264.7	288.82	57705.2			537.05	533.14	3.91

表 3　内蒙古重点国有林区有林地、疏林地、灌木林地按林种和龄组面积、蓄积统计表（续 13）

单位：公顷、立方米

统计单位	林种	亚林种	郁闭度（覆盖度）等级	合计		乔木林地														疏林地		灌木林地		
						小计		幼龄林		中龄林		近熟林		成熟林		过熟林						小计	特殊灌木林地	一般灌木林地
				面积	蓄积	面积	蓄积	面积	蓄积	面积	蓄积	面积	蓄积	面积	蓄积	面积	蓄积			面积	蓄积	面积	面积	面积
伊图里河林业局	防护林	护岸林	合计	1015.13	81601.2	955.41	81283.5	19.85	473.4	802.03	67175.9	61.90	8984.1	71.63	4650.1					16.12	317.7	43.60	41.42	2.18
			低（疏）	207.32	9191.7	193.50	9191.7	18.66	381.2	141.36	7065.5	6.14	305.6	27.34	1439.4							13.82	13.82	
			中	531.07	41568.4	512.96	41568.4	1.19	92.2	453.32	37214.2	23.79	1978.6	34.66	2283.4							18.11	15.93	2.18
			高（密）	260.62	30523.4	248.95	30523.4			207.35	22896.2	31.97	6699.9	9.63	927.3							11.67	11.67	
		护路林	合计	1912.14	136137.0	1353.37	135220.4	48.43	1927.9	1133.38	112312.1	138.29	17950.3	33.27	3030.1					38.48	916.6	520.29	490.63	29.66
			低（疏）	571.81	7189.2	167.44	7189.2	13.62	257.1	152.67	6779.4			1.15	152.7							404.37	388.51	15.86
			中	571.24	36936.9	459.83	36936.9	20.75	1050.0	346.63	27233.8	86.85	8199.5	5.60	453.6							111.41	99.35	12.06
			高（密）	730.61	91094.3	726.10	91094.3	14.06	620.8	634.08	78298.9	51.44	9750.8	26.52	2423.8							4.51	2.77	1.74
	特用林	合计	合计	9910.65	813925.2	7814.57	806045.1	157.78	4675.0	6084.54	601843.9	994.62	125085.4	564.78	73074.2	12.85	1366.6			203.36	7880.1	1892.72	1892.72	
			低（疏）	2005.25	27942.5	684.01	27942.5	9.41	167.8	615.01	25036.0	50.18	2253.3	7.72	401.4	1.69	84.0					1321.24	1321.24	
			中	4282.63	367979.4	3799.83	367979.4	140.48	4122.1	2659.91	240341.4	634.42	77846.2	353.86	44387.1	11.16	1282.6					482.80	482.80	
			高（密）	3419.41	410123.2	3330.73	410123.2	7.89	385.1	2809.62	336466.5	310.02	44985.9	203.20	28285.7							88.68	88.68	
		种质资源林（母树林）	合计	552.36	69461.4	552.36	69461.4			421.13	51703.8	93.93	12547.4	37.30	5210.2									
			低（疏）	14.53	300.0	14.53	300.0			14.53	300.0													
			中	274.03	30182.2	274.03	30182.2			176.39	17231.3	93.93	12547.4	3.71	403.5									
			高（密）	263.80	38979.2	263.80	38979.2			230.21	34172.5			33.59	4806.7									
		环境保护林	合计	3465.91	349198.0	3389.90	347846.8	157.78	4675.0	2873.26	300423.1	308.97	37442.8	38.73	4023.3	11.16	1282.6			43.26	1351.2	32.75	32.75	
			低（疏）	79.14	2231.3	53.81	2231.3	9.41	167.8	36.68	1662.1			7.72	401.4							25.33	25.33	
			中	1105.32	93942.5	1105.32	93942.5	140.48	4122.1	703.50	59289.0	235.46	28139.3	14.72	1109.5	11.16	1282.6							
			高（密）	2238.19	251673.0	2230.77	251673.0	7.89	385.1	2133.08	239472.0	73.51	9303.5	16.29	2512.4							7.42	7.42	
		风景林	合计	5892.38	395265.8	3872.31	388736.9			2790.15	249717.0	591.72	75095.2	488.75	63840.7	1.69	84.0			160.10	6528.9	1859.97	1859.97	
			低（疏）	1911.58	25411.2	615.67	25411.2			563.80	23073.9	50.18	2253.3			1.69	84.0					1295.91	1295.91	
			中	2903.28	243854.7	2420.48	243854.7			1780.02	163821.1	305.03	37159.5	335.43	42874.1							482.80	482.80	
			高（密）	917.42	119471.0	836.16	119471.0			446.33	62822.0	236.51	35682.4	153.32	20966.6							81.26	81.26	
	用材林	合计	合计	39656.93	4039266.8	39422.56	4033067.2	939.22	52114.8	25023.13	2356802.0	7778.35	890613.4	4628.13	600076.1	1053.73	133460.9			172.43	6199.6	61.94		61.94
			低（疏）	1876.07	71125.1	1849.53	71125.1	156.24	3840.2	1634.92	64419.7	41.44	2025.3			16.93	839.9					26.54		26.54
			中	13538.54	1282158.2	13521.19	1282158.2	194.88	9216.9	5491.65	417592.3	4660.67	487962.4	2528.82	292920.2	645.17	74466.4					17.35		17.35
			高（密）	24069.89	2679783.9	24051.84	2679783.9	588.10	39057.7	17896.56	1874790.0	3076.24	400625.7	2099.31	307155.9	391.63	58154.6					18.05		18.05

表 3 内蒙古重点国有林区有林地、疏林地、灌木林地按林种和龄组面积、蓄积统计表（续 14）

单位：公顷、立方米

统计单位	林种	亚林种	郁闭度（覆盖度）等级	合计		乔木林地														疏林地		灌木林地		
						小计		幼龄林		中龄林		近熟林		成熟林		过熟林						小计	特殊灌木林地	一般灌木林地
				面积	蓄积	面积	蓄积	面积	蓄积	面积	蓄积	面积	蓄积	面积	蓄积	面积	蓄积			面积	蓄积	面积	面积	面积
伊图里河林业局	用材林	一般用材林	合计	39656.93	4039266.8	39422.56	4033067.2	939.22	52114.8	25023.13	2356802.0	7778.35	890613.4	4628.13	600076.1	1053.73	133460.9			172.43	6199.6	61.94		61.94
			低（疏）	1876.07	71125.1	1849.53	71125.1	156.24	3840.2	1634.92	64419.7	41.44	2025.3			16.93	839.9					26.54		26.54
			中	13538.54	1282158.2	13521.19	1282158.2	194.88	9216.9	5491.65	417592.3	4660.67	487962.4	2528.82	292920.2	645.17	74466.4					17.35		17.35
			高（密）	24069.89	2679783.9	24051.84	2679783.9	588.10	39057.7	17896.56	1874790.0	3076.24	400625.7	2099.31	307155.9	391.63	58154.6					18.05		18.05
克一河林业局	合计	合计	合计	204201.80	23536260.5	203685.70	23528018.9	6343.93	426272.9	133620.12	15939191.6	36296.39	4036951.5	23566.73	2661734.1	3858.53	463868.8			269.30	8241.6	246.80		246.80
			低（疏）	2994.87	86084.0	2801.57	86084.0	1370.30	4745.1	1226.67	69156.3	169.30	9554.9	35.30	2627.7							193.30		193.30
			中	87149.98	9678356.1	87109.28	9678356.1	1824.57	109761.8	57577.29	6575859.8	13400.27	1468566.0	12056.13	1278308.0	2251.02	245860.5					40.70		40.70
			高（密）	113787.65	13763578.8	113774.85	13763578.8	3149.06	311766.0	74816.16	9294175.5	22726.82	2558830.6	11475.30	1380798.4	1607.51	218008.3					12.80		12.80
	防护林	合计	合计	114936.84	12808344.2	114608.64	12804473.9	3810.39	181205.5	72786.29	8415214.5	21294.29	2319414.3	14579.29	1624826.6	2138.38	263813.0			142.20	3870.3	186.00		186.00
			低（疏）	2177.70	51557.1	2019.30	51557.1	1176.10	1681.7	743.30	44331.9	82.90	4444.6	17.00	1098.9							158.40		158.40
			中	48525.29	5242559.6	48510.49	5242559.6	1182.51	76576.0	30786.56	3425896.4	7712.69	819367.2	7595.66	788390.3	1233.07	132329.7					14.80		14.80
			高（密）	64091.65	7510357.2	64078.85	7510357.2	1451.78	102947.8	41256.43	4944986.2	13498.70	1495602.5	6966.63	835337.4	905.31	131483.3					12.80		12.80
		水源涵养林	合计	5491.72	638742.8	5491.72	638742.8	218.60	4341.9	3926.10	476683.4	990.50	105845.0	356.52	51872.5									
			低（疏）	164.60	1297.6	164.60	1297.6	147.10	38.8	17.50	1258.8													
			中	1346.12	160211.4	1346.12	160211.4	28.40	2903.0	977.90	114511.7	296.20	32594.4	43.62	10202.3									
			高（密）	3981.00	477233.8	3981.00	477233.8	43.10	1400.1	2930.70	360912.9	694.30	73250.6	312.90	41670.2									
		水土保持林	合计	106299.91	11759239.2	105971.71	11755368.9	3373.78	154946.0	67178.85	7722820.4	19859.44	2152763.4	13782.97	1497729.9	1776.67	227109.2			142.20	3870.3	186.00		186.00
			低（疏）	1969.00	48746.5	1810.60	48746.5	1008.10	1642.9	707.30	41989.3	78.20	4015.4	17.00	1098.9							158.40		158.40
			中	45146.10	4832846.4	45131.30	4832846.4	1018.18	60069.9	28633.36	3164768.4	7202.48	759545.7	7351.78	744997.7	925.50	103464.7					14.80		14.80
			高（密）	59042.61	6873776.0	59029.81	6873776.0	1347.50	93233.2	37838.19	4516062.7	12578.76	1389202.3	6414.19	751633.3	851.17	123644.5					12.80		12.80
		护岸林	合计	1661.21	208612.7	1661.21	208612.7	85.13	7950.4	790.56	101055.2	142.70	16995.6	318.05	49944.4	324.77	32667.1							
			低（疏）	2.40		2.40		2.40																
			中	1327.02	161386.1	1327.02	161386.1	81.73	7824.0	729.56	92899.1	77.20	8240.7	166.96	27415.8	271.57	25006.5							
			高（密）	331.79	47226.6	331.79	47226.6	1.00	126.4	61.00	8156.1	65.50	8754.9	151.09	22528.6	53.20	7660.6							
		护路林	合计	1484.00	201749.5	1484.00	201749.5	132.88	13967.2	890.78	114655.5	301.65	43810.3	121.75	25279.8	36.94	4036.7							
			低（疏）	41.70	1513.0	41.70	1513.0	18.50		18.50	1083.8	4.70	429.2											
			中	706.05	88115.7	706.05	88115.7	54.20	5779.1	445.74	53717.2	136.81	18986.4	33.30	5774.5	36.00	3858.5							
			高（密）	736.25	112120.8	736.25	112120.8	60.18	8188.1	426.54	59854.5	160.14	24394.7	88.45	19505.3	0.94	178.2							

表 3　内蒙古重点国有林区有林地、疏林地、灌木林地按林种和龄组面积、蓄积统计表（续 15）

单位：公顷、立方米

统计单位	林种	亚林种	郁闭度（覆盖度）等级	合计		乔木林地														疏林地		灌木林地		
						小计		幼龄林		中龄林		近熟林		成熟林		过熟林						小计	特殊灌木林地	一般灌木林地
				面积	蓄积	面积	蓄积	面积	蓄积	面积	蓄积	面积	蓄积	面积	蓄积	面积	蓄积			面积	蓄积	面积	面积	面积
克一河林业局	特用林	合计	合计	20883.78	2654573.9	20726.38	2651154.2	716.40	101861.6	14021.84	1763717.1	4425.42	567089.3	1231.87	178480.1	330.85	40006.1			96.60	3419.7	60.80		60.80
			低（疏）	309.37	12359.0	274.47	12359.0	47.30	1139.5	227.17	11219.5											34.90		34.90
			中	9033.10	1058178.3	9007.20	1058178.3	159.46	13301.7	5912.24	672339.8	2035.30	254863.9	680.55	93081.0	219.65	24591.9					25.90		25.90
			高（密）	11444.71	1580616.9	11444.71	1580616.9	509.64	87420.4	7882.43	1080157.8	2390.12	312225.4	551.32	85399.1	111.20	15414.2							
		种质资源林（母树林）	合计	974.25	151383.2	974.25	151383.2			260.97	39266.9	486.00	78665.8	227.28	33450.5									
			中	551.33	83811.4	551.33	83811.4			147.22	20587.5	245.78	41244.7	158.33	21979.2									
			高（密）	422.92	67571.8	422.92	67571.8			113.75	18679.4	240.22	37421.1	68.95	11471.3									
		环境保护林	合计	2306.31	311122.6	2290.71	310903.4	245.10	29597.2	1188.99	148991.5	637.22	94890.9	161.85	28001.4	57.55	9422.4			15.60	219.2			
			低（疏）	74.67	2322.8	74.67	2322.8	42.70	1139.5	31.97	1183.3													
			中	998.91	136983.0	998.91	136983.0	22.50	1244.2	558.72	76615.2	366.22	50098.3	23.92	3799.2	27.55	5226.1							
			高（密）	1217.13	171597.6	1217.13	171597.6	179.90	27213.5	598.30	71193.0	271.00	44792.6	137.93	24202.2	30.00	4196.3							
		风景林	合计	17603.22	2192068.1	17461.42	2188867.6	471.30	72264.4	12571.88	1575458.7	3302.20	393532.6	842.74	117028.2	273.30	30583.7			81.00	3200.5	60.80		60.80
			低（疏）	234.70	10036.2	199.80	10036.2	4.60		195.20	10036.2											34.90		34.90
			中	7482.86	837383.9	7456.96	837383.9	136.96	12057.5	5206.30	575137.1	1423.30	163520.9	498.30	67302.6	192.10	19365.8					25.90		25.90
			高（密）	9804.66	1341447.5	9804.66	1341447.5	329.74	60206.9	7170.38	990285.4	1878.90	230011.7	344.44	49725.6	81.20	11217.9							
	用材林	合计	合计	68381.18	8073342.4	68350.68	8072390.8	1817.14	143205.8	46811.99	5760260.0	10576.68	1150447.9	7755.57	858427.4	1389.30	160049.7			30.50	951.6			
			低（疏）	507.80	22167.9	507.80	22167.9	146.90	1923.9	256.20	13604.9	86.40	5110.3	18.30	1528.8									
			中	29591.59	3377618.2	29591.59	3377618.2	482.60	19884.1	20878.49	2477623.6	3652.28	394334.9	3779.92	396836.7	798.30	88938.9							
			高（密）	38251.29	4672604.7	38251.29	4672604.7	1187.64	121397.8	25677.30	3269031.5	6838.00	751002.7	3957.35	460061.9	591.00	71110.8							
		一般用材林	合计	68381.18	8073342.4	68350.68	8072390.8	1817.14	143205.8	46811.99	5760260.0	10576.68	1150447.9	7755.57	858427.4	1389.30	160049.7			30.50	951.6			
			低（疏）	507.80	22167.9	507.80	22167.9	146.90	1923.9	256.20	13604.9	86.40	5110.3	18.30	1528.8									
			中	29591.59	3377618.2	29591.59	3377618.2	482.60	19884.1	20878.49	2477623.6	3652.28	394334.9	3779.92	396836.7	798.30	88938.9							
			高（密）	38251.29	4672604.7	38251.29	4672604.7	1187.64	121397.8	25677.30	3269031.5	6838.00	751002.7	3957.35	460061.9	591.00	71110.8							
甘河林业局	合计	合计	合计	338420.84	33403488.2	334254.90	33369799.8	18127.06	1148497.3	241086.52	24384804.9	43712.86	4252302.9	27909.61	3141011.9	3418.85	443182.8			1316.16	33688.4	2849.78	301.76	2548.02
			低（疏）	6975.48	260068.5	5377.40	260068.5	1179.29	35003.6	3315.68	169502.8	419.16	22480.8	445.84	30608.7	17.43	2472.6					1598.08	140.20	1457.88
			中	200214.30	18710276.7	199004.54	18710276.7	10107.81	557473.9	134203.63	12517356.9	29157.03	2750649.4	22572.37	2503233.4	2963.70	381563.1					1209.76	161.56	1048.20
			高（密）	129914.90	14399454.6	129872.96	14399454.6	6839.96	556019.8	103567.21	11697945.2	14136.67	1479172.7	4891.40	607169.8	437.72	59147.1					41.94		41.94

表 3 内蒙古重点国有林区有林地、疏林地、灌木林地按林种和龄组面积、蓄积统计表（续 16）

单位：公顷、立方米

统计单位	林种	亚林种	郁闭度（覆盖度）等级	合计		乔木林地												疏林地		灌木林地		
						小计		幼龄林		中龄林		近熟林		成熟林		过熟林				小计	特殊灌木林地	一般灌木林地
				面积	蓄积	面积	蓄积	面积	蓄积	面积	蓄积	面积	蓄积	面积	蓄积	面积	蓄积	面积	蓄积	面积	面积	面积
甘河林业局	防护林	合计	合计	223064.38	21850547.9	219705.57	21829572.7	13092.33	793524.6	156629.01	15823928.8	28170.77	2729700.0	19359.62	2168317.1	2453.84	314102.2	803.88	20975.2	2554.93	301.76	2253.17
			低（疏）	5450.29	200218.2	4111.74	200218.2	1013.79	29362.7	2286.32	118806.8	393.77	21120.3	400.43	28455.8	17.43	2472.6			1338.55	140.20	1198.35
			中	135959.54	12795196.1	134785.10	12795196.1	7403.36	395095.0	88526.54	8371136.3	20195.81	1913862.9	16502.43	1838929.1	2156.96	276172.8			1174.44	161.56	1012.88
			高（密）	80850.67	8834158.4	80808.73	8834158.4	4675.18	369066.9	65816.15	7333985.7	7581.19	794716.8	2456.76	300932.2	279.45	35456.8			41.94		41.94
		水源涵养林	合计	22908.76	2111207.0	22848.09	2111022.8	3462.99	138158.0	13233.76	1270758.1	2743.88	301434.4	2992.31	354231.8	415.15	46440.5	8.55	184.2	52.12	6.62	45.50
			低（疏）	647.02	25000.1	647.02	25000.1	161.21	3411.2	287.91	11837.7	189.25	9164.3	8.65	586.9							
			中	17103.54	1549655.7	17051.42	1549655.7	2580.25	99037.2	9144.98	845051.8	2109.54	227886.8	2801.50	331239.4	415.15	46440.5			52.12	6.62	45.50
			高（密）	5149.65	536367.0	5149.65	536367.0	721.53	35709.6	3800.87	413868.6	445.09	64383.3	182.16	22405.5							
		水土保持林	合计	195970.98	19326449.5	192806.09	19305686.1	9343.76	640178.7	140871.93	14285383.6	25044.21	2386732.6	15580.91	1736053.3	1965.28	257337.9	794.33	20763.4	2370.56	295.14	2075.42
			低（疏）	4318.51	155605.1	3101.50	155605.1	694.39	20503.3	1937.91	102379.8	175.62	10186.8	276.15	20062.6	17.43	2472.6			1217.01	140.20	1076.81
			中	115779.48	10929541.1	114667.87	10929541.1	4744.14	291346.1	77355.50	7320105.1	17818.14	1655427.0	13070.80	1441874.2	1679.29	220788.7			1111.61	154.94	956.67
			高（密）	75078.66	8220539.9	75036.72	8220539.9	3905.23	328329.3	61578.52	6862898.7	7050.45	721118.8	2233.96	274116.5	268.56	34076.6			41.94		41.94
		护岸林	合计	3298.91	326822.2	3193.11	326822.2	73.06	4566.2	2021.41	211323.5	330.14	36252.4	712.62	67229.4	55.88	7450.7			105.80		105.80
			低（疏）	342.74	15482.1	237.70	15482.1	46.77	2225.6	46.40	3681.0	28.90	1769.2	115.63	7806.3					105.04		105.04
			中	2565.87	262450.7	2565.11	262450.7	6.26	435.9	1681.27	169113.9	255.24	28684.4	577.35	58146.0	44.99	6070.5			0.76		0.76
			高（密）	390.30	48889.4	390.30	48889.4	20.03	1904.7	293.74	38528.6	46.00	5798.8	19.64	1277.1	10.89	1380.2					
		护路林	合计	885.73	86069.2	858.28	86041.6	212.52	10621.7	501.91	56463.6	52.54	5280.6	73.78	10802.6	17.53	2873.1	1.00	27.6	26.45		26.45
			低（疏）	142.02	4130.9	125.52	4130.9	111.42	3222.6	14.10	908.3									16.50		16.50
			中	510.65	53548.6	500.70	53548.6	72.71	4275.8	344.79	36865.5	12.89	1864.7	52.78	7669.5	17.53	2873.1			9.95		9.95
			高（密）	232.06	28362.1	232.06	28362.1	28.39	3123.3	143.02	18689.8	39.65	3415.9	21.00	3133.1							
	特用林	合计	合计	6212.78	732130.9	5945.18	732130.9	348.72	41288.7	3438.40	432949.3	953.13	110656.1	1141.69	142352.5	63.24	4884.3			267.60		267.60
			低（疏）	304.87	1800.9	52.63	1800.9	21.16		20.97	1306.3	0.84	84.9	9.66	409.7					252.24		252.24
			中	2355.62	255415.0	2340.26	255415.0	185.00	15562.8	1128.79	130217.6	512.85	53215.4	464.36	52926.0	49.26	3493.2			15.36		15.36
			高（密）	3552.29	474915.0	3552.29	474915.0	142.56	25725.9	2288.64	301425.4	439.44	57355.8	667.67	89016.8	13.98	1391.1					
		种质资源林（母树林）	合计	1318.14	189811.5	1318.14	189811.5	104.50	18700.2	761.79	109858.6	220.91	28771.2	230.94	32481.5							
			中	593.20	90304.7	593.20	90304.7	48.90	8478.1	351.73	57359.3	178.51	22690.2	14.06	1777.1							
			高（密）	724.94	99506.8	724.94	99506.8	55.60	10222.1	410.06	52499.3	42.40	6081.0	216.88	30704.4							

表 3　内蒙古重点国有林区有林地、疏林地、灌木林地按林种和龄组面积、蓄积统计表（续 17）

单位：公顷、立方米

统计单位	林种	亚林种	郁闭度（覆盖度）等级	合计		乔木林地												疏林地		灌木林地		
						小计		幼龄林		中龄林		近熟林		成熟林		过熟林				小计	特殊灌木林地	一般灌木林地
				面积	蓄积	面积	蓄积	面积	蓄积	面积	蓄积	面积	蓄积	面积	蓄积	面积	蓄积	面积	蓄积	面积	面积	面积
甘河林业局	特用林	环境保护林	合计	4894.64	542319.4	4627.04	542319.4	244.22	22588.5	2676.61	323090.7	732.22	81884.9	910.75	109871.0	63.24	4884.3			267.60		267.60
			低（疏）	304.87	1800.9	52.63	1800.9	21.16		20.97	1306.3	0.84	84.9	9.66	409.7					252.24		252.24
			中	1762.42	165110.3	1747.06	165110.3	136.10	7084.7	777.06	72858.3	334.34	30525.2	450.30	51148.9	49.26	3493.2			15.36		15.36
			高（密）	2827.35	375408.2	2827.35	375408.2	86.96	15503.8	1878.58	248926.1	397.04	51274.8	450.79	58312.4	13.98	1391.1					
	用材林	合计	合计	109143.68	10820809.4	108604.15	10808096.2	4686.01	313684.0	81019.11	8127926.8	14588.96	1411946.8	7408.30	830342.3	901.77	124196.3	512.28	12713.2	27.25		27.25
			低（疏）	1220.32	58049.4	1213.03	58049.4	144.34	5640.9	1008.39	49389.7	24.55	1275.6	35.75	1743.2					7.29		7.29
			中	61899.14	5659665.6	61879.18	5659665.6	2519.45	146816.1	44548.30	4016003.0	8448.37	783571.1	5605.58	611378.3	757.48	101897.1			19.96		19.96
			高（密）	45511.94	5090381.2	45511.94	5090381.2	2022.22	161227.0	35462.42	4062534.1	6116.04	627100.1	1766.97	217220.8	144.29	22299.2					
		一般用材林	合计	109143.68	10820809.4	108604.15	10808096.2	4686.01	313684.0	81019.11	8127926.8	14588.96	1411946.8	7408.30	830342.3	901.77	124196.3	512.28	12713.2	27.25		27.25
			低（疏）	1220.32	58049.4	1213.03	58049.4	144.34	5640.9	1008.39	49389.7	24.55	1275.6	35.75	1743.2					7.29		7.29
			中	61899.14	5659665.6	61879.18	5659665.6	2519.45	146816.1	44548.30	4016003.0	8448.37	783571.1	5605.58	611378.3	757.48	101897.1			19.96		19.96
			高（密）	45511.94	5090381.2	45511.94	5090381.2	2022.22	161227.0	35462.42	4062534.1	6116.04	627100.1	1766.97	217220.8	144.29	22299.2					
吉文林业局	合计	合计	合计	322588.70	36030394.1	319771.88	36018993.0	21601.34	1648556.1	278234.31	32095994.6	11625.58	1304742.5	7876.57	915683.1	434.08	54016.7	410.20	11401.1	2406.62		2406.62
			低（疏）	3674.60	76794.5	2313.22	76794.5	1164.16	14470.0	1014.90	54304.6	95.69	6102.8	38.47	1917.1					1361.38		1361.38
			中	180981.49	18964448.8	179975.78	18964448.8	12740.33	835527.2	157265.27	17051590.0	6485.77	687359.7	3100.81	343111.7	383.60	46860.2			1005.71		1005.71
			高（密）	137522.41	16977749.7	137482.88	16977749.7	7696.85	798558.9	119954.14	14990100.0	5044.12	611280.0	4737.29	570654.3	50.48	7156.5			39.53		39.53
	防护林	合计	合计	243541.70	26680681.0	241049.21	26669441.0	18910.48	1411306.6	207942.12	23661438.9	7443.91	827284.0	6318.62	715394.8	434.08	54016.7	406.67	11240.0	2085.82		2085.82
			低（疏）	3279.12	72042.6	2161.32	72042.6	1074.39	14126.6	952.77	49896.1	95.69	6102.8	38.47	1917.1					1117.80		1117.80
			中	145015.10	15043533.6	144086.61	15043533.6	11164.91	715753.8	125854.98	13575430.3	4246.59	444541.2	2436.53	260948.1	383.60	46860.2			928.49		928.49
			高（密）	94840.81	11553864.8	94801.28	11553864.8	6671.18	681426.2	81134.37	10036112.5	3101.63	376640.0	3843.62	452529.6	50.48	7156.5			39.53		39.53
		水源涵养林	合计	31248.63	3641381.3	31231.87	3641255.9	3176.65	244639.0	25457.51	3092127.0	653.29	77458.1	1944.42	227031.8			6.04	125.4	10.72		10.72
			低（疏）	83.43	2542.7	79.01	2542.7	56.93	1239.2	22.08	1303.5									4.42		4.42
			中	13908.17	1607432.2	13901.87	1607432.2	1490.37	91027.4	11861.33	1453333.5	136.73	14175.2	413.44	48896.1					6.30		6.30
			高（密）	17250.99	2031281.0	17250.99	2031281.0	1629.35	152372.4	13574.10	1637490.0	516.56	63282.9	1530.98	178135.7							
		水土保持林	合计	205271.24	22406825.7	203185.20	22395981.8	14984.74	1113153.3	177869.83	20114843.1	6134.93	691902.5	4089.76	461861.6	105.94	14221.3	393.03	10843.9	1693.01		1693.01
			低（疏）	2645.00	59587.6	1894.78	59587.6	1000.07	12803.6	763.55	38943.2	92.69	5923.7	38.47	1917.1					750.22		750.22
			中	126430.47	13019497.0	125527.21	13019497.0	9139.65	591134.6	110980.95	11845114.4	3541.88	382755.1	1809.27	193428.1	55.46	7064.8			903.26		903.26
			高（密）	75802.74	9316897.2	75763.21	9316897.2	4845.02	509215.1	66125.33	8230785.5	2500.36	303223.7	2242.02	266516.4	50.48	7156.5			39.53		39.53

表3 内蒙古重点国有林区有林地、疏林地、灌木林地按林种和龄组面积、蓄积统计表（续18）

单位：公顷、立方米

统计单位	林种	亚林种	郁闭度（覆盖度）等级	合计		乔木林地												疏林地		灌木林地		
						小计		幼龄林		中龄林		近熟林		成熟林		过熟林				小计	特殊灌木林地	一般灌木林地
				面积	蓄积	面积	蓄积	面积	蓄积	面积	蓄积	面积	蓄积	面积	蓄积	面积	蓄积	面积	蓄积	面积	面积	面积
吉文林业局	防护林	护岸林	合计	4001.16	335092.4	3687.59	334821.7	411.21	27828.3	2265.45	211330.5	509.10	40074.3	180.65	16892.9	321.18	38695.7	7.60	270.7	305.97		305.97
			低（疏）	397.11	4080.2	97.45	4080.2	6.16		91.29	4080.2									299.66		299.66
			中	2662.08	228484.2	2655.77	228484.2	341.35	21845.2	1405.53	122265.7	464.37	35258.8	123.34	10418.8	321.18	38695.7			6.31		6.31
			高（密）	934.37	102257.3	934.37	102257.3	63.70	5983.1	768.63	84984.6	44.73	4815.5	57.31	6474.1							
		护路林	合计	3020.67	297381.6	2944.55	297381.6	337.88	25686.0	2349.33	243138.3	146.59	17849.1	103.79	9608.5	6.96	1099.7			76.12		76.12
			低（疏）	153.58	5832.1	90.08	5832.1	11.23	83.8	75.85	5569.2	3.00	179.1							63.50		63.50
			中	2014.38	188120.2	2001.76	188120.2	193.54	11746.6	1607.17	154716.7	103.61	12352.1	90.48	8205.1	6.96	1099.7			12.62		12.62
			高（密）	852.71	103429.3	852.71	103429.3	133.11	13855.6	666.31	82852.4	39.98	5317.9	13.31	1403.4							
	特用林	合计	合计	4711.81	551279.8	4408.43	551279.8	689.78	84935.5	2768.35	341831.0	211.09	23649.4	739.21	100863.9					303.38		303.38
			低（疏）	251.76		8.18		8.18												243.58		243.58
			中	1062.37	123382.7	1002.57	123382.7	29.81	2736.8	590.02	73801.5	187.26	21130.7	195.48	25713.7					59.80		59.80
			高（密）	3397.68	427897.1	3397.68	427897.1	651.79	82198.7	2178.33	268029.5	23.83	2518.7	543.73	75150.2							
		国防林	合计	2749.76	357833.1	2741.40	357833.1	165.90	19115.8	1777.02	230271.1	60.57	7731.0	737.91	100715.2					8.36		8.36
			低（疏）	16.54		8.18		8.18												8.36		8.36
			中	605.33	81898.6	605.33	81898.6			349.28	48453.9	60.57	7731.0	195.48	25713.7							
			高（密）	2127.89	275934.5	2127.89	275934.5	157.72	19115.8	1427.74	181817.2			542.43	75001.5							
		种质资源林（母树林）	合计	172.53	17812.6	172.53	17812.6	25.07	2279.2	6.00	475.7	141.46	15057.7									
			中	154.76	15911.2	154.76	15911.2	25.07	2279.2	3.00	232.3	126.69	13399.7									
			高（密）	17.77	1901.4	17.77	1901.4			3.00	243.4	14.77	1658.0									
		环境保护林	合计	1789.52	175634.1	1494.50	175634.1	498.81	63540.5	985.33	111084.2	9.06	860.7	1.30	148.7					295.02		295.02
			低（疏）	235.22																235.22		235.22
			中	302.28	25572.9	242.48	25572.9	4.74	457.6	237.74	25115.3									59.80		59.80
			高（密）	1252.02	150061.2	1252.02	150061.2	494.07	63082.9	747.59	85968.9	9.06	860.7	1.30	148.7							
	用材林	合计	合计	74335.19	8798433.3	74314.24	8798272.2	2001.08	152314.0	67523.84	8092724.7	3970.58	453809.1	818.74	99424.4			3.53	161.1	17.42		17.42
			低（疏）	143.72	4751.9	143.72	4751.9	81.59	343.4	62.13	4408.5											
			中	34904.02	3797532.5	34886.60	3797532.5	1545.61	117036.6	30820.27	3402358.2	2051.92	221687.8	468.80	56449.9					17.42		17.42
			高（密）	39283.92	4995987.8	39283.92	4995987.8	373.88	34934.0	36641.44	4685958.0	1918.66	232121.3	349.94	42974.5							

表 3　内蒙古重点国有林区有林地、疏林地、灌木林地按林种和龄组面积、蓄积统计表（续 19）

单位：公顷、立方米

统计单位	林种	亚林种	郁闭度（覆盖度）等级	合计		乔木林地														疏林地		灌木林地		
						小计		幼龄林		中龄林		近熟林		成熟林		过熟林						小计	特殊灌木林地	一般灌木林地
				面积	蓄积	面积	蓄积	面积	蓄积	面积	蓄积	面积	蓄积	面积	蓄积	面积	蓄积			面积	蓄积	面积	面积	面积
吉文林业局	用材林	一般用材林	合计	74335.19	8798433.3	74314.24	8798272.2	2001.08	152314.0	67523.84	8092724.7	3970.58	453809.1	818.74	99424.4					3.53	161.1	17.42		17.42
			低（疏）	143.72	4751.9	143.72	4751.9	81.59	343.4	62.13	4408.5													
			中	34904.02	3797532.5	34886.60	3797532.5	1545.61	117036.6	30820.27	3402358.2	2051.92	221687.8	468.80	56449.9							17.42		17.42
			高（密）	39283.92	4995987.8	39283.92	4995987.8	373.88	34934.0	36641.44	4685958.0	1918.66	232121.3	349.94	42974.5									
阿里河林业局	合计	合计	合计	408615.38	37132974.8	402701.05	37132717.8	20352.34	1462847.0	280616.24	26093455.2	80083.16	7363037.5	20694.83	2106837.2	954.48	106540.9			24.48	257.0	5889.85		5889.85
			低（疏）	5028.87	56092.7	1828.74	56092.7	770.61	12142.9	766.09	26319.7	230.55	13583.6	59.08	3916.6	2.41	129.9					3200.13		3200.13
			中	170485.98	14339333.8	168120.85	14339333.8	6651.78	399549.6	97234.83	8035341.8	52788.85	4736600.3	11044.38	1127437.3	401.01	40404.8					2365.13		2365.13
			高（密）	233076.05	22737291.3	232751.46	22737291.3	12929.95	1051154.5	182615.32	18031793.7	27063.76	2612853.6	9591.37	975483.3	551.06	66006.2					324.59		324.59
	防护林	合计	合计	256316.97	23049280.3	251880.05	23049023.3	13349.99	948759.2	175169.10	16061505.0	48752.46	4540577.2	13878.01	1416892.7	730.49	81289.2			24.48	257.0	4412.44		4412.44
			低（疏）	3872.72	48182.1	1654.22	48182.1	761.60	12142.9	670.24	22345.8	198.23	12157.9	24.15	1535.5							2218.50		2218.50
			中	102473.77	8670212.5	100505.09	8670212.5	4256.92	253870.3	58122.62	4883834.1	31112.56	2830236.6	6654.69	666198.5	358.30	36073.0					1968.68		1968.68
			高（密）	149946.00	14330628.7	149720.74	14330628.7	8331.47	682746.0	116376.24	11155325.1	17441.67	1698182.7	7199.17	749158.7	372.19	45216.2					225.26		225.26
		水土保持林	合计	247935.84	22514208.6	244459.29	22513951.6	11883.23	861720.8	171361.80	15797148.4	47093.27	4394135.5	13483.99	1386660.9	637.00	74286.0			24.48	257.0	3452.07		3452.07
			低（疏）	3124.64	45089.8	1575.62	45089.8	752.53	11674.1	621.71	20672.0	179.22	11297.5	22.16	1446.2							1549.02		1549.02
			中	96789.37	8296939.2	95110.49	8296939.2	3386.05	205953.8	55484.81	4716220.4	29663.97	2704726.0	6303.43	640448.2	272.23	29590.8					1678.88		1678.88
			高（密）	147997.35	14171922.6	147773.18	14171922.6	7744.65	644092.9	115255.28	11060256.0	17250.08	1678112.0	7158.40	744766.5	364.77	44695.2					224.17		224.17
		护岸林	合计	6235.05	400436.5	5357.81	400436.5	762.65	52449.2	2873.39	204782.5	1303.56	112291.8	333.40	24559.1	84.81	6353.9					877.24		877.24
			低（疏）	641.68	1803.2	49.77	1803.2	5.83	209.0	23.58	677.1	18.37	827.8	1.99	89.3							591.91		591.91
			中	4399.14	294077.1	4114.90	294077.1	496.06	32289.5	2088.17	136407.9	1149.80	97888.9	303.48	21657.9	77.39	5832.9					284.24		284.24
			高（密）	1194.23	104556.2	1193.14	104556.2	260.76	19950.7	761.64	67697.5	135.39	13575.1	27.93	2811.9	7.42	521.0					1.09		1.09
		护路林	合计	2146.08	134635.2	2062.95	134635.2	704.11	34589.2	933.91	59574.1	355.63	34149.9	60.62	5672.7	8.68	649.3					83.13		83.13
			低（疏）	106.40	1289.1	28.83	1289.1	3.24	259.8	24.95	996.7	0.64	32.6									77.57		77.57
			中	1285.26	79196.2	1279.70	79196.2	374.81	15627.0	549.64	31205.8	298.79	27621.7	47.78	4092.4	8.68	649.3					5.56		5.56
			高（密）	754.42	54149.9	754.42	54149.9	326.06	18702.4	359.32	27371.6	56.20	6495.6	12.84	1580.3									
	特用林	合计	合计	68663.17	6358215.2	67930.82	6358215.2	2470.64	167907.9	43731.78	4330753.3	18398.22	1542179.2	3229.91	306643.7	100.27	10731.1					732.35		732.35
			低（疏）	556.23	2008.4	38.62	2008.4	9.01		3.67	66.7	1.11	47.2	24.83	1894.5							517.61		517.61
			中	30484.78	2418658.5	30341.37	2418658.5	469.88	23176.5	15090.56	1187511.7	12639.97	1001141.8	2134.78	206454.0	6.18	374.5					143.41		143.41
			高（密）	37622.16	3937548.3	37550.83	3937548.3	1991.75	144731.4	28637.55	3143174.9	5757.14	540990.2	1070.30	98295.2	94.09	10356.6					71.33		71.33

表3 内蒙古重点国有林区有林地、疏林地、灌木林地按林种和龄组面积、蓄积统计表（续20）

单位：公顷、立方米

统计单位	林种	亚林种	郁闭度（覆盖度）等级	合计		乔木林地												疏林地		灌木林地		
						小计		幼龄林		中龄林		近熟林		成熟林		过熟林				小计	特殊灌木林地	一般灌木林地
				面积	蓄积	面积	蓄积	面积	蓄积	面积	蓄积	面积	蓄积	面积	蓄积	面积	蓄积	面积	蓄积	面积	面积	面积
阿里河林业局	特用林	种质资源林（母树林）	合计	1390.00	138347.1	1390.00	138347.1	39.84	2027.9	769.47	67967.3	454.86	54548.6	125.83	13803.3							
			低（疏）	6.38	566.6	6.38	566.6					1.11	47.2	5.27	519.4							
			中	975.79	84707.2	975.79	84707.2	39.84	2027.9	538.20	43335.4	282.19	26867.5	115.56	12476.4							
			高（密）	407.83	53073.3	407.83	53073.3			231.27	24631.9	171.56	27633.9	5.00	807.5							
		环境保护林	合计	5024.10	386338.1	4541.88	386338.1	784.23	51326.1	2933.91	263924.8	472.90	41805.6	344.66	28907.1	6.18	374.5			482.22		482.22
			低（疏）	501.78	1375.1	19.56	1375.1							19.56	1375.1					482.22		482.22
			中	2012.43	144288.2	2012.43	144288.2	251.47	12409.9	1308.82	97164.3	234.21	17304.7	211.75	17034.8	6.18	374.5					
			高（密）	2509.89	240674.8	2509.89	240674.8	532.76	38916.2	1625.09	166760.5	238.69	24500.9	113.35	10497.2							
		风景林	合计	2008.77	158976.6	1958.46	158976.6	153.77	10522.2	856.26	62168.2	503.44	42601.2	444.99	43685.0					50.31		50.31
			低（疏）	32.26	66.7	3.67	66.7			3.67	66.7									28.59		28.59
			中	1052.92	83257.4	1033.33	83257.4	77.80	4720.1	311.63	21345.9	400.64	35482.3	243.26	21709.1					19.59		19.59
			高（密）	923.59	75652.5	921.46	75652.5	75.97	5802.1	540.96	40755.6	102.80	7118.9	201.73	21975.9					2.13		2.13
		自然保护区林	合计	60240.30	5674553.4	60040.48	5674553.4	1492.80	104031.7	39172.14	3936693.0	16967.02	1403223.8	2314.43	220248.3	94.09	10356.6			199.82		199.82
			低（疏）	15.81		9.01		9.01												6.80		6.80
			中	26443.64	2106405.7	26319.82	2106405.7	100.77	4018.6	12931.91	1025666.1	11722.93	921487.3	1564.21	155233.7					123.82		123.82
			高（密）	33780.85	3568147.7	33711.65	3568147.7	1383.02	100013.1	26240.23	2911026.9	5244.09	481736.5	750.22	65014.6	94.09	10356.6			69.20		69.20
	用材林	合计	合计	83635.24	7725479.3	82890.18	7725479.3	4531.71	346179.9	61715.36	5701196.9	12932.48	1280281.1	3586.91	383300.8	123.72	14520.6			745.06		745.06
			低（疏）	599.92	5902.2	135.90	5902.2			92.18	3907.2	31.21	1378.5	10.10	486.6	2.41	129.9			464.02		464.02
			中	37527.43	3250462.8	37274.39	3250462.8	1924.98	122502.8	24021.65	1963996.0	9036.32	905221.9	2254.91	254784.8	36.53	3957.3			253.04		253.04
			高（密）	45507.89	4469114.3	45479.89	4469114.3	2606.73	223677.1	37601.53	3733293.7	3864.95	373680.7	1321.90	128029.4	84.78	10433.4			28.00		28.00
		一般用材林	合计	83635.24	7725479.3	82890.18	7725479.3	4531.71	346179.9	61715.36	5701196.9	12932.48	1280281.1	3586.91	383300.8	123.72	14520.6			745.06		745.06
			低（疏）	599.92	5902.2	135.90	5902.2			92.18	3907.2	31.21	1378.5	10.10	486.6	2.41	129.9			464.02		464.02
			中	37527.43	3250462.8	37274.39	3250462.8	1924.98	122502.8	24021.65	1963996.0	9036.32	905221.9	2254.91	254784.8	36.53	3957.3			253.04		253.04
			高（密）	45507.89	4469114.3	45479.89	4469114.3	2606.73	223677.1	37601.53	3733293.7	3864.95	373680.7	1321.90	128029.4	84.78	10433.4			28.00		28.00
根河林业局	合计	合计	合计	611700.92	58461371.5	581555.77	58391097.7	62251.49	1190077.1	351946.35	37173470.8	56660.82	6953202.9	82813.91	9715279.4	27883.20	3359067.5	4486.67	70273.8	25658.48	2465.32	23193.16
			低（疏）	46816.53	1042418.5	34691.13	1042418.5	16807.01	136311.9	12820.15	569043.4	907.74	50496.8	2633.33	181007.0	1522.90	105559.4			12125.40	1.54	12123.86
			中	265544.95	24488516.0	258068.35	24488516.0	32114.24	256232.6	122769.73	12330825.6	29890.23	3547040.7	54622.60	6239316.5	18671.55	2115100.6			7476.60	551.37	6925.23
			高（密）	294852.77	32860163.2	288796.29	32860163.2	13330.24	797532.6	216356.47	24273601.8	25862.85	3355665.4	25557.98	3294955.9	7688.75	1138407.5			6056.48	1912.41	4144.07

表3　内蒙古重点国有林区有林地、疏林地、灌木林地按林种和龄组面积、蓄积统计表（续21）

单位：公顷、立方米

统计单位	林种	亚林种	郁闭度（覆盖度）等级	合计		乔木林地														疏林地		灌木林地		
						小计		幼龄林		中龄林		近熟林		成熟林		过熟林				小计	特殊灌木林地	一般灌木林地
				面积	蓄积	面积	蓄积	面积	蓄积	面积	蓄积	面积	蓄积	面积	蓄积	面积	蓄积	面积	蓄积	面积	面积	面积
根河林业局	防护林	合计	合计	343851.37	31743917.1	323214.36	31698020.6	52007.75	763881.0	189070.59	20839600.5	29718.03	3544722.6	40523.87	4950537.6	11894.12	1599278.9	3832.78	45896.5	16804.23	2465.32	14338.91
			低（疏）	30479.41	565221.2	22555.89	565221.2	14262.95	103130.9	5596.98	279876.1	604.92	31566.6	1372.60	97538.2	718.44	53109.4			7923.52	1.54	7921.98
			中	137962.87	11881693.8	133326.00	11881693.8	29049.22	171175.6	57475.95	6139166.5	13644.07	1526766.1	26292.83	3146210.8	6863.93	898374.8			4636.87	551.37	4085.50
			高（密）	171576.31	19251105.6	167332.47	19251105.6	8695.58	489574.5	125997.66	14420557.9	15469.04	1986389.9	12858.44	1706788.6	4311.75	647794.7			4243.84	1912.41	2331.43
		水源涵养林	合计	18904.08	2021869.4	18463.14	2021869.4			2864.45	136676.5	793.51	91179.9	14040.61	1678727.9	764.57	115285.1			440.94		440.94
			低（疏）	1289.62	66068.8	1155.94	66068.8			593.94	24773.1	23.32	1297.6	533.12	39624.2	5.56	373.9			133.68		133.68
			中	14875.64	1637016.8	14568.38	1637016.8			1884.73	84715.5	655.55	74912.3	11536.18	1403018.2	491.92	74370.8			307.26		307.26
			高（密）	2738.82	318783.8	2738.82	318783.8			385.78	27187.9	114.64	14970.0	1971.31	236085.5	267.09	40540.4					
		水土保持林	合计	317494.20	29151478.8	298743.28	29105976.3	51220.00	747853.3	182890.33	20371934.6	28364.69	3392551.7	25765.07	3206955.6	10503.19	1386681.1	3805.71	45502.5	14945.21	2465.32	12479.89
			低（疏）	27892.41	471355.9	20874.74	471355.9	14147.23	100715.1	4618.03	231693.0	581.60	30269.0	829.81	57308.1	698.07	51370.7			7017.67	1.54	7016.13
			中	118647.90	9859258.5	114695.24	9859258.5	28520.61	164079.4	53629.98	5863405.9	12640.89	1413843.7	14117.70	1685809.4	5786.06	732120.1			3952.66	551.37	3401.29
			高（密）	167148.18	18775361.9	163173.30	18775361.9	8552.16	483058.8	124642.32	14276835.7	15142.20	1948439.0	10817.56	1463838.1	4019.06	603190.3			3974.88	1912.41	2062.47
		护岸林	合计	3270.78	262811.7	2881.22	262757.1	488.66	7871.7	986.97	93422.6	264.28	25080.1	581.82	47723.1	559.49	88659.6	3.91	54.6	385.65		385.65
			低（疏）	443.09	10528.0	248.06	10528.0	43.87	1340.3	191.50	8425.9			9.29	584.1	3.40	177.7			195.03		195.03
			中	2423.76	215684.3	2316.50	215684.3	396.35	4231.8	618.97	59726.0	178.14	16950.4	566.95	46294.2	556.09	88481.9			107.26		107.26
			高（密）	400.02	36544.8	316.66	36544.8	48.44	2299.6	176.50	25270.7	86.14	8129.7	5.58	844.8					83.36		83.36
		护路林	合计	4182.31	307757.2	3126.72	307417.8	299.09	8156.0	2328.84	237566.8	295.55	35910.9	136.37	17131.0	66.87	8653.1	23.16	339.4	1032.43		1032.43
			低（疏）	854.29	17268.5	277.15	17268.5	71.85	1075.5	193.51	14984.1			0.38	21.8	11.41	1187.1			577.14		577.14
			中	2015.57	169734.2	1745.88	169734.2	132.26	2864.4	1342.27	131319.1	169.49	21059.7	72.00	11089.0	29.86	3402.0			269.69		269.69
			高（密）	1289.29	120415.1	1103.69	120415.1	94.98	4216.1	793.06	91263.6	126.06	14851.2	63.99	6020.2	25.60	4064.0			185.60		185.60
	特用林	合计	合计	70550.85	6950802.7	66138.45	6950419.2	3076.40	115329.9	44770.05	4371939.0	4366.54	635516.6	10860.45	1376348.6	3065.01	451285.1	33.92	383.5	4378.48		4378.48
			低（疏）	6439.37	184824.4	4695.16	184824.4	602.29	1229.0	3488.23	127198.6	54.00	5497.0	361.95	30615.5	188.69	20284.3			1744.21		1744.21
			中	33720.31	3132796.6	31723.18	3132796.6	1442.54	30970.4	20010.67	1809103.8	2012.44	259919.9	7107.35	870615.4	1150.18	162187.1			1997.13		1997.13
			高（密）	30357.25	3632798.2	29720.11	3632798.2	1031.57	83130.5	21271.15	2435636.6	2300.10	370099.7	3391.15	475117.7	1726.14	268813.7			637.14		637.14
		种质资源林（母树林）	合计	671.77	117099.0	671.77	117099.0			377.17	63074.9	178.59	31349.2	16.80	4098.2	99.21	18576.7					
			中	310.63	54511.7	310.63	54511.7			130.33	19388.3	126.81	25081.3	13.19	3262.3	40.30	6779.8					
			高（密）	361.14	62587.3	361.14	62587.3			246.84	43686.6	51.78	6267.9	3.61	835.9	58.91	11796.9					

表 3　内蒙古重点国有林区有林地、疏林地、灌木林地按林种和龄组面积、蓄积统计表（续 22）

单位：公顷、立方米

统计单位	林种	亚林种	郁闭度（覆盖度）等级	合计		乔木林地														疏林地		灌木林地		
						小计		幼龄林		中龄林		近熟林		成熟林		过熟林						小计	特殊灌木林地	一般灌木林地
				面积	蓄积	面积	蓄积	面积	蓄积	面积	蓄积	面积	蓄积	面积	蓄积	面积	蓄积			面积	蓄积	面积	面积	面积
根河林业局	特用林	环境保护林	合计	1780.08	180076.7	1638.77	180049.9	41.48	434.2	936.64	102642.3	187.84	23200.4	143.04	14741.2	329.77	39031.8			1.92	26.8	139.39		139.39
			低（疏）	83.60	361.2	37.32	361.2	30.10		7.22	361.2											46.28		46.28
			中	703.84	66442.0	635.32	66442.0	7.37	261.0	404.13	41010.0	99.12	12212.7	45.96	3748.2	78.74	9210.1					68.52		68.52
			高（密）	990.72	113246.7	966.13	113246.7	4.01	173.2	525.29	61271.1	88.72	10987.7	97.08	10993.0	251.03	29821.7					24.59		24.59
		风景林	合计	56414.40	5276158.9	52369.34	5275802.2	2369.94	58752.1	33769.44	3035500.6	3413.83	498995.1	10215.53	1294671.1	2600.60	387883.3			32.00	356.7	4013.06		4013.06
			低（疏）	5887.29	170328.5	4371.87	170328.5	441.04		3326.19	113931.7	54.00	5497.0	361.95	30615.5	188.69	20284.3					1515.42		1515.42
			中	28302.16	2458865.0	26417.07	2458865.0	1287.45	21435.9	15850.50	1289829.8	1544.28	186868.3	6728.31	818237.8	1006.53	142493.2					1885.09		1885.09
			高（密）	22192.95	2646608.7	21580.40	2646608.7	641.45	37316.2	14592.75	1631739.1	1815.55	306629.8	3125.27	445817.8	1405.38	225105.8					612.55		612.55
		自然保护区林	合计	11684.60	1377468.1	11458.57	1377468.1	664.98	56143.6	9686.80	1170721.2	586.28	81971.9	485.08	62838.1	35.43	5793.3					226.03		226.03
			低（疏）	468.48	14134.7	285.97	14134.7	131.15	1229.0	154.82	12905.7											182.51		182.51
			中	4403.68	552977.9	4360.16	552977.9	147.72	9273.5	3625.71	458875.7	242.23	35757.6	319.89	45367.1	24.61	3704.0					43.52		43.52
			高（密）	6812.44	810355.5	6812.44	810355.5	386.11	45641.1	5906.27	698939.8	344.05	46214.3	165.19	17471.0	10.82	2089.3							
	用材林	合计	合计	197298.70	19766651.7	192202.96	19742657.9	7167.34	310866.2	118105.71	11961931.3	22576.25	2772963.7	31429.59	3388393.2	12924.07	1308503.5			619.97	23993.8	4475.77		4475.77
			低（疏）	9897.75	292372.9	7440.08	292372.9	1941.77	31952.0	3734.94	161968.7	248.82	13433.2	898.78	52853.3	615.77	32165.7					2457.67		2457.67
			中	93861.77	9474025.6	93019.17	9474025.6	1622.48	54086.6	45283.11	4382555.3	14233.72	1760354.7	21222.42	2222490.3	10657.44	1054538.7					842.60		842.60
			高（密）	92919.21	9976259.4	91743.71	9976259.4	3603.09	224827.6	69087.66	7417407.3	8093.71	999175.8	9308.39	1113049.6	1650.86	221799.1					1175.50		1175.50
		一般用材林	合计	197298.70	19766651.7	192202.96	19742657.9	7167.34	310866.2	118105.71	11961931.3	22576.25	2772963.7	31429.59	3388393.2	12924.07	1308503.5			619.97	23993.8	4475.77		4475.77
			低（疏）	9897.75	292372.9	7440.08	292372.9	1941.77	31952.0	3734.94	161968.7	248.82	13433.2	898.78	52853.3	615.77	32165.7					2457.67		2457.67
			中	93861.77	9474025.6	93019.17	9474025.6	1622.48	54086.6	45283.11	4382555.3	14233.72	1760354.7	21222.42	2222490.3	10657.44	1054538.7					842.60		842.60
			高（密）	92919.21	9976259.4	91743.71	9976259.4	3603.09	224827.6	69087.66	7417407.3	8093.71	999175.8	9308.39	1113049.6	1650.86	221799.1					1175.50		1175.50
金河林业局	合计	合计	合计	508494.17	43910980.5	477171.07	43869808.4	30624.78	553490.3	219065.38	18215697.7	147407.09	15305301.7	71131.79	8611057.7	8942.03	1184261.0			2717.40	41172.1	28605.70	4288.25	24317.45
			低（疏）	21203.45	584639.0	18264.68	584639.0	4040.27	46145.0	8918.96	276252.2	3526.88	155827.1	1553.29	90415.3	225.28	15999.4					2938.77	330.07	2608.70
			中	316653.57	26159811.5	302248.05	26159811.5	19681.37	262947.6	138439.34	11016045.8	95722.00	9290129.5	43054.48	4923754.2	5350.86	666934.4					14405.52	1575.13	12830.39
			高（密）	167919.75	17125357.9	156658.34	17125357.9	6903.14	244397.7	71707.08	6923399.7	48158.21	5859345.1	26524.02	3596888.2	3365.89	501327.2					11261.41	2383.05	8878.36
	防护林	合计	合计	262722.27	21030435.2	240451.93	21007167.6	23288.86	299321.1	111090.95	9137215.8	70237.56	7204731.2	31458.78	3764421.0	4375.78	601478.5			1624.77	23267.6	20645.57	4288.25	16357.32
			低（疏）	11554.29	286017.2	9714.00	286017.2	2626.40	25611.0	4294.39	127820.7	1850.39	81037.7	840.51	43384.0	102.31	8163.8					1840.29	330.07	1510.22
			中	164920.49	12639657.8	154709.96	12639657.8	16259.78	165336.1	72916.20	5816693.2	44890.10	4318681.3	18497.58	2069549.2	2146.30	269398.0					10210.53	1575.13	8635.40
			高（密）	84622.72	8081492.6	76027.97	8081492.6	4402.68	108374.0	33880.36	3192701.9	23497.07	2805012.2	12120.69	1651487.8	2127.17	323916.7					8594.75	2383.05	6211.70

表 3　内蒙古重点国有林区有林地、疏林地、灌木林地按林种和龄组面积、蓄积统计表（续 23）

单位：公顷、立方米

统计单位	林种	亚林种	郁闭度（覆盖度）等级	合计		乔木林地														疏林地		灌木林地		
						小计		幼龄林		中龄林		近熟林		成熟林		过熟林						小计	特殊灌木林地	一般灌木林地
				面积	蓄积	面积	蓄积	面积	蓄积	面积	蓄积	面积	蓄积	面积	蓄积	面积	蓄积			面积	蓄积	面积	面积	面积
金河林业局	防护林	水土保持林	合计	254869.27	20633459.3	235337.28	20611294.6	22958.94	291808.3	108102.47	8933803.1	69239.50	7111401.8	30856.60	3696005.5	4179.77	578275.9			1570.49	22164.7	17961.50	4281.43	13680.07
			低（疏）	10822.40	269924.4	9164.45	269924.4	2563.24	25181.6	3947.57	119044.0	1781.92	78178.7	780.26	40559.8	91.46	6960.3					1657.95	329.95	1328.00
			中	160979.60	12438001.9	151829.80	12438001.9	16066.60	161338.1	71208.79	5707137.7	44274.46	4266128.0	18230.57	2043007.6	2049.38	260390.5					9149.80	1570.68	7579.12
			高（密）	81496.78	7903368.3	74343.03	7903368.3	4329.10	105288.6	32946.11	3107621.4	23183.12	2767095.1	11845.77	1612438.1	2038.93	310925.1					7153.75	2380.80	4772.95
		护岸林	合计	3628.37	188133.1	2107.70	187431.3	26.34	570.6	939.53	64532.8	491.79	47162.2	482.60	54849.4	167.44	20316.3			26.22	701.8	1494.45		1494.45
			低（疏）	245.89	6850.2	190.12	6850.2	19.24	75.8	83.22	2231.2	38.36	1486.8	38.45	1852.9	10.85	1203.5					55.77		55.77
			中	1899.59	110581.8	1370.63	110581.8	3.20	105.9	660.84	44684.3	387.54	35265.7	242.13	23517.5	76.92	7008.4					528.96		528.96
			高（密）	1456.67	69999.3	546.95	69999.3	3.90	388.9	195.47	17617.3	65.89	10409.7	202.02	29479.0	79.67	12104.4					909.72		909.72
		护路林	合计	4224.63	208842.8	3006.95	208441.7	303.58	6942.2	2048.95	138879.9	506.27	46167.2	119.58	13566.1	28.57	2886.3			28.06	401.1	1189.62	6.82	1182.80
			低（疏）	486.00	9242.6	359.43	9242.6	43.92	353.6	263.60	6545.5	30.11	1372.2	21.80	971.3							126.57	0.12	126.45
			中	2041.30	91074.1	1509.53	91074.1	189.98	3892.1	1046.57	64871.2	228.10	17287.6	24.88	3024.1	20.00	1999.1					531.77	4.45	527.32
			高（密）	1669.27	108125.0	1137.99	108125.0	69.68	2696.5	738.78	67463.2	248.06	27507.4	72.90	9570.7	8.57	887.2					531.28	2.25	529.03
	特用林	合计	合计	22545.00	1668597.7	19651.02	1668301.0	1598.98	15501.8	11739.24	976842.1	4996.56	513863.8	930.89	108130.7	385.35	53962.6			28.34	296.7	2865.64		2865.64
			低（疏）	2056.06	48567.5	1275.09	48567.5	349.55	3139.8	721.58	28084.8	137.78	9228.1	53.98	7225.4	12.20	889.4					780.97		780.97
			中	15702.17	1097452.3	13638.63	1097452.3	1099.29	11828.5	8320.65	666167.7	3211.30	302265.7	718.82	77251.1	288.57	39939.3					2063.54		2063.54
			高（密）	4758.43	522281.2	4737.30	522281.2	150.14	533.5	2697.01	282589.6	1647.48	202370.0	158.09	23654.2	84.58	13133.9					21.13		21.13
		种质资源林（母树林）	合计	905.78	56000.4	905.78	56000.4	30.52	1385.1	745.98	46199.2	129.28	8416.1											
			低（疏）	2.77	92.0	2.77	92.0					2.77	92.0											
			中	550.00	29950.1	550.00	29950.1	20.47	932.5	453.61	24535.5	75.92	4482.1											
			高（密）	353.01	25958.3	353.01	25958.3	10.05	452.6	292.37	21663.7	50.59	3842.0											
		环境保护林	合计	5283.62	265511.9	3896.17	265371.5	1147.55	498.7	1971.82	175600.4	662.25	74725.2	114.55	14547.2					17.19	140.4	1370.26		1370.26
			低（疏）	496.98	3049.1	259.35	3049.1	136.20	25.7	108.82	2474.4	14.33	549.0									237.63		237.63
			中	3243.02	101142.6	2110.39	101142.6	878.74	473.0	996.59	76205.9	193.06	20427.5	42.00	4036.2							1132.63		1132.63
			高（密）	1526.43	161179.8	1526.43	161179.8	132.61		866.41	96920.1	454.86	53748.7	72.55	10511.0									
		风景林	合计	16355.60	1347085.4	14849.07	1346929.1	420.91	13618.0	9021.44	755042.5	4205.03	430722.5	816.34	93583.5	385.35	53962.6			11.15	156.3	1495.38		1495.38
			低（疏）	1556.31	45426.4	1012.97	45426.4	213.35	3114.1	612.76	25610.4	120.68	8587.1	53.98	7225.4	12.20	889.4					543.34		543.34
			中	11909.15	966359.6	10978.24	966359.6	200.08	10423.0	6870.45	565426.3	2942.32	277356.1	676.82	73214.9	288.57	39939.3					930.91		930.91
			高（密）	2878.99	335143.1	2857.86	335143.1	7.48	80.9	1538.23	164005.8	1142.03	144779.3	85.54	13143.2	84.58	13133.9					21.13		21.13

表 3 内蒙古重点国有林区有林地、疏林地、灌木林地按林种和龄组面积、蓄积统计表（续 24）

单位：公顷、立方米

统计单位	林种	亚林种	郁闭度（覆盖度）等级	合计		乔木林地														疏林地		灌木林地		
						小计		幼龄林		中龄林		近熟林		成熟林		过熟林						小计	特殊灌木林地	一般灌木林地
				面积	蓄积	面积	蓄积	面积	蓄积	面积	蓄积	面积	蓄积	面积	蓄积	面积	蓄积			面积	蓄积	面积	面积	面积
金河林业局	用材林	合计	合计	223226.90	21211947.6	217068.12	21194339.8	5736.94	238667.4	96235.19	8101639.8	72172.97	7586706.7	38742.12	4738506.0	4180.90	528819.9			1064.29	17607.8	5094.49		5094.49
			低（疏）	7593.10	250054.3	7275.59	250054.3	1064.32	17394.2	3902.99	120346.7	1538.71	65561.3	658.80	39805.9	110.77	6946.2					317.51		317.51
			中	136030.91	12422701.4	133899.46	12422701.4	2322.30	85783.0	57202.49	4533184.9	47620.60	4669182.5	23838.08	2776953.9	2915.99	357597.1					2131.45		2131.45
			高（密）	78538.60	8521584.1	75893.07	8521584.1	2350.32	135490.2	35129.71	3448108.2	23013.66	2851962.9	14245.24	1921746.2	1154.14	164276.6					2645.53		2645.53
		一般用材林	合计	223226.90	21211947.6	217068.12	21194339.8	5736.94	238667.4	96235.19	8101639.8	72172.97	7586706.7	38742.12	4738506.0	4180.90	528819.9			1064.29	17607.8	5094.49		5094.49
			低（疏）	7593.10	250054.3	7275.59	250054.3	1064.32	17394.2	3902.99	120346.7	1538.71	65561.3	658.80	39805.9	110.77	6946.2					317.51		317.51
			中	136030.91	12422701.4	133899.46	12422701.4	2322.30	85783.0	57202.49	4533184.9	47620.60	4669182.5	23838.08	2776953.9	2915.99	357597.1					2131.45		2131.45
			高（密）	78538.60	8521584.1	75893.07	8521584.1	2350.32	135490.2	35129.71	3448108.2	23013.66	2851962.9	14245.24	1921746.2	1154.14	164276.6					2645.53		2645.53
阿龙山林业局	合计	合计	合计	349352.67	30995168.3	342076.78	30989572.1	33042.44	1413826.5	130329.70	11322901.5	89236.80	9013338.5	84154.61	8694332.6	5313.23	545173.0			330.40	5596.2	6945.49	5353.40	1592.09
			低（疏）	10863.95	389516.7	10651.45	389516.7	2482.12	33680.8	2251.84	75286.7	1442.97	72768.7	4034.82	188273.0	439.70	19507.5					212.50	141.00	71.50
			中	214494.06	17825099.7	212671.98	17825099.7	19140.45	877522.0	81138.25	6621778.5	54016.45	4971371.6	55113.25	5084276.6	3263.58	270151.0					1822.08	1103.04	719.04
			高（密）	123664.26	12774955.7	118753.35	12774955.7	11419.87	502623.7	46939.61	4625836.3	33777.38	3969198.2	25006.54	3421783.0	1609.95	255514.5					4910.91	4109.36	801.55
	防护林	合计	合计	152877.48	12770059.9	146151.49	12768996.4	16155.51	634104.3	53086.46	4510718.2	35734.13	3472635.3	39369.38	3975406.2	1806.01	176132.4			65.50	1063.5	6660.49	5257.21	1403.28
			低（疏）	5026.64	149609.6	4871.14	149609.6	1725.13	17327.6	1310.23	44811.0	433.11	21668.5	1236.97	58599.6	165.70	7202.9					155.50	95.50	60.00
			中	98118.21	7894743.2	96351.23	7894743.2	8953.51	392561.0	34643.54	2775136.4	23082.82	2028908.2	28534.26	2606928.2	1137.10	91209.4					1766.98	1081.75	685.23
			高（密）	49667.13	4724643.6	44929.12	4724643.6	5476.87	224215.7	17132.69	1690770.8	12218.20	1422058.6	9598.15	1309878.4	503.21	77720.1					4738.01	4079.96	658.05
		水土保持林	合计	144203.15	12100919.5	137682.69	12099856.0	14379.69	555256.4	49421.60	4234833.1	34002.27	3298383.9	38346.12	3866959.6	1533.01	144423.0			65.50	1063.5	6454.96	5063.21	1391.75
			低（疏）	4846.21	144863.3	4714.71	144863.3	1664.33	16641.0	1245.20	42328.6	419.11	20924.6	1220.37	57766.2	165.70	7202.9					131.50	71.50	60.00
			中	92176.89	7463550.6	90519.44	7463550.6	7608.88	331344.3	32080.43	2592004.4	21985.03	1922113.5	27868.00	2542690.6	977.10	75397.8					1657.45	973.75	683.70
			高（密）	47114.55	4491442.1	42448.54	4491442.1	5106.48	207271.1	16095.97	1600500.1	11598.13	1355345.8	9257.75	1266502.8	390.21	61822.3					4666.01	4017.96	648.05
		护岸林	合计	4751.14	412268.5	4615.64	412268.5	534.03	24403.4	1836.43	153060.5	1173.48	118766.8	802.10	84713.3	269.60	31324.5					135.50	126.00	9.50
			低（疏）	131.60	2877.6	107.60	2877.6	45.00	400.0	43.00	1454.3	3.00	189.9	16.60	833.4							24.00	24.00	
			中	3131.74	259540.5	3076.24	259540.5	384.33	18530.2	1245.23	99555.4	775.68	77394.3	511.00	48249.0	160.00	15811.6					55.50	54.00	1.50
			高（密）	1487.80	149850.4	1431.80	149850.4	104.70	5473.2	548.20	52050.8	394.80	41182.6	274.50	35630.9	109.60	15512.9					56.00	48.00	8.00
		护路林	合计	3923.19	256871.9	3853.16	256871.9	1241.79	54444.5	1828.43	122824.6	558.38	55484.6	221.16	23733.3	3.40	384.9					70.03	68.00	2.03
			低（疏）	48.83	1868.7	48.83	1868.7	15.80	286.6	22.03	1028.1	11.00	554.0											
			中	2809.58	171652.1	2755.55	171652.1	960.30	42686.5	1317.88	83576.6	322.11	29400.4	155.26	15988.6							54.03	54.00	0.03
			高（密）	1064.78	83351.1	1048.78	83351.1	265.69	11471.4	488.52	38219.9	225.27	25530.2	65.90	7744.7	3.40	384.9					16.00	14.00	2.00

表 3　内蒙古重点国有林区有林地、疏林地、灌木林地按林种和龄组面积、蓄积统计表（续 25）

单位：公顷、立方米

统计单位	林种	亚林种	郁闭度（覆盖度）等级	合计		乔木林地												疏林地		小计	灌木林地	
						小计		幼龄林		中龄林		近熟林		成熟林		过熟林					特殊灌木林地	一般灌木林地
				面积	蓄积	面积	蓄积	面积	蓄积	面积	蓄积	面积	蓄积	面积	蓄积	面积	蓄积	面积	蓄积	面积	面积	面积
阿龙山林业局	特用林	合计	合计	5194.48	421806.5	5098.29	421806.5	1710.21	67554.3	2401.11	262129.3	598.80	65320.1	265.17	18067.9	123.00	8734.9			96.19	96.19	
			低（疏）	324.63	9729.6	279.13	9729.6	176.13	3683.5	22.00	2094.0			29.00	1277.7	52.00	2674.4			45.50	45.50	
			中	2398.68	167249.1	2377.39	167249.1	1134.62	48151.1	923.40	99838.9	139.00	6647.1	174.37	11539.5	6.00	1072.5			21.29	21.29	
			高（密）	2471.17	244827.8	2441.77	244827.8	399.46	15719.7	1455.71	160196.4	459.80	58673.0	61.80	5250.7	65.00	4988.0			29.40	29.40	
		种质资源林（母树林）	合计	811.03	37926.9	811.03	37926.9	334.05	6406.8	142.31	11103.7	122.60	7019.8	212.07	13396.6							
			低（疏）	2.13	51.8	2.13	51.8	2.13	51.8													
			中	430.93	17273.1	430.93	17273.1	128.66	1092.3	47.00	2803.8	105.00	5231.1	150.27	8145.9							
			高（密）	377.97	20602.0	377.97	20602.0	203.26	5262.7	95.31	8299.9	17.60	1788.7	61.80	5250.7							
		环境保护林	合计	4383.45	383879.6	4287.26	383879.6	1376.16	61147.5	2258.80	251025.6	476.20	58300.3	53.10	4671.3	123.00	8734.9			96.19	96.19	
			低（疏）	322.50	9677.8	277.00	9677.8	174.00	3631.7	22.00	2094.0			29.00	1277.7	52.00	2674.4			45.50	45.50	
			中	1967.75	149976.0	1946.46	149976.0	1005.96	47058.8	876.40	97035.1	34.00	1416.0	24.10	3393.6	6.00	1072.5			21.29	21.29	
			高（密）	2093.20	224225.8	2063.80	224225.8	196.20	10457.0	1360.40	151896.5	442.20	56884.3			65.00	4988.0			29.40	29.40	
	用材林	合计	合计	191280.71	17803301.9	190827.00	17798769.2	15176.72	712167.9	74842.13	6550054.0	52903.87	5475383.1	44520.06	4700858.5	3384.22	360305.7	264.90	4532.7	188.81		188.81
			低（疏）	5512.68	230177.5	5501.18	230177.5	580.86	12669.7	919.61	28381.7	1009.86	51100.2	2768.85	128395.7	222.00	9630.2			11.50		11.50
			中	113977.17	9763107.4	113943.36	9763107.4	9052.32	436809.9	45571.31	3746803.2	30794.63	2935816.3	26404.62	2465808.9	2120.48	177869.1			33.81		33.81
			高（密）	71525.96	7805484.3	71382.46	7805484.3	5543.54	262688.3	28351.21	2774869.1	21099.38	2488466.6	15346.59	2106653.9	1041.74	172806.4			143.50		143.50
		一般用材林	合计	191280.71	17803301.9	190827.00	17798769.2	15176.72	712167.9	74842.13	6550054.0	52903.87	5475383.1	44520.06	4700858.5	3384.22	360305.7	264.90	4532.7	188.81		188.81
			低（疏）	5512.68	230177.5	5501.18	230177.5	580.86	12669.7	919.61	28381.7	1009.86	51100.2	2768.85	128395.7	222.00	9630.2			11.50		11.50
			中	113977.17	9763107.4	113943.36	9763107.4	9052.32	436809.9	45571.31	3746803.2	30794.63	2935816.3	26404.62	2465808.9	2120.48	177869.1			33.81		33.81
			高（密）	71525.96	7805484.3	71382.46	7805484.3	5543.54	262688.3	28351.21	2774869.1	21099.38	2488466.6	15346.59	2106653.9	1041.74	172806.4			143.50		143.50
满归林业局	合计	合计	合计	381855.69	35838812.1	373029.92	35709626.0	27839.21	1448700.1	267793.62	25586182.0	42176.73	4569964.9	32594.17	3772696.5	2626.19	332082.5	3039.43	129186.1	5786.34	1311.07	4475.27
			低（疏）	11405.34	539004.2	10410.69	539004.2	3908.39	157162.6	5963.09	351191.4	415.06	22238.8	124.15	8411.4					994.65	11.72	982.93
			中	153696.31	13154214.1	150795.62	13154214.1	14253.73	654340.9	93387.09	8037651.8	24570.46	2529158.1	16896.98	1736209.6	1687.36	196853.7			2900.69	163.66	2737.03
			高（密）	213714.61	22016407.7	211823.61	22016407.7	9677.09	637196.6	168443.44	17197338.8	17191.21	2018568.0	15573.04	2028075.5	938.83	135228.8			1891.00	1135.69	755.31
	防护林	合计	合计	136471.94	12227808.6	131778.27	12183829.0	11604.65	493293.0	88881.62	8353612.7	14503.62	1470833.8	15810.53	1750186.3	977.85	115903.2	987.46	43979.6	3706.21	1287.92	2418.29
			低（疏）	5220.54	213910.1	4403.74	213910.1	1442.01	38831.2	2561.51	154945.3	323.07	14262.6	77.15	5871.0					816.80	11.72	805.08
			中	51231.22	4133982.6	50220.81	4133982.6	4770.95	157379.9	27957.44	2313254.0	9201.45	889094.8	7793.71	720558.4	497.26	53695.5			1010.41	145.21	865.20
			高（密）	79032.72	7835936.3	77153.72	7835936.3	5391.69	297081.9	58362.67	5885413.4	4979.10	567476.4	7939.67	1023756.9	480.59	62207.7			1879.00	1130.99	748.01

表 3 内蒙古重点国有林区有林地、疏林地、灌木林地按林种和龄组面积、蓄积统计表（续 26）

单位：公顷、立方米

统计单位	林种	亚林种	郁闭度（覆盖度）等级	合计		乔木林地												疏林地		灌木林地		
						小计		幼龄林		中龄林		近熟林		成熟林		过熟林				小计	特殊灌木林地	一般灌木林地
				面积	蓄积	面积	蓄积	面积	蓄积	面积	蓄积	面积	蓄积	面积	蓄积	面积	蓄积	面积	蓄积	面积	面积	面积
满归林业局	防护林	水土保持林	合计	132321.32	11900921.4	127739.27	11857462.1	11110.86	467319.6	85993.77	8126052.0	14225.88	1447058.5	15536.93	1715644.3	871.83	101387.7	977.65	43459.3	3604.40	1287.92	2316.48
			低（疏）	4957.51	205808.6	4172.74	205808.6	1307.26	36287.4	2466.36	149433.8	322.07	14221.6	77.05	5865.8					784.77	11.72	773.05
			中	49602.29	4016589.5	48633.78	4016589.5	4615.18	147464.6	26862.29	2238290.9	9039.71	880169.2	7658.34	702374.3	458.26	48290.5			968.51	145.21	823.30
			高（密）	76783.87	7635064.0	74932.75	7635064.0	5188.42	283567.6	56665.12	5738327.3	4864.10	552667.7	7801.54	1007404.2	413.57	53097.2			1851.12	1130.99	720.13
		护岸林	合计	2713.63	231937.0	2616.30	231723.9	86.93	4721.6	1895.33	157231.1	268.42	22799.9	259.60	32455.8	106.02	14515.5	2.89	213.1	94.44		94.44
			低（疏）	75.42	936.7	43.39	936.7	31.70	486.8	10.59	403.7	1.00	41.0	0.10	5.2					32.03		32.03
			中	984.15	75034.1	942.25	75034.1	33.63	2555.1	581.83	40939.7	152.42	7950.2	135.37	18184.1	39.00	5405.0			41.90		41.90
			高（密）	1651.17	155753.1	1630.66	155753.1	21.60	1679.7	1302.91	115887.7	115.00	14808.7	124.13	14266.5	67.02	9110.5			20.51		20.51
		护路林	合计	1436.99	94950.2	1422.70	94643.0	406.86	21251.8	992.52	70329.6	9.32	975.4	14.00	2086.2			6.92	307.2	7.37		7.37
			低（疏）	187.61	7164.8	187.61	7164.8	103.05	2057.0	84.56	5107.8											
			中	644.78	42359.0	644.78	42359.0	122.14	7360.2	513.32	34023.4	9.32	975.4									
			高（密）	597.68	45119.2	590.31	45119.2	181.67	11834.6	394.64	31198.4			14.00	2086.2					7.37		7.37
	特用林	合计	合计	84820.18	8145328.1	82816.61	8118615.1	9118.86	508340.6	55682.15	5461771.3	11538.74	1323090.4	5743.45	737713.6	733.41	87699.2	376.20	26713.0	1627.37	23.15	1604.22
			低（疏）	3190.70	200297.6	3148.00	200297.6	1544.37	88915.1	1541.64	104492.6	61.99	6889.9							42.70		42.70
			中	46752.17	4252056.4	45172.20	4252056.4	6166.52	308567.1	28183.54	2680630.8	6254.25	701791.3	3993.71	494307.6	574.18	66759.6			1579.97	18.45	1561.52
			高（密）	34501.11	3666261.1	34496.41	3666261.1	1407.97	110858.4	25956.97	2676647.9	5222.50	614409.2	1749.74	243406.0	159.23	20939.6			4.70	4.70	
		种质资源林（母树林）	合计	649.90	65503.7	649.90	65503.7	170.08	16414.8	378.82	33892.9	101.00	15196.0									
			低（疏）	18.30	860.3	18.30	860.3	17.40	834.1	0.90	26.2											
			中	309.48	28379.7	309.48	28379.7	62.88	3760.0	196.60	15463.1	50.00	9156.6									
			高（密）	322.12	36263.7	322.12	36263.7	89.80	11820.7	181.32	18403.6	51.00	6039.4									
		环境保护林	合计	1474.60	159629.2	1432.30	154205.3	303.80	23831.9	981.20	112011.7	73.50	10793.3			73.80	7568.4	39.90	5423.9	2.40		2.40
			低（疏）	4.00		4.00		4.00														
			中	486.00	42669.5	483.60	42669.5	220.90	16770.1	146.40	12416.8	50.50	6867.5			65.80	6615.1			2.40		2.40
			高（密）	944.70	111535.8	944.70	111535.8	78.90	7061.8	834.80	99594.9	23.00	3925.8			8.00	953.3					
		风景林	合计	19231.54	1729040.5	18122.79	1707751.4	1184.93	66454.6	12833.47	1166623.0	1324.25	148701.7	2283.31	262942.4	496.83	63029.7	336.30	21289.1	772.45	23.15	749.30
			低（疏）	653.18	29125.7	610.48	29125.7	134.72	2863.7	475.76	26262.0									42.70		42.70
			中	6332.94	545989.6	5607.89	545989.6	252.53	10441.5	2369.33	191468.0	707.00	81425.6	1902.75	215208.9	376.28	47445.6			725.05	18.45	706.60
			高（密）	11909.12	1132636.1	11904.42	1132636.1	797.68	53149.4	9988.38	948893.0	617.25	67276.1	380.56	47733.5	120.55	15584.1			4.70	4.70	

表 3　内蒙古重点国有林区有林地、疏林地、灌木林地按林种和龄组面积、蓄积统计表（续 27）

单位：公顷、立方米

统计单位	林种	亚林种	郁闭度（覆盖度）等级	合计		乔木林地														疏林地		灌木林地		
						小计		幼龄林		中龄林		近熟林		成熟林		过熟林						小计	特殊灌木林地	一般灌木林地
				面积	蓄积	面积	蓄积	面积	蓄积	面积	蓄积	面积	蓄积	面积	蓄积	面积	蓄积			面积	蓄积	面积	面积	面积
满归林业局	特用林	自然保护区林	合计	63464.14	6191154.7	62611.62	6191154.7	7460.05	401639.3	41488.66	4149243.7	10039.99	1148399.4	3460.14	474771.2	162.78	17101.1					852.52		852.52
			低（疏）	2515.22	170311.6	2515.22	170311.6	1388.25	85217.3	1064.98	78204.4	61.99	6889.9											
			中	39623.75	3635017.6	38771.23	3635017.6	5630.21	277595.5	25471.21	2461282.9	5446.75	604341.6	2090.96	279098.7	132.10	12698.9					852.52		852.52
			高（密）	21325.17	2385825.5	21325.17	2385825.5	441.59	38826.5	14952.47	1609756.4	4531.25	537167.9	1369.18	195672.5	30.68	4402.2							
	用材林	合计	合计	160563.57	15465675.4	158435.04	15407181.9	7115.70	447066.5	123229.85	11770798.0	16134.37	1776040.7	11040.19	1284796.6	914.93	128480.1			1675.77	58493.5	452.76		452.76
			低（疏）	2994.10	124796.5	2858.95	124796.5	922.01	29416.3	1859.94	91753.5	30.00	1086.3	47.00	2540.4							135.15		135.15
			中	55712.92	4768175.1	55402.61	4768175.1	3316.26	188393.9	37246.11	3043767.0	9114.76	938272.0	5109.56	521343.6	615.92	76398.6					310.31		310.31
			高（密）	100180.78	10514210.3	100173.48	10514210.3	2877.43	229256.3	84123.80	8635277.5	6989.61	836682.4	5883.63	760912.6	299.01	52081.5					7.30		7.30
		一般用材林	合计	160563.57	15465675.4	158435.04	15407181.9	7115.70	447066.5	123229.85	11770798.0	16134.37	1776040.7	11040.19	1284796.6	914.93	128480.1			1675.77	58493.5	452.76		452.76
			低（疏）	2994.10	124796.5	2858.95	124796.5	922.01	29416.3	1859.94	91753.5	30.00	1086.3	47.00	2540.4							135.15		135.15
			中	55712.92	4768175.1	55402.61	4768175.1	3316.26	188393.9	37246.11	3043767.0	9114.76	938272.0	5109.56	521343.6	615.92	76398.6					310.31		310.31
			高（密）	100180.78	10514210.3	100173.48	10514210.3	2877.43	229256.3	84123.80	8635277.5	6989.61	836682.4	5883.63	760912.6	299.01	52081.5					7.30		7.30
得耳布尔林业局	合计	合计	合计	241113.34	24221061.4	232540.24	24212223.8	12781.38	765629.8	151607.95	15611795.3	44027.43	5045357.3	21199.50	2442221.1	2923.98	347220.3			533.14	8837.6	8039.96	331.00	7708.96
			低（疏）	9819.29	364740.6	9257.47	364740.6	3048.87	38686.0	3737.08	161456.8	866.27	50649.2	1164.39	78801.5	440.86	35147.1					561.82	4.47	557.35
			中	126455.94	12126181.2	123350.86	12126181.2	4070.55	272637.7	80851.42	7781901.7	23904.67	2493448.1	12699.82	1365391.7	1824.40	212802.0					3105.08	54.17	3050.91
			高（密）	104304.97	11721302.0	99931.91	11721302.0	5661.96	454306.1	67019.45	7668436.8	19256.49	2501260.0	7335.29	998027.9	658.72	99271.2					4373.06	272.36	4100.70
	防护林	合计	合计	143703.42	14426057.5	137348.64	14419413.0	8362.30	486811.6	88884.74	9232331.2	25316.95	2969548.4	12855.08	1504488.2	1929.57	226233.6			432.04	6644.5	5922.74	331.00	5591.74
			低（疏）	7077.28	250965.5	6610.94	250965.5	2317.62	24808.1	2425.90	97192.7	613.41	34584.0	869.44	62536.7	384.57	31844.0					466.34	4.47	461.87
			中	74190.39	7170414.2	71697.89	7170414.2	2341.89	168082.8	46905.68	4551183.8	13564.50	1447607.0	7680.63	857801.2	1205.19	145739.4					2492.50	54.17	2438.33
			高（密）	62003.71	6998033.3	59039.81	6998033.3	3702.79	293920.7	39553.16	4583954.7	11139.04	1487357.4	4305.01	584150.3	339.81	48650.2					2963.90	272.36	2691.54
		水源涵养林	合计	20943.21	1779988.2	20599.10	1779725.3	1309.05	78748.7	10497.17	890010.8	5171.14	469184.6	3055.01	290424.6	566.73	51356.6			13.26	262.9	330.85		330.85
			低（疏）	1223.76	74540.6	1205.49	74540.6	55.97	1110.1	267.59	8797.3	213.80	12392.0	457.78	35874.2	210.35	16367.0					18.27		18.27
			中	10904.19	898162.5	10904.19	898162.5	579.97	34862.5	5354.01	413913.7	2840.32	241233.8	1794.55	175896.0	335.34	32256.5							
			高（密）	8802.00	807022.2	8489.42	807022.2	673.11	42776.1	4875.57	467299.8	2117.02	215558.8	802.68	78654.4	21.04	2733.1					312.58		312.58
		水土保持林	合计	119597.83	12432793.8	114484.08	12426448.0	6905.73	399594.2	76682.15	8191775.9	19855.98	2457883.2	9685.75	1203324.2	1354.47	173870.5			412.77	6345.8	4700.98	289.42	4411.56
			低（疏）	5527.25	166966.9	5237.47	166966.9	2258.88	23604.1	2048.78	83252.4	396.28	21946.1	362.32	22974.6	171.21	15189.7					289.78	4.47	285.31
			中	61320.17	6155835.0	59393.49	6155835.0	1679.54	130134.3	40409.03	4040154.9	10601.77	1196341.2	5838.66	676440.9	864.49	112763.7					1926.68	12.59	1914.09
			高（密）	52337.64	6103646.1	49853.12	6103646.1	2967.31	245855.8	34224.34	4068368.6	8857.93	1239595.9	3484.77	503908.7	318.77	45917.1					2484.52	272.36	2212.16

表 3　内蒙古重点国有林区有林地、疏林地、灌木林地按林种和龄组面积、蓄积统计表（续 28）

单位：公顷、立方米

统计单位	林种	亚林种	郁闭度（覆盖度）等级	合计		乔木林地														疏林地		灌木林地		
						小计		幼龄林		中龄林		近熟林		成熟林		过熟林						小计	特殊灌木林地	一般灌木林地
				面积	蓄积	面积	蓄积	面积	蓄积	面积	蓄积	面积	蓄积	面积	蓄积	面积	蓄积			面积	蓄积	面积	面积	面积
得耳布尔林业局	防护林	护岸林	合计	1148.90	24380.3	383.67	24366.7	50.59	1414.1	209.88	12545.2	45.67	2802.6	72.82	7097.2	4.71	507.6			2.41	13.6	762.82	41.58	721.24
			低（疏）	252.99	5459.8	100.46	5459.8	0.07	1.6	49.73	1530.0	2.12	119.2	46.57	3568.9	1.97	240.1					152.53		152.53
			中	736.62	14517.4	240.53	14517.4	41.28	789.5	126.71	7248.7	43.55	2683.4	26.25	3528.3	2.74	267.5					496.09	41.58	454.51
			高（密）	156.88	4389.5	42.68	4389.5	9.24	623.0	33.44	3766.5											114.20		114.20
		护路林	合计	2013.48	188895.2	1881.79	188873.0	96.93	7054.6	1495.54	137999.3	244.16	39678.0	41.50	3642.2	3.66	498.9			3.60	22.2	128.09		128.09
			低（疏）	73.28	3998.2	67.52	3998.2	2.70	92.3	59.80	3613.0	1.21	126.7	2.77	119.0	1.04	47.2					5.76		5.76
			中	1229.41	101899.3	1159.68	101899.3	41.10	2296.5	1015.93	89866.5	78.86	7348.6	21.17	1936.0	2.62	451.7					69.73		69.73
			高（密）	707.19	82975.5	654.59	82975.5	53.13	4665.8	419.81	44519.8	164.09	32202.7	17.56	1587.2							52.60		52.60
	特用林	合计	合计	9977.60	831541.5	8888.20	830787.8	1097.62	35573.3	5956.35	591445.3	1306.48	144035.4	393.76	46616.1	133.99	13117.7			31.99	753.7	1057.41		1057.41
			低（疏）	894.42	22636.6	868.90	22636.6	420.02	7935.9	427.60	13593.5	15.10	826.1	6.18	281.1							25.52		25.52
			中	4155.29	368560.3	4122.91	368560.3	498.20	18695.7	2494.35	232245.9	790.22	81266.6	216.28	24327.0	123.86	12025.1					32.38		32.38
			高（密）	4895.90	439590.9	3896.39	439590.9	179.40	8941.7	3034.40	345605.9	501.16	61942.7	171.30	22008.0	10.13	1092.6					999.51		999.51
		种质资源林（母树林）	合计	562.52	67895.0	562.52	67895.0			257.35	24936.5	245.68	34991.8	59.49	7966.7									
			中	354.41	42818.7	354.41	42818.7			167.29	15179.3	144.27	22025.6	42.85	5613.8									
			高（密）	208.11	25076.3	208.11	25076.3			90.06	9757.2	101.41	12966.2	16.64	2352.9									
		环境保护林	合计	5046.28	365708.1	4083.62	365708.1	126.91	3347.8	3269.76	298736.7	431.82	34697.8	162.59	19394.1	92.54	9531.7					962.66		962.66
			低（疏）	393.85	11317.0	388.47	11317.0	15.32	145.4	373.15	11171.6											5.38		5.38
			中	1753.63	129254.5	1734.68	129254.5	91.71	2305.0	1112.39	81666.9	354.62	27706.6	83.42	8044.3	92.54	9531.7					18.95		18.95
			高（密）	2898.80	225136.6	1960.47	225136.6	19.88	897.4	1784.22	205898.2	77.20	6991.2	79.17	11349.8							938.33		938.33
		风景林	合计	4368.80	397938.4	4242.06	397184.7	970.71	32225.5	2429.24	267772.1	628.98	74345.8	171.68	19255.3	41.45	3586.0			31.99	753.7	94.75		94.75
			低（疏）	500.57	11319.6	480.43	11319.6	404.70	7790.5	54.45	2421.9	15.10	826.1	6.18	281.1							20.14		20.14
			中	2047.25	196487.1	2033.82	196487.1	406.49	16390.7	1214.67	135399.7	291.33	31534.4	90.01	10668.9	31.32	2493.4					13.43		13.43
			高（密）	1788.99	189378.0	1727.81	189378.0	159.52	8044.3	1160.12	129950.5	322.55	41985.3	75.49	8305.3	10.13	1092.6					61.18		61.18
	用材林	合计	合计	87432.32	8963462.4	86303.40	8962023.0	3321.46	243244.9	56766.86	5788018.8	17404.00	1931773.5	7950.66	891116.8	860.42	107869.0			69.11	1439.4	1059.81		1059.81
			低（疏）	1847.59	91138.5	1777.63	91138.5	311.23	5942.0	883.58	50670.6	237.76	15239.1	288.77	15983.7	56.29	3303.1					69.96		69.96
			中	48110.26	4587206.7	47530.06	4587206.7	1230.46	85859.2	31451.39	2998472.0	9549.95	964574.5	4802.91	483263.5	495.35	55037.5					580.20		580.20
			高（密）	37405.36	4283677.8	36995.71	4283677.8	1779.77	151443.7	24431.89	2738876.2	7616.29	951959.9	2858.98	391869.6	308.78	49528.4					409.65		409.65

表3　内蒙古重点国有林区有林地、疏林地、灌木林地按林种和龄组面积、蓄积统计表（续29）

单位：公顷、立方米

统计单位	林种	亚林种	郁闭度（覆盖度）等级	合计		乔木林地														疏林地		灌木林地		
						小计		幼龄林		中龄林		近熟林		成熟林		过熟林				小计	特殊灌木林地	一般灌木林地
				面积	蓄积	面积	蓄积	面积	蓄积	面积	蓄积	面积	蓄积	面积	蓄积	面积	蓄积	面积	蓄积	面积	面积	面积
得耳布尔林业局	用材林	一般用材林	合计	87432.32	8963462.4	86303.40	8962023.0	3321.46	243244.9	56766.86	5788018.8	17404.00	1931773.5	7950.66	891116.8	860.42	107869.0	69.11	1439.4	1059.81		1059.81
			低（疏）	1847.59	91138.5	1777.63	91138.5	311.23	5942.0	883.58	50670.6	237.76	15239.1	288.77	15983.7	56.29	3303.1			69.96		69.96
			中	48110.26	4587206.7	47530.06	4587206.7	1230.46	85859.2	31451.39	2998472.0	9549.95	964574.5	4802.91	483263.5	495.35	55037.5			580.20		580.20
			高（密）	37405.36	4283677.8	36995.71	4283677.8	1779.77	151443.7	24431.89	2738876.2	7616.29	951959.9	2858.98	391869.6	308.78	49528.4			409.65		409.65
莫尔道嘎林业局	合计	合计	合计	439620.18	49948938.1	435588.67	49944907.9	9346.98	656754.3	204033.78	21842156.4	83858.09	10452255.2	120027.38	14474024.6	18322.44	2519717.4	296.16	4030.2	3735.35	3735.35	
			低（疏）	2920.20	81077.7	1549.83	81077.7	380.09	9237.3	697.41	37030.1	271.72	16717.6	166.83	15650.9	33.78	2441.8			1370.37	1370.37	
			中	296960.89	32386498.0	294821.56	32386498.0	5677.97	364209.0	133790.38	13636238.1	52404.91	6154213.4	94498.10	11127031.9	8450.20	1104805.6			2139.33	2139.33	
			高（密）	139442.93	17477332.2	139217.28	17477332.2	3288.92	283308.0	69545.99	8168888.2	31181.46	4281324.2	25362.45	3331341.8	9838.46	1412470.0			225.65	225.65	
	防护林	合计	合计	198217.99	22382521.3	194816.82	22379674.3	4639.03	331272.2	101772.69	10967712.4	35381.57	4452782.2	44858.95	5463465.1	8164.58	1164442.4	248.95	2847.0	3152.22	3152.22	
			低（疏）	2046.16	42823.3	805.99	42823.3	233.68	6140.2	333.78	18777.7	128.64	9290.6	81.75	6515.8	28.14	2099.0			1240.17	1240.17	
			中	130207.88	14113875.9	128455.08	14113875.9	2736.12	180698.5	66875.51	6848129.0	21932.81	2648606.2	32804.15	3877500.7	4106.49	558941.5			1752.80	1752.80	
			高（密）	65715.00	8222975.1	65555.75	8222975.1	1669.23	144433.5	34563.40	4100805.7	13320.12	1794885.4	11973.05	1579448.6	4029.95	603401.9			159.25	159.25	
		水源涵养林	合计	69.06	5498.7	60.24	5498.7	14.40	352.4	40.95	4735.3	4.09	356.9	0.80	54.1					8.82	8.82	
			低（疏）	7.42																7.42	7.42	
			中	38.34	2323.1	36.94	2323.1	14.40	352.4	17.65	1559.7	4.09	356.9	0.80	54.1					1.40	1.40	
			高（密）	23.30	3175.6	23.30	3175.6			23.30	3175.6											
		水土保持林	合计	190762.28	21695881.5	187732.14	21693034.5	4298.23	313005.0	98047.82	10627694.5	34171.06	4315008.1	43384.06	5316806.9	7830.97	1120520.0	248.95	2847.0	2781.19	2781.19	
			低（疏）	1898.08	38566.2	739.78	38566.2	224.84	5425.9	305.98	17520.7	117.93	8447.0	73.97	6152.6	17.06	1020.0			1158.30	1158.30	
			中	124376.66	13603060.3	122895.58	13603060.3	2471.69	167146.9	63992.38	6597021.7	21053.96	2560475.3	31418.86	3738597.0	3958.69	539819.4			1481.08	1481.08	
			高（密）	64238.59	8051408.0	64096.78	8051408.0	1601.70	140432.2	33749.46	4013152.1	12999.17	1746085.8	11891.23	1572057.3	3855.22	579680.6			141.81	141.81	
		护岸林	合计	3266.68	331683.2	2997.34	331683.2	29.83	2380.0	1015.70	102540.4	761.06	94529.8	885.60	91209.2	305.15	41023.8			269.34	269.34	
			低（疏）	78.75	2108.6	26.63	2108.6	6.31	673.0	6.84	235.5			2.40	121.1	11.08	1079.0			52.12	52.12	
			中	2580.19	249045.4	2376.80	249045.4	23.52	1707.0	885.21	89942.1	505.64	53386.1	832.34	86843.2	130.09	17167.0			203.39	203.39	
			高（密）	607.74	80529.2	593.91	80529.2			123.65	12362.8	255.42	41143.7	50.86	4244.9	163.98	22777.8			13.83	13.83	
		护路林	合计	4119.97	349457.9	4027.10	349457.9	296.57	15534.8	2668.22	232742.2	445.36	42887.4	588.49	55394.9	28.46	2898.6			92.87	92.87	
			低（疏）	61.91	2148.5	39.58	2148.5	2.53	41.3	20.96	1021.5	10.71	843.6	5.38	242.1					22.33	22.33	
			中	3212.69	259447.1	3145.76	259447.1	226.51	11492.2	1980.27	159605.5	369.12	34387.9	552.15	52006.4	17.71	1955.1			66.93	66.93	
			高（密）	845.37	87862.3	841.76	87862.3	67.53	4001.3	666.99	72115.2	65.53	7655.9	30.96	3146.4	10.75	943.5			3.61	3.61	

表3 内蒙古重点国有林区有林地、疏林地、灌木林地按林种和龄组面积、蓄积统计表（续30）

单位：公顷、立方米

统计单位	林种	亚林种	郁闭度（覆盖度）等级	合计		乔木林地												疏林地		小计	灌木林地	
						小计		幼龄林		中龄林		近熟林		成熟林		过熟林					特殊灌木林地	一般灌木林地
				面积	蓄积	面积	蓄积	面积	蓄积	面积	蓄积	面积	蓄积	面积	蓄积	面积	蓄积	面积	蓄积	面积	面积	面积
莫尔道嘎林业局	特用林	合计	合计	24966.60	2717174.4	24382.73	2717151.1	524.13	33669.3	16236.84	1657668.2	3450.16	508022.7	3912.15	478513.0	259.45	39277.9	0.74	23.3	583.13	583.13	
			低（疏）	195.02	1291.6	64.82	1291.6	40.19	286.6	23.13	854.2	1.50	150.8							130.20	130.20	
			中	17906.62	1805857.2	17520.09	1805857.2	353.12	20614.3	12077.65	1183861.0	1649.90	199446.1	3365.03	391249.3	74.39	10686.5			386.53	386.53	
			高（密）	6864.22	910002.3	6797.82	910002.3	130.82	12768.4	4136.06	472953.0	1798.76	308425.8	547.12	87263.7	185.06	28591.4			66.40	66.40	
		种质（母树林资源林）	合计	414.79	51142.4	414.79	51142.4	24.11	1738.5	33.21	3225.9	186.70	21836.2	72.28	10211.7	98.49	14130.1					
			中	95.97	10831.7	95.97	10831.7	20.00	1142.0	7.97	550.5	11.00	1081.2	57.00	8058.0							
			高（密）	318.82	40310.7	318.82	40310.7	4.11	596.5	25.24	2675.4	175.70	20755.0	15.28	2153.7	98.49	14130.1					
		环境保护林	合计	2458.80	229602.3	2242.75	229579.0	41.24	956.3	1615.58	162463.4	101.97	10000.7	469.01	54631.4	14.95	1527.2	0.74	23.3	215.31	215.31	
			低（疏）	103.77	377.1	11.48	377.1	3.16	72.6	8.32	304.5									92.29	92.29	
			中	2200.22	207994.1	2077.20	207994.1	38.08	883.7	1550.41	154374.8	77.15	7112.0	396.61	44096.4	14.95	1527.2			123.02	123.02	
			高（密）	154.07	21207.8	154.07	21207.8			56.85	7784.1	24.82	2888.7	72.40	10535.0							
		风景林	合计	22093.01	2436429.7	21725.19	2436429.7	458.78	30974.5	14588.05	1491978.9	3161.49	476185.8	3370.86	413669.9	146.01	23620.6			367.82	367.82	
			低（疏）	91.25	914.5	53.34	914.5	37.03	214.0	14.81	549.7	1.50	150.8							37.91	37.91	
			中	15610.43	1587031.4	15346.92	1587031.4	295.04	18588.6	10519.27	1028935.7	1561.75	191252.9	2911.42	339094.9	59.44	9159.3			263.51	263.51	
			高（密）	6391.33	848483.8	6324.93	848483.8	126.71	12171.9	4053.97	462493.5	1598.24	284782.1	459.44	74575.0	86.57	14461.3			66.40	66.40	
	用材林	合计	合计	216435.59	24849242.4	216389.12	24848082.5	4183.82	291812.8	86024.25	9216775.8	45026.36	5491450.3	71256.28	8532046.5	9898.41	1315997.1	46.47	1159.9			
			低（疏）	679.02	36962.8	679.02	36962.8	106.22	2810.5	340.50	17398.2	141.58	7276.2	85.08	9135.1	5.64	342.8					
			中	148846.39	16466764.9	148846.39	16466764.9	2588.73	162896.2	54837.22	5604248.1	28822.20	3306161.1	58328.92	6858281.9	4269.32	535177.6					
			高（密）	66863.71	8344354.8	66863.71	8344354.8	1488.87	126106.1	30846.53	3595129.5	16062.58	2178013.0	12842.28	1664629.5	5623.45	780476.7					
		一般用材林	合计	216435.59	24849242.4	216389.12	24848082.5	4183.82	291812.8	86024.25	9216775.8	45026.36	5491450.3	71256.28	8532046.5	9898.41	1315997.1	46.47	1159.9			
			低（疏）	679.02	36962.8	679.02	36962.8	106.22	2810.5	340.50	17398.2	141.58	7276.2	85.08	9135.1	5.64	342.8					
			中	148846.39	16466764.9	148846.39	16466764.9	2588.73	162896.2	54837.22	5604248.1	28822.20	3306161.1	58328.92	6858281.9	4269.32	535177.6					
			高（密）	66863.71	8344354.8	66863.71	8344354.8	1488.87	126106.1	30846.53	3595129.5	16062.58	2178013.0	12842.28	1664629.5	5623.45	780476.7					
大杨树林业局	合计	合计	合计	420720.40	22565022.3	413390.77	22556448.1	176779.73	5478860.2	173795.25	12067599.4	38970.32	3117248.4	19730.71	1627140.2	4114.76	265599.9	1009.07	8574.2	6320.56		6320.56
			低（疏）	10463.02	141224.4	7167.99	141224.4	5753.22	87255.7	1027.56	32351.3	91.24	6605.8	294.30	14822.3	1.67	189.3			3295.03		3295.03
			中	200968.51	9012358.3	198708.94	9012358.3	90436.65	2409841.5	71254.12	3873752.2	21863.86	1524361.2	13443.34	1056057.0	1710.97	148346.4			2259.57		2259.57
			高（密）	208279.80	13402865.4	207513.84	13402865.4	80589.86	2981763.0	101513.57	8161495.9	17015.22	1586281.4	5993.07	556260.9	2402.12	117064.2			765.96		765.96

表 3　内蒙古重点国有林区有林地、疏林地、灌木林地按林种和龄组面积、蓄积统计表（续 31）

单位：公顷、立方米

统计单位	林种	亚林种	郁闭度（覆盖度）等级	合计		乔木林地												疏林地		灌木林地		
						小计		幼龄林		中龄林		近熟林		成熟林		过熟林				小计	特殊灌木林地	一般灌木林地
				面积	蓄积	面积	蓄积	面积	蓄积	面积	蓄积	面积	蓄积	面积	蓄积	面积	蓄积	面积	蓄积	面积	面积	面积
大杨树林业局	防护林	合计	合计	373636.54	20142694.3	366846.11	20134984.6	153528.73	4832051.4	157491.10	10908489.0	34470.50	2711177.7	17399.71	1427269.6	3956.07	255996.9	888.19	7709.7	5902.24		5902.24
			低（疏）	9385.44	117442.9	6195.35	117442.9	5083.60	78251.8	856.92	25543.4	78.73	4320.4	176.10	9327.3					3190.09		3190.09
			中	180662.22	8162577.5	178640.30	8162577.5	79576.14	2153297.3	65152.20	3522357.0	20071.79	1392547.8	12153.88	949015.7	1686.29	145359.7			2021.92		2021.92
			高（密）	182700.69	11854964.2	182010.46	11854964.2	68868.99	2600502.3	91481.98	7360588.6	14319.98	1314309.5	5069.73	468926.6	2269.78	110637.2			690.23		690.23
		水土保持林	合计	365698.25	19837090.0	360640.71	19830378.2	150895.38	4766992.7	155220.62	10765223.5	33948.14	2668176.8	16817.14	1392382.8	3759.43	237602.4	822.54	6711.8	4235.00		4235.00
			低（疏）	8077.34	108423.3	5855.59	108423.3	4827.53	74994.0	822.26	24343.0	69.42	2699.6	136.38	6386.7					2221.75		2221.75
			中	175795.84	7980306.0	174355.01	7980306.0	77869.85	2121759.3	63665.84	3446202.2	19659.97	1363904.3	11639.71	919862.9	1519.64	128577.3			1440.83		1440.83
			高（密）	181002.53	11741648.9	180430.11	11741648.9	68198.00	2570239.4	90732.52	7294678.3	14218.75	1301572.9	5041.05	466133.2	2239.79	109025.1			572.42		572.42
		护岸林	合计	4624.62	142333.3	3000.56	141742.9	975.60	18686.0	988.11	52304.5	323.75	23187.0	519.22	29495.3	193.88	18070.1	33.01	590.4	1591.05		1591.05
			低（疏）	1036.96	3650.9	90.28	3650.9	43.94	563.7	6.62	146.6			39.72	2940.6					946.68		946.68
			中	2988.67	110055.7	2458.67	110055.7	747.37	8221.4	745.98	36121.1	319.17	22376.1	479.50	26554.7	166.65	16782.4			530.00		530.00
			高（密）	565.98	28036.3	451.61	28036.3	184.29	9900.9	235.51	16036.8	4.58	810.9			27.23	1287.7			114.37		114.37
		护路林	合计	3313.67	163271.0	3204.84	162863.5	1657.75	46372.7	1282.37	90961.0	198.61	19813.9	63.35	5391.5	2.76	324.4	32.64	407.5	76.19		76.19
			低（疏）	271.14	5368.7	249.48	5368.7	212.13	2694.1	28.04	1053.8	9.31	1620.8							21.66		21.66
			中	1877.71	72215.8	1826.62	72215.8	958.92	23316.6	740.38	40033.7	92.65	6267.4	34.67	2598.1					51.09		51.09
			高（密）	1132.18	85279.0	1128.74	85279.0	486.70	20362.0	513.95	49873.5	96.65	11925.7	28.68	2793.4	2.76	324.4			3.44		3.44
	特用林	合计	合计	5570.47	565992.9	5385.49	565990.6	1018.87	34486.6	3088.54	351682.0	748.78	111824.8	502.95	64821.2	26.35	3176.0	2.03	2.3	182.95		182.95
			低（疏）	307.01	4714.1	260.19	4714.1	233.63	3177.3	23.04	1198.5	1.85	149.0			1.67	189.3			46.82		46.82
			中	1822.72	152232.8	1714.41	152232.8	526.78	15016.8	753.55	80591.9	232.96	34828.7	176.44	18808.7	24.68	2986.7			108.31		108.31
			高（密）	3438.71	409043.7	3410.89	409043.7	258.46	16292.5	2311.95	269891.6	513.97	76847.1	326.51	46012.5					27.82		27.82
		种质资源林（母树林）	合计	797.31	114181.0	797.31	114181.0	90.73	10859.6	323.40	41299.6	282.69	45991.9	100.49	16029.9							
			中	420.39	56618.3	420.39	56618.3	42.81	4588.8	290.06	35513.8	87.52	16515.7									
			高（密）	376.92	57562.7	376.92	57562.7	47.92	6270.8	33.34	5785.8	195.17	29476.2	100.49	16029.9							
		环境保护林	合计	2204.76	171331.5	2019.78	171329.2	858.85	23040.3	313.95	36341.2	443.46	63928.8	377.17	44842.9	26.35	3176.0	2.03	2.3	182.95		182.95
			低（疏）	254.71	3370.2	207.89	3370.2	203.65	3074.3	1.71	70.1	0.86	36.5			1.67	189.3			46.82		46.82
			中	998.24	60515.5	889.93	60515.5	444.66	9944.3	126.96	12399.5	126.68	16832.4	166.95	18352.6	24.68	2986.7			108.31		108.31
			高（密）	949.78	107443.5	921.96	107443.5	210.54	10021.7	185.28	23871.6	315.92	47059.9	210.22	26490.3					27.82		27.82

表 3 内蒙古重点国有林区有林地、疏林地、灌木林地按林种和龄组面积、蓄积统计表（续 32）

单位：公顷、立方米

统计单位	林种	亚林种	郁闭度（覆盖度）等级	合计		乔木林地												疏林地		灌木林地		
						小计		幼龄林		中龄林		近熟林		成熟林		过熟林				小计	特殊灌木林地	一般灌木林地
				面积	蓄积	面积	蓄积	面积	蓄积	面积	蓄积	面积	蓄积	面积	蓄积	面积	蓄积	面积	蓄积	面积	面积	面积
大杨树林业局	特用林	风景林	合计	2568.40	280480.4	2568.40	280480.4	69.29	586.7	2451.19	274041.2	22.63	1904.1	25.29	3948.4							
			低（疏）	52.30	1343.9	52.30	1343.9	29.98	103.0	21.33	1128.4	0.99	112.5									
			中	404.09	35099.0	404.09	35099.0	39.31	483.7	336.53	32678.6	18.76	1480.6	9.49	456.1							
			高（密）	2112.01	244037.5	2112.01	244037.5			2093.33	240234.2	2.88	311.0	15.80	3492.3							
	用材林	合计	合计	41513.39	1856335.1	41159.17	1855472.9	22232.13	612322.2	13215.61	807428.4	3751.04	294245.9	1828.05	135049.4	132.34	6427.0	118.85	862.2	235.37		235.37
			低（疏）	770.57	19067.4	712.45	19067.4	435.99	5826.6	147.60	5609.4	10.66	2136.4	118.20	5495.0					58.12		58.12
			中	18483.57	697548.0	18354.23	697548.0	10333.73	241527.4	5348.37	270803.3	1559.11	96984.7	1113.02	88232.6					129.34		129.34
			高（密）	22140.40	1138857.5	22092.49	1138857.5	11462.41	364968.2	7719.64	531015.7	2181.27	195124.8	596.83	41321.8	132.34	6427.0			47.91		47.91
		一般用材林	合计	41513.39	1856335.1	41159.17	1855472.9	22232.13	612322.2	13215.61	807428.4	3751.04	294245.9	1828.05	135049.4	132.34	6427.0	118.85	862.2	235.37		235.37
			低（疏）	770.57	19067.4	712.45	19067.4	435.99	5826.6	147.60	5609.4	10.66	2136.4	118.20	5495.0					58.12		58.12
			中	18483.57	697548.0	18354.23	697548.0	10333.73	241527.4	5348.37	270803.3	1559.11	96984.7	1113.02	88232.6					129.34		129.34
			高（密）	22140.40	1138857.5	22092.49	1138857.5	11462.41	364968.2	7719.64	531015.7	2181.27	195124.8	596.83	41321.8	132.34	6427.0			47.91		47.91
毕拉河林业局	合计	合计	合计	291715.08	23321839.7	288046.38	23321078.5	34195.94	1472000.1	168606.35	14277325.6	61450.30	5441943.4	21665.03	1918701.6	2128.76	211107.8	86.26	761.2	3582.44		3582.44
			低（疏）	4040.01	51867.3	1868.53	51867.3	638.57	9843.0	856.10	22637.5	155.02	6724.4	207.25	11505.6	11.59	1156.8			2171.48		2171.48
			中	122366.34	8636079.7	121137.72	8636079.7	11923.09	459017.6	67748.67	4892924.3	29599.00	2332437.8	11293.76	908617.0	573.20	43083.0			1228.62		1228.62
			高（密）	165222.47	14633131.5	165040.13	14633131.5	21634.28	1003139.5	100001.58	9361763.8	31696.28	3102781.2	10164.02	998579.0	1543.97	166868.0			182.34		182.34
	防护林	合计	合计	216649.76	15870925.8	213311.12	15870254.2	30782.60	1230508.0	117993.39	9207794.2	45663.39	3789976.0	17461.01	1506665.6	1410.73	135310.4	46.35	671.6	3292.29		3292.29
			低（疏）	3684.87	47033.4	1639.37	47033.4	541.36	8344.6	739.11	19825.4	155.02	6724.4	192.29	10982.2	11.59	1156.8			2045.50		2045.50
			中	97994.06	6628521.1	96877.93	6628521.1	11159.40	424604.0	51318.13	3516367.3	24182.79	1870044.7	9713.30	779136.1	504.31	38369.0			1116.13		1116.13
			高（密）	114924.48	9194699.7	114793.82	9194699.7	19081.84	797559.4	65936.15	5671601.5	21325.58	1913206.9	7555.42	716547.3	894.83	95784.6			130.66		130.66
		水源涵养林	合计	15071.63	1557008.1	15062.29	1557008.1	298.66	18135.3	11483.98	1177442.6	2019.50	206723.6	986.92	121990.8	273.23	32715.8			9.34		9.34
			低（疏）	53.93	1837.7	51.09	1837.7			47.95	1691.1	3.14	146.6							2.84		2.84
			中	2705.28	246561.5	2698.78	246561.5	121.42	6203.5	1438.04	126939.8	754.28	67763.8	379.48	44857.2	5.56	797.2			6.50		6.50
			高（密）	12312.42	1308608.9	12312.42	1308608.9	177.24	11931.8	9997.99	1048811.7	1262.08	138813.2	607.44	77133.6	267.67	31918.6					
		水土保持林	合计	197083.52	14087458.1	194498.08	14086990.2	29914.25	1191865.8	104847.88	7937998.4	42636.71	3507404.1	16041.36	1352886.4	1057.88	96835.5	40.04	467.9	2545.40		2545.40
			低（疏）	3118.68	38294.9	1328.11	38294.9	444.18	6518.7	591.09	15995.1	123.57	5279.3	157.68	9345.0	11.59	1156.8			1790.57		1790.57
			中	92106.30	6219659.6	91466.40	6219659.6	10718.84	406524.2	48793.16	3336181.9	22546.51	1736577.9	8987.95	708529.7	419.94	31845.9			639.90		639.90
			高（密）	101818.50	7829035.7	101703.57	7829035.7	18751.23	778822.9	55463.63	4585821.4	19966.63	1765546.9	6895.73	635011.7	626.35	63832.8			114.93		114.93

表 3　内蒙古重点国有林区有林地、疏林地、灌木林地按林种和龄组面积、蓄积统计表（续 33）

单位：公顷、立方米

统计单位	林种	亚林种	郁闭度（覆盖度）等级	合计		乔木林地														疏林地		灌木林地		
						小计		幼龄林		中龄林		近熟林		成熟林		过熟林						小计	特殊灌木林地	一般灌木林地
				面积	蓄积	面积	蓄积	面积	蓄积	面积	蓄积	面积	蓄积	面积	蓄积	面积	蓄积			面积	蓄积	面积	面积	面积
毕拉河林业局	防护林	护岸林	合计	3694.97	177459.0	2975.68	177259.5	405.45	12992.2	1190.08	60455.3	921.09	70240.7	380.11	27839.7	78.95	5731.6			5.70	199.5	713.59		713.59
			低（疏）	434.44	4902.4	187.69	4902.4	74.32	1428.9	69.80	1439.8	12.08	547.9	31.49	1485.8							246.75		246.75
			中	2775.17	141159.0	2324.06	141159.0	231.94	7896.2	883.24	42556.0	819.06	61404.2	311.68	23604.2	78.14	5698.4					451.11		451.11
			高（密）	479.66	31198.1	463.93	31198.1	99.19	3667.1	237.04	16459.5	89.95	8288.6	36.94	2749.7	0.81	33.2					15.73		15.73
		护路林	合计	799.64	49000.6	775.07	48996.4	164.24	7514.7	471.45	31897.9	86.09	5607.6	52.62	3948.7	0.67	27.5			0.61	4.2	23.96		23.96
			低（疏）	77.82	1998.4	72.48	1998.4	22.86	397.0	30.27	699.4	16.23	750.6	3.12	151.4							5.34		5.34
			中	407.31	21141.0	388.69	21141.0	87.20	3980.1	203.69	10689.6	62.94	4298.8	34.19	2145.0	0.67	27.5					18.62		18.62
			高（密）	313.90	25857.0	313.90	25857.0	54.18	3137.6	237.49	20508.9	6.92	558.2	15.31	1652.3									
	特用林	合计	合计	12663.42	1512845.7	12547.95	1512769.9	1863.65	151155.7	8185.15	1061724.6	2016.67	246300.0	432.65	50552.1	49.83	3037.5			39.12	75.8	76.35		76.35
			低（疏）	77.49	647.2	20.11	647.2	10.38	245.4	9.73	401.8											57.38		57.38
			中	2869.10	216626.8	2853.67	216626.8	332.10	11867.7	1813.78	154553.1	536.48	37597.2	122.19	9627.2	49.12	2981.6					15.43		15.43
			高（密）	9677.71	1295495.9	9674.17	1295495.9	1521.17	139042.6	6361.64	906769.7	1480.19	208702.8	310.46	40924.9	0.71	55.9					3.54		3.54
		环境保护林	合计	331.39	12069.0	315.03	12069.0	193.81	5497.6	87.19	4326.2	33.07	2148.7	0.96	96.5							16.36		16.36
			低（疏）	13.97	33.4	1.99	33.4			1.99	33.4											11.98		11.98
			中	78.67	2162.2	74.29	2162.2	35.45	424.8	17.60	486.0	20.28	1154.9	0.96	96.5							4.38		4.38
			高（密）	238.75	9873.4	238.75	9873.4	158.36	5072.8	67.60	3806.8	12.79	993.8											
		风景林	合计	12332.03	1500776.7	12232.92	1500700.9	1669.84	145658.1	8097.96	1057398.4	1983.60	244151.3	431.69	50455.6	49.83	3037.5			39.12	75.8	59.99		59.99
			低（疏）	63.52	613.8	18.12	613.8	10.38	245.4	7.74	368.4											45.40		45.40
			中	2790.43	214464.6	2779.38	214464.6	296.65	11442.9	1796.18	154067.1	516.20	36442.3	121.23	9530.7	49.12	2981.6					11.05		11.05
			高（密）	9438.96	1285622.5	9435.42	1285622.5	1362.81	133969.8	6294.04	902962.9	1467.40	207709.0	310.46	40924.9	0.71	55.9					3.54		3.54
	用材林	合计	合计	62401.90	5938068.2	62187.31	5938054.4	1549.69	90336.4	42427.81	4007806.8	13770.24	1405667.4	3771.37	361483.9	668.20	72759.9			0.79	13.8	213.80		213.80
			低（疏）	277.65	4186.7	209.05	4186.7	86.83	1253.0	107.26	2410.3			14.96	523.4							68.60		68.60
			中	21503.18	1790931.8	21406.12	1790931.8	431.59	22545.9	14616.76	1222003.9	4879.73	424795.9	1458.27	119853.7	19.77	1732.4					97.06		97.06
			高（密）	40620.28	4142935.9	40572.14	4142935.9	1031.27	66537.5	27703.79	2783392.6	8890.51	980871.5	2298.14	241106.8	648.43	71027.5					48.14		48.14
		一般用材林	合计	62401.90	5938068.2	62187.31	5938054.4	1549.69	90336.4	42427.81	4007806.8	13770.24	1405667.4	3771.37	361483.9	668.20	72759.9			0.79	13.8	213.80		213.80
			低（疏）	277.65	4186.7	209.05	4186.7	86.83	1253.0	107.26	2410.3			14.96	523.4							68.60		68.60
			中	21503.18	1790931.8	21406.12	1790931.8	431.59	22545.9	14616.76	1222003.9	4879.73	424795.9	1458.27	119853.7	19.77	1732.4					97.06		97.06
			高（密）	40620.28	4142935.9	40572.14	4142935.9	1031.27	66537.5	27703.79	2783392.6	8890.51	980871.5	2298.14	241106.8	648.43	71027.5					48.14		48.14

表 3 内蒙古重点国有林区有林地、疏林地、灌木林地按林种和龄组面积、蓄积统计表（续 34）

单位：公顷、立方米

统计单位	林种	亚林种	郁闭度（覆盖度）等级	合计		乔木林地														疏林地		灌木林地		
						小计		幼龄林		中龄林		近熟林		成熟林		过熟林				小计	特殊灌木林地	一般灌木林地
				面积	蓄积	面积	蓄积	面积	蓄积	面积	蓄积	面积	蓄积	面积	蓄积	面积	蓄积	面积	蓄积	面积	面积	面积
北大河林业局	合计	合计	合计	291165.00	31145986.6	290861.74	31141575.5	23459.53	1527017.0	194792.29	21359455.8	29346.64	3327341.0	40209.99	4518461.2	3053.29	409300.5	216.06	4411.1	87.20		87.20
			低（疏）	1974.65	70530.1	1907.06	70530.1	1472.90	40789.3	339.77	26864.4			94.39	2876.4					67.59		67.59
			中	155104.17	15751589.8	155084.56	15751589.8	14499.88	938093.8	100253.61	10274843.1	16922.65	1845113.2	21393.80	2428102.3	2014.62	265437.4			19.61		19.61
			高（密）	133870.12	15319455.6	133870.12	15319455.6	7486.75	548133.9	94198.91	11057748.3	12423.99	1482227.8	18721.80	2087482.5	1038.67	143863.1					
	防护林	合计	合计	205973.19	21844085.3	205748.69	21841009.0	17710.66	1152942.7	137136.61	15044486.4	19765.34	2184569.2	28899.94	3160373.1	2236.14	298637.6	150.87	3076.3	73.63		73.63
			低（疏）	1090.26	55872.0	1025.99	55872.0	723.11	31747.5	208.49	21248.1			94.39	2876.4					64.27		64.27
			中	110767.48	11138246.2	110758.12	11138246.2	10826.04	671889.4	72184.99	7424049.1	11011.32	1155764.4	15215.49	1685150.0	1520.28	201393.3			9.36		9.36
			高（密）	93964.58	10646890.8	93964.58	10646890.8	6161.51	449305.8	64743.13	7599189.2	8754.02	1028804.8	13590.06	1472346.7	715.86	97244.3					
		水源涵养林	合计	44556.90	4788101.9	44515.19	4788069.6	2419.94	153714.7	28790.53	3115584.8	4495.72	534803.0	8292.08	911579.3	516.92	72387.8	1.79	32.3	39.92		39.92
			低（疏）	110.99	1292.8	75.29	1292.8	44.74	361.5					30.55	931.3					35.70		35.70
			中	24535.46	2484549.4	24531.24	2484549.4	1629.92	99763.4	15606.92	1566932.7	1866.24	203403.0	4943.35	547295.2	484.81	67155.1			4.22		4.22
			高（密）	19908.66	2302227.4	19908.66	2302227.4	745.28	53589.8	13183.61	1548652.1	2629.48	331400.0	3318.18	363352.8	32.11	5232.7					
		水土保持林	合计	159794.95	16895104.3	159631.29	16892092.7	14886.18	970893.4	107358.77	11819264.9	15144.64	1635809.2	20524.63	2240155.8	1717.07	225969.4	144.60	3011.6	19.06		19.06
			低（疏）	916.51	52875.9	902.59	52875.9	643.67	30752.7	195.08	20178.1			63.84	1945.1					13.92		13.92
			中	85240.02	8558550.9	85234.88	8558550.9	8983.90	558712.0	55935.46	5788771.7	9056.61	943643.8	10225.59	1133465.6	1033.32	133957.8			5.14		5.14
			高（密）	73493.82	8280665.9	73493.82	8280665.9	5258.61	381428.7	51228.23	6010315.1	6088.03	692165.4	10235.20	1104745.1	683.75	92011.6					
		护岸林	合计	461.21	46122.2	458.31	46101.2	84.21	5099.2	298.56	33471.5	74.12	7321.3	1.42	209.2			2.90	21.0			
			低（疏）	25.54	900.1	25.54	900.1	18.81		6.73	900.1											
			中	302.73	31651.6	302.73	31651.6	39.03	3177.1	192.28	21533.3	70.95	6878.2	0.47	63.0							
			高（密）	130.04	13549.5	130.04	13549.5	26.37	1922.1	99.55	11038.1	3.17	443.1	0.95	146.2							
		护路林	合计	1160.13	114756.9	1143.90	114745.5	320.33	23235.4	688.75	76165.2	50.86	6635.7	81.81	8428.8	2.15	280.4	1.58	11.4	14.65		14.65
			低（疏）	37.22	803.2	22.57	803.2	15.89	633.3	6.68	169.9									14.65		14.65
			中	689.27	63494.3	689.27	63494.3	173.19	10236.9	450.33	46811.4	17.52	1839.4	46.08	4326.2	2.15	280.4					
			高（密）	432.06	50448.0	432.06	50448.0	131.25	12365.2	231.74	29183.9	33.34	4796.3	35.73	4102.6							
	特用林	合计	合计	2219.25	209335.9	2219.25	209335.9	584.98	35461.1	1094.31	107918.9	317.01	40233.6	222.95	25722.3							
			低（疏）	5.76	259.2	5.76	259.2	0.80	46.3	4.96	212.9											
			中	1650.31	144362.4	1650.31	144362.4	504.52	28120.2	786.84	71814.4	268.98	34752.8	89.97	9675.0							
			高（密）	563.18	64714.3	563.18	64714.3	79.66	7294.6	302.51	35891.6	48.03	5480.8	132.98	16047.3							

表 3　内蒙古重点国有林区有林地、疏林地、灌木林地按林种和龄组面积、蓄积统计表（续 35）

单位：公顷、立方米

统计单位	林种	亚林种	郁闭度（覆盖度）等级	合计		乔木林地												疏林地		小计	灌木林地	
						小计		幼龄林		中龄林		近熟林		成熟林		过熟林					特殊灌木林地	一般灌木林地
				面积	蓄积	面积	蓄积	面积	蓄积	面积	蓄积	面积	蓄积	面积	蓄积	面积	蓄积	面积	蓄积	面积	面积	面积
北大河林业局	特用林	种质资源林（母树林）	合计	226.38	36408.5	226.38	36408.5			97.52	13904.1	123.20	21626.8	5.66	877.6							
			中	158.97	25925.7	158.97	25925.7			54.77	7345.2	104.20	18580.5									
			高（密）	67.41	10482.8	67.41	10482.8			42.75	6558.9	19.00	3046.3	5.66	877.6							
		环境保护林	合计	1992.87	172927.4	1992.87	172927.4	584.98	35461.1	996.79	94014.8	193.81	18606.8	217.29	24844.7							
			低（疏）	5.76	259.2	5.76	259.2	0.80	46.3	4.96	212.9											
			中	1491.34	118436.7	1491.34	118436.7	504.52	28120.2	732.07	64469.2	164.78	16172.3	89.97	9675.0							
			高（密）	495.77	54231.5	495.77	54231.5	79.66	7294.6	259.76	29332.7	29.03	2434.5	127.32	15169.7							
	用材林	合计	合计	82972.56	9092565.4	82893.80	9091230.6	5163.89	338613.2	56561.37	6207050.5	9264.29	1102538.2	11087.10	1332365.8	817.15	110662.9	65.19	1334.8	13.57		13.57
			低（疏）	878.63	14398.9	875.31	14398.9	748.99	8995.5	126.32	5403.4									3.32		3.32
			中	42686.38	4468981.2	42676.13	4468981.2	3169.32	238084.2	27281.78	2778979.6	5642.35	654596.0	6088.34	733277.3	494.34	64044.1			10.25		10.25
			高（密）	39342.36	4607850.5	39342.36	4607850.5	1245.58	91533.5	29153.27	3422667.5	3621.94	447942.2	4998.76	599088.5	322.81	46618.8					
		一般用材林	合计	82972.56	9092565.4	82893.80	9091230.6	5163.89	338613.2	56561.37	6207050.5	9264.29	1102538.2	11087.10	1332365.8	817.15	110662.9	65.19	1334.8	13.57		13.57
			低（疏）	878.63	14398.9	875.31	14398.9	748.99	8995.5	126.32	5403.4									3.32		3.32
			中	42686.38	4468981.2	42676.13	4468981.2	3169.32	238084.2	27281.78	2778979.6	5642.35	654596.0	6088.34	733277.3	494.34	64044.1			10.25		10.25
			高（密）	39342.36	4607850.5	39342.36	4607850.5	1245.58	91533.5	29153.27	3422667.5	3621.94	447942.2	4998.76	599088.5	322.81	46618.8					
乌玛林业局	合计	合计	合计	365071.25	54704439.2	360362.22	54701502.5	5603.93	286590.5	62447.95	8784897.1	103225.84	16189694.7	144931.43	23102842.1	44153.07	6337478.1	31.97	2936.7	4677.06	4677.06	
			低（疏）	5215.00	338328.8	4288.89	338328.8	1171.00	19060.2	264.42	42895.8	1224.56	114853.4	1000.23	90430.0	628.68	71089.4			926.11	926.11	
			中	126982.30	17624119.1	124886.08	17624119.1	1811.74	95822.5	23153.55	3122117.8	33729.89	4773843.7	46175.76	6904371.3	20015.14	2727963.8			2096.22	2096.22	
			高（密）	232841.98	36739054.6	231187.25	36739054.6	2621.19	171707.8	39029.98	5619883.5	68271.39	11300997.6	97755.44	16108040.8	23509.25	3538424.9			1654.73	1654.73	
	特用林	合计	合计	365071.25	54704439.2	360362.22	54701502.5	5603.93	286590.5	62447.95	8784897.1	103225.84	16189694.7	144931.43	23102842.1	44153.07	6337478.1	31.97	2936.7	4677.06	4677.06	
			低（疏）	5215.00	338328.8	4288.89	338328.8	1171.00	19060.2	264.42	42895.8	1224.56	114853.4	1000.23	90430.0	628.68	71089.4			926.11	926.11	
			中	126982.30	17624119.1	124886.08	17624119.1	1811.74	95822.5	23153.55	3122117.8	33729.89	4773843.7	46175.76	6904371.3	20015.14	2727963.8			2096.22	2096.22	
			高（密）	232841.98	36739054.6	231187.25	36739054.6	2621.19	171707.8	39029.98	5619883.5	68271.39	11300997.6	97755.44	16108040.8	23509.25	3538424.9			1654.73	1654.73	
		自然保护区林	合计	365071.25	54704439.2	360362.22	54701502.5	5603.93	286590.5	62447.95	8784897.1	103225.84	16189694.7	144931.43	23102842.1	44153.07	6337478.1	31.97	2936.7	4677.06	4677.06	
			低（疏）	5215.00	338328.8	4288.89	338328.8	1171.00	19060.2	264.42	42895.8	1224.56	114853.4	1000.23	90430.0	628.68	71089.4			926.11	926.11	
			中	126982.30	17624119.1	124886.08	17624119.1	1811.74	95822.5	23153.55	3122117.8	33729.89	4773843.7	46175.76	6904371.3	20015.14	2727963.8			2096.22	2096.22	
			高（密）	232841.98	36739054.6	231187.25	36739054.6	2621.19	171707.8	39029.98	5619883.5	68271.39	11300997.6	97755.44	16108040.8	23509.25	3538424.9			1654.73	1654.73	

表3 内蒙古重点国有林区有林地、疏林地、灌木林地按林种和龄组面积、蓄积统计表（续36）

单位：公顷、立方米

统计单位	林种	亚林种	郁闭度（覆盖度）等级	合计		乔木林地												疏林地		灌木林地		
						小计		幼龄林		中龄林		近熟林		成熟林		过熟林				小计	特殊灌木林地	一般灌木林地
				面积	蓄积	面积	蓄积	面积	蓄积	面积	蓄积	面积	蓄积	面积	蓄积	面积	蓄积	面积	蓄积	面积	面积	面积
永安山林业局	合计	合计	合计	275361.12	40383381.3	273085.03	40380578.7	2138.75	119946.6	20835.41	2480622.9	75636.32	11209300.6	102529.27	15584938.6	71945.28	10985770.0	91.46	2802.6	2184.63	2184.63	
			低（疏）	2093.89	191041.3	1996.97	191041.3	424.61	11490.2	454.73	29838.9	277.27	37709.0	617.61	82923.6	222.75	29079.6			96.92	96.92	
			中	93591.26	13347189.9	92346.17	13347189.9	700.25	45707.2	7874.87	861549.8	25446.27	3610945.5	36643.32	5504690.3	21681.46	3324297.1			1245.09	1245.09	
			高（密）	179584.51	26842347.5	178741.89	26842347.5	1013.89	62749.2	12505.81	1589234.2	49912.78	7560646.1	65268.34	9997324.7	50041.07	7632393.3			842.62	842.62	
	特用林	合计	合计	275361.12	40383381.3	273085.03	40380578.7	2138.75	119946.6	20835.41	2480622.9	75636.32	11209300.6	102529.27	15584938.6	71945.28	10985770.0	91.46	2802.6	2184.63	2184.63	
			低（疏）	2093.89	191041.3	1996.97	191041.3	424.61	11490.2	454.73	29838.9	277.27	37709.0	617.61	82923.6	222.75	29079.6			96.92	96.92	
			中	93591.26	13347189.9	92346.17	13347189.9	700.25	45707.2	7874.87	861549.8	25446.27	3610945.5	36643.32	5504690.3	21681.46	3324297.1			1245.09	1245.09	
			高（密）	179584.51	26842347.5	178741.89	26842347.5	1013.89	62749.2	12505.81	1589234.2	49912.78	7560646.1	65268.34	9997324.7	50041.07	7632393.3			842.62	842.62	
		自然保护区林	合计	275361.12	40383381.3	273085.03	40380578.7	2138.75	119946.6	20835.41	2480622.9	75636.32	11209300.6	102529.27	15584938.6	71945.28	10985770.0	91.46	2802.6	2184.63	2184.63	
			低（疏）	2093.89	191041.3	1996.97	191041.3	424.61	11490.2	454.73	29838.9	277.27	37709.0	617.61	82923.6	222.75	29079.6			96.92	96.92	
			中	93591.26	13347189.9	92346.17	13347189.9	700.25	45707.2	7874.87	861549.8	25446.27	3610945.5	36643.32	5504690.3	21681.46	3324297.1			1245.09	1245.09	
			高（密）	179584.51	26842347.5	178741.89	26842347.5	1013.89	62749.2	12505.81	1589234.2	49912.78	7560646.1	65268.34	9997324.7	50041.07	7632393.3			842.62	842.62	
奇乾林业局	合计	合计	合计	278787.82	38859941.6	275938.33	38830054.0	3172.07	111998.6	32248.47	3811872.5	33179.77	4344371.7	120048.05	17139043.1	87289.97	13422768.1	930.78	29887.6	1918.71	1918.71	
			低（疏）	2580.06	89770.5	2202.87	89770.5	232.18	4627.6	1242.91	50814.9	141.59	7099.3	105.03	5518.7	481.16	21710.0			377.19	377.19	
			中	149481.46	19187717.3	147940.48	19187717.3	2503.86	74853.6	19792.41	2277429.4	18470.17	2247929.3	65845.99	8710269.2	41328.05	5877235.8			1540.98	1540.98	
			高（密）	125795.52	19552566.2	125794.98	19552566.2	436.03	32517.4	11213.15	1483628.2	14568.01	2089343.1	54097.03	8423255.2	45480.76	7523822.3			0.54	0.54	
	防护林	合计	合计	215452.86	29654699.1	213977.57	29647437.0	2604.13	71032.7	29256.17	3480966.8	29544.61	3869756.3	82727.13	11595079.4	69845.53	10630601.8	466.61	7262.1	1008.68	1008.68	
			低（疏）	2512.92	88326.9	2139.91	88326.9	211.95	4502.2	1211.40	50105.9	138.34	6955.0	101.23	5299.4	476.99	21464.4			373.01	373.01	
			中	109501.17	13871407.3	108866.04	13871407.3	2158.90	55078.8	17007.82	1966124.9	16554.94	2052133.0	43207.55	5591263.9	29936.83	4206806.7			635.13	635.13	
			高（密）	102972.16	15687702.8	102971.62	15687702.8	233.28	11451.7	11036.95	1464736.0	12851.33	1810668.3	39418.35	5998516.1	39431.71	6402330.7			0.54	0.54	
		水土保持林	合计	210713.68	29005280.3	209245.42	28998080.8	2597.11	70768.4	27800.93	3287051.0	28951.76	3795932.1	81565.18	11424724.3	68330.44	10419605.0	462.99	7199.5	1005.27	1005.27	
			低（疏）	2432.41	85627.7	2060.80	85627.7	209.93	4454.5	1139.21	47876.9	138.34	6955.0	96.47	4882.6	476.85	21458.7			371.61	371.61	
			中	106598.49	13477032.3	105965.37	13477032.3	2153.90	54862.2	15987.54	1823586.1	16074.33	1992129.0	42521.83	5491922.5	29227.77	4114532.5			633.12	633.12	
			高（密）	101219.79	15435420.8	101219.25	15435420.8	233.28	11451.7	10674.18	1415588.0	12739.09	1796848.1	38946.88	5927919.2	38625.82	6283613.8			0.54	0.54	
		护岸林	合计	3503.36	485953.0	3499.95	485953.0	1.01	46.3	1194.50	162677.7	351.58	42193.0	882.12	131974.0	1070.74	149062.0			3.41	3.41	
			低（疏）	58.01	1536.5	56.61	1536.5			53.89	1306.3			2.58	224.5	0.14	5.7			1.40	1.40	
			中	2249.72	312932.1	2247.71	312932.1	1.01	46.3	880.12	126177.9	301.01	36351.7	531.53	79701.0	534.04	70655.2			2.01	2.01	
			高（密）	1195.63	171484.4	1195.63	171484.4			260.49	35193.5	50.57	5841.3	348.01	52048.5	536.56	78401.1					

表 3　内蒙古重点国有林区有林地、疏林地、灌木林地按林种和龄组面积、蓄积统计表（续 37）

单位：公顷、立方米

统计单位	林种	亚林种	郁闭度（覆盖度）等级	合计		乔木林地														疏林地		灌木林地		
						小计		幼龄林		中龄林		近熟林		成熟林		过熟林						小计	特殊灌木林地	一般灌木林地
				面积	蓄积	面积	蓄积	面积	蓄积	面积	蓄积	面积	蓄积	面积	蓄积	面积	蓄积			面积	蓄积	面积	面积	面积
奇乾林业局	防护林	护路林	合计	1235.82	163465.8	1232.20	163403.2	6.01	218.0	260.74	31238.1	241.27	31631.2	279.83	38381.1	444.35	61934.8			3.62	62.6			
			低（疏）	22.50	1162.7	22.50	1162.7	2.02	47.7	18.30	922.7			2.18	192.3									
			中	652.96	81442.9	652.96	81442.9	3.99	170.3	140.16	16360.9	179.60	23652.3	154.19	19640.4	175.02	21619.0							
			高（密）	556.74	80797.6	556.74	80797.6			102.28	13954.5	61.67	7978.9	123.46	18548.4	269.33	40315.8							
	特用林	合计	合计	63334.96	9205242.5	61960.76	9182617.0	567.94	40965.9	2992.30	330905.7	3635.16	474615.4	37320.92	5543963.7	17444.44	2792166.3			464.17	22625.5	910.03	910.03	
			低（疏）	67.14	1443.6	62.96	1443.6	20.23	125.4	31.51	709.0	3.25	144.3	3.80	219.3	4.17	245.6					4.18	4.18	
			中	39980.29	5316310.0	39074.44	5316310.0	344.96	19774.8	2784.59	311304.5	1915.23	195796.3	22638.44	3119005.3	11391.22	1670429.1					905.85	905.85	
			高（密）	22823.36	3864863.4	22823.36	3864863.4	202.75	21065.7	176.20	18892.2	1716.68	278674.8	14678.68	2424739.1	6049.05	1121491.6							
		国防林	合计	63334.96	9205242.5	61960.76	9182617.0	567.94	40965.9	2992.30	330905.7	3635.16	474615.4	37320.92	5543963.7	17444.44	2792166.3			464.17	22625.5	910.03	910.03	
			低（疏）	67.14	1443.6	62.96	1443.6	20.23	125.4	31.51	709.0	3.25	144.3	3.80	219.3	4.17	245.6					4.18	4.18	
			中	39980.29	5316310.0	39074.44	5316310.0	344.96	19774.8	2784.59	311304.5	1915.23	195796.3	22638.44	3119005.3	11391.22	1670429.1					905.85	905.85	
			高（密）	22823.36	3864863.4	22823.36	3864863.4	202.75	21065.7	176.20	18892.2	1716.68	278674.8	14678.68	2424739.1	6049.05	1121491.6							
诺敏森林经营所	合计	合计	合计	133459.20	15551548.3	133243.00	15548758.7	1947.50	91751.8	94168.60	11347126.3	20804.20	2264769.4	12170.00	1365174.9	4152.70	479936.3			133.40	2789.6	82.80		82.80
			低（疏）	1539.10	64913.8	1456.30	64913.8	588.00	16513.4	556.10	28898.6	135.60	8721.3	85.80	5852.1	90.80	4928.4					82.80		82.80
			中	37309.20	3987983.8	37309.20	3987983.8	697.20	31491.2	24105.40	2627784.6	6811.90	725237.0	4342.40	456925.2	1352.30	146545.8							
			高（密）	94477.50	11495861.1	94477.50	11495861.1	662.30	43747.2	69507.10	8690443.1	13856.70	1530811.1	7741.80	902397.6	2709.60	328462.1							
	防护林	合计	合计	75576.10	9325946.0	75433.80	9323351.6	1194.90	57870.0	58015.00	7401652.9	8876.80	1025613.1	5640.50	644549.7	1706.60	193665.9			127.40	2594.4	14.90		14.90
			低（疏）	917.40	35826.8	902.50	35826.8	449.40	15027.9	394.20	17497.5	16.20	833.7	22.20	1482.9	20.50	984.8					14.90		14.90
			中	17153.80	1918411.8	17153.80	1918411.8	423.00	17675.2	11528.30	1333074.4	3131.30	346945.8	1540.50	159051.5	530.70	61664.9							
			高（密）	57377.50	7369113.0	57377.50	7369113.0	322.50	25166.9	46092.50	6051081.0	5729.30	677833.6	4077.80	484015.3	1155.40	131016.2							
		水土保持林	合计	73845.50	9153836.8	73736.10	9151920.3	1155.70	55636.6	57139.60	7298843.0	8750.10	1013841.6	5322.70	616738.3	1368.00	166860.8			94.50	1916.5	14.90		14.90
			低（疏）	867.30	33607.2	852.40	33607.2	449.40	15027.9	382.70	17213.3	16.20	833.7	4.10	532.3							14.90		14.90
			中	16290.00	1844193.5	16290.00	1844193.5	402.50	16668.0	11025.50	1287215.7	3029.00	338163.5	1417.20	150487.1	415.80	51659.2							
			高（密）	56593.70	7274119.6	56593.70	7274119.6	303.80	23940.7	45731.40	5994414.0	5704.90	674844.4	3901.40	465718.9	952.20	115201.6							
		护岸林	合计	1197.60	126092.5	1164.70	125414.6			589.40	76681.1	1.30	194.1	278.90	24822.5	295.10	23716.9			32.90	677.9			
			中	553.70	49462.8	553.70	49462.8			335.90	33215.5	1.30	194.1	109.20	7045.2	107.30	9008.0							
			高（密）	611.00	75951.8	611.00	75951.8			253.50	43465.6			169.70	17777.3	187.80	14708.9							

表 3　内蒙古重点国有林区有林地、疏林地、灌木林地按林种和龄组面积、蓄积统计表（续 38）

单位：公顷、立方米

统计单位	林种	亚林种	郁闭度（覆盖度）等级	乔木林地 合计		小计		幼龄林		中龄林		近熟林		成熟林		过熟林		疏林地		灌木林地 小计	特殊灌木林地	一般灌木林地
				面积	蓄积	面积	蓄积	面积	蓄积	面积	蓄积	面积	蓄积	面积	蓄积	面积	蓄积	面积	蓄积	面积	面积	面积
诺敏森林经营所	防护林	护路林	合计	533.00	46016.7	533.00	46016.7	39.20	2233.4	286.00	26128.8	125.40	11577.4	38.90	2988.9	43.50	3088.2					
			低（疏）	50.10	2219.6	50.10	2219.6			11.50	284.2			18.10	950.6	20.50	984.8					
			中	310.10	24755.5	310.10	24755.5	20.50	1007.2	166.90	12643.2	101.00	8588.2	14.10	1519.2	7.60	997.7					
			高（密）	172.80	19041.6	172.80	19041.6	18.70	1226.2	107.60	13201.4	24.40	2989.2	6.70	519.1	15.40	1105.7					
	用材林	合计	合计	57883.10	6225602.3	57809.20	6225407.1	752.60	33881.8	36153.60	3945473.4	11927.40	1239156.3	6529.50	720625.2	2446.10	286270.4	6.00	195.2	67.90		67.90
			低（疏）	621.70	29087.0	553.80	29087.0	138.60	1485.5	161.90	11401.1	119.40	7887.6	63.60	4369.2	70.30	3943.6			67.90		67.90
			中	20155.40	2069572.0	20155.40	2069572.0	274.20	13816.0	12577.10	1294710.2	3680.60	378291.2	2801.90	297873.7	821.60	84880.9					
			高（密）	37100.00	4126748.1	37100.00	4126748.1	339.80	18580.3	23414.60	2639362.1	8127.40	852977.5	3664.00	418382.3	1554.20	197445.9					
		一般用材林	合计	57883.10	6225602.3	57809.20	6225407.1	752.60	33881.8	36153.60	3945473.4	11927.40	1239156.3	6529.50	720625.2	2446.10	286270.4	6.00	195.2	67.90		67.90
			低（疏）	621.70	29087.0	553.80	29087.0	138.60	1485.5	161.90	11401.1	119.40	7887.6	63.60	4369.2	70.30	3943.6			67.90		67.90
			中	20155.40	2069572.0	20155.40	2069572.0	274.20	13816.0	12577.10	1294710.2	3680.60	378291.2	2801.90	297873.7	821.60	84880.9					
			高（密）	37100.00	4126748.1	37100.00	4126748.1	339.80	18580.3	23414.60	2639362.1	8127.40	852977.5	3664.00	418382.3	1554.20	197445.9					
汗马自然保护区	合计	合计	合计	105502.17	9092832.8	98610.17	9085159.1	216.00	1422.6	2914.16	188052.2	22697.50	1480007.9	60681.39	5964338.0	12101.12	1451338.4	270.00	7673.7	6622.00	3154.00	3468.00
			低（疏）	18757.32	935904.0	18307.32	935904.0			1288.70	36908.5	6539.50	256289.3	9112.00	540076.3	1367.12	102629.9			450.00		450.00
			中	72662.05	6886777.7	70284.05	6886777.7	141.00	398.6	820.46	62697.1	15286.00	1111170.7	44819.59	4588525.0	9217.00	1123986.3			2378.00	422.00	1956.00
			高（密）	13812.80	1262477.4	10018.80	1262477.4	75.00	1024.0	805.00	88446.6	872.00	112547.9	6749.80	835736.7	1517.00	224722.2			3794.00	2732.00	1062.00
	特用林	合计	合计	105502.17	9092832.8	98610.17	9085159.1	216.00	1422.6	2914.16	188052.2	22697.50	1480007.9	60681.39	5964338.0	12101.12	1451338.4	270.00	7673.7	6622.00	3154.00	3468.00
			低（疏）	18757.32	935904.0	18307.32	935904.0			1288.70	36908.5	6539.50	256289.3	9112.00	540076.3	1367.12	102629.9			450.00		450.00
			中	72662.05	6886777.7	70284.05	6886777.7	141.00	398.6	820.46	62697.1	15286.00	1111170.7	44819.59	4588525.0	9217.00	1123986.3			2378.00	422.00	1956.00
			高（密）	13812.80	1262477.4	10018.80	1262477.4	75.00	1024.0	805.00	88446.6	872.00	112547.9	6749.80	835736.7	1517.00	224722.2			3794.00	2732.00	1062.00
		自然保护区林	合计	105502.17	9092832.8	98610.17	9085159.1	216.00	1422.6	2914.16	188052.2	22697.50	1480007.9	60681.39	5964338.0	12101.12	1451338.4	270.00	7673.7	6622.00	3154.00	3468.00
			低（疏）	18757.32	935904.0	18307.32	935904.0			1288.70	36908.5	6539.50	256289.3	9112.00	540076.3	1367.12	102629.9			450.00		450.00
			中	72662.05	6886777.7	70284.05	6886777.7	141.00	398.6	820.46	62697.1	15286.00	1111170.7	44819.59	4588525.0	9217.00	1123986.3			2378.00	422.00	1956.00
			高（密）	13812.80	1262477.4	10018.80	1262477.4	75.00	1024.0	805.00	88446.6	872.00	112547.9	6749.80	835736.7	1517.00	224722.2			3794.00	2732.00	1062.00
额尔古纳自然保护区	合计	合计	合计	118465.55	17848910.4	117637.68	17846659.1	5869.90	401503.4	42019.57	5934890.2	16040.43	2356052.7	38688.63	6500610.4	15019.15	2653602.4	100.12	2251.3	727.75	727.75	
			低（疏）	451.28	10673.8	384.10	10673.8	225.84	1761.5	99.26	2781.4	11.38	526.8	47.62	5604.1					67.18	67.18	
			中	24983.77	3188867.0	24763.35	3188867.0	2099.61	151420.0	8534.89	967212.9	3470.63	438061.7	8497.75	1325254.6	2160.47	306917.8			220.42	220.42	
			高（密）	92930.38	14647118.3	92490.23	14647118.3	3544.45	248321.9	33385.42	4964895.9	12558.42	1917464.2	30143.26	5169751.7	12858.68	2346684.6			440.15	440.15	

表 3　内蒙古重点国有林区有林地、疏林地、灌木林地按林种和龄组面积、蓄积统计表（续 39）

单位：公顷、立方米

统计单位	林种	亚林种	郁闭度（覆盖度）等级	合计		乔木林地												疏林地		灌木林地		
						小计		幼龄林		中龄林		近熟林		成熟林		过熟林				小计	特殊灌木林地	一般灌木林地
				面积	蓄积	面积	蓄积	面积	蓄积	面积	蓄积	面积	蓄积	面积	蓄积	面积	蓄积	面积	蓄积	面积	面积	面积
额尔古纳自然保护区	特用林	合计	合计	118465.55	17848910.4	117637.68	17846659.1	5869.90	401503.4	42019.57	5934890.2	16040.43	2356052.7	38688.63	6500610.4	15019.15	2653602.4	100.12	2251.3	727.75	727.75	
			低（疏）	451.28	10673.8	384.10	10673.8	225.84	1761.5	99.26	2781.4	11.38	526.8	47.62	5604.1					67.18	67.18	
			中	24983.77	3188867.0	24763.35	3188867.0	2099.61	151420.0	8534.89	967212.9	3470.63	438061.7	8497.75	1325254.6	2160.47	306917.8			220.42	220.42	
			高（密）	92930.38	14647118.3	92490.23	14647118.3	3544.45	248321.9	33385.42	4964895.9	12558.42	1917464.2	30143.26	5169751.7	12858.68	2346684.6			440.15	440.15	
		自然保护区林	合计	118465.55	17848910.4	117637.68	17846659.1	5869.90	401503.4	42019.57	5934890.2	16040.43	2356052.7	38688.63	6500610.4	15019.15	2653602.4	100.12	2251.3	727.75	727.75	
			低（疏）	451.28	10673.8	384.10	10673.8	225.84	1761.5	99.26	2781.4	11.38	526.8	47.62	5604.1					67.18	67.18	
			中	24983.77	3188867.0	24763.35	3188867.0	2099.61	151420.0	8534.89	967212.9	3470.63	438061.7	8497.75	1325254.6	2160.47	306917.8			220.42	220.42	
			高（密）	92930.38	14647118.3	92490.23	14647118.3	3544.45	248321.9	33385.42	4964895.9	12558.42	1917464.2	30143.26	5169751.7	12858.68	2346684.6			440.15	440.15	
毕拉河自然保护区	合计	合计	合计	48302.26	4327318.5	48262.54	4327318.5	1457.12	107165.5	43384.79	3956206.1	1941.37	125152.1	1329.50	125850.2	149.76	12944.6			39.72		39.72
			低（疏）	1.28		1.28		1.28														
			中	48069.20	4298293.1	48043.47	4298293.1	1383.88	98496.2	43238.96	3935850.0	1941.37	125152.1	1329.50	125850.2	149.76	12944.6			25.73		25.73
			高（密）	231.78	29025.4	217.79	29025.4	71.96	8669.3	145.83	20356.1									13.99		13.99
	特用林	合计	合计	48302.26	4327318.5	48262.54	4327318.5	1457.12	107165.5	43384.79	3956206.1	1941.37	125152.1	1329.50	125850.2	149.76	12944.6			39.72		39.72
			低（疏）	1.28		1.28		1.28														
			中	48069.20	4298293.1	48043.47	4298293.1	1383.88	98496.2	43238.96	3935850.0	1941.37	125152.1	1329.50	125850.2	149.76	12944.6			25.73		25.73
			高（密）	231.78	29025.4	217.79	29025.4	71.96	8669.3	145.83	20356.1									13.99		13.99
		自然保护区林	合计	48302.26	4327318.5	48262.54	4327318.5	1457.12	107165.5	43384.79	3956206.1	1941.37	125152.1	1329.50	125850.2	149.76	12944.6			39.72		39.72
			低（疏）	1.28		1.28		1.28														
			中	48069.20	4298293.1	48043.47	4298293.1	1383.88	98496.2	43238.96	3935850.0	1941.37	125152.1	1329.50	125850.2	149.76	12944.6			25.73		25.73
			高（密）	231.78	29025.4	217.79	29025.4	71.96	8669.3	145.83	20356.1									13.99		13.99

说明：①郁闭度分低（0.20~0.39）、中（0.40~0.69）、高（0.70 以上）三级统计；
②覆盖度分疏（30%~49%）、中（50%~69%）、密（70% 以上）三级统计；
③郁闭度（覆盖度）等级各分项统计不含疏林地。

表4 内蒙古重点国有林区乔木林各龄组面积、蓄积按起源和优势树种（组）统计表

单位：公顷、立方米

统计单位	起源	优势树种（组）	合计		幼龄林		中龄林		近熟林		成、过熟林	
			面积	蓄积	面积	蓄积	面积	蓄积	面积	蓄积	面积	蓄积
内蒙古重点国有林区	合计	合计	8365923.71	906531465.6	629011.79	27729911.4	4598627.05	489379592.2	1548457.04	181437876.1	1589827.83	207984085.9
		云杉	1181.60	88396.5	1051.23	75542.0	109.89	11298.0	20.48	1556.5		
		落叶松	5506095.67	624323532.1	292218.09	16711712.2	3458717.56	382977006.5	844174.80	104154571.8	910985.22	120480241.6
		红松	22.29	1304.9	22.29	1304.9						
		樟子松	102934.11	16514401.2	2088.89	97174.8	10465.37	1509169.2	22767.49	3732042.6	67612.36	11176014.6
		蒙古栎	273046.31	13742781.1	114690.28	3807809.1	93863.08	5346045.1	44487.01	3128419.4	20005.94	1460507.5
		白桦	2065123.26	213351706.0	155572.89	5068831.3	926845.33	91132876.7	570891.33	64550110.3	411813.71	52599887.7
		枫桦	1191.97	93756.8			178.75	12896.1	691.78	55874.7	321.44	24986.0
		黑桦	109663.15	6255300.7	35353.51	1358088.4	45869.43	2864364.5	21329.89	1475585.6	7110.32	557262.2
		榆树	111.17	5242.4	26.76	1264.3	80.39	3744.6	3.35	174.3	0.67	59.2
		其他硬阔类	440.32	22572.2	364.30	18326.4	70.18	3734.2	5.84	511.6		
		杨树	4073.35	442271.9	192.74	4364.1	240.92	13689.9	443.90	41372.9	3195.79	382845.0
		柳树	22982.00	1640079.2	3965.34	61344.2	3752.63	194771.5	4244.74	305517.3	11019.29	1078446.2
		其他软阔类	24242.72	1510246.7	11205.36	170084.7	7836.83	782745.6	3629.83	385818.2	1570.70	171598.2
		山杨	251774.88	28337041.5	11158.46	306701.9	49294.38	4446255.0	35496.63	3581205.0	155825.41	20002879.6
		毛赤杨	2909.76	202677.2	971.44	47240.0	1301.37	80963.2	269.97	25115.9	366.98	49358.1
		山丁子	130.21	123.1	130.21	123.1						
		其他阔叶树种	0.94	32.1			0.94	32.1				
	天然	合计	7896283.61	858388497.5	491398.39	21949032.5	4402522.61	465942432.8	1448131.67	167307261.2	1554230.94	203189771.0
		云杉	2.50	170.7	2.50	170.7						
		落叶松	5066957.27	578340019.5	167958.12	11230090.2	3272190.53	360526245.5	748938.69	90604494.0	877869.93	115979189.8
		樟子松	99823.80	16131279.7	1575.09	74549.7	9584.79	1394622.2	21574.19	3564566.6	67089.73	11097541.2
		蒙古栎	273046.31	13742781.1	114690.28	3807809.1	93863.08	5346045.1	44487.01	3128419.4	20005.94	1460507.5
		白桦	2065119.41	213351706.0	155569.04	5068831.3	926845.33	91132876.7	570891.33	64550110.3	411813.71	52599887.7
		枫桦	1191.97	93756.8			178.75	12896.1	691.78	55874.7	321.44	24986.0
		黑桦	109663.15	6255300.7	35353.51	1358088.4	45869.43	2864364.5	21329.89	1475585.6	7110.32	557262.2
		榆树	111.17	5242.4	26.76	1264.3	80.39	3744.6	3.35	174.3	0.67	59.2
		杨树	3812.39	423408.0	102.01	845.4	133.16	6189.0	428.75	39492.6	3148.47	376881.0
		柳树	22946.42	1637784.0	3965.34	61344.2	3717.05	192476.3	4244.74	305517.3	11019.29	1078446.2
		山杨	250571.87	28204397.8	11054.77	298697.9	48760.67	4382137.3	35271.97	3557910.5	155484.46	19965652.1
		毛赤杨	2907.14	202527.7	970.76	47218.2	1299.43	80835.5	269.97	25115.9	366.98	49358.1
		山丁子	130.21	123.1	130.21	123.1						
	人工	合计	469640.10	48142968.1	137613.40	5780878.9	196104.44	23437159.4	100325.37	14130614.9	35596.89	4794314.9
		云杉	1179.10	88225.8	1048.73	75371.3	109.89	11298.0	20.48	1556.5		
		落叶松	439138.40	45983512.6	124259.97	5481622.0	186527.03	22450761.0	95236.11	13550077.8	33115.29	4501051.8
		红松	22.29	1304.9	22.29	1304.9						
		樟子松	3110.31	383121.5	513.80	22625.1	880.58	114547.0	1193.30	167476.0	522.63	78473.4
		白桦	3.85		3.85							
		其他硬阔类	440.32	22572.2	364.30	18326.4	70.18	3734.2	5.84	511.6		
		杨树	260.96	18863.9	90.73	3518.7	107.76	7500.9	15.15	1880.3	47.32	5964.0

表 4　内蒙古重点国有林区乔木林各龄组面积、蓄积按起源和优势树种（组）统计表（续 1）

单位：公顷、立方米

统计单位	起源	优势树种（组）	合计		幼龄林		中龄林		近熟林		成、过熟林	
			面积	蓄积	面积	蓄积	面积	蓄积	面积	蓄积	面积	蓄积
内蒙古重点国有林区	人工	柳树	35.58	2295.2			35.58	2295.2				
		其他软阔类	24242.72	1510246.7	11205.36	170084.7	7836.83	782745.6	3629.83	385818.2	1570.70	171598.2
		山杨	1203.01	132643.7	103.69	8004.0	533.71	64117.7	224.66	23294.5	340.95	37227.5
		毛赤杨	2.62	149.5	0.68	21.8	1.94	127.7				
		其他阔叶树种	0.94	32.1			0.94	32.1				
	其中：人天混	合计	84057.32	7403721.0	38678.77	2515154.6	26235.39	2771595.9	11848.20	1323127.4	7294.96	793843.1
		云杉	394.70	35540.3	375.51	32656.3	19.19	2884.0				
		落叶松	57601.36	5685141.6	26511.08	2272473.0	17726.90	1914680.4	7983.56	913273.1	5379.82	584715.1
		樟子松	128.51	14561.0	111.84	13278.6	9.76	826.7	4.31	230.0	2.60	225.7
		其他硬阔类	440.32	22572.2	364.30	18326.4	70.18	3734.2	5.84	511.6		
		杨树	8.50	570.8	6.31	309.8	1.30	184.4			0.89	76.6
		柳树	35.58	2295.2			35.58	2295.2				
		其他软阔类	24242.72	1510246.7	11205.36	170084.7	7836.83	782745.6	3629.83	385818.2	1570.70	171598.2
		山杨	1203.01	132643.7	103.69	8004.0	533.71	64117.7	224.66	23294.5	340.95	37227.5
		毛赤杨	2.62	149.5	0.68	21.8	1.94	127.7				
阿尔山林业局	合计	合计	384779.80	47574534.1	12326.59	192549.9	94007.50	11633126.2	230952.30	29505113.6	47493.41	6243744.4
		云杉	90.61	3192.1	90.61	3192.1						
		落叶松	222118.43	29778225.7	5715.39	63480.5	55713.42	7667128.0	133361.73	18375583.0	27327.89	3672034.2
		樟子松	1061.96	138469.8	92.36	1325.0	84.46	10920.7	623.60	88127.4	261.54	38096.7
		白桦	152484.95	16666000.2	5725.78	108199.0	36625.78	3831259.1	94864.86	10826389.9	15268.53	1900152.2
		枫桦	1067.14	84691.9			178.75	12896.1	585.75	48819.5	302.64	22976.3
		黑桦	222.70	20127.7			58.10	5593.9	128.78	11857.5	35.82	2676.3
		杨树	82.66	3758.0	0.93		53.63	1974.6	8.99	568.2	19.11	1215.2
		柳树	1049.81	86761.3	78.89	1402.9	348.29	14060.3	143.40	9544.5	479.23	61753.6
		其他软阔类	1483.12	139725.9	248.49	7601.6	472.45	51430.8	660.24	65546.4	101.94	15147.1
		山杨	4988.28	653458.4	244.00	7225.7	472.62	37862.7	574.95	78677.2	3696.71	529692.8
		山丁子	130.14	123.1	130.14	123.1						
	天然	合计	321377.21	38083928.4	6443.92	136488.1	72865.57	7966458.2	197251.71	24155656.7	44816.01	5825325.4
		落叶松	161391.97	20570821.6	281.58	19695.2	35128.40	4062811.5	100955.40	13180654.8	25026.59	3307660.1
		白桦	152481.10	16666000.2	5721.93	108199.0	36625.78	3831259.1	94864.86	10826389.9	15268.53	1900152.2
		枫桦	1067.14	84691.9			178.75	12896.1	585.75	48819.5	302.64	22976.3
		黑桦	222.70	20127.7			58.10	5593.9	128.78	11857.5	35.82	2676.3
		杨树	81.73	3758.0			53.63	1974.6	8.99	568.2	19.11	1215.2
		柳树	1049.81	86761.3	78.89	1402.9	348.29	14060.3	143.40	9544.5	479.23	61753.6
		山杨	4952.62	651644.6	231.38	7067.9	472.62	37862.7	564.53	77822.3	3684.09	528891.7
		山丁子	130.14	123.1	130.14	123.1						
	人工	合计	63402.59	9490605.7	5882.67	56061.8	21141.93	3666668.0	33700.59	5349456.9	2677.40	418419.0
		云杉	90.61	3192.1	90.61	3192.1						
		落叶松	60726.46	9207404.1	5433.81	43785.3	20585.02	3604316.5	32406.33	5194928.2	2301.30	364374.1
		樟子松	1061.96	138469.8	92.36	1325.0	84.46	10920.7	623.60	88127.4	261.54	38096.7
		白桦	3.85		3.85							

表4 内蒙古重点国有林区乔木林各龄组面积、蓄积按起源和优势树种（组）统计表（续2）

单位：公顷、立方米

统计单位	起源	优势树种（组）	合计		幼龄林		中龄林		近熟林		成、过熟林	
			面积	蓄积	面积	蓄积	面积	蓄积	面积	蓄积	面积	蓄积
阿尔山林业局	人工	杨树	0.93		0.93							
		其他软阔类	1483.12	139725.9	248.49	7601.6	472.45	51430.8	660.24	65546.4	101.94	15147.1
		山杨	35.66	1813.8	12.62	157.8			10.42	854.9	12.62	801.1
	其中：人天混	合计	4665.01	470413.9	812.57	20418.7	1207.54	135014.0	2275.83	270935.9	369.07	44045.3
		云杉	26.69	2370.1	26.69	2370.1						
		落叶松	3095.72	325876.8	507.48	10062.5	735.09	83583.2	1601.24	204359.7	251.91	27871.4
		樟子松	23.82	627.3	17.29	226.7			3.93	174.9	2.60	225.7
		其他软阔类	1483.12	139725.9	248.49	7601.6	472.45	51430.8	660.24	65546.4	101.94	15147.1
		山杨	35.66	1813.8	12.62	157.8			10.42	854.9	12.62	801.1
绰尔林业局	合计	合计	361336.98	40648763.8	23023.91	1757281.4	268617.84	31286652.6	38052.45	4100642.9	31642.78	3504186.9
		云杉	0.77		0.77							
		落叶松	230782.45	28315726.6	16744.74	1545897.6	203292.02	25301539.6	7875.71	1075268.7	2869.98	393020.7
		樟子松	106.36	5892.2	65.87	1668.9	20.00	1382.1	20.49	2841.2		
		蒙古栎	3114.16	156781.4	365.91	15670.8	2183.16	111557.8	506.75	26364.5	58.34	3188.3
		白桦	108789.17	10785469.1	3532.98	119536.3	55222.72	5330320.1	27166.22	2801257.2	22867.25	2534355.5
		枫桦	106.03	7055.2					106.03	7055.2		
		黑桦	7720.03	541573.3	872.91	46445.6	6074.09	425951.4	749.16	67393.1	23.87	1783.2
		榆树	1.19	17.0			1.19	17.0				
		杨树	84.91	7900.9							84.91	7900.9
		柳树	941.89	88548.5			10.61	481.3	93.11	8632.3	838.17	79434.9
		其他软阔类	289.41	14819.6	154.75	3388.8	134.66	11430.8				
		山杨	9400.61	724980.0	1285.98	24673.4	1679.39	103972.5	1534.98	111830.7	4900.26	484503.4
	天然	合计	337949.41	38088000.7	14258.18	1098820.8	258458.55	30009578.8	35281.66	3709986.5	29951.02	3269614.6
		落叶松	207723.45	25773412.8	8146.03	890957.6	193273.79	24036553.3	5125.41	687453.5	1178.22	158448.4
		樟子松	67.97	2262.5	54.37	1537.1	13.60	725.4				
		蒙古栎	3114.16	156781.4	365.91	15670.8	2183.16	111557.8	506.75	26364.5	58.34	3188.3
		白桦	108789.17	10785469.1	3532.98	119536.3	55222.72	5330320.1	27166.22	2801257.2	22867.25	2534355.5
		枫桦	106.03	7055.2					106.03	7055.2		
		黑桦	7720.03	541573.3	872.91	46445.6	6074.09	425951.4	749.16	67393.1	23.87	1783.2
		榆树	1.19	17.0			1.19	17.0				
		杨树	84.91	7900.9							84.91	7900.9
		柳树	941.89	88548.5			10.61	481.3	93.11	8632.3	838.17	79434.9
		山杨	9400.61	724980.0	1285.98	24673.4	1679.39	103972.5	1534.98	111830.7	4900.26	484503.4
	人工	合计	23387.57	2560763.1	8765.73	658460.6	10159.29	1277073.8	2770.79	390656.4	1691.76	234572.3
		云杉	0.77		0.77							
		落叶松	23059.00	2542313.8	8598.71	654940.0	10018.23	1264986.3	2750.30	387815.2	1691.76	234572.3
		樟子松	38.39	3629.7	11.50	131.8	6.40	656.7	20.49	2841.2		
		其他软阔类	289.41	14819.6	154.75	3388.8	134.66	11430.8				
	其中：人天混	合计	1137.01	93957.9	216.65	9400.3	609.88	58693.7	194.02	17771.3	116.46	8092.6
		落叶松	847.60	79138.3	61.90	6011.5	475.22	47262.9	194.02	17771.3	116.46	8092.6
		其他软阔类	289.41	14819.6	154.75	3388.8	134.66	11430.8				

表 4　内蒙古重点国有林区乔木林各龄组面积、蓄积按起源和优势树种（组）统计表（续 3）

单位：公顷、立方米

统计单位	起源	优势树种（组）	合计		幼龄林		中龄林		近熟林		成、过熟林	
			面积	蓄积	面积	蓄积	面积	蓄积	面积	蓄积	面积	蓄积
绰源林业局	合计	合计	256201.99	30994059.7	10184.21	731258.7	202392.63	24670619.1	14850.03	1760673.5	28775.12	3831508.4
		云杉	207.49	20370.8	207.49	20370.8						
		落叶松	162512.57	20257070.8	8172.90	624427.9	143868.25	18074024.3	5064.74	684134.6	5406.68	874484.0
		樟子松	93.24	7291.0	10.85	728.9	81.18	6372.9			1.21	189.2
		蒙古栎	13.90	863.9	13.90	863.9						
		白桦	83932.20	9661023.5	1397.34	63144.7	56049.43	6348559.0	8447.07	943565.0	18038.36	2305754.8
		黑桦	2505.39	254577.2	101.84	7581.6	1505.41	157613.8	795.41	81193.6	102.73	8188.2
		柳树	570.66	30828.7			203.78	8724.8	144.33	7621.7	222.55	14482.2
		其他软阔类	26.10	2933.7			26.10	2933.7				
		山杨	6340.44	759100.1	279.89	14140.9	658.48	72390.6	398.48	44158.6	5003.59	628410.0
	天然	合计	238093.86	29029059.4	3121.49	226039.7	195222.89	23867052.9	13554.44	1575356.1	26195.04	3360610.7
		落叶松	144731.27	18322666.0	1328.52	140308.6	136805.79	17279764.7	3769.15	498817.2	2827.81	403775.5
		蒙古栎	13.90	863.9	13.90	863.9						
		白桦	83932.20	9661023.5	1397.34	63144.7	56049.43	6348559.0	8447.07	943565.0	18038.36	2305754.8
		黑桦	2505.39	254577.2	101.84	7581.6	1505.41	157613.8	795.41	81193.6	102.73	8188.2
		柳树	570.66	30828.7			203.78	8724.8	144.33	7621.7	222.55	14482.2
		山杨	6340.44	759100.1	279.89	14140.9	658.48	72390.6	398.48	44158.6	5003.59	628410.0
	人工	合计	18108.13	1965000.3	7062.72	505219.0	7169.74	803566.2	1295.59	185317.4	2580.08	470897.7
		云杉	207.49	20370.8	207.49	20370.8						
		落叶松	17781.30	1934404.8	6844.38	484119.3	7062.46	794259.6	1295.59	185317.4	2578.87	470708.5
		樟子松	93.24	7291.0	10.85	728.9	81.18	6372.9			1.21	189.2
		其他软阔类	26.10	2933.7			26.10	2933.7				
	其中：人天混	合计	943.16	91780.2	696.26	58027.3	246.90	33752.9				
		落叶松	906.91	88117.6	686.11	57298.4	220.80	30819.2				
		樟子松	10.15	728.9	10.15	728.9						
		其他软阔类	26.10	2933.7			26.10	2933.7				
乌尔旗汉林业局	合计	合计	482049.21	58742191.6	39963.95	2505077.2	358786.04	44959881.8	32213.62	4375023.3	51085.60	6902209.3
		云杉	473.10	38104.5	449.90	36133.0	23.20	1971.5				
		落叶松	338595.60	42214080.1	30465.65	2092606.3	284572.64	36785723.5	13091.81	1922323.4	10465.50	1413426.9
		樟子松	208.30	37501.9	36.40	6706.7	82.30	14904.4	10.30	1960.9	79.30	13929.9
		蒙古栎	5162.10	278364.1	802.60	32999.2	3786.30	197679.3	378.00	31695.5	195.20	15990.1
		白桦	111995.19	13098204.9	6114.50	304668.2	67164.40	7696313.0	16620.49	2197262.3	22095.80	2899961.4
		黑桦	2256.00	200207.5	131.60	10361.3	1819.70	159135.8	80.00	7861.4	224.70	22849.0
		杨树	303.50	15251.8	81.30		7.50	490.3	6.20	345.5	208.50	14416.0
		柳树	1454.50	88820.6	114.30	395.7	422.60	19790.7	332.00	23257.8	585.60	45376.4
		其他软阔类	223.50	13920.6	187.40	12075.9	19.70	959.3	16.40	885.4		
		山杨	21377.42	2757735.6	1580.30	9130.9	887.70	82914.0	1678.42	189431.1	17231.00	2476259.6
	天然	合计	436544.52	53484790.4	22648.54	1480771.2	340527.57	42358006.5	25062.01	3205408.8	48306.40	6440603.9
		云杉	2.50	170.7	2.50	170.7						
		落叶松	293957.11	37038537.0	13821.44	1123045.2	266403.17	34194185.2	5966.90	755555.2	7765.60	965751.4
		樟子松	37.50	7682.6			37.50	7682.6				

表4　内蒙古重点国有林区乔木林各龄组面积、蓄积按起源和优势树种（组）统计表（续4）

单位：公顷、立方米

统计单位	起源	优势树种（组）	合计		幼龄林		中龄林		近熟林		成、过熟林	
			面积	蓄积	面积	蓄积	面积	蓄积	面积	蓄积	面积	蓄积
乌尔旗汉林业局	天然	蒙古栎	5162.10	278364.1	802.60	32999.2	3786.30	197679.3	378.00	31695.5	195.20	15990.1
		白桦	111995.19	13098204.9	6114.50	304668.2	67164.40	7696313.0	16620.49	2197262.3	22095.80	2899961.4
		黑桦	2256.00	200207.5	131.60	10361.3	1819.70	159135.8	80.00	7861.4	224.70	22849.0
		杨树	302.20	15067.4	81.30		6.20	305.9	6.20	345.5	208.50	14416.0
		柳树	1454.50	88820.6	114.30	395.7	422.60	19790.7	332.00	23257.8	585.60	45376.4
		山杨	21377.42	2757735.6	1580.30	9130.9	887.70	82914.0	1678.42	189431.1	17231.00	2476259.6
	人工	合计	45504.69	5257401.2	17315.41	1024306.0	18258.47	2601875.3	7151.61	1169614.5	2779.20	461605.4
		云杉	470.60	37933.8	447.40	35962.3	23.20	1971.5				
		落叶松	44638.49	5175543.1	16644.21	969561.1	18169.47	2591538.3	7124.91	1166768.2	2699.90	447675.5
		樟子松	170.80	29819.3	36.40	6706.7	44.80	7221.8	10.30	1960.9	79.30	13929.9
		杨树	1.30	184.4			1.30	184.4				
		其他软阔类	223.50	13920.6	187.40	12075.9	19.70	959.3	16.40	885.4		
	其中：人天混	合计	7995.75	753766.0	7543.45	706303.6	435.90	46577.0	16.40	885.4		
		云杉	313.00	26902.6	313.00	26902.6						
		落叶松	7416.75	705531.0	7006.65	660618.4	410.10	44912.6				
		樟子松	41.20	7227.4	36.40	6706.7	4.80	520.7				
		杨树	1.30	184.4			1.30	184.4				
		其他软阔类	223.50	13920.6	187.40	12075.9	19.70	959.3	16.40	885.4		
库都尔林业局	合计	合计	428838.66	48523473.2	25510.31	1127683.3	254804.57	28771765.4	121735.47	15237388.5	26788.31	3386636.0
		云杉	109.67	10918.2	71.83	7384.8	37.84	3533.4				
		落叶松	270699.65	31247199.8	14091.04	557198.5	179685.13	20653151.8	67922.67	8901497.0	9000.81	1135352.5
		樟子松	148.16	19477.2	26.88	41.4	24.19	3371.3	76.42	13250.3	20.67	2814.2
		蒙古栎	752.86	65014.5	25.26	2094.7	563.50	47268.5	119.33	11107.1	44.77	4544.2
		白桦	133873.71	14556284.1	9935.44	457470.0	64701.25	7000502.2	49435.00	5845037.8	9802.02	1253274.1
		黑桦	93.27	6500.5			26.49	1523.4	66.78	4977.1		
		榆树	0.67	59.2							0.67	59.2
		杨树	44.10	4429.7			17.94	914.4	25.25	3362.1	0.91	153.2
		柳树	1053.52	60051.4	251.30	3486.6	454.85	26165.7	166.46	14167.1	180.91	16232.0
		其他软阔类	9330.49	981205.9	878.09	84604.4	5287.85	543460.1	2465.62	268645.6	698.93	84495.8
		山杨	12435.12	1554187.3	152.49	11924.4	3827.00	480022.1	1417.01	172530.0	7038.62	889710.8
		毛赤杨	297.44	18145.4	77.98	3478.5	178.53	11852.5	40.93	2814.4		
	天然	合计	348767.36	39225846.9	19203.90	871515.2	213308.51	23947584.3	96284.40	11865437.7	19970.55	2541309.7
		落叶松	201111.75	23060082.5	8830.29	400434.4	143882.46	16416040.0	45211.67	5832589.4	3187.33	411018.7
		蒙古栎	752.86	65014.5	25.26	2094.7	563.50	47268.5	119.33	11107.1	44.77	4544.2
		白桦	133873.71	14556284.1	9935.44	457470.0	64701.25	7000502.2	49435.00	5845037.8	9802.02	1253274.1
		黑桦	93.27	6500.5			26.49	1523.4	66.78	4977.1		
		榆树	0.67	59.2							0.67	59.2
		杨树	40.52	3891.1			14.36	375.8	25.25	3362.1	0.91	153.2
		柳树	1018.49	57813.4	251.30	3486.6	419.82	23927.7	166.46	14167.1	180.91	16232.0
		山杨	11580.59	1458183.9	83.63	4551.0	3524.04	446221.9	1218.98	151382.7	6753.94	856028.3
		毛赤杨	295.50	18017.7	77.98	3478.5	176.59	11724.8	40.93	2814.4		

表 4　内蒙古重点国有林区乔木林各龄组面积、蓄积按起源和优势树种（组）统计表（续 5）

单位：公顷、立方米

统计单位	起源	优势树种（组）	合计		幼龄林		中龄林		近熟林		成、过熟林	
			面积	蓄积	面积	蓄积	面积	蓄积	面积	蓄积	面积	蓄积
库都尔林业局	人工	合计	80071.30	9297626.3	6306.41	256168.1	41496.06	4824181.1	25451.07	3371950.8	6817.76	845326.3
		云杉	109.67	10918.2	71.83	7384.8	37.84	3533.4				
		落叶松	69587.90	8187117.3	5260.75	156764.1	35802.67	4237111.8	22711.00	3068907.6	5813.48	724333.8
		樟子松	148.16	19477.2	26.88	41.4	24.19	3371.3	76.42	13250.3	20.67	2814.2
		杨树	3.58	538.6			3.58	538.6				
		柳树	35.03	2238.0			35.03	2238.0				
		其他软阔类	9330.49	981205.9	878.09	84604.4	5287.85	543460.1	2465.62	268645.6	698.93	84495.8
		山杨	854.53	96003.4	68.86	7373.4	302.96	33800.2	198.03	21147.3	284.68	33682.5
		毛赤杨	1.94	127.7			1.94	127.7				
	其中：人天混	合计	23139.24	2668567.7	1346.86	117350.0	13626.80	1575557.1	5569.06	665652.6	2596.52	310008.0
		云杉	44.21	4928.4	30.32	3003.8	13.89	1924.6				
		落叶松	12873.04	1584064.3	369.59	22368.4	7985.13	994006.5	2905.41	375859.7	1612.91	191829.7
		柳树	35.03	2238.0			35.03	2238.0				
		其他软阔类	9330.49	981205.9	878.09	84604.4	5287.85	543460.1	2465.62	268645.6	698.93	84495.8
		山杨	854.53	96003.4	68.86	7373.4	302.96	33800.2	198.03	21147.3	284.68	33682.5
		毛赤杨	1.94	127.7			1.94	127.7				
图里河林业局	合计	合计	318568.31	35452222.7	14967.27	819131.8	236484.86	26626157.5	50443.62	5779008.7	16672.56	2227924.7
		云杉	1.99	119.6	1.99	119.6						
		落叶松	177567.94	20223238.8	8493.59	535187.5	151415.56	17394041.5	14799.61	1905524.3	2859.18	388485.5
		樟子松	349.35	52290.0	76.49	889.3	113.86	17564.5	12.66	3363.9	146.34	30472.3
		白桦	128779.31	13746274.6	5787.85	252144.3	81887.00	8883627.9	32172.58	3455967.6	8931.88	1154534.8
		榆树	41.07	1880.2	17.07	915.7	24.00	964.5				
		杨树	446.49	47532.3	2.65	87.5	20.47	876.9	248.94	24231.0	174.43	22336.9
		柳树	582.36	53990.6	8.63	121.2	169.55	12478.4	234.09	16899.1	170.09	24491.9
		其他软阔类	443.39	48631.4	53.52	2660.2	260.09	28650.9	129.78	17320.3		
		山杨	9314.73	1205430.2	129.77	3539.8	2107.62	256131.7	2701.28	339276.6	4376.06	606482.1
		毛赤杨	1041.68	72835.0	395.71	23466.7	486.71	31821.2	144.68	16425.9	14.58	1121.2
	天然	合计	302556.97	33530349.0	13389.37	709738.6	225931.73	25326014.2	47036.73	5318871.1	16199.14	2175725.1
		落叶松	162253.01	18378345.2	7043.41	429388.1	141250.34	16142901.1	11546.09	1465644.9	2413.17	340411.1
		樟子松	203.97	38153.3	4.28	75.3	75.48	10012.6	5.28	1718.3	118.93	26347.1
		白桦	128779.31	13746274.6	5787.85	252144.3	81887.00	8883627.9	32172.58	3455967.6	8931.88	1154534.8
		榆树	41.07	1880.2	17.07	915.7	24.00	964.5				
		杨树	446.49	47532.3	2.65	87.5	20.47	876.9	248.94	24231.0	174.43	22336.9
		柳树	582.36	53990.6	8.63	121.2	169.55	12478.4	234.09	16899.1	170.09	24491.9
		山杨	9209.08	1191337.8	129.77	3539.8	2018.18	243331.6	2685.07	337984.3	4376.06	606482.1
		毛赤杨	1041.68	72835.0	395.71	23466.7	486.71	31821.2	144.68	16425.9	14.58	1121.2
	人工	合计	16011.34	1921873.7	1577.90	109393.2	10553.13	1300143.3	3406.89	460137.6	473.42	52199.6
		云杉	1.99	119.6	1.99	119.6						
		落叶松	15314.93	1844893.6	1450.18	105799.4	10165.22	1251140.4	3253.52	439879.4	446.01	48074.4
		樟子松	145.38	14136.7	72.21	814.0	38.38	7551.9	7.38	1645.6	27.41	4125.2
		其他软阔类	443.39	48631.4	53.52	2660.2	260.09	28650.9	129.78	17320.3		

表4 内蒙古重点国有林区乔木林各龄组面积、蓄积按起源和优势树种（组）统计表（续6）

单位：公顷、立方米

统计单位	起源	优势树种（组）	合计		幼龄林		中龄林		近熟林		成、过熟林	
			面积	蓄积	面积	蓄积	面积	蓄积	面积	蓄积	面积	蓄积
图里河林业局	人工	山杨	105.65	14092.4			89.44	12800.1	16.21	1292.3		
	其中：人天混	合计	1319.19	142805.4	806.08	78323.3	367.12	45869.5	145.99	18612.6		
		落叶松	767.71	79803.7	750.12	75385.2	17.59	4418.5				
		樟子松	2.44	277.9	2.44	277.9						
		其他软阔类	443.39	48631.4	53.52	2660.2	260.09	28650.9	129.78	17320.3		
		山杨	105.65	14092.4			89.44	12800.1	16.21	1292.3		
伊图里河林业局	合计	合计	132334.92	13690322.4	5884.13	284021.4	89986.80	8957691.5	21831.91	2527688.8	14632.08	1920920.7
		云杉	2.60		2.60							
		落叶松	93126.99	9353813.8	5129.30	270298.5	78193.85	7831619.8	6317.45	741993.0	3486.39	509902.5
		樟子松	156.00	17772.0	15.39		24.18	1752.3	57.29	7752.3	59.14	8267.4
		白桦	37250.76	4106126.8	636.22	11066.9	11743.55	1123578.6	15411.06	1773670.0	9459.93	1197811.3
		杨树	26.37	1587.6							26.37	1587.6
		柳树	320.94	16761.8	96.06	2553.4	25.22	740.8	7.31	290.0	192.35	13177.6
		山杨	1451.26	194260.4	4.56	102.6			38.80	3983.5	1407.90	190174.3
	天然	合计	126533.14	13237891.1	4810.72	271038.6	86680.52	8667479.3	20615.46	2401461.0	14426.44	1897912.2
		落叶松	87344.00	8901465.3	4073.88	257315.7	74887.57	7541407.6	5101.00	615765.2	3281.55	486976.8
		樟子松	139.81	17689.2			24.18	1752.3	57.29	7752.3	58.34	8184.6
		白桦	37250.76	4106126.8	636.22	11066.9	11743.55	1123578.6	15411.06	1773670.0	9459.93	1197811.3
		杨树	26.37	1587.6							26.37	1587.6
		柳树	320.94	16761.8	96.06	2553.4	25.22	740.8	7.31	290.0	192.35	13177.6
		山杨	1451.26	194260.4	4.56	102.6			38.80	3983.5	1407.90	190174.3
	人工	合计	5801.78	452431.3	1073.41	12982.8	3306.28	290212.2	1216.45	126227.8	205.64	23008.5
		云杉	2.60		2.60							
		落叶松	5782.99	452348.5	1055.42	12982.8	3306.28	290212.2	1216.45	126227.8	204.84	22925.7
		樟子松	16.19	82.8	15.39						0.80	82.8
	其中：人天混	合计	50.56	5479.1			16.43	1977.1	20.72	2547.7	13.41	954.3
		落叶松	50.56	5479.1			16.43	1977.1	20.72	2547.7	13.41	954.3
克一河林业局	合计	合计	203685.70	23528018.9	6343.93	426272.9	133620.12	15939191.6	36296.39	4036951.5	27425.26	3125602.9
		云杉	38.60	5298.3	2.70	469.7	35.90	4828.6				
		落叶松	125603.31	15938937.8	3858.30	377768.4	108905.06	13694014.2	8106.11	1156278.4	4733.84	710876.8
		红松	3.10	84.4	3.10	84.4						
		樟子松	372.10	56550.9	4.60		268.50	41412.4	18.30	2666.1	80.70	12472.4
		蒙古栎	1189.30	58425.7	187.10	5592.0	701.20	32815.5	200.20	11808.2	100.80	8210.0
		白桦	63698.25	6309187.3	1436.20	30182.1	22533.66	2093908.6	26953.88	2790270.0	12774.51	1394826.6
		黑桦	618.10	44170.5	9.90	49.8	405.80	24684.7	110.10	9704.3	92.30	9731.7
		杨树	138.17	15649.6							138.17	15649.6
		柳树	1157.74	115113.0	206.33	9254.4	1.90	49.0	41.10	3441.4	908.41	102368.2
		其他软阔类	133.60	12608.7	6.40	267.5	127.20	12341.2				
		山杨	10733.43	971992.7	629.30	2604.6	640.90	35137.4	866.70	62783.1	8596.53	871467.6
	天然	合计	187052.37	21277158.9	4224.39	190099.6	126406.61	15009069.1	32990.13	3567143.8	23431.24	2510846.4
		落叶松	109447.68	13749122.0	1755.56	142416.7	102097.35	12819017.6	4801.55	686603.1	793.22	101084.6

表 4　内蒙古重点国有林区乔木林各龄组面积、蓄积按起源和优势树种（组）统计表（续 7）

单位：公顷、立方米

统计单位	起源	优势树种（组）	合计		幼龄林		中龄林		近熟林		成、过熟林	
			面积	蓄积	面积	蓄积	面积	蓄积	面积	蓄积	面积	蓄积
克一河林业局	天然	樟子松	97.10	14839.1			25.80	3456.3	16.60	2533.7	54.70	8849.1
		蒙古栎	1189.30	58425.7	187.10	5592.0	701.20	32815.5	200.20	11808.2	100.80	8210.0
		白桦	63698.25	6309187.3	1436.20	30182.1	22533.66	2093908.6	26953.88	2790270.0	12774.51	1394826.6
		黑桦	618.10	44170.5	9.90	49.8	405.80	24684.7	110.10	9704.3	92.30	9731.7
		杨树	138.17	15649.6							138.17	15649.6
		柳树	1157.74	115113.0	206.33	9254.4	1.90	49.0	41.10	3441.4	908.41	102368.2
		山杨	10706.03	970651.7	629.30	2604.6	640.90	35137.4	866.70	62783.1	8569.13	870126.6
	人工	合计	16633.33	2250860.0	2119.54	236173.3	7213.51	930122.5	3306.26	469807.7	3994.02	614756.5
		云杉	38.60	5298.3	2.70	469.7	35.90	4828.6				
		落叶松	16155.63	2189815.8	2102.74	235351.7	6807.71	874996.6	3304.56	469675.3	3940.62	609792.2
		红松	3.10	84.4	3.10	84.4						
		樟子松	275.00	41711.8	4.60		242.70	37956.1	1.70	132.4	26.00	3623.3
		其他软阔类	133.60	12608.7	6.40	267.5	127.20	12341.2				
		山杨	27.40	1341.0							27.40	1341.0
	其中：人天混	合计	1346.00	134949.3	138.60	7419.4	522.90	51579.5	301.00	39586.8	383.50	36363.6
		云杉	5.30	959.4			5.30	959.4				
		落叶松	1179.70	120040.2	132.20	7151.9	390.40	38278.9	301.00	39586.8	356.10	35022.6
		其他软阔类	133.60	12608.7	6.40	267.5	127.20	12341.2				
		山杨	27.40	1341.0							27.40	1341.0
甘河林业局	合计	合计	334254.90	33369799.8	18127.06	1148497.3	241086.52	24384804.9	43712.86	4252302.9	31328.46	3584194.7
		云杉	47.40	1074.1	47.40	1074.1						
		落叶松	238440.50	24609955.2	14074.84	986111.4	204163.00	21224640.0	6648.90	755830.3	13553.76	1643373.5
		樟子松	38.43	4070.9	6.11	269.8	14.63	1518.8	3.62	581.9	14.07	1700.4
		蒙古栎	332.07	16978.9	90.50	4178.7	235.97	12580.0	5.60	220.2		
		白桦	88284.53	8083290.3	3512.44	142931.9	35794.56	3093277.5	36285.78	3432059.9	12691.75	1415021.0
		黑桦	51.49	3705.0	0.44	23.6	51.05	3681.4				
		榆树	33.72	1347.8			33.72	1347.8				
		杨树	240.91	26273.1					0.84	84.9	240.07	26188.2
		柳树	1064.03	100716.5	37.80	1904.3	27.92	2766.8	122.20	12924.2	876.11	83121.2
		其他软阔类	70.11	4866.9	33.09	1379.2	37.02	3487.7				
		山杨	5651.71	517521.1	324.44	10624.3	728.65	41504.9	645.92	50601.5	3952.70	414790.4
	天然	合计	323908.48	32331834.7	16733.92	1094926.6	239944.96	24270010.3	41644.76	4022726.5	25584.84	2944171.3
		落叶松	228248.69	23581190.2	12768.30	935263.8	203067.95	21114107.7	4584.42	526835.8	7828.02	1004982.9
		樟子松	17.58	2214.7			5.14	744.2			12.44	1470.5
		蒙古栎	332.07	16978.9	90.50	4178.7	235.97	12580.0	5.60	220.2		
		白桦	88284.53	8083290.3	3512.44	142931.9	35794.56	3093277.5	36285.78	3432059.9	12691.75	1415021.0
		黑桦	51.49	3705.0	0.44	23.6	51.05	3681.4				
		榆树	33.72	1347.8			33.72	1347.8				
		杨树	240.91	26273.1					0.84	84.9	240.07	26188.2
		柳树	1064.03	100716.5	37.80	1904.3	27.92	2766.8	122.20	12924.2	876.11	83121.2
		山杨	5635.46	516118.2	324.44	10624.3	728.65	41504.9	645.92	50601.5	3936.45	413387.5

表 4 内蒙古重点国有林区乔木林各龄组面积、蓄积按起源和优势树种（组）统计表（续 8）

单位：公顷、立方米

统计单位	起源	优势树种（组）	合计		幼龄林		中龄林		近熟林		成、过熟林	
			面积	蓄积	面积	蓄积	面积	蓄积	面积	蓄积	面积	蓄积
甘河林业局	人工	合计	10346.42	1037965.1	1393.14	53570.7	1141.56	114794.6	2068.10	229576.4	5743.62	640023.4
		云杉	47.40	1074.1	47.40	1074.1						
		落叶松	10191.81	1028765.0	1306.54	50847.6	1095.05	110532.3	2064.48	228994.5	5725.74	638390.6
		樟子松	20.85	1856.2	6.11	269.8	9.49	774.6	3.62	581.9	1.63	229.9
		其他软阔类	70.11	4866.9	33.09	1379.2	37.02	3487.7				
		山杨	16.25	1402.9							16.25	1402.9
	其中：人天混	合计	2421.39	225530.1	33.09	1379.2	165.58	14858.8	379.28	25707.6	1843.44	183584.5
		落叶松	2335.03	219260.3			128.56	11371.1	379.28	25707.6	1827.19	182181.6
		其他软阔类	70.11	4866.9	33.09	1379.2	37.02	3487.7				
		山杨	16.25	1402.9							16.25	1402.9
吉文林业局	合计	合计	319771.88	36018993.0	21601.34	1648556.1	278234.31	32095994.6	11625.58	1304742.5	8310.65	969699.8
		云杉	20.68	1234.5	13.17	706.5	7.51	528.0				
		落叶松	263028.07	30653171.6	12183.17	1114687.2	247318.57	29130402.3	3125.93	373925.0	400.40	34157.1
		樟子松	57.18	9113.0	21.86	4651.9	34.99	4409.9			0.33	51.2
		蒙古栎	14759.02	1038663.5	5020.52	344734.5	8404.89	569930.4	1250.26	116969.9	83.35	7028.7
		白桦	26565.74	2706434.1	2310.27	87374.5	16320.30	1709441.8	4377.31	499634.8	3557.86	409983.0
		黑桦	1238.23	85250.0	884.88	59856.0	293.87	22264.9	40.58	1535.8	18.90	1593.3
		榆树	8.25	850.3			8.25	850.3				
		杨树	24.91	2170.6					11.04	1304.8	13.87	865.8
		柳树	1991.47	157247.0	375.84	17780.9	293.66	19656.2	635.86	41438.9	686.11	78371.0
		其他软阔类	4.75	229.9	2.83	46.0	1.92	183.9				
		山杨	12073.58	1364628.5	788.80	18718.6	5550.35	638326.9	2184.60	269933.3	3549.83	437649.7
	天然	合计	298734.37	33860491.5	12838.96	821886.3	267229.45	30917928.8	10459.55	1161729.1	8206.41	958947.3
		落叶松	242073.17	28505247.5	3458.65	293421.8	236358.13	27957458.3	1959.90	230911.6	296.49	23455.8
		蒙古栎	14759.02	1038663.5	5020.52	344734.5	8404.89	569930.4	1250.26	116969.9	83.35	7028.7
		白桦	26565.74	2706434.1	2310.27	87374.5	16320.30	1709441.8	4377.31	499634.8	3557.86	409983.0
		黑桦	1238.23	85250.0	884.88	59856.0	293.87	22264.9	40.58	1535.8	18.90	1593.3
		榆树	8.25	850.3			8.25	850.3				
		杨树	24.91	2170.6					11.04	1304.8	13.87	865.8
		柳树	1991.47	157247.0	375.84	17780.9	293.66	19656.2	635.86	41438.9	686.11	78371.0
		山杨	12073.58	1364628.5	788.80	18718.6	5550.35	638326.9	2184.60	269933.3	3549.83	437649.7
	人工	合计	21037.51	2158501.5	8762.38	826669.8	11004.86	1178065.8	1166.03	143013.4	104.24	10752.5
		云杉	20.68	1234.5	13.17	706.5	7.51	528.0				
		落叶松	20954.90	2147924.1	8724.52	821265.4	10960.44	1172944.0	1166.03	143013.4	103.91	10701.3
		樟子松	57.18	9113.0	21.86	4651.9	34.99	4409.9			0.33	51.2
		其他软阔类	4.75	229.9	2.83	46.0	1.92	183.9				
	其中：人天混	合计	7718.77	801964.0	7702.96	800734.1	15.81	1229.9				
		云杉	5.50	379.8	5.50	379.8						
		落叶松	7681.70	796396.4	7672.77	795656.4	8.93	740.0				
		樟子松	26.82	4957.9	21.86	4651.9	4.96	306.0				
		其他软阔类	4.75	229.9	2.83	46.0	1.92	183.9				

表 4 内蒙古重点国有林区乔木林各龄组面积、蓄积按起源和优势树种（组）统计表（续 9）

单位：公顷、立方米

统计单位	起源	优势树种（组）	合计		幼龄林		中龄林		近熟林		成、过熟林	
			面积	蓄积	面积	蓄积	面积	蓄积	面积	蓄积	面积	蓄积
阿里河林业局	合计	合计	402701.05	37132717.8	20352.34	1462847.0	280616.24	26093455.2	80083.16	7363037.5	21649.31	2213378.1
		云杉	42.72	4995.8	16.80	3002.8	5.44	436.5	20.48	1556.5		
		落叶松	280511.00	26298639.1	13573.65	1011414.0	223485.63	20971804.3	38300.66	3743111.7	5151.06	572309.1
		樟子松	29.56	3136.0	22.87	2271.5	6.09	820.9			0.60	43.6
		蒙古栎	13416.31	1039847.9	2260.82	164208.6	4815.63	385953.1	6102.15	470613.7	237.71	19072.5
		白桦	85922.08	7650741.8	3588.80	229710.6	45183.36	4073938.1	29247.11	2591532.0	7902.81	755561.1
		黑桦	1139.20	82451.2	93.49	5627.6	396.47	30180.3	649.24	46643.3		
		榆树	3.54	182.3			3.54	182.3				
		杨树	17.51	848.2			5.81	75.5	0.23	18.9	11.47	753.8
		柳树	1374.19	81335.3	84.89	4507.8	252.25	10800.4	480.14	28273.8	556.91	37753.3
		其他软阔类	1073.39	87120.4	220.38	13790.6	792.76	67654.2			60.25	5675.6
		山杨	18541.86	1850102.2	290.83	16935.3	5271.64	531781.0	5269.75	480347.9	7709.64	821038.0
		毛赤杨	629.69	33317.6	199.81	11378.2	397.62	19828.6	13.40	939.7	18.86	1171.1
	天然	合计	381462.35	35276260.7	15352.58	1040999.1	268831.31	25071444.7	76469.74	7043845.2	20808.72	2119971.7
		落叶松	260545.24	24554125.9	8833.94	608631.0	212632.26	20035397.1	34707.72	3425475.9	4371.32	484621.9
		蒙古栎	13416.31	1039847.9	2260.82	164208.6	4815.63	385953.1	6102.15	470613.7	237.71	19072.5
		白桦	85922.08	7650741.8	3588.80	229710.6	45183.36	4073938.1	29247.11	2591532.0	7902.81	755561.1
		黑桦	1139.20	82451.2	93.49	5627.6	396.47	30180.3	649.24	46643.3		
		榆树	3.54	182.3			3.54	182.3				
		杨树	17.51	848.2			5.81	75.5	0.23	18.9	11.47	753.8
		柳树	1374.19	81335.3	84.89	4507.8	252.25	10800.4	480.14	28273.8	556.91	37753.3
		山杨	18414.59	1833410.5	290.83	16935.3	5144.37	515089.3	5269.75	480347.9	7709.64	821038.0
		毛赤杨	629.69	33317.6	199.81	11378.2	397.62	19828.6	13.40	939.7	18.86	1171.1
	人工	合计	21238.70	1856457.1	4999.76	421847.9	11784.93	1022010.5	3613.42	319192.3	840.59	93406.4
		云杉	42.72	4995.8	16.80	3002.8	5.44	436.5	20.48	1556.5		
		落叶松	19965.76	1744513.2	4739.71	402783.0	10853.37	936407.2	3592.94	317635.8	779.74	87687.2
		樟子松	29.56	3136.0	22.87	2271.5	6.09	820.9			0.60	43.6
		其他软阔类	1073.39	87120.4	220.38	13790.6	792.76	67654.2			60.25	5675.6
		山杨	127.27	16691.7			127.27	16691.7				
	其中：人天混	合计	8376.90	748375.6	3213.53	298345.8	3445.76	301816.9	1520.34	127780.4	197.27	20432.5
		落叶松	7176.24	644563.5	2993.15	284555.2	2525.73	217471.0	1520.34	127780.4	137.02	14756.9
		其他软阔类	1073.39	87120.4	220.38	13790.6	792.76	67654.2			60.25	5675.6
		山杨	127.27	16691.7			127.27	16691.7				
根河林业局	合计	合计	581555.77	58391097.7	62251.49	1190077.1	351946.35	37173470.8	56660.82	6953202.9	110697.11	13074346.9
		落叶松	480368.53	47948515.3	44305.13	1149892.0	313953.37	32941928.6	33594.87	3977676.7	88515.16	9879018.0
		樟子松	188.16	22979.2	29.79		9.19	891.1	15.64	2273.1	133.54	19815.0
		白桦	91596.64	9297750.3	16593.46	31464.6	37563.31	4193427.4	22741.22	2954795.5	14698.65	2118062.8
		杨树	1089.54	161806.8	3.55	132.5					1085.99	161674.3
		柳树	3005.22	208212.2	1192.38	6205.0	72.13	3807.3	298.16	17421.9	1442.55	180778.0
		其他软阔类	106.41	885.4	96.54		9.87	885.4				
		山杨	5201.27	750948.5	30.64	2383.0	338.48	32531.0	10.93	1035.7	4821.22	714998.8

表 4　内蒙古重点国有林区乔木林各龄组面积、蓄积按起源和优势树种（组）统计表（续 10）

单位：公顷、立方米

统计单位	起源	优势树种（组）	合计		幼龄林		中龄林		近熟林		成、过熟林	
			面积	蓄积	面积	蓄积	面积	蓄积	面积	蓄积	面积	蓄积
根河林业局	天然	合计	526741.66	55503269.2	30933.74	861322.9	338882.98	35953206.3	50688.69	6209692.9	106236.25	12479047.1
		落叶松	425695.08	45061988.4	13113.71	821137.8	300899.87	31722549.5	27627.20	3234582.9	84054.30	9283718.2
		樟子松	153.91	22563.0			9.19	891.1	11.18	1856.9	133.54	19815.0
		白桦	91596.64	9297750.3	16593.46	31464.6	37563.31	4193427.4	22741.22	2954795.5	14698.65	2118062.8
		杨树	1089.54	161806.8	3.55	132.5					1085.99	161674.3
		柳树	3005.22	208212.2	1192.38	6205.0	72.13	3807.3	298.16	17421.9	1442.55	180778.0
		山杨	5201.27	750948.5	30.64	2383.0	338.48	32531.0	10.93	1035.7	4821.22	714998.8
	人工	合计	54814.11	2887828.5	31317.75	328754.2	13063.37	1220264.5	5972.13	743510.0	4460.86	595299.8
		落叶松	54673.45	2886526.9	31191.42	328754.2	13053.50	1219379.1	5967.67	743093.8	4460.86	595299.8
		樟子松	34.25	416.2	29.79				4.46	416.2		
		其他软阔类	106.41	885.4	96.54		9.87	885.4				
	其中：人天混	合计	4698.65	316739.7	2788.38	125916.3	1833.94	178143.5	21.42	1760.5	54.91	10919.4
		落叶松	4582.55	315854.3	2682.15	125916.3	1824.07	177258.1	21.42	1760.5	54.91	10919.4
		樟子松	9.69		9.69							
		其他软阔类	106.41	885.4	96.54		9.87	885.4				
金河林业局	合计	合计	477171.07	43869808.4	30624.78	553490.3	219065.38	18215697.7	147407.09	15305301.7	80073.82	9795318.7
		云杉	95.05		95.05							
		落叶松	366032.09	33406739.1	14694.19	453858.2	178290.85	14248214.1	111335.40	11212411.5	61711.65	7492255.3
		樟子松	1912.04	258248.8	21.77	262.5	209.32	23338.1	719.13	91657.4	961.82	142990.8
		白桦	94932.40	9432970.5	6961.92	88444.9	40259.85	3913613.3	34462.03	3891411.9	13248.60	1539500.4
		黑桦	1.19	111.2					1.19	111.2		
		杨树	390.11	52683.3	1.14		0.64	26.4	25.12	2748.5	363.21	49908.4
		柳树	214.93	20298.2	0.23	7.6	17.77	995.4	29.08	2121.1	167.85	17174.1
		其他软阔类	8492.34	18.7	8492.34	18.7						
		山杨	5073.73	696032.6	355.54	10749.5	262.36	26953.3	835.14	104840.1	3620.69	553489.7
		毛赤杨	27.19	2706.0	2.60	148.9	24.59	2557.1				
	天然	合计	464505.90	43864863.5	17987.61	550580.2	219040.43	18214418.5	147407.09	15305301.7	80070.77	9794563.1
		落叶松	361964.95	33402621.7	10652.00	451020.0	178265.90	14246934.9	111335.40	11212411.5	61711.65	7492255.3
		樟子松	1905.59	258195.6	15.32	209.3	209.32	23338.1	719.13	91657.4	961.82	142990.8
		白桦	94932.40	9432970.5	6961.92	88444.9	40259.85	3913613.3	34462.03	3891411.9	13248.60	1539500.4
		黑桦	1.19	111.2					1.19	111.2		
		杨树	385.92	51927.7			0.64	26.4	25.12	2748.5	360.16	49152.8
		柳树	214.93	20298.2	0.23	7.6	17.77	995.4	29.08	2121.1	167.85	17174.1
		山杨	5073.73	696032.6	355.54	10749.5	262.36	26953.3	835.14	104840.1	3620.69	553489.7
		毛赤杨	27.19	2706.0	2.60	148.9	24.59	2557.1				
	人工	合计	12665.17	4944.9	12637.17	2910.1	24.95	1279.2			3.05	755.6
		云杉	95.05		95.05							
		落叶松	4067.14	4117.4	4042.19	2838.2	24.95	1279.2				
		樟子松	6.45	53.2	6.45	53.2						
		杨树	4.19	755.6	1.14						3.05	755.6
		其他软阔类	8492.34	18.7	8492.34	18.7						

表 4　内蒙古重点国有林区乔木林各龄组面积、蓄积按起源和优势树种（组）统计表（续 11）

单位：公顷、立方米

统计单位	起源	优势树种（组）	合计		幼龄林		中龄林		近熟林		成、过熟林	
			面积	蓄积	面积	蓄积	面积	蓄积	面积	蓄积	面积	蓄积
金河林业局	其中：人天混	合计	9055.53	1008.7	9045.97	299.5	9.56	709.2				
		落叶松	563.19	990.0	553.63	280.8	9.56	709.2				
		其他软阔类	8492.34	18.7	8492.34	18.7						
阿龙山林业局	合计	合计	342076.78	30989572.1	33042.44	1413826.5	130329.70	11322901.5	89236.80	9013338.5	89467.84	9239505.6
		落叶松	249865.11	21727457.2	24051.22	1045434.2	97917.41	8236953.0	59200.11	5704978.5	68696.37	6740091.5
		樟子松	3143.53	367022.0	291.50	4144.9	380.84	30639.2	638.90	82088.8	1832.29	250149.1
		白桦	86024.30	8462102.3	8684.22	363278.1	31887.38	3048537.1	29124.14	3201311.1	16328.56	1848976.0
		杨树	38.20	3371.7			15.40	1119.0	16.10	1281.6	6.70	971.1
		柳树	349.61	33144.7	3.50	140.4	68.80	2837.7	140.31	13316.4	137.00	16850.2
		山杨	2656.03	396474.2	12.00	828.9	59.87	2815.5	117.24	10362.1	2466.92	382467.7
	天然	合计	337114.18	30862976.4	29185.94	1358797.0	129920.70	11295479.8	89061.25	9000593.0	88946.29	9208106.6
		落叶松	244935.71	21601958.7	20224.72	991290.3	97508.41	8209531.3	59024.56	5692233.0	68178.02	6708904.1
		樟子松	3110.33	365924.8	261.50	3259.3	380.84	30639.2	638.90	82088.8	1829.09	249937.5
		白桦	86024.30	8462102.3	8684.22	363278.1	31887.38	3048537.1	29124.14	3201311.1	16328.56	1848976.0
		杨树	38.20	3371.7			15.40	1119.0	16.10	1281.6	6.70	971.1
		柳树	349.61	33144.7	3.50	140.4	68.80	2837.7	140.31	13316.4	137.00	16850.2
		山杨	2656.03	396474.2	12.00	828.9	59.87	2815.5	117.24	10362.1	2466.92	382467.7
	人工	合计	4962.60	126595.7	3856.50	55029.5	409.00	27421.7	175.55	12745.5	521.55	31399.0
		落叶松	4929.40	125498.5	3826.50	54143.9	409.00	27421.7	175.55	12745.5	518.35	31187.4
		樟子松	33.20	1097.2	30.00	885.6					3.20	211.6
	其中：人天混	合计	6.00	262.1	6.00	262.1						
		落叶松	6.00	262.1	6.00	262.1						
满归林业局	合计	合计	373029.92	35709626.0	27839.21	1448700.1	267793.62	25586182.0	42176.73	4569964.9	35220.36	4104779.0
		落叶松	283093.49	26403376.5	22862.91	1270028.6	217671.62	20561562.5	23989.96	2512980.7	18569.00	2058804.7
		红松	19.19	1220.5	19.19	1220.5						
		樟子松	7710.36	937734.2	632.45	24064.2	2774.08	350723.6	2750.02	327411.7	1553.81	235534.7
		白桦	75446.97	7558339.6	4255.18	153376.4	47241.62	4663309.3	14472.83	1606509.9	9477.34	1135144.0
		杨树	394.37	35695.3					1.20	81.4	393.17	35613.9
		柳树	850.27	92771.7					15.00	960.6	835.27	91811.1
		山杨	5515.27	680488.2	69.48	10.4	106.30	10586.6	947.72	122020.6	4391.77	547870.6
	天然	合计	366932.16	35418479.6	24130.65	1351027.5	265507.62	25408201.4	42096.13	4556842.0	35197.76	4102408.7
		落叶松	277026.83	26113450.6	19185.45	1173576.5	215385.62	20383581.9	23909.36	2499857.8	18546.40	2056434.4
		樟子松	7698.45	937734.2	620.54	24064.2	2774.08	350723.6	2750.02	327411.7	1553.81	235534.7
		白桦	75446.97	7558339.6	4255.18	153376.4	47241.62	4663309.3	14472.83	1606509.9	9477.34	1135144.0
		杨树	394.37	35695.3					1.20	81.4	393.17	35613.9
		柳树	850.27	92771.7					15.00	960.6	835.27	91811.1
		山杨	5515.27	680488.2	69.48	10.4	106.30	10586.6	947.72	122020.6	4391.77	547870.6
	人工	合计	6097.76	291146.4	3708.56	97672.6	2286.00	177980.6	80.60	13122.9	22.60	2370.3
		落叶松	6066.66	289925.9	3677.46	96452.1	2286.00	177980.6	80.60	13122.9	22.60	2370.3
		红松	19.19	1220.5	19.19	1220.5						
		樟子松	11.91		11.91							

表4 内蒙古重点国有林区乔木林各龄组面积、蓄积按起源和优势树种（组）统计表（续12）

单位：公顷、立方米

统计单位	起源	优势树种（组）	合计		幼龄林		中龄林		近熟林		成、过熟林	
			面积	蓄积	面积	蓄积	面积	蓄积	面积	蓄积	面积	蓄积
满归林业局	其中：人天混	合计	65.22	4329.0	65.22	4329.0						
		落叶松	64.00	4329.0	64.00	4329.0						
		樟子松	1.22		1.22							
得耳布尔林业局	合计	合计	232540.24	24212223.8	12781.38	765629.8	151607.95	15611795.3	44027.43	5045357.3	24123.48	2789441.4
		落叶松	147034.84	14807189.5	10361.35	593124.2	106408.75	10881843.6	20961.96	2358138.4	9302.78	974083.3
		樟子松	63.11	7037.7	10.91				19.30	2729.8	32.90	4307.9
		白桦	77589.09	8365934.5	1789.99	131437.6	41676.31	4296336.5	22060.12	2543120.9	12062.67	1395039.5
		杨树	127.56	13188.3	2.96		1.77	53.3	36.88	2368.5	85.95	10766.5
		柳树	249.16	15759.6	26.93	1190.5	149.07	7782.8	12.13	967.3	61.03	5819.0
		其他软阔类	113.99	5803.9	65.54	2441.2	48.45	3362.7				
		山杨	6985.71	981525.8	285.59	30797.6	3227.05	415464.7	895.80	135910.0	2577.27	399353.5
		毛赤杨	376.78	15784.5	238.11	6638.7	96.55	6951.7	41.24	2122.4	0.88	71.7
	天然	合计	223878.58	23701970.7	9236.74	704845.7	147219.65	15248162.5	43442.14	4976434.6	23980.05	2772527.9
		落叶松	138501.93	14302816.9	6896.12	534781.3	102068.90	10521573.5	20376.67	2289215.7	9160.24	957246.4
		樟子松	52.20	7037.7					19.30	2729.8	32.90	4307.9
		白桦	77589.09	8365934.5	1789.99	131437.6	41676.31	4296336.5	22060.12	2543120.9	12062.67	1395039.5
		杨树	123.71	13111.7			1.77	53.3	36.88	2368.5	85.06	10689.9
		柳树	249.16	15759.6	26.93	1190.5	149.07	7782.8	12.13	967.3	61.03	5819.0
		山杨	6985.71	981525.8	285.59	30797.6	3227.05	415464.7	895.80	135910.0	2577.27	399353.5
		毛赤杨	376.78	15784.5	238.11	6638.7	96.55	6951.7	41.24	2122.4	0.88	71.7
	人工	合计	8661.66	510253.1	3544.64	60784.1	4388.30	363632.8	585.29	68922.7	143.43	16913.5
		落叶松	8532.91	504372.6	3465.23	58342.9	4339.85	360270.1	585.29	68922.7	142.54	16836.9
		樟子松	10.91		10.91							
		杨树	3.85	76.6	2.96						0.89	76.6
		其他软阔类	113.99	5803.9	65.54	2441.2	48.45	3362.7				
	其中：人天混	合计	992.96	74472.0	183.24	5980.1	729.33	58009.0	27.30	4332.8	53.09	6150.1
		落叶松	878.08	68591.5	117.70	3538.9	680.88	54646.3	27.30	4332.8	52.20	6073.5
		杨树	0.89	76.6							0.89	76.6
		其他软阔类	113.99	5803.9	65.54	2441.2	48.45	3362.7				
莫尔道嘎林业局	合计	合计	435588.67	49944907.9	9346.98	656754.3	204033.78	21842156.4	83858.09	10452255.2	138349.82	16993742.0
		落叶松	312450.25	35348134.6	8428.31	592767.2	182908.20	19675833.8	54149.91	6813285.2	66963.83	8266248.4
		樟子松	5081.96	710187.0	15.38	283.2	255.16	34598.7	658.40	109900.2	4153.02	565404.9
		白桦	105405.63	12081132.6	780.45	51726.0	19912.05	2002462.1	27774.02	3361414.1	56939.11	6665530.4
		黑桦	388.92	39941.4	22.79	2635.0	158.86	15879.2	173.06	17266.7	34.21	4160.5
		杨树	10.03	790.6			5.00	518.3			5.03	272.3
		柳树	259.75	21980.9	7.41	650.2	10.02	195.9	21.05	1603.2	221.27	19531.6
		其他软阔类	931.99	85666.3			20.44	2167.3	298.93	26021.4	612.62	57477.6
		山杨	11024.38	1655256.0	69.00	7638.6	752.58	109760.1	782.07	122741.0	9420.73	1415116.3
		毛赤杨	35.76	1818.5	23.64	1054.1	11.47	741.0	0.65	23.4		
	天然	合计	422319.64	48566299.3	8687.14	617811.3	195462.30	20932461.2	81062.17	10153236.5	137108.03	16862790.3
		落叶松	300116.94	34055192.3	7772.20	553824.2	174357.16	18768305.9	51652.92	6540287.9	66334.66	8192774.3

表 4　内蒙古重点国有林区乔木林各龄组面积、蓄积按起源和优势树种（组）统计表（续 13）

单位：公顷、立方米

统计单位	起源	优势树种（组）	合计		幼龄林		中龄林		近熟林		成、过熟林	
			面积	蓄积	面积	蓄积	面积	蓄积	面积	蓄积	面积	蓄积
莫尔道嘎林业局	天然	樟子松	5078.23	710187.0	11.65	283.2	255.16	34598.7	658.40	109900.2	4153.02	565404.9
		白桦	105405.63	12081132.6	780.45	51726.0	19912.05	2002462.1	27774.02	3361414.1	56939.11	6665530.4
		黑桦	388.92	39941.4	22.79	2635.0	158.86	15879.2	173.06	17266.7	34.21	4160.5
		杨树	10.03	790.6			5.00	518.3			5.03	272.3
		柳树	259.75	21980.9	7.41	650.2	10.02	195.9	21.05	1603.2	221.27	19531.6
		山杨	11024.38	1655256.0	69.00	7638.6	752.58	109760.1	782.07	122741.0	9420.73	1415116.3
		毛赤杨	35.76	1818.5	23.64	1054.1	11.47	741.0	0.65	23.4		
	人工	合计	13269.03	1378608.6	659.84	38943.0	8571.48	909695.2	2795.92	299018.7	1241.79	130951.7
		落叶松	12333.31	1292942.3	656.11	38943.0	8551.04	907527.9	2496.99	272997.3	629.17	73474.1
		樟子松	3.73		3.73							
		其他软阔类	931.99	85666.3			20.44	2167.3	298.93	26021.4	612.62	57477.6
	其中：人天混	合计	3396.97	355774.1	54.21	3464.2	1174.71	121515.3	1029.50	112723.2	1138.55	118071.4
		落叶松	2464.98	270107.8	54.21	3464.2	1154.27	119348.0	730.57	86701.8	525.93	60593.8
		其他软阔类	931.99	85666.3			20.44	2167.3	298.93	26021.4	612.62	57477.6
大杨树林业局	合计	合计	413390.77	22556448.1	176779.73	5478860.2	173795.25	12067599.4	38970.32	3117248.4	23845.47	1892740.1
		云杉	50.92	3088.6	50.92	3088.6						
		落叶松	56111.86	5716502.3	9100.73	536267.2	41371.86	4394854.5	4661.78	672708.2	977.49	112672.4
		樟子松	903.22	109200.4	85.53	4094.5	287.29	32840.4	431.42	57286.2	98.98	14979.3
		蒙古栎	114374.48	4175881.2	79231.57	2129371.4	16507.58	728759.2	8594.53	575431.6	10040.80	742319.0
		白桦	154478.69	8276395.3	55856.12	1721885.1	82313.78	5161419.7	10662.83	869013.0	5645.96	524077.5
		黑桦	62997.42	2932278.0	27174.00	939104.3	20198.28	1041051.3	11553.12	693616.5	4072.02	258505.9
		榆树	11.19	417.1	9.69	348.6	1.31	61.7	0.19	6.8		
		其他硬阔类	341.63	17139.8	313.08	15762.3	22.71	865.9	5.84	511.6		
		杨树	228.18	17218.1	78.71	3892.1	78.60	5585.8	31.78	3133.6	39.09	4606.6
		柳树	3185.55	156680.6	1105.19	7895.2	382.13	25168.6	645.15	48381.2	1053.08	75235.6
		其他软阔类	1377.67	103191.9	677.52	36971.7	557.76	51004.3	45.43	6413.8	96.96	8802.1
		山杨	19315.13	1048330.3	3082.78	80086.8	12073.01	625955.9	2338.25	190745.9	1821.09	151541.7
		毛赤杨	13.89	92.4	13.89	92.4						
		其他阔叶树种	0.94	32.1			0.94	32.1				
	天然	合计	379699.92	19004761.9	167512.65	4977661.1	155468.78	9866202.5	34085.54	2409218.6	22632.95	1751679.7
		落叶松	25330.68	2414139.5	1050.84	98837.5	24007.28	2284669.0	272.56	30633.0		
		蒙古栎	114374.48	4175881.2	79231.57	2129371.4	16507.58	728759.2	8594.53	575431.6	10040.80	742319.0
		白桦	154478.69	8276395.3	55856.12	1721885.1	82313.78	5161419.7	10662.83	869013.0	5645.96	524077.5
		黑桦	62997.42	2932278.0	27174.00	939104.3	20198.28	1041051.3	11553.12	693616.5	4072.02	258505.9
		榆树	11.19	417.1	9.69	348.6	1.31	61.7	0.19	6.8		
		杨树	29.69	1903.2	10.78	512.6			18.91	1390.6		
		柳树	3185.00	156623.4	1105.19	7895.2	381.58	25111.4	645.15	48381.2	1053.08	75235.6
		山杨	19278.88	1047031.8	3060.57	79614.0	12058.97	625130.2	2338.25	190745.9	1821.09	151541.7
		毛赤杨	13.89	92.4	13.89	92.4						
	人工	合计	33690.85	3551686.2	9267.08	501199.1	18326.47	2201396.9	4884.78	708029.8	1212.52	141060.4
		云杉	50.92	3088.6	50.92	3088.6						

表 4　内蒙古重点国有林区乔木林各龄组面积、蓄积按起源和优势树种（组）统计表（续 14）

单位：公顷、立方米

统计单位	起源	优势树种（组）	合计		幼龄林		中龄林		近熟林		成、过熟林	
			面积	蓄积	面积	蓄积	面积	蓄积	面积	蓄积	面积	蓄积
大杨树林业局	人工	落叶松	30781.18	3302362.8	8049.89	437429.7	17364.58	2110185.5	4389.22	642075.2	977.49	112672.4
		樟子松	903.22	109200.4	85.53	4094.5	287.29	32840.4	431.42	57286.2	98.98	14979.3
		其他硬阔类	341.63	17139.8	313.08	15762.3	22.71	865.9	5.84	511.6		
		杨树	198.49	15314.9	67.93	3379.5	78.60	5585.8	12.87	1743.0	39.09	4606.6
		柳树	0.55	57.2			0.55	57.2				
		其他软阔类	1377.67	103191.9	677.52	36971.7	557.76	51004.3	45.43	6413.8	96.96	8802.1
		山杨	36.25	1298.5	22.21	472.8	14.04	825.7				
		其他阔叶树种	0.94	32.1			0.94	32.1				
	其中：人天混	合计	5898.89	455150.1	3470.65	239463.4	1571.17	127418.6	333.91	33845.3	523.16	54422.8
		落叶松	4135.60	333046.3	2451.03	185895.3	976.11	74665.5	282.26	26864.8	426.20	45620.7
		樟子松	0.88	106.6	0.50	51.5			0.38	55.1		
		其他硬阔类	341.63	17139.8	313.08	15762.3	22.71	865.9	5.84	511.6		
		杨树	6.31	309.8	6.31	309.8						
		柳树	0.55	57.2			0.55	57.2				
		其他软阔类	1377.67	103191.9	677.52	36971.7	557.76	51004.3	45.43	6413.8	96.96	8802.1
		山杨	36.25	1298.5	22.21	472.8	14.04	825.7				
毕拉河林业局	合计	合计	288046.38	23321078.5	34195.94	1472000.1	168606.35	14277325.6	61450.30	5441943.4	23793.79	2129809.4
		落叶松	118175.25	12211699.8	2627.79	196104.3	88922.68	9025855.3	22954.65	2583751.5	3670.13	405988.7
		樟子松	440.05	39047.7	29.49	1672.0	272.47	22130.5	122.25	13762.1	15.84	1483.1
		蒙古栎	86593.74	5077915.2	20672.01	845606.7	39491.95	2395369.2	21036.71	1461016.6	5393.07	375922.7
		白桦	43415.32	3273429.5	4872.58	173350.1	25118.50	1941588.8	9312.68	781012.8	4111.56	377477.8
		黑桦	20634.76	1193312.0	4900.70	207512.0	9384.82	536851.1	5207.75	366181.7	1141.49	82767.2
		榆树	11.54	488.5			8.38	321.0	3.16	167.5		
		其他硬阔类	98.69	5432.4	51.22	2564.1	47.47	2868.3				
		杨树	326.10	26107.9	17.77	139.2	34.16	2055.4	23.73	947.2	250.44	22966.1
		柳树	1962.95	114086.3	207.53	3848.1	779.36	35523.1	671.21	53397.7	304.85	21317.4
		其他软阔类	51.88	3631.6	12.42	906.2	39.46	2725.4				
		山杨	16234.16	1368974.6	784.66	39314.9	4454.16	308753.5	2097.71	179467.6	8897.63	841438.6
		毛赤杨	101.87	6953.0	19.70	982.5	52.94	3284.0	20.45	2238.7	8.78	447.8
		山丁子	0.07		0.07							
	天然	合计	284930.17	23103703.8	33568.14	1438319.7	166267.74	14104967.6	61327.50	5432437.2	23766.79	2127979.3
		落叶松	115308.84	12009035.7	2096.53	166706.0	86715.89	8861932.9	22848.04	2575616.5	3648.38	404780.3
		樟子松	390.12	35416.7	15.04	1021.2	251.86	20480.7	108.34	12528.2	14.88	1386.6
		蒙古栎	86593.74	5077915.2	20672.01	845606.7	39491.95	2395369.2	21036.71	1461016.6	5393.07	375922.7
		白桦	43415.32	3273429.5	4872.58	173350.1	25118.50	1941588.8	9312.68	781012.8	4111.56	377477.8
		黑桦	20634.76	1193312.0	4900.70	207512.0	9384.82	536851.1	5207.75	366181.7	1141.49	82767.2
		榆树	11.54	488.5			8.38	321.0	3.16	167.5		
		杨树	277.48	24114.1			9.88	863.3	21.45	809.9	246.15	22440.9
		柳树	1962.95	114086.3	207.53	3848.1	779.36	35523.1	671.21	53397.7	304.85	21317.4
		山杨	16234.16	1368974.6	784.66	39314.9	4454.16	308753.5	2097.71	179467.6	8897.63	841438.6
		毛赤杨	101.19	6931.2	19.02	960.7	52.94	3284.0	20.45	2238.7	8.78	447.8

表 4　内蒙古重点国有林区乔木林各龄组面积、蓄积按起源和优势树种（组）统计表（续 15）

单位：公顷、立方米

统计单位	起源	优势树种（组）	合计		幼龄林		中龄林		近熟林		成、过熟林	
			面积	蓄积	面积	蓄积	面积	蓄积	面积	蓄积	面积	蓄积
毕拉河林业局	天然	山丁子	0.07		0.07							
	人工	合计	3116.21	217374.7	627.80	33680.4	2338.61	172358.0	122.80	9506.2	27.00	1830.1
		落叶松	2866.41	202664.1	531.26	29398.3	2206.79	163922.4	106.61	8135.0	21.75	1208.4
		樟子松	49.93	3631.0	14.45	650.8	20.61	1649.8	13.91	1233.9	0.96	96.5
		其他硬阔类	98.69	5432.4	51.22	2564.1	47.47	2868.3				
		杨树	48.62	1993.8	17.77	139.2	24.28	1192.1	2.28	137.3	4.29	525.2
		其他软阔类	51.88	3631.6	12.42	906.2	39.46	2725.4				
		毛赤杨	0.68	21.8	0.68	21.8						
	其中：人天混	合计	597.53	40929.1	383.09	26859.4	214.44	14069.7				
		落叶松	433.99	31208.3	306.48	22732.3	127.51	8476.0				
		樟子松	12.29	635.0	12.29	635.0						
		其他硬阔类	98.69	5432.4	51.22	2564.1	47.47	2868.3				
		其他软阔类	51.88	3631.6	12.42	906.2	39.46	2725.4				
		毛赤杨	0.68	21.8	0.68	21.8						
北大河林业局	合计	合计	290861.74	31141575.5	23459.53	1527017.0	194792.29	21359455.8	29346.64	3327341.0	43263.28	4927761.7
		落叶松	112578.07	14275341.4	9394.92	823468.1	92525.08	11921663.6	8610.24	1227280.3	2047.83	302929.4
		樟子松	3.26	249.0							3.26	249.0
		蒙古栎	21472.08	1220675.5	5533.79	239454.7	9931.81	533502.7	2627.20	200673.3	3379.28	247044.8
		白桦	104437.07	10366495.0	7308.91	387686.2	82356.23	7972630.7	8064.37	1029133.5	6707.56	977044.6
		黑桦	7657.18	652448.5	1009.41	70800.7	4997.11	402475.2	699.32	66447.2	951.34	112725.4
		杨树	15.31	1427.9	3.73	112.8			7.60	896.7	3.98	418.4
		柳树	5.76	331.3			5.76	331.3				
		山杨	44693.01	4624606.9	208.77	5494.5	4976.30	528852.3	9337.91	802910.0	30170.03	3287350.1
	天然	合计	282474.31	30384403.2	17971.67	1077662.4	192307.53	21096346.7	28936.16	3282986.6	43258.95	4927407.5
		落叶松	104190.64	13518169.1	3907.06	374113.5	90040.32	11658554.5	8199.76	1182925.9	2043.50	302575.2
		樟子松	3.26	249.0							3.26	249.0
		蒙古栎	21472.08	1220675.5	5533.79	239454.7	9931.81	533502.7	2627.20	200673.3	3379.28	247044.8
		白桦	104437.07	10366495.0	7308.91	387686.2	82356.23	7972630.7	8064.37	1029133.5	6707.56	977044.6
		黑桦	7657.18	652448.5	1009.41	70800.7	4997.11	402475.2	699.32	66447.2	951.34	112725.4
		杨树	15.31	1427.9	3.73	112.8			7.60	896.7	3.98	418.4
		柳树	5.76	331.3			5.76	331.3				
		山杨	44693.01	4624606.9	208.77	5494.5	4976.30	528852.3	9337.91	802910.0	30170.03	3287350.1
	人工	合计	8387.43	757172.3	5487.86	449354.6	2484.76	263109.1	410.48	44354.4	4.33	354.2
		落叶松	8387.43	757172.3	5487.86	449354.6	2484.76	263109.1	410.48	44354.4	4.33	354.2
	其中：人天混	合计	80.95	5792.7	80.95	5792.7						
		落叶松	80.95	5792.7	80.95	5792.7						
乌玛林业局	合计	合计	360362.22	54701502.5	5603.93	286590.5	62447.95	8784897.1	103225.84	16189694.7	189084.50	29440320.2
		落叶松	250998.34	37027627.4	3272.12	207117.5	51957.43	7196320.3	81064.81	12348379.9	114703.98	17275809.7
		樟子松	32003.10	5899908.4	340.35	30657.8	2415.91	434244.6	6268.43	1136115.3	22978.41	4298890.7
		白桦	69795.22	10511679.1	1550.23	48044.7	7923.40	1134489.9	15512.79	2648518.0	44808.80	6680626.5
		黑桦	55.84	15246.9							55.84	15246.9

表4 内蒙古重点国有林区乔木林各龄组面积、蓄积按起源和优势树种（组）统计表（续16）

单位：公顷、立方米

统计单位	起源	优势树种（组）	合计		幼龄林		中龄林		近熟林		成、过熟林	
			面积	蓄积	面积	蓄积	面积	蓄积	面积	蓄积	面积	蓄积
乌玛林业局	合计	柳树	11.70	581.7			11.70	581.7				
		山杨	7180.71	1200295.1	441.23	770.5	139.51	19260.6	379.81	56681.5	6220.16	1123582.5
		毛赤杨	317.31	46163.9							317.31	46163.9
	天然	合计	360362.22	54701502.5	5603.93	286590.5	62447.95	8784897.1	103225.84	16189694.7	189084.50	29440320.2
		落叶松	250998.34	37027627.4	3272.12	207117.5	51957.43	7196320.3	81064.81	12348379.9	114703.98	17275809.7
		樟子松	32003.10	5899908.4	340.35	30657.8	2415.91	434244.6	6268.43	1136115.3	22978.41	4298890.7
		白桦	69795.22	10511679.1	1550.23	48044.7	7923.40	1134489.9	15512.79	2648518.0	44808.80	6680626.5
		黑桦	55.84	15246.9							55.84	15246.9
		柳树	11.70	581.7			11.70	581.7				
		山杨	7180.71	1200295.1	441.23	770.5	139.51	19260.6	379.81	56681.5	6220.16	1123582.5
		毛赤杨	317.31	46163.9							317.31	46163.9
永安山林业局	合计	合计	273085.03	40380578.7	2138.75	119946.6	20835.41	2480622.9	75636.32	11209300.6	174474.55	26570708.6
		落叶松	203737.45	30132427.1	1638.55	93219.6	16567.08	2009632.9	54968.90	8023527.6	130562.92	20006047.0
		樟子松	33152.83	5376966.1	78.22	9106.3	1034.37	157956.9	8771.65	1567575.4	23268.59	3642327.5
		白桦	34204.08	4543127.9	421.98	17620.7	2830.41	278462.1	11706.53	1586734.1	19245.16	2660311.0
		柳树	41.45	1970.4			37.36	1283.3			4.09	687.1
		山杨	1942.83	325684.6			359.80	32885.1	189.24	31463.5	1393.79	261336.0
		毛赤杨	6.39	402.6			6.39	402.6				
	天然	合计	273085.03	40380578.7	2138.75	119946.6	20835.41	2480622.9	75636.32	11209300.6	174474.55	26570708.6
		落叶松	203737.45	30132427.1	1638.55	93219.6	16567.08	2009632.9	54968.90	8023527.6	130562.92	20006047.0
		樟子松	33152.83	5376966.1	78.22	9106.3	1034.37	157956.9	8771.65	1567575.4	23268.59	3642327.5
		白桦	34204.08	4543127.9	421.98	17620.7	2830.41	278462.1	11706.53	1586734.1	19245.16	2660311.0
		柳树	41.45	1970.4			37.36	1283.3			4.09	687.1
		山杨	1942.83	325684.6			359.80	32885.1	189.24	31463.5	1393.79	261336.0
		毛赤杨	6.39	402.6			6.39	402.6				
奇乾林业局	合计	合计	275938.33	38830054.0	3172.07	111998.6	32248.47	3811872.5	33179.77	4344371.7	207338.02	30561811.2
		落叶松	217172.03	30419011.3	2193.95	91569.4	29832.84	3532469.6	26204.99	3443349.7	158940.25	23351622.6
		樟子松	13563.93	2015596.8	172.27	4288.9	1575.94	201498.4	999.55	127874.8	10816.17	1681934.7
		白桦	42909.66	6082181.8	732.32	8594.3	791.02	71947.7	5938.85	769009.7	35447.47	5232630.1
		枫桦	18.80	2009.7							18.80	2009.7
		山杨	2273.91	311254.4	73.53	7546.0	48.67	5956.8	36.38	4137.5	2115.33	293614.1
	天然	合计	275938.33	38830054.0	3172.07	111998.6	32248.47	3811872.5	33179.77	4344371.7	207338.02	30561811.2
		落叶松	217172.03	30419011.3	2193.95	91569.4	29832.84	3532469.6	26204.99	3443349.7	158940.25	23351622.6
		樟子松	13563.93	2015596.8	172.27	4288.9	1575.94	201498.4	999.55	127874.8	10816.17	1681934.7
		白桦	42909.66	6082181.8	732.32	8594.3	791.02	71947.7	5938.85	769009.7	35447.47	5232630.1
		枫桦	18.80	2009.7							18.80	2009.7
		山杨	2273.91	311254.4	73.53	7546.0	48.67	5956.8	36.38	4137.5	2115.33	293614.1
诺敏森林经营所	合计	合计	133243.00	15548758.7	1947.50	91751.8	94168.60	11347126.3	20804.20	2264769.4	16322.70	1845111.2
		落叶松	105229.70	12920965.6	1826.00	87003.3	91594.20	11189889.1	8989.60	1241318.0	2819.90	402755.2
		蒙古栎	3987.60	241069.7	8.20	209.6	1530.30	80082.1	2381.40	157026.1	67.70	3751.9
		白桦	20286.80	2036172.5	41.10	1037.0	981.00	72621.2	9105.00	844040.2	10159.70	1118474.1

表 4 内蒙古重点国有林区乔木林各龄组面积、蓄积按起源和优势树种（组）统计表（续 17）

单位：公顷、立方米

统计单位	起源	优势树种（组）	合计		幼龄林		中龄林		近熟林		成、过熟林	
			面积	蓄积	面积	蓄积	面积	蓄积	面积	蓄积	面积	蓄积
诺敏森林经营所	合计	黑桦	375.40	25897.2	9.90	617.6	54.10	3916.0	311.40	21363.6		
		杨树	27.30	2969.0							27.30	2969.0
		柳树	1025.60	80881.6			7.90	550.0	10.20	679.1	1007.50	79652.5
		其他软阔类	70.00	3294.6	62.30	2884.3	1.10	67.9	6.60	342.4		
		山杨	2240.60	237508.5							2240.60	237508.5
	天然	合计	131244.20	15439243.3	858.70	52934.7	93383.40	11289338.6	20679.40	2251858.8	16322.70	1845111.2
		落叶松	103300.90	12814744.8	799.50	51070.5	90810.10	11132169.3	8871.40	1228749.8	2819.90	402755.2
		蒙古栎	3987.60	241069.7	8.20	209.6	1530.30	80082.1	2381.40	157026.1	67.70	3751.9
		白桦	20286.80	2036172.5	41.10	1037.0	981.00	72621.2	9105.00	844040.2	10159.70	1118474.1
		黑桦	375.40	25897.2	9.90	617.6	54.10	3916.0	311.40	21363.6		
		杨树	27.30	2969.0							27.30	2969.0
		柳树	1025.60	80881.6			7.90	550.0	10.20	679.1	1007.50	79652.5
		山杨	2240.60	237508.5							2240.60	237508.5
	人工	合计	1998.80	109515.4	1088.80	38817.1	785.20	57787.7	124.80	12910.6		
		落叶松	1928.80	106220.8	1026.50	35932.8	784.10	57719.8	118.20	12568.2		
		其他软阔类	70.00	3294.6	62.30	2884.3	1.10	67.9	6.60	342.4		
	其中：人天混	合计	76.30	3836.3	68.60	3426.0	1.10	67.9	6.60	342.4		
		落叶松	6.30	541.7	6.30	541.7						
		其他软阔类	70.00	3294.6	62.30	2884.3	1.10	67.9	6.60	342.4		
汗马自然保护区	合计	合计	98610.17	9085159.1	216.00	1422.6	2914.16	188052.2	22697.50	1480007.9	72782.51	7415676.4
		落叶松	95990.17	8820169.5	17.00	355.3	2723.16	173897.6	21795.50	1404224.4	71454.51	7241692.2
		樟子松	7.00	761.2					7.00	761.2		
		白桦	2552.00	253920.6	199.00	1067.3	191.00	14154.6	895.00	75022.3	1267.00	163676.4
		柳树	61.00	10307.8							61.00	10307.8
	天然	合计	98610.17	9085159.1	216.00	1422.6	2914.16	188052.2	22697.50	1480007.9	72782.51	7415676.4
		落叶松	95990.17	8820169.5	17.00	355.3	2723.16	173897.6	21795.50	1404224.4	71454.51	7241692.2
		樟子松	7.00	761.2					7.00	761.2		
		白桦	2552.00	253920.6	199.00	1067.3	191.00	14154.6	895.00	75022.3	1267.00	163676.4
		柳树	61.00	10307.8							61.00	10307.8
额尔古纳自然保护区	合计	合计	117637.68	17846659.1	5869.90	401503.4	42019.57	5934890.2	16040.43	2356052.7	53707.78	9154212.8
		落叶松	68917.09	10682060.7	4188.40	318366.0	31294.99	4794863.6	6675.08	950925.6	26758.62	4617905.5
		樟子松	2140.92	417897.8	1.55	47.1	496.42	115877.5	543.12	92062.6	1099.83	209910.6
		白桦	37655.62	5247897.1	1473.11	79980.7	9996.23	1006375.8	7965.46	1224920.7	18220.82	2936619.9
		黑桦	1154.91	121875.4	24.27	2017.3	121.23	11724.0	691.19	74293.3	318.22	33840.8
		杨树	12.98	1180.6							12.98	1180.6
		柳树	197.94	2897.5	168.13				2.45	178.0	27.36	2719.5
		其他软阔类	20.58	1691.3	13.75	1048.4			6.83	642.9		
		山杨	7475.88	1366700.4	0.69	43.9	64.13	2524.8	147.68	12478.2	7263.38	1351653.5
		毛赤杨	61.76	4458.3			46.57	3524.5	8.62	551.4	6.57	382.4
	天然	合计	117261.62	17799667.8	5723.36	390096.2	41868.30	5911261.7	16014.21	2352509.8	53655.75	9145800.1
		落叶松	68561.61	10636760.7	4055.61	308007.2	31143.72	4771235.1	6655.69	948025.6	26706.59	4609492.8

表4　内蒙古重点国有林区乔木林各龄组面积、蓄积按起源和优势树种（组）统计表（续18）

单位：公顷、立方米

统计单位	起源	优势树种（组）	合计		幼龄林		中龄林		近熟林		成、过熟林	
			面积	蓄积	面积	蓄积	面积	蓄积	面积	蓄积	面积	蓄积
额尔古纳自然保护区	天然	樟子松	2140.92	417897.8	1.55	47.1	496.42	115877.5	543.12	92062.6	1099.83	209910.6
		白桦	37655.62	5247897.1	1473.11	79980.7	9996.23	1006375.8	7965.46	1224920.7	18220.82	2936619.9
		黑桦	1154.91	121875.4	24.27	2017.3	121.23	11724.0	691.19	74293.3	318.22	33840.8
		杨树	12.98	1180.6							12.98	1180.6
		柳树	197.94	2897.5	168.13				2.45	178.0	27.36	2719.5
		山杨	7475.88	1366700.4	0.69	43.9	64.13	2524.8	147.68	12478.2	7263.38	1351653.5
		毛赤杨	61.76	4458.3			46.57	3524.5	8.62	551.4	6.57	382.4
	人工	合计	376.06	46991.3	146.54	11407.2	151.27	23628.5	26.22	3542.9	52.03	8412.7
		落叶松	355.48	45300.0	132.79	10358.8	151.27	23628.5	19.39	2900.0	52.03	8412.7
		其他软阔类	20.58	1691.3	13.75	1048.4			6.83	642.9		
	其中：人天混	合计	75.34	7838.0	22.41	1660.2	40.52	4736.3	6.83	642.9	5.58	798.6
		落叶松	54.76	6146.7	8.66	611.8	40.52	4736.3			5.58	798.6
		其他软阔类	20.58	1691.3	13.75	1048.4			6.83	642.9		
毕拉河自然保护区	合计	合计	48262.54	4327318.5	1457.12	107165.5	43384.79	3956206.1	1941.37	125152.1	1479.26	138794.8
		落叶松	35354.89	3586255.5	752.95	74059.3	34164.91	3463135.1	401.72	44166.2	35.31	4894.9
		蒙古栎	7878.69	372299.6	478.10	22824.3	5710.79	250547.3	1284.88	65492.7	404.92	33435.3
		白桦	2817.88	193140.7	74.50	3409.1	2577.23	176774.6	112.10	7496.1	54.05	5460.9
		黑桦	553.12	35627.2	117.38	5456.0	324.05	21838.1	72.81	5139.3	38.88	3193.8
		杨树	4.14	430.6							4.14	430.6
		山杨	1653.82	139564.9	34.19	1416.8	607.81	43911.0	69.86	2857.8	941.96	91379.3
	天然	合计	48205.48	4315952.8	1445.33	105691.7	43339.52	3946314.2	1941.37	125152.1	1479.26	138794.8
		落叶松	35297.83	3574889.8	741.16	72585.5	34119.64	3453243.2	401.72	44166.2	35.31	4894.9
		蒙古栎	7878.69	372299.6	478.10	22824.3	5710.79	250547.3	1284.88	65492.7	404.92	33435.3
		白桦	2817.88	193140.7	74.50	3409.1	2577.23	176774.6	112.10	7496.1	54.05	5460.9
		黑桦	553.12	35627.2	117.38	5456.0	324.05	21838.1	72.81	5139.3	38.88	3193.8
		杨树	4.14	430.6							4.14	430.6
		山杨	1653.82	139564.9	34.19	1416.8	607.81	43911.0	69.86	2857.8	941.96	91379.3
	人工	合计	57.06	11365.7	11.79	1473.8	45.27	9891.9				
		落叶松	57.06	11365.7	11.79	1473.8	45.27	9891.9				

说明：（1）①本表中人工林合计中含《东北内蒙古重点国有林区森林资源规划设计调查技术规定》中起源为“人天混”数据；
②同时保留起源为“人天混”的统计结果明细；
（2）本表对蓄积量较小的树种进行了适当归并。

表 5　内蒙古重点国有林区国家级公益林面积按地类和保护等级统计表

单位：公顷

统计单位	保护等级	总计	林地													其他土地
			合计	乔木林地	灌木林地		未成林造林地	苗圃地	疏林地	无立木林地				宜林地	林业辅助生产用地	
					小计	其中：特殊灌木林地				小计	采伐迹地	火烧迹地	其他无立木林地			
内蒙古重点国有林区	合计	2519177.24	2518661.25	2344273.19	51262.31	27363.86	1809.01	20.70	3624.40	16475.46	1.00	1973.01	14501.45	100547.60	648.58	515.99
	一级	1062690.60	1062684.76	1032034.89	16252.27	9763.67	190.46		718.88	576.07		546.93	29.14	12843.51	68.68	5.84
	二级	1456486.64	1455976.49	1312238.30	35010.04	17600.19	1618.55	20.70	2905.52	15899.39	1.00	1426.08	14472.31	87704.09	579.90	510.15
阿尔山林业局	合计	143635.13	143589.55	121252.52	3438.34	2853.42	241.03		123.30	111.46			111.46	18375.24	47.66	45.58
	一级	88940.35	88940.35	80389.86	1863.30	1453.82	32.90		99.98	9.81			9.81	6535.55	8.95	
	二级	54694.78	54649.20	40862.66	1575.04	1399.60	208.13		23.32	101.65			101.65	11839.69	38.71	45.58
绰尔林业局	合计	62249.45	62158.42	56980.83	112.54	101.87	81.83	16.25		175.52			175.52	4728.27	63.18	91.03
	一级	40777.45	40777.45	40205.17	37.37	35.62	10.20			5.44			5.44	510.76	8.51	
	二级	21472.00	21380.97	16775.66	75.17	66.25	71.63	16.25		170.08			170.08	4217.51	54.67	91.03
绰源林业局	合计	66735.46	66732.80	58221.07	2993.63	2923.64	278.49		15.12	208.93			208.93	5011.87	3.69	2.66
	一级	35765.38	35762.72	31839.79	2555.79	2485.80	53.82		4.72	10.21			10.21	1295.42	2.97	2.66
	二级	30970.08	30970.08	26381.28	437.84	437.84	224.67		10.40	198.72			198.72	3716.45	0.72	
乌尔旗汉林业局	合计	66955.53	66955.53	60608.50	2148.92	1106.70	4.70		132.40	54.88	1.00		53.88	4005.22	0.91	
	一级	27252.00	27252.00	26669.40	463.03	267.90			7.20	1.77			1.77	110.60		
	二级	39703.53	39703.53	33939.10	1685.89	838.80	4.70		125.20	53.11	1.00		52.11	3894.62	0.91	
库都尔林业局	合计	147693.99	147680.81	133420.75	4833.30	4630.15	53.11		46.67	326.52			326.52	8949.42	51.04	13.18
	一级	29987.88	29987.16	29275.35	310.29	310.29								381.17	20.35	0.72
	二级	117706.11	117693.65	104145.40	4523.01	4319.86	53.11		46.67	326.52			326.52	8568.25	30.69	12.46
图里河林业局	合计	39308.07	39308.07	38055.57	674.92	674.92			2.62	35.65			35.65	539.31		
	一级	30342.43	30342.43	29696.61	568.68	568.68								77.14		
	二级	8965.64	8965.64	8358.96	106.24	106.24			2.62	35.65			35.65	462.17		
伊图里河林业局	合计	25744.50	25744.50	24679.16	700.72	624.78	68.20		266.23					28.89	1.30	
	一级	22757.50	22757.50	21978.55	498.80	457.49	40.95		221.78					17.42		
	二级	2987.00	2987.00	2700.61	201.92	167.29	27.25		44.45					11.47	1.30	
克一河林业局	合计	14654.10	14654.10	14571.48	4.10				8.00	5.24			5.24	60.38	4.90	
	二级	14654.10	14654.10	14571.48	4.10				8.00	5.24			5.24	60.38	4.90	
甘河林业局	合计	111413.75	111193.18	100446.65	1025.02		503.13		496.17	609.29		493.72	115.57	8112.69	0.23	220.57
	一级	7421.60	7421.60	6854.50	36.47					464.57		464.57		65.83	0.23	
	二级	103992.15	103771.58	93592.15	988.55		503.13		496.17	144.72		29.15	115.57	8046.86		220.57
吉文林业局	合计	55172.82	55139.09	45354.47	865.19				69.53	1699.33			1699.33	7146.19	4.38	33.73
	二级	55172.82	55139.09	45354.47	865.19				69.53	1699.33			1699.33	7146.19	4.38	33.73
阿里河林业局	合计	16089.33	16051.09	10934.28	949.34		12.30			2032.88			2032.88	1996.97	125.32	38.24
	二级	16089.33	16051.09	10934.28	949.34		12.30			2032.88			2032.88	1996.97	125.32	38.24
根河林业局	合计	146348.59	146318.61	133901.04	5813.88		77.75	4.45	140.36	1094.56			1094.56	5123.57	163.00	29.98
	一级	36666.25	36666.25	36084.91	579.94									1.40		
	二级	109682.34	109652.36	97816.13	5233.94		77.75	4.45	140.36	1094.56			1094.56	5122.17	163.00	29.98
金河林业局	合计	46431.98	46430.31	44151.24	1685.81				17.48					561.24	14.54	1.67
	一级	2234.00	2234.00	2232.09										1.91		
	二级	44197.98	44196.31	41919.15	1685.81				17.48					559.33	14.54	1.67

表 5 内蒙古重点国有林区国家级公益林面积按地类和保护等级统计表（续 1）

单位：公顷

统计单位	保护等级	总计	林地													其他土地
			合计	乔木林地	灌木林地		未成林造林地	苗圃地	疏林地	无立木林地				宜林地	林业辅助生产用地	
					小计	其中：特殊灌木林地				小计	采伐迹地	火烧迹地	其他无立木林地			
阿龙山林业局	合计	92284.41	92284.41	89481.40	2363.53	1923.40	1.00			3.00			3.00	435.48		
	一级	51591.43	51591.43	50141.04	1410.63	970.50								39.76		
	二级	40692.98	40692.98	39340.36	952.90	952.90	1.00			3.00			3.00	395.72		
满归林业局	合计	137850.06	137846.36	131004.13	3250.37	149.68	196.79		676.77	1451.59		1450.69	0.90	1244.46	22.25	3.70
	一级	75479.87	75479.87	74246.65	763.28					82.36		82.36		385.20	2.38	
	二级	62370.19	62366.49	56757.48	2487.09	149.68	196.79		676.77	1369.23		1368.33	0.90	859.26	19.87	3.70
得耳布尔林业局	合计	63756.34	63756.34	56428.12	3222.75		53.71		220.73	3.82			3.82	3827.21		
	一级	21703.36	21703.36	20966.59	680.19		52.59							3.99		
	二级	42052.98	42052.98	35461.53	2542.56		1.12		220.73	3.82			3.82	3823.22		
莫尔道嘎林业局	合计	22261.24	22258.09	21915.58	101.02	101.02								238.88	2.61	3.15
	一级	20787.24	20784.78	20628.18	58.57	58.57								96.73	1.30	2.46
	二级	1474.00	1473.31	1287.40	42.45	42.45								142.15	1.31	0.69
大杨树林业局	合计	49205.72	49205.72	28288.02	581.15		81.43		70.46	7165.79			7165.79	13018.13	0.74	
	二级	49205.72	49205.72	28288.02	581.15		81.43		70.46	7165.79			7165.79	13018.13	0.74	
毕拉河林业局	合计	16896.84	16896.84	13858.26	702.22		6.24		3.16	1265.35			1265.35	1051.79	9.82	
	一级	94.00	94.00	79.58	11.43									2.99		
	二级	16802.84	16802.84	13778.68	690.79		6.24		3.16	1265.35			1265.35	1048.80	9.82	
北大河林业局	合计	22556.69	22556.69	20946.39	44.98									1560.59	4.73	
	二级	22556.69	22556.69	20946.39	44.98									1560.59	4.73	
乌玛林业局	合计	363866.22	363833.92	356667.29	4407.97	4407.97			31.97					2708.45	18.24	32.30
	一级	161734.00	161734.00	161252.99	14.99	14.99								463.70	2.32	
	二级	202132.22	202099.92	195414.30	4392.98	4392.98			31.97					2244.75	15.92	32.30
永安山林业局	合计	276830.14	276830.14	272275.79	2184.63	2184.63			91.46	9.28			9.28	2266.54	2.44	
	一级	98955.33	98955.33	98183.48	115.86	115.86			2.14					653.70	0.15	
	二级	177874.81	177874.81	174092.31	2068.77	2068.77			89.32	9.28			9.28	1612.84	2.29	
奇乾林业局	合计	281443.06	281443.06	274669.44	1847.74	1847.74			841.55	45.62			45.62	3981.18	57.53	
	一级	127724.61	127724.61	126566.20	219.93	219.93			26.94	1.91			1.91	902.80	6.83	
	二级	153718.45	153718.45	148103.24	1627.81	1627.81			814.61	43.71			43.71	3078.38	50.70	
诺敏森林经营所	合计	24766.90	24766.70	21472.30	8.30		149.30		14.30	176.10		28.60	147.50	2946.40		0.20
	二级	24766.90	24766.70	21472.30	8.30		149.30		14.30	176.10		28.60	147.50	2946.40		0.20
汗马自然保护区	合计	107348.00	107348.00	98610.17	6622.00	3154.00			270.00	0.06			0.06	1807.24	38.53	
	一级	83785.00	83785.00	77403.26	5442.50	2183.00			270.00					662.74	6.50	
	二级	23563.00	23563.00	21206.91	1179.50	971.00				0.06			0.06	1144.50	32.03	
额尔古纳自然保护区	合计	117678.92	117678.92	116078.74	679.94	679.94			86.12	0.59			0.59	821.99	11.54	
	一级	98690.92	98690.92	97340.69	621.22	621.22			86.12					634.70	8.19	
	二级	18988.00	18988.00	18738.05	58.72	58.72				0.59			0.59	187.29	3.35	

表 6　内蒙古重点国有林区用材林各龄级面积、蓄积按优势树种和可及度统计表

单位：公顷、立方米

统计单位	优势树种	可及度	合计		Ⅰ龄级		Ⅱ龄级		Ⅲ龄级		Ⅳ龄级		Ⅴ龄级		Ⅵ龄级		Ⅶ龄级		Ⅷ以上龄级	
			面积	蓄积	面积	蓄积	面积	蓄积	面积	蓄积	面积	蓄积	面积	蓄积	面积	蓄积	面积	蓄积	面积	蓄积
内蒙古重点国有林区	合计	合计	2422014.92	260995275.4	9956.31	292979.4	92578.77	5563678.6	647930.97	67788431.3	632528.33	69840297.3	503142.54	55763499.4	315999.78	35960246.3	164210.22	19310099.3	55668.00	6476043.8
		即可及	861828.86	98232620.3									411278.27	45857370.8	261848.86	30243353.6	141255.58	16658753.3	47446.15	5473142.6
		将可及	150659.68	16501159.2									77009.85	8380355.3	46608.15	4964708.2	20203.98	2325944.7	6837.70	830151.0
		不可及	26532.00	2776109.3									14854.42	1525773.3	7542.77	752184.5	2750.66	325401.3	1384.15	172750.2
	云杉	合计	221.17	21767.4	75.14	4128.3	146.03	17639.1												
	落叶松	合计	1633245.91	179320047.9	6681.56	247880.7	65135.47	4595735.1	595084.72	64357420.6	557336.08	63062865.4	232320.44	27027826.5	87261.25	9977919.2	65567.46	7438202.1	23858.93	2612198.3
		即可及	373877.16	42738786.7									206324.73	23861951.2	81563.16	9263521.7	62381.80	7036880.8	23607.47	2576433.0
		将可及	28536.80	3592592.4									20769.14	2596803.4	4778.20	616077.2	2754.91	346539.0	234.55	33172.8
		不可及	6594.12	724767.0									5226.57	569071.9	919.89	98320.3	430.75	54782.3	16.91	2592.5
	樟子松	合计	10016.43	1337665.1	23.40	22.2	108.39	5704.4	934.89	130406.3	1458.28	184061.6	2470.13	316425.7	2261.66	312615.7	2158.49	293902.4	601.19	94526.8
		即可及	7220.35	980001.4									2277.65	292924.3	2219.51	303898.4	2122.00	288651.9	601.19	94526.8
		将可及	271.12	37469.2									192.48	23501.4	42.15	8717.3	36.49	5250.5		
	蒙古栎	合计	41368.18	2153794.1	1513.67	26086.5	13374.43	438497.3	17132.14	981593.7	6824.51	523228.3	2012.12	147283.8	116.16	9884.6	391.72	27066.9	3.43	153.0
		即可及	2086.49	157902.2									1739.16	130017.2	107.47	9301.5	236.43	18430.5	3.43	153.0
		将可及	414.74	25242.2									250.76	16022.7	8.69	583.1	155.29	8636.4		
		不可及	22.20	1243.9									22.20	1243.9						
	白桦	合计	654797.96	69323293.8	1234.48	10819.5	8844.29	309234.2	17845.47	916480.2	53836.13	4769098.3	243872.70	25634428.4	210222.69	23553076.2	89922.44	10674510.0	29019.76	3455647.0
		即可及	444783.38	49911260.7									185498.85	19720288.2	165831.64	19008887.3	71644.13	8591093.8	21808.76	2590991.4
		将可及	111008.55	11670438.5									50332.00	5146519.0	38487.70	3968272.1	16256.63	1850588.4	5932.22	705059.0
		不可及	17245.66	1735962.4									8041.85	767621.2	5903.35	575916.8	2021.68	232827.8	1278.78	159596.6
	枫桦	合计	546.87	45744.1					97.21	7361.3	414.85	36257.0	34.81	2125.8						
		即可及	34.81	2125.8									34.81	2125.8						
	黑桦	合计	14876.17	924990.4	26.66	941.0	3290.20	131535.9	7764.76	484168.8	3182.45	239366.6	502.88	51588.1	8.86	974.9	100.36	16415.1		
		即可及	320.58	33717.0									211.36	16327.0	8.86	974.9	100.36	16415.1		
		将可及	274.92	33080.0									274.92	33080.0						
		不可及	16.60	2181.1									16.60	2181.1						
	榆树	合计	8.38	321.0									8.38	321.0						
		将可及	8.38	321.0									8.38	321.0						
	杨树	合计	211.03	13787.9			57.71	78.8	20.92	1322.4	3.70	890.2	127.25	11301.5			1.45	195.0		
		即可及	128.70	11496.5									127.25	11301.5			1.45	195.0		
	柳树	合计	452.03	43662.0	5.66	163.4	18.16	764.9	63.42	4850.8	69.53	5722.7	49.73	3906.5	84.34	6204.5	97.22	13714.8	63.97	8334.4
		即可及	250.26	26734.3									48.83	3766.8	78.14	5557.1	97.22	13714.8	26.07	3695.6
		将可及	45.00	5425.9									0.90	139.7	6.20	647.4			37.90	4638.8
	山杨	合计	65586.48	7768686.2	390.45	2771.1	1285.79	50009.7	8691.52	882865.2	9346.65	1014543.3	21735.45	2567648.4	16044.82	2099571.2	5971.08	846093.0	2120.72	305184.3
		即可及	33118.48	4369952.0									15006.98	1818025.1	12040.08	1651212.7	4672.19	693371.4	1399.23	207342.8
		将可及	10100.17	1136590.0									5181.27	563968.1	3285.21	370411.1	1000.66	114930.4	633.03	87280.4
		不可及	2653.42	311954.9									1547.20	185655.2	719.53	77947.4	298.23	37791.2	88.46	10561.1
	毛赤杨	合计	661.07	40457.1	2.05	166.7	318.30	14479.2	295.92	21962.0	44.40	3818.6	0.40	30.6						
		即可及	0.40	30.6									0.40	30.6						

表6 内蒙古重点国有林区用材林各龄级面积、蓄积按优势树种和可及度统计表（续1）

单位：公顷、立方米

统计单位	优势树种	可及度	合计		Ⅰ龄级		Ⅱ龄级		Ⅲ龄级		Ⅳ龄级		Ⅴ龄级		Ⅵ龄级		Ⅶ龄级		Ⅷ以上龄级	
			面积	蓄积	面积	蓄积	面积	蓄积	面积	蓄积	面积	蓄积	面积	蓄积	面积	蓄积	面积	蓄积	面积	蓄积
内蒙古重点国有林区	甜杨	合计	20.00	1058.4							11.75	445.3	8.25	613.1						
		即可及	8.25	613.1									8.25	613.1						
	山丁子	合计	3.24		3.24															
阿尔山林业局	合计	合计	132190.97	17350859.2	809.64	2640.2	1029.63	36858.5	14333.19	2286659.4	19951.58	2914052.7	40980.42	5482082.2	46027.22	5486065.6	8442.67	1070231.4	616.62	72269.2
		即可及	93170.12	11770118.3									40254.32	5373621.6	44127.16	5286768.8	8172.02	1037458.7	616.62	72269.2
		将可及	2896.81	340530.1									726.10	108460.6	1900.06	199296.8	270.65	32772.7		
	云杉	合计	7.94		7.94															
	落叶松	合计	72654.34	10467648.3	767.08	2575.5	786.57	31851.0	13527.59	2243226.2	17361.16	2672760.8	32693.17	4527852.3	4409.60	625241.0	3032.74	355011.7	76.43	9129.8
		即可及	39400.78	5393194.6									32193.31	4441209.1	4368.95	620616.7	2762.09	322239.0	76.43	9129.8
		将可及	811.16	124040.2									499.86	86643.2	40.65	4624.3	270.65	32772.7		
	樟子松	合计	48.22	7418.4	13.94		1.13	10.8	7.95	2530.5	25.20	4877.1								
	白桦	合计	57052.72	6563663.9	17.44	64.7	219.63	3288.3	623.15	27009.9	1968.80	176027.1	7960.36	909940.7	40669.36	4722483.7	5068.21	663169.5	525.77	61680.0
		即可及	52174.10	6147662.3									7734.12	888123.3	38846.00	4534689.5	5068.21	663169.5	525.77	61680.0
		将可及	2049.60	209611.6									226.24	21817.4	1823.36	187794.2				
	枫桦	合计	546.87	45744.1					97.21	7361.3	414.85	36257.0	34.81	2125.8						
		即可及	34.81	2125.8									34.81	2125.8						
	黑桦	合计	32.78	3553.7					6.20	427.2	26.58	3126.5								
	柳树	合计	87.34	12588.0			3.72	46.5			10.07	786.8	1.47	211.5			70.33	11378.7	1.75	164.5
		即可及	73.55	11754.7									1.47	211.5			70.33	11378.7	1.75	164.5
	山杨	合计	1757.52	250242.8			18.58	1661.9	71.09	6104.3	144.92	20217.4	290.61	41951.9	948.26	138340.9	271.39	40671.5	12.67	1294.9
		即可及	1486.88	215380.9									290.61	41951.9	912.21	131462.6	271.39	40671.5	12.67	1294.9
		将可及	36.05	6878.3											36.05	6878.3				
	山丁子	合计	3.24		3.24															
绰尔林业局	合计	合计	137723.33	15812553.7	150.25	7316.6	6393.63	610701.4	55336.16	6489136.1	38916.35	4872377.7	18294.56	1820914.3	10481.95	1113370.7	6647.12	719969.3	1503.31	178767.6
		即可及	27961.70	2956307.4									14447.01	1450185.0	8527.86	926278.6	4009.43	457938.0	977.40	121905.8
		将可及	6796.76	670291.4									2632.77	261535.7	1360.52	129334.0	2277.56	222559.9	525.91	56861.8
		不可及	2168.48	206423.1									1214.78	109193.6	593.57	57758.1	360.13	39471.4		
	落叶松	合计	93580.65	11666110.9	85.20	5717.1	5408.74	576840.9	50638.20	6234995.2	35924.08	4651421.2	1321.15	167076.6	170.44	26288.9	32.84	3771.0		
		即可及	1104.07	138495.2									949.29	114103.5	154.78	24391.7				
		将可及	391.91	54827.0									359.07	51056.0			32.84	3771.0		
		不可及	28.45	3814.3									12.79	1917.1	15.66	1897.2				
	樟子松	合计	60.13	2298.2			42.23	995.5	17.90	1302.7										
	蒙古栎	合计	1303.93	56243.0	25.02	737.2	97.65	3770.1	879.02	37342.0	243.90	11205.4	58.34	3188.3						
		将可及	58.34	3188.3									58.34	3188.3						
	白桦	合计	36665.87	3650653.5	9.55		184.57	6548.0	749.45	25220.0	2074.31	160050.5	16280.28	1592689.7	9531.88	1003985.2	6335.36	683687.1	1500.47	178473.0
		即可及	25698.81	2694684.2									13170.13	1305615.9	7782.40	837395.3	3771.72	430061.8	974.56	121611.2
		将可及	6144.00	591297.6									2127.72	197543.5	1285.38	122490.1	2204.99	214402.2	525.91	56861.8
		不可及	1805.18	172853.2									982.43	89530.3	464.10	44099.8	358.65	39223.1		
	黑桦	合计	2970.41	187944.7	23.02	862.3	300.40	13499.7	2407.00	155543.2	227.50	17133.4	12.49	906.1						
		即可及	12.49	906.1									12.49	906.1						
	柳树	合计	105.57	7350.9					0.23	5.7	20.37	2134.3	8.49	491.4	59.04	3486.0	17.44	1233.5		
		即可及	84.97	5210.9									8.49	491.4	59.04	3486.0	17.44	1233.5		

表6 内蒙古重点国有林区用材林各龄级面积、蓄积按优势树种和可及度统计表（续2）

单位：公顷、立方米

统计单位	优势树种	可及度	合计		Ⅰ龄级		Ⅱ龄级		Ⅲ龄级		Ⅳ龄级		Ⅴ龄级		Ⅵ龄级		Ⅶ龄级		Ⅷ以上龄级	
			面积	蓄积	面积	蓄积	面积	蓄积	面积	蓄积	面积	蓄积	面积	蓄积	面积	蓄积	面积	蓄积	面积	蓄积
绰尔林业局	山杨	合计	3036.77	241952.5	7.46		360.04	9047.2	644.36	34727.3	426.19	30432.9	613.81	56562.2	720.59	79610.6	261.48	31277.7	2.84	294.6
		即可及	1061.36	117011.0									306.61	29068.1	531.64	61005.6	220.27	26642.7	2.84	294.6
		将可及	202.51	20978.5									87.64	9747.9	75.14	6843.9	39.73	4386.7		
		不可及	334.85	29755.6									219.56	17746.2	113.81	11761.1	1.48	248.3		
绰源林业局	合计	合计	76432.95	9484921.8	115.31	8566.8	1576.70	126648.3	23503.04	2859325.9	25654.96	3340712.8	18349.99	2206352.7	3687.09	490399.5	2275.64	297501.5	1270.22	155414.3
		即可及	9581.39	1130809.7									8660.95	1015834.8	403.66	51948.0	442.36	55237.4	74.42	7789.5
		将可及	16001.55	2018858.3									9689.04	1190517.9	3283.43	438451.5	1833.28	242264.1	1195.80	147624.8
	云杉	合计	7.44	457.9	3.28		4.16	457.9												
	落叶松	合计	51984.23	6587142.6	109.86	8566.8	1385.55	118159.1	22569.67	2771085.3	24197.24	3186015.7	1963.11	247556.3	1758.80	255759.4				
		即可及	313.00	42463.0									305.32	41101.5	7.68	1361.5				
		将可及	3408.91	460852.7									1657.79	206454.8	1751.12	254397.9				
	白桦	合计	21586.45	2555147.4	2.17		73.43	2165.7	317.17	18740.5	1057.91	108299.8	15022.21	1787189.7	1829.00	221038.6	2125.40	275671.7	1159.16	142041.4
		即可及	7974.40	920885.1									7200.48	826145.0	373.72	47238.2	363.06	44145.3	37.14	3356.6
		将可及	12161.37	1505056.3									7821.73	961044.7	1455.28	173800.4	1762.34	231526.4	1122.02	138684.8
	黑桦	合计	684.77	74545.7			9.00	785.2	367.33	42446.7	284.05	29265.3	24.39	2048.5						
		即可及	4.62	410.2									4.62	410.2						
		将可及	19.77	1638.3									19.77	1638.3						
	柳树	合计	8.06	362.3					2.69	84.4	0.82	39.0	4.55	238.9						
		即可及	4.55	238.9									4.55	238.9						
	山杨	合计	2162.00	267265.9			104.56	5080.4	246.18	26969.0	114.94	17093.0	1335.73	169319.3	99.29	13601.5	150.24	21829.8	111.06	13372.9
		即可及	1284.82	166812.5									1145.98	147939.2	22.26	3348.3	79.30	11092.1	37.28	4432.9
		将可及	411.50	51311.0									189.75	21380.1	77.03	10253.2	70.94	10737.7	73.78	8940.0
乌尔旗汉林业局	合计	合计	148699.38	18886557.3	1202.60	58865.1	7844.80	715870.5	62056.48	7797155.4	36322.65	4996410.7	26934.25	3393301.1	7506.80	1014963.0	4728.50	637613.8	2103.30	272377.7
		即可及	23564.85	3078831.9									15063.85	1948058.7	4169.80	559885.4	2537.60	340188.4	1793.60	230699.4
		将可及	14306.10	1815291.1									9131.10	1102297.1	3087.90	423773.2	1824.50	254622.2	262.60	34598.6
		不可及	3401.90	424132.6									2739.30	342945.3	249.10	31304.4	366.40	42803.2	47.10	7079.7
	云杉	合计	155.20	14727.1	60.10	4093.5	95.10	10633.6												
	落叶松	合计	103521.03	13563218.6	816.40	54128.5	6892.20	671492.0	58550.48	7579481.5	33422.25	4722688.8	2509.30	367009.2	981.90	122030.0	323.40	43795.3	25.10	2593.3
		即可及	1949.20	291245.2									1190.30	188032.3	629.80	84042.7	104.00	16576.9	25.10	2593.3
		将可及	1553.20	198163.5									1140.50	154938.3	310.20	31193.5	102.50	12031.7		
		不可及	337.30	46019.1									178.50	24038.6	41.90	6793.8	116.90	15186.7		
	樟子松	合计	27.40	5288.4			7.50	1441.4					11.50	2225.6			8.40	1621.4		
		即可及	19.90	3847.0									11.50	2225.6			8.40	1621.4		
	蒙古栎	合计	2159.60	118731.7	9.00		402.20	15088.4	1455.70	77497.7	199.70	18524.9	48.30	3446.2			44.70	4174.5		
		即可及	68.60	5216.3									48.30	3446.2			20.30	1770.1		
		将可及	24.40	2404.4													24.40	2404.4		
	白桦	合计	34159.35	4071547.4	49.90	643.1	266.70	9514.9	1256.20	75843.4	2015.20	179207.7	18787.65	2236930.4	5659.80	758511.2	4220.60	567680.7	1903.30	243216.0
		即可及	17494.85	2198752.8									10330.25	1257489.6	3249.30	431478.3	2318.10	307474.3	1597.20	202310.6
		将可及	10816.00	1345799.6									6700.70	776861.7	2203.30	302522.3	1653.00	232589.9	259.00	33825.7
		不可及	2260.50	261785.9									1756.70	202579.1	207.20	24510.6	249.50	27616.5	47.10	7079.7
	黑桦	合计	605.00	44671.9			89.60	6291.2	468.00	32470.6	28.30	3548.3	19.10	2361.8						
		即可及	2.50	180.7									2.50	180.7						

表6 内蒙古重点国有林区用材林各龄级面积、蓄积按优势树种和可及度统计表（续3）

单位：公顷、立方米

统计单位	优势树种	可及度	合计		Ⅰ龄级		Ⅱ龄级		Ⅲ龄级		Ⅳ龄级		Ⅴ龄级		Ⅵ龄级		Ⅶ龄级		Ⅷ以上龄级	
			面积	蓄积	面积	蓄积	面积	蓄积	面积	蓄积	面积	蓄积	面积	蓄积	面积	蓄积	面积	蓄积	面积	蓄积
乌尔旗汉林业局	黑桦	不可及	16.60	2181.1									16.60	2181.1						
	杨树	合计	159.80	8047.2			57.00						102.80	8047.2						
		即可及	102.80	8047.2									102.80	8047.2						
	柳树	合计	16.90	688.1	1.30				4.30	117.6			11.30	570.5						
		即可及	11.30	570.5									11.30	570.5						
	山杨	合计	7895.10	1059636.9	265.90		34.50	1409.0	321.80	31744.6	657.20	72441.0	5444.30	772710.2	865.10	134421.8	131.40	20341.9	174.90	26568.4
		即可及	3915.70	570972.2									3366.90	488066.6	290.70	44364.4	86.80	12745.7	171.30	25795.5
		将可及	1912.50	268923.6									1289.90	170497.1	574.40	90057.4	44.60	7596.2	3.60	772.9
		不可及	787.50	114146.5									787.50	114146.5						
库都尔林业局	合计	合计	132559.04	15718955.5	450.91	13356.8	2205.42	101916.7	35760.35	4126965.2	35158.40	4361485.7	36390.96	4469814.3	18678.56	2153877.8	3437.38	433154.6	477.06	58384.4
		即可及	57340.42	6912101.0									35289.00	4335634.6	18169.13	2090200.3	3405.23	427881.7	477.06	58384.4
		将可及	1643.54	203130.1									1101.96	134179.7	509.43	63677.5	32.15	5272.9		
	云杉	合计	25.54	3110.7	1.16	34.8	24.38	3075.9												
	落叶松	合计	86927.68	10523808.7	403.88	12742.7	1970.93	93352.5	33508.14	3906237.2	31504.09	3990209.7	18087.92	2335651.1	1287.41	164152.6	165.31	21462.9		
		即可及	18340.29	2370640.5									17001.68	2202398.3	1205.45	152052.2	133.16	16190.0		
		将可及	1200.35	150626.1									1086.24	133252.8	81.96	12100.4	32.15	5272.9		
	樟子松	合计	22.95	5632.1					6.78	1477.9	13.29	3904.2	2.88	250.0						
		即可及	2.88	250.0									2.88	250.0						
	蒙古栎	合计	381.24	37081.7			18.37	1445.7	281.80	26714.8	36.30	4377.0	44.77	4544.2						
		即可及	44.77	4544.2									44.77	4544.2						
	白桦	合计	40575.37	4573080.7	25.61	235.3	161.35	2932.5	895.83	62810.1	3028.47	293313.6	17374.77	2013725.1	15837.43	1792402.1	2804.81	353709.6	447.10	53952.4
		即可及	36020.92	4161285.2									17359.05	2012798.2	15409.96	1740825.0	2804.81	353709.6	447.10	53952.4
		将可及	443.19	52504.0									15.72	926.9	427.47	51577.1				
	黑桦	合计	49.92	3993.6							49.92	3993.6								
	柳树	合计	44.23	4735.9	0.06				34.87	3390.7			9.30	1345.2						
		即可及	9.30	1345.2									9.30	1345.2						
	山杨	合计	4448.53	562047.6	20.20	344.0	7.02	187.9	998.07	123580.6	500.98	63899.2	871.32	114298.7	1553.72	197323.1	467.26	57982.1	29.96	4432.0
		即可及	2922.26	374035.9									871.32	114298.7	1553.72	197323.1	467.26	57982.1	29.96	4432.0
	毛赤杨	合计	83.58	5464.5			23.37	922.2	34.86	2753.9	25.35	1788.4								
图里河林业局	合计	合计	115552.32	13240902.9	585.35	21213.5	4384.80	248084.4	40693.31	4803641.5	28396.83	3324508.3	24697.64	2882391.8	13553.51	1552288.1	2440.68	296979.7	800.20	111795.6
		即可及	31488.11	3744966.5									19567.27	2326039.4	9316.07	1087888.8	1897.61	232758.2	707.16	98280.1
		将可及	10003.92	1098488.7									5130.37	556352.4	4237.44	464399.3	543.07	64221.5	93.04	13515.5
	落叶松	合计	68618.29	8059122.0	539.43	20166.3	3744.89	222986.6	38033.37	4598929.4	18922.58	2275198.7	6042.21	753260.3	1003.88	142879.6	331.93	45701.1		
		即可及	4899.16	623273.3									4321.02	538405.3	415.46	59943.2	162.68	24924.8		
		将可及	2478.86	318567.7									1721.19	214855.0	588.42	82936.4	169.25	20776.3		
	樟子松	合计	103.83	17573.8			2.44	277.9	29.35	5122.4	15.17	2263.0	27.41	4125.2	29.46	5785.3				
		即可及	48.88	8730.5									27.41	4125.2	21.47	4605.3				
		将可及	7.99	1180.0											7.99	1180.0				
	白桦	合计	43175.95	4711743.4	36.56	686.8	460.68	15454.8	1472.43	73395.4	8296.76	886877.9	18063.92	2053251.0	11950.31	1321604.5	2095.09	248677.4	800.20	111795.6
		即可及	25537.93	2974376.7									14721.65	1720236.7	8387.85	950627.7	1721.27	205232.2	707.16	98280.1
		将可及	7371.59	760951.8									3342.27	333014.3	3562.46	370976.8	373.82	43445.2	93.04	13515.5

表 6　内蒙古重点国有林区用材林各龄级面积、蓄积按优势树种和可及度统计表（续 4）

单位：公顷、立方米

统计单位	优势树种	可及度	合计		Ⅰ龄级		Ⅱ龄级		Ⅲ龄级		Ⅳ龄级		Ⅴ龄级		Ⅵ龄级		Ⅶ龄级		Ⅷ以上龄级	
			面积	蓄积	面积	蓄积	面积	蓄积	面积	蓄积	面积	蓄积	面积	蓄积	面积	蓄积	面积	蓄积	面积	蓄积
图里河林业局	杨树	合计	25.61	3495.7							1.16	241.4	24.45	3254.3						
		即可及	24.45	3254.3									24.45	3254.3						
	柳树	合计	3.70	49.4			1.79	11.8	1.91	37.6										
	山杨	合计	3229.54	421856.9	7.31	193.7	7.51	393.8	946.00	110076.6	1145.55	158071.9	539.65	68501.0	569.86	82018.7	13.66	2601.2		
		即可及	977.69	135331.7									472.74	60017.9	491.29	72712.6	13.66	2601.2		
		将可及	145.48	17789.2									66.91	8483.1	78.57	9306.1				
	毛赤杨	合计	395.40	27061.7	2.05	166.7	167.49	8959.5	210.25	16080.1	15.61	1855.4								
伊图里河林业局	合计	合计	39422.56	4033067.2			859.31	47813.5	11665.47	1040281.4	10504.75	1032443.7	4681.89	500871.1	7155.46	840420.4	2375.96	296401.0	2179.72	274836.1
		即可及	14097.23	1635446.8									4149.38	443896.4	5846.56	676532.0	2010.72	251899.3	2090.57	263119.1
		将可及	2295.80	277081.8									532.51	56974.7	1308.90	163888.4	365.24	44501.7	89.15	11717.0
	落叶松	合计	23872.50	2301947.8			831.83	47288.9	11585.56	1035980.1	9132.29	921792.5	1279.76	159409.3	550.56	81569.5	399.50	46201.9	93.00	9705.6
		即可及	1988.58	256042.2									1150.22	142591.7	535.74	80230.8	209.62	23514.1	93.00	9705.6
		将可及	334.24	40844.1									129.54	16817.6	14.82	1338.7	189.88	22687.8		
	樟子松	合计	25.74	2671.6			5.29								7.82	713.7	12.63	1957.9		
		即可及	20.45	2671.6											7.82	713.7	12.63	1957.9		
	白桦	合计	14955.41	1645729.4			22.19	524.6	79.91	4301.3	1360.90	109487.9	3285.67	328896.3	6189.34	695102.9	1952.07	245942.1	2065.33	261474.3
		即可及	11530.85	1295177.9									2882.70	288739.2	4895.26	532553.2	1776.71	224128.2	1976.18	249757.3
		将可及	1961.56	236237.7									402.97	40157.1	1294.08	162549.7	175.36	21813.9	89.15	11717.0
	柳树	合计	10.88	729.0									10.88	729.0						
		即可及	10.88	729.0									10.88	729.0						
	山杨	合计	558.03	81989.4							11.56	1163.3	105.58	11836.5	407.74	63034.3	11.76	2299.1	21.39	3656.2
		即可及	546.47	80826.1									105.58	11836.5	407.74	63034.3	11.76	2299.1	21.39	3656.2
克一河林业局	合计	合计	68350.68	8072390.8	118.00		1532.54	130915.9	23530.89	2950897.7	17181.18	2237506.9	10645.17	1110167.7	9631.30	1015109.9	4159.70	460387.7	1551.90	167405.0
		即可及	3870.12	444930.2									2022.62	224839.9	1167.10	140557.8	679.70	79438.5	0.70	94.0
		将可及	22117.95	2308140.1									8622.55	885327.8	8464.20	874552.1	3480.00	380949.2	1551.20	167311.0
	落叶松	合计	42035.78	5481751.9	17.80		1316.34	126197.3	22765.99	2896657.8	15328.48	2097412.8	2290.77	320800.7	275.70	35425.9	3.20	461.5	37.50	4795.9
		即可及	734.52	107667.4									681.22	100397.3	53.30	7270.1				
		将可及	1872.65	253816.6									1609.55	220403.4	222.40	28155.8	3.20	461.5	37.50	4795.9
	樟子松	合计	88.70	16735.9					76.20	15011.8	3.80	707.0	8.70	1017.1						
		即可及	8.70	1017.1									8.70	1017.1						
	蒙古栎	合计	407.00	17742.6			107.20	2114.0	195.60	9804.6	87.50	4835.5			16.70	988.5				
		即可及	16.70	988.5											16.70	988.5				
	白桦	合计	22315.60	2236799.5	100.20		26.60		166.60	12289.9	1356.50	107128.4	7357.40	698290.3	8189.20	860989.1	3661.90	403486.6	1457.20	154615.2
		即可及	2658.50	289947.9									1035.90	99440.7	994.30	118585.7	627.60	71827.5	0.70	94.0
		将可及	18007.20	1827433.3									6321.50	598849.6	7194.90	742403.4	3034.30	331659.1	1456.50	154521.2
	黑桦	合计	131.10	10517.6					39.10	1967.1	92.00	8550.5								
	柳树	合计	18.80	2350.8															18.80	2350.8
		将可及	18.80	2350.8															18.80	2350.8
	山杨	合计	3353.70	306492.5			82.40	2604.6	287.40	15166.5	312.90	18872.7	988.30	90059.6	1149.70	117706.4	494.60	56439.6	38.40	5643.1
		即可及	451.70	45309.3									296.80	23984.8	102.80	13713.5	52.10	7611.0		
		将可及	2219.30	224539.4									691.50	66074.8	1046.90	103992.9	442.50	48828.6	38.40	5643.1

表6 内蒙古重点国有林区用材林各龄级面积、蓄积按优势树种和可及度统计表（续5）

单位：公顷、立方米

统计单位	优势树种	可及度	合计		Ⅰ龄级		Ⅱ龄级		Ⅲ龄级		Ⅳ龄级		Ⅴ龄级		Ⅵ龄级		Ⅶ龄级		Ⅷ以上龄级	
			面积	蓄积	面积	蓄积	面积	蓄积	面积	蓄积	面积	蓄积	面积	蓄积	面积	蓄积	面积	蓄积	面积	蓄积
甘河林业局	合计	合计	108604.15	10808096.2	151.78	3410.8	3915.36	279691.7	40642.88	3947494.0	30715.47	3288070.1	13133.55	1211010.5	14496.78	1412328.3	4374.21	514459.1	1174.12	151631.7
		即可及	5094.56	542385.6									1592.93	162541.8	2499.74	256061.9	812.37	101285.8	189.52	22496.1
		将可及	23939.60	2338669.3									9443.52	850791.3	10454.40	1006888.3	3264.96	377874.5	776.72	103115.2
		不可及	4144.50	408374.7									2097.10	197677.4	1542.64	149378.1	296.88	35298.8	207.88	26020.4
	落叶松	合计	76984.47	7839008.9	151.78	3410.8	3697.78	274215.8	39724.93	3900562.7	29015.96	3156154.4	1809.47	197938.8	1358.41	153041.0	1114.65	138284.2	111.49	15401.2
		即可及	271.37	30658.5									155.87	15144.0	115.50	15514.5				
		将可及	3503.37	403664.0									1453.62	158802.2	863.51	96711.6	1091.66	135341.5	94.58	12808.7
		不可及	619.28	70342.7									199.98	23992.6	379.40	40814.9	22.99	2942.7	16.91	2592.5
	樟子松	合计	3.16	497.4					3.16	497.4										
	蒙古栎	合计	16.68	1716.4			16.68	1716.4												
	白桦	合计	29739.40	2798124.0			122.77	2048.8	618.87	30581.5	1464.75	114381.6	10793.66	964168.7	12661.17	1210006.7	3086.70	351678.8	991.48	125257.9
		即可及	4559.87	477281.3									1421.99	145650.3	2286.00	229113.8	682.26	82399.5	169.62	20117.7
		将可及	19508.81	1841549.4									7511.24	648437.8	9232.78	874053.0	2133.90	237346.3	630.89	81712.3
		不可及	3464.33	332281.4									1860.43	170080.6	1142.39	106839.9	270.54	31933.0	190.97	23427.9
	黑桦	合计	8.43	463.8					8.43	463.8										
	山杨	合计	1852.01	168285.7			78.13	1710.7	287.49	15388.6	234.76	17534.1	530.42	48903.0	477.20	49280.6	172.86	24496.1	71.15	10972.6
		即可及	263.32	34445.8									15.07	1747.5	98.24	11433.6	130.11	18886.3	19.90	2378.4
		将可及	927.42	93455.9									478.66	43551.3	358.11	36123.7	39.40	5186.7	51.25	8594.2
		不可及	60.89	5750.6									36.69	3604.2	20.85	1723.3	3.35	423.1		
吉文林业局	合计	合计	74314.24	8798272.2	145.60	12608.0	1630.26	126691.3	27877.81	2922875.5	37193.81	4844112.9	4681.52	573059.9	2293.64	260533.5	491.60	58391.1		
		即可及	6691.67	796943.0									4026.42	491548.2	2173.65	247003.7	491.60	58391.1		
		将可及	748.55	91998.0									648.10	80843.3	100.45	11154.7				
		不可及	26.54	3043.5									7.00	668.4	19.54	2375.1				
	落叶松	合计	59767.70	7352632.9	135.30	12280.6	1077.85	87616.9	22806.57	2550618.8	34961.74	4606037.5	774.95	95137.7	11.29	941.4				
		即可及	706.55	86353.4									695.26	85412.0	11.29	941.4				
		将可及	79.69	9725.7									79.69	9725.7						
	蒙古栎	合计	4277.76	272841.9	5.00	133.0	375.26	29644.4	3582.51	209926.1	306.41	32142.1	8.58	996.3						
		即可及	8.58	996.3									8.58	996.3						
	白桦	合计	7760.41	880977.7			84.00	2716.0	225.22	13014.7	1086.52	109433.5	3822.99	467392.9	2050.08	230029.5	491.60	58391.1		
		即可及	5697.27	674080.9									3275.58	399190.1	1930.09	216499.7	491.60	58391.1		
		将可及	640.86	78689.1									540.41	67534.4	100.45	11154.7				
		不可及	26.54	3043.5									7.00	668.4	19.54	2375.1				
	黑桦	合计	131.67	10149.5	1.00	31.0	91.15	6658.9	32.94	3113.5	6.58	346.1								
	柳树	合计	22.30	1797.3	4.30	163.4					16.00	1540.3			2.00	93.6				
		即可及	2.00	93.6											2.00	93.6				
	山杨	合计	2354.40	279872.9			2.00	55.1	1230.57	146202.4	816.56	94613.4	75.00	9533.0	230.27	29469.0				
		即可及	277.27	35418.8									47.00	5949.8	230.27	29469.0				
		将可及	28.00	3583.2									28.00	3583.2						
阿里河林业局	合计	合计	82890.18	7725479.3	295.37	13570.3	3603.33	289645.2	29384.21	2766187.6	27369.46	2482292.9	14522.43	1390808.7	6239.08	624751.9	1437.21	153883.8	39.09	4338.9
		即可及	8659.09	915710.4									5333.99	558180.5	2443.47	257799.7	878.70	99431.3	2.93	298.9
		将可及	5513.12	503087.9									3792.42	345649.3	1592.72	147375.0	125.88	9865.6	2.10	198.0
		不可及	8065.60	754985.0									5396.02	486978.9	2202.89	219577.2	432.63	44586.9	34.06	3842.0

各龄级面积、蓄积按优势树种和可及度统计表（续6）

单位：公顷、立方米

Ⅲ龄级	Ⅳ龄级		Ⅴ龄级		Ⅵ龄级		Ⅶ龄级		Ⅷ以上龄级	
蓄积	面积	蓄积	面积	蓄积	面积	蓄积	面积	蓄积	面积	蓄积
2675317.3	23936.12	2160244.6	6875.85	700637.4	1076.90	125738.7				
			2985.67	323205.2	694.26	87567.8				
			1156.00	110516.0	140.86	15102.2				
			2734.18	266916.2	241.78	23068.7				
11335.9	137.73	10544.3								
25390.1	2925.10	274986.4	6913.96	619138.4	4742.84	453397.4	1352.58	143702.1		
			1980.71	196672.0	1553.60	148216.4	825.69	92610.3		
			2440.03	218305.4	1420.54	129065.7	111.22	8562.1		
			2493.22	204161.0	1768.70	176115.3	415.67	42529.7		
1238.7	7.49	508.6								
99.2	2.95	154.3								
51958.1	356.63	35679.9	732.62	71032.9	419.34	45615.8	84.63	10181.7	39.09	4338.9
			367.61	38303.3	195.61	22015.5	53.01	6821.0	2.93	298.9
			196.39	16827.9	31.32	3207.1	14.66	1303.5	2.10	198.0
			168.62	15901.7	192.41	20393.2	16.96	2057.2	34.06	3842.0
848.3	3.44	174.8								
4823162.1	59829.72	6069049.8	25161.86	2917314.5	16589.38	1838794.3	20971.46	2316963.5	14150.68	1475950.6
			24048.61	2785816.6	16376.16	1814686.0	20549.32	2266431.0	14096.70	1467295.1
			1113.25	131497.9	213.22	24108.3	422.14	50532.5	53.98	8655.5
4784629.9	58710.95	5970622.1	14053.68	1724147.0	8342.26	798535.1	17514.42	1836401.3	11840.96	1192147.0
			13381.41	1640410.9	8191.12	781722.9	17117.78	1789198.8	11786.98	1183491.5
			672.27	83736.1	151.14	16812.2	396.64	47202.5	53.98	8655.5
	9.19	891.1								
9443.1	1109.58	97536.6	10744.42	1157103.4	7893.31	995261.7	3410.77	473961.4	2282.92	278263.5
			10303.44	1109341.6	7831.23	987965.6	3385.27	470631.4	2282.92	278263.5
			440.98	47761.8	62.08	7296.1	25.50	3330.0		
29089.1			363.76	36064.1	353.81	44997.5	46.27	6600.8	26.80	5540.1
			363.76	36064.1	353.81	44997.5	46.27	6600.8	26.80	5540.1
1805652.2	52410.15	4467813.8	70740.66	7210071.3	38883.41	4559643.6	18929.64	2353175.7	4938.24	597978.2
			66235.70	6684406.7	36652.14	4308504.8	18719.63	2326400.8	4933.44	597527.6
			4504.96	525664.6	2231.27	251138.8	210.01	26774.9	4.80	450.6
1744377.0	49326.61	4194749.9	51292.75	5212740.1	17768.08	2110624.5	13424.71	1675841.4	2963.80	368070.5
			47791.37	4787718.5	17666.04	2100013.2	13295.59	1660080.5	2963.80	368070.5
			3501.38	425021.6	102.04	10611.3	129.12	15760.9		
2097.6	71.17	8616.2	494.99	59765.1	171.59	28366.1	339.67	49753.5	46.72	8081.8
			302.51	36263.7	171.59	28366.1	303.18	44503.0	46.72	8081.8
			192.48	23501.4			36.49	5250.5		
49598.0	2785.29	233495.5	18730.98	1908410.5	19587.40	2222807.6	4790.98	571057.7	1784.97	197600.3
			17920.91	1831362.9	17605.42	2000773.1	4746.58	565294.2	1780.17	197149.7
			810.07	77047.6	1981.98	222034.5	44.40	5763.5	4.80	450.6

各龄级面积、蓄积按优势树种和可及度统计表（续7）

单位：公顷、立方米

Ⅲ龄级	Ⅳ龄级		Ⅴ龄级		Ⅵ龄级		Ⅶ龄级		Ⅷ以上龄级	
蓄积	面积	蓄积	面积	蓄积	面积	蓄积	面积	蓄积	面积	蓄积
	2.54	648.8								
139.3	1.56	64.2			4.96	813.5			24.32	3531.1
					4.96	813.5			24.32	3531.1
9440.3	222.98	30239.2	217.67	28960.9	1351.38	197031.9	374.28	56523.1	118.43	20694.5
			216.64	28866.9	1204.13	178538.9	374.28	56523.1	118.43	20694.5
			1.03	94.0	147.25	18493.0				
			4.27	194.7						
			4.27	194.7						
1778181.5	36973.04	3383495.8	47851.54	4786587.9	43343.17	4688647.2	20543.82	2219756.7	3890.87	351927.8
			47851.54	4786587.9	43343.17	4688647.2	20543.82	2219756.7	3890.87	351927.8
1650555.8	32663.25	3052413.2	32323.99	3196323.6	21794.45	2280046.0	9016.28	845686.1	1988.74	140964.0
			32323.99	3196323.6	21794.45	2280046.0	9016.28	845686.1	1988.74	140964.0
4091.2	97.00	7565.5	344.90	44222.3	965.34	125705.1	29.60	3438.0	62.94	11379.5
			344.90	44222.3	965.34	125705.1	29.60	3438.0	62.94	11379.5
121995.6	4201.79	322685.4	14889.75	1515734.6	20194.98	2231514.2	10678.70	1227372.1	1644.19	166633.8
			14889.75	1515734.6	20194.98	2231514.2	10678.70	1227372.1	1644.19	166633.8
111.7	7.00	478.7			6.00	684.5				
					6.00	684.5				
1427.2	4.00	353.0	292.90	30307.4	382.40	50697.4	819.24	143260.5	195.00	32950.5
			292.90	30307.4	382.40	50697.4	819.24	143260.5	195.00	32950.5
4280595.3	54327.37	5230072.0	35629.95	3681338.1	8492.15	972852.1	5580.63	674148.3	1202.24	147182.2
			35328.91	3655221.4	8335.39	955452.8	5248.65	641580.2	1202.24	147182.2
			301.04	26116.7	156.76	17399.3	331.98	32568.1		
4155410.1	50714.66	4861394.8	9940.21	1040571.0	3286.91	355972.2	2258.58	276978.2	152.45	19991.3
			9940.21	1040571.0	3186.96	348123.4	2182.51	265435.6	152.45	19991.3
					99.95	7848.8	76.07	11542.6		
96883.3	1082.74	134051.5	1296.20	161962.6	307.59	47857.5	202.08	36704.8	130.00	25932.5
			1296.20	161962.6	273.43	40320.2	202.08	36704.8	130.00	25932.5
					34.16	7537.3				
26072.6	2095.97	181940.3	23249.48	2338888.7	4486.56	523192.0	2838.45	319822.8	896.79	96972.2
			22998.44	2318564.5	4463.91	521178.8	2582.54	298797.3	896.79	96972.2
			251.04	20324.2	22.65	2013.2	255.91	21025.5		
2229.3	434.00	52685.4	1144.06	139915.8	411.09	45830.4	281.52	40642.5	23.00	4286.2
			1094.06	134123.3	411.09	45830.4	281.52	40642.5	23.00	4286.2
			50.00	5792.5						
2938434.8	14133.82	1476267.2	20638.60	2161815.7	13177.70	1489614.4	4639.39	516683.2	1543.12	161133.5
			20638.60	2161815.7	13177.70	1489614.4	4639.39	516683.2	1543.12	161133.5
2736063.8	8359.00	895673.6	6509.44	705469.1	1949.18	210965.9	611.46	53809.4	139.67	12078.1
			6509.44	705469.1	1949.18	210965.9	611.46	53809.4	139.67	12078.1
			19.30	2729.8						
			19.30	2729.8						

表6　内蒙古重点国有林区用材林各龄级面积、蓄积按优势树种和可及度统计表（续8）

单位：公顷、立方米

统计单位	优势树种	可及度	合计		Ⅰ龄级		Ⅱ龄级		Ⅲ龄级		Ⅳ龄级		Ⅴ龄级		Ⅵ龄级		Ⅶ龄级		Ⅷ以上龄级	
			面积	蓄积	面积	蓄积	面积	蓄积	面积	蓄积	面积	蓄积	面积	蓄积	面积	蓄积	面积	蓄积	面积	蓄积
得耳布尔林业局	白桦	合计	35906.94	3760318.9			89.78	4585.5	1274.99	113902.1	5174.62	506760.5	13559.60	1384516.3	10668.07	1181568.7	3818.80	427423.1	1321.08	141562.7
		即可及	29367.55	3135070.8									13559.60	1384516.3	10668.07	1181568.7	3818.80	427423.1	1321.08	141562.7
	柳树	合计	7.93	466.6					3.20	104.1					4.73	362.5				
		即可及	4.73	362.5											4.73	362.5				
	山杨	合计	2763.30	379383.1			121.85	9254.7	643.77	87534.1	600.20	73833.1	550.26	69100.5	555.72	96717.3	209.13	35450.7	82.37	7492.7
		即可及	1397.48	208761.2									550.26	69100.5	555.72	96717.3	209.13	35450.7	82.37	7492.7
	毛赤杨	合计	133.21	5206.6			116.83	4375.9	16.38	830.7										
莫尔道嘎林业局	合计	合计	216389.12	24848082.5	357.71	23777.9	4516.82	367412.0	31511.29	3071122.1	48602.99	5566779.0	35561.66	4243227.1	38124.78	4572366.8	43587.78	5228119.6	14126.09	1775278.0
		即可及	131179.00	15789186.4									35561.66	4243227.1	38124.78	4572366.8	43422.44	5206653.3	14070.12	1766939.2
		将可及	221.31	29805.1													165.34	21466.3	55.97	8338.8
	落叶松	合计	151125.36	17123463.2	335.81	22649.1	3515.35	252877.8	30838.16	3001694.5	45520.25	5243343.0	28334.07	3489615.4	19713.48	2300603.1	16486.94	1982271.4	6381.30	830408.9
		即可及	70915.79	8602898.8									28334.07	3489615.4	19713.48	2300603.1	16486.94	1982271.4	6381.30	830408.9
	樟子松	合计	3065.66	408426.7					8.58	797.7	99.30	15194.0	257.23	39334.8	776.11	103869.2	1562.91	200098.0	361.53	49133.0
		即可及	2957.78	392435.0									257.23	39334.8	776.11	103869.2	1562.91	200098.0	361.53	49133.0
	白桦	合计	56974.80	6531172.7	21.90	1128.8	913.23	106929.2	425.19	30132.5	2514.03	236306.4	6504.31	640593.4	15150.01	1801404.3	24545.54	2891885.3	6900.59	822792.8
		即可及	52879.14	6126870.7									6504.31	640593.4	15150.01	1801404.3	24380.20	2870419.0	6844.62	814454.0
		将可及	221.31	29805.1													165.34	21466.3	55.97	8338.8
	黑桦	合计	22.40	2669.9							22.40	2669.9								
	柳树	合计	9.79	844.6			6.66	621.0					2.84	180.3			0.29	43.3		
		即可及	3.13	223.6									2.84	180.3			0.29	43.3		
	山杨	合计	5186.72	781338.4			77.19	6817.0	239.36	38497.4	447.01	69265.7	463.21	73503.2	2485.18	366490.2	992.10	153821.6	482.67	72943.3
		即可及	4423.16	666758.3									463.21	73503.2	2485.18	366490.2	992.10	153821.6	482.67	72943.3
	毛赤杨	合计	4.39	167.0			4.39	167.0												
大杨树林业局	合计	合计	41159.17	1855472.9	1558.05	20235.3	16216.53	453361.7	11389.70	551929.5	5722.17	366748.6	5008.83	361196.7	728.01	63355.8	535.88	38645.3		
		即可及	5308.13	413729.6									4196.88	319162.6	713.10	62473.7	398.15	32093.3		
		将可及	952.56	48863.7									799.92	41429.6	14.91	882.1	137.73	6552.0		
		不可及	12.03	604.5									12.03	604.5						
	云杉	合计	10.03	638.8			10.03	638.8												
	落叶松	合计	2796.42	271461.4	63.05	305.6	561.30	26923.3	1871.36	201899.0	263.51	40757.3			37.20	1576.2				
		即可及	37.20	1576.2											37.20	1576.2				
	樟子松	合计	72.76	7399.0	4.48		12.71	598.0	9.70	593.8	41.42	5992.0	4.45	215.2						
		即可及	4.45	215.2									4.45	215.2						
	蒙古栎	合计	16815.10	609774.2	1346.32	18407.0	10859.08	307697.2	2041.96	97617.5	1279.09	95746.3	1104.51	78454.8	53.25	5619.4	130.89	6232.0		
		即可及	1049.80	77719.6									996.55	72100.2	53.25	5619.4				
		将可及	238.85	12586.6									107.96	6354.6			130.89	6232.0		
	白桦	合计	13908.92	650359.9	141.56	1475.0	1985.25	27557.1	4457.55	138725.2	2608.69	128662.9	3674.77	265561.2	637.56	56160.2	403.54	32218.3		
		即可及	4105.40	325267.2									3086.05	238090.8	622.65	55278.1	396.70	31898.3		
		将可及	598.44	28068.0									576.69	26865.9	14.91	882.1	6.84	320.0		
		不可及	12.03	604.5									12.03	604.5						
	黑桦	合计	6382.36	272378.4	2.64	47.7	2505.18	85759.1	2262.83	84528.4	1486.04	92790.7	125.67	9252.5						
		即可及	59.92	4248.3									59.92	4248.3						
		将可及	65.75	5004.2									65.75	5004.2						

表6 内蒙古重点国有林区用材林各龄级面积、蓄积按优势树种和可及度统计表（续9）

单位：公顷、立方米

统计单位	优势树种	可及度	合计		Ⅰ龄级		Ⅱ龄级		Ⅲ龄级		Ⅳ龄级		Ⅴ龄级		Ⅵ龄级		Ⅶ龄级		Ⅷ以上龄级	
			面积	蓄积	面积	蓄积	面积	蓄积	面积	蓄积	面积	蓄积	面积	蓄积	面积	蓄积	面积	蓄积	面积	蓄积
大杨树林业局	杨树	合计	23.08	1596.2			0.71	78.8	20.92	1322.4							1.45	195.0		
		即可及	1.45	195.0													1.45	195.0		
	柳树	合计	15.33	563.2			5.07	76.6			10.26	486.6								
	山杨	合计	1135.17	41301.8			277.20	4032.8	725.38	27243.2	33.16	2312.8	99.43	7713.0						
		即可及	49.91	4508.1									49.91	4508.1						
		将可及	49.52	3204.9									49.52	3204.9						
毕拉河林业局	合计	合计	62187.31	5938054.4	73.65	1839.3	1298.45	81276.9	24878.02	2258557.7	18318.05	1770459.8	12825.81	1360422.7	3534.65	342439.5	964.10	94246.8	294.58	28811.7
		即可及	10252.47	1128085.1									7205.28	805357.8	2086.66	223854.2	753.80	77740.2	206.73	21132.9
		将可及	5510.37	530507.7									4342.67	437292.7	985.08	78727.4	109.58	8083.9	73.04	6403.7
		不可及	1856.30	167327.9									1277.86	117772.2	462.91	39857.9	100.72	8422.7	14.81	1275.1
	落叶松	合计	41325.13	4299761.6	18.59	887.2	641.32	46905.8	18286.87	1835402.6	13507.28	1393728.8	7949.68	925875.7	759.40	83505.4	161.99	13456.1		
		即可及	5639.72	668996.6									4885.46	586350.8	592.27	69189.7	161.99	13456.1		
		将可及	2221.28	259173.1									2122.90	251333.7	98.38	7839.4				
		不可及	1010.07	94667.5									941.32	88191.2	68.75	6476.3				
	樟子松	合计	9.52	1225.6									2.57	578.0	3.75	318.8	3.20	328.8		
		即可及	9.52	1225.6									2.57	578.0	3.75	318.8	3.20	328.8		
	蒙古栎	合计	9224.71	628962.1	31.22	859.6	603.51	32310.5	5182.13	328425.0	3035.23	235322.2	350.74	30551.3	8.69	583.1	9.76	757.4	3.43	153.0
		即可及	346.85	29406.2									333.66	28495.8			9.76	757.4	3.43	153.0
		将可及	25.77	2638.6									17.08	2055.5	8.69	583.1				
	白桦	合计	6827.73	585978.8	22.96	92.5	11.00	108.1	177.59	7220.2	856.13	66640.3	3355.59	295779.2	1863.35	169123.0	373.15	31537.2	167.96	15478.3
		即可及	2713.89	262926.0									1505.12	141717.9	964.76	98313.7	163.90	15094.9	80.11	7799.5
		将可及	2334.65	188064.8									1513.93	124480.3	639.15	49161.2	108.53	8019.6	73.04	6403.7
		不可及	711.51	60926.9									336.54	29581.0	259.44	21648.1	100.72	8422.7	14.81	1275.1
	黑桦	合计	1557.64	114784.3			13.56	513.1	865.20	59461.6	608.15	48176.1	70.73	6633.5						
		即可及	19.64	752.4									19.64	752.4						
		将可及	51.09	5881.1									51.09	5881.1						
	榆树	合计	8.38	321.0									8.38	321.0						
		将可及	8.38	321.0									8.38	321.0						
	柳树	合计	22.06	1945.8			0.92	9.0	10.57	760.5					1.41	117.0	9.16	1059.3		
		即可及	10.57	1176.3											1.41	117.0	9.16	1059.3		
	山杨	合计	3171.49	303150.3	0.88		23.44	1430.4	331.86	25838.8	299.51	26147.1	1087.72	100653.4	898.05	88792.2	406.84	47108.0	123.19	13180.4
		即可及	1511.88	163571.4									458.43	47432.3	524.47	55915.0	405.79	47043.7	123.19	13180.4
		将可及	869.20	74429.1									629.29	53221.1	238.86	21143.7	1.05	64.3		
		不可及	134.72	11733.5											134.72	11733.5				
	毛赤杨	合计	28.90	1479.6			4.70		23.80	1449.0			0.40	30.6						
		即可及	0.40	30.6									0.40	30.6						
	甜杨	合计	11.75	445.3							11.75	445.3								
北大河林业局	合计	合计	82893.80	9091230.6	576.42	18340.1	3601.24	271875.9	24592.98	2803389.4	13128.48	1322615.3	32138.05	3446485.9	5457.24	720891.2	2454.35	362569.1	945.04	145063.7
		即可及	26214.90	2946396.8									19803.35	2085394.1	4195.56	546828.7	1643.04	229506.2	572.95	84667.8
		将可及	13528.13	1569860.3									11467.97	1260011.9	1099.06	153974.8	589.01	95477.7	372.09	60395.9
		不可及	1251.65	158752.8									866.73	101079.9	162.62	20087.7	222.30	37585.2		

表 6　内蒙古重点国有林区用材林各龄级面积、蓄积按优势树种和可及度统计表（续 10）

单位：公顷、立方米

统计单位	优势树种	可及度	合计		Ⅰ龄级		Ⅱ龄级		Ⅲ龄级		Ⅳ龄级		Ⅴ龄级		Ⅵ龄级		Ⅶ龄级		Ⅷ以上龄级	
			面积	蓄积	面积	蓄积	面积	蓄积	面积	蓄积	面积	蓄积	面积	蓄积	面积	蓄积	面积	蓄积	面积	蓄积
北大河林业局	落叶松	合计	27922.99	3590532.3	481.39	14006.1	1862.98	199490.0	18729.18	2398328.0	3758.88	529865.8	2275.86	324847.6	425.40	62205.4	340.81	54876.7	48.49	6912.7
		即可及	1907.57	284338.5									1529.62	223491.7	240.25	37348.7	137.70	23498.1		
		将可及	1050.13	141510.8									739.24	99994.6	124.65	16043.7	137.75	18559.8	48.49	6912.7
		不可及	132.86	22993.1									7.00	1361.3	60.50	8813.0	65.36	12818.8		
	蒙古栎	合计	5117.16	311375.4	41.43	913.8	828.53	39676.0	2851.98	155929.6	822.15	73908.6	329.18	22350.8	37.52	2693.6	206.37	15903.0		
		即可及	551.19	39031.1									307.30	20434.5	37.52	2693.6	206.37	15903.0		
		将可及	21.88	1916.3									21.88	1916.3						
	白桦	合计	36576.65	3795246.5	31.98	2005.2	628.42	14681.2	986.23	48397.2	5837.71	475476.6	23358.03	2446715.9	3456.54	460417.7	1430.69	217073.4	847.05	130479.3
		即可及	17804.66	1971943.5									13618.67	1400265.2	2622.13	343668.0	1040.41	151014.2	523.45	76996.1
		将可及	10674.37	1210286.2									9145.86	976034.4	814.63	114709.4	390.28	66059.2	323.60	53483.2
		不可及	613.28	72456.6									593.50	70416.3	19.78	2040.3				
	黑桦	合计	2035.54	180567.3			281.31	18028.7	1268.37	101086.8	126.14	13676.1	250.50	30385.7	8.86	974.9	100.36	16415.1		
		即可及	221.41	27219.3									112.19	9829.3	8.86	974.9	100.36	16415.1		
		将可及	138.31	20556.4									138.31	20556.4						
	山杨	合计	11237.48	1213090.7	21.62	1415.0			757.22	99647.8	2583.60	229688.2	5920.50	621767.5	1528.92	194599.6	376.12	58300.9	49.50	7671.7
		即可及	5726.09	623446.0									4231.59	430955.0	1286.80	162143.5	158.20	22675.8	49.50	7671.7
		将可及	1643.44	195590.6									1422.68	161510.2	159.78	23221.7	60.98	10858.7		
		不可及	505.51	63303.1									266.23	29302.3	82.34	9234.4	156.94	24766.4		
	甜杨	合计	3.98	418.4									3.98	418.4						
		即可及	3.98	418.4									3.98	418.4						
诺敏森林经营所	合计	合计	57809.20	6225407.1	1.10	51.5	691.80	31433.4	15154.00	1486787.0	21717.10	2493021.6	4273.20	554265.2	7917.90	747532.7	5192.50	566818.1	2861.60	345497.6
		将可及	14640.20	1561648.4									3029.60	385412.1	5608.40	515686.7	4220.90	449585.0	1781.30	210964.6
		不可及	5605.00	652465.2									1243.60	168853.1	2309.50	231846.0	971.60	117233.1	1080.30	134533.0
	落叶松	合计	40676.90	4548540.5	1.10	51.5	683.60	31223.8	14544.70	1455968.4	20805.70	2440380.2	3993.10	535907.3	300.00	40817.4	348.70	44191.9		
		将可及	3151.60	423971.2									2840.30	373252.4	188.10	30361.0	123.20	20357.8		
		不可及	1490.20	196945.4									1152.80	162654.9	111.90	10456.4	225.50	23834.1		
	蒙古栎	合计	1282.50	67584.0			8.20	209.6	530.10	27000.5	676.50	36622.0	67.70	3751.9						
		将可及	45.50	2508.0									45.50	2508.0						
		不可及	22.20	1243.9									22.20	1243.9						
	白桦	合计	13955.90	1414104.5					59.70	2396.9	17.10	399.4	142.90	9512.0	6974.50	642075.9	4437.50	486362.0	2324.20	273358.3
		将可及	10204.40	1002103.8									142.90	9512.0	4952.30	443788.2	3810.90	403259.2	1298.30	145544.4
		不可及	3674.70	409204.4											2022.20	198287.7	626.60	83102.8	1025.90	127813.9
	黑桦	合计	236.80	17002.7					19.50	1421.2	217.30	15581.5								
	柳树	合计	26.70	3113.6							0.50	38.5	0.90	139.7	6.20	647.4			19.10	2288.0
		将可及	26.20	3075.1									0.90	139.7	6.20	647.4			19.10	2288.0
	山杨	合计	1630.40	175061.8									68.60	4954.3	637.20	63992.0	406.30	36264.2	518.30	69851.3
		将可及	1212.50	129990.3											461.80	40890.1	286.80	25968.0	463.90	63132.2
		不可及	417.90	45071.5									68.60	4954.3	175.40	23101.9	119.50	10296.2	54.40	6719.1

表7 内蒙古重点国有林区可造林封育地面积按立地类型统计表

单位：公顷

统计单位	立地类型	合计	疏林地	一般灌木林地	无立木林地				宜林地			
					小计	采伐迹地	火烧迹地	其他无立木林地	小计	宜林荒山荒地	宜林沙荒地	其他宜林地
内蒙古重点国有林区	合计	235561.60	18811.83	91998.55	15382.60	6.40	6243.97	9132.23	109368.62	36026.78	12420.83	60921.01
	中山阳向缓坡薄土型	3968.14	922.62	1343.76	306.56		306.56		1395.20	1392.80	2.40	
	中山阳向缓坡中土型	6857.53	1256.49	2660.19	96.21		96.21		2844.64	2820.83	6.01	17.80
	中山阳向缓坡厚土型	370.64	28.86	248.30					93.48	93.48		
	中山阳向斜坡薄土型	1585.53	223.14	714.09	181.76		181.76		466.54	450.76	15.78	
	中山阳向斜坡中土型	222.83	0.73	83.90	39.70		39.70		98.50	98.50		
	中山阳向斜坡厚土型	1.73		0.87					0.86	0.86		
	中山阳向陡坡薄土型	104.40	7.74	19.37					77.29	48.00	29.29	
	中山阳向陡坡中土型	81.50	1.28	60.51	10.45		10.45		9.26	9.26		
	中山阴向缓坡薄土型	2231.52	588.10	574.98	518.25		512.48	5.77	550.19	548.30	1.89	
	中山阴向缓坡中土型	5117.00	997.91	2014.25					2104.84	2095.11		9.73
	中山阴向缓坡厚土型	168.43	11.79	135.59					21.05	21.05		
	中山阴向斜坡薄土型	758.90	99.36	239.45	281.94		281.94		138.15	138.15		
	中山阴向斜坡中土型	120.29	47.32	49.98					22.99	22.99		
	中山阴向陡坡薄土型	331.45		331.45								
	中山阴向陡坡中土型	178.48		178.48								
	低山阳向缓坡薄土型	5121.80	904.31	1197.36	120.40		119.74	0.66	2899.73	740.61	1944.39	214.73
	低山阳向缓坡中土型	22268.78	1078.09	10208.96	4528.90	4.40	3008.17	1516.33	6452.83	3652.94	415.28	2384.61
	低山阳向缓坡厚土型	13716.12	258.14	519.78	3855.49	2.00	45.02	3808.47	9082.71	2467.71	5727.13	887.87
	低山阳向斜坡薄土型	1159.59	37.12	56.52	23.39		23.39		1042.56	175.02	838.04	29.50
	低山阳向斜坡中土型	867.42	303.70	17.18	29.30		29.30		517.24	368.08	61.87	87.29
	低山阳向斜坡厚土型	53.49	6.76	14.38	2.00		2.00		30.35	21.12	9.23	
	低山阳向陡坡薄土型	2399.21	1.62	31.65					2365.94	40.53	2307.82	17.59
	低山阳向陡坡中土型	815.20							815.20	708.52	77.32	29.36
	低山阴向缓坡薄土型	3225.01	647.65	1586.13	381.07		379.07	2.00	610.16	176.59	174.79	258.78
	低山阴向缓坡中土型	4756.57	975.23	1438.46	108.47		80.37	28.10	2234.41	1708.09	82.56	443.76
	低山阴向缓坡厚土型	2398.65		270.46	1199.90		9.20	1190.70	928.29	399.38	29.04	499.87
	低山阴向斜坡薄土型	149.54	69.64	24.54	35.61		35.61		19.75	0.79	18.96	
	低山阴向斜坡中土型	275.66	146.14	14.35	22.10		22.10		93.07	82.79	9.71	0.57
	低山阴向斜坡厚土型	83.52	39.30	15.82	25.40		25.40		3.00	3.00		
	低山阴向陡坡薄土型	101.17		64.69					36.48		36.48	
	低山阴向陡坡中土型	79.21		6.08					73.13	72.86	0.27	
	低山平坡薄土型	30208.24	4009.98	19383.19	825.35		443.40	381.95	5989.72	1378.01	421.18	4190.53
	低山平坡中土型	92036.11	5303.40	38574.60	1688.61		575.99	1112.62	46469.50	10998.33	200.97	35270.20
	低山平坡厚土型	33449.36	845.41	9919.23	1100.50		16.11	1084.39	21584.22	5292.32	0.63	16291.27
	其他	298.58			1.24			1.24	297.34		9.79	287.55
阿尔山林业局	合计	10416.25	1557.28	1806.80					7052.17	7052.17		
	中山阳向缓坡薄土型	1693.35	454.37	10.70					1228.28	1228.28		
	中山阳向缓坡中土型	3028.65	248.64	665.87					2114.14	2114.14		
	中山阳向缓坡厚土型	14.87		8.90					5.97	5.97		

表 7　内蒙古重点国有林区可造林封育地面积按立地类型统计表（续 1）

单位：公顷

统计单位	立地类型	合计	疏林地	一般灌木林地	无立木林地				宜林地			
					小计	采伐迹地	火烧迹地	其他无立木林地	小计	宜林荒山荒地	宜林沙荒地	其他宜林地
阿尔山林业局	中山阳向斜坡薄土型	138.93	38.21						100.72	100.72		
	中山阳向斜坡中土型	35.81		3.90					31.91	31.91		
	中山阳向斜坡厚土型	0.86							0.86	0.86		
	中山阳向陡坡中土型	9.26							9.26	9.26		
	中山阴向缓坡薄土型	552.41	135.10	11.04					406.27	406.27		
	中山阴向缓坡中土型	2665.67	137.16	1051.78					1476.73	1476.73		
	中山阴向缓坡厚土型	16.24	7.37	7.13					1.74	1.74		
	中山阴向斜坡薄土型	45.02	35.26						9.76	9.76		
	中山阴向斜坡中土型	27.51	10.52						16.99	16.99		
	低山阳向缓坡薄土型	247.72	81.08						166.64	166.64		
	低山阳向缓坡中土型	232.62	68.56						164.06	164.06		
	低山阳向斜坡薄土型	12.35	12.35									
	低山阳向斜坡中土型	6.22							6.22	6.22		
	低山阴向缓坡薄土型	55.09	33.38						21.71	21.71		
	低山阴向缓坡中土型	358.34	140.52	17.30					200.52	200.52		
	低山阴向斜坡薄土型	3.64	3.64									
	低山平坡薄土型	178.38	90.19						88.19	88.19		
	低山平坡中土型	1093.31	60.93	30.18					1002.20	1002.20		
绰尔林业局	合计	5315.59	282.73	582.80					4450.06	4450.06		
	中山阳向缓坡薄土型	72.25							72.25	72.25		
	中山阳向缓坡中土型	487.24	120.37	107.21					259.66	259.66		
	中山阳向缓坡厚土型	108.81	16.65	22.01					70.15	70.15		
	中山阳向斜坡薄土型	60.88	60.88									
	中山阳向斜坡中土型	1.87							1.87	1.87		
	中山阳向斜坡厚土型	0.87		0.87								
	中山阴向缓坡薄土型	36.75	0.87						35.88	35.88		
	中山阴向缓坡中土型	477.81	33.84	83.78					360.19	360.19		
	中山阴向缓坡厚土型	90.90		78.83					12.07	12.07		
	低山阳向缓坡薄土型	79.13	10.55						68.58	68.58		
	低山阳向缓坡中土型	391.50	12.07	2.38					377.05	377.05		
	低山阳向缓坡厚土型	161.14		37.53					123.61	123.61		
	低山阳向斜坡薄土型	4.55	3.93						0.62	0.62		
	低山阳向斜坡中土型	12.41	7.19						5.22	5.22		
	低山阳向斜坡厚土型	0.23							0.23	0.23		
	低山阴向缓坡薄土型	31.82							31.82	31.82		
	低山阴向缓坡中土型	176.74	8.62	1.13					166.99	166.99		
	低山阴向缓坡厚土型	101.52							101.52	101.52		
	低山阴向斜坡中土型	3.39							3.39	3.39		
	低山平坡薄土型	52.06							52.06	52.06		
	低山平坡中土型	1465.30	2.70	27.11					1435.49	1435.49		

表7 内蒙古重点国有林区可造林封育地面积按立地类型统计表（续2）

单位：公顷

统计单位	立地类型	合计	疏林地	一般灌木林地	无立木林地				宜林地			
					小计	采伐迹地	火烧迹地	其他无立木林地	小计	宜林荒山荒地	宜林沙荒地	其他宜林地
绰尔林业局	低山平坡厚土型	1498.42	5.06	221.95					1271.41	1271.41		
绰源林业局	合计	4587.85	194.36	3014.72	137.99			137.99	1240.78	1240.78		
	中山阳向缓坡薄土型	21.21		5.08					16.13	16.13		
	中山阳向缓坡中土型	640.79	46.06	385.19					209.54	209.54		
	中山阳向缓坡厚土型	47.35		31.85					15.50	15.50		
	中山阳向斜坡中土型	1.82							1.82	1.82		
	中山阴向缓坡薄土型	53.50	9.34	30.95	5.77			5.77	7.44	7.44		
	中山阴向缓坡中土型	513.52	85.83	328.07					99.62	99.62		
	中山阴向缓坡厚土型	29.40		23.28					6.12	6.12		
	中山阴向斜坡中土型	2.32		2.32								
	低山阳向缓坡薄土型	20.96							20.96	20.96		
	低山阳向缓坡中土型	386.01	15.00	146.53					224.48	224.48		
	低山阳向缓坡厚土型	51.62	10.40						41.22	41.22		
	低山阴向缓坡中土型	87.46	3.16	12.32					71.98	71.98		
	低山阴向缓坡厚土型	7.82							7.82	7.82		
	低山平坡薄土型	94.51		60.35	15.22			15.22	18.94	18.94		
	低山平坡中土型	1980.62	20.25	1698.11	21.86			21.86	240.40	240.40		
	低山平坡厚土型	648.94	4.32	290.67	95.14			95.14	258.81	258.81		
乌尔旗汉林业局	合计	8644.28	876.30		5579.33	6.40	144.50	5428.43	2188.65	1465.06	4.90	718.69
	中山阳向缓坡中土型	41.00	41.00									
	中山阳向斜坡中土型	62.90							62.90	62.90		
	中山阴向缓坡中土型	18.50							18.50	18.50		
	中山阴向缓坡厚土型	0.70							0.70	0.70		
	中山阴向斜坡中土型	12.80	6.80						6.00	6.00		
	低山阳向缓坡薄土型	25.00	5.60		0.40			0.40	19.00	10.60		8.40
	低山阳向缓坡中土型	1819.91	221.10		1050.50	4.40		1046.10	548.31	370.31		178.00
	低山阳向缓坡厚土型	4286.83	33.20		3184.84	2.00	0.80	3182.04	1068.79	546.30		522.49
	低山阳向斜坡薄土型	11.30	5.40		2.00		2.00		3.90	3.90		
	低山阳向斜坡中土型	308.10	144.80		29.30		29.30		134.00	134.00		
	低山阳向斜坡厚土型	23.50			2.00		2.00		21.50	16.60	4.90	
	低山阴向缓坡薄土型	96.30	96.30									
	低山阴向缓坡中土型	294.00	157.60		81.80		53.70	28.10	54.60	47.80		6.80
	低山阴向缓坡厚土型	1355.14			1180.99		9.20	1171.79	174.15	171.15		3.00
	低山阴向斜坡薄土型	2.60	2.60									
	低山阴向斜坡中土型	221.00	122.60		22.10		22.10		76.30	76.30		
	低山阴向斜坡厚土型	64.70	39.30		25.40		25.40					
库都尔林业局	合计	1170.38	261.51	908.87								
	低山阳向缓坡中土型	92.70	30.47	62.23								
	低山阳向斜坡中土型	0.39		0.39								
	低山阴向缓坡中土型	12.14		12.14								

表 7　内蒙古重点国有林区可造林封育地面积按立地类型统计表（续 3）

单位：公顷

统计单位	立地类型	合计	疏林地	一般灌木林地	无立木林地				宜林地			
					小计	采伐迹地	火烧迹地	其他无立木林地	小计	宜林荒山荒地	宜林沙荒地	其他宜林地
库都尔林业局	低山平坡薄土型	20.75		20.75								
	低山平坡中土型	1039.78	231.04	808.74								
	低山平坡厚土型	4.62		4.62								
图里河林业局	合计	32956.59	57.82		875.47			875.47	32023.30	540.05	3441.41	28041.84
	中山阳向缓坡薄土型	2.40							2.40		2.40	
	中山阳向缓坡中土型	10.27							10.27	0.68	6.01	3.58
	中山阳向斜坡薄土型	12.52							12.52		12.52	
	中山阳向陡坡薄土型	27.71							27.71		27.71	
	中山阴向缓坡薄土型	1.20							1.20		1.20	
	低山阳向缓坡薄土型	309.35							309.35	0.13	293.60	15.62
	低山阳向缓坡中土型	869.31	9.78		75.13			75.13	784.40	53.13	297.13	434.14
	低山阳向缓坡厚土型	248.33	4.06		11.30			11.30	232.97		6.38	226.59
	低山阳向斜坡薄土型	292.09							292.09		289.88	2.21
	低山阳向斜坡中土型	18.89							18.89		18.89	
	低山阳向斜坡厚土型	4.33							4.33		4.33	
	低山阳向陡坡薄土型	2001.98							2001.98		2001.98	
	低山阳向陡坡中土型	104.58							104.58		75.22	29.36
	低山阴向缓坡薄土型	8.52							8.52		8.52	
	低山阴向缓坡中土型	237.75							237.75	8.64	51.55	177.56
	低山阴向缓坡厚土型	462.56			8.00			8.00	454.56		27.63	426.93
	低山阴向斜坡薄土型	14.96							14.96		14.96	
	低山阴向斜坡中土型	9.71							9.71		9.71	
	低山阴向陡坡薄土型	36.48							36.48		36.48	
	低山阴向陡坡中土型	0.27							0.27		0.27	
	低山平坡薄土型	150.05							150.05		125.50	24.55
	低山平坡中土型	22569.64	1.76		54.81			54.81	22513.07	449.80	129.54	21933.73
	低山平坡厚土型	5563.69	42.22		726.23			726.23	4795.24	27.67		4767.57
伊图里河林业局	合计	3865.01	601.72	247.57	208.33			208.33	2807.39	220.76	70.15	2516.48
	中山阳向缓坡中土型	36.25	36.25									
	中山阳向缓坡厚土型	8.14	7.58						0.56	0.56		
	中山阳向陡坡薄土型	0.75							0.75		0.75	
	中山阴向缓坡中土型	39.67	39.67									
	中山阴向缓坡厚土型	2.80	2.80									
	中山阴向斜坡薄土型	3.56	3.56									
	低山阳向缓坡薄土型	70.22	11.09	20.96	0.26			0.26	37.91	3.72		34.19
	低山阳向缓坡中土型	246.94	79.75	17.69	8.80			8.80	140.70	22.45		118.25
	低山阳向缓坡厚土型	42.30			1.65			1.65	40.65	0.24		40.41
	低山阳向斜坡薄土型	36.50	0.80	4.58					31.12	15.78		15.34
	低山阳向斜坡中土型	28.45							28.45	2.64		25.81
	低山阳向陡坡薄土型	86.99							86.99		69.40	17.59

表 7 内蒙古重点国有林区可造林封育地面积按立地类型统计表（续 4）

单位：公顷

统计单位	立地类型	合计	疏林地	一般灌木林地	无立木林地				宜林地			
					小计	采伐迹地	火烧迹地	其他无立木林地	小计	宜林荒山荒地	宜林沙荒地	其他宜林地
伊图里河林业局	低山阴向缓坡薄土型	15.47	13.50						1.97			1.97
	低山阴向缓坡中土型	135.87	75.58	15.26					45.03	1.86		43.17
	低山阴向缓坡厚土型	7.84							7.84			7.84
	低山阴向斜坡薄土型	60.38	60.38									
	低山阴向斜坡中土型	0.57							0.57			0.57
	低山平坡薄土型	142.29	2.91	5.31					134.07	0.83		133.24
	低山平坡中土型	1891.22	265.22	109.22	175.52			175.52	1341.26	83.15		1258.11
	低山平坡厚土型	1008.80	2.63	74.55	22.10			22.10	909.52	89.53		819.99
克一河林业局	合计	972.68	269.30	246.80	385.94		200.50	185.44	70.64	70.64		
	中山阳向缓坡中土型	1.00	1.00									
	低山阳向缓坡中土型	51.10	35.20		2.50		2.50		13.40	13.40		
	低山阴向缓坡中土型	65.90	21.20	22.70	22.00		22.00					
	低山平坡薄土型	136.32	27.20	82.30	26.82			26.82				
	低山平坡中土型	639.46	155.20	113.80	313.22		162.10	151.12	57.24	57.24		
	低山平坡厚土型	78.90	29.50	28.00	21.40		13.90	7.50				
甘河林业局	合计	5414.89	1316.16	2511.55	370.03		279.31	90.72	1217.15	1217.15		
	中山阳向缓坡薄土型	195.89		162.09	33.80		33.80					
	中山阳向缓坡中土型	353.69	164.19	107.27	82.23		82.23					
	中山阳向缓坡厚土型	4.63	4.63									
	中山阳向斜坡薄土型	34.95			34.95		34.95					
	中山阴向缓坡薄土型	35.06	8.00	27.06								
	中山阴向缓坡中土型	186.21	148.15	38.06								
	低山阳向缓坡中土型	133.16	13.68	21.94	49.31		49.31		48.23	48.23		
	低山阳向缓坡厚土型	3.17							3.17	3.17		
	低山阴向缓坡薄土型	29.62	29.62									
	低山阴向缓坡中土型	122.84	72.10	13.95	4.67		4.67		32.12	32.12		
	低山阴向缓坡厚土型	5.78		5.78								
	低山平坡薄土型	265.36	23.62	103.13	9.25		9.25		129.36	129.36		
	低山平坡中土型	3052.73	793.30	1325.67	144.73		65.10	79.63	789.03	789.03		
	低山平坡厚土型	991.80	58.87	706.60	11.09			11.09	215.24	215.24		
吉文林业局	合计	15606.81	407.50	2401.61	302.04		18.74	283.30	12495.66	2270.74	339.65	9885.27
	低山阳向缓坡薄土型	482.50	317.39	10.90					154.21	1.14	70.93	82.14
	低山阳向缓坡中土型	1470.72		59.04					1411.68	126.77	10.19	1274.72
	低山阳向缓坡厚土型	479.44		168.76	10.28			10.28	300.40	244.16		56.24
	低山阳向斜坡薄土型	144.46			18.74		18.74		125.72		119.87	5.85
	低山阳向斜坡中土型	36.56							36.56	9.35	24.21	3.00
	低山阳向斜坡厚土型	8.99	6.05						2.94	2.94		
	低山阳向陡坡薄土型	94.74							94.74		94.74	
	低山阳向陡坡中土型	2.22							2.22	2.22		
	低山阴向缓坡薄土型	167.14		14.98					152.16			152.16

表 7　内蒙古重点国有林区可造林封育地面积按立地类型统计表（续 5）

单位：公顷

统计单位	立地类型	合计	疏林地	一般灌木林地	无立木林地				宜林地			
					小计	采伐迹地	火烧迹地	其他无立木林地	小计	宜林荒山荒地	宜林沙荒地	其他宜林地
吉文林业局	低山阴向缓坡中土型	215.97		77.74					138.23	17.66	17.85	102.72
	低山阴向缓坡厚土型	118.95		63.10	10.08			10.08	45.77	39.46		6.31
	低山阴向斜坡中土型	1.11		0.65					0.46	0.46		
	低山平坡薄土型	3350.75	6.80	589.04					2754.91	58.87	1.34	2694.70
	低山平坡中土型	6373.38	77.26	606.80	108.02			108.02	5581.30	524.11	0.52	5056.67
	低山平坡厚土型	2659.88		810.60	154.92			154.92	1694.36	1243.60		450.76
阿里河林业局	合计	6873.06		5889.85					983.21	983.21		
	中山阳向缓坡薄土型	70.06							70.06	70.06		
	中山阳向缓坡中土型	23.28							23.28	23.28		
	中山阴向缓坡薄土型	2.13		2.13								
	低山阳向缓坡薄土型	24.15		19.48					4.67	4.67		
	低山阳向缓坡中土型	458.38		224.47					233.91	233.91		
	低山阳向缓坡厚土型	86.62		82.96					3.66	3.66		
	低山阳向斜坡薄土型	0.86		0.86								
	低山阳向斜坡中土型	10.14		5.46					4.68	4.68		
	低山阳向斜坡厚土型	1.35							1.35	1.35		
	低山阴向缓坡薄土型	50.48		40.98					9.50	9.50		
	低山阴向缓坡中土型	70.11		34.72					35.39	35.39		
	低山阴向缓坡厚土型	3.91		1.79					2.12	2.12		
	低山阴向斜坡中土型	3.99		3.99								
	低山阴向斜坡厚土型	4.14		4.14								
	低山平坡薄土型	1118.86		1109.86					9.00	9.00		
	低山平坡中土型	3403.21		2829.03					574.18	574.18		
	低山平坡厚土型	1541.39		1529.98					11.41	11.41		
根河林业局	合计	30630.96	4099.10	23193.16	1128.40			1128.40	2210.30	507.59	45.45	1657.26
	中山阳向缓坡薄土型	745.48	407.92	337.56								
	中山阳向缓坡中土型	1385.43	555.52	815.02					14.89	2.67		12.22
	中山阳向缓坡厚土型	186.84		185.54					1.30	1.30		
	中山阳向斜坡薄土型	110.56	109.89						0.67		0.67	
	中山阳向斜坡中土型	0.73	0.73									
	中山阳向陡坡薄土型	0.83							0.83		0.83	
	中山阴向缓坡薄土型	273.09	273.09									
	中山阴向缓坡中土型	432.09	387.24	44.32					0.53			0.53
	中山阴向缓坡厚土型	26.77		26.35					0.42	0.42		
	中山阴向斜坡薄土型	43.63	43.63									
	低山阳向缓坡薄土型	274.73	141.42	124.61					8.70	8.70		
	低山阳向缓坡中土型	863.89	293.46	141.31	386.30			386.30	42.82	24.20		18.62
	低山阳向缓坡厚土型	148.33		121.00	7.69			7.69	19.64	19.64		
	低山阳向斜坡薄土型	17.41							17.41		17.41	
	低山阳向斜坡中土型	70.50	26.67						43.83			43.83

表 7 内蒙古重点国有林区可造林封育地面积按立地类型统计表（续 6）

单位：公顷

统计单位	立地类型	合计	疏林地	一般灌木林地	无立木林地				宜林地			
					小计	采伐迹地	火烧迹地	其他无立木林地	小计	宜林荒山荒地	宜林沙荒地	其他宜林地
	低山阳向斜坡厚土型	14.38		14.38								
	低山阳向陡坡薄土型	26.54							26.54		26.54	
	低山阴向缓坡薄土型	153.25	126.66	26.59								
	低山阴向缓坡中土型	420.56	292.65	119.37					8.54	1.09		7.45
根河林业局	低山阴向缓坡厚土型	143.08		140.71	0.83			0.83	1.54	1.54		
	低山阴向斜坡薄土型	3.02	3.02									
	低山阴向斜坡中土型	21.64	21.64									
	低山平坡薄土型	5257.63	98.59	5003.90	153.53			153.53	1.61	1.61		
	低山平坡中土型	16657.87	1119.94	13135.34	513.74			513.74	1888.85	314.24		1574.61
	低山平坡厚土型	3352.68	197.03	2957.16	66.31			66.31	132.18	132.18		
	合计	28188.38	2537.56	24313.52	652.20		652.20		685.10	685.10		
	中山阳向缓坡薄土型	197.49	39.21	154.20					4.08	4.08		
	中山阳向缓坡中土型	74.28	18.38	38.42	13.98		13.98		3.50	3.50		
	中山阳向斜坡中土型	39.70			39.70		39.70					
	中山阳向陡坡薄土型	19.37		19.37								
	中山阳向陡坡中土型	66.63		56.18	10.45		10.45					
	中山阴向缓坡薄土型	458.85	150.20	305.94					2.71	2.71		
	中山阴向缓坡中土型	180.81	59.92	118.24					2.65	2.65		
	中山阴向缓坡厚土型	1.62	1.62									
	中山阴向斜坡薄土型	105.76	3.31	102.45								
	中山阴向斜坡中土型	47.66		47.66								
	中山阴向陡坡薄土型	331.45		331.45								
	中山阴向陡坡中土型	178.48		178.48								
金河林业局	低山阳向缓坡薄土型	658.63	91.76	531.09	0.47		0.47		35.31	35.31		
	低山阳向缓坡中土型	8366.41	10.53	8238.91	60.57		60.57		56.40	56.40		
	低山阳向缓坡厚土型	12.35		9.02					3.33	3.33		
	低山阳向斜坡薄土型	90.45	6.28	3.59					80.58	80.58		
	低山阳向陡坡薄土型	35.12		28.67					6.45	6.45		
	低山阴向缓坡薄土型	1233.38	164.09	1019.08	23.50		23.50		26.71	26.71		
	低山阴向缓坡中土型	305.45		272.96					32.49	32.49		
	低山阴向缓坡厚土型	11.20		11.20								
	低山阴向斜坡薄土型	15.86		15.07					0.79	0.79		
	低山阴向陡坡薄土型	64.69		64.69								
	低山阴向陡坡中土型	6.08		6.08								
	低山平坡薄土型	7911.92	1406.91	6071.03	210.73		210.73		223.25	223.25		
	低山平坡中土型	6600.52	488.45	5631.19	292.80		292.80		188.08	188.08		
	低山平坡厚土型	1174.22	96.90	1058.55					18.77	18.77		
	合计	1827.78	129.50	1592.09	4.10			4.10	102.09	42.29	20.30	39.50
阿龙山林业局	中山阳向缓坡薄土型	2.00							2.00	2.00		
	中山阳向缓坡中土型	2.00							2.00			2.00

表 7　内蒙古重点国有林区可造林封育地面积按立地类型统计表（续 7）

单位：公顷

统计单位	立地类型	合计	疏林地	一般灌木林地	无立木林地				宜林地			
					小计	采伐迹地	火烧迹地	其他无立木林地	小计	宜林荒山荒地	宜林沙荒地	其他宜林地
	中山阴向缓坡薄土型	11.50	11.50									
	中山阴向缓坡中土型	60.50	45.00	6.00					9.50	1.00		8.50
	中山阴向斜坡中土型	30.00	30.00									
	低山阳向缓坡薄土型	3.00		3.00								
	低山阳向缓坡中土型	282.50		279.00					3.50	2.50		1.00
	低山阳向缓坡厚土型	71.40		71.40								
	低山阳向斜坡薄土型	51.10		39.00					12.10		12.10	
	低山阳向斜坡中土型	17.70	8.00						9.70	8.50	1.20	
阿龙山林业局	低山阳向陡坡薄土型	4.90							4.90		4.90	
	低山阳向陡坡中土型	8.10							8.10	6.00	2.10	
	低山阴向缓坡薄土型	161.00		158.00	2.00			2.00	1.00	1.00		
	低山阴向缓坡中土型	224.83	35.00	184.53					5.30	5.30		
	低山阴向缓坡厚土型	35.00		35.00								
	低山阴向斜坡中土型	3.31		3.31								
	低山平坡薄土型	136.50		134.40	2.10			2.10				
	低山平坡中土型	657.29		613.30					43.99	15.99		28.00
	低山平坡厚土型	65.15		65.15								
	合计	9792.66	3039.43	4475.27	1952.42		1952.42		325.54	325.54		
	中山阳向缓坡薄土型	410.89		138.13	272.76		272.76					
	中山阳向缓坡中土型	376.10	12.20	363.90								
	中山阳向斜坡薄土型	147.90		1.09	146.81		146.81					
	中山阴向缓坡薄土型	693.11		180.63	512.48		512.48					
	中山阴向缓坡中土型	235.10	49.10	186.00								
	中山阴向斜坡薄土型	281.94			281.94		281.94					
	低山阳向缓坡薄土型	327.13	102.46	64.23	119.27		119.27		41.17	41.17		
	低山阳向缓坡中土型	63.85	45.50	4.02					14.33	14.33		
满归林业局	低山阳向斜坡薄土型	19.85	2.20	3.00	2.65		2.65		12.00	12.00		
	低山阳向斜坡中土型	2.10	2.10									
	低山阴向缓坡薄土型	580.70	138.12	78.05	352.78		352.78		11.75	11.75		
	低山阴向缓坡中土型	68.55	38.50	21.70					8.35	8.35		
	低山阴向缓坡厚土型	10.00							10.00	10.00		
	低山阴向斜坡薄土型	35.61			35.61		35.61					
	低山阴向斜坡中土型	1.90	1.90									
	低山阴向斜坡厚土型	3.00							3.00	3.00		
	低山平坡薄土型	4205.80	1691.08	2254.22	203.55		203.55		56.95	56.95		
	低山平坡中土型	2243.13	911.27	1150.30	24.57		24.57		156.99	156.99		
	低山平坡厚土型	86.00	45.00	30.00					11.00	11.00		
	合计	8931.61	518.86	7708.96					703.79	703.79		
得耳布尔林业局	中山阳向缓坡薄土型	14.12	14.12									
	中山阳向缓坡中土型	28.29		15.31					12.98	12.98		

表7 内蒙古重点国有林区可造林封育地面积按立地类型统计表（续8）

单位：公顷

统计单位	立地类型	合计	疏林地	一般灌木林地	无立木林地				宜林地			
					小计	采伐迹地	火烧迹地	其他无立木林地	小计	宜林荒山荒地	宜林沙荒地	其他宜林地
得耳布尔林业局	中山阳向斜坡薄土型	16.20	14.16						2.04	2.04		
	中山阳向陡坡薄土型	7.74	7.74									
	中山阳向陡坡中土型	5.61	1.28	4.33								
	中山阴向缓坡薄土型	7.23		7.23								
	中山阴向缓坡中土型	1.42							1.42	1.42		
	中山阴向斜坡薄土型	14.99	13.60						1.39	1.39		
	低山阳向缓坡薄土型	228.90	19.08	154.66					55.16	55.16		
	低山阳向缓坡中土型	375.99	47.75	147.83					180.41	180.41		
	低山阳向缓坡厚土型	14.20		10.16					4.04	4.04		
	低山阳向斜坡薄土型	11.90	3.98						7.92	7.92		
	低山阳向斜坡中土型	28.49		1.18					27.31	27.31		
	低山阳向陡坡薄土型	4.27	1.62	2.65								
	低山阴向缓坡薄土型	239.37		218.98					20.39	20.39		
	低山阴向缓坡中土型	237.45	2.27	204.22					30.96	30.96		
	低山阴向斜坡薄土型	9.47		9.47								
	低山阴向斜坡中土型	6.67		6.40					0.27	0.27		
	低山阴向斜坡厚土型	11.68		11.68								
	低山平坡薄土型	2619.60	161.35	2314.41					143.84	143.84		
	低山平坡中土型	3993.70	226.83	3562.36					204.51	204.51		
	低山平坡厚土型	1054.32	5.08	1038.09					11.15	11.15		
莫尔道嘎林业局	合计	7662.92	190.23		629.29		40.95	588.34	6843.40	1114.73	5728.67	
	低山阳向缓坡厚土型	7607.20	190.23		629.29		40.95	588.34	6787.68	1114.31	5673.37	
	低山阳向斜坡薄土型	55.30							55.30		55.30	
	低山阴向缓坡厚土型	0.42							0.42	0.42		
大杨树林业局	合计	10817.67	1009.07	6320.56	6.10			6.10	3481.94	3481.94		
	低山阳向缓坡薄土型	183.58		179.80					3.78	3.78		
	低山阳向缓坡中土型	637.96	37.30	393.90					206.76	206.76		
	低山阳向缓坡厚土型	130.45	20.25	1.49					108.71	108.71		
	低山阳向斜坡中土型	7.59		0.69					6.90	6.90		
	低山阳向斜坡厚土型	0.71	0.71									
	低山阴向缓坡薄土型	23.51		20.16					3.35	3.35		
	低山阴向缓坡中土型	246.00		71.44					174.56	174.56		
	低山阴向缓坡厚土型	19.31		4.10					15.21	15.21		
	低山平坡薄土型	589.52	18.03	498.88	1.18			1.18	71.43	71.43		
	低山平坡中土型	6763.87	573.98	4237.98	4.92			4.92	1946.99	1946.99		
	低山平坡厚土型	2215.17	358.80	912.12					944.25	944.25		
毕拉河林业局	合计	15342.55	35.78	3161.40	2920.38		2920.38		9224.99	3014.07	30.17	6180.75
	低山阳向缓坡薄土型	144.83	18.84	73.07					52.92	9.14		43.78
	低山阳向缓坡中土型	4078.87	8.17	389.13	2879.49		2879.49		802.08	591.44	28.59	182.05
	低山阳向缓坡厚土型	35.32		2.09					33.23	1.40		31.83

表 7　内蒙古重点国有林区可造林封育地面积按立地类型统计表（续 9）

单位：公顷

统计单位	立地类型	合计	疏林地	一般灌木林地	无立木林地				宜林地			
					小计	采伐迹地	火烧迹地	其他无立木林地	小计	宜林荒山荒地	宜林沙荒地	其他宜林地
毕拉河林业局	低山阳向斜坡薄土型	6.12		5.49					0.63	0.63		
	低山阳向斜坡中土型	14.99		6.86					8.13	8.13		
	低山阳向陡坡薄土型	0.33		0.33								
	低山阴向缓坡薄土型	151.97		3.66	2.79		2.79		145.52	43.62		101.90
	低山阴向缓坡中土型	744.45	0.61	89.68					654.16	598.11		56.05
	低山阴向缓坡厚土型	12.49		8.25					4.24	4.24		
	低山阴向斜坡中土型	0.71							0.71	0.71		
	低山平坡薄土型	2154.19	0.64	1135.61	19.87		19.87		998.07	22.29		975.78
	低山平坡中土型	6677.71	7.52	1303.23	18.23		18.23		5348.73	1687.34	0.95	3660.44
	低山平坡厚土型	1320.57		144.00					1176.57	47.02	0.63	1128.92
北大河林业局	合计	4150.61	2.19	51.58	9.37		6.37	3.00	4087.47	2243.06	543.79	1300.62
	中山阳向斜坡薄土型	2.59							2.59		2.59	
	中山阴向缓坡薄土型	0.69							0.69		0.69	
	低山阳向缓坡薄土型	184.17		1.26					182.91	51.90	112.51	18.50
	低山阳向缓坡中土型	586.34		2.58					583.76	499.32	70.29	14.15
	低山阳向缓坡厚土型	317.91		15.37	3.27		3.27		299.27	247.95	47.38	3.94
	低山阳向斜坡薄土型	161.59							161.59		161.59	
	低山阳向斜坡中土型	18.17		2.60					15.57		15.57	
	低山阴向缓坡薄土型	69.90		5.65					64.25	4.04	59.46	0.75
	低山阴向缓坡中土型	46.48		2.30					44.18	33.10	8.78	2.30
	低山阴向缓坡厚土型	77.58		0.53					77.05	41.57	1.41	34.07
	低山平坡薄土型	178.34							178.34	7.88	33.10	137.36
	低山平坡中土型	736.65	2.19	7.10	3.89		0.89	3.00	723.47	433.12	30.42	259.93
	低山平坡厚土型	1770.20		14.19	2.21		2.21		1753.80	924.18		829.62
乌玛林业局	合计	1159.41	31.97						1127.44	1127.44		
	低山阳向缓坡薄土型	12.13	12.13									
	低山阳向缓坡中土型	92.81							92.81	92.81		
	低山阳向斜坡中土型	17.61							17.61	17.61		
	低山阳向陡坡中土型	700.30							700.30	700.30		
	低山阴向缓坡薄土型	19.84	19.84									
	低山阴向缓坡中土型	3.37							3.37	3.37		
	低山阴向斜坡中土型	0.49							0.49	0.49		
	低山阴向陡坡中土型	72.86							72.86	72.86		
	低山平坡中土型	240.00							240.00	240.00		
永安山林业局	合计	913.10	91.46						821.64	821.64		
	中山阳向缓坡中土型	19.38							19.38	19.38		
	低山阳向缓坡薄土型	11.94							11.94	11.94		
	低山阳向缓坡中土型	175.26	38.60						136.66	136.66		
	低山阳向斜坡薄土型	51.83							51.83	51.83		
	低山阳向斜坡中土型	148.40	31.91						116.49	116.49		

表 7　内蒙古重点国有林区可造林封育地面积按立地类型统计表（续 10）

单位：公顷

统计单位	立地类型	合计	疏林地	一般灌木林地	无立木林地				宜林地			
					小计	采伐迹地	火烧迹地	其他无立木林地	小计	宜林荒山荒地	宜林沙荒地	其他宜林地
永安山林业局	低山阳向陡坡薄土型	34.08							34.08	34.08		
	低山阴向缓坡中土型	86.55	8.30						78.25	78.25		
	低山阴向斜坡中土型	1.17							1.17	1.17		
	低山平坡薄土型	22.97							22.97	22.97		
	低山平坡中土型	361.52	12.65						348.87	348.87		
奇乾林业局	合计	1882.95	930.78						952.17	952.17		
	中山阳向缓坡中土型	12.88	12.88									
	低山阳向缓坡薄土型	182.43	77.66						104.77	104.77		
	低山阳向缓坡中土型	197.55	56.17						141.38	141.38		
	低山阳向斜坡薄土型	3.94	2.18						1.76	1.76		
	低山阳向斜坡中土型	101.16	83.03						18.13	18.13		
	低山阴向缓坡薄土型	20.14	20.14									
	低山阴向缓坡中土型	90.85	82.12						8.73	8.73		
	低山平坡薄土型	928.54	482.66						445.88	445.88		
	低山平坡中土型	345.46	113.94						231.52	231.52		
诺敏森林经营所	合计	2200.10	15.10	82.80	212.80		28.60	184.20	1889.40	7.50	3.20	1878.70
	中山阴向缓坡中土型	0.70							0.70			0.70
	低山阳向缓坡薄土型	26.40		14.30					12.10			12.10
	低山阳向缓坡中土型	153.90			16.30		16.30		137.60			137.60
	低山阳向缓坡厚土型	1.30							1.30			1.30
	低山阳向斜坡薄土型	6.10							6.10			6.10
	低山阳向斜坡中土型	16.90							16.90	2.90		14.00
	低山阴向缓坡薄土型	8.00	6.00						2.00			2.00
	低山阴向缓坡中土型	19.20							19.20			19.20
	低山阴向缓坡厚土型	11.50							11.50			11.50
	低山平坡薄土型	411.20			183.10			183.10	228.10		3.20	224.90
	低山平坡中土型	1032.90	9.10	35.50	12.30		12.30		976.00			976.00
	低山平坡厚土型	512.00		33.00	1.10			1.10	477.90	4.60		473.30
汗马自然保护区	合计	4793.00	270.00	3468.00					1055.00	1055.00		
	中山阳向缓坡薄土型	543.00	7.00	536.00								
	中山阳向缓坡中土型	337.00		162.00					175.00	175.00		
	中山阳向斜坡薄土型	1061.00		713.00					348.00	348.00		
	中山阳向斜坡中土型	80.00		80.00								
	中山阳向陡坡薄土型	48.00							48.00	48.00		
	中山阴向缓坡薄土型	106.00		10.00					96.00	96.00		
	中山阴向缓坡中土型	305.00	12.00	158.00					135.00	135.00		
	中山阴向斜坡薄土型	264.00		137.00					127.00	127.00		
	低山阳向缓坡薄土型	25.00							25.00	25.00		
	低山阳向缓坡中土型	133.00	55.00	78.00								
	低山阴向缓坡中土型	403.00	37.00	265.00					101.00	101.00		

表 7　内蒙古重点国有林区可造林封育地面积按立地类型统计表（续 11）

单位：公顷

统计单位	立地类型	合计	疏林地	一般灌木林地	无立木林地				宜林地			
					小计	采伐迹地	火烧迹地	其他无立木林地	小计	宜林荒山荒地	宜林沙荒地	其他宜林地
汗马自然保护区	低山平坡中土型	1488.00	159.00	1329.00								
额尔古纳自然保护区	合计	3253.48	86.12		7.17			7.17	3160.19	434.30	2073.09	652.80
	低山阳向缓坡薄土型	1599.90	15.25						1584.65	117.30	1467.35	
	低山阳向缓坡中土型	108.10							108.10	72.94	9.08	26.08
	低山阳向缓坡厚土型	14.69			7.17			7.17	7.52	5.97		1.55
	低山阳向斜坡薄土型	181.89							181.89		181.89	
	低山阳向斜坡中土型	2.65							2.65		2.00	0.65
	低山阴向缓坡薄土型	109.51							109.51	2.70	106.81	
	低山阴向缓坡中土型	82.71							82.71	49.82	4.38	28.51
	低山阴向缓坡厚土型	4.33							4.33	4.33		
	低山阴向斜坡薄土型	4.00							4.00		4.00	
	低山平坡薄土型	282.70							282.70	24.66	258.04	
	低山平坡中土型	708.20	70.87						637.33	75.08	39.54	522.71
	低山平坡厚土型	154.80							154.80	81.50		73.30
毕拉河自然保护区	合计	8191.03		20.64	1.24			1.24	8169.15		120.05	8049.10
	低山阳向缓坡厚土型	3.52							3.52			3.52
	低山阳向陡坡薄土型	110.26							110.26		110.26	
	低山阴向缓坡厚土型	10.22							10.22			10.22
	低山平坡中土型	20.64		20.64								
	低山平坡厚土型	7747.81							7747.81			7747.81
	其他	298.58			1.24			1.24	297.34		9.79	287.55

表 8 内蒙古重点国有林区乔木林各龄组面积、蓄积按林种、起源和林分类型统计表

单位：公顷、立方米

统计单位	林种	起源	林分类型	合计		幼龄林		中龄林		近熟林		成熟林		过熟林	
				面积	蓄积	面积	蓄积	面积	蓄积	面积	蓄积	面积	蓄积	面积	蓄积
内蒙古重点国有林区	合计	合计	合计	8365923.71	906531465.6	629011.79	27729911.4	4598627.05	489379592.2	1548457.04	181437876.1	1254009.18	160178223.7	335818.65	47805862.2
			纯林	5212415.44	551567057.8	448010.00	16907898.9	2814537.62	296403009.7	965095.46	111915948.6	784741.53	98376539.2	200030.83	27963661.4
			混交林	3153508.27	354964407.8	181001.79	10822012.5	1784089.43	192976582.5	583361.58	69521927.5	469267.65	61801684.5	135787.82	19842200.8
			针叶混交林	166445.30	23510207.9	2155.83	182386.5	36822.46	4384017.7	38799.27	5462810.2	60836.69	9076656.6	27831.05	4404336.9
			针阔混交林	2194511.39	256091909.0	74653.38	6036637.0	1394972.95	156640345.1	387621.34	47825628.7	259378.90	34644194.0	77884.82	10945104.2
			阔叶混交林	792551.58	75362290.9	104192.58	4602989.0	352294.02	31952219.7	156940.97	16233488.6	149052.06	18080833.9	30071.95	4492759.7
		天然	合计	7896283.61	858388497.5	491398.39	21949032.5	4402522.61	465942432.8	1448131.67	167307261.2	1220306.48	155614486.0	333924.46	47575285.0
			纯林	4821007.79	511427330.4	332739.49	13099631.9	2652418.94	276533858.4	878800.26	99379366.6	758743.57	94660244.1	198305.53	27754229.4
			混交林	3075275.82	346961167.1	158658.90	8849400.6	1750103.67	189408574.4	569331.41	67927894.6	461562.91	60954241.9	135618.93	19821055.6
			针叶混交林	158728.07	22678848.4	868.88	62234.2	33703.51	4047184.4	36602.73	5209357.3	59726.45	8956058.7	27826.50	4404013.8
			针阔混交林	2125608.99	249067120.3	54108.23	4221975.6	1364836.51	153477446.2	376012.88	46507260.3	252930.89	33936156.1	77720.48	10924282.1
			阔叶混交林	790938.76	75215198.4	103681.79	4565190.8	351563.65	31883943.8	156715.80	16211277.0	148905.57	18062027.1	30071.95	4492759.7
		人工	合计	469640.10	48142968.1	137613.40	5780878.9	196104.44	23437159.4	100325.37	14130614.9	33702.70	4563737.7	1894.19	230577.2
			纯林	391407.65	40139727.4	115270.51	3808267.0	162118.68	19869151.3	86295.20	12536582.0	25997.96	3716295.1	1725.30	209432.0
			混交林	78232.45	8003240.7	22342.89	1972611.9	33985.76	3568008.1	14030.17	1594032.9	7704.74	847442.6	168.89	21145.2
			针叶混交林	7717.23	831359.5	1286.95	120152.3	3118.95	336833.3	2196.54	253452.9	1110.24	120597.9	4.55	323.1
			针阔混交林	68902.40	7024788.7	20545.15	1814661.4	30136.44	3162898.9	11608.46	1318368.4	6448.01	708037.9	164.34	20822.1
			阔叶混交林	1612.82	147092.5	510.79	37798.2	730.37	68275.9	225.17	22211.6	146.49	18806.8		
		其中：人天混	合计	84057.32	7403721.0	38678.77	2515154.6	26235.39	2771595.9	11848.20	1323127.4	7063.48	763411.8	231.48	30431.3
			纯林	20352.06	899858.9	17744.78	645071.9	2301.45	221326.6	123.03	10620.6	33.40	2266.4	149.40	20573.4
			混交林	63705.26	6503862.1	20933.99	1870082.7	23933.94	2550269.3	11725.17	1312506.8	7030.08	761145.4	82.08	9857.9
			针叶混交林	5871.96	622927.4	1055.13	103468.1	2165.50	227720.5	1757.57	194105.6	889.21	97310.1	4.55	323.1
			针阔混交林	56349.17	5744626.4	19413.40	1731984.9	21121.43	2261888.6	9742.43	1096189.6	5994.38	645028.5	77.53	9534.8
			阔叶混交林	1484.13	136308.3	465.46	34629.7	647.01	60660.2	225.17	22211.6	146.49	18806.8		
	防护林	合计	合计	4377401.72	444298834.8	449052.60	18111030.1	2582605.03	269439004.2	718278.10	79447865.5	502286.73	59698032.2	125179.26	17602902.8
			纯林	2755960.41	274366872.8	317564.85	10760455.4	1561324.24	162288298.1	471143.82	52210146.2	323043.51	37920206.7	82883.99	11187766.4
			混交林	1621441.31	169931962.0	131487.75	7350574.7	1021280.79	107150706.1	247134.28	27237719.3	179243.22	21777825.5	42295.27	6415136.4
			针叶混交林	29232.62	3760077.3	1027.96	87627.4	10006.54	1044406.1	5532.83	679348.3	8312.73	1117868.3	4352.56	830827.2
			针阔混交林	1078281.27	121581961.1	44039.84	3529631.4	770349.09	85331333.6	151345.25	17823831.6	89251.03	11389292.8	23296.06	3507871.7
			阔叶混交林	513927.42	44589923.6	86419.95	3733315.9	240925.16	20774966.4	90256.20	8734539.4	81679.46	9270664.4	14646.65	2076437.5
		天然	合计	4076436.47	416434421.0	345313.28	14163913.6	2458511.89	255385092.5	664779.85	72121657.2	483609.94	57275714.4	124221.51	17488043.3
			纯林	2505916.97	251601268.9	228295.34	8074836.1	1459838.56	150504921.8	426298.92	45866410.7	309483.18	36074282.8	82000.97	11080817.5
			混交林	1570519.50	164833152.1	117017.94	6089077.5	998673.33	104880170.7	238480.93	26255246.5	174126.76	21201431.6	42220.54	6407225.8
			针叶混交林	24681.65	3273600.3	335.77	22630.5	8106.53	842164.2	4177.27	520978.9	7714.07	1057322.6	4348.01	830504.1
			针阔混交林	1033259.03	117090828.3	30663.08	2362433.5	750287.76	83321020.9	144210.07	17015657.4	84872.24	10891432.3	23225.88	3500284.2
			阔叶混交林	512578.82	44468723.5	86019.09	3704013.5	240279.04	20716985.6	90093.59	8718610.2	81540.45	9252676.7	14646.65	2076437.5
		人工	合计	300965.25	27864413.8	103739.32	3947116.5	124093.14	14053911.7	53498.25	7326208.3	18676.79	2422317.8	957.75	114859.5
			纯林	250043.44	22765603.9	89269.51	2685619.3	101485.68	11783376.3	44844.90	6343735.5	13560.33	1845923.9	883.02	106948.9
			混交林	50921.81	5098809.9	14469.81	1261497.2	22607.46	2270535.4	8653.35	982472.8	5116.46	576393.9	74.73	7910.6
			针叶混交林	4550.97	486477.0	692.19	64996.9	1900.01	202241.9	1355.56	158369.4	598.66	60545.7	4.55	323.1
			针阔混交林	45022.24	4491132.8	13376.76	1167197.9	20061.33	2010312.7	7135.18	808174.2	4378.79	497860.5	70.18	7587.5

表 8　内蒙古重点国有林区乔木林各龄组面积、蓄积按林种、起源和林分类型统计表（续 1）

单位：公顷、立方米

统计单位	林种	起源	林分类型	合计 面积	合计 蓄积	幼龄林 面积	幼龄林 蓄积	中龄林 面积	中龄林 蓄积	近熟林 面积	近熟林 蓄积	成熟林 面积	成熟林 蓄积	过熟林 面积	过熟林 蓄积
内蒙古重点国有林区	防护林	人工	阔叶混交林	1348.60	121200.1	400.86	29302.4	646.12	57980.8	162.61	15929.2	139.01	17987.7		
		其中：人天混	合计	57555.46	4743668.0	28505.89	1681443.0	16770.36	1694647.1	7486.09	834716.3	4604.25	507847.3	188.87	25014.3
			纯林	16132.72	598630.8	14807.91	466148.9	1045.18	100263.5	99.43	9604.3	30.80	2040.7	149.40	20573.4
			混交林	41422.74	4145037.2	13697.98	1215294.1	15725.18	1594383.6	7386.66	825112.0	4573.45	505806.6	39.47	4440.9
			针叶混交林	3378.78	353692.1	575.56	58739.8	1282.80	130863.4	1086.68	119755.2	429.19	44010.6	4.55	323.1
			针阔混交林	36824.05	3680929.2	12766.89	1130420.4	13879.62	1413155.1	6137.37	689427.6	4005.25	443808.3	34.92	4117.8
			阔叶混交林	1219.91	110415.9	355.53	26133.9	562.76	50365.1	162.61	15929.2	139.01	17987.7		
	特用林	合计	合计	1566507.07	201237355.4	61618.86	3072232.0	550595.20	62830722.0	346826.90	46351566.2	440469.03	63931088.7	166997.08	25051746.5
			纯林	957939.41	120119162.0	48215.69	1973358.9	344975.71	38639847.9	197448.53	25993467.2	275966.08	39538825.0	91333.40	13973663.0
			混交林	608567.66	81118193.4	13403.17	1098873.1	205619.49	24190874.1	149378.37	20358099.0	164502.95	24392263.7	75663.68	11078083.5
			针叶混交林	110000.85	16369134.4	637.39	58547.3	15868.01	2096230.7	24854.15	3677281.8	46267.56	7116537.6	22373.74	3420537.0
			针阔混交林	420394.25	55102681.6	8863.88	767820.9	168233.39	20046040.7	104501.37	14330021.0	94236.45	13805255.5	44559.16	6153543.5
			阔叶混交林	78172.56	9646377.4	3901.90	272504.9	21518.09	2048602.7	20022.85	2350796.2	23998.94	3470470.6	8730.78	1504003.0
		天然	合计	1504429.75	194325046.6	45708.66	2408208.4	531402.93	60410687.0	326394.46	43529349.9	434570.39	63004637.5	166353.31	24972163.8
			纯林	903049.20	113943512.2	35673.41	1609583.9	328050.93	36475536.2	178096.69	23297489.3	270472.55	38657769.8	90755.62	13903133.0
			混交林	601380.55	80381534.4	10035.25	798624.5	203352.00	23935150.8	148297.77	20231860.6	164097.84	24346867.7	75597.69	11069030.8
			针叶混交林	109054.44	16267130.6	337.61	26572.5	15399.41	2046501.3	24754.12	3668159.0	46189.56	7105360.8	22373.74	3420537.0
			针阔混交林	414338.40	54482528.8	5888.96	505838.3	166467.28	19842204.5	103579.65	14218958.9	93909.34	13771036.3	44493.17	6144490.8
			阔叶混交林	77987.71	9631875.0	3808.68	266213.7	21485.31	2046445.0	19964.00	2344742.7	23998.94	3470470.6	8730.78	1504003.0
		人工	合计	62077.32	6912308.8	15910.20	664023.6	19192.27	2420035.0	20432.44	2822216.3	5898.64	926451.2	643.77	79582.7
			纯林	54890.21	6175649.8	12542.28	363775.0	16924.78	2164311.7	19351.84	2695977.9	5493.53	881055.2	577.78	70530.0
			混交林	7187.11	736659.0	3367.92	300248.6	2267.49	255723.3	1080.60	126238.4	405.11	45396.0	65.99	9052.7
			针叶混交林	946.41	102003.8	299.78	31974.8	468.60	49729.4	100.03	9122.8	78.00	11176.8		
			针阔混交林	6055.85	620152.8	2974.92	261982.6	1766.11	203836.2	921.72	111062.1	327.11	34219.2	65.99	9052.7
			阔叶混交林	184.85	14502.4	93.22	6291.2	32.78	2157.7	58.85	6053.5				
		其中：人天混	合计	8107.67	708149.5	4960.98	369058.0	1992.49	210830.0	835.20	95105.6	304.56	31920.8	14.44	1235.1
			纯林	2066.15	111919.4	1643.36	73751.0	407.01	37344.2	13.18	598.5	2.60	225.7		
			混交林	6041.52	596230.1	3317.62	295307.0	1585.48	173485.8	822.02	94507.1	301.96	31695.1	14.44	1235.1
			针叶混交林	653.34	65415.7	252.76	27054.8	321.89	29654.3	52.25	4282.5	26.44	4424.1		
			针阔混交林	5203.33	516312.0	2971.64	261961.0	1230.81	141673.8	710.92	84171.1	275.52	27271.0	14.44	1235.1
			阔叶混交林	184.85	14502.4	93.22	6291.2	32.78	2157.7	58.85	6053.5				
	用材林	合计	合计	2422014.92	260995275.4	118340.33	6546649.3	1465426.82	157109866.0	483352.04	55638444.4	311253.42	36549102.8	43642.31	5151212.9
			纯林	1498515.62	157081023.0	82229.46	4174084.6	908237.67	95474863.7	296503.11	33712335.2	185731.94	20917507.5	25813.44	2802232.0
			混交林	923499.30	103914252.4	36110.87	2372564.7	557189.15	61635002.3	186848.93	21926109.2	125521.48	15631595.3	17828.87	2348980.9
			针叶混交林	27211.83	3380996.2	490.48	36211.8	10947.91	1243380.9	8412.29	1106180.1	6256.40	842250.7	1104.75	152972.7
			针阔混交林	695835.87	79407266.3	21749.66	1739184.7	456390.47	51262970.8	131774.72	15671776.1	75891.42	9449645.7	10029.60	1283689.0
			阔叶混交林	200451.60	21125989.9	13870.73	597168.2	89850.77	9128650.6	46661.92	5148153.0	43373.66	5339698.9	6694.52	912319.2
		天然	合计	2315417.39	247629029.9	100376.45	5376910.5	1412607.79	150146653.3	456957.36	51656254.1	302126.15	35334134.1	43349.64	5115077.9
			纯林	1412041.62	145882549.3	68770.74	3415211.9	864529.45	89553400.4	274404.65	30215466.6	178787.84	19928191.5	25548.94	2770278.9
			混交林	903375.77	101746480.6	31605.71	1961698.6	548078.34	60593252.9	182552.71	21440787.5	123338.31	15405942.6	17800.70	2344799.0
			针叶混交林	24991.98	3138117.5	195.50	13031.2	10197.57	1158518.9	7671.34	1020219.4	5822.82	793375.3	1104.75	152972.7
			针阔混交林	678011.56	77493763.2	17556.19	1353703.8	448081.47	50314220.8	128223.16	15272644.0	74149.31	9273687.5	10001.43	1279507.1

表8 内蒙古重点国有林区乔木林各龄组面积、蓄积按林种、起源和林分类型统计表（续2）

单位：公顷、立方米

统计单位	林种	起源	林分类型	合计 面积	合计 蓄积	幼龄林 面积	幼龄林 蓄积	中龄林 面积	中龄林 蓄积	近熟林 面积	近熟林 蓄积	成熟林 面积	成熟林 蓄积	过熟林 面积	过熟林 蓄积
内蒙古重点国有林区	用材林	天然	阔叶混交林	200372.23	21114599.9	13854.02	594963.6	89799.30	9120513.2	46658.21	5147924.1	43366.18	5338879.8	6694.52	912319.2
		人工	合计	106597.53	13366245.5	17963.88	1169738.8	52819.03	6963212.7	26394.68	3982190.3	9127.27	1214968.7	292.67	36135.0
			纯林	86474.00	11198473.7	13458.72	758872.7	43708.22	5921463.3	22098.46	3496868.6	6944.10	989316.0	264.50	31953.1
			混交林	20123.53	2167771.8	4505.16	410866.1	9110.81	1041749.4	4296.22	485321.7	2183.17	225652.7	28.17	4181.9
			针叶混交林	2219.85	242878.7	294.98	23180.6	750.34	84862.0	740.95	85960.7	433.58	48875.4		
			针阔混交林	17824.31	1913503.1	4193.47	385480.9	8309.00	948750.0	3551.56	399132.1	1742.11	175958.2	28.17	4181.9
			阔叶混交林	79.37	11390.0	16.71	2204.6	51.47	8137.4	3.71	228.9	7.48	819.1		
		其中：人天混	合计	18394.19	1951903.5	5211.90	464653.6	7472.54	866118.8	3526.91	393305.5	2154.67	223643.7	28.17	4181.9
			纯林	2153.19	189308.7	1293.51	105172.0	849.26	83718.9	10.42	417.8				
			混交林	16241.00	1762594.8	3918.39	359481.6	6623.28	782399.9	3516.49	392887.7	2154.67	223643.7	28.17	4181.9
			针叶混交林	1839.84	203819.6	226.81	17673.5	560.81	67202.8	618.64	70067.9	433.58	48875.4		
			针阔混交林	14321.79	1547385.2	3674.87	339603.5	6011.00	707059.7	2894.14	322590.9	1713.61	173949.2	28.17	4181.9
			阔叶混交林	79.37	11390.0	16.71	2204.6	51.47	8137.4	3.71	228.9	7.48	819.1		
阿尔山林业局	合计	合计	合计	384779.80	47574534.1	12326.59	192549.9	94007.50	11633126.2	230952.30	29505113.6	44895.45	5913912.3	2597.96	329832.1
			纯林	302179.42	37367824.5	11127.38	155768.4	78035.06	9785620.2	182552.47	23383398.1	29647.89	3943812.0	816.62	99225.8
			混交林	82600.38	10206709.6	1199.21	36781.5	15972.44	1847506.0	48399.83	6121715.5	15247.56	1970100.3	1781.34	230606.3
			针叶混交林	442.30	54855.6	41.52	2142.6	46.26	5704.6	328.07	44107.1	26.45	2901.3		
			针阔混交林	66498.45	8191531.0	989.49	28736.9	13004.89	1512639.3	40011.01	5048746.8	11560.36	1491314.4	932.70	110093.6
			阔叶混交林	15659.63	1960323.0	168.20	5902.0	2921.29	329162.1	8060.75	1028861.6	3660.75	475884.6	848.64	120512.7
		天然	合计	321377.21	38083928.4	6443.92	136488.1	72865.57	7966458.2	197251.71	24155656.7	42231.60	5496651.8	2584.41	328673.6
			纯林	243766.37	28385084.2	6044.15	119859.6	58096.09	6254228.1	151470.69	18342272.7	27338.82	3569498.0	816.62	99225.8
			混交林	77610.84	9698844.2	399.77	16628.5	14769.48	1712230.1	45781.02	5813384.0	14892.78	1927153.8	1767.79	229447.8
			针叶混交林	30.06	4004.6					30.06	4004.6				
			针阔混交林	61945.69	7737515.9	231.57	10726.5	11848.19	1383068.0	37714.75	4783517.1	11232.03	1451269.2	919.15	108935.1
			阔叶混交林	15635.09	1957323.7	168.20	5902.0	2921.29	329162.1	8036.21	1025862.3	3660.75	475884.6	848.64	120512.7
		人工	合计	63402.59	9490605.7	5882.67	56061.8	21141.93	3666668.0	33700.59	5349456.9	2663.85	417260.5	13.55	1158.5
			纯林	58413.05	8982740.3	5083.23	35908.8	19938.97	3531392.1	31081.78	5041125.4	2309.07	374314.0		
			混交林	4989.54	507865.4	799.44	20153.0	1202.96	135275.9	2618.81	308331.5	354.78	42946.5	13.55	1158.5
			针叶混交林	412.24	50851.0	41.52	2142.6	46.26	5704.6	298.01	40102.5	26.45	2901.3		
			针阔混交林	4552.76	454015.1	757.92	18010.4	1156.70	129571.3	2296.26	265229.7	328.33	40045.2	13.55	1158.5
			阔叶混交林	24.54	2999.3					24.54	2999.3				
		其中：人天混	合计	4665.01	470413.9	812.57	20418.7	1207.54	135014.0	2275.83	270935.9	355.52	42886.8	13.55	1158.5
			纯林	61.59	3589.7	20.75	287.3	11.61	543.9	26.63	2532.8	2.60	225.7		
			混交林	4603.42	466824.2	791.82	20131.4	1195.93	134470.1	2249.20	268403.1	352.92	42661.1	13.55	1158.5
			针叶混交林	294.95	35620.9	37.18	2142.6	44.19	5386.9	188.99	25475.5	24.59	2615.9		
			针阔混交林	4283.93	428204.0	754.64	17988.8	1151.74	129083.2	2035.67	239928.3	328.33	40045.2	13.55	1158.5
			阔叶混交林	24.54	2999.3					24.54	2999.3				
	防护林	合计	合计	154963.56	19380221.0	3236.81	65540.3	40505.42	4998977.0	91518.07	11688224.2	18288.42	2437143.5	1414.84	190336.0
			纯林	119328.53	15023200.0	2934.15	54649.0	32674.47	4093714.9	71182.48	9165304.6	12121.56	1651777.3	415.87	57754.2
			混交林	35635.03	4357021.0	302.66	10891.3	7830.95	905262.1	20335.59	2522919.6	6166.86	785366.2	998.97	132581.8
			针叶混交林	242.06	33224.7	9.93	571.0	32.31	4265.9	189.05	26798.9	10.77	1588.9		
			针阔混交林	27225.72	3299164.7	270.60	8969.7	6109.87	701112.4	15930.18	1964661.0	4420.15	563838.1	494.92	60583.5

表 8　内蒙古重点国有林区乔木林各龄组面积、蓄积按林种、起源和林分类型统计表（续 3）

单位：公顷、立方米

统计单位	林种	起源	林分类型	合计		幼龄林		中龄林		近熟林		成熟林		过熟林	
				面积	蓄积	面积	蓄积	面积	蓄积	面积	蓄积	面积	蓄积	面积	蓄积
阿尔山林业局	防护林	合计	阔叶混交林	8167.25	1024631.6	22.13	1350.6	1688.77	199883.8	4216.36	531459.7	1735.94	219939.2	504.05	71998.3
		天然	合计	133079.14	15960258.5	1349.46	48442.8	33068.52	3659216.3	79780.52	9747669.4	17465.80	2314594.0	1414.84	190336.0
			纯林	99485.06	11829670.1	1188.47	40327.5	25703.38	2804119.3	60609.26	7363845.6	11568.08	1563623.5	415.87	57754.2
			混交林	33594.08	4130588.4	160.99	8115.3	7365.14	855097.0	19171.26	2383823.8	5897.72	750970.5	998.97	132581.8
			针叶混交林	30.06	4004.6					30.06	4004.6				
			针阔混交林	25417.60	3104722.6	138.86	6764.7	5676.37	655213.2	14945.67	1851129.9	4161.78	531031.3	494.92	60583.5
			阔叶混交林	8146.42	1021861.2	22.13	1350.6	1688.77	199883.8	4195.53	528689.3	1735.94	219939.2	504.05	71998.3
		人工	合计	21884.42	3419962.5	1887.35	17097.5	7436.90	1339760.7	11737.55	1940554.8	822.62	122549.5		
			纯林	19843.47	3193529.9	1745.68	14321.5	6971.09	1289595.6	10573.22	1801459.0	553.48	88153.8		
			混交林	2040.95	226432.6	141.67	2776.0	465.81	50165.1	1164.33	139095.8	269.14	34395.7		
			针叶混交林	212.00	29220.1	9.93	571.0	32.31	4265.9	158.99	22794.3	10.77	1588.9		
			针阔混交林	1808.12	194442.1	131.74	2205.0	433.50	45899.2	984.51	113531.1	258.37	32806.8		
			阔叶混交林	20.83	2770.4					20.83	2770.4				
		其中：人天混	合计	1885.10	210418.4	141.67	2776.0	462.08	49781.7	1014.07	123750.4	267.28	34110.3		
			纯林	12.28	1940.1					12.28	1940.1				
			混交林	1872.82	208478.3	141.67	2776.0	462.08	49781.7	1001.79	121810.3	267.28	34110.3		
			针叶混交林	128.04	16814.7	9.93	571.0	30.24	3948.2	78.96	10992.0	8.91	1303.5		
			针阔混交林	1723.95	188893.2	131.74	2205.0	431.84	45833.5	902.00	108047.9	258.37	32806.8		
			阔叶混交林	20.83	2770.4					20.83	2770.4				
	特用林	合计	合计	97625.27	10843453.9	6677.71	69274.9	22713.87	2436820.8	56138.13	6830318.9	11694.62	1469333.9	400.94	37705.4
			纯林	81486.47	8884538.6	6083.86	58935.3	19872.78	2124086.6	47192.94	5711265.4	8157.39	977008.3	179.50	13243.0
			混交林	16138.80	1958915.3	593.85	10339.6	2841.09	312734.2	8945.19	1119053.5	3537.23	492325.6	221.44	24462.4
			针叶混交林	21.70	1597.9	4.34				17.36	1597.9				
			针阔混交林	14377.61	1792696.8	472.00	7672.6	2126.41	248101.1	8508.34	1073098.2	3087.04	443651.2	183.82	20173.7
			阔叶混交林	1739.49	164620.6	117.51	2667.0	714.68	64633.1	419.49	44357.4	450.19	48674.4	37.62	4288.7
		天然	合计	80349.52	8812899.6	4162.45	49402.5	20390.12	2126315.7	44600.50	5266841.8	10809.06	1333792.7	387.39	36546.9
			纯林	65373.44	6938849.6	4037.29	45963.2	17788.78	1841616.1	36096.04	4196560.2	7271.83	841467.1	179.50	13243.0
			混交林	14976.08	1874050.0	125.16	3439.3	2601.34	284699.6	8504.46	1070281.6	3537.23	492325.6	207.89	23303.9
			针阔混交林	13236.59	1709429.4	7.65	772.3	1886.66	220066.5	8084.97	1025924.2	3087.04	443651.2	170.27	19015.2
			阔叶混交林	1739.49	164620.6	117.51	2667.0	714.68	64633.1	419.49	44357.4	450.19	48674.4	37.62	4288.7
		人工	合计	17275.75	2030554.3	2515.26	19872.4	2323.75	310505.1	11537.63	1563477.1	885.56	135541.2	13.55	1158.5
			纯林	16113.03	1945689.0	2046.57	12972.1	2084.00	282470.5	11096.90	1514705.2	885.56	135541.2		
			混交林	1162.72	84865.3	468.69	6900.3	239.75	28034.6	440.73	48771.9			13.55	1158.5
			针叶混交林	21.70	1597.9	4.34				17.36	1597.9				
			针阔混交林	1141.02	83267.4	464.35	6900.3	239.75	28034.6	423.37	47174.0			13.55	1158.5
		其中：人天混	合计	1040.96	69916.7	481.82	7166.0	251.36	28578.5	291.63	32788.0	2.60	225.7	13.55	1158.5
			纯林	38.89	1231.8	20.75	287.3	11.61	543.9	3.93	174.9	2.60	225.7		
			混交林	1002.07	68684.9	461.07	6878.7	239.75	28034.6	287.70	32613.1			13.55	1158.5
			针阔混交林	1002.07	68684.9	461.07	6878.7	239.75	28034.6	287.70	32613.1			13.55	1158.5
	用材林	合计	合计	132190.97	17350859.2	2412.07	57734.7	30788.21	4197328.4	83296.10	10986570.5	14912.41	2007434.9	782.18	101790.7
			纯林	101364.42	13460085.9	2109.37	42184.1	25487.81	3567818.7	64177.05	8506828.1	9368.94	1315026.4	221.25	28228.6
			混交林	30826.55	3890773.3	302.70	15550.6	5300.40	629509.7	19119.05	2479742.4	5543.47	692408.5	560.93	73562.1

表 8 内蒙古重点国有林区乔木林各龄组面积、蓄积按林种、起源和林分类型统计表（续 4）

单位：公顷、立方米

统计单位	林种	起源	林分类型	合计		幼龄林		中龄林		近熟林		成熟林		过熟林	
				面积	蓄积	面积	蓄积	面积	蓄积	面积	蓄积	面积	蓄积	面积	蓄积
阿尔山林业局	用材林	合计	针叶混交林	178.54	20033.0	27.25	1571.6	13.95	1438.7	121.66	15710.3	15.68	1312.4		
			针阔混交林	24895.12	3099669.5	246.89	12094.6	4768.61	563425.8	15572.49	2010987.6	4053.17	483825.1	253.96	29336.4
			阔叶混交林	5752.89	771070.8	28.56	1884.4	517.84	64645.2	3424.90	453044.5	1474.62	207271.0	306.97	44225.7
		天然	合计	107948.55	13310770.3	932.01	38642.8	19406.93	2180926.2	72870.69	9141145.5	13956.74	1848265.1	782.18	101790.7
			纯林	78907.87	9616564.5	818.39	33568.9	14603.93	1608492.7	54765.39	6781866.9	8498.91	1164407.4	221.25	28228.6
			混交林	29040.68	3694205.8	113.62	5073.9	4803.00	572433.5	18105.30	2359278.6	5457.83	683857.7	560.93	73562.1
			针阔混交林	23291.50	2923363.9	85.06	3189.5	4285.16	507788.3	14684.11	1906463.0	3983.21	476586.7	253.96	29336.4
			阔叶混交林	5749.18	770841.9	28.56	1884.4	517.84	64645.2	3421.19	452815.6	1474.62	207271.0	306.97	44225.7
		人工	合计	24242.42	4040088.9	1480.06	19091.9	11381.28	2016402.2	10425.41	1845425.0	955.67	159169.8		
			纯林	22456.55	3843521.4	1290.98	8615.2	10883.88	1959326.0	9411.66	1724961.2	870.03	150619.0		
			混交林	1785.87	196567.5	189.08	10476.7	497.40	57076.2	1013.75	120463.8	85.64	8550.8		
			针叶混交林	178.54	20033.0	27.25	1571.6	13.95	1438.7	121.66	15710.3	15.68	1312.4		
			针阔混交林	1603.62	176305.6	161.83	8905.1	483.45	55637.5	888.38	104524.6	69.96	7238.4		
			阔叶混交林	3.71	228.9					3.71	228.9				
		其中：人天混	合计	1738.95	190078.8	189.08	10476.7	494.10	56653.8	970.13	114397.5	85.64	8550.8		
			纯林	10.42	417.8					10.42	417.8				
			混交林	1728.53	189661.0	189.08	10476.7	494.10	56653.8	959.71	113979.7	85.64	8550.8		
			针叶混交林	166.91	18806.2	27.25	1571.6	13.95	1438.7	110.03	14483.5	15.68	1312.4		
			针阔混交林	1557.91	170625.9	161.83	8905.1	480.15	55215.1	845.97	99267.3	69.96	7238.4		
			阔叶混交林	3.71	228.9					3.71	228.9				
绰尔林业局	合计	合计	合计	361336.98	40648763.8	23023.91	1757281.4	268617.84	31286652.6	38052.45	4100642.9	29261.15	3221026.8	2381.63	283160.1
			纯林	228452.03	26973236.2	18566.18	1438995.3	170251.37	20994912.8	22349.32	2608690.4	15866.47	1762427.3	1418.69	168210.4
			混交林	132884.95	13675527.6	4457.73	318286.1	98366.47	10291739.8	15703.13	1491952.5	13394.68	1458599.5	962.94	114949.7
			针叶混交林	145.92	8935.8	10.43	464.7	31.08	958.2			104.41	7512.9		
			针阔混交林	98610.24	10707743.1	2939.07	249617.0	83066.53	9091095.6	7168.01	730496.8	4987.22	579320.0	449.41	57213.7
			阔叶混交林	34128.79	2958848.7	1508.23	68204.4	15268.86	1199686.0	8535.12	761455.7	8303.05	871766.6	513.53	57736.0
		天然	合计	337949.41	38088000.7	14258.18	1098820.8	258458.55	30009578.8	35281.66	3709986.5	27600.66	2990407.1	2350.36	279207.5
			纯林	206201.47	24506431.0	10017.10	789935.0	160701.96	19776532.7	19772.55	2235805.3	14322.44	1539900.2	1387.42	164257.8
			混交林	131747.94	13581569.7	4241.08	308885.8	97756.59	10233046.1	15509.11	1474181.2	13278.22	1450506.9	962.94	114949.7
			针阔混交林	97619.15	10622721.0	2732.85	240681.4	82487.73	9033360.1	6973.99	712725.5	4975.17	578740.3	449.41	57213.7
			阔叶混交林	34128.79	2958848.7	1508.23	68204.4	15268.86	1199686.0	8535.12	761455.7	8303.05	871766.6	513.53	57736.0
		人工	合计	23387.57	2560763.1	8765.73	658460.6	10159.29	1277073.8	2770.79	390656.4	1660.49	230619.7	31.27	3952.6
			纯林	22250.56	2466805.2	8549.08	649060.3	9549.41	1218380.1	2576.77	372885.1	1544.03	222527.1	31.27	3952.6
			混交林	1137.01	93957.9	216.65	9400.3	609.88	58693.7	194.02	17771.3	116.46	8092.6		
			针叶混交林	145.92	8935.8	10.43	464.7	31.08	958.2			104.41	7512.9		
			针阔混交林	991.09	85022.1	206.22	8935.6	578.80	57735.5	194.02	17771.3	12.05	579.7		
		其中：人天混	合计	1137.01	93957.9	216.65	9400.3	609.88	58693.7	194.02	17771.3	116.46	8092.6		
			混交林	1137.01	93957.9	216.65	9400.3	609.88	58693.7	194.02	17771.3	116.46	8092.6		
			针叶混交林	145.92	8935.8	10.43	464.7	31.08	958.2			104.41	7512.9		
			针阔混交林	991.09	85022.1	206.22	8935.6	578.80	57735.5	194.02	17771.3	12.05	579.7		
	防护林	合计	合计	202670.89	22474628.8	15141.61	1066273.1	143493.09	16578001.7	23518.18	2559693.1	18740.91	2058911.7	1777.10	211749.2
			纯林	135198.44	15590425.5	12838.07	905261.7	95775.71	11640674.7	15418.07	1799032.1	10038.05	1109890.2	1128.54	135566.8

单位：公顷、立方米

表 8　内蒙古重点国有林区乔木林各龄组面积、蓄积按林种、起源和林分类型统计表（续 5）

统计单位	林种	起源	林分类型	合计		幼龄林		中龄林		近熟林		成熟林		过熟林	
				面积	蓄积	面积	蓄积	面积	蓄积	面积	蓄积	面积	蓄积	面积	蓄积
绰尔林业局	防护林	合计	混交林	67472.45	6884203.3	2303.54	161011.4	47717.38	4937327.0	8100.11	760661.0	8702.86	949021.5	648.56	76182.4
			针叶混交林	145.92	8935.8	10.43	464.7	31.08	958.2			104.41	7512.9		
			针阔混交林	47609.04	5146793.3	1363.18	119302.9	39037.74	4242512.4	3543.22	354857.2	3369.54	392011.6	295.36	38109.2
			阔叶混交林	19717.49	1728474.2	929.93	41243.8	8648.56	693856.4	4556.89	405803.8	5228.91	549497.0	353.20	38073.2
		天然	合计	186086.46	20768381.6	7837.61	522303.0	136659.97	15736752.2	21993.59	2356707.8	17849.46	1944822.0	1745.83	207796.6
			纯林	119584.33	13970419.7	5672.63	368990.3	89518.27	10854817.2	14033.10	1611104.9	9263.06	1003893.1	1097.27	131614.2
			混交林	66502.13	6797961.9	2164.98	153312.7	47141.70	4881935.0	7960.49	745602.9	8586.40	940928.9	648.56	76182.4
			针阔混交林	46784.64	5069487.7	1235.05	112068.9	38493.14	4188078.6	3403.60	339799.1	3357.49	391431.9	295.36	38109.2
			阔叶混交林	19717.49	1728474.2	929.93	41243.8	8648.56	693856.4	4556.89	405803.8	5228.91	549497.0	353.20	38073.2
		人工	合计	16584.43	1706247.2	7304.00	543970.1	6833.12	841249.5	1524.59	202985.3	891.45	114089.7	31.27	3952.6
			纯林	15614.11	1620005.8	7165.44	536271.4	6257.44	785857.5	1384.97	187927.2	774.99	105997.1	31.27	3952.6
			混交林	970.32	86241.4	138.56	7698.7	575.68	55392.0	139.62	15058.1	116.46	8092.6		
			针叶混交林	145.92	8935.8	10.43	464.7	31.08	958.2			104.41	7512.9		
			针阔混交林	824.40	77305.6	128.13	7234.0	544.60	54433.8	139.62	15058.1	12.05	579.7		
		其中：人天混	合计	970.32	86241.4	138.56	7698.7	575.68	55392.0	139.62	15058.1	116.46	8092.6		
			混交林	970.32	86241.4	138.56	7698.7	575.68	55392.0	139.62	15058.1	116.46	8092.6		
			针叶混交林	145.92	8935.8	10.43	464.7	31.08	958.2			104.41	7512.9		
			针阔混交林	824.40	77305.6	128.13	7234.0	544.60	54433.8	139.62	15058.1	12.05	579.7		
	特用林	合计	合计	20942.76	2361581.3	583.18	47413.9	16957.83	1940863.4	2514.63	272666.6	837.01	96660.0	50.11	3977.4
			纯林	10815.88	1321342.7	172.50	11183.6	8812.50	1081792.3	1253.02	156163.6	531.81	68812.5	46.05	3390.7
			混交林	10126.88	1040238.6	410.68	36230.3	8145.33	859071.1	1261.61	116503.0	305.20	27847.5	4.06	586.7
			针阔混交林	8759.17	932436.2	392.05	35898.1	7659.37	825762.3	553.54	56975.8	154.21	13800.0		
			阔叶混交林	1367.71	107802.4	18.63	332.2	485.96	33308.8	708.07	59527.2	150.99	14047.5	4.06	586.7
		天然	合计	19935.87	2203167.6	583.18	47413.9	16757.56	1912279.1	1966.89	185285.5	578.13	54211.7	50.11	3977.4
			纯林	9808.99	1162929.0	172.50	11183.6	8612.23	1053208.0	705.28	68782.5	272.93	26364.2	46.05	3390.7
			混交林	10126.88	1040238.6	410.68	36230.3	8145.33	859071.1	1261.61	116503.0	305.20	27847.5	4.06	586.7
			针阔混交林	8759.17	932436.2	392.05	35898.1	7659.37	825762.3	553.54	56975.8	154.21	13800.0		
			阔叶混交林	1367.71	107802.4	18.63	332.2	485.96	33308.8	708.07	59527.2	150.99	14047.5	4.06	586.7
		人工	合计	1006.89	158413.7			200.27	28584.3	547.74	87381.1	258.88	42448.3		
			纯林	1006.89	158413.7			200.27	28584.3	547.74	87381.1	258.88	42448.3		
	用材林	合计	合计	137723.33	15812553.7	7299.12	643594.4	108166.92	12767787.5	12019.64	1268283.2	9683.23	1065455.1	554.42	67433.5
			纯林	82437.71	10061468.0	5555.61	522550.0	65663.16	8272445.8	5678.23	653494.7	5296.61	583724.6	244.10	29252.9
			混交林	55285.62	5751085.7	1743.51	121044.4	42503.76	4495341.7	6341.41	614788.5	4386.62	481730.5	310.32	38180.6
			针阔混交林	42242.03	4628513.6	1183.84	94416.0	36369.42	4022820.9	3071.25	318663.8	1463.47	173508.4	154.05	19104.5
			阔叶混交林	13043.59	1122572.1	559.67	26628.4	6134.34	472520.8	3270.16	296124.7	2923.15	308222.1	156.27	19076.1
		天然	合计	131927.08	15116451.5	5837.39	529103.9	105041.02	12360547.5	11321.18	1167993.2	9173.07	991373.4	554.42	67433.5
			纯林	76808.15	9373082.3	4171.97	409761.1	62571.46	7868507.5	5034.17	555917.9	4786.45	509642.9	244.10	29252.9
			混交林	55118.93	5743369.2	1665.42	119342.8	42469.56	4492040.0	6287.01	612075.3	4386.62	481730.5	310.32	38180.6
			针阔混交林	42075.34	4620797.1	1105.75	92714.4	36335.22	4019519.2	3016.85	315950.6	1463.47	173508.4	154.05	19104.5
			阔叶混交林	13043.59	1122572.1	559.67	26628.4	6134.34	472520.8	3270.16	296124.7	2923.15	308222.1	156.27	19076.1
		人工	合计	5796.25	696102.2	1461.73	114490.5	3125.90	407240.0	698.46	100290.0	510.16	74081.7		
			纯林	5629.56	688385.7	1383.64	112788.9	3091.70	403938.3	644.06	97576.8	510.16	74081.7		

表 8　内蒙古重点国有林区乔木林各龄组面积、蓄积按林种、起源和林分类型统计表（续 6）

单位：公顷、立方米

统计单位	林种	起源	林分类型	合计 面积	合计 蓄积	幼龄林 面积	幼龄林 蓄积	中龄林 面积	中龄林 蓄积	近熟林 面积	近熟林 蓄积	成熟林 面积	成熟林 蓄积	过熟林 面积	过熟林 蓄积
绰尔林业局	用材林	人工	混交林	166.69	7716.5	78.09	1701.6	34.20	3301.7	54.40	2713.2				
			针阔混交林	166.69	7716.5	78.09	1701.6	34.20	3301.7	54.40	2713.2				
		其中：人天混	合计	166.69	7716.5	78.09	1701.6	34.20	3301.7	54.40	2713.2				
			混交林	166.69	7716.5	78.09	1701.6	34.20	3301.7	54.40	2713.2				
			针阔混交林	166.69	7716.5	78.09	1701.6	34.20	3301.7	54.40	2713.2				
绰源林业局	合计	合计	合计	256201.99	30994059.7	10184.21	731258.7	202392.63	24670619.1	14850.03	1760673.5	27170.46	3610553.2	1604.66	220955.2
			纯林	151095.79	18462951.0	8122.42	553533.2	118183.97	14685548.1	8491.08	1017403.3	15969.43	2167074.9	328.89	39391.5
			混交林	105106.20	12531108.7	2061.79	177725.5	84208.66	9985071.0	6358.95	743270.2	11201.03	1443478.3	1275.77	181563.7
			针叶混交林	80.90	6375.0	17.11	796.7	33.79	2345.1	7.11	618.7	22.89	2614.5		
			针阔混交林	78482.07	9379576.4	1718.58	158566.0	69095.76	8264182.6	3582.05	429085.6	3873.28	500174.7	212.40	27567.5
			阔叶混交林	26543.23	3145157.3	326.10	18362.8	15079.11	1718543.3	2769.79	313565.9	7304.86	940689.1	1063.37	153996.2
		天然	合计	238093.86	29029059.4	3121.49	226039.7	195222.89	23867052.9	13554.44	1575356.1	24590.38	3139655.5	1604.66	220955.2
			纯林	133997.62	16595375.1	1758.97	106407.4	111294.92	13918079.9	7202.60	832704.6	13412.24	1698791.7	328.89	39391.5
			混交林	104096.24	12433684.3	1362.52	119632.3	83927.97	9948973.0	6351.84	742651.5	11178.14	1440863.8	1275.77	181563.7
			针阔混交林	77553.01	9288527.0	1036.42	101269.5	68848.86	8230429.7	3582.05	429085.6	3873.28	500174.7	212.40	27567.5
			阔叶混交林	26543.23	3145157.3	326.10	18362.8	15079.11	1718543.3	2769.79	313565.9	7304.86	940689.1	1063.37	153996.2
		人工	合计	18108.13	1965000.3	7062.72	505219.0	7169.74	803566.2	1295.59	185317.4	2580.08	470897.7		
			纯林	17098.17	1867575.9	6363.45	447125.8	6889.05	767468.2	1288.48	184698.7	2557.19	468283.2		
			混交林	1009.96	97424.4	699.27	58093.2	280.69	36098.0	7.11	618.7	22.89	2614.5		
			针叶混交林	80.90	6375.0	17.11	796.7	33.79	2345.1	7.11	618.7	22.89	2614.5		
			针阔混交林	929.06	91049.4	682.16	57296.5	246.90	33752.9						
		其中：人天混	合计	943.16	91780.2	696.26	58027.3	246.90	33752.9						
			混交林	943.16	91780.2	696.26	58027.3	246.90	33752.9						
			针叶混交林	14.10	730.8	14.10	730.8								
			针阔混交林	929.06	91049.4	682.16	57296.5	246.90	33752.9						
	防护林	合计	合计	136925.86	16167983.2	6742.63	479808.5	104253.89	12542436.9	8867.99	983402.9	16010.43	2014235.2	1050.92	148099.7
			纯林	84744.28	10064855.0	5778.57	395433.6	62946.02	7733963.5	5805.68	649046.2	9946.21	1252144.9	267.80	34266.8
			混交林	52181.58	6103128.2	964.06	84374.9	41307.87	4808473.4	3062.31	334356.7	6064.22	762090.3	783.12	113832.9
			针叶混交林	58.45	4890.5	3.01	65.9	32.55	2210.1			22.89	2614.5		
			针阔混交林	37385.56	4389014.4	782.25	72592.5	33151.57	3898146.0	1571.65	180621.4	1806.31	227812.0	73.78	9842.5
			阔叶混交林	14737.57	1709223.3	178.80	11716.5	8123.75	908117.3	1490.66	153735.3	4235.02	531663.8	709.34	103990.4
		天然	合计	125350.54	15016380.5	1412.67	102050.1	100006.15	12066042.0	8115.24	886647.9	14765.56	1813540.8	1050.92	148099.7
			纯林	73773.68	8964238.3	847.60	47164.6	58881.12	7276450.7	5052.93	552291.2	8724.23	1054065.0	267.80	34266.8
			混交林	51576.86	6052142.2	565.07	54885.5	41125.03	4789591.3	3062.31	334356.7	6041.33	759475.8	783.12	113832.9
			针阔混交林	36839.29	4342918.9	386.27	43169.0	33001.28	3881474.0	1571.65	180621.4	1806.31	227812.0	73.78	9842.5
			阔叶混交林	14737.57	1709223.3	178.80	11716.5	8123.75	908117.3	1490.66	153735.3	4235.02	531663.8	709.34	103990.4
		人工	合计	11575.32	1151602.7	5329.96	377758.4	4247.74	476394.9	752.75	96755.0	1244.87	200694.4		
			纯林	10970.60	1100616.7	4930.97	348269.0	4064.90	457512.8	752.75	96755.0	1221.98	198079.9		
			混交林	604.72	50986.0	398.99	29489.4	182.84	18882.1			22.89	2614.5		
			针叶混交林	58.45	4890.5	3.01	65.9	32.55	2210.1			22.89	2614.5		
			针阔混交林	546.27	46095.5	395.98	29423.5	150.29	16672.0						
		其中：人天混	合计	546.27	46095.5	395.98	29423.5	150.29	16672.0						

表 8　内蒙古重点国有林区乔木林各龄组面积、蓄积按林种、起源和林分类型统计表（续 7）

单位：公顷、立方米

统计单位	林种	起源	林分类型	合计		幼龄林		中龄林		近熟林		成熟林		过熟林	
				面积	蓄积	面积	蓄积	面积	蓄积	面积	蓄积	面积	蓄积	面积	蓄积
绰源林业局	防护林	其中：人天混	混交林	546.27	46095.5	395.98	29423.5	150.29	16672.0						
			针阔混交林	546.27	46095.5	395.98	29423.5	150.29	16672.0						
	特用林	合计	合计	42843.18	5341154.7	1432.40	97494.6	34796.64	4224932.3	1798.90	259560.5	4639.92	733224.4	175.32	25942.9
			纯林	27432.89	3456869.2	1057.99	64626.3	22304.56	2728233.9	1144.29	181173.2	2911.95	481240.8	14.10	1595.0
			混交林	15410.29	1884285.5	374.41	32868.3	12492.08	1496698.4	654.61	78387.3	1727.97	251983.6	161.22	24347.9
			针叶混交林	7.11	618.7					7.11	618.7				
			针阔混交林	12573.88	1530124.2	267.32	28704.8	11295.23	1365701.7	295.03	36426.0	637.67	87627.3	78.63	11664.4
			阔叶混交林	2829.30	353542.6	107.09	4163.5	1196.85	130996.7	352.47	41342.6	1090.30	164356.3	82.59	12683.5
		天然	合计	38747.77	4757895.5	702.90	43845.9	33057.74	4019124.0	1377.19	189838.8	3434.62	479143.9	175.32	25942.9
			纯林	23439.46	2887162.0	379.57	14699.8	20609.45	2531636.7	729.69	112070.2	1706.65	227160.3	14.10	1595.0
			混交林	15308.31	1870733.5	323.33	29146.1	12448.29	1487487.3	647.50	77768.6	1727.97	251983.6	161.22	24347.9
			针阔混交林	12479.01	1517190.9	216.24	24982.6	11251.44	1356490.6	295.03	36426.0	637.67	87627.3	78.63	11664.4
			阔叶混交林	2829.30	353542.6	107.09	4163.5	1196.85	130996.7	352.47	41342.6	1090.30	164356.3	82.59	12683.5
		人工	合计	4095.41	583259.2	729.50	53648.7	1738.90	205808.3	421.71	69721.7	1205.30	254080.5		
			纯林	3993.43	569707.2	678.42	49926.5	1695.11	196597.2	414.60	69103.0	1205.30	254080.5		
			混交林	101.98	13552.0	51.08	3722.2	43.79	9211.1	7.11	618.7				
			针叶混交林	7.11	618.7					7.11	618.7				
			针阔混交林	94.87	12933.3	51.08	3722.2	43.79	9211.1						
		其中：人天混	合计	94.87	12933.3	51.08	3722.2	43.79	9211.1						
			混交林	94.87	12933.3	51.08	3722.2	43.79	9211.1						
			针阔混交林	94.87	12933.3	51.08	3722.2	43.79	9211.1						
	用材林	合计	合计	76432.95	9484921.8	2009.18	153955.6	63342.10	7903249.9	4183.14	517710.1	6520.11	863093.6	378.42	46912.6
			纯林	38918.62	4941226.8	1285.86	93473.3	32933.39	4223350.7	1541.11	187183.9	3111.27	433689.2	46.99	3529.7
			混交林	37514.33	4543695.0	723.32	60482.3	30408.71	3679899.2	2642.03	330526.2	3408.84	429404.4	331.43	43382.9
			针叶混交林	15.34	865.8	14.10	730.8	1.24	135.0						
			针阔混交林	28522.63	3460437.8	669.01	57268.7	24648.96	3000334.9	1715.37	212038.2	1429.30	184735.4	59.99	6060.6
			阔叶混交林	8976.36	1082391.4	40.21	2482.8	5758.51	679429.3	926.66	118488.0	1979.54	244669.0	271.44	37322.3
		天然	合计	73995.55	9254783.4	1005.92	80143.7	62159.00	7781886.9	4062.01	498869.4	6390.20	846970.8	378.42	46912.6
			纯林	36784.48	4743974.8	531.80	44543.0	31804.35	4109992.5	1419.98	168343.2	2981.36	417566.4	46.99	3529.7
			混交林	37211.07	4510808.6	474.12	35600.7	30354.65	3671894.4	2642.03	330526.2	3408.84	429404.4	331.43	43382.9
			针阔混交林	28234.71	3428417.2	433.91	33117.9	24596.14	2992465.1	1715.37	212038.2	1429.30	184735.4	59.99	6060.6
			阔叶混交林	8976.36	1082391.4	40.21	2482.8	5758.51	679429.3	926.66	118488.0	1979.54	244669.0	271.44	37322.3
		人工	合计	2437.40	230138.4	1003.26	73811.9	1183.10	121363.0	121.13	18840.7	129.91	16122.8		
			纯林	2134.14	197252.0	754.06	48930.3	1129.04	113358.2	121.13	18840.7	129.91	16122.8		
			混交林	303.26	32886.4	249.20	24881.6	54.06	8004.8						
			针叶混交林	15.34	865.8	14.10	730.8	1.24	135.0						
			针阔混交林	287.92	32020.6	235.10	24150.8	52.82	7869.8						
		其中：人天混	合计	302.02	32751.4	249.20	24881.6	52.82	7869.8						
			混交林	302.02	32751.4	249.20	24881.6	52.82	7869.8						
			针叶混交林	14.10	730.8	14.10	730.8								
			针阔混交林	287.92	32020.6	235.10	24150.8	52.82	7869.8						

表 8　内蒙古重点国有林区乔木林各龄组面积、蓄积按林种、起源和林分类型统计表（续 8）

单位：公顷、立方米

统计单位	林种	起源	林分类型	合计		幼龄林		中龄林		近熟林		成熟林		过熟林	
				面积	蓄积	面积	蓄积	面积	蓄积	面积	蓄积	面积	蓄积	面积	蓄积
乌尔旗汉林业局	合计	合计	合计	482049.21	58742191.6	39963.95	2505077.2	358786.04	44959881.8	32213.62	4375023.3	45951.40	6265651.3	5134.20	636558.0
			纯林	316282.84	38240920.1	27580.50	1323988.3	237948.14	29888912.5	22709.70	3146318.3	25709.30	3583641.9	2335.20	298059.1
			混交林	165766.37	20501271.5	12383.45	1181088.9	120837.90	15070969.3	9503.92	1228705.0	20242.10	2682009.4	2799.00	338498.9
			针叶混交林	586.70	67970.5	471.80	54895.4	91.70	10869.7	23.20	2205.4				
			针阔混交林	130130.68	16382158.3	10929.95	1066853.3	102548.73	13143545.6	5894.70	788315.6	8827.20	1163753.1	1930.10	219690.7
			阔叶混交林	35048.99	4051142.7	981.70	59340.2	18197.47	1916554.0	3586.02	438184.0	11414.90	1518256.3	868.90	118808.2
		天然	合计	436544.52	53484790.4	22648.54	1480771.2	340527.57	42358006.5	25062.01	3205408.8	43321.10	5823481.0	4985.30	617122.9
			纯林	277970.80	33726610.6	16896.14	983310.2	220138.87	27335805.5	15670.49	1987399.3	23079.00	3141471.6	2186.30	278624.0
			混交林	158573.72	19758179.8	5752.40	497461.0	120388.70	15022201.0	9391.52	1218009.5	20242.10	2682009.4	2799.00	338498.9
			针叶混交林	17.50	3008.4			17.50	3008.4						
			针阔混交林	123567.63	15707610.0	4829.10	441569.7	102175.73	13102771.0	5805.50	779825.5	8827.20	1163753.1	1930.10	219690.7
			阔叶混交林	34988.59	4047561.4	923.30	55891.3	18195.47	1916421.6	3586.02	438184.0	11414.90	1518256.3	868.90	118808.2
		人工	合计	45504.69	5257401.2	17315.41	1024306.0	18258.47	2601875.3	7151.61	1169614.5	2630.30	442170.3	148.90	19435.1
			纯林	38312.04	4514309.5	10684.36	340678.1	17809.27	2553107.0	7039.21	1158919.0	2630.30	442170.3	148.90	19435.1
			混交林	7192.65	743091.7	6631.05	683627.9	449.20	48768.3	112.40	10695.5				
			针叶混交林	569.20	64962.1	471.80	54895.4	74.20	7861.3	23.20	2205.4				
			针阔混交林	6563.05	674548.3	6100.85	625283.6	373.00	40774.6	89.20	8490.1				
			阔叶混交林	60.40	3581.3	58.40	3448.9	2.00	132.4						
		其中：人天混	合计	7995.75	753766.0	7543.45	706303.6	435.90	46577.0	16.40	885.4				
			纯林	928.60	24010.9	923.80	23490.2	4.80	520.7						
			混交林	7067.15	729755.1	6619.65	682813.4	431.10	46056.3	16.40	885.4				
			针叶混交林	527.90	60044.7	471.80	54895.4	56.10	5149.3						
			针阔混交林	6478.85	666129.1	6089.45	624469.1	373.00	40774.6	16.40	885.4				
			阔叶混交林	60.40	3581.3	58.40	3448.9	2.00	132.4						
	防护林	合计	合计	238478.20	28611259.8	19292.14	1205475.3	174549.71	21572338.2	16033.95	2112225.3	24962.10	3265775.9	3640.30	455445.1
			纯林	155766.19	18756790.6	13838.84	681513.7	115439.30	14541708.0	11423.55	1529563.7	13445.90	1797113.2	1618.60	206892.0
			混交林	82712.01	9854469.2	5453.30	523961.6	59110.41	7030630.2	4610.40	582661.6	11516.20	1468662.7	2021.70	248553.1
			针叶混交林	217.30	29922.8	159.40	22101.6	57.90	7821.2						
			针阔混交林	62623.11	7597484.5	4797.00	470926.4	48468.31	5965669.4	2673.80	342737.7	5229.70	647033.9	1454.30	171117.1
			阔叶混交林	19871.60	2227061.9	496.90	30933.6	10584.20	1057139.6	1936.60	239923.9	6286.50	821628.8	567.40	77436.0
		天然	合计	217364.91	26387177.8	11156.60	757000.3	165254.42	20376914.4	13058.69	1637607.3	24268.00	3161265.0	3627.20	454390.8
			纯林	137762.90	16847011.2	8561.70	523396.2	106306.41	13361739.2	8537.49	1063435.8	12751.80	1692602.3	1605.50	205837.7
			混交林	79602.01	9540166.6	2594.90	233604.1	58948.01	7015175.2	4521.20	574171.5	11516.20	1468662.7	2021.70	248553.1
			针叶混交林	17.50	3008.4			17.50	3008.4						
			针阔混交林	59754.21	7312804.3	2137.30	205246.1	48348.31	5955159.6	2584.60	334247.6	5229.70	647033.9	1454.30	171117.1
			阔叶混交林	19830.30	2224353.9	457.60	28358.0	10582.20	1057007.2	1936.60	239923.9	6286.50	821628.8	567.40	77436.0
		人工	合计	21113.29	2224082.0	8135.54	448475.0	9295.29	1195423.8	2975.26	474618.0	694.10	104510.9	13.10	1054.3
			纯林	18003.29	1909779.4	5277.14	158117.5	9132.89	1179968.8	2886.06	466127.9	694.10	104510.9	13.10	1054.3
			混交林	3110.00	314302.6	2858.40	290357.5	162.40	15455.0	89.20	8490.1				
			针叶混交林	199.80	26914.4	159.40	22101.6	40.40	4812.8						
			针阔混交林	2868.90	284680.2	2659.70	265680.3	120.00	10509.8	89.20	8490.1				
			阔叶混交林	41.30	2708.0	39.30	2575.6	2.00	132.4						

表 8　内蒙古重点国有林区乔木林各龄组面积、蓄积按林种、起源和林分类型统计表（续 9）

单位：公顷、立方米

统计单位	林种	起源	林分类型	合计 面积	合计 蓄积	幼龄林 面积	幼龄林 蓄积	中龄林 面积	中龄林 蓄积	近熟林 面积	近熟林 蓄积	成熟林 面积	成熟林 蓄积	过熟林 面积	过熟林 蓄积
乌尔旗汉林业局	防护林	其中：人天混	合计	3632.20	322443.9	3463.70	307974.3	152.10	13584.2	16.40	885.4				
			纯林	610.10	18137.5	605.30	17616.8	4.80	520.7						
			混交林	3022.10	304306.4	2858.40	290357.5	147.30	13063.5	16.40	885.4				
			针叶混交林	184.70	24522.9	159.40	22101.6	25.30	2421.3						
			针阔混交林	2796.10	277075.5	2659.70	265680.3	120.00	10509.8	16.40	885.4				
			阔叶混交林	41.30	2708.0	39.30	2575.6	2.00	132.4						
	特用林	合计	合计	94871.63	11244374.5	10368.21	449022.9	71990.00	9003870.1	5582.92	790936.2	6682.70	970310.2	247.80	30235.1
			纯林	66328.08	7281341.4	8006.66	215944.0	49403.92	5804082.2	3845.30	539150.7	4949.60	709946.5	122.60	12218.0
			混交林	28543.55	3963033.1	2361.55	233078.9	22586.08	3199787.9	1737.62	251785.5	1733.10	260363.7	125.20	18017.1
			针叶混交林	189.60	20855.8	186.60	20535.3	3.00	320.5						
			针阔混交林	27186.85	3808230.8	2055.85	202949.4	21980.40	3136235.6	1644.20	240728.5	1386.50	211146.2	119.90	17171.1
			阔叶混交林	1167.10	133946.5	119.10	9594.2	602.68	63231.8	93.42	11057.0	346.60	49217.5	5.30	846.0
		天然	合计	83644.76	10144160.6	4540.64	198893.2	68231.00	8420599.5	4185.62	572405.1	6439.70	922027.7	247.80	30235.1
			纯林	57081.86	6383905.1	4069.24	159815.8	45735.42	5229587.7	2448.00	320619.6	4706.60	661664.0	122.60	12218.0
			混交林	26562.90	3760255.5	471.40	39077.4	22495.58	3191011.8	1737.62	251785.5	1733.10	260363.7	125.20	18017.1
			针阔混交林	25414.90	3627182.3	371.40	30356.5	21892.90	3127780.0	1644.20	240728.5	1386.50	211146.2	119.90	17171.1
			阔叶混交林	1148.00	133073.2	100.00	8720.9	602.68	63231.8	93.42	11057.0	346.60	49217.5	5.30	846.0
		人工	合计	11226.87	1100213.9	5827.57	250129.7	3759.00	583270.6	1397.30	218531.1	243.00	48282.5		
			纯林	9246.22	897436.3	3937.42	56128.2	3668.50	574494.5	1397.30	218531.1	243.00	48282.5		
			混交林	1980.65	202777.6	1890.15	194001.5	90.50	8776.1						
			针叶混交林	189.60	20855.8	186.60	20535.3	3.00	320.5						
			针阔混交林	1771.95	181048.5	1684.45	172592.9	87.50	8455.6						
			阔叶混交林	19.10	873.3	19.10	873.3								
		其中：人天混	合计	2259.25	202995.4	2171.75	194539.8	87.50	8455.6						
			纯林	281.60	538.3	281.60	538.3								
			混交林	1977.65	202457.1	1890.15	194001.5	87.50	8455.6						
			针叶混交林	186.60	20535.3	186.60	20535.3								
			针阔混交林	1771.95	181048.5	1684.45	172592.9	87.50	8455.6						
			阔叶混交林	19.10	873.3	19.10	873.3								
	用材林	合计	合计	148699.38	18886557.3	10303.60	850579.0	112246.33	14383673.5	10596.75	1471861.8	14306.60	2029565.2	1246.10	150877.8
			纯林	94188.57	12202788.1	5735.00	426530.6	73104.92	9543122.3	7440.85	1077603.9	7313.80	1076582.2	594.00	78949.1
			混交林	54510.81	6683769.2	4568.60	424048.4	39141.41	4840551.2	3155.90	394257.9	6992.80	952983.0	652.10	71928.7
			针叶混交林	179.80	17191.9	125.80	12258.5	30.80	2728.0	23.20	2205.4				
			针阔混交林	40320.72	4976443.0	4077.10	392977.5	32100.02	4041640.6	1576.70	204849.4	2211.00	305573.0	355.90	31402.5
			阔叶混交林	14010.29	1690134.3	365.70	18812.4	7010.59	796182.6	1556.00	187203.1	4781.80	647410.0	296.20	40526.2
		天然	合计	135534.85	16953452.0	6951.30	524877.7	107042.15	13560492.6	7817.70	995396.4	12613.40	1740188.3	1110.30	132497.0
			纯林	83126.04	10495694.3	4265.20	300098.2	68097.04	8744478.6	4685.00	603343.9	5620.60	787205.3	458.20	60568.3
			混交林	52408.81	6457757.7	2686.10	224779.5	38945.11	4816014.0	3132.70	392052.5	6992.80	952983.0	652.10	71928.7
			针阔混交林	38398.52	4767623.4	2320.40	205967.1	31934.52	4019831.4	1576.70	204849.4	2211.00	305573.0	355.90	31402.5
			阔叶混交林	14010.29	1690134.3	365.70	18812.4	7010.59	796182.6	1556.00	187203.1	4781.80	647410.0	296.20	40526.2
		人工	合计	13164.53	1933105.3	3352.30	325701.3	5204.18	823180.9	2779.05	476465.4	1693.20	289376.9	135.80	18380.8
			纯林	11062.53	1707093.8	1469.80	126432.4	5007.88	798643.7	2755.85	474260.0	1693.20	289376.9	135.80	18380.8
			混交林	2102.00	226011.5	1882.50	199268.9	196.30	24537.2	23.20	2205.4				

表 8　内蒙古重点国有林区乔木林各龄组面积、蓄积按林种、起源和林分类型统计表（续 10）

单位：公顷、立方米

统计单位	林种	起源	林分类型	合计		幼龄林		中龄林		近熟林		成熟林		过熟林	
				面积	蓄积	面积	蓄积	面积	蓄积	面积	蓄积	面积	蓄积	面积	蓄积
乌尔旗汉林业局	用材林	人工	针叶混交林	179.80	17191.9	125.80	12258.5	30.80	2728.0	23.20	2205.4				
			针阔混交林	1922.20	208819.6	1756.70	187010.4	165.50	21809.2						
		其中：人天混	合计	2104.30	228326.7	1908.00	203789.5	196.30	24537.2						
			纯林	36.90	5335.1	36.90	5335.1								
			混交林	2067.40	222991.6	1871.10	198454.4	196.30	24537.2						
			针叶混交林	156.60	14986.5	125.80	12258.5	30.80	2728.0						
			针阔混交林	1910.80	208005.1	1745.30	186195.9	165.50	21809.2						
库都尔林业局	合计	合计	合计	428838.66	48523473.2	25510.31	1127683.3	254804.57	28771765.4	121735.47	15237388.5	25117.34	3170344.2	1670.97	216291.8
			纯林	288799.19	31952450.1	22101.52	869494.6	169533.61	18851242.4	84088.84	10583223.7	12631.04	1586375.9	444.18	62113.5
			混交林	140039.47	16571023.1	3408.79	258188.7	85270.96	9920523.0	37646.63	4654164.8	12486.30	1583968.3	1226.79	154178.3
			针叶混交林	1937.52	238807.8	185.61	12259.1	848.65	113323.3	533.14	71391.2	370.12	41834.2		
			针阔混交林	113756.14	13427277.1	2699.79	204909.2	73555.27	8523603.8	30275.14	3772981.7	6944.85	893393.5	281.09	32388.9
			阔叶混交林	24345.81	2904938.2	523.39	41020.4	10867.04	1283595.9	6838.35	809791.9	5171.33	648740.6	945.70	121789.4
		天然	合计	348767.36	39225846.9	19203.90	871515.2	213308.51	23947584.3	96284.40	11865437.7	18317.79	2326997.3	1652.76	214312.4
			纯林	231884.47	25329802.4	17059.01	720075.3	141705.85	15609214.9	64252.76	7884771.0	8422.67	1053627.7	444.18	62113.5
			混交林	116882.89	13896044.5	2144.89	151439.9	71602.66	8338369.4	32031.64	3980666.7	9895.12	1273369.6	1208.58	152198.9
			针叶混交林	175.15	20573.5	15.71	1841.5	99.53	9925.3	59.91	8806.7				
			针阔混交林	92555.90	10994233.2	1605.79	108578.0	60640.12	7045638.9	25244.56	3172665.7	4802.55	636941.1	262.88	30409.5
			阔叶混交林	24151.84	2881237.8	523.39	41020.4	10863.01	1282805.2	6727.17	799194.3	5092.57	636428.5	945.70	121789.4
		人工	合计	80071.30	9297626.3	6306.41	256168.1	41496.06	4824181.1	25451.07	3371950.8	6799.55	843346.9	18.21	1979.4
			纯林	56914.72	6622647.7	5042.51	149419.3	27827.76	3242027.5	19836.08	2698452.7	4208.37	532748.2		
			混交林	23156.58	2674978.6	1263.90	106748.8	13668.30	1582153.6	5614.99	673498.1	2591.18	310598.7	18.21	1979.4
			针叶混交林	1762.37	218234.3	169.90	10417.6	749.12	103398.0	473.23	62584.5	370.12	41834.2		
			针阔混交林	21200.24	2433043.9	1094.00	96331.2	12915.15	1477964.9	5030.58	600316.0	2142.30	256452.4	18.21	1979.4
			阔叶混交林	193.97	23700.4			4.03	790.7	111.18	10597.6	78.76	12312.1		
		其中：人天混	合计	23139.24	2668567.7	1346.86	117350.0	13626.80	1575557.1	5569.06	665652.6	2578.31	308028.6	18.21	1979.4
			纯林	101.52	12561.1	90.26	10932.9	11.26	1628.2						
			混交林	23037.72	2656006.6	1256.60	106417.1	13615.54	1573928.9	5569.06	665652.6	2578.31	308028.6	18.21	1979.4
			针叶混交林	1643.51	199262.3	162.60	10085.9	696.36	95173.3	427.30	54739.0	357.25	39264.1		
			针阔混交林	21200.24	2433043.9	1094.00	96331.2	12915.15	1477964.9	5030.58	600316.0	2142.30	256452.4	18.21	1979.4
			阔叶混交林	193.97	23700.4			4.03	790.7	111.18	10597.6	78.76	12312.1		
	防护林	合计	合计	288045.30	31949317.2	20702.01	924070.3	169310.87	18679763.5	80738.52	10158033.5	16144.81	2035987.9	1149.09	151462.0
			纯林	200167.33	21714718.5	17970.76	729742.9	116155.34	12658593.3	56963.35	7180621.3	8702.83	1090562.0	375.05	55199.0
			混交林	87877.97	10234598.7	2731.25	194327.4	53155.53	6021170.2	23775.17	2977412.2	7441.98	945425.9	774.04	96263.0
			针叶混交林	1229.55	145068.4	151.53	8316.7	494.40	61523.8	348.66	49368.7	234.96	25859.2		
			针阔混交林	73342.94	8482729.6	2202.99	158489.0	46617.84	5239235.0	19737.48	2472183.4	4538.51	584506.8	246.12	28315.4
			阔叶混交林	13305.48	1606800.7	376.73	27521.7	6043.29	720411.4	3689.03	455860.1	2668.51	335059.9	527.92	67947.6
		天然	合计	233784.87	25812295.4	16017.89	718957.3	141603.62	15608986.6	63335.15	7852970.2	11697.33	1481898.7	1130.88	149482.6
			纯林	161556.63	17327956.6	14236.70	602097.4	97439.78	10578968.9	43378.38	5332771.5	6126.72	758919.8	375.05	55199.0
			混交林	72228.24	8484338.8	1781.19	116859.9	44163.84	5030017.7	19956.77	2520198.7	5570.61	722978.9	755.83	94283.6
			针叶混交林	91.24	8927.1	2.05	231.0	55.60	3666.3	33.59	5029.8				
			针阔混交林	59025.49	6892311.4	1402.41	89107.2	38068.98	4306730.7	16345.33	2069906.4	2980.86	400231.1	227.91	26336.0

表 8　内蒙古重点国有林区乔木林各龄组面积、蓄积按林种、起源和林分类型统计表（续 11）

单位：公顷、立方米

统计单位	林种	起源	林分类型	合计		幼龄林		中龄林		近熟林		成熟林		过熟林	
				面积	蓄积	面积	蓄积	面积	蓄积	面积	蓄积	面积	蓄积	面积	蓄积
库都尔林业局	防护林	天然	阔叶混交林	13111.51	1583100.3	376.73	27521.7	6039.26	719620.7	3577.85	445262.5	2589.75	322747.8	527.92	67947.6
		人工	合计	54260.43	6137021.8	4684.12	205113.0	27707.25	3070776.9	17403.37	2305063.3	4447.48	554089.2	18.21	1979.4
			纯林	38610.70	4386761.9	3734.06	127645.5	18715.56	2079624.4	13584.97	1847849.8	2576.11	331642.2		
			混交林	15649.73	1750259.9	950.06	77467.5	8991.69	991152.5	3818.40	457213.5	1871.37	222447.0	18.21	1979.4
			针叶混交林	1138.31	136141.3	149.48	8085.7	438.80	57857.5	315.07	44338.9	234.96	25859.2		
			针阔混交林	14317.45	1590418.2	800.58	69381.8	8548.86	932504.3	3392.15	402277.0	1557.65	184275.7	18.21	1979.4
			阔叶混交林	193.97	23700.4			4.03	790.7	111.18	10597.6	78.76	12312.1		
		其中：人天混	合计	15665.47	1747630.1	1034.83	88248.6	8956.44	984630.3	3784.62	450324.8	1871.37	222447.0	18.21	1979.4
			纯林	90.26	10932.9	90.26	10932.9								
			混交林	15575.21	1736697.2	944.57	77315.7	8956.44	984630.3	3784.62	450324.8	1871.37	222447.0	18.21	1979.4
			针叶混交林	1063.79	122578.6	143.99	7933.9	403.55	51335.3	281.29	37450.2	234.96	25859.2		
			针阔混交林	14317.45	1590418.2	800.58	69381.8	8548.86	932504.3	3392.15	402277.0	1557.65	184275.7	18.21	1979.4
			阔叶混交林	193.97	23700.4			4.03	790.7	111.18	10597.6	78.76	12312.1		
	特用林	合计	合计	8234.32	855200.5	1309.97	31998.5	3982.18	464952.7	2429.73	291648.5	510.31	66440.4	2.13	160.4
			纯林	5842.97	558143.7	1129.80	15656.8	2542.70	284194.3	1861.73	218591.2	308.74	39701.4		
			混交林	2391.35	297056.8	180.17	16341.7	1439.48	180758.4	568.00	73057.3	201.57	26739.0	2.13	160.4
			针叶混交林	198.09	24157.6	29.20	3503.4	57.40	7716.2	90.72	9016.2	20.77	3921.8		
			针阔混交林	1892.79	234598.7	150.97	12838.3	1215.57	153245.4	415.98	56177.4	108.14	12177.2	2.13	160.4
			阔叶混交林	300.47	38300.5			166.51	19796.8	61.30	7863.7	72.66	10640.0		
		天然	合计	4149.30	402615.1	501.44	11605.9	2458.44	254404.4	1022.52	115992.8	164.77	20451.6	2.13	160.4
			纯林	2784.72	242563.2	451.26	8714.6	1468.04	138757.7	773.31	85279.3	92.11	9811.6		
			混交林	1364.58	160051.9	50.18	2891.3	990.40	115646.7	249.21	30713.5	72.66	10640.0	2.13	160.4
			针叶混交林	39.98	5387.4	13.66	1610.5			26.32	3776.9				
			针阔混交林	1024.13	116364.0	36.52	1280.8	823.89	95849.9	161.59	19072.9			2.13	160.4
			阔叶混交林	300.47	38300.5			166.51	19796.8	61.30	7863.7	72.66	10640.0		
		人工	合计	4085.02	452585.4	808.53	20392.6	1523.74	210548.3	1407.21	175655.7	345.54	45988.8		
			纯林	3058.25	315580.5	678.54	6942.2	1074.66	145436.6	1088.42	133311.9	216.63	29889.8		
			混交林	1026.77	137004.9	129.99	13450.4	449.08	65111.7	318.79	42343.8	128.91	16099.0		
			针叶混交林	158.11	18770.2	15.54	1892.9	57.40	7716.2	64.40	5239.3	20.77	3921.8		
			针阔混交林	868.66	118234.7	114.45	11557.5	391.68	57395.5	254.39	37104.5	108.14	12177.2		
		其中：人天混	合计	988.31	132289.9	129.99	13450.4	435.64	63923.6	306.64	41387.0	116.04	13528.9		
			混交林	988.31	132289.9	129.99	13450.4	435.64	63923.6	306.64	41387.0	116.04	13528.9		
			针叶混交林	119.65	14055.2	15.54	1892.9	43.96	6528.1	52.25	4282.5	7.90	1351.7		
			针阔混交林	868.66	118234.7	114.45	11557.5	391.68	57395.5	254.39	37104.5	108.14	12177.2		
	用材林	合计	合计	132559.04	15718955.5	3498.33	171614.5	81511.52	9627049.2	38567.22	4787706.5	8462.22	1067915.9	519.75	64669.4
			纯林	82788.89	9679587.9	3000.96	124094.9	50835.57	5908454.8	25263.76	3184011.2	3619.47	456112.5	69.13	6914.5
			混交林	49770.15	6039367.6	497.37	47519.6	30675.95	3718594.4	13303.46	1603695.3	4842.75	611803.4	450.62	57754.9
			针叶混交林	509.88	69581.8	4.88	439.0	296.85	44083.3	93.76	13006.3	114.39	12053.2		
			针阔混交林	38520.41	4709948.8	345.83	33581.9	25721.86	3131123.4	10121.68	1244620.9	2298.20	296709.5	32.84	3913.1
			阔叶混交林	10739.86	1259837.0	146.66	13498.7	4657.24	543387.7	3088.02	346068.1	2430.16	303040.7	417.78	53841.8
		天然	合计	110833.19	13010936.4	2684.57	140952.0	69246.45	8084193.3	31926.73	3896474.7	6455.69	824647.0	519.75	64669.4
			纯林	67543.12	7759282.6	2371.05	109263.3	42798.03	4891488.3	20101.07	2466720.2	2203.84	284896.3	69.13	6914.5

表 8　内蒙古重点国有林区乔木林各龄组面积、蓄积按林种、起源和林分类型统计表（续 12）

单位：公顷、立方米

统计单位	林种	起源	林分类型	合计		幼龄林		中龄林		近熟林		成熟林		过熟林	
				面积	蓄积	面积	蓄积	面积	蓄积	面积	蓄积	面积	蓄积	面积	蓄积
库都尔林业局	用材林	天然	混交林	43290.07	5251653.8	313.52	31688.7	26448.42	3192705.0	11825.66	1429754.5	4251.85	539750.7	450.62	57754.9
			针叶混交林	43.93	6259.0			43.93	6259.0						
			针阔混交林	32506.28	3985557.8	166.86	18190.0	21747.25	2643058.3	8737.64	1083686.4	1821.69	236710.0	32.84	3913.1
			阔叶混交林	10739.86	1259837.0	146.66	13498.7	4657.24	543387.7	3088.02	346068.1	2430.16	303040.7	417.78	53841.8
		人工	合计	21725.85	2708019.1	813.76	30662.5	12265.07	1542855.9	6640.49	891231.8	2006.53	243268.9		
			纯林	15245.77	1920305.3	629.91	14831.6	8037.54	1016966.5	5162.69	717291.0	1415.63	171216.2		
			混交林	6480.08	787713.8	183.85	15830.9	4227.53	525889.4	1477.80	173940.8	590.90	72052.7		
			针叶混交林	465.95	63322.8	4.88	439.0	252.92	37824.3	93.76	13006.3	114.39	12053.2		
			针阔混交林	6014.13	724391.0	178.97	15391.9	3974.61	488065.1	1384.04	160934.5	476.51	59999.5		
		其中：人天混	合计	6485.46	788647.7	182.04	15651.0	4234.72	527003.2	1477.80	173940.8	590.90	72052.7		
			纯林	11.26	1628.2			11.26	1628.2						
			混交林	6474.20	787019.5	182.04	15651.0	4223.46	525375.0	1477.80	173940.8	590.90	72052.7		
			针叶混交林	460.07	62628.5	3.07	259.1	248.85	37309.9	93.76	13006.3	114.39	12053.2		
			针阔混交林	6014.13	724391.0	178.97	15391.9	3974.61	488065.1	1384.04	160934.5	476.51	59999.5		
图里河林业局	合计	合计	合计	318568.31	35452222.7	14967.27	819131.8	236484.86	26626157.5	50443.62	5779008.7	14636.12	1924799.7	2036.44	303125.0
			纯林	198964.51	21107913.6	9876.63	467844.6	149375.70	16071333.2	30888.58	3417066.7	7962.30	1031507.9	861.30	120161.2
			混交林	119603.80	14344309.1	5090.64	351287.2	87109.16	10554824.3	19555.04	2361942.0	6673.82	893291.8	1175.14	182963.8
			针叶混交林	1024.42	147837.7	94.76	9220.8	652.58	90733.9	183.52	31531.1	93.56	16351.9		
			针阔混交林	95568.70	11396900.9	4106.87	297234.0	74200.38	8970898.0	14218.59	1733825.3	2717.73	350698.8	325.13	44244.8
			阔叶混交林	23010.68	2799570.5	889.01	44832.4	12256.20	1493192.4	5152.93	596585.6	3862.53	526241.1	850.01	138719.0
		天然	合计	302556.97	33530349.0	13389.37	709738.6	225931.73	25326014.2	47036.73	5318871.1	14223.33	1879106.1	1975.81	296619.0
			纯林	186060.45	19572971.3	9129.81	437993.2	140358.10	14969958.9	28222.36	3065549.7	7549.51	985814.3	800.67	113655.2
			混交林	116496.52	13957377.7	4259.56	271745.4	85573.63	10356055.3	18814.37	2253321.4	6673.82	893291.8	1175.14	182963.8
			针叶混交林	484.84	71826.0			297.86	40574.6	93.42	14899.5	93.56	16351.9		
			针阔混交林	93052.47	11094118.6	3370.55	226913.0	73071.04	8830425.7	13568.02	1641836.3	2717.73	350698.8	325.13	44244.8
			阔叶混交林	22959.21	2791433.1	889.01	44832.4	12204.73	1485055.0	5152.93	596585.6	3862.53	526241.1	850.01	138719.0
		人工	合计	16011.34	1921873.7	1577.90	109393.2	10553.13	1300143.3	3406.89	460137.6	412.79	45693.6	60.63	6506.0
			纯林	12904.06	1534942.3	746.82	29851.4	9017.60	1101374.3	2666.22	351517.0	412.79	45693.6	60.63	6506.0
			混交林	3107.28	386931.4	831.08	79541.8	1535.53	198769.0	740.67	108620.6				
			针叶混交林	539.58	76011.7	94.76	9220.8	354.72	50159.3	90.10	16631.6				
			针阔混交林	2516.23	302782.3	736.32	70321.0	1129.34	140472.3	650.57	91989.0				
			阔叶混交林	51.47	8137.4			51.47	8137.4						
		其中：人天混	合计	1319.19	142805.4	806.08	78323.3	367.12	45869.5	145.99	18612.6				
			纯林	31.03	3030.9	17.22	1887.4			13.81	1143.5				
			混交林	1288.16	139774.5	788.86	76435.9	367.12	45869.5	132.18	17469.1				
			针叶混交林	77.12	10399.7	68.43	8212.4	8.69	2187.3						
			针阔混交林	1159.57	121237.4	720.43	68223.5	306.96	35544.8	132.18	17469.1				
			阔叶混交林	51.47	8137.4			51.47	8137.4						
	防护林	合计	合计	194897.85	21237566.5	8107.96	454747.1	146407.08	16021774.0	29668.52	3320975.2	9168.39	1201297.6	1545.90	238772.6
			纯林	124595.66	12823828.6	5620.37	274638.2	93495.47	9671520.4	19963.45	2148279.6	4976.86	652653.3	539.51	76737.1
			混交林	70302.19	8413737.9	2487.59	180108.9	52911.61	6350253.6	9705.07	1172695.6	4191.53	548644.3	1006.39	162035.5
			针叶混交林	422.81	60277.1	78.86	7695.8	251.06	35341.6	45.01	10075.6	47.88	7164.1		

表 8　内蒙古重点国有林区乔木林各龄组面积、蓄积按林种、起源和林分类型统计表（续 13）

单位：公顷、立方米

统计单位	林种	起源	林分类型	合计 面积	合计 蓄积	幼龄林 面积	幼龄林 蓄积	中龄林 面积	中龄林 蓄积	近熟林 面积	近熟林 蓄积	成熟林 面积	成熟林 蓄积	过熟林 面积	过熟林 蓄积
图里河林业局	防护林	合计	针阔混交林	55486.95	6597968.9	1899.44	145879.3	44763.87	5343137.4	6781.57	843465.1	1830.27	235848.9	211.80	29638.2
			阔叶混交林	14392.43	1755491.9	509.29	26533.8	7896.68	971774.6	2878.49	319154.9	2313.38	305631.3	794.59	132397.3
		天然	合计	185555.91	20122192.6	7069.19	375751.6	140538.20	15300755.7	27582.82	3044518.8	8841.61	1165705.3	1524.09	235461.2
			纯林	116783.20	11895224.9	5189.49	254292.6	88275.26	9035731.0	18150.67	1914714.6	4650.08	617061.0	517.70	73425.7
			混交林	68772.71	8226967.7	1879.70	121459.0	52262.94	6265024.7	9432.15	1129804.2	4191.53	548644.3	1006.39	162035.5
			针叶混交林	143.23	18592.3			80.20	8387.6	15.15	3040.6	47.88	7164.1		
			针阔混交林	54237.05	6452883.5	1370.41	94925.2	44286.06	5284862.5	6538.51	807608.7	1830.27	235848.9	211.80	29638.2
			阔叶混交林	14392.43	1755491.9	509.29	26533.8	7896.68	971774.6	2878.49	319154.9	2313.38	305631.3	794.59	132397.3
		人工	合计	9341.94	1115373.9	1038.77	78995.5	5868.88	721018.3	2085.70	276456.4	326.78	35592.3	21.81	3311.4
			纯林	7812.46	928603.7	430.88	20345.6	5220.21	635789.4	1812.78	233565.0	326.78	35592.3	21.81	3311.4
			混交林	1529.48	186770.2	607.89	58649.9	648.67	85228.9	272.92	42891.4				
			针叶混交林	279.58	41684.8	78.86	7695.8	170.86	26954.0	29.86	7035.0				
			针阔混交林	1249.90	145085.4	529.03	50954.1	477.81	58274.9	243.06	35856.4				
		其中：人天混	合计	707.07	73358.0	581.56	57641.5	109.30	14424.2	16.21	1292.3				
			纯林	13.81	1143.5					13.81	1143.5				
			混交林	693.26	72214.5	581.56	57641.5	109.30	14424.2	2.40	148.8				
			针叶混交林	61.22	8874.7	52.53	6687.4	8.69	2187.3						
			针阔混交林	632.04	63339.8	529.03	50954.1	100.61	12236.9	2.40	148.8				
	特用林	合计	合计	8118.14	973753.3	416.73	21691.4	6361.85	769493.2	863.75	114745.3	451.45	64676.9	24.36	3146.5
			纯林	5544.73	636716.8	320.75	14053.2	4324.30	501673.2	751.06	102479.9	132.32	17020.7	16.30	1489.8
			混交林	2573.41	337036.5	95.98	7638.2	2037.55	267820.0	112.69	12265.4	319.13	47656.2	8.06	1656.7
			针叶混交林	169.04	26177.8			169.04	26177.8						
			针阔混交林	1810.09	230511.3	86.85	7203.1	1595.24	207797.6	62.65	6276.6	65.35	9234.0		
			阔叶混交林	594.28	80347.4	9.13	435.1	273.27	33844.6	50.04	5988.8	253.78	38422.2	8.06	1656.7
		天然	合计	6464.20	763997.3	315.19	18420.5	5225.51	619196.8	475.72	61330.8	439.72	63392.5	8.06	1656.7
			纯林	4050.88	447567.5	230.47	11783.3	3336.79	370982.5	363.03	49065.4	120.59	15736.3		
			混交林	2413.32	316429.8	84.72	6637.2	1888.72	248214.3	112.69	12265.4	319.13	47656.2	8.06	1656.7
			针叶混交林	76.82	12919.4			76.82	12919.4						
			针阔混交林	1742.22	223163.0	75.59	6202.1	1538.63	201450.3	62.65	6276.6	65.35	9234.0		
			阔叶混交林	594.28	80347.4	9.13	435.1	273.27	33844.6	50.04	5988.8	253.78	38422.2	8.06	1656.7
		人工	合计	1653.94	209756.0	101.54	3270.9	1136.34	150296.4	388.03	53414.5	11.73	1284.4	16.30	1489.8
			纯林	1493.85	189149.3	90.28	2269.9	987.51	130690.7	388.03	53414.5	11.73	1284.4	16.30	1489.8
			混交林	160.09	20606.7	11.26	1001.0	148.83	19605.7						
			针叶混交林	92.22	13258.4			92.22	13258.4						
			针阔混交林	67.87	7348.3	11.26	1001.0	56.61	6347.3						
		其中：人天混	合计	26.04	2610.5	26.04	2610.5								
			纯林	14.78	1609.5	14.78	1609.5								
			混交林	11.26	1001.0	11.26	1001.0								
			针阔混交林	11.26	1001.0	11.26	1001.0								
	用材林	合计	合计	115552.32	13240902.9	6442.58	342693.3	83715.93	9834890.3	19911.35	2343288.2	5016.28	658825.2	466.18	61205.9
			纯林	68824.12	7647368.2	3935.51	179153.2	51555.93	5898139.6	10174.07	1166307.2	2853.12	361833.9	305.49	41934.3
			混交林	46728.20	5593534.7	2507.07	163540.1	32160.00	3936750.7	9737.28	1176981.0	2163.16	296991.3	160.69	19271.6

表 8 内蒙古重点国有林区乔木林各龄组面积、蓄积按林种、起源和林分类型统计表（续 14）

单位：公顷、立方米

统计单位	林种	起源	林分类型	合计		幼龄林		中龄林		近熟林		成熟林		过熟林	
				面积	蓄积	面积	蓄积	面积	蓄积	面积	蓄积	面积	蓄积	面积	蓄积
图里河林业局	用材林	合计	针叶混交林	432.57	61382.8	15.90	1525.0	232.48	29214.5	138.51	21455.5	45.68	9187.8		
			针阔混交林	38271.66	4568420.7	2120.58	144151.6	27841.27	3419963.0	7374.37	884083.6	822.11	105615.9	113.33	14606.6
			阔叶混交林	8023.97	963731.2	370.59	17863.5	4086.25	487573.2	2224.40	271441.9	1295.37	182187.6	47.36	4665.0
		天然	合计	110536.86	12644159.1	6004.99	315566.5	80168.02	9406061.7	18978.19	2213021.5	4942.00	650008.3	443.66	59501.1
			纯林	65226.37	7230178.9	3709.85	171917.3	48746.05	5563245.4	9708.66	1101769.7	2778.84	353017.0	282.97	40229.5
			混交林	45310.49	5413980.2	2295.14	143649.2	31421.97	3842816.3	9269.53	1111251.8	2163.16	296991.3	160.69	19271.6
			针叶混交林	264.79	40314.3			140.84	19267.6	78.27	11858.9	45.68	9187.8		
			针阔混交林	37073.20	4418072.1	1924.55	125785.7	27246.35	3344112.9	6966.86	827951.0	822.11	105615.9	113.33	14606.6
			阔叶混交林	7972.50	955593.8	370.59	17863.5	4034.78	479435.8	2224.40	271441.9	1295.37	182187.6	47.36	4665.0
		人工	合计	5015.46	596743.8	437.59	27126.8	3547.91	428828.6	933.16	130266.7	74.28	8816.9	22.52	1704.8
			纯林	3597.75	417189.3	225.66	7235.9	2809.88	334894.2	465.41	64537.5	74.28	8816.9	22.52	1704.8
			混交林	1417.71	179554.5	211.93	19890.9	738.03	93934.4	467.75	65729.2				
			针叶混交林	167.78	21068.5	15.90	1525.0	91.64	9946.9	60.24	9596.6				
			针阔混交林	1198.46	150348.6	196.03	18365.9	594.92	75850.1	407.51	56132.6				
			阔叶混交林	51.47	8137.4			51.47	8137.4						
		其中：人天混	合计	586.08	66836.9	198.48	18071.3	257.82	31445.3	129.78	17320.3				
			纯林	2.44	277.9	2.44	277.9								
			混交林	583.64	66559.0	196.04	17793.4	257.82	31445.3	129.78	17320.3				
			针叶混交林	15.90	1525.0	15.90	1525.0								
			针阔混交林	516.27	56896.6	180.14	16268.4	206.35	23307.9	129.78	17320.3				
			阔叶混交林	51.47	8137.4			51.47	8137.4						
伊图里河林业局	合计	合计	合计	132334.92	13690322.4	5884.13	284021.4	89986.80	8957691.5	21831.91	2527688.8	13024.16	1689957.7	1607.92	230963.0
			纯林	99777.23	9978514.7	3292.14	105316.0	70309.41	6751234.1	15656.97	1768760.7	9333.22	1187849.4	1185.49	165354.5
			混交林	32557.69	3711807.7	2591.99	178705.4	19677.39	2206457.4	6174.94	758928.1	3690.94	502108.3	422.43	65608.5
			针叶混交林	160.20	20332.3	10.37	1250.8	143.15	18085.0			6.68	996.5		
			针阔混交林	30552.87	3468637.5	2561.62	175316.3	18763.15	2105171.4	5791.83	705429.2	3095.76	431719.1	340.51	51001.5
			阔叶混交林	1844.62	222837.9	20.00	2138.3	771.09	83201.0	383.11	53498.9	588.50	69392.7	81.92	14607.0
		天然	合计	126533.14	13237891.1	4810.72	271038.6	86680.52	8667479.3	20615.46	2401461.0	12818.52	1666949.2	1607.92	230963.0
			纯林	94810.02	9603983.4	2222.92	92475.5	67560.48	6513255.2	14679.19	1664769.4	9161.94	1168128.8	1185.49	165354.5
			混交林	31723.12	3633907.7	2587.80	178563.1	19120.04	2154224.1	5936.27	736691.6	3656.58	498820.4	422.43	65608.5
			针叶混交林	160.20	20332.3	10.37	1250.8	143.15	18085.0			6.68	996.5		
			针阔混交林	29718.30	3390737.5	2557.43	175174.0	18205.80	2052938.1	5553.16	683192.7	3061.40	428431.2	340.51	51001.5
			阔叶混交林	1844.62	222837.9	20.00	2138.3	771.09	83201.0	383.11	53498.9	588.50	69392.7	81.92	14607.0
		人工	合计	5801.78	452431.3	1073.41	12982.8	3306.28	290212.2	1216.45	126227.8	205.64	23008.5		
			纯林	4967.21	374531.3	1069.22	12840.5	2748.93	237978.9	977.78	103991.3	171.28	19720.6		
			混交林	834.57	77900.0	4.19	142.3	557.35	52233.3	238.67	22236.5	34.36	3287.9		
			针阔混交林	834.57	77900.0	4.19	142.3	557.35	52233.3	238.67	22236.5	34.36	3287.9		
		其中：人天混	合计	50.56	5479.1			16.43	1977.1	20.72	2547.7	13.41	954.3		
			纯林	42.68	5062.6			10.56	1634.4	20.72	2547.7	11.40	880.5		
			混交林	7.88	416.5			5.87	342.7			2.01	73.8		
			针阔混交林	7.88	416.5			5.87	342.7			2.01	73.8		

表 8　内蒙古重点国有林区乔木林各龄组面积、蓄积按林种、起源和林分类型统计表（续 15）

单位：公顷、立方米

统计单位	林种	起源	林分类型	合计		幼龄林		中龄林		近熟林		成熟林		过熟林	
				面积	蓄积	面积	蓄积	面积	蓄积	面积	蓄积	面积	蓄积	面积	蓄积
伊图里河林业局		合计	合计	85097.79	8851210.1	4787.13	227231.6	58879.13	5999045.6	13058.94	1511990.0	7831.25	1016807.4	541.34	96135.5
			纯林	62784.67	6368490.3	2395.61	67098.6	45275.68	4471348.0	9155.68	1037282.4	5549.25	716601.2	408.45	76160.1
			混交林	22313.12	2482719.8	2391.52	160133.0	13603.45	1527697.6	3903.26	474707.6	2282.00	300206.2	132.89	19975.4
		合计	针叶混交林	155.72	19802.5	10.37	1250.8	138.67	17555.2			6.68	996.5		
			针阔混交林	21022.12	2333784.8	2381.15	158882.2	12934.68	1452153.4	3777.22	459303.3	1856.71	254421.3	72.36	9024.6
			阔叶混交林	1135.28	129132.5			530.10	57989.0	126.04	15404.3	418.61	44788.4	60.53	10950.8
			合计	81443.52	8589217.3	3825.43	216888.7	57114.34	5839914.9	12243.81	1432313.2	7718.60	1003965.0	541.34	96135.5
			纯林	59624.24	6153083.5	1438.10	56898.0	43799.87	4339370.9	8506.86	973607.8	5470.96	707046.7	408.45	76160.1
		天然	混交林	21819.28	2436133.8	2387.33	159990.7	13314.47	1500544.0	3736.95	458705.4	2247.64	296918.3	132.89	19975.4
			针叶混交林	155.72	19802.5	10.37	1250.8	138.67	17555.2			6.68	996.5		
	防护林		针阔混交林	20528.28	2287198.8	2376.96	158739.9	12645.70	1424999.8	3610.91	443301.1	1822.35	251133.4	72.36	9024.6
			阔叶混交林	1135.28	129132.5			530.10	57989.0	126.04	15404.3	418.61	44788.4	60.53	10950.8
			合计	3654.27	261992.8	961.70	10342.9	1764.79	159130.7	815.13	79676.8	112.65	12842.4		
		人工	纯林	3160.43	215406.8	957.51	10200.6	1475.81	131977.1	648.82	63674.6	78.29	9554.5		
			混交林	493.84	46586.0	4.19	142.3	288.98	27153.6	166.31	16002.2	34.36	3287.9		
			针阔混交林	493.84	46586.0	4.19	142.3	288.98	27153.6	166.31	16002.2	34.36	3287.9		
			合计	41.31	5055.5			16.43	1977.1	11.47	2124.1	13.41	954.3		
		其中：人天混	纯林	33.43	4639.0			10.56	1634.4	11.47	2124.1	11.40	880.5		
			混交林	7.88	416.5			5.87	342.7			2.01	73.8		
			针阔混交林	7.88	416.5			5.87	342.7			2.01	73.8		
			合计	7814.57	806045.1	157.78	4675.0	6084.54	601843.9	994.62	125085.4	564.78	73074.2	12.85	1366.6
			纯林	6247.23	618100.9	157.78	4675.0	5046.77	487312.6	687.99	82922.8	353.00	43106.5	1.69	84.0
		合计	混交林	1567.34	187944.2			1037.77	114531.3	306.63	42162.6	211.78	29967.7	11.16	1282.6
			针阔混交林	1387.85	165443.6			973.61	106396.2	215.55	30631.7	187.53	27133.1	11.16	1282.6
			阔叶混交林	179.49	22500.6			64.16	8135.1	91.08	11530.9	24.25	2834.6		
			合计	7457.41	761052.2	146.38	4211.5	5836.11	569720.9	934.59	117889.2	527.48	67864.0	12.85	1366.6
			纯林	5930.52	579265.4	146.38	4211.5	4838.79	461347.0	627.96	75726.6	315.70	37896.3	1.69	84.0
	特用林	天然	混交林	1526.89	181786.8			997.32	108373.9	306.63	42162.6	211.78	29967.7	11.16	1282.6
			针阔混交林	1347.40	159286.2			933.16	100238.8	215.55	30631.7	187.53	27133.1	11.16	1282.6
			阔叶混交林	179.49	22500.6			64.16	8135.1	91.08	11530.9	24.25	2834.6		
			合计	357.16	44992.9	11.40	463.5	248.43	32123.0	60.03	7196.2	37.30	5210.2		
		人工	纯林	316.71	38835.5	11.40	463.5	207.98	25965.6	60.03	7196.2	37.30	5210.2		
			混交林	40.45	6157.4			40.45	6157.4						
			针阔混交林	40.45	6157.4			40.45	6157.4						
		其中：人天混	合计	9.25	423.6					9.25	423.6				
			纯林	9.25	423.6					9.25	423.6				
			合计	39422.56	4033067.2	939.22	52114.8	25023.13	2356802.0	7778.35	890613.4	4628.13	600076.1	1053.73	133460.9
			纯林	30745.33	2991923.5	738.75	33542.4	19986.96	1792573.5	5813.30	648555.5	3430.97	428141.7	775.35	89110.4
		合计	混交林	8677.23	1041143.7	200.47	18572.4	5036.17	564228.5	1965.05	242057.9	1197.16	171934.4	278.38	44350.5
	用材林		针叶混交林	4.48	529.8			4.48	529.8						
			针阔混交林	8142.90	969409.1	180.47	16434.1	4854.86	546621.8	1799.06	215494.2	1051.52	150164.7	256.99	40694.3
			阔叶混交林	529.85	71204.8	20.00	2138.3	176.83	17076.9	165.99	26563.7	145.64	21769.7	21.39	3656.2
		天然	合计	37632.21	3887621.6	838.91	49938.4	23730.07	2257843.5	7437.06	851258.6	4572.44	595120.2	1053.73	133460.9

表 8 内蒙古重点国有林区乔木林各龄组面积、蓄积按林种、起源和林分类型统计表（续 16）

单位：公顷、立方米

统计单位	林种	起源	林分类型	合计		幼龄林		中龄林		近熟林		成熟林		过熟林	
				面积	蓄积	面积	蓄积	面积	蓄积	面积	蓄积	面积	蓄积	面积	蓄积
伊图里河林业局	用材林	天然	纯林	29255.26	2871634.5	638.44	31366.0	18921.82	1712537.3	5544.37	615435.0	3375.28	423185.8	775.35	89110.4
			混交林	8376.95	1015987.1	200.47	18572.4	4808.25	545306.2	1892.69	235823.6	1197.16	171934.4	278.38	44350.5
			针叶混交林	4.48	529.8			4.48	529.8						
			针阔混交林	7842.62	944252.5	180.47	16434.1	4626.94	527699.5	1726.70	209259.9	1051.52	150164.7	256.99	40694.3
			阔叶混交林	529.85	71204.8	20.00	2138.3	176.83	17076.9	165.99	26563.7	145.64	21769.7	21.39	3656.2
		人工	合计	1790.35	145445.6	100.31	2176.4	1293.06	98958.5	341.29	39354.8	55.69	4955.9		
			纯林	1490.07	120289.0	100.31	2176.4	1065.14	80036.2	268.93	33120.5	55.69	4955.9		
			混交林	300.28	25156.6			227.92	18922.3	72.36	6234.3				
			针阔混交林	300.28	25156.6			227.92	18922.3	72.36	6234.3				
克一河林业局	合计	合计	合计	203685.70	23528018.9	6343.93	426272.9	133620.12	15939191.6	36296.39	4036951.5	23566.73	2661734.1	3858.53	463868.8
			纯林	106734.01	12473727.9	4212.13	258186.8	62718.63	7733989.4	23540.56	2573871.7	14051.23	1650256.9	2211.46	257423.1
			混交林	96951.69	11054291.0	2131.80	168086.1	70901.49	8205202.2	12755.83	1463079.8	9515.50	1011477.2	1647.07	206445.7
			针叶混交林	68.30	7594.0			29.00	3752.4			39.30	3841.6		
			针阔混交林	70018.68	8401535.0	1787.40	151274.4	59173.83	7162210.1	5909.63	712010.6	2724.92	322831.9	422.90	53208.0
			阔叶混交林	26864.71	2645162.0	344.40	16811.7	11698.66	1039239.7	6846.20	751069.2	6751.28	684803.7	1224.17	153237.7
		天然	合计	187052.37	21277158.9	4224.39	190099.6	126406.61	15009069.1	32990.13	3567143.8	19572.71	2046977.6	3858.53	463868.8
			纯林	91488.48	10364132.8	2211.89	29432.9	56049.82	6857920.4	20535.30	2143650.8	10480.01	1075705.6	2211.46	257423.1
			混交林	95563.89	10913026.1	2012.50	160666.7	70356.79	8151148.7	12454.83	1423493.0	9092.70	971272.0	1647.07	206445.7
			针叶混交林	1.90	319.0			1.90	319.0						
			针阔混交林	68697.28	8267545.1	1668.10	143855.0	58656.23	7111590.0	5608.63	672423.8	2341.42	286468.3	422.90	53208.0
			阔叶混交林	26864.71	2645162.0	344.40	16811.7	11698.66	1039239.7	6846.20	751069.2	6751.28	684803.7	1224.17	153237.7
		人工	合计	16633.33	2250860.0	2119.54	236173.3	7213.51	930122.5	3306.26	469807.7	3994.02	614756.5		
			纯林	15245.53	2109595.1	2000.24	228753.9	6668.81	876069.0	3005.26	430220.9	3571.22	574551.3		
			混交林	1387.80	141264.9	119.30	7419.4	544.70	54053.5	301.00	39586.8	422.80	40205.2		
			针叶混交林	66.40	7275.0			27.10	3433.4			39.30	3841.6		
			针阔混交林	1321.40	133989.9	119.30	7419.4	517.60	50620.1	301.00	39586.8	383.50	36363.6		
		其中：人天混	合计	1346.00	134949.3	138.60	7419.4	522.90	51579.5	301.00	39586.8	383.50	36363.6		
			纯林	19.30		19.30									
			混交林	1326.70	134949.3	119.30	7419.4	522.90	51579.5	301.00	39586.8	383.50	36363.6		
			针叶混交林	5.30	959.4			5.30	959.4						
			针阔混交林	1321.40	133989.9	119.30	7419.4	517.60	50620.1	301.00	39586.8	383.50	36363.6		
	防护林	合计	合计	114608.64	12804473.9	3810.39	181205.5	72786.29	8415214.5	21294.29	2319414.3	14579.29	1624826.6	2138.38	263813.0
			纯林	63681.43	7119440.6	2635.59	77962.2	36255.74	4318951.9	14821.78	1558155.0	8825.71	1031911.6	1142.61	132459.9
			混交林	50927.21	5685033.3	1174.80	103243.3	36530.55	4096262.6	6472.51	761259.3	5753.58	592915.0	995.77	131353.1
			针叶混交林	57.30	5864.1			18.00	2022.5			39.30	3841.6		
			针阔混交林	35992.50	4203548.0	974.00	92807.5	30366.69	3549231.8	2802.41	343862.7	1539.80	180740.9	309.60	36905.1
			阔叶混交林	14877.41	1475621.2	200.80	10435.8	6145.86	545008.3	3670.10	417396.6	4174.48	408332.5	686.17	94448.0
		天然	合计	105795.09	11646181.7	2982.13	122174.8	69161.95	7973780.4	19295.04	2035316.8	12217.59	1251096.7	2138.38	263813.0
			纯林	55695.88	6051379.1	1831.03	20365.7	32942.00	3907350.8	13068.63	1306689.0	6711.61	684513.7	1142.61	132459.9
			混交林	50099.21	5594802.6	1151.10	101809.1	36219.95	4066429.6	6226.41	728627.8	5505.98	566583.0	995.77	131353.1
			针阔混交林	35221.80	4119181.4	950.30	91373.3	30074.09	3521421.3	2556.31	311231.2	1331.50	158250.5	309.60	36905.1
			阔叶混交林	14877.41	1475621.2	200.80	10435.8	6145.86	545008.3	3670.10	417396.6	4174.48	408332.5	686.17	94448.0

表 8　内蒙古重点国有林区乔木林各龄组面积、蓄积按林种、起源和林分类型统计表（续 17）

单位：公顷、立方米

统计单位	林种	起源	林分类型	合计		幼龄林		中龄林		近熟林		成熟林		过熟林	
				面积	蓄积	面积	蓄积	面积	蓄积	面积	蓄积	面积	蓄积	面积	蓄积
克一河林业局	防护林	人工	合计	8813.55	1158292.2	828.26	59030.7	3624.34	441434.1	1999.25	284097.5	2361.70	373729.9		
			纯林	7985.55	1068061.5	804.56	57596.5	3313.74	411601.1	1753.15	251466.0	2114.10	347397.9		
			混交林	828.00	90230.7	23.70	1434.2	310.60	29833.0	246.10	32631.5	247.60	26332.0		
			针叶混交林	57.30	5864.1			18.00	2022.5			39.30	3841.6		
			针阔混交林	770.70	84366.6	23.70	1434.2	292.60	27810.5	246.10	32631.5	208.30	22490.4		
		其中：人天混	合计	790.00	84366.6	43.00	1434.2	292.60	27810.5	246.10	32631.5	208.30	22490.4		
			纯林	19.30		19.30									
			混交林	770.70	84366.6	23.70	1434.2	292.60	27810.5	246.10	32631.5	208.30	22490.4		
			针阔混交林	770.70	84366.6	23.70	1434.2	292.60	27810.5	246.10	32631.5	208.30	22490.4		
	特用林	合计	合计	20726.38	2651154.2	716.40	101861.6	14021.84	1763717.1	4425.42	567089.3	1231.87	178480.1	330.85	40006.1
			纯林	13785.40	1834967.0	611.40	94708.8	9295.00	1210450.1	2977.30	398988.1	761.75	114150.3	139.95	16669.7
			混交林	6940.98	816187.2	105.00	7152.8	4726.84	553267.0	1448.12	168101.2	470.12	64329.8	190.90	23336.4
			针叶混交林	11.00	1729.9			11.00	1729.9						
			针阔混交林	5474.48	666250.5	97.90	6928.8	4117.44	502004.6	921.72	107933.7	256.52	37534.2	80.90	11849.2
			阔叶混交林	1455.50	148206.8	7.10	224.0	598.40	49532.5	526.40	60167.5	213.60	26795.6	110.00	11487.2
		天然	合计	17277.48	2157905.0	193.46	13760.1	12433.86	1556915.9	3716.89	463265.4	602.42	83957.5	330.85	40006.1
			纯林	10399.90	1347227.6	90.86	6761.1	7740.62	1007663.9	2268.77	295164.2	159.70	20968.7	139.95	16669.7
			混交林	6877.58	810677.4	102.60	6999.0	4693.24	549252.0	1448.12	168101.2	442.72	62988.8	190.90	23336.4
			针叶混交林	1.90	319.0			1.90	319.0						
			针阔混交林	5420.18	662151.6	95.50	6775.0	4092.94	499400.5	921.72	107933.7	229.12	36193.2	80.90	11849.2
			阔叶混交林	1455.50	148206.8	7.10	224.0	598.40	49532.5	526.40	60167.5	213.60	26795.6	110.00	11487.2
		人工	合计	3448.90	493249.2	522.94	88101.5	1587.98	206801.2	708.53	103823.9	629.45	94522.6		
			纯林	3385.50	487739.4	520.54	87947.7	1554.38	202786.2	708.53	103823.9	602.05	93181.6		
			混交林	63.40	5509.8	2.40	153.8	33.60	4015.0			27.40	1341.0		
			针叶混交林	9.10	1410.9			9.10	1410.9						
			针阔混交林	54.30	4098.9	2.40	153.8	24.50	2604.1			27.40	1341.0		
		其中：人天混	合计	59.60	5058.3	2.40	153.8	29.80	3563.5			27.40	1341.0		
			混交林	59.60	5058.3	2.40	153.8	29.80	3563.5			27.40	1341.0		
			针叶混交林	5.30	959.4			5.30	959.4						
			针阔混交林	54.30	4098.9	2.40	153.8	24.50	2604.1			27.40	1341.0		
	用材林	合计	合计	68350.68	8072390.8	1817.14	143205.8	46811.99	5760260.0	10576.68	1150447.9	7755.57	858427.4	1389.30	160049.7
			纯林	29267.18	3519320.3	965.14	85515.8	17167.89	2204587.4	5741.48	616728.6	4463.77	504195.0	928.90	108293.5
			混交林	39083.50	4553070.5	852.00	57690.0	29644.10	3555672.6	4835.20	533719.3	3291.80	354232.4	460.40	51756.2
			针阔混交林	28551.70	3531736.5	715.50	51538.1	24689.70	3110973.7	2185.50	260214.2	928.60	104556.8	32.40	4453.7
			阔叶混交林	10531.80	1021334.0	136.50	6151.9	4954.40	444698.9	2649.70	273505.1	2363.20	249675.6	428.00	47302.5
		天然	合计	63979.80	7473072.2	1048.80	54164.7	44810.80	5478372.8	9978.20	1068561.6	6752.70	711923.4	1389.30	160049.7
			纯林	25392.70	2965526.1	290.00	2306.1	15367.20	1942905.7	5197.90	541797.6	3608.70	370223.2	928.90	108293.5
			混交林	38587.10	4507546.1	758.80	51858.6	29443.60	3535467.1	4780.30	526764.0	3144.00	341700.2	460.40	51756.2
			针阔混交林	28055.30	3486212.1	622.30	45706.7	24489.20	3090768.2	2130.60	253258.9	780.80	92024.6	32.40	4453.7
			阔叶混交林	10531.80	1021334.0	136.50	6151.9	4954.40	444698.9	2649.70	273505.1	2363.20	249675.6	428.00	47302.5
		人工	合计	4370.88	599318.6	768.34	89041.1	2001.19	281887.2	598.48	81886.3	1002.87	146504.0		
			纯林	3874.48	553794.2	675.14	83209.7	1800.69	261681.7	543.58	74931.0	855.07	133971.8		

表 8 内蒙古重点国有林区乔木林各龄组面积、蓄积按林种、起源和林分类型统计表（续 18）

单位：公顷、立方米

统计单位	林种	起源	林分类型	合计面积	合计蓄积	幼龄林面积	幼龄林蓄积	中龄林面积	中龄林蓄积	近熟林面积	近熟林蓄积	成熟林面积	成熟林蓄积	过熟林面积	过熟林蓄积
克一河林业局	用材林	人工	混交林	496.40	45524.4	93.20	5831.4	200.50	20205.5	54.90	6955.3	147.80	12532.2		
			针阔混交林	496.40	45524.4	93.20	5831.4	200.50	20205.5	54.90	6955.3	147.80	12532.2		
		其中：人天混	合计	496.40	45524.4	93.20	5831.4	200.50	20205.5	54.90	6955.3	147.80	12532.2		
			混交林	496.40	45524.4	93.20	5831.4	200.50	20205.5	54.90	6955.3	147.80	12532.2		
			针阔混交林	496.40	45524.4	93.20	5831.4	200.50	20205.5	54.90	6955.3	147.80	12532.2		
甘河林业局	合计	合计	合计	334254.90	33369799.8	18127.06	1148497.3	241086.52	24384804.9	43712.86	4252302.9	27909.61	3141011.9	3418.85	443182.8
			纯林	205721.37	20670041.2	14351.22	859748.3	145787.71	14960184.8	26458.71	2604348.2	17499.37	2029726.0	1624.36	216033.9
			混交林	128533.53	12699758.6	3775.84	288749.0	95298.81	9424620.1	17254.15	1647954.7	10410.24	1111285.9	1794.49	227148.9
			针叶混交林	278.06	31408.3			265.10	29134.5			12.96	2273.8		
			针阔混交林	111752.50	11167752.8	3446.03	268294.4	88379.11	8838100.6	11890.20	1153924.1	6948.98	774031.8	1088.18	133401.9
			阔叶混交林	16502.97	1500597.5	329.81	20454.6	6654.60	557385.0	5363.95	494030.6	3448.30	334980.3	706.31	93747.0
		天然	合计	323908.48	32331834.7	16733.92	1094926.6	239944.96	24270010.3	41644.76	4022726.5	22165.99	2500988.5	3418.85	443182.8
			纯林	197796.34	19857606.2	12991.17	807556.8	144811.73	14860249.0	24769.89	2400479.4	13599.19	1573287.1	1624.36	216033.9
			混交林	126112.14	12474228.5	3742.75	287369.8	95133.23	9409761.3	16874.87	1622247.1	8566.80	927701.4	1794.49	227148.9
			针叶混交林	265.10	29134.5			265.10	29134.5						
			针阔混交林	109344.07	10944496.5	3412.94	266915.2	88213.53	8823241.8	11510.92	1128216.5	5118.50	592721.1	1088.18	133401.9
			阔叶混交林	16502.97	1500597.5	329.81	20454.6	6654.60	557385.0	5363.95	494030.6	3448.30	334980.3	706.31	93747.0
		人工	合计	10346.42	1037965.1	1393.14	53570.7	1141.56	114794.6	2068.10	229576.4	5743.62	640023.4		
			纯林	7925.03	812435.0	1360.05	52191.5	975.98	99935.8	1688.82	203868.8	3900.18	456438.9		
			混交林	2421.39	225530.1	33.09	1379.2	165.58	14858.8	379.28	25707.6	1843.44	183584.5		
			针叶混交林	12.96	2273.8							12.96	2273.8		
			针阔混交林	2408.43	223256.3	33.09	1379.2	165.58	14858.8	379.28	25707.6	1830.48	181310.7		
		其中：人天混	合计	2421.39	225530.1	33.09	1379.2	165.58	14858.8	379.28	25707.6	1843.44	183584.5		
			混交林	2421.39	225530.1	33.09	1379.2	165.58	14858.8	379.28	25707.6	1843.44	183584.5		
			针叶混交林	12.96	2273.8							12.96	2273.8		
			针阔混交林	2408.43	223256.3	33.09	1379.2	165.58	14858.8	379.28	25707.6	1830.48	181310.7		
	防护林	合计	合计	219705.57	21829572.7	13092.33	793524.6	156629.01	15823928.8	28170.77	2729700.0	19359.62	2168317.1	2453.84	314102.2
			纯林	133604.34	13361024.8	10342.05	579523.6	93470.40	9622470.1	16883.84	1656957.2	11844.22	1360716.2	1063.83	141357.7
			混交林	86101.23	8468547.9	2750.28	214001.0	63158.61	6201458.7	11286.93	1072742.8	7515.40	807600.9	1390.01	172744.5
			针叶混交林	158.21	17508.5			158.21	17508.5						
			针阔混交林	74912.66	7473490.5	2504.93	197622.9	58481.61	5826990.6	8045.92	782176.9	4994.74	557907.5	885.46	108792.6
			阔叶混交林	11030.36	977548.9	245.35	16378.1	4518.79	356959.6	3241.01	290565.9	2520.66	249693.4	504.55	63951.9
		天然	合计	213188.17	21205014.4	12164.42	759557.8	155830.95	15748072.7	26964.27	2604124.3	15774.69	1779157.4	2453.84	314102.2
			纯林	128798.13	12895391.5	9447.23	546936.0	92743.08	9551861.9	15972.10	1551161.0	9571.89	1104074.9	1063.83	141357.7
			混交林	84390.04	8309622.9	2717.19	212621.8	63087.87	6196210.8	10992.17	1052963.3	6202.80	675082.5	1390.01	172744.5
			针叶混交林	158.21	17508.5			158.21	17508.5						
			针阔混交林	73201.47	7314565.5	2471.84	196243.7	58410.87	5821742.7	7751.16	762397.4	3682.14	425389.1	885.46	108792.6
			阔叶混交林	11030.36	977548.9	245.35	16378.1	4518.79	356959.6	3241.01	290565.9	2520.66	249693.4	504.55	63951.9
		人工	合计	6517.40	624558.3	927.91	33966.8	798.06	75856.1	1206.50	125575.7	3584.93	389159.7		
			纯林	4806.21	465633.3	894.82	32587.6	727.32	70608.2	911.74	105796.2	2272.33	256641.3		
			混交林	1711.19	158925.0	33.09	1379.2	70.74	5247.9	294.76	19779.5	1312.60	132518.4		
			针阔混交林	1711.19	158925.0	33.09	1379.2	70.74	5247.9	294.76	19779.5	1312.60	132518.4		

表 8　内蒙古重点国有林区乔木林各龄组面积、蓄积按林种、起源和林分类型统计表（续 19）

单位：公顷、立方米

统计单位	林种	起源	林分类型	合计		幼龄林		中龄林		近熟林		成熟林		过熟林	
				面积	蓄积	面积	蓄积	面积	蓄积	面积	蓄积	面积	蓄积	面积	蓄积
甘河林业局	防护林	其中：人天混	合计	1711.19	158925.0	33.09	1379.2	70.74	5247.9	294.76	19779.5	1312.60	132518.4		
			混交林	1711.19	158925.0	33.09	1379.2	70.74	5247.9	294.76	19779.5	1312.60	132518.4		
			针阔混交林	1711.19	158925.0	33.09	1379.2	70.74	5247.9	294.76	19779.5	1312.60	132518.4		
	特用林	合计	合计	5945.18	732130.9	348.72	41288.7	3438.40	432949.3	953.13	110656.1	1141.69	142352.5	63.24	4884.3
			纯林	4356.24	572351.8	279.21	34941.6	2438.97	321238.1	710.83	91858.4	863.99	119429.4	63.24	4884.3
			混交林	1588.94	159779.1	69.51	6347.1	999.43	111711.2	242.30	18797.7	277.70	22923.1		
			针叶混交林	12.96	2273.8							12.96	2273.8		
			针阔混交林	1004.80	114371.8	69.51	6347.1	817.05	96479.1	14.92	1700.8	103.32	9844.8		
			阔叶混交林	571.18	43133.5			182.38	15232.1	227.38	17096.9	161.42	10804.5		
		天然	合计	4353.32	515332.4	312.26	40396.8	3309.81	416112.8	370.80	30345.8	297.21	23592.7	63.24	4884.3
			纯林	2883.77	367714.0	242.75	34049.7	2310.38	304401.6	143.06	13234.0	124.34	11144.4	63.24	4884.3
			混交林	1469.55	147618.4	69.51	6347.1	999.43	111711.2	227.74	17111.8	172.87	12448.3		
			针阔混交林	898.37	104484.9	69.51	6347.1	817.05	96479.1	0.36	14.9	11.45	1643.8		
			阔叶混交林	571.18	43133.5			182.38	15232.1	227.38	17096.9	161.42	10804.5		
		人工	合计	1591.86	216798.5	36.46	891.9	128.59	16836.5	582.33	80310.3	844.48	118759.8		
			纯林	1472.47	204637.8	36.46	891.9	128.59	16836.5	567.77	78624.4	739.65	108285.0		
			混交林	119.39	12160.7					14.56	1685.9	104.83	10474.8		
			针叶混交林	12.96	2273.8							12.96	2273.8		
			针阔混交林	106.43	9886.9					14.56	1685.9	91.87	8201.0		
		其中：人天混	合计	119.39	12160.7					14.56	1685.9	104.83	10474.8		
			混交林	119.39	12160.7					14.56	1685.9	104.83	10474.8		
			针叶混交林	12.96	2273.8							12.96	2273.8		
			针阔混交林	106.43	9886.9					14.56	1685.9	91.87	8201.0		
	用材林	合计	合计	108604.15	10808096.2	4686.01	313684.0	81019.11	8127926.8	14588.96	1411946.8	7408.30	830342.3	901.77	124196.3
			纯林	67760.79	6736664.6	3729.96	245283.1	49878.34	5016476.6	8864.04	855532.6	4791.16	549580.4	497.29	69791.9
			混交林	40843.36	4071431.6	956.05	68400.9	31140.77	3111450.2	5724.92	556414.2	2617.14	280761.9	404.48	54404.4
			针叶混交林	106.89	11626.0			106.89	11626.0						
			针阔混交林	35835.04	3579890.5	871.59	64324.4	29080.45	2914630.9	3829.36	370046.4	1850.92	206279.5	202.72	24609.3
			阔叶混交林	4901.43	479915.1	84.46	4076.5	1953.43	185193.3	1895.56	186367.8	766.22	74482.4	201.76	29795.1
		天然	合计	106366.99	10611487.9	4257.24	294972.0	80804.20	8105824.8	14309.69	1388256.4	6094.09	698238.4	901.77	124196.3
			纯林	66114.44	6594500.7	3301.19	226571.1	49758.27	5003985.5	8654.73	836084.4	3902.96	458067.8	497.29	69791.9
			混交林	40252.55	4016987.2	956.05	68400.9	31045.93	3101839.3	5654.96	552172.0	2191.13	240170.6	404.48	54404.4
			针叶混交林	106.89	11626.0			106.89	11626.0						
			针阔混交林	35244.23	3525446.1	871.59	64324.4	28985.61	2905020.0	3759.40	365804.2	1424.91	165688.2	202.72	24609.3
			阔叶混交林	4901.43	479915.1	84.46	4076.5	1953.43	185193.3	1895.56	186367.8	766.22	74482.4	201.76	29795.1
		人工	合计	2237.16	196608.3	428.77	18712.0	214.91	22102.0	279.27	23690.4	1314.21	132103.9		
			纯林	1646.35	142163.9	428.77	18712.0	120.07	12491.1	209.31	19448.2	888.20	91512.6		
			混交林	590.81	54444.4			94.84	9610.9	69.96	4242.2	426.01	40591.3		
			针阔混交林	590.81	54444.4			94.84	9610.9	69.96	4242.2	426.01	40591.3		
		其中：人天混	合计	590.81	54444.4			94.84	9610.9	69.96	4242.2	426.01	40591.3		
			混交林	590.81	54444.4			94.84	9610.9	69.96	4242.2	426.01	40591.3		
			针阔混交林	590.81	54444.4			94.84	9610.9	69.96	4242.2	426.01	40591.3		

表 8 内蒙古重点国有林区乔木林各龄组面积、蓄积按林种、起源和林分类型统计表（续 20）

单位：公顷、立方米

统计单位	林种	起源	林分类型	合计		幼龄林		中龄林		近熟林		成熟林		过熟林	
				面积	蓄积	面积	蓄积	面积	蓄积	面积	蓄积	面积	蓄积	面积	蓄积
吉文林业局	合计	合计	合计	319771.88	36018993.0	21601.34	1648556.1	278234.31	32095994.6	11625.58	1304742.5	7876.57	915683.1	434.08	54016.7
			纯林	183206.52	20764760.9	12881.84	896642.7	162269.81	18962836.5	4860.05	532500.3	2874.66	333489.8	320.16	39291.6
			混交林	136565.36	15254232.1	8719.50	751913.4	115964.50	13133158.1	6765.53	772242.2	5001.91	582193.3	113.92	14725.1
			针叶混交林	198.38	22798.1	77.56	8935.6	120.82	13862.5						
			针阔混交林	111476.35	12644796.1	5046.18	500295.8	102208.13	11661469.7	2204.12	256294.2	2010.96	225636.7	6.96	1099.7
			阔叶混交林	24890.63	2586637.9	3595.76	242682.0	13635.55	1457825.9	4561.41	515948.0	2990.95	356556.6	106.96	13625.4
		天然	合计	298734.37	33860491.5	12838.96	821886.3	267229.45	30917928.8	10459.55	1161729.1	7772.33	904930.6	434.08	54016.7
			纯林	167302.43	19168813.8	7106.91	396859.9	153388.00	18018138.0	3705.64	390953.9	2781.72	323570.4	320.16	39291.6
			混交林	131431.94	14691677.7	5732.05	425026.4	113841.45	12899790.8	6753.91	770775.2	4990.61	581360.2	113.92	14725.1
			针叶混交林	109.40	12808.0			109.40	12808.0						
			针阔混交林	106504.01	12099728.8	2155.28	184672.4	100149.61	11434325.9	2192.50	254827.2	1999.66	224803.6	6.96	1099.7
			阔叶混交林	24818.53	2579140.9	3576.77	240354.0	13582.44	1452656.9	4561.41	515948.0	2990.95	356556.6	106.96	13625.4
		人工	合计	21037.51	2158501.5	8762.38	826669.8	11004.86	1178065.8	1166.03	143013.4	104.24	10752.5		
			纯林	15904.09	1595947.1	5774.93	499782.8	8881.81	944698.5	1154.41	141546.4	92.94	9919.4		
			混交林	5133.42	562554.4	2987.45	326887.0	2123.05	233367.3	11.62	1467.0	11.30	833.1		
			针叶混交林	88.98	9990.1	77.56	8935.6	11.42	1054.5						
			针阔混交林	4972.34	545067.3	2890.90	315623.4	2058.52	227143.8	11.62	1467.0	11.30	833.1		
			阔叶混交林	72.10	7497.0	18.99	2328.0	53.11	5169.0						
		其中：人天混	合计	7718.77	801964.0	7702.96	800734.1	15.81	1229.9						
			纯林	4783.00	480248.3	4778.62	479911.7	4.38	336.6						
			混交林	2935.77	321715.7	2924.34	320822.4	11.43	893.3						
			针叶混交林	73.13	8708.5	73.13	8708.5								
			针阔混交林	2846.64	310881.4	2835.21	309988.1	11.43	893.3						
			阔叶混交林	16.00	2125.8	16.00	2125.8								
	防护林	合计	合计	241049.21	26669441.0	18910.48	1411306.6	207942.12	23661438.9	7443.91	827284.0	6318.62	715394.8	434.08	54016.7
			纯林	130955.01	14422534.2	11533.09	769543.7	112825.82	12918666.6	3882.37	421774.7	2393.57	273257.6	320.16	39291.6
			混交林	110094.20	12246906.8	7377.39	641762.9	95116.30	10742772.3	3561.54	405509.3	3925.05	442137.2	113.92	14725.1
			针叶混交林	174.68	20398.9	53.86	6536.4	120.82	13862.5						
			针阔混交林	92462.99	10492116.0	4092.86	416176.0	85127.61	9707701.3	1309.39	151197.7	1926.17	215941.3	6.96	1099.7
			阔叶混交林	17456.53	1734391.9	3230.67	219050.5	9867.87	1021208.5	2252.15	254311.6	1998.88	226195.9	106.96	13625.4
		天然	合计	222329.66	24775903.6	11416.40	730955.0	197837.64	22586395.5	6419.34	699328.3	6222.20	705208.1	434.08	54016.7
			纯林	116845.19	13032144.1	6504.69	356855.9	104842.47	12076806.6	2869.42	295286.0	2308.45	263904.0	320.16	39291.6
			混交林	105484.47	11743759.5	4911.71	374099.1	92995.17	10509588.9	3549.92	404042.3	3913.75	441304.1	113.92	14725.1
			针叶混交林	109.40	12808.0			109.40	12808.0						
			针阔混交林	87974.64	10001930.8	1684.03	155250.8	83071.01	9480741.4	1297.77	149730.7	1914.87	215108.2	6.96	1099.7
			阔叶混交林	17400.43	1729020.7	3227.68	218848.3	9814.76	1016039.5	2252.15	254311.6	1998.88	226195.9	106.96	13625.4
		人工	合计	18719.55	1893537.4	7494.08	680351.6	10104.48	1075043.4	1024.57	127955.7	96.42	10186.7		
			纯林	14109.82	1390390.1	5028.40	412687.8	7983.35	841860.0	1012.95	126488.7	85.12	9353.6		
			混交林	4609.73	503147.3	2465.68	267663.8	2121.13	233183.4	11.62	1467.0	11.30	833.1		
			针叶混交林	65.28	7590.9	53.86	6536.4	11.42	1054.5						
			针阔混交林	4488.35	490185.2	2408.83	260925.2	2056.60	226959.9	11.62	1467.0	11.30	833.1		
			阔叶混交林	56.10	5371.2	2.99	202.2	53.11	5169.0						

表 8　内蒙古重点国有林区乔木林各龄组面积、蓄积按林种、起源和林分类型统计表（续 21）

单位：公顷、立方米

统计单位	林种	起源	林分类型	合计		幼龄林		中龄林		近熟林		成熟林		过熟林	
				面积	蓄积	面积	蓄积	面积	蓄积	面积	蓄积	面积	蓄积	面积	蓄积
吉文林业局	防护林	其中：人天混	合计	6542.08	655413.6	6532.57	654704.2	9.51	709.4						
			纯林	4130.00	393105.0	4130.00	393105.0								
			混交林	2412.08	262308.6	2402.57	261599.2	9.51	709.4						
			针叶混交林	49.43	6309.3	49.43	6309.3								
			针阔混交林	2362.65	255999.3	2353.14	255289.9	9.51	709.4						
	特用林	合计	合计	4408.43	551279.8	689.78	84935.5	2768.35	341831.0	211.09	23649.4	739.21	100863.9		
			纯林	2625.50	331601.6	467.58	58187.9	1928.37	246097.4	164.66	17878.4	64.89	9437.9		
			混交林	1782.93	219678.2	222.20	26747.6	839.98	95733.6	46.43	5771.0	674.32	91426.0		
			针叶混交林	23.70	2399.2	23.70	2399.2								
			针阔混交林	977.07	119266.3	160.81	22713.7	792.71	93402.0	23.55	3150.6				
			阔叶混交林	782.16	98012.7	37.69	1634.7	47.27	2331.6	22.88	2620.4	674.32	91426.0		
		天然	合计	3151.97	390286.9	91.18	1977.9	2251.95	278853.4	69.63	8591.7	739.21	100863.9		
			纯林	1553.55	195721.6	53.49	343.2	1411.97	183119.8	23.20	2820.7	64.89	9437.9		
			混交林	1598.42	194565.3	37.69	1634.7	839.98	95733.6	46.43	5771.0	674.32	91426.0		
			针阔混交林	816.26	96552.6			792.71	93402.0	23.55	3150.6				
			阔叶混交林	782.16	98012.7	37.69	1634.7	47.27	2331.6	22.88	2620.4	674.32	91426.0		
		人工	合计	1256.46	160992.9	598.60	82957.6	516.40	62977.6	141.46	15057.7				
			纯林	1071.95	135880.0	414.09	57844.7	516.40	62977.6	141.46	15057.7				
			混交林	184.51	25112.9	184.51	25112.9								
			针叶混交林	23.70	2399.2	23.70	2399.2								
			针阔混交林	160.81	22713.7	160.81	22713.7								
		其中：人天混	合计	598.60	82957.6	598.60	82957.6								
			纯林	414.09	57844.7	414.09	57844.7								
			混交林	184.51	25112.9	184.51	25112.9								
			针叶混交林	23.70	2399.2	23.70	2399.2								
			针阔混交林	160.81	22713.7	160.81	22713.7								
	用材林	合计	合计	74314.24	8798272.2	2001.08	152314.0	67523.84	8092724.7	3970.58	453809.1	818.74	99424.4		
			纯林	49626.01	6010625.1	881.17	68911.1	47515.62	5798072.5	813.02	92847.2	416.20	50794.3		
			混交林	24688.23	2787647.1	1119.91	83402.9	20008.22	2294652.2	3157.56	360961.9	402.54	48630.1		
			针阔混交林	18036.29	2033413.8	792.51	61406.1	16287.81	1860366.4	871.18	101945.9	84.79	9695.4		
			阔叶混交林	6651.94	754233.3	327.40	21996.8	3720.41	434285.8	2286.38	259016.0	317.75	38934.7		
		天然	合计	73252.74	8694301.0	1331.38	88953.4	67139.86	8052679.9	3970.58	453809.1	810.92	98858.6		
			纯林	48903.69	5940948.1	548.73	39660.8	47133.56	5758211.6	813.02	92847.2	408.38	50228.5		
			混交林	24349.05	2753352.9	782.65	49292.6	20006.30	2294468.3	3157.56	360961.9	402.54	48630.1		
			针阔混交林	17713.11	2001245.4	471.25	29421.6	16285.89	1860182.5	871.18	101945.9	84.79	9695.4		
			阔叶混交林	6635.94	752107.5	311.40	19871.0	3720.41	434285.8	2286.38	259016.0	317.75	38934.7		
		人工	合计	1061.50	103971.2	669.70	63360.6	383.98	40044.8			7.82	565.8		
			纯林	722.32	69677.0	332.44	29250.3	382.06	39860.9			7.82	565.8		
			混交林	339.18	34294.2	337.26	34110.3	1.92	183.9						
			针阔混交林	323.18	32168.4	321.26	31984.5	1.92	183.9						
			阔叶混交林	16.00	2125.8	16.00	2125.8								

表 8 内蒙古重点国有林区乔木林各龄组面积、蓄积按林种、起源和林分类型统计表（续 22）

单位：公顷、立方米

统计单位	林种	起源	林分类型	合计		幼龄林		中龄林		近熟林		成熟林		过熟林	
				面积	蓄积	面积	蓄积	面积	蓄积	面积	蓄积	面积	蓄积	面积	蓄积
吉文林业局	用材林	其中：人天混	合计	578.09	63592.8	571.79	63072.3	6.30	520.5						
			纯林	238.91	29298.6	234.53	28962.0	4.38	336.6						
			混交林	339.18	34294.2	337.26	34110.3	1.92	183.9						
			针阔混交林	323.18	32168.4	321.26	31984.5	1.92	183.9						
			阔叶混交林	16.00	2125.8	16.00	2125.8								
阿里河林业局	合计	合计	合计	402701.05	37132717.8	20352.34	1462847.0	280616.24	26093455.2	80083.16	7363037.5	20694.83	2106837.2	954.48	106540.9
			纯林	120395.66	9751533.9	5316.91	273792.1	77120.87	6092021.5	31073.90	2747901.1	6856.92	635850.4	27.06	1968.8
			混交林	282305.39	27381183.9	15035.43	1189054.9	203495.37	20001433.7	49009.26	4615136.4	13837.91	1470986.8	927.42	104572.1
			针叶混交林	1533.36	133428.8	102.48	6562.1	673.99	61472.9	730.64	62330.4	26.25	3063.4		
			针阔混交林	211658.75	20588698.6	9619.80	785266.9	167397.07	16387404.5	28932.19	2798785.6	5667.36	613026.3	42.33	4215.3
			阔叶混交林	69113.28	6659056.5	5313.15	397225.9	35424.31	3552556.3	19346.43	1754020.4	8144.30	854897.1	885.09	100356.8
		天然	合计	381462.35	35276260.7	15352.58	1040999.1	268831.31	25071444.7	76469.74	7043845.2	19854.24	2013430.8	954.48	106540.9
			纯林	111380.21	8972847.1	4237.10	209066.7	71537.80	5606470.0	29290.74	2582242.6	6287.51	573099.0	27.06	1968.8
			混交林	270082.14	26303413.6	11115.48	831932.4	197293.51	19464974.7	47179.00	4461602.6	13566.73	1440331.8	927.42	104572.1
			针叶混交林	177.94	18100.7			167.28	16935.2	10.66	1165.5				
			针阔混交林	201503.51	19691263.2	5972.78	447870.1	162086.88	15932217.0	27911.36	2715031.4	5490.16	591929.4	42.33	4215.3
			阔叶混交林	68400.69	6594049.7	5142.70	384062.3	35039.35	3515822.5	19256.98	1745405.7	8076.57	848402.4	885.09	100356.8
		人工	合计	21238.70	1856457.1	4999.76	421847.9	11784.93	1022010.5	3613.42	319192.3	840.59	93406.4		
			纯林	9015.45	778686.8	1079.81	64725.4	5583.07	485551.5	1783.16	165658.5	569.41	62751.4		
			混交林	12223.25	1077770.3	3919.95	357122.5	6201.86	536459.0	1830.26	153533.8	271.18	30655.0		
			针叶混交林	1355.42	115328.1	102.48	6562.1	506.71	44537.7	719.98	61164.9	26.25	3063.4		
			针阔混交林	10155.24	897435.4	3647.02	337396.8	5310.19	455187.5	1020.83	83754.2	177.20	21096.9		
			阔叶混交林	712.59	65006.8	170.45	13163.6	384.96	36733.8	89.45	8614.7	67.73	6494.7		
		其中：人天混	合计	8376.90	748375.6	3213.53	298345.8	3445.76	301816.9	1520.34	127780.4	197.27	20432.5		
			纯林	370.69	34840.2			335.07	32553.4	35.62	2286.8				
			混交林	8006.21	713535.4	3213.53	298345.8	3110.69	269263.5	1484.72	125493.6	197.27	20432.5		
			针叶混交林	1132.67	99041.8	29.38	1626.1	430.37	39229.3	646.67	55123.0	26.25	3063.4		
			针阔混交林	6214.52	554209.3	3040.83	286043.9	2321.80	195535.1	748.60	61755.9	103.29	10874.4		
			阔叶混交林	659.02	60284.3	143.32	10675.8	358.52	34499.1	89.45	8614.7	67.73	6494.7		
	防护林	合计	合计	251880.05	23049023.3	13349.99	948759.2	175169.10	16061505.0	48752.46	4540577.2	13878.01	1416892.7	730.49	81289.2
			纯林	82388.30	6704473.7	3521.25	170341.8	50685.84	4042367.0	22912.39	1999705.9	5244.17	490220.1	24.65	1838.9
			混交林	169491.75	16344549.6	9828.74	778417.4	124483.26	12019138.0	25840.07	2540871.3	8633.84	926672.6	705.84	79450.3
			针叶混交林	1000.31	92738.8	31.82	1727.2	381.23	38921.7	561.01	49026.5	26.25	3063.4		
			针阔混交林	123314.07	11812879.8	6172.68	501680.7	97935.41	9402877.3	16167.04	1591073.2	2999.54	313332.2	39.40	3916.4
			阔叶混交林	45177.37	4438931.0	3624.24	275009.5	26166.62	2577339.0	9112.02	900771.6	5608.05	610277.0	666.44	75533.9
		天然	合计	238750.21	21892059.8	10085.27	665371.8	167968.23	15432344.9	46576.18	4353189.7	13390.04	1359864.2	730.49	81289.2
			纯林	77490.66	6280484.8	2883.74	131842.1	47604.74	3771077.5	22005.74	1918250.6	4971.79	457475.7	24.65	1838.9
			混交林	161259.55	15611575.0	7201.53	533529.7	120363.49	11661267.4	24570.44	2434939.1	8418.25	902388.5	705.84	79450.3
			针叶混交林	146.84	15591.2			138.50	14632.9	8.34	958.3				
			针阔混交林	116475.32	11207659.8	3674.24	266314.3	94410.55	9103871.6	15480.68	1535770.4	2870.45	297787.1	39.40	3916.4
			阔叶混交林	44637.39	4388324.0	3527.29	267215.4	25814.44	2542762.9	9081.42	898210.4	5547.80	604601.4	666.44	75533.9

表 8　内蒙古重点国有林区乔木林各龄组面积、蓄积按林种、起源和林分类型统计表（续 23）

单位：公顷、立方米

统计单位	林种	起源	林分类型	合计		幼龄林		中龄林		近熟林		成熟林		过熟林	
				面积	蓄积	面积	蓄积	面积	蓄积	面积	蓄积	面积	蓄积	面积	蓄积
阿里河林业局	防护林	人工	合计	13129.84	1156963.5	3264.72	283387.4	7200.87	629160.1	2176.28	187387.5	487.97	57028.5		
			纯林	4897.64	423988.9	637.51	38499.7	3081.10	271289.5	906.65	81455.3	272.38	32744.4		
			混交林	8232.20	732974.6	2627.21	244887.7	4119.77	357870.6	1269.63	105932.2	215.59	24284.1		
			针叶混交林	853.47	77147.6	31.82	1727.2	242.73	24288.8	552.67	48068.2	26.25	3063.4		
			针阔混交林	6838.75	605220.0	2498.44	235366.4	3524.86	299005.7	686.36	55302.8	129.09	15545.1		
			阔叶混交林	539.98	50607.0	96.95	7794.1	352.18	34576.1	30.60	2561.2	60.25	5675.6		
		其中：人天混	合计	5945.29	538962.6	2353.64	224262.4	2351.32	208500.4	1098.65	92138.2	141.68	14061.6		
			纯林	328.06	29004.2			292.44	26717.4	35.62	2286.8				
			混交林	5617.23	509958.4	2353.64	224262.4	2058.88	181783.0	1063.03	89851.4	141.68	14061.6		
			针叶混交林	723.81	67736.2	7.30	408.5	202.23	21239.2	488.03	43025.1	26.25	3063.4		
			针阔混交林	4407.01	396337.7	2276.52	218547.6	1530.91	128202.4	544.40	44265.1	55.18	5322.6		
			阔叶混交林	486.41	45884.5	69.82	5306.3	325.74	32341.4	30.60	2561.2	60.25	5675.6		
	特用林	合计	合计	67930.82	6358215.2	2470.64	167907.9	43731.78	4330753.3	18398.22	1542179.2	3229.91	306643.7	100.27	10731.1
			纯林	13253.52	959576.9	543.04	27758.0	8158.60	540784.9	3715.47	323755.5	836.41	67278.5		
			混交林	54677.30	5398638.3	1927.60	140149.9	35573.18	3789968.4	14682.75	1218423.7	2393.50	239365.2	100.27	10731.1
			针叶混交林	252.55	19302.8	16.32	814.4	236.23	18488.4						
			针阔混交林	40885.16	4247274.8	750.44	62213.0	31995.17	3430153.4	6927.19	622247.4	1212.36	132661.0		
			阔叶混交林	13539.59	1132060.7	1160.84	77122.5	3341.78	341326.6	7755.56	596176.3	1181.14	106704.2	100.27	10731.1
		天然	合计	65258.80	6143890.0	1919.96	124767.6	42237.38	4216012.7	17950.76	1505615.3	3050.43	286763.3	100.27	10731.1
			纯林	12092.22	876556.1	420.21	22663.8	7484.83	495101.5	3482.14	305840.9	705.04	52949.9		
			混交林	53166.58	5267333.9	1499.75	102103.8	34752.55	3720911.2	14468.62	1199774.4	2345.39	233813.4	100.27	10731.1
			针叶混交林	8.09	498.3			8.09	498.3						
			针阔混交林	39784.03	4148355.6	412.41	30350.8	31435.46	3381244.0	6771.91	609651.6	1164.25	127109.2		
			阔叶混交林	13374.46	1118480.0	1087.34	71753.0	3309.00	339168.9	7696.71	590122.8	1181.14	106704.2	100.27	10731.1
		人工	合计	2672.02	214325.2	550.68	43140.3	1494.40	114740.6	447.46	36563.9	179.48	19880.4		
			纯林	1161.30	83020.8	122.83	5094.2	673.77	45683.4	233.33	17914.6	131.37	14328.6		
			混交林	1510.72	131304.4	427.85	38046.1	820.63	69057.2	214.13	18649.3	48.11	5551.8		
			针叶混交林	244.46	18804.5	16.32	814.4	228.14	17990.1						
			针阔混交林	1101.13	98919.2	338.03	31862.2	559.71	48909.4	155.28	12595.8	48.11	5551.8		
			阔叶混交林	165.13	13580.7	73.50	5369.5	32.78	2157.7	58.85	6053.5				
		其中：人天混	合计	1239.61	103703.2	427.85	38046.1	558.48	42060.6	205.17	18044.7	48.11	5551.8		
			混交林	1239.61	103703.2	427.85	38046.1	558.48	42060.6	205.17	18044.7	48.11	5551.8		
			针叶混交林	244.46	18804.5	16.32	814.4	228.14	17990.1						
			针阔混交林	830.02	71318.0	338.03	31862.2	297.56	21912.8	146.32	11991.2	48.11	5551.8		
			阔叶混交林	165.13	13580.7	73.50	5369.5	32.78	2157.7	58.85	6053.5				
	用材林	合计	合计	82890.18	7725479.3	4531.71	346179.9	61715.36	5701196.9	12932.48	1280281.1	3586.91	383300.8	123.72	14520.6
			纯林	24753.84	2087483.3	1252.62	75692.3	18276.43	1508869.6	4446.04	424439.7	776.34	78351.8	2.41	129.9
			混交林	58136.34	5637996.0	3279.09	270487.6	43438.93	4192327.3	8486.44	855841.4	2810.57	304949.0	121.31	14390.7
			针叶混交林	280.50	21387.2	54.34	4020.5	56.53	4062.8	169.63	13303.9				
			针阔混交林	47459.52	4528544.0	2696.68	221373.2	37466.49	3554373.8	5837.96	585465.0	1455.46	167033.1	2.93	298.9
			阔叶混交林	10396.32	1088064.8	528.07	45093.9	5915.91	633890.7	2478.85	257072.5	1355.11	137915.9	118.38	14091.8
		天然	合计	77453.34	7240310.9	3347.35	250859.7	58625.70	5423087.1	11942.80	1185040.2	3413.77	366803.3	123.72	14520.6
			纯林	21797.33	1815806.2	933.15	54560.8	16448.23	1340291.0	3802.86	358151.1	610.68	62673.4	2.41	129.9
			混交林	55656.01	5424504.7	2414.20	196298.9	42177.47	4082796.1	8139.94	826889.1	2803.09	304129.9	121.31	14390.7

表 8 内蒙古重点国有林区乔木林各龄组面积、蓄积按林种、起源和林分类型统计表（续 24）

单位：公顷、立方米

统计单位	林种	起源	林分类型	合计		幼龄林		中龄林		近熟林		成熟林		过熟林	
				面积	蓄积	面积	蓄积	面积	蓄积	面积	蓄积	面积	蓄积	面积	蓄积
阿里河林业局	用材林	天然	针叶混交林	23.01	2011.2			20.69	1804.0	2.32	207.2				
			针阔混交林	45244.16	4335247.8	1886.13	151205.0	36240.87	3447101.4	5658.77	569609.4	1455.46	167033.1	2.93	298.9
			阔叶混交林	10388.84	1087245.7	528.07	45093.9	5915.91	633890.7	2478.85	257072.5	1347.63	137096.8	118.38	14091.8
		人工	合计	5436.84	485168.4	1184.36	95320.2	3089.66	278109.8	989.68	95240.9	173.14	16497.5		
			纯林	2956.51	271677.1	319.47	21131.5	1828.20	168578.6	643.18	66288.6	165.66	15678.4		
			混交林	2480.33	213491.3	864.89	74188.7	1261.46	109531.2	346.50	28952.3	7.48	819.1		
			针叶混交林	257.49	19376.0	54.34	4020.5	35.84	2258.8	167.31	13096.7				
			针阔混交林	2215.36	193296.2	810.55	70168.2	1225.62	107272.4	179.19	15855.6				
			阔叶混交林	7.48	819.1							7.48	819.1		
		其中：人天混	合计	1192.00	105709.8	432.04	36037.3	535.96	51255.9	216.52	17597.5	7.48	819.1		
			纯林	42.63	5836.0			42.63	5836.0						
			混交林	1149.37	99873.8	432.04	36037.3	493.33	45419.9	216.52	17597.5	7.48	819.1		
			针叶混交林	164.40	12501.1	5.76	403.2			158.64	12097.9				
			针阔混交林	977.49	86553.6	426.28	35634.1	493.33	45419.9	57.88	5499.6				
			阔叶混交林	7.48	819.1							7.48	819.1		
根河林业局	合计	合计	合计	581555.77	58391097.7	62251.49	1190077.1	351946.35	37173470.8	56660.82	6953202.9	82813.91	9715279.4	27883.20	3359067.5
			纯林	480882.45	45358208.9	60422.84	1016487.3	281272.31	28205082.1	44806.46	5350700.9	70001.08	7976044.6	24379.76	2809894.0
			混交林	100673.32	13032888.8	1828.65	173589.8	70674.04	8968388.7	11854.36	1602502.0	12812.83	1739234.8	3503.44	549173.5
			针叶混交林	977.50	195659.1			170.71	25605.8	562.09	133721.0	244.70	36332.3		
			针阔混交林	84230.14	10618000.9	1757.77	168573.2	64525.03	8189762.2	8099.94	1036363.6	8049.28	995143.8	1798.12	228158.1
			阔叶混交林	15465.68	2219228.8	70.88	5016.6	5978.30	753020.7	3192.33	432417.4	4518.85	707758.7	1705.32	321015.4
		天然	合计	526741.66	55503269.2	30933.74	861322.9	338882.98	35953206.3	50688.69	6209692.9	79659.16	9287267.9	26577.09	3191779.2
			纯林	428062.94	42719612.8	29155.59	692796.1	269324.30	27106243.7	39246.58	4667396.0	67183.03	7600697.6	23153.44	2652479.4
			混交林	98678.72	12783656.4	1778.15	168526.8	69558.68	8846962.6	11442.11	1542296.9	12476.13	1686570.3	3423.65	539299.8
			针叶混交林	909.79	184379.5			158.08	23949.9	536.14	130031.1	215.57	30398.5		
			针阔混交林	82313.12	10380933.5	1707.27	163510.2	63432.17	8070877.4	7713.64	979848.4	7741.71	948413.1	1718.33	218284.4
			阔叶混交林	15455.81	2218343.4	70.88	5016.6	5968.43	752135.3	3192.33	432417.4	4518.85	707758.7	1705.32	321015.4
		人工	合计	54814.11	2887828.5	31317.75	328754.2	13063.37	1220264.5	5972.13	743510.0	3154.75	428011.5	1306.11	167288.3
			纯林	52819.51	2638596.1	31267.25	323691.2	11948.01	1098838.4	5559.88	683304.9	2818.05	375347.0	1226.32	157414.6
			混交林	1994.60	249232.4	50.50	5063.0	1115.36	121426.1	412.25	60205.1	336.70	52664.5	79.79	9873.7
			针叶混交林	67.71	11279.6			12.63	1655.9	25.95	3689.9	29.13	5933.8		
			针阔混交林	1917.02	237067.4	50.50	5063.0	1092.86	118884.8	386.30	56515.2	307.57	46730.7	79.79	9873.7
			阔叶混交林	9.87	885.4			9.87	885.4						
		其中：人天混	合计	4698.65	316739.7	2788.38	125916.3	1833.94	178143.5	21.42	1760.5			54.91	10919.4
			纯林	4558.69	304710.9	2737.88	120853.3	1744.48	171177.7	21.42	1760.5			54.91	10919.4
			混交林	139.96	12028.8	50.50	5063.0	89.46	6965.8						
			针阔混交林	130.09	11143.4	50.50	5063.0	79.59	6080.4						
			阔叶混交林	9.87	885.4			9.87	885.4						
	防护林	合计	合计	323214.36	31698020.6	52007.75	763881.0	189070.59	20839600.5	29718.03	3544722.6	40523.87	4950537.6	11894.12	1599278.9
			纯林	262794.50	23790848.8	50746.56	639665.8	145235.32	15240020.5	23523.82	2730645.4	33298.71	3926999.1	9990.09	1253518.0
			混交林	60419.86	7907171.8	1261.19	124215.2	43835.27	5599580.0	6194.21	814077.2	7225.16	1023538.5	1904.03	345760.9
			针叶混交林	160.50	22267.0			15.58	2254.4	25.95	3689.9	118.97	16322.7		

表 8　内蒙古重点国有林区乔木林各龄组面积、蓄积按林种、起源和林分类型统计表（续 25）

单位：公顷、立方米

统计单位	林种	起源	林分类型	合计		幼龄林		中龄林		近熟林		成熟林		过熟林	
				面积	蓄积	面积	蓄积	面积	蓄积	面积	蓄积	面积	蓄积	面积	蓄积
根河林业局		合计	针阔混交林	49342.46	6323746.9	1190.31	119198.6	40062.40	5129599.4	3589.23	479463.4	3991.78	517386.2	508.74	78099.3
			阔叶混交林	10916.90	1561157.9	70.88	5016.6	3757.29	467726.2	2579.03	330923.9	3114.41	489829.6	1395.29	267661.6
	防护林	天然	合计	279230.16	29782226.3	24218.82	546677.1	179663.18	19984731.3	26047.75	3109515.9	38154.55	4633407.5	11145.86	1507894.5
			纯林	220172.55	22039376.7	22964.98	423223.1	136571.43	14457591.9	20161.44	2340572.8	31197.61	3652385.6	9277.09	1165603.3
			混交林	59057.61	7742849.6	1253.84	123454.0	43091.75	5527139.4	5886.31	768943.1	6956.94	981021.9	1868.77	342291.2
			针叶混交林	109.68	14187.1			2.95	598.5			106.73	13588.6		
			针阔混交林	48040.90	6168390.0	1182.96	118437.4	39341.38	5059700.1	3307.28	438019.2	3735.80	477603.7	473.48	74629.6
			阔叶混交林	10907.03	1560272.5	70.88	5016.6	3747.42	466840.8	2579.03	330923.9	3114.41	489829.6	1395.29	267661.6
		人工	合计	43984.20	1915794.3	27788.93	217203.9	9407.41	854869.2	3670.28	435206.7	2369.32	317130.1	748.26	91384.4
			纯林	42621.95	1751472.1	27781.58	216442.7	8663.89	782428.6	3362.38	390072.6	2101.10	274613.5	713.00	87914.7
			混交林	1362.25	164322.2	7.35	761.2	743.52	72440.6	307.90	45134.1	268.22	42516.6	35.26	3469.7
			针叶混交林	50.82	8079.9			12.63	1655.9	25.95	3689.9	12.24	2734.1		
			针阔混交林	1301.56	155356.9	7.35	761.2	721.02	69899.3	281.95	41444.2	255.98	39782.5	35.26	3469.7
			阔叶混交林	9.87	885.4			9.87	885.4						
		其中：人天混	合计	2514.44	132245.2	1663.87	43613.0	774.24	75952.3	21.42	1760.5			54.91	10919.4
			纯林	2417.63	124518.2	1656.52	42851.8	684.78	68986.5	21.42	1760.5			54.91	10919.4
			混交林	96.81	7727.0	7.35	761.2	89.46	6965.8						
			针阔混交林	86.94	6841.6	7.35	761.2	79.59	6080.4						
			阔叶混交林	9.87	885.4			9.87	885.4						
	特用林	合计	合计	66138.45	6950419.2	3076.40	115329.9	44770.05	4371939.0	4366.54	635516.6	10860.45	1376348.6	3065.01	451285.1
			纯林	59025.21	5986757.2	2851.48	93716.8	39750.27	3705821.2	3982.77	584151.8	9823.14	1224422.7	2617.55	378644.7
			混交林	7113.24	963662.0	224.92	21613.1	5019.78	666117.8	383.77	51364.8	1037.31	151925.9	447.46	72640.4
			针叶混交林	149.90	24768.7			15.71	3089.4	11.18	1856.9	123.01	19822.4		
			针阔混交林	6033.00	787671.0	224.92	21613.1	4790.80	629381.0	344.65	44203.2	488.93	66586.3	183.70	25887.4
			阔叶混交林	930.34	151222.3			213.27	33647.4	27.94	5304.7	425.37	65517.2	263.76	46753.0
		天然	合计	60718.55	6418883.1	1544.26	96556.1	43431.62	4238027.2	2865.64	405154.2	10274.68	1292466.3	2602.35	386679.3
			纯林	53888.40	5495594.5	1319.34	74943.0	38515.75	3584005.4	2548.04	365514.9	9305.85	1150688.3	2199.42	320442.9
			混交林	6830.15	923288.6	224.92	21613.1	4915.87	654021.8	317.60	39639.3	968.83	141778.0	402.93	66236.4
			针叶混交林	133.01	21569.0			15.71	3089.4	11.18	1856.9	106.12	16622.7		
			针阔混交林	5766.80	750497.3	224.92	21613.1	4686.89	617285.0	278.48	32477.7	437.34	59638.1	139.17	19483.4
			阔叶混交林	930.34	151222.3			213.27	33647.4	27.94	5304.7	425.37	65517.2	263.76	46753.0
		人工	合计	5419.90	531536.1	1532.14	18773.8	1338.43	133911.8	1500.90	230362.4	585.77	83882.3	462.66	64605.8
			纯林	5136.81	491162.7	1532.14	18773.8	1234.52	121815.8	1434.73	218636.9	517.29	73734.4	418.13	58201.8
			混交林	283.09	40373.4			103.91	12096.0	66.17	11725.5	68.48	10147.9	44.53	6404.0
			针叶混交林	16.89	3199.7							16.89	3199.7		
			针阔混交林	266.20	37173.7			103.91	12096.0	66.17	11725.5	51.59	6948.2	44.53	6404.0
		其中：人天混	合计	562.59	50169.4	167.19	13369.1	395.40	36800.3						
			纯林	562.59	50169.4	167.19	13369.1	395.40	36800.3						
	用材林	合计	合计	192202.96	19742657.9	7167.34	310866.2	118105.71	11961931.3	22576.25	2772963.7	31429.59	3388393.2	12924.07	1308503.5
			纯林	159062.74	15580602.9	6824.80	283104.7	96286.72	9259240.4	17299.87	2035903.7	26879.23	2824622.8	11772.12	1177731.3
			混交林	33140.22	4162055.0	342.54	27761.5	21818.99	2702690.9	5276.38	737060.0	4550.36	563770.4	1151.95	130772.2
			针叶混交林	667.10	148623.4			139.42	20262.0	524.96	128174.2	2.72	187.2		

表 8　内蒙古重点国有林区乔木林各龄组面积、蓄积按林种、起源和林分类型统计表（续 26）

单位：公顷、立方米

统计单位	林种	起源	林分类型	合计面积	合计蓄积	幼龄林面积	幼龄林蓄积	中龄林面积	中龄林蓄积	近熟林面积	近熟林蓄积	成熟林面积	成熟林蓄积	过熟林面积	过熟林蓄积
根河林业局		合计	针阔混交林	28854.68	3506583.0	342.54	27761.5	19671.83	2430781.8	4166.06	512697.0	3568.57	411171.3	1105.68	124171.4
			阔叶混交林	3618.44	506848.6			2007.74	251647.1	585.36	96188.8	979.07	152411.9	46.27	6600.8
	用材林	天然	合计	186792.95	19302159.8	5170.66	218089.7	115788.18	11730447.8	21775.30	2695022.8	31229.93	3361394.1	12828.88	1297205.4
			纯林	154001.99	15184641.6	4871.27	194630.0	94237.12	9064646.4	16537.10	1961308.3	26679.57	2797623.7	11676.93	1166433.2
			混交林	32790.96	4117518.2	299.39	23459.7	21551.06	2665801.4	5238.20	733714.5	4550.36	563770.4	1151.95	130772.2
			针叶混交林	667.10	148623.4			139.42	20262.0	524.96	128174.2	2.72	187.2		
			针阔混交林	28505.42	3462046.2	299.39	23459.7	19403.90	2393892.3	4127.88	509351.5	3568.57	411171.3	1105.68	124171.4
			阔叶混交林	3618.44	506848.6			2007.74	251647.1	585.36	96188.8	979.07	152411.9	46.27	6600.8
		人工	合计	5410.01	440498.1	1996.68	92776.5	2317.53	231483.5	800.95	77940.9	199.66	26999.1	95.19	11298.1
			纯林	5060.75	395961.3	1953.53	88474.7	2049.60	194594.0	762.77	74595.4	199.66	26999.1	95.19	11298.1
			混交林	349.26	44536.8	43.15	4301.8	267.93	36889.5	38.18	3345.5				
			针阔混交林	349.26	44536.8	43.15	4301.8	267.93	36889.5	38.18	3345.5				
		其中：人天混	合计	1621.62	134325.1	957.32	68934.2	664.30	65390.9						
			纯林	1578.47	130023.3	914.17	64632.4	664.30	65390.9						
			混交林	43.15	4301.8	43.15	4301.8								
			针阔混交林	43.15	4301.8	43.15	4301.8								
金河林业局	合计	合计	合计	477171.07	43869808.4	30624.78	553490.3	219065.38	18215697.7	147407.09	15305301.7	71131.79	8611057.7	8942.03	1184261.0
			纯林	356464.66	30217517.9	28482.43	412705.9	172425.12	13577227.2	104160.91	10207292.1	46474.46	5370003.5	4921.74	650289.2
			混交林	120706.41	13652290.5	2142.35	140784.4	46640.26	4638470.5	43246.18	5098009.6	24657.33	3241054.2	4020.29	533971.8
			针叶混交林	6927.35	877272.7	47.04	1532.7	1494.84	155598.7	3612.52	480395.7	1469.84	193837.9	303.11	45907.7
			针阔混交林	105087.21	11656556.3	1820.24	118423.4	43416.70	4296474.1	35866.89	4146432.3	21069.74	2723614.4	2913.64	371612.1
			阔叶混交林	8691.85	1118461.5	275.07	20828.3	1728.72	186397.7	3766.77	471181.6	2117.75	323601.9	803.54	116452.0
		天然	合计	464505.90	43864863.5	17987.61	550580.2	219040.43	18214418.5	147407.09	15305301.7	71128.74	8610302.1	8942.03	1184261.0
			纯林	343825.48	30213714.6	15861.69	410228.2	172409.73	13576657.2	104160.91	10207292.1	46471.41	5369247.9	4921.74	650289.2
			混交林	120680.42	13651148.9	2125.92	140352.0	46630.70	4637761.3	43246.18	5098009.6	24657.33	3241054.2	4020.29	533971.8
			针叶混交林	6916.32	876991.9	36.01	1251.9	1494.84	155598.7	3612.52	480395.7	1469.84	193837.9	303.11	45907.7
			针阔混交林	105072.25	11655695.5	1814.84	118271.8	43407.14	4295764.9	35866.89	4146432.3	21069.74	2723614.4	2913.64	371612.1
			阔叶混交林	8691.85	1118461.5	275.07	20828.3	1728.72	186397.7	3766.77	471181.6	2117.75	323601.9	803.54	116452.0
		人工	合计	12665.17	4944.9	12637.17	2910.1	24.95	1279.2			3.05	755.6		
			纯林	12639.18	3803.3	12620.74	2477.7	15.39	570.0			3.05	755.6		
			混交林	25.99	1141.6	16.43	432.4	9.56	709.2						
			针叶混交林	11.03	280.8	11.03	280.8								
			针阔混交林	14.96	860.8	5.40	151.6	9.56	709.2						
		其中：人天混	合计	9055.53	1008.7	9045.97	299.5	9.56	709.2						
			纯林	9033.36		9033.36									
			混交林	22.17	1008.7	12.61	299.5	9.56	709.2						
			针叶混交林	11.03	280.8	11.03	280.8								
			针阔混交林	11.14	727.9	1.58	18.7	9.56	709.2						
	防护林	合计	合计	240451.93	21007167.6	23288.86	299321.1	111090.95	9137215.8	70237.56	7204731.2	31458.78	3764421.0	4375.78	601478.5
			纯林	183398.70	14681221.7	22024.10	213546.5	87550.86	6853572.8	51189.31	4977799.6	20164.02	2291881.7	2470.41	344421.1
			混交林	57053.23	6325945.9	1264.76	85774.6	23540.09	2283643.0	19048.25	2226931.6	11294.76	1472539.3	1905.37	257057.4
			针叶混交林	2972.67	363529.9	7.10	191.3	801.19	81047.8	1440.10	189576.4	639.12	79187.6	85.16	13526.8

表 8 内蒙古重点国有林区乔木林各龄组面积、蓄积按林种、起源和林分类型统计表（续 27）

单位：公顷、立方米

统计单位	林种	起源	林分类型	合计		幼龄林		中龄林		近熟林		成熟林		过熟林	
				面积	蓄积	面积	蓄积	面积	蓄积	面积	蓄积	面积	蓄积	面积	蓄积
金河林业局	防护林	合计	针阔混交林	50604.16	5494661.7	1184.00	77199.9	22296.17	2155043.1	16011.70	1837248.9	9639.62	1236849.0	1472.67	188320.8
			阔叶混交林	3476.40	467754.3	73.66	8383.4	442.73	47552.1	1596.45	200106.3	1016.02	156502.7	347.54	55209.8
		天然	合计	228817.93	21005023.8	11657.34	297346.9	111088.98	9137153.0	70237.56	7204731.2	31458.27	3764314.2	4375.78	601478.5
			纯林	171772.07	14679292.3	10397.98	211723.9	87550.86	6853572.8	51189.31	4977799.6	20163.51	2291774.9	2470.41	344421.1
			混交林	57045.86	6325731.5	1259.36	85623.0	23538.12	2283580.2	19048.25	2226931.6	11294.76	1472539.3	1905.37	257057.4
			针叶混交林	2972.67	363529.9	7.10	191.3	801.19	81047.8	1440.10	189576.4	639.12	79187.6	85.16	13526.8
			针阔混交林	50596.79	5494447.3	1178.60	77048.3	22294.20	2154980.3	16011.70	1837248.9	9639.62	1236849.0	1472.67	188320.8
			阔叶混交林	3476.40	467754.3	73.66	8383.4	442.73	47552.1	1596.45	200106.3	1016.02	156502.7	347.54	55209.8
		人工	合计	11634.00	2143.8	11631.52	1974.2	1.97	62.8			0.51	106.8		
			纯林	11626.63	1929.4	11626.12	1822.6					0.51	106.8		
			混交林	7.37	214.4	5.40	151.6	1.97	62.8						
			针阔混交林	7.37	214.4	5.40	151.6	1.97	62.8						
		其中：人天混	合计	8272.34	81.5	8270.37	18.7	1.97	62.8						
			纯林	8268.79		8268.79									
			混交林	3.55	81.5	1.58	18.7	1.97	62.8						
			针阔混交林	3.55	81.5	1.58	18.7	1.97	62.8						
	特用林	合计	合计	19651.02	1668301.0	1598.98	15501.8	11739.24	976842.1	4996.56	513863.8	930.89	108130.7	385.35	53962.6
			纯林	17033.75	1384886.5	1551.24	13979.0	10357.28	831131.4	4403.31	446917.5	600.42	72984.7	121.50	19873.9
			混交林	2617.27	283414.5	47.74	1522.8	1381.96	145710.7	593.25	66946.3	330.47	35146.0	263.85	34088.7
			针叶混交林	90.87	10746.8			80.84	9707.0			10.03	1039.8		
			针阔混交林	2188.49	233775.8	47.74	1522.8	1260.50	133214.0	563.89	64328.3	271.86	29209.5	44.50	5501.2
			阔叶混交林	337.91	38891.9			40.62	2789.7	29.36	2618.0	48.58	4896.7	219.35	28587.5
		天然	合计	18749.45	1667654.6	705.00	15501.8	11731.65	976195.7	4996.56	513863.8	930.89	108130.7	385.35	53962.6
			纯林	16139.77	1384886.5	657.26	13979.0	10357.28	831131.4	4403.31	446917.5	600.42	72984.7	121.50	19873.9
			混交林	2609.68	282768.1	47.74	1522.8	1374.37	145064.3	593.25	66946.3	330.47	35146.0	263.85	34088.7
			针叶混交林	90.87	10746.8			80.84	9707.0			10.03	1039.8		
			针阔混交林	2180.90	233129.4	47.74	1522.8	1252.91	132567.6	563.89	64328.3	271.86	29209.5	44.50	5501.2
			阔叶混交林	337.91	38891.9			40.62	2789.7	29.36	2618.0	48.58	4896.7	219.35	28587.5
		人工	合计	901.57	646.4	893.98		7.59	646.4						
			纯林	893.98		893.98									
			混交林	7.59	646.4			7.59	646.4						
			针阔混交林	7.59	646.4			7.59	646.4						
		其中：人天混	合计	749.26	646.4	741.67		7.59	646.4						
			纯林	741.67		741.67									
			混交林	7.59	646.4			7.59	646.4						
			针阔混交林	7.59	646.4			7.59	646.4						
	用材林	合计	合计	217068.12	21194339.8	5736.94	238667.4	96235.19	8101639.8	72172.97	7586706.7	38742.12	4738506.0	4180.90	528819.9
			纯林	156032.21	14151409.7	4907.09	185180.4	74516.98	5892523.0	48568.29	4782575.0	25710.02	3005137.1	2329.83	285994.2
			混交林	61035.91	7042930.1	829.85	53487.0	21718.21	2209116.8	23604.68	2804131.7	13032.10	1733368.9	1851.07	242825.7
			针叶混交林	3863.81	502996.0	39.94	1341.4	612.81	64843.9	2172.42	290819.3	820.69	113610.5	217.95	32380.9
			针阔混交林	52294.56	5928118.8	588.50	39700.7	19860.03	2008217.0	19291.30	2244855.1	11158.26	1457555.9	1396.47	177790.1
			阔叶混交林	4877.54	611815.3	201.41	12444.9	1245.37	136055.9	2140.96	268457.3	1053.15	162202.5	236.65	32654.7

表 8　内蒙古重点国有林区乔木林各龄组面积、蓄积按林种、起源和林分类型统计表（续 28）

单位：公顷、立方米

统计单位	林种	起源	林分类型	合计		幼龄林		中龄林		近熟林		成熟林		过熟林	
				面积	蓄积	面积	蓄积	面积	蓄积	面积	蓄积	面积	蓄积	面积	蓄积
金河林业局	用材林	天然	合计	216938.52	21192185.1	5625.27	237731.5	96219.80	8101069.8	72172.97	7586706.7	38739.58	4737857.2	4180.90	528819.9
			纯林	155913.64	14149535.8	4806.45	184525.3	74501.59	5891953.0	48568.29	4782575.0	25707.48	3004488.3	2329.83	285994.2
			混交林	61024.88	7042649.3	818.82	53206.2	21718.21	2209116.8	23604.68	2804131.7	13032.10	1733368.9	1851.07	242825.7
			针叶混交林	3852.78	502715.2	28.91	1060.6	612.81	64843.9	2172.42	290819.3	820.69	113610.5	217.95	32380.9
			针阔混交林	52294.56	5928118.8	588.50	39700.7	19860.03	2008217.0	19291.30	2244855.1	11158.26	1457555.9	1396.47	177790.1
			阔叶混交林	4877.54	611815.3	201.41	12444.9	1245.37	136055.9	2140.96	268457.3	1053.15	162202.5	236.65	32654.7
		人工	合计	129.60	2154.7	111.67	935.9	15.39	570.0			2.54	648.8		
			纯林	118.57	1873.9	100.64	655.1	15.39	570.0			2.54	648.8		
			混交林	11.03	280.8	11.03	280.8								
			针叶混交林	11.03	280.8	11.03	280.8								
		其中：人天混	合计	33.93	280.8	33.93	280.8								
			纯林	22.90		22.90									
			混交林	11.03	280.8	11.03	280.8								
			针叶混交林	11.03	280.8	11.03	280.8								
阿龙山林业局	合计	合计	合计	342076.78	30989572.1	33042.44	1413826.5	130329.70	11322901.5	89236.80	9013338.5	84154.61	8694332.6	5313.23	545173.0
			纯林	243847.28	20204111.9	26267.53	1048167.3	95405.81	7761934.2	58050.76	5464308.3	60451.80	5625535.2	3671.38	304166.9
			混交林	98229.50	10785460.2	6774.91	365659.2	34923.89	3560967.3	31186.04	3549030.2	23702.81	3068797.4	1641.85	241006.1
			针叶混交林	9961.93	1232932.2	125.93	4890.1	2285.45	226076.3	3158.52	366092.9	4297.03	619950.2	95.00	15922.7
			针阔混交林	82634.74	8911976.4	6021.29	330719.9	31904.34	3265072.9	26467.07	3006330.3	17337.29	2200082.1	904.75	109771.2
			阔叶混交林	5632.83	640551.6	627.69	30049.2	734.10	69818.1	1560.45	176607.0	2068.49	248765.1	642.10	115312.2
		天然	合计	337114.18	30862976.4	29185.94	1358797.0	129920.70	11295479.8	89061.25	9000593.0	83761.06	8671839.3	5185.23	536267.3
			纯林	239194.48	20089205.1	22577.53	996874.7	95039.81	7736481.3	57875.21	5451562.8	60152.55	5607952.6	3549.38	296333.7
			混交林	97919.70	10773771.3	6608.41	361922.3	34880.89	3558998.5	31186.04	3549030.2	23608.51	3063886.7	1635.85	239933.6
			针叶混交林	9891.13	1229808.1	125.93	4890.1	2280.45	225853.9	3158.52	366092.9	4231.23	617048.5	95.00	15922.7
			针阔混交林	82395.74	8903411.6	5854.79	326983.0	31866.34	3263326.5	26467.07	3006330.3	17308.79	2198073.1	898.75	108698.7
			阔叶混交林	5632.83	640551.6	627.69	30049.2	734.10	69818.1	1560.45	176607.0	2068.49	248765.1	642.10	115312.2
		人工	合计	4962.60	126595.7	3856.50	55029.5	409.00	27421.7	175.55	12745.5	393.55	22493.3	128.00	8905.7
			纯林	4652.80	114906.8	3690.00	51292.6	366.00	25452.9	175.55	12745.5	299.25	17582.6	122.00	7833.2
			混交林	309.80	11688.9	166.50	3736.9	43.00	1968.8			94.30	4910.7	6.00	1072.5
			针叶混交林	70.80	3124.1			5.00	222.4			65.80	2901.7		
			针阔混交林	239.00	8564.8	166.50	3736.9	38.00	1746.4			28.50	2009.0	6.00	1072.5
		其中：人天混	合计	6.00	262.1	6.00	262.1								
			混交林	6.00	262.1	6.00	262.1								
			针阔混交林	6.00	262.1	6.00	262.1								
	防护林	合计	合计	146151.49	12768996.4	16155.51	634104.3	53086.46	4510718.2	35734.13	3472635.3	39369.38	3975406.2	1806.01	176132.4
			纯林	113064.72	9229032.8	13193.59	470880.2	40431.07	3243275.2	26305.82	2406183.1	31788.34	2992640.7	1345.90	116053.6
			混交林	33086.77	3539963.6	2961.92	163224.1	12655.39	1267443.0	9428.31	1066452.2	7581.04	982765.5	460.11	60078.8
			针叶混交林	3650.08	459390.4	88.00	2930.1	618.22	66780.4	894.92	107004.8	2048.94	282675.1		
			针阔混交林	27685.62	2881645.5	2721.82	152568.6	11730.07	1171209.9	7943.52	895175.2	5039.20	639825.7	251.01	22866.1
			阔叶混交林	1751.07	198927.7	152.10	7725.4	307.10	29452.7	589.87	64272.2	492.90	60264.7	209.10	37212.7

表 8　内蒙古重点国有林区乔木林各龄组面积、蓄积按林种、起源和林分类型统计表（续 29）

单位：公顷、立方米

统计单位	林种	起源	林分类型	合计		幼龄林		中龄林		近熟林		成熟林		过熟林	
				面积	蓄积	面积	蓄积	面积	蓄积	面积	蓄积	面积	蓄积	面积	蓄积
阿龙山林业局	防护林	天然	合计	141815.19	12679270.8	12472.01	587262.9	52726.96	4485617.4	35616.08	3464420.4	39194.13	3965837.7	1806.01	176132.4
			纯林	108941.92	9145474.4	9670.59	427513.6	40080.57	3218948.0	26187.77	2397968.2	31657.09	2984991.0	1345.90	116053.6
			混交林	32873.27	3533796.4	2801.42	159749.3	12646.39	1266669.4	9428.31	1066452.2	7537.04	980846.7	460.11	60078.8
			针叶混交林	3601.08	457249.2	88.00	2930.1	613.22	66558.0	894.92	107004.8	2004.94	280756.3		
			针阔混交林	27521.12	2877619.5	2561.32	149093.8	11726.07	1170658.7	7943.52	895175.2	5039.20	639825.7	251.01	22866.1
			阔叶混交林	1751.07	198927.7	152.10	7725.4	307.10	29452.7	589.87	64272.2	492.90	60264.7	209.10	37212.7
		人工	合计	4336.30	89725.6	3683.50	46841.4	359.50	25100.8	118.05	8214.9	175.25	9568.5		
			纯林	4122.80	83558.4	3523.00	43366.6	350.50	24327.2	118.05	8214.9	131.25	7649.7		
			混交林	213.50	6167.2	160.50	3474.8	9.00	773.6			44.00	1918.8		
			针叶混交林	49.00	2141.2			5.00	222.4			44.00	1918.8		
			针阔混交林	164.50	4026.0	160.50	3474.8	4.00	551.2						
	特用林	合计	合计	5098.29	421806.5	1710.21	67554.3	2401.11	262129.3	598.80	65320.1	265.17	18067.9	123.00	8734.9
			纯林	3504.50	272994.3	1215.85	46898.4	1642.48	178415.4	315.80	26462.2	213.37	13555.9	117.00	7662.4
			混交林	1593.79	148812.2	494.36	20655.9	758.63	83713.9	283.00	38857.9	51.80	4512.0	6.00	1072.5
			针叶混交林	142.43	9488.2	2.13	51.8	100.50	6290.4			39.80	3146.0		
			针阔混交林	1390.96	135425.4	447.83	18149.8	642.13	75979.2	283.00	38857.9	12.00	1366.0	6.00	1072.5
			阔叶混交林	60.40	3898.6	44.40	2454.3	16.00	1444.3						
		天然	合计	4752.49	401139.5	1665.21	65949.6	2401.11	262129.3	598.80	65320.1	87.37	7740.5		
			纯林	3186.50	254382.7	1170.85	45293.7	1642.48	178415.4	315.80	26462.2	57.37	4211.4		
			混交林	1565.99	146756.8	494.36	20655.9	758.63	83713.9	283.00	38857.9	30.00	3529.1		
			针叶混交林	120.63	8505.3	2.13	51.8	100.50	6290.4			18.00	2163.1		
			针阔混交林	1384.96	134352.9	447.83	18149.8	642.13	75979.2	283.00	38857.9	12.00	1366.0		
			阔叶混交林	60.40	3898.6	44.40	2454.3	16.00	1444.3						
		人工	合计	345.80	20667.0	45.00	1604.7					177.80	10327.4	123.00	8734.9
			纯林	318.00	18611.6	45.00	1604.7					156.00	9344.5	117.00	7662.4
			混交林	27.80	2055.4							21.80	982.9	6.00	1072.5
			针叶混交林	21.80	982.9							21.80	982.9		
			针阔混交林	6.00	1072.5									6.00	1072.5
	用材林	合计	合计	190827.00	17798769.2	15176.72	712167.9	74842.13	6550054.0	52903.87	5475383.1	44520.06	4700858.5	3384.22	360305.7
			纯林	127278.06	10702084.8	11858.09	530388.7	53332.26	4340243.6	31429.14	3031663.0	28450.09	2619338.6	2208.48	180450.9
			混交林	63548.94	7096684.4	3318.63	181779.2	21509.87	2209810.4	21474.73	2443720.1	16069.97	2081519.9	1175.74	179854.8
			针叶混交林	6169.42	764053.6	35.80	1908.2	1566.73	153005.5	2263.60	259088.1	2208.29	334129.1	95.00	15922.7
			针阔混交林	53558.16	5894905.5	2851.64	160001.5	19532.14	2017883.8	18240.55	2072297.2	12286.09	1558890.4	647.74	85832.6
			阔叶混交林	3821.36	437725.3	431.19	19869.5	411.00	38921.1	970.58	112334.8	1575.59	188500.4	433.00	78099.5
		天然	合计	190546.50	17782566.1	15048.72	705584.5	74792.63	6547733.1	52846.37	5470852.5	44479.56	4698261.1	3379.22	360134.9
			纯林	127066.06	10689348.0	11736.09	524067.4	53316.76	4339117.9	31371.64	3027132.4	28438.09	2618750.2	2203.48	180280.1
			混交林	63480.44	7093218.1	3312.63	181517.1	21475.87	2208615.2	21474.73	2443720.1	16041.47	2079510.9	1175.74	179854.8
			针叶混交林	6169.42	764053.6	35.80	1908.2	1566.73	153005.5	2263.60	259088.1	2208.29	334129.1	95.00	15922.7
			针阔混交林	53489.66	5891439.2	2845.64	159739.4	19498.14	2016688.6	18240.55	2072297.2	12257.59	1556881.4	647.74	85832.6
			阔叶混交林	3821.36	437725.3	431.19	19869.5	411.00	38921.1	970.58	112334.8	1575.59	188500.4	433.00	78099.5
		人工	合计	280.50	16203.1	128.00	6583.4	49.50	2320.9	57.50	4530.6	40.50	2597.4	5.00	170.8
			纯林	212.00	12736.8	122.00	6321.3	15.50	1125.7	57.50	4530.6	12.00	588.4	5.00	170.8
			混交林	68.50	3466.3	6.00	262.1	34.00	1195.2			28.50	2009.0		
			针阔混交林	68.50	3466.3	6.00	262.1	34.00	1195.2			28.50	2009.0		

表 8　内蒙古重点国有林区乔木林各龄组面积、蓄积按林种、起源和林分类型统计表（续 30）

单位：公顷、立方米

统计单位	林种	起源	林分类型	合计		幼龄林		中龄林		近熟林		成熟林		过熟林	
				面积	蓄积	面积	蓄积	面积	蓄积	面积	蓄积	面积	蓄积	面积	蓄积
阿龙山林业局	用材林	其中：人天混	合计	6.00	262.1	6.00	262.1								
			混交林	6.00	262.1	6.00	262.1								
			针阔混交林	6.00	262.1	6.00	262.1								
满归林业局	合计	合计	合计	373029.92	35709626.0	27839.21	1448700.1	267793.62	25586182.0	42176.73	4569964.9	32594.17	3772696.5	2626.19	332082.5
			纯林	259629.64	23393307.3	24747.78	1181512.2	182581.89	16516111.3	30016.33	3157916.4	20954.69	2361865.4	1328.95	175902.0
			混交林	113400.28	12316318.7	3091.43	267187.9	85211.73	9070070.7	12160.40	1412048.5	11639.48	1410831.1	1297.24	156180.5
			针叶混交林	21077.12	2387950.0	408.64	36477.9	15566.70	1765375.8	2763.10	328799.3	2329.14	255324.1	9.54	1972.9
			针阔混交林	78644.38	8322797.6	2590.72	222660.0	62678.71	6526854.6	7872.70	888349.3	5054.92	633540.3	447.33	51393.4
			阔叶混交林	13678.78	1605571.1	92.07	8050.0	6966.32	777840.3	1524.60	194899.9	4255.42	521966.7	840.37	102814.2
		天然	合计	366932.16	35418479.6	24130.65	1351027.5	265507.62	25408201.4	42096.13	4556842.0	32571.57	3770326.2	2626.19	332082.5
			纯林	254190.38	23159815.5	21180.56	1093348.6	180813.05	16386276.3	29935.73	3144793.5	20932.09	2359495.1	1328.95	175902.0
			混交林	112741.78	12258664.1	2950.09	257678.9	84694.57	9021925.1	12160.40	1412048.5	11639.48	1410831.1	1297.24	156180.5
			针叶混交林	21003.52	2384144.8	387.84	34732.5	15513.90	1763316.0	2763.10	328799.3	2329.14	255324.1	9.54	1972.9
			针阔混交林	78059.48	8268948.2	2470.18	214896.4	62214.35	6480768.8	7872.70	888349.3	5054.92	633540.3	447.33	51393.4
			阔叶混交林	13678.78	1605571.1	92.07	8050.0	6966.32	777840.3	1524.60	194899.9	4255.42	521966.7	840.37	102814.2
		人工	合计	6097.76	291146.4	3708.56	97672.6	2286.00	177980.6	80.60	13122.9	22.60	2370.3		
			纯林	5439.26	233491.8	3567.22	88163.6	1768.84	129835.0	80.60	13122.9	22.60	2370.3		
			混交林	658.50	57654.6	141.34	9509.0	517.16	48145.6						
			针叶混交林	73.60	3805.2	20.80	1745.4	52.80	2059.8						
			针阔混交林	584.90	53849.4	120.54	7763.6	464.36	46085.8						
		其中：人天混	合计	65.22	4329.0	65.22	4329.0								
			纯林	60.22	3743.6	60.22	3743.6								
			混交林	5.00	585.4	5.00	585.4								
			针阔混交林	5.00	585.4	5.00	585.4								
	防护林	合计	合计	131778.27	12183829.0	11604.65	493293.0	88881.62	8353612.7	14503.62	1470833.8	15810.53	1750186.3	977.85	115903.2
			纯林	93732.53	8228714.2	10268.93	397052.2	60782.48	5475112.6	11291.56	1128065.5	10968.92	1174105.4	420.64	54378.5
			混交林	38045.74	3955114.8	1335.72	96240.8	28099.14	2878500.1	3212.06	342768.3	4841.61	576080.9	557.21	61524.7
			针叶混交林	7309.02	707757.7	149.61	12168.7	4815.06	464388.9	859.89	86047.4	1474.92	143179.8	9.54	1972.9
			针阔混交林	24877.61	2548722.2	1141.01	78284.6	20440.59	2102807.3	1623.76	163806.3	1438.34	180674.6	233.91	23149.4
			阔叶混交林	5859.11	698634.9	45.10	5787.5	2843.49	311303.9	728.41	92914.6	1928.35	252226.5	313.76	36402.4
		天然	合计	128387.12	12067858.7	9087.31	446131.4	88028.41	8287193.1	14483.02	1468444.7	15810.53	1750186.3	977.85	115903.2
			纯林	90608.57	8129912.5	7789.82	351514.3	60158.23	5424237.9	11270.96	1125676.4	10968.92	1174105.4	420.64	54378.5
			混交林	37778.55	3937946.2	1297.49	94617.1	27870.18	2862955.2	3212.06	342768.3	4841.61	576080.9	557.21	61524.7
			针叶混交林	7254.20	705710.2	146.59	12133.2	4763.26	462376.9	859.89	86047.4	1474.92	143179.8	9.54	1972.9
			针阔混交林	24665.24	2533601.1	1105.80	76696.4	20263.43	2089274.4	1623.76	163806.3	1438.34	180674.6	233.91	23149.4
			阔叶混交林	5859.11	698634.9	45.10	5787.5	2843.49	311303.9	728.41	92914.6	1928.35	252226.5	313.76	36402.4
		人工	合计	3391.15	115970.3	2517.34	47161.6	853.21	66419.6	20.60	2389.1				
			纯林	3123.96	98801.7	2479.11	45537.9	624.25	50874.7	20.60	2389.1				
			混交林	267.19	17168.6	38.23	1623.7	228.96	15544.9						
			针叶混交林	54.82	2047.5	3.02	35.5	51.80	2012.0						
			针阔混交林	212.37	15121.1	35.21	1588.2	177.16	13532.9						

表 8　内蒙古重点国有林区乔木林各龄组面积、蓄积按林种、起源和林分类型统计表（续 31）

单位：公顷、立方米

统计单位	林种	起源	林分类型	合计		幼龄林		中龄林		近熟林		成熟林		过熟林	
				面积	蓄积	面积	蓄积	面积	蓄积	面积	蓄积	面积	蓄积	面积	蓄积
满归林业局	防护林	其中：人天混	合计	5.00	585.4	5.00	585.4								
			混交林	5.00	585.4	5.00	585.4								
			针阔混交林	5.00	585.4	5.00	585.4								
	特用林	合计	合计	82816.61	8118615.1	9118.86	508340.6	55682.15	5461771.3	11538.74	1323090.4	5743.45	737713.6	733.41	87699.2
			纯林	59816.03	5522406.0	8383.59	443270.3	40034.00	3747463.2	7822.01	876940.4	3273.52	419805.0	302.91	34927.1
			混交林	23000.58	2596209.1	735.27	65070.3	15648.15	1714308.1	3716.73	446150.0	2469.93	317908.6	430.50	52772.1
			针叶混交林	4835.67	641738.6	112.37	12592.3	3850.89	500801.9	574.22	83372.9	298.19	44971.5		
			针阔混交林	15872.12	1704825.8	575.93	50215.5	11001.00	1126012.1	2912.77	337378.2	1271.00	177195.1	111.42	14024.9
			阔叶混交林	2292.79	249644.7	46.97	2262.5	796.26	87494.1	229.74	25398.9	900.74	95742.0	319.08	38747.2
		天然	合计	82295.11	8084253.2	8912.78	504592.8	55426.73	5441891.0	11478.74	1312356.6	5743.45	737713.6	733.41	87699.2
			纯林	59300.53	5488766.5	8177.51	439522.5	39784.58	3728305.3	7762.01	866206.6	3273.52	419805.0	302.91	34927.1
			混交林	22994.58	2595486.7	735.27	65070.3	15642.15	1713585.7	3716.73	446150.0	2469.93	317908.6	430.50	52772.1
			针叶混交林	4834.67	641690.8	112.37	12592.3	3849.89	500754.1	574.22	83372.9	298.19	44971.5		
			针阔混交林	15867.12	1704151.2	575.93	50215.5	10996.00	1125337.5	2912.77	337378.2	1271.00	177195.1	111.42	14024.9
			阔叶混交林	2292.79	249644.7	46.97	2262.5	796.26	87494.1	229.74	25398.9	900.74	95742.0	319.08	38747.2
		人工	合计	521.50	34361.9	206.08	3747.8	255.42	19880.3	60.00	10733.8				
			纯林	515.50	33639.5	206.08	3747.8	249.42	19157.9	60.00	10733.8				
			混交林	6.00	722.4			6.00	722.4						
			针叶混交林	1.00	47.8			1.00	47.8						
			针阔混交林	5.00	674.6			5.00	674.6						
		其中：人天混	合计	1.22		1.22									
			纯林	1.22		1.22									
	用材林	合计	合计	158435.04	15407181.9	7115.70	447066.5	123229.85	11770798.0	16134.37	1776040.7	11040.19	1284796.6	914.93	128480.1
			纯林	106081.08	9642187.1	6095.26	341189.7	81765.41	7293535.5	10902.76	1152910.5	6712.25	767955.0	605.40	86596.4
			混交林	52353.96	5764994.8	1020.44	105876.8	41464.44	4477262.5	5231.61	623130.2	4327.94	516841.6	309.53	41883.7
			针叶混交林	8932.43	1038453.7	146.66	11716.9	6900.75	800185.0	1328.99	159379.0	556.03	67172.8		
			针阔混交林	37894.65	4069249.6	873.78	94159.9	31237.12	3298035.2	3336.17	387164.8	2345.58	275670.6	102.00	14219.1
			阔叶混交林	5526.88	657291.5			3326.57	379042.3	566.45	76586.4	1426.33	173998.2	207.53	27664.6
		天然	合计	156249.93	15266367.7	6130.56	400303.3	122052.48	11679117.3	16134.37	1776040.7	11017.59	1282426.3	914.93	128480.1
			纯林	104281.28	9541136.5	5213.23	302311.8	80870.24	7233733.1	10902.76	1152910.5	6689.65	765584.7	605.40	86596.4
			混交林	51968.65	5725231.2	917.33	97991.5	41182.24	4445384.2	5231.61	623130.2	4327.94	516841.6	309.53	41883.7
			针叶混交林	8914.65	1036743.8	128.88	10007.0	6900.75	800185.0	1328.99	159379.0	556.03	67172.8		
			针阔混交林	37527.12	4031195.9	788.45	87984.5	30954.92	3266156.9	3336.17	387164.8	2345.58	275670.6	102.00	14219.1
			阔叶混交林	5526.88	657291.5			3326.57	379042.3	566.45	76586.4	1426.33	173998.2	207.53	27664.6
		人工	合计	2185.11	140814.2	985.14	46763.2	1177.37	91680.7			22.60	2370.3		
			纯林	1799.80	101050.6	882.03	38877.9	895.17	59802.4			22.60	2370.3		
			混交林	385.31	39763.6	103.11	7885.3	282.20	31878.3						
			针叶混交林	17.78	1709.9	17.78	1709.9								
			针阔混交林	367.53	38053.7	85.33	6175.4	282.20	31878.3						
		其中：人天混	合计	59.00	3743.6	59.00	3743.6								
			纯林	59.00	3743.6	59.00	3743.6								

表 8 内蒙古重点国有林区乔木林各龄组面积、蓄积按林种、起源和林分类型统计表（续 32）

单位：公顷、立方米

统计单位	林种	起源	林分类型	合计		幼龄林		中龄林		近熟林		成熟林		过熟林	
				面积	蓄积	面积	蓄积	面积	蓄积	面积	蓄积	面积	蓄积	面积	蓄积
得耳布尔林业局	合计	合计	合计	232540.24	24212223.8	12781.38	765629.8	151607.95	15611795.3	44027.43	5045357.3	21199.50	2442221.1	2923.98	347220.3
			纯林	122932.27	12071603.5	8846.99	437341.0	82366.36	8154294.3	21309.57	2336143.9	9210.42	1020346.4	1198.93	123477.9
			混交林	109607.97	12140620.3	3934.39	328288.8	69241.59	7457501.0	22717.86	2709213.4	11989.08	1421874.7	1725.05	223742.4
			针叶混交林	1041.30	99807.1	57.02	3357.7	767.59	71577.5	82.18	11132.5	134.51	13739.4		
			针阔混交林	90056.08	9725683.2	3465.89	282299.9	59621.70	6335983.2	18290.74	2131635.7	7874.35	888400.6	803.40	87363.8
			阔叶混交林	18510.59	2315130.0	411.48	42631.2	8852.30	1049940.3	4344.94	566445.2	3980.22	519734.7	921.65	136378.6
		天然	合计	223878.58	23701970.7	9236.74	704845.7	147219.65	15248162.5	43442.14	4976434.6	21056.96	2425384.2	2923.09	347143.7
			纯林	115218.90	11634054.8	5485.59	382537.0	78662.72	7846902.9	20751.58	2271554.0	9120.08	1009583.0	1198.93	123477.9
			混交林	108659.68	12067915.9	3751.15	322308.7	68556.93	7401259.6	22690.56	2704880.6	11936.88	1415801.2	1724.16	223665.8
			针叶混交林	537.22	60472.0	26.28	1856.9	373.75	44149.5	54.88	6799.7	82.31	7665.9		
			针阔混交林	89611.87	9692313.9	3313.39	277820.6	59330.88	6307169.8	18290.74	2131635.7	7874.35	888400.6	802.51	87287.2
			阔叶混交林	18510.59	2315130.0	411.48	42631.2	8852.30	1049940.3	4344.94	566445.2	3980.22	519734.7	921.65	136378.6
		人工	合计	8661.66	510253.1	3544.64	60784.1	4388.30	363632.8	585.29	68922.7	142.54	16836.9	0.89	76.6
			纯林	7713.37	437548.7	3361.40	54804.0	3703.64	307391.4	557.99	64589.9	90.34	10763.4		
			混交林	948.29	72704.4	183.24	5980.1	684.66	56241.4	27.30	4332.8	52.20	6073.5	0.89	76.6
			针叶混交林	504.08	39335.1	30.74	1500.8	393.84	27428.0	27.30	4332.8	52.20	6073.5		
			针阔混交林	444.21	33369.3	152.50	4479.3	290.82	28813.4					0.89	76.6
		其中：人天混	合计	992.96	74472.0	183.24	5980.1	729.33	58009.0	27.30	4332.8	52.20	6073.5	0.89	76.6
			纯林	44.67	1767.6			44.67	1767.6						
			混交林	948.29	72704.4	183.24	5980.1	684.66	56241.4	27.30	4332.8	52.20	6073.5	0.89	76.6
			针叶混交林	504.08	39335.1	30.74	1500.8	393.84	27428.0	27.30	4332.8	52.20	6073.5		
			针阔混交林	444.21	33369.3	152.50	4479.3	290.82	28813.4					0.89	76.6
	防护林	合计	合计	137348.64	14419413.0	8362.30	486811.6	88884.74	9232331.2	25316.95	2969548.4	12855.08	1504488.2	1929.57	226233.6
			纯林	75479.56	7433558.8	5951.74	279488.5	50893.67	5088003.4	12205.34	1356169.1	5625.66	626559.7	803.15	83338.1
			混交林	61869.08	6985854.2	2410.56	207323.1	37991.07	4144327.8	13111.61	1613379.3	7229.42	877928.5	1126.42	142895.5
			针叶混交林	722.70	67930.9	33.12	2713.2	567.57	50109.3	27.30	4332.8	94.71	10775.6		
			针阔混交林	51903.55	5695881.5	2158.88	179978.6	33278.83	3581442.2	10913.10	1301996.1	4981.38	574060.2	571.36	58404.4
			阔叶混交林	9242.83	1222041.8	218.56	24631.3	4144.67	512776.3	2171.21	307050.4	2153.33	293092.7	555.06	84491.1
		天然	合计	131186.36	14088382.6	5902.15	450567.5	85552.42	8979409.6	25006.38	2935133.3	12795.84	1497038.6	1929.57	226233.6
			纯林	69967.95	7155267.4	3543.90	245299.1	48080.21	4875359.8	11922.07	1326086.8	5618.62	625183.6	803.15	83338.1
			混交林	61218.41	6933115.2	2358.25	205268.4	37472.21	4104049.8	13084.31	1609046.5	7177.22	871855.0	1126.42	142895.5
			针叶混交林	315.15	34976.2	26.28	1856.9	246.36	28417.2			42.51	4702.1		
			针阔混交林	51660.43	5676097.2	2113.41	178780.2	33081.18	3562856.3	10913.10	1301996.1	4981.38	574060.2	571.36	58404.4
			阔叶混交林	9242.83	1222041.8	218.56	24631.3	4144.67	512776.3	2171.21	307050.4	2153.33	293092.7	555.06	84491.1
		人工	合计	6162.28	331030.4	2460.15	36244.1	3332.32	252921.6	310.57	34415.1	59.24	7449.6		
			纯林	5511.61	278291.4	2407.84	34189.4	2813.46	212643.6	283.27	30082.3	7.04	1376.1		
			混交林	650.67	52739.0	52.31	2054.7	518.86	40278.0	27.30	4332.8	52.20	6073.5		
			针叶混交林	407.55	32954.7	6.84	856.3	321.21	21692.1	27.30	4332.8	52.20	6073.5		
			针阔混交林	243.12	19784.3	45.47	1198.4	197.65	18585.9						
		其中：人天混	合计	695.34	54506.6	52.31	2054.7	563.53	42045.6	27.30	4332.8	52.20	6073.5		
			纯林	44.67	1767.6			44.67	1767.6						
			混交林	650.67	52739.0	52.31	2054.7	518.86	40278.0	27.30	4332.8	52.20	6073.5		
			针叶混交林	407.55	32954.7	6.84	856.3	321.21	21692.1	27.30	4332.8	52.20	6073.5		
			针阔混交林	243.12	19784.3	45.47	1198.4	197.65	18585.9						

表 8　内蒙古重点国有林区乔木林各龄组面积、蓄积按林种、起源和林分类型统计表（续 33）

单位：公顷、立方米

统计单位	林种	起源	林分类型	合计		幼龄林		中龄林		近熟林		成熟林		过熟林	
				面积	蓄积	面积	蓄积	面积	蓄积	面积	蓄积	面积	蓄积	面积	蓄积
得耳布尔林业局	特用林	合计	合计	8888.20	830787.8	1097.62	35573.3	5956.35	591445.3	1306.48	144035.4	393.76	46616.1	133.99	13117.7
			纯林	6877.69	617927.4	966.85	26431.0	4660.00	448053.0	1030.51	118065.6	173.70	21376.1	46.63	4001.7
			混交林	2010.51	212860.4	130.77	9142.3	1296.35	143392.3	275.97	25969.8	220.06	25240.0	87.36	9116.0
			针叶混交林	46.93	4541.8			39.05	3899.1	7.88	642.7				
			针阔混交林	1559.42	168043.8	89.02	4670.4	952.32	109295.3	233.51	21808.8	208.78	23793.5	75.79	8475.8
			阔叶混交林	404.16	40274.8	41.75	4471.9	304.98	30197.9	34.58	3518.3	11.28	1446.5	11.57	640.2
		天然	合计	6993.12	681541.0	408.06	19441.8	5084.15	498941.9	1057.35	112887.4	310.46	37228.8	133.10	13041.1
			纯林	5072.14	475718.5	315.09	11811.2	3838.64	360999.2	781.38	86917.6	90.40	11988.8	46.63	4001.7
			混交林	1920.98	205822.5	92.97	7630.6	1245.51	137942.7	275.97	25969.8	220.06	25240.0	86.47	9039.4
			针叶混交林	7.88	642.7					7.88	642.7				
			针阔混交林	1508.94	164905.0	51.22	3158.7	940.53	107744.8	233.51	21808.8	208.78	23793.5	74.90	8399.2
			阔叶混交林	404.16	40274.8	41.75	4471.9	304.98	30197.9	34.58	3518.3	11.28	1446.5	11.57	640.2
		人工	合计	1895.08	149246.8	689.56	16131.5	872.20	92503.4	249.13	31148.0	83.30	9387.3	0.89	76.6
			纯林	1805.55	142208.9	651.76	14619.8	821.36	87053.8	249.13	31148.0	83.30	9387.3		
			混交林	89.53	7037.9	37.80	1511.7	50.84	5449.6					0.89	76.6
			针叶混交林	39.05	3899.1			39.05	3899.1						
			针阔混交林	50.48	3138.8	37.80	1511.7	11.79	1550.5					0.89	76.6
		其中：人天混	合计	89.53	7037.9	37.80	1511.7	50.84	5449.6					0.89	76.6
			混交林	89.53	7037.9	37.80	1511.7	50.84	5449.6					0.89	76.6
			针叶混交林	39.05	3899.1			39.05	3899.1						
			针阔混交林	50.48	3138.8	37.80	1511.7	11.79	1550.5					0.89	76.6
	用材林	合计	合计	86303.40	8962023.0	3321.46	243244.9	56766.86	5788018.8	17404.00	1931773.5	7950.66	891116.8	860.42	107869.0
			纯林	40575.02	4020117.3	1928.40	131421.5	26812.69	2618237.9	8073.72	861909.2	3411.06	372410.6	349.15	36138.1
			混交林	45728.38	4941905.7	1393.06	111823.4	29954.17	3169780.9	9330.28	1069864.3	4539.60	518706.2	511.27	71730.9
			针叶混交林	271.67	27334.4	23.90	644.5	160.97	17569.1	47.00	6157.0	39.80	2963.8		
			针阔混交林	36593.11	3861757.9	1217.99	97650.9	25390.55	2645245.7	7144.13	807830.8	2684.19	290546.9	156.25	20483.6
			阔叶混交林	8863.60	1052813.4	151.17	13528.0	4402.65	506966.1	2139.15	255876.5	1815.61	225195.5	355.02	51247.3
		天然	合计	85699.10	8932047.1	2926.53	234836.4	56583.08	5769811.0	17378.41	1928413.9	7950.66	891116.8	860.42	107869.0
			纯林	40178.81	4003068.9	1626.60	125426.7	26743.87	2610543.9	8048.13	858549.6	3411.06	372410.6	349.15	36138.1
			混交林	45520.29	4928978.2	1299.93	109409.7	29839.21	3159267.1	9330.28	1069864.3	4539.60	518706.2	511.27	71730.9
			针叶混交林	214.19	24853.1			127.39	15732.3	47.00	6157.0	39.80	2963.8		
			针阔混交林	36442.50	3851311.7	1148.76	95881.7	25309.17	2636568.7	7144.13	807830.8	2684.19	290546.9	156.25	20483.6
			阔叶混交林	8863.60	1052813.4	151.17	13528.0	4402.65	506966.1	2139.15	255876.5	1815.61	225195.5	355.02	51247.3
		人工	合计	604.30	29975.9	394.93	8408.5	183.78	18207.8	25.59	3359.6				
			纯林	396.21	17048.4	301.80	5994.8	68.82	7694.0	25.59	3359.6				
			混交林	208.09	12927.5	93.13	2413.7	114.96	10513.8						
			针叶混交林	57.48	2481.3	23.90	644.5	33.58	1836.8						
			针阔混交林	150.61	10446.2	69.23	1769.2	81.38	8677.0						
		其中：人天混	合计	208.09	12927.5	93.13	2413.7	114.96	10513.8						
			混交林	208.09	12927.5	93.13	2413.7	114.96	10513.8						
			针叶混交林	57.48	2481.3	23.90	644.5	33.58	1836.8						
			针阔混交林	150.61	10446.2	69.23	1769.2	81.38	8677.0						

表 8　内蒙古重点国有林区乔木林各龄组面积、蓄积按林种、起源和林分类型统计表（续 34）

单位：公顷、立方米

统计单位	林种	起源	林分类型	合计		幼龄林		中龄林		近熟林		成熟林		过熟林	
				面积	蓄积	面积	蓄积	面积	蓄积	面积	蓄积	面积	蓄积	面积	蓄积
莫尔道嘎林业局	合计	合计	合计	435588.67	49944907.9	9346.98	656754.3	204033.78	21842156.4	83858.09	10452255.2	120027.38	14474024.6	18322.44	2519717.4
			纯林	242128.56	25956508.5	6596.00	423732.1	124471.00	12725172.8	41588.88	4789368.0	63170.46	7190819.5	6302.22	827416.1
			混交林	193460.11	23988399.4	2750.98	233022.2	79562.78	9116983.6	42269.21	5662887.2	56856.92	7283205.1	12020.22	1692301.3
			针叶混交林	9617.37	1217270.8	98.99	7565.1	1899.76	218456.1	2501.89	328272.6	3835.64	491831.5	1281.09	171145.5
			针阔混交林	159621.44	19501458.8	2504.62	212739.0	73715.38	8438867.8	33792.20	4506946.0	41744.18	5254004.3	7865.06	1088901.7
			阔叶混交林	24221.30	3269669.8	147.37	12718.1	3947.64	459659.7	5975.12	827668.6	11277.10	1537369.3	2874.07	432254.1
		天然	合计	422319.64	48566299.3	8687.14	617811.3	195462.30	20932461.2	81062.17	10153236.5	118935.84	14360086.7	18172.19	2502703.6
			纯林	232916.16	25006823.6	6098.09	397851.9	117597.14	11994773.6	39950.87	4618566.5	63072.19	7178567.9	6197.87	817063.7
			混交林	189403.48	23559475.7	2589.05	219959.4	77865.16	8937687.6	41111.30	5534670.0	55863.65	7181518.8	11974.32	1685639.9
			针叶混交林	8140.76	1056949.5	57.29	4092.6	1286.04	156782.3	1997.70	269356.8	3518.64	455572.3	1281.09	171145.5
			针阔混交林	157041.42	19232856.4	2384.39	203148.7	72631.48	8321245.6	33138.48	4437644.6	41067.91	5188577.2	7819.16	1082240.3
			阔叶混交林	24221.30	3269669.8	147.37	12718.1	3947.64	459659.7	5975.12	827668.6	11277.10	1537369.3	2874.07	432254.1
		人工	合计	13269.03	1378608.6	659.84	38943.0	8571.48	909695.2	2795.92	299018.7	1091.54	113937.9	150.25	17013.8
			纯林	9212.40	949684.9	497.91	25880.2	6873.86	730399.2	1638.01	170801.5	98.27	12251.6	104.35	10352.4
			混交林	4056.63	428923.7	161.93	13062.8	1697.62	179296.0	1157.91	128217.2	993.27	101686.3	45.90	6661.4
			针叶混交林	1476.61	160321.3	41.70	3472.5	613.72	61673.8	504.19	58915.8	317.00	36259.2		
			针阔混交林	2580.02	268602.4	120.23	9590.3	1083.90	117622.2	653.72	69301.4	676.27	65427.1	45.90	6661.4
		其中：人天混	合计	3396.97	355774.1	54.21	3464.2	1174.71	121515.3	1029.50	112723.2	999.18	102097.1	139.37	15974.3
			纯林	307.17	25736.7	54.21	3464.2	134.62	11164.1	4.45	294.2	19.40	1160.2	94.49	9654.0
			混交林	3089.80	330037.4			1040.09	110351.2	1025.05	112429.0	979.78	100936.9	44.88	6320.3
			针叶混交林	1171.89	129737.6			407.62	40288.2	460.76	53939.6	303.51	35509.8		
			针阔混交林	1917.91	200299.8			632.47	70063.0	564.29	58489.4	676.27	65427.1	44.88	6320.3
	防护林	合计	合计	194816.82	22379674.3	4639.03	331272.2	101772.69	10967712.4	35381.57	4452782.2	44858.95	5463465.1	8164.58	1164442.4
			纯林	110709.23	11951807.9	3223.00	213157.5	63409.79	6543001.0	18336.71	2163216.5	22801.32	2614038.0	2938.41	418394.9
			混交林	84107.59	10427866.4	1416.03	118114.7	38362.90	4424711.4	17044.86	2289565.7	22057.63	2849427.1	5226.17	746047.5
			针叶混交林	3792.16	485816.0	89.79	6692.3	967.19	110196.6	935.11	122967.2	1336.37	183089.9	463.70	62870.0
			针阔混交林	69103.24	8464192.6	1258.99	104640.6	35129.64	4046451.7	13397.93	1802614.0	15931.92	2028895.2	3384.76	481591.1
			阔叶混交林	11212.19	1477857.8	67.25	6781.8	2266.07	268063.1	2711.82	363984.5	4789.34	637442.0	1377.71	201586.4
		天然	合计	188216.94	21691183.2	4225.60	304833.7	97242.47	10484213.3	34073.55	4313983.6	44627.26	5435997.4	8048.06	1152155.2
			纯林	105695.21	11436620.2	2942.50	196708.5	59672.53	6145124.5	17538.53	2084754.7	22703.05	2601786.4	2838.60	408246.1
			混交林	82521.73	10254563.0	1283.10	108125.2	37569.94	4339088.8	16535.02	2229228.9	21924.21	2834211.0	5209.46	743909.1
			针叶混交林	3194.62	422921.7	55.38	4037.2	646.96	77277.2	705.70	96396.8	1322.88	182340.5	463.70	62870.0
			针阔混交林	68114.92	8353783.5	1160.47	97306.2	34656.91	3993748.5	13117.50	1768847.6	15811.99	2014428.5	3368.05	479452.7
			阔叶混交林	11212.19	1477857.8	67.25	6781.8	2266.07	268063.1	2711.82	363984.5	4789.34	637442.0	1377.71	201586.4
		人工	合计	6599.88	688491.1	413.43	26438.5	4530.22	483499.1	1308.02	138798.6	231.69	27467.7	116.52	12287.2
			纯林	5014.02	515187.7	280.50	16449.0	3737.26	397876.5	798.18	78461.8	98.27	12251.6	99.81	10148.8
			混交林	1585.86	173303.4	132.93	9989.5	792.96	85622.6	509.84	60336.8	133.42	15216.1	16.71	2138.4
			针叶混交林	597.54	62894.3	34.41	2655.1	320.23	32919.4	229.41	26570.4	13.49	749.4		
			针阔混交林	988.32	110409.1	98.52	7334.4	472.73	52703.2	280.43	33766.4	119.93	14466.7	16.71	2138.4
		其中：人天混	合计	1318.55	146048.9	30.11	1226.5	548.48	59883.1	489.43	57520.0	139.33	15626.9	111.20	11792.4
			纯林	156.38	12971.8	30.11	1226.5	7.93	636.9	4.45	294.2	19.40	1160.2	94.49	9654.0
			混交林	1162.17	133077.1			540.55	59246.2	484.98	57225.8	119.93	14466.7	16.71	2138.4

表 8　内蒙古重点国有林区乔木林各龄组面积、蓄积按林种、起源和林分类型统计表（续 35）

单位：公顷、立方米

统计单位	林种	起源	林分类型	合计		幼龄林		中龄林		近熟林		成熟林		过熟林	
				面积	蓄积	面积	蓄积	面积	蓄积	面积	蓄积	面积	蓄积	面积	蓄积
莫尔道嘎林业局	防护林	其中：人天混	针叶混交林	373.10	39580.6			168.55	16121.2	204.55	23459.4				
			针阔混交林	789.07	93496.5			372.00	43125.0	280.43	33766.4	119.93	14466.7	16.71	2138.4
	特用林	合计	合计	24382.73	2717151.1	524.13	33669.3	16236.84	1657668.2	3450.16	508022.7	3912.15	478513.0	259.45	39277.9
			纯林	15334.53	1582498.4	354.99	18675.4	11108.90	1081231.6	1779.02	239886.4	2017.69	231830.0	73.93	10875.0
			混交林	9048.20	1134652.7	169.14	14993.9	5127.94	576436.6	1671.14	268136.3	1894.46	246683.0	185.52	28402.9
			针叶混交林	228.13	34734.7	7.29	817.4	110.88	14778.9	38.22	8424.3	46.15	7107.7	25.59	3606.4
			针阔混交林	8295.58	1009342.4	160.62	14075.1	4995.45	559321.6	1360.98	215167.6	1681.02	205802.4	97.51	14975.7
			阔叶混交林	524.49	90575.6	1.23	101.4	21.61	2336.1	271.94	44544.4	167.29	33772.9	62.42	9820.8
		天然	合计	23429.52	2618977.8	494.32	30930.1	15502.41	1587102.5	3262.21	483495.4	3912.15	478513.0	258.43	38936.8
			纯林	14505.54	1495204.4	332.47	16753.6	10490.38	1020386.7	1591.07	215359.1	2017.69	231830.0	73.93	10875.0
			混交林	8923.98	1123773.4	161.85	14176.5	5012.03	566715.8	1671.14	268136.3	1894.46	246683.0	184.50	28061.8
			针叶混交林	215.40	33639.7			105.44	14501.3	38.22	8424.3	46.15	7107.7	25.59	3606.4
			针阔混交林	8184.09	999558.1	160.62	14075.1	4884.98	549878.4	1360.98	215167.6	1681.02	205802.4	96.49	14634.6
			阔叶混交林	524.49	90575.6	1.23	101.4	21.61	2336.1	271.94	44544.4	167.29	33772.9	62.42	9820.8
		人工	合计	953.21	98173.3	29.81	2739.2	734.43	70565.7	187.95	24527.3			1.02	341.1
			纯林	828.99	87294.0	22.52	1921.8	618.52	60844.9	187.95	24527.3				
			混交林	124.22	10879.3	7.29	817.4	115.91	9720.8					1.02	341.1
			针叶混交林	12.73	1095.0	7.29	817.4	5.44	277.6						
			针阔混交林	111.49	9784.3			110.47	9443.2					1.02	341.1
		其中：人天混	合计	85.63	7172.7	0.53	16.7	85.10	7156.0						
			纯林	0.53	16.7	0.53	16.7								
			混交林	85.10	7156.0			85.10	7156.0						
			针叶混交林	5.44	277.6			5.44	277.6						
			针阔混交林	79.66	6878.4			79.66	6878.4						
	用材林	合计	合计	216389.12	24848082.5	4183.82	291812.8	86024.25	9216775.8	45026.36	5491450.3	71256.28	8532046.5	9898.41	1315997.1
			纯林	116084.80	12422202.2	3018.01	191899.2	49952.31	5100940.2	21473.15	2386265.1	38351.45	4344951.5	3289.88	398146.2
			混交林	100304.32	12425880.3	1165.81	99913.6	36071.94	4115835.6	23553.21	3105185.2	32904.83	4187095.0	6608.53	917850.9
			针叶混交林	5597.08	696720.1	1.91	55.4	821.69	93480.6	1528.56	196881.1	2453.12	301633.9	791.80	104669.1
			针阔混交林	82222.62	10027923.8	1085.01	94023.3	33590.29	3833094.5	19033.29	2489164.4	24131.24	3019306.7	4382.79	592334.9
			阔叶混交林	12484.62	1701236.4	78.89	5834.9	1659.96	189260.5	2991.36	419139.7	6320.47	866154.4	1433.94	220846.9
		天然	合计	210673.18	24256138.3	3967.22	282047.5	82717.42	8861145.4	43726.41	5355757.5	70396.43	8445576.3	9865.70	1311611.6
			纯林	112715.41	12074999.0	2823.12	184389.8	47434.23	4829262.4	20821.27	2318452.7	38351.45	4344951.5	3285.34	397942.6
			混交林	97957.77	12181139.3	1144.10	97657.7	35283.19	4031883.0	22905.14	3037304.8	32044.98	4100624.8	6580.36	913669.0
			针叶混交林	4730.74	600388.1	1.91	55.4	533.64	65003.8	1253.78	164535.7	2149.61	266124.1	791.80	104669.1
			针阔混交林	80742.41	9879514.8	1063.30	91767.4	33089.59	3777618.7	18660.00	2453629.4	23574.90	2968346.3	4354.62	588153.0
			阔叶混交林	12484.62	1701236.4	78.89	5834.9	1659.96	189260.5	2991.36	419139.7	6320.47	866154.4	1433.94	220846.9
		人工	合计	5715.94	591944.2	216.60	9765.3	3306.83	355630.4	1299.95	135692.8	859.85	86470.2	32.71	4385.5
			纯林	3369.39	347203.2	194.89	7509.4	2518.08	271677.8	651.88	67812.4			4.54	203.6
			混交林	2346.55	244741.0	21.71	2255.9	788.75	83952.6	648.07	67880.4	859.85	86470.2	28.17	4181.9
			针叶混交林	866.34	96332.0			288.05	28476.8	274.78	32345.4	303.51	35509.8		
			针阔混交林	1480.21	148409.0	21.71	2255.9	500.70	55475.8	373.29	35535.0	556.34	50960.4	28.17	4181.9
		其中：人天混	合计	1992.79	202552.5	23.57	2221.0	541.13	54476.2	540.07	55203.2	859.85	86470.2	28.17	4181.9

表 8 内蒙古重点国有林区乔木林各龄组面积、蓄积按林种、起源和林分类型统计表（续 36）

单位：公顷、立方米

统计单位	林种	起源	林分类型	合计		幼龄林		中龄林		近熟林		成熟林		过熟林	
				面积	蓄积	面积	蓄积	面积	蓄积	面积	蓄积	面积	蓄积	面积	蓄积
莫尔道嘎林业局	用材林	其中：人天混	纯林	150.26	12748.2	23.57	2221.0	126.69	10527.2						
			混交林	1842.53	189804.3			414.44	43949.0	540.07	55203.2	859.85	86470.2	28.17	4181.9
			针叶混交林	793.35	89879.4			233.63	23889.4	256.21	30480.2	303.51	35509.8		
			针阔混交林	1049.18	99924.9			180.81	20059.6	283.86	24723.0	556.34	50960.4	28.17	4181.9
大杨树林业局	合计	合计	合计	413390.77	22556448.1	176779.73	5478860.2	173795.25	12067599.4	38970.32	3117248.4	19730.71	1627140.2	4114.76	265599.9
			纯林	227106.07	12093171.3	103452.07	2688082.1	87956.79	6373742.7	21639.25	1887840.2	11234.19	969384.4	2823.77	174121.9
			混交林	186284.70	10463276.8	73327.66	2790778.1	85838.46	5693856.7	17331.07	1229408.2	8496.52	657755.8	1290.99	91478.0
			针叶混交林	313.95	38859.8	80.71	9828.1	163.07	20912.4	27.47	3206.8	38.15	4589.4	4.55	323.1
			针阔混交林	27226.28	2396414.3	4444.49	282665.0	21351.54	1966080.2	530.43	52670.0	899.82	94999.1		
			阔叶混交林	158744.47	8028002.7	68802.46	2498285.0	64323.85	3706864.1	16773.17	1173531.4	7558.55	558167.3	1286.44	91154.9
		天然	合计	379699.92	19004761.9	167512.65	4977661.1	155468.78	9866202.5	34085.54	2409218.6	18553.30	1490098.3	4079.65	261581.4
			纯林	199510.89	9020034.4	97721.26	2432534.5	71276.42	4309928.2	17108.92	1216311.7	10611.08	890833.5	2793.21	170426.5
			混交林	180189.03	9984727.5	69791.39	2545126.6	84192.36	5556274.3	16976.62	1192906.9	7942.22	599264.8	1286.44	91154.9
			针阔混交林	21872.03	1988130.8	1228.54	64400.5	20056.37	1863257.3	203.45	19375.5	383.67	41097.5		
			阔叶混交林	158317.00	7996596.7	68562.85	2480726.1	64135.99	3693017.0	16773.17	1173531.4	7558.55	558167.3	1286.44	91154.9
		人工	合计	33690.85	3551686.2	9267.08	501199.1	18326.47	2201396.9	4884.78	708029.8	1177.41	137041.9	35.11	4018.5
			纯林	27595.18	3073136.9	5730.81	255547.6	16680.37	2063814.5	4530.33	671528.5	623.11	78550.9	30.56	3695.4
			混交林	6095.67	478549.3	3536.27	245651.5	1646.10	137582.4	354.45	36501.3	554.30	58491.0	4.55	323.1
			针叶混交林	313.95	38859.8	80.71	9828.1	163.07	20912.4	27.47	3206.8	38.15	4589.4	4.55	323.1
			针阔混交林	5354.25	408283.5	3215.95	218264.5	1295.17	102822.9	326.98	33294.5	516.15	53901.6		
			阔叶混交林	427.47	31406.0	239.61	17558.9	187.86	13847.1						
		其中：人天混	合计	5898.89	455150.1	3470.65	239463.4	1571.17	127418.6	333.91	33845.3	518.61	54099.7	4.55	323.1
			纯林	0.38	55.1					0.38	55.1				
			混交林	5898.51	455095.0	3470.65	239463.4	1571.17	127418.6	333.53	33790.2	518.61	54099.7	4.55	323.1
			针叶混交林	148.00	17289.3	42.49	5311.8	91.95	10960.6	6.55	495.7	2.46	198.1	4.55	323.1
			针阔混交林	5332.32	407004.5	3194.02	216985.5	1295.17	102822.9	326.98	33294.5	516.15	53901.6		
			阔叶混交林	418.19	30801.2	234.14	17166.1	184.05	13635.1						
	防护林	合计	合计	366846.11	20134984.6	153528.73	4832051.4	157491.10	10908489.0	34470.50	2711177.7	17399.71	1427269.6	3956.07	255996.9
			纯林	198498.27	10538252.5	89762.04	2365485.5	77631.69	5600112.8	18792.20	1592719.8	9602.62	813058.5	2709.72	166875.9
			混交林	168347.84	9596732.1	63766.69	2466565.9	79859.41	5308376.2	15678.30	1118457.9	7797.09	614211.1	1246.35	89121.0
			针叶混交林	228.84	27111.4	34.72	4312.5	135.11	16346.5	16.31	1539.9	38.15	4589.4	4.55	323.1
			针阔混交林	25641.19	2238603.9	4302.16	271513.9	19966.81	1823795.0	509.39	50923.3	862.83	92371.7		
			阔叶混交林	142477.81	7331016.8	59429.81	2190739.5	59757.49	3468234.7	15152.60	1065994.7	6896.11	517250.0	1241.80	88797.9
		天然	合计	337749.95	17105246.3	145163.11	4377274.7	141412.14	8975908.8	30566.94	2153720.6	16659.00	1342992.8	3948.76	255349.4
			纯林	175187.87	7957896.9	84750.83	2139951.4	63133.40	3797720.6	15217.46	1069028.1	9379.22	784645.3	2706.96	166551.5
			混交林	162562.08	9147349.4	60412.28	2237323.3	78278.74	5178188.2	15349.48	1084692.5	7279.78	558347.5	1241.80	88797.9
			针阔混交林	20510.41	1847611.4	1220.75	64015.5	18709.11	1723800.6	196.88	18697.8	383.67	41097.5		
			阔叶混交林	142051.67	7299738.0	59191.53	2173307.8	59569.63	3454387.6	15152.60	1065994.7	6896.11	517250.0	1241.80	88797.9
		人工	合计	29096.16	3029738.3	8365.62	454776.7	16078.96	1932580.2	3903.56	557457.1	740.71	84276.8	7.31	647.5
			纯林	23310.40	2580355.6	5011.21	225534.1	14498.29	1802392.2	3574.74	523691.7	223.40	28413.2	2.76	324.4
			混交林	5785.76	449382.7	3354.41	229242.6	1580.67	130188.0	328.82	33765.4	517.31	55863.6	4.55	323.1
			针叶混交林	228.84	27111.4	34.72	4312.5	135.11	16346.5	16.31	1539.9	38.15	4589.4	4.55	323.1

表 8 内蒙古重点国有林区乔木林各龄组面积、蓄积按林种、起源和林分类型统计表（续 37）

单位：公顷、立方米

统计单位	林种	起源	林分类型	合计 面积	合计 蓄积	幼龄林 面积	幼龄林 蓄积	中龄林 面积	中龄林 蓄积	近熟林 面积	近熟林 蓄积	成熟林 面积	成熟林 蓄积	过熟林 面积	过熟林 蓄积
大杨树林业局	防护林	人工	针阔混交林	5130.78	390992.5	3081.41	207498.4	1257.70	99994.4	312.51	32225.5	479.16	51274.2		
			阔叶混交林	426.14	31278.8	238.28	17431.7	187.86	13847.1						
		其中：人天混	合计	5663.49	436318.9	3324.18	227157.1	1533.70	124590.1	319.44	32776.3	481.62	51472.3	4.55	323.1
			纯林	0.38	55.1					0.38	55.1				
			混交林	5663.11	436263.8	3324.18	227157.1	1533.70	124590.1	319.06	32721.2	481.62	51472.3	4.55	323.1
			针叶混交林	137.40	15876.3	31.89	3898.8	91.95	10960.6	6.55	495.7	2.46	198.1	4.55	323.1
			针阔混交林	5108.85	389713.5	3059.48	206219.4	1257.70	99994.4	312.51	32225.5	479.16	51274.2		
			阔叶混交林	416.86	30674.0	232.81	17038.9	184.05	13635.1						
	特用林	合计	合计	5385.49	565990.6	1018.87	34486.6	3088.54	351682.0	748.78	111824.8	502.95	64821.2	26.35	3176.0
			纯林	4083.88	443456.0	837.87	20738.3	1986.78	245373.8	729.93	109346.7	502.95	64821.2	26.35	3176.0
			混交林	1301.61	122534.6	181.00	13748.3	1101.76	106308.2	18.85	2478.1				
			针叶混交林	82.79	11531.7	45.99	5515.6	25.64	4349.2	11.16	1666.9				
			针阔混交林	936.46	95352.0	51.52	5956.3	877.25	88584.5	7.69	811.2				
			阔叶混交林	282.36	15650.9	83.49	2276.4	198.87	13374.5						
		天然	合计	3081.09	250596.5	773.53	12320.1	2084.34	213288.5	78.33	8513.0	144.89	16474.9		
			纯林	1917.21	145857.2	690.66	10092.1	1009.90	111454.9	71.76	7835.3	144.89	16474.9		
			混交林	1163.88	104739.3	82.87	2228.0	1074.44	101833.6	6.57	677.7				
			针阔混交林	882.14	89136.8			875.57	88459.1	6.57	677.7				
			阔叶混交林	281.74	15602.5	82.87	2228.0	198.87	13374.5						
		人工	合计	2304.40	315394.1	245.34	22166.5	1004.20	138393.5	670.45	103311.8	358.06	48346.3	26.35	3176.0
			纯林	2166.67	297598.8	147.21	10646.2	976.88	133918.9	658.17	101511.4	358.06	48346.3	26.35	3176.0
			混交林	137.73	17795.3	98.13	11520.3	27.32	4474.6	12.28	1800.4				
			针叶混交林	82.79	11531.7	45.99	5515.6	25.64	4349.2	11.16	1666.9				
			针阔混交林	54.32	6215.2	51.52	5956.3	1.68	125.4	1.12	133.5				
			阔叶混交林	0.62	48.4	0.62	48.4								
		其中：人天混	合计	65.54	7676.6	62.74	7417.7	1.68	125.4	1.12	133.5				
			混交林	65.54	7676.6	62.74	7417.7	1.68	125.4	1.12	133.5				
			针叶混交林	10.60	1413.0	10.60	1413.0								
			针阔混交林	54.32	6215.2	51.52	5956.3	1.68	125.4	1.12	133.5				
			阔叶混交林	0.62	48.4	0.62	48.4								
	用材林	合计	合计	41159.17	1855472.9	22232.13	612322.2	13215.61	807428.4	3751.04	294245.9	1828.05	135049.4	132.34	6427.0
			纯林	24523.92	1111462.8	12852.16	301858.3	8338.32	528256.1	2117.12	185773.7	1128.62	91504.7	87.70	4070.0
			混交林	16635.25	744010.1	9379.97	310463.9	4877.29	279172.3	1633.92	108472.2	699.43	43544.7	44.64	2357.0
			针叶混交林	2.32	216.7			2.32	216.7						
			针阔混交林	648.63	62458.4	90.81	5194.8	507.48	53700.7	13.35	935.5	36.99	2627.4		
			阔叶混交林	15984.30	681335.0	9289.16	305269.1	4367.49	225254.9	1620.57	107536.7	662.44	40917.3	44.64	2357.0
		天然	合计	38868.88	1648919.1	21576.01	588066.3	11972.30	677005.2	3440.27	246985.0	1749.41	130630.6	130.89	6232.0
			纯林	22405.81	916280.3	12279.77	282491.0	7133.12	400752.7	1819.70	139448.3	1086.97	89713.3	86.25	3875.0
			混交林	16463.07	732638.8	9296.24	305575.3	4839.18	276252.5	1620.57	107536.7	662.44	40917.3	44.64	2357.0
			针阔混交林	479.48	51382.6	7.79	385.0	471.69	50997.6						
			阔叶混交林	15983.59	681256.2	9288.45	305190.3	4367.49	225254.9	1620.57	107536.7	662.44	40917.3	44.64	2357.0

表 8　内蒙古重点国有林区乔木林各龄组面积、蓄积按林种、起源和林分类型统计表（续 38）

单位：公顷、立方米

统计单位	林种	起源	林分类型	合计		幼龄林		中龄林		近熟林		成熟林		过熟林	
				面积	蓄积	面积	蓄积	面积	蓄积	面积	蓄积	面积	蓄积	面积	蓄积
大杨树林业局	用材林	人工	合计	2290.29	206553.8	656.12	24255.9	1243.31	130423.2	310.77	47260.9	78.64	4418.8	1.45	195.0
			纯林	2118.11	195182.5	572.39	19367.3	1205.20	127503.4	297.42	46325.4	41.65	1791.4	1.45	195.0
			混交林	172.18	11371.3	83.73	4888.6	38.11	2919.8	13.35	935.5	36.99	2627.4		
			针叶混交林	2.32	216.7			2.32	216.7						
			针阔混交林	169.15	11075.8	83.02	4809.8	35.79	2703.1	13.35	935.5	36.99	2627.4		
			阔叶混交林	0.71	78.8	0.71	78.8								
		其中：人天混	合计	169.86	11154.6	83.73	4888.6	35.79	2703.1	13.35	935.5	36.99	2627.4		
			混交林	169.86	11154.6	83.73	4888.6	35.79	2703.1	13.35	935.5	36.99	2627.4		
			针阔混交林	169.15	11075.8	83.02	4809.8	35.79	2703.1	13.35	935.5	36.99	2627.4		
			阔叶混交林	0.71	78.8	0.71	78.8								
毕拉河林业局	合计	合计	合计	288046.38	23321078.5	34195.94	1472000.1	168606.35	14277325.6	61450.30	5441943.4	21665.03	1918701.6	2128.76	211107.8
			纯林	144090.14	11584474.9	19543.49	697704.3	83258.55	7179629.9	31081.07	2813105.7	9787.18	852246.5	419.85	41788.5
			混交林	143956.24	11736603.6	14652.45	774295.8	85347.80	7097695.7	30369.23	2628837.7	11877.85	1066455.1	1708.91	169319.3
			针叶混交林	128.68	13442.0	33.37	5065.6	81.48	6966.1	13.83	1410.3				
			针阔混交林	53373.37	5116252.1	1621.69	116368.2	39119.86	3712438.6	9453.91	974105.9	2540.75	252034.2	637.16	61305.2
			阔叶混交林	90454.19	6606909.5	12997.39	652862.0	46146.46	3378291.0	20901.49	1653321.5	9337.10	814420.9	1071.75	108014.1
		天然	合计	284930.17	23103703.8	33568.14	1438319.7	166267.74	14104967.6	61327.50	5432437.2	21639.30	1917114.2	2127.49	210865.1
			纯林	142158.39	11449466.5	19306.75	691109.2	81713.34	7062552.9	30958.27	2803599.5	9761.45	850659.1	418.58	41545.8
			混交林	142771.78	11654237.3	14261.39	747210.5	84554.40	7042414.7	30369.23	2628837.7	11877.85	1066455.1	1708.91	169319.3
			针叶混交林	51.82	4947.5			37.99	3537.2	13.83	1410.3				
			针阔混交林	52326.18	5046259.2	1287.34	95647.3	38407.02	3663166.6	9453.91	974105.9	2540.75	252034.2	637.16	61305.2
			阔叶混交林	90393.78	6603030.6	12974.05	651563.2	46109.39	3375710.9	20901.49	1653321.5	9337.10	814420.9	1071.75	108014.1
		人工	合计	3116.21	217374.7	627.80	33680.4	2338.61	172358.0	122.80	9506.2	25.73	1587.4	1.27	242.7
			纯林	1931.75	135008.4	236.74	6595.1	1545.21	117077.0	122.80	9506.2	25.73	1587.4	1.27	242.7
			混交林	1184.46	82366.3	391.06	27085.3	793.40	55281.0						
			针叶混交林	76.86	8494.5	33.37	5065.6	43.49	3428.9						
			针阔混交林	1047.19	69992.9	334.35	20720.9	712.84	49272.0						
			阔叶混交林	60.41	3878.9	23.34	1298.8	37.07	2580.1						
		其中：人天混	合计	597.53	40929.1	383.09	26859.4	214.44	14069.7						
			纯林	9.16	501.3	9.16	501.3								
			混交林	588.37	40427.8	373.93	26358.1	214.44	14069.7						
			针叶混交林	33.37	5065.6	33.37	5065.6								
			针阔混交林	504.33	31569.0	326.96	20079.4	177.37	11489.6						
			阔叶混交林	50.67	3793.2	13.60	1213.1	37.07	2580.1						
	防护林	合计	合计	213311.12	15870254.2	30782.60	1230508.0	117993.39	9207794.2	45663.39	3789976.0	17461.01	1506665.6	1410.73	135310.4
			纯林	103773.11	7573515.3	17940.95	621977.9	56117.76	4452659.2	21700.39	1817680.3	7745.33	658312.7	268.68	22885.2
			混交林	109538.01	8296738.9	12841.65	608530.1	61875.63	4755135.0	23963.00	1972295.7	9715.68	848352.9	1142.05	112425.2
			针叶混交林	121.07	12982.4	33.37	5065.6	73.87	6506.5	13.83	1410.3				
			针阔混交林	33274.63	2962175.1	1129.07	71656.8	23171.52	2031351.4	6556.87	621094.1	1964.99	193379.1	452.18	44693.7
			阔叶混交林	76142.31	5321581.4	11679.21	531807.7	38630.24	2717277.1	17392.30	1349791.3	7750.69	654973.8	689.87	67731.5
		天然	合计	210463.63	15673212.5	30207.29	1199649.4	115771.69	9045394.0	45638.95	3787926.7	17436.24	1505174.7	1409.46	135067.7
			纯林	102052.52	7455275.4	17720.34	615853.8	54668.26	4344326.3	21675.95	1815631.0	7720.56	656821.8	267.41	22642.5
			混交林	108411.11	8217937.1	12486.95	583795.6	61103.43	4701067.7	23963.00	1972295.7	9715.68	848352.9	1142.05	112425.2

表 8　内蒙古重点国有林区乔木林各龄组面积、蓄积按林种、起源和林分类型统计表（续 39）

单位：公顷、立方米

统计单位	林种	起源	林分类型	合计		幼龄林		中龄林		近熟林		成熟林		过熟林	
				面积	蓄积	面积	蓄积	面积	蓄积	面积	蓄积	面积	蓄积	面积	蓄积
毕拉河林业局	防护林	天然	针叶混交林	51.82	4947.5			37.99	3537.2	13.83	1410.3				
			针阔混交林	32277.39	2895287.1	831.08	53286.7	22472.27	1982833.5	6556.87	621094.1	1964.99	193379.1	452.18	44693.7
			阔叶混交林	76081.90	5317702.5	11655.87	530508.9	38593.17	2714697.0	17392.30	1349791.3	7750.69	654973.8	689.87	67731.5
		人工	合计	2847.49	197041.7	575.31	30858.6	2221.70	162400.2	24.44	2049.3	24.77	1490.9	1.27	242.7
			纯林	1720.59	118239.9	220.61	6124.1	1449.50	108332.9	24.44	2049.3	24.77	1490.9	1.27	242.7
			混交林	1126.90	78801.8	354.70	24734.5	772.20	54067.3						
			针叶混交林	69.25	8034.9	33.37	5065.6	35.88	2969.3						
			针阔混交林	997.24	66888.0	297.99	18370.1	699.25	48517.9						
			阔叶混交林	60.41	3878.9	23.34	1298.8	37.07	2580.1						
		其中：人天混	合计	546.05	37738.8	345.20	24423.2	200.85	13315.6						
			纯林	7.63	415.9	7.63	415.9								
			混交林	538.42	37322.9	337.57	24007.3	200.85	13315.6						
			针叶混交林	33.37	5065.6	33.37	5065.6								
			针阔混交林	454.38	28464.1	290.60	17728.6	163.78	10735.5						
			阔叶混交林	50.67	3793.2	13.60	1213.1	37.07	2580.1						
	特用林	合计	合计	12547.95	1512769.9	1863.65	151155.7	8185.15	1061724.6	2016.67	246300.0	432.65	50552.1	49.83	3037.5
			纯林	3979.62	397801.7	677.05	25792.7	2142.93	242700.6	941.30	105019.2	218.34	24289.2		
			混交林	8568.33	1114968.2	1186.60	125363.0	6042.22	819024.0	1075.37	141280.8	214.31	26262.9	49.83	3037.5
			针叶混交林	7.61	459.6			7.61	459.6						
			针阔混交林	5130.91	744966.4	156.63	22189.6	4336.59	616845.0	538.08	96692.4	50.49	6257.8	49.12	2981.6
			阔叶混交林	3429.81	369542.2	1029.97	103173.4	1698.02	201719.4	537.29	44588.4	163.82	20005.1	0.71	55.9
		天然	合计	12329.28	1497865.1	1813.19	148369.6	8116.26	1057159.3	1918.31	238843.1	431.69	50455.6	49.83	3037.5
			纯林	3809.71	385830.4	662.95	25357.4	2086.44	238718.0	842.94	97562.3	217.38	24192.7		
			混交林	8519.57	1112034.7	1150.24	123012.2	6029.82	818441.3	1075.37	141280.8	214.31	26262.9	49.83	3037.5
			针阔混交林	5089.76	742492.5	120.27	19838.8	4331.80	616721.9	538.08	96692.4	50.49	6257.8	49.12	2981.6
			阔叶混交林	3429.81	369542.2	1029.97	103173.4	1698.02	201719.4	537.29	44588.4	163.82	20005.1	0.71	55.9
		人工	合计	218.67	14904.8	50.46	2786.1	68.89	4565.3	98.36	7456.9	0.96	96.5		
			纯林	169.91	11971.3	14.10	435.3	56.49	3982.6	98.36	7456.9	0.96	96.5		
			混交林	48.76	2933.5	36.36	2350.8	12.40	582.7						
			针叶混交林	7.61	459.6			7.61	459.6						
			针阔混交林	41.15	2473.9	36.36	2350.8	4.79	123.1						
		其中：人天混	合计	42.68	2559.3	37.89	2436.2	4.79	123.1						
			纯林	1.53	85.4	1.53	85.4								
			混交林	41.15	2473.9	36.36	2350.8	4.79	123.1						
			针阔混交林	41.15	2473.9	36.36	2350.8	4.79	123.1						
	用材林	合计	合计	62187.31	5938054.4	1549.69	90336.4	42427.81	4007806.8	13770.24	1405667.4	3771.37	361483.9	668.20	72759.9
			纯林	36337.41	3613157.9	925.49	49933.7	24997.86	2484270.1	8439.38	890406.2	1823.51	169644.6	151.17	18903.3
			混交林	25849.90	2324896.5	624.20	40402.7	17429.95	1523536.7	5330.86	515261.2	1947.86	191839.3	517.03	53856.6
			针阔混交林	14967.83	1409110.6	335.99	22521.8	11611.75	1064242.2	2358.96	256319.4	525.27	52397.3	135.86	13629.9
			阔叶混交林	10882.07	915785.9	288.21	17880.9	5818.20	459294.5	2971.90	258941.8	1422.59	139442.0	381.17	40226.7
		天然	合计	62137.26	5932626.2	1547.66	90300.7	42379.79	4002414.3	13770.24	1405667.4	3771.37	361483.9	668.20	72759.9
			纯林	36296.16	3608360.7	923.46	49898.0	24958.64	2479508.6	8439.38	890406.2	1823.51	169644.6	151.17	18903.3

表 8　内蒙古重点国有林区乔木林各龄组面积、蓄积按林种、起源和林分类型统计表（续 40）

单位：公顷、立方米

统计单位	林种	起源	林分类型	合计		幼龄林		中龄林		近熟林		成熟林		过熟林	
				面积	蓄积	面积	蓄积	面积	蓄积	面积	蓄积	面积	蓄积	面积	蓄积
毕拉河林业局	用材林	天然	混交林	25841.10	2324265.5	624.20	40402.7	17421.15	1522905.7	5330.86	515261.2	1947.86	191839.3	517.03	53856.6
			针阔混交林	14959.03	1408479.6	335.99	22521.8	11602.95	1063611.2	2358.96	256319.4	525.27	52397.3	135.86	13629.9
			阔叶混交林	10882.07	915785.9	288.21	17880.9	5818.20	459294.5	2971.90	258941.8	1422.59	139442.0	381.17	40226.7
		人工	合计	50.05	5428.2	2.03	35.7	48.02	5392.5						
			纯林	41.25	4797.2	2.03	35.7	39.22	4761.5						
			混交林	8.80	631.0			8.80	631.0						
			针阔混交林	8.80	631.0			8.80	631.0						
		其中：人天混	合计	8.80	631.0			8.80	631.0						
			混交林	8.80	631.0			8.80	631.0						
			针阔混交林	8.80	631.0			8.80	631.0						
北大河林业局	合计	合计	合计	290861.74	31141575.5	23459.53	1527017.0	194792.29	21359455.8	29346.64	3327341.0	40209.99	4518461.2	3053.29	409300.5
			纯林	138946.33	13882059.3	16260.59	1022205.5	89612.31	9231197.3	12594.37	1480013.0	19086.18	1978589.8	1392.88	170053.7
			混交林	151915.41	17259516.2	7198.94	504811.5	105179.98	12128258.5	16752.27	1847328.0	21123.81	2539871.4	1660.41	239246.8
			针叶混交林	83.04	4823.6	83.04	4823.6								
			针阔混交林	52790.69	7028380.8	1385.29	144825.8	46280.46	6191466.1	3593.88	479515.6	1442.41	199055.4	88.65	13517.9
			阔叶混交林	99041.68	10226311.8	5730.61	355162.1	58899.52	5936792.4	13158.39	1367812.4	19681.40	2340816.0	1571.76	225728.9
		天然	合计	282474.31	30384403.2	17971.67	1077662.4	192307.53	21096346.7	28936.16	3282986.6	40205.66	4518107.0	3053.29	409300.5
			纯林	130660.45	13131953.4	10866.27	579024.5	87135.56	8968981.0	12183.89	1435658.6	19081.85	1978235.6	1392.88	170053.7
			混交林	151813.86	17252449.8	7105.40	498637.9	105171.97	12127365.7	16752.27	1847328.0	21123.81	2539871.4	1660.41	239246.8
			针阔混交林	52772.18	7026138.0	1374.79	143475.8	46272.45	6190573.3	3593.88	479515.6	1442.41	199055.4	88.65	13517.9
			阔叶混交林	99041.68	10226311.8	5730.61	355162.1	58899.52	5936792.4	13158.39	1367812.4	19681.40	2340816.0	1571.76	225728.9
		人工	合计	8387.43	757172.3	5487.86	449354.6	2484.76	263109.1	410.48	44354.4	4.33	354.2		
			纯林	8285.88	750105.9	5394.32	443181.0	2476.75	262216.3	410.48	44354.4	4.33	354.2		
			混交林	101.55	7066.4	93.54	6173.6	8.01	892.8						
			针叶混交林	83.04	4823.6	83.04	4823.6								
			针阔混交林	18.51	2242.8	10.50	1350.0	8.01	892.8						
		其中：人天混	合计	80.95	5792.7	80.95	5792.7								
			混交林	80.95	5792.7	80.95	5792.7								
			针叶混交林	70.45	4442.7	70.45	4442.7								
			针阔混交林	10.50	1350.0	10.50	1350.0								
	防护林	合计	合计	205748.69	21841009.0	17710.66	1152942.7	137136.61	15044486.4	19765.34	2184569.2	28899.94	3160373.1	2236.14	298637.6
			纯林	101467.31	10074840.9	11782.52	758331.5	65345.11	6730466.1	9167.31	1039158.0	14214.79	1431345.4	957.58	115539.9
			混交林	104281.38	11766168.1	5928.14	394611.2	71791.50	8314020.3	10598.03	1145411.2	14685.15	1729027.7	1278.56	183097.7
			针叶混交林	83.04	4823.6	83.04	4823.6								
			针阔混交林	39207.85	5164974.9	1033.69	103099.7	34418.20	4558153.3	2601.79	347112.7	1065.52	143091.3	88.65	13517.9
			阔叶混交林	64990.49	6596369.6	4811.41	286687.9	37373.30	3755867.0	7996.24	798298.5	13619.63	1585936.4	1189.91	169579.8
		天然	合计	199866.54	21280301.3	14016.55	837143.0	135363.38	14844287.0	19354.86	2140214.8	28895.61	3160018.9	2236.14	298637.6
			纯林	95686.71	9521199.6	8181.95	448705.4	63579.89	6531159.5	8756.83	994803.6	14210.46	1430991.2	957.58	115539.9
			混交林	104179.83	11759101.7	5834.60	388437.6	71783.49	8313127.5	10598.03	1145411.2	14685.15	1729027.7	1278.56	183097.7
			针阔混交林	39189.34	5162732.1	1023.19	101749.7	34410.19	4557260.5	2601.79	347112.7	1065.52	143091.3	88.65	13517.9
			阔叶混交林	64990.49	6596369.6	4811.41	286687.9	37373.30	3755867.0	7996.24	798298.5	13619.63	1585936.4	1189.91	169579.8
		人工	合计	5882.15	560707.7	3694.11	315799.7	1773.23	200199.4	410.48	44354.4	4.33	354.2		

表 8　内蒙古重点国有林区乔木林各龄组面积、蓄积按林种、起源和林分类型统计表（续 41）

单位：公顷、立方米

统计单位	林种	起源	林分类型	合计		幼龄林		中龄林		近熟林		成熟林		过熟林	
				面积	蓄积	面积	蓄积	面积	蓄积	面积	蓄积	面积	蓄积	面积	蓄积
北大河林业局	防护林	人工	纯林	5780.60	553641.3	3600.57	309626.1	1765.22	199306.6	410.48	44354.4	4.33	354.2		
			混交林	101.55	7066.4	93.54	6173.6	8.01	892.8						
			针叶混交林	83.04	4823.6	83.04	4823.6								
			针阔混交林	18.51	2242.8	10.50	1350.0	8.01	892.8						
		其中：人天混	合计	80.95	5792.7	80.95	5792.7								
			混交林	80.95	5792.7	80.95	5792.7								
			针叶混交林	70.45	4442.7	70.45	4442.7								
			针阔混交林	10.50	1350.0	10.50	1350.0								
	特用林	合计	合计	2219.25	209335.9	584.98	35461.1	1094.31	107918.9	317.01	40233.6	222.95	25722.3		
			纯林	1223.82	110763.0	488.66	28700.2	457.60	43420.9	230.83	33508.4	46.73	5133.5		
			混交林	995.43	98572.9	96.32	6760.9	636.71	64498.0	86.18	6725.2	176.22	20588.8		
			针阔混交林	136.93	14419.2			136.93	14419.2						
			阔叶混交林	858.50	84153.7	96.32	6760.9	499.78	50078.8	86.18	6725.2	176.22	20588.8		
		天然	合计	1805.46	185455.7	227.96	15137.2	1037.54	104362.6	317.01	40233.6	222.95	25722.3		
			纯林	810.03	86882.8	131.64	8376.3	400.83	39864.6	230.83	33508.4	46.73	5133.5		
			混交林	995.43	98572.9	96.32	6760.9	636.71	64498.0	86.18	6725.2	176.22	20588.8		
			针阔混交林	136.93	14419.2			136.93	14419.2						
			阔叶混交林	858.50	84153.7	96.32	6760.9	499.78	50078.8	86.18	6725.2	176.22	20588.8		
		人工	合计	413.79	23880.2	357.02	20323.9	56.77	3556.3						
			纯林	413.79	23880.2	357.02	20323.9	56.77	3556.3						
	用材林	合计	合计	82893.80	9091230.6	5163.89	338613.2	56561.37	6207050.5	9264.29	1102538.2	11087.10	1332365.8	817.15	110662.9
			纯林	36255.20	3696455.4	3989.41	235173.8	23809.60	2457310.3	3196.23	407346.6	4824.66	542110.9	435.30	54513.8
			混交林	46638.60	5394775.2	1174.48	103439.4	32751.77	3749740.2	6068.06	695191.6	6262.44	790254.9	381.85	56149.1
			针阔混交林	13445.91	1848986.7	351.60	41726.1	11725.33	1618893.6	992.09	132402.9	376.89	55964.1		
			阔叶混交林	33192.69	3545788.5	822.88	61713.3	21026.44	2130846.6	5075.97	562788.7	5885.55	734290.8	381.85	56149.1
		天然	合计	80802.31	8918646.2	3727.16	225382.2	55906.61	6147697.1	9264.29	1102538.2	11087.10	1332365.8	817.15	110662.9
			纯林	34163.71	3523871.0	2552.68	121942.8	23154.84	2397956.9	3196.23	407346.6	4824.66	542110.9	435.30	54513.8
			混交林	46638.60	5394775.2	1174.48	103439.4	32751.77	3749740.2	6068.06	695191.6	6262.44	790254.9	381.85	56149.1
			针阔混交林	13445.91	1848986.7	351.60	41726.1	11725.33	1618893.6	992.09	132402.9	376.89	55964.1		
			阔叶混交林	33192.69	3545788.5	822.88	61713.3	21026.44	2130846.6	5075.97	562788.7	5885.55	734290.8	381.85	56149.1
		人工	合计	2091.49	172584.4	1436.73	113231.0	654.76	59353.4						
			纯林	2091.49	172584.4	1436.73	113231.0	654.76	59353.4						
乌玛林业局	合计	合计	合计	360362.22	54701502.5	5603.93	286590.5	62447.95	8784897.1	103225.84	16189694.7	144931.43	23102842.1	44153.07	6337478.1
			纯林	174693.13	28101508.7	5209.54	245205.3	31045.43	4595548.2	50604.64	8393024.3	69148.69	11822960.3	18684.83	3044770.6
			混交林	185669.09	26599993.8	394.39	41385.2	31402.52	4189348.9	52621.20	7796670.4	75782.74	11279881.8	25468.24	3292707.5
			针叶混交林	70957.11	10364072.3	131.42	5484.6	9634.13	1285995.8	22199.09	3293310.7	31179.35	4676737.0	7813.12	1102544.2
			针阔混交林	100025.51	13696899.7	262.97	35900.6	20733.44	2702040.3	26140.12	3635104.5	37146.44	5452776.4	15742.54	1871077.9
			阔叶混交林	14686.47	2539021.8			1034.95	201312.8	4281.99	868255.2	7456.95	1150368.4	1912.58	319085.4
		天然	合计	360362.22	54701502.5	5603.93	286590.5	62447.95	8784897.1	103225.84	16189694.7	144931.43	23102842.1	44153.07	6337478.1
			纯林	174693.13	28101508.7	5209.54	245205.3	31045.43	4595548.2	50604.64	8393024.3	69148.69	11822960.3	18684.83	3044770.6
			混交林	185669.09	26599993.8	394.39	41385.2	31402.52	4189348.9	52621.20	7796670.4	75782.74	11279881.8	25468.24	3292707.5
			针叶混交林	70957.11	10364072.3	131.42	5484.6	9634.13	1285995.8	22199.09	3293310.7	31179.35	4676737.0	7813.12	1102544.2

表 8 内蒙古重点国有林区乔木林各龄组面积、蓄积按林种、起源和林分类型统计表（续 42）

单位：公顷、立方米

统计单位	林种	起源	林分类型	合计 面积	合计 蓄积	幼龄林 面积	幼龄林 蓄积	中龄林 面积	中龄林 蓄积	近熟林 面积	近熟林 蓄积	成熟林 面积	成熟林 蓄积	过熟林 面积	过熟林 蓄积
	合计	天然	针阔混交林	100025.51	13696899.7	262.97	35900.6	20733.44	2702040.3	26140.12	3635104.5	37146.44	5452776.4	15742.54	1871077.9
			阔叶混交林	14686.47	2539021.8			1034.95	201312.8	4281.99	868255.2	7456.95	1150368.4	1912.58	319085.4
乌玛林业局	特用林	合计	合计	360362.22	54701502.5	5603.93	286590.5	62447.95	8784897.1	103225.84	16189694.7	144931.43	23102842.1	44153.07	6337478.1
			纯林	174693.13	28101508.7	5209.54	245205.3	31045.43	4595548.2	50604.64	8393024.3	69148.69	11822960.3	18684.83	3044770.6
			混交林	185669.09	26599993.8	394.39	41385.2	31402.52	4189348.9	52621.20	7796670.4	75782.74	11279881.8	25468.24	3292707.5
			针叶混交林	70957.11	10364072.3	131.42	5484.6	9634.13	1285995.8	22199.09	3293310.7	31179.35	4676737.0	7813.12	1102544.2
			针阔混交林	100025.51	13696899.7	262.97	35900.6	20733.44	2702040.3	26140.12	3635104.5	37146.44	5452776.4	15742.54	1871077.9
			阔叶混交林	14686.47	2539021.8			1034.95	201312.8	4281.99	868255.2	7456.95	1150368.4	1912.58	319085.4
		天然	合计	360362.22	54701502.5	5603.93	286590.5	62447.95	8784897.1	103225.84	16189694.7	144931.43	23102842.1	44153.07	6337478.1
			纯林	174693.13	28101508.7	5209.54	245205.3	31045.43	4595548.2	50604.64	8393024.3	69148.69	11822960.3	18684.83	3044770.6
			混交林	185669.09	26599993.8	394.39	41385.2	31402.52	4189348.9	52621.20	7796670.4	75782.74	11279881.8	25468.24	3292707.5
			针叶混交林	70957.11	10364072.3	131.42	5484.6	9634.13	1285995.8	22199.09	3293310.7	31179.35	4676737.0	7813.12	1102544.2
			针阔混交林	100025.51	13696899.7	262.97	35900.6	20733.44	2702040.3	26140.12	3635104.5	37146.44	5452776.4	15742.54	1871077.9
			阔叶混交林	14686.47	2539021.8			1034.95	201312.8	4281.99	868255.2	7456.95	1150368.4	1912.58	319085.4
永安山林业局	合计	合计	合计	273085.03	40380578.7	2138.75	119946.6	20835.41	2480622.9	75636.32	11209300.6	102529.27	15584938.6	71945.28	10985770.0
			纯林	151003.25	22391244.6	1891.75	104577.8	13416.82	1705033.8	28271.14	4300625.5	65158.45	9904052.9	42265.09	6376954.6
			混交林	122081.78	17989334.1	247.00	15368.8	7418.59	775589.1	47365.18	6908675.1	37370.82	5680885.7	29680.19	4608815.4
			针叶混交林	30183.86	4826284.2	25.80	1470.8	991.37	132271.8	1178.51	174643.1	14160.76	2290510.8	13827.42	2227387.7
			针阔混交林	88187.83	12667393.2	58.87	3639.2	5405.18	579335.3	45602.48	6636703.9	21934.57	3176184.5	15186.73	2271530.3
			阔叶混交林	3710.09	495656.7	162.33	10258.8	1022.04	63982.0	584.19	97328.1	1275.49	214190.4	666.04	109897.4
		天然	合计	273085.03	40380578.7	2138.75	119946.6	20835.41	2480622.9	75636.32	11209300.6	102529.27	15584938.6	71945.28	10985770.0
			纯林	151003.25	22391244.6	1891.75	104577.8	13416.82	1705033.8	28271.14	4300625.5	65158.45	9904052.9	42265.09	6376954.6
			混交林	122081.78	17989334.1	247.00	15368.8	7418.59	775589.1	47365.18	6908675.1	37370.82	5680885.7	29680.19	4608815.4
			针叶混交林	30183.86	4826284.2	25.80	1470.8	991.37	132271.8	1178.51	174643.1	14160.76	2290510.8	13827.42	2227387.7
			针阔混交林	88187.83	12667393.2	58.87	3639.2	5405.18	579335.3	45602.48	6636703.9	21934.57	3176184.5	15186.73	2271530.3
			阔叶混交林	3710.09	495656.7	162.33	10258.8	1022.04	63982.0	584.19	97328.1	1275.49	214190.4	666.04	109897.4
	特用林	合计	合计	273085.03	40380578.7	2138.75	119946.6	20835.41	2480622.9	75636.32	11209300.6	102529.27	15584938.6	71945.28	10985770.0
			纯林	151003.25	22391244.6	1891.75	104577.8	13416.82	1705033.8	28271.14	4300625.5	65158.45	9904052.9	42265.09	6376954.6
			混交林	122081.78	17989334.1	247.00	15368.8	7418.59	775589.1	47365.18	6908675.1	37370.82	5680885.7	29680.19	4608815.4
			针叶混交林	30183.86	4826284.2	25.80	1470.8	991.37	132271.8	1178.51	174643.1	14160.76	2290510.8	13827.42	2227387.7
			针阔混交林	88187.83	12667393.2	58.87	3639.2	5405.18	579335.3	45602.48	6636703.9	21934.57	3176184.5	15186.73	2271530.3
			阔叶混交林	3710.09	495656.7	162.33	10258.8	1022.04	63982.0	584.19	97328.1	1275.49	214190.4	666.04	109897.4
		天然	合计	273085.03	40380578.7	2138.75	119946.6	20835.41	2480622.9	75636.32	11209300.6	102529.27	15584938.6	71945.28	10985770.0
			纯林	151003.25	22391244.6	1891.75	104577.8	13416.82	1705033.8	28271.14	4300625.5	65158.45	9904052.9	42265.09	6376954.6
			混交林	122081.78	17989334.1	247.00	15368.8	7418.59	775589.1	47365.18	6908675.1	37370.82	5680885.7	29680.19	4608815.4
			针叶混交林	30183.86	4826284.2	25.80	1470.8	991.37	132271.8	1178.51	174643.1	14160.76	2290510.8	13827.42	2227387.7
			针阔混交林	88187.83	12667393.2	58.87	3639.2	5405.18	579335.3	45602.48	6636703.9	21934.57	3176184.5	15186.73	2271530.3
			阔叶混交林	3710.09	495656.7	162.33	10258.8	1022.04	63982.0	584.19	97328.1	1275.49	214190.4	666.04	109897.4
奇乾林业局	合计	合计	合计	275938.33	38830054.0	3172.07	111998.6	32248.47	3811872.5	33179.77	4344371.7	120048.05	17139043.1	87289.97	13422768.1
			纯林	215289.62	29321420.8	2826.64	81082.4	27360.35	3172035.1	27760.50	3527039.9	96045.46	13446938.5	61296.67	9094324.9
			混交林	60648.71	9508633.2	345.43	30916.2	4888.12	639837.4	5419.27	817331.8	24002.59	3692104.6	25993.30	4328443.2
			针叶混交林	7196.10	1280765.4			311.23	46312.8	210.30	31105.9	2278.23	383527.4	4396.34	819819.3

表 8　内蒙古重点国有林区乔木林各龄组面积、蓄积按林种、起源和林分类型统计表（续 43）

单位：公顷、立方米

统计单位	林种	起源	林分类型	合计		幼龄林		中龄林		近熟林		成熟林		过熟林	
				面积	蓄积	面积	蓄积	面积	蓄积	面积	蓄积	面积	蓄积	面积	蓄积
奇乾林业局	合计	合计	针阔混交林	51083.67	7797716.4	298.20	25952.9	4535.50	587540.8	5090.57	769374.6	20797.88	3164947.9	20361.52	3249900.2
			阔叶混交林	2368.94	430151.4	47.23	4963.3	41.39	5983.8	118.40	16851.3	926.48	143629.3	1235.44	258723.7
		天然	合计	275938.33	38830054.0	3172.07	111998.6	32248.47	3811872.5	33179.77	4344371.7	120048.05	17139043.1	87289.97	13422768.1
			纯林	215289.62	29321420.8	2826.64	81082.4	27360.35	3172035.1	27760.50	3527039.9	96045.46	13446938.5	61296.67	9094324.9
			混交林	60648.71	9508633.2	345.43	30916.2	4888.12	639837.4	5419.27	817331.8	24002.59	3692104.6	25993.30	4328443.2
			针叶混交林	7196.10	1280765.4			311.23	46312.8	210.30	31105.9	2278.23	383527.4	4396.34	819819.3
			针阔混交林	51083.67	7797716.4	298.20	25952.9	4535.50	587540.8	5090.57	769374.6	20797.88	3164947.9	20361.52	3249900.2
			阔叶混交林	2368.94	430151.4	47.23	4963.3	41.39	5983.8	118.40	16851.3	926.48	143629.3	1235.44	258723.7
	防护林	合计	合计	213977.57	29647437.0	2604.13	71032.7	29256.17	3480966.8	29544.61	3869756.3	82727.13	11595079.4	69845.53	10630601.8
			纯林	179106.10	23705893.6	2470.07	61655.4	25994.40	3018352.1	26192.82	3360512.5	71661.97	9717515.0	52786.84	7547858.6
			混交林	34871.47	5941543.4	134.06	9377.3	3261.77	462614.7	3351.79	509243.8	11065.16	1877564.4	17058.69	3082743.2
			针叶混交林	6330.23	1169835.9			296.52	44784.5	175.69	27509.9	2068.41	345407.1	3789.61	752134.4
			针阔混交林	26256.50	4353007.2	86.83	4414.0	2923.86	411846.4	3092.68	469510.5	8098.31	1391441.4	12054.82	2075794.9
			阔叶混交林	2284.74	418700.3	47.23	4963.3	41.39	5983.8	83.42	12223.4	898.44	140715.9	1214.26	254813.9
		天然	合计	213977.57	29647437.0	2604.13	71032.7	29256.17	3480966.8	29544.61	3869756.3	82727.13	11595079.4	69845.53	10630601.8
			纯林	179106.10	23705893.6	2470.07	61655.4	25994.40	3018352.1	26192.82	3360512.5	71661.97	9717515.0	52786.84	7547858.6
			混交林	34871.47	5941543.4	134.06	9377.3	3261.77	462614.7	3351.79	509243.8	11065.16	1877564.4	17058.69	3082743.2
			针叶混交林	6330.23	1169835.9			296.52	44784.5	175.69	27509.9	2068.41	345407.1	3789.61	752134.4
			针阔混交林	26256.50	4353007.2	86.83	4414.0	2923.86	411846.4	3092.68	469510.5	8098.31	1391441.4	12054.82	2075794.9
			阔叶混交林	2284.74	418700.3	47.23	4963.3	41.39	5983.8	83.42	12223.4	898.44	140715.9	1214.26	254813.9
	特用林	合计	合计	61960.76	9182617.0	567.94	40965.9	2992.30	330905.7	3635.16	474615.4	37320.92	5543963.7	17444.44	2792166.3
			纯林	36183.52	5615527.2	356.57	19427.0	1365.95	153683.0	1567.68	166527.4	24383.49	3729423.5	8509.83	1546466.3
			混交林	25777.24	3567089.8	211.37	21538.9	1626.35	177222.7	2067.48	308088.0	12937.43	1814540.2	8934.61	1245700.0
			针叶混交林	865.87	110929.5			14.71	1528.3	34.61	3596.0	209.82	38120.3	606.73	67684.9
			针阔混交林	24827.17	3444709.2	211.37	21538.9	1611.64	175694.4	1997.89	299864.1	12699.57	1773506.5	8306.70	1174105.3
			阔叶混交林	84.20	11451.1					34.98	4627.9	28.04	2913.4	21.18	3909.8
		天然	合计	61960.76	9182617.0	567.94	40965.9	2992.30	330905.7	3635.16	474615.4	37320.92	5543963.7	17444.44	2792166.3
			纯林	36183.52	5615527.2	356.57	19427.0	1365.95	153683.0	1567.68	166527.4	24383.49	3729423.5	8509.83	1546466.3
			混交林	25777.24	3567089.8	211.37	21538.9	1626.35	177222.7	2067.48	308088.0	12937.43	1814540.2	8934.61	1245700.0
			针叶混交林	865.87	110929.5			14.71	1528.3	34.61	3596.0	209.82	38120.3	606.73	67684.9
			针阔混交林	24827.17	3444709.2	211.37	21538.9	1611.64	175694.4	1997.89	299864.1	12699.57	1773506.5	8306.70	1174105.3
			阔叶混交林	84.20	11451.1					34.98	4627.9	28.04	2913.4	21.18	3909.8
诺敏森林经营所	合计	合计	合计	133243.00	15548758.7	1947.50	91751.8	94168.60	11347126.3	20804.20	2264769.4	12170.00	1365174.9	4152.70	479936.3
			纯林	66331.90	8012205.7	1433.80	60509.2	48951.80	6096139.1	9076.40	1056323.3	5082.90	588702.6	1787.00	210531.5
			混交林	66911.10	7536553.0	513.70	31242.6	45216.80	5250987.2	11727.80	1208446.1	7087.10	776472.3	2365.70	269404.8
			针阔混交林	53564.50	6337119.8	503.80	30625.0	43370.30	5117468.0	6009.30	728447.3	2855.50	355742.2	825.60	104837.3
			阔叶混交林	13346.60	1199433.2	9.90	617.6	1846.50	133519.2	5718.50	479998.8	4231.60	420730.1	1540.10	164567.5
		天然	合计	131244.20	15439243.3	858.70	52934.7	93383.40	11289338.6	20679.40	2251858.8	12170.00	1365174.9	4152.70	479936.3
			纯林	64484.90	7912170.6	419.30	25433.8	48221.50	6042023.8	8974.20	1045478.9	5082.90	588702.6	1787.00	210531.5
			混交林	66759.30	7527072.7	439.40	27500.9	45161.90	5247314.8	11705.20	1206379.9	7087.10	776472.3	2365.70	269404.8
			针阔混交林	53412.70	6327639.5	429.50	26883.3	43315.40	5113795.6	5986.70	726381.1	2855.50	355742.2	825.60	104837.3
			阔叶混交林	13346.60	1199433.2	9.90	617.6	1846.50	133519.2	5718.50	479998.8	4231.60	420730.1	1540.10	164567.5

表 8 内蒙古重点国有林区乔木林各龄组面积、蓄积按林种、起源和林分类型统计表（续 44）

单位：公顷、立方米

统计单位	林种	起源	林分类型	合计		幼龄林		中龄林		近熟林		成熟林		过熟林	
				面积	蓄积	面积	蓄积	面积	蓄积	面积	蓄积	面积	蓄积	面积	蓄积
			合计	1998.80	109515.4	1088.80	38817.1	785.20	57787.7	124.80	12910.6				
		人工	纯林	1847.00	100035.1	1014.50	35075.4	730.30	54115.3	102.20	10844.4				
			混交林	151.80	9480.3	74.30	3741.7	54.90	3672.4	22.60	2066.2				
	合计		针阔混交林	151.80	9480.3	74.30	3741.7	54.90	3672.4	22.60	2066.2				
			合计	76.30	3836.3	68.60	3426.0	1.10	67.9	6.60	342.4				
		其中：人天混	混交林	76.30	3836.3	68.60	3426.0	1.10	67.9	6.60	342.4				
			针阔混交林	76.30	3836.3	68.60	3426.0	1.10	67.9	6.60	342.4				
			合计	75433.80	9323351.6	1194.90	57870.0	58015.00	7401652.9	8876.80	1025613.1	5640.50	644549.7	1706.60	193665.9
			纯林	40722.20	5209404.5	793.00	33505.4	32932.30	4329744.0	4025.90	492273.7	2083.50	246902.9	887.50	106978.5
		合计	混交林	34711.60	4113947.1	401.90	24364.6	25082.70	3071908.9	4850.90	533339.4	3557.00	397646.8	819.10	86687.4
			针阔混交林	29006.80	3625375.1	392.00	23747.0	23935.80	2990866.9	2765.40	368747.5	1725.70	217923.9	187.90	24089.8
			阔叶混交林	5704.80	488572.0	9.90	617.6	1146.90	81042.0	2085.50	164591.9	1831.30	179722.9	631.20	62597.6
			合计	73996.60	9239215.3	441.90	26541.1	57362.10	7351042.6	8845.50	1023416.0	5640.50	644549.7	1706.60	193665.9
			纯林	39325.60	5128056.1	61.00	3521.3	32292.40	4280234.4	4001.20	490419.0	2083.50	246902.9	887.50	106978.5
		天然	混交林	34671.00	4111159.2	380.90	23019.8	25069.70	3070808.2	4844.30	532997.0	3557.00	397646.8	819.10	86687.4
	防护林		针阔混交林	28966.20	3622587.2	371.00	22402.2	23922.80	2989766.2	2758.80	368405.1	1725.70	217923.9	187.90	24089.8
			阔叶混交林	5704.80	488572.0	9.90	617.6	1146.90	81042.0	2085.50	164591.9	1831.30	179722.9	631.20	62597.6
			合计	1437.20	84136.3	753.00	31328.9	652.90	50610.3	31.30	2197.1				
诺敏森林经营所		人工	纯林	1396.60	81348.4	732.00	29984.1	639.90	49509.6	24.70	1854.7				
			混交林	40.60	2787.9	21.00	1344.8	13.00	1100.7	6.60	342.4				
			针阔混交林	40.60	2787.9	21.00	1344.8	13.00	1100.7	6.60	342.4				
			合计	23.00	1439.4	15.30	1029.1	1.10	67.9	6.60	342.4				
		其中：人天混	混交林	23.00	1439.4	15.30	1029.1	1.10	67.9	6.60	342.4				
			针阔混交林	23.00	1439.4	15.30	1029.1	1.10	67.9	6.60	342.4				
			合计	57809.20	6225407.1	752.60	33881.8	36153.60	3945473.4	11927.40	1239156.3	6529.50	720625.2	2446.10	286270.4
			纯林	25609.70	2802801.2	640.80	27003.8	16019.50	1766395.1	5050.50	564049.6	2999.40	341799.7	899.50	103553.0
		合计	混交林	32199.50	3422605.9	111.80	6878.0	20134.10	2179078.3	6876.90	675106.7	3530.10	378825.5	1546.60	182717.4
			针阔混交林	24557.70	2711744.7	111.80	6878.0	19434.50	2126601.1	3243.90	359699.8	1129.80	137818.3	637.70	80747.5
			阔叶混交林	7641.80	710861.2			699.60	52477.2	3633.00	315406.9	2400.30	241007.2	908.90	101969.9
			合计	57247.60	6200028.0	416.80	26393.6	36021.30	3938296.0	11833.90	1228442.8	6529.50	720625.2	2446.10	286270.4
			纯林	25159.30	2784114.5	358.30	21912.5	15929.10	1761789.4	4973.00	555059.9	2999.40	341799.7	899.50	103553.0
		天然	混交林	32088.30	3415913.5	58.50	4481.1	20092.20	2176506.6	6860.90	673382.9	3530.10	378825.5	1546.60	182717.4
	用材林		针阔混交林	24446.50	2705052.3	58.50	4481.1	19392.60	2124029.4	3227.90	357976.0	1129.80	137818.3	637.70	80747.5
			阔叶混交林	7641.80	710861.2			699.60	52477.2	3633.00	315406.9	2400.30	241007.2	908.90	101969.9
			合计	561.60	25379.1	335.80	7488.2	132.30	7177.4	93.50	10713.5				
		人工	纯林	450.40	18686.7	282.50	5091.3	90.40	4605.7	77.50	8989.7				
			混交林	111.20	6692.4	53.30	2396.9	41.90	2571.7	16.00	1723.8				
			针阔混交林	111.20	6692.4	53.30	2396.9	41.90	2571.7	16.00	1723.8				
			合计	53.30	2396.9	53.30	2396.9								
		其中：人天混	混交林	53.30	2396.9	53.30	2396.9								
			针阔混交林	53.30	2396.9	53.30	2396.9								

表 8　内蒙古重点国有林区乔木林各龄组面积、蓄积按林种、起源和林分类型统计表（续 45）

单位：公顷、立方米

统计单位	林种	起源	林分类型	合计		幼龄林		中龄林		近熟林		成熟林		过熟林	
				面积	蓄积	面积	蓄积	面积	蓄积	面积	蓄积	面积	蓄积	面积	蓄积
汗马自然保护区	合计	合计	合计	98610.17	9085159.1	216.00	1422.6	2914.16	188052.2	22697.50	1480007.9	60681.39	5964338.0	12101.12	1451338.4
			纯林	95374.17	8679841.3	216.00	1422.6	2832.16	179670.4	22056.50	1397331.0	58820.39	5732259.1	11449.12	1369158.2
			混交林	3236.00	405317.8			82.00	8381.8	641.00	82676.9	1861.00	232078.9	652.00	82180.2
			针阔混交林	3099.00	386275.4			82.00	8381.8	641.00	82676.9	1785.00	223344.3	591.00	71872.4
			阔叶混交林	137.00	19042.4							76.00	8734.6	61.00	10307.8
		天然	合计	98610.17	9085159.1	216.00	1422.6	2914.16	188052.2	22697.50	1480007.9	60681.39	5964338.0	12101.12	1451338.4
			纯林	95374.17	8679841.3	216.00	1422.6	2832.16	179670.4	22056.50	1397331.0	58820.39	5732259.1	11449.12	1369158.2
			混交林	3236.00	405317.8			82.00	8381.8	641.00	82676.9	1861.00	232078.9	652.00	82180.2
			针阔混交林	3099.00	386275.4			82.00	8381.8	641.00	82676.9	1785.00	223344.3	591.00	71872.4
			阔叶混交林	137.00	19042.4							76.00	8734.6	61.00	10307.8
	特用林	合计	合计	98610.17	9085159.1	216.00	1422.6	2914.16	188052.2	22697.50	1480007.9	60681.39	5964338.0	12101.12	1451338.4
			纯林	95374.17	8679841.3	216.00	1422.6	2832.16	179670.4	22056.50	1397331.0	58820.39	5732259.1	11449.12	1369158.2
			混交林	3236.00	405317.8			82.00	8381.8	641.00	82676.9	1861.00	232078.9	652.00	82180.2
			针阔混交林	3099.00	386275.4			82.00	8381.8	641.00	82676.9	1785.00	223344.3	591.00	71872.4
			阔叶混交林	137.00	19042.4							76.00	8734.6	61.00	10307.8
		天然	合计	98610.17	9085159.1	216.00	1422.6	2914.16	188052.2	22697.50	1480007.9	60681.39	5964338.0	12101.12	1451338.4
			纯林	95374.17	8679841.3	216.00	1422.6	2832.16	179670.4	22056.50	1397331.0	58820.39	5732259.1	11449.12	1369158.2
			混交林	3236.00	405317.8			82.00	8381.8	641.00	82676.9	1861.00	232078.9	652.00	82180.2
			针阔混交林	3099.00	386275.4			82.00	8381.8	641.00	82676.9	1785.00	223344.3	591.00	71872.4
			阔叶混交林	137.00	19042.4							76.00	8734.6	61.00	10307.8
额尔古纳自然保护区	合计	合计	合计	117637.68	17846659.1	5869.90	401503.4	42019.57	5934890.2	16040.43	2356052.7	38688.63	6500610.4	15019.15	2653602.4
			纯林	66149.20	10046154.1	4003.26	261249.9	25514.92	3752585.2	8765.70	1317074.2	21348.34	3592488.1	6516.98	1122756.7
			混交林	51488.48	7800505.0	1866.64	140253.5	16504.65	2182305.0	7274.73	1038978.5	17340.29	2908122.3	8502.17	1530845.7
			针叶混交林	1523.93	230724.8	52.23	5362.5	520.01	78626.5	684.09	98535.5	166.72	28886.5	100.88	19313.8
			针阔混交林	31755.26	4820325.7	1518.85	117961.2	12811.52	1770983.4	4264.94	618593.0	9472.34	1683051.0	3687.61	629737.1
			阔叶混交林	18209.29	2749454.5	295.56	16929.8	3173.12	332695.1	2325.70	321850.0	7701.23	1196184.8	4713.68	881794.8
		天然	合计	117261.62	17799667.8	5723.36	390096.2	41868.30	5911261.7	16014.21	2352509.8	38636.60	6492197.7	15019.15	2653602.4
			纯林	65884.85	10014326.5	3879.13	251502.9	25440.54	3741018.7	8746.31	1314174.2	21301.89	3584874.0	6516.98	1122756.7
			混交林	51376.77	7785341.3	1844.23	138593.3	16427.76	2170243.0	7267.90	1038335.6	17334.71	2907323.7	8502.17	1530845.7
			针叶混交林	1518.35	229926.2	52.23	5362.5	520.01	78626.5	684.09	98535.5	161.14	28087.9	100.88	19313.8
			针阔混交林	31649.13	4805960.6	1496.44	116301.0	12734.63	1758921.4	4258.11	617950.1	9472.34	1683051.0	3687.61	629737.1
			阔叶混交林	18209.29	2749454.5	295.56	16929.8	3173.12	332695.1	2325.70	321850.0	7701.23	1196184.8	4713.68	881794.8
		人工	合计	376.06	46991.3	146.54	11407.2	151.27	23628.5	26.22	3542.9	52.03	8412.7		
			纯林	264.35	31827.6	124.13	9747.0	74.38	11566.5	19.39	2900.0	46.45	7614.1		
			混交林	111.71	15163.7	22.41	1660.2	76.89	12062.0	6.83	642.9	5.58	798.6		
			针叶混交林	5.58	798.6							5.58	798.6		
			针阔混交林	106.13	14365.1	22.41	1660.2	76.89	12062.0	6.83	642.9				
		其中：人天混	合计	75.34	7838.0	22.41	1660.2	40.52	4736.3	6.83	642.9	5.58	798.6		
			混交林	75.34	7838.0	22.41	1660.2	40.52	4736.3	6.83	642.9	5.58	798.6		
			针叶混交林	5.58	798.6							5.58	798.6		
			针阔混交林	69.76	7039.4	22.41	1660.2	40.52	4736.3	6.83	642.9				

表 8 内蒙古重点国有林区乔木林各龄组面积、蓄积按林种、起源和林分类型统计表（续 46）

单位：公顷、立方米

统计单位	林种	起源	林分类型	合计 面积	合计 蓄积	幼龄林 面积	幼龄林 蓄积	中龄林 面积	中龄林 蓄积	近熟林 面积	近熟林 蓄积	成熟林 面积	成熟林 蓄积	过熟林 面积	过熟林 蓄积
额尔古纳自然保护区	特用林	合计	合计	117637.68	17846659.1	5869.90	401503.4	42019.57	5934890.2	16040.43	2356052.7	38688.63	6500610.4	15019.15	2653602.4
			纯林	66149.20	10046154.1	4003.26	261249.9	25514.92	3752585.2	8765.70	1317074.2	21348.34	3592488.1	6516.98	1122756.7
			混交林	51488.48	7800505.0	1866.64	140253.5	16504.65	2182305.0	7274.73	1038978.5	17340.29	2908122.3	8502.17	1530845.7
			针叶混交林	1523.93	230724.8	52.23	5362.5	520.01	78626.5	684.09	98535.5	166.72	28886.5	100.88	19313.8
			针阔混交林	31755.26	4820325.7	1518.85	117961.2	12811.52	1770983.4	4264.94	618593.0	9472.34	1683051.0	3687.61	629737.1
			阔叶混交林	18209.29	2749454.5	295.56	16929.8	3173.12	332695.1	2325.70	321850.0	7701.23	1196184.8	4713.68	881794.8
		天然	合计	117261.62	17799667.8	5723.36	390096.2	41868.30	5911261.7	16014.21	2352509.8	38636.60	6492197.7	15019.15	2653602.4
			纯林	65884.85	10014326.5	3879.13	251502.9	25440.54	3741018.7	8746.31	1314174.2	21301.89	3584874.0	6516.98	1122756.7
			混交林	51376.77	7785341.3	1844.23	138593.3	16427.76	2170243.0	7267.90	1038335.6	17334.71	2907323.7	8502.17	1530845.7
			针叶混交林	1518.35	229926.2	52.23	5362.5	520.01	78626.5	684.09	98535.5	161.14	28087.9	100.88	19313.8
			针阔混交林	31649.13	4805960.6	1496.44	116301.0	12734.63	1758921.4	4258.11	617950.1	9472.34	1683051.0	3687.61	629737.1
			阔叶混交林	18209.29	2749454.5	295.56	16929.8	3173.12	332695.1	2325.70	321850.0	7701.23	1196184.8	4713.68	881794.8
		人工	合计	376.06	46991.3	146.54	11407.2	151.27	23628.5	26.22	3542.9	52.03	8412.7		
			纯林	264.35	31827.6	124.13	9747.0	74.38	11566.5	19.39	2900.0	46.45	7614.1		
			混交林	111.71	15163.7	22.41	1660.2	76.89	12062.0	6.83	642.9	5.58	798.6		
			针叶混交林	5.58	798.6							5.58	798.6		
			针阔混交林	106.13	14365.1	22.41	1660.2	76.89	12062.0	6.83	642.9				
		其中：人天混	合计	75.34	7838.0	22.41	1660.2	40.52	4736.3	6.83	642.9	5.58	798.6		
			混交林	75.34	7838.0	22.41	1660.2	40.52	4736.3	6.83	642.9	5.58	798.6		
			针叶混交林	5.58	798.6							5.58	798.6		
			针阔混交林	69.76	7039.4	22.41	1660.2	40.52	4736.3	6.83	642.9				
毕拉河自然保护区	合计	合计	合计	48262.54	4327318.5	1457.12	107165.5	43384.79	3956206.1	1941.37	125152.1	1329.50	125850.2	149.76	12944.6
			纯林	25938.20	2509845.0	380.42	22603.7	24531.72	2399770.6	642.80	54359.4	365.01	32290.0	18.25	821.3
			混交林	22324.34	1817473.5	1076.70	84561.8	18853.07	1556435.5	1298.57	70792.7	964.49	93560.2	131.51	12123.3
			针阔混交林	14625.86	1352051.6	553.91	56919.5	14028.44	1291274.6	27.70	2484.3	15.81	1373.2		
			阔叶混交林	7698.48	465421.9	522.79	27642.3	4824.63	265160.9	1270.87	68308.4	948.68	92187.0	131.51	12123.3
		天然	合计	48205.48	4315952.8	1445.33	105691.7	43339.52	3946314.2	1941.37	125152.1	1329.50	125850.2	149.76	12944.6
			纯林	25881.14	2498479.3	368.63	21129.9	24486.45	2389878.7	642.80	54359.4	365.01	32290.0	18.25	821.3
			混交林	22324.34	1817473.5	1076.70	84561.8	18853.07	1556435.5	1298.57	70792.7	964.49	93560.2	131.51	12123.3
			针阔混交林	14625.86	1352051.6	553.91	56919.5	14028.44	1291274.6	27.70	2484.3	15.81	1373.2		
			阔叶混交林	7698.48	465421.9	522.79	27642.3	4824.63	265160.9	1270.87	68308.4	948.68	92187.0	131.51	12123.3
		人工	合计	57.06	11365.7	11.79	1473.8	45.27	9891.9						
			纯林	57.06	11365.7	11.79	1473.8	45.27	9891.9						
	特用林	合计	合计	48262.54	4327318.5	1457.12	107165.5	43384.79	3956206.1	1941.37	125152.1	1329.50	125850.2	149.76	12944.6
			纯林	25938.20	2509845.0	380.42	22603.7	24531.72	2399770.6	642.80	54359.4	365.01	32290.0	18.25	821.3
			混交林	22324.34	1817473.5	1076.70	84561.8	18853.07	1556435.5	1298.57	70792.7	964.49	93560.2	131.51	12123.3
			针阔混交林	14625.86	1352051.6	553.91	56919.5	14028.44	1291274.6	27.70	2484.3	15.81	1373.2		
			阔叶混交林	7698.48	465421.9	522.79	27642.3	4824.63	265160.9	1270.87	68308.4	948.68	92187.0	131.51	12123.3
		天然	合计	48205.48	4315952.8	1445.33	105691.7	43339.52	3946314.2	1941.37	125152.1	1329.50	125850.2	149.76	12944.6
			纯林	25881.14	2498479.3	368.63	21129.9	24486.45	2389878.7	642.80	54359.4	365.01	32290.0	18.25	821.3
			混交林	22324.34	1817473.5	1076.70	84561.8	18853.07	1556435.5	1298.57	70792.7	964.49	93560.2	131.51	12123.3
			针阔混交林	14625.86	1352051.6	553.91	56919.5	14028.44	1291274.6	27.70	2484.3	15.81	1373.2		
			阔叶混交林	7698.48	465421.9	522.79	27642.3	4824.63	265160.9	1270.87	68308.4	948.68	92187.0	131.51	12123.3
		人工	合计	57.06	11365.7	11.79	1473.8	45.27	9891.9						
			纯林	57.06	11365.7	11.79	1473.8	45.27	9891.9						

说明：①本表中人工林合计中含《东北内蒙古重点国有林区森林资源规划设计调查技术规定》中起源为“人天混”数据；

②同时保留起源为“人天混”的统计结果明细。

表 1　吉林重点国有林区各类土地面积统计表

单位：公顷

统计单位	林地使用权	森林类别	总计	林地													其他土地	森林面积
				合计	乔木林地	灌木林地		未成林造林地	苗圃地	疏林地	无立木林地				宜林地	林业辅助生产用地		
						小计	其中：特殊灌木林地				小计	采伐迹地	火烧迹地	其他无立木林地				
吉林森工	合计	合计	1306849.10	1285180.44	1221147.92	2075.40	501.91	7708.59	654.50	434.54	27845.26	171.18	0.12	27673.96	11315.12	13999.11	21668.66	1221649.83
		公益林	585304.66	584127.48	557920.59	1547.09	7.87	4388.47	63.26	245.96	12795.86	55.52	0.12	12740.22	4627.07	2539.18	1177.18	557928.46
		商品林	721544.44	701052.96	663227.33	528.31	494.04	3320.12	591.24	188.58	15049.40	115.66		14933.74	6688.05	11459.93	20491.48	663721.37
	国有	合计	1306849.10	1285180.44	1221147.92	2075.40	501.91	7708.59	654.50	434.54	27845.26	171.18	0.12	27673.96	11315.12	13999.11	21668.66	1221649.83
		公益林	585304.66	584127.48	557920.59	1547.09	7.87	4388.47	63.26	245.96	12795.86	55.52	0.12	12740.22	4627.07	2539.18	1177.18	557928.46
		商品林	721544.44	701052.96	663227.33	528.31	494.04	3320.12	591.24	188.58	15049.40	115.66		14933.74	6688.05	11459.93	20491.48	663721.37
临江林业局	合计	合计	172874.10	171805.60	168043.20	69.40	12.30	471.20	29.90	22.90	719.00	12.50		706.50	831.70	1618.30	1068.50	168055.50
		公益林	59425.60	59229.00	58274.80	57.20	1.20	138.70	4.70	4.80	298.50	6.50		292.00	272.30	178.00	196.60	58276.00
		商品林	113448.50	112576.60	109768.40	12.20	11.10	332.50	25.20	18.10	420.50	6.00		414.50	559.40	1440.30	871.90	109779.50
	国有	合计	172874.10	171805.60	168043.20	69.40	12.30	471.20	29.90	22.90	719.00	12.50		706.50	831.70	1618.30	1068.50	168055.50
		公益林	59425.60	59229.00	58274.80	57.20	1.20	138.70	4.70	4.80	298.50	6.50		292.00	272.30	178.00	196.60	58276.00
		商品林	113448.50	112576.60	109768.40	12.20	11.10	332.50	25.20	18.10	420.50	6.00		414.50	559.40	1440.30	871.90	109779.50
湾沟林业局	合计	合计	89163.96	87836.82	80645.75	125.69	17.56	226.02	15.73	4.12	4914.05	0.41	0.12	4913.52	963.29	942.17	1327.14	80663.31
		公益林	19331.18	19331.18	18850.72	108.13		10.52		1.56	258.88		0.12	258.76	47.43	53.94		18850.72
		商品林	69832.78	68505.64	61795.03	17.56	17.56	215.50	15.73	2.56	4655.17	0.41		4654.76	915.86	888.23	1327.14	61812.59
	国有	合计	89163.96	87836.82	80645.75	125.69	17.56	226.02	15.73	4.12	4914.05	0.41	0.12	4913.52	963.29	942.17	1327.14	80663.31
		公益林	19331.18	19331.18	18850.72	108.13		10.52		1.56	258.88		0.12	258.76	47.43	53.94		18850.72
		商品林	69832.78	68505.64	61795.03	17.56	17.56	215.50	15.73	2.56	4655.17	0.41		4654.76	915.86	888.23	1327.14	61812.59
三岔子林业局	合计	合计	224187.71	222669.89	207512.90	693.26	207.57	1011.28	122.19	120.47	6913.57	32.66		6880.91	3756.34	2539.88	1517.82	207720.47
		公益林	96826.87	95849.33	89557.52	485.69		398.73	0.39	85.20	1998.48	22.17		1976.31	2651.43	671.89	977.54	89557.52
		商品林	127360.84	126820.56	117955.38	207.57	207.57	612.55	121.80	35.27	4915.09	10.49		4904.60	1104.91	1867.99	540.28	118162.95
	国有	合计	224187.71	222669.89	207512.90	693.26	207.57	1011.28	122.19	120.47	6913.57	32.66		6880.91	3756.34	2539.88	1517.82	207720.47
		公益林	96826.87	95849.33	89557.52	485.69		398.73	0.39	85.20	1998.48	22.17		1976.31	2651.43	671.89	977.54	89557.52
		商品林	127360.84	126820.56	117955.38	207.57	207.57	612.55	121.80	35.27	4915.09	10.49		4904.60	1104.91	1867.99	540.28	118162.95
松江河林业局	合计	合计	158219.26	156008.80	149380.77	383.92	217.82	736.49	97.60	100.89	1310.82			1310.82	882.08	3116.23	2210.46	149598.59
		公益林	30873.16	30870.12	30563.89	166.10		134.79		1.11	3.15			3.15	0.51	0.57	3.04	30563.89
		商品林	127346.10	125138.68	118816.88	217.82	217.82	601.70	97.60	99.78	1307.67			1307.67	881.57	3115.66	2207.42	119034.70
	国有	合计	158219.26	156008.80	149380.77	383.92	217.82	736.49	97.60	100.89	1310.82			1310.82	882.08	3116.23	2210.46	149598.59
		公益林	30873.16	30870.12	30563.89	166.10		134.79		1.11	3.15			3.15	0.51	0.57	3.04	30563.89
		商品林	127346.10	125138.68	118816.88	217.82	217.82	601.70	97.60	99.78	1307.67			1307.67	881.57	3115.66	2207.42	119034.70
泉阳林业局	合计	合计	107000.55	103304.40	97632.30	347.91	4.90	1083.16	64.63	10.38	640.37	11.24		629.13	1556.39	1969.26	3696.15	97637.20
		公益林	60751.54	60751.54	59557.88	343.01		297.93		5.95	172.91	1.36		171.55	276.94	96.92		59557.88
		商品林	46249.01	42552.86	38074.42	4.90	4.90	785.23	64.63	4.43	467.46	9.88		457.58	1279.45	1872.34	3696.15	38079.32
	国有	合计	107000.55	103304.40	97632.30	347.91	4.90	1083.16	64.63	10.38	640.37	11.24		629.13	1556.39	1969.26	3696.15	97637.20
		公益林	60751.54	60751.54	59557.88	343.01		297.93		5.95	172.91	1.36		171.55	276.94	96.92		59557.88
		商品林	46249.01	42552.86	38074.42	4.90	4.90	785.23	64.63	4.43	467.46	9.88		457.58	1279.45	1872.34	3696.15	38079.32

表1 吉林重点国有林区各类土地面积统计表（续1）

单位：公顷

统计单位	林地使用权	森林类别	总计	林地													其他土地	森林面积
				合计	乔木林地	灌木林地		未成林造林地	苗圃地	疏林地	无立木林地				宜林地	林业辅助生产用地		
						小计	其中：特殊灌木林地				小计	采伐迹地	火烧迹地	其他无立木林地				
露水河林业局	合计	合计	120965.50	118748.69	115585.65	174.61	10.84	336.40	115.31	1.60	849.65	71.95		777.70	402.71	1282.76	2216.81	115596.49
		公益林	51433.59	51433.59	50557.46	137.27	6.67	104.78	58.17	1.60	246.13	2.66		243.47	92.10	236.08		50564.13
		商品林	69531.91	67315.10	65028.19	37.34	4.17	231.62	57.14		603.52	69.29		534.23	310.61	1046.68	2216.81	65032.36
	国有	合计	120965.50	118748.69	115585.65	174.61	10.84	336.40	115.31	1.60	849.65	71.95		777.70	402.71	1282.76	2216.81	115596.49
		公益林	51433.59	51433.59	50557.46	137.27	6.67	104.78	58.17	1.60	246.13	2.66		243.47	92.10	236.08		50564.13
		商品林	69531.91	67315.10	65028.19	37.34	4.17	231.62	57.14		603.52	69.29		534.23	310.61	1046.68	2216.81	65032.36
红石林业局	合计	合计	300848.43	291981.74	275189.23	184.95	24.04	3165.64	66.45	130.19	10530.63	42.42		10488.21	1048.99	1665.66	8866.69	275213.27
		公益林	206652.49	206652.49	191428.85	160.91		2954.42		127.35	9817.81	22.83		9794.98	892.21	1270.94		191428.85
		商品林	94195.94	85329.25	83760.38	24.04	24.04	211.22	66.45	2.84	712.82	19.59		693.23	156.78	394.72	8866.69	83784.42
	国有	合计	300848.43	291981.74	275189.23	184.95	24.04	3165.64	66.45	130.19	10530.63	42.42		10488.21	1048.99	1665.66	8866.69	275213.27
		公益林	206652.49	206652.49	191428.85	160.91		2954.42		127.35	9817.81	22.83		9794.98	892.21	1270.94		191428.85
		商品林	94195.94	85329.25	83760.38	24.04	24.04	211.22	66.45	2.84	712.82	19.59		693.23	156.78	394.72	8866.69	83784.42
白石山林业局	合计	合计	133589.59	132824.50	127158.12	95.66	6.88	678.40	142.69	43.99	1967.17			1967.17	1873.62	864.85	765.09	127165.00
		公益林	60010.23	60010.23	59129.47	88.78		348.60		18.39					394.15	30.84		59129.47
		商品林	73579.36	72814.27	68028.65	6.88	6.88	329.80	142.69	25.60	1967.17			1967.17	1479.47	834.01	765.09	68035.53
	国有	合计	133589.59	132824.50	127158.12	95.66	6.88	678.40	142.69	43.99	1967.17			1967.17	1873.62	864.85	765.09	127165.00
		公益林	60010.23	60010.23	59129.47	88.78		348.60		18.39					394.15	30.84		59129.47
		商品林	73579.36	72814.27	68028.65	6.88	6.88	329.80	142.69	25.60	1967.17			1967.17	1479.47	834.01	765.09	68035.53

说明：森林面积＝乔木林地面积＋特殊灌木林地面积。

表 2　吉林重点国有林区各类林木面积（株数）、蓄积统计表

单位：公顷、立方米、万株

统计单位	林木经营权	活立木总蓄积	乔木林		疏林		四旁树		散生木	
			面积	蓄积	面积	蓄积	株数	蓄积	株数	蓄积
吉林森工	合计	190334501.5	1221147.92	190139798.2	434.54	17906.0	1.4615	2544.9	17.9648	174252.4
	国有	190223062.6	1220151.63	190028920.6	433.28	17890.1	1.1916	2228.8	17.9175	174023.1
	集体	71278.5	623.59	70862.6	1.06	11.7	0.1774	177.4	0.0468	226.8
	个人	40160.4	372.70	40015.0	0.20	4.2	0.0925	138.7	0.0005	2.5
临江林业局	合计	25923968.2	168043.20	25913444.8	22.90	2654.3			0.9071	7869.1
	国有	25905442.4	167926.30	25894919.0	22.90	2654.3			0.9071	7869.1
	集体	14411.0	95.10	14411.0						
	个人	4114.8	21.80	4114.8						
湾沟林业局	合计	12667113.2	80645.75	12659376.3	4.12	120.5			0.8107	7616.4
	国有	12667113.2	80645.75	12659376.3	4.12	120.5			0.8107	7616.4
三岔子林业局	合计	28558623.5	207512.90	28473901.1	120.47	6428.3			7.2045	78294.1
	国有	28531113.6	207293.42	28446391.2	120.47	6428.3			7.2045	78294.1
	集体	1149.2	21.57	1149.2						
	个人	26360.7	197.91	26360.7						
松江河林业局	合计	24080414.9	149380.77	24072491.3	100.89	3136.8			0.2331	4786.8
	国有	24080414.9	149380.77	24072491.3	100.89	3136.8			0.2331	4786.8
泉阳林业局	合计	13959274.0	97632.30	13940777.8	10.38	368.6			1.3087	18127.6
	国有	13949807.3	97566.77	13931311.1	10.38	368.6			1.3087	18127.6
	集体	8814.1	57.15	8814.1						
	个人	652.6	8.38	652.6						
露水河林业局	合计	21529573.9	115585.65	21516938.0	1.60	64.0	1.0586	2095.8	1.0516	10476.1
	国有	21529573.9	115585.65	21516938.0	1.60	64.0	1.0586	2095.8	1.0516	10476.1
红石林业局	合计	45829668.8	275189.23	45788989.2	130.19	3931.9	0.4029	449.1	3.3850	36298.6
	国有	45781906.1	274723.06	45741785.3	128.93	3916.0	0.1330	133.0	3.3382	36071.8
	集体	46904.2	449.77	46488.3	1.06	11.7	0.1774	177.4	0.0468	226.8
	个人	858.5	16.40	715.6	0.20	4.2	0.0925	138.7		
白石山林业局	合计	17785865.0	127158.12	17773879.7	43.99	1201.6			3.0641	10783.7
	国有	17777691.2	127029.91	17765708.4	43.99	1201.6			3.0636	10781.2
	个人	8173.8	128.21	8171.3					0.0005	2.5

表 3 吉林重点国有林区有林地、疏林地、灌木林地按林种和龄组面积、蓄积统计表

单位：公顷、立方米

统计单位	林种	亚林种	郁闭度（覆盖度）等级	合计		乔木林地												疏林地		灌木林地		
						小计		幼龄林		中龄林		近熟林		成熟林		过熟林				小计	特殊灌木林地	一般灌木林地
				面积	蓄积	面积	蓄积	面积	蓄积	面积	蓄积	面积	蓄积	面积	蓄积	面积	蓄积	面积	蓄积	面积	面积	面积
吉林森工	合计	合计	合计	1223657.86	190157704.2	1221147.92	190139798.2	103706.30	7727310.3	267171.03	36997822.8	397961.01	63491517.4	354563.86	62476856.5	97745.72	19446291.2	434.54	17906.0	2075.40	501.91	1573.49
			低（疏）	9696.72	572676.0	8234.20	572676.0	4504.10	59122.8	748.34	66610.6	815.96	104988.9	1476.50	240969.2	689.30	100984.5			1462.52	292.58	1169.94
			中	395348.66	57657712.2	394833.89	57657712.2	28073.43	1708891.6	64873.49	8201342.2	125990.97	18780407.9	138698.48	22447743.8	37197.52	6519326.7			514.77	186.64	328.13
			高（密）	818177.94	131909410.0	818079.83	131909410.0	71128.77	5959295.9	201549.20	28729870.0	271154.08	44606120.6	214388.88	39788143.5	59858.90	12825980.0			98.11	22.69	75.42
	防护林	合计	合计	439297.09	67832847.6	437804.07	67823449.9	34207.34	2249268.4	78407.79	10153299.7	151464.30	24110767.3	146027.63	25941925.5	27697.01	5368189.0	225.25	9397.7	1267.77	1.20	1266.57
			低（疏）	3741.30	210944.0	2832.61	210944.0	1401.28	10575.8	223.72	18492.6	390.32	43927.9	585.05	106510.4	232.24	31437.3			908.69		908.69
			中	149126.41	21694836.2	148840.66	21694836.2	9913.73	579171.8	22237.49	2686383.3	47732.54	7116929.9	57578.13	9431306.5	11378.77	1881044.7			285.75	1.20	284.55
			高（密）	286204.13	45917669.7	286130.80	45917669.7	22892.33	1659520.8	55946.58	7448423.8	103341.44	16949909.5	87864.45	16404108.6	16086.00	3455707.0			73.33		73.33
		水源涵养林	合计	283931.54	44333843.3	283300.16	44324797.8	17144.59	1006495.6	47233.28	6077133.5	103924.00	16685708.9	99436.54	17627563.5	15561.75	2927896.3	212.11	9045.5	419.27		419.27
			低（疏）	2000.97	151259.3	1751.16	151259.3	681.56	5282.7	190.86	16674.6	270.91	29693.4	457.35	83191.3	150.48	16417.3			249.81		249.81
			中	97832.59	14399310.8	97664.60	14399310.8	4836.57	257735.3	14373.83	1719136.5	32891.52	4908424.1	38872.57	6445880.9	6690.11	1068134.0			167.99		167.99
			高（密）	183885.87	29774227.7	183884.40	29774227.7	11626.46	743477.6	32668.59	4341322.4	70761.57	11747591.4	60106.62	11098491.3	8721.16	1843345.0			1.47		1.47
		水土保持林	合计	135411.53	20186959.1	134584.29	20186606.9	16440.13	1208050.2	28791.57	3772132.6	39445.73	6158642.9	38837.67	6837217.9	11069.19	2210563.3	13.14	352.2	814.10	1.20	812.90
			低（疏）	1645.70	46072.6	989.15	46072.6	704.77	5154.6	32.76	1802.0	97.32	11844.1	74.83	12754.7	79.47	14517.2			656.55		656.55
			中	45949.12	6477812.3	45850.68	6477812.3	4743.80	305061.4	7236.24	894661.8	12752.20	1906836.3	16785.22	2630145.2	4333.22	741107.6			98.44	1.20	97.24
			高（密）	87803.57	13662722.0	87744.46	13662722.0	10991.56	897834.2	21522.57	2875668.8	26596.21	4239962.5	21977.62	4194318.0	6656.50	1454938.5			59.11		59.11
		护岸林	合计	17690.35	2946531.1	17688.86	2946531.1	529.54	28914.2	1767.29	220940.9	7703.63	1213775.9	7194.92	1379767.8	493.48	103132.3			1.49		1.49
			低（疏）	91.95	13574.7	90.46	13574.7	13.11	101.1	0.10	16.0	22.09	2390.4	52.87	10564.4	2.29	502.8			1.49		1.49
			中	4289.64	658202.9	4289.64	658202.9	268.88	12762.2	384.76	41042.8	1903.26	276563.1	1655.03	312261.0	77.71	15573.8					
			高（密）	13308.76	2274753.5	13308.76	2274753.5	247.55	16050.9	1382.43	179882.1	5778.28	934822.4	5487.02	1056942.4	413.48	87055.7					
		护路林	合计	2263.67	365514.1	2230.76	365514.1	93.08	5808.4	615.65	83092.7	390.94	52639.6	558.50	97376.3	572.59	126597.1			32.91		32.91
			低（疏）	2.68	37.4	1.84	37.4	1.84	37.4											0.84		0.84
			中	1055.06	159510.2	1035.74	159510.2	64.48	3612.9	242.66	31542.2	185.56	25106.4	265.31	43019.4	277.73	56229.3			19.32		19.32
			高（密）	1205.93	205966.5	1193.18	205966.5	26.76	2158.1	372.99	51550.5	205.38	27533.2	293.19	54356.9	294.86	70367.8			12.75		12.75
	特用林	合计	合计	120416.55	20115098.7	120116.52	20114566.8	8265.83	607620.0	19383.41	2673750.6	32778.31	5159602.6	37347.33	6758459.6	22341.64	4915134.0	20.71	531.9	279.32	6.67	272.65
			低（疏）	1036.51	62578.2	788.31	62578.2	365.39	6002.0	107.83	11507.3	91.96	13259.5	185.66	26525.7	37.47	5283.7			248.20		248.20
			中	38109.50	5841790.6	38085.97	5841790.6	1690.39	95040.3	4728.21	601881.4	10570.33	1557864.0	13372.52	2097871.5	7724.52	1489133.4			23.53		23.53
			高（密）	81249.83	14210198.0	81242.24	14210198.0	6210.05	506577.7	14547.37	2060361.9	22116.02	3588479.1	23789.15	4634062.4	14579.65	3420716.9			7.59	6.67	0.92
		国防林	合计	2596.84	519898.3	2596.84	519898.3	35.16	2313.7	153.03	19074.4	1221.99	224860.4	1112.54	263068.2	74.12	10581.6					
			低（疏）	0.30	3.0	0.30	3.0	0.30	3.0													
			中	343.70	45325.7	343.70	45325.7	6.95	527.4	61.70	7778.4	218.98	28848.2	37.65	5929.6	18.42	2242.1					
			高（密）	2252.84	474569.6	2252.84	474569.6	27.91	1783.3	91.33	11296.0	1003.01	196012.2	1074.89	257138.6	55.70	8339.5					
		实验林	合计	10.64	2730.0	10.64	2730.0							10.64	2730.0							
			高（密）	10.64	2730.0	10.64	2730.0							10.64	2730.0							
		母树林（种质资源林）	合计	14322.37	3312761.5	14270.66	3312761.5	414.65	36587.8	863.16	139145.8	580.32	110568.9	3166.88	665406.2	9245.65	2361052.8			51.71		51.71
			低（疏）	100.71	258.4	49.00	258.4	49.00	258.4											51.71		51.71
			中	4038.07	846196.4	4038.07	846196.4	106.52	4711.8	70.32	11478.5	33.89	4571.6	988.27	179412.3	2839.07	646022.2					
			高（密）	10183.59	2466306.7	10183.59	2466306.7	259.13	31617.6	792.84	127667.3	546.43	105997.3	2178.61	485993.9	6406.58	1715030.6					

表 3　吉林重点国有林区有林地、疏林地、灌木林地按林种和龄组面积、蓄积统计表（续 1）

单位：公顷、立方米

统计单位	林种	亚林种	郁闭度（覆盖度）等级	合计		乔木林地														疏林地		灌木林地		
						小计		幼龄林		中龄林		近熟林		成熟林		过熟林						小计	特殊灌木林地	一般灌木林地
				面积	蓄积	面积	蓄积	面积	蓄积	面积	蓄积	面积	蓄积	面积	蓄积	面积	蓄积			面积	蓄积	面积	面积	面积
吉林森工	特用林	风景林	合计	58574.27	9629253.7	58463.80	9628721.8	4582.14	356611.6	11977.12	1657625.0	15273.14	2465060.6	17637.69	3380990.7	8993.71	1768433.9			20.71	531.9	89.76	6.67	83.09
			低（疏）	527.77	36072.7	449.15	36072.7	190.95	1319.5	84.15	8948.6	64.80	8625.2	78.94	13061.2	30.31	4118.2					78.62		78.62
			中	15462.23	2367738.5	15458.68	2367738.5	890.90	42980.8	2919.73	391772.3	3605.88	539913.9	4889.40	837285.6	3152.77	555785.9					3.55		3.55
			高（密）	42563.56	7224910.6	42555.97	7224910.6	3500.29	312311.3	8973.24	1256904.1	11602.46	1916521.5	12669.35	2530643.9	5810.63	1208529.8					7.59	6.67	0.92
		自然保护区林	合计	44912.43	6650455.2	44774.58	6650455.2	3233.88	212106.9	6390.10	857905.4	15702.86	2359112.7	15419.58	2446264.5	4028.16	775065.7					137.85		137.85
			低（疏）	407.73	26244.1	289.86	26244.1	125.14	4421.1	23.68	2558.7	27.16	4634.3	106.72	13464.5	7.16	1165.5					117.87		117.87
			中	18265.50	2582530.0	18245.52	2582530.0	686.02	46820.3	1676.46	190852.2	6711.58	984530.3	7457.20	1075244.0	1714.26	285083.2					19.98		19.98
			高（密）	26239.20	4041681.1	26239.20	4041681.1	2422.72	160865.5	4689.96	664494.5	8964.12	1369948.1	7855.66	1357556.0	2306.74	488817.0							
	用材林	合计	合计	663449.08	102209757.9	663227.33	102201781.5	61233.13	4870421.9	169379.83	24170772.5	213718.40	34221147.5	171188.90	29776471.4	47707.07	9162968.2			188.58	7976.4	33.17		33.17
			低（疏）	4625.53	299153.8	4613.28	299153.8	2737.43	42545.0	416.79	36610.7	333.68	47801.5	705.79	107933.1	419.59	64263.5					12.25		12.25
			中	207927.01	30121085.4	207907.26	30121085.4	16469.31	1034679.5	37907.79	4913077.5	67688.10	10105614.0	67747.83	10918565.8	18094.23	3149148.6					19.75		19.75
			高（密）	450707.96	71781542.3	450706.79	71781542.3	42026.39	3793197.4	131055.25	19221084.3	145696.62	24067732.0	102735.28	18749972.5	29193.25	5949556.1					1.17		1.17
		一般用材林	合计	663449.08	102209757.9	663227.33	102201781.5	61233.13	4870421.9	169379.83	24170772.5	213718.40	34221147.5	171188.90	29776471.4	47707.07	9162968.2			188.58	7976.4	33.17		33.17
			低（疏）	4625.53	299153.8	4613.28	299153.8	2737.43	42545.0	416.79	36610.7	333.68	47801.5	705.79	107933.1	419.59	64263.5					12.25		12.25
			中	207927.01	30121085.4	207907.26	30121085.4	16469.31	1034679.5	37907.79	4913077.5	67688.10	10105614.0	67747.83	10918565.8	18094.23	3149148.6					19.75		19.75
			高（密）	450707.96	71781542.3	450706.79	71781542.3	42026.39	3793197.4	131055.25	19221084.3	145696.62	24067732.0	102735.28	18749972.5	29193.25	5949556.1					1.17		1.17
	经济林	合计	合计	495.14																		495.14	494.04	1.10
			低（疏）	293.38																		293.38	292.58	0.80
			中	185.74																		185.74	185.44	0.30
			高（密）	16.02																		16.02	16.02	
		果树林	合计	76.24																		76.24	76.24	
			低（疏）	28.15																		28.15	28.15	
			中	47.79																		47.79	47.79	
			高（密）	0.30																		0.30	0.30	
		药用林	合计	2.29																		2.29	2.29	
			低（疏）	1.94																		1.94	1.94	
			中	0.35																		0.35	0.35	
		其他经济林	合计	416.61																		416.61	415.51	1.10
			低（疏）	263.29																		263.29	262.49	0.80
			中	137.60																		137.60	137.30	0.30
			高（密）	15.72																		15.72	15.72	
临江林业局	合计	合计	合计	168135.50	25916099.1	168043.20	25913444.8	24444.20	1996923.9	44518.60	6758358.0	51473.10	8540295.9	39871.70	7221324.9	7735.60	1396542.1			22.90	2654.3	69.40	12.30	57.10
			低（疏）	1461.00	47853.8	1416.20	47853.8	1095.00	12067.9	114.40	10708.2	82.10	9904.9	86.10	10119.2	38.60	5053.6					44.80	0.40	44.40
			中	44162.40	6281374.0	44141.40	6281374.0	6938.70	441210.3	10270.30	1426637.8	13267.70	2100285.5	11151.90	1868148.6	2512.80	445091.8					21.00	11.90	9.10
			高（密）	122489.20	19584217.0	122485.60	19584217.0	16410.50	1543645.7	34133.90	5321012.0	38123.30	6430105.5	28633.70	5343057.1	5184.20	946396.7					3.60		3.60
	防护林	合计	合计	53834.20	7952451.7	53772.20	7951706.5	8325.40	625565.1	14499.00	2101978.7	17228.30	2721816.7	11850.50	2159801.6	1869.00	342544.4			4.80	745.2	57.20	1.20	56.00
			低（疏）	404.40	12823.3	360.80	12823.3	262.90	1703.0	19.50	1334.1	59.40	7152.4	19.00	2633.8							43.60		43.60
			中	10018.00	1283094.9	10008.00	1283094.9	2184.50	128348.2	2215.80	283563.5	2976.70	441347.0	2172.30	353716.7	458.70	76119.5					10.00	1.20	8.80
			高（密）	43407.00	6655788.3	43403.40	6655788.3	5878.00	495513.9	12263.70	1817081.1	14192.20	2273317.3	9659.20	1803451.1	1410.30	266424.9					3.60		3.60

表 3 吉林重点国有林区有林地、疏林地、灌木林地按林种和龄组面积、蓄积统计表（续 2）

单位：公顷、立方米

统计单位	林种	亚林种	郁闭度（覆盖度）等级	合计		乔木林地														灌木林地		
						小计		幼龄林		中龄林		近熟林		成熟林		过熟林		疏林地		小计	特殊灌木林地	一般灌木林地
				面积	蓄积	面积	蓄积	面积	蓄积	面积	蓄积	面积	蓄积	面积	蓄积	面积	蓄积	面积	蓄积	面积	面积	面积
临江林业局	防护林	水源涵养林	合计	29553.40	4146861.7	29537.50	4146122.5	4038.70	257658.5	8133.10	1105034.4	11398.70	1746310.5	5389.10	937390.1	577.90	99729.0	4.20	739.2	11.70		11.70
			低（疏）	130.00	1021.9	121.90	1021.9	117.90	763.3	1.70	91.4	2.10	139.2	0.20	28.0					8.10		8.10
			中	3427.80	393825.0	3424.20	393825.0	866.10	42362.8	721.00	82407.3	1107.60	162278.6	629.40	91776.6	100.10	14999.7			3.60		3.60
			高（密）	25991.40	3751275.6	25991.40	3751275.6	3054.70	214532.4	7410.40	1022535.7	10289.00	1583892.7	4759.50	845585.5	477.80	84729.3					
		水土保持林	合计	21931.20	3364769.0	21885.10	3364763.0	4226.00	363614.7	6277.50	985309.2	5536.60	929178.2	4930.10	923349.6	914.90	163311.3	0.60	6.0	45.50	1.20	44.30
			低（疏）	273.70	11783.9	238.20	11783.9	144.30	922.2	17.80	1242.7	57.30	7013.2	18.80	2605.8					35.50		35.50
			中	6340.80	856587.4	6334.40	856587.4	1277.00	84050.3	1481.40	199685.8	1743.80	261563.2	1490.50	253435.3	341.70	57852.8			6.40	1.20	5.20
			高（密）	15316.10	2496391.7	15312.50	2496391.7	2804.70	278642.2	4778.30	784380.7	3735.50	660601.8	3420.80	667308.5	573.20	105458.5			3.60		3.60
		护岸林	合计	2349.60	440821.0	2349.60	440821.0	60.70	4291.9	88.40	11635.1	293.00	46328.0	1531.30	299061.9	376.20	79504.1					
			低（疏）	0.70	17.5	0.70	17.5	0.70	17.5													
			中	249.40	32682.5	249.40	32682.5	41.40	1935.1	13.40	1470.4	125.30	17505.2	52.40	8504.8	16.90	3267.0					
			高（密）	2099.50	408121.0	2099.50	408121.0	18.60	2339.3	75.00	10164.7	167.70	28822.8	1478.90	290557.1	359.30	76237.1					
	特用林	合计	合计	4502.60	756641.6	4502.60	756641.6	491.00	34752.2	735.00	90828.9	740.10	122552.5	1935.50	399905.1	601.00	108602.9					
			低（疏）	58.60	245.0	58.60	245.0	58.60	245.0													
			中	848.80	117717.7	848.80	117717.7	112.20	3822.1	139.40	16704.6	125.20	17316.2	377.90	63444.2	94.10	16430.6					
			高（密）	3595.20	638678.9	3595.20	638678.9	320.20	30685.1	595.60	74124.3	614.90	105236.3	1557.60	336460.9	506.90	92172.3					
		国防林	合计	35.10	4025.7	35.10	4025.7	3.80	52.0	24.40	2968.7	6.40	928.0	0.50	77.0							
			低（疏）	0.30	3.0	0.30	3.0	0.30	3.0													
			中	0.40		0.40		0.40														
			高（密）	34.40	4022.7	34.40	4022.7	3.10	49.0	24.40	2968.7	6.40	928.0	0.50	77.0							
		种质资源林（母树林）	合计	379.40	63212.7	379.40	63212.7	78.70	2057.8	70.90	16568.4	103.20	25004.9	69.90	10789.0	56.70	8792.6					
			低（疏）	48.00	242.0	48.00	242.0	48.00	242.0													
			中	94.60	12535.1	94.60	12535.1	17.10	649.0	8.80	1751.2			20.50	2924.3	48.20	7210.6					
			高（密）	236.80	50435.6	236.80	50435.6	13.60	1166.8	62.10	14817.2	103.20	25004.9	49.40	7864.7	8.50	1582.0					
		风景林	合计	4088.10	689403.2	4088.10	689403.2	408.50	32642.4	639.70	71291.8	630.50	96619.6	1865.10	389039.1	544.30	99810.3					
			低（疏）	10.30		10.30		10.30														
			中	753.80	105182.6	753.80	105182.6	94.70	3173.1	130.60	14953.4	125.20	17316.2	357.40	60519.9	45.90	9220.0					
			高（密）	3324.00	584220.6	3324.00	584220.6	303.50	29469.3	509.10	56338.4	505.30	79303.4	1507.70	328519.2	498.40	90590.3					
	用材林	合计	合计	109786.50	17207005.8	109768.40	17205096.7	15627.80	1336606.6	29284.60	4565550.4	33504.70	5695926.7	26085.70	4661618.2	5265.60	945394.8	18.10	1909.1			
			低（疏）	996.80	34785.5	996.80	34785.5	773.50	10119.9	94.90	9374.1	22.70	2752.5	67.10	7485.4	38.60	5053.6					
			中	33284.60	4880561.4	33284.60	4880561.4	4642.00	309040.0	7915.10	1126369.7	10165.80	1641622.3	8601.70	1450987.7	1960.00	352541.7					
			高（密）	75487.00	12289749.8	75487.00	12289749.8	10212.30	1017446.7	21274.60	3429806.6	23316.20	4051551.9	17416.90	3203145.1	3267.00	587799.5					
		一般用材林	合计	109786.50	17207005.8	109768.40	17205096.7	15627.80	1336606.6	29284.60	4565550.4	33504.70	5695926.7	26085.70	4661618.2	5265.60	945394.8	18.10	1909.1			
			低（疏）	996.80	34785.5	996.80	34785.5	773.50	10119.9	94.90	9374.1	22.70	2752.5	67.10	7485.4	38.60	5053.6					
			中	33284.60	4880561.4	33284.60	4880561.4	4642.00	309040.0	7915.10	1126369.7	10165.80	1641622.3	8601.70	1450987.7	1960.00	352541.7					
			高（密）	75487.00	12289749.8	75487.00	12289749.8	10212.30	1017446.7	21274.60	3429806.6	23316.20	4051551.9	17416.90	3203145.1	3267.00	587799.5					
	经济林	合计	合计	12.20																12.20	11.10	1.10
			低（疏）	1.20																1.20	0.40	0.80
			中	11.00																11.00	10.70	0.30
		果树林	合计	10.70																10.70	10.70	
			中	10.70																10.70	10.70	

表3 吉林重点国有林区有林地、疏林地、灌木林地按林种和龄组面积、蓄积统计表（续3）

单位：公顷、立方米

统计单位	林种	亚林种	郁闭度（覆盖度）等级	合计		乔木林地														疏林地		灌木林地		
						小计		幼龄林		中龄林		近熟林		成熟林		过熟林				小计	特殊灌木林地	一般灌木林地
				面积	蓄积	面积	蓄积	面积	蓄积	面积	蓄积	面积	蓄积	面积	蓄积	面积	蓄积	面积	蓄积	面积	面积	面积
临江林业局	经济林	其他经济林	合计	1.50																1.50	0.40	1.10
			低（疏）	1.20																1.20	0.40	0.80
			中	0.30																0.30		0.30
湾沟林业局	合计	合计	合计	80775.56	12659496.8	80645.75	12659376.3	4687.34	310462.1	31996.26	4691084.1	39010.53	6744798.3	4052.18	755688.2	899.44	157343.6	4.12	120.5	125.69	17.56	108.13
			低（疏）	538.09	18880.6	483.88	18880.6	358.40	4784.1	78.07	6798.7	28.63	3996.5	2.08	370.4	16.70	2930.9			54.21	15.96	38.25
			中	13048.05	1882038.8	13029.55	1882038.8	1194.70	67956.0	4987.31	657633.1	5887.87	972756.1	808.86	156523.7	150.81	27169.9			18.50	1.30	17.20
			高（密）	67185.30	10758456.9	67132.32	10758456.9	3134.24	237722.0	26930.88	4026652.3	33094.03	5768045.7	3241.24	598794.1	731.93	127242.8			52.98	0.30	52.68
	防护林	合计	合计	13750.05	2064787.8	13641.87	2064743.1	1056.34	56324.5	5364.76	733895.3	6286.99	1098345.2	809.21	153118.2	124.57	23059.9	1.56	44.7	106.62		106.62
			低（疏）	130.38	2349.6	92.78	2349.6	83.50	1705.1	6.74	451.9	1.19	102.3			1.35	90.3			37.60		37.60
			中	2357.88	309197.5	2341.54	309197.5	227.36	10179.4	851.16	107464.7	1033.81	154242.6	229.21	37310.8					16.34		16.34
			高（密）	11260.23	1753196.0	11207.55	1753196.0	745.48	44440.0	4506.86	625978.7	5251.99	944000.3	580.00	115807.4	123.22	22969.6			52.68		52.68
		水源涵养林	合计	6039.70	873088.3	6036.22	873047.8	707.76	37735.1	2400.07	334009.3	2581.94	443627.9	307.65	51703.1	38.80	5972.4	1.35	40.5	2.13		2.13
			低（疏）	61.43	1829.2	60.06	1829.2	50.78	1184.7	6.74	451.9	1.19	102.3			1.35	90.3			1.37		1.37
			中	1267.14	164055.2	1267.14	164055.2	147.75	7319.9	414.00	52459.7	553.70	81712.6	151.69	22563.0							
			高（密）	4709.78	707163.4	4709.02	707163.4	509.23	29230.5	1979.33	281097.7	2027.05	361813.0	155.96	29140.1	37.45	5882.1			0.76		0.76
		水土保持林	合计	7571.71	1177439.5	7467.01	1177435.3	339.75	18262.0	2866.26	390497.8	3674.77	650436.9	500.46	101151.1	85.77	17087.5	0.21	4.2	104.49		104.49
			低（疏）	68.67	520.4	32.44	520.4	32.44	520.4											36.23		36.23
			中	1024.68	138867.7	1008.34	138867.7	77.34	2791.4	395.49	51627.1	459.09	69965.4	76.42	14483.8					16.34		16.34
			高（密）	6478.15	1038047.2	6426.23	1038047.2	229.97	14950.2	2470.77	338870.7	3215.68	580471.5	424.04	86667.3	85.77	17087.5			51.92		51.92
		护路林	合计	138.64	14260.0	138.64	14260.0	8.83	327.4	98.43	9388.2	30.28	4280.4	1.10	264.0							
			低（疏）	0.28		0.28		0.28														
			中	66.06	6274.6	66.06	6274.6	2.27	68.1	41.67	3377.9	21.02	2564.6	1.10	264.0							
			高（密）	72.30	7985.4	72.30	7985.4	6.28	259.3	56.76	6010.3	9.26	1715.8									
	特用林	合计	合计	5210.36	766407.9	5208.85	766407.9	169.11	9440.1	2194.74	281542.1	2205.40	362043.3	531.71	96461.6	107.89	16920.8			1.51		1.51
			低（疏）	59.75	2408.9	59.10	2408.9	40.94	513.9	15.48	1575.1	1.23	89.3			1.45	230.6			0.65		0.65
			中	849.06	114539.6	848.20	114539.6	40.25	1534.2	389.91	45352.0	294.12	46144.7	49.83	9490.4	74.09	12018.3			0.86		0.86
			高（密）	4301.55	649459.4	4301.55	649459.4	87.92	7392.0	1789.35	234615.0	1910.05	315809.3	481.88	86971.2	32.35	4671.9					
		林种质资源（母树林）	合计	159.81	40859.2	159.81	40859.2			14.18	2312.0	57.28	15565.9	88.35	22981.3							
			中	1.93	424.1	1.93	424.1							1.93	424.1							
			高（密）	157.88	40435.1	157.88	40435.1			14.18	2312.0	57.28	15565.9	86.42	22557.2							
		风景林	合计	5050.55	725548.7	5049.04	725548.7	169.11	9440.1	2180.56	279230.1	2148.12	346477.4	443.36	73480.3	107.89	16920.8			1.51		1.51
			低（疏）	59.75	2408.9	59.10	2408.9	40.94	513.9	15.48	1575.1	1.23	89.3			1.45	230.6			0.65		0.65
			中	847.13	114115.5	846.27	114115.5	40.25	1534.2	389.91	45352.0	294.12	46144.7	47.90	9066.3	74.09	12018.3			0.86		0.86
			高（密）	4143.67	609024.3	4143.67	609024.3	87.92	7392.0	1775.17	232303.0	1852.77	300243.4	395.46	64414.0	32.35	4671.9					
	用材林	合计	合计	61797.59	9828301.1	61795.03	9828225.3	3461.89	244697.5	24436.76	3675646.7	30518.14	5284409.8	2711.26	506108.4	666.98	117362.9	2.56	75.8			
			低（疏）	332.00	14122.1	332.00	14122.1	233.96	2565.1	55.85	4771.7	26.21	3804.9	2.08	370.4	13.90	2610.0					
			中	9839.81	1458301.7	9839.81	1458301.7	927.09	56242.4	3746.24	504816.4	4559.94	772368.8	529.82	109722.5	76.72	15151.6					
			高（密）	51623.22	8355801.5	51623.22	8355801.5	2300.84	185890.0	20634.67	3166058.6	25931.99	4508236.1	2179.36	396015.5	576.36	99601.3					

表 3 吉林重点国有林区有林地、疏林地、灌木林地按林种和龄组面积、蓄积统计表（续 4）

单位：公顷、立方米

统计单位	林种	亚林种	郁闭度（覆盖度）等级	合计		乔木林地												疏林地		灌木林地		
						小计		幼龄林		中龄林		近熟林		成熟林		过熟林				小计	特殊灌木林地	一般灌木林地
				面积	蓄积	面积	蓄积	面积	蓄积	面积	蓄积	面积	蓄积	面积	蓄积	面积	蓄积	面积	蓄积	面积	面积	面积
湾沟林业局	用材林	一般用材林	合计	61797.59	9828301.1	61795.03	9828225.3	3461.89	244697.5	24436.76	3675646.7	30518.14	5284409.8	2711.26	506108.4	666.98	117362.9	2.56	75.8			
			低（疏）	332.00	14122.1	332.00	14122.1	233.96	2565.1	55.85	4771.7	26.21	3804.9	2.08	370.4	13.90	2610.0					
			中	9839.81	1458301.7	9839.81	1458301.7	927.09	56242.4	3746.24	504816.4	4559.94	772368.8	529.82	109722.5	76.72	15151.6					
			高（密）	51623.22	8355801.5	51623.22	8355801.5	2300.84	185890.0	20634.67	3166058.6	25931.99	4508236.1	2179.36	396015.5	576.36	99601.3					
	经济林	合计	合计	17.56																17.56	17.56	
			低（疏）	15.96																15.96	15.96	
			中	1.30																1.30	1.30	
			高（密）	0.30																0.30	0.30	
		果树林	合计	17.56																17.56	17.56	
			低（疏）	15.96																15.96	15.96	
			中	1.30																1.30	1.30	
			高（密）	0.30																0.30	0.30	
三岔子林业局	合计	合计	合计	208326.63	28480329.4	207512.90	28473901.1	17569.47	1144787.3	53906.51	6987410.1	82070.32	12050918.4	40335.81	6151278.6	13630.79	2139506.7	120.47	6428.3	693.26	207.57	485.69
			低（疏）	2584.35	186920.9	1891.09	186920.9	543.50	9696.0	369.53	34262.6	271.86	39230.4	296.65	41387.5	409.55	62344.4			693.26	207.57	485.69
			中	64443.19	8312186.2	64443.19	8312186.2	3889.06	227249.6	14181.76	1611255.4	23749.92	3171806.4	16413.09	2353954.5	6209.36	947920.3					
			高（密）	141178.62	19974794.0	141178.62	19974794.0	13136.91	907841.7	39355.22	5341892.1	58048.54	8839881.6	23626.07	3755936.6	7011.88	1129242.0					
	防护林	合计	合计	56810.49	7381105.5	56376.93	7376494.4	6373.64	367127.0	15166.51	1825117.1	20947.36	3071836.7	9212.99	1408974.6	4676.43	703439.0	85.20	4611.1	348.36		348.36
			低（疏）	900.05	53984.2	551.69	53984.2	100.96	988.9	113.19	11422.1	110.60	14364.7	69.04	8182.0	157.90	19026.5			348.36		348.36
			中	19865.29	2519546.2	19865.29	2519546.2	1329.62	76359.3	5267.67	552928.0	6038.73	823719.4	4575.45	681568.6	2653.82	384970.9					
			高（密）	35959.95	4802964.0	35959.95	4802964.0	4943.06	289778.8	9785.65	1260767.0	14798.03	2233752.6	4568.50	719224.0	1864.71	299441.6					
		水源涵养林	合计	49423.72	6418092.3	49256.97	6413702.8	5523.89	309186.9	13652.40	1643473.2	17980.97	2626542.8	8070.82	1237783.3	4028.89	596716.6	77.90	4389.5	88.85		88.85
			低（疏）	570.95	44290.1	482.10	44290.1	97.78	963.5	113.19	11422.1	72.85	9645.9	55.98	6353.6	142.30	15905.0			88.85		88.85
			中	17344.85	2178340.1	17344.85	2178340.1	1031.67	54853.4	4834.65	507482.7	5274.85	706181.3	3908.16	584961.4	2295.52	324861.3					
			高（密）	31430.02	4191072.6	31430.02	4191072.6	4394.44	253370.0	8704.56	1124568.4	12633.27	1910715.6	4106.68	646468.3	1591.07	255950.3					
		水土保持林	合计	6982.67	929656.2	6715.86	929434.6	612.59	44609.8	1463.64	176315.2	2910.72	439349.8	1084.55	163106.3	644.36	106053.5	7.30	221.6	259.51		259.51
			低（疏）	329.10	9694.1	69.59	9694.1	3.18	25.4			37.75	4718.8	13.06	1828.4	15.60	3121.5			259.51		259.51
			中	2331.29	327449.2	2331.29	327449.2	161.05	14034.5	420.31	44126.2	739.20	114834.1	652.43	94344.8	358.30	60109.6					
			高（密）	4314.98	592291.3	4314.98	592291.3	448.36	30549.9	1043.33	132189.0	2133.77	319796.9	419.06	66933.1	270.46	42822.4					
		护岸林	合计	384.79	30943.2	384.79	30943.2	237.16	13330.3	31.16	2914.9	55.67	5944.1	57.62	8085.0	3.18	668.9					
			中	189.15	13756.9	189.15	13756.9	136.90	7471.4	12.71	1319.1	24.68	2704.0	14.86	2262.4							
			高（密）	195.64	17186.3	195.64	17186.3	100.26	5858.9	18.45	1595.8	30.99	3240.1	42.76	5822.6	3.18	668.9					
		护路林	合计	19.31	2413.8	19.31	2413.8			19.31	2413.8											
			高（密）	19.31	2413.8	19.31	2413.8			19.31	2413.8											
	特用林	合计	合计	33317.92	4419544.1	33180.59	4419544.1	2632.25	118874.5	5256.28	643925.0	13237.26	1891086.8	10267.64	1492041.3	1787.16	273616.5			137.33		137.33
			低（疏）	476.25	40724.1	338.92	40724.1	42.91	351.9	61.06	7774.0	84.99	12768.4	121.42	15536.5	28.54	4293.3			137.33		137.33
			中	12680.23	1661500.8	12680.23	1661500.8	560.44	33193.6	1756.68	194337.9	4975.37	680860.3	4397.26	599580.0	990.48	153529.0					
			高（密）	20161.44	2717319.2	20161.44	2717319.2	2028.90	85329.0	3438.54	441813.1	8176.90	1197458.1	5748.96	876924.8	768.14	115794.2					
		国防林	合计	552.02	74074.7	552.02	74074.7	10.46	703.4	128.63	16105.7	330.90	45778.3	63.61	9245.2	18.42	2242.1					
			中	343.30	45325.7	343.30	45325.7	6.55	527.4	61.70	7778.4	218.98	28848.2	37.65	5929.6	18.42	2242.1					
			高（密）	208.72	28749.0	208.72	28749.0	3.91	176.0	66.93	8327.3	111.92	16930.1	25.96	3315.6							

表 3 吉林重点国有林区有林地、疏林地、灌木林地按林种和龄组面积、蓄积统计表（续 5）

单位：公顷、立方米

统计单位	林种	亚林种	郁闭度（覆盖度）等级	合计		乔木林地														疏林地		灌木林地		
						小计		幼龄林		中龄林		近熟林		成熟林		过熟林				小计	特殊灌木林地	一般灌木林地
				面积	蓄积	面积	蓄积	面积	蓄积	面积	蓄积	面积	蓄积	面积	蓄积	面积	蓄积	面积	蓄积	面积	面积	面积
三岔子林业局	特用林	种质资源林（母树林）	合计	354.65	53220.1	354.65	53220.1	24.18	1630.3	257.64	33031.9	5.30	662.5	67.53	17895.4							
			中	67.53	17895.4	67.53	17895.4							67.53	17895.4							
			高（密）	287.12	35324.7	287.12	35324.7	24.18	1630.3	257.64	33031.9	5.30	662.5									
		风景林	合计	6723.28	1009413.0	6703.15	1009413.0	365.75	16923.3	1055.74	155260.6	2213.17	349788.7	2131.15	341764.2	937.34	145676.2			20.13		20.13
			低（疏）	208.63	23996.7	188.50	23996.7	19.52	85.5	37.38	5215.3	57.83	8134.1	50.37	7051.8	23.40	3510.0			20.13		20.13
			中	2572.81	384152.0	2572.81	384152.0	61.88	930.9	373.15	43925.0	732.92	109020.8	900.00	146514.9	504.86	83760.4					
			高（密）	3941.84	601264.3	3941.84	601264.3	284.35	15906.9	645.21	106120.3	1422.42	232633.8	1180.78	188197.5	409.08	58405.8					
		自然保护区林	合计	25687.97	3282836.3	25570.77	3282836.3	2231.86	99617.5	3814.27	439526.8	10687.89	1494857.3	8005.35	1123136.5	831.40	125698.2			117.20		117.20
			低（疏）	267.62	16727.4	150.42	16727.4	23.39	266.4	23.68	2558.7	27.16	4634.3	71.05	8484.7	5.14	783.3			117.20		117.20
			中	9696.59	1214127.7	9696.59	1214127.7	492.01	31735.3	1321.83	142634.5	4023.47	542991.3	3392.08	429240.1	467.20	67526.5					
			高（密）	15723.76	2051981.2	15723.76	2051981.2	1716.46	67615.8	2468.76	294333.6	6637.26	947231.7	4542.22	685411.7	359.06	57388.4					
	用材林	合计	合计	117990.65	16679679.8	117955.38	16677862.6	8563.58	658785.8	33483.72	4518368.0	47885.70	7087994.9	20855.18	3250262.7	7167.20	1162451.2	35.27	1817.2			
			低（疏）	1000.48	92212.6	1000.48	92212.6	399.63	8355.2	195.28	15066.5	76.27	12097.3	106.19	17669.0	223.11	39024.6					
			中	31897.67	4131139.2	31897.67	4131139.2	1999.00	117696.7	7157.41	863989.5	12735.82	1667226.7	7440.38	1072805.9	2565.06	409420.4					
			高（密）	85057.23	12454510.8	85057.23	12454510.8	6164.95	532733.9	26131.03	3639312.0	35073.61	5408670.9	13308.61	2159787.8	4379.03	714006.2					
		一般用材林	合计	117990.65	16679679.8	117955.38	16677862.6	8563.58	658785.8	33483.72	4518368.0	47885.70	7087994.9	20855.18	3250262.7	7167.20	1162451.2	35.27	1817.2			
			低（疏）	1000.48	92212.6	1000.48	92212.6	399.63	8355.2	195.28	15066.5	76.27	12097.3	106.19	17669.0	223.11	39024.6					
			中	31897.67	4131139.2	31897.67	4131139.2	1999.00	117696.7	7157.41	863989.5	12735.82	1667226.7	7440.38	1072805.9	2565.06	409420.4					
			高（密）	85057.23	12454510.8	85057.23	12454510.8	6164.95	532733.9	26131.03	3639312.0	35073.61	5408670.9	13308.61	2159787.8	4379.03	714006.2					
	经济林	合计	合计	207.57																207.57	207.57	
			低（疏）	207.57																207.57	207.57	
		其他经济林	合计	207.57																207.57	207.57	
			低（疏）	207.57																207.57	207.57	
松江河林业局	合计	合计	合计	149865.58	24075628.1	149380.77	24072491.3	15402.35	1336083.5	42972.93	6400280.9	31672.16	5269914.2	45360.70	8243174.3	13972.63	2823038.4	100.89	3136.8	383.92	217.82	166.10
			低（疏）	888.35	52006.0	802.94	52006.0	567.09	21857.0					140.23	19093.7	95.62	11055.3			85.41	36.72	48.69
			中	46073.04	7176699.9	45807.51	7176699.9	3883.70	256152.5	5008.80	644071.1	7570.83	1132713.9	21368.52	3648754.9	7975.66	1495007.5			265.53	165.38	100.15
			高（密）	102803.30	16843785.4	102770.32	16843785.4	10951.56	1058074.0	37964.13	5756209.8	24101.33	4137200.3	23851.95	4575325.7	5901.35	1316975.6			32.98	15.72	17.26
	防护林	合计	合计	12581.51	2025491.9	12418.29	2025481.0	1166.32	73188.5	2050.97	258379.8	1870.60	275995.9	5387.42	993874.0	1942.98	424042.8	0.73	10.9	162.49		162.49
			低（疏）	65.71	650.6	17.02	650.6	17.02	650.6											48.69		48.69
			中	5261.57	894676.8	5164.11	894676.8	345.64	16760.7	209.43	27141.0	670.57	103831.6	2768.10	505923.2	1170.37	241020.3			97.46		97.46
			高（密）	7253.50	1130153.6	7237.16	1130153.6	803.66	55777.2	1841.54	231238.8	1200.03	172164.3	2619.32	487950.8	772.61	183022.5			16.34		16.34
		水源涵养林	合计	3319.81	587758.6	3251.10	587758.6	199.92	12966.9	293.25	42242.5	330.23	49087.6	1864.77	359493.3	562.93	123968.3			68.71		68.71
			低（疏）	9.23																9.23		9.23
			中	2248.73	400073.4	2189.25	400073.4	98.97	4536.5	45.73	7302.2	196.61	29384.9	1406.14	266543.3	441.80	92306.5			59.48		59.48
			高（密）	1061.85	187685.2	1061.85	187685.2	100.95	8430.4	247.52	34940.3	133.62	19702.7	458.63	92950.0	121.13	31661.8					
		水土保持林	合计	7732.56	1204538.9	7668.55	1204528.0	863.56	54929.0	1523.70	181903.2	1196.41	178483.1	2814.52	512568.7	1270.36	276644.0	0.73	10.9	63.28		63.28
			低（疏）	55.34	613.2	15.88	613.2	15.88	613.2											39.46		39.46
			中	2541.02	427813.1	2520.79	427813.1	196.59	10155.0	113.20	14573.1	413.36	64353.1	1105.26	196684.8	692.38	142047.1			20.23		20.23
			高（密）	5135.47	776101.7	5131.88	776101.7	651.09	44160.8	1410.50	167330.1	783.05	114130.0	1709.26	315883.9	577.98	134596.9			3.59		3.59

表3　吉林重点国有林区有林地、疏林地、灌木林地按林种和龄组面积、蓄积统计表（续6）

单位：公顷、立方米

统计单位	林种	亚林种	郁闭度（覆盖度）等级	合计		乔木林地														疏林地		灌木林地		
						小计		幼龄林		中龄林		近熟林		成熟林		过熟林				小计	特殊灌木林地	一般灌木林地
				面积	蓄积	面积	蓄积	面积	蓄积	面积	蓄积	面积	蓄积	面积	蓄积	面积	蓄积	面积	蓄积	面积	面积	面积
松江河林业局	防护林	护岸林	合计	777.39	110904.9	777.39	110904.9	71.78	3081.3	60.70	5793.5	209.49	29208.1	422.19	70043.7	13.23	2778.3					
			低（疏）	0.12		0.12		0.12														
			中	256.83	37701.7	256.83	37701.7	33.52	1302.8	12.28	1447.6	42.01	7556.8	155.79	24616.2	13.23	2778.3					
			高（密）	520.44	73203.2	520.44	73203.2	38.14	1778.5	48.42	4345.9	167.48	21651.3	266.40	45427.5							
		护路林	合计	751.75	122289.5	721.25	122289.5	31.06	2211.3	173.32	28440.6	134.47	19217.1	285.94	51768.3	96.46	20652.2			30.50		30.50
			低（疏）	1.02	37.4	1.02	37.4	1.02	37.4													
			中	214.99	29088.6	197.24	29088.6	16.56	766.4	38.22	3818.1	18.59	2536.8	100.91	18078.9	22.96	3888.4			17.75		17.75
			高（密）	535.74	93163.5	522.99	93163.5	13.48	1407.5	135.10	24622.5	115.88	16680.3	185.03	33689.4	73.50	16763.8			12.75		12.75
	特用林	合计	合计	18149.59	2994445.4	18145.60	2994434.0	1573.68	147644.5	3732.13	569826.1	3602.85	566864.6	6108.73	1088421.7	3128.21	621677.1	0.38	11.4	3.61		3.61
			低（疏）	176.45	16054.2	176.45	16054.2	104.73	4305.2					64.24	10989.2	7.48	759.8					
			中	6064.92	937578.2	6062.23	937578.2	388.86	22834.8	450.50	61698.9	873.63	122927.1	2977.55	483793.1	1371.69	246324.3			2.69		2.69
			高（密）	11907.84	2040801.6	11906.92	2040801.6	1080.09	120504.5	3281.63	508127.2	2729.22	443937.5	3066.94	593639.4	1749.04	374593.0			0.92		0.92
		种质资源林（母树林）	合计	1079.59	192720.6	1079.59	192720.6	146.72	10806.2	189.93	33335.0	74.61	14580.5	356.14	63453.6	312.19	70545.3					
			低（疏）	1.00	16.4	1.00	16.4	1.00	16.4													
			中	552.21	87544.7	552.21	87544.7	75.00	2937.3	5.14	1197.6	2.51	529.6	275.78	48750.6	193.78	34129.6					
			高（密）	526.38	105159.5	526.38	105159.5	70.72	7852.5	184.79	32137.4	72.10	14050.9	80.36	14703.0	118.41	36415.7					
		风景林	合计	4206.39	592579.6	4202.40	592568.2	438.10	25164.5	1091.41	136722.6	1285.42	182052.5	1171.67	207974.7	215.80	40653.9	0.38	11.4	3.61		3.61
			低（疏）	37.83	6530.1	37.83	6530.1	3.80	143.1					28.57	6009.4	5.46	377.6					
			中	1044.40	148659.5	1041.71	148659.5	124.10	4954.1	115.88	15905.5	175.66	21574.4	502.09	83171.9	123.98	23053.6			2.69		2.69
			高（密）	3123.78	437378.6	3122.86	437378.6	310.20	20067.3	975.53	120817.1	1109.76	160478.1	641.01	118793.4	86.36	17222.7			0.92		0.92
		自然保护区林	合计	12863.61	2209145.2	12863.61	2209145.2	988.86	111673.8	2450.79	399768.5	2242.82	370231.6	4580.92	816993.4	2600.22	510477.9					
			低（疏）	137.62	9507.7	137.62	9507.7	99.93	4145.7					35.67	4979.8	2.02	382.2					
			中	4468.31	701374.0	4468.31	701374.0	189.76	14943.4	329.48	44595.8	695.46	100823.1	2199.68	351870.6	1053.93	189141.1					
			高（密）	8257.68	1498263.5	8257.68	1498263.5	699.17	92584.7	2121.31	355172.7	1547.36	269408.5	2345.57	460143.0	1544.27	320954.6					
	用材林	合计	合计	118916.66	19055690.8	118816.88	19052576.3	12662.35	1115250.5	37189.83	5572075.0	26198.71	4427053.7	33864.55	6160878.6	8901.44	1777318.5	99.78	3114.5			
			低（疏）	609.47	35301.2	609.47	35301.2	445.34	16901.2					75.99	8104.5	88.14	10295.5					
			中	34581.17	5344444.9	34581.17	5344444.9	3149.20	216557.0	4348.87	555231.2	6026.63	905955.2	15622.87	2659038.6	5433.60	1007662.9					
			高（密）	83626.24	13672830.2	83626.24	13672830.2	9067.81	881792.3	32840.96	5016843.8	20172.08	3521098.5	18165.69	3493735.5	3379.70	759360.1					
		一般用材林	合计	118916.66	19055690.8	118816.88	19052576.3	12662.35	1115250.5	37189.83	5572075.0	26198.71	4427053.7	33864.55	6160878.6	8901.44	1777318.5	99.78	3114.5			
			低（疏）	609.47	35301.2	609.47	35301.2	445.34	16901.2					75.99	8104.5	88.14	10295.5					
			中	34581.17	5344444.9	34581.17	5344444.9	3149.20	216557.0	4348.87	555231.2	6026.63	905955.2	15622.87	2659038.6	5433.60	1007662.9					
			高（密）	83626.24	13672830.2	83626.24	13672830.2	9067.81	881792.3	32840.96	5016843.8	20172.08	3521098.5	18165.69	3493735.5	3379.70	759360.1					
	经济林	合计	合计	217.82																217.82	217.82	
			低（疏）	36.72																36.72	36.72	
			中	165.38																165.38	165.38	
			高（密）	15.72																15.72	15.72	
		果树林	合计	37.67																37.67	37.67	
			低（疏）	2.48																2.48	2.48	
			中	35.19																35.19	35.19	

表 3　吉林重点国有林区有林地、疏林地、灌木林地按林种和龄组面积、蓄积统计表（续 7）

单位：公顷、立方米

统计单位	林种	亚林种	郁闭度（覆盖度）等级	合计		乔木林地												疏林地		灌木林地		
						小计		幼龄林		中龄林		近熟林		成熟林		过熟林				小计	特殊灌木林地	一般灌木林地
				面积	蓄积	面积	蓄积	面积	蓄积	面积	蓄积	面积	蓄积	面积	蓄积	面积	蓄积	面积	蓄积	面积	面积	面积
松江河林业局	经济林	其他经济林	合计	180.15																180.15	180.15	
			低（疏）	34.24																34.24	34.24	
			中	130.19																130.19	130.19	
			高（密）	15.72																15.72	15.72	
泉阳林业局	合计	合计	合计	97990.59	13941146.4	97632.30	13940777.8	11403.07	744432.8	20282.94	2885157.5	35159.14	5472591.0	24176.22	3797774.1	6610.93	1040822.4	10.38	368.6	347.91	4.90	343.01
			低（疏）	623.89	4184.7	284.07	4184.7	269.42	3004.4	14.49	1167.0	0.16	13.3							339.82	4.90	334.92
			中	83217.52	12213532.5	83209.43	12213532.5	6440.41	446536.5	15897.92	2267349.5	32318.93	5043668.5	22390.02	3495803.4	6162.15	960174.6			8.09		8.09
			高（密）	14138.80	1723060.6	14138.80	1723060.6	4693.24	294891.9	4370.53	616641.0	2840.05	428909.2	1786.20	301970.7	448.78	80647.8					
	防护林	合计	合计	50803.26	7329516.5	50512.68	7329419.9	5262.11	348332.7	8833.71	1254321.9	16783.22	2609420.4	15865.69	2513581.0	3767.95	603763.9	2.54	96.6	288.04		288.04
			低（疏）	387.78	2370.4	107.83	2370.4	97.81	1601.4	10.02	769.0									279.95		279.95
			中	42921.84	6357197.8	42913.75	6357197.8	3058.38	210649.2	6645.60	943345.9	15265.02	2381237.9	14569.68	2289324.6	3375.07	532640.2			8.09		8.09
			高（密）	7491.10	969851.7	7491.10	969851.7	2105.92	136082.1	2178.09	310207.0	1518.20	228182.5	1296.01	224256.4	392.88	71123.7					
		水源涵养林	合计	31696.32	4668746.0	31672.97	4668649.4	2636.02	175937.2	6239.32	892621.1	11073.22	1717293.4	9937.27	1604626.0	1787.14	278171.7	2.54	96.6	20.81		20.81
			低（疏）	80.65	1393.1	59.84	1393.1	51.41	682.8	8.43	710.3									20.81		20.81
			中	26839.28	4026479.1	26839.28	4026479.1	1440.65	93386.8	4693.65	676056.8	10064.94	1563859.9	8987.96	1434400.1	1652.08	258775.5					
			高（密）	4773.85	640777.2	4773.85	640777.2	1143.96	81867.6	1537.24	215854.0	1008.28	153433.5	949.31	170225.9	135.06	19396.2					
		水土保持林	合计	18581.20	2583317.8	18314.81	2583317.8	2624.50	172225.9	2394.20	332645.8	5579.25	873148.8	5782.66	886292.0	1934.20	319005.3			266.39		266.39
			低（疏）	306.29	977.3	47.99	977.3	46.40	918.6	1.59	58.7									258.30		258.30
			中	15630.65	2262333.4	15622.56	2262333.4	1616.14	117092.8	1803.01	243974.0	5072.53	798808.8	5454.50	835180.0	1676.38	267277.8			8.09		8.09
			高（密）	2644.26	320007.1	2644.26	320007.1	961.96	54214.5	589.60	88613.1	506.72	74340.0	328.16	51112.0	257.82	51727.5					
		护路林	合计	525.74	77452.7	524.90	77452.7	1.59	169.6	200.19	29055.0	130.75	18978.2	145.76	22663.0	46.61	6586.9			0.84		0.84
			低（疏）	0.84																0.84		0.84
			中	451.91	68385.3	451.91	68385.3	1.59	169.6	148.94	23315.1	127.55	18569.2	127.22	19744.5	46.61	6586.9					
			高（密）	72.99	9067.4	72.99	9067.4			51.25	5739.9	3.20	409.0	18.54	2918.5							
	特用林	合计	合计	9103.58	1394401.1	9045.20	1394251.0	384.35	27245.7	1802.56	262190.6	3144.97	518081.4	2186.14	344622.6	1527.18	242110.7	3.41	150.1	54.97		54.97
			低（疏）	54.97																54.97		54.97
			中	8295.51	1297943.2	8295.51	1297943.2	192.67	14622.1	1550.77	227998.5	2936.30	484758.5	2094.42	329449.3	1521.35	241114.8					
			高（密）	749.69	96307.8	749.69	96307.8	191.68	12623.6	251.79	34192.1	208.67	33322.9	91.72	15173.3	5.83	995.9					
		种质资源林（母树林）	合计	80.98	12043.6	80.98	12043.6			80.98	12043.6											
			中	0.75	127.5	0.75	127.5			0.75	127.5											
			高（密）	80.23	11916.1	80.23	11916.1			80.23	11916.1											
		风景林	合计	4839.49	700849.8	4781.78	700699.7	375.30	26705.1	1671.57	243122.9	1013.98	154846.6	386.88	62330.0	1334.05	213695.1	3.41	150.1	54.30		54.30
			低（疏）	54.30																54.30		54.30
			中	4349.33	653948.4	4349.33	653948.4	188.42	14480.5	1524.87	224249.1	943.65	144042.6	364.17	58477.0	1328.22	212699.2					
			高（密）	432.45	46751.3	432.45	46751.3	186.88	12224.6	146.70	18873.8	70.33	10804.0	22.71	3853.0	5.83	995.9					
		自然保护区林	合计	4183.11	681507.7	4182.44	681507.7	9.05	540.6	50.01	7024.1	2130.99	363234.8	1799.26	282292.6	193.13	28415.6			0.67		0.67
			低（疏）	0.67																0.67		0.67
			中	3945.43	643867.3	3945.43	643867.3	4.25	141.6	25.15	3621.9	1992.65	340715.9	1730.25	270972.3	193.13	28415.6					
			高（密）	237.01	37640.4	237.01	37640.4	4.80	399.0	24.86	3402.2	138.34	22518.9	69.01	11320.3							

表3 吉林重点国有林区有林地、疏林地、灌木林地按林种和龄组面积、蓄积统计表（续8）

单位：公顷、立方米

统计单位	林种	亚林种	郁闭度（覆盖度）等级	合计		乔木林地														疏林地		小计	灌木林地	
						小计		幼龄林		中龄林		近熟林		成熟林		过熟林							特殊灌木林地	一般灌木林地
				面积	蓄积	面积	蓄积	面积	蓄积	面积	蓄积	面积	蓄积	面积	蓄积	面积	蓄积			面积	蓄积	面积	面积	面积
泉阳林业局	用材林	合计	合计	38078.85	5217228.8	38074.42	5217106.9	5756.61	368854.4	9646.67	1368645.0	15230.95	2345089.2	6124.39	939570.5	1315.80	194947.8			4.43	121.9			
			低（疏）	176.24	1814.3	176.24	1814.3	171.61	1403.0	4.47	398.0	0.16	13.3											
			中	32000.17	4558391.5	32000.17	4558391.5	3189.36	221265.2	7701.55	1096005.1	14117.61	2177672.1	5725.92	877029.5	1265.73	186419.6							
			高（密）	5898.01	656901.1	5898.01	656901.1	2395.64	146186.2	1940.65	272241.9	1113.18	167403.8	398.47	62541.0	50.07	8528.2							
		一般用材林	合计	38078.85	5217228.8	38074.42	5217106.9	5756.61	368854.4	9646.67	1368645.0	15230.95	2345089.2	6124.39	939570.5	1315.80	194947.8			4.43	121.9			
			低（疏）	176.24	1814.3	176.24	1814.3	171.61	1403.0	4.47	398.0	0.16	13.3											
			中	32000.17	4558391.5	32000.17	4558391.5	3189.36	221265.2	7701.55	1096005.1	14117.61	2177672.1	5725.92	877029.5	1265.73	186419.6							
			高（密）	5898.01	656901.1	5898.01	656901.1	2395.64	146186.2	1940.65	272241.9	1113.18	167403.8	398.47	62541.0	50.07	8528.2							
	经济林	合计	合计	4.90																		4.90	4.90	
			低（疏）	4.90																		4.90	4.90	
		其他经济林	合计	4.90																		4.90	4.90	
			低（疏）	4.90																		4.90	4.90	
露水河林业局	合计	合计	合计	115761.86	21517002.0	115585.65	21516938.0	7759.01	711363.0	13876.98	1958816.0	15398.68	2609196.0	41535.43	7766653.0	37015.55	8470910.0			1.60	64.0	174.61	10.84	163.77
			低（疏）	603.41	22708.0	490.71	22708.0	311.25	967.0	44.20	2635.0	19.46	1013.0	13.61	1302.0	102.19	16791.0					112.70		112.70
			中	20167.86	3292970.0	20114.50	3292970.0	687.22	25859.0	831.19	85289.0	1657.16	235381.0	9209.41	1390123.0	7729.52	1556318.0					53.36	4.17	49.19
			高（密）	94988.99	18201260.0	94980.44	18201260.0	6760.54	684537.0	13001.59	1870892.0	13722.06	2372802.0	32312.41	6375228.0	29183.84	6897801.0					8.55	6.67	1.88
	防护林	合计	合计	18093.74	3801805.0	18034.83	3801805.0	284.61	14078.0	675.14	89247.0	2802.25	490560.0	7104.03	1426106.0	7168.80	1781814.0					58.91		58.91
			低（疏）	122.56	11243.0	73.82	11243.0	11.00	4.0			1.33	81.0	1.80	121.0	59.69	11037.0					48.74		48.74
			中	1089.06	194345.0	1079.60	194345.0	54.10	1620.0	57.02	5267.0	70.42	8556.0	348.55	55754.0	549.51	123148.0					9.46		9.46
			高（密）	16882.12	3596217.0	16881.41	3596217.0	219.51	12454.0	618.12	83980.0	2730.50	481923.0	6753.68	1370231.0	6559.60	1647629.0					0.71		0.71
		水源涵养林	合计	7508.90	1721800.0	7458.05	1721800.0	100.43	5613.0	92.21	10132.0	1435.14	273525.0	2135.08	447667.0	3695.19	984863.0					50.85		50.85
			低（疏）	47.67																		47.67		47.67
			中	389.92	72200.0	387.45	72200.0	19.91	470.0	37.25	3377.0	27.01	3816.0	99.90	14464.0	203.38	50073.0					2.47		2.47
			高（密）	7071.31	1649600.0	7070.60	1649600.0	80.52	5143.0	54.96	6755.0	1408.13	269709.0	2035.18	433203.0	3491.81	934790.0					0.71		0.71
		水土保持林	合计	9929.59	1946173.0	9921.53	1946173.0	173.54	7561.0	542.30	74267.0	1327.59	212300.0	4843.25	955758.0	3034.85	696287.0					8.06		8.06
			低（疏）	74.89	11243.0	73.82	11243.0	11.00	4.0			1.33	81.0	1.80	121.0	59.69	11037.0					1.07		1.07
			中	427.13	68877.0	420.14	68877.0	23.55	246.0	10.71	1028.0	35.34	3924.0	212.57	36358.0	137.97	27321.0					6.99		6.99
			高（密）	9427.57	1866053.0	9427.57	1866053.0	138.99	7311.0	531.59	73239.0	1290.92	208295.0	4628.88	919279.0	2837.19	657929.0							
		护岸林	合计	9.24	1306.0	9.24	1306.0									9.24	1306.0							
			高（密）	9.24	1306.0	9.24	1306.0									9.24	1306.0							
		护路林	合计	646.01	132526.0	646.01	132526.0	10.64	904.0	40.63	4848.0	39.52	4735.0	125.70	22681.0	429.52	99358.0							
			中	272.01	53268.0	272.01	53268.0	10.64	904.0	9.06	862.0	8.07	816.0	36.08	4932.0	208.16	45754.0							
			高（密）	374.00	79258.0	374.00	79258.0			31.57	3986.0	31.45	3919.0	89.62	17749.0	221.36	53604.0							
	特用林	合计	合计	32602.59	6538786.0	32522.63	6538722.0	1905.57	194669.0	3948.62	608074.0	3571.98	630191.0	9375.58	1825113.0	13720.88	3280675.0			1.60	64.0	78.36	6.67	71.69
			低（疏）	123.24	2264.0	71.53	2264.0	40.44	111.0	31.09	2153.0											51.71		51.71
			中	6648.16	1250146.0	6628.18	1250146.0	137.68	9377.0	236.89	34878.0	377.72	55365.0	2431.25	386709.0	3444.64	763817.0					19.98		19.98
			高（密）	25829.59	5286312.0	25822.92	5286312.0	1727.45	185181.0	3680.64	571043.0	3194.26	574826.0	6944.33	1438404.0	10276.24	2516858.0					6.67	6.67	
		实验林	合计	10.64	2730.0	10.64	2730.0							10.64	2730.0									
			高（密）	10.64	2730.0	10.64	2730.0							10.64	2730.0									

表 3　吉林重点国有林区有林地、疏林地、灌木林地按林种和龄组面积、蓄积统计表（续 9）

单位：公顷、立方米

统计单位	林种	亚林种	郁闭度（覆盖度）等级	合计		乔木林地												疏林地		灌木林地		
						小计		幼龄林		中龄林		近熟林		成熟林		过熟林				小计	特殊灌木林地	一般灌木林地
				面积	蓄积	面积	蓄积	面积	蓄积	面积	蓄积	面积	蓄积	面积	蓄积	面积	蓄积	面积	蓄积	面积	面积	面积
露水河林业局	特用林	（种质资源林）母树林	合计	11926.86	2900806.0	11875.15	2900806.0	151.02	20973.0	214.49	37196.0	281.09	49013.0	2379.64	516059.0	8848.91	2277565.0			51.71		51.71
			低（疏）	51.71																51.71		51.71
			中	3099.33	693271.0	3099.33	693271.0	0.39	5.0	27.54	5134.0	2.87	548.0	471.44	82902.0	2597.09	604682.0					
			高（密）	8775.82	2207535.0	8775.82	2207535.0	150.63	20968.0	186.95	32062.0	278.22	48465.0	1908.20	433157.0	6251.82	1672883.0					
		风景林	合计	18487.35	3158284.0	18479.08	3158220.0	1750.44	173421.0	3659.10	559292.0	2649.73	450389.0	5951.25	1082482.0	4468.56	892636.0	1.60	64.0	6.67	6.67	
			低（疏）	69.71	2255.0	69.71	2255.0	38.62	102.0	31.09	2153.0											
			中	3393.66	533714.0	3393.66	533714.0	137.29	9372.0	209.35	29744.0	374.85	54817.0	1824.62	280646.0	847.55	159135.0					
			高（密）	15022.38	2622251.0	15015.71	2622251.0	1574.53	163947.0	3418.66	527395.0	2274.88	395572.0	4126.63	801836.0	3621.01	733501.0			6.67	6.67	
		自然保护区林	合计	2177.74	476966.0	2157.76	476966.0	4.11	275.0	75.03	11586.0	641.16	130789.0	1034.05	223842.0	403.41	110474.0			19.98		19.98
			低（疏）	1.82	9.0	1.82	9.0	1.82	9.0													
			中	155.17	23161.0	135.19	23161.0							135.19	23161.0					19.98		19.98
			高（密）	2020.75	453796.0	2020.75	453796.0	2.29	266.0	75.03	11586.0	641.16	130789.0	898.86	200681.0	403.41	110474.0					
	用材林	合计	合计	65061.36	11176411.0	65028.19	11176411.0	5568.83	502616.0	9253.22	1261495.0	9024.45	1488445.0	25055.82	4515434.0	16125.87	3408421.0			33.17		33.17
			低（疏）	357.61	9201.0	345.36	9201.0	259.81	852.0	13.11	482.0	18.13	932.0	11.81	1181.0	42.50	5754.0			12.25		12.25
			中	12426.47	1848479.0	12406.72	1848479.0	495.44	14862.0	537.28	45144.0	1209.02	171460.0	6429.61	947660.0	3735.37	669353.0			19.75		19.75
			高（密）	52277.28	9318731.0	52276.11	9318731.0	4813.58	486902.0	8702.83	1215869.0	7797.30	1316053.0	18614.40	3566593.0	12348.00	2733314.0			1.17		1.17
		一般用材林	合计	65061.36	11176411.0	65028.19	11176411.0	5568.83	502616.0	9253.22	1261495.0	9024.45	1488445.0	25055.82	4515434.0	16125.87	3408421.0			33.17		33.17
			低（疏）	357.61	9201.0	345.36	9201.0	259.81	852.0	13.11	482.0	18.13	932.0	11.81	1181.0	42.50	5754.0			12.25		12.25
			中	12426.47	1848479.0	12406.72	1848479.0	495.44	14862.0	537.28	45144.0	1209.02	171460.0	6429.61	947660.0	3735.37	669353.0			19.75		19.75
			高（密）	52277.28	9318731.0	52276.11	9318731.0	4813.58	486902.0	8702.83	1215869.0	7797.30	1316053.0	18614.40	3566593.0	12348.00	2733314.0			1.17		1.17
	经济林	合计	合计	4.17																4.17	4.17	
			中	4.17																4.17	4.17	
		其他经济林	合计	4.17																4.17	4.17	
			中	4.17																4.17	4.17	
红石林业局	合计	合计	合计	275504.37	45792921.1	275189.23	45788989.2	6105.87	329483.2	25792.99	3301665.3	104095.53	17161560.3	128350.86	23103522.4	10843.98	1892758.0	130.19	3931.9	184.95	24.04	160.91
			低（疏）	2207.05	235619.0	2095.70	235619.0	615.44	3353.3	107.78	10331.0	408.01	50429.0	937.83	168696.4	26.64	2809.3			111.35	23.03	88.32
			中	93464.44	14568020.4	93390.84	14568020.4	1749.75	78887.4	5931.89	654272.6	32551.96	4919834.3	48111.17	8086236.8	5046.07	828789.3			73.60	1.01	72.59
			高（密）	179702.69	30985349.8	179702.69	30985349.8	3740.68	247242.5	19753.32	2637061.7	71135.56	12191297.0	79301.86	14848589.2	5771.27	1061159.4					
	防护林	合计	合计	185767.61	31069628.6	185482.89	31065824.3	4256.42	215465.0	18353.03	2306924.2	69933.28	11665997.5	86581.34	15748915.0	6358.82	1128522.6	127.35	3804.3	157.37		157.37
			低（疏）	1334.93	125357.6	1250.15	125357.6	460.71	2148.8	63.13	4124.2	217.80	22227.5	495.21	95573.6	13.30	1283.5			84.78		84.78
			中	55816.76	8686976.8	55744.17	8686976.8	1318.06	57958.3	3872.71	416970.2	18120.27	2734897.8	29720.54	5025855.1	2712.59	451295.4			72.59		72.59
			高（密）	128488.57	22253489.9	128488.57	22253489.9	2477.65	155357.9	14417.19	1885829.8	51595.21	8908872.2	56365.59	10627486.3	3632.93	675943.7					
		水源涵养林	合计	155146.06	25787603.0	154884.20	25783823.3	3801.74	195484.1	15958.65	2003936.3	58744.73	9786735.6	71508.18	12959192.0	4870.90	838475.3	126.12	3779.7	135.74		135.74
			低（疏）	1095.29	102725.0	1027.26	102725.0	363.69	1688.4	60.80	3998.9	194.77	19806.0	401.17	76809.7	6.83	422.0			68.03		68.03
			中	45652.47	7094250.3	45584.76	7094250.3	1222.47	54477.1	3353.54	361702.9	15423.13	2333851.4	23588.39	4017100.9	1997.23	327118.0			67.71		67.71
			高（密）	108272.18	18586848.0	108272.18	18586848.0	2215.58	139318.6	12544.31	1638234.5	43126.83	7433078.2	47518.62	8865281.4	2866.84	510935.3					
		水土保持林	合计	16452.22	2919469.6	16430.85	2919445.0	294.78	11770.2	807.35	102390.5	4043.08	746966.2	9889.35	1787145.8	1396.29	271172.3	1.23	24.6	20.14		20.14
			低（疏）	148.51	9075.4	133.25	9075.4	84.73	376.8	2.23	109.3	0.94	31.1	41.17	8199.5	4.18	358.7			15.26		15.26
			中	6570.03	1018664.7	6565.15	1018664.7	38.53	1428.3	172.80	18461.6	985.87	152249.3	4700.17	731876.6	667.78	114648.9			4.88		4.88
			高（密）	9732.45	1891704.9	9732.45	1891704.9	171.52	9965.1	632.32	83819.6	3056.27	594685.8	5148.01	1047069.7	724.33	156164.7					

表 3　吉林重点国有林区有林地、疏林地、灌木林地按林种和龄组面积、蓄积统计表（续 10）

单位：公顷、立方米

统计单位	林种	亚林种	郁闭度（覆盖度）等级	合计		乔木林地												疏林地		灌木林地		
						小计		幼龄林		中龄林		近熟林		成熟林		过熟林				小计	特殊灌木林地	一般灌木林地
				面积	蓄积	面积	蓄积	面积	蓄积	面积	蓄积	面积	蓄积	面积	蓄积	面积	蓄积	面积	蓄积	面积	面积	面积
红石林业局	防护林	护岸林	合计	14169.33	2362556.0	14167.84	2362556.0	159.90	8210.7	1587.03	200597.4	7145.47	1132295.7	5183.81	1002577.2	91.63	18875.0			1.49		1.49
			低（疏）	91.13	13557.2	89.64	13557.2	12.29	83.6	0.10	16.0	22.09	2390.4	52.87	10564.4	2.29	502.8			1.49		1.49
			中	3594.26	574061.8	3594.26	574061.8	57.06	2052.9	346.37	36805.7	1711.27	248797.1	1431.98	276877.6	47.58	9528.5					
			高（密）	10483.94	1774937.0	10483.94	1774937.0	90.55	6074.2	1240.56	163775.7	5412.11	881108.2	3698.96	715135.2	41.76	8843.7					
	特用林	合计	合计	5949.50	1158826.8	5945.96	1158826.8	82.36	5422.2	435.08	58650.0	2183.60	381956.8	2961.13	643369.2	283.79	69428.6			3.54		3.54
			低（疏）	10.23	157.5	6.69	157.5	6.49	152.3	0.20	5.2									3.54		3.54
			中	1319.85	233454.2	1319.85	233454.2	50.75	2495.7	111.90	11838.9	598.45	97449.9	433.39	92565.9	125.36	29103.8					
			高（密）	4619.42	925215.1	4619.42	925215.1	25.12	2774.2	322.98	46805.9	1585.15	284506.9	2527.74	550803.3	158.43	40324.8					
		种质资源林（母树林）	合计	93.04	11028.0	93.04	11028.0	14.03	1120.5	35.04	4658.9	28.51	3494.0	15.46	1754.6							
			中	76.56	8303.8	76.56	8303.8	14.03	1120.5	28.09	3268.2	28.51	3494.0	5.93	421.1							
			高（密）	16.48	2724.2	16.48	2724.2			6.95	1390.7			9.53	1333.5							
		风景林	合计	5856.46	1147798.8	5852.92	1147798.8	68.33	4301.7	400.04	53991.1	2155.09	378462.8	2945.67	641614.6	283.79	69428.6			3.54		3.54
			低（疏）	10.23	157.5	6.69	157.5	6.49	152.3	0.20	5.2									3.54		3.54
			中	1243.29	225150.4	1243.29	225150.4	36.72	1375.2	83.81	8570.7	569.94	93955.9	427.46	92144.8	125.36	29103.8					
			高（密）	4602.94	922490.9	4602.94	922490.9	25.12	2774.2	316.03	45415.2	1585.15	284506.9	2518.21	549469.8	158.43	40324.8					
	用材林	合计	合计	83763.22	13564465.7	83760.38	13564338.1	1767.09	108596.0	7004.88	936091.1	31978.65	5113606.0	38808.39	6711238.2	4201.37	694806.8	2.84	127.6			
			低（疏）	838.86	110103.9	838.86	110103.9	148.24	1052.2	44.45	6201.6	190.21	28201.5	442.62	73122.8	13.34	1525.8					
			中	36326.82	5647589.4	36326.82	5647589.4	380.94	18433.4	1947.28	225463.5	13833.24	2087486.6	17957.24	2967815.8	2208.12	348390.1					
			高（密）	46594.70	7806644.8	46594.70	7806644.8	1237.91	89110.4	5013.15	704426.0	17955.20	2997917.9	20408.53	3670299.6	1979.91	344890.9					
		一般用材林	合计	83763.22	13564465.7	83760.38	13564338.1	1767.09	108596.0	7004.88	936091.1	31978.65	5113606.0	38808.39	6711238.2	4201.37	694806.8	2.84	127.6			
			低（疏）	838.86	110103.9	838.86	110103.9	148.24	1052.2	44.45	6201.6	190.21	28201.5	442.62	73122.8	13.34	1525.8					
			中	36326.82	5647589.4	36326.82	5647589.4	380.94	18433.4	1947.28	225463.5	13833.24	2087486.6	17957.24	2967815.8	2208.12	348390.1					
			高（密）	46594.70	7806644.8	46594.70	7806644.8	1237.91	89110.4	5013.15	704426.0	17955.20	2997917.9	20408.53	3670299.6	1979.91	344890.9					
	经济林	合计	合计	24.04																24.04	24.04	
			低（疏）	23.03																23.03	23.03	
			中	1.01																1.01	1.01	
		果树林	合计	7.69																7.69	7.69	
			低（疏）	7.69																7.69	7.69	
		药用林	合计	1.76																1.76	1.76	
			低（疏）	1.41																1.41	1.41	
			中	0.35																0.35	0.35	
		其他经济林	合计	14.59																14.59	14.59	
			低（疏）	13.93																13.93	13.93	
			中	0.66																0.66	0.66	
白石山林业局	合计	合计	合计	127297.77	17775081.3	127158.12	17773879.7	16334.99	1153774.5	33823.82	4015050.9	39081.55	5642243.3	30880.96	5437441.0	7036.80	1525370.0	43.99	1201.6	95.66	6.88	88.78
			低（疏）	790.58	4503.0	769.61	4503.0	744.00	3393.1	19.87	708.1	5.74	401.8							20.97	4.00	16.97
			中	30772.16	3930890.4	30697.47	3930890.4	3289.89	165040.3	7764.32	854833.7	8986.60	1203962.2	9245.51	1448198.9	1411.15	258855.3			74.69	2.88	71.81
			高（密）	95691.04	13838486.3	95691.04	13838486.3	12301.10	985341.1	26039.63	3159509.1	30089.21	4437879.3	21635.45	3989242.1	5625.65	1266514.7					
	防护林	合计	合计	47656.23	6208060.6	47564.38	6207975.7	7482.50	549187.6	13464.67	1583435.7	15612.30	2176794.9	9216.45	1537551.1	1788.46	361002.4	3.07	84.9	88.78		88.78
			低（疏）	395.49	2165.3	378.52	2165.3	367.38	1774.0	11.14	391.3									16.97		16.97
			中	11796.01	1449801.2	11724.20	1449801.2	1396.07	77296.7	3118.10	349703.0	3557.02	469097.6	3194.30	481853.5	458.71	71850.4			71.81		71.81
			高（密）	35461.66	4756009.2	35461.66	4756009.2	5719.05	470116.9	10335.43	1233341.4	12055.28	1707697.3	6022.15	1055701.6	1329.75	289152.0					

表 3　吉林重点国有林区有林地、疏林地、灌木林地按林种和龄组面积、蓄积统计表（续 11）

单位：公顷、立方米

统计单位	林种	亚林种	郁闭度（覆盖度）等级	合计		乔木林地														疏林地		灌木林地		
						小计		幼龄林		中龄林		近熟林		成熟林		过熟林				小计	特殊灌木林地	一般灌木林地
				面积	蓄积	面积	蓄积	面积	蓄积	面积	蓄积	面积	蓄积	面积	蓄积	面积	蓄积	面积	蓄积	面积	面积	面积
白石山林业局	防护林	水源涵养林	合计	1243.63	129893.4	1203.15	129893.4	136.13	11913.9	464.28	45684.7	379.07	42586.1	223.67	29708.7					40.48		40.48
			低（疏）	5.75																5.75		5.75
			中	662.40	70087.7	627.67	70087.7	9.05	328.8	274.01	28347.9	243.68	27339.4	100.93	14071.6					34.73		34.73
			高（密）	575.48	59805.7	575.48	59805.7	127.08	11585.1	190.27	17336.8	135.39	15246.7	122.74	15637.1							
		水土保持林	合计	46230.38	6061595.1	46180.58	6061510.2	7305.41	535077.6	12916.62	1528803.9	15177.31	2128779.9	8992.78	1507846.4	1788.46	361002.4	3.07	84.9	46.73		46.73
			低（疏）	389.20	2165.3	377.98	2165.3	366.84	1774.0	11.14	391.3									11.22		11.22
			中	11083.52	1377219.8	11048.01	1377219.8	1353.60	75263.1	2839.32	321186.0	3303.01	441138.4	3093.37	467781.9	458.71	71850.4			35.51		35.51
			高（密）	34754.59	4682125.1	34754.59	4682125.1	5584.97	458040.5	10066.16	1207226.6	11874.30	1687641.5	5899.41	1040064.5	1329.75	289152.0					
		护路林	合计	182.22	16572.1	180.65	16572.1	40.96	2196.1	83.77	8947.1	55.92	5428.9							1.57		1.57
			低（疏）	0.54		0.54		0.54														
			中	50.09	2493.7	48.52	2493.7	33.42	1704.8	4.77	169.1	10.33	619.8							1.57		1.57
			高（密）	131.59	14078.4	131.59	14078.4	7.00	491.3	79.00	8778.0	45.59	4809.1									
	特用林	合计	合计	11580.41	2086045.8	11565.09	2085739.4	1027.51	69571.8	1279.00	158713.9	4092.15	686826.2	3980.90	868525.1	1185.53	302102.4	15.32	306.4			
			低（疏）	77.02	724.5	77.02	724.5	71.28	322.7			5.74	401.8									
			中	1402.97	228910.9	1402.97	228910.9	207.54	7160.8	92.16	9072.6	389.54	53042.3	610.92	132839.6	102.81	26795.6					
			高（密）	10085.10	1856104.0	10085.10	1856104.0	748.69	62088.3	1186.84	149641.3	3696.87	633382.1	3369.98	735685.5	1082.72	275306.8					
		国防林	合计	2009.72	441797.9	2009.72	441797.9	20.90	1558.3			884.69	178154.1	1048.43	253746.0	55.70	8339.5					
			高（密）	2009.72	441797.9	2009.72	441797.9	20.90	1558.3			884.69	178154.1	1048.43	253746.0	55.70	8339.5					
		种质资源林（母树林）	合计	248.04	38871.3	248.04	38871.3					30.33	2248.1	189.86	32473.3	27.85	4149.9					
			中	145.16	26094.8	145.16	26094.8							145.16	26094.8							
			高（密）	102.88	12776.5	102.88	12776.5					30.33	2248.1	44.70	6378.5	27.85	4149.9					
		风景林	合计	9322.65	1605376.6	9307.33	1605070.2	1006.61	68013.5	1279.00	158713.9	3177.13	506424.0	2742.61	582305.8	1101.98	289613.0	15.32	306.4			
			低（疏）	77.02	724.5	77.02	724.5	71.28	322.7			5.74	401.8									
			中	1257.81	202816.1	1257.81	202816.1	207.54	7160.8	92.16	9072.6	389.54	53042.3	465.76	106744.8	102.81	26795.6					
			高（密）	7972.50	1401529.6	7972.50	1401529.6	727.79	60530.0	1186.84	149641.3	2781.85	452979.9	2276.85	475561.0	999.17	262817.4					
	用材林	合计	合计	68054.25	9480974.9	68028.65	9480164.6	7824.98	535015.1	19080.15	2272901.3	19377.10	2778622.2	17683.61	3031360.8	4062.81	862265.2	25.60	810.3			
			低（疏）	314.07	1613.2	314.07	1613.2	305.34	1296.4	8.73	316.8											
			中	17570.30	2252178.3	17570.30	2252178.3	1686.28	80582.8	4554.06	496058.1	5040.04	681822.3	5440.29	833505.8	849.63	160209.3					
			高（密）	50144.28	7226373.1	50144.28	7226373.1	5833.36	453135.9	14517.36	1776526.4	14337.06	2096799.9	12243.32	2197855.0	3213.18	702055.9					
		一般用材林	合计	68054.25	9480974.9	68028.65	9480164.6	7824.98	535015.1	19080.15	2272901.3	19377.10	2778622.2	17683.61	3031360.8	4062.81	862265.2	25.60	810.3			
			低（疏）	314.07	1613.2	314.07	1613.2	305.34	1296.4	8.73	316.8											
			中	17570.30	2252178.3	17570.30	2252178.3	1686.28	80582.8	4554.06	496058.1	5040.04	681822.3	5440.29	833505.8	849.63	160209.3					
			高（密）	50144.28	7226373.1	50144.28	7226373.1	5833.36	453135.9	14517.36	1776526.4	14337.06	2096799.9	12243.32	2197855.0	3213.18	702055.9					
	经济林	合计	合计	6.88																6.88	6.88	
			低（疏）	4.00																4.00	4.00	
			中	2.88																2.88	2.88	
		果树林	合计	2.62																2.62	2.62	
			低（疏）	2.02																2.02	2.02	
			中	0.60																0.60	0.60	
		药用林	合计	0.53																0.53	0.53	
			低（疏）	0.53																0.53	0.53	
		其他经济林	合计	3.73																3.73	3.73	
			低（疏）	1.45																1.45	1.45	
			中	2.28																2.28	2.28	

说明：①郁闭度分低（0.20~0.39）、中（0.40~0.69）、高（0.70 以上）三级统计；

②覆盖度分疏（30%~49%）、中（50%~69%）、密（70% 以上）三级统计；

③郁闭度（覆盖度）等级各分项统计不含疏林地。

表 4 吉林重点国有林区乔木林各龄组面积、蓄积按起源和优势树种（组）统计表

单位：公顷、立方米

统计单位	起源	优势树种（组）	合计		幼龄林		中龄林		近熟林		成、过熟林	
			面积	蓄积	面积	蓄积	面积	蓄积	面积	蓄积	面积	蓄积
吉林森工	合计	合计	1221147.92	190139798.2	103706.30	7727310.3	267171.03	36997822.8	397961.01	63491517.4	452309.58	81923147.7
		冷杉	21676.43	3684559.5	839.10	96012.5	5755.90	961807.3	8252.56	1444876.4	6828.87	1181863.3
		云杉	43444.43	5637738.6	21202.56	1548384.9	8269.67	1375085.2	3828.26	679644.9	10143.94	2034623.6
		落叶松	98066.45	14752245.1	10733.40	783144.1	36982.96	5139563.7	25737.41	4334196.2	24612.68	4495341.1
		红松	65692.34	11677027.5	9293.99	527077.2	9418.02	1556259.5	11145.04	1905298.1	35835.29	7688392.7
		樟子松	7125.81	876817.9	1047.49	65863.6	4031.99	508590.7	1398.04	194776.6	648.29	107587.0
		其他针叶树种	152.52	17474.7	73.87	3192.8	34.99	6326.7	30.43	5500.4	13.23	2454.8
		蒙古栎	127047.13	21231064.5	3193.70	196280.5	20786.40	2707550.7	53829.09	8908432.7	49237.94	9418800.6
		白桦	134981.95	20407075.8	13972.81	1183093.7	55099.65	8066960.8	40430.29	6646663.5	25479.20	4510357.8
		枫桦	21728.37	3337559.0	2547.41	221704.6	4802.27	661837.9	6409.33	1004571.5	7969.36	1449445.0
		黑桦	7.78	992.6					7.78	992.6		
		水胡黄	310.70	7598.0	256.30	4612.7	52.00	2675.3			2.40	310.0
		水曲柳	72048.40	10814584.5	4491.82	240154.8	11375.23	1463178.0	31200.07	4686354.5	24981.28	4424897.2
		胡桃楸	250567.43	38990237.6	18144.78	1565831.0	49484.07	6649398.5	103397.95	16481371.8	79540.63	14293636.3
		黄波罗	3021.05	437482.7	467.07	33514.7	936.05	142253.1	1090.32	169537.2	527.61	92177.7
		榆树	49017.46	7057432.4	1272.43	78350.9	8307.29	969182.4	11554.79	1637381.1	27882.95	4372518.0
		其他硬阔类	686.70	83711.6	262.27	21339.3	244.40	29762.1	127.17	21532.1	52.86	11078.1
		椴树	136531.90	23131233.2	1718.09	133342.2	11683.11	1507918.8	43188.50	6729516.2	79942.20	14760456.0
		杨树	58759.64	8518032.8	5017.04	316224.1	15311.99	1833730.1	14673.59	2258591.2	23757.02	4109487.4
		柳树	1033.24	105737.9	293.17	11489.1	337.49	37194.3	218.86	28937.6	183.72	28116.9
		其他软阔类	21582.98	2943224.5	5831.88	469889.5	8440.49	1296266.5	4098.60	648341.2	3212.01	528727.3
		山杨	24097.48	3686431.7	1991.96	156888.1	8328.18	1214412.6	7832.73	1339002.4	5944.61	976128.6
		毛赤杨	58.42	5074.7	21.93	1876.4	20.95	1923.7			15.54	1274.6
		白牛槭	130.16	20234.4			30.30	3386.8	53.40	8902.7	46.46	7944.9
		槭树	79577.43	12172700.9	625.36	43185.9	6814.32	789679.5	28094.31	4159867.3	44043.44	7179968.2
		山槐	165.97	17637.9	76.24	7791.4	41.30	3555.0	48.43	6291.5		
		千金榆	382.29	57134.0			71.10	8777.7	75.72	10053.8	235.47	38302.5
		暴马丁香	23.90	3885.8					23.90	3885.8		
		青楷槭	102.30	11823.7			48.33	4689.1	2.50	434.5	51.47	6700.1
		花楷槭	93.90	10562.3	1.30	58.5	24.00	2559.6	68.60	7944.2		
		稠李	29.71	2280.2	3.41	245.0	16.95	1362.2			9.35	673.0
		山桃稠李	188.79	26677.8	75.30	9370.2	73.62	10025.0	33.16	6138.2	6.71	1144.4
		山丁子	27.78	1980.2	18.52	967.5	9.26	1012.7				
		花曲柳	2043.96	332070.2	10.03	757.5	213.98	27157.0	975.57	143693.4	844.38	160462.3
		钻天柳	50.74	4726.5	37.24	3538.5					13.50	1188.0
		其他阔叶树种	210.39	17120.6	105.47	2194.9	29.18	3059.3	63.25	10029.7	12.49	1836.7
		假色槭	228.48	35375.5	3.56	40.6	32.15	4461.2	51.46	6987.0	141.31	23886.7
		其他亚乔木	253.51	22251.4	76.80	893.6	63.44	6219.8	19.90	1771.1	93.37	13366.9
	天然	合计	1031805.74	165502923.5	47251.41	3887784.2	207053.52	28685120.6	363021.21	57690624.6	414479.60	75239394.1
		冷杉	20608.03	3520577.9	658.27	78737.3	5238.36	881727.7	7971.08	1393305.7	6740.32	1166807.2
		云杉	21005.67	3769123.7	2146.36	224432.5	5756.62	985529.4	3220.61	571647.7	9882.08	1987514.1

表4　吉林重点国有林区乔木林各龄组面积、蓄积按起源和优势树种（组）统计表（续1）

单位：公顷、立方米

统计单位	起源	优势树种（组）	合计		幼龄林		中龄林		近熟林		成、过熟林	
			面积	蓄积	面积	蓄积	面积	蓄积	面积	蓄积	面积	蓄积
吉林森工	天然	落叶松	16194.85	2504636.7	1493.41	136420.2	8161.70	1229368.9	3852.63	633711.9	2687.11	505135.7
		红松	51713.92	10183567.1	1073.67	126632.7	5895.17	925640.0	9407.70	1538836.6	35337.38	7592457.8
		樟子松	110.41	14325.3	55.10	6204.7	27.15	3364.4	11.40	2026.0	16.76	2730.2
		其他针叶树种	76.11	9404.3	36.90	1545.8	27.16	5368.6	4.22	666.9	7.83	1823.0
		蒙古栎	127047.13	21231064.5	3193.70	196280.5	20786.40	2707550.7	53829.09	8908432.7	49237.94	9418800.6
		白桦	134687.68	20360639.4	13898.98	1176729.4	55048.00	8060132.9	40261.50	6613419.3	25479.20	4510357.8
		枫桦	21728.37	3337559.0	2547.41	221704.6	4802.27	661837.9	6409.33	1004571.5	7969.36	1449445.0
		黑桦	7.78	992.6					7.78	992.6		
		水曲柳	67153.62	10402737.8	1540.05	103697.5	10216.00	1309206.9	30649.48	4602149.8	24748.09	4387683.6
		胡桃楸	239144.32	37601851.9	12250.21	1006225.2	45740.34	6126010.1	101894.97	16225545.0	79258.80	14244071.6
		黄波罗	2440.40	373224.9	209.90	20017.3	771.57	115127.2	946.13	148432.2	512.80	89648.2
		榆树	47374.31	6828816.3	1005.50	54211.1	7568.74	862848.0	11426.18	1617659.4	27373.89	4294097.8
		椴树	135145.33	22948445.4	1368.18	110486.3	11178.84	1435108.5	42942.92	6694288.9	79655.39	14708561.7
		杨树	34866.84	5313220.9	2446.37	187976.1	9398.57	1223596.5	11015.48	1775823.0	12006.42	2125825.3
		柳树	862.00	88473.0	239.71	11135.6	297.00	34425.7	166.97	19781.0	158.32	23130.7
		其他软阔类	6087.78	834700.7	590.16	34744.7	975.86	102227.4	2079.50	303028.0	2442.26	394700.6
		山杨	22553.70	3502779.1	1713.07	141114.2	7804.66	1162236.8	7484.73	1282317.6	5551.24	917110.5
		毛赤杨	37.32	2470.2	11.43	437.9	10.35	757.7			15.54	1274.6
		白牛槭	130.16	20234.4			30.30	3386.8	53.40	8902.7	46.46	7944.9
		槭树	79288.69	12135871.0	523.26	33604.8	6725.82	779662.3	28047.07	4152078.8	43992.54	7170525.1
		山槐	147.57	15388.3	57.84	5541.8	41.30	3555.0	48.43	6291.5		
		千金榆	382.29	57134.0			71.10	8777.7	75.72	10053.8	235.47	38302.5
		暴马丁香	23.90	3885.8					23.90	3885.8		
		青楷槭	102.30	11823.7			48.33	4689.1	2.50	434.5	51.47	6700.1
		花楷槭	93.90	10562.3	1.30	58.5	24.00	2559.6	68.60	7944.2		
		稠李	29.71	2280.2	3.41	245.0	16.95	1362.2			9.35	673.0
		山桃稠李	132.59	18341.0	34.41	3209.8	65.02	8993.0	33.16	6138.2		
		山丁子	27.78	1980.2	18.52	967.5	9.26	1012.7				
		花曲柳	2043.96	332070.2	10.03	757.5	213.98	27157.0	975.57	143693.4	844.38	160462.3
		钻天柳	50.74	4726.5	37.24	3538.5					13.50	1188.0
		其他阔叶树种	67.58	8142.5	17.37	561.4	7.11	1218.9	39.80	5807.8	3.30	554.4
		假色槭	228.48	35375.5	3.56	40.6	32.15	4461.2	51.46	6987.0	141.31	23886.7
		其他亚乔木	210.52	16497.2	66.09	525.2	63.44	6219.8	19.90	1771.1	61.09	7981.1
	人工	合计	189342.18	24636874.7	56454.89	3839526.1	60117.51	8312702.2	34939.80	5800892.8	37829.98	6683753.6
		冷杉	1068.40	163981.6	180.83	17275.2	517.54	80079.6	281.48	51570.7	88.55	15056.1
		云杉	22438.76	1868614.9	19056.20	1323952.4	2513.05	389555.8	607.65	107997.2	261.86	47109.5
		落叶松	81871.60	12247608.4	9239.99	646723.9	28821.26	3910194.8	21884.78	3700484.3	21925.57	3990205.4
		红松	13978.42	1493460.4	8220.32	400444.5	3522.85	630619.5	1737.34	366461.5	497.91	95934.9
		樟子松	7015.40	862492.6	992.39	59658.9	4004.84	505226.3	1386.64	192750.6	631.53	104856.8
		其他针叶树种	76.41	8070.4	36.97	1647.0	7.83	958.1	26.21	4833.5	5.40	631.8
		白桦	294.27	46436.4	73.83	6364.3	51.65	6827.9	168.79	33244.2		
		水胡黄	310.70	7598.0	256.30	4612.7	52.00	2675.3			2.40	310.0

表4 吉林重点国有林区乔木林各龄组面积、蓄积按起源和优势树种（组）统计表（续2）

单位：公顷、立方米

统计单位	起源	优势树种（组）	合计		幼龄林		中龄林		近熟林		成、过熟林	
			面积	蓄积	面积	蓄积	面积	蓄积	面积	蓄积	面积	蓄积
吉林森工	人工	水曲柳	4894.78	411846.7	2951.77	136457.3	1159.23	153971.1	550.59	84204.7	233.19	37213.6
		胡桃楸	11423.11	1388385.7	5894.57	559605.8	3743.73	523388.4	1502.98	255826.8	281.83	49564.7
		黄波罗	580.65	64257.8	257.17	13497.4	164.48	27125.9	144.19	21105.0	14.81	2529.5
		榆树	1643.15	228616.1	266.93	24139.8	738.55	106334.4	128.61	19721.7	509.06	78420.2
		其他硬阔类	686.70	83711.6	262.27	21339.3	244.40	29762.1	127.17	21532.1	52.86	11078.1
		椴树	1386.57	182787.8	349.91	22855.9	504.27	72810.3	245.58	35227.3	286.81	51894.3
		杨树	23892.80	3204811.9	2570.67	128248.0	5913.42	610133.6	3658.11	482768.2	11750.60	1983662.1
		柳树	171.24	17264.9	53.46	353.5	40.49	2768.6	51.89	9156.6	25.40	4986.2
		其他软阔类	15495.20	2108523.8	5241.72	435144.8	7464.63	1194039.1	2019.10	345313.2	769.75	134026.7
		山杨	1543.78	183652.6	278.89	15773.9	523.52	52175.8	348.00	56684.8	393.37	59018.1
		毛赤杨	21.10	2604.5	10.50	1438.5	10.60	1166.0				
		槭树	288.74	36829.9	102.10	9581.1	88.50	10017.2	47.24	7788.5	50.90	9443.1
		山槐	18.40	2249.6	18.40	2249.6						
		山桃稠李	56.20	8336.8	40.89	6160.4	8.60	1032.0			6.71	1144.4
		其他阔叶树种	142.81	8978.1	88.10	1633.5	22.07	1840.4	23.45	4221.9	9.19	1282.3
		其他亚乔木	42.99	5754.2	10.71	368.4					32.28	5385.8
	其中：人天混	合计	81639.32	11251710.9	22349.02	1922240.6	29631.60	4242227.3	16054.30	2655859.9	13604.40	2431383.1
		冷杉	1068.40	163981.6	180.83	17275.2	517.54	80079.6	281.48	51570.7	88.55	15056.1
		云杉	4659.20	499171.7	3490.52	309759.7	767.31	119862.9	286.49	47313.8	114.88	22235.3
		落叶松	30572.21	4705216.3	2761.36	219956.4	10916.65	1490775.8	8802.68	1473768.5	8091.52	1520715.6
		红松	2931.22	365146.5	1569.11	142408.1	813.33	123776.6	385.95	67442.6	162.83	31519.2
		樟子松	1568.85	189094.6	236.72	16774.4	1005.41	125803.1	303.58	43583.3	23.14	2933.8
		其他针叶树种	2.90	362.5	2.90	362.5						
		水曲柳	2561.99	327497.9	883.74	72853.0	895.88	133466.6	549.18	83964.7	233.19	37213.6
		胡桃楸	10424.69	1283368.3	5705.53	548615.8	3147.20	461147.0	1330.51	232776.4	241.45	40829.1
		黄波罗	497.95	62031.3	175.57	11419.4	164.48	27125.9	143.09	20956.5	14.81	2529.5
		榆树	1643.15	228616.1	266.93	24139.8	738.55	106334.4	128.61	19721.7	509.06	78420.2
		其他硬阔类	686.70	83711.6	262.27	21339.3	244.40	29762.1	127.17	21532.1	52.86	11078.1
		椴树	1380.37	182787.8	343.71	22855.9	504.27	72810.3	245.58	35227.3	286.81	51894.3
		杨树	6297.81	817792.7	817.46	46265.2	1874.42	216589.2	1011.08	138608.2	2594.85	416330.1
		柳树	153.85	17122.9	41.58	353.5	34.98	2626.6	51.89	9156.6	25.40	4986.2
		其他软阔类	15458.47	2106649.3	5216.94	434484.4	7455.36	1193181.9	2016.42	344956.3	769.75	134026.7
		山杨	1229.51	155542.7	185.70	12605.0	426.29	45195.2	319.90	53270.8	297.62	44471.7
		毛赤杨	21.10	2604.5	10.50	1438.5	10.60	1166.0				
		槭树	288.74	36829.9	102.10	9581.1	88.50	10017.2	47.24	7788.5	50.90	9443.1
		山槐	18.40	2249.6	18.40	2249.6						
		山桃稠李	56.20	8336.8	40.89	6160.4	8.60	1032.0			6.71	1144.4
		其他阔叶树种	74.62	7842.1	25.55	975.0	17.83	1474.9	23.45	4221.9	7.79	1170.3
		其他亚乔木	42.99	5754.2	10.71	368.4					32.28	5385.8
临江林业局	合计	合计	168043.20	25913444.8	24444.20	1996923.9	44518.60	6758358.0	51473.10	8540295.9	47607.30	8617867.0
		冷杉	5972.00	1104827.3	264.00	44092.4	1921.60	346140.0	2110.40	396365.3	1676.00	318229.6
		云杉	15642.60	2105024.0	8171.70	726179.8	4270.10	773094.9	1954.30	359154.1	1246.50	246595.2

表 4　吉林重点国有林区乔木林各龄组面积、蓄积按起源和优势树种（组）统计表（续 3）

单位：公顷、立方米

统计单位	起源	优势树种（组）	合计		幼龄林		中龄林		近熟林		成、过熟林	
			面积	蓄积	面积	蓄积	面积	蓄积	面积	蓄积	面积	蓄积
临江林业局	合计	落叶松	23299.10	3935222.1	1313.40	86987.6	5886.70	811782.2	7184.20	1286113.5	8914.80	1750338.8
		红松	6828.60	1088545.6	1794.80	139782.8	2382.60	455399.2	1590.80	304095.4	1060.40	189268.2
		樟子松	1720.60	231286.0	159.90	8536.8	637.80	79763.7	466.30	64069.8	456.60	78915.7
		其他针叶树种	97.20	9333.3	59.20	2765.9	14.70	3131.8	17.90	2803.8	5.40	631.8
		蒙古栎	13189.90	1990796.5	324.40	20890.6	3227.80	407575.9	7218.10	1111054.7	2419.60	451275.3
		白桦	29159.10	4706666.0	2745.50	202238.4	9058.20	1436594.0	9158.90	1594271.4	8196.50	1473562.2
		枫桦	4801.60	692793.8	1104.70	105807.0	891.00	130316.7	1541.70	253626.1	1264.20	203044.0
		水胡黄	310.70	7598.0	256.30	4612.7	52.00	2675.3			2.40	310.0
		水曲柳	7599.00	1133805.4	709.50	56834.1	1550.60	214602.2	3421.30	539788.6	1917.60	322580.5
		胡桃楸	12942.50	1688747.9	2985.50	256326.3	3769.00	492701.8	4909.80	733008.6	1278.20	206711.2
		黄波罗	274.80	49091.7	62.60	8444.8	78.50	14276.6	99.40	19835.4	34.30	6534.9
		榆树	5067.30	757079.0	286.30	21974.9	1136.50	160390.2	1248.20	190328.6	2396.30	384385.3
		其他硬阔类	191.00	26295.5	53.20	6149.1	82.40	10754.9	17.90	2307.0	37.50	7084.5
		椴树	17131.50	2944104.9	249.50	24582.3	1984.90	275154.9	6240.30	1003742.5	8656.80	1640625.2
		杨树	10014.40	1432842.7	913.40	38162.9	1825.80	210213.3	1763.50	265688.9	5511.70	918777.6
		柳树	244.70	24849.0	88.30	5068.3	86.70	7848.7	40.40	6536.3	29.30	5395.7
		其他软阔类	8036.60	1208405.3	2121.20	185716.5	4591.60	788748.6	925.00	165612.8	398.80	68327.4
		山杨	3208.80	445064.2	539.60	33584.7	713.80	88850.5	653.20	106229.2	1302.20	216399.8
		毛赤杨	21.10	2604.5	10.50	1438.5	10.60	1166.0				
		白牛槭	103.30	14896.3			30.30	3386.8	53.40	8902.7	19.60	2606.8
		槭树	1660.80	251802.9	46.80	3789.2	212.70	31328.1	716.80	108344.8	684.50	108340.8
		山槐	41.70	5076.9	18.40	2249.6	5.10	279.3	18.20	2548.0		
		千金榆	1.50	187.5							1.50	187.5
		青楷槭	7.20	1800.0							7.20	1800.0
		花楷槭	52.60	5613.3	1.30	58.5	24.00	2559.6	27.30	2995.2		
		稠李	7.70	831.4			7.70	831.4				
		山桃稠李	97.30	14690.2	39.90	6566.7	45.70	6674.9	6.20	465.0	5.50	983.6
		山丁子	14.80	1123.2	11.20	504.0	3.60	619.2				
		花曲柳	2.50	395.8			2.50	395.8				
		钻天柳	33.50	2670.2	20.00	1482.2					13.50	1188.0
		其他阔叶树种	104.40	10982.8	32.80	1287.1	12.10	911.5	54.80	8117.8	4.70	666.4
		假色槭	83.60	15641.3	3.00	21.0			14.90	2519.3	65.70	13101.0
		其他亚乔木	79.20	2750.3	57.30	789.2	2.00	190.0	19.90	1771.1		
	天然	合计	116226.50	18501903.0	9711.90	875375.3	29335.90	4443811.7	41785.30	6853718.3	35393.40	6328997.7
		冷杉	5729.40	1062161.1	212.80	36363.8	1738.10	312491.0	2102.50	395076.7	1676.00	318229.6
		云杉	7215.90	1260894.9	1296.30	171522.4	3152.30	567983.0	1626.70	296178.3	1140.60	225211.2
		落叶松	2667.30	476233.1	227.50	27004.1	1166.50	201217.4	688.80	138699.9	584.50	109311.7
		红松	3586.50	615772.5	308.50	46670.5	987.50	162317.8	1255.10	222178.8	1035.40	184605.4
		樟子松	61.50	9899.8	26.70	3729.2	9.10	1786.2	11.40	2026.0	14.30	2358.4
		其他针叶树种	51.60	4677.6	36.90	1545.8	14.70	3131.8				
		蒙古栎	13189.90	1990796.5	324.40	20890.6	3227.80	407575.9	7218.10	1111054.7	2419.60	451275.3
		白桦	29121.80	4704030.6	2712.60	200144.9	9055.30	1436239.6	9157.40	1594083.9	8196.50	1473562.2

表4 吉林重点国有林区乔木林各龄组面积、蓄积按起源和优势树种（组）统计表（续4）

单位：公顷、立方米

统计单位	起源	优势树种（组）	合计		幼龄林		中龄林		近熟林		成、过熟林	
			面积	蓄积	面积	蓄积	面积	蓄积	面积	蓄积	面积	蓄积
临江林业局	天然	枫桦	4801.60	692793.8	1104.70	105807.0	891.00	130316.7	1541.70	253626.1	1264.20	203044.0
		水曲柳	6703.40	1018251.6	251.00	14414.2	1258.20	165887.3	3320.50	522051.9	1873.70	315898.2
		胡桃楸	11163.90	1499795.6	1724.90	146064.4	3413.20	441670.7	4781.80	711923.6	1244.00	200136.9
		黄波罗	208.40	38809.8	20.10	3223.0	72.80	13355.6	84.00	16424.3	31.50	5806.9
		榆树	4670.90	700830.0	182.40	14219.1	943.90	128583.5	1206.90	183020.3	2337.70	375007.1
		椴树	16910.70	2907264.9	192.00	17829.1	1851.10	249934.8	6219.20	1000128.8	8648.40	1639372.2
		杨树	5199.40	814601.2	401.30	22061.6	725.50	106055.1	1098.90	180482.5	2973.70	506002.0
		柳树	155.70	12893.0	85.90	5068.3	53.00	5270.9	12.90	2144.3	3.90	409.5
		其他软阔类	193.00	15589.8	88.90	4457.8	58.60	5130.8	3.90	698.1	41.60	5303.1
		山杨	2451.20	364524.8	375.60	27465.9	403.50	60705.7	559.10	90572.7	1113.00	185780.5
		白牛槭	103.30	14896.3			30.30	3386.8	53.40	8902.7	19.60	2606.8
		槭树	1641.00	249458.2	38.80	2621.2	201.50	30252.9	716.70	108338.3	684.00	108245.8
		山槐	23.30	2827.3			5.10	279.3	18.20	2548.0		
		千金榆	1.50	187.5							1.50	187.5
		青楷槭	7.20	1800.0							7.20	1800.0
		花楷槭	52.60	5613.3	1.30	58.5	24.00	2559.6	27.30	2995.2		
		稠李	7.70	831.4			7.70	831.4				
		山桃稠李	53.70	7563.9	10.40	1456.0	37.10	5642.9	6.20	465.0		
		山丁子	14.80	1123.2	11.20	504.0	3.60	619.2				
		花曲柳	2.50	395.8			2.50	395.8				
		钻天柳	33.50	2670.2	20.00	1482.2					13.50	1188.0
		其他阔叶树种	49.70	6645.7	6.60	283.5			39.80	5807.8	3.30	554.4
		假色槭	83.60	15641.3	3.00	21.0			14.90	2519.3	65.70	13101.0
		其他亚乔木	70.00	2428.3	48.10	467.2	2.00	190.0	19.90	1771.1		
	人工	合计	51816.70	7411541.8	14732.30	1121548.6	15182.70	2314546.3	9687.80	1686577.6	12213.90	2288869.3
		冷杉	242.60	42666.2	51.20	7728.6	183.50	33649.0	7.90	1288.6		
		云杉	8426.70	844129.1	6875.40	554657.4	1117.80	205111.9	327.60	62975.8	105.90	21384.0
		落叶松	20631.80	3458989.0	1085.90	59983.5	4720.20	610564.8	6495.40	1147413.6	8330.30	1641027.1
		红松	3242.10	472773.1	1486.30	93112.3	1395.10	293081.4	335.70	81916.6	25.00	4662.8
		樟子松	1659.10	221386.2	133.20	4807.6	628.70	77977.5	454.90	62043.8	442.30	76557.3
		其他针叶树种	45.60	4655.7	22.30	1220.1			17.90	2803.8	5.40	631.8
		白桦	37.30	2635.4	32.90	2093.5	2.90	354.4	1.50	187.5		
		水胡黄	310.70	7598.0	256.30	4612.7	52.00	2675.3			2.40	310.0
		水曲柳	895.60	115553.8	458.50	42419.9	292.40	48714.9	100.80	17736.7	43.90	6682.3
		胡桃楸	1778.60	188952.3	1260.60	110261.9	355.80	51031.1	128.00	21085.0	34.20	6574.3
		黄波罗	66.40	10281.9	42.50	5221.8	5.70	921.0	15.40	3411.1	2.80	728.0
		榆树	396.40	56249.0	103.90	7755.8	192.60	31806.7	41.30	7308.3	58.60	9378.2
		其他硬阔类	191.00	26295.5	53.20	6149.1	82.40	10754.9	17.90	2307.0	37.50	7084.5
		椴树	220.80	36840.0	57.50	6753.2	133.80	25220.1	21.10	3613.7	8.40	1253.0
		杨树	4815.00	618241.5	512.10	16101.3	1100.30	104158.2	664.60	85206.4	2538.00	412775.6
		柳树	89.00	11956.0	2.40		33.70	2577.8	27.50	4392.0	25.40	4986.2
		其他软阔类	7843.60	1192815.5	2032.30	181258.7	4533.00	783617.8	921.10	164914.7	357.20	63024.3

表 4　吉林重点国有林区乔木林各龄组面积、蓄积按起源和优势树种（组）统计表（续 5）

单位：公顷、立方米

统计单位	起源	优势树种（组）	合计		幼龄林		中龄林		近熟林		成、过熟林	
			面积	蓄积	面积	蓄积	面积	蓄积	面积	蓄积	面积	蓄积
临江林业局	人工	山杨	757.60	80539.4	164.00	6118.8	310.30	28144.8	94.10	15656.5	189.20	30619.3
		毛赤杨	21.10	2604.5	10.50	1438.5	10.60	1166.0				
		槭树	19.80	2344.7	8.00	1168.0	11.20	1075.2	0.10	6.5	0.50	95.0
		山槐	18.40	2249.6	18.40	2249.6						
		山桃稠李	43.60	7126.3	29.50	5110.7	8.60	1032.0			5.50	983.6
		其他阔叶树种	54.70	4337.1	26.20	1003.6	12.10	911.5	15.00	2310.0	1.40	112.0
		其他亚乔木	9.20	322.0	9.20	322.0						
	其中：人天混	合计	21510.60	3131793.8	6202.50	559545.8	8213.40	1307447.4	3755.80	654897.5	3338.90	609903.1
		冷杉	242.60	42666.2	51.20	7728.6	183.50	33649.0	7.90	1288.6		
		云杉	1777.50	210607.0	1311.50	126810.2	296.30	53254.7	113.00	19563.6	56.70	10978.5
		落叶松	5422.10	904790.4	200.70	11883.8	1412.50	184678.8	1832.90	332063.6	1976.00	376164.2
		红松	408.50	57694.4	258.30	30522.5	89.30	17037.7	56.00	9389.4	4.90	744.8
		樟子松	232.30	26279.1	21.70	595.3	97.30	10193.8	100.70	13959.6	12.60	1530.4
		其他针叶树种	2.90	362.5	2.90	362.5						
		水曲柳	893.60	115553.8	456.50	42419.9	292.40	48714.9	100.80	17736.7	43.90	6682.3
		胡桃楸	1692.20	180740.0	1242.70	109674.9	307.00	47523.1	128.00	21085.0	14.50	2457.0
		黄波罗	55.80	10097.4	33.00	5185.8	5.70	921.0	14.30	3262.6	2.80	728.0
		榆树	396.40	56249.0	103.90	7755.8	192.60	31806.7	41.30	7308.3	58.60	9378.2
		其他硬阔类	191.00	26295.5	53.20	6149.1	82.40	10754.9	17.90	2307.0	37.50	7084.5
		椴树	214.60	36840.0	51.30	6753.2	133.80	25220.1	21.10	3613.7	8.40	1253.0
		杨树	1335.50	172421.8	207.50	8256.9	274.90	30504.9	273.20	36536.2	579.90	97123.8
		柳树	87.80	11956.0	1.20		33.70	2577.8	27.50	4392.0	25.40	4986.2
		其他软阔类	7842.90	1192815.5	2031.60	181258.7	4533.00	783617.8	921.10	164914.7	357.20	63024.3
		山杨	555.30	67959.0	79.30	3302.2	236.50	22807.5	85.00	15160.0	154.50	26689.3
		毛赤杨	21.10	2604.5	10.50	1438.5	10.60	1166.0				
		槭树	19.80	2344.7	8.00	1168.0	11.20	1075.2	0.10	6.5	0.50	95.0
		山槐	18.40	2249.6	18.40	2249.6						
		山桃稠李	43.60	7126.3	29.50	5110.7	8.60	1032.0			5.50	983.6
		其他阔叶树种	47.50	3819.1	20.40	597.6	12.10	911.5	15.00	2310.0		
		其他亚乔木	9.20	322.0	9.20	322.0						
湾沟林业局	合计	合计	80645.75	12659376.3	4687.34	310462.1	31996.26	4691084.1	39010.53	6744798.3	4951.62	913031.8
		冷杉	869.21	141894.4	3.64	18.2	195.26	30213.0	569.40	95028.6	100.91	16634.6
		云杉	840.22	77556.5	516.44	19777.7	121.65	17686.2	168.98	33191.8	33.15	6900.8
		落叶松	5744.26	944634.2	967.23	68445.5	2717.30	454885.2	1811.40	368238.3	248.33	53065.2
		红松	1744.29	352069.8	150.31	6953.6	457.98	78062.9	939.97	219786.6	196.03	47266.7
		樟子松	225.55	31808.0	26.36	1577.8	108.90	14455.9	83.75	14135.3	6.54	1639.0
		其他针叶树种	24.04	3678.3	3.68	23.6	7.83	958.1	12.53	2696.6		
		蒙古栎	11614.45	1888574.4	473.29	34518.0	4745.86	674891.5	5616.31	1018479.0	778.99	160685.9
		白桦	3030.11	492363.3	246.67	19090.8	1552.26	242680.6	1205.96	224875.4	25.22	5716.5
		枫桦	3773.67	586333.9	75.22	7301.7	1459.34	211097.7	1765.54	290275.1	473.57	77659.4
		水曲柳	1758.30	254095.1	125.20	5076.2	380.76	53353.9	1099.92	171580.8	152.42	24084.2
		胡桃楸	24673.85	3831915.5	931.76	65288.5	10054.78	1463193.5	12650.36	2115445.9	1036.95	187987.6

表4 吉林重点国有林区乔木林各龄组面积、蓄积按起源和优势树种（组）统计表（续6）

单位：公顷、立方米

统计单位	起源	优势树种（组）	合计		幼龄林		中龄林		近熟林		成、过熟林	
			面积	蓄积	面积	蓄积	面积	蓄积	面积	蓄积	面积	蓄积
湾沟林业局	合计	黄波罗	1294.83	197501.6	100.15	9704.9	643.25	98411.5	475.76	77516.8	75.67	11868.4
		榆树	2434.87	341966.1	119.63	8392.9	803.20	93358.2	1230.09	196321.3	281.95	43893.7
		其他硬阔类	203.96	27371.5	85.86	7268.9	66.72	8090.7	51.38	12011.9		
		椴树	10813.72	1689071.3	286.51	27408.7	3306.66	449416.1	6294.92	1048784.1	925.63	163462.4
		杨树	1364.30	208867.1	94.44	4559.3	562.84	84856.4	645.50	107893.0	61.52	11558.4
		柳树	61.94	5801.9	22.85	247.5	39.09	5554.4				
		其他软阔类	493.98	54474.1	184.50	7082.8	231.27	35109.9	78.21	12281.4		
		山杨	5766.07	972775.3	218.06	15043.2	3263.21	526307.7	2002.41	374768.7	282.39	56655.7
		槭树	3702.55	530923.5	42.78	1908.9	1151.07	133636.8	2236.35	351424.5	272.35	43953.3
		山槐	6.53	702.8	2.79	273.9	3.74	428.9				
		千金榆	32.39	3861.1			28.78	3487.2	3.61	373.9		
		暴马丁香	4.82	470.5					4.82	470.5		
		青楷槭	41.87	3741.7			39.37	3307.2	2.50	434.5		
		花楷槭	36.31	4513.9					36.31	4513.9		
		山桃稠李	29.59	3836.2	4.92	474.5	23.06	3131.5	1.61	230.2		
		山丁子	1.96		1.96							
		花曲柳	0.78		0.78							
		其他阔叶树种	16.45	3127.8	0.56		7.44	1215.9	8.45	1911.9		
		假色槭	35.77	5153.6	0.56	19.6	20.72	3005.7	14.49	2128.3		
		其他亚乔木	5.11	292.9	1.19	5.4	3.92	287.5				
	天然	合计	69695.96	10938046.6	2534.44	184850.1	27432.77	3955573.5	35244.97	5985232.4	4483.78	812390.6
		冷杉	814.48	133515.0	3.64	18.2	182.18	27965.8	534.00	89909.0	94.66	15622.0
		云杉	244.35	44758.0	12.40	865.2	41.63	5746.1	157.17	31245.9	33.15	6900.8
		落叶松	223.37	37618.2	6.37	813.2	97.46	14610.4	83.15	14282.8	36.39	7911.8
		红松	475.38	84500.7	0.93	51.0	177.63	28819.8	248.27	43561.2	48.55	12068.7
		樟子松	8.80	477.1	8.80	477.1						
		其他针叶树种	4.22	666.9					4.22	666.9		
		蒙古栎	11614.45	1888574.4	473.29	34518.0	4745.86	674891.5	5616.31	1018479.0	778.99	160685.9
		白桦	3026.67	492363.3	243.23	19090.8	1552.26	242680.6	1205.96	224875.4	25.22	5716.5
		枫桦	3773.67	586333.9	75.22	7301.7	1459.34	211097.7	1765.54	290275.1	473.57	77659.4
		水曲柳	1566.60	231011.9	78.58	3601.4	330.24	45410.4	1011.50	158813.7	146.28	23186.4
		胡桃楸	23493.52	3630164.2	890.57	62179.6	9551.06	1381991.3	12039.84	2002844.6	1012.05	183148.7
		黄波罗	1118.26	174032.2	74.68	8518.9	584.72	89144.6	383.19	64500.3	75.67	11868.4
		榆树	2258.91	320268.4	57.78	2435.4	722.99	82524.4	1199.37	191796.5	278.77	43512.1
		椴树	10650.01	1662859.2	273.97	26451.1	3178.10	427886.0	6272.31	1045059.7	925.63	163462.4
		杨树	788.27	136258.2	10.23	578.7	344.40	57270.1	433.53	78370.9	0.11	38.5
		柳树	43.76	5598.7	5.95	93.1	37.81	5505.6				
		其他软阔类	87.05	4101.0	66.30	1087.0	0.98	47.2	19.77	2966.8		
		山杨	5639.89	955774.8	201.75	14273.5	3171.11	513848.4	1984.64	370997.2	282.39	56655.7
		槭树	3663.36	525515.4	38.55	1722.8	1129.60	131403.2	2222.86	348436.1	272.35	43953.3
		山槐	6.53	702.8	2.79	273.9	3.74	428.9				
		千金榆	32.39	3861.1			28.78	3487.2	3.61	373.9		

表 4　吉林重点国有林区乔木林各龄组面积、蓄积按起源和优势树种（组）统计表（续 7）

单位：公顷、立方米

统计单位	起源	优势树种（组）	合计		幼龄林		中龄林		近熟林		成、过熟林	
			面积	蓄积	面积	蓄积	面积	蓄积	面积	蓄积	面积	蓄积
湾沟林业局	天然	暴马丁香	4.82	470.5					4.82	470.5		
		青楷槭	41.87	3741.7			39.37	3307.2	2.50	434.5		
		花楷槭	36.31	4513.9					36.31	4513.9		
		山桃稠李	29.59	3836.2	4.92	474.5	23.06	3131.5	1.61	230.2		
		山丁子	1.96		1.96							
		花曲柳	0.78		0.78							
		其他阔叶树种	5.81	1082.4			5.81	1082.4				
		假色槭	35.77	5153.6	0.56	19.6	20.72	3005.7	14.49	2128.3		
		其他亚乔木	5.11	292.9	1.19	5.4	3.92	287.5				
	人工	合计	10949.79	1721329.7	2152.90	125612.0	4563.49	735510.6	3765.56	759565.9	467.84	100641.2
		冷杉	54.73	8379.4			13.08	2247.2	35.40	5119.6	6.25	1012.6
		云杉	595.87	32798.5	504.04	18912.5	80.02	11940.1	11.81	1945.9		
		落叶松	5520.89	907016.0	960.86	67632.3	2619.84	440274.8	1728.25	353955.5	211.94	45153.4
		红松	1268.91	267569.1	149.38	6902.6	280.35	49243.1	691.70	176225.4	147.48	35198.0
		樟子松	216.75	31330.9	17.56	1100.7	108.90	14455.9	83.75	14135.3	6.54	1639.0
		其他针叶树种	19.82	3011.4	3.68	23.6	7.83	958.1	8.31	2029.7		
		白桦	3.44		3.44							
		水曲柳	191.70	23083.2	46.62	1474.8	50.52	7943.5	88.42	12767.1	6.14	897.8
		胡桃楸	1180.33	201751.3	41.19	3108.9	503.72	81202.2	610.52	112601.3	24.90	4838.9
		黄波罗	176.57	23469.4	25.47	1186.0	58.53	9266.9	92.57	13016.5		
		榆树	175.96	21697.7	61.85	5957.5	80.21	10833.8	30.72	4524.8	3.18	381.6
		其他硬阔类	203.96	27371.5	85.86	7268.9	66.72	8090.7	51.38	12011.9		
		椴树	163.71	26212.1	12.54	957.6	128.56	21530.1	22.61	3724.4		
		杨树	576.03	72608.9	84.21	3980.6	218.44	27586.3	211.97	29522.1	61.41	11519.9
		柳树	18.18	203.2	16.90	154.4	1.28	48.8				
		其他软阔类	406.93	50373.1	118.20	5995.8	230.29	35062.7	58.44	9314.6		
		山杨	126.18	17000.5	16.31	769.7	92.10	12459.3	17.77	3771.5		
		槭树	39.19	5408.1	4.23	186.1	21.47	2233.6	13.49	2988.4		
		其他阔叶树种	10.64	2045.4	0.56		1.63	133.5	8.45	1911.9		
	其中：人天混	合计	3470.51	533043.2	460.30	32422.6	1629.08	251057.1	1264.55	227515.0	116.58	22048.5
		冷杉	54.73	8379.4			13.08	2247.2	35.40	5119.6	6.25	1012.6
		云杉	34.10	2976.8	19.77	548.6	14.33	2428.2				
		落叶松	528.11	80635.3	54.83	3904.7	258.09	38773.9	160.56	27610.8	54.63	10345.9
		红松	146.50	28812.9	16.80	1085.8	60.68	10457.5	69.02	17269.6		
		樟子松	17.62	1833.0	1.32	97.1	15.38	1590.3	0.92	145.6		
		水曲柳	154.33	22381.5	11.02	851.2	48.75	7865.4	88.42	12767.1	6.14	897.8
		胡桃楸	1124.74	194692.9	38.36	3052.5	453.97	74568.7	607.51	112232.8	24.90	4838.9
		黄波罗	168.59	23469.4	17.49	1186.0	58.53	9266.9	92.57	13016.5		
		榆树	175.96	21697.7	61.85	5957.5	80.21	10833.8	30.72	4524.8	3.18	381.6
		其他硬阔类	203.96	27371.5	85.86	7268.9	66.72	8090.7	51.38	12011.9		
		椴树	163.71	26212.1	12.54	957.6	128.56	21530.1	22.61	3724.4		
		杨树	124.62	19735.3	10.21	458.1	85.64	13600.0	7.29	1105.5	21.48	4571.7

表4 吉林重点国有林区乔木林各龄组面积、蓄积按起源和优势树种（组）统计表（续8）

单位：公顷、立方米

统计单位	起源	优势树种（组）	合计		幼龄林		中龄林		近熟林		成、过熟林	
			面积	蓄积	面积	蓄积	面积	蓄积	面积	蓄积	面积	蓄积
湾沟林业局	其中：人天混	柳树	7.50	203.2	6.22	154.4	1.28	48.8				
		其他软阔类	392.22	50321.7	103.49	5944.4	230.29	35062.7	58.44	9314.6		
		山杨	126.18	17000.5	16.31	769.7	92.10	12459.3	17.77	3771.5		
		槭树	39.19	5408.1	4.23	186.1	21.47	2233.6	13.49	2988.4		
		其他阔叶树种	8.45	1911.9					8.45	1911.9		
三岔子林业局	合计	合计	207512.90	28473901.1	17569.47	1144787.3	53906.51	6987410.1	82070.32	12050918.4	53966.60	8290785.3
		冷杉	3707.28	551221.8	300.25	15295.9	1640.81	246643.1	1426.19	239782.0	340.03	49500.8
		云杉	4109.80	447603.4	1711.15	66930.3	1279.44	214924.5	529.38	76282.1	589.83	89466.5
		落叶松	13453.78	1709174.7	2006.44	114220.3	4592.54	618638.7	2590.71	399892.8	4264.09	576422.9
		红松	2994.34	319409.7	1151.28	42958.1	1128.02	168483.0	435.43	66936.6	279.61	41032.0
		樟子松	402.13	48174.6	71.01	3743.1	97.30	11746.3	124.26	17328.0	109.56	15357.2
		蒙古栎	9611.46	1395426.4	260.40	14185.7	1592.43	196847.3	5015.03	749270.8	2743.60	435122.6
		白桦	23418.79	3378056.3	1398.23	79826.5	9514.92	1273287.3	7705.01	1246629.7	4800.63	778312.8
		枫桦	7044.98	927042.1	1245.62	100551.1	1770.02	235691.4	2816.03	418843.7	1213.31	171955.9
		黑桦	6.48	865.1					6.48	865.1		
		水曲柳	15973.24	2195124.4	762.33	38066.8	3712.10	476477.4	8773.07	1251225.1	2725.74	429355.1
		胡桃楸	49547.24	7148590.3	3996.00	373907.5	12297.07	1626933.4	23540.83	3475729.4	9713.34	1672020.0
		黄波罗	713.99	86316.5	162.81	7929.0	157.29	23539.8	282.11	38655.2	111.78	16192.5
		榆树	15871.28	1969458.4	607.95	31627.5	4705.87	518341.6	3904.21	488787.8	6653.25	930701.5
		其他硬阔类	66.96	6341.3	25.75	1654.5	8.56	883.9	32.65	3802.9		
		椴树	23482.32	3213586.2	706.00	44223.3	3077.17	355040.7	12065.69	1673859.3	7633.46	1140462.9
		杨树	12538.17	1811716.3	836.39	54778.1	3048.09	368486.6	2388.79	393004.4	6264.90	995447.2
		柳树	304.81	36289.6	74.64	2559.2	27.56	2413.8	85.52	13319.6	117.09	17997.0
		其他软阔类	3076.19	315769.7	1503.13	97775.4	990.41	125669.1	330.97	53419.9	251.68	38905.3
		山杨	5898.75	922652.9	326.50	26076.2	1774.76	251426.1	2108.67	374148.5	1688.82	271002.1
		槭树	14670.04	1918165.7	298.65	19884.2	2343.22	256486.8	7776.08	1049537.3	4252.09	592257.4
		山槐	98.96	9970.0	51.20	5208.8	25.91	2323.1	21.85	2438.1		
		千金榆	94.26	11739.7			26.29	3176.3	49.20	6022.7	18.77	2540.7
		暴马丁香	19.08	3415.3					19.08	3415.3		
		青楷槭	31.64	3950.0			8.96	1381.9			22.68	2568.1
		稠李	18.60	1203.8			9.25	530.8			9.35	673.0
		山桃稠李	57.04	7932.8	30.48	2329.0			25.35	5443.0	1.21	160.8
		山丁子	11.02	857.0	5.36	463.5	5.66	393.5				
		花曲柳	8.02	1109.8	2.92	143.1			5.10	966.7		
		钻天柳	1.63	73.3	1.63	73.3						
		其他阔叶树种	18.95	723.8	15.04	277.9	3.91	445.9				
		假色槭	96.13	13146.0			11.43	1455.5	12.63	1312.4	72.07	10378.1
		其他亚乔木	165.54	18794.2	18.31	99.0	57.52	5742.3			89.71	12952.9
	天然	合计	177074.12	24827470.9	8287.73	537212.1	46032.83	5935225.0	78319.09	11454198.3	44434.47	6900835.5
		冷杉	2998.54	447466.5	189.59	8595.5	1327.41	203961.2	1223.81	199452.5	257.73	35457.3
		云杉	2426.55	350653.0	364.99	18349.4	1193.82	203264.1	400.90	58661.1	466.84	70378.4
		落叶松	3680.02	486444.6	315.48	23998.9	1955.10	264753.6	1143.96	160889.7	265.48	36802.4

表 4　吉林重点国有林区乔木林各龄组面积、蓄积按起源和优势树种（组）统计表（续 9）

单位：公顷、立方米

统计单位	起源	优势树种（组）	合计		幼龄林		中龄林		近熟林		成、过熟林	
			面积	蓄积	面积	蓄积	面积	蓄积	面积	蓄积	面积	蓄积
三岔子林业局	天然	红松	1599.57	234306.8	42.63	2675.5	944.85	141989.6	371.57	54083.9	240.52	35557.8
		蒙古栎	9611.46	1395426.4	260.40	14185.7	1592.43	196847.3	5015.03	749270.8	2743.60	435122.6
		白桦	23392.47	3374598.3	1397.71	79821.1	9500.68	1271347.4	7693.45	1245117.0	4800.63	778312.8
		枫桦	7044.98	927042.1	1245.62	100551.1	1770.02	235691.4	2816.03	418843.7	1213.31	171955.9
		黑桦	6.48	865.1					6.48	865.1		
		水曲柳	14766.08	2054788.8	386.80	22692.0	3378.61	427874.9	8439.39	1201602.4	2561.28	402619.5
		胡桃楸	45238.55	6581616.1	1839.99	128625.6	10663.78	1386939.7	23091.51	3407293.3	9643.27	1658757.5
		黄波罗	460.32	61216.3	52.50	5513.7	61.33	7271.4	246.72	34040.2	99.77	14391.0
		榆树	14898.46	1831555.5	512.02	21325.3	4267.92	457904.8	3877.82	485178.8	6240.70	867146.6
		椴树	22733.58	3133985.5	457.95	31255.9	2932.26	338684.5	11871.01	1646527.7	7472.36	1117517.4
		杨树	7258.78	1072963.0	532.51	35205.0	2229.12	282213.2	2224.40	370245.0	2272.75	385299.8
		柳树	274.02	31325.9	68.24	2360.1	27.56	2413.8	61.13	8555.0	117.09	17997.0
		山杨	5592.52	879913.0	254.10	19897.7	1743.02	247937.3	1960.24	349230.2	1635.16	262847.8
		槭树	14524.14	1897340.4	259.43	14661.1	2298.60	250990.9	7742.43	1044743.7	4223.68	586944.7
		山槐	98.96	9970.0	51.20	5208.8	25.91	2323.1	21.85	2438.1		
		千金榆	94.26	11739.7			26.29	3176.3	49.20	6022.7	18.77	2540.7
		暴马丁香	19.08	3415.3					19.08	3415.3		
		青楷槭	31.64	3950.0			8.96	1381.9			22.68	2568.1
		稠李	18.60	1203.8			9.25	530.8			9.35	673.0
		山桃稠李	44.44	6722.3	19.09	1279.3			25.35	5443.0		
		山丁子	11.02	857.0	5.36	463.5	5.66	393.5				
		花曲柳	8.02	1109.8	2.92	143.1			5.10	966.7		
		钻天柳	1.63	73.3	1.63	73.3						
		其他阔叶树种	12.07	414.4	10.77	277.9	1.30	136.5				
		假色槭	96.13	13146.0			11.43	1455.5	12.63	1312.4	72.07	10378.1
		其他亚乔木	131.75	13362.0	16.80	52.6	57.52	5742.3			57.43	7567.1
	人工	合计	30438.78	3646430.2	9281.74	607575.2	7873.68	1052185.1	3751.23	596720.1	9532.13	1389949.8
		冷杉	708.74	103755.3	110.66	6700.4	313.40	42681.9	202.38	40329.5	82.30	14043.5
		云杉	1683.25	96950.4	1346.16	48580.9	85.62	11660.4	128.48	17621.0	122.99	19088.1
		落叶松	9773.76	1222730.1	1690.96	90221.4	2637.44	353885.1	1446.75	239003.1	3998.61	539620.5
		红松	1394.77	85102.9	1108.65	40282.6	183.17	26493.4	63.86	12852.7	39.09	5474.2
		樟子松	402.13	48174.6	71.01	3743.1	97.30	11746.3	124.26	17328.0	109.56	15357.2
		白桦	26.32	3458.0	0.52	5.4	14.24	1939.9	11.56	1512.7		
		水曲柳	1207.16	140335.6	375.53	15374.8	333.49	48602.5	333.68	49622.7	164.46	26735.6
		胡桃楸	4308.69	566974.2	2156.01	245281.9	1633.29	239993.7	449.32	68436.1	70.07	13262.5
		黄波罗	253.67	25100.2	110.31	2415.3	95.96	16268.4	35.39	4615.0	12.01	1801.5
		榆树	972.82	137902.9	95.93	10302.2	437.95	60436.8	26.39	3609.0	412.55	63554.9
		其他硬阔类	66.96	6341.3	25.75	1654.5	8.56	883.9	32.65	3802.9		
		椴树	748.74	79600.7	248.05	12967.4	144.91	16356.2	194.68	27331.6	161.10	22945.5
		杨树	5279.39	738753.3	303.88	19573.1	818.97	86273.4	164.39	22759.4	3992.15	610147.4
		柳树	30.79	4963.7	6.40	199.1			24.39	4764.6		
		其他软阔类	3076.19	315769.7	1503.13	97775.4	990.41	125669.1	330.97	53419.9	251.68	38905.3

表4　吉林重点国有林区乔木林各龄组面积、蓄积按起源和优势树种（组）统计表（续10）

单位：公顷、立方米

统计单位	起源	优势树种（组）	合计		幼龄林		中龄林		近熟林		成、过熟林	
			面积	蓄积	面积	蓄积	面积	蓄积	面积	蓄积	面积	蓄积
三岔子林业局	人工	山杨	306.23	42739.9	72.40	6178.5	31.74	3488.8	148.43	24918.3	53.66	8154.3
		椴树	145.90	20825.3	39.22	5223.1	44.62	5495.9	33.65	4793.6	28.41	5312.7
		山桃稠李	12.60	1210.5	11.39	1049.7					1.21	160.8
		其他阔叶树种	6.88	309.4	4.27		2.61	309.4				
		其他亚乔木	33.79	5432.2	1.51	46.4					32.28	5385.8
	其中：人天混	合计	16067.92	1991750.5	5580.04	450476.0	5002.15	689155.1	2548.14	407797.3	2937.59	444322.1
		冷杉	708.74	103755.3	110.66	6700.4	313.40	42681.9	202.38	40329.5	82.30	14043.5
		云杉	424.01	35197.8	267.42	13295.6	18.82	2006.8	102.27	13951.6	35.50	5943.8
		落叶松	2498.09	316740.7	453.22	15974.5	796.10	103844.1	584.05	95383.4	664.72	101538.7
		红松	236.52	30444.5	95.06	5165.3	96.11	14822.1	45.35	10457.1		
		樟子松	41.18	5184.7	0.95	85.5	4.80	816.0	31.72	3819.4	3.71	463.8
		水曲柳	977.58	133732.3	174.32	12392.5	305.73	45065.5	333.07	49538.7	164.46	26735.6
		胡桃楸	3765.88	507532.2	2089.18	240447.4	1304.03	205734.3	323.28	52706.3	49.39	8644.2
		黄波罗	252.71	25081.0	109.35	2396.1	95.96	16268.4	35.39	4615.0	12.01	1801.5
		榆树	972.82	137902.9	95.93	10302.2	437.95	60436.8	26.39	3609.0	412.55	63554.9
		其他硬阔类	66.96	6341.3	25.75	1654.5	8.56	883.9	32.65	3802.9		
		椴树	748.74	79600.7	248.05	12967.4	144.91	16356.2	194.68	27331.6	161.10	22945.5
		杨树	1766.58	218986.4	276.10	18622.4	406.40	45275.9	99.47	14356.4	984.61	140731.7
		柳树	30.79	4963.7	6.40	199.1			24.39	4764.6		
		其他软阔类	3076.19	315769.7	1503.13	97775.4	990.41	125669.1	330.97	53419.9	251.68	38905.3
		山杨	306.23	42739.9	72.40	6178.5	31.74	3488.8	148.43	24918.3	53.66	8154.3
		椴树	145.90	20825.3	39.22	5223.1	44.62	5495.9	33.65	4793.6	28.41	5312.7
		山桃稠李	12.60	1210.5	11.39	1049.7					1.21	160.8
		其他阔叶树种	2.61	309.4			2.61	309.4				
		其他亚乔木	33.79	5432.2	1.51	46.4					32.28	5385.8
松江河林业局	合计	合计	149380.77	24072491.3	15402.35	1336083.5	42972.93	6400280.9	31672.16	5269914.2	59333.33	11066212.7
		冷杉	8845.61	1528145.3	83.69	15651.3	1579.52	276821.9	3439.55	599825.0	3742.85	635847.1
		云杉	12660.15	1922410.0	4197.74	336025.5	1822.81	256219.2	718.78	135525.9	5920.82	1194639.4
		落叶松	28024.95	4442822.1	2395.73	242209.9	12168.51	1778994.3	5893.38	999426.6	7567.33	1422191.3
		红松	8679.80	1462868.2	1113.15	45465.2	1434.00	234425.5	1522.63	269040.1	4610.02	913937.4
		樟子松	465.46	64984.1	60.36	5328.4	371.20	54189.6	27.34	4077.2	6.56	1388.9
		蒙古栎	7512.77	1276560.1	99.44	8777.6	665.69	89483.2	1511.66	232205.1	5235.98	946094.2
		白桦	38774.34	5945276.1	4458.71	412527.3	18322.24	2777441.1	9978.24	1632467.9	6015.15	1122839.8
		枫桦	1349.30	263186.0	35.18	2340.9	126.01	18020.9	17.63	2590.1	1170.48	240234.1
		水曲柳	3619.85	584228.9	175.23	8812.5	327.82	47270.8	1109.38	161976.2	2007.42	366169.4
		胡桃楸	3603.88	593349.7	485.96	60177.3	1360.02	218727.6	1012.13	175777.3	745.77	138667.5
		黄波罗	23.66	1936.8							23.66	1936.8
		榆树	3632.70	624250.9	35.72	3194.2	257.59	32546.5	359.75	47521.7	2979.64	540988.5
		椴树	14929.57	2662797.3	100.60	8923.1	461.25	63681.7	1658.07	255888.3	12709.65	2334304.2
		杨树	9907.07	1519862.2	1260.45	99233.3	2631.70	343985.2	2746.46	468140.5	3268.46	608503.2
		柳树	211.90	24261.1	21.23	1242.4	114.28	13552.3	51.38	6392.6	25.01	3073.8
		其他软阔类	1894.58	257112.7	678.63	65120.8	913.14	133976.5	236.38	44308.3	66.43	13707.1

表 4　吉林重点国有林区乔木林各龄组面积、蓄积按起源和优势树种（组）统计表（续 11）

单位：公顷、立方米

统计单位	起源	优势树种（组）	合计		幼龄林		中龄林		近熟林		成、过熟林	
			面积	蓄积	面积	蓄积	面积	蓄积	面积	蓄积	面积	蓄积
	合计	山杨	1287.68	211740.3	151.03	17660.7	406.80	60186.9	509.79	91946.3	220.06	41946.4
		毛赤杨	37.32	2470.2	11.43	437.9	10.35	757.7			15.54	1274.6
		槭树	3902.21	684183.8	20.10	2909.7			879.61	142805.1	3002.50	538469.0
		其他阔叶树种	17.97	45.5	17.97	45.5						
	天然	合计	117592.67	19696894.1	6827.46	661668.0	31632.33	4804550.8	26170.78	4345207.4	52962.10	9885467.9
		冷杉	8824.30	1524267.4	69.94	13274.9	1571.96	275320.4	3439.55	599825.0	3742.85	635847.1
		云杉	7664.18	1469167.8	171.51	17177.2	985.75	147486.6	617.40	116198.8	5889.52	1188305.2
		落叶松	7238.25	1186695.9	358.48	33415.9	3948.91	606705.2	1337.92	229893.7	1592.94	316681.1
		红松	7378.14	1380645.0	57.74	7916.8	1296.10	208745.0	1465.64	259574.2	4558.66	904409.0
		蒙古栎	7512.77	1276560.1	99.44	8777.6	665.69	89483.2	1511.66	232205.1	5235.98	946094.2
		白桦	38774.34	5945276.1	4458.71	412527.3	18322.24	2777441.1	9978.24	1632467.9	6015.15	1122839.8
		枫桦	1349.30	263186.0	35.18	2340.9	126.01	18020.9	17.63	2590.1	1170.48	240234.1
		水曲柳	3467.38	573062.7	53.88	2683.7	296.70	42233.4	1109.38	161976.2	2007.42	366169.4
		胡桃楸	3521.87	578498.9	456.13	56329.4	1327.57	211609.9	992.40	171892.1	745.77	138667.5
		黄波罗	23.66	1936.8							23.66	1936.8
		榆树	3586.45	617787.1	35.72	3194.2	239.54	30151.3	359.75	47521.7	2951.44	536919.9
		椴树	14929.57	2662797.3	100.60	8923.1	461.25	63681.7	1658.07	255888.3	12709.65	2334304.2
		杨树	7556.34	1260887.1	498.10	52008.9	1783.23	250771.1	2240.54	393717.7	3034.47	564389.4
		柳树	211.90	24261.1	21.23	1242.4	114.28	13552.3	51.38	6392.6	25.01	3073.8
		其他软阔类	344.09	36309.4	241.23	23084.5	80.04	9005.9	1.82	312.6	21.00	3906.4
松江河林业局		山杨	1270.60	208901.4	138.04	15423.6	402.71	59585.1	509.79	91946.3	220.06	41946.4
		毛赤杨	37.32	2470.2	11.43	437.9	10.35	757.7			15.54	1274.6
		槭树	3902.21	684183.8	20.10	2909.7			879.61	142805.1	3002.50	538469.0
	人工	合计	31788.10	4375597.2	8574.89	674415.5	11340.60	1595730.1	5501.38	924706.8	6371.23	1180744.8
		冷杉	21.31	3877.9	13.75	2376.4	7.56	1501.5				
		云杉	4995.97	453242.2	4026.23	318848.3	837.06	108732.6	101.38	19327.1	31.30	6334.2
		落叶松	20786.70	3256126.2	2037.25	208794.0	8219.60	1172289.1	4555.46	769532.9	5974.39	1105510.2
		红松	1301.66	82223.2	1055.41	37548.4	137.90	25680.5	56.99	9465.9	51.36	9528.4
		樟子松	465.46	64984.1	60.36	5328.4	371.20	54189.6	27.34	4077.2	6.56	1388.9
		水曲柳	152.47	11166.2	121.35	6128.8	31.12	5037.4				
		胡桃楸	82.01	14850.8	29.83	3847.9	32.45	7117.7	19.73	3885.2		
		榆树	46.25	6463.8			18.05	2395.2			28.20	4068.6
		杨树	2350.73	258975.1	762.35	47224.4	848.47	93214.1	505.92	74422.8	233.99	44113.8
		其他软阔类	1550.49	220803.3	437.40	42036.3	833.10	124970.6	234.56	43995.7	45.43	9800.7
		山杨	17.08	2838.9	12.99	2237.1	4.09	601.8				
		其他阔叶树种	17.97	45.5	17.97	45.5						
	其中：人天混	合计	16093.17	2500351.0	2571.39	272946.9	6199.38	890279.5	3157.32	551291.3	4165.08	785833.3
		冷杉	21.31	3877.9	13.75	2376.4	7.56	1501.5				
		云杉	1233.02	151759.6	804.51	84869.6	355.76	51288.3	50.07	10288.7	22.68	5313.0
		落叶松	12340.51	1997714.5	970.53	107084.4	4605.11	655254.7	2769.97	481076.4	3994.90	754299.0
		红松	311.55	37483.3	210.63	21337.4	45.19	7111.7	34.06	4931.6	21.67	4102.6
		樟子松	223.43	29611.9	33.43	3408.0	176.84	24361.9	13.16	1842.0		

表4 吉林重点国有林区乔木林各龄组面积、蓄积按起源和优势树种（组）统计表（续12）

单位：公顷、立方米

统计单位	起源	优势树种（组）	合计		幼龄林		中龄林		近熟林		成、过熟林	
			面积	蓄积	面积	蓄积	面积	蓄积	面积	蓄积	面积	蓄积
松江河林业局	其中：人天混	水曲柳	35.23	5400.9	17.79	2306.2	17.44	3094.7				
		胡桃楸	63.68	12027.3	25.36	3847.9	29.77	6868.7	8.55	1310.7		
		榆树	46.25	6463.8			18.05	2395.2			28.20	4068.6
		杨树	264.69	33424.7	54.37	4052.6	108.49	12919.6	49.63	8203.1	52.20	8249.4
		其他软阔类	1536.42	219748.2	428.03	41427.3	831.08	124881.4	231.88	43638.8	45.43	9800.7
		山杨	17.08	2838.9	12.99	2237.1	4.09	601.8				
泉阳林业局	合计	合计	97632.30	13940777.8	11403.07	744432.8	20282.94	2885157.5	35159.14	5472591.0	30787.15	4838596.5
		冷杉	1039.69	157464.7	23.36	1613.0	151.67	22774.5	426.36	66292.5	438.30	66784.7
		云杉	3463.52	279993.7	2537.76	140085.2	254.48	35841.7	194.02	28451.7	477.26	75615.1
		落叶松	7285.26	957391.1	1932.80	151733.3	3047.66	440174.1	1942.11	306387.3	362.69	59096.4
		红松	11135.77	1603874.8	1058.00	55304.9	1779.67	255924.8	4358.51	655231.1	3939.59	637414.0
		樟子松	1173.55	147044.5	344.66	28182.9	743.95	106343.0	78.24	11482.7	6.70	1035.9
		蒙古栎	10380.19	1651185.3	134.74	10768.1	873.09	122744.9	4578.89	736298.5	4793.47	781373.8
		白桦	19993.97	2924149.0	2156.99	179145.8	8692.73	1270858.1	6362.21	1018956.7	2782.04	455188.4
		枫桦	81.16	11293.9	1.61	112.3	36.97	5264.9	42.58	5916.7		
		水曲柳	10571.03	1437051.3	1445.61	59527.8	1146.61	151797.8	5111.46	775600.8	2867.35	450124.9
		胡桃楸	8201.47	1238115.3	417.05	33840.7	603.83	83515.3	3466.21	548795.9	3714.38	571963.4
		黄波罗	61.20	1980.0	61.20	1980.0						
		榆树	2278.57	337671.1	63.55	3358.4	77.77	10171.4	663.51	100334.3	1473.74	223807.0
		椴树	13244.54	2014685.3	63.65	4675.5	680.26	87237.7	5456.25	840267.2	7044.38	1082504.9
		杨树	4121.86	523513.5	935.03	58950.6	1379.01	182021.7	1258.80	198536.8	549.02	84004.4
		柳树	37.84	5082.9	4.15	239.3	33.69	4843.6				
		其他软阔类	5.01	255.8	5.01	255.8						
		山杨	1810.33	250657.0	198.60	13214.9	637.43	87538.7	550.81	85781.6	423.49	64121.8
		槭树	2740.48	398991.2	12.44	1066.9	144.12	18105.3	669.18	94257.2	1914.74	285561.8
		钻天柳	1.71		1.71							
		其他阔叶树种	5.15	377.4	5.15	377.4						
	天然	合计	83315.57	12479875.2	4397.30	351247.9	15691.23	2236329.8	32991.74	5141603.0	30235.30	4750694.5
		冷杉	1039.69	157464.7	23.36	1613.0	151.67	22774.5	426.36	66292.5	438.30	66784.7
		云杉	757.42	113494.2	41.09	1766.0	71.15	11380.6	169.59	25035.7	475.59	75311.9
		落叶松	1011.69	124954.3	382.46	33336.1	303.17	42420.5	247.30	36870.3	78.76	12327.4
		红松	9252.99	1420566.7	213.12	16301.0	1173.38	167776.2	4059.09	618660.7	3807.40	617828.8
		樟子松	17.25	1579.1			14.79	1207.3			2.46	371.8
		蒙古栎	10380.19	1651185.3	134.74	10768.1	873.09	122744.9	4578.89	736298.5	4793.47	781373.8
		白桦	19969.87	2921598.1	2138.72	177227.5	8686.90	1270225.5	6362.21	1018956.7	2782.04	455188.4
		枫桦	81.16	11293.9	1.61	112.3	36.97	5264.9	42.58	5916.7		
		水曲柳	9378.22	1394462.4	274.68	18705.7	1124.73	150031.0	5111.46	775600.8	2867.35	450124.9
		胡桃楸	8167.80	1236104.8	384.13	31957.7	603.08	83387.8	3466.21	548795.9	3714.38	571963.4
		榆树	2278.57	337671.1	63.55	3358.4	77.77	10171.4	663.51	100334.3	1473.74	223807.0
		椴树	13244.54	2014685.3	63.65	4675.5	680.26	87237.7	5456.25	840267.2	7044.38	1082504.9
		杨树	3257.67	456066.6	462.77	37002.0	1099.28	152751.9	1207.30	191452.4	488.32	74860.3
		柳树	37.84	5082.9	4.15	239.3	33.69	4843.6				

表 4　吉林重点国有林区乔木林各龄组面积、蓄积按起源和优势树种（组）统计表（续 13）

单位：公顷、立方米

统计单位	起源	优势树种（组）	合计		幼龄林		中龄林		近熟林		成、过熟林	
			面积	蓄积	面积	蓄积	面积	蓄积	面积	蓄积	面积	蓄积
泉阳林业局	天然	其他软阔类	5.01	255.8	5.01	255.8						
		山杨	1693.47	234418.8	190.11	12862.6	617.18	86006.7	531.81	82864.1	354.37	52685.4
		椴树	2740.48	398991.2	12.44	1066.9	144.12	18105.3	669.18	94257.2	1914.74	285561.8
		钻天柳	1.71		1.71							
	人工	合计	14316.73	1460902.6	7005.77	393184.9	4591.71	648827.7	2167.40	330988.0	551.85	87902.0
		云杉	2706.10	166499.5	2496.67	138319.2	183.33	24461.1	24.43	3416.0	1.67	303.2
		落叶松	6273.57	832436.8	1550.34	118397.2	2744.49	397753.6	1694.81	269517.0	283.93	46769.0
		红松	1882.78	183308.1	844.88	39003.9	606.29	88148.6	299.42	36570.4	132.19	19585.2
		樟子松	1156.30	145465.4	344.66	28182.9	729.16	105135.7	78.24	11482.7	4.24	664.1
		白桦	24.10	2550.9	18.27	1918.3	5.83	632.6				
		水曲柳	1192.81	42588.9	1170.93	40822.1	21.88	1766.8				
		胡桃楸	33.67	2010.5	32.92	1883.0	0.75	127.5				
		黄波罗	61.20	1980.0	61.20	1980.0						
		杨树	864.19	67446.9	472.26	21948.6	279.73	29269.8	51.50	7084.4	60.70	9144.1
		山杨	116.86	16238.2	8.49	352.3	20.25	1532.0	19.00	2917.5	69.12	11436.4
		其他阔叶树种	5.15	377.4	5.15	377.4						
	其中：人天混	合计	4671.82	600859.2	1307.45	101988.0	2027.51	294182.6	1136.52	172455.6	200.34	32233.0
		云杉	383.17	28702.3	330.57	21271.7	39.40	5830.7	13.20	1599.9		
		落叶松	3284.33	446636.0	696.30	59338.9	1532.39	222680.1	950.43	146695.1	105.21	17921.9
		红松	470.66	60415.4	104.82	7987.8	178.03	26043.1	144.05	19251.3	43.76	7133.2
		樟子松	395.64	51675.7	112.24	10134.5	251.08	36082.7	28.84	4909.3	3.48	549.2
		水曲柳	19.12	820.0	19.12	820.0						
		胡桃楸	16.82	1225.8	16.82	1225.8						
		杨树	83.72	9020.5	22.43	831.9	26.61	3546.0			34.68	4642.6
		山杨	13.21	1986.1							13.21	1986.1
		其他阔叶树种	5.15	377.4	5.15	377.4						
露水河林业局	合计	合计	115585.65	21516938.0	7759.01	711363.0	13876.98	1958816.0	15398.68	2609196.0	78550.98	16237563.0
		冷杉	480.53	78182.0	156.55	18785.0	116.98	17349.0	80.11	11674.0	126.89	30374.0
		云杉	3307.91	561675.0	1283.05	117739.0	142.66	24437.0	172.40	31906.0	1709.80	387593.0
		落叶松	5790.35	924536.0	425.33	33386.0	2808.06	403120.0	1855.40	334697.0	701.56	153333.0
		红松	28876.07	6242222.0	1402.82	110252.0	767.74	125059.0	1689.39	285586.0	25016.12	5721325.0
		樟子松	783.13	107499.0	37.83	1995.0	669.25	92423.0	76.05	13081.0		
		蒙古栎	9718.32	1983166.0	25.72	1041.0	235.98	30342.0	1965.49	370571.0	7491.13	1581212.0
		白桦	6772.90	1025724.0	1751.88	202991.0	3107.52	486718.0	879.34	152008.0	1034.16	184007.0
		枫桦	627.80	139992.0			16.57	2841.0	13.49	2772.0	597.74	134379.0
		水曲柳	7253.16	1233163.0	534.68	17920.0	386.09	38758.0	623.30	101333.0	5709.09	1075152.0
		胡桃楸	10514.54	1903110.0	812.17	91034.0	516.59	79016.0	1770.72	283369.0	7415.06	1449691.0
		黄波罗	71.25	13037.0							71.25	13037.0
		榆树	1615.08	265577.0	25.00	1665.0	120.03	15542.0	186.05	31181.0	1284.00	217189.0
		椴树	21579.01	4238845.0	4.76	286.0	272.56	40823.0	2194.56	388472.0	19107.13	3809264.0
		杨树	11408.45	1730874.0	467.19	29500.0	3613.98	422992.0	2630.30	380361.0	4696.98	898021.0
		柳树	68.86	2587.0	42.71	203.0	18.88	1607.0	4.12	474.0	3.15	303.0

表 4 吉林重点国有林区乔木林各龄组面积、蓄积按起源和优势树种（组）统计表（续 14）

单位：公顷、立方米

统计单位	起源	优势树种（组）	合计		幼龄林		中龄林		近熟林		成、过熟林	
			面积	蓄积	面积	蓄积	面积	蓄积	面积	蓄积	面积	蓄积
露水河林业局	合计	其他软阔类	1097.67	155846.0	491.39	51218.0	378.80	60264.0	145.64	27386.0	81.84	16978.0
		山杨	1629.10	271975.0	249.77	30065.0	605.36	101169.0	474.27	82210.0	299.70	58531.0
		槭树	3961.49	636700.0	18.13	1055.0	99.93	16356.0	638.05	112115.0	3205.38	507174.0
		稠李	3.41	245.0	3.41	245.0						
		钻天柳	13.90	1983.0	13.90	1983.0						
		其他阔叶树种	12.72		12.72							
	天然	合计	98051.45	19058817.0	3540.86	383801.0	7683.39	1142819.0	12183.94	2071473.0	74643.26	15460724.0
		冷杉	444.73	73349.0	156.55	18785.0	116.98	17349.0	44.31	6841.0	126.89	30374.0
		云杉	2002.57	440048.0	31.42	2561.0	88.95	17988.0	172.40	31906.0	1709.80	387593.0
		落叶松	29.74	3406.0	12.25	1384.0	17.49	2022.0				
		红松	27534.03	6139251.0	207.27	26952.0	639.34	109043.0	1689.39	285586.0	24998.03	5717670.0
		蒙古栎	9718.32	1983166.0	25.72	1041.0	235.98	30342.0	1965.49	370571.0	7491.13	1581212.0
		白桦	6575.96	988061.0	1739.35	200773.0	3078.84	482817.0	723.61	120464.0	1034.16	184007.0
		枫桦	627.80	139992.0			16.57	2841.0	13.49	2772.0	597.74	134379.0
		水曲柳	6518.62	1197287.0	57.64	3019.0	128.59	17783.0	623.30	101333.0	5709.09	1075152.0
		胡桃楸	10322.80	1873913.0	670.24	71253.0	486.34	74117.0	1751.16	278852.0	7415.06	1449691.0
		黄波罗	71.25	13037.0							71.25	13037.0
		榆树	1615.08	265577.0	25.00	1665.0	120.03	15542.0	186.05	31181.0	1284.00	217189.0
		椴树	21579.01	4238845.0	4.76	286.0	272.56	40823.0	2194.56	388472.0	19107.13	3809264.0
		杨树	5319.60	787869.0	271.29	21103.0	1756.74	212048.0	1684.35	256509.0	1607.22	298209.0
		柳树	35.59	2445.0	14.95	203.0	13.37	1465.0	4.12	474.0	3.15	303.0
		其他软阔类	77.43	5480.0	39.21	1428.0	18.83	1865.0	19.39	2187.0		
		山杨	1616.59	271224.0	249.77	30065.0	592.85	100418.0	474.27	82210.0	299.70	58531.0
		槭树	3945.02	633639.0	18.13	1055.0	99.93	16356.0	638.05	112115.0	3188.91	504113.0
		稠李	3.41	245.0	3.41	245.0						
		钻天柳	13.90	1983.0	13.90	1983.0						
	人工	合计	17534.20	2458121.0	4218.15	327562.0	6193.59	815997.0	3214.74	537723.0	3907.72	776839.0
		冷杉	35.80	4833.0					35.80	4833.0		
		云杉	1305.34	121627.0	1251.63	115178.0	53.71	6449.0				
		落叶松	5760.61	921130.0	413.08	32002.0	2790.57	401098.0	1855.40	334697.0	701.56	153333.0
		红松	1342.04	102971.0	1195.55	83300.0	128.40	16016.0			18.09	3655.0
		樟子松	783.13	107499.0	37.83	1995.0	669.25	92423.0	76.05	13081.0		
		白桦	196.94	37663.0	12.53	2218.0	28.68	3901.0	155.73	31544.0		
		水曲柳	734.54	35876.0	477.04	14901.0	257.50	20975.0				
		胡桃楸	191.74	29197.0	141.93	19781.0	30.25	4899.0	19.56	4517.0		
		杨树	6088.85	943005.0	195.90	8397.0	1857.24	210944.0	945.95	123852.0	3089.76	599812.0
		柳树	33.27	142.0	27.76		5.51	142.0				
		其他软阔类	1020.24	150366.0	452.18	49790.0	359.97	58399.0	126.25	25199.0	81.84	16978.0
		山杨	12.51	751.0			12.51	751.0				
		槭树	16.47	3061.0							16.47	3061.0
		其他阔叶树种	12.72		12.72							
	其中：人天混	合计	7389.83	1104110.0	1857.12	178195.0	2489.96	355295.0	1672.22	293550.0	1370.53	277070.0

表 4　吉林重点国有林区乔木林各龄组面积、蓄积按起源和优势树种（组）统计表（续 15）

单位：公顷、立方米

统计单位	起源	优势树种（组）	合计		幼龄林		中龄林		近熟林		成、过熟林	
			面积	蓄积	面积	蓄积	面积	蓄积	面积	蓄积	面积	蓄积
露水河林业局	其中：人天混	冷杉	35.80	4833.0					35.80	4833.0		
		云杉	466.81	49565.0	449.37	47579.0	17.44	1986.0				
		落叶松	3025.81	514531.0	152.41	11074.0	1072.81	155228.0	1236.78	222158.0	563.81	126071.0
		红松	586.84	58996.0	456.70	41701.0	112.05	13640.0			18.09	3655.0
		樟子松	364.92	47655.0	17.90	507.0	288.87	37289.0	58.15	9859.0		
		水曲柳	134.02	10667.0	62.50	2190.0	71.52	8477.0				
		胡桃楸	182.32	28585.0	132.51	19169.0	30.25	4899.0	19.56	4517.0		
		杨树	1523.58	235868.0	105.79	6185.0	531.79	75394.0	195.68	26984.0	690.32	127305.0
		柳树	27.76		27.76							
		其他软阔类	1012.99	149598.0	452.18	49790.0	352.72	57631.0	126.25	25199.0	81.84	16978.0
		山杨	12.51	751.0			12.51	751.0				
		椴树	16.47	3061.0							16.47	3061.0
红石林业局	合计	合计	275189.23	45788989.2	6105.87	329483.2	25792.99	3301665.3	104095.53	17161560.3	139194.84	24996280.4
		冷杉	459.05	79223.4	2.39	86.9	101.85	14813.5	106.78	23281.0	248.03	41042.0
		云杉	1106.59	87365.1	822.61	39466.6	192.75	28669.5	50.91	9715.1	40.32	9513.9
		落叶松	4556.75	536046.9	483.02	22782.3	2424.31	261168.0	1186.83	174888.0	462.59	77208.6
		红松	2500.88	264114.3	1246.30	45913.3	638.35	104817.0	213.84	36855.3	402.39	76528.7
		樟子松	628.64	71905.4	86.78	8011.4	405.11	43870.7	107.19	14362.9	29.56	5660.4
		其他针叶树种	17.44	3901.1			9.61	2078.1			7.83	1823.0
		蒙古栎	50237.90	8794932.8	910.30	45420.0	6560.47	854509.5	21973.26	3798271.7	20793.87	4096731.6
		白桦	6299.17	1049632.1	173.05	10631.5	1090.20	155793.6	2985.19	485095.8	2050.73	398111.2
		枫桦	1032.41	160263.3	23.84	1422.9	38.27	5900.6	172.69	24833.3	797.61	128106.5
		水曲柳	14404.66	2478679.9	246.03	10462.2	901.01	123728.0	6283.91	1020832.2	6973.71	1323657.5
		胡桃楸	98352.52	16803972.3	1198.02	97692.4	7067.40	966392.0	42563.55	7143807.7	47523.55	8596080.2
		黄波罗	505.47	76612.5	63.53	2763.5	52.72	5355.6	200.43	29761.8	188.79	38731.6
		榆树	15345.15	2323747.5	93.12	4878.5	929.05	112300.7	3727.14	554827.7	10595.84	1651740.6
		其他硬阔类	19.97	1655.1			10.47	999.3	9.50	655.8		
		椴树	24382.70	4419117.7	127.20	5445.4	1062.41	133526.3	6800.32	1160784.9	16392.77	3119361.1
		杨树	2487.90	390925.8	130.08	8565.0	364.74	36084.1	814.43	120492.2	1178.65	225784.5
		柳树	41.32	2967.8	17.04	243.0	11.61	917.7	3.50	459.7	9.17	1347.4
		其他软阔类	5383.38	777471.3	120.81	3526.3	841.95	90702.1	2038.88	297630.4	2381.74	385612.5
		山杨	2389.40	343881.2	259.16	17610.2	534.05	63721.7	705.48	113168.8	890.71	149380.5
		白牛槭	26.86	5338.1							26.86	5338.1
		槭树	42639.59	6739074.8	72.47	3706.3	2315.13	266467.6	13148.03	2004740.9	27103.96	4464160.0
		山槐	17.80	1863.2	2.87	34.1	6.55	523.7	8.38	1305.4		
		千金榆	246.61	39724.5			16.03	2114.2	15.38	2036.0	215.20	35574.3
		青楷槭	21.59	2332.0							21.59	2332.0
		山桃稠李	4.86	218.6			4.86	218.6				
		花曲柳	2032.66	330564.6	6.33	614.4	211.48	26761.2	970.47	142726.7	844.38	160462.3
		其他阔叶树种	31.32	1609.3	20.92	207.0	2.61	232.0			7.79	1170.3
		假色槭	12.98	1434.6					9.44	1027.0	3.54	407.6
		其他亚乔木	3.66	414.0							3.66	414.0

表 4 吉林重点国有林区乔木林各龄组面积、蓄积按起源和优势树种（组）统计表（续 16）

单位：公顷、立方米

统计单位	起源	优势树种（组）	合计		幼龄林		中龄林		近熟林		成、过熟林	
			面积	蓄积	面积	蓄积	面积	蓄积	面积	蓄积	面积	蓄积
红石林业局	天然	合计	265958.24	44863607.7	3332.40	216562.0	22112.10	2912360.5	102468.44	16930621.1	138045.30	24804064.1
		冷杉	459.05	79223.4	2.39	86.9	101.85	14813.5	106.78	23281.0	248.03	41042.0
		云杉	244.69	40825.1	31.22	2871.4	126.90	19394.9	46.25	9044.9	40.32	9513.9
		落叶松	69.70	7637.9	50.92	4370.7	18.78	3267.2				
		红松	1062.99	182608.6	37.78	3761.0	502.06	83897.7	196.70	34593.3	326.45	60356.6
		其他针叶树种	17.44	3901.1			9.61	2078.1			7.83	1823.0
		蒙古栎	50237.90	8794932.8	910.30	45420.0	6560.47	854509.5	21973.26	3798271.7	20793.87	4096731.6
		白桦	6294.47	1049520.3	168.35	10519.7	1090.20	155793.6	2985.19	485095.8	2050.73	398111.2
		枫桦	1032.41	160263.3	23.84	1422.9	38.27	5900.6	172.69	24833.3	797.61	128106.5
		水曲柳	14228.15	2471207.0	106.73	7666.4	887.99	122876.4	6278.41	1019904.6	6955.02	1320759.6
		胡桃楸	97744.70	16738850.0	1152.52	94702.8	6693.06	933536.0	42508.98	7136147.5	47390.14	8574463.7
		黄波罗	503.73	76548.3	62.62	2761.7	52.72	5355.6	199.60	29699.4	188.79	38731.6
		榆树	15325.82	2321378.0	91.75	4855.0	927.50	112223.2	3717.26	553596.1	10589.31	1650703.7
		椴树	24342.54	4409736.7	127.20	5445.4	1062.41	133526.3	6800.32	1160784.9	16352.61	3109980.1
		杨树	1759.12	303278.5	88.69	6951.6	167.45	21708.9	599.97	94553.7	903.01	180064.3
		柳树	41.32	2967.8	17.04	243.0	11.61	917.7	3.50	459.7	9.17	1347.4
		其他软阔类	5322.67	768455.1	120.22	3518.5	804.95	85329.6	2033.22	296730.5	2364.28	382876.5
		山杨	2271.18	332343.5	259.16	17610.2	502.95	61206.1	694.61	111788.7	814.46	141738.5
		白牛槭	26.86	5338.1							26.86	5338.1
		槭树	42633.34	6738040.7	72.47	3706.3	2314.40	266407.9	13148.03	2004740.9	27098.44	4463185.6
		山槐	17.80	1863.2	2.87	34.1	6.55	523.7	8.38	1305.4		
		千金榆	246.61	39724.5			16.03	2114.2	15.38	2036.0	215.20	35574.3
		青楷槭	21.59	2332.0							21.59	2332.0
		山桃稠李	4.86	218.6			4.86	218.6				
		花曲柳	2032.66	330564.6	6.33	614.4	211.48	26761.2	970.47	142726.7	844.38	160462.3
		假色槭	12.98	1434.6					9.44	1027.0	3.54	407.6
		其他亚乔木	3.66	414.0							3.66	414.0
	人工	合计	9230.99	925381.5	2773.47	112921.2	3680.89	389304.8	1627.09	230939.2	1149.54	192216.3
		云杉	861.90	46540.0	791.39	36595.2	65.85	9274.6	4.66	670.2		
		落叶松	4487.05	528409.0	432.10	18411.6	2405.53	257900.8	1186.83	174888.0	462.59	77208.6
		红松	1437.89	81505.7	1208.52	42152.3	136.29	20919.3	17.14	2262.0	75.94	16172.1
		樟子松	628.64	71905.4	86.78	8011.4	405.11	43870.7	107.19	14362.9	29.56	5660.4
		白桦	4.70	111.8	4.70	111.8						
		水曲柳	176.51	7472.9	139.30	2795.8	13.02	851.6	5.50	927.6	18.69	2897.9
		胡桃楸	607.82	65122.3	45.50	2989.6	374.34	32856.0	54.57	7660.2	133.41	21616.5
		黄波罗	1.74	64.2	0.91	1.8			0.83	62.4		
		榆树	19.33	2369.5	1.37	23.5	1.55	77.5	9.88	1231.6	6.53	1036.9
		其他硬阔类	19.97	1655.1			10.47	999.3	9.50	655.8		
		椴树	40.16	9381.0							40.16	9381.0
		杨树	728.78	87647.3	41.39	1613.4	197.29	14375.2	214.46	25938.5	275.64	45720.2
		其他软阔类	60.71	9016.2	0.59	7.8	37.00	5372.5	5.66	899.9	17.46	2736.0
		山杨	118.22	11537.7			31.10	2515.6	10.87	1380.1	76.25	7642.0

表4 吉林重点国有林区乔木林各龄组面积、蓄积按起源和优势树种（组）统计表（续17）

单位：公顷、立方米

统计单位	起源	优势树种（组）	合计		幼龄林		中龄林		近熟林		成、过熟林	
			面积	蓄积	面积	蓄积	面积	蓄积	面积	蓄积	面积	蓄积
红石林业局	人工	槭树	6.25	1034.1			0.73	59.7			5.52	974.4
		其他阔叶树种	31.32	1609.3	20.92	207.0	2.61	232.0			7.79	1170.3
	其中：人天混	合计	2486.53	291223.0	387.62	26796.2	1178.76	125310.7	389.47	52304.8	530.68	86811.3
		云杉	135.79	11248.4	110.53	8180.2	25.26	3068.2				
		落叶松	1136.83	131207.7	80.08	2591.8	668.00	73092.0	269.55	36358.4	119.20	19165.5
		红松	259.53	34843.7	150.48	13036.2	32.99	5621.2	1.65	302.7	74.41	15883.6
		樟子松	66.06	7817.5	4.96	319.9	33.59	4310.7	24.16	2796.5	3.35	390.4
		水曲柳	35.55	4330.5	6.20	12.4	5.16	492.6	5.50	927.6	18.69	2897.9
		胡桃楸	498.48	56289.3	25.61	2025.2	302.10	27281.5	37.36	5366.1	133.41	21616.5
		黄波罗	0.83	62.4					0.83	62.4		
		榆树	19.33	2369.5	1.37	23.5	1.55	77.5	9.88	1231.6	6.53	1036.9
		其他硬阔类	19.97	1655.1			10.47	999.3	9.50	655.8		
		椴树	40.16	9381.0							40.16	9381.0
		杨树	81.03	9259.6	7.80	599.2	30.81	2419.9	14.51	2323.7	27.91	3916.8
		其他软阔类	60.71	9016.2	0.59	7.8	37.00	5372.5	5.66	899.9	17.46	2736.0
		山杨	118.22	11537.7			31.10	2515.6	10.87	1380.1	76.25	7642.0
		槭树	6.25	1034.1			0.73	59.7			5.52	974.4
		其他阔叶树种	7.79	1170.3							7.79	1170.3
白石山林业局	合计	合计	127158.12	17773879.7	16334.99	1153774.5	33823.82	4015050.9	39081.55	5642243.3	37917.76	6962811.0
		冷杉	303.06	43600.6	5.22	469.8	48.21	7052.3	93.77	12628.0	155.86	23450.5
		云杉	2313.64	156110.9	1962.11	102180.8	185.78	24212.2	39.49	5418.2	126.26	24299.7
		落叶松	9912.00	1302418.0	1209.45	63379.2	3337.88	370801.2	3273.38	464552.7	2091.29	403684.9
		红松	2932.59	343923.1	1377.33	80447.3	829.66	134088.1	394.47	67767.0	331.13	61620.7
		樟子松	1726.75	174116.3	260.59	8488.2	998.48	105798.5	434.91	56239.7	32.77	3589.9
		其他针叶树种	13.84	562.0	10.99	403.3	2.85	158.7				
		蒙古栎	14782.14	2250423.0	965.41	60679.5	2885.08	331156.4	5950.35	892281.9	4981.30	966305.2
		白桦	7533.57	885209.0	1041.78	76642.4	3761.58	423588.1	2155.44	292358.6	574.77	92619.9
		枫桦	3017.45	556654.0	61.24	4168.7	464.09	52704.7	39.67	5714.5	2452.45	494066.1
		黑桦	1.30	127.5					1.30	127.5		
		水曲柳	10869.16	1498436.5	493.24	43455.2	2970.24	357189.9	4777.73	664017.8	2627.95	433773.6
		胡桃楸	42731.43	5782436.6	7318.32	587564.3	13815.38	1718918.9	13484.35	2005438.0	8113.38	1470515.4
		黄波罗	75.85	11006.6	16.78	2692.5	4.29	669.6	32.62	3768.0	22.16	3876.5
		榆树	2772.51	437682.4	41.16	3259.5	277.28	26531.8	235.84	28078.7	2218.23	379812.4
		其他硬阔类	204.81	22048.2	97.46	6266.8	76.25	9033.3	15.74	2754.5	15.36	3993.6
		椴树	10968.54	1949025.5	179.87	17797.9	837.90	103038.4	2478.39	357717.9	7472.38	1470471.3
		杨树	6917.49	899431.2	380.06	22474.9	1885.83	185090.8	2425.81	324474.4	2225.79	367391.1
		柳树	61.87	3898.6	22.25	1686.4	5.68	456.8	33.94	1755.4		
		其他软阔类	1595.57	173889.6	727.21	59193.9	493.32	61796.3	343.52	47702.4	31.52	5197.0
		山杨	2107.35	267685.8	49.24	3633.2	392.77	35212.0	828.10	110749.3	837.24	118091.3
		槭树	6300.27	1012859.0	113.99	8865.7	548.15	67298.9	2030.21	296642.5	3607.92	640051.9
		山槐	0.98	25.0	0.98	25.0						
		千金榆	7.53	1621.2					7.53	1621.2		

表 4 吉林重点国有林区乔木林各龄组面积、蓄积按起源和优势树种（组）统计表（续 18）

单位：公顷、立方米

统计单位	起源	优势树种（组）	合计		幼龄林		中龄林		近熟林		成、过熟林	
			面积	蓄积	面积	蓄积	面积	蓄积	面积	蓄积	面积	蓄积
白石山林业局	合计	花楷槭	4.99	435.1					4.99	435.1		
		其他阔叶树种	3.43	254.0	0.31		3.12	254.0				
	天然	合计	103891.23	15136309.0	8619.32	677067.8	27132.97	3254450.3	33856.95	4908571.1	34281.99	6296219.8
		冷杉	297.84	43130.8			48.21	7052.3	93.77	12628.0	155.86	23450.5
		云杉	450.01	49282.7	197.43	9319.9	96.12	12286.1	30.20	3377.0	126.26	24299.7
		落叶松	1274.78	181646.7	139.95	12097.3	654.29	94372.6	351.50	53075.5	129.04	22101.3
		红松	824.32	125915.8	205.70	22304.9	174.31	23050.9	121.94	20598.5	322.37	59961.5
		樟子松	22.86	2369.3	19.60	1998.4	3.26	370.9				
		其他针叶树种	2.85	158.7			2.85	158.7				
		蒙古栎	14782.14	2250423.0	965.41	60679.5	2885.08	331156.4	5950.35	892281.9	4981.30	966305.2
		白桦	7532.10	885191.7	1040.31	76625.1	3761.58	423588.1	2155.44	292358.6	574.77	92619.9
		枫桦	3017.45	556654.0	61.24	4168.7	464.09	52704.7	39.67	5714.5	2452.45	494066.1
		黑桦	1.30	127.5					1.30	127.5		
		水曲柳	10525.17	1462666.4	330.74	30915.1	2810.94	337110.5	4755.54	660867.2	2627.95	433773.6
		胡桃楸	39491.18	5462909.3	5131.73	415112.7	13002.25	1612757.7	13263.07	1967796.0	8094.13	1467242.9
		黄波罗	54.78	7644.5					32.62	3768.0	22.16	3876.5
		榆树	2740.12	433749.2	37.28	3158.7	269.09	25747.4	215.52	25030.7	2218.23	379812.4
		椴树	10755.38	1918271.5	148.05	15620.2	740.90	93334.5	2471.20	357160.3	7395.23	1452156.5
		杨树	3727.66	481297.3	181.48	13065.3	1292.85	140778.2	1526.49	210491.8	726.84	116962.0
		柳树	61.87	3898.6	22.25	1686.4	5.68	456.8	33.94	1755.4		
		其他软阔类	58.53	4509.6	29.29	913.1	12.46	848.9	1.40	133.0	15.38	2614.6
		山杨	2018.25	255678.8	44.54	3515.7	371.34	32529.5	770.27	102708.4	832.10	116925.2
		槭树	6239.14	1008702.3	63.34	5861.8	537.67	66146.1	2030.21	296642.5	3607.92	640051.9
		山槐	0.98	25.0	0.98	25.0						
		千金榆	7.53	1621.2					7.53	1621.2		
		花楷槭	4.99	435.1					4.99	435.1		
	人工	合计	23266.89	2637570.7	7715.67	476706.7	6690.85	760600.6	5224.60	733672.2	3635.77	666591.2
		冷杉	5.22	469.8	5.22	469.8						
		云杉	1863.63	106828.2	1764.68	92860.9	89.66	11926.1	9.29	2041.2		
		落叶松	8637.22	1120771.3	1069.50	51281.9	2683.59	276428.6	2921.88	411477.2	1962.25	381583.6
		红松	2108.27	218007.3	1171.63	58142.4	655.35	111037.2	272.53	47168.5	8.76	1659.2
		樟子松	1703.89	171747.0	240.99	6489.8	995.22	105427.6	434.91	56239.7	32.77	3589.9
		其他针叶树种	10.99	403.3	10.99	403.3						
		白桦	1.47	17.3	1.47	17.3						
		水曲柳	343.99	35770.1	162.50	12540.1	159.30	20079.4	22.19	3150.6		
		胡桃楸	3240.25	319527.3	2186.59	172451.6	813.13	106161.2	221.28	37642.0	19.25	3272.5
		黄波罗	21.07	3362.1	16.78	2692.5	4.29	669.6				
		榆树	32.39	3933.2	3.88	100.8	8.19	784.4	20.32	3048.0		
		其他硬阔类	204.81	22048.2	97.46	6266.8	76.25	9033.3	15.74	2754.5	15.36	3993.6
		椴树	213.16	30754.0	31.82	2177.7	97.00	9703.9	7.19	557.6	77.15	18314.8
		杨树	3189.83	418133.9	198.58	9409.6	592.98	44312.6	899.32	113982.6	1498.95	250429.1
		其他软阔类	1537.04	169380.0	697.92	58280.8	480.86	60947.4	342.12	47569.4	16.14	2582.4

表 4　吉林重点国有林区乔木林各龄组面积、蓄积按起源和优势树种（组）统计表（续 19）

单位：公顷、立方米

统计单位	起源	优势树种（组）	合计		幼龄林		中龄林		近熟林		成、过熟林	
			面积	蓄积	面积	蓄积	面积	蓄积	面积	蓄积	面积	蓄积
白石山林业局	人工	山杨	89.10	12007.0	4.70	117.5	21.43	2682.5	57.83	8040.9	5.14	1166.1
		槭树	61.13	4156.7	50.65	3003.9	10.48	1152.8				
		其他阔叶树种	3.43	254.0	0.31		3.12	254.0				
	其中：人天混	合计	9948.94	1098580.2	3982.60	299870.1	2891.36	329499.9	2130.28	296048.4	944.70	173161.8
		冷杉	5.22	469.8	5.22	469.8						
		云杉	204.80	9114.8	196.85	7204.8			7.95	1910.0		
		落叶松	2336.43	312960.7	153.29	8104.3	571.65	57224.2	998.44	132422.8	613.05	115209.4
		红松	511.12	56456.3	276.32	21572.1	198.98	29043.3	35.82	5840.9		
		樟子松	227.70	19037.7	44.22	1627.1	137.55	11158.7	45.93	6251.9		
		水曲柳	312.56	34611.9	136.29	11860.8	154.88	19756.5	21.39	2994.6		
		胡桃楸	3080.57	302275.8	2134.99	169173.1	720.08	94271.7	206.25	35558.5	19.25	3272.5
		黄波罗	20.02	3321.1	15.73	2651.5	4.29	669.6				
		榆树	32.39	3933.2	3.88	100.8	8.19	784.4	20.32	3048.0		
		其他硬阔类	204.81	22048.2	97.46	6266.8	76.25	9033.3	15.74	2754.5	15.36	3993.6
		椴树	213.16	30754.0	31.82	2177.7	97.00	9703.9	7.19	557.6	77.15	18314.8
		杨树	1118.09	119076.4	133.26	7259.1	409.78	32928.9	371.30	49099.3	203.75	29789.1
		其他软阔类	1537.04	169380.0	697.92	58280.8	480.86	60947.4	342.12	47569.4	16.14	2582.4
		山杨	80.78	10729.6	4.70	117.5	18.25	2571.2	57.83	8040.9		
		槭树	61.13	4156.7	50.65	3003.9	10.48	1152.8				
		其他阔叶树种	3.12	254.0			3.12	254.0				

说明：（1）①本表中人工林合计中含《东北内蒙古重点国有林区森林资源规划设计调查技术规定》中起源为“人天混”数据；
②同时保留起源为“人天混”的统计结果明细；
（2）本表对蓄积量较小的树种进行了适当归并。

表 5 吉林重点国有林区国家级公益林面积按地类和保护等级统计表

单位：公顷

统计单位	保护等级	总计	林地													其他土地
			合计	乔木林地	灌木林地		未成林造林地	苗圃地	疏林地	无立木林地				宜林地	林业辅助生产用地	
					小计	其中：特殊灌木林地				小计	采伐迹地	火烧迹地	其他无立木林地			
吉林森工	合计	153752.24	153552.60	153089.64			140.30			95.87	8.66		87.21	87.94	138.85	199.64
	一级	114321.91	114321.91	114171.67			125.12			18.02	2.56		15.46	2.72	4.38	
	二级	39430.33	39230.69	38917.97			15.18			77.85	6.10		71.75	85.22	134.47	199.64
临江林业局	合计	9420.00	9223.40	8924.60			10.00			74.70	6.10		68.60	80.20	133.90	196.60
	二级	9420.00	9223.40	8924.60			10.00			74.70	6.10		68.60	80.20	133.90	196.60
湾沟林业局	合计	4142.78	4142.78	4142.78												
	一级	2713.07	2713.07	2713.07												
	二级	1429.71	1429.71	1429.71												
三岔子林业局	合计	40642.73	40642.73	40619.28			3.20			15.87	2.56		13.31		4.38	
	一级	39201.93	39201.93	39178.48			3.20			15.87	2.56		13.31		4.38	
	二级	1440.80	1440.80	1440.80												
松江河林业局	合计	22152.87	22149.83	22027.26			118.34			3.15			3.15	0.51	0.57	3.04
	一级	9287.41	9287.41	9171.47			115.94									
	二级	12865.46	12862.42	12855.79			2.40			3.15			3.15	0.51	0.57	3.04
泉阳林业局	合计	15311.70	15311.70	15301.03			5.80			2.15			2.15	2.72		
	一级	15311.70	15311.70	15301.03			5.80			2.15			2.15	2.72		
露水河林业局	合计	16573.15	16573.15	16565.88			2.76							4.51		
	一级	9113.57	9113.57	9113.57												
	二级	7459.58	7459.58	7452.31			2.76							4.51		
红石林业局	合计	44453.03	44453.03	44452.83			0.20									
	一级	38694.23	38694.23	38694.05			0.18									
	二级	5758.80	5758.80	5758.78			0.02									
白石山林业局	合计	1055.98	1055.98	1055.98												
	二级	1055.98	1055.98	1055.98												

表 6　吉林重点国有林区用材林各龄级面积、蓄积按优势树种和可及度统计表

单位：公顷、立方米

统计单位	优势树种	可及度	合计		Ⅰ龄级		Ⅱ龄级		Ⅲ龄级		Ⅳ龄级		Ⅴ龄级		Ⅵ龄级		Ⅶ龄级		Ⅷ以上龄级	
			面积	蓄积	面积	蓄积	面积	蓄积	面积	蓄积	面积	蓄积	面积	蓄积	面积	蓄积	面积	蓄积	面积	蓄积
吉林森工	合计	合计	663227.33	102201781.5	12576.38	434101.4	38465.06	3472573.4	114130.60	15338074.9	197118.42	30935125.6	123733.93	20553413.8	93991.29	15952522.0	51382.66	9342317.3	31828.99	6173653.1
		即可及	220942.14	38037335.7									93566.67	15727016.9	69870.10	11730726.3	36555.78	6565493.8	20949.59	4014098.7
		将可及	73258.70	12835919.6									27443.61	4373575.4	21990.18	3853922.1	13645.83	2577806.0	10179.08	2030616.1
		不可及	6736.03	1148650.9									2723.65	452821.5	2131.01	367873.6	1181.05	199017.5	700.32	128938.3
	冷杉	合计	16560.92	2874170.9	81.35	4952.1	553.22	79872.5	1679.64	298000.2	2644.19	454653.3	6176.41	1101216.5	4435.38	768836.2	612.12	105330.5	378.61	61309.6
		即可及	10767.89	1884655.8									5547.60	991408.6	4279.57	733956.5	603.32	104411.7	337.40	54879.0
		将可及	711.40	126526.6									513.48	86098.7	147.91	33078.5	8.80	918.8	41.21	6430.6
		不可及	123.23	25510.4									115.33	23709.2	7.90	1801.2				
	云杉	合计	30264.90	4041183.3	5666.51	191648.4	7733.16	777468.9	2800.78	436396.1	3556.20	627324.1	1825.23	304409.6	2058.31	371824.7	3460.39	643479.9	3164.32	688631.6
		即可及	8729.03	1665664.6									1441.61	245229.3	1620.57	294338.0	3061.80	571427.9	2605.05	554669.4
		将可及	1615.76	313852.6									359.12	55670.0	298.78	52168.4	398.59	72052.0	559.27	133962.2
		不可及	163.46	28828.6									24.50	3510.3	138.96	25318.3				
	落叶松	合计	62378.20	9734963.4	414.08	18270.3	5527.58	451775.7	21984.05	3087286.3	16911.44	2869037.7	12184.66	2309918.2	3762.63	708139.9	1034.48	184744.3	559.28	105791.0
		即可及	15000.54	2812987.9									10128.78	1903449.2	3477.25	650660.7	835.23	153087.0	559.28	105791.0
		将可及	2353.25	463149.6									1953.86	388494.4	249.50	50136.8	149.89	24518.4		
		不可及	187.26	32455.9									102.02	17974.6	35.88	7342.4	49.36	7138.9		
	红松	合计	33995.35	5599057.2	2796.09	49010.3	1952.73	171993.3	2094.50	334531.3	4200.43	709021.8	2579.45	402161.7	5755.53	979459.2	7091.51	1342650.4	7525.11	1610229.2
		即可及	14319.91	2655926.6									1617.96	253363.2	3885.72	657523.8	5224.18	995451.8	3592.05	749587.8
		将可及	8473.15	1649169.7									841.84	126408.9	1838.60	315812.8	1867.33	347198.6	3925.38	859749.4
		不可及	158.54	29404.2									119.65	22389.6	31.21	6122.6			7.68	892.0
	樟子松	合计	3312.78	399822.9	38.78	991.2	474.89	28937.3	2149.65	270578.0	561.48	84314.1	73.42	12406.4	12.76	2337.9	1.80	258.0		
		即可及	54.64	9865.8									42.37	7623.8	10.47	1984.0	1.80	258.0		
		将可及	13.89	2426.7									11.60	2072.8	2.29	353.9				
		不可及	19.45	2709.8									19.45	2709.8						
	其他松类	合计	80.58	8915.9	36.90	1545.8	12.10	934.5	9.10	1911.0	12.46	2236.8	4.22	666.9			5.80	1620.9		
		即可及	5.80	1620.9													5.80	1620.9		
		将可及	4.22	666.9									4.22	666.9						
	蒙古栎	合计	42038.16	7088489.1	209.28	14386.5	862.82	68523.4	6992.67	993385.7	17670.72	2922672.3	8090.94	1470152.7	4451.49	830813.0	3097.34	638768.3	662.90	149787.2
		即可及	11289.39	2092898.2									6376.41	1163529.3	2643.50	476025.8	1998.77	391392.9	270.71	61950.2
		将可及	4755.74	947329.1									1575.55	280940.0	1725.51	337650.4	1062.49	240901.7	392.19	87837.0
		不可及	257.54	49293.9									138.98	25683.4	82.48	17136.8	36.08	6473.7		
	白桦	合计	104435.23	15889960.6	333.96	5377.4	2327.64	159601.6	9907.43	1010324.3	22670.58	3369439.4	23993.46	3649985.5	28102.86	4636824.8	9852.37	1753889.1	7246.93	1304518.5
		即可及	56832.77	9378235.4									18597.59	2879777.2	24068.58	3962870.8	8213.40	1471766.4	5953.20	1063821.0
		将可及	10844.82	1681818.4									5090.95	729814.6	3230.87	518277.1	1496.05	257439.0	1026.95	176287.7
		不可及	1518.03	285164.1									304.92	40393.7	803.41	155676.9	142.92	24683.7	266.78	64409.8
	枫桦	合计	14544.78	2191067.3	285.56	21690.9	2091.82	214073.2	3441.36	474955.3	3745.29	590700.2	2025.85	315742.1	941.29	145053.9	749.90	161842.4	1263.71	267009.3
		即可及	3218.11	574388.6									1154.60	185832.8	577.49	84358.0	351.80	69857.9	1134.22	234339.9
		将可及	1654.50	296128.9									802.89	120078.8	353.22	59471.0	368.90	83909.7	129.49	32669.4
		不可及	108.14	19130.2									68.36	9830.5	10.58	1224.9	29.20	8074.8		
	水曲柳	合计	42597.39	6233097.2	651.97	17091.6	2175.70	169351.1	7056.83	893992.5	19077.46	2837946.9	8057.55	1325895.7	3744.14	647160.1	1402.69	239713.3	431.05	101946.0
		即可及	8256.51	1416866.1									5103.31	858823.5	2036.16	353857.7	945.49	160764.9	171.55	43420.0

表 6 吉林重点国有林区用材林各龄级面积、蓄积按优势树种和可及度统计表（续 1）

单位：公顷、立方米

统计单位	优势树种	可及度	合计		Ⅰ龄级		Ⅱ龄级		Ⅲ龄级		Ⅳ龄级		Ⅴ龄级		Ⅵ龄级		Ⅶ龄级		Ⅷ以上龄级	
			面积	蓄积	面积	蓄积	面积	蓄积	面积	蓄积	面积	蓄积	面积	蓄积	面积	蓄积	面积	蓄积	面积	蓄积
吉林森工	水曲柳	将可及	5057.88	851366.0									2664.61	423982.7	1676.57	289908.9	457.20	78948.4	259.50	58526.0
		不可及	321.04	46483.0									289.63	43089.5	31.41	3393.5				
	胡桃楸	合计	122716.35	18705191.8	1209.69	74341.3	8841.56	885048.2	29247.84	4051348.6	50281.04	7910806.5	21008.77	3606036.8	8586.95	1517146.1	3335.45	624445.8	205.05	36018.5
		即可及	22929.01	3958610.3									15285.17	2621966.2	5491.23	947182.6	2075.14	377471.0	77.47	11990.5
		将可及	9069.56	1618245.2									5040.71	855042.9	2818.16	522898.5	1083.11	216275.8	127.58	24028.0
		不可及	1137.65	206791.7									682.89	129027.7	277.56	47065.0	177.20	30699.0		
	黄波罗	合计	2108.49	307749.8	19.71	333.1	283.81	26472.5	721.35	107630.4	758.25	120491.4	193.39	29045.0	62.71	10849.3	39.20	6352.1	30.07	6576.0
		即可及	127.99	19290.1									82.36	12323.2	31.50	5806.9	14.13	1160.0		
		将可及	167.31	26956.3									111.03	16721.8	31.21	5042.4	25.07	5192.1		
		不可及	30.07	6576.0															30.07	6576.0
	榆树	合计	23005.33	3366072.6	9.65	153.2	259.02	20195.7	582.75	60377.7	2560.13	330503.2	3165.32	423334.5	6233.84	912643.2	3281.61	510511.2	6913.01	1108353.9
		即可及	14027.77	2164278.8									2400.19	325757.3	4796.90	705074.6	2327.27	375617.3	4503.41	757829.6
		将可及	4707.63	680995.4									710.17	92078.7	1081.99	165175.1	872.75	124339.7	2042.72	299401.9
		不可及	858.38	109568.6									54.96	5498.5	354.95	42393.5	81.59	10554.2	366.88	51122.4
	椴树	合计	15089.46	2887561.2	37.81	1289.5	16.57	706.1	345.79	51471.2	1472.04	246101.9	2801.39	497697.9	6410.91	1210033.9	2641.93	557691.6	1363.02	322569.1
		即可及	5729.49	1152628.7									1479.12	274829.1	2757.18	530946.9	1121.27	249075.6	371.92	97777.1
		将可及	7487.76	1435363.8									1322.27	222868.8	3653.73	679087.0	1520.66	308616.0	991.10	224792.0
	紫椴	合计	47934.62	7630841.0	96.30	4473.1	493.36	49557.8	5706.01	774941.4	18953.16	2923193.0	12018.26	2017867.9	6570.55	1101986.6	3831.87	716487.0	265.11	42334.2
		即可及	15376.25	2583260.1									8850.74	1512593.3	4275.87	695208.2	2136.51	359154.0	113.13	16304.6
		将可及	6724.58	1187883.5									2884.21	455768.8	2131.87	375875.3	1556.52	330209.8	151.98	26029.6
		不可及	584.96	107532.1									283.31	49505.8	162.81	30903.1	138.84	27123.2		
	糠椴	合计	1577.49	245696.9	1.62	187.7	70.55	9046.7	249.56	34768.6	515.08	77536.8	320.38	52687.2	261.14	41197.8	116.47	21614.5	42.69	8657.6
		即可及	604.06	100808.1									287.01	48342.9	219.21	34215.7	97.84	18249.5		
		将可及	121.11	20894.9									33.37	4344.3	41.93	6982.1	18.63	3365.0	27.18	6203.5
		不可及	15.51	2454.1															15.51	2454.1
	杨树	合计	22973.12	3315415.7	165.73	7547.9	1852.80	146412.9	6225.94	715975.0	5758.48	876457.2	2417.42	368392.2	3144.26	554700.2	2818.51	517832.5	589.98	128097.8
		即可及	6364.36	1141098.2									1785.23	277029.8	2377.46	436607.1	1720.80	321160.5	480.87	106300.8
		将可及	2385.72	392738.7									610.21	87324.1	759.91	117221.3	906.49	166396.3	109.11	21797.0
		不可及	220.09	35185.8									21.98	4038.3	6.89	871.8	191.22	30275.7		
	大青杨	合计	16689.67	2522780.8	97.30	2961.2	1053.73	60182.3	3492.33	453969.3	3946.06	640464.4	2151.87	344315.6	2262.41	384861.9	3526.32	608109.2	159.65	27916.9
		即可及	6662.63	1101832.6									1738.72	274286.2	1904.74	320233.4	2859.52	479396.1	159.65	27916.9
		将可及	1077.91	202441.8									236.54	39946.5	282.17	52508.7	559.20	109986.6		
		不可及	359.71	60929.2									176.61	30082.9	75.50	12119.8	107.60	18726.5		
	香杨	合计	22.83	4326.6											16.33	3105.6	6.50	1221.0		
		即可及	6.50	1221.0													6.50	1221.0		
		将可及	16.33	3105.6											16.33	3105.6				
	柳树	合计	720.92	73359.8	64.15	266.5	171.57	9333.0	255.47	29025.6	109.73	15554.9	43.42	6540.6			76.58	12639.2		
		即可及	46.57	6843.6									43.42	6540.6			3.15	303.0		
		将可及	73.43	12336.2													73.43	12336.2		
	其他软阔类	合计	2981.98	398917.5	19.68	1.3	74.93	3239.4	368.61	34072.0	776.29	108099.3	1064.13	151119.4	366.36	50559.7	110.60	17585.6	201.38	34240.8
		即可及	1425.96	211979.6									833.39	121116.5	327.61	45459.8	100.30	16977.5	164.66	28425.8
		将可及	308.86	39578.5									223.09	28055.5	38.75	5099.9	10.30	608.1	36.72	5815.0

表 6　吉林重点国有林区用材林各龄级面积、蓄积按优势树种和可及度统计表（续 2）

单位：公顷、立方米

统计单位	优势树种	可及度	合计		Ⅰ龄级		Ⅱ龄级		Ⅲ龄级		Ⅳ龄级		Ⅴ龄级		Ⅵ龄级		Ⅶ龄级		Ⅷ以上龄级	
			面积	蓄积	面积	蓄积	面积	蓄积	面积	蓄积	面积	蓄积	面积	蓄积	面积	蓄积	面积	蓄积	面积	蓄积
吉林森工	其他软阔类	不可及	7.65	1947.4									7.65	1947.4						
	山杨	合计	15968.36	2509550.8	221.30	15387.9	1177.48	106865.0	5349.19	813462.6	5271.11	922322.9	1516.09	262958.3	957.23	158236.3	1411.64	220220.1	64.32	10097.7
		即可及	2768.91	469361.3									1079.97	197048.6	763.17	129298.2	867.77	133990.4	58.00	9024.1
		将可及	1001.86	151344.0									436.12	65909.7	153.32	21685.4	406.10	62675.3	6.32	1073.6
		不可及	178.51	30807.1											40.74	7252.7	137.77	23554.4		
	毛赤杨	合计	29.87	1936.4			11.16	437.9	3.17	223.9							15.54	1274.6		
		即可及	15.54	1274.6													15.54	1274.6		
	槭树	合计	39371.60	5931995.8	60.61	2084.0	252.92	24539.4	3261.93	388806.3	15322.34	2244975.2	11612.33	1834847.5	5575.04	879248.2	2753.93	435208.4	532.50	122286.8
		即可及	15571.87	2502501.6									9333.08	1506026.7	4071.06	631683.2	1872.24	292960.9	295.49	71830.8
		将可及	4428.52	704694.5									1965.84	285390.5	1433.25	238313.9	792.42	130534.1	237.01	50456.0
		不可及	473.41	64394.8									313.41	43430.3	70.73	9251.1	89.27	11713.4		
	山槐	合计	55.99	5641.0	0.98	25.0	19.03	1842.9	18.40	2249.6	0.80	64.3	4.30	215.0	12.48	1244.2				
		即可及	16.78	1459.2									4.30	215.0	12.48	1244.2				
	千金榆	合计	166.36	21162.1					11.47	1319.7	11.91	1509.2	52.89	7077.8	47.95	5507.0	4.72	855.8	37.42	4892.6
		即可及	92.79	12308.6									26.60	3901.5	38.80	4546.7	4.72	855.8	22.67	3004.6
		将可及	50.19	6024.6									26.29	3176.3	9.15	960.3			14.75	1888.0
	暴马丁香	合计	19.08	3415.3											19.08	3415.3				
		即可及	19.08	3415.3											19.08	3415.3				
	青楷槭	合计	51.68	5851.1							2.61	309.4	39.37	3307.2	2.50	434.5			7.20	1800.0
		即可及	49.07	5541.7									39.37	3307.2	2.50	434.5			7.20	1800.0
	花楷槭	合计	1.30	58.5					1.30	58.5										
	稠李	合计	19.32	1542.9					3.41	245.0	1.70	93.5	14.21	1204.4						
		将可及	14.21	1204.4									14.21	1204.4						
	山桃稠李	合计	120.98	16550.5			5.72	510.8	56.78	7756.4	36.78	6319.2	12.68	1108.1	7.81	695.2			1.21	160.8
		即可及	13.26	1140.2									7.06	675.2	6.20	465.0				
		将可及	8.44	823.9									5.62	432.9	1.61	230.2			1.21	160.8
	山丁子	合计	15.01	1314.6	1.96		0.56		3.23	301.9	3.60	619.2	5.66	393.5						
		即可及	5.66	393.5									5.66	393.5						
	水榆花楸	合计	14.26	2994.3									5.81	1082.4	8.45	1911.9				
		将可及	14.26	2994.3									5.81	1082.4	8.45	1911.9				
	花曲柳	合计	677.67	118296.3					18.62	2175.9	220.83	33447.5	210.82	42950.6	111.25	16509.4	56.95	11234.6	59.20	11978.3
		即可及	433.12	81706.2									210.82	42950.6	106.15	15542.7	56.95	11234.6	59.20	11978.3
		将可及	5.10	966.7											5.10	966.7				
	钻天柳	合计	49.11	4653.2	1.71		21.50	2451.2	12.40	1014.0					13.50	1188.0				
		即可及	13.50	1188.0											13.50	1188.0				
	假色槭	合计	176.53	25491.8			3.56	40.6			11.43	1455.5	20.72	3005.7	36.25	4826.9	11.90	1384.4	92.67	14778.7
		即可及	64.17	8749.2									20.72	3005.7	36.25	4826.9			7.20	916.6
		将可及	83.97	11762.5													11.90	1384.4	72.07	10378.1
		不可及	13.40	3484.0															13.40	3484.0
	白牛槭	合计	82.40	11248.1					20.80	2371.2	42.00	6270.1	19.60	2606.8						
		即可及	19.60	2606.8									19.60	2606.8						
	其他亚乔木	合计	144.16	15072.4	17.00	12.2	3.17	11.6	0.24	5.4	12.80	1184.4	23.91	3064.1	19.90	1771.1	34.54	5352.6	32.60	3671.0

表6 吉林重点国有林区用材林各龄级面积、蓄积按优势树种和可及度统计表（续3）

单位：公顷、立方米

统计单位	优势树种	可及度	合计		Ⅰ龄级		Ⅱ龄级		Ⅲ龄级		Ⅳ龄级		Ⅴ龄级		Ⅵ龄级		Ⅶ龄级		Ⅷ以上龄级	
			面积	蓄积	面积	蓄积	面积	蓄积	面积	蓄积	面积	蓄积	面积	蓄积	面积	蓄积	面积	蓄积	面积	蓄积
吉林森工	其他亚乔木	即可及	83.61	10728.5									23.91	3064.1	19.90	1771.1	34.54	5352.6	5.26	540.7
		将可及	27.34	3130.3															27.34	3130.3
	水胡黄	合计	235.10	6364.9	36.70	73.0	140.40	3147.9	58.00	3144.0										
临江林业局	合计	合计	109768.40	17205096.7	3246.20	93219.7	8826.90	840669.1	16019.00	2148258.8	27948.90	4610073.9	23406.80	4136856.9	17280.90	3056863.5	8642.60	1524836.2	4397.10	794318.6
		即可及	47943.60	8507003.2									20498.00	3658669.1	15691.20	2778279.4	7919.00	1399730.7	3835.40	670324.0
		将可及	4808.10	809106.6									2776.70	455847.8	1124.10	196125.9	607.20	103168.0	300.10	53964.9
		不可及	975.70	196765.4									132.10	22340.0	465.60	82458.2	116.40	21937.5	261.60	70029.7
	冷杉	合计	5269.30	997949.3			220.60	39823.3	624.50	121082.2	1064.90	192348.7	1890.80	363208.6	1035.00	199335.9	364.30	69297.9	69.20	12852.7
		即可及	3148.40	597850.8									1797.40	343744.8	917.50	171955.4	364.30	69297.9	69.20	12852.7
		将可及	203.00	45043.1									93.40	19463.8	109.60	25579.3				
		不可及	7.90	1801.2											7.90	1801.2				
	云杉	合计	11522.00	1532419.2	1835.00	39383.1	3351.50	366460.9	1638.40	273172.8	2009.30	366977.1	1174.00	208640.9	1097.20	203005.1	326.70	61816.4	89.90	12962.9
		即可及	2190.40	405495.0									937.90	173271.4	876.10	165116.5	286.50	54144.2	89.90	12962.9
		将可及	341.00	53375.4									211.60	31859.2	89.20	13844.0	40.20	7672.2		
		不可及	156.40	27554.9									24.50	3510.3	131.90	24044.6				
	落叶松	合计	15982.90	2744157.0	40.50	1675.3	799.80	55932.1	3300.90	437119.8	5199.80	948275.0	4627.50	915430.7	1533.60	294208.6	480.80	91515.5		
		即可及	6146.20	1204739.8									4197.20	834401.4	1470.80	279269.3	478.20	91069.1		
		将可及	489.10	94864.0									423.70	79478.3	62.80	14939.3	2.60	446.4		
		不可及	6.60	1551.0									6.60	1551.0						
	红松	合计	4060.00	644649.6	390.60	2651.5	265.20	31847.9	485.30	89899.3	565.70	100067.5	340.50	55663.5	1171.80	208299.9	731.10	136261.8	109.80	19958.2
		即可及	2327.40	415126.6									340.50	55663.5	1146.00	203243.1	731.10	136261.8	109.80	19958.2
		不可及	25.80	5056.8											25.80	5056.8				
	樟子松	合计	728.20	86866.0	8.40		102.30	6150.0	349.50	39863.1	222.10	32648.6	39.20	7146.4	4.90	799.9	1.80	258.0		
		即可及	34.30	6131.5									27.60	5073.6	4.90	799.9	1.80	258.0		
		将可及	11.60	2072.8									11.60	2072.8						
	其他松类	合计	58.10	4391.3	36.90	1545.8	12.10	934.5	9.10	1911.0										
	蒙古栎	合计	4827.40	767789.4	8.70	214.8	117.20	12477.6	684.10	91835.2	2933.50	463712.3	862.80	157954.1	161.50	29696.9	59.60	11898.5		
		即可及	939.10	174311.6									750.40	139106.2	134.20	24622.7	54.50	10582.7		
		将可及	96.40	15719.4									89.70	14560.3	6.70	1159.1				
		不可及	48.40	9518.5									22.70	4287.6	20.60	3915.1	5.10	1315.8		
	白桦	合计	27893.60	4522640.1	58.30	776.2	775.80	37322.2	2292.30	207602.8	3999.10	623662.0	6543.80	1115068.0	7967.70	1397930.7	3212.20	574924.8	3044.40	565353.4
		即可及	18144.70	3206506.2									5345.30	930513.5	7293.10	1289769.8	2882.50	517584.8	2623.80	468638.1
		将可及	2234.80	356577.2									1170.00	179984.9	538.90	84650.9	310.50	52785.0	215.40	39156.4
		不可及	388.60	90193.5									28.50	4569.6	135.70	23510.0	19.20	4555.0	205.20	57558.9
	枫桦	合计	2958.30	441367.4	210.40	15788.6	499.40	64409.4	621.80	89852.1	692.20	116403.6	659.30	113496.8	216.50	29949.9	58.70	11467.0		
		即可及	767.10	126020.5									508.80	87448.2	210.30	29181.1	48.00	9391.2		
		将可及	156.70	26817.4									150.50	26048.6	6.20	768.8				
		不可及	10.70	2075.8													10.70	2075.8		
	水曲柳	合计	5963.80	911130.0	117.60	4482.9	315.20	36087.0	1204.00	168491.7	2869.20	458166.9	1179.10	200108.0	192.40	31421.6	86.30	12371.9		
		即可及	1397.90	235588.1									1119.20	191794.6	192.40	31421.6	86.30	12371.9		
		将可及	50.10	6069.2									50.10	6069.2						
		不可及	9.80	2244.2									9.80	2244.2						

表 6　吉林重点国有林区用材林各龄级面积、蓄积按优势树种和可及度统计表（续 4）

单位：公顷、立方米

统计单位	优势树种	可及度	合计		Ⅰ龄级		Ⅱ龄级		Ⅲ龄级		Ⅳ龄级		Ⅴ龄级		Ⅵ龄级		Ⅶ龄级		Ⅷ以上龄级	
			面积	蓄积	面积	蓄积	面积	蓄积	面积	蓄积	面积	蓄积	面积	蓄积	面积	蓄积	面积	蓄积	面积	蓄积
临江林业局	胡桃楸	合计	6050.70	812114.3	376.60	23223.8	1081.10	122382.4	1572.20	212838.3	2250.80	332897.8	635.20	96988.9	99.60	16678.3	15.50	2987.5	19.70	4117.3
		即可及	727.30	115100.7									598.70	91826.7	93.40	16169.2	15.50	2987.5	19.70	4117.3
		将可及	42.70	5671.3									36.50	5162.2	6.20	509.1				
	黄波罗	合计	201.20	37263.4			38.40	5665.0	54.70	9512.5	73.80	15551.0			34.30	6534.9				
		即可及	31.50	5806.9											31.50	5806.9				
		将可及	2.80	728.0											2.80	728.0				
	榆树	合计	3757.60	565896.5	0.60		53.00	3269.5	136.10	11586.1	259.60	34205.1	630.70	89857.7	1013.60	157418.3	633.70	97816.1	1030.30	171743.7
		即可及	2882.70	451253.2									494.80	71609.9	943.00	147465.3	540.30	83587.8	904.60	148590.2
		将可及	355.00	52242.7									135.90	18247.8	70.60	9953.0	65.80	9875.2	82.70	14166.7
		不可及	70.60	13339.9													27.60	4353.1	43.00	8986.8
	紫椴	合计	8386.90	1429274.0			74.80	8924.1	1015.70	149597.1	3195.00	522868.5	2817.60	502366.8	1004.00	195754.7	279.80	49762.8		
		即可及	3572.70	646391.4									2501.10	442810.0	802.70	156205.1	268.90	47376.3		
		将可及	404.70	80743.6									279.30	54001.1	114.50	24356.0	10.90	2386.5		
		不可及	124.00	20749.3									37.20	5555.7	86.80	15193.6				
	糠椴	合计	595.70	102109.2			32.60	4515.9	96.60	13925.5	204.40	35544.6	211.30	37624.4	43.80	9609.8	7.00	889.0		
		即可及	262.10	48123.2									211.30	37624.4	43.80	9609.8	7.00	889.0		
	大青杨	合计	7587.20	1085735.1	60.70	1842.0	594.00	22847.0	1170.30	134762.4	1449.20	219400.1	1082.90	160606.1	1198.00	195922.7	2032.10	350354.8		
		即可及	3980.10	647028.2									992.60	146025.6	1063.90	173313.5	1923.60	327689.1		
		将可及	269.80	48437.5									87.50	13958.9	103.60	18186.7	78.70	16291.9		
		不可及	63.10	11417.9									2.80	621.6	30.50	4422.5	29.80	6373.8		
	柳树	合计	153.50	13656.0	11.70		54.60	3301.9	59.90	5184.5	10.20	1835.1	17.10	3334.5						
		即可及	17.10	3334.5									17.10	3334.5						
	其他软阔类	合计	54.60	4750.4	3.10		2.00	50.0	11.30	976.9	10.10	929.5	21.80	1546.0	0.30	118.2			6.00	1129.8
		即可及	25.80	2034.0									21.80	1546.0					4.00	488.0
		将可及	2.30	760.0											0.30	118.2			2.00	641.8
	山杨	合计	2140.50	301372.7	49.30	1546.2	256.70	12795.5	429.90	54334.8	440.20	70720.2	286.80	51958.0	391.30	64509.5	286.30	45508.5		
		即可及	823.00	141392.6									286.80	51958.0	352.20	58661.6	184.00	30773.0		
		将可及	91.00	12805.0											12.70	1333.5	78.30	11471.5		
		不可及	50.40	7778.4											26.40	4514.4	24.00	3264.0		
	槭树	合计	1037.70	152020.7	1.10	16.5	22.10	1328.2	117.00	19814.3	430.40	62936.6	351.40	51878.6	60.90	9725.2	54.80	6321.3		
		即可及	427.90	62867.4									320.50	47675.8	60.90	9725.2	46.50	5466.4		
		将可及	39.20	5057.7									30.90	4202.8			8.30	854.9		
	山槐	合计	23.50	2528.9					18.40	2249.6	0.80	64.3	4.30	215.0						
		即可及	4.30	215.0									4.30	215.0						
	青楷槭	合计	7.20	1800.0															7.20	1800.0
		即可及	7.20	1800.0															7.20	1800.0
	花楷槭	合计	1.30	58.5					1.30	58.5										
	稠李	合计	7.70	831.4							1.70	93.5	6.00	737.9						
		将可及	6.00	737.9									6.00	737.9						
	山桃稠李	合计	72.50	11327.5			5.40	507.6	34.50	6059.1	21.30	3876.6	5.10	419.2	6.20	465.0				
		即可及	11.30	884.2									5.10	419.2	6.20	465.0				
	山丁子	合计	3.60	619.2							3.60	619.2								

表 6 吉林重点国有林区用材林各龄级面积、蓄积按优势树种和可及度统计表（续 5）

单位：公顷、立方米

统计单位	优势树种	可及度	合计		Ⅰ龄级		Ⅱ龄级		Ⅲ龄级		Ⅳ龄级		Ⅴ龄级		Ⅵ龄级		Ⅶ龄级		Ⅷ以上龄级	
			面积	蓄积	面积	蓄积	面积	蓄积	面积	蓄积	面积	蓄积	面积	蓄积	面积	蓄积	面积	蓄积	面积	蓄积
临江林业局	钻天柳	合计	33.50	2670.2			7.60	468.2	12.40	1014.0					13.50	1188.0				
		即可及	13.50	1188.0											13.50	1188.0				
	假色槭	合计	50.40	8325.3			3.00	21.0							14.90	2519.3	11.90	1384.4	20.60	4400.6
		即可及	22.10	3435.9											14.90	2519.3			7.20	916.6
		将可及	11.90	1384.4													11.90	1384.4		
		不可及	13.40	3484.0															13.40	3484.0
	白牛槭	合计	82.40	11248.1					20.80	2371.2	42.00	6270.1	19.60	2606.8						
		即可及	19.60	2606.8									19.60	2606.8						
	其他亚乔木	合计	22.00	1771.1			2.10								19.90	1771.1				
		即可及	19.90	1771.1											19.90	1771.1				
	水胡黄	合计	235.10	6364.9	36.70	73.0	140.40	3147.9	58.00	3144.0										
湾沟林业局	合计	合计	61795.03	9828225.3	894.72	39412.1	2342.54	185937.9	22325.63	3352998.2	29073.05	4987915.1	3583.68	621071.9	2677.40	482383.8	738.63	130388.0	159.38	28118.3
		即可及	4833.91	883184.4									2350.57	421968.6	2061.12	380070.7	358.43	69230.5	63.79	11914.6
		将可及	2115.91	341873.9									1085.38	171973.0	554.74	92539.7	380.20	61157.5	95.59	16203.7
		不可及	209.27	36903.7									147.73	27130.3	61.54	9773.4				
	冷杉	合计	820.30	134050.8	4.86	18.2	2.46	23.6	139.66	24225.8	59.40	7565.0	527.05	88092.4	43.01	7051.7			43.86	7074.1
		即可及	269.01	47789.9									243.46	44009.4	22.90	3137.0			2.65	643.5
		将可及	344.91	54428.3									283.59	44083.0	20.11	3914.7			41.21	6430.6
	云杉	合计	703.70	70199.9	354.43	12766.8	58.80	3682.1	70.87	11133.2	36.51	5523.4			149.94	30193.6	17.51	2606.9	15.64	4293.9
		即可及	158.81	32848.9											143.17	28555.0			15.64	4293.9
		将可及	19.63	3240.8											2.12	633.9	17.51	2606.9		
		不可及	4.65	1004.7											4.65	1004.7				
	落叶松	合计	4009.85	642831.6	37.90	2365.2	714.71	52333.5	1873.37	319377.6	1172.39	225646.8	143.22	29010.2	28.40	5499.6	39.86	8598.7		
		即可及	65.66	14237.7									21.65	4479.1	27.81	5374.0	16.20	4384.6		
		将可及	145.82	28870.8									121.57	24531.1	0.59	125.6	23.66	4214.1		
	红松	合计	1217.72	229688.7	60.15	761.7	57.35	5337.7	168.15	27893.0	637.89	140122.9	75.74	12374.5	175.83	32252.6	42.61	10946.3		
		即可及	202.33	40529.9									27.02	4923.3	150.39	28093.3	24.92	7513.3		
		将可及	65.72	11085.1									22.59	3492.8	25.44	4159.3	17.69	3433.0		
		不可及	26.13	3958.4									26.13	3958.4						
	樟子松	合计	156.48	21414.6	3.47	148.8	16.11	1077.5	76.22	10260.0	58.39	9574.4			2.29	353.9				
		将可及	2.29	353.9											2.29	353.9				
	其他松类	合计	4.22	666.9									4.22	666.9						
		将可及	4.22	666.9									4.22	666.9						
	蒙古栎	合计	7873.66	1336151.3	99.74	8588.3	190.16	16359.4	3039.98	457139.3	4076.51	756197.0	354.53	74308.1	81.69	16872.6	31.05	6686.6		
		即可及	388.19	80524.2									317.62	66211.7	43.46	8243.9	27.11	6068.6		
		将可及	29.08	6829.3									0.12	15.8	25.02	6195.5	3.94	618.0		
		不可及	50.00	10513.8									36.79	8080.6	13.21	2433.2				
	白桦	合计	2671.88	423759.0	26.81	360.7	123.34	9134.0	168.29	14036.9	873.20	133029.9	577.02	92705.0	890.14	171355.5	13.08	3137.0		
		即可及	1372.66	250037.3									549.05	89396.9	818.31	159443.3	5.30	1197.1		
		将可及	82.92	14366.8									12.17	1454.4	62.97	10972.5	7.78	1939.9		
		不可及	24.66	2793.4									15.80	1853.7	8.86	939.7				
	枫桦	合计	2998.42	464128.5	14.43	1269.0	28.46	3170.3	1272.09	183593.3	1403.04	230736.0	144.43	23490.2			135.97	21869.7		

表 6　吉林重点国有林区用材林各龄级面积、蓄积按优势树种和可及度统计表（续 6）

单位：公顷、立方米

统计单位	优势树种	可及度	合计		Ⅰ龄级		Ⅱ龄级		Ⅲ龄级		Ⅳ龄级		Ⅴ龄级		Ⅵ龄级		Ⅶ龄级		Ⅷ以上龄级	
			面积	蓄积	面积	蓄积	面积	蓄积	面积	蓄积	面积	蓄积	面积	蓄积	面积	蓄积	面积	蓄积	面积	蓄积
湾沟林业局	枫桦	即可及	178.15	27907.4									86.34	12990.0			91.81	14917.4		
		将可及	102.25	17452.5									58.09	10500.2			44.16	6952.3		
	水曲柳	合计	1571.08	232655.1	18.49	363.0	78.83	4264.2	352.96	50853.1	988.74	156515.4	109.10	17366.9			22.96	3292.5		
		即可及	23.85	3862.9									6.56	1470.1			17.29	2392.8		
		将可及	108.21	16796.5									102.54	15896.8			5.67	899.7		
	胡桃楸	合计	20788.96	3269864.6	93.75	3548.7	543.56	46851.5	8413.65	1245693.7	10878.27	1821125.8	624.41	111400.2	82.46	17348.2	152.86	23896.5		
		即可及	444.85	89638.6									335.73	67083.0	50.95	13140.7	58.17	9414.9		
		将可及	392.19	57463.3									265.99	38774.2	31.51	4207.5	94.69	14481.6		
		不可及	22.69	5543.0									22.69	5543.0						
	黄波罗	合计	1173.48	178109.8	5.80	197.1	89.40	9244.4	544.51	81806.5	460.63	75565.4	65.54	9738.3			7.60	1558.1		
		将可及	73.14	11296.4									65.54	9738.3			7.60	1558.1		
	榆树	合计	1885.60	281156.8	1.39		33.41	2125.9	50.97	4822.4	277.59	34765.1	238.28	30830.4	1051.82	171402.4	132.26	20460.3	99.88	16750.3
		即可及	900.91	142684.4									153.07	18286.2	658.38	109684.6	43.96	7736.4	45.50	6977.2
		将可及	597.87	94381.8									81.17	12150.2	374.02	59734.6	88.30	12723.9	54.38	9773.1
		不可及	23.46	2377.2									4.04	394.0	19.42	1983.2				
	紫椴	合计	7155.47	1149005.3	43.64	2860.3	166.64	17282.9	2248.49	317337.6	4233.81	722376.9	353.40	67398.9	55.36	10133.3	54.13	11615.4		
		即可及	391.17	76354.0									311.12	60098.3	39.96	6720.7	40.09	9535.0		
		将可及	14.04	2080.4													14.04	2080.4		
		不可及	57.68	10713.2									42.28	7300.6	15.40	3412.6				
	糠椴	合计	269.82	35578.8	0.52	78.1	13.97	1226.1	121.42	16626.8	113.00	14021.5	20.91	3626.3						
		即可及	20.91	3626.3									20.91	3626.3						
	大青杨	合计	1004.37	163644.2	14.11	302.0	53.98	2665.0	408.09	66786.8	466.78	82370.5	59.52	11177.0	1.89	342.9				
		即可及	34.49	6529.9									33.21	6287.1	1.28	242.8				
		将可及	26.92	4990.0									26.31	4889.9	0.61	100.1				
	柳树	合计	56.45	5684.1	8.99	55.7	8.37	74.0	39.09	5554.4										
	其他软阔类	合计	39.95	3116.7	14.14		4.85	94.4	0.21	8.3	0.98	47.2			19.77	2966.8				
		即可及	19.77	2966.8											19.77	2966.8				
	山杨	合计	4506.07	765563.0	79.13	5568.9	126.28	9031.0	2631.53	429628.0	1451.97	274995.2	89.39	22656.3	57.60	10945.7	70.17	12737.9		
		即可及	154.70	35193.2									82.09	21159.2	57.60	10945.7	15.01	3088.3		
		将可及	62.46	11146.7									7.30	1497.1			55.16	9649.6		
	槭树	合计	2740.93	403606.5	11.01	159.6	27.95	1666.9	700.92	85741.6	1852.64	293497.4	117.53	17839.6	12.31	1719.3	18.57	2982.1		
		即可及	125.66	19774.0									94.78	15072.6	12.31	1719.3	18.57	2982.1		
		将可及	22.75	2767.0									22.75	2767.0						
	山槐	合计	2.79	273.9			2.79	273.9												
	千金榆	合计	21.43	2189.6							11.91	1509.2	5.91	306.5	3.61	373.9				
		即可及	9.52	680.4									5.91	306.5	3.61	373.9				
	青楷槭	合计	41.87	3741.7									39.37	3307.2	2.50	434.5				
		即可及	41.87	3741.7									39.37	3307.2	2.50	434.5				
	山桃稠李	合计	29.59	3836.2					4.92	474.5	15.48	2442.6	7.58	688.9	1.61	230.2				
		即可及	1.96	256.0									1.96	256.0						
		将可及	7.23	663.1									5.62	432.9	1.61	230.2				
	山丁子	合计	2.52		1.96		0.56													

表6 吉林重点国有林区用材林各龄级面积、蓄积按优势树种和可及度统计表（续7）

单位：公顷、立方米

统计单位	优势树种	可及度	合计		Ⅰ龄级		Ⅱ龄级		Ⅲ龄级		Ⅳ龄级		Ⅴ龄级		Ⅵ龄级		Ⅶ龄级		Ⅷ以上龄级	
			面积	蓄积	面积	蓄积	面积	蓄积	面积	蓄积	面积	蓄积	面积	蓄积	面积	蓄积	面积	蓄积	面积	蓄积
湾沟林业局	水榆花楸	合计	14.26	2994.3									5.81	1082.4	8.45	1911.9				
		将可及	14.26	2994.3									5.81	1082.4	8.45	1911.9				
	假色槭	合计	30.00	4020.5			0.56	19.6					20.72	3005.7	8.72	995.2				
		即可及	29.44	4000.9									20.72	3005.7	8.72	995.2				
	其他亚乔木	合计	4.16	292.9					0.24	5.4	3.92	287.5								
三岔子林业局	合计	合计	117955.38	16677862.6	1579.15	58434.5	8023.26	777208.4	20233.87	2666307.3	45007.27	6585949.3	19250.19	2830838.3	12346.22	1924409.7	8207.60	1349839.0	3307.82	484876.1
		即可及	30154.84	4621612.2									13507.67	1981359.3	8795.17	1354666.7	5868.51	976598.1	1983.49	308988.1
		将可及	9029.23	1324582.1									4179.01	590378.7	2282.74	348284.0	1578.31	250480.5	989.17	135438.9
		不可及	3927.76	643768.8									1563.51	259100.3	1268.31	221459.0	760.78	122760.4	335.16	40449.1
	冷杉	合计	1628.86	238903.5	76.49	4933.9	91.20	6920.1	289.52	40671.3	450.75	73858.8	618.09	100924.1	60.01	7781.0	42.80	3814.3		
		即可及	468.94	66558.5									377.49	56260.3	57.45	7402.7	34.00	2895.5		
		将可及	136.63	22251.7									125.27	20954.6	2.56	378.3	8.80	918.8		
		不可及	115.33	23709.2									115.33	23709.2						
	云杉	合计	1966.14	229753.1	412.51	5673.3	284.28	21847.8	107.36	13381.2	733.52	124057.2	143.32	24934.9	263.97	38173.8	19.92	1552.6	1.26	132.3
		即可及	298.94	44136.5									54.39	9645.3	223.37	32806.3	19.92	1552.6	1.26	132.3
		将可及	127.12	20388.1									88.93	15289.6	38.19	5098.5				
		不可及	2.41	269.0											2.41	269.0				
	落叶松	合计	6598.51	937176.5	123.31	5588.5	468.18	33751.5	2981.36	413001.2	1239.86	195387.9	1408.26	225205.1	150.47	30511.7	205.40	32185.6	21.67	1545.0
		即可及	1348.47	220316.8									1127.18	180642.8	113.13	22994.1	86.49	15134.9	21.67	1545.0
		将可及	320.08	49475.0									249.07	39388.0	1.46	175.2	69.55	9911.8		
		不可及	117.25	19655.6									32.01	5174.3	35.88	7342.4	49.36	7138.9		
	红松	合计	2113.94	245607.4	269.42	2496.5	407.37	24764.1	128.72	19364.1	543.69	81101.6	301.49	49009.3	342.43	49642.4	120.82	19229.4		
		即可及	625.75	91449.1									178.20	24655.1	337.28	49086.2	110.27	17707.8		
		将可及	45.47	8000.8									29.77	5923.0	5.15	556.2	10.55	1521.6		
		不可及	93.52	18431.2									93.52	18431.2						
	樟子松	合计	113.49	15759.0	3.92	45.6	21.23	1676.3	30.34	4406.7	27.94	5010.9	30.06	4619.5						
		即可及	10.61	1909.7									10.61	1909.7						
		不可及	19.45	2709.8									19.45	2709.8						
	蒙古栎	合计	3919.32	574698.9	45.38	2767.8	90.45	6309.6	565.13	77281.2	2327.01	348474.7	412.07	61208.0	205.54	26361.0	273.74	52296.6		
		即可及	742.45	117147.1									301.35	43883.9	172.18	21844.5	268.92	51418.7		
		将可及	113.59	16329.0									89.15	13270.3	24.44	3058.7				
		不可及	35.31	6389.5									21.57	4053.8	8.92	1457.8	4.82	877.9		
	白桦	合计	16631.13	2425010.6	30.32	485.9	549.89	43902.8	625.26	49434.2	2862.35	406106.0	4665.11	636146.6	4882.94	793172.9	1945.28	325177.8	1069.98	170584.4
		即可及	8641.72	1279408.4									3195.35	432774.0	3292.07	499189.4	1367.35	220345.7	786.95	127099.3
		将可及	2994.91	475714.1									1287.33	178923.2	1031.92	175453.3	454.21	84703.4	221.45	36634.2
		不可及	926.68	169959.2									182.43	24449.4	558.95	118530.2	123.72	20128.7	61.58	6850.9
	枫桦	合计	5011.23	633886.1	28.84	2760.4	1502.99	142774.3	1144.98	154609.2	1516.59	223785.4	555.38	75534.0	214.02	27813.0	48.43	6609.8		
		即可及	456.53	63905.4									303.10	43518.7	147.42	19001.5	6.01	1385.2		
		将可及	283.07	34947.8									187.66	22566.4	56.02	7586.6	39.39	4794.8		
		不可及	78.23	11103.6									64.62	9448.9	10.58	1224.9	3.03	429.8		
	水曲柳	合计	10009.53	1387591.5	115.99	2918.9	538.31	64076.8	1938.69	243999.6	6025.30	865319.5	868.06	133135.8	355.79	52466.8	167.39	25674.1		
		即可及	955.37	147880.0									553.37	83383.2	247.01	40302.7	154.99	24194.1		

表6 吉林重点国有林区用材林各龄级面积、蓄积按优势树种和可及度统计表（续8）

单位：公顷、立方米

统计单位	优势树种	可及度	合计		Ⅰ龄级		Ⅱ龄级		Ⅲ龄级		Ⅳ龄级		Ⅴ龄级		Ⅵ龄级		Ⅶ龄级		Ⅷ以上龄级	
			面积	蓄积	面积	蓄积	面积	蓄积	面积	蓄积	面积	蓄积	面积	蓄积	面积	蓄积	面积	蓄积	面积	蓄积
三岔子林业局	水曲柳	将可及	292.71	43733.1									201.87	33249.2	78.44	9003.9	12.40	1480.0		
		不可及	143.16	19663.6									112.82	16503.4	30.34	3160.2				
	胡桃楸	合计	30481.24	4532416.8	317.55	22490.5	2493.75	282025.4	7330.64	1014481.9	13960.00	2081711.9	3660.25	617020.9	1919.95	347222.8	762.57	162349.2	36.53	5114.2
		即可及	4984.28	904659.0									2814.52	476548.3	1516.43	285997.8	616.80	136998.7	36.53	5114.2
		将可及	708.60	103952.0									464.66	68666.3	231.08	32731.9	12.86	2553.8		
		不可及	686.42	123096.1									381.07	71806.3	172.44	28493.1	132.91	22796.7		
	黄波罗	合计	401.33	50531.4	0.34	3.4	72.24	7687.9	111.59	15653.1	154.59	19118.5	57.37	7533.8	5.20	534.7				
		即可及	20.41	2314.1									20.41	2314.1						
		将可及	42.16	5754.4									36.96	5219.7	5.20	534.7				
	榆树	合计	6704.49	849821.2	4.50	32.2	155.90	14165.8	168.16	14576.7	834.83	94132.7	818.97	86876.3	1910.97	246496.2	757.43	102791.7	2053.73	290749.6
		即可及	3234.68	434832.6									512.20	55609.1	1209.08	153122.1	400.35	54085.5	1113.05	172015.9
		将可及	1651.65	215226.8									258.72	26694.2	401.47	58233.2	324.36	45163.9	667.10	85135.5
		不可及	654.77	76854.4									48.05	4573.0	300.42	35140.9	32.72	3542.3	273.58	33598.2
	紫椴	合计	10765.26	1486033.7	41.35	1320.5	160.40	14242.7	1353.53	166707.1	5981.49	829831.6	2288.02	327694.4	574.58	85567.4	365.89	60670.0		
		即可及	2316.05	335338.4									1669.55	236260.2	373.71	55136.6	272.79	43941.6		
		将可及	707.11	97186.1									536.25	75408.5	140.68	18194.8	30.18	3582.8		
		不可及	205.33	41407.3									82.22	16025.7	60.19	12236.0	62.92	13145.6		
	糠椴	合计	291.05	41556.6	1.10	109.6	23.98	3304.7	10.58	1850.8	109.19	14854.3	40.75	5357.4	105.45	16079.8				
		即可及	146.20	21437.2									40.75	5357.4	105.45	16079.8				
	杨树	合计	4086.96	578240.7	5.41	251.4	279.06	23435.5	502.46	52980.0	513.48	77064.2	753.90	95092.0	581.14	91077.5	1451.51	238340.1		
		即可及	2182.30	332318.9									608.16	76230.6	521.97	80553.3	1052.17	175535.0		
		将可及	399.28	59597.6									129.42	15813.6	56.62	10129.8	213.24	33654.2		
		不可及	204.97	32593.1									16.32	3047.8	2.55	394.4	186.10	29150.9		
	大青杨	合计	3595.99	553833.9	7.07	26.2	194.03	15949.3	711.12	99152.6	1100.94	181883.2	470.77	74012.8	118.74	23320.9	993.32	159488.9		
		即可及	1096.94	176746.1									251.05	39224.6	61.55	13502.2	784.34	124019.3		
		将可及	196.19	32168.3									45.91	5326.9	12.19	2121.4	138.09	24720.0		
		不可及	289.70	47908.2									173.81	29461.3	45.00	7697.3	70.89	10749.6		
	香杨	合计	16.33	3105.6											16.33	3105.6				
		将可及	16.33	3105.6											16.33	3105.6				
	柳树	合计	184.98	21622.3	1.82		61.93	2449.1	13.03	1092.6	34.77	5744.4					73.43	12336.2		
		将可及	73.43	12336.2													73.43	12336.2		
	山杨	合计	4592.69	727095.9	60.08	5920.7	449.65	49516.0	1019.03	151828.0	1741.12	308571.4	514.69	88357.4	59.23	10514.5	748.89	112387.9		
		即可及	1021.36	166754.6									406.21	72599.6	44.89	7776.2	570.26	86378.8		
		将可及	209.80	29183.7									108.48	15757.8			101.32	13425.9		
		不可及	91.65	15321.5											14.34	2738.3	77.31	12583.2		
	槭树	合计	8463.87	1099960.5	16.75	597.0	161.69	16826.7	1178.86	130168.0	4826.93	647273.3	1579.56	211075.6	503.84	64437.7	196.24	29582.2		
		即可及	1454.33	194405.2									1054.21	137084.8	310.81	41668.3	89.31	15652.1		
		将可及	561.73	75992.8									305.06	44284.6	166.74	19994.9	89.93	11713.3		
		不可及	263.58	34697.5									220.29	29706.2	26.29	2774.5	17.00	2216.8		
	山槐	合计	27.82	2811.4			15.34	1567.2							12.48	1244.2				
		即可及	12.48	1244.2											12.48	1244.2				
	千金榆	合计	71.39	8908.4									26.29	3176.3	26.33	3191.4			18.77	2540.7

表6 吉林重点国有林区用材林各龄级面积、蓄积按优势树种和可及度统计表（续9）

单位：公顷、立方米

统计单位	优势树种	可及度	合计		Ⅰ龄级		Ⅱ龄级		Ⅲ龄级		Ⅳ龄级		Ⅴ龄级		Ⅵ龄级		Ⅶ龄级		Ⅷ以上龄级	
			面积	蓄积	面积	蓄积	面积	蓄积	面积	蓄积	面积	蓄积	面积	蓄积	面积	蓄积	面积	蓄积	面积	蓄积
三岔子林业局	千金榆	即可及	35.95	4771.8											17.18	2231.1			18.77	2540.7
		将可及	35.44	4136.6									26.29	3176.3	9.15	960.3				
	暴马丁香	合计	19.08	3415.3											19.08	3415.3				
		即可及	19.08	3415.3											19.08	3415.3				
	青楷槭	合计	2.61	309.4							2.61	309.4								
	稠李	合计	8.21	466.5									8.21	466.5						
		将可及	8.21	466.5									8.21	466.5						
	山桃稠李	合计	18.89	1386.8			0.32	3.2	17.36	1222.8									1.21	160.8
		将可及	1.21	160.8															1.21	160.8
	山丁子	合计	8.89	695.4					3.23	301.9			5.66	393.5						
		即可及	5.66	393.5									5.66	393.5						
	花曲柳	合计	8.02	1109.8					2.92	143.1					5.10	966.7				
		将可及	5.10	966.7											5.10	966.7				
	假色槭	合计	96.13	13146.0							11.43	1455.5			12.63	1312.4			72.07	10378.1
		即可及	12.63	1312.4											12.63	1312.4				
		将可及	72.07	10378.1															72.07	10378.1
	其他亚乔木	合计	118.00	13008.4	17.00	12.2	1.07	11.6			8.88	896.9	23.91	3064.1			34.54	5352.6	32.60	3671.0
		即可及	63.71	8957.4									23.91	3064.1			34.54	5352.6	5.26	540.7
		将可及	27.34	3130.3															27.34	3130.3
松江河林业局	合计	合计	118816.88	19052576.3	2563.83	92273.7	5932.45	624308.0	18248.04	2493656.2	22677.48	3636091.3	22911.38	3808487.2	24067.60	4092813.9	12291.35	2316139.1	10124.75	1988806.9
		即可及	69211.62	12181048.2									22844.55	3799986.3	24011.95	4086294.0	12256.10	2310096.6	10099.02	1984671.3
		将可及	183.46	25198.9									66.83	8500.9	55.65	6519.9	35.25	6042.5	25.73	4135.6
	冷杉	合计	8147.96	1405210.3			83.69	15651.3	506.76	93460.7	961.52	163961.4	3094.49	540723.3	3161.51	536075.8	115.30	17636.5	224.69	37701.3
		即可及	6595.99	1132136.9									3094.49	540723.3	3161.51	536075.8	115.30	17636.5	224.69	37701.3
	云杉	合计	10835.78	1660905.4	1536.84	72924.7	1906.68	206061.3	811.03	114326.6	697.04	118733.2	400.82	53464.5	327.55	59463.8	2660.90	499209.0	2494.92	536722.3
		即可及	5884.19	1148859.6									400.82	53464.5	327.55	59463.8	2660.90	499209.0	2494.92	536722.3
	落叶松	合计	22545.52	3586404.2	16.21	383.0	1890.82	200415.8	8501.35	1238817.1	5264.89	862523.5	4386.57	819827.9	1715.28	320687.7	232.79	39503.2	537.61	104246.0
		即可及	6872.25	1284264.8									4386.57	819827.9	1715.28	320687.7	232.79	39503.2	537.61	104246.0
	红松	合计	6584.39	1051775.7	695.81	10971.7	178.97	21078.1	97.12	13876.6	650.52	110172.4	554.31	86595.5	1158.09	204457.0	2344.76	452181.4	904.81	152443.0
		即可及	4926.72	889634.4									554.31	86595.5	1158.09	204457.0	2309.51	446138.9	904.81	152443.0
		将可及	35.25	6042.5													35.25	6042.5		
	樟子松	合计	394.22	53687.0			60.36	5328.4	299.96	42892.5	27.34	4077.2	0.99	204.8	5.57	1184.1				
		即可及	6.56	1388.9									0.99	204.8	5.57	1184.1				
	蒙古栎	合计	4900.59	861200.0	9.06	216.6	44.66	3195.8	408.26	58189.3	877.90	148410.0	1258.63	216618.7	1333.66	241339.6	876.81	171883.6	91.61	21346.4
		即可及	3560.71	651188.3									1258.63	216618.7	1333.66	241339.6	876.81	171883.6	91.61	21346.4
	白桦	合计	35450.91	5420047.2	134.45	1556.3	187.89	12941.5	3242.75	314098.7	8059.81	1204797.9	8133.68	1215480.3	10305.54	1667962.0	3350.07	625792.9	2036.72	377417.6
		即可及	23783.30	3880072.9									8118.55	1213056.8	10291.26	1666388.8	3350.07	625792.9	2023.42	374834.4
		将可及	42.71	6579.9									15.13	2423.5	14.28	1573.2			13.30	2583.2
	枫桦	合计	1273.55	244314.1			40.10	2340.9					126.01	18020.9					1107.44	223952.3
		即可及	1221.02	240420.8									126.01	18020.9					1095.01	222399.9
		将可及	12.43	1552.4															12.43	1552.4
	水曲柳	合计	2515.22	403087.4	84.90	2481.3	65.53	4342.3	276.18	39906.4	581.98	84581.0	774.91	128622.6	572.41	110068.6	159.31	33085.2		

表 6 吉林重点国有林区用材林各龄级面积、蓄积按优势树种和可及度统计表（续 10）

单位：公顷、立方米

统计单位	优势树种	可及度	合计		Ⅰ龄级		Ⅱ龄级		Ⅲ龄级		Ⅳ龄级		Ⅴ龄级		Ⅵ龄级		Ⅶ龄级		Ⅷ以上龄级	
			面积	蓄积	面积	蓄积	面积	蓄积	面积	蓄积	面积	蓄积	面积	蓄积	面积	蓄积	面积	蓄积	面积	蓄积
松江河林业局	水曲柳	即可及	1506.63	271776.4									774.91	128622.6	572.41	110068.6	159.31	33085.2		
	胡桃楸	合计	2865.25	484461.0	10.80	310.7	303.44	44968.1	1083.11	175983.1	751.97	134881.9	433.42	80014.8	172.59	25528.7	109.92	22773.7		
		即可及	715.93	128317.2									433.42	80014.8	172.59	25528.7	109.92	22773.7		
	黄波罗	合计	23.66	1936.8									23.66	1936.8						
		即可及	23.66	1936.8									23.66	1936.8						
	榆树	合计	2788.01	469532.3	0.50		11.94	336.4	2.57	264.7	70.13	9454.5	142.16	17051.0	388.01	52389.7	409.89	67963.3	1762.81	322072.7
		即可及	2702.87	459476.7									142.16	17051.0	388.01	52389.7	409.89	67963.3	1762.81	322072.7
	椴树	合计	4861.90	920907.7	37.81	1289.5	11.81	420.1	185.64	28975.4	584.04	89123.9	1309.79	246006.2	2034.39	391768.9	570.06	131056.6	128.36	32267.1
		即可及	4022.87	798013.7									1290.06	242921.1	2034.39	391768.9	570.06	131056.6	128.36	32267.1
		将可及	19.73	3085.1									19.73	3085.1						
	紫椴	合计	2518.66	380561.5			27.75	4634.0	87.65	9589.1	217.23	37651.0	693.62	107325.0	984.72	143699.0	451.65	69750.5	56.04	7912.9
		即可及	2112.69	320748.4									661.65	104332.7	943.35	138752.3	451.65	69750.5	56.04	7912.9
		将可及	73.34	7939.0									31.97	2992.3	41.37	4946.7				
	糠椴	合计	156.32	26163.4					20.96	2365.5	52.45	8933.7	9.86	993.5	26.82	2684.5	46.23	11186.2		
		即可及	82.91	14864.2									9.86	993.5	26.82	2684.5	46.23	11186.2		
	杨树	合计	6260.23	955990.0	11.70	304.7	891.33	79393.7	1859.74	244792.4	2100.85	359057.4	292.47	56474.8	550.35	96846.8	158.19	34054.1	395.60	85066.1
		即可及	1396.61	272441.8									292.47	56474.8	550.35	96846.8	158.19	34054.1	395.60	85066.1
	大青杨	合计	1801.89	306417.7	2.24	26.6	25.81	1822.4	226.40	32061.3	385.95	69183.1	326.16	56790.2	641.27	110711.2	50.01	10202.0	144.05	25620.9
		即可及	1161.49	203324.3									326.16	56790.2	641.27	110711.2	50.01	10202.0	144.05	25620.9
	柳树	合计	211.90	24261.1			35.99	2918.5	99.52	11876.2	51.38	6392.6	25.01	3073.8						
		即可及	25.01	3073.8									25.01	3073.8						
	其他软阔类	合计	303.13	32949.5			19.89	1496.8	182.33	18453.1	48.29	5015.4	29.80	3765.2	1.82	312.6	21.00	3906.4		
		即可及	52.62	7984.2									29.80	3765.2	1.82	312.6	21.00	3906.4		
	山杨	合计	1175.09	195115.1	23.51	1808.6	114.53	13615.0	353.54	53503.6	476.91	87440.7	68.01	16212.7	113.21	19234.8			25.38	3299.7
		即可及	206.60	38747.2									68.01	16212.7	113.21	19234.8			25.38	3299.7
	毛赤杨	合计	29.87	1936.4			11.16	437.9	3.17	223.9							15.54	1274.6		
		即可及	15.54	1274.6													15.54	1274.6		
	楸树	合计	3172.83	565712.5			20.10	2909.7			817.28	131700.5	827.01	139284.7	574.81	108399.1	718.92	124679.9	214.71	58738.6
		即可及	2335.45	431102.3									827.01	139284.7	574.81	108399.1	718.92	124679.9	214.71	58738.6
泉阳林业局	合计	合计	38074.42	5217106.9	2051.94	85262.3	2449.15	192266.9	6035.37	793289.5	13844.47	2067395.4	6140.53	921001.2	4379.08	658727.1	2265.28	355407.2	908.60	143757.3
		即可及	6165.18	895647.6									2844.08	403776.3	2023.96	288742.5	943.63	144305.1	353.51	58823.7
		将可及	7526.91	1183018.8									3296.45	517224.9	2353.72	369758.2	1321.65	211102.1	555.09	84933.6
		不可及	1.40	226.4											1.40	226.4				
	冷杉	合计	106.32	12736.1			11.75	459.5			35.11	5642.9			36.96	4267.2	22.50	2366.5		
		即可及	59.46	6633.7											36.96	4267.2	22.50	2366.5		
	云杉	合计	1659.80	118655.6	877.79	39954.3	511.32	37508.6	67.03	9187.3	31.03	4422.0	74.62	13005.7	21.97	3395.0	67.92	10235.1	8.12	947.6
		即可及	125.37	20359.2									37.90	7039.3	21.97	3395.0	65.50	9924.9		
		将可及	47.26	7224.2									36.72	5966.4			2.42	310.2	8.12	947.6
	落叶松	合计	2864.62	375412.5	130.56	7904.3	475.00	37238.1	1146.41	154907.4	927.63	143892.1	106.72	17705.4	74.40	13033.4	3.90	731.8		
		即可及	51.52	7750.1									42.19	6054.7	5.43	963.6	3.90	731.8		
		将可及	133.50	23720.5									64.53	11650.7	68.97	12069.8				
	红松	合计	4983.92	677119.6	566.03	19610.6	122.60	10292.8	653.57	98694.6	1490.61	225745.7	759.92	115491.1	858.02	125881.6	423.42	66432.9	109.75	14970.3

表 6 吉林重点国有林区用材林各龄级面积、蓄积按优势树种和可及度统计表（续 11）

单位：公顷、立方米

统计单位	优势树种	可及度	合计		Ⅰ龄级		Ⅱ龄级		Ⅲ龄级		Ⅳ龄级		Ⅴ龄级		Ⅵ龄级		Ⅶ龄级		Ⅷ以上龄级	
			面积	蓄积	面积	蓄积	面积	蓄积	面积	蓄积	面积	蓄积	面积	蓄积	面积	蓄积	面积	蓄积	面积	蓄积
泉阳林业局	红松	即可及	562.21	82614.7									183.54	26980.7	247.63	31957.5	131.04	23676.5		
		将可及	1588.90	240161.2									576.38	88510.4	610.39	93924.1	292.38	42756.4	109.75	14970.3
	樟子松	合计	427.56	56403.4			47.02	5422.4	266.26	34020.4	114.28	16960.6								
	蒙古栎	合计	2479.28	384393.1	9.70	968.8	44.30	6654.3	370.01	56739.2	1351.96	207262.3	530.52	83881.8	74.42	10921.8	77.44	14668.9	20.93	3296.0
		即可及	405.04	62009.3									336.04	51861.9	21.06	3148.5	47.94	6998.9		
		将可及	298.27	50759.2									194.48	32019.9	53.36	7773.3	29.50	7670.0	20.93	3296.0
	白桦	合计	10148.92	1476724.5	49.70	1642.4	302.84	29191.2	1353.38	166635.8	3549.65	517764.3	1980.03	301508.1	1674.94	255219.3	765.51	125770.1	472.87	78993.3
		即可及	2095.59	317596.6									792.87	118954.2	834.50	120982.1	237.39	38177.9	230.83	39482.4
		将可及	2797.76	443894.2									1187.16	182553.9	840.44	134237.2	528.12	87592.2	242.04	39510.9
	枫桦	合计	63.99	8943.1			0.72	48.7	20.69	2977.7	12.21	2598.4	30.37	3318.3						
		将可及	30.37	3318.3									30.37	3318.3						
	水曲柳	合计	5829.95	788169.4	209.04	4990.6	481.11	21920.8	695.96	83083.5	2865.61	439705.5	975.98	144326.7	523.13	81262.9	79.12	12879.4		
		即可及	601.91	81618.5									339.19	40047.8	233.91	36498.5	28.81	5072.2		
		将可及	976.32	156850.5									636.79	104278.9	289.22	44764.4	50.31	7807.2		
	胡桃楸	合计	1342.57	188081.0	40.91	2355.4	151.19	20893.5	161.21	25052.9	468.61	69520.4	396.44	54239.7	66.49	8635.6	57.72	7383.5		
		即可及	418.24	54772.0									336.73	44375.5	23.79	3013.0	57.72	7383.5		
		将可及	102.41	15486.8									59.71	9864.2	42.70	5622.6				
	黄波罗	合计	41.40	1456.0	8.15		33.25	1456.0												
	榆树	合计	773.75	112129.3					45.03	6448.1	137.99	21141.8	108.89	16310.6	85.09	10413.2	234.25	34992.1	162.50	22823.5
		即可及	242.87	34718.0									25.90	3791.3	41.92	4965.9	128.08	18986.4	46.97	6974.4
		将可及	346.46	49595.0									82.99	12519.3	41.77	5220.9	106.17	16005.7	115.53	15849.1
		不可及	1.40	226.4											1.40	226.4				
	椴树	合计	21.73	3135.5					8.00	979.8			13.73	2155.7						
		将可及	13.73	2155.7									13.73	2155.7						
	紫椴	合计	3573.20	517358.2	11.31	292.3			343.00	47175.6	1704.83	244182.2	584.72	87413.6	627.69	94075.2	276.43	41136.7	25.22	3082.6
		即可及	793.11	109919.5									359.89	50913.8	300.09	40496.9	133.13	18508.8		
		将可及	720.95	115788.6									224.83	36499.8	327.60	53578.3	143.30	22627.9	25.22	3082.6
	糠椴	合计	137.69	23957.3							8.82	1218.8	17.06	2665.3	66.00	10504.7	18.63	3365.0	27.18	6203.5
		即可及	24.07	3522.6											24.07	3522.6				
		将可及	104.80	19215.9									17.06	2665.3	41.93	6982.1	18.63	3365.0	27.18	6203.5
	杨树	合计	1362.33	147247.5	134.11	6784.8	192.47	13021.3	440.74	42678.4	373.35	51219.8	161.69	23894.9	6.87	1027.1	42.64	6898.5	10.46	1722.7
		即可及	132.14	19601.7									121.68	17879.0					10.46	1722.7
		将可及	89.52	13941.5									40.01	6015.9	6.87	1027.1	42.64	6898.5		
	大青杨	合计	430.97	63376.4	12.93	758.8	25.02	2716.3	131.17	17864.6	172.31	29329.9	13.37	2369.7	32.71	4372.4	43.46	5964.7		
		即可及	54.02	7687.2									13.37	2369.7	18.61	2171.8	22.04	3145.7		
		将可及	35.52	5019.6											14.10	2200.6	21.42	2819.0		
	柳树	合计	27.48	4352.0			2.99	239.3	15.85	3133.6	8.64	979.1								
	其他软阔类	合计	1.60	52.9			1.60	52.9												
	山杨	合计	1021.36	149501.7			45.97	5151.2	280.21	39638.8	358.64	52482.3	96.52	14415.1	138.04	21687.8	63.04	9328.5	38.94	6798.0
		即可及	272.20	42138.7									70.58	10492.1	128.60	20220.1	40.40	5702.1	32.62	5724.4
		将可及	64.34	10090.7									25.94	3923.0	9.44	1467.7	22.64	3626.4	6.32	1073.6
	槭树	合计	774.27	107901.8					36.85	4071.8	233.19	33327.3	289.95	38299.5	92.35	14029.9	89.30	13253.5	32.63	4919.8

表 6　吉林重点国有林区用材林各龄级面积、蓄积按优势树种和可及度统计表（续 12）

单位：公顷、立方米

统计单位	优势树种	可及度	合计		Ⅰ龄级		Ⅱ龄级		Ⅲ龄级		Ⅳ龄级		Ⅴ龄级		Ⅵ龄级		Ⅶ龄级		Ⅷ以上龄级	
			面积	蓄积	面积	蓄积	面积	蓄积	面积	蓄积	面积	蓄积	面积	蓄积	面积	蓄积	面积	蓄积	面积	蓄积
泉阳林业局	槭树	即可及	327.43	44705.8									184.20	23016.3	85.42	13139.8	25.18	3629.9	32.63	4919.8
		将可及	176.80	25796.9									105.75	15283.2	6.93	890.1	64.12	9623.6		
	钻天柳	合计	1.71		1.71															
露水河林业局	合计	合计	65028.19	11176411.0	762.94	13697.0	3541.89	325907.0	8463.10	1104938.0	8644.55	1409865.0	6931.58	1141063.0	14955.93	2694903.0	10643.20	2058621.0	11085.00	2427417.0
		即可及	13605.53	2573368.0									1906.56	303144.0	4086.86	700389.0	4109.60	776762.0	3502.51	793073.0
		将可及	29827.66	5720043.0									5011.78	835383.0	10828.81	1988361.0	6442.33	1269423.0	7544.74	1626876.0
		不可及	182.52	28593.0									13.24	2536.0	40.26	6153.0	91.27	12436.0	37.75	7468.0
	冷杉	合计	315.35	42306.0			142.64	16977.0	65.08	8180.0	52.87	8421.0	19.49	4533.0	24.82	2308.0			10.45	1887.0
		即可及	54.76	8728.0									19.49	4533.0	24.82	2308.0			10.45	1887.0
	云杉	合计	2159.04	326334.0	173.84	3277.0	923.83	97870.0	52.20	7804.0			10.12	1791.0	169.27	32592.0	281.47	51155.0	548.31	131845.0
		即可及	14.99	2906.0													11.66	2348.0	3.33	558.0
		将可及	994.18	214477.0									10.12	1791.0	169.27	32592.0	269.81	48807.0	544.98	131287.0
	落叶松	合计	3925.62	610690.0			355.50	27607.0	2022.19	286694.0	1243.96	225856.0	293.91	68558.0	3.13	651.0	6.93	1324.0		
		即可及	54.10	13505.0									54.10	13505.0						
		将可及	249.87	57028.0									239.81	55053.0	3.13	651.0	6.93	1324.0		
	红松	合计	12907.75	2505408.0	382.51	4525.0	430.35	40116.0	289.71	43687.0	87.41	15350.0	309.76	44615.0	1874.26	328791.0	3151.03	609308.0	6382.72	1419016.0
		即可及	5188.27	1051066.0									176.53	24724.0	752.82	125865.0	1693.02	325333.0	2565.90	575144.0
		将可及	6521.82	1349772.0									133.23	19891.0	1121.44	202926.0	1458.01	283975.0	3809.14	842980.0
		不可及	7.68	892.0															7.68	892.0
	樟子松	合计	679.97	93842.0			52.81	2532.0	569.76	81673.0	57.40	9637.0								
	蒙古栎	合计	3380.82	653682.0	9.32		2.35	59.0	23.32	2612.0	361.09	59175.0	427.56	76498.0	1252.40	235626.0	763.37	156012.0	541.41	123700.0
		即可及	535.67	106229.0									40.40	7222.0	73.96	13389.0	251.16	46459.0	170.15	39159.0
		将可及	2415.43	480265.0									379.68	68214.0	1178.44	222237.0	486.05	105273.0	371.26	84541.0
		不可及	33.64	5342.0									7.48	1062.0			26.16	4280.0		
	白桦	合计	4556.54	678891.0	13.02		240.24	20091.0	1431.15	182008.0	1557.91	253665.0	341.15	56927.0	457.08	75715.0	225.94	39397.0	290.05	51088.0
		即可及	383.42	63830.0									149.15	24674.0	118.95	18163.0	110.51	20225.0	4.81	768.0
		将可及	925.04	157823.0									186.24	30779.0	338.13	57552.0	115.43	19172.0	285.24	50320.0
		不可及	5.76	1474.0									5.76	1474.0						
	枫桦	合计	415.07	89606.0							28.08	4610.0	49.22	8665.0	88.20	14913.0	93.30	18361.0	156.27	43057.0
		即可及	111.94	25073.0									30.00	5658.0	36.40	6873.0	6.33	602.0	39.21	11940.0
		将可及	275.05	59923.0									19.22	3007.0	51.80	8040.0	86.97	17759.0	117.06	31117.0
	水曲柳	合计	4142.09	637607.0	82.53	1044.0	328.25	12858.0	209.75	19073.0	306.83	44415.0	993.51	144066.0	1270.86	224731.0	528.92	91240.0	421.44	100180.0
		即可及	848.25	146206.0									215.20	28272.0	267.57	43378.0	203.54	32902.0	161.94	41654.0
		将可及	2366.48	414011.0									778.31	115794.0	1003.29	181353.0	325.38	58338.0	259.50	58526.0
	胡桃楸	合计	5757.60	1002169.0	25.85	2973.0	586.98	73348.0	282.67	43537.0	991.70	160967.0	1089.12	195579.0	1864.55	349330.0	769.23	149812.0	147.50	26623.0
		即可及	625.21	102309.0									205.85	35723.0	272.21	44105.0	125.91	19722.0	21.24	2759.0
		将可及	3207.58	613462.0									883.27	159856.0	1570.83	301875.0	627.22	127867.0	126.26	23864.0
		不可及	37.61	5573.0											21.51	3350.0	16.10	2223.0		
	黄波罗	合计	71.25	13037.0											9.58	1667.0	31.60	4794.0	30.07	6576.0
		即可及	14.13	1160.0													14.13	1160.0		
		将可及	27.05	5301.0											9.58	1667.0	17.47	3634.0		
		不可及	30.07	6576.0															30.07	6576.0

表 6 吉林重点国有林区用材林各龄级面积、蓄积按优势树种和可及度统计表（续 13）

单位：公顷、立方米

统计单位	优势树种	可及度	合计		Ⅰ龄级		Ⅱ龄级		Ⅲ龄级		Ⅳ龄级		Ⅴ龄级		Ⅵ龄级		Ⅶ龄级		Ⅷ以上龄级	
			面积	蓄积	面积	蓄积	面积	蓄积	面积	蓄积	面积	蓄积	面积	蓄积	面积	蓄积	面积	蓄积	面积	蓄积
露水河林业局	榆树	合计	1254.43	203151.0	2.66	121.0	1.25	41.0	0.26	27.0	107.84	14873.0	101.14	17480.0	187.96	32971.0	171.97	32442.0	681.35	105196.0
		即可及	385.70	68819.0									69.68	10936.0	98.71	14490.0	103.28	22446.0	114.03	20947.0
		将可及	756.72	119270.0									31.46	6544.0	89.25	18481.0	68.69	9996.0	567.32	84249.0
	椴树	合计	10205.83	1963518.0			4.76	286.0	152.15	21516.0	888.00	156978.0	1477.87	249536.0	4376.52	818265.0	2071.87	426635.0	1234.66	290302.0
		即可及	1706.62	354615.0									189.06	31908.0	722.79	139178.0	551.21	118019.0	243.56	65510.0
		将可及	7454.30	1430123.0									1288.81	217628.0	3653.73	679087.0	1520.66	308616.0	991.10	224792.0
	紫椴	合计	2277.49	364636.0					15.04	1381.0	158.79	25632.0	303.04	41582.0	960.89	152686.0	674.42	116467.0	165.31	26888.0
		即可及	914.27	125131.0									136.72	18792.0	359.16	46775.0	379.84	55623.0	38.55	3941.0
		将可及	1189.39	212492.0									166.32	22790.0	601.73	105911.0	294.58	60844.0	126.76	22947.0
	糠椴	合计	75.56	8411.0							15.14	1374.0	16.31	1679.0	19.07	2319.0	25.04	3039.0		
		即可及	44.11	5358.0											19.07	2319.0	25.04	3039.0		
		将可及	16.31	1679.0									16.31	1679.0						
	杨树	合计	8473.34	1250962.0	10.48	207.0	390.21	26177.0	2929.69	334757.0	1905.38	273800.0	748.34	118861.0	1314.26	250628.0	991.06	205223.0	183.92	41309.0
		即可及	1854.05	372914.0									459.27	73997.0	880.40	180448.0	439.57	98957.0	74.81	19512.0
		将可及	1383.53	243107.0									289.07	44864.0	433.86	70180.0	551.49	106266.0	109.11	21797.0
	大青杨	合计	840.19	163747.0					95.07	16403.0	135.79	23026.0	75.33	16471.0	171.48	33842.0	346.92	71709.0	15.60	2296.0
		即可及	115.34	21457.0									8.23	2066.0	30.77	5931.0	60.74	11164.0	15.60	2296.0
		将可及	493.99	102861.0									67.10	14405.0	140.71	27911.0	286.18	60545.0		
	香杨	合计	6.50	1221.0													6.50	1221.0		
		即可及	6.50	1221.0													6.50	1221.0		
	柳树	合计	62.90	2113.0	40.44	203.0	0.43		18.88	1607.0							3.15	303.0		
		即可及	3.15	303.0													3.15	303.0		
	其他软阔类	合计	37.65	2400.0	0.71		15.33				18.48	2107.0	2.22	213.0	0.91	80.0				
		将可及	3.13	293.0									2.22	213.0	0.91	80.0				
	山杨	合计	728.71	129442.0	5.02	408.0	51.49	5846.0	215.26	39039.0	321.57	58563.0	82.93	16612.0	4.56	773.0	47.88	8201.0		
		即可及	50.89	9349.0									19.11	4176.0	4.56	773.0	27.22	4400.0		
		将可及	84.48	16237.0									63.82	12436.0			20.66	3801.0		
	槭树	合计	2737.18	431010.0	16.56	939.0	1.57	116.0	87.51	14695.0	406.31	71416.0	590.56	77397.0	906.13	137015.0	452.60	71978.0	275.94	57454.0
		即可及	694.16	93189.0									133.77	16958.0	424.67	56394.0	96.79	12839.0	38.93	6998.0
		将可及	1463.31	241919.0									456.79	60439.0	462.71	77818.0	306.80	53206.0	237.01	50456.0
		不可及	67.76	8736.0											18.75	2803.0	49.01	5933.0		
	稠李	合计	3.41	245.0					3.41	245.0										
	钻天柳	合计	13.90	1983.0			13.90	1983.0												
红石林业局	合计	合计	83760.38	13564338.1	383.30	9689.1	1265.18	89874.2	6040.06	804008.9	31045.25	4963972.5	27800.28	4864844.6	11772.80	1926959.3	4700.30	789240.5	753.21	115749.0
		即可及	41402.90	7069719.8									25573.65	4469073.6	10896.73	1772143.3	4245.61	722433.2	686.91	106069.7
		将可及	3294.89	565662.8									2072.51	364376.7	792.54	139844.4	379.05	54216.5	50.79	7225.2
		不可及	328.80	61410.8									154.12	31394.3	83.53	14971.6	75.64	12590.8	15.51	2454.1
	冷杉	合计	155.02	23664.7			0.88	17.7	17.79	5097.3	7.76	1086.1			58.43	8810.4	39.75	6858.7	30.41	1794.5
		即可及	128.59	17463.6											58.43	8810.4	39.75	6858.7	30.41	1794.5
	云杉	合计	396.60	36218.9	116.22	3196.2	170.41	14478.0	33.93	4442.2	28.47	4376.8	1.84	475.1	28.41	5001.4	17.32	4249.2		
		即可及	47.57	9725.7									1.84	475.1	28.41	5001.4	17.32	4249.2		
	落叶松	合计	1270.75	140298.4	1.51	32.7	186.30	8159.1	772.40	85715.4	199.84	29971.6	101.53	15080.7	8.02	1220.5	1.15	118.4		

表 6　吉林重点国有林区用材林各龄级面积、蓄积按优势树种和可及度统计表（续 14）

单位：公顷、立方米

统计单位	优势树种	可及度	合计		Ⅰ龄级		Ⅱ龄级		Ⅲ龄级		Ⅳ龄级		Ⅴ龄级		Ⅵ龄级		Ⅶ龄级		Ⅷ以上龄级	
			面积	蓄积	面积	蓄积	面积	蓄积	面积	蓄积	面积	蓄积	面积	蓄积	面积	蓄积	面积	蓄积	面积	蓄积
红石林业局	落叶松	即可及	90.62	12934.9									81.45	11596.0	8.02	1220.5	1.15	118.4		
		将可及	20.08	3484.7									20.08	3484.7						
	红松	合计	809.39	105563.6	151.25	1153.7	146.12	14633.4	45.98	7251.7	84.81	13810.5	125.21	24636.8	73.99	12669.7	177.77	30675.6	4.26	732.2
		即可及	375.82	67648.5									125.21	24636.8	68.58	11603.9	177.77	30675.6	4.26	732.2
		不可及	5.41	1065.8											5.41	1065.8				
	樟子松	合计	111.26	12081.3	5.34	555.5	34.30	3212.2	65.52	7663.4	2.93	214.5	3.17	435.7						
		即可及	3.17	435.7									3.17	435.7						
	其他松类	合计	15.41	3699.0							9.61	2078.1					5.80	1620.9		
		即可及	5.80	1620.9													5.80	1620.9		
	蒙古栎	合计	6877.38	1257356.3	11.52	919.0	6.26	384.0	497.98	82677.1	3046.44	527770.2	2427.83	467709.8	631.10	123266.3	247.30	53185.1	8.95	1444.8
		即可及	3017.99	585205.3									2223.85	425868.7	571.43	110829.0	213.76	47062.8	8.95	1444.8
		将可及	282.66	55987.9									203.98	41841.1	45.14	8024.5	33.54	6122.3		
		不可及	14.53	4412.8											14.53	4412.8				
	白桦	合计	2142.97	340950.8	16.33	343.0	28.22	2145.6	210.38	26746.9	708.78	114285.7	373.91	60764.4	488.72	78087.4	223.37	41688.5	93.26	16889.3
		即可及	1146.31	192087.1									370.62	60220.2	466.33	74141.2	216.10	40836.4	93.26	16889.3
		将可及	28.98	5163.7									3.29	544.2	18.42	3767.4	7.27	852.1		
		不可及	3.97	178.8											3.97	178.8				
	枫桦	合计	316.46	46350.6	5.04	302.2	4.91	208.7	8.35	1188.7	82.77	11254.6	60.71	10517.5	121.27	16970.3	33.41	5908.6		
		即可及	211.65	33014.8									56.97	10135.9	121.27	16970.3	33.41	5908.6		
		不可及	3.74	381.6									3.74	381.6						
	水曲柳	合计	6202.49	1007976.0	13.13	236.5	89.63	3172.7	468.07	62958.4	2865.57	434729.0	1831.27	344505.1	607.29	107082.9	317.92	53525.4	9.61	1766.0
		即可及	2494.47	458579.5									1707.71	321700.3	481.90	84366.5	295.25	50746.7	9.61	1766.0
		将可及	248.81	44606.4									101.82	19344.6	124.32	22483.1	22.67	2778.7		
		不可及	22.81	3693.5									21.74	3460.2	1.07	233.3				
	胡桃楸	合计	32244.19	5360901.1	49.50	2780.0	340.80	23910.4	2120.70	304944.8	14161.08	2333900.2	10963.74	1928908.7	3504.66	588039.4	1102.39	178253.6	1.32	164.0
		即可及	14164.68	2429662.9									9827.65	1713144.1	3292.53	546253.5	1044.50	170265.3		
		将可及	1309.72	245214.7									1057.26	198687.7	198.01	39250.9	53.13	7112.1	1.32	164.0
		不可及	97.71	20488.1									78.83	17076.9	14.12	2535.0	4.76	876.2		
	黄波罗	合计	172.13	21381.7	5.42	132.6	48.64	2262.0	10.55	658.3	69.23	10256.5	38.29	8072.3						
		即可及	38.29	8072.3									38.29	8072.3						
	榆树	合计	4520.42	679500.3			3.52	257.1	158.77	20938.9	836.96	118920.5	1054.71	156923.6	1503.36	230815.8	658.82	111592.0	304.28	40052.4
		即可及	3323.90	509426.7									983.37	146541.5	1452.51	222184.8	583.74	100648.0	304.28	40052.4
		将可及	175.66	26553.3									68.47	9850.6	32.11	5758.7	75.08	10944.0		
		不可及	21.61	3403.8									2.87	531.5	18.74	2872.3				
	紫椴	合计	6742.45	1199605.5			8.79	681.3	215.78	32651.8	1972.57	323574.2	2561.60	486275.6	1353.96	238334.5	611.21	113637.4	18.54	4450.7
		即可及	4326.77	802172.9									2517.45	477761.6	1262.03	219537.1	528.75	100423.5	18.54	4450.7
		将可及	160.63	29521.1									24.93	3855.3	91.93	18797.4	43.77	6868.4		
		不可及	57.91	11004.2									19.22	4658.7			38.69	6345.5		
	糠椴	合计	51.35	7920.6							12.08	1589.9	4.19	741.3			19.57	3135.3	15.51	2454.1
		即可及	23.76	3876.6									4.19	741.3			19.57	3135.3		
		不可及	15.51	2454.1															15.51	2454.1
	杨树	合计	32.78	4607.6			5.03	73.1	9.43	916.4	1.42	163.8	15.77	3267.7			1.13	186.6		

表6 吉林重点国有林区用材林各龄级面积、蓄积按优势树种和可及度统计表（续15）

单位：公顷、立方米

统计单位	优势树种	可及度	合计		Ⅰ龄级		Ⅱ龄级		Ⅲ龄级		Ⅳ龄级		Ⅴ龄级		Ⅵ龄级		Ⅶ龄级		Ⅷ以上龄级	
			面积	蓄积	面积	蓄积	面积	蓄积	面积	蓄积	面积	蓄积	面积	蓄积	面积	蓄积	面积	蓄积	面积	蓄积
红石林业局	杨树	即可及	16.90	3454.3									15.77	3267.7			1.13	186.6		
	大青杨	合计	579.80	91577.0	0.25	5.6	39.62	4190.2	96.21	12074.2	203.94	32171.2	121.06	22582.4	91.32	15306.0	27.40	5247.4		
		即可及	220.25	39059.9									114.10	21523.0	87.36	14360.9	18.79	3176.0		
		将可及	12.62	2472.8									6.96	1059.4	3.96	945.1	1.70	468.3		
		不可及	6.91	1603.1													6.91	1603.1		
	柳树	合计	13.49	887.9	1.20	7.8	2.72	23.6	3.52	120.5	4.74	603.7	1.31	132.3						
		即可及	1.31	132.3									1.31	132.3						
	其他软阔类	合计	2488.50	350874.6	0.63	1.3	15.24	1122.9	163.58	14100.0	690.59	99381.8	1006.70	145143.9	342.16	46949.1	89.60	13679.2	180.00	30496.4
		即可及	1312.39	196380.0									781.79	115805.3	306.02	42180.4	79.30	13071.1	145.28	25323.2
		将可及	298.60	37963.7									217.44	27413.7	36.14	4768.7	10.30	608.1	34.72	5173.2
		不可及	7.47	1924.9									7.47	1924.9						
	山杨	合计	761.35	103521.6	1.21	13.5	128.16	10792.8	201.65	24276.5	159.67	27287.8	171.70	24710.9	62.11	11686.8	36.85	4753.3		
		即可及	240.16	35786.0									147.17	20451.0	62.11	11686.8	30.88	3648.2		
		将可及	28.48	5162.6									24.53	4259.9			3.95	902.7		
		不可及	2.02	202.4													2.02	202.4		
	椴树	合计	17112.10	2642148.2	4.75	9.5	4.73	147.6	912.30	106233.9	5675.16	843098.3	6704.23	1117415.2	2773.84	425234.4	1027.87	148834.9	9.22	1174.4
		即可及	9732.06	1574417.3									6340.23	1060019.2	2505.64	385512.2	876.97	127711.5	9.22	1174.4
		将可及	713.90	107643.9									343.75	54035.5	242.51	36048.6	127.64	17559.8		
		不可及	69.20	10597.7									20.25	3360.5	25.69	3673.6	23.26	3563.6		
	山槐	合计	0.90	1.8			0.90	1.8												
	千金榆	合计	73.54	10064.1					11.47	1319.7			20.69	3595.0	18.01	1941.7	4.72	855.8	18.65	2351.9
		即可及	47.32	6856.4									20.69	3595.0	18.01	1941.7	4.72	855.8	3.90	463.9
		将可及	14.75	1888.0															14.75	1888.0
	花曲柳	合计	669.65	117186.5					15.70	2032.8	220.83	33447.5	210.82	42950.6	106.15	15542.7	56.95	11234.6	59.20	11978.3
		即可及	433.12	81706.2									210.82	42950.6	106.15	15542.7	56.95	11234.6	59.20	11978.3
白石山林业局	合计	合计	68028.65	9480164.6	1094.30	42113.0	6083.69	436401.9	16765.53	1974618.0	18877.45	2673863.1	13709.49	2229250.7	6511.36	1115461.7	3893.70	817846.3	1093.13	190609.9
		即可及	7624.56	1305752.3									4041.59	689039.7	2303.11	370140.7	854.90	166337.6	424.96	80234.3
		将可及	16472.54	2866433.5									8954.95	1429890.4	3997.88	712489.0	2901.84	622215.9	617.87	101838.2
		不可及	1110.58	180982.8									712.95	110320.6	210.37	32832.0	136.96	29292.8	50.30	8537.4
	冷杉	合计	117.81	19350.2					36.33	5282.9	11.88	1769.4	26.49	3735.1	15.64	3206.2	27.47	5356.6		
		即可及	42.74	7494.4									15.27	2137.8			27.47	5356.6		
		将可及	26.86	4803.5									11.22	1597.3	15.64	3206.2				
	云杉	合计	1021.84	66697.2	359.88	14473.0	526.34	29560.2	19.96	2948.8	20.33	3234.4	20.51	2097.5			68.65	12655.7	6.17	1727.6
		即可及	8.76	1333.7									8.76	1333.7						
		将可及	86.57	15147.1									11.75	763.8			68.65	12655.7	6.17	1727.6
	落叶松	合计	5180.43	697993.2	64.09	321.3	637.27	36338.6	1386.07	151653.8	1663.07	237484.8	1116.95	219100.2	249.33	42327.4	63.65	10767.1		
		即可及	371.72	55238.8									218.44	32942.3	136.78	20151.5	16.50	2145.0		
		将可及	994.80	205706.6									835.10	174908.6	112.55	22175.9	47.15	8622.1		
		不可及	63.41	11249.3									63.41	11249.3						
	红松	合计	1318.24	139244.6	280.32	6839.6	344.77	23923.3	225.95	33865.0	139.80	22651.2	112.52	13776.0	101.11	17465.0	100.00	17615.0	13.77	3109.5
		即可及	111.41	17857.4									32.65	5184.3	24.93	3217.8	46.55	8144.9	7.28	1310.4
		将可及	215.99	34108.1									79.87	8591.7	76.18	14247.2	53.45	9470.1	6.49	1799.1

表6　吉林重点国有林区用材林各龄级面积、蓄积按优势树种和可及度统计表（续16）

单位：公顷、立方米

统计单位	优势树种	可及度	合计		Ⅰ龄级		Ⅱ龄级		Ⅲ龄级		Ⅳ龄级		Ⅴ龄级		Ⅵ龄级		Ⅶ龄级		Ⅷ以上龄级	
			面积	蓄积	面积	蓄积	面积	蓄积	面积	蓄积	面积	蓄积	面积	蓄积	面积	蓄积	面积	蓄积	面积	蓄积
白石山林业局	樟子松	合计	701.60	59769.6	17.65	241.3	140.76	3538.5	492.09	49798.9	51.10	6190.9								
	其他松类	合计	2.85	158.7							2.85	158.7								
	蒙古栎	合计	7779.71	1253218.1	15.86	711.2	367.44	23083.7	1403.89	166912.4	2696.31	411670.8	1817.00	331974.2	711.18	146728.8	768.03	172137.0		
		即可及	1700.24	316283.4									1148.12	212756.2	293.55	52608.6	258.57	50918.6		
		将可及	1520.31	321439.3									618.44	111018.6	392.41	89202.3	509.46	121218.4		
		不可及	75.66	13117.3									50.44	8199.4	25.22	4917.9				
	白桦	合计	4939.28	601937.4	5.03	212.9	119.42	4873.3	583.92	49761.0	1059.78	116128.6	1378.76	171386.1	1435.80	197382.0	116.92	18001.0	239.65	44192.5
		即可及	1265.07	188696.9									76.70	10187.6	954.06	134793.2	44.18	7606.6	190.13	36109.5
		将可及	1737.70	221699.5									1229.63	153151.5	385.81	50070.6	72.74	10394.4	49.52	8083.0
		不可及	168.36	20565.2									72.43	8047.0	95.93	12518.2				
	枫桦	合计	1507.76	262471.5	26.85	1570.7	15.24	1120.9	373.45	42734.3	10.40	1312.2	400.43	62699.4	301.30	55407.7	380.09	97626.3		
		即可及	271.72	58046.7									43.38	8061.1	62.10	12332.1	166.24	37653.5		
		将可及	794.63	152117.5									357.05	54638.3	239.20	43075.6	198.38	54403.6		
		不可及	15.47	5569.2													15.47	5569.2		
	水曲柳	合计	6363.23	864880.8	10.29	574.4	278.84	22629.3	1911.22	225626.8	2574.23	354514.6	1325.62	213764.6	222.26	40126.3	40.77	7644.8		
		即可及	428.13	71354.7									387.17	63532.9	40.96	7821.8				
		将可及	1015.25	169299.3									793.18	129350.0	181.30	32304.5	40.77	7644.8		
		不可及	145.27	20881.7									145.27	20881.7						
	胡桃楸	合计	23185.84	3055184.0	294.73	16659.2	3340.74	270668.9	8283.66	1028816.9	6818.61	975801.5	3206.19	521884.6	876.65	164363.1	365.26	76989.8		
		即可及	848.52	134150.9									732.57	113250.8	69.33	12974.7	46.62	7925.4		
		将可及	3306.36	576995.1									2273.32	374032.3	737.83	138701.5	295.21	64261.3		
		不可及	293.22	52091.5									200.30	34601.5	69.49	12686.9	23.43	4803.1		
	黄波罗	合计	24.04	4033.7			1.88	157.2					8.53	1763.8	13.63	2112.7				
		将可及	22.16	3876.5									8.53	1763.8	13.63	2112.7				
	榆树	合计	1321.03	204885.2					20.89	1713.8	35.19	3010.5	70.47	8004.9	93.03	10736.6	283.29	42453.7	818.16	138965.7
		即可及	354.14	63068.2									19.01	1932.3	5.29	772.2	117.67	20163.9	212.17	40199.8
		将可及	824.27	123725.8									51.46	6072.6	72.77	7793.7	144.35	19631.0	555.69	90228.5
		不可及	86.54	13366.9											14.97	2170.7	21.27	2658.8	50.30	8537.4
	紫椴	合计	6515.19	1104366.8			54.98	3792.8	426.82	50502.1	1489.44	217076.6	2416.26	397811.6	1009.35	181736.5	1118.34	253447.2		
		即可及	949.49	167204.5									693.26	121624.7	194.87	31584.5	61.36	13995.3		
		将可及	3454.42	642132.7									1620.61	260221.8	814.06	150091.1	1019.75	231819.8		
		不可及	140.04	23658.1									102.39	15965.1	0.42	60.9	37.23	7632.1		
	杨树	合计	2757.48	378367.9	4.03		94.70	4312.3	483.88	39850.8	864.00	115152.0	445.25	70801.8	691.64	115120.8	173.98	33130.2		
		即可及	782.36	140367.5									287.88	49180.7	424.74	78759.0	69.74	12427.8		
		将可及	513.39	76092.6									151.71	20630.6	262.56	35884.4	99.12	19577.6		
		不可及	15.12	2592.7									5.66	990.5	4.34	477.4	5.12	1124.8		
	大青杨	合计	849.26	94449.5			121.27	9992.1	653.97	74864.4	31.15	3100.4	2.76	306.4	7.00	1043.8	33.11	5142.4		
		将可及	42.87	6492.6									2.76	306.4	7.00	1043.8	33.11	5142.4		
	柳树	合计	10.22	783.4			4.54	326.6	5.68	456.8										
	其他软阔类	合计	56.55	4773.4	1.10		16.02	422.4	11.19	533.7	7.85	618.4	3.61	451.3	1.40	133.0			15.38	2614.6
		即可及	15.38	2614.6															15.38	2614.6
		将可及	4.83	561.8									3.43	428.8	1.40	133.0				

表6 吉林重点国有林区用材林各龄级面积、蓄积按优势树种和可及度统计表（续17）

单位：公顷、立方米

统计单位	优势树种	可及度	合计		Ⅰ龄级		Ⅱ龄级		Ⅲ龄级		Ⅳ龄级		Ⅴ龄级		Ⅵ龄级		Ⅶ龄级		Ⅷ以上龄级	
			面积	蓄积	面积	蓄积	面积	蓄积	面积	蓄积	面积	蓄积	面积	蓄积	面积	蓄积	面积	蓄积	面积	蓄积
白石山林业局	其他软阔类	不可及	0.18	22.5									0.18	22.5						
	山杨	合计	1042.59	137938.8	3.05	122.0	4.70	117.5	218.07	21213.9	321.03	42262.3	206.05	28035.9	131.18	18884.2	158.51	27303.0		
		将可及	461.30	66718.3									206.05	28035.9	131.18	18884.2	124.07	19798.2		
		不可及	34.44	7504.8													34.44	7504.8		
	椴树	合计	3332.72	529635.6	10.44	362.4	14.78	1544.3	228.49	28081.7	1080.43	161725.8	1152.09	181657.3	650.86	118687.6	195.63	37576.5		
		即可及	474.88	82040.6									378.38	66915.3	96.50	15125.3				
		将可及	1450.83	245517.2									700.84	104378.4	554.36	103562.3	195.63	37576.5		
		不可及	72.87	10363.6									72.87	10363.6						
	山槐	合计	0.98	25.0	0.98	25.0														

表 7　吉林重点国有林区可造林封育地面积按立地类型统计表

单位：公顷

统计单位	立地类型	合计	疏林地	一般灌木林地	无立木林地				宜林地			
					小计	采伐迹地	火烧迹地	其他无立木林地	小计	宜林荒山荒地	宜林沙荒地	其他宜林地
吉林森工	合计	35472.32	415.54	1185.29	26353.69	156.51	0.12	26197.06	7517.80	2903.46	266.55	4347.79
	中山阴坡Ⅰ级厚	0.40	0.40									
	中山阴坡Ⅰ级中	12.50		1.10					11.40			11.40
	中山阴坡Ⅱ级中	28.02	4.05		12.26	7.16		5.10	11.71	4.52	4.59	2.60
	中山阴坡Ⅲ级厚	1.24							1.24	1.24		
	中山阴坡Ⅲ级中	9.20			6.72			6.72	2.48	2.48		
	中山阴坡Ⅳ级中	1.67			1.67			1.67				
	中山阴坡Ⅴ级厚	0.60		0.60								
	中山阳坡Ⅰ级厚	0.28							0.28	0.28		
	中山阳坡Ⅰ级中	32.68		0.20	14.08			14.08	18.40			18.40
	中山阳坡Ⅱ级厚	7.28							7.28	7.28		
	中山阳坡Ⅱ级中	78.54	46.29		9.05	4.55		4.50	23.20	23.20		
	中山阳坡Ⅲ级厚	13.32	13.32									
	中山阳坡Ⅲ级中	53.92	2.36	51.14					0.42	0.42		
	中山阳坡Ⅳ级中	14.47	1.68	10.95					1.84	1.61	0.23	
	中山平坡Ⅰ级中	65.89	7.04						58.85	14.25		44.60
	中山平坡Ⅱ级中	6.70	2.90		1.00	0.10		0.90	2.80			2.80
	低山阴坡Ⅰ级厚	424.67		0.82	423.16	0.37		422.79	0.69	0.69		
	低山阴坡Ⅰ级中	555.27	45.63	9.30	367.14	2.34		364.80	133.20	90.26	0.07	42.87
	低山阴坡Ⅰ级薄	119.72	2.85	3.74	14.37			14.37	98.76	4.11		94.65
	低山阴坡Ⅱ级厚	1369.91	21.85	16.11	1318.68	5.66		1313.02	13.27	5.81	4.90	2.56
	低山阴坡Ⅱ级中	2723.08	41.50	61.02	2095.65	44.49	0.12	2051.04	524.91	305.66	18.22	201.03
	低山阴坡Ⅱ级薄	240.92	13.79	10.96	109.22	0.85		108.37	106.95	15.75		91.20
	低山阴坡Ⅲ级厚	1126.30	17.73	80.08	1026.53	1.61		1024.92	1.96	1.96		
	低山阴坡Ⅲ级中	2726.34	32.33	38.89	2076.55	3.99		2072.56	578.57	542.23	17.80	18.54
	低山阴坡Ⅲ级薄	535.28		29.43	475.25	0.55		474.70	30.60	19.47		11.13
	低山阴坡Ⅳ级厚	76.14	0.88		75.26			75.26				
	低山阴坡Ⅳ级中	446.31		0.63	406.67	0.93		405.74	39.01	11.82	23.90	3.29
	低山阴坡Ⅳ级薄	11.65	2.59		7.36			7.36	1.70	0.23	1.47	
	低山阴坡Ⅴ级厚	11.25			10.12			10.12	1.13	0.73	0.40	
	低山阴坡Ⅴ级中	81.02	0.38		57.02			57.02	23.62	3.73		19.89
	低山阴坡Ⅴ级薄	6.62			5.83			5.83	0.79			0.79
	低山阴坡Ⅵ级厚	20.41	1.21		19.20			19.20				
	低山阴坡Ⅵ级中	12.73			9.44			9.44	3.29	1.50	1.79	
	低山阴坡Ⅵ级薄	2.82			2.82			2.82				
	低山阳坡Ⅰ级厚	424.85		3.01	421.76	0.08		421.68	0.08	0.08		
	低山阳坡Ⅰ级中	1714.77	19.48	67.53	675.84	7.38		668.46	951.92	122.04	2.58	827.30
	低山阳坡Ⅰ级薄	10.37			2.08			2.08	8.29	0.72		7.57
	低山阳坡Ⅱ级厚	1273.51	28.79	23.79	1210.51	0.41		1210.10	10.42	2.89	5.40	2.13
	低山阳坡Ⅱ级中	3638.91	9.71	122.91	2800.80	29.37		2771.43	705.49	465.12	8.20	232.17
	低山阳坡Ⅱ级薄	428.44	3.46	38.52	225.06	2.31		222.75	161.40	33.67	6.90	120.83

表 7 吉林重点国有林区可造林封育地面积按立地类型统计表（续 1）

单位：公顷

统计单位	立地类型	合计	疏林地	一般灌木林地	无立木林地				宜林地			
					小计	采伐迹地	火烧迹地	其他无立木林地	小计	宜林荒山荒地	宜林沙荒地	其他宜林地
吉林森工	低山阳坡Ⅲ级厚	1074.33	12.98	20.69	1039.00	0.09		1038.91	1.66	1.46		0.20
	低山阳坡Ⅲ级中	2042.36	14.88	57.54	1733.48	2.02		1731.46	236.46	173.43	5.14	57.89
	低山阳坡Ⅲ级薄	407.25		10.00	375.32	1.46		373.86	21.93	19.03	1.83	1.07
	低山阳坡Ⅳ级厚	26.42		0.80	25.50			25.50	0.12	0.12		
	低山阳坡Ⅳ级中	1601.66	2.78	72.15	789.04	2.50		786.54	737.69	11.15	2.38	724.16
	低山阳坡Ⅳ级薄	17.56		1.60	9.95			9.95	6.01	5.55		0.46
	低山阳坡Ⅴ级厚	21.00			20.90			20.90	0.10		0.10	
	低山阳坡Ⅴ级中	82.12		9.26	53.34	1.16		52.18	19.52	17.47	0.73	1.32
	低山阳坡Ⅴ级薄	5.91			1.97	0.98		0.99	3.94			3.94
	低山阳坡Ⅵ级厚	19.53			19.53			19.53				
	低山阳坡Ⅵ级中	68.48	32.35	1.54	26.90			26.90	7.69	2.32	5.37	
	低山阳坡Ⅵ级薄	0.42							0.42	0.42		
	低山平坡Ⅰ级厚	839.56	24.35	135.07	616.31	1.06		615.25	63.83	20.92	25.08	17.83
	低山平坡Ⅰ级中	9521.64	7.67	227.61	6942.80	28.31		6914.49	2343.56	926.77	75.70	1341.09
	低山平坡Ⅰ级薄	876.47	0.31	77.73	486.34	6.78		479.56	312.09	34.67	53.30	224.12
	低山平坡Ⅱ级中	55.91			23.15			23.15	32.76	0.26		32.50
	低山平坡Ⅲ级中	36.49			29.61			29.61	6.88	6.14		0.74
	低山平坡Ⅲ级薄	36.57			36.57			36.57				
	低山平坡Ⅳ级薄	0.57		0.57								
	丘陵台地阴坡Ⅱ级中	0.43							0.43			0.43
	丘陵台地阴坡Ⅲ级中	1.44							1.44		0.47	0.97
	丘陵台地平坡Ⅰ级中	1.64							1.64			1.64
	其他	426.56			242.88			242.88	183.68			183.68
临江林业局	合计	878.10	3.90	4.40	544.20	1.70		542.50	325.60	70.80	101.30	153.50
	中山阴坡Ⅰ级厚	0.40	0.40									
	中山阴坡Ⅰ级中	12.50		1.10					11.40			11.40
	中山阴坡Ⅱ级中	8.70			5.10			5.10	3.60	1.00		2.60
	中山阳坡Ⅰ级中	31.30		0.20	12.80			12.80	18.30			18.30
	中山阳坡Ⅱ级中	4.50			4.50			4.50				
	中山平坡Ⅰ级中	44.60							44.60			44.60
	中山平坡Ⅱ级中	6.70	2.90		1.00	0.10		0.90	2.80			2.80
	低山阴坡Ⅰ级中	43.30			41.70			41.70	1.60	1.60		
	低山阴坡Ⅱ级厚	9.50			3.00			3.00	6.50	1.60	4.90	
	低山阴坡Ⅱ级中	146.40			101.90			101.90	44.50	21.00	17.10	6.40
	低山阴坡Ⅲ级厚	1.20			1.20	1.20						
	低山阴坡Ⅲ级中	75.50			46.20	0.40		45.80	29.30	4.50	17.80	7.00
	低山阴坡Ⅳ级中	55.00			30.90			30.90	24.10	0.20	23.90	
	低山阴坡Ⅴ级厚	0.40							0.40		0.40	
	低山阴坡Ⅴ级中	3.00			3.00			3.00				
	低山阳坡Ⅰ级中	4.30		0.20	0.60			0.60	3.50	3.50		
	低山阳坡Ⅱ级厚	11.00			3.60			3.60	7.40	0.90	5.40	1.10
	低山阳坡Ⅱ级中	101.50			91.10			91.10	10.40	0.90	5.40	4.10

表 7　吉林重点国有林区可造林封育地面积按立地类型统计表（续 2）

单位：公顷

统计单位	立地类型	合计	疏林地	一般灌木林地	无立木林地				宜林地			
					小计	采伐迹地	火烧迹地	其他无立木林地	小计	宜林荒山荒地	宜林沙荒地	其他宜林地
临江林业局	低山阳坡Ⅲ级厚	0.20							0.20			0.20
	低山阳坡Ⅲ级中	48.10			32.90			32.90	15.20	0.20	2.60	12.40
	低山阳坡Ⅳ级厚	0.10			0.10			0.10				
	低山阳坡Ⅳ级中	71.50			71.50			71.50				
	低山阳坡Ⅴ级厚	0.10							0.10		0.10	
	低山阳坡Ⅴ级中	30.50			30.50			30.50				
	低山阳坡Ⅵ级中	6.90			6.90			6.90				
	低山平坡Ⅰ级厚	23.60	0.60						23.00		23.00	
	低山平坡Ⅰ级中	104.80		2.90	55.70			55.70	46.20	35.40	0.70	10.10
	低山平坡Ⅱ级中	32.50							32.50			32.50
湾沟林业局	合计	4986.85	4.12		4697.36	0.41	0.12	4696.83	285.37	285.37		
	中山阴坡Ⅱ级中	1.95							1.95	1.95		
	中山阴坡Ⅲ级厚	1.24							1.24	1.24		
	中山阴坡Ⅲ级中	8.91			6.72			6.72	2.19	2.19		
	中山阴坡Ⅳ级中	1.67			1.67			1.67				
	中山阳坡Ⅱ级中	2.88							2.88	2.88		
	中山阳坡Ⅲ级中	0.42							0.42	0.42		
	中山阳坡Ⅳ级中	0.70							0.70	0.70		
	低山阴坡Ⅱ级厚	5.69			3.33			3.33	2.36	2.36		
	低山阴坡Ⅱ级中	307.82	1.35		280.10		0.12	279.98	26.37	26.37		
	低山阴坡Ⅱ级薄	30.04	0.51		16.71			16.71	12.82	12.82		
	低山阴坡Ⅲ级厚	0.57			0.24			0.24	0.33	0.33		
	低山阴坡Ⅲ级中	768.10			729.43			729.43	38.67	38.67		
	低山阴坡Ⅲ级薄	388.77			373.50			373.50	15.27	15.27		
	低山阴坡Ⅳ级中	29.32			25.25			25.25	4.07	4.07		
	低山阴坡Ⅳ级薄	1.78			1.55			1.55	0.23	0.23		
	低山阴坡Ⅴ级中	4.17			3.65			3.65	0.52	0.52		
	低山阴坡Ⅵ级中	2.98			2.77			2.77	0.21	0.21		
	低山阴坡Ⅵ级薄	2.82			2.82			2.82				
	低山阳坡Ⅱ级厚	7.75			5.94			5.94	1.81	1.81		
	低山阳坡Ⅱ级中	926.72	0.39		892.87			892.87	33.46	33.46		
	低山阳坡Ⅱ级薄	47.87			41.75			41.75	6.12	6.12		
	低山阳坡Ⅲ级厚	3.36			1.90			1.90	1.46	1.46		
	低山阳坡Ⅲ级中	486.06	1.56		445.51			445.51	38.99	38.99		
	低山阳坡Ⅲ级薄	83.66			69.77	0.41		69.36	13.89	13.89		
	低山阳坡Ⅳ级中	198.95			193.11			193.11	5.84	5.84		
	低山阳坡Ⅳ级薄	7.75			2.20			2.20	5.55	5.55		
	低山阳坡Ⅴ级中	5.60			3.51			3.51	2.09	2.09		
	低山阳坡Ⅴ级薄	0.15			0.15			0.15				
	低山阳坡Ⅵ级中	1.33			0.48			0.48	0.85	0.85		
	低山平坡Ⅰ级厚	35.26			35.26			35.26				
	低山平坡Ⅰ级中	1557.88	0.31		1496.63			1496.63	60.94	60.94		
	低山平坡Ⅰ级薄	64.68			60.54			60.54	4.14	4.14		

表7 吉林重点国有林区可造林封育地面积按立地类型统计表（续3）

单位：公顷

统计单位	立地类型	合计	疏林地	一般灌木林地	无立木林地				宜林地			
					小计	采伐迹地	火烧迹地	其他无立木林地	小计	宜林荒山荒地	宜林沙荒地	其他宜林地
三岔子林业局	合计	10132.99	120.47	473.03	6699.79	32.66		6667.13	2839.70	311.37	103.82	2424.51
	中山阴坡Ⅱ级中	10.21	4.05						6.16	1.57	4.59	
	中山阴坡Ⅲ级中	0.29							0.29	0.29		
	中山阳坡Ⅰ级厚	0.28							0.28	0.28		
	中山阳坡Ⅱ级厚	7.28							7.28	7.28		
	中山阳坡Ⅱ级中	56.24	46.29						9.95	9.95		
	中山阳坡Ⅳ级中	1.68	1.68									
	中山平坡Ⅰ级中	21.29	7.04						14.25	14.25		
	低山阴坡Ⅰ级中	218.87	0.21	7.83	152.72			152.72	58.11	48.38		9.73
	低山阴坡Ⅰ级薄	7.55		2.30	2.50			2.50	2.75	2.75		
	低山阴坡Ⅱ级厚	8.48		2.82	4.30			4.30	1.36	1.36		
	低山阴坡Ⅱ级中	785.84	33.28	22.60	640.88	7.61		633.27	89.08	25.88	0.24	62.96
	低山阴坡Ⅱ级薄	46.84	13.28	9.43	22.22	0.09		22.13	1.91	1.91		
	低山阴坡Ⅲ级厚	68.15		59.16	8.56			8.56	0.43	0.43		
	低山阴坡Ⅲ级中	387.37	4.66	2.02	369.60	0.82		368.78	11.09	10.26		0.83
	低山阴坡Ⅲ级薄	50.53		29.43	16.90			16.90	4.20	4.20		
	低山阴坡Ⅳ级厚	0.26			0.26			0.26				
	低山阴坡Ⅳ级中	298.47		0.63	292.81			292.81	5.03	2.25		2.78
	低山阴坡Ⅳ级薄	3.05	2.59		0.46			0.46				
	低山阴坡Ⅴ级中	39.23			39.23			39.23				
	低山阳坡Ⅰ级厚	2.89		2.81					0.08	0.08		
	低山阳坡Ⅰ级中	1047.03		6.64	254.45			254.45	785.94	5.89		780.05
	低山阳坡Ⅰ级薄	2.80			2.08			2.08	0.72	0.72		
	低山阳坡Ⅱ级厚	3.66		1.96	1.70			1.70				
	低山阳坡Ⅱ级中	742.52		10.28	707.05	7.85		699.20	25.19	9.95	0.21	15.03
	低山阳坡Ⅱ级薄	93.96	3.46	33.26	34.84	0.32		34.52	22.40	22.40		
	低山阳坡Ⅲ级厚	4.95			4.95			4.95				
	低山阳坡Ⅲ级中	468.76		17.83	425.85			425.85	25.08	18.21	1.30	5.57
	低山阳坡Ⅲ级薄	120.44		9.70	105.70	0.54		105.16	5.04	5.04		
	低山阳坡Ⅳ级厚	2.56		0.47	2.09			2.09				
	低山阳坡Ⅳ级中	1113.54			388.69	0.77		387.92	724.85	0.41	2.24	722.20
	低山阳坡Ⅳ级薄	3.24		0.16	3.08			3.08				
	低山阳坡Ⅴ级中	7.21			6.73			6.73	0.48	0.48		
	低山阳坡Ⅵ级中	8.87			3.50			3.50	5.37		5.37	
	低山平坡Ⅰ级厚	363.93		102.29	236.18			236.18	25.46	20.12		5.34
	低山平坡Ⅰ级中	3564.81	3.62	130.22	2583.02	7.88		2575.14	847.95	73.59	51.70	722.66
	低山平坡Ⅰ级薄	566.40	0.31	21.19	389.44	6.78		382.66	155.46	23.44	37.70	94.32
	丘陵台地阴坡Ⅱ级中	0.43							0.43			0.43
	丘陵台地阴坡Ⅲ级中	1.44							1.44		0.47	0.97
	丘陵台地平坡Ⅰ级中	1.64							1.64			1.64

表7　吉林重点国有林区可造林封育地面积按立地类型统计表（续4）

单位：公顷

统计单位	立地类型	合计	疏林地	一般灌木林地	无立木林地				宜林地			
					小计	采伐迹地	火烧迹地	其他无立木林地	小计	宜林荒山荒地	宜林沙荒地	其他宜林地
松江河林业局	合计	1143.31	100.89	7.15	1030.39			1030.39	4.88	4.88		
	中山阴坡Ⅴ级厚	0.60		0.60								
	中山阳坡Ⅰ级中	1.28			1.28			1.28				
	中山阳坡Ⅲ级厚	13.32	13.32									
	低山阴坡Ⅰ级厚	119.42			119.42			119.42				
	低山阴坡Ⅰ级中	67.58	29.55		38.03			38.03				
	低山阴坡Ⅱ级薄	0.51			0.51			0.51				
	低山阴坡Ⅲ级厚	0.97							0.97	0.97		
	低山阴坡Ⅳ级厚	24.17			24.17			24.17				
	低山阴坡Ⅳ级中	9.31			9.31			9.31				
	低山阴坡Ⅴ级厚	9.76			9.03			9.03	0.73	0.73		
	低山阴坡Ⅴ级中	0.38	0.38									
	低山阴坡Ⅵ级厚	20.41	1.21		19.20			19.20				
	低山阴坡Ⅵ级中	6.50			6.50			6.50				
	低山阳坡Ⅰ级厚	205.94			205.94			205.94				
	低山阳坡Ⅰ级中	91.12	0.73		89.73			89.73	0.66	0.66		
	低山阳坡Ⅱ级中	0.94			0.72			0.72	0.22	0.22		
	低山阳坡Ⅲ级薄	1.23			1.13			1.13	0.10	0.10		
	低山阳坡Ⅳ级中	11.50	1.20		10.30			10.30				
	低山阳坡Ⅴ级厚	18.32			18.32			18.32				
	低山阳坡Ⅴ级中	4.52			4.52			4.52				
	低山阳坡Ⅵ级厚	19.53			19.53			19.53				
	低山阳坡Ⅵ级中	47.18	31.32		14.39			14.39	1.47	1.47		
	低山平坡Ⅰ级厚	206.92	23.18	6.55	177.19			177.19				
	低山平坡Ⅰ级中	19.02			18.29			18.29	0.73	0.73		
	其他	242.88			242.88			242.88				
泉阳林业局	合计	2525.66	10.38	343.01	640.37	11.24		629.13	1531.90	266.10	10.55	1255.25
	低山阴坡Ⅰ级中	90.68	3.41	0.18	47.94			47.94	39.15	6.01		33.14
	低山阴坡Ⅰ级薄	96.47	2.85	1.44					92.18	0.15		92.03
	低山阴坡Ⅱ级厚	1.86							1.86			1.86
	低山阴坡Ⅱ级中	244.67		20.24	67.89	0.48		67.41	156.54	41.40		115.14
	低山阴坡Ⅱ级薄	86.46		1.53					84.93	0.56		84.37
	低山阴坡Ⅲ级中	16.59		6.40	6.69			6.69	3.50	0.52		2.98
	低山阴坡Ⅲ级薄	3.35							3.35			3.35
	低山阴坡Ⅳ级中	5.04							5.04	4.53		0.51
	低山阴坡Ⅴ级中	29.46			6.58			6.58	22.88	2.99		19.89
	低山阴坡Ⅴ级薄	0.79							0.79			0.79
	低山阴坡Ⅵ级中	1.29							1.29	1.29		
	低山阳坡Ⅰ级中	130.10		39.23	37.48	2.63		34.85	53.39	32.21		21.18
	低山阳坡Ⅰ级薄	7.57							7.57			7.57
	低山阳坡Ⅱ级厚	1.09							1.09	0.18		0.91
	低山阳坡Ⅱ级中	390.71		86.01	91.97	0.88		91.09	212.73	43.29	1.56	167.88
	低山阳坡Ⅱ级薄	144.25		4.77	13.81	0.45		13.36	125.67	5.15		120.52

表7 吉林重点国有林区可造林封育地面积按立地类型统计表（续5）

单位：公顷

统计单位	立地类型	合计	疏林地	一般灌木林地	无立木林地				宜林地			
					小计	采伐迹地	火烧迹地	其他无立木林地	小计	宜林荒山荒地	宜林沙荒地	其他宜林地
泉阳林业局	低山阳坡Ⅲ级中	59.94	0.26	22.02	10.49	0.22		10.27	27.17	10.31		16.86
	低山阳坡Ⅳ级厚	0.12							0.12	0.12		
	低山阳坡Ⅳ级中	33.78	1.58	22.08	5.56	1.13		4.43	4.56	2.84		1.72
	低山阳坡Ⅳ级薄	0.91			0.45			0.45	0.46			0.46
	低山阳坡Ⅴ级中	13.79		9.26	1.29	1.16		0.13	3.24	1.92		1.32
	低山阳坡Ⅴ级薄	3.94							3.94			3.94
	低山阳坡Ⅵ级中	4.20	1.03	1.54	1.63			1.63				
	低山阳坡Ⅵ级薄	0.42							0.42	0.42		
	低山平坡Ⅰ级厚	65.55		23.84	30.97			30.97	10.74	0.24		10.50
	低山平坡Ⅰ级中	948.75	1.25	47.93	286.69	4.29		282.40	612.88	105.89	1.25	505.74
	低山平坡Ⅰ级薄	143.88		56.54	30.93			30.93	56.41	6.08	7.74	42.59
露水河林业局	合计	1266.56	1.60	159.98	776.52	71.95		704.57	328.46	27.36	32.04	269.06
	中山阴坡Ⅱ级中	7.16			7.16	7.16						
	中山阳坡Ⅰ级中	0.10							0.10			0.10
	中山阳坡Ⅱ级中	4.55			4.55	4.55						
	中山阳坡Ⅲ级中	51.14		51.14								
	中山阳坡Ⅳ级中	11.18		10.95					0.23		0.23	
	低山阴坡Ⅰ级中	3.11		0.99	2.12			2.12				
	低山阴坡Ⅱ级厚	0.71		0.71								
	低山阴坡Ⅱ级中	78.90	1.60	7.00	55.77	27.54		28.23	14.53			14.53
	低山阴坡Ⅱ级薄	1.49							1.49			1.49
	低山阴坡Ⅲ级中	31.51		0.46	26.99	0.09		26.90	4.06			4.06
	低山阴坡Ⅲ级薄	1.32							1.32			1.32
	低山阴坡Ⅳ级中	4.49			4.49			4.49				
	低山阴坡Ⅴ级中	4.04			4.04			4.04				
	低山阳坡Ⅰ级中	171.58		17.35	139.67			139.67	14.56			14.56
	低山阳坡Ⅱ级厚	0.30			0.30			0.30				
	低山阳坡Ⅱ级中	211.78		2.10	161.90	16.63		145.27	47.78	6.74	0.13	40.91
	低山阳坡Ⅲ级中	72.17		12.69	48.01			48.01	11.47	0.24	0.70	10.53
	低山阳坡Ⅲ级薄	1.07							1.07			1.07
	低山阳坡Ⅳ级中	52.39		50.07	1.94			1.94	0.38		0.14	0.24
	低山平坡Ⅰ级厚	5.73		0.83	2.82			2.82	2.08		2.08	
	低山平坡Ⅰ级中	456.10		5.69	316.76	15.98		300.78	133.65	19.71	20.90	93.04
	低山平坡Ⅰ级薄	95.74							95.74	0.67	7.86	87.21
红石林业局	合计	10565.29	130.19	108.94	9997.89	38.55		9959.34	328.27	248.03	18.45	61.79
	低山阴坡Ⅰ级厚	305.25		0.82	303.74	0.37		303.37	0.69	0.69		
	低山阴坡Ⅰ级中	131.73	12.46	0.30	84.63	2.34		82.29	34.34	34.27	0.07	
	低山阴坡Ⅰ级薄	15.70			11.87			11.87	3.83	1.21		2.62
	低山阴坡Ⅱ级厚	1343.67	21.85	12.58	1308.05	5.66		1302.39	1.19	0.49		0.70
	低山阴坡Ⅱ级中	978.36	4.31	7.62	949.11	8.86		940.25	17.32	14.44	0.88	2.00
	低山阴坡Ⅱ级薄	75.12			69.78	0.76		69.02	5.34			5.34
	低山阴坡Ⅲ级厚	1055.41	17.73	20.92	1016.53	0.41		1016.12	0.23	0.23		

表 7　吉林重点国有林区可造林封育地面积按立地类型统计表（续 6）

单位：公顷

统计单位	立地类型	合计	疏林地	一般灌木林地	无立木林地				宜林地			
					小计	采伐迹地	火烧迹地	其他无立木林地	小计	宜林荒山荒地	宜林沙荒地	其他宜林地
红石林业局	低山阴坡Ⅲ级中	908.97	0.66	3.90	897.64	2.68		894.96	6.77	3.10		3.67
	低山阴坡Ⅲ级薄	91.31			84.85	0.55		84.30	6.46			6.46
	低山阴坡Ⅳ级厚	51.71	0.88		50.83			50.83				
	低山阴坡Ⅳ级中	44.68			43.91	0.93		42.98	0.77	0.77		
	低山阴坡Ⅳ级薄	6.82			5.35			5.35	1.47		1.47	
	低山阴坡Ⅴ级厚	1.09			1.09			1.09				
	低山阴坡Ⅴ级中	0.74			0.52			0.52	0.22	0.22		
	低山阴坡Ⅴ级薄	5.83			5.83			5.83				
	低山阴坡Ⅵ级中	1.96			0.17			0.17	1.79		1.79	
	低山阳坡Ⅰ级厚	216.02		0.20	215.82	0.08		215.74				
	低山阳坡Ⅰ级中	270.64	18.75	4.11	153.91	4.75		149.16	93.87	79.78	2.58	11.51
	低山阳坡Ⅱ级厚	1249.71	28.79	21.83	1198.97	0.41		1198.56	0.12			0.12
	低山阳坡Ⅱ级中	926.98	9.32	4.51	855.19	4.01		851.18	57.96	52.81	0.90	4.25
	低山阳坡Ⅱ级薄	142.36		0.49	134.66	1.54		133.12	7.21		6.90	0.31
	低山阳坡Ⅲ级厚	1065.82	12.98	20.69	1032.15	0.09		1032.06				
	低山阳坡Ⅲ级中	806.25	0.10	5.00	770.72	1.80		768.92	30.43	17.36	0.54	12.53
	低山阳坡Ⅲ级薄	200.85		0.30	198.72	0.51		198.21	1.83		1.83	
	低山阳坡Ⅳ级厚	23.64		0.33	23.31			23.31				
	低山阳坡Ⅳ级中	120.00			117.94	0.60		117.34	2.06	2.06		
	低山阳坡Ⅳ级薄	5.66		1.44	4.22			4.22				
	低山阳坡Ⅴ级厚	2.58			2.58			2.58				
	低山阳坡Ⅴ级中	8.37			6.79			6.79	1.58	0.85	0.73	
	低山阳坡Ⅴ级薄	1.82			1.82	0.98		0.84				
	低山平坡Ⅰ级厚	138.57	0.57	1.56	133.89	1.06		132.83	2.55	0.56		1.99
	低山平坡Ⅰ级中	268.51	1.79	1.77	222.19	0.16		222.03	42.76	32.45	0.76	9.55
	低山平坡Ⅰ级薄	2.12			1.78			1.78	0.34	0.34		
	低山平坡Ⅱ级中	23.41			23.15			23.15	0.26	0.26		
	低山平坡Ⅲ级中	36.49			29.61			29.61	6.88	6.14		0.74
	低山平坡Ⅲ级薄	36.57			36.57			36.57				
	低山平坡Ⅳ级薄	0.57		0.57								
白石山林业局	合计	3973.56	43.99	88.78	1967.17			1967.17	1873.62	1689.55	0.39	183.68
	中山阳坡Ⅱ级中	10.37							10.37	10.37		
	中山阳坡Ⅲ级中	2.36	2.36									
	中山阳坡Ⅳ级中	0.91							0.91	0.91		
	低山阴坡Ⅱ级中	181.09	0.96	3.56					176.57	176.57		
	低山阴坡Ⅱ级薄	0.46							0.46	0.46		
	低山阴坡Ⅲ级中	538.30	27.01	26.11					485.18	485.18		
	低山阳坡Ⅱ级中	337.76		20.01					317.75	317.75		
	低山阳坡Ⅲ级中	101.08	12.96						88.12	88.12		
	低山阳坡Ⅴ级中	12.13							12.13	12.13		
	低山平坡Ⅰ级中	2601.77	0.70	39.10	1963.52			1963.52	598.45	598.06	0.39	
	低山平坡Ⅰ级薄	3.65			3.65			3.65				
	其他	183.68							183.68			183.68

表8 吉林重点国有林区乔木林各龄组面积、蓄积按林种、起源和林分类型统计表

单位：公顷、立方米

统计单位	林种	起源	林分类型	合计		幼龄林		中龄林		近熟林		成熟林		过熟林	
				面积	蓄积	面积	蓄积	面积	蓄积	面积	蓄积	面积	蓄积	面积	蓄积
吉林森工	合计	合计	合计	1221147.92	190139798.2	103706.30	7727310.3	267171.03	36997822.8	397961.01	63491517.4	354563.86	62476856.5	97745.72	19446291.2
			纯林	188959.90	27375610.8	39146.25	2442639.4	49965.14	6782178.6	44383.51	7303966.4	36886.58	6811987.8	18578.42	4034838.6
			混交林	1032188.02	162764187.4	64560.05	5284670.9	217205.89	30215644.2	353577.50	56187551.0	317677.28	55664868.7	79167.30	15411452.6
			针叶混交林	35545.40	5626421.0	6043.24	487848.8	10073.34	1552836.3	7789.18	1399271.2	9059.32	1651976.7	2580.32	534488.0
			针阔混交林	170794.13	26751605.9	25610.49	2222627.4	52220.17	7824433.6	38821.99	6468180.3	38023.55	6868754.9	16117.93	3367609.7
			阔叶混交林	825848.49	130386160.5	32906.32	2574194.7	154912.38	20838374.3	306966.33	48320099.5	270594.41	47144137.1	60469.05	11509354.9
		天然	合计	1031805.74	165502923.5	47251.41	3887784.2	207053.52	28685120.6	363021.21	57690624.6	325507.85	57271772.1	88971.75	17967622.0
			纯林	93583.58	15341721.5	9423.83	754449.6	22743.26	3118613.8	27628.77	4499161.6	20665.32	3845082.5	13122.40	3124414.0
			混交林	938222.16	150161202.0	37827.58	3133334.6	184310.26	25566506.8	335392.44	53191463.0	304842.53	53426689.6	75849.35	14843208.0
			针叶混交林	18974.57	3442351.4	917.76	107577.2	5544.35	922218.7	4360.22	802319.9	6036.31	1154256.7	2115.93	455978.9
			针阔混交林	101702.73	17432363.3	5586.10	559626.7	26188.57	4103945.0	25430.54	4269285.1	29763.71	5365702.4	14733.81	3133804.1
			阔叶混交林	817544.86	129286487.3	31323.72	2466130.7	152577.34	20540343.1	305601.68	48119858.0	269042.51	46906730.5	58999.61	11253425.0
		人工	合计	189342.18	24636874.7	56454.89	3839526.1	60117.51	8312702.2	34939.80	5800892.8	29056.01	5205084.4	8773.97	1478669.2
			纯林	95376.32	12033889.3	29722.42	1688189.8	27221.88	3663564.8	16754.74	2804804.8	16221.26	2966905.3	5456.02	910424.6
			混交林	93965.86	12602985.4	26732.47	2151336.3	32895.63	4649137.4	18185.06	2996088.0	12834.75	2238179.1	3317.95	568244.6
			针叶混交林	16570.83	2184069.6	5125.48	380271.6	4528.99	630617.6	3428.96	596951.3	3023.01	497720.0	464.39	78509.1
			针阔混交林	69091.40	9319242.6	20024.39	1663000.7	26031.60	3720488.6	13391.45	2198895.2	8259.84	1503052.5	1384.12	233805.6
			阔叶混交林	8303.63	1099673.2	1582.60	108064.0	2335.04	298031.2	1364.65	200241.5	1551.90	237406.6	1469.44	255929.9
		其中：人天混	合计	81639.32	11251710.9	22349.02	1922240.6	29631.60	4242227.3	16054.30	2655859.9	11005.89	1990161.2	2598.51	441221.9
			纯林	3712.81	405617.6	1837.31	131657.2	1259.12	172354.6	416.76	74190.5	165.08	22620.2	34.54	4795.1
			混交林	77926.51	10846093.3	20511.71	1790583.4	28372.48	4069872.7	15637.54	2581669.4	10840.81	1967541.0	2563.97	436426.8
			针叶混交林	7240.13	1149018.6	1495.80	156989.7	1874.44	270323.8	1903.57	345928.7	1651.43	321631.7	314.89	54144.7
			针阔混交林	64348.01	8865116.9	17660.38	1537447.5	24800.98	3576884.9	12769.63	2092254.8	7983.31	1465311.5	1133.71	193218.2
			阔叶混交林	6338.37	831957.8	1355.53	96146.2	1697.06	222664.0	964.34	143485.9	1206.07	180597.8	1115.37	189063.9
	防护林	合计	合计	437804.07	67823449.9	34207.34	2249268.4	78407.79	10153299.7	151464.30	24110767.3	146027.63	25941925.5	27697.01	5368189.0
			纯林	61645.39	8598918.5	12469.50	729123.7	16728.32	2227614.0	16866.27	2755354.1	12453.48	2298904.4	3127.82	587922.3
			混交林	376158.68	59224531.4	21737.84	1520144.7	61679.47	7925685.7	134598.03	21355413.2	133574.15	23643021.1	24569.19	4780266.7
			针叶混交林	6046.73	820023.1	1772.47	133885.6	1782.37	252788.9	1070.61	171126.0	1098.16	205094.1	323.12	57128.5
			针阔混交林	35168.04	4964527.8	7569.98	555119.1	10160.90	1366958.3	7288.65	1131934.6	6232.29	1070132.9	3916.22	840382.9
			阔叶混交林	334943.91	53439980.5	12395.39	831140.0	49736.20	6305938.5	126238.77	20052352.6	126243.70	22367794.1	20329.85	3882755.3
		天然	合计	382562.84	61112361.0	16424.82	1153037.3	60515.96	7760276.5	141321.61	22511139.1	139174.35	24711710.0	25126.10	4976198.1
			纯林	29797.54	4597079.1	3094.34	233894.7	6903.64	873257.7	10757.63	1757006.9	7645.99	1413138.4	1395.94	319781.4
			混交林	352765.30	56515281.9	13330.48	919142.6	53612.32	6887018.8	130563.98	20754132.2	131528.36	23298571.6	23730.16	4656416.7
			针叶混交林	1469.84	251570.7	126.74	14127.4	371.07	59108.7	263.50	39511.8	519.62	102453.2	188.91	36369.6
			针阔混交林	18234.25	3019265.0	1448.20	107457.5	3937.04	568543.1	4352.61	704489.0	4996.00	861993.8	3500.40	776781.6
			阔叶混交林	333061.21	53244446.2	11755.54	797557.7	49304.21	6259367.0	125947.87	20010131.4	126012.74	22334124.6	20040.85	3843265.5
		人工	合计	55241.23	6711088.9	17782.52	1096231.1	17891.83	2393023.2	10142.69	1599628.2	6853.28	1230215.5	2570.91	391990.9
			纯林	31847.85	4001839.4	9375.16	495229.0	9824.68	1354356.3	6108.64	998347.2	4807.49	885766.0	1731.88	268140.9
			混交林	23393.38	2709249.5	8407.36	601002.1	8067.15	1038666.9	4034.05	601281.0	2045.79	344449.5	839.03	123850.0
			针叶混交林	4576.89	568452.4	1645.73	119758.2	1411.30	193680.2	807.11	131614.2	578.54	102640.9	134.21	20758.9
			针阔混交林	16933.79	1945262.8	6121.78	447661.6	6223.86	798415.2	2936.04	427445.6	1236.29	208139.1	415.82	63601.3

表 8　吉林重点国有林区乔木林各龄组面积、蓄积按林种、起源和林分类型统计表（续 1）

单位：公顷、立方米

统计单位	林种	起源	林分类型	合计 面积	合计 蓄积	幼龄林 面积	幼龄林 蓄积	中龄林 面积	中龄林 蓄积	近熟林 面积	近熟林 蓄积	成熟林 面积	成熟林 蓄积	过熟林 面积	过熟林 蓄积
吉林森工	防护林	人工	阔叶混交林	1882.70	195534.3	639.85	33582.3	431.99	46571.5	290.90	42221.2	230.96	33669.5	289.00	39489.8
		其中：人天混	合计	20276.25	2357025.7	7296.42	540887.5	7200.94	925204.7	3487.00	515207.8	1686.01	284807.6	605.88	90918.1
			纯林	1321.35	138913.9	563.72	37154.1	518.87	64743.4	146.07	22397.7	92.69	14618.7		
			混交林	18954.90	2218111.8	6732.70	503733.4	6682.07	860461.3	3340.93	492810.1	1593.32	270188.9	605.88	90918.1
			针叶混交林	1524.07	197203.5	529.92	44358.0	459.02	61649.9	262.86	44484.9	217.45	37666.9	54.82	9043.8
			针阔混交林	15887.74	1863241.0	5636.35	429057.2	5880.77	761209.3	2834.41	414172.1	1158.66	200820.1	377.55	57982.3
			阔叶混交林	1543.09	157667.3	566.43	30318.2	342.28	37602.1	243.66	34153.1	217.21	31701.9	173.51	23892.0
	特用林	合计	合计	120116.52	20114566.8	8265.83	607620.0	19383.41	2673750.6	32778.31	5159602.6	37347.33	6758459.6	22341.64	4915134.0
			纯林	24128.99	4360771.8	2907.48	193749.3	3678.07	494258.1	3396.10	540136.9	5120.78	955017.5	9026.56	2177610.0
			混交林	95987.53	15753795.0	5358.35	413870.7	15705.34	2179492.5	29382.21	4619465.7	32226.55	5803442.1	13315.08	2737524.0
			针叶混交林	3601.71	553958.6	414.22	17460.0	489.00	71472.3	634.23	121469.2	1525.24	216389.8	539.02	127167.3
			针阔混交林	19385.02	3199474.6	2332.80	163301.8	4258.17	658310.0	3893.27	624063.2	5438.44	1019968.2	3462.34	733831.4
			阔叶混交林	73000.80	12000361.8	2611.33	233108.9	10958.17	1449710.2	24854.71	3873933.3	25262.87	4567084.1	9313.72	1876525.3
		天然	合计	101760.71	17738807.8	3793.85	328202.3	14927.21	2071779.2	29133.19	4573869.1	33026.78	6089289.4	20879.68	4675667.8
			纯林	15844.82	3312432.4	797.57	64506.2	1624.45	228473.8	2026.33	329490.4	3161.45	636800.4	8235.02	2053161.6
			混交林	85915.89	14426375.4	2996.28	263696.1	13302.76	1843305.4	27106.86	4244378.7	29865.33	5452489.0	12644.66	2622506.2
			针叶混交林	1202.18	250557.2	2.11	133.9	184.30	29627.9	97.27	17233.0	511.91	99744.7	406.59	103817.7
			针阔混交林	12783.45	2320059.4	531.83	40718.2	2430.96	399110.1	2401.02	390268.3	4400.25	832673.2	3019.39	657289.6
			阔叶混交林	71930.26	11855758.8	2462.34	222844.0	10687.50	1414567.4	24608.57	3836877.4	24953.17	4520071.1	9218.68	1861398.9
		人工	合计	18355.81	2375759.0	4471.98	279417.7	4456.20	601971.4	3645.12	585733.5	4320.55	669170.2	1461.96	239466.2
			纯林	8284.17	1048339.4	2109.91	129243.1	2053.62	265784.3	1369.77	210646.5	1959.33	318217.1	791.54	124448.4
			混交林	10071.64	1327419.6	2362.07	150174.6	2402.58	336187.1	2275.35	375087.0	2361.22	350953.1	670.42	115017.8
			针叶混交林	2399.53	303401.4	412.11	17326.1	304.70	41844.4	536.96	104236.2	1013.33	116645.1	132.43	23349.6
			针阔混交林	6601.57	879415.2	1800.97	122583.6	1827.21	259199.9	1492.25	233794.9	1038.19	187295.0	442.95	76541.8
			阔叶混交林	1070.54	144603.0	148.99	10264.9	270.67	35142.8	246.14	37055.9	309.70	47013.0	95.04	15126.4
		其中：人天混	合计	8150.88	1120039.3	2044.38	136465.8	2072.70	296469.7	1952.88	320428.5	1526.87	269614.8	554.05	97060.5
			纯林	386.35	42681.8	173.72	10713.3	156.57	23937.5	39.99	5951.4	16.07	2079.6		
			混交林	7764.53	1077357.5	1870.66	125752.5	1916.13	272532.2	1912.89	314477.1	1510.80	267535.2	554.05	97060.5
			针叶混交林	990.28	162410.2	150.96	4385.8	96.62	13671.4	402.71	79399.9	219.31	43282.0	120.68	21671.1
			针阔混交林	6010.48	813931.0	1580.80	111666.2	1699.99	243211.1	1365.33	214101.5	1026.03	184689.2	338.33	60263.0
			阔叶混交林	763.77	101016.3	138.90	9700.5	119.52	15649.7	144.85	20975.7	265.46	39564.0	95.04	15126.4
	用材林	合计	合计	663227.33	102201781.5	61233.13	4870421.9	169379.83	24170772.5	213718.40	34221147.5	171188.90	29776471.4	47707.07	9162968.2
			纯林	103185.52	14415920.5	23769.27	1519766.4	29558.75	4060306.5	24121.14	4008475.4	19312.32	3558065.9	6424.04	1269306.3
			混交林	560041.81	87785861.0	37463.86	3350655.5	139821.08	20110466.0	189597.26	30212672.1	151876.58	26218405.5	41283.03	7893661.9
			针叶混交林	25896.96	4252439.3	3856.55	336503.2	7801.97	1228575.1	6084.34	1106676.0	6435.92	1230492.8	1718.18	350192.2
			针阔混交林	116241.07	18587603.5	15707.71	1504206.5	37801.10	5799165.3	27640.07	4712182.5	26352.82	4778653.8	8739.37	1793395.4
			阔叶混交林	417903.78	64945818.2	17899.60	1509945.8	94218.01	13082725.6	155872.85	24393813.6	119087.84	20209258.9	30825.48	5750074.3
		天然	合计	547482.19	86651754.7	27032.74	2406544.6	131610.35	18853064.9	192566.41	30605616.4	153306.72	26470772.7	42965.97	8315756.1
			纯林	47941.22	7432210.0	5531.92	456048.7	14215.17	2016882.3	14844.81	2412664.3	9857.88	1795143.7	3491.44	751471.0
			混交林	499540.97	79219544.7	21500.82	1950495.9	117395.18	16836182.6	177721.60	28192952.1	143448.84	24675629.0	39474.53	7564285.1
			针叶混交林	16302.55	2940223.5	788.91	93315.9	4988.98	833482.1	3999.45	745575.1	5004.78	952058.8	1520.43	315791.6
			针阔混交林	70685.03	12093038.9	3606.07	411451.0	19820.57	3136291.8	18676.91	3174527.8	20367.46	3671035.4	8214.02	1699732.9

表 8　吉林重点国有林区乔木林各龄组面积、蓄积按林种、起源和林分类型统计表（续 2）

单位：公顷、立方米

统计单位	林种	起源	林分类型	合计		幼龄林		中龄林		近熟林		成熟林		过熟林	
				面积	蓄积	面积	蓄积	面积	蓄积	面积	蓄积	面积	蓄积	面积	蓄积
吉林森工	用材林	天然	阔叶混交林	412553.39	64186282.3	17105.84	1445729.0	92585.63	12866408.7	155045.24	24272849.2	118076.60	20052534.8	29740.08	5548760.6
		人工	合计	115745.14	15550026.8	34200.39	2463877.3	37769.48	5317707.6	21151.99	3615531.1	17882.18	3305698.7	4741.10	847212.1
			纯林	55244.30	6983710.5	18237.35	1063717.7	15343.58	2043424.2	9276.33	1595811.1	9454.44	1762922.2	2932.60	517835.3
			混交林	60500.84	8566316.3	15963.04	1400159.6	22425.90	3274283.4	11875.66	2019720.0	8427.74	1542776.5	1808.50	329376.8
			针叶混交林	9594.41	1312215.8	3067.64	243187.3	2812.99	395093.0	2084.89	361100.9	1431.14	278434.0	197.75	34400.6
			针阔混交林	45556.04	6494564.6	12101.64	1092755.5	17980.53	2662873.5	8963.16	1537654.7	5985.36	1107618.4	525.35	93662.5
			阔叶混交林	5350.39	759535.9	793.76	64216.8	1632.38	216316.9	827.61	120964.4	1011.24	156724.1	1085.40	201313.7
		其中：人天混	合计	53212.19	7774645.9	13008.22	1244887.3	20357.96	3020552.9	10614.42	1820223.6	7793.01	1435738.8	1438.58	253243.3
			纯林	2005.11	224021.9	1099.87	83789.8	583.68	83673.7	230.70	45841.4	56.32	5921.9	34.54	4795.1
			混交林	51207.08	7550624.0	11908.35	1161097.5	19774.28	2936879.2	10383.72	1774382.2	7736.69	1429816.9	1404.04	248448.2
			针叶混交林	4725.78	789404.9	814.92	108245.9	1318.80	195002.5	1238.00	222043.9	1214.67	240682.8	139.39	23429.8
			针阔混交林	42449.79	6187944.9	10443.23	996724.1	17220.22	2572464.5	8569.89	1463981.2	5798.62	1079802.2	417.83	74972.9
			阔叶混交林	4031.51	573274.2	650.20	56127.5	1235.26	169412.2	575.83	88357.1	723.40	109331.9	846.82	150045.5
临江林业局	合计	合计	合计	168043.20	25913444.8	24444.20	1996923.9	44518.60	6758358.0	51473.10	8540295.9	39871.70	7221324.9	7735.60	1396542.1
			纯林	38358.10	5617535.1	9186.90	650410.5	9840.50	1447967.2	8281.10	1434749.1	9579.50	1826759.9	1470.10	257648.4
			混交林	129685.10	20295909.7	15257.30	1346513.4	34678.10	5310390.8	43192.00	7105546.8	30292.20	5394565.0	6265.50	1138893.7
			针叶混交林	11904.10	1995147.4	2064.50	231238.3	3851.90	666165.1	3262.60	582392.9	2488.20	472372.3	236.90	42978.8
			针阔混交林	35615.30	5509694.9	7326.50	650834.6	12540.20	2051666.4	8407.30	1500827.4	6187.00	1103909.1	1154.30	202457.4
			阔叶混交林	82165.70	12791067.4	5866.30	464440.5	18286.00	2592559.3	31522.10	5022326.5	21617.00	3818283.6	4874.30	893457.5
		天然	合计	116226.50	18501903.0	9711.90	875375.3	29335.90	4443811.7	41785.30	6853718.3	29566.50	5260607.4	5826.90	1068390.3
			纯林	11160.80	1661013.1	1930.90	146252.2	3436.10	499798.3	3057.70	513524.9	2542.30	465537.4	193.80	35900.3
			混交林	105065.70	16840889.9	7781.00	729123.1	25899.80	3944013.4	38727.60	6340193.4	27024.20	4795070.0	5633.10	1032490.0
			针叶混交林	6647.60	1201659.1	514.10	72499.0	2553.50	468100.0	1996.50	361659.6	1500.70	283554.5	82.80	15846.0
			针阔混交林	17445.90	3006019.9	1737.30	223851.5	5320.10	919914.1	5354.80	974035.8	4125.60	725852.1	908.10	162366.4
			阔叶混交林	80972.20	12633210.9	5529.60	432772.6	18026.20	2555999.3	31376.30	5004498.0	21397.90	3785663.4	4642.20	854277.6
		人工	合计	51816.70	7411541.8	14732.30	1121548.6	15182.70	2314546.3	9687.80	1686577.6	10305.20	1960717.5	1908.70	328151.8
			纯林	27197.30	3956522.0	7256.00	504158.3	6404.40	948168.9	5223.40	921224.2	7037.20	1361222.5	1276.30	221748.1
			混交林	24619.40	3455019.8	7476.30	617390.3	8778.30	1366377.4	4464.40	765353.4	3268.00	599495.0	632.40	106403.7
			针叶混交林	5256.50	793488.3	1550.40	158739.3	1298.40	198065.1	1266.10	220733.3	987.50	188817.8	154.10	27132.8
			针阔混交林	18169.40	2503675.0	5589.20	426983.1	7220.10	1131752.3	3052.50	526791.6	2061.40	378057.0	246.20	40091.0
			阔叶混交林	1193.50	157856.5	336.70	31667.9	259.80	36560.0	145.80	17828.5	219.10	32620.2	232.10	39179.9
		其中：人天混	合计	21510.60	3131793.8	6202.50	559545.8	8213.40	1307447.4	3755.80	654897.5	2860.10	530059.1	478.80	79844.0
			纯林	536.00	51185.5	330.40	22093.8	175.90	24488.6	14.80	2384.5	14.90	2218.6		
			混交林	20974.60	3080608.3	5872.10	537452.0	8037.50	1282958.8	3741.00	652513.0	2845.20	527840.5	478.80	79844.0
			针叶混交林	2966.90	503575.4	742.20	104578.2	812.50	133395.8	637.20	118354.4	672.90	129719.9	102.10	17527.1
			针阔混交林	17041.30	2442820.3	4829.80	401802.3	7027.40	1117606.0	2999.60	520266.5	1991.00	370616.5	193.50	32529.0
			阔叶混交林	966.40	134212.6	300.10	31071.5	197.60	31957.0	104.20	13892.1	181.30	27504.1	183.20	29787.9
	防护林	合计	合计	53772.20	7951706.5	8325.40	625565.1	14499.00	2101978.7	17228.30	2721816.7	11850.50	2159801.6	1869.00	342544.4
			纯林	13847.20	2125780.2	2891.60	213072.0	4092.40	638655.8	3036.40	524479.6	3548.10	698035.0	278.70	51537.8
			混交林	39925.00	5825926.3	5433.80	412493.1	10406.60	1463322.9	14191.90	2197337.1	8302.40	1461766.6	1590.30	291006.6
			针叶混交林	1880.40	279152.5	474.00	43040.3	449.70	73651.2	421.50	60240.3	485.40	94463.1	49.80	7757.6
			针阔混交林	8651.30	1179713.0	2545.50	195889.7	2797.20	425383.1	1711.00	284720.8	1408.40	240871.1	189.20	32848.3

表 8　吉林重点国有林区乔木林各龄组面积、蓄积按林种、起源和林分类型统计表（续 3）

单位：公顷、立方米

统计单位	林种	起源	林分类型	合计		幼龄林		中龄林		近熟林		成熟林		过熟林	
				面积	蓄积	面积	蓄积	面积	蓄积	面积	蓄积	面积	蓄积	面积	蓄积
临江林业局	防护林	合计	阔叶混交林	29393.30	4367060.8	2414.30	173563.1	7159.70	964288.6	12059.40	1852376.0	6408.60	1126432.4	1351.30	250400.7
		天然	合计	37152.40	5598287.1	3351.20	256383.7	9245.20	1276073.1	14426.00	2248929.7	8529.80	1519801.4	1600.20	297099.2
			纯林	4033.20	627465.2	578.30	45739.5	1108.90	148956.5	1278.80	217395.4	996.80	200016.4	70.40	15357.4
			混交林	33119.20	4970821.9	2772.90	210644.2	8136.30	1127116.6	13147.20	2031534.3	7533.00	1319785.0	1529.80	281741.8
			针叶混交林	580.70	100224.5	54.50	7438.8	169.20	31977.8	126.60	16011.6	210.10	42116.7	20.30	2679.6
			针阔混交林	3309.80	523288.9	361.80	35574.7	843.30	134422.2	969.60	164369.2	950.20	156275.3	184.90	32647.5
			阔叶混交林	29228.70	4347308.5	2356.60	167630.7	7123.80	960716.6	12051.00	1851153.5	6372.70	1121393.0	1324.60	246414.7
		人工	合计	16619.80	2353419.4	4974.20	369181.4	5253.80	825905.6	2802.30	472887.0	3320.70	640000.2	268.80	45445.2
			纯林	9814.00	1498315.0	2313.30	167332.5	2983.50	489699.3	1757.60	307084.2	2551.30	498018.6	208.30	36180.4
			混交林	6805.80	855104.4	2660.90	201848.9	2270.30	336206.3	1044.70	165802.8	769.40	141981.6	60.50	9264.8
			针叶混交林	1299.70	178928.0	419.50	35601.5	280.50	41673.4	294.90	44228.7	275.30	52346.4	29.50	5078.0
			针阔混交林	5341.50	656424.1	2183.70	160315.0	1953.90	290960.9	741.40	120351.6	458.20	84595.8	4.30	200.8
			阔叶混交林	164.60	19752.3	57.70	5932.4	35.90	3572.0	8.40	1222.5	35.90	5039.4	26.70	3986.0
		其中：人天混	合计	5998.10	745704.9	2457.40	191646.4	2126.10	313824.9	835.80	135974.4	541.10	98400.4	37.70	5858.8
			纯林	275.60	25255.0	175.20	12569.2	77.70	9136.5	14.80	2384.5	7.90	1164.8		
			混交林	5722.50	720449.9	2282.20	179077.2	2048.40	304688.4	821.00	133589.9	533.20	97235.6	37.70	5858.8
			针叶混交林	436.40	55243.4	196.80	17268.6	96.00	13006.8	72.70	12203.3	45.20	8261.7	25.70	4503.0
			针阔混交林	5154.00	648990.5	2031.70	155976.2	1922.40	288416.1	741.40	120351.6	454.20	84045.8	4.30	200.8
			阔叶混交林	132.10	16216.0	53.70	5832.4	30.00	3265.5	6.90	1035.0	33.80	4928.1	7.70	1155.0
	特用林	合计	合计	4502.60	756641.6	491.00	34752.2	735.00	90828.9	740.10	122552.5	1935.50	399905.1	601.00	108602.9
			纯林	1033.80	164686.0	218.00	14326.2	157.50	23293.3	203.90	41181.5	386.00	74167.4	68.40	11717.6
			混交林	3468.80	591955.6	273.00	20426.0	577.50	67535.6	536.20	81371.0	1549.50	325737.7	532.60	96885.3
			针叶混交林	116.90	8683.8	62.70	2912.1	49.30	4953.0	4.40	718.7	0.50	100.0		
			针阔混交林	366.10	50200.8	83.70	7368.0	103.50	14092.7	85.70	11795.7	42.50	8312.2	50.70	8632.2
			阔叶混交林	2985.80	533071.0	126.60	10145.9	424.70	48489.9	446.10	68856.6	1506.50	317325.5	481.90	88253.1
		天然	合计	3437.50	609582.2	185.20	16384.9	443.60	50474.2	554.60	87594.5	1709.80	355318.3	544.30	99810.3
			纯林	290.90	49844.4	56.10	5389.8	16.10	1547.3	33.40	7714.2	173.60	32268.1	11.70	2925.0
			混交林	3146.60	559737.8	129.10	10995.1	427.50	48926.9	521.20	79880.3	1536.20	323050.2	532.60	96885.3
			针叶混交林	1.60	296.0			1.60	296.0						
			针阔混交林	163.80	26577.8	7.10	1056.2	1.20	141.0	75.10	11023.7	29.70	5724.7	50.70	8632.2
			阔叶混交林	2981.20	532864.0	122.00	9938.9	424.70	48489.9	446.10	68856.6	1506.50	317325.5	481.90	88253.1
		人工	合计	1065.10	147059.4	305.80	18367.3	291.40	40354.7	185.50	34958.0	225.70	44586.8	56.70	8792.6
			纯林	742.90	114841.6	161.90	8936.4	141.40	21746.0	170.50	33467.3	212.40	41899.3	56.70	8792.6
			混交林	322.20	32217.8	143.90	9430.9	150.00	18608.7	15.00	1490.7	13.30	2687.5		
			针叶混交林	115.30	8387.8	62.70	2912.1	47.70	4657.0	4.40	718.7	0.50	100.0		
			针阔混交林	202.30	23623.0	76.60	6311.8	102.30	13951.7	10.60	772.0	12.80	2587.5		
			阔叶混交林	4.60	207.0	4.60	207.0								
		其中：人天混	合计	207.00	23943.0	91.50	7373.8	94.70	13365.7	8.00	616.0	12.80	2587.5		
			纯林	3.50	175.0	3.50	175.0								
			混交林	203.50	23768.0	88.00	7198.8	94.70	13365.7	8.00	616.0	12.80	2587.5		
			针叶混交林	6.80	680.0	6.80	680.0								
			针阔混交林	192.10	22881.0	76.60	6311.8	94.70	13365.7	8.00	616.0	12.80	2587.5		

表 8　吉林重点国有林区乔木林各龄组面积、蓄积按林种、起源和林分类型统计表（续 4）

单位：公顷、立方米

统计单位	林种	起源	林分类型	合计		幼龄林		中龄林		近熟林		成熟林		过熟林	
				面积	蓄积	面积	蓄积	面积	蓄积	面积	蓄积	面积	蓄积	面积	蓄积
临江林业局	特用林	其中：人天混	阔叶混交林	4.60	207.0	4.60	207.0								
	用材林	合计	合计	109768.40	17205096.7	15627.80	1336606.6	29284.60	4565550.4	33504.70	5695926.7	26085.70	4661618.2	5265.60	945394.8
			纯林	23477.10	3327068.9	6077.30	423012.3	5590.60	786018.1	5040.80	869088.0	5645.40	1054557.5	1123.00	194393.0
			混交林	86291.30	13878027.8	9550.50	913594.3	23694.00	3779532.3	28463.90	4826838.7	20440.30	3607060.7	4142.60	751001.8
			针叶混交林	9906.80	1707311.1	1527.80	185285.9	3352.90	587560.9	2836.70	521433.9	2002.30	377809.2	187.10	35221.2
			针阔混交林	26597.90	4279781.1	4697.30	447576.9	9639.50	1612190.6	6610.60	1204310.9	4736.10	854725.8	914.40	160976.9
			阔叶混交林	49786.60	7890935.6	3325.40	280731.5	10701.60	1579780.8	19016.60	3101093.9	13701.90	2374525.7	3041.10	554803.7
		天然	合计	75636.60	12294033.7	6175.50	602606.7	19647.10	3117264.4	26804.70	4517194.1	19326.90	3385487.7	3682.40	671480.8
			纯林	6836.70	983703.5	1296.50	95122.9	2311.10	349294.5	1745.50	288415.3	1371.90	233252.9	111.70	17617.9
			混交林	68799.90	11310330.2	4879.00	507483.8	17336.00	2767969.9	25059.20	4228778.8	17955.00	3152234.8	3570.70	653862.9
			针叶混交林	6065.30	1101138.6	459.60	65060.2	2382.70	435826.2	1869.90	345648.0	1290.60	241437.8	62.50	13166.4
			针阔混交林	13972.30	2456153.2	1368.40	187220.6	4475.60	785350.9	4310.10	798642.9	3145.70	563852.1	672.50	121086.7
			阔叶混交林	48762.30	7753038.4	3051.00	255203.0	10477.70	1546792.8	18879.20	3084487.9	13518.70	2346944.9	2835.70	519609.8
		人工	合计	34131.80	4911063.0	9452.30	733999.9	9637.50	1448286.0	6700.00	1178732.6	6758.80	1276130.5	1583.20	273914.0
			纯林	16640.40	2343365.4	4780.80	327889.4	3279.50	436723.6	3295.30	580672.7	4273.50	821304.6	1011.30	176775.1
			混交林	17491.40	2567697.6	4671.50	406110.5	6358.00	1011562.4	3404.70	598059.9	2485.30	454825.9	571.90	97138.9
			针叶混交林	3841.50	606172.5	1068.20	120225.7	970.20	151734.7	966.80	175785.9	711.70	136371.4	124.60	22054.8
			针阔混交林	12625.60	1823627.9	3328.90	260356.3	5163.90	826839.7	2300.50	405668.0	1590.40	290873.7	241.90	39890.2
			阔叶混交林	1024.30	137897.2	274.40	25528.5	223.90	32988.0	137.40	16606.0	183.20	27580.8	205.40	35193.9
		其中：人天混	合计	15305.50	2362145.9	3653.60	360525.6	5992.60	980256.8	2912.00	518307.1	2306.20	429071.2	441.10	73985.2
			纯林	256.90	25755.5	151.70	9349.6	98.20	15352.1			7.00	1053.8		
			混交林	15048.60	2336390.4	3501.90	351176.0	5894.40	964904.7	2912.00	518307.1	2299.20	428017.4	441.10	73985.2
			针叶混交林	2523.70	447652.0	538.60	86629.6	716.50	120389.0	564.50	106151.1	627.70	121458.2	76.40	13024.1
			针阔混交林	11695.20	1770948.8	2721.50	239514.3	5010.30	815824.2	2250.20	399298.9	1524.00	283983.2	189.20	32328.2
			阔叶混交林	829.70	117789.6	241.80	25032.1	167.60	28691.5	97.30	12857.1	147.50	22576.0	175.50	28632.9
湾沟林业局	合计	合计	合计	80645.75	12659376.3	4687.34	310462.1	31996.26	4691084.1	39010.53	6744798.3	4052.18	755688.2	899.44	157343.6
			纯林	12763.94	2036174.9	1707.22	91782.4	5018.19	777272.1	5322.42	1019498.2	628.70	132074.3	87.41	15547.9
			混交林	67881.81	10623201.4	2980.12	218679.7	26978.07	3913812.0	33688.11	5725300.1	3423.48	623613.9	812.03	141795.7
			针叶混交林	1155.43	171291.0	290.61	18478.9	383.40	63063.7	424.12	79349.1	39.22	7569.4	18.08	2829.9
			针阔混交林	7553.02	1222563.7	535.48	34114.5	2654.55	406964.6	3848.62	685452.5	383.76	70519.7	130.61	25512.4
			阔叶混交林	59173.36	9229346.7	2154.03	166086.3	23940.12	3443783.7	29415.37	4960498.5	3000.50	545524.8	663.34	113453.4
		天然	合计	69695.96	10938046.6	2534.44	184850.1	27432.77	3955573.5	35244.97	5985232.4	3633.12	663540.7	850.66	148849.9
			纯林	6090.36	937595.3	353.65	15907.4	2393.32	340660.2	2967.85	509837.3	313.90	60525.0	61.64	10665.4
			混交林	63605.60	10000451.3	2180.79	168942.7	25039.45	3614913.3	32277.12	5475395.1	3319.22	603015.7	789.02	138184.5
			针叶混交林	175.34	32994.6	2.85	96.0	39.60	5626.1	125.65	25738.0	7.24	1534.5		
			针阔混交林	4467.02	766118.9	42.06	3769.3	1166.12	178935.8	2800.20	498154.6	332.96	60528.1	125.68	24731.1
			阔叶混交林	58963.24	9201337.8	2135.88	165077.4	23833.73	3430351.4	29351.27	4951502.5	2979.02	540953.1	663.34	113453.4
		人工	合计	10949.79	1721329.7	2152.90	125612.0	4563.49	735510.6	3765.56	759565.9	419.06	92147.5	48.78	8493.7
			纯林	6673.58	1098579.6	1353.57	75875.0	2624.87	436611.9	2354.57	509660.9	314.80	71549.3	25.77	4882.5
			混交林	4276.21	622750.1	799.33	49737.0	1938.62	298898.7	1410.99	249905.0	104.26	20598.2	23.01	3611.2
			针叶混交林	980.09	138296.4	287.76	18382.9	343.80	57437.6	298.47	53611.1	31.98	6034.9	18.08	2829.9
			针阔混交林	3086.00	456444.8	493.42	30345.2	1488.43	228028.8	1048.42	187297.9	50.80	9991.6	4.93	781.3

表 8　吉林重点国有林区乔木林各龄组面积、蓄积按林种、起源和林分类型统计表（续 5）

单位：公顷、立方米

统计单位	林种	起源	林分类型	合计		幼龄林		中龄林		近熟林		成熟林		过熟林	
				面积	蓄积	面积	蓄积	面积	蓄积	面积	蓄积	面积	蓄积	面积	蓄积
湾沟林业局	合计	人工	阔叶混交林	210.12	28008.9	18.15	1008.9	106.39	13432.3	64.10	8996.0	21.48	4571.7		
		其中：人天混	合计	3470.51	533043.2	460.30	32422.6	1629.08	251057.1	1264.55	227515.0	93.57	18437.3	23.01	3611.2
			纯林	220.99	38421.6	55.23	5011.5	63.25	11299.8	102.51	22110.3				
			混交林	3249.52	494621.6	405.07	27411.1	1565.83	239757.3	1162.04	205404.7	93.57	18437.3	23.01	3611.2
			针叶混交林	153.65	25725.9	6.46	600.9	22.01	3677.9	85.81	14743.2	21.29	3874.0	18.08	2829.9
			针阔混交林	2930.46	445065.5	388.71	26357.2	1460.84	224947.1	1025.18	182988.3	50.80	9991.6	4.93	781.3
			阔叶混交林	165.41	23830.2	9.90	453.0	82.98	11132.3	51.05	7673.2	21.48	4571.7		
	防护林	合计	合计	13641.87	2064743.1	1056.34	56324.5	5364.76	733895.3	6286.99	1098345.2	809.21	153118.2	124.57	23059.9
			纯林	2924.04	489125.6	320.00	16869.2	1197.43	180366.2	1312.69	268388.6	85.25	21497.7	8.67	2003.9
			混交林	10717.83	1575617.5	736.34	39455.3	4167.33	553529.1	4974.30	829956.6	723.96	131620.5	115.90	21056.0
			针叶混交林	235.98	40515.0	51.47	2081.2	115.00	21285.6	64.03	16313.7			5.48	834.5
			针阔混交林	998.35	161316.1	79.36	6003.3	390.78	57213.8	467.78	85742.6	43.84	9093.8	16.59	3262.6
			阔叶混交林	9483.50	1373786.4	605.51	31370.8	3661.55	475029.7	4442.49	727900.3	680.12	122526.7	93.83	16958.9
		天然	合计	11139.07	1628238.0	713.54	35732.7	4212.98	550194.4	5334.97	881549.3	763.81	139719.6	113.77	21042.0
			纯林	1146.43	161049.1	97.71	3053.3	458.65	59173.1	546.87	89903.1	39.85	8099.1	3.35	820.5
			混交林	9992.64	1467188.9	615.83	32679.4	3754.33	491021.3	4788.10	791646.2	723.96	131620.5	110.42	20221.5
			针叶混交林	2.85	96.0	2.85	96.0								
			针阔混交林	579.07	103390.8	9.49	1297.4	151.16	24316.3	357.99	65420.7	43.84	9093.8	16.59	3262.6
			阔叶混交林	9410.72	1363702.1	603.49	31286.0	3603.17	466705.0	4430.11	726225.5	680.12	122526.7	93.83	16958.9
		人工	合计	2502.80	436505.1	342.80	20591.8	1151.78	183700.9	952.02	216795.9	45.40	13398.6	10.80	2017.9
			纯林	1777.61	328076.5	222.29	13815.9	738.78	121193.1	765.82	178485.5	45.40	13398.6	5.32	1183.4
			混交林	725.19	108428.6	120.51	6775.9	413.00	62507.8	186.20	38310.4			5.48	834.5
			针叶混交林	233.13	40419.0	48.62	1985.2	115.00	21285.6	64.03	16313.7			5.48	834.5
			针阔混交林	419.28	57925.3	69.87	4705.9	239.62	32897.5	109.79	20321.9				
			阔叶混交林	72.78	10084.3	2.02	84.8	58.38	8324.7	12.38	1674.8				
		其中：人天混	合计	518.20	75022.6	69.90	4938.3	300.12	43604.0	142.70	25645.8			5.48	834.5
			纯林	49.04	9440.6	3.28	229.6	19.40	4403.1	26.36	4807.9				
			混交林	469.16	65582.0	66.62	4708.7	280.72	39200.9	116.34	20837.9			5.48	834.5
			针叶混交林	9.11	1503.2					3.63	668.7			5.48	834.5
			针阔混交林	387.27	53994.5	64.60	4623.9	222.34	30876.2	100.33	18494.4				
			阔叶混交林	72.78	10084.3	2.02	84.8	58.38	8324.7	12.38	1674.8				
	特用林	合计	合计	5208.85	766407.9	169.11	9440.1	2194.74	281542.1	2205.40	362043.3	531.71	96461.6	107.89	16920.8
			纯林	779.26	123981.9	50.17	1177.4	271.19	33702.7	333.86	59202.0	120.50	29446.4	3.54	453.4
			混交林	4429.59	642426.0	118.94	8262.7	1923.55	247839.4	1871.54	302841.3	411.21	67015.2	104.35	16467.4
			针叶混交林	45.07	4827.0	7.10	63.7	33.73	4196.5	4.24	566.8				
			针阔混交林	228.77	30380.8	39.75	1330.0	69.17	8845.1	69.12	12272.5	35.80	5179.3	14.93	2753.9
			阔叶混交林	4155.75	607218.2	72.09	6869.0	1820.65	234797.8	1798.18	290002.0	375.41	61835.9	89.42	13713.5
		天然	合计	4581.11	675022.5	76.22	7278.6	1977.06	254747.6	1982.27	323251.7	441.08	73262.1	104.48	16482.5
			纯林	339.03	50724.0	2.22	69.8	151.28	18315.6	155.53	26076.6	29.87	6246.9	0.13	15.1
			混交林	4242.08	624298.5	74.00	7208.8	1825.78	236432.0	1826.74	297175.1	411.21	67015.2	104.35	16467.4
			针叶混交林	1.19	192.5					1.19	192.5				
			针阔混交林	155.08	24508.4	9.70	860.6	33.11	4321.5	61.54	11393.1	35.80	5179.3	14.93	2753.9

表8 吉林重点国有林区乔木林各龄组面积、蓄积按林种、起源和林分类型统计表（续6）

单位：公顷、立方米

统计单位	林种	起源	林分类型	合计		幼龄林		中龄林		近熟林		成熟林		过熟林	
				面积	蓄积	面积	蓄积	面积	蓄积	面积	蓄积	面积	蓄积	面积	蓄积
湾沟林业局	特用林	天然	阔叶混交林	4085.81	599597.6	64.30	6348.2	1792.67	232110.5	1764.01	285589.5	375.41	61835.9	89.42	13713.5
		人工	合计	627.74	91385.4	92.89	2161.5	217.68	26794.5	223.13	38791.6	90.63	23199.5	3.41	438.3
			纯林	440.23	73257.9	47.95	1107.6	119.91	15387.1	178.33	33125.4	90.63	23199.5	3.41	438.3
			混交林	187.51	18127.5	44.94	1053.9	97.77	11407.4	44.80	5666.2				
			针叶混交林	43.88	4634.5	7.10	63.7	33.73	4196.5	3.05	374.3				
			针阔混交林	73.69	5872.4	30.05	469.4	36.06	4523.6	7.58	879.4				
			阔叶混交林	69.94	7620.6	7.79	520.8	27.98	2687.3	34.17	4412.5				
		其中：人天混	合计	78.52	8138.2	19.07	259.4	36.78	4622.9	22.67	3255.9				
			纯林	0.55	57.6	0.55	57.6								
			混交林	77.97	8080.6	18.52	201.8	36.78	4622.9	22.67	3255.9				
			针阔混交林	52.28	4603.6	18.52	201.8	32.21	4235.6	1.55	166.2				
			阔叶混交林	25.69	3477.0			4.57	387.3	21.12	3089.7				
	用材林	合计	合计	61795.03	9828225.3	3461.89	244697.5	24436.76	3675646.7	30518.14	5284409.8	2711.26	506108.4	666.98	117362.9
			纯林	9060.64	1423067.4	1337.05	73735.8	3549.57	563203.2	3675.87	691907.6	422.95	81130.2	75.20	13090.6
			混交林	52734.39	8405157.9	2124.84	170961.7	20887.19	3112443.5	26842.27	4592502.2	2288.31	424978.2	591.78	104272.3
			针叶混交林	874.38	125949.0	232.04	16334.0	234.67	37581.6	355.85	62468.6	39.22	7569.4	12.60	1995.4
			针阔混交林	6325.90	1030866.8	416.37	26781.2	2194.60	340905.7	3311.72	587437.4	304.12	56246.6	99.09	19495.9
			阔叶混交林	45534.11	7248342.1	1476.43	127846.5	18457.92	2733956.2	23174.70	3942596.2	1944.97	361162.2	480.09	82781.0
		天然	合计	53975.78	8634786.1	1744.68	141838.8	21242.73	3150631.5	27927.73	4780431.4	2428.23	450559.0	632.41	111325.4
			纯林	4604.90	725822.2	253.72	12784.3	1783.39	263171.5	2265.45	393857.6	244.18	46179.0	58.16	9829.8
			混交林	49370.88	7908963.9	1490.96	129054.5	19459.34	2887460.0	25662.28	4386573.8	2184.05	404380.0	574.25	101495.6
			针叶混交林	171.30	32706.1			39.60	5626.1	124.46	25545.5	7.24	1534.5		
			针阔混交林	3732.87	638219.7	22.87	1611.3	981.85	150298.0	2380.67	421340.8	253.32	46255.0	94.16	18714.6
			阔叶混交林	45466.71	7238038.1	1468.09	127443.2	18437.89	2731535.9	23157.15	3939687.5	1923.49	356590.5	480.09	82781.0
		人工	合计	7819.25	1193439.2	1717.21	102858.7	3194.03	525015.2	2590.41	503978.4	283.03	55549.4	34.57	6037.5
			纯林	4455.74	697245.2	1083.33	60951.5	1766.18	300031.7	1410.42	298050.0	178.77	34951.2	17.04	3260.8
			混交林	3363.51	496194.0	633.88	41907.2	1427.85	224983.5	1179.99	205928.4	104.26	20598.2	17.53	2776.7
			针叶混交林	703.08	93242.9	232.04	16334.0	195.07	31955.5	231.39	36923.1	31.98	6034.9	12.60	1995.4
			针阔混交林	2593.03	392647.1	393.50	25169.9	1212.75	190607.7	931.05	166096.6	50.80	9991.6	4.93	781.3
			阔叶混交林	67.40	10304.0	8.34	403.3	20.03	2420.3	17.55	2908.7	21.48	4571.7		
		其中：人天混	合计	2873.79	449882.4	371.33	27224.9	1292.18	202830.2	1099.18	198613.3	93.57	18437.3	17.53	2776.7
			纯林	171.40	28923.4	51.40	4724.3	43.85	6896.7	76.15	17302.4				
			混交林	2702.39	420959.0	319.93	22500.6	1248.33	195933.5	1023.03	181310.9	93.57	18437.3	17.53	2776.7
			针叶混交林	144.54	24222.7	6.46	600.9	22.01	3677.9	82.18	14074.5	21.29	3874.0	12.60	1995.4
			针阔混交林	2490.91	386467.4	305.59	21531.5	1206.29	189835.3	923.30	164327.7	50.80	9991.6	4.93	781.3
			阔叶混交林	66.94	10268.9	7.88	368.2	20.03	2420.3	17.55	2908.7	21.48	4571.7		
三岔子林业局	合计	合计	合计	207512.90	28473901.1	17569.47	1144787.3	53906.51	6987410.1	82070.32	12050918.4	40335.81	6151278.6	13630.79	2139506.7
			纯林	28184.01	3803227.3	4278.18	193089.1	7724.87	1015076.6	7916.61	1239993.3	5093.03	833215.6	3171.32	521852.7
			混交林	179328.89	24670673.8	13291.29	951698.2	46181.64	5972333.5	74153.71	10810925.1	35242.78	5318063.0	10459.47	1617654.0
			针叶混交林	4737.54	616045.8	802.80	53472.2	1783.96	265184.2	746.30	130863.7	1183.14	134161.9	221.34	32363.8
			针阔混交林	27410.14	3691380.3	5692.61	453088.9	9592.30	1379626.6	6776.36	1040409.5	3525.12	537524.0	1823.75	280731.3
			阔叶混交林	147181.21	20363247.7	6795.88	445137.1	34805.38	4327522.7	66631.05	9639651.9	30534.52	4646377.1	8414.38	1304558.9

表 8 吉林重点国有林区乔木林各龄组面积、蓄积按林种、起源和林分类型统计表（续 7）

单位：公顷、立方米

统计单位	林种	起源	林分类型	合计		幼龄林		中龄林		近熟林		成熟林		过熟林	
				面积	蓄积	面积	蓄积	面积	蓄积	面积	蓄积	面积	蓄积	面积	蓄积
三岔子林业局	合计	天然	合计	177074.12	24827470.9	8287.73	537212.1	46032.83	5935225.0	78319.09	11454198.3	35084.70	5419598.4	9349.77	1481237.1
			纯林	15566.78	2306926.8	963.53	56163.2	4965.75	659145.0	6768.35	1052145.5	2496.97	450335.0	372.18	89138.1
			混交林	161507.34	22520544.1	7324.20	481048.9	41067.08	5276080.0	71550.74	10402052.8	32587.73	4969263.4	8977.59	1392099.0
			针叶混交林	1689.51	264686.7	98.07	11071.6	1211.81	189142.0	294.50	51515.4	43.10	7768.3	42.03	5189.4
			针阔混交林	15207.45	2207479.0	883.27	45438.7	5684.31	833496.6	5056.41	775901.7	2401.36	372025.6	1182.10	180616.4
			阔叶混交林	144610.38	20048378.4	6342.86	424538.6	34170.96	4253441.4	66199.83	9574635.7	30143.27	4589469.5	7753.46	1206293.2
		人工	合计	30438.78	3646430.2	9281.74	607575.2	7873.68	1052185.1	3751.23	596720.1	5251.11	731680.2	4281.02	658269.6
			纯林	12617.23	1496300.5	3314.65	136925.9	2759.12	355931.6	1148.26	187847.8	2596.06	382880.6	2799.14	432714.6
			混交林	17821.55	2150129.7	5967.09	470649.3	5114.56	696253.5	2602.97	408872.3	2655.05	348799.6	1481.88	225555.0
			针叶混交林	3048.03	351359.1	704.73	42400.6	572.15	76042.2	451.80	79348.3	1140.04	126393.6	179.31	27174.4
			针阔混交林	12202.69	1483901.3	4809.34	407650.2	3907.99	546130.0	1719.95	264507.8	1123.76	165498.4	641.65	100114.9
			阔叶混交林	2570.83	314869.3	453.02	20598.5	634.42	74081.3	431.22	65016.2	391.25	56907.6	660.92	98265.7
		其中：人天混	合计	16067.92	1991750.5	5580.04	450476.0	5002.15	689155.1	2548.14	407797.3	1730.86	257780.4	1206.73	186541.7
			纯林	786.67	95441.5	230.09	9521.6	344.93	51954.9	141.79	26501.4	36.37	2775.0	33.49	4688.6
			混交林	15281.25	1896309.0	5349.95	440954.4	4657.22	637200.2	2406.35	381295.9	1694.49	255005.4	1173.24	181853.1
			针叶混交林	1543.97	200816.0	400.86	24112.1	394.68	52379.3	399.51	71200.6	266.78	40682.3	82.14	12441.7
			针阔混交林	11457.68	1413675.3	4519.91	396749.3	3715.31	520910.5	1637.19	253108.5	1057.12	159691.7	528.15	83215.3
			阔叶混交林	2279.60	281817.7	429.18	20093.0	547.23	63910.4	369.65	56986.8	370.59	54631.4	562.95	86196.1
	防护林	合计	合计	56376.93	7376494.4	6373.64	367127.0	15166.51	1825117.1	20947.36	3071836.7	9212.99	1408974.6	4676.43	703439.0
			纯林	7708.88	979354.9	1588.82	80794.5	1844.87	227923.6	1910.50	302999.9	958.49	154525.4	1406.20	213111.5
			混交林	48668.05	6397139.5	4784.82	286332.5	13321.64	1597193.5	19036.86	2768836.8	8254.50	1254449.2	3270.23	490327.5
			针叶混交林	1305.33	170138.5	414.48	31524.2	356.63	48582.4	241.61	42792.4	193.71	32419.1	98.90	14820.4
			针阔混交林	7210.13	878834.6	1828.87	117678.1	2354.06	308248.6	1603.85	233985.2	865.59	130369.8	557.76	88552.9
			阔叶混交林	40152.59	5348166.4	2541.47	137130.2	10610.95	1240362.5	17191.40	2492059.2	7195.20	1091660.3	2613.57	386954.2
		天然	合计	46576.13	6281106.6	2994.53	170803.2	12843.97	1540751.1	19852.58	2904183.0	8111.02	1246567.7	2774.03	418801.6
			纯林	3419.43	481055.2	318.65	20995.2	1108.63	136323.2	1506.53	237116.1	426.28	76235.6	59.34	10385.1
			混交林	43156.70	5800051.4	2675.88	149808.0	11735.34	1404427.9	18346.05	2667066.9	7684.74	1170332.1	2714.69	408416.5
			针叶混交林	262.15	44151.0	24.73	4072.7	120.72	16857.4	90.09	16623.4	26.61	6597.5		
			针阔混交林	3582.88	485455.8	399.70	17896.3	1205.29	167195.5	1165.15	172549.8	523.21	81098.8	289.53	46715.4
			阔叶混交林	39311.67	5270444.6	2251.45	127839.0	10409.33	1220375.0	17090.81	2477893.7	7134.92	1082635.8	2425.16	361701.1
		人工	合计	9800.80	1095387.8	3379.11	196323.8	2322.54	284366.0	1094.78	167653.7	1101.97	162406.9	1902.40	284637.4
			纯林	4289.45	498299.7	1270.17	59799.3	736.24	91600.4	403.97	65883.8	532.21	78289.8	1346.86	202726.4
			混交林	5511.35	597088.1	2108.94	136524.5	1586.30	192765.6	690.81	101769.9	569.76	84117.1	555.54	81911.0
			针叶混交林	1043.18	125987.5	389.75	27451.5	235.91	31725.0	151.52	26169.0	167.10	25821.6	98.90	14820.4
			针阔混交林	3627.25	393378.8	1429.17	99781.8	1148.77	141053.1	438.70	61435.4	342.38	49271.0	268.23	41837.5
			阔叶混交林	840.92	77721.8	290.02	9291.2	201.62	19987.5	100.59	14165.5	60.28	9024.5	188.41	25253.1
		其中：人天混	合计	4843.20	536434.9	1848.88	123962.1	1479.64	181988.1	646.02	97211.8	488.49	76719.4	380.17	56553.5
			纯林	201.07	19743.3	70.44	2570.9	102.42	12386.2	24.66	4147.2	3.55	639.0		
			混交林	4642.13	516691.6	1778.44	121391.2	1377.22	169601.9	621.36	93064.6	484.94	76080.4	380.17	56553.5
			针叶混交林	715.80	93482.6	205.12	16086.2	219.92	29906.9	124.95	21842.0	142.17	21941.2	23.64	3706.3
			针阔混交林	3242.29	362657.3	1305.45	96495.9	1026.33	127536.6	395.82	57057.1	283.72	45299.2	230.97	36268.5
			阔叶混交林	684.04	60551.7	267.87	8809.1	130.97	12158.4	100.59	14165.5	59.05	8840.0	125.56	16578.7

表8 吉林重点国有林区乔木林各龄组面积、蓄积按林种、起源和林分类型统计表（续8）

单位：公顷、立方米

统计单位	林种	起源	林分类型	合计		幼龄林		中龄林		近熟林		成熟林		过熟林	
				面积	蓄积	面积	蓄积	面积	蓄积	面积	蓄积	面积	蓄积	面积	蓄积
三岔子林业局	特用林	合计	合计	33180.59	4419544.1	2632.25	118874.5	5256.28	643925.0	13237.26	1891086.8	10267.64	1492041.3	1787.16	273616.5
			纯林	3781.69	468619.9	515.72	21227.6	826.34	102775.9	887.07	131235.1	1113.62	150619.7	438.94	62761.6
			混交林	29398.90	3950924.2	2116.53	97646.9	4429.94	541149.1	12350.19	1759851.7	9154.02	1341421.6	1348.22	210854.9
			针叶混交林	1463.93	155286.8	190.30	4297.0	190.33	28757.0	179.75	32590.1	857.69	82887.3	45.86	6755.4
			针阔混交林	4987.04	618125.1	1092.17	40038.4	1134.40	159134.0	1354.09	205867.7	880.14	131916.9	526.24	81168.1
			阔叶混交林	22947.93	3177512.3	834.06	53311.5	3105.21	353258.1	10816.35	1521393.9	7416.19	1126617.4	776.12	122931.4
		天然	合计	27088.33	3758800.8	1209.94	68560.3	4264.03	516599.9	12415.47	1764648.7	8217.98	1253601.2	980.91	155390.7
			纯林	1713.73	226518.5	168.71	7942.6	387.35	45116.1	781.67	115059.0	374.03	58046.2	1.97	354.6
			混交林	25374.60	3532282.3	1041.23	60617.7	3876.68	471483.8	11633.80	1649589.7	7843.95	1195555.0	978.94	155036.1
			针叶混交林	110.83	17665.7	2.11	133.9	107.37	17362.5	1.35	169.3				
			针阔混交林	2724.89	390399.0	250.90	8994.0	731.59	109139.7	923.17	144118.8	572.25	90035.1	246.98	38111.4
			阔叶混交林	22538.88	3124217.6	788.22	51489.8	3037.72	344981.6	10709.28	1505301.6	7271.70	1105519.9	731.96	116924.7
		人工	合计	6092.26	660743.3	1422.31	50314.2	992.25	127325.1	821.79	126438.1	2049.66	238440.1	806.25	118225.8
			纯林	2067.96	242101.4	347.01	13285.0	438.99	57659.8	105.40	16176.1	739.59	92573.5	436.97	62407.0
			混交林	4024.30	418641.9	1075.30	37029.2	553.26	69665.3	716.39	110262.0	1310.07	145866.6	369.28	55818.8
			针叶混交林	1353.10	137621.1	188.19	4163.1	82.96	11394.5	178.40	32420.8	857.69	82887.3	45.86	6755.4
			针阔混交林	2262.15	227726.1	841.27	31044.4	402.81	49994.3	430.92	61748.9	307.89	41881.8	279.26	43056.7
			阔叶混交林	409.05	53294.7	45.84	1821.7	67.49	8276.5	107.07	16092.3	144.49	21097.5	44.16	6006.7
		其中：人天混	合计	3013.48	331817.7	951.53	33990.7	583.53	77516.6	674.39	104102.3	515.71	71796.6	288.32	44411.5
			纯林	90.63	15502.2	4.20	203.1	78.22	14163.9	7.95	1113.0	0.26	22.2		
			混交林	2922.85	316315.5	947.33	33787.6	505.31	63352.7	666.44	102989.3	515.45	71774.4	288.32	44411.5
			针叶混交林	476.74	58986.9	141.29	3505.3	72.20	10132.8	159.28	29744.0	69.86	10527.9	34.11	5076.9
			针阔混交林	2066.18	207911.8	761.22	28484.0	382.16	47285.2	411.65	58665.7	301.10	40149.0	210.05	33327.9
			阔叶混交林	379.93	49416.8	44.82	1798.3	50.95	5934.7	95.51	14579.6	144.49	21097.5	44.16	6006.7
	用材林	合计	合计	117955.38	16677862.6	8563.58	658785.8	33483.72	4518368.0	47885.70	7087994.9	20855.18	3250262.7	7167.20	1162451.2
			纯林	16693.44	2355252.5	2173.64	91067.0	5053.66	684377.1	5119.04	805758.3	3020.92	528070.5	1326.18	245979.6
			混交林	101261.94	14322610.1	6389.94	567718.8	28430.06	3833990.9	42766.66	6282236.6	17834.26	2722192.2	5841.02	916471.6
			针叶混交林	1968.28	290620.5	198.02	17651.0	1237.00	187844.8	324.94	55481.2	131.74	18855.5	76.58	10788.0
			针阔混交林	15212.97	2194420.6	2771.57	295372.4	6103.84	912244.0	3818.42	600556.6	1779.39	275237.3	739.75	111010.3
			阔叶混交林	84080.69	11837569.0	3420.35	254695.4	21089.22	2733902.1	38623.30	5626198.8	15923.13	2428099.4	5024.69	794673.3
		天然	合计	103409.66	14787563.5	4083.26	297848.6	28924.83	3877874.0	46051.04	6785366.6	18755.70	2919429.5	5594.83	907044.8
			纯林	10433.62	1599353.1	476.17	27225.4	3469.77	477705.7	4480.15	699970.4	1696.66	316053.2	310.87	78398.4
			混交林	92976.04	13188210.4	3607.09	270623.2	25455.06	3400168.3	41570.89	6085396.2	17059.04	2603376.3	5283.96	828646.4
			针叶混交林	1316.53	202870.0	71.23	6865.0	983.72	154922.1	203.06	34722.7	16.49	1170.8	42.03	5189.4
			针阔混交林	8899.68	1331624.2	232.67	18548.4	3747.43	557161.4	2968.09	459233.1	1305.90	200891.7	645.59	95789.6
			阔叶混交林	82759.83	11653716.2	3303.19	245209.8	20723.91	2688084.8	38399.74	5591440.4	15736.65	2401313.8	4596.34	727667.4
		人工	合计	14545.72	1890299.1	4480.32	360937.2	4558.89	640494.0	1834.66	302628.3	2099.48	330833.2	1572.37	255406.4
			纯林	6259.82	755899.4	1697.47	63841.6	1583.89	206671.4	638.89	105787.9	1324.26	212017.3	1015.31	167581.2
			混交林	8285.90	1134399.7	2782.85	297095.6	2975.00	433822.6	1195.77	196840.4	775.22	118815.9	557.06	87825.2
			针叶混交林	651.75	87750.5	126.79	10786.0	253.28	32922.7	121.88	20758.5	115.25	17684.7	34.55	5598.6
			针阔混交林	6313.29	862796.4	2538.90	276824.0	2356.41	355082.6	850.33	141323.5	473.49	74345.6	94.16	15220.7
			阔叶混交林	1320.86	183852.8	117.16	9485.6	365.31	45817.3	223.56	34758.4	186.48	26785.6	428.35	67005.9

表 8　吉林重点国有林区乔木林各龄组面积、蓄积按林种、起源和林分类型统计表（续 9）

单位：公顷、立方米

统计单位	林种	起源	林分类型	合计		幼龄林		中龄林		近熟林		成熟林		过熟林	
				面积	蓄积	面积	蓄积	面积	蓄积	面积	蓄积	面积	蓄积	面积	蓄积
三岔子林业局	用材林	其中：人天混	合计	8211.24	1123497.9	2779.63	292523.2	2938.98	429650.4	1227.73	206483.2	726.66	109264.4	538.24	85576.7
			纯林	494.97	60196.0	155.45	6747.6	164.29	25404.8	109.18	21241.2	32.56	2113.8	33.49	4688.6
			混交林	7716.27	1063301.9	2624.18	285775.6	2774.69	404245.6	1118.55	185242.0	694.10	107150.6	504.75	80888.1
			针叶混交林	351.43	48346.5	54.45	4520.6	102.56	12339.6	115.28	19614.6	54.75	8213.2	24.39	3658.5
			针阔混交林	6149.21	843106.2	2453.24	271769.4	2306.82	346088.7	829.72	137385.7	472.30	74243.5	87.13	13618.9
			阔叶混交林	1215.63	171849.2	116.49	9485.6	365.31	45817.3	173.55	28241.7	167.05	24693.9	393.23	63610.7
松江河林业局	合计	合计	合计	149380.77	24072491.3	15402.35	1336083.5	42972.93	6400280.9	31672.16	5269914.2	45360.70	8243174.3	13972.63	2823038.4
			纯林	22380.98	3103073.9	6082.60	452207.2	7424.07	1042320.3	3490.48	565070.9	3780.46	713357.0	1603.37	330118.5
			混交林	126999.79	20969417.4	9319.75	883876.3	35548.86	5357960.6	28181.68	4704843.3	41580.24	7529817.3	12369.26	2492919.9
			针叶混交林	11707.29	2023949.2	970.28	56266.1	2309.99	334693.2	2386.83	441638.9	4527.65	872222.3	1512.54	319128.7
			针阔混交林	47409.63	7853272.7	4120.02	424804.6	16043.64	2449803.4	10212.75	1749731.8	14185.55	2634845.3	2847.67	594087.6
			阔叶混交林	67882.87	11092195.5	4229.45	402805.6	17195.23	2573464.0	15582.10	2513472.6	22867.04	4022749.7	8009.05	1579703.6
		天然	合计	117592.67	19696894.1	6827.46	661668.0	31632.33	4804550.8	26170.78	4345207.4	39839.46	7207653.4	13122.64	2677814.5
			纯林	9720.12	1561500.4	1547.17	146363.6	3262.02	474308.4	1618.38	269993.4	2175.85	419607.2	1116.70	251227.8
			混交林	107872.55	18135393.7	5280.29	515304.4	28370.31	4330242.4	24552.40	4075214.0	37663.61	6788046.2	12005.94	2426586.7
			针叶混交林	9174.29	1692794.7	165.35	10886.8	1588.73	232430.4	1845.74	349202.9	4166.92	801422.9	1407.55	298851.7
			针阔混交林	31511.12	5438616.6	1006.13	111604.4	9953.81	1573561.7	7259.21	1229958.6	10674.14	1970301.1	2617.83	553190.8
			阔叶混交林	67187.14	11003982.4	4108.81	392813.2	16827.77	2524250.3	15447.45	2496052.5	22822.55	4016322.2	7980.56	1574544.2
		人工	合计	31788.10	4375597.2	8574.89	674415.5	11340.60	1595730.1	5501.38	924706.8	5521.24	1035520.9	849.99	145223.9
			纯林	12660.86	1541573.5	4535.43	305843.6	4162.05	568011.9	1872.10	295077.5	1604.61	293749.8	486.67	78890.7
			混交林	19127.24	2834023.7	4039.46	368571.9	7178.55	1027718.2	3629.28	629629.3	3916.63	741771.1	363.32	66333.2
			针叶混交林	2533.00	331154.5	804.93	45379.3	721.26	102262.8	541.09	92436.0	360.73	70799.4	104.99	20277.0
			针阔混交林	15898.51	2414656.1	3113.89	313200.2	6089.83	876241.7	2953.54	519773.2	3511.41	664544.2	229.84	40896.8
			阔叶混交林	695.73	88213.1	120.64	9992.4	367.46	49213.7	134.65	17420.1	44.49	6427.5	28.49	5159.4
		其中：人天混	合计	16093.17	2500351.0	2571.39	272946.9	6199.38	890279.5	3157.32	551291.3	3825.19	724641.1	339.89	61192.2
			纯林	134.32	19397.8	55.13	7264.2	33.22	5012.8	34.06	4931.6	11.91	2189.2		
			混交林	15958.85	2480953.2	2516.26	265682.7	6166.16	885266.7	3123.26	546359.7	3813.28	722451.9	339.89	61192.2
			针叶混交林	1182.31	189179.9	113.60	9620.3	328.15	42702.8	320.98	55143.8	314.59	61436.0	104.99	20277.0
			针阔混交林	14369.11	2238495.3	2315.64	248973.7	5596.43	808496.6	2775.65	487343.3	3474.98	657925.9	206.41	35755.8
			阔叶混交林	407.43	53278.0	87.02	7088.7	241.58	34067.3	26.63	3872.6	23.71	3090.0	28.49	5159.4
	防护林	合计	合计	12418.29	2025481.0	1166.32	73188.5	2050.97	258379.8	1870.60	275995.9	5387.42	993874.0	1942.98	424042.8
			纯林	2046.64	299971.3	538.08	30179.9	542.76	63692.5	223.72	32259.7	448.85	98359.9	293.23	75479.3
			混交林	10371.65	1725509.7	628.24	43008.6	1508.21	194687.3	1646.88	243736.2	4938.57	895514.1	1649.75	348563.5
			针叶混交林	375.06	62264.5	55.08	2299.7	81.70	10172.9			187.20	35985.9	51.08	13806.0
			针阔混交林	2328.48	381851.7	203.38	12529.3	632.21	82060.7	260.08	39937.7	733.23	140360.1	499.58	106963.9
			阔叶混交林	7668.11	1281393.5	369.78	28179.6	794.30	102453.7	1386.80	203798.5	4018.14	719168.1	1099.09	227793.6
		天然	合计	10564.54	1829244.5	553.12	41947.5	1247.62	164620.4	1686.79	247659.1	5228.24	964153.8	1848.77	410863.7
			纯林	937.99	181429.1	103.73	8286.6	151.50	15835.6	75.78	9498.8	324.66	74189.6	282.32	73618.5
			混交林	9626.55	1647815.4	449.39	33660.9	1096.12	148784.8	1611.01	238160.3	4903.58	889964.2	1566.45	337245.2
			针叶混交林	334.00	59460.3	25.09	1129.1	70.63	8539.3			187.20	35985.9	51.08	13806.0
			针阔混交林	1647.32	309852.4	55.85	4402.9	235.55	38203.8	229.22	35045.8	710.42	136554.3	416.28	95645.6
			阔叶混交林	7645.23	1278502.7	368.45	28128.9	789.94	102041.7	1381.79	203114.5	4005.96	717424.0	1099.09	227793.6

表 8 吉林重点国有林区乔木林各龄组面积、蓄积按林种、起源和林分类型统计表（续 10）

单位：公顷、立方米

统计单位	林种	起源	林分类型	合计 面积	合计 蓄积	幼龄林 面积	幼龄林 蓄积	中龄林 面积	中龄林 蓄积	近熟林 面积	近熟林 蓄积	成熟林 面积	成熟林 蓄积	过熟林 面积	过熟林 蓄积
松江河林业局	防护林	人工	合计	1853.75	196236.5	613.20	31241.0	803.35	93759.4	183.81	28336.8	159.18	29720.2	94.21	13179.1
			纯林	1108.65	118542.2	434.35	21893.3	391.26	47856.9	147.94	22760.9	124.19	24170.3	10.91	1860.8
			混交林	745.10	77694.3	178.85	9347.7	412.09	45902.5	35.87	5575.9	34.99	5549.9	83.30	11318.3
			针叶混交林	41.06	2804.2	29.99	1170.6	11.07	1633.6						
			针阔混交林	681.16	71999.3	147.53	8126.4	396.66	43856.9	30.86	4891.9	22.81	3805.8	83.30	11318.3
			阔叶混交林	22.88	2890.8	1.33	50.7	4.36	412.0	5.01	684.0	12.18	1744.1		
		其中：人天混	合计	572.39	58155.6	117.47	5563.2	324.41	33819.1	15.94	2690.0	31.27	4765.0	83.30	11318.3
			纯林	5.68	502.8	3.21	117.6	2.47	385.2						
			混交林	566.71	57652.8	114.26	5445.6	321.94	33433.9	15.94	2690.0	31.27	4765.0	83.30	11318.3
			针叶混交林	18.29	670.1	18.29	670.1								
			针阔混交林	530.55	54775.9	94.64	4724.8	317.58	33021.9	15.94	2690.0	19.09	3020.9	83.30	11318.3
			阔叶混交林	17.87	2206.8	1.33	50.7	4.36	412.0			12.18	1744.1		
	特用林	合计	合计	18145.60	2994434.0	1573.68	147644.5	3732.13	569826.1	3602.85	566864.6	6108.73	1088421.7	3128.21	621677.1
			纯林	3249.01	474079.2	675.39	52134.5	818.87	113369.9	672.94	103426.6	573.17	97748.0	508.64	107400.2
			混交林	14896.59	2520354.8	898.29	95510.0	2913.26	456456.2	2929.91	463438.0	5535.56	990673.7	2619.57	514276.9
			针叶混交林	783.30	142222.2	54.60	1611.6	112.14	16955.7	85.41	15964.9	360.39	72165.4	170.76	35524.6
			针阔混交林	4999.74	861828.1	455.11	46661.6	1367.48	227346.6	863.16	147032.3	1876.44	352302.4	437.55	88485.2
			阔叶混交林	9113.55	1516304.5	388.58	47236.8	1433.64	212153.9	1981.34	300440.8	3298.73	566205.9	2011.26	390267.1
		天然	合计	13800.05	2377183.0	508.90	60928.9	2511.75	396074.5	2840.30	444797.3	5241.01	931320.4	2698.09	544061.9
			纯林	1084.03	189039.2	130.96	14805.6	300.92	44327.7	246.14	39805.8	151.21	27020.3	254.80	63079.8
			混交林	12716.02	2188143.8	377.94	46123.3	2210.83	351746.8	2594.16	404991.5	5089.80	904300.1	2443.29	480982.1
			针叶混交林	537.84	106290.3			26.96	3732.4	71.28	13226.2	347.83	69332.3	91.77	19999.4
			针阔混交林	3212.15	585508.6	17.96	2286.4	824.52	144912.9	557.80	93804.6	1446.75	269243.4	365.12	75261.3
			阔叶混交林	8966.03	1496344.9	359.98	43836.9	1359.35	203101.5	1965.08	297960.7	3295.22	565724.4	1986.40	385721.4
		人工	合计	4345.55	617251.0	1064.78	86715.6	1220.38	173751.6	762.55	122067.3	867.72	157101.3	430.12	77615.2
			纯林	2164.98	285040.0	544.43	37328.9	517.95	69042.2	426.80	63620.8	421.96	70727.7	253.84	44320.4
			混交林	2180.57	332211.0	520.35	49386.7	702.43	104709.4	335.75	58446.5	445.76	86373.6	176.28	33294.8
			针叶混交林	245.46	35931.9	54.60	1611.6	85.18	13223.3	14.13	2738.7	12.56	2833.1	78.99	15525.2
			针阔混交林	1787.59	276319.5	437.15	44375.2	542.96	82433.7	305.36	53227.7	429.69	83059.0	72.43	13223.9
			阔叶混交林	147.52	19959.6	28.60	3399.9	74.29	9052.4	16.26	2480.1	3.51	481.5	24.86	4545.7
		其中：人天混	合计	1802.62	291005.7	356.64	40248.7	528.05	80327.6	286.01	49124.7	455.64	88009.9	176.28	33294.8
			纯林	36.90	4673.4	4.88	178.8	8.17	1235.3	13.97	1623.0	9.88	1636.3		
			混交林	1765.72	286332.3	351.76	40069.9	519.88	79092.3	272.04	47501.7	445.76	86373.6	176.28	33294.8
			针叶混交林	109.24	20070.4	2.87	200.5	14.82	1511.6			12.56	2833.1	78.99	15525.2
			针阔混交林	1560.14	253226.9	320.79	36489.7	467.73	73308.0	269.50	47146.3	429.69	83059.0	72.43	13223.9
			阔叶混交林	96.34	13035.0	28.10	3379.7	37.33	4272.7	2.54	355.4	3.51	481.5	24.86	4545.7
	用材林	合计	合计	118816.88	19052576.3	12662.35	1115250.5	37189.83	5572075.0	26198.71	4427053.7	33864.55	6160878.6	8901.44	1777318.5
			纯林	17085.33	2329023.4	4869.13	369892.8	6062.44	865257.9	2593.82	429384.6	2758.44	517249.1	801.50	147239.0
			混交林	101731.55	16723552.9	7793.22	745357.7	31127.39	4706817.1	23604.89	3997669.1	31106.11	5643629.5	8099.94	1630079.5
			针叶混交林	10548.93	1819462.5	860.60	52354.8	2116.15	307564.6	2301.42	425674.0	3980.06	764071.0	1290.70	269798.1
			针阔混交林	40081.41	6609592.9	3461.53	365613.7	14043.95	2140396.1	9089.51	1562761.8	11575.88	2142182.8	1910.54	398638.5
			阔叶混交林	51101.21	8294497.5	3471.09	327389.2	14967.29	2258856.4	12213.96	2009233.3	15550.17	2737375.7	4898.70	961642.9

表 8　吉林重点国有林区乔木林各龄组面积、蓄积按林种、起源和林分类型统计表（续 11）

单位：公顷、立方米

统计单位	林种	起源	林分类型	合计 面积	合计 蓄积	幼龄林 面积	幼龄林 蓄积	中龄林 面积	中龄林 蓄积	近熟林 面积	近熟林 蓄积	成熟林 面积	成熟林 蓄积	过熟林 面积	过熟林 蓄积
松江河林业局	用材林	天然	合计	93228.08	15490466.6	5765.44	558791.6	27872.96	4243855.9	21643.69	3652751.0	29370.21	5312179.2	8575.78	1722888.9
			纯林	7698.10	1191032.1	1312.48	123271.4	2809.60	414145.1	1296.46	220688.8	1699.98	318397.3	579.58	114529.5
			混交林	85529.98	14299434.5	4452.96	435520.2	25063.36	3829710.8	20347.23	3432062.2	27670.23	4993781.9	7996.20	1608359.4
			针叶混交林	8302.45	1527044.1	140.26	9757.7	1491.14	220158.7	1774.46	335976.7	3631.89	696104.7	1264.70	265046.3
			针阔混交林	26651.65	4543255.6	932.32	104915.1	8893.74	1390445.0	6472.19	1101108.2	8516.97	1564503.4	1836.43	382283.9
			阔叶混交林	50575.88	8229134.8	3380.38	320847.4	14678.48	2219107.1	12100.58	1994977.3	15521.37	2733173.8	4895.07	961029.2
		人工	合计	25588.80	3562109.7	6896.91	556458.9	9316.87	1328219.1	4555.02	774302.7	4494.34	848699.4	325.66	54429.6
			纯林	9387.23	1137991.3	3556.65	246621.4	3252.84	451112.8	1297.36	208695.8	1058.46	198851.8	221.92	32709.5
			混交林	16201.57	2424118.4	3340.26	309837.5	6064.03	877106.3	3257.66	565606.9	3435.88	649847.6	103.74	21720.1
			针叶混交林	2246.48	292418.4	720.34	42597.1	625.01	87405.9	526.96	89697.3	348.17	67966.3	26.00	4751.8
			针阔混交林	13429.76	2066337.3	2529.21	260698.6	5150.21	749951.1	2617.32	461653.6	3058.91	577679.4	74.11	16354.6
			阔叶混交林	525.33	65362.7	90.71	6541.8	288.81	39749.3	113.38	14256.0	28.80	4201.9	3.63	613.7
		其中：人天混	合计	13718.16	2151189.7	2097.28	227135.0	5346.92	776132.8	2855.37	499476.6	3338.28	631866.2	80.31	16579.1
			纯林	91.74	14221.6	47.04	6967.8	22.58	3392.3	20.09	3308.6	2.03	552.9		
			混交林	13626.42	2136968.1	2050.24	220167.2	5324.34	772740.5	2835.28	496168.0	3336.25	631313.3	80.31	16579.1
			针叶混交林	1054.78	168439.4	92.44	8749.7	313.33	41191.2	320.98	55143.8	302.03	58602.9	26.00	4751.8
			针阔混交林	12278.42	1930492.5	1900.21	207759.2	4811.12	702166.7	2490.21	437507.0	3026.20	571846.0	50.68	11213.6
			阔叶混交林	293.22	38036.2	57.59	3658.3	199.89	29382.6	24.09	3517.2	8.02	864.4	3.63	613.7
泉阳林业局	合计	合计	合计	97632.30	13940777.8	11403.07	744432.8	20282.94	2885157.5	35159.14	5472591.0	24176.22	3797774.1	6610.93	1040822.4
			纯林	12627.43	1365056.1	5459.48	277653.8	3215.71	447662.8	1790.53	276615.4	942.91	156063.6	1218.80	207060.5
			混交林	85004.87	12575721.7	5943.59	466779.0	17067.23	2437494.7	33368.61	5195975.6	23233.31	3641710.5	5392.13	833761.9
			针叶混交林	2221.22	268908.5	817.37	59566.5	734.13	105174.4	332.28	53076.5	156.28	23876.3	181.16	27214.8
			针阔混交林	7154.48	935647.7	1699.64	127397.3	2462.98	353829.4	2274.46	337219.7	563.06	93897.0	154.34	23304.3
			阔叶混交林	75629.17	11371165.5	3426.58	279815.2	13870.12	1978490.9	30761.87	4805679.4	22513.97	3523937.2	5056.63	783242.8
		天然	合计	83315.57	12479875.2	4397.30	351247.9	15691.23	2236329.8	32991.74	5141603.0	23706.86	3721697.6	6528.44	1028996.9
			纯林	4530.51	660937.4	599.50	42973.6	1198.16	166934.8	916.44	143017.2	653.62	108941.2	1162.79	199070.6
			混交林	78785.06	11818937.8	3797.80	308274.3	14493.07	2069395.0	32075.30	4998585.8	23053.24	3612756.4	5365.65	829926.3
			针叶混交林	375.62	55212.5	24.91	1868.2	3.38	555.9	47.53	7165.4	118.64	18408.2	181.16	27214.8
			针阔混交林	2966.01	410457.9	442.76	33104.0	660.97	95104.5	1265.90	185741.0	460.53	75755.6	135.85	20752.8
			阔叶混交林	75443.43	11353267.4	3330.13	273302.1	13828.72	1973734.6	30761.87	4805679.4	22474.07	3518592.6	5048.64	781958.7
		人工	合计	14316.73	1460902.6	7005.77	393184.9	4591.71	648827.7	2167.40	330988.0	469.36	76076.5	82.49	11825.5
			纯林	8096.92	704118.7	4859.98	234680.2	2017.55	280728.0	874.09	133598.2	289.29	47122.4	56.01	7989.9
			混交林	6219.81	756783.9	2145.79	158504.7	2574.16	368099.7	1293.31	197389.8	180.07	28954.1	26.48	3835.6
			针叶混交林	1845.60	213696.0	792.46	57698.3	730.75	104618.5	284.75	45911.1	37.64	5468.1		
			针阔混交林	4188.47	525189.8	1256.88	94293.3	1802.01	258724.9	1008.56	151478.7	102.53	18141.4	18.49	2551.5
			阔叶混交林	185.74	17898.1	96.45	6513.1	41.40	4756.3			39.90	5344.6	7.99	1284.1
		其中：人天混	合计	4671.82	600859.2	1307.45	101988.0	2027.51	294182.6	1136.52	172455.6	173.86	28397.4	26.48	3835.6
			纯林	348.42	41506.0	136.70	9567.8	146.08	22170.1	39.88	5690.2	25.76	4077.9		
			混交林	4323.40	559353.2	1170.75	92420.2	1881.43	272012.5	1096.64	166765.4	148.10	24319.5	26.48	3835.6
			针叶混交林	331.81	43337.3	101.26	7251.0	115.42	17146.7	109.46	18106.1	5.67	833.5		
			针阔混交林	3886.40	504320.9	1038.80	83648.9	1739.40	251319.8	987.18	148659.3	102.53	18141.4	18.49	2551.5
			阔叶混交林	105.19	11695.0	30.69	1520.3	26.61	3546.0			39.90	5344.6	7.99	1284.1

表 8 吉林重点国有林区乔木林各龄组面积、蓄积按林种、起源和林分类型统计表（续 12）

单位：公顷、立方米

统计单位	林种	起源	林分类型	合计		幼龄林		中龄林		近熟林		成熟林		过熟林	
				面积	蓄积	面积	蓄积	面积	蓄积	面积	蓄积	面积	蓄积	面积	蓄积
泉阳林业局	防护林	合计	合计	50512.68	7329419.9	5262.11	348332.7	8833.71	1254321.9	16783.22	2609420.4	15865.69	2513581.0	3767.95	603763.9
			纯林	6086.42	707494.1	2213.93	119379.6	1767.85	256468.1	1149.13	168114.5	577.44	98294.5	378.07	65237.4
			混交林	44426.26	6621925.8	3048.18	228953.1	7065.86	997853.8	15634.09	2441305.9	15288.25	2415286.5	3389.88	538526.5
			针叶混交林	1227.74	153330.7	447.72	34373.2	382.75	57376.4	208.11	32977.1	104.94	15888.0	84.22	12716.0
			针阔混交林	3483.59	455340.3	854.69	64641.1	1103.26	154168.9	1045.10	157020.7	389.66	66183.8	90.88	13325.8
			阔叶混交林	39714.93	6013254.8	1745.77	129938.8	5579.85	786308.5	14380.88	2251308.1	14793.65	2333214.7	3214.78	512484.7
		天然	合计	43648.96	6579347.2	2347.38	172287.1	6494.09	916228.8	15529.30	2429792.0	15558.73	2463287.0	3719.46	597752.3
			纯林	2149.39	310503.7	348.62	24591.9	540.20	76135.4	561.39	87203.8	353.60	61321.9	345.58	61250.7
			混交林	41499.57	6268843.5	1998.76	147695.2	5953.89	840093.4	14967.91	2342588.2	15205.13	2401965.1	3373.88	536501.6
			针叶混交林	195.60	29923.3	2.95	209.0	3.38	555.9	36.99	5907.6	68.06	10534.8	84.22	12716.0
			针阔混交林	1674.38	232470.6	303.63	20654.8	398.22	56415.2	550.04	85372.5	346.20	58522.0	76.29	11506.1
			阔叶混交林	39629.59	6006449.6	1692.18	126831.4	5552.29	783122.3	14380.88	2251308.1	14790.87	2332908.3	3213.37	512279.5
		人工	合计	6863.72	750072.7	2914.73	176045.6	2339.62	338093.1	1253.92	179628.4	306.96	50294.0	48.49	6011.6
			纯林	3937.03	396990.4	1865.31	94787.7	1227.65	180332.7	587.74	80910.7	223.84	36972.6	32.49	3986.7
			混交林	2926.69	353082.3	1049.42	81257.9	1111.97	157760.4	666.18	98717.7	83.12	13321.4	16.00	2024.9
			针叶混交林	1032.14	123407.4	444.77	34164.2	379.37	56820.5	171.12	27069.5	36.88	5353.2		
			针阔混交林	1809.21	222869.7	551.06	43986.3	705.04	97753.7	495.06	71648.2	43.46	7661.8	14.59	1819.7
			阔叶混交林	85.34	6805.2	53.59	3107.4	27.56	3186.2			2.78	306.4	1.41	205.2
		其中：人天混	合计	2099.53	270243.1	562.74	46533.9	887.21	127637.0	555.91	81167.7	77.67	12879.6	16.00	2024.9
			纯林	248.54	33679.2	55.98	4292.5	126.92	19618.6	39.88	5690.2	25.76	4077.9		
			混交林	1850.99	236563.9	506.76	42241.4	760.29	108018.4	516.03	75477.5	51.91	8801.7	16.00	2024.9
			针叶混交林	175.30	22329.1	60.04	4115.9	70.95	11187.0	38.64	6192.7	5.67	833.5		
			针阔混交林	1639.16	210451.0	434.89	37581.7	668.83	94103.0	477.39	69284.8	43.46	7661.8	14.59	1819.7
			阔叶混交林	36.53	3783.8	11.83	543.8	20.51	2728.4			2.78	306.4	1.41	205.2
	特用林	合计	合计	9045.20	1394251.0	384.35	27245.7	1802.56	262190.6	3144.97	518081.4	2186.14	344622.6	1527.18	242110.7
			纯林	1527.54	221188.4	212.27	11864.1	280.40	37772.7	109.42	16730.5	151.38	24813.0	774.07	130008.1
			混交林	7517.66	1173062.6	172.08	15381.6	1522.16	224417.9	3035.55	501350.9	2034.76	319809.6	753.11	112102.6
			针叶混交林	197.44	29729.4			44.51	6217.1	18.91	3104.7	51.34	7988.3	82.68	12419.3
			针阔混交林	581.60	87501.8	29.06	3381.2	88.77	13396.6	356.53	52853.3	59.74	10623.7	47.50	7247.0
			阔叶混交林	6738.62	1055831.4	143.02	12000.4	1388.88	204804.2	2660.11	445392.9	1923.68	301197.6	622.93	92436.3
		天然	合计	8216.14	1292200.5	155.34	12727.7	1521.78	224349.8	2871.05	477021.6	2140.79	335990.7	1527.18	242110.7
			纯林	1055.45	172752.1	12.32	727.3	84.04	11998.1	48.73	7743.4	136.29	22275.2	774.07	130008.1
			混交林	7160.69	1119448.4	143.02	12000.4	1437.74	212351.7	2822.32	469278.2	2004.50	313715.5	753.11	112102.6
			针叶混交林	133.26	20292.7							50.58	7873.4	82.68	12419.3
			针阔混交林	288.81	43324.3			48.86	7547.5	162.21	23885.3	30.24	4644.5	47.50	7247.0
			阔叶混交林	6738.62	1055831.4	143.02	12000.4	1388.88	204804.2	2660.11	445392.9	1923.68	301197.6	622.93	92436.3
		人工	合计	829.06	102050.5	229.01	14518.0	280.78	37840.8	273.92	41059.8	45.35	8631.9		
			纯林	472.09	48436.3	199.95	11136.8	196.36	25774.6	60.69	8987.1	15.09	2537.8		
			混交林	356.97	53614.2	29.06	3381.2	84.42	12066.2	213.23	32072.7	30.26	6094.1		
			针叶混交林	64.18	9436.7			44.51	6217.1	18.91	3104.7	0.76	114.9		
			针阔混交林	292.79	44177.5	29.06	3381.2	39.91	5849.1	194.32	28968.0	29.50	5979.2		
		其中：人天混	合计	289.17	44061.3	25.44	3265.0	39.91	5849.1	194.32	28968.0	29.50	5979.2		

表 8　吉林重点国有林区乔木林各龄组面积、蓄积按林种、起源和林分类型统计表（续 13）

单位：公顷、立方米

统计单位	林种	起源	林分类型	合计		幼龄林		中龄林		近熟林		成熟林		过熟林	
				面积	蓄积	面积	蓄积	面积	蓄积	面积	蓄积	面积	蓄积	面积	蓄积
泉阳林业局	特用林	其中：人天混	纯林	2.71	87.7	2.71	87.7								
			混交林	286.46	43973.6	22.73	3177.3	39.91	5849.1	194.32	28968.0	29.50	5979.2		
			针阔混交林	286.46	43973.6	22.73	3177.3	39.91	5849.1	194.32	28968.0	29.50	5979.2		
	用材林	合计	合计	38074.42	5217106.9	5756.61	368854.4	9646.67	1368645.0	15230.95	2345089.2	6124.39	939570.5	1315.80	194947.8
			纯林	5013.47	436373.6	3033.28	146410.1	1167.46	153422.0	531.98	91770.4	214.09	32956.1	66.66	11815.0
			混交林	33060.95	4780733.3	2723.33	222444.3	8479.21	1215223.0	14698.97	2253318.8	5910.30	906614.4	1249.14	183132.8
			针叶混交林	796.04	85848.4	369.65	25193.3	306.87	41580.9	105.26	16994.7			14.26	2079.5
			针阔混交林	3089.29	392805.6	815.89	59375.0	1270.95	186263.9	872.83	127345.7	113.66	17089.5	15.96	2731.5
			阔叶混交林	29175.62	4302079.3	1537.79	137876.0	6901.39	987378.2	13720.88	2108978.4	5796.64	889524.9	1218.92	178321.8
		天然	合计	31450.47	4608327.5	1894.58	166233.1	7675.36	1095751.2	14591.39	2234789.4	6007.34	922419.9	1281.80	189133.9
			纯林	1325.67	177681.6	238.56	17654.4	573.92	78801.3	306.32	48070.0	163.73	25344.1	43.14	7811.8
			混交林	30124.80	4430645.9	1656.02	148578.7	7101.44	1016949.9	14285.07	2186719.4	5843.61	897075.8	1238.66	181322.1
			针叶混交林	46.76	4996.5	21.96	1659.2			10.54	1257.8			14.26	2079.5
			针阔混交林	1002.82	134663.0	139.13	12449.2	213.89	31141.8	553.65	76483.2	84.09	12589.1	12.06	1999.7
			阔叶混交林	29075.22	4290986.4	1494.93	134470.3	6887.55	985808.1	13720.88	2108978.4	5759.52	884486.7	1212.34	177242.9
		人工	合计	6623.95	608779.4	3862.03	202621.3	1971.31	272893.8	639.56	110299.8	117.05	17150.6	34.00	5813.9
			纯林	3687.80	258692.0	2794.72	128755.7	593.54	74620.7	225.66	43700.4	50.36	7612.0	23.52	4003.2
			混交林	2936.15	350087.4	1067.31	73865.6	1377.77	198273.1	413.90	66599.4	66.69	9538.6	10.48	1810.7
			针叶混交林	749.28	80851.9	347.69	23534.1	306.87	41580.9	94.72	15736.9				
			针阔混交林	2086.47	258142.6	676.76	46925.8	1057.06	155122.1	319.18	50862.5	29.57	4500.4	3.90	731.8
			阔叶混交林	100.40	11092.9	42.86	3405.7	13.84	1570.1			37.12	5038.2	6.58	1078.9
		其中：人天混	合计	2283.12	286554.8	719.27	52189.1	1100.39	160696.5	386.29	62319.9	66.69	9538.6	10.48	1810.7
			纯林	97.17	7739.1	78.01	5187.6	19.16	2551.5						
			混交林	2185.95	278815.7	641.26	47001.5	1081.23	158145.0	386.29	62319.9	66.69	9538.6	10.48	1810.7
			针叶混交林	156.51	21008.2	41.22	3135.1	44.47	5959.7	70.82	11913.4				
			针阔混交林	1960.78	249896.3	581.18	42889.9	1030.66	151367.7	315.47	50406.5	29.57	4500.4	3.90	731.8
			阔叶混交林	68.66	7911.2	18.86	976.5	6.10	817.6			37.12	5038.2	6.58	1078.9
露水河林业局	合计	合计	合计	115585.65	21516938.0	7759.01	711363.0	13876.98	1958816.0	15398.68	2609196.0	41535.43	7766653.0	37015.55	8470910.0
			纯林	26435.99	5025836.0	3039.45	236938.0	4313.28	570965.0	2739.55	434511.0	6020.53	1209195.0	10323.18	2574227.0
			混交林	89149.66	16491102.0	4719.56	474425.0	9563.70	1387851.0	12659.13	2174685.0	35514.90	6557458.0	26692.37	5896683.0
			针叶混交林	1997.51	368231.0	417.38	31648.0	316.73	46245.0	375.66	74765.0	477.77	105627.0	409.97	109946.0
			针阔混交林	23794.81	4567268.0	2063.07	216173.0	3258.33	494514.0	2623.23	459488.0	7673.36	1488831.0	8176.82	1908262.0
			阔叶混交林	63357.34	11555603.0	2239.11	226604.0	5988.64	847092.0	9660.24	1640432.0	27363.77	4963000.0	18105.58	3878475.0
		天然	合计	98051.45	19058817.0	3540.86	383801.0	7683.39	1142819.0	12183.94	2071473.0	38804.78	7238769.0	35838.48	8221955.0
			纯林	17841.02	3913402.0	823.79	90859.0	1117.62	175655.0	1578.74	262871.0	4621.36	939756.0	9699.51	2444261.0
			混交林	80210.43	15145415.0	2717.07	292942.0	6565.77	967164.0	10605.20	1808602.0	34183.42	6299013.0	26138.97	5777694.0
			针叶混交林	744.15	171551.0	39.21	5864.0	119.60	20737.0	23.45	3645.0	159.50	32428.0	402.39	108877.0
			针阔混交林	18438.41	3785207.0	655.90	75617.0	1142.78	191319.0	1291.42	223337.0	7246.59	1401703.0	8101.72	1893231.0
			阔叶混交林	61027.87	11188657.0	2021.96	211461.0	5303.39	755108.0	9290.33	1581620.0	26777.33	4864882.0	17634.86	3775586.0
		人工	合计	17534.20	2458121.0	4218.15	327562.0	6193.59	815997.0	3214.74	537723.0	2730.65	527884.0	1177.07	248955.0
			纯林	8594.97	1112434.0	2215.66	146079.0	3195.66	395310.0	1160.81	171640.0	1399.17	269439.0	623.67	129966.0
			混交林	8939.23	1345687.0	2002.49	181483.0	2997.93	420687.0	2053.93	366083.0	1331.48	258445.0	553.40	118989.0

表 8　吉林重点国有林区乔木林各龄组面积、蓄积按林种、起源和林分类型统计表（续 14）

单位：公顷、立方米

统计单位	林种	起源	林分类型	合计		幼龄林		中龄林		近熟林		成熟林		过熟林	
				面积	蓄积	面积	蓄积	面积	蓄积	面积	蓄积	面积	蓄积	面积	蓄积
露水河林业局	合计	人工	针叶混交林	1253.36	196680.0	378.17	25784.0	197.13	25508.0	352.21	71120.0	318.27	73199.0	7.58	1069.0
			针阔混交林	5356.40	782061.0	1407.17	140556.0	2115.55	303195.0	1331.81	236151.0	426.77	87128.0	75.10	15031.0
			阔叶混交林	2329.47	366946.0	217.15	15143.0	685.25	91984.0	369.91	58812.0	586.44	98118.0	470.72	102889.0
		其中：人天混	合计	7389.83	1104110.0	1857.12	178195.0	2489.96	355295.0	1672.22	293550.0	1036.35	207299.0	334.18	69771.0
			纯林	484.81	44769.0	367.53	29196.0	112.33	14488.0	4.95	1085.0				
			混交林	6905.02	1059341.0	1489.59	148999.0	2377.63	340807.0	1667.27	292465.0	1036.35	207299.0	334.18	69771.0
			针叶混交林	689.60	141987.0	31.78	2880.0	28.67	2928.0	306.36	62489.0	315.21	72621.0	7.58	1069.0
			针阔混交林	4806.05	701996.0	1278.61	132521.0	1984.82	287526.0	1119.25	193107.0	384.69	80411.0	38.68	8431.0
			阔叶混交林	1409.37	215358.0	179.20	13598.0	364.14	50353.0	241.66	36869.0	336.45	54267.0	287.92	60271.0
	防护林	合计	合计	18034.83	3801805.0	284.61	14078.0	675.14	89247.0	2802.25	490560.0	7104.03	1426106.0	7168.80	1781814.0
			纯林	1064.96	204798.0	118.15	4353.0	157.51	20605.0	192.48	30799.0	209.10	38542.0	387.72	110499.0
			混交林	16969.87	3597007.0	166.46	9725.0	517.63	68642.0	2609.77	459761.0	6894.93	1387564.0	6781.08	1671315.0
			针叶混交林	46.13	8390.0	10.80	1111.0	2.02	111.0					33.31	7168.0
			针阔混交林	2341.85	569432.0	52.66	3037.0	25.15	3470.0	30.14	3744.0	417.51	85043.0	1816.39	474138.0
			阔叶混交林	14581.89	3019185.0	103.00	5577.0	490.46	65061.0	2579.63	456017.0	6477.42	1302521.0	4931.38	1190009.0
		天然	合计	17562.44	3750543.0	131.87	7200.0	509.25	67464.0	2721.98	480844.0	7059.50	1417615.0	7139.84	1777420.0
			纯林	715.85	165538.0	24.77	1623.0	14.33	1627.0	138.13	23808.0	164.57	30051.0	374.05	108429.0
			混交林	16846.59	3585005.0	107.10	5577.0	494.92	65837.0	2583.85	457036.0	6894.93	1387564.0	6765.79	1668991.0
			针叶混交林	33.31	7168.0									33.31	7168.0
			针阔混交林	2257.50	561704.0	5.06		10.57	1152.0	8.98	1421.0	417.51	85043.0	1815.38	474088.0
			阔叶混交林	14555.78	3016133.0	102.04	5577.0	484.35	64685.0	2574.87	455615.0	6477.42	1302521.0	4917.10	1187735.0
		人工	合计	472.39	51262.0	152.74	6878.0	165.89	21783.0	80.27	9716.0	44.53	8491.0	28.96	4394.0
			纯林	349.11	39260.0	93.38	2730.0	143.18	18978.0	54.35	6991.0	44.53	8491.0	13.67	2070.0
			混交林	123.28	12002.0	59.36	4148.0	22.71	2805.0	25.92	2725.0			15.29	2324.0
			针叶混交林	12.82	1222.0	10.80	1111.0	2.02	111.0						
			针阔混交林	84.35	7728.0	47.60	3037.0	14.58	2318.0	21.16	2323.0			1.01	50.0
			阔叶混交林	26.11	3052.0	0.96		6.11	376.0	4.76	402.0			14.28	2274.0
		其中：人天混	合计	110.72	11050.0	43.30	2762.0	36.46	4595.0	25.92	2725.0			5.04	968.0
			纯林	21.07	2182.0	1.21	16.0	19.86	2166.0						
			混交林	89.65	8868.0	42.09	2746.0	16.60	2429.0	25.92	2725.0			5.04	968.0
			针叶混交林	2.02	111.0			2.02	111.0						
			针阔混交林	76.87	7387.0	41.13	2746.0	14.58	2318.0	21.16	2323.0				
			阔叶混交林	10.76	1370.0	0.96				4.76	402.0			5.04	968.0
	特用林	合计	合计	32522.63	6538722.0	1905.57	194669.0	3948.62	608074.0	3571.98	630191.0	9375.58	1825113.0	13720.88	3280675.0
			纯林	11979.96	2673947.0	765.24	70302.0	949.58	132326.0	602.42	92621.0	2457.81	518396.0	7204.91	1860302.0
			混交林	20542.67	3864775.0	1140.33	124367.0	2999.04	475748.0	2969.56	537570.0	6917.77	1306717.0	6515.97	1420373.0
			针叶混交林	941.51	203789.0	93.28	8075.0	58.99	10393.0	299.13	60393.0	250.39	52460.0	239.72	72468.0
			针阔混交林	6845.99	1348813.0	414.23	46392.0	1162.67	195799.0	818.40	141885.0	2176.24	445685.0	2274.45	519052.0
			阔叶混交林	12755.17	2312173.0	632.82	69900.0	1777.38	269556.0	1852.03	335292.0	4491.14	808572.0	4001.80	828853.0
		天然	合计	28876.19	6002163.0	1126.68	122303.0	2910.99	464828.0	2626.48	473626.0	8595.65	1680248.0	13616.39	3261158.0
			纯林	10538.59	2500838.0	295.23	28675.0	491.98	78740.0	404.30	70148.0	2177.65	470297.0	7169.43	1852978.0
			混交林	18337.60	3501325.0	831.45	93628.0	2419.01	386088.0	2222.18	403478.0	6418.00	1209951.0	6446.96	1408180.0

表 8　吉林重点国有林区乔木林各龄组面积、蓄积按林种、起源和林分类型统计表（续 15）

单位：公顷、立方米

统计单位	林种	起源	林分类型	合计		幼龄林		中龄林		近熟林		成熟林		过熟林	
				面积	蓄积	面积	蓄积	面积	蓄积	面积	蓄积	面积	蓄积	面积	蓄积
露水河林业局	特用林	天然	针叶混交林	417.46	105820.0			48.37	8237.0	23.45	3645.0	113.50	22539.0	232.14	71399.0
			针阔混交林	5568.32	1144155.0	228.11	25651.0	690.77	123116.0	435.34	78612.0	1975.06	404274.0	2239.04	512502.0
			阔叶混交林	12351.82	2251350.0	603.34	67977.0	1679.87	254735.0	1763.39	321221.0	4329.44	783138.0	3975.78	824279.0
		人工	合计	3646.44	536559.0	778.89	72366.0	1037.63	143246.0	945.50	156565.0	779.93	144865.0	104.49	19517.0
			纯林	1441.37	173109.0	470.01	41627.0	457.60	53586.0	198.12	22473.0	280.16	48099.0	35.48	7324.0
			混交林	2205.07	363450.0	308.88	30739.0	580.03	89660.0	747.38	134092.0	499.77	96766.0	69.01	12193.0
			针叶混交林	524.05	97969.0	93.28	8075.0	10.62	2156.0	275.68	56748.0	136.89	29921.0	7.58	1069.0
			针阔混交林	1277.67	204658.0	186.12	20741.0	471.90	72683.0	383.06	63273.0	201.18	41411.0	35.41	6550.0
			阔叶混交林	403.35	60823.0	29.48	1923.0	97.51	14821.0	88.64	14071.0	161.70	25434.0	26.02	4574.0
		其中：人天混	合计	1876.06	306945.0	302.43	28814.0	497.59	77873.0	592.28	106171.0	450.16	88444.0	33.60	5643.0
			纯林	102.04	7538.0	92.73	6150.0	9.31	1388.0						
			混交林	1774.02	299407.0	209.70	22664.0	488.28	76485.0	592.28	106171.0	450.16	88444.0	33.60	5643.0
			针叶混交林	384.41	81233.0			9.60	2027.0	230.34	48216.0	136.89	29921.0	7.58	1069.0
			针阔混交林	1164.30	185686.0	180.22	20741.0	452.01	69403.0	336.26	55004.0	195.81	40538.0		
			阔叶混交林	225.31	32488.0	29.48	1923.0	26.67	5055.0	25.68	2951.0	117.46	17985.0	26.02	4574.0
	用材林	合计	合计	65028.19	11176411.0	5568.83	502616.0	9253.22	1261495.0	9024.45	1488445.0	25055.82	4515434.0	16125.87	3408421.0
			纯林	13391.07	2147091.0	2156.06	162283.0	3206.19	418034.0	1944.65	311091.0	3353.62	652257.0	2730.55	603426.0
			混交林	51637.12	9029320.0	3412.77	340333.0	6047.03	843461.0	7079.80	1177354.0	21702.20	3863177.0	13395.32	2804995.0
			针叶混交林	1009.87	156052.0	313.30	22462.0	255.72	35741.0	76.53	14372.0	227.38	53167.0	136.94	30310.0
			针阔混交林	14606.97	2649023.0	1596.18	166744.0	2070.51	295245.0	1774.69	313859.0	5079.61	958103.0	4085.98	915072.0
			阔叶混交林	36020.28	6224245.0	1503.29	151127.0	3720.80	512475.0	5228.58	849123.0	16395.21	2851907.0	9172.40	1859613.0
		天然	合计	51612.82	9306111.0	2282.31	254298.0	4263.15	610527.0	6835.48	1117003.0	23149.63	4140906.0	15082.25	3183377.0
			纯林	6586.58	1247026.0	503.79	60561.0	611.31	95288.0	1036.31	168915.0	2279.14	439408.0	2156.03	482854.0
			混交林	45026.24	8059085.0	1778.52	193737.0	3651.84	515239.0	5799.17	948088.0	20870.49	3701498.0	12926.22	2700523.0
			针叶混交林	293.38	58563.0	39.21	5864.0	71.23	12500.0			46.00	9889.0	136.94	30310.0
			针阔混交林	10612.59	2079348.0	422.73	49966.0	441.44	67051.0	847.10	143304.0	4854.02	912386.0	4047.30	906641.0
			阔叶混交林	34120.27	5921174.0	1316.58	137907.0	3139.17	435688.0	4952.07	804784.0	15970.47	2779223.0	8741.98	1763572.0
		人工	合计	13415.37	1870300.0	3286.52	248318.0	4990.07	650968.0	2188.97	371442.0	1906.19	374528.0	1043.62	225044.0
			纯林	6804.49	900065.0	1652.27	101722.0	2594.88	322746.0	908.34	142176.0	1074.48	212849.0	574.52	120572.0
			混交林	6610.88	970235.0	1634.25	146596.0	2395.19	328222.0	1280.63	229266.0	831.71	161679.0	469.10	104472.0
			针叶混交林	716.49	97489.0	274.09	16598.0	184.49	23241.0	76.53	14372.0	181.38	43278.0		
			针阔混交林	3994.38	569675.0	1173.45	116778.0	1629.07	228194.0	927.59	170555.0	225.59	45717.0	38.68	8431.0
			阔叶混交林	1900.01	303071.0	186.71	13220.0	581.63	76787.0	276.51	44339.0	424.74	72684.0	430.42	96041.0
		其中：人天混	合计	5403.05	786115.0	1511.39	146619.0	1955.91	272827.0	1054.02	184654.0	586.19	118855.0	295.54	63160.0
			纯林	361.70	35049.0	273.59	23030.0	83.16	10934.0	4.95	1085.0				
			混交林	5041.35	751066.0	1237.80	123589.0	1872.75	261893.0	1049.07	183569.0	586.19	118855.0	295.54	63160.0
			针叶混交林	303.17	60643.0	31.78	2880.0	17.05	790.0	76.02	14273.0	178.32	42700.0		
			针阔混交林	3564.88	508923.0	1057.26	109034.0	1518.23	215805.0	761.83	135780.0	188.88	39873.0	38.68	8431.0
			阔叶混交林	1173.30	181500.0	148.76	11675.0	337.47	45298.0	211.22	33516.0	218.99	36282.0	256.86	54729.0
红石林业局	合计	合计	合计	275189.23	45788989.2	6105.87	329483.2	25792.99	3301665.3	104095.53	17161560.3	128350.86	23103522.4	10843.98	1892758.0
			纯林	25460.71	3706709.7	3081.23	147561.9	4921.93	575342.2	9484.73	1552199.3	7476.13	1341063.8	496.69	90542.5
			混交林	249728.52	42082279.5	3024.64	181921.3	20871.06	2726323.1	94610.80	15609361.0	120874.73	21762458.6	10347.29	1802215.5

表 8 吉林重点国有林区乔木林各龄组面积、蓄积按林种、起源和林分类型统计表（续 16）

单位：公顷、立方米

统计单位	林种	起源	林分类型	合计		幼龄林		中龄林		近熟林		成熟林		过熟林	
				面积	蓄积	面积	蓄积	面积	蓄积	面积	蓄积	面积	蓄积	面积	蓄积
红石林业局	合计	合计	针叶混交林	656.42	72234.0	218.20	10098.7	247.74	26656.9	59.73	10029.3	130.42	25423.1	0.33	26.0
			针阔混交林	7604.19	1168225.9	383.18	28179.5	1775.24	229260.6	1385.40	230561.7	3173.18	538864.3	887.19	141359.8
			阔叶混交林	241467.91	40841819.6	2423.26	143643.1	18848.08	2470405.6	93165.67	15368770.0	117571.13	21198171.2	9459.77	1660829.7
		天然	合计	265958.24	44863607.7	3332.40	216562.0	22112.10	2912360.5	102468.44	16930621.1	127370.97	22941764.7	10674.33	1862299.4
			纯林	19063.67	3108792.4	794.94	62459.0	2577.80	329743.3	8301.59	1384248.0	6943.95	1251691.9	445.39	80650.2
			混交林	246894.57	41754815.3	2537.46	154103.0	19534.30	2582617.2	94166.85	15546373.1	120427.02	21690072.8	10228.94	1781649.2
			针叶混交林	59.72	11262.7	12.37	944.1	7.14	1178.3			40.21	9140.3		
			针阔混交林	5562.89	923075.7	129.90	10933.5	709.59	113100.5	1034.31	183869.1	2869.81	487384.2	819.28	127788.4
			阔叶混交林	241271.96	40820476.9	2395.19	142225.4	18817.57	2468338.4	93132.54	15362504.0	117517.00	21193548.3	9409.66	1653860.8
		人工	合计	9230.99	925381.5	2773.47	112921.2	3680.89	389304.8	1627.09	230939.2	979.89	161757.7	169.65	30458.6
			纯林	6397.04	597917.3	2286.29	85102.9	2344.13	245598.9	1183.14	167951.3	532.18	89371.9	51.30	9892.3
			混交林	2833.95	327464.2	487.18	27818.3	1336.76	143705.9	443.95	62987.9	447.71	72385.8	118.35	20566.3
			针叶混交林	596.70	60971.3	205.83	9154.6	240.60	25478.6	59.73	10029.3	90.21	16282.8	0.33	26.0
			针阔混交林	2041.30	245150.2	253.28	17246.0	1065.65	116160.1	351.09	46692.6	303.37	51480.1	67.91	13571.4
			阔叶混交林	195.95	21342.7	28.07	1417.7	30.51	2067.2	33.13	6266.0	54.13	4622.9	50.11	6968.9
		其中：人天混	合计	2486.53	291223.0	387.62	26796.2	1178.76	125310.7	389.47	52304.8	422.86	67596.4	107.82	19214.9
			纯林	326.96	31875.1	103.94	8155.5	119.20	8869.4	27.90	3606.5	74.87	11137.2	1.05	106.5
			混交林	2159.57	259347.9	283.68	18640.7	1059.56	116441.3	361.57	48698.3	347.99	56459.2	106.77	19108.4
			针叶混交林	72.23	9871.1	23.60	815.5	21.87	2504.7	11.37	2087.6	15.39	4463.3		
			针阔混交林	1945.27	234787.8	252.28	17226.0	1010.58	112175.0	335.42	44344.7	279.08	47470.7	67.91	13571.4
			阔叶混交林	142.07	14689.0	7.80	599.2	27.11	1761.6	14.78	2266.0	53.52	4525.2	38.86	5537.0
	防护林	合计	合计	185482.89	31065824.3	4256.42	215465.0	18353.03	2306924.2	69933.28	11665997.5	86581.34	15748915.0	6358.82	1128522.6
			纯林	17822.76	2584525.7	2151.81	96861.6	3515.34	401802.1	6567.79	1067246.8	5294.16	962056.3	293.66	56558.9
			混交林	167660.13	28481298.6	2104.61	118603.4	14837.69	1905122.1	63365.49	10598750.7	81287.18	14786858.7	6065.16	1071963.7
			针叶混交林	495.42	58990.0	140.24	6375.8	191.67	20699.6	54.76	9268.9	108.42	22619.7	0.33	26.0
			针阔混交林	4446.14	688038.6	165.91	12369.1	1144.24	144990.3	909.83	152970.1	1789.73	313163.1	436.43	64546.0
			阔叶混交林	162718.57	27734270.0	1798.46	99858.5	13501.78	1739432.2	62400.90	10436511.7	79389.03	14451075.9	5628.40	1007391.7
		天然	合计	179060.82	30420375.4	2394.78	149219.1	15894.49	2051166.5	68643.54	11483925.7	85906.38	15631490.4	6221.63	1104573.7
			纯林	13218.60	2156747.6	559.12	45996.0	1890.69	235220.4	5630.47	935427.1	4892.08	892676.1	246.24	47428.0
			混交林	165842.22	28263627.8	1835.66	103223.1	14003.80	1815946.1	63013.07	10548498.6	81014.30	14738814.3	5975.39	1057145.7
			针叶混交林	47.16	9340.7	12.37	944.1	7.14	1178.3			27.65	7218.3		
			针阔混交林	3177.11	533679.2	38.14	3138.1	501.11	75670.7	635.61	116557.9	1610.21	282141.5	392.04	56171.0
			阔叶混交林	162617.95	27720607.9	1785.15	99140.9	13495.55	1739097.1	62377.46	10431940.7	79376.44	14449454.5	5583.35	1000974.7
		人工	合计	6422.07	645448.9	1861.64	66245.9	2458.54	255757.7	1289.74	182071.8	674.96	117424.6	137.19	23948.9
			纯林	4604.16	427778.1	1592.69	50865.6	1624.65	166581.7	937.32	131819.7	402.08	69380.2	47.42	9130.9
			混交林	1817.91	217670.8	268.95	15380.3	833.89	89176.0	352.42	50252.1	272.88	48044.4	89.77	14818.0
			针叶混交林	448.26	49649.3	127.87	5431.7	184.53	19521.3	54.76	9268.9	80.77	15401.4	0.33	26.0
			针阔混交林	1269.03	154359.4	127.77	9231.0	643.13	69319.6	274.22	36412.2	179.52	31021.6	44.39	8375.0
			阔叶混交林	100.62	13662.1	13.31	717.6	6.23	335.1	23.44	4571.0	12.59	1621.4	45.05	6417.0
		其中：人天混	合计	1578.69	188159.7	219.10	15056.2	732.77	76607.9	290.62	38330.5	258.01	44805.0	78.19	13360.1
			纯林	226.62	21322.0	78.98	4793.2	73.75	5663.0	18.41	2128.8	55.48	8737.0		
			混交林	1352.07	166837.7	140.12	10263.0	659.02	70944.9	272.21	36201.7	202.53	36068.0	78.19	13360.1

表 8　吉林重点国有林区乔木林各龄组面积、蓄积按林种、起源和林分类型统计表（续 17）

单位：公顷、立方米

统计单位	林种	起源	林分类型	合计		幼龄林		中龄林		近熟林		成熟林		过熟林	
				面积	蓄积	面积	蓄积	面积	蓄积	面积	蓄积	面积	蓄积	面积	蓄积
红石林业局	防护林	其中：人天混	针叶混交林	45.29	8256.5	5.55	452.8	15.78	1774.0	8.57	1566.4	15.39	4463.3		
			针阔混交林	1241.88	150567.1	126.77	9211.0	637.01	68835.8	258.55	34064.3	175.16	30081.0	44.39	8375.0
			阔叶混交林	64.90	8014.1	7.80	599.2	6.23	335.1	5.09	571.0	11.98	1523.7	33.80	4985.1
	特用林	合计	合计	5945.96	1158826.8	82.36	5422.2	435.08	58650.0	2183.60	381956.8	2961.13	643369.2	283.79	69428.6
			纯林	358.63	48565.1	55.85	3162.8	90.63	10683.4	141.67	22378.9	63.64	11272.6	6.84	1067.4
			混交林	5587.33	1110261.7	26.51	2259.4	344.45	47966.6	2041.93	359577.9	2897.49	632096.6	276.95	68361.2
			针叶混交林	3.08	353.4	0.91	114.2			2.17	239.2				
			针阔混交林	92.32	14860.3	13.83	1700.8	27.05	2986.5	20.29	4249.3	31.15	5923.7		
			阔叶混交林	5491.93	1095048.0	11.77	444.4	317.40	44980.1	2019.47	355089.4	2866.34	626172.9	276.95	68361.2
		天然	合计	5732.85	1136419.8	39.38	3091.5	341.59	47888.9	2123.42	374133.0	2944.67	641877.8	283.79	69428.6
			纯林	180.30	29937.5	13.78	946.3	27.59	3214.4	83.76	14813.7	48.33	9895.7	6.84	1067.4
			混交林	5552.55	1106482.3	25.60	2145.2	314.00	44674.5	2039.66	359319.3	2896.34	631982.1	276.95	68361.2
			针阔混交林	64.02	11739.9	13.83	1700.8			20.19	4229.9	30.00	5809.2		
			阔叶混交林	5488.53	1094742.4	11.77	444.4	314.00	44674.5	2019.47	355089.4	2866.34	626172.9	276.95	68361.2
		人工	合计	213.11	22407.0	42.98	2330.7	93.49	10761.1	60.18	7823.8	16.46	1491.4		
			纯林	178.33	18627.6	42.07	2216.5	63.04	7469.0	57.91	7565.2	15.31	1376.9		
			混交林	34.78	3779.4	0.91	114.2	30.45	3292.1	2.27	258.6	1.15	114.5		
			针叶混交林	3.08	353.4	0.91	114.2			2.17	239.2				
			针阔混交林	28.30	3120.4			27.05	2986.5	0.10	19.4	1.15	114.5		
			阔叶混交林	3.40	305.6			3.40	305.6						
		其中：人天混	合计	37.12	3697.7			29.94	3142.7	0.10	19.4	7.08	535.6		
			纯林	8.82	577.3			2.89	156.2			5.93	421.1		
			混交林	28.30	3120.4			27.05	2986.5	0.10	19.4	1.15	114.5		
			针阔混交林	28.30	3120.4			27.05	2986.5	0.10	19.4	1.15	114.5		
	用材林	合计	合计	83760.38	13564338.1	1767.09	108596.0	7004.88	936091.1	31978.65	5113606.0	38808.39	6711238.2	4201.37	694806.8
			纯林	7279.32	1073618.9	873.57	47537.5	1315.96	162856.7	2775.27	462573.6	2118.33	367734.9	196.19	32916.2
			混交林	76481.06	12490719.2	893.52	61058.5	5688.92	773234.4	29203.38	4651032.4	36690.06	6343503.3	4005.18	661890.6
			针叶混交林	157.92	12890.6	77.05	3608.7	56.07	5957.3	2.80	521.2	22.00	2803.4		
			针阔混交林	3065.73	465327.0	203.44	14109.6	603.95	81283.8	455.28	73342.3	1352.30	219777.5	450.76	76813.8
			阔叶混交林	73257.41	12012501.6	613.03	43340.2	5028.90	685993.3	28745.30	4577168.9	35315.76	6120922.4	3554.42	585076.8
		天然	合计	81164.57	13306812.5	898.24	64251.4	5876.02	813305.1	31701.48	5072562.4	38519.92	6668396.5	4168.91	688297.1
			纯林	5664.77	922107.3	222.04	15516.7	659.52	91308.5	2587.36	434007.2	2003.54	349120.1	192.31	32154.8
			混交林	75499.80	12384705.2	676.20	48734.7	5216.50	721996.6	29114.12	4638555.2	36516.38	6319276.4	3976.60	656142.3
			针叶混交林	12.56	1922.0							12.56	1922.0		
			针阔混交林	2321.76	377656.6	77.93	6094.6	208.48	37429.8	378.51	63081.3	1229.60	199433.5	427.24	71617.4
			阔叶混交林	73165.48	12005126.6	598.27	42640.1	5008.02	684566.8	28735.61	4575473.9	35274.22	6117920.9	3549.36	584524.9
		人工	合计	2595.81	257525.6	868.85	44344.6	1128.86	122786.0	277.17	41043.6	288.47	42841.7	32.46	6509.7
			纯林	1614.55	151511.6	651.53	32020.8	656.44	71548.2	187.91	28566.4	114.79	18614.8	3.88	761.4
			混交林	981.26	106014.0	217.32	12323.8	472.42	51237.8	89.26	12477.2	173.68	24226.9	28.58	5748.3
			针叶混交林	145.36	10968.6	77.05	3608.7	56.07	5957.3	2.80	521.2	9.44	881.4		
			针阔混交林	743.97	87670.4	125.51	8015.0	395.47	43854.0	76.77	10261.0	122.70	20344.0	23.52	5196.4
			阔叶混交林	91.93	7375.0	14.76	700.1	20.88	1426.5	9.69	1695.0	41.54	3001.5	5.06	551.9

表8 吉林重点国有林区乔木林各龄组面积、蓄积按林种、起源和林分类型统计表（续18）

单位：公顷、立方米

统计单位	林种	起源	林分类型	合计		幼龄林		中龄林		近熟林		成熟林		过熟林	
				面积	蓄积	面积	蓄积	面积	蓄积	面积	蓄积	面积	蓄积	面积	蓄积
红石林业局	用材林	其中：人天混	合计	870.72	99365.6	168.52	11740.0	416.05	45560.1	98.75	13954.9	157.77	22255.8	29.63	5854.8
			纯林	91.52	9975.8	24.96	3362.3	42.56	3050.2	9.49	1477.7	13.46	1979.1	1.05	106.5
			混交林	779.20	89389.8	143.56	8377.7	373.49	42509.9	89.26	12477.2	144.31	20276.7	28.58	5748.3
			针叶混交林	26.94	1614.6	18.05	362.7	6.09	730.7	2.80	521.2				
			针阔混交林	675.09	81100.3	125.51	8015.0	346.52	40352.7	76.77	10261.0	102.77	17275.2	23.52	5196.4
			阔叶混交林	77.17	6674.9			20.88	1426.5	9.69	1695.0	41.54	3001.5	5.06	551.9
白石山林业局	合计	合计	合计	127158.12	17773879.7	16334.99	1153774.5	33823.82	4015050.9	39081.55	5642243.3	30880.96	5437441.0	7036.80	1525370.0
			纯林	22748.74	2717997.8	6311.19	392996.5	7506.59	905572.4	5358.09	781329.2	3365.32	600258.6	207.55	37841.1
			混交林	104409.38	15055881.9	10023.80	760778.0	26317.23	3109478.5	33723.46	4860914.1	27515.64	4837182.4	6829.25	1487528.9
			针叶混交林	1165.89	110614.1	462.10	27080.1	445.49	45653.8	201.66	27155.8	56.64	10724.4		
			针阔混交林	14252.56	1803552.7	3789.99	288035.0	3892.93	458768.6	3293.87	464489.7	2332.52	400364.5	943.25	191894.9
			阔叶混交林	88990.93	13141715.1	5771.71	445662.9	21978.81	2605056.1	30227.93	4369268.6	25126.48	4426093.5	5886.00	1295634.0
		天然	合计	103891.23	15136309.0	8619.32	677067.8	27132.97	3254450.3	33856.95	4908571.1	27501.46	4818140.9	6780.53	1478078.9
			纯林	9610.32	1191554.1	2410.35	193471.6	3792.49	472368.8	2419.72	363524.3	917.37	148688.8	70.39	13500.6
			混交林	94280.91	13944754.9	6208.97	483596.2	23340.48	2782081.5	31437.23	4545046.8	26584.09	4669452.1	6710.14	1464578.3
			针叶混交林	108.34	12190.1	60.90	4347.5	20.59	4449.0	26.85	3393.6				
			针阔混交林	6103.93	895388.3	688.78	55308.3	1550.89	198512.8	1368.29	198287.3	1652.72	272152.7	843.25	171127.2
			阔叶混交林	88068.64	13037176.5	5459.29	423940.4	21769.00	2579119.7	30042.09	4343365.9	24931.37	4397299.4	5866.89	1293451.1
		人工	合计	23266.89	2637570.7	7715.67	476706.7	6690.85	760600.6	5224.60	733672.2	3379.50	619300.1	256.27	47291.1
			纯林	13138.42	1526443.7	3900.84	199524.9	3714.10	433203.6	2938.37	417804.9	2447.95	451569.8	137.16	24340.5
			混交林	10128.47	1111127.0	3814.83	277181.8	2976.75	327397.0	2286.23	315867.3	931.55	167730.3	119.11	22950.6
			针叶混交林	1057.55	98424.0	401.20	22732.6	424.90	41204.8	174.81	23762.2	56.64	10724.4		
			针阔混交林	8148.63	908164.4	3101.21	232726.7	2342.04	260255.8	1925.58	266202.4	679.80	128211.8	100.00	20767.7
			阔叶混交林	922.29	104538.6	312.42	21722.5	209.81	25936.4	185.84	25902.7	195.11	28794.1	19.11	2182.9
		其中：人天混	合计	9948.94	1098580.2	3982.60	299870.1	2891.36	329499.9	2130.28	296048.4	863.10	155950.5	81.60	17211.3
			纯林	874.64	83021.1	558.29	40846.8	264.21	34071.0	50.87	7881.0	1.27	222.3		
			混交林	9074.30	1015559.1	3424.31	259023.3	2627.15	295428.9	2079.41	288167.4	861.83	155728.2	81.60	17211.3
			针叶混交林	299.66	34526.0	76.04	7131.7	151.14	15588.6	32.88	3804.0	39.60	8001.7		
			针阔混交林	7911.74	883955.8	3036.63	230169.1	2266.20	253903.9	1890.16	262437.2	643.11	121062.7	75.64	16382.9
			阔叶混交林	862.90	97077.3	311.64	21722.5	209.81	25936.4	156.37	21926.2	179.12	26663.8	5.96	828.4
	防护林	合计	合计	47564.38	6207975.7	7482.50	549187.6	13464.67	1583435.7	15612.30	2176794.9	9216.45	1537555.1	1788.46	361002.4
			纯林	10144.49	1207868.7	2647.11	167613.9	3610.16	438100.7	2473.56	361066.0	1332.09	227593.6	81.57	13494.5
			混交林	37419.89	5000107.0	4835.39	381573.7	9854.51	1145335.0	13138.74	1815728.9	7884.36	1309961.5	1706.89	347507.9
			针叶混交林	480.67	47241.9	178.68	13080.2	202.90	20909.8	80.60	9533.6	18.49	3718.3		
			针阔混交林	5708.20	650001.5	1839.61	142971.5	1714.00	191422.9	1260.87	173813.5	584.33	85048.2	309.39	56745.4
			阔叶混交林	31231.02	4302863.6	2817.10	225522.0	7937.61	933002.3	11797.27	1632381.8	7281.54	1221195.0	1397.50	290762.5
		天然	合计	36858.48	5025219.2	3938.40	319464.0	10068.36	1193778.2	13126.45	1834256.3	8016.87	1329075.1	1708.40	348645.6
			纯林	4176.65	513291.2	1063.44	83609.2	1630.74	199986.5	1019.66	156654.6	448.15	70548.7	14.66	2492.2
			混交林	32681.83	4511928.0	2874.96	235854.8	8437.62	993791.7	12106.79	1677601.7	7568.72	1258526.4	1693.74	346153.4
			针叶混交林	14.07	1206.9	4.25	237.7			9.82	969.2				
			针阔混交林	2006.19	269423.3	274.53	24493.3	591.84	71167.4	436.02	63752.1	394.41	53265.1	309.39	56745.4
			阔叶混交林	30661.57	4241297.8	2596.18	211123.8	7845.78	922624.3	11660.95	1612880.4	7174.31	1205261.3	1384.35	289408.0

表 8　吉林重点国有林区乔木林各龄组面积、蓄积按林种、起源和林分类型统计表（续 19）

单位：公顷、立方米

统计单位	林种	起源	林分类型	合计		幼龄林		中龄林		近熟林		成熟林		过熟林	
				面积	蓄积	面积	蓄积	面积	蓄积	面积	蓄积	面积	蓄积	面积	蓄积
白石山林业局	防护林	人工	合计	10705.90	1182756.5	3544.10	229723.6	3396.31	389657.5	2485.85	342538.6	1199.58	208480.0	80.06	12356.8
			纯林	5967.84	694577.5	1583.67	84004.7	1979.42	238114.2	1453.90	204411.4	883.94	157044.9	66.91	11002.3
			混交林	4738.06	488179.0	1960.43	145718.9	1416.89	151543.3	1031.95	138127.2	315.64	51435.1	13.15	1354.5
			针叶混交林	466.60	46035.0	174.43	12842.5	202.90	20909.8	70.78	8564.4	18.49	3718.3		
			针阔混交林	3702.01	380578.2	1565.08	118478.2	1122.16	120255.5	824.85	110061.4	189.92	31783.1		
			阔叶混交林	569.45	61565.8	220.92	14398.2	91.83	10378.0	136.32	19501.4	107.23	15933.7	13.15	1354.5
		其中：人天混	合计	4555.42	472254.9	1977.63	150425.4	1314.23	143128.7	974.09	131462.6	289.47	47238.2		
			纯林	293.73	26789.0	175.42	12565.1	96.35	10984.8	21.96	3239.1				
			混交林	4261.69	445465.9	1802.21	137860.3	1217.88	132143.9	952.13	128223.5	289.47	47238.2		
			针叶混交林	121.86	15607.6	44.12	5764.4	54.35	5664.2	14.37	2011.8	9.02	2167.2		
			针阔混交林	3615.72	374417.7	1537.17	117697.7	1071.70	116101.7	823.82	109906.9	183.03	30711.4		
			阔叶混交林	524.11	55440.6	220.92	14398.2	91.83	10378.0	113.94	16304.8	97.42	14359.6		
	特用林	合计	合计	11565.09	2085739.4	1027.51	69571.8	1279.00	158713.9	4092.15	686826.2	3980.90	868525.1	1185.53	302102.4
			纯林	1419.10	185704.3	414.84	19554.7	283.56	40334.2	444.82	73361.3	254.66	48554.4	21.22	3899.7
			混交林	10145.99	1900035.1	612.67	50017.1	995.44	118379.7	3647.33	613464.9	3726.24	819970.7	1164.31	298202.7
			针叶混交林	50.48	9067.0	5.33	386.4			40.22	7891.8	4.93	788.8		
			针阔混交林	1283.46	187764.7	204.95	16429.8	305.13	36709.5	325.98	48107.4	336.43	60025.0	110.97	26493.0
			阔叶混交林	8812.05	1703203.4	402.39	33200.9	690.31	81670.2	3281.13	557465.7	3384.88	759156.9	1053.34	271709.7
		天然	合计	10028.54	1887436.0	492.19	36927.4	956.41	116816.3	3719.60	628796.3	3735.80	817670.9	1124.54	287225.1
			纯林	642.79	92778.7	118.25	5949.8	165.19	25214.6	272.80	48129.7	70.47	10751.0	16.08	2733.6
			混交林	9385.75	1794657.3	373.94	30977.6	791.22	91601.7	3446.80	580666.6	3665.33	806919.9	1108.46	284491.5
			针阔混交林	606.38	93846.4	4.23	169.2	100.91	9931.5	165.67	23200.9	280.45	47763.0	55.12	12781.8
			阔叶混交林	8779.37	1700810.9	369.71	30808.4	690.31	81670.2	3281.13	557465.7	3384.88	759156.9	1053.34	271709.7
		人工	合计	1536.55	198303.4	535.32	32644.4	322.59	41897.6	372.55	58029.9	245.10	50854.2	60.99	14877.3
			纯林	776.31	92925.6	296.59	13604.9	118.37	15119.6	172.02	25231.6	184.19	37803.4	5.14	1166.1
			混交林	760.24	105377.8	238.73	19039.5	204.22	26778.0	200.53	32798.3	60.91	13050.8	55.85	13711.2
			针叶混交林	50.48	9067.0	5.33	386.4			40.22	7891.8	4.93	788.8		
			针阔混交林	677.08	93918.3	200.72	16260.6	204.22	26778.0	160.31	24906.5	55.98	12262.0	55.85	13711.2
			阔叶混交林	32.68	2392.5	32.68	2392.5								
		其中：人天混	合计	846.91	110430.7	297.77	22514.2	262.20	33772.1	175.11	28171.2	55.98	12262.0	55.85	13711.2
			纯林	141.20	14070.6	65.15	3861.1	57.98	6994.1	18.07	3215.4				
			混交林	705.71	96360.1	232.62	18653.1	204.22	26778.0	157.04	24955.8	55.98	12262.0	55.85	13711.2
			针叶混交林	13.09	1439.9					13.09	1439.9				
			针阔混交林	660.72	92527.7	200.72	16260.6	204.22	26778.0	143.95	23515.9	55.98	12262.0	55.85	13711.2
			阔叶混交林	31.90	2392.5	31.90	2392.5								
	用材林	合计	合计	68028.65	9480164.6	7824.98	535015.1	19080.15	2272901.3	19377.10	2778622.2	17683.61	3031360.8	4062.81	862265.2
			纯林	11185.15	1324424.8	3249.24	205827.9	3612.87	427137.5	2439.71	346901.9	1778.57	324110.6	104.76	20446.9
			混交林	56843.50	8155739.8	4575.74	329187.2	15467.28	1845763.8	16937.39	2431720.3	15905.04	2707250.2	3958.05	841818.3
			针叶混交林	634.74	54305.2	278.09	13613.5	242.59	24744.0	80.84	9730.4	33.22	6217.3		
			针阔混交林	7260.90	965786.5	1745.43	128633.7	1873.80	230636.2	1707.02	242568.8	1411.76	255291.3	522.89	108656.5
			阔叶混交林	48947.86	7135648.1	2552.22	186940.0	13350.89	1590383.6	15149.53	2179421.1	14460.06	2445741.6	3435.16	733161.8
		天然	合计	57004.21	8223653.8	4188.73	320676.4	16108.20	1943855.8	17010.90	2445518.5	15748.79	2671394.9	3947.59	842208.2

表 8 吉林重点国有林区乔木林各龄组面积、蓄积按林种、起源和林分类型统计表（续 20）

单位：公顷、立方米

统计单位	林种	起源	林分类型	合计		幼龄林		中龄林		近熟林		成熟林		过熟林	
				面积	蓄积	面积	蓄积	面积	蓄积	面积	蓄积	面积	蓄积	面积	蓄积
白石山林业局	用材林	天然	纯林	4790.88	585484.2	1228.66	103912.6	1996.56	247167.7	1127.26	158740.0	398.75	67389.1	39.65	8274.8
			混交林	52213.33	7638169.6	2960.07	216763.8	14111.64	1696688.1	15883.64	2286778.5	15350.04	2604005.8	3907.94	833933.4
			针叶混交林	94.27	10983.2	56.65	4109.8	20.59	4449.0	17.03	2424.4				
			针阔混交林	3491.36	532118.6	410.02	30645.8	858.14	117413.9	766.60	111334.3	977.86	171124.6	478.74	101600.0
			阔叶混交林	48627.70	7095067.8	2493.40	182008.2	13232.91	1574825.2	15100.01	2173019.8	14372.18	2432881.2	3429.20	732333.4
		人工	合计	11024.44	1256510.8	3636.25	214338.7	2971.95	329045.5	2366.20	333103.7	1934.82	359965.9	115.22	20057.0
			纯林	6394.27	738940.6	2020.58	101915.3	1616.31	179969.8	1312.45	188161.9	1379.82	256721.5	65.11	12172.1
			混交林	4630.17	517570.2	1615.67	112423.4	1355.64	149075.7	1053.75	144941.8	555.00	103244.4	50.11	7884.9
			针叶混交林	540.47	43322.0	221.44	9503.7	222.00	20295.0	63.81	7306.0	33.22	6217.3		
			针阔混交林	3769.54	433667.9	1335.41	97987.9	1015.66	113222.3	940.42	131234.5	433.90	84166.7	44.15	7056.5
			阔叶混交林	320.16	40580.3	58.82	4931.8	117.98	15558.4	49.52	6401.3	87.88	12860.4	5.96	828.4
		其中：人天混	合计	4546.61	515894.6	1707.20	126930.5	1314.93	152599.1	981.08	136414.6	517.65	96450.3	25.75	3500.1
			纯林	439.71	42161.5	317.72	24420.6	109.88	16092.1	10.84	1426.5	1.27	222.3		
			混交林	4106.90	473733.1	1389.48	102509.9	1205.05	136507.0	970.24	134988.1	516.38	96228.0	25.75	3500.1
			针叶混交林	164.71	17478.5	31.92	1367.3	96.79	9924.4	5.42	352.3	30.58	5834.5		
			针阔混交林	3635.30	417010.4	1298.74	96210.8	990.28	111024.2	922.39	129014.4	404.10	78089.3	19.79	2671.7
			阔叶混交林	306.89	39244.2	58.82	4931.8	117.98	15558.4	42.43	5621.4	81.70	12304.2	5.96	828.4

说明：①本表中人工林合计中含《东北内蒙古重点国有林区森林资源规划设计调查技术规定》中起源为“人天混”数据；
②同时保留起源为“人天混”的统计结果明细。

表 9 吉林重点国有林区经济林各产期面积（株数）按林木经营权、起源和优势树种统计表

单位：公顷、株

统计单位	林木经营权	起源	优势树种（组）	面积合计	乔木经济林										灌木经济林				
					合计		产前期		初产期		盛产期		衰产期		合计	产前期	初产期	盛产期	衰产期
					面积	株数	面积	株数	面积	株数	面积	株数	面积	株数	面积	面积	面积	面积	面积
吉林森工	合计	合计	合计	495.14											495.14	12.82	394.44	87.88	
			果树类	16.89											16.89		13.74	3.15	
			蓝莓	202.86											202.86		162.83	40.03	
			榛子	1.90											1.90		1.90		
			沙棘	0.37											0.37		0.37		
			其他	273.12											273.12	12.82	215.60	44.70	
		天然	合计	1.10											1.10		1.10		
			其他	1.10											1.10		1.10		
		人工	合计	494.04											494.04	12.82	393.34	87.88	
			果树类	16.89											16.89		13.74	3.15	
			蓝莓	202.86											202.86		162.83	40.03	
			榛子	1.90											1.90		1.90		
			沙棘	0.37											0.37		0.37		
			其他	272.02											272.02	12.82	214.50	44.70	
	国有	合计	合计	492.59											492.59	12.82	394.44	85.33	
			果树类	14.34											14.34		13.74	0.60	
			蓝莓	202.86											202.86		162.83	40.03	
			榛子	1.90											1.90		1.90		
			沙棘	0.37											0.37		0.37		
			其他	273.12											273.12	12.82	215.60	44.70	
		天然	合计	1.10											1.10		1.10		
			其他	1.10											1.10		1.10		
		人工	合计	491.49											491.49	12.82	393.34	85.33	
			果树类	14.34											14.34		13.74	0.60	
			蓝莓	202.86											202.86		162.83	40.03	
			榛子	1.90											1.90		1.90		
			沙棘	0.37											0.37		0.37		
			其他	272.02											272.02	12.82	214.50	44.70	
	个人	合计	合计	2.55											2.55			2.55	
			果树类	2.55											2.55			2.55	
		人工	合计	2.55											2.55			2.55	
			果树类	2.55											2.55			2.55	
临江林业局	合计	合计	合计	12.20											12.20		12.20		
			其他	12.20											12.20		12.20		
		天然	合计	1.10											1.10		1.10		
			其他	1.10											1.10		1.10		
		人工	合计	11.10											11.10		11.10		
			其他	11.10											11.10		11.10		
	国有	合计	合计	12.20											12.20		12.20		
			其他	12.20											12.20		12.20		

表 9　吉林重点国有林区经济林各产期面积（株数）按林木经营权、起源和优势树种统计表（续 1）

单位：公顷、株

统计单位	林木经营权	起源	优势树种（组）	面积合计	乔木经济林										灌木经济林				
					合计		产前期		初产期		盛产期		衰产期		合计	产前期	初产期	盛产期	衰产期
					面积	株数	面积	株数	面积	株数	面积	株数	面积	株数	面积	面积	面积	面积	面积
临江林业局	国有	天然	合计	1.10											1.10		1.10		
			其他	1.10											1.10		1.10		
		人工	合计	11.10											11.10		11.10		
			其他	11.10											11.10		11.10		
湾沟林业局	合计	合计	合计	17.56											17.56		17.56		
			榛子	1.90											1.90		1.90		
			沙棘	0.37											0.37		0.37		
			其他	15.29											15.29		15.29		
		人工	合计	17.56											17.56		17.56		
			榛子	1.90											1.90		1.90		
			沙棘	0.37											0.37		0.37		
			其他	15.29											15.29		15.29		
	国有	合计	合计	17.56											17.56		17.56		
			榛子	1.90											1.90		1.90		
			沙棘	0.37											0.37		0.37		
			其他	15.29											15.29		15.29		
		人工	合计	17.56											17.56		17.56		
			榛子	1.90											1.90		1.90		
			沙棘	0.37											0.37		0.37		
			其他	15.29											15.29		15.29		
三岔子林业局	合计	合计	合计	207.57											207.57	8.12	199.45		
			蓝莓	62.12											62.12		62.12		
			其他	145.45											145.45	8.12	137.33		
		人工	合计	207.57											207.57	8.12	199.45		
			蓝莓	62.12											62.12		62.12		
			其他	145.45											145.45	8.12	137.33		
	国有	合计	合计	207.57											207.57	8.12	199.45		
			蓝莓	62.12											62.12		62.12		
			其他	145.45											145.45	8.12	137.33		
		人工	合计	207.57											207.57	8.12	199.45		
			蓝莓	62.12											62.12		62.12		
			其他	145.45											145.45	8.12	137.33		
松江河林业局	合计	合计	合计	217.82											217.82		145.34	72.48	
			果树类	13.74											13.74		13.74		
			蓝莓	137.01											137.01		96.98	40.03	
			其他	67.07											67.07		34.62	32.45	
		人工	合计	217.82											217.82		145.34	72.48	
			果树类	13.74											13.74		13.74		
			蓝莓	137.01											137.01		96.98	40.03	
			其他	67.07											67.07		34.62	32.45	
	国有	合计	合计	217.82											217.82		145.34	72.48	

表 9　吉林重点国有林区经济林各产期面积（株数）按林木经营权、起源和优势树种统计表（续 2）

单位：公顷、株

统计单位	林木经营权	起源	优势树种（组）	面积合计	乔木经济林										灌木经济林				
					合计		产前期		初产期		盛产期		衰产期		合计	产前期	初产期	盛产期	衰产期
					面积	株数	面积	株数	面积	株数	面积	株数	面积	株数	面积	面积	面积	面积	面积
松江河林业局	国有	合计	果树类	13.74											13.74		13.74		
			蓝莓	137.01											137.01		96.98	40.03	
			其他	67.07											67.07		34.62	32.45	
		人工	合计	217.82											217.82		145.34	72.48	
			果树类	13.74											13.74		13.74		
			蓝莓	137.01											137.01		96.98	40.03	
			其他	67.07											67.07		34.62	32.45	
泉阳林业局	合计	合计	合计	4.90											4.90			4.90	
			其他	4.90											4.90			4.90	
		人工	合计	4.90											4.90			4.90	
			其他	4.90											4.90			4.90	
	国有	合计	合计	4.90											4.90			4.90	
			其他	4.90											4.90			4.90	
		人工	合计	4.90											4.90			4.90	
			其他	4.90											4.90			4.90	
露水河林业局	合计	合计	合计	4.17											4.17			4.17	
			其他	4.17											4.17			4.17	
		人工	合计	4.17											4.17			4.17	
			其他	4.17											4.17			4.17	
	国有	合计	合计	4.17											4.17			4.17	
			其他	4.17											4.17			4.17	
		人工	合计	4.17											4.17			4.17	
			其他	4.17											4.17			4.17	
红石林业局	合计	合计	合计	24.04											24.04	4.70	16.16	3.18	
			其他	24.04											24.04	4.70	16.16	3.18	
		人工	合计	24.04											24.04	4.70	16.16	3.18	
			其他	24.04											24.04	4.70	16.16	3.18	
	国有	合计	合计	24.04											24.04	4.70	16.16	3.18	
			其他	24.04											24.04	4.70	16.16	3.18	
		人工	合计	24.04											24.04	4.70	16.16	3.18	
			其他	24.04											24.04	4.70	16.16	3.18	
白石山林业局	合计	合计	合计	6.88											6.88		3.73	3.15	
			果树类	3.15											3.15			3.15	
			蓝莓	3.73											3.73		3.73		
		人工	合计	6.88											6.88		3.73	3.15	
			果树类	3.15											3.15			3.15	
			蓝莓	3.73											3.73		3.73		
	国有	合计	合计	4.33											4.33		3.73	0.60	
			果树类	0.60											0.60			0.60	
			蓝莓	3.73											3.73		3.73		
		人工	合计	4.33											4.33		3.73	0.60	

表 9　吉林重点国有林区经济林各产期面积（株数）按林木经营权、起源和优势树种统计表（续 3）

单位：公顷、株

统计单位	林木经营权	起源	优势树种（组）	面积合计	乔木经济林										灌木经济林				
					合计		产前期		初产期		盛产期		衰产期		合计	产前期	初产期	盛产期	衰产期
					面积	株数	面积	株数	面积	株数	面积	株数	面积	株数	面积	面积	面积	面积	面积
白石山林业局	国有	人工	果树类	0.60											0.60			0.60	
			蓝莓	3.73											3.73		3.73		
	个人	合计	合计	2.55											2.55			2.55	
			果树类	2.55											2.55			2.55	
		人工	合计	2.55											2.55			2.55	
			果树类	2.55											2.55			2.55	

说明：①本表中人工林合计中含《东北内蒙古重点国有林区森林资源规划设计调查技术规定》中起源为“人天混”数据；
②同时保留起源为“人天混”的统计结果明细。

表1　长白山重点国有林区各类土地面积统计表

单位：公顷

统计单位	林地使用权	森林类别	总计	林地												宜林地	林业辅助生产用地	其他土地	森林面积
				合计	乔木林地	灌木林地		未成林造林地	苗圃地	疏林地	无立木林地							
						小计	其中：特殊灌木林地				小计	采伐迹地	火烧迹地	其他无立木林地				
长白山森工	合计	合计	2133300.60	2121611.63	2020926.30	8939.00	2113.99	4169.56	544.58	142.17	40794.56	357.29	56.32	40380.95	30077.43	16018.03	11688.97	2023040.29
		公益林	1263452.51	1263248.76	1234820.39	7463.37	638.36	1050.49	154.46	119.08	7730.84	102.71	1.39	7626.74	7995.44	3914.69	203.75	1235458.75
		商品林	869848.09	858362.87	786105.91	1475.63	1475.63	3119.07	390.12	23.09	33063.72	254.58	54.93	32754.21	22081.99	12103.34	11485.22	787581.54
	国有	合计	2133300.60	2121611.63	2020926.30	8939.00	2113.99	4169.56	544.58	142.17	40794.56	357.29	56.32	40380.95	30077.43	16018.03	11688.97	2023040.29
		公益林	1263452.51	1263248.76	1234820.39	7463.37	638.36	1050.49	154.46	119.08	7730.84	102.71	1.39	7626.74	7995.44	3914.69	203.75	1235458.75
		商品林	869848.09	858362.87	786105.91	1475.63	1475.63	3119.07	390.12	23.09	33063.72	254.58	54.93	32754.21	22081.99	12103.34	11485.22	787581.54
黄泥河林业局	合计	合计	196596.00	195891.55	180274.59	220.05	51.43	357.91	36.40	7.10	7968.13	54.46	54.63	7859.04	5254.01	1773.36	704.45	180326.02
		公益林	44589.77	44580.46	41385.95	174.68	6.06	30.82	7.89	2.68	1505.08	2.61		1502.47	1451.44	21.92	9.31	41392.01
		商品林	152006.23	151311.09	138888.64	45.37	45.37	327.09	28.51	4.42	6463.05	51.85	54.63	6356.57	3802.57	1751.44	695.14	138934.01
	国有	合计	196596.00	195891.55	180274.59	220.05	51.43	357.91	36.40	7.10	7968.13	54.46	54.63	7859.04	5254.01	1773.36	704.45	180326.02
		公益林	44589.77	44580.46	41385.95	174.68	6.06	30.82	7.89	2.68	1505.08	2.61		1502.47	1451.44	21.92	9.31	41392.01
		商品林	152006.23	151311.09	138888.64	45.37	45.37	327.09	28.51	4.42	6463.05	51.85	54.63	6356.57	3802.57	1751.44	695.14	138934.01
敦化林业局	合计	合计	229926.10	229065.76	219007.64	301.75	93.14	516.95	79.65	5.95	5545.97	68.38		5477.59	2113.36	1494.49	860.34	219100.78
		公益林	110662.42	110662.42	109831.62	264.50	55.89	43.42	79.65	0.20	287.32			287.32	139.72	15.99		109887.51
		商品林	119263.68	118403.34	109176.02	37.25	37.25	473.53		5.75	5258.65	68.38		5190.27	1973.64	1478.50	860.34	109213.27
	国有	合计	229926.10	229065.76	219007.64	301.75	93.14	516.95	79.65	5.95	5545.97	68.38		5477.59	2113.36	1494.49	860.34	219100.78
		公益林	110662.42	110662.42	109831.62	264.50	55.89	43.42	79.65	0.20	287.32			287.32	139.72	15.99		109887.51
		商品林	119263.68	118403.34	109176.02	37.25	37.25	473.53		5.75	5258.65	68.38		5190.27	1973.64	1478.50	860.34	109213.27
大石头林业局	合计	合计	257787.00	257253.75	240825.03	906.55	41.18	389.33	58.66	2.16	5522.98	79.87		5443.11	7308.24	2240.80	533.25	240866.21
		公益林	24737.35	24737.35	23842.31	865.37		29.67										23842.31
		商品林	233049.65	232516.40	216982.72	41.18	41.18	359.66	58.66	2.16	5522.98	79.87		5443.11	7308.24	2240.80	533.25	217023.90
	国有	合计	257787.00	257253.75	240825.03	906.55	41.18	389.33	58.66	2.16	5522.98	79.87		5443.11	7308.24	2240.80	533.25	240866.21
		公益林	24737.35	24737.35	23842.31	865.37		29.67										23842.31
		商品林	233049.65	232516.40	216982.72	41.18	41.18	359.66	58.66	2.16	5522.98	79.87		5443.11	7308.24	2240.80	533.25	217023.90
白河林业局	合计	合计	183226.00	181326.49	170978.13	1213.19	215.38	183.97	44.80	0.95	3017.60	3.61	0.81	3013.18	2432.27	3455.58	1899.51	171193.51
		公益林	133996.57	133825.55	130013.03	1033.34	35.53	78.07	28.30	0.95	754.15	2.31	0.51	751.33	580.16	1337.55	171.02	130048.56
		商品林	49229.43	47500.94	40965.10	179.85	179.85	105.90	16.50		2263.45	1.30	0.30	2261.85	1852.11	2118.03	1728.49	41144.95
	国有	合计	183226.00	181326.49	170978.13	1213.19	215.38	183.97	44.80	0.95	3017.60	3.61	0.81	3013.18	2432.27	3455.58	1899.51	171193.51
		公益林	133996.57	133825.55	130013.03	1033.34	35.53	78.07	28.30	0.95	754.15	2.31	0.51	751.33	580.16	1337.55	171.02	130048.56
		商品林	49229.43	47500.94	40965.10	179.85	179.85	105.90	16.50		2263.45	1.30	0.30	2261.85	1852.11	2118.03	1728.49	41144.95
和龙林业局	合计	合计	170795.00	170513.54	165897.64	2004.31	41.46	277.31	17.00		122.85	8.81		114.04	1010.62	1183.81	281.46	165939.10
		公益林	65610.76	65610.76	63369.83	1962.85		132.53			11.65	1.08		10.57	49.84	84.06		63369.83
		商品林	105184.24	104902.78	102527.81	41.46	41.46	144.78	17.00		111.20	7.73		103.47	960.78	1099.75	281.46	102569.27
	国有	合计	170795.00	170513.54	165897.64	2004.31	41.46	277.31	17.00		122.85	8.81		114.04	1010.62	1183.81	281.46	165939.10
		公益林	65610.76	65610.76	63369.83	1962.85		132.53			11.65	1.08		10.57	49.84	84.06		63369.83
		商品林	105184.24	104902.78	102527.81	41.46	41.46	144.78	17.00		111.20	7.73		103.47	960.78	1099.75	281.46	102569.27
八家子林业局	合计	合计	151084.00	150322.31	146838.11	137.47	9.62	94.37	125.20		1604.79			1604.79	862.63	659.74	761.69	146847.73
		公益林	25037.50	25037.50	24827.66	127.85		1.16			4.22			4.22	34.54	42.07		24827.66
		商品林	126046.50	125284.81	122010.45	9.62	9.62	93.21	125.20		1600.57			1600.57	828.09	617.67	761.69	122020.07
	国有	合计	151084.00	150322.31	146838.11	137.47	9.62	94.37	125.20		1604.79			1604.79	862.63	659.74	761.69	146847.73

表1 长白山重点国有林区各类土地面积统计表（续1）

单位：公顷

统计单位	林地使用权	森林类别	总计	林地													其他土地	森林面积
				合计	乔木林地	灌木林地		未成林造林地	苗圃地	疏林地	无立木林地				宜林地	林业辅助生产用地		
						小计	其中：特殊灌木林地				小计	采伐迹地	火烧迹地	其他无立木林地				
八家子林业局	国有	公益林	25037.50	25037.50	24827.66	127.85		1.16			4.22			4.22	34.54	42.07		24827.66
		商品林	126046.50	125284.81	122010.45	9.62	9.62	93.21	125.20		1600.57			1600.57	828.09	617.67	761.69	122020.07
汪清林业局	合计	合计	299560.00	299086.01	293918.86	779.37	8.78	175.87	60.93	1.16	1575.31	17.59		1557.72	1548.26	1026.25	473.99	293927.64
		公益林	284617.67	284617.67	282999.74	770.59		32.09	30.60	1.16	212.36	6.23		206.13	411.94	159.19		282999.74
		商品林	14942.33	14468.34	10919.12	8.78	8.78	143.78	30.33		1362.95	11.36		1351.59	1136.32	867.06	473.99	10927.90
	国有	合计	299560.00	299086.01	293918.86	779.37	8.78	175.87	60.93	1.16	1575.31	17.59		1557.72	1548.26	1026.25	473.99	293927.64
		公益林	284617.67	284617.67	282999.74	770.59		32.09	30.60	1.16	212.36	6.23		206.13	411.94	159.19		282999.74
		商品林	14942.33	14468.34	10919.12	8.78	8.78	143.78	30.33		1362.95	11.36		1351.59	1136.32	867.06	473.99	10927.90
大兴沟林业局	合计	合计	111008.00	109983.53	103138.54	313.43	47.00	236.02	50.20	30.60	5001.22	3.31	0.88	4997.03	640.22	573.30	1024.47	103185.54
		公益林	72172.84	72172.84	71677.68	268.29	1.86	50.15		27.69	73.50	1.18	0.88	71.44	74.54	0.99		71679.54
		商品林	38835.16	37810.69	31460.86	45.14	45.14	185.87	50.20	2.91	4927.72	2.13		4925.59	565.68	572.31	1024.47	31506.00
	国有	合计	111008.00	109983.53	103138.54	313.43	47.00	236.02	50.20	30.60	5001.22	3.31	0.88	4997.03	640.22	573.30	1024.47	103185.54
		公益林	72172.84	72172.84	71677.68	268.29	1.86	50.15		27.69	73.50	1.18	0.88	71.44	74.54	0.99		71679.54
		商品林	38835.16	37810.69	31460.86	45.14	45.14	185.87	50.20	2.91	4927.72	2.13		4925.59	565.68	572.31	1024.47	31506.00
天桥岭林业局	合计	合计	184930.00	184809.44	179980.06	510.82	22.65	432.28	40.74		2577.74	3.67		2574.07	787.31	480.49	120.56	180002.71
		公益林	174080.07	174080.07	173384.83	488.90	0.73	12.61	8.02		140.29			140.29	44.96	0.46		173385.56
		商品林	10849.93	10729.37	6595.23	21.92	21.92	419.67	32.72		2437.45	3.67		2433.78	742.35	480.03	120.56	6617.15
	国有	合计	184930.00	184809.44	179980.06	510.82	22.65	432.28	40.74		2577.74	3.67		2574.07	787.31	480.49	120.56	180002.71
		公益林	174080.07	174080.07	173384.83	488.90	0.73	12.61	8.02		140.29			140.29	44.96	0.46		173385.56
		商品林	10849.93	10729.37	6595.23	21.92	21.92	419.67	32.72		2437.45	3.67		2433.78	742.35	480.03	120.56	6617.15
珲春林业局	合计	合计	348388.50	343359.25	320067.70	2552.06	1583.35	1505.55	31.00	94.25	7857.97	117.59		7740.38	8120.51	3130.21	5029.25	321651.05
		公益林	327947.56	327924.14	313487.74	1507.00	538.29	639.97		86.40	4742.27	89.30		4652.97	5208.30	2252.46	23.42	314026.03
		商品林	20440.94	15435.11	6579.96	1045.06	1045.06	865.58	31.00	7.85	3115.70	28.29		3087.41	2912.21	877.75	5005.83	7625.02
	国有	合计	348388.50	343359.25	320067.70	2552.06	1583.35	1505.55	31.00	94.25	7857.97	117.59		7740.38	8120.51	3130.21	5029.25	321651.05
		公益林	327947.56	327924.14	313487.74	1507.00	538.29	639.97		86.40	4742.27	89.30		4652.97	5208.30	2252.46	23.42	314026.03
		商品林	20440.94	15435.11	6579.96	1045.06	1045.06	865.58	31.00	7.85	3115.70	28.29		3087.41	2912.21	877.75	5005.83	7625.02

说明：森林面积＝乔木林地面积＋特殊灌木林地面积。

表 2　长白山重点国有林区各类林木面积（株数）蓄积统计表

单位：公顷、立方米、万株

统计单位	林木经营权	活立木总蓄积	乔木林		疏林		四旁树		散生木	
			面积	蓄积	面积	蓄积	株数	蓄积	株数	蓄积
长白山森工	合计	324754470.1	2020926.30	323655842.0	142.17	1997.0	0.8430	776.0	147.5973	1095855.1
	国有	324668169.1	2019863.77	323569726.0	139.59	1930.0	0.8430	776.0	147.5615	1095737.1
	集体	83995.1	877.73	83822.0	2.58	67.0			0.0316	106.1
	个人	2305.9	184.80	2294.0					0.0042	11.9
黄泥河林业局	合计	28096186.2	180274.59	28012382.0	7.10	103.0			17.0810	83701.2
	国有	28096186.2	180274.59	28012382.0	7.10	103.0			17.0810	83701.2
敦化林业局	合计	34930225.2	219007.64	34843506.0	5.95	107.0	0.0628	17.8	15.7312	86594.4
	国有	34930225.2	219007.64	34843506.0	5.95	107.0	0.0628	17.8	15.7312	86594.4
大石头林业局	合计	38208659.6	240825.03	38172370.0	2.16	13.0			9.7057	36276.6
	国有	38207721.6	240733.31	38171432.0	2.16	13.0			9.7057	36276.6
	集体	737.0	14.20	737.0						
	个人	201.0	77.52	201.0						
白河林业局	合计	28188211.7	170978.13	28156590.0	0.95	43.0			5.4689	31578.7
	国有	28188211.7	170978.13	28156590.0	0.95	43.0			5.4689	31578.7
和龙林业局	合计	31362944.6	165897.64	31223636.0					13.6799	139308.6
	国有	31362944.6	165897.64	31223636.0					13.6799	139308.6
八家子林业局	合计	26625874.3	146838.11	26525714.0					13.0958	100160.3
	国有	26625838.3	146745.95	26525678.0					13.0958	100160.3
	个人	36.0	92.16	36.0						
汪清林业局	合计	47656815.4	293918.86	47313074.0	1.16	25.0			37.4072	343716.4
	国有	47656815.4	293918.86	47313074.0	1.16	25.0			37.4072	343716.4
大兴沟林业局	合计	15118772.2	103138.54	15083490.0	30.60	679.0	0.6045	604.5	4.9979	33998.7
	国有	15107302.2	103026.39	15072020.0	30.60	679.0	0.6045	604.5	4.9979	33998.7
	集体	11470.0	112.15	11470.0						
天桥岭林业局	合计	27205064.3	179980.06	27146921.0					6.6193	58143.3
	国有	27205064.3	179980.06	27146921.0					6.6193	58143.3
珲春林业局	合计	47361716.6	320067.70	47178159.0	94.25	1027.0	0.1757	153.7	23.8104	182376.9
	国有	47287859.6	319301.20	47104487.0	91.67	960.0	0.1757	153.7	23.7746	182258.9
	集体	71788.1	751.38	71615.0	2.58	67.0			0.0316	106.1
	个人	2068.9	15.12	2057.0					0.0042	11.9

表3 长白山重点国有林区有林地、疏林地、灌木林地按林种和龄组面积、蓄积统计表

单位：公顷、立方米

统计单位	林种	亚林种	郁闭度（覆盖度）等级	合计		乔木林地														疏林地		灌木林地		
						小计		幼龄林		中龄林		近熟林		成熟林		过熟林						小计	特殊灌木林地	一般灌木林地
				面积	蓄积	面积	蓄积	面积	蓄积	面积	蓄积	面积	蓄积	面积	蓄积	面积	蓄积			面积	蓄积	面积	面积	面积
长白山森工	合计	合计	合计	2030007.47	323657839.0	2020926.30	323655842.0	113931.76	9638391.0	575566.32	84635475.0	955802.05	160947516.0	355700.52	64601167.0	19925.65	3833293.0			142.17	1997.0	8939.00	2113.99	6825.01
			低（疏）	20024.05	884126.0	17798.98	884126.0	9292.24	109933.0	2191.09	108712.0	2265.61	196126.0	3092.19	337876.0	957.85	131479.0					2225.07	564.01	1661.06
			中	794825.38	113200622.0	789404.61	113200622.0	39838.25	2152522.0	183152.10	22660207.0	348499.80	51700795.0	206721.17	34723154.0	11193.29	1963944.0					5420.77	572.18	4848.59
			高（密）	1215015.87	209571094.0	1213722.71	209571094.0	64801.27	7375936.0	390223.13	61866556.0	605036.64	109050595.0	145887.16	29540137.0	7774.51	1737870.0					1293.16	977.80	315.36
	防护林	合计	合计	541472.97	84941595.0	536960.35	84940582.0	27108.24	2103862.0	148133.41	21073924.0	263930.01	43761463.0	92061.78	16889524.0	5726.91	1111809.0			58.52	1013.0	4454.10	106.67	4347.43
			低（疏）	4440.63	191411.0	3607.84	191411.0	1751.68	20337.0	367.42	19539.0	624.51	50179.0	544.23	55546.0	320.00	45810.0					832.79	63.14	769.65
			中	205721.86	27750158.0	202362.56	27750158.0	10733.84	574063.0	45973.58	5285427.0	93690.53	13356774.0	49146.05	8056764.0	2818.56	477130.0					3359.30	30.34	3328.96
			高（密）	331251.96	56999013.0	330989.95	56999013.0	14622.72	1509462.0	101792.41	15768958.0	169614.97	30354510.0	42371.50	8777214.0	2588.35	588869.0					262.01	13.19	248.82
		水源涵养林	合计	311498.22	50559843.0	310514.13	50559517.0	13215.91	1027762.0	72002.68	10541249.0	156185.28	26149694.0	64567.26	11968958.0	4543.00	871854.0			24.30	326.0	959.79	38.43	921.36
			低（疏）	2406.03	153334.0	2342.36	153334.0	958.91	12613.0	201.66	11052.0	466.75	39445.0	419.44	46341.0	295.60	43883.0					63.67	14.75	48.92
			中	126508.84	17848216.0	125635.56	17848216.0	5188.34	282746.0	23272.17	2799552.0	60653.43	8792972.0	34241.08	5591172.0	2280.54	381774.0					873.28	23.68	849.60
			高（密）	182559.05	32557967.0	182536.21	32557967.0	7068.66	732403.0	48528.85	7730645.0	95065.10	17317277.0	29906.74	6331445.0	1966.86	446197.0					22.84		22.84
		水土保持林	合计	94209.15	14066367.0	90999.34	14066313.0	5111.75	391585.0	22826.58	2978407.0	45783.89	7573692.0	16540.83	2971228.0	736.29	151401.0			6.53	54.0	3203.28	52.32	3150.96
			低（疏）	1219.60	17020.0	558.10	17020.0	367.95	4905.0	73.76	3497.0	39.10	2791.0	64.81	4859.0	12.48	968.0					661.50	47.13	614.37
			中	36544.58	4797110.0	34223.18	4797110.0	1800.78	100055.0	7838.59	840328.0	13976.12	2028999.0	10130.13	1741337.0	477.56	86391.0					2321.40	0.08	2321.32
			高（密）	56438.44	9252183.0	56218.06	9252183.0	2943.02	286625.0	14914.23	2134582.0	31768.67	5541902.0	6345.89	1225032.0	246.25	64042.0					220.38	5.11	215.27
		护岸林	合计	129247.89	19294388.0	128941.55	19293755.0	8109.17	611426.0	51474.99	7293008.0	59140.15	9580796.0	9892.50	1747218.0	324.74	61307.0			27.69	633.0	278.65	15.92	262.73
			低（疏）	779.77	20368.0	682.35	20368.0	410.26	2651.0	82.14	4492.0	118.05	7920.0	59.98	4346.0	11.92	959.0					97.42	1.26	96.16
			中	40223.71	4804004.0	40061.27	4804004.0	3544.80	175868.0	14163.26	1568187.0	17947.74	2391254.0	4361.09	662105.0	44.38	6590.0					162.44	6.58	155.86
			高（密）	88216.72	14469383.0	88197.93	14469383.0	4154.11	432907.0	37229.59	5720329.0	41074.36	7181622.0	5471.43	1080767.0	268.44	53758.0					18.79	8.08	10.71
		护路林	合计	6517.71	1020997.0	6505.33	1020997.0	671.41	73089.0	1829.16	261260.0	2820.69	457281.0	1061.19	202120.0	122.88	27247.0					12.38		12.38
			低（疏）	35.23	689.0	25.03	689.0	14.56	168.0	9.86	498.0	0.61	23.0									10.20		10.20
			中	2444.73	300828.0	2442.55	300828.0	199.92	15394.0	699.56	77360.0	1113.24	143549.0	413.75	62150.0	16.08	2375.0					2.18		2.18
			高（密）	4037.75	719480.0	4037.75	719480.0	456.93	57527.0	1119.74	183402.0	1706.84	313709.0	647.44	139970.0	106.80	24872.0							
	特用林	合计	合计	700929.87	111135517.0	697860.04	111135038.0	28979.51	2182424.0	233965.80	33846484.0	312891.44	52148455.0	118352.66	22208852.0	3670.63	748823.0			60.56	479.0	3009.27	531.69	2477.58
			低（疏）	6155.96	197840.0	5044.33	197840.0	2601.06	34347.0	1084.19	46305.0	672.98	53749.0	586.38	52545.0	99.72	10894.0					1111.63	220.22	891.41
			中	280950.93	40789972.0	279141.51	40789972.0	11798.00	632711.0	73851.02	9095789.0	118247.15	17577088.0	72977.30	13047592.0	2268.04	436792.0					1809.42	289.79	1519.63
			高（密）	413762.42	70147226.0	413674.20	70147226.0	14580.45	1515366.0	159030.59	24704390.0	193971.31	34517618.0	44788.98	9108715.0	1302.87	301137.0					88.22	21.68	66.54
		国防林	合计	19070.98	3279499.0	18992.37	3279499.0	858.20	41572.0	6054.77	953891.0	10304.39	1938766.0	1737.74	335258.0	37.27	10012.0					78.61		78.61
			低（疏）	192.15	3923.0	180.76	3923.0	149.18	1594.0	13.56	627.0	9.16	926.0	8.86	776.0							11.39		11.39
			中	6437.99	939021.0	6370.77	939021.0	395.11	9630.0	1526.64	186646.0	3230.57	517267.0	1192.43	218625.0	26.02	6853.0					67.22		67.22
			高（密）	12440.84	2336555.0	12440.84	2336555.0	313.91	30348.0	4514.57	766618.0	7064.66	1420573.0	536.45	115857.0	11.25	3159.0							
		种质资源林（母树林）	合计	9468.74	1650224.0	9468.74	1650224.0	181.54	21350.0	3737.51	582258.0	2510.62	418168.0	2592.86	511067.0	446.21	117381.0							
			低（疏）	100.42	11176.0	100.42	11176.0			43.71	3547.0	10.55	695.0	17.92	2434.0	28.24	4500.0							
			中	4781.68	719409.0	4781.68	719409.0	80.99	7035.0	1657.62	198346.0	1192.63	168766.0	1606.74	290337.0	243.70	54925.0							
			高（密）	4586.64	919639.0	4586.64	919639.0	100.55	14315.0	2036.18	380365.0	1307.44	248707.0	968.20	218296.0	174.27	57956.0							
		风景林	合计	50306.11	8401367.0	48918.53	8401307.0	2159.45	137338.0	19034.12	2925968.0	18417.92	3360377.0	9197.25	1952067.0	109.79	25557.0			11.31	60.0	1376.27	5.95	1370.32
			低（疏）	955.20	15419.0	698.14	15419.0	629.51	10209.0	45.27	3944.0	9.21	286.0	14.15	980.0							257.06	0.13	256.93
			中	17834.08	2565403.0	16777.52	2565403.0	686.04	25839.0	5361.40	690804.0	6080.65	957836.0	4557.39	870414.0	92.04	20510.0					1056.56	5.82	1050.74
			高（密）	31505.52	5820485.0	31442.87	5820485.0	843.90	101290.0	13627.45	2231220.0	12328.06	2402255.0	4625.71	1080673.0	17.75	5047.0					62.65		62.65

表 3　长白山重点国有林区有林地、疏林地、灌木林地按林种和龄组面积、蓄积统计表（续 1）

单位：公顷、立方米

统计单位	林种	亚林种	郁闭度（覆盖度）等级	合计		乔木林地												疏林地		灌木林地		
						小计		幼龄林		中龄林		近熟林		成熟林		过熟林				小计	特殊灌木林地	一般灌木林地
				面积	蓄积	面积	蓄积	面积	蓄积	面积	蓄积	面积	蓄积	面积	蓄积	面积	蓄积	面积	蓄积	面积	面积	面积
长白山森工	特用林	自然保护区林	合计	622084.04	97804427.0	620480.40	97804008.0	25780.32	1982164.0	205139.40	29384367.0	281658.51	46431144.0	104824.81	19410460.0	3077.36	595873.0	49.25	419.0	1554.39	525.74	1028.65
			低（疏）	4908.19	167322.0	4065.01	167322.0	1822.37	22544.0	981.65	38187.0	644.06	51842.0	545.45	48355.0	71.48	6394.0			843.18	220.09	623.09
			中	251897.18	36566139.0	251211.54	36566139.0	10635.86	590207.0	65305.36	8019993.0	107743.30	15933219.0	65620.74	11668216.0	1906.28	354504.0			685.64	283.97	401.67
			高（密）	365229.42	61070547.0	365203.85	61070547.0	13322.09	1369413.0	138852.39	21326187.0	173271.15	30446083.0	38658.62	7693889.0	1099.60	234975.0			25.57	21.68	3.89
	用材林	合计	合计	786129.00	127580727.0	786105.91	127580222.0	57844.01	5352105.0	193467.11	29715067.0	378980.60	65037598.0	145286.08	25502791.0	10528.11	1972661.0	23.09	505.0			
			低（疏）	9146.81	494875.0	9146.81	494875.0	4939.50	55249.0	739.48	42868.0	968.12	92198.0	1961.58	229785.0	538.13	74775.0					
			中	307900.54	44660492.0	307900.54	44660492.0	17306.41	945748.0	63327.50	8278991.0	136562.12	20766933.0	84597.82	13618798.0	6106.69	1050022.0					
			高（密）	469058.56	82424855.0	469058.56	82424855.0	35598.10	4351108.0	129400.13	21393208.0	241450.36	44178467.0	58726.68	11654208.0	3883.29	847864.0					
		一般用材林	合计	786129.00	127580727.0	786105.91	127580222.0	57844.01	5352105.0	193467.11	29715067.0	378980.60	65037598.0	145286.08	25502791.0	10528.11	1972661.0	23.09	505.0			
			低（疏）	9146.81	494875.0	9146.81	494875.0	4939.50	55249.0	739.48	42868.0	968.12	92198.0	1961.58	229785.0	538.13	74775.0					
			中	307900.54	44660492.0	307900.54	44660492.0	17306.41	945748.0	63327.50	8278991.0	136562.12	20766933.0	84597.82	13618798.0	6106.69	1050022.0					
			高（密）	469058.56	82424855.0	469058.56	82424855.0	35598.10	4351108.0	129400.13	21393208.0	241450.36	44178467.0	58726.68	11654208.0	3883.29	847864.0					
	经济林	合计	合计	1475.63																1475.63	1475.63	
			低（疏）	280.65																280.65	280.65	
			中	252.05																252.05	252.05	
			高（密）	942.93																942.93	942.93	
		果树林	合计	894.91																894.91	894.91	
			低（疏）	52.04																52.04	52.04	
			中	47.62																47.62	47.62	
			高（密）	795.25																795.25	795.25	
		食用原料林	合计	133.90																133.90	133.90	
			低（疏）	9.57																9.57	9.57	
			中	70.30																70.30	70.30	
			高（密）	54.03																54.03	54.03	
		药用林	合计	155.24																155.24	155.24	
			低（疏）	10.51																10.51	10.51	
			中	105.95																105.95	105.95	
			高（密）	38.78																38.78	38.78	
		其他经济林	合计	291.58																291.58	291.58	
			低（疏）	208.53																208.53	208.53	
			中	28.18																28.18	28.18	
			高（密）	54.87																54.87	54.87	
黄泥河林业局	合计	合计	合计	180501.74	28012485.0	180274.59	28012382.0	15171.36	1752370.0	68882.30	10263176.0	70938.75	11750057.0	24182.25	4063984.0	1099.93	182795.0	7.10	103.0	220.05	51.43	168.62
			低（疏）	1408.51	59513.0	1352.16	59513.0	530.94	2191.0	318.59	16107.0	206.13	17270.0	274.29	22709.0	22.21	1236.0			56.35	10.79	45.56
			中	89812.95	12710724.0	89709.08	12710724.0	4285.09	291411.0	35664.25	4858325.0	32784.62	4890822.0	16366.88	2575265.0	608.24	94901.0			103.87	9.80	94.07
			高（密）	89273.18	15242145.0	89213.35	15242145.0	10355.33	1458768.0	32899.46	5388744.0	37948.00	6841965.0	7541.08	1466010.0	469.48	86658.0			59.83	30.84	28.99
	防护林	合计	合计	3586.29	566066.0	3435.28	566066.0	171.83	18431.0	447.96	72131.0	1053.90	171643.0	1739.77	299919.0	21.82	3942.0			151.01		151.01
			低（疏）	79.02	4688.0	47.23	4688.0	9.13	138.0	29.20	4063.0	7.94	373.0	0.96	114.0					31.79		31.79
			中	2802.53	439437.0	2712.30	439437.0	82.62	6218.0	246.27	35679.0	763.95	122447.0	1597.64	271151.0	21.82	3942.0			90.23		90.23
			高（密）	704.74	121941.0	675.75	121941.0	80.08	12075.0	172.49	32389.0	282.01	48823.0	141.17	28654.0					28.99		28.99

表3 长白山重点国有林区有林地、疏林地、灌木林地按林种和龄组面积、蓄积统计表（续2）

单位：公顷、立方米

统计单位	林种	亚林种	郁闭度（覆盖度）等级	合计		乔木林地														疏林地		灌木林地		
						小计		幼龄林		中龄林		近熟林		成熟林		过熟林				小计	特殊灌木林地	一般灌木林地
				面积	蓄积	面积	蓄积	面积	蓄积	面积	蓄积	面积	蓄积	面积	蓄积	面积	蓄积	面积	蓄积	面积	面积	面积
黄泥河林业局	防护林	水源涵养林	合计	3373.85	557506.0	3373.85	557506.0	158.78	17845.0	439.62	71200.0	1022.92	166296.0	1730.71	298223.0	21.82	3942.0					
			低（疏）	47.23	4688.0	47.23	4688.0	9.13	138.0	29.20	4063.0	7.94	373.0	0.96	114.0							
			中	2657.14	431718.0	2657.14	431718.0	72.44	5844.0	237.93	34748.0	736.37	117729.0	1588.58	269455.0	21.82	3942.0					
			高（密）	669.48	121100.0	669.48	121100.0	77.21	11863.0	172.49	32389.0	278.61	48194.0	141.17	28654.0							
		水土保持林	合计	189.35	6757.0	42.81	6757.0	2.71	16.0	3.46	327.0	27.58	4718.0	9.06	1696.0					146.54		146.54
			低（疏）	27.32																27.32		27.32
			中	133.04	6757.0	42.81	6757.0	2.71	16.0	3.46	327.0	27.58	4718.0	9.06	1696.0					90.23		90.23
			高（密）	28.99																28.99		28.99
		护岸林	合计	18.24	1052.0	13.77	1052.0	10.34	570.0	3.43	482.0									4.47		4.47
			低（疏）	4.47																4.47		4.47
			中	10.90	840.0	10.90	840.0	7.47	358.0	3.43	482.0											
			高（密）	2.87	212.0	2.87	212.0	2.87	212.0													
		护路林	合计	4.85	751.0	4.85	751.0			1.45	122.0	3.40	629.0									
			中	1.45	122.0	1.45	122.0			1.45	122.0											
			高（密）	3.40	629.0	3.40	629.0					3.40	629.0									
	特用林	合计	合计	37977.02	5693327.0	37950.67	5693312.0	2222.94	197875.0	14165.93	1991930.0	12930.32	2056314.0	8445.56	1418847.0	185.92	28346.0	2.68	15.0	23.67	6.06	17.61
			低（疏）	507.35	20093.0	493.58	20093.0	98.60	442.0	208.86	6856.0	35.17	2227.0	128.74	9332.0	22.21	1236.0			13.77		13.77
			中	19481.87	2780470.0	19478.03	2780470.0	811.46	53817.0	6610.18	856370.0	5576.19	807260.0	6335.42	1040460.0	144.78	22563.0			3.84		3.84
			高（密）	17985.12	2892749.0	17979.06	2892749.0	1312.88	143616.0	7346.89	1128704.0	7318.96	1246827.0	1981.40	369055.0	18.93	4547.0			6.06	6.06	
		种质资源林（母树林）	合计	242.00	49093.0	242.00	49093.0	38.08	7241.0	189.78	37842.0	7.14	2270.0	7.00	1740.0							
			中	39.26	6186.0	39.26	6186.0	22.27	2932.0	16.99	3254.0											
			高（密）	202.74	42907.0	202.74	42907.0	15.81	4309.0	172.79	34588.0	7.14	2270.0	7.00	1740.0							
		风景林	合计	1289.62	202291.0	1289.62	202291.0	7.86	1100.0	482.92	72660.0	635.61	101333.0	163.23	27198.0							
			低（疏）	2.21	200.0	2.21	200.0			0.96	88.0	0.62	52.0	0.63	60.0							
			中	761.92	110227.0	761.92	110227.0	2.17	190.0	267.56	37467.0	381.62	55880.0	110.57	16690.0							
			高（密）	525.49	91864.0	525.49	91864.0	5.69	910.0	214.40	35105.0	253.37	45401.0	52.03	10448.0							
		自然保护区林	合计	36445.40	5441943.0	36419.05	5441928.0	2177.00	189534.0	13493.23	1881428.0	12287.57	1952711.0	8275.33	1389909.0	185.92	28346.0	2.68	15.0	23.67	6.06	17.61
			低（疏）	505.14	19893.0	491.37	19893.0	98.60	442.0	207.90	6768.0	34.55	2175.0	128.11	9272.0	22.21	1236.0			13.77		13.77
			中	18680.69	2664057.0	18676.85	2664057.0	787.02	50695.0	6325.63	815649.0	5194.57	751380.0	6224.85	1023770.0	144.78	22563.0			3.84		3.84
			高（密）	17256.89	2757978.0	17250.83	2757978.0	1291.38	138397.0	6959.70	1059011.0	7058.45	1199156.0	1922.37	356867.0	18.93	4547.0			6.06	6.06	
	用材林	合计	合计	138893.06	21753092.0	138888.64	21753004.0	12776.59	1536064.0	54268.41	8199115.0	56954.53	9522100.0	13996.92	2345218.0	892.19	150507.0	4.42	88.0			
			低（疏）	811.35	34732.0	811.35	34732.0	423.21	1611.0	80.53	5188.0	163.02	14670.0	144.59	13263.0							
			中	67518.75	9490817.0	67518.75	9490817.0	3391.01	231376.0	28807.80	3966276.0	26444.48	3961115.0	8433.82	1263654.0	441.64	68396.0					
			高（密）	70558.54	12227455.0	70558.54	12227455.0	8962.37	1303077.0	25380.08	4227651.0	30347.03	5546315.0	5418.51	1068301.0	450.55	82111.0					
		一般用材林	合计	138893.06	21753092.0	138888.64	21753004.0	12776.59	1536064.0	54268.41	8199115.0	56954.53	9522100.0	13996.92	2345218.0	892.19	150507.0	4.42	88.0			
			低（疏）	811.35	34732.0	811.35	34732.0	423.21	1611.0	80.53	5188.0	163.02	14670.0	144.59	13263.0							
			中	67518.75	9490817.0	67518.75	9490817.0	3391.01	231376.0	28807.80	3966276.0	26444.48	3961115.0	8433.82	1263654.0	441.64	68396.0					
			高（密）	70558.54	12227455.0	70558.54	12227455.0	8962.37	1303077.0	25380.08	4227651.0	30347.03	5546315.0	5418.51	1068301.0	450.55	82111.0					
	经济林	合计	合计	45.37																45.37	45.37	
			低（疏）	10.79																10.79	10.79	
			中	9.80																9.80	9.80	
			高（密）	24.78																24.78	24.78	

表3　长白山重点国有林区有林地、疏林地、灌木林地按林种和龄组面积、蓄积统计表（续3）

单位：公顷、立方米

统计单位	林种	亚林种	郁闭度（覆盖度）等级	合计		乔木林地 小计		幼龄林		中龄林		近熟林		成熟林		过熟林		疏林地		小计	灌木林地 特殊灌木林地	一般灌木林地
				面积	蓄积	面积	蓄积	面积	蓄积	面积	蓄积	面积	蓄积	面积	蓄积	面积	蓄积	面积	蓄积	面积	面积	面积
黄泥河林业局	经济林	果树林	合计	10.05																10.05	10.05	
			低（疏）	6.17																6.17	6.17	
			中	3.88																3.88	3.88	
		其他经济林	合计	35.32																35.32	35.32	
			低（疏）	4.62																4.62	4.62	
			中	5.92																5.92	5.92	
			高（密）	24.78																24.78	24.78	
敦化林业局	合计	合计	合计	219315.34	34843613.0	219007.64	34843506.0	14793.00	1524269.0	27128.04	3874968.0	94332.69	15518594.0	76688.58	12830000.0	6065.33	1095675.0	5.95	107.0	301.75	93.14	208.61
			低（疏）	1665.52	109029.0	1539.37	109029.0	386.72	4714.0	139.95	7011.0	251.75	22576.0	677.76	66507.0	83.19	8221.0			126.15	72.11	54.04
			中	102273.18	14756249.0	102118.97	14756249.0	2438.15	156200.0	6748.07	789844.0	42462.12	6222260.0	46809.95	7019482.0	3660.68	568463.0			154.21	10.82	143.39
			高（密）	115370.69	19978228.0	115349.30	19978228.0	11968.13	1363355.0	20240.02	3078113.0	51618.82	9273758.0	29200.87	5744011.0	2321.46	518991.0			21.39	10.21	11.18
	防护林	合计	合计	109555.06	18455489.0	109290.36	18455489.0	4097.76	396678.0	14548.69	2154391.0	52720.58	8957984.0	35081.53	6393988.0	2841.80	552448.0	0.20		264.50	55.89	208.61
			低（疏）	483.96	12970.0	380.76	12970.0	195.95	3153.0	79.97	2401.0	89.89	6036.0	11.84	1057.0	3.11	323.0			103.20	49.16	54.04
			中	39540.22	5766988.0	39393.06	5766988.0	813.73	51546.0	3210.57	385378.0	17778.97	2632634.0	16299.14	2501696.0	1290.65	195734.0			147.16	3.77	143.39
			高（密）	69530.68	12675531.0	69516.54	12675531.0	3088.08	341979.0	11258.15	1766612.0	34851.72	6319314.0	18770.55	3891235.0	1548.04	356391.0			14.14	2.96	11.18
		水源涵养林	合计	60478.07	10397522.0	60404.39	10397522.0	2184.02	200871.0	6214.00	893859.0	23452.47	3968502.0	26020.33	4829521.0	2533.57	504769.0	0.20		73.48	6.54	66.94
			低（疏）	321.83	10546.0	293.98	10546.0	122.96	1552.0	74.10	2142.0	84.28	5577.0	9.53	952.0	3.11	323.0			27.85	2.77	25.08
			中	24860.62	3617774.0	24820.58	3617774.0	512.03	29538.0	1627.17	190115.0	9944.76	1463304.0	11714.78	1779089.0	1021.84	155728.0			40.04	3.77	36.27
			高（密）	35295.42	6769202.0	35289.83	6769202.0	1549.03	169781.0	4512.73	701602.0	13423.43	2499621.0	14296.02	3049480.0	1508.62	348718.0			5.59		5.59
		水土保持林	合计	47233.40	7775700.0	47042.38	7775700.0	1846.28	191654.0	7937.18	1204921.0	28270.86	4830601.0	8683.83	1501240.0	304.23	47284.0			191.02	49.35	141.67
			低（疏）	162.13	2424.0	86.78	2424.0	72.99	1601.0	5.87	259.0	5.61	459.0	2.31	105.0					75.35	46.39	28.96
			中	14023.37	2060679.0	13916.25	2060679.0	266.23	20863.0	1545.31	192241.0	7421.52	1109783.0	4417.06	698069.0	266.13	39723.0			107.12		107.12
			高（密）	33047.90	5712597.0	33039.35	5712597.0	1507.06	169190.0	6386.00	1012421.0	20843.73	3720359.0	4264.46	803066.0	38.10	7561.0			8.55	2.96	5.59
		护岸林	合计	1403.72	225035.0	1403.72	225035.0	61.60	3760.0	329.49	48972.0	766.78	127085.0	245.85	45218.0							
			中	397.74	54747.0	397.74	54747.0	32.45	835.0	17.20	1510.0	274.05	40583.0	74.04	11819.0							
			高（密）	1005.98	170288.0	1005.98	170288.0	29.15	2925.0	312.29	47462.0	492.73	86502.0	171.81	33399.0							
		护路林	合计	439.87	57232.0	439.87	57232.0	5.86	393.0	68.02	6639.0	230.47	31796.0	131.52	18009.0	4.00	395.0					
			中	258.49	33788.0	258.49	33788.0	3.02	310.0	20.89	1512.0	138.64	18964.0	93.26	12719.0	2.68	283.0					
			高（密）	181.38	23444.0	181.38	23444.0	2.84	83.0	47.13	5127.0	91.83	12832.0	38.26	5290.0	1.32	112.0					
	特用林	合计	合计	541.26	77449.0	541.26	77449.0	16.20	1111.0	24.77	2980.0	162.10	24583.0	325.19	46819.0	13.00	1956.0					
			中	425.69	57863.0	425.69	57863.0	14.04	815.0	4.50	193.0	100.07	13158.0	307.08	43697.0							
			高（密）	115.57	19586.0	115.57	19586.0	2.16	296.0	20.27	2787.0	62.03	11425.0	18.11	3122.0	13.00	1956.0					
		种质资源林（母树林）	合计	541.26	77449.0	541.26	77449.0	16.20	1111.0	24.77	2980.0	162.10	24583.0	325.19	46819.0	13.00	1956.0					
			中	425.69	57863.0	425.69	57863.0	14.04	815.0	4.50	193.0	100.07	13158.0	307.08	43697.0							
			高（密）	115.57	19586.0	115.57	19586.0	2.16	296.0	20.27	2787.0	62.03	11425.0	18.11	3122.0	13.00	1956.0					
	用材林	合计	合计	109181.77	16310675.0	109176.02	16310568.0	10679.04	1126480.0	12554.58	1717597.0	41450.01	6536027.0	41281.86	6389193.0	3210.53	541271.0	5.75	107.0			
			低（疏）	1158.61	96059.0	1158.61	96059.0	190.77	1561.0	59.98	4610.0	161.86	16540.0	665.92	65450.0	80.08	7898.0					
			中	62300.22	8931398.0	62300.22	8931398.0	1610.38	103839.0	3533.00	404273.0	24583.08	3576468.0	30203.73	4474089.0	2370.03	372729.0					
			高（密）	45717.19	7283111.0	45717.19	7283111.0	8877.89	1021080.0	8961.60	1308714.0	16705.07	2943019.0	10412.21	1849654.0	760.42	160644.0					

表 3　长白山重点国有林区有林地、疏林地、灌木林地按林种和龄组面积、蓄积统计表（续 4）

单位：公顷、立方米

统计单位	林种	亚林种	郁闭度（覆盖度）等级	乔木林地 合计 面积	乔木林地 合计 蓄积	小计 面积	小计 蓄积	幼龄林 面积	幼龄林 蓄积	中龄林 面积	中龄林 蓄积	近熟林 面积	近熟林 蓄积	成熟林 面积	成熟林 蓄积	过熟林 面积	过熟林 蓄积	疏林地 面积	疏林地 蓄积	灌木林地 小计 面积	特殊灌木林地 面积	一般灌木林地 面积
敦化林业局	用材林	一般用材林	合计	109181.77	16310675.0	109176.02	16310568.0	10679.04	1126480.0	12554.58	1717597.0	41450.01	6536027.0	41281.86	6389193.0	3210.53	541271.0	5.75	107.0			
			低（疏）	1158.61	96059.0	1158.61	96059.0	190.77	1561.0	59.98	4610.0	161.86	16540.0	665.92	65450.0	80.08	7898.0					
			中	62300.22	8931398.0	62300.22	8931398.0	1610.38	103839.0	3533.00	404273.0	24583.08	3576468.0	30203.73	4474089.0	2370.03	372729.0					
			高（密）	45717.19	7283111.0	45717.19	7283111.0	8877.89	1021080.0	8961.60	1308714.0	16705.07	2943019.0	10412.21	1849654.0	760.42	160644.0					
	经济林	合计	合计	37.25																37.25	37.25	
			低（疏）	22.95																22.95	22.95	
			中	7.05																7.05	7.05	
			高（密）	7.25																7.25	7.25	
		果树林	合计	24.04																24.04	24.04	
			低（疏）	16.79																16.79	16.79	
			高（密）	7.25																7.25	7.25	
		食用原料林	合计	2.34																2.34	2.34	
			低（疏）	2.34																2.34	2.34	
		其他经济林	合计	10.87																10.87	10.87	
			低（疏）	3.82																3.82	3.82	
			中	7.05																7.05	7.05	
大石头林业局	合计	合计	合计	241733.74	38172383.0	240825.03	38172370.0	13684.17	841269.0	39738.23	5807103.0	155065.49	25929358.0	31449.44	5430867.0	887.70	163773.0	2.16	13.0	906.55	41.18	865.37
			低（疏）	3748.30	80155.0	3575.42	80155.0	2915.49	37686.0	345.69	16119.0	219.51	16957.0	94.28	9349.0	0.45	44.0			172.88	23.07	149.81
			中	67698.88	8868746.0	66975.12	8868746.0	5998.89	271608.0	11167.02	1295324.0	36600.32	5286353.0	12970.82	1980985.0	238.07	34476.0			723.76	18.11	705.65
			高（密）	170284.40	29223469.0	170274.49	29223469.0	4769.79	531975.0	28225.52	4495660.0	118245.66	20626048.0	18384.34	3440533.0	649.18	129253.0			9.91		9.91
	防护林	合计	合计	24512.04	3954351.0	23646.67	3954351.0	803.16	34435.0	2970.82	432880.0	16049.94	2777521.0	3705.24	681203.0	117.51	28312.0			865.37		865.37
			低（疏）	483.41	4408.0	333.60	4408.0	300.30	1615.0	4.48	177.0	4.05	198.0	24.77	2418.0					149.81		149.81
			中	7724.76	1019912.0	7019.11	1019912.0	268.15	9142.0	736.61	90757.0	4192.01	622514.0	1813.04	295750.0	9.30	1749.0			705.65		705.65
			高（密）	16303.87	2930031.0	16293.96	2930031.0	234.71	23678.0	2229.73	341946.0	11853.88	2154809.0	1867.43	383035.0	108.21	26563.0			9.91		9.91
		水源涵养林	合计	22534.66	3758901.0	22470.45	3758901.0	691.78	27852.0	2685.81	394105.0	15563.77	2689185.0	3506.61	642786.0	22.48	4973.0			64.21		64.21
			低（疏）	306.75	3641.0	306.75	3641.0	282.17	1347.0	1.25	62.0	3.44	175.0	19.89	2057.0							
			中	6825.46	990013.0	6762.36	990013.0	214.54	7318.0	645.78	78958.0	4117.33	612418.0	1775.41	289570.0	9.30	1749.0			63.10		63.10
			高（密）	15402.45	2765247.0	15401.34	2765247.0	195.07	19187.0	2038.78	315085.0	11443.00	2076592.0	1711.31	351159.0	13.18	3224.0			1.11		1.11
		水土保持林	合计	1538.36	111463.0	737.20	111463.0	93.39	5663.0	199.57	27837.0	383.43	69435.0	60.81	8528.0					801.16		801.16
			低（疏）	171.03	689.0	21.22	689.0	13.11	213.0	3.23	115.0			4.88	361.0					149.81		149.81
			中	800.97	17799.0	158.42	17799.0	47.77	1641.0	44.25	6861.0	58.57	8068.0	7.83	1229.0					642.55		642.55
			高（密）	566.36	92975.0	557.56	92975.0	32.51	3809.0	152.09	20861.0	324.86	61367.0	48.10	6938.0					8.80		8.80
		护路林	合计	439.02	83987.0	439.02	83987.0	17.99	920.0	85.44	10938.0	102.74	18901.0	137.82	29889.0	95.03	23339.0					
			低（疏）	5.63	78.0	5.63	78.0	5.02	55.0			0.61	23.0									
			中	98.33	12100.0	98.33	12100.0	5.84	183.0	46.58	4938.0	16.11	2028.0	29.80	4951.0							
			高（密）	335.06	71809.0	335.06	71809.0	7.13	682.0	38.86	6000.0	86.02	16850.0	108.02	24938.0	95.03	23339.0					
	特用林	合计	合计	195.64	43871.0	195.64	43871.0			59.92	12496.0	27.65	6689.0	108.07	24686.0							
			中	11.78	1788.0	11.78	1788.0			11.78	1788.0											
			高（密）	183.86	42083.0	183.86	42083.0			48.14	10708.0	27.65	6689.0	108.07	24686.0							

表 3　长白山重点国有林区有林地、疏林地、灌木林地按林种和龄组面积、蓄积统计表（续 5）

单位：公顷、立方米

统计单位	林种	亚林种	郁闭度（覆盖度）等级	合计		乔木林地												疏林地		灌木林地		
						小计		幼龄林		中龄林		近熟林		成熟林		过熟林				小计	特殊灌木林地	一般灌木林地
				面积	蓄积	面积	蓄积	面积	蓄积	面积	蓄积	面积	蓄积	面积	蓄积	面积	蓄积	面积	蓄积	面积	面积	面积
大石头林业局	特用林	种质资源林（母树林）	合计	195.64	43871.0	195.64	43871.0			59.92	12496.0	27.65	6689.0	108.07	24686.0							
			中	11.78	1788.0	11.78	1788.0			11.78	1788.0											
			高（密）	183.86	42083.0	183.86	42083.0			48.14	10708.0	27.65	6689.0	108.07	24686.0							
	用材林	合计	合计	216984.88	34174161.0	216982.72	34174148.0	12881.01	806834.0	36707.49	5361727.0	138987.90	23145148.0	27636.13	4724978.0	770.19	135461.0	2.16	13.0			
			低（疏）	3241.82	75747.0	3241.82	75747.0	2615.19	36071.0	341.21	15942.0	215.46	16759.0	69.51	6931.0	0.45	44.0					
			中	59944.23	7847046.0	59944.23	7847046.0	5730.74	262466.0	10418.63	1202779.0	32408.31	4663839.0	11157.78	1685235.0	228.77	32727.0					
			高（密）	153796.67	26251355.0	153796.67	26251355.0	4535.08	508297.0	25947.65	4143006.0	106364.13	18464550.0	16408.84	3032812.0	540.97	102690.0					
		一般用材林	合计	216984.88	34174161.0	216982.72	34174148.0	12881.01	806834.0	36707.49	5361727.0	138987.90	23145148.0	27636.13	4724978.0	770.19	135461.0	2.16	13.0			
			低（疏）	3241.82	75747.0	3241.82	75747.0	2615.19	36071.0	341.21	15942.0	215.46	16759.0	69.51	6931.0	0.45	44.0					
			中	59944.23	7847046.0	59944.23	7847046.0	5730.74	262466.0	10418.63	1202779.0	32408.31	4663839.0	11157.78	1685235.0	228.77	32727.0					
			高（密）	153796.67	26251355.0	153796.67	26251355.0	4535.08	508297.0	25947.65	4143006.0	106364.13	18464550.0	16408.84	3032812.0	540.97	102690.0					
	经济林	合计	合计	41.18																41.18	41.18	
			低（疏）	23.07																23.07	23.07	
			中	18.11																18.11	18.11	
		果树林	合计	32.46																32.46	32.46	
			低（疏）	23.07																23.07	23.07	
			中	9.39																9.39	9.39	
		食用原料林	合计	2.70																2.70	2.70	
			中	2.70																2.70	2.70	
		药用林	合计	0.81																0.81	0.81	
			中	0.81																0.81	0.81	
		其他经济林	合计	5.21																5.21	5.21	
			中	5.21																5.21	5.21	
白河林业局	合计	合计	合计	172192.27	28156633.0	170978.13	28156590.0	7376.65	551829.0	32387.96	4762050.0	81265.53	13759061.0	46019.14	8391497.0	3928.85	692153.0	0.95	43.0	1213.19	215.38	997.81
			低（疏）	3422.30	201047.0	3092.17	201047.0	1035.70	13081.0	588.16	22912.0	506.74	47990.0	594.83	63313.0	366.74	53751.0			330.13		330.13
			中	77223.45	11280477.0	76442.08	11280477.0	3007.98	131338.0	9307.46	1061135.0	33215.55	4863269.0	28399.02	4796954.0	2512.07	427781.0			781.37	162.14	619.23
			高（密）	91545.57	16675066.0	91443.88	16675066.0	3332.97	407410.0	22492.34	3678003.0	47543.24	8847802.0	17025.29	3531230.0	1050.04	210621.0			101.69	53.24	48.45
	防护林	合计	合计	96436.61	16401119.0	95804.42	16401076.0	2730.91	185293.0	13938.59	2092010.0	52020.52	9021404.0	25512.58	4818167.0	1601.82	284202.0	0.95	43.0	631.24	18.64	612.60
			低（疏）	1247.55	116803.0	1247.55	116803.0	279.62	3406.0	58.53	3953.0	283.89	27820.0	350.78	39807.0	274.73	41817.0					
			中	39671.33	5889196.0	39088.54	5889196.0	1276.86	60916.0	4667.63	539223.0	18447.99	2753321.0	13718.02	2363180.0	978.04	172556.0			582.79	18.64	564.15
			高（密）	55516.78	10395077.0	55468.33	10395077.0	1174.43	120971.0	9212.43	1548834.0	33288.64	6240263.0	11443.78	2415180.0	349.05	69829.0			48.45		48.45
		水源涵养林	合计	85286.42	14694800.0	85040.79	14694757.0	2416.54	170089.0	12100.36	1829232.0	45169.03	7898734.0	23753.04	4512500.0	1601.82	284202.0	0.95	43.0	244.68	16.28	228.40
			低（疏）	1100.75	109090.0	1100.75	109090.0	221.81	2866.0	29.37	1802.0	254.84	25171.0	320.00	37434.0	274.73	41817.0					
			中	35969.99	5426078.0	35740.88	5426078.0	1116.85	55898.0	4071.27	467577.0	16399.95	2451005.0	13174.77	2279042.0	978.04	172556.0			229.11	16.28	212.83
			高（密）	48214.73	9159589.0	48199.16	9159589.0	1077.88	111325.0	7999.72	1359853.0	28514.24	5422558.0	10258.27	2196024.0	349.05	69829.0			15.57		15.57
		水土保持林	合计	400.66	745.0	24.20	745.0	24.20	745.0											376.46		376.46
			低（疏）	2.02		2.02		2.02														
			中	365.76	745.0	22.18	745.0	22.18	745.0											343.58		343.58
			高（密）	32.88																32.88		32.88

表3 长白山重点国有林区有林地、疏林地、灌木林地按林种和龄组面积、蓄积统计表（续6）

单位：公顷、立方米

统计单位	林种	亚林种	郁闭度（覆盖度）等级	合计		乔木林地														灌木林地		
						小计		幼龄林		中龄林		近熟林		成熟林		过熟林		疏林地		小计	特殊灌木林地	一般灌木林地
				面积	蓄积	面积	蓄积	面积	蓄积	面积	蓄积	面积	蓄积	面积	蓄积	面积	蓄积	面积	蓄积	面积	面积	面积
白河林业局	防护林	护岸林	合计	10749.53	1705574.0	10739.43	1705574.0	290.17	14459.0	1838.23	262778.0	6851.49	1122670.0	1759.54	305667.0					10.10	2.36	7.74
			低（疏）	144.78	7713.0	144.78	7713.0	55.79	540.0	29.16	2151.0	29.05	2649.0	30.78	2373.0							
			中	3335.58	462373.0	3325.48	462373.0	137.83	4273.0	596.36	71646.0	2048.04	302316.0	543.25	84138.0					10.10	2.36	7.74
			高（密）	7269.17	1235488.0	7269.17	1235488.0	96.55	9646.0	1212.71	188981.0	4774.40	817705.0	1185.51	219156.0							
	特用林	合计	合计	34610.71	5316026.0	34208.61	5316026.0	2167.23	134093.0	11868.84	1700650.0	11609.70	1938892.0	8409.77	1516779.0	153.07	25612.0			402.10	16.89	385.21
			低（疏）	1614.85	45255.0	1284.72	45255.0	509.89	6268.0	449.43	10631.0	174.12	15142.0	151.28	13214.0					330.13		330.13
			中	15699.21	2248550.0	15627.24	2248550.0	958.72	34762.0	2603.56	286759.0	5536.74	824954.0	6462.89	1090686.0	65.33	11389.0			71.97	16.89	55.08
			高（密）	17296.65	3022221.0	17296.65	3022221.0	698.62	93063.0	8815.85	1403260.0	5898.84	1098796.0	1795.60	412879.0	87.74	14223.0					
		国防林	合计	3210.16	607902.0	3184.15	607902.0	85.71	426.0	2143.72	402595.0	909.49	194038.0	45.23	10843.0					26.01		26.01
			低（疏）	38.91	180.0	38.91	180.0	38.91	180.0													
			中	155.41	12866.0	129.40	12866.0	46.80	246.0	29.29	3473.0	53.31	9147.0							26.01		26.01
			高（密）	3015.84	594856.0	3015.84	594856.0			2114.43	399122.0	856.18	184891.0	45.23	10843.0							
		种质资源林（母树林）	合计	1522.09	256145.0	1522.09	256145.0	28.15	2492.0	227.34	31205.0	597.61	96859.0	638.06	120925.0	30.93	4664.0					
			低（疏）	26.96	3011.0	26.96	3011.0					9.04	577.0	17.92	2434.0							
			中	799.85	123713.0	799.85	123713.0	25.35	2203.0	93.93	10978.0	247.55	36463.0	402.09	69405.0	30.93	4664.0					
			高（密）	695.28	129421.0	695.28	129421.0	2.80	289.0	133.41	20227.0	341.02	59819.0	218.05	49086.0							
		风景林	合计	1274.25	244772.0	1274.25	244772.0	69.32	7184.0	159.94	27786.0	653.07	127079.0	391.92	82723.0							
			低（疏）	0.22		0.22		0.22														
			中	487.69	82117.0	487.69	82117.0	22.83	1807.0	26.61	3244.0	145.51	22245.0	292.74	54821.0							
			高（密）	786.34	162655.0	786.34	162655.0	46.27	5377.0	133.33	24542.0	507.56	104834.0	99.18	27902.0							
		自然保护区林	合计	28604.21	4207207.0	28228.12	4207207.0	1984.05	123991.0	9337.84	1239064.0	9449.53	1520916.0	7334.56	1302288.0	122.14	20948.0			376.09	16.89	359.20
			低（疏）	1548.76	42064.0	1218.63	42064.0	470.76	6088.0	449.43	10631.0	165.08	14565.0	133.36	10780.0					330.13		330.13
			中	14256.26	2029854.0	14210.30	2029854.0	863.74	30506.0	2453.73	269064.0	5090.37	757099.0	5768.06	966460.0	34.40	6725.0			45.96	16.89	29.07
			高（密）	12799.19	2135289.0	12799.19	2135289.0	649.55	87397.0	6434.68	959369.0	4194.08	749252.0	1433.14	325048.0	87.74	14223.0					
	用材林	合计	合计	40965.10	6439488.0	40965.10	6439488.0	2478.51	232443.0	6580.53	969390.0	17635.31	2798765.0	12096.79	2056551.0	2173.96	382339.0					
			低（疏）	559.90	38989.0	559.90	38989.0	246.19	3407.0	80.20	8328.0	48.73	5028.0	92.77	10292.0	92.01	11934.0					
			中	21726.30	3142731.0	21726.30	3142731.0	772.40	35660.0	2036.27	235153.0	9230.82	1284994.0	8218.11	1343088.0	1468.70	243836.0					
			高（密）	18678.90	3257768.0	18678.90	3257768.0	1459.92	193376.0	4464.06	725909.0	8355.76	1508743.0	3785.91	703171.0	613.25	126569.0					
		一般用材林	合计	40965.10	6439488.0	40965.10	6439488.0	2478.51	232443.0	6580.53	969390.0	17635.31	2798765.0	12096.79	2056551.0	2173.96	382339.0					
			低（疏）	559.90	38989.0	559.90	38989.0	246.19	3407.0	80.20	8328.0	48.73	5028.0	92.77	10292.0	92.01	11934.0					
			中	21726.30	3142731.0	21726.30	3142731.0	772.40	35660.0	2036.27	235153.0	9230.82	1284994.0	8218.11	1343088.0	1468.70	243836.0					
			高（密）	18678.90	3257768.0	18678.90	3257768.0	1459.92	193376.0	4464.06	725909.0	8355.76	1508743.0	3785.91	703171.0	613.25	126569.0					
	经济林	合计	合计	179.85																179.85	179.85	
			中	126.61																126.61	126.61	
			高（密）	53.24																53.24	53.24	
		果树林	合计	9.25																9.25	9.25	
			中	8.76																8.76	8.76	
			高（密）	0.49																0.49	0.49	
		食用原料林	合计	77.68																77.68	77.68	
			中	55.71																55.71	55.71	
			高（密）	21.97																21.97	21.97	

表 3　长白山重点国有林区有林地、疏林地、灌木林地按林种和龄组面积、蓄积统计表（续 7）

单位：公顷、立方米

统计单位	林种	亚林种	郁闭度（覆盖度）等级	合计		乔木林地												疏林地		灌木林地		
						小计		幼龄林		中龄林		近熟林		成熟林		过熟林				小计	特殊灌木林地	一般灌木林地
				面积	蓄积	面积	蓄积	面积	蓄积	面积	蓄积	面积	蓄积	面积	蓄积	面积	蓄积	面积	蓄积	面积	面积	面积
白河林业局	经济林	药用林	合计	87.11																87.11	87.11	
			中	56.33																56.33	56.33	
			高（密）	30.78																30.78	30.78	
		其他经济林	合计	5.81																5.81	5.81	
			中	5.81																5.81	5.81	
和龙林业局	合计	合计	合计	167901.95	31223636.0	165897.64	31223636.0	5451.12	575109.0	52091.59	8978882.0	78383.69	15528283.0	27025.82	5446067.0	2945.42	695295.0			2004.31	41.46	1962.85
			低（疏）	2380.75	233434.0	2181.19	233434.0	553.77	10683.0	75.89	5766.0	345.58	42861.0	833.06	117858.0	372.89	56266.0			199.56		199.56
			中	51954.95	8540447.0	50256.24	8540447.0	1316.47	84216.0	9112.66	1310817.0	24595.44	4318118.0	13849.75	2520093.0	1381.92	307203.0			1698.71	9.78	1688.93
			高（密）	113566.25	22449755.0	113460.21	22449755.0	3580.88	480210.0	42903.04	7662299.0	53442.67	11167304.0	12343.01	2808116.0	1190.61	331826.0			106.04	31.68	74.36
	防护林	合计	合计	20587.00	3610024.0	19847.46	3610024.0	522.50	40654.0	7477.57	1268813.0	9714.62	1848508.0	1854.50	386362.0	278.27	65687.0			739.54		739.54
			低（疏）	182.02	9155.0	154.58	9155.0	97.36	4081.0	13.56	719.0	33.41	3221.0	10.25	1134.0					27.44		27.44
			中	6113.07	862320.0	5415.26	862320.0	294.64	19384.0	1627.49	229754.0	2635.73	443254.0	708.26	137907.0	149.14	32021.0			697.81		697.81
			高（密）	14291.91	2738549.0	14277.62	2738549.0	130.50	17189.0	5836.52	1038340.0	7045.48	1402033.0	1135.99	247321.0	129.13	33666.0			14.29		14.29
		水源涵养林	合计	19255.45	3430545.0	18862.49	3430545.0	458.68	35006.0	7052.52	1204435.0	9400.63	1785221.0	1736.03	357833.0	214.63	48050.0			392.96		392.96
			低（疏）	150.24	8671.0	149.01	8671.0	94.97	4073.0	13.56	719.0	30.23	2745.0	10.25	1134.0					1.23		1.23
			中	5481.16	812470.0	5089.43	812470.0	258.43	16174.0	1463.51	208483.0	2554.52	428539.0	683.36	133360.0	129.61	25914.0			391.73		391.73
			高（密）	13624.05	2609404.0	13624.05	2609404.0	105.28	14759.0	5575.45	995233.0	6815.88	1353937.0	1042.42	223339.0	85.02	22136.0					
		水土保持林	合计	1331.55	179479.0	984.97	179479.0	63.82	5648.0	425.05	64378.0	313.99	63287.0	118.47	28529.0	63.64	17637.0			346.58		346.58
			低（疏）	31.78	484.0	5.57	484.0	2.39	8.0			3.18	476.0							26.21		26.21
			中	631.91	49850.0	325.83	49850.0	36.21	3210.0	163.98	21271.0	81.21	14715.0	24.90	4547.0	19.53	6107.0			306.08		306.08
			高（密）	667.86	129145.0	653.57	129145.0	25.22	2430.0	261.07	43107.0	229.60	48096.0	93.57	23982.0	44.11	11530.0			14.29		14.29
	特用林	合计	合计	44745.68	7865896.0	43522.37	7865896.0	1973.36	206716.0	17074.48	2863926.0	17874.86	3391956.0	6044.92	1253717.0	554.75	149581.0			1223.31		1223.31
			低（疏）	713.89	36399.0	541.77	36399.0	286.73	4116.0	38.75	3764.0	90.48	11866.0	97.57	12153.0	28.24	4500.0			172.12		172.12
			中	14152.07	2157456.0	13160.95	2157456.0	347.58	18570.0	3319.46	471479.0	6326.50	1057275.0	2880.69	541957.0	286.72	68175.0			991.12		991.12
			高（密）	29879.72	5672041.0	29819.65	5672041.0	1339.05	184030.0	13716.27	2388683.0	11457.88	2322815.0	3066.66	699607.0	239.79	76906.0			60.07		60.07
		国防林	合计	11964.48	2116615.0	11964.48	2116615.0	432.14	29101.0	3127.23	459635.0	7723.80	1484164.0	644.04	133703.0	37.27	10012.0					
			低（疏）	86.28	2770.0	86.28	2770.0	66.66	920.0	3.49	225.0	7.27	849.0	8.86	776.0							
			中	4117.87	628888.0	4117.87	628888.0	123.46	2034.0	1043.07	133045.0	2639.78	433660.0	285.54	53296.0	26.02	6853.0					
			高（密）	7760.33	1484957.0	7760.33	1484957.0	242.02	26147.0	2080.67	326365.0	5076.75	1049655.0	349.64	79631.0	11.25	3159.0					
		种质资源林（母树林）	合计	688.01	171744.0	688.01	171744.0					81.62	16210.0	297.94	64168.0	308.45	91366.0					
			低（疏）	28.24	4500.0	28.24	4500.0									28.24	4500.0					
			中	357.89	77547.0	357.89	77547.0					58.06	10424.0	161.47	31299.0	138.36	35824.0					
			高（密）	301.88	89697.0	301.88	89697.0					23.56	5786.0	136.47	32869.0	141.85	51042.0					
		风景林	合计	14781.80	2198385.0	13562.58	2198385.0	495.07	29161.0	7999.10	1270056.0	4699.60	817397.0	349.38	76343.0	19.43	5428.0			1219.22		1219.22
			低（疏）	427.45	6735.0	255.33	6735.0	220.07	3196.0	35.26	3539.0									172.12		172.12
			中	4596.81	542100.0	3609.78	542100.0	112.38	6074.0	1632.96	226078.0	1802.87	297130.0	54.56	11001.0	7.01	1817.0			987.03		987.03
			高（密）	9757.54	1649550.0	9697.47	1649550.0	162.62	19891.0	6330.88	1040439.0	2896.73	520267.0	294.82	65342.0	12.42	3611.0			60.07		60.07
		自然保护区林	合计	17311.39	3379152.0	17307.30	3379152.0	1046.15	148454.0	5948.15	1134235.0	5369.84	1074185.0	4753.56	979503.0	189.60	42775.0			4.09		4.09
			低（疏）	171.92	22394.0	171.92	22394.0					83.21	11017.0	88.71	11377.0							
			中	5079.50	908921.0	5075.41	908921.0	111.74	10462.0	643.43	112356.0	1825.79	316061.0	2379.12	446361.0	115.33	23681.0			4.09		4.09
			高（密）	12059.97	2447837.0	12059.97	2447837.0	934.41	137992.0	5304.72	1021879.0	3460.84	747107.0	2285.73	521765.0	74.27	19094.0					

表3 长白山重点国有林区有林地、疏林地、灌木林地按林种和龄组面积、蓄积统计表（续8）

单位：公顷、立方米

统计单位	林种	亚林种	郁闭度（覆盖度）等级	合计		乔木林地												疏林地		灌木林地		
						小计		幼龄林		中龄林		近熟林		成熟林		过熟林				小计	特殊灌木林地	一般灌木林地
				面积	蓄积	面积	蓄积	面积	蓄积	面积	蓄积	面积	蓄积	面积	蓄积	面积	蓄积	面积	蓄积	面积	面积	面积
和龙林业局	用材林	合计	合计	102527.81	19747716.0	102527.81	19747716.0	2955.26	327739.0	27539.54	4846143.0	50794.21	10287819.0	19126.40	3805988.0	2112.40	480027.0					
			低（疏）	1484.84	187880.0	1484.84	187880.0	169.68	2486.0	23.58	1283.0	221.69	27774.0	725.24	104571.0	344.65	51766.0					
			中	31680.03	5520671.0	31680.03	5520671.0	674.25	46262.0	4165.71	609584.0	15633.21	2817589.0	10260.80	1840229.0	946.06	207007.0					
			高（密）	69362.94	14039165.0	69362.94	14039165.0	2111.33	278991.0	23350.25	4235276.0	34939.31	7442456.0	8140.36	1861188.0	821.69	221254.0					
		一般用材林	合计	102527.81	19747716.0	102527.81	19747716.0	2955.26	327739.0	27539.54	4846143.0	50794.21	10287819.0	19126.40	3805988.0	2112.40	480027.0					
			低（疏）	1484.84	187880.0	1484.84	187880.0	169.68	2486.0	23.58	1283.0	221.69	27774.0	725.24	104571.0	344.65	51766.0					
			中	31680.03	5520671.0	31680.03	5520671.0	674.25	46262.0	4165.71	609584.0	15633.21	2817589.0	10260.80	1840229.0	946.06	207007.0					
			高（密）	69362.94	14039165.0	69362.94	14039165.0	2111.33	278991.0	23350.25	4235276.0	34939.31	7442456.0	8140.36	1861188.0	821.69	221254.0					
	经济林	合计	合计	41.46																41.46	41.46	
			中	9.78																9.78	9.78	
			高（密）	31.68																31.68	31.68	
		食用原料林	合计	30.81																30.81	30.81	
			高（密）	30.81																30.81	30.81	
		药用林	合计	10.65																10.65	10.65	
			中	9.78																9.78	9.78	
			高（密）	0.87																0.87	0.87	
八家子林业局	合计	合计	合计	146975.58	26525714.0	146838.11	26525714.0	6534.79	657073.0	40173.67	6602777.0	61784.67	11342343.0	36685.93	7557688.0	1659.05	365833.0			137.47	9.62	127.85
			低（疏）	721.40	35982.0	697.39	35982.0	446.19	6441.0	55.93	3201.0	22.35	2013.0	151.98	21194.0	20.94	3133.0			24.01		24.01
			中	56322.71	9555833.0	56213.41	9555833.0	1786.99	115696.0	10370.34	1515359.0	23669.58	3996764.0	19539.94	3754639.0	846.56	173375.0			109.30	9.62	99.68
			高（密）	89931.47	16933899.0	89927.31	16933899.0	4301.61	534936.0	29747.40	5084217.0	38092.74	7343566.0	16994.01	3781855.0	791.55	189325.0			4.16		4.16
	防护林	合计	合计	4861.25	863134.0	4761.42	863134.0	238.17	29712.0	805.02	129295.0	1928.47	330831.0	1532.45	305381.0	257.31	67915.0			99.83		99.83
			低（疏）	20.20	921.0	9.45	921.0					9.45	921.0							10.75		10.75
			中	2004.58	339132.0	1917.08	339132.0	17.51	918.0	210.78	30484.0	790.16	125017.0	799.56	158807.0	99.07	23906.0			87.50		87.50
			高（密）	2836.47	523081.0	2834.89	523081.0	220.66	28794.0	594.24	98811.0	1128.86	204893.0	732.89	146574.0	158.24	44009.0			1.58		1.58
		水土保持林	合计	4001.00	715182.0	3906.86	715182.0	212.49	26824.0	579.41	92596.0	1420.13	240340.0	1437.52	287507.0	257.31	67915.0			94.14		94.14
			低（疏）	20.20	921.0	9.45	921.0					9.45	921.0							10.75		10.75
			中	1702.97	289837.0	1621.16	289837.0	16.56	824.0	173.36	24677.0	594.94	92873.0	737.23	147557.0	99.07	23906.0			81.81		81.81
			高（密）	2277.83	424424.0	2276.25	424424.0	195.93	26000.0	406.05	67919.0	815.74	146546.0	700.29	139950.0	158.24	44009.0			1.58		1.58
		护岸林	合计	860.25	147952.0	854.56	147952.0	25.68	2888.0	225.61	36699.0	508.34	90491.0	94.93	17874.0					5.69		5.69
			中	301.61	49295.0	295.92	49295.0	0.95	94.0	37.42	5807.0	195.22	32144.0	62.33	11250.0					5.69		5.69
			高（密）	558.64	98657.0	558.64	98657.0	24.73	2794.0	188.19	30892.0	313.12	58347.0	32.60	6624.0							
	特用林	合计	合计	20094.26	4093984.0	20066.24	4093984.0	436.68	51314.0	4378.49	798388.0	6766.69	1404351.0	8301.69	1800674.0	182.69	39257.0			28.02		28.02
			低（疏）	45.22	398.0	31.96	398.0	30.99	326.0	0.97	72.0									13.26		13.26
			中	7615.16	1429667.0	7602.98	1429667.0	76.40	4953.0	1246.43	205157.0	1845.27	337281.0	4276.94	849413.0	157.94	32863.0			12.18		12.18
			高（密）	12433.88	2663919.0	12431.30	2663919.0	329.29	46035.0	3131.09	593159.0	4921.42	1067070.0	4024.75	951261.0	24.75	6394.0			2.58		2.58
		种质资源林（母树林）	合计	1213.35	255919.0	1213.35	255919.0			234.03	50813.0	163.91	35453.0	721.58	150258.0	93.83	19395.0					
			中	683.56	135773.0	683.56	135773.0			9.51	1528.0	11.76	2042.0	587.88	117766.0	74.41	14437.0					
			高（密）	529.79	120146.0	529.79	120146.0			224.52	49285.0	152.15	33411.0	133.70	32492.0	19.42	4958.0					
		风景林	合计	18880.91	3838065.0	18852.89	3838065.0	436.68	51314.0	4144.46	747575.0	6602.78	1368898.0	7580.11	1650416.0	88.86	19862.0			28.02		28.02
			低（疏）	45.22	398.0	31.96	398.0	30.99	326.0	0.97	72.0									13.26		13.26
			中	6931.60	1293894.0	6919.42	1293894.0	76.40	4953.0	1236.92	203629.0	1833.51	335239.0	3689.06	731647.0	83.53	18426.0			12.18		12.18
			高（密）	11904.09	2543773.0	11901.51	2543773.0	329.29	46035.0	2906.57	543874.0	4769.27	1033659.0	3891.05	918769.0	5.33	1436.0			2.58		2.58

表 3　长白山重点国有林区有林地、疏林地、灌木林地按林种和龄组面积、蓄积统计表（续 9）

单位：公顷、立方米

统计单位	林种	亚林种	郁闭度（覆盖度）等级	合计		乔木林地												疏林地		灌木林地		
						小计		幼龄林		中龄林		近熟林		成熟林		过熟林				小计	特殊灌木林地	一般灌木林地
				面积	蓄积	面积	蓄积	面积	蓄积	面积	蓄积	面积	蓄积	面积	蓄积	面积	蓄积	面积	蓄积	面积	面积	面积
八家子林业局	用材林	合计	合计	122010.45	21568596.0	122010.45	21568596.0	5859.94	576047.0	34990.16	5675094.0	53089.51	9607161.0	26851.79	5451633.0	1219.05	258661.0					
			低（疏）	655.98	34663.0	655.98	34663.0	415.20	6115.0	54.96	3129.0	12.90	1092.0	151.98	21194.0	20.94	3133.0					
			中	46693.35	7787034.0	46693.35	7787034.0	1693.08	109825.0	8913.13	1279718.0	21034.15	3534466.0	14463.44	2746419.0	589.55	116606.0					
			高（密）	74661.12	13746899.0	74661.12	13746899.0	3751.66	460107.0	26022.07	4392247.0	32042.46	6071603.0	12236.37	2684020.0	608.56	138922.0					
		一般用材林	合计	122010.45	21568596.0	122010.45	21568596.0	5859.94	576047.0	34990.16	5675094.0	53089.51	9607161.0	26851.79	5451633.0	1219.05	258661.0					
			低（疏）	655.98	34663.0	655.98	34663.0	415.20	6115.0	54.96	3129.0	12.90	1092.0	151.98	21194.0	20.94	3133.0					
			中	46693.35	7787034.0	46693.35	7787034.0	1693.08	109825.0	8913.13	1279718.0	21034.15	3534466.0	14463.44	2746419.0	589.55	116606.0					
			高（密）	74661.12	13746899.0	74661.12	13746899.0	3751.66	460107.0	26022.07	4392247.0	32042.46	6071603.0	12236.37	2684020.0	608.56	138922.0					
	经济林	合计	合计	9.62																9.62	9.62	
			中	9.62																9.62	9.62	
		果树林	合计	2.03																2.03	2.03	
			中	2.03																2.03	2.03	
		药用林	合计	6.40																6.40	6.40	
			中	6.40																6.40	6.40	
		其他经济林	合计	1.19																1.19	1.19	
			中	1.19																1.19	1.19	
汪清林业局	合计	合计	合计	294699.39	47313099.0	293918.86	47313074.0	13300.57	1161591.0	123292.84	18914762.0	135563.85	23170651.0	21474.13	4016405.0	287.47	49665.0	1.16	25.0	779.37	8.78	770.59
			低（疏）	1152.37	35953.0	980.41	35953.0	518.33	4780.0	217.83	14378.0	160.30	10562.0	65.99	4925.0	17.96	1308.0			171.96	4.03	167.93
			中	99031.70	12957689.0	98485.47	12957689.0	4871.64	316953.0	39224.94	4797762.0	43973.63	6113664.0	10155.94	1682591.0	259.32	46719.0			546.23	2.87	543.36
			高（密）	194514.16	34319432.0	194452.98	34319432.0	7910.60	839858.0	83850.07	14102622.0	91429.92	17046425.0	11252.20	2328889.0	10.19	1638.0			61.18	1.88	59.30
	防护林	合计	合计	77475.15	12340753.0	76767.82	12340728.0	2334.72	185243.0	34272.30	5328773.0	36486.85	6158628.0	3672.92	567909.0	1.03	175.0	1.16	25.0	706.17		706.17
			低（疏）	340.30	3917.0	195.65	3917.0	135.56	827.0	20.56	787.0	34.16	1877.0	5.37	426.0					144.65		144.65
			中	23168.99	2781342.0	22666.77	2781342.0	840.01	45074.0	9308.33	1081436.0	10824.84	1409770.0	1692.56	244887.0	1.03	175.0			502.22		502.22
			高（密）	53964.70	9555469.0	53905.40	9555469.0	1359.15	139342.0	24943.41	4246550.0	25627.85	4746981.0	1974.99	422596.0					59.30		59.30
		水源涵养林	合计	22791.81	3720676.0	22741.44	3720676.0	797.11	70557.0	10206.22	1660150.0	10712.29	1817172.0	1025.82	172797.0					50.37		50.37
			低（疏）	29.24	537.0	17.82	537.0	11.27	68.0	2.91	147.0			3.64	322.0					11.42		11.42
			中	6184.23	772164.0	6145.28	772164.0	269.47	14692.0	2494.82	298142.0	2820.82	381225.0	560.17	78105.0					38.95		38.95
			高（密）	16578.34	2947975.0	16578.34	2947975.0	516.37	55797.0	7708.49	1361861.0	7891.47	1435947.0	462.01	94370.0							
		水土保持林	合计	2960.94	366936.0	2412.82	366911.0	232.04	8039.0	755.21	112254.0	1006.09	168833.0	419.48	77785.0			1.16	25.0	546.96		546.96
			低（疏）	179.41	413.0	60.68	413.0	52.12	159.0			8.56	254.0							118.73		118.73
			中	1205.30	99535.0	836.37	99535.0	77.27	1282.0	257.89	29828.0	262.23	30411.0	238.98	38014.0					368.93		368.93
			高（密）	1575.07	266963.0	1515.77	266963.0	102.65	6598.0	497.32	82426.0	735.30	138168.0	180.50	39771.0					59.30		59.30
		护岸林	合计	50020.85	8010279.0	49924.39	8010279.0	1173.52	98462.0	22431.25	3428951.0	24304.81	4103160.0	2013.78	379531.0	1.03	175.0			96.46		96.46
			低（疏）	108.67	2732.0	104.37	2732.0	62.63	487.0	14.41	518.0	25.60	1623.0	1.73	104.0					4.30		4.30
			中	14946.93	1817465.0	14854.77	1817465.0	431.04	26370.0	6163.93	709948.0	7479.93	966782.0	778.84	114190.0	1.03	175.0			92.16		92.16
			高（密）	34965.25	6190082.0	34965.25	6190082.0	679.85	71605.0	16252.91	2718485.0	16799.28	3134755.0	1233.21	265237.0							
		护路林	合计	1701.55	242862.0	1689.17	242862.0	132.05	8185.0	879.62	127418.0	463.66	69463.0	213.84	37796.0					12.38		12.38
			低（疏）	22.98	235.0	12.78	235.0	9.54	113.0	3.24	122.0									10.20		10.20
			中	832.53	92178.0	830.35	92178.0	62.23	2730.0	391.69	43518.0	261.86	31352.0	114.57	14578.0					2.18		2.18
			高（密）	846.04	150449.0	846.04	150449.0	60.28	5342.0	484.69	83778.0	201.80	38111.0	99.27	23218.0							

表3 长白山重点国有林区有林地、疏林地、灌木林地按林种和龄组面积、蓄积统计表（续10）

单位：公顷、立方米

统计单位	林种	亚林种	郁闭度（覆盖度）等级	合计		乔木林地												疏林地		灌木林地		
						小计		幼龄林		中龄林		近熟林		成熟林		过熟林				小计	特殊灌木林地	一般灌木林地
				面积	蓄积	面积	蓄积	面积	蓄积	面积	蓄积	面积	蓄积	面积	蓄积	面积	蓄积	面积	蓄积	面积	面积	面积
汪清林业局	特用林	合计	合计	206296.34	33301812.0	206231.92	33301812.0	9260.82	839414.0	85315.26	13016769.0	94754.47	16259301.0	16636.70	3140235.0	264.67	46093.0			64.42		64.42
			低（疏）	572.00	29390.0	548.72	29390.0	193.97	3560.0	168.40	12476.0	120.16	8371.0	48.23	3675.0	17.96	1308.0			23.28		23.28
			中	72972.31	9826579.0	72931.17	9826579.0	3651.60	252457.0	29327.61	3651211.0	31739.39	4512800.0	7976.05	1366964.0	236.52	43147.0			41.14		41.14
			高（密）	132752.03	23445843.0	132752.03	23445843.0	5415.25	583397.0	55819.25	9353082.0	62894.92	11738130.0	8612.42	1769596.0	10.19	1638.0					
		母树林（种质资源林）	合计	3112.03	452248.0	3112.03	452248.0	24.81	1931.0	2351.06	333855.0	631.06	94535.0	105.10	21927.0							
			低（疏）	26.61	1985.0	26.61	1985.0			25.10	1867.0	1.51	118.0									
			中	1869.46	224605.0	1869.46	224605.0	19.33	1085.0	1383.08	159586.0	426.31	56367.0	40.74	7567.0							
			高（密）	1215.96	225658.0	1215.96	225658.0	5.48	846.0	942.88	172402.0	203.24	38050.0	64.36	14360.0							
		风景林	合计	9272.10	1475470.0	9265.39	1475470.0	191.21	21255.0	3807.41	572166.0	4898.66	810912.0	368.11	71137.0					6.71		6.71
			低（疏）	1.58	78.0	1.58	78.0	1.58	78.0													
			中	2593.86	336974.0	2587.15	336974.0	16.30	602.0	903.01	112985.0	1562.38	206294.0	105.46	17093.0					6.71		6.71
			高（密）	6676.66	1138418.0	6676.66	1138418.0	173.33	20575.0	2904.40	459181.0	3336.28	604618.0	262.65	54044.0							
		自然保护区林	合计	193912.21	31374094.0	193854.50	31374094.0	9044.80	816228.0	79156.79	12110748.0	89224.75	15353854.0	16163.49	3047171.0	264.67	46093.0			57.71		57.71
			低（疏）	543.81	27327.0	520.53	27327.0	192.39	3482.0	143.30	10609.0	118.65	8253.0	48.23	3675.0	17.96	1308.0			23.28		23.28
			中	68508.99	9265000.0	68474.56	9265000.0	3615.97	250770.0	27041.52	3378640.0	29750.70	4250139.0	7829.85	1342304.0	236.52	43147.0			34.43		34.43
			高（密）	124859.41	22081767.0	124859.41	22081767.0	5236.44	561976.0	51971.97	8721499.0	59355.40	11095462.0	8285.41	1701192.0	10.19	1638.0					
	用材林	合计	合计	10919.12	1670534.0	10919.12	1670534.0	1705.03	136934.0	3705.28	569220.0	4322.53	752722.0	1164.51	208261.0	21.77	3397.0					
			低（疏）	236.04	2646.0	236.04	2646.0	188.80	393.0	28.87	1115.0	5.98	314.0	12.39	824.0							
			中	2887.53	349768.0	2887.53	349768.0	380.03	19422.0	589.00	65115.0	1409.40	191094.0	487.33	70740.0	21.77	3397.0					
			高（密）	7795.55	1318120.0	7795.55	1318120.0	1136.20	117119.0	3087.41	502990.0	2907.15	561314.0	664.79	136697.0							
		一般用材林	合计	10919.12	1670534.0	10919.12	1670534.0	1705.03	136934.0	3705.28	569220.0	4322.53	752722.0	1164.51	208261.0	21.77	3397.0					
			低（疏）	236.04	2646.0	236.04	2646.0	188.80	393.0	28.87	1115.0	5.98	314.0	12.39	824.0							
			中	2887.53	349768.0	2887.53	349768.0	380.03	19422.0	589.00	65115.0	1409.40	191094.0	487.33	70740.0	21.77	3397.0					
			高（密）	7795.55	1318120.0	7795.55	1318120.0	1136.20	117119.0	3087.41	502990.0	2907.15	561314.0	664.79	136697.0							
	经济林	合计	合计	8.78																8.78	8.78	
			低（疏）	4.03																4.03	4.03	
			中	2.87																2.87	2.87	
			高（密）	1.88																1.88	1.88	
		果树林	合计	3.23																3.23	3.23	
			低（疏）	1.35																1.35	1.35	
			高（密）	1.88																1.88	1.88	
		食用原料林	合计	3.56																3.56	3.56	
			低（疏）	2.68																2.68	2.68	
			中	0.88																0.88	0.88	
		药用林	合计	1.99																1.99	1.99	
			中	1.99																1.99	1.99	

表3　长白山重点国有林区有林地、疏林地、灌木林地按林种和龄组面积、蓄积统计表（续11）

单位：公顷、立方米

统计单位	林种	亚林种	郁闭度（覆盖度）等级	合计		乔木林地												疏林地		灌木林地		
						小计		幼龄林		中龄林		近熟林		成熟林		过熟林				小计	特殊灌木林地	一般灌木林地
				面积	蓄积	面积	蓄积	面积	蓄积	面积	蓄积	面积	蓄积	面积	蓄积	面积	蓄积	面积	蓄积	面积	面积	面积
大兴沟林业局	合计	合计	合计	103482.57	15084169.0	103138.54	15083490.0	12390.21	1033853.0	31423.35	4533064.0	50129.61	7890331.0	8767.41	1550963.0	427.96	75279.0	30.60	679.0	313.43	47.00	266.43
			低（疏）	1164.32	43069.0	1022.92	43069.0	467.95	3388.0	116.55	6687.0	234.65	16774.0	189.87	15099.0	13.90	1121.0			141.40	18.33	123.07
			中	40198.54	4932989.0	40057.79	4932989.0	3993.74	230685.0	9805.37	1126529.0	21534.73	2843755.0	4600.58	713865.0	123.37	18155.0			140.75	21.54	119.21
			高（密）	62089.11	10107432.0	62057.83	10107432.0	7928.52	799780.0	21501.43	3399848.0	28360.23	5029802.0	3976.96	821999.0	290.69	56003.0			31.28	7.13	24.15
	防护林	合计	合计	71021.19	10611688.0	70725.21	10611055.0	7029.88	641695.0	19287.18	2773032.0	37778.99	6000342.0	6279.91	1132440.0	349.25	63546.0	27.69	633.0	268.29	1.86	266.43
			低（疏）	606.67	21562.0	482.34	21562.0	192.17	1330.0	40.33	2245.0	121.45	7962.0	114.49	8904.0	13.90	1121.0			124.33	1.26	123.07
			中	28186.66	3596204.0	28066.85	3596204.0	2163.90	139149.0	6194.21	730685.0	16268.27	2176644.0	3356.43	536776.0	84.04	12950.0			119.81	0.60	119.21
			高（密）	42200.17	6993289.0	42176.02	6993289.0	4673.81	501216.0	13052.64	2040102.0	21389.27	3815736.0	2808.99	586760.0	251.31	49475.0			24.15		24.15
		水源涵养林	合计	40161.02	6075950.0	40161.02	6075950.0	2118.99	201728.0	9097.93	1282504.0	26001.90	4073923.0	2935.19	516664.0	7.01	1131.0					
			低（疏）	161.07	8874.0	161.07	8874.0	42.64	382.0	6.99	444.0	69.25	4679.0	40.21	3207.0	1.98	162.0					
			中	18120.76	2405949.0	18120.76	2405949.0	520.62	38974.0	3344.17	394001.0	12415.37	1669991.0	1840.60	302983.0							
			高（密）	21879.19	3661127.0	21879.19	3661127.0	1555.73	162372.0	5746.77	888059.0	13517.28	2399253.0	1054.38	210474.0	5.03	969.0					
		水土保持林	合计	3115.89	426636.0	2918.64	426636.0	445.71	32598.0	508.85	69912.0	1527.42	248620.0	385.24	67197.0	51.42	8309.0			197.25		197.25
			低（疏）	183.11	4643.0	84.99	4643.0	31.40	375.0	1.58	63.0	2.03	125.0	49.98	4080.0					98.12		98.12
			中	855.36	97452.0	770.41	97452.0	139.07	8256.0	104.16	11147.0	308.13	41148.0	167.63	28592.0	51.42	8309.0			84.95		84.95
			高（密）	2077.42	324541.0	2063.24	324541.0	275.24	23967.0	403.11	58702.0	1217.26	207347.0	167.63	34525.0					14.18		14.18
		护岸林	合计	24015.52	3496049.0	23916.79	3495416.0	3978.15	345075.0	8964.80	1312333.0	8310.16	1352381.0	2396.71	435034.0	266.97	50593.0	27.69	633.0	71.04	1.86	69.18
			低（疏）	255.87	7669.0	229.66	7669.0	118.13	573.0	25.14	1362.0	50.17	3158.0	24.30	1617.0	11.92	959.0			26.21	1.26	24.95
			中	8094.25	944601.0	8059.39	944601.0	1397.33	80717.0	2557.91	303020.0	2910.78	382723.0	1174.15	175592.0	19.22	2549.0			34.86	0.60	34.26
			高（密）	15637.71	2543146.0	15627.74	2543146.0	2462.69	263785.0	6381.75	1007951.0	5349.21	966500.0	1198.26	257825.0	235.83	47085.0			9.97		9.97
		护路林	合计	3728.76	613053.0	3728.76	613053.0	487.03	62294.0	715.60	108283.0	1939.51	325418.0	562.77	113545.0	23.85	3513.0					
			低（疏）	6.62	376.0	6.62	376.0			6.62	376.0											
			中	1116.29	148202.0	1116.29	148202.0	106.88	11202.0	187.97	22517.0	633.99	82782.0	174.05	29609.0	13.40	2092.0					
			高（密）	2605.85	464475.0	2605.85	464475.0	380.15	51092.0	521.01	85390.0	1305.52	242636.0	388.72	83936.0	10.45	1421.0					
	特用林	合计	合计	952.47	150993.0	952.47	150993.0	27.17	386.0	410.61	64151.0	462.25	76894.0	52.44	9562.0							
			低（疏）	22.61	1680.0	22.61	1680.0	4.00		18.61	1680.0											
			中	394.36	50684.0	394.36	50684.0	12.73	299.0	113.27	15273.0	240.72	30714.0	27.64	4398.0							
			高（密）	535.50	98629.0	535.50	98629.0	10.44	87.0	278.73	47198.0	221.53	46180.0	24.80	5164.0							
		种质资源林（母树林）	合计	359.77	55154.0	359.77	55154.0			88.05	16291.0	219.28	29301.0	52.44	9562.0							
			低（疏）	18.61	1680.0	18.61	1680.0			18.61	1680.0											
			中	255.33	34282.0	255.33	34282.0			36.44	6453.0	191.25	23431.0	27.64	4398.0							
			高（密）	85.83	19192.0	85.83	19192.0			33.00	8158.0	28.03	5870.0	24.80	5164.0							
		风景林	合计	592.70	95839.0	592.70	95839.0	27.17	386.0	322.56	47860.0	242.97	47593.0									
			低（疏）	4.00		4.00		4.00														
			中	139.03	16402.0	139.03	16402.0	12.73	299.0	76.83	8820.0	49.47	7283.0									
			高（密）	449.67	79437.0	449.67	79437.0	10.44	87.0	245.73	39040.0	193.50	40310.0									

表 3　长白山重点国有林区有林地、疏林地、灌木林地按林种和龄组面积、蓄积统计表（续 12）

单位：公顷、立方米

统计单位	林种	亚林种	郁闭度（覆盖度）等级	合计		乔木林地												疏林地		灌木林地		
						小计		幼龄林		中龄林		近熟林		成熟林		过熟林				小计	特殊灌木林地	一般灌木林地
				面积	蓄积	面积	蓄积	面积	蓄积	面积	蓄积	面积	蓄积	面积	蓄积	面积	蓄积	面积	蓄积	面积	面积	面积
大兴沟林业局	用材林	合计	合计	31463.77	4321488.0	31460.86	4321442.0	5333.16	391772.0	11725.56	1695881.0	11888.37	1813095.0	2435.06	408961.0	78.71	11733.0	2.91	46.0			
			低（疏）	517.97	19827.0	517.97	19827.0	271.78	2058.0	57.61	2762.0	113.20	8812.0	75.38	6195.0							
			中	11596.58	1286101.0	11596.58	1286101.0	1817.11	91237.0	3497.89	380571.0	5025.74	636397.0	1216.51	172691.0	39.33	5205.0					
			高（密）	19346.31	3015514.0	19346.31	3015514.0	3244.27	298477.0	8170.06	1312548.0	6749.43	1167886.0	1143.17	230075.0	39.38	6528.0					
		一般用材林	合计	31463.77	4321488.0	31460.86	4321442.0	5333.16	391772.0	11725.56	1695881.0	11888.37	1813095.0	2435.06	408961.0	78.71	11733.0	2.91	46.0			
			低（疏）	517.97	19827.0	517.97	19827.0	271.78	2058.0	57.61	2762.0	113.20	8812.0	75.38	6195.0							
			中	11596.58	1286101.0	11596.58	1286101.0	1817.11	91237.0	3497.89	380571.0	5025.74	636397.0	1216.51	172691.0	39.33	5205.0					
			高（密）	19346.31	3015514.0	19346.31	3015514.0	3244.27	298477.0	8170.06	1312548.0	6749.43	1167886.0	1143.17	230075.0	39.38	6528.0					
	经济林	合计	合计	45.14																45.14	45.14	
			低（疏）	17.07																17.07	17.07	
			中	20.94																20.94	20.94	
			高（密）	7.13																7.13	7.13	
		食用原料林	合计	3.65																3.65	3.65	
			低（疏）	3.65																3.65	3.65	
		药用林	合计	38.33																38.33	38.33	
			低（疏）	10.26																10.26	10.26	
			中	20.94																20.94	20.94	
			高（密）	7.13																7.13	7.13	
		其他经济林	合计	3.16																3.16	3.16	
			低（疏）	3.16																3.16	3.16	
天桥岭林业局	合计	合计	合计	180490.88	27146921.0	179980.06	27146921.0	6161.24	504907.0	63849.78	9282630.0	93063.84	14500369.0	16683.57	2816401.0	221.63	42614.0			510.82	22.65	488.17
			低（疏）	370.62	5600.0	161.78	5600.0	104.74	2101.0	14.63	964.0	18.54	1023.0	23.87	1512.0					208.84	4.71	204.13
			中	66623.23	9163167.0	66321.77	9163167.0	2932.24	126456.0	19971.31	2655577.0	35346.01	5098034.0	8010.13	1272461.0	62.08	10639.0			301.46	17.42	284.04
			高（密）	113497.03	17978154.0	113496.51	17978154.0	3124.26	376350.0	43863.84	6626089.0	57699.29	9401312.0	8649.57	1542428.0	159.55	31975.0			0.52	0.52	
	防护林	合计	合计	57807.04	8325819.0	57318.14	8325819.0	2479.25	176394.0	22115.82	3068886.0	28114.30	4322682.0	4543.35	745866.0	65.42	11991.0			488.90	0.73	488.17
			低（疏）	236.46	1622.0	32.33	1622.0	14.93	369.0	2.90	154.0	7.83	292.0	6.67	807.0					204.13		204.13
			中	21914.06	2932780.0	21629.29	2932780.0	1399.37	56449.0	6469.44	832144.0	10941.30	1594644.0	2782.24	443237.0	36.94	6306.0			284.77	0.73	284.04
			高（密）	35656.52	5391417.0	35656.52	5391417.0	1064.95	119576.0	15643.48	2236588.0	17165.17	2727746.0	1754.44	301822.0	28.48	5685.0					
		水源涵养林	合计	30901.36	4714390.0	30901.36	4714390.0	1026.51	81537.0	11469.22	1693596.0	16401.80	2591255.0	1965.39	341110.0	38.44	6892.0					
			低（疏）	14.60	1048.0	14.60	1048.0	7.93	241.0					6.67	807.0							
			中	13268.29	1961352.0	13268.29	1961352.0	472.86	20831.0	3991.33	572906.0	7390.48	1128232.0	1381.14	233812.0	32.48	5571.0					
			高（密）	17618.47	2751990.0	17618.47	2751990.0	545.72	60465.0	7477.89	1120690.0	9011.32	1463023.0	577.58	106491.0	5.96	1321.0					
		水土保持林	合计	1116.48	96507.0	706.53	96507.0	61.33	950.0	333.87	45886.0	300.82	47735.0	10.51	1936.0					409.95		409.95
			低（疏）	146.04	140.0	4.35	140.0	2.08	11.0	2.27	129.0									141.69		141.69
			中	433.50	12760.0	165.24	12760.0	57.77	848.0	50.38	4707.0	51.29	6134.0	5.80	1071.0					268.26		268.26
			高（密）	536.94	83607.0	536.94	83607.0	1.48	91.0	281.22	41050.0	249.53	41601.0	4.71	865.0							
		护岸林	合计	25789.20	3514922.0	25710.25	3514922.0	1391.41	93907.0	10312.73	1329404.0	11411.68	1683692.0	2567.45	402820.0	26.98	5099.0			78.95	0.73	78.22
			低（疏）	75.82	434.0	13.38	434.0	4.92	117.0	0.63	25.0	7.83	292.0							62.44		62.44
			中	8212.27	958668.0	8195.76	958668.0	868.74	34770.0	2427.73	254531.0	3499.53	460278.0	1395.30	208354.0	4.46	735.0			16.51	0.73	15.78
			高（密）	17501.11	2555820.0	17501.11	2555820.0	517.75	59020.0	7884.37	1074848.0	7904.32	1223122.0	1172.15	194466.0	22.52	4364.0					

表 3　长白山重点国有林区有林地、疏林地、灌木林地按林种和龄组面积、蓄积统计表（续 13）

单位：公顷、立方米

统计单位	林种	亚林种	郁闭度（覆盖度）等级	合计		乔木林地												疏林地		小计	灌木林地	
						小计		幼龄林		中龄林		近熟林		成熟林		过熟林					特殊灌木林地	一般灌木林地
				面积	蓄积	面积	蓄积	面积	蓄积	面积	蓄积	面积	蓄积	面积	蓄积	面积	蓄积	面积	蓄积	面积	面积	面积
天桥岭林业局	特用林	合计	合计	116066.69	17864006.0	116066.69	17864006.0	2504.10	211177.0	39481.82	5880389.0	62412.84	9776839.0	11561.03	1974243.0	106.90	21358.0					
			低（疏）	80.21	2975.0	80.21	2975.0	62.56	1707.0	11.73	810.0	5.92	458.0									
			中	43973.37	6175211.0	43973.37	6175211.0	1157.30	62253.0	13374.88	1807721.0	24279.98	3485726.0	5136.91	815297.0	24.30	4214.0					
			高（密）	72013.11	11685820.0	72013.11	11685820.0	1284.24	147217.0	26095.21	4071858.0	38126.94	6290655.0	6424.12	1158946.0	82.60	17144.0					
		种质资源林（母树林）	合计	1546.47	285161.0	1546.47	285161.0	26.72	5194.0	562.02	96717.0	620.25	112268.0	337.48	70982.0							
			中	338.86	57652.0	338.86	57652.0			101.39	14566.0	157.63	26881.0	79.84	16205.0							
			高（密）	1207.61	227509.0	1207.61	227509.0	26.72	5194.0	460.63	82151.0	462.62	85387.0	257.64	54777.0							
		自然保护区林	合计	114520.22	17578845.0	114520.22	17578845.0	2477.38	205983.0	38919.80	5783672.0	61792.59	9664571.0	11223.55	1903261.0	106.90	21358.0					
			低（疏）	80.21	2975.0	80.21	2975.0	62.56	1707.0	11.73	810.0	5.92	458.0									
			中	43634.51	6117559.0	43634.51	6117559.0	1157.30	62253.0	13273.49	1793155.0	24122.35	3458845.0	5057.07	799092.0	24.30	4214.0					
			高（密）	70805.50	11458311.0	70805.50	11458311.0	1257.52	142023.0	25634.58	3989707.0	37664.32	6205268.0	6166.48	1104169.0	82.60	17144.0					
	用材林	合计	合计	6595.23	957096.0	6595.23	957096.0	1177.89	117336.0	2252.14	333355.0	2536.70	400848.0	579.19	96292.0	49.31	9265.0					
			低（疏）	49.24	1003.0	49.24	1003.0	27.25	25.0			4.79	273.0	17.20	705.0							
			中	719.11	55176.0	719.11	55176.0	375.57	7754.0	126.99	15712.0	124.73	17664.0	90.98	13927.0	0.84	119.0					
			高（密）	5826.88	900917.0	5826.88	900917.0	775.07	109557.0	2125.15	317643.0	2407.18	382911.0	471.01	81660.0	48.47	9146.0					
		一般用材林	合计	6595.23	957096.0	6595.23	957096.0	1177.89	117336.0	2252.14	333355.0	2536.70	400848.0	579.19	96292.0	49.31	9265.0					
			低（疏）	49.24	1003.0	49.24	1003.0	27.25	25.0			4.79	273.0	17.20	705.0							
			中	719.11	55176.0	719.11	55176.0	375.57	7754.0	126.99	15712.0	124.73	17664.0	90.98	13927.0	0.84	119.0					
			高（密）	5826.88	900917.0	5826.88	900917.0	775.07	109557.0	2125.15	317643.0	2407.18	382911.0	471.01	81660.0	48.47	9146.0					
	经济林	合计	合计	21.92																21.92	21.92	
			低（疏）	4.71																4.71	4.71	
			中	16.69																16.69	16.69	
			高（密）	0.52																0.52	0.52	
		果树林	合计	3.56																3.56	3.56	
			低（疏）	3.56																3.56	3.56	
		食用原料林	合计	12.10																12.10	12.10	
			低（疏）	0.90																0.90	0.90	
			中	10.68																10.68	10.68	
			高（密）	0.52																0.52	0.52	
		药用林	合计	5.78																5.78	5.78	
			低（疏）	0.25																0.25	0.25	
			中	5.53																5.53	5.53	
		其他经济林	合计	0.48																0.48	0.48	
			中	0.48																0.48	0.48	
珲春林业局	合计	合计	合计	322714.01	47179186.0	320067.70	47178159.0	19068.65	1036121.0	96598.56	11616063.0	135273.93	21558469.0	66724.25	12497295.0	2402.31	470211.0	94.25	1027.0	2552.06	1583.35	968.71
			低（疏）	3989.96	80344.0	3196.17	80344.0	2332.41	24868.0	317.87	15567.0	300.06	18100.0	186.26	15410.0	59.57	6399.0			793.79	430.97	362.82
			中	143685.79	20434301.0	142824.68	20434301.0	9207.06	427959.0	31780.68	3249535.0	54317.80	8067756.0	46018.16	8406819.0	1500.98	282232.0			861.11	310.08	551.03
			高（密）	174944.01	26663514.0	174046.85	26663514.0	7529.18	583294.0	64500.01	8350961.0	80656.07	13472613.0	20519.83	4075066.0	841.76	181580.0			897.16	842.30	54.86

表3 长白山重点国有林区有林地、疏林地、灌木林地按林种和龄组面积、蓄积统计表（续14）

单位：公顷、立方米

统计单位	林种	亚林种	郁闭度（覆盖度）等级	合计		乔木林地														疏林地		灌木林地		
						小计		幼龄林		中龄林		近熟林		成熟林		过熟林						小计	特殊灌木林地	一般灌木林地
				面积	蓄积	面积	蓄积	面积	蓄积	面积	蓄积	面积	蓄积	面积	蓄积	面积	蓄积			面积	蓄积	面积	面积	面积
珲春林业局	防护林	合计	合计	75631.34	9813152.0	75363.57	9812840.0	6700.06	395327.0	32269.46	3753713.0	28061.84	4171920.0	8139.53	1458289.0	192.68	33591.0			28.52	312.0	239.25	29.55	209.70
			低（疏）	761.04	15365.0	724.35	15365.0	526.66	5418.0	117.89	5040.0	32.44	1479.0	19.10	879.0	28.26	2549.0					36.69	12.72	23.97
			中	34595.66	4122847.0	34454.30	4122847.0	3577.05	185267.0	13302.25	1329887.0	11047.31	1476529.0	6379.16	1103373.0	148.53	27791.0					141.36	6.60	134.76
			高（密）	40246.12	5674628.0	40184.92	5674628.0	2596.35	204642.0	18849.32	2418786.0	16982.09	2693912.0	1741.27	354037.0	15.89	3251.0					61.20	10.23	50.97
		水源涵养林	合计	26715.58	3209553.0	26558.34	3209270.0	3363.50	222277.0	12737.00	1512168.0	8460.47	1159406.0	1894.14	297524.0	103.23	17895.0			23.15	283.0	134.09	15.61	118.48
			低（疏）	274.32	6239.0	251.15	6239.0	166.03	1946.0	44.28	1673.0	16.77	725.0	8.29	314.0	15.78	1581.0					23.17	11.98	11.19
			中	13141.19	1430698.0	13030.84	1430698.0	1751.10	93477.0	5396.19	554622.0	4273.83	540529.0	1522.27	225756.0	87.45	16314.0					110.35	3.63	106.72
			高（密）	13276.92	1772333.0	13276.35	1772333.0	1446.37	126854.0	7296.53	955873.0	4169.87	618152.0	363.58	71454.0							0.57		0.57
		水土保持林	合计	32321.52	4386962.0	32222.93	4386933.0	2129.78	119448.0	12083.98	1360296.0	12533.57	1900123.0	5415.91	996810.0	59.69	10256.0			5.37	29.0	93.22	2.97	90.25
			低（疏）	296.56	7306.0	283.04	7306.0	191.84	2538.0	60.81	2931.0	10.27	556.0	7.64	313.0	12.48	968.0					13.52	0.74	12.78
			中	16392.40	2161696.0	16364.51	2161696.0	1135.01	62370.0	5495.80	549269.0	5170.65	721149.0	4521.64	820562.0	41.41	8346.0					27.89	0.08	27.81
			高（密）	15627.19	2217931.0	15575.38	2217931.0	802.93	54540.0	6527.37	808096.0	7352.65	1178418.0	886.63	175935.0	5.80	942.0					51.81	2.15	49.66
		护岸林	合计	16390.58	2193525.0	16378.64	2193525.0	1178.30	52305.0	7369.45	873389.0	6986.89	1101317.0	814.24	161074.0	29.76	5440.0					11.94	10.97	0.97
			低（疏）	190.16	1820.0	190.16	1820.0	168.79	934.0	12.80	436.0	5.40	198.0	3.17	252.0									
			中	4924.43	516015.0	4921.31	516015.0	668.99	28451.0	2359.28	221243.0	1540.19	206428.0	333.18	56762.0	19.67	3131.0					3.12	2.89	0.23
			高（密）	11275.99	1675690.0	11267.17	1675690.0	340.52	22920.0	4997.37	651710.0	5441.30	894691.0	477.89	104060.0	10.09	2309.0					8.82	8.08	0.74
		护路林	合计	203.66	23112.0	203.66	23112.0	28.48	1297.0	79.03	7860.0	80.91	11074.0	15.24	2881.0									
			中	137.64	14438.0	137.64	14438.0	21.95	969.0	50.98	4753.0	62.64	8423.0	2.07	293.0									
			高（密）	66.02	8674.0	66.02	8674.0	6.53	328.0	28.05	3107.0	18.27	2651.0	13.17	2588.0									
	特用林	合计	合计	239449.80	36728153.0	238124.17	36727689.0	10371.01	540338.0	61185.68	7514805.0	105890.56	17212636.0	58467.29	11023290.0	2209.63	436620.0			57.88	464.0	1267.75	508.74	759.01
			低（疏）	2599.83	61650.0	2040.76	61650.0	1414.32	17928.0	187.44	10016.0	247.13	15685.0	160.56	14171.0	31.31	3850.0					559.07	220.22	338.85
			中	106225.11	16061704.0	105535.94	16061704.0	4768.17	204785.0	17239.35	1799838.0	42602.29	6507920.0	39573.68	7294720.0	1352.45	254441.0					689.17	272.90	416.27
			高（密）	130566.98	20604335.0	130547.47	20604335.0	4188.52	317625.0	43758.89	5704951.0	63041.14	10689031.0	18733.05	3714399.0	825.87	178329.0					19.51	15.62	3.89
		国防林	合计	3896.34	554982.0	3843.74	554982.0	340.35	12045.0	783.82	91661.0	1671.10	260564.0	1048.47	190712.0							52.60		52.60
			低（疏）	66.96	973.0	55.57	973.0	43.61	494.0	10.07	402.0	1.89	77.0									11.39		11.39
			中	2164.71	297267.0	2123.50	297267.0	224.85	7350.0	454.28	50128.0	537.48	74460.0	906.89	165329.0							41.21		41.21
			高（密）	1664.67	256742.0	1664.67	256742.0	71.89	4201.0	319.47	41131.0	1131.73	186027.0	141.58	25383.0									
		种质资源林（母树林）	合计	48.12	3440.0	48.12	3440.0	47.58	3381.0	0.54	59.0													
			高（密）	48.12	3440.0	48.12	3440.0	47.58	3381.0	0.54	59.0													
		风景林	合计	4214.73	346545.0	4081.10	346485.0	932.14	26938.0	2117.73	187865.0	685.23	87165.0	344.50	44250.0	1.50	267.0			11.31	60.0	122.32	5.95	116.37
			低（疏）	474.52	8008.0	402.84	8008.0	372.65	6609.0	8.08	245.0	8.59	234.0	13.52	920.0							71.68	0.13	71.55
			中	2323.17	183689.0	2272.53	183689.0	443.23	11914.0	1217.51	98581.0	305.29	33765.0	305.00	39162.0	1.50	267.0					50.64	5.82	44.82
			高（密）	1405.73	154788.0	1405.73	154788.0	116.26	8415.0	892.14	89039.0	371.35	53166.0	25.98	4168.0									
		自然保护区林	合计	231290.61	35823186.0	230151.21	35822782.0	9050.94	497974.0	58283.59	7235220.0	103534.23	16864907.0	57074.32	10788328.0	2208.13	436353.0			46.57	404.0	1092.83	502.79	590.04
			低（疏）	2058.35	52669.0	1582.35	52669.0	998.06	10825.0	169.29	9369.0	236.65	15374.0	147.04	13251.0	31.31	3850.0					476.00	220.09	255.91
			中	101737.23	15580748.0	101139.91	15580748.0	4100.09	185521.0	15567.56	1651129.0	41759.52	6399695.0	38361.79	7090229.0	1350.95	254174.0					597.32	267.08	330.24
			高（密）	127448.46	20189365.0	127428.95	20189365.0	3952.79	301628.0	42546.74	5574722.0	61538.06	10449838.0	18565.49	3684848.0	825.87	178329.0					19.51	15.62	3.89

表 3　长白山重点国有林区有林地、疏林地、灌木林地按林种和龄组面积、蓄积统计表（续 15）

单位：公顷、立方米

统计单位	林种	亚林种	郁闭度（覆盖度）等级	合计		乔木林地												疏林地		灌木林地		
						小计		幼龄林		中龄林		近熟林		成熟林		过熟林				小计	特殊灌木林地	一般灌木林地
				面积	蓄积	面积	蓄积	面积	蓄积	面积	蓄积	面积	蓄积	面积	蓄积	面积	蓄积	面积	蓄积	面积	面积	面积
珲春林业局	用材林	合计	合计	6587.81	637881.0	6579.96	637630.0	1997.58	100456.0	3143.42	347545.0	1321.53	173913.0	117.43	15716.0			7.85	251.0			
			低（疏）	431.06	3329.0	431.06	3329.0	391.43	1522.0	12.54	511.0	20.49	936.0	6.60	360.0							
			中	2834.44	249750.0	2834.44	249750.0	861.84	37907.0	1239.08	119810.0	668.20	83307.0	65.32	8726.0							
			高（密）	3314.46	384551.0	3314.46	384551.0	744.31	61027.0	1891.80	227224.0	632.84	89670.0	45.51	6630.0							
		一般用材林	合计	6587.81	637881.0	6579.96	637630.0	1997.58	100456.0	3143.42	347545.0	1321.53	173913.0	117.43	15716.0			7.85	251.0			
			低（疏）	431.06	3329.0	431.06	3329.0	391.43	1522.0	12.54	511.0	20.49	936.0	6.60	360.0							
			中	2834.44	249750.0	2834.44	249750.0	861.84	37907.0	1239.08	119810.0	668.20	83307.0	65.32	8726.0							
			高（密）	3314.46	384551.0	3314.46	384551.0	744.31	61027.0	1891.80	227224.0	632.84	89670.0	45.51	6630.0							
	经济林	合计	合计	1045.06																1045.06	1045.06	
			低（疏）	198.03																198.03	198.03	
			中	30.58																30.58	30.58	
			高（密）	816.45																816.45	816.45	
		果树林	合计	810.29																810.29	810.29	
			低（疏）	1.10																1.10	1.10	
			中	23.56																23.56	23.56	
			高（密）	785.63																785.63	785.63	
		食用原料林	合计	1.06																1.06	1.06	
			中	0.33																0.33	0.33	
			高（密）	0.73																0.73	0.73	
		药用林	合计	4.17																4.17	4.17	
			中	4.17																4.17	4.17	
		其他经济林	合计	229.54																229.54	229.54	
			低（疏）	196.93																196.93	196.93	
			中	2.52																2.52	2.52	
			高（密）	30.09																30.09	30.09	

说明：①郁闭度分低（0.20~0.39）、中（0.40~0.69）、高（0.70 以上）三级统计；

②覆盖度分疏（30%~49%）、中（50%~69%）、密（70% 以上）三级统计；

③郁闭度（覆盖度）等级各分项统计不含疏林地。

表4 长白山重点国有林区乔木林各龄组面积、蓄积按起源和优势树种（组）统计表

单位：公顷、立方米

统计单位	起源	优势树种（组）	合计		幼龄林		中龄林		近熟林		成、过熟林	
			面积	蓄积	面积	蓄积	面积	蓄积	面积	蓄积	面积	蓄积
长白山森工	合计	合计	2020926.30	323655842.0	113931.76	9638391.0	575566.32	84635475.0	955802.05	160947516.0	375626.17	68434460.0
		冷杉	80262.27	14415122.0	741.17	75502.0	29550.05	5028385.0	36767.47	6743298.0	13203.58	2567937.0
		云杉	65312.72	10974371.0	8620.36	458789.0	18216.71	3094191.0	22591.62	4151856.0	15884.03	3269535.0
		落叶松	156457.64	24398945.0	9432.10	621921.0	61388.29	8775706.0	57509.76	9697923.0	28127.49	5303395.0
		红松	44341.22	7754010.0	5718.96	433692.0	16926.20	3066028.0	10428.95	1917086.0	11267.11	2337204.0
		樟子松	5293.81	754590.0	365.25	19882.0	834.42	114051.0	2092.65	298307.0	2001.49	322350.0
		其他针叶树种	70.12	12249.0			37.92	5240.0	16.98	3534.0	15.22	3475.0
		蒙古栎	549021.32	86032722.0	19515.74	1463320.0	183291.04	25476684.0	285165.03	47527741.0	61049.51	11564977.0
		白桦	150921.57	22409616.0	17272.26	1206571.0	59930.10	8736123.0	63853.63	10754495.0	9865.58	1712427.0
		枫桦	122392.95	20772377.0	5795.48	689626.0	23755.19	3701673.0	61714.36	10687492.0	31127.92	5693586.0
		黑桦	2766.05	414040.0	53.61	3373.0	742.38	102280.0	1779.21	278604.0	190.85	29783.0
		水曲柳	109220.08	17714996.0	4898.18	613280.0	21335.06	3246530.0	63533.91	10535851.0	19452.93	3319335.0
		胡桃楸	104602.86	16732118.0	12473.11	1668284.0	30274.79	4619060.0	42091.71	7102158.0	19763.25	3342616.0
		黄波罗	9851.11	1605012.0	1358.35	195506.0	1959.06	309110.0	3643.30	616784.0	2890.40	483612.0
		榆树	41644.39	5589973.0	2300.91	138196.0	12259.43	1494583.0	17908.63	2562224.0	9175.42	1394970.0
		其他硬阔类	8171.16	1114774.0	3455.46	361382.0	3323.74	514484.0	1314.61	224061.0	77.35	14847.0
		椴树	415712.68	70864156.0	4225.58	421809.0	67229.91	10444402.0	228541.88	38802596.0	115715.31	21195349.0
		杨树	11660.05	1878858.0	305.63	15037.0	2080.88	266507.0	3364.23	557232.0	5909.31	1040082.0
		柳树	4480.37	259462.0	2220.45	57602.0	1328.67	113769.0	666.62	61184.0	264.63	26907.0
		其他软阔类	34346.12	4086449.0	9479.71	763422.0	16493.01	2090519.0	7170.54	1042673.0	1202.86	189835.0
		山杨	37963.80	6235122.0	2213.51	178904.0	13324.87	1988029.0	16226.66	2883933.0	6198.76	1184256.0
		毛赤杨	5995.15	580446.0	1512.08	86846.0	3179.40	333866.0	1190.82	145158.0	112.85	14576.0
		白牛槭	4657.08	670722.0	2.99	285.0	58.69	7235.0	1566.42	223141.0	3028.98	440061.0
		槭树	49693.64	7669769.0	674.10	61973.0	5917.96	856203.0	24996.21	3901710.0	18105.37	2849883.0
		山槐	1053.55	124435.0	42.02	1993.0	385.98	43302.0	494.97	62729.0	130.58	16411.0
		千金榆	106.37	15366.0					71.75	11473.0	34.62	3893.0
		暴马丁香	362.75	35925.0	96.25	5756.0	133.22	13022.0	87.23	12345.0	46.05	4802.0
		青楷槭	726.82	103993.0	46.78	5448.0	125.08	16229.0	224.45	34515.0	330.51	47801.0
		花楷槭	417.20	52715.0	14.32	601.0	55.16	7075.0	159.65	19669.0	188.07	25370.0
		稠李	346.76	33868.0	93.18	6648.0	139.48	15242.0	92.56	9690.0	21.54	2288.0
		山桃稠李	794.03	123924.0	238.94	39151.0	426.09	64288.0	80.21	13325.0	48.79	7160.0
		山丁子	751.57	74684.0	175.01	12153.0	391.61	39348.0	147.43	19040.0	37.52	4143.0
		花曲柳	210.81	22207.0	40.23	3096.0	141.81	15532.0	18.34	2169.0	10.43	1410.0
		钻天柳	2.34	688.0							2.34	688.0
		其他阔叶树种	377.47	41590.0	71.04	1627.0	124.46	14196.0	128.14	18286.0	53.83	7481.0
		假色槭	119.18	12175.0	42.41	1245.0	5.59	966.0	18.17	2647.0	53.01	7317.0
		其他亚乔木	819.29	74373.0	436.59	25471.0	200.07	21617.0	143.95	22587.0	38.68	4698.0
	天然	合计	1867168.95	301690179.0	75602.94	6310049.0	525197.13	77130200.0	917244.01	154628795.0	349124.87	63621135.0
		冷杉	79935.43	14372876.0	521.08	56606.0	29464.22	5010504.0	36746.55	6737829.0	13203.58	2567937.0
		云杉	57102.76	10516771.0	783.42	71778.0	17902.25	3037351.0	22533.06	4138107.0	15884.03	3269535.0
		落叶松	76493.15	12249517.0	2085.28	119159.0	36700.94	5406215.0	29807.68	5233239.0	7899.25	1490904.0

表 4　长白山重点国有林区乔木林各龄组面积、蓄积按起源和优势树种（组）统计表（续 1）

单位：公顷、立方米

统计单位	起源	优势树种（组）	合计		幼龄林		中龄林		近熟林		成、过熟林	
			面积	蓄积	面积	蓄积	面积	蓄积	面积	蓄积	面积	蓄积
长白山森工	天然	红松	32972.41	6226444.0	347.85	44069.0	11479.30	2051159.0	9893.00	1796927.0	11252.26	2334289.0
		樟子松	971.73	171646.0	66.39	8940.0	417.66	68620.0	251.27	43581.0	236.41	50505.0
		其他针叶树种	45.67	8241.0			21.11	3121.0	16.98	3534.0	7.58	1586.0
		蒙古栎	549021.32	86032722.0	19515.74	1463320.0	183291.04	25476684.0	285165.03	47527741.0	61049.51	11564977.0
		白桦	150902.90	22408873.0	17259.76	1206253.0	59925.17	8735809.0	63852.39	10754384.0	9865.58	1712427.0
		枫桦	122392.95	20772377.0	5795.48	689626.0	23755.19	3701673.0	61714.36	10687492.0	31127.92	5693586.0
		黑桦	2766.05	414040.0	53.61	3373.0	742.38	102280.0	1779.21	278604.0	190.85	29783.0
		水曲柳	105058.24	17030692.0	3083.74	362868.0	20118.64	3032722.0	62495.71	10333678.0	19360.15	3301424.0
		胡桃楸	98643.55	15771506.0	9069.99	1173076.0	28579.66	4322068.0	41389.51	6963629.0	19604.39	3312733.0
		黄波罗	8929.61	1453718.0	793.05	109175.0	1711.64	265889.0	3549.10	598317.0	2875.82	480337.0
		榆树	39884.96	5311207.0	1968.26	100818.0	11418.40	1354459.0	17395.85	2473510.0	9102.45	1382420.0
		椴树	413637.50	70532756.0	3484.82	325997.0	66471.21	10322918.0	228006.44	38694860.0	115675.03	21188981.0
		杨树	6219.76	1147133.0	97.64	9577.0	1277.78	200050.0	2498.39	456601.0	2345.95	480905.0
		柳树	4090.41	220238.0	2078.97	52628.0	1144.82	86898.0	625.85	55938.0	240.77	24774.0
		其他软阔类	16908.13	1613069.0	3640.44	146054.0	7818.89	746565.0	4637.73	601040.0	811.07	119410.0
		山杨	35695.54	5921893.0	1895.33	157325.0	12015.28	1805888.0	15629.92	2781238.0	6155.01	1177442.0
		毛赤杨	5854.54	565092.0	1465.41	83173.0	3101.42	323961.0	1174.86	143382.0	112.85	14576.0
		白牛槭	4657.08	670722.0	2.99	285.0	58.69	7235.0	1566.42	223141.0	3028.98	440061.0
		槭树	49450.20	7634225.0	592.16	56191.0	5852.58	846491.0	24900.09	3881660.0	18105.37	2849883.0
		山槐	1017.37	118007.0	42.02	1993.0	364.13	39501.0	480.64	60102.0	130.58	16411.0
		千金榆	106.37	15366.0					71.75	11473.0	34.62	3893.0
		暴马丁香	362.75	35925.0	96.25	5756.0	133.22	13022.0	87.23	12345.0	46.05	4802.0
		青楷槭	726.82	103993.0	46.78	5448.0	125.08	16229.0	224.45	34515.0	330.51	47801.0
		花楷槭	417.20	52715.0	14.32	601.0	55.16	7075.0	159.65	19669.0	188.07	25370.0
		稠李	346.76	33868.0	93.18	6648.0	139.48	15242.0	92.56	9690.0	21.54	2288.0
		山桃稠李	563.42	83558.0	116.91	17197.0	327.65	47058.0	70.07	12143.0	48.79	7160.0
		山丁子	751.57	74684.0	175.01	12153.0	391.61	39348.0	147.43	19040.0	37.52	4143.0
		花曲柳	210.81	22207.0	40.23	3096.0	141.81	15532.0	18.34	2169.0	10.43	1410.0
		钻天柳	2.34	688.0							2.34	688.0
		其他阔叶树种	221.01	29642.0	0.19	6.0	72.53	8974.0	100.37	13983.0	47.92	6679.0
		假色槭	119.18	12175.0	42.41	1245.0	5.59	966.0	18.17	2647.0	53.01	7317.0
		其他亚乔木	689.46	61593.0	334.23	15615.0	172.60	18693.0	143.95	22587.0	38.68	4698.0
	人工	合计	153757.35	21965663.0	38328.82	3328342.0	50369.19	7505275.0	38558.04	6318721.0	26501.30	4813325.0
		冷杉	326.84	42246.0	220.09	18896.0	85.83	17881.0	20.92	5469.0		
		云杉	8209.96	457600.0	7836.94	387011.0	314.46	56840.0	58.56	13749.0		
		落叶松	79964.49	12149428.0	7346.82	502762.0	24687.35	3369491.0	27702.08	4464684.0	20228.24	3812491.0
		红松	11368.81	1527566.0	5371.11	389623.0	5446.90	1014869.0	535.95	120159.0	14.85	2915.0
		樟子松	4322.08	582944.0	298.86	10942.0	416.76	45431.0	1841.38	254726.0	1765.08	271845.0
		其他针叶树种	24.45	4008.0			16.81	2119.0			7.64	1889.0
		白桦	18.67	743.0	12.50	318.0	4.93	314.0	1.24	111.0		
		水曲柳	4161.84	684304.0	1814.44	250412.0	1216.42	213808.0	1038.20	202173.0	92.78	17911.0
		胡桃楸	5959.31	960612.0	3403.12	495208.0	1695.13	296992.0	702.20	138529.0	158.86	29883.0

表4 长白山重点国有林区乔木林各龄组面积、蓄积按起源和优势树种（组）统计表（续2）

单位：公顷、立方米

统计单位	起源	优势树种（组）	合计		幼龄林		中龄林		近熟林		成、过熟林	
			面积	蓄积	面积	蓄积	面积	蓄积	面积	蓄积	面积	蓄积
长白山森工	人工	黄波罗	921.50	151294.0	565.30	86331.0	247.42	43221.0	94.20	18467.0	14.58	3275.0
		榆树	1759.43	278766.0	332.65	37378.0	841.03	140124.0	512.78	88714.0	72.97	12550.0
		其他硬阔类	8171.16	1114774.0	3455.46	361382.0	3323.74	514484.0	1314.61	224061.0	77.35	14847.0
		椴树	2075.18	331400.0	740.76	95812.0	758.70	121484.0	535.44	107736.0	40.28	6368.0
		杨树	5440.29	731725.0	207.99	5460.0	803.10	66457.0	865.84	100631.0	3563.36	559177.0
		柳树	389.96	39224.0	141.48	4974.0	183.85	26871.0	40.77	5246.0	23.86	2133.0
		其他软阔类	17437.99	2473380.0	5839.27	617368.0	8674.12	1343954.0	2532.81	441633.0	391.79	70425.0
		山杨	2268.26	313229.0	318.18	21579.0	1309.59	182141.0	596.74	102695.0	43.75	6814.0
		毛赤杨	140.61	15354.0	46.67	3673.0	77.98	9905.0	15.96	1776.0		
		槭树	243.44	35544.0	81.94	5782.0	65.38	9712.0	96.12	20050.0		
		山槐	36.18	6428.0			21.85	3801.0	14.33	2627.0		
		山桃稠李	230.61	40366.0	122.03	21954.0	98.44	17230.0	10.14	1182.0		
		其他阔叶树种	156.46	11948.0	70.85	1621.0	51.93	5222.0	27.77	4303.0	5.91	802.0
		其他亚乔木	129.83	12780.0	102.36	9856.0	27.47	2924.0				
	其中：人天混	合计	64972.16	9640169.0	19291.61	2260618.0	26018.27	3997493.0	14580.00	2492911.0	5082.28	889147.0
		冷杉	326.84	42246.0	220.09	18896.0	85.83	17881.0	20.92	5469.0		
		云杉	1082.52	111418.0	927.44	81205.0	138.35	25878.0	16.73	4335.0		
		落叶松	17003.92	2576124.0	831.23	65102.0	6145.24	830807.0	6427.51	1036493.0	3599.94	643722.0
		红松	1782.80	261446.0	818.16	88171.0	892.46	159407.0	59.59	11415.0	12.59	2453.0
		樟子松	666.08	81818.0	19.08	438.0	104.19	10559.0	321.92	41388.0	220.89	29433.0
		其他针叶树种	6.62	942.0			6.62	942.0				
		水曲柳	3772.40	673301.0	1500.63	245124.0	1141.81	208143.0	1037.18	202123.0	92.78	17911.0
		胡桃楸	5936.87	958155.0	3394.60	495037.0	1694.70	296943.0	688.71	136292.0	158.86	29883.0
		黄波罗	907.65	150404.0	558.96	86331.0	242.69	42768.0	94.20	18467.0	11.80	2838.0
		榆树	1759.43	278766.0	332.65	37378.0	841.03	140124.0	512.78	88714.0	72.97	12550.0
		其他硬阔类	8171.16	1114774.0	3455.46	361382.0	3323.74	514484.0	1314.61	224061.0	77.35	14847.0
		椴树	2075.18	331400.0	740.76	95812.0	758.70	121484.0	535.44	107736.0	40.28	6368.0
		杨树	806.28	119502.0	35.96	1875.0	186.95	28882.0	230.00	37644.0	353.37	51101.0
		柳树	291.17	37035.0	66.55	4918.0	183.85	26871.0	40.77	5246.0		
		其他软阔类	17240.00	2468035.0	5700.83	614933.0	8627.25	1341646.0	2520.13	441031.0	391.79	70425.0
		山杨	2268.26	313229.0	318.18	21579.0	1309.59	182141.0	596.74	102695.0	43.75	6814.0
		毛赤杨	140.61	15354.0	46.67	3673.0	77.98	9905.0	15.96	1776.0		
		槭树	243.44	35544.0	81.94	5782.0	65.38	9712.0	96.12	20050.0		
		山槐	36.18	6428.0			21.85	3801.0	14.33	2627.0		
		山桃稠李	230.61	40366.0	122.03	21954.0	98.44	17230.0	10.14	1182.0		
		其他阔叶树种	94.31	11102.0	18.03	1172.0	44.15	4961.0	26.22	4167.0	5.91	802.0
		其他亚乔木	129.83	12780.0	102.36	9856.0	27.47	2924.0				
黄泥河林业局	合计	合计	180274.59	28012382.0	15171.36	1752370.0	68882.30	10263176.0	70938.75	11750057.0	25282.18	4246779.0
		冷杉	2541.08	412934.0	10.54	977.0	1285.98	207268.0	696.22	111554.0	548.34	93135.0
		云杉	3191.66	409688.0	833.41	32895.0	931.23	133542.0	187.45	31019.0	1239.57	212232.0
		落叶松	10465.22	1686896.0	1659.46	120721.0	3446.41	540439.0	2413.49	435465.0	2945.86	590271.0
		红松	2008.01	288494.0	794.50	62703.0	948.13	173103.0	212.27	43653.0	53.11	9035.0

表 4　长白山重点国有林区乔木林各龄组面积、蓄积按起源和优势树种（组）统计表（续 3）

单位：公顷、立方米

统计单位	起源	优势树种（组）	合计		幼龄林		中龄林		近熟林		成、过熟林	
			面积	蓄积	面积	蓄积	面积	蓄积	面积	蓄积	面积	蓄积
黄泥河林业局	合计	樟子松	271.54	42192.0	2.54	36.0	40.64	4563.0	124.27	17592.0	104.09	20001.0
		蒙古栎	37386.13	5726619.0	868.73	95878.0	14575.14	2062647.0	20866.91	3379960.0	1075.35	188134.0
		白桦	8525.41	1149229.0	1216.47	57225.0	4796.65	689566.0	2160.30	345149.0	351.99	57289.0
		枫桦	17359.40	2611319.0	1579.07	199986.0	4705.11	652767.0	5554.66	879946.0	5520.56	878620.0
		黑桦	464.13	62735.0	2.57	279.0	234.54	30366.0	227.02	32090.0		
		水曲柳	25879.99	4187885.0	1703.39	269454.0	9421.47	1453833.0	12593.38	2120481.0	2161.75	344117.0
		胡桃楸	31354.17	5126456.0	4197.82	637648.0	19287.45	3002134.0	6577.65	1266762.0	1291.25	219912.0
		黄波罗	1094.36	168261.0	360.62	57150.0	563.97	83864.0	104.97	16692.0	64.80	10555.0
		榆树	3492.99	480442.0	138.00	15201.0	1506.63	203374.0	1260.05	181357.0	588.31	80510.0
		其他硬阔类	731.90	112965.0	270.96	30829.0	385.74	67771.0	75.20	14365.0		
		椴树	19147.50	3027786.0	433.95	54611.0	3372.47	479295.0	10035.67	1620342.0	5305.41	873538.0
		杨树	2015.88	343580.0	21.24	601.0	176.02	17991.0	601.02	98627.0	1217.60	226361.0
		柳树	56.87	5280.0	18.59	427.0	31.34	3333.0			6.94	1520.0
		其他软阔类	1632.60	252415.0	566.25	79363.0	612.32	95911.0	348.07	62379.0	105.96	14762.0
		山杨	2142.05	363965.0	31.44	2687.0	426.86	62157.0	1142.55	198819.0	541.20	100302.0
		毛赤杨	139.06	13900.0	11.88	980.0	127.18	12920.0				
		白牛槭	443.52	62726.0	2.99	285.0	23.56	3240.0	240.75	34006.0	176.22	25195.0
		槭树	9472.75	1435578.0	257.08	26838.0	1814.35	263547.0	5439.35	846293.0	1961.97	298900.0
		山槐	7.64	920.0			4.89	551.0	2.75	369.0		
		暴马丁香	56.03	3934.0	19.97	349.0	25.24	1438.0	10.82	2147.0		
		青楷槭	12.99	1303.0			12.99	1303.0				
		花楷槭	23.67	2513.0	1.77	123.0					21.90	2390.0
		稠李	10.96	553.0	8.82	280.0			2.14	273.0		
		山桃稠李	45.78	5961.0			45.78	5961.0				
		山丁子	34.26	5467.0			4.52	322.0	29.74	5145.0		
		花曲柳	6.51	141.0	6.51	141.0						
		其他阔叶树种	54.63	8128.0	4.38	286.0	18.20	2270.0	32.05	5572.0		
		其他亚乔木	205.90	12117.0	148.41	4417.0	57.49	7700.0				
	天然	合计	162565.95	25230528.0	9288.75	1126479.0	64313.19	9473096.0	67652.83	11158531.0	21311.18	3472422.0
		冷杉	2534.59	411652.0	7.61	632.0	1282.42	206331.0	696.22	111554.0	548.34	93135.0
		云杉	2361.95	376590.0	18.13	1487.0	916.80	131852.0	187.45	31019.0	1239.57	212232.0
		落叶松	1838.65	275885.0	32.78	2901.0	1606.22	242077.0	195.29	30280.0	4.36	627.0
		红松	691.56	117819.0	45.32	7637.0	425.27	68015.0	167.86	33132.0	53.11	9035.0
		蒙古栎	37386.13	5726619.0	868.73	95878.0	14575.14	2062647.0	20866.91	3379960.0	1075.35	188134.0
		白桦	8522.82	1149112.0	1216.47	57225.0	4794.06	689449.0	2160.30	345149.0	351.99	57289.0
		枫桦	17359.40	2611319.0	1579.07	199986.0	4705.11	652767.0	5554.66	879946.0	5520.56	878620.0
		黑桦	464.13	62735.0	2.57	279.0	234.54	30366.0	227.02	32090.0		
		水曲柳	24680.26	3974077.0	1002.43	146458.0	9114.26	1399284.0	12401.82	2084218.0	2161.75	344117.0
		胡桃楸	29861.40	4870169.0	3312.24	494827.0	18760.90	2905628.0	6497.01	1249802.0	1291.25	219912.0
		黄波罗	925.35	137550.0	241.64	34546.0	513.94	75757.0	104.97	16692.0	64.80	10555.0
		榆树	3202.86	423943.0	86.91	6248.0	1296.52	161039.0	1240.04	177679.0	579.39	78977.0
		椴树	18983.27	2998880.0	346.71	41062.0	3305.83	465723.0	10025.32	1618557.0	5305.41	873538.0

表4 长白山重点国有林区乔木林各龄组面积、蓄积按起源和优势树种（组）统计表（续4）

单位：公顷、立方米

统计单位	起源	优势树种（组）	合计		幼龄林		中龄林		近熟林		成、过熟林	
			面积	蓄积	面积	蓄积	面积	蓄积	面积	蓄积	面积	蓄积
黄泥河林业局	天然	杨树	991.34	176462.0	1.97	106.0	123.96	14740.0	499.16	89868.0	366.25	71748.0
		柳树	56.87	5280.0	18.59	427.0	31.34	3333.0			6.94	1520.0
		其他软阔类	206.56	18683.0	53.61	3568.0	99.45	7429.0	6.01	558.0	47.49	7128.0
		山杨	2107.62	359289.0	23.33	2278.0	418.36	60943.0	1131.40	196698.0	534.53	99370.0
		毛赤杨	139.06	13900.0	11.88	980.0	127.18	12920.0				
		白牛槭	443.52	62726.0	2.99	285.0	23.56	3240.0	240.75	34006.0	176.22	25195.0
		槭树	9379.65	1421256.0	230.29	24359.0	1793.61	260478.0	5393.78	837519.0	1961.97	298900.0
		山槐	7.64	920.0			4.89	551.0	2.75	369.0		
		暴马丁香	56.03	3934.0	19.97	349.0	25.24	1438.0	10.82	2147.0		
		青楷槭	12.99	1303.0			12.99	1303.0				
		花楷槭	23.67	2513.0	1.77	123.0					21.90	2390.0
		稠李	10.96	553.0	8.82	280.0			2.14	273.0		
		山桃稠李	45.78	5961.0			45.78	5961.0				
		山丁子	34.26	5467.0			4.52	322.0	29.74	5145.0		
		花曲柳	6.51	141.0	6.51	141.0						
		其他阔叶树种	28.14	4066.0			16.73	2196.0	11.41	1870.0		
		其他亚乔木	202.98	11724.0	148.41	4417.0	54.57	7307.0				
	人工	合计	17708.64	2781854.0	5882.61	625891.0	4569.11	790080.0	3285.92	591526.0	3971.00	774357.0
		冷杉	6.49	1282.0	2.93	345.0	3.56	937.0				
		云杉	829.71	33098.0	815.28	31408.0	14.43	1690.0				
		落叶松	8626.57	1411011.0	1626.68	117820.0	1840.19	298362.0	2218.20	405185.0	2941.50	589644.0
		红松	1316.45	170675.0	749.18	55066.0	522.86	105088.0	44.41	10521.0		
		樟子松	271.54	42192.0	2.54	36.0	40.64	4563.0	124.27	17592.0	104.09	20001.0
		白桦	2.59	117.0			2.59	117.0				
		水曲柳	1199.73	213808.0	700.96	122996.0	307.21	54549.0	191.56	36263.0		
		胡桃楸	1492.77	256287.0	885.58	142821.0	526.55	96506.0	80.64	16960.0		
		黄波罗	169.01	30711.0	118.98	22604.0	50.03	8107.0				
		榆树	290.13	56499.0	51.09	8953.0	210.11	42335.0	20.01	3678.0	8.92	1533.0
		其他硬阔类	731.90	112965.0	270.96	30829.0	385.74	67771.0	75.20	14365.0		
		椴树	164.23	28906.0	87.24	13549.0	66.64	13572.0	10.35	1785.0		
		杨树	1024.54	167118.0	19.27	495.0	52.06	3251.0	101.86	8759.0	851.35	154613.0
		其他软阔类	1426.04	233732.0	512.64	75795.0	512.87	88482.0	342.06	61821.0	58.47	7634.0
		山杨	34.43	4676.0	8.11	409.0	8.50	1214.0	11.15	2121.0	6.67	932.0
		槭树	93.10	14322.0	26.79	2479.0	20.74	3069.0	45.57	8774.0		
		其他阔叶树种	26.49	4062.0	4.38	286.0	1.47	74.0	20.64	3702.0		
		其他亚乔木	2.92	393.0			2.92	393.0				
	其中：人天混	合计	7455.00	1278537.0	2857.29	447836.0	2621.83	472724.0	1469.64	270966.0	506.24	87011.0
		冷杉	6.49	1282.0	2.93	345.0	3.56	937.0				
		云杉	70.63	7134.0	67.77	6639.0	2.86	495.0				
		落叶松	1589.12	271105.0	99.11	9188.0	434.93	72383.0	665.39	120528.0	389.69	69006.0
		红松	173.55	35445.0	79.10	12748.0	94.45	22697.0				
		樟子松	11.39	1268.0	1.59	36.0	4.16	505.0	5.64	727.0		

表 4　长白山重点国有林区乔木林各龄组面积、蓄积按起源和优势树种（组）统计表（续 5）

单位：公顷、立方米

统计单位	起源	优势树种（组）	合计		幼龄林		中龄林		近熟林		成、过熟林	
			面积	蓄积	面积	蓄积	面积	蓄积	面积	蓄积	面积	蓄积
黄泥河林业局	其中：人天混	水曲柳	1120.76	211029.0	633.12	120863.0	296.08	53903.0	191.56	36263.0		
		胡桃楸	1492.77	256287.0	885.58	142821.0	526.55	96506.0	80.64	16960.0		
		黄波罗	164.28	30258.0	118.98	22604.0	45.30	7654.0				
		榆树	290.13	56499.0	51.09	8953.0	210.11	42335.0	20.01	3678.0	8.92	1533.0
		其他硬阔类	731.90	112965.0	270.96	30829.0	385.74	67771.0	75.20	14365.0		
		椴树	164.23	28906.0	87.24	13549.0	66.64	13572.0	10.35	1785.0		
		杨树	61.63	9338.0	11.29	382.0	6.42	808.0	1.43	242.0	42.49	7906.0
		其他软阔类	1424.09	233680.0	510.69	75743.0	512.87	88482.0	342.06	61821.0	58.47	7634.0
		山杨	34.43	4676.0	8.11	409.0	8.50	1214.0	11.15	2121.0	6.67	932.0
		槭树	93.10	14322.0	26.79	2479.0	20.74	3069.0	45.57	8774.0		
		其他阔叶树种	23.58	3950.0	2.94	248.0			20.64	3702.0		
		其他亚乔木	2.92	393.0			2.92	393.0				
敦化林业局	合计	合计	219007.64	34843506.0	14793.00	1524269.0	27128.04	3874968.0	94332.69	15518594.0	82753.91	13925675.0
		冷杉	2416.37	419696.0	8.64	961.0	270.49	43824.0	1281.86	223885.0	855.38	151026.0
		云杉	2294.50	346295.0	584.31	49263.0	250.99	41237.0	938.49	167045.0	520.71	88750.0
		落叶松	9580.00	1573543.0	510.92	39697.0	3414.88	478355.0	3517.18	593927.0	2137.02	461564.0
		红松	2901.94	534188.0	358.14	28211.0	461.00	81990.0	649.51	112377.0	1433.29	311610.0
		樟子松	117.46	15501.0	15.49	985.0	22.47	2517.0	73.26	10711.0	6.24	1288.0
		蒙古栎	25578.88	4367595.0	1073.59	100477.0	4171.44	647182.0	12785.39	2191282.0	7548.46	1428654.0
		白桦	10678.84	1402094.0	2263.53	194440.0	4246.98	558088.0	3370.76	523272.0	797.57	126294.0
		枫桦	17193.47	2840969.0	1010.33	97078.0	1048.18	163445.0	10033.50	1735054.0	5101.46	845392.0
		黑桦	684.19	112342.0			40.20	5958.0	507.78	85566.0	136.21	20818.0
		水曲柳	24794.35	4038151.0	859.50	93898.0	2160.20	311342.0	13097.61	2191477.0	8677.04	1441434.0
		胡桃楸	37089.56	5845882.0	4810.26	568091.0	3462.99	504531.0	16303.87	2699598.0	12512.44	2073662.0
		黄波罗	3749.14	609747.0	277.57	36070.0	267.35	43531.0	1620.47	271350.0	1583.75	258796.0
		榆树	10053.04	1425008.0	337.07	23675.0	1374.56	169715.0	3716.13	541291.0	4625.28	690327.0
		其他硬阔类	471.51	78020.0	183.13	26655.0	189.94	34625.0	98.44	16740.0		
		椴树	42604.39	7030066.0	207.07	20415.0	1614.99	233193.0	17286.19	2773118.0	23496.14	4003340.0
		杨树	3577.22	595929.0			525.15	76828.0	1064.22	178584.0	1987.85	340517.0
		柳树	273.98	22467.0	70.98	1786.0	103.33	9035.0	80.22	9373.0	19.45	2273.0
		其他软阔类	2785.71	376466.0	1383.32	152781.0	1082.58	164711.0	249.17	43910.0	70.64	15064.0
		山杨	3294.73	470846.0	163.77	17684.0	1509.62	187601.0	1334.74	212048.0	286.60	53513.0
		毛赤杨	83.38	7542.0	19.54	1483.0	29.37	2199.0	34.47	3860.0		
		白牛槭	3461.21	490226.0			11.04	1211.0	931.64	123347.0	2518.53	365668.0
		槭树	13177.90	1970887.0	63.84	5284.0	340.91	48061.0	4840.21	740024.0	7932.94	1177518.0
		山槐	140.07	13674.0	2.83	252.0	27.72	2843.0	56.13	4140.0	53.39	6439.0
		千金榆	22.26	2948.0					14.65	2448.0	7.61	500.0
		暴马丁香	51.43	5820.0			32.56	2993.0	18.61	2766.0	0.26	61.0
		青楷槭	364.26	50660.0	35.02	4389.0	18.67	1951.0	94.59	13651.0	215.98	30669.0
		花楷槭	190.46	22360.0			19.95	1552.0	63.85	6865.0	106.66	13943.0
		稠李	86.19	8597.0	28.85	2465.0	39.21	4386.0	11.25	1057.0	6.88	689.0
		山桃稠李	509.91	83118.0	208.00	35443.0	226.86	35264.0	34.28	6531.0	40.77	5880.0

表4 长白山重点国有林区乔木林各龄组面积、蓄积按起源和优势树种（组）统计表（续6）

单位：公顷、立方米

统计单位	起源	优势树种（组）	合计		幼龄林		中龄林		近熟林		成、过熟林	
			面积	蓄积	面积	蓄积	面积	蓄积	面积	蓄积	面积	蓄积
敦化林业局	合计	山丁子	60.64	7098.0	18.21	1316.0	9.79	1284.0	27.34	3861.0	5.30	637.0
		花曲柳	9.41	1083.0	1.44	150.0	7.97	933.0				
		钻天柳	2.34	688.0							2.34	688.0
		其他阔叶树种	56.87	5770.0	10.27	270.0	4.81	173.0	41.79	5327.0		
		假色槭	44.00	6334.0			3.82	849.0	11.14	1522.0	29.04	3963.0
		其他亚乔木	608.03	61896.0	287.38	21050.0	138.02	13561.0	143.95	22587.0	38.68	4698.0
	天然	合计	201167.83	32087032.0	9742.98	944788.0	21662.11	3054728.0	90153.33	14774760.0	79609.41	13312756.0
		冷杉	2400.09	416847.0	8.64	961.0	254.21	40975.0	1281.86	223885.0	855.38	151026.0
		云杉	1672.51	288655.0	6.22	122.0	223.81	36087.0	921.77	163696.0	520.71	88750.0
		落叶松	1656.71	253079.0	49.63	4720.0	493.74	77851.0	769.48	115765.0	343.86	54743.0
		红松	2312.59	456165.0	47.23	5316.0	213.26	34390.0	618.81	104849.0	1433.29	311610.0
		蒙古栎	25578.88	4367595.0	1073.59	100477.0	4171.44	647182.0	12785.39	2191282.0	7548.46	1428654.0
		白桦	10676.19	1402020.0	2260.88	194366.0	4246.98	558088.0	3370.76	523272.0	797.57	126294.0
		枫桦	17193.47	2840969.0	1010.33	97078.0	1048.18	163445.0	10033.50	1735054.0	5101.46	845392.0
		黑桦	684.19	112342.0			40.20	5958.0	507.78	85566.0	136.21	20818.0
		水曲柳	24168.48	3929798.0	571.71	54687.0	2049.94	291411.0	12878.74	2144057.0	8668.09	1439643.0
		胡桃楸	35064.16	5535241.0	3359.16	373732.0	3208.36	457790.0	16041.43	2642354.0	12455.21	2061365.0
		黄波罗	3542.56	578838.0	140.03	18825.0	234.30	37330.0	1584.48	263887.0	1583.75	258796.0
		榆树	9552.14	1340167.0	243.37	12946.0	1139.04	128574.0	3575.40	513915.0	4594.33	684732.0
		椴树	42507.82	7012606.0	177.69	16401.0	1578.39	226590.0	17258.11	2766780.0	23493.63	4002835.0
		杨树	2087.07	385245.0			466.66	69514.0	818.06	146689.0	802.35	169042.0
		柳树	252.09	20281.0	66.15	1593.0	90.86	7474.0	75.63	8941.0	19.45	2273.0
		其他软阔类	291.52	20633.0	137.12	4969.0	105.15	8244.0	25.44	3398.0	23.81	4022.0
		山杨	3001.72	435032.0	148.48	16823.0	1290.21	162191.0	1289.56	204610.0	273.47	51408.0
		毛赤杨	83.38	7542.0	19.54	1483.0	29.37	2199.0	34.47	3860.0		
		白牛槭	3461.21	490226.0			11.04	1211.0	931.64	123347.0	2518.53	365668.0
		槭树	13158.93	1969028.0	50.44	4696.0	338.45	47789.0	4837.10	739025.0	7932.94	1177518.0
		山槐	140.07	13674.0	2.83	252.0	27.72	2843.0	56.13	4140.0	53.39	6439.0
		千金榆	22.26	2948.0					14.65	2448.0	7.61	500.0
		暴马丁香	51.43	5820.0			32.56	2993.0	18.61	2766.0	0.26	61.0
		青楷槭	364.26	50660.0	35.02	4389.0	18.67	1951.0	94.59	13651.0	215.98	30669.0
		花楷槭	190.46	22360.0			19.95	1552.0	63.85	6865.0	106.66	13943.0
		稠李	86.19	8597.0	28.85	2465.0	39.21	4386.0	11.25	1057.0	6.88	689.0
		山桃稠李	331.81	50852.0	101.40	15827.0	155.36	22614.0	34.28	6531.0	40.77	5880.0
		山丁子	60.64	7098.0	18.21	1316.0	9.79	1284.0	27.34	3861.0	5.30	637.0
		花曲柳	9.41	1083.0	1.44	150.0	7.97	933.0				
		钻天柳	2.34	688.0							2.34	688.0
		其他阔叶树种	38.13	5100.0					38.13	5100.0		
		假色槭	44.00	6334.0			3.82	849.0	11.14	1522.0	29.04	3963.0
		其他亚乔木	481.12	49509.0	185.02	11194.0	113.47	11030.0	143.95	22587.0	38.68	4698.0
	人工	合计	17839.81	2756474.0	5050.02	579481.0	5465.93	820240.0	4179.36	743834.0	3144.50	612919.0
		冷杉	16.28	2849.0			16.28	2849.0				

表 4　长白山重点国有林区乔木林各龄组面积、蓄积按起源和优势树种（组）统计表（续 7）

单位：公顷、立方米

统计单位	起源	优势树种（组）	合计		幼龄林		中龄林		近熟林		成、过熟林	
			面积	蓄积	面积	蓄积	面积	蓄积	面积	蓄积	面积	蓄积
敦化林业局	人工	云杉	621.99	57640.0	578.09	49141.0	27.18	5150.0	16.72	3349.0		
		落叶松	7923.29	1320464.0	461.29	34977.0	2921.14	400504.0	2747.70	478162.0	1793.16	406821.0
		红松	589.35	78023.0	310.91	22895.0	247.74	47600.0	30.70	7528.0		
		樟子松	117.46	15501.0	15.49	985.0	22.47	2517.0	73.26	10711.0	6.24	1288.0
		白桦	2.65	74.0	2.65	74.0						
		水曲柳	625.87	108353.0	287.79	39211.0	110.26	19931.0	218.87	47420.0	8.95	1791.0
		胡桃楸	2025.40	310641.0	1451.10	194359.0	254.63	46741.0	262.44	57244.0	57.23	12297.0
		黄波罗	206.58	30909.0	137.54	17245.0	33.05	6201.0	35.99	7463.0		
		榆树	500.90	84841.0	93.70	10729.0	235.52	41141.0	140.73	27376.0	30.95	5595.0
		其他硬阔类	471.51	78020.0	183.13	26655.0	189.94	34625.0	98.44	16740.0		
		椴树	96.57	17460.0	29.38	4014.0	36.60	6603.0	28.08	6338.0	2.51	505.0
		杨树	1490.15	210684.0			58.49	7314.0	246.16	31895.0	1185.50	171475.0
		柳树	21.89	2186.0	4.83	193.0	12.47	1561.0	4.59	432.0		
		其他软阔类	2494.19	355833.0	1246.20	147812.0	977.43	156467.0	223.73	40512.0	46.83	11042.0
		山杨	293.01	35814.0	15.29	861.0	219.41	25410.0	45.18	7438.0	13.13	2105.0
		槭树	18.97	1859.0	13.40	588.0	2.46	272.0	3.11	999.0		
		山桃稠李	178.10	32266.0	106.60	19616.0	71.50	12650.0				
		其他阔叶树种	18.74	670.0	10.27	270.0	4.81	173.0	3.66	227.0		
		其他亚乔木	126.91	12387.0	102.36	9856.0	24.55	2531.0				
	其中：人天混	合计	9613.47	1473071.0	3850.47	498052.0	3359.46	526039.0	1777.40	329783.0	626.14	119197.0
		冷杉	16.28	2849.0			16.28	2849.0				
		云杉	171.77	21613.0	159.87	19772.0	11.90	1841.0				
		落叶松	2008.34	315837.0	36.83	1974.0	1074.36	150977.0	600.40	99476.0	296.75	63410.0
		红松	117.12	18017.0	52.20	5981.0	55.82	9518.0	9.10	2518.0		
		樟子松	18.67	1796.0			6.10	349.0	12.57	1447.0		
		水曲柳	607.35	107728.0	276.57	39196.0	102.96	19321.0	218.87	47420.0	8.95	1791.0
		胡桃楸	2025.40	310641.0	1451.10	194359.0	254.63	46741.0	262.44	57244.0	57.23	12297.0
		黄波罗	206.58	30909.0	137.54	17245.0	33.05	6201.0	35.99	7463.0		
		榆树	500.90	84841.0	93.70	10729.0	235.52	41141.0	140.73	27376.0	30.95	5595.0
		其他硬阔类	471.51	78020.0	183.13	26655.0	189.94	34625.0	98.44	16740.0		
		椴树	96.57	17460.0	29.38	4014.0	36.60	6603.0	28.08	6338.0	2.51	505.0
		杨树	317.11	43823.0			56.81	7218.0	90.51	14153.0	169.79	22452.0
		柳树	21.89	2186.0	4.83	193.0	12.47	1561.0	4.59	432.0		
		其他软阔类	2407.85	354445.0	1184.62	146773.0	952.67	156118.0	223.73	40512.0	46.83	11042.0
		山杨	293.01	35814.0	15.29	861.0	219.41	25410.0	45.18	7438.0	13.13	2105.0
		槭树	18.97	1859.0	13.40	588.0	2.46	272.0	3.11	999.0		
		山桃稠李	178.10	32266.0	106.60	19616.0	71.50	12650.0				
		其他阔叶树种	9.14	580.0	3.05	240.0	2.43	113.0	3.66	227.0		
		其他亚乔木	126.91	12387.0	102.36	9856.0	24.55	2531.0				
大石头林业局	合计	合计	240825.03	38172370.0	13684.17	841269.0	39738.23	5807103.0	155065.49	25929358.0	32337.14	5594640.0
		冷杉	3119.98	541970.0	13.76	2011.0	581.01	100723.0	2058.05	352633.0	467.16	86603.0
		云杉	5737.10	884205.0	1058.30	71676.0	1319.24	222959.0	2661.52	464593.0	698.04	124977.0

表4 长白山重点国有林区乔木林各龄组面积、蓄积按起源和优势树种（组）统计表（续8）

单位：公顷、立方米

统计单位	起源	优势树种（组）	合计		幼龄林		中龄林		近熟林		成、过熟林	
			面积	蓄积	面积	蓄积	面积	蓄积	面积	蓄积	面积	蓄积
大石头林业局	合计	落叶松	17506.02	2697674.0	881.65	69808.0	4203.63	596925.0	8056.21	1283955.0	4364.53	746986.0
		红松	3126.85	519448.0	364.24	18078.0	962.36	177485.0	1455.19	256571.0	345.06	67314.0
		樟子松	202.67	32545.0	70.01	6931.0	30.41	3932.0	26.72	5155.0	75.53	16527.0
		蒙古栎	66731.27	11247554.0	682.03	63671.0	10258.32	1603530.0	49343.26	8442113.0	6447.66	1138240.0
		白桦	20482.24	2556202.0	5151.45	236491.0	6587.02	912190.0	8041.81	1293715.0	701.96	113806.0
		枫桦	17714.40	2947303.0	204.67	25323.0	1608.17	230345.0	12741.57	2147872.0	3159.99	543763.0
		黑桦	279.02	43283.0	3.20	172.0	59.52	8538.0	201.15	32043.0	15.15	2530.0
		水曲柳	23699.59	3878888.0	597.38	69001.0	2163.21	320104.0	17822.86	2941794.0	3116.14	547989.0
		胡桃楸	10335.47	1741066.0	245.23	32521.0	1131.90	174385.0	7543.68	1274122.0	1414.66	260038.0
		黄波罗	1122.00	183848.0	88.61	11788.0	318.62	52942.0	619.51	102510.0	95.26	16608.0
		榆树	6261.40	841698.0	374.91	19104.0	1718.36	205331.0	3591.38	521434.0	576.75	95829.0
		其他硬阔类	961.61	156994.0	175.07	19565.0	256.46	44205.0	479.17	83618.0	50.91	9606.0
		椴树	44427.50	7395955.0	172.26	19570.0	3302.42	480067.0	32509.56	5462033.0	8443.26	1434285.0
		杨树	640.43	102068.0	27.44	681.0	108.40	13947.0	240.08	40736.0	264.51	46704.0
		柳树	1485.67	48397.0	1221.49	24808.0	126.66	11284.0	70.38	6095.0	67.14	6210.0
		其他软阔类	5182.97	673474.0	1473.39	102859.0	2411.80	354241.0	1050.51	176880.0	247.27	39494.0
		山杨	1865.06	332911.0	60.53	4690.0	283.80	43351.0	1213.82	228197.0	306.91	56673.0
		毛赤杨	2650.47	254529.0	610.56	32066.0	1442.34	148369.0	574.43	70822.0	23.14	3272.0
		白牛槭	233.12	38441.0			10.11	839.0	184.16	31675.0	38.85	5927.0
		槭树	5718.15	902335.0	26.62	490.0	271.40	35578.0	4150.74	652764.0	1269.39	213503.0
		山槐	389.22	47210.0	2.84	209.0	161.50	16791.0	223.27	29975.0	1.61	235.0
		暴马丁香	54.83	4899.0	12.04	672.0	5.73	1073.0	8.05	1039.0	29.01	2115.0
		青楷槭	154.94	24657.0	5.98	459.0	35.12	4821.0	56.74	10940.0	57.10	8437.0
		花楷槭	41.59	4143.0	8.73	323.0			11.14	940.0	21.72	2880.0
		稠李	140.33	13341.0	31.20	1663.0	63.87	7219.0	44.39	4359.0	0.87	100.0
		山桃稠李	92.16	12227.0	1.33	150.0	58.15	7662.0	24.66	3135.0	8.02	1280.0
		山丁子	331.43	32100.0	65.99	4795.0	221.22	23259.0	26.63	2849.0	17.59	1197.0
		花曲柳	28.97	4115.0			21.47	3051.0	7.50	1064.0		
		其他阔叶树种	51.32	5693.0	10.85	449.0	14.24	1840.0	20.32	2602.0	5.91	802.0
		假色槭	57.25	3197.0	42.41	1245.0	1.77	117.0	7.03	1125.0	6.04	710.0
	天然	合计	217657.35	34773989.0	9857.30	524498.0	32681.65	4759238.0	147680.92	24740752.0	27437.48	4749501.0
		冷杉	3099.68	539043.0	1.20	207.0	573.27	99600.0	2058.05	352633.0	467.16	86603.0
		云杉	4559.25	784915.0	28.32	1673.0	1196.77	200484.0	2636.12	457781.0	698.04	124977.0
		落叶松	4748.86	785839.0	143.29	11328.0	1161.98	184885.0	3303.84	564827.0	139.75	24799.0
		红松	2256.72	395691.0	46.95	4229.0	498.50	87084.0	1376.35	239149.0	334.92	65229.0
		蒙古栎	66731.27	11247554.0	682.03	63671.0	10258.32	1603530.0	49343.26	8442113.0	6447.66	1138240.0
		白桦	20477.52	2555847.0	5147.97	236247.0	6587.02	912190.0	8040.57	1293604.0	701.96	113806.0
		枫桦	17714.40	2947303.0	204.67	25323.0	1608.17	230345.0	12741.57	2147872.0	3159.99	543763.0
		黑桦	279.02	43283.0	3.20	172.0	59.52	8538.0	201.15	32043.0	15.15	2530.0
		水曲柳	22835.63	3732181.0	413.59	49303.0	1942.41	279525.0	17441.88	2870416.0	3037.75	532937.0
		胡桃楸	9799.74	1653231.0	116.81	14408.0	927.75	140733.0	7442.15	1255638.0	1313.03	242452.0
		黄波罗	1041.66	171612.0	52.01	6960.0	281.37	46497.0	613.02	101547.0	95.26	16608.0

表 4　长白山重点国有林区乔木林各龄组面积、蓄积按起源和优势树种（组）统计表（续 9）

单位：公顷、立方米

统计单位	起源	优势树种（组）	合计		幼龄林		中龄林		近熟林		成、过熟林	
			面积	蓄积	面积	蓄积	面积	蓄积	面积	蓄积	面积	蓄积
大石头林业局	天然	榆树	5817.06	771620.0	335.11	14167.0	1561.10	181725.0	3359.35	482296.0	561.50	93432.0
		椴树	44143.11	7342401.0	139.04	14788.0	3271.35	475292.0	32297.46	5419689.0	8435.26	1432632.0
		杨树	313.39	57813.0	0.81	24.0	27.61	4728.0	200.29	36571.0	84.68	16490.0
		柳树	1457.57	45717.0	1209.93	24018.0	114.19	9932.0	66.31	5557.0	67.14	6210.0
		其他软阔类	798.32	47048.0	528.74	16015.0	101.36	10328.0	66.82	7622.0	101.40	13083.0
		山杨	1799.80	323133.0	43.54	3326.0	269.29	41030.0	1183.48	222723.0	303.49	56054.0
		毛赤杨	2568.11	246086.0	568.93	28633.0	1405.46	143955.0	570.58	70226.0	23.14	3272.0
		白牛槭	233.12	38441.0			10.11	839.0	184.16	31675.0	38.85	5927.0
		槭树	5709.26	902028.0	20.64	490.0	268.49	35271.0	4150.74	652764.0	1269.39	213503.0
		山槐	364.81	43381.0	2.84	209.0	151.42	15589.0	208.94	27348.0	1.61	235.0
		暴马丁香	54.83	4899.0	12.04	672.0	5.73	1073.0	8.05	1039.0	29.01	2115.0
		青楷槭	154.94	24657.0	5.98	459.0	35.12	4821.0	56.74	10940.0	57.10	8437.0
		花楷槭	41.59	4143.0	8.73	323.0			11.14	940.0	21.72	2880.0
		稠李	140.33	13341.0	31.20	1663.0	63.87	7219.0	44.39	4359.0	0.87	100.0
		山桃稠李	80.88	10981.0	1.33	150.0	57.01	7598.0	14.52	1953.0	8.02	1280.0
		山丁子	331.43	32100.0	65.99	4795.0	221.22	23259.0	26.63	2849.0	17.59	1197.0
		花曲柳	28.97	4115.0			21.47	3051.0	7.50	1064.0		
		其他阔叶树种	18.83	2389.0					18.83	2389.0		
		假色槭	57.25	3197.0	42.41	1245.0	1.77	117.0	7.03	1125.0	6.04	710.0
	人工	合计	23167.68	3398381.0	3826.87	316771.0	7056.58	1047865.0	7384.57	1188606.0	4899.66	845139.0
		冷杉	20.30	2927.0	12.56	1804.0	7.74	1123.0				
		云杉	1177.85	99290.0	1029.98	70003.0	122.47	22475.0	25.40	6812.0		
		落叶松	12757.16	1911835.0	738.36	58480.0	3041.65	412040.0	4752.37	719128.0	4224.78	722187.0
		红松	870.13	123757.0	317.29	13849.0	463.86	90401.0	78.84	17422.0	10.14	2085.0
		樟子松	202.67	32545.0	70.01	6931.0	30.41	3932.0	26.72	5155.0	75.53	16527.0
		白桦	4.72	355.0	3.48	244.0			1.24	111.0		
		水曲柳	863.96	146707.0	183.79	19698.0	220.80	40579.0	380.98	71378.0	78.39	15052.0
		胡桃楸	535.73	87835.0	128.42	18113.0	204.15	33652.0	101.53	18484.0	101.63	17586.0
		黄波罗	80.34	12236.0	36.60	4828.0	37.25	6445.0	6.49	963.0		
		榆树	444.34	70078.0	39.80	4937.0	157.26	23606.0	232.03	39138.0	15.25	2397.0
		其他硬阔类	961.61	156994.0	175.07	19565.0	256.46	44205.0	479.17	83618.0	50.91	9606.0
		椴树	284.39	53554.0	33.22	4782.0	31.07	4775.0	212.10	42344.0	8.00	1653.0
		杨树	327.04	44255.0	26.63	657.0	80.79	9219.0	39.79	4165.0	179.83	30214.0
		柳树	28.10	2680.0	11.56	790.0	12.47	1352.0	4.07	538.0		
		其他软阔类	4384.65	626426.0	944.65	86844.0	2310.44	343913.0	983.69	169258.0	145.87	26411.0
		山杨	65.26	9778.0	16.99	1364.0	14.51	2321.0	30.34	5474.0	3.42	619.0
		毛赤杨	82.36	8443.0	41.63	3433.0	36.88	4414.0	3.85	596.0		
		槭树	8.89	307.0	5.98		2.91	307.0				
		山槐	24.41	3829.0			10.08	1202.0	14.33	2627.0		
		山桃稠李	11.28	1246.0			1.14	64.0	10.14	1182.0		
		其他阔叶树种	32.49	3304.0	10.85	449.0	14.24	1840.0	1.49	213.0	5.91	802.0

表4 长白山重点国有林区乔木林各龄组面积、蓄积按起源和优势树种（组）统计表（续10）

单位：公顷、立方米

统计单位	起源	优势树种(组)	合计		幼龄林		中龄林		近熟林		成、过熟林	
			面积	蓄积	面积	蓄积	面积	蓄积	面积	蓄积	面积	蓄积
大石头林业局	其中：人天混	合计	10852.06	1649590.0	1805.81	184967.0	4224.90	641081.0	3375.26	577771.0	1446.09	245771.0
		冷杉	20.30	2927.0	12.56	1804.0	7.74	1123.0				
		云杉	182.92	28157.0	98.01	10984.0	74.86	14291.0	10.05	2882.0		
		落叶松	2739.67	407037.0	98.18	6745.0	766.29	100939.0	866.86	132295.0	1008.34	167058.0
		红松	119.65	21514.0	16.54	1403.0	75.62	14931.0	17.35	3095.0	10.14	2085.0
		樟子松	19.28	3253.0	0.36		7.25	1184.0	11.67	2069.0		
		水曲柳	811.28	143660.0	156.42	19380.0	195.49	37850.0	380.98	71378.0	78.39	15052.0
		胡桃楸	530.43	87714.0	123.12	17992.0	204.15	33652.0	101.53	18484.0	101.63	17586.0
		黄波罗	80.34	12236.0	36.60	4828.0	37.25	6445.0	6.49	963.0		
		榆树	444.34	70078.0	39.80	4937.0	157.26	23606.0	232.03	39138.0	15.25	2397.0
		其他硬阔类	961.61	156994.0	175.07	19565.0	256.46	44205.0	479.17	83618.0	50.91	9606.0
		椴树	284.39	53554.0	33.22	4782.0	31.07	4775.0	212.10	42344.0	8.00	1653.0
		杨树	54.18	8592.0			26.83	4473.0	9.12	1617.0	18.23	2502.0
		柳树	27.80	2680.0	11.26	790.0	12.47	1352.0	4.07	538.0		
		其他软阔类	4353.20	624302.0	931.24	86526.0	2292.40	342107.0	983.69	169258.0	145.87	26411.0
		山杨	65.26	9778.0	16.99	1364.0	14.51	2321.0	30.34	5474.0	3.42	619.0
		毛赤杨	82.36	8443.0	41.63	3433.0	36.88	4414.0	3.85	596.0		
		槭树	8.89	307.0	5.98		2.91	307.0				
		山槐	24.41	3829.0			10.08	1202.0	14.33	2627.0		
		山桃稠李	11.28	1246.0			1.14	64.0	10.14	1182.0		
		其他阔叶树种	30.47	3289.0	8.83	434.0	14.24	1840.0	1.49	213.0	5.91	802.0
白河林业局	合计	合计	170978.13	28156590.0	7376.65	551829.0	32387.96	4762050.0	81265.53	13759061.0	49947.99	9083650.0
		冷杉	7998.34	1557547.0	5.08	159.0	595.29	108015.0	4428.64	828820.0	2969.33	620553.0
		云杉	2867.03	396775.0	893.23	21813.0	352.77	54738.0	744.27	134222.0	876.76	186002.0
		落叶松	36976.56	5890871.0	1547.84	67099.0	14442.39	2088415.0	14507.15	2517501.0	6479.18	1217856.0
		红松	5457.16	1082072.0	179.15	8812.0	172.16	29914.0	1502.23	282490.0	3603.62	760856.0
		樟子松	174.63	28898.0	18.41		3.71	515.0	65.64	9312.0	86.87	19071.0
		其他针叶树种	30.87	5125.0			16.81	2119.0	6.48	1420.0	7.58	1586.0
		蒙古栎	21526.54	3662655.0	140.77	7507.0	2078.19	284706.0	14444.71	2466381.0	4862.87	904061.0
		白桦	18530.60	3070150.0	1687.89	147312.0	5124.32	769211.0	9953.82	1822480.0	1764.57	331147.0
		枫桦	3431.99	644736.0	88.11	12207.0	138.27	24292.0	667.27	125694.0	2538.34	482543.0
		黑桦	697.63	104919.0	6.79	444.0	115.13	16323.0	568.80	87129.0	6.91	1023.0
		水曲柳	8925.11	1453179.0	212.57	16046.0	711.89	98237.0	5430.00	881965.0	2570.65	456931.0
		胡桃楸	9214.54	1429846.0	699.16	100287.0	1420.76	214277.0	4636.99	718739.0	2457.63	396543.0
		黄波罗	1613.11	249853.0	297.20	46347.0	197.51	26386.0	517.78	82501.0	600.62	94619.0
		榆树	4068.60	538575.0	216.40	10875.0	1057.86	126512.0	1962.84	277307.0	831.50	123881.0
		其他硬阔类	27.55	4185.0	10.66	1618.0			16.89	2567.0		
		椴树	34422.96	5737496.0	138.35	12197.0	2082.02	316321.0	16715.13	2716410.0	15487.46	2692568.0
		杨树	2161.74	360340.0	52.23	1832.0	456.93	61188.0	552.53	93876.0	1100.05	203444.0
		柳树	312.25	32679.0	88.66	3383.0	166.36	22347.0	55.47	6829.0	1.76	120.0
		其他软阔类	1457.35	207568.0	507.08	58825.0	832.95	126701.0	81.81	14876.0	35.51	7166.0
		山杨	3527.51	587112.0	395.55	23417.0	1820.22	314376.0	946.83	173316.0	364.91	76003.0
		毛赤杨	199.11	17759.0	96.58	5579.0	46.23	4752.0	56.30	7428.0		

表 4　长白山重点国有林区乔木林各龄组面积、蓄积按起源和优势树种（组）统计表（续 11）

单位：公顷、立方米

统计单位	起源	优势树种（组）	合计		幼龄林		中龄林		近熟林		成、过熟林	
			面积	蓄积	面积	蓄积	面积	蓄积	面积	蓄积	面积	蓄积
白河林业局	合计	白牛槭	298.65	39516.0					49.61	5706.0	249.04	33810.0
		槭树	6370.02	973019.0	18.19	1728.0	320.21	45794.0	3090.75	467352.0	2940.87	458145.0
		山槐	317.74	41001.0	1.71	96.0	91.69	10191.0	180.15	24865.0	44.19	5849.0
		千金榆	12.87	1563.0					12.87	1563.0		
		暴马丁香	18.77	2287.0	1.61	8.0	6.10	571.0	11.06	1708.0		
		青楷槭	3.01	482.0							3.01	482.0
		花楷槭	12.89	1844.0							12.89	1844.0
		稠李	26.72	3026.0	4.15	348.0	10.31	1265.0	12.26	1413.0		
		山桃稠李	41.17	6025.0	17.33	2152.0	23.84	3873.0				
		山丁子	139.98	13149.0	27.79	1290.0	68.79	6580.0	31.06	3088.0	12.34	2191.0
		花曲柳	4.33	480.0			4.33	480.0				
		其他阔叶树种	110.80	11858.0	24.16	448.0	30.92	3951.0	16.19	2103.0	39.53	5356.0
	天然	合计	162485.75	27061924.0	4826.09	365827.0	29429.48	4330716.0	79239.79	13432089.0	48990.39	8933292.0
		冷杉	7998.34	1557547.0	5.08	159.0	595.29	108015.0	4428.64	828820.0	2969.33	620553.0
		云杉	1965.89	374390.0	1.46	122.0	343.40	54044.0	744.27	134222.0	876.76	186002.0
		落叶松	33762.26	5430392.0	1254.29	55276.0	13144.51	1907189.0	13155.28	2297153.0	6208.18	1170774.0
		红松	5252.40	1068935.0			146.55	25589.0	1502.23	282490.0	3603.62	760856.0
		樟子松	93.99	20780.0					8.99	1772.0	85.00	19008.0
		其他针叶树种	14.06	3006.0					6.48	1420.0	7.58	1586.0
		蒙古栎	21526.54	3662655.0	140.77	7507.0	2078.19	284706.0	14444.71	2466381.0	4862.87	904061.0
		白桦	18528.21	3070150.0	1685.50	147312.0	5124.32	769211.0	9953.82	1822480.0	1764.57	331147.0
		枫桦	3431.99	644736.0	88.11	12207.0	138.27	24292.0	667.27	125694.0	2538.34	482543.0
		黑桦	697.63	104919.0	6.79	444.0	115.13	16323.0	568.80	87129.0	6.91	1023.0
		水曲柳	8860.67	1445938.0	170.06	12584.0	693.37	94891.0	5426.59	881532.0	2570.65	456931.0
		胡桃楸	8668.71	1342538.0	423.14	58091.0	1230.40	181754.0	4557.54	706150.0	2457.63	396543.0
		黄波罗	1397.31	215096.0	140.62	21331.0	163.16	21029.0	492.91	78117.0	600.62	94619.0
		榆树	3994.26	529752.0	188.56	8505.0	1024.35	122266.0	1949.85	275100.0	831.50	123881.0
		椴树	34296.56	5715001.0	87.60	4829.0	2080.26	316044.0	16652.76	2702194.0	15475.94	2691934.0
		杨树	1073.23	217085.0	29.47	1449.0	223.17	37008.0	358.24	70597.0	462.35	108031.0
		柳树	202.82	17904.0	79.21	3177.0	86.38	10325.0	35.47	4282.0	1.76	120.0
		其他软阔类	69.30	4167.0	37.15	1223.0	25.67	2394.0	6.48	550.0		
		山杨	3145.09	528969.0	334.93	22445.0	1625.61	279716.0	819.64	150805.0	364.91	76003.0
		毛赤杨	197.14	17473.0	96.58	5579.0	44.26	4466.0	56.30	7428.0		
		白牛槭	298.65	39516.0					49.61	5706.0	249.04	33810.0
		槭树	6369.09	973019.0	17.26	1728.0	320.21	45794.0	3090.75	467352.0	2940.87	458145.0
		山槐	317.74	41001.0	1.71	96.0	91.69	10191.0	180.15	24865.0	44.19	5849.0
		千金榆	12.87	1563.0					12.87	1563.0		
		暴马丁香	18.77	2287.0	1.61	8.0	6.10	571.0	11.06	1708.0		
		青楷槭	3.01	482.0							3.01	482.0
		花楷槭	12.89	1844.0							12.89	1844.0
		稠李	26.72	3026.0	4.15	348.0	10.31	1265.0	12.26	1413.0		
		山桃稠李	28.09	3990.0	4.25	117.0	23.84	3873.0				

表 4 长白山重点国有林区乔木林各龄组面积、蓄积按起源和优势树种（组）统计表（续 12）

单位：公顷、立方米

统计单位	起源	优势树种（组）	合计		幼龄林		中龄林		近熟林		成、过熟林	
			面积	蓄积	面积	蓄积	面积	蓄积	面积	蓄积	面积	蓄积
	天然	山丁子	139.98	13149.0	27.79	1290.0	68.79	6580.0	31.06	3088.0	12.34	2191.0
		花曲柳	4.33	480.0			4.33	480.0				
		其他阔叶树种	77.21	10134.0			21.92	2700.0	15.76	2078.0	39.53	5356.0
	人工	合计	8492.38	1094666.0	2550.56	186002.0	2958.48	431334.0	2025.74	326972.0	957.60	150358.0
		云杉	901.14	22385.0	891.77	21691.0	9.37	694.0				
		落叶松	3214.30	460479.0	293.55	11823.0	1297.88	181226.0	1351.87	220348.0	271.00	47082.0
		红松	204.76	13137.0	179.15	8812.0	25.61	4325.0				
		樟子松	80.64	8118.0	18.41		3.71	515.0	56.65	7540.0	1.87	63.0
		其他针叶树种	16.81	2119.0			16.81	2119.0				
		白桦	2.39		2.39							
		水曲柳	64.44	7241.0	42.51	3462.0	18.52	3346.0	3.41	433.0		
		胡桃楸	545.83	87308.0	276.02	42196.0	190.36	32523.0	79.45	12589.0		
		黄波罗	215.80	34757.0	156.58	25016.0	34.35	5357.0	24.87	4384.0		
		榆树	74.34	8823.0	27.84	2370.0	33.51	4246.0	12.99	2207.0		
		其他硬阔类	27.55	4185.0	10.66	1618.0			16.89	2567.0		
		椴树	126.40	22495.0	50.75	7368.0	1.76	277.0	62.37	14216.0	11.52	634.0
		杨树	1088.51	143255.0	22.76	383.0	233.76	24180.0	194.29	23279.0	637.70	95413.0
		柳树	109.43	14775.0	9.45	206.0	79.98	12022.0	20.00	2547.0		
		其他软阔类	1388.05	203401.0	469.93	57602.0	807.28	124307.0	75.33	14326.0	35.51	7166.0
		山杨	382.42	58143.0	60.62	972.0	194.61	34660.0	127.19	22511.0		
		毛赤杨	1.97	286.0			1.97	286.0				
白河林业局		槭树	0.93		0.93							
		山桃稠李	13.08	2035.0	13.08	2035.0						
		其他阔叶树种	33.59	1724.0	24.16	448.0	9.00	1251.0	0.43	25.0		
	其中：人天混	合计	4118.03	630935.0	1198.00	147854.0	1823.30	293767.0	936.12	162619.0	160.61	26695.0
		云杉	30.71	370.0	30.71	370.0						
		落叶松	935.19	148764.0	54.74	2969.0	370.10	60606.0	453.85	75772.0	56.50	9417.0
		红松	34.65	1674.0	34.65	1674.0						
		樟子松	10.19	665.0	5.37				4.82	665.0		
		其他针叶树种	6.62	942.0			6.62	942.0				
		水曲柳	37.89	7077.0	17.42	3327.0	17.06	3317.0	3.41	433.0		
		胡桃楸	543.96	87258.0	274.15	42146.0	190.36	32523.0	79.45	12589.0		
		黄波罗	209.46	34757.0	150.24	25016.0	34.35	5357.0	24.87	4384.0		
		榆树	74.34	8823.0	27.84	2370.0	33.51	4246.0	12.99	2207.0		
		其他硬阔类	27.55	4185.0	10.66	1618.0			16.89	2567.0		
		椴树	126.40	22495.0	50.75	7368.0	1.76	277.0	62.37	14216.0	11.52	634.0
		杨树	196.51	33921.0	8.21	93.0	76.70	13973.0	54.52	10377.0	57.08	9478.0
		柳树	108.09	14775.0	8.11	206.0	79.98	12022.0	20.00	2547.0		
		其他软阔类	1366.44	203261.0	448.32	57462.0	807.28	124307.0	75.33	14326.0	35.51	7166.0
		山杨	382.42	58143.0	60.62	972.0	194.61	34660.0	127.19	22511.0		
		毛赤杨	1.97	286.0			1.97	286.0				
		槭树	0.93		0.93							

表 4　长白山重点国有林区乔木林各龄组面积、蓄积按起源和优势树种（组）统计表（续 13）

单位：公顷、立方米

统计单位	起源	优势树种（组）	合计		幼龄林		中龄林		近熟林		成、过熟林	
			面积	蓄积	面积	蓄积	面积	蓄积	面积	蓄积	面积	蓄积
白河林业局	其中：人天混	山桃稠李	13.08	2035.0	13.08	2035.0						
		其他阔叶树种	11.63	1504.0	2.20	228.0	9.00	1251.0	0.43	25.0		
和龙林业局	合计	合计	165897.64	31223636.0	5451.12	575109.0	52091.59	8978882.0	78383.69	15528283.0	29971.24	6141362.0
		冷杉	16853.64	3401390.0	79.60	12102.0	5018.01	990289.0	9486.39	1947014.0	2269.64	451985.0
		云杉	5658.26	1120998.0	87.47	1831.0	1932.52	379497.0	2224.71	446887.0	1413.56	292783.0
		落叶松	23019.28	3994234.0	973.62	80584.0	9538.78	1470755.0	10455.36	1966776.0	2051.52	476119.0
		红松	3153.53	614419.0	250.17	1981.0	339.64	68307.0	768.76	166761.0	1794.96	377370.0
		樟子松	30.81	5653.0	0.91		19.58	3605.0	8.16	1577.0	2.16	471.0
		蒙古栎	24419.13	4581171.0	124.73	15240.0	9581.86	1605036.0	11237.56	2205621.0	3474.98	755274.0
		白桦	22131.85	4029075.0	1413.97	135902.0	8861.60	1527682.0	11083.09	2202326.0	773.19	163165.0
		枫桦	12021.22	2309650.0	687.41	110304.0	3048.25	566636.0	5051.25	1003438.0	3234.31	629272.0
		黑桦	102.50	17554.0			66.92	11563.0	35.58	5991.0		
		水曲柳	880.07	164621.0	40.39	5438.0	260.11	48896.0	382.28	77215.0	197.29	33072.0
		胡桃楸	1534.70	283280.0	271.95	43249.0	452.63	79074.0	605.80	119727.0	204.32	41230.0
		黄波罗	880.68	166712.0	137.48	20470.0	273.39	51930.0	286.77	60058.0	183.04	34254.0
		榆树	2101.66	341716.0	93.08	10408.0	1025.28	156643.0	718.61	127598.0	264.69	47067.0
		其他硬阔类	373.39	66700.0	34.36	5475.0	191.74	33335.0	137.95	26048.0	9.34	1842.0
		椴树	40013.52	8000502.0	63.58	8442.0	5333.58	1013613.0	22401.15	4484955.0	12215.21	2493492.0
		杨树	694.34	128485.0	39.22	2924.0	239.31	39500.0	238.04	47521.0	177.77	38540.0
		柳树	259.70	32075.0	88.65	8245.0	139.38	19288.0	27.42	3542.0	4.25	1000.0
		其他软阔类	2429.41	403143.0	546.62	67922.0	1574.79	269458.0	254.34	54418.0	53.66	11345.0
		山杨	7409.86	1239609.0	490.40	41789.0	3991.81	607595.0	2304.69	463547.0	622.96	126678.0
		毛赤杨	44.07	5613.0	21.43	2178.0	17.44	2386.0	5.20	1049.0		
		白牛槭	22.26	3802.0					22.26	3802.0		
		槭树	1794.73	303686.0			139.95	27515.0	648.32	112412.0	1006.46	163759.0
		山槐	3.19	599.0			3.19	599.0				
		山桃稠李	25.85	3642.0			25.85	3642.0				
		山丁子	22.06	2663.0	6.08	625.0	15.98	2038.0				
		假色槭	17.93	2644.0							17.93	2644.0
	天然	合计	153411.36	29121372.0	3560.04	390744.0	46742.26	8103906.0	74679.47	14853247.0	28429.59	5773475.0
		冷杉	16783.21	3385722.0	53.70	7829.0	4988.25	983079.0	9471.62	1942829.0	2269.64	451985.0
		云杉	5573.58	1119327.0	6.33	928.0	1928.98	378729.0	2224.71	446887.0	1413.56	292783.0
		落叶松	15016.53	2604420.0	298.83	15622.0	6622.18	1018739.0	7471.95	1436888.0	623.57	133171.0
		红松	2840.58	600025.0			286.69	58345.0	758.93	164310.0	1794.96	377370.0
		樟子松	26.11	4888.0			19.58	3605.0	6.53	1283.0		
		蒙古栎	24419.13	4581171.0	124.73	15240.0	9581.86	1605036.0	11237.56	2205621.0	3474.98	755274.0
		白桦	22131.85	4029075.0	1413.97	135902.0	8861.60	1527682.0	11083.09	2202326.0	773.19	163165.0
		枫桦	12021.22	2309650.0	687.41	110304.0	3048.25	566636.0	5051.25	1003438.0	3234.31	629272.0
		黑桦	102.50	17554.0			66.92	11563.0	35.58	5991.0		
		水曲柳	804.79	153034.0	2.04		226.42	43604.0	379.04	76358.0	197.29	33072.0
		胡桃楸	1359.94	252610.0	178.75	28541.0	375.24	64484.0	601.63	118355.0	204.32	41230.0
		黄波罗	760.64	144877.0	66.42	9516.0	246.77	46347.0	276.21	57598.0	171.24	31416.0

表 4 长白山重点国有林区乔木林各龄组面积、蓄积按起源和优势树种（组）统计表（续 14）

单位：公顷、立方米

统计单位	起源	优势树种（组）	合计		幼龄林		中龄林		近熟林		成、过熟林	
			面积	蓄积	面积	蓄积	面积	蓄积	面积	蓄积	面积	蓄积
和龙林业局	天然	榆树	2015.56	325672.0	87.19	9537.0	982.62	149099.0	693.51	122523.0	252.24	44513.0
		椴树	39815.94	7964485.0	17.89	2841.0	5255.56	998757.0	22332.02	4470839.0	12210.47	2492048.0
		杨树	609.16	118599.0	16.48	2503.0	212.53	36904.0	217.33	44401.0	162.82	34791.0
		柳树	156.43	16205.0	63.28	4643.0	73.59	8749.0	15.31	1813.0	4.25	1000.0
		其他软阔类	291.82	35120.0	107.87	9811.0	159.68	21354.0	19.11	3255.0	5.16	700.0
		山杨	6781.09	1142520.0	407.64	34724.0	3615.51	547373.0	2144.74	435141.0	613.20	125282.0
		毛赤杨	44.07	5613.0	21.43	2178.0	17.44	2386.0	5.20	1049.0		
		白牛槭	22.26	3802.0					22.26	3802.0		
		槭树	1778.30	299814.0			139.95	27515.0	631.89	108540.0	1006.46	163759.0
		山槐	3.19	599.0			3.19	599.0				
		山桃稠李	13.47	1283.0			13.47	1283.0				
		山丁子	22.06	2663.0	6.08	625.0	15.98	2038.0				
		假色槭	17.93	2644.0							17.93	2644.0
	人工	合计	12486.28	2102264.0	1891.08	184365.0	5349.33	874976.0	3704.22	675036.0	1541.65	367887.0
		冷杉	70.43	15668.0	25.90	4273.0	29.76	7210.0	14.77	4185.0		
		云杉	84.68	1671.0	81.14	903.0	3.54	768.0				
		落叶松	8002.75	1389814.0	674.79	64962.0	2916.60	452016.0	2983.41	529888.0	1427.95	342948.0
		红松	312.95	14394.0	250.17	1981.0	52.95	9962.0	9.83	2451.0		
		樟子松	4.70	765.0	0.91				1.63	294.0	2.16	471.0
		水曲柳	75.28	11587.0	38.35	5438.0	33.69	5292.0	3.24	857.0		
		胡桃楸	174.76	30670.0	93.20	14708.0	77.39	14590.0	4.17	1372.0		
		黄波罗	120.04	21835.0	71.06	10954.0	26.62	5583.0	10.56	2460.0	11.80	2838.0
		榆树	86.10	16044.0	5.89	871.0	42.66	7544.0	25.10	5075.0	12.45	2554.0
		其他硬阔类	373.39	66700.0	34.36	5475.0	191.74	33335.0	137.95	26048.0	9.34	1842.0
		椴树	197.58	36017.0	45.69	5601.0	78.02	14856.0	69.13	14116.0	4.74	1444.0
		杨树	85.18	9886.0	22.74	421.0	26.78	2596.0	20.71	3120.0	14.95	3749.0
		柳树	103.27	15870.0	25.37	3602.0	65.79	10539.0	12.11	1729.0		
		其他软阔类	2137.59	368023.0	438.75	58111.0	1415.11	248104.0	235.23	51163.0	48.50	10645.0
		山杨	628.77	97089.0	82.76	7065.0	376.30	60222.0	159.95	28406.0	9.76	1396.0
		槭树	16.43	3872.0					16.43	3872.0		
		山桃稠李	12.38	2359.0			12.38	2359.0				
	其中：人天混	合计	5741.90	991584.0	1008.01	131376.0	2901.46	501231.0	1438.18	270887.0	394.25	88090.0
		冷杉	70.43	15668.0	25.90	4273.0	29.76	7210.0	14.77	4185.0		
		云杉	7.66	297.0	7.66	297.0						
		落叶松	1672.10	296303.0	122.75	14056.0	523.59	86557.0	728.10	128319.0	297.66	67371.0
		红松	32.96	3987.0	17.95	967.0	15.01	3020.0				
		樟子松	0.73	165.0					0.73	165.0		
		水曲柳	73.79	11536.0	36.86	5387.0	33.69	5292.0	3.24	857.0		
		胡桃楸	174.76	30670.0	93.20	14708.0	77.39	14590.0	4.17	1372.0		
		黄波罗	120.04	21835.0	71.06	10954.0	26.62	5583.0	10.56	2460.0	11.80	2838.0
		榆树	86.10	16044.0	5.89	871.0	42.66	7544.0	25.10	5075.0	12.45	2554.0
		其他硬阔类	373.39	66700.0	34.36	5475.0	191.74	33335.0	137.95	26048.0	9.34	1842.0

表 4　长白山重点国有林区乔木林各龄组面积、蓄积按起源和优势树种（组）统计表（续 15）

单位：公顷、立方米

统计单位	起源	优势树种（组）	合计		幼龄林		中龄林		近熟林		成、过熟林	
			面积	蓄积	面积	蓄积	面积	蓄积	面积	蓄积	面积	蓄积
和龙林业局	其中：人天混	椴树	197.58	36017.0	45.69	5601.0	78.02	14856.0	69.13	14116.0	4.74	1444.0
		杨树	35.14	5154.0	1.03	14.0	13.40	2020.0	20.71	3120.0		
		柳树	103.27	15870.0	25.37	3602.0	65.79	10539.0	12.11	1729.0		
		其他软阔类	2136.37	368018.0	437.53	58106.0	1415.11	248104.0	235.23	51163.0	48.50	10645.0
		山杨	628.77	97089.0	82.76	7065.0	376.30	60222.0	159.95	28406.0	9.76	1396.0
		椒树	16.43	3872.0					16.43	3872.0		
		山桃稠李	12.38	2359.0			12.38	2359.0				
八家子林业局	合计	合计	146838.11	26525714.0	6534.79	657073.0	40173.67	6602777.0	61784.67	11342343.0	38344.98	7923521.0
		冷杉	5336.25	1039482.0			2112.52	394146.0	2216.93	440494.0	1006.80	204842.0
		云杉	17003.99	3291011.0	708.72	31494.0	4513.17	792815.0	5956.89	1167794.0	5825.21	1298908.0
		落叶松	3970.56	733800.0	239.00	18158.0	1157.22	182197.0	1239.49	221499.0	1334.85	311946.0
		红松	3228.42	573772.0	633.16	25254.0	916.19	199455.0	757.70	153833.0	921.37	195230.0
		樟子松	131.58	22366.0	5.90	160.0	33.72	5925.0	59.40	10039.0	32.56	6242.0
		其他针叶树种	10.50	2114.0					10.50	2114.0		
		蒙古栎	17938.77	3118763.0	379.41	38120.0	7404.63	1202432.0	8474.09	1542964.0	1680.64	335247.0
		白桦	4215.62	585657.0	745.16	65272.0	2345.53	332421.0	1034.48	171630.0	90.45	16334.0
		枫桦	23959.95	4492815.0	659.39	89291.0	4657.82	754654.0	10435.02	1960567.0	8207.72	1688303.0
		黑桦	143.71	22331.0			28.31	4187.0	82.82	12732.0	32.58	5412.0
		水曲柳	8124.16	1433789.0	377.53	51573.0	1917.61	314067.0	4249.96	764698.0	1579.06	303451.0
		胡桃楸	8221.40	1373290.0	1427.64	211227.0	1989.81	317927.0	3236.55	548544.0	1567.40	295592.0
		黄波罗	778.95	138576.0	108.26	14284.0	77.74	12364.0	244.77	45098.0	348.18	66830.0
		榆树	2852.52	434118.0	190.00	15841.0	1262.91	170721.0	1043.44	181217.0	356.17	66339.0
		其他硬阔类	371.77	57195.0	95.98	8952.0	259.03	45409.0	16.76	2834.0		
		椴树	40430.56	7589460.0	127.32	10827.0	7705.11	1322229.0	19427.01	3554472.0	13171.12	2701932.0
		杨树	476.34	86214.0	23.59	2887.0	120.00	20928.0	110.73	19344.0	222.02	43055.0
		柳树	104.57	8041.0	58.87	3406.0	35.09	3329.0	6.36	786.0	4.25	520.0
		其他软阔类	1848.51	239760.0	488.68	45410.0	1111.37	152814.0	231.96	38083.0	16.50	3453.0
		山杨	3499.87	558694.0	181.38	18455.0	1825.51	272823.0	1145.02	192342.0	347.96	75074.0
		毛赤杨	199.70	22439.0	44.93	3615.0	132.15	15910.0	22.62	2914.0		
		白牛槭	127.63	22257.0			13.98	1945.0	74.86	12933.0	38.79	7379.0
		槭树	3748.88	664337.0	20.71	979.0	495.17	76494.0	1696.55	293745.0	1536.45	293119.0
		山槐	39.47	4985.0			39.47	4985.0				
		暴马丁香	5.25	342.0	4.24	245.0	1.01	97.0				
		青楷槭	10.76	1667.0					10.76	1667.0		
		花楷槭	24.90	4313.0							24.90	4313.0
		稠李	3.60	352.0	3.60	352.0						
		山桃稠李	13.43	1645.0	6.74	833.0	6.69	812.0				
		山丁子	6.52	525.0	4.58	438.0	1.94	87.0				
		花曲柳	9.97	1604.0			9.97	1604.0				
	天然	合计	138550.04	25233050.0	3997.92	456832.0	37391.79	6120284.0	60200.71	11052694.0	36959.62	7603240.0
		冷杉	5323.76	1036745.0			2100.03	391409.0	2216.93	440494.0	1006.80	204842.0
		云杉	16294.80	3257320.0	23.99	2992.0	4500.97	790477.0	5944.63	1164943.0	5825.21	1298908.0

表4 长白山重点国有林区乔木林各龄组面积、蓄积按起源和优势树种（组）统计表（续16）

单位：公顷、立方米

统计单位	起源	优势树种（组）	合计		幼龄林		中龄林		近熟林		成、过熟林	
			面积	蓄积	面积	蓄积	面积	蓄积	面积	蓄积	面积	蓄积
八家子林业局	天然	落叶松	358.41	68250.0	6.89	820.0	69.45	14384.0	149.91	27425.0	132.16	25621.0
		红松	2033.20	420943.0	6.88	630.0	428.17	89691.0	676.78	135392.0	921.37	195230.0
		樟子松	54.09	9803.0			28.22	5124.0	7.23	1166.0	18.64	3513.0
		其他针叶树种	10.50	2114.0					10.50	2114.0		
		蒙古栎	17938.77	3118763.0	379.41	38120.0	7404.63	1202432.0	8474.09	1542964.0	1680.64	335247.0
		白桦	4215.62	585657.0	745.16	65272.0	2345.53	332421.0	1034.48	171630.0	90.45	16334.0
		枫桦	23959.95	4492815.0	659.39	89291.0	4657.82	754654.0	10435.02	1960567.0	8207.72	1688303.0
		黑桦	143.71	22331.0			28.31	4187.0	82.82	12732.0	32.58	5412.0
		水曲柳	7782.96	1374094.0	225.47	31295.0	1787.31	287890.0	4193.65	752015.0	1576.53	302894.0
		胡桃楸	7652.35	1276633.0	1085.80	155005.0	1864.52	296858.0	3134.63	529178.0	1567.40	295592.0
		黄波罗	764.77	136167.0	94.08	11875.0	77.74	12364.0	244.77	45098.0	348.18	66830.0
		榆树	2809.09	428701.0	168.20	13217.0	1241.28	167928.0	1043.44	181217.0	356.17	66339.0
		椴树	40353.47	7577536.0	120.28	10058.0	7635.06	1311074.0	19427.01	3554472.0	13171.12	2701932.0
		杨树	242.49	47749.0	9.54	1337.0	115.43	20578.0	59.56	12996.0	57.96	12838.0
		柳树	97.42	7110.0	58.87	3406.0	27.94	2398.0	6.36	786.0	4.25	520.0
		其他软阔类	1009.67	118135.0	162.32	9184.0	629.55	73599.0	203.46	32352.0	14.34	3000.0
		山杨	3324.44	528934.0	169.91	17888.0	1753.28	261627.0	1053.29	174345.0	347.96	75074.0
		毛赤杨	199.70	22439.0	44.93	3615.0	132.15	15910.0	22.62	2914.0		
		白牛槭	127.63	22257.0			13.98	1945.0	74.86	12933.0	38.79	7379.0
		槭树	3739.34	663121.0	17.64	959.0	491.34	75749.0	1693.91	293294.0	1536.45	293119.0
		山槐	39.47	4985.0			39.47	4985.0				
		暴马丁香	5.25	342.0	4.24	245.0	1.01	97.0				
		青楷槭	10.76	1667.0					10.76	1667.0		
		花楷槭	24.90	4313.0							24.90	4313.0
		稠李	3.60	352.0	3.60	352.0						
		山桃稠李	13.43	1645.0	6.74	833.0	6.69	812.0				
		山丁子	6.52	525.0	4.58	438.0	1.94	87.0				
		花曲柳	9.97	1604.0			9.97	1604.0				
	人工	合计	8288.07	1292664.0	2536.87	200241.0	2781.88	482493.0	1583.96	289649.0	1385.36	320281.0
		冷杉	12.49	2737.0			12.49	2737.0				
		云杉	709.19	33691.0	684.73	28502.0	12.20	2338.0	12.26	2851.0		
		落叶松	3612.15	665550.0	232.11	17338.0	1087.77	167813.0	1089.58	194074.0	1202.69	286325.0
		红松	1195.22	152829.0	626.28	24624.0	488.02	109764.0	80.92	18441.0		
		樟子松	77.49	12563.0	5.90	160.0	5.50	801.0	52.17	8873.0	13.92	2729.0
		水曲柳	341.20	59695.0	152.06	20278.0	130.30	26177.0	56.31	12683.0	2.53	557.0
		胡桃楸	569.05	96657.0	341.84	56222.0	125.29	21069.0	101.92	19366.0		
		黄波罗	14.18	2409.0	14.18	2409.0						
		榆树	43.43	5417.0	21.80	2624.0	21.63	2793.0				
		其他硬阔类	371.77	57195.0	95.98	8952.0	259.03	45409.0	16.76	2834.0		
		椴树	77.09	11924.0	7.04	769.0	70.05	11155.0				
		杨树	233.85	38465.0	14.05	1550.0	4.57	350.0	51.17	6348.0	164.06	30217.0
		柳树	7.15	931.0			7.15	931.0				

表4　长白山重点国有林区乔木林各龄组面积、蓄积按起源和优势树种（组）统计表（续17）

单位：公顷、立方米

统计单位	起源	优势树种（组）	合计		幼龄林		中龄林		近熟林		成、过熟林	
			面积	蓄积	面积	蓄积	面积	蓄积	面积	蓄积	面积	蓄积
八家子林业局	人工	其他软阔类	838.84	121625.0	326.36	36226.0	481.82	79215.0	28.50	5731.0	2.16	453.0
		山杨	175.43	29760.0	11.47	567.0	72.23	11196.0	91.73	17997.0		
		槭树	9.54	1216.0	3.07	20.0	3.83	745.0	2.64	451.0		
	其中：人天混	合计	3738.75	618861.0	1083.26	137656.0	1621.50	275240.0	766.57	144961.0	267.42	61004.0
		冷杉	12.49	2737.0			12.49	2737.0				
		云杉	36.74	3587.0	30.06	2134.0			6.68	1453.0		
		落叶松	1033.57	190591.0	28.73	3161.0	334.25	52181.0	427.90	79045.0	242.69	56204.0
		红松	186.70	28323.0	67.23	3576.0	100.90	21485.0	18.57	3262.0		
		樟子松	3.88	572.0			0.99	147.0	2.89	425.0		
		水曲柳	315.59	58954.0	127.76	19722.0	128.99	25992.0	56.31	12683.0	2.53	557.0
		胡桃楸	555.13	94371.0	341.84	56222.0	124.86	21020.0	88.43	17129.0		
		黄波罗	14.18	2409.0	14.18	2409.0						
		榆树	43.43	5417.0	21.80	2624.0	21.63	2793.0				
		其他硬阔类	371.77	57195.0	95.98	8952.0	259.03	45409.0	16.76	2834.0		
		椴树	77.09	11924.0	7.04	769.0	70.05	11155.0				
		杨树	57.22	9249.0	7.74	1274.0	3.28	234.0	26.16	3951.0	20.04	3790.0
		柳树	7.15	931.0			7.15	931.0				
		其他软阔类	838.84	121625.0	326.36	36226.0	481.82	79215.0	28.50	5731.0	2.16	453.0
		山杨	175.43	29760.0	11.47	567.0	72.23	11196.0	91.73	17997.0		
		槭树	9.54	1216.0	3.07	20.0	3.83	745.0	2.64	451.0		
汪清林业局	合计	合计	293918.86	47313074.0	13300.57	1161591.0	123292.84	18914762.0	135563.85	23170651.0	21761.60	4066070.0
		冷杉	20100.14	3362352.0	507.38	52775.0	11145.73	1820334.0	6794.16	1192091.0	1652.87	297152.0
		云杉	11541.34	1826028.0	1561.59	132731.0	5635.26	932435.0	3221.36	560598.0	1123.13	200264.0
		落叶松	21787.43	2994561.0	1236.41	80320.0	14146.80	1923489.0	4768.18	723689.0	1636.04	267063.0
		红松	8543.09	1565206.0	281.28	31593.0	6414.67	1186404.0	1437.55	268473.0	409.59	78736.0
		樟子松	265.18	46847.0	17.59	1329.0	169.39	29031.0	40.76	7249.0	37.44	9238.0
		其他针叶树种	15.15	2472.0			15.15	2472.0				
		蒙古栎	81060.15	13278350.0	1889.01	170963.0	33495.96	5104757.0	42088.50	7277215.0	3586.68	725415.0
		白桦	37694.43	5659307.0	2672.77	227337.0	16272.34	2381235.0	16551.07	2667797.0	2198.25	382938.0
		枫桦	15665.10	2592279.0	620.81	59434.0	5208.44	833565.0	8950.63	1539711.0	885.22	159569.0
		黑桦	72.07	9129.0	15.55	1106.0	26.46	3454.0	30.06	4569.0		
		水曲柳	5434.12	908172.0	299.04	33567.0	1623.97	261625.0	3215.79	560847.0	295.32	52133.0
		胡桃楸	227.19	37873.0	6.09	755.0	48.93	7482.0	135.31	21800.0	36.86	7836.0
		黄波罗	282.55	43519.0	22.51	2135.0	111.29	17647.0	148.75	23737.0		
		榆树	4349.22	550722.0	218.89	13444.0	1647.95	194018.0	1892.79	249179.0	589.59	94081.0
		其他硬阔类	525.95	71724.0	228.63	23188.0	223.96	36311.0	73.36	12225.0		
		椴树	67339.05	11507826.0	1311.16	138072.0	21252.24	3367744.0	37978.82	6667354.0	6796.83	1334656.0
		杨树	709.11	117689.0	29.84	4064.0	69.85	12016.0	249.41	42584.0	360.01	59025.0
		柳树	146.31	10817.0	26.47	1011.0	70.01	6086.0	45.21	3286.0	4.62	434.0
		其他软阔类	2946.35	313729.0	1317.67	100529.0	1051.01	127200.0	530.08	80027.0	47.59	5973.0
		山杨	9879.27	1680690.0	563.50	57267.0	2399.17	363149.0	5175.26	924948.0	1741.34	335326.0
		毛赤杨	1112.66	106784.0	308.06	16123.0	618.25	66314.0	160.28	21305.0	26.07	3042.0

表 4 长白山重点国有林区乔木林各龄组面积、蓄积按起源和优势树种（组）统计表（续 18）

单位：公顷、立方米

统计单位	起源	优势树种（组）	合计		幼龄林		中龄林		近熟林		成、过熟林	
			面积	蓄积	面积	蓄积	面积	蓄积	面积	蓄积	面积	蓄积
汪清林业局	合计	白牛槭	41.79	10407.0					34.24	8325.0	7.55	2082.0
		槭树	3685.21	554860.0	62.76	5233.0	1455.15	213917.0	1883.76	290467.0	283.54	45243.0
		山槐	26.38	2610.0	11.74	507.0	14.64	2103.0				
		千金榆	57.28	9566.0					44.23	7462.0	13.05	2104.0
		暴马丁香	104.89	11493.0	43.41	3378.0	36.47	4335.0	11.08	1637.0	13.93	2143.0
		青楷槭	64.92	8195.0	5.78	600.0	40.66	5537.0	18.48	2058.0		
		花楷槭	28.34	4071.0	3.82	155.0	16.70	3184.0	7.82	732.0		
		稠李	46.80	5608.0	9.92	1246.0	5.58	616.0	17.51	2247.0	13.79	1499.0
		山桃稠李	26.52	4185.0	1.49	87.0	3.76	439.0	21.27	3659.0		
		山丁子	81.74	8107.0	18.39	1370.0	39.17	3785.0	21.89	2834.0	2.29	118.0
		花曲柳	8.82	1266.0	8.82	1266.0						
		其他阔叶树种	50.31	6630.0	0.19	6.0	33.88	4078.0	16.24	2546.0		
	天然	合计	280058.27	45627047.0	9001.90	829337.0	118356.32	18307198.0	132632.67	22697828.0	20067.38	3792684.0
		冷杉	19931.31	3350116.0	344.70	41823.0	11145.73	1820334.0	6788.01	1190807.0	1652.87	297152.0
		云杉	10373.46	1733748.0	434.37	48147.0	5596.88	925086.0	3219.08	560251.0	1123.13	200264.0
		落叶松	14081.08	2019836.0	196.46	18668.0	11110.49	1582848.0	2735.94	411887.0	38.19	6433.0
		红松	8068.45	1493899.0	76.02	11511.0	6194.98	1152474.0	1387.86	251178.0	409.59	78736.0
		樟子松	174.31	35582.0	6.17	709.0	122.34	23025.0	18.33	4064.0	27.47	7784.0
		其他针叶树种	15.15	2472.0			15.15	2472.0				
		蒙古栎	81060.15	13278350.0	1889.01	170963.0	33495.96	5104757.0	42088.50	7277215.0	3586.68	725415.0
		白桦	37691.50	5659110.0	2672.18	227337.0	16270.00	2381038.0	16551.07	2667797.0	2198.25	382938.0
		枫桦	15665.10	2592279.0	620.81	59434.0	5208.44	833565.0	8950.63	1539711.0	885.22	159569.0
		黑桦	72.07	9129.0	15.55	1106.0	26.46	3454.0	30.06	4569.0		
		水曲柳	5138.15	855985.0	238.69	26113.0	1477.76	235165.0	3129.29	543085.0	292.41	51622.0
		胡桃楸	214.97	35628.0	6.09	755.0	43.28	6708.0	128.74	20329.0	36.86	7836.0
		黄波罗	221.28	33350.0	13.26	1436.0	74.47	11262.0	133.55	20652.0		
		榆树	4250.85	537814.0	188.42	10158.0	1604.45	187951.0	1873.79	246095.0	584.19	93610.0
		椴树	66989.16	11453826.0	1139.43	116886.0	21156.64	3352130.0	37909.77	6652286.0	6783.32	1332524.0
		杨树	658.72	110673.0	29.84	4064.0	69.85	12016.0	216.01	37783.0	343.02	56810.0
		柳树	143.38	10681.0	25.00	1011.0	68.55	5950.0	45.21	3286.0	4.62	434.0
		其他软阔类	755.23	78929.0	182.45	12933.0	426.58	47075.0	146.20	18921.0		
		山杨	9283.37	1613136.0	461.25	47819.0	2005.66	319130.0	5075.12	910861.0	1741.34	335326.0
		毛赤杨	1096.97	104737.0	305.21	16002.0	611.78	65296.0	153.91	20397.0	26.07	3042.0
		白牛槭	41.79	10407.0					34.24	8325.0	7.55	2082.0
		槭树	3635.82	545629.0	53.43	3847.0	1440.01	211385.0	1858.84	285154.0	283.54	45243.0
		山槐	26.38	2610.0	11.74	507.0	14.64	2103.0				
		千金榆	57.28	9566.0					44.23	7462.0	13.05	2104.0
		暴马丁香	104.89	11493.0	43.41	3378.0	36.47	4335.0	11.08	1637.0	13.93	2143.0
		青楷槭	64.92	8195.0	5.78	600.0	40.66	5537.0	18.48	2058.0		
		花楷槭	28.34	4071.0	3.82	155.0	16.70	3184.0	7.82	732.0		
		稠李	46.80	5608.0	9.92	1246.0	5.58	616.0	17.51	2247.0	13.79	1499.0
		山桃稠李	26.52	4185.0	1.49	87.0	3.76	439.0	21.27	3659.0		

表 4　长白山重点国有林区乔木林各龄组面积、蓄积按起源和优势树种（组）统计表（续 19）

单位：公顷、立方米

统计单位	起源	优势树种（组）	合计		幼龄林		中龄林		近熟林		成、过熟林	
			面积	蓄积	面积	蓄积	面积	蓄积	面积	蓄积	面积	蓄积
汪清林业局	天然	山丁子	81.74	8107.0	18.39	1370.0	39.17	3785.0	21.89	2834.0	2.29	118.0
		花曲柳	8.82	1266.0	8.82	1266.0						
		其他阔叶树种	50.31	6630.0	0.19	6.0	33.88	4078.0	16.24	2546.0		
	人工	合计	13860.59	1686027.0	4298.67	332254.0	4936.52	607564.0	2931.18	472823.0	1694.22	273386.0
		冷杉	168.83	12236.0	162.68	10952.0			6.15	1284.0		
		云杉	1167.88	92280.0	1127.22	84584.0	38.38	7349.0	2.28	347.0		
		落叶松	7706.35	974725.0	1039.95	61652.0	3036.31	340641.0	2032.24	311802.0	1597.85	260630.0
		红松	474.64	71307.0	205.26	20082.0	219.69	33930.0	49.69	17295.0		
		樟子松	90.87	11265.0	11.42	620.0	47.05	6006.0	22.43	3185.0	9.97	1454.0
		白桦	2.93	197.0	0.59		2.34	197.0				
		水曲柳	295.97	52187.0	60.35	7454.0	146.21	26460.0	86.50	17762.0	2.91	511.0
		胡桃楸	12.22	2245.0			5.65	774.0	6.57	1471.0		
		黄波罗	61.27	10169.0	9.25	699.0	36.82	6385.0	15.20	3085.0		
		榆树	98.37	12908.0	30.47	3286.0	43.50	6067.0	19.00	3084.0	5.40	471.0
		其他硬阔类	525.95	71724.0	228.63	23188.0	223.96	36311.0	73.36	12225.0		
		椴树	349.89	54000.0	171.73	21186.0	95.60	15614.0	69.05	15068.0	13.51	2132.0
		杨树	50.39	7016.0					33.40	4801.0	16.99	2215.0
		柳树	2.93	136.0	1.47		1.46	136.0				
		其他软阔类	2191.12	234800.0	1135.22	87596.0	624.43	80125.0	383.88	61106.0	47.59	5973.0
		山杨	595.90	67554.0	102.25	9448.0	393.51	44019.0	100.14	14087.0		
		毛赤杨	15.69	2047.0	2.85	121.0	6.47	1018.0	6.37	908.0		
		槭树	49.39	9231.0	9.33	1386.0	15.14	2532.0	24.92	5313.0		
	其中：人天混	合计	7010.34	843520.0	2420.92	217364.0	2873.58	350838.0	1265.99	203241.0	449.85	72077.0
		冷杉	168.83	12236.0	162.68	10952.0			6.15	1284.0		
		云杉	275.67	30090.0	246.21	24185.0	29.46	5905.0				
		落叶松	2137.75	244621.0	201.71	14325.0	1104.71	102810.0	461.93	65762.0	369.40	61724.0
		红松	214.68	36084.0	71.95	13807.0	142.73	22277.0				
		樟子松	5.90	713.0			3.93	405.0	1.97	308.0		
		水曲柳	289.39	52159.0	53.77	7426.0	146.21	26460.0	86.50	17762.0	2.91	511.0
		胡桃楸	12.22	2245.0			5.65	774.0	6.57	1471.0		
		黄波罗	61.27	10169.0	9.25	699.0	36.82	6385.0	15.20	3085.0		
		榆树	98.37	12908.0	30.47	3286.0	43.50	6067.0	19.00	3084.0	5.40	471.0
		其他硬阔类	525.95	71724.0	228.63	23188.0	223.96	36311.0	73.36	12225.0		
		椴树	349.89	54000.0	171.73	21186.0	95.60	15614.0	69.05	15068.0	13.51	2132.0
		杨树	21.99	3044.0					10.95	1778.0	11.04	1266.0
		柳树	2.93	136.0	1.47		1.46	136.0				
		其他软阔类	2184.52	234559.0	1128.62	87355.0	624.43	80125.0	383.88	61106.0	47.59	5973.0
		山杨	595.90	67554.0	102.25	9448.0	393.51	44019.0	100.14	14087.0		
		毛赤杨	15.69	2047.0	2.85	121.0	6.47	1018.0	6.37	908.0		
		槭树	49.39	9231.0	9.33	1386.0	15.14	2532.0	24.92	5313.0		

表 4 长白山重点国有林区乔木林各龄组面积、蓄积按起源和优势树种（组）统计表（续 20）

单位：公顷、立方米

统计单位	起源	优势树种（组）	合计		幼龄林		中龄林		近熟林		成、过熟林	
			面积	蓄积	面积	蓄积	面积	蓄积	面积	蓄积	面积	蓄积
大兴沟林业局	合计	合计	103138.54	15083490.0	12390.21	1033853.0	31423.35	4533064.0	50129.61	7890331.0	9195.37	1626242.0
		冷杉	1632.40	283383.0	5.54	827.0	511.73	83019.0	1041.96	185274.0	73.17	14263.0
		云杉	2581.27	358698.0	723.02	35491.0	825.05	142687.0	884.76	151732.0	148.44	28788.0
		落叶松	9535.18	1469734.0	450.42	27617.0	2615.53	383045.0	3543.60	564043.0	2925.63	495029.0
		红松	6870.92	1118750.0	1288.92	133279.0	3563.66	621430.0	1564.21	277987.0	454.13	86054.0
		樟子松	699.08	120993.0	33.37	5703.0	87.55	13847.0	366.64	61650.0	211.52	39793.0
		其他针叶树种	7.64	1889.0							7.64	1889.0
		蒙古栎	34095.62	4929933.0	4683.35	362898.0	10935.64	1529482.0	16598.72	2685964.0	1877.91	351589.0
		白桦	3243.86	440458.0	666.75	53594.0	1734.53	247536.0	681.81	110024.0	160.77	29304.0
		枫桦	5348.11	799624.0	719.00	79623.0	630.95	83023.0	3691.33	584761.0	306.83	52217.0
		黑桦	210.75	25878.0	16.08	676.0	111.81	13729.0	82.86	11473.0		
		水曲柳	6096.37	878452.0	390.77	43167.0	1552.05	223926.0	3871.84	565531.0	281.71	45828.0
		胡桃楸	3313.33	452001.0	546.10	55328.0	1227.92	168926.0	1435.82	210339.0	103.49	17408.0
		黄波罗	137.60	18288.0	17.89	2175.0	104.09	13353.0	15.62	2760.0		
		榆树	1883.20	203024.0	319.95	14788.0	490.65	55663.0	760.58	87561.0	312.02	45012.0
		其他硬阔类	1987.87	258670.0	976.51	101635.0	820.15	124222.0	191.21	32813.0		
		椴树	21092.51	3145145.0	790.32	67169.0	4915.80	666829.0	13421.05	2052431.0	1965.34	358716.0
		杨树	237.71	28986.0	8.14	125.0	71.22	6103.0	52.06	6383.0	106.29	16375.0
		柳树	103.88	7360.0	30.94	459.0	33.74	1905.0	30.14	3592.0	9.06	1404.0
		其他软阔类	714.18	90516.0	247.73	17088.0	396.24	63212.0	62.50	9682.0	7.71	534.0
		山杨	762.49	112326.0	88.86	4871.0	212.85	24667.0	297.43	51782.0	163.35	31006.0
		毛赤杨	519.38	42363.0	191.14	9392.0	269.41	28088.0	49.29	3945.0	9.54	938.0
		白牛槭	6.60	710.0					6.60	710.0		
		槭树	1717.91	254904.0	163.13	16833.0	163.50	19995.0	1348.73	211948.0	42.55	6128.0
		山槐	34.46	1890.0	22.90	929.0	11.56	961.0				
		暴马丁香	29.18	3122.0			19.38	1967.0	6.95	672.0	2.85	483.0
		青楷槭	73.85	10653.0			14.33	2241.0	36.08	5090.0	23.44	3322.0
		花楷槭	90.55	12919.0			18.51	2339.0	72.04	10580.0		
		稠李	15.72	1340.0			10.71	999.0	5.01	341.0		
		山桃稠李	21.74	4478.0			21.74	4478.0				
		山丁子	25.48	2127.0			14.71	864.0	10.77	1263.0		
		花曲柳	33.25	3614.0	3.61	170.0	29.64	3444.0				
		其他阔叶树种	11.09	902.0	4.97	12.0	4.14	728.0			1.98	162.0
		其他亚乔木	5.36	360.0	0.80	4.0	4.56	356.0				
	天然	合计	84478.18	12337072.0	8507.03	691419.0	24460.25	3416743.0	45566.53	7155940.0	5944.37	1072970.0
		冷杉	1620.92	281049.0	5.54	827.0	500.25	80685.0	1041.96	185274.0	73.17	14263.0
		云杉	1808.88	312858.0	11.04	1658.0	764.64	130680.0	884.76	151732.0	148.44	28788.0
		红松	3165.59	532972.0	97.57	10162.0	1254.59	198217.0	1360.61	238837.0	452.82	85756.0
		樟子松	143.58	24910.0	30.01	5463.0	59.14	9797.0	54.43	9650.0		
		蒙古栎	34095.62	4929933.0	4683.35	362898.0	10935.64	1529482.0	16598.72	2685964.0	1877.91	351589.0
		白桦	3240.47	440458.0	663.36	53594.0	1734.53	247536.0	681.81	110024.0	160.77	29304.0
		枫桦	5348.11	799624.0	719.00	79623.0	630.95	83023.0	3691.33	584761.0	306.83	52217.0
		黑桦	210.75	25878.0	16.08	676.0	111.81	13729.0	82.86	11473.0		
		水曲柳	5796.34	832731.0	298.15	30020.0	1420.28	202763.0	3796.20	554120.0	281.71	45828.0

表 4　长白山重点国有林区乔木林各龄组面积、蓄积按起源和优势树种（组）统计表（续 21）

单位：公顷、立方米

统计单位	起源	优势树种（组）	合计		幼龄林		中龄林		近熟林		成、过熟林	
			面积	蓄积	面积	蓄积	面积	蓄积	面积	蓄积	面积	蓄积
大兴沟林业局	天然	胡桃楸	2841.87	379701.0	400.45	37601.0	942.94	121527.0	1394.99	203165.0	103.49	17408.0
		黄波罗	127.55	16702.0	7.84	589.0	104.09	13353.0	15.62	2760.0		
		榆树	1735.33	187274.0	285.14	13213.0	424.12	47189.0	714.05	81860.0	312.02	45012.0
		椴树	20821.49	3110526.0	722.59	60291.0	4746.93	645623.0	13386.63	2045896.0	1965.34	358716.0
		杨树	35.49	4168.0	3.46	18.0	21.93	2624.0	8.71	1414.0	1.39	112.0
		柳树	100.59	7171.0	28.75	385.0	32.64	1790.0	30.14	3592.0	9.06	1404.0
		其他软阔类	90.22	4670.0	68.27	2316.0	14.24	1820.0			7.71	534.0
		山杨	756.39	111761.0	87.03	4849.0	208.58	24124.0	297.43	51782.0	163.35	31006.0
		毛赤杨	488.54	39140.0	191.14	9392.0	244.31	25137.0	43.55	3673.0	9.54	938.0
		白牛槭	6.60	710.0					6.60	710.0		
		槭树	1712.28	254171.0	160.95	16741.0	163.50	19995.0	1345.28	211307.0	42.55	6128.0
		山槐	34.46	1890.0	22.90	929.0	11.56	961.0				
		暴马丁香	29.18	3122.0			19.38	1967.0	6.95	672.0	2.85	483.0
		青楷槭	73.85	10653.0			14.33	2241.0	36.08	5090.0	23.44	3322.0
		花楷槭	90.55	12919.0			18.51	2339.0	72.04	10580.0		
		稠李	15.72	1340.0			10.71	999.0	5.01	341.0		
		山桃稠李	21.74	4478.0			21.74	4478.0				
		山丁子	25.48	2127.0			14.71	864.0	10.77	1263.0		
		花曲柳	33.25	3614.0	3.61	170.0	29.64	3444.0				
		其他阔叶树种	1.98	162.0							1.98	162.0
		其他亚乔木	5.36	360.0	0.80	4.0	4.56	356.0				
	人工	合计	18660.36	2746418.0	3883.18	342434.0	6963.10	1116321.0	4563.08	734391.0	3251.00	553272.0
		冷杉	11.48	2334.0			11.48	2334.0				
		云杉	772.39	45840.0	711.98	33833.0	60.41	12007.0				
		落叶松	9535.18	1469734.0	450.42	27617.0	2615.53	383045.0	3543.60	564043.0	2925.63	495029.0
		红松	3705.33	585778.0	1191.35	123117.0	2309.07	423213.0	203.60	39150.0	1.31	298.0
		樟子松	555.50	96083.0	3.36	240.0	28.41	4050.0	312.21	52000.0	211.52	39793.0
		其他针叶树种	7.64	1889.0							7.64	1889.0
		白桦	3.39		3.39							
		水曲柳	300.03	45721.0	92.62	13147.0	131.77	21163.0	75.64	11411.0		
		胡桃楸	471.46	72300.0	145.65	17727.0	284.98	47399.0	40.83	7174.0		
		黄波罗	10.05	1586.0	10.05	1586.0						
		榆树	147.87	15750.0	34.81	1575.0	66.53	8474.0	46.53	5701.0		
		其他硬阔类	1987.87	258670.0	976.51	101635.0	820.15	124222.0	191.21	32813.0		
		椴树	271.02	34619.0	67.73	6878.0	168.87	21206.0	34.42	6535.0		
		杨树	202.22	24818.0	4.68	107.0	49.29	3479.0	43.35	4969.0	104.90	16263.0
		柳树	3.29	189.0	2.19	74.0	1.10	115.0				
		其他软阔类	623.96	85846.0	179.46	14772.0	382.00	61392.0	62.50	9682.0		
		山杨	6.10	565.0	1.83	22.0	4.27	543.0				
		毛赤杨	30.84	3223.0			25.10	2951.0	5.74	272.0		
		槭树	5.63	733.0	2.18	92.0			3.45	641.0		
		其他阔叶树种	9.11	740.0	4.97	12.0	4.14	728.0				

表4 长白山重点国有林区乔木林各龄组面积、蓄积按起源和优势树种（组）统计表（续22）

单位：公顷、立方米

统计单位	起源	优势树种（组）	合计		幼龄林		中龄林		近熟林		成、过熟林	
			面积	蓄积	面积	蓄积	面积	蓄积	面积	蓄积	面积	蓄积
大兴沟林业局	其中：人天混	合计	5792.22	786851.0	1913.09	191064.0	2588.96	392358.0	1025.39	159902.0	264.78	43527.0
		冷杉	11.48	2334.0			11.48	2334.0				
		云杉	121.77	6750.0	121.31	6695.0	0.46	55.0				
		落叶松	1271.65	185422.0	54.63	3008.0	488.60	70269.0	497.22	75173.0	231.20	36972.0
		红松	427.58	55311.0	231.44	23633.0	184.26	29536.0	11.88	2142.0		
		樟子松	79.45	13043.0	1.27	219.0	14.20	1966.0	40.23	6015.0	23.75	4843.0
		水曲柳	291.45	45721.0	84.04	13147.0	131.77	21163.0	75.64	11411.0		
		胡桃楸	471.46	72300.0	145.65	17727.0	284.98	47399.0	40.83	7174.0		
		黄波罗	10.05	1586.0	10.05	1586.0						
		榆树	147.87	15750.0	34.81	1575.0	66.53	8474.0	46.53	5701.0		
		其他硬阔类	1987.87	258670.0	976.51	101635.0	820.15	124222.0	191.21	32813.0		
		椴树	271.02	34619.0	67.73	6878.0	168.87	21206.0	34.42	6535.0		
		杨树	26.75	4061.0	0.13	1.0	1.05	5.0	15.74	2343.0	9.83	1712.0
		柳树	3.29	189.0	2.19	74.0	1.10	115.0				
		其他软阔类	623.82	85846.0	179.32	14772.0	382.00	61392.0	62.50	9682.0		
		山杨	6.10	565.0	1.83	22.0	4.27	543.0				
		毛赤杨	30.84	3223.0			25.10	2951.0	5.74	272.0		
		槭树	5.63	733.0	2.18	92.0			3.45	641.0		
		其他阔叶树种	4.14	728.0			4.14	728.0				
天桥岭林业局	合计	合计	179980.06	27146921.0	6161.24	504907.0	63849.78	9282630.0	93063.84	14500369.0	16905.20	2859015.0
		冷杉	10611.17	1680424.0	40.05	4604.0	6671.90	1055182.0	3716.20	587184.0	183.02	33454.0
		云杉	2625.58	335903.0	854.36	39364.0	1351.60	227069.0	379.05	63063.0	40.57	6407.0
		落叶松	13913.10	2178192.0	472.98	38748.0	5268.13	768501.0	6298.06	1020990.0	1873.93	349953.0
		红松	3149.88	522554.0	151.75	21266.0	2029.15	339578.0	852.89	142425.0	116.09	19285.0
		樟子松	197.95	31541.0			50.72	8310.0	120.44	17973.0	26.79	5258.0
		其他针叶树种	5.96	649.0			5.96	649.0				
		蒙古栎	52472.87	7983826.0	1103.78	100269.0	20250.48	2873905.0	27525.93	4387100.0	3592.68	622552.0
		白桦	21411.85	3032987.0	950.50	65034.0	8132.42	1119827.0	9785.27	1441116.0	2543.66	407010.0
		枫桦	6249.58	926909.0	137.24	12268.0	2412.45	355485.0	3364.32	503398.0	335.57	55758.0
		黑桦	50.66	7851.0			37.48	5852.0	13.18	1999.0		
		水曲柳	3658.90	524770.0	270.93	23070.0	1111.24	163688.0	2138.06	317070.0	138.67	20942.0
		胡桃楸	697.81	96572.0	30.24	3881.0	300.73	38398.0	358.18	52867.0	8.66	1426.0
		黄波罗	36.15	5069.0	16.08	2191.0			20.07	2878.0		
		榆树	1729.48	193475.0	195.56	5687.0	518.18	52482.0	735.73	93022.0	280.01	42284.0
		其他硬阔类	586.39	87952.0	405.79	56498.0	159.43	27860.0	21.17	3594.0		
		椴树	51658.24	7962613.0	430.58	53956.0	12249.18	1814026.0	33415.54	5188505.0	5562.94	906126.0
		杨树	333.80	47243.0			80.87	6453.0	77.10	11643.0	175.83	29147.0
		柳树	61.16	2174.0	42.33	1382.0	11.17	443.0	7.66	349.0		
		其他软阔类	2668.39	295452.0	798.53	57685.0	1486.18	186489.0	364.50	48980.0	19.18	2298.0
		山杨	4326.22	733285.0	54.28	2901.0	609.25	92373.0	2197.83	369834.0	1464.86	268177.0
		毛赤杨	405.79	40446.0	117.54	10152.0	192.14	19765.0	96.11	10529.0		
		白牛槭	22.30	2637.0					22.30	2637.0		

表 4　长白山重点国有林区乔木林各龄组面积、蓄积按起源和优势树种（组）统计表（续 23）

单位：公顷、立方米

统计单位	起源	优势树种（组）	合计		幼龄林		中龄林		近熟林		成、过熟林	
			面积	蓄积	面积	蓄积	面积	蓄积	面积	蓄积	面积	蓄积
天桥岭林业局	合计	槭树	2868.98	427930.0	38.64	3300.0	858.62	118358.0	1491.35	226113.0	480.37	80159.0
		山槐	81.91	10474.0			17.85	3206.0	32.67	3380.0	31.39	3888.0
		暴马丁香	39.34	3711.0	14.98	1104.0	6.73	548.0	17.63	2059.0		
		青楷槭	42.09	6376.0			3.31	376.0	7.80	1109.0	30.98	4891.0
		花楷槭	4.80	552.0					4.80	552.0		
		稠李	6.83	521.0	1.13		5.70	521.0				
		山桃稠李	17.47	2643.0	4.05	486.0	13.42	2157.0				
		山丁子	35.35	2190.0	19.86	1061.0	15.49	1129.0				
		其他阔叶树种	10.06		10.06							
	天然	合计	166350.76	25152431.0	3749.21	282840.0	59371.24	8627769.0	88046.85	13703352.0	15183.46	2538470.0
		冷杉	10596.74	1678345.0	30.14	3216.0	6667.38	1054491.0	3716.20	587184.0	183.02	33454.0
		云杉	1762.09	294042.0	16.55	1832.0	1327.82	223130.0	377.15	62673.0	40.57	6407.0
		落叶松	4496.82	718167.0	92.06	9333.0	2382.38	361091.0	1698.38	289462.0	324.00	58281.0
		红松	2812.35	468234.0	19.66	3490.0	1839.45	305766.0	837.15	139693.0	116.09	19285.0
		樟子松	78.38	14131.0			40.24	6912.0	12.34	2172.0	25.80	5047.0
		其他针叶树种	5.96	649.0			5.96	649.0				
		蒙古栎	52472.87	7983826.0	1103.78	100269.0	20250.48	2873905.0	27525.93	4387100.0	3592.68	622552.0
		白桦	21411.85	3032987.0	950.50	65034.0	8132.42	1119827.0	9785.27	1441116.0	2543.66	407010.0
		枫桦	6249.58	926909.0	137.24	12268.0	2412.45	355485.0	3364.32	503398.0	335.57	55758.0
		黑桦	50.66	7851.0			37.48	5852.0	13.18	1999.0		
		水曲柳	3388.93	493282.0	104.70	9635.0	1028.17	149551.0	2117.39	313154.0	138.67	20942.0
		胡桃楸	627.34	85927.0	9.39	721.0	275.76	34782.0	333.53	48998.0	8.66	1426.0
		黄波罗	36.15	5069.0	16.08	2191.0			20.07	2878.0		
		榆树	1712.70	191325.0	192.80	5302.0	508.86	51185.0	731.03	92554.0	280.01	42284.0
		椴树	51283.57	7902885.0	275.96	28909.0	12079.07	1786679.0	33365.60	5181171.0	5562.94	906126.0
		杨树	105.43	15668.0			9.89	1291.0	76.65	11608.0	18.89	2769.0
		柳树	59.25	2105.0	40.42	1313.0	11.17	443.0	7.66	349.0		
		其他软阔类	1450.02	115658.0	520.77	21083.0	687.61	66508.0	225.57	26291.0	16.07	1776.0
		山杨	4278.60	726412.0	50.36	2703.0	607.38	92121.0	2166.77	365173.0	1454.09	266415.0
		毛赤杨	397.13	39184.0	116.44	10126.0	184.58	18529.0	96.11	10529.0		
		白牛槭	22.30	2637.0					22.30	2637.0		
		槭树	2851.79	425730.0	34.69	3067.0	845.38	116391.0	1491.35	226113.0	480.37	80159.0
		山槐	70.14	7875.0			6.08	607.0	32.67	3380.0	31.39	3888.0
		暴马丁香	39.34	3711.0	14.98	1104.0	6.73	548.0	17.63	2059.0		
		青楷槭	42.09	6376.0			3.31	376.0	7.80	1109.0	30.98	4891.0
		花楷槭	4.80	552.0					4.80	552.0		
		稠李	6.83	521.0	1.13		5.70	521.0				
		山桃稠李	1.70	183.0	1.70	183.0						
		山丁子	35.35	2190.0	19.86	1061.0	15.49	1129.0				
	人工	合计	13629.30	1994490.0	2412.03	222067.0	4478.54	654861.0	5016.99	797017.0	1721.74	320545.0
		冷杉	14.43	2079.0	9.91	1388.0	4.52	691.0				
		云杉	863.49	41861.0	837.81	37532.0	23.78	3939.0	1.90	390.0		

表4 长白山重点国有林区乔木林各龄组面积、蓄积按起源和优势树种（组）统计表（续24）

单位：公顷、立方米

统计单位	起源	优势树种（组）	合计		幼龄林		中龄林		近熟林		成、过熟林	
			面积	蓄积	面积	蓄积	面积	蓄积	面积	蓄积	面积	蓄积
天桥岭林业局	人工	落叶松	9416.28	1460025.0	380.92	29415.0	2885.75	407410.0	4599.68	731528.0	1549.93	291672.0
		红松	337.53	54320.0	132.09	17776.0	189.70	33812.0	15.74	2732.0		
		樟子松	119.57	17410.0			10.48	1398.0	108.10	15801.0	0.99	211.0
		水曲柳	269.97	31488.0	166.23	13435.0	83.07	14137.0	20.67	3916.0		
		胡桃楸	70.47	10645.0	20.85	3160.0	24.97	3616.0	24.65	3869.0		
		榆树	16.78	2150.0	2.76	385.0	9.32	1297.0	4.70	468.0		
		其他硬阔类	586.39	87952.0	405.79	56498.0	159.43	27860.0	21.17	3594.0		
		椴树	374.67	59728.0	154.62	25047.0	170.11	27347.0	49.94	7334.0		
		杨树	228.37	31575.0			70.98	5162.0	0.45	35.0	156.94	26378.0
		柳树	1.91	69.0	1.91	69.0						
		其他软阔类	1218.37	179794.0	277.76	36602.0	798.57	119981.0	138.93	22689.0	3.11	522.0
		山杨	47.62	6873.0	3.92	198.0	1.87	252.0	31.06	4661.0	10.77	1762.0
		毛赤杨	8.66	1262.0	1.10	26.0	7.56	1236.0				
		槭树	17.19	2200.0	3.95	233.0	13.24	1967.0				
		山槐	11.77	2599.0			11.77	2599.0				
		山桃稠李	15.77	2460.0	2.35	303.0	13.42	2157.0				
		其他阔叶树种	10.06		10.06							
	其中：人天混	合计	4733.00	727462.0	1079.77	153085.0	1817.87	282236.0	1560.86	242629.0	274.50	49512.0
		冷杉	14.43	2079.0	9.91	1388.0	4.52	691.0				
		云杉	80.38	8605.0	61.57	5314.0	18.81	3291.0				
		落叶松	1984.80	310114.0	10.25	703.0	473.37	71028.0	1240.56	191155.0	260.62	47228.0
		红松	85.71	15730.0	60.70	11247.0	25.01	4483.0				
		樟子松	32.01	5237.0			2.83	294.0	29.18	4943.0		
		水曲柳	169.02	30021.0	65.28	11968.0	83.07	14137.0	20.67	3916.0		
		胡桃楸	70.47	10645.0	20.85	3160.0	24.97	3616.0	24.65	3869.0		
		榆树	16.78	2150.0	2.76	385.0	9.32	1297.0	4.70	468.0		
		其他硬阔类	586.39	87952.0	405.79	56498.0	159.43	27860.0	21.17	3594.0		
		椴树	374.67	59728.0	154.62	25047.0	170.11	27347.0	49.94	7334.0		
		柳树	0.56	13.0	0.56	13.0						
		其他软阔类	1216.77	179794.0	276.16	36602.0	798.57	119981.0	138.93	22689.0	3.11	522.0
		山杨	47.62	6873.0	3.92	198.0	1.87	252.0	31.06	4661.0	10.77	1762.0
		毛赤杨	8.66	1262.0	1.10	26.0	7.56	1236.0				
		槭树	17.19	2200.0	3.95	233.0	13.24	1967.0				
		山槐	11.77	2599.0			11.77	2599.0				
		山桃稠李	15.77	2460.0	2.35	303.0	13.42	2157.0				
珲春林业局	合计	合计	320067.70	47178159.0	19068.65	1036121.0	96598.56	11616063.0	135273.93	21558469.0	69126.56	12967506.0
		冷杉	9652.90	1715944.0	70.58	1086.0	1357.39	225585.0	5047.06	874349.0	3177.87	614924.0
		云杉	11811.99	2004770.0	1315.95	42231.0	1104.88	167212.0	5393.12	964903.0	3998.04	830424.0
		落叶松	9704.29	1179440.0	1459.80	79169.0	3154.52	343585.0	2711.04	370078.0	2378.93	386608.0
		红松	5901.42	935107.0	1417.65	102515.0	1119.24	188362.0	1228.64	212516.0	2135.89	431714.0
		樟子松	3202.91	408054.0	201.03	4738.0	376.23	41806.0	1207.36	157049.0	1418.29	204461.0
		蒙古栎	187811.96	27136256.0	8570.34	508297.0	70539.38	8563007.0	81799.96	12949141.0	26902.28	5115811.0

表 4　长白山重点国有林区乔木林各龄组面积、蓄积按起源和优势树种（组）统计表（续 25）

单位：公顷、立方米

统计单位	起源	优势树种（组）	合计		幼龄林		中龄林		近熟林		成、过熟林	
			面积	蓄积	面积	蓄积	面积	蓄积	面积	蓄积	面积	蓄积
珲春林业局	合计	白桦	4006.87	484457.0	503.77	23964.0	1828.71	198367.0	1191.22	176986.0	483.17	85140.0
		枫桦	3449.73	606773.0	89.45	4112.0	297.55	37461.0	1224.81	207051.0	1837.92	358149.0
		黑桦	61.39	8018.0	9.42	696.0	22.01	2310.0	29.96	5012.0		
		水曲柳	1727.42	247089.0	146.68	8066.0	413.31	50812.0	732.13	114773.0	435.30	73438.0
		胡桃楸	2614.69	345852.0	238.62	15297.0	951.67	111926.0	1257.86	189660.0	166.54	28969.0
		黄波罗	156.57	21139.0	32.13	2896.0	45.10	7093.0	64.59	9200.0	14.75	1950.0
		榆树	4852.28	581195.0	217.05	9173.0	1657.05	160124.0	2227.08	302258.0	751.10	109640.0
		其他硬阔类	2133.22	220369.0	1074.37	86967.0	837.29	100746.0	204.46	29257.0	17.10	3399.0
		椴树	54576.45	9467307.0	550.99	36550.0	5402.10	751085.0	25351.76	4282976.0	23271.60	4396696.0
		杨树	813.48	68324.0	103.93	1923.0	233.13	11553.0	179.04	17934.0	297.38	36914.0
		柳树	1675.98	90172.0	573.47	12695.0	611.59	36719.0	343.76	27332.0	147.16	13426.0
		其他软阔类	12680.65	1233926.0	2150.44	80960.0	5933.77	549782.0	3997.60	513438.0	598.84	89746.0
		山杨	1256.74	155684.0	183.80	5143.0	245.78	19937.0	468.49	69100.0	358.67	61504.0
		毛赤杨	641.53	69071.0	90.42	5278.0	304.89	33163.0	192.12	23306.0	54.10	7324.0
		槭树	1139.11	182233.0	23.13	1288.0	58.70	6944.0	406.45	60592.0	650.83	113409.0
		山槐	13.47	1072.0			13.47	1072.0				
		千金榆	13.96	1289.0							13.96	1289.0
		暴马丁香	3.03	317.0					3.03	317.0		
		稠李	9.61	530.0	5.51	294.0	4.10	236.0				
		山丁子	14.11	1258.0	14.11	1258.0						
		花曲柳	109.55	9904.0	19.85	1369.0	68.43	6020.0	10.84	1105.0	10.43	1410.0
		其他阔叶树种	32.39	2609.0	6.16	156.0	18.27	1156.0	1.55	136.0	6.41	1161.0
	天然	合计	300443.46	45065734.0	13071.72	697285.0	90788.84	10936522.0	131390.91	21059602.0	65191.99	12372325.0
		冷杉	9646.79	1715810.0	64.47	952.0	1357.39	225585.0	5047.06	874349.0	3177.87	614924.0
		云杉	10730.35	1974926.0	237.01	12817.0	1102.18	166782.0	5393.12	964903.0	3998.04	830424.0
		落叶松	533.83	93649.0	11.05	491.0	109.99	17151.0	327.61	59552.0	85.18	16455.0
		红松	3538.97	671761.0	8.22	1094.0	191.84	31588.0	1206.42	207897.0	2132.49	431182.0
		樟子松	401.27	61552.0	30.21	2768.0	148.14	20157.0	143.42	23474.0	79.50	15153.0
		蒙古栎	187811.96	27136256.0	8570.34	508297.0	70539.38	8563007.0	81799.96	12949141.0	26902.28	5115811.0
		白桦	4006.87	484457.0	503.77	23964.0	1828.71	198367.0	1191.22	176986.0	483.17	85140.0
		枫桦	3449.73	606773.0	89.45	4112.0	297.55	37461.0	1224.81	207051.0	1837.92	358149.0
		黑桦	61.39	8018.0	9.42	696.0	22.01	2310.0	29.96	5012.0		
		水曲柳	1602.03	239572.0	56.90	2773.0	378.72	48638.0	731.11	114723.0	435.30	73438.0
		胡桃楸	2553.07	339828.0	178.16	9395.0	950.51	111804.0	1257.86	189660.0	166.54	28969.0
		黄波罗	112.34	14457.0	21.07	1906.0	15.80	1950.0	63.50	9088.0	11.97	1513.0
		榆树	4795.11	574939.0	192.56	7525.0	1636.06	157503.0	2215.39	300271.0	751.10	109640.0
		椴树	54443.11	9454610.0	457.63	29932.0	5362.12	745006.0	25351.76	4282976.0	23271.60	4396696.0
		杨树	103.44	13671.0	6.07	76.0	6.75	647.0	44.38	4674.0	46.24	8274.0
		柳树	1563.99	87784.0	488.77	12655.0	608.16	36504.0	343.76	27332.0	123.30	11293.0
		其他软阔类	11945.47	1170026.0	1842.14	64952.0	5569.60	507814.0	3938.64	508093.0	595.09	89167.0
		山杨	1217.42	152707.0	168.86	4470.0	221.40	17633.0	468.49	69100.0	358.67	61504.0
		毛赤杨	640.44	68978.0	89.33	5185.0	304.89	33163.0	192.12	23306.0	54.10	7324.0

表 4　长白山重点国有林区乔木林各龄组面积、蓄积按起源和优势树种（组）统计表（续 26）

单位：公顷、立方米

统计单位	起源	优势树种（组）	合计		幼龄林		中龄林		近熟林		成、过熟林	
			面积	蓄积	面积	蓄积	面积	蓄积	面积	蓄积	面积	蓄积
珲春林业局	天然	槭树	1115.74	180429.0	6.82	304.0	51.64	6124.0	406.45	60592.0	650.83	113409.0
		山槐	13.47	1072.0			13.47	1072.0				
		千金榆	13.96	1289.0							13.96	1289.0
		暴马丁香	3.03	317.0					3.03	317.0		
		稠李	9.61	530.0	5.51	294.0	4.10	236.0				
		山丁子	14.11	1258.0	14.11	1258.0						
		花曲柳	109.55	9904.0	19.85	1369.0	68.43	6020.0	10.84	1105.0	10.43	1410.0
		其他阔叶树种	6.41	1161.0							6.41	1161.0
	人工	合计	19624.24	2112425.0	5996.93	338836.0	5809.72	679541.0	3883.02	498867.0	3934.57	595181.0
		冷杉	6.11	134.0	6.11	134.0						
		云杉	1081.64	29844.0	1078.94	29414.0	2.70	430.0				
		落叶松	9170.46	1085791.0	1448.75	78678.0	3044.53	326434.0	2383.43	310526.0	2293.75	370153.0
		红松	2362.45	263346.0	1409.43	101421.0	927.40	156774.0	22.22	4619.0	3.40	532.0
		樟子松	2801.64	346502.0	170.82	1970.0	228.09	21649.0	1063.94	133575.0	1338.79	189308.0
		水曲柳	125.39	7517.0	89.78	5293.0	34.59	2174.0	1.02	50.0		
		胡桃楸	61.62	6024.0	60.46	5902.0	1.16	122.0				
		黄波罗	44.23	6682.0	11.06	990.0	29.30	5143.0	1.09	112.0	2.78	437.0
		榆树	57.17	6256.0	24.49	1648.0	20.99	2621.0	11.69	1987.0		
		其他硬阔类	2133.22	220369.0	1074.37	86967.0	837.29	100746.0	204.46	29257.0	17.10	3399.0
		椴树	133.34	12697.0	93.36	6618.0	39.98	6079.0				
		杨树	710.04	54653.0	97.86	1847.0	226.38	10906.0	134.66	13260.0	251.14	28640.0
		柳树	111.99	2388.0	84.70	40.0	3.43	215.0			23.86	2133.0
		其他软阔类	735.18	63900.0	308.30	16008.0	364.17	41968.0	58.96	5345.0	3.75	579.0
		山杨	39.32	2977.0	14.94	673.0	24.38	2304.0				
		毛赤杨	1.09	93.0	1.09	93.0						
		槭树	23.37	1804.0	16.31	984.0	7.06	820.0				
		其他阔叶树种	25.98	1448.0	6.16	156.0	18.27	1156.0	1.55	136.0		
	其中：人天混	合计	5917.39	639758.0	2074.99	151364.0	2185.41	261979.0	964.59	130152.0	692.40	96263.0
		冷杉	6.11	134.0	6.11	134.0						
		云杉	104.27	4815.0	104.27	4815.0						
		落叶松	1631.73	206330.0	124.30	8973.0	575.04	63057.0	485.30	68968.0	447.09	65332.0
		红松	390.20	45361.0	186.40	13135.0	198.66	31460.0	2.69	398.0	2.45	368.0
		樟子松	484.58	55106.0	10.49	183.0	64.73	5709.0	212.22	24624.0	197.14	24590.0
		水曲柳	55.88	5416.0	49.39	4708.0	6.49	708.0				
		胡桃楸	60.27	6024.0	59.11	5902.0	1.16	122.0				
		黄波罗	41.45	6245.0	11.06	990.0	29.30	5143.0	1.09	112.0		
		榆树	57.17	6256.0	24.49	1648.0	20.99	2621.0	11.69	1987.0		
		其他硬阔类	2133.22	220369.0	1074.37	86967.0	837.29	100746.0	204.46	29257.0	17.10	3399.0
		椴树	133.34	12697.0	93.36	6618.0	39.98	6079.0				
		杨树	35.75	2320.0	7.56	111.0	2.46	151.0	0.86	63.0	24.87	1995.0
		柳树	16.19	255.0	12.76	40.0	3.43	215.0				
		其他软阔类	688.10	62505.0	277.97	15368.0	360.10	41815.0	46.28	4743.0	3.75	579.0

表 4　长白山重点国有林区乔木林各龄组面积、蓄积按起源和优势树种（组）统计表（续 27）

单位：公顷、立方米

统计单位	起源	优势树种（组）	合计		幼龄林		中龄林		近熟林		成、过熟林	
			面积	蓄积	面积	蓄积	面积	蓄积	面积	蓄积	面积	蓄积
珲春林业局	其中：人天混	山杨	39.32	2977.0	14.94	673.0	24.38	2304.0				
		毛赤杨	1.09	93.0	1.09	93.0						
		槭树	23.37	1804.0	16.31	984.0	7.06	820.0				
		其他阔叶树种	15.35	1051.0	1.01	22.0	14.34	1029.0				

说明：（1）①本表中人工林合计中含《东北内蒙古重点国有林区森林资源规划设计调查技术规定》中起源为“人天混”数据；

②同时保留起源为“人天混”的统计结果明细；

（2）本表对蓄积量较小的树种进行了适当归并。

表 5 长白山重点国有林区国家级公益林面积按地类和保护等级统计表

单位：公顷

统计单位	保护等级	总计	林地													其他土地
			合计	乔木林地	灌木林地		未成林造林地	苗圃地	疏林地	无立木林地				宜林地	林业辅助生产用地	
					小计	其中：特殊灌木林地				小计	采伐迹地	火烧迹地	其他无立木林地			
长白山森工	合计	947117.40	946913.65	945543.61	374.06	18.64	371.70		4.19	349.98	62.61		287.37	129.38	140.73	203.75
	一级	222174.33	222169.24	221780.87	306.12		32.51			9.26			9.26	20.98	19.50	5.09
	二级	724943.07	724744.41	723762.74	67.94	18.64	339.19		4.19	340.72	62.61		278.11	108.40	121.23	198.66
黄泥河林业局	合计	37578.34	37569.03	37548.25										10.79	9.99	9.31
	一级	25092.91	25092.91	25082.49										6.39	4.03	
	二级	12485.43	12476.12	12465.76										4.40	5.96	9.31
敦化林业局	合计	11813.78	11813.78	11813.78												
	一级	5321.92	5321.92	5321.92												
	二级	6491.86	6491.86	6491.86												
大石头林业局	合计	231.68	231.68	231.68												
	二级	231.68	231.68	231.68												
白河林业局	合计	31555.62	31384.60	30588.13	352.28	18.64	28.02			239.35	2.31		237.04	84.40	92.42	171.02
	一级	11531.82	11531.82	11207.09	305.01					0.83			0.83	8.13	10.76	
	二级	20023.80	19852.78	19381.04	47.27	18.64	28.02			238.52	2.31		236.21	76.27	81.66	171.02
和龙林业局	合计	61565.10	61565.10	61416.51	4.97		132.53			4.56	1.08		3.48	0.65	5.88	
	一级	11640.07	11640.07	11640.07												
	二级	49925.03	49925.03	49776.44	4.97		132.53			4.56	1.08		3.48	0.65	5.88	
八家子林业局	合计	3034.98	3034.98	3034.54						0.44			0.44			
	二级	3034.98	3034.98	3034.54						0.44			0.44			
汪清林业局	合计	280429.11	280429.11	280418.43			10.68									
	一级	60571.72	60571.72	60563.31			8.41									
	二级	219857.39	219857.39	219855.12			2.27									
大兴沟林业局	合计	57572.52	57572.52	57551.13			2.75		2.13	6.68			6.68	9.72	0.11	
	二级	57572.52	57572.52	57551.13			2.75		2.13	6.68			6.68	9.72	0.11	
天桥岭林业局	合计	169674.06	169674.06	169655.95	1.62		0.34			10.67			10.67	5.02	0.46	
	一级	48196.54	48196.54	48195.10			0.13			1.24			1.24		0.07	
	二级	121477.52	121477.52	121460.85	1.62		0.21			9.43			9.43	5.02	0.39	
珲春林业局	合计	293662.21	293638.79	293285.21	15.19		197.38		2.06	88.28	59.22		29.06	18.80	31.87	23.42
	一级	59819.35	59814.26	59770.89	1.11		23.97			7.19			7.19	6.46	4.64	5.09
	二级	233842.86	233824.53	233514.32	14.08		173.41		2.06	81.09	59.22		21.87	12.34	27.23	18.33

表 6　长白山重点国有林区用材林各龄级面积、蓄积按优势树种和可及度统计表

单位：公顷、立方米

统计单位	优势树种	可及度	合计		Ⅰ龄级		Ⅱ龄级		Ⅲ龄级		Ⅳ龄级		Ⅴ龄级		Ⅵ龄级		Ⅶ龄级		Ⅷ以上龄级	
			面积	蓄积	面积	蓄积	面积	蓄积	面积	蓄积	面积	蓄积	面积	蓄积	面积	蓄积	面积	蓄积	面积	蓄积
长白山森工	合计	合计	786105.91	127580222.0	8352.88	237321.0	37733.19	4129410.0	155848.84	23207887.0	343342.90	58122210.0	147075.55	25256842.0	69752.40	12228137.0	18302.82	3413307.0	5697.33	985108.0
		即可及	236495.72	41242320.0									144620.78	24903642.0	68304.91	12012257.0	17937.69	3351752.0	5632.34	974669.0
		将可及	433.00	65854.0									40.56	6958.0	257.14	36937.0	82.09	13694.0	53.21	8265.0
		不可及	3899.38	575220.0									2414.21	346242.0	1190.35	178943.0	283.04	47861.0	11.78	2174.0
	冷杉	合计	20045.87	3812417.0	18.87	682.0	80.98	12155.0	1427.29	259717.0	3075.38	567329.0	11691.38	2251414.0	2935.86	568350.0	723.33	132260.0	92.78	20510.0
		即可及	15363.46	2960415.0									11633.59	2242055.0	2913.76	565590.0	723.33	132260.0	92.78	20510.0
		将可及	18.77	2264.0											18.77	2264.0				
		不可及	61.12	9855.0									57.79	9359.0	3.33	496.0				
	云杉	合计	20269.61	3141623.0	3192.09	70278.0	1456.72	161543.0	243.80	43031.0	2049.31	359227.0	3328.51	580810.0	6696.93	1234661.0	3169.63	660993.0	132.62	31080.0
		即可及	13307.64	2505468.0									3328.51	580810.0	6676.88	1232585.0	3169.63	660993.0	132.62	31080.0
		不可及	20.05	2076.0											20.05	2076.0				
	落叶松	合计	61417.69	9864729.0	469.11	3293.0	3833.41	299380.0	16754.75	2437471.0	19430.29	3205358.0	17275.95	3184626.0	3403.92	686792.0	127.84	26243.0	122.42	21566.0
		即可及	20758.84	3891534.0									17172.22	3168439.0	3342.13	676390.0	122.07	25139.0	122.42	21566.0
		将可及	15.33	2485.0									15.33	2485.0						
		不可及	155.96	25208.0									88.40	13702.0	61.79	10402.0	5.77	1104.0		
	红松	合计	13887.00	2281893.0	1657.73	17117.0	1144.23	126833.0	2537.61	485406.0	1214.05	230040.0	723.96	139146.0	3036.25	575118.0	2819.84	544274.0	753.33	163959.0
		即可及	7333.38	1422497.0									723.96	139146.0	3036.25	575118.0	2819.84	544274.0	753.33	163959.0
	樟子松	合计	833.56	113017.0	79.63	15.0	96.44	9857.0	136.34	17134.0	335.48	53549.0	156.95	27444.0	26.14	4406.0	1.50	365.0	1.08	247.0
		即可及	185.67	32462.0									156.95	27444.0	26.14	4406.0	1.50	365.0	1.08	247.0
	其他松类	合计	16.81	2119.0					16.81	2119.0										
	紫杉	合计	10.50	2114.0											10.50	2114.0				
		即可及	10.50	2114.0											10.50	2114.0				
	蒙古栎	合计	152511.34	24977855.0	639.90	25343.0	6093.13	594790.0	41043.57	6210300.0	88451.39	15147842.0	13903.31	2528296.0	1683.77	326273.0	621.52	130207.0	74.75	14804.0
		即可及	16094.12	2964263.0									13806.68	2512936.0	1622.20	313470.0	590.49	123053.0	74.75	14804.0
		不可及	189.23	35317.0									96.63	15360.0	61.57	12803.0	31.03	7154.0		
	白桦	合计	63544.79	9235489.0	598.44	4814.0	2570.86	113169.0	9294.71	846508.0	13286.27	1954809.0	14049.36	2180293.0	21356.20	3719117.0	1748.98	304757.0	639.97	112022.0
		即可及	37264.71	6233013.0									13655.20	2120172.0	21261.03	3702686.0	1720.29	300307.0	628.19	109848.0
		不可及	529.80	83176.0									394.16	60121.0	95.17	16431.0	28.69	4450.0	11.78	2174.0
	枫桦	合计	61183.31	10517524.0	210.22	23827.0	3824.61	503700.0	10061.66	1614221.0	30727.92	5351811.0	10937.79	1982982.0	4279.05	818164.0	1118.86	217782.0	23.20	5037.0
		即可及	16299.84	3014218.0									10903.41	1976594.0	4254.37	814805.0	1118.86	217782.0	23.20	5037.0
		将可及	15.76	2305.0									4.40	788.0	11.36	1517.0				
		不可及	43.30	7442.0									29.98	5600.0	13.32	1842.0				
	黑桦	合计	1134.17	158908.0	9.29	403.0	46.93	3760.0	424.92	55302.0	610.27	92436.0	10.18	1595.0	32.58	5412.0				
		即可及	42.76	7007.0									10.18	1595.0	32.58	5412.0				
	水曲柳	合计	64607.77	10545346.0	230.04	9230.0	3203.20	456606.0	13272.46	2049846.0	37273.85	6245572.0	9011.70	1518025.0	1051.69	170378.0	448.70	78603.0	116.13	17086.0
		即可及	10504.53	1765022.0									8924.68	1505529.0	1015.02	163804.0	448.70	78603.0	116.13	17086.0
		将可及	16.90	2799.0									4.97	920.0	11.93	1879.0				
		不可及	106.79	16271.0									82.05	11576.0	24.74	4695.0				
	胡桃楸	合计	72351.35	11530626.0	568.55	53562.0	10013.63	1399245.0	23411.18	3618007.0	25924.87	4441957.0	10595.26	1734783.0	1559.27	239046.0	267.68	42409.0	10.91	1617.0
		即可及	11935.91	1946536.0									10193.70	1675202.0	1463.62	227308.0	267.68	42409.0	10.91	1617.0
		将可及	13.71	2478.0									13.71	2478.0						

表6 长白山重点国有林区用材林各龄级面积、蓄积按优势树种和可及度统计表（续1）

单位：公顷、立方米

统计单位	优势树种	可及度	合计		Ⅰ龄级		Ⅱ龄级		Ⅲ龄级		Ⅳ龄级		Ⅴ龄级		Ⅵ龄级		Ⅶ龄级		Ⅷ以上龄级	
			面积	蓄积	面积	蓄积	面积	蓄积	面积	蓄积	面积	蓄积	面积	蓄积	面积	蓄积	面积	蓄积	面积	蓄积
长白山森工	胡桃楸	不可及	483.50	68841.0									387.85	57103.0	95.65	11738.0				
	黄波罗	合计	7109.04	1136543.0	89.03	10999.0	1065.07	156382.0	1395.94	219708.0	2593.19	433078.0	1365.77	222500.0	431.57	68592.0	164.99	24805.0	3.48	479.0
		即可及	1955.07	314839.0									1365.77	222500.0	420.83	67055.0	164.99	24805.0	3.48	479.0
		将可及	10.74	1537.0											10.74	1537.0				
	榆树	合计	20092.91	2795040.0	38.26	159.0	216.54	9335.0	972.94	81101.0	1962.67	244523.0	4072.81	543576.0	8304.67	1230507.0	2038.82	308454.0	2486.20	377385.0
		即可及	16825.45	2448347.0									4055.60	541552.0	8291.77	1227984.0	2038.82	308454.0	2439.26	370357.0
		将可及	53.65	7985.0									2.15	287.0	4.56	670.0			46.94	7028.0
		不可及	23.40	3590.0									15.06	1737.0	8.34	1853.0				
	紫椴	合计	157147.16	27221991.0	84.31	5282.0	1097.26	126593.0	19608.29	3200328.0	87731.84	15266698.0	36078.69	6282547.0	8875.14	1626710.0	3141.43	607845.0	530.20	105988.0
		即可及	47696.97	8479251.0									35788.88	6238038.0	8348.50	1545574.0	3029.39	589651.0	530.20	105988.0
		将可及	267.50	40782.0											193.17	28450.0	74.33	12332.0		
		不可及	660.99	103057.0									289.81	44509.0	333.47	52686.0	37.71	5862.0		
	糠椴	合计	2248.85	356135.0			112.83	16976.0	578.30	82060.0	1332.46	216321.0	176.29	28717.0	48.97	12061.0				
		即可及	225.26	40778.0									176.29	28717.0	48.97	12061.0				
	杨树	合计	3590.24	507106.0	35.26	723.0	76.69	3181.0	326.65	23444.0	570.61	62481.0	725.18	102542.0	915.35	153316.0	711.46	124059.0	229.04	37360.0
		即可及	2573.27	415915.0									725.18	102542.0	915.35	153316.0	703.70	122697.0	229.04	37360.0
		将可及	7.76	1362.0													7.76	1362.0		
	大青杨	合计	3746.56	711827.0	4.61		14.22	1031.0	854.77	138623.0	1632.41	308757.0	545.72	114253.0	460.30	93953.0	94.27	25405.0	140.26	29805.0
		即可及	1234.28	262179.0									545.72	114253.0	460.30	93953.0	94.27	25405.0	133.99	28568.0
		将可及	6.27	1237.0															6.27	1237.0
	香杨	合计	48.56	7047.0					8.04	1083.0	40.52	5964.0								
	柳树	合计	2303.99	133510.0	69.30	227.0	1250.04	25368.0	656.00	69908.0	235.54	27971.0	59.71	7360.0	20.40	2069.0			13.00	607.0
		即可及	93.11	10036.0									59.71	7360.0	20.40	2069.0			13.00	607.0
	其他软阔类	合计	2615.60	230834.0	84.81	360.0	321.32	12203.0	803.85	41872.0	562.32	59523.0	486.01	62851.0	327.59	48392.0	29.70	5633.0		
		即可及	840.72	116484.0									483.43	62459.0	327.59	48392.0	29.70	5633.0		
		不可及	2.58	392.0									2.58	392.0						
	山杨	合计	16910.22	2767801.0	118.65	6317.0	623.80	56266.0	8014.70	1198132.0	6314.50	1144218.0	1102.91	207315.0	439.48	87321.0	269.70	63001.0	26.48	5231.0
		即可及	1820.60	359966.0									1092.92	205723.0	431.50	86011.0	269.70	63001.0	26.48	5231.0
		不可及	17.97	2902.0									9.99	1592.0	7.98	1310.0				
	毛赤杨	合计	3116.30	299398.0	35.54	446.0	147.60	5540.0	574.31	36505.0	904.48	90853.0	774.94	83059.0	663.63	80838.0	15.80	2157.0		
		即可及	1454.37	166054.0									774.94	83059.0	663.63	80838.0	15.80	2157.0		
	槭树	合计	28720.11	4394390.0	87.76	4067.0	268.23	28693.0	2693.11	397361.0	15097.63	2343569.0	8088.85	1229653.0	1983.58	312929.0	471.27	73572.0	29.68	4546.0
		即可及	8998.02	1407093.0									7149.83	1106449.0	1527.08	251817.0	291.43	44281.0	29.68	4546.0
		不可及	1575.36	213607.0									939.02	123204.0	456.50	61112.0	179.84	29291.0		
	山槐	合计	548.97	64050.0			10.24	535.0	10.12	367.0	131.72	16397.0	158.61	19593.0	232.45	26556.0	5.83	602.0		
		即可及	396.89	46751.0									158.61	19593.0	232.45	26556.0	5.83	602.0		
	千金榆	合计	20.21	2141.0											16.65	1946.0	3.56	195.0		
		即可及	20.21	2141.0											16.65	1946.0	3.56	195.0		
	暴马丁香	合计	149.24	13856.0	8.58	166.0	16.71	164.0	14.22	982.0	25.52	2468.0	22.90	2316.0	32.04	5584.0			29.27	2176.0
		即可及	84.21	10076.0									22.90	2316.0	32.04	5584.0			29.27	2176.0
	青楷槭	合计	475.38	68151.0					22.90	2083.0	59.66	10506.0	50.71	6385.0	145.96	21628.0	164.32	22523.0	31.83	5026.0
		即可及	386.21	54942.0									50.71	6385.0	139.35	21008.0	164.32	22523.0	31.83	5026.0

表 6 长白山重点国有林区用材林各龄级面积、蓄积按优势树种和可及度统计表（续 2）

单位：公顷、立方米

统计单位	优势树种	可及度	合计		Ⅰ龄级		Ⅱ龄级		Ⅲ龄级		Ⅳ龄级		Ⅴ龄级		Ⅵ龄级		Ⅶ龄级		Ⅷ以上龄级	
			面积	蓄积	面积	蓄积	面积	蓄积	面积	蓄积	面积	蓄积	面积	蓄积	面积	蓄积	面积	蓄积	面积	蓄积
长白山森工	青楷槭	将可及	6.61	620.0											6.61	620.0				
	花楷槭	合计	168.99	22482.0					1.77	123.0	5.27	506.0			24.44	3144.0	30.46	3363.0	107.05	15346.0
		即可及	161.95	21853.0											24.44	3144.0	30.46	3363.0	107.05	15346.0
	稠李	合计	205.89	20065.0			10.47	599.0	31.94	1865.0	41.57	4533.0	58.73	7036.0	58.91	5635.0	0.87	100.0	3.40	297.0
		即可及	121.91	13068.0									58.73	7036.0	58.91	5635.0	0.87	100.0	3.40	297.0
	山桃稠李	合计	643.63	99360.0					227.83	38280.0	245.46	35951.0	72.03	10823.0	49.52	7146.0	29.74	4545.0	19.05	2615.0
		即可及	170.34	25129.0									72.03	10823.0	49.52	7146.0	29.74	4545.0	19.05	2615.0
	山丁子	合计	444.41	45215.0			17.54	1374.0	83.97	6091.0	76.64	6542.0	177.59	20463.0	62.88	8628.0	23.50	1999.0	2.29	118.0
		即可及	266.26	31208.0									177.59	20463.0	62.88	8628.0	23.50	1999.0	2.29	118.0
	花曲柳	合计	100.97	13543.0			6.53	302.0	16.41	1427.0	12.58	2012.0	37.31	5036.0	28.14	4766.0				
		即可及	65.45	9802.0									37.31	5036.0	28.14	4766.0				
	钻天柳	合计	2.70	365.0							2.70	365.0								
	假色槭	合计	108.95	9824.0	2.28	11.0	11.75	76.0	31.43	1398.0	2.14	203.0			18.17	2647.0			43.18	5489.0
		即可及	61.35	8136.0											18.17	2647.0			43.18	5489.0
	白牛槭	合计	3104.11	412684.0	0.47		2.99	285.0	55.52	6692.0	1259.78	174516.0	1253.29	160900.0	465.52	61783.0	50.50	5851.0	16.04	2657.0
		即可及	1776.91	229692.0									1253.29	160900.0	457.08	60284.0	50.50	5851.0	16.04	2657.0
		不可及	8.44	1499.0											8.44	1499.0				
	拧筋槭	合计	76.56	10354.0					19.77	2621.0	56.79	7733.0								
	其他亚乔木	合计	592.59	52850.0	20.15		99.22	3469.0	220.96	16771.0	65.82	6592.0	83.15	10503.0	74.88	12155.0	8.72	1305.0	19.69	2055.0
		即可及	165.55	24031.0									62.26	8516.0	74.88	12155.0	8.72	1305.0	19.69	2055.0
		不可及	20.89	1987.0									20.89	1987.0						
黄泥河林业局	合计	合计	138888.64	21753004.0	1699.71	62933.0	10210.60	1390685.0	47662.63	7172165.0	56422.03	9413849.0	14846.82	2409422.0	6186.79	1009361.0	1498.49	241116.0	361.57	53473.0
		即可及	22302.80	3620564.0									14602.63	2372564.0	5959.28	973537.0	1391.10	223164.0	349.79	51299.0
		将可及	204.77	32056.0											131.84	19658.0	72.93	12398.0		
		不可及	386.10	60752.0									244.19	36858.0	95.67	16166.0	34.46	5554.0	11.78	2174.0
	冷杉	合计	822.12	125875.0	3.52	66.0	2.93	345.0	128.01	22456.0	248.11	34156.0	347.84	50053.0	91.71	18799.0				
		即可及	439.55	68852.0									347.84	50053.0	91.71	18799.0				
	云杉	合计	1086.45	85150.0	610.87	17828.0	137.73	11987.0	11.57	1195.0	165.72	25495.0	28.34	3088.0	63.42	12881.0	68.80	12676.0		
		即可及	160.56	28645.0									28.34	3088.0	63.42	12881.0	68.80	12676.0		
	落叶松	合计	9046.65	1490130.0	103.82	1229.0	1097.89	79438.0	2400.76	375898.0	2578.40	463345.0	2126.07	430229.0	717.59	136092.0	20.57	3699.0	1.55	200.0
		即可及	2727.36	546725.0									2041.26	416802.0	669.75	127128.0	14.80	2595.0	1.55	200.0
		不可及	138.42	23495.0									84.81	13427.0	47.84	8964.0	5.77	1104.0		
	红松	合计	1432.88	189569.0	363.91	6835.0	183.63	20099.0	350.94	68324.0	359.76	59356.0	49.24	9120.0	125.40	25835.0				
		即可及	174.64	34955.0									49.24	9120.0	125.40	25835.0				
	樟子松	合计	116.89	19680.0	0.95				35.43	3969.0	41.85	7078.0	37.16	8268.0			1.50	365.0		
		即可及	38.66	8633.0									37.16	8268.0			1.50	365.0		
	蒙古栎	合计	29509.47	4624340.0	112.22	7778.0	824.36	100775.0	10759.90	1542007.0	16863.53	2808605.0	937.56	162765.0	5.81	992.0	6.09	1418.0		
		即可及	872.87	153720.0									860.97	151310.0	5.81	992.0	6.09	1418.0		
		不可及	76.59	11455.0									76.59	11455.0						
	白桦	合计	7974.45	1132797.0	111.64	363.0	412.07	11569.0	672.54	59010.0	1622.77	250949.0	2714.52	408805.0	2072.14	342594.0	325.64	53416.0	43.13	6091.0
		即可及	5008.91	788116.0									2648.32	398531.0	2032.29	336702.0	296.95	48966.0	31.35	3917.0
		不可及	146.52	22790.0									66.20	10274.0	39.85	5892.0	28.69	4450.0	11.78	2174.0

表6 长白山重点国有林区用材林各龄级面积、蓄积按优势树种和可及度统计表（续3）

单位：公顷、立方米

统计单位	优势树种	可及度	合计		Ⅰ龄级		Ⅱ龄级		Ⅲ龄级		Ⅳ龄级		Ⅴ龄级		Ⅵ龄级		Ⅶ龄级		Ⅷ以上龄级	
			面积	蓄积	面积	蓄积	面积	蓄积	面积	蓄积	面积	蓄积	面积	蓄积	面积	蓄积	面积	蓄积	面积	蓄积
黄泥河林业局	枫桦	合计	9166.80	1402039.0	38.11	4157.0	1354.39	205027.0	2432.30	365809.0	3872.62	602813.0	910.74	140073.0	434.73	67596.0	123.91	16564.0		
		即可及	1469.38	224233.0									910.74	140073.0	434.73	67596.0	123.91	16564.0		
	黑桦	合计	465.83	63220.0			2.57	279.0	236.24	30851.0	227.02	32090.0								
	水曲柳	合计	21425.10	3470420.0	69.94	3087.0	1491.51	248395.0	8146.98	1265782.0	10273.28	1731840.0	1298.42	199634.0	85.58	12317.0	59.39	9365.0		
		即可及	1432.90	220337.0									1287.93	198655.0	85.58	12317.0	59.39	9365.0		
		不可及	10.49	979.0									10.49	979.0						
	胡桃楸	合计	27943.04	4578505.0	165.37	16084.0	3673.25	582776.0	17140.56	2665644.0	5760.49	1111474.0	1051.11	181014.0	124.08	17832.0	28.18	3681.0		
		即可及	1203.37	202527.0									1051.11	181014.0	124.08	17832.0	28.18	3681.0		
	黄波罗	合计	1034.01	160677.0			338.02	54858.0	529.91	79469.0	104.97	16692.0	61.11	9658.0						
		即可及	61.11	9658.0									61.11	9658.0						
	榆树	合计	3243.04	451253.0	0.08		18.13	1325.0	88.84	11582.0	423.38	57934.0	925.00	129435.0	1213.02	172277.0	332.87	45731.0	241.72	32969.0
		即可及	2712.61	380412.0									925.00	129435.0	1213.02	172277.0	332.87	45731.0	241.72	32969.0
	紫椴	合计	12781.65	1990697.0	27.65	2153.0	259.84	32207.0	2480.79	365281.0	7171.16	1150852.0	2199.06	345583.0	524.23	77014.0	118.92	17607.0		
		即可及	2645.20	409510.0									2199.06	345583.0	392.39	57356.0	53.75	6571.0		
		将可及	197.01	30694.0											131.84	19658.0	65.17	11036.0		
	糠椴	合计	570.08	91244.0			61.38	11110.0	194.01	26016.0	304.58	51145.0	10.11	2973.0						
		即可及	10.11	2973.0									10.11	2973.0						
	杨树	合计	992.36	164579.0	11.22	318.0	8.05	177.0	36.30	2338.0	91.69	8248.0	52.02	7447.0	407.49	74291.0	350.46	65582.0	35.13	6178.0
		即可及	837.34	152136.0									52.02	7447.0	407.49	74291.0	342.70	64220.0	35.13	6178.0
		将可及	7.76	1362.0													7.76	1362.0		
	大青杨	合计	715.78	130449.0			1.97	106.0	43.88	4773.0	438.73	81074.0	141.48	26242.0	41.55	6699.0	15.83	4484.0	32.34	7071.0
		即可及	231.20	44496.0									141.48	26242.0	41.55	6699.0	15.83	4484.0	32.34	7071.0
	柳树	合计	47.88	5145.0	2.64	2.0	6.96	290.0	31.34	3333.0			6.94	1520.0						
		即可及	6.94	1520.0									6.94	1520.0						
	其他软阔类	合计	100.05	9419.0	13.35	9.0	27.04	3007.0	4.58	692.0	5.30	349.0	43.77	4804.0	6.01	558.0				
		即可及	49.78	5362.0									43.77	4804.0	6.01	558.0				
	山杨	合计	1653.78	282996.0	0.97		30.47	2687.0	340.03	52157.0	923.33	163148.0	301.25	55354.0	37.80	6631.0	19.93	3019.0		
		即可及	351.00	63694.0									301.25	55354.0	29.82	5321.0	19.93	3019.0		
		不可及	7.98	1310.0											7.98	1310.0				
	毛赤杨	合计	139.06	13900.0					11.88	980.0	49.80	4151.0	77.38	8769.0						
		即可及	77.38	8769.0									77.38	8769.0						
	槭树	合计	7836.31	1182172.0	43.30	3024.0	183.22	21602.0	1500.45	216910.0	4626.29	717441.0	1300.71	195795.0	170.14	25317.0	12.20	2083.0		
		即可及	1483.05	223195.0									1300.71	195795.0	170.14	25317.0	12.20	2083.0		
	山槐	合计	9.08	958.0			1.44	38.0					4.89	551.0	2.75	369.0				
		即可及	7.64	920.0									4.89	551.0	2.75	369.0				
	暴马丁香	合计	56.03	3934.0			15.99	133.0	3.98	216.0	9.09	408.0	16.15	1030.0	10.82	2147.0				
		即可及	26.97	3177.0									16.15	1030.0	10.82	2147.0				
	青楷槭	合计	12.99	1303.0							9.94	1006.0	3.05	297.0						
		即可及	3.05	297.0									3.05	297.0						
	花楷槭	合计	23.67	2513.0					1.77	123.0							14.20	1426.0	7.70	964.0
		即可及	21.90	2390.0													14.20	1426.0	7.70	964.0
	稠李	合计	8.18	529.0			3.24	138.0	2.80	118.0					2.14	273.0				

表6 长白山重点国有林区用材林各龄级面积、蓄积按优势树种和可及度统计表（续4）

单位：公顷、立方米

统计单位	优势树种	可及度	合计		Ⅰ龄级		Ⅱ龄级		Ⅲ龄级		Ⅳ龄级		Ⅴ龄级		Ⅵ龄级		Ⅶ龄级		Ⅷ以上龄级	
			面积	蓄积	面积	蓄积	面积	蓄积	面积	蓄积	面积	蓄积	面积	蓄积	面积	蓄积	面积	蓄积	面积	蓄积
黄泥河林业局	稠李	即可及	2.14	273.0											2.14	273.0				
	山桃稠李	合计	45.78	5961.0							16.47	1797.0	29.31	4164.0						
		即可及	29.31	4164.0									29.31	4164.0						
	山丁子	合计	32.09	5431.0									2.35	286.0	29.74	5145.0				
		即可及	32.09	5431.0									2.35	286.0	29.74	5145.0				
	花曲柳	合计	30.09	4091.0			2.94	248.0	6.51	141.0					20.64	3702.0				
		即可及	20.64	3702.0											20.64	3702.0				
	白牛槭	合计	362.64	48823.0			2.99	285.0	23.56	3240.0	210.00	29111.0	126.09	16187.0						
		即可及	126.09	16187.0									126.09	16187.0						
	拧筋槭	合计	28.14	4066.0					16.73	2196.0	11.41	1870.0								
	其他亚乔木	合计	176.27	11139.0	20.15		68.59	1784.0	30.04	1655.0	12.34	1422.0	45.15	6278.0						
		即可及	39.05	5555.0									39.05	5555.0						
		不可及	6.10	723.0									6.10	723.0						
敦化林业局	合计	合计	109176.02	16310568.0	635.11	24963.0	7025.52	777053.0	10989.18	1417464.0	39506.81	6192912.0	32415.71	4997520.0	12265.60	1873436.0	4188.35	702017.0	2149.74	325203.0
		即可及	47798.51	7430899.0									30649.95	4749484.0	11121.42	1706063.0	3930.61	658414.0	2096.53	316938.0
		将可及	213.95	31575.0									26.28	4735.0	125.30	17279.0	9.16	1296.0	53.21	8265.0
		不可及	3006.94	435702.0									1739.48	243301.0	1018.88	150094.0	248.58	42307.0		
	冷杉	合计	930.14	158561.0					21.25	4237.0	80.89	13586.0	366.79	60121.0	252.44	47617.0	185.12	28218.0	23.65	4782.0
		即可及	805.90	137978.0									366.79	60121.0	230.34	44857.0	185.12	28218.0	23.65	4782.0
		将可及	18.77	2264.0											18.77	2264.0				
		不可及	3.33	496.0											3.33	496.0				
	云杉	合计	763.81	86796.0	194.91	4545.0	208.87	24385.0	6.38	1276.0	8.92	847.0	22.95	2645.0	208.20	33026.0	78.96	14179.0	34.62	5893.0
		即可及	344.73	55743.0									22.95	2645.0	208.20	33026.0	78.96	14179.0	34.62	5893.0
	落叶松	合计	3972.13	593316.0	22.14	143.0	113.93	5796.0	2144.25	292832.0	932.92	160318.0	519.39	91439.0	205.13	34504.0	34.37	8284.0		
		即可及	743.89	132527.0									518.34	91177.0	191.18	33066.0	34.37	8284.0		
		将可及	1.05	262.0									1.05	262.0						
		不可及	13.95	1438.0											13.95	1438.0				
	红松	合计	830.08	128225.0	103.32	1846.0	78.41	7314.0	14.29	3032.0	21.13	3606.0			117.62	19163.0	412.52	75899.0	82.79	17365.0
		即可及	612.93	112427.0											117.62	19163.0	412.52	75899.0	82.79	17365.0
	樟子松	合计	37.75	3720.0	8.10		1.65	228.0	6.10	349.0	19.35	2611.0	2.55	532.0						
		即可及	2.55	532.0									2.55	532.0						
	蒙古栎	合计	8449.91	1362943.0	0.88	1.0	261.93	27729.0	481.30	67551.0	4148.23	648119.0	2618.75	444356.0	693.73	119765.0	206.86	47500.0	38.23	7922.0
		即可及	3444.93	595681.0									2598.71	440451.0	632.16	106962.0	175.83	40346.0	38.23	7922.0
		不可及	112.64	23862.0									20.04	3905.0	61.57	12803.0	31.03	7154.0		
	白桦	合计	8151.38	1090556.0	20.57	206.0	128.07	9635.0	2323.44	248334.0	2138.14	289923.0	1156.86	165465.0	1955.70	307249.0	338.55	56243.0	90.05	13501.0
		即可及	3541.16	542458.0									1156.86	165465.0	1955.70	307249.0	338.55	56243.0	90.05	13501.0
	枫桦	合计	5773.49	864540.0	46.15	4793.0	1043.83	101242.0	228.36	34820.0	2660.82	442409.0	1206.41	198573.0	435.40	58694.0	152.52	24009.0		
		即可及	1735.27	271529.0									1172.03	192185.0	410.72	55335.0	152.52	24009.0		
		将可及	15.76	2305.0									4.40	788.0	11.36	1517.0				
		不可及	43.30	7442.0									29.98	5600.0	13.32	1842.0				
	黑桦	合计	15.55	2560.0					0.07	5.0	15.16	2508.0	0.32	47.0						
		即可及	0.32	47.0									0.32	47.0						

表6　长白山重点国有林区用材林各龄级面积、蓄积按优势树种和可及度统计表（续5）

单位：公顷、立方米

统计单位	优势树种	可及度	合计		Ⅰ龄级		Ⅱ龄级		Ⅲ龄级		Ⅳ龄级		Ⅴ龄级		Ⅵ龄级		Ⅶ龄级		Ⅷ以上龄级	
			面积	蓄积	面积	蓄积	面积	蓄积	面积	蓄积	面积	蓄积	面积	蓄积	面积	蓄积	面积	蓄积	面积	蓄积
敦化林业局	水曲柳	合计	10310.38	1649248.0	63.66	3946.0	465.46	53562.0	598.01	86165.0	5178.62	864563.0	3336.28	536698.0	531.07	84147.0	128.50	18816.0	8.78	1351.0
		即可及	3907.28	626315.0									3275.60	528575.0	494.40	77573.0	128.50	18816.0	8.78	1351.0
		将可及	16.90	2799.0									4.97	920.0	11.93	1879.0				
		不可及	80.45	11898.0									55.71	7203.0	24.74	4695.0				
	胡桃楸	合计	22051.25	3303545.0	141.99	8716.0	4028.99	478709.0	1954.53	283784.0	8384.73	1367692.0	6441.28	1004579.0	956.11	135954.0	132.71	22494.0	10.91	1617.0
		即可及	7043.80	1093325.0									6039.72	944998.0	860.46	124216.0	132.71	22494.0	10.91	1617.0
		将可及	13.71	2478.0									13.71	2478.0						
		不可及	483.50	68841.0									387.85	57103.0	95.65	11738.0				
	黄波罗	合计	2957.27	466577.0	8.01	615.0	255.73	32739.0	237.82	38008.0	1270.47	210682.0	808.33	125035.0	303.39	47835.0	70.04	11184.0	3.48	479.0
		即可及	1174.50	182996.0									808.33	125035.0	292.65	46298.0	70.04	11184.0	3.48	479.0
		将可及	10.74	1537.0											10.74	1537.0				
	榆树	合计	5115.70	716583.0			23.67	1512.0	193.21	15199.0	324.01	41963.0	365.22	46356.0	1628.00	233252.0	1089.28	164121.0	1492.31	214180.0
		即可及	4513.25	648139.0									363.07	46069.0	1615.53	230797.0	1089.28	164121.0	1445.37	207152.0
		将可及	53.65	7985.0									2.15	287.0	4.56	670.0			46.94	7028.0
		不可及	7.91	1785.0											7.91	1785.0				
	紫椴	合计	22044.73	3392284.0			116.95	12587.0	430.13	50986.0	8120.36	1243200.0	10008.75	1535108.0	2566.28	400875.0	709.35	132717.0	92.91	16811.0
		即可及	12645.81	1972366.0									9718.94	1490599.0	2171.48	339397.0	662.48	125559.0	92.91	16811.0
		将可及	70.49	10088.0											61.33	8792.0	9.16	1296.0		
		不可及	660.99	103057.0									289.81	44509.0	333.47	52686.0	37.71	5862.0		
	糠椴	合计	49.79	6955.0							47.28	6450.0	2.51	505.0						
		即可及	2.51	505.0									2.51	505.0						
	杨树	合计	1104.26	151079.0					30.11	3316.0	203.21	23785.0	456.82	62114.0	240.42	36452.0	108.67	17315.0	65.03	8097.0
		即可及	870.94	123978.0									456.82	62114.0	240.42	36452.0	108.67	17315.0	65.03	8097.0
	大青杨	合计	1481.61	272555.0					409.62	61059.0	536.53	97005.0	268.10	58987.0	193.24	38538.0	10.54	2499.0	63.58	14467.0
		即可及	529.19	113254.0									268.10	58987.0	193.24	38538.0	10.54	2499.0	57.31	13230.0
		将可及	6.27	1237.0															6.27	1237.0
	香杨	合计	48.56	7047.0					8.04	1083.0	40.52	5964.0								
	柳树	合计	139.93	13694.0			22.83	582.0	52.15	4951.0	55.40	7165.0	5.69	477.0	3.86	519.0				
		即可及	9.55	996.0									5.69	477.0	3.86	519.0				
	其他软阔类	合计	244.86	16694.0	15.34	44.0	77.78	1752.0	88.58	7215.0	40.18	3830.0	6.58	894.0	8.05	1376.0	8.35	1583.0		
		即可及	22.98	3853.0									6.58	894.0	8.05	1376.0	8.35	1583.0		
	山杨	合计	2474.82	338141.0	3.62		127.52	14312.0	1189.02	142844.0	1032.23	159727.0	100.96	16205.0	21.47	5053.0				
		即可及	120.15	20745.0									98.68	15692.0	21.47	5053.0				
		不可及	2.28	513.0									2.28	513.0						
	毛赤杨	合计	16.88	2538.0									0.39	29.0	16.49	2509.0				
		即可及	16.88	2538.0									0.39	29.0	16.49	2509.0				
	槭树	合计	8508.92	1208473.0	6.42	108.0	39.66	3285.0	136.31	17330.0	3200.98	460392.0	3566.50	501019.0	1268.05	179686.0	286.66	45633.0	4.34	1020.0
		即可及	3550.19	513751.0									2627.48	377815.0	811.55	118574.0	106.82	16342.0	4.34	1020.0
		不可及	1575.36	213607.0									939.02	123204.0	456.50	61112.0	179.84	29291.0		
	山槐	合计	68.78	5083.0							3.49	309.0	20.00	2088.0	41.07	2319.0	4.22	367.0		
		即可及	65.29	4774.0									20.00	2088.0	41.07	2319.0	4.22	367.0		
	千金榆	合计	7.34	578.0											3.78	383.0	3.56	195.0		

表 6　长白山重点国有林区用材林各龄级面积、蓄积按优势树种和可及度统计表（续 6）

单位：公顷、立方米

统计单位	优势树种	可及度	合计		Ⅰ龄级		Ⅱ龄级		Ⅲ龄级		Ⅳ龄级		Ⅴ龄级		Ⅵ龄级		Ⅶ龄级		Ⅷ以上龄级	
			面积	蓄积	面积	蓄积	面积	蓄积	面积	蓄积	面积	蓄积	面积	蓄积	面积	蓄积	面积	蓄积	面积	蓄积
敦化林业局	千金榆	即可及	7.34	578.0											3.78	383.0	3.56	195.0		
	暴马丁香	合计	17.00	3188.0							3.57	729.0			13.17	2398.0			0.26	61.0
		即可及	13.43	2459.0											13.17	2398.0			0.26	61.0
	青楷槭	合计	251.61	34183.0					16.92	1624.0	6.13	684.0	12.54	1267.0	76.97	11496.0	122.35	17123.0	16.70	1989.0
		即可及	221.95	31255.0									12.54	1267.0	70.36	10876.0	122.35	17123.0	16.70	1989.0
		将可及	6.61	620.0											6.61	620.0				
	花楷槭	合计	76.35	9963.0							5.27	506.0			2.09	331.0	16.26	1937.0	52.73	7189.0
		即可及	71.08	9457.0											2.09	331.0	16.26	1937.0	52.73	7189.0
	稠李	合计	44.05	4637.0					1.44	82.0	4.32	352.0	25.56	3068.0	9.33	838.0			3.40	297.0
		即可及	38.29	4203.0									25.56	3068.0	9.33	838.0			3.40	297.0
	山桃稠李	合计	439.74	70872.0					197.80	34042.0	155.09	23252.0	21.22	3687.0	24.86	4011.0	29.74	4545.0	11.03	1335.0
		即可及	86.85	13578.0									21.22	3687.0	24.86	4011.0	29.74	4545.0	11.03	1335.0
	山丁子	合计	24.04	1851.0					18.21	1316.0	0.81	114.0			5.02	421.0				
		即可及	5.02	421.0											5.02	421.0				
	假色槭	合计	33.40	3897.0					3.05	240.0					11.14	1522.0			19.21	2135.0
		即可及	30.35	3657.0											11.14	1522.0			19.21	2135.0
	白牛槭	合计	2304.08	295017.0					7.87	668.0	794.07	102492.0	1036.96	132001.0	398.64	51348.0	50.50	5851.0	16.04	2657.0
		即可及	1493.70	190358.0									1036.96	132001.0	390.20	49849.0	50.50	5851.0	16.04	2657.0
		不可及	8.44	1499.0											8.44	1499.0				
	拧筋槭	合计	25.06	3315.0							25.06	3315.0								
	其他亚乔木	合计	411.37	41354.0			30.24	1684.0	190.92	15116.0	48.92	4814.0	38.00	4225.0	74.88	12155.0	8.72	1305.0	19.69	2055.0
		即可及	126.50	18476.0									23.21	2961.0	74.88	12155.0	8.72	1305.0	19.69	2055.0
		不可及	14.79	1264.0									14.79	1264.0						
大石头林业局	合计	合计	216982.72	34174148.0	1421.30	23610.0	6574.56	518912.0	28014.29	3750299.0	124844.62	20729661.0	35195.95	5755236.0	17982.30	2898911.0	2046.87	355934.0	902.83	141585.0
		即可及	56127.95	9151666.0									35195.95	5755236.0	17982.30	2898911.0	2046.87	355934.0	902.83	141585.0
	冷杉	合计	2253.88	398763.0			13.76	2011.0	53.89	8203.0	358.76	68497.0	1571.37	272401.0	256.10	47651.0				
		即可及	1827.47	320052.0									1571.37	272401.0	256.10	47651.0				
	云杉	合计	3947.62	571115.0	629.73	13543.0	411.60	57093.0	116.21	19769.0	455.37	79122.0	435.25	74901.0	1734.26	299963.0	165.20	26724.0		
		即可及	2334.71	401588.0									435.25	74901.0	1734.26	299963.0	165.20	26724.0		
	落叶松	合计	16155.49	2459909.0	29.78	106.0	754.86	64224.0	3053.93	412061.0	5118.93	776508.0	6367.82	1054846.0	740.76	137934.0	32.07	6071.0	57.34	8159.0
		即可及	7197.99	1207010.0									6367.82	1054846.0	740.76	137934.0	32.07	6071.0	57.34	8159.0
	红松	合计	2706.28	442081.0	216.66	543.0	108.65	14222.0	419.73	78358.0	234.22	44509.0	221.28	39287.0	1216.90	208939.0	269.63	52288.0	19.21	3935.0
		即可及	1727.02	304449.0									221.28	39287.0	1216.90	208939.0	269.63	52288.0	19.21	3935.0
	樟子松	合计	110.11	12431.0	3.04		65.75	6843.0	30.41	3932.0	6.65	1073.0	0.44	62.0	3.82	521.0				
		即可及	4.26	583.0									0.44	62.0	3.82	521.0				
	蒙古栎	合计	60578.48	10115423.0	46.12	2553.0	858.87	88718.0	10275.34	1612155.0	43787.91	7432113.0	5309.75	923742.0	142.93	25783.0	146.67	28553.0	10.89	1806.0
		即可及	5610.24	979884.0									5309.75	923742.0	142.93	25783.0	146.67	28553.0	10.89	1806.0
	白桦	合计	23510.20	3045685.0	312.72	1852.0	1327.20	48190.0	4133.55	292260.0	3870.64	550257.0	4343.00	612732.0	8730.58	1410857.0	544.00	92346.0	248.51	37191.0
		即可及	13866.09	2153126.0									4343.00	612732.0	8730.58	1410857.0	544.00	92346.0	248.51	37191.0
	枫桦	合计	15487.58	2578178.0	3.52	87.0	263.14	34483.0	1378.36	200007.0	11154.61	1885822.0	2508.53	423085.0	179.42	34694.0				
		即可及	2687.95	457779.0									2508.53	423085.0	179.42	34694.0				
	黑桦	合计	256.41	38543.0	3.20	172.0			73.06	9850.0	176.24	27909.0	3.91	612.0						

表6 长白山重点国有林区用材林各龄级面积、蓄积按优势树种和可及度统计表（续7）

单位：公顷、立方米

统计单位	优势树种	可及度	合计		Ⅰ龄级		Ⅱ龄级		Ⅲ龄级		Ⅳ龄级		Ⅴ龄级		Ⅵ龄级		Ⅶ龄级		Ⅷ以上龄级	
			面积	蓄积	面积	蓄积	面积	蓄积	面积	蓄积	面积	蓄积	面积	蓄积	面积	蓄积	面积	蓄积	面积	蓄积
大石头林业局	黑桦	即可及	3.91	612.0									3.91	612.0						
	水曲柳	合计	22005.36	3608005.0	45.92	1987.0	617.06	75814.0	1857.73	275754.0	16481.48	2724634.0	2690.34	476233.0	72.08	12873.0	143.26	26279.0	97.49	14431.0
		即可及	3003.17	529816.0									2690.34	476233.0	72.08	12873.0	143.26	26279.0	97.49	14431.0
	胡桃楸	合计	9606.70	1605757.0	2.67		328.81	46305.0	1097.16	170160.0	6838.94	1146148.0	1299.59	236417.0	11.91	1853.0	27.62	4874.0		
		即可及	1339.12	243144.0									1299.59	236417.0	11.91	1853.0	27.62	4874.0		
	黄波罗	合计	1109.33	182373.0	13.31	1441.0	144.81	21737.0	239.78	40442.0	616.17	102145.0	83.41	14409.0	11.85	2199.0				
		即可及	95.26	16608.0									83.41	14409.0	11.85	2199.0				
	榆树	合计	5955.10	795493.0	8.33	67.0	41.34	1292.0	400.38	29665.0	634.03	74680.0	1001.32	118208.0	3321.02	480318.0	322.63	53986.0	226.05	37277.0
		即可及	4871.02	689789.0									1001.32	118208.0	3321.02	480318.0	322.63	53986.0	226.05	37277.0
	紫椴	合计	38503.64	6405953.0	2.70	72.0	207.90	24558.0	3019.71	438445.0	27765.73	4674080.0	6844.75	1144547.0	368.86	72777.0	231.14	39465.0	62.85	12009.0
		即可及	7507.60	1268798.0									6844.75	1144547.0	368.86	72777.0	231.14	39465.0	62.85	12009.0
	糠椴	合计	959.18	160059.0			20.84	2911.0	42.02	6574.0	764.89	125829.0	82.46	12684.0	48.97	12061.0				
		即可及	131.43	24745.0									82.46	12684.0	48.97	12061.0				
	杨树	合计	310.94	42249.0	0.55		26.08	657.0	54.33	5187.0	53.82	6629.0	19.71	3059.0	65.48	10255.0	13.13	2092.0	77.84	14370.0
		即可及	176.16	29776.0									19.71	3059.0	65.48	10255.0	13.13	2092.0	77.84	14370.0
	大青杨	合计	275.46	50634.0			3.76	486.0	23.85	4242.0	173.79	31481.0	20.11	3612.0	24.74	4710.0	29.21	6103.0		
		即可及	74.06	14425.0									20.11	3612.0	24.74	4710.0	29.21	6103.0		
	柳树	合计	1412.06	45942.0	18.97	46.0	1075.80	17153.0	176.59	14951.0	73.56	7582.0	42.72	4537.0	11.42	1066.0			13.00	607.0
		即可及	67.14	6210.0									42.72	4537.0	11.42	1066.0			13.00	607.0
	其他软阔类	合计	735.42	37603.0	18.95	93.0	98.76	2537.0	435.77	15601.0	105.45	10853.0	25.04	2982.0	49.60	5187.0	1.85	350.0		
		即可及	76.49	8519.0									25.04	2982.0	49.60	5187.0	1.85	350.0		
	山杨	合计	1774.25	318425.0	2.92	44.0	39.14	2740.0	253.63	37901.0	1179.28	222715.0	177.48	31621.0	99.62	19387.0	22.18	4017.0		
		即可及	299.28	55025.0									177.48	31621.0	99.62	19387.0	22.18	4017.0		
	毛赤杨	合计	2470.87	234267.0	29.20	436.0	126.75	4911.0	448.88	27110.0	712.76	70588.0	593.95	62370.0	543.53	66695.0	15.80	2157.0		
		即可及	1153.28	131222.0									593.95	62370.0	543.53	66695.0	15.80	2157.0		
	槭树	合计	5318.41	838751.0	23.17	391.0	7.24	687.0	279.48	37085.0	3814.43	600562.0	1163.05	194132.0	6.78	1221.0	14.53	2895.0	9.73	1778.0
		即可及	1194.09	200026.0									1163.05	194132.0	6.78	1221.0	14.53	2895.0	9.73	1778.0
	山槐	合计	389.22	47210.0			2.84	209.0			105.97	12260.0	90.17	10638.0	188.63	23868.0	1.61	235.0		
		即可及	280.41	34741.0									90.17	10638.0	188.63	23868.0	1.61	235.0		
	暴马丁香	合计	56.35	4914.0	7.56	166.0	0.72	31.0	6.00	521.0			5.01	1042.0	8.05	1039.0			29.01	2115.0
		即可及	42.07	4196.0									5.01	1042.0	8.05	1039.0			29.01	2115.0
	青楷槭	合计	154.94	24657.0					5.98	459.0	34.59	7565.0	35.12	4821.0	22.15	3375.0	41.97	5400.0	15.13	3037.0
		即可及	114.37	16633.0									35.12	4821.0	22.15	3375.0	41.97	5400.0	15.13	3037.0
	花楷槭	合计	32.86	3820.0											11.14	940.0			21.72	2880.0
		即可及	32.86	3820.0											11.14	940.0			21.72	2880.0
	稠李	合计	147.01	14382.0			3.63	109.0	27.70	1665.0	37.25	4181.0	33.17	3968.0	44.39	4359.0	0.87	100.0		
		即可及	78.43	8427.0									33.17	3968.0	44.39	4359.0	0.87	100.0		
	山桃稠李	合计	92.16	12227.0					12.65	1795.0	30.61	3863.0	16.22	2154.0	24.66	3135.0			8.02	1280.0
		即可及	48.90	6569.0									16.22	2154.0	24.66	3135.0			8.02	1280.0
	山丁子	合计	347.98	34038.0			9.91	861.0	59.68	4150.0	68.89	5824.0	157.88	18142.0	28.12	3062.0	23.50	1999.0		
		即可及	209.50	23203.0									157.88	18142.0	28.12	3062.0	23.50	1999.0		
	花曲柳	合计	32.56	4169.0			3.59	54.0					21.47	3051.0	7.50	1064.0				

表 6　长白山重点国有林区用材林各龄级面积、蓄积按优势树种和可及度统计表（续 8）

单位：公顷、立方米

统计单位	优势树种	可及度	合计		Ⅰ龄级		Ⅱ龄级		Ⅲ龄级		Ⅳ龄级		Ⅴ龄级		Ⅵ龄级		Ⅶ龄级		Ⅷ以上龄级	
			面积	蓄积	面积	蓄积	面积	蓄积	面积	蓄积	面积	蓄积	面积	蓄积	面积	蓄积	面积	蓄积	面积	蓄积
大石头林业局	花曲柳	即可及	28.97	4115.0									21.47	3051.0	7.50	1064.0				
	假色槭	合计	57.62	3283.0	2.28	11.0	11.75	76.0	28.38	1158.0	2.14	203.0			7.03	1125.0			6.04	710.0
		即可及	13.07	1835.0											7.03	1125.0			6.04	710.0
	白牛槭	合计	210.42	35420.0					10.11	839.0	168.68	29640.0	31.63	4941.0						
		即可及	31.63	4941.0									31.63	4941.0						
	拧筋槭	合计	18.83	2389.0							18.83	2389.0								
白河林业局	合计	合计	40965.10	6439488.0	497.20	5992.0	1382.48	160959.0	4924.20	712812.0	15010.21	2338127.0	11019.71	1806264.0	4382.05	741844.0	3326.37	595974.0	422.88	77516.0
		即可及	19151.01	3221598.0									11019.71	1806264.0	4382.05	741844.0	3326.37	595974.0	422.88	77516.0
	冷杉	合计	1569.45	281051.0					65.03	10353.0	109.71	19655.0	816.33	141614.0	477.12	90494.0	101.26	18935.0		
		即可及	1394.71	251043.0									816.33	141614.0	477.12	90494.0	101.26	18935.0		
	云杉	合计	781.13	93427.0	281.15	1730.0	32.31	1889.0			21.66	3761.0	83.06	11082.0	56.27	9308.0	292.10	62270.0	14.58	3387.0
		即可及	446.01	86047.0									83.06	11082.0	56.27	9308.0	292.10	62270.0	14.58	3387.0
	落叶松	合计	3037.44	466197.0	6.53	19.0	68.37	5338.0	635.16	88021.0	1043.44	161746.0	1111.65	183247.0	99.58	13609.0	17.98	3468.0	54.73	10749.0
		即可及	1283.94	211073.0									1111.65	183247.0	99.58	13609.0	17.98	3468.0	54.73	10749.0
	红松	合计	1330.45	234263.0	42.87		7.44	914.0	0.53	124.0	52.43	8534.0	17.21	3806.0	316.71	57421.0	757.43	137253.0	135.83	26211.0
		即可及	1227.18	224691.0									17.21	3806.0	316.71	57421.0	757.43	137253.0	135.83	26211.0
	樟子松	合计	7.47	117.0	6.12								1.35	117.0						
		即可及	1.35	117.0									1.35	117.0						
	其他松类	合计	16.81	2119.0					16.81	2119.0										
	蒙古栎	合计	5289.40	905958.0	2.78	8.0	15.29	1737.0	410.28	57808.0	3289.09	566684.0	1325.58	230186.0	152.92	32457.0	93.46	17078.0		
		即可及	1571.96	279721.0									1325.58	230186.0	152.92	32457.0	93.46	17078.0		
	白桦	合计	3509.25	498579.0	55.25	636.0	132.09	5986.0	574.19	62543.0	571.70	80335.0	582.31	84938.0	1328.14	219019.0	240.95	39735.0	24.62	5387.0
		即可及	2176.02	349079.0									582.31	84938.0	1328.14	219019.0	240.95	39735.0	24.62	5387.0
	枫桦	合计	2397.03	446963.0	24.27	2728.0	91.08	13770.0	115.99	19742.0	255.71	47280.0	1129.44	210266.0	374.13	71398.0	406.41	81779.0		
		即可及	1909.98	363443.0									1129.44	210266.0	374.13	71398.0	406.41	81779.0		
	黑桦	合计	21.42	4003.0					0.59	65.0	14.88	3002.0	5.95	936.0						
		即可及	5.95	936.0									5.95	936.0						
	水曲柳	合计	1801.77	280630.0	14.45		65.07	7487.0	112.06	16033.0	911.79	142884.0	564.56	93880.0	68.83	9634.0	55.15	9408.0	9.86	1304.0
		即可及	698.40	114226.0									564.56	93880.0	68.83	9634.0	55.15	9408.0	9.86	1304.0
	胡桃楸	合计	3316.24	496706.0	4.33	485.0	558.03	80604.0	636.56	95560.0	1244.72	192634.0	690.56	104310.0	115.47	14577.0	66.57	8536.0		
		即可及	872.60	127423.0									690.56	104310.0	115.47	14577.0	66.57	8536.0		
	黄波罗	合计	827.85	117584.0	2.93	135.0	207.79	31149.0	128.44	16692.0	207.78	29484.0	174.65	25738.0	28.62	3224.0	77.64	11162.0		
		即可及	280.91	40124.0									174.65	25738.0	28.62	3224.0	77.64	11162.0		
	榆树	合计	738.04	93417.0	3.50	8.0	16.38	503.0	11.50	1164.0	49.52	5513.0	145.72	14915.0	342.46	46669.0	51.47	7345.0	117.49	17300.0
		即可及	657.14	86229.0									145.72	14915.0	342.46	46669.0	51.47	7345.0	117.49	17300.0
	紫椴	合计	10888.04	1687870.0			9.44	997.0	690.19	97950.0	5171.71	762132.0	3494.72	570450.0	697.93	122073.0	802.62	129357.0	21.43	4911.0
		即可及	5016.70	826791.0									3494.72	570450.0	697.93	122073.0	802.62	129357.0	21.43	4911.0
	糠椴	合计	157.57	22650.0							127.26	19136.0	30.31	3514.0						
		即可及	30.31	3514.0									30.31	3514.0						
	杨树	合计	596.88	68145.0	2.10		0.88		119.69	6916.0	142.77	14081.0	140.61	19521.0	81.98	11794.0	108.85	15833.0		
		即可及	331.44	47148.0									140.61	19521.0	81.98	11794.0	108.85	15833.0		
	大青杨	合计	536.34	110839.0	4.61		1.78	9.0	155.08	29130.0	201.14	39749.0	32.97	8188.0	65.18	14922.0	31.24	10574.0	44.34	8267.0

表6 长白山重点国有林区用材林各龄级面积、蓄积按优势树种和可及度统计表（续9）

单位：公顷、立方米

统计单位	优势树种	可及度	合计		Ⅰ龄级		Ⅱ龄级		Ⅲ龄级		Ⅳ龄级		Ⅴ龄级		Ⅵ龄级		Ⅶ龄级		Ⅷ以上龄级	
			面积	蓄积	面积	蓄积	面积	蓄积	面积	蓄积	面积	蓄积	面积	蓄积	面积	蓄积	面积	蓄积	面积	蓄积
白河林业局	大青杨	即可及	173.73	41951.0									32.97	8188.0	65.18	14922.0	31.24	10574.0	44.34	8267.0
	柳树	合计	222.15	25145.0	19.96	13.0	20.26	778.0	142.04	19497.0	38.13	4737.0			1.76	120.0				
		即可及	1.76	120.0											1.76	120.0				
	其他软阔类	合计	12.07	281.0	6.07	2.0	3.37	99.0	2.50	175.0			0.13	5.0						
		即可及	0.13	5.0									0.13	5.0						
	山杨	合计	1901.74	321867.0	16.03	202.0	144.03	9619.0	1034.62	175071.0	495.45	88132.0	99.74	19752.0	9.22	1155.0	102.65	27936.0		
		即可及	211.61	48843.0									99.74	19752.0	9.22	1155.0	102.65	27936.0		
	毛赤杨	合计	55.47	6057.0	0.69	10.0	5.82	5.0			5.35	500.0	3.10	535.0	40.51	5007.0				
		即可及	43.61	5542.0									3.10	535.0	40.51	5007.0				
	槭树	合计	1750.81	248261.0	3.09	16.0			59.26	11814.0	1013.04	142422.0	488.42	67990.0	66.41	10714.0	120.59	15305.0		
		即可及	675.42	94009.0									488.42	67990.0	66.41	10714.0	120.59	15305.0		
	山槐	合计	11.38	1961.0									11.38	1961.0						
		即可及	11.38	1961.0									11.38	1961.0						
	千金榆	合计	12.87	1563.0											12.87	1563.0				
		即可及	12.87	1563.0											12.87	1563.0				
	暴马丁香	合计	1.74	244.0									1.74	244.0						
		即可及	1.74	244.0									1.74	244.0						
	青楷槭	合计	9.00	1251.0							9.00	1251.0								
	山桃稠李	合计	26.72	4139.0					10.64	1610.0	10.80	1711.0	5.28	818.0						
		即可及	5.28	818.0									5.28	818.0						
	山丁子	合计	5.12	270.0			3.05	75.0			2.07	195.0								
	花曲柳	合计	4.33	480.0									4.33	480.0						
		即可及	4.33	480.0									4.33	480.0						
	白牛槭	合计	124.59	16867.0	0.47						19.57	2410.0	58.61	7771.0	45.94	6686.0				
		即可及	104.55	14457.0									58.61	7771.0	45.94	6686.0				
	拧筋槭	合计	4.53	584.0					3.04	425.0	1.49	159.0								
和龙林业局	合计	合计	102527.81	19747716.0	645.05	43188.0	1667.44	200233.0	17526.13	3029166.0	37920.26	7486853.0	25777.97	5125866.0	14326.44	2892369.0	3306.93	679386.0	1357.59	290655.0
		即可及	44262.59	8909510.0									25347.43	5059783.0	14250.64	2879686.0	3306.93	679386.0	1357.59	290655.0
		不可及	506.34	78766.0									430.54	66083.0	75.80	12683.0				
	冷杉	合计	10533.59	2108778.0	8.67	616.0	25.43	4677.0	908.56	172639.0	1317.84	259944.0	6640.48	1354218.0	1283.39	252021.0	280.09	48935.0	69.13	15728.0
		即可及	8215.30	1661543.0									6582.69	1344859.0	1283.39	252021.0	280.09	48935.0	69.13	15728.0
		不可及	57.79	9359.0									57.79	9359.0						
	云杉	合计	3627.44	697282.0	58.66	604.0	12.29	1032.0	3.29	599.0	446.42	86657.0	767.38	145610.0	1551.58	305398.0	718.02	137799.0	69.80	19583.0
		即可及	3086.73	606314.0									767.38	145610.0	1531.53	303322.0	718.02	137799.0	69.80	19583.0
		不可及	20.05	2076.0											20.05	2076.0				
	落叶松	合计	10678.06	2003662.0	24.09	739.0	502.19	44640.0	2732.45	422599.0	2917.79	549930.0	3574.51	766962.0	914.45	215569.0	6.35	1221.0	6.23	2002.0
		即可及	4497.95	985479.0									3570.92	766687.0	914.45	215569.0	6.35	1221.0	6.23	2002.0
		不可及	3.59	275.0									3.59	275.0						
	红松	合计	2297.07	446258.0	146.51	525.0	3.68	354.0	44.23	8372.0	58.87	12418.0	117.84	22292.0	626.79	136531.0	822.51	158099.0	476.64	107667.0
		即可及	2043.78	424589.0									117.84	22292.0	626.79	136531.0	822.51	158099.0	476.64	107667.0
	樟子松	合计	12.14	2150.0	0.91				6.07	1188.0	0.90	129.0	4.26	833.0						
		即可及	4.26	833.0									4.26	833.0						

表6　长白山重点国有林区用材林各龄级面积、蓄积按优势树种和可及度统计表（续10）

单位：公顷、立方米

统计单位	优势树种	可及度	合计		Ⅰ龄级		Ⅱ龄级		Ⅲ龄级		Ⅳ龄级		Ⅴ龄级		Ⅵ龄级		Ⅶ龄级		Ⅷ以上龄级	
			面积	蓄积	面积	蓄积	面积	蓄积	面积	蓄积	面积	蓄积	面积	蓄积	面积	蓄积	面积	蓄积	面积	蓄积
和龙林业局	蒙古栎	合计	12434.34	2480027.0	19.25	2477.0	64.18	8937.0	3446.92	613804.0	6427.24	1313687.0	1962.57	428404.0	323.84	72409.0	164.71	35233.0	25.63	5076.0
		即可及	2476.75	541122.0									1962.57	428404.0	323.84	72409.0	164.71	35233.0	25.63	5076.0
	白桦	合计	13820.68	2574698.0	30.75	410.0	255.34	24361.0	563.76	77629.0	3064.76	504443.0	3447.20	638225.0	6013.60	1233396.0	260.00	55476.0	185.27	40758.0
		即可及	9522.79	1907469.0									3119.24	588378.0	5958.28	1222857.0	260.00	55476.0	185.27	40758.0
		不可及	383.28	60386.0									327.96	49847.0	55.32	10539.0				
	枫桦	合计	7524.95	1423440.0	93.00	11701.0	347.39	58699.0	1761.52	327015.0	3406.05	666641.0	1276.44	237345.0	438.16	77424.0	179.19	39578.0	23.20	5037.0
		即可及	1916.99	359384.0									1276.44	237345.0	438.16	77424.0	179.19	39578.0	23.20	5037.0
	黑桦	合计	9.60	2311.0							9.60	2311.0								
	水曲柳	合计	622.11	114377.0	2.04		25.73	3923.0	148.99	26419.0	294.59	60104.0	42.27	7750.0	108.49	16181.0				
		即可及	134.91	20537.0									26.42	4356.0	108.49	16181.0				
		不可及	15.85	3394.0									15.85	3394.0						
	胡桃楸	合计	1081.44	204561.0	82.86	12521.0	90.23	15794.0	281.84	50024.0	459.75	91317.0	72.94	14812.0	83.54	17590.0	10.28	2503.0		
		即可及	166.76	34905.0									72.94	14812.0	83.54	17590.0	10.28	2503.0		
	黄波罗	合计	543.92	100042.0	46.28	6698.0	27.02	3803.0	166.77	31594.0	165.89	32618.0	81.51	16602.0	39.14	6268.0	17.31	2459.0		
		即可及	137.96	25329.0									81.51	16602.0	39.14	6268.0	17.31	2459.0		
	榆树	合计	1556.34	252203.0	1.18	19.0	6.65	890.0	33.52	4003.0	165.25	22542.0	577.44	90973.0	568.08	98035.0	56.85	10137.0	147.37	25604.0
		即可及	1334.25	222944.0									562.38	89236.0	567.65	97967.0	56.85	10137.0	147.37	25604.0
		不可及	15.49	1805.0									15.06	1737.0	0.43	68.0				
	紫椴	合计	29624.60	5956381.0	2.79	310.0	56.20	7381.0	3623.07	700759.0	16850.45	3423742.0	6152.12	1216483.0	1960.35	384373.0	660.06	158820.0	319.56	64513.0
		即可及	9092.09	1824189.0									6152.12	1216483.0	1960.35	384373.0	660.06	158820.0	319.56	64513.0
	杨树	合计	51.07	4746.0	21.19	405.0	1.55	16.0	13.38	576.0			14.95	3749.0						
		即可及	14.95	3749.0									14.95	3749.0						
	大青杨	合计	477.11	97787.0			2.50	164.0	112.96	20185.0	198.83	42647.0	48.47	9695.0	106.90	23351.0	7.45	1745.0		
		即可及	162.82	34791.0									48.47	9695.0	106.90	23351.0	7.45	1745.0		
	柳树	合计	196.24	25678.0	12.39	107.0	27.75	2749.0	128.56	18817.0	25.76	3460.0	1.78	545.0						
		即可及	1.78	545.0									1.78	545.0						
	其他软阔类	合计	231.12	31173.0	0.40	2.0	25.75	2226.0	48.34	5536.0	60.42	8458.0	71.94	10996.0	19.11	3255.0	5.16	700.0		
		即可及	93.63	14559.0									69.36	10604.0	19.11	3255.0	5.16	700.0		
		不可及	2.58	392.0									2.58	392.0						
	山杨	合计	5805.42	986299.0	91.88	6054.0	193.56	20587.0	3369.31	522407.0	1620.67	329537.0	272.26	53377.0	159.13	31472.0	97.39	22570.0	1.22	295.0
		即可及	522.29	106635.0									264.55	52298.0	159.13	31472.0	97.39	22570.0	1.22	295.0
		不可及	7.71	1079.0									7.71	1079.0						
	毛赤杨	合计	31.33	4214.0	2.20				8.42	1065.0			15.51	2100.0	5.20	1049.0				
		即可及	20.71	3149.0									15.51	2100.0	5.20	1049.0				
	槭树	合计	1304.08	221985.0					118.09	23311.0	399.61	71515.0	624.52	103253.0	124.69	18047.0	21.56	4111.0	15.61	1748.0
		即可及	786.38	127159.0									624.52	103253.0	124.69	18047.0	21.56	4111.0	15.61	1748.0
	山槐	合计	3.19	599.0							3.19	599.0								
	山桃稠李	合计	12.38	2359.0							12.38	2359.0								
	山丁子	合计	22.06	2663.0					6.08	625.0	4.40	396.0	11.58	1642.0						
		即可及	11.58	1642.0									11.58	1642.0						
	假色槭	合计	17.93	2644.0															17.93	2644.0
		即可及	17.93	2644.0															17.93	2644.0
	白牛槭	合计	9.60	1399.0							9.60	1399.0								

表 6 长白山重点国有林区用材林各龄级面积、蓄积按优势树种和可及度统计表（续 11）

单位：公顷、立方米

统计单位	优势树种	可及度	合计		Ⅰ龄级		Ⅱ龄级		Ⅲ龄级		Ⅳ龄级		Ⅴ龄级		Ⅵ龄级		Ⅶ龄级		Ⅷ以上龄级	
			面积	蓄积	面积	蓄积	面积	蓄积	面积	蓄积	面积	蓄积	面积	蓄积	面积	蓄积	面积	蓄积	面积	蓄积
八家子林业局	合计	合计	122010.45	21568596.0	1371.93	57551.0	3489.80	414692.0	27286.91	4417395.0	49503.38	8832674.0	23047.99	4372375.0	13138.22	2578591.0	3734.33	809365.0	437.89	85953.0
		即可及	40358.43	7846284.0									23047.99	4372375.0	13138.22	2578591.0	3734.33	809365.0	437.89	85953.0
	冷杉	合计	3544.87	673080.0					184.22	31921.0	925.88	165284.0	1702.81	327935.0	575.10	111768.0	156.86	36172.0		
		即可及	2434.77	475875.0									1702.81	327935.0	575.10	111768.0	156.86	36172.0		
	云杉	合计	8365.25	1490917.0	596.47	23827.0	30.91	2640.0	28.53	4799.0	896.43	155961.0	1923.23	332043.0	3029.51	562085.0	1846.55	407345.0	13.62	2217.0
		即可及	6812.91	1303690.0									1923.23	332043.0	3029.51	562085.0	1846.55	407345.0	13.62	2217.0
	落叶松	合计	3765.45	692407.0	9.24	235.0	224.21	17906.0	1113.31	175034.0	1050.43	186986.0	946.95	211385.0	410.25	98538.0	8.49	1867.0	2.57	456.0
		即可及	1368.26	312246.0									946.95	211385.0	410.25	98538.0	8.49	1867.0	2.57	456.0
	红松	合计	2488.57	418188.0	395.16	6567.0	227.36	18428.0	279.46	61923.0	221.40	44675.0	240.79	50833.0	533.03	107306.0	552.51	119675.0	38.86	8781.0
		即可及	1365.19	286595.0									240.79	50833.0	533.03	107306.0	552.51	119675.0	38.86	8781.0
	樟子松	合计	126.73	21279.0			5.90	160.0	5.50	801.0	80.39	13997.0	16.30	2808.0	18.64	3513.0				
		即可及	34.94	6321.0									16.30	2808.0	18.64	3513.0				
	紫杉	合计	10.50	2114.0											10.50	2114.0				
		即可及	10.50	2114.0											10.50	2114.0				
	蒙古栎	合计	17716.48	3066569.0	79.95	5727.0	390.15	41103.0	7535.92	1226301.0	8108.30	1473527.0	1332.41	262791.0	269.27	57033.0	0.48	87.0		
		即可及	1602.16	319911.0									1332.41	262791.0	269.27	57033.0	0.48	87.0		
	白桦	合计	4474.50	616351.0	53.81	1336.0	223.50	9528.0	647.15	71395.0	1281.19	176449.0	1248.66	186910.0	941.47	156071.0	36.99	7067.0	41.73	7595.0
		即可及	2268.85	357643.0									1248.66	186910.0	941.47	156071.0	36.99	7067.0	41.73	7595.0
	枫桦	合计	20014.47	3689415.0	1.83	133.0	556.48	74400.0	3979.62	644530.0	8914.92	1634660.0	3887.58	771482.0	2417.21	508358.0	256.83	55852.0		
		即可及	6561.62	1335692.0									3887.58	771482.0	2417.21	508358.0	256.83	55852.0		
	黑桦	合计	147.20	23120.0					31.80	4976.0	82.82	12732.0			32.58	5412.0				
		即可及	32.58	5412.0											32.58	5412.0				
	水曲柳	合计	6562.68	1133306.0	4.31	210.0	325.92	43418.0	1597.43	255188.0	3313.98	581929.0	1073.00	202600.0	185.64	35226.0	62.40	14735.0		
		即可及	1321.04	252561.0									1073.00	202600.0	185.64	35226.0	62.40	14735.0		
	胡桃楸	合计	6949.93	1159695.0	158.67	15458.0	1077.79	169901.0	1719.47	274427.0	2710.98	459347.0	1020.13	190155.0	260.57	50086.0	2.32	321.0		
		即可及	1283.02	240562.0									1020.13	190155.0	260.57	50086.0	2.32	321.0		
	黄波罗	合计	583.88	101881.0	18.50	2110.0	82.09	11301.0	71.41	10890.0	206.55	37456.0	156.76	31058.0	48.57	9066.0				
		即可及	205.33	40124.0									156.76	31058.0	48.57	9066.0				
	榆树	合计	2714.33	409904.0	4.95	65.0	53.24	3236.0	139.75	13429.0	268.08	30783.0	917.18	128394.0	985.74	169764.0	97.92	16257.0	247.47	47976.0
		即可及	2248.31	362391.0									917.18	128394.0	985.74	169764.0	97.92	16257.0	247.47	47976.0
	紫椴	合计	35931.68	6684913.0	19.47	1111.0	82.42	7819.0	7257.64	1245449.0	18257.18	3337162.0	7050.49	1413185.0	2626.53	544060.0	604.50	128383.0	33.45	7744.0
		即可及	10314.97	2093372.0									7050.49	1413185.0	2626.53	544060.0	604.50	128383.0	33.45	7744.0
	糠椴	合计	266.00	45584.0			14.94	1520.0	149.88	27033.0	50.28	7990.0	50.90	9041.0						
		即可及	50.90	9041.0									50.90	9041.0						
	杨树	合计	188.41	31559.0			14.05	1550.0	4.57	350.0	22.33	2496.0	5.16	978.0	63.42	11738.0	68.85	12512.0	10.03	1935.0
		即可及	147.46	27163.0									5.16	978.0	63.42	11738.0	68.85	12512.0	10.03	1935.0
	大青杨	合计	245.92	47960.0			1.93	243.0	109.38	19234.0	76.65	15645.0	34.59	7529.0	23.37	5309.0				
		即可及	57.96	12838.0									34.59	7529.0	23.37	5309.0				
	柳树	合计	91.55	6912.0	4.11	54.0	40.31	2412.0	36.52	3140.0	6.36	786.0	0.89	156.0	3.36	364.0				
		即可及	4.25	520.0									0.89	156.0	3.36	364.0				
	其他软阔类	合计	978.70	115775.0	12.14	190.0	37.03	1606.0	123.61	9226.0	314.01	33232.0	285.57	37461.0	192.00	31060.0	14.34	3000.0		

表 6　长白山重点国有林区用材林各龄级面积、蓄积按优势树种和可及度统计表（续 12）

单位：公顷、立方米

统计单位	优势树种	可及度	合计		Ⅰ龄级		Ⅱ龄级		Ⅲ龄级		Ⅳ龄级		Ⅴ龄级		Ⅵ龄级		Ⅶ龄级		Ⅷ以上龄级	
			面积	蓄积	面积	蓄积	面积	蓄积	面积	蓄积	面积	蓄积	面积	蓄积	面积	蓄积	面积	蓄积	面积	蓄积
八家子林业局	其他软阔类	即可及	491.91	71521.0									285.57	37461.0	192.00	31060.0	14.34	3000.0		
	山杨	合计	3110.66	496021.0			80.22	6098.0	1745.77	259535.0	1002.07	170561.0	138.15	28898.0	109.63	23446.0	9.56	2547.0	25.26	4936.0
		即可及	282.60	59827.0									138.15	28898.0	109.63	23446.0	9.56	2547.0	25.26	4936.0
	毛赤杨	合计	191.59	21888.0	3.45		2.33	182.0	31.04	2882.0	92.78	10741.0	39.37	5169.0	22.62	2914.0				
		即可及	61.99	8083.0									39.37	5169.0	22.62	2914.0				
	槭树	合计	3334.42	589167.0	9.87	528.0	10.84	451.0	469.97	71909.0	1542.15	268284.0	938.35	166506.0	347.51	77944.0	15.73	3545.0		
		即可及	1301.59	247995.0									938.35	166506.0	347.51	77944.0	15.73	3545.0		
	山槐	合计	39.47	4985.0							7.30	630.0	32.17	4355.0						
		即可及	32.17	4355.0									32.17	4355.0						
	暴马丁香	合计	5.25	342.0					4.24	245.0	1.01	97.0								
	青楷槭	合计	10.76	1667.0											10.76	1667.0				
		即可及	10.76	1667.0											10.76	1667.0				
	花楷槭	合计	24.90	4313.0															24.90	4313.0
		即可及	24.90	4313.0															24.90	4313.0
	稠李	合计	3.60	352.0			3.60	352.0												
	山桃稠李	合计	13.43	1645.0					6.74	833.0	6.69	812.0								
	山丁子	合计	6.52	525.0			4.58	438.0					1.94	87.0						
		即可及	1.94	87.0									1.94	87.0						
	花曲柳	合计	9.97	1604.0							5.36	988.0	4.61	616.0						
		即可及	4.61	616.0									4.61	616.0						
	白牛槭	合计	92.78	15158.0					13.98	1945.0	57.86	9464.0			20.94	3749.0				
		即可及	20.94	3749.0											20.94	3749.0				
汪清林业局	合计	合计	10919.12	1670534.0	394.94	6150.0	1164.70	113555.0	3395.40	513120.0	4148.11	718991.0	1265.62	227719.0	481.69	80133.0	44.25	6949.0	24.41	3917.0
		即可及	1815.97	318718.0									1265.62	227719.0	481.69	80133.0	44.25	6949.0	24.41	3917.0
	冷杉	合计	195.35	37302.0			25.59	3603.0	51.53	8717.0	20.91	4300.0	97.32	20682.0						
		即可及	97.32	20682.0									97.32	20682.0						
	云杉	合计	476.59	36558.0	187.45	3891.0	254.19	26836.0	8.92	1444.0	9.02	1721.0	17.01	2666.0						
		即可及	17.01	2666.0									17.01	2666.0						
	落叶松	合计	2966.15	438095.0	129.68	414.0	279.21	20660.0	1030.07	153131.0	837.26	139010.0	531.43	97669.0	158.50	27211.0				
		即可及	689.93	124880.0									531.43	97669.0	158.50	27211.0				
	红松	合计	341.59	59803.0	50.35	255.0	13.40	2202.0	120.64	20522.0	112.41	27744.0	15.94	3177.0	23.61	4843.0	5.24	1060.0		
		即可及	44.79	9080.0									15.94	3177.0	23.61	4843.0	5.24	1060.0		
	樟子松	合计	31.35	3754.0	5.93		0.47	18.0	15.84	2194.0	7.96	1379.0	1.15	163.0						
		即可及	1.15	163.0									1.15	163.0						
	蒙古栎	合计	2207.70	345189.0			262.85	27482.0	908.59	132870.0	905.91	159624.0	130.35	25213.0						
		即可及	130.35	25213.0									130.35	25213.0						
	白桦	合计	527.34	80882.0	2.59		22.42	2083.0	73.87	7388.0	97.12	14055.0	141.70	25205.0	182.98	30652.0			6.66	1499.0
		即可及	331.34	57356.0									141.70	25205.0	182.98	30652.0			6.66	1499.0
	枫桦	合计	223.83	31286.0			32.44	2235.0	32.18	5771.0	141.15	21242.0	18.06	2038.0						
		即可及	18.06	2038.0									18.06	2038.0						
	黑桦	合计	8.42	735.0			8.42	735.0												
	水曲柳	合计	595.89	97183.0	5.28		113.42	13202.0	237.02	39533.0	233.34	43218.0	6.83	1230.0						

表6　长白山重点国有林区用材林各龄级面积、蓄积按优势树种和可及度统计表（续13）

单位：公顷、立方米

统计单位	优势树种	可及度	合计		Ⅰ龄级		Ⅱ龄级		Ⅲ龄级		Ⅳ龄级		Ⅴ龄级		Ⅵ龄级		Ⅶ龄级		Ⅷ以上龄级	
			面积	蓄积	面积	蓄积	面积	蓄积	面积	蓄积	面积	蓄积	面积	蓄积	面积	蓄积	面积	蓄积	面积	蓄积
汪清林业局	水曲柳	即可及	6.83	1230.0									6.83	1230.0						
	胡桃楸	合计	48.23	7570.0					5.65	774.0	42.58	6796.0								
	黄波罗	合计	24.99	4328.0					3.63	327.0	21.36	4001.0								
	榆树	合计	231.05	29713.0			10.65	186.0	14.65	1415.0	22.65	3465.0	57.20	6548.0	91.09	13043.0	21.02	2977.0	13.79	2079.0
		即可及	183.10	24647.0									57.20	6548.0	91.09	13043.0	21.02	2977.0	13.79	2079.0
	紫椴	合计	2553.97	429257.0	13.66	1590.0	112.11	12161.0	718.71	116145.0	1451.15	253776.0	236.76	41513.0	21.58	4072.0				
		即可及	258.34	45585.0									236.76	41513.0	21.58	4072.0				
	糠椴	合计	14.40	2058.0							14.40	2058.0								
	杨树	合计	15.53	1917.0							12.07	1417.0	1.79	279.0					1.67	221.0
		即可及	3.46	500.0									1.79	279.0					1.67	221.0
	大青杨	合计	9.61	1095.0			0.59	5.0			5.09	778.0			3.93	312.0				
		即可及	3.93	312.0											3.93	312.0				
	柳树	合计	1.70	143.0			0.24	7.0	1.46	136.0										
	其他软阔类	合计	21.71	1095.0			5.06	241.0	13.81	610.0			2.84	244.0						
		即可及	2.84	244.0									2.84	244.0						
	山杨	合计	75.21	9148.0			2.46	58.0	45.48	4777.0	2.04	309.0	7.24	1092.0			17.99	2912.0		
		即可及	25.23	4004.0									7.24	1092.0			17.99	2912.0		
	毛赤杨	合计	9.83	330.0			6.31	174.0	3.52	156.0										
	槭树	合计	319.33	51063.0			9.33	1386.0	101.01	15944.0	208.99	33733.0								
	山槐	合计	5.54	281.0			5.54	281.0												
	山丁子	合计	2.29	118.0															2.29	118.0
		即可及	2.29	118.0															2.29	118.0
	花曲柳	合计	8.82	1266.0					8.82	1266.0										
	钻天柳	合计	2.70	365.0							2.70	365.0								
大兴沟林业局	合计	合计	31460.86	4321442.0	841.78	8789.0	4129.06	361012.0	11063.30	1577642.0	11861.06	1799440.0	2657.40	436618.0	768.46	119166.0	107.94	13773.0	31.86	5002.0
		即可及	3565.66	574559.0									2657.40	436618.0	768.46	119166.0	107.94	13773.0	31.86	5002.0
	冷杉	合计	142.16	24348.0							6.14	1189.0	136.02	23159.0						
		即可及	136.02	23159.0									136.02	23159.0						
	云杉	合计	694.78	55923.0	274.13	2658.0	236.92	17513.0	50.07	10714.0	28.68	4263.0	51.29	8775.0	53.69	12000.0				
		即可及	104.98	20775.0									51.29	8775.0	53.69	12000.0				
	落叶松	合计	5930.74	899379.0	52.44		272.52	20256.0	1648.79	242162.0	2244.23	354039.0	1596.49	267450.0	108.75	13946.0	7.52	1526.0		
		即可及	1712.76	282922.0									1596.49	267450.0	108.75	13946.0	7.52	1526.0		
	红松	合计	2162.95	342722.0	180.87	397.0	430.24	51645.0	1263.50	236645.0	150.49	28324.0	61.66	10631.0	76.19	15080.0				
		即可及	137.85	25711.0									61.66	10631.0	76.19	15080.0				
	樟子松	合计	199.54	33875.0			9.82	1987.0	25.88	3758.0	114.58	19279.0	46.49	8362.0	1.69	242.0			1.08	247.0
		即可及	49.26	8851.0									46.49	8362.0	1.69	242.0			1.08	247.0
	蒙古栎	合计	11969.18	1595252.0	264.43	5223.0	2384.78	210138.0	4877.47	687517.0	4083.31	627134.0	260.67	47068.0	95.27	17834.0	3.25	338.0		
		即可及	359.19	65240.0									260.67	47068.0	95.27	17834.0	3.25	338.0		
	白桦	合计	857.86	98192.0	9.41		63.21	1574.0	164.88	10187.0	322.40	43154.0	249.98	37243.0	47.98	6034.0				
		即可及	297.96	43277.0									249.98	37243.0	47.98	6034.0				
	枫桦	合计	430.90	60778.0	1.56	4.0	92.68	7260.0	40.81	6194.0	295.85	47320.0								
	黑桦	合计	193.20	22944.0	6.09	231.0	26.52	2050.0	76.04	8779.0	84.55	11884.0								

表 6　长白山重点国有林区用材林各龄级面积、蓄积按优势树种和可及度统计表（续 14）

单位：公顷、立方米

统计单位	优势树种	可及度	合计		Ⅰ龄级		Ⅱ龄级		Ⅲ龄级		Ⅳ龄级		Ⅴ龄级		Ⅵ龄级		Ⅶ龄级		Ⅷ以上龄级	
			面积	蓄积	面积	蓄积	面积	蓄积	面积	蓄积	面积	蓄积	面积	蓄积	面积	蓄积	面积	蓄积	面积	蓄积
大兴沟林业局	水曲柳	合计	1199.19	182390.0	3.20		74.23	7660.0	537.19	78692.0	584.57	96038.0								
	胡桃楸	合计	1311.13	168244.0	10.39	208.0	234.81	22064.0	556.01	74773.0	482.68	66549.0	19.65	3496.0	7.59	1154.0				
		即可及	27.24	4650.0									19.65	3496.0	7.59	1154.0				
	黄波罗	合计	27.79	3081.0			9.61	795.0	18.18	2286.0										
	榆树	合计	501.47	43732.0	9.41		44.88	361.0	90.24	4547.0	69.12	7236.0	76.17	7865.0	150.56	16681.0	61.09	7042.0		
		即可及	287.82	31588.0									76.17	7865.0	150.56	16681.0	61.09	7042.0		
	紫椴	合计	4641.12	647097.0	18.04	46.0	170.19	14428.0	1320.11	175786.0	2928.00	419713.0	88.50	15120.0	101.44	20508.0	14.84	1496.0		
		即可及	204.78	37124.0									88.50	15120.0	101.44	20508.0	14.84	1496.0		
	糠椴	合计	231.83	27585.0			15.67	1435.0	192.39	22437.0	23.77	3713.0								
	杨树	合计	153.33	19434.0			4.55	106.0	34.15	2144.0	25.56	3259.0	1.37	193.0	35.68	5606.0	21.24	3371.0	30.78	4755.0
		即可及	89.07	13925.0									1.37	193.0	35.68	5606.0	21.24	3371.0	30.78	4755.0
	大青杨	合计	4.73	508.0			1.69	18.0			1.65	378.0			1.39	112.0				
		即可及	1.39	112.0											1.39	112.0				
	柳树	合计	71.72	3925.0	5.51	5.0	21.24	365.0	27.59	1456.0	17.38	2099.0								
	其他软阔类	合计	25.60	667.0	0.14		13.14	197.0	11.73	413.0	0.59	57.0								
	山杨	合计	94.23	12856.0	3.23	17.0	3.52	108.0	30.92	2914.0	48.12	8624.0	5.83	1016.0	2.61	177.0				
		即可及	8.44	1193.0									5.83	1016.0	2.61	177.0				
	毛赤杨	合计	193.71	14968.0			6.39	268.0	70.57	4312.0	36.23	3637.0	45.24	4087.0	35.28	2664.0				
		即可及	80.52	6751.0									45.24	4087.0	35.28	2664.0				
	槭树	合计	329.65	52513.0	1.91		11.64	776.0	16.66	1559.0	292.14	49220.0	7.30	958.0						
		即可及	7.30	958.0									7.30	958.0						
	山槐	合计	10.54	374.0			0.42	7.0	10.12	367.0										
	暴马丁香	合计	12.87	1234.0	1.02						11.85	1234.0								
	青楷槭	合计	36.08	5090.0											36.08	5090.0				
		即可及	36.08	5090.0											36.08	5090.0				
	花楷槭	合计	11.21	1873.0											11.21	1873.0				
		即可及	11.21	1873.0											11.21	1873.0				
	稠李	合计	3.05	165.0											3.05	165.0				
		即可及	3.05	165.0											3.05	165.0				
	山丁子	合计	4.31	319.0							0.47	13.0	3.84	306.0						
		即可及	3.84	306.0									3.84	306.0						
	花曲柳	合计	11.04	1617.0							4.14	728.0	6.90	889.0						
		即可及	6.90	889.0									6.90	889.0						
	其他亚乔木	合计	4.95	357.0			0.39	1.0			4.56	356.0								
天桥岭林业局	合计	合计	6595.23	957096.0	324.52	1759.0	726.10	98457.0	1968.13	289925.0	2750.68	433037.0	626.53	99533.0	147.11	24646.0	43.60	7935.0	8.56	1804.0
		即可及	811.52	131695.0									612.25	97310.0	147.11	24646.0	43.60	7935.0	8.56	1804.0
		将可及	14.28	2223.0									14.28	2223.0						
	冷杉	合计	9.91	1388.0			9.91	1388.0												
	云杉	合计	419.61	23108.0	269.76	1420.0	129.12	18063.0	18.83	3235.0	1.90	390.0								
	落叶松	合计	4633.71	707498.0	2.44		143.58	12174.0	1549.22	226569.0	2411.36	380610.0	477.93	78681.0	48.69	9357.0	0.49	107.0		
		即可及	512.83	85922.0									463.65	76458.0	48.69	9357.0	0.49	107.0		
		将可及	14.28	2223.0									14.28	2223.0						

表6 长白山重点国有林区用材林各龄级面积、蓄积按优势树种和可及度统计表（续15）

单位：公顷、立方米

统计单位	优势树种	可及度	合计		Ⅰ龄级		Ⅱ龄级		Ⅲ龄级		Ⅳ龄级		Ⅴ龄级		Ⅵ龄级		Ⅶ龄级		Ⅷ以上龄级	
			面积	蓄积	面积	蓄积	面积	蓄积	面积	蓄积	面积	蓄积	面积	蓄积	面积	蓄积	面积	蓄积	面积	蓄积
天桥岭林业局	红松	合计	69.54	6935.0	16.85	69.0	45.78	5719.0	6.91	1147.0										
	樟子松	合计	24.20	3955.0					0.12	14.0	24.08	3941.0								
	蒙古栎	合计	328.22	51991.0	0.79	46.0	230.69	33968.0	88.87	16323.0	7.87	1654.0								
	白桦	合计	579.08	83256.0			3.12	132.0	125.37	16911.0	259.23	38511.0	113.72	15232.0	74.79	11996.0	2.85	474.0		
		即可及	191.36	27702.0									113.72	15232.0	74.79	11996.0	2.85	474.0		
	枫桦	合计	102.83	15843.0	1.78	224.0	37.02	6321.0	60.38	8652.0	3.65	646.0								
	水曲柳	合计	78.93	9485.0	21.24		18.44	2843.0	37.05	6280.0	2.20	362.0								
	胡桃楸	合计	39.77	5953.0			20.37	3092.0	19.40	2861.0										
	榆树	合计	20.74	1329.0	10.06				0.85	97.0	1.49	150.0	3.64	614.0	4.70	468.0				
		即可及	8.34	1082.0									3.64	614.0	4.70	468.0				
	紫椴	合计	127.36	20980.0			82.21	14455.0	45.15	6525.0										
	杨树	合计	109.09	17469.0					10.55	531.0			30.79	4955.0	18.93	2825.0	40.26	7354.0	8.56	1804.0
		即可及	98.54	16938.0									30.79	4955.0	18.93	2825.0	40.26	7354.0	8.56	1804.0
	柳树	合计	1.91	69.0			1.91	69.0												
	其他软阔类	合计	3.10	163.0	1.60				1.05	112.0			0.45	51.0						
		即可及	0.45	51.0									0.45	51.0						
	山杨	合计	6.15	781.0							6.15	781.0								
	毛赤杨	合计	7.56	1236.0							7.56	1236.0								
	槭树	合计	8.33	901.0			3.95	233.0	4.38	668.0										
	山槐	合计	11.77	2599.0							11.77	2599.0								
	山桃稠李	合计	13.42	2157.0							13.42	2157.0								
珲春林业局	合计	合计	6579.96	637630.0	521.34	2386.0	1362.93	93852.0	3018.67	327899.0	1375.74	176666.0	221.85	26289.0	73.74	9680.0	5.69	858.0		
		即可及	301.28	36827.0									221.85	26289.0	73.74	9680.0	5.69	858.0		
	冷杉	合计	44.40	3271.0	6.68		3.36	131.0	14.80	1191.0	7.14	718.0	12.42	1231.0						
		即可及	12.42	1231.0									12.42	1231.0						
	云杉	合计	106.93	1347.0	88.96	232.0	2.78	105.0			15.19	1010.0								
	落叶松	合计	1231.87	114136.0	88.95	408.0	376.65	28948.0	446.81	49164.0	295.53	32866.0	23.71	2718.0	0.22	32.0				
		即可及	23.93	2750.0									23.71	2718.0	0.22	32.0				
	红松	合计	227.59	13849.0	141.23	80.0	45.64	5936.0	37.38	6959.0	3.34	874.0								
	樟子松	合计	167.38	12056.0	54.58	15.0	12.85	621.0	10.99	929.0	39.72	4062.0	47.25	6299.0	1.99	130.0				
		即可及	49.24	6429.0									47.25	6299.0	1.99	130.0				
	蒙古栎	合计	4028.16	430163.0	113.48	1530.0	800.03	54203.0	2258.98	253964.0	830.00	116695.0	25.67	3771.0						
		即可及	25.67	3771.0									25.67	3771.0						
	白桦	合计	140.05	14493.0	1.70	11.0	3.84	111.0	15.96	851.0	58.32	6733.0	51.41	5538.0	8.82	1249.0				
		即可及	60.23	6787.0									51.41	5538.0	8.82	1249.0				
	枫桦	合计	61.43	5042.0			6.16	263.0	32.14	1681.0	22.54	2978.0	0.59	120.0						
		即可及	0.59	120.0									0.59	120.0						
	黑桦	合计	16.54	1472.0			9.42	696.0	7.12	776.0										
	水曲柳	合计	6.36	302.0			6.36	302.0												
	胡桃楸	合计	3.62	90.0	2.27	90.0	1.35													
	榆树	合计	17.10	1413.0	0.75		1.60	30.0			5.14	257.0	3.92	268.0			5.69	858.0		
		即可及	9.61	1126.0									3.92	268.0			5.69	858.0		

表 6 长白山重点国有林区用材林各龄级面积、蓄积按优势树种和可及度统计表（续 16）

单位：公顷、立方米

统计单位	优势树种	可及度	合计		Ⅰ龄级		Ⅱ龄级		Ⅲ龄级		Ⅳ龄级		Ⅴ龄级		Ⅵ龄级		Ⅶ龄级		Ⅷ以上龄级	
			面积	蓄积	面积	蓄积	面积	蓄积	面积	蓄积	面积	蓄积	面积	蓄积	面积	蓄积	面积	蓄积	面积	蓄积
珲春林业局	紫椴	合计	50.37	6559.0					22.79	3002.0	16.10	2041.0	3.54	558.0	7.94	958.0				
		即可及	11.48	1516.0									3.54	558.0	7.94	958.0				
	杨树	合计	68.37	5929.0	0.20		21.53	675.0	23.57	2086.0	19.16	2566.0	1.96	247.0	1.95	355.0				
		即可及	3.91	602.0									1.96	247.0	1.95	355.0				
	柳树	合计	118.85	6857.0	5.72		32.74	963.0	59.75	3627.0	18.95	2142.0	1.69	125.0						
		即可及	1.69	125.0									1.69	125.0						
	其他软阔类	合计	262.97	17964.0	16.82	20.0	33.39	538.0	73.88	2292.0	36.37	2744.0	49.69	5414.0	52.82	6956.0				
		即可及	102.51	12370.0									49.69	5414.0	52.82	6956.0				
	山杨	合计	13.96	1267.0			2.88	57.0	5.92	526.0	5.16	684.0								
	槭树	合计	9.85	1104.0			2.35	273.0	7.50	831.0										
	花曲柳	合计	4.16	316.0					1.08	20.0	3.08	296.0								

表 7 长白山重点国有林区可造林封育地面积按立地类型统计表

单位：公顷

统计单位	立地类型	合计	疏林地	一般灌木林地	无立木林地				宜林地			
					小计	采伐迹地	火烧迹地	其他无立木林地	小计	宜林荒山荒地	宜林沙荒地	其他宜林地
长白山森工	合计	50188.84	142.17	3770.78	40067.27	287.92	56.32	39723.03	6208.62	3168.42	319.45	2720.75
	中山阴坡Ⅰ级厚	88.13		78.98	8.12	0.33		7.79	1.03			1.03
	中山阴坡Ⅰ级中	32.08		11.11	11.64			11.64	9.33	6.43		2.90
	中山阴坡Ⅰ级薄	259.27		257.13					2.14	2.14		
	中山阴坡Ⅱ级中	2.16							2.16	2.16		
	中山阴坡Ⅱ级薄	15.31			15.31			15.31				
	中山阴坡Ⅲ级中	7.19	7.19									
	中山阳坡Ⅰ级厚	11.97		7.43	3.48			3.48	1.06			1.06
	中山阳坡Ⅰ级中	47.30		7.92	26.54	0.19		26.35	12.84	8.91		3.93
	中山阳坡Ⅱ级厚	16.40							16.40			16.40
	中山阳坡Ⅱ级中	11.22		0.86	7.83			7.83	2.53	1.39		1.14
	中山阳坡Ⅲ级中	14.86			0.56			0.56	14.30	14.30		
	中山阳坡Ⅳ级厚	6.15			0.20			0.20	5.95			5.95
	中山阳坡Ⅳ级薄	3.81		3.81								
	中山阳坡Ⅴ级中	10.47							10.47		10.47	
	中山阳坡Ⅴ级薄	14.24		14.24								
	中山平坡Ⅰ级厚	60.81		53.77	7.04			7.04				
	中山平坡Ⅰ级中	46.06		27.63	5.39	1.07		4.32	13.04	10.31		2.73
	中山平坡Ⅰ级薄	17.58		17.58								
	低山阴坡Ⅰ级厚	1620.29	3.11	206.91	1121.77	8.72		1113.05	288.50	84.79		203.71
	低山阴坡Ⅰ级中	8168.26	2.47	355.97	7294.31	17.03		7277.28	515.51	415.19	11.81	88.51
	低山阴坡Ⅰ级薄	160.51		3.46	33.80			33.80	123.25	2.18	117.35	3.72
	低山阴坡Ⅱ级厚	641.86		5.14	431.27	5.88		425.39	205.45	38.64		166.81
	低山阴坡Ⅱ级中	4261.25	32.75	127.52	3894.79	67.73		3827.06	206.19	191.40		14.79
	低山阴坡Ⅱ级薄	103.43			47.00			47.00	56.43	0.75	53.95	1.73
	低山阴坡Ⅲ级厚	10.41			9.46			9.46	0.95	0.95		
	低山阴坡Ⅲ级中	372.96		25.26	325.29			325.29	22.41	21.92		0.49
	低山阴坡Ⅲ级薄	6.24			6.24			6.24				
	低山阴坡Ⅳ级厚	0.73			0.73			0.73				
	低山阴坡Ⅳ级中	12.08	1.08	3.58	7.07			7.07	0.35	0.35		
	低山阴坡Ⅴ级厚	12.98			12.98			12.98				
	低山阳坡Ⅰ级厚	2513.57	0.46	194.98	1426.98	21.93	0.30	1404.75	891.15	212.73	0.47	677.95
	低山阳坡Ⅰ级中	7590.08	12.47	648.95	6314.38	28.56		6285.82	614.28	495.57	6.35	112.36
	低山阳坡Ⅰ级薄	348.95		9.99	98.36	5.70		92.66	240.60	165.96	53.95	20.69
	低山阳坡Ⅱ级厚	600.88		24.48	467.79	7.61		460.18	108.61	46.88		61.73
	低山阳坡Ⅱ级中	4587.28	17.51	337.43	3868.45	43.13	41.15	3784.17	363.89	313.09	2.32	48.48
	低山阳坡Ⅱ级薄	142.12	2.24	3.55	91.46			91.46	44.87	4.33	28.12	12.42
	低山阳坡Ⅲ级厚	97.42		4.59	69.64	0.73		68.91	23.19	18.28		4.91
	低山阳坡Ⅲ级中	885.95	8.27	80.77	715.03	12.24		702.79	81.88	75.74	5.31	0.83
	低山阳坡Ⅲ级薄	21.74		3.62	12.01	0.56		11.45	6.11	3.81	2.30	
	低山阳坡Ⅳ级厚	5.49			2.56			2.56	2.93	2.93		

表 7　长白山重点国有林区可造林封育地面积按立地类型统计表（续 1）

单位：公顷

统计单位	立地类型	合计	疏林地	一般灌木林地	无立木林地				宜林地			
					小计	采伐迹地	火烧迹地	其他无立木林地	小计	宜林荒山荒地	宜林沙荒地	其他宜林地
长白山森工	低山阳坡Ⅳ级中	120.90		16.83	90.22			90.22	13.85	13.67		0.18
	低山阳坡Ⅳ级薄	29.81		15.25	2.52			2.52	12.04		11.42	0.62
	低山阳坡Ⅴ级厚	0.97			0.71			0.71	0.26	0.26		
	低山阳坡Ⅴ级中	19.82		4.22	14.66			14.66	0.94	0.94		
	低山阳坡Ⅴ级薄	1.22		1.22								
	低山平坡Ⅰ级厚	2849.75	5.50	367.80	1023.76	45.91		977.85	1452.69	408.55		1044.14
	低山平坡Ⅰ级中	13833.29	49.12	828.59	12147.19	15.22	14.87	12117.10	808.39	592.92	10.63	204.84
	低山平坡Ⅰ级薄	396.63		20.21	344.53	5.38		339.15	31.89	10.19	5.00	16.70
	低山平坡Ⅱ级中	0.61			0.27			0.27	0.34	0.34		
	低山平坡Ⅲ级厚	0.63			0.63			0.63				
	低山平坡Ⅲ级中	1.27			0.85			0.85	0.42	0.42		
	低山平坡Ⅳ级中	104.45			104.45			104.45				
	合计	8252.80	7.10	168.62	7968.13	54.46	54.63	7859.04	108.95	90.08	18.87	
黄泥河林业局	中山阴坡Ⅱ级薄	15.31			15.31			15.31				
	中山阳坡Ⅰ级中	1.45			1.45			1.45				
	中山阳坡Ⅱ级中	7.83			7.83			7.83				
	中山阳坡Ⅲ级中	10.66							10.66	10.66		
	中山阳坡Ⅳ级薄	3.81		3.81								
	中山阳坡Ⅴ级中	10.47							10.47		10.47	
	中山阳坡Ⅴ级薄	14.24		14.24								
	中山平坡Ⅰ级中	2.03			2.03			2.03				
	低山阴坡Ⅰ级厚	9.67			9.67			9.67				
	低山阴坡Ⅰ级中	996.36	1.60	2.98	984.80	4.45		980.35	6.98	5.22	1.76	
	低山阴坡Ⅱ级厚	95.89			94.88			94.88	1.01	1.01		
	低山阴坡Ⅱ级中	613.64			610.39	9.96		600.43	3.25	3.25		
	低山阴坡Ⅱ级薄	22.81			22.81			22.81				
	低山阴坡Ⅲ级中	53.98			52.88			52.88	1.10	1.10		
	低山阴坡Ⅲ级薄	1.08			1.08			1.08				
	低山阴坡Ⅳ级厚	0.73			0.73			0.73				
	低山阴坡Ⅳ级中	0.74			0.74			0.74				
	低山阳坡Ⅰ级厚	78.58		1.13	77.45			77.45				
	低山阳坡Ⅰ级中	1054.03		10.40	1037.31	8.31		1029.00	6.32	5.41	0.91	
	低山阳坡Ⅰ级薄	5.36			5.36			5.36				
	低山阳坡Ⅱ级厚	4.63		1.51	1.77			1.77	1.35	1.35		
	低山阳坡Ⅱ级中	913.80			880.63	6.30	40.27	834.06	33.17	31.26	1.91	
	低山阳坡Ⅱ级薄	23.93			21.01			21.01	2.92	1.40	1.52	
	低山阳坡Ⅲ级厚	1.97		1.97								
	低山阳坡Ⅲ级中	78.47		1.59	73.94			73.94	2.94	2.94		
	低山阳坡Ⅲ级薄	2.30							2.30		2.30	
	低山平坡Ⅰ级厚	236.83	5.50	47.96	179.98	21.73		158.25	3.39	3.39		
	低山平坡Ⅰ级中	3795.58		83.03	3689.46	3.71	14.36	3671.39	23.09	23.09		
	低山平坡Ⅰ级薄	196.62			196.62			196.62				

表7 长白山重点国有林区可造林封育地面积按立地类型统计表（续2）

单位：公顷

统计单位	立地类型	合计	疏林地	一般灌木林地	无立木林地				宜林地			
					小计	采伐迹地	火烧迹地	其他无立木林地	小计	宜林荒山荒地	宜林沙荒地	其他宜林地
敦化林业局	合计	5878.79	5.95	208.61	5477.59			5477.59	186.64	186.64		
	中山阴坡Ⅰ级薄	2.14							2.14	2.14		
	中山阴坡Ⅱ级中	2.16							2.16	2.16		
	中山阳坡Ⅰ级中	3.25							3.25	3.25		
	中山阳坡Ⅱ级中	1.39							1.39	1.39		
	中山阳坡Ⅲ级中	3.64							3.64	3.64		
	中山阳坡Ⅳ级厚	0.20			0.20			0.20				
	低山阴坡Ⅰ级厚	85.78		45.20	40.58			40.58				
	低山阴坡Ⅰ级中	791.73	0.87	31.69	741.22			741.22	17.95	17.95		
	低山阴坡Ⅰ级薄	5.21		0.07	3.94			3.94	1.20	1.20		
	低山阴坡Ⅱ级厚	174.00		4.44	169.56			169.56				
	低山阴坡Ⅱ级中	1375.86			1353.94			1353.94	21.92	21.92		
	低山阴坡Ⅱ级薄	13.86			13.11			13.11	0.75	0.75		
	低山阴坡Ⅲ级厚	5.15			5.15			5.15				
	低山阴坡Ⅲ级中	221.00		5.59	211.80			211.80	3.61	3.61		
	低山阴坡Ⅳ级中	1.27	1.08		0.19			0.19				
	低山阴坡Ⅴ级厚	12.98			12.98			12.98				
	低山阳坡Ⅰ级厚	29.98		11.92	18.06			18.06				
	低山阳坡Ⅰ级中	371.62		40.90	314.03			314.03	16.69	16.69		
	低山阳坡Ⅰ级薄	41.01		6.58	34.43			34.43				
	低山阳坡Ⅱ级厚	146.00			146.00			146.00				
	低山阳坡Ⅱ级中	1208.44	1.70	13.49	1173.67			1173.67	19.58	19.58		
	低山阳坡Ⅱ级薄	46.09		0.91	44.09			44.09	1.09	1.09		
	低山阳坡Ⅲ级厚	6.64		0.43	3.03			3.03	3.18	3.18		
	低山阳坡Ⅲ级中	405.43		3.85	384.97			384.97	16.61	16.61		
	低山阳坡Ⅲ级薄	9.35			9.35			9.35				
	低山阳坡Ⅳ级中	48.16		1.81	45.41			45.41	0.94	0.94		
	低山阳坡Ⅴ级中	10.26			10.26			10.26				
	低山平坡Ⅰ级厚	160.34		12.37	147.63			147.63	0.34	0.34		
	低山平坡Ⅰ级中	656.06	2.30	28.42	559.32			559.32	66.02	66.02		
	低山平坡Ⅰ级薄	39.79		0.94	34.67			34.67	4.18	4.18		
大石头林业局	合计	7657.91	2.16	329.69	5504.47	79.87		5424.60	1821.59	786.92		1034.67
	中山阴坡Ⅰ级厚	1.36			0.33	0.33			1.03			1.03
	中山阳坡Ⅰ级厚	1.06							1.06			1.06
	中山阳坡Ⅱ级厚	16.40							16.40			16.40
	中山阳坡Ⅳ级厚	5.95							5.95			5.95
	低山阴坡Ⅰ级厚	569.96	2.16	29.63	426.20	8.72		417.48	111.97	64.90		47.07
	低山阴坡Ⅰ级中	959.97		12.82	927.68			927.68	19.47	19.47		
	低山阴坡Ⅰ级薄	12.13			12.13			12.13				
	低山阴坡Ⅱ级厚	303.80			112.31	4.58		107.73	191.49	35.22		156.27
	低山阴坡Ⅱ级中	61.24			61.24			61.24				
	低山阴坡Ⅲ级厚	3.64			2.69			2.69	0.95	0.95		

表 7　长白山重点国有林区可造林封育地面积按立地类型统计表（续 3）

单位：公顷

统计单位	立地类型	合计	疏林地	一般灌木林地	无立木林地				宜林地			
					小计	采伐迹地	火烧迹地	其他无立木林地	小计	宜林荒山荒地	宜林沙荒地	其他宜林地
大石头林业局	低山阴坡Ⅲ级中	11.33			11.33			11.33				
	低山阴坡Ⅳ级中	0.12			0.12			0.12				
	低山阳坡Ⅰ级厚	773.00		52.73	428.69	21.93		406.76	291.58	165.69		125.89
	低山阳坡Ⅰ级中	863.16		65.84	753.02			753.02	44.30	31.89		12.41
	低山阳坡Ⅰ级薄	35.14			35.14	5.70		29.44				
	低山阳坡Ⅱ级厚	193.90		6.58	128.52	7.61		120.91	58.80	40.40		18.40
	低山阳坡Ⅱ级中	91.83			89.31			89.31	2.52	2.52		
	低山阳坡Ⅱ级薄	6.46			5.98			5.98	0.48	0.48		
	低山阳坡Ⅲ级厚	44.79			30.76	0.73		30.03	14.03	12.08		1.95
	低山阳坡Ⅲ级中	26.30			26.30	0.71		25.59				
	低山阳坡Ⅳ级厚	1.39			0.31			0.31	1.08	1.08		
	低山阳坡Ⅴ级厚	0.33			0.33			0.33				
	低山阳坡Ⅴ级中	2.47			2.47			2.47				
	低山平坡Ⅰ级厚	1543.71		85.66	465.32	24.18		441.14	992.73	351.13		641.60
	低山平坡Ⅰ级中	1952.39		64.36	1820.28			1820.28	67.75	61.11		6.64
	低山平坡Ⅰ级薄	71.63		12.07	59.56	5.38		54.18				
	低山平坡Ⅳ级中	104.45			104.45			104.45				
白河林业局	合计	3614.92	0.95	566.95	2950.94	3.61	0.81	2946.52	96.08	86.37		9.71
	中山阴坡Ⅰ级厚	86.77		78.98	7.79			7.79				
	中山阴坡Ⅰ级薄	257.13		257.13								
	中山阳坡Ⅰ级厚	10.91		7.43	3.48			3.48				
	中山平坡Ⅰ级厚	60.81		53.77	7.04			7.04				
	中山平坡Ⅰ级中	27.03		27.03								
	中山平坡Ⅰ级薄	17.58		17.58								
	低山阴坡Ⅰ级厚	664.93	0.95	33.32	616.18			616.18	14.48	14.48		
	低山阴坡Ⅰ级中	734.68		44.33	675.39			675.39	14.96	14.61		0.35
	低山阴坡Ⅰ级薄	1.18			1.18			1.18				
	低山阴坡Ⅱ级厚	44.99			44.24	1.30		42.94	0.75	0.75		
	低山阴坡Ⅱ级中	57.40			55.98			55.98	1.42	1.42		
	低山阴坡Ⅲ级薄	4.28			4.28			4.28				
	低山阳坡Ⅰ级厚	785.31		2.29	750.61		0.30	750.31	32.41	32.41		
	低山阳坡Ⅰ级中	311.79		17.16	294.40			294.40	0.23	0.23		
	低山阳坡Ⅱ级厚	94.59			91.22			91.22	3.37	3.37		
	低山阳坡Ⅱ级中	43.41			43.41			43.41				
	低山阳坡Ⅲ级厚	0.81							0.81	0.81		
	低山阳坡Ⅲ级中	1.45			1.45			1.45				
	低山阳坡Ⅳ级厚	1.85							1.85	1.85		
	低山平坡Ⅰ级厚	131.49		12.58	97.12			97.12	21.79	14.99		6.80
	低山平坡Ⅰ级中	276.14		15.35	256.78	2.31	0.51	253.96	4.01	1.45		2.56
	低山平坡Ⅰ级薄	0.39			0.39			0.39				

表7 长白山重点国有林区可造林封育地面积按立地类型统计表（续4）

单位：公顷

统计单位	立地类型	合计	疏林地	一般灌木林地	无立木林地				宜林地			
					小计	采伐迹地	火烧迹地	其他无立木林地	小计	宜林荒山荒地	宜林沙荒地	其他宜林地
和龙林业局	合计	338.33		209.67	102.75	8.81		93.94	25.91	21.80		4.11
	中山阴坡Ⅰ级中	2.15			0.67			0.67	1.48	1.48		
	中山阳坡Ⅰ级中	3.29		1.91	0.19	0.19			1.19	1.19		
	中山阳坡Ⅱ级中	0.86		0.86								
	中山平坡Ⅰ级中	0.42			0.42			0.42				
	低山阴坡Ⅰ级中	22.10		7.19	11.20	1.08		10.12	3.71	1.15		2.56
	低山阴坡Ⅱ级中	4.44		1.22	3.22	1.24		1.98				
	低山阳坡Ⅰ级中	136.68		81.18	39.76	1.31		38.45	15.74	14.86		0.88
	低山阳坡Ⅰ级薄	8.58			8.58			8.58				
	低山阳坡Ⅱ级中	4.66		0.95	3.71	3.03		0.68				
	低山阳坡Ⅲ级中	4.31			4.31	1.96		2.35				
	低山平坡Ⅰ级中	148.33		116.36	28.18			28.18	3.79	3.12		0.67
	低山平坡Ⅰ级薄	2.51			2.51			2.51				
八家子林业局	合计	1807.06		30.98	1529.03			1529.03	247.05	200.53		46.52
	中山阴坡Ⅰ级中	29.93		11.11	10.97			10.97	7.85	4.95		2.90
	中山阳坡Ⅰ级中	35.00		4.01	22.59			22.59	8.40	4.47		3.93
	中山阳坡Ⅱ级中	1.14							1.14			1.14
	中山阳坡Ⅲ级中	0.56			0.56			0.56				
	中山平坡Ⅰ级中	13.49		0.60	1.87			1.87	11.02	8.29		2.73
	低山阴坡Ⅰ级中	657.90		7.83	589.57			589.57	60.50	51.24		9.26
	低山阴坡Ⅰ级薄	1.01							1.01	0.59		0.42
	低山阴坡Ⅱ级中	100.83			96.08			96.08	4.75	4.75		
	低山阴坡Ⅲ级中	10.71							10.71	10.71		
	低山阳坡Ⅰ级中	371.46		1.90	284.06			284.06	85.50	65.75		19.75
	低山阳坡Ⅰ级薄	11.01			7.10			7.10	3.91	3.91		
	低山阳坡Ⅱ级中	106.56			100.81			100.81	5.75	4.24		1.51
	低山阳坡Ⅲ级中	11.72			0.58			0.58	11.14	11.14		
	低山阳坡Ⅳ级中	0.39							0.39	0.21		0.18
	低山平坡Ⅰ级中	454.07		5.53	414.84			414.84	33.70	30.28		3.42
	低山平坡Ⅰ级薄	1.28							1.28			1.28
汪清林业局	合计	2755.30	1.16	770.59	1543.49	17.59		1525.90	440.06	329.76	28.53	81.77
	中山阴坡Ⅰ级中	2.00		2.00								
	中山平坡Ⅰ级中	3.09			1.07	1.07			2.02	2.02		
	低山阴坡Ⅰ级厚	90.55		86.39	2.40			2.40	1.76	1.76		
	低山阴坡Ⅰ级中	327.26		52.63	254.32			254.32	20.31	19.77	0.54	
	低山阴坡Ⅱ级中	105.31			104.24	6.67		97.57	1.07	1.07		
	低山阴坡Ⅲ级中	3.03		0.39	2.64			2.64				
	低山阳坡Ⅰ级厚	77.15		68.20	3.59			3.59	5.36	5.36		
	低山阳坡Ⅰ级中	611.91	1.16	160.42	353.55	4.69		348.86	96.78	85.28	4.72	6.78
	低山阳坡Ⅰ级薄	4.98							4.98	4.98		
	低山阳坡Ⅱ级厚	8.92		8.92								
	低山阳坡Ⅱ级中	105.24		18.55	34.48			34.48	52.21	22.72		29.49
	低山阳坡Ⅲ级中	15.63		3.52	6.80			6.80	5.31		5.31	
	低山阳坡Ⅳ级中	23.53		11.45	3.12			3.12	8.96	8.96		

表7　长白山重点国有林区可造林封育地面积按立地类型统计表（续5）

单位：公顷

统计单位	立地类型	合计	疏林地	一般灌木林地	无立木林地				宜林地			
					小计	采伐迹地	火烧迹地	其他无立木林地	小计	宜林荒山荒地	宜林沙荒地	其他宜林地
	低山阳坡Ⅳ级薄	24.21		12.79					11.42		11.42	
	低山阳坡Ⅴ级中	1.72		1.72								
汪清林业局	低山平坡Ⅰ级厚	149.35		100.65	20.21			20.21	28.49	27.09		1.40
	低山平坡Ⅰ级中	1185.97		235.76	751.78	5.16		746.62	198.43	147.79	6.54	44.10
	低山平坡Ⅰ级薄	15.45		7.20	5.29			5.29	2.96	2.96		
	合计	5379.21	30.60	150.54	4973.91	3.31	0.88	4969.72	224.16	224.16		
	中山阳坡Ⅰ级中	2.31			2.31			2.31				
	低山阴坡Ⅰ级厚	31.23		8.82	18.76			18.76	3.65	3.65		
	低山阴坡Ⅰ级中	1213.80		39.17	1085.03	1.18		1083.85	89.60	89.60		
	低山阴坡Ⅰ级薄	14.97		0.84	13.74			13.74	0.39	0.39		
	低山阴坡Ⅱ级厚	7.33		0.70	4.97			4.97	1.66	1.66		
	低山阴坡Ⅱ级中	668.50	28.51	19.92	593.86			593.86	26.21	26.21		
	低山阴坡Ⅱ级薄	9.89			9.89			9.89				
	低山阴坡Ⅲ级中	25.72			24.35			24.35	1.37	1.37		
	低山阴坡Ⅲ级薄	0.67			0.67			0.67				
	低山阴坡Ⅳ级中	4.44		3.58	0.86			0.86				
	低山阳坡Ⅰ级厚	50.00	0.46		48.43			48.43	1.11	1.11		
大兴沟林业局	低山阳坡Ⅰ级中	1041.47		10.61	1007.15			1007.15	23.71	23.71		
	低山阳坡Ⅰ级薄	10.44		2.64	5.75			5.75	2.05	2.05		
	低山阳坡Ⅱ级厚	39.19			38.32			38.32	0.87	0.87		
	低山阳坡Ⅱ级中	798.23		30.75	750.77	2.13	0.88	747.76	16.71	16.71		
	低山阳坡Ⅱ级薄	12.25			12.08			12.08	0.17	0.17		
	低山阳坡Ⅲ级厚	6.45			6.45			6.45				
	低山阳坡Ⅲ级中	129.86	1.63	7.31	118.95			118.95	1.97	1.97		
	低山阳坡Ⅲ级薄	1.52			1.52			1.52				
	低山阳坡Ⅳ级中	15.73		1.89	13.84			13.84				
	低山阳坡Ⅳ级薄	2.09			2.09			2.09				
	低山阳坡Ⅴ级中	3.44		2.50					0.94	0.94		
	低山平坡Ⅰ级厚	30.30			29.29			29.29	1.01	1.01		
	低山平坡Ⅰ级中	1215.44		21.81	1141.14			1141.14	52.49	52.49		
	低山平坡Ⅰ级薄	43.94			43.69			43.69	0.25	0.25		
	合计	2650.97		366.42	2158.99	2.68		2156.31	125.56	118.55	7.01	
	低山阴坡Ⅰ级厚	11.53		3.55	7.98			7.98				
	低山阴坡Ⅰ级中	441.12		2.35	413.38			413.38	25.39	19.57	5.82	
	低山阴坡Ⅱ级厚	5.31			5.31			5.31				
	低山阴坡Ⅱ级中	266.73		12.15	240.50	2.30		238.20	14.08	14.08		
天桥岭林业局	低山阴坡Ⅲ级厚	1.62			1.62			1.62				
	低山阴坡Ⅲ级中	11.92		3.64	6.68			6.68	1.60	1.60		
	低山阴坡Ⅳ级中	0.35							0.35	0.35		
	低山阳坡Ⅰ级厚	164.43		58.71	97.09			97.09	8.63	8.16	0.47	
	低山阳坡Ⅰ级中	654.35		50.35	597.00			597.00	7.00	6.28	0.72	
	低山阳坡Ⅱ级厚	68.39		7.47	60.03			60.03	0.89	0.89		

表 7 长白山重点国有林区可造林封育地面积按立地类型统计表（续 6）

单位：公顷

统计单位	立地类型	合计	疏林地	一般灌木林地	无立木林地				宜林地			
					小计	采伐迹地	火烧迹地	其他无立木林地	小计	宜林荒山荒地	宜林沙荒地	其他宜林地
天桥岭林业局	低山阳坡Ⅱ级中	199.03		25.37	169.21	0.38		168.83	4.45	4.45		
	低山阳坡Ⅲ级厚	33.80		2.19	29.40			29.40	2.21	2.21		
	低山阳坡Ⅲ级中	86.81		21.68	58.81			58.81	6.32	6.32		
	低山阳坡Ⅳ级厚	2.25			2.25			2.25				
	低山阳坡Ⅳ级中	28.88		1.68	26.78			26.78	0.42	0.42		
	低山阳坡Ⅴ级厚	0.64			0.38			0.38	0.26	0.26		
	低山阳坡Ⅴ级中	1.93			1.93			1.93				
	低山平坡Ⅰ级厚	201.50		108.58	82.32			82.32	10.60	10.60		
	低山平坡Ⅰ级中	467.87		68.70	356.57			356.57	42.60	42.60		
	低山平坡Ⅱ级中	0.61			0.27			0.27	0.34	0.34		
	低山平坡Ⅲ级厚	0.63			0.63			0.63				
	低山平坡Ⅲ级中	1.27			0.85			0.85	0.42	0.42		
珲春林业局	合计	11853.55	94.25	968.71	7857.97	117.59		7740.38	2932.62	1123.61	265.04	1543.97
	中山阴坡Ⅲ级中	7.19	7.19									
	低山阴坡Ⅰ级厚	156.64							156.64			156.64
	低山阴坡Ⅰ级中	2023.34		154.98	1611.72	10.32		1601.40	256.64	176.61	3.69	76.34
	低山阴坡Ⅰ级薄	126.01		2.55	2.81			2.81	120.65		117.35	3.30
	低山阴坡Ⅱ级厚	10.54							10.54			10.54
	低山阴坡Ⅱ级中	1007.30	4.24	94.23	775.34	47.56		727.78	133.49	118.70		14.79
	低山阴坡Ⅱ级薄	56.87			1.19			1.19	55.68		53.95	1.73
	低山阴坡Ⅲ级中	35.27		15.64	15.61			15.61	4.02	3.53		0.49
	低山阴坡Ⅲ级薄	0.21			0.21			0.21				
	低山阴坡Ⅳ级中	5.16			5.16			5.16				
	低山阳坡Ⅰ级厚	555.12			3.06			3.06	552.06			552.06
	低山阳坡Ⅰ级中	2173.61	11.31	210.19	1634.10	14.25		1619.85	318.01	245.47		72.54
	低山阳坡Ⅰ级薄	232.43		0.77	2.00			2.00	229.66	155.02	53.95	20.69
	低山阳坡Ⅱ级厚	45.26			1.93			1.93	43.33			43.33
	低山阳坡Ⅱ级中	1116.08	15.81	248.32	622.45	31.29		591.16	229.50	211.61	0.41	17.48
	低山阳坡Ⅱ级薄	53.39	2.24	2.64	8.30			8.30	40.21	1.19	26.60	12.42
	低山阳坡Ⅲ级厚	2.96							2.96			2.96
	低山阳坡Ⅲ级中	125.97	6.64	42.82	38.92	9.57		29.35	37.59	36.76		0.83
	低山阳坡Ⅲ级薄	8.57		3.62	1.14	0.56		0.58	3.81	3.81		
	低山阳坡Ⅳ级中	4.21			1.07			1.07	3.14	3.14		
	低山阳坡Ⅳ级薄	3.51		2.46	0.43			0.43	0.62			0.62
	低山阳坡Ⅴ级薄	1.22		1.22								
	低山平坡Ⅰ级厚	396.23			1.89			1.89	394.34			394.34
	低山平坡Ⅰ级中	3681.44	46.82	189.27	3128.84	4.04		3124.80	316.51	164.97	4.09	147.45
	低山平坡Ⅰ级薄	25.02			1.80			1.80	23.22	2.80	5.00	15.42

表 8 长白山重点国有林区乔木林各龄组面积、蓄积按林种、起源和林分类型统计表

单位：公顷、平方米

统计单位	林种	起源	林分类型	合计		幼龄林		中龄林		近熟林		成熟林		过熟林	
				面积	蓄积	面积	蓄积	面积	蓄积	面积	蓄积	面积	蓄积	面积	蓄积
长白山森工	合计	合计	合计	2020926.30	323655842.0	113931.76	9638391.0	575566.32	84635475.0	955802.05	160947516.0	355700.52	64601167.0	19925.65	3833293.0
			纯林	442692.83	65992968.0	38149.75	2328891.0	174689.77	24306066.0	181349.38	30196586.0	45997.88	8677433.0	2506.05	483992.0
			混交林	1578233.47	257662874.0	75782.01	7309500.0	400876.55	60329409.0	774452.67	130750930.0	309702.64	55923734.0	17419.60	3349301.0
			针叶混交林	55847.49	9432297.0	4128.82	279502.0	18251.32	2949688.0	21293.61	3789417.0	12039.81	2382734.0	133.93	30956.0
			针阔混交林	366842.65	63639705.0	20784.61	2399598.0	110364.38	17974900.0	151533.18	27047685.0	78565.58	15062474.0	5594.90	1155048.0
			阔叶混交林	1155543.33	184590872.0	50868.58	4630400.0	272260.85	39404821.0	601625.88	99913828.0	219097.25	38478526.0	11690.77	2163297.0
		天然	合计	1867168.95	301690179.0	75602.94	6310049.0	525197.13	77130200.0	917244.01	154628795.0	331151.74	60131555.0	17973.13	3489580.0
			纯林	358537.24	54046386.0	21111.19	1311942.0	150208.60	20706505.0	158548.76	26530780.0	27708.70	5292170.0	959.99	204989.0
			混交林	1508631.71	247643793.0	54491.75	4998107.0	374988.53	56423695.0	758695.25	128098015.0	303443.04	54839385.0	17013.14	3284591.0
			针叶混交林	45172.04	8129223.0	538.82	42775.0	15619.30	2611665.0	18882.03	3414921.0	10036.69	2034689.0	95.20	25173.0
			针阔混交林	309450.80	55097574.0	3680.67	374442.0	87550.05	14462817.0	138316.80	24785700.0	74500.40	14350201.0	5402.88	1124414.0
			阔叶混交林	1154008.87	184416996.0	50272.26	4580890.0	271819.18	39349213.0	601496.42	99897394.0	218905.95	38454495.0	11515.06	2135004.0
		人工	合计	153757.35	21965663.0	38328.82	3328342.0	50369.19	7505275.0	38558.04	6318721.0	24548.78	4469612.0	1952.52	343713.0
			纯林	84155.59	11946582.0	17038.56	1016949.0	24481.17	3599561.0	22800.62	3665806.0	18289.18	3385263.0	1546.06	279003.0
			混交林	69601.76	10019081.0	21290.26	2311393.0	25888.02	3905714.0	15757.42	2652915.0	6259.60	1084349.0	406.46	64710.0
			针叶混交林	10675.45	1303074.0	3590.00	236727.0	2632.02	338023.0	2411.58	374496.0	2003.12	348045.0	38.73	5783.0
			针阔混交林	57391.85	8542131.0	17103.94	2025156.0	22814.33	3512083.0	13216.38	2261985.0	4065.18	712273.0	192.02	30634.0
			阔叶混交林	1534.46	173876.0	596.32	49510.0	441.67	55608.0	129.46	16434.0	191.30	24031.0	175.71	28293.0
		其中：人天混	合计	64972.16	9640169.0	19291.61	2260618.0	26018.27	3997493.0	14580.00	2492911.0	4723.83	833096.0	358.45	56051.0
			纯林	2595.79	367107.0	992.13	92221.0	1335.17	227611.0	263.33	46365.0	5.16	910.0		
			混交林	62376.37	9273062.0	18299.48	2168397.0	24683.10	3769882.0	14316.67	2446546.0	4718.67	832186.0	358.45	56051.0
			针叶混交林	4137.91	593821.0	1018.46	103363.0	1586.10	214406.0	1007.75	172027.0	505.27	101278.0	20.33	2747.0
			针阔混交林	56985.57	8523160.0	16820.26	2017353.0	22719.91	3504822.0	13194.97	2259049.0	4058.41	711302.0	192.02	30634.0
			阔叶混交林	1252.89	156081.0	460.76	47681.0	377.09	50654.0	113.95	15470.0	154.99	19606.0	146.10	22670.0
	防护林	合计	合计	536960.35	84940582.0	27108.24	2103862.0	148133.41	21073924.0	263930.01	43761463.0	92061.78	16889524.0	5726.91	1111809.0
			纯林	142910.27	21342798.0	10422.56	724288.0	57929.54	7982582.0	61122.23	10091511.0	12599.31	2384890.0	836.63	159527.0
			混交林	394050.08	63597784.0	16685.68	1379574.0	90203.87	13091342.0	202807.78	33669952.0	79462.47	14504634.0	4890.28	952282.0
			针叶混交林	14142.63	2489595.0	578.84	40060.0	2897.77	469952.0	6726.91	1187358.0	3903.93	786238.0	35.18	5987.0
			针阔混交林	76455.42	13051797.0	4240.96	457374.0	20410.02	3275998.0	33031.58	5687352.0	17236.67	3314949.0	1536.19	316124.0
			阔叶混交林	303452.03	48056392.0	11865.88	882140.0	66896.08	9345392.0	163049.29	26795242.0	58321.87	10403447.0	3318.91	630171.0
		天然	合计	500600.07	79620205.0	19200.09	1397676.0	136638.62	19382582.0	253754.48	42092650.0	85945.62	15757845.0	5061.26	989452.0
			纯林	120539.13	17984371.0	6636.11	436762.0	51360.04	7017139.0	54460.58	8994891.0	7793.20	1475919.0	289.20	59660.0
			混交林	380060.94	61635834.0	12563.98	960914.0	85278.58	12365443.0	199293.90	33097759.0	78152.42	14281926.0	4772.06	929792.0
			针叶混交林	11912.92	2195992.0	44.34	5398.0	2538.65	420896.0	5927.21	1070111.0	3394.12	697825.0	8.60	1762.0
			针阔混交林	64954.87	11416082.0	710.80	77068.0	15946.94	2612578.0	30338.37	5236221.0	16478.65	3185303.0	1480.11	304912.0
			阔叶混交林	303193.15	48023760.0	11808.84	878448.0	66792.99	9331969.0	163028.32	26791427.0	58279.65	10398798.0	3283.35	623118.0
		人工	合计	36360.28	5320377.0	7908.15	706186.0	11494.79	1691342.0	10175.53	1668813.0	6116.16	1131679.0	665.65	122357.0
			纯林	22371.14	3358427.0	3786.45	287526.0	6569.50	965443.0	6661.65	1096620.0	4806.11	908971.0	547.43	99867.0
			混交林	13989.14	1961950.0	4121.70	418660.0	4925.29	725899.0	3513.88	572193.0	1310.05	222708.0	118.22	22490.0
			针叶混交林	2229.71	293603.0	534.50	34662.0	359.12	49056.0	799.70	117247.0	509.81	88413.0	26.58	4225.0
			针阔混交林	11500.55	1635715.0	3530.16	380306.0	4463.08	663420.0	2693.21	451131.0	758.02	129646.0	56.08	11212.0

表 8 长白山重点国有林区乔木林各龄组面积、蓄积按林种、起源和林分类型统计表（续 1）

单位：公顷、平方米

统计单位	林种	起源	林分类型	合计		幼龄林		中龄林		近熟林		成熟林		过熟林	
				面积	蓄积	面积	蓄积	面积	蓄积	面积	蓄积	面积	蓄积	面积	蓄积
长白山森工	防护林	人工	阔叶混交林	258.88	32632.0	57.04	3692.0	103.09	13423.0	20.97	3815.0	42.22	4649.0	35.56	7053.0
		其中：人天混	合计	12808.51	1842727.0	3885.01	424611.0	5044.31	758532.0	2943.75	494469.0	834.96	145572.0	100.48	19543.0
			纯林	768.98	111084.0	309.23	35279.0	415.70	67585.0	44.05	8220.0				
			混交林	12039.53	1731643.0	3575.78	389332.0	4628.61	690947.0	2899.70	486249.0	834.96	145572.0	100.48	19543.0
			针叶混交林	404.80	72081.0	37.97	5861.0	112.34	18568.0	193.80	33123.0	50.88	13100.0	9.81	1429.0
			针阔混交林	11431.39	1632269.0	3492.51	380041.0	4437.88	661788.0	2686.90	449582.0	758.02	129646.0	56.08	11212.0
			阔叶混交林	203.34	27293.0	45.30	3430.0	78.39	10591.0	19.00	3544.0	26.06	2826.0	34.59	6902.0
	特用林	合计	合计	697860.04	111135038.0	28979.51	2182424.0	233965.80	33846484.0	312891.44	52148455.0	118352.66	22208852.0	3670.63	748823.0
			纯林	171095.68	25027417.0	9967.88	594042.0	76698.68	10327929.0	67481.66	10933393.0	16598.57	3107662.0	348.89	64391.0
			混交林	526764.36	86107621.0	19011.63	1588382.0	157267.12	23518555.0	245409.78	41215062.0	101754.09	19101190.0	3321.74	684432.0
			针叶混交林	29917.80	4995082.0	1726.77	112901.0	11519.72	1821510.0	9973.02	1750717.0	6698.29	1309954.0		
			针阔混交林	148150.64	25358807.0	5253.64	480587.0	54275.65	8659656.0	57255.74	10081586.0	30151.85	5869081.0	1213.76	267897.0
			阔叶混交林	348695.92	55753732.0	12031.22	994894.0	91471.75	13037389.0	178181.02	29382759.0	64903.95	11922155.0	2107.98	416535.0
		天然	合计	670164.28	107826962.0	20613.68	1599011.0	224540.43	32648504.0	307231.32	51319917.0	114261.63	21536020.0	3517.22	723510.0
			纯林	156741.62	23302979.0	6152.75	378849.0	72153.04	9757084.0	64161.80	10454326.0	14052.92	2670790.0	221.11	41930.0
			混交林	513422.66	84523983.0	14460.93	1220162.0	152387.39	22891420.0	243069.52	40865591.0	100208.71	18865230.0	3296.11	681580.0
			针叶混交林	26147.20	4608972.0	412.59	28637.0	10408.84	1710491.0	9337.82	1667661.0	5987.95	1202183.0		
			针阔混交林	138682.62	24167435.0	2078.21	199615.0	50524.48	8144767.0	55550.68	9815171.0	29341.12	5742837.0	1188.13	265045.0
			阔叶混交林	348592.84	55747576.0	11970.13	991910.0	91454.07	13036162.0	178181.02	29382759.0	64879.64	11920210.0	2107.98	416535.0
		人工	合计	27695.76	3308076.0	8365.83	583413.0	9425.37	1197980.0	5660.12	828538.0	4091.03	672832.0	153.41	25313.0
			纯林	14354.06	1724438.0	3815.13	215193.0	4545.64	570845.0	3319.86	479067.0	2545.65	436872.0	127.78	22461.0
			混交林	13341.70	1583638.0	4550.70	368220.0	4879.73	627135.0	2340.26	349471.0	1545.38	235960.0	25.63	2852.0
			针叶混交林	3770.60	386110.0	1314.18	84264.0	1110.88	111019.0	635.20	83056.0	710.34	107771.0		
			针阔混交林	9468.02	1191372.0	3175.43	280972.0	3751.17	514889.0	1705.06	266415.0	810.73	126244.0	25.63	2852.0
			阔叶混交林	103.08	6156.0	61.09	2984.0	17.68	1227.0			24.31	1945.0		
		其中：人天混	合计	11541.43	1424523.0	3889.35	341796.0	4783.80	638710.0	1927.17	297318.0	915.48	143847.0	25.63	2852.0
			纯林	499.03	66191.0	192.47	15412.0	285.31	46931.0	18.80	3480.0	2.45	368.0		
			混交林	11042.40	1358332.0	3696.88	326384.0	4498.49	591779.0	1908.37	293838.0	913.03	143479.0	25.63	2852.0
			针叶混交林	1691.72	168712.0	597.46	44825.0	797.82	79890.0	215.96	28434.0	80.48	15563.0		
			针阔混交林	9288.27	1184827.0	3063.78	278862.0	3698.21	511738.0	1692.41	265404.0	808.24	125971.0	25.63	2852.0
			阔叶混交林	62.41	4793.0	35.64	2697.0	2.46	151.0			24.31	1945.0		
	用材林	合计	合计	786105.91	127580222.0	57844.01	5352105.0	193467.11	29715067.0	378980.60	65037598.0	145286.08	25502791.0	10528.11	1972661.0
			纯林	128686.88	19622753.0	17759.31	1010561.0	40061.55	5995555.0	52745.49	9171682.0	16800.00	3184881.0	1320.53	260074.0
			混交林	657419.03	107957469.0	40084.70	4341544.0	153405.56	23719512.0	326235.11	55865916.0	128486.08	22317910.0	9207.58	1712587.0
			针叶混交林	11787.06	1947620.0	1823.21	126541.0	3833.83	658226.0	4593.68	851342.0	1437.59	286542.0	98.75	24969.0
			针阔混交林	142236.59	25229101.0	11290.01	1461637.0	35678.71	6039246.0	61245.86	11278747.0	31177.06	5878444.0	2844.95	571027.0
			阔叶混交林	503395.38	80780748.0	26971.48	2753366.0	113893.02	17022040.0	260395.57	43735827.0	95871.43	16152924.0	6263.88	1116591.0
		天然	合计	696404.60	114243012.0	35789.17	3313362.0	164018.08	25099114.0	356258.21	61216228.0	130944.49	22837690.0	9394.65	1776618.0
			纯林	81256.49	12759036.0	8322.33	496331.0	26695.52	3932282.0	39926.38	7081563.0	5862.58	1145461.0	449.68	103399.0
			混交林	615148.11	101483976.0	27466.84	2817031.0	137322.56	21166832.0	316331.83	54134665.0	125081.91	21692229.0	8944.97	1673219.0
			针叶混交林	7111.92	1324259.0	81.89	8740.0	2671.81	480278.0	3617.00	677149.0	654.62	134681.0	86.60	23411.0
			针阔混交林	105813.31	19514057.0	891.66	97759.0	21078.63	3705472.0	52427.75	9734308.0	28680.63	5422061.0	2734.64	554457.0

表 8 长白山重点国有林区乔木林各龄组面积、蓄积按林种、起源和林分类型统计表（续 2）

单位：公顷、平方米

统计单位	林种	起源	林分类型	合计		幼龄林		中龄林		近熟林		成熟林		过熟林	
				面积	蓄积	面积	蓄积	面积	蓄积	面积	蓄积	面积	蓄积	面积	蓄积
长白山森工	用材林	天然	阔叶混交林	502222.88	80645660.0	26493.29	2710532.0	113572.12	16981082.0	260287.08	43723208.0	95746.66	16135487.0	6123.73	1095351.0
		人工	合计	89701.31	13337210.0	22054.84	2038743.0	29449.03	4615953.0	22722.39	3821370.0	14341.59	2665101.0	1133.46	196043.0
			纯林	47430.39	6863717.0	9436.98	514230.0	13366.03	2063273.0	12819.11	2090119.0	10937.42	2039420.0	870.85	156675.0
			混交林	42270.92	6473493.0	12617.86	1524513.0	16083.00	2552680.0	9903.28	1731251.0	3404.17	625681.0	262.61	39368.0
			针叶混交林	4675.14	623361.0	1741.32	117801.0	1162.02	177948.0	976.68	174193.0	782.97	151861.0	12.15	1558.0
			针阔混交林	36423.28	5715044.0	10398.35	1363878.0	14600.08	2333774.0	8818.11	1544439.0	2496.43	456383.0	110.31	16570.0
			阔叶混交林	1172.50	135088.0	478.19	42834.0	320.90	40958.0	108.49	12619.0	124.77	17437.0	140.15	21240.0
		其中：人天混	合计	40622.22	6372919.0	11517.25	1494211.0	16190.16	2600251.0	9709.08	1701124.0	2973.39	543677.0	232.34	33656.0
			纯林	1327.78	189832.0	490.43	41530.0	634.16	113095.0	200.48	34665.0	2.71	542.0		
			混交林	39294.44	6183087.0	11026.82	1452681.0	15556.00	2487156.0	9508.60	1666459.0	2970.68	543135.0	232.34	33656.0
			针叶混交林	2041.39	353028.0	383.03	52677.0	675.94	115948.0	597.99	110470.0	373.91	72615.0	10.52	1318.0
			针阔混交林	36265.91	5706064.0	10263.97	1358450.0	14583.82	2331296.0	8815.66	1544063.0	2492.15	455685.0	110.31	16570.0
			阔叶混交林	987.14	123995.0	379.82	41554.0	296.24	39912.0	94.95	11926.0	104.62	14835.0	111.51	15768.0
黄泥河林业局	合计	合计	合计	180274.59	28012382.0	15171.36	1752370.0	68882.30	10263176.0	70938.75	11750057.0	24182.25	4063984.0	1099.93	182795.0
			纯林	32415.22	4907986.0	4037.61	281080.0	11214.04	1644273.0	12793.08	2139134.0	3956.67	767864.0	413.82	75635.0
			混交林	147859.37	23104396.0	11133.75	1471290.0	57668.26	8618903.0	58145.67	9610923.0	20225.58	3296120.0	686.11	107160.0
			针叶混交林	1980.03	257352.0	415.18	19220.0	877.77	119910.0	211.83	32226.0	475.25	85996.0		
			针阔混交林	21308.46	3556196.0	2858.57	447246.0	6996.07	1172233.0	5879.07	1007711.0	5452.30	908225.0	122.45	20781.0
			阔叶混交林	124570.88	19290848.0	7860.00	1004824.0	49794.42	7326760.0	52054.77	8570986.0	14298.03	2301899.0	563.66	86379.0
		天然	合计	162565.95	25230528.0	9288.75	1126479.0	64313.19	9473096.0	67652.83	11158531.0	20625.23	3366464.0	685.95	105958.0
			纯林	22485.43	3389741.0	1270.23	96468.0	9236.00	1303944.0	10993.78	1817217.0	952.12	167298.0	33.30	4814.0
			混交林	140080.52	21840787.0	8018.52	1030011.0	55077.19	8169152.0	56659.05	9341314.0	19673.11	3199166.0	652.65	101144.0
			针叶混交林	1216.97	190529.0	15.49	2404.0	735.60	105112.0	115.90	19685.0	349.98	63328.0		
			针阔混交林	14491.96	2383400.0	231.73	31778.0	4611.64	745093.0	4501.74	751499.0	5045.52	837857.0	101.33	17173.0
			阔叶混交林	124371.59	19266858.0	7771.30	995829.0	49729.95	7318947.0	52041.41	8570130.0	14277.61	2297981.0	551.32	83971.0
		人工	合计	17708.64	2781854.0	5882.61	625891.0	4569.11	790080.0	3285.92	591526.0	3557.02	697520.0	413.98	76837.0
			纯林	9929.79	1518245.0	2767.38	184612.0	1978.04	340329.0	1799.30	321917.0	3004.55	600566.0	380.52	70821.0
			混交林	7778.85	1263609.0	3115.23	441279.0	2591.07	449751.0	1486.62	269609.0	552.47	96954.0	33.46	6016.0
			针叶混交林	763.06	66823.0	399.69	16816.0	142.17	14798.0	95.93	12541.0	125.27	22668.0		
			针阔混交林	6816.50	1172796.0	2626.84	415468.0	2384.43	427140.0	1377.33	256212.0	406.78	70368.0	21.12	3608.0
			阔叶混交林	199.29	23990.0	88.70	8995.0	64.47	7813.0	13.36	856.0	20.42	3918.0	12.34	2408.0
		其中：人天混	合计	7455.00	1278537.0	2857.29	447836.0	2621.83	472724.0	1469.64	270966.0	472.78	80995.0	33.46	6016.0
			纯林	368.62	64987.0	148.09	20230.0	153.93	33417.0	66.60	11340.0				
			混交林	7086.38	1213550.0	2709.20	427606.0	2467.90	439307.0	1403.04	259626.0	472.78	80995.0	33.46	6016.0
			针叶混交林	128.48	19428.0	28.34	4723.0	30.28	4824.0	24.28	3172.0	45.58	6709.0		
			针阔混交林	6793.33	1171467.0	2603.67	414139.0	2384.43	427140.0	1377.33	256212.0	406.78	70368.0	21.12	3608.0
			阔叶混交林	164.57	22655.0	77.19	8744.0	53.19	7343.0	1.43	242.0	20.42	3918.0	12.34	2408.0
	防护林	合计	合计	3435.28	566066.0	171.83	18431.0	447.96	72131.0	1053.90	171643.0	1739.77	299919.0	21.82	3942.0
			纯林	317.49	42497.0	152.04	17003.0	79.89	13364.0	76.73	10680.0	8.83	1450.0		
			混交林	3117.79	523569.0	19.79	1428.0	368.07	58767.0	977.17	160963.0	1730.94	298469.0	21.82	3942.0
			针叶混交林	30.58	4063.0					15.31	1304.0	15.27	2759.0		
			针阔混交林	828.75	140116.0	5.90	101.0	111.60	21772.0	243.59	44143.0	467.66	74100.0		

表 8 长白山重点国有林区乔木林各龄组面积、蓄积按林种、起源和林分类型统计表（续 3）

单位：公顷、平方米

统计单位	林种	起源	林分类型	合计 面积	合计 蓄积	幼龄林 面积	幼龄林 蓄积	中龄林 面积	中龄林 蓄积	近熟林 面积	近熟林 蓄积	成熟林 面积	成熟林 蓄积	过熟林 面积	过熟林 蓄积
黄泥河林业局	防护林	合计	阔叶混交林	2258.46	379390.0	13.89	1327.0	256.47	36995.0	718.27	115516.0	1248.01	221610.0	21.82	3942.0
		天然	合计	3151.13	528822.0	29.42	2350.0	388.59	62223.0	980.36	161838.0	1730.94	298469.0	21.82	3942.0
			纯林	61.93	7678.0	15.53	1023.0	24.50	3847.0	21.90	2808.0				
			混交林	3089.20	521144.0	13.89	1327.0	364.09	58376.0	958.46	159030.0	1730.94	298469.0	21.82	3942.0
			针叶混交林	15.27	2759.0							15.27	2759.0		
			针阔混交林	815.47	138995.0			107.62	21381.0	240.19	43514.0	467.66	74100.0		
			阔叶混交林	2258.46	379390.0	13.89	1327.0	256.47	36995.0	718.27	115516.0	1248.01	221610.0	21.82	3942.0
		人工	合计	284.15	37244.0	142.41	16081.0	59.37	9908.0	73.54	9805.0	8.83	1450.0		
			纯林	255.56	34819.0	136.51	15980.0	55.39	9517.0	54.83	7872.0	8.83	1450.0		
			混交林	28.59	2425.0	5.90	101.0	3.98	391.0	18.71	1933.0				
			针叶混交林	15.31	1304.0					15.31	1304.0				
			针阔混交林	13.28	1121.0	5.90	101.0	3.98	391.0	3.40	629.0				
		其中：人天混	合计	13.28	1121.0	5.90	101.0	3.98	391.0	3.40	629.0				
			混交林	13.28	1121.0	5.90	101.0	3.98	391.0	3.40	629.0				
			针阔混交林	13.28	1121.0	5.90	101.0	3.98	391.0	3.40	629.0				
	特用林	合计	合计	37950.67	5693312.0	2222.94	197875.0	14165.93	1991930.0	12930.32	2056314.0	8445.56	1418847.0	185.92	28346.0
			纯林	7096.80	962601.0	796.29	65378.0	3043.08	424760.0	2831.07	408866.0	404.15	62361.0	22.21	1236.0
			混交林	30853.87	4730711.0	1426.65	132497.0	11122.85	1567170.0	10099.25	1647448.0	8041.41	1356486.0	163.71	27110.0
			针叶混交林	707.96	105743.0	30.51	1290.0	308.92	40665.0	51.32	8056.0	317.21	55732.0		
			针阔混交林	7320.64	1186835.0	306.15	31276.0	1956.00	300992.0	1458.42	239739.0	3544.79	605012.0	55.28	9816.0
			阔叶混交林	22825.27	3438133.0	1089.99	99931.0	8857.93	1225513.0	8589.51	1399653.0	4179.41	695742.0	108.43	17294.0
		天然	合计	35538.11	5356681.0	1325.97	112921.0	13398.54	1868165.0	12538.23	1990088.0	8089.45	1357161.0	185.92	28346.0
			纯林	5707.80	769264.0	212.31	10273.0	2659.86	359568.0	2646.35	378795.0	167.07	19392.0	22.21	1236.0
			混交林	29830.31	4587417.0	1113.66	102648.0	10738.68	1508597.0	9891.88	1611293.0	7922.38	1337769.0	163.71	27110.0
			针叶混交林	646.41	99758.0			307.04	40408.0	34.87	6078.0	304.50	53272.0		
			针阔混交林	6358.63	1049526.0	23.67	2717.0	1573.71	242676.0	1267.50	205562.0	3438.47	588755.0	55.28	9816.0
			阔叶混交林	22825.27	3438133.0	1089.99	99931.0	8857.93	1225513.0	8589.51	1399653.0	4179.41	695742.0	108.43	17294.0
		人工	合计	2412.56	336631.0	896.97	84954.0	767.39	123765.0	392.09	66226.0	356.11	61686.0		
			纯林	1389.00	193337.0	583.98	55105.0	383.22	65192.0	184.72	30071.0	237.08	42969.0		
			混交林	1023.56	143294.0	312.99	29849.0	384.17	58573.0	207.37	36155.0	119.03	18717.0		
			针叶混交林	61.55	5985.0	30.51	1290.0	1.88	257.0	16.45	1978.0	12.71	2460.0		
			针阔混交林	962.01	137309.0	282.48	28559.0	382.29	58316.0	190.92	34177.0	106.32	16257.0		
		其中：人天混	合计	1069.90	153357.0	317.35	33001.0	442.95	68574.0	203.28	35525.0	106.32	16257.0		
			纯林	95.53	14700.0	34.87	4442.0	60.66	10258.0						
			混交林	974.37	138657.0	282.48	28559.0	382.29	58316.0	203.28	35525.0	106.32	16257.0		
			针叶混交林	12.36	1348.0					12.36	1348.0				
			针阔混交林	962.01	137309.0	282.48	28559.0	382.29	58316.0	190.92	34177.0	106.32	16257.0		
	用材林	合计	合计	138888.64	21753004.0	12776.59	1536064.0	54268.41	8199115.0	56954.53	9522100.0	13996.92	2345218.0	892.19	150507.0
			纯林	25000.93	3902888.0	3089.28	198699.0	8091.07	1206149.0	9885.28	1719588.0	3543.69	704053.0	391.61	74399.0
			混交林	113887.71	17850116.0	9687.31	1337365.0	46177.34	6992966.0	47069.25	7802512.0	10453.23	1641165.0	500.58	76108.0
			针叶混交林	1241.49	147546.0	384.67	17930.0	568.85	79245.0	145.20	22866.0	142.77	27505.0		
			针阔混交林	13159.07	2229245.0	2546.52	415869.0	4928.47	849469.0	4177.06	723829.0	1439.85	229113.0	67.17	10965.0

表 8 长白山重点国有林区乔木林各龄组面积、蓄积按林种、起源和林分类型统计表（续 4）

单位：公顷、平方米

统计单位	林种	起源	林分类型	合计 面积	合计 蓄积	幼龄林 面积	幼龄林 蓄积	中龄林 面积	中龄林 蓄积	近熟林 面积	近熟林 蓄积	成熟林 面积	成熟林 蓄积	过熟林 面积	过熟林 蓄积
黄泥河林业局	用材林	合计	阔叶混交林	99487.15	15473325.0	6756.12	903566.0	40680.02	6064252.0	42746.99	7055817.0	8870.61	1384547.0	433.41	65143.0
		天然	合计	123876.71	19345025.0	7933.36	1011208.0	50526.06	7542708.0	54134.24	9006605.0	10804.84	1710834.0	478.21	73670.0
			纯林	16715.70	2612799.0	1042.39	85172.0	6551.64	940529.0	8325.53	1435614.0	785.05	147906.0	11.09	3578.0
			混交林	107161.01	16732226.0	6890.97	926036.0	43974.42	6602179.0	45808.71	7570991.0	10019.79	1562928.0	467.12	70092.0
			针叶混交林	555.29	88012.0	15.49	2404.0	428.56	64704.0	81.03	13607.0	30.21	7297.0		
			针阔混交林	7317.86	1194879.0	208.06	29061.0	2930.31	481036.0	2994.05	502423.0	1139.39	175002.0	46.05	7357.0
			阔叶混交林	99287.86	15449335.0	6667.42	894571.0	40615.55	6056439.0	42733.63	7054961.0	8850.19	1380629.0	421.07	62735.0
		人工	合计	15011.93	2407979.0	4843.23	524856.0	3742.35	656407.0	2820.29	515495.0	3192.08	634384.0	413.98	76837.0
			纯林	8285.23	1290089.0	2046.89	113527.0	1539.43	265620.0	1559.75	283974.0	2758.64	556147.0	380.52	70821.0
			混交林	6726.70	1117890.0	2796.34	411329.0	2202.92	390787.0	1260.54	231521.0	433.44	78237.0	33.46	6016.0
			针叶混交林	686.20	59534.0	369.18	15526.0	140.29	14541.0	64.17	9259.0	112.56	20208.0		
			针阔混交林	5841.21	1034366.0	2338.46	386808.0	1998.16	368433.0	1183.01	221406.0	300.46	54111.0	21.12	3608.0
			阔叶混交林	199.29	23990.0	88.70	8995.0	64.47	7813.0	13.36	856.0	20.42	3918.0	12.34	2408.0
		其中：人天混	合计	6371.82	1124059.0	2534.04	414734.0	2174.90	403759.0	1262.96	234812.0	366.46	64738.0	33.46	6016.0
			纯林	273.09	50287.0	113.22	15788.0	93.27	23159.0	66.60	11340.0				
			混交林	6098.73	1073772.0	2420.82	398946.0	2081.63	380600.0	1196.36	223472.0	366.46	64738.0	33.46	6016.0
			针叶混交林	116.12	18080.0	28.34	4723.0	30.28	4824.0	11.92	1824.0	45.58	6709.0		
			针阔混交林	5818.04	1033037.0	2315.29	385479.0	1998.16	368433.0	1183.01	221406.0	300.46	54111.0	21.12	3608.0
			阔叶混交林	164.57	22655.0	77.19	8744.0	53.19	7343.0	1.43	242.0	20.42	3918.0	12.34	2408.0
敦化林业局	合计	合计	合计	219007.64	34843506.0	14793.00	1524269.0	27128.04	3874968.0	94332.69	15518594.0	76688.58	12830000.0	6065.33	1095675.0
			纯林	24992.27	3969851.0	2916.28	224869.0	6483.10	938289.0	10230.67	1789357.0	5014.02	952718.0	348.20	64618.0
			混交林	194015.37	30873655.0	11876.72	1299400.0	20644.94	2936679.0	84102.02	13729237.0	71674.56	11877282.0	5717.13	1031057.0
			针叶混交林	1119.37	178083.0	106.01	8593.0	254.23	38806.0	470.78	79002.0	285.60	50936.0	2.75	746.0
			针阔混交林	25349.30	4254708.0	3627.47	467646.0	4114.10	652285.0	8941.46	1557591.0	7806.74	1420882.0	859.53	156304.0
			阔叶混交林	167546.70	26440864.0	8143.24	823161.0	16276.61	2245588.0	74689.78	12092644.0	63582.22	10405464.0	4854.85	874007.0
		天然	合计	201167.83	32087032.0	9742.98	944788.0	21662.11	3054728.0	90153.33	14774760.0	73793.49	12258015.0	5815.92	1054741.0
			纯林	16798.01	2679207.0	1720.24	137242.0	4289.73	624990.0	7896.99	1385899.0	2741.19	501243.0	149.86	29833.0
			混交林	184369.82	29407825.0	8022.74	807546.0	17372.38	2429738.0	82256.34	13388861.0	71052.30	11756772.0	5666.06	1024908.0
			针叶混交林	701.55	119733.0	8.64	961.0	110.39	20069.0	338.25	57439.0	241.52	40518.0	2.75	746.0
			针阔混交林	16826.95	2929375.0	157.32	14807.0	1173.43	186977.0	7292.21	1246941.0	7345.67	1324641.0	858.32	156009.0
			阔叶混交林	166841.32	26358717.0	7856.78	791778.0	16088.56	2222692.0	74625.88	12084481.0	63465.11	10391613.0	4804.99	868153.0
		人工	合计	17839.81	2756474.0	5050.02	579481.0	5465.93	820240.0	4179.36	743834.0	2895.09	571985.0	249.41	40934.0
			纯林	8194.26	1290644.0	1196.04	87627.0	2193.37	313299.0	2333.68	403458.0	2272.83	451475.0	198.34	34785.0
			混交林	9645.55	1465830.0	3853.98	491854.0	3272.56	506941.0	1845.68	340376.0	622.26	120510.0	51.07	6149.0
			针叶混交林	417.82	58350.0	97.37	7632.0	143.84	18737.0	132.53	21563.0	44.08	10418.0		
			针阔混交林	8522.35	1325333.0	3470.15	452839.0	2940.67	465308.0	1649.25	310650.0	461.07	96241.0	1.21	295.0
			阔叶混交林	705.38	82147.0	286.46	31383.0	188.05	22896.0	63.90	8163.0	117.11	13851.0	49.86	5854.0
		其中：人天混	合计	9613.47	1473071.0	3850.47	498052.0	3359.46	526039.0	1777.40	329783.0	575.07	113048.0	51.07	6149.0
			纯林	309.81	46221.0	109.77	12310.0	175.72	28912.0	24.32	4999.0				
			混交林	9303.66	1426850.0	3740.70	485742.0	3183.74	497127.0	1753.08	324784.0	575.07	113048.0	51.07	6149.0
			针叶混交林	148.98	24876.0	21.99	2122.0	57.25	9153.0	45.89	7469.0	23.85	6132.0		
			针阔混交林	8494.00	1323097.0	3449.99	452331.0	2938.44	465078.0	1643.29	309152.0	461.07	96241.0	1.21	295.0

表 8 长白山重点国有林区乔木林各龄组面积、蓄积按林种、起源和林分类型统计表（续 5）

单位：公顷、平方米

统计单位	林种	起源	林分类型	合计		幼龄林		中龄林		近熟林		成熟林		过熟林	
				面积	蓄积	面积	蓄积	面积	蓄积	面积	蓄积	面积	蓄积	面积	蓄积
敦化林业局	合计	其中：人天混	阔叶混交林	660.68	78877.0	268.72	31289.0	188.05	22896.0	63.90	8163.0	90.15	10675.0	49.86	5854.0
	防护林	合计	合计	109290.36	18455489.0	4097.76	396678.0	14548.69	2154391.0	52720.58	8957984.0	35081.53	6393988.0	2841.80	552448.0
			纯林	16867.10	2809757.0	1583.34	131033.0	4181.39	628383.0	7686.86	1372221.0	3319.77	660845.0	95.74	17275.0
			混交林	92423.26	15645732.0	2514.42	265645.0	10367.30	1526008.0	45033.72	7585763.0	31761.76	5733143.0	2746.06	535173.0
			针叶混交林	670.57	115114.0	29.48	3455.0	115.20	19443.0	361.51	62143.0	164.38	30073.0		
			针阔混交林	12154.74	2150568.0	812.01	103923.0	1763.90	283609.0	5145.82	906513.0	3929.92	758328.0	503.09	98195.0
			阔叶混交林	79597.95	13380050.0	1672.93	158267.0	8488.20	1222956.0	39526.39	6617107.0	27667.46	4944742.0	2242.97	436978.0
		天然	合计	101724.10	17161401.0	2672.54	231853.0	12695.72	1862042.0	50258.87	8517655.0	33310.78	6007422.0	2786.19	542429.0
			纯林	12287.57	2002771.0	987.54	72358.0	3321.73	494329.0	6066.05	1088147.0	1872.12	340681.0	40.13	7256.0
			混交林	89436.53	15158630.0	1685.00	159495.0	9373.99	1367713.0	44192.82	7429508.0	31438.66	5666741.0	2746.06	535173.0
			针叶混交林	439.19	75951.0	8.64	961.0	59.40	10942.0	241.68	42243.0	129.47	21805.0		
			针阔混交林	9531.56	1718093.0	36.34	3373.0	877.68	140565.0	4432.69	771456.0	3681.76	704504.0	503.09	98195.0
			阔叶混交林	79465.78	13364586.0	1640.02	155161.0	8436.91	1216206.0	39518.45	6615809.0	27627.43	4940432.0	2242.97	436978.0
		人工	合计	7566.26	1294088.0	1425.22	164825.0	1852.97	292349.0	2461.71	440329.0	1770.75	386566.0	55.61	10019.0
			纯林	4579.53	806986.0	595.80	58675.0	859.66	134054.0	1620.81	284074.0	1447.65	320164.0	55.61	10019.0
			混交林	2986.73	487102.0	829.42	106150.0	993.31	158295.0	840.90	156255.0	323.10	66402.0		
			针叶混交林	231.38	39163.0	20.84	2494.0	55.80	8501.0	119.83	19900.0	34.91	8268.0		
			针阔混交林	2623.18	432475.0	775.67	100550.0	886.22	143044.0	713.13	135057.0	248.16	53824.0		
			阔叶混交林	132.17	15464.0	32.91	3106.0	51.29	6750.0	7.94	1298.0	40.03	4310.0		
		其中：人天混	合计	3036.60	497771.0	856.62	110550.0	1110.02	179694.0	781.15	146677.0	288.81	60850.0		
			纯林	223.30	37206.0	52.26	6899.0	149.20	25807.0	21.84	4500.0				
			混交林	2813.30	460565.0	804.36	103651.0	960.82	153887.0	759.31	142177.0	288.81	60850.0		
			针叶混交林	86.52	16182.0			25.54	4323.0	44.20	7320.0	16.78	4539.0		
			针阔混交林	2610.77	430742.0	771.45	100545.0	883.99	142814.0	707.17	133559.0	248.16	53824.0		
			阔叶混交林	116.01	13641.0	32.91	3106.0	51.29	6750.0	7.94	1298.0	23.87	2487.0		
	特用林	合计	合计	541.26	77449.0	16.20	1111.0	24.77	2980.0	162.10	24583.0	325.19	46819.0	13.00	1956.0
			纯林	219.33	34359.0	14.16	931.0	10.94	1325.0	93.28	15219.0	100.95	16884.0		
			混交林	321.93	43090.0	2.04	180.0	13.83	1655.0	68.82	9364.0	224.24	29935.0	13.00	1956.0
			针叶混交林	49.05	6683.0							49.05	6683.0		
			针阔混交林	49.90	5908.0					34.12	3579.0	15.78	2329.0		
			阔叶混交林	222.98	30499.0	2.04	180.0	13.83	1655.0	34.70	5785.0	159.41	20923.0	13.00	1956.0
		天然	合计	479.26	67757.0	2.04	180.0	13.83	1655.0	125.20	17147.0	325.19	46819.0	13.00	1956.0
			纯林	157.33	24667.0					56.38	7783.0	100.95	16884.0		
			混交林	321.93	43090.0	2.04	180.0	13.83	1655.0	68.82	9364.0	224.24	29935.0	13.00	1956.0
			针叶混交林	49.05	6683.0							49.05	6683.0		
			针阔混交林	49.90	5908.0					34.12	3579.0	15.78	2329.0		
			阔叶混交林	222.98	30499.0	2.04	180.0	13.83	1655.0	34.70	5785.0	159.41	20923.0	13.00	1956.0
		人工	合计	62.00	9692.0	14.16	931.0	10.94	1325.0	36.90	7436.0				
			纯林	62.00	9692.0	14.16	931.0	10.94	1325.0	36.90	7436.0				
	用材林	合计	合计	109176.02	16310568.0	10679.04	1126480.0	12554.58	1717597.0	41450.01	6536027.0	41281.86	6389193.0	3210.53	541271.0
			纯林	7905.84	1125735.0	1318.78	92905.0	2290.77	308581.0	2450.53	401917.0	1593.30	274989.0	252.46	47343.0
			混交林	101270.18	15184833.0	9360.26	1033575.0	10263.81	1409016.0	38999.48	6134110.0	39688.56	6114204.0	2958.07	493928.0

表 8　长白山重点国有林区乔木林各龄组面积、蓄积按林种、起源和林分类型统计表（续 6）

单位：公顷、平方米

统计单位	林种	起源	林分类型	合计		幼龄林		中龄林		近熟林		成熟林		过熟林	
				面积	蓄积	面积	蓄积	面积	蓄积	面积	蓄积	面积	蓄积	面积	蓄积
敦化林业局	用材林	合计	针叶混交林	399.75	56286.0	76.53	5138.0	139.03	19363.0	109.27	16859.0	72.17	14180.0	2.75	746.0
			针阔混交林	13144.66	2098232.0	2815.46	363723.0	2350.20	368676.0	3761.52	647499.0	3861.04	660225.0	356.44	58109.0
			阔叶混交林	87725.77	13030315.0	6468.27	664714.0	7774.58	1020977.0	35128.69	5469752.0	35755.35	5439799.0	2598.88	435073.0
		天然	合计	98964.47	14857874.0	7068.40	712755.0	8952.56	1191031.0	39769.26	6239958.0	40157.52	6203774.0	3016.73	510356.0
			纯林	4353.11	651769.0	732.70	64884.0	968.00	130661.0	1774.56	289969.0	768.12	143678.0	109.73	22577.0
			混交林	94611.36	14206105.0	6335.70	647871.0	7984.56	1060370.0	37994.70	5949989.0	39389.40	6060096.0	2907.00	487779.0
			针叶混交林	213.31	37099.0			50.99	9127.0	96.57	15196.0	63.00	12030.0	2.75	746.0
			针阔混交林	7245.49	1205374.0	120.98	11434.0	295.75	46412.0	2825.40	471906.0	3648.13	617808.0	355.23	57814.0
			阔叶混交林	87152.56	12963632.0	6214.72	636437.0	7637.82	1004831.0	35072.73	5462887.0	35678.27	5430258.0	2549.02	429219.0
		人工	合计	10211.55	1452694.0	3610.64	413725.0	3602.02	526566.0	1680.75	296069.0	1124.34	185419.0	193.80	30915.0
			纯林	3552.73	473966.0	586.08	28021.0	1322.77	177920.0	675.97	111948.0	825.18	131311.0	142.73	24766.0
			混交林	6658.82	978728.0	3024.56	385704.0	2279.25	348646.0	1004.78	184121.0	299.16	54108.0	51.07	6149.0
			针叶混交林	186.44	19187.0	76.53	5138.0	88.04	10236.0	12.70	1663.0	9.17	2150.0		
			针阔混交林	5899.17	892858.0	2694.48	352289.0	2054.45	322264.0	936.12	175593.0	212.91	42417.0	1.21	295.0
			阔叶混交林	573.21	66683.0	253.55	28277.0	136.76	16146.0	55.96	6865.0	77.08	9541.0	49.86	5854.0
		其中：人天混	合计	6576.87	975300.0	2993.85	387502.0	2249.44	346345.0	996.25	183106.0	286.26	52198.0	51.07	6149.0
			纯林	86.51	9015.0	57.51	5411.0	26.52	3105.0	2.48	499.0				
			混交林	6490.36	966285.0	2936.34	382091.0	2222.92	343240.0	993.77	182607.0	286.26	52198.0	51.07	6149.0
			针叶混交林	62.46	8694.0	21.99	2122.0	31.71	4830.0	1.69	149.0	7.07	1593.0		
			针阔混交林	5883.23	892355.0	2678.54	351786.0	2054.45	322264.0	936.12	175593.0	212.91	42417.0	1.21	295.0
			阔叶混交林	544.67	65236.0	235.81	28183.0	136.76	16146.0	55.96	6865.0	66.28	8188.0	49.86	5854.0
大石头林业局	合计	合计	合计	240825.03	38172370.0	13684.17	841269.0	39738.23	5807103.0	155065.49	25929358.0	31449.44	5430867.0	887.70	163773.0
			纯林	48973.46	7542672.0	5755.51	234924.0	10154.46	1525735.0	27255.70	4744779.0	5623.42	996935.0	184.37	40299.0
			混交林	191851.57	30629698.0	7928.66	606345.0	29583.77	4281368.0	127809.79	21184579.0	25826.02	4433932.0	703.33	123474.0
			针叶混交林	2173.38	357104.0	355.15	34475.0	440.83	73514.0	1109.71	195290.0	254.90	52165.0	12.79	1660.0
			针阔混交林	37042.27	6095993.0	1894.79	194514.0	7946.73	1229410.0	20859.13	3559367.0	6113.79	1073641.0	227.83	39061.0
			阔叶混交林	152635.92	24176601.0	5678.72	377356.0	21196.21	2978444.0	105840.95	17429922.0	19457.33	3308126.0	462.71	82753.0
		天然	合计	217657.35	34773989.0	9857.30	524498.0	32681.65	4759238.0	147680.92	24740752.0	26858.32	4644169.0	579.16	105332.0
			纯林	37130.86	5848213.0	4065.67	131494.0	7299.72	1111136.0	23270.56	4139881.0	2472.96	461741.0	21.95	3961.0
			混交林	180526.49	28925776.0	5791.63	393004.0	25381.93	3648102.0	124410.36	20600871.0	24385.36	4182428.0	557.21	101371.0
			针叶混交林	1177.32	201308.0	1.20	207.0	236.93	39834.0	876.15	148867.0	63.04	12400.0		
			针阔混交林	26881.45	4570163.0	153.43	16657.0	4025.49	642577.0	17696.17	3022435.0	4864.99	861902.0	141.37	26592.0
			阔叶混交林	152467.72	24154305.0	5637.00	376140.0	21119.51	2965691.0	105838.04	17429569.0	19457.33	3308126.0	415.84	74779.0
		人工	合计	23167.68	3398381.0	3826.87	316771.0	7056.58	1047865.0	7384.57	1188606.0	4591.12	786698.0	308.54	58441.0
			纯林	11842.60	1694459.0	1689.84	103430.0	2854.74	414599.0	3985.14	604898.0	3150.46	535194.0	162.42	36338.0
			混交林	11325.08	1703922.0	2137.03	213341.0	4201.84	633266.0	3399.43	583708.0	1440.66	251504.0	146.12	22103.0
			针叶混交林	996.06	155796.0	353.95	34268.0	203.90	33680.0	233.56	46423.0	191.86	39765.0	12.79	1660.0
			针阔混交林	10160.82	1525830.0	1741.36	177857.0	3921.24	586833.0	3162.96	536932.0	1248.80	211739.0	86.46	12469.0
			阔叶混交林	168.20	22296.0	41.72	1216.0	76.70	12753.0	2.91	353.0			46.87	7974.0
		其中：人天混	合计	10852.06	1649590.0	1805.81	184967.0	4224.90	641081.0	3375.26	577771.0	1330.88	229482.0	115.21	16289.0
			纯林	248.14	39941.0	39.24	2455.0	141.37	26754.0	67.30	10686.0	0.23	46.0		
			混交林	10603.92	1609649.0	1766.57	182512.0	4083.53	614327.0	3307.96	567085.0	1330.65	229436.0	115.21	16289.0

表 8 长白山重点国有林区乔木林各龄组面积、蓄积按林种、起源和林分类型统计表（续 9）

单位：公顷、平方米

统计单位	林种	起源	林分类型	合计 面积	合计 蓄积	幼龄林 面积	幼龄林 蓄积	中龄林 面积	中龄林 蓄积	近熟林 面积	近熟林 蓄积	成熟林 面积	成熟林 蓄积	过熟林 面积	过熟林 蓄积
	合计	其中：人天混	阔叶混交林	149.07	20669.0	34.94	2700.0	35.48	5086.0	23.30	3461.0	9.58	1137.0	45.77	8285.0
白河林业局	防护林	合计	合计	95804.42	16401076.0	2730.91	185293.0	13938.59	2092010.0	52020.52	9021404.0	25512.58	4818167.0	1601.82	284202.0
			纯林	12091.30	1953528.0	922.30	46584.0	3064.58	429558.0	5413.99	950730.0	2396.91	468256.0	293.52	58400.0
			混交林	83713.12	14447548.0	1808.61	138709.0	10874.01	1662452.0	46606.53	8070674.0	23115.67	4349911.0	1308.30	225802.0
			针叶混交林	7144.97	1359636.0	87.90	3366.0	523.99	82449.0	3914.71	711765.0	2609.77	560294.0	8.60	1762.0
			针阔混交林	16824.63	3120378.0	442.16	52774.0	2986.37	503447.0	6911.07	1288747.0	5880.31	1165735.0	604.72	109675.0
			阔叶混交林	59743.52	9967534.0	1278.55	82569.0	7363.65	1076556.0	35780.75	6070162.0	14625.59	2623882.0	694.98	114365.0
		天然	合计	92715.17	15971830.0	1992.77	123380.0	12738.36	1919981.0	51373.55	8910003.0	25168.42	4762366.0	1442.07	256100.0
			纯林	10479.43	1754047.0	573.08	28281.0	2465.67	355171.0	5114.87	903717.0	2126.42	423216.0	199.39	43662.0
			混交林	82235.74	14217783.0	1419.69	95099.0	10272.69	1564810.0	46258.68	8006286.0	23042.00	4339150.0	1242.68	212438.0
			针叶混交林	6989.13	1345030.0	12.37	751.0	473.84	76010.0	3891.73	708507.0	2602.59	558000.0	8.60	1762.0
			针阔混交林	15586.11	2919492.0	133.74	11926.0	2471.45	417625.0	6593.97	1229510.0	5813.82	1157268.0	573.13	103163.0
			阔叶混交林	59660.50	9953261.0	1273.58	82422.0	7327.40	1071175.0	35772.98	6068269.0	14625.59	2623882.0	660.95	107513.0
		人工	合计	3089.25	429246.0	738.14	61913.0	1200.23	172029.0	646.97	111401.0	344.16	55801.0	159.75	28102.0
			纯林	1611.87	199481.0	349.22	18303.0	598.91	74387.0	299.12	47013.0	270.49	45040.0	94.13	14738.0
			混交林	1477.38	229765.0	388.92	43610.0	601.32	97642.0	347.85	64388.0	73.67	10761.0	65.62	13364.0
			针叶混交林	155.84	14606.0	75.53	2615.0	50.15	6439.0	22.98	3258.0	7.18	2294.0		
			针阔混交林	1238.52	200886.0	308.42	40848.0	514.92	85822.0	317.10	59237.0	66.49	8467.0	31.59	6512.0
			阔叶混交林	83.02	14273.0	4.97	147.0	36.25	5381.0	7.77	1893.0			34.03	6852.0
		其中：人天混	合计	1364.22	220453.0	343.27	43044.0	547.78	90972.0	333.88	62312.0	73.67	10761.0	65.62	13364.0
			纯林	44.06	3863.0	30.73	1631.0	13.33	2232.0						
			混交林	1320.16	216590.0	312.54	41413.0	534.45	88740.0	333.88	62312.0	73.67	10761.0	65.62	13364.0
			针叶混交林	21.56	4135.0	3.55	435.0	1.82	224.0	9.01	1182.0	7.18	2294.0		
			针阔混交林	1237.57	200886.0	307.47	40848.0	514.92	85822.0	317.10	59237.0	66.49	8467.0	31.59	6512.0
			阔叶混交林	61.03	11569.0	1.52	130.0	17.71	2694.0	7.77	1893.0			34.03	6852.0
	特用林	合计	合计	34208.61	5316026.0	2167.23	134093.0	11868.84	1700650.0	11609.70	1938892.0	8409.77	1516779.0	153.07	25612.0
			纯林	15914.14	2425618.0	1374.79	68696.0	6606.79	954662.0	4875.56	839421.0	2912.65	538506.0	144.35	24333.0
			混交林	18294.47	2890408.0	792.44	65397.0	5262.05	745988.0	6734.14	1099471.0	5497.12	978273.0	8.72	1279.0
			针叶混交林	1700.20	312854.0	39.16	5717.0	135.37	16704.0	580.13	95908.0	945.54	194525.0		
			针阔混交林	6408.49	946930.0	424.96	29342.0	3911.06	549954.0	1669.20	295484.0	394.55	70871.0	8.72	1279.0
			阔叶混交林	10185.78	1630624.0	328.32	30338.0	1215.62	179330.0	4484.81	708079.0	4157.03	712877.0		
		天然	合计	32274.01	5102222.0	1388.91	98421.0	11363.72	1624367.0	11076.78	1855564.0	8384.01	1513828.0	60.59	10042.0
			纯林	14927.65	2331866.0	933.42	61164.0	6542.96	945397.0	4512.51	780987.0	2886.89	535555.0	51.87	8763.0
			混交林	17346.36	2770356.0	455.49	37257.0	4820.76	678970.0	6564.27	1074577.0	5497.12	978273.0	8.72	1279.0
			针叶混交林	1628.65	302769.0			135.14	16690.0	547.97	91554.0	945.54	194525.0		
			针阔混交林	5581.69	839559.0	176.93	9515.0	3470.00	482950.0	1531.49	274944.0	394.55	70871.0	8.72	1279.0
			阔叶混交林	10136.02	1628028.0	278.56	27742.0	1215.62	179330.0	4484.81	708079.0	4157.03	712877.0		
		人工	合计	1934.60	213804.0	778.32	35672.0	505.12	76283.0	532.92	83328.0	25.76	2951.0	92.48	15570.0
			纯林	986.49	93752.0	441.37	7532.0	63.83	9265.0	363.05	58434.0	25.76	2951.0	92.48	15570.0
			混交林	948.11	120052.0	336.95	28140.0	441.29	67018.0	169.87	24894.0				
			针叶混交林	71.55	10085.0	39.16	5717.0	0.23	14.0	32.16	4354.0				
			针阔混交林	826.80	107371.0	248.03	19827.0	441.06	67004.0	137.71	20540.0				

表 8　长白山重点国有林区乔木林各龄组面积、蓄积按林种、起源和林分类型统计表（续 6）

单位：公顷、平方米

统计单位	林种	起源	林分类型	合计 面积	合计 蓄积	幼龄林 面积	幼龄林 蓄积	中龄林 面积	中龄林 蓄积	近熟林 面积	近熟林 蓄积	成熟林 面积	成熟林 蓄积	过熟林 面积	过熟林 蓄积
敦化林业局	用材林	合计	针叶混交林	399.75	56286.0	76.53	5138.0	139.03	19363.0	109.27	16859.0	72.17	14180.0	2.75	746.0
			针阔混交林	13144.66	2098232.0	2815.46	363723.0	2350.20	368676.0	3761.52	647499.0	3861.04	660225.0	356.44	58109.0
			阔叶混交林	87725.77	13030315.0	6468.27	664714.0	7774.58	1020977.0	35128.69	5469752.0	35755.35	5439799.0	2598.88	435073.0
		天然	合计	98964.47	14857874.0	7068.40	712755.0	8952.56	1191031.0	39769.26	6239958.0	40157.52	6203774.0	3016.73	510356.0
			纯林	4353.11	651769.0	732.70	64884.0	968.00	130661.0	1774.56	289969.0	768.12	143678.0	109.73	22577.0
			混交林	94611.36	14206105.0	6335.70	647871.0	7984.56	1060370.0	37994.70	5949989.0	39389.40	6060096.0	2907.00	487779.0
			针叶混交林	213.31	37099.0			50.99	9127.0	96.57	15196.0	63.00	12030.0	2.75	746.0
			针阔混交林	7245.49	1205374.0	120.98	11434.0	295.75	46412.0	2825.40	471906.0	3648.13	617808.0	355.23	57814.0
			阔叶混交林	87152.56	12963632.0	6214.72	636437.0	7637.82	1004831.0	35072.73	5462887.0	35678.27	5430258.0	2549.02	429219.0
		人工	合计	10211.55	1452694.0	3610.64	413725.0	3602.02	526566.0	1680.75	296069.0	1124.34	185419.0	193.80	30915.0
			纯林	3552.73	473966.0	586.08	28021.0	1322.77	177920.0	675.97	111948.0	825.18	131311.0	142.73	24766.0
			混交林	6658.82	978728.0	3024.56	385704.0	2279.25	348646.0	1004.78	184121.0	299.16	54108.0	51.07	6149.0
			针叶混交林	186.44	19187.0	76.53	5138.0	88.04	10236.0	12.70	1663.0	9.17	2150.0		
			针阔混交林	5899.17	892858.0	2694.48	352289.0	2054.45	322264.0	936.12	175593.0	212.91	42417.0	1.21	295.0
			阔叶混交林	573.21	66683.0	253.55	28277.0	136.76	16146.0	55.96	6865.0	77.08	9541.0	49.86	5854.0
		其中：人天混	合计	6576.87	975300.0	2993.85	387502.0	2249.44	346345.0	996.25	183106.0	286.26	52198.0	51.07	6149.0
			纯林	86.51	9015.0	57.51	5411.0	26.52	3105.0	2.48	499.0				
			混交林	6490.36	966285.0	2936.34	382091.0	2222.92	343240.0	993.77	182607.0	286.26	52198.0	51.07	6149.0
			针叶混交林	62.46	8694.0	21.99	2122.0	31.71	4830.0	1.69	149.0	7.07	1593.0		
			针阔混交林	5883.23	892355.0	2678.54	351786.0	2054.45	322264.0	936.12	175593.0	212.91	42417.0	1.21	295.0
			阔叶混交林	544.67	65236.0	235.81	28183.0	136.76	16146.0	55.96	6865.0	66.28	8188.0	49.86	5854.0
大石头林业局	合计	合计	合计	240825.03	38172370.0	13684.17	841269.0	39738.23	5807103.0	155065.49	25929358.0	31449.44	5430867.0	887.70	163773.0
			纯林	48973.46	7542672.0	5755.51	234924.0	10154.46	1525735.0	27255.70	4744779.0	5623.42	996935.0	184.37	40299.0
			混交林	191851.57	30629698.0	7928.66	606345.0	29583.77	4281368.0	127809.79	21184579.0	25826.02	4433932.0	703.33	123474.0
			针叶混交林	2173.38	357104.0	355.15	34475.0	440.83	73514.0	1109.71	195290.0	254.90	52165.0	12.79	1660.0
			针阔混交林	37042.27	6095993.0	1894.79	194514.0	7946.73	1229410.0	20859.13	3559367.0	6113.79	1073641.0	227.83	39061.0
			阔叶混交林	152635.92	24176601.0	5678.72	377356.0	21196.21	2978444.0	105840.95	17429922.0	19457.33	3308126.0	462.71	82753.0
		天然	合计	217657.35	34773989.0	9857.30	524498.0	32681.65	4759238.0	147680.92	24740752.0	26858.32	4644169.0	579.16	105332.0
			纯林	37130.86	5848213.0	4065.67	131494.0	7299.72	1111136.0	23270.56	4139881.0	2472.96	461741.0	21.95	3961.0
			混交林	180526.49	28925776.0	5791.63	393004.0	25381.93	3648102.0	124410.36	20600871.0	24385.36	4182428.0	557.21	101371.0
			针叶混交林	1177.32	201308.0	1.20	207.0	236.93	39834.0	876.15	148867.0	63.04	12400.0		
			针阔混交林	26881.45	4570163.0	153.43	16657.0	4025.49	642577.0	17696.17	3022435.0	4864.99	861902.0	141.37	26592.0
			阔叶混交林	152467.72	24154305.0	5637.00	376140.0	21119.51	2965691.0	105838.04	17429569.0	19457.33	3308126.0	415.84	74779.0
		人工	合计	23167.68	3398381.0	3826.87	316771.0	7056.58	1047865.0	7384.57	1188606.0	4591.12	786698.0	308.54	58441.0
			纯林	11842.60	1694459.0	1689.84	103430.0	2854.74	414599.0	3985.14	604898.0	3150.46	535194.0	162.42	36338.0
			混交林	11325.08	1703922.0	2137.03	213341.0	4201.84	633266.0	3399.43	583708.0	1440.66	251504.0	146.12	22103.0
			针叶混交林	996.06	155796.0	353.95	34268.0	203.90	33680.0	233.56	46423.0	191.86	39765.0	12.79	1660.0
			针阔混交林	10160.82	1525830.0	1741.36	177857.0	3921.24	586833.0	3162.96	536932.0	1248.80	211739.0	86.46	12469.0
			阔叶混交林	168.20	22296.0	41.72	1216.0	76.70	12753.0	2.91	353.0			46.87	7974.0
		其中：人天混	合计	10852.06	1649590.0	1805.81	184967.0	4224.90	641081.0	3375.26	577771.0	1330.88	229482.0	115.21	16289.0
			纯林	248.14	39941.0	39.24	2455.0	141.37	26754.0	67.30	10686.0	0.23	46.0		
			混交林	10603.92	1609649.0	1766.57	182512.0	4083.53	614327.0	3307.96	567085.0	1330.65	229436.0	115.21	16289.0

表 8　长白山重点国有林区乔木林各龄组面积、蓄积按林种、起源和林分类型统计表（续 7）

单位：公顷、平方米

统计单位	林种	起源	林分类型	合计		幼龄林		中龄林		近熟林		成熟林		过熟林	
				面积	蓄积	面积	蓄积	面积	蓄积	面积	蓄积	面积	蓄积	面积	蓄积
大石头林业局	合计	其中：人天混	针叶混交林	381.84	72016.0	47.80	6617.0	93.69	15807.0	143.70	29879.0	86.13	18395.0	10.52	1318.0
			针阔混交林	10104.84	1521305.0	1697.76	175096.0	3913.14	585767.0	3162.96	536932.0	1244.52	211041.0	86.46	12469.0
			阔叶混交林	117.24	16328.0	21.01	799.0	76.70	12753.0	1.30	274.0			18.23	2502.0
	防护林	合计	合计	23646.67	3954351.0	803.16	34435.0	2970.82	432880.0	16049.94	2777521.0	3705.24	681203.0	117.51	28312.0
			纯林	6525.08	1128819.0	533.96	14193.0	669.56	100815.0	4417.83	826616.0	812.08	164590.0	91.65	22605.0
			混交林	17121.59	2825532.0	269.20	20242.0	2301.26	332065.0	11632.11	1950905.0	2893.16	516613.0	25.86	5707.0
			针叶混交林	412.85	75843.0	4.06	438.0	112.40	19585.0	223.52	40649.0	72.23	15069.0	0.64	102.0
			针阔混交林	5758.77	962918.0	139.26	14019.0	1021.09	150721.0	3530.03	596995.0	1052.47	197327.0	15.92	3856.0
			阔叶混交林	10949.97	1786771.0	125.88	5785.0	1167.77	161759.0	7878.56	1313261.0	1768.46	304217.0	9.30	1749.0
		天然	合计	21928.86	3669493.0	577.90	18239.0	2555.73	374215.0	15419.92	2664674.0	3352.83	607392.0	22.48	4973.0
			纯林	5459.14	944834.0	434.18	9153.0	489.86	75999.0	3979.81	749336.0	555.29	110346.0		
			混交林	16469.72	2724659.0	143.72	9086.0	2065.87	298216.0	11440.11	1915338.0	2797.54	497046.0	22.48	4973.0
			针叶混交林	340.99	59832.0			112.40	19585.0	198.04	34331.0	30.55	5916.0		
			针阔混交林	5178.76	878056.0	17.84	3301.0	785.70	116872.0	3363.51	567746.0	998.53	186913.0	13.18	3224.0
			阔叶混交林	10949.97	1786771.0	125.88	5785.0	1167.77	161759.0	7878.56	1313261.0	1768.46	304217.0	9.30	1749.0
		人工	合计	1717.81	284858.0	225.26	16196.0	415.09	58665.0	630.02	112847.0	352.41	73811.0	95.03	23339.0
			纯林	1065.94	183985.0	99.78	5040.0	179.70	24816.0	438.02	77280.0	256.79	54244.0	91.65	22605.0
			混交林	651.87	100873.0	125.48	11156.0	235.39	33849.0	192.00	35567.0	95.62	19567.0	3.38	734.0
			针叶混交林	71.86	16011.0	4.06	438.0			25.48	6318.0	41.68	9153.0	0.64	102.0
			针阔混交林	580.01	84862.0	121.42	10718.0	235.39	33849.0	166.52	29249.0	53.94	10414.0	2.74	632.0
		其中：人天混	合计	602.44	88772.0	125.78	11095.0	243.41	34500.0	176.57	32131.0	53.94	10414.0	2.74	632.0
			纯林	9.43	651.0	1.41		8.02	651.0						
			混交林	593.01	88121.0	124.37	11095.0	235.39	33849.0	176.57	32131.0	53.94	10414.0	2.74	632.0
			针叶混交林	13.00	3259.0	2.95	377.0			10.05	2882.0				
			针阔混交林	580.01	84862.0	121.42	10718.0	235.39	33849.0	166.52	29249.0	53.94	10414.0	2.74	632.0
	特用林	合计	合计	195.64	43871.0			59.92	12496.0	27.65	6689.0	108.07	24686.0		
			纯林	160.15	36507.0			55.61	12041.0	27.65	6689.0	76.89	17777.0		
			混交林	35.49	7364.0			4.31	455.0			31.18	6909.0		
			针叶混交林	31.18	6909.0							31.18	6909.0		
			阔叶混交林	4.31	455.0			4.31	455.0						
		天然	合计	4.31	455.0			4.31	455.0						
			混交林	4.31	455.0			4.31	455.0						
			阔叶混交林	4.31	455.0			4.31	455.0						
		人工	合计	191.33	43416.0			55.61	12041.0	27.65	6689.0	108.07	24686.0		
			纯林	160.15	36507.0			55.61	12041.0	27.65	6689.0	76.89	17777.0		
			混交林	31.18	6909.0							31.18	6909.0		
			针叶混交林	31.18	6909.0							31.18	6909.0		
	用材林	合计	合计	216982.72	34174148.0	12881.01	806834.0	36707.49	5361727.0	138987.90	23145148.0	27636.13	4724978.0	770.19	135461.0
			纯林	42288.23	6377346.0	5221.55	220731.0	9429.29	1412879.0	22810.22	3911474.0	4734.45	814568.0	92.72	17694.0
			混交林	174694.49	27796802.0	7659.46	586103.0	27278.20	3948848.0	116177.68	19233674.0	22901.68	3910410.0	677.47	117767.0
			针叶混交林	1729.35	274352.0	351.09	34037.0	328.43	53929.0	886.19	154641.0	151.49	30187.0	12.15	1558.0
			针阔混交林	31283.50	5133075.0	1755.53	180495.0	6925.64	1078689.0	17329.10	2962372.0	5061.32	876314.0	211.91	35205.0

表8　长白山重点国有林区乔木林各龄组面积、蓄积按林种、起源和林分类型统计表（续8）

单位：公顷、平方米

统计单位	林种	起源	林分类型	合计		幼龄林		中龄林		近熟林		成熟林		过熟林	
				面积	蓄积	面积	蓄积	面积	蓄积	面积	蓄积	面积	蓄积	面积	蓄积
大石头林业局	用材林	合计	阔叶混交林	141681.64	22389375.0	5552.84	371571.0	20024.13	2816230.0	97962.39	16116661.0	17688.87	3003909.0	453.41	81004.0
		天然	合计	195724.18	31104041.0	9279.40	506259.0	30121.61	4384568.0	132261.00	22076078.0	23505.49	4036777.0	556.68	100359.0
			纯林	31671.72	4903379.0	3631.49	122341.0	6809.86	1035137.0	19290.75	3390545.0	1917.67	351395.0	21.95	3961.0
			混交林	164052.46	26200662.0	5647.91	383918.0	23311.75	3349431.0	112970.25	18685533.0	21587.82	3685382.0	534.73	96398.0
			针叶混交林	836.33	141476.0	1.20	207.0	124.53	20249.0	678.11	114536.0	32.49	6484.0		
			针阔混交林	21702.69	3692107.0	135.59	13356.0	3239.79	525705.0	14332.66	2454689.0	3866.46	674989.0	128.19	23368.0
			阔叶混交林	141513.44	22367079.0	5511.12	370355.0	19947.43	2803477.0	97959.48	16116308.0	17688.87	3003909.0	406.54	73030.0
		人工	合计	21258.54	3070107.0	3601.61	300575.0	6585.88	977159.0	6726.90	1069070.0	4130.64	688201.0	213.51	35102.0
			纯林	10616.51	1473967.0	1590.06	98390.0	2619.43	377742.0	3519.47	520929.0	2816.78	463173.0	70.77	13733.0
			混交林	10642.03	1596140.0	2011.55	202185.0	3966.45	599417.0	3207.43	548141.0	1313.86	225028.0	142.74	21369.0
			针叶混交林	893.02	132876.0	349.89	33830.0	203.90	33680.0	208.08	40105.0	119.00	23703.0	12.15	1558.0
			针阔混交林	9580.81	1440968.0	1619.94	167139.0	3685.85	552984.0	2996.44	507683.0	1194.86	201325.0	83.72	11837.0
			阔叶混交林	168.20	22296.0	41.72	1216.0	76.70	12753.0	2.91	353.0			46.87	7974.0
		其中：人天混	合计	10249.62	1560818.0	1680.03	173872.0	3981.49	606581.0	3198.69	545640.0	1276.94	219068.0	112.47	15657.0
			纯林	238.71	39290.0	37.83	2455.0	133.35	26103.0	67.30	10686.0	0.23	46.0		
			混交林	10010.91	1521528.0	1642.20	171417.0	3848.14	580478.0	3131.39	534954.0	1276.71	219022.0	112.47	15657.0
			针叶混交林	368.84	68757.0	44.85	6240.0	93.69	15807.0	133.65	26997.0	86.13	18395.0	10.52	1318.0
			针阔混交林	9524.83	1436443.0	1576.34	164378.0	3677.75	551918.0	2996.44	507683.0	1190.58	200627.0	83.72	11837.0
			阔叶混交林	117.24	16328.0	21.01	799.0	76.70	12753.0	1.30	274.0			18.23	2502.0
白河林业局	合计	合计	合计	170978.13	28156590.0	7376.65	551829.0	32387.96	4762050.0	81265.53	13759061.0	46019.14	8391497.0	3928.85	692153.0
			纯林	32387.72	5006882.0	2932.66	135506.0	10920.10	1540530.0	11739.46	2040820.0	6039.99	1138752.0	755.51	151274.0
			混交林	138590.41	23149708.0	4443.99	416323.0	21467.86	3221520.0	69526.07	11718241.0	39979.15	7252745.0	3173.34	540879.0
			针叶混交林	9660.36	1807614.0	131.13	9418.0	737.42	111979.0	5119.55	909698.0	3653.38	773681.0	18.88	2838.0
			针阔混交林	31826.24	5513245.0	1564.52	169671.0	8339.87	1284226.0	11060.08	2005677.0	9571.29	1826541.0	1290.48	227130.0
			阔叶混交林	97103.81	15828849.0	2748.34	237234.0	12390.57	1825315.0	53346.44	8802866.0	26754.48	4652523.0	1863.98	310911.0
		天然	合计	162485.75	27061924.0	4826.09	365827.0	29429.48	4330716.0	79239.79	13432089.0	45422.62	8300644.0	3567.77	632648.0
			纯林	28334.95	4565838.0	1764.87	104190.0	9860.70	1410969.0	10701.52	1883067.0	5536.07	1061046.0	471.79	106566.0
			混交林	134150.80	22496086.0	3061.22	261637.0	19568.78	2919747.0	68538.27	11549022.0	39886.55	7239598.0	3095.98	526082.0
			针叶混交林	9406.02	1778414.0	12.37	751.0	664.16	101352.0	5064.41	902086.0	3646.20	771387.0	18.88	2838.0
			针阔混交林	27844.31	4913666.0	361.83	26590.0	6568.07	1000853.0	10150.72	1847531.0	9504.80	1818074.0	1258.89	220618.0
			阔叶混交林	96900.47	15804006.0	2687.02	234296.0	12336.55	1817542.0	53323.14	8799405.0	26735.55	4650137.0	1818.21	302626.0
		人工	合计	8492.38	1094666.0	2550.56	186002.0	2958.48	431334.0	2025.74	326972.0	596.52	90853.0	361.08	59505.0
			纯林	4052.77	441044.0	1167.79	31316.0	1059.40	129561.0	1037.94	157753.0	503.92	77706.0	283.72	44708.0
			混交林	4439.61	653622.0	1382.77	154686.0	1899.08	301773.0	987.80	169219.0	92.60	13147.0	77.36	14797.0
			针叶混交林	254.34	29200.0	118.76	8667.0	73.26	10627.0	55.14	7612.0	7.18	2294.0		
			针阔混交林	3981.93	599579.0	1202.69	143081.0	1771.80	283373.0	909.36	158146.0	66.49	8467.0	31.59	6512.0
			阔叶混交林	203.34	24843.0	61.32	2938.0	54.02	7773.0	23.30	3461.0	18.93	2386.0	45.77	8285.0
		其中：人天混	合计	4118.03	630935.0	1198.00	147854.0	1823.30	293767.0	936.12	162619.0	83.25	11898.0	77.36	14797.0
			纯林	56.74	4699.0	43.41	2467.0	13.33	2232.0						
			混交林	4061.29	626236.0	1154.59	145387.0	1809.97	291535.0	936.12	162619.0	83.25	11898.0	77.36	14797.0
			针叶混交林	39.77	7446.0	3.80	438.0	19.78	3532.0	9.01	1182.0	7.18	2294.0		
			针阔混交林	3872.45	598121.0	1115.85	142249.0	1754.71	282917.0	903.81	157976.0	66.49	8467.0	31.59	6512.0

表 8　长白山重点国有林区乔木林各龄组面积、蓄积按林种、起源和林分类型统计表（续 9）

单位：公顷、平方米

统计单位	林种	起源	林分类型	合计		幼龄林		中龄林		近熟林		成熟林		过熟林	
				面积	蓄积	面积	蓄积	面积	蓄积	面积	蓄积	面积	蓄积	面积	蓄积
白河林业局	合计	其中：人天混	阔叶混交林	149.07	20669.0	34.94	2700.0	35.48	5086.0	23.30	3461.0	9.58	1137.0	45.77	8285.0
	防护林	合计	合计	95804.42	16401076.0	2730.91	185293.0	13938.59	2092010.0	52020.52	9021404.0	25512.58	4818167.0	1601.82	284202.0
			纯林	12091.30	1953528.0	922.30	46584.0	3064.58	429558.0	5413.99	950730.0	2396.91	468256.0	293.52	58400.0
			混交林	83713.12	14447548.0	1808.61	138709.0	10874.01	1662452.0	46606.53	8070674.0	23115.67	4349911.0	1308.30	225802.0
			针叶混交林	7144.97	1359636.0	87.90	3366.0	523.99	82449.0	3914.71	711765.0	2609.77	560294.0	8.60	1762.0
			针阔混交林	16824.63	3120378.0	442.16	52774.0	2986.37	503447.0	6911.07	1288747.0	5880.31	1165735.0	604.72	109675.0
			阔叶混交林	59743.52	9967534.0	1278.55	82569.0	7363.65	1076556.0	35780.75	6070162.0	14625.59	2623882.0	694.98	114365.0
		天然	合计	92715.17	15971830.0	1992.77	123380.0	12738.36	1919981.0	51373.55	8910003.0	25168.42	4762366.0	1442.07	256100.0
			纯林	10479.43	1754047.0	573.08	28281.0	2465.67	355171.0	5114.87	903717.0	2126.42	423216.0	199.39	43662.0
			混交林	82235.74	14217783.0	1419.69	95099.0	10272.69	1564810.0	46258.68	8006286.0	23042.00	4339150.0	1242.68	212438.0
			针叶混交林	6989.13	1345030.0	12.37	751.0	473.84	76010.0	3891.73	708507.0	2602.59	558000.0	8.60	1762.0
			针阔混交林	15586.11	2919492.0	133.74	11926.0	2471.45	417625.0	6593.97	1229510.0	5813.82	1157268.0	573.13	103163.0
			阔叶混交林	59660.50	9953261.0	1273.58	82422.0	7327.40	1071175.0	35772.98	6068269.0	14625.59	2623882.0	660.95	107513.0
		人工	合计	3089.25	429246.0	738.14	61913.0	1200.23	172029.0	646.97	111401.0	344.16	55801.0	159.75	28102.0
			纯林	1611.87	199481.0	349.22	18303.0	598.91	74387.0	299.12	47013.0	270.49	45040.0	94.13	14738.0
			混交林	1477.38	229765.0	388.92	43610.0	601.32	97642.0	347.85	64388.0	73.67	10761.0	65.62	13364.0
			针叶混交林	155.84	14606.0	75.53	2615.0	50.15	6439.0	22.98	3258.0	7.18	2294.0		
			针阔混交林	1238.52	200886.0	308.42	40848.0	514.92	85822.0	317.10	59237.0	66.49	8467.0	31.59	6512.0
			阔叶混交林	83.02	14273.0	4.97	147.0	36.25	5381.0	7.77	1893.0			34.03	6852.0
		其中：人天混	合计	1364.22	220453.0	343.27	43044.0	547.78	90972.0	333.88	62312.0	73.67	10761.0	65.62	13364.0
			纯林	44.06	3863.0	30.73	1631.0	13.33	2232.0						
			混交林	1320.16	216590.0	312.54	41413.0	534.45	88740.0	333.88	62312.0	73.67	10761.0	65.62	13364.0
			针叶混交林	21.56	4135.0	3.55	435.0	1.82	224.0	9.01	1182.0	7.18	2294.0		
			针阔混交林	1237.57	200886.0	307.47	40848.0	514.92	85822.0	317.10	59237.0	66.49	8467.0	31.59	6512.0
			阔叶混交林	61.03	11569.0	1.52	130.0	17.71	2694.0	7.77	1893.0			34.03	6852.0
	特用林	合计	合计	34208.61	5316026.0	2167.23	134093.0	11868.84	1700650.0	11609.70	1938892.0	8409.77	1516779.0	153.07	25612.0
			纯林	15914.14	2425618.0	1374.79	68696.0	6606.79	954662.0	4875.56	839421.0	2912.65	538506.0	144.35	24333.0
			混交林	18294.47	2890408.0	792.44	65397.0	5262.05	745988.0	6734.14	1099471.0	5497.12	978273.0	8.72	1279.0
			针叶混交林	1700.20	312854.0	39.16	5717.0	135.37	16704.0	580.13	95908.0	945.54	194525.0		
			针阔混交林	6408.49	946930.0	424.96	29342.0	3911.06	549954.0	1669.20	295484.0	394.55	70871.0	8.72	1279.0
			阔叶混交林	10185.78	1630624.0	328.32	30338.0	1215.62	179330.0	4484.81	708079.0	4157.03	712877.0		
		天然	合计	32274.01	5102222.0	1388.91	98421.0	11363.72	1624367.0	11076.78	1855564.0	8384.01	1513828.0	60.59	10042.0
			纯林	14927.65	2331866.0	933.42	61164.0	6542.96	945397.0	4512.51	780987.0	2886.89	535555.0	51.87	8763.0
			混交林	17346.36	2770356.0	455.49	37257.0	4820.76	678970.0	6564.27	1074577.0	5497.12	978273.0	8.72	1279.0
			针叶混交林	1628.65	302769.0			135.14	16690.0	547.97	91554.0	945.54	194525.0		
			针阔混交林	5581.69	839559.0	176.93	9515.0	3470.00	482950.0	1531.49	274944.0	394.55	70871.0	8.72	1279.0
			阔叶混交林	10136.02	1628028.0	278.56	27742.0	1215.62	179330.0	4484.81	708079.0	4157.03	712877.0		
		人工	合计	1934.60	213804.0	778.32	35672.0	505.12	76283.0	532.92	83328.0	25.76	2951.0	92.48	15570.0
			纯林	986.49	93752.0	441.37	7532.0	63.83	9265.0	363.05	58434.0	25.76	2951.0	92.48	15570.0
			混交林	948.11	120052.0	336.95	28140.0	441.29	67018.0	169.87	24894.0				
			针叶混交林	71.55	10085.0	39.16	5717.0	0.23	14.0	32.16	4354.0				
			针阔混交林	826.80	107371.0	248.03	19827.0	441.06	67004.0	137.71	20540.0				

表 8　长白山重点国有林区乔木林各龄组面积、蓄积按林种、起源和林分类型统计表（续 10）

单位：公顷、平方米

统计单位	林种	起源	林分类型	合计面积	合计蓄积	幼龄林面积	幼龄林蓄积	中龄林面积	中龄林蓄积	近熟林面积	近熟林蓄积	成熟林面积	成熟林蓄积	过熟林面积	过熟林蓄积
白河林业局	特用林	人工	阔叶混交林	49.76	2596.0	49.76	2596.0								
		其中：人天混	合计	759.95	108366.0	203.82	21448.0	423.97	66548.0	132.16	20370.0				
			混交林	759.95	108366.0	203.82	21448.0	423.97	66548.0	132.16	20370.0				
			针叶混交林	0.25	3.0	0.25	3.0								
			针阔混交林	732.30	105988.0	176.17	19070.0	423.97	66548.0	132.16	20370.0				
			阔叶混交林	27.40	2375.0	27.40	2375.0								
	用材林	合计	合计	40965.10	6439488.0	2478.51	232443.0	6580.53	969390.0	17635.31	2798765.0	12096.79	2056551.0	2173.96	382339.0
			纯林	4382.28	627736.0	635.57	20226.0	1248.73	156310.0	1449.91	250669.0	730.43	131990.0	317.64	68541.0
			混交林	36582.82	5811752.0	1842.94	212217.0	5331.80	813080.0	16185.40	2548096.0	11366.36	1924561.0	1856.32	313798.0
			针叶混交林	815.19	135124.0	4.07	335.0	78.06	12826.0	624.71	102025.0	98.07	18862.0	10.28	1076.0
			针阔混交林	8593.12	1445937.0	697.40	87555.0	1442.44	230825.0	2479.81	421446.0	3296.43	589935.0	677.04	116176.0
			阔叶混交林	27174.51	4230691.0	1141.47	124327.0	3811.30	569429.0	13080.88	2024625.0	7971.86	1315764.0	1169.00	196546.0
		天然	合计	37496.57	5987872.0	1444.41	144026.0	5327.40	786368.0	16789.46	2666522.0	11870.19	2024450.0	2065.11	366506.0
			纯林	2927.87	479925.0	258.37	14745.0	852.07	110401.0	1074.14	198363.0	522.76	102275.0	220.53	54141.0
			混交林	34568.70	5507947.0	1186.04	129281.0	4475.33	675967.0	15715.32	2468159.0	11347.43	1922175.0	1844.58	312365.0
			针叶混交林	788.24	130615.0			55.18	8652.0	624.71	102025.0	98.07	18862.0	10.28	1076.0
			针阔混交林	6676.51	1154615.0	51.16	5149.0	626.62	100278.0	2025.26	343077.0	3296.43	589935.0	677.04	116176.0
			阔叶混交林	27103.95	4222717.0	1134.88	124132.0	3793.53	567037.0	13065.35	2023057.0	7952.93	1313378.0	1157.26	195113.0
		人工	合计	3468.53	451616.0	1034.10	88417.0	1253.13	183022.0	845.85	132243.0	226.60	32101.0	108.85	15833.0
			纯林	1454.41	147811.0	377.20	5481.0	396.66	45909.0	375.77	52306.0	207.67	29715.0	97.11	14400.0
			混交林	2014.12	303805.0	656.90	82936.0	856.47	137113.0	470.08	79937.0	18.93	2386.0	11.74	1433.0
			针叶混交林	26.95	4509.0	4.07	335.0	22.88	4174.0						
			针阔混交林	1916.61	291322.0	646.24	82406.0	815.82	130547.0	454.55	78369.0				
			阔叶混交林	70.56	7974.0	6.59	195.0	17.77	2392.0	15.53	1568.0	18.93	2386.0	11.74	1433.0
		其中：人天混	合计	1993.86	302116.0	650.91	83362.0	851.55	136247.0	470.08	79937.0	9.58	1137.0	11.74	1433.0
			纯林	12.68	836.0	12.68	836.0								
			混交林	1981.18	301280.0	638.23	82526.0	851.55	136247.0	470.08	79937.0	9.58	1137.0	11.74	1433.0
			针叶混交林	17.96	3308.0			17.96	3308.0						
			针阔混交林	1902.58	291247.0	632.21	82331.0	815.82	130547.0	454.55	78369.0				
			阔叶混交林	60.64	6725.0	6.02	195.0	17.77	2392.0	15.53	1568.0	9.58	1137.0	11.74	1433.0
和龙林业局	合计	合计	合计	165897.64	31223636.0	5451.12	575109.0	52091.59	8978882.0	78383.69	15528283.0	27025.82	5446067.0	2945.42	695295.0
			纯林	26751.11	4625619.0	1394.49	89225.0	12470.51	1963098.0	9991.27	1911063.0	2802.49	637232.0	92.35	25001.0
			混交林	139146.53	26598017.0	4056.63	485884.0	39621.08	7015784.0	68392.42	13617220.0	24223.33	4808835.0	2853.07	670294.0
			针叶混交林	7240.46	1425155.0	285.21	25354.0	3148.46	592022.0	3080.86	638509.0	652.36	147681.0	73.57	21589.0
			针阔混交林	52992.31	10417654.0	1282.12	150037.0	13158.66	2468122.0	25685.49	5174373.0	11372.25	2257314.0	1493.79	367808.0
			阔叶混交林	78913.76	14755208.0	2489.30	310493.0	23313.96	3955640.0	39626.07	7804338.0	12198.72	2403840.0	1285.71	280897.0
		天然	合计	153411.36	29121372.0	3560.04	390744.0	46742.26	8103906.0	74679.47	14853247.0	25492.60	5080677.0	2936.99	692798.0
			纯林	20190.34	3537407.0	600.43	37103.0	10016.66	1586127.0	7753.32	1512837.0	1736.01	378836.0	83.92	22504.0
			混交林	133221.02	25583965.0	2959.61	353641.0	36725.60	6517779.0	66926.15	13340410.0	23756.59	4701841.0	2853.07	670294.0
			针叶混交林	6380.40	1269447.0	90.21	10103.0	2840.64	531843.0	2878.71	596342.0	497.27	109570.0	73.57	21589.0
			针阔混交林	47977.88	9561339.0	415.98	34340.0	10586.14	2031030.0	24421.37	4939730.0	11060.60	2188431.0	1493.79	367808.0
			阔叶混交林	78862.74	14753179.0	2453.42	309198.0	23298.82	3954906.0	39626.07	7804338.0	12198.72	2403840.0	1285.71	280897.0

表 8 长白山重点国有林区乔木林各龄组面积、蓄积按林种、起源和林分类型统计表（续 11）

单位：公顷、平方米

统计单位	林种	起源	林分类型	合计		幼龄林		中龄林		近熟林		成熟林		过熟林	
				面积	蓄积	面积	蓄积	面积	蓄积	面积	蓄积	面积	蓄积	面积	蓄积
和龙林业局	合计	人工	合计	12486.28	2102264.0	1891.08	184365.0	5349.33	874976.0	3704.22	675036.0	1533.22	365390.0	8.43	2497.0
			纯林	6560.77	1088212.0	794.06	52122.0	2453.85	376971.0	2237.95	398226.0	1066.48	258396.0	8.43	2497.0
			混交林	5925.51	1014052.0	1097.02	132243.0	2895.48	498005.0	1466.27	276810.0	466.74	106994.0		
			针叶混交林	860.06	155708.0	195.00	15251.0	307.82	60179.0	202.15	42167.0	155.09	38111.0		
			针阔混交林	5014.43	856315.0	866.14	115697.0	2572.52	437092.0	1264.12	234643.0	311.65	68883.0		
			阔叶混交林	51.02	2029.0	35.88	1295.0	15.14	734.0						
		其中：人天混	合计	5741.90	991584.0	1008.01	131376.0	2901.46	501231.0	1438.18	270887.0	394.25	88090.0		
			纯林	46.54	5913.0	16.22	379.0	30.32	5534.0						
			混交林	5695.36	985671.0	991.79	130997.0	2871.14	495697.0	1438.18	270887.0	394.25	88090.0		
			针叶混交林	676.43	128819.0	122.91	14921.0	296.86	58447.0	174.06	36244.0	82.60	19207.0		
			针阔混交林	5001.45	855790.0	853.16	115172.0	2572.52	437092.0	1264.12	234643.0	311.65	68883.0		
			阔叶混交林	17.48	1062.0	15.72	904.0	1.76	158.0						
	防护林	合计	合计	19847.46	3610024.0	522.50	40654.0	7477.57	1268813.0	9714.62	1848508.0	1854.50	386362.0	278.27	65687.0
			纯林	4903.40	842540.0	253.62	16974.0	2431.67	397629.0	1818.10	342394.0	393.01	83524.0	7.00	2019.0
			混交林	14944.06	2767484.0	268.88	23680.0	5045.90	871184.0	7896.52	1506114.0	1461.49	302838.0	271.27	63668.0
			针叶混交林	777.27	157283.0	10.45	2047.0	467.26	90772.0	250.62	53927.0	48.94	10537.0		
			针阔混交林	3528.06	676922.0	91.51	7856.0	1291.99	239366.0	1528.99	294215.0	538.31	115706.0	77.26	19779.0
			阔叶混交林	10638.73	1933279.0	166.92	13777.0	3286.65	541046.0	6116.91	1157972.0	874.24	176595.0	194.01	43889.0
		天然	合计	18871.29	3452632.0	333.40	24103.0	7067.45	1204136.0	9399.67	1787269.0	1792.50	371437.0	278.27	65687.0
			纯林	4136.22	716704.0	146.48	8073.0	2108.59	348652.0	1543.14	289361.0	331.01	68599.0	7.00	2019.0
			混交林	14735.07	2735928.0	186.92	16030.0	4958.86	855484.0	7856.53	1497908.0	1461.49	302838.0	271.27	63668.0
			针叶混交林	750.97	152815.0	9.09	2047.0	463.16	90091.0	229.78	50140.0	48.94	10537.0		
			针阔混交林	3345.37	649834.0	10.91	206.0	1209.05	224347.0	1509.84	289796.0	538.31	115706.0	77.26	19779.0
			阔叶混交林	10638.73	1933279.0	166.92	13777.0	3286.65	541046.0	6116.91	1157972.0	874.24	176595.0	194.01	43889.0
		人工	合计	976.17	157392.0	189.10	16551.0	410.12	64677.0	314.95	61239.0	62.00	14925.0		
			纯林	767.18	125836.0	107.14	8901.0	323.08	48977.0	274.96	53033.0	62.00	14925.0		
			混交林	208.99	31556.0	81.96	7650.0	87.04	15700.0	39.99	8206.0				
			针叶混交林	26.30	4468.0	1.36		4.10	681.0	20.84	3787.0				
			针阔混交林	182.69	27088.0	80.60	7650.0	82.94	15019.0	19.15	4419.0				
		其中：人天混	合计	206.42	31335.0	80.60	7650.0	86.41	15604.0	39.41	8081.0				
			混交林	206.42	31335.0	80.60	7650.0	86.41	15604.0	39.41	8081.0				
			针叶混交林	23.73	4247.0			3.47	585.0	20.26	3662.0				
			针阔混交林	182.69	27088.0	80.60	7650.0	82.94	15019.0	19.15	4419.0				
	特用林	合计	合计	43522.37	7865896.0	1973.36	206716.0	17074.48	2863926.0	17874.86	3391956.0	6044.92	1253717.0	554.75	149581.0
			纯林	10150.04	1601642.0	483.05	29005.0	6005.34	910568.0	3266.47	572458.0	377.40	83702.0	17.78	5909.0
			混交林	33372.33	6264254.0	1490.31	177711.0	11069.14	1953358.0	14608.39	2819498.0	5667.52	1170015.0	536.97	143672.0
			针叶混交林	2346.54	458789.0	78.86	6720.0	1008.39	187541.0	1081.30	222158.0	177.99	42370.0		
			针阔混交林	14725.09	2879423.0	564.71	59340.0	4472.85	840489.0	6117.31	1202343.0	3165.19	667677.0	405.03	109574.0
			阔叶混交林	16300.70	2926042.0	846.74	111651.0	5587.90	925328.0	7409.78	1394997.0	2324.34	459968.0	131.94	34098.0
		天然	合计	40413.59	7415869.0	1365.49	146827.0	15584.13	2639442.0	16978.79	3253384.0	5930.43	1226635.0	554.75	149581.0
			纯林	8387.40	1364463.0	218.30	13588.0	5217.00	802156.0	2615.59	473183.0	318.73	69627.0	17.78	5909.0
			混交林	32026.19	6051406.0	1147.19	133239.0	10367.13	1837286.0	14363.20	2780201.0	5611.70	1157008.0	536.97	143672.0

表 8　长白山重点国有林区乔木林各龄组面积、蓄积按林种、起源和林分类型统计表（续 12）

单位：公顷、平方米

统计单位	林种	起源	林分类型	合计 面积	合计 蓄积	幼龄林 面积	幼龄林 蓄积	中龄林 面积	中龄林 蓄积	近熟林 面积	近熟林 蓄积	成熟林 面积	成熟林 蓄积	过熟林 面积	过熟林 蓄积
和龙林业局	特用林	天然	针叶混交林	2151.03	423988.0	42.18	4887.0	922.67	170675.0	1038.13	212956.0	148.05	35470.0		
			针阔混交林	13574.46	2701376.0	258.27	16701.0	3856.56	741283.0	5915.29	1172248.0	3139.31	661570.0	405.03	109574.0
			阔叶混交林	16300.70	2926042.0	846.74	111651.0	5587.90	925328.0	7409.78	1394997.0	2324.34	459968.0	131.94	34098.0
		人工	合计	3108.78	450027.0	607.87	59889.0	1490.35	224484.0	896.07	138572.0	114.49	27082.0		
			纯林	1762.64	237179.0	264.75	15417.0	788.34	108412.0	650.88	99275.0	58.67	14075.0		
			混交林	1346.14	212848.0	343.12	44472.0	702.01	116072.0	245.19	39297.0	55.82	13007.0		
			针叶混交林	195.51	34801.0	36.68	1833.0	85.72	16866.0	43.17	9202.0	29.94	6900.0		
			针阔混交林	1150.63	178047.0	306.44	42639.0	616.29	99206.0	202.02	30095.0	25.88	6107.0		
		其中：人天混	合计	1326.69	211930.0	328.22	44522.0	700.48	115750.0	242.17	38651.0	55.82	13007.0		
			纯林	6.39	50.0	6.39	50.0								
			混交林	1320.30	211880.0	321.83	44472.0	700.48	115750.0	242.17	38651.0	55.82	13007.0		
			针叶混交林	169.67	33833.0	15.39	1833.0	84.19	16544.0	40.15	8556.0	29.94	6900.0		
			针阔混交林	1150.63	178047.0	306.44	42639.0	616.29	99206.0	202.02	30095.0	25.88	6107.0		
	用材林	合计	合计	102527.81	19747716.0	2955.26	327739.0	27539.54	4846143.0	50794.21	10287819.0	19126.40	3805988.0	2112.40	480027.0
			纯林	11697.67	2181437.0	657.82	43246.0	4033.50	654901.0	4906.70	996211.0	2032.08	470006.0	67.57	17073.0
			混交林	90830.14	17566279.0	2297.44	284493.0	23506.04	4191242.0	45887.51	9291608.0	17094.32	3335982.0	2044.83	462954.0
			针叶混交林	4116.65	809083.0	195.90	16587.0	1672.81	313709.0	1748.94	362424.0	425.43	94774.0	73.57	21589.0
			针阔混交林	34739.16	6861309.0	625.90	82841.0	7393.82	1388267.0	18039.19	3677815.0	7668.75	1473931.0	1011.50	238455.0
			阔叶混交林	51974.33	9895887.0	1475.64	185065.0	14439.41	2489266.0	26099.38	5251369.0	9000.14	1767277.0	959.76	202910.0
		天然	合计	94126.48	18252871.0	1861.15	219814.0	24090.68	4260328.0	48301.01	9812594.0	17769.67	3482605.0	2103.97	477530.0
			纯林	7666.72	1456240.0	235.65	15442.0	2691.07	435319.0	3594.59	750293.0	1086.27	240610.0	59.14	14576.0
			混交林	86459.76	16796631.0	1625.50	204372.0	21399.61	3825009.0	44706.42	9062301.0	16683.40	3241995.0	2044.83	462954.0
			针叶混交林	3478.40	692644.0	38.94	3169.0	1454.81	271077.0	1610.80	333246.0	300.28	63563.0	73.57	21589.0
			针阔混交林	31058.05	6210129.0	146.80	17433.0	5520.53	1065400.0	16996.24	3477686.0	7382.98	1411155.0	1011.50	238455.0
			阔叶混交林	51923.31	9893858.0	1439.76	183770.0	14424.27	2488532.0	26099.38	5251369.0	9000.14	1767277.0	959.76	202910.0
		人工	合计	8401.33	1494845.0	1094.11	107925.0	3448.86	585815.0	2493.20	475225.0	1356.73	323383.0	8.43	2497.0
			纯林	4030.95	725197.0	422.17	27804.0	1342.43	219582.0	1312.11	245918.0	945.81	229396.0	8.43	2497.0
			混交林	4370.38	769648.0	671.94	80121.0	2106.43	366233.0	1181.09	229307.0	410.92	93987.0		
			针叶混交林	638.25	116439.0	156.96	13418.0	218.00	42632.0	138.14	29178.0	125.15	31211.0		
			针阔混交林	3681.11	651180.0	479.10	65408.0	1873.29	322867.0	1042.95	200129.0	285.77	62776.0		
			阔叶混交林	51.02	2029.0	35.88	1295.0	15.14	734.0						
		其中：人天混	合计	4208.79	748319.0	599.19	79204.0	2114.57	369877.0	1156.60	224155.0	338.43	75083.0		
			纯林	40.15	5863.0	9.83	329.0	30.32	5534.0						
			混交林	4168.64	742456.0	589.36	78875.0	2084.25	364343.0	1156.60	224155.0	338.43	75083.0		
			针叶混交林	483.03	90739.0	107.52	13088.0	209.20	41318.0	113.65	24026.0	52.66	12307.0		
			针阔混交林	3668.13	650655.0	466.12	64883.0	1873.29	322867.0	1042.95	200129.0	285.77	62776.0		
			阔叶混交林	17.48	1062.0	15.72	904.0	1.76	158.0						
八家子林业局	合计	合计	合计	146838.11	26525714.0	6534.79	657073.0	40173.67	6602777.0	61784.67	11342343.0	36685.93	7557688.0	1659.05	365833.0
			纯林	13153.35	2109173.0	2063.88	113998.0	5924.38	972013.0	3510.79	649693.0	1569.91	357781.0	84.39	15688.0
			混交林	133684.76	24416541.0	4470.91	543075.0	34249.29	5630764.0	58273.88	10692650.0	35116.02	7199907.0	1574.66	350145.0
			针叶混交林	4505.22	916464.0	149.76	9863.0	1399.46	267418.0	1461.75	299035.0	1494.25	340148.0		
			针阔混交林	45858.71	8905515.0	1096.28	143662.0	11675.06	2054123.0	17108.63	3301099.0	15056.25	3195779.0	922.49	210852.0

表 8 长白山重点国有林区乔木林各龄组面积、蓄积按林种、起源和林分类型统计表（续 13）

单位：公顷、平方米

统计单位	林种	起源	林分类型	合计		幼龄林		中龄林		近熟林		成熟林		过熟林	
				面积	蓄积	面积	蓄积	面积	蓄积	面积	蓄积	面积	蓄积	面积	蓄积
八家子林业局	合计	合计	阔叶混交林	83320.83	14594562.0	3224.87	389550.0	21174.77	3309223.0	39703.50	7092516.0	18565.52	3663980.0	652.17	139293.0
		天然	合计	138550.04	25233050.0	3997.92	456832.0	37391.79	6120284.0	60200.71	11052694.0	35387.41	7253639.0	1572.21	349601.0
			纯林	8533.90	1415398.0	646.71	52375.0	4596.48	731209.0	2686.87	504058.0	594.59	126102.0	9.25	1654.0
			混交林	130016.14	23817652.0	3351.21	404457.0	32795.31	5389075.0	57513.84	10548636.0	34792.82	7127537.0	1562.96	347947.0
			针叶混交林	4022.68	839697.0			1308.11	251154.0	1358.08	279085.0	1356.49	309458.0		
			针阔混交林	42726.22	8391104.0	141.81	16411.0	10321.44	1829813.0	16461.33	3178337.0	14879.15	3155691.0	922.49	210852.0
			阔叶混交林	83267.24	14586851.0	3209.40	388046.0	21165.76	3308108.0	39694.43	7091214.0	18557.18	3662388.0	640.47	137095.0
		人工	合计	8288.07	1292664.0	2536.87	200241.0	2781.88	482493.0	1583.96	289649.0	1298.52	304049.0	86.84	16232.0
			纯林	4619.45	693775.0	1417.17	61623.0	1327.90	240804.0	823.92	145635.0	975.32	231679.0	75.14	14034.0
			混交林	3668.62	598889.0	1119.70	138618.0	1453.98	241689.0	760.04	144014.0	323.20	72370.0	11.70	2198.0
			针叶混交林	482.54	76767.0	149.76	9863.0	91.35	16264.0	103.67	19950.0	137.76	30690.0		
			针阔混交林	3132.49	514411.0	954.47	127251.0	1353.62	224310.0	647.30	122762.0	177.10	40088.0		
			阔叶混交林	53.59	7711.0	15.47	1504.0	9.01	1115.0	9.07	1302.0	8.34	1592.0	11.70	2198.0
		其中：人天混	合计	3738.75	618861.0	1083.26	137656.0	1621.50	275240.0	766.57	144961.0	255.72	58806.0	11.70	2198.0
			纯林	369.47	56016.0	106.56	6776.0	214.05	39711.0	46.38	9033.0	2.48	496.0		
			混交林	3369.28	562845.0	976.70	130880.0	1407.45	235529.0	720.19	135928.0	253.24	58310.0	11.70	2198.0
			针叶混交林	191.74	41214.0	13.20	2237.0	45.65	10279.0	65.09	12068.0	67.80	16630.0		
			针阔混交林	3123.95	513920.0	948.03	127139.0	1352.79	224135.0	646.03	122558.0	177.10	40088.0		
			阔叶混交林	53.59	7711.0	15.47	1504.0	9.01	1115.0	9.07	1302.0	8.34	1592.0	11.70	2198.0
	防护林	合计	合计	4761.42	863134.0	238.17	29712.0	805.02	129295.0	1928.47	330831.0	1532.45	305381.0	257.31	67915.0
			纯林	212.45	34276.0	28.38	3909.0	84.38	12394.0	70.83	12564.0	28.86	5409.0		
			混交林	4548.97	828858.0	209.79	25803.0	720.64	116901.0	1857.64	318267.0	1503.59	299972.0	257.31	67915.0
			针叶混交林	23.89	4567.0			17.51	3079.0	6.38	1488.0				
			针阔混交林	1291.47	278186.0	28.32	3108.0	101.26	17372.0	308.97	57581.0	605.05	134423.0	247.87	65702.0
			阔叶混交林	3233.61	546105.0	181.47	22695.0	601.87	96450.0	1542.29	259198.0	898.54	165549.0	9.44	2213.0
		天然	合计	4710.31	854899.0	213.83	26880.0	792.04	126945.0	1915.77	328050.0	1531.36	305109.0	257.31	67915.0
			纯林	201.40	32352.0	28.38	3909.0	74.80	10786.0	70.45	12520.0	27.77	5137.0		
			混交林	4508.91	822547.0	185.45	22971.0	717.24	116159.0	1845.32	315530.0	1503.59	299972.0	257.31	67915.0
			针叶混交林	14.60	2427.0			14.60	2427.0						
			针阔混交林	1260.70	274015.0	3.98	276.0	100.77	17282.0	303.03	56332.0	605.05	134423.0	247.87	65702.0
			阔叶混交林	3233.61	546105.0	181.47	22695.0	601.87	96450.0	1542.29	259198.0	898.54	165549.0	9.44	2213.0
		人工	合计	51.11	8235.0	24.34	2832.0	12.98	2350.0	12.70	2781.0	1.09	272.0		
			纯林	11.05	1924.0			9.58	1608.0	0.38	44.0	1.09	272.0		
			混交林	40.06	6311.0	24.34	2832.0	3.40	742.0	12.32	2737.0				
			针叶混交林	9.29	2140.0			2.91	652.0	6.38	1488.0				
			针阔混交林	30.77	4171.0	24.34	2832.0	0.49	90.0	5.94	1249.0				
		其中：人天混	合计	43.26	6431.0	24.34	2832.0	12.98	2350.0	5.94	1249.0				
			纯林	9.58	1608.0			9.58	1608.0						
			混交林	33.68	4823.0	24.34	2832.0	3.40	742.0	5.94	1249.0				
			针叶混交林	2.91	652.0			2.91	652.0						
			针阔混交林	30.77	4171.0	24.34	2832.0	0.49	90.0	5.94	1249.0				

表 8　长白山重点国有林区乔木林各龄组面积、蓄积按林种、起源和林分类型统计表（续 14）

单位：公顷、平方米

统计单位	林种	起源	林分类型	合计面积	合计蓄积	幼龄林面积	幼龄林蓄积	中龄林面积	中龄林蓄积	近熟林面积	近熟林蓄积	成熟林面积	成熟林蓄积	过熟林面积	过熟林蓄积
八家子林业局	特用林	合计	合计	20066.24	4093984.0	436.68	51314.0	4378.49	798388.0	6766.69	1404351.0	8301.69	1800674.0	182.69	39257.0
			纯林	572.80	108610.0	87.32	2968.0	244.11	52271.0	111.99	22455.0	125.83	30158.0	3.55	758.0
			混交林	19493.44	3985374.0	349.36	48346.0	4134.38	746117.0	6654.70	1381896.0	8175.86	1770516.0	179.14	38499.0
			针叶混交林	2891.21	624120.0	7.52	448.0	766.88	150552.0	875.57	187217.0	1241.24	285903.0		
			针阔混交林	11471.97	2360476.0	23.41	2380.0	2507.33	446715.0	3693.44	778839.0	5087.69	1098415.0	160.10	34127.0
			阔叶混交林	5130.26	1000778.0	318.43	45518.0	860.17	148850.0	2085.69	415840.0	1846.93	386198.0	19.04	4372.0
		天然	合计	19432.18	3971488.0	347.45	46879.0	4087.69	735118.0	6648.65	1380437.0	8169.25	1770555.0	179.14	38499.0
			纯林	92.74	15665.0	26.18	1229.0	11.43	1836.0	11.51	2191.0	43.62	10409.0		
			混交林	19339.44	3955823.0	321.27	45650.0	4076.26	733282.0	6637.14	1378246.0	8125.63	1760146.0	179.14	38499.0
			针叶混交林	2860.90	618466.0			759.41	148236.0	875.57	187217.0	1225.92	283013.0		
			针阔混交林	11348.28	2336579.0	2.84	132.0	2456.68	436196.0	3675.88	775189.0	5052.78	1090935.0	160.10	34127.0
			阔叶混交林	5130.26	1000778.0	318.43	45518.0	860.17	148850.0	2085.69	415840.0	1846.93	386198.0	19.04	4372.0
		人工	合计	634.06	122496.0	89.23	4435.0	290.80	63270.0	118.04	23914.0	132.44	30119.0	3.55	758.0
			纯林	480.06	92945.0	61.14	1739.0	232.68	50435.0	100.48	20264.0	82.21	19749.0	3.55	758.0
			混交林	154.00	29551.0	28.09	2696.0	58.12	12835.0	17.56	3650.0	50.23	10370.0		
			针叶混交林	30.31	5654.0	7.52	448.0	7.47	2316.0			15.32	2890.0		
			针阔混交林	123.69	23897.0	20.57	2248.0	50.65	10519.0	17.56	3650.0	34.91	7480.0		
		其中：人天混	合计	189.25	39019.0	18.36	2140.0	105.76	23066.0	19.71	4194.0	45.42	9619.0		
			纯林	49.79	10775.0			47.64	10231.0	2.15	544.0				
			混交林	139.46	28244.0	18.36	2140.0	58.12	12835.0	17.56	3650.0	45.42	9619.0		
			针叶混交林	17.98	4455.0			7.47	2316.0			10.51	2139.0		
			针阔混交林	121.48	23789.0	18.36	2140.0	50.65	10519.0	17.56	3650.0	34.91	7480.0		
	用材林	合计	合计	122010.45	21568596.0	5859.94	576047.0	34990.16	5675094.0	53089.51	9607161.0	26851.79	5451633.0	1219.05	258661.0
			纯林	12368.10	1966287.0	1948.18	107121.0	5595.89	907348.0	3327.97	614674.0	1415.22	322214.0	80.84	14930.0
			混交林	109642.35	19602309.0	3911.76	468926.0	29394.27	4767746.0	49761.54	8992487.0	25436.57	5129419.0	1138.21	243731.0
			针叶混交林	1590.12	287777.0	142.24	9415.0	615.07	113787.0	579.80	110330.0	253.01	54245.0		
			针阔混交林	33095.27	6266853.0	1044.55	138174.0	9066.47	1590036.0	13106.22	2464679.0	9363.51	1962941.0	514.52	111023.0
			阔叶混交林	74956.96	13047679.0	2724.97	321337.0	19712.73	3063923.0	36075.52	6417478.0	15820.05	3112233.0	623.69	132708.0
		天然	合计	114407.55	20406663.0	3436.64	383073.0	32512.06	5258221.0	51636.29	9344207.0	25686.80	5177975.0	1135.76	243187.0
			纯林	8239.76	1367381.0	592.15	47237.0	4510.25	718587.0	2604.91	489347.0	523.20	110556.0	9.25	1654.0
			混交林	106167.79	19039282.0	2844.49	335836.0	28001.81	4539634.0	49031.38	8854860.0	25163.60	5067419.0	1126.51	241533.0
			针叶混交林	1147.18	218804.0			534.10	100491.0	482.51	91868.0	130.57	26445.0		
			针阔混交林	30117.24	5780510.0	134.99	16003.0	7763.99	1376335.0	12482.42	2346816.0	9221.32	1930333.0	514.52	111023.0
			阔叶混交林	74903.37	13039968.0	2709.50	319833.0	19703.72	3062808.0	36066.45	6416176.0	15811.71	3110641.0	611.99	130510.0
		人工	合计	7602.90	1161933.0	2423.30	192974.0	2478.10	416873.0	1453.22	262954.0	1164.99	273658.0	83.29	15474.0
			纯林	4128.34	598906.0	1356.03	59884.0	1085.64	188761.0	723.06	125327.0	892.02	211658.0	71.59	13276.0
			混交林	3474.56	563027.0	1067.27	133090.0	1392.46	228112.0	730.16	137627.0	272.97	62000.0	11.70	2198.0
			针叶混交林	442.94	68973.0	142.24	9415.0	80.97	13296.0	97.29	18462.0	122.44	27800.0		
			针阔混交林	2978.03	486343.0	909.56	122171.0	1302.48	213701.0	623.80	117863.0	142.19	32608.0		
			阔叶混交林	53.59	7711.0	15.47	1504.0	9.01	1115.0	9.07	1302.0	8.34	1592.0	11.70	2198.0
		其中：人天混	合计	3506.24	573411.0	1040.56	132684.0	1502.76	249824.0	740.92	139518.0	210.30	49187.0	11.70	2198.0
			纯林	310.10	43633.0	106.56	6776.0	156.83	27872.0	44.23	8489.0	2.48	496.0		
			混交林	3196.14	529778.0	934.00	125908.0	1345.93	221952.0	696.69	131029.0	207.82	48691.0	11.70	2198.0

表8 长白山重点国有林区乔木林各龄组面积、蓄积按林种、起源和林分类型统计表（续15）

单位：公顷、平方米

统计单位	林种	起源	林分类型	合计		幼龄林		中龄林		近熟林		成熟林		过熟林	
				面积	蓄积	面积	蓄积	面积	蓄积	面积	蓄积	面积	蓄积	面积	蓄积
八家子林业局	用材林	其中：人天混	针叶混交林	170.85	36107.0	13.20	2237.0	35.27	7311.0	65.09	12068.0	57.29	14491.0		
			针阔混交林	2971.70	485960.0	905.33	122167.0	1301.65	213526.0	622.53	117659.0	142.19	32608.0		
			阔叶混交林	53.59	7711.0	15.47	1504.0	9.01	1115.0	9.07	1302.0	8.34	1592.0	11.70	2198.0
汪清林业局	合计	合计	合计	293918.86	47313074.0	13300.57	1161591.0	123292.84	18914762.0	135563.85	23170651.0	21474.13	4016405.0	287.47	49665.0
			纯林	60337.96	9392053.0	2855.46	204934.0	29499.51	4350837.0	25004.35	4280208.0	2957.95	552766.0	20.69	3308.0
			混交林	233580.90	37921021.0	10445.11	956657.0	93793.33	14563925.0	110559.50	18890443.0	18516.18	3463639.0	266.78	46357.0
			针叶混交林	14708.73	2225568.0	1497.77	113059.0	8163.26	1257066.0	3667.57	624077.0	1380.13	231366.0		
			针阔混交林	66394.71	10911435.0	3104.36	309113.0	32491.31	5206748.0	25253.35	4361128.0	5435.59	1014703.0	110.10	19743.0
			阔叶混交林	152477.46	24784018.0	5842.98	534485.0	53138.76	8100111.0	81638.58	13905238.0	11700.46	2217570.0	156.68	26614.0
		天然	合计	280058.27	45627047.0	9001.90	829337.0	118356.32	18307198.0	132632.67	22697828.0	19808.24	3746267.0	259.14	46417.0
			纯林	54290.48	8609304.0	1559.26	117464.0	27493.61	4101367.0	23382.34	4017486.0	1837.28	370075.0	17.99	2912.0
			混交林	225767.79	37017743.0	7442.64	711873.0	90862.71	14205831.0	109250.33	18680342.0	17970.96	3376192.0	241.15	43505.0
			针叶混交林	11817.15	1940481.0	203.56	21123.0	7164.55	1156246.0	3312.25	569552.0	1136.79	193560.0		
			针阔混交林	61475.15	10293515.0	1396.10	156265.0	30559.40	4949474.0	24301.47	4205823.0	5133.71	965062.0	84.47	16891.0
			阔叶混交林	152475.49	24783747.0	5842.98	534485.0	53138.76	8100111.0	81636.61	13904967.0	11700.46	2217570.0	156.68	26614.0
		人工	合计	13860.59	1686027.0	4298.67	332254.0	4936.52	607564.0	2931.18	472823.0	1665.89	270138.0	28.33	3248.0
			纯林	6047.48	782749.0	1296.20	87470.0	2005.90	249470.0	1622.01	262722.0	1120.67	182691.0	2.70	396.0
			混交林	7813.11	903278.0	3002.47	244784.0	2930.62	358094.0	1309.17	210101.0	545.22	87447.0	25.63	2852.0
			针叶混交林	2891.58	285087.0	1294.21	91936.0	998.71	100820.0	355.32	54525.0	243.34	37806.0		
			针阔混交林	4919.56	617920.0	1708.26	152848.0	1931.91	257274.0	951.88	155305.0	301.88	49641.0	25.63	2852.0
			阔叶混交林	1.97	271.0					1.97	271.0				
		其中：人天混	合计	7010.34	843520.0	2420.92	217364.0	2873.58	350838.0	1265.99	203241.0	424.22	69225.0	25.63	2852.0
			纯林	135.17	13453.0	34.38	2261.0	95.30	10234.0	5.49	958.0				
			混交林	6875.17	830067.0	2386.54	215103.0	2778.28	340604.0	1260.50	202283.0	424.22	69225.0	25.63	2852.0
			针叶混交林	1963.73	212442.0	684.87	62327.0	846.37	83330.0	310.15	47201.0	122.34	19584.0		
			针阔混交林	4911.44	617625.0	1701.67	152776.0	1931.91	257274.0	950.35	155082.0	301.88	49641.0	25.63	2852.0
	防护林	合计	合计	76767.82	12340728.0	2334.72	185243.0	34272.30	5328773.0	36486.85	6158628.0	3672.92	667909.0	1.03	175.0
			纯林	25442.25	3975713.0	861.07	61589.0	13021.85	1952129.0	10531.65	1777070.0	1026.65	184750.0	1.03	175.0
			混交林	51325.57	8365015.0	1473.65	123654.0	21250.45	3376644.0	25955.20	4381558.0	2646.27	483159.0		
			针叶混交林	1646.14	245828.0	214.02	17356.0	1051.35	163828.0	314.45	55908.0	66.32	8736.0		
			针阔混交林	9167.55	1486786.0	445.28	45604.0	5234.11	847815.0	3152.99	534667.0	335.17	58700.0		
			阔叶混交林	40511.88	6632401.0	814.35	60694.0	14964.99	2365001.0	22487.76	3790983.0	2244.78	415723.0		
		天然	合计	73710.85	11936418.0	1499.33	123076.0	33473.76	5210673.0	35657.83	6021525.0	3079.93	581144.0		
			纯林	23862.64	3764411.0	487.91	38066.0	12686.49	1904583.0	10126.00	1706891.0	562.24	114871.0		
			混交林	49848.21	8172007.0	1011.42	85010.0	20787.27	3306090.0	25531.83	4314634.0	2517.69	466273.0		
			针叶混交林	1237.68	199548.0	14.24	1639.0	977.33	152986.0	232.35	42583.0	13.76	2340.0		
			针阔混交林	8100.62	1340329.0	182.83	22677.0	4844.95	788103.0	2813.69	481339.0	259.15	48210.0		
			阔叶混交林	40509.91	6632130.0	814.35	60694.0	14964.99	2365001.0	22485.79	3790712.0	2244.78	415723.0		
		人工	合计	3056.97	404310.0	835.39	62167.0	798.54	118100.0	829.02	137103.0	592.99	86765.0	1.03	175.0
			纯林	1579.61	211302.0	373.16	23523.0	335.36	47546.0	405.65	70179.0	464.41	69879.0	1.03	175.0
			混交林	1477.36	193008.0	462.23	38644.0	463.18	70554.0	423.37	66924.0	128.58	16886.0		
			针叶混交林	408.46	46280.0	199.78	15717.0	74.02	10842.0	82.10	13325.0	52.56	6396.0		

表 8　长白山重点国有林区乔木林各龄组面积、蓄积按林种、起源和林分类型统计表（续 16）

单位：公顷、平方米

统计单位	林种	起源	林分类型	合计		幼龄林		中龄林		近熟林		成熟林		过熟林	
				面积	蓄积	面积	蓄积	面积	蓄积	面积	蓄积	面积	蓄积	面积	蓄积
汪清林业局	防护林	人工	针阔混交林	1066.93	146457.0	262.45	22927.0	389.16	59712.0	339.30	53328.0	76.02	10490.0		
			阔叶混交林	1.97	271.0					1.97	271.0				
		其中：人天混	合计	1229.25	170681.0	286.87	27087.0	457.44	67970.0	402.11	63464.0	82.83	12160.0		
			纯林	39.15	3388.0			39.15	3388.0						
			混交林	1190.10	167293.0	286.87	27087.0	418.29	64582.0	402.11	63464.0	82.83	12160.0		
			针叶混交林	123.52	20887.0	24.42	4160.0	29.13	4870.0	63.16	10187.0	6.81	1670.0		
			针阔混交林	1066.58	146406.0	262.45	22927.0	389.16	59712.0	338.95	53277.0	76.02	10490.0		
	特用林	合计	合计	206231.92	33301812.0	9260.82	839414.0	85315.26	13016769.0	94754.47	16259301.0	16636.70	3140235.0	264.67	46093.0
			纯林	31406.85	4890515.0	1265.51	94714.0	15349.61	2227258.0	13355.79	2291480.0	1435.94	277063.0		
			混交林	174825.07	28411297.0	7995.31	744700.0	69965.65	10789511.0	81398.68	13967821.0	15200.76	2863172.0	264.67	46093.0
			针叶混交林	12222.26	1869262.0	945.23	70891.0	6929.20	1064134.0	3211.56	541626.0	1136.27	192611.0		
			针阔混交林	55433.50	9152881.0	2367.39	233659.0	26345.65	4221734.0	21694.32	3756535.0	4918.15	921474.0	107.99	19479.0
			阔叶混交林	107169.31	17389154.0	4682.69	440150.0	36690.80	5503643.0	56492.80	9669660.0	9146.34	1749087.0	156.68	26614.0
		天然	合计	199882.33	32652142.0	6969.31	655696.0	82707.90	12758763.0	93695.18	16110015.0	16270.90	3084427.0	239.04	43241.0
			纯林	29386.96	4677550.0	943.24	67685.0	14453.54	2148690.0	12823.93	2226531.0	1166.25	234644.0		
			混交林	170495.37	27974592.0	6026.07	588011.0	68254.36	10610073.0	80871.25	13883484.0	15104.65	2849783.0	239.04	43241.0
			针叶混交林	10551.62	1736220.0	168.54	16524.0	6180.15	1001507.0	3079.90	526969.0	1123.03	191220.0		
			针阔混交林	52774.44	8849218.0	1174.84	131337.0	25383.41	4104923.0	21298.55	3686855.0	4835.28	909476.0	82.36	16627.0
			阔叶混交林	107169.31	17389154.0	4682.69	440150.0	36690.80	5503643.0	56492.80	9669660.0	9146.34	1749087.0	156.68	26614.0
	用材林	人工	合计	6349.59	649670.0	2291.51	183718.0	2607.36	258006.0	1059.29	149286.0	365.80	55808.0	25.63	2852.0
			纯林	2019.89	212965.0	322.27	27029.0	896.07	78568.0	531.86	64949.0	269.69	42419.0		
			混交林	4329.70	436705.0	1969.24	156689.0	1711.29	179438.0	527.43	84337.0	96.11	13389.0	25.63	2852.0
			针叶混交林	1670.64	133042.0	776.69	54367.0	749.05	62627.0	131.66	14657.0	13.24	1391.0		
			针阔混交林	2659.06	303663.0	1192.55	102322.0	962.24	116811.0	395.77	69680.0	82.87	11998.0	25.63	2852.0
		其中：人天混	合计	4090.16	423313.0	1772.84	146769.0	1670.44	176210.0	525.14	84093.0	96.11	13389.0	25.63	2852.0
			纯林	58.13	4145.0	33.44	2206.0	24.69	1939.0						
			混交林	4032.03	419168.0	1739.40	144563.0	1645.75	174271.0	525.14	84093.0	96.11	13389.0	25.63	2852.0
			针叶混交林	1372.97	115505.0	546.85	42241.0	683.51	57460.0	129.37	14413.0	13.24	1391.0		
			针阔混交林	2659.06	303663.0	1192.55	102322.0	962.24	116811.0	395.77	69680.0	82.87	11998.0	25.63	2852.0
		合计	合计	10919.12	1670534.0	1705.03	136934.0	3705.28	569220.0	4322.53	752722.0	1164.51	208261.0	21.77	3397.0
			纯林	3488.86	525825.0	728.88	48631.0	1128.05	171450.0	1116.91	211658.0	495.36	90953.0	19.66	3133.0
			混交林	7430.26	1144709.0	976.15	88303.0	2577.23	397770.0	3205.62	541064.0	669.15	117308.0	2.11	264.0
			针叶混交林	840.33	110478.0	338.52	24812.0	182.71	29104.0	141.56	26543.0	177.54	30019.0		
			针阔混交林	1793.66	271768.0	291.69	29850.0	911.55	137199.0	406.04	69926.0	182.27	34529.0	2.11	264.0
			阔叶混交林	4796.27	762463.0	345.94	33641.0	1482.97	231467.0	2658.02	444595.0	309.34	52760.0		
		天然	合计	6465.09	1038487.0	533.26	50565.0	2174.66	337762.0	3279.66	566288.0	457.41	80696.0	20.10	3176.0
			纯林	1040.88	167343.0	128.11	11713.0	353.58	48094.0	432.41	84064.0	108.79	20560.0	17.99	2912.0
			混交林	5424.21	871144.0	405.15	38852.0	1821.08	289668.0	2847.25	482224.0	348.62	60136.0	2.11	264.0
			针叶混交林	27.85	4713.0	20.78	2960.0	7.07	1753.0						
			针阔混交林	600.09	103968.0	38.43	2251.0	331.04	56448.0	189.23	37629.0	39.28	7376.0	2.11	264.0
			阔叶混交林	4796.27	762463.0	345.94	33641.0	1482.97	231467.0	2658.02	444595.0	309.34	52760.0		

表 8　长白山重点国有林区乔木林各龄组面积、蓄积按林种、起源和林分类型统计表（续 17）

单位：公顷、平方米

统计单位	林种	起源	林分类型	合计 面积	合计 蓄积	幼龄林 面积	幼龄林 蓄积	中龄林 面积	中龄林 蓄积	近熟林 面积	近熟林 蓄积	成熟林 面积	成熟林 蓄积	过熟林 面积	过熟林 蓄积
汪清林业局	用材林	人工	合计	4454.03	632047.0	1171.77	86369.0	1530.62	231458.0	1042.87	186434.0	707.10	127565.0	1.67	221.0
			纯林	2447.98	358482.0	600.77	36918.0	774.47	123356.0	684.50	127594.0	386.57	70393.0	1.67	221.0
			混交林	2006.05	273565.0	571.00	49451.0	756.15	108102.0	358.37	58840.0	320.53	57172.0		
			针叶混交林	812.48	105765.0	317.74	21852.0	175.64	27351.0	141.56	26543.0	177.54	30019.0		
			针阔混交林	1193.57	167800.0	253.26	27599.0	580.51	80751.0	216.81	32297.0	142.99	27153.0		
		其中：人天混	合计	1690.93	249526.0	361.21	43508.0	745.70	106658.0	338.74	55684.0	245.28	43676.0		
			纯林	37.89	5920.0	0.94	55.0	31.46	4907.0	5.49	958.0				
			混交林	1653.04	243606.0	360.27	43453.0	714.24	101751.0	333.25	54726.0	245.28	43676.0		
			针叶混交林	467.24	76050.0	113.60	15926.0	133.73	21000.0	117.62	22601.0	102.29	16523.0		
			针阔混交林	1185.80	167556.0	246.67	27527.0	580.51	80751.0	215.63	32125.0	142.99	27153.0		
大兴沟林业局	合计	合计	合计	103138.54	15083490.0	12390.21	1033853.0	31423.35	4533064.0	50129.61	7890331.0	8767.41	1550963.0	427.96	75279.0
			纯林	32729.61	4868296.0	4730.61	380169.0	10762.71	1617614.0	13293.58	2177987.0	3634.15	638651.0	308.56	53875.0
			混交林	70408.93	10215194.0	7659.60	653684.0	20660.64	2915450.0	36836.03	5712344.0	5133.26	912312.0	119.40	21404.0
			针叶混交林	1940.39	287467.0	249.41	13839.0	544.16	86534.0	889.87	145584.0	247.14	40081.0	9.81	1429.0
			针阔混交林	18122.19	2834889.0	1940.41	201043.0	5624.61	865046.0	8578.72	1406205.0	1909.97	348081.0	68.48	14514.0
			阔叶混交林	50346.35	7092838.0	5469.78	438802.0	14491.87	1963870.0	27367.44	4160555.0	2976.15	524150.0	41.11	5461.0
		天然	合计	84478.18	12337072.0	8507.03	691419.0	24460.25	3416743.0	45566.53	7155940.0	5862.31	1058201.0	82.06	14769.0
			纯林	20028.04	2924305.0	2749.78	220566.0	6288.10	875866.0	9927.79	1628684.0	1056.25	198124.0	6.12	1065.0
			混交林	64450.14	9412767.0	5757.25	470853.0	18172.15	2540877.0	35638.74	5527256.0	4806.06	860077.0	75.94	13704.0
			针叶混交林	1080.84	185179.0			320.95	56394.0	649.90	110482.0	109.99	18303.0		
			针阔混交林	13056.04	2139442.0	288.51	32064.0	3367.46	521615.0	7635.49	1258184.0	1722.11	317963.0	42.47	9616.0
			阔叶混交林	50313.26	7088146.0	5468.74	438789.0	14483.74	1962868.0	27353.35	4158590.0	2973.96	523811.0	33.47	4088.0
		人工	合计	18660.36	2746418.0	3883.18	342434.0	6963.10	1116321.0	4563.08	734391.0	2905.10	492762.0	345.90	60510.0
			纯林	12701.57	1943991.0	1980.83	159603.0	4474.61	741748.0	3365.79	549303.0	2577.90	440527.0	302.44	52810.0
			混交林	5958.79	802427.0	1902.35	182831.0	2488.49	374573.0	1197.29	185088.0	327.20	52235.0	43.46	7700.0
			针叶混交林	859.55	102288.0	249.41	13839.0	223.21	30140.0	239.97	35102.0	137.15	21778.0	9.81	1429.0
			针阔混交林	5066.15	695447.0	1651.90	168979.0	2257.15	343431.0	943.23	148021.0	187.86	30118.0	26.01	4898.0
			阔叶混交林	33.09	4692.0	1.04	13.0	8.13	1002.0	14.09	1965.0	2.19	339.0	7.64	1373.0
		其中：人天混	合计	5792.22	786851.0	1913.09	191064.0	2588.96	392358.0	1025.39	159902.0	221.32	35827.0	43.46	7700.0
			纯林	470.13	53832.0	231.79	17375.0	220.95	33241.0	17.39	3216.0				
			混交林	5322.09	733019.0	1681.30	173689.0	2368.01	359117.0	1008.00	156686.0	221.32	35827.0	43.46	7700.0
			针叶混交林	235.09	34552.0	29.82	4709.0	113.51	16344.0	50.68	6700.0	31.27	5370.0	9.81	1429.0
			针阔混交林	5054.82	693787.0	1651.35	168979.0	2246.37	341771.0	943.23	148021.0	187.86	30118.0	26.01	4898.0
			阔叶混交林	32.18	4680.0	0.13	1.0	8.13	1002.0	14.09	1965.0	2.19	339.0	7.64	1373.0
	防护林	合计	合计	70725.21	10611055.0	7029.88	641695.0	19287.18	2773032.0	37778.99	6000342.0	6279.91	1132440.0	349.25	63546.0
			纯林	19062.51	2887477.0	2308.31	199337.0	5739.33	837812.0	8863.05	1458627.0	1891.98	345522.0	259.84	46179.0
			混交林	51662.70	7723578.0	4721.57	442358.0	13547.85	1935220.0	28915.94	4541715.0	4387.93	786918.0	89.41	17367.0
			针叶混交林	1358.89	214126.0	110.59	6322.0	330.06	53256.0	739.94	124046.0	168.49	29073.0	9.81	1429.0
			针阔混交林	14174.50	2263610.0	1075.08	120971.0	4044.97	625203.0	7307.64	1195483.0	1682.59	308269.0	64.22	13684.0
			阔叶混交林	36129.31	5245842.0	3535.90	315065.0	9172.82	1256761.0	20868.36	3222186.0	2536.85	449576.0	15.38	2254.0
		天然	合计	62897.72	9424188.0	5356.94	465088.0	16286.83	2296181.0	36031.45	5715830.0	5158.53	934154.0	63.97	12935.0
			纯林	13977.14	2071825.0	1574.58	120745.0	3860.33	529779.0	7608.80	1247118.0	927.31	173118.0	6.12	1065.0
			混交林	48920.58	7352363.0	3782.36	344343.0	12426.50	1766402.0	28422.65	4468712.0	4231.22	761036.0	57.85	11870.0

表 8　长白山重点国有林区乔木林各龄组面积、蓄积按林种、起源和林分类型统计表（续 18）

单位：公顷、平方米

统计单位	林种	起源	林分类型	合计		幼龄林		中龄林		近熟林		成熟林		过熟林	
				面积	蓄积	面积	蓄积	面积	蓄积	面积	蓄积	面积	蓄积	面积	蓄积
大兴沟林业局	防护林	天然	针叶混交林	970.79	165734.0			275.22	45848.0	585.58	101583.0	109.99	18303.0		
			针阔混交林	11833.17	1942477.0	246.59	29279.0	2985.54	464790.0	6972.00	1145296.0	1586.57	293496.0	42.47	9616.0
			阔叶混交林	36116.62	5244152.0	3535.77	315064.0	9165.74	1255764.0	20865.07	3221833.0	2534.66	449237.0	15.38	2254.0
		人工	合计	7827.49	1186867.0	1672.94	176607.0	3000.35	476851.0	1747.54	284512.0	1121.38	198286.0	285.28	50611.0
			纯林	5085.37	815652.0	733.73	78592.0	1879.00	308033.0	1254.25	211509.0	964.67	172404.0	253.72	45114.0
			混交林	2742.12	371215.0	939.21	98015.0	1121.35	168818.0	493.29	73003.0	156.71	25882.0	31.56	5497.0
			针叶混交林	388.10	48392.0	110.59	6322.0	54.84	7408.0	154.36	22463.0	58.50	10770.0	9.81	1429.0
			针阔混交林	2341.33	321133.0	828.49	91692.0	1059.43	160413.0	335.64	50187.0	96.02	14773.0	21.75	4068.0
			阔叶混交林	12.69	1690.0	0.13	1.0	7.08	997.0	3.29	353.0	2.19	339.0		
		其中：人天混	合计	2567.89	353607.0	930.79	101555.0	1137.40	174669.0	354.58	52991.0	113.56	18895.0	31.56	5497.0
			纯林	156.91	20321.0	95.86	9040.0	58.04	10758.0	3.01	523.0				
			混交林	2410.98	333286.0	834.93	92515.0	1079.36	163911.0	351.57	52468.0	113.56	18895.0	31.56	5497.0
			针叶混交林	60.41	10886.0	6.31	822.0	16.30	2924.0	12.64	1928.0	15.35	3783.0	9.81	1429.0
			针阔混交林	2337.88	320710.0	828.49	91692.0	1055.98	159990.0	335.64	50187.0	96.02	14773.0	21.75	4068.0
			阔叶混交林	12.69	1690.0	0.13	1.0	7.08	997.0	3.29	353.0	2.19	339.0		
	特用林	合计	合计	952.47	150993.0	27.17	386.0	410.61	64151.0	462.25	76894.0	52.44	9562.0		
			纯林	242.52	46504.0	20.47	246.0	96.39	17194.0	125.66	29064.0				
			混交林	709.95	104489.0	6.70	140.0	314.22	46957.0	336.59	47830.0	52.44	9562.0		
			针叶混交林	52.74	8589.0	2.53	40.0	29.16	6321.0	21.05	2228.0				
			针阔混交林	258.73	38974.0	3.00	27.0	75.75	11056.0	127.54	18329.0	52.44	9562.0		
			阔叶混交林	398.48	56926.0	1.17	73.0	209.31	29580.0	188.00	27273.0				
		天然	合计	852.88	138711.0	3.39	120.0	381.57	58760.0	415.48	70269.0	52.44	9562.0		
			纯林	209.88	43751.0	2.22	47.0	94.65	16973.0	113.01	26731.0				
			混交林	643.00	94960.0	1.17	73.0	286.92	41787.0	302.47	43538.0	52.44	9562.0		
			针叶混交林	50.21	8549.0			29.16	6321.0	21.05	2228.0				
			针阔混交林	194.31	29485.0			48.45	5886.0	93.42	14037.0	52.44	9562.0		
			阔叶混交林	398.48	56926.0	1.17	73.0	209.31	29580.0	188.00	27273.0				
		人工	合计	99.59	12282.0	23.78	266.0	29.04	5391.0	46.77	6625.0				
			纯林	32.64	2753.0	18.25	199.0	1.74	221.0	12.65	2333.0				
			混交林	66.95	9529.0	5.53	67.0	27.30	5170.0	34.12	4292.0				
			针叶混交林	2.53	40.0	2.53	40.0								
			针阔混交林	64.42	9489.0	3.00	27.0	27.30	5170.0	34.12	4292.0				
		其中：人天混	合计	66.16	9710.0	3.00	27.0	29.04	5391.0	34.12	4292.0				
			纯林	1.74	221.0			1.74	221.0						
			混交林	64.42	9489.0	3.00	27.0	27.30	5170.0	34.12	4292.0				
			针阔混交林	64.42	9489.0	3.00	27.0	27.30	5170.0	34.12	4292.0				
	用材林	合计	合计	31460.86	4321442.0	5333.16	391772.0	11725.56	1695881.0	11888.37	1813095.0	2435.06	408961.0	78.71	11733.0
			纯林	13424.58	1934315.0	2401.83	180586.0	4926.99	762608.0	4304.87	690296.0	1742.17	293129.0	48.72	7696.0
			混交林	18036.28	2387127.0	2931.33	211186.0	6798.57	933273.0	7583.50	1122799.0	692.89	115832.0	29.99	4037.0
			针叶混交林	528.76	64752.0	136.29	7477.0	184.94	26957.0	128.88	19310.0	78.65	11008.0		
			针阔混交林	3688.96	532305.0	862.33	80045.0	1503.89	228787.0	1143.54	192393.0	174.94	30250.0	4.26	830.0
			阔叶混交林	13818.56	1790070.0	1932.71	123664.0	5109.74	677529.0	6311.08	911096.0	439.30	74574.0	25.73	3207.0

表8 长白山重点国有林区乔木林各龄组面积、蓄积按林种、起源和林分类型统计表（续19）

单位：公顷、平方米

统计单位	林种	起源	林分类型	合计		幼龄林		中龄林		近熟林		成熟林		过熟林	
				面积	蓄积	面积	蓄积	面积	蓄积	面积	蓄积	面积	蓄积	面积	蓄积
大兴沟林业局	用材林	天然	合计	20727.58	2774173.0	3146.70	226211.0	7791.85	1061802.0	9119.60	1369841.0	651.34	114485.0	18.09	1834.0
			纯林	5841.02	808729.0	1172.98	99774.0	2333.12	329114.0	2205.98	354835.0	128.94	25006.0		
			混交林	14886.56	1965444.0	1973.72	126437.0	5458.73	732688.0	6913.62	1015006.0	522.40	89479.0	18.09	1834.0
			针叶混交林	59.84	10896.0			16.57	4225.0	43.27	6671.0				
			针阔混交林	1028.56	167480.0	41.92	2785.0	333.47	50939.0	570.07	98851.0	83.10	14905.0		
			阔叶混交林	13798.16	1787068.0	1931.80	123652.0	5108.69	677524.0	6300.28	909484.0	439.30	74574.0	18.09	1834.0
		人工	合计	10733.28	1547269.0	2186.46	165561.0	3933.71	634079.0	2768.77	443254.0	1783.72	294476.0	60.62	9899.0
			纯林	7583.56	1125586.0	1228.85	80812.0	2593.87	433494.0	2098.89	335461.0	1613.23	268123.0	48.72	7696.0
			混交林	3149.72	421683.0	957.61	84749.0	1339.84	200585.0	669.88	107793.0	170.49	26353.0	11.90	2203.0
			针叶混交林	468.92	53856.0	136.29	7477.0	168.37	22732.0	85.61	12639.0	78.65	11008.0		
			针阔混交林	2660.40	364825.0	820.41	77260.0	1170.42	177848.0	573.47	93542.0	91.84	15345.0	4.26	830.0
			阔叶混交林	20.40	3002.0	0.91	12.0	1.05	5.0	10.80	1612.0			7.64	1373.0
		其中：人天混	合计	3158.17	423534.0	979.30	89482.0	1422.52	212298.0	636.69	102619.0	107.76	16932.0	11.90	2203.0
			纯林	311.48	33290.0	135.93	8335.0	161.17	22262.0	14.38	2693.0				
			混交林	2846.69	390244.0	843.37	81147.0	1261.35	190036.0	622.31	99926.0	107.76	16932.0	11.90	2203.0
			针叶混交林	174.68	23666.0	23.51	3887.0	97.21	13420.0	38.04	4772.0	15.92	1587.0		
			针阔混交林	2652.52	363588.0	819.86	77260.0	1163.09	176611.0	573.47	93542.0	91.84	15345.0	4.26	830.0
			阔叶混交林	19.49	2990.0			1.05	5.0	10.80	1612.0			7.64	1373.0
天桥岭林业局	合计	合计	合计	179980.06	27146921.0	6161.24	504907.0	63849.78	9282630.0	93063.84	14500369.0	16683.57	2816401.0	221.63	42614.0
			纯林	46706.99	6981044.0	2282.32	152644.0	19586.62	2775977.0	21425.20	3433532.0	3310.35	599005.0	102.50	19886.0
			混交林	133273.07	20165877.0	3878.92	352263.0	44263.16	6506653.0	71638.64	11066837.0	13373.22	2217396.0	119.13	22728.0
			针叶混交林	2813.44	416808.0	134.08	14614.0	1424.99	213810.0	1153.58	171733.0	100.79	16651.0		
			针阔混交林	34881.19	5512910.0	1326.15	168493.0	15864.28	2488848.0	15554.88	2494477.0	2135.88	361092.0		
			阔叶混交林	95578.44	14236159.0	2418.69	169156.0	26973.89	3803995.0	54930.18	8400627.0	11136.55	1839653.0	119.13	22728.0
		天然	合计	166350.76	25152431.0	3749.21	282840.0	59371.24	8627769.0	88046.85	13703352.0	15041.13	2511135.0	142.33	27335.0
			纯林	38024.77	5726696.0	1002.94	79425.0	16902.57	2395339.0	18103.37	2896356.0	1992.69	350969.0	23.20	4607.0
			混交林	128325.99	19425735.0	2746.27	203415.0	42468.67	6232430.0	69943.48	10806996.0	13048.44	2160166.0	119.13	22728.0
			针叶混交林	2206.17	330371.0	2.77	362.0	1352.36	202793.0	833.71	124505.0	17.33	2711.0		
			针阔混交林	30579.90	4861639.0	342.90	35122.0	14162.85	2226851.0	14179.59	2281864.0	1894.56	317802.0		
			阔叶混交林	95539.92	14233725.0	2400.60	167931.0	26953.46	3802786.0	54930.18	8400627.0	11136.55	1839653.0	119.13	22728.0
		人工	合计	13629.30	1994490.0	2412.03	222067.0	4478.54	654861.0	5016.99	797017.0	1642.44	305266.0	79.30	15279.0
			纯林	8682.22	1254348.0	1279.38	73219.0	2684.05	380638.0	3321.83	537176.0	1317.66	248036.0	79.30	15279.0
			混交林	4947.08	740142.0	1132.65	148848.0	1794.49	274223.0	1695.16	259841.0	324.78	57230.0		
			针叶混交林	607.27	86437.0	131.31	14252.0	72.63	11017.0	319.87	47228.0	83.46	13940.0		
			针阔混交林	4301.29	651271.0	983.25	133371.0	1701.43	261997.0	1375.29	212613.0	241.32	43290.0		
			阔叶混交林	38.52	2434.0	18.09	1225.0	20.43	1209.0						
		其中：人天混	合计	4733.00	727462.0	1079.77	153085.0	1817.87	282236.0	1560.86	242629.0	274.50	49512.0		
			纯林	191.75	33231.0	82.00	14105.0	74.99	13105.0	34.76	6021.0				
			混交林	4541.25	694231.0	997.77	138980.0	1742.88	269131.0	1526.10	236608.0	274.50	49512.0		
			针叶混交林	264.16	42465.0	30.76	4521.0	49.41	7727.0	150.81	23995.0	33.18	6222.0		
			针阔混交林	4268.49	650541.0	958.41	133234.0	1693.47	261404.0	1375.29	212613.0	241.32	43290.0		
			阔叶混交林	8.60	1225.0	8.60	1225.0								

表 8　长白山重点国有林区乔木林各龄组面积、蓄积按林种、起源和林分类型统计表（续 20）

单位：公顷、平方米

统计单位	林种	起源	林分类型	合计		幼龄林		中龄林		近熟林		成熟林		过熟林	
				面积	蓄积	面积	蓄积	面积	蓄积	面积	蓄积	面积	蓄积	面积	蓄积
天桥岭林业局	防护林	合计	合计	57318.14	8325819.0	2479.25	176394.0	22115.82	3068886.0	28114.30	4322682.0	4543.35	745866.0	65.42	11991.0
			纯林	19607.59	2803747.0	1028.42	63635.0	8973.47	1199638.0	8287.04	1306803.0	1281.37	226536.0	37.29	7135.0
			混交林	37710.55	5522072.0	1450.83	112759.0	13142.35	1869248.0	19827.26	3015879.0	3261.98	519330.0	28.13	4856.0
			针叶混交林	458.35	66293.0	35.06	3832.0	195.68	28049.0	197.68	29327.0	29.93	5085.0		
			针阔混交林	6621.51	1043286.0	397.75	42748.0	2986.97	486792.0	2878.67	454360.0	358.12	59386.0		
			阔叶混交林	30630.69	4412493.0	1018.02	66179.0	9959.70	1354407.0	16750.91	2532192.0	2873.93	454859.0	28.13	4856.0
		天然	合计	51684.20	7531300.0	1465.77	96824.0	20292.33	2812253.0	26037.56	4000231.0	3840.02	613181.0	48.52	8811.0
			纯林	15661.32	2250232.0	373.43	24829.0	7760.07	1031963.0	6850.47	1081860.0	656.96	107625.0	20.39	3955.0
			混交林	36022.88	5281068.0	1092.34	71995.0	12532.26	1780290.0	19187.09	2918371.0	3183.06	505556.0	28.13	4856.0
			针叶混交林	234.81	36067.0			162.07	22937.0	72.74	13130.0				
			针阔混交林	5162.59	832641.0	74.32	5816.0	2415.70	403079.0	2363.44	373049.0	309.13	50697.0		
			阔叶混交林	30625.48	4412360.0	1018.02	66179.0	9954.49	1354274.0	16750.91	2532192.0	2873.93	454859.0	28.13	4856.0
		人工	合计	5633.94	794519.0	1013.48	79570.0	1823.49	256633.0	2076.74	322451.0	703.33	132685.0	16.90	3180.0
			纯林	3946.27	553515.0	654.99	38806.0	1213.40	167675.0	1436.57	224943.0	624.41	118911.0	16.90	3180.0
			混交林	1687.67	241004.0	358.49	40764.0	610.09	88958.0	640.17	97508.0	78.92	13774.0		
			针叶混交林	223.54	30226.0	35.06	3832.0	33.61	5112.0	124.94	16197.0	29.93	5085.0		
			针阔混交林	1458.92	210645.0	323.43	36932.0	571.27	83713.0	515.23	81311.0	48.99	8689.0		
			阔叶混交林	5.21	133.0			5.21	133.0						
		其中：人天混	合计	1620.84	240835.0	359.88	45525.0	638.57	95368.0	568.91	90470.0	53.48	9472.0		
			纯林	124.20	20556.0	51.08	8526.0	53.92	8833.0	19.20	3197.0				
			混交林	1496.64	220279.0	308.80	36999.0	584.65	86535.0	549.71	87273.0	53.48	9472.0		
			针叶混交林	61.05	10227.0	0.74	67.0	21.34	3415.0	34.48	5962.0	4.49	783.0		
			针阔混交林	1435.59	210052.0	308.06	36932.0	563.31	83120.0	515.23	81311.0	48.99	8689.0		
	特用林	合计	合计	116066.69	17864006.0	2504.10	211177.0	39481.82	5880389.0	62412.84	9776839.0	11561.03	1974243.0	106.90	21358.0
			纯林	23226.84	3625581.0	739.92	60888.0	9337.77	1392267.0	11548.30	1870456.0	1584.95	298484.0	15.90	3486.0
			混交林	92839.85	14238425.0	1764.18	150289.0	30144.05	4488122.0	50864.54	7906383.0	9976.08	1675759.0	91.00	17872.0
			针叶混交林	2009.45	300920.0	2.98	362.0	1191.47	180038.0	760.97	111375.0	54.03	9145.0		
			针阔混交林	25900.74	4115064.0	378.62	48175.0	11938.39	1858496.0	11924.30	1926573.0	1659.43	281820.0		
			阔叶混交林	64929.66	9822441.0	1382.58	101752.0	17014.19	2449588.0	38179.27	5868435.0	8262.62	1384794.0	91.00	17872.0
		天然	合计	114665.45	17621111.0	2282.33	185996.0	39078.91	5815516.0	62009.29	9703121.0	11201.11	1897954.0	93.81	18524.0
			纯林	22362.34	3476444.0	628.40	54576.0	9142.50	1363376.0	11252.90	1814496.0	1335.73	243344.0	2.81	652.0
			混交林	92303.11	14144667.0	1653.93	131420.0	29936.41	4452140.0	50756.39	7888625.0	9865.38	1654610.0	91.00	17872.0
			针叶混交林	1971.36	294304.0	2.77	362.0	1190.29	179856.0	760.97	111375.0	17.33	2711.0		
			针阔混交林	25417.31	4028998.0	268.58	29306.0	11747.15	1823772.0	11816.15	1908815.0	1585.43	267105.0		
			阔叶混交林	64914.44	9821365.0	1382.58	101752.0	16998.97	2448512.0	38179.27	5868435.0	8262.62	1384794.0	91.00	17872.0
		人工	合计	1401.24	242895.0	221.77	25181.0	402.91	64873.0	403.55	73718.0	359.92	76289.0	13.09	2834.0
			纯林	864.50	149137.0	111.52	6312.0	195.27	28891.0	295.40	55960.0	249.22	55140.0	13.09	2834.0
			混交林	536.74	93758.0	110.25	18869.0	207.64	35982.0	108.15	17758.0	110.70	21149.0		
			针叶混交林	38.09	6616.0	0.21		1.18	182.0			36.70	6434.0		
			针阔混交林	483.43	86066.0	110.04	18869.0	191.24	34724.0	108.15	17758.0	74.00	14715.0		
			阔叶混交林	15.22	1076.0			15.22	1076.0						
		其中：人天混	合计	563.94	102059.0	131.02	23155.0	213.49	39178.0	123.71	20582.0	95.72	19144.0		

表 8 长白山重点国有林区乔木林各龄组面积、蓄积按林种、起源和林分类型统计表（续 21）

单位：公顷、平方米

统计单位	林种	起源	林分类型	合计		幼龄林		中龄林		近熟林		成熟林		过熟林	
				面积	蓄积	面积	蓄积	面积	蓄积	面积	蓄积	面积	蓄积	面积	蓄积
天桥岭林业局	特用林	其中：人天混	纯林	57.61	11382.0	20.98	4286.0	21.07	4272.0	15.56	2824.0				
			混交林	506.33	90677.0	110.04	18869.0	192.42	34906.0	108.15	17758.0	95.72	19144.0		
			针叶混交林	22.90	4611.0			1.18	182.0			21.72	4429.0		
			针阔混交林	483.43	86066.0	110.04	18869.0	191.24	34724.0	108.15	17758.0	74.00	14715.0		
	用材林	合计	合计	6595.23	957096.0	1177.89	117336.0	2252.14	333355.0	2536.70	400848.0	579.19	96292.0	49.31	9265.0
			纯林	3872.56	551716.0	513.98	28121.0	1275.38	184072.0	1589.86	256273.0	444.03	73985.0	49.31	9265.0
			混交林	2722.67	405380.0	663.91	89215.0	976.76	149283.0	946.84	144575.0	135.16	22307.0		
			针叶混交林	345.64	49595.0	96.04	10420.0	37.84	5723.0	194.93	31031.0	16.83	2421.0		
			针阔混交林	2358.94	354560.0	549.78	77570.0	938.92	143560.0	751.91	113544.0	118.33	19886.0		
			阔叶混交林	18.09	1225.0	18.09	1225.0								
		天然	合计	1.11	20.0	1.11	20.0								
			纯林	1.11	20.0	1.11	20.0								
		人工	合计	6594.12	957076.0	1176.78	117316.0	2252.14	333355.0	2536.70	400848.0	579.19	96292.0	49.31	9265.0
			纯林	3871.45	551696.0	512.87	28101.0	1275.38	184072.0	1589.86	256273.0	444.03	73985.0	49.31	9265.0
			混交林	2722.67	405380.0	663.91	89215.0	976.76	149283.0	946.84	144575.0	135.16	22307.0		
			针叶混交林	345.64	49595.0	96.04	10420.0	37.84	5723.0	194.93	31031.0	16.83	2421.0		
			针阔混交林	2358.94	354560.0	549.78	77570.0	938.92	143560.0	751.91	113544.0	118.33	19886.0		
			阔叶混交林	18.09	1225.0	18.09	1225.0								
		其中：人天混	合计	2548.22	384568.0	588.87	84405.0	965.81	147690.0	868.24	131577.0	125.30	20896.0		
			纯林	9.94	1293.0	9.94	1293.0								
			混交林	2538.28	383275.0	578.93	83112.0	965.81	147690.0	868.24	131577.0	125.30	20896.0		
			针叶混交林	180.21	27627.0	30.02	4454.0	26.89	4130.0	116.33	18033.0	6.97	1010.0		
			针阔混交林	2349.47	354423.0	540.31	77433.0	938.92	143560.0	751.91	113544.0	118.33	19886.0		
			阔叶混交林	8.60	1225.0	8.60	1225.0								
珲春林业局	合计	合计	合计	320067.70	47178159.0	19068.65	1036121.0	96598.56	11616063.0	135273.93	21558469.0	66724.25	12497295.0	2402.31	470211.0
			纯林	124245.14	16589392.0	9180.93	511542.0	57674.34	6977700.0	46105.28	7030013.0	11088.93	2035729.0	195.66	34408.0
			混交林	195822.56	30588767.0	9887.72	524579.0	38924.22	4638363.0	89168.65	14528456.0	55635.32	10461566.0	2206.65	435803.0
			针叶混交林	9706.11	1560682.0	805.12	31067.0	1260.74	188629.0	4128.11	694263.0	3496.01	644029.0	16.13	2694.0
			针阔混交林	33067.27	5637160.0	2089.94	148173.0	4153.69	553859.0	12612.37	2180057.0	13711.52	2656216.0	499.75	98855.0
			阔叶混交林	153049.18	23390925.0	6992.66	345339.0	33509.79	3895875.0	72428.17	11654136.0	38427.79	7161321.0	1690.77	334254.0
		天然	合计	300443.46	45065734.0	13071.72	697285.0	90788.84	10936522.0	131390.91	21059602.0	62860.39	11912344.0	2331.60	459981.0
			纯林	112720.46	15350277.0	5731.06	335615.0	54225.03	6565558.0	43832.22	6745295.0	8789.54	1676736.0	142.61	27073.0
			混交林	187723.00	29715457.0	7340.66	361670.0	36563.81	4370964.0	87558.69	14314307.0	54070.85	10235608.0	2188.99	432908.0
			针叶混交林	7162.94	1274064.0	204.58	6864.0	885.61	146868.0	3454.67	606878.0	2618.08	513454.0		
			针阔混交林	27590.94	5053931.0	191.06	10408.0	2174.13	328534.0	11676.71	2053356.0	13049.29	2562778.0	499.75	98855.0
			阔叶混交林	152969.12	23387462.0	6945.02	344398.0	33504.07	3895562.0	72427.31	11654073.0	38403.48	7159376.0	1689.24	334053.0
		人工	合计	19624.24	2112425.0	5996.93	338836.0	5809.72	679541.0	3883.02	498867.0	3863.86	584951.0	70.71	10230.0
			纯林	11524.68	1239115.0	3449.87	175927.0	3449.31	412142.0	2273.06	284718.0	2299.39	358993.0	53.05	7335.0
			混交林	8099.56	873310.0	2547.06	162909.0	2360.41	267399.0	1609.96	214149.0	1564.47	225958.0	17.66	2895.0
			针叶混交林	2543.17	286618.0	600.54	24203.0	375.13	41761.0	673.44	87385.0	877.93	130575.0	16.13	2694.0
			针阔混交林	5476.33	583229.0	1898.88	137765.0	1979.56	225325.0	935.66	126701.0	662.23	93438.0		
			阔叶混交林	80.06	3463.0	47.64	941.0	5.72	313.0	0.86	63.0	24.31	1945.0	1.53	201.0

表 8　长白山重点国有林区乔木林各龄组面积蓄积、按林种、起源和林分类型统计表（续 22）

单位：公顷、平方米

统计单位	林种	起源	林分类型	合计		幼龄林		中龄林		近熟林		成熟林		过熟林	
				面积	蓄积	面积	蓄积	面积	蓄积	面积	蓄积	面积	蓄积	面积	蓄积
珲春林业局	合计	其中：人天混	合计	5917.39	639758.0	2074.99	151364.0	2185.41	261979.0	964.59	130152.0	691.84	96213.0	0.56	50.0
			纯林	399.42	48814.0	180.67	13863.0	215.21	34471.0	1.09	112.0	2.45	368.0		
			混交林	5517.97	590944.0	1894.32	137501.0	1970.20	227508.0	963.50	130040.0	689.39	95845.0	0.56	50.0
			针叶混交林	107.69	10563.0	34.97	748.0	33.30	4963.0	34.08	4117.0	5.34	735.0		
			针阔混交林	5360.80	577507.0	1840.37	136238.0	1932.13	222244.0	928.56	125860.0	659.74	93165.0		
			阔叶混交林	49.48	2874.0	18.98	515.0	4.77	301.0	0.86	63.0	24.31	1945.0	0.56	50.0
	防护林	合计	合计	75363.57	9812840.0	6700.06	395327.0	32269.46	3753713.0	28061.84	4171920.0	8139.53	1458289.0	192.68	33591.0
			纯林	37881.10	4864444.0	2751.12	170031.0	19683.42	2410860.0	13956.15	2033806.0	1439.85	244008.0	50.56	5739.0
			混交林	37482.47	4948396.0	3948.94	225296.0	12586.04	1342853.0	14105.69	2138114.0	6699.68	1214281.0	142.12	27852.0
			针叶混交林	1619.12	246842.0	87.28	3244.0	84.32	9491.0	702.79	106801.0	728.60	124612.0	16.13	2694.0
			针阔混交林	6105.44	929027.0	803.69	66270.0	867.76	99901.0	2023.81	314648.0	2387.07	442975.0	23.11	5233.0
			阔叶混交林	29757.91	3772527.0	3057.97	155782.0	11633.96	1233461.0	11379.09	1716665.0	3584.01	646694.0	102.88	19925.0
		天然	合计	69206.44	9089222.0	5058.19	285883.0	30347.81	3513933.0	26679.50	3985575.0	6980.31	1277171.0	140.63	26660.0
			纯林	34412.34	4439517.0	2015.00	130325.0	18568.00	2262030.0	13079.09	1913133.0	734.08	132326.0	16.17	1703.0
			混交林	34794.10	4649705.0	3043.19	155558.0	11779.81	1251903.0	13600.41	2072442.0	6246.23	1144845.0	124.46	24957.0
			针叶混交林	919.49	155829.0			0.63	70.0	475.31	77594.0	443.55	78165.0		
			针阔混交林	4140.52	722150.0	4.25	214.0	148.48	18534.0	1746.01	278183.0	2218.67	419986.0	23.11	5233.0
			阔叶混交林	29734.09	3771726.0	3038.94	155344.0	11630.70	1233299.0	11379.09	1716665.0	3584.01	646694.0	101.35	19724.0
		人工	合计	6157.13	723618.0	1641.87	109444.0	1921.65	239780.0	1382.34	186345.0	1159.22	181118.0	52.05	6931.0
			纯林	3468.76	424927.0	736.12	39706.0	1115.42	148830.0	877.06	120673.0	705.77	111682.0	34.39	4036.0
			混交林	2688.37	298691.0	905.75	69738.0	806.23	90950.0	505.28	65672.0	453.45	69436.0	17.66	2895.0
			针叶混交林	699.63	91013.0	87.28	3244.0	83.69	9421.0	227.48	29207.0	285.05	46447.0	16.13	2694.0
			针阔混交林	1964.92	206877.0	799.44	66056.0	719.28	81367.0	277.80	36465.0	168.40	22989.0		
			阔叶混交林	23.82	801.0	19.03	438.0	3.26	162.0					1.53	201.0
		其中：人天混	合计	2124.31	231721.0	870.96	75172.0	806.32	97014.0	277.80	36465.0	168.67	23020.0	0.56	50.0
			纯林	162.35	23491.0	77.89	9183.0	84.46	14308.0						
			混交林	1961.96	208230.0	793.07	65989.0	721.86	82706.0	277.80	36465.0	168.67	23020.0	0.56	50.0
			针叶混交林	12.10	1606.0			11.83	1575.0			0.27	31.0		
			针阔混交林	1936.25	206231.0	782.33	65796.0	707.72	80981.0	277.80	36465.0	168.40	22989.0		
			阔叶混交林	13.61	393.0	10.74	193.0	2.31	150.0					0.56	50.0
	特用林	合计	合计	238124.17	36727689.0	10371.01	540338.0	61185.68	7514805.0	105890.56	17212636.0	58467.29	11023290.0	2209.63	436620.0
			纯林	82106.21	11295480.0	5186.37	271216.0	35949.04	4335583.0	31245.89	4877285.0	9579.81	1782727.0	145.10	28669.0
			混交林	156017.96	25432209.0	5184.64	269122.0	25236.64	3179222.0	74644.67	12335351.0	48887.48	9240563.0	2064.53	407951.0
			针叶混交林	7907.21	1301213.0	619.98	27433.0	1150.33	175555.0	3391.12	582149.0	2745.78	516076.0		
			针阔混交林	26581.58	4672316.0	1185.40	76388.0	3068.62	430220.0	10537.09	1860165.0	11313.83	2211921.0	476.64	93622.0
			阔叶混交林	121529.17	19458680.0	3379.26	165301.0	21017.69	2573447.0	60716.46	9893037.0	34827.87	6512566.0	1587.89	314329.0
		天然	合计	226622.16	35500526.0	6928.79	351971.0	57919.83	7146263.0	103743.72	16939892.0	55838.85	10629079.0	2190.97	433321.0
			纯林	75509.52	10599309.0	3188.68	170287.0	34031.10	4119088.0	30129.62	4743629.0	8033.68	1540935.0	126.44	25370.0
			混交林	151112.64	24901217.0	3740.11	181684.0	23888.73	3027175.0	73614.10	12196263.0	47805.17	9088144.0	2064.53	407951.0
			针叶混交林	6237.97	1118235.0	199.10	6864.0	884.98	146798.0	2979.36	529284.0	2174.53	435289.0		
			针阔混交林	23383.60	4326786.0	173.08	9907.0	1988.52	307081.0	9918.28	1773942.0	10827.08	2142234.0	476.64	93622.0
			阔叶混交林	121491.07	19456196.0	3367.93	164913.0	21015.23	2573296.0	60716.46	9893037.0	34803.56	6510621.0	1587.89	314329.0

表 8　长白山重点国有林区乔木林各龄组面积蓄积、按林种、起源和林分类型统计表（续 23）

单位：公顷、平方米

统计单位	林种	起源	林分类型	合计		幼龄林		中龄林		近熟林		成熟林		过熟林	
				面积	蓄积	面积	蓄积	面积	蓄积	面积	蓄积	面积	蓄积	面积	蓄积
珲春林业局	特用林	人工	合计	11502.01	1227163.0	3442.22	188367.0	3265.85	368542.0	2146.84	272744.0	2628.44	394211.0	18.66	3299.0
			纯林	6596.69	696171.0	1997.69	100929.0	1917.94	216495.0	1116.27	133656.0	1546.13	241792.0	18.66	3299.0
			混交林	4905.32	530992.0	1444.53	87438.0	1347.91	152047.0	1030.57	139088.0	1082.31	152419.0		
			针叶混交林	1669.24	182978.0	420.88	20569.0	265.35	28757.0	411.76	52865.0	571.25	80787.0		
			针阔混交林	3197.98	345530.0	1012.32	66481.0	1080.10	123139.0	618.81	86223.0	486.75	69687.0		
			阔叶混交林	38.10	2484.0	11.33	388.0	2.46	151.0			24.31	1945.0		
		其中：人天混	合计	3475.38	376769.0	1114.74	70734.0	1197.67	143993.0	646.88	89611.0	516.09	72431.0		
			纯林	229.84	24918.0	96.79	4428.0	129.51	20010.0	1.09	112.0	2.45	368.0		
			混交林	3245.54	351851.0	1017.95	66306.0	1068.16	123983.0	645.79	89499.0	513.64	72063.0		
			针叶混交林	95.59	8957.0	34.97	748.0	21.47	3388.0	34.08	4117.0	5.07	704.0		
			针阔混交林	3114.94	340476.0	974.74	65236.0	1044.23	120444.0	611.71	85382.0	484.26	69414.0		
			阔叶混交林	35.01	2418.0	8.24	322.0	2.46	151.0			24.31	1945.0		
	用材林	合计	合计	6579.96	637630.0	1997.58	100456.0	3143.42	347545.0	1321.53	173913.0	117.43	15716.0		
			纯林	4257.83	429468.0	1243.44	70295.0	2041.88	231257.0	903.24	118922.0	69.27	8994.0		
			混交林	2322.13	208162.0	754.14	30161.0	1101.54	116288.0	418.29	54991.0	48.16	6722.0		
			针叶混交林	179.78	12627.0	97.86	390.0	26.09	3583.0	34.20	5313.0	21.63	3341.0		
			针阔混交林	380.25	35817.0	100.85	5515.0	217.31	23738.0	51.47	5244.0	10.62	1320.0		
			阔叶混交林	1762.10	159718.0	555.43	24256.0	858.14	88967.0	332.62	44434.0	15.91	2061.0		
		天然	合计	4614.86	475986.0	1084.74	59431.0	2521.20	276326.0	967.69	134135.0	41.23	6094.0		
			纯林	2798.60	311451.0	527.38	35003.0	1625.93	184440.0	623.51	88533.0	21.78	3475.0		
			混交林	1816.26	164535.0	557.36	24428.0	895.27	91886.0	344.18	45602.0	19.45	2619.0		
			针叶混交林	5.48		5.48									
			针阔混交林	66.82	4995.0	13.73	287.0	37.13	2919.0	12.42	1231.0	3.54	558.0		
			阔叶混交林	1743.96	159540.0	538.15	24141.0	858.14	88967.0	331.76	44371.0	15.91	2061.0		
		人工	合计	1965.10	161644.0	912.84	41025.0	622.22	71219.0	353.84	39778.0	76.20	9622.0		
			纯林	1459.23	118017.0	716.06	35292.0	415.95	46817.0	279.73	30389.0	47.49	5519.0		
			混交林	505.87	43627.0	196.78	5733.0	206.27	24402.0	74.11	9389.0	28.71	4103.0		
			针叶混交林	174.30	12627.0	92.38	390.0	26.09	3583.0	34.20	5313.0	21.63	3341.0		
			针阔混交林	313.43	30822.0	87.12	5228.0	180.18	20819.0	39.05	4013.0	7.08	762.0		
			阔叶混交林	18.14	178.0	17.28	115.0			0.86	63.0				
		其中：人天混	合计	317.70	31268.0	89.29	5458.0	181.42	20972.0	39.91	4076.0	7.08	762.0		
			纯林	7.23	405.0	5.99	252.0	1.24	153.0						
			混交林	310.47	30863.0	83.30	5206.0	180.18	20819.0	39.91	4076.0	7.08	762.0		
			针阔混交林	309.61	30800.0	83.30	5206.0	180.18	20819.0	39.05	4013.0	7.08	762.0		
			阔叶混交林	0.86	63.0					0.86	63.0				

说明：①本表中人工林合计中含《东北内蒙古重点国有林区森林资源规划设计调查技术规定》中起源为“人天混”数据；

②同时保留起源为“人天混”的统计结果明细。

单位：公顷、株

表 9　长白山重点国有林区经济林各产期面积（株数）按林木经营权、起源和优势树种统计表

统计单位	林木经营权	起源	优势树种（组）	面积合计	乔木经济林										灌木经济林				
					合计		产前期		初产期		盛产期		衰产期		合计	产前期	初产期	盛产期	衰产期
					面积	株数	面积	株数	面积	株数	面积	株数	面积	株数	面积	面积	面积	面积	面积
长白山森工	合计	合计	合计	1475.63											1475.63	204.08	1073.20	176.16	22.19
			果树类	794.34											794.34	52.23	687.74	54.37	
			苹果	41.50											41.50	28.30	3.13	10.07	
			食用原料类	1.55											1.55			1.55	
			蓝莓	78.94											78.94	37.62	41.15	0.17	
			榛子	72.10											72.10	46.99	16.08	9.03	
			其他	487.20											487.20	38.94	325.10	100.97	22.19
		人工	合计	1475.63											1475.63	204.08	1073.20	176.16	22.19
			果树类	794.34											794.34	52.23	687.74	54.37	
			苹果	41.50											41.50	28.30	3.13	10.07	
			食用原料类	1.55											1.55			1.55	
			蓝莓	78.94											78.94	37.62	41.15	0.17	
			榛子	72.10											72.10	46.99	16.08	9.03	
			其他	487.20											487.20	38.94	325.10	100.97	22.19
	国有	合计	合计	1107.69											1107.69	137.69	773.73	174.08	22.19
			果树类	637.84											637.84	23.93	560.00	53.91	
			苹果	41.50											41.50	28.30	3.13	10.07	
			食用原料类	1.55											1.55			1.55	
			蓝莓	55.72											55.72	22.25	33.30	0.17	
			榛子	40.10											40.10	24.97	6.10	9.03	
			其他	330.98											330.98	38.24	171.20	99.35	22.19
		人工	合计	1107.69											1107.69	137.69	773.73	174.08	22.19
			果树类	637.84											637.84	23.93	560.00	53.91	
			苹果	41.50											41.50	28.30	3.13	10.07	
			食用原料类	1.55											1.55			1.55	
			蓝莓	55.72											55.72	22.25	33.30	0.17	
			榛子	40.10											40.10	24.97	6.10	9.03	
			其他	330.98											330.98	38.24	171.20	99.35	22.19
	集体	合计	合计	317.90											317.90	47.35	270.09	0.46	
			果树类	156.50											156.50	28.30	127.74	0.46	
			榛子	29.03											29.03	19.05	9.98		
			其他	132.37											132.37		132.37		
		人工	合计	317.90											317.90	47.35	270.09	0.46	
			果树类	156.50											156.50	28.30	127.74	0.46	
			榛子	29.03											29.03	19.05	9.98		
			其他	132.37											132.37		132.37		
	个人	合计	合计	50.04											50.04	19.04	29.38	1.62	
			蓝莓	23.22											23.22	15.37	7.85		
			榛子	2.97											2.97	2.97			
			其他	23.85											23.85	0.70	21.53	1.62	

表9 长白山重点国有林区经济林各产期面积（株数）按林木经营权、起源和优势树种统计表（续1）

单位：公顷、株

统计单位	林木经营权	起源	优势树种（组）	面积合计	乔木经济林										灌木经济林				
					合计		产前期		初产期		盛产期		衰产期		合计	产前期	初产期	盛产期	衰产期
					面积	株数	面积	株数	面积	株数	面积	株数	面积	株数	面积	面积	面积	面积	面积
长白山森工	个人	人工	合计	50.04											50.04	19.04	29.38	1.62	
			蓝莓	23.22											23.22	15.37	7.85		
			榛子	2.97											2.97	2.97			
			其他	23.85											23.85	0.70	21.53	1.62	
黄泥河林业局	合计	合计	合计	45.37											45.37	13.70	11.79	19.88	
			果树类	2.33											2.33		2.33		
			苹果	6.17											6.17	6.17			
			食用原料类	1.55											1.55			1.55	
			榛子	9.86											9.86	7.53	1.32	1.01	
			其他	25.46											25.46		8.14	17.32	
		人工	合计	45.37											45.37	13.70	11.79	19.88	
			果树类	2.33											2.33		2.33		
			苹果	6.17											6.17	6.17			
			食用原料类	1.55											1.55			1.55	
			榛子	9.86											9.86	7.53	1.32	1.01	
			其他	25.46											25.46		8.14	17.32	
	国有	合计	合计	45.37											45.37	13.70	11.79	19.88	
			果树类	2.33											2.33		2.33		
			苹果	6.17											6.17	6.17			
			食用原料类	1.55											1.55			1.55	
			榛子	9.86											9.86	7.53	1.32	1.01	
			其他	25.46											25.46		8.14	17.32	
		人工	合计	45.37											45.37	13.70	11.79	19.88	
			果树类	2.33											2.33		2.33		
			苹果	6.17											6.17	6.17			
			食用原料类	1.55											1.55			1.55	
			榛子	9.86											9.86	7.53	1.32	1.01	
			其他	25.46											25.46		8.14	17.32	
敦化林业局	合计	合计	合计	37.25											37.25	33.58	2.82	0.85	
			果树类	2.30											2.30	2.30			
			苹果	21.74											21.74	21.74			
			榛子	9.54											9.54	9.54			
			其他	3.67											3.67		2.82	0.85	
		人工	合计	37.25											37.25	33.58	2.82	0.85	
			果树类	2.30											2.30	2.30			
			苹果	21.74											21.74	21.74			
			榛子	9.54											9.54	9.54			
			其他	3.67											3.67		2.82	0.85	
	国有	合计	合计	37.25											37.25	33.58	2.82	0.85	
			果树类	2.30											2.30	2.30			
			苹果	21.74											21.74	21.74			

表 9　长白山重点国有林区经济林各产期面积（株数）按林木经营权、起源和优势树种统计表（续 2）

单位：公顷、株

统计单位	林木经营权	起源	优势树种（组）	面积合计	乔木经济林										灌木经济林				
					合计		产前期		初产期		盛产期		衰产期		合计	产前期	初产期	盛产期	衰产期
					面积	株数	面积	株数	面积	株数	面积	株数	面积	株数	面积	面积	面积	面积	面积
敦化林业局	国有	合计	榛子	9.54											9.54	9.54			
			其他	3.67											3.67		2.82	0.85	
		人工	合计	37.25											37.25	33.58	2.82	0.85	
			果树类	2.30											2.30	2.30			
			苹果	21.74											21.74	21.74			
			榛子	9.54											9.54	9.54			
			其他	3.67											3.67		2.82	0.85	
大石头林业局	合计	合计	合计	41.18											41.18	25.50	15.68		
			蓝莓	2.70											2.70		2.70		
			榛子	5.21											5.21	5.21			
			其他	33.27											33.27	20.29	12.98		
		人工	合计	41.18											41.18	25.50	15.68		
			蓝莓	2.70											2.70		2.70		
			榛子	5.21											5.21	5.21			
			其他	33.27											33.27	20.29	12.98		
	国有	合计	合计	32.85											32.85	23.72	9.13		
			榛子	3.43											3.43	3.43			
			其他	29.42											29.42	20.29	9.13		
		人工	合计	32.85											32.85	23.72	9.13		
			榛子	3.43											3.43	3.43			
			其他	29.42											29.42	20.29	9.13		
	个人	合计	合计	8.33											8.33	1.78	6.55		
			蓝莓	2.70											2.70		2.70		
			榛子	1.78											1.78	1.78			
			其他	3.85											3.85		3.85		
		人工	合计	8.33											8.33	1.78	6.55		
			蓝莓	2.70											2.70		2.70		
			榛子	1.78											1.78	1.78			
			其他	3.85											3.85		3.85		
白河林业局	合计	合计	合计	179.85											179.85	53.63	64.37	48.28	13.57
			苹果	0.39											0.39	0.39			
			蓝莓	72.35											72.35	34.61	37.57	0.17	
			榛子	5.81											5.81	1.84	3.97		
			其他	101.30											101.30	16.79	22.83	48.11	13.57
		人工	合计	179.85											179.85	53.63	64.37	48.28	13.57
			苹果	0.39											0.39	0.39			
			蓝莓	72.35											72.35	34.61	37.57	0.17	
			榛子	5.81											5.81	1.84	3.97		
			其他	101.30											101.30	16.79	22.83	48.11	13.57
	国有	合计	合计	143.51											143.51	37.56	44.10	48.28	13.57
			苹果	0.39											0.39	0.39			

表 9　长白山重点国有林区经济林各产期面积（株数）按林木经营权、起源和优势树种统计表（续 3）

单位：公顷、株

统计单位	林木经营权	起源	优势树种（组）	面积合计	乔木经济林										灌木经济林				
					合计		产前期		初产期		盛产期		衰产期		合计	产前期	初产期	盛产期	衰产期
					面积	株数	面积	株数	面积	株数	面积	株数	面积	株数	面积	面积	面积	面积	面积
白河林业局	国有	合计	蓝莓	51.83											51.83	19.24	32.42	0.17	
			榛子	5.81											5.81	1.84	3.97		
			其他	85.48											85.48	16.09	7.71	48.11	13.57
		人工	合计	143.51											143.51	37.56	44.10	48.28	13.57
			苹果	0.39											0.39	0.39			
			蓝莓	51.83											51.83	19.24	32.42	0.17	
			榛子	5.81											5.81	1.84	3.97		
			其他	85.48											85.48	16.09	7.71	48.11	13.57
	个人	合计	合计	36.34											36.34	16.07	20.27		
			蓝莓	20.52											20.52	15.37	5.15		
			其他	15.82											15.82	0.70	15.12		
		人工	合计	36.34											36.34	16.07	20.27		
			蓝莓	20.52											20.52	15.37	5.15		
			其他	15.82											15.82	0.70	15.12		
和龙林业局	合计	合计	合计	41.46											41.46	0.78	37.00	3.68	
			其他	41.46											41.46	0.78	37.00	3.68	
		人工	合计	41.46											41.46	0.78	37.00	3.68	
			其他	41.46											41.46	0.78	37.00	3.68	
	国有	合计	合计	41.46											41.46	0.78	37.00	3.68	
			其他	41.46											41.46	0.78	37.00	3.68	
		人工	合计	41.46											41.46	0.78	37.00	3.68	
			其他	41.46											41.46	0.78	37.00	3.68	
八家子林业局	合计	合计	合计	9.62											9.62	1.19	2.03	6.40	
			苹果	2.03											2.03		2.03		
			榛子	1.19											1.19	1.19			
			其他	6.40											6.40			6.40	
		人工	合计	9.62											9.62	1.19	2.03	6.40	
			苹果	2.03											2.03		2.03		
			榛子	1.19											1.19	1.19			
			其他	6.40											6.40			6.40	
	国有	合计	合计	8.43											8.43		2.03	6.40	
			苹果	2.03											2.03		2.03		
			其他	6.40											6.40			6.40	
		人工	合计	8.43											8.43		2.03	6.40	
			苹果	2.03											2.03		2.03		
			其他	6.40											6.40			6.40	
	个人	合计	合计	1.19											1.19	1.19			
			榛子	1.19											1.19	1.19			
		人工	合计	1.19											1.19	1.19			
			榛子	1.19											1.19	1.19			

表9　长白山重点国有林区经济林各产期面积（株数）按林木经营权、起源和优势树种统计表（续4）

单位：公顷、株

统计单位	林木经营权	起源	优势树种（组）	面积合计	乔木经济林										灌木经济林				
					合计		产前期		初产期		盛产期		衰产期		合计	产前期	初产期	盛产期	衰产期
					面积	株数	面积	株数	面积	株数	面积	株数	面积	株数	面积	面积	面积	面积	面积
汪清林业局	合计	合计	合计	8.78											8.78	2.68	2.96	3.14	
			果树类	1.35											1.35		1.35		
			苹果	1.88											1.88			1.88	
			蓝莓	3.56											3.56	2.68	0.88		
			其他	1.99											1.99		0.73	1.26	
		人工	合计	8.78											8.78	2.68	2.96	3.14	
			果树类	1.35											1.35		1.35		
			苹果	1.88											1.88			1.88	
			蓝莓	3.56											3.56	2.68	0.88		
			其他	1.99											1.99		0.73	1.26	
	国有	合计	合计	8.78											8.78	2.68	2.96	3.14	
			果树类	1.35											1.35		1.35		
			苹果	1.88											1.88			1.88	
			蓝莓	3.56											3.56	2.68	0.88		
			其他	1.99											1.99		0.73	1.26	
		人工	合计	8.78											8.78	2.68	2.96	3.14	
			果树类	1.35											1.35		1.35		
			苹果	1.88											1.88			1.88	
			蓝莓	3.56											3.56	2.68	0.88		
			其他	1.99											1.99		0.73	1.26	
大兴沟林业局	合计	合计	合计	45.14											45.14	1.59	27.58	7.35	8.62
			果树类	2.07											2.07		2.07		
			榛子	1.09											1.09	1.09			
			其他	41.98											41.98	0.50	25.51	7.35	8.62
		人工	合计	45.14											45.14	1.59	27.58	7.35	8.62
			果树类	2.07											2.07		2.07		
			榛子	1.09											1.09	1.09			
			其他	41.98											41.98	0.50	25.51	7.35	8.62
	国有	合计	合计	41.45											41.45	1.59	25.51	5.73	8.62
			榛子	1.09											1.09	1.09			
			其他	40.36											40.36	0.50	25.51	5.73	8.62
		人工	合计	41.45											41.45	1.59	25.51	5.73	8.62
			榛子	1.09											1.09	1.09			
			其他	40.36											40.36	0.50	25.51	5.73	8.62
	集体	合计	合计	2.07											2.07		2.07		
			果树类	2.07											2.07		2.07		
		人工	合计	2.07											2.07		2.07		
			果树类	2.07											2.07		2.07		
	个人	合计	合计	1.62											1.62			1.62	
			其他	1.62											1.62			1.62	
		人工	合计	1.62											1.62			1.62	
			其他	1.62											1.62			1.62	

表9 长白山重点国有林区经济林各产期面积（株数）按林木经营权、起源和优势树种统计表（续5）

单位：公顷、株

统计单位	林木经营权	起源	优势树种（组）	面积合计	乔木经济林										灌木经济林				
					合计		产前期		初产期		盛产期		衰产期		合计	产前期	初产期	盛产期	衰产期
					面积	株数	面积	株数	面积	株数	面积	株数	面积	株数	面积	面积	面积	面积	面积
天桥岭林业局	合计	合计	合计	21.92											21.92	1.06	9.03	11.83	
			果树类	3.56											3.56		3.56		
			榛子	0.48											0.48	0.48			
			其他	17.88											17.88	0.58	5.47	11.83	
		人工	合计	21.92											21.92	1.06	9.03	11.83	
			果树类	3.56											3.56		3.56		
			榛子	0.48											0.48	0.48			
			其他	17.88											17.88	0.58	5.47	11.83	
	国有	合计	合计	21.92											21.92	1.06	9.03	11.83	
			果树类	3.56											3.56		3.56		
			榛子	0.48											0.48	0.48			
			其他	17.88											17.88	0.58	5.47	11.83	
		人工	合计	21.92											21.92	1.06	9.03	11.83	
			果树类	3.56											3.56		3.56		
			榛子	0.48											0.48	0.48			
			其他	17.88											17.88	0.58	5.47	11.83	
珲春林业局	合计	合计	合计	1045.06											1045.06	70.37	899.94	74.75	
			果树类	782.73											782.73	49.93	678.43	54.37	
			苹果	9.29											9.29		1.10	8.19	
			蓝莓	0.33											0.33	0.33			
			榛子	38.92											38.92	20.11	10.79	8.02	
			其他	213.79											213.79		209.62	4.17	
		人工	合计	1045.06											1045.06	70.37	899.94	74.75	
			果树类	782.73											782.73	49.93	678.43	54.37	
			苹果	9.29											9.29		1.10	8.19	
			蓝莓	0.33											0.33	0.33			
			榛子	38.92											38.92	20.11	10.79	8.02	
			其他	213.79											213.79		209.62	4.17	
	国有	合计	合计	726.67											726.67	23.02	629.36	74.29	
			果树类	628.30											628.30	21.63	552.76	53.91	
			苹果	9.29											9.29		1.10	8.19	
			蓝莓	0.33											0.33	0.33			
			榛子	9.89											9.89	1.06	0.81	8.02	
			其他	78.86											78.86		74.69	4.17	
		人工	合计	726.67											726.67	23.02	629.36	74.29	
			果树类	628.30											628.30	21.63	552.76	53.91	
			苹果	9.29											9.29		1.10	8.19	
			蓝莓	0.33											0.33	0.33			
			榛子	9.89											9.89	1.06	0.81	8.02	
			其他	78.86											78.86		74.69	4.17	

表 9 长白山重点国有林区经济林各产期面积（株数）按林木经营权、起源和优势树种统计表（续 6）

单位：公顷、株

统计单位	林木经营权	起源	优势树种（组）	面积合计	乔木经济林										灌木经济林					
					合计		产前期		初产期		盛产期		衰产期		合计	产前期	初产期	盛产期	衰产期
					面积	株数	面积	株数	面积	株数	面积	株数	面积	株数	面积	面积	面积	面积	面积
珲春林业局	集体	合计	合计	315.83											315.83	47.35	268.02	0.46	
			果树类	154.43											154.43	28.30	125.67	0.46	
			榛子	29.03											29.03	19.05	9.98		
			其他	132.37											132.37		132.37		
		人工	合计	315.83											315.83	47.35	268.02	0.46	
			果树类	154.43											154.43	28.30	125.67	0.46	
			榛子	29.03											29.03	19.05	9.98		
			其他	132.37											132.37		132.37		
	个人	合计	合计	2.56											2.56		2.56		
			其他	2.56											2.56		2.56		
		人工	合计	2.56											2.56		2.56		
			其他	2.56											2.56		2.56		

说明：①本表中人工林合计中含《东北内蒙古重点国有林区森林资源规划设计调查技术规定》中起源为“人天混”数据；
②同时保留起源为“人天混”的统计结果明细。

表1　黑龙江重点国有林区各类土地面积统计表

单位：公顷

统计单位	林地使用权	森林类别	总计	林地														其他土地	森林面积
				合计	乔木林地	灌木林地		未成林造林地	苗圃地	疏林地	无立木林地				宜林地	林业辅助生产用地			
						小计	其中：特殊灌木林地				小计	采伐迹地	火烧迹地	其他无立木林地					
黑龙江重点国有林区	合计	合计	10098111.00	10046963.85	8684955.28	8970.76		6985.92	3073.09	6436.53	849191.15	45.46	55.12	849090.57	418217.50	69133.62		51147.15	8684955.28
		公益林	7764143.05	7737727.49	6783849.24	7004.68		5293.70	1983.27	5512.79	570724.19	42.40	10.74	570671.05	324427.99	38931.63		26415.56	6783849.24
		商品林	2333967.95	2309236.36	1901106.04	1966.08		1692.22	1089.82	923.74	278466.96	3.06	44.38	278419.52	93789.51	30201.99		24731.59	1901106.04
	国有	合计	10098111.00	10046963.85	8684955.28	8970.76		6985.92	3073.09	6436.53	849191.15	45.46	55.12	849090.57	418217.50	69133.62		51147.15	8684955.28
		公益林	7764143.05	7737727.49	6783849.24	7004.68		5293.70	1983.27	5512.79	570724.19	42.40	10.74	570671.05	324427.99	38931.63		26415.56	6783849.24
		商品林	2333967.95	2309236.36	1901106.04	1966.08		1692.22	1089.82	923.74	278466.96	3.06	44.38	278419.52	93789.51	30201.99		24731.59	1901106.04
双丰林业局	合计	合计	131996.00	131991.77	111295.84			19.83	101.01	59.90	14710.57			14710.57	4867.34	937.28		4.23	111295.84
		公益林	95737.08	95737.08	86932.05			11.51	12.54	11.56	5687.75			5687.75	2743.08	338.59			86932.05
		商品林	36258.92	36254.69	24363.79			8.32	88.47	48.34	9022.82			9022.82	2124.26	598.69		4.23	24363.79
	国有	合计	131996.00	131991.77	111295.84			19.83	101.01	59.90	14710.57			14710.57	4867.34	937.28		4.23	111295.84
		公益林	95737.08	95737.08	86932.05			11.51	12.54	11.56	5687.75			5687.75	2743.08	338.59			86932.05
		商品林	36258.92	36254.69	24363.79			8.32	88.47	48.34	9022.82			9022.82	2124.26	598.69		4.23	24363.79
铁力林业局	合计	合计	204234.00	203255.03	180590.99			76.56	96.22	8.88	17830.11			17830.11	3389.08	1263.19		978.97	180590.99
		公益林	154463.02	153814.58	138086.19			51.52	67.00	4.56	12379.40			12379.40	2407.07	818.84		648.44	138086.19
		商品林	49770.98	49440.45	42504.80			25.04	29.22	4.32	5450.71			5450.71	982.01	444.35		330.53	42504.80
	国有	合计	204234.00	203255.03	180590.99			76.56	96.22	8.88	17830.11			17830.11	3389.08	1263.19		978.97	180590.99
		公益林	154463.02	153814.58	138086.19			51.52	67.00	4.56	12379.40			12379.40	2407.07	818.84		648.44	138086.19
		商品林	49770.98	49440.45	42504.80			25.04	29.22	4.32	5450.71			5450.71	982.01	444.35		330.53	42504.80
桃山林业局	合计	合计	171274.00	169860.37	138134.28	87.32		19.15	112.48	1.81	27673.54			27673.54	2339.37	1492.42		1413.63	138134.28
		公益林	150267.59	149363.70	124595.71	65.32		15.44	57.35	1.81	21582.92			21582.92	2009.23	1035.92		903.89	124595.71
		商品林	21006.41	20496.67	13538.57	22.00		3.71	55.13		6090.62			6090.62	330.14	456.50		509.74	13538.57
	国有	合计	171274.00	169860.37	138134.28	87.32		19.15	112.48	1.81	27673.54			27673.54	2339.37	1492.42		1413.63	138134.28
		公益林	150267.59	149363.70	124595.71	65.32		15.44	57.35	1.81	21582.92			21582.92	2009.23	1035.92		903.89	124595.71
		商品林	21006.41	20496.67	13538.57	22.00		3.71	55.13		6090.62			6090.62	330.14	456.50		509.74	13538.57
朗乡林业局	合计	合计	264696.00	263790.38	254584.12			49.45	99.11	57.99	5613.77	7.80		5605.97	1656.38	1729.56		905.62	254584.12
		公益林	198644.04	198032.94	190813.63			14.00	99.11	51.15	4692.79	7.80		4684.99	1198.76	1163.50		611.10	190813.63
		商品林	66051.96	65757.44	63770.49			35.45		6.84	920.98			920.98	457.62	566.06		294.52	63770.49
	国有	合计	264696.00	263790.38	254584.12			49.45	99.11	57.99	5613.77	7.80		5605.97	1656.38	1729.56		905.62	254584.12
		公益林	198644.04	198032.94	190813.63			14.00	99.11	51.15	4692.79	7.80		4684.99	1198.76	1163.50		611.10	190813.63
		商品林	66051.96	65757.44	63770.49			35.45		6.84	920.98			920.98	457.62	566.06		294.52	63770.49
南岔林业局	合计	合计	286426.00	285801.05	260859.32	0.33		160.81	71.63	150.80	15321.51			15321.51	7073.42	2163.23		624.95	260859.32
		公益林	242577.50	242110.15	225409.81	0.33		152.62	46.41	133.50	10636.02			10636.02	4645.62	1085.84		467.35	225409.81
		商品林	43848.50	43690.90	35449.51			8.19	25.22	17.30	4685.49			4685.49	2427.80	1077.39		157.60	35449.51
	国有	合计	286426.00	285801.05	260859.32	0.33		160.81	71.63	150.80	15321.51			15321.51	7073.42	2163.23		624.95	260859.32
		公益林	242577.50	242110.15	225409.81	0.33		152.62	46.41	133.50	10636.02			10636.02	4645.62	1085.84		467.35	225409.81
		商品林	43848.50	43690.90	35449.51			8.19	25.22	17.30	4685.49			4685.49	2427.80	1077.39		157.60	35449.51

表1　黑龙江重点国有林区各类土地面积统计表（续1）

单位：公顷

统计单位	林地使用权	森林类别	总计	林地													其他土地	森林面积
				合计	乔木林地	灌木林地		未成林造林地	苗圃地	疏林地	无立木林地				宜林地	林业辅助生产用地		
						小计	其中：特殊灌木林地				小计	采伐迹地	火烧迹地	其他无立木林地				
金山屯林业局	合计	合计	184173.00	183504.50	174891.87	138.02		13.66	69.10	12.00	3396.86			3396.86	3716.73	1266.26	668.50	174891.87
		公益林	95427.47	95403.33	93271.78	43.18		1.00	12.30	11.60	757.07			757.07	1071.09	235.31	24.14	93271.78
		商品林	88745.53	88101.17	81620.09	94.84		12.66	56.80	0.40	2639.79			2639.79	2645.64	1030.95	644.36	81620.09
	国有	合计	184173.00	183504.50	174891.87	138.02		13.66	69.10	12.00	3396.86			3396.86	3716.73	1266.26	668.50	174891.87
		公益林	95427.47	95403.33	93271.78	43.18		1.00	12.30	11.60	757.07			757.07	1071.09	235.31	24.14	93271.78
		商品林	88745.53	88101.17	81620.09	94.84		12.66	56.80	0.40	2639.79			2639.79	2645.64	1030.95	644.36	81620.09
美溪林业局	合计	合计	225139.00	224225.83	208636.24	294.16		98.76	67.41	713.62	4200.01	1.69		4198.32	9053.91	1161.72	913.17	208636.24
		公益林	142373.19	142067.41	133050.54	149.22		58.20	66.83	563.42	2175.01			2175.01	5443.94	560.25	305.78	133050.54
		商品林	82765.81	82158.42	75585.70	144.94		40.56	0.58	150.20	2025.00	1.69		2023.31	3609.97	601.47	607.39	75585.70
	国有	合计	225139.00	224225.83	208636.24	294.16		98.76	67.41	713.62	4200.01	1.69		4198.32	9053.91	1161.72	913.17	208636.24
		公益林	142373.19	142067.41	133050.54	149.22		58.20	66.83	563.42	2175.01			2175.01	5443.94	560.25	305.78	133050.54
		商品林	82765.81	82158.42	75585.70	144.94		40.56	0.58	150.20	2025.00	1.69		2023.31	3609.97	601.47	607.39	75585.70
乌马河林业局	合计	合计	122531.00	121779.50	110308.26	103.68		118.07	52.93	165.38	4469.18			4469.18	4660.21	1901.79	751.50	110308.26
		公益林	99148.50	98841.94	92608.36	56.48		90.91	9.32	74.04	2275.46			2275.46	2821.02	906.35	306.56	92608.36
		商品林	23382.50	22937.56	17699.90	47.20		27.16	43.61	91.34	2193.72			2193.72	1839.19	995.44	444.94	17699.90
	国有	合计	122531.00	121779.50	110308.26	103.68		118.07	52.93	165.38	4469.18			4469.18	4660.21	1901.79	751.50	110308.26
		公益林	99148.50	98841.94	92608.36	56.48		90.91	9.32	74.04	2275.46			2275.46	2821.02	906.35	306.56	92608.36
		商品林	23382.50	22937.56	17699.90	47.20		27.16	43.61	91.34	2193.72			2193.72	1839.19	995.44	444.94	17699.90
翠峦林业局	合计	合计	155103.00	153610.27	145093.37	211.74		18.11	51.85	5.52	4046.92			4046.92	3238.77	943.99	1492.73	145093.37
		公益林	130891.72	130501.58	125312.17	111.27		2.46	20.02	5.52	2298.29			2298.29	2124.13	627.72	390.14	125312.17
		商品林	24211.28	23108.69	19781.20	100.47		15.65	31.83		1748.63			1748.63	1114.64	316.27	1102.59	19781.20
	国有	合计	155103.00	153610.27	145093.37	211.74		18.11	51.85	5.52	4046.92			4046.92	3238.77	943.99	1492.73	145093.37
		公益林	130891.72	130501.58	125312.17	111.27		2.46	20.02	5.52	2298.29			2298.29	2124.13	627.72	390.14	125312.17
		商品林	24211.28	23108.69	19781.20	100.47		15.65	31.83		1748.63			1748.63	1114.64	316.27	1102.59	19781.20
友好林业局	合计	合计	280888.00	280202.12	240804.67	2741.03			81.37	876.91	8007.52		5.67	8001.85	25744.18	1946.44	685.88	240804.67
		公益林	187704.11	187430.25	160365.79	2508.73			78.66	828.82	3715.54		5.67	3709.87	19090.51	842.20	273.86	160365.79
		商品林	93183.89	92771.87	80438.88	232.30			2.71	48.09	4291.98			4291.98	6653.67	1104.24	412.02	80438.88
	国有	合计	280888.00	280202.12	240804.67	2741.03			81.37	876.91	8007.52		5.67	8001.85	25744.18	1946.44	685.88	240804.67
		公益林	187704.11	187430.25	160365.79	2508.73			78.66	828.82	3715.54		5.67	3709.87	19090.51	842.20	273.86	160365.79
		商品林	93183.89	92771.87	80438.88	232.30			2.71	48.09	4291.98			4291.98	6653.67	1104.24	412.02	80438.88
上甘岭林业局	合计	合计	144840.00	144647.91	116389.35				57.00	117.68	4390.05			4390.05	22474.83	1219.00	192.09	116389.35
		公益林	126243.40	126129.04	100911.58				57.00	73.57	2835.72			2835.72	21597.05	654.12	114.36	100911.58
		商品林	18596.60	18518.87	15477.77					44.11	1554.33			1554.33	877.78	564.88	77.73	15477.77
	国有	合计	144840.00	144647.91	116389.35				57.00	117.68	4390.05			4390.05	22474.83	1219.00	192.09	116389.35
		公益林	126243.40	126129.04	100911.58				57.00	73.57	2835.72			2835.72	21597.05	654.12	114.36	100911.58
		商品林	18596.60	18518.87	15477.77					44.11	1554.33			1554.33	877.78	564.88	77.73	15477.77

表 1 黑龙江重点国有林区各类土地面积统计表（续 2）

单位：公顷

统计单位	林地使用权	森林类别	总计	林地													其他土地	森林面积
				合计	乔木林地	灌木林地		未成林造林地	苗圃地	疏林地	无立木林地				宜林地	林业辅助生产用地		
						小计	其中：特殊灌木林地				小计	采伐迹地	火烧迹地	其他无立木林地				
五营林业局	合计	合计	120573.00	119714.24	112533.16			136.68	57.30	107.43	885.81		46.66	839.15	5148.39	845.47	858.76	112533.16
		公益林	103818.62	103618.98	97020.00			132.16	31.30	107.43	637.70		2.28	635.42	4962.70	727.69	199.64	97020.00
		商品林	16754.38	16095.26	15513.16			4.52	26.00		248.11		44.38	203.73	185.69	117.78	659.12	15513.16
	国有	合计	120573.00	119714.24	112533.16			136.68	57.30	107.43	885.81		46.66	839.15	5148.39	845.47	858.76	112533.16
		公益林	103818.62	103618.98	97020.00			132.16	31.30	107.43	637.70		2.28	635.42	4962.70	727.69	199.64	97020.00
		商品林	16754.38	16095.26	15513.16			4.52	26.00		248.11		44.38	203.73	185.69	117.78	659.12	15513.16
红星林业局	合计	合计	266526.00	264807.67	206783.67	3091.19		5.35	21.54	1266.39	21861.24			21861.24	30548.01	1230.28	1718.33	206783.67
		公益林	205904.42	205444.82	159640.73	2010.45			5.84	1248.81	17434.43			17434.43	24453.46	651.10	459.60	159640.73
		商品林	60621.58	59362.85	47142.94	1080.74		5.35	15.70	17.58	4426.81			4426.81	6094.55	579.18	1258.73	47142.94
	国有	合计	266526.00	264807.67	206783.67	3091.19		5.35	21.54	1266.39	21861.24			21861.24	30548.01	1230.28	1718.33	206783.67
		公益林	205904.42	205444.82	159640.73	2010.45			5.84	1248.81	17434.43			17434.43	24453.46	651.10	459.60	159640.73
		商品林	60621.58	59362.85	47142.94	1080.74		5.35	15.70	17.58	4426.81			4426.81	6094.55	579.18	1258.73	47142.94
新青林业局	合计	合计	289780.00	288992.44	252388.74	83.01		11.92	41.00	408.07	18772.02			18772.02	15514.06	1773.62	787.56	252388.74
		公益林	218238.41	218069.85	191357.49	69.19		11.33	17.52	289.87	13987.53			13987.53	11289.70	1047.22	168.56	191357.49
		商品林	71541.59	70922.59	61031.25	13.82		0.59	23.48	118.20	4784.49			4784.49	4224.36	726.40	619.00	61031.25
	国有	合计	289780.00	288992.44	252388.74	83.01		11.92	41.00	408.07	18772.02			18772.02	15514.06	1773.62	787.56	252388.74
		公益林	218238.41	218069.85	191357.49	69.19		11.33	17.52	289.87	13987.53			13987.53	11289.70	1047.22	168.56	191357.49
		商品林	71541.59	70922.59	61031.25	13.82		0.59	23.48	118.20	4784.49			4784.49	4224.36	726.40	619.00	61031.25
汤旺河林业局	合计	合计	215351.00	214596.46	199993.64	126.49		11.94	39.54	265.18	6058.67			6058.67	6952.60	1148.40	754.54	199993.64
		公益林	146767.99	146621.15	140588.37	85.99		9.70	18.50	192.31	1521.48			1521.48	3541.95	662.85	146.84	140588.37
		商品林	68583.01	67975.31	59405.27	40.50		2.24	21.04	72.87	4537.19			4537.19	3410.65	485.55	607.70	59405.27
	国有	合计	215351.00	214596.46	199993.64	126.49		11.94	39.54	265.18	6058.67			6058.67	6952.60	1148.40	754.54	199993.64
		公益林	146767.99	146621.15	140588.37	85.99		9.70	18.50	192.31	1521.48			1521.48	3541.95	662.85	146.84	140588.37
		商品林	68583.01	67975.31	59405.27	40.50		2.24	21.04	72.87	4537.19			4537.19	3410.65	485.55	607.70	59405.27
乌伊岭林业局	合计	合计	308127.00	305917.58	264771.26			41.40	35.96	701.43	15012.65	26.13		14986.52	24039.94	1314.94	2209.42	264771.26
		公益林	219822.66	219352.61	190923.30			41.40	35.96	647.54	9288.33	26.13		9262.20	17509.60	906.48	470.05	190923.30
		商品林	88304.34	86564.97	73847.96					53.89	5724.32			5724.32	6530.34	408.46	1739.37	73847.96
	国有	合计	308127.00	305917.58	264771.26			41.40	35.96	701.43	15012.65	26.13		14986.52	24039.94	1314.94	2209.42	264771.26
		公益林	219822.66	219352.61	190923.30			41.40	35.96	647.54	9288.33	26.13		9262.20	17509.60	906.48	470.05	190923.30
		商品林	88304.34	86564.97	73847.96					53.89	5724.32			5724.32	6530.34	408.46	1739.37	73847.96
伊春区森林经营所	合计	合计	6093.00	6011.56	3830.08	203.08		29.79	27.21		339.15			339.15	322.93	1259.32	81.44	3830.08
		公益林	4468.18	4438.31	3736.04	185.20		28.92	23.55		81.65			81.65	236.86	146.09	29.87	3736.04
		商品林	1624.82	1573.25	94.04	17.88		0.87	3.66		257.50			257.50	86.07	1113.23	51.57	94.04
	国有	合计	6093.00	6011.56	3830.08	203.08		29.79	27.21		339.15			339.15	322.93	1259.32	81.44	3830.08
		公益林	4468.18	4438.31	3736.04	185.20		28.92	23.55		81.65			81.65	236.86	146.09	29.87	3736.04
		商品林	1624.82	1573.25	94.04	17.88		0.87	3.66		257.50			257.50	86.07	1113.23	51.57	94.04

表 1　黑龙江重点国有林区各类土地面积统计表（续 3）

单位：公顷

统计单位	林地使用权	森林类别	总计	林地														其他土地	森林面积
				合计	乔木林地	灌木林地		未成林造林地	苗圃地	疏林地	无立木林地				宜林地	林业辅助生产用地			
						小计	其中：特殊灌木林地				小计	采伐迹地	火烧迹地	其他无立木林地					
西林区林业局	合计	合计	37964.00	37329.11	33139.03	103.85		7.05	14.56	8.66	1793.10			1793.10	1343.23	919.63		634.89	33139.03
		公益林	36923.34	36470.41	33094.97	83.70		7.05	14.56	8.66	1448.06			1448.06	1265.27	548.14		452.93	33094.97
		商品林	1040.66	858.70	44.06	20.15					345.04			345.04	77.96	371.49		181.96	44.06
	国有	合计	37964.00	37329.11	33139.03	103.85		7.05	14.56	8.66	1793.10			1793.10	1343.23	919.63		634.89	33139.03
		公益林	36923.34	36470.41	33094.97	83.70		7.05	14.56	8.66	1448.06			1448.06	1265.27	548.14		452.93	33094.97
		商品林	1040.66	858.70	44.06	20.15					345.04			345.04	77.96	371.49		181.96	44.06
大海林林业局	合计	合计	266310.00	265768.36	255306.26	160.20		121.94	74.76	86.87	4563.58		2.79	4560.79	3233.10	2221.65		541.64	255306.26
		公益林	248350.24	247832.00	240104.04	160.20		107.98	74.76	86.87	2505.90		2.79	2503.11	2856.58	1935.67		518.24	240104.04
		商品林	17959.76	17936.36	15202.22			13.96			2057.68			2057.68	376.52	285.98		23.40	15202.22
	国有	合计	266310.00	265768.36	255306.26	160.20		121.94	74.76	86.87	4563.58		2.79	4560.79	3233.10	2221.65		541.64	255306.26
		公益林	248350.24	247832.00	240104.04	160.20		107.98	74.76	86.87	2505.90		2.79	2503.11	2856.58	1935.67		518.24	240104.04
		商品林	17959.76	17936.36	15202.22			13.96			2057.68			2057.68	376.52	285.98		23.40	15202.22
柴河林业局	合计	合计	345801.00	339222.71	315042.62			364.73	54.72	44.77	18824.58			18824.58	3135.22	1756.07		6578.29	315042.62
		公益林	244942.62	244715.50	224407.90			344.37	28.75	44.17	17263.31			17263.31	2015.31	611.69		227.12	224407.90
		商品林	100858.38	94507.21	90634.72			20.36	25.97	0.60	1561.27			1561.27	1119.91	1144.38		6351.17	90634.72
	国有	合计	345801.00	339222.71	315042.62			364.73	54.72	44.77	18824.58			18824.58	3135.22	1756.07		6578.29	315042.62
		公益林	244942.62	244715.50	224407.90			344.37	28.75	44.17	17263.31			17263.31	2015.31	611.69		227.12	224407.90
		商品林	100858.38	94507.21	90634.72			20.36	25.97	0.60	1561.27			1561.27	1119.91	1144.38		6351.17	90634.72
东京城林业局	合计	合计	417969.00	405865.83	369093.41	17.57		289.61	107.08		27708.90			27708.90	6454.13	2195.13		12103.17	369093.41
		公益林	291053.71	279730.53	249336.90	17.57		243.08	75.89		23730.94			23730.94	5017.72	1308.43		11323.18	249336.90
		商品林	126915.29	126135.30	119756.51			46.53	31.19		3977.96			3977.96	1436.41	886.70		779.99	119756.51
	国有	合计	417969.00	405865.83	369093.41	17.57		289.61	107.08		27708.90			27708.90	6454.13	2195.13		12103.17	369093.41
		公益林	291053.71	279730.53	249336.90	17.57		243.08	75.89		23730.94			23730.94	5017.72	1308.43		11323.18	249336.90
		商品林	126915.29	126135.30	119756.51			46.53	31.19		3977.96			3977.96	1436.41	886.70		779.99	119756.51
穆棱林业局	合计	合计	267530.00	266884.65	240253.78	2.03		487.84	91.03	1.63	19976.47			19976.47	4439.34	1632.53		645.35	240253.78
		公益林	189223.71	189220.34	171725.58	2.03		279.76	57.28		13021.74			13021.74	3294.60	839.35		3.37	171725.58
		商品林	78306.29	77664.31	68528.20			208.08	33.75	1.63	6954.73			6954.73	1144.74	793.18		641.98	68528.20
	国有	合计	267530.00	266884.65	240253.78	2.03		487.84	91.03	1.63	19976.47			19976.47	4439.34	1632.53		645.35	240253.78
		公益林	189223.71	189220.34	171725.58	2.03		279.76	57.28		13021.74			13021.74	3294.60	839.35		3.37	171725.58
		商品林	78306.29	77664.31	68528.20			208.08	33.75	1.63	6954.73			6954.73	1144.74	793.18		641.98	68528.20
绥阳林业局	合计	合计	516451.00	514840.31	473281.14	6.77		616.64	91.68	5.46	30578.17			30578.17	7381.24	2879.21		1610.69	473281.14
		公益林	439014.73	438919.49	404679.75	6.77		506.06	51.55	1.18	26253.29			26253.29	5896.35	1524.54		95.24	404679.75
		商品林	77436.27	75920.82	68601.39			110.58	40.13	4.28	4324.88			4324.88	1484.89	1354.67		1515.45	68601.39
	国有	合计	516451.00	514840.31	473281.14	6.77		616.64	91.68	5.46	30578.17			30578.17	7381.24	2879.21		1610.69	473281.14
		公益林	439014.73	438919.49	404679.75	6.77		506.06	51.55	1.18	26253.29			26253.29	5896.35	1524.54		95.24	404679.75
		商品林	77436.27	75920.82	68601.39			110.58	40.13	4.28	4324.88			4324.88	1484.89	1354.67		1515.45	68601.39

表 1　黑龙江重点国有林区各类土地面积统计表（续 4）

单位：公顷

统计单位	林地使用权	森林类别	总计	林地													其他土地	森林面积
				合计	乔木林地	灌木林地		未成林造林地	苗圃地	疏林地	无立木林地				宜林地	林业辅助生产用地		
						小计	其中：特殊灌木林地				小计	采伐迹地	火烧迹地	其他无立木林地				
海林林业局	合计	合计	156621.00	155641.46	145331.64	17.81		110.39	75.99	17.62	7329.85			7329.85	1636.65	1121.51	979.54	145331.64
		公益林	139693.08	138904.17	130357.78	17.81		101.44	60.37	17.62	6560.31			6560.31	1099.62	689.22	788.91	130357.78
		商品林	16927.92	16737.29	14973.86			8.95	15.62		769.54			769.54	537.03	432.29	190.63	14973.86
	国有	合计	156621.00	155641.46	145331.64	17.81		110.39	75.99	17.62	7329.85			7329.85	1636.65	1121.51	979.54	145331.64
		公益林	139693.08	138904.17	130357.78	17.81		101.44	60.37	17.62	6560.31			6560.31	1099.62	689.22	788.91	130357.78
		商品林	16927.92	16737.29	14973.86			8.95	15.62		769.54			769.54	537.03	432.29	190.63	14973.86
林口林业局	合计	合计	273025.00	270526.61	219689.79	140.04		563.06	98.43	12.52	41902.03			41902.03	6525.15	1595.59	2498.39	219689.79
		公益林	217818.10	217799.71	179181.69	101.24		488.36	81.81	12.52	32727.47			32727.47	4562.47	644.15	18.39	179181.69
		商品林	55206.90	52726.90	40508.10	38.80		74.70	16.62		9174.56			9174.56	1962.68	951.44	2480.00	40508.10
	国有	合计	273025.00	270526.61	219689.79	140.04		563.06	98.43	12.52	41902.03			41902.03	6525.15	1595.59	2498.39	219689.79
		公益林	217818.10	217799.71	179181.69	101.24		488.36	81.81	12.52	32727.47			32727.47	4562.47	644.15	18.39	179181.69
		商品林	55206.90	52726.90	40508.10	38.80		74.70	16.62		9174.56			9174.56	1962.68	951.44	2480.00	40508.10
八面通林业局	合计	合计	171891.00	171110.20	125535.88	55.79		1329.33	55.46	2.19	36312.27			36312.27	6278.35	1540.93	780.80	125535.88
		公益林	146642.48	146233.39	105494.28	55.79		1244.57	54.01	1.34	34476.68			34476.68	4110.26	796.46	409.09	105494.28
		商品林	25248.52	24876.81	20041.60			84.76	1.45	0.85	1835.59			1835.59	2168.09	744.47	371.71	20041.60
	国有	合计	171891.00	171110.20	125535.88	55.79		1329.33	55.46	2.19	36312.27			36312.27	6278.35	1540.93	780.80	125535.88
		公益林	146642.48	146233.39	105494.28	55.79		1244.57	54.01	1.34	34476.68			34476.68	4110.26	796.46	409.09	105494.28
		商品林	25248.52	24876.81	20041.60			84.76	1.45	0.85	1835.59			1835.59	2168.09	744.47	371.71	20041.60
青梅实验林场	合计	合计	4975.00	4960.95	3397.26			7.05	10.06		1157.98			1157.98	278.32	110.28	14.05	3397.26
		公益林	3573.70	3568.57	2529.22			4.32	10.06		844.68			844.68	76.62	103.67	5.13	2529.22
		商品林	1401.30	1392.38	868.04			2.73			313.30			313.30	201.70	6.61	8.92	868.04
	国有	合计	4975.00	4960.95	3397.26			7.05	10.06		1157.98			1157.98	278.32	110.28	14.05	3397.26
		公益林	3573.70	3568.57	2529.22			4.32	10.06		844.68			844.68	76.62	103.67	5.13	2529.22
		商品林	1401.30	1392.38	868.04			2.73			313.30			313.30	201.70	6.61	8.92	868.04
山河屯林业局	合计	合计	206409.00	204676.62	181392.88			174.19	65.16	5.35	18842.87			18842.87	2256.29	1939.88	1732.38	181392.88
		公益林	183542.19	181856.58	168319.56			108.95	24.15	5.12	10657.15			10657.15	1630.03	1111.62	1685.61	168319.56
		商品林	22866.81	22820.04	13073.32			65.24	41.01	0.23	8185.72			8185.72	626.26	828.26	46.77	13073.32
	国有	合计	206409.00	204676.62	181392.88			174.19	65.16	5.35	18842.87			18842.87	2256.29	1939.88	1732.38	181392.88
		公益林	183542.19	181856.58	168319.56			108.95	24.15	5.12	10657.15			10657.15	1630.03	1111.62	1685.61	168319.56
		商品林	22866.81	22820.04	13073.32			65.24	41.01	0.23	8185.72			8185.72	626.26	828.26	46.77	13073.32
苇河林业局	合计	合计	191417.00	191310.12	163234.73	148.54		184.79	75.06	94.05	22303.70			22303.70	3172.98	2096.27	106.88	163234.73
		公益林	151307.87	151222.93	136156.29	118.23		80.93	31.52	63.63	11403.45			11403.45	2016.81	1352.07	84.94	136156.29
		商品林	40109.13	40087.19	27078.44	30.31		103.86	43.54	30.42	10900.25			10900.25	1156.17	744.20	21.94	27078.44
	国有	合计	191417.00	191310.12	163234.73	148.54		184.79	75.06	94.05	22303.70			22303.70	3172.98	2096.27	106.88	163234.73
		公益林	151307.87	151222.93	136156.29	118.23		80.93	31.52	63.63	11403.45			11403.45	2016.81	1352.07	84.94	136156.29
		商品林	40109.13	40087.19	27078.44	30.31		103.86	43.54	30.42	10900.25			10900.25	1156.17	744.20	21.94	27078.44

表 1　黑龙江重点国有林区各类土地面积统计表（续 5）

单位：公顷

统计单位	林地使用权	森林类别	总计	林地													其他土地	森林面积
				合计	乔木林地	灌木林地		未成林造林地	苗圃地	疏林地	无立木林地				宜林地	林业辅助生产用地		
						小计	其中：特殊灌木林地				小计	采伐迹地	火烧迹地	其他无立木林地				
亚布力林业局	合计	合计	305636.00	304920.20	268583.70	154.28		528.30	89.72	9.46	31514.99			31514.99	1678.91	2360.84	715.80	268583.70
		公益林	211495.94	211109.84	202391.54	142.59		221.29	57.04	9.46	6948.20			6948.20	787.57	552.15	386.10	202391.54
		商品林	94140.06	93810.36	66192.16	11.69		307.01	32.68		24566.79			24566.79	891.34	1808.69	329.70	66192.16
	国有	合计	305636.00	304920.20	268583.70	154.28		528.30	89.72	9.46	31514.99			31514.99	1678.91	2360.84	715.80	268583.70
		公益林	211495.94	211109.84	202391.54	142.59		221.29	57.04	9.46	6948.20			6948.20	787.57	552.15	386.10	202391.54
		商品林	94140.06	93810.36	66192.16	11.69		307.01	32.68		24566.79			24566.79	891.34	1808.69	329.70	66192.16
兴隆林业局	合计	合计	305278.00	305117.33	281029.66	28.74			81.67	36.95	19489.74			19489.74	2387.23	2063.34	160.67	281029.66
		公益林	254870.81	254739.09	236344.15	28.74			33.90	36.95	14675.51			14675.51	1990.38	1629.46	131.72	236344.15
		商品林	50407.19	50378.24	44685.51				47.77		4814.23			4814.23	396.85	433.88	28.95	44685.51
	国有	合计	305278.00	305117.33	281029.66	28.74			81.67	36.95	19489.74			19489.74	2387.23	2063.34	160.67	281029.66
		公益林	254870.81	254739.09	236344.15	28.74			33.90	36.95	14675.51			14675.51	1990.38	1629.46	131.72	236344.15
		商品林	50407.19	50378.24	44685.51				47.77		4814.23			4814.23	396.85	433.88	28.95	44685.51
方正林业局	合计	合计	203582.00	202167.36	182746.10			5.52	74.00		15883.63			15883.63	1182.14	2275.97	1414.64	182746.10
		公益林	149076.16	148193.57	141410.46			2.75	39.01		5046.33			5046.33	488.72	1206.30	882.59	141410.46
		商品林	54505.84	53973.79	41335.64			2.77	34.99		10837.30			10837.30	693.42	1069.67	532.05	41335.64
	国有	合计	203582.00	202167.36	182746.10			5.52	74.00		15883.63			15883.63	1182.14	2275.97	1414.64	182746.10
		公益林	149076.16	148193.57	141410.46			2.75	39.01		5046.33			5046.33	488.72	1206.30	882.59	141410.46
		商品林	54505.84	53973.79	41335.64			2.77	34.99		10837.30			10837.30	693.42	1069.67	532.05	41335.64
绥棱林业局	合计	合计	214802.00	214533.07	167852.56	659.11			122.82	223.38	31248.37			31248.37	13192.24	1234.59	268.93	167852.56
		公益林	166146.11	166145.57	134030.65	659.11			90.65	213.91	20151.68			20151.68	10428.79	570.78	0.54	134030.65
		商品林	48655.89	48387.50	33821.91				32.17	9.47	11096.69			11096.69	2763.45	663.81	268.39	33821.91
	国有	合计	214802.00	214533.07	167852.56	659.11			122.82	223.38	31248.37			31248.37	13192.24	1234.59	268.93	167852.56
		公益林	166146.11	166145.57	134030.65	659.11			90.65	213.91	20151.68			20151.68	10428.79	570.78	0.54	134030.65
		商品林	48655.89	48387.50	33821.91				32.17	9.47	11096.69			11096.69	2763.45	663.81	268.39	33821.91
通北林业局	合计	合计	309800.00	309647.61	201775.64				118.00	115.02	80458.41			80458.41	25044.89	2135.65	152.39	201775.64
		公益林	263075.09	262959.08	176942.25				87.00	105.98	63021.61			63021.61	21148.42	1653.82	116.01	176942.25
		商品林	46724.91	46688.53	24833.39				31.00	9.04	17436.80			17436.80	3896.47	481.83	36.38	24833.39
	国有	合计	309800.00	309647.61	201775.64				118.00	115.02	80458.41			80458.41	25044.89	2135.65	152.39	201775.64
		公益林	263075.09	262959.08	176942.25				87.00	105.98	63021.61			63021.61	21148.42	1653.82	116.01	176942.25
		商品林	46724.91	46688.53	24833.39				31.00	9.04	17436.80			17436.80	3896.47	481.83	36.38	24833.39
沾河林业局	合计	合计	751283.00	751274.13	619490.30			48.25	88.25	510.06	42152.73	6.54		42146.19	87193.20	1791.34	8.87	619490.30
		公益林	573993.77	573985.89	474198.01			48.25	71.42	368.11	25876.87	5.17		25871.70	72135.97	1287.26	7.88	474198.01
		商品林	177289.23	177288.24	145292.29				16.83	141.95	16275.86	1.37		16274.49	15057.23	504.08	0.99	145292.29
	国有	合计	751283.00	751274.13	619490.30			48.25	88.25	510.06	42152.73	6.54		42146.19	87193.20	1791.34	8.87	619490.30
		公益林	573993.77	573985.89	474198.01			48.25	71.42	368.11	25876.87	5.17		25871.70	72135.97	1287.26	7.88	474198.01
		商品林	177289.23	177288.24	145292.29				16.83	141.95	16275.86	1.37		16274.49	15057.23	504.08	0.99	145292.29

表 1 黑龙江重点国有林区各类土地面积统计表（续 6）

单位：公顷

统计单位	林地使用权	森林类别	总计	林地													其他土地	森林面积
				合计	乔木林地	灌木林地		未成林造林地	苗圃地	疏林地	无立木林地				宜林地	林业辅助生产用地		
						小计	其中：特殊灌木林地				小计	采伐迹地	火烧迹地	其他无立木林地				
东方红林业局	合计	合计	421676.00	419090.70	348217.10			51.79	97.70	160.00	29800.45			29800.45	38075.59	2688.07	2585.30	348217.10
		公益林	290235.72	287742.93	230658.92			47.27	72.40	133.27	20839.18			20839.18	34209.40	1782.49	2492.79	230658.92
		商品林	131440.28	131347.77	117558.18			4.52	25.30	26.73	8961.27			8961.27	3866.19	905.58	92.51	117558.18
	国有	合计	421676.00	419090.70	348217.10			51.79	97.70	160.00	29800.45			29800.45	38075.59	2688.07	2585.30	348217.10
		公益林	290235.72	287742.93	230658.92			47.27	72.40	133.27	20839.18			20839.18	34209.40	1782.49	2492.79	230658.92
		商品林	131440.28	131347.77	117558.18			4.52	25.30	26.73	8961.27			8961.27	3866.19	905.58	92.51	117558.18
迎春林业局	合计	合计	216928.00	216527.45	142759.32			321.17	51.82	13.59	67010.37			67010.37	3203.29	3167.89	400.55	142759.32
		公益林	143250.64	143013.08	105211.53			171.15	33.57	3.84	34642.07			34642.07	1814.39	1136.53	237.56	105211.53
		商品林	73677.36	73514.37	37547.79			150.02	18.25	9.75	32368.30			32368.30	1388.90	2031.36	162.99	37547.79
	国有	合计	216928.00	216527.45	142759.32			321.17	51.82	13.59	67010.37			67010.37	3203.29	3167.89	400.55	142759.32
		公益林	143250.64	143013.08	105211.53			171.15	33.57	3.84	34642.07			34642.07	1814.39	1136.53	237.56	105211.53
		商品林	73677.36	73514.37	37547.79			150.02	18.25	9.75	32368.30			32368.30	1388.90	2031.36	162.99	37547.79
清河林业局	合计	合计	145594.00	145582.44	128178.64	52.48		333.71	52.55	67.95	11705.25			11705.25	4173.97	1017.89	11.56	128178.64
		公益林	118375.87	118366.51	111759.07	42.67		177.70	6.86	67.95	3563.02			3563.02	2160.32	588.92	9.36	111759.07
		商品林	27218.13	27215.93	16419.57	9.81		156.01	45.69		8142.23			8142.23	2013.65	428.97	2.20	16419.57
	国有	合计	145594.00	145582.44	128178.64	52.48		333.71	52.55	67.95	11705.25			11705.25	4173.97	1017.89	11.56	128178.64
		公益林	118375.87	118366.51	111759.07	42.67		177.70	6.86	67.95	3563.02			3563.02	2160.32	588.92	9.36	111759.07
		商品林	27218.13	27215.93	16419.57	9.81		156.01	45.69		8142.23			8142.23	2013.65	428.97	2.20	16419.57
鹤北林业局	合计	合计	382401.00	381820.02	353727.93			45.44	128.00	33.99	10421.31			10421.31	16050.95	1412.40	580.98	353727.93
		公益林	291689.17	291639.34	272686.23			35.27	82.80	23.40	6468.77			6468.77	11389.59	953.28	49.83	272686.23
		商品林	90711.83	90180.68	81041.70			10.17	45.20	10.59	3952.54			3952.54	4661.36	459.12	531.15	81041.70
	国有	合计	382401.00	381820.02	353727.93			45.44	128.00	33.99	10421.31			10421.31	16050.95	1412.40	580.98	353727.93
		公益林	291689.17	291639.34	272686.23			35.27	82.80	23.40	6468.77			6468.77	11389.59	953.28	49.83	272686.23
		商品林	90711.83	90180.68	81041.70			10.17	45.20	10.59	3952.54			3952.54	4661.36	459.12	531.15	81041.70
桦南林业局	合计	合计	228017.00	227771.43	156712.84	80.19		193.86	77.00	48.26	65183.36			65183.36	3101.93	2373.99	245.57	156712.84
		公益林	185953.05	185845.98	133423.92	80.19		181.34	57.00	45.59	48089.63			48089.63	2193.00	1775.31	107.07	133423.92
		商品林	42063.95	41925.45	23288.92			12.52	20.00	2.67	17093.73			17093.73	908.93	598.68	138.50	23288.92
	国有	合计	228017.00	227771.43	156712.84	80.19		193.86	77.00	48.26	65183.36			65183.36	3101.93	2373.99	245.57	156712.84
		公益林	185953.05	185845.98	133423.92	80.19		181.34	57.00	45.59	48089.63			48089.63	2193.00	1775.31	107.07	133423.92
		商品林	42063.95	41925.45	23288.92			12.52	20.00	2.67	17093.73			17093.73	908.93	598.68	138.50	23288.92
鹤立林业局	合计	合计	71316.00	71316.00	58706.96			153.12	38.21		9990.74	3.30		9987.44	1877.36	549.61		58706.96
		公益林	52949.49	52949.49	44777.84			117.99	31.66		6243.65	3.30		6240.35	1392.76	385.59		44777.84
		商品林	18366.51	18366.51	13929.12			35.13	6.55		3747.09			3747.09	484.60	164.02		13929.12
	国有	合计	71316.00	71316.00	58706.96			153.12	38.21		9990.74	3.30		9987.44	1877.36	549.61		58706.96
		公益林	52949.49	52949.49	44777.84			117.99	31.66		6243.65	3.30		6240.35	1392.76	385.59		44777.84
		商品林	18366.51	18366.51	13929.12			35.13	6.55		3747.09			3747.09	484.60	164.02		13929.12

表 1　黑龙江重点国有林区各类土地面积统计表（续 7）

单位：公顷

统计单位	林地使用权	森林类别	总计	林地													其他土地	森林面积
				合计	乔木林地	灌木林地		未成林造林地	苗圃地	疏林地	无立木林地				宜林地	林业辅助生产用地		
						小计	其中：特殊灌木林地				小计	采伐迹地	火烧迹地	其他无立木林地				
双鸭山林业局	合计	合计	155772.00	155049.50	125004.92	259.95		171.59	80.31	2.33	25729.47			25729.47	2394.62	1406.31	722.50	125004.92
		公益林	124127.43	123781.54	101856.80	200.84		126.24	64.53	2.33	18937.39			18937.39	1805.93	787.48	345.89	101856.80
		商品林	31644.57	31267.96	23148.12	59.11		45.35	15.78		6792.08			6792.08	588.69	618.83	376.61	23148.12
	国有	合计	155772.00	155049.50	125004.92	259.95		171.59	80.31	2.33	25729.47			25729.47	2394.62	1406.31	722.50	125004.92
		公益林	124127.43	123781.54	101856.80	200.84		126.24	64.53	2.33	18937.39			18937.39	1805.93	787.48	345.89	101856.80
		商品林	31644.57	31267.96	23148.12	59.11		45.35	15.78		6792.08			6792.08	588.69	618.83	376.61	23148.12
带岭林业实验局	合计	合计	96742.00	96288.88	93800.54			14.45	58.95	2.96	1273.22			1273.22	502.63	636.13	453.12	93800.54
		公益林	74760.86	74329.87	72487.34			13.52	19.95	2.96	942.15			942.15	407.07	456.88	430.99	72487.34
		商品林	21981.14	21959.01	21313.20			0.93	39.00		331.07			331.07	95.56	179.25	22.13	21313.20
	国有	合计	96742.00	96288.88	93800.54			14.45	58.95	2.96	1273.22			1273.22	502.63	636.13	453.12	93800.54
		公益林	74760.86	74329.87	72487.34			13.52	19.95	2.96	942.15			942.15	407.07	456.88	430.99	72487.34
		商品林	21981.14	21959.01	21313.20			0.93	39.00		331.07			331.07	95.56	179.25	22.13	21313.20
长岗实验林场	合计	合计	7261.00	7171.07	5497.93	1.16		50.62	2.34		1322.70			1322.70	267.57	28.75	89.93	5497.93
		公益林	5560.28	5499.54	4385.38			12.89	2.34		929.07			929.07	165.67	4.19	60.74	4385.38
		商品林	1700.72	1671.53	1112.55	1.16		37.73			393.63			393.63	101.90	24.56	29.19	1112.55
	国有	合计	7261.00	7171.07	5497.93	1.16		50.62	2.34		1322.70			1322.70	267.57	28.75	89.93	5497.93
		公益林	5560.28	5499.54	4385.38			12.89	2.34		929.07			929.07	165.67	4.19	60.74	4385.38
		商品林	1700.72	1671.53	1112.55	1.16		37.73			393.63			393.63	101.90	24.56	29.19	1112.55
丽林实验林场	合计	合计	8128.00	8116.50	8002.16						5.09			5.09	42.25	67.00	11.50	8002.16
		公益林	7187.37	7178.13	7093.81						5.09			5.09	34.88	44.35	9.24	7093.81
		商品林	940.63	938.37	908.35										7.37	22.65	2.26	908.35
	国有	合计	8128.00	8116.50	8002.16						5.09			5.09	42.25	67.00	11.50	8002.16
		公益林	7187.37	7178.13	7093.81						5.09			5.09	34.88	44.35	9.24	7093.81
		商品林	940.63	938.37	908.35										7.37	22.65	2.26	908.35
江山娇实验林场	合计	合计	18217.00	18175.46	16087.32				3.76		1653.79			1653.79	319.76	110.83	41.54	16087.32
		公益林	15680.22	15679.28	14002.52						1329.58			1329.58	302.98	44.20	0.94	14002.52
		商品林	2536.78	2496.18	2084.80				3.76		324.21			324.21	16.78	66.63	40.60	2084.80
	国有	合计	18217.00	18175.46	16087.32				3.76		1653.79			1653.79	319.76	110.83	41.54	16087.32
		公益林	15680.22	15679.28	14002.52						1329.58			1329.58	302.98	44.20	0.94	14002.52
		商品林	2536.78	2496.18	2084.80				3.76		324.21			324.21	16.78	66.63	40.60	2084.80
平山野生动物实验场	合计	合计	2749.00	2744.47	2357.59				1.80	10.48	33.35			33.35	236.74	104.51	4.53	2357.59
		公益林	2749.00	2744.47	2357.59				1.80	10.48	33.35			33.35	236.74	104.51	4.53	2357.59
	国有	合计	2749.00	2744.47	2357.59				1.80	10.48	33.35			33.35	236.74	104.51	4.53	2357.59
		公益林	2749.00	2744.47	2357.59				1.80	10.48	33.35			33.35	236.74	104.51	4.53	2357.59

表 1 黑龙江重点国有林区各类土地面积统计表（续 8）

单位：公顷

统计单位	林地使用权	森林类别	总计	林地													其他土地	森林面积
				合计	乔木林地	灌木林地		未成林造林地	苗圃地	疏林地	无立木林地				宜林地	林业辅助生产用地		
						小计	其中：特殊灌木林地				小计	采伐迹地	火烧迹地	其他无立木林地				
肇东直属林场	合计	合计	651.00	649.07	167.89	2.20			3.53	3.99	382.05			382.05	77.44	11.97	1.93	167.89
		公益林	217.40	217.40	150.83	1.84			1.41	1.94	51.92			51.92	7.36	2.10		150.83
		商品林	433.60	431.67	17.06	0.36			2.12	2.05	330.13			330.13	70.08	9.87	1.93	17.06
	国有	合计	651.00	649.07	167.89	2.20			3.53	3.99	382.05			382.05	77.44	11.97	1.93	167.89
		公益林	217.40	217.40	150.83	1.84			1.41	1.94	51.92			51.92	7.36	2.10		150.83
		商品林	433.60	431.67	17.06	0.36			2.12	2.05	330.13			330.13	70.08	9.87	1.93	17.06
丰林自然保护区	合计	合计	18165.00	18155.55	17668.90				6.01		49.05			49.05	340.64	90.95	9.45	17668.90
		公益林	18165.00	18155.55	17668.90				6.01		49.05			49.05	340.64	90.95	9.45	17668.90
	国有	合计	18165.00	18155.55	17668.90				6.01		49.05			49.05	340.64	90.95	9.45	17668.90
		公益林	18165.00	18155.55	17668.90				6.01		49.05			49.05	340.64	90.95	9.45	17668.90

说明：森林面积＝乔木林地面积＋特殊灌木林地面积。

表 2　黑龙江重点国有林区各类林木面积（株数）、蓄积统计表

单位：公顷、立方米、万株

统计单位	林木经营权	活立木总蓄积	乔木林		疏林		四旁树		散生木	
			面积	蓄积	面积	蓄积	株数	蓄积	株数	蓄积
黑龙江重点国有林区	合计	1032996038.0	8684955.28	1011472405.5	6436.53	203978.9			2259.6957	21319653.6
	国有	1032996038.0	8684955.28	1011472405.5	6436.53	203978.9			2259.6957	21319653.6
双丰林业局	合计	15705663.2	111295.84	15565910.0	59.90	1687.4			16.2701	138065.8
	国有	15705663.2	111295.84	15565910.0	59.90	1687.4			16.2701	138065.8
铁力林业局	合计	27154797.9	180590.99	26797942.6	8.88	177.0			36.9656	356678.3
	国有	27154797.9	180590.99	26797942.6	8.88	177.0			36.9656	356678.3
桃山林业局	合计	16741457.8	138134.28	16298782.8	1.81	2.8			36.2673	442672.2
	国有	16741457.8	138134.28	16298782.8	1.81	2.8			36.2673	442672.2
朗乡林业局	合计	26950243.1	254584.12	26641765.4	57.99	2572.8			31.7622	305904.9
	国有	26950243.1	254584.12	26641765.4	57.99	2572.8			31.7622	305904.9
南岔林业局	合计	33177463.8	260859.32	32716472.2	150.80	2817.2			41.8296	458174.4
	国有	33177463.8	260859.32	32716472.2	150.80	2817.2			41.8296	458174.4
金山屯林业局	合计	23356899.4	174891.87	22628257.0	12.00	269.5			58.6301	728372.9
	国有	23356899.4	174891.87	22628257.0	12.00	269.5			58.6301	728372.9
美溪林业局	合计	27069218.3	208636.24	26231911.0	713.62	24247.1			80.5222	813060.2
	国有	27069218.3	208636.24	26231911.0	713.62	24247.1			80.5222	813060.2
乌马河林业局	合计	11648418.4	110308.26	11282484.2	165.38	2357.5			32.7058	363576.7
	国有	11648418.4	110308.26	11282484.2	165.38	2357.5			32.7058	363576.7
翠峦林业局	合计	13156098.7	145093.37	12779436.0	5.52	60.0			40.8185	376602.7
	国有	13156098.7	145093.37	12779436.0	5.52	60.0			40.8185	376602.7
友好林业局	合计	22912627.9	240804.67	22152158.4	876.91	30443.7			89.3253	730025.8
	国有	22912627.9	240804.67	22152158.4	876.91	30443.7			89.3253	730025.8
上甘岭林业局	合计	14623055.6	116389.35	14382613.3	117.68	5879.5			23.4921	234562.8
	国有	14623055.6	116389.35	14382613.3	117.68	5879.5			23.4921	234562.8
五营林业局	合计	15743561.6	112533.16	15466599.8	107.43	4963.9			26.0973	271997.9
	国有	15743561.6	112533.16	15466599.8	107.43	4963.9			26.0973	271997.9
红星林业局	合计	19339554.4	206783.67	18791593.3	1266.39	40905.2			74.7675	507055.9
	国有	19339554.4	206783.67	18791593.3	1266.39	40905.2			74.7675	507055.9
新青林业局	合计	31304742.9	252388.74	30831172.9	408.07	15321.2			68.1113	458248.8
	国有	31304742.9	252388.74	30831172.9	408.07	15321.2			68.1113	458248.8
汤旺河林业局	合计	23130811.6	199993.64	22200683.9	265.18	8513.4			82.5674	921614.3
	国有	23130811.6	199993.64	22200683.9	265.18	8513.4			82.5674	921614.3
乌伊岭林业局	合计	23544384.0	264771.26	22852875.7	701.43	18701.9			71.1244	672806.4
	国有	23544384.0	264771.26	22852875.7	701.43	18701.9			71.1244	672806.4
伊春区森林经营所	合计	513318.9	3830.08	502756.7					1.6280	10562.2
	国有	513318.9	3830.08	502756.7					1.6280	10562.2
西林区林业局	合计	4318628.5	33139.03	4029205.6	8.66	297.6			24.3263	289125.3
	国有	4318628.5	33139.03	4029205.6	8.66	297.6			24.3263	289125.3
大海林林业局	合计	30575982.8	255306.26	29827202.1	86.87	2987.5			76.9886	745793.2
	国有	30575982.8	255306.26	29827202.1	86.87	2987.5			76.9886	745793.2
柴河林业局	合计	40126172.4	315042.62	39459056.0	44.77	1387.2			65.8432	665729.2
	国有	40126172.4	315042.62	39459056.0	44.77	1387.2			65.8432	665729.2

表2 黑龙江重点国有林区各类林木面积（株数）、蓄积统计表（续1）

单位：公顷、立方米、万株

统计单位	林木经营权	活立木总蓄积	乔木林		疏林		四旁树		散生木	
			面积	蓄积	面积	蓄积	株数	蓄积	株数	蓄积
东京城林业局	合计	53386574.4	369093.41	52733192.5					61.7664	653381.9
	国有	53386574.4	369093.41	52733192.5					61.7664	653381.9
穆棱林业局	合计	36065939.9	240253.78	35112136.3	1.63	37.4			112.5244	953766.2
	国有	36065939.9	240253.78	35112136.3	1.63	37.4			112.5244	953766.2
绥阳林业局	合计	56764165.7	473281.14	55625069.3	5.46	294.0			138.0746	1138802.4
	国有	56764165.7	473281.14	55625069.3	5.46	294.0			138.0746	1138802.4
海林林业局	合计	16475297.5	145331.64	16115834.0	17.62	358.2			31.7354	359105.3
	国有	16475297.5	145331.64	16115834.0	17.62	358.2			31.7354	359105.3
林口林业局	合计	21836345.4	219689.79	21493458.9	12.52	156.8			57.4036	342729.7
	国有	21836345.4	219689.79	21493458.9	12.52	156.8			57.4036	342729.7
八面通林业局	合计	11363638.4	125535.88	11116963.2	2.19	91.4			25.4235	246583.8
	国有	11363638.4	125535.88	11116963.2	2.19	91.4			25.4235	246583.8
青梅实验林场	合计	361016.1	3397.26	359995.3					0.2125	1020.8
	国有	361016.1	3397.26	359995.3					0.2125	1020.8
山河屯林业局	合计	21596502.8	181392.88	21250150.1	5.35	109.8			39.8929	346242.9
	国有	21596502.8	181392.88	21250150.1	5.35	109.8			39.8929	346242.9
苇河林业局	合计	16907291.6	163234.73	16290502.7	94.05	4271.1			54.0454	612517.8
	国有	16907291.6	163234.73	16290502.7	94.05	4271.1			54.0454	612517.8
亚布力林业局	合计	27138553.4	268583.70	26728381.9	9.46	261.4			33.9332	409910.1
	国有	27138553.4	268583.70	26728381.9	9.46	261.4			33.9332	409910.1
兴隆林业局	合计	32215656.6	281029.66	31147276.3	36.95	1676.8			104.8340	1066703.5
	国有	32215656.6	281029.66	31147276.3	36.95	1676.8			104.8340	1066703.5
方正林业局	合计	21461619.4	182746.10	20983447.6					48.2760	478171.8
	国有	21461619.4	182746.10	20983447.6					48.2760	478171.8
绥棱林业局	合计	18846135.0	167852.56	18496670.9	223.38	7610.1			49.2904	341854.0
	国有	18846135.0	167852.56	18496670.9	223.38	7610.1			49.2904	341854.0
通北林业局	合计	20849382.3	201775.64	20816876.7	115.02	2399.3			3.4878	30106.3
	国有	20849382.3	201775.64	20816876.7	115.02	2399.3			3.4878	30106.3
沾河林业局	合计	69064493.6	619490.30	67523063.9	510.06	13234.5			170.8920	1528195.2
	国有	69064493.6	619490.30	67523063.9	510.06	13234.5			170.8920	1528195.2
东方红林业局	合计	50578485.5	348217.10	49707051.3	160.00	5007.4			97.3614	866426.8
	国有	50578485.5	348217.10	49707051.3	160.00	5007.4			97.3614	866426.8
迎春林业局	合计	16385637.6	142759.32	15934737.5	13.59	516.9			50.0764	450383.2
	国有	16385637.6	142759.32	15934737.5	13.59	516.9			50.0764	450383.2
清河林业局	合计	13241939.3	128178.64	12716733.6	67.95	2051.3			55.9829	523154.4
	国有	13241939.3	128178.64	12716733.6	67.95	2051.3			55.9829	523154.4
鹤北林业局	合计	42625529.1	353727.93	42020398.5	33.99	911.5			61.0311	604219.1
	国有	42625529.1	353727.93	42020398.5	33.99	911.5			61.0311	604219.1
桦南林业局	合计	20528378.2	156712.84	20327279.4	48.26	791.2			14.9308	200307.6
	国有	20528378.2	156712.84	20327279.4	48.26	791.2			14.9308	200307.6
鹤立林业局	合计	6134648.5	58706.96	6072925.9					6.4636	61722.6
	国有	6134648.5	58706.96	6072925.9					6.4636	61722.6

表 2　黑龙江重点国有林区各类林木面积（株数）、蓄积统计表（续 2）

单位：公顷、立方米、万株

统计单位	林木经营权	活立木总蓄积	乔木林		疏林		四旁树		散生木	
			面积	蓄积	面积	蓄积	株数	蓄积	株数	蓄积
双鸭山林业局	合计	15399384.2	125004.92	15076938.2	2.33	101.8			30.1667	322344.2
	国有	15399384.2	125004.92	15076938.2	2.33	101.8			30.1667	322344.2
带岭林业实验局	合计	13600149.9	93800.54	13416377.7	2.96	76.0			23.2112	183696.2
	国有	13600149.9	93800.54	13416377.7	2.96	76.0			23.2112	183696.2
长岗实验林场	合计	520974.6	5497.93	515100.8					0.5403	5873.8
	国有	520974.6	5497.93	515100.8					0.5403	5873.8
丽林实验林场	合计	1145793.8	8002.16	1092101.6					3.2332	53692.2
	国有	1145793.8	8002.16	1092101.6					3.2332	53692.2
江山娇实验林场	合计	2354198.6	16087.32	2308154.5					4.7185	46044.1
	国有	2354198.6	16087.32	2308154.5					4.7185	46044.1
平山野生动物实验场	合计	264648.2	2357.59	263504.9	10.48	410.9			0.0557	732.4
	国有	264648.2	2357.59	263504.9	10.48	410.9			0.0557	732.4
肇东直属林场	合计	13833.8	167.89	13815.1	3.99	18.7				
	国有	13833.8	167.89	13815.1	3.99	18.7				
丰林自然保护区	合计	4776723.4	17668.90	4775388.0					0.0890	1335.4
	国有	4776723.4	17668.90	4775388.0					0.0890	1335.4

表3 黑龙江重点国有林区有林地、疏林地、灌木林地按林种和龄组面积、蓄积统计表

单位：公顷、立方米

统计单位	林种	亚林种	郁闭度（覆盖度）等级	合计		乔木林地														疏林地		灌木林地		
						小计		幼龄林		中龄林		近熟林		成熟林		过熟林						小计	特殊灌木林地	一般灌木林地
				面积	蓄积	面积	蓄积	面积	蓄积	面积	蓄积	面积	蓄积	面积	蓄积	面积	蓄积			面积	蓄积	面积	面积	面积
黑龙江重点国有林区	合计	合计	合计	8700362.57	1011676384.4	8684955.28	1011472405.5	1132579.97	86109871.3	5764478.52	673845689.6	1479651.84	204445172.0	282016.37	41700656.0	26228.58	5371016.6			6436.53	203978.9	8970.76		8970.76
			低（疏）	198517.22	11511168.5	196621.72	11511168.5	60354.99	1955744.1	105642.82	6909629.7	23422.03	2009680.9	6450.27	585970.9	751.61	50142.9					1895.50		1895.50
			中	5730736.22	631608386.8	5724036.36	631608386.8	679432.76	49332479.7	3836844.50	420548369.6	993208.77	130066450.8	195049.68	27606488.5	19500.65	4054598.2					6699.86		6699.86
			高（密）	2764672.60	368352850.2	2764297.20	368352850.2	392792.22	34821647.5	1821991.20	246387690.3	463021.04	72369040.3	80516.42	13508196.6	5976.32	1266275.5					375.40		375.40
	防护林	合计	合计	4631587.43	539931822.6	4625532.32	539836704.8	583879.78	44237544.5	3086767.46	363669403.8	800917.72	110073770.7	147177.32	20898356.2	6790.04	957629.6			3154.78	95117.8	2900.33		2900.33
			低（疏）	96776.90	5500376.1	95950.21	5500376.1	30990.62	908827.2	49109.98	3179357.0	12392.32	1087222.5	3371.52	316170.6	85.77	8798.8					826.69		826.69
			中	2921355.78	321565133.0	2919538.80	321565133.0	316297.31	22510780.0	1993819.06	219744819.4	507971.36	65650614.4	96888.22	13043474.4	4562.85	615444.8					1816.98		1816.98
			高（密）	1610299.97	212771195.7	1610043.31	212771195.7	236591.85	20817937.3	1043838.42	140745227.4	280554.04	43335933.8	46917.58	7538711.2	2141.42	333386.0					256.66		256.66
		水源涵养林	合计	589063.47	70347150.8	588874.92	70345510.5	90529.29	7292790.1	323530.50	37999583.0	148244.89	21070121.0	25819.65	3864574.2	750.59	118442.2			67.71	1640.3	120.84		120.84
			低（疏）	7836.48	395590.3	7814.69	395590.3	3162.51	61303.7	3274.52	184317.7	934.58	98564.1	443.08	51404.8							21.79		21.79
			中	304815.36	34466153.6	304799.28	34466153.6	37617.89	2810055.6	170277.42	18642995.3	80845.53	10786787.1	15651.06	2164545.7	407.38	61769.9					16.08		16.08
			高（密）	276343.92	35483766.6	276260.95	35483766.6	49748.89	4421430.8	149978.56	19172270.0	66464.78	10184769.8	9725.51	1648623.7	343.21	56672.3					82.97		82.97
		水土保持林	合计	3348719.67	392193120.2	3344157.53	392120435.0	386444.19	29544689.2	2294512.24	271722991.2	554977.04	75779378.1	102807.72	14315523.2	5416.34	757853.3			2402.17	72685.2	2159.97		2159.97
			低（疏）	76617.35	4497930.3	75915.30	4497930.3	22894.81	705661.0	39393.59	2596616.8	10739.51	931969.3	2802.89	254959.8	84.50	8723.4					702.05		702.05
			中	2193138.73	242349569.4	2191816.64	242349569.4	225614.42	16457179.6	1522531.38	168604791.0	369646.73	47482784.9	70222.63	9294868.1	3801.48	509945.8					1322.09		1322.09
			高（密）	1076561.42	145272935.3	1076425.59	145272935.3	137934.96	12381848.6	732587.27	100521583.4	174590.80	27364623.9	29782.20	4765695.3	1530.36	239184.1					135.83		135.83
		护岸林	合计	685161.24	76153303.9	683856.82	76132511.6	106121.52	7331291.4	462096.37	52985241.0	96607.32	13039775.3	18429.04	2697453.7	602.57	78750.2			684.90	20792.3	619.52		619.52
			低（疏）	12263.35	604027.0	12160.50	604027.0	4902.77	141006.7	6412.86	396460.1	718.05	56678.8	125.55	9806.0	1.27	75.4					102.85		102.85
			中	417068.83	43889977.1	416590.02	43889977.1	52585.66	3207281.2	296097.87	31826682.2	56660.63	7247069.7	10912.41	1567798.8	333.45	41145.2					478.81		478.81
			高（密）	255144.16	31638507.5	255106.30	31638507.5	48633.09	3983003.5	159585.64	20762098.7	39228.64	5736026.8	7391.08	1119848.9	267.85	37529.6					37.86		37.86

表 3　黑龙江重点国有林区有林地、疏林地、灌木林地按林种和龄组面积、蓄积统计表（续 1）

单位：公顷、立方米

统计单位	林种	亚林种	郁闭度（覆盖度）等级	合计		乔木林地														疏林地		灌木林地		
						小计		幼龄林		中龄林		近熟林		成熟林		过熟林						小计	特殊灌木林地	一般灌木林地
				面积	蓄积	面积	蓄积	面积	蓄积	面积	蓄积	面积	蓄积	面积	蓄积	面积	蓄积			面积	蓄积	面积	面积	面积
黑龙江重点国有林区	防护林	护路林	合计	6862.45	1038838.7	6862.45	1038838.7	590.61	51442.5	5300.48	817413.0	881.20	154687.4	69.62	12711.9	20.54	2583.9							
			低（疏）	56.45	2828.5	56.45	2828.5	27.26	855.8	29.01	1962.4	0.18	10.3											
			中	4589.24	664977.3	4589.24	664977.3	291.96	19403.5	3584.52	526175.3	641.39	108646.0	50.83	8168.6	20.54	2583.9							
			高（密）	2216.76	371032.9	2216.76	371032.9	271.39	31183.2	1686.95	289275.3	239.63	46031.1	18.79	4543.3									
		防火林	合计	1699.90	190345.1	1699.90	190345.1	176.18	15964.5	1293.97	140488.0	178.46	25799.4	51.29	8093.2									
			中	1669.71	185862.9	1669.71	185862.9	176.18	15964.5	1293.97	140488.0	148.27	21317.2	51.29	8093.2									
			高（密）	30.19	4482.2	30.19	4482.2					30.19	4482.2											
		其他防护林	合计	80.70	9063.9	80.70	9063.9	17.99	1366.8	33.90	3687.6	28.81	4009.5											
			低（疏）	3.27		3.27		3.27																
			中	73.91	8592.7	73.91	8592.7	11.20	895.6	33.90	3687.6	28.81	4009.5											
			高（密）	3.52	471.2	3.52	471.2	3.52	471.2															
	特用林	合计	合计	2164779.28	249310719.9	2158316.92	249231786.9	308689.10	22707855.5	1382258.65	157244443.7	372296.57	52221432.5	78696.73	13038404.0	16375.87	4019651.2			2358.01	78933.0	4104.35		4104.35
			低（疏）	50581.14	3045311.2	49968.21	3045311.2	13533.75	490628.5	27960.62	1834980.9	6292.59	539033.6	1630.00	146277.2	551.25	34391.0					612.93		612.93
			中	1517653.49	167467205.3	1514195.08	167467205.3	212587.86	15176423.1	954016.93	102348125.1	276438.87	37459939.8	58697.71	9355085.8	12453.71	3127631.5					3458.41		3458.41
			高（密）	594186.64	78719270.4	594153.63	78719270.4	82567.49	7040803.9	400281.10	53061337.7	89565.11	14222459.1	18369.02	3537041.0	3370.91	857628.7					33.01		33.01
		国防林	合计	72499.15	10234347.2	72452.44	10232838.3	4633.55	561472.5	38685.57	5208485.3	25915.10	3948704.0	3062.86	489742.2	155.36	24434.3			46.61	1508.9	0.10		0.10
			低（疏）	875.49	44556.6	875.49	44556.6	239.03	5216.3	516.55	30766.3	109.60	8125.6	10.31	448.4									
			中	49756.98	6739226.8	49756.88	6739226.8	3314.32	420632.6	22948.72	2771124.8	20755.45	3114742.0	2585.01	408610.1	153.38	24117.3					0.10		0.10
			高（密）	21820.07	3449054.9	21820.07	3449054.9	1080.20	135623.6	15220.30	2406594.2	5050.05	825836.4	467.54	80683.7	1.98	317.0							
		实验林	合计	134.28	7756.5	134.28	7756.5	1.67	149.6	132.61	7606.9													
			中	134.28	7756.5	134.28	7756.5	1.67	149.6	132.61	7606.9													

表 3 黑龙江重点国有林区有林地、疏林地、灌木林地按林种和龄组面积、蓄积统计表（续 2）

单位：公顷、立方米

统计单位	林种	亚林种	郁闭度（覆盖度）等级	合计		乔木林地														疏林地		灌木林地		
						小计		幼龄林		中龄林		近熟林		成熟林		过熟林						小计	特殊灌木林地	一般灌木林地
				面积	蓄积	面积	蓄积	面积	蓄积	面积	蓄积	面积	蓄积	面积	蓄积	面积	蓄积			面积	蓄积	面积	面积	面积
黑龙江重点国有林区	特用林	种质资源林（母树林）	合计	19351.42	2679514.5	19307.06	2679011.9	2149.18	208662.1	10624.04	1350941.4	4097.13	671964.3	2257.95	418346.3	178.76	29097.8			43.66	502.6	0.70		0.70
			低（疏）	780.96	37588.8	780.30	37588.8	234.36	5101.3	296.88	17104.9	128.61	4876.7	120.45	10505.9							0.66		0.66
			中	11099.65	1389821.8	11099.61	1389821.8	1135.69	101269.4	6379.68	728420.5	2284.97	346513.5	1129.37	186687.7	169.90	26930.7					0.04		0.04
			高（密）	7427.15	1251601.3	7427.15	1251601.3	779.13	102291.4	3947.48	605416.0	1683.55	320574.1	1008.13	221152.7	8.86	2167.1							
		环境保护林	合计	38501.22	4878065.3	38461.30	4878019.5	5015.19	454224.1	26037.88	3292039.6	6535.12	986738.6	873.11	145017.2					0.48	45.8	39.44		39.44
			低（疏）	473.44	25120.8	437.18	25120.8	208.39	5166.2	123.87	7738.1	97.82	11623.0	7.10	593.5							36.26		36.26
			中	22490.90	2576927.5	22487.72	2576927.5	3197.26	284204.1	14853.04	1648453.0	3817.19	549329.3	620.23	94941.1							3.18		3.18
			高（密）	15536.40	2275971.2	15536.40	2275971.2	1609.54	164853.8	11060.97	1635848.5	2620.11	425786.3	245.78	49482.6									
		风景林	合计	353916.93	43821905.2	353628.69	43817704.4	31791.18	2763299.1	244257.36	30356632.4	66630.62	9064945.8	10663.46	1582339.9	286.07	50487.2			126.95	4200.8	161.29		161.29
			低（疏）	3253.49	203774.4	3234.65	203774.4	1139.60	41686.3	1590.07	116199.7	408.26	36165.5	96.72	9722.9							18.84		18.84
			中	222008.06	25635095.6	221888.06	25635095.6	18554.97	1565835.0	145335.82	16555032.5	49598.02	6343636.5	8199.12	1142617.3	200.13	27974.3					120.00		120.00
			高（密）	128528.43	17978834.4	128505.98	17978834.4	12096.61	1155777.8	97331.47	13685400.2	16624.34	2685143.8	2367.62	429999.7	85.94	22512.9					22.45		22.45
		名胜古迹和革命纪念林	合计	139.10	23364.7	139.10	23364.7					139.10	23364.7											
			中	40.49	4907.0	40.49	4907.0					40.49	4907.0											
			高（密）	98.61	18457.7	98.61	18457.7					98.61	18457.7											
		自然保护区林	合计	1680237.18	187665766.5	1674194.05	187593091.6	265098.33	18720048.1	1062521.19	117028738.1	268979.50	37525715.1	61839.35	10402958.4	15755.68	3915631.9			2140.31	72674.9	3902.82		3902.82
			低（疏）	45197.76	2734270.6	44640.59	2734270.6	11712.37	433458.4	25433.25	1663171.9	5548.30	478242.8	1395.42	125006.5	551.25	34391.0					557.17		557.17
			中	1212123.13	131113470.1	1208788.04	131113470.1	186383.95	12804332.4	764367.06	80637487.4	199942.75	27100811.5	46163.98	7522229.6	11930.30	3048609.2					3335.09		3335.09
			高（密）	420775.98	53745350.9	420765.42	53745350.9	67002.01	5482257.3	272720.88	34728078.8	63488.45	9946660.8	14279.95	2755722.3	3274.13	832631.7					10.56		10.56

表 3 黑龙江重点国有林区有林地、疏林地、灌木林地按林种和龄组面积、蓄积统计表（续 3）

单位：公顷、立方米

统计单位	林种	亚林种	郁闭度（覆盖度）等级	合计		乔木林地												疏林地		灌木林地		
						小计		幼龄林		中龄林		近熟林		成熟林		过熟林				小计	特殊灌木林地	一般灌木林地
				面积	蓄积	面积	蓄积	面积	蓄积	面积	蓄积	面积	蓄积	面积	蓄积	面积	蓄积	面积	蓄积	面积	面积	面积
黑龙江重点国有林区	用材林	合计	合计	1903958.95	222433005.5	1901069.13	222403077.4	239976.04	19163761.9	1295451.13	152931758.5	306436.97	42149925.4	56142.32	7763895.8	3062.67	393735.8	923.74	29928.1	1966.08		1966.08
			低（疏）	51153.38	2965436.5	50697.50	2965436.5	15825.40	556287.1	28572.22	1895291.8	4736.54	383381.4	1448.75	123523.1	114.59	6953.1			455.88		455.88
			中	1291717.26	142575904.4	1290292.79	142575904.4	150538.56	11645177.0	889007.85	98455380.6	208798.54	26955896.6	39463.75	5207928.3	2484.09	311521.9			1424.47		1424.47
			高（密）	560164.57	76861736.5	560078.84	76861736.5	73612.08	6962297.8	377871.06	52581086.1	92901.89	14810647.4	15229.82	2432444.4	463.99	75260.8			85.73		85.73
		短轮伐期工业原料用材林	合计	26818.23	3935056.8	26782.29	3933289.5	630.89	32104.6	13750.24	1844591.6	9358.49	1510510.5	3008.33	540680.6	34.34	5402.2	35.94	1767.3			
			低（疏）	219.10	13674.1	219.10	13674.1	50.80	1275.2	129.60	8150.7	32.20	3792.9	6.50	455.3							
			中	16348.84	2253102.8	16348.84	2253102.8	403.41	22783.6	8739.89	1110728.6	5530.21	837219.9	1658.59	279415.3	16.74	2955.4					
			高（密）	10214.35	1666512.6	10214.35	1666512.6	176.68	8045.8	4880.75	725712.3	3796.08	669497.7	1343.24	260810.0	17.60	2446.8					
		一般用材林	合计	1877140.72	218497948.7	1874286.84	218469787.9	239345.15	19131657.3	1281700.89	151087166.9	297078.48	40639414.9	53133.99	7223215.2	3028.33	388333.6	887.80	28160.8	1966.08		1966.08
			低（疏）	50934.28	2951762.4	50478.40	2951762.4	15774.60	555011.9	28442.62	1887141.1	4704.34	379588.5	1442.25	123067.8	114.59	6953.1			455.88		455.88
			中	1275368.42	140322801.6	1273943.95	140322801.6	150135.15	11622393.4	880267.96	97344652.0	203268.33	26118676.7	37805.16	4928513.0	2467.35	308566.5			1424.47		1424.47
			高（密）	549950.22	75195223.9	549864.49	75195223.9	73435.40	6954252.0	372990.31	51855373.8	89105.81	14141149.7	13886.58	2171634.4	446.39	72814.0			85.73		85.73
	经济林	合计	合计	36.91	836.4	36.91	836.4	35.05	709.4	1.28	83.6	0.58	43.4									
			低（疏）	5.80	44.7	5.80	44.7	5.22	1.3			0.58	43.4									
			中	9.69	144.1	9.69	144.1	9.03	99.6	0.66	44.5											
			高（密）	21.42	647.6	21.42	647.6	20.80	608.5	0.62	39.1											
		果树林	合计	36.91	836.4	36.91	836.4	35.05	709.4	1.28	83.6	0.58	43.4									
			低（疏）	5.80	44.7	5.80	44.7	5.22	1.3			0.58	43.4									
			中	9.69	144.1	9.69	144.1	9.03	99.6	0.66	44.5											
			高（密）	21.42	647.6	21.42	647.6	20.80	608.5	0.62	39.1											

表 3　黑龙江重点国有林区有林地、疏林地、灌木林地按林种和龄组面积、蓄积统计表（续 4）

单位：公顷、立方米

统计单位	林种	亚林种	郁闭度（覆盖度）等级	合计		乔木林地												疏林地		小计	灌木林地	
						小计		幼龄林		中龄林		近熟林		成熟林		过熟林					特殊灌木林地	一般灌木林地
				面积	蓄积	面积	蓄积	面积	蓄积	面积	蓄积	面积	蓄积	面积	蓄积	面积	蓄积	面积	蓄积	面积	面积	面积
双丰林业局	合计	合计	合计	111355.74	15567597.4	111295.84	15565910.0	5851.72	409402.0	51335.22	6926620.6	45671.63	6908230.8	8192.65	1284712.8	244.62	36943.8	59.90	1687.4			
			低（疏）	1399.88	94610.5	1399.88	94610.5	437.37	9500.0	526.44	39376.6	294.69	31333.5	114.76	13543.7	26.62	856.7					
			中	67686.25	8846623.3	67686.25	8846623.3	2840.12	153452.6	28850.93	3500039.9	29617.94	4224767.8	6169.80	934961.4	207.46	33401.6					
			高（密）	42209.71	6624676.2	42209.71	6624676.2	2574.23	246449.4	21957.85	3387204.1	15759.00	2652129.5	1908.09	336207.7	10.54	2685.5					
	防护林	合计	合计	77173.16	11146080.5	77161.60	11145817.7	3411.44	259447.5	36941.94	5165766.6	30899.33	4801924.7	5853.83	909158.0	55.06	9520.9	11.56	262.8			
			低（疏）	1042.01	81612.6	1042.01	81612.6	255.04	6023.4	425.05	34130.9	247.16	27914.6	114.76	13543.7							
			中	45339.67	6203300.8	45339.67	6203300.8	1394.75	79762.4	19575.46	2485192.4	19847.76	2942120.1	4466.64	686705.0	55.06	9520.9					
			高（密）	30779.92	4860904.3	30779.92	4860904.3	1761.65	173661.7	16941.43	2646443.3	10804.41	1831890.0	1272.43	208909.3							
		水源涵养林	合计	12279.80	1706293.2	12279.80	1706293.2	978.68	78570.4	6028.80	824422.2	3778.28	584317.4	1453.18	211829.8	40.86	7153.4					
			低（疏）	89.64	3785.5	89.64	3785.5	61.64	1463.2	20.12	1945.9	7.88	376.4									
			中	7450.18	987559.2	7450.18	987559.2	398.54	27762.9	3187.83	400214.2	2651.73	387688.5	1171.22	164740.2	40.86	7153.4					
			高（密）	4739.98	714948.5	4739.98	714948.5	518.50	49344.3	2820.85	422262.1	1118.67	196252.5	281.96	47089.6							
		水土保持林	合计	64762.48	9423644.2	64756.77	9423462.3	2432.76	180877.1	30852.30	4333771.5	27059.11	4209546.7	4398.40	696899.5	14.20	2367.5	5.71	181.9			
			低（疏）	952.37	77827.1	952.37	77827.1	193.40	4560.2	404.93	32185.0	239.28	27538.2	114.76	13543.7					
			中	37835.51	5209294.4	37835.51	5209294.4	996.21	51999.5	16337.55	2078983.7	17192.13	2553978.9	3295.42	521964.8	14.20	2367.5					
			高（密）	25968.89	4136340.8	25968.89	4136340.8	1243.15	124317.4	14109.82	2222602.8	9627.70	1628029.6	988.22	161391.0							
		护岸林	合计	130.88	16143.1	125.03	16062.2			60.84	7572.9	61.94	8060.6	2.25	428.7			5.85	80.9			
			中	53.98	6447.2	53.98	6447.2			50.08	5994.5	3.90	452.7									
			高（密）	71.05	9615.0	71.05	9615.0			10.76	1578.4	58.04	7607.9	2.25	428.7							

表 3 黑龙江重点国有林区有林地、疏林地、灌木林地按林种和龄组面积、蓄积统计表（续 5）

单位：公顷、立方米

统计单位	林种	亚林种	郁闭度（覆盖度）等级	合计		乔木林地														疏林地		灌木林地		
						小计		幼龄林		中龄林		近熟林		成熟林		过熟林						小计	特殊灌木林地	一般灌木林地
				面积	蓄积	面积	蓄积	面积	蓄积	面积	蓄积	面积	蓄积	面积	蓄积	面积	蓄积			面积	蓄积	面积	面积	面积
双丰林业局	特用林	合计	合计	9770.45	1362191.1	9770.45	1362191.1	117.85	9563.7	3687.46	429952.5	4766.45	722725.7	1083.57	179551.3	115.12	20397.9							
			低（疏）	11.92	273.4	11.92	273.4	9.36	68.8	1.16	65.4	1.40	139.2											
			中	6817.17	880771.0	6817.17	880771.0	14.45	603.1	2967.53	329220.7	2891.65	402863.8	837.28	129852.6	106.26	18230.8							
			高（密）	2941.36	481146.7	2941.36	481146.7	94.04	8891.8	718.77	100666.4	1873.40	319722.7	246.29	49698.7	8.86	2167.1							
		种质资源林（母树林）	合计	936.72	177458.6	936.72	177458.6	62.02	6357.9	84.78	14583.3	310.48	57282.2	364.32	78837.3	115.12	20397.9							
			低（疏）	2.95	142.5	2.95	142.5	1.55	3.3			1.40	139.2											
			中	293.23	57061.9	293.23	57061.9	2.51	111.6	2.73	333.9	17.54	2766.0	164.19	35619.6	106.26	18230.8							
			高（密）	640.54	120254.2	640.54	120254.2	57.96	6243.0	82.05	14249.4	291.54	54377.0	200.13	43217.7	8.86	2167.1							
		自然保护区林	合计	8833.73	1184732.5	8833.73	1184732.5	55.83	3205.8	3602.68	415369.2	4455.97	665443.5	719.25	100714.0									
			低（疏）	8.97	130.9	8.97	130.9	7.81	65.5	1.16	65.4													
			中	6523.94	823709.1	6523.94	823709.1	11.94	491.5	2964.80	328886.8	2874.11	400097.8	673.09	94233.0									
			高（密）	2300.82	360892.5	2300.82	360892.5	36.08	2648.8	636.72	86417.0	1581.86	265345.7	46.16	6481.0									
	用材林	合计	合计	24412.13	3059325.8	24363.79	3057901.2	2322.43	140390.8	10705.82	1330901.5	10005.85	1383580.4	1255.25	196003.5	74.44	7025.0			48.34	1424.6			
			低（疏）	345.95	12724.5	345.95	12724.5	172.97	3407.8	100.23	5180.3	46.13	3279.7			26.62	856.7							
			中	15529.41	1762551.5	15529.41	1762551.5	1430.92	73087.1	6307.94	685626.8	6878.53	879783.9	865.88	118403.8	46.14	5649.9							
			高（密）	8488.43	1282625.2	8488.43	1282625.2	718.54	63895.9	4297.65	640094.4	3081.19	500516.8	389.37	77599.7	1.68	518.4							
		一般用材林	合计	24412.13	3059325.8	24363.79	3057901.2	2322.43	140390.8	10705.82	1330901.5	10005.85	1383580.4	1255.25	196003.5	74.44	7025.0			48.34	1424.6			
			低（疏）	345.95	12724.5	345.95	12724.5	172.97	3407.8	100.23	5180.3	46.13	3279.7			26.62	856.7							
			中	15529.41	1762551.5	15529.41	1762551.5	1430.92	73087.1	6307.94	685626.8	6878.53	879783.9	865.88	118403.8	46.14	5649.9							
			高（密）	8488.43	1282625.2	8488.43	1282625.2	718.54	63895.9	4297.65	640094.4	3081.19	500516.8	389.37	77599.7	1.68	518.4							

表 3　黑龙江重点国有林区有林地、疏林地、灌木林地按林种和龄组面积、蓄积统计表（续 6）

单位：公顷、立方米

统计单位	林种	亚林种	郁闭度（覆盖度）等级	合计		乔木林地												疏林地		灌木林地		
						小计		幼龄林		中龄林		近熟林		成熟林		过熟林				小计	特殊灌木林地	一般灌木林地
				面积	蓄积	面积	蓄积	面积	蓄积	面积	蓄积	面积	蓄积	面积	蓄积	面积	蓄积	面积	蓄积	面积	面积	面积
铁力林业局	合计	合计	合计	180599.87	26798119.6	180590.99	26797942.6	6354.38	430810.7	138857.07	20428314.3	30879.65	5150151.9	4450.32	780333.2	49.57	8332.5	8.88	177.0			
			低（疏）	1473.39	97223.0	1473.39	97223.0	454.30	10347.4	618.51	44740.6	250.87	27897.8	149.71	14237.2							
			中	122251.82	17450003.3	122251.82	17450003.3	3402.88	201056.6	94285.79	13240983.9	21465.57	3462192.0	3063.75	540278.8	33.83	5492.0					
			高（密）	56865.78	9250716.3	56865.78	9250716.3	2497.20	219406.7	43952.77	7142589.8	9163.21	1660062.1	1236.86	225817.2	15.74	2840.5					
	防护林	合计	合计	103061.67	15449444.4	103057.11	15449341.9	3274.66	214490.6	82296.49	12338267.8	15795.95	2608093.0	1656.18	282998.5	33.83	5492.0	4.56	102.5			
			低（疏）	731.89	56600.5	731.89	56600.5	178.63	4404.7	217.11	17565.2	192.94	20848.7	143.21	13781.9							
			中	69124.54	9998241.3	69124.54	9998241.3	1693.25	94539.6	54914.96	7888342.0	11224.52	1785780.2	1257.98	224087.5	33.83	5492.0					
			高（密）	33200.68	5394500.1	33200.68	5394500.1	1402.78	115546.3	27164.42	4432360.6	4378.49	801464.1	254.99	45129.1							
		水源涵养林	合计	6116.24	895875.3	6116.24	895875.3	302.54	22315.3	4143.60	606798.8	1476.53	235659.2	175.02	28380.2	18.55	2721.8					
			低（疏）	5.02	90.6	5.02	90.6	5.02	90.6													
			中	3649.19	526367.0	3649.19	526367.0	74.66	4344.6	2523.17	366332.3	902.48	133010.1	130.33	19958.2	18.55	2721.8					
			高（密）	2462.03	369417.7	2462.03	369417.7	222.86	17880.1	1620.43	240466.5	574.05	102649.1	44.69	8422.0							
		水土保持林	合计	90908.50	13602903.0	90903.94	13602800.5	2694.59	173218.2	73361.16	10964022.8	13405.77	2219449.6	1427.14	243339.7	15.28	2770.2	4.56	102.5			
			低（疏）	685.90	54626.4	685.90	54626.4	154.86	4024.7	194.89	15971.1	192.94	20848.7	143.21	13781.9							
			中	61542.25	8877735.9	61542.25	8877735.9	1481.77	82728.2	49367.97	7063172.4	9603.60	1536214.4	1073.63	192850.7	15.28	2770.2					
			高（密）	28675.79	4670438.2	28675.79	4670438.2	1057.96	86465.3	23798.30	3884879.3	3609.23	662386.5	210.30	36707.1							
		护岸林	合计	2040.45	308245.0	2040.45	308245.0	126.64	7301.1	1548.24	246309.4	311.55	43355.9	54.02	11278.6							
			低（疏）	9.56	151.1	9.56	151.1	7.70	90.0	1.86	61.1											
			中	1158.78	154212.2	1158.78	154212.2	98.97	5720.9	745.40	102457.3	260.39	34755.4	54.02	11278.6							
			高（密）	872.11	153881.7	872.11	153881.7	19.97	1490.2	800.98	143791.0	51.16	8600.5									

表 3　黑龙江重点国有林区有林地、疏林地、灌木林地按林种和龄组面积、蓄积统计表（续 7）

单位：公顷、立方米

统计单位	林种	亚林种	郁闭度（覆盖度）等级	合计		乔木林地												疏林地		灌木林地		
						小计		幼龄林		中龄林		近熟林		成熟林		过熟林				小计	特殊灌木林地	一般灌木林地
				面积	蓄积	面积	蓄积	面积	蓄积	面积	蓄积	面积	蓄积	面积	蓄积	面积	蓄积	面积	蓄积	面积	面积	面积
铁力林业局	防护林	护路林	合计	3996.48	642421.1	3996.48	642421.1	150.89	11656.0	3243.49	521136.8	602.10	109628.3									
			低（疏）	31.41	1732.4	31.41	1732.4	11.05	199.4	20.36	1533.0											
			中	2774.32	439926.2	2774.32	439926.2	37.85	1745.9	2278.42	356380.0	458.05	81800.3									
			高（密）	1190.75	200762.5	1190.75	200762.5	101.99	9710.7	944.71	163223.8	144.05	27828.0									
	特用林	合计	合计	35029.08	5177472.8	35029.08	5177472.8	1173.87	70321.6	26759.01	3900922.2	6354.25	1072468.9	741.95	133760.1							
			低（疏）	230.24	8298.1	230.24	8298.1	125.47	2439.8	102.74	5665.4	2.03	192.9									
			中	24052.93	3383650.6	24052.93	3383650.6	650.14	36308.6	18057.39	2460775.2	4820.08	801618.0	525.32	84948.8							
			高（密）	10745.91	1785524.1	10745.91	1785524.1	398.26	31573.2	8598.88	1434481.6	1532.14	270658.0	216.63	48811.3							
		种质资源林（母树林）	合计	873.54	115941.2	873.54	115941.2	141.82	10288.9	507.63	65128.3	162.46	24104.4	61.63	16419.6							
			低（疏）	50.61	1577.3	50.61	1577.3	50.61	1577.3													
			中	432.44	48658.0	432.44	48658.0	50.64	3559.4	311.78	34041.9	60.79	8676.2	9.23	2380.5							
			高（密）	390.49	65705.9	390.49	65705.9	40.57	5152.2	195.85	31086.4	101.67	15428.2	52.40	14039.1							
		风景林	合计	23166.42	3461493.2	23166.42	3461493.2	813.69	44528.6	17957.17	2659218.7	3922.71	668846.9	472.85	88899.0							
			低（疏）	163.62	5744.7	163.62	5744.7	73.27	777.9	88.32	4773.9	2.03	192.9									
			中	15912.89	2267375.5	15912.89	2267375.5	440.72	22225.5	11998.19	1655487.4	3147.56	531129.1	326.42	58533.5							
			高（密）	7089.91	1188373.0	7089.91	1188373.0	299.70	21525.2	5870.66	998957.4	773.12	137524.9	146.43	30365.5							
		自然保护区林	合计	10989.12	1600038.4	10989.12	1600038.4	218.36	15504.1	8294.21	1176575.2	2269.08	379517.6	207.47	28441.5							
			低（疏）	16.01	976.1	16.01	976.1	1.59	84.6	14.42	891.5											
			中	7707.60	1067617.1	7707.60	1067617.1	158.78	10523.7	5747.42	771245.9	1611.73	261812.7	189.67	24034.8							
			高（密）	3265.51	531445.2	3265.51	531445.2	57.99	4895.8	2532.37	404437.8	657.35	117704.9	17.80	4406.7							

表 3　黑龙江重点国有林区有林地、疏林地、灌木林地按林种和龄组面积、蓄积统计表（续 8）

单位：公顷、立方米

统计单位	林种	亚林种	郁闭度（覆盖度）等级	合计		乔木林地														疏林地		灌木林地		
						小计		幼龄林		中龄林		近熟林		成熟林		过熟林						小计	特殊灌木林地	一般灌木林地
				面积	蓄积	面积	蓄积	面积	蓄积	面积	蓄积	面积	蓄积	面积	蓄积	面积	蓄积			面积	蓄积	面积	面积	面积
铁力林业局	用材林	合计	合计	42509.12	6171202.4	42504.80	6171127.9	1905.85	145998.5	29801.57	4189124.3	8729.45	1469590.0	2052.19	363574.6	15.74	2840.5			4.32	74.5			
			低（疏）	511.26	32324.4	511.26	32324.4	150.20	3502.9	298.66	21510.0	55.90	6856.2	6.50	455.3									
			中	29074.35	4068111.4	29074.35	4068111.4	1059.49	70208.4	21313.44	2891866.7	5420.97	874793.8	1280.45	231242.5									
			高（密）	12919.19	2070692.1	12919.19	2070692.1	696.16	72287.2	8189.47	1275747.6	3252.58	587940.0	765.24	131876.8	15.74	2840.5							
		短轮伐期工业原料用材林	合计	14934.56	2312667.7	14934.56	2312667.7	350.45	18485.4	7044.59	992888.0	5841.07	998550.1	1692.37	301916.3	6.08	827.9							
			低（疏）	151.27	11169.1	151.27	11169.1	23.13	529.3	94.99	6699.8	26.65	3484.7	6.50	455.3									
			中	9200.47	1362639.2	9200.47	1362639.2	246.90	14453.7	4704.54	639780.7	3262.44	525171.6	986.59	183233.2									
			高（密）	5582.82	938859.4	5582.82	938859.4	80.42	3502.4	2245.06	346407.5	2551.98	469893.8	699.28	118227.8	6.08	827.9							
		一般用材林	合计	27574.56	3858534.7	27570.24	3858460.2	1555.40	127513.1	22756.98	3196236.3	2888.38	471039.9	359.82	61658.3	9.66	2012.6			4.32	74.5			
			低（疏）	359.99	21155.3	359.99	21155.3	127.07	2973.6	203.67	14810.2	29.25	3371.5											
			中	19873.88	2705472.2	19873.88	2705472.2	812.59	55754.7	16608.90	2252086.0	2158.53	349622.2	293.86	48009.3									
			高（密）	7336.37	1131832.7	7336.37	1131832.7	615.74	68784.8	5944.41	929340.1	700.60	118046.2	65.96	13649.0	9.66	2012.6							
桃山林业局	合计	合计	合计	138223.41	16298785.6	138134.28	16298782.8	12042.43	1051305.0	114575.57	13614307.0	6562.19	939395.9	4932.74	691223.6	21.35	2551.3			1.81	2.8	87.32		87.32
			低（疏）	797.13	46157.6	750.12	46157.6	257.56	8262.9	370.81	25416.5	119.80	12226.6	1.95	251.6							47.01		47.01
			中	104125.95	11638016.5	104098.91	11638016.5	8949.96	763287.7	87774.60	9946441.9	4420.93	576455.2	2944.22	350614.0	9.20	1217.7					27.04		27.04
			高（密）	33298.52	4614608.7	33285.25	4614608.7	2834.91	279754.4	26430.16	3642448.6	2021.46	350714.1	1986.57	340358.0	12.15	1333.6					13.27		13.27
	防护林	合计	合计	120786.28	14186111.1	120719.15	14186108.3	10583.35	933068.2	100547.56	11928064.7	5770.68	832630.6	3796.21	489793.5	21.35	2551.3			1.81	2.8	65.32		65.32
			低（疏）	694.39	42269.6	663.71	42269.6	208.80	7172.8	333.92	22666.6	119.04	12178.6	1.95	251.6							30.68		30.68
			中	91636.43	10261119.0	91615.06	10261119.0	7880.86	679740.8	77053.72	8732621.3	3904.22	514711.3	2767.06	332827.9	9.20	1217.7					21.37		21.37
			高（密）	28453.65	3882719.7	28440.38	3882719.7	2493.69	246154.6	23159.92	3172776.8	1747.42	305740.7	1027.20	156714.0	12.15	1333.6					13.27		13.27

表 3　黑龙江重点国有林区有林地、疏林地、灌木林地按林种和龄组面积、蓄积统计表（续 9）

单位：公顷、立方米

统计单位	林种	亚林种	郁闭度（覆盖度）等级	合计		乔木林地												疏林地		灌木林地		
						小计		幼龄林		中龄林		近熟林		成熟林		过熟林				小计	特殊灌木林地	一般灌木林地
				面积	蓄积	面积	蓄积	面积	蓄积	面积	蓄积	面积	蓄积	面积	蓄积	面积	蓄积	面积	蓄积	面积	面积	面积
桃山林业局	防护林	水源涵养林	合计	9813.80	738191.0	9813.80	738191.0	701.65	42059.5	8597.17	644367.6	243.29	21001.0	271.69	30762.9							
			低（疏）	16.30	820.8	16.30	820.8			16.30	820.8											
			中	7023.57	492407.5	7023.57	492407.5	527.95	29270.0	6109.56	429929.7	228.90	19567.8	157.16	13640.0							
			高（密）	2773.93	244962.7	2773.93	244962.7	173.70	12789.5	2471.31	213617.1	14.39	1433.2	114.53	17122.9							
		水土保持林	合计	90294.28	10900178.3	90248.55	10900175.5	8388.88	754017.7	74639.14	9132771.3	4354.92	644860.3	2862.00	367922.4	3.61	603.8	1.81	2.8	43.92		43.92
			低（疏）	615.38	38393.1	600.87	38393.1	173.52	4869.2	317.19	21829.1	108.21	11443.2	1.95	251.6					14.51		14.51
			中	70680.61	8142894.5	70661.97	8142894.5	6257.56	554303.2	59259.71	6919664.7	3022.87	415710.9	2118.22	252611.9	3.61	603.8			18.64		18.64
			高（密）	18996.48	2718887.9	18985.71	2718887.9	1957.80	194845.3	15062.24	2191277.5	1223.84	217706.2	741.83	115058.9					10.77		10.77
		护岸林	合计	20678.20	2547741.8	20656.80	2547741.8	1492.82	136991.0	17311.25	2150925.8	1172.47	166769.3	662.52	91108.2	17.74	1947.5			21.40		21.40
			低（疏）	62.71	3055.7	46.54	3055.7	35.28	2303.6	0.43	16.7	10.83	735.4							16.17		16.17
			中	13932.25	1625817.0	13929.52	1625817.0	1095.35	96167.6	11684.45	1383026.9	652.45	79432.6	491.68	66576.0	5.59	613.9			2.73		2.73
			高（密）	6683.24	918869.1	6680.74	918869.1	362.19	38519.8	5626.37	767882.2	509.19	86601.3	170.84	24532.2	12.15	1333.6			2.50		2.50
	特用林	合计	合计	3876.56	506500.4	3876.56	506500.4	642.43	52449.1	2176.50	250288.9	175.21	27707.9	882.42	176054.5							
			低（疏）	4.05	213.4	4.05	213.4			4.05	213.4											
			中	2046.84	224765.6	2046.84	224765.6	508.53	41801.2	1434.05	166912.6	77.79	12571.8	26.47	3480.0							
			高（密）	1825.67	281521.4	1825.67	281521.4	133.90	10647.9	738.40	83162.9	97.42	15136.1	855.95	172574.5							
		种质资源林（母树林）	合计	252.03	42340.0	252.03	42340.0	23.47	1932.0	193.76	33641.6	34.80	6766.4									
			低（疏）	4.05	213.4	4.05	213.4			4.05	213.4											
			中	116.12	19818.3	116.12	19818.3	11.31	1316.8	70.01	11735.1	34.80	6766.4									
			高（密）	131.86	22308.3	131.86	22308.3	12.16	615.2	119.70	21693.1											
		自然保护区林	合计	3624.53	464160.4	3624.53	464160.4	618.96	50517.1	1982.74	216647.3	140.41	20941.5	882.42	176054.5							
			中	1930.72	204947.3	1930.72	204947.3	497.22	40484.4	1364.04	155177.5	42.99	5805.4	26.47	3480.0							
			高（密）	1693.81	259213.1	1693.81	259213.1	121.74	10032.7	618.70	61469.8	97.42	15136.1	855.95	172574.5							

表3 黑龙江重点国有林区有林地、疏林地、灌木林地按林种和龄组面积、蓄积统计表（续10）

单位：公顷、立方米

统计单位	林种	亚林种	郁闭度（覆盖度）等级	合计		乔木林地												疏林地		灌木林地		
						小计		幼龄林		中龄林		近熟林		成熟林		过熟林				小计	特殊灌木林地	一般灌木林地
				面积	蓄积	面积	蓄积	面积	蓄积	面积	蓄积	面积	蓄积	面积	蓄积	面积	蓄积	面积	蓄积	面积	面积	面积
桃山林业局	用材林	合计	合计	13560.57	1606174.1	13538.57	1606174.1	816.65	65787.7	11851.51	1435953.4	616.30	79057.4	254.11	25375.6					22.00		22.00
			低（疏）	98.69	3674.6	82.36	3674.6	48.76	1090.1	32.84	2536.5	0.76	48.0							16.33		16.33
			中	10442.68	1152131.9	10437.01	1152131.9	560.57	41745.7	9286.83	1046908.0	438.92	49172.1	150.69	14306.1					5.67		5.67
			高（密）	3019.20	450367.6	3019.20	450367.6	207.32	22951.9	2531.84	386508.9	176.62	29837.3	103.42	11069.5							
		一般用材林	合计	13560.57	1606174.1	13538.57	1606174.1	816.65	65787.7	11851.51	1435953.4	616.30	79057.4	254.11	25375.6					22.00		22.00
			低（疏）	98.69	3674.6	82.36	3674.6	48.76	1090.1	32.84	2536.5	0.76	48.0							16.33		16.33
			中	10442.68	1152131.9	10437.01	1152131.9	560.57	41745.7	9286.83	1046908.0	438.92	49172.1	150.69	14306.1					5.67		5.67
			高（密）	3019.20	450367.6	3019.20	450367.6	207.32	22951.9	2531.84	386508.9	176.62	29837.3	103.42	11069.5							
朗乡林业局	合计	合计	合计	254642.11	26644338.2	254584.12	26641765.4	26460.56	1501285.7	150500.31	16049956.4	61547.56	7090010.1	14395.25	1765142.3	1680.44	235370.9	57.99	2572.8			
			低（疏）	11707.24	658601.2	11707.24	658601.2	2849.78	73200.2	4643.64	276539.5	3065.89	225644.5	1032.16	73733.7	115.77	9483.3					
			中	171884.56	17208422.7	171884.56	17208422.7	14082.91	721645.7	99710.93	9919012.9	46745.81	5231864.7	10362.92	1218916.2	981.99	116983.2					
			高（密）	70992.32	8774741.5	70992.32	8774741.5	9527.87	706439.8	46145.74	5854404.0	11735.86	1632500.9	3000.17	472492.4	582.68	108904.4					
	防护林	合计	合计	152640.41	16260427.1	152615.35	16259299.3	14630.16	842022.1	98463.41	10815123.8	32092.42	3717147.7	6808.21	818036.5	621.15	66969.2	25.06	1127.8			
			低（疏）	5462.76	310541.8	5462.76	310541.8	1278.14	30435.2	2237.87	130001.8	1476.97	115233.2	396.09	27661.9	73.69	7209.7					
			中	98589.17	9910215.7	98589.17	9910215.7	7039.29	333138.3	62268.21	6269495.8	24067.87	2709028.4	4833.85	559590.9	379.95	38962.3					
			高（密）	48563.42	6038541.8	48563.42	6038541.8	6312.73	478448.6	33957.33	4415626.2	6547.58	892886.1	1578.27	230783.7	167.51	20797.2					
		水源涵养林	合计	14801.92	1679480.4	14801.92	1679480.4	1895.22	124862.4	9315.55	1105732.9	2918.25	364686.7	585.88	72738.0	87.02	11460.4					
			低（疏）	351.92	22210.3	351.92	22210.3	65.50	1518.4	88.67	5691.3	172.00	13006.7	25.75	1993.9							
			中	7172.95	796489.1	7172.95	796489.1	638.44	39017.5	4370.16	487854.3	1771.14	221495.5	357.91	43255.9	35.30	4865.9					
			高（密）	7277.05	860781.0	7277.05	860781.0	1191.28	84326.5	4856.72	612187.3	975.11	130184.5	202.22	27488.2	51.72	6594.5					

表 3　黑龙江重点国有林区有林地、疏林地、灌木林地按林种和龄组面积、蓄积统计表（续 11）

单位：公顷、立方米

统计单位	林种	亚林种	郁闭度（覆盖度）等级	合计		乔木林地												疏林地		灌木林地		
						小计		幼龄林		中龄林		近熟林		成熟林		过熟林				小计	特殊灌木林地	一般灌木林地
				面积	蓄积	面积	蓄积	面积	蓄积	面积	蓄积	面积	蓄积	面积	蓄积	面积	蓄积	面积	蓄积	面积	面积	面积
朗乡林业局	防护林	水土保持林	合计	137673.48	14561359.6	137648.42	14560231.8	12691.16	713776.4	89120.50	9707470.6	29080.30	3338177.5	6222.33	745298.5	534.13	55508.8	25.06	1127.8			
			低（疏）	5104.61	288331.5	5104.61	288331.5	1206.41	28916.8	2149.20	124310.5	1304.97	102226.5	370.34	25668.0	73.69	7209.7					
			中	91273.10	9095063.7	91273.10	9095063.7	6363.30	290737.5	57882.91	5780143.4	22206.30	2473751.4	4475.94	516335.0	344.65	34096.4					
			高（密）	41270.71	5176836.6	41270.71	5176836.6	5121.45	394122.1	29088.39	3803016.7	5569.03	762199.6	1376.05	203295.5	115.79	14202.7					
		护岸林	合计	156.62	18746.4	156.62	18746.4	43.78	3383.3	24.31	1683.4	88.53	13679.7									
			低（疏）	6.23		6.23		6.23														
			中	138.17	18324.2	138.17	18324.2	37.55	3383.3	12.09	1261.2	88.53	13679.7									
			高（密）	12.22	422.2	12.22	422.2			12.22	422.2											
		护路林	合计	8.39	840.7	8.39	840.7			3.05	236.9	5.34	603.8									
			中	4.95	338.7	4.95	338.7			3.05	236.9	1.90	101.8									
			高（密）	3.44	502.0	3.44	502.0					3.44	502.0									
	特用林	合计	合计	38224.37	4221094.4	38198.28	4219922.8	3910.81	236141.8	20233.16	2127691.0	10479.57	1313254.0	2998.55	434479.9	576.19	108356.1	26.09	1171.6			
			低（疏）	1098.07	58700.7	1098.07	58700.7	246.31	5533.7	406.37	21265.7	324.04	23614.2	108.49	7658.5	12.86	628.6					
			中	27144.53	2825569.9	27144.53	2825569.9	2714.47	164298.1	14665.07	1480790.5	7568.67	894890.1	2014.70	259394.3	181.62	26196.9					
			高（密）	9955.68	1335652.2	9955.68	1335652.2	950.03	66310.0	5161.72	625634.8	2586.86	394749.7	875.36	167427.1	381.71	81530.6					
		种质资源林（母树林）	合计	323.71	47789.4	323.71	47789.4	9.25	182.6	123.49	14500.1	64.84	9699.1	122.05	23164.0	4.08	243.6					
			低（疏）	8.56	261.0	8.56	261.0	3.31		2.49	101.3	2.76	159.7									
			中	153.37	17560.5	153.37	17560.5	5.94	182.6	91.72	10591.9	15.82	1447.5	35.81	5094.9	4.08	243.6					
			高（密）	161.78	29967.9	161.78	29967.9			29.28	3806.9	46.26	8091.9	86.24	18069.1							

表 3 黑龙江重点国有林区有林地、疏林地、灌木林地按林种和龄组面积、蓄积统计表（续 12）

单位：公顷、立方米

统计单位	林种	亚林种	郁闭度（覆盖度）等级	合计		乔木林地												疏林地		小计	灌木林地	
						小计		幼龄林		中龄林		近熟林		成熟林		过熟林					特殊灌木林地	一般灌木林地
				面积	蓄积	面积	蓄积	面积	蓄积	面积	蓄积	面积	蓄积	面积	蓄积	面积	蓄积	面积	蓄积	面积	面积	面积
朗乡林业局	特用林	风景林	合计	2191.47	260708.0	2172.04	259833.6	352.68	26313.6	1404.81	168049.2	371.99	57757.0	42.56	7713.8			19.43	874.4			
			低（疏）	19.90	1164.1	19.90	1164.1	19.21	1144.8	0.69	19.3											
			中	1247.07	139427.2	1247.07	139427.2	181.74	13653.9	798.40	85380.7	263.10	39938.6	3.83	454.0							
			高（密）	905.07	119242.3	905.07	119242.3	151.73	11514.9	605.72	82649.2	108.89	17818.4	38.73	7259.8							
		自然保护区林	合计	35709.19	3912597.0	35702.53	3912299.8	3548.88	209645.6	18704.86	1945141.7	10042.74	1245797.9	2833.94	403602.1	572.11	108112.5	6.66	297.2			
			低（疏）	1069.61	57275.6	1069.61	57275.6	223.79	4388.9	403.19	21145.1	321.28	23454.5	108.49	7658.5	12.86	628.6					
			中	25744.09	2668582.2	25744.09	2668582.2	2526.79	150461.6	13774.95	1384817.9	7289.75	853504.0	1975.06	253845.4	177.54	25953.3					
			高（密）	8888.83	1186442.0	8888.83	1186442.0	798.30	54795.1	4526.72	539178.7	2431.71	368839.4	750.39	142098.2	381.71	81530.6					
	用材林	合计	合计	63777.33	6162816.7	63770.49	6162543.3	7919.59	423121.8	31803.74	3107141.6	18975.57	2059608.4	4588.49	512625.9	483.10	60045.6	6.84	273.4			
			低（疏）	5146.41	289358.7	5146.41	289358.7	1325.33	37231.3	1999.40	125272.0	1264.88	86797.1	527.58	38413.3	29.22	1645.0					
			中	46150.86	4472637.1	46150.86	4472637.1	4329.15	224209.3	22777.65	2168726.6	15109.27	1627946.2	3514.37	399931.0	420.42	51824.0					
			高（密）	12473.22	1400547.5	12473.22	1400547.5	2265.11	161681.2	7026.69	813143.0	2601.42	344865.1	546.54	74281.6	33.46	6576.6					
		一般用材林	合计	63777.33	6162816.7	63770.49	6162543.3	7919.59	423121.8	31803.74	3107141.6	18975.57	2059608.4	4588.49	512625.9	483.10	60045.6	6.84	273.4			
			低（疏）	5146.41	289358.7	5146.41	289358.7	1325.33	37231.3	1999.40	125272.0	1264.88	86797.1	527.58	38413.3	29.22	1645.0					
			中	46150.86	4472637.1	46150.86	4472637.1	4329.15	224209.3	22777.65	2168726.6	15109.27	1627946.2	3514.37	399931.0	420.42	51824.0					
			高（密）	12473.22	1400547.5	12473.22	1400547.5	2265.11	161681.2	7026.69	813143.0	2601.42	344865.1	546.54	74281.6	33.46	6576.6					
南岔林业局	合计	合计	合计	261010.45	32719289.4	260859.32	32716472.2	18327.17	1013945.4	197988.95	24499790.3	35877.52	5706326.2	8000.54	1380608.6	665.14	115801.7	150.80	2817.2	0.33		0.33
			低（疏）	2860.94	119556.4	2860.61	119556.4	1367.48	19187.5	1200.78	74072.1	214.12	18560.7	76.96	7660.7	1.27	75.4			0.33		0.33
			中	173141.60	20323086.2	173141.60	20323086.2	12214.10	631377.3	134237.67	15696070.0	22172.11	3283961.8	4019.99	624865.5	497.73	86811.6					
			高（密）	84857.11	12273829.6	84857.11	12273829.6	4745.59	363380.6	62550.50	8729648.2	13491.29	2403803.7	3903.59	748082.4	166.14	28914.7					

表 3　黑龙江重点国有林区有林地、疏林地、灌木林地按林种和龄组面积、蓄积统计表（续 13）

单位：公顷、立方米

统计单位	林种	亚林种	郁闭度（覆盖度）等级	合计		乔木林地												疏林地		灌木林地		
						小计		幼龄林		中龄林		近熟林		成熟林		过熟林				小计	特殊灌木林地	一般灌木林地
				面积	蓄积	面积	蓄积	面积	蓄积	面积	蓄积	面积	蓄积	面积	蓄积	面积	蓄积	面积	蓄积	面积	面积	面积
南岔林业局	防护林	合计	合计	161169.40	21080087.2	161074.07	21078220.9	12884.08	720086.3	118106.92	15283649.8	23363.29	3901860.6	6213.78	1087643.0	506.00	84981.2	95.33	1866.3			
			低（疏）	2048.51	82547.2	2048.51	82547.2	1060.28	14604.7	782.17	48314.9	162.33	14709.9	42.46	4842.3	1.27	75.4					
			中	102287.79	12389246.8	102287.79	12389246.8	8477.03	437310.3	77218.24	9381167.8	13259.91	2048545.2	2942.43	457979.7	390.18	64243.8					
			高（密）	56737.77	8606426.9	56737.77	8606426.9	3346.77	268171.3	40106.51	5854167.1	9941.05	1838605.5	3228.89	624821.0	114.55	20662.0					
		水源涵养林	合计	25331.54	3325551.4	25301.71	3325274.3	2952.50	167251.2	17661.76	2391572.4	4027.87	661648.5	659.58	104802.2			29.83	277.1			
			低（疏）	216.23	7792.2	216.23	7792.2	144.34	2962.0	53.62	2446.3	9.64	686.3	8.63	1697.6							
			中	15409.72	1905524.1	15409.72	1905524.1	1704.12	88081.2	11580.70	1504109.6	1786.68	262933.4	338.22	50399.9							
			高（密）	9675.76	1411958.0	9675.76	1411958.0	1104.04	76208.0	6027.44	885016.5	2231.55	398028.8	312.73	52704.7							
		水土保持林	合计	107301.80	14245056.7	107253.97	14243893.7	6597.20	390723.1	81707.01	10637868.9	14915.82	2501705.8	3553.51	631681.3	480.43	81914.6	47.83	1163.0			
			低（疏）	1513.80	64225.3	1513.80	64225.3	733.83	8632.0	653.89	42653.2	113.55	11230.8	12.53	1709.3							
			中	69466.42	8594261.2	69466.42	8594261.2	4081.88	216006.7	54031.01	6605301.6	9219.52	1442771.9	1757.27	267664.1	376.74	62516.9					
			高（密）	36273.75	5585407.2	36273.75	5585407.2	1781.49	166084.4	27022.11	3989914.1	5582.75	1047703.1	1783.71	362307.9	103.69	19397.7					
		护岸林	合计	28354.10	3480166.8	28336.43	3479740.6	3334.38	162112.0	18690.25	2246939.0	4300.09	720114.8	1987.83	347742.8	23.88	2832.0	17.67	426.2			
			低（疏）	317.98	10505.5	317.98	10505.5	182.11	3010.7	74.16	3191.2	39.14	2792.8	21.30	1435.4	1.27	75.4					
			中	17260.33	1866572.9	17260.33	1866572.9	2691.03	133222.4	11575.66	1267402.0	2134.95	324540.5	846.94	139915.7	11.75	1492.3					
			高（密）	10758.12	1602662.2	10758.12	1602662.2	461.24	25878.9	7040.43	976345.8	2126.00	392781.5	1119.59	206391.7	10.86	1264.3					
		护路林	合计	181.96	29312.3	181.96	29312.3			47.90	7269.5	119.51	18391.5	12.86	3416.7	1.69	234.6					
			低（疏）	0.50	24.2	0.50	24.2			0.50	24.2											
			中	151.32	22888.6	151.32	22888.6			30.87	4354.6	118.76	18299.4			1.69	234.6					
			高（密）	30.14	6399.5	30.14	6399.5			16.53	2890.7	0.75	92.1	12.86	3416.7							

表3 黑龙江重点国有林区有林地、疏林地、灌木林地按林种和龄组面积、蓄积统计表（续14）

单位：公顷、立方米

统计单位	林种	亚林种	郁闭度（覆盖度）等级	合计		乔木林地														疏林地		灌木林地		
						小计		幼龄林		中龄林		近熟林		成熟林		过熟林						小计	特殊灌木林地	一般灌木林地
				面积	蓄积	面积	蓄积	面积	蓄积	面积	蓄积	面积	蓄积	面积	蓄积	面积	蓄积			面积	蓄积	面积	面积	面积
南岔林业局	特用林	合计	合计	64374.24	7109057.7	64335.74	7108232.1	3169.81	152696.3	52615.17	5737174.4	7506.11	1048414.3	962.76	154742.2	81.89	15204.9			38.17	825.6	0.33		0.33
			低（疏）	392.53	16500.4	392.20	16500.4	162.44	3057.1	202.70	11591.6	27.06	1851.7									0.33		0.33
			中	45009.71	4762391.9	45009.71	4762391.9	2085.91	96004.3	37017.09	3871745.0	5231.34	690974.0	627.92	93433.6	47.45	10235.0							
			高（密）	18933.83	2329339.8	18933.83	2329339.8	921.46	53634.9	15395.38	1853837.8	2247.71	355588.6	334.84	61308.6	34.44	4969.9							
		种质资源林（母树林）	合计	813.28	127120.3	791.67	126939.9	23.19	699.0	332.10	46518.6	172.90	32999.4	262.97	46639.9	0.51	83.0			21.61	180.4			
			低（疏）	0.60		0.60		0.60																
			中	485.94	65243.9	485.94	65243.9	22.59	699.0	247.66	32460.6	84.69	11682.1	130.49	20319.2	0.51	83.0							
			高（密）	305.13	61696.0	305.13	61696.0			84.44	14058.0	88.21	21317.3	132.48	26320.7									
		风景林	合计	4960.15	679033.0	4956.06	679012.9	179.74	6198.5	4006.43	543097.0	611.73	102398.6	158.16	27318.8					3.76	20.1	0.33		0.33
			低（疏）	26.31	1322.8	25.98	1322.8	11.42	84.7	9.27	777.3	5.29	460.8									0.33		0.33
			中	3338.61	432397.9	3338.61	432397.9	115.70	2621.4	2774.57	362525.6	331.42	47838.9	116.92	19412.0									
			高（密）	1591.47	245292.2	1591.47	245292.2	52.62	3492.4	1222.59	179794.1	275.02	54098.9	41.24	7906.8									
		自然保护区林	合计	58600.81	6302904.4	58588.01	6302279.3	2966.88	145798.8	48276.64	5147558.8	6721.48	913016.3	541.63	80783.5	81.38	15121.9			12.80	625.1			
			低（疏）	365.62	15177.6	365.62	15177.6	150.42	2972.4	193.43	10814.3	21.77	1390.9											
			中	41185.16	4264750.1	41185.16	4264750.1	1947.62	92683.9	33994.86	3476758.8	4815.23	631453.0	380.51	53702.4	46.94	10152.0							
			高（密）	17037.23	2022351.6	17037.23	2022351.6	868.84	50142.5	14088.35	1659985.7	1884.48	280172.4	161.12	27081.1	34.44	4969.9							
	用材林	合计	合计	35466.81	4530144.5	35449.51	4530019.2	2273.28	141162.8	27266.86	3478966.1	5008.12	756051.3	824.00	138223.4	77.25	15615.6			17.30	125.3			
			低（疏）	419.90	20508.8	419.90	20508.8	144.76	1525.7	215.91	14165.6	24.73	1999.1	34.50	2818.4									
			中	25844.10	3171447.5	25844.10	3171447.5	1651.16	98062.7	20002.34	2443157.2	3680.86	544442.6	449.64	73452.2	60.10	12332.8							
			高（密）	9185.51	1338062.9	9185.51	1338062.9	477.36	41574.4	7048.61	1021643.3	1302.53	209609.6	339.86	61952.8	17.15	3282.8							
		短轮伐期工业原料用材林	合计	0.44	44.4	0.44	44.4			0.44	44.4													
			中	0.44	44.4	0.44	44.4			0.44	44.4													

表 3　黑龙江重点国有林区有林地、疏林地、灌木林地按林种和龄组面积、蓄积统计表（续 15）

单位：公顷、立方米

统计单位	林种	亚林种	郁闭度（覆盖度）等级	合计		乔木林地														疏林地		灌木林地		
						小计		幼龄林		中龄林		近熟林		成熟林		过熟林						小计	特殊灌木林地	一般灌木林地
				面积	蓄积	面积	蓄积	面积	蓄积	面积	蓄积	面积	蓄积	面积	蓄积	面积	蓄积			面积	蓄积	面积	面积	面积
南岔林业局	用材林	一般用材林	合计	35466.37	4530100.1	35449.07	4529974.8	2273.28	141162.8	27266.42	3478921.7	5008.12	756051.3	824.00	138223.4	77.25	15615.6			17.30	125.3			
			低（疏）	419.90	20508.8	419.90	20508.8	144.76	1525.7	215.91	14165.6	24.73	1999.1	34.50	2818.4									
			中	25843.66	3171403.1	25843.66	3171403.1	1651.16	98062.7	20001.90	2443112.8	3680.86	544442.6	449.64	73452.2	60.10	12332.8							
			高（密）	9185.51	1338062.9	9185.51	1338062.9	477.36	41574.4	7048.61	1021643.3	1302.53	209609.6	339.86	61952.8	17.15	3282.8							
金山屯林业局	合计	合计	合计	175041.89	22628526.5	174891.87	22628257.0	11199.41	1029437.2	154065.38	19960102.8	7682.81	1288646.8	1487.42	225777.7	456.85	124292.5			12.00	269.5	138.02		138.02
			低（疏）	2535.07	149439.3	2470.81	149439.3	776.06	24650.3	1560.73	113825.1	98.93	8507.2	35.09	2456.7							64.26		64.26
			中	82495.39	9590199.1	82430.08	9590199.1	5559.01	455954.5	71316.55	8290782.9	4507.53	695638.9	986.14	133045.4	60.85	14777.4					65.31		65.31
			高（密）	89999.43	12888618.6	89990.98	12888618.6	4864.34	548832.4	81188.10	11555494.8	3076.35	584500.7	466.19	90275.6	396.00	109515.1					8.45		8.45
	防护林	合计	合计	70678.61	9132915.1	70631.53	9132826.4	4730.94	457651.4	63113.78	8225745.7	2143.32	359692.8	600.23	83813.0	43.26	5923.5			5.26	88.7	41.82		41.82
			低（疏）	843.41	48209.1	812.29	48209.1	287.96	7180.1	445.69	35140.2	44.14	3479.5	34.50	2409.3							31.12		31.12
			中	30724.62	3577627.1	30713.92	3577627.1	2003.49	164833.7	26920.94	3139531.8	1374.72	219216.6	405.26	53158.9	9.51	886.1					10.70		10.70
			高（密）	39105.32	5506990.2	39105.32	5506990.2	2439.49	285637.6	35747.15	5051073.7	724.46	136996.7	160.47	28244.8	33.75	5037.4							
		水土保持林	合计	46571.35	5985317.0	46566.33	5985315.8	1609.16	135368.7	43228.01	5560756.8	1235.32	217670.8	450.58	65596.0	43.26	5923.5			0.14	1.2	4.88		4.88
			低（疏）	463.54	30554.1	458.81	30554.1	154.72	5152.8	294.79	24940.9	0.10	9.0	9.20	451.4							4.73		4.73
			中	18416.68	2176000.9	18416.53	2176000.9	793.42	66711.8	16467.35	1923943.0	841.60	142847.4	304.65	41612.6	9.51	886.1					0.15		0.15
			高（密）	27690.99	3778760.8	27690.99	3778760.8	661.02	63504.1	26465.87	3611872.9	393.62	74814.4	136.73	23532.0	33.75	5037.4							
		护岸林	合计	24107.26	3147598.1	24065.20	3147510.6	3121.78	322282.7	19885.77	2664988.9	908.00	142022.0	149.65	18217.0					5.12	87.5	36.94		36.94
			低（疏）	379.87	17655.0	353.48	17655.0	133.24	2027.3	150.90	10199.3	44.04	3470.5	25.30	1957.9							26.39		26.39
			中	12307.94	1401626.2	12297.39	1401626.2	1210.07	98121.9	10453.59	1215588.8	533.12	76369.2	100.61	11546.3							10.55		10.55
			高（密）	11414.33	1728229.4	11414.33	1728229.4	1778.47	222133.5	9281.28	1439200.8	330.84	62182.3	23.74	4712.8									

表 3　黑龙江重点国有林区有林地、疏林地、灌木林地按林种和龄组面积、蓄积统计表（续 16）

单位：公顷、立方米

统计单位	林种	亚林种	郁闭度（覆盖度）等级	合计		乔木林地												疏林地		灌木林地		
						小计		幼龄林		中龄林		近熟林		成熟林		过熟林				小计	特殊灌木林地	一般灌木林地
				面积	蓄积	面积	蓄积	面积	蓄积	面积	蓄积	面积	蓄积	面积	蓄积	面积	蓄积	面积	蓄积	面积	面积	面积
金山屯林业局	特用林	合计	合计	22647.95	3012245.3	22640.25	3012070.8	1309.88	124522.2	19193.58	2474682.1	1533.67	249546.7	233.19	51321.6	369.93	111998.2	6.34	174.5	1.36		1.36
			低（疏）	128.38	7624.4	127.02	7624.4	21.84	327.6	95.83	6516.3	9.35	780.5							1.36		1.36
			中	13593.07	1574198.8	13593.07	1574198.8	820.83	71084.6	11716.86	1343211.6	953.46	137228.6	50.58	8782.7	51.34	13891.3					
			高（密）	8920.16	1430247.6	8920.16	1430247.6	467.21	53110.0	7380.89	1124954.2	570.86	111537.6	182.61	42538.9	318.59	98106.9					
		种质资源林（母树林）	合计	560.22	80621.8	560.22	80621.8	30.29	2151.4	487.85	68954.3	28.25	4758.7	13.83	4757.4							
			低（疏）	1.13	19.2	1.13	19.2	1.13	19.2													
			中	119.79	13681.6	119.79	13681.6	25.48	1539.2	66.79	7445.4	27.52	4697.0									
			高（密）	439.30	66921.0	439.30	66921.0	3.68	593.0	421.06	61508.9	0.73	61.7	13.83	4757.4							
		自然保护区林	合计	22087.73	2931623.5	22080.03	2931449.0	1279.59	122370.8	18705.73	2405727.8	1505.42	244788.0	219.36	46564.2	369.93	111998.2	6.34	174.5	1.36		1.36
			低（疏）	127.25	7605.2	125.89	7605.2	20.71	308.4	95.83	6516.3	9.35	780.5							1.36		1.36
			中	13473.28	1560517.2	13473.28	1560517.2	795.35	69545.4	11650.07	1335766.2	925.94	132531.6	50.58	8782.7	51.34	13891.3					
			高（密）	8480.86	1363326.6	8480.86	1363326.6	463.53	52517.0	6959.83	1063445.3	570.13	111475.9	168.78	37781.5	318.59	98106.9					
	用材林	合计	合计	81715.33	10483366.1	81620.09	10483359.8	5158.59	447263.6	71758.02	9259675.0	4005.82	679407.3	654.00	90643.1	43.66	6370.8	0.40	6.3	94.84		94.84
			低（疏）	1563.28	93605.8	1531.50	93605.8	466.26	17142.6	1019.21	72168.6	45.44	4247.2	0.59	47.4					31.78		31.78
			中	38177.70	4438373.2	38123.09	4438373.2	2734.69	220036.2	32678.75	3808039.5	2179.35	339193.7	530.30	71103.8					54.61		54.61
			高（密）	41973.95	5951380.8	41965.50	5951380.8	1957.64	210084.8	38060.06	5379466.9	1781.03	335966.4	123.11	19491.9	43.66	6370.8			8.45		8.45
		一般用材林	合计	81715.33	10483366.1	81620.09	10483359.8	5158.59	447263.6	71758.02	9259675.0	4005.82	679407.3	654.00	90643.1	43.66	6370.8	0.40	6.3	94.84		94.84
			低（疏）	1563.28	93605.8	1531.50	93605.8	466.26	17142.6	1019.21	72168.6	45.44	4247.2	0.59	47.4					31.78		31.78
			中	38177.70	4438373.2	38123.09	4438373.2	2734.69	220036.2	32678.75	3808039.5	2179.35	339193.7	530.30	71103.8					54.61		54.61
			高（密）	41973.95	5951380.8	41965.50	5951380.8	1957.64	210084.8	38060.06	5379466.9	1781.03	335966.4	123.11	19491.9	43.66	6370.8			8.45		8.45

表 3　黑龙江重点国有林区有林地、疏林地、灌木林地按林种和龄组面积、蓄积统计表（续 17）

单位：公顷、立方米

统计单位	林种	亚林种	郁闭度（覆盖度）等级	合计		乔木林地														疏林地		灌木林地		
						小计		幼龄林		中龄林		近熟林		成熟林		过熟林						小计	特殊灌木林地	一般灌木林地
				面积	蓄积	面积	蓄积	面积	蓄积	面积	蓄积	面积	蓄积	面积	蓄积	面积	蓄积			面积	蓄积	面积	面积	面积
美溪林业局	合计	合计	合计	209644.02	26256158.1	208636.24	26231911.0	19341.43	1554454.6	167666.81	21399711.4	16307.50	2492822.1	4271.62	621205.0	1048.88	163717.9			713.62	24247.1	294.16		294.16
			低（疏）	6416.78	333302.3	6281.40	333302.3	2595.49	79057.4	3332.18	216697.4	274.74	30170.1	73.11	6424.1	5.88	953.3					135.38		135.38
			中	131872.25	15677597.1	131734.70	15677597.1	11453.47	945489.4	107630.36	12916279.8	9547.75	1391511.3	2511.76	334664.1	591.36	89652.5					137.55		137.55
			高（密）	70641.37	10221011.6	70620.14	10221011.6	5292.47	529907.8	56704.27	8266734.2	6485.01	1071140.7	1686.75	280116.8	451.64	73112.1					21.23		21.23
	防护林	合计	合计	117671.98	15064878.1	116985.87	15046969.0	10090.60	805742.4	92503.92	12037899.3	10501.19	1626586.0	3113.08	454577.6	777.08	122163.7			547.25	17909.1	138.86		138.86
			低（疏）	3515.40	170678.5	3475.01	170678.5	1684.14	41820.1	1487.97	98106.6	230.74	24023.2	66.28	5775.3	5.88	953.3					40.39		40.39
			中	69483.78	8407168.4	69394.97	8407168.4	5650.95	466817.4	55799.16	6795927.0	5791.74	845836.4	1783.84	243335.5	369.28	55252.1					88.81		88.81
			高（密）	44125.55	6469122.1	44115.89	6469122.1	2755.51	297104.9	35216.79	5143865.7	4478.71	756726.4	1262.96	205466.8	401.92	65958.3					9.66		9.66
		水土保持林	合计	112585.56	14374792.3	111900.05	14356883.2	9703.96	772884.7	89714.80	11662266.9	8831.98	1379223.2	2900.11	422792.5	749.20	119715.9			547.25	17909.1	138.26		138.26
			低（疏）	3408.10	167484.9	3367.99	167484.9	1607.44	40773.6	1462.02	96360.9	230.74	24023.2	61.91	5373.9	5.88	953.3					40.11		40.11
			中	66683.35	8044568.1	66594.86	8044568.1	5400.04	444848.9	54123.69	6580139.4	5039.01	737252.0	1690.72	229523.5	341.40	52804.3					88.49		88.49
			高（密）	41946.86	6144830.2	41937.20	6144830.2	2696.48	287262.2	34129.09	4985766.6	3562.23	617948.0	1147.48	187895.1	401.92	65958.3					9.66		9.66
		护岸林	合计	5086.42	690085.8	5085.82	690085.8	386.64	32857.7	2789.12	375632.4	1669.21	247362.8	212.97	31785.1	27.88	2447.8					0.60		0.60
			低（疏）	107.30	3193.6	107.02	3193.6	76.70	1046.5	25.95	1745.7			4.37	401.4							0.28		0.28
			中	2800.43	362600.3	2800.11	362600.3	250.91	21968.5	1675.47	215787.6	752.73	108584.4	93.12	13812.0	27.88	2447.8					0.32		0.32
			高（密）	2178.69	324291.9	2178.69	324291.9	59.03	9842.7	1087.70	158099.1	916.48	138778.4	115.48	17571.7									
	特用林	合计	合计	16091.20	1879867.7	16064.67	1879418.2	2155.79	176356.6	12371.19	1455615.2	1156.11	181899.0	330.03	54274.4	51.55	11273.0			16.17	449.5	10.36		10.36
			低（疏）	673.88	41914.0	663.80	41914.0	286.97	15824.5	333.67	20048.8	43.16	6040.7									10.08		10.08
			中	10383.97	1133911.9	10383.69	1133911.9	1289.01	106852.4	8167.19	885030.1	677.29	108323.6	198.65	22432.8	51.55	11273.0					0.28		0.28
			高（密）	5017.18	703592.3	5017.18	703592.3	579.81	53679.7	3870.33	550536.3	435.66	67534.7	131.38	31841.6									

表3 黑龙江重点国有林区有林地、疏林地、灌木林地按林种和龄组面积、蓄积统计表（续18）

单位：公顷、立方米

统计单位	林种	亚林种	郁闭度（覆盖度）等级	合计		乔木林地														疏林地		灌木林地		
						小计		幼龄林		中龄林		近熟林		成熟林		过熟林				小计	特殊灌木林地	一般灌木林地
				面积	蓄积	面积	蓄积	面积	蓄积	面积	蓄积	面积	蓄积	面积	蓄积	面积	蓄积	面积	蓄积	面积	面积	面积
美溪林业局	特用林	种质资源林（母树林）	合计	709.17	113617.0	705.40	113528.9	147.32	13681.6	276.10	32196.8	230.12	52152.6	51.86	15497.9			3.77	88.1			
			低（疏）	44.73	2034.8	44.73	2034.8	40.27	1784.6	4.46	250.2											
			中	495.73	80975.9	495.73	80975.9	93.98	10992.8	207.64	26138.7	189.17	43041.8	4.94	802.6							
			高（密）	164.94	30518.2	164.94	30518.2	13.07	904.2	64.00	5807.9	40.95	9110.8	46.92	14695.3							
		自然保护区林	合计	15382.03	1766250.7	15359.27	1765889.3	2008.47	162675.0	12095.09	1423418.4	925.99	129746.4	278.17	38776.5	51.55	11273.0	12.40	361.4	10.36		10.36
			低（疏）	629.15	39879.2	619.07	39879.2	246.70	14039.9	329.21	19798.6	43.16	6040.7							10.08		10.08
			中	9888.24	1052936.0	9887.96	1052936.0	1195.03	95859.6	7959.55	858891.4	488.12	65281.8	193.71	21630.2	51.55	11273.0			0.28		0.28
			高（密）	4852.24	673074.1	4852.24	673074.1	566.74	52775.5	3806.33	544728.4	394.71	58423.9	84.46	17146.3							
	用材林	合计	合计	75880.84	9311412.3	75585.70	9305523.8	7095.04	572355.6	62791.70	7906196.9	4650.20	684337.1	828.51	112353.0	220.25	30281.2	150.20	5888.5	144.94		144.94
			低（疏）	2227.50	120709.8	2142.59	120709.8	624.38	21412.8	1510.54	98542.0	0.84	106.2	6.83	648.8					84.91		84.91
			中	52004.50	6136516.8	51956.04	6136516.8	4513.51	371819.6	43664.01	5235322.7	3078.72	437351.3	529.27	68895.8	170.53	23127.4			48.46		48.46
			高（密）	21498.64	3048297.2	21487.07	3048297.2	1957.15	179123.2	17617.15	2572332.2	1570.64	246879.6	292.41	42808.4	49.72	7153.8			11.57		11.57
		一般用材林	合计	75880.84	9311412.3	75585.70	9305523.8	7095.04	572355.6	62791.70	7906196.9	4650.20	684337.1	828.51	112353.0	220.25	30281.2	150.20	5888.5	144.94		144.94
			低（疏）	2227.50	120709.8	2142.59	120709.8	624.38	21412.8	1510.54	98542.0	0.84	106.2	6.83	648.8					84.91		84.91
			中	52004.50	6136516.8	51956.04	6136516.8	4513.51	371819.6	43664.01	5235322.7	3078.72	437351.3	529.27	68895.8	170.53	23127.4			48.46		48.46
			高（密）	21498.64	3048297.2	21487.07	3048297.2	1957.15	179123.2	17617.15	2572332.2	1570.64	246879.6	292.41	42808.4	49.72	7153.8			11.57		11.57
乌马河林业局	合计	合计	合计	110577.32	11284841.7	110308.26	11282484.2	13226.95	893115.8	93057.08	9826217.1	3325.97	474997.3	534.43	64276.6	163.83	23877.4	165.38	2357.5	103.68		103.68
			低（疏）	5761.69	429171.9	5721.54	429171.9	1189.61	54321.8	4342.07	354340.8	175.66	18152.4	14.20	2356.9					40.15		40.15
			中	92311.48	9186028.9	92255.32	9186028.9	10725.60	724880.1	78472.51	8064463.7	2476.27	330870.7	461.41	51691.3	119.53	14123.1			56.16		56.16
			高（密）	12338.77	1667283.4	12331.40	1667283.4	1311.74	113913.9	10242.50	1407412.6	674.04	125974.2	58.82	10228.4	44.30	9754.3			7.37		7.37

表 3　黑龙江重点国有林区有林地、疏林地、灌木林地按林种和龄组面积、蓄积统计表（续 19）

单位：公顷、立方米

统计单位	林种	亚林种	郁闭度（覆盖度）等级	乔木林地 合计		小计		幼龄林		中龄林		近熟林		成熟林		过熟林		疏林地		灌木林地 小计	特殊灌木林地	一般灌木林地
				面积	蓄积	面积	蓄积	面积	蓄积	面积	蓄积	面积	蓄积	面积	蓄积	面积	蓄积	面积	蓄积	面积	面积	面积
乌马河林业局		合计	合计	58690.99	6367948.6	58579.72	6367138.0	3129.24	208930.2	52773.35	5773445.4	2234.31	325573.0	331.90	40451.7	110.92	18737.7	61.68	810.6	49.59		49.59
			低（疏）	2564.85	189428.2	2544.24	189428.2	463.79	17056.4	1965.50	159214.8	109.43	12146.2	5.52	1010.8					20.61		20.61
			中	48167.04	5085956.9	48138.06	5085956.9	2162.32	146874.3	43939.18	4661867.7	1680.37	234372.4	289.57	33859.1	66.62	8983.4			28.98		28.98
			高（密）	7897.42	1091752.9	7897.42	1091752.9	503.13	44999.5	6868.67	952362.9	444.51	79054.4	36.81	5581.8	44.30	9754.3					
	防护林	水土保持林	合计	57183.95	6220126.9	57096.39	6219316.3	3014.75	202437.9	51417.80	5635100.7	2221.02	322588.3	331.90	40451.7	110.92	18737.7	61.68	810.6	25.88		25.88
			低（疏）	2460.58	184063.4	2450.43	184063.4	434.79	16087.6	1900.69	154818.8	109.43	12146.2	5.52	1010.8					10.15		10.15
			中	46991.60	4977703.7	46975.87	4977703.7	2079.52	141569.6	42864.47	4559949.1	1675.69	233342.5	289.57	33859.1	66.62	8983.4			15.73		15.73
			高（密）	7670.09	1057549.2	7670.09	1057549.2	500.44	44780.7	6652.64	920332.8	435.90	77099.6	36.81	5581.8	44.30	9754.3					
		护岸林	合计	1507.04	147821.7	1483.33	147821.7	114.49	6492.3	1355.55	138344.7	13.29	2984.7							23.71		23.71
			低（疏）	104.27	5364.8	93.81	5364.8	29.00	968.8	64.81	4396.0									10.46		10.46
			中	1175.44	108253.2	1162.19	108253.2	82.80	5304.7	1074.71	101918.6	4.68	1029.9							13.25		13.25
			高（密）	227.33	34203.7	227.33	34203.7	2.69	218.8	216.03	32030.1	8.61	1954.8									
	特用林	合计	合计	34047.89	3007398.0	34028.64	3007122.4	8351.14	564929.5	24722.96	2332350.1	760.56	89782.8	141.07	14920.3	52.91	5139.7	12.36	275.6	6.89		6.89
			低（疏）	1768.27	134782.3	1765.45	134782.3	387.53	21563.9	1306.91	106376.0	66.23	6006.2	4.78	836.2					2.82		2.82
			中	30814.16	2710786.4	30810.09	2710786.4	7636.68	514281.1	22310.60	2096923.2	673.61	80358.3	136.29	14084.1	52.91	5139.7			4.07		4.07
			高（密）	1453.10	161553.7	1453.10	161553.7	326.93	29084.5	1105.45	129050.9	20.72	3418.3									
		种质资源林（母树林）	合计	563.22	67589.8	563.22	67589.8	21.87	2212.2	505.73	59301.2	27.38	4537.5	8.24	1538.9							
			低（疏）	60.37	7689.6	60.37	7689.6			55.59	6853.4			4.78	836.2							
			中	431.34	48848.9	431.34	48848.9	7.05	558.6	411.98	45961.4	8.85	1626.2	3.46	702.7							
			高（密）	71.51	11051.3	71.51	11051.3	14.82	1653.6	38.16	6486.4	18.53	2911.3									

表3 黑龙江重点国有林区有林地、疏林地、灌木林地按林种和龄组面积、蓄积统计表（续20）

单位：公顷、立方米

统计单位	林种	亚林种	郁闭度（覆盖度）等级	合计		乔木林地												疏林地		灌木林地		
						小计		幼龄林		中龄林		近熟林		成熟林		过熟林				小计	特殊灌木林地	一般灌木林地
				面积	蓄积	面积	蓄积	面积	蓄积	面积	蓄积	面积	蓄积	面积	蓄积	面积	蓄积	面积	蓄积	面积	面积	面积
乌马河林业局	特用林	自然保护区林	合计	33484.67	2939808.2	33465.42	2939532.6	8329.27	562717.3	24217.23	2273048.9	733.18	85245.3	132.83	13381.4	52.91	5139.7	12.36	275.6	6.89		6.89
			低（疏）	1707.90	127092.7	1705.08	127092.7	387.53	21563.9	1251.32	99522.6	66.23	6006.2							2.82		2.82
			中	30382.82	2661937.5	30378.75	2661937.5	7629.63	513722.5	21898.62	2050961.8	664.76	78732.1	132.83	13381.4	52.91	5139.7			4.07		4.07
			高（密）	1381.59	150502.4	1381.59	150502.4	312.11	27430.9	1067.29	122564.5	2.19	507.0									
	用材林	合计	合计	17838.44	1909495.1	17699.90	1908223.8	1746.57	119256.1	15560.77	1720421.6	331.10	59641.5	61.46	8904.6			91.34	1271.3	47.20		47.20
			低（疏）	1428.57	104961.4	1411.85	104961.4	338.29	15701.5	1069.66	88750.0			3.90	509.9					16.72		16.72
			中	13330.28	1389285.6	13307.17	1389285.6	926.60	63724.7	12222.73	1305672.8	122.29	16140.0	35.55	3748.1					23.11		23.11
			高（密）	2988.25	413976.8	2980.88	413976.8	481.68	39829.9	2268.38	325998.8	208.81	43501.5	22.01	4646.6					7.37		7.37
		一般用材林	合计	17838.44	1909495.1	17699.90	1908223.8	1746.57	119256.1	15560.77	1720421.6	331.10	59641.5	61.46	8904.6			91.34	1271.3	47.20		47.20
			低（疏）	1428.57	104961.4	1411.85	104961.4	338.29	15701.5	1069.66	88750.0			3.90	509.9					16.72		16.72
			中	13330.28	1389285.6	13307.17	1389285.6	926.60	63724.7	12222.73	1305672.8	122.29	16140.0	35.55	3748.1					23.11		23.11
			高（密）	2988.25	413976.8	2980.88	413976.8	481.68	39829.9	2268.38	325998.8	208.81	43501.5	22.01	4646.6					7.37		7.37
翠峦林业局	合计	合计	合计	145310.63	12779496.0	145093.37	12779436.0	39797.86	2681633.8	98718.78	9409137.6	4153.39	403817.5	2416.00	284126.0	7.34	721.1	5.52	60.0	211.74		211.74
			低（疏）	1665.13	122035.1	1517.34	122035.1	331.43	10564.7	1068.55	96944.6	117.36	14525.8							147.79		147.79
			中	134146.03	11543468.3	134090.34	11543468.3	38749.78	2613353.0	89222.65	8303041.1	3856.35	361354.4	2254.22	264998.7	7.34	721.1			55.69		55.69
			高（密）	9493.95	1113932.6	9485.69	1113932.6	716.65	57716.1	8427.58	1009151.9	179.68	27937.3	161.78	19127.3					8.26		8.26
	防护林	合计	合计	38184.68	4009112.8	38122.64	4009076.4	2084.67	163858.6	34368.19	3642874.9	767.82	92400.8	901.96	109942.1			1.73	36.4	60.31		60.31
			低（疏）	587.36	37369.3	558.19	37369.3	143.71	3110.9	414.48	34258.4									29.17		29.17
			中	32578.82	3385783.1	32554.60	3385783.1	1688.90	139117.8	29412.97	3075191.7	637.78	72844.7	814.95	98628.9					24.22		24.22
			高（密）	5016.77	585924.0	5009.85	585924.0	252.06	21629.9	4540.74	533424.8	130.04	19556.1	87.01	11313.2					6.92		6.92

表3 黑龙江重点国有林区有林地、疏林地、灌木林地按林种和龄组面积、蓄积统计表（续21）

单位：公顷、立方米

统计单位	林种	亚林种	郁闭度（覆盖度）等级	合计		乔木林地														疏林地		灌木林地		
						小计		幼龄林		中龄林		近熟林		成熟林		过熟林				小计	特殊灌木林地	一般灌木林地
				面积	蓄积	面积	蓄积	面积	蓄积	面积	蓄积	面积	蓄积	面积	蓄积	面积	蓄积	面积	蓄积	面积	面积	面积
翠峦林业局	防护林	水土保持林	合计	38184.68	4009112.8	38122.64	4009076.4	2084.67	163858.6	34368.19	3642874.9	767.82	92400.8	901.96	109942.1			1.73	36.4	60.31		60.31
			低（疏）	587.36	37369.3	558.19	37369.3	143.71	3110.9	414.48	34258.4									29.17		29.17
			中	32578.82	3385783.1	32554.60	3385783.1	1688.90	139117.8	29412.97	3075191.7	637.78	72844.7	814.95	98628.9					24.22		24.22
			高（密）	5016.77	585924.0	5009.85	585924.0	252.06	21629.9	4540.74	533424.8	130.04	19556.1	87.01	11313.2					6.92		6.92
	特用林	合计	合计	87244.28	6655393.4	87189.53	6655369.8	36300.31	2404532.7	46721.09	3862607.6	3048.31	265842.3	1114.93	122029.7	4.89	357.5	3.79	23.6	50.96		50.96
			低（疏）	867.88	77652.3	824.55	77652.3	138.34	5479.5	568.85	57647.0	117.36	14525.8							43.33		43.33
			中	84063.91	6314148.6	84056.28	6314148.6	35928.68	2383776.4	44170.33	3567516.6	2912.22	248282.5	1040.16	114215.6	4.89	357.5			7.63		7.63
			高（密）	2308.70	263568.9	2308.70	263568.9	233.29	15276.8	1981.91	237444.0	18.73	3034.0	74.77	7814.1							
		种质资源林（母树林）	合计	412.35	35738.9	411.69	35738.9	136.55	5353.7	275.14	30385.2									0.66		0.66
			低（疏）	8.35	207.2	7.69	207.2	7.69	207.2											0.66		0.66
			中	328.53	22917.9	328.53	22917.9	123.18	4577.0	205.35	18340.9											
			高（密）	75.47	12613.8	75.47	12613.8	5.68	569.5	69.79	12044.3											
		自然保护区林	合计	86831.93	6619654.5	86777.84	6619630.9	36163.76	2399179.0	46445.95	3832222.4	3048.31	265842.3	1114.93	122029.7	4.89	357.5	3.79	23.6	50.30		50.30
			低（疏）	859.53	77445.1	816.86	77445.1	130.65	5272.3	568.85	57647.0	117.36	14525.8							42.67		42.67
			中	83735.38	6291230.7	83727.75	6291230.7	35805.50	2379199.4	43964.98	3549175.7	2912.22	248282.5	1040.16	114215.6	4.89	357.5			7.63		7.63
			高（密）	2233.23	250955.1	2233.23	250955.1	227.61	14707.3	1912.12	225399.7	18.73	3034.0	74.77	7814.1							
	用材林	合计	合计	19881.67	2114989.8	19781.20	2114989.8	1412.88	113242.5	17629.50	1903655.1	337.26	45574.4	399.11	52154.2	2.45	363.6			100.47		100.47
			低（疏）	209.89	7013.5	134.60	7013.5	49.38	1974.3	85.22	5039.2									75.29		75.29
			中	17503.30	1843536.6	17479.46	1843536.6	1132.20	90458.8	15639.35	1660332.8	306.35	40227.2	399.11	52154.2	2.45	363.6			23.84		23.84
			高（密）	2168.48	264439.7	2167.14	264439.7	231.30	20809.4	1904.93	238283.1	30.91	5347.2							1.34		1.34

表3 黑龙江重点国有林区有林地、疏林地、灌木林地按林种和龄组面积、蓄积统计表（续22）

单位：公顷、立方米

统计单位	林种	亚林种	郁闭度（覆盖度）等级	合计		乔木林地												疏林地		灌木林地		
						小计		幼龄林		中龄林		近熟林		成熟林		过熟林				小计	特殊灌木林地	一般灌木林地
				面积	蓄积	面积	蓄积	面积	蓄积	面积	蓄积	面积	蓄积	面积	蓄积	面积	蓄积	面积	蓄积	面积	面积	面积
翠峦林业局	用材林	一般用材林	合计	19881.67	2114989.8	19781.20	2114989.8	1412.88	113242.5	17629.50	1903655.1	337.26	45574.4	399.11	52154.2	2.45	363.6			100.47		100.47
			低（疏）	209.89	7013.5	134.60	7013.5	49.38	1974.3	85.22	5039.2									75.29		75.29
			中	17503.30	1843536.6	17479.46	1843536.6	1132.20	90458.8	15639.35	1660332.8	306.35	40227.2	399.11	52154.2	2.45	363.6			23.84		23.84
			高（密）	2168.48	264439.7	2167.14	264439.7	231.30	20809.4	1904.93	238283.1	30.91	5347.2							1.34		1.34
	合计	合计	合计	244422.61	22182602.1	240804.67	22152158.4	52539.96	3595240.2	170660.34	16329197.9	14111.21	1684038.9	2125.82	230376.5	1367.34	313304.9	876.91	30443.7	2741.03		2741.03
			低（疏）	17304.80	1006610.7	16482.23	1006610.7	4796.37	225272.5	11232.22	736445.6	307.96	25889.5	102.17	12209.5	43.51	6793.6			822.57		822.57
			中	208010.15	18423425.8	206095.44	18423425.8	46069.74	3204899.0	145872.66	13524140.9	10965.08	1197525.5	1864.13	190349.1	1323.83	306511.3			1914.71		1914.71
			高（密）	18230.75	2722121.9	18227.00	2722121.9	1673.85	165068.7	13555.46	2068611.4	2838.17	460623.9	159.52	27817.9					3.75		3.75
友好林业局		合计	合计	101160.85	9805680.6	100642.06	9799438.4	18837.90	1370672.5	72786.49	7323238.6	7968.99	981371.5	1008.21	118993.3	40.47	5162.5	145.86	6242.2	372.93		372.93
			低（疏）	7595.86	445171.7	7267.14	445171.7	1850.20	92036.7	5210.29	336846.0	204.62	16038.8	2.03	250.2					328.72		328.72
			中	82246.80	7763217.6	82202.59	7763217.6	15680.73	1148128.6	59567.87	5801034.1	6043.13	714437.2	870.39	94455.2	40.47	5162.5			44.21		44.21
			高（密）	11172.33	1591049.1	11172.33	1591049.1	1306.97	130507.2	8008.33	1185358.5	1721.24	250895.5	135.79	24287.9							
	防护林	水源涵养林	合计	0.65	38.9	0.65	38.9			0.65	38.9											
			中	0.65	38.9	0.65	38.9			0.65	38.9											
		水土保持林	合计	98489.03	9473541.3	97972.58	9467414.2	18514.60	1333878.5	70786.96	7090647.4	7624.19	919135.9	1006.36	118589.9	40.47	5162.5	144.72	6127.1	371.73		371.73
			低（疏）	7565.04	442060.2	7236.32	442060.2	1844.24	91577.5	5189.44	334640.7	200.61	15591.8	2.03	250.2					328.72		328.72
			中	80344.35	7543963.8	80301.34	7543963.8	15416.57	1119839.3	58187.71	5661534.6	5786.20	662972.2	870.39	94455.2	40.47	5162.5			43.01		43.01
			高（密）	10434.92	1481390.2	10434.92	1481390.2	1253.79	122461.7	7409.81	1094472.1	1637.38	240571.9	133.94	23884.5							
		护岸林	合计	2671.17	332100.4	2668.83	331985.3	323.30	36794.0	1998.88	232552.3	344.80	62235.6	1.85	403.4			1.14	115.1	1.20		1.20
			低（疏）	30.82	3111.5	30.82	3111.5	5.96	459.2	20.85	2205.3	4.01	447.0									
			中	1901.80	219214.9	1900.60	219214.9	264.16	28289.3	1379.51	139460.6	256.93	51465.0							1.20		1.20
			高（密）	737.41	109658.9	737.41	109658.9	53.18	8045.5	598.52	90886.4	83.86	10323.6	1.85	403.4							

表 3　黑龙江重点国有林区有林地、疏林地、灌木林地按林种和龄组面积、蓄积统计表（续 23）

单位：公顷、立方米

统计单位	林种	亚林种	郁闭度（覆盖度）等级	合计		乔木林地												疏林地		灌木林地		
						小计		幼龄林		中龄林		近熟林		成熟林		过熟林				小计	特殊灌木林地	一般灌木林地
				面积	蓄积	面积	蓄积	面积	蓄积	面积	蓄积	面积	蓄积	面积	蓄积	面积	蓄积	面积	蓄积	面积	面积	面积
友好林业局	特用林	合计	合计	62542.49	5580601.5	59723.73	5558126.5	19315.60	1182122.8	36064.92	3643695.5	2512.29	367235.0	546.05	60666.2	1284.87	304407.0	682.96	22475.0	2135.80		2135.80
			低（疏）	4082.72	227700.7	3719.57	227700.7	1381.31	55854.0	2199.87	154300.4	20.69	1563.1	74.19	9189.6	43.51	6793.6			363.15		363.15
			中	52149.29	4394012.6	50380.39	4394012.6	17680.67	1102994.0	29525.81	2774863.0	1478.51	169789.2	454.04	48753.0	1241.36	297613.4			1768.90		1768.90
			高（密）	5627.52	936413.2	5623.77	936413.2	253.62	23274.8	4339.24	714532.1	1013.09	195882.7	17.82	2723.6					3.75		3.75
		种质资源林（母树林）	合计	385.39	57309.8	385.39	57309.8	13.18	998.2	251.18	28475.5	98.42	22520.2	22.61	5315.9							
			低（疏）	24.39	2782.8	24.39	2782.8	0.60	40.9	23.79	2741.9											
			中	346.73	52493.0	346.73	52493.0	12.58	957.3	213.12	23699.6	98.42	22520.2	22.61	5315.9							
			高（密）	14.27	2034.0	14.27	2034.0			14.27	2034.0											
		风景林	合计	1144.68	83047.8	1144.68	83047.8	93.90	6189.8	907.11	65868.5	143.67	10989.5									
			低（疏）	5.04	102.2	5.04	102.2	4.43	81.5	0.61	20.7											
			中	1138.14	82821.5	1138.14	82821.5	89.47	6108.3	905.00	65723.7	143.67	10989.5									
			高（密）	1.50	124.1	1.50	124.1			1.50	124.1											
		自然保护区林	合计	61012.42	5440243.9	58193.66	5417768.9	19208.52	1174934.8	34906.63	3549351.5	2270.20	333725.3	523.44	55350.3	1284.87	304407.0	682.96	22475.0	2135.80		2135.80
			低（疏）	4053.29	224815.7	3690.14	224815.7	1376.28	55731.6	2175.47	151537.8	20.69	1563.1	74.19	9189.6	43.51	6793.6			363.15		363.15
			中	50664.42	4258698.1	48895.52	4258698.1	17578.62	1095928.4	28407.69	2685439.7	1236.42	136279.5	431.43	43437.1	1241.36	297613.4			1768.90		1768.90
			高（密）	5611.75	934255.1	5608.00	934255.1	253.62	23274.8	4323.47	712374.0	1013.09	195882.7	17.82	2723.6					3.75		3.75
	用材林	合计	合计	80719.27	6796320.0	80438.88	6794593.5	14386.46	1042444.9	61808.93	5362263.8	3629.93	335432.4	571.56	50717.0	42.00	3735.4	48.09	1726.5	232.30		232.30
			低（疏）	5626.22	333738.3	5495.52	333738.3	1564.86	77381.8	3822.06	245299.2	82.65	8287.6	25.95	2769.7					130.70		130.70
			中	73614.06	6266195.6	73512.46	6266195.6	12708.34	953776.4	56778.98	4948243.8	3443.44	313299.1	539.70	47140.9	42.00	3735.4			101.60		101.60
			高（密）	1430.90	194659.6	1430.90	194659.6	113.26	11286.7	1207.89	168720.8	103.84	13845.7	5.91	806.4							

表 3　黑龙江重点国有林区有林地、疏林地、灌木林地按林种和龄组面积、蓄积统计表（续 24）

单位：公顷、立方米

统计单位	林种	亚林种	郁闭度（覆盖度）等级	合计		乔木林地												疏林地		灌木林地		
						小计		幼龄林		中龄林		近熟林		成熟林		过熟林				小计	特殊灌木林地	一般灌木林地
				面积	蓄积	面积	蓄积	面积	蓄积	面积	蓄积	面积	蓄积	面积	蓄积	面积	蓄积	面积	蓄积	面积	面积	面积
友好林业局	用材林	一般用材林	合计	80719.27	6796320.0	80438.88	6794593.5	14386.46	1042444.9	61808.93	5362263.8	3629.93	335432.4	571.56	50717.0	42.00	3735.4	48.09	1726.5	232.30		232.30
			低（疏）	5626.22	333738.3	5495.52	333738.3	1564.86	77381.8	3822.06	245299.2	82.65	8287.6	25.95	2769.7					130.70		130.70
			中	73614.06	6266195.6	73512.46	6266195.6	12708.34	953776.4	56778.98	4948243.8	3443.44	313299.1	539.70	47140.9	42.00	3735.4			101.60		101.60
			高（密）	1430.90	194659.6	1430.90	194659.6	113.26	11286.7	1207.89	168720.8	103.84	13845.7	5.91	806.4							
上甘岭林业局	合计	合计	合计	116507.03	14388492.8	116389.35	14382613.3	21155.50	1454202.0	81419.40	10890592.4	12197.75	1724916.1	1273.87	212704.2	342.83	100198.6	117.68	5879.5			
			低（疏）	1535.14	41059.0	1535.14	41059.0	822.61	5010.9	440.66	20110.2	244.82	14014.4	27.05	1923.5							
			中	62537.14	6580206.2	62537.14	6580206.2	10003.48	391855.0	46350.68	5427062.9	5853.73	717686.2	266.93	32942.2	62.32	10659.9					
			高（密）	52317.07	7761348.1	52317.07	7761348.1	10329.41	1057336.1	34628.06	5443419.3	6099.20	993215.5	979.89	177838.5	280.51	89538.7					
	防护林	合计	合计	55715.38	7518789.1	55646.56	7515350.1	7696.29	735010.2	42727.17	5970227.4	4838.06	746236.0	366.75	61691.3	18.29	2185.2	68.82	3439.0			
			低（疏）	207.18	7647.8	207.18	7647.8	128.94	2999.2	38.74	1777.0	24.85	1780.9	14.65	1090.7							
			中	28073.91	3345941.5	28073.91	3345941.5	2768.04	183254.3	22940.78	2845680.7	2268.84	304532.1	77.96	10289.2	18.29	2185.2					
			高（密）	27365.47	4161760.8	27365.47	4161760.8	4799.31	548756.7	19747.65	3122769.7	2544.37	439923.0	274.14	50311.4							
		水源涵养林	合计	1196.19	183580.9	1195.98	183575.0	100.46	9931.6	839.73	127702.8	235.49	42341.6	20.30	3599.0			0.21	5.9			
			低（疏）	3.16		3.16		3.16														
			中	680.96	87046.6	680.96	87046.6	58.73	4567.3	500.94	68576.2	100.99	10304.1	20.30	3599.0							
			高（密）	511.86	96528.4	511.86	96528.4	38.57	5364.3	338.79	59126.6	134.50	32037.5									
		水土保持林	合计	21994.02	3214246.3	21969.53	3212895.2	2888.75	306986.1	16503.54	2471956.6	2360.53	397703.0	216.71	36249.5			24.49	1351.1			
			低（疏）	30.10	1401.5	30.10	1401.5	25.56	1136.0	1.00	52.0	3.54	213.5									
			中	9983.15	1303355.2	9983.15	1303355.2	819.71	58789.7	8170.03	1093466.3	940.22	145373.9	53.19	5725.3							
			高（密）	11956.28	1908138.5	11956.28	1908138.5	2043.48	247060.4	8332.51	1378438.3	1416.77	252115.6	163.52	30524.2							

表 3　黑龙江重点国有林区有林地、疏林地、灌木林地按林种和龄组面积、蓄积统计表（续 25）

单位：公顷、立方米

统计单位	林种	亚林种	郁闭度（覆盖度）等级	合计		乔木林地														疏林地		灌木林地		
						小计		幼龄林		中龄林		近熟林		成熟林		过熟林						小计	特殊灌木林地	一般灌木林地
				面积	蓄积	面积	蓄积	面积	蓄积	面积	蓄积	面积	蓄积	面积	蓄积	面积	蓄积			面积	蓄积	面积	面积	面积
上甘岭林业局	防护林	护岸林	合计	30991.47	3906894.6	30947.35	3904812.6	4474.60	395240.0	24206.10	3200683.3	2132.08	286844.9	125.27	20877.9	9.30	1166.5			44.12	2082.0			
			低（疏）	165.94	5984.2	165.94	5984.2	92.24	1601.1	37.74	1725.0	21.31	1567.4	14.65	1090.7									
			中	16674.47	1869545.3	16674.47	1869545.3	1800.26	116260.4	13662.75	1606463.9	1202.16	145654.5			9.30	1166.5							
			高（密）	14106.94	2029283.1	14106.94	2029283.1	2582.10	277378.5	10505.61	1592494.4	908.61	139623.0	110.62	19787.2									
		护路林	合计	1533.70	214067.3	1533.70	214067.3	232.48	22852.5	1177.80	169884.7	109.96	19346.5	4.47	964.9	8.99	1018.7							
			低（疏）	7.98	262.1	7.98	262.1	7.98	262.1															
			中	735.33	85994.4	735.33	85994.4	89.34	3636.9	607.06	77174.3	25.47	3199.6	4.47	964.9	8.99	1018.7							
			高（密）	790.39	127810.8	790.39	127810.8	135.16	18953.5	570.74	92710.4	84.49	16146.9											
	特用林	合计	合计	45269.77	4732019.2	45265.02	4731757.0	11393.77	520303.4	28268.14	3450017.4	4769.39	577406.0	509.18	86016.8	324.54	98013.4			4.75	262.2			
			低（疏）	1264.17	30733.5	1264.17	30733.5	657.30	767.2	376.95	17187.8	219.97	12233.5	9.95	545.0									
			中	28721.91	2561273.0	28721.91	2561273.0	6811.21	181084.6	18903.62	2042754.4	2832.99	312127.8	130.06	16831.5	44.03	8474.7							
			高（密）	15278.94	2139750.5	15278.94	2139750.5	3925.26	338451.6	8987.57	1390075.2	1716.43	253044.7	369.17	68640.3	280.51	89538.7							
		种质资源林（母树林）	合计	130.37	23042.9	130.37	23042.9	8.07	152.1	6.08	729.8	71.49	13698.7	44.73	8462.3									
			中	14.15	881.9	14.15	881.9	8.07	152.1	6.08	729.8													
			高（密）	116.22	22161.0	116.22	22161.0					71.49	13698.7	44.73	8462.3									
		环境保护林	合计	533.01	72940.2	533.01	72940.2	115.74	11355.7	399.82	59805.6	17.45	1778.9											
			低（疏）	0.59		0.59		0.59																
			中	261.80	29098.8	261.80	29098.8	59.11	4461.3	190.70	23587.2	11.99	1050.3											
			高（密）	270.62	43841.4	270.62	43841.4	56.04	6894.4	209.12	36218.4	5.46	728.6											
		风景林	合计	3795.44	635026.8	3795.44	635026.8	417.76	51272.0	3155.53	551811.2	197.84	28650.4	24.31	3293.2									
			中	1271.66	184577.6	1271.66	184577.6	63.51	4921.0	1072.28	162307.5	111.56	14055.9	24.31	3293.2									
			高（密）	2523.78	450449.2	2523.78	450449.2	354.25	46351.0	2083.25	389503.7	86.28	14594.5											

表3 黑龙江重点国有林区有林地、疏林地、灌木林地按林种和龄组面积、蓄积统计表（续26）

单位：公顷、立方米

统计单位	林种	亚林种	郁闭度（覆盖度）等级	合计		乔木林地												疏林地		灌木林地		
						小计		幼龄林		中龄林		近熟林		成熟林		过熟林				小计	特殊灌木林地	一般灌木林地
				面积	蓄积	面积	蓄积	面积	蓄积	面积	蓄积	面积	蓄积	面积	蓄积	面积	蓄积	面积	蓄积	面积	面积	面积
上甘岭林业局	特用林	自然保护区林	合计	40810.95	4001009.3	40806.20	4000747.1	10852.20	457523.6	24706.71	2837670.8	4482.61	533278.0	440.14	74261.3	324.54	98013.4	4.75	262.2			
			低（疏）	1263.58	30733.5	1263.58	30733.5	656.71	767.2	376.95	17187.8	219.97	12233.5	9.95	545.0							
			中	27174.30	2346714.7	27174.30	2346714.7	6680.52	171550.2	17634.56	1856129.9	2709.44	297021.6	105.75	13538.3	44.03	8474.7					
			高（密）	12368.32	1623298.9	12368.32	1623298.9	3514.97	285206.2	6695.20	964353.1	1553.20	224022.9	324.44	60178.0	280.51	89538.7					
	用材林	合计	合计	15521.88	2137684.5	15477.77	2135506.2	2065.44	198888.4	10424.09	1470347.6	2590.30	401274.1	397.94	64996.1			44.11	2178.3			
			低（疏）	63.79	2677.7	63.79	2677.7	36.37	1244.5	24.97	1145.4			2.45	287.8							
			中	5741.32	672991.7	5741.32	672991.7	424.23	27516.1	4506.28	538627.8	751.90	101026.3	58.91	5821.5							
			高（密）	9672.66	1459836.8	9672.66	1459836.8	1604.84	170127.8	5892.84	930574.4	1838.40	300247.8	336.58	58886.8							
		短轮伐期工业原料用材林	合计	3243.92	434432.1	3207.98	432664.8	41.74	3277.3	2291.08	288529.3	572.23	89797.5	302.93	51060.7			35.94	1767.3			
			低（疏）	12.53	545.7	12.53	545.7			12.53	545.7											
			中	1117.08	109292.7	1117.08	109292.7			933.75	89388.6	124.42	14082.6	58.91	5821.5							
			高（密）	2078.37	322826.4	2078.37	322826.4	41.74	3277.3	1344.80	198595.0	447.81	75714.9	244.02	45239.2							
		一般用材林	合计	12277.96	1703252.4	12269.79	1702841.4	2023.70	195611.1	8133.01	1181818.3	2018.07	311476.6	95.01	13935.4			8.17	411.0			
			低（疏）	51.26	2132.0	51.26	2132.0	36.37	1244.5	12.44	599.7			2.45	287.8							
			中	4624.24	563699.0	4624.24	563699.0	424.23	27516.1	3572.53	449239.2	627.48	86943.7									
			高（密）	7594.29	1137010.4	7594.29	1137010.4	1563.10	166850.5	4548.04	731979.4	1390.59	224532.9	92.56	13647.6							
五营林业局	合计	合计	合计	112640.59	15471563.7	112533.16	15466599.8	8162.73	738328.8	86580.59	11851292.9	13895.04	2214854.6	3486.91	594523.8	407.89	67599.7	107.43	4963.9			
			低（疏）	2262.02	135658.2	2262.02	135658.2	558.27	11743.6	1522.88	105910.9	133.92	13654.1	46.95	4349.6							
			中	48351.66	5727257.8	48351.66	5727257.8	4102.02	334109.3	37434.39	4408246.5	5832.57	842813.0	811.82	121950.9	170.86	20138.1					
			高（密）	61919.48	9603683.8	61919.48	9603683.8	3502.44	392475.9	47623.32	7337135.5	7928.55	1358387.5	2628.14	468223.3	237.03	47461.6					

表3 黑龙江重点国有林区有林地、疏林地、灌木林地按林种和龄组面积、蓄积统计表（续27）

单位：公顷、立方米

统计单位	林种	亚林种	郁闭度（覆盖度）等级	合计		乔木林地												疏林地		灌木林地		
						小计		幼龄林		中龄林		近熟林		成熟林		过熟林				小计	特殊灌木林地	一般灌木林地
				面积	蓄积	面积	蓄积	面积	蓄积	面积	蓄积	面积	蓄积	面积	蓄积	面积	蓄积	面积	蓄积	面积	面积	面积
五营林业局	防护林	合计	合计	68615.47	9462855.4	68554.09	9460293.4	4634.64	412138.5	52084.26	7224991.4	9348.14	1433678.5	2328.61	366967.4	158.44	22517.6	61.38	2562.0			
			低（疏）	1371.03	77348.4	1371.03	77348.4	396.87	7492.2	793.29	51852.5	133.92	13654.1	46.95	4349.6							
			中	27305.83	3177795.8	27305.83	3177795.8	2231.86	171653.5	20965.04	2450152.3	3622.18	495852.4	465.83	58170.4	20.92	1967.2					
			高（密）	39877.23	6205149.2	39877.23	6205149.2	2005.91	232992.8	30325.93	4722986.6	5592.04	924172.0	1815.83	304447.4	137.52	20550.4					
		水源涵养林	合计	666.62	85478.5	666.62	85478.5	66.24	6052.3	499.15	61723.1	58.65	9265.6	42.58	8437.5							
			低（疏）	13.91	607.4	13.91	607.4			13.91	607.4											
			中	277.25	35349.6	277.25	35349.6	65.75	6044.4	162.00	22117.8	41.36	5916.9	8.14	1270.5							
			高（密）	375.46	49521.5	375.46	49521.5	0.49	7.9	323.24	38997.9	17.29	3348.7	34.44	7167.0							
		水土保持林	合计	47293.50	6683377.8	47280.90	6683129.9	2934.00	275885.0	34499.80	4900517.9	7913.10	1207230.3	1782.73	277398.2	151.27	22098.5	12.60	247.9			
			低（疏）	873.29	52738.0	873.29	52738.0	238.38	4474.6	461.02	30666.8	133.55	13643.3	40.34	3953.3							
			中	14372.26	1615517.4	14372.26	1615517.4	1211.69	95489.4	9999.32	1100231.5	2853.68	379759.7	293.82	38488.7	13.75	1548.1					
			高（密）	32035.35	5014874.5	32035.35	5014874.5	1483.93	175921.0	24039.46	3769619.6	4925.87	813827.3	1448.57	234956.2	137.52	20550.4					
		护岸林	合计	20655.35	2693999.1	20606.57	2691685.0	1634.40	130201.2	17085.31	2262750.4	1376.39	217182.6	503.30	81131.7	7.17	419.1	48.78	2314.1			
			低（疏）	483.83	24003.0	483.83	24003.0	158.49	3017.6	318.36	20578.3	0.37	10.8	6.61	396.3							
			中	12656.32	1526928.8	12656.32	1526928.8	954.42	70119.7	10803.72	1327803.0	727.14	110175.8	163.87	18411.2	7.17	419.1					
			高（密）	7466.42	1140753.2	7466.42	1140753.2	521.49	57063.9	5963.23	914369.1	648.88	106996.0	332.82	62324.2							
	特用林	合计	合计	28511.96	3899552.1	28465.91	3897150.2	2614.73	244706.9	22073.69	2953631.9	2468.96	437244.2	1059.08	216485.1	249.45	45082.1	46.05	2401.9			
			低（疏）	572.14	35046.7	572.14	35046.7	116.56	3654.6	455.58	31392.1											
			中	16415.86	2010471.1	16415.86	2010471.1	1399.96	122392.4	13370.35	1614123.2	1248.84	203075.4	246.77	52709.2	149.94	18170.9					
			高（密）	11477.91	1851632.4	11477.91	1851632.4	1098.21	118659.9	8247.76	1308116.6	1220.12	234168.8	812.31	163775.9	99.51	26911.2					
		种质资源林（母树林）	合计	68.43	12525.6	68.43	12525.6	7.90	1828.3	47.53	8517.3			13.00	2180.0							
			高（密）	68.43	12525.6	68.43	12525.6	7.90	1828.3	47.53	8517.3			13.00	2180.0							

表3 黑龙江重点国有林区有林地、疏林地、灌木林地按林种和龄组面积、蓄积统计表（续28）

单位：公顷、立方米

统计单位	林种	亚林种	郁闭度（覆盖度）等级	合计		乔木林地												疏林地		灌木林地		
						小计		幼龄林		中龄林		近熟林		成熟林		过熟林				小计	特殊灌木林地	一般灌木林地
				面积	蓄积	面积	蓄积	面积	蓄积	面积	蓄积	面积	蓄积	面积	蓄积	面积	蓄积	面积	蓄积	面积	面积	面积
五营林业局	特用林	风景林	合计	1129.00	205398.3	1129.00	205398.3	182.59	15583.0	437.17	62429.8	145.00	32364.7	303.82	75134.5	60.42	19886.3					
			低（疏）	4.58	14.9	4.58	14.9	4.58	14.9													
			中	252.42	34248.4	252.42	34248.4	86.52	4945.0	50.09	5524.8	58.93	6598.9	56.88	17179.7							
			高（密）	872.00	171135.0	872.00	171135.0	91.49	10623.1	387.08	56905.0	86.07	25765.8	246.94	57954.8	60.42	19886.3					
		自然保护区林	合计	27314.53	3681628.2	27268.48	3679226.3	2424.24	227295.6	21588.99	2882684.8	2323.96	404879.5	742.26	139170.6	189.03	25195.8	46.05	2401.9			
			低（疏）	567.56	35031.8	567.56	35031.8	111.98	3639.7	455.58	31392.1											
			中	16163.44	1976222.7	16163.44	1976222.7	1313.44	117447.4	13320.26	1608598.4	1189.91	196476.5	189.89	35529.5	149.94	18170.9					
			高（密）	10537.48	1667971.8	10537.48	1667971.8	998.82	106208.5	7813.15	1242694.3	1134.05	208403.0	552.37	103641.1	39.09	7024.9					
	用材林	合计	合计	15513.16	2109156.2	15513.16	2109156.2	913.36	81483.4	12422.64	1672669.6	2077.94	343931.9	99.22	11071.3							
			低（疏）	318.85	23263.1	318.85	23263.1	44.84	596.8	274.01	22666.3											
			中	4629.97	538990.9	4629.97	538990.9	470.20	40063.4	3099.00	343971.0	961.55	143885.2	99.22	11071.3							
			高（密）	10564.34	1546902.2	10564.34	1546902.2	398.32	40823.2	9049.63	1306032.3	1116.39	200046.7									
		一般用材林	合计	15513.16	2109156.2	15513.16	2109156.2	913.36	81483.4	12422.64	1672669.6	2077.94	343931.9	99.22	11071.3							
			低（疏）	318.85	23263.1	318.85	23263.1	44.84	596.8	274.01	22666.3											
			中	4629.97	538990.9	4629.97	538990.9	470.20	40063.4	3099.00	343971.0	961.55	143885.2	99.22	11071.3							
			高（密）	10564.34	1546902.2	10564.34	1546902.2	398.32	40823.2	9049.63	1306032.3	1116.39	200046.7									
红星林业局	合计	合计	合计	211141.25	18832498.5	206783.67	18791593.3	43484.43	3044532.8	142445.13	13269112.3	18302.37	2142190.1	2214.74	284553.6	337.00	51204.5	1266.39	40905.2	3091.19		3091.19
			低（疏）	14431.33	915683.2	14323.95	915683.2	4079.80	210421.6	9256.85	622842.6	919.56	75121.6	67.74	7297.4					107.38		107.38
			中	135239.40	11806363.9	132256.68	11806363.9	27954.60	1930765.8	91863.86	8438038.0	11464.97	1325224.0	896.17	104256.4	77.08	8079.7			2982.72		2982.72
			高（密）	60204.13	6069546.2	60203.04	6069546.2	11450.03	903345.4	41324.42	4208231.7	5917.84	741844.5	1250.83	172999.8	259.92	43124.8			1.09		1.09

表 3　黑龙江重点国有林区有林地、疏林地、灌木林地按林种和龄组面积、蓄积统计表（续 29）

单位：公顷、立方米

统计单位	林种	亚林种	郁闭度（覆盖度）等级	合计		乔木林地												疏林地		灌木林地		
						小计		幼龄林		中龄林		近熟林		成熟林		过熟林				小计	特殊灌木林地	一般灌木林地
				面积	蓄积	面积	蓄积	面积	蓄积	面积	蓄积	面积	蓄积	面积	蓄积	面积	蓄积	面积	蓄积	面积	面积	面积
红星林业局	防护林	合计	合计	80320.06	7006305.7	78841.63	6995576.1	19785.18	1354696.1	53465.74	4989819.5	4959.25	571203.5	630.04	79582.3	1.42	274.7	390.46	10729.6	1087.97		1087.97
			低（疏）	4145.98	265386.2	4111.18	265386.2	1572.68	81210.2	2120.96	146019.5	400.90	36413.4	16.64	1743.1					34.80		34.80
			中	59266.21	5086425.3	58213.04	5086425.3	14435.94	992116.1	40972.30	3790772.0	2628.30	285539.1	176.50	17998.1					1053.17		1053.17
			高（密）	16517.41	1643764.6	16517.41	1643764.6	3776.56	281369.8	10372.48	1053028.0	1930.05	249251.0	436.90	59841.1	1.42	274.7					
		水土保持林	合计	46509.58	4209705.7	45715.62	4208366.5	10873.62	748720.4	31444.99	3053994.5	2958.72	347816.8	436.87	57560.1	1.42	274.7	96.05	1339.2	697.91		697.91
			低（疏）	1162.27	82945.9	1162.27	82945.9	256.28	11425.1	601.99	43545.1	294.45	27046.9	9.55	928.8							
			中	41532.46	3699130.1	40834.55	3699130.1	9872.14	691092.6	29377.44	2833306.9	1466.15	162598.6	118.82	12132.0					697.91		697.91
			高（密）	3718.80	426290.5	3718.80	426290.5	745.20	46202.7	1465.56	177142.5	1198.12	158171.3	308.50	44499.3	1.42	274.7					
		护岸林	合计	33810.48	2796600.0	33126.01	2787209.6	8911.56	605975.7	22020.75	1935825.0	2000.53	223386.7	193.17	22022.2			294.41	9390.4	390.06		390.06
			低（疏）	2983.71	182440.3	2948.91	182440.3	1316.40	69785.1	1518.97	102474.4	106.45	9366.5	7.09	814.3					34.80		34.80
			中	17733.75	1387295.2	17378.49	1387295.2	4563.80	301023.5	11594.86	957465.1	1162.15	122940.5	57.68	5866.1					355.26		355.26
			高（密）	12798.61	1217474.1	12798.61	1217474.1	3031.36	235167.1	8906.92	875885.5	731.93	91079.7	128.40	15341.8							
	特用林	合计	合计	82579.93	7849457.2	80799.10	7819618.8	12587.55	930408.3	55164.15	5301798.5	11643.11	1390356.2	1100.69	149401.5	303.60	47654.3	858.35	29838.4	922.48		922.48
			低（疏）	5691.43	370717.1	5636.36	370717.1	1389.16	71378.1	3838.89	266079.8	357.21	27704.9	51.10	5554.3					55.07		55.07
			中	34780.91	3279528.2	33914.59	3279528.2	3999.76	272352.0	21339.57	1977220.3	7957.61	954587.4	572.55	70564.3	45.10	4804.2			866.32		866.32
			高（密）	41249.24	4169373.5	41248.15	4169373.5	7198.63	586678.2	29985.69	3058498.4	3328.29	408063.9	477.04	73282.9	258.50	42850.1			1.09		1.09
		种质资源林（母树林）	合计	12.37	853.7	12.37	853.7	12.37	853.7													
			中	12.37	853.7	12.37	853.7	12.37	853.7													
		自然保护区林	合计	82567.56	7848603.5	80786.73	7818765.1	12575.18	929554.6	55164.15	5301798.5	11643.11	1390356.2	1100.69	149401.5	303.60	47654.3	858.35	29838.4	922.48		922.48
			低（疏）	5691.43	370717.1	5636.36	370717.1	1389.16	71378.1	3838.89	266079.8	357.21	27704.9	51.10	5554.3					55.07		55.07
			中	34768.54	3278674.5	33902.22	3278674.5	3987.39	271498.3	21339.57	1977220.3	7957.61	954587.4	572.55	70564.3	45.10	4804.2			866.32		866.32
			高（密）	41249.24	4169373.5	41248.15	4169373.5	7198.63	586678.2	29985.69	3058498.4	3328.29	408063.9	477.04	73282.9	258.50	42850.1			1.09		1.09

表3 黑龙江重点国有林区有林地、疏林地、灌木林地按林种和龄组面积、蓄积统计表（续30）

单位：公顷、立方米

统计单位	林种	亚林种	郁闭度（覆盖度）等级	合计		乔木林地														疏林地		灌木林地		
						小计		幼龄林		中龄林		近熟林		成熟林		过熟林						小计	特殊灌木林地	一般灌木林地
				面积	蓄积	面积	蓄积	面积	蓄积	面积	蓄积	面积	蓄积	面积	蓄积	面积	蓄积			面积	蓄积	面积	面积	面积
红星林业局	用材林	合计	合计	48241.26	3976735.6	47142.94	3976398.4	11111.70	759428.4	33815.24	2977494.3	1700.01	180630.4	484.01	55569.8	31.98	3275.5			17.58	337.2	1080.74		1080.74
			低（疏）	4593.92	279579.9	4576.41	279579.9	1117.96	57833.3	3297.00	210743.3	161.45	11003.3									17.51		17.51
			中	41192.28	3440410.4	40129.05	3440410.4	9518.90	666297.7	29551.99	2670045.7	879.06	85097.5	147.12	15694.0	31.98	3275.5					1063.23		1063.23
			高（密）	2437.48	256408.1	2437.48	256408.1	474.84	35297.4	966.25	96705.3	659.50	84529.6	336.89	39875.8									
		一般用材林	合计	48241.26	3976735.6	47142.94	3976398.4	11111.70	759428.4	33815.24	2977494.3	1700.01	180630.4	484.01	55569.8	31.98	3275.5			17.58	337.2	1080.74		1080.74
			低（疏）	4593.92	279579.9	4576.41	279579.9	1117.96	57833.3	3297.00	210743.3	161.45	11003.3									17.51		17.51
			中	41192.28	3440410.4	40129.05	3440410.4	9518.90	666297.7	29551.99	2670045.7	879.06	85097.5	147.12	15694.0	31.98	3275.5					1063.23		1063.23
			高（密）	2437.48	256408.1	2437.48	256408.1	474.84	35297.4	966.25	96705.3	659.50	84529.6	336.89	39875.8									
新青林业局	合计	合计	合计	252879.82	30846494.1	252388.74	30831172.9	41934.02	3458667.7	185637.80	23081134.0	22422.76	3634142.0	2099.28	571330.5	294.88	85898.7			408.07	15321.2	83.01		83.01
			低（疏）	10181.07	683492.2	10181.07	683492.2	3614.29	189960.9	6012.56	441355.9	532.75	50464.0	11.84	1427.1	9.63	284.3							
			中	187372.94	21965525.2	187294.98	21965525.2	28976.33	2338102.0	140747.49	16790300.8	16229.69	2485034.7	1255.74	327289.7	85.73	24798.0					77.96		77.96
			高（密）	54917.74	8182155.5	54912.69	8182155.5	9343.40	930604.8	38877.75	5849477.3	5660.32	1098643.3	831.70	242613.7	199.52	60816.4					5.05		5.05
	防护林	合计	合计	121321.58	15007944.8	121017.54	15000967.2	18628.69	1558951.6	89964.58	11275027.0	11460.40	1918147.7	913.90	240875.6	49.97	7965.3			235.72	6977.6	68.32		68.32
			低（疏）	4707.34	307014.7	4707.34	307014.7	1474.44	73421.1	2969.28	208338.7	253.27	23995.5	10.35	1259.4									
			中	90556.69	10862574.3	90488.37	10862574.3	12770.55	1037127.2	68489.38	8281014.9	8475.32	1342012.5	728.65	199428.9	24.47	2990.8					68.32		68.32
			高（密）	25821.83	3831378.2	25821.83	3831378.2	4383.70	448403.3	18505.92	2785673.4	2731.81	552139.7	174.90	40187.3	25.50	4974.5							
		水源涵养林	合计	7151.11	893183.5	7145.94	892874.0	1259.87	110606.4	4563.81	547876.0	1322.26	234391.6							5.17	309.5			
			低（疏）	147.50	8786.8	147.50	8786.8	36.21	1467.0	108.62	7081.6	2.67	238.2											
			中	6079.55	736652.6	6079.55	736652.6	1069.80	93092.9	3959.97	470709.0	1049.78	172850.7											
			高（密）	918.89	147434.6	918.89	147434.6	153.86	16046.5	495.22	70085.4	269.81	61302.7											

表 3　黑龙江重点国有林区有林地、疏林地、灌木林地按林种和龄组面积、蓄积统计表（续 31）

单位：公顷、立方米

统计单位	林种	亚林种	郁闭度（覆盖度）等级	合计		乔木林地												疏林地		灌木林地		
						小计		幼龄林		中龄林		近熟林		成熟林		过熟林				小计	特殊灌木林地	一般灌木林地
				面积	蓄积	面积	蓄积	面积	蓄积	面积	蓄积	面积	蓄积	面积	蓄积	面积	蓄积	面积	蓄积	面积	面积	面积
新青林业局	防护林	水土保持林	合计	101472.09	12490347.2	101311.25	12486658.4	15307.11	1299588.4	76013.94	9538575.3	9391.18	1549270.7	549.05	91258.7	49.97	7965.3	92.52	3688.8	68.32		68.32
			低（疏）	3978.19	263943.2	3978.19	263943.2	1301.40	66802.3	2463.44	175975.9	205.08	20166.3	8.27	998.7							
			中	76241.33	9077860.5	76173.01	9077860.5	10266.01	843430.7	58521.64	7087947.3	6977.79	1086397.1	383.10	57094.6	24.47	2990.8			68.32		68.32
			高（密）	21160.05	3144854.7	21160.05	3144854.7	3739.70	389355.4	15028.86	2274652.1	2208.31	442707.3	157.68	33165.4	25.50	4974.5					
		护岸林	合计	12698.38	1624414.1	12560.35	1621434.8	2061.71	148756.8	9386.83	1188575.7	746.96	134485.4	364.85	149616.9			138.03	2979.3			
			低（疏）	581.65	34284.7	581.65	34284.7	136.83	5151.8	397.22	25281.2	45.52	3591.0	2.08	260.7							
			中	8235.81	1048061.2	8235.81	1048061.2	1434.74	100603.6	6007.77	722358.6	447.75	82764.7	345.55	142334.3							
			高（密）	3742.89	539088.9	3742.89	539088.9	490.14	43001.4	2981.84	440935.9	253.69	48129.7	17.22	7021.9							
	特用林	合计	合计	70394.97	8767053.1	70339.95	8764935.2	10251.08	798552.1	52154.46	6469310.0	6686.53	1113118.8	1016.97	306931.5	230.91	77022.8	54.15	2117.9	0.87		0.87
			低（疏）	1529.35	93223.8	1529.35	93223.8	491.66	16145.1	903.99	65727.3	132.54	11230.3	1.16	121.1							
			中	50865.86	5932052.2	50864.99	5932052.2	7429.97	579010.9	38760.82	4569094.4	4207.76	650861.4	405.18	111278.3	61.26	21807.2			0.87		0.87
			高（密）	17945.61	2739659.2	17945.61	2739659.2	2329.45	203396.1	12489.65	1834488.3	2346.23	451027.1	610.63	195532.1	169.65	55215.6					
		风景林	合计	3.32	283.4	3.32	283.4	2.36	159.6	0.96	123.8											
			中	2.08	149.8	2.08	149.8	1.12	26.0	0.96	123.8											
			高（密）	1.24	133.6	1.24	133.6	1.24	133.6													
		自然保护区林	合计	70391.65	8766769.7	70336.63	8764651.8	10248.72	798392.5	52153.50	6469186.2	6686.53	1113118.8	1016.97	306931.5	230.91	77022.8	54.15	2117.9	0.87		0.87
			低（疏）	1529.35	93223.8	1529.35	93223.8	491.66	16145.1	903.99	65727.3	132.54	11230.3	1.16	121.1							
			中	50863.78	5931902.4	50862.91	5931902.4	7428.85	578984.9	38759.86	4568970.6	4207.76	650861.4	405.18	111278.3	61.26	21807.2			0.87		0.87
			高（密）	17944.37	2739525.6	17944.37	2739525.6	2328.21	203262.5	12489.65	1834488.3	2346.23	451027.1	610.63	195532.1	169.65	55215.6					

表 3　黑龙江重点国有林区有林地、疏林地、灌木林地按林种和龄组面积、蓄积统计表（续 32）

单位：公顷、立方米

统计单位	林种	亚林种	郁闭度（覆盖度）等级	合计		乔木林地												疏林地		灌木林地		
						小计		幼龄林		中龄林		近熟林		成熟林		过熟林				小计	特殊灌木林地	一般灌木林地
				面积	蓄积	面积	蓄积	面积	蓄积	面积	蓄积	面积	蓄积	面积	蓄积	面积	蓄积	面积	蓄积	面积	面积	面积
新青林业局	用材林	合计	合计	61163.27	7071496.2	61031.25	7065270.5	13054.25	1101164.0	43518.76	5336797.0	4275.83	602875.5	168.41	23523.4	14.00	910.6	118.20	6225.7	13.82		13.82
			低（疏）	3944.38	283253.7	3944.38	283253.7	1648.19	100394.7	2139.29	167289.9	146.94	15238.2	0.33	46.6	9.63	284.3					
			中	45950.39	5170898.7	45941.62	5170898.7	8775.81	721963.9	33497.29	3940191.5	3546.61	492160.8	121.91	16582.5					8.77		8.77
			高（密）	11150.30	1611118.1	11145.25	1611118.1	2630.25	278805.4	7882.18	1229315.6	582.28	95476.5	46.17	6894.3	4.37	626.3			5.05		5.05
		一般用材林	合计	61163.27	7071496.2	61031.25	7065270.5	13054.25	1101164.0	43518.76	5336797.0	4275.83	602875.5	168.41	23523.4	14.00	910.6	118.20	6225.7	13.82		13.82
			低（疏）	3944.38	283253.7	3944.38	283253.7	1648.19	100394.7	2139.29	167289.9	146.94	15238.2	0.33	46.6	9.63	284.3					
			中	45950.39	5170898.7	45941.62	5170898.7	8775.81	721963.9	33497.29	3940191.5	3546.61	492160.8	121.91	16582.5					8.77		8.77
			高（密）	11150.30	1611118.1	11145.25	1611118.1	2630.25	278805.4	7882.18	1229315.6	582.28	95476.5	46.17	6894.3	4.37	626.3			5.05		5.05
汤旺河林业局	合计	合计	合计	200385.31	22209197.3	199993.64	22200683.9	15825.99	970272.9	167720.22	18860195.0	14246.66	1990841.4	2200.77	379374.6			265.18	8513.4	126.49		126.49
			低（疏）	5555.18	256251.7	5524.29	256251.7	1806.74	44234.5	3602.94	202152.8	114.61	9864.4							30.89		30.89
			中	143765.29	15022509.9	143670.96	15022509.9	10849.99	678293.9	121059.04	12792117.4	10682.04	1411672.6	1079.89	140426.0					94.33		94.33
			高（密）	50799.66	6921922.3	50798.39	6921922.3	3169.26	247744.5	43058.24	5865924.8	3450.01	569304.4	1120.88	238948.6					1.27		1.27
	防护林	合计	合计	115079.67	12984740.7	114809.55	12978720.0	9460.03	535444.8	98788.72	11504613.0	5947.68	854579.5	613.12	84082.7			184.13	6020.7	85.99		85.99
			低（疏）	3270.89	149459.6	3249.32	149459.6	1331.15	33802.8	1821.13	106915.9	97.04	8740.9							21.57		21.57
			中	79557.23	8456272.1	79493.24	8456272.1	6140.63	340065.7	68802.64	7500796.0	4108.13	561338.2	441.84	54072.2					63.99		63.99
			高（密）	32067.42	4372988.3	32066.99	4372988.3	1988.25	161576.3	28164.95	3896901.1	1742.51	284500.4	171.28	30010.5					0.43		0.43
		水源涵养林	合计	1286.06	118139.3	1286.06	118139.3	133.49	7115.0	1152.57	111024.3											
			低（疏）	38.91	1187.1	38.91	1187.1	28.34	713.1	10.57	474.0											
			中	806.46	72311.6	806.46	72311.6	92.22	5682.6	714.24	66629.0											
			高（密）	440.69	44640.6	440.69	44640.6	12.93	719.3	427.76	43921.3											

表 3　黑龙江重点国有林区有林地、疏林地、灌木林地按林种和龄组面积、蓄积统计表（续 33）

单位：公顷、立方米

统计单位	林种	亚林种	郁闭度（覆盖度）等级	合计		乔木林地												疏林地		灌木林地		
						小计		幼龄林		中龄林		近熟林		成熟林		过熟林				小计	特殊灌木林地	一般灌木林地
				面积	蓄积	面积	蓄积	面积	蓄积	面积	蓄积	面积	蓄积	面积	蓄积	面积	蓄积	面积	蓄积	面积	面积	面积
汤旺河林业局	防护林	水土保持林	合计	85400.21	9405523.4	85186.82	9400331.9	7642.73	428326.8	73596.22	8434622.9	3713.01	501042.4	234.86	36339.8			157.42	5191.5	55.97		55.97
			低（疏）	2476.73	111662.0	2458.08	111662.0	1109.14	28481.7	1254.29	74656.2	94.65	8524.1							18.65		18.65
			中	59325.68	6143611.5	59288.79	6143611.5	4857.34	266348.2	51456.71	5488216.6	2834.09	370488.9	140.65	18557.8					36.89		36.89
			高（密）	23440.38	3145058.4	23439.95	3145058.4	1676.25	133496.9	20885.22	2871750.1	784.27	122029.4	94.21	17782.0					0.43		0.43
		护岸林	合计	28393.40	3461078.0	28336.67	3460248.8	1683.81	100003.0	24039.93	2958965.8	2234.67	353537.1	378.26	47742.9			26.71	829.2	30.02		30.02
			低（疏）	755.25	36610.5	752.33	36610.5	193.67	4608.0	556.27	31785.7	2.39	216.8							2.92		2.92
			中	19425.09	2240349.0	19397.99	2240349.0	1191.07	68034.9	16631.69	1945950.4	1274.04	190849.3	301.19	35514.4					27.10		27.10
			高（密）	8186.35	1183289.3	8186.35	1183289.3	299.07	27360.1	6851.97	981229.7	958.24	162471.0	77.07	12228.5							
	特用林	合计	合计	25787.00	2945796.4	25778.82	2945591.6	2276.61	187424.0	16489.95	1743048.2	5717.68	764913.3	1294.58	250206.1			8.18	204.8			
			低（疏）	137.06	6776.1	137.06	6776.1	28.65	650.2	104.66	5887.7	3.75	238.2									
			中	22117.23	2449724.1	22117.23	2449724.1	2069.03	174091.1	14027.80	1480049.1	5412.27	713126.4	608.13	82457.5							
			高（密）	3524.53	489091.4	3524.53	489091.4	178.93	12682.7	2357.49	257111.4	301.66	51548.7	686.45	167748.6							
		种质资源林（母树林）	合计	499.59	74054.7	499.59	74054.7	12.43	610.3	357.39	45616.4	129.77	27828.0									
			低（疏）	15.05	1558.4	15.05	1558.4			15.05	1558.4											
			中	365.01	55496.9	365.01	55496.9	2.42	39.2	232.82	27629.7	129.77	27828.0									
			高（密）	119.53	16999.4	119.53	16999.4	10.01	571.1	109.52	16428.3											
		自然保护区林	合计	25287.41	2871741.7	25279.23	2871536.9	2264.18	186813.7	16132.56	1697431.8	5587.91	737085.3	1294.58	250206.1			8.18	204.8			
			低（疏）	122.01	5217.7	122.01	5217.7	28.65	650.2	89.61	4329.3	3.75	238.2									
			中	21752.22	2394227.2	21752.22	2394227.2	2066.61	174051.9	13794.98	1452419.4	5282.50	685298.4	608.13	82457.5							
			高（密）	3405.00	472092.0	3405.00	472092.0	168.92	12111.6	2247.97	240683.1	301.66	51548.7	686.45	167748.6							

表 3 黑龙江重点国有林区有林地、疏林地、灌木林地按林种和龄组面积、蓄积统计表（续 34）

单位：公顷、立方米

统计单位	林种	亚林种	郁闭度（覆盖度）等级	合计		乔木林地														疏林地		灌木林地		
						小计		幼龄林		中龄林		近熟林		成熟林		过熟林						小计	特殊灌木林地	一般灌木林地
				面积	蓄积	面积	蓄积	面积	蓄积	面积	蓄积	面积	蓄积	面积	蓄积	面积	蓄积			面积	蓄积	面积	面积	面积
汤旺河林业局	用材林	合计	合计	59518.64	6278660.2	59405.27	6276372.3	4089.35	247404.1	52441.55	5612533.8	2581.30	371348.6	293.07	45085.8					72.87	2287.9	40.50		40.50
			低（疏）	2147.23	100016.0	2137.91	100016.0	446.94	9781.5	1677.15	89349.2	13.82	885.3									9.32		9.32
			中	42090.83	4116513.7	42060.49	4116513.7	2640.33	164137.1	38228.60	3811272.3	1161.64	137208.0	29.92	3896.3							30.34		30.34
			高（密）	15207.71	2059842.6	15206.87	2059842.6	1002.08	73485.5	12535.80	1711912.3	1405.84	233255.3	263.15	41189.5							0.84		0.84
		一般用材林	合计	59518.64	6278660.2	59405.27	6276372.3	4089.35	247404.1	52441.55	5612533.8	2581.30	371348.6	293.07	45085.8					72.87	2287.9	40.50		40.50
			低（疏）	2147.23	100016.0	2137.91	100016.0	446.94	9781.5	1677.15	89349.2	13.82	885.3									9.32		9.32
			中	42090.83	4116513.7	42060.49	4116513.7	2640.33	164137.1	38228.60	3811272.3	1161.64	137208.0	29.92	3896.3							30.34		30.34
			高（密）	15207.71	2059842.6	15206.87	2059842.6	1002.08	73485.5	12535.80	1711912.3	1405.84	233255.3	263.15	41189.5							0.84		0.84
乌伊岭林业局	合计	合计	合计	265472.69	22871577.6	264771.26	22852875.7	39736.10	1306445.2	184151.43	17358626.9	34795.38	3527140.1	5836.62	638683.7	251.73	21979.8			701.43	18701.9			
			低（疏）	11799.23	422170.3	11799.23	422170.3	3149.10	46121.8	6775.97	295981.5	1710.18	73124.6	163.98	6942.4									
			中	204432.42	17353102.8	204432.42	17353102.8	25319.50	781340.5	146698.33	13338329.7	27811.03	2764256.4	4351.83	447196.4	251.73	21979.8							
			高（密）	48539.61	5077602.6	48539.61	5077602.6	11267.50	478982.9	30677.13	3724315.7	5274.17	689759.1	1320.81	184544.9									
	防护林	合计	合计	163826.88	13656123.0	163257.17	13641500.1	24532.72	829015.8	114543.93	10400098.2	20606.12	2024578.3	3458.80	377899.0	115.60	9908.8			569.71	14622.9			
			低（疏）	8035.23	279656.6	8035.23	279656.6	2151.34	31232.1	4726.85	199887.4	1053.35	43642.5	103.69	4894.6									
			中	125085.47	10349689.5	125085.47	10349689.5	15015.22	496500.8	91357.82	8033980.7	16171.53	1564809.7	2425.30	244489.5	115.60	9908.8							
			高（密）	30136.47	3012154.0	30136.47	3012154.0	7366.16	301282.9	18459.26	2166230.1	3381.24	416126.1	929.81	128514.9									
		水源涵养林	合计	21486.59	1893573.2	21486.59	1893573.2	1709.45	59729.3	16257.99	1465825.2	2466.07	266117.8	1041.31	100340.2	11.77	1560.7							
			低（疏）	1891.41	61144.2	1891.41	61144.2	790.77	15165.7	1072.50	44144.5	15.63	913.1	12.51	920.9									
			中	17287.04	1583242.4	17287.04	1583242.4	779.27	33558.7	13602.57	1253657.7	1971.05	204903.9	922.38	89561.4	11.77	1560.7							
			高（密）	2308.14	249186.6	2308.14	249186.6	139.41	11004.9	1582.92	168023.0	479.39	60300.8	106.42	9857.9									

表 3　黑龙江重点国有林区有林地、疏林地、灌木林地按林种和龄组面积、蓄积统计表（续 37）

单位：公顷、立方米

统计单位	林种	亚林种	郁闭度（覆盖度）等级	乔木林地														疏林地		灌木林地		
				合计		小计		幼龄林		中龄林		近熟林		成熟林		过熟林				小计	特殊灌木林地	一般灌木林地
				面积	蓄积	面积	蓄积	面积	蓄积	面积	蓄积	面积	蓄积	面积	蓄积	面积	蓄积	面积	蓄积	面积	面积	面积
伊春区森林经营所	防护林	护岸林	合计	3534.92	469847.2	3473.00	469847.2	120.66	11423.6	2130.72	248444.3	1221.62	209979.3							61.92		61.92
			中	3101.24	401572.5	3039.32	401572.5	116.25	11074.5	1968.56	226547.5	954.51	163950.5							61.92		61.92
			高（密）	433.68	68274.7	433.68	68274.7	4.41	349.1	162.16	21896.8	267.11	46028.8									
	用材林	合计	合计	111.92	8381.7	94.04	8381.7	50.88	3480.2	39.51	4185.0	3.65	716.5							17.88		17.88
			中	97.22	6714.6	79.34	6714.6	49.54	3395.4	26.72	2684.0	3.08	635.2							17.88		17.88
			高（密）	14.70	1667.1	14.70	1667.1	1.34	84.8	12.79	1501.0	0.57	81.3									
		一般用材林	合计	111.92	8381.7	94.04	8381.7	50.88	3480.2	39.51	4185.0	3.65	716.5							17.88		17.88
			中	97.22	6714.6	79.34	6714.6	49.54	3395.4	26.72	2684.0	3.08	635.2							17.88		17.88
			高（密）	14.70	1667.1	14.70	1667.1	1.34	84.8	12.79	1501.0	0.57	81.3									
西林区林业局	合计	合计	合计	33251.54	4029503.2	33139.03	4029205.6	4363.96	411009.6	27647.40	3434778.3	1021.84	165403.2	70.53	11620.0	35.30	6394.5	8.66	297.6	103.85		103.85
			低（疏）	194.01	8036.9	184.24	8036.9	111.53	3821.3	72.21	4154.5	0.50	61.1							9.77		9.77
			中	24479.74	2881935.6	24448.99	2881935.6	2549.94	215335.9	21019.94	2528042.3	811.66	127032.7	32.15	5130.2	35.30	6394.5			30.75		30.75
			高（密）	8569.13	1139233.1	8505.80	1139233.1	1702.49	191852.4	6555.25	902581.5	209.68	38309.4	38.38	6489.8					63.33		63.33
	防护林	合计	合计	26255.31	3205082.4	26173.26	3204784.8	3594.94	345763.1	21479.00	2680760.6	997.66	160887.2	66.36	10979.4	35.30	6394.5	8.66	297.6	73.39		73.39
			低（疏）	136.42	5131.0	126.65	5131.0	99.93	3641.7	26.22	1428.2	0.50	61.1							9.77		9.77
			中	19169.67	2268228.7	19156.74	2268228.7	1957.72	165195.8	16338.55	1968110.6	793.02	123397.6	32.15	5130.2	35.30	6394.5			12.93		12.93
			高（密）	6940.56	931425.1	6889.87	931425.1	1537.29	176925.6	5114.23	711221.8	204.14	37428.5	34.21	5849.2					50.69		50.69
		水源涵养林	合计	5026.97	610340.9	5002.44	610210.0	570.68	44612.6	4115.50	504858.3	280.96	54344.6			35.30	6394.5	2.86	130.9	21.67		21.67
			低（疏）	54.39	2137.4	50.17	2137.4	44.73	1714.2	5.44	423.2									4.22		4.22
			中	4131.53	477539.1	4129.41	477539.1	444.69	33404.6	3489.25	407269.2	160.17	30470.8			35.30	6394.5			2.12		2.12
			高（密）	838.19	130533.5	822.86	130533.5	81.26	9493.8	620.81	97165.9	120.79	23873.8							15.33		15.33

表3 黑龙江重点国有林区有林地、疏林地、灌木林地按林种和龄组面积、蓄积统计表（续38）

单位：公顷、立方米

统计单位	林种	亚林种	郁闭度（覆盖度）等级	合计		乔木林地												疏林地		灌木林地		
						小计		幼龄林		中龄林		近熟林		成熟林		过熟林				小计	特殊灌木林地	一般灌木林地
				面积	蓄积	面积	蓄积	面积	蓄积	面积	蓄积	面积	蓄积	面积	蓄积	面积	蓄积	面积	蓄积	面积	面积	面积
西林区林业局	防护林	水土保持林	合计	11521.97	1472886.8	11509.87	1472877.6	583.90	52379.8	10492.07	1354299.5	395.41	59473.8	38.49	6724.5			0.46	9.2	11.64		11.64
			低（疏）	50.98	1800.9	47.91	1800.9	31.32	1105.7	16.59	695.2									3.07		3.07
			中	9165.36	1144000.2	9156.79	1144000.2	388.70	33937.8	8376.80	1052343.6	360.01	52653.4	31.28	5065.4					8.57		8.57
			高（密）	2305.17	327076.5	2305.17	327076.5	163.88	17336.3	2098.68	301260.7	35.40	6820.4	7.21	1659.1							
		护岸林	合计	9658.26	1117665.3	9612.84	1117507.8	2392.36	244588.5	6871.32	821595.6	321.29	47068.8	27.87	4254.9			5.34	157.5	40.08		40.08
			低（疏）	30.54	1185.3	28.06	1185.3	23.37	814.4	4.19	309.8	0.50	61.1							2.48		2.48
			中	5833.08	643591.3	5830.84	643591.3	1084.74	94762.5	4472.39	508490.6	272.84	40273.4	0.87	64.8					2.24		2.24
			高（密）	3789.30	472731.2	3753.94	472731.2	1284.25	149011.6	2394.74	312795.2	47.95	6734.3	27.00	4190.1					35.36		35.36
		护路林	合计	48.11	4189.4	48.11	4189.4	48.00	4182.2	0.11	7.2											
			低（疏）	0.51	7.4	0.51	7.4	0.51	7.4													
			中	39.70	3098.1	39.70	3098.1	39.59	3090.9	0.11	7.2											
			高（密）	7.90	1083.9	7.90	1083.9	7.90	1083.9													
	特用林	合计	合计	6932.02	822102.9	6921.71	822102.9	733.07	63653.8	6160.29	753292.5	24.18	4516.0	4.17	640.6					10.31		10.31
			低（疏）	50.41	2850.1	50.41	2850.1	4.42	123.8	45.99	2726.3											
			中	5269.38	612169.9	5264.79	612169.9	572.24	49219.2	4673.91	559315.6	18.64	3635.1							4.59		4.59
			高（密）	1612.23	207082.9	1606.51	207082.9	156.41	14310.8	1440.39	191250.6	5.54	880.9	4.17	640.6					5.72		5.72
		国防林	合计	2215.25	246998.0	2215.15	246998.0	181.75	15822.9	2033.40	231175.1									0.10		0.10
			低（疏）	11.55	694.3	11.55	694.3	0.79	21.0	10.76	673.3											
			中	1634.52	178374.2	1634.42	178374.2	94.09	7687.4	1540.33	170686.8									0.10		0.10
			高（密）	569.18	67929.5	569.18	67929.5	86.87	8114.5	482.31	59815.0											

表 3　黑龙江重点国有林区有林地、疏林地、灌木林地按林种和龄组面积、蓄积统计表（续 39）

单位：公顷、立方米

统计单位	林种	亚林种	郁闭度（覆盖度）等级	合计		乔木林地												疏林地		灌木林地		
						小计		幼龄林		中龄林		近熟林		成熟林		过熟林				小计	特殊灌木林地	一般灌木林地
				面积	蓄积	面积	蓄积	面积	蓄积	面积	蓄积	面积	蓄积	面积	蓄积	面积	蓄积	面积	蓄积	面积	面积	面积
西林区林业局	特用林	自然保护区林	合计	4716.77	575104.9	4706.56	575104.9	551.32	47830.9	4126.89	522117.4	24.18	4516.0	4.17	640.6					10.21		10.21
			低（疏）	38.86	2155.8	38.86	2155.8	3.63	102.8	35.23	2053.0											
			中	3634.86	433795.7	3630.37	433795.7	478.15	41531.8	3133.58	388628.8	18.64	3635.1							4.49		4.49
			高（密）	1043.05	139153.4	1037.33	139153.4	69.54	6196.3	958.08	131435.6	5.54	880.9	4.17	640.6					5.72		5.72
	用材林	合计	合计	64.21	2317.9	44.06	2317.9	35.95	1592.7	8.11	725.2									20.15		20.15
			低（疏）	7.18	55.8	7.18	55.8	7.18	55.8													
			中	40.69	1537.0	27.46	1537.0	19.98	920.9	7.48	616.1									13.23		13.23
			高（密）	16.34	725.1	9.42	725.1	8.79	616.0	0.63	109.1									6.92		6.92
		一般用材林	合计	64.21	2317.9	44.06	2317.9	35.95	1592.7	8.11	725.2									20.15		20.15
			低（疏）	7.18	55.8	7.18	55.8	7.18	55.8													
			中	40.69	1537.0	27.46	1537.0	19.98	920.9	7.48	616.1									13.23		13.23
			高（密）	16.34	725.1	9.42	725.1	8.79	616.0	0.63	109.1									6.92		6.92
大海林林业局	合计	合计	合计	255553.33	29830189.6	255306.26	29827202.1	42640.83	4077442.0	161611.97	18932889.6	44154.23	5813674.6	6668.34	940506.0	230.89	62689.9	86.87	2987.5	160.20		160.20
			低（疏）	2155.36	175492.8	2141.11	175492.8	530.47	36561.0	1074.83	87054.6	474.98	46134.9	60.83	5742.3					14.25		14.25
			中	192668.89	21785859.9	192545.39	21785859.9	31058.86	2918605.0	117601.14	13133981.4	37495.16	4810757.8	6159.34	859825.8	230.89	62689.9			123.50		123.50
			高（密）	60642.21	7865849.4	60619.76	7865849.4	11051.50	1122276.0	42936.00	5711853.6	6184.09	956781.9	448.17	74937.9					22.45		22.45
	防护林	合计	合计	52395.37	6069520.2	52389.99	6069520.2	11793.03	1128933.8	30293.44	3600287.6	9373.83	1218898.5	840.36	108062.9	89.33	13337.4			5.38		5.38
			低（疏）	472.46	38462.2	472.46	38462.2	112.97	6731.1	99.36	5797.1	260.13	25934.0									
			中	42733.04	4819886.3	42727.66	4819886.3	9648.34	910216.8	24395.75	2799590.1	7816.58	996341.1	777.66	100400.9	89.33	13337.4			5.38		5.38
			高（密）	9189.87	1211171.7	9189.87	1211171.7	2031.72	211985.9	5798.33	794900.4	1297.12	196623.4	62.70	7662.0							

表3 黑龙江重点国有林区有林地、疏林地、灌木林地按林种和龄组面积、蓄积统计表（续40）

单位：公顷、立方米

统计单位	林种	亚林种	郁闭度（覆盖度）等级	合计		乔木林地												疏林地		灌木林地		
						小计		幼龄林		中龄林		近熟林		成熟林		过熟林				小计	特殊灌木林地	一般灌木林地
				面积	蓄积	面积	蓄积	面积	蓄积	面积	蓄积	面积	蓄积	面积	蓄积	面积	蓄积	面积	蓄积	面积	面积	面积
大海林林业局	防护林	水源涵养林	合计	1288.26	160651.5	1288.26	160651.5	18.74	1915.7	169.86	24037.5	1099.66	134698.3									
			低（疏）	44.04	5748.0	44.04	5748.0					44.04	5748.0									
			中	1161.09	142210.4	1161.09	142210.4	14.23	1347.4	169.86	24037.5	977.00	116825.5									
			高（密）	83.13	12693.1	83.13	12693.1	4.51	568.3			78.62	12124.8									
		水土保持林	合计	50912.92	5887092.2	50911.78	5887092.2	11677.59	1117232.4	30088.53	3572144.4	8215.97	1076315.1	840.36	108062.9	89.33	13337.4			1.14		1.14
			低（疏）	428.42	32714.2	428.42	32714.2	112.97	6731.1	99.36	5797.1	216.09	20186.0									
			中	41473.99	4669495.7	41472.85	4669495.7	9568.54	904108.8	24225.75	2775535.9	6811.57	876112.7	777.66	100400.9	89.33	13337.4			1.14		1.14
			高（密）	9010.51	1184882.3	9010.51	1184882.3	1996.08	206392.5	5763.42	790811.4	1188.31	180016.4	62.70	7662.0							
		护岸林	合计	153.54	16535.4	149.30	16535.4	86.38	9043.5	34.91	4089.0	28.01	3402.9							4.24		4.24
			中	87.50	7421.3	83.26	7421.3	55.25	4018.4			28.01	3402.9							4.24		4.24
			高（密）	66.04	9114.1	66.04	9114.1	31.13	5025.1	34.91	4089.0											
		护路林	合计	0.14	16.7	0.14	16.7			0.14	16.7											
			中	0.14	16.7	0.14	16.7			0.14	16.7											
		防火林	合计	40.51	5224.4	40.51	5224.4	10.32	742.2			30.19	4482.2									
			中	10.32	742.2	10.32	742.2	10.32	742.2													
			高（密）	30.19	4482.2	30.19	4482.2					30.19	4482.2									
	特用林	合计	合计	187955.74	22060286.0	187714.05	22057298.5	22852.10	2155414.9	124711.60	14504009.0	34265.20	4527642.8	5743.59	820879.3	141.56	49352.5	86.87	2987.5	154.82		154.82
			低（疏）	1591.12	129533.3	1576.87	129533.3	368.81	26261.6	932.38	77328.5	214.85	20200.9	60.83	5742.3					14.25		14.25
			中	137730.01	15641417.8	137611.89	15641417.8	14858.47	1373844.9	88125.67	9718823.8	29188.90	3751535.5	5297.29	747861.1	141.56	49352.5			118.12		118.12
			高（密）	48547.74	6286347.4	48525.29	6286347.4	7624.82	755308.4	35653.55	4707856.7	4861.45	755906.4	385.47	67275.9					22.45		22.45

表 3　黑龙江重点国有林区有林地、疏林地、灌木林地按林种和龄组面积、蓄积统计表（续 41）

单位：公顷、立方米

统计单位	林种	亚林种	郁闭度（覆盖度）等级	合计		乔木林地														疏林地		灌木林地		
						小计		幼龄林		中龄林		近熟林		成熟林		过熟林						小计	特殊灌木林地	一般灌木林地
				面积	蓄积	面积	蓄积	面积	蓄积	面积	蓄积	面积	蓄积	面积	蓄积	面积	蓄积			面积	蓄积	面积	面积	面积
大海林林业局	特用林	种质资源林（母树林）	合计	240.04	30057.1	240.04	30057.1	51.03	5982.2	184.41	23202.1			4.60	872.8									
			中	49.38	4803.1	49.38	4803.1	15.94	1016.2	28.84	2914.1			4.60	872.8									
			高（密）	190.66	25254.0	190.66	25254.0	35.09	4966.0	155.57	20288.0													
		环境保护林	合计	0.15	15.5	0.15	15.5	0.15	15.5															
			中	0.15	15.5	0.15	15.5	0.15	15.5															
		风景林	合计	170059.85	19924173.4	169818.16	19921185.9	18411.78	1734052.7	114247.05	13271663.5	32338.64	4250642.9	4782.30	658587.0	38.39	6239.8			86.87	2987.5	154.82		154.82
			低（疏）	1554.02	126618.5	1539.77	126618.5	341.60	23772.9	924.72	77034.7	212.62	20068.6	60.83	5742.3							14.25		14.25
			中	124796.11	14113553.0	124677.99	14113553.0	11851.64	1099763.4	80685.28	8861518.0	27502.42	3512348.3	4600.26	633683.5	38.39	6239.8					118.12		118.12
			高（密）	43622.85	5681014.4	43600.40	5681014.4	6218.54	610516.4	32637.05	4333110.8	4623.60	718226.0	121.21	19161.2							22.45		22.45
		自然保护区林	合计	17655.70	2106040.0	17655.70	2106040.0	4389.14	415364.5	10280.14	1209143.4	1926.56	276999.9	956.69	161419.5	103.17	43112.7							
			低（疏）	37.10	2914.8	37.10	2914.8	27.21	2488.7	7.66	293.8	2.23	132.3											
			中	12884.37	1523046.2	12884.37	1523046.2	2990.74	273049.8	7411.55	854391.7	1686.48	239187.2	692.43	113304.8	103.17	43112.7							
			高（密）	4734.23	580079.0	4734.23	580079.0	1371.19	139826.0	2860.93	354457.9	237.85	37680.4	264.26	48114.7									
	用材林	合计	合计	15202.22	1700383.4	15202.22	1700383.4	7995.70	793093.3	6606.93	828593.0	515.20	67133.3	84.39	11563.8									
			低（疏）	91.78	7497.3	91.78	7497.3	48.69	3568.3	43.09	3929.0													
			中	12205.84	1324555.8	12205.84	1324555.8	6552.05	634543.3	5079.72	615567.5	489.68	62881.2	84.39	11563.8									
			高（密）	2904.60	368330.3	2904.60	368330.3	1394.96	154981.7	1484.12	209096.5	25.52	4252.1											
		一般用材林	合计	15202.22	1700383.4	15202.22	1700383.4	7995.70	793093.3	6606.93	828593.0	515.20	67133.3	84.39	11563.8									
			低（疏）	91.78	7497.3	91.78	7497.3	48.69	3568.3	43.09	3929.0													
			中	12205.84	1324555.8	12205.84	1324555.8	6552.05	634543.3	5079.72	615567.5	489.68	62881.2	84.39	11563.8									
			高（密）	2904.60	368330.3	2904.60	368330.3	1394.96	154981.7	1484.12	209096.5	25.52	4252.1											

表3 黑龙江重点国有林区有林地、疏林地、灌木林地按林种和龄组面积、蓄积统计表（续42）

单位：公顷、立方米

统计单位	林种	亚林种	郁闭度（覆盖度）等级	合计		乔木林地												疏林地		灌木林地		
						小计		幼龄林		中龄林		近熟林		成熟林		过熟林				小计	特殊灌木林地	一般灌木林地
				面积	蓄积	面积	蓄积	面积	蓄积	面积	蓄积	面积	蓄积	面积	蓄积	面积	蓄积	面积	蓄积	面积	面积	面积
柴河林业局	合计	合计	合计	315087.39	39460443.2	315042.62	39459056.0	60825.55	6019927.7	131109.97	16579052.6	96363.77	13107319.5	26235.25	3683687.6	508.08	69068.6	44.77	1387.2			
			低（疏）	1047.36	40047.2	1047.36	40047.2	468.84	5856.1	224.93	10883.2	207.23	15204.9	146.36	8103.0							
			中	207872.37	25453895.8	207872.37	25453895.8	26971.94	2664128.6	90144.39	10899902.2	69402.33	8986977.1	20963.11	2849008.7	390.60	53879.2					
			高（密）	106122.89	13965113.0	106122.89	13965113.0	33384.77	3349943.0	40740.65	5668267.2	26754.21	4105137.5	5125.78	826575.9	117.48	15189.4					
	防护林	合计	合计	213807.64	26549073.7	213763.47	26547701.9	48266.69	4618627.2	83193.71	10556579.2	64464.65	8865040.2	17431.96	2451124.3	406.46	56331.0	44.17	1371.8			
			低（疏）	870.56	35041.3	870.56	35041.3	336.90	4861.7	218.67	10471.4	168.63	11605.2	146.36	8103.0							
			中	127963.20	15522124.5	127963.20	15522124.5	19154.89	1807508.0	52780.26	6351758.3	42282.65	5496772.4	13456.42	1824944.2	288.98	41141.6					
			高（密）	84929.71	10990536.1	84929.71	10990536.1	28774.90	2806257.5	30194.78	4194349.5	22013.37	3356662.6	3829.18	618077.1	117.48	15189.4					
		水源涵养林	合计	90719.38	10666296.2	90716.55	10666228.2	32824.24	2980722.3	28833.40	3644027.3	23622.59	3244330.9	5393.41	790244.2	42.91	6903.5	2.83	68.0			
			低（疏）	126.00	2974.9	126.00	2974.9	106.15	1350.6	13.53	1115.3	6.32	509.0									
			中	41721.67	4817759.1	41721.67	4817759.1	10933.10	966432.1	16138.61	1937941.2	11300.12	1448265.2	3306.93	458217.1	42.91	6903.5					
			高（密）	48868.88	5845494.2	48868.88	5845494.2	21784.99	2012939.6	12681.26	1704970.8	12316.15	1795556.7	2086.48	332027.1							
		水土保持林	合计	116636.29	15029108.1	116594.95	15027804.3	12163.88	1326834.8	52572.31	6618087.4	39520.12	5380620.5	11975.09	1652834.1	363.55	49427.5	41.34	1303.8			
			低（疏）	744.33	32066.4	744.33	32066.4	230.52	3511.1	205.14	9356.1	162.31	11096.2	146.36	8103.0							
			中	83393.85	10368348.6	83393.85	10368348.6	6955.64	724622.1	35668.06	4279293.9	30436.29	3971061.8	10087.79	1359132.7	246.07	34238.1					
			高（密）	32456.77	4627389.3	32456.77	4627389.3	4977.72	598701.6	16699.11	2329437.4	8921.52	1398462.5	1740.94	285598.4	117.48	15189.4					
		护岸林	合计	6451.97	853669.4	6451.97	853669.4	3278.57	311070.1	1788.00	294464.5	1321.94	240088.8	63.46	8046.0							
			低（疏）	0.23		0.23		0.23														
			中	2847.68	336016.8	2847.68	336016.8	1266.15	116453.8	973.59	134523.2	546.24	77445.4	61.70	7594.4							
			高（密）	3604.06	517652.6	3604.06	517652.6	2012.19	194616.3	814.41	159941.3	775.70	162643.4	1.76	451.6							

表 3　黑龙江重点国有林区有林地、疏林地、灌木林地按林种和龄组面积、蓄积统计表（续 43）

单位：公顷、立方米

统计单位	林种	亚林种	郁闭度（覆盖度）等级	合计		乔木林地												疏林地		灌木林地		
						小计		幼龄林		中龄林		近熟林		成熟林		过熟林				小计	特殊灌木林地	一般灌木林地
				面积	蓄积	面积	蓄积	面积	蓄积	面积	蓄积	面积	蓄积	面积	蓄积	面积	蓄积	面积	蓄积	面积	面积	面积
柴河林业局	特用林	合计	合计	10644.43	1462535.9	10644.43	1462535.9	1200.38	126201.0	4538.75	585887.8	3365.57	498496.9	1537.18	251662.9	2.55	287.3					
			低（疏）	0.39		0.39		0.39														
			中	6164.95	822035.8	6164.95	822035.8	397.60	42691.6	2539.95	309669.3	2118.38	288373.6	1106.47	181014.0	2.55	287.3					
			高（密）	4479.09	640500.1	4479.09	640500.1	802.39	83509.4	1998.80	276218.5	1247.19	210123.3	430.71	70648.9							
		名胜古迹和革命纪念林	合计	139.10	23364.7	139.10	23364.7					139.10	23364.7									
			中	40.49	4907.0	40.49	4907.0					40.49	4907.0									
			高（密）	98.61	18457.7	98.61	18457.7					98.61	18457.7									
		自然保护区林	合计	10505.33	1439171.2	10505.33	1439171.2	1200.38	126201.0	4538.75	585887.8	3226.47	475132.2	1537.18	251662.9	2.55	287.3					
			低（疏）	0.39		0.39		0.39														
			中	6124.46	817128.8	6124.46	817128.8	397.60	42691.6	2539.95	309669.3	2077.89	283466.6	1106.47	181014.0	2.55	287.3					
			高（密）	4380.48	622042.4	4380.48	622042.4	802.39	83509.4	1998.80	276218.5	1148.58	191665.6	430.71	70648.9							
	用材林	合计	合计	90635.32	11448833.6	90634.72	11448818.2	11358.48	1275099.5	43377.51	5436585.6	28533.55	3743782.4	7266.11	980900.4	99.07	12450.3	0.60	15.4			
			低（疏）	176.41	5005.9	176.41	5005.9	131.55	994.4	6.26	411.8	38.60	3599.7									
			中	73744.22	9109735.5	73744.22	9109735.5	7419.45	813929.0	34824.18	4238474.6	25001.30	3201831.1	6400.22	843050.5	99.07	12450.3					
			高（密）	16714.09	2334076.8	16714.09	2334076.8	3807.48	460176.1	8547.07	1197699.2	3493.65	538351.6	865.89	137849.9							
		一般用材林	合计	90635.32	11448833.6	90634.72	11448818.2	11358.48	1275099.5	43377.51	5436585.6	28533.55	3743782.4	7266.11	980900.4	99.07	12450.3	0.60	15.4			
			低（疏）	176.41	5005.9	176.41	5005.9	131.55	994.4	6.26	411.8	38.60	3599.7									
			中	73744.22	9109735.5	73744.22	9109735.5	7419.45	813929.0	34824.18	4238474.6	25001.30	3201831.1	6400.22	843050.5	99.07	12450.3					
			高（密）	16714.09	2334076.8	16714.09	2334076.8	3807.48	460176.1	8547.07	1197699.2	3493.65	538351.6	865.89	137849.9							

表3 黑龙江重点国有林区有林地、疏林地、灌木林地按林种和龄组面积、蓄积统计表（续44）

单位：公顷、立方米

统计单位	林种	亚林种	郁闭度（覆盖度）等级	合计		乔木林地												疏林地		灌木林地		
						小计		幼龄林		中龄林		近熟林		成熟林		过熟林				小计	特殊灌木林地	一般灌木林地
				面积	蓄积	面积	蓄积	面积	蓄积	面积	蓄积	面积	蓄积	面积	蓄积	面积	蓄积	面积	蓄积	面积	面积	面积
东京城林业局	合计	合计	合计	369110.98	52733192.5	369093.41	52733192.5	37829.47	3277310.0	210025.45	30509199.8	105491.34	16388722.1	15371.21	2488090.4	375.94	69870.2			17.57		17.57
			低（疏）	2073.21	92654.8	2055.64	92654.8	1249.40	30347.2	409.84	24158.8	162.42	12946.5	233.98	25202.3					17.57		17.57
			中	179433.24	23017796.1	179433.24	23017796.1	15032.94	1131658.1	101322.78	13086568.8	54637.68	7574245.3	8280.65	1198360.3	159.19	26963.6					
			高（密）	187604.53	29622741.6	187604.53	29622741.6	21547.13	2115304.7	108292.83	17398472.2	50691.24	8801530.3	6856.58	1264527.8	216.75	42906.6					
	防护林	合计	合计	218078.49	30471880.3	218060.92	30471880.3	26880.67	2386516.7	119967.66	17146429.9	59925.57	9129843.7	11102.25	1774047.1	184.77	35042.9			17.57		17.57
			低（疏）	1426.61	69495.8	1409.04	69495.8	791.98	20735.3	271.34	14130.3	140.54	11891.2	205.18	22739.0					17.57		17.57
			中	102410.31	12784205.7	102410.31	12784205.7	10754.15	818768.7	54951.36	6912617.9	30571.54	4167230.6	6037.83	868008.4	95.43	17580.1					
			高（密）	114241.57	17618178.8	114241.57	17618178.8	15334.54	1547012.7	64744.96	10219681.7	29213.49	4950721.9	4859.24	883299.7	89.34	17462.8					
		水源涵养林	合计	60538.32	8018232.8	60520.75	8018232.8	8737.54	672238.8	26359.63	3551085.7	19799.07	2910004.0	5446.77	851174.6	177.74	33729.7			17.57		17.57
			低（疏）	533.05	28169.6	515.48	28169.6	235.61	4245.3	132.05	6607.0	6.63	664.5	141.19	16652.8					17.57		17.57
			中	29901.15	3582558.8	29901.15	3582558.8	3950.46	275310.4	12226.90	1440980.7	10467.86	1396269.4	3167.53	453731.4	88.40	16266.9					
			高（密）	30104.12	4407504.4	30104.12	4407504.4	4551.47	392683.1	14000.68	2103498.0	9324.58	1513070.1	2138.05	380790.4	89.34	17462.8					
		水土保持林	合计	156073.55	22234880.2	156073.55	22234880.2	17514.41	1644317.5	93033.89	13489217.9	39990.29	6198246.4	5527.93	901785.2	7.03	1313.2					
			低（疏）	889.07	41264.6	889.07	41264.6	553.31	16458.4	137.86	7493.3	133.91	11226.7	63.99	6086.2							
			中	71703.90	9084635.3	71703.90	9084635.3	6413.84	500634.3	42385.23	5410326.7	20067.53	2763727.7	2830.27	408633.4	7.03	1313.2					
			高（密）	83480.58	13108980.3	83480.58	13108980.3	10547.26	1127224.8	50510.80	8071397.9	19788.85	3423292.0	2633.67	487065.6							
		护岸林	合计	1466.62	218767.3	1466.62	218767.3	628.72	69960.4	574.14	106126.3	136.21	21593.3	127.55	21087.3							
			低（疏）	4.49	61.6	4.49	61.6	3.06	31.6	1.43	30.0											
			中	805.26	117011.6	805.26	117011.6	389.85	42824.0	339.23	61310.5	36.15	7233.5	40.03	5643.6							
			高（密）	656.87	101694.1	656.87	101694.1	235.81	27104.8	233.48	44785.8	100.06	14359.8	87.52	15443.7							

表 3 黑龙江重点国有林区有林地、疏林地、灌木林地按林种和龄组面积、蓄积统计表（续 45）

单位：公顷、立方米

统计单位	林种	亚林种	郁闭度（覆盖度）等级	合计		乔木林地												疏林地		灌木林地		
						小计		幼龄林		中龄林		近熟林		成熟林		过熟林				小计	特殊灌木林地	一般灌木林地
				面积	蓄积	面积	蓄积	面积	蓄积	面积	蓄积	面积	蓄积	面积	蓄积	面积	蓄积	面积	蓄积	面积	面积	面积
东京城林业局	特用林	合计	合计	31275.98	4058033.1	31275.98	4058033.1	5150.49	348433.3	17476.30	2380071.5	7291.05	1107271.9	1259.85	204411.7	98.29	17844.7					
			低（疏）	287.18	8353.6	287.18	8353.6	216.68	4841.7	44.96	1674.5	14.08	496.4	11.46	1341.0							
			中	16790.66	2046627.6	16790.66	2046627.6	2197.12	133951.5	9557.93	1199858.7	4211.70	588301.3	767.44	116142.7	56.47	8373.4					
			高（密）	14198.14	2003051.9	14198.14	2003051.9	2736.69	209640.1	7873.41	1178538.3	3065.27	518474.2	480.95	86928.0	41.82	9471.3					
		种质资源（母树林）林	合计	311.95	53750.6	311.95	53750.6	2.03	11.7	121.45	16495.8	96.10	16079.7	92.37	21163.4							
			中	182.87	30308.7	182.87	30308.7	2.03	11.7	54.20	8886.4	71.36	10332.5	55.28	11078.1							
			高（密）	129.08	23441.9	129.08	23441.9			67.25	7609.4	24.74	5747.2	37.09	10085.3							
		风景林	合计	11045.97	1431437.2	11045.97	1431437.2	1736.24	116746.5	6053.70	851279.1	2813.52	398328.3	440.86	64734.3	1.65	349.0					
			低（疏）	60.89	2593.1	60.89	2593.1	33.48	614.8	16.55	627.7	0.59	42.8	10.27	1307.8							
			中	5280.45	613213.3	5280.45	613213.3	786.72	49851.6	3038.58	381650.9	1241.83	152565.0	213.09	29109.4	0.23	36.4					
			高（密）	5704.63	815630.8	5704.63	815630.8	916.04	66280.1	2998.57	469000.5	1571.10	245720.5	217.50	34317.1	1.42	312.6					
		自然保护区林	合计	19918.06	2572845.3	19918.06	2572845.3	3412.22	231675.1	11301.15	1512296.6	4381.43	692863.9	726.62	118514.0	96.64	17495.7					
			低（疏）	226.29	5760.5	226.29	5760.5	183.20	4226.9	28.41	1046.8	13.49	453.6	1.19	33.2							
			中	11327.34	1403105.6	11327.34	1403105.6	1408.37	84088.2	6465.15	809321.4	2898.51	425403.8	499.07	75955.2	56.24	8337.0					
			高（密）	8364.43	1163979.2	8364.43	1163979.2	1820.65	143360.0	4807.59	701928.4	1469.43	267006.5	226.36	42525.6	40.40	9158.7					
	用材林	合计	合计	119756.51	18203279.1	119756.51	18203279.1	5798.31	542360.0	72581.49	10982698.4	38274.72	6151606.5	3009.11	509631.6	92.88	16982.6					
			低（疏）	359.42	14805.4	359.42	14805.4	240.74	4770.2	93.54	8354.0	7.80	558.9	17.34	1122.3							
			中	60232.27	8186962.8	60232.27	8186962.8	2081.67	178937.9	36813.49	4974092.2	19854.44	2818713.4	1475.38	214209.2	7.29	1010.1					
			高（密）	59164.82	10001510.9	59164.82	10001510.9	3475.90	358651.9	35674.46	6000252.2	18412.48	3332334.2	1516.39	294300.1	85.59	15972.5					

表 3 黑龙江重点国有林区有林地、疏林地、灌木林地按林种和龄组面积、蓄积统计表（续 46）

单位：公顷、立方米

统计单位	林种	亚林种	郁闭度（覆盖度）等级	合计		乔木林地												疏林地		灌木林地		
						小计		幼龄林		中龄林		近熟林		成熟林		过熟林				小计	特殊灌木林地	一般灌木林地
				面积	蓄积	面积	蓄积	面积	蓄积	面积	蓄积	面积	蓄积	面积	蓄积	面积	蓄积	面积	蓄积	面积	面积	面积
东京城林业局	用材林	一般用材林	合计	119756.51	18203279.1	119756.51	18203279.1	5798.31	542360.0	72581.49	10982698.4	38274.72	6151606.5	3009.11	509631.6	92.88	16982.6					
			低（疏）	359.42	14805.4	359.42	14805.4	240.74	4770.2	93.54	8354.0	7.80	558.9	17.34	1122.3							
			中	60232.27	8186962.8	60232.27	8186962.8	2081.67	178937.9	36813.49	4974092.2	19854.44	2818713.4	1475.38	214209.2	7.29	1010.1					
			高（密）	59164.82	10001510.9	59164.82	10001510.9	3475.90	358651.9	35674.46	6000252.2	18412.48	3332334.2	1516.39	294300.1	85.59	15972.5					
穆棱林业局	合计	合计	合计	240257.44	35112173.7	240253.78	35112136.3	16679.38	1414717.0	156075.60	22576455.9	58211.37	9554753.6	9231.20	1557006.2	56.23	9203.6	1.63	37.4	2.03		2.03
			低（疏）	967.88	35940.0	967.11	35940.0	514.90	2651.4	223.89	13017.2	119.95	13394.7	108.37	6876.7					0.77		0.77
			中	89615.70	11594631.3	89615.38	11594631.3	5275.97	334185.0	56545.03	7159635.6	23281.78	3415690.4	4506.73	683489.0	5.87	1631.3			0.32		0.32
			高（密）	149672.23	23481565.0	149671.29	23481565.0	10888.51	1077880.6	99306.68	15403803.1	34809.64	6125668.5	4616.10	866640.5	50.36	7572.3			0.94		0.94
	防护林	合计	合计	128742.98	18362788.1	128741.27	18362788.1	10946.89	903514.4	77624.27	10892613.0	34763.62	5653204.3	5367.67	907077.3	38.82	6379.1			1.71		1.71
			低（疏）	561.17	18004.8	560.40	18004.8	298.99	2077.0	136.54	7127.6	55.28	4411.7	69.59	4388.5					0.77		0.77
			中	50499.74	6365831.3	50499.74	6365831.3	3538.43	239007.0	29319.92	3587052.9	14960.84	2138976.1	2679.38	400567.1	1.17	228.2					
			高（密）	77682.07	11978952.0	77681.13	11978952.0	7109.47	662430.4	48167.81	7298432.5	19747.50	3509816.5	2618.70	502121.7	37.65	6150.9			0.94		0.94
		水源涵养林	合计	27335.55	3752493.8	27335.55	3752493.8	2306.91	203513.3	13816.59	1842571.4	10516.58	1582180.8	694.30	124000.1	1.17	228.2					
			低（疏）	8.84	393.6	8.84	393.6	3.90	3.7	4.94	389.9											
			中	11822.72	1507614.9	11822.72	1507614.9	1006.18	76284.1	5043.46	614590.5	5352.49	749856.2	419.42	66655.9	1.17	228.2					
			高（密）	15503.99	2244485.3	15503.99	2244485.3	1296.83	127225.5	8768.19	1227591.0	5164.09	832324.6	274.88	57344.2							
		水土保持林	合计	82822.40	12186610.8	82820.69	12186610.8	5901.91	490289.3	52962.85	7602535.7	20391.32	3484255.5	3526.96	603379.4	37.65	6150.9			1.71		1.71
			低（疏）	474.95	14967.7	474.18	14967.7	245.34	1488.0	125.36	6412.2	36.99	3089.7	66.49	3977.8					0.77		0.77
			中	29986.92	3804085.4	29986.92	3804085.4	1627.37	99104.3	19636.04	2419090.6	7221.05	1063543.6	1502.46	222346.9							
			高（密）	52360.53	8367557.7	52359.59	8367557.7	4029.20	389697.0	33201.45	5177032.9	13133.28	2417622.2	1958.01	377054.7	37.65	6150.9			0.94		0.94

表 3 黑龙江重点国有林区有林地、疏林地、灌木林地按林种和龄组面积、蓄积统计表（续 47）

单位：公顷、立方米

统计单位	林种	亚林种	郁闭度（覆盖度）等级	合计		乔木林地												疏林地		灌木林地		
						小计		幼龄林		中龄林		近熟林		成熟林		过熟林				小计	特殊灌木林地	一般灌木林地
				面积	蓄积	面积	蓄积	面积	蓄积	面积	蓄积	面积	蓄积	面积	蓄积	面积	蓄积	面积	蓄积	面积	面积	面积
穆棱林业局	防护林	护岸林	合计	18504.33	2414619.6	18504.33	2414619.6	2720.08	208345.0	10810.93	1443818.3	3826.91	582758.5	1146.41	179697.8							
			低（疏）	74.11	2643.5	74.11	2643.5	46.48	585.3	6.24	325.5	18.29	1322.0	3.10	410.7							
			中	8616.19	1045538.3	8616.19	1045538.3	893.68	62723.0	4606.52	549684.2	2358.49	321566.8	757.50	111564.3							
			高（密）	9814.03	1366437.8	9814.03	1366437.8	1779.92	145036.7	6198.17	893808.6	1450.13	259869.7	385.81	67722.8							
		其他防护林	合计	80.70	9063.9	80.70	9063.9	17.99	1366.8	33.90	3687.6	28.81	4009.5									
			低（疏）	3.27		3.27		3.27														
			中	73.91	8592.7	73.91	8592.7	11.20	895.6	33.90	3687.6	28.81	4009.5									
			高（密）	3.52	471.2	3.52	471.2	3.52	471.2													
		合计	合计	42984.63	6761438.2	42984.31	6761438.2	2794.91	295669.9	32903.84	5089278.5	6026.44	1129489.3	1255.62	245941.3	3.50	1059.2			0.32		0.32
			低（疏）	90.13	4345.5	90.13	4345.5	40.76	395.1	47.23	3807.0			2.14	143.4							
			中	13996.92	1883855.5	13996.60	1883855.5	879.45	58473.5	10510.55	1395799.7	1930.76	308666.8	672.34	119856.3	3.50	1059.2			0.32		0.32
			高（密）	28897.58	4873237.2	28897.58	4873237.2	1874.70	236801.3	22346.06	3689671.8	4095.68	820822.5	581.14	125941.6							
	特用林	种质资源林（母树林）	合计	368.78	71477.0	368.78	71477.0	4.80	242.0	59.37	10272.6	69.76	14971.8	234.85	45990.6							
			中	180.84	30286.5	180.84	30286.5	4.80	242.0	29.43	4036.6			146.61	26007.9							
			高（密）	187.94	41190.5	187.94	41190.5			29.94	6236.0	69.76	14971.8	88.24	19982.7							
		环境保护林	合计	387.41	71103.5	387.41	71103.5	6.59		253.89	44664.1	121.10	24846.1	5.83	1593.3							
			低（疏）	10.90	657.8	10.90	657.8			10.90	657.8											
			中	62.89	7557.8	62.89	7557.8			37.34	4289.7	25.55	3268.1									
			高（密）	313.62	62887.9	313.62	62887.9	6.59		205.65	39716.6	95.55	21578.0	5.83	1593.3							

表 3 黑龙江重点国有林区有林地、疏林地、灌木林地按林种和龄组面积、蓄积统计表（续 48）

单位：公顷、立方米

统计单位	林种	亚林种	郁闭度（覆盖度）等级	合计		乔木林地														疏林地		灌木林地		
						小计		幼龄林		中龄林		近熟林		成熟林		过熟林						小计	特殊灌木林地	一般灌木林地
				面积	蓄积	面积	蓄积	面积	蓄积	面积	蓄积	面积	蓄积	面积	蓄积	面积	蓄积			面积	蓄积	面积	面积	面积
穆棱林业局	特用林	风景林	合计	28263.23	4456776.6	28262.91	4456776.6	602.49	66302.5	25331.01	3940679.6	1810.05	348754.1	519.36	101040.4							0.32		0.32
			低（疏）	38.96	811.8	38.96	811.8	24.23	56.1	12.59	612.3			2.14	143.4									
			中	8816.17	1186392.7	8815.85	1186392.7	242.13	19443.3	7952.08	1057828.9	352.21	64105.8	269.43	45014.7							0.32		0.32
			高（密）	19408.10	3269572.1	19408.10	3269572.1	336.13	46803.1	17366.34	2882238.4	1457.84	284648.3	247.79	55882.3									
		自然保护区林	合计	13965.21	2162081.1	13965.21	2162081.1	2181.03	229125.4	7259.57	1093662.2	4025.53	740917.3	495.58	97317.0	3.50	1059.2							
			低（疏）	40.27	2875.9	40.27	2875.9	16.53	339.0	23.74	2536.9													
			中	4937.02	659618.5	4937.02	659618.5	632.52	38788.2	2491.70	329644.5	1553.00	241292.9	256.30	48833.7	3.50	1059.2							
			高（密）	8987.92	1499586.7	8987.92	1499586.7	1531.98	189998.2	4744.13	761480.8	2472.53	499624.4	239.28	48483.3									
	用材林	合计	合计	68529.83	9987947.4	68528.20	9987910.0	2937.58	215532.7	45547.49	6594564.4	17421.31	2772060.0	2607.91	403987.6	13.91	1765.3			1.63	37.4			
			低（疏）	316.58	13589.7	316.58	13589.7	175.15	179.3	40.12	2082.6	64.67	8983.0	36.64	2344.8									
			中	25119.04	3344944.5	25119.04	3344944.5	858.09	36704.5	16714.56	2176783.0	6390.18	968047.5	1155.01	163065.6	1.20	343.9							
			高（密）	43092.58	6629375.8	43092.58	6629375.8	1904.34	178648.9	28792.81	4415698.8	10966.46	1795029.5	1416.26	238577.2	12.71	1421.4							
		一般用材林	合计	68529.83	9987947.4	68528.20	9987910.0	2937.58	215532.7	45547.49	6594564.4	17421.31	2772060.0	2607.91	403987.6	13.91	1765.3			1.63	37.4			
			低（疏）	316.58	13589.7	316.58	13589.7	175.15	179.3	40.12	2082.6	64.67	8983.0	36.64	2344.8									
			中	25119.04	3344944.5	25119.04	3344944.5	858.09	36704.5	16714.56	2176783.0	6390.18	968047.5	1155.01	163065.6	1.20	343.9							
			高（密）	43092.58	6629375.8	43092.58	6629375.8	1904.34	178648.9	28792.81	4415698.8	10966.46	1795029.5	1416.26	238577.2	12.71	1421.4							
绥阳林业局	合计	合计	合计	473293.37	55625363.3	473281.14	55625069.3	61370.21	4875675.8	303865.90	36520194.0	96549.61	12734560.2	11130.13	1449166.4	365.29	45472.9			5.46	294.0	6.77		6.77
			低（疏）	2378.67	71090.6	2376.55	71090.6	1486.80	11843.1	626.78	42819.5	211.30	12567.9	41.02	2730.5	10.65	1129.6					2.12		2.12
			中	180626.25	19642675.5	180621.60	19642675.5	19508.29	1274052.6	114365.06	12603989.8	41043.89	5086360.2	5534.63	656573.6	169.73	21699.3					4.65		4.65
			高（密）	290282.99	35911303.2	290282.99	35911303.2	40375.12	3589780.1	188874.06	23873384.7	55294.42	7635632.1	5554.48	789862.3	184.91	22644.0							

表 3　黑龙江重点国有林区有林地、疏林地、灌木林地按林种和龄组面积、蓄积统计表（续 49）

单位：公顷、立方米

统计单位	林种	亚林种	郁闭度（覆盖度）等级	合计		乔木林地														疏林地		灌木林地		
						小计		幼龄林		中龄林		近熟林		成熟林		过熟林						小计	特殊灌木林地	一般灌木林地
				面积	蓄积	面积	蓄积	面积	蓄积	面积	蓄积	面积	蓄积	面积	蓄积	面积	蓄积			面积	蓄积	面积	面积	面积
绥阳林业局	防护林	合计	合计	266017.00	29331970.5	266009.05	29331904.4	39642.70	2814531.6	169460.64	19229730.2	52417.79	6719958.1	4318.33	545704.4	169.59	21980.1			1.18	66.1	6.77		6.77
			低（疏）	1746.77	40123.2	1744.65	40123.2	1257.60	10344.1	313.97	20470.6	143.73	7095.9	29.35	2212.6							2.12		2.12
			中	90297.99	8908384.1	90293.34	8908384.1	11637.72	630782.4	57476.21	5819260.6	19064.87	2221724.4	2026.83	224699.1	87.71	11917.6					4.65		4.65
			高（密）	173971.06	20383397.1	173971.06	20383397.1	26747.38	2173405.1	111670.46	13389999.0	33209.19	4491137.8	2262.15	318792.7	81.88	10062.5							
		水源涵养林	合计	38644.77	4372297.1	38644.77	4372297.1	6145.76	496751.6	25169.14	2893272.9	7136.38	958050.6	193.49	24222.0									
			低（疏）	314.15	10693.0	314.15	10693.0	205.22	1638.4	106.79	8891.7	0.40	36.5	1.74	126.4									
			中	11296.14	1190627.2	11296.14	1190627.2	1352.94	78315.7	7150.74	767228.3	2698.03	333499.0	94.43	11584.2									
			高（密）	27034.48	3170976.9	27034.48	3170976.9	4587.60	416797.5	17911.61	2117152.9	4437.95	624515.1	97.32	12511.4									
		水土保持林	合计	171729.74	19143341.1	171723.91	19143275.0	24467.39	1780748.1	110657.40	12702478.8	33942.55	4313791.3	2499.74	325636.3	156.83	20620.5			1.18	66.1	4.65		4.65
			低（疏）	1047.18	22276.0	1047.18	22276.0	772.51	8390.0	155.03	6971.8	92.03	4828.0	27.61	2086.2									
			中	59083.52	5783895.3	59078.87	5783895.3	7327.87	415305.3	38947.17	3929486.7	11796.45	1325433.5	932.43	103111.8	74.95	10558.0					4.65		4.65
			高（密）	111597.86	13337103.7	111597.86	13337103.7	16367.01	1357052.8	71555.20	8766020.3	22054.07	2983529.8	1539.70	220438.3	81.88	10062.5							
		护岸林	合计	55634.92	5815078.4	55632.80	5815078.4	9029.55	537031.9	33629.20	3633158.4	11337.07	1447789.8	1624.22	195738.7	12.76	1359.6					2.12		2.12
			低（疏）	385.44	7154.2	383.32	7154.2	279.87	315.7	52.15	4607.1	51.30	2231.4									2.12		2.12
			中	19917.45	1933754.2	19917.45	1933754.2	2956.91	137161.4	11378.30	1122545.6	4570.39	562791.9	999.09	109895.7	12.76	1359.6							
			高（密）	35332.03	3874170.0	35332.03	3874170.0	5792.77	399554.8	22198.75	2506005.7	6715.38	882766.5	625.13	85843.0									
		护路林	合计	7.57	1253.9	7.57	1253.9			4.90	820.1	1.79	326.4	0.88	107.4									
			中	0.88	107.4	0.88	107.4							0.88	107.4									
			高（密）	6.69	1146.5	6.69	1146.5			4.90	820.1	1.79	326.4											

表3 黑龙江重点国有林区有林地、疏林地、灌木林地按林种和龄组面积、蓄积统计表（续50）

单位：公顷、立方米

统计单位	林种	亚林种	郁闭度（覆盖度）等级	合计		乔木林地												疏林地		小计	灌木林地	
						小计		幼龄林		中龄林		近熟林		成熟林		过熟林					特殊灌木林地	一般灌木林地
				面积	蓄积	面积	蓄积	面积	蓄积	面积	蓄积	面积	蓄积	面积	蓄积	面积	蓄积	面积	蓄积	面积	面积	面积
绥阳林业局	特用林	合计	合计	138670.70	17795067.3	138670.70	17795067.3	12742.27	1213180.8	88539.08	11475106.8	32540.77	4456856.8	4695.76	632092.6	152.82	17830.3					
			低（疏）	251.37	14206.1	251.37	14206.1	76.90	361.4	102.92	7671.0	60.90	5044.1			10.65	1129.6					
			中	60446.20	7273787.4	60446.20	7273787.4	4650.01	375586.5	35890.35	4292248.7	17325.84	2283957.2	2498.83	312311.4	81.17	9683.6					
			高（密）	77973.13	10507073.8	77973.13	10507073.8	8015.36	837232.9	52545.81	7175187.1	15154.03	2167855.5	2196.93	319781.2	61.00	7017.1					
		国防林	合计	18444.28	2998036.1	18444.28	2998036.1	317.09	28660.3	12424.86	2072382.0	5266.07	842134.2	436.26	54859.6							
			低（疏）	27.93	1328.3	27.93	1328.3	8.50	175.7	19.43	1152.6											
			中	6474.52	995044.9	6474.52	995044.9	171.78	14359.9	2796.57	410468.3	3337.19	551144.8	168.98	19071.9							
			高（密）	11941.83	2001662.9	11941.83	2001662.9	136.81	14124.7	9608.86	1660761.1	1928.88	290989.4	267.28	35787.7							
		母树林（种质资源林）	合计	861.20	125804.1	861.20	125804.1	183.71	29695.3	527.38	72257.0	125.50	20886.4	24.61	2965.4							
			中	65.45	7688.4	65.45	7688.4	15.68	1875.7	34.98	3900.1	1.03	138.5	13.76	1774.1							
			高（密）	795.75	118115.7	795.75	118115.7	168.03	27819.6	492.40	68356.9	124.47	20747.9	10.85	1191.3							
		环境保护林	合计	12032.97	1760037.5	12032.97	1760037.5	393.27	40755.6	9039.65	1312776.0	2527.65	392066.9	72.40	14439.0							
			低（疏）	47.39	310.6	47.39	310.6	40.22	28.2	7.17	282.4											
			中	3953.30	524203.9	3953.30	524203.9	158.05	14705.8	3310.14	438517.2	481.83	70342.9	3.28	638.0							
			高（密）	8032.28	1235523.0	8032.28	1235523.0	195.00	26021.6	5722.34	873976.4	2045.82	321724.0	69.12	13801.0							
		风景林	合计	1992.43	315196.3	1992.43	315196.3	3.11	61.2	1601.81	258826.1	338.75	50619.7			48.76	5689.3					
			中	1224.06	184806.0	1224.06	184806.0			853.76	131542.8	321.54	47573.9			48.76	5689.3					
			高（密）	768.37	130390.3	768.37	130390.3	3.11	61.2	748.05	127283.3	17.21	3045.8									
		自然保护区林	合计	105339.82	12595993.3	105339.82	12595993.3	11845.09	1114008.4	64945.38	7758865.7	24282.80	3151149.6	4162.49	559828.6	104.06	12141.0					
			低（疏）	176.05	12567.2	176.05	12567.2	28.18	157.5	76.32	6236.0	60.90	5044.1			10.65	1129.6					
			中	48728.87	5562044.2	48728.87	5562044.2	4304.50	344645.1	28894.90	3307820.3	13184.25	1614757.1	2312.81	290827.4	32.41	3994.3					
			高（密）	56434.90	7021381.9	56434.90	7021381.9	7512.41	769205.8	35974.16	4444809.4	11037.65	1531348.4	1849.68	269001.2	61.00	7017.1					

表 3　黑龙江重点国有林区有林地、疏林地、灌木林地按林种和龄组面积、蓄积统计表（续 51）

单位：公顷、立方米

统计单位	林种	亚林种	郁闭度（覆盖度）等级	合计		乔木林地														疏林地		灌木林地		
						小计		幼龄林		中龄林		近熟林		成熟林		过熟林						小计	特殊灌木林地	一般灌木林地
				面积	蓄积	面积	蓄积	面积	蓄积	面积	蓄积	面积	蓄积	面积	蓄积	面积	蓄积			面积	蓄积	面积	面积	面积
绥阳林业局	用材林	合计	合计	68605.67	8498325.5	68601.39	8498097.6	8985.24	847963.4	45866.18	5815357.0	11591.05	1557745.3	2116.04	271369.4	42.88	5662.5			4.28	227.9			
			低（疏）	380.53	16761.3	380.53	16761.3	152.30	1137.6	209.89	14677.9	6.67	427.9	11.67	517.9									
			中	29882.06	3460504.0	29882.06	3460504.0	3220.56	267683.7	20998.50	2492480.5	4653.18	580678.6	1008.97	119563.1	0.85	98.1							
			高（密）	38338.80	5020832.3	38338.80	5020832.3	5612.38	579142.1	24657.79	3308198.6	6931.20	976638.8	1095.40	151288.4	42.03	5564.4							
		一般用材林	合计	68605.67	8498325.5	68601.39	8498097.6	8985.24	847963.4	45866.18	5815357.0	11591.05	1557745.3	2116.04	271369.4	42.88	5662.5			4.28	227.9			
			低（疏）	380.53	16761.3	380.53	16761.3	152.30	1137.6	209.89	14677.9	6.67	427.9	11.67	517.9									
			中	29882.06	3460504.0	29882.06	3460504.0	3220.56	267683.7	20998.50	2492480.5	4653.18	580678.6	1008.97	119563.1	0.85	98.1							
			高（密）	38338.80	5020832.3	38338.80	5020832.3	5612.38	579142.1	24657.79	3308198.6	6931.20	976638.8	1095.40	151288.4	42.03	5564.4							
海林林业局	合计	合计	合计	145367.07	16116192.2	145331.64	16115834.0	6678.50	516684.3	93436.83	10134922.8	40010.28	4800121.2	4995.63	640875.5	210.40	23230.2			17.62	358.2	17.81		17.81
			低（疏）	796.21	23622.7	796.21	23622.7	449.58	2856.9	180.12	9153.1	132.97	9249.2	29.44	1840.6	4.10	522.9							
			中	63276.04	6130812.2	63276.04	6130812.2	1798.41	85206.4	34323.01	3137552.0	24646.19	2632476.6	2437.31	267878.1	71.12	7699.1							
			高（密）	81277.20	9961399.1	81259.39	9961399.1	4430.51	428621.0	58933.70	6988217.7	15231.12	2158395.4	2528.88	371156.8	135.18	15008.2					17.81		17.81
	防护林	合计	合计	57121.00	6361621.3	57100.32	6361522.1	4278.51	335199.3	35585.74	3978006.4	14573.18	1723843.8	2604.84	317618.8	58.05	6853.8			2.87	99.2	17.81		17.81
			低（疏）	588.63	18990.7	588.63	18990.7	301.30	2073.1	138.30	6669.8	118.30	8039.7	26.63	1685.2	4.10	522.9							
			中	23539.15	2214711.8	23539.15	2214711.8	1166.52	51069.7	11717.53	1056079.5	9398.02	973780.3	1255.08	133452.1	2.00	330.2							
			高（密）	32990.35	4127819.6	32972.54	4127819.6	2810.69	282056.5	23729.91	2915257.1	5056.86	742023.8	1323.13	182481.5	51.95	6000.7					17.81		17.81
		水源涵养林	合计	4898.45	537009.5	4898.45	537009.5	21.82	525.9	2624.29	278876.7	2060.17	236010.1	192.17	21596.8									
			低（疏）	15.63	246.3	15.63	246.3	9.23	18.1			6.40	228.2											
			中	3166.13	319345.9	3166.13	319345.9	12.59	507.8	1326.28	118436.1	1635.09	178805.2	192.17	21596.8									
			高（密）	1716.69	217417.3	1716.69	217417.3			1298.01	160440.6	418.68	56976.7											

表3 黑龙江重点国有林区有林地、疏林地、灌木林地按林种和龄组面积、蓄积统计表（续52）

单位：公顷、立方米

统计单位	林种	亚林种	郁闭度（覆盖度）等级	合计		乔木林地												疏林地		灌木林地		
						小计		幼龄林		中龄林		近熟林		成熟林		过熟林				小计	特殊灌木林地	一般灌木林地
				面积	蓄积	面积	蓄积	面积	蓄积	面积	蓄积	面积	蓄积	面积	蓄积	面积	蓄积	面积	蓄积	面积	面积	面积
海林林业局	防护林	水土保持林	合计	52189.51	5820750.5	52168.83	5820651.3	4249.02	334617.1	32938.80	3695719.7	12512.82	1487798.9	2410.14	295661.8	58.05	6853.8	2.87	99.2	17.81		17.81
			低（疏）	570.32	18731.6	570.32	18731.6	289.39	2042.2	138.30	6669.8	111.90	7811.5	26.63	1685.2	4.10	522.9					
			中	20365.68	1894988.4	20365.68	1894988.4	1149.26	50561.9	10391.11	937626.1	7762.93	794975.1	1060.38	111495.1	2.00	330.2					
			高（密）	31250.64	3906931.3	31232.83	3906931.3	2810.37	282013.0	22409.39	2751423.8	4637.99	685012.3	1323.13	182481.5	51.95	6000.7			17.81		17.81
		护岸林	合计	33.04	3861.3	33.04	3861.3	7.67	56.3	22.65	3410.0	0.19	34.8	2.53	360.2							
			低（疏）	2.68	12.8	2.68	12.8	2.68	12.8													
			中	7.34	377.5	7.34	377.5	4.67		0.14	17.3			2.53	360.2							
			高（密）	23.02	3471.0	23.02	3471.0	0.32	43.5	22.51	3392.7	0.19	34.8									
	特用林	合计	合计	73272.21	8125265.0	73257.46	8125006.0	1840.49	134263.9	46886.39	5017632.7	22451.16	2686830.1	1927.07	269902.9	152.35	16376.4	14.75	259.0			
			低（疏）	170.95	4243.0	170.95	4243.0	119.37	707.4	35.96	2297.0	14.67	1209.5	0.95	29.1							
			中	32352.24	3201348.9	32352.24	3201348.9	453.67	21423.1	17287.71	1595301.6	13710.30	1479175.4	831.44	98079.9	69.12	7368.9					
			高（密）	40734.27	4919414.1	40734.27	4919414.1	1267.45	112133.4	29562.72	3420034.1	8726.19	1206445.2	1094.68	171793.9	83.23	9007.5					
		环境保护林	合计	856.73	111561.4	856.73	111561.4	114.57	12761.6	599.26	81314.6	133.61	15960.3	9.29	1524.9							
			低（疏）	6.68	201.4	6.68	201.4	4.77	28.5	1.91	172.9											
			中	290.70	31054.7	290.70	31054.7	31.26	2532.0	166.16	18253.0	89.92	9826.0	3.36	443.7							
			高（密）	559.35	80305.3	559.35	80305.3	78.54	10201.1	431.19	62888.7	43.69	6134.3	5.93	1081.2							
		风景林	合计	49529.44	5507204.9	49514.69	5506945.9	1431.79	99149.2	30943.05	3320819.5	15471.41	1858456.4	1576.55	219144.3	91.89	9376.5	14.75	259.0			
			低（疏）	138.87	3831.0	138.87	3831.0	89.20	468.3	34.05	2124.1	14.67	1209.5	0.95	29.1							
			中	22978.22	2305751.0	22978.22	2305751.0	344.74	14849.7	12077.53	1136256.6	9777.89	1065753.3	708.94	81522.5	69.12	7368.9					
			高（密）	26397.60	3197363.9	26397.60	3197363.9	997.85	83831.2	18831.47	2182438.8	5678.85	791493.6	866.66	137592.7	22.77	2007.6					

表 3　黑龙江重点国有林区有林地、疏林地、灌木林地按林种和龄组面积、蓄积统计表（续 53）

单位：公顷、立方米

统计单位	林种	亚林种	郁闭度（覆盖度）等级	合计		乔木林地												疏林地		灌木林地		
						小计		幼龄林		中龄林		近熟林		成熟林		过熟林				小计	特殊灌木林地	一般灌木林地
				面积	蓄积	面积	蓄积	面积	蓄积	面积	蓄积	面积	蓄积	面积	蓄积	面积	蓄积	面积	蓄积	面积	面积	面积
海林林业局	特用林	自然保护区林	合计	22886.04	2506498.7	22886.04	2506498.7	294.13	22353.1	15344.08	1615498.6	6846.14	812413.4	341.23	49233.7	60.46	6999.9					
			低（疏）	25.40	210.6	25.40	210.6	25.40	210.6													
			中	9083.32	864543.2	9083.32	864543.2	77.67	4041.4	5044.02	440792.0	3842.49	403596.1	119.14	16113.7							
			高（密）	13777.32	1641744.9	13777.32	1641744.9	191.06	18101.1	10300.06	1174706.6	3003.65	408817.3	222.09	33120.0	60.46	6999.9					
	用材林	合计	合计	14973.86	1629305.9	14973.86	1629305.9	559.50	47221.1	10964.70	1139283.7	2985.94	389447.3	463.72	53353.8							
			低（疏）	36.63	389.0	36.63	389.0	28.91	76.4	5.86	186.3			1.86	126.3							
			中	7384.65	714751.5	7384.65	714751.5	178.22	12713.6	5317.77	486170.9	1537.87	179520.9	350.79	36346.1							
			高（密）	7552.58	914165.4	7552.58	914165.4	352.37	34431.1	5641.07	652926.5	1448.07	209926.4	111.07	16881.4							
		一般用材林	合计	14973.86	1629305.9	14973.86	1629305.9	559.50	47221.1	10964.70	1139283.7	2985.94	389447.3	463.72	53353.8							
			低（疏）	36.63	389.0	36.63	389.0	28.91	76.4	5.86	186.3			1.86	126.3							
			中	7384.65	714751.5	7384.65	714751.5	178.22	12713.6	5317.77	486170.9	1537.87	179520.9	350.79	36346.1							
			高（密）	7552.58	914165.4	7552.58	914165.4	352.37	34431.1	5641.07	652926.5	1448.07	209926.4	111.07	16881.4							
林口林业局	合计	合计	合计	219842.35	21493615.7	219689.79	21493458.9	63889.80	3753333.7	102563.09	10739471.4	42064.96	5440412.4	11153.98	1557900.5	17.96	2340.9	12.52	156.8	140.04		140.04
			低（疏）	3410.67	116856.2	3395.40	116856.2	1787.70	24126.1	975.99	45158.2	422.29	30324.5	209.42	17247.4					15.27		15.27
			中	126699.26	11676362.3	126673.76	11676362.3	32663.42	1662371.8	58832.45	5670222.9	27378.85	3291896.7	7786.46	1050384.9	12.58	1486.0			25.50		25.50
			高（密）	89719.90	9700240.4	89620.63	9700240.4	29438.68	2066835.8	42754.65	5024090.3	14263.82	2118191.2	3158.10	490268.2	5.38	854.9			99.27		99.27
	防护林	合计	合计	165227.95	15828809.6	165114.97	15828652.8	51902.32	3035998.3	75412.10	7820515.8	29961.12	3856957.0	7826.72	1113562.3	12.71	1619.4	12.52	156.8	100.46		100.46
			低（疏）	2477.41	80494.2	2469.35	80494.2	1314.41	19375.3	800.55	36639.5	267.03	18967.6	87.36	5511.8					8.06		8.06
			中	95673.34	8613273.3	95657.05	8613273.3	27068.54	1365707.8	43182.57	4111222.7	19772.05	2359384.8	5625.87	776108.5	8.02	849.5			16.29		16.29
			高（密）	67064.68	7134885.3	66988.57	7134885.3	23519.37	1650915.2	31428.98	3672653.6	9922.04	1478604.6	2113.49	331942.0	4.69	769.9			76.11		76.11

表 3 黑龙江重点国有林区有林地、疏林地、灌木林地按林种和龄组面积、蓄积统计表（续 54）

单位：公顷、立方米

统计单位	林种	亚林种	郁闭度（覆盖度）等级	合计		乔木林地												疏林地		小计	灌木林地	
						小计		幼龄林		中龄林		近熟林		成熟林		过熟林					特殊灌木林地	一般灌木林地
				面积	蓄积	面积	蓄积	面积	蓄积	面积	蓄积	面积	蓄积	面积	蓄积	面积	蓄积	面积	蓄积	面积	面积	面积
林口林业局	防护林	水源涵养林	合计	20396.49	2035124.3	20313.41	2035076.4	7231.11	434127.7	7612.15	778204.9	4101.45	596516.8	1368.70	226227.0			1.48	47.9	81.60		81.60
			低（疏）	287.65	6751.8	287.65	6751.8	209.41	3062.0	52.99	1801.0	12.39	903.3	12.86	985.5							
			中	11765.58	1167034.5	11751.62	1167034.5	3623.84	199974.6	4557.72	447645.0	2558.15	349989.3	1011.91	169425.6					13.96		13.96
			高（密）	8341.78	861290.1	8274.14	861290.1	3397.86	231091.1	3001.44	328758.9	1530.91	245624.2	343.93	55815.9					67.64		67.64
		水土保持林	合计	87088.15	8955880.2	87065.34	8955832.7	22260.52	1466021.1	41448.10	4426905.3	17969.42	2325489.2	5382.61	736647.2	4.69	769.9	3.95	47.5	18.86		18.86
			低（疏）	1346.55	52086.4	1338.49	52086.4	607.86	8749.1	468.36	24593.4	202.88	15389.3	59.39	3354.6					8.06		8.06
			中	45643.41	4431902.3	45641.08	4431902.3	9589.70	533354.2	20764.53	2022120.2	11341.98	1354522.2	3944.87	521905.7					2.33		2.33
			高（密）	40094.24	4471844.0	40085.77	4471844.0	12062.96	923917.8	20215.21	2380191.7	6424.56	955577.7	1378.35	211386.9	4.69	769.9			8.47		8.47
		护岸林	合计	57743.31	4837805.1	57736.22	4837743.7	22410.69	1135849.5	26351.85	2615405.6	7890.25	934951.0	1075.41	150688.1	8.02	849.5	7.09	61.4			
			低（疏）	843.21	21656.0	843.21	21656.0	497.14	7564.2	279.20	10245.1	51.76	2675.0	15.11	1171.7							
			中	38264.35	3014336.5	38264.35	3014336.5	13855.00	632379.0	17860.32	1641457.5	5871.92	654873.3	669.09	84777.2	8.02	849.5					
			高（密）	18628.66	1801751.2	18628.66	1801751.2	8058.55	495906.3	8212.33	963703.0	1966.57	277402.7	391.21	64739.2							
	特用林	合计	合计	14067.50	1395623.2	14066.72	1395623.2	2581.54	145146.8	7841.31	745571.2	3011.38	398098.7	628.27	106206.3	4.22	600.2			0.78		0.78
			低（疏）	166.17	8270.1	165.39	8270.1	32.45	493.0	88.47	4656.9	44.47	3120.2							0.78		0.78
			中	7925.41	769663.4	7925.41	769663.4	943.69	41911.6	4429.30	383681.2	2110.36	269978.6	437.84	73491.8	4.22	600.2					
			高（密）	5975.92	617689.7	5975.92	617689.7	1605.40	102742.2	3323.54	357233.1	856.55	124999.9	190.43	32714.5							
		种质资源林（母树林）	合计	456.81	58320.3	456.81	58320.3	103.86	12141.8	146.65	16446.9	109.41	20379.6	96.89	9352.0							
			低（疏）	24.20	1496.7	24.20	1496.7	1.44	19.3			22.76	1477.4									
			中	211.01	20020.3	211.01	20020.3	23.55	1676.8	70.42	5797.9	26.17	3981.0	90.87	8564.6							
			高（密）	221.60	36803.3	221.60	36803.3	78.87	10445.7	76.23	10649.0	60.48	14921.2	6.02	787.4							

表 3　黑龙江重点国有林区有林地、疏林地、灌木林地按林种和龄组面积、蓄积统计表（续 55）

单位：公顷、立方米

统计单位	林种	亚林种	郁闭度（覆盖度）等级	合计		乔木林地												疏林地		灌木林地		
						小计		幼龄林		中龄林		近熟林		成熟林		过熟林				小计	特殊灌木林地	一般灌木林地
				面积	蓄积	面积	蓄积	面积	蓄积	面积	蓄积	面积	蓄积	面积	蓄积	面积	蓄积	面积	蓄积	面积	面积	面积
林口林业局	特用林	自然保护区林	合计	13610.69	1337302.9	13609.91	1337302.9	2477.68	133005.0	7694.66	729124.3	2901.97	377719.1	531.38	96854.3	4.22	600.2			0.78		0.78
			低（疏）	141.97	6773.4	141.19	6773.4	31.01	473.7	88.47	4656.9	21.71	1642.8							0.78		0.78
			中	7714.40	749643.1	7714.40	749643.1	920.14	40234.8	4358.88	377883.3	2084.19	265997.6	346.97	64927.2	4.22	600.2					
			高（密）	5754.32	580886.4	5754.32	580886.4	1526.53	92296.5	3247.31	346584.1	796.07	110078.7	184.41	31927.1							
	用材林	合计	合计	40509.99	4268346.5	40471.19	4268346.5	9370.89	571479.2	19308.40	2173300.8	9091.88	1185313.3	2698.99	338131.9	1.03	121.3			38.80		38.80
			低（疏）	761.29	28047.2	754.86	28047.2	435.62	4256.5	86.97	3861.8	110.21	8193.3	122.06	11735.6					6.43		6.43
			中	23090.82	2293281.5	23081.61	2293281.5	4642.16	254652.8	11219.92	1175274.5	5496.44	662533.3	1722.75	200784.6	0.34	36.3			9.21		9.21
			高（密）	16657.88	1947017.8	16634.72	1947017.8	4293.11	312569.9	8001.51	994164.5	3485.23	514586.7	854.18	125611.7	0.69	85.0			23.16		23.16
		一般用材林	合计	40509.99	4268346.5	40471.19	4268346.5	9370.89	571479.2	19308.40	2173300.8	9091.88	1185313.3	2698.99	338131.9	1.03	121.3			38.80		38.80
			低（疏）	761.29	28047.2	754.86	28047.2	435.62	4256.5	86.97	3861.8	110.21	8193.3	122.06	11735.6					6.43		6.43
			中	23090.82	2293281.5	23081.61	2293281.5	4642.16	254652.8	11219.92	1175274.5	5496.44	662533.3	1722.75	200784.6	0.34	36.3			9.21		9.21
			高（密）	16657.88	1947017.8	16634.72	1947017.8	4293.11	312569.9	8001.51	994164.5	3485.23	514586.7	854.18	125611.7	0.69	85.0			23.16		23.16
	经济林	合计	合计	36.91	836.4	36.91	836.4	35.05	709.4	1.28	83.6	0.58	43.4									
			低（疏）	5.80	44.7	5.80	44.7	5.22	1.3			0.58	43.4									
			中	9.69	144.1	9.69	144.1	9.03	99.6	0.66	44.5											
			高（密）	21.42	647.6	21.42	647.6	20.80	608.5	0.62	39.1											
		果树林	合计	36.91	836.4	36.91	836.4	35.05	709.4	1.28	83.6	0.58	43.4									
			低（疏）	5.80	44.7	5.80	44.7	5.22	1.3			0.58	43.4									
			中	9.69	144.1	9.69	144.1	9.03	99.6	0.66	44.5											
			高（密）	21.42	647.6	21.42	647.6	20.80	608.5	0.62	39.1											

表3 黑龙江重点国有林区有林地、疏林地、灌木林地按林种和龄组面积、蓄积统计表（续56）

单位：公顷、立方米

统计单位	林种	亚林种	郁闭度（覆盖度）等级	合计		乔木林地														灌木林地		
						小计		幼龄林		中龄林		近熟林		成熟林		过熟林		疏林地		小计	特殊灌木林地	一般灌木林地
				面积	蓄积	面积	蓄积	面积	蓄积	面积	蓄积	面积	蓄积	面积	蓄积	面积	蓄积	面积	蓄积	面积	面积	面积
八面通林业局	合计	合计	合计	125593.86	11117054.6	125535.88	11116963.2	33015.16	2021680.0	61266.76	5710213.8	25530.07	2723237.0	5698.24	658220.7	25.65	3611.7	2.19	91.4	55.79		55.79
			低（疏）	358.15	8884.8	302.75	8884.8	131.92	315.5	62.01	2578.2	102.11	5553.5	6.71	437.6					55.40		55.40
			中	60127.34	4951645.2	60126.95	4951645.2	8774.43	483356.3	36067.77	3068481.9	12447.24	1123485.5	2834.69	275969.2	2.82	352.3			0.39		0.39
			高（密）	65106.18	6156433.2	65106.18	6156433.2	24108.81	1538008.2	25136.98	2639153.7	12980.72	1594198.0	2856.84	381813.9	22.83	3259.4					
	防护林	合计	合计	97240.69	8643919.0	97183.74	8643854.1	27034.42	1660764.7	44513.98	4187838.6	20670.87	2223032.8	4941.64	568958.6	22.83	3259.4	1.34	64.9	55.61		55.61
			低（疏）	333.95	8411.9	278.73	8411.9	125.18	315.5	48.51	2290.5	98.33	5368.3	6.71	437.6					55.22		55.22
			中	43680.69	3570128.0	43680.30	3570128.0	6719.74	360457.9	24906.17	2117502.4	9546.44	852384.2	2507.95	239783.5					0.39		0.39
			高（密）	53224.71	5065314.2	53224.71	5065314.2	20189.50	1299991.3	19559.30	2068045.7	11026.10	1365280.3	2426.98	328737.5	22.83	3259.4					
		水源涵养林	合计	150.60	10883.5	150.60	10883.5	42.28	1763.9	98.76	8336.9	9.34	768.5	0.22	14.2							
			中	101.86	6950.9	101.86	6950.9	21.53	820.9	76.42	5844.2	3.69	271.6	0.22	14.2							
			高（密）	48.74	3932.6	48.74	3932.6	20.75	943.0	22.34	2492.7	5.65	496.9									
		水土保持林	合计	54378.39	4815810.1	54328.67	4815745.2	16151.84	1000230.0	25834.88	2454296.9	10055.79	1087025.1	2282.03	273728.9	4.13	464.3	1.34	64.9	48.38		48.38
			低（疏）	210.25	5224.2	162.26	5224.2	69.34	267.6	1.28	49.8	91.64	4906.8							47.99		47.99
			中	24064.43	1965890.0	24064.04	1965890.0	4401.65	246404.1	13963.18	1194712.2	4702.08	428295.1	997.13	96478.6					0.39		0.39
			高（密）	30102.37	2844631.0	30102.37	2844631.0	11680.85	753558.3	11870.42	1259534.9	5262.07	653823.2	1284.90	177250.3	4.13	464.3					
		护岸林	合计	42711.70	3817225.4	42704.47	3817225.4	10840.30	658770.8	18580.34	1725204.8	10605.74	1135239.2	2659.39	295215.5	18.70	2795.1			7.23		7.23
			低（疏）	123.70	3187.7	116.47	3187.7	55.84	47.9	47.23	2240.7	6.69	461.5	6.71	437.6					7.23		7.23
			中	19514.40	1597287.1	19514.40	1597287.1	2296.56	113232.9	10866.57	916946.0	4840.67	423817.5	1510.60	143290.7							
			高（密）	23073.60	2216750.6	23073.60	2216750.6	8487.90	545490.0	7666.54	806018.1	5758.38	710960.2	1142.08	151487.2	18.70	2795.1					

表 3　黑龙江重点国有林区有林地、疏林地、灌木林地按林种和龄组面积、蓄积统计表（续 57）

单位：公顷、立方米

统计单位	林种	亚林种	郁闭度（覆盖度）等级	合计		乔木林地												疏林地		灌木林地		
						小计		幼龄林		中龄林		近熟林		成熟林		过熟林				小计	特殊灌木林地	一般灌木林地
				面积	蓄积	面积	蓄积	面积	蓄积	面积	蓄积	面积	蓄积	面积	蓄积	面积	蓄积	面积	蓄积	面积	面积	面积
八面通林业局	特用林	合计	合计	8310.72	625229.8	8310.54	625229.8	2447.28	123882.8	4535.95	370843.3	1230.30	117728.5	96.02	12686.5	0.99	88.7			0.18		0.18
			低（疏）	4.91	137.8	4.73	137.8	1.70				3.03	137.8							0.18		0.18
			中	4789.96	348675.3	4789.96	348675.3	720.21	31491.0	3267.87	248509.7	744.95	61610.8	55.94	6975.1	0.99	88.7					
			高（密）	3515.85	276416.7	3515.85	276416.7	1725.37	92391.8	1268.08	122333.6	482.32	55979.9	40.08	5711.4							
		自然保护区林	合计	8310.72	625229.8	8310.54	625229.8	2447.28	123882.8	4535.95	370843.3	1230.30	117728.5	96.02	12686.5	0.99	88.7			0.18		0.18
			低（疏）	4.91	137.8	4.73	137.8	1.70				3.03	137.8							0.18		0.18
			中	4789.96	348675.3	4789.96	348675.3	720.21	31491.0	3267.87	248509.7	744.95	61610.8	55.94	6975.1	0.99	88.7					
			高（密）	3515.85	276416.7	3515.85	276416.7	1725.37	92391.8	1268.08	122333.6	482.32	55979.9	40.08	5711.4							
	用材林	合计	合计	20042.45	1847905.8	20041.60	1847879.3	3533.46	237032.5	12216.83	1151531.9	3628.90	382475.7	660.58	76575.6	1.83	263.6	0.85	26.5			
			低（疏）	19.29	335.1	19.29	335.1	5.04		13.50	287.7	0.75	47.4									
			中	11656.69	1032841.9	11656.69	1032841.9	1334.48	91407.4	7893.73	702469.8	2155.85	209490.5	270.80	29210.6	1.83	263.6					
			高（密）	8365.62	814702.3	8365.62	814702.3	2193.94	145625.1	4309.60	448774.4	1472.30	172937.8	389.78	47365.0							
		一般用材林	合计	20042.45	1847905.8	20041.60	1847879.3	3533.46	237032.5	12216.83	1151531.9	3628.90	382475.7	660.58	76575.6	1.83	263.6	0.85	26.5			
			低（疏）	19.29	335.1	19.29	335.1	5.04		13.50	287.7	0.75	47.4									
			中	11656.69	1032841.9	11656.69	1032841.9	1334.48	91407.4	7893.73	702469.8	2155.85	209490.5	270.80	29210.6	1.83	263.6					
			高（密）	8365.62	814702.3	8365.62	814702.3	2193.94	145625.1	4309.60	448774.4	1472.30	172937.8	389.78	47365.0							

表 3 黑龙江重点国有林区有林地、疏林地、灌木林地按林种和龄组面积、蓄积统计表（续 58）

单位：公顷、立方米

统计单位	林种	亚林种	郁闭度（覆盖度）等级	合计		乔木林地												疏林地		灌木林地		
						小计		幼龄林		中龄林		近熟林		成熟林		过熟林				小计	特殊灌木林地	一般灌木林地
				面积	蓄积	面积	蓄积	面积	蓄积	面积	蓄积	面积	蓄积	面积	蓄积	面积	蓄积	面积	蓄积	面积	面积	面积
青梅实验林场	合计	合计	合计	3397.26	359995.3	3397.26	359995.3	2047.00	207036.7	1337.40	152257.0	12.86	701.6									
			低（疏）	34.29	1582.3	34.29	1582.3	29.37	810.7	4.92	771.6											
			中	2804.63	291486.7	2804.63	291486.7	1663.24	162231.0	1134.64	128997.5	6.75	258.2									
			高（密）	558.34	66926.3	558.34	66926.3	354.39	43995.0	197.84	22487.9	6.11	443.4									
	防护林	合计	合计	958.28	102826.7	958.28	102826.7	546.91	53311.4	411.37	49515.3											
			低（疏）	10.99	354.0	10.99	354.0	10.99	354.0													
			中	896.23	94850.9	896.23	94850.9	514.92	50629.0	381.31	44221.9											
			高（密）	51.06	7621.8	51.06	7621.8	21.00	2328.4	30.06	5293.4											
		水土保持林	合计	735.20	71206.3	735.20	71206.3	487.66	46079.6	247.54	25126.7											
			低（疏）	10.99	354.0	10.99	354.0	10.99	354.0													
			中	706.07	68712.1	706.07	68712.1	458.53	43585.4	247.54	25126.7											
			高（密）	18.14	2140.2	18.14	2140.2	18.14	2140.2													
		护岸林	合计	223.08	31620.4	223.08	31620.4	59.25	7231.8	163.83	24388.6											
			中	190.16	26138.8	190.16	26138.8	56.39	7043.6	133.77	19095.2											
			高（密）	32.92	5481.6	32.92	5481.6	2.86	188.2	30.06	5293.4											
	特用林	合计	合计	1570.94	155413.5	1570.94	155413.5	1039.63	97644.5	531.31	57769.0											
			低（疏）	18.04	987.4	18.04	987.4	13.12	215.8	4.92	771.6											
			中	1293.32	128232.1	1293.32	128232.1	860.95	80198.4	432.37	48033.7											
			高（密）	259.58	26194.0	259.58	26194.0	165.56	17230.3	94.02	8963.7											

表 3　黑龙江重点国有林区有林地、疏林地、灌木林地按林种和龄组面积、蓄积统计表（续 59）

单位：公顷、立方米

统计单位	林种	亚林种	郁闭度（覆盖度）等级	合计		乔木林地														疏林地		灌木林地		
						小计		幼龄林		中龄林		近熟林		成熟林		过熟林						小计	特殊灌木林地	一般灌木林地
				面积	蓄积	面积	蓄积	面积	蓄积	面积	蓄积	面积	蓄积	面积	蓄积	面积	蓄积			面积	蓄积	面积	面积	面积
青梅实验林场	特用林	环境保护林	合计	1060.77	105872.7	1060.77	105872.7	743.06	68214.1	317.71	37658.6													
			低（疏）	11.64	183.1	11.64	183.1	11.64	183.1															
			中	869.01	87140.4	869.01	87140.4	605.97	55665.5	263.04	31474.9													
			高（密）	180.12	18549.2	180.12	18549.2	125.45	12365.5	54.67	6183.7													
		自然保护区林	合计	510.17	49540.8	510.17	49540.8	296.57	29430.4	213.60	20110.4													
			低（疏）	6.40	804.3	6.40	804.3	1.48	32.7	4.92	771.6													
			中	424.31	41091.7	424.31	41091.7	254.98	24532.9	169.33	16558.8													
			高（密）	79.46	7644.8	79.46	7644.8	40.11	4864.8	39.35	2780.0													
	用材林	合计	合计	868.04	101755.1	868.04	101755.1	460.46	56080.8	394.72	44972.7	12.86	701.6											
			低（疏）	5.26	240.9	5.26	240.9	5.26	240.9															
			中	615.08	68403.7	615.08	68403.7	287.37	31403.6	320.96	36741.9	6.75	258.2											
			高（密）	247.70	33110.5	247.70	33110.5	167.83	24436.3	73.76	8230.8	6.11	443.4											
		一般用材林	合计	868.04	101755.1	868.04	101755.1	460.46	56080.8	394.72	44972.7	12.86	701.6											
			低（疏）	5.26	240.9	5.26	240.9	5.26	240.9															
			中	615.08	68403.7	615.08	68403.7	287.37	31403.6	320.96	36741.9	6.75	258.2											
			高（密）	247.70	33110.5	247.70	33110.5	167.83	24436.3	73.76	8230.8	6.11	443.4											
山河屯林业局	合计	合计	合计	181398.23	21250259.9	181392.88	21250150.1	8368.76	570007.9	118907.76	13471675.0	46611.03	6295813.0	6781.32	849867.6	724.01	62786.6			5.35	109.8			
			低（疏）	4027.26	246385.8	4027.26	246385.8	626.68	13875.7	1416.21	78429.9	1107.39	95974.8	472.03	38936.3	404.95	19169.1							
			中	105417.77	11560631.6	105417.77	11560631.6	3014.81	168052.1	62130.52	6254140.1	34263.96	4385506.6	5738.18	717439.8	270.30	35493.0							
			高（密）	71947.85	9443132.7	71947.85	9443132.7	4727.27	388080.1	55361.03	7139105.0	11239.68	1814331.6	571.11	93491.5	48.76	8124.5							

表3 黑龙江重点国有林区有林地、疏林地、灌木林地按林种和龄组面积、蓄积统计表（续60）

单位：公顷、立方米

统计单位	林种	亚林种	郁闭度（覆盖度）等级	合计		乔木林地												疏林地		灌木林地		
						小计		幼龄林		中龄林		近熟林		成熟林		过熟林				小计	特殊灌木林地	一般灌木林地
				面积	蓄积	面积	蓄积	面积	蓄积	面积	蓄积	面积	蓄积	面积	蓄积	面积	蓄积	面积	蓄积	面积	面积	面积
山河屯林业局	防护林	合计	合计	109835.27	13329921.6	109830.15	13329815.4	3474.02	239082.1	72096.76	8341621.6	32748.50	4536648.0	1509.81	212254.1	1.06	209.6	5.12	106.2			
			低（疏）	1086.42	67718.6	1086.42	67718.6	308.31	5224.5	177.15	6219.2	410.39	33418.6	190.57	22856.3							
			中	66035.29	7501194.1	66035.29	7501194.1	991.41	46398.6	39826.97	4124473.7	24084.05	3173132.9	1131.80	156979.3	1.06	209.6					
			高（密）	42708.44	5760902.7	42708.44	5760902.7	2174.30	187459.0	32092.64	4210928.7	8254.06	1330096.5	187.44	32418.5							
		水源涵养林	合计	64369.61	7986492.6	64367.43	7986454.7	1523.16	102996.0	41468.98	4814028.4	20795.06	2992600.5	580.23	76829.8			2.18	37.9			
			低（疏）	753.91	54008.6	753.91	54008.6	181.72	2957.6	124.66	4497.4	256.96	23697.3	190.57	22856.3							
			中	40984.79	4807831.9	40984.79	4807831.9	390.16	17205.6	25346.09	2704788.1	14915.98	2041228.8	332.56	44609.4							
			高（密）	22628.73	3124614.2	22628.73	3124614.2	951.28	82832.8	15998.23	2104742.9	5622.12	927674.4	57.10	9364.1							
		水土保持林	合计	35620.07	4055886.1	35620.07	4055886.1	1490.75	100044.5	24220.04	2684484.3	9270.78	1183866.3	637.44	87281.4	1.06	209.6					
			低（疏）	318.34	13594.8	318.34	13594.8	113.87	2218.9	52.09	1710.3	152.38	9665.6									
			中	20666.15	2167597.3	20666.15	2167597.3	551.10	27661.0	12309.28	1174402.4	7259.17	892258.3	545.54	73066.0	1.06	209.6					
			高（密）	14635.58	1874694.0	14635.58	1874694.0	825.78	70164.6	11858.67	1508371.6	1859.23	281942.4	91.90	14215.4							
		护岸林	合计	9845.59	1287542.9	9842.65	1287474.6	460.11	36041.6	6407.74	843108.9	2682.66	360181.2	292.14	48142.9			2.94	68.3			
			低（疏）	14.17	115.2	14.17	115.2	12.72	48.0	0.40	11.5	1.05	55.7									
			中	4384.35	525764.9	4384.35	525764.9	50.15	1532.0	2171.60	245283.2	1908.90	239645.8	253.70	39303.9							
			高（密）	5444.13	761594.5	5444.13	761594.5	397.24	34461.6	4235.74	597814.2	772.71	120479.7	38.44	8839.0							
	特用林	合计	合计	58489.41	6441303.2	58489.41	6441303.2	3662.30	264347.2	36722.97	3946168.4	12226.96	1545935.6	5161.60	623714.5	715.58	61137.5					
			低（疏）	2814.50	176129.5	2814.50	176129.5	224.42	8033.6	1212.58	70785.9	691.29	62085.1	281.26	16055.8	404.95	19169.1					
			中	33924.25	3503259.6	33924.25	3503259.6	1582.23	101445.8	18418.08	1732938.0	9134.26	1083453.1	4520.86	550189.4	268.82	35233.3					
			高（密）	21750.66	2761914.1	21750.66	2761914.1	1855.65	154867.8	17092.31	2142444.5	2401.41	400397.4	359.48	57469.3	41.81	6735.1					

表3 黑龙江重点国有林区有林地、疏林地、灌木林地按林种和龄组面积、蓄积统计表（续61）

单位：公顷、立方米

统计单位	林种	亚林种	郁闭度（覆盖度）等级	合计		乔木林地												疏林地		小计	灌木林地	
						小计		幼龄林		中龄林		近熟林		成熟林		过熟林					特殊灌木林地	一般灌木林地
				面积	蓄积	面积	蓄积	面积	蓄积	面积	蓄积	面积	蓄积	面积	蓄积	面积	蓄积	面积	蓄积	面积	面积	面积
山河屯林业局	特用林	种质资源林（母树林）	合计	595.94	90361.3	595.94	90361.3	0.21		240.68	33820.1	351.75	55903.1	3.30	638.1							
			中	143.18	20260.0	143.18	20260.0			7.21	1270.2	135.97	18989.8									
			高（密）	452.76	70101.3	452.76	70101.3	0.21		233.47	32549.9	215.78	36913.3	3.30	638.1							
		风景林	合计	19627.96	2188581.1	19627.96	2188581.1	1494.15	90500.4	12874.20	1376966.1	4062.32	567844.0	1158.06	145236.2	39.23	8034.4					
			低（疏）	280.06	14058.9	280.06	14058.9	83.11	1674.6	66.30	1991.8	121.59	9455.0	9.06	937.5							
			中	10632.15	1119330.9	10632.15	1119330.9	609.08	31381.4	5706.41	532330.5	3200.75	417526.2	1078.01	130364.8	37.90	7728.0					
			高（密）	8715.75	1055191.3	8715.75	1055191.3	801.96	57444.4	7101.49	842643.8	739.98	140862.8	70.99	13933.9	1.33	306.4					
		自然保护区林	合计	38265.51	4162360.8	38265.51	4162360.8	2167.94	173846.8	23608.09	2535382.2	7812.89	922188.5	4000.24	477840.2	676.35	53103.1					
			低（疏）	2534.44	162070.6	2534.44	162070.6	141.31	6359.0	1146.28	68794.1	569.70	52630.1	272.20	15118.3	404.95	19169.1					
			中	23148.92	2363668.7	23148.92	2363668.7	973.15	70064.4	12704.46	1199337.3	5797.54	646937.1	3442.85	419824.6	230.92	27505.3					
			高（密）	12582.15	1636621.5	12582.15	1636621.5	1053.48	97423.4	9757.35	1267250.8	1445.65	222621.3	285.19	42897.3	40.48	6428.7					
	用材林	合计	合计	13073.55	1479035.1	13073.32	1479031.5	1232.44	66578.6	10088.03	1183885.0	1635.57	213229.4	109.91	13899.0	7.37	1439.5	0.23	3.6			
			低（疏）	126.34	2537.7	126.34	2537.7	93.95	617.6	26.48	1424.8	5.71	471.1	0.20	24.2							
			中	5458.23	556177.9	5458.23	556177.9	441.17	20207.7	3885.47	396728.4	1045.65	128920.6	85.52	10271.1	0.42	50.1					
			高（密）	7488.75	920315.9	7488.75	920315.9	697.32	45753.3	6176.08	785731.8	584.21	83837.7	24.19	3603.7	6.95	1389.4					
		一般用材林	合计	13073.55	1479035.1	13073.32	1479031.5	1232.44	66578.6	10088.03	1183885.0	1635.57	213229.4	109.91	13899.0	7.37	1439.5	0.23	3.6			
			低（疏）	126.34	2537.7	126.34	2537.7	93.95	617.6	26.48	1424.8	5.71	471.1	0.20	24.2							
			中	5458.23	556177.9	5458.23	556177.9	441.17	20207.7	3885.47	396728.4	1045.65	128920.6	85.52	10271.1	0.42	50.1					
			高（密）	7488.75	920315.9	7488.75	920315.9	697.32	45753.3	6176.08	785731.8	584.21	83837.7	24.19	3603.7	6.95	1389.4					

表 3 黑龙江重点国有林区有林地、疏林地、灌木林地按林种和龄组面积、蓄积统计表（续 62）

单位：公顷、立方米

统计单位	林种	亚林种	郁闭度（覆盖度）等级	合计		乔木林地												疏林地		灌木林地		
						小计		幼龄林		中龄林		近熟林		成熟林		过熟林				小计	特殊灌木林地	一般灌木林地
				面积	蓄积	面积	蓄积	面积	蓄积	面积	蓄积	面积	蓄积	面积	蓄积	面积	蓄积	面积	蓄积	面积	面积	面积
苇河林业局	合计	合计	合计	163477.32	16294773.8	163234.73	16290502.7	13523.54	956103.5	134298.61	13491928.7	12909.81	1534889.4	2384.61	291001.8	118.16	16579.3	94.05	4271.1	148.54		148.54
			低（疏）	3060.63	176155.8	2982.14	176155.8	620.02	21008.1	1618.89	92633.3	602.70	48801.0	140.53	13713.4					78.49		78.49
			中	66180.43	5774502.5	66131.13	5774502.5	7190.11	480109.2	51511.14	4517440.1	6396.00	658329.5	1012.78	116665.4	21.10	1958.3			49.30		49.30
			高（密）	94142.21	10339844.4	94121.46	10339844.4	5713.41	454986.2	81168.58	8881855.3	5911.11	827758.9	1231.30	160623.0	97.06	14621.0			20.75		20.75
	防护林	合计	合计	85630.78	8505706.3	85449.22	8502685.3	6018.54	407218.0	71217.78	7113538.0	7055.10	854230.0	1101.84	119663.8	55.96	8035.5	63.63	3021.0	117.93		117.93
			低（疏）	1768.87	92128.9	1694.36	92128.9	435.36	13898.3	907.98	48569.0	327.54	28032.2	23.48	1629.4					74.51		74.51
			中	28885.53	2419873.9	28845.17	2419873.9	2135.62	127885.0	23459.28	1955731.6	2931.14	303281.7	318.69	32933.5	0.44	42.1			40.36		40.36
			高（密）	54912.75	5990682.5	54909.69	5990682.5	3447.56	265434.7	46850.52	5109237.4	3796.42	522916.1	759.67	85100.9	55.52	7993.4			3.06		3.06
		水源涵养林	合计	12.58	1209.3	12.58	1209.3	7.36	777.6	5.22	431.7											
			中	5.22	431.7	5.22	431.7			5.22	431.7											
			高（密）	7.36	777.6	7.36	777.6	7.36	777.6													
		水土保持林	合计	83683.40	8282115.5	83501.84	8279094.5	5698.78	390420.5	69929.37	6957193.8	6739.33	807056.0	1078.40	116388.7	55.96	8035.5	63.63	3021.0	117.93		117.93
			低（疏）	1760.43	91688.9	1685.92	91688.9	435.36	13898.3	907.98	48569.0	319.10	27592.2	23.48	1629.4					74.51		74.51
			中	28482.54	2375157.4	28442.18	2375157.4	2033.60	121326.4	23244.99	1930188.4	2848.56	291275.4	314.59	32325.1	0.44	42.1			40.36		40.36
			高（密）	53376.80	5812248.2	53373.74	5812248.2	3229.82	255195.8	45776.40	4978436.4	3571.67	488188.4	740.33	82434.2	55.52	7993.4			3.06		3.06
		护岸林	合计	1934.80	222381.5	1934.80	222381.5	312.40	16019.9	1283.19	155912.5	315.77	47174.0	23.44	3275.1							
			低（疏）	8.44	440.0	8.44	440.0					8.44	440.0									
			中	397.77	44284.8	397.77	44284.8	102.02	6558.6	209.07	25111.5	82.58	12006.3	4.10	608.4							
			高（密）	1528.59	177656.7	1528.59	177656.7	210.38	9461.3	1074.12	130801.0	224.75	34727.7	19.34	2666.7							

表 3　黑龙江重点国有林区有林地、疏林地、灌木林地按林种和龄组面积、蓄积统计表（续 63）

单位：公顷、立方米

统计单位	林种	亚林种	郁闭度（覆盖度）等级	合计		乔木林地												疏林地		灌木林地		
						小计		幼龄林		中龄林		近熟林		成熟林		过熟林				小计	特殊灌木林地	一般灌木林地
				面积	蓄积	面积	蓄积	面积	蓄积	面积	蓄积	面积	蓄积	面积	蓄积	面积	蓄积	面积	蓄积	面积	面积	面积
苇河林业局	特用林	合计	合计	50707.37	4707141.0	50707.07	4707141.0	4850.83	339990.6	39656.90	3660398.1	5116.14	566105.6	1060.66	138404.5	22.54	2242.2			0.30		0.30
			低（疏）	893.03	59910.0	892.92	59910.0	55.39	2241.0	456.63	25658.9	267.13	20181.9	113.77	11828.2					0.11		0.11
			中	26895.76	2275667.8	26895.57	2275667.8	3986.15	269821.4	19005.50	1606204.5	3213.94	316643.4	669.32	81082.3	20.66	1916.2			0.19		0.19
			高（密）	22918.58	2371563.2	22918.58	2371563.2	809.29	67928.2	20194.77	2028534.7	1635.07	229280.3	277.57	45494.0	1.88	326.0					
		种质资源林（母树林）	合计	315.90	48873.1	315.86	48873.1	0.72	34.7	192.23	23894.7	53.62	9427.2	69.29	15516.5					0.04		0.04
			低（疏）	1.26	82.4	1.26	82.4			1.26	82.4											
			中	65.93	7398.8	65.89	7398.8	0.72	34.7	61.08	6509.3			4.09	854.8					0.04		0.04
			高（密）	248.71	41391.9	248.71	41391.9			129.89	17303.0	53.62	9427.2	65.20	14661.7							
		自然保护区林	合计	50391.47	4658267.9	50391.21	4658267.9	4850.11	339955.9	39464.67	3636503.4	5062.52	556678.4	991.37	122888.0	22.54	2242.2			0.26		0.26
			低（疏）	891.77	59827.6	891.66	59827.6	55.39	2241.0	455.37	25576.5	267.13	20181.9	113.77	11828.2					0.11		0.11
			中	26829.83	2268269.0	26829.68	2268269.0	3985.43	269786.7	18944.42	1599695.2	3213.94	316643.4	665.23	80227.5	20.66	1916.2			0.15		0.15
			高（密）	22669.87	2330171.3	22669.87	2330171.3	809.29	67928.2	20064.88	2011231.7	1581.45	219853.1	212.37	30832.3	1.88	326.0					
	用材林	合计	合计	27139.17	3081926.5	27078.44	3080676.4	2654.17	208894.9	23423.93	2717992.6	738.57	114553.8	222.11	32933.5	39.66	6301.6	30.42	1250.1	30.31		30.31
			低（疏）	398.73	24116.9	394.86	24116.9	129.27	4868.8	254.28	18405.4	8.03	586.9	3.28	255.8					3.87		3.87
			中	10399.14	1078960.8	10390.39	1078960.8	1068.34	82402.8	9046.36	955504.0	250.92	38404.4	24.77	2649.6					8.75		8.75
			高（密）	16310.88	1977598.7	16293.19	1977598.7	1456.56	121623.3	14123.29	1744083.2	479.62	75562.5	194.06	30028.1	39.66	6301.6			17.69		17.69
		一般用材林	合计	27139.17	3081926.5	27078.44	3080676.4	2654.17	208894.9	23423.93	2717992.6	738.57	114553.8	222.11	32933.5	39.66	6301.6	30.42	1250.1	30.31		30.31
			低（疏）	398.73	24116.9	394.86	24116.9	129.27	4868.8	254.28	18405.4	8.03	586.9	3.28	255.8					3.87		3.87
			中	10399.14	1078960.8	10390.39	1078960.8	1068.34	82402.8	9046.36	955504.0	250.92	38404.4	24.77	2649.6					8.75		8.75
			高（密）	16310.88	1977598.7	16293.19	1977598.7	1456.56	121623.3	14123.29	1744083.2	479.62	75562.5	194.06	30028.1	39.66	6301.6			17.69		17.69

表 3 黑龙江重点国有林区有林地、疏林地、灌木林地按林种和龄组面积、蓄积统计表（续 64）

单位：公顷、立方米

统计单位	林种	亚林种	郁闭度（覆盖度）等级	合计		乔木林地														疏林地		灌木林地		
						小计		幼龄林		中龄林		近熟林		成熟林		过熟林						小计	特殊灌木林地	一般灌木林地
				面积	蓄积	面积	蓄积	面积	蓄积	面积	蓄积	面积	蓄积	面积	蓄积	面积	蓄积			面积	蓄积	面积	面积	面积
亚布力林业局	合计	合计	合计	268747.44	26728643.3	268583.70	26728381.9	15486.52	1129315.2	162908.80	15362405.3	78378.22	8764022.1	10818.30	1344242.5	991.86	128396.8			9.46	261.4	154.28		154.28
			低（疏）	1222.96	63410.6	1184.49	63410.6	415.90	1559.5	64.62	2895.4	248.50	18501.2	411.78	37354.5	43.69	3100.0					38.47		38.47
			中	110418.98	10120083.2	110367.98	10120083.2	3882.77	222170.4	58384.56	4977578.6	42260.03	4278109.3	5075.65	546957.4	764.97	95267.5					51.00		51.00
			高（密）	157096.04	16544888.1	157031.23	16544888.1	11187.85	905585.3	104459.62	10381931.3	35869.69	4467411.6	5330.87	759930.6	183.20	30029.3					64.81		64.81
	防护林	合计	合计	176476.01	18372006.8	176324.96	18371745.4	8004.88	600388.1	100826.78	9823082.7	58012.37	6712423.7	8658.85	1127214.0	822.08	108636.9			9.46	261.4	141.59		141.59
			低（疏）	821.81	55132.5	789.64	55132.5	131.26	501.3	48.56	2347.8	205.64	15551.4	404.18	36732.0							32.17		32.17
			中	70398.77	6630927.9	70350.82	6630927.9	2154.22	129406.2	33005.07	2827962.8	30704.79	3167439.0	3821.37	424109.1	665.37	82010.8					47.95		47.95
			高（密）	105245.97	11685685.0	105184.50	11685685.0	5719.40	470480.6	67773.15	6992772.1	27101.94	3529433.3	4433.30	666372.9	156.71	26626.1					61.47		61.47
		水源涵养林	合计	76183.87	8990007.5	76174.41	8989746.1	5157.32	385671.3	43774.89	4740059.7	23736.82	3269016.9	3306.70	563659.3	198.68	31338.9			9.46	261.4			
			低（疏）	91.22	1210.1	91.22	1210.1	81.66	399.4	2.78	207.9			6.78	602.8									
			中	13956.30	1546789.5	13956.30	1546789.5	1008.10	47764.9	5575.63	527904.3	6779.29	886715.7	551.31	79691.8	41.97	4712.8							
			高（密）	62126.89	7441746.5	62126.89	7441746.5	4067.56	337507.0	38196.48	4211947.5	16957.53	2382301.2	2748.61	483364.7	156.71	26626.1							
		水土保持林	合计	100292.14	9381999.3	100150.55	9381999.3	2847.56	214716.8	57051.89	5083023.0	34275.55	3443406.8	5352.15	563554.7	623.40	77298.0					141.59		141.59
			低（疏）	730.59	53922.4	698.42	53922.4	49.60	101.9	45.78	2139.9	205.64	15551.4	397.40	36129.2							32.17		32.17
			中	56442.47	5084138.4	56394.52	5084138.4	1146.12	81641.3	27429.44	2300058.5	23925.50	2280723.3	3270.06	344417.3	623.40	77298.0					47.95		47.95
			高（密）	43119.08	4243938.5	43057.61	4243938.5	1651.84	132973.6	29576.67	2780824.6	10144.41	1147132.1	1684.69	183008.2							61.47		61.47
	特用林	合计	合计	26067.58	2500546.3	26066.58	2500546.3	836.76	71627.5	14452.12	1291009.9	9826.75	1036639.4	781.34	81540.9	169.61	19728.6					1.00		1.00
			低（疏）	112.94	6763.9	112.94	6763.9	16.08	484.9	11.74	359.8	41.43	2819.2			43.69	3100.0							
			中	13539.40	1245128.3	13538.40	1245128.3	500.34	45843.5	6211.06	509706.4	5977.86	597024.9	749.54	79296.8	99.60	13256.7					1.00		1.00
			高（密）	12415.24	1248654.1	12415.24	1248654.1	320.34	25299.1	8229.32	780943.7	3807.46	436795.3	31.80	2244.1	26.32	3371.9							

表 3　黑龙江重点国有林区有林地、疏林地、灌木林地按林种和龄组面积、蓄积统计表（续 65）

单位：公顷、立方米

统计单位	林种	亚林种	郁闭度（覆盖度）等级	合计		乔木林地												疏林地		灌木林地		
						小计		幼龄林		中龄林		近熟林		成熟林		过熟林				小计	特殊灌木林地	一般灌木林地
				面积	蓄积	面积	蓄积	面积	蓄积	面积	蓄积	面积	蓄积	面积	蓄积	面积	蓄积	面积	蓄积	面积	面积	面积
亚布力林业局	特用林	自然保护区林	合计	26067.58	2500546.3	26066.58	2500546.3	836.76	71627.5	14452.12	1291009.9	9826.75	1036639.4	781.34	81540.9	169.61	19728.6			1.00		1.00
			低（疏）	112.94	6763.9	112.94	6763.9	16.08	484.9	11.74	359.8	41.43	2819.2			43.69	3100.0					
			中	13539.40	1245128.3	13538.40	1245128.3	500.34	45843.5	6211.06	509706.4	5977.86	597024.9	749.54	79296.8	99.60	13256.7			1.00		1.00
			高（密）	12415.24	1248654.1	12415.24	1248654.1	320.34	25299.1	8229.32	780943.7	3807.46	436795.3	31.80	2244.1	26.32	3371.9					
	用材林	合计	合计	66203.85	5856090.2	66192.16	5856090.2	6644.88	457299.6	47629.90	4248312.7	10539.10	1014959.0	1378.11	135487.6	0.17	31.3			11.69		11.69
			低（疏）	288.21	1514.2	281.91	1514.2	268.56	573.3	4.32	187.8	1.43	130.6	7.60	622.5					6.30		6.30
			中	26480.81	2244027.0	26478.76	2244027.0	1228.21	46920.7	19168.43	1639909.4	5577.38	513645.4	504.74	43551.5					2.05		2.05
			高（密）	39434.83	3610549.0	39431.49	3610549.0	5148.11	409805.6	28457.15	2608215.5	4960.29	501183.0	865.77	91313.6	0.17	31.3			3.34		3.34
		一般用材林	合计	66203.85	5856090.2	66192.16	5856090.2	6644.88	457299.6	47629.90	4248312.7	10539.10	1014959.0	1378.11	135487.6	0.17	31.3			11.69		11.69
			低（疏）	288.21	1514.2	281.91	1514.2	268.56	573.3	4.32	187.8	1.43	130.6	7.60	622.5					6.30		6.30
			中	26480.81	2244027.0	26478.76	2244027.0	1228.21	46920.7	19168.43	1639909.4	5577.38	513645.4	504.74	43551.5					2.05		2.05
			高（密）	39434.83	3610549.0	39431.49	3610549.0	5148.11	409805.6	28457.15	2608215.5	4960.29	501183.0	865.77	91313.6	0.17	31.3			3.34		3.34
兴隆林业局	合计	合计	合计	281095.35	31148953.1	281029.66	31147276.3	43694.39	4121304.5	175480.93	18605300.9	51236.52	6854020.0	10189.75	1497577.5	428.07	69073.4	36.95	1676.8	28.74		28.74
			低（疏）	7310.60	646432.0	7310.60	646432.0	2069.58	152750.3	2698.58	214068.7	2360.91	262558.6	181.53	17054.4							
			中	247125.00	26826029.1	247096.26	26826029.1	35610.10	3310815.5	156260.08	16017035.2	44942.18	5971833.7	9855.83	1457271.3	428.07	69073.4			28.74		28.74
			高（密）	26622.80	3674815.2	26622.80	3674815.2	6014.71	657738.7	16522.27	2374197.0	3933.43	619627.7	152.39	23251.8							
	防护林	合计	合计	122321.64	13672182.9	122265.26	13670540.2	18136.98	1700632.8	74479.32	7871348.2	24783.44	3373685.0	4660.14	691125.6	205.38	33748.6	35.88	1642.7	20.50		20.50
			低（疏）	3873.12	355436.2	3873.12	355436.2	1016.52	76392.0	1435.48	115357.7	1347.62	156096.2	73.50	7590.3							
			中	107536.10	11820272.7	107515.60	11820272.7	14577.51	1358467.2	66777.81	6841061.2	21439.28	2916224.0	4515.62	670771.7	205.38	33748.6			20.50		20.50
			高（密）	10876.54	1494831.3	10876.54	1494831.3	2542.95	265773.6	6266.03	914929.3	1996.54	301364.8	71.02	12763.6							

表 3 黑龙江重点国有林区有林地、疏林地、灌木林地按林种和龄组面积、蓄积统计表（续 66）

单位：公顷、立方米

统计单位	林种	亚林种	郁闭度（覆盖度）等级	合计		乔木林地														疏林地		灌木林地		
						小计		幼龄林		中龄林		近熟林		成熟林		过熟林						小计	特殊灌木林地	一般灌木林地
				面积	蓄积	面积	蓄积	面积	蓄积	面积	蓄积	面积	蓄积	面积	蓄积	面积	蓄积			面积	蓄积	面积	面积	面积
兴隆林业局	防护林	水源涵养林	合计	7388.41	914661.6	7388.41	914661.6	215.35	18174.6	4049.37	418272.6	2714.76	412945.1	408.93	65269.3									
			低（疏）	14.32	868.6	14.32	868.6	7.71	487.0	4.67	266.5	1.94	115.1											
			中	6409.28	794123.8	6409.28	794123.8	176.96	14946.9	3303.73	334843.8	2571.73	388599.9	356.86	55733.2									
			高（密）	964.81	119669.2	964.81	119669.2	30.68	2740.7	740.97	83162.3	141.09	24230.1	52.07	9536.1									
		水土保持林	合计	113090.19	12553633.3	113033.81	12551990.6	17743.67	1666192.2	68972.11	7295857.7	21918.63	2939195.3	4194.02	616996.8	205.38	33748.6			35.88	1642.7	20.50		20.50
			低（疏）	3849.10	353731.4	3849.10	353731.4	1004.52	75559.2	1425.40	114600.8	1345.68	155981.1	73.50	7590.3									
			中	99307.52	10825512.9	99287.02	10825512.9	14226.88	1327600.1	62035.69	6351905.7	18717.50	2506079.5	4101.57	606179.0	205.38	33748.6					20.50		20.50
			高（密）	9897.69	1372746.3	9897.69	1372746.3	2512.27	263032.9	5511.02	829351.2	1855.45	277134.7	18.95	3227.5									
		护岸林	合计	165.35	16263.3	165.35	16263.3	12.10	1043.7	147.89	14522.9			5.36	696.7									
			低（疏）	9.70	836.2	9.70	836.2	4.29	345.8	5.41	490.4													
			中	152.24	14839.2	152.24	14839.2	7.81	697.9	139.07	13444.6			5.36	696.7									
			高（密）	3.41	587.9	3.41	587.9			3.41	587.9													
		护路林	合计	18.30	2504.0	18.30	2504.0			15.98	2207.0	1.78	227.4	0.54	69.6									
			中	7.67	676.1	7.67	676.1			5.35	379.1	1.78	227.4	0.54	69.6									
			高（密）	10.63	1827.9	10.63	1827.9			10.63	1827.9													
		防火林	合计	1659.39	185120.7	1659.39	185120.7	165.86	15222.3	1293.97	140488.0	148.27	21317.2	51.29	8093.2									
			中	1659.39	185120.7	1659.39	185120.7	165.86	15222.3	1293.97	140488.0	148.27	21317.2	51.29	8093.2									

表 3　黑龙江重点国有林区有林地、疏林地、灌木林地按林种和龄组面积、蓄积统计表（续 67）

单位：公顷、立方米

统计单位	林种	亚林种	郁闭度（覆盖度）等级	合计		乔木林地														疏林地		灌木林地		
						小计		幼龄林		中龄林		近熟林		成熟林		过熟林						小计	特殊灌木林地	一般灌木林地
				面积	蓄积	面积	蓄积	面积	蓄积	面积	蓄积	面积	蓄积	面积	蓄积	面积	蓄积			面积	蓄积	面积	面积	面积
兴隆林业局	特用林	合计	合计	114088.20	12749571.3	114078.89	12749537.2	17236.64	1645359.4	71446.06	7664485.4	20333.80	2693441.3	4906.75	720782.2	155.64	25468.9			1.07	34.1	8.24		8.24
			低（疏）	2340.72	204977.0	2340.72	204977.0	694.56	51808.7	792.92	65614.9	764.55	80056.4	88.69	7497.0									
			中	100938.17	11023387.8	100929.93	11023387.8	14637.36	1369451.7	63389.35	6571754.0	18010.89	2353916.2	4736.69	702797.0	155.64	25468.9					8.24		8.24
			高（密）	10808.24	1521172.4	10808.24	1521172.4	1904.72	224099.0	7263.79	1027116.5	1558.36	259468.7	81.37	10488.2									
		种质资源林（母树林）	合计	443.63	75761.5	443.63	75761.5	45.06	4220.6	243.50	42121.3	129.52	25360.8	25.55	4058.8									
			中	147.77	18449.0	147.77	18449.0	45.06	4220.6	48.12	5908.5	54.59	8319.9											
			高（密）	295.86	57312.5	295.86	57312.5			195.38	36212.8	74.93	17040.9	25.55	4058.8									
		环境保护林	合计	6717.31	820825.9	6717.31	820825.9	772.10	75170.5	3803.32	435025.4	1810.56	257671.4	331.33	52958.6									
			低（疏）	104.50	11823.9	104.50	11823.9	13.25	1172.1	8.67	402.2	81.95	10195.2	0.63	54.4									
			中	5966.70	704177.3	5966.70	704177.3	692.06	66548.3	3373.59	362344.3	1570.35	222380.5	330.70	52904.2									
			高（密）	646.11	104824.7	646.11	104824.7	66.79	7450.1	421.06	72278.9	158.26	25095.7											
		风景林	合计	12779.72	1427817.4	12778.16	1427817.4	2557.53	250431.2	8928.79	1040813.5	1213.81	128419.4	78.03	8153.3							1.56		1.56
			低（疏）	320.53	24795.7	320.53	24795.7	96.09	6456.7	178.30	14126.6	45.81	4186.9	0.33	25.5									
			中	8802.18	906347.3	8800.62	906347.3	1724.13	160492.4	5896.43	623844.7	1131.65	116517.5	48.41	5492.7							1.56		1.56
			高（密）	3657.01	496674.4	3657.01	496674.4	737.31	83482.1	2854.06	402842.2	36.35	7715.0	29.29	2635.1									
		自然保护区林	合计	94147.54	10425166.5	94139.79	10425132.4	13861.95	1315537.1	58470.45	6146525.2	17179.91	2281989.7	4471.84	655611.5	155.64	25468.9			1.07	34.1	6.68		6.68
			低（疏）	1915.69	168357.4	1915.69	168357.4	585.22	44179.9	605.95	51086.1	636.79	65674.3	87.73	7417.1									
			中	86021.52	9394414.2	86014.84	9394414.2	12176.11	1138190.4	54071.21	5579656.5	15254.30	2006698.3	4357.58	644400.1	155.64	25468.9					6.68		6.68
			高（密）	6209.26	862360.8	6209.26	862360.8	1100.62	133166.8	3793.29	515782.6	1288.82	209617.1	26.53	3794.3									

表3 黑龙江重点国有林区有林地、疏林地、灌木林地按林种和龄组面积、蓄积统计表（续68）

单位：公顷、立方米

统计单位	林种	亚林种	郁闭度（覆盖度）等级	合计		乔木林地												疏林地		灌木林地		
						小计		幼龄林		中龄林		近熟林		成熟林		过熟林				小计	特殊灌木林地	一般灌木林地
				面积	蓄积	面积	蓄积	面积	蓄积	面积	蓄积	面积	蓄积	面积	蓄积	面积	蓄积	面积	蓄积	面积	面积	面积
兴隆林业局	用材林	合计	合计	44685.51	4727198.9	44685.51	4727198.9	8320.77	775312.3	29555.55	3069467.3	6119.28	786893.7	622.86	85669.7	67.05	9855.9					
			低（疏）	1096.76	86018.8	1096.76	86018.8	358.50	24549.6	470.18	33096.1	248.74	26406.0	19.34	1967.1							
			中	38650.73	3982368.6	38650.73	3982368.6	6395.23	582896.6	26092.92	2604220.0	5492.01	701693.5	603.52	83702.6	67.05	9855.9					
			高（密）	4938.02	658811.5	4938.02	658811.5	1567.04	167866.1	2992.45	432151.2	378.53	58794.2									
		一般用材林	合计	44685.51	4727198.9	44685.51	4727198.9	8320.77	775312.3	29555.55	3069467.3	6119.28	786893.7	622.86	85669.7	67.05	9855.9					
			低（疏）	1096.76	86018.8	1096.76	86018.8	358.50	24549.6	470.18	33096.1	248.74	26406.0	19.34	1967.1							
			中	38650.73	3982368.6	38650.73	3982368.6	6395.23	582896.6	26092.92	2604220.0	5492.01	701693.5	603.52	83702.6	67.05	9855.9					
			高（密）	4938.02	658811.5	4938.02	658811.5	1567.04	167866.1	2992.45	432151.2	378.53	58794.2									
方正林业局	合计	合计	合计	182746.10	20983447.6	182746.10	20983447.6	25534.74	2572166.0	99335.85	11421120.9	44248.57	5267977.9	13148.39	1653905.5	478.55	68277.3					
			低（疏）	130.50	6911.7	130.50	6911.7	58.73	768.7	45.44	2543.3	26.33	3599.7									
			中	87956.94	9835376.9	87956.94	9835376.9	9419.46	933451.2	49944.92	5555970.7	20510.29	2361172.2	7882.69	955222.7	199.58	29560.1					
			高（密）	94658.66	11141159.0	94658.66	11141159.0	16056.55	1637946.1	49345.49	5862606.9	23711.95	2903206.0	5265.70	698682.8	278.97	38717.2					
	防护林	合计	合计	111849.79	12785860.8	111849.79	12785860.8	16380.56	1631010.8	58787.21	6726393.1	27838.46	3325951.6	8600.41	1068442.3	243.15	34063.0					
			低（疏）	59.39	1124.3	59.39	1124.3	42.14	299.5	17.25	824.8											
			中	49715.59	5573366.2	49715.59	5573366.2	4761.71	460441.1	27623.22	3079542.8	11963.61	1387891.8	5307.92	636475.7	59.13	9014.8					
			高（密）	62074.81	7211370.3	62074.81	7211370.3	11576.71	1170270.2	31146.74	3646025.5	15874.85	1938059.8	3292.49	431966.6	184.02	25048.2					
		水土保持林	合计	58303.91	6690890.6	58303.91	6690890.6	7082.58	730942.5	30805.04	3525230.6	15289.72	1819494.1	5122.07	614544.6	4.50	678.8					
			低（疏）	36.74	780.1	36.74	780.1	21.48	21.4	15.26	758.7											
			中	29323.86	3236256.2	29323.86	3236256.2	2883.35	277632.6	15598.10	1714369.7	6914.47	788819.0	3927.02	455320.9	0.92	114.0					
			高（密）	28943.31	3453854.3	28943.31	3453854.3	4177.75	453288.5	15191.68	1810102.2	8375.25	1030675.1	1195.05	159223.7	3.58	564.8					

表 3　黑龙江重点国有林区有林地、疏林地、灌木林地按林种和龄组面积、蓄积统计表（续 69）

单位：公顷、立方米

统计单位	林种	亚林种	郁闭度（覆盖度）等级	合计		乔木林地												疏林地		小计	灌木林地	
						小计		幼龄林		中龄林		近熟林		成熟林		过熟林					特殊灌木林地	一般灌木林地
				面积	蓄积	面积	蓄积	面积	蓄积	面积	蓄积	面积	蓄积	面积	蓄积	面积	蓄积	面积	蓄积	面积	面积	面积
方正林业局	防护林	护岸林	合计	53545.88	6094970.2	53545.88	6094970.2	9297.98	900068.3	27982.17	3201162.5	12548.74	1506457.5	3478.34	453897.7	238.65	33384.2					
			低（疏）	22.65	344.2	22.65	344.2	20.66	278.1	1.99	66.1											
			中	20391.73	2337110.0	20391.73	2337110.0	1878.36	182808.5	12025.12	1365173.1	5049.14	599072.8	1380.90	181154.8	58.21	8900.8					
			高（密）	33131.50	3757516.0	33131.50	3757516.0	7398.96	716981.7	15955.06	1835923.3	7499.60	907384.7	2097.44	272742.9	180.44	24483.4					
	特用林	合计	合计	29560.67	3482220.5	29560.67	3482220.5	2371.15	241776.5	16049.36	1891361.2	8660.62	1016768.2	2335.61	311984.4	143.93	20330.2					
			低（疏）	35.85	2357.0	35.85	2357.0	0.98	16.5	27.26	1619.0	7.61	721.5									
			中	18098.32	2035073.4	18098.32	2035073.4	1765.04	173574.6	9821.32	1097073.7	5009.34	571382.9	1403.83	180016.0	98.79	13026.2					
			高（密）	11426.50	1444790.1	11426.50	1444790.1	605.13	68185.4	6200.78	792668.5	3643.67	444663.8	931.78	131968.4	45.14	7304.0					
		自然保护区林	合计	29560.67	3482220.5	29560.67	3482220.5	2371.15	241776.5	16049.36	1891361.2	8660.62	1016768.2	2335.61	311984.4	143.93	20330.2					
			低（疏）	35.85	2357.0	35.85	2357.0	0.98	16.5	27.26	1619.0	7.61	721.5									
			中	18098.32	2035073.4	18098.32	2035073.4	1765.04	173574.6	9821.32	1097073.7	5009.34	571382.9	1403.83	180016.0	98.79	13026.2					
			高（密）	11426.50	1444790.1	11426.50	1444790.1	605.13	68185.4	6200.78	792668.5	3643.67	444663.8	931.78	131968.4	45.14	7304.0					
	用材林	合计	合计	41335.64	4715366.3	41335.64	4715366.3	6783.03	699378.7	24499.28	2803366.6	7749.49	925258.1	2212.37	273478.8	91.47	13884.1					
			低（疏）	35.26	3430.4	35.26	3430.4	15.61	452.7	0.93	99.5	18.72	2878.2									
			中	20143.03	2226937.3	20143.03	2226937.3	2892.71	299435.5	12500.38	1379354.2	3537.34	401897.5	1170.94	138731.0	41.66	7519.1					
			高（密）	21157.35	2484998.6	21157.35	2484998.6	3874.71	399490.5	11997.97	1423912.9	4193.43	520482.4	1041.43	134747.8	49.81	6365.0					
		一般用材林	合计	41335.64	4715366.3	41335.64	4715366.3	6783.03	699378.7	24499.28	2803366.6	7749.49	925258.1	2212.37	273478.8	91.47	13884.1					
			低（疏）	35.26	3430.4	35.26	3430.4	15.61	452.7	0.93	99.5	18.72	2878.2									
			中	20143.03	2226937.3	20143.03	2226937.3	2892.71	299435.5	12500.38	1379354.2	3537.34	401897.5	1170.94	138731.0	41.66	7519.1					
			高（密）	21157.35	2484998.6	21157.35	2484998.6	3874.71	399490.5	11997.97	1423912.9	4193.43	520482.4	1041.43	134747.8	49.81	6365.0					

表 3　黑龙江重点国有林区有林地、疏林地、灌木林地按林种和龄组面积、蓄积统计表（续 70）

单位：公顷、立方米

统计单位	林种	亚林种	郁闭度（覆盖度）等级	合计		乔木林地														疏林地		灌木林地		
						小计		幼龄林		中龄林		近熟林		成熟林		过熟林					小计	特殊灌木林地	一般灌木林地
				面积	蓄积	面积	蓄积	面积	蓄积	面积	蓄积	面积	蓄积	面积	蓄积	面积	蓄积	面积	蓄积	面积	面积	面积
绥棱林业局	合计	合计	合计	168735.05	18504281.0	167852.56	18496670.9	16974.48	1354437.5	141002.38	15784241.8	7654.89	1054774.3	2220.81	303217.3			223.38	7610.1	659.11		659.11
			低（疏）	7027.59	467821.0	7004.42	467821.0	2408.57	128713.7	4300.57	312676.3	237.05	21032.1	58.23	5398.9					23.17		23.17
			中	147738.85	15993629.8	147102.91	15993629.8	13090.94	1095971.3	126281.21	13898371.3	5878.83	750701.0	1851.93	248586.2					635.94		635.94
			高（密）	13745.23	2035220.1	13745.23	2035220.1	1474.97	129752.5	10420.60	1573194.2	1539.01	283041.2	310.65	49232.2							
	防护林	合计	合计	112727.05	12456497.5	112589.98	12452461.7	11453.98	931251.6	93702.56	10491875.3	5882.04	815609.3	1551.40	213725.5			112.14	4035.8	24.93		24.93
			低（疏）	3739.03	247465.1	3715.86	247465.1	1321.56	70834.2	2252.46	163330.6	127.64	11875.2	14.20	1425.1					23.17		23.17
			中	97751.00	10578668.9	97749.24	10578668.9	8818.64	745231.4	83024.43	9066007.5	4640.40	596480.5	1265.77	170949.5					1.76		1.76
			高（密）	11124.88	1626327.7	11124.88	1626327.7	1313.78	115186.0	8425.67	1262537.2	1114.00	207253.6	271.43	41350.9							
		水源涵养林	合计	10404.15	1095738.3	10404.15	1095738.3	1476.09	117692.1	7803.30	797020.8	966.25	153065.2	158.51	27960.2							
			低（疏）	378.59	26094.3	378.59	26094.3	91.59	5178.0	280.11	20055.5	6.89	860.8									
			中	8290.38	814743.7	8290.38	814743.7	889.64	70691.8	6495.97	604532.3	746.26	111559.4	158.51	27960.2							
			高（密）	1735.18	254900.3	1735.18	254900.3	494.86	41822.3	1027.22	172433.0	213.10	40645.0									
		水土保持林	合计	82627.78	9302539.3	82511.11	9299135.6	7655.04	626506.6	69770.77	7975760.6	4023.43	553646.8	1061.87	143221.6			91.74	3403.7	24.93		24.93
			低（疏）	2744.45	182108.4	2721.28	182108.4	1105.12	59337.6	1495.38	111723.8	107.77	9743.2	13.01	1303.8					23.17		23.17
			中	71907.80	7947674.8	71906.04	7947674.8	5925.40	512094.6	61966.62	6921502.0	3113.81	394417.0	900.21	119661.2					1.76		1.76
			高（密）	7883.79	1169352.4	7883.79	1169352.4	624.52	55074.4	6308.77	942534.8	801.85	149486.6	148.65	22256.6							
		护岸林	合计	19695.12	2058219.9	19674.72	2057587.8	2322.85	187052.9	16128.49	1719093.9	892.36	108897.3	331.02	42543.7			20.40	632.1			
			低（疏）	615.99	39262.4	615.99	39262.4	124.85	6318.6	476.97	31551.3	12.98	1271.2	1.19	121.3							
			中	17552.82	1816250.4	17552.82	1816250.4	2003.60	162445.0	14561.84	1539973.2	780.33	90504.1	207.05	23328.1							
			高（密）	1505.91	202075.0	1505.91	202075.0	194.40	18289.3	1089.68	147569.4	99.05	17122.0	122.78	19094.3							

表 3　黑龙江重点国有林区有林地、疏林地、灌木林地按林种和龄组面积、蓄积统计表（续 71）

单位：公顷、立方米

统计单位	林种	亚林种	郁闭度（覆盖度）等级	合计		乔木林地												疏林地		灌木林地		
						小计		幼龄林		中龄林		近熟林		成熟林		过熟林				小计	特殊灌木林地	一般灌木林地
				面积	蓄积	面积	蓄积	面积	蓄积	面积	蓄积	面积	蓄积	面积	蓄积	面积	蓄积	面积	蓄积	面积	面积	面积
绥棱林业局	特用林	合计	合计	22176.62	2278221.2	21440.67	2274960.4	3485.38	262684.6	17085.90	1893310.6	746.82	100624.5	122.57	18340.7			101.77	3260.8	634.18		634.18
			低（疏）	2197.72	139931.8	2197.72	139931.8	882.59	46812.7	1214.85	84844.7	95.71	7854.6	4.57	419.8							
			中	18720.21	1941405.0	18086.03	1941405.0	2497.58	205590.0	14997.68	1658830.2	501.48	64868.9	89.29	12115.9					634.18		634.18
			高（密）	1156.92	193623.6	1156.92	193623.6	105.21	10281.9	873.37	149635.7	149.63	27901.0	28.71	5805.0							
		种质资源林（母树林）	合计	1324.15	190357.0	1324.15	190357.0	33.58	2371.0	960.53	135465.3	292.29	45964.7	37.75	6556.0							
			低（疏）	1.90	127.6	1.90	127.6			0.54	43.0	1.36	84.6									
			中	1199.76	168605.0	1199.76	168605.0	20.85	1606.2	947.52	132124.4	193.64	28318.4	37.75	6556.0							
			高（密）	122.49	21624.4	122.49	21624.4	12.73	764.8	12.47	3297.9	97.29	17561.7									
		自然保护区林	合计	20852.47	2087864.2	20116.52	2084603.4	3451.80	260313.6	16125.37	1757845.3	454.53	54659.8	84.82	11784.7			101.77	3260.8	634.18		634.18
			低（疏）	2195.82	139804.2	2195.82	139804.2	882.59	46812.7	1214.31	84801.7	94.35	7770.0	4.57	419.8							
			中	17520.45	1772800.0	16886.27	1772800.0	2476.73	203983.8	14050.16	1526705.8	307.84	36550.5	51.54	5559.9					634.18		634.18
			高（密）	1034.43	171999.2	1034.43	171999.2	92.48	9517.1	860.90	146337.8	52.34	10339.3	28.71	5805.0							
	用材林	合计	合计	33831.38	3769562.3	33821.91	3769248.8	2035.12	160501.3	30213.92	3399055.9	1026.03	138540.5	546.84	71151.1			9.47	313.5			
			低（疏）	1090.84	80424.1	1090.84	80424.1	204.42	11066.8	833.26	64501.0	13.70	1302.3	39.46	3554.0							
			中	31267.64	3473555.9	31267.64	3473555.9	1774.72	145149.9	28259.10	3173533.6	736.95	89351.6	496.87	65520.8							
			高（密）	1463.43	215268.8	1463.43	215268.8	55.98	4284.6	1121.56	161021.3	275.38	47886.6	10.51	2076.3							
		一般用材林	合计	33831.38	3769562.3	33821.91	3769248.8	2035.12	160501.3	30213.92	3399055.9	1026.03	138540.5	546.84	71151.1			9.47	313.5			
			低（疏）	1090.84	80424.1	1090.84	80424.1	204.42	11066.8	833.26	64501.0	13.70	1302.3	39.46	3554.0							
			中	31267.64	3473555.9	31267.64	3473555.9	1774.72	145149.9	28259.10	3173533.6	736.95	89351.6	496.87	65520.8							
			高（密）	1463.43	215268.8	1463.43	215268.8	55.98	4284.6	1121.56	161021.3	275.38	47886.6	10.51	2076.3							

表3 黑龙江重点国有林区有林地、疏林地、灌木林地按林种和龄组面积、蓄积统计表（续72）

单位：公顷、立方米

统计单位	林种	亚林种	郁闭度（覆盖度）等级	合计		乔木林地												疏林地		灌木林地		
						小计		幼龄林		中龄林		近熟林		成熟林		过熟林				小计	特殊灌木林地	一般灌木林地
				面积	蓄积	面积	蓄积	面积	蓄积	面积	蓄积	面积	蓄积	面积	蓄积	面积	蓄积	面积	蓄积	面积	面积	面积
通北林业局	合计	合计	合计	201890.66	20819276.0	201775.64	20816876.7	25366.83	1498177.3	161008.49	17025859.8	14982.92	2211854.0	396.12	78847.8	21.28	2137.8	115.02	2399.3			
			低（疏）	9770.38	468683.1	9770.38	468683.1	2485.57	43208.8	6619.70	377504.6	643.32	45799.7	0.51	32.2	21.28	2137.8					
			中	151724.11	15127177.7	151724.11	15127177.7	17312.00	1047861.8	123273.18	12487918.5	10866.44	1538051.2	272.49	53346.2							
			高（密）	40281.15	5221015.9	40281.15	5221015.9	5569.26	407106.7	31115.61	4160436.7	3473.16	628003.1	123.12	25469.4							
	防护林	合计	合计	124829.73	13117445.6	124792.54	13116706.7	14196.89	919655.4	101849.49	10850560.2	8607.37	1322082.5	138.79	24408.6			37.19	738.9			
			低（疏）	4903.59	236230.7	4903.59	236230.7	1180.60	16448.5	3433.81	199815.4	289.18	19966.8									
			中	92947.01	9457612.6	92947.01	9457612.6	9382.17	628266.9	77379.06	7918195.5	6050.89	887655.3	134.89	23494.9							
			高（密）	26941.94	3422863.4	26941.94	3422863.4	3634.12	274940.0	21036.62	2732549.3	2267.30	414460.4	3.90	913.7							
		水源涵养林	合计	12391.15	1209054.7	12390.13	1209028.2	1807.69	121638.5	9380.69	915664.5	1201.75	171725.2					1.02	26.5			
			低（疏）	939.26	45117.5	939.26	45117.5	147.70	915.3	756.60	42229.6	34.96	1972.6									
			中	10048.78	977875.3	10048.78	977875.3	1538.80	112541.2	7711.34	755210.3	798.64	110123.8									
			高（密）	1402.09	186035.4	1402.09	186035.4	121.19	8182.0	912.75	118224.6	368.15	59628.8									
		水土保持林	合计	76724.57	8221960.2	76689.35	8221276.1	7654.16	507877.0	64204.91	6962178.4	4748.86	736405.3	81.42	14815.4			35.22	684.1			
			低（疏）	2535.93	128484.9	2535.93	128484.9	479.75	8927.1	1845.81	106162.5	210.37	13395.3									
			中	58740.19	6101939.2	58740.19	6101939.2	4850.24	321253.9	50161.14	5215034.9	3651.29	551748.7	77.52	13901.7							
			高（密）	15413.23	1990852.0	15413.23	1990852.0	2324.17	177696.0	12197.96	1640981.0	887.20	171261.3	3.90	913.7							
		护岸林	合计	35714.01	3686430.7	35713.06	3686402.4	4735.04	290139.9	28263.89	2972717.3	2656.76	413952.0	57.37	9593.2			0.95	28.3			
			低（疏）	1428.40	62628.3	1428.40	62628.3	553.15	6606.1	831.40	51423.3	43.85	4598.9									
			中	24158.04	2377798.1	24158.04	2377798.1	2993.13	194471.8	19506.58	1947950.3	1600.96	225782.8	57.37	9593.2							
			高（密）	10126.62	1245976.0	10126.62	1245976.0	1188.76	89062.0	7925.91	973343.7	1011.95	183570.3									

表 3　黑龙江重点国有林区有林地、疏林地、灌木林地按林种和龄组面积、蓄积统计表（续 73）

单位：公顷、立方米

统计单位	林种	亚林种	郁闭度（覆盖度）等级	合计		乔木林地												疏林地		灌木林地		
						小计		幼龄林		中龄林		近熟林		成熟林		过熟林				小计	特殊灌木林地	一般灌木林地
				面积	蓄积	面积	蓄积	面积	蓄积	面积	蓄积	面积	蓄积	面积	蓄积	面积	蓄积	面积	蓄积	面积	面积	面积
通北林业局	特用林	合计	合计	52218.50	5155963.2	52149.71	5154491.7	7749.96	417088.9	40501.67	4182693.1	3662.17	506130.2	214.63	46441.7	21.28	2137.8	68.79	1471.5			
			低（疏）	3381.98	154386.5	3381.98	154386.5	955.67	19354.5	2145.90	114263.8	258.62	18598.2	0.51	32.2	21.28	2137.8					
			中	39128.56	3735047.7	39128.56	3735047.7	5222.17	286036.7	31054.80	3056901.5	2756.69	370255.7	94.90	21853.8							
			高（密）	9639.17	1265057.5	9639.17	1265057.5	1572.12	111697.7	7300.97	1011527.8	646.86	117276.3	119.22	24555.7							
		种质资源（母树林）林	合计	485.19	80616.2	485.19	80616.2	44.00	5504.8	337.80	54877.9	71.31	14016.4	32.08	6217.1							
			中	189.19	26792.3	189.19	26792.3	9.68	954.5	130.38	16123.5	49.13	9714.3									
			高（密）	296.00	53823.9	296.00	53823.9	34.32	4550.3	207.42	38754.4	22.18	4302.1	32.08	6217.1							
		自然保护区林	合计	51733.31	5075347.0	51664.52	5073875.5	7705.96	411584.1	40163.87	4127815.2	3590.86	492113.8	182.55	40224.6	21.28	2137.8	68.79	1471.5			
			低（疏）	3381.98	154386.5	3381.98	154386.5	955.67	19354.5	2145.90	114263.8	258.62	18598.2	0.51	32.2	21.28	2137.8					
			中	38939.37	3708255.4	38939.37	3708255.4	5212.49	285082.2	30924.42	3040778.0	2707.56	360541.4	94.90	21853.8							
			高（密）	9343.17	1211233.6	9343.17	1211233.6	1537.80	107147.4	7093.55	972773.4	624.68	112974.2	87.14	18338.6							
	用材林	合计	合计	24842.43	2545867.2	24833.39	2545678.3	3419.98	161433.0	18657.33	1992606.5	2713.38	383641.3	42.70	7997.5			9.04	188.9			
			低（疏）	1484.81	78065.9	1484.81	78065.9	349.30	7405.8	1039.99	63425.4	95.52	7234.7									
			中	19648.54	1934517.4	19648.54	1934517.4	2707.66	133558.2	14839.32	1512821.5	2058.86	280140.2	42.70	7997.5							
			高（密）	3700.04	533095.0	3700.04	533095.0	363.02	20469.0	2778.02	416359.6	559.00	96266.4									
		一般用材林	合计	24842.43	2545867.2	24833.39	2545678.3	3419.98	161433.0	18657.33	1992606.5	2713.38	383641.3	42.70	7997.5			9.04	188.9			
			低（疏）	1484.81	78065.9	1484.81	78065.9	349.30	7405.8	1039.99	63425.4	95.52	7234.7									
			中	19648.54	1934517.4	19648.54	1934517.4	2707.66	133558.2	14839.32	1512821.5	2058.86	280140.2	42.70	7997.5							
			高（密）	3700.04	533095.0	3700.04	533095.0	363.02	20469.0	2778.02	416359.6	559.00	96266.4									

表3 黑龙江重点国有林区有林地、疏林地、灌木林地按林种和龄组面积、蓄积统计表（续74）

单位：公顷、立方米

统计单位	林种	亚林种	郁闭度（覆盖度）等级	合计		乔木林地														疏林地		灌木林地		
						小计		幼龄林		中龄林		近熟林		成熟林		过熟林				小计	特殊灌木林地	一般灌木林地
				面积	蓄积	面积	蓄积	面积	蓄积	面积	蓄积	面积	蓄积	面积	蓄积	面积	蓄积	面积	蓄积	面积	面积	面积
沾河林业局	合计	合计	合计	620000.36	67536298.4	619490.30	67523063.9	122570.51	7219471.7	408956.63	47917973.4	79289.69	10901873.2	8380.16	1430375.3	293.31	53370.3	510.06	13234.5			
			低（疏）	27540.29	1618971.6	27540.29	1618971.6	7491.32	245059.8	15993.03	1055935.3	3488.80	275357.9	567.14	42618.6							
			中	521744.62	57576004.0	521744.62	57576004.0	81918.59	4772724.7	362507.44	42022422.8	70200.54	9574724.3	6925.68	1182289.1	192.37	23843.1					
			高（密）	70205.39	8328088.3	70205.39	8328088.3	33160.60	2201687.2	30456.16	4839615.3	5600.35	1051791.0	887.34	205467.6	100.94	29527.2					
	防护林	合计	合计	259271.10	29689532.6	258976.94	29681887.6	40385.59	2507229.7	178442.82	21539145.3	36432.08	5001983.9	3586.21	616870.2	130.24	16658.5	294.16	7645.0			
			低（疏）	11145.19	669709.9	11145.19	669709.9	3137.44	102171.1	6262.43	432113.1	1500.70	118281.9	244.62	17143.8							
			中	220751.07	25199816.9	220751.07	25199816.9	29011.38	1775323.7	157036.47	18595685.2	31607.61	4283805.2	2965.37	528344.3	130.24	16658.5					
			高（密）	27080.68	3812360.8	27080.68	3812360.8	8236.77	629734.9	15143.92	2511347.0	3323.77	599896.8	376.22	71382.1							
		水源涵养林	合计	3020.00	205808.2	3020.00	205808.2	1960.65	63522.0	1000.09	132456.2	59.26	9830.0									
			低（疏）	82.38	4343.6	82.38	4343.6	55.81	1209.1	26.57	3134.5											
			中	1923.16	144675.5	1923.16	144675.5	1033.31	29732.3	844.12	108390.2	45.73	6553.0									
			高（密）	1014.46	56789.1	1014.46	56789.1	871.53	32580.6	129.40	20931.5	13.53	3277.0									
		水土保持林	合计	247654.19	28370199.7	247360.03	28362554.7	37795.96	2396963.1	172195.66	20757686.6	34390.46	4716431.1	2847.71	474815.4	130.24	16658.5	294.16	7645.0			
			低（疏）	10675.71	640798.8	10675.71	640798.8	3060.83	100632.7	6016.43	417449.3	1369.82	106696.0	228.63	16020.8							
			中	211325.79	24096750.5	211325.79	24096750.5	27447.05	1709984.4	151617.59	17935107.3	29881.31	4046529.2	2249.60	388471.1	130.24	16658.5					
			高（密）	25358.53	3625005.4	25358.53	3625005.4	7288.08	586346.0	14561.64	2405130.0	3139.33	563205.9	369.48	70323.5							
		护岸林	合计	8573.14	1112891.7	8573.14	1112891.7	608.13	46236.3	5244.15	648877.8	1982.36	275722.8	738.50	142054.8							
			低（疏）	387.10	24567.5	387.10	24567.5	20.80	329.3	219.43	11529.3	130.88	11585.9	15.99	1123.0							
			中	7478.35	957757.9	7478.35	957757.9	510.17	35098.7	4571.84	552063.0	1680.57	230723.0	715.77	139873.2							
			高（密）	707.69	130566.3	707.69	130566.3	77.16	10808.3	452.88	85285.5	170.91	33413.9	6.74	1058.6							
		护路林	合计	23.77	633.0	23.77	633.0	20.85	508.3	2.92	124.7											
			中	23.77	633.0	23.77	633.0	20.85	508.3	2.92	124.7											

表 3　黑龙江重点国有林区有林地、疏林地、灌木林地按林种和龄组面积、蓄积统计表（续 75）

单位：公顷、立方米

统计单位	林种	亚林种	郁闭度（覆盖度）等级	合计		乔木林地												疏林地		灌木林地		
						小计		幼龄林		中龄林		近熟林		成熟林		过熟林				小计	特殊灌木林地	一般灌木林地
				面积	蓄积	面积	蓄积	面积	蓄积	面积	蓄积	面积	蓄积	面积	蓄积	面积	蓄积	面积	蓄积	面积	面积	面积
沾河林业局	特用林	合计	合计	215295.02	21508428.5	215221.07	21506072.6	56134.11	2847091.4	128818.82	14227059.8	26733.42	3809828.9	3375.56	585919.3	159.16	36173.2	73.95	2355.9			
			低（疏）	10646.63	609501.4	10646.63	609501.4	2753.68	86389.2	6308.84	390639.4	1383.25	114666.6	200.86	17806.2							
			中	174913.14	18134086.8	174913.14	18134086.8	34318.72	1692935.4	113879.69	12596914.0	23936.01	3392178.7	2716.59	444874.1	62.13	7184.6					
			高（密）	29661.30	2762484.4	29661.30	2762484.4	19061.71	1067766.8	8630.29	1239506.4	1414.16	302983.6	458.11	123239.0	97.03	28988.6					
		种质资源林（母树林）	合计	189.77	35942.8	189.77	35942.8	7.38	395.2	182.39	35547.6											
			低（疏）	8.56	549.3	8.56	549.3			8.56	549.3											
			中	157.21	27564.8	157.21	27564.8	7.38	395.2	149.83	27169.6											
			高（密）	24.00	7828.7	24.00	7828.7			24.00	7828.7											
		风景林	合计	10623.02	1602944.7	10622.20	1602927.4	986.28	87941.2	8090.45	1209234.8	1164.26	235349.5	375.48	69490.0	5.73	911.9	0.82	17.3			
			低（疏）	176.97	8361.0	176.97	8361.0	109.78	3786.7	57.41	3113.1	2.95	266.0	6.83	1195.2							
			中	8150.32	1194429.1	8150.32	1194429.1	492.35	41894.9	6471.06	933332.1	841.90	156184.2	339.28	62106.0	5.73	911.9					
			高（密）	2294.91	400137.3	2294.91	400137.3	384.15	42259.6	1561.98	272789.6	319.41	78899.3	29.37	6188.8							
		自然保护区林	合计	204482.23	19869541.0	204409.10	19867202.4	55140.45	2758755.0	120545.98	12982277.4	25569.16	3574479.4	3000.08	516429.3	153.43	35261.3	73.13	2338.6			
			低（疏）	10461.10	600591.1	10461.10	600591.1	2643.90	82602.5	6242.87	386977.0	1380.30	114400.6	194.03	16611.0							
			中	166605.61	16912092.9	166605.61	16912092.9	33818.99	1650645.3	107258.80	11636412.3	23094.11	3235994.5	2377.31	382768.1	56.40	6272.7					
			高（密）	27342.39	2354518.4	27342.39	2354518.4	18677.56	1025507.2	7044.31	958888.1	1094.75	224084.3	428.74	117050.2	97.03	28988.6					
	用材林	合计	合计	145434.24	16338337.3	145292.29	16335103.7	26050.81	1865150.6	101694.99	12151768.3	16124.19	2090060.4	1418.39	227585.8	3.91	538.6	141.95	3233.6			
			低（疏）	5748.47	339760.3	5748.47	339760.3	1600.20	56499.5	3421.76	233182.8	604.85	42409.4	121.66	7668.6							
			中	126080.41	14242100.3	126080.41	14242100.3	18588.49	1304465.6	91591.28	10829823.6	14656.92	1898740.4	1243.72	209070.7							
			高（密）	13463.41	1753243.1	13463.41	1753243.1	5862.12	504185.5	6681.95	1088761.9	862.42	148910.6	53.01	10846.5	3.91	538.6					

表 3　黑龙江重点国有林区有林地、疏林地、灌木林地按林种和龄组面积、蓄积统计表（续 76）

单位：公顷、立方米

统计单位	林种	亚林种	郁闭度（覆盖度）等级	合计		乔木林地												疏林地		灌木林地		
						小计		幼龄林		中龄林		近熟林		成熟林		过熟林				小计	特殊灌木林地	一般灌木林地
				面积	蓄积	面积	蓄积	面积	蓄积	面积	蓄积	面积	蓄积	面积	蓄积	面积	蓄积	面积	蓄积	面积	面积	面积
沾河林业局	用材林	一般用材林	合计	145434.24	16338337.3	145292.29	16335103.7	26050.81	1865150.6	101694.99	12151768.3	16124.19	2090060.4	1418.39	227585.8	3.91	538.6	141.95	3233.6			
			低（疏）	5748.47	339760.3	5748.47	339760.3	1600.20	56499.5	3421.76	233182.8	604.85	42409.4	121.66	7668.6							
			中	126080.41	14242100.3	126080.41	14242100.3	18588.49	1304465.6	91591.28	10829823.6	14656.92	1898740.4	1243.72	209070.7							
			高（密）	13463.41	1753243.1	13463.41	1753243.1	5862.12	504185.5	6681.95	1088761.9	862.42	148910.6	53.01	10846.5	3.91	538.6					
东方红林业局	合计	合计	合计	348377.10	49712058.7	348217.10	49707051.3	44686.81	6049643.3	180219.43	23857925.6	90925.51	14186436.9	27634.09	4646480.9	4751.26	966564.6	160.00	5007.4			
			低（疏）	8705.55	753231.6	8705.55	753231.6	1659.75	79575.5	3842.04	297974.3	2297.76	265453.4	873.21	107841.4	32.79	2387.0					
			中	254072.16	34935451.6	254072.16	34935451.6	29380.72	3916449.5	125402.82	15560145.1	72345.10	10863053.9	22686.21	3720369.0	4257.31	875434.1					
			高（密）	85439.39	14018368.1	85439.39	14018368.1	13646.34	2053618.3	50974.57	7999806.2	16282.65	3057929.6	4074.67	818270.5	461.16	88743.5					
	防护林	合计	合计	109829.89	15514266.7	109787.58	15513126.5	15887.25	2162658.0	60536.97	8295244.2	26620.63	4073360.4	6096.21	898221.7	646.52	83642.2	42.31	1140.2			
			低（疏）	3371.21	324134.0	3371.21	324134.0	684.66	30939.1	1353.65	118048.4	928.41	121699.8	404.49	53446.7							
			中	71472.85	9476996.1	71472.85	9476996.1	9406.07	1231159.8	37543.25	4732740.9	19641.13	2833020.0	4422.04	622797.6	460.36	57277.8					
			高（密）	34943.52	5711996.4	34943.52	5711996.4	5796.52	900559.1	21640.07	3444454.9	6051.09	1118640.6	1269.68	221977.4	186.16	26364.4					
		水源涵养林	合计	16152.47	2368868.3	16152.47	2368868.3	2660.20	383953.9	9057.75	1284587.1	3369.85	542536.9	1064.67	157790.4							
			低（疏）	650.64	72251.6	650.64	72251.6	107.08	3000.5	215.36	22290.9	301.88	43101.4	26.32	3858.8							
			中	11043.82	1517044.7	11043.82	1517044.7	1781.86	244149.2	6146.34	797617.0	2230.80	345320.6	884.82	129957.9							
			高（密）	4458.01	779572.0	4458.01	779572.0	771.26	136804.2	2696.05	464679.2	837.17	154114.9	153.53	23973.7							
		水土保持林	合计	88765.65	12479160.6	88723.34	12478020.4	12396.31	1655542.3	48342.45	6604870.7	22461.39	3413868.8	4876.67	720096.4	646.52	83642.2	42.31	1140.2			
			低（疏）	2508.08	233120.5	2508.08	233120.5	488.20	20705.0	1054.09	88827.8	587.62	73999.8	378.17	49587.9							
			中	56888.12	7526984.8	56888.12	7526984.8	7243.81	947162.1	28996.50	3645913.5	16755.12	2397567.4	3432.33	479064.0	460.36	57277.8					
			高（密）	29327.14	4717915.1	29327.14	4717915.1	4664.30	687675.2	18291.86	2870129.4	5118.65	942301.6	1066.17	191444.5	186.16	26364.4					

表 3　黑龙江重点国有林区有林地、疏林地、灌木林地按林种和龄组面积、蓄积统计表（续 77）

单位：公顷、立方米

统计单位	林种	亚林种	郁闭度（覆盖度）等级	合计		乔木林地												疏林地		灌木林地		
						小计		幼龄林		中龄林		近熟林		成熟林		过熟林				小计	特殊灌木林地	一般灌木林地
				面积	蓄积	面积	蓄积	面积	蓄积	面积	蓄积	面积	蓄积	面积	蓄积	面积	蓄积	面积	蓄积	面积	面积	面积
东方红林业局	防护林	护岸林	合计	4911.77	666237.8	4911.77	666237.8	830.74	123161.8	3136.77	405786.4	789.39	116954.7	154.87	20334.9							
			低（疏）	212.49	18761.9	212.49	18761.9	89.38	7233.6	84.20	6929.7	38.91	4598.6									
			中	3540.91	432966.6	3540.91	432966.6	380.40	39848.5	2400.41	289210.4	655.21	90132.0	104.89	13775.7							
			高（密）	1158.37	214509.3	1158.37	214509.3	360.96	76079.7	652.16	109646.3	95.27	22224.1	49.98	6559.2							
	特用林	合计	合计	120962.30	18082434.4	120871.34	18079129.9	12357.00	1707106.9	56608.46	7290474.1	35437.98	5792211.6	13155.75	2501485.2	3312.15	787852.1	90.96	3304.5			
			低（疏）	2312.93	176517.8	2312.93	176517.8	287.51	9587.1	1351.30	91224.7	510.03	55422.9	164.09	20283.1							
			中	94366.69	13908214.4	94366.69	13908214.4	8944.52	1224439.7	42393.00	5262433.6	29013.48	4647534.4	10971.36	2046809.6	3044.33	726997.1					
			高（密）	24191.72	3994397.7	24191.72	3994397.7	3124.97	473080.1	12864.16	1936815.8	5914.47	1089254.3	2020.30	434392.5	267.82	60855.0					
		国防林	合计	34636.00	4646735.1	34589.39	4645226.2	3658.12	482188.2	17138.45	2036417.8	11154.69	1693923.8	2506.05	412867.4	132.08	19829.0	46.61	1508.9			
			低（疏）	616.38	34013.0	616.38	34013.0	133.22	3353.3	371.59	22429.7	105.30	7957.6	6.27	272.4							
			中	27452.78	3665403.0	27452.78	3665403.0	2854.13	387352.7	13136.35	1537759.8	9024.62	1351192.1	2307.58	369586.4	130.10	19512.0					
			高（密）	6520.23	945810.2	6520.23	945810.2	670.77	91482.2	3630.51	476228.3	2024.77	334774.1	192.20	43008.6	1.98	317.0					
		种质资源林（母树林）	合计	2421.23	377069.4	2421.23	377069.4	416.30	68619.3	1417.14	206285.5	454.56	76991.7	133.23	25172.9							
			低（疏）	2.66	50.3	2.66	50.3	0.71		1.95	50.3											
			中	1440.82	211938.8	1440.82	211938.8	234.92	37613.1	829.83	113572.1	305.83	46149.2	70.24	14604.4							
			高（密）	977.75	165080.3	977.75	165080.3	180.67	31006.2	585.36	92663.1	148.73	30842.5	62.99	10568.5							
		环境保护林	合计	1041.96	132906.3	1041.96	132906.3	407.63	46803.0	344.00	45439.7	246.10	36003.9	44.23	4659.7							
			低（疏）	33.72	1684.7	33.72	1684.7	13.50	545.2	12.93	743.0	3.04	94.9	4.25	301.6							
			中	634.34	74375.3	634.34	74375.3	219.38	22474.0	185.92	21020.4	207.64	28115.3	21.40	2765.6							
			高（密）	373.90	56846.3	373.90	56846.3	174.75	23783.8	145.15	23676.3	35.42	7793.7	18.58	1592.5							

表 3 黑龙江重点国有林区有林地、疏林地、灌木林地按林种和龄组面积、蓄积统计表（续 78）

单位：公顷、立方米

统计单位	林种	亚林种	郁闭度（覆盖度）等级	合计		乔木林地												疏林地		灌木林地		
						小计		幼龄林		中龄林		近熟林		成熟林		过熟林				小计	特殊灌木林地	一般灌木林地
				面积	蓄积	面积	蓄积	面积	蓄积	面积	蓄积	面积	蓄积	面积	蓄积	面积	蓄积	面积	蓄积	面积	面积	面积
东方红林业局	特用林	风景林	合计	523.14	89803.4	523.14	89803.4	201.30	28871.4	224.92	38246.1	96.92	22685.9									
			低（疏）	0.29	14.1	0.29	14.1			0.29	14.1											
			中	190.67	29231.4	190.67	29231.4	78.69	11475.1	108.00	17329.2	3.98	427.1									
			高（密）	332.18	60557.9	332.18	60557.9	122.61	17396.3	116.63	20902.8	92.94	22258.8									
		自然保护区林	合计	82339.97	12835920.2	82295.62	12834124.6	7673.65	1080625.0	37483.95	4964085.0	23485.71	3962606.3	10472.24	2058785.2	3180.07	768023.1	44.35	1795.6			
			低（疏）	1659.88	140755.7	1659.88	140755.7	140.08	5688.6	964.54	67987.6	401.69	47370.4	153.57	19709.1							
			中	64648.08	9927265.9	64648.08	9927265.9	5557.40	765524.8	28132.90	3572752.1	19471.41	3221650.7	8572.14	1659853.2	2914.23	707485.1					
			高（密）	15987.66	2766103.0	15987.66	2766103.0	1976.17	309411.6	8386.51	1323345.3	3612.61	693585.2	1746.53	379222.9	265.84	60538.0					
	用材林	合计	合计	117584.91	16115357.6	117558.18	16114794.9	16442.56	2179878.4	63074.00	8272207.3	28866.90	4320864.9	8382.13	1246774.0	792.59	95070.3	26.73	562.7			
			低（疏）	3021.41	252579.8	3021.41	252579.8	687.58	39049.3	1137.09	88701.2	859.32	88330.7	304.63	34111.6	32.79	2387.0					
			中	88232.62	11550241.1	88232.62	11550241.1	11030.13	1460850.0	45466.57	5564970.6	23690.49	3382499.5	7292.81	1050761.8	752.62	91159.2					
			高（密）	26304.15	4311974.0	26304.15	4311974.0	4724.85	679979.1	16470.34	2618535.5	4317.09	850034.7	784.69	161900.6	7.18	1524.1					
		短轮伐期工业原料用材林	合计	1043.00	131306.9	1043.00	131306.9	48.89	3679.1	644.43	79451.9	311.54	43689.1	38.14	4486.8							
			低（疏）	17.22	711.3	17.22	711.3	15.39	671.2	1.83	40.1											
			中	915.41	109882.1	915.41	109882.1	33.50	3007.9	581.60	68113.1	262.17	34274.3	38.14	4486.8							
			高（密）	110.37	20713.5	110.37	20713.5			61.00	11298.7	49.37	9414.8									
		一般用材林	合计	116541.91	15984050.7	116515.18	15983488.0	16393.67	2176199.3	62429.57	8192755.4	28555.36	4277175.8	8343.99	1242287.2	792.59	95070.3	26.73	562.7			
			低（疏）	3004.19	251868.5	3004.19	251868.5	672.19	38378.1	1135.26	88661.1	859.32	88330.7	304.63	34111.6	32.79	2387.0					
			中	87317.21	11440359.0	87317.21	11440359.0	10996.63	1457842.1	44884.97	5496857.5	23428.32	3348225.2	7254.67	1046275.0	752.62	91159.2					
			高（密）	26193.78	4291260.5	26193.78	4291260.5	4724.85	679979.1	16409.34	2607236.8	4267.72	840619.9	784.69	161900.6	7.18	1524.1					

表 3　黑龙江重点国有林区有林地、疏林地、灌木林地按林种和龄组面积、蓄积统计表（续 79）

单位：公顷、立方米

统计单位	林种	亚林种	郁闭度（覆盖度）等级	合计		乔木林地														疏林地		灌木林地		
						小计		幼龄林		中龄林		近熟林		成熟林		过熟林						小计	特殊灌木林地	一般灌木林地
				面积	蓄积	面积	蓄积	面积	蓄积	面积	蓄积	面积	蓄积	面积	蓄积	面积	蓄积			面积	蓄积	面积	面积	面积
迎春林业局	合计	合计	合计	142772.91	15935254.4	142759.32	15934737.5	19100.80	1693749.9	81914.71	9151916.6	29790.85	3667844.0	11491.56	1373168.5	461.40	48058.5			13.59	516.9			
			低（疏）	970.18	29295.1	970.18	29295.1	642.53	5128.8	174.18	10298.3	53.51	4636.6	72.47	6238.7	27.49	2992.7							
			中	95787.26	10158108.2	95787.26	10158108.2	8950.09	735670.4	53998.97	5621424.8	23735.81	2770645.5	8713.92	991290.6	388.47	39076.9							
			高（密）	46001.88	5747334.2	46001.88	5747334.2	9508.18	952950.7	27741.56	3520193.5	6001.53	892561.9	2705.17	375639.2	45.44	5988.9							
	防护林	合计	合计	64045.15	7333425.7	64041.31	7333310.7	8213.12	733662.3	36222.72	4143771.2	13910.39	1763625.1	5520.68	672008.2	174.40	20243.9			3.84	115.0			
			低（疏）	489.70	12280.3	489.70	12280.3	381.14	3243.1	28.80	1294.2	42.50	3978.7	37.26	3764.3									
			中	40850.75	4409395.7	40850.75	4409395.7	4136.33	350725.6	22110.37	2330430.9	10583.15	1265640.7	3891.94	448343.5	128.96	14255.0							
			高（密）	22700.86	2911634.7	22700.86	2911634.7	3695.65	379693.6	14083.55	1812046.1	3284.74	494005.7	1591.48	219900.4	45.44	5988.9							
		水源涵养林	合计	26378.21	3196377.6	26378.21	3196377.6	2734.41	251611.0	13965.94	1679659.1	7570.40	988378.5	1993.32	262258.0	114.14	14471.0							
			低（疏）	138.27	4175.7	138.27	4175.7	110.66	1546.7	4.84	200.5	22.77	2428.5											
			中	15815.36	1767626.0	15815.36	1767626.0	1245.10	101682.1	7880.35	863126.6	5189.93	622717.9	1431.28	171617.3	68.70	8482.1							
			高（密）	10424.58	1424575.9	10424.58	1424575.9	1378.65	148382.2	6080.75	816332.0	2357.70	363232.1	562.04	90640.7	45.44	5988.9							
		水土保持林	合计	37216.08	4092223.7	37212.24	4092108.7	5191.97	456236.7	22142.07	2451285.8	6295.26	769549.5	3522.68	409263.8	60.26	5772.9			3.84	115.0			
			低（疏）	346.29	8104.6	346.29	8104.6	265.34	1696.4	23.96	1093.7	19.73	1550.2	37.26	3764.3									
			中	24845.95	2624038.3	24845.95	2624038.3	2795.07	241532.7	14181.71	1462448.1	5352.93	638044.8	2455.98	276239.8	60.26	5772.9							
			高（密）	12020.00	1459965.8	12020.00	1459965.8	2131.56	213007.6	7936.40	987744.0	922.60	129954.5	1029.44	129259.7									
		护岸林	合计	450.86	44824.4	450.86	44824.4	286.74	25814.6	114.71	12826.3	44.73	5697.1	4.68	486.4									
			低（疏）	5.14		5.14		5.14																
			中	189.44	17731.4	189.44	17731.4	96.16	7510.8	48.31	4856.2	40.29	4878.0	4.68	486.4									
			高（密）	256.28	27093.0	256.28	27093.0	185.44	18303.8	66.40	7970.1	4.44	819.1											

表3 黑龙江重点国有林区有林地、疏林地、灌木林地按林种和龄组面积、蓄积统计表（续80）

单位：公顷、立方米

统计单位	林种	亚林种	郁闭度（覆盖度）等级	合计		乔木林地												疏林地		灌木林地		
						小计		幼龄林		中龄林		近熟林		成熟林		过熟林				小计	特殊灌木林地	一般灌木林地
				面积	蓄积	面积	蓄积	面积	蓄积	面积	蓄积	面积	蓄积	面积	蓄积	面积	蓄积	面积	蓄积	面积	面积	面积
迎春林业局	特用林	合计	合计	41170.22	4383767.1	41170.22	4383767.1	5119.32	441377.0	24145.58	2569609.2	9110.72	1052164.0	2691.15	309878.1	103.45	10738.8					
			低（疏）	221.61	6967.7	221.61	6967.7	134.48	813.4	64.96	4283.8	11.01	657.9			11.16	1212.6					
			中	30461.88	3145869.1	30461.88	3145869.1	2523.28	209087.4	17746.81	1798941.9	7919.56	884579.0	2179.94	243734.6	92.29	9526.2					
			高（密）	10486.73	1230930.3	10486.73	1230930.3	2461.56	231476.2	6333.81	766383.5	1180.15	166927.1	511.21	66143.5							
		种质资源林（母树林）	合计	797.02	88198.4	797.02	88198.4	136.05	9258.5	258.23	30188.1	201.96	23047.1	200.78	25704.7							
			低（疏）	19.42		19.42		19.42														
			中	681.44	75855.8	681.44	75855.8	95.31	6369.2	183.39	20734.8	201.96	23047.1	200.78	25704.7							
			高（密）	96.16	12342.6	96.16	12342.6	21.32	2889.3	74.84	9453.3											
		环境保护林	合计	800.03	74163.1	800.03	74163.1	232.42	17629.0	511.45	51395.5	29.91	2882.2	26.25	2256.4							
			低（疏）	28.92	1648.4	28.92	1648.4	16.78	46.0	12.14	1602.4											
			中	621.61	58882.4	621.61	58882.4	122.98	9419.9	442.47	44323.9	29.91	2882.2	26.25	2256.4							
			高（密）	149.50	13632.3	149.50	13632.3	92.66	8163.1	56.84	5469.2											
		自然保护区林	合计	39573.17	4221405.6	39573.17	4221405.6	4750.85	414489.5	23375.90	2488025.6	8878.85	1026234.7	2464.12	281917.0	103.45	10738.8					
			低（疏）	173.27	5319.3	173.27	5319.3	98.28	767.4	52.82	2681.4	11.01	657.9			11.16	1212.6					
			中	29158.83	3011130.9	29158.83	3011130.9	2304.99	193298.3	17120.95	1733883.2	7687.69	858649.7	1952.91	215773.5	92.29	9526.2					
			高（密）	10241.07	1204955.4	10241.07	1204955.4	2347.58	220423.8	6202.13	751461.0	1180.15	166927.1	511.21	66143.5							
	用材林	合计	合计	37557.54	4218061.6	37547.79	4217659.7	5768.36	518710.6	21546.41	2438536.2	6769.74	852054.9	3279.73	391282.2	183.55	17075.8	9.75	401.9			
			低（疏）	258.87	10047.1	258.87	10047.1	126.91	1072.3	80.42	4720.3			35.21	2474.4	16.33	1780.1					
			中	24474.63	2602843.4	24474.63	2602843.4	2290.48	175857.4	14141.79	1492052.0	5233.10	620425.8	2642.04	299212.5	167.22	15295.7					
			高（密）	12814.29	1604769.2	12814.29	1604769.2	3350.97	341780.9	7324.20	941763.9	1536.64	231629.1	602.48	89595.3							

表 3　黑龙江重点国有林区有林地、疏林地、灌木林地按林种和龄组面积、蓄积统计表（续 81）

单位：公顷、立方米

统计单位	林种	亚林种	郁闭度（覆盖度）等级	合计		乔木林地														灌木林地		
						小计		幼龄林		中龄林		近熟林		成熟林		过熟林		疏林地		小计	特殊灌木林地	一般灌木林地
				面积	蓄积	面积	蓄积	面积	蓄积	面积	蓄积	面积	蓄积	面积	蓄积	面积	蓄积	面积	蓄积	面积	面积	面积
迎春林业局	用材林	一般用材林	合计	37557.54	4218061.6	37547.79	4217659.7	5768.36	518710.6	21546.41	2438536.2	6769.74	852054.9	3279.73	391282.2	183.55	17075.8	9.75	401.9			
			低（疏）	258.87	10047.1	258.87	10047.1	126.91	1072.3	80.42	4720.3			35.21	2474.4	16.33	1780.1					
			中	24474.63	2602843.4	24474.63	2602843.4	2290.48	175857.4	14141.79	1492052.0	5233.10	620425.8	2642.04	299212.5	167.22	15295.7					
			高（密）	12814.29	1604769.2	12814.29	1604769.2	3350.97	341780.9	7324.20	941763.9	1536.64	231629.1	602.48	89595.3							
清河林业局	合计	合计	合计	128299.07	12718784.9	128178.64	12716733.6	14643.19	1009106.4	99084.34	10129158.9	11935.14	1307880.0	2515.97	270588.3			67.95	2051.3	52.48		52.48
			低（疏）	2405.79	205330.0	2402.62	205330.0	155.51	10519.2	1283.69	103987.7	775.39	72294.6	188.03	18528.5					3.17		3.17
			中	117299.46	11316743.3	117250.15	11316743.3	13690.44	914684.7	90360.44	8957501.5	10922.71	1199916.8	2276.56	244640.3					49.31		49.31
			高（密）	8525.87	1194660.3	8525.87	1194660.3	797.24	83902.5	7440.21	1067669.7	237.04	35668.6	51.38	7419.5							
	防护林	合计	合计	64708.46	6180502.3	64692.47	6180458.6	5818.23	399501.4	49941.17	4826383.0	6777.68	721793.0	2155.39	232781.2			13.84	43.7	2.15		2.15
			低（疏）	2069.47	178979.9	2069.47	178979.9	13.76	1038.0	1167.06	93908.2	761.52	71084.5	127.13	12949.2							
			中	59913.43	5618141.6	59911.28	5618141.6	5357.00	347055.7	46751.65	4437501.3	5822.95	620795.5	1979.68	212789.1					2.15		2.15
			高（密）	2711.72	383337.1	2711.72	383337.1	447.47	51407.7	2022.46	294973.5	193.21	29913.0	48.58	7042.9							
		水源涵养林	合计	13.22	1164.9	13.22	1164.9	5.48	331.4	7.74	833.5											
			低（疏）	1.79	129.7	1.79	129.7	1.70	121.7	0.09	8.0											
			中	11.04	988.2	11.04	988.2	3.78	209.7	7.26	778.5											
			高（密）	0.39	47.0	0.39	47.0			0.39	47.0											
		水土保持林	合计	63037.84	5996319.2	63021.85	5996275.5	5482.44	372266.1	48738.94	4686690.5	6702.16	711566.9	2098.31	225752.0			13.84	43.7	2.15		2.15
			低（疏）	2064.48	178612.4	2064.48	178612.4	11.99	916.0	1163.84	93662.7	761.52	71084.5	127.13	12949.2							
			中	58855.56	5513794.8	58853.41	5513794.8	5173.62	340224.2	45934.97	4347050.1	5822.22	620760.6	1922.60	205759.9					2.15		2.15
			高（密）	2103.96	303868.3	2103.96	303868.3	296.83	31125.9	1640.13	245977.7	118.42	19721.8	48.58	7042.9							

表3 黑龙江重点国有林区有林地、疏林地、灌木林地按林种和龄组面积、蓄积统计表（续82）

单位：公顷、立方米

统计单位	林种	亚林种	郁闭度（覆盖度）等级	合计		乔木林地														疏林地		灌木林地		
						小计		幼龄林		中龄林		近熟林		成熟林		过熟林						小计	特殊灌木林地	一般灌木林地
				面积	蓄积	面积	蓄积	面积	蓄积	面积	蓄积	面积	蓄积	面积	蓄积	面积	蓄积			面积	蓄积	面积	面积	面积
清河林业局	防护林	护岸林	合计	1657.40	183018.2	1657.40	183018.2	330.31	26903.9	1194.49	138859.0	75.52	10226.1	57.08	7029.2									
			低（疏）	3.20	237.8	3.20	237.8	0.07	0.3	3.13	237.5													
			中	1046.83	103358.6	1046.83	103358.6	179.60	6621.8	809.42	89672.7	0.73	34.9	57.08	7029.2									
			高（密）	607.37	79421.8	607.37	79421.8	150.64	20281.8	381.94	48948.8	74.79	10191.2											
	特用林	合计	合计	47161.23	4887669.9	47066.60	4885662.3	4810.19	321545.7	37086.83	3977709.7	4817.70	549553.9	351.88	36853.0					54.11	2007.6	40.52		40.52
			低（疏）	247.26	20067.1	247.26	20067.1	73.24	4581.9	99.25	8695.8	13.87	1210.1	60.90	5579.3									
			中	42981.91	4338261.1	42941.39	4338261.1	4561.69	304096.8	33290.52	3455806.7	4798.20	547083.9	290.98	31273.7							40.52		40.52
			高（密）	3877.95	527334.1	3877.95	527334.1	175.26	12867.0	3697.06	513207.2	5.63	1259.9											
		种质资源林（母树林）	合计	285.52	22850.0	285.52	22850.0	11.50	633.5	254.00	20306.9	19.26	1829.4	0.76	80.2									
			中	232.28	15919.6	232.28	15919.6	11.50	633.5	200.76	13376.5	19.26	1829.4	0.76	80.2									
			高（密）	53.24	6930.4	53.24	6930.4			53.24	6930.4													
		自然保护区林	合计	46875.71	4864819.9	46781.08	4862812.3	4798.69	320912.2	36832.83	3957402.8	4798.44	547724.5	351.12	36772.8					54.11	2007.6	40.52		40.52
			低（疏）	247.26	20067.1	247.26	20067.1	73.24	4581.9	99.25	8695.8	13.87	1210.1	60.90	5579.3									
			中	42749.63	4322341.5	42709.11	4322341.5	4550.19	303463.3	33089.76	3442430.2	4778.94	545254.5	290.22	31193.5							40.52		40.52
			高（密）	3824.71	520403.7	3824.71	520403.7	175.26	12867.0	3643.82	506276.8	5.63	1259.9											
	用材林	合计	合计	16429.38	1650612.7	16419.57	1650612.7	4014.77	288059.3	12056.34	1325066.2	339.76	36533.1	8.70	954.1							9.81		9.81
			低（疏）	89.06	6283.0	85.89	6283.0	68.51	4899.3	17.38	1383.7											3.17		3.17
			中	14404.12	1360340.6	14397.48	1360340.6	3771.75	263532.2	10318.27	1064193.5	301.56	32037.4	5.90	577.5							6.64		6.64
			高（密）	1936.20	283989.1	1936.20	283989.1	174.51	19627.8	1720.69	259489.0	38.20	4495.7	2.80	376.6									

表 3　黑龙江重点国有林区有林地、疏林地、灌木林地按林种和龄组面积、蓄积统计表（续 83）

单位：公顷、立方米

统计单位	林种	亚林种	郁闭度（覆盖度）等级	合计		乔木林地												疏林地		灌木林地		
						小计		幼龄林		中龄林		近熟林		成熟林		过熟林				小计	特殊灌木林地	一般灌木林地
				面积	蓄积	面积	蓄积	面积	蓄积	面积	蓄积	面积	蓄积	面积	蓄积	面积	蓄积	面积	蓄积	面积	面积	面积
清河林业局	用材林	一般用材林	合计	16429.38	1650612.7	16419.57	1650612.7	4014.77	288059.3	12056.34	1325066.2	339.76	36533.1	8.70	954.1					9.81		9.81
			低（疏）	89.06	6283.0	85.89	6283.0	68.51	4899.3	17.38	1383.7									3.17		3.17
			中	14404.12	1360340.6	14397.48	1360340.6	3771.75	263532.2	10318.27	1064193.5	301.56	32037.4	5.90	577.5					6.64		6.64
			高（密）	1936.20	283989.1	1936.20	283989.1	174.51	19627.8	1720.69	259489.0	38.20	4495.7	2.80	376.6							
鹤北林业局	合计	合计	合计	353761.92	42021310.0	353727.93	42020398.5	20833.61	875330.7	235932.84	26712079.1	91295.35	13604268.1	5442.21	798430.7	223.92	30289.9	33.99	911.5			
			低（疏）	7603.54	337227.8	7603.54	337227.8	2945.18	40804.9	3867.93	227120.2	568.02	47365.6	222.41	21937.1							
			中	279453.46	32006174.4	279453.46	32006174.4	13149.44	494282.0	187049.62	20132707.6	75027.09	10792514.6	4005.85	556921.9	221.46	29748.3					
			高（密）	66670.93	9676996.3	66670.93	9676996.3	4738.99	340243.8	45015.29	6352251.3	15700.24	2764387.9	1213.95	219571.7	2.46	541.6					
	防护林	合计	合计	206517.05	24018887.4	206493.65	24018191.4	11634.89	465730.4	147275.45	16716218.5	44490.13	6372771.7	3025.33	455086.1	67.85	8384.7	23.40	696.0			
			低（疏）	3893.99	169638.5	3893.99	169638.5	1637.33	24209.5	1928.64	116345.5	209.14	17020.4	118.88	12063.1							
			中	163436.22	18224530.4	163436.22	18224530.4	7659.61	282191.6	117699.69	12707193.3	35654.03	4877424.5	2355.04	349336.3	67.85	8384.7					
			高（密）	39163.44	5624022.5	39163.44	5624022.5	2337.95	159329.3	27647.12	3892679.7	8626.96	1478326.8	551.41	93686.7							
		水源涵养林	合计	96.62	9258.7	96.62	9258.7	7.67	203.8	58.58	5621.0	19.87	2270.5	10.50	1163.4							
			低（疏）	0.54	10.8	0.54	10.8	0.54	10.8													
			中	82.75	8306.6	82.75	8306.6	1.80	33.1	51.17	4924.7	19.28	2185.4	10.50	1163.4							
			高（密）	13.33	941.3	13.33	941.3	5.33	159.9	7.41	696.3	0.59	85.1									
		水土保持林	合计	128344.66	14845108.7	128326.12	14844610.5	8122.76	315286.2	86490.07	9764813.9	31368.86	4419976.9	2280.93	336643.8	63.50	7889.7	18.54	498.2			
			低（疏）	2649.28	120869.2	2649.28	120869.2	1090.26	14220.4	1271.26	80046.4	168.88	14539.3	118.88	12063.1							
			中	101727.81	11303252.3	101727.81	11303252.3	5235.04	179266.2	69080.08	7404766.9	25685.13	3472244.5	1664.06	239085.0	63.50	7889.7					
			高（密）	23949.03	3420489.0	23949.03	3420489.0	1797.46	121799.6	16138.73	2280000.6	5514.85	933193.1	497.99	85495.7							

表3 黑龙江重点国有林区有林地、疏林地、灌木林地按林种和龄组面积、蓄积统计表（续84）

单位：公顷、立方米

统计单位	林种	亚林种	郁闭度（覆盖度）等级	合计		乔木林地												疏林地		灌木林地		
						小计		幼龄林		中龄林		近熟林		成熟林		过熟林				小计	特殊灌木林地	一般灌木林地
				面积	蓄积	面积	蓄积	面积	蓄积	面积	蓄积	面积	蓄积	面积	蓄积	面积	蓄积	面积	蓄积	面积	面积	面积
鹤北林业局	防护林	护岸林	合计	78075.77	9164520.0	78070.91	9164322.2	3504.46	150240.4	60726.80	6945783.6	13101.40	1950524.3	733.90	117278.9	4.35	495.0	4.86	197.8			
			低（疏）	1244.17	48758.5	1244.17	48758.5	546.53	9978.3	657.38	36299.1	40.26	2481.1									
			中	61625.66	6912971.5	61625.66	6912971.5	2422.77	102892.3	48568.44	5297501.7	9949.62	1402994.6	680.48	109087.9	4.35	495.0					
			高（密）	15201.08	2202592.2	15201.08	2202592.2	535.16	37369.8	11500.98	1611982.8	3111.52	545048.6	53.42	8191.0							
	特用林	合计	合计	66192.58	8874608.4	66192.58	8874608.4	3341.55	148640.6	36663.37	4287367.9	25496.08	4321658.4	658.60	110636.1	32.98	6305.4					
			低（疏）	765.89	27933.6	765.89	27933.6	325.87	3849.5	393.52	20291.9	42.46	3616.2	4.04	176.0							
			中	52957.85	6974438.6	52957.85	6974438.6	2193.66	84957.4	28036.98	3116429.1	22217.69	3698206.5	476.54	68540.2	32.98	6305.4					
			高（密）	12468.84	1872236.2	12468.84	1872236.2	822.02	59833.7	8232.87	1150646.9	3235.93	619835.7	178.02	41919.9							
		国防林	合计	17203.62	2342578.0	17203.62	2342578.0	476.59	34801.1	7088.86	868510.4	9494.34	1412646.0	120.55	22015.2	23.28	4605.3					
			低（疏）	219.63	8521.0	219.63	8521.0	96.52	1666.3	114.77	6510.7	4.30	168.0	4.04	176.0							
			中	14195.16	1900404.7	14195.16	1900404.7	194.32	11232.6	5475.47	652209.9	8393.64	1212405.1	108.45	19951.8	23.28	4605.3					
			高（密）	2788.83	433652.3	2788.83	433652.3	185.75	21902.2	1498.62	209789.8	1096.40	200072.9	8.06	1887.4							
		种质资源林（母树林）	合计	95.16	7977.6	95.16	7977.6	51.11	1235.2	44.05	6742.4											
			中	90.48	7651.6	90.48	7651.6	48.91	1180.2	41.57	6471.4											
			高（密）	4.68	326.0	4.68	326.0	2.20	55.0	2.48	271.0											
		风景林	合计	3603.10	306710.9	3603.10	306710.9	659.20	15838.6	2538.48	240685.8	348.42	43228.3	57.00	6958.2							
			低（疏）	287.13	8935.7	287.13	8935.7	123.73	895.9	161.66	7832.2	1.74	207.6									
			中	3046.68	268548.7	3046.68	268548.7	475.06	12360.8	2199.57	211396.0	315.05	37833.7	57.00	6958.2							
			高（密）	269.29	29226.5	269.29	29226.5	60.41	2581.9	177.25	21457.6	31.63	5187.0									

表 3 黑龙江重点国有林区有林地、疏林地、灌木林地按林种和龄组面积、蓄积统计表（续 85）

单位：公顷、立方米

统计单位	林种	亚林种	郁闭度（覆盖度）等级	合计		乔木林地												疏林地		灌木林地		
						小计		幼龄林		中龄林		近熟林		成熟林		过熟林				小计	特殊灌木林地	一般灌木林地
				面积	蓄积	面积	蓄积	面积	蓄积	面积	蓄积	面积	蓄积	面积	蓄积	面积	蓄积	面积	蓄积	面积	面积	面积
鹤北林业局	鹤北林业局	自然保护区林	合计	45290.70	6217341.9	45290.70	6217341.9	2154.65	96765.7	26991.98	3171429.3	15653.32	2865784.1	481.05	81662.7	9.70	1700.1					
			低（疏）	259.13	10476.9	259.13	10476.9	105.62	1287.3	117.09	5949.0	36.42	3240.6									
			中	35625.53	4797833.6	35625.53	4797833.6	1475.37	60183.8	20320.37	2246351.8	13509.00	2447967.7	311.09	41630.2	9.70	1700.1					
			高（密）	9406.04	1409031.4	9406.04	1409031.4	573.66	35294.6	6554.52	919128.5	2107.90	414575.8	169.96	40032.5							
	用材林	合计	合计	81052.29	9127814.2	81041.70	9127598.7	5857.17	260959.7	51994.02	5708492.7	21309.14	2909838.0	1758.28	232708.5	123.09	15599.8	10.59	215.5			
			低（疏）	2943.66	139655.7	2943.66	139655.7	981.98	12745.9	1545.77	90482.8	316.42	26729.0	99.49	9698.0							
			中	63059.39	6807205.4	63059.39	6807205.4	3296.17	127133.0	41312.95	4309085.2	17155.37	2216883.6	1174.27	139045.4	120.63	15058.2					
			高（密）	15038.65	2180737.6	15038.65	2180737.6	1579.02	121080.8	9135.30	1308924.7	3837.35	666225.4	484.52	83965.1	2.46	541.6					
		一般用材林	合计	81052.29	9127814.2	81041.70	9127598.7	5857.17	260959.7	51994.02	5708492.7	21309.14	2909838.0	1758.28	232708.5	123.09	15599.8	10.59	215.5			
			低（疏）	2943.66	139655.7	2943.66	139655.7	981.98	12745.9	1545.77	90482.8	316.42	26729.0	99.49	9698.0							
			中	63059.39	6807205.4	63059.39	6807205.4	3296.17	127133.0	41312.95	4309085.2	17155.37	2216883.6	1174.27	139045.4	120.63	15058.2					
			高（密）	15038.65	2180737.6	15038.65	2180737.6	1579.02	121080.8	9135.30	1308924.7	3837.35	666225.4	484.52	83965.1	2.46	541.6					
桦南林业局	合计	合计	合计	156841.29	20328070.6	156712.84	20327279.4	25185.67	2881350.6	102826.61	13275038.1	22921.57	3309156.7	5068.78	756985.4	710.21	104748.6	48.26	791.2	80.19		80.19
			低（疏）	3128.51	171000.7	3048.32	171000.7	1081.43	34630.6	1445.95	91490.8	243.72	19030.6	277.22	25848.7					80.19		80.19
			中	121847.86	15310220.2	121847.86	15310220.2	17285.47	2016286.0	84111.86	10504129.1	16333.09	2213322.4	3598.35	510507.6	519.09	65975.1					
			高（密）	31816.66	4846058.5	31816.66	4846058.5	6818.77	830434.0	17268.80	2679418.2	6344.76	1076803.7	1193.21	220629.1	191.12	38773.5					
	防护林	合计	合计	67166.38	8828738.7	67146.89	8828405.9	12209.72	1366426.6	44780.78	5905796.7	8478.68	1285936.7	1468.26	235609.2	209.45	34636.7	18.17	332.8	1.32		1.32
			低（疏）	1429.72	74617.4	1428.40	74617.4	647.43	20077.7	671.68	45182.1	101.25	8830.2	8.04	527.4					1.32		1.32
			中	52624.81	6705388.9	52624.81	6705388.9	7869.61	894490.4	37054.77	4700464.3	6445.10	925111.8	1117.01	166686.1	138.32	18636.3					
			高（密）	13093.68	2048399.6	13093.68	2048399.6	3692.68	451858.5	7054.33	1160150.3	1932.33	351994.7	343.21	68395.7	71.13	16000.4					

表 3 黑龙江重点国有林区有林地、疏林地、灌木林地按林种和龄组面积、蓄积统计表（续 86）

单位：公顷、立方米

统计单位	林种	亚林种	郁闭度（覆盖度）等级	合计		乔木林地												疏林地		小计	灌木林地	
						小计		幼龄林		中龄林		近熟林		成熟林		过熟林					特殊灌木林地	一般灌木林地
				面积	蓄积	面积	蓄积	面积	蓄积	面积	蓄积	面积	蓄积	面积	蓄积	面积	蓄积	面积	蓄积	面积	面积	面积
桦南林业局	防护林	水源涵养林	合计	5444.87	551739.6	5442.68	551675.3	2171.19	151815.4	2675.50	327344.4	528.17	65349.6	67.82	7165.9			2.19	64.3			
			低（疏）	290.54	8534.1	290.54	8534.1	229.74	5201.4	54.62	3081.5	6.18	251.2									
			中	3911.67	406598.7	3911.67	406598.7	1110.29	74440.5	2253.47	266928.5	480.09	58063.8	67.82	7165.9							
			高（密）	1240.47	136542.5	1240.47	136542.5	831.16	72173.5	367.41	57334.4	41.90	7034.6									
		水土保持林	合计	58534.66	7908701.1	58517.36	7908432.6	9518.58	1177037.4	39868.13	5297720.2	7536.90	1172817.9	1384.30	226220.4	209.45	34636.7	15.98	268.5	1.32		1.32
			低（疏）	1004.56	59752.1	1003.24	59752.1	357.08	12902.1	544.29	37824.7	93.83	8497.9	8.04	527.4					1.32		1.32
			中	46078.88	6003833.2	46078.88	6003833.2	6456.03	796887.5	32892.51	4210350.7	5558.97	820661.4	1033.05	157297.3	138.32	18636.3					
			高（密）	11435.24	1844847.3	11435.24	1844847.3	2705.47	367247.8	6431.33	1049544.8	1884.10	343658.6	343.21	68395.7	71.13	16000.4					
		护岸林	合计	3095.26	347324.3	3095.26	347324.3	512.24	36645.3	2158.79	261874.8	408.09	46581.3	16.14	2222.9							
			低（疏）	134.44	6320.9	134.44	6320.9	60.61	1974.2	72.77	4275.9	1.06	70.8									
			中	2630.34	294719.6	2630.34	294719.6	301.51	23049.0	1906.88	223103.0	405.81	46344.7	16.14	2222.9							
			高（密）	330.48	46283.8	330.48	46283.8	150.12	11622.1	179.14	34495.9	1.22	165.8									
		护路林	合计	91.59	20973.7	91.59	20973.7	7.71	928.5	78.36	18857.3	5.52	1187.9									
			低（疏）	0.18	10.3	0.18	10.3					0.18	10.3									
			中	3.92	237.4	3.92	237.4	1.78	113.4	1.91	82.1	0.23	41.9									
			高（密）	87.49	20726.0	87.49	20726.0	5.93	815.1	76.45	18775.2	5.11	1135.7									
	特用林	合计	合计	66383.32	8499124.2	66277.03	8498696.1	8736.30	1035440.4	45939.20	5764595.8	8866.53	1286215.8	2479.61	370113.2	255.39	42330.9	27.42	428.1	78.87		78.87
			低（疏）	1208.99	70198.7	1130.12	70198.7	207.30	7547.3	588.88	32365.1	64.76	4965.0	269.18	25321.3					78.87		78.87
			中	52012.50	6435618.0	52012.50	6435618.0	6688.10	811245.9	37515.21	4569355.7	6018.25	802208.5	1648.65	232409.2	142.29	20398.7					
			高（密）	13134.41	1992879.4	13134.41	1992879.4	1840.90	216647.2	7835.11	1162875.0	2783.52	479042.3	561.78	112382.7	113.10	21932.2					

表3　黑龙江重点国有林区有林地、疏林地、灌木林地按林种和龄组面积、蓄积统计表（续87）

单位：公顷、立方米

统计单位	林种	亚林种	郁闭度（覆盖度）等级	合计		乔木林地												疏林地		灌木林地		
						小计		幼龄林		中龄林		近熟林		成熟林		过熟林				小计	特殊灌木林地	一般灌木林地
				面积	蓄积	面积	蓄积	面积	蓄积	面积	蓄积	面积	蓄积	面积	蓄积	面积	蓄积	面积	蓄积	面积	面积	面积
桦南林业局	特用林	种质资源林（母树林）	合计	544.94	98041.9	544.94	98041.9	60.44	12730.8	202.05	29105.7	139.64	26863.8	142.81	29341.6							
			低（疏）	27.29	1615.1	27.29	1615.1			15.09	1219.3			12.20	395.8							
			中	364.72	61012.1	364.72	61012.1	60.44	12730.8	146.33	20278.7	82.40	14559.6	75.55	13443.0							
			高（密）	152.93	35414.7	152.93	35414.7			40.63	7607.7	57.24	12304.2	55.06	15502.8							
		环境保护林	合计	219.78	31646.0	219.78	31646.0	23.63	3171.0	142.82	19696.4	36.55	5754.1	16.78	3024.5							
			中	122.96	16362.3	122.96	16362.3	21.05	2986.1	101.50	13336.4	0.41	39.8									
			高（密）	96.82	15283.7	96.82	15283.7	2.58	184.9	41.32	6360.0	36.14	5714.3	16.78	3024.5							
		风景林	合计	25.81	2867.1	25.81	2867.1			25.81	2867.1											
			中	25.81	2867.1	25.81	2867.1			25.81	2867.1											
		自然保护区林	合计	65592.79	8366569.2	65486.50	8366141.1	8652.23	1019538.6	45568.52	5712926.6	8690.34	1253597.9	2320.02	337747.1	255.39	42330.9	27.42	428.1	78.87		78.87
			低（疏）	1181.70	68583.6	1102.83	68583.6	207.30	7547.3	573.79	31145.8	64.76	4965.0	256.98	24925.5					78.87		78.87
			中	51499.01	6355376.5	51499.01	6355376.5	6606.61	795529.0	37241.57	4532873.5	5935.44	787609.1	1573.10	218966.2	142.29	20398.7					
			高（密）	12884.66	1942181.0	12884.66	1942181.0	1838.32	216462.3	7753.16	1148907.3	2690.14	461023.8	489.94	93855.4	113.10	21932.2					
	用材林	合计	合计	23291.59	3000207.7	23288.92	3000177.4	4239.65	479483.6	12106.63	1604645.6	5576.36	737004.2	1120.91	151263.0	245.37	27781.0	2.67	30.3			
			低（疏）	489.80	26184.6	489.80	26184.6	226.70	7005.6	185.39	13943.6	77.71	5235.4									
			中	17210.55	2169213.3	17210.55	2169213.3	2727.76	310549.7	9541.88	1234309.1	3869.74	486002.1	832.69	111412.3	238.48	26940.1					
			高（密）	5588.57	804779.5	5588.57	804779.5	1285.19	161928.3	2379.36	356392.9	1628.91	245766.7	288.22	39850.7	6.89	840.9					
		短轮伐期工业原料用材林	合计	258.04	37058.8	258.04	37058.8	2.85	124.7			169.16	24487.4	86.03	12446.7							
			中	215.46	31394.0	215.46	31394.0	2.85	124.7			169.16	24487.4	43.45	6781.9							
			高（密）	42.58	5664.8	42.58	5664.8							42.58	5664.8							

表 3　黑龙江重点国有林区有林地、疏林地、灌木林地按林种和龄组面积、蓄积统计表（续 88）

单位：公顷、立方米

统计单位	林种	亚林种	郁闭度（覆盖度）等级	合计		乔木林地												疏林地		灌木林地		
						小计		幼龄林		中龄林		近熟林		成熟林		过熟林				小计	特殊灌木林地	一般灌木林地
				面积	蓄积	面积	蓄积	面积	蓄积	面积	蓄积	面积	蓄积	面积	蓄积	面积	蓄积	面积	蓄积	面积	面积	面积
桦南林业局	用材林	一般用材林	合计	23033.55	2963148.9	23030.88	2963118.6	4236.80	479358.9	12106.63	1604645.6	5407.20	712516.8	1034.88	138816.3	245.37	27781.0	2.67	30.3			
			低（疏）	489.80	26184.6	489.80	26184.6	226.70	7005.6	185.39	13943.6	77.71	5235.4									
			中	16995.09	2137819.3	16995.09	2137819.3	2724.91	310425.0	9541.88	1234309.1	3700.58	461514.7	789.24	104630.4	238.48	26940.1					
			高（密）	5545.99	799114.7	5545.99	799114.7	1285.19	161928.3	2379.36	356392.9	1628.91	245766.7	245.64	34185.9	6.89	840.9					
鹤立林业局	合计	合计	合计	58706.96	6072925.9	58706.96	6072925.9	4665.69	170632.1	46879.74	5047518.2	6510.50	772658.7	544.20	68339.1	106.83	13777.8					
			低（疏）	1406.90	44747.8	1406.90	44747.8	752.66	5949.2	608.63	36150.7	41.31	2391.2	4.30	256.7							
			中	45097.82	4528754.8	45097.82	4528754.8	3256.50	135260.1	36017.45	3737366.6	5215.38	580695.4	501.66	61654.9	106.83	13777.8					
			高（密）	12202.24	1499423.3	12202.24	1499423.3	656.53	29422.8	10253.66	1274000.9	1253.81	189572.1	38.24	6427.5							
	防护林	合计	合计	29065.70	3133950.4	29065.70	3133950.4	2065.83	68362.3	23030.00	2575234.3	3695.62	452885.9	248.34	34420.0	25.91	3047.9					
			低（疏）	933.54	35457.7	933.54	35457.7	410.11	3335.7	481.25	29805.6	37.88	2059.7	4.30	256.7							
			中	21346.86	2230124.2	21346.86	2230124.2	1380.72	55032.2	16889.68	1819062.7	2831.45	322966.1	219.10	30015.3	25.91	3047.9					
			高（密）	6785.30	868368.5	6785.30	868368.5	275.00	9994.4	5659.07	726366.0	826.29	127860.1	24.94	4148.0							
		水源涵养林	合计	5195.08	602424.4	5195.08	602424.4	398.93	13624.6	4338.56	524628.3	393.00	55200.0	64.59	8971.5							
			低（疏）	156.29	3738.9	156.29	3738.9	99.41	951.9	55.15	2721.0	1.73	66.0									
			中	3569.86	398637.5	3569.86	398637.5	265.05	10361.0	3033.52	354207.3	206.70	25097.7	64.59	8971.5							
			高（密）	1468.93	200048.0	1468.93	200048.0	34.47	2311.7	1249.89	167700.0	184.57	30036.3									
		水土保持林	合计	23839.70	2528634.0	23839.70	2528634.0	1666.61	54737.7	18664.95	2048391.3	3298.48	397008.6	183.75	25448.5	25.91	3047.9					
			低（疏）	774.40	31553.8	774.40	31553.8	310.41	2383.8	423.54	26919.6	36.15	1993.7	4.30	256.7							
			中	17748.93	1828759.7	17748.93	1828759.7	1115.67	44671.2	13832.23	1462805.7	2620.61	297191.1	154.51	21043.8	25.91	3047.9					
			高（密）	5316.37	668320.5	5316.37	668320.5	240.53	7682.7	4409.18	558666.0	641.72	97823.8	24.94	4148.0							
		护岸林	合计	0.29		0.29		0.29														
			低（疏）	0.29		0.29		0.29														

表 3　黑龙江重点国有林区有林地、疏林地、灌木林地按林种和龄组面积、蓄积统计表（续 89）

单位：公顷、立方米

统计单位	林种	亚林种	郁闭度（覆盖度）等级	乔木林地														疏林地		灌木林地		
				合计		小计		幼龄林		中龄林		近熟林		成熟林		过熟林				小计	特殊灌木林地	一般灌木林地
				面积	蓄积	面积	蓄积	面积	蓄积	面积	蓄积	面积	蓄积	面积	蓄积	面积	蓄积	面积	蓄积	面积	面积	面积
鹤立林业局	防护林	护路林	合计	30.63	2892.0	30.63	2892.0			26.49	2214.7	4.14	677.3									
			低（疏）	2.56	165.0	2.56	165.0			2.56	165.0											
			中	28.07	2727.0	28.07	2727.0			23.93	2049.7	4.14	677.3									
	特用林	合计	合计	15712.14	1546931.7	15712.14	1546931.7	1451.76	67598.4	12442.51	1274519.2	1558.07	174421.9	206.01	23182.7	53.79	7209.5					
			低（疏）	207.48	5322.7	207.48	5322.7	136.77	1429.4	70.71	3893.3											
			中	11833.29	1123828.5	11833.29	1123828.5	1165.45	57346.8	9072.09	893280.1	1342.94	144280.3	199.02	21711.8	53.79	7209.5					
			高（密）	3671.37	417780.5	3671.37	417780.5	149.54	8822.2	3299.71	377345.8	215.13	30141.6	6.99	1470.9							
		种质资源林（母树林）	合计	238.78	28235.2	238.78	28235.2			184.99	21025.7					53.79	7209.5					
			中	81.97	10318.7	81.97	10318.7			28.18	3109.2					53.79	7209.5					
			高（密）	156.81	17916.5	156.81	17916.5			156.81	17916.5											
		环境保护林	合计	15.21	1235.4	15.21	1235.4			15.21	1235.4											
			中	14.50	1186.8	14.50	1186.8			14.50	1186.8											
			高（密）	0.71	48.6	0.71	48.6			0.71	48.6											
		风景林	合计	1881.98	178179.6	1881.98	178179.6	600.61	33090.5	858.13	94515.9	364.02	43822.2	59.22	6751.0							
			低（疏）	56.47	481.5	56.47	481.5	51.87	48.3	4.60	433.2											
			中	1300.51	117483.3	1300.51	117483.3	414.40	25200.2	544.01	54992.8	288.95	31888.6	53.15	5401.7							
			高（密）	525.00	60214.8	525.00	60214.8	134.34	7842.0	309.52	39089.9	75.07	11933.6	6.07	1349.3							
		自然保护区林	合计	13576.17	1339281.5	13576.17	1339281.5	851.15	34507.9	11384.18	1157742.2	1194.05	130599.7	146.79	16431.7							
			低（疏）	151.01	4841.2	151.01	4841.2	84.90	1381.1	66.11	3460.1											
			中	10436.31	994839.7	10436.31	994839.7	751.05	32146.6	8485.40	833991.3	1053.99	112391.7	145.87	16310.1							
			高（密）	2988.85	339600.6	2988.85	339600.6	15.20	980.2	2832.67	320290.8	140.06	18208.0	0.92	121.6							

表 3 黑龙江重点国有林区有林地、疏林地、灌木林地按林种和龄组面积、蓄积统计表（续 90）

单位：公顷、立方米

统计单位	林种	亚林种	郁闭度（覆盖度）等级	合计		乔木林地														疏林地		灌木林地		
						小计		幼龄林		中龄林		近熟林		成熟林		过熟林				小计	特殊灌木林地	一般灌木林地
				面积	蓄积	面积	蓄积	面积	蓄积	面积	蓄积	面积	蓄积	面积	蓄积	面积	蓄积	面积	蓄积	面积	面积	面积
鹤立林业局	用材林	合计	合计	13929.12	1392043.8	13929.12	1392043.8	1148.10	34671.4	11407.23	1197764.7	1256.81	145350.9	89.85	10736.4	27.13	3520.4					
			低（疏）	265.88	3967.4	265.88	3967.4	205.78	1184.1	56.67	2451.8	3.43	331.5									
			中	11917.67	1174802.1	11917.67	1174802.1	710.33	22881.1	10055.68	1025023.8	1040.99	113449.0	83.54	9927.8	27.13	3520.4					
			高（密）	1745.57	213274.3	1745.57	213274.3	231.99	10606.2	1294.88	170289.1	212.39	31570.4	6.31	808.6							
		短轮伐期工业原料用材林	合计	131.56	11551.3	131.56	11551.3	9.39	76.1	2.02	151.6	111.70	10202.6	8.45	1121.0							
			中	101.29	8323.9	101.29	8323.9	9.39	76.1	2.02	151.6	81.43	6975.2	8.45	1121.0							
			高（密）	30.27	3227.4	30.27	3227.4					30.27	3227.4									
		一般用材林	合计	13797.56	1380492.5	13797.56	1380492.5	1138.71	34595.3	11405.21	1197613.1	1145.11	135148.3	81.40	9615.4	27.13	3520.4					
			低（疏）	265.88	3967.4	265.88	3967.4	205.78	1184.1	56.67	2451.8	3.43	331.5									
			中	11816.38	1166478.2	11816.38	1166478.2	700.94	22805.0	10053.66	1024872.2	959.56	106473.8	75.09	8806.8	27.13	3520.4					
			高（密）	1715.30	210046.9	1715.30	210046.9	231.99	10606.2	1294.88	170289.1	182.12	28343.0	6.31	808.6							
双鸭山林业局	合计	合计	合计	125267.20	15077040.0	125004.92	15076938.2	12814.09	1104004.8	102285.96	12513066.8	7314.95	1111025.9	2386.44	316841.1	203.48	31999.6	2.33	101.8	259.95		259.95
			低（疏）	1929.19	107984.9	1769.25	107984.9	606.15	16089.5	906.57	66380.0	175.91	15779.1	80.62	9736.3					159.94		159.94
			中	78928.44	9108313.4	78844.73	9108313.4	7525.54	658467.1	64908.66	7557996.2	4692.85	668791.8	1584.40	203777.0	133.28	19281.3			83.71		83.71
			高（密）	44407.24	5860639.9	44390.94	5860639.9	4682.40	429448.2	36470.73	4888690.6	2446.19	426455.0	721.42	103327.8	70.20	12718.3			16.30		16.30
	防护林	合计	合计	83740.08	9964259.7	83584.49	9964246.2	7873.69	673705.6	68196.87	8181968.3	5779.71	872144.3	1555.24	209493.5	178.98	26934.5	0.53	13.5	155.06		155.06
			低（疏）	1129.67	67482.1	1064.72	67482.1	332.28	9413.8	644.10	49430.7	75.66	7694.5	12.68	943.1					64.95		64.95
			中	54338.30	6242508.8	54264.49	6242508.8	4436.19	383925.9	44662.08	5142103.8	3879.17	546510.8	1153.77	150687.0	133.28	19281.3			73.81		73.81
			高（密）	28271.58	3654255.3	28255.28	3654255.3	3105.22	280365.9	22890.69	2990433.8	1824.88	317939.0	388.79	57863.4	45.70	7653.2			16.30		16.30

表 3　黑龙江重点国有林区有林地、疏林地、灌木林地按林种和龄组面积、蓄积统计表（续 91）

单位：公顷、立方米

统计单位	林种	亚林种	郁闭度（覆盖度）等级	合计		乔木林地												疏林地		灌木林地		
						小计		幼龄林		中龄林		近熟林		成熟林		过熟林				小计	特殊灌木林地	一般灌木林地
				面积	蓄积	面积	蓄积	面积	蓄积	面积	蓄积	面积	蓄积	面积	蓄积	面积	蓄积	面积	蓄积	面积	面积	面积
双鸭山林业局	防护林	水源涵养林	合计	6400.65	612065.3	6400.65	612065.3	1198.12	91695.6	5138.50	512931.5	64.03	7438.2									
			低（疏）	44.10	1587.1	44.10	1587.1	41.02	1417.7	3.08	169.4											
			中	3943.43	339896.5	3943.43	339896.5	714.72	57705.3	3164.68	274753.0	64.03	7438.2									
			高（密）	2413.12	270581.7	2413.12	270581.7	442.38	32572.6	1970.74	238009.1											
		水土保持林	合计	55326.53	6457353.2	55170.94	6457339.7	5928.38	504340.1	46498.34	5569553.8	1931.67	288244.6	812.55	95201.2			0.53	13.5	155.06		155.06
			低（疏）	1022.53	58612.2	957.58	58612.2	277.50	7555.4	591.74	42419.2	75.66	7694.5	12.68	943.1					64.95		64.95
			中	34369.56	3813346.3	34295.75	3813346.3	3082.35	258293.9	29617.24	3360319.9	1045.47	134153.4	550.69	60579.1					73.81		73.81
			高（密）	19933.91	2585381.2	19917.61	2585381.2	2568.53	238490.8	16289.36	2166814.7	810.54	146396.7	249.18	33679.0					16.30		16.30
		护岸林	合计	22012.90	2894841.2	22012.90	2894841.2	747.19	77669.9	16560.03	2099483.0	3784.01	576461.5	742.69	114292.3	178.98	26934.5					
			低（疏）	63.04	7282.8	63.04	7282.8	13.76	440.7	49.28	6842.1											
			中	16025.31	2089266.0	16025.31	2089266.0	639.12	67926.7	11880.16	1507030.9	2769.67	404919.2	603.08	90107.9	133.28	19281.3					
			高（密）	5924.55	798292.4	5924.55	798292.4	94.31	9302.5	4630.59	585610.0	1014.34	171542.3	139.61	24184.4	45.70	7653.2					
	特用林	合计	合计	18319.89	2183012.6	18272.31	2182924.3	2581.52	217767.9	14545.94	1782184.6	683.27	118205.6	461.58	64766.2			1.80	88.3	45.78		45.78
			低（疏）	382.48	19499.1	339.88	19499.1	166.11	3735.6	108.52	6719.3	13.80	1408.3	51.45	7635.9					42.60		42.60
			中	8980.08	977690.1	8976.90	977690.1	1236.17	104123.9	7166.39	786588.4	354.02	56705.9	220.32	30271.9					3.18		3.18
			高（密）	8955.53	1185735.1	8955.53	1185735.1	1179.24	109908.4	7271.03	988876.9	315.45	60091.4	189.81	26858.4							
		种质资源林（母树林）	合计	211.25	30849.8	211.25	30849.8	36.42	1897.8	38.54	6933.8	31.71	5793.6	104.58	16224.6							
			低（疏）	51.45	7635.9	51.45	7635.9							51.45	7635.9							
			中	99.30	13558.6	99.30	13558.6	26.85	1085.9	25.60	4693.2	25.74	4908.2	21.11	2871.3							
			高（密）	60.50	9655.3	60.50	9655.3	9.57	811.9	12.94	2240.6	5.97	885.4	32.02	5717.4							

表 3 黑龙江重点国有林区有林地、疏林地、灌木林地按林种和龄组面积、蓄积统计表（续 92）

单位：公顷、立方米

统计单位	林种	亚林种	郁闭度（覆盖度）等级	合计		乔木林地												疏林地		灌木林地		
						小计		幼龄林		中龄林		近熟林		成熟林		过熟林				小计	特殊灌木林地	一般灌木林地
				面积	蓄积	面积	蓄积	面积	蓄积	面积	蓄积	面积	蓄积	面积	蓄积	面积	蓄积	面积	蓄积	面积	面积	面积
双鸭山林业局	特用林	环境保护林	合计	9566.57	1047727.6	9526.65	1047681.8	1489.24	112708.3	7740.39	883303.8	272.73	49107.2	24.29	2562.5			0.48	45.8	39.44		39.44
			低（疏）	203.25	7018.0	166.99	7018.0	84.36	1823.9	69.80	3861.2	12.83	1332.9							36.26		36.26
			中	5829.78	597352.3	5826.60	597352.3	941.46	76036.3	4646.94	483070.4	214.65	35777.9	23.55	2467.7					3.18		3.18
			高（密）	3533.06	443311.5	3533.06	443311.5	463.42	34848.1	3023.65	396372.2	45.25	11996.4	0.74	94.8							
		风景林	合计	3802.51	516310.7	3796.93	516268.2	554.33	54680.4	2553.81	354592.5	376.09	62991.2	312.70	44004.1			1.32	42.5	4.26		4.26
			低（疏）	112.73	4562.6	108.47	4562.6	72.79	1788.5	34.71	2698.7	0.97	75.4							4.26		4.26
			中	1562.44	197117.4	1562.44	197117.4	189.56	21755.3	1083.59	134409.4	113.63	16019.8	175.66	24932.9							
			高（密）	2126.02	314588.2	2126.02	314588.2	291.98	31136.6	1435.51	217484.4	261.49	46896.0	137.04	19071.2							
		自然保护区林	合计	4739.56	588124.5	4737.48	588124.5	501.53	48481.4	4213.20	537354.5	2.74	313.6	20.01	1975.0					2.08		2.08
			低（疏）	15.05	282.6	12.97	282.6	8.96	123.2	4.01	159.4									2.08		2.08
			中	1488.56	169661.8	1488.56	169661.8	78.30	5246.4	1410.26	164415.4											
			高（密）	3235.95	418180.1	3235.95	418180.1	414.27	43111.8	2798.93	372779.7	2.74	313.6	20.01	1975.0							
	用材林	合计	合计	23207.23	2929767.7	23148.12	2929767.7	2358.88	212531.3	19543.15	2548913.9	851.97	120676.0	369.62	42581.4	24.50	5065.1			59.11		59.11
			低（疏）	417.04	21003.7	364.65	21003.7	107.76	2940.1	153.95	10230.0	86.45	6676.3	16.49	1157.3					52.39		52.39
			中	15610.06	1888114.5	15603.34	1888114.5	1853.18	170417.3	13080.19	1629304.0	459.66	65575.1	210.31	22818.1					6.72		6.72
			高（密）	7180.13	1020649.5	7180.13	1020649.5	397.94	39173.9	6309.01	909379.9	305.86	48424.6	142.82	18606.0	24.50	5065.1					
		一般用材林	合计	23207.23	2929767.7	23148.12	2929767.7	2358.88	212531.3	19543.15	2548913.9	851.97	120676.0	369.62	42581.4	24.50	5065.1			59.11		59.11
			低（疏）	417.04	21003.7	364.65	21003.7	107.76	2940.1	153.95	10230.0	86.45	6676.3	16.49	1157.3					52.39		52.39
			中	15610.06	1888114.5	15603.34	1888114.5	1853.18	170417.3	13080.19	1629304.0	459.66	65575.1	210.31	22818.1					6.72		6.72
			高（密）	7180.13	1020649.5	7180.13	1020649.5	397.94	39173.9	6309.01	909379.9	305.86	48424.6	142.82	18606.0	24.50	5065.1					

表 3　黑龙江重点国有林区有林地、疏林地、灌木林地按林种和龄组面积、蓄积统计表（续 93）

单位：公顷、立方米

统计单位	林种	亚林种	郁闭度（覆盖度）等级	合计		乔木林地												疏林地		灌木林地		
						小计		幼龄林		中龄林		近熟林		成熟林		过熟林				小计	特殊灌木林地	一般灌木林地
				面积	蓄积	面积	蓄积	面积	蓄积	面积	蓄积	面积	蓄积	面积	蓄积	面积	蓄积	面积	蓄积	面积	面积	面积
带岭林业实验局	合计	合计	合计	93803.50	13416453.7	93800.54	13416377.7	9907.40	736154.1	56834.81	8098758.5	20131.18	3320404.4	6246.82	1137098.1	680.33	123962.6	2.96	76.0			
			低（疏）	620.80	32646.9	620.80	32646.9	332.24	5460.1	157.88	12067.8	24.90	2269.4	102.63	12629.9	3.15	219.7					
			中	56914.46	7630886.8	56914.46	7630886.8	5327.40	344995.6	32532.92	4263670.3	14156.37	2207686.6	4288.14	702082.1	609.63	112452.2					
			高（密）	36265.28	5752844.0	36265.28	5752844.0	4247.76	385698.4	24144.01	3823020.4	5949.91	1110448.4	1856.05	422386.1	67.55	11290.7					
	防护林	合计	合计	50476.03	7175243.9	50474.40	7175203.3	6185.15	456317.3	31922.03	4657700.8	9178.03	1522717.7	2895.89	494661.0	293.30	43806.5	1.63	40.6			
			低（疏）	356.61	26200.8	356.61	26200.8	146.72	4311.0	113.24	9574.6	0.33	27.4	96.32	12287.8							
			中	29205.36	3876536.8	29205.36	3876536.8	3265.92	204277.0	17238.37	2307016.5	6369.02	993938.2	2082.04	335197.7	250.01	36107.4					
			高（密）	20912.43	3272465.7	20912.43	3272465.7	2772.51	247729.3	14570.42	2341109.7	2808.68	528752.1	717.53	147175.5	43.29	7699.1					
		水源涵养林	合计	2683.21	391362.6	2683.21	391362.6	433.17	29999.7	1622.50	246348.9	475.55	87295.3	151.99	27718.7							
			低（疏）	48.65	2305.0	48.65	2305.0	48.20	2273.5	0.45	31.5											
			中	1431.79	188733.6	1431.79	188733.6	247.99	15126.1	859.74	120947.1	198.44	29936.8	125.62	22723.6							
			高（密）	1202.77	200324.0	1202.77	200324.0	136.98	12600.1	762.31	125370.3	277.11	57358.5	26.37	4995.1							
		水土保持林	合计	47171.42	6707857.6	47169.79	6707817.0	5607.22	416986.5	29944.57	4363529.2	8613.18	1421020.9	2716.98	462831.7	287.84	43448.7	1.63	40.6			
			低（疏）	306.95	23860.1	306.95	23860.1	97.51	2001.8	112.79	9543.1	0.33	27.4	96.32	12287.8							
			中	27361.00	3640532.3	27361.00	3640532.3	2949.38	186334.4	16118.76	2153586.3	6112.21	955228.4	1936.10	309633.6	244.55	35749.6					
			高（密）	19501.84	3043424.6	19501.84	3043424.6	2560.33	228650.3	13713.02	2200399.8	2500.64	465765.1	684.56	140910.3	43.29	7699.1					
		护岸林	合计	424.94	52323.0	424.94	52323.0	117.63	8466.7	214.37	29177.0	79.32	13122.7	8.16	1198.8	5.46	357.8					
			低（疏）	1.01	35.7	1.01	35.7	1.01	35.7													
			中	290.31	31823.5	290.31	31823.5	61.83	2572.1	167.14	20344.1	48.39	7494.2	7.49	1055.3	5.46	357.8					
			高（密）	133.62	20463.8	133.62	20463.8	54.79	5858.9	47.23	8832.9	30.93	5628.5	0.67	143.5							

表3 黑龙江重点国有林区有林地、疏林地、灌木林地按林种和龄组面积、蓄积统计表（续94）

单位：公顷、立方米

统计单位	林种	亚林种	郁闭度（覆盖度）等级	合计		乔木林地												疏林地		灌木林地		
						小计		幼龄林		中龄林		近熟林		成熟林		过熟林				小计	特殊灌木林地	一般灌木林地
				面积	蓄积	面积	蓄积	面积	蓄积	面积	蓄积	面积	蓄积	面积	蓄积	面积	蓄积	面积	蓄积	面积	面积	面积
带岭林业实验局	防护林	护路林	合计	196.46	23700.7	196.46	23700.7	27.13	864.4	140.59	18645.7	9.98	1278.8	18.76	2911.8							
			中	122.26	15447.4	122.26	15447.4	6.72	244.4	92.73	12139.0	9.98	1278.8	12.83	1785.2							
			高（密）	74.20	8253.3	74.20	8253.3	20.41	620.0	47.86	6506.7			5.93	1126.6							
	特用林	合计	合计	22014.27	3342403.8	22012.94	3342368.4	1825.67	141634.6	12328.38	1760252.7	5832.92	1027700.8	1813.28	357861.7	212.69	54918.6	1.33	35.4			
			低（疏）	60.02	2630.0	60.02	2630.0	25.58	174.8	19.08	1354.4	5.90	539.0	6.31	342.1	3.15	219.7					
			中	13608.57	1916240.3	13608.57	1916240.3	1098.54	70187.1	7052.34	912616.1	4042.28	668491.5	1214.47	211587.6	200.94	53358.0					
			高（密）	8344.35	1423498.1	8344.35	1423498.1	701.55	71272.7	5256.96	846282.2	1784.74	358670.3	592.50	145932.0	8.60	1340.9					
		种质（母树林、种质资源林）	合计	340.34	47292.6	340.34	47292.6	36.14	307.6	200.45	32042.5	98.49	13778.7			5.26	1163.8					
			中	177.78	20687.1	177.78	20687.1	36.14	307.6	90.68	12602.9	45.70	6612.8			5.26	1163.8					
			高（密）	162.56	26605.5	162.56	26605.5			109.77	19439.6	52.79	7165.9									
		环境保护林	合计	611.33	84824.0	611.33	84824.0	83.06	6166.8	375.83	56524.9	119.41	17527.3	33.03	4605.0							
			低（疏）	0.35	16.2	0.35	16.2			0.35	16.2											
			中	334.00	43633.4	334.00	43633.4	59.80	4427.4	145.66	20555.4	95.51	14045.6	33.03	4605.0							
			高（密）	276.98	41174.4	276.98	41174.4	23.26	1739.4	229.82	35953.3	23.90	3481.7									
		风景林	合计	3768.29	548911.4	3768.29	548911.4	509.65	35388.2	2116.97	304844.6	839.47	152796.8	302.20	55881.8							
			低（疏）	7.12	361.8	7.12	361.8	0.81	19.7					6.31	342.1							
			中	2039.42	255026.5	2039.42	255026.5	367.69	22865.8	1094.22	138660.0	449.98	74342.2	127.53	19158.5							
			高（密）	1721.75	293523.1	1721.75	293523.1	141.15	12502.7	1022.75	166184.6	389.49	78454.6	168.36	36381.2							
		自然保护区林	合计	17294.31	2661375.8	17292.98	2661340.4	1196.82	99772.0	9635.13	1366840.7	4775.55	843598.0	1478.05	297374.9	207.43	53754.8	1.33	35.4			
			低（疏）	52.55	2252.0	52.55	2252.0	24.77	155.1	18.73	1338.2	5.90	539.0			3.15	219.7					
			中	11057.37	1596893.3	11057.37	1596893.3	634.91	42586.3	5721.78	740797.8	3451.09	573490.9	1053.91	187824.1	195.68	52194.2					
			高（密）	6183.06	1062195.1	6183.06	1062195.1	537.14	57030.6	3894.62	624704.7	1318.56	269568.1	424.14	109550.8	8.60	1340.9					

表3 黑龙江重点国有林区有林地、疏林地、灌木林地按林种和龄组面积、蓄积统计表（续95）

单位：公顷、立方米

统计单位	林种	亚林种	郁闭度（覆盖度）等级	合计		乔木林地												疏林地		灌木林地		
						小计		幼龄林		中龄林		近熟林		成熟林		过熟林				小计	特殊灌木林地	一般灌木林地
				面积	蓄积	面积	蓄积	面积	蓄积	面积	蓄积	面积	蓄积	面积	蓄积	面积	蓄积	面积	蓄积	面积	面积	面积
带岭林业实验局	用材林	合计	合计	21313.20	2898806.0	21313.20	2898806.0	1896.58	138202.2	12584.40	1680805.0	5120.23	769985.9	1537.65	284575.4	174.34	25237.5					
			低（疏）	204.17	3816.1	204.17	3816.1	159.94	974.3	25.56	1138.8	18.67	1703.0									
			中	14100.53	1838109.7	14100.53	1838109.7	962.94	70531.5	8242.21	1044037.7	3745.07	545256.9	991.63	155296.8	158.68	22986.8					
			高（密）	7008.50	1056880.2	7008.50	1056880.2	773.70	66696.4	4316.63	635628.5	1356.49	223026.0	546.02	129278.6	15.66	2250.7					
		短轮伐期工业原料用材林	合计	7206.71	1007995.6	7206.71	1007995.6	177.57	6462.0	3767.68	483526.4	2352.79	343783.8	880.41	169649.1	28.26	4574.3					
			低（疏）	38.08	1248.0	38.08	1248.0	12.28	74.7	20.25	865.1	5.55	308.2									
			中	4798.69	631526.5	4798.69	631526.5	110.77	5121.2	2517.54	313250.2	1630.59	232228.8	523.05	77970.9	16.74	2955.4					
			高（密）	2369.94	375221.1	2369.94	375221.1	54.52	1266.1	1229.89	169411.1	716.65	111246.8	357.36	91678.2	11.52	1618.9					
		一般用材林	合计	14106.49	1890810.4	14106.49	1890810.4	1719.01	131740.2	8816.72	1197278.6	2767.44	426202.1	657.24	114926.3	146.08	20663.2					
			低（疏）	166.09	2568.1	166.09	2568.1	147.66	899.6	5.31	273.7	13.12	1394.8									
			中	9301.84	1206583.2	9301.84	1206583.2	852.17	65410.3	5724.67	730787.5	2114.48	313028.1	468.58	77325.9	141.94	20031.4					
			高（密）	4638.56	681659.1	4638.56	681659.1	719.18	65430.3	3086.74	466217.4	639.84	111779.2	188.66	37600.4	4.14	631.8					
长岗实验林场	合计	合计	合计	5499.09	515100.8	5497.93	515100.8	630.41	58295.8	3505.23	282358.5	1082.22	133804.4	280.07	40642.1					1.16		1.16
			低（疏）	36.90	2470.7	35.74	2470.7	32.17	2222.9	3.57	247.8									1.16		1.16
			中	4768.47	420482.9	4768.47	420482.9	332.67	28601.8	3287.15	256665.3	941.15	110094.8	207.50	25121.0							
			高（密）	693.72	92147.2	693.72	92147.2	265.57	27471.1	214.51	25445.4	141.07	23709.6	72.57	15521.1							
	防护林	合计	合计	1363.27	141491.5	1363.27	141491.5	156.02	14998.6	845.79	75267.9	197.33	27139.3	164.13	24085.7							
			低（疏）	4.21	291.2	4.21	291.2	0.64	43.4	3.57	247.8											
			中	1171.40	113206.2	1171.40	113206.2	106.94	10762.6	782.47	67041.6	160.93	21072.0	121.06	14330.0							
			高（密）	187.66	27994.1	187.66	27994.1	48.44	4192.6	59.75	7978.5	36.40	6067.3	43.07	9755.7							

表3 黑龙江重点国有林区有林地、疏林地、灌木林地按林种和龄组面积、蓄积统计表（续96）

单位：公顷、立方米

统计单位	林种	亚林种	郁闭度（覆盖度）等级	乔木林地														疏林地		灌木林地		
				合计		小计		幼龄林		中龄林		近熟林		成熟林		过熟林				小计	特殊灌木林地	一般灌木林地
				面积	蓄积	面积	蓄积	面积	蓄积	面积	蓄积	面积	蓄积	面积	蓄积	面积	蓄积	面积	蓄积	面积	面积	面积
长岗实验林场	防护林	水源涵养林	合计	184.60	19990.8	184.60	19990.8	8.51	597.8	176.09	19393.0											
			中	138.13	14115.9	138.13	14115.9	2.30	160.6	135.83	13955.3											
			高（密）	46.47	5874.9	46.47	5874.9	6.21	437.2	40.26	5437.7											
		水土保持林	合计	1041.79	108833.2	1041.79	108833.2	78.53	7150.8	621.77	53268.6	177.36	24328.1	164.13	24085.7							
			低（疏）	4.21	291.2	4.21	291.2	0.64	43.4	3.57	247.8											
			中	896.39	86422.8	896.39	86422.8	35.66	3352.0	598.71	50480.0	140.96	18260.8	121.06	14330.0							
			高（密）	141.19	22119.2	141.19	22119.2	42.23	3755.4	19.49	2540.8	36.40	6067.3	43.07	9755.7							
		护路林	合计	136.88	12667.5	136.88	12667.5	68.98	7250.0	47.93	2606.3	19.97	2811.2									
			中	136.88	12667.5	136.88	12667.5	68.98	7250.0	47.93	2606.3	19.97	2811.2									
	特用林	合计	合计	3022.11	262870.3	3022.11	262870.3	240.17	22463.2	2153.36	162299.8	528.93	63213.8	99.65	14893.5							
			低（疏）	12.93	764.6	12.93	764.6	12.93	764.6													
			中	2739.88	225892.7	2739.88	225892.7	87.80	6604.5	2108.26	156640.7	471.19	53191.2	72.63	9456.3							
			高（密）	269.30	36213.0	269.30	36213.0	139.44	15094.1	45.10	5659.1	57.74	10022.6	27.02	5437.2							
		实验林	合计	134.28	7756.5	134.28	7756.5	1.67	149.6	132.61	7606.9											
			中	134.28	7756.5	134.28	7756.5	1.67	149.6	132.61	7606.9											
		环境保护林	合计	2086.65	193203.0	2086.65	193203.0	201.86	19072.8	1411.47	112511.8	385.15	49116.4	88.17	12502.0							
			低（疏）	12.93	764.6	12.93	764.6	12.93	764.6													
			中	1811.34	157235.6	1811.34	157235.6	54.66	3805.7	1366.37	106852.7	329.16	39512.4	61.15	7064.8							
			高（密）	262.38	35202.8	262.38	35202.8	134.27	14502.5	45.10	5659.1	55.99	9604.0	27.02	5437.2							
		自然保护区林	合计	801.18	61910.8	801.18	61910.8	36.64	3240.8	609.28	42181.1	143.78	14097.4	11.48	2391.5							
			中	794.26	60900.6	794.26	60900.6	31.47	2649.2	609.28	42181.1	142.03	13678.8	11.48	2391.5							
			高（密）	6.92	1010.2	6.92	1010.2	5.17	591.6			1.75	418.6									

表 3　黑龙江重点国有林区有林地、疏林地、灌木林地按林种和龄组面积、蓄积统计表（续 97）

单位：公顷、立方米

统计单位	林种	亚林种	郁闭度（覆盖度）等级	合计		乔木林地												疏林地		灌木林地		
						小计		幼龄林		中龄林		近熟林		成熟林		过熟林				小计	特殊灌木林地	一般灌木林地
				面积	蓄积	面积	蓄积	面积	蓄积	面积	蓄积	面积	蓄积	面积	蓄积	面积	蓄积	面积	蓄积	面积	面积	面积
长岗实验林场	用材林	合计	合计	1113.71	110739.0	1112.55	110739.0	234.22	20834.0	506.08	44790.8	355.96	43451.3	16.29	1662.9					1.16		1.16
			低（疏）	19.76	1414.9	18.60	1414.9	18.60	1414.9											1.16		1.16
			中	857.19	81384.0	857.19	81384.0	137.93	11234.7	396.42	32983.0	309.03	35831.6	13.81	1334.7							
			高（密）	236.76	27940.1	236.76	27940.1	77.69	8184.4	109.66	11807.8	46.93	7619.7	2.48	328.2							
		一般用材林	合计	1113.71	110739.0	1112.55	110739.0	234.22	20834.0	506.08	44790.8	355.96	43451.3	16.29	1662.9					1.16		1.16
			低（疏）	19.76	1414.9	18.60	1414.9	18.60	1414.9											1.16		1.16
			中	857.19	81384.0	857.19	81384.0	137.93	11234.7	396.42	32983.0	309.03	35831.6	13.81	1334.7							
			高（密）	236.76	27940.1	236.76	27940.1	77.69	8184.4	109.66	11807.8	46.93	7619.7	2.48	328.2							
丽林实验林场	合计	合计	合计	8002.16	1092101.6	8002.16	1092101.6	536.94	57104.6	6193.19	811875.5	853.92	143192.1	385.44	76266.8	32.67	3662.6					
			低（疏）	164.29	15064.1	164.29	15064.1	74.66	5200.1	87.58	9679.0			2.05	185.0							
			中	7705.17	1056508.1	7705.17	1056508.1	461.53	51786.1	5986.88	783676.6	853.92	143192.1	370.17	74190.7	32.67	3662.6					
			高（密）	132.70	20529.4	132.70	20529.4	0.75	118.4	118.73	18519.9			13.22	1891.1							
	防护林	合计	合计	4609.69	631212.5	4609.69	631212.5	286.46	31230.7	3769.65	508200.3	382.35	63158.8	138.56	24960.1	32.67	3662.6					
			低（疏）	31.08	1758.0	31.08	1758.0	12.23	564.9	16.80	1008.1			2.05	185.0							
			中	4445.91	608925.1	4445.91	608925.1	273.48	30547.4	3634.12	488672.3	382.35	63158.8	123.29	22884.0	32.67	3662.6					
			高（密）	132.70	20529.4	132.70	20529.4	0.75	118.4	118.73	18519.9			13.22	1891.1							
		水源涵养林	合计	8.00	539.4	8.00	539.4	8.00	539.4													
			中	8.00	539.4	8.00	539.4	8.00	539.4													
		水土保持林	合计	2373.80	326158.3	2373.80	326158.3	120.27	13369.6	1927.93	258747.0	266.59	44456.2	36.20	7253.5	22.81	2332.0					
			低（疏）	3.58	226.2	3.58	226.2	2.68	178.0	0.90	48.2											
			中	2370.22	325932.1	2370.22	325932.1	117.59	13191.6	1927.03	258698.8	266.59	44456.2	36.20	7253.5	22.81	2332.0					

表3 黑龙江重点国有林区有林地、疏林地、灌木林地按林种和龄组面积、蓄积统计表（续98）

单位：公顷、立方米

统计单位	林种	亚林种	郁闭度（覆盖度）等级	合计		乔木林地												疏林地		灌木林地		
						小计		幼龄林		中龄林		近熟林		成熟林		过熟林				小计	特殊灌木林地	一般灌木林地
				面积	蓄积	面积	蓄积	面积	蓄积	面积	蓄积	面积	蓄积	面积	蓄积	面积	蓄积	面积	蓄积	面积	面积	面积
丽林实验林场	防护林	护岸林	合计	1639.42	221148.4	1639.42	221148.4	123.62	14121.1	1330.90	176067.9	114.65	18494.3	70.25	12465.1							
			低（疏）	14.19	904.7	14.19	904.7	1.83		10.31	719.7			2.05	185.0							
			中	1507.66	202234.8	1507.66	202234.8	121.04	14002.7	1216.99	159348.8	114.65	18494.3	54.98	10389.0							
			高（密）	117.57	18008.9	117.57	18008.9	0.75	118.4	103.60	15999.4			13.22	1891.1							
		护路林	合计	588.47	83366.4	588.47	83366.4	34.57	3200.6	510.82	73385.4	1.11	208.3	32.11	5241.5	9.86	1330.6					
			低（疏）	13.31	627.1	13.31	627.1	7.72	386.9	5.59	240.2											
			中	560.03	80218.8	560.03	80218.8	26.85	2813.7	490.10	70624.7	1.11	208.3	32.11	5241.5	9.86	1330.6					
			高（密）	15.13	2520.5	15.13	2520.5			15.13	2520.5											
	特用林	合计	合计	2484.12	337226.7	2484.12	337226.7	131.02	11802.0	1719.31	206681.3	404.88	70611.4	228.91	48132.0							
			低（疏）	92.39	10161.6	92.39	10161.6	39.57	2889.6	52.82	7272.0											
			中	2391.73	327065.1	2391.73	327065.1	91.45	8912.4	1666.49	199409.3	404.88	70611.4	228.91	48132.0							
		自然保护区林	合计	2484.12	337226.7	2484.12	337226.7	131.02	11802.0	1719.31	206681.3	404.88	70611.4	228.91	48132.0							
			低（疏）	92.39	10161.6	92.39	10161.6	39.57	2889.6	52.82	7272.0											
			中	2391.73	327065.1	2391.73	327065.1	91.45	8912.4	1666.49	199409.3	404.88	70611.4	228.91	48132.0							
	用材林	合计	合计	908.35	123662.4	908.35	123662.4	119.46	14071.9	704.23	96993.9	66.69	9421.9	17.97	3174.7							
			低（疏）	40.82	3144.5	40.82	3144.5	22.86	1745.6	17.96	1398.9											
			中	867.53	120517.9	867.53	120517.9	96.60	12326.3	686.27	95595.0	66.69	9421.9	17.97	3174.7							
		一般用材林	合计	908.35	123662.4	908.35	123662.4	119.46	14071.9	704.23	96993.9	66.69	9421.9	17.97	3174.7							
			低（疏）	40.82	3144.5	40.82	3144.5	22.86	1745.6	17.96	1398.9											
			中	867.53	120517.9	867.53	120517.9	96.60	12326.3	686.27	95595.0	66.69	9421.9	17.97	3174.7							

表 3 黑龙江重点国有林区有林地、疏林地、灌木林地按林种和龄组面积、蓄积统计表（续 99）

单位：公顷、立方米

统计单位	林种	亚林种	郁闭度（覆盖度）等级	合计		乔木林地												疏林地		灌木林地		
						小计		幼龄林		中龄林		近熟林		成熟林		过熟林				小计	特殊灌木林地	一般灌木林地
				面积	蓄积	面积	蓄积	面积	蓄积	面积	蓄积	面积	蓄积	面积	蓄积	面积	蓄积	面积	蓄积	面积	面积	面积
江山娇实验林场	合计	合计	合计	16087.32	2308154.5	16087.32	2308154.5	2983.12	323788.3	7806.60	1136628.1	4181.39	659303.2	1057.73	176363.1	58.48	12071.8					
			低（疏）	214.37	21849.5	214.37	21849.5	25.32	1429.0	72.70	6836.9	91.30	10627.6	25.05	2956.0							
			中	11666.99	1604979.7	11666.99	1604979.7	1824.69	183416.5	5567.69	764269.9	3438.31	528032.5	784.34	118734.7	51.96	10526.1					
			高（密）	4205.96	681325.3	4205.96	681325.3	1133.11	138942.8	2166.21	365521.3	651.78	120643.1	248.34	54672.4	6.52	1545.7					
	防护林	合计	合计	8738.66	1242959.9	8738.66	1242959.9	1977.64	225966.7	4466.80	651574.8	1748.13	277306.1	498.83	78295.3	47.26	9817.0					
			低（疏）	109.51	10538.1	109.51	10538.1	10.52	627.8	72.70	6836.9	3.46	354.9	22.83	2718.5							
			中	5911.23	785246.7	5911.23	785246.7	1171.40	122054.1	2990.67	404338.3	1356.12	201488.1	352.30	49094.9	40.74	8271.3					
			高（密）	2717.92	447175.1	2717.92	447175.1	795.72	103284.8	1403.43	240399.6	388.55	75463.1	123.70	26481.9	6.52	1545.7					
		水源涵养林	合计	2098.69	325530.4	2098.69	325530.4	738.34	92144.2	741.70	117443.9	493.86	91328.8	124.79	24613.5							
			低（疏）	5.35	302.0	5.35	302.0	1.51	88.2	3.84	213.8											
			中	998.78	141645.5	998.78	141645.5	419.75	47942.8	248.13	34408.1	288.20	51902.7	42.70	7391.9							
			高（密）	1094.56	183582.9	1094.56	183582.9	317.08	44113.2	489.73	82822.0	205.66	39426.1	82.09	17221.6							
		水土保持林	合计	6606.16	914196.0	6606.16	914196.0	1205.49	130589.0	3725.10	534130.9	1254.27	185977.3	374.04	53681.8	47.26	9817.0					
			低（疏）	97.94	9853.8	97.94	9853.8	2.79	157.3	68.86	6623.1	3.46	354.9	22.83	2718.5							
			中	4884.86	640750.0	4884.86	640750.0	724.06	71260.1	2742.54	369930.2	1067.92	149585.4	309.60	41703.0	40.74	8271.3					
			高（密）	1623.36	263592.2	1623.36	263592.2	478.64	59171.6	913.70	157577.6	182.89	36037.0	41.61	9260.3	6.52	1545.7					
		护岸林	合计	33.81	3233.5	33.81	3233.5	33.81	3233.5													
			低（疏）	6.22	382.3	6.22	382.3	6.22	382.3													
			中	27.59	2851.2	27.59	2851.2	27.59	2851.2													

表3 黑龙江重点国有林区有林地、疏林地、灌木林地按林种和龄组面积、蓄积统计表（续100）

单位：公顷、立方米

统计单位	林种	亚林种	郁闭度（覆盖度）等级	合计		乔木林地												疏林地		灌木林地		
						小计		幼龄林		中龄林		近熟林		成熟林		过熟林				小计	特殊灌木林地	一般灌木林地
				面积	蓄积	面积	蓄积	面积	蓄积	面积	蓄积	面积	蓄积	面积	蓄积	面积	蓄积	面积	蓄积	面积	面积	面积
江山娇实验林场	特用林	合计	合计	5263.86	758432.2	5263.86	758432.2	644.85	61298.6	2287.43	328548.7	2041.89	315870.8	289.69	52714.1							
			低（疏）	101.56	11154.1	101.56	11154.1	11.50	643.9			87.84	10272.7	2.22	237.5							
			中	4102.03	587435.5	4102.03	587435.5	410.92	38253.4	1674.29	232192.1	1831.13	287371.5	185.69	29618.5							
			高（密）	1060.27	159842.6	1060.27	159842.6	222.43	22401.3	613.14	96356.6	122.92	18226.6	101.78	22858.1							
		环境保护林	合计	2571.34	370003.2	2571.34	370003.2	431.87	40400.2	1083.06	150687.8	834.90	134023.9	221.51	44891.3							
			低（疏）	12.57	812.1	12.57	812.1	10.35	574.6					2.22	237.5							
			中	1717.82	244651.0	1717.82	244651.0	231.33	21126.3	608.71	79640.7	760.27	122088.3	117.51	21795.7							
			高（密）	840.95	124540.1	840.95	124540.1	190.19	18699.3	474.35	71047.1	74.63	11935.6	101.78	22858.1							
		自然保护区林	合计	2692.52	388429.0	2692.52	388429.0	212.98	20898.4	1204.37	177860.9	1206.99	181846.9	68.18	7822.8							
			低（疏）	88.99	10342.0	88.99	10342.0	1.15	69.3			87.84	10272.7									
			中	2384.21	342784.5	2384.21	342784.5	179.59	17127.1	1065.58	152551.4	1070.86	165283.2	68.18	7822.8							
			高（密）	219.32	35302.5	219.32	35302.5	32.24	3702.0	138.79	25309.5	48.29	6291.0									
	用材林	合计	合计	2084.80	306762.4	2084.80	306762.4	360.63	36523.0	1052.37	156504.6	391.37	66126.3	269.21	45353.7	11.22	2254.8					
			低（疏）	3.30	157.3	3.30	157.3	3.30	157.3													
			中	1653.73	232297.5	1653.73	232297.5	242.37	23109.0	902.73	127739.5	251.06	39172.9	246.35	40021.3	11.22	2254.8					
			高（密）	427.77	74307.6	427.77	74307.6	114.96	13256.7	149.64	28765.1	140.31	26953.4	22.86	5332.4							
		一般用材林	合计	2084.80	306762.4	2084.80	306762.4	360.63	36523.0	1052.37	156504.6	391.37	66126.3	269.21	45353.7	11.22	2254.8					
			低（疏）	3.30	157.3	3.30	157.3	3.30	157.3													
			中	1653.73	232297.5	1653.73	232297.5	242.37	23109.0	902.73	127739.5	251.06	39172.9	246.35	40021.3	11.22	2254.8					
			高（密）	427.77	74307.6	427.77	74307.6	114.96	13256.7	149.64	28765.1	140.31	26953.4	22.86	5332.4							

表 3　黑龙江重点国有林区有林地、疏林地、灌木林地按林种和龄组面积、蓄积统计表（续 101）

单位：公顷、立方米

统计单位	林种	亚林种	郁闭度（覆盖度）等级	合计		乔木林地												疏林地		小计	灌木林地	
						小计		幼龄林		中龄林		近熟林		成熟林		过熟林					特殊灌木林地	一般灌木林地
				面积	蓄积	面积	蓄积	面积	蓄积	面积	蓄积	面积	蓄积	面积	蓄积	面积	蓄积	面积	蓄积	面积	面积	面积
平山野生动物实验场	合计	合计	合计	2368.07	263915.8	2357.59	263504.9	19.14	1193.5	650.72	66994.6	1190.36	134784.5	474.92	58052.2	22.45	2480.1	10.48	410.9			
			低（疏）	92.37	7946.4	92.37	7946.4	7.23	132.6	48.12	3028.6	20.29	3075.4	16.73	1709.8							
			中	2176.28	239771.2	2176.28	239771.2	11.91	1060.9	562.73	57292.5	1132.60	125065.2	446.59	53872.5	22.45	2480.1					
			高（密）	88.94	15787.3	88.94	15787.3			39.87	6673.5	37.47	6643.9	11.60	2469.9							
	防护林	合计	合计	2368.07	263915.8	2357.59	263504.9	19.14	1193.5	650.72	66994.6	1190.36	134784.5	474.92	58052.2	22.45	2480.1	10.48	410.9			
			低（疏）	92.37	7946.4	92.37	7946.4	7.23	132.6	48.12	3028.6	20.29	3075.4	16.73	1709.8							
			中	2176.28	239771.2	2176.28	239771.2	11.91	1060.9	562.73	57292.5	1132.60	125065.2	446.59	53872.5	22.45	2480.1					
			高（密）	88.94	15787.3	88.94	15787.3			39.87	6673.5	37.47	6643.9	11.60	2469.9							
		水源涵养林	合计	1508.77	182141.4	1498.29	181730.5	18.47	1136.0	405.00	50502.6	703.37	84806.3	349.00	42805.5	22.45	2480.1	10.48	410.9			
			低（疏）	82.88	7373.2	82.88	7373.2	7.23	132.6	41.65	2769.8	17.27	2761.0	16.73	1709.8							
			中	1337.43	160920.2	1337.43	160920.2	11.24	1003.4	323.80	41107.1	653.72	76420.3	326.22	39909.3	22.45	2480.1					
			高（密）	77.98	13437.1	77.98	13437.1			39.55	6625.7	32.38	5625.0	6.05	1186.4							
		水土保持林	合计	859.30	81774.4	859.30	81774.4	0.67	57.5	245.72	16492.0	486.99	49978.2	125.92	15246.7							
			低（疏）	9.49	573.2	9.49	573.2			6.47	258.8	3.02	314.4									
			中	838.85	78851.0	838.85	78851.0	0.67	57.5	238.93	16185.4	478.88	48644.9	120.37	13963.2							
			高（密）	10.96	2350.2	10.96	2350.2			0.32	47.8	5.09	1018.9	5.55	1283.5							
肇东直属林场	合计	合计	合计	174.08	13833.8	167.89	13815.1	9.51	822.2	39.92	3249.2	21.85	2258.3	33.93	3415.2	62.68	4070.2	3.99	18.7	2.20		2.20
			低（疏）	2.32	44.8	2.32	44.8			1.49	7.3					0.83	37.5					
			中	113.80	7886.1	111.60	7886.1	9.51	822.2	16.08	1236.8	10.16	733.6	16.49	1289.4	59.36	3804.1			2.20		2.20
			高（密）	53.97	5884.2	53.97	5884.2			22.35	2005.1	11.69	1524.7	17.44	2125.8	2.49	228.6					

表3 黑龙江重点国有林区有林地、疏林地、灌木林地按林种和龄组面积、蓄积统计表（续102）

单位：公顷、立方米

统计单位	林种	亚林种	郁闭度（覆盖度）等级	合计		乔木林地												疏林地		灌木林地		
						小计		幼龄林		中龄林		近熟林		成熟林		过熟林				小计	特殊灌木林地	一般灌木林地
				面积	蓄积	面积	蓄积	面积	蓄积	面积	蓄积	面积	蓄积	面积	蓄积	面积	蓄积	面积	蓄积	面积	面积	面积
肇东直属林场	防护林	合计	合计	154.61	12503.0	150.83	12486.3	7.09	600.7	35.92	2931.5	11.99	1546.6	33.15	3337.3	62.68	4070.2	1.94	16.7	1.84		1.84
			低（疏）	2.32	44.8	2.32	44.8			1.49	7.3					0.83	37.5					
			中	96.38	6557.3	94.54	6557.3	7.09	600.7	12.08	919.1	0.30	21.9	15.71	1211.5	59.36	3804.1			1.84		1.84
			高（密）	53.97	5884.2	53.97	5884.2			22.35	2005.1	11.69	1524.7	17.44	2125.8	2.49	228.6					
		水土保持林	合计	154.61	12503.0	150.83	12486.3	7.09	600.7	35.92	2931.5	11.99	1546.6	33.15	3337.3	62.68	4070.2	1.94	16.7	1.84		1.84
			低（疏）	2.32	44.8	2.32	44.8			1.49	7.3					0.83	37.5					
			中	96.38	6557.3	94.54	6557.3	7.09	600.7	12.08	919.1	0.30	21.9	15.71	1211.5	59.36	3804.1			1.84		1.84
			高（密）	53.97	5884.2	53.97	5884.2			22.35	2005.1	11.69	1524.7	17.44	2125.8	2.49	228.6					
	用材林	合计	合计	19.47	1330.8	17.06	1328.8	2.42	221.5	4.00	317.7	9.86	711.7	0.78	77.9			2.05	2.0	0.36		0.36
			中	17.42	1328.8	17.06	1328.8	2.42	221.5	4.00	317.7	9.86	711.7	0.78	77.9					0.36		0.36
		一般用材林	合计	19.47	1330.8	17.06	1328.8	2.42	221.5	4.00	317.7	9.86	711.7	0.78	77.9			2.05	2.0	0.36		0.36
			中	17.42	1328.8	17.06	1328.8	2.42	221.5	4.00	317.7	9.86	711.7	0.78	77.9					0.36		0.36
丰林自然保护区	合计	合计	合计	17668.90	4775388.0	17668.90	4775388.0			1773.50	367263.4	3539.94	890170.4	5661.26	1532923.2	6694.20	1985031.0					
			低（疏）	27.45	1715.9	27.45	1715.9			22.14	1171.9	5.31	544.0									
			中	15814.60	4271148.1	15814.60	4271148.1			1730.29	362802.8	3303.02	824110.5	5118.48	1399192.8	5662.81	1685042.0					
			高（密）	1826.85	502524.0	1826.85	502524.0			21.07	3288.7	231.61	65515.9	542.78	133730.4	1031.39	299989.0					
	特用林	合计	合计	17668.90	4775388.0	17668.90	4775388.0			1773.50	367263.4	3539.94	890170.4	5661.26	1532923.2	6694.20	1985031.0					
			低（疏）	27.45	1715.9	27.45	1715.9			22.14	1171.9	5.31	544.0									
			中	15814.60	4271148.1	15814.60	4271148.1			1730.29	362802.8	3303.02	824110.5	5118.48	1399192.8	5662.81	1685042.0					
			高（密）	1826.85	502524.0	1826.85	502524.0			21.07	3288.7	231.61	65515.9	542.78	133730.4	1031.39	299989.0					

表 3　黑龙江重点国有林区有林地、疏林地、灌木林地按林种和龄组面积、蓄积统计表（续 103）

单位：公顷、立方米

统计单位	林种	亚林种	郁闭度（覆盖度）等级	合计		乔木林地												疏林地		灌木林地		
						小计		幼龄林		中龄林		近熟林		成熟林		过熟林				小计	特殊灌木林地	一般灌木林地
				面积	蓄积	面积	蓄积	面积	蓄积	面积	蓄积	面积	蓄积	面积	蓄积	面积	蓄积	面积	蓄积	面积	面积	面积
丰林自然保护区	特用林	自然保护区林	合计	17668.90	4775388.0	17668.90	4775388.0			1773.50	367263.4	3539.94	890170.4	5661.26	1532923.2	6694.20	1985031.0					
			低（疏）	27.45	1715.9	27.45	1715.9			22.14	1171.9	5.31	544.0									
			中	15814.60	4271148.1	15814.60	4271148.1			1730.29	362802.8	3303.02	824110.5	5118.48	1399192.8	5662.81	1685042.0					
			高（密）	1826.85	502524.0	1826.85	502524.0			21.07	3288.7	231.61	65515.9	542.78	133730.4	1031.39	299989.0					

说明：①郁闭度分低（0.20~0.39）、中（0.40~0.69）、高（0.70 以上）三级统计；
②覆盖度分疏（30%~49%）、中（50%~69%）、密（70% 以上）三级统计；
③郁闭度（覆盖度）等级各分项统计不含疏林地。

表4 黑龙江重点国有林区乔木林各龄组面积、蓄积按起源和优势树种（组）统计表

单位：公顷、立方米

统计单位	起源	优势树种（组）	合计		幼龄林		中龄林		近熟林		成、过熟林	
			面积	蓄积	面积	蓄积	面积	蓄积	面积	蓄积	面积	蓄积
黑龙江重点国有林区	合计	合计	8684955.28	1011472405.5	1132579.97	86109871.3	5764478.52	673845689.6	1479651.84	204445172.0	308244.95	47071672.6
		冷杉	716758.39	95818319.6	30204.96	2955950.9	561900.61	73768079.7	112068.67	17063504.1	12584.15	2030784.9
		云杉	342994.87	39081583.9	78785.93	6163197.2	228860.89	27750017.2	31255.44	4593457.5	4092.61	574912.0
		落叶松	933244.84	118435320.0	132908.88	11064616.9	581623.66	74272609.0	171999.73	25807249.9	46712.57	7290844.2
		红松	428910.52	58857164.4	103668.57	10434980.7	240922.56	31804217.4	54976.75	9452892.2	29342.64	7165074.1
		樟子松	26180.31	3447343.8	2563.37	136792.5	7837.49	1024125.6	11015.08	1574592.8	4764.37	711832.9
		赤松	8524.11	1106737.7	231.81	21754.9	6351.62	800244.6	1735.04	259248.9	205.64	25489.3
		其他针叶树种	207.59	19439.3	51.94	1486.6	126.04	14024.4	18.95	2054.9	10.66	1873.4
		蒙古栎	1404686.09	158430281.1	182675.26	12812313.0	911150.42	103725754.1	284320.03	38080390.2	26540.38	3811823.8
		白桦	1449354.86	145792459.2	292624.44	16982300.6	1028582.19	111785320.5	113008.29	14987810.2	15139.94	2037027.9
		枫桦	828106.15	99986014.5	71990.18	5857917.5	530652.30	63923983.5	176123.18	23556477.9	49340.49	6647635.6
		黑桦	117858.02	11234865.4	9724.84	670644.2	90016.23	8526445.7	17090.78	1908679.5	1026.17	129096.0
		水曲柳	526009.04	61238257.3	47196.76	5283843.7	359671.97	39766250.8	102062.05	13351800.3	17078.26	2836362.5
		胡桃楸	221432.76	25524986.3	12903.17	1437236.5	152851.48	16760495.8	51490.04	6736426.6	4188.07	590827.4
		黄波罗	27385.03	3055538.3	1746.48	163417.5	18414.75	1936477.9	6633.50	875250.8	590.30	80392.1
		榆树	188060.28	18361059.7	10885.99	673555.4	127623.87	12063751.5	37706.89	4197039.4	11843.53	1426713.4
		其他硬阔类	16070.14	1857728.7	5093.98	454594.7	10093.30	1278057.1	717.10	103612.4	165.76	21464.5
		椴树	577152.84	66912867.7	46762.83	4376566.8	383968.98	42949397.0	131619.53	17520721.3	14801.50	2066182.6
		杨树	14165.45	1794883.2	1059.72	62607.3	7943.66	971930.2	2913.37	430105.8	2248.70	330239.9
		柳树	3625.31	213931.6	1549.74	46523.3	1702.52	130098.5	248.00	24399.2	125.05	12910.6
		其他软阔类	24332.88	2785752.7	8101.65	685643.5	15286.75	1973259.2	825.45	109604.1	119.03	17245.9
		山杨	491602.22	65348284.9	45455.88	3308768.5	297600.89	39648566.2	99925.60	15447748.6	48619.85	6943201.6
		毛赤杨	64824.44	4098012.5	24821.98	965940.1	35078.19	2664795.2	3328.24	296072.8	1596.03	171204.4
		槭树	216237.34	23349391.2	12306.37	1213269.6	130070.65	13176625.8	61413.97	7303974.6	12446.35	1655521.2
		山槐	12704.13	1198991.4	991.67	64260.4	8406.08	786521.4	1615.77	169818.7	1690.61	178390.9
		千金榆	224.69	19843.1			193.34	16698.1	31.35	3145.0		
		暴马丁香	3516.06	251698.0	1035.19	46156.0	1833.81	146032.1	289.66	28086.9	357.40	31423.0
		青楷槭	8351.56	787964.8	391.11	20880.9	5794.22	521406.6	1534.36	174867.1	631.87	70810.2
		花楷槭	15465.31	1306305.2	988.79	57341.0	11457.40	942163.4	1898.99	197648.9	1120.13	109151.9
		波纹柳	8555.05	433239.2	4470.70	101492.3	3552.12	277196.3	348.32	33822.7	183.91	20727.9
		稠李	1444.46	98499.7	412.25	13620.6	928.89	75158.4	76.21	7522.2	27.11	2198.5
		山桃稠李	2698.55	298571.8	83.70	6157.6	1953.67	205264.3	355.50	46298.3	305.68	40851.6
		山丁子	1332.48	72958.7	379.04	10584.4	753.38	47292.1	188.87	14370.3	11.19	711.9
		岳桦	1600.48	158845.7	2.66	24.8	710.45	60993.5	658.97	71902.5	228.40	25924.9
		花曲柳	330.68	36658.8	13.30	572.0	284.79	32222.3	22.64	2757.8	9.95	1106.7
		钻天柳	253.75	24259.6	31.15	1757.2	60.55	5286.1	75.48	6404.9	86.57	10811.4
		其他阔叶树种	481.11	17855.0	335.62	7053.8	113.10	8551.0	28.16	1912.2	4.23	338.0
		假色槭	61.50	3178.7	10.48	363.3	47.88	2473.5	3.14	341.9		
		其他亚乔木	211.99	13312.8	119.58	5685.1	57.82	3903.6	28.74	3158.6	5.85	565.5

表 4　黑龙江重点国有林区乔木林各龄组面积、蓄积按起源和优势树种（组）统计表（续 1）

单位：公顷、立方米

统计单位	起源	优势树种（组）	合计		幼龄林		中龄林		近熟林		成、过熟林	
			面积	蓄积	面积	蓄积	面积	蓄积	面积	蓄积	面积	蓄积
黑龙江重点国有林区	天然	合计	7829815.01	900719202.6	893770.57	65155702.6	5358101.25	616207370.2	1319820.30	180116885.8	258122.89	39239244.0
		冷杉	716006.27	95702844.5	30024.04	2932375.7	561329.41	73676179.8	112068.67	17063504.1	12584.15	2030784.9
		云杉	287626.77	34507791.7	38109.13	3557783.0	214825.95	25865322.7	30696.03	4519056.0	3995.66	565630.0
		落叶松	376700.37	40768919.9	41911.32	2946771.8	299770.99	33178019.0	31380.59	4171286.5	3637.47	472842.6
		红松	280726.07	41791565.0	21730.10	2404930.8	177210.70	23139039.4	52510.85	9092219.8	29274.42	7155375.0
		樟子松	520.50	48859.1	154.55	7208.3	278.57	32330.8	25.78	2881.6	61.60	6438.4
		赤松	8343.15	1087215.6	219.42	20276.0	6343.16	799354.3	1710.04	256325.9	70.53	11259.4
		其他针叶树种	160.38	15739.2	33.17	1486.6	126.04	14024.4			1.17	228.2
		蒙古栎	1404686.09	158430281.1	182675.26	12812313.0	911150.42	103725754.1	284320.03	38080390.2	26540.38	3811823.8
		白桦	1449220.72	145788130.6	292511.54	16978863.6	1028560.95	111784428.9	113008.29	14987810.2	15139.94	2037027.9
		枫桦	828106.15	99986014.5	71990.18	5857917.5	530652.30	63923983.5	176123.18	23556477.9	49340.49	6647635.6
		黑桦	117858.02	11234865.4	9724.84	670644.2	90016.23	8526445.7	17090.78	1908679.5	1026.17	129096.0
		水曲柳	519246.47	60345353.4	43529.59	4803339.2	356971.12	39416603.0	101669.09	13289083.0	17076.67	2836328.2
		胡桃楸	217895.57	25039849.3	11628.70	1261783.1	150919.16	16499105.2	51159.64	6688133.6	4188.07	590827.4
		黄波罗	27160.71	3029205.9	1709.25	158930.0	18237.70	1916050.6	6623.46	873833.2	590.30	80392.1
		榆树	186304.02	18147595.3	10709.97	658664.4	126438.57	11918262.5	37405.31	4156761.0	11750.17	1413907.4
		椴树	574172.55	66554518.6	45773.48	4276863.8	382325.85	42732850.9	131271.96	17478642.6	14801.26	2066161.3
		杨树	13380.52	1716533.3	923.70	55544.9	7741.05	954459.3	2770.40	412651.7	1945.37	293877.4
		柳树	3567.85	211489.3	1511.30	45512.3	1685.38	128770.6	248.00	24399.2	123.17	12807.2
		其他软阔类	37.56	2435.8	28.06	1654.3	9.50	781.5				
		山杨	480635.99	64220542.5	42797.69	3210902.5	292698.65	39056752.6	97868.47	15195674.0	47271.18	6757213.4
		毛赤杨	64657.00	4078782.4	24793.52	963797.2	34949.77	2648373.9	3317.68	295406.9	1596.03	171204.4
		槭树	215902.93	23311738.5	12173.61	1197108.7	129873.32	13155507.1	61409.78	7303608.5	12446.22	1655514.2
		山槐	12622.75	1192212.1	972.96	63779.4	8345.60	780457.7	1613.58	169584.1	1690.61	178390.9
		千金榆	224.69	19843.1			193.34	16698.1	31.35	3145.0		
		暴马丁香	3516.06	251698.0	1035.19	46156.0	1833.81	146032.1	289.66	28086.9	357.40	31423.0
		青楷槭	8351.56	787964.8	391.11	20880.9	5794.22	521406.6	1534.36	174867.1	631.87	70810.2
		花楷槭	15465.31	1306305.2	988.79	57341.0	11457.40	942163.4	1898.99	197648.9	1120.13	109151.9
		波纹柳	8555.05	433239.2	4470.70	101492.3	3552.12	277196.3	348.32	33822.7	183.91	20727.9
		稠李	1444.46	98499.7	412.25	13620.6	928.89	75158.4	76.21	7522.2	27.11	2198.5
		山桃稠李	2664.06	293053.2	83.70	6157.6	1928.37	201331.0	346.31	44713.0	305.68	40851.6
		山丁子	1332.48	72958.7	379.04	10584.4	753.38	47292.1	188.87	14370.3	11.19	711.9
		岳桦	1600.48	158845.7	2.66	24.8	710.45	60993.5	658.97	71902.5	228.40	25924.9
		花曲柳	330.68	36658.8	13.30	572.0	284.79	32222.3	22.64	2757.8	9.95	1106.7
		钻天柳	253.75	24259.6	31.15	1757.2	60.55	5286.1	75.48	6404.9	86.57	10811.4
		其他阔叶树种	264.53	6902.1	197.24	2617.1	37.84	2355.7	25.65	1734.5	3.80	194.8
		假色槭	61.50	3178.7	10.48	363.3	47.88	2473.5	3.14	341.9		
		其他亚乔木	211.99	13312.8	119.58	5685.1	57.82	3903.6	28.74	3158.6	5.85	565.5

表4 黑龙江重点国有林区乔木林各龄组面积、蓄积按起源和优势树种（组）统计表（续2）

单位：公顷、立方米

统计单位	起源	优势树种（组）	合计		幼龄林		中龄林		近熟林		成、过熟林	
			面积	蓄积	面积	蓄积	面积	蓄积	面积	蓄积	面积	蓄积
黑龙江重点国有林区	人工	合计	855140.27	110753202.9	238809.40	20954168.7	406377.27	57638319.4	159831.54	24328286.2	50122.06	7832428.6
		冷杉	752.12	115475.1	180.92	23575.2	571.20	91899.9				
		云杉	55368.10	4573792.2	40676.80	2605414.2	14034.94	1884694.5	559.41	74401.5	96.95	9282.0
		落叶松	556544.47	77666400.1	90997.56	8117845.1	281852.67	41094590.0	140619.14	21635963.4	43075.10	6818001.6
		红松	148184.45	17065599.4	81938.47	8030049.9	63711.86	8665178.0	2465.90	360672.4	68.22	9699.1
		樟子松	25659.81	3398484.7	2408.82	129584.2	7558.92	991794.8	10989.30	1571711.2	4702.77	705394.5
		赤松	180.96	19522.1	12.39	1478.9	8.46	890.3	25.00	2923.0	135.11	14229.9
		其他针叶树种	47.21	3700.1	18.77				18.95	2054.9	9.49	1645.2
		白桦	134.14	4328.6	112.90	3437.0	21.24	891.6				
		水曲柳	6762.57	892903.9	3667.17	480504.5	2700.85	349647.8	392.96	62717.3	1.59	34.3
		胡桃楸	3537.19	485137.0	1274.47	175453.4	1932.32	261390.6	330.40	48293.0		
		黄波罗	224.32	26332.4	37.23	4487.5	177.05	20427.3	10.04	1417.6		
		榆树	1756.26	213464.4	176.02	14891.0	1185.30	145489.0	301.58	40278.4	93.36	12806.0
		其他硬阔类	16070.14	1857728.7	5093.98	454594.7	10093.30	1278057.1	717.10	103612.4	165.76	21464.5
		椴树	2980.29	358349.1	989.35	99703.0	1643.13	216546.1	347.57	42078.7	0.24	21.3
		杨树	784.93	78349.9	136.02	7062.4	202.61	17470.9	142.97	17454.1	303.33	36362.5
		柳树	57.46	2442.3	38.44	1011.0	17.14	1327.9			1.88	103.4
		其他软阔类	24295.32	2783316.9	8073.59	683989.2	15277.25	1972477.7	825.45	109604.1	119.03	17245.9
		山杨	10966.23	1127742.4	2658.19	97866.0	4902.24	591813.6	2057.13	252074.6	1348.67	185988.2
		毛赤杨	167.44	19230.1	28.46	2142.9	128.42	16421.3	10.56	665.9		
		槭树	334.41	37652.7	132.76	16160.9	197.33	21118.7	4.19	366.1	0.13	7.0
		山槐	81.38	6779.3	18.71	481.0	60.48	6063.7	2.19	234.6		
		山桃稠李	34.49	5518.6			25.30	3933.3	9.19	1585.3		
		其他阔叶树种	216.58	10952.9	138.38	4436.7	75.26	6195.3	2.51	177.7	0.43	143.2
	其中：人天混	合计	402763.46	50031022.5	113596.22	10375348.0	213446.02	28486585.4	58644.84	8632007.8	17076.38	2537081.3
		冷杉	752.12	115475.1	180.92	23575.2	571.20	91899.9				
		云杉	28557.03	2658919.5	18534.60	1357560.0	9546.02	1245441.0	414.28	50908.4	62.13	5010.1
		落叶松	230851.61	30874627.2	29746.91	2768323.2	134355.46	18155445.6	51440.45	7651157.1	15308.79	2299701.3
		红松	77916.57	8604759.3	44947.00	4236329.4	31488.61	4163745.0	1422.87	196557.7	58.09	8127.2
		樟子松	4954.89	598818.6	461.57	32343.3	2275.22	275707.9	1653.96	213651.8	564.14	77115.6
		其他针叶树种	22.19	2356.7					18.95	2054.9	3.24	301.8
		水曲柳	5991.77	851363.7	3222.19	472984.6	2452.05	325327.4	317.53	53051.7		
		胡桃楸	3373.90	475817.3	1181.53	173568.2	1868.69	255075.9	323.68	47173.2		
		黄波罗	208.37	25245.5	30.54	4211.0	167.79	19616.9	10.04	1417.6		
		榆树	1756.26	213464.4	176.02	14891.0	1185.30	145489.0	301.58	40278.4	93.36	12806.0
		其他硬阔类	16070.14	1857728.7	5093.98	454594.7	10093.30	1278057.1	717.10	103612.4	165.76	21464.5
		椴树	2980.29	358349.1	989.35	99703.0	1643.13	216546.1	347.57	42078.7	0.24	21.3
		杨树	304.80	37704.8	35.00	2888.7	75.10	7096.6	34.33	7170.2	160.37	20549.3
		柳树	31.33	2076.1	14.11	741.3	17.14	1327.9			0.08	6.9
		其他软阔类	24295.07	2783316.9	8073.34	683989.2	15277.25	1972477.7	825.45	109604.1	119.03	17245.9
		山杨	3948.88	492246.1	657.35	27146.9	1959.94	279980.9	790.57	110393.9	541.02	74724.4
		毛赤杨	167.44	19230.1	28.46	2142.9	128.42	16421.3	10.56	665.9		

表 4 黑龙江重点国有林区乔木林各龄组面积、蓄积按起源和优势树种（组）统计表（续 3）

单位：公顷、立方米

统计单位	起源	优势树种（组）	合计		幼龄林		中龄林		近熟林		成、过熟林	
			面积	蓄积	面积	蓄积	面积	蓄积	面积	蓄积	面积	蓄积
黑龙江重点国有林区	其中：人天混	椴树	334.41	37652.7	132.76	16160.9	197.33	21118.7	4.19	366.1	0.13	7.0
		山槐	81.38	6779.3	18.71	481.0	60.48	6063.7	2.19	234.6		
		山桃稠李	34.49	5518.6			25.30	3933.3	9.19	1585.3		
		其他阔叶树种	130.52	9572.8	71.88	3713.5	58.29	5813.5	0.35	45.8		
双丰林业局	合计	合计	111295.84	15565910.0	5851.72	409402.0	51335.22	6926620.6	45671.63	6908230.8	8437.27	1321656.6
		冷杉	370.09	56889.4			113.12	16176.9	215.08	33651.6	41.89	7060.9
		云杉	502.39	56253.6	212.58	13287.4	232.06	34753.9	57.75	8212.3		
		落叶松	14266.53	2361426.3	1571.22	114868.7	6858.55	1207844.0	5078.36	905785.5	758.40	132928.1
		红松	443.20	80800.2	24.09	763.8	214.94	32274.6	33.87	6494.5	170.30	41267.3
		樟子松	37.61	4754.8	3.23	9.8	2.04	51.8	29.41	4136.6	2.93	556.6
		蒙古栎	3621.38	508020.9	51.11	4084.3	1334.49	175238.7	1914.51	279288.9	321.27	49409.0
		白桦	17916.89	2273007.4	1233.28	67471.1	11614.89	1478372.7	4563.71	650543.1	505.01	76620.5
		枫桦	9891.55	1485148.2	89.25	4592.4	2734.77	342815.2	5750.27	934556.8	1317.26	203183.8
		黑桦	696.97	99048.1	2.41	132.9	452.49	66705.8	239.88	31963.6	2.19	245.8
		水曲柳	20666.96	2968133.6	252.42	18418.9	7140.52	950043.4	11469.67	1711904.0	1804.35	287767.3
		胡桃楸	7075.39	965301.0	17.06	1362.7	2695.08	317372.3	3429.70	507279.3	933.55	139286.7
		黄波罗	846.21	127922.8			189.78	19521.3	494.08	84758.8	162.35	23642.7
		榆树	7470.08	847815.7	254.58	10539.0	3447.68	355267.6	3097.23	381667.6	670.59	100341.5
		其他硬阔类	16.44	3413.9			16.44	3413.9				
		椴树	9273.34	1167011.2	1156.84	112843.0	5132.31	631163.6	2887.59	408309.1	96.60	14695.5
		杨树	216.87	29048.4			49.42	6923.1	107.04	16394.8	60.41	5730.5
		柳树	48.36	2010.8	27.78	562.5	19.83	1374.6	0.75	73.7		
		其他软阔类	1449.65	209182.8	146.80	14129.7	1112.25	165249.1	136.85	19769.7	53.75	10034.3
		山杨	10334.81	1595384.4	364.21	30245.7	5614.19	846568.5	3704.05	613133.4	652.36	105436.8
		毛赤杨	260.09	22284.1	32.78	961.1	139.16	10061.7	65.79	9193.7	22.36	2067.6
		槭树	4974.72	636493.1	44.39	3626.9	1808.02	221786.1	2286.78	291748.7	835.53	119331.4
		山槐	279.11	33536.9	5.70	205.2	222.08	28397.4	47.87	4533.0	3.46	401.3
		暴马丁香	42.50	1828.5	16.97	29.0	6.37	465.8			19.16	1333.7
		波纹柳	384.35	17899.7	259.31	7543.7	116.31	8897.2	5.18	1143.5	3.55	315.3
		稠李	48.52	2855.7	12.69	120.4	29.12	2320.8	6.71	414.5		
		山丁子	124.18	7409.8	37.83	844.7	36.85	3291.0	49.50	3274.1		
		其他阔叶树种	37.65	3028.7	35.19	2759.1	2.46	269.6				
	天然	合计	92761.40	12628708.9	3571.82	241551.8	41793.32	5329660.2	39881.72	5891018.3	7514.54	1166478.6
		冷杉	370.09	56889.4			113.12	16176.9	215.08	33651.6	41.89	7060.9
		云杉	69.46	9176.4			27.62	3159.3	41.84	6017.1		
		落叶松	72.93	8509.3			70.40	8191.0			2.53	318.3
		红松	271.23	58494.7			97.54	16523.7	3.39	703.7	170.30	41267.3
		蒙古栎	3621.38	508020.9	51.11	4084.3	1334.49	175238.7	1914.51	279288.9	321.27	49409.0
		白桦	17916.89	2273007.4	1233.28	67471.1	11614.89	1478372.7	4563.71	650543.1	505.01	76620.5
		枫桦	9891.55	1485148.2	89.25	4592.4	2734.77	342815.2	5750.27	934556.8	1317.26	203183.8
		黑桦	696.97	99048.1	2.41	132.9	452.49	66705.8	239.88	31963.6	2.19	245.8
		水曲柳	19963.97	2865567.0	168.10	14985.7	6779.96	894717.9	11211.56	1668096.1	1804.35	287767.3

表4 黑龙江重点国有林区乔木林各龄组面积、蓄积按起源和优势树种（组）统计表（续4）

单位：公顷、立方米

统计单位	起源	优势树种（组）	合计		幼龄林		中龄林		近熟林		成、过熟林	
			面积	蓄积	面积	蓄积	面积	蓄积	面积	蓄积	面积	蓄积
双丰林业局	天然	胡桃楸	6827.60	928470.9	11.17	206.8	2530.11	294362.3	3352.77	494615.1	933.55	139286.7
		黄波罗	846.21	127922.8			189.78	19521.3	494.08	84758.8	162.35	23642.7
		榆树	7021.30	785404.4	236.89	10241.4	3109.22	307227.9	3004.60	367593.6	670.59	100341.5
		椴树	8874.35	1115156.9	1021.06	97177.0	4869.10	594975.3	2887.59	408309.1	96.60	14695.5
		杨树	181.95	27374.1			49.42	6923.1	99.21	15698.8	33.32	4752.2
		柳树	48.36	2010.8	27.78	562.5	19.83	1374.6	0.75	73.7		
		山杨	10002.93	1559995.8	321.10	28766.7	5471.91	831950.5	3640.65	604840.8	569.27	94437.8
		毛赤杨	255.05	21665.3	32.78	961.1	134.12	9442.9	65.79	9193.7	22.36	2067.6
		槭树	4950.52	633315.9	44.39	3626.9	1783.82	218608.9	2286.78	291748.7	835.53	119331.4
		山槐	279.11	33536.9	5.70	205.2	222.08	28397.4	47.87	4533.0	3.46	401.3
		暴马丁香	42.50	1828.5	16.97	29.0	6.37	465.8			19.16	1333.7
		波纹柳	384.35	17899.7	259.31	7543.7	116.31	8897.2	5.18	1143.5	3.55	315.3
		稠李	48.52	2855.7	12.69	120.4	29.12	2320.8	6.71	414.5		
		山丁子	124.18	7409.8	37.83	844.7	36.85	3291.0	49.50	3274.1		
	人工	合计	18534.44	2937201.1	2279.90	167850.2	9541.90	1596960.4	5789.91	1017212.5	922.73	155178.0
		云杉	432.93	47077.2	212.58	13287.4	204.44	31594.6	15.91	2195.2		
		落叶松	14193.60	2352917.0	1571.22	114868.7	6788.15	1199653.0	5078.36	905785.5	755.87	132609.8
		红松	171.97	22305.5	24.09	763.8	117.40	15750.9	30.48	5790.8		
		樟子松	37.61	4754.8	3.23	9.8	2.04	51.8	29.41	4136.6	2.93	556.6
		水曲柳	702.99	102566.6	84.32	3433.2	360.56	55325.5	258.11	43807.9		
		胡桃楸	247.79	36830.1	5.89	1155.9	164.97	23010.0	76.93	12664.2		
		榆树	448.78	62411.3	17.69	297.6	338.46	48039.7	92.63	14074.0		
		其他硬阔类	16.44	3413.9			16.44	3413.9				
		椴树	398.99	51854.3	135.78	15666.0	263.21	36188.3				
		杨树	34.92	1674.3					7.83	696.0	27.09	978.3
		其他软阔类	1449.65	209182.8	146.80	14129.7	1112.25	165249.1	136.85	19769.7	53.75	10034.3
		山杨	331.88	35388.6	43.11	1479.0	142.28	14618.0	63.40	8292.6	83.09	10999.0
		毛赤杨	5.04	618.8			5.04	618.8				
		槭树	24.20	3177.2			24.20	3177.2				
		其他阔叶树种	37.65	3028.7	35.19	2759.1	2.46	269.6				
	其中：人天混	合计	9657.50	1408667.3	982.75	75077.9	5239.54	784784.9	2935.71	473692.7	499.50	75111.8
		云杉	306.16	39817.9	100.60	7454.2	189.65	30168.5	15.91	2195.2		
		落叶松	5656.69	851704.0	463.01	30615.1	2542.74	393018.9	2316.26	374908.8	334.68	53161.2
		红松	120.95	16219.1	0.12	3.5	117.40	15750.9	3.43	464.7		
		樟子松	11.37	1248.7	1.64				6.80	692.1	2.93	556.6
		水曲柳	684.29	100803.4	76.53	2996.8	349.65	53998.7	258.11	43807.9		
		胡桃楸	247.79	36830.1	5.89	1155.9	164.97	23010.0	76.93	12664.2		
		榆树	448.78	62411.3	17.69	297.6	338.46	48039.7	92.63	14074.0		
		其他硬阔类	16.44	3413.9			16.44	3413.9				
		椴树	398.99	51854.3	135.78	15666.0	263.21	36188.3				
		杨树	26.62	856.7							26.62	856.7
		其他软阔类	1449.65	209182.8	146.80	14129.7	1112.25	165249.1	136.85	19769.7	53.75	10034.3

表 4　黑龙江重点国有林区乔木林各龄组面积、蓄积按起源和优势树种（组）统计表（续 5）

单位：公顷、立方米

统计单位	起源	优势树种（组）	合计		幼龄林		中龄林		近熟林		成、过熟林	
			面积	蓄积	面积	蓄积	面积	蓄积	面积	蓄积	面积	蓄积
双丰林业局	其中：人天混	山杨	223.38	27500.4			113.07	11881.3	28.79	5116.1	81.52	10503.0
		毛赤杨	5.04	618.8			5.04	618.8				
		槭树	24.20	3177.2			24.20	3177.2				
		其他阔叶树种	37.15	3028.7	34.69	2759.1	2.46	269.6				
铁力林业局	合计	合计	180590.99	26797942.6	6354.38	430810.7	138857.07	20428314.3	30879.65	5150151.9	4499.89	788665.7
		冷杉	1865.34	297066.0	59.75	9238.9	1355.66	209172.8	389.01	63545.4	60.92	15108.9
		云杉	2102.53	308617.9	538.95	60701.2	1430.77	221888.5	80.41	11989.1	52.40	14039.1
		落叶松	9904.78	1820520.9	424.29	40757.7	7032.97	1307673.8	2011.78	373534.8	435.74	98554.6
		红松	562.74	100160.7	154.01	16519.2	136.84	25729.6	40.27	6718.7	231.62	51193.2
		樟子松	22.07	1956.1	9.65	109.2	3.20	619.8	9.22	1227.1		
		蒙古栎	1703.86	245389.3	16.36	1270.6	1010.11	129228.3	599.13	101569.1	78.26	13321.3
		白桦	26537.71	3463674.0	1923.15	91841.0	22636.82	3037311.8	1856.11	313091.5	121.63	21429.7
		枫桦	55599.70	8768229.9	1011.76	82627.8	43808.20	6877871.2	9478.81	1599980.2	1300.93	207750.7
		黑桦	155.43	22453.7	2.62	93.2	99.17	15628.4	53.64	6732.1		
		水曲柳	29915.61	4437412.6	390.16	25577.1	23324.79	3375298.3	5706.62	954228.2	494.04	82309.0
		胡桃楸	13723.47	2026569.3	80.82	6128.6	10270.61	1473544.3	3145.28	509849.6	226.76	37046.8
		黄波罗	1866.17	266408.8	20.01	1545.0	1386.14	184871.4	445.79	77475.3	14.23	2517.1
		榆树	12178.65	1521623.4	231.76	12938.3	9493.18	1165843.6	2189.24	307332.1	264.47	35509.4
		其他硬阔类	66.30	9225.4			66.30	9225.4				
		椴树	7943.87	1154570.5	273.46	14007.0	5998.65	851052.8	1515.56	260069.7	156.20	29441.0
		杨树	658.15	124871.4	22.82	1975.6	277.20	48677.4	93.65	20715.1	264.48	53503.3
		柳树	274.03	30755.2	30.51	622.3	170.08	20402.5	69.11	9240.2	4.33	490.2
		其他软阔类	1722.57	251008.6	324.48	29708.0	1320.55	207635.2	77.54	13665.4		
		山杨	7024.74	1102320.7	274.96	13535.0	5059.94	783031.9	1264.25	236053.2	425.59	69700.6
		毛赤杨	1205.59	94696.8	223.06	7117.8	892.93	79082.0	89.60	8497.0		
		槭树	4178.23	609120.4	31.46	3636.8	2119.08	285901.3	1690.09	266829.6	337.60	52752.7
		山槐	42.02	4353.5			42.02	4353.5				
		暴马丁香	261.91	23999.9	93.80	4231.6	137.85	15913.4			30.26	3854.9
		青楷槭	54.27	4894.4			54.27	4894.4				
		花楷槭	256.51	33363.7	46.09	3660.3	181.11	26115.3	29.31	3588.1		
		波纹柳	537.88	52252.9	118.02	1528.4	380.12	47047.6	39.74	3676.9		
		稠李	192.29	18994.9	48.19	1424.2	140.18	17129.1	3.92	441.6		
		山桃稠李	18.66	2399.5			18.66	2399.5				
		山丁子	9.98	689.6	1.30	15.9	7.11	571.8	1.57	101.9		
		其他阔叶树种	5.93	342.6	2.94		2.56	199.4			0.43	143.2
	天然	合计	167060.42	24463612.0	5096.14	309959.7	129265.21	18723162.5	28621.67	4738490.1	4077.40	691999.7
		冷杉	1865.34	297066.0	59.75	9238.9	1355.66	209172.8	389.01	63545.4	60.92	15108.9
		云杉	1352.23	202870.3	171.67	20549.0	1053.87	157344.5	74.29	10937.7	52.40	14039.1
		落叶松	40.93	3286.5	27.25	1254.7					13.68	2031.8
		红松	450.17	89575.8	68.55	10055.4	109.73	21608.5	40.27	6718.7	231.62	51193.2
		蒙古栎	1703.86	245389.3	16.36	1270.6	1010.11	129228.3	599.13	101569.1	78.26	13321.3
		白桦	26537.22	3463674.0	1922.66	91841.0	22636.82	3037311.8	1856.11	313091.5	121.63	21429.7

表 4 黑龙江重点国有林区乔木林各龄组面积、蓄积按起源和优势树种（组）统计表（续 6）

单位：公顷、立方米

统计单位	起源	优势树种（组）	合计		幼龄林		中龄林		近熟林		成、过熟林	
			面积	蓄积	面积	蓄积	面积	蓄积	面积	蓄积	面积	蓄积
铁力林业局	天然	枫桦	55599.70	8768229.9	1011.76	82627.8	43808.20	6877871.2	9478.81	1599980.2	1300.93	207750.7
		黑桦	155.43	22453.7	2.62	93.2	99.17	15628.4	53.64	6732.1		
		水曲柳	29614.97	4392775.3	383.34	25246.2	23042.12	3333727.0	5695.47	951493.1	494.04	82309.0
		胡桃楸	13467.32	1987612.2	72.57	5707.1	10061.94	1441007.6	3106.05	503850.7	226.76	37046.8
		黄波罗	1823.92	261213.4	19.24	1545.0	1344.66	179676.0	445.79	77475.3	14.23	2517.1
		榆树	11939.55	1490074.1	230.76	12915.7	9344.30	1145590.9	2100.02	296058.1	264.47	35509.4
		椴树	7858.75	1145236.4	224.04	9924.0	5970.65	846979.3	1507.86	258892.1	156.20	29441.0
		杨树	658.15	124871.4	22.82	1975.6	277.20	48677.4	93.65	20715.1	264.48	53503.3
		柳树	272.03	30755.2	28.51	622.3	170.08	20402.5	69.11	9240.2	4.33	490.2
		山杨	6979.37	1095359.0	272.32	13478.2	5023.23	777124.5	1258.23	235055.7	425.59	69700.6
		毛赤杨	1189.73	93100.7	223.06	7117.8	877.07	77485.9	89.60	8497.0		
		槭树	4178.23	609120.4	31.46	3636.8	2119.08	285901.3	1690.09	266829.6	337.60	52752.7
		山槐	42.02	4353.5			42.02	4353.5				
		暴马丁香	261.91	23999.9	93.80	4231.6	137.85	15913.4			30.26	3854.9
		青楷槭	54.27	4894.4			54.27	4894.4				
		花楷槭	256.51	33363.7	46.09	3660.3	181.11	26115.3	29.31	3588.1		
		波纹柳	537.88	52252.9	118.02	1528.4	380.12	47047.6	39.74	3676.9		
		稠李	192.29	18994.9	48.19	1424.2	140.18	17129.1	3.92	441.6		
		山桃稠李	18.66	2399.5			18.66	2399.5				
		山丁子	9.98	689.6	1.30	15.9	7.11	571.8	1.57	101.9		
	人工	合计	13530.57	2334330.6	1258.24	120851.0	9591.86	1705151.8	2257.98	411661.8	422.49	96666.0
		云杉	750.30	105747.6	367.28	40152.2	376.90	64544.0	6.12	1051.4		
		落叶松	9863.85	1817234.4	397.04	39503.0	7032.97	1307673.8	2011.78	373534.8	422.06	96522.8
		红松	112.57	10584.9	85.46	6463.8	27.11	4121.1				
		樟子松	22.07	1956.1	9.65	109.2	3.20	619.8	9.22	1227.1		
		白桦	0.49		0.49							
		水曲柳	300.64	44637.3	6.82	330.9	282.67	41571.3	11.15	2735.1		
		胡桃楸	256.15	38957.1	8.25	421.5	208.67	32536.7	39.23	5998.9		
		黄波罗	42.25	5195.4	0.77		41.48	5195.4				
		榆树	239.10	31549.3	1.00	22.6	148.88	20252.7	89.22	11274.0		
		其他硬阔类	66.30	9225.4			66.30	9225.4				
		椴树	85.12	9334.1	49.42	4083.0	28.00	4073.5	7.70	1177.6		
		柳树	2.00		2.00							
		其他软阔类	1722.57	251008.6	324.48	29708.0	1320.55	207635.2	77.54	13665.4		
		山杨	45.37	6961.7	2.64	56.8	36.71	5907.4	6.02	997.5		
		毛赤杨	15.86	1596.1			15.86	1596.1				
		其他阔叶树种	5.93	342.6	2.94		2.56	199.4			0.43	143.2

表 4　黑龙江重点国有林区乔木林各龄组面积、蓄积按起源和优势树种（组）统计表（续 7）

单位：公顷、立方米

统计单位	起源	优势树种（组）	合计		幼龄林		中龄林		近熟林		成、过熟林	
			面积	蓄积	面积	蓄积	面积	蓄积	面积	蓄积	面积	蓄积
铁力林业局	其中：人天混	合计	8719.68	1415765.9	647.88	55975.4	6293.99	1035849.7	1535.54	271362.2	242.27	52578.6
		云杉	439.50	65660.5	124.29	12226.9	309.09	52382.2	6.12	1051.4		
		落叶松	5427.78	942722.4	73.34	3759.9	3813.61	651921.6	1298.56	234462.3	242.27	52578.6
		红松	83.39	8914.4	60.30	5384.2	23.09	3530.2				
		樟子松	1.93	38.4	1.93	38.4						
		水曲柳	300.16	44637.3	6.34	330.9	282.67	41571.3	11.15	2735.1		
		胡桃楸	251.20	38779.7	6.78	421.5	205.19	32359.3	39.23	5998.9		
		黄波罗	41.48	5195.4			41.48	5195.4				
		榆树	239.10	31549.3	1.00	22.6	148.88	20252.7	89.22	11274.0		
		其他硬阔类	66.30	9225.4			66.30	9225.4				
		椴树	85.12	9334.1	49.42	4083.0	28.00	4073.5	7.70	1177.6		
		其他软阔类	1722.57	251008.6	324.48	29708.0	1320.55	207635.2	77.54	13665.4		
		山杨	42.73	6904.9			36.71	5907.4	6.02	997.5		
		毛赤杨	15.86	1596.1			15.86	1596.1				
		其他阔叶树种	2.56	199.4			2.56	199.4				
桃山林业局	合计	合计	138134.28	16298782.8	12042.43	1051305.0	114575.57	13614307.0	6562.19	939395.9	4954.09	693774.9
		冷杉	6336.44	688724.3	304.54	19331.2	5513.67	601152.0	181.41	21163.2	336.82	47077.9
		云杉	4252.39	470616.2	550.44	46243.2	3236.81	363522.4	134.19	16301.9	330.95	44548.7
		落叶松	18870.46	2994737.0	2396.20	341713.9	13421.06	2176636.5	2058.60	339216.0	994.60	137170.6
		红松	11585.61	1550894.7	574.91	59749.3	9996.73	1297652.1	333.92	52612.6	680.05	140880.7
		樟子松	110.42	17219.3	4.85	464.2	47.73	6662.9	53.42	9473.9	4.42	618.3
		蒙古栎	3677.17	421390.6	392.78	30548.2	3166.61	372052.9	117.78	18789.5		
		白桦	10408.38	1114806.4	1184.11	65865.8	8964.82	1012485.5	259.45	36455.1		
		枫桦	39418.91	4325398.7	3296.75	255892.6	33959.22	3800698.1	1299.63	172287.9	863.31	96520.1
		黑桦	59.93	5655.1	2.67	95.5	57.26	5559.6				
		水曲柳	11116.87	1178877.9	790.42	61307.0	9786.49	1053146.7	381.00	47721.5	158.96	16702.7
		胡桃楸	2276.29	246069.9	219.13	14711.7	1990.43	224436.8	66.73	6921.4		
		黄波罗	423.48	29594.3	5.95	592.9	396.53	27534.8	21.00	1466.6		
		榆树	10974.99	1114724.1	712.36	51543.9	9992.13	1036612.9	269.63	26467.5	0.87	99.8
		其他硬阔类	18.54	3205.4			18.54	3205.4				
		椴树	2323.18	246819.5	499.04	37763.9	1820.52	208721.2	3.62	334.4		
		杨树	592.93	71152.7	46.40	3294.7	487.32	61699.3	10.11	1343.9	49.10	4814.8
		柳树	323.29	27140.6	55.70	1885.1	235.99	21681.4	8.88	895.5	22.72	2678.6
		其他软阔类	123.32	13464.9	27.35	3179.8	65.45	8917.3	30.52	1367.8		
		山杨	8368.72	1140786.8	261.88	16720.4	5822.73	793965.6	1065.16	160261.2	1218.95	169839.6
		毛赤杨	1076.76	89613.5	216.47	8447.8	649.80	57822.5	96.02	8401.4	114.47	14941.8
		槭树	3579.24	382605.6	208.10	19480.8	3290.72	353838.6	80.42	9286.2		
		山槐	3.57	48.9	3.17	18.5	0.40	30.4				
		暴马丁香	274.85	23723.6	58.53	3806.9	102.75	8856.1	4.70	280.8	108.87	10779.8
		青楷槭	103.03	9607.1	20.18	1158.2	82.85	8448.9				
		花楷槭	1277.89	88464.9	128.93	5660.8	1073.34	75139.0	59.79	6064.1	15.83	1601.0
		波纹柳	41.03	1116.8	22.26	225.8	18.77	891.0				

表4 黑龙江重点国有林区乔木林各龄组面积、蓄积按起源和优势树种（组）统计表（续8）

单位：公顷、立方米

统计单位	起源	优势树种（组）	合计		幼龄林		中龄林		近熟林		成、过熟林	
			面积	蓄积	面积	蓄积	面积	蓄积	面积	蓄积	面积	蓄积
	合计	稠李	231.12	15295.5	48.86	1092.7	153.71	11365.9	7.21	1013.4	21.34	1823.5
		山桃稠李	244.63	24950.1	0.11		195.41	20197.2	16.60	1104.8	32.51	3648.1
		山丁子	2.66	121.4	0.34	2.5	2.32	118.9				
		钻天柳	36.01	1895.9	10.00	507.7	23.29	1194.0	2.40	165.3	0.32	28.9
		其他阔叶树种	2.17	61.1			2.17	61.1				
桃山林业局	天然	合计	123623.90	13893866.7	9659.62	710807.0	104946.53	11948188.1	4815.27	650118.1	4202.48	584753.5
		冷杉	6336.44	688724.3	304.54	19331.2	5513.67	601152.0	181.41	21163.2	336.82	47077.9
		云杉	4060.05	448483.8	473.75	39903.0	3121.16	347730.2	134.19	16301.9	330.95	44548.7
		落叶松	6612.49	879586.7	331.10	29419.8	5531.38	744827.1	475.47	73910.8	274.54	31429.0
		红松	10035.70	1338936.8	446.37	45910.1	8608.38	1105270.4	300.90	46875.6	680.05	140880.7
		樟子松	46.62	6572.5			46.62	6572.5				
		蒙古栎	3677.17	421390.6	392.78	30548.2	3166.61	372052.9	117.78	18789.5		
		白桦	10408.27	1114806.4	1184.00	65865.8	8964.82	1012485.5	259.45	36455.1		
		枫桦	39418.91	4325398.7	3296.75	255892.6	33959.22	3800698.1	1299.63	172287.9	863.31	96520.1
		黑桦	59.93	5655.1	2.67	95.5	57.26	5559.6				
		水曲柳	11116.87	1178877.9	790.42	61307.0	9786.49	1053146.7	381.00	47721.5	158.96	16702.7
		胡桃楸	2276.29	246069.9	219.13	14711.7	1990.43	224436.8	66.73	6921.4		
		黄波罗	423.48	29594.3	5.95	592.9	396.53	27534.8	21.00	1466.6		
		榆树	10896.69	1106353.7	711.72	51509.2	9914.47	1028277.2	269.63	26467.5	0.87	99.8
		椴树	2323.18	246819.5	499.04	37763.9	1820.52	208721.2	3.62	334.4		
		杨树	506.64	64415.4	1.32	150.0	468.78	60352.2			36.54	3913.2
		柳树	319.86	27028.0	55.70	1885.1	232.56	21568.8	8.88	895.5	22.72	2678.6
		山杨	8234.52	1127709.8	227.43	15519.3	5774.27	789899.6	1028.44	154211.2	1204.38	168079.7
		毛赤杨	1076.76	89613.5	216.47	8447.8	649.80	57822.5	96.02	8401.4	114.47	14941.8
		槭树	3579.24	382605.6	208.10	19480.8	3290.72	353838.6	80.42	9286.2		
		山槐	3.57	48.9	3.17	18.5	0.40	30.4				
		暴马丁香	274.85	23723.6	58.53	3806.9	102.75	8856.1	4.70	280.8	108.87	10779.8
		青楷槭	103.03	9607.1	20.18	1158.2	82.85	8448.9				
		花楷槭	1277.89	88464.9	128.93	5660.8	1073.34	75139.0	59.79	6064.1	15.83	1601.0
		波纹柳	41.03	1116.8	22.26	225.8	18.77	891.0				
		稠李	231.12	15295.5	48.86	1092.7	153.71	11365.9	7.21	1013.4	21.34	1823.5
		山桃稠李	244.63	24950.1	0.11		195.41	20197.2	16.60	1104.8	32.51	3648.1
		山丁子	2.66	121.4	0.34	2.5	2.32	118.9				
		钻天柳	36.01	1895.9	10.00	507.7	23.29	1194.0	2.40	165.3	0.32	28.9
	人工	合计	14510.38	2404916.1	2382.81	340498.0	9629.04	1666118.9	1746.92	289277.8	751.61	109021.4
		云杉	192.34	22132.4	76.69	6340.2	115.65	15792.2				
		落叶松	12257.97	2115150.3	2065.10	312294.1	7889.68	1431809.4	1583.13	265305.2	720.06	105741.6
		红松	1549.91	211957.9	128.54	13839.2	1388.35	192381.7	33.02	5737.0		
		樟子松	63.80	10646.8	4.85	464.2	1.11	90.4	53.42	9473.9	4.42	618.3
		白桦	0.11		0.11							
		榆树	78.30	8370.4	0.64	34.7	77.66	8335.7				

表 4　黑龙江重点国有林区乔木林各龄组面积、蓄积按起源和优势树种（组）统计表（续 9）

单位：公顷、立方米

统计单位	起源	优势树种（组）	合计		幼龄林		中龄林		近熟林		成、过熟林	
			面积	蓄积	面积	蓄积	面积	蓄积	面积	蓄积	面积	蓄积
桃山林业局	人工	其他硬阔类	18.54	3205.4			18.54	3205.4				
		杨树	86.29	6737.3	45.08	3144.7	18.54	1347.1	10.11	1343.9	12.56	901.6
		柳树	3.43	112.6			3.43	112.6				
		其他软阔类	123.32	13464.9	27.35	3179.8	65.45	8917.3	30.52	1367.8		
		山杨	134.20	13077.0	34.45	1201.1	48.46	4066.0	36.72	6050.0	14.57	1759.9
		其他阔叶树种	2.17	61.1			2.17	61.1				
	其中：人天混	合计	9501.25	1428040.0	1757.98	260082.6	6262.02	959701.8	941.95	137074.2	539.30	71181.4
		云杉	118.62	15162.1	24.89	2645.9	93.73	12516.2				
		落叶松	7764.98	1201313.2	1578.84	241547.8	4792.60	760740.4	882.37	130586.3	511.17	68438.7
		红松	1297.76	175324.9	106.68	10896.9	1191.08	164428.0				
		樟子松	3.37	405.0							3.37	405.0
		榆树	78.30	8370.4	0.64	34.7	77.66	8335.7				
		其他硬阔类	18.54	3205.4			18.54	3205.4				
		杨树	32.39	2695.1	19.58	1777.5			0.62	42.1	12.19	875.5
		柳树	3.43	112.6			3.43	112.6				
		其他软阔类	123.32	13464.9	27.35	3179.8	65.45	8917.3	30.52	1367.8		
		山杨	58.37	7925.3			17.36	1385.1	28.44	5078.0	12.57	1462.2
		其他阔叶树种	2.17	61.1			2.17	61.1				
朗乡林业局	合计	合计	254584.12	26641765.4	26460.56	1501285.7	150500.31	16049956.4	61547.56	7090010.1	16075.69	2000513.2
		冷杉	26884.17	3122835.0	427.60	31296.6	17586.25	1940667.2	7958.45	1036367.9	911.87	114503.3
		云杉	14470.76	1367180.3	4761.40	309100.6	8325.61	890395.0	1053.30	118923.1	330.45	48761.6
		落叶松	15084.65	1614973.0	2191.08	92592.3	5701.06	637540.6	6057.23	703567.6	1135.28	181272.5
		红松	23968.95	2702933.6	6140.17	492616.0	15151.70	1745522.1	1483.85	238704.1	1193.23	226091.4
		樟子松	111.28	14382.6	3.35	84.4	5.25	252.7	52.91	5556.3	49.77	8489.2
		蒙古栎	9896.24	1129906.5	138.76	12280.2	5541.09	591946.9	3444.40	418398.9	771.99	107280.5
		白桦	18367.10	1769526.1	3395.67	151597.6	12488.06	1363595.3	1821.65	184231.2	661.72	70102.0
		枫桦	69837.27	7176631.7	5467.10	271623.8	40962.52	4263663.0	19458.26	2176532.0	3949.39	464812.9
		黑桦	148.02	14937.4	3.94	158.1	88.24	8766.6	7.18	1020.4	48.66	4992.3
		水曲柳	26988.82	2867988.4	817.04	38955.0	18038.93	1867548.4	7491.44	877131.8	641.41	84353.2
		胡桃楸	3885.84	427456.2	168.32	6421.3	2458.45	265686.2	1199.88	148275.7	59.19	7073.0
		黄波罗	1714.38	177807.0	24.44	1360.3	1124.04	113047.6	552.55	62199.0	13.35	1200.1
		榆树	7798.87	666002.5	261.47	7777.6	3874.45	344272.9	2243.46	180188.4	1419.49	133763.6
		其他硬阔类	166.90	17625.5	1.26	55.1	165.64	17570.4				
		椴树	9375.75	974949.4	172.56	10123.0	5439.85	550948.3	3128.97	350156.3	634.37	63721.8
		杨树	758.57	91080.9	46.98	779.4	415.16	53849.2	137.76	15895.5	158.67	20556.8
		柳树	34.33	4100.7			34.33	4100.7				
		其他软阔类	1475.96	142308.8	523.09	27952.4	887.94	106329.4	64.93	8027.0		
		山杨	12089.44	1252986.6	1469.69	33582.0	5051.72	605263.6	2083.26	218219.0	3484.77	395922.0
		毛赤杨	1066.56	51690.4	239.42	6359.1	641.82	36063.8	136.88	6513.3	48.44	2754.2
		槭树	7915.54	828483.9	48.89	2648.1	4676.10	474466.2	2724.68	295627.0	465.87	55742.6
		山槐	107.47	12807.9			105.41	12530.8	2.06	277.1		
		暴马丁香	101.81	7810.5	15.17	1115.7	86.64	6694.8				

表4 黑龙江重点国有林区乔木林各龄组面积、蓄积按起源和优势树种（组）统计表（续10）

单位：公顷、立方米

统计单位	起源	优势树种（组）	合计		幼龄林		中龄林		近熟林		成、过熟林	
			面积	蓄积	面积	蓄积	面积	蓄积	面积	蓄积	面积	蓄积
朗乡林业局	合计	青楷槭	457.61	39738.6			314.46	26330.8	107.12	9835.4	36.03	3572.4
		花楷槭	1112.25	102459.9	34.58	990.5	858.31	78291.7	197.12	20830.7	22.24	2347.0
		波纹柳	258.09	18995.9	60.81	803.3	113.10	10680.8	60.90	5803.9	23.28	1707.9
		稠李	174.60	12579.1	25.29	581.7	94.04	6633.2	55.27	5364.2		
		山桃稠李	310.41	31155.4			270.14	27298.2	24.05	2364.3	16.22	1492.9
		其他阔叶树种	22.48	431.6	22.48	431.6						
	天然	合计	217425.70	23091716.5	13536.80	702232.2	134503.24	14268719.0	54579.13	6316529.8	14806.53	1804235.5
		冷杉	26754.73	3109012.7	393.49	30135.1	17490.92	1928006.4	7958.45	1036367.9	911.87	114503.3
		云杉	10126.00	1054371.1	1446.39	110120.7	7321.38	779050.8	1027.78	116438.0	330.45	48761.6
		红松	11565.73	1478030.5	730.97	51067.9	8315.70	981729.9	1325.83	219141.3	1193.23	226091.4
		蒙古栎	9896.24	1129906.5	138.76	12280.2	5541.09	591946.9	3444.40	418398.9	771.99	107280.5
		白桦	18367.10	1769526.1	3395.67	151597.6	12488.06	1363595.3	1821.65	184231.2	661.72	70102.0
		枫桦	69837.27	7176631.7	5467.10	271623.8	40962.52	4263663.0	19458.26	2176532.0	3949.39	464812.9
		黑桦	148.02	14937.4	3.94	158.1	88.24	8766.6	7.18	1020.4	48.66	4992.3
		水曲柳	26167.75	2794946.5	593.61	29505.1	17469.17	1807667.0	7463.56	873421.2	641.41	84353.2
		胡桃楸	3812.59	417918.6	159.80	5382.7	2407.00	258895.6	1186.60	146567.3	59.19	7073.0
		黄波罗	1688.73	174808.9	24.44	1360.3	1098.39	110049.5	552.55	62199.0	13.35	1200.1
		榆树	7644.00	649327.6	261.33	7777.6	3758.36	331318.3	2216.44	177155.4	1407.87	133076.3
		椴树	9280.56	963696.6	164.71	9361.6	5377.47	543579.8	3104.01	347033.4	634.37	63721.8
		杨树	670.98	88238.7	1.87	51.1	399.53	52848.8	113.59	14993.2	155.99	20345.6
		柳树	34.33	4100.7			34.33	4100.7				
		山杨	9986.76	1166740.3	330.56	9312.0	4650.49	570709.1	1590.75	196414.7	3414.96	390304.5
		毛赤杨	1066.56	51690.4	239.42	6359.1	641.82	36063.8	136.88	6513.3	48.44	2754.2
		槭树	7856.11	822284.9	48.89	2648.1	4616.67	468267.2	2724.68	295627.0	465.87	55742.6
		山槐	107.47	12807.9			105.41	12530.8	2.06	277.1		
		暴马丁香	101.81	7810.5	15.17	1115.7	86.64	6694.8				
		青楷槭	457.61	39738.6			314.46	26330.8	107.12	9835.4	36.03	3572.4
		花楷槭	1112.25	102459.9	34.58	990.5	858.31	78291.7	197.12	20830.7	22.24	2347.0
		波纹柳	258.09	18995.9	60.81	803.3	113.10	10680.8	60.90	5803.9	23.28	1707.9
		稠李	174.60	12579.1	25.29	581.7	94.04	6633.2	55.27	5364.2		
		山桃稠李	310.41	31155.4			270.14	27298.2	24.05	2364.3	16.22	1492.9
	人工	合计	37158.42	3550048.9	12923.76	799053.5	15997.07	1781237.4	6968.43	773480.3	1269.16	196277.7
		冷杉	129.44	13822.3	34.11	1161.5	95.33	12660.8				
		云杉	4344.76	312809.2	3315.01	198979.9	1004.23	111344.2	25.52	2485.1		
		落叶松	15084.65	1614973.0	2191.08	92592.3	5701.06	637540.6	6057.23	703567.6	1135.28	181272.5
		红松	12403.22	1224903.1	5409.20	441548.1	6836.00	763792.2	158.02	19562.8		
		樟子松	111.28	14382.6	3.35	84.4	5.25	252.7	52.91	5556.3	49.77	8489.2
		水曲柳	821.07	73041.9	223.43	9449.9	569.76	59881.4	27.88	3710.6		
		胡桃楸	73.25	9537.6	8.52	1038.6	51.45	6790.6	13.28	1708.4		
		黄波罗	25.65	2998.1			25.65	2998.1				
		榆树	154.87	16674.9	0.14		116.09	12954.6	27.02	3033.0	11.62	687.3
		其他硬阔类	166.90	17625.5	1.26	55.1	165.64	17570.4				

表 4　黑龙江重点国有林区乔木林各龄组面积、蓄积按起源和优势树种（组）统计表（续 11）

单位：公顷、立方米

统计单位	起源	优势树种（组）	合计		幼龄林		中龄林		近熟林		成、过熟林	
			面积	蓄积	面积	蓄积	面积	蓄积	面积	蓄积	面积	蓄积
朗乡林业局	人工	椴树	95.19	11252.8	7.85	761.4	62.38	7368.5	24.96	3122.9		
		杨树	87.59	2842.2	45.11	728.3	15.63	1000.4	24.17	902.3	2.68	211.2
		其他软阔类	1475.96	142308.8	523.09	27952.4	887.94	106329.4	64.93	8027.0		
		山杨	2102.68	86246.3	1139.13	24270.0	401.23	34554.5	492.51	21804.3	69.81	5617.5
		槭树	59.43	6199.0			59.43	6199.0				
		其他阔叶树种	22.48	431.6	22.48	431.6						
	其中：人天混	合计	23689.66	2262596.3	8140.16	564693.4	10856.82	1188721.4	4008.79	424897.7	683.89	84283.8
		冷杉	129.44	13822.3	34.11	1161.5	95.33	12660.8				
		云杉	2652.49	188966.1	2001.67	119097.9	628.38	67696.9	22.44	2171.3		
		落叶松	7579.25	805683.1	401.36	12500.8	3022.56	332364.4	3536.58	381949.4	618.75	78868.5
		红松	9845.80	945412.7	4619.70	383582.1	5124.11	550964.6	101.99	10866.0		
		樟子松	31.89	2433.6					31.89	2433.6		
		水曲柳	732.87	68299.8	193.72	8841.6	521.06	57053.7	18.09	2404.5		
		胡桃楸	73.25	9537.6	8.52	1038.6	51.45	6790.6	13.28	1708.4		
		黄波罗	25.65	2998.1			25.65	2998.1				
		榆树	154.87	16674.9	0.14		116.09	12954.6	27.02	3033.0	11.62	687.3
		其他硬阔类	166.90	17625.5	1.26	55.1	165.64	17570.4				
		椴树	95.19	11252.8	7.85	761.4	62.38	7368.5	24.96	3122.9		
		杨树	3.58	176.6			3.58	176.6				
		其他软阔类	1475.96	142308.8	523.09	27952.4	887.94	106329.4	64.93	8027.0		
		山杨	640.61	30773.8	326.26	9270.4	93.22	7593.8	167.61	9181.6	53.52	4728.0
		槭树	59.43	6199.0			59.43	6199.0				
		其他阔叶树种	22.48	431.6	22.48	431.6						
南岔林业局	合计	合计	260859.32	32716472.2	18327.17	1013945.4	197988.95	24499790.3	35877.52	5706326.2	8665.68	1496410.3
		冷杉	17552.35	2476659.0	322.35	14689.9	15493.24	2154867.0	1672.62	296801.9	64.14	10300.2
		云杉	3593.80	445566.0	920.49	66023.2	2515.88	352393.1	157.43	27149.7		
		落叶松	29081.61	5268457.9	920.00	61313.5	13364.05	2397384.6	9685.51	1846668.5	5112.05	963091.3
		红松	13266.80	1867180.1	1932.60	173447.1	10723.54	1586594.3	555.04	95480.7	55.62	11658.0
		樟子松	1987.45	297971.3	29.73	401.0	426.76	59224.0	697.79	111718.5	833.17	126627.8
		蒙古栎	73682.37	8115745.0	3668.64	203019.4	60621.63	6570766.1	9011.44	1284502.2	380.66	57457.3
		白桦	26238.74	2710052.9	4138.59	131437.8	20589.61	2361200.7	1119.23	145251.9	391.31	72162.5
		枫桦	26703.14	3424144.9	1785.36	124191.7	21662.92	2784025.0	3166.46	504574.1	88.40	11354.1
		黑桦	2081.56	213578.7	144.72	8961.1	1794.93	187042.0	141.91	17575.6		
		水曲柳	10525.03	1340118.1	601.72	49814.9	8352.43	1053212.3	1570.88	237090.9		
		胡桃楸	3102.20	358529.0	119.32	5172.8	2311.85	266372.8	639.93	82116.9	31.10	4866.5
		黄波罗	851.96	94122.4	70.02	1666.6	701.04	84356.9	80.90	8098.9		
		榆树	4244.17	432794.7	236.40	7907.0	3059.11	306879.6	679.98	85038.8	268.68	32969.3
		其他硬阔类	2823.08	346279.2	379.29	25957.4	2378.90	307593.5	64.89	12728.3		
		椴树	21368.99	2467179.0	1283.30	70669.8	17631.87	2068706.8	2448.96	327259.2	4.86	543.2
		杨树	173.24	23652.4			121.22	17782.9	20.30	3018.9	31.72	2850.6
		柳树	338.57	20387.3	133.32	2060.1	169.80	15794.5	33.43	2296.6	2.02	236.1

表4 黑龙江重点国有林区乔木林各龄组面积、蓄积按起源和优势树种（组）统计表（续12）

单位：公顷、立方米

统计单位	起源	优势树种（组）	合计		幼龄林		中龄林		近熟林		成、过熟林	
			面积	蓄积	面积	蓄积	面积	蓄积	面积	蓄积	面积	蓄积
南岔林业局	合计	其他软阔类	1697.00	231871.6	168.96	9611.4	1397.57	205101.0	121.76	15631.6	8.71	1527.6
		山杨	10053.23	1444758.9	599.67	31916.8	5744.08	820240.2	2687.01	433502.3	1022.47	159099.6
		毛赤杨	2658.92	200145.7	381.58	10573.8	2048.45	165749.5	142.86	14685.9	86.03	9136.5
		槭树	5181.30	589592.2	79.77	5248.8	4237.56	465923.2	744.35	104046.0	119.62	14374.2
		山槐	668.52	63486.8	54.50	1941.5	474.56	46660.8	71.56	7561.8	67.90	7322.7
		暴马丁香	113.94	8718.6	3.02		80.01	4905.4	30.91	3813.2		
		青楷槭	864.17	98589.8			674.30	77376.6	134.17	14316.7	55.70	6896.5
		花楷槭	792.77	92702.5	77.89	5464.9	561.23	65766.0	125.92	18269.1	27.73	3202.5
		波纹柳	716.79	44589.2	234.96	2020.9	455.84	40819.6	13.44	1063.5	12.55	685.2
		稠李	52.91	2798.5	23.47	93.7	29.44	2704.8				
		山桃稠李	250.26	26289.2			201.55	20888.8	48.71	5400.4		
		山丁子	167.39	9350.3	12.51	206.7	143.51	8430.9	10.13	664.1	1.24	48.6
		其他阔叶树种	17.57	504.4	4.99	133.6	12.58	370.8				
		假色槭	9.49	656.6			9.49	656.6				
	天然	合计	212685.91	24905784.9	14526.39	772825.8	170846.33	20117796.5	24725.55	3626498.3	2587.64	388664.3
		冷杉	17516.33	2471274.0	322.35	14689.9	15457.22	2149482.0	1672.62	296801.9	64.14	10300.2
		云杉	2414.38	322143.2	317.10	31475.4	2004.28	272836.3	93.00	17831.5		
		落叶松	28.34	2718.8	15.55	672.4	12.79	2046.4				
		红松	3785.66	543369.4	646.78	89190.3	2948.10	417942.7	135.16	24578.4	55.62	11658.0
		蒙古栎	73682.37	8115745.0	3668.64	203019.4	60621.63	6570766.1	9011.44	1284502.2	380.66	57457.3
		白桦	26238.55	2710052.9	4138.40	131437.8	20589.61	2361200.7	1119.23	145251.9	391.31	72162.5
		枫桦	26703.14	3424144.9	1785.36	124191.7	21662.92	2784025.0	3166.46	504574.1	88.40	11354.1
		黑桦	2081.56	213578.7	144.72	8961.1	1794.93	187042.0	141.91	17575.6		
		水曲柳	10356.62	1323589.0	554.11	48074.0	8231.63	1038424.1	1570.88	237090.9		
		胡桃楸	2917.79	338159.4	117.08	5172.8	2190.08	254222.0	579.53	73898.1	31.10	4866.5
		黄波罗	830.90	92220.4	69.58	1666.6	680.42	82454.9	80.90	8098.9		
		榆树	4106.19	414891.9	236.40	7907.0	2975.34	297278.2	679.98	85038.8	214.47	24667.9
		椴树	20233.05	2332410.5	986.50	50225.5	16818.11	1957850.2	2423.58	323791.6	4.86	543.2
		杨树	173.24	23652.4			121.22	17782.9	20.30	3018.9	31.72	2850.6
		柳树	338.57	20387.3	133.32	2060.1	169.80	15794.5	33.43	2296.6	2.02	236.1
		山杨	9902.52	1432358.1	539.71	30291.3	5733.93	818723.2	2676.31	432441.9	952.57	150901.7
		毛赤杨	2605.29	194888.4	360.34	8686.8	2016.06	162379.2	142.86	14685.9	86.03	9136.5
		槭树	5167.43	588268.1	79.77	5248.8	4223.69	464599.1	744.35	104046.0	119.62	14374.2
		山槐	642.25	60232.1	54.50	1941.5	449.52	43519.8	70.33	7448.1	67.90	7322.7
		暴马丁香	113.94	8718.6	3.02		80.01	4905.4	30.91	3813.2		
		青楷槭	864.17	98589.8			674.30	77376.6	134.17	14316.7	55.70	6896.5
		花楷槭	792.77	92702.5	77.89	5464.9	561.23	65766.0	125.92	18269.1	27.73	3202.5
		波纹柳	716.79	44589.2	234.96	2020.9	455.84	40819.6	13.44	1063.5	12.55	685.2
		稠李	52.91	2798.5	23.47	93.7	29.44	2704.8				
		山桃稠李	239.94	24167.7			191.23	18767.3	48.71	5400.4		
		山丁子	167.39	9350.3	12.51	206.7	143.51	8430.9	10.13	664.1	1.24	48.6

表 4　黑龙江重点国有林区乔木林各龄组面积、蓄积按起源和优势树种（组）统计表（续 13）

单位：公顷、立方米

统计单位	起源	优势树种（组）	合计		幼龄林		中龄林		近熟林		成、过熟林	
			面积	蓄积	面积	蓄积	面积	蓄积	面积	蓄积	面积	蓄积
南岔林业局	天然	其他阔叶树种	4.33	127.2	4.33	127.2						
		假色槭	9.49	656.6			9.49	656.6				
	人工	合计	48173.41	7810687.3	3800.78	241119.6	27142.62	4381993.8	11151.97	2079827.9	6078.04	1107746.0
		冷杉	36.02	5385.0			36.02	5385.0				
		云杉	1179.42	123422.8	603.39	34547.8	511.60	79556.8	64.43	9318.2		
		落叶松	29053.27	5265739.1	904.45	60641.1	13351.26	2395338.2	9685.51	1846668.5	5112.05	963091.3
		红松	9481.14	1323810.7	1285.82	84256.8	7775.44	1168651.6	419.88	70902.3		
		樟子松	1987.45	297971.3	29.73	401.0	426.76	59224.0	697.79	111718.5	833.17	126627.8
		白桦	0.19		0.19							
		水曲柳	168.41	16529.1	47.61	1740.9	120.80	14788.2				
		胡桃楸	184.41	20369.6	2.24		121.77	12150.8	60.40	8218.8		
		黄波罗	21.06	1902.0	0.44		20.62	1902.0				
		榆树	137.98	17902.8			83.77	9601.4			54.21	8301.4
		其他硬阔类	2823.08	346279.2	379.29	25957.4	2378.90	307593.5	64.89	12728.3		
		椴树	1135.94	134768.5	296.80	20444.3	813.76	110856.6	25.38	3467.6		
		其他软阔类	1697.00	231871.6	168.96	9611.4	1397.57	205101.0	121.76	15631.6	8.71	1527.6
		山杨	150.71	12400.8	59.96	1625.5	10.15	1517.0	10.70	1060.4	69.90	8197.9
		毛赤杨	53.63	5257.3	21.24	1887.0	32.39	3370.3				
		槭树	13.87	1324.1			13.87	1324.1				
		山槐	26.27	3254.7			25.04	3141.0	1.23	113.7		
		山桃稠李	10.32	2121.5			10.32	2121.5				
		其他阔叶树种	13.24	377.2	0.66	6.4	12.58	370.8				
	其中：人天混	合计	23047.20	3224089.9	2491.41	162101.2	15109.83	2186202.3	2895.45	459889.9	2550.51	415896.5
		冷杉	36.02	5385.0			36.02	5385.0				
		云杉	627.75	55848.5	341.28	15870.3	235.98	32575.1	50.49	7403.1		
		落叶松	10138.81	1618202.9	279.15	21178.2	5462.36	875431.8	2156.13	346906.2	2241.17	374686.7
		红松	5375.07	676757.9	975.50	66082.6	4223.84	583477.6	175.73	27197.7		
		樟子松	556.21	79092.0	2.71		121.54	15705.1	239.44	38222.9	192.52	25164.0
		水曲柳	129.01	15287.8	8.21	499.6	120.80	14788.2				
		胡桃楸	182.17	20369.6			121.77	12150.8	60.40	8218.8		
		黄波罗	20.62	1902.0			20.62	1902.0				
		榆树	137.98	17902.8			83.77	9601.4			54.21	8301.4
		其他硬阔类	2823.08	346279.2	379.29	25957.4	2378.90	307593.5	64.89	12728.3		
		椴树	1135.94	134768.5	296.80	20444.3	813.76	110856.6	25.38	3467.6		
		其他软阔类	1697.00	231871.6	168.96	9611.4	1397.57	205101.0	121.76	15631.6	8.71	1527.6
		山杨	80.93	8255.2	17.61	564.0	9.42	1474.4			53.90	6216.8
		毛赤杨	53.63	5257.3	21.24	1887.0	32.39	3370.3				
		槭树	13.87	1324.1			13.87	1324.1				
		山槐	26.27	3254.7			25.04	3141.0	1.23	113.7		
		山桃稠李	10.32	2121.5			10.32	2121.5				
		其他阔叶树种	2.52	209.3	0.66	6.4	1.86	202.9				

表 4　黑龙江重点国有林区乔木林各龄组面积、蓄积按起源和优势树种（组）统计表（续 14）

单位：公顷、立方米

统计单位	起源	优势树种(组)	合计		幼龄林		中龄林		近熟林		成、过熟林	
			面积	蓄积	面积	蓄积	面积	蓄积	面积	蓄积	面积	蓄积
金山屯林业局	合计	合计	174891.87	22628257.0	11199.41	1029437.2	154065.38	19960102.8	7682.81	1288646.8	1944.27	350070.2
		冷杉	35562.92	4921093.9	473.98	43017.2	32973.19	4490329.1	1917.89	356073.3	197.86	31674.3
		云杉	16967.95	2158732.3	1761.45	159538.0	14642.12	1917348.8	493.03	73002.7	71.35	8842.8
		落叶松	12044.51	1731140.5	1398.64	155047.0	9646.20	1416244.5	861.02	141811.7	138.65	18037.3
		红松	26334.93	3600779.4	2526.20	295873.1	21709.82	2881925.7	1458.80	260531.7	640.11	162448.9
		樟子松	325.42	41631.5	25.23	569.6	139.27	18943.4	117.28	16237.6	43.64	5880.9
		赤松	33.09	1946.9			33.09	1946.9				
		蒙古栎	17336.91	2177985.5	1162.21	97786.2	15557.14	1978358.1	617.56	101841.2		
		白桦	24367.26	2892371.4	1556.97	104501.4	21936.92	2638007.0	631.87	114664.4	241.50	35198.6
		枫桦	21189.80	2664066.7	575.18	47211.8	19671.27	2482103.4	826.88	119791.9	116.47	14959.6
		黑桦	82.73	7024.2	4.07	307.5	78.66	6716.7				
		水曲柳	857.47	83464.6	16.36	820.2	828.63	81369.3	12.48	1275.1		
		胡桃楸	80.64	8018.8	0.78		54.64	4565.4	25.22	3453.4		
		黄波罗	86.78	11309.3	17.40	586.0	23.13	2828.5	46.25	7894.8		
		榆树	854.39	60649.3	126.10	6525.1	709.64	52474.7	18.65	1649.5		
		其他硬阔类	1086.34	153310.4	231.87	26843.4	854.47	126467.0				
		椴树	3865.76	424443.3	231.09	21119.4	3347.80	368761.0	241.65	29493.4	45.22	5069.5
		杨树	364.30	33218.9	18.53	549.1	316.37	28612.8	29.40	4057.0		
		柳树	120.19	8267.6	52.29	1854.2	38.80	2770.2			29.10	3643.2
		其他软阔类	150.00	20434.1	12.88	1041.8	137.12	19392.3				
		山杨	8964.06	1268029.0	486.14	38395.3	7824.53	1125350.4	254.85	42216.4	398.54	62066.9
		毛赤杨	1556.30	104338.9	333.61	14842.4	1210.07	88602.4	12.62	894.1		
		槭树	1591.17	158990.3	87.61	7370.4	1395.09	138970.1	108.47	12649.8		
		山槐	196.03	17991.0			196.03	17991.0				
		暴马丁香	4.63	296.4	0.98	46.6	3.65	249.8				
		青楷槭	286.03	24462.9	45.62	3516.8	218.58	18697.9			21.83	2248.2
		花楷槭	234.41	23282.3	21.54	1092.2	203.98	21081.3	8.89	1108.8		
		波纹柳	16.93	669.3	16.57	648.5	0.36	20.8				
		稠李	46.01	2843.6	5.80	182.0	40.21	2661.6				
		山桃稠李	230.13	24935.8	1.28	12.2	228.85	24923.6				
		山丁子	51.59	2415.5	6.83	100.0	44.76	2315.5				
		钻天柳	0.99	73.6			0.99	73.6				
		其他阔叶树种	2.20	39.8	2.20	39.8						
	天然	合计	158860.76	20252607.6	8036.51	653538.5	142242.46	18126951.0	6803.16	1144129.6	1778.63	327988.5
		冷杉	35557.64	4920059.9	473.98	43017.2	32967.91	4489295.1	1917.89	356073.3	197.86	31674.3
		云杉	15839.47	2019304.9	1238.88	108366.8	14036.21	1829092.6	493.03	73002.7	71.35	8842.8
		落叶松	3063.92	368396.0	150.34	13212.1	2790.58	339082.1	106.27	14258.4	16.73	1843.4
		红松	22045.54	2949933.8	1426.35	142562.6	18523.87	2384916.2	1455.21	260006.1	640.11	162448.9
		樟子松	4.55	410.3			4.55	410.3				
		赤松	33.09	1946.9			33.09	1946.9				
		蒙古栎	17336.91	2177985.5	1162.21	97786.2	15557.14	1978358.1	617.56	101841.2		

表 4 黑龙江重点国有林区乔木林各龄组面积、蓄积按起源和优势树种（组）统计表（续 15）

单位：公顷、立方米

统计单位	起源	优势树种（组）	合计		幼龄林		中龄林		近熟林		成、过熟林	
			面积	蓄积	面积	蓄积	面积	蓄积	面积	蓄积	面积	蓄积
金山屯林业局	天然	白桦	24367.26	2892371.4	1556.97	104501.4	21936.92	2638007.0	631.87	114664.4	241.50	35198.6
		枫桦	21189.80	2664066.7	575.18	47211.8	19671.27	2482103.4	826.88	119791.9	116.47	14959.6
		黑桦	82.73	7024.2	4.07	307.5	78.66	6716.7				
		水曲柳	852.07	83464.6	10.96	820.2	828.63	81369.3	12.48	1275.1		
		胡桃楸	79.86	8018.8			54.64	4565.4	25.22	3453.4		
		黄波罗	86.78	11309.3	17.40	586.0	23.13	2828.5	46.25	7894.8		
		榆树	851.34	60435.5	123.05	6311.3	709.64	52474.7	18.65	1649.5		
		椴树	3826.87	420155.7	223.47	20312.6	3316.53	365280.2	241.65	29493.4	45.22	5069.5
		杨树	362.64	33175.9	16.87	506.1	316.37	28612.8	29.40	4057.0		
		柳树	120.11	8260.7	52.29	1854.2	38.80	2770.2			29.02	3636.3
		山杨	8953.15	1266626.3	484.02	38331.6	7816.50	1124098.5	254.09	42129.3	398.54	62066.9
		毛赤杨	1548.48	103660.7	333.61	14842.4	1205.52	88037.8	9.35	780.5		
		槭树	1591.17	158990.3	87.61	7370.4	1395.09	138970.1	108.47	12649.8		
		山槐	196.03	17991.0			196.03	17991.0				
		暴马丁香	4.63	296.4	0.98	46.6	3.65	249.8				
		青楷槭	286.03	24462.9	45.62	3516.8	218.58	18697.9			21.83	2248.2
		花楷槭	234.41	23282.3	21.54	1092.2	203.98	21081.3	8.89	1108.8		
		波纹柳	16.93	669.3	16.57	648.5	0.36	20.8				
		稠李	46.01	2843.6	5.80	182.0	40.21	2661.6				
		山桃稠李	230.13	24935.8	1.28	12.2	228.85	24923.6				
		山丁子	51.59	2415.5	6.83	100.0	44.76	2315.5				
		钻天柳	0.99	73.6			0.99	73.6				
		其他阔叶树种	0.63	39.8	0.63	39.8						
	人工	合计	16031.11	2375649.4	3162.90	375898.7	11822.92	1833151.8	879.65	144517.2	165.64	22081.7
		冷杉	5.28	1034.0			5.28	1034.0				
		云杉	1128.48	139427.4	522.57	51171.2	605.91	88256.2				
		落叶松	8980.59	1362744.5	1248.30	141834.9	6855.62	1077162.4	754.75	127553.3	121.92	16193.9
		红松	4289.39	650845.6	1099.85	153310.5	3185.95	497009.5	3.59	525.6		
		樟子松	320.87	41221.2	25.23	569.6	134.72	18533.1	117.28	16237.6	43.64	5880.9
		水曲柳	5.40		5.40							
		胡桃楸	0.78		0.78							
		榆树	3.05	213.8	3.05	213.8						
		其他硬阔类	1086.34	153310.4	231.87	26843.4	854.47	126467.0				
		椴树	38.89	4287.6	7.62	806.8	31.27	3480.8				
		杨树	1.66	43.0	1.66	43.0						
		柳树	0.08	6.9							0.08	6.9
		其他软阔类	150.00	20434.1	12.88	1041.8	137.12	19392.3				
		山杨	10.91	1402.7	2.12	63.7	8.03	1251.9	0.76	87.1		
		毛赤杨	7.82	678.2			4.55	564.6	3.27	113.6		
		其他阔叶树种	1.57		1.57							

表 4 黑龙江重点国有林区乔木林各龄组面积、蓄积按起源和优势树种（组）统计表（续 16）

单位：公顷、立方米

统计单位	起源	优势树种（组）	合计		幼龄林		中龄林		近熟林		成、过熟林	
			面积	蓄积	面积	蓄积	面积	蓄积	面积	蓄积	面积	蓄积
金山屯林业局	其中：人天混	合计	9662.38	1371681.5	1909.84	250836.4	7434.58	1071393.3	303.30	48663.6	14.66	788.2
		冷杉	5.28	1034.0			5.28	1034.0				
		云杉	606.13	71706.8	249.86	25071.5	356.27	46635.3				
		落叶松	4715.13	664825.7	611.43	79999.6	3806.69	537369.4	287.81	47005.3	9.20	451.4
		红松	2997.54	450758.6	778.24	116462.3	2215.71	333770.7	3.59	525.6		
		樟子松	38.53	3162.1	8.28	342.7	16.24	1470.4	8.63	1019.1	5.38	329.9
		水曲柳	5.40		5.40							
		榆树	3.05	213.8	3.05	213.8						
		其他硬阔类	1086.34	153310.4	231.87	26843.4	854.47	126467.0				
		椴树	38.89	4287.6	7.62	806.8	31.27	3480.8				
		杨树	0.87	43.0	0.87	43.0						
		柳树	0.08	6.9							0.08	6.9
		其他软阔类	149.75	20434.1	12.63	1041.8	137.12	19392.3				
		山杨	7.57	1220.3	0.59	11.5	6.98	1208.8				
		毛赤杨	7.82	678.2			4.55	564.6	3.27	113.6		
美溪林业局	合计	合计	208636.24	26231911.0	19341.43	1554454.6	167666.81	21399711.4	16307.50	2492822.1	5320.50	784922.9
		冷杉	40863.21	5537411.4	1270.87	125471.9	36325.50	4892193.9	2572.98	409668.2	693.86	110077.4
		云杉	23454.00	3075015.2	4460.00	444480.7	16884.03	2302715.8	1546.83	257860.8	563.14	69957.9
		落叶松	12589.07	1502119.4	1256.10	106852.8	10502.26	1285374.6	624.72	82148.4	205.99	27743.6
		红松	13296.09	1866622.6	801.14	76458.0	9581.19	1325032.8	2470.75	401554.8	443.01	63577.0
		樟子松	194.42	31813.3	1.38	95.7	60.88	9634.2	55.20	8645.3	76.96	13438.1
		赤松	17.15	842.1	17.15	842.1						
		蒙古栎	19589.60	2491825.1	759.55	39367.6	16216.33	2055311.4	2353.68	357538.2	260.04	39607.9
		白桦	40998.93	4432031.7	5608.97	394645.7	31984.41	3570855.7	2128.96	282838.0	1276.59	183692.3
		枫桦	38489.28	5069226.8	2239.77	213484.2	32621.36	4298563.5	3184.36	485177.2	443.79	72001.9
		黑桦	350.90	37056.9	35.22	737.8	269.66	30898.8	46.02	5420.3		
		水曲柳	819.56	85992.3	54.29	1338.9	579.89	61834.9	64.74	6811.0	120.64	16007.5
		胡桃楸	23.14	1914.1	4.71	72.6	18.43	1841.5				
		黄波罗	31.00	3923.4			31.00	3923.4				
		榆树	1262.16	112115.8	151.29	4079.1	869.58	77242.1	53.56	5961.0	187.73	24833.6
		其他硬阔类	477.84	65932.7	30.41	3950.8	447.43	61981.9				
		椴树	3121.19	370787.8	198.61	11064.5	2603.60	312475.3	175.16	28695.5	143.82	18552.5
		杨树	254.59	34985.9	30.86	1948.2	154.46	23624.6			69.27	9413.1
		柳树	62.94	2613.3	43.72	1405.0	19.22	1208.3				
		其他软阔类	656.45	69844.5	218.50	22484.4	417.09	46098.8	17.48	765.0	3.38	496.3
		山杨	8565.95	1189688.0	887.52	54193.4	5991.20	856839.1	889.03	146628.3	798.20	132027.2
		毛赤杨	2571.63	171650.2	1082.72	47525.9	1439.18	118848.6	48.53	5182.8	1.20	92.9
		槭树	671.47	60529.8	156.26	3024.0	431.93	48373.2	50.40	5728.9	32.88	3403.7
		山槐	67.67	2752.5	3.26	59.2	64.41	2693.3				
		暴马丁香	16.88	1468.3	1.19	10.4	11.28	1153.6	4.41	304.3		
		青楷槭	101.92	8221.2			81.23	6327.1	20.69	1894.1		

表 4　黑龙江重点国有林区乔木林各龄组面积、蓄积按起源和优势树种（组）统计表（续 17）

单位：公顷、立方米

统计单位	起源	优势树种（组）	合计		幼龄林		中龄林		近熟林		成、过熟林	
			面积	蓄积	面积	蓄积	面积	蓄积	面积	蓄积	面积	蓄积
美溪林业局	合计	花楷槭	3.83	51.2	3.83	51.2						
		波纹柳	14.91	273.6	14.91	273.6						
		稠李	25.21	1739.9	2.09	7.5	23.12	1732.4				
		山桃稠李	19.68	1798.0	0.47	8.1	19.21	1789.9				
		山丁子	16.45	990.2	2.79	130.9	13.66	859.3				
		其他阔叶树种	9.12	673.8	3.85	390.4	5.27	283.4				
	天然	合计	194533.66	24485545.6	15213.88	1131582.4	158568.46	20193074.0	15645.57	2403574.6	5105.75	757314.6
		冷杉	40812.06	5527804.2	1270.87	125471.9	36274.35	4882586.7	2572.98	409668.2	693.86	110077.4
		云杉	18770.30	2520313.1	1748.44	159057.5	14956.40	2038354.4	1521.81	254453.9	543.65	68447.3
		落叶松	5666.05	633744.8	397.90	27629.6	5086.76	579926.0	90.32	10608.9	91.07	15580.3
		红松	12232.85	1726360.0	533.30	49115.5	8815.62	1217003.5	2440.92	396664.0	443.01	63577.0
		赤松	17.15	842.1	17.15	842.1						
		蒙古栎	19589.60	2491825.1	759.55	39367.6	16216.33	2055311.4	2353.68	357538.2	260.04	39607.9
		白桦	40996.56	4432013.2	5606.60	394627.2	31984.41	3570855.7	2128.96	282838.0	1276.59	183692.3
		枫桦	38489.28	5069226.8	2239.77	213484.2	32621.36	4298563.5	3184.36	485177.2	443.79	72001.9
		黑桦	350.90	37056.9	35.22	737.8	269.66	30898.8	46.02	5420.3		
		水曲柳	814.00	85356.1	53.49	1321.7	575.13	61215.9	64.74	6811.0	120.64	16007.5
		胡桃楸	20.30	1897.6	1.87	56.1	18.43	1841.5				
		黄波罗	31.00	3923.4			31.00	3923.4				
		榆树	1256.00	111601.5	145.85	3607.5	868.86	77199.4	53.56	5961.0	187.73	24833.6
		椴树	3098.45	367443.4	177.49	7914.9	2601.98	312280.5	175.16	28695.5	143.82	18552.5
		杨树	252.66	34764.3	28.93	1726.6	154.46	23624.6			69.27	9413.1
		柳树	62.94	2613.3	43.72	1405.0	19.22	1208.3				
		山杨	8561.40	1189170.4	886.76	54124.3	5987.41	856390.6	889.03	146628.3	798.20	132027.2
		毛赤杨	2569.42	171479.2	1082.72	47525.9	1436.97	118677.6	48.53	5182.8	1.20	92.9
		槭树	670.72	60522.4	155.51	3016.6	431.93	48373.2	50.40	5728.9	32.88	3403.7
		山槐	67.67	2752.5	3.26	59.2	64.41	2693.3				
		暴马丁香	16.88	1468.3	1.19	10.4	11.28	1153.6	4.41	304.3		
		青楷槭	101.92	8221.2			81.23	6327.1	20.69	1894.1		
		花楷槭	3.83	51.2	3.83	51.2						
		波纹柳	14.91	273.6	14.91	273.6						
		稠李	25.21	1739.9	2.09	7.5	23.12	1732.4				
		山桃稠李	19.68	1798.0	0.47	8.1	19.21	1789.9				
		山丁子	16.45	990.2	2.79	130.9	13.66	859.3				
		其他阔叶树种	5.47	292.9	0.20	9.5	5.27	283.4				
	人工	合计	14102.58	1746365.4	4127.55	422872.2	9098.35	1206637.4	661.93	89247.5	214.75	27608.3
		冷杉	51.15	9607.2			51.15	9607.2				
		云杉	4683.70	554702.1	2711.56	285423.2	1927.63	264361.4	25.02	3406.9	19.49	1510.6
		落叶松	6923.02	868374.6	858.20	79223.2	5415.50	705448.6	534.40	71539.5	114.92	12163.3
		红松	1063.24	140262.6	267.84	27342.5	765.57	108029.3	29.83	4890.8		
		樟子松	194.42	31813.3	1.38	95.7	60.88	9634.2	55.20	8645.3	76.96	13438.1

表4　黑龙江重点国有林区乔木林各龄组面积、蓄积按起源和优势树种（组）统计表（续18）

单位：公顷、立方米

统计单位	起源	优势树种（组）	合计		幼龄林		中龄林		近熟林		成、过熟林	
			面积	蓄积	面积	蓄积	面积	蓄积	面积	蓄积	面积	蓄积
美溪林业局	人工	白桦	2.37	18.5	2.37	18.5						
		水曲柳	5.56	636.2	0.80	17.2	4.76	619.0				
		胡桃楸	2.84	16.5	2.84	16.5						
		榆树	6.16	514.3	5.44	471.6	0.72	42.7				
		其他硬阔类	477.84	65932.7	30.41	3950.8	447.43	61981.9				
		椴树	22.74	3344.4	21.12	3149.6	1.62	194.8				
		杨树	1.93	221.6	1.93	221.6						
		其他软阔类	656.45	69844.5	218.50	22484.4	417.09	46098.8	17.48	765.0	3.38	496.3
		山杨	4.55	517.6	0.76	69.1	3.79	448.5				
		毛赤杨	2.21	171.0			2.21	171.0				
		槭树	0.75	7.4	0.75	7.4						
		其他阔叶树种	3.65	380.9	3.65	380.9						
	其中：人天混	合计	7568.61	894357.0	2398.05	251731.6	4850.11	606455.5	212.95	25686.4	107.50	10483.5
		冷杉	51.15	9607.2			51.15	9607.2				
		云杉	2863.52	340897.3	1598.29	176942.1	1220.72	159037.7	25.02	3406.9	19.49	1510.6
		落叶松	2895.87	332118.8	311.05	24358.1	2350.71	281011.7	149.48	18272.4	84.63	8476.6
		红松	583.06	70967.5	206.99	19766.6	355.10	47958.8	20.97	3242.1		
		水曲柳	0.23	27.5			0.23	27.5				
		榆树	6.16	514.3	5.44	471.6	0.72	42.7				
		其他硬阔类	477.84	65932.7	30.41	3950.8	447.43	61981.9				
		椴树	22.74	3344.4	21.12	3149.6	1.62	194.8				
		杨树	1.93	221.6	1.93	221.6						
		其他软阔类	656.45	69844.5	218.50	22484.4	417.09	46098.8	17.48	765.0	3.38	496.3
		山杨	3.13	323.4			3.13	323.4				
		毛赤杨	2.21	171.0			2.21	171.0				
		槭树	0.75	7.4	0.75	7.4						
		其他阔叶树种	3.57	379.4	3.57	379.4						
乌马河林业局	合计	合计	110308.26	11282484.2	13226.95	893115.8	93057.08	9826217.1	3325.97	474997.3	698.26	88154.0
		冷杉	11714.46	1176946.6	618.30	52364.6	10856.93	1092465.4	239.23	32116.6		
		云杉	8775.03	831980.5	1738.11	123764.1	6833.02	684779.0	130.59	17505.4	73.31	5932.0
		落叶松	9316.77	1257708.1	1558.94	154508.7	7043.99	971811.9	605.58	113687.2	108.26	17700.3
		红松	12325.45	1362775.1	746.52	62872.1	11443.46	1283701.8	134.02	15737.8	1.45	463.4
		樟子松	246.92	28716.5	64.14	3229.3	124.58	12792.2	51.97	11343.0	6.23	1352.0
		蒙古栎	4799.46	561856.2	115.61	8667.0	4642.53	547665.5	41.32	5523.7		
		白桦	14113.86	1266287.5	2402.14	123097.6	11674.13	1138726.2	25.40	2588.8	12.19	1874.9
		枫桦	29951.54	3005520.5	4240.94	269892.7	24184.62	2531238.5	1437.40	195143.6	88.58	9245.7
		黑桦	260.08	27693.5	4.07	226.7	256.01	27466.8				
		水曲柳	4644.08	432689.0	489.29	29492.4	4135.90	400008.0	18.89	3188.6		
		胡桃楸	72.31	8355.6			72.31	8355.6				
		黄波罗	107.37	9338.0			107.37	9338.0				
		榆树	3473.30	274577.2	195.47	8206.6	3082.02	246803.6	140.94	14105.3	54.87	5461.7

表4　黑龙江重点国有林区乔木林各龄组面积、蓄积按起源和优势树种（组）统计表（续19）

单位：公顷、立方米

统计单位	起源	优势树种（组）	合计		幼龄林		中龄林		近熟林		成、过熟林	
			面积	蓄积	面积	蓄积	面积	蓄积	面积	蓄积	面积	蓄积
乌马河林业局	合计	其他硬阔类	152.96	20471.4	6.78	725.3	146.18	19746.1				
		椴树	3405.23	338448.2	385.85	24061.3	2878.80	295100.1	86.36	12930.4	54.22	6356.4
		杨树	376.27	36731.2	41.38	2742.4	334.89	33988.8				
		柳树	12.93	618.2	5.44	76.0	6.03	342.2			1.46	200.0
		其他软阔类	332.11	34425.8	125.80	10935.5	206.31	23490.3				
		山杨	3506.43	401335.5	172.31	11174.9	2680.41	305537.0	356.02	45056.0	297.69	39567.6
		毛赤杨	726.44	44804.6	211.81	4305.5	509.28	40099.3	5.35	399.8		
		槭树	996.96	79014.3	104.05	2773.1	875.18	74431.7	17.73	1809.5		
		山槐	129.21	15859.5			129.21	15859.5				
		暴马丁香	57.80	4224.7			57.80	4224.7				
		青楷槭	289.98	20347.4			289.98	20347.4				
		花楷槭	339.27	27542.3			304.10	23680.7	35.17	3861.6		
		波纹柳	8.65	828.5			8.65	828.5				
		稠李	87.70	6693.7			87.70	6693.7				
		山桃稠李	46.36	4396.2			46.36	4396.2				
		山丁子	39.33	2298.4			39.33	2298.4				
	天然	合计	99292.53	9815359.0	11049.55	690166.7	85011.37	8706812.1	2647.84	349278.5	583.77	69101.7
		冷杉	11697.75	1175622.4	618.30	52364.6	10840.22	1091141.2	239.23	32116.6		
		云杉	7482.98	698698.2	1286.70	89909.4	6000.19	586342.5	122.78	16514.3	73.31	5932.0
		落叶松	1708.70	193674.6	152.98	12983.8	1530.63	175917.5	25.09	4773.3		
		红松	11061.38	1189331.7	629.84	50530.3	10333.93	1127071.0	96.16	11267.0	1.45	463.4
		樟子松	2.81	38.4	2.81	38.4						
		蒙古栎	4799.46	561856.2	115.61	8667.0	4642.53	547665.5	41.32	5523.7		
		白桦	14113.86	1266287.5	2402.14	123097.6	11674.13	1138726.2	25.40	2588.8	12.19	1874.9
		枫桦	29951.54	3005520.5	4240.94	269892.7	24184.62	2531238.5	1437.40	195143.6	88.58	9245.7
		黑桦	260.08	27693.5	4.07	226.7	256.01	27466.8				
		水曲柳	4628.43	431196.6	489.29	29492.4	4120.25	398515.6	18.89	3188.6		
		胡桃楸	72.31	8355.6			72.31	8355.6				
		黄波罗	107.37	9338.0			107.37	9338.0				
		榆树	3441.12	271204.2	195.47	8206.6	3049.84	243430.6	140.94	14105.3	54.87	5461.7
		椴树	3405.23	338448.2	385.85	24061.3	2878.80	295100.1	86.36	12930.4	54.22	6356.4
		杨树	375.48	36619.7	41.38	2742.4	334.10	33877.3				
		柳树	12.93	618.2	5.44	76.0	6.03	342.2			1.46	200.0
		山杨	3449.40	394845.9	162.87	10798.9	2632.82	299423.4	356.02	45056.0	297.69	39567.6
		毛赤杨	726.44	44804.6	211.81	4305.5	509.28	40099.3	5.35	399.8		
		槭树	996.96	79014.3	104.05	2773.1	875.18	74431.7	17.73	1809.5		
		山槐	129.21	15859.5			129.21	15859.5				
		暴马丁香	57.80	4224.7			57.80	4224.7				
		青楷槭	289.98	20347.4			289.98	20347.4				
		花楷槭	339.27	27542.3			304.10	23680.7	35.17	3861.6		
		波纹柳	8.65	828.5			8.65	828.5				

表4 黑龙江重点国有林区乔木林各龄组面积、蓄积按起源和优势树种（组）统计表（续20）

单位：公顷、立方米

统计单位	起源	优势树种（组）	合计		幼龄林		中龄林		近熟林		成、过熟林	
			面积	蓄积	面积	蓄积	面积	蓄积	面积	蓄积	面积	蓄积
乌马河林业局	天然	稠李	87.70	6693.7			87.70	6693.7				
		山桃稠李	46.36	4396.2			46.36	4396.2				
		山丁子	39.33	2298.4			39.33	2298.4				
	人工	合计	11015.73	1467125.2	2177.40	202949.1	8045.71	1119405.0	678.13	125718.8	114.49	19052.3
		冷杉	16.71	1324.2			16.71	1324.2				
		云杉	1292.05	133282.3	451.41	33854.7	832.83	98436.5	7.81	991.1		
		落叶松	7608.07	1064033.5	1405.96	141524.9	5513.36	795894.4	580.49	108913.9	108.26	17700.3
		红松	1264.07	173443.4	116.68	12341.8	1109.53	156630.8	37.86	4470.8		
		樟子松	244.11	28678.1	61.33	3190.9	124.58	12792.2	51.97	11343.0	6.23	1352.0
		水曲柳	15.65	1492.4			15.65	1492.4				
		榆树	32.18	3373.0			32.18	3373.0				
		其他硬阔类	152.96	20471.4	6.78	725.3	146.18	19746.1				
		杨树	0.79	111.5			0.79	111.5				
		其他软阔类	332.11	34425.8	125.80	10935.5	206.31	23490.3				
		山杨	57.03	6489.6	9.44	376.0	47.59	6113.6				
	其中：人天混	合计	6373.01	797687.5	841.35	83502.8	5304.80	681062.1	168.46	26623.9	58.40	6498.7
		冷杉	16.71	1324.2			16.71	1324.2				
		云杉	829.31	85939.3	189.39	16242.5	632.57	68804.6	7.35	892.2		
		落叶松	4056.51	531559.9	425.92	46954.5	3448.94	456845.8	123.25	21260.9	58.40	6498.7
		红松	809.96	109904.2	64.35	7395.6	707.75	98037.8	37.86	4470.8		
		樟子松	107.54	7974.9	21.63	1060.3	85.91	6914.6				
		水曲柳	15.65	1492.4			15.65	1492.4				
		榆树	32.18	3373.0			32.18	3373.0				
		其他硬阔类	152.96	20471.4	6.78	725.3	146.18	19746.1				
		其他软阔类	332.11	34425.8	125.80	10935.5	206.31	23490.3				
		山杨	20.08	1222.4	7.48	189.1	12.60	1033.3				
翠峦林业局	合计	合计	145093.37	12779436.0	39797.86	2681633.8	98718.78	9409137.6	4153.39	403817.5	2423.34	284847.1
		冷杉	13270.52	1240869.0	2144.34	158950.8	10721.72	1033431.9	229.26	26887.4	175.20	21598.9
		云杉	12943.21	1138899.0	4730.55	362022.9	7953.70	749909.6	186.57	20160.5	72.39	6806.0
		落叶松	4232.35	407654.9	1502.70	123951.7	2507.28	253958.8	100.21	12945.0	122.16	16799.4
		红松	6755.59	709223.6	1739.09	137522.4	4416.38	494767.9	399.66	42884.3	200.46	34049.0
		樟子松	12.85	773.2	11.73	663.1	1.12	110.1				
		蒙古栎	335.69	24985.6	96.57	3259.4	239.12	21726.2				
		白桦	28618.68	2242100.7	11797.49	750606.8	16387.84	1451398.5	328.94	30452.2	104.41	9643.2
		枫桦	53438.72	4893106.4	12690.34	818844.1	39316.59	3921127.2	993.75	102230.9	438.04	50904.2
		黑桦	40.23	2182.8	19.43	1007.9	20.80	1174.9				
		水曲柳	2929.97	265969.3	441.81	31547.6	2346.58	217339.5	88.64	10530.4	52.94	6551.8
		胡桃楸	145.87	13609.5	0.65		145.22	13609.5				
		黄波罗	43.73	5265.4			43.73	5265.4				
		榆树	5348.27	444926.8	125.57	6246.2	4714.82	392034.3	507.88	46646.3		
		椴树	1819.21	160087.9	333.84	20994.6	1449.74	134285.8	35.63	4807.5		

表 4　黑龙江重点国有林区乔木林各龄组面积、蓄积按起源和优势树种（组）统计表（续 21）

单位：公顷、立方米

统计单位	起源	优势树种（组）	合计		幼龄林		中龄林		近熟林		成、过熟林	
			面积	蓄积	面积	蓄积	面积	蓄积	面积	蓄积	面积	蓄积
翠峦林业局	合计	杨树	400.09	57264.4			258.11	35391.7			141.98	21872.7
		柳树	65.44	5436.5	5.64	137.1	18.76	1416.8			41.04	3882.6
		其他软阔类	659.00	64792.0	423.73	35551.1	235.27	29240.9				
		山杨	8630.51	697371.0	3211.25	205999.4	3641.79	323037.9	971.97	80275.7	805.50	88058.0
		毛赤杨	1216.49	95219.2	222.23	9259.7	821.68	69707.7	90.93	8391.2	81.65	7860.6
		槭树	3392.45	247508.6	258.23	13781.9	2866.38	210194.5	180.67	14986.3	87.17	8545.9
		暴马丁香	32.50	1809.4	11.86	494.3	20.64	1315.1				
		青楷槭	189.91	19595.2			189.91	19595.2				
		花楷槭	339.39	22589.6			264.58	16570.2			74.81	6019.4
		波纹柳	0.51	30.5	0.51	30.5						
		稠李	159.12	12547.9	30.30	762.3	128.82	11785.6				
		山桃稠李	33.79	2997.8			8.20	742.4			25.59	2255.4
		钻天柳	39.28	2619.8					39.28	2619.8		
	天然	合计	140417.79	12327808.8	37027.51	2452562.9	96915.74	9199169.8	4063.92	392329.3	2410.62	283746.8
		冷杉	13256.86	1239764.6	2130.68	157846.4	10721.72	1033431.9	229.26	26887.4	175.20	21598.9
		云杉	11607.93	1013255.5	3735.03	283477.5	7613.94	702811.5	186.57	20160.5	72.39	6806.0
		落叶松	2401.38	226509.5	633.06	46429.4	1622.28	160997.5	31.22	3004.3	114.82	16078.3
		红松	6018.93	636494.0	1368.55	107122.7	4076.12	454364.7	379.18	41336.8	195.08	33669.8
		蒙古栎	335.69	24985.6	96.57	3259.4	239.12	21726.2				
		白桦	28614.42	2241981.1	11793.23	750487.2	16387.84	1451398.5	328.94	30452.2	104.41	9643.2
		枫桦	53438.72	4893106.4	12690.34	818844.1	39316.59	3921127.2	993.75	102230.9	438.04	50904.2
		黑桦	40.23	2182.8	19.43	1007.9	20.80	1174.9				
		水曲柳	2929.16	265969.3	441.00	31547.6	2346.58	217339.5	88.64	10530.4	52.94	6551.8
		胡桃楸	145.22	13609.5			145.22	13609.5				
		黄波罗	43.73	5265.4			43.73	5265.4				
		榆树	5348.27	444926.8	125.57	6246.2	4714.82	392034.3	507.88	46646.3		
		椴树	1819.21	160087.9	333.84	20994.6	1449.74	134285.8	35.63	4807.5		
		杨树	400.09	57264.4			258.11	35391.7			141.98	21872.7
		柳树	65.44	5436.5	5.64	137.1	18.76	1416.8			41.04	3882.6
		山杨	8550.30	692169.4	3131.44	200834.1	3641.39	323001.6	971.97	80275.7	805.50	88058.0
		毛赤杨	1215.26	95101.3	222.23	9259.7	820.45	69589.8	90.93	8391.2	81.65	7860.6
		槭树	3392.45	247508.6	258.23	13781.9	2866.38	210194.5	180.67	14986.3	87.17	8545.9
		暴马丁香	32.50	1809.4	11.86	494.3	20.64	1315.1				
		青楷槭	189.91	19595.2			189.91	19595.2				
		花楷槭	339.39	22589.6			264.58	16570.2			74.81	6019.4
		波纹柳	0.51	30.5	0.51	30.5						
		稠李	159.12	12547.9	30.30	762.3	128.82	11785.6				
		山桃稠李	33.79	2997.8			8.20	742.4			25.59	2255.4
		钻天柳	39.28	2619.8					39.28	2619.8		

表4 黑龙江重点国有林区乔木林各龄组面积、蓄积按起源和优势树种（组）统计表（续22）

单位：公顷、立方米

统计单位	起源	优势树种(组)	合计		幼龄林		中龄林		近熟林		成、过熟林	
			面积	蓄积	面积	蓄积	面积	蓄积	面积	蓄积	面积	蓄积
翠峦林业局	人工	合计	4675.58	451627.2	2770.35	229070.9	1803.04	209967.8	89.47	11488.2	12.72	1100.3
		冷杉	13.66	1104.4	13.66	1104.4						
		云杉	1335.28	125643.5	995.52	78545.4	339.76	47098.1				
		落叶松	1830.97	181145.4	869.64	77522.3	885.00	92961.3	68.99	9940.7	7.34	721.1
		红松	736.66	72729.6	370.54	30399.7	340.26	40403.2	20.48	1547.5	5.38	379.2
		樟子松	12.85	773.2	11.73	663.1	1.12	110.1				
		白桦	4.26	119.6	4.26	119.6						
		水曲柳	0.81		0.81							
		胡桃楸	0.65		0.65							
		其他软阔类	659.00	64792.0	423.73	35551.1	235.27	29240.9				
		山杨	80.21	5201.6	79.81	5165.3	0.40	36.3				
		毛赤杨	1.23	117.9			1.23	117.9				
	其中：人天混	合计	3258.79	315055.8	2029.87	171351.1	1153.23	134697.2	70.31	8628.3	5.38	379.2
		冷杉	13.66	1104.4	13.66	1104.4						
		云杉	910.84	87127.3	687.28	56350.1	223.56	30777.2				
		落叶松	1050.80	103036.6	506.50	46960.0	494.47	48995.8	49.83	7080.8		
		红松	546.66	53802.4	322.10	26310.3	198.70	25565.4	20.48	1547.5	5.38	379.2
		其他软阔类	659.00	64792.0	423.73	35551.1	235.27	29240.9				
		山杨	76.60	5075.2	76.60	5075.2						
		毛赤杨	1.23	117.9			1.23	117.9				
友好林业局	合计	合计	240804.67	22152158.4	52539.96	3595240.2	170660.34	16329197.9	14111.21	1684038.9	3493.16	543681.4
		冷杉	26884.75	2794052.8	1501.73	128206.1	22577.05	2332604.9	2485.03	300597.9	320.94	32643.9
		云杉	20148.67	2047254.7	3390.13	280214.9	15638.51	1619088.3	996.24	132016.6	123.79	15934.9
		落叶松	39415.65	4030832.7	5152.95	461326.4	32504.97	3317723.0	1585.99	222497.7	171.74	29285.6
		红松	7653.75	1111685.3	699.92	63022.8	4880.47	623944.7	717.76	112259.0	1355.60	312458.8
		樟子松	417.21	58141.1	2.77	196.5	240.21	29652.7	157.78	24777.8	16.45	3514.1
		其他针叶树种	39.85	4674.4			39.85	4674.4				
		蒙古栎	7772.56	742812.0	174.33	11845.3	6222.96	575239.4	1260.75	142247.2	114.52	13480.1
		白桦	109785.78	8698688.6	36603.38	2290500.6	68440.09	5895075.8	3894.25	428761.5	848.06	84350.7
		枫桦	12297.23	1172857.6	1390.84	104936.9	9532.78	927075.8	1373.61	140844.9		
		黑桦	826.77	63073.4	38.08	2395.8	696.19	53335.7	92.50	7341.9		
		水曲柳	1142.86	113132.1	69.45	5550.4	953.03	93044.4	120.38	14537.3		
		榆树	1605.25	120797.3	163.35	9765.7	1196.28	90161.6	159.35	12976.5	86.27	7893.5
		其他硬阔类	47.95	4515.4			47.95	4515.4				
		椴树	4123.28	365238.0	368.90	33479.9	3173.25	271722.1	474.32	49630.0	106.81	10406.0
		杨树	200.64	16956.7	23.91	2169.0	128.91	10915.5	24.97	2015.3	22.85	1856.9
		柳树	1.98	104.8			0.34	29.0	1.64	75.8		
		其他软阔类	1410.23	104973.3	960.77	65190.4	405.93	36148.4	17.71	1530.1	25.82	2104.4
		山杨	5671.02	592157.7	1521.70	104851.8	3233.54	380988.0	622.35	77095.1	293.43	29222.8
		毛赤杨	451.79	29353.6	252.38	13265.3	150.17	12483.4	49.24	3604.9		
		槭树	853.32	76212.4	221.51	18142.5	551.85	46686.7	73.08	10853.5	6.88	529.7

表 4　黑龙江重点国有林区乔木林各龄组面积、蓄积按起源和优势树种（组）统计表（续 23）

单位：公顷、立方米

统计单位	起源	优势树种（组）	合计		幼龄林		中龄林		近熟林		成、过熟林	
			面积	蓄积	面积	蓄积	面积	蓄积	面积	蓄积	面积	蓄积
友好林业局	合计	暴马丁香	33.02	2612.6	2.18	96.5	30.84	2516.1				
		波纹柳	8.95	654.6	1.68	83.4	3.01	195.3	4.26	375.9		
		山桃稠李	12.16	1377.3			12.16	1377.3				
	天然	合计	225556.94	20154153.0	48438.23	3215847.6	160617.78	14904476.1	13173.31	1520137.5	3327.62	513691.8
		冷杉	26884.75	2794052.8	1501.73	128206.1	22577.05	2332604.9	2485.03	300597.9	320.94	32643.9
		云杉	19734.51	2004125.5	3147.18	259646.8	15467.30	1596527.2	996.24	132016.6	123.79	15934.9
		落叶松	27187.85	2316528.2	2575.39	194724.8	23749.51	2033271.7	809.50	83219.1	53.45	5312.6
		红松	6971.84	1039713.3	407.72	38235.4	4490.76	576760.1	717.76	112259.0	1355.60	312458.8
		樟子松	34.48	4853.9			20.40	3168.8	14.08	1685.1		
		其他针叶树种	39.85	4674.4			39.85	4674.4				
		蒙古栎	7772.56	742812.0	174.33	11845.3	6222.96	575239.4	1260.75	142247.2	114.52	13480.1
		白桦	109785.78	8698688.6	36603.38	2290500.6	68440.09	5895075.8	3894.25	428761.5	848.06	84350.7
		枫桦	12297.23	1172857.6	1390.84	104936.9	9532.78	927075.8	1373.61	140844.9		
		黑桦	826.77	63073.4	38.08	2395.8	696.19	53335.7	92.50	7341.9		
		水曲柳	1140.95	113014.0	69.45	5550.4	951.12	92926.3	120.38	14537.3		
		榆树	1554.70	117795.2	159.60	9535.4	1149.48	87389.8	159.35	12976.5	86.27	7893.5
		椴树	4120.27	364957.3	365.89	33199.2	3173.25	271722.1	474.32	49630.0	106.81	10406.0
		杨树	200.64	16956.7	23.91	2169.0	128.91	10915.5	24.97	2015.3	22.85	1856.9
		柳树	1.98	104.8			0.34	29.0	1.64	75.8		
		山杨	5643.54	589734.8	1502.98	103314.2	3229.76	380500.8	622.35	77095.1	288.45	28824.7
		毛赤杨	451.79	29353.6	252.38	13265.3	150.17	12483.4	49.24	3604.9		
		槭树	853.32	76212.4	221.51	18142.5	551.85	46686.7	73.08	10853.5	6.88	529.7
		暴马丁香	33.02	2612.6	2.18	96.5	30.84	2516.1				
		波纹柳	8.95	654.6	1.68	83.4	3.01	195.3	4.26	375.9		
		山桃稠李	12.16	1377.3			12.16	1377.3				
	人工	合计	15247.73	1998005.4	4101.73	379392.6	10042.56	1424721.8	937.90	163901.4	165.54	29989.6
		云杉	414.16	43129.2	242.95	20568.1	171.21	22561.1				
		落叶松	12227.80	1714304.5	2577.56	266601.6	8755.46	1284451.3	776.49	139278.6	118.29	23973.0
		红松	681.91	71972.0	292.20	24787.4	389.71	47184.6				
		樟子松	382.73	53287.2	2.77	196.5	219.81	26483.9	143.70	23092.7	16.45	3514.1
		水曲柳	1.91	118.1			1.91	118.1				
		榆树	50.55	3002.1	3.75	230.3	46.80	2771.8				
		其他硬阔类	47.95	4515.4			47.95	4515.4				
		椴树	3.01	280.7	3.01	280.7						
		其他软阔类	1410.23	104973.3	960.77	65190.4	405.93	36148.4	17.71	1530.1	25.82	2104.4
		山杨	27.48	2422.9	18.72	1537.6	3.78	487.2			4.98	398.1

表 4 黑龙江重点国有林区乔木林各龄组面积、蓄积按起源和优势树种（组）统计表（续 24）

单位：公顷、立方米

统计单位	起源	优势树种（组）	合计		幼龄林		中龄林		近熟林		成、过熟林	
			面积	蓄积	面积	蓄积	面积	蓄积	面积	蓄积	面积	蓄积
友好林业局	其中：人天混	合计	6780.91	626820.1	2584.02	209587.7	3806.44	366392.3	296.83	37507.0	93.62	13333.1
		云杉	92.09	10163.2	70.93	7765.0	21.16	2398.2				
		落叶松	4797.30	468453.2	1339.98	120675.4	3134.57	303109.3	257.63	33578.4	65.12	11090.1
		红松	251.93	21835.0	187.42	13871.1	64.51	7963.9				
		樟子松	106.50	11645.2	2.06	140.6	82.95	9106.1	21.49	2398.5		
		榆树	50.55	3002.1	3.75	230.3	46.80	2771.8				
		其他硬阔类	47.95	4515.4			47.95	4515.4				
		椴树	3.01	280.7	3.01	280.7						
		其他软阔类	1410.23	104973.3	960.77	65190.4	405.93	36148.4	17.71	1530.1	25.82	2104.4
		山杨	21.35	1952.0	16.10	1434.2	2.57	379.2			2.68	138.6
上甘岭林业局	合计	合计	116389.35	14382613.3	21155.50	1454202.0	81419.40	10890592.4	12197.75	1724916.1	1616.70	312902.8
		冷杉	14762.46	1984295.9	1129.80	95602.4	13062.63	1787803.2	445.90	79377.6	124.13	21512.7
		云杉	6422.75	725647.1	2411.16	226505.9	3676.29	456678.3	315.25	39720.9	20.05	2742.0
		落叶松	14914.13	1854248.2	2521.34	251301.7	10272.98	1346268.0	1857.84	216680.2	261.97	39998.3
		红松	5325.91	793857.3	3015.50	390796.3	1523.19	226447.2	232.10	34933.4	555.12	141680.4
		樟子松	122.46	21377.7	9.24		64.29	8536.8	48.93	12840.9		
		蒙古栎	10655.44	1282411.0	242.20	10656.6	7637.87	913683.3	2722.09	349399.6	53.28	8671.5
		白桦	37409.95	3820253.5	10073.98	330286.6	24902.60	3144045.3	2171.24	304091.2	262.13	41830.4
		枫桦	17648.50	2760472.6	524.65	55073.1	14260.10	2233112.1	2784.01	458036.1	79.74	14251.3
		黑桦	753.63	84749.4			563.04	65097.2	153.85	14112.0	36.74	5540.2
		水曲柳	739.54	91725.8	51.29	4240.9	521.51	67691.9	166.74	19793.0		
		胡桃楸	31.36	5400.0			31.36	5400.0				
		黄波罗	34.32	4662.4			21.64	3137.2			12.68	1525.2
		榆树	541.11	59933.9	34.55	1528.4	258.59	28852.1	193.14	21571.5	54.83	7981.9
		其他硬阔类	102.82	13361.1	40.07	5688.0	62.75	7673.1				
		椴树	2753.81	345560.6	115.87	8344.8	2010.35	241116.8	627.59	96099.0		
		杨树	4.39	493.2					4.39	493.2		
		其他软阔类	479.81	74624.8	118.75	22644.5	359.60	51706.4	1.46	273.9		
		山杨	3060.91	405940.4	660.42	44166.9	1835.00	265548.5	411.19	69278.5	154.30	26946.5
		毛赤杨	254.37	11304.6	186.11	6929.5	68.26	4375.1				
		槭树	363.44	42093.4	15.01	366.9	284.67	33289.0	62.03	8215.1	1.73	222.4
		波纹柳	5.56	69.5	5.56	69.5						
		稠李	2.68	130.9			2.68	130.9				

表 4　黑龙江重点国有林区乔木林各龄组面积、蓄积按起源和优势树种（组）统计表（续 25）

单位：公顷、立方米

统计单位	起源	优势树种（组）	合计		幼龄林		中龄林		近熟林		成、过熟林	
			面积	蓄积	面积	蓄积	面积	蓄积	面积	蓄积	面积	蓄积
上甘岭林业局	天然	合计	105754.58	12859568.6	15889.62	803596.2	76912.29	10164140.8	11501.35	1606325.2	1451.32	285506.4
		冷杉	14762.46	1984295.9	1129.80	95602.4	13062.63	1787803.2	445.90	79377.6	124.13	21512.7
		云杉	5252.51	610747.6	1396.82	135519.6	3543.98	435593.6	291.66	36892.4	20.05	2742.0
		落叶松	9378.52	985789.7	1265.05	93859.4	6720.36	758122.0	1296.52	121206.4	96.59	12601.9
		红松	2154.45	368935.1	197.27	17632.9	1231.06	181862.2	171.00	27759.6	555.12	141680.4
		蒙古栎	10655.44	1282411.0	242.20	10656.6	7637.87	913683.3	2722.09	349399.6	53.28	8671.5
		白桦	37409.95	3820253.5	10073.98	330286.6	24902.60	3144045.3	2171.24	304091.2	262.13	41830.4
		枫桦	17648.50	2760472.6	524.65	55073.1	14260.10	2233112.1	2784.01	458036.1	79.74	14251.3
		黑桦	753.63	84749.4			563.04	65097.2	153.85	14112.0	36.74	5540.2
		水曲柳	739.54	91725.8	51.29	4240.9	521.51	67691.9	166.74	19793.0		
		胡桃楸	31.36	5400.0			31.36	5400.0				
		黄波罗	34.32	4662.4			21.64	3137.2			12.68	1525.2
		榆树	541.11	59933.9	34.55	1528.4	258.59	28852.1	193.14	21571.5	54.83	7981.9
		椴树	2725.34	341935.0	115.87	8344.8	1981.88	237491.2	627.59	96099.0		
		杨树	4.39	493.2					4.39	493.2		
		山杨	3037.01	404165.1	651.46	43485.6	1820.06	264454.5	411.19	69278.5	154.30	26946.5
		毛赤杨	254.37	11304.6	186.11	6929.5	68.26	4375.1				
		槭树	363.44	42093.4	15.01	366.9	284.67	33289.0	62.03	8215.1	1.73	222.4
		波纹柳	5.56	69.5	5.56	69.5						
		稠李	2.68	130.9			2.68	130.9				
	人工	合计	10634.77	1523044.7	5265.88	650605.8	4507.11	726451.6	696.40	118590.9	165.38	27396.4
		云杉	1170.24	114899.5	1014.34	90986.3	132.31	21084.7	23.59	2828.5		
		落叶松	5535.61	868458.5	1256.29	157442.3	3552.62	588146.0	561.32	95473.8	165.38	27396.4
		红松	3171.46	424922.2	2818.23	373163.4	292.13	44585.0	61.10	7173.8		
		樟子松	122.46	21377.7	9.24		64.29	8536.8	48.93	12840.9		
		其他硬阔类	102.82	13361.1	40.07	5688.0	62.75	7673.1				
		椴树	28.47	3625.6			28.47	3625.6				
		其他软阔类	479.81	74624.8	118.75	22644.5	359.60	51706.4	1.46	273.9		
		山杨	23.90	1775.3	8.96	681.3	14.94	1094.0				
	其中：人天混	合计	5661.92	769929.2	2672.88	326923.7	2459.68	370766.8	410.32	54760.2	119.04	17478.5
		云杉	599.30	59614.7	528.29	50749.4	47.42	6036.8	23.59	2828.5		
		落叶松	2505.94	367745.7	285.22	31135.2	1777.51	274648.0	324.17	44484.0	119.04	17478.5
		红松	1921.68	249182.0	1691.59	216025.3	168.99	25982.9	61.10	7173.8		
		其他硬阔类	102.82	13361.1	40.07	5688.0	62.75	7673.1				
		椴树	28.47	3625.6			28.47	3625.6				
		其他软阔类	479.81	74624.8	118.75	22644.5	359.60	51706.4	1.46	273.9		
		山杨	23.90	1775.3	8.96	681.3	14.94	1094.0				

表4 黑龙江重点国有林区乔木林各龄组面积、蓄积按起源和优势树种（组）统计表（续26）

单位：公顷、立方米

统计单位	起源	优势树种（组）	合计		幼龄林		中龄林		近熟林		成、过熟林	
			面积	蓄积	面积	蓄积	面积	蓄积	面积	蓄积	面积	蓄积
五营林业局	合计	合计	112533.16	15466599.8	8162.73	738328.8	86580.59	11851292.9	13895.04	2214854.6	3894.80	662123.5
		冷杉	30348.21	4394944.9	1037.88	107128.4	26266.24	3758674.8	3033.70	527556.2	10.39	1585.5
		云杉	12304.20	1557040.6	2282.76	231025.9	8947.32	1159410.3	1055.57	164174.8	18.55	2429.6
		落叶松	14328.22	1840660.2	1140.11	93490.6	9941.56	1246388.8	1238.91	189527.9	2007.64	311252.9
		红松	8573.31	1295545.4	631.29	59041.8	5919.82	863031.6	1237.38	187734.0	784.82	185738.0
		樟子松	82.68	6794.6	54.22	1315.0			13.69	3306.2	14.77	2173.4
		蒙古栎	582.40	67891.7	7.08	324.4	353.45	39588.6	221.34	27895.6	0.53	83.1
		白桦	22763.54	2954934.1	1733.60	128204.1	18989.01	2493791.5	1956.97	319455.5	83.96	13483.0
		枫桦	16096.46	2342036.9	533.42	60289.6	11777.42	1698470.7	3723.53	576332.2	62.09	6944.4
		黑桦	52.27	5222.5	2.21	4.9	12.25	925.5	37.81	4292.1		
		水曲柳	241.94	27974.5	48.83	3017.4	193.11	24957.1				
		胡桃楸	0.34	2.9	0.34	2.9						
		榆树	195.99	24166.4	1.07	28.7	54.55	5017.1	98.18	13049.1	42.19	6071.5
		椴树	708.17	99656.4	5.11	274.8	499.34	66875.6	183.41	30824.0	20.31	1682.0
		杨树	290.48	42916.8	0.83		205.99	29264.8			83.66	13652.0
		柳树	4.10	73.3			4.10	73.3				
		其他软阔类	465.73	59771.9	178.54	20172.7	241.01	32541.0	46.18	7058.2		
		山杨	4542.65	666918.6	282.84	26603.2	2597.32	379808.2	984.91	154029.1	677.58	106478.1
		毛赤杨	459.61	22473.6	211.55	7278.5	240.59	14528.2	7.47	666.9		
		槭树	152.34	16245.3			152.34	16245.3				
		暴马丁香	4.74	67.7			4.74	67.7				
		青楷槭	10.32	1399.1			10.32	1399.1				
		花楷槭	16.89	1846.5	0.59	22.2	16.30	1824.3				
		波纹柳	65.16	7442.1	3.89	58.3	61.27	7383.8				
		山桃稠李	241.16	30559.1	4.32	30.7	92.54	11025.6	55.99	8952.8	88.31	10550.0
		其他阔叶树种	2.25	14.7	2.25	14.7						
	天然	合计	96547.70	13343748.3	5937.10	552304.5	76776.21	10513919.7	11953.86	1927692.8	1880.53	349831.3
		冷杉	29918.65	4322956.5	911.99	87457.9	25962.57	3706356.9	3033.70	527556.2	10.39	1585.5
		云杉	9722.85	1249432.1	1505.97	176904.5	7267.64	922170.1	930.69	147927.9	18.55	2429.6
		落叶松	5405.90	615746.3	591.69	51833.0	4754.38	555586.0	49.26	6888.3	10.57	1439.0
		红松	5335.18	880520.6	142.85	13808.9	3736.91	571150.6	670.60	109823.1	784.82	185738.0
		蒙古栎	582.40	67891.7	7.08	324.4	353.45	39588.6	221.34	27895.6	0.53	83.1
		白桦	22763.54	2954934.1	1733.60	128204.1	18989.01	2493791.5	1956.97	319455.5	83.96	13483.0
		枫桦	16096.46	2342036.9	533.42	60289.6	11777.42	1698470.7	3723.53	576332.2	62.09	6944.4
		黑桦	52.27	5222.5	2.21	4.9	12.25	925.5	37.81	4292.1		
		水曲柳	214.06	25110.3	20.95	153.2	193.11	24957.1				
		榆树	195.99	24166.4	1.07	28.7	54.55	5017.1	98.18	13049.1	42.19	6071.5
		椴树	708.17	99656.4	5.11	274.8	499.34	66875.6	183.41	30824.0	20.31	1682.0
		杨树	290.48	42916.8	0.83		205.99	29264.8			83.66	13652.0
		柳树	4.10	73.3			4.10	73.3				
		山杨	4322.41	634862.8	259.98	25630.8	2402.37	349029.7	984.91	154029.1	675.15	106173.2

表4　黑龙江重点国有林区乔木林各龄组面积、蓄积按起源和优势树种（组）统计表（续27）

单位：公顷、立方米

统计单位	起源	优势树种（组）	合计		幼龄林		中龄林		近熟林		成、过熟林	
			面积	蓄积	面积	蓄积	面积	蓄积	面积	蓄积	面积	蓄积
五营林业局	天然	毛赤杨	459.61	22473.6	211.55	7278.5	240.59	14528.2	7.47	666.9		
		槭树	152.34	16245.3			152.34	16245.3				
		暴马丁香	4.74	67.7			4.74	67.7				
		青楷槭	10.32	1399.1			10.32	1399.1				
		花楷槭	16.89	1846.5	0.59	22.2	16.30	1824.3				
		波纹柳	65.16	7442.1	3.89	58.3	61.27	7383.8				
		山桃稠李	226.18	28747.3	4.32	30.7	77.56	9213.8	55.99	8952.8	88.31	10550.0
	人工	合计	15985.46	2122851.5	2225.63	186024.3	9804.38	1337373.2	1941.18	287161.8	2014.27	312292.2
		冷杉	429.56	71988.4	125.89	19670.5	303.67	52317.9				
		云杉	2581.35	307608.5	776.79	54121.4	1679.68	237240.2	124.88	16246.9		
		落叶松	8922.32	1224913.9	548.42	41657.6	5187.18	690802.8	1189.65	182639.6	1997.07	309813.9
		红松	3238.13	415024.8	488.44	45232.9	2182.91	291881.0	566.78	77910.9		
		樟子松	82.68	6794.6	54.22	1315.0			13.69	3306.2	14.77	2173.4
		水曲柳	27.88	2864.2	27.88	2864.2						
		胡桃楸	0.34	2.9	0.34	2.9						
		其他软阔类	465.73	59771.9	178.54	20172.7	241.01	32541.0	46.18	7058.2		
		山杨	220.24	32055.8	22.86	972.4	194.95	30778.5			2.43	304.9
		山桃稠李	14.98	1811.8			14.98	1811.8				
		其他阔叶树种	2.25	14.7	2.25	14.7						
	其中：人天混	合计	13511.08	1834169.9	1450.21	137706.3	8366.42	1133020.2	1776.99	264079.4	1917.46	299364.0
		冷杉	429.56	71988.4	125.89	19670.5	303.67	52317.9				
		云杉	2328.94	292618.4	565.94	43332.1	1638.12	233039.4	124.88	16246.9		
		落叶松	6940.74	979809.7	101.92	9848.9	3884.09	507963.1	1039.15	162863.4	1915.58	299134.3
		红松	3111.63	398336.2	428.28	40869.1	2116.57	279556.2	566.78	77910.9		
		樟子松	1.19	165.4							1.19	165.4
		水曲柳	27.88	2864.2	27.88	2864.2						
		其他软阔类	465.73	59771.9	178.54	20172.7	241.01	32541.0	46.18	7058.2		
		山杨	190.43	26803.9	21.76	948.8	167.98	25790.8			0.69	64.3
		山桃稠李	14.98	1811.8			14.98	1811.8				
红星林业局	合计	合计	206783.67	18791593.3	43484.43	3044532.8	142445.13	13269112.3	18302.37	2142190.1	2551.74	335758.1
		冷杉	18210.36	1767573.4	1694.30	124526.4	15975.40	1570303.9	449.54	61666.0	91.12	11077.1
		云杉	5680.73	441459.7	2967.21	215939.2	2690.03	223388.2	23.49	2132.3		
		落叶松	30575.99	2367421.4	6717.39	445717.4	21315.70	1658087.7	2472.13	255038.2	70.77	8578.1
		红松	2933.30	323606.7	750.03	58373.0	1469.23	140493.7	293.38	53849.1	420.66	70890.9
		樟子松	24.02	1334.8	15.20	448.5			8.82	886.3		
		蒙古栎	14105.17	1444835.8	1665.33	116273.7	7261.41	721876.7	4700.10	551046.9	478.33	55638.5
		白桦	104280.67	9411484.5	24067.23	1700785.0	73083.75	6875734.6	6968.71	806007.2	160.98	28957.7
		枫桦	14990.22	1526316.5	1943.97	154684.6	12576.42	1306244.6	442.94	61822.9	26.89	3564.4
		黑桦	6193.17	589407.1	1174.15	82038.1	3868.57	369725.4	1105.94	132535.8	44.51	5107.8
		水曲柳	78.08	6039.9			65.85	5024.5	12.23	1015.4		
		榆树	258.05	24285.3	17.60	1262.9	126.31	9804.2	83.29	9000.2	30.85	4218.0
		椴树	874.07	74229.9	301.78	19964.6	551.21	52224.9	21.08	2040.4		

表4 黑龙江重点国有林区乔木林各龄组面积、蓄积按起源和优势树种（组）统计表（续28）

单位：公顷、立方米

统计单位	起源	优势树种（组）	合计		幼龄林		中龄林		近熟林		成、过熟林	
			面积	蓄积	面积	蓄积	面积	蓄积	面积	蓄积	面积	蓄积
红星林业局	合计	杨树	98.23	11278.0			40.20	4753.7			58.03	6524.3
		其他软阔类	890.45	68951.3	486.83	25256.9	340.47	37158.6	48.48	5095.8	14.67	1440.0
		山杨	6041.66	637416.2	865.88	59056.1	2441.59	248919.8	1601.20	191485.5	1132.99	137954.8
		毛赤杨	1290.27	77957.3	655.34	33298.7	596.82	41394.9	16.17	1457.2	21.94	1806.5
		槭树	63.99	8335.4			24.29	3174.2	39.70	5161.2		
		山槐	15.17	1949.7					15.17	1949.7		
		暴马丁香	113.26	4793.0	113.26	4793.0						
		青楷槭	8.92	316.4			8.92	316.4				
		波纹柳	50.05	2112.0	46.35	1940.4	3.70	171.6				
		山丁子	7.84	489.0	2.58	174.3	5.26	314.7				
	天然	合计	199035.42	18035441.6	40981.63	2866398.5	138593.63	12855865.0	16965.93	1983485.2	2494.23	329692.9
		冷杉	18210.36	1767573.4	1694.30	124526.4	15975.40	1570303.9	449.54	61666.0	91.12	11077.1
		云杉	5608.37	435198.6	2935.37	214504.1	2649.51	218562.2	23.49	2132.3		
		落叶松	24124.71	1716524.3	4751.13	294811.6	18139.43	1314248.5	1198.20	102785.6	35.95	4678.6
		红松	2653.86	296911.7	749.53	58364.7	1190.29	113807.0	293.38	53849.1	420.66	70890.9
		蒙古栎	14105.17	1444835.8	1665.33	116273.7	7261.41	721876.7	4700.10	551046.9	478.33	55638.5
		白桦	104279.46	9411465.5	24066.02	1700766.0	73083.75	6875734.6	6968.71	806007.2	160.98	28957.7
		枫桦	14990.22	1526316.5	1943.97	154684.6	12576.42	1306244.6	442.94	61822.9	26.89	3564.4
		黑桦	6193.17	589407.1	1174.15	82038.1	3868.57	369725.4	1105.94	132535.8	44.51	5107.8
		水曲柳	78.08	6039.9			65.85	5024.5	12.23	1015.4		
		榆树	258.05	24285.3	17.60	1262.9	126.31	9804.2	83.29	9000.2	30.85	4218.0
		椴树	874.07	74229.9	301.78	19964.6	551.21	52224.9	21.08	2040.4		
		杨树	94.04	11202.8			36.01	4678.5			58.03	6524.3
		山杨	6017.32	635558.7	865.88	59056.1	2430.48	248258.2	1595.99	191015.3	1124.97	137229.1
		毛赤杨	1289.31	77896.6	654.38	33238.0	596.82	41394.9	16.17	1457.2	21.94	1806.5
		槭树	63.99	8335.4			24.29	3174.2	39.70	5161.2		
		山槐	15.17	1949.7					15.17	1949.7		
		暴马丁香	113.26	4793.0	113.26	4793.0						
		青楷槭	8.92	316.4			8.92	316.4				
		波纹柳	50.05	2112.0	46.35	1940.4	3.70	171.6				
		山丁子	7.84	489.0	2.58	174.3	5.26	314.7				
	人工	合计	7748.25	756151.7	2502.80	178134.3	3851.50	413247.3	1336.44	158704.9	57.51	6065.2
		云杉	72.36	6261.1	31.84	1435.1	40.52	4826.0				
		落叶松	6451.28	650897.1	1966.26	150905.8	3176.27	343839.2	1273.93	152252.6	34.82	3899.5
		红松	279.44	26695.0	0.50	8.3	278.94	26686.7				
		樟子松	24.02	1334.8	15.20	448.5			8.82	886.3		
		白桦	1.21	19.0	1.21	19.0						
		杨树	4.19	75.2			4.19	75.2				
		其他软阔类	890.45	68951.3	486.83	25256.9	340.47	37158.6	48.48	5095.8	14.67	1440.0
		山杨	24.34	1857.5			11.11	661.6	5.21	470.2	8.02	725.7
		毛赤杨	0.96	60.7	0.96	60.7						

表 4　黑龙江重点国有林区乔木林各龄组面积、蓄积按起源和优势树种（组）统计表（续 29）

单位：公顷、立方米

统计单位	起源	优势树种（组）	合计		幼龄林		中龄林		近熟林		成、过熟林	
			面积	蓄积	面积	蓄积	面积	蓄积	面积	蓄积	面积	蓄积
红星林业局	其中：人天混	合计	3076.87	277760.4	1059.08	57178.2	1522.19	167407.4	446.11	47835.3	49.49	5339.5
		云杉	61.42	5708.4	20.90	882.4	40.52	4826.0				
		落叶松	1916.41	185509.3	550.39	30978.2	935.98	108019.8	395.22	42611.8	34.82	3899.5
		红松	201.92	17142.9			201.92	17142.9				
		樟子松	2.41	127.7					2.41	127.7		
		其他软阔类	890.45	68951.3	486.83	25256.9	340.47	37158.6	48.48	5095.8	14.67	1440.0
		山杨	3.30	260.1			3.30	260.1				
		毛赤杨	0.96	60.7	0.96	60.7						
新青林业局	合计	合计	252388.74	30831172.9	41934.02	3458667.7	185637.80	23081134.0	22422.76	3634142.0	2394.16	657229.2
		冷杉	30962.80	4244185.0	2514.15	241742.2	26506.56	3652793.5	1754.44	315185.9	187.65	34463.4
		云杉	13669.41	1583692.6	1732.89	165774.6	10752.35	1229788.8	1167.07	185592.7	17.10	2536.5
		落叶松	33364.40	3985699.9	6316.34	525798.0	25967.46	3285941.4	918.84	149414.8	161.76	24545.7
		红松	11525.88	1996429.2	841.65	92251.7	7751.39	1071584.7	1506.35	322896.4	1426.49	509696.4
		樟子松	19.01	3190.7	0.42	33.3	9.29	981.0	9.30	2176.4		
		蒙古栎	53032.56	6210873.0	7065.27	610714.7	40056.49	4689175.7	5833.12	902885.3	77.68	8097.3
		白桦	57400.35	6546495.2	12892.50	1000380.2	40236.23	4888751.0	4226.83	649239.7	44.79	8124.3
		枫桦	16965.28	2267152.1	2093.20	166604.4	11814.12	1574280.2	2865.76	498251.7	192.20	28015.8
		黑桦	3076.02	386775.5	293.55	24962.5	2469.78	312615.1	311.53	49076.8	1.16	121.1
		水曲柳	745.22	83622.7	66.63	4706.8	543.76	63499.7	134.83	15416.2		
		黄波罗	207.07	22924.2	38.36	3082.3	146.61	16739.5	22.10	3102.4		
		榆树	887.41	83690.1	82.62	5428.7	587.09	53286.5	212.31	24489.5	5.39	485.4
		其他硬阔类	44.20	2006.4	44.20	2006.4						
		椴树	13232.59	1522527.3	1533.86	132951.9	9371.46	1051735.3	2297.82	333448.1	29.45	4392.0
		杨树	104.37	7008.2	76.15	4514.7	27.29	2337.6	0.93	155.9		
		其他软阔类	274.50	32979.6	27.22	2493.8	247.28	30485.8				
		山杨	12941.76	1559787.8	4411.93	394026.8	7504.62	997738.9	795.50	132949.9	229.71	35072.2
		毛赤杨	2077.52	98337.8	1560.63	64079.7	451.72	29113.7	58.95	4501.8	6.22	642.6
		槭树	1607.31	182447.6	139.49	11427.8	1160.81	126695.0	292.45	43288.3	14.56	1036.5
		山槐	4.87	717.6					4.87	717.6		
		青楷槭	39.03	4656.1			29.27	3303.5	9.76	1352.6		
		波纹柳	160.03	4623.9	155.81	4336.8	4.22	287.1				
		山丁子	0.24	6.4	0.24	6.4						
		其他亚乔木	46.91	1344.0	46.91	1344.0						
	天然	合计	244955.59	29868900.7	38964.11	3167546.9	181488.47	22460259.0	22251.53	3605381.5	2251.48	635713.3
		冷杉	30962.80	4244185.0	2514.15	241742.2	26506.56	3652793.5	1754.44	315185.9	187.65	34463.4
		云杉	13076.03	1518122.3	1271.14	119616.3	10620.72	1210376.8	1167.07	185592.7	17.10	2536.5
		落叶松	27208.93	3167897.5	4129.63	310345.9	22286.52	2727193.1	773.70	127328.7	19.08	3029.8
		红松	11234.38	1960081.5	614.71	67802.7	7702.95	1064149.3	1490.23	318433.1	1426.49	509696.4
		蒙古栎	53032.56	6210873.0	7065.27	610714.7	40056.49	4689175.7	5833.12	902885.3	77.68	8097.3
		白桦	57400.35	6546495.2	12892.50	1000380.2	40236.23	4888751.0	4226.83	649239.7	44.79	8124.3
		枫桦	16965.28	2267152.1	2093.20	166604.4	11814.12	1574280.2	2865.76	498251.7	192.20	28015.8

表 4 黑龙江重点国有林区乔木林各龄组面积、蓄积按起源和优势树种（组）统计表（续 30）

单位：公顷、立方米

统计单位	起源	优势树种（组）	合计		幼龄林		中龄林		近熟林		成、过熟林	
			面积	蓄积	面积	蓄积	面积	蓄积	面积	蓄积	面积	蓄积
新青林业局	天然	黑桦	3076.02	386775.5	293.55	24962.5	2469.78	312615.1	311.53	49076.8	1.16	121.1
		水曲柳	745.22	83622.7	66.63	4706.8	543.76	63499.7	134.83	15416.2		
		黄波罗	207.07	22924.2	38.36	3082.3	146.61	16739.5	22.10	3102.4		
		榆树	887.41	83690.1	82.62	5428.7	587.09	53286.5	212.31	24489.5	5.39	485.4
		椴树	13207.42	1519552.2	1533.86	132951.9	9346.29	1048760.2	2297.82	333448.1	29.45	4392.0
		杨树	104.37	7008.2	76.15	4514.7	27.29	2337.6	0.93	155.9		
		山杨	12911.84	1558387.8	4389.26	393498.9	7498.04	996901.5	794.83	132915.2	229.71	35072.2
		毛赤杨	2077.52	98337.8	1560.63	64079.7	451.72	29113.7	58.95	4501.8	6.22	642.6
		槭树	1607.31	182447.6	139.49	11427.8	1160.81	126695.0	292.45	43288.3	14.56	1036.5
		山槐	4.87	717.6					4.87	717.6		
		青楷槭	39.03	4656.1			29.27	3303.5	9.76	1352.6		
		波纹柳	160.03	4623.9	155.81	4336.8	4.22	287.1				
		山丁子	0.24	6.4	0.24	6.4						
		其他亚乔木	46.91	1344.0	46.91	1344.0						
	人工	合计	7433.15	962272.2	2969.91	291120.8	4149.33	620875.0	171.23	28760.5	142.68	21515.9
		云杉	593.38	65570.3	461.75	46158.3	131.63	19412.0				
		落叶松	6155.47	817802.4	2186.71	215452.1	3680.94	558748.3	145.14	22086.1	142.68	21515.9
		红松	291.50	36347.7	226.94	24449.0	48.44	7435.4	16.12	4463.3		
		樟子松	19.01	3190.7	0.42	33.3	9.29	981.0	9.30	2176.4		
		其他硬阔类	44.20	2006.4	44.20	2006.4						
		椴树	25.17	2975.1			25.17	2975.1				
		其他软阔类	274.50	32979.6	27.22	2493.8	247.28	30485.8				
		山杨	29.92	1400.0	22.67	527.9	6.58	837.4	0.67	34.7		
	其中：人天混	合计	4056.62	505470.7	1593.30	157701.9	2197.89	309067.0	122.75	17185.9	142.68	21515.9
		云杉	340.93	42718.1	245.72	27868.4	95.21	14849.7				
		落叶松	3155.64	399214.5	1105.66	106582.6	1786.70	254330.0	120.60	16786.0	142.68	21515.9
		红松	194.96	23966.5	158.01	18377.5	36.95	5589.0				
		樟子松	2.15	399.9					2.15	399.9		
		其他硬阔类	44.20	2006.4	44.20	2006.4						
		椴树	25.17	2975.1			25.17	2975.1				
		其他软阔类	274.50	32979.6	27.22	2493.8	247.28	30485.8				
		山杨	19.07	1210.6	12.49	373.2	6.58	837.4				
汤旺河林业局	合计	合计	199993.64	22200683.9	15825.99	970272.9	167720.22	18860195.0	14246.66	1990841.4	2200.77	379374.6
		冷杉	64718.65	8609986.5	821.92	73657.9	58259.87	7648397.6	5299.91	825418.0	336.95	62513.0
		云杉	13472.98	1543496.1	988.01	70381.3	11316.43	1307508.1	1104.69	158595.6	63.85	7011.1
		落叶松	21587.10	1973866.3	2000.48	112397.2	18855.80	1766712.4	633.23	83806.3	97.59	10950.4
		红松	9199.06	1328266.9	364.56	40070.5	5852.38	756718.0	2024.15	317934.0	957.97	213544.4
		樟子松	82.04	10618.3	26.46	2543.1	27.80	3497.5	9.68	1422.9	18.10	3154.8
		蒙古栎	12545.41	1074477.0	456.07	28392.9	10583.98	886430.2	1450.22	154973.3	55.14	4680.6
		白桦	47538.91	4591107.9	7918.30	433434.0	38056.48	3964274.5	1251.79	158741.8	312.34	34657.6
		枫桦	7172.80	894639.1	390.44	36679.5	5921.07	737388.5	720.74	101742.2	140.55	18828.9
		黑桦	7876.32	667275.5	590.26	48763.8	6957.83	589160.2	328.23	29351.5		

表 4　黑龙江重点国有林区乔木林各龄组面积、蓄积按起源和优势树种（组）统计表（续 31）

单位：公顷、立方米

统计单位	起源	优势树种（组）	合计		幼龄林		中龄林		近熟林		成、过熟林	
			面积	蓄积	面积	蓄积	面积	蓄积	面积	蓄积	面积	蓄积
汤旺河林业局	合计	水曲柳	72.08	5718.8			72.08	5718.8				
		榆树	311.15	19562.9	78.17	3409.2	197.81	12458.1	33.22	3445.4	1.95	250.2
		椴树	2346.94	206688.2	191.12	16876.5	1670.55	137779.5	389.41	40184.4	95.86	11847.8
		杨树	325.32	28941.4	28.79	1770.5	245.85	22943.1	50.68	4227.8		
		柳树	71.55	4929.6	14.51	263.1	56.70	4635.2	0.34	31.3		
		其他软阔类	155.64	14997.1	29.75	1398.3	125.89	13598.8				
		山杨	9548.30	1014535.3	1225.64	74068.3	7487.44	838474.4	714.75	90056.8	120.47	11935.8
		毛赤杨	1446.80	80379.7	657.69	24191.3	776.27	55367.4	12.84	821.0		
		槭树	906.54	84572.2	7.52	456.5	730.84	68383.6	168.18	15732.1		
		山槐	469.18	33251.5	8.60	310.6	406.82	28655.2	53.76	4285.7		
		青楷槭	104.75	11315.7			104.75	11315.7				
		波纹柳	12.29	515.4	7.83	281.6	4.46	233.8				
		稠李	15.90	762.7	6.78	218.3	9.12	544.4				
		山桃稠李	3.21	112.2	3.21	112.2						
		山丁子	1.67	93.6	0.83	22.3			0.84	71.3		
		其他亚乔木	9.05	574.0	9.05	574.0						
	天然	合计	196467.00	21801396.0	14726.53	873522.9	165589.13	18598433.1	14050.90	1962948.8	2100.44	366491.2
		冷杉	64718.65	8609986.5	821.92	73657.9	58259.87	7648397.6	5299.91	825418.0	336.95	62513.0
		云杉	13112.38	1514463.9	697.24	49186.7	11246.60	1299670.5	1104.69	158595.6	63.85	7011.1
		落叶松	18906.53	1656029.0	1391.21	54868.0	17032.47	1540333.5	467.49	59605.7	15.36	1221.8
		红松	8972.35	1302576.9	217.73	24572.0	5772.50	746526.5	2024.15	317934.0	957.97	213544.4
		樟子松	16.70	1999.4	13.76	1635.1	2.94	364.3				
		蒙古栎	12545.41	1074477.0	456.07	28392.9	10583.98	886430.2	1450.22	154973.3	55.14	4680.6
		白桦	47530.08	4590966.0	7909.47	433292.1	38056.48	3964274.5	1251.79	158741.8	312.34	34657.6
		枫桦	7172.80	894639.1	390.44	36679.5	5921.07	737388.5	720.74	101742.2	140.55	18828.9
		黑桦	7876.32	667275.5	590.26	48763.8	6957.83	589160.2	328.23	29351.5		
		水曲柳	72.08	5718.8			72.08	5718.8				
		榆树	311.15	19562.9	78.17	3409.2	197.81	12458.1	33.22	3445.4	1.95	250.2
		椴树	2346.94	206688.2	191.12	16876.5	1670.55	137779.5	389.41	40184.4	95.86	11847.8
		杨树	322.95	28707.6	27.48	1691.0	244.79	22788.8	50.68	4227.8		
		柳树	71.55	4929.6	14.51	263.1	56.70	4635.2	0.34	31.3		
		山杨	9521.72	1011798.6	1225.64	74068.3	7481.20	838006.8	694.41	87787.7	120.47	11935.8
		毛赤杨	1446.80	80379.7	657.69	24191.3	776.27	55367.4	12.84	821.0		
		槭树	906.54	84572.2	7.52	456.5	730.84	68383.6	168.18	15732.1		
		山槐	469.18	33251.5	8.60	310.6	406.82	28655.2	53.76	4285.7		
		青楷槭	104.75	11315.7			104.75	11315.7				
		波纹柳	12.29	515.4	7.83	281.6	4.46	233.8				
		稠李	15.90	762.7	6.78	218.3	9.12	544.4				
		山桃稠李	3.21	112.2	3.21	112.2						
		山丁子	1.67	93.6	0.83	22.3			0.84	71.3		
		其他亚乔木	9.05	574.0	9.05	574.0						

表4　黑龙江重点国有林区乔木林各龄组面积、蓄积按起源和优势树种（组）统计表（续32）

单位：公顷、立方米

统计单位	起源	优势树种（组）	合计		幼龄林		中龄林		近熟林		成、过熟林	
			面积	蓄积	面积	蓄积	面积	蓄积	面积	蓄积	面积	蓄积
汤旺河林业局	人工	合计	3526.64	399287.9	1099.46	96750.0	2131.09	261761.9	195.76	27892.6	100.33	12883.4
		云杉	360.60	29032.2	290.77	21194.6	69.83	7837.6				
		落叶松	2680.57	317837.3	609.27	57529.2	1823.33	226378.9	165.74	24200.6	82.23	9728.6
		红松	226.71	25690.0	146.83	15498.5	79.88	10191.5				
		樟子松	65.34	8618.9	12.70	908.0	24.86	3133.2	9.68	1422.9	18.10	3154.8
		白桦	8.83	141.9	8.83	141.9						
		杨树	2.37	233.8	1.31	79.5	1.06	154.3				
		其他软阔类	155.64	14997.1	29.75	1398.3	125.89	13598.8				
		山杨	26.58	2736.7			6.24	467.6	20.34	2269.1		
	其中：人天混	合计	1912.55	209873.7	558.39	50161.5	1221.72	143916.2	68.78	8336.7	63.66	7459.3
		云杉	223.13	19613.9	166.57	13167.6	56.56	6446.3				
		落叶松	1322.76	153030.0	228.23	22324.6	987.15	117634.6	48.00	6034.9	59.38	7035.9
		红松	162.99	17023.8	122.69	12283.5	40.30	4740.3				
		樟子松	25.28	2761.7	9.84	908.0	10.72	1397.6	0.44	32.7	4.28	423.4
		杨树	1.31	79.5	1.31	79.5						
		其他软阔类	155.64	14997.1	29.75	1398.3	125.89	13598.8				
		山杨	21.44	2367.7			1.10	98.6	20.34	2269.1		
乌伊岭林业局	合计	合计	264771.26	22852875.7	39736.10	1306445.2	184151.43	17358626.9	34795.38	3527140.1	6088.35	660663.5
		冷杉	19921.77	2686150.7	458.65	39395.0	18142.32	2450313.9	1316.45	196025.9	4.35	415.9
		云杉	14217.39	1593406.3	1687.35	139425.4	11538.91	1328335.1	991.13	125645.8		
		落叶松	36089.69	3140423.7	2251.98	112012.3	29679.79	2629220.3	3758.01	366684.2	399.91	32506.9
		红松	2151.34	255310.8	268.45	21350.1	1752.37	203660.0	130.52	30300.7		
		樟子松	124.51	17317.2			53.87	10542.8	61.65	5891.3	8.99	883.1
		蒙古栎	32410.18	2629068.3	5460.65	144687.9	14738.43	1223162.8	10620.29	1069764.9	1590.81	191452.7
		白桦	97630.17	7324223.7	23621.71	646643.4	64242.11	5707548.6	8651.52	846211.3	1114.83	123820.4
		枫桦	166.33	21021.6	43.45	5721.7	45.73	3941.2	77.15	11358.7		
		黑桦	29218.92	2277843.5	1552.78	65298.3	22621.84	1752678.7	4781.20	433435.3	263.10	26431.2
		水曲柳	9.03	1012.6			2.46	259.5	6.57	753.1		
		榆树	800.79	59100.2	125.89	2783.9	512.24	40924.8	135.68	12894.7	26.98	2496.8
		其他硬阔类	6.80	514.5	6.80	514.5						
		椴树	8538.48	758501.6	745.04	47645.0	6313.48	564160.5	1383.73	134432.6	96.23	12263.5
		杨树	254.64	16342.3	56.44	876.7	98.51	8214.6	76.20	5568.0	23.49	1683.0
		柳树	35.88	20.0	35.88	20.0						
		其他软阔类	160.14	13312.9	41.74	928.9	118.40	12384.0				
		山杨	17934.33	1695094.4	2622.01	62430.2	10321.80	1107361.9	2461.75	259994.5	2528.77	265307.8
		毛赤杨	3525.89	234020.0	658.17	15362.3	2666.18	202057.1	177.13	13688.0	24.41	2912.6
		槭树	962.10	84891.1	19.66	229.5	826.70	74900.7	113.02	9476.6	2.72	284.3
		山槐	120.53	11174.8	12.94	136.1	107.59	11038.7				
		暴马丁香	17.09	1533.3	2.87		14.22	1533.3				
		青楷槭	215.39	18235.9			199.81	16675.5	15.58	1560.4		
		波纹柳	192.87	9578.0	61.57	944.7	121.85	7942.2	5.69	485.8	3.76	205.3

表 4　黑龙江重点国有林区乔木林各龄组面积、蓄积按起源和优势树种（组）统计表（续 33）

单位：公顷、立方米

统计单位	起源	优势树种（组）	合计		幼龄林		中龄林		近熟林		成、过熟林	
			面积	蓄积	面积	蓄积	面积	蓄积	面积	蓄积	面积	蓄积
乌伊岭林业局	合计	稠李	7.53	331.8	1.58	36.1	5.95	295.7				
		山丁子	54.69	4139.5	0.49	3.2	22.44	1213.8	31.76	2922.5		
		其他阔叶树种	4.78	307.0			4.43	261.2	0.35	45.8		
	天然	合计	261202.43	22468686.7	38864.08	1270140.4	182440.05	17134400.7	33950.88	3416774.6	5947.42	647371.0
		冷杉	19921.77	2686150.7	458.65	39395.0	18142.32	2450313.9	1316.45	196025.9	4.35	415.9
		云杉	13778.56	1559862.7	1403.05	127658.4	11384.38	1306558.5	991.13	125645.8		
		落叶松	33477.22	2835806.7	1802.84	92339.7	28413.85	2459980.1	2992.56	263389.4	267.97	20097.5
		红松	1998.04	247110.4	178.41	17928.3	1689.11	198881.4	130.52	30300.7		
		蒙古栎	32410.18	2629068.3	5460.65	144687.9	14738.43	1223162.8	10620.29	1069764.9	1590.81	191452.7
		白桦	97630.17	7324223.7	23621.71	646643.4	64242.11	5707548.6	8651.52	846211.3	1114.83	123820.4
		枫桦	166.33	21021.6	43.45	5721.7	45.73	3941.2	77.15	11358.7		
		黑桦	29218.92	2277843.5	1552.78	65298.3	22621.84	1752678.7	4781.20	433435.3	263.10	26431.2
		水曲柳	9.03	1012.6			2.46	259.5	6.57	753.1		
		榆树	800.79	59100.2	125.89	2783.9	512.24	40924.8	135.68	12894.7	26.98	2496.8
		椴树	8484.82	753086.1	745.04	47645.0	6259.82	558745.0	1383.73	134432.6	96.23	12263.5
		杨树	254.64	16342.3	56.44	876.7	98.51	8214.6	76.20	5568.0	23.49	1683.0
		柳树	35.88	20.0	35.88	20.0						
		山杨	17917.28	1693960.8	2622.01	62430.2	10321.80	1107361.9	2444.70	258860.9	2528.77	265307.8
		毛赤杨	3525.89	234020.0	658.17	15362.3	2666.18	202057.1	177.13	13688.0	24.41	2912.6
		槭树	962.10	84891.1	19.66	229.5	826.70	74900.7	113.02	9476.6	2.72	284.3
		山槐	120.53	11174.8	12.94	136.1	107.59	11038.7				
		暴马丁香	17.09	1533.3	2.87		14.22	1533.3				
		青楷槭	215.39	18235.9			199.81	16675.5	15.58	1560.4		
		波纹柳	192.87	9578.0	61.57	944.7	121.85	7942.2	5.69	485.8	3.76	205.3
		稠李	7.53	331.8	1.58	36.1	5.95	295.7				
		山丁子	54.69	4139.5	0.49	3.2	22.44	1213.8	31.76	2922.5		
		其他阔叶树种	2.71	172.7			2.71	172.7				
	人工	合计	3568.83	384189.0	872.02	36304.8	1711.38	224226.2	844.50	110365.5	140.93	13292.5
		云杉	438.83	33543.6	284.30	11767.0	154.53	21776.6				
		落叶松	2612.47	304617.0	449.14	19672.6	1265.94	169240.2	765.45	103294.8	131.94	12409.4
		红松	153.30	8200.4	90.04	3421.8	63.26	4778.6				
		樟子松	124.51	17317.2			53.87	10542.8	61.65	5891.3	8.99	883.1
		其他硬阔类	6.80	514.5	6.80	514.5						
		椴树	53.66	5415.5			53.66	5415.5				
		其他软阔类	160.14	13312.9	41.74	928.9	118.40	12384.0				
		山杨	17.05	1133.6					17.05	1133.6		
		其他阔叶树种	2.07	134.3			1.72	88.5	0.35	45.8		

表 4 黑龙江重点国有林区乔木林各龄组面积、蓄积按起源和优势树种（组）统计表（续 34）

单位：公顷、立方米

统计单位	起源	优势树种（组）	合计		幼龄林		中龄林		近熟林		成、过熟林	
			面积	蓄积	面积	蓄积	面积	蓄积	面积	蓄积	面积	蓄积
乌伊岭林业局	其中：人天混	合计	1849.10	176348.0	470.33	16573.9	823.15	97430.3	426.70	50491.1	128.92	11852.7
		云杉	327.97	24872.1	194.32	6159.0	133.65	18713.1				
		落叶松	1161.71	125184.5	149.40	6106.0	477.66	58234.6	405.73	48991.2	128.92	11852.7
		红松	116.13	5460.1	78.07	2865.5	38.06	2594.6				
		樟子松	3.57	320.5					3.57	320.5		
		其他硬阔类	6.80	514.5	6.80	514.5						
		椴树	53.66	5415.5			53.66	5415.5				
		其他软阔类	160.14	13312.9	41.74	928.9	118.40	12384.0				
		山杨	17.05	1133.6					17.05	1133.6		
		其他阔叶树种	2.07	134.3			1.72	88.5	0.35	45.8		
伊春区森林经营所	合计	合计	3830.08	502756.7	263.32	19814.8	2311.02	267608.6	1255.74	215333.3		
		冷杉	359.79	62705.4			173.53	25061.7	186.26	37643.7		
		云杉	166.70	30621.9	2.13	39.1	75.72	10738.8	88.85	19844.0		
		落叶松	375.59	56399.8	41.17	3449.5	251.46	37285.8	82.96	15664.5		
		红松	542.44	67903.3	72.88	8153.9	415.54	50578.3	54.02	9171.1		
		樟子松	327.24	49186.4			128.75	17864.8	198.49	31321.6		
		蒙古栎	728.46	66842.1	5.67	322.8	695.02	62042.9	27.77	4476.4		
		白桦	221.95	18245.2	122.59	7050.5	84.74	8516.5	14.62	2678.2		
		枫桦	713.88	110639.4			111.11	16105.6	602.77	94533.8		
		黑桦	0.51	47.1			0.51	47.1				
		水曲柳	7.14	650.0			7.14	650.0				
		榆树	8.65	601.2	2.85	57.7	5.80	543.5				
		其他硬阔类	65.17	6956.9			65.17	6956.9				
		椴树	275.29	29133.8			275.29	29133.8				
		其他软阔类	6.34	415.2	5.08	297.9	1.26	117.3				
		山杨	13.64	712.0	7.93	329.6	5.71	382.4				
		毛赤杨	0.72	32.1	0.72	32.1						
		槭树	14.27	1583.2			14.27	1583.2				
		波纹柳	2.30	81.7	2.30	81.7						
	天然	合计	2635.45	334048.0	204.60	15038.0	1530.08	164772.3	900.77	154237.7		
		冷杉	359.79	62705.4			173.53	25061.7	186.26	37643.7		
		云杉	106.45	19977.8			63.45	9312.2	43.00	10665.6		
		落叶松	4.91	449.2			4.91	449.2				
		红松	180.91	22673.8	64.92	7388.0	89.64	11045.8	26.35	4240.0		
		蒙古栎	728.46	66842.1	5.67	322.8	695.02	62042.9	27.77	4476.4		
		白桦	221.95	18245.2	122.59	7050.5	84.74	8516.5	14.62	2678.2		
		枫桦	713.88	110639.4			111.11	16105.6	602.77	94533.8		
		黑桦	0.51	47.1			0.51	47.1				
		水曲柳	7.14	650.0			7.14	650.0				
		榆树	8.65	601.2	2.85	57.7	5.80	543.5				

表 4　黑龙江重点国有林区乔木林各龄组面积、蓄积按起源和优势树种（组）统计表（续 35）

单位：公顷、立方米

统计单位	起源	优势树种（组）	合计		幼龄林		中龄林		近熟林		成、过熟林	
			面积	蓄积	面积	蓄积	面积	蓄积	面积	蓄积	面积	蓄积
伊春区森林经营所	天然	椴树	275.29	29133.8			275.29	29133.8				
		山杨	10.22	386.0	5.55	105.2	4.67	280.8				
		毛赤杨	0.72	32.1	0.72	32.1						
		槭树	14.27	1583.2			14.27	1583.2				
		波纹柳	2.30	81.7	2.30	81.7						
	人工	合计	1194.63	168708.7	58.72	4776.8	780.94	102836.3	354.97	61095.6		
		云杉	60.25	10644.1	2.13	39.1	12.27	1426.6	45.85	9178.4		
		落叶松	370.68	55950.6	41.17	3449.5	246.55	36836.6	82.96	15664.5		
		红松	361.53	45229.5	7.96	765.9	325.90	39532.5	27.67	4931.1		
		樟子松	327.24	49186.4			128.75	17864.8	198.49	31321.6		
		其他硬阔类	65.17	6956.9			65.17	6956.9				
		其他软阔类	6.34	415.2	5.08	297.9	1.26	117.3				
		山杨	3.42	326.0	2.38	224.4	1.04	101.6				
	其中：人天混	合计	434.68	54292.6	16.26	1158.7	369.95	44202.8	48.47	8931.1		
		云杉	36.37	5777.2	2.13	39.1	12.27	1426.6	21.97	4311.5		
		落叶松	130.61	18131.9	3.58	307.3	108.47	14629.0	18.56	3195.6		
		红松	149.29	17476.1	5.47	514.4	136.56	15629.8	7.26	1331.9		
		樟子松	46.90	5535.3			46.22	5443.2	0.68	92.1		
		其他硬阔类	65.17	6956.9			65.17	6956.9				
		其他软阔类	6.34	415.2	5.08	297.9	1.26	117.3				
西林区林业局	合计	合计	33139.03	4029205.6	4363.96	411009.6	27647.40	3434778.3	1021.84	165403.2	105.83	18014.5
		冷杉	4791.54	609666.0	185.67	17232.1	4482.30	570205.7	123.57	22228.2		
		云杉	1380.92	166458.4	369.52	36063.8	952.19	122861.9	37.78	4139.7	21.43	3393.0
		落叶松	1932.27	283239.5	491.53	52278.5	1125.55	170856.5	262.83	50378.5	52.36	9726.0
		红松	3742.38	491948.6	345.75	42169.0	3092.30	401327.3	304.33	48452.3		
		樟子松	163.65	18996.8	8.17	660.2	68.46	6070.5	86.15	12201.3	0.87	64.8
		蒙古栎	7436.53	940464.8	1389.41	147480.2	6014.12	786763.9	33.00	6220.7		
		白桦	3012.53	321516.9	579.33	41064.8	2405.41	276264.5	27.79	4187.6		
		枫桦	6719.05	815103.8	191.40	17638.9	6440.23	785418.0	87.42	12046.9		
		黑桦	57.08	3790.7	28.73	1722.2	28.35	2068.5				
		水曲柳	601.05	66937.9	10.14	770.3	537.18	61538.7	53.73	4628.9		
		胡桃楸	53.28	4694.6	4.01	111.8	49.27	4582.8				
		黄波罗	15.87	615.9			15.87	615.9				
		榆树	402.95	37162.6	76.80	4827.1	326.15	32335.5				
		其他硬阔类	156.68	20235.2	63.68	7564.6	66.00	8480.5			27.00	4190.1
		椴树	1324.71	125746.6	210.58	17642.2	1108.89	107185.3	5.24	919.1		
		杨树	1.99	125.0	1.70	100.5	0.29	24.5				
		柳树	29.47	1144.6	23.58	786.5	5.89	358.1				
		其他软阔类	53.20	6735.7	2.31	230.1	50.89	6505.6				

表 4　黑龙江重点国有林区乔木林各龄组面积、蓄积按起源和优势树种（组）统计表（续 36）

单位：公顷、立方米

统计单位	起源	优势树种（组）	合计		幼龄林		中龄林		近熟林		成、过熟林	
			面积	蓄积	面积	蓄积	面积	蓄积	面积	蓄积	面积	蓄积
西林区林业局	合计	山杨	498.62	56266.2	58.24	2027.4	436.21	53598.2			4.17	640.6
		毛赤杨	306.89	20982.3	208.04	13292.2	98.85	7690.1				
		槭树	262.00	23330.1	9.07	804.7	252.93	22525.4				
		山槐	57.31	5619.8			57.31	5619.8				
		暴马丁香	13.85	1242.7	7.90	868.1	5.95	374.6				
		青楷槭	69.14	4357.3	43.84	2929.4	25.30	1427.9				
		花楷槭	21.87	1841.5	21.87	1841.5						
		稠李	14.45	351.6	14.45	351.6						
		山丁子	18.41	609.9	16.90	531.3	1.51	78.6				
		其他阔叶树种	1.34	20.6	1.34	20.6						
	天然	合计	29870.46	3575788.0	3577.85	329811.4	25720.98	3157121.9	546.03	84821.1	25.60	4033.6
		冷杉	4791.54	609666.0	185.67	17232.1	4482.30	570205.7	123.57	22228.2		
		云杉	903.27	107643.6	196.16	21460.4	671.12	81179.9	14.56	1610.3	21.43	3393.0
		落叶松	341.07	41148.1	77.92	7459.1	263.15	33689.0				
		红松	2920.49	385638.7	224.44	29006.1	2495.33	323653.2	200.72	32979.4		
		蒙古栎	7436.53	940464.8	1389.41	147480.2	6014.12	786763.9	33.00	6220.7		
		白桦	3011.62	321490.1	578.42	41038.0	2405.41	276264.5	27.79	4187.6		
		枫桦	6719.05	815103.8	191.40	17638.9	6440.23	785418.0	87.42	12046.9		
		黑桦	57.08	3790.7	28.73	1722.2	28.35	2068.5				
		水曲柳	601.05	66937.9	10.14	770.3	537.18	61538.7	53.73	4628.9		
		胡桃楸	53.28	4694.6	4.01	111.8	49.27	4582.8				
		黄波罗	15.87	615.9			15.87	615.9				
		榆树	402.95	37162.6	76.80	4827.1	326.15	32335.5				
		椴树	1324.71	125746.6	210.58	17642.2	1108.89	107185.3	5.24	919.1		
		杨树	1.70	100.5	1.70	100.5						
		柳树	29.12	1123.7	23.23	765.6	5.89	358.1				
		山杨	497.40	56156.7	57.36	1969.6	435.87	53546.5			4.17	640.6
		毛赤杨	305.36	20930.2	206.51	13240.1	98.85	7690.1				
		槭树	262.00	23330.1	9.07	804.7	252.93	22525.4				
		山槐	57.31	5619.8			57.31	5619.8				
		暴马丁香	13.85	1242.7	7.90	868.1	5.95	374.6				
		青楷槭	69.14	4357.3	43.84	2929.4	25.30	1427.9				
		花楷槭	21.87	1841.5	21.87	1841.5						
		稠李	14.45	351.6	14.45	351.6						
		山丁子	18.41	609.9	16.90	531.3	1.51	78.6				
		其他阔叶树种	1.34	20.6	1.34	20.6						

表 4　黑龙江重点国有林区乔木林各龄组面积、蓄积按起源和优势树种（组）统计表（续 37）

单位：公顷、立方米

统计单位	起源	优势树种（组）	合计		幼龄林		中龄林		近熟林		成、过熟林	
			面积	蓄积	面积	蓄积	面积	蓄积	面积	蓄积	面积	蓄积
西林区林业局	人工	合计	3268.57	453417.6	786.11	81198.2	1926.42	277656.4	475.81	80582.1	80.23	13980.9
		云杉	477.65	58814.8	173.36	14603.4	281.07	41682.0	23.22	2529.4		
		落叶松	1591.20	242091.4	413.61	44819.4	862.40	137167.5	262.83	50378.5	52.36	9726.0
		红松	821.89	106309.9	121.31	13162.9	596.97	77674.1	103.61	15472.9		
		樟子松	163.65	18996.8	8.17	660.2	68.46	6070.5	86.15	12201.3	0.87	64.8
		白桦	0.91	26.8	0.91	26.8						
		其他硬阔类	156.68	20235.2	63.68	7564.6	66.00	8480.5			27.00	4190.1
		杨树	0.29	24.5			0.29	24.5				
		柳树	0.35	20.9	0.35	20.9						
		其他软阔类	53.20	6735.7	2.31	230.1	50.89	6505.6				
		山杨	1.22	109.5	0.88	57.8	0.34	51.7				
		毛赤杨	1.53	52.1	1.53	52.1						
	其中：人天混	合计	1275.99	165089.5	310.76	35180.4	847.47	111483.8	48.25	6181.6	69.51	12243.7
		云杉	291.33	35783.6	99.17	10645.9	168.94	22608.3	23.22	2529.4		
		落叶松	404.83	58600.3	86.08	10341.3	270.89	39689.6	5.35	515.8	42.51	8053.6
		红松	316.13	39152.2	57.64	6325.5	238.81	29690.3	19.68	3136.4		
		樟子松	51.94	4509.5			51.94	4509.5				
		其他硬阔类	156.68	20235.2	63.68	7564.6	66.00	8480.5			27.00	4190.1
		柳树	0.35	20.9	0.35	20.9						
		其他软阔类	53.20	6735.7	2.31	230.1	50.89	6505.6				
		毛赤杨	1.53	52.1	1.53	52.1						
大海林林业局	合计	合计	255306.26	29827202.1	42640.83	4077442.0	161611.97	18932889.6	44154.23	5813674.6	6899.23	1003195.9
		冷杉	64253.55	7734454.1	5682.15	585407.5	47268.60	5634592.2	10525.24	1396349.4	777.56	118105.0
		云杉	32072.46	3742511.8	3287.64	319617.7	22242.86	2529632.0	6100.51	828823.3	441.45	64438.8
		落叶松	20210.54	2459718.4	5269.86	518794.4	11453.14	1474255.5	3106.12	420531.4	381.42	46137.1
		红松	9846.78	1248970.2	2786.71	274347.9	5561.31	693545.4	899.59	131882.1	599.17	149194.8
		樟子松	627.08	79838.3	50.52	4491.1	353.25	44721.4	223.31	30625.8		
		蒙古栎	15715.61	1717393.1	4820.87	440124.2	8026.20	895866.9	2488.52	319907.4	380.02	61494.6
		白桦	15176.93	1736617.3	3866.80	350873.4	10246.17	1236360.3	921.23	132432.9	142.73	16950.7
		枫桦	52546.91	6018891.3	8978.37	855909.7	28157.10	3156974.9	12504.82	1621303.4	2906.62	384703.3
		黑桦	806.31	85136.7	194.71	18724.1	587.15	63914.6	24.45	2498.0		
		水曲柳	6837.17	768584.3	1576.29	152403.3	4213.88	488118.9	1047.00	128062.1		
		胡桃楸	51.51	6347.8	0.73	64.5	50.78	6283.3				
		黄波罗	14.40	1298.4			14.40	1298.4				
		榆树	2169.40	220289.3	451.35	35701.5	990.50	98894.5	595.53	67396.8	132.02	18296.5
		其他硬阔类	234.23	24116.8	144.09	14002.2	84.77	9715.4	5.37	399.2		
		椴树	15753.30	1828854.2	2559.32	244836.1	9953.43	1159096.4	2787.74	366411.2	452.81	58510.5
		杨树	1105.75	144811.6	74.00	7396.7	473.39	63729.9	511.08	67425.4	47.28	6259.6
		柳树	60.48	4296.3	6.94	164.8	34.05	2920.6	19.49	1210.9		
		其他软阔类	340.76	37793.6	72.83	6354.0	254.92	30379.6	13.01	1060.0		
		山杨	11980.83	1440008.5	2156.04	194934.0	7916.89	988154.5	1513.70	204998.2	394.20	51921.8

表4 黑龙江重点国有林区乔木林各龄组面积、蓄积按起源和优势树种（组）统计表（续38）

单位：公顷、立方米

统计单位	起源	优势树种（组）	合计		幼龄林		中龄林		近熟林		成、过熟林	
			面积	蓄积	面积	蓄积	面积	蓄积	面积	蓄积	面积	蓄积
大海林林业局	合计	毛赤杨	24.97	1793.8	24.97	1793.8						
		槭树	2296.02	238213.8	423.99	37036.3	1725.66	181994.2	142.07	18540.0	4.30	643.3
		山槐	66.17	5303.6	1.55	52.4	29.59	2145.9	2.22	354.8	32.81	2750.5
		暴马丁香	82.18	5997.8			82.18	5997.8				
		青楷槭	162.58	16612.5			137.15	13349.8	25.43	3262.7		
		花楷槭	1290.30	116812.2	125.81	8865.5	960.05	86427.1	204.44	21519.6		
		波纹柳	111.78	8048.2	77.29	5127.1	34.49	2921.1				
		稠李	13.61	567.4	6.90	344.6	6.71	222.8				
		山桃稠李	27.40	1100.0			27.40	1100.0				
		岳桦	1345.54	125201.5			682.12	56692.5	464.62	45521.4	198.80	22987.6
		钻天柳	7.22	688.4	1.10	75.2	3.93	376.9			2.19	236.3
		其他亚乔木	74.49	6930.9			39.90	3206.8	28.74	3158.6	5.85	565.5
	天然	合计	232136.87	27091005.8	34694.88	3320089.5	149429.15	17354191.8	41317.08	5436870.3	6695.76	979854.2
		冷杉	64253.55	7734454.1	5682.15	585407.5	47268.60	5634592.2	10525.24	1396349.4	777.56	118105.0
		云杉	31219.98	3669443.1	2725.01	280312.1	21953.01	2495868.9	6100.51	828823.3	441.45	64438.8
		落叶松	4229.19	512782.9	397.70	38050.2	2898.24	343154.1	730.23	104861.2	203.02	26717.4
		红松	4953.94	696619.5	622.24	66931.4	3039.42	375697.7	693.11	104795.6	599.17	149194.8
		樟子松	9.22	1351.7			9.22	1351.7				
		蒙古栎	15715.61	1717393.1	4820.87	440124.2	8026.20	895866.9	2488.52	319907.4	380.02	61494.6
		白桦	15152.24	1734937.5	3842.11	349193.6	10246.17	1236360.3	921.23	132432.9	142.73	16950.7
		枫桦	52546.91	6018891.3	8978.37	855909.7	28157.10	3156974.9	12504.82	1621303.4	2906.62	384703.3
		黑桦	806.31	85136.7	194.71	18724.1	587.15	63914.6	24.45	2498.0		
		水曲柳	6803.86	765336.9	1574.83	152344.4	4182.03	484930.4	1047.00	128062.1		
		胡桃楸	50.78	6283.3			50.78	6283.3				
		黄波罗	14.40	1298.4			14.40	1298.4				
		榆树	2169.40	220289.3	451.35	35701.5	990.50	98894.5	595.53	67396.8	132.02	18296.5
		椴树	15722.90	1825791.5	2557.45	244694.4	9929.12	1156698.3	2783.52	365888.3	452.81	58510.5
		杨树	1080.67	141493.6	70.47	7062.0	469.38	63346.2	502.21	65985.7	38.61	5099.7
		柳树	60.48	4296.3	6.94	164.8	34.05	2920.6	19.49	1210.9		
		山杨	11845.17	1427936.5	2109.07	192174.7	7844.60	981603.9	1513.70	204998.2	377.80	49159.7
		毛赤杨	24.97	1793.8	24.97	1793.8						
		槭树	2296.02	238213.8	423.99	37036.3	1725.66	181994.2	142.07	18540.0	4.30	643.3
		山槐	66.17	5303.6	1.55	52.4	29.59	2145.9	2.22	354.8	32.81	2750.5
		暴马丁香	82.18	5997.8			82.18	5997.8				
		青楷槭	162.58	16612.5			137.15	13349.8	25.43	3262.7		
		花楷槭	1290.30	116812.2	125.81	8865.5	960.05	86427.1	204.44	21519.6		
		波纹柳	111.78	8048.2	77.29	5127.1	34.49	2921.1				
		稠李	13.61	567.4	6.90	344.6	6.71	222.8				
		山桃稠李	27.40	1100.0			27.40	1100.0				
		岳桦	1345.54	125201.5			682.12	56692.5	464.62	45521.4	198.80	22987.6
		钻天柳	7.22	688.4	1.10	75.2	3.93	376.9			2.19	236.3
		其他亚乔木	74.49	6930.9			39.90	3206.8	28.74	3158.6	5.85	565.5

表 4　黑龙江重点国有林区乔木林各龄组面积、蓄积按起源和优势树种（组）统计表（续 39）

单位：公顷、立方米

统计单位	起源	优势树种（组）	合计		幼龄林		中龄林		近熟林		成、过熟林	
			面积	蓄积	面积	蓄积	面积	蓄积	面积	蓄积	面积	蓄积
大海林林业局	人工	合计	23169.39	2736196.3	7945.95	757352.5	12182.82	1578697.8	2837.15	376804.3	203.47	23341.7
		云杉	852.48	73068.7	562.63	39305.6	289.85	33763.1				
		落叶松	15981.35	1946935.5	4872.16	480744.2	8554.90	1131101.4	2375.89	315670.2	178.40	19419.7
		红松	4892.84	552350.7	2164.47	207416.5	2521.89	317847.7	206.48	27086.5		
		樟子松	617.86	78486.6	50.52	4491.1	344.03	43369.7	223.31	30625.8		
		白桦	24.69	1679.8	24.69	1679.8						
		水曲柳	33.31	3247.4	1.46	58.9	31.85	3188.5				
		胡桃楸	0.73	64.5	0.73	64.5						
		其他硬阔类	234.23	24116.8	144.09	14002.2	84.77	9715.4	5.37	399.2		
		椴树	30.40	3062.7	1.87	141.7	24.31	2398.1	4.22	522.9		
		杨树	25.08	3318.0	3.53	334.7	4.01	383.7	8.87	1439.7	8.67	1159.9
		其他软阔类	340.76	37793.6	72.83	6354.0	254.92	30379.6	13.01	1060.0		
		山杨	135.66	12072.0	46.97	2759.3	72.29	6550.6			16.40	2762.1
	其中：人天混	合计	8169.26	918079.3	2649.49	248974.9	5093.74	617827.7	367.50	45093.2	58.53	6183.5
		云杉	390.83	40200.5	146.18	11301.5	244.65	28899.0				
		落叶松	5521.09	646317.7	1357.07	138313.0	3790.22	461950.4	318.49	40170.0	55.31	5884.3
		红松	1536.82	157178.1	882.13	76006.7	628.28	78230.3	26.41	2941.1		
		樟子松	12.61	1140.5	6.38	706.5	6.23	434.0				
		水曲柳	17.01	1638.4	0.67	17.6	16.34	1620.8				
		其他硬阔类	234.23	24116.8	144.09	14002.2	84.77	9715.4	5.37	399.2		
		椴树	30.40	3062.7	1.87	141.7	24.31	2398.1	4.22	522.9		
		其他软阔类	340.76	37793.6	72.83	6354.0	254.92	30379.6	13.01	1060.0		
		山杨	85.51	6631.0	38.27	2131.7	44.02	4200.1			3.22	299.2
柴河林业局	合计	合计	315042.62	39459056.0	60825.55	6019927.7	131109.97	16579052.6	96363.77	13107319.5	26743.33	3752756.2
		冷杉	23748.08	3172991.3	1320.81	163776.3	13678.29	1781964.1	7472.29	1042364.2	1276.69	184886.7
		云杉	15035.45	1748450.7	5323.71	522754.8	7319.62	914774.4	2249.93	294376.8	142.19	16544.7
		落叶松	22647.70	3174427.0	3622.35	305199.0	5591.21	763582.9	11089.13	1720913.1	2345.01	384732.0
		红松	30972.79	4141136.2	14348.03	1723845.4	10840.87	1518440.0	3780.21	557810.0	2003.68	341040.8
		樟子松	3266.81	431437.8	237.75	19665.9	617.20	83641.1	2035.81	276089.2	376.05	52041.6
		其他针叶树种	37.71	3322.6	14.88				16.58	1979.2	6.25	1343.4
		蒙古栎	34298.62	3374946.3	18777.64	1450035.8	6805.97	781526.5	6957.18	892832.3	1757.83	250551.7
		白桦	7397.43	918331.2	1948.21	195988.2	3684.86	475175.5	1259.00	173667.1	505.36	73500.4
		枫桦	71339.66	9144840.2	5273.46	589742.9	30437.89	3853305.2	25847.75	3414999.4	9780.56	1286792.7
		黑桦	1733.02	194522.3	372.85	35002.3	838.58	95170.1	466.41	57252.3	55.18	7097.6
		水曲柳	22488.58	2805509.5	1800.43	208550.8	13438.31	1660074.6	6862.70	887024.1	387.14	49860.0
		胡桃楸	4616.37	564556.5	154.04	16760.8	3111.47	378986.8	1308.54	164190.0	42.32	4618.9
		黄波罗	686.98	83386.8	16.43	1711.6	418.75	50225.6	251.80	31449.6		
		榆树	10250.94	1197245.9	244.88	22663.4	4111.20	453270.9	4036.27	500014.6	1858.59	221297.0
		其他硬阔类	574.13	57938.0	513.26	48026.1	33.52	5189.8	27.35	4722.1		
		椴树	40279.94	5198212.7	4342.65	493343.4	19793.26	2502216.0	13254.86	1803766.0	2889.17	398887.3
		杨树	1007.48	138259.3	56.22	6703.4	319.02	41141.5	364.05	54221.3	268.19	36193.1

表4 黑龙江重点国有林区乔木林各龄组面积、蓄积按起源和优势树种（组）统计表（续40）

单位：公顷、立方米

统计单位	起源	优势树种（组）	合计		幼龄林		中龄林		近熟林		成、过熟林	
			面积	蓄积	面积	蓄积	面积	蓄积	面积	蓄积	面积	蓄积
柴河林业局	合计	柳树	21.56	1944.4	1.59	113.4	1.31	110.1	18.66	1720.9		
		其他软阔类	49.29	10611.2	1.16	96.5	18.90	3049.1	29.23	7465.6		
		山杨	9997.26	1418499.0	489.05	52560.8	3901.34	527188.5	3396.48	507555.8	2210.39	331193.9
		毛赤杨	1437.91	125046.1	690.94	59025.4	606.19	51714.3	140.48	14271.7	0.30	34.7
		槭树	11672.46	1425486.9	755.00	72145.8	4872.94	579264.4	5285.74	673129.0	758.78	100947.7
		山槐	64.05	5029.0	19.77	1417.0	23.88	1729.0	20.40	1883.0		
		暴马丁香	166.33	9609.4	153.67	8215.9	12.66	1393.5				
		青楷槭	302.33	37122.8			165.61	17266.8	91.49	13637.7	45.23	6218.3
		花楷槭	520.65	41466.5	131.14	8439.3	295.26	24139.9	88.36	8582.2	5.89	305.1
		波纹柳	314.26	24996.2	159.35	11578.9	143.14	11233.3	1.61	120.7	10.16	2063.3
		稠李	39.82	1559.3	30.11	593.3	9.71	966.0				
		山桃稠李	2.27	174.0	2.27	174.0						
		山丁子	7.61	714.6	6.88	682.1	0.73	32.5				
		钻天柳	43.51	5757.0			18.28	2280.2	6.86	871.5	18.37	2605.3
		其他阔叶树种	9.13	542.2	7.67	474.0			1.46	68.2		
		假色槭	3.14	341.9					3.14	341.9		
		其他亚乔木	9.35	641.2	9.35	641.2						
	天然	合计	274346.21	34133717.2	43977.34	4276904.0	122920.83	15403640.0	83413.96	11133207.8	24034.08	3319965.4
		冷杉	23748.08	3172991.3	1320.81	163776.3	13678.29	1781964.1	7472.29	1042364.2	1276.69	184886.7
		云杉	12418.60	1526056.7	2796.47	316435.5	7230.01	898699.7	2249.93	294376.8	142.19	16544.7
		落叶松	1390.16	188596.2	114.71	12064.7	881.63	118599.2	334.22	47983.4	59.60	9948.9
		红松	18231.73	2540231.8	4363.98	550377.2	8146.77	1098614.8	3722.36	550725.8	1998.62	340514.0
		樟子松	38.61	3849.9	2.51	137.7	5.99	716.2			30.11	2996.0
		蒙古栎	34298.62	3374946.3	18777.64	1450035.8	6805.97	781526.5	6957.18	892832.3	1757.83	250551.7
		白桦	7397.43	918331.2	1948.21	195988.2	3684.86	475175.5	1259.00	173667.1	505.36	73500.4
		枫桦	71339.66	9144840.2	5273.46	589742.9	30437.89	3853305.2	25847.75	3414999.4	9780.56	1286792.7
		黑桦	1733.02	194522.3	372.85	35002.3	838.58	95170.1	466.41	57252.3	55.18	7097.6
		水曲柳	22449.76	2804982.5	1762.06	208077.7	13437.86	1660020.7	6862.70	887024.1	387.14	49860.0
		胡桃楸	4616.37	564556.5	154.04	16760.8	3111.47	378986.8	1308.54	164190.0	42.32	4618.9
		黄波罗	684.79	83262.8	15.64	1711.6	417.35	50101.6	251.80	31449.6		
		榆树	10248.55	1197058.5	242.49	22476.0	4111.20	453270.9	4036.27	500014.6	1858.59	221297.0
		椴树	40270.62	5197229.2	4340.68	493127.6	19785.91	2501448.3	13254.86	1803766.0	2889.17	398887.3
		杨树	1007.48	138259.3	56.22	6703.4	319.02	41141.5	364.05	54221.3	268.19	36193.1
		柳树	21.56	1944.4	1.59	113.4	1.31	110.1	18.66	1720.9		
		山杨	9867.48	1404113.2	475.50	51460.0	3878.32	524768.9	3369.86	503782.3	2143.80	324102.0
		毛赤杨	1437.91	125046.1	690.94	59025.4	606.19	51714.3	140.48	14271.7	0.30	34.7
		槭树	11672.46	1425486.9	755.00	72145.8	4872.94	579264.4	5285.74	673129.0	758.78	100947.7
		山槐	64.05	5029.0	19.77	1417.0	23.88	1729.0	20.40	1883.0		
		暴马丁香	166.33	9609.4	153.67	8215.9	12.66	1393.5				
		青楷槭	302.33	37122.8			165.61	17266.8	91.49	13637.7	45.23	6218.3
		花楷槭	520.65	41466.5	131.14	8439.3	295.26	24139.9	88.36	8582.2	5.89	305.1

表 4　黑龙江重点国有林区乔木林各龄组面积、蓄积按起源和优势树种（组）统计表（续 41）

单位：公顷、立方米

统计单位	起源	优势树种（组）	合计		幼龄林		中龄林		近熟林		成、过熟林	
			面积	蓄积	面积	蓄积	面积	蓄积	面积	蓄积	面积	蓄积
柴河林业局	天然	波纹柳	314.26	24996.2	159.35	11578.9	143.14	11233.3	1.61	120.7	10.16	2063.3
		稠李	39.82	1559.3	30.11	593.3	9.71	966.0				
		山桃稠李	2.27	174.0	2.27	174.0						
		山丁子	7.61	714.6	6.88	682.1	0.73	32.5				
		钻天柳	43.51	5757.0			18.28	2280.2	6.86	871.5	18.37	2605.3
		假色槭	3.14	341.9					3.14	341.9		
		其他亚乔木	9.35	641.2	9.35	641.2						
	人工	合计	40696.41	5325338.8	16848.21	1743023.7	8189.14	1175412.6	12949.81	1974111.7	2709.25	432790.8
		云杉	2616.85	222394.0	2527.24	206319.3	89.61	16074.7				
		落叶松	21257.54	2985830.8	3507.64	293134.3	4709.58	644983.7	10754.91	1672929.7	2285.41	374783.1
		红松	12741.06	1600904.4	9984.05	1173468.2	2694.10	419825.2	57.85	7084.2	5.06	526.8
		樟子松	3228.20	427587.9	235.24	19528.2	611.21	82924.9	2035.81	276089.2	345.94	49045.6
		其他针叶树种	37.71	3322.6	14.88				16.58	1979.2	6.25	1343.4
		水曲柳	38.82	527.0	38.37	473.1	0.45	53.9				
		黄波罗	2.19	124.0	0.79		1.40	124.0				
		榆树	2.39	187.4	2.39	187.4						
		其他硬阔类	574.13	57938.0	513.26	48026.1	33.52	5189.8	27.35	4722.1		
		椴树	9.32	983.5	1.97	215.8	7.35	767.7				
		其他软阔类	49.29	10611.2	1.16	96.5	18.90	3049.1	29.23	7465.6		
		山杨	129.78	14385.8	13.55	1100.8	23.02	2419.6	26.62	3773.5	66.59	7091.9
		其他阔叶树种	9.13	542.2	7.67	474.0			1.46	68.2		
	其中：人天混	合计	17344.86	2377318.7	8458.46	895980.7	3605.61	547165.7	4460.94	788721.8	819.85	145450.5
		云杉	992.76	99044.1	921.09	86250.4	71.67	12793.7				
		落叶松	8019.64	1267637.5	1013.37	87639.9	2034.13	290108.3	4174.45	747726.3	797.69	142163.0
		红松	7160.50	874768.4	5874.32	662176.0	1223.27	204981.4	57.85	7084.2	5.06	526.8
		樟子松	515.96	63770.2	128.67	11203.3	214.71	30061.8	155.48	19744.4	17.10	2760.7
		其他针叶树种	16.58	1979.2					16.58	1979.2		
		水曲柳	0.45	53.9			0.45	53.9				
		榆树	2.39	187.4	2.39	187.4						
		其他硬阔类	574.13	57938.0	513.26	48026.1	33.52	5189.8	27.35	4722.1		
		椴树	9.32	983.5	1.97	215.8	7.35	767.7				
		其他软阔类	49.29	10611.2	1.16	96.5	18.90	3049.1	29.23	7465.6		
		山杨	3.84	345.3	2.23	185.3	1.61	160.0				

表4 黑龙江重点国有林区乔木林各龄组面积、蓄积按起源和优势树种（组）统计表（续42）

单位：公顷、立方米

统计单位	起源	优势树种（组）	合计		幼龄林		中龄林		近熟林		成、过熟林	
			面积	蓄积	面积	蓄积	面积	蓄积	面积	蓄积	面积	蓄积
东京城林业局	合计	合计	369093.41	52733192.5	37829.47	3277310.0	210025.45	30509199.8	105491.34	16388722.1	15747.15	2557960.6
		冷杉	55978.26	8911963.7	544.81	56026.3	41341.69	6516113.0	13843.39	2299318.7	248.37	40505.7
		云杉	15128.39	2071382.5	2671.12	242458.9	10557.53	1550639.3	1756.33	253130.7	143.41	25153.6
		落叶松	24267.24	4013975.0	3977.08	309086.8	8522.08	1472832.9	8015.24	1543582.3	3752.84	688473.0
		红松	33715.17	4679268.3	12554.67	1353747.0	17691.95	2745167.6	3321.94	558099.6	146.61	22254.1
		樟子松	2676.47	392718.8	111.33	1988.4	346.13	50002.0	1446.23	221654.3	772.78	119074.1
		赤松	421.65	59656.0	26.73	3323.7	344.15	48629.1	15.78	2395.4	34.99	5307.8
		蒙古栎	117930.19	15739206.4	11253.19	868318.8	68768.67	9367448.8	35347.52	5097650.5	2560.81	405788.3
		白桦	23346.05	3256396.1	2778.01	175974.3	13177.61	1915861.6	6695.32	1054735.9	695.11	109824.3
		枫桦	17168.17	2505825.2	486.55	36699.7	8482.23	1258335.5	6134.04	925307.2	2065.35	285482.8
		黑桦	2071.36	226593.2	160.07	12582.0	1516.21	164962.1	314.66	38354.0	80.42	10695.1
		水曲柳	8748.89	1120996.7	384.56	27902.8	5071.05	659403.5	3144.56	410204.0	148.72	23486.4
		胡桃楸	1683.49	219259.2	33.20	2562.1	1231.83	155478.9	407.60	59918.6	10.86	1299.6
		黄波罗	100.74	14429.7	4.74	339.0	32.08	4009.2	63.92	10081.5		
		榆树	4410.02	466498.7	280.28	12679.7	2399.80	251563.7	1066.42	124840.6	663.52	77414.7
		其他硬阔类	2118.37	269419.9	445.35	42086.2	1279.34	173822.4	364.56	51084.3	29.12	2427.0
		椴树	31530.65	4524427.3	743.09	63797.4	16564.82	2282752.5	13285.07	2039875.0	937.67	138002.4
		杨树	239.77	43083.5	11.78	1008.9	32.34	5502.7	146.21	27329.4	49.44	9242.5
		柳树	163.98	6732.3	82.37	1770.3	60.77	3199.9	14.49	1150.9	6.35	611.2
		其他软阔类	153.86	19452.1	25.21	2504.6	113.38	14891.1	15.27	2056.4		
		山杨	17840.70	3143638.0	381.02	32218.0	7769.94	1337497.3	6666.24	1228480.8	3023.50	545441.9
		毛赤杨	936.46	72759.6	274.41	10778.7	381.08	28781.4	191.05	18863.9	89.92	14335.6
		槭树	6012.73	755505.4	84.52	6954.2	3316.35	406193.8	2560.31	336543.4	51.55	5814.0
		山槐	270.08	28161.6	2.93	183.5	123.47	12977.7	97.96	10296.3	45.72	4704.1
		千金榆	32.98	4397.6			32.98	4397.6				
		暴马丁香	74.52	7470.1	7.46	149.1	11.00	915.9	46.12	4965.6	9.94	1439.5
		青楷槭	755.52	89127.4	40.72	1886.2	225.55	24789.9	391.47	51868.7	97.78	10582.6
		花楷槭	469.62	52068.6			323.91	32103.3	86.16	12919.0	59.55	7046.3
		波纹柳	715.55	25647.1	457.40	10136.9	226.06	14060.6	32.09	1449.6		
		稠李	3.57	138.5			3.57	138.5				
		山桃稠李	32.49	4140.3			9.67	586.3			22.82	3554.0
		山丁子	20.50	1397.6	3.22	112.7	16.59	1223.4	0.69	61.5		
		花曲柳	59.19	6685.2			42.07	4477.2	17.12	2208.0		
		钻天柳	5.00	283.6			5.00	283.6				
		其他阔叶树种	6.90	353.8	2.09	3.0	1.23	54.8	3.58	296.0		
		其他亚乔木	4.88	133.5	1.56	30.8	3.32	102.7				

表4 黑龙江重点国有林区乔木林各龄组面积、蓄积按起源和优势树种（组）统计表（续43）

单位：公顷、立方米

统计单位	起源	优势树种（组）	合计		幼龄林		中龄林		近熟林		成、过熟林	
			面积	蓄积	面积	蓄积	面积	蓄积	面积	蓄积	面积	蓄积
东京城林业局	天然	合计	325045.18	46479842.6	21011.76	1736853.8	196737.42	28347572.7	95956.46	14624575.3	11339.54	1770840.8
		冷杉	55978.26	8911963.7	544.81	56026.3	41341.69	6516113.0	13843.39	2299318.7	248.37	40505.7
		云杉	13735.60	1989932.2	1296.26	164330.2	10539.60	1547317.7	1756.33	253130.7	143.41	25153.6
		落叶松	1452.15	212753.7	100.92	9162.7	816.67	113824.4	372.76	63720.7	161.80	26045.9
		红松	18963.00	3000922.0	1613.22	239111.7	13929.79	2189399.6	3273.38	550156.6	146.61	22254.1
		樟子松	35.71	3886.0					7.59	715.2	28.12	3170.8
		赤松	378.10	53014.7	26.73	3323.7	339.76	48049.6	11.61	1641.4		
		蒙古栎	117930.19	15739206.4	11253.19	868318.8	68768.67	9367448.8	35347.52	5097650.5	2560.81	405788.3
		白桦	23346.05	3256396.1	2778.01	175974.3	13177.61	1915861.6	6695.32	1054735.9	695.11	109824.3
		枫桦	17168.17	2505825.2	486.55	36699.7	8482.23	1258335.5	6134.04	925307.2	2065.35	285482.8
		黑桦	2071.36	226593.2	160.07	12582.0	1516.21	164962.1	314.66	38354.0	80.42	10695.1
		水曲柳	8717.82	1119792.1	355.21	26890.6	5069.97	659297.9	3143.92	410117.2	148.72	23486.4
		胡桃楸	1679.95	219143.8	33.20	2562.1	1228.29	155363.5	407.60	59918.6	10.86	1299.6
		黄波罗	100.74	14429.7	4.74	339.0	32.08	4009.2	63.92	10081.5		
		榆树	4408.35	466310.7	280.28	12679.7	2399.80	251563.7	1064.75	124652.6	663.52	77414.7
		椴树	31530.65	4524427.3	743.09	63797.4	16564.82	2282752.5	13285.07	2039875.0	937.67	138002.4
		杨树	239.77	43083.5	11.78	1008.9	32.34	5502.7	146.21	27329.4	49.44	9242.5
		柳树	163.98	6732.3	82.37	1770.3	60.77	3199.9	14.49	1150.9	6.35	611.2
		山杨	17749.06	3137189.5	370.74	32070.7	7715.27	1333484.3	6647.35	1227247.2	3015.70	544387.3
		毛赤杨	936.46	72759.6	274.41	10778.7	381.08	28781.4	191.05	18863.9	89.92	14335.6
		槭树	6011.10	755479.0	82.89	6927.8	3316.35	406193.8	2560.31	336543.4	51.55	5814.0
		山槐	270.08	28161.6	2.93	183.5	123.47	12977.7	97.96	10296.3	45.72	4704.1
		千金榆	32.98	4397.6			32.98	4397.6				
		暴马丁香	74.52	7470.1	7.46	149.1	11.00	915.9	46.12	4965.6	9.94	1439.5
		青楷槭	755.52	89127.4	40.72	1886.2	225.55	24789.9	391.47	51868.7	97.78	10582.6
		花楷槭	469.62	52068.6			323.91	32103.3	86.16	12919.0	59.55	7046.3
		波纹柳	715.55	25647.1	457.40	10136.9	226.06	14060.6	32.09	1449.6		
		稠李	3.57	138.5			3.57	138.5				
		山桃稠李	32.49	4140.3			9.67	586.3			22.82	3554.0
		山丁子	20.50	1397.6	3.22	112.7	16.59	1223.4	0.69	61.5		
		花曲柳	59.19	6685.2			42.07	4477.2	17.12	2208.0		
		钻天柳	5.00	283.6			5.00	283.6				
		其他阔叶树种	4.81	350.8			1.23	54.8	3.58	296.0		
		其他亚乔木	4.88	133.5	1.56	30.8	3.32	102.7				
	人工	合计	44048.23	6253349.9	16817.71	1540456.2	13288.03	2161627.1	9534.88	1764146.8	4407.61	787119.8
		云杉	1392.79	81450.3	1374.86	78128.7	17.93	3321.6				
		落叶松	22815.09	3801221.3	3876.16	299924.1	7705.41	1359008.5	7642.48	1479861.6	3591.04	662427.1
		红松	14752.17	1678346.3	10941.45	1114635.3	3762.16	555768.0	48.56	7943.0		
		樟子松	2640.76	388832.8	111.33	1988.4	346.13	50002.0	1438.64	220939.1	744.66	115903.3
		赤松	43.55	6641.3			4.39	579.5	4.17	754.0	34.99	5307.8
		水曲柳	31.07	1204.6	29.35	1012.2	1.08	105.6	0.64	86.8		

表4 黑龙江重点国有林区乔木林各龄组面积、蓄积按起源和优势树种（组）统计表（续44）

单位：公顷、立方米

统计单位	起源	优势树种（组）	合计		幼龄林		中龄林		近熟林		成、过熟林	
			面积	蓄积	面积	蓄积	面积	蓄积	面积	蓄积	面积	蓄积
东京城林业局	人工	胡桃楸	3.54	115.4			3.54	115.4				
		榆树	1.67	188.0					1.67	188.0		
		其他硬阔类	2118.37	269419.9	445.35	42086.2	1279.34	173822.4	364.56	51084.3	29.12	2427.0
		其他软阔类	153.86	19452.1	25.21	2504.6	113.38	14891.1	15.27	2056.4		
		山杨	91.64	6448.5	10.28	147.3	54.67	4013.0	18.89	1233.6	7.80	1054.6
		椴树	1.63	26.4	1.63	26.4						
		其他阔叶树种	2.09	3.0	2.09	3.0						
	其中：人天混	合计	16138.37	1983966.0	7672.44	695999.2	5719.00	835390.8	2037.76	340064.7	709.17	112511.3
		云杉	733.95	43295.8	729.52	42243.9	4.43	1051.9				
		落叶松	6215.67	936235.3	1082.99	99858.6	3036.09	476334.2	1511.35	266142.8	585.24	93899.7
		红松	6562.70	664985.3	5375.66	508659.1	1178.20	154882.3	8.84	1443.9		
		樟子松	337.62	48324.9	4.89	58.0	101.85	12933.0	136.07	19149.3	94.81	16184.6
		水曲柳	7.19	562.4	7.19	562.4						
		榆树	1.67	188.0					1.67	188.0		
		其他硬阔类	2118.37	269419.9	445.35	42086.2	1279.34	173822.4	364.56	51084.3	29.12	2427.0
		其他软阔类	153.86	19452.1	25.21	2504.6	113.38	14891.1	15.27	2056.4		
		山杨	5.71	1475.9			5.71	1475.9				
		椴树	1.63	26.4	1.63	26.4						
穆棱林业局	合计	合计	240253.78	35112136.3	16679.38	1414717.0	156075.60	22576455.9	58211.37	9554753.6	9287.43	1566209.8
		冷杉	43925.46	6672169.7	1140.41	149512.5	32255.86	4891328.8	10273.29	1592326.9	255.90	39001.5
		云杉	7143.69	888562.4	2311.32	166842.0	3981.17	591049.5	740.83	114502.1	110.37	16168.8
		落叶松	28635.30	4712793.6	2103.94	216969.4	11161.59	1736010.6	10413.61	1930375.4	4956.16	829438.2
		红松	25638.56	4001109.4	2120.11	238481.5	16376.81	2505436.4	6304.88	1089774.1	836.76	167417.4
		樟子松	1009.33	149197.8	42.03	1382.9	112.34	14134.6	256.63	40040.6	598.33	93639.7
		赤松	7.19	609.9					4.05	435.0	3.14	174.9
		其他针叶树种	1.17	228.2							1.17	228.2
		蒙古栎	59339.40	8145271.0	5349.56	396026.0	39817.29	5492617.8	13559.07	2153446.4	613.48	103180.8
		白桦	28060.09	3979062.2	1299.03	97897.0	21400.41	3035224.2	5138.58	807157.9	222.07	38783.1
		枫桦	6588.34	1001137.2	49.68	6447.1	4204.28	611923.1	2220.90	367036.7	113.48	15730.3
		黑桦	198.33	22137.8	16.37	497.1	178.71	21149.0	3.25	491.7		
		水曲柳	3735.17	510991.2	52.75	2619.8	2847.32	371437.6	835.10	136933.8		
		胡桃楸	156.52	15377.5	20.92	778.3	131.65	14234.1	3.95	365.1		
		榆树	860.55	70955.8	181.11	5899.9	560.38	50231.2	108.62	13961.2	10.44	863.5
		其他硬阔类	566.59	61616.5	268.17	20741.7	220.07	30080.6	24.95	3858.3	53.40	6935.9
		椴树	16097.64	2215458.5	477.57	39729.4	11365.03	1532588.2	3993.68	591764.9	261.36	51376.0
		杨树	47.04	4469.2	5.61	318.9	36.43	3556.4	3.27	406.9	1.73	187.0
		柳树	36.08	1131.7	26.44	566.3	9.64	565.4				
		其他软阔类	54.08	5956.9	24.13	710.6	7.99	1441.1	21.96	3805.2		
		山杨	14976.91	2378611.3	567.71	50378.1	9562.62	1501461.3	3709.33	636653.1	1137.25	190118.8
		毛赤杨	1004.35	61437.9	357.48	13591.7	622.97	46216.9	22.32	1501.2	1.58	128.1
		槭树	1606.26	180789.9	53.41	1734.8	930.82	102143.7	521.49	65163.2	100.54	11748.2

表 4　黑龙江重点国有林区乔木林各龄组面积、蓄积按起源和优势树种（组）统计表（续 45）

单位：公顷、立方米

统计单位	起源	优势树种（组）	合计		幼龄林		中龄林		近熟林		成、过熟林	
			面积	蓄积	面积	蓄积	面积	蓄积	面积	蓄积	面积	蓄积
穆棱林业局	合计	山槐	203.27	19660.3	2.39	47.6	161.47	15956.0	29.14	2567.3	10.27	1089.4
		暴马丁香	1.66	70.5	0.59	6.3	1.07	64.2				
		青楷槭	7.74	431.6			7.74	431.6				
		花楷槭	23.25	1293.0			23.25	1293.0				
		波纹柳	220.00	8430.6	127.56	1969.8	74.50	4517.7	17.94	1943.1		
		稠李	3.18	113.7	0.34	2.1	2.84	111.6				
		山丁子	32.59	1448.9	11.70	300.2	16.36	905.2	4.53	243.5		
		其他阔叶树种	69.05	1266.0	69.05	1266.0						
		其他亚乔木	4.99	346.1			4.99	346.1				
	天然	合计	214695.67	31105059.2	11711.30	1000878.5	150206.91	21609521.3	49077.56	7851086.6	3699.90	643572.8
		冷杉	43925.46	6672169.7	1140.41	149512.5	32255.86	4891328.8	10273.29	1592326.9	255.90	39001.5
		云杉	5210.38	757684.7	595.79	69793.8	3798.21	561491.9	740.83	114502.1	75.55	11896.9
		落叶松	8677.64	1294195.3	322.00	36674.4	6623.51	957124.8	1658.97	286148.0	73.16	14248.1
		红松	23756.03	3773018.4	1059.30	126852.6	15623.72	2400010.9	6246.38	1080309.4	826.63	165845.5
		樟子松	18.37	2570.6			18.37	2570.6				
		其他针叶树种	1.17	228.2							1.17	228.2
		蒙古栎	59339.40	8145271.0	5349.56	396026.0	39817.29	5492617.8	13559.07	2153446.4	613.48	103180.8
		白桦	28060.09	3979062.2	1299.03	97897.0	21400.41	3035224.2	5138.58	807157.9	222.07	38783.1
		枫桦	6588.34	1001137.2	49.68	6447.1	4204.28	611923.1	2220.90	367036.7	113.48	15730.3
		黑桦	198.33	22137.8	16.37	497.1	178.71	21149.0	3.25	491.7		
		水曲柳	3717.57	509758.5	40.25	2619.8	2845.76	371235.5	831.56	135903.2		
		胡桃楸	156.52	15377.5	20.92	778.3	131.65	14234.1	3.95	365.1		
		榆树	843.08	70787.0	163.64	5731.1	560.38	50231.2	108.62	13961.2	10.44	863.5
		椴树	16097.64	2215458.5	477.57	39729.4	11365.03	1532588.2	3993.68	591764.9	261.36	51376.0
		杨树	43.89	4318.1	2.61	184.5	36.28	3539.7	3.27	406.9	1.73	187.0
		柳树	36.08	1131.7	26.44	566.3	9.64	565.4				
		山杨	14853.20	2365493.7	529.07	48679.5	9491.80	1491700.1	3699.79	635847.9	1132.54	189266.2
		毛赤杨	1003.49	61437.9	356.62	13591.7	622.97	46216.9	22.32	1501.2	1.58	128.1
		槭树	1606.26	180789.9	53.41	1734.8	930.82	102143.7	521.49	65163.2	100.54	11748.2
		山槐	203.27	19660.3	2.39	47.6	161.47	15956.0	29.14	2567.3	10.27	1089.4
		暴马丁香	1.66	70.5	0.59	6.3	1.07	64.2				
		青楷槭	7.74	431.6			7.74	431.6				
		花楷槭	23.25	1293.0			23.25	1293.0				
		波纹柳	220.00	8430.6	127.56	1969.8	74.50	4517.7	17.94	1943.1		
		稠李	3.18	113.7	0.34	2.1	2.84	111.6				
		山丁子	32.59	1448.9	11.70	300.2	16.36	905.2	4.53	243.5		
		其他阔叶树种	66.05	1236.6	66.05	1236.6						
		其他亚乔木	4.99	346.1			4.99	346.1				

表4 黑龙江重点国有林区乔木林各龄组面积、蓄积按起源和优势树种（组）统计表（续46）

单位：公顷、立方米

统计单位	起源	优势树种（组）	合计		幼龄林		中龄林		近熟林		成、过熟林	
			面积	蓄积	面积	蓄积	面积	蓄积	面积	蓄积	面积	蓄积
穆棱林业局	人工	合计	25558.11	4007077.1	4968.08	413838.5	5868.69	966934.6	9133.81	1703667.0	5587.53	922637.0
		云杉	1933.31	130877.7	1715.53	97048.2	182.96	29557.6			34.82	4271.9
		落叶松	19957.66	3418598.3	1781.94	180295.0	4538.08	778885.8	8754.64	1644227.4	4883.00	815190.1
		红松	1882.53	228091.0	1060.81	111628.9	753.09	105425.5	58.50	9464.7	10.13	1571.9
		樟子松	990.96	146627.2	42.03	1382.9	93.97	11564.0	256.63	40040.6	598.33	93639.7
		赤松	7.19	609.9					4.05	435.0	3.14	174.9
		水曲柳	17.60	1232.7	12.50		1.56	202.1	3.54	1030.6		
		榆树	17.47	168.8	17.47	168.8						
		其他硬阔类	566.59	61616.5	268.17	20741.7	220.07	30080.6	24.95	3858.3	53.40	6935.9
		杨树	3.15	151.1	3.00	134.4	0.15	16.7				
		其他软阔类	54.08	5956.9	24.13	710.6	7.99	1441.1	21.96	3805.2		
		山杨	123.71	13117.6	38.64	1698.6	70.82	9761.2	9.54	805.2	4.71	852.6
		毛赤杨	0.86		0.86							
		其他阔叶树种	3.00	29.4	3.00	29.4						
	其中：人天混	合计	9414.63	1409699.4	2035.38	172399.0	3237.03	514935.4	3257.53	581576.9	884.69	140788.1
		云杉	920.28	74541.9	853.81	63138.8	66.47	11403.1				
		落叶松	6998.86	1172002.2	378.83	41112.6	2671.15	436432.7	3193.16	570783.8	755.72	123673.1
		红松	668.36	68875.2	485.09	46165.4	183.27	22709.8				
		樟子松	156.98	20625.7	5.29	138.2	58.66	7178.8	17.46	3129.6	75.57	10179.1
		榆树	17.47	168.8	17.47	168.8						
		其他硬阔类	566.59	61616.5	268.17	20741.7	220.07	30080.6	24.95	3858.3	53.40	6935.9
		其他软阔类	54.08	5956.9	24.13	710.6	7.99	1441.1	21.96	3805.2		
		山杨	31.02	5912.2	1.60	222.9	29.42	5689.3				
		毛赤杨	0.86		0.86							
		其他阔叶树种	0.13		0.13							
绥阳林业局	合计	合计	473281.14	55625069.3	61370.21	4875675.8	303865.90	36520194.0	96549.61	12734560.2	11495.42	1494639.3
		冷杉	27274.55	4170705.6	2271.80	322318.2	20840.33	3198366.8	3764.48	591143.2	397.94	58877.4
		云杉	6421.70	614891.4	3513.65	202016.4	2348.94	327913.2	408.49	62765.4	150.62	22196.4
		落叶松	59323.23	7487839.5	11049.32	887416.4	35237.18	4779212.2	11320.68	1595835.4	1716.05	225375.5
		红松	21837.80	2594424.8	9415.35	974743.8	10438.23	1349438.9	1645.12	224974.4	339.10	45267.7
		樟子松	486.42	59905.5	56.32	1434.9	189.38	24392.8	176.32	24484.9	64.40	9592.9
		赤松	7913.40	1031307.0	175.54	16110.2	5968.42	749198.1	1698.43	254684.5	71.01	11314.2
		蒙古栎	235057.69	25907408.9	24128.18	1664514.9	152865.22	16911723.2	53421.26	6744206.5	4643.03	586964.3
		白桦	37592.89	4684738.7	3435.51	264531.3	27718.99	3544059.9	5528.74	762631.9	909.65	113515.6
		枫桦	5202.16	701253.1	647.56	79653.6	3334.11	434709.5	1208.58	185364.4	11.91	1525.6
		黑桦	3847.59	399410.8	260.81	18161.4	2753.51	286959.5	747.29	84694.0	85.98	9595.9
		水曲柳	2174.68	232061.9	158.54	9008.8	1654.01	179622.7	313.40	36832.1	48.73	6598.3
		胡桃楸	800.43	82602.3	66.82	5408.9	515.37	52798.6	205.39	23135.1	12.85	1259.7
		黄波罗	32.29	3281.7	3.88	262.1	26.14	2706.5	2.27	313.1		
		榆树	3040.99	250668.4	378.80	17208.4	1912.02	153220.9	594.61	62462.2	155.56	17776.9
		其他硬阔类	2043.37	191863.7	759.83	50132.0	1195.59	130687.4	77.52	9230.4	10.43	1813.9

表 4　黑龙江重点国有林区乔木林各龄组面积、蓄积按起源和优势树种（组）统计表（续 47）

单位：公顷、立方米

统计单位	起源	优势树种（组）	合计		幼龄林		中龄林		近熟林		成、过熟林	
			面积	蓄积	面积	蓄积	面积	蓄积	面积	蓄积	面积	蓄积
绥阳林业局	合计	椴树	34480.43	4269895.5	1985.75	177922.0	22899.24	2777213.4	8941.33	1223899.5	654.11	90860.6
		杨树	221.74	33540.8			23.75	1803.7	90.44	10795.7	107.55	20941.4
		柳树	91.36	5063.8	22.21	397.0	37.51	1809.4	22.28	2113.9	9.36	743.5
		其他软阔类	162.07	13339.7	105.35	7592.3	31.12	2929.5	25.60	2817.9		
		山杨	15056.90	2003086.8	891.57	67074.5	7820.60	1072553.4	4753.12	650740.0	1591.61	212718.9
		毛赤杨	3942.11	283191.7	870.58	37177.8	2329.44	174316.4	572.87	53994.4	169.22	17703.1
		槭树	3087.36	339915.0	536.63	45431.1	1839.81	200802.2	622.45	83808.7	88.47	9873.0
		山槐	1933.84	184990.5	176.59	11132.6	1369.82	129187.4	231.97	27646.0	155.46	17024.5
		千金榆	7.25	515.5			7.25	515.5				
		暴马丁香	117.64	8630.9	54.85	3284.0	54.44	4632.6	5.96	501.1	2.39	213.2
		青楷槭	91.16	7970.6					91.16	7970.6		
		波纹柳	838.96	45268.9	367.88	10761.4	392.35	25236.0	46.59	4178.7	32.14	5092.8
		稠李	13.11	1124.2	2.17	172.1	10.50	887.9	0.44	64.2		
		山丁子	51.79	3518.2	15.88	635.5	22.67	1395.1	13.24	1487.6		
		钻天柳	94.87	10907.9	7.29	677.1	6.23	932.1	17.30	1699.5	64.05	7599.2
		其他阔叶树种	22.21	920.0	11.55	497.1	4.58	143.2	2.28	84.9	3.80	194.8
		假色槭	19.15	826.0			19.15	826.0				
	天然	合计	418992.91	49342170.5	40294.81	3206226.3	278888.92	33067550.7	89424.91	11725391.0	10384.27	1343002.5
		冷杉	27274.55	4170705.6	2271.80	322318.2	20840.33	3198366.8	3764.48	591143.2	397.94	58877.4
		云杉	3920.69	546686.2	1018.73	134807.5	2342.85	326916.9	408.49	62765.4	150.62	22196.4
		落叶松	22637.30	2903221.1	1037.79	103919.5	16301.03	2071983.5	4606.16	639823.4	692.32	87494.7
		红松	9580.37	1241625.1	1821.83	217873.7	5866.56	766525.3	1552.88	211958.4	339.10	45267.7
		赤松	7912.92	1031252.2	175.54	16110.2	5968.42	749198.1	1698.43	254684.5	70.53	11259.4
		蒙古栎	235057.69	25907408.9	24128.18	1664514.9	152865.22	16911723.2	53421.26	6744206.5	4643.03	586964.3
		白桦	37592.89	4684738.7	3435.51	264531.3	27718.99	3544059.9	5528.74	762631.9	909.65	113515.6
		枫桦	5202.16	701253.1	647.56	79653.6	3334.11	434709.5	1208.58	185364.4	11.91	1525.6
		黑桦	3847.59	399410.8	260.81	18161.4	2753.51	286959.5	747.29	84694.0	85.98	9595.9
		水曲柳	2159.44	231489.5	143.87	8470.0	1653.44	179589.1	313.40	36832.1	48.73	6598.3
		胡桃楸	800.43	82602.3	66.82	5408.9	515.37	52798.6	205.39	23135.1	12.85	1259.7
		黄波罗	32.29	3281.7	3.88	262.1	26.14	2706.5	2.27	313.1		
		榆树	3040.99	250668.4	378.80	17208.4	1912.02	153220.9	594.61	62462.2	155.56	17776.9
		椴树	34480.43	4269895.5	1985.75	177922.0	22899.24	2777213.4	8941.33	1223899.5	654.11	90860.6
		杨树	214.96	33121.6			16.97	1384.5	90.44	10795.7	107.55	20941.4
		柳树	91.36	5063.8	22.21	397.0	37.51	1809.4	22.28	2113.9	9.36	743.5
		山杨	14929.73	1991992.1	854.04	64902.5	7781.57	1069533.1	4714.62	647132.0	1579.50	210424.5
		毛赤杨	3941.89	283191.7	870.36	37177.8	2329.44	174316.4	572.87	53994.4	169.22	17703.1
		槭树	3087.09	339911.4	536.36	45427.5	1839.81	200802.2	622.45	83808.7	88.47	9873.0
		山槐	1933.84	184990.5	176.59	11132.6	1369.82	129187.4	231.97	27646.0	155.46	17024.5
		千金榆	7.25	515.5			7.25	515.5				
		暴马丁香	117.64	8630.9	54.85	3284.0	54.44	4632.6	5.96	501.1	2.39	213.2
		青楷槭	91.16	7970.6					91.16	7970.6		

表4 黑龙江重点国有林区乔木林各龄组面积、蓄积按起源和优势树种（组）统计表（续48）

单位：公顷、立方米

统计单位	起源	优势树种（组）	合计		幼龄林		中龄林		近熟林		成、过熟林	
			面积	蓄积	面积	蓄积	面积	蓄积	面积	蓄积	面积	蓄积
绥阳林业局	天然	波纹柳	838.96	45268.9	367.88	10761.4	392.35	25236.0	46.59	4178.7	32.14	5092.8
		稠李	13.11	1124.2	2.17	172.1	10.50	887.9	0.44	64.2		
		山丁子	51.79	3518.2	15.88	635.5	22.67	1395.1	13.24	1487.6		
		钻天柳	94.87	10907.9	7.29	677.1	6.23	932.1	17.30	1699.5	64.05	7599.2
		其他阔叶树种	20.37	898.1	10.31	497.1	3.98	121.3	2.28	84.9	3.80	194.8
		假色槭	19.15	826.0			19.15	826.0				
	人工	合计	54288.23	6282898.8	21075.40	1669449.5	24976.98	3452643.3	7124.70	1009169.2	1111.15	151636.8
		云杉	2501.01	68205.2	2494.92	67208.9	6.09	996.3				
		落叶松	36685.93	4584618.4	10011.53	783496.9	18936.15	2707228.7	6714.52	956012.0	1023.73	137880.8
		红松	12257.43	1352799.7	7593.52	756870.1	4571.67	582913.6	92.24	13016.0		
		樟子松	486.42	59905.5	56.32	1434.9	189.38	24392.8	176.32	24484.9	64.40	9592.9
		赤松	0.48	54.8							0.48	54.8
		水曲柳	15.24	572.4	14.67	538.8	0.57	33.6				
		其他硬阔类	2043.37	191863.7	759.83	50132.0	1195.59	130687.4	77.52	9230.4	10.43	1813.9
		杨树	6.78	419.2			6.78	419.2				
		其他软阔类	162.07	13339.7	105.35	7592.3	31.12	2929.5	25.60	2817.9		
		山杨	127.17	11094.7	37.53	2172.0	39.03	3020.3	38.50	3608.0	12.11	2294.4
		毛赤杨	0.22		0.22							
		槭树	0.27	3.6	0.27	3.6						
		其他阔叶树种	1.84	21.9	1.24		0.60	21.9				
	其中：人天混	合计	25143.20	2826108.4	7773.30	567515.3	13101.26	1677785.2	3574.37	489143.0	694.27	91664.9
		云杉	940.18	41838.9	936.56	41100.2	3.62	738.7				
		落叶松	17059.89	2072814.6	2836.86	189192.6	10244.99	1339554.7	3309.22	456023.4	668.82	88043.9
		红松	4714.67	481570.6	3126.62	279056.6	1535.02	193732.1	53.03	8781.9		
		樟子松	171.16	20270.6	0.81	45.0	74.59	8810.7	81.53	9670.5	14.23	1744.4
		水曲柳	0.33		0.33							
		其他硬阔类	2043.37	191863.7	759.83	50132.0	1195.59	130687.4	77.52	9230.4	10.43	1813.9
		其他软阔类	162.07	13339.7	105.35	7592.3	31.12	2929.5	25.60	2817.9		
		山杨	51.04	4406.7	6.45	393.0	16.33	1332.1	27.47	2618.9	0.79	62.7
		毛赤杨	0.22		0.22							
		槭树	0.27	3.6	0.27	3.6						
海林林业局	合计	合计	145331.64	16115834.0	6678.50	516684.3	93436.83	10134922.8	40010.28	4800121.2	5206.03	664105.7
		冷杉	12663.00	1489049.6	140.22	12566.6	9872.92	1164000.1	2484.42	294908.3	165.44	17574.6
		云杉	5088.50	503698.6	568.31	46202.9	3646.51	367017.9	824.13	86485.3	49.55	3992.5
		落叶松	18003.43	2363249.3	917.37	72312.5	7480.88	955484.4	6811.84	961558.0	2793.34	373894.4
		红松	14224.87	1816747.8	2054.31	253421.5	9538.75	1225163.9	2517.24	324306.8	114.57	13855.6
		樟子松	1780.75	253210.7	81.89	3859.4	381.67	54002.4	860.22	127687.0	456.97	67661.9
		蒙古栎	11879.57	1387692.5	912.78	41504.5	7859.07	899778.5	2923.89	420488.4	183.83	25921.1
		白桦	4001.49	398261.9	655.59	23855.9	2690.75	283455.4	612.89	83345.2	42.26	7605.4
		枫桦	16443.76	1693203.5	54.64	4864.3	9948.59	976354.4	6107.41	674034.2	333.12	37950.6
		黑桦	142.85	12078.7	11.63	515.6	131.22	11563.1				

表 4　黑龙江重点国有林区乔木林各龄组面积、蓄积按起源和优势树种（组）统计表（续 49）

单位：公顷、立方米

统计单位	起源	优势树种（组）	合计		幼龄林		中龄林		近熟林		成、过熟林	
			面积	蓄积	面积	蓄积	面积	蓄积	面积	蓄积	面积	蓄积
海林林业局	合计	水曲柳	20506.53	2125783.6	208.00	13637.1	16114.75	1667614.2	4066.60	430112.7	117.18	14419.6
		胡桃楸	3057.07	305956.2	20.73	708.8	2098.58	207150.6	937.76	98096.8		
		黄波罗	211.28	20760.6			186.48	18367.6	21.21	2028.7	3.59	364.3
		榆树	4900.83	446247.5	87.50	4277.9	3054.34	276964.0	1698.31	158439.4	60.68	6566.2
		其他硬阔类	322.12	35831.9	64.80	5182.9	257.32	30649.0				
		椴树	16031.57	1734175.5	194.70	13622.7	10004.07	1029021.1	5564.39	660900.0	268.41	30631.7
		杨树	331.07	40469.5	10.75	459.8	189.67	23085.0	107.06	13849.8	23.59	3074.9
		柳树	69.71	5935.8	8.76	28.1	24.09	1980.9	35.06	3830.3	1.80	96.5
		其他软阔类	37.87	3482.0	14.06	401.1	23.81	3080.9				
		山杨	2801.04	336280.2	82.97	3351.9	1721.78	206744.7	764.34	98030.3	231.95	28153.3
		毛赤杨	888.89	70393.9	100.92	3423.6	706.68	60604.1	42.40	2885.1	38.89	3481.1
		槭树	9135.66	882753.4	160.84	9416.7	5465.52	525840.5	3343.67	331797.1	165.63	15699.1
		山槐	29.16	2041.8			29.16	2041.8				
		暴马丁香	334.45	13272.2	124.19	683.0	196.53	11892.4	13.73	696.8		
		青楷槭	680.99	56995.7			556.71	42942.6	75.08	8499.4	49.20	5553.7
		花楷槭	1280.97	96049.5			1000.45	72911.1	176.82	15753.8	103.70	7384.6
		波纹柳	363.76	14682.9	169.89	1727.6	177.57	11022.1	13.97	1708.6	2.33	224.6
		稠李	39.60	1937.9	11.90	273.9	27.70	1664.0				
		山丁子	32.77	1632.4	14.45	138.3	18.32	1494.1				
		花曲柳	20.12	2428.5			20.12	2428.5				
		钻天柳	7.14	615.5					7.14	615.5		
		其他阔叶树种	6.63	231.9	2.20		3.73	168.2	0.70	63.7		
		假色槭	14.19	683.0	5.10	247.7	9.09	435.3				
	天然	合计	120763.07	12826502.1	3175.67	162386.8	83126.48	8712711.2	32521.27	3731405.6	1939.65	219998.5
		冷杉	12663.00	1489049.6	140.22	12566.6	9872.92	1164000.1	2484.42	294908.3	165.44	17574.6
		云杉	4351.77	433642.5	63.65	6473.9	3438.07	339361.1	800.50	83815.0	49.55	3992.5
		落叶松	2315.41	270392.9	33.07	2892.2	1949.10	226910.3	333.24	40590.4		
		红松	8417.58	994870.4	203.76	19267.8	5693.78	652922.1	2405.47	308824.9	114.57	13855.6
		樟子松	38.85	3951.1	0.96		37.89	3951.1				
		蒙古栎	11879.57	1387692.5	912.78	41504.5	7859.07	899778.5	2923.89	420488.4	183.83	25921.1
		白桦	3993.07	398046.3	647.17	23640.3	2690.75	283455.4	612.89	83345.2	42.26	7605.4
		枫桦	16443.76	1693203.5	54.64	4864.3	9948.59	976354.4	6107.41	674034.2	333.12	37950.6
		黑桦	142.85	12078.7	11.63	515.6	131.22	11563.1				
		水曲柳	20374.04	2116331.6	153.72	12999.8	16043.80	1659859.2	4059.34	429053.0	117.18	14419.6
		胡桃楸	3038.30	305358.6	7.03	532.7	2093.51	206729.1	937.76	98096.8		
		黄波罗	211.28	20760.6			186.48	18367.6	21.21	2028.7	3.59	364.3
		榆树	4898.68	446075.3	86.31	4215.6	3053.97	276917.9	1698.31	158439.4	60.09	6502.4
		椴树	16031.57	1734175.5	194.70	13622.7	10004.07	1029021.1	5564.39	660900.0	268.41	30631.7
		杨树	321.15	39923.0	9.37	459.8	181.88	22592.1	106.31	13796.2	23.59	3074.9
		柳树	67.31	5839.3	8.16	28.1	24.09	1980.9	35.06	3830.3		
		山杨	2750.25	331766.4	61.71	2892.1	1712.01	205813.1	758.26	97298.5	218.27	25762.7

表4 黑龙江重点国有林区乔木林各龄组面积、蓄积按起源和优势树种（组）统计表（续50）

单位：公顷、立方米

统计单位	起源	优势树种（组）	合计		幼龄林		中龄林		近熟林		成、过熟林	
			面积	蓄积	面积	蓄积	面积	蓄积	面积	蓄积	面积	蓄积
海林林业局	天然	毛赤杨	885.82	70251.5	100.42	3423.6	704.11	60461.7	42.40	2885.1	38.89	3481.1
		槭树	9135.66	882753.4	160.84	9416.7	5465.52	525840.5	3343.67	331797.1	165.63	15699.1
		山槐	29.16	2041.8			29.16	2041.8				
		暴马丁香	334.45	13272.2	124.19	683.0	196.53	11892.4	13.73	696.8		
		青楷槭	680.99	56995.7			556.71	42942.6	75.08	8499.4	49.20	5553.7
		花楷槭	1280.97	96049.5			1000.45	72911.1	176.82	15753.8	103.70	7384.6
		波纹柳	363.76	14682.9	169.89	1727.6	177.57	11022.1	13.97	1708.6	2.33	224.6
		稠李	39.60	1937.9	11.90	273.9	27.70	1664.0				
		山丁子	32.77	1632.4	14.45	138.3	18.32	1494.1				
		花曲柳	20.12	2428.5			20.12	2428.5				
		钻天柳	7.14	615.5					7.14	615.5		
		假色槭	14.19	683.0	5.10	247.7	9.09	435.3				
	人工	合计	24568.57	3289331.9	3502.83	354297.5	10310.35	1422211.6	7489.01	1068715.6	3266.38	444107.2
		云杉	736.73	70056.1	504.66	39729.0	208.44	27656.8	23.63	2670.3		
		落叶松	15688.02	2092856.4	884.30	69420.3	5531.78	728574.1	6478.60	920967.6	2793.34	373894.4
		红松	5807.29	821877.4	1850.55	234153.7	3844.97	572241.8	111.77	15481.9		
		樟子松	1741.90	249259.6	80.93	3859.4	343.78	50051.3	860.22	127687.0	456.97	67661.9
		白桦	8.42	215.6	8.42	215.6						
		水曲柳	132.49	9452.0	54.28	637.3	70.95	7755.0	7.26	1059.7		
		胡桃楸	18.77	597.6	13.70	176.1	5.07	421.5				
		榆树	2.15	172.2	1.19	62.3	0.37	46.1			0.59	63.8
		其他硬阔类	322.12	35831.9	64.80	5182.9	257.32	30649.0				
		杨树	9.92	546.5	1.38		7.79	492.9	0.75	53.6		
		柳树	2.40	96.5	0.60						1.80	96.5
		其他软阔类	37.87	3482.0	14.06	401.1	23.81	3080.9				
		山杨	50.79	4513.8	21.26	459.8	9.77	931.6	6.08	731.8	13.68	2390.6
		毛赤杨	3.07	142.4	0.50		2.57	142.4				
		其他阔叶树种	6.63	231.9	2.20		3.73	168.2	0.70	63.7		
	其中：人天混	合计	6782.52	818015.6	1017.92	97814.4	3450.56	418137.9	1974.21	261131.6	339.83	40931.7
		云杉	314.12	29077.2	229.98	19522.3	84.14	9554.9				
		落叶松	4472.39	547381.7	179.24	15999.3	2148.20	250147.0	1814.32	242146.8	330.63	39088.6
		红松	1436.30	180682.3	504.86	54765.8	860.84	117216.7	70.60	8699.8		
		樟子松	126.26	14161.4	21.58	1813.4	14.04	1343.4	82.03	9225.3	8.61	1779.3
		水曲柳	53.45	6085.3	1.71	67.3	44.48	4958.3	7.26	1059.7		
		胡桃楸	5.07	421.5			5.07	421.5				
		榆树	2.15	172.2	1.19	62.3	0.37	46.1			0.59	63.8
		其他硬阔类	322.12	35831.9	64.80	5182.9	257.32	30649.0				
		杨树	5.24	367.1			5.24	367.1				
		其他软阔类	37.87	3482.0	14.06	401.1	23.81	3080.9				
		山杨	0.75	42.4			0.75	42.4				
		毛赤杨	3.07	142.4	0.50		2.57	142.4				
		其他阔叶树种	3.73	168.2			3.73	168.2				

表 4　黑龙江重点国有林区乔木林各龄组面积、蓄积按起源和优势树种（组）统计表（续 51）

单位：公顷、立方米

统计单位	起源	优势树种（组）	合计		幼龄林		中龄林		近熟林		成、过熟林	
			面积	蓄积	面积	蓄积	面积	蓄积	面积	蓄积	面积	蓄积
林口林业局	合计	合计	219689.79	21493458.9	63889.80	3753333.7	102563.09	10739471.4	42064.96	5440412.4	11171.94	1560241.4
		冷杉	2380.23	368540.5	6.18	528.8	2016.72	292884.8	294.40	57560.2	62.93	17566.7
		云杉	3296.28	127635.0	3059.74	94462.4	195.46	27377.3	29.75	3665.1	11.33	2130.2
		落叶松	35138.67	4374628.6	4315.37	248744.7	11232.46	1423432.1	14436.33	1983847.0	5154.51	718604.8
		红松	20153.33	1878898.5	15533.46	1346053.2	4465.58	510522.7	150.88	21527.3	3.41	795.3
		樟子松	4076.77	481412.1	287.83	8445.0	959.75	107397.0	2051.78	256821.4	777.41	108748.7
		赤松	125.67	11905.3	12.39	1478.9			16.78	1734.0	96.50	8692.4
		其他针叶树种	9.50	377.5	3.89				2.37	75.7	3.24	301.8
		蒙古栎	93427.02	7576157.8	32750.24	1576750.5	46754.79	4354877.8	12891.40	1497794.9	1030.59	146734.6
		白桦	16694.64	1839433.1	2696.20	175350.1	8966.90	983406.0	4043.47	562491.9	988.07	118185.1
		枫桦	5169.54	669367.3	4.17	35.4	4249.69	555341.9	897.94	111572.6	17.74	2417.4
		黑桦	1448.62	141337.0	167.14	9298.2	966.59	98278.7	293.14	31761.7	21.75	1998.4
		水曲柳	3373.65	394451.3	165.92	13721.5	2841.71	339410.1	346.23	38649.3	19.79	2670.4
		胡桃楸	826.93	79845.6	97.61	8905.1	525.66	45066.7	194.63	24548.7	9.03	1325.1
		黄波罗	86.74	9696.2	2.27	61.4	67.47	7295.1	17.00	2339.7		
		榆树	940.50	64946.2	75.70	2171.4	679.16	46518.0	115.94	10002.4	69.70	6254.4
		其他硬阔类	676.73	56868.5	366.40	21373.0	233.48	27897.4	58.73	5834.1	18.12	1764.0
		椴树	20421.42	2250226.8	2422.64	179853.6	14259.06	1540459.3	3087.88	420761.2	651.84	109152.7
		杨树	10.13	1765.9			0.28	11.0	4.01	753.8	5.84	1001.1
		柳树	5.41	510.5	0.88	61.4	4.53	449.1				
		其他软阔类	38.37	2532.2	28.10	1578.6	10.27	953.6				
		山杨	7277.53	932207.0	368.30	21037.1	2050.56	241567.3	2698.83	368829.7	2159.84	300772.9
		毛赤杨	2114.09	80438.2	1113.95	33295.8	941.24	43464.2	58.90	3678.2		
		槭树	1515.02	135471.9	141.47	6316.0	962.30	84645.3	342.82	33538.3	68.43	10972.3
		山槐	142.55	7760.2	54.25	1799.6	59.44	3434.1	26.99	2373.4	1.87	153.1
		千金榆	19.45	675.4			19.45	675.4				
		暴马丁香	2.97	268.0	0.24	4.2	2.73	263.8				
		青楷槭	10.77	1294.7			8.99	1196.6	1.78	98.1		
		波纹柳	156.36	3302.8	92.22	1223.5	61.16	1925.6	2.98	153.7		
		稠李	0.94	5.4	0.94	5.4						
		山丁子	16.68	468.1	13.64	375.1	3.04	93.0				
		岳桦	2.53	153.4			2.53	153.4				
		其他阔叶树种	104.93	381.4	92.45	155.3	12.48	226.1				
		其他亚乔木	25.82	496.5	16.21	248.5	9.61	248.0				
	天然	合计	157097.74	14698222.9	40415.09	2052161.3	86007.72	8720752.6	25491.86	3194034.7	5183.07	731274.3
		冷杉	2380.23	368540.5	6.18	528.8	2016.72	292884.8	294.40	57560.2	62.93	17566.7
		云杉	247.31	33086.1	23.36	1089.8	182.87	26201.0	29.75	3665.1	11.33	2130.2
		落叶松	261.96	36262.4	36.21	3791.9	99.11	12558.7	44.20	8228.8	82.44	11683.0
		红松	656.83	83988.1	165.85	18834.6	360.75	45938.0	126.82	18420.2	3.41	795.3
		樟子松	11.26	752.9	3.78				4.11	481.3	3.37	271.6
		蒙古栎	93427.02	7576157.8	32750.24	1576750.5	46754.79	4354877.8	12891.40	1497794.9	1030.59	146734.6

表4 黑龙江重点国有林区乔木林各龄组面积、蓄积按起源和优势树种（组）统计表（续52）

单位：公顷、立方米

统计单位	起源	优势树种（组）	合计		幼龄林		中龄林		近熟林		成、过熟林	
			面积	蓄积	面积	蓄积	面积	蓄积	面积	蓄积	面积	蓄积
林口林业局	天然	白桦	16671.23	1838520.7	2694.03	175329.3	8945.66	982514.4	4043.47	562491.9	988.07	118185.1
		枫桦	5169.54	669367.3	4.17	35.4	4249.69	555341.9	897.94	111572.6	17.74	2417.4
		黑桦	1448.62	141337.0	167.14	9298.2	966.59	98278.7	293.14	31761.7	21.75	1998.4
		水曲柳	3343.79	393086.9	159.43	13487.8	2818.34	338279.4	346.23	38649.3	19.79	2670.4
		胡桃楸	826.93	79845.6	97.61	8905.1	525.66	45066.7	194.63	24548.7	9.03	1325.1
		黄波罗	76.07	8260.8	2.27	61.4	66.84	7277.3	6.96	922.1		
		榆树	935.41	64770.9	70.61	1996.1	679.16	46518.0	115.94	10002.4	69.70	6254.4
		椴树	20397.91	2248274.2	2406.73	178787.7	14251.46	1539572.6	3087.88	420761.2	651.84	109152.7
		杨树	10.13	1765.9			0.28	11.0	4.01	753.8	5.84	1001.1
		柳树	4.53	449.1			4.53	449.1				
		山杨	7145.98	923240.0	326.82	19915.6	2006.71	238782.7	2677.51	366578.8	2134.94	297962.9
		毛赤杨	2114.09	80438.2	1113.95	33295.8	941.24	43464.2	58.90	3678.2		
		槭树	1515.02	135471.9	141.47	6316.0	962.30	84645.3	342.82	33538.3	68.43	10972.3
		山槐	131.93	7694.5	43.63	1733.9	59.44	3434.1	26.99	2373.4	1.87	153.1
		千金榆	19.45	675.4			19.45	675.4				
		暴马丁香	2.97	268.0	0.24	4.2	2.73	263.8				
		青楷槭	10.77	1294.7			8.99	1196.6	1.78	98.1		
		波纹柳	156.36	3302.8	92.22	1223.5	61.16	1925.6	2.98	153.7		
		稠李	0.94	5.4	0.94	5.4						
		山丁子	16.68	468.1	13.64	375.1	3.04	93.0				
		岳桦	2.53	153.4			2.53	153.4				
		其他阔叶树种	86.43	247.8	78.36	146.7	8.07	101.1				
		其他亚乔木	25.82	496.5	16.21	248.5	9.61	248.0				
	人工	合计	62592.05	6795236.0	23474.71	1701172.4	16555.37	2018718.8	16573.10	2246377.7	5988.87	828967.1
		云杉	3048.97	94548.9	3036.38	93372.6	12.59	1176.3				
		落叶松	34876.71	4338366.2	4279.16	244952.8	11133.35	1410873.4	14392.13	1975618.2	5072.07	706921.8
		红松	19496.50	1794910.4	15367.61	1327218.6	4104.83	464584.7	24.06	3107.1		
		樟子松	4065.51	480659.2	284.05	8445.0	959.75	107397.0	2047.67	256340.1	774.04	108477.1
		赤松	125.67	11905.3	12.39	1478.9			16.78	1734.0	96.50	8692.4
		其他针叶树种	9.50	377.5	3.89				2.37	75.7	3.24	301.8
		白桦	23.41	912.4	2.17	20.8	21.24	891.6				
		水曲柳	29.86	1364.4	6.49	233.7	23.37	1130.7				
		黄波罗	10.67	1435.4			0.63	17.8	10.04	1417.6		
		榆树	5.09	175.3	5.09	175.3						
		其他硬阔类	676.73	56868.5	366.40	21373.0	233.48	27897.4	58.73	5834.1	18.12	1764.0
		椴树	23.51	1952.6	15.91	1065.9	7.60	886.7				
		柳树	0.88	61.4	0.88	61.4						
		其他软阔类	38.37	2532.2	28.10	1578.6	10.27	953.6				
		山杨	131.55	8967.0	41.48	1121.5	43.85	2784.6	21.32	2250.9	24.90	2810.0
		山槐	10.62	65.7	10.62	65.7						
		其他阔叶树种	18.50	133.6	14.09	8.6	4.41	125.0				

表 4　黑龙江重点国有林区乔木林各龄组面积、蓄积按起源和优势树种（组）统计表（续 53）

单位：公顷、立方米

统计单位	起源	优势树种（组）	合计		幼龄林		中龄林		近熟林		成、过熟林	
			面积	蓄积	面积	蓄积	面积	蓄积	面积	蓄积	面积	蓄积
林口林业局	其中：人天混	合计	19186.90	1765590.2	9795.57	641591.2	5288.66	590524.9	3169.73	402592.2	932.94	130881.9
		云杉	1305.72	48602.6	1305.72	48602.6						
		落叶松	8470.20	965878.9	1090.08	55607.3	3937.58	445562.9	2610.06	343857.9	832.48	120850.8
		红松	7665.03	596364.8	6894.88	509080.9	746.09	84176.8	24.06	3107.1		
		樟子松	950.44	89805.1	75.79	3921.9	339.40	30383.2	463.81	48233.1	71.44	7266.9
		其他针叶树种	5.61	377.5					2.37	75.7	3.24	301.8
		水曲柳	17.22	784.3	2.98	120.0	14.24	664.3				
		黄波罗	10.04	1417.6					10.04	1417.6		
		榆树	5.09	175.3	5.09	175.3						
		其他硬阔类	676.73	56868.5	366.40	21373.0	233.48	27897.4	58.73	5834.1	18.12	1764.0
		椴树	23.51	1952.6	15.91	1065.9	7.60	886.7				
		其他软阔类	38.37	2532.2	28.10	1578.6	10.27	953.6				
		山杨	8.32	765.1					0.66	66.7	7.66	698.4
		山槐	10.62	65.7	10.62	65.7						
八面通林业局	合计	合计	125535.88	11116963.2	33015.16	2021680.0	61266.76	5710213.8	25530.07	2723237.0	5723.89	661832.4
		冷杉	4280.84	444234.1	17.35	1146.9	3665.03	380999.4	545.44	55668.0	53.02	6419.8
		云杉	2487.88	153607.5	1931.02	100013.1	493.12	48234.6	63.74	5359.8		
		落叶松	33952.23	3578689.5	3496.39	233670.4	12242.44	1237268.5	14386.52	1657076.1	3826.88	450674.5
		红松	10252.67	1027778.8	6231.29	550998.8	3624.13	435181.5	347.52	36801.3	49.73	4797.2
		樟子松	1143.38	141400.0	33.07	1501.9	132.09	13602.6	793.96	97971.6	184.26	28323.9
		赤松	4.07	310.8			4.07	310.8				
		蒙古栎	40381.21	2842630.3	15543.76	758238.0	19511.44	1622832.3	5141.40	445567.2	184.61	15992.8
		白桦	7611.91	622190.3	2200.28	146796.8	5203.95	456763.2	177.45	15511.4	30.23	3118.9
		枫桦	1335.44	141024.8	64.33	6262.6	1074.24	112909.6	193.01	21508.0	3.86	344.6
		黑桦	1237.77	98683.1	93.12	5301.7	940.83	75813.9	152.98	12935.8	50.84	4631.7
		水曲柳	969.63	89180.7	97.32	8226.5	698.75	63579.9	160.00	16332.4	13.56	1041.9
		胡桃楸	375.54	31485.9	9.06	391.1	297.34	24737.5	69.14	6357.3		
		黄波罗	0.66	81.9	0.66	81.9						
		榆树	480.70	32540.8	67.60	3072.9	312.26	22628.8	88.23	5588.9	12.61	1250.2
		其他硬阔类	583.63	45845.6	392.27	27833.9	185.25	17319.1	6.11	692.6		
		椴树	12629.35	1155211.6	1876.26	128629.0	9186.14	862255.9	1450.08	154527.3	116.87	9799.4
		杨树	3.17	303.5					3.17	303.5		
		其他软阔类	57.06	5341.9	6.98	524.6	41.57	3868.3	6.53	819.7	1.98	129.3
		山杨	5748.56	564414.4	463.66	26555.4	2458.81	237313.4	1651.61	166993.0	1174.48	133552.6
		毛赤杨	659.62	31857.7	346.44	14795.0	238.80	13036.4	74.38	4026.3		
		槭树	1141.23	101078.0	60.19	4726.6	853.93	76545.0	207.80	18151.0	19.31	1655.4
		山槐	42.66	2805.8	12.79	508.4	19.82	1290.6	10.05	1006.8		
		波纹柳	141.33	5754.5	63.75	2145.5	74.98	3469.8	0.95	39.0	1.65	100.2
		山丁子	12.63	463.9	4.86	211.2	7.77	252.7				
		其他阔叶树种	2.71	47.8	2.71	47.8						

表4 黑龙江重点国有林区乔木林各龄组面积、蓄积按起源和优势树种（组）统计表（续54）

单位：公顷、立方米

统计单位	起源	优势树种（组）	合计		幼龄林		中龄林		近熟林		成、过熟林	
			面积	蓄积	面积	蓄积	面积	蓄积	面积	蓄积	面积	蓄积
八面通林业局	天然	合计	80468.21	6503849.0	21462.81	1161323.4	46942.48	4190835.0	10348.77	968763.9	1714.15	182926.7
		冷杉	4280.84	444234.1	17.35	1146.9	3665.03	380999.4	545.44	55668.0	53.02	6419.8
		云杉	727.17	70005.3	242.22	24820.5	427.48	40194.4	57.47	4990.4		
		落叶松	1342.65	130755.6	122.70	9246.3	1128.47	111458.5	82.16	9199.7	9.32	851.1
		红松	1463.23	148657.2	222.07	22729.2	859.40	86078.6	332.03	35052.2	49.73	4797.2
		樟子松	5.00	437.0			5.00	437.0				
		蒙古栎	40381.21	2842630.3	15543.76	758238.0	19511.44	1622832.3	5141.40	445567.2	184.61	15992.8
		白桦	7611.91	622190.3	2200.28	146796.8	5203.95	456763.2	177.45	15511.4	30.23	3118.9
		枫桦	1335.44	141024.8	64.33	6262.6	1074.24	112909.6	193.01	21508.0	3.86	344.6
		黑桦	1237.77	98683.1	93.12	5301.7	940.83	75813.9	152.98	12935.8	50.84	4631.7
		水曲柳	918.21	83509.6	97.32	8226.5	684.07	62263.6	123.26	11977.6	13.56	1041.9
		胡桃楸	374.81	31414.3	9.06	391.1	296.61	24665.9	69.14	6357.3		
		黄波罗	0.66	81.9	0.66	81.9						
		榆树	480.70	32540.8	67.60	3072.9	312.26	22628.8	88.23	5588.9	12.61	1250.2
		椴树	12600.59	1153223.4	1850.48	126840.8	9183.16	862055.9	1450.08	154527.3	116.87	9799.4
		杨树	3.17	303.5					3.17	303.5		
		山杨	5704.67	562150.1	441.12	25733.7	2455.24	237139.4	1639.77	166353.5	1168.54	132923.5
		毛赤杨	659.62	31857.7	346.44	14795.0	238.80	13036.4	74.38	4026.3		
		槭树	1141.23	101078.0	60.19	4726.6	853.93	76545.0	207.80	18151.0	19.31	1655.4
		山槐	42.66	2805.8	12.79	508.4	19.82	1290.6	10.05	1006.8		
		波纹柳	141.33	5754.5	63.75	2145.5	74.98	3469.8	0.95	39.0	1.65	100.2
		山丁子	12.63	463.9	4.86	211.2	7.77	252.7				
		其他阔叶树种	2.71	47.8	2.71	47.8						
	人工	合计	45067.67	4613114.2	11552.35	860356.6	14324.28	1519378.8	15181.30	1754473.1	4009.74	478905.7
		云杉	1760.71	83602.2	1688.80	75192.6	65.64	8040.2	6.27	369.4		
		落叶松	32609.58	3447933.9	3373.69	224424.1	11113.97	1125810.0	14304.36	1647876.4	3817.56	449823.4
		红松	8789.44	879121.6	6009.22	528269.6	2764.73	349102.9	15.49	1749.1		
		樟子松	1138.38	140963.0	33.07	1501.9	127.09	13165.6	793.96	97971.6	184.26	28323.9
		赤松	4.07	310.8			4.07	310.8				
		水曲柳	51.42	5671.1			14.68	1316.3	36.74	4354.8		
		胡桃楸	0.73	71.6			0.73	71.6				
		其他硬阔类	583.63	45845.6	392.27	27833.9	185.25	17319.1	6.11	692.6		
		椴树	28.76	1988.2	25.78	1788.2	2.98	200.0				
		其他软阔类	57.06	5341.9	6.98	524.6	41.57	3868.3	6.53	819.7	1.98	129.3
		山杨	43.89	2264.3	22.54	821.7	3.57	174.0	11.84	639.5	5.94	629.1

表 4　黑龙江重点国有林区乔木林各龄组面积、蓄积按起源和优势树种（组）统计表（续 55）

单位：公顷、立方米

统计单位	起源	优势树种（组）	合计		幼龄林		中龄林		近熟林		成、过熟林	
			面积	蓄积	面积	蓄积	面积	蓄积	面积	蓄积	面积	蓄积
八面通林业局	其中：人天混	合计	11319.33	1043473.0	4851.02	357831.7	3306.88	323236.9	2257.63	255137.4	903.80	107267.0
		云杉	745.00	41274.9	683.50	34256.9	55.23	6648.6	6.27	369.4		
		落叶松	6145.74	624513.3	641.85	41036.1	2406.35	228445.8	2202.14	248548.9	895.40	106482.5
		红松	3705.26	318213.5	3100.64	252392.0	604.62	65821.5				
		樟子松	44.01	5375.0			5.14	477.3	36.58	4706.8	2.29	190.9
		水曲柳	5.01	384.7			5.01	384.7				
		胡桃楸	0.73	71.6			0.73	71.6				
		其他硬阔类	583.63	45845.6	392.27	27833.9	185.25	17319.1	6.11	692.6		
		椴树	28.76	1988.2	25.78	1788.2	2.98	200.0				
		其他软阔类	57.06	5341.9	6.98	524.6	41.57	3868.3	6.53	819.7	1.98	129.3
		山杨	4.13	464.3							4.13	464.3
青梅实验林场	合计	合计	3397.26	359995.3	2047.00	207036.7	1337.40	152257.0	12.86	701.6		
		云杉	55.32	3373.3	55.32	3373.3						
		落叶松	660.56	83668.3	264.51	31661.5	383.19	51305.2	12.86	701.6		
		红松	185.59	29017.4	183.35	28596.1	2.24	421.3				
		樟子松	304.44	35538.1	92.63	9458.4	211.81	26079.7				
		蒙古栎	1941.97	186448.6	1323.36	122585.7	618.61	63862.9				
		黑桦	19.00	1693.8			19.00	1693.8				
		椴树	128.18	12824.9	85.87	8891.0	42.31	3933.9				
		杨树	0.35	15.8	0.35	15.8						
		山杨	44.42	2827.4	41.61	2454.9	2.81	372.5				
		槭树	33.82	2767.7			33.82	2767.7				
		山槐	23.61	1820.0			23.61	1820.0				
	天然	合计	2146.58	205555.0	1409.23	131476.7	737.35	74078.3				
		蒙古栎	1941.97	186448.6	1323.36	122585.7	618.61	63862.9				
		黑桦	19.00	1693.8			19.00	1693.8				
		椴树	128.18	12824.9	85.87	8891.0	42.31	3933.9				
		槭树	33.82	2767.7			33.82	2767.7				
		山槐	23.61	1820.0			23.61	1820.0				
	人工	合计	1250.68	154440.3	637.77	75560.0	600.05	78178.7	12.86	701.6		
		云杉	55.32	3373.3	55.32	3373.3						
		落叶松	660.56	83668.3	264.51	31661.5	383.19	51305.2	12.86	701.6		
		红松	185.59	29017.4	183.35	28596.1	2.24	421.3				
		樟子松	304.44	35538.1	92.63	9458.4	211.81	26079.7				
		杨树	0.35	15.8	0.35	15.8						
		山杨	44.42	2827.4	41.61	2454.9	2.81	372.5				
	其中：人天混	合计	71.83	7828.6	35.55	3371.6	30.17	4013.6	6.11	443.4		
		云杉	14.98	1481.9	14.98	1481.9						
		落叶松	44.58	4706.4	17.56	1645.1	20.91	2617.9	6.11	443.4		
		红松	1.90	168.3	1.90	168.3						
		樟子松	10.37	1472.0	1.11	76.3	9.26	1395.7				

表 4　黑龙江重点国有林区乔木林各龄组面积、蓄积按起源和优势树种（组）统计表（续 56）

单位：公顷、立方米

统计单位	起源	优势树种（组）	合计		幼龄林		中龄林		近熟林		成、过熟林	
			面积	蓄积	面积	蓄积	面积	蓄积	面积	蓄积	面积	蓄积
山河屯林业局	合计	合计	181392.88	21250150.1	8368.76	570007.9	118907.76	13471675.0	46611.03	6295813.0	7505.33	912654.2
		冷杉	7780.15	933810.3	87.67	3969.9	5209.60	605851.1	2349.14	306606.9	133.74	17382.4
		云杉	7415.68	810943.6	2148.19	197181.6	4939.26	573021.6	247.13	31556.1	81.10	9184.3
		落叶松	9079.35	1103481.8	1231.54	85219.8	5976.20	741867.9	1655.54	243829.2	216.07	32564.9
		红松	1174.36	136545.5	269.12	18052.7	851.46	112111.1	53.78	6381.7		
		樟子松	92.78	8729.4	18.75	638.7	32.23	2092.4	22.40	2656.3	19.40	3342.0
		蒙古栎	9991.34	1363010.4	417.06	29869.3	6632.62	883237.3	2886.95	441929.0	54.71	7974.8
		白桦	6636.64	698113.7	705.87	32550.5	5491.09	613263.5	381.60	43295.2	58.08	9004.5
		枫桦	30287.00	3341968.8	864.44	46340.1	14786.58	1499245.0	10769.64	1372427.6	3866.34	423956.1
		水曲柳	38072.11	4491540.0	872.49	51731.1	27132.11	3069941.2	9066.74	1240236.6	1000.77	129631.1
		胡桃楸	42450.35	5116165.2	539.55	37303.3	29636.85	3382737.3	11461.16	1587996.5	812.79	108128.1
		黄波罗	398.77	39689.6	10.80	453.7	267.36	25531.5	120.61	13704.4		
		榆树	4047.69	421495.7	131.30	6775.3	2833.07	283281.8	871.41	100819.7	211.91	30618.9
		其他硬阔类	80.06	7990.4	41.12	3033.4	38.94	4957.0				
		椴树	7906.71	1013982.8	364.49	26305.5	4376.28	538216.7	2961.80	418400.2	204.14	31060.4
		杨树	849.44	91213.9	15.46	842.4	474.64	43718.5	119.06	17585.1	240.28	29067.9
		柳树	22.38	1084.8	10.37	61.3	12.01	1023.5				
		其他软阔类	320.85	36003.3	15.74	1221.5	268.99	30243.3	36.12	4538.5		
		山杨	2238.12	294992.2	172.25	9160.7	918.42	109044.7	979.03	149079.1	168.42	27707.7
		槭树	9601.89	1076722.2	216.89	12717.6	6730.53	742222.6	2409.35	289533.9	245.12	32248.1
		山槐	541.51	56164.2	6.42	76.5	400.01	41388.3	79.91	8266.0	55.17	6433.4
		暴马丁香	38.38	2149.7	6.11	48.2	32.27	2101.5				
		青楷槭	181.21	13302.0	27.91	468.3	152.75	12782.8	0.55	50.9		
		花楷槭	1645.12	145895.8	47.92	2311.0	1400.09	120555.1	91.06	11959.1	106.05	11070.6
		波纹柳	267.78	16516.2	119.39	2753.9	144.00	13473.5	4.39	288.8		
		稠李	11.12	361.9	9.70	280.0	0.87	41.0	0.55	40.9		
		山桃稠李	164.70	19220.0			164.70	19220.0				
		山丁子	1.72	151.8			1.72	151.8				
		岳桦	70.21	7135.3					40.61	4198.0	29.60	2937.3
		花曲柳	16.41	925.0	13.30	572.0	3.11	353.0				
		钻天柳	5.86	791.3	1.72	16.3			2.50	433.3	1.64	341.7
		其他阔叶树种	3.19	53.3	3.19	53.3						
	天然	合计	167627.46	19652496.8	5404.81	353778.2	110293.77	12407945.5	44744.31	6028565.2	7184.57	862207.9
		冷杉	7780.15	933810.3	87.67	3969.9	5209.60	605851.1	2349.14	306606.9	133.74	17382.4
		云杉	5727.49	646498.9	1028.71	103416.2	4370.55	502342.3	247.13	31556.1	81.10	9184.3
		落叶松	131.21	17369.1			74.51	7823.6	56.70	9545.5		
		红松	376.17	46517.4	13.61	1481.4	317.08	39539.2	45.48	5496.8		
		蒙古栎	9991.34	1363010.4	417.06	29869.3	6632.62	883237.3	2886.95	441929.0	54.71	7974.8
		白桦	6636.64	698113.7	705.87	32550.5	5491.09	613263.5	381.60	43295.2	58.08	9004.5
		枫桦	30287.00	3341968.8	864.44	46340.1	14786.58	1499245.0	10769.64	1372427.6	3866.34	423956.1
		水曲柳	37599.53	4443737.3	751.62	45978.2	26804.59	3030809.6	9042.55	1237318.4	1000.77	129631.1
		胡桃楸	41696.79	5024460.5	463.25	30204.6	29029.16	3306881.4	11391.59	1579246.4	812.79	108128.1

表 4　黑龙江重点国有林区乔木林各龄组面积、蓄积按起源和优势树种（组）统计表（续 57）

单位：公顷、立方米

统计单位	起源	优势树种（组）	合计		幼龄林		中龄林		近熟林		成、过熟林	
			面积	蓄积	面积	蓄积	面积	蓄积	面积	蓄积	面积	蓄积
山河屯林业局	天然	黄波罗	352.36	35129.0	10.80	453.7	220.95	20970.9	120.61	13704.4		
		榆树	3840.28	399223.3	125.29	5997.5	2710.63	271478.8	792.45	91128.1	211.91	30618.9
		椴树	7864.95	1008559.6	353.41	25611.8	4345.60	533487.2	2961.80	418400.2	204.14	31060.4
		杨树	823.43	87943.5	5.02	108.4	474.64	43718.5	114.75	16928.4	229.02	27188.2
		柳树	10.23	153.4	8.12	55.9	2.11	97.5				
		山杨	2042.70	274024.8	120.58	8496.9	872.73	104268.6	955.00	146211.3	94.39	15048.0
		槭树	9548.83	1071572.8	216.89	12717.6	6677.47	737073.2	2409.35	289533.9	245.12	32248.1
		山槐	515.85	53955.0	6.42	76.5	374.35	39179.1	79.91	8266.0	55.17	6433.4
		暴马丁香	38.38	2149.7	6.11	48.2	32.27	2101.5				
		青楷槭	181.21	13302.0	27.91	468.3	152.75	12782.8	0.55	50.9		
		花楷槭	1645.12	145895.8	47.92	2311.0	1400.09	120555.1	91.06	11959.1	106.05	11070.6
		波纹柳	267.78	16516.2	119.39	2753.9	144.00	13473.5	4.39	288.8		
		稠李	11.12	361.9	9.70	280.0	0.87	41.0	0.55	40.9		
		山桃稠李	164.70	19220.0			164.70	19220.0				
		山丁子	1.72	151.8			1.72	151.8				
		岳桦	70.21	7135.3					40.61	4198.0	29.60	2937.3
		花曲柳	16.41	925.0	13.30	572.0	3.11	353.0				
		钻天柳	5.86	791.3	1.72	16.3			2.50	433.3	1.64	341.7
	人工	合计	13765.42	1597653.3	2963.95	216229.7	8613.99	1063729.5	1866.72	267247.8	320.76	50446.3
		云杉	1688.19	164444.7	1119.48	93765.4	568.71	70679.3				
		落叶松	8948.14	1086112.7	1231.54	85219.8	5901.69	734044.3	1598.84	234283.7	216.07	32564.9
		红松	798.19	90028.1	255.51	16571.3	534.38	72571.9	8.30	884.9		
		樟子松	92.78	8729.4	18.75	638.7	32.23	2092.4	22.40	2656.3	19.40	3342.0
		水曲柳	472.58	47802.7	120.87	5752.9	327.52	39131.6	24.19	2918.2		
		胡桃楸	753.56	91704.7	76.30	7098.7	607.69	75855.9	69.57	8750.1		
		黄波罗	46.41	4560.6			46.41	4560.6				
		榆树	207.41	22272.4	6.01	777.8	122.44	11803.0	78.96	9691.6		
		其他硬阔类	80.06	7990.4	41.12	3033.4	38.94	4957.0				
		椴树	41.76	5423.2	11.08	693.7	30.68	4729.5				
		杨树	26.01	3270.4	10.44	734.0			4.31	656.7	11.26	1879.7
		柳树	12.15	931.4	2.25	5.4	9.90	926.0				
		其他软阔类	320.85	36003.3	15.74	1221.5	268.99	30243.3	36.12	4538.5		
		山杨	195.42	20967.4	51.67	663.8	45.69	4776.1	24.03	2867.8	74.03	12659.7
		槭树	53.06	5149.4			53.06	5149.4				
		山槐	25.66	2209.2			25.66	2209.2				
		其他阔叶树种	3.19	53.3	3.19	53.3						

表4 黑龙江重点国有林区乔木林各龄组面积、蓄积按起源和优势树种（组）统计表（续58）

单位：公顷、立方米

统计单位	起源	优势树种(组)	合计		幼龄林		中龄林		近熟林		成、过熟林	
			面积	蓄积	面积	蓄积	面积	蓄积	面积	蓄积	面积	蓄积
山河屯林业局	其中：人天混	合计	5903.88	718568.5	565.35	45926.9	4183.13	504367.9	1037.42	153501.6	117.98	14772.1
		云杉	415.39	47941.8	142.95	12072.5	272.44	35869.3				
		落叶松	3321.46	421823.4	162.62	10926.5	2213.20	268283.3	828.84	127964.7	116.80	14648.9
		红松	221.27	25635.8	54.80	4162.6	158.17	20588.3	8.30	884.9		
		樟子松	3.04	265.9	3.04	265.9						
		水曲柳	383.36	44677.2	48.29	4977.8	315.40	37201.6	19.67	2497.8		
		胡桃楸	720.27	88475.2	68.76	7052.2	586.27	73527.9	65.24	7895.1		
		黄波罗	46.41	4560.6			46.41	4560.6				
		榆树	207.41	22272.4	6.01	777.8	122.44	11803.0	78.96	9691.6		
		其他硬阔类	80.06	7990.4	41.12	3033.4	38.94	4957.0				
		椴树	41.76	5423.2	11.08	693.7	30.68	4729.5				
		杨树	10.44	734.0	10.44	734.0						
		柳树	9.90	926.0			9.90	926.0				
		其他软阔类	320.85	36003.3	15.74	1221.5	268.99	30243.3	36.12	4538.5		
		山杨	43.04	4471.7			41.57	4319.5	0.29	29.0	1.18	123.2
		槭树	53.06	5149.4			53.06	5149.4				
		山槐	25.66	2209.2			25.66	2209.2				
		其他阔叶树种	0.50	9.0	0.50	9.0						
苇河林业局	合计	合计	163234.73	16290502.7	13523.54	956103.5	134298.61	13491928.7	12909.81	1534889.4	2502.77	307581.1
		冷杉	6139.59	506391.9	74.79	2462.4	5241.61	423382.5	645.85	65953.9	177.34	14593.1
		云杉	4282.47	298019.4	2231.82	119809.4	1733.73	144989.5	273.63	29610.9	43.29	3609.6
		落叶松	22038.61	3200689.9	2309.25	248763.6	17035.75	2546251.4	1945.96	293684.5	747.65	111990.4
		红松	2752.71	279370.0	682.33	55319.6	1857.69	197778.8	149.00	18994.0	63.69	7277.6
		樟子松	391.85	44929.2	31.45	1487.2	167.25	17959.2	163.15	21347.8	30.00	4135.0
		蒙古栎	7296.63	735228.6	429.22	29053.1	6670.62	681969.2	179.22	23107.0	17.57	1099.3
		白桦	6856.72	651189.0	942.40	49547.1	5914.32	601641.9				
		枫桦	6743.38	611104.0	512.80	33135.6	4227.11	354027.3	1723.17	191584.6	280.30	32356.5
		水曲柳	23883.72	2158175.7	1368.85	97048.8	21527.09	1953638.7	979.85	106812.2	7.93	676.0
		胡桃楸	30141.20	2925513.1	949.25	68667.1	26929.99	2585170.2	2246.42	269453.5	15.54	2222.3
		黄波罗	580.19	47335.2	23.05	1203.5	548.22	45242.6	8.92	889.1		
		榆树	14689.89	1218426.2	1044.97	67082.7	12273.56	1015385.4	1224.84	117114.4	146.52	18843.7
		其他硬阔类	17.53	2371.1	11.16	777.0	6.37	1594.1				
		椴树	16008.26	1525803.5	976.19	59598.7	13945.13	1356501.8	1033.15	103740.5	53.79	5962.5
		杨树	1047.28	126346.6	35.54	1585.4	616.44	68362.1	197.50	30482.8	197.80	25916.3
		柳树	285.63	16698.2	103.30	3860.2	180.69	12634.2	1.64	203.8		
		其他软阔类	82.68	10835.3	0.21	1.5	82.47	10833.8				

表 4　黑龙江重点国有林区乔木林各龄组面积、蓄积按起源和优势树种（组）统计表（续 59）

单位：公顷、立方米

统计单位	起源	优势树种（组）	合计		幼龄林		中龄林		近熟林		成、过熟林	
			面积	蓄积	面积	蓄积	面积	蓄积	面积	蓄积	面积	蓄积
苇河林业局	合计	山杨	7199.38	843394.8	750.58	53908.0	5133.07	612401.3	744.05	109074.5	571.68	68011.0
		毛赤杨	24.19	589.1	23.88	569.5	0.31	19.6				
		槭树	10190.82	915033.5	593.37	36980.5	8405.03	746158.9	1169.72	129634.7	22.70	2259.4
		山槐	150.53	8688.3	93.57	5333.4	54.49	3126.3	2.47	228.6		
		暴马丁香	94.58	6023.5	3.52	117.8	91.06	5905.7				
		青楷槭	565.39	36079.1	94.24	4993.6	412.52	25251.6	18.70	2439.0	39.93	3394.9
		花楷槭	1379.32	86567.0	154.81	9124.5	996.00	58355.2	151.42	14960.5	77.09	4126.8
		波纹柳	14.01	1040.6			14.01	1040.6				
		稠李	12.97	504.6	9.58	249.9	3.39	254.7				
		山桃稠李	135.59	10325.6	64.40	5169.8	71.19	5155.8				
		山丁子	17.75	831.8	4.24	112.5	13.51	719.3				
		岳桦	45.63	5023.3					45.63	5023.3		
		花曲柳	150.87	16557.0			135.40	14900.5	5.52	549.8	9.95	1106.7
		其他阔叶树种	15.36	1417.6	4.77	141.1	10.59	1276.5				
	天然	合计	141804.39	13329328.2	8885.79	572421.9	120503.24	11356913.2	10838.09	1228586.1	1577.27	171407.0
		冷杉	6139.59	506391.9	74.79	2462.4	5241.61	423382.5	645.85	65953.9	177.34	14593.1
		云杉	2115.86	175576.0	290.24	17144.3	1508.70	125211.2	273.63	29610.9	43.29	3609.6
		落叶松	5277.04	638055.4	220.56	17345.9	4865.97	589882.7	161.15	25713.2	29.36	5113.6
		红松	1593.97	154745.9	283.57	16236.4	1112.26	114016.0	136.44	17598.8	61.70	6894.7
		樟子松	110.30	8621.0	20.89	1035.3	89.41	7585.7				
		蒙古栎	7296.63	735228.6	429.22	29053.1	6670.62	681969.2	179.22	23107.0	17.57	1099.3
		白桦	6817.24	650278.7	902.92	48636.8	5914.32	601641.9				
		枫桦	6743.38	611104.0	512.80	33135.6	4227.11	354027.3	1723.17	191584.6	280.30	32356.5
		水曲柳	23798.85	2151829.5	1344.94	96252.2	21466.13	1948089.1	979.85	106812.2	7.93	676.0
		胡桃楸	29937.86	2905229.7	896.19	64651.8	26779.71	2568902.1	2246.42	269453.5	15.54	2222.3
		黄波罗	580.19	47335.2	23.05	1203.5	548.22	45242.6	8.92	889.1		
		榆树	14639.13	1214156.0	1041.74	67019.2	12237.22	1012249.6	1224.84	117114.4	135.33	17772.8
		椴树	16005.26	1525679.5	973.43	59496.0	13945.13	1356501.8	1033.15	103740.5	53.55	5941.2
		杨树	753.58	92165.9	20.92	272.8	501.31	58218.2	173.05	28450.8	58.30	5224.1
		柳树	285.63	16698.2	103.30	3860.2	180.69	12634.2	1.64	203.8		
		山杨	6917.77	807699.8	705.62	51964.9	5007.33	595194.4	657.30	95517.5	547.52	65023.0
		毛赤杨	24.19	589.1	23.88	569.5	0.31	19.6				
		槭树	10190.69	915026.5	593.37	36980.5	8405.03	746158.9	1169.72	129634.7	22.57	2252.4
		山槐	150.53	8688.3	93.57	5333.4	54.49	3126.3	2.47	228.6		
		暴马丁香	94.58	6023.5	3.52	117.8	91.06	5905.7				
		青楷槭	565.39	36079.1	94.24	4993.6	412.52	25251.6	18.70	2439.0	39.93	3394.9
		花楷槭	1379.32	86567.0	154.81	9124.5	996.00	58355.2	151.42	14960.5	77.09	4126.8
		波纹柳	14.01	1040.6			14.01	1040.6				
		稠李	12.97	504.6	9.58	249.9	3.39	254.7				
		山桃稠李	135.59	10325.6	64.40	5169.8	71.19	5155.8				
		山丁子	17.75	831.8	4.24	112.5	13.51	719.3				

表 4 黑龙江重点国有林区乔木林各龄组面积、蓄积按起源和优势树种（组）统计表（续 60）

单位：公顷、立方米

统计单位	起源	优势树种(组)	合计		幼龄林		中龄林		近熟林		成、过熟林	
			面积	蓄积	面积	蓄积	面积	蓄积	面积	蓄积	面积	蓄积
苇河林业局	天然	岳桦	45.63	5023.3					45.63	5023.3		
		花曲柳	150.87	16557.0			135.40	14900.5	5.52	549.8	9.95	1106.7
		其他阔叶树种	10.59	1276.5			10.59	1276.5				
	人工	合计	21430.34	2961174.5	4637.75	383681.6	13795.37	2135015.5	2071.72	306303.3	925.50	136174.1
		云杉	2166.61	122443.4	1941.58	102665.1	225.03	19778.3				
		落叶松	16761.57	2562634.5	2088.69	231417.7	12169.78	1956368.7	1784.81	267971.3	718.29	106876.8
		红松	1158.74	124624.1	398.76	39083.2	745.43	83762.8	12.56	1395.2	1.99	382.9
		樟子松	281.55	36308.2	10.56	451.9	77.84	10373.5	163.15	21347.8	30.00	4135.0
		白桦	39.48	910.3	39.48	910.3						
		水曲柳	84.87	6346.2	23.91	796.6	60.96	5549.6				
		胡桃楸	203.34	20283.4	53.06	4015.3	150.28	16268.1				
		榆树	50.76	4270.2	3.23	63.5	36.34	3135.8			11.19	1070.9
		其他硬阔类	17.53	2371.1	11.16	777.0	6.37	1594.1				
		椴树	3.00	124.0	2.76	102.7					0.24	21.3
		杨树	293.70	34180.7	14.62	1312.6	115.13	10143.9	24.45	2032.0	139.50	20692.2
		其他软阔类	82.68	10835.3	0.21	1.5	82.47	10833.8				
		山杨	281.61	35695.0	44.96	1943.1	125.74	17206.9	86.75	13557.0	24.16	2988.0
		槭树	0.13	7.0							0.13	7.0
		其他阔叶树种	4.77	141.1	4.77	141.1						
	其中：人天混	合计	9815.84	1310771.8	1455.10	158982.6	7138.54	986674.6	673.02	91919.7	549.18	73194.9
		云杉	450.36	28734.7	293.09	14906.8	157.27	13827.9				
		落叶松	8040.16	1132788.4	916.85	117802.5	6091.42	877059.1	616.78	83726.8	415.11	54200.0
		红松	725.98	79131.1	187.27	22136.6	536.72	56611.6			1.99	382.9
		樟子松	56.18	8150.6	0.16	7.4	13.36	1564.1	39.92	6004.8	2.74	574.3
		水曲柳	33.86	3708.2			33.86	3708.2				
		胡桃楸	155.02	15709.9	38.27	2989.2	116.75	12720.7				
		榆树	50.76	4270.2	3.23	63.5	36.34	3135.8			11.19	1070.9
		其他硬阔类	17.53	2371.1	11.16	777.0	6.37	1594.1				
		椴树	3.00	124.0	2.76	102.7					0.24	21.3
		杨树	161.12	20422.5			51.69	4335.7	1.65	83.1	107.78	16003.7
		其他软阔类	82.68	10835.3	0.21	1.5	82.47	10833.8				
		山杨	39.06	4518.8	2.10	195.4	12.29	1283.6	14.67	2105.0	10.00	934.8
		槭树	0.13	7.0							0.13	7.0
亚布力林业局	合计	合计	268583.70	26728381.9	15486.52	1129315.2	162908.80	15362405.3	78378.22	8764022.1	11810.16	1472639.3
		冷杉	7710.34	806337.5	0.43	36.4	3612.39	317167.3	3650.64	421905.9	446.88	67227.9
		云杉	1513.12	126361.5	515.93	23302.3	531.16	46851.4	383.71	40939.1	82.32	15268.7
		落叶松	13558.08	1749094.7	4504.10	433740.2	7244.11	1057895.1	1506.58	219938.5	303.29	37520.9
		红松	5181.99	516809.6	1480.49	92596.9	2684.09	280821.3	814.83	109402.7	202.58	33988.7
		樟子松	505.12	48078.7	228.07	13765.1	215.91	24366.5	58.26	9111.4	2.88	835.7
		蒙古栎	10941.44	1067770.4	825.70	42257.4	7926.11	753478.7	2189.63	272034.3		
		白桦	5908.04	552516.4	1080.03	65395.9	4532.07	449411.1	270.44	35202.2	25.50	2507.2

表 4　黑龙江重点国有林区乔木林各龄组面积、蓄积按起源和优势树种（组）统计表（续 61）

单位：公顷、立方米

统计单位	起源	优势树种（组）	合计		幼龄林		中龄林		近熟林		成、过熟林	
			面积	蓄积	面积	蓄积	面积	蓄积	面积	蓄积	面积	蓄积
亚布力林业局	合计	枫桦	34732.27	3788135.0	398.60	41203.9	8309.68	788077.7	19979.78	2177107.8	6044.21	781745.6
		黑桦	231.94	28218.2	2.71		116.39	13187.7	112.84	15030.5		
		水曲柳	46636.36	4384596.6	1306.06	84595.6	33877.72	3016215.4	11077.98	1245175.1	374.60	38610.5
		胡桃楸	26434.65	2453114.0	709.83	63261.0	17586.62	1546966.7	7971.18	828632.3	167.02	14254.0
		黄波罗	530.37	45832.0	12.63	486.9	425.62	38088.3	92.12	7256.8		
		榆树	24368.49	2134397.8	571.98	28548.9	15351.55	1262100.8	7202.53	714727.4	1242.43	129020.7
		椴树	40985.03	4094725.9	2286.60	159175.7	30362.97	2915427.6	7860.22	958524.6	475.24	61598.0
		杨树	150.88	21027.6	0.39	0.5	71.21	6840.2	30.82	4037.0	48.46	10149.9
		柳树	9.07	84.5	8.08	31.7	0.99	52.8				
		其他软阔类	12.53	474.0	11.84	440.0	0.69	34.0				
		山杨	16038.90	1861685.3	786.62	45519.4	10556.53	1170701.8	3840.37	527678.6	855.38	117785.5
		毛赤杨	610.71	36203.3	103.68	2625.5	467.96	30390.4	35.15	2917.7	3.92	269.7
		槭树	27420.30	2608813.3	353.29	23391.2	15772.84	1393596.4	10404.88	1091519.4	889.29	100306.3
		山槐	315.44	26633.2	1.67		313.77	26633.2				
		千金榆	165.01	14254.6			133.66	11109.6	31.35	3145.0		
		暴马丁香	193.71	10693.2	19.71	208.8	55.91	3323.2	55.43	4522.2	62.66	2639.0
		青楷槭	572.78	48277.4	15.38	638.7	336.09	26652.2	182.84	17411.9	38.47	3574.6
		花楷槭	3341.79	270841.1	98.92	6307.1	2127.30	158420.1	570.54	50777.5	545.03	55336.4
		波纹柳	241.70	10815.6	140.43	1743.4	47.28	2231.4	53.99	6840.8		
		稠李	45.84	2622.0	2.65	6.1	41.08	2432.5	2.11	183.4		
		山桃稠李	112.21	9878.5			112.21	9878.5				
		山丁子	48.66	2690.6	0.94		47.72	2690.6				
		岳桦	2.66	24.8	2.66	24.8						
		花曲柳	47.17	7362.8			47.17	7362.8				
		其他阔叶树种	17.10	11.8	17.10	11.8						
	天然	合计	251657.72	24738484.4	8816.38	593927.0	154994.76	14245285.7	76464.17	8480293.5	11382.41	1418978.2
		冷杉	7710.34	806337.5	0.43	36.4	3612.39	317167.3	3650.64	421905.9	446.88	67227.9
		云杉	1096.09	110873.7	138.91	11359.8	491.15	43306.1	383.71	40939.1	82.32	15268.7
		落叶松	2398.95	286170.0	223.73	20958.0	1873.94	225154.3	246.95	33238.2	54.33	6819.5
		红松	3238.38	362249.3	187.71	18157.9	2044.62	202535.4	803.47	107567.3	202.58	33988.7
		樟子松	1.34	104.0			1.34	104.0				
		蒙古栎	10941.44	1067770.4	825.70	42257.4	7926.11	753478.7	2189.63	272034.3		
		白桦	5891.66	552384.4	1063.65	65263.9	4532.07	449411.1	270.44	35202.2	25.50	2507.2
		枫桦	34732.27	3788135.0	398.60	41203.9	8309.68	788077.7	19979.78	2177107.8	6044.21	781745.6
		黑桦	231.94	28218.2	2.71		116.39	13187.7	112.84	15030.5		
		水曲柳	46622.05	4384502.3	1291.75	84501.3	33877.72	3016215.4	11077.98	1245175.1	374.60	38610.5
		胡桃楸	26432.32	2453084.8	707.50	63231.8	17586.62	1546966.7	7971.18	828632.3	167.02	14254.0
		黄波罗	527.82	45787.9	10.08	442.8	425.62	38088.3	92.12	7256.8		
		榆树	24356.00	2133607.3	567.18	28528.1	15343.86	1261331.1	7202.53	714727.4	1242.43	129020.7
		椴树	40983.79	4094621.6	2286.60	159175.7	30361.73	2915323.3	7860.22	958524.6	475.24	61598.0
		杨树	150.52	21027.6	0.03	0.5	71.21	6840.2	30.82	4037.0	48.46	10149.9

表 4 黑龙江重点国有林区乔木林各龄组面积、蓄积按起源和优势树种（组）统计表（续 62）

单位：公顷、立方米

统计单位	起源	优势树种（组）	合计		幼龄林		中龄林		近熟林		成、过熟林	
			面积	蓄积	面积	蓄积	面积	蓄积	面积	蓄积	面积	蓄积
		柳树	1.93	84.5	0.94	31.7	0.99	52.8				
		山杨	13222.90	1554415.5	371.53	23832.2	8916.33	993324.7	3255.57	441597.1	679.47	95661.5
		毛赤杨	610.71	36203.3	103.68	2625.5	467.96	30390.4	35.15	2917.7	3.92	269.7
		槭树	27420.30	2608813.3	353.29	23391.2	15772.84	1393596.4	10404.88	1091519.4	889.29	100306.3
		山槐	315.44	26633.2	1.67		313.77	26633.2				
		千金榆	165.01	14254.6			133.66	11109.6	31.35	3145.0		
		暴马丁香	193.71	10693.2	19.71	208.8	55.91	3323.2	55.43	4522.2	62.66	2639.0
	天然	青楷槭	572.78	48277.4	15.38	638.7	336.09	26652.2	182.84	17411.9	38.47	3574.6
		花楷槭	3341.79	270841.1	98.92	6307.1	2127.30	158420.1	570.54	50777.5	545.03	55336.4
		波纹柳	241.70	10815.6	140.43	1743.4	47.28	2231.4	53.99	6840.8		
		稠李	45.84	2622.0	2.65	6.1	41.08	2432.5	2.11	183.4		
		山桃稠李	112.21	9878.5			112.21	9878.5				
		山丁子	48.66	2690.6	0.94		47.72	2690.6				
		岳桦	2.66	24.8	2.66	24.8						
		花曲柳	47.17	7362.8			47.17	7362.8				
		合计	16925.98	1989897.5	6670.14	535388.2	7914.04	1117119.6	1914.05	283728.6	427.75	53661.1
		云杉	417.03	15487.8	377.02	11942.5	40.01	3545.3				
		落叶松	11159.13	1462924.7	4280.37	412782.2	5370.17	832740.8	1259.63	186700.3	248.96	30701.4
		红松	1943.61	154560.3	1292.78	74439.0	639.47	78285.9	11.36	1835.4		
		樟子松	503.78	47974.7	228.07	13765.1	214.57	24262.5	58.26	9111.4	2.88	835.7
亚布力林业局		白桦	16.38	132.0	16.38	132.0						
		水曲柳	14.31	94.3	14.31	94.3						
		胡桃楸	2.33	29.2	2.33	29.2						
	人工	黄波罗	2.55	44.1	2.55	44.1						
		榆树	12.49	790.5	4.80	20.8	7.69	769.7				
		椴树	1.24	104.3			1.24	104.3				
		杨树	0.36		0.36							
		柳树	7.14		7.14							
		其他软阔类	12.53	474.0	11.84	440.0	0.69	34.0				
		山杨	2816.00	307269.8	415.09	21687.2	1640.20	177377.1	584.80	86081.5	175.91	22124.0
		其他阔叶树种	17.10	11.8	17.10	11.8						
		合计	3931.07	462925.3	1161.13	91417.1	2098.06	278663.6	548.92	76987.2	122.96	15857.4
		云杉	187.29	11026.2	148.06	7566.5	39.23	3459.7				
		落叶松	3015.46	391444.6	567.64	52399.4	1806.52	248809.1	518.34	74378.7	122.96	15857.4
		红松	551.57	46785.2	385.77	29541.2	165.80	17244.0				
	其中：人天混	樟子松	59.23	7049.7	5.62	184.8	49.06	6535.9	4.55	329.0		
		水曲柳	5.63		5.63							
		胡桃楸	0.51	29.2	0.51	29.2						
		榆树	12.49	790.5	4.80	20.8	7.69	769.7				
		椴树	1.24	104.3			1.24	104.3				
		其他软阔类	12.53	474.0	11.84	440.0	0.69	34.0				

表 4　黑龙江重点国有林区乔木林各龄组面积、蓄积按起源和优势树种（组）统计表（续 63）

单位：公顷、立方米

统计单位	起源	优势树种（组）	合计		幼龄林		中龄林		近熟林		成、过熟林	
			面积	蓄积	面积	蓄积	面积	蓄积	面积	蓄积	面积	蓄积
亚布力林业局	其中：人天混	山杨	83.39	5209.8	29.53	1223.4	27.83	1706.9	26.03	2279.5		
		其他阔叶树种	1.73	11.8	1.73	11.8						
兴隆林业局	合计	合计	281029.66	31147276.3	43694.39	4121304.5	175480.93	18605300.9	51236.52	6854020.0	10617.82	1566650.9
		冷杉	4596.89	576867.7	929.54	111476.3	2797.44	348653.5	622.55	79609.1	247.36	37128.8
		云杉	2937.11	309830.9	839.07	89732.2	1490.45	152014.9	438.99	50280.4	168.60	17803.4
		落叶松	22439.73	3345557.4	6024.00	839335.1	14041.91	2127011.4	2113.14	342453.7	260.68	36757.2
		红松	9660.77	1218689.7	797.26	88268.7	5604.76	650745.8	2420.27	345780.3	838.48	133894.9
		樟子松	290.33	42441.7	5.68	504.2	184.49	26451.6	100.16	15485.9		
		蒙古栎	20607.77	2422029.4	1755.54	150809.7	12492.28	1326745.2	5733.22	841004.8	626.73	103469.7
		白桦	23245.41	2347499.9	5221.29	454007.8	16434.78	1694653.0	1376.82	169140.4	212.52	29698.7
		枫桦	22634.53	2567008.2	5185.77	441867.3	8962.75	930223.3	5185.60	702277.2	3300.41	492640.4
		黑桦	687.46	80136.8	90.48	6809.4	282.72	28213.1	259.81	37527.3	54.45	7587.0
		水曲柳	47331.98	4849146.0	7374.68	637075.9	32002.34	3204189.3	7134.66	894057.8	820.30	113823.0
		胡桃楸	20250.08	2123328.9	2797.65	247194.2	14143.98	1445023.4	3200.41	413947.2	108.04	17164.1
		黄波罗	8242.94	871327.5	707.69	62685.1	5062.39	492301.8	2328.93	294277.4	143.93	22063.2
		榆树	20768.90	2020830.7	1888.39	147052.6	14599.51	1350366.5	3711.07	450441.8	569.93	72969.8
		其他硬阔类	2.80	129.7	2.80	129.7						
		椴树	36354.56	3900164.6	4313.83	359814.3	23822.50	2394082.0	7537.17	1037527.1	681.06	108741.2
		杨树	636.79	82360.2	82.72	9251.2	437.59	54474.7	116.48	18634.3		
		柳树	106.68	7276.3	22.96	1279.4	78.77	5579.8	4.95	417.1		
		其他软阔类	113.25	14991.0	89.91	12116.8	23.34	2874.2				
		山杨	14898.97	1668168.3	3668.28	319716.9	8882.97	1019379.0	1484.84	203740.7	862.88	125331.7
		毛赤杨	940.45	65619.7	476.75	32186.1	463.70	33433.6				
		槭树	23183.04	2544928.5	1193.63	96879.2	13171.68	1280763.0	7275.92	941360.7	1541.81	225925.6
		山槐	652.76	57743.0	40.70	2631.1	320.57	24859.1	142.66	11952.7	148.83	18300.1
		暴马丁香	308.54	20621.5	138.93	7791.2	91.93	5756.0	45.87	3722.2	31.81	3352.1
		波纹柳	3.74	191.0	1.63	98.2	2.11	92.8				
		稠李	75.03	4537.2	44.63	2577.0	30.40	1960.2				
		山桃稠李	51.94	5302.3			50.30	5003.7	1.64	298.6		
		山丁子	6.96	533.7	0.58	14.9	5.02	435.5	1.36	83.3		
		钻天柳	0.25	14.5			0.25	14.5				
	天然	合计	261811.64	28161071.0	37395.77	3245655.7	164166.79	16761571.7	49840.11	6614226.0	10408.97	1539617.6
		冷杉	4596.89	576867.7	929.54	111476.3	2797.44	348653.5	622.55	79609.1	247.36	37128.8
		云杉	2365.93	250874.8	489.27	54291.0	1320.72	132735.1	429.98	49544.8	125.96	14303.9
		落叶松	5192.42	614535.5	531.59	49130.5	3655.28	421113.9	875.61	125834.9	129.94	18456.2
		红松	8785.78	1094712.8	492.92	55831.2	5104.03	569269.0	2382.79	340664.9	806.04	128947.7
		樟子松	12.46	1318.3			12.46	1318.3				
		蒙古栎	20607.77	2422029.4	1755.54	150809.7	12492.28	1326745.2	5733.22	841004.8	626.73	103469.7
		白桦	23245.41	2347499.9	5221.29	454007.8	16434.78	1694653.0	1376.82	169140.4	212.52	29698.7
		枫桦	22634.53	2567008.2	5185.77	441867.3	8962.75	930223.3	5185.60	702277.2	3300.41	492640.4
		黑桦	687.46	80136.8	90.48	6809.4	282.72	28213.1	259.81	37527.3	54.45	7587.0

表4 黑龙江重点国有林区乔木林各龄组面积、蓄积按起源和优势树种（组）统计表（续64）

单位：公顷、立方米

统计单位	起源	优势树种（组）	合计		幼龄林		中龄林		近熟林		成、过熟林	
			面积	蓄积	面积	蓄积	面积	蓄积	面积	蓄积	面积	蓄积
兴隆林业局	天然	水曲柳	47312.50	4846666.1	7368.17	636320.1	31989.37	3202465.2	7134.66	894057.8	820.30	113823.0
		胡桃楸	20227.70	2119215.1	2797.65	247194.2	14121.60	1440909.6	3200.41	413947.2	108.04	17164.1
		黄波罗	8236.61	870727.0	707.69	62685.1	5056.06	491701.3	2328.93	294277.4	143.93	22063.2
		榆树	20763.44	2020674.4	1883.13	146924.6	14599.31	1350338.2	3711.07	450441.8	569.93	72969.8
		椴树	36354.56	3900164.6	4313.83	359814.3	23822.50	2394082.0	7537.17	1037527.1	681.06	108741.2
		杨树	634.47	82360.2	80.40	9251.2	437.59	54474.7	116.48	18634.3		
		柳树	104.76	7095.2	22.96	1279.4	76.85	5398.7	4.95	417.1		
		山杨	14827.39	1659842.7	3628.69	315785.9	8866.24	1017108.3	1472.61	201902.4	859.85	125046.1
		毛赤杨	939.30	65470.6	476.75	32186.1	462.55	33284.5				
		槭树	23183.04	2544928.5	1193.63	96879.2	13171.68	1280763.0	7275.92	941360.7	1541.81	225925.6
		山槐	652.76	57743.0	40.70	2631.1	320.57	24859.1	142.66	11952.7	148.83	18300.1
		暴马丁香	308.54	20621.5	138.93	7791.2	91.93	5756.0	45.87	3722.2	31.81	3352.1
		波纹柳	3.74	191.0	1.63	98.2	2.11	92.8				
		稠李	75.03	4537.2	44.63	2577.0	30.40	1960.2				
		山桃稠李	51.94	5302.3			50.30	5003.7	1.64	298.6		
		山丁子	6.96	533.7	0.58	14.9	5.02	435.5	1.36	83.3		
		钻天柳	0.25	14.5			0.25	14.5				
	人工	合计	19218.02	2986205.3	6298.62	875648.8	11314.14	1843729.2	1396.41	239794.0	208.85	27033.3
		云杉	571.18	58956.1	349.80	35441.2	169.73	19279.8	9.01	735.6	42.64	3499.5
		落叶松	17247.31	2731021.9	5492.41	790204.6	10386.63	1705897.5	1237.53	216618.8	130.74	18301.0
		红松	874.99	123976.9	304.34	32437.5	500.73	81476.8	37.48	5115.4	32.44	4947.2
		樟子松	277.87	41123.4	5.68	504.2	172.03	25133.3	100.16	15485.9		
		水曲柳	19.48	2479.9	6.51	755.8	12.97	1724.1				
		胡桃楸	22.38	4113.8			22.38	4113.8				
		黄波罗	6.33	600.5			6.33	600.5				
		榆树	5.46	156.3	5.26	128.0	0.20	28.3				
		其他硬阔类	2.80	129.7	2.80	129.7						
		杨树	2.32		2.32							
		柳树	1.92	181.1			1.92	181.1				
		其他软阔类	113.25	14991.0	89.91	12116.8	23.34	2874.2				
		山杨	71.58	8325.6	39.59	3931.0	16.73	2270.7	12.23	1838.3	3.03	285.6
		毛赤杨	1.15	149.1			1.15	149.1				
	其中：人天混	合计	11232.01	1607446.3	3534.99	473124.4	6741.68	991874.7	752.47	116078.9	202.87	26368.3
		云杉	442.99	46320.4	230.05	23967.1	161.65	18149.7	8.65	704.1	42.64	3499.5
		落叶松	9948.94	1441315.1	3021.46	416802.6	6152.68	905798.9	647.01	100792.0	127.79	17921.6
		红松	557.22	80500.9	180.74	19505.9	307.35	50974.9	36.69	5072.9	32.44	4947.2
		樟子松	115.96	16867.1			68.07	9195.5	47.89	7671.6		
		水曲柳	4.77	474.3	4.77	474.3						
		胡桃楸	22.38	4113.8			22.38	4113.8				
		榆树	5.46	156.3	5.26	128.0	0.20	28.3				
		其他硬阔类	2.80	129.7	2.80	129.7						

表 4　黑龙江重点国有林区乔木林各龄组面积、蓄积按起源和优势树种（组）统计表（续 65）

单位：公顷、立方米

统计单位	起源	优势树种（组）	合计		幼龄林		中龄林		近熟林		成、过熟林	
			面积	蓄积	面积	蓄积	面积	蓄积	面积	蓄积	面积	蓄积
兴隆林业局	其中：人天混	柳树	1.92	181.1			1.92	181.1				
		其他软阔类	113.25	14991.0	89.91	12116.8	23.34	2874.2				
		山杨	15.17	2247.5			2.94	409.2	12.23	1838.3		
		毛赤杨	1.15	149.1			1.15	149.1				
方正林业局	合计	合计	182746.10	20983447.6	25534.74	2572166.0	99335.85	11421120.9	44248.57	5267977.9	13626.94	1722182.8
		冷杉	9544.71	1153108.3	330.82	35587.6	3580.64	432581.3	4468.26	545396.0	1164.99	139543.4
		云杉	1711.14	172574.1	814.03	63756.9	491.27	59184.1	401.91	49209.1	3.93	424.0
		落叶松	14308.37	1853838.0	1108.98	124711.5	7654.08	975282.1	4323.06	580692.4	1222.25	173152.0
		红松	8170.13	946090.2	2563.07	265517.2	3384.53	392605.7	1377.24	165284.3	845.29	122683.0
		樟子松	169.16	21083.7	27.80	2696.6	7.71	857.4	74.98	10033.4	58.67	7496.3
		蒙古栎	25909.89	2854454.7	6520.43	582617.2	11630.27	1334528.8	6176.71	734327.5	1582.48	202981.2
		白桦	5510.20	666868.6	1547.98	168283.2	3296.33	411298.7	529.27	69723.1	136.62	17563.6
		枫桦	18432.23	2089500.4	4009.60	422300.6	7091.00	817721.1	4202.61	480930.0	3129.02	368548.7
		黑桦	552.81	61331.7	76.69	6962.1	354.33	40217.7	59.41	6800.6	62.38	7351.3
		水曲柳	26026.17	2773465.8	3467.64	367484.9	18181.26	1942769.6	3928.28	415113.9	448.99	48097.4
		胡桃楸	9860.47	1060869.3	402.52	41942.8	6016.46	656094.6	3212.07	337710.7	229.42	25121.2
		黄波罗	154.84	15489.4	2.01	178.8	65.91	6007.0			86.92	9303.6
		榆树	8175.05	964337.8	418.66	42364.0	4782.37	556432.5	1996.80	247150.0	977.22	118391.3
		其他硬阔类	87.75	9146.9	46.50	5207.7	40.31	3831.7	0.94	107.5		
		椴树	31784.77	3708533.3	2595.38	269318.4	19718.71	2271849.9	7733.98	935929.0	1736.70	231436.0
		杨树	56.84	7103.6	7.12	664.4	17.11	2319.9	25.20	3261.2	7.41	858.1
		其他软阔类	0.98	152.4			0.98	152.4				
		山杨	10329.01	1319004.9	1331.80	148902.4	6233.34	785918.6	1578.44	221459.2	1185.43	162724.7
		毛赤杨	272.87	28686.7	65.39	5956.5	206.82	22647.2	0.66	83.0		
		槭树	11408.76	1248731.1	129.71	11678.3	6397.34	690779.6	4152.95	464103.3	728.76	82169.9
		山槐	0.60	49.8	0.60	49.8						
		暴马丁香	19.58	1828.9	16.12	1538.8	3.46	290.1				
		花楷槭	90.96	10680.0	0.99	97.0	69.51	6245.9			20.46	4337.1
		波纹柳	163.80	16110.2	45.89	3941.5	112.11	11505.0	5.80	663.7		
		其他阔叶树种	3.31	294.6	3.31	294.6						
		其他亚乔木	1.70	113.2	1.70	113.2						
	天然	合计	167051.56	19039791.5	22226.06	2249898.6	92675.24	10576309.9	39907.56	4685932.4	12242.70	1527650.6
		冷杉	9544.71	1153108.3	330.82	35587.6	3580.64	432581.3	4468.26	545396.0	1164.99	139543.4
		云杉	1034.87	123258.5	149.63	15775.9	486.36	58713.7	394.95	48344.9	3.93	424.0
		落叶松	1990.40	252814.6	255.13	27568.9	1486.60	189805.1	147.26	19649.5	101.41	15791.1
		红松	6121.35	734057.8	867.73	97624.0	3031.09	348466.5	1377.24	165284.3	845.29	122683.0
		蒙古栎	25909.89	2854454.7	6520.43	582617.2	11630.27	1334528.8	6176.71	734327.5	1582.48	202981.2
		白桦	5510.20	666868.6	1547.98	168283.2	3296.33	411298.7	529.27	69723.1	136.62	17563.6
		枫桦	18432.23	2089500.4	4009.60	422300.6	7091.00	817721.1	4202.61	480930.0	3129.02	368548.7
		黑桦	552.81	61331.7	76.69	6962.1	354.33	40217.7	59.41	6800.6	62.38	7351.3
		水曲柳	26003.25	2770706.5	3466.76	367479.3	18159.22	1940015.9	3928.28	415113.9	448.99	48097.4

表 4　黑龙江重点国有林区乔木林各龄组面积、蓄积按起源和优势树种（组）统计表（续 66）

单位：公顷、立方米

统计单位	起源	优势树种（组）	合计		幼龄林		中龄林		近熟林		成、过熟林	
			面积	蓄积	面积	蓄积	面积	蓄积	面积	蓄积	面积	蓄积
方正林业局	天然	胡桃楸	9845.84	1058805.2	402.52	41942.8	6001.83	654030.5	3212.07	337710.7	229.42	25121.2
		黄波罗	154.84	15489.4	2.01	178.8	65.91	6007.0			86.92	9303.6
		榆树	8172.55	964054.6	416.16	42080.8	4782.37	556432.5	1996.80	247150.0	977.22	118391.3
		椴树	31773.24	3707886.8	2584.54	268727.3	19718.71	2271849.9	7733.29	935873.6	1736.70	231436.0
		杨树	38.32	4976.0	7.12	664.4	17.11	2319.9	14.09	1991.7		
		山杨	10005.48	1275983.9	1325.23	148436.0	6184.23	780853.5	1507.91	212786.6	988.11	133907.8
		毛赤杨	272.87	28686.7	65.39	5956.5	206.82	22647.2	0.66	83.0		
		槭树	11408.76	1248731.1	129.71	11678.3	6397.34	690779.6	4152.95	464103.3	728.76	82169.9
		山槐	0.60	49.8	0.60	49.8						
		暴马丁香	19.58	1828.9	16.12	1538.8	3.46	290.1				
		花楷槭	90.96	10680.0	0.99	97.0	69.51	6245.9			20.46	4337.1
		波纹柳	163.80	16110.2	45.89	3941.5	112.11	11505.0	5.80	663.7		
		其他阔叶树种	3.31	294.6	3.31	294.6						
		其他亚乔木	1.70	113.2	1.70	113.2						
	人工	合计	15694.54	1943656.1	3308.68	322267.4	6660.61	844811.0	4341.01	582045.5	1384.24	194532.2
		云杉	676.27	49315.6	664.40	47981.0	4.91	470.4	6.96	864.2		
		落叶松	12317.97	1601023.4	853.85	97142.6	6167.48	785477.0	4175.80	561042.9	1120.84	157360.9
		红松	2048.78	212032.4	1695.34	167893.2	353.44	44139.2				
		樟子松	169.16	21083.7	27.80	2696.6	7.71	857.4	74.98	10033.4	58.67	7496.3
		水曲柳	22.92	2759.3	0.88	5.6	22.04	2753.7				
		胡桃楸	14.63	2064.1			14.63	2064.1				
		榆树	2.50	283.2	2.50	283.2						
		其他硬阔类	87.75	9146.9	46.50	5207.7	40.31	3831.7	0.94	107.5		
		椴树	11.53	646.5	10.84	591.1			0.69	55.4		
		杨树	18.52	2127.6					11.11	1269.5	7.41	858.1
		其他软阔类	0.98	152.4			0.98	152.4				
		山杨	323.53	43021.0	6.57	466.4	49.11	5065.1	70.53	8672.6	197.32	28816.9
	其中：人天混	合计	7276.50	901915.7	1780.99	192188.1	3055.92	386283.9	1945.59	257486.8	494.00	65956.9
		云杉	210.60	21645.7	199.98	20432.7	3.66	348.8	6.96	864.2		
		落叶松	5482.61	710518.6	315.99	39533.0	2780.84	353796.3	1906.85	252767.9	478.93	64421.4
		红松	1398.16	149426.7	1205.18	126140.4	192.98	23286.3				
		樟子松	34.33	4177.4					30.15	3691.8	4.18	485.6
		水曲柳	22.04	2753.7			22.04	2753.7				
		胡桃楸	14.63	2064.1			14.63	2064.1				
		榆树	2.50	283.2	2.50	283.2						
		其他硬阔类	87.75	9146.9	46.50	5207.7	40.31	3831.7	0.94	107.5		
		椴树	11.53	646.5	10.84	591.1			0.69	55.4		
		其他软阔类	0.98	152.4			0.98	152.4				
		山杨	11.37	1100.5			0.48	50.6			10.89	1049.9

表 4　黑龙江重点国有林区乔木林各龄组面积、蓄积按起源和优势树种（组）统计表（续 67）

单位：公顷、立方米

统计单位	起源	优势树种（组）	合计		幼龄林		中龄林		近熟林		成、过熟林	
			面积	蓄积	面积	蓄积	面积	蓄积	面积	蓄积	面积	蓄积
绥棱林业局	合计	合计	167852.56	18496670.9	16974.48	1354437.5	141002.38	15784241.8	7654.89	1054774.3	2220.81	303217.3
		冷杉	3837.75	488328.3	312.39	23320.6	3122.14	398379.8	265.12	44600.9	138.10	22027.0
		云杉	10880.48	1245792.3	2678.14	256990.6	7917.23	950142.5	156.42	20304.3	128.69	18354.9
		落叶松	22250.14	2753640.0	2047.47	170048.2	18781.56	2379908.6	1228.39	173700.4	192.72	29982.8
		红松	2149.83	279037.7	197.82	18096.8	1166.46	131260.5	616.31	100422.0	169.24	29258.4
		樟子松	161.37	19965.9	5.75	225.5	114.71	13810.5	27.31	4071.2	13.60	1858.7
		其他针叶树种	1.08	68.7			1.08	68.7				
		蒙古栎	4133.88	454969.7	263.82	18785.0	3145.47	336859.0	369.76	52139.5	354.83	47186.2
		白桦	70221.56	7271369.4	8412.48	620858.6	61091.03	6537870.1	650.46	102064.7	67.59	10576.0
		枫桦	22265.13	2537577.4	725.20	64262.3	21019.52	2399587.9	452.51	65132.1	67.90	8595.1
		黑桦	1549.10	145965.0	61.56	4693.5	1408.67	131466.7	78.41	9759.7	0.46	45.1
		水曲柳	5481.18	604861.7	576.77	43457.2	4574.59	518742.4	238.92	30174.8	90.90	12487.3
		胡桃楸	86.49	7166.1	47.30	3394.3	39.19	3771.8				
		黄波罗	61.15	6097.3			61.15	6097.3				
		榆树	5187.46	502538.8	119.97	8284.8	4239.78	400555.2	550.25	61314.7	277.46	32384.1
		椴树	1551.88	169638.0	0.24	20.5	1240.82	133025.5	276.54	33504.6	34.28	3087.4
		杨树	33.16	3865.6	4.06	280.7	6.82	668.7	20.29	2709.2	1.99	207.0
		柳树	4.42	211.1	4.42	211.1						
		其他软阔类	2554.74	291263.6	284.91	25582.2	2268.19	265459.3	1.64	222.1		
		山杨	12960.39	1461021.0	1060.96	85233.7	9327.87	1035302.7	2435.55	321349.5	136.01	19135.1
		毛赤杨	231.08	15536.4	108.27	6073.8	117.16	9162.5	5.65	300.1		
		槭树	2021.36	216148.3	2.57	106.1	1303.62	128364.4	198.77	22780.4	516.40	64897.4
		山槐	66.95	8512.7			12.61	575.0	54.34	7937.7		
		暴马丁香	30.64	3134.8							30.64	3134.8
		波纹柳	21.34	1504.7	16.93	1100.9	4.41	403.8				
		稠李	8.50	615.2	7.12	556.6	1.38	58.6				
		山丁子	0.93	96.5					0.93	96.5		
		岳桦	7.53	836.3					7.53	836.3		
		花曲柳	36.92	2700.3			36.92	2700.3				
		钻天柳	1.53	121.1	1.53	121.1						
		其他阔叶树种	19.79	1353.6					19.79	1353.6		
		其他亚乔木	34.80	2733.4	34.80	2733.4						
	天然	合计	147491.57	15982372.4	13482.91	1045876.7	124941.83	13700912.6	6958.98	952210.3	2107.85	283372.8
		冷杉	3837.75	488328.3	312.39	23320.6	3122.14	398379.8	265.12	44600.9	138.10	22027.0
		云杉	7426.06	860120.7	991.57	95181.1	6151.91	726613.5	153.89	19971.2	128.69	18354.9
		落叶松	8672.51	1001070.6	668.31	61169.4	7332.86	850493.2	576.87	77297.4	94.47	12110.6
		红松	1599.22	222395.0	49.93	5434.2	763.74	87280.4	616.31	100422.0	169.24	29258.4
		其他针叶树种	1.08	68.7			1.08	68.7				
		蒙古栎	4133.88	454969.7	263.82	18785.0	3145.47	336859.0	369.76	52139.5	354.83	47186.2
		白桦	70221.56	7271369.4	8412.48	620858.6	61091.03	6537870.1	650.46	102064.7	67.59	10576.0
		枫桦	22265.13	2537577.4	725.20	64262.3	21019.52	2399587.9	452.51	65132.1	67.90	8595.1

表4 黑龙江重点国有林区乔木林各龄组面积、蓄积按起源和优势树种（组）统计表（续68）

单位：公顷、立方米

统计单位	起源	优势树种（组）	合计		幼龄林		中龄林		近熟林		成、过熟林	
			面积	蓄积	面积	蓄积	面积	蓄积	面积	蓄积	面积	蓄积
绥棱林业局	天然	黑桦	1549.10	145965.0	61.56	4693.5	1408.67	131466.7	78.41	9759.7	0.46	45.1
		水曲柳	5421.31	598042.7	575.81	43408.8	4515.68	511971.8	238.92	30174.8	90.90	12487.3
		胡桃楸	86.49	7166.1	47.30	3394.3	39.19	3771.8				
		黄波罗	61.15	6097.3			61.15	6097.3				
		榆树	5179.95	501846.7	119.97	8284.8	4232.27	399863.1	550.25	61314.7	277.46	32384.1
		椴树	1551.88	169638.0	0.24	20.5	1240.82	133025.5	276.54	33504.6	34.28	3087.4
		杨树	11.09	1483.0			2.83	215.0	7.38	1174.6	0.88	93.4
		柳树	0.12	8.2	0.12	8.2						
		其他软阔类	37.56	2435.8	28.06	1654.3	9.50	781.5				
		山杨	12954.36	1460496.5	1054.93	84709.2	9327.87	1035302.7	2435.55	321349.5	136.01	19135.1
		毛赤杨	231.08	15536.4	108.27	6073.8	117.16	9162.5	5.65	300.1		
		槭树	2021.36	216148.3	2.57	106.1	1303.62	128364.4	198.77	22780.4	516.40	64897.4
		山槐	66.95	8512.7			12.61	575.0	54.34	7937.7		
		暴马丁香	30.64	3134.8							30.64	3134.8
		波纹柳	21.34	1504.7	16.93	1100.9	4.41	403.8				
		稠李	8.50	615.2	7.12	556.6	1.38	58.6				
		山丁子	0.93	96.5					0.93	96.5		
		岳桦	7.53	836.3					7.53	836.3		
		花曲柳	36.92	2700.3			36.92	2700.3				
		钻天柳	1.53	121.1	1.53	121.1						
		其他阔叶树种	19.79	1353.6					19.79	1353.6		
		其他亚乔木	34.80	2733.4	34.80	2733.4						
	人工	合计	20360.99	2514298.5	3491.57	308560.8	16060.55	2083329.2	695.91	102564.0	112.96	19844.5
		云杉	3454.42	385671.6	1686.57	161809.5	1765.32	223529.0	2.53	333.1		
		落叶松	13577.63	1752569.4	1379.16	108878.8	11448.70	1529415.4	651.52	96403.0	98.25	17872.2
		红松	550.61	56642.7	147.89	12662.6	402.72	43980.1				
		樟子松	161.37	19965.9	5.75	225.5	114.71	13810.5	27.31	4071.2	13.60	1858.7
		水曲柳	59.87	6819.0	0.96	48.4	58.91	6770.6				
		榆树	7.51	692.1			7.51	692.1				
		杨树	22.07	2382.6	4.06	280.7	3.99	453.7	12.91	1534.6	1.11	113.6
		柳树	4.30	202.9	4.30	202.9						
		其他软阔类	2517.18	288827.8	256.85	23927.9	2258.69	264677.8	1.64	222.1		
		山杨	6.03	524.5	6.03	524.5						
	其中：人天混	合计	12454.25	1503603.2	1945.24	187461.0	10101.12	1255900.4	379.85	56764.1	28.04	3477.7
		云杉	2194.21	239753.6	1067.06	105722.5	1124.62	133698.0	2.53	333.1		
		落叶松	7235.78	919043.2	503.77	47018.4	6329.80	812570.3	375.68	56208.9	26.53	3245.6
		红松	416.93	44936.6	111.53	10267.7	305.40	34668.9				
		樟子松	30.85	4192.7			29.34	3960.6			1.51	232.1
		水曲柳	45.76	5632.7			45.76	5632.7				
		榆树	7.51	692.1			7.51	692.1				
		其他软阔类	2517.18	288827.8	256.85	23927.9	2258.69	264677.8	1.64	222.1		
		山杨	6.03	524.5	6.03	524.5						

表 4　黑龙江重点国有林区乔木林各龄组面积、蓄积按起源和优势树种（组）统计表（续 69）

单位：公顷、立方米

统计单位	起源	优势树种（组）	合计		幼龄林		中龄林		近熟林		成、过熟林	
			面积	蓄积	面积	蓄积	面积	蓄积	面积	蓄积	面积	蓄积
通北林业局	合计	合计	201775.64	20816876.7	25366.83	1498177.3	161008.49	17025859.8	14982.92	2211854.0	417.40	80985.6
		冷杉	1212.87	142885.3			1110.56	127546.7	97.19	14564.3	5.12	774.3
		云杉	6652.94	645529.0	1380.58	69067.9	4873.06	504132.7	338.74	61053.1	60.56	11275.3
		落叶松	25545.49	2962950.9	1941.22	125826.5	19882.02	2312814.6	3714.77	522847.8	7.48	1462.0
		红松	3495.37	339933.2	709.87	43226.9	2411.17	248827.2	262.59	24785.4	111.74	23093.7
		樟子松	380.31	47796.9	5.53	239.7	238.10	27055.2	136.68	20502.0		
		蒙古栎	25140.60	2692398.6	675.40	40730.8	20251.32	2062169.0	4130.15	570718.7	83.73	18780.1
		白桦	96610.01	9232319.0	16530.62	988938.2	78279.93	7988967.5	1747.21	244838.8	52.25	9574.5
		枫桦	1464.06	166898.9			1455.00	165373.9	9.06	1525.0		
		黑桦	5514.87	524931.2	146.43	8221.3	4979.60	472744.2	388.84	43965.7		
		水曲柳	456.08	48728.9			404.15	39837.0	51.93	8891.9		
		黄波罗	14.53	1466.6			14.53	1466.6				
		榆树	1491.77	118925.5	173.44	7544.0	1119.67	90796.4	163.00	15910.1	35.66	4675.0
		其他硬阔类	51.33	5446.5			47.19	4778.6	4.14	667.9		
		椴树	5056.28	474911.6	1.30	22.0	4815.05	442415.4	239.93	32474.2		
		其他软阔类	1240.44	132914.0	694.34	57310.5	540.51	74984.1	5.59	619.4		
		山杨	23385.45	2997310.7	1741.47	125109.5	18203.14	2252841.6	3379.98	608008.9	60.86	11350.7
		毛赤杨	1505.91	42234.8	1116.31	24523.7	389.60	17711.1				
		槭树	2281.47	230774.8	28.91	2713.6	1952.26	189991.0	300.30	38070.2		
		暴马丁香	21.07	2566.0	8.25	155.4			12.82	2410.6		
		波纹柳	165.13	3512.8	123.50	2105.8	41.63	1407.0				
		稠李	4.95	136.1	4.95	136.1						
		山丁子	73.65	2192.3	73.65	2192.3						
		其他阔叶树种	11.06	113.1	11.06	113.1						
	天然	合计	176723.56	17900304.9	21161.94	1236953.4	143774.01	14894832.0	11377.69	1688995.9	409.92	79523.6
		冷杉	1212.87	142885.3			1110.56	127546.7	97.19	14564.3	5.12	774.3
		云杉	5322.43	575785.0	184.46	18307.8	4738.67	485148.8	338.74	61053.1	60.56	11275.3
		落叶松	4587.11	418443.5	298.01	14420.1	4010.62	376398.4	278.48	27625.0		
		红松	2495.58	242012.8	44.18	1719.7	2077.07	192414.0	262.59	24785.4	111.74	23093.7
		蒙古栎	25140.60	2692398.6	675.40	40730.8	20251.32	2062169.0	4130.15	570718.7	83.73	18780.1
		白桦	96610.01	9232319.0	16530.62	988938.2	78279.93	7988967.5	1747.21	244838.8	52.25	9574.5
		枫桦	1464.06	166898.9			1455.00	165373.9	9.06	1525.0		
		黑桦	5514.87	524931.2	146.43	8221.3	4979.60	472744.2	388.84	43965.7		
		水曲柳	456.08	48728.9			404.15	39837.0	51.93	8891.9		
		黄波罗	14.53	1466.6			14.53	1466.6				
		榆树	1487.03	118073.6	173.44	7544.0	1114.93	89944.5	163.00	15910.1	35.66	4675.0
		椴树	5052.26	474523.3	1.30	22.0	4811.03	442027.1	239.93	32474.2		
		山杨	23302.89	2980308.3	1741.47	125109.5	18143.11	2241685.2	3357.45	602162.9	60.86	11350.7
		毛赤杨	1505.91	42234.8	1116.31	24523.7	389.60	17711.1				
		槭树	2281.47	230774.8	28.91	2713.6	1952.26	189991.0	300.30	38070.2		
		暴马丁香	21.07	2566.0	8.25	155.4			12.82	2410.6		
		波纹柳	165.13	3512.8	123.50	2105.8	41.63	1407.0				

表4 黑龙江重点国有林区乔木林各龄组面积、蓄积按起源和优势树种（组）统计表（续70）

单位：公顷、立方米

统计单位	起源	优势树种（组）	合计		幼龄林		中龄林		近熟林		成、过熟林	
			面积	蓄积	面积	蓄积	面积	蓄积	面积	蓄积	面积	蓄积
通北林业局	天然	稠李	4.95	136.1	4.95	136.1						
		山丁子	73.65	2192.3	73.65	2192.3						
		其他阔叶树种	11.06	113.1	11.06	113.1						
	人工	合计	25052.08	2916571.8	4204.89	261223.9	17234.48	2131027.8	3605.23	522858.1	7.48	1462.0
		云杉	1330.51	69744.0	1196.12	50760.1	134.39	18983.9				
		落叶松	20958.38	2544507.4	1643.21	111406.4	15871.40	1936416.2	3436.29	495222.8	7.48	1462.0
		红松	999.79	97920.4	665.69	41507.2	334.10	56413.2				
		樟子松	380.31	47796.9	5.53	239.7	238.10	27055.2	136.68	20502.0		
		榆树	4.74	851.9			4.74	851.9				
		其他硬阔类	51.33	5446.5			47.19	4778.6	4.14	667.9		
		椴树	4.02	388.3			4.02	388.3				
		其他软阔类	1240.44	132914.0	694.34	57310.5	540.51	74984.1	5.59	619.4		
		山杨	82.56	17002.4			60.03	11156.4	22.53	5846.0		
	其中：人天混	合计	15684.28	1756227.4	2563.62	191432.9	10805.78	1265391.6	2314.88	299402.9		
		云杉	740.13	54291.1	650.87	41952.3	89.26	12338.8				
		落叶松	12797.76	1441666.4	886.94	53943.8	9707.70	1107070.6	2203.12	280652.0		
		红松	590.39	80635.5	326.71	37989.8	263.68	42645.7				
		樟子松	174.04	23247.0	4.76	236.5	89.78	11392.9	79.50	11617.6		
		榆树	4.74	851.9			4.74	851.9				
		其他硬阔类	51.33	5446.5			47.19	4778.6	4.14	667.9		
		椴树	4.02	388.3			4.02	388.3				
		其他软阔类	1240.44	132914.0	694.34	57310.5	540.51	74984.1	5.59	619.4		
		山杨	81.43	16786.7			58.90	10940.7	22.53	5846.0		
沾河林业局	合计	合计	619490.30	67523063.9	122570.51	7219471.7	408956.63	47917973.4	79289.69	10901873.2	8673.47	1483745.6
		冷杉	17805.99	2797865.4	1391.86	119237.2	13395.10	2108743.3	2510.77	476476.6	508.26	93408.3
		云杉	26142.75	3636277.2	3116.68	257056.2	18417.86	2584310.4	4221.49	726427.0	386.72	68483.6
		落叶松	138835.92	16303330.9	23036.83	1665778.2	102895.70	12777665.5	12465.13	1798027.0	438.26	61860.2
		红松	5850.54	1089843.9	341.29	25795.1	2763.19	389960.3	1733.98	400077.2	1012.08	274011.3
		樟子松	379.18	58633.4	20.72	198.0	344.22	56129.6	14.24	2305.8		
		蒙古栎	98596.43	11338540.0	9427.69	704295.0	61424.12	6847314.4	25261.74	3337768.0	2482.88	449162.6
		白桦	252173.79	23759145.8	72733.72	3794284.0	160344.68	17635957.1	17530.93	2153884.8	1564.46	175019.9
		枫桦	1147.15	172537.8	278.37	27263.3	345.13	46331.6	523.65	98942.9		
		黑桦	26566.52	2664951.4	2920.77	193098.9	18519.29	1865540.0	4969.39	579577.3	157.07	26735.2
		水曲柳	237.28	38493.1	6.02	313.3	66.80	6127.5	164.46	32052.3		
		黄波罗	34.09	3094.2			34.09	3094.2				
		榆树	1296.84	105595.5	348.19	22957.0	851.67	68248.9	41.21	5958.2	55.77	8431.4
		其他硬阔类	246.84	23841.6	92.08	5981.3	154.76	17860.3				
		椴树	16324.42	1820307.8	1097.51	89137.4	10606.84	1167048.5	4527.08	548108.4	92.99	16013.5
		杨树	62.78	7489.8	20.19	435.5					42.59	7054.3
		柳树	0.81	23.7	0.81	23.7						
		其他软阔类	1637.61	161767.6	674.08	44053.9	963.22	117666.8	0.31	46.9		
		山杨	23028.78	2959537.0	1820.28	109803.8	15142.48	1995964.1	4708.36	670069.6	1357.66	183699.5

表 4　黑龙江重点国有林区乔木林各龄组面积、蓄积按起源和优势树种（组）统计表（续 71）

单位：公顷、立方米

统计单位	起源	优势树种（组）	合计		幼龄林		中龄林		近熟林		成、过熟林	
			面积	蓄积	面积	蓄积	面积	蓄积	面积	蓄积	面积	蓄积
沾河林业局	合计	毛赤杨	5879.14	214400.5	4776.96	149362.0	1046.50	60182.6	24.36	1797.1	31.32	3058.8
		槭树	2796.89	356663.0	68.85	3886.2	1626.38	168894.9	592.59	70354.1	509.07	113527.8
		山槐	38.46	3544.2			4.98	321.3			33.48	3222.9
		波纹柳	385.25	5978.8	384.39	5922.5					0.86	56.3
		山丁子	22.84	1201.3	13.22	589.2	9.62	612.1				
	天然	合计	602447.82	65408835.0	116523.38	6730259.4	399733.32	46562640.7	77648.36	10648150.5	8542.76	1467784.4
		冷杉	17805.99	2797865.4	1391.86	119237.2	13395.10	2108743.3	2510.77	476476.6	508.26	93408.3
		云杉	25562.15	3608786.1	2616.69	243809.2	18337.25	2570066.3	4221.49	726427.0	386.72	68483.6
		落叶松	125155.28	14512698.8	18393.08	1243661.7	95312.65	11639778.4	11098.24	1578313.4	351.31	50945.3
		红松	5744.59	1087118.4	235.34	23069.6	2763.19	389960.3	1733.98	400077.2	1012.08	274011.3
		蒙古栎	98596.43	11338540.0	9427.69	704295.0	61424.12	6847314.4	25261.74	3337768.0	2482.88	449162.6
		白桦	252173.79	23759145.8	72733.72	3794284.0	160344.68	17635957.1	17530.93	2153884.8	1564.46	175019.9
		枫桦	1147.15	172537.8	278.37	27263.3	345.13	46331.6	523.65	98942.9		
		黑桦	26566.52	2664951.4	2920.77	193098.9	18519.29	1865540.0	4969.39	579577.3	157.07	26735.2
		水曲柳	237.28	38493.1	6.02	313.3	66.80	6127.5	164.46	32052.3		
		黄波罗	34.09	3094.2			34.09	3094.2				
		榆树	1290.87	105241.6	348.19	22957.0	845.70	67895.0	41.21	5958.2	55.77	8431.4
		椴树	16073.85	1789906.9	1097.51	89137.4	10606.84	1167048.5	4276.51	517707.5	92.99	16013.5
		杨树	62.78	7489.8	20.19	435.5					42.59	7054.3
		柳树	0.81	23.7	0.81	23.7						
		山杨	22880.58	2941965.5	1809.72	108913.7	15057.92	1985584.5	4699.04	668814.1	1313.90	178653.2
		毛赤杨	5879.14	214400.5	4776.96	149362.0	1046.50	60182.6	24.36	1797.1	31.32	3058.8
		槭树	2789.97	355851.7	68.85	3886.2	1619.46	168083.6	592.59	70354.1	509.07	113527.8
		山槐	38.46	3544.2			4.98	321.3			33.48	3222.9
		波纹柳	385.25	5978.8	384.39	5922.5					0.86	56.3
		山丁子	22.84	1201.3	13.22	589.2	9.62	612.1				
	人工	合计	17042.48	2114228.9	6047.13	489212.3	9223.31	1355332.7	1641.33	253722.7	130.71	15961.2
		云杉	580.60	27491.1	499.99	13247.0	80.61	14244.1				
		落叶松	13680.64	1790632.1	4643.75	422116.5	7583.05	1137887.1	1366.89	219713.6	86.95	10914.9
		红松	105.95	2725.5	105.95	2725.5						
		樟子松	379.18	58633.4	20.72	198.0	344.22	56129.6	14.24	2305.8		
		榆树	5.97	353.9			5.97	353.9				
		其他硬阔类	246.84	23841.6	92.08	5981.3	154.76	17860.3				
		椴树	250.57	30400.9					250.57	30400.9		
		其他软阔类	1637.61	161767.6	674.08	44053.9	963.22	117666.8	0.31	46.9		
		山杨	148.20	17571.5	10.56	890.1	84.56	10379.6	9.32	1255.5	43.76	5046.3
		槭树	6.92	811.3			6.92	811.3				

表4 黑龙江重点国有林区乔木林各龄组面积、蓄积按起源和优势树种（组）统计表（续72）

单位：公顷、立方米

统计单位	起源	优势树种（组）	合计		幼龄林		中龄林		近熟林		成、过熟林	
			面积	蓄积	面积	蓄积	面积	蓄积	面积	蓄积	面积	蓄积
沾河林业局	其中：人天混	合计	9249.34	996481.8	3661.93	266722.2	4908.94	645238.1	569.09	71302.3	109.38	13219.2
		云杉	348.19	20978.4	267.58	6734.3	80.61	14244.1				
		落叶松	6454.22	723122.3	2540.84	206950.7	3538.87	468399.7	308.89	39599.0	65.62	8172.9
		红松	76.79	2111.9	76.79	2111.9						
		樟子松	74.03	15522.4			74.03	15522.4				
		榆树	5.97	353.9			5.97	353.9				
		其他硬阔类	246.84	23841.6	92.08	5981.3	154.76	17860.3				
		椴树	250.57	30400.9					250.57	30400.9		
		其他软阔类	1637.61	161767.6	674.08	44053.9	963.22	117666.8	0.31	46.9		
		山杨	148.20	17571.5	10.56	890.1	84.56	10379.6	9.32	1255.5	43.76	5046.3
		槭树	6.92	811.3			6.92	811.3				
东方红林业局	合计	合计	348217.10	49707051.3	44686.81	6049643.3	180219.43	23857925.6	90925.51	14186436.9	32385.35	5613045.5
		冷杉	2646.95	562163.4			1269.67	234250.0	1377.28	327913.4		
		云杉	2408.49	434817.2	521.29	42011.3	1040.16	185069.7	847.04	207736.2		
		落叶松	7615.71	1224644.9	1728.82	149792.2	3709.96	653313.0	1893.23	371693.0	283.70	49846.7
		红松	4228.47	918440.2	501.79	61780.9	797.90	139875.8	1287.21	299119.3	1641.57	417664.2
		樟子松	30.90	4705.8	2.71		11.02	2128.8	17.17	2577.0		
		蒙古栎	49143.75	6999164.1	6690.72	1008462.4	24808.19	3278181.3	15135.71	2307657.8	2509.13	404862.6
		白桦	33528.28	4146369.6	1698.32	103865.7	25489.52	3121818.2	5441.73	781056.4	898.71	139629.3
		枫桦	13216.42	2080787.4	785.70	108406.3	4117.89	605498.8	4617.27	715107.1	3695.56	651775.2
		黑桦	1277.71	160433.1	429.78	59237.5	710.12	80687.4	121.40	17901.4	16.41	2606.8
		水曲柳	75661.28	10545435.6	13249.32	2035399.7	38388.52	4700531.8	15807.93	2190776.2	8215.51	1618727.9
		胡桃楸	27774.25	3937072.9	4623.57	703950.5	13340.96	1794726.7	8822.59	1285000.3	987.13	153395.4
		黄波罗	2538.80	315255.3	455.15	56222.4	1580.88	192191.5	472.25	61581.0	30.52	5260.4
		榆树	5086.07	560627.1	233.07	22103.5	2544.77	251143.0	1069.68	124064.9	1238.55	163315.7
		其他硬阔类	128.91	19319.7	108.48	16009.9	20.43	3309.8				
		椴树	37794.15	5002767.9	5880.60	874622.2	20470.25	2474622.2	9713.20	1362846.4	1730.10	290677.1
		杨树	69.51	11328.4	1.00	13.8	40.38	6397.5	1.76	395.9	26.37	4521.2
		柳树	216.89	10271.7	131.61	5363.2	85.28	4908.5				
		其他软阔类	771.11	112212.2	425.99	58603.8	325.24	51340.7	19.88	2267.7		
		山杨	55092.13	9386591.5	1252.75	109673.6	30123.75	4901947.3	17016.33	3240483.4	6699.30	1134487.2
		毛赤杨	5059.66	398363.3	1679.07	70437.1	2377.20	219351.6	387.38	40411.7	616.01	68162.9
		槭树	21857.01	2661571.4	4045.47	549157.4	8212.44	884830.5	6617.89	811125.3	2981.21	416458.2
		山槐	919.24	88195.7	75.67	4628.0	355.04	31994.8	98.18	12270.4	390.35	39302.5
		暴马丁香	284.86	25730.1	57.35	6408.3	132.60	10383.9	55.17	5784.2	39.74	3153.7
		青楷槭	288.96	31706.5			74.07	6641.5			214.89	25065.0
		花楷槭	24.85	494.9	24.85	494.9						
		波纹柳	179.81	12388.0	66.64	2030.5	35.54	1516.8			77.63	8840.7
		稠李	3.42	229.9	0.33	32.3	3.09	197.6				
		山桃稠李	330.58	51874.2	6.63	555.4	125.76	17358.1	105.23	18667.9	92.96	15292.8
		山丁子	6.46	726.2	1.04	27.9	5.42	698.3				

表 4　黑龙江重点国有林区乔木林各龄组面积、蓄积按起源和优势树种（组）统计表（续 73）

单位：公顷、立方米

统计单位	起源	优势树种（组）	合计		幼龄林		中龄林		近熟林		成、过熟林	
			面积	蓄积	面积	蓄积	面积	蓄积	面积	蓄积	面积	蓄积
	合计	钻天柳	9.09	352.6	9.09	352.6						
		其他阔叶树种	23.38	3010.5			23.38	3010.5				
东方红林业局	天然	合计	334473.50	47588221.4	39338.08	5401694.0	174499.47	22893013.1	88741.97	13765558.6	31893.98	5527955.7
		冷杉	2646.95	562163.4			1269.67	234250.0	1377.28	327913.4		
		云杉	1908.28	398401.8	69.62	11720.1	991.62	178945.5	847.04	207736.2		
		落叶松	5.25	330.4	5.25	330.4						
		红松	3440.55	813440.2	12.98	2289.3	498.79	94367.4	1287.21	299119.3	1641.57	417664.2
		蒙古栎	49143.75	6999164.1	6690.72	1008462.4	24808.19	3278181.3	15135.71	2307657.8	2509.13	404862.6
		白桦	33528.28	4146369.6	1698.32	103865.7	25489.52	3121818.2	5441.73	781056.4	898.71	139629.3
		枫桦	13216.42	2080787.4	785.70	108406.3	4117.89	605498.8	4617.27	715107.1	3695.56	651775.2
		黑桦	1277.71	160433.1	429.78	59237.5	710.12	80687.4	121.40	17901.4	16.41	2606.8
		水曲柳	74112.91	10299511.6	11990.98	1832743.3	38098.49	4657264.2	15807.93	2190776.2	8215.51	1618727.9
		胡桃楸	26558.99	3747917.7	3896.26	591605.0	12921.61	1728604.8	8753.99	1274312.5	987.13	153395.4
		黄波罗	2515.85	311710.7	432.20	52677.8	1580.88	192191.5	472.25	61581.0	30.52	5260.4
		榆树	4988.63	544942.6	228.57	21673.9	2467.29	238113.5	1067.86	123895.7	1224.91	161259.5
		椴树	37694.64	4990345.4	5809.62	865025.6	20441.72	2471796.3	9713.20	1362846.4	1730.10	290677.1
		杨树	69.51	11328.4	1.00	13.8	40.38	6397.5	1.76	395.9	26.37	4521.2
		柳树	214.84	10271.7	129.56	5363.2	85.28	4908.5				
		山杨	54255.21	9251355.5	1218.13	108120.6	29689.13	4833349.5	16842.68	3208585.1	6505.27	1101300.3
		毛赤杨	5026.85	392025.5	1678.53	70433.7	2344.93	213017.2	387.38	40411.7	616.01	68162.9
		槭树	21830.80	2657609.5	4019.26	545195.5	8212.44	884830.5	6617.89	811125.3	2981.21	416458.2
		山槐	919.24	88195.7	75.67	4628.0	355.04	31994.8	98.18	12270.4	390.35	39302.5
		暴马丁香	284.86	25730.1	57.35	6408.3	132.60	10383.9	55.17	5784.2	39.74	3153.7
		青楷槭	288.96	31706.5			74.07	6641.5			214.89	25065.0
		花楷槭	24.85	494.9	24.85	494.9						
		波纹柳	179.81	12388.0	66.64	2030.5	35.54	1516.8			77.63	8840.7
		稠李	3.42	229.9	0.33	32.3	3.09	197.6				
		山桃稠李	321.39	50288.9	6.63	555.4	125.76	17358.1	96.04	17082.6	92.96	15292.8
		山丁子	6.46	726.2	1.04	27.9	5.42	698.3				
		钻天柳	9.09	352.6	9.09	352.6						
	人工	合计	13743.60	2118829.9	5348.73	647949.3	5719.96	964912.5	2183.54	420878.3	491.37	85089.8
		云杉	500.21	36415.4	451.67	30291.2	48.54	6124.2				
		落叶松	7610.46	1224314.5	1723.57	149461.8	3709.96	653313.0	1893.23	371693.0	283.70	49846.7
		红松	787.92	105000.0	488.81	59491.6	299.11	45508.4				
		樟子松	30.90	4705.8	2.71		11.02	2128.8	17.17	2577.0		
		水曲柳	1548.37	245924.0	1258.34	202656.4	290.03	43267.6				
		胡桃楸	1215.26	189155.2	727.31	112345.5	419.35	66121.9	68.60	10687.8		
		黄波罗	22.95	3544.6	22.95	3544.6						
		榆树	97.44	15684.5	4.50	429.6	77.48	13029.5	1.82	169.2	13.64	2056.2
		其他硬阔类	128.91	19319.7	108.48	16009.9	20.43	3309.8				
		椴树	99.51	12422.5	70.98	9596.6	28.53	2825.9				

表4 黑龙江重点国有林区乔木林各龄组面积、蓄积按起源和优势树种（组）统计表（续74）

单位：公顷、立方米

统计单位	起源	优势树种(组)	合计		幼龄林		中龄林		近熟林		成、过熟林	
			面积	蓄积	面积	蓄积	面积	蓄积	面积	蓄积	面积	蓄积
东方红林业局	人工	柳树	2.05		2.05							
		其他软阔类	771.11	112212.2	425.99	58603.8	325.24	51340.7	19.88	2267.7		
		山杨	836.92	135236.0	34.62	1553.0	434.62	68597.8	173.65	31898.3	194.03	33186.9
		毛赤杨	32.81	6337.8	0.54	3.4	32.27	6334.4				
		槭树	26.21	3961.9	26.21	3961.9						
		山桃稠李	9.19	1585.3					9.19	1585.3		
		其他阔叶树种	23.38	3010.5			23.38	3010.5				
	其中：人天混	合计	9593.94	1523203.6	3569.72	495757.7	4120.22	684733.6	1493.98	272162.0	410.02	70550.3
		云杉	248.86	22251.7	200.32	16127.5	48.54	6124.2				
		落叶松	3936.42	672995.3	288.72	21318.8	2229.07	391439.0	1216.28	224930.3	202.35	35307.2
		红松	612.30	80396.1	411.94	49624.5	200.36	30771.6				
		樟子松	5.17	699.3			0.34	29.1	4.83	670.2		
		水曲柳	1534.08	245149.1	1247.92	202638.6	286.16	42510.5				
		胡桃楸	1215.26	189155.2	727.31	112345.5	419.35	66121.9	68.60	10687.8		
		黄波罗	22.95	3544.6	22.95	3544.6						
		榆树	97.44	15684.5	4.50	429.6	77.48	13029.5	1.82	169.2	13.64	2056.2
		其他硬阔类	128.91	19319.7	108.48	16009.9	20.43	3309.8				
		椴树	99.51	12422.5	70.98	9596.6	28.53	2825.9				
		其他软阔类	771.11	112212.2	425.99	58603.8	325.24	51340.7	19.88	2267.7		
		山杨	830.34	134477.9	33.86	1553.0	429.07	67886.5	173.38	31851.5	194.03	33186.9
		毛赤杨	32.81	6337.8	0.54	3.4	32.27	6334.4				
		槭树	26.21	3961.9	26.21	3961.9						
		山桃稠李	9.19	1585.3					9.19	1585.3		
		其他阔叶树种	23.38	3010.5			23.38	3010.5				
迎春林业局	合计	合计	142759.32	15934737.5	19100.80	1693749.9	81914.71	9151916.6	29790.85	3667844.0	11952.96	1421227.0
		云杉	771.86	27267.4	739.95	23695.5	22.04	2575.4	9.87	996.5		
		落叶松	20041.21	2640693.7	2293.01	203973.9	9071.93	1201384.1	6676.58	955566.4	1999.69	279769.3
		红松	2349.38	277394.6	1923.62	221450.9	326.30	42207.8	17.38	2047.0	82.08	11688.9
		樟子松	95.74	11148.2	25.37	1726.1	15.76	1976.1	54.61	7446.0		
		蒙古栎	33981.90	3670374.7	3333.88	263946.3	22537.60	2418530.6	6318.66	773343.7	1791.76	214554.1
		白桦	9083.14	921030.6	2601.74	240150.7	5821.69	608687.5	582.80	64169.6	76.91	8022.8
		枫桦	1687.41	182521.4	37.33	3228.1	236.18	26053.4	638.57	70427.7	775.33	82812.2
		黑桦	845.39	84559.7	29.20	2478.0	595.36	58896.6	220.83	23185.1		
		水曲柳	13533.75	1332594.8	1161.88	101929.2	9692.96	943346.6	2061.06	222271.4	617.85	65047.6
		胡桃楸	5425.77	536711.5	263.87	19063.4	3816.28	375287.2	1045.66	109828.3	299.96	32532.6
		黄波罗	614.06	58791.5	23.19	1939.0	455.64	42813.0	67.71	8022.9	67.52	6016.6
		榆树	964.40	93423.7	108.76	8965.5	577.38	56268.1	178.68	17729.4	99.58	10460.7
		其他硬阔类	100.39	12529.4	48.89	5985.3	36.68	4431.2			14.82	2112.9
		椴树	17816.93	1832073.9	1299.54	117038.1	10353.12	1051814.7	5067.49	547232.9	1096.78	115988.2
		柳树	0.86	12.5	0.86	12.5						
		其他软阔类	41.46	4159.5	10.33	986.5	31.13	3173.0				

表 4 黑龙江重点国有林区乔木林各龄组面积、蓄积按起源和优势树种（组）统计表（续 75）

单位：公顷、立方米

统计单位	起源	优势树种（组）	合计		幼龄林		中龄林		近熟林		成、过熟林	
			面积	蓄积	面积	蓄积	面积	蓄积	面积	蓄积	面积	蓄积
迎春林业局	合计	山杨	29406.62	3682046.1	4182.93	392383.8	15915.47	2088101.3	5503.57	733219.4	3804.65	468341.6
		毛赤杨	1443.22	129203.5	774.92	66972.5	664.63	61917.1	2.28	162.2	1.39	151.7
		槭树	4340.65	421496.0	170.58	13801.9	1643.52	155515.0	1313.05	129480.8	1213.50	122698.3
		山槐	88.54	6846.3	15.29	913.0	48.05	3803.8	25.20	2129.5		
		暴马丁香	6.73	506.7	6.08	489.8	0.65	16.9				
		青楷槭	6.85	585.2					6.85	585.2		
		波纹柳	48.39	2627.8	25.12	667.4	12.13	930.9			11.14	1029.5
		稠李	23.45	1857.3	23.45	1857.3						
		山桃稠李	41.22	4281.5	1.01	95.2	40.21	4186.3				
	天然	合计	121565.44	13216077.1	14181.40	1250736.0	73951.85	8070285.3	23135.02	2714107.8	10297.17	1180948.0
		云杉	38.63	4062.9	6.72	491.0	22.04	2575.4	9.87	996.5		
		落叶松	2159.89	247701.7	138.72	11563.0	1469.19	168251.0	75.36	9276.2	476.62	58611.5
		红松	275.55	32620.8	56.89	5378.6	119.20	13506.3	17.38	2047.0	82.08	11688.9
		樟子松	6.96	985.1			6.96	985.1				
		蒙古栎	33981.90	3670374.7	3333.88	263946.3	22537.60	2418530.6	6318.66	773343.7	1791.76	214554.1
		白桦	9083.14	921030.6	2601.74	240150.7	5821.69	608687.5	582.80	64169.6	76.91	8022.8
		枫桦	1687.41	182521.4	37.33	3228.1	236.18	26053.4	638.57	70427.7	775.33	82812.2
		黑桦	845.39	84559.7	29.20	2478.0	595.36	58896.6	220.83	23185.1		
		水曲柳	13521.04	1331217.2	1158.77	101879.4	9683.36	942018.8	2061.06	222271.4	617.85	65047.6
		胡桃楸	5366.37	533386.3	220.15	17816.6	3800.60	373208.8	1045.66	109828.3	299.96	32532.6
		黄波罗	614.06	58791.5	23.19	1939.0	455.64	42813.0	67.71	8022.9	67.52	6016.6
		榆树	964.40	93423.7	108.76	8965.5	577.38	56268.1	178.68	17729.4	99.58	10460.7
		椴树	17816.93	1832073.9	1299.54	117038.1	10353.12	1051814.7	5067.49	547232.9	1096.78	115988.2
		柳树	0.86	12.5	0.86	12.5						
		山杨	29203.86	3655910.8	4149.20	391052.1	15864.34	2080306.0	5503.57	733219.4	3686.75	451333.3
		毛赤杨	1443.22	129203.5	774.92	66972.5	664.63	61917.1	2.28	162.2	1.39	151.7
		槭树	4340.65	421496.0	170.58	13801.9	1643.52	155515.0	1313.05	129480.8	1213.50	122698.3
		山槐	88.54	6846.3	15.29	913.0	48.05	3803.8	25.20	2129.5		
		暴马丁香	6.73	506.7	6.08	489.8	0.65	16.9				
		青楷槭	6.85	585.2					6.85	585.2		
		波纹柳	48.39	2627.8	25.12	667.4	12.13	930.9			11.14	1029.5
		稠李	23.45	1857.3	23.45	1857.3						
		山桃稠李	41.22	4281.5	1.01	95.2	40.21	4186.3				
	人工	合计	21193.88	2718660.4	4919.40	443013.9	7962.86	1081631.3	6655.83	953736.2	1655.79	240279.0
		云杉	733.23	23204.5	733.23	23204.5						
		落叶松	17881.32	2392992.0	2154.29	192410.9	7602.74	1033133.1	6601.22	946290.2	1523.07	221157.8
		红松	2073.83	244773.8	1866.73	216072.3	207.10	28701.5				
		樟子松	88.78	10163.1	25.37	1726.1	8.80	991.0	54.61	7446.0		
		水曲柳	12.71	1377.6	3.11	49.8	9.60	1327.8				
		胡桃楸	59.40	3325.2	43.72	1246.8	15.68	2078.4				

表 4　黑龙江重点国有林区乔木林各龄组面积、蓄积按起源和优势树种（组）统计表（续 76）

单位：公顷、立方米

统计单位	起源	优势树种(组)	合计		幼龄林		中龄林		近熟林		成、过熟林	
			面积	蓄积	面积	蓄积	面积	蓄积	面积	蓄积	面积	蓄积
迎春林业局	人工	其他硬阔类	100.39	12529.4	48.89	5985.3	36.68	4431.2			14.82	2112.9
		其他软阔类	41.46	4159.5	10.33	986.5	31.13	3173.0				
		山杨	202.76	26135.3	33.73	1331.7	51.13	7795.3			117.90	17008.3
	其中：人天混	合计	12578.65	1662874.9	2676.51	280414.5	4638.08	626228.4	4372.16	625536.3	891.90	130695.7
		云杉	336.21	13031.3	336.21	13031.3						
		落叶松	10221.64	1405503.2	622.43	62415.1	4358.07	590244.5	4364.06	624260.8	877.08	128582.8
		红松	1833.52	221692.5	1648.82	196749.5	184.70	24943.0				
		樟子松	13.36	1859.3			5.26	583.8	8.10	1275.5		
		水曲柳	4.51	500.3			4.51	500.3				
		胡桃楸	25.51	3325.2	9.83	1246.8	15.68	2078.4				
		其他硬阔类	100.39	12529.4	48.89	5985.3	36.68	4431.2			14.82	2112.9
		其他软阔类	41.46	4159.5	10.33	986.5	31.13	3173.0				
		山杨	2.05	274.2			2.05	274.2				
清河林业局	合计	合计	128178.64	12716733.6	14643.19	1009106.4	99084.34	10129158.9	11935.14	1307880.0	2515.97	270588.3
		冷杉	9316.01	962364.5	494.45	40036.2	7087.65	729460.1	1473.13	163225.5	260.78	29642.7
		云杉	1512.67	150707.9	100.02	5972.7	891.40	85987.5	521.25	58747.7		
		落叶松	10558.61	1375910.7	1869.64	183927.2	8424.50	1157802.3	207.39	27152.0	57.08	7029.2
		红松	9408.32	1008593.6	619.11	64619.8	7426.74	786433.6	1257.33	144150.6	105.14	13389.6
		樟子松	1015.47	119375.8	114.55	5498.8	811.16	101845.7	86.96	11654.7	2.80	376.6
		其他针叶树种	2.91	229.7			2.91	229.7				
		蒙古栎	19787.16	2034525.2	3439.97	225461.3	15021.69	1647580.8	1198.47	147847.6	127.03	13635.5
		白桦	5609.31	505299.3	1160.64	83469.8	4308.40	406106.1	65.53	7316.5	74.74	8406.9
		枫桦	15054.05	1389062.2	2529.93	145848.5	8767.10	830802.6	2485.16	274676.6	1271.86	137734.5
		黑桦	958.44	83437.9	219.68	11476.7	680.07	64842.1	58.69	7119.1		
		水曲柳	20254.89	1855854.5	1594.82	96851.6	16934.94	1586084.0	1442.78	146003.2	282.35	26915.7
		胡桃楸	6730.95	624300.3	377.46	20251.6	5907.30	556493.5	423.17	44880.8	23.02	2674.4
		黄波罗	1132.39	99948.8	63.67	3282.6	1050.31	94995.5	18.41	1670.7		
		榆树	4736.00	408879.9	371.08	20720.2	3878.28	341699.1	436.33	41569.6	50.31	4891.0
		其他硬阔类	354.93	43472.2	55.60	6246.6	299.33	37225.6				
		椴树	11562.34	1098741.1	844.10	45916.4	9667.23	941176.4	1015.87	107984.3	35.14	3664.0
		杨树	165.00	19147.2	1.12	91.7	111.75	13839.8	52.13	5215.7		
		柳树	11.26	556.7	1.18	41.3	10.08	515.4				
		其他软阔类	284.90	31822.5	51.22	4886.1	233.68	26936.4				
		山杨	2463.62	234323.3	489.02	29070.5	1831.99	191140.3	93.76	9416.4	48.85	4696.1
		毛赤杨	231.89	17906.8	79.66	5312.7	152.23	12594.1				
		槭树	6732.71	631750.5	53.25	3011.8	5403.81	501957.6	1098.78	109249.0	176.87	17532.1
		山槐	16.81	1101.6			16.81	1101.6				
		暴马丁香	0.14	10.8	0.14	10.8						
		青楷槭	2.06	157.4	2.06	157.4						
		花楷槭	81.89	4137.3	48.91	2777.3	32.98	1360.0				
		波纹柳	193.04	15086.5	61.04	4137.4	132.00	10949.1				
		稠李	0.87	29.4	0.87	29.4						

表4 黑龙江重点国有林区乔木林各龄组面积、蓄积按起源和优势树种（组）统计表（续77）

单位：公顷、立方米

统计单位	起源	优势树种（组）	合计		幼龄林		中龄林		近熟林		成、过熟林	
			面积	蓄积	面积	蓄积	面积	蓄积	面积	蓄积	面积	蓄积
清河林业局	天然	合计	116263.48	11155348.8	12389.50	772759.9	89712.25	8843629.9	11705.64	1275776.5	2456.09	263182.5
		冷杉	9316.01	962364.5	494.45	40036.2	7087.65	729460.1	1473.13	163225.5	260.78	29642.7
		云杉	1490.49	149313.8	98.19	5931.4	871.05	84634.7	521.25	58747.7		
		落叶松	1337.12	142853.6	124.02	7649.9	1140.73	127414.4	72.37	7789.3		
		红松	8417.16	885931.1	296.49	23977.6	6758.20	704413.3	1257.33	144150.6	105.14	13389.6
		樟子松	103.26	4057.2	102.23	4013.8	1.03	43.4				
		其他针叶树种	2.91	229.7			2.91	229.7				
		蒙古栎	19787.16	2034525.2	3439.97	225461.3	15021.69	1647580.8	1198.47	147847.6	127.03	13635.5
		白桦	5609.31	505299.3	1160.64	83469.8	4308.40	406106.1	65.53	7316.5	74.74	8406.9
		枫桦	15054.05	1389062.2	2529.93	145848.5	8767.10	830802.6	2485.16	274676.6	1271.86	137734.5
		黑桦	958.44	83437.9	219.68	11476.7	680.07	64842.1	58.69	7119.1		
		水曲柳	20228.86	1852825.0	1571.62	94116.1	16932.11	1585790.0	1442.78	146003.2	282.35	26915.7
		胡桃楸	6730.95	624300.3	377.46	20251.6	5907.30	556493.5	423.17	44880.8	23.02	2674.4
		黄波罗	1132.39	99948.8	63.67	3282.6	1050.31	94995.5	18.41	1670.7		
		榆树	4736.00	408879.9	371.08	20720.2	3878.28	341699.1	436.33	41569.6	50.31	4891.0
		椴树	11562.34	1098741.1	844.10	45916.4	9667.23	941176.4	1015.87	107984.3	35.14	3664.0
		杨树	165.00	19147.2	1.12	91.7	111.75	13839.8	52.13	5215.7		
		柳树	11.26	556.7	1.18	41.3	10.08	515.4				
		山杨	2361.36	223695.0	447.74	25038.0	1778.53	185630.6	86.24	8330.3	48.85	4696.1
		毛赤杨	231.89	17906.8	79.66	5312.7	152.23	12594.1				
		槭树	6732.71	631750.5	53.25	3011.8	5403.81	501957.6	1098.78	109249.0	176.87	17532.1
		山槐	16.81	1101.6			16.81	1101.6				
		暴马丁香	0.14	10.8	0.14	10.8						
		青楷槭	2.06	157.4	2.06	157.4						
		花楷槭	81.89	4137.3	48.91	2777.3	32.98	1360.0				
		波纹柳	193.04	15086.5	61.04	4137.4	132.00	10949.1				
		稠李	0.87	29.4	0.87	29.4						
	人工	合计	11915.16	1561384.8	2253.69	236346.5	9372.09	1285529.0	229.50	32103.5	59.88	7405.8
		云杉	22.18	1394.1	1.83	41.3	20.35	1352.8				
		落叶松	9221.49	1233057.1	1745.62	176277.3	7283.77	1030387.9	135.02	19362.7	57.08	7029.2
		红松	991.16	122662.5	322.62	40642.2	668.54	82020.3				
		樟子松	912.21	115318.6	12.32	1485.0	810.13	101802.3	86.96	11654.7	2.80	376.6
		水曲柳	26.03	3029.5	23.20	2735.5	2.83	294.0				
		其他硬阔类	354.93	43472.2	55.60	6246.6	299.33	37225.6				
		其他软阔类	284.90	31822.5	51.22	4886.1	233.68	26936.4				
		山杨	102.26	10628.3	41.28	4032.5	53.46	5509.7	7.52	1086.1		

表 4 黑龙江重点国有林区乔木林各龄组面积、蓄积按起源和优势树种（组）统计表（续 78）

单位：公顷、立方米

统计单位	起源	优势树种(组)	合计		幼龄林		中龄林		近熟林		成、过熟林	
			面积	蓄积	面积	蓄积	面积	蓄积	面积	蓄积	面积	蓄积
清河林业局	其中：人天混	合计	5990.86	740099.0	1248.39	135326.0	4651.48	594405.1	46.19	4625.0	44.80	5742.9
		云杉	21.12	1363.6	0.77	10.8	20.35	1352.8				
		落叶松	4328.64	541653.5	849.35	88221.9	3392.10	443550.9	45.19	4514.4	42.00	5366.3
		红松	510.05	64442.2	265.97	32969.3	244.08	31472.9				
		樟子松	447.35	53412.9	2.28	255.8	442.27	52780.5			2.80	376.6
		水曲柳	26.03	3029.5	23.20	2735.5	2.83	294.0				
		其他硬阔类	354.93	43472.2	55.60	6246.6	299.33	37225.6				
		其他软阔类	284.90	31822.5	51.22	4886.1	233.68	26936.4				
		山杨	17.84	902.6			16.84	792.0	1.00	110.6		
鹤北林业局	合计	合计	353727.93	42020398.5	20833.61	875330.7	235932.84	26712079.1	91295.35	13604268.1	5666.13	828720.6
		冷杉	21538.74	3244518.6	98.94	6619.5	12390.88	1699187.4	8992.42	1528317.0	56.50	10394.7
		云杉	3200.39	381657.3	1058.54	78809.2	1631.06	219187.2	510.79	83660.9		
		落叶松	16797.55	1914995.9	2288.53	130100.3	12002.62	1440090.3	2297.82	321622.7	208.58	23182.6
		红松	11210.90	2170438.2	511.88	38256.7	1793.39	256692.4	8837.12	1850523.5	68.51	24965.6
		樟子松	472.36	61448.6	27.35	613.0	355.39	46706.9	75.31	11735.0	14.31	2393.7
		蒙古栎	119126.28	14602766.9	2033.74	128528.5	89174.12	10432230.6	27129.04	3921309.8	789.38	120698.0
		白桦	60441.92	6416710.4	5670.25	186486.8	39195.87	4127302.4	14343.98	1929584.7	1231.82	173336.5
		枫桦	12917.43	1640789.7	498.63	25080.6	6547.34	767353.2	5635.00	815341.3	236.46	33014.6
		黑桦	13161.81	1392912.7	249.60	12792.1	11520.58	1189389.9	1346.76	182417.2	44.87	8313.5
		水曲柳	2462.33	286741.5	24.70	597.1	1669.38	185761.1	757.48	98950.6	10.77	1432.7
		胡桃楸	164.17	18030.0			164.17	18030.0				
		黄波罗	4012.48	474269.6	24.23	1381.7	2699.27	302443.1	1280.22	169418.5	8.76	1026.3
		榆树	2684.84	220844.3	313.69	6945.6	1839.44	155115.0	486.92	53561.9	44.79	5221.8
		其他硬阔类	670.20	71645.9	96.84	6726.3	573.36	64919.6				
		椴树	38594.52	4496124.6	1002.98	57729.0	25518.31	2838781.4	11635.81	1540346.2	437.42	59268.0
		杨树	944.14	66607.7	262.93	6888.5	552.09	45510.6	120.77	13412.4	8.35	796.2
		柳树	613.12	21877.9	375.47	11062.9	234.11	10512.4	2.81	241.3	0.73	61.3
		其他软阔类	1474.17	120559.2	583.66	24258.3	829.45	88824.3	61.06	7476.6		
		山杨	20669.13	2720336.7	1115.08	37300.4	12779.61	1631465.1	4550.19	712913.5	2224.25	338657.7
		毛赤杨	10885.89	656195.9	3289.70	92861.6	6988.36	512784.5	513.84	44647.1	93.99	5902.7
		槭树	7806.16	786760.0	280.97	10655.4	5385.78	518127.2	2035.47	246450.7	103.94	11526.7
		山槐	755.63	73621.1	11.50	363.1	457.32	41373.1	248.35	28010.9	38.46	3874.0
		暴马丁香	98.82	8853.4	0.48	4.3	89.25	7999.5	4.89	381.0	4.20	468.6
		青楷槭	1009.11	91800.6	18.97	244.8	689.41	57441.5	267.92	30410.3	32.81	3704.0
		花楷槭	252.15	16819.1	20.12	140.8	198.12	13997.7	33.91	2680.6		
		波纹柳	1216.87	31297.1	850.22	8437.8	338.91	19864.0	27.74	2995.3		
		稠李	35.07	1585.5	10.12	308.3	23.48	1158.9			1.47	118.3
		山桃稠李	115.17	10340.9			65.96	6344.0	49.21	3996.9		
		山丁子	381.11	18903.9	110.97	2130.9	213.86	12547.7	50.52	3862.2	5.76	363.1
		钻天柳	3.00	138.4	0.42	7.2	2.58	131.2				
		其他阔叶树种	12.47	806.9	3.10		9.37	806.9				

表 4　黑龙江重点国有林区乔木林各龄组面积、蓄积按起源和优势树种（组）统计表（续 79）

单位：公顷、立方米

统计单位	起源	优势树种(组)	合计		幼龄林		中龄林		近熟林		成、过熟林	
			面积	蓄积	面积	蓄积	面积	蓄积	面积	蓄积	面积	蓄积
鹤北林业局	天然	合计	338030.00	40291413.3	16286.15	595257.1	226645.46	25543349.4	89649.76	13349335.7	5448.63	803471.1
		冷杉	21538.74	3244518.6	98.94	6619.5	12390.88	1699187.4	8992.42	1528317.0	56.50	10394.7
		云杉	1817.84	260263.4	1.26	50.8	1305.79	176551.7	510.79	83660.9		
		落叶松	6326.71	706455.2	75.54	1472.6	5426.18	613825.6	819.60	90830.2	5.39	326.8
		红松	10293.23	2063452.2			1387.60	187963.1	8837.12	1850523.5	68.51	24965.6
		蒙古栎	119126.28	14602766.9	2033.74	128528.5	89174.12	10432230.6	27129.04	3921309.8	789.38	120698.0
		白桦	60441.92	6416710.4	5670.25	186486.8	39195.87	4127302.4	14343.98	1929584.7	1231.82	173336.5
		枫桦	12917.43	1640789.7	498.63	25080.6	6547.34	767353.2	5635.00	815341.3	236.46	33014.6
		黑桦	13161.81	1392912.7	249.60	12792.1	11520.58	1189389.9	1346.76	182417.2	44.87	8313.5
		水曲柳	2456.37	286028.1	24.70	597.1	1663.42	185047.7	757.48	98950.6	10.77	1432.7
		胡桃楸	164.17	18030.0			164.17	18030.0				
		黄波罗	4012.48	474269.6	24.23	1381.7	2699.27	302443.1	1280.22	169418.5	8.76	1026.3
		榆树	2674.60	220388.8	312.67	6935.4	1830.22	154669.7	486.92	53561.9	44.79	5221.8
		椴树	38569.78	4492566.3	1001.34	57632.2	25495.21	2835319.9	11635.81	1540346.2	437.42	59268.0
		杨树	940.10	66308.8	262.93	6888.5	548.45	45239.1	120.37	13385.0	8.35	796.2
		柳树	597.76	21051.9	362.00	10345.1	232.22	10404.2	2.81	241.3	0.73	61.3
		山杨	20459.80	2690612.8	1087.76	36121.3	12628.20	1607821.2	4519.59	708012.6	2224.25	338657.7
		毛赤杨	10866.19	654857.5	3287.09	92721.9	6971.27	511585.8	513.84	44647.1	93.99	5902.7
		槭树	7797.39	786070.4	272.20	9965.8	5385.78	518127.2	2035.47	246450.7	103.94	11526.7
		山槐	755.63	73621.1	11.50	363.1	457.32	41373.1	248.35	28010.9	38.46	3874.0
		暴马丁香	98.82	8853.4	0.48	4.3	89.25	7999.5	4.89	381.0	4.20	468.6
		青楷槭	1009.11	91800.6	18.97	244.8	689.41	57441.5	267.92	30410.3	32.81	3704.0
		花楷槭	252.15	16819.1	20.12	140.8	198.12	13997.7	33.91	2680.6		
		波纹柳	1216.87	31297.1	850.22	8437.8	338.91	19864.0	27.74	2995.3		
		稠李	35.07	1585.5	10.12	308.3	23.48	1158.9			1.47	118.3
		山桃稠李	115.17	10340.9			65.96	6344.0	49.21	3996.9		
		山丁子	381.11	18903.9	110.97	2130.9	213.86	12547.7	50.52	3862.2	5.76	363.1
		钻天柳	3.00	138.4	0.42	7.2	2.58	131.2				
		其他阔叶树种	0.47		0.47							
	人工	合计	15697.93	1728985.2	4547.46	280073.6	9287.38	1168729.7	1645.59	254932.4	217.50	25249.5
		云杉	1382.55	121393.9	1057.28	78758.4	325.27	42635.5				
		落叶松	10470.84	1208540.7	2212.99	128627.7	6576.44	826264.7	1478.22	230792.5	203.19	22855.8
		红松	917.67	106986.0	511.88	38256.7	405.79	68729.3				
		樟子松	472.36	61448.6	27.35	613.0	355.39	46706.9	75.31	11735.0	14.31	2393.7
		水曲柳	5.96	713.4			5.96	713.4				
		榆树	10.24	455.5	1.02	10.2	9.22	445.3				
		其他硬阔类	670.20	71645.9	96.84	6726.3	573.36	64919.6				
		椴树	24.74	3558.3	1.64	96.8	23.10	3461.5				
		杨树	4.04	298.9			3.64	271.5	0.40	27.4		
		柳树	15.36	826.0	13.47	717.8	1.89	108.2				
		其他软阔类	1474.17	120559.2	583.66	24258.3	829.45	88824.3	61.06	7476.6		
		山杨	209.33	29723.9	27.32	1179.1	151.41	23643.9	30.60	4900.9		

表 4　黑龙江重点国有林区乔木林各龄组面积、蓄积按起源和优势树种（组）统计表（续 80）

单位：公顷、立方米

统计单位	起源	优势树种（组）	合计		幼龄林		中龄林		近熟林		成、过熟林	
			面积	蓄积	面积	蓄积	面积	蓄积	面积	蓄积	面积	蓄积
鹤北林业局	人工	毛赤杨	19.70	1338.4	2.61	139.7	17.09	1198.7				
		槭树	8.77	689.6	8.77	689.6						
		其他阔叶树种	12.00	806.9	2.63		9.37	806.9				
	其中：人天混	合计	7270.36	736965.7	2167.26	118393.7	4538.47	533875.7	539.54	82975.5	25.09	1720.8
		云杉	711.38	65057.8	454.65	32035.3	256.73	33022.5				
		落叶松	3676.10	386538.1	856.15	40019.0	2402.95	283475.4	394.66	61671.4	22.34	1372.3
		红松	210.26	25045.7	118.17	12519.4	92.09	12526.3				
		樟子松	222.30	30018.7	0.33	2.2	166.00	20741.4	53.22	8926.6	2.75	348.5
		水曲柳	5.96	713.4			5.96	713.4				
		榆树	10.24	455.5	1.02	10.2	9.22	445.3				
		其他硬阔类	670.20	71645.9	96.84	6726.3	573.36	64919.6				
		椴树	24.74	3558.3	1.64	96.8	23.10	3461.5				
		柳树	15.36	826.0	13.47	717.8	1.89	108.2				
		其他软阔类	1474.17	120559.2	583.66	24258.3	829.45	88824.3	61.06	7476.6		
		山杨	209.18	29712.2	27.32	1179.1	151.26	23632.2	30.60	4900.9		
		毛赤杨	19.70	1338.4	2.61	139.7	17.09	1198.7				
		槭树	8.77	689.6	8.77	689.6						
		其他阔叶树种	12.00	806.9	2.63		9.37	806.9				
桦南林业局	合计	合计	156712.84	20327279.4	25185.67	2881350.6	102826.61	13275038.1	22921.57	3309156.7	5778.99	861734.0
		冷杉	446.83	68074.8	1.03	154.2	398.90	57641.2	46.90	10279.4		
		云杉	229.59	21242.2	109.45	1073.9	84.41	13704.6	35.73	6463.7		
		落叶松	20242.13	3137811.7	4478.52	388172.7	9742.31	1705474.6	5313.50	913981.4	707.80	130183.0
		红松	1574.84	260567.2	451.73	69596.7	833.26	143334.8	281.28	46158.9	8.57	1476.8
		樟子松	1668.25	217921.4	609.52	39238.3	496.13	79867.8	508.65	94302.1	53.95	4513.2
		蒙古栎	31153.76	3702798.2	3093.51	280696.5	24526.51	2985184.2	3427.13	422954.8	106.61	13962.7
		白桦	19614.47	2191691.4	1458.59	114639.0	15994.26	1810581.3	1772.40	213831.1	389.22	52640.0
		枫桦	5681.84	857983.9	611.11	96580.3	3495.83	519609.9	998.19	144701.1	576.71	97092.6
		黑桦	1232.68	141106.3	188.62	20168.9	929.30	104600.8	114.76	16336.6		
		水曲柳	25181.87	3386632.3	6715.16	977517.8	14599.38	1844589.3	2949.43	408018.2	917.90	156507.0
		胡桃楸	7098.21	1013220.2	1102.19	158076.9	4775.41	663702.4	1056.22	162004.3	164.39	29436.6
		黄波罗	482.65	56178.3	171.91	21204.9	228.44	25696.7	82.30	9276.7		
		榆树	3800.55	403582.4	263.77	26229.1	2762.21	288079.7	537.51	58964.6	237.06	30309.0
		其他硬阔类	775.72	119436.0	573.13	85194.8	145.55	23091.4	57.04	11149.8		
		椴树	11375.86	1422654.8	2236.81	276981.2	7795.42	957311.4	1182.35	160707.3	161.28	27654.9
		杨树	896.08	168124.4			425.66	70388.7	343.98	72707.8	126.44	25027.9
		柳树	149.17	7271.0	94.20	4756.8	48.06	2180.2	0.77	66.6	6.14	267.4
		其他软阔类	1356.03	202250.3	748.18	117040.2	607.85	85210.1				
		山杨	15336.96	2082185.6	553.70	39994.8	10167.87	1410078.2	3103.33	430754.3	1512.06	201358.3
		毛赤杨	1855.84	134542.2	511.26	24096.8	1111.21	89248.7	119.15	8573.6	114.22	12623.1
		槭树	4545.33	546306.8	1058.96	133799.2	2661.84	299438.5	625.91	84512.7	198.62	28556.4
		山槐	1598.39	157987.6	62.18	3095.1	729.62	74881.0	330.49	31240.3	476.10	48771.2

表4　黑龙江重点国有林区乔木林各龄组面积、蓄积按起源和优势树种（组）统计表（续81）

单位：公顷、立方米

统计单位	起源	优势树种（组）	合计		幼龄林		中龄林		近熟林		成、过熟林	
			面积	蓄积	面积	蓄积	面积	蓄积	面积	蓄积	面积	蓄积
桦南林业局	合计	暴马丁香	66.74	4850.3	0.24	23.3	43.56	3503.4	5.21	269.9	17.73	1053.7
		青楷槭	85.76	7091.8			85.76	7091.8				
		波纹柳	119.48	8046.8	32.63	1207.4	81.31	6439.7	5.54	399.7		
		稠李	30.78	1541.0	20.37	1141.4	10.41	399.6				
		山丁子	77.24	5473.0	13.79	549.5	35.46	3121.5	23.80	1501.8	4.19	300.2
		其他阔叶树种	20.26	36.3	19.73	5.3	0.53	31.0				
		假色槭	15.53	671.2	5.38	115.6	10.15	555.6				
	天然	合计	128322.26	16025427.3	15981.74	1868254.6	90553.65	11185717.8	16807.71	2250029.1	4979.16	721425.8
		冷杉	446.83	68074.8	1.03	154.2	398.90	57641.2	46.90	10279.4		
		云杉	109.42	19531.8			73.69	13068.1	35.73	6463.7		
		落叶松	52.96	7183.3	9.11	491.1	35.18	5762.0	8.67	930.2		
		红松	924.57	167190.3	228.68	46756.4	418.23	75028.4	269.09	43928.7	8.57	1476.8
		蒙古栎	31153.76	3702798.2	3093.51	280696.5	24526.51	2985184.2	3427.13	422954.8	106.61	13962.7
		白桦	19614.47	2191691.4	1458.59	114639.0	15994.26	1810581.3	1772.40	213831.1	389.22	52640.0
		枫桦	5681.84	857983.9	611.11	96580.3	3495.83	519609.9	998.19	144701.1	576.71	97092.6
		黑桦	1232.68	141106.3	188.62	20168.9	929.30	104600.8	114.76	16336.6		
		水曲柳	23475.05	3123885.6	5136.70	732359.7	14471.02	1827000.7	2949.43	408018.2	917.90	156507.0
		胡桃楸	6711.52	953683.4	786.16	110783.8	4704.75	651458.7	1056.22	162004.3	164.39	29436.6
		黄波罗	474.05	55339.0	163.31	20365.6	228.44	25696.7	82.30	9276.7		
		榆树	3667.70	385580.3	178.98	15056.5	2714.15	281250.2	537.51	58964.6	237.06	30309.0
		椴树	11073.08	1381182.1	1946.31	236929.5	7783.14	955890.4	1182.35	160707.3	161.28	27654.9
		杨树	840.03	156974.6			413.21	68912.8	314.16	65847.3	112.66	22214.5
		柳树	149.17	7271.0	94.20	4756.8	48.06	2180.2	0.77	66.6	6.14	267.4
		山杨	14404.34	1953384.4	445.56	35738.3	9568.06	1319745.0	2902.96	399341.4	1487.76	198559.7
		毛赤杨	1841.78	132384.2	511.26	24096.8	1097.15	87090.7	119.15	8573.6	114.22	12623.1
		槭树	4472.14	535466.5	985.77	122958.9	2661.84	299438.5	625.91	84512.7	198.62	28556.4
		山槐	1585.00	157036.8	54.09	2679.8	725.28	74466.4	329.53	31119.4	476.10	48771.2
		暴马丁香	66.74	4850.3	0.24	23.3	43.56	3503.4	5.21	269.9	17.73	1053.7
		青楷槭	85.76	7091.8			85.76	7091.8				
		波纹柳	119.48	8046.8	32.63	1207.4	81.31	6439.7	5.54	399.7		
		稠李	30.78	1541.0	20.37	1141.4	10.41	399.6				
		山丁子	77.24	5473.0	13.79	549.5	35.46	3121.5	23.80	1501.8	4.19	300.2
		其他阔叶树种	16.34	5.3	16.34	5.3						
		假色槭	15.53	671.2	5.38	115.6	10.15	555.6				
	人工	合计	28390.58	4301852.1	9203.93	1013096.0	12272.96	2089320.3	6113.86	1059127.6	799.83	140308.2
		云杉	120.17	1710.4	109.45	1073.9	10.72	636.5				
		落叶松	20189.17	3130628.4	4469.41	387681.6	9707.13	1699712.6	5304.83	913051.2	707.80	130183.0
		红松	650.27	93376.9	223.05	22840.3	415.03	68306.4	12.19	2230.2		
		樟子松	1668.25	217921.4	609.52	39238.3	496.13	79867.8	508.65	94302.1	53.95	4513.2
		水曲柳	1706.82	262746.7	1578.46	245158.1	128.36	17588.6				
		胡桃楸	386.69	59536.8	316.03	47293.1	70.66	12243.7				
		黄波罗	8.60	839.3	8.60	839.3						

表 4　黑龙江重点国有林区乔木林各龄组面积、蓄积按起源和优势树种（组）统计表（续 82）

单位：公顷、立方米

统计单位	起源	优势树种（组）	合计		幼龄林		中龄林		近熟林		成、过熟林	
			面积	蓄积	面积	蓄积	面积	蓄积	面积	蓄积	面积	蓄积
桦南林业局	人工	榆树	132.85	18002.1	84.79	11172.6	48.06	6829.5				
		其他硬阔类	775.72	119436.0	573.13	85194.8	145.55	23091.4	57.04	11149.8		
		椴树	302.78	41472.7	290.50	40051.7	12.28	1421.0				
		杨树	56.05	11149.8			12.45	1475.9	29.82	6860.5	13.78	2813.4
		其他软阔类	1356.03	202250.3	748.18	117040.2	607.85	85210.1				
		山杨	932.62	128801.2	108.14	4256.5	599.81	90333.2	200.37	31412.9	24.30	2798.6
		毛赤杨	14.06	2158.0			14.06	2158.0				
		槭树	73.19	10840.3	73.19	10840.3						
		山槐	13.39	950.8	8.09	415.3	4.34	414.6	0.96	120.9		
		其他阔叶树种	3.92	31.0	3.39		0.53	31.0				
	其中：人天混	合计	13772.98	2204964.1	4218.69	601980.6	5768.03	944580.1	3326.65	582414.7	459.61	75988.7
		云杉	4.03	96.0	4.03	96.0						
		落叶松	7756.50	1292829.6	307.67	21389.5	4019.06	674273.6	3021.65	528329.4	408.12	68837.1
		红松	391.40	57201.2	129.89	12549.3	261.51	44651.9				
		樟子松	251.44	28556.5	134.19	10176.4	58.60	8606.9	39.94	7465.2	18.71	2308.0
		水曲柳	1653.30	261677.1	1530.84	244998.0	122.46	16679.1				
		胡桃楸	386.32	59533.0	315.66	47289.3	70.66	12243.7				
		黄波罗	7.59	666.4	7.59	666.4						
		榆树	132.85	18002.1	84.79	11172.6	48.06	6829.5				
		其他硬阔类	775.72	119436.0	573.13	85194.8	145.55	23091.4	57.04	11149.8		
		椴树	302.78	41472.7	290.50	40051.7	12.28	1421.0				
		杨树	50.51	10841.7			6.91	1167.8	29.82	6860.5	13.78	2813.4
		其他软阔类	1356.03	202250.3	748.18	117040.2	607.85	85210.1				
		山杨	603.34	98421.4	10.94	100.8	396.16	67801.5	177.24	28488.9	19.00	2030.2
		毛赤杨	14.06	2158.0			14.06	2158.0				
		槭树	73.19	10840.3	73.19	10840.3						
		山槐	13.39	950.8	8.09	415.3	4.34	414.6	0.96	120.9		
		其他阔叶树种	0.53	31.0			0.53	31.0				
鹤立林业局	合计	合计	58706.96	6072925.9	4665.69	170632.1	46879.74	5047518.2	6510.50	772658.7	651.03	82116.9
		冷杉	1768.11	216405.8	33.97	2287.2	1323.20	156734.7	410.94	57383.9		
		云杉	432.99	41786.9	105.38	553.6	293.41	37726.6	34.20	3506.7		
		落叶松	4000.01	408826.6	660.26	24045.0	2347.12	261830.9	729.27	89320.0	263.36	33630.7
		红松	4167.38	471111.9	650.64	42738.4	3336.31	406023.0	180.43	22350.5		
		樟子松	107.60	6024.2	51.26	263.6	15.21	1763.2	36.24	3435.9	4.89	561.5
		蒙古栎	17048.20	1754146.4	336.14	18946.5	14570.58	1495438.4	2078.43	233645.0	63.05	6116.5
		白桦	5708.49	498987.5	1157.42	25166.0	3929.07	400640.1	620.43	73094.6	1.57	86.8
		枫桦	5105.07	544603.9	108.17	5011.6	4632.47	494480.7	364.43	45111.6		
		黑桦	1003.05	95711.1	49.70	1692.9	925.77	91571.5	27.58	2446.7		
		水曲柳	1730.21	183051.5	51.63	1853.0	1479.68	158610.2	195.90	22149.4	3.00	438.9
		胡桃楸	583.09	58566.1	8.53	157.7	547.54	55086.1	27.02	3322.3		
		黄波罗	387.58	43478.8			268.71	27104.1	72.42	8902.1	46.45	7472.6

表 4　黑龙江重点国有林区乔木林各龄组面积、蓄积按起源和优势树种（组）统计表（续 83）

单位：公顷、立方米

统计单位	起源	优势树种（组）	合计		幼龄林		中龄林		近熟林		成、过熟林	
			面积	蓄积	面积	蓄积	面积	蓄积	面积	蓄积	面积	蓄积
鹤立林业局	合计	榆树	592.75	42878.6	48.25	1213.6	404.14	30047.9	136.89	11389.6	3.47	227.5
		其他硬阔类	890.70	91903.8	165.16	6860.7	716.40	83924.3	9.14	1118.8		
		椴树	4942.99	513144.0	202.58	7249.7	4179.92	439630.2	520.64	61978.0	39.85	4286.1
		杨树	133.28	17380.9			117.29	15853.2	15.99	1527.7		
		柳树	203.92	8192.3	155.85	5308.8	34.97	2086.8	13.10	796.7		
		其他软阔类	432.21	40818.2	121.79	4681.3	300.29	35277.3	10.13	859.6		
		山杨	5509.89	685346.6	324.76	13726.8	4397.07	563609.0	627.79	86028.9	160.27	21981.9
		毛赤杨	810.84	41943.0	236.61	4314.0	522.10	33350.4	52.13	4278.6		
		槭树	1655.19	178167.1	53.71	2160.2	1382.11	148616.5	219.37	27390.4		
		山槐	214.71	19713.0			175.81	14653.6			38.90	5059.4
		暴马丁香	218.96	14803.2	55.34		163.62	14803.2				
		青楷槭	529.69	46117.3	40.38	1573.3	440.96	40611.0	48.35	3933.0		
		花楷槭	244.17	26194.5			208.60	21982.9	22.12	2894.0	13.45	1317.6
		波纹柳	86.04	3221.6	43.28	731.0	39.27	2208.5	3.49	282.1		
		稠李	4.30	256.7							4.30	256.7
		山桃稠李	165.84	18095.0			103.30	11901.7	54.07	5512.6	8.47	680.7
		山丁子	14.84	1014.4			14.84	1014.4				
		其他阔叶树种	14.86	1035.0	4.88	97.2	9.98	937.8				
	天然	合计	49329.15	5114478.9	2852.46	94271.0	40528.70	4314342.7	5565.85	658001.3	382.14	47863.9
		冷杉	1768.11	216405.8	33.97	2287.2	1323.20	156734.7	410.94	57383.9		
		云杉	298.89	37902.8			264.69	34396.1	34.20	3506.7		
		落叶松	46.60	7423.5			43.20	7118.6	3.40	304.9		
		红松	771.91	96864.1	32.77	3287.3	680.84	87101.2	58.30	6475.6		
		蒙古栎	17048.20	1754146.4	336.14	18946.5	14570.58	1495438.4	2078.43	233645.0	63.05	6116.5
		白桦	5708.49	498987.5	1157.42	25166.0	3929.07	400640.1	620.43	73094.6	1.57	86.8
		枫桦	5105.07	544603.9	108.17	5011.6	4632.47	494480.7	364.43	45111.6		
		黑桦	1003.05	95711.1	49.70	1692.9	925.77	91571.5	27.58	2446.7		
		水曲柳	1653.33	177211.1	27.72	1824.4	1446.91	155265.3	175.70	19682.5	3.00	438.9
		胡桃楸	524.51	52546.9	8.53	157.7	488.96	49066.9	27.02	3322.3		
		黄波罗	371.47	41752.2			252.60	25377.5	72.42	8902.1	46.45	7472.6
		榆树	587.49	42508.2	48.25	1213.6	398.88	29677.5	136.89	11389.6	3.47	227.5
		椴树	4746.47	495223.3	168.16	7082.7	4038.76	423762.7	499.70	60091.8	39.85	4286.1
		杨树	125.11	16280.5			109.12	14752.8	15.99	1527.7		
		柳树	198.52	8189.7	150.45	5306.2	34.97	2086.8	13.10	796.7		
		山杨	5471.12	681880.6	318.61	13557.5	4365.09	560373.1	627.79	86028.9	159.63	21921.1
		毛赤杨	810.84	41943.0	236.61	4314.0	522.10	33350.4	52.13	4278.6		
		槭树	1616.86	175781.5	36.96	2119.1	1360.53	146272.0	219.37	27390.4		
		山槐	209.27	19414.1			170.37	14354.7			38.90	5059.4
		暴马丁香	218.96	14803.2	55.34		163.62	14803.2				
		青楷槭	529.69	46117.3	40.38	1573.3	440.96	40611.0	48.35	3933.0		
		花楷槭	244.17	26194.5			208.60	21982.9	22.12	2894.0	13.45	1317.6

表4 黑龙江重点国有林区乔木林各龄组面积、蓄积按起源和优势树种（组）统计表（续84）

单位：公顷、立方米

统计单位	起源	优势树种（组）	合计		幼龄林		中龄林		近熟林		成、过熟林	
			面积	蓄积	面积	蓄积	面积	蓄积	面积	蓄积	面积	蓄积
鹤立林业局	天然	波纹柳	86.04	3221.6	43.28	731.0	39.27	2208.5	3.49	282.1		
		稠李	4.30	256.7							4.30	256.7
		山桃稠李	165.84	18095.0			103.30	11901.7	54.07	5512.6	8.47	680.7
		山丁子	14.84	1014.4			14.84	1014.4				
	人工	合计	9377.81	958447.0	1813.23	76361.1	6351.04	733175.5	944.65	114657.4	268.89	34253.0
		云杉	134.10	3884.1	105.38	553.6	28.72	3330.5				
		落叶松	3953.41	401403.1	660.26	24045.0	2303.92	254712.3	725.87	89015.1	263.36	33630.7
		红松	3395.47	374247.8	617.87	39451.1	2655.47	318921.8	122.13	15874.9		
		樟子松	107.60	6024.2	51.26	263.6	15.21	1763.2	36.24	3435.9	4.89	561.5
		水曲柳	76.88	5840.4	23.91	28.6	32.77	3344.9	20.20	2466.9		
		胡桃楸	58.58	6019.2			58.58	6019.2				
		黄波罗	16.11	1726.6			16.11	1726.6				
		榆树	5.26	370.4			5.26	370.4				
		其他硬阔类	890.70	91903.8	165.16	6860.7	716.40	83924.3	9.14	1118.8		
		椴树	196.52	17920.7	34.42	167.0	141.16	15867.5	20.94	1886.2		
		杨树	8.17	1100.4			8.17	1100.4				
		柳树	5.40	2.6	5.40	2.6						
		其他软阔类	432.21	40818.2	121.79	4681.3	300.29	35277.3	10.13	859.6		
		山杨	38.77	3466.0	6.15	169.3	31.98	3235.9			0.64	60.8
		槭树	38.33	2385.6	16.75	41.1	21.58	2344.5				
		山槐	5.44	298.9			5.44	298.9				
		其他阔叶树种	14.86	1035.0	4.88	97.2	9.98	937.8				
	其中：人天混	合计	5090.45	516527.6	987.20	45196.4	3644.07	418019.2	362.57	40407.5	96.61	12904.5
		云杉	30.17	3222.0	5.13	136.0	25.04	3086.0				
		落叶松	1731.60	171835.2	273.56	11025.1	1100.84	118395.4	260.59	29510.2	96.61	12904.5
		红松	1570.75	171116.2	342.38	21923.4	1190.86	144267.7	37.51	4925.1		
		樟子松	37.09	2622.0	10.48	262.0	2.35	252.4	24.26	2107.6		
		水曲柳	23.93	1018.7	11.75		12.18	1018.7				
		胡桃楸	58.58	6019.2			58.58	6019.2				
		黄波罗	16.11	1726.6			16.11	1726.6				
		榆树	5.26	370.4			5.26	370.4				
		其他硬阔类	890.70	91903.8	165.16	6860.7	716.40	83924.3	9.14	1118.8		
		椴树	196.52	17920.7	34.42	167.0	141.16	15867.5	20.94	1886.2		
		杨树	7.68	1049.4			7.68	1049.4				
		柳树	0.29	2.6	0.29	2.6						
		其他软阔类	432.21	40818.2	121.79	4681.3	300.29	35277.3	10.13	859.6		
		山杨	30.93	3183.1	0.61		30.32	3183.1				
		槭树	38.33	2385.6	16.75	41.1	21.58	2344.5				
		山槐	5.44	298.9			5.44	298.9				
		其他阔叶树种	14.86	1035.0	4.88	97.2	9.98	937.8				

表 4　黑龙江重点国有林区乔木林各龄组面积、蓄积按起源和优势树种（组）统计表（续 85）

单位：公顷、立方米

统计单位	起源	优势树种（组）	合计		幼龄林		中龄林		近熟林		成、过熟林	
			面积	蓄积	面积	蓄积	面积	蓄积	面积	蓄积	面积	蓄积
双鸭山林业局	合计	合计	125004.92	15076938.2	12814.09	1104004.8	102285.96	12513066.8	7314.95	1111025.9	2589.92	348840.7
		冷杉	2186.43	299365.4	72.45	8797.8	1783.43	242271.6	310.47	45087.0	20.08	3209.0
		云杉	449.11	58171.3	36.79	969.4	404.15	56078.0	8.17	1123.9		
		落叶松	9872.66	1301278.4	1340.05	120762.4	6820.60	926798.0	1283.14	197218.1	428.87	56499.9
		红松	3257.09	438551.2	232.85	26926.2	2626.18	350752.0	386.22	59468.0	11.84	1405.0
		樟子松	202.47	20156.6	99.80	5184.4	33.11	5798.5	26.22	3220.3	43.34	5953.4
		赤松	1.89	159.7			1.89	159.7				
		其他针叶树种	115.37	10538.2	33.17	1486.6	82.20	9051.6				
		蒙古栎	36270.44	4134918.6	5162.98	450771.8	30607.10	3611785.1	460.04	67296.1	40.32	5065.6
		白桦	10007.30	1156445.2	1171.55	100823.0	8628.87	1016378.6	190.54	38035.8	16.34	1207.8
		枫桦	3643.62	460399.9	194.73	18610.6	3112.56	393683.2	307.62	44385.8	28.71	3720.3
		黑桦	749.43	68517.7	81.30	5873.3	665.79	61844.3	2.34	800.1		
		水曲柳	10776.35	1237595.9	741.27	67057.4	9499.26	1105885.0	390.50	50563.0	145.32	14090.5
		胡桃楸	1487.42	165161.5	20.11	1126.4	1337.61	145072.6	129.70	18962.5		
		黄波罗	360.16	29922.9	34.74	2174.3	325.42	27748.6				
		榆树	1915.75	170847.6	149.06	5513.9	1658.98	153937.6	97.37	10404.3	10.34	991.8
		其他硬阔类	104.35	10634.3	80.28	7897.0	24.07	2737.3				
		椴树	9019.96	1002791.6	919.46	79214.7	7991.48	911504.6	88.22	8596.4	20.80	3475.9
		杨树	755.63	94223.1	71.35	5800.7	650.11	85151.8	34.17	3270.6		
		柳树	128.73	7107.1	63.07	1737.2	65.06	5336.2	0.60	33.7		
		其他软阔类	16.62	699.8	3.56	97.6	13.06	602.2				
		山杨	25825.33	3641051.6	1263.29	125703.5	20024.30	2820393.1	2935.44	464935.8	1602.30	230019.2
		毛赤杨	1573.59	108080.9	438.66	17942.0	1073.35	83805.2	36.61	3520.0	24.97	2813.7
		槭树	3446.42	396441.7	172.43	14967.3	2671.00	290135.0	602.99	91339.4		
		山槐	2379.03	225633.7	318.04	29024.0	1849.01	174297.8	20.15	2330.1	191.83	19981.8
		暴马丁香	227.40	15696.8	54.19	1524.7	168.77	13737.1	4.44	435.0		
		青楷槭	134.03	13609.1	41.81	3314.2	92.22	10294.9				
		波纹柳	19.76	1777.9	0.17	2.0	14.73	1369.1			4.86	406.8
		稠李	9.99	405.7	5.76	149.7	4.23	256.0				
		山桃稠李	46.21	5377.2			46.21	5377.2				
		山丁子	11.32	885.9	7.34	473.9	3.98	412.0				
		其他阔叶树种	11.06	491.7	3.83	78.8	7.23	412.9				
	天然	合计	118395.30	14213756.5	11408.00	981523.6	98700.41	12012124.5	6069.83	921845.8	2217.06	298262.6
		冷杉	2186.43	299365.4	72.45	8797.8	1783.43	242271.6	310.47	45087.0	20.08	3209.0
		云杉	420.49	57762.0	10.57	731.0	401.75	55907.1	8.17	1123.9		
		落叶松	4349.26	543987.4	450.53	37873.0	3719.27	481022.9	80.11	13216.3	99.35	11875.2
		红松	2828.03	383526.9	37.78	4048.7	2404.85	320347.8	373.56	57725.4	11.84	1405.0
		樟子松	9.39	551.8	7.61	348.0	1.78	203.8				
		赤松	1.89	159.7			1.89	159.7				
		其他针叶树种	115.37	10538.2	33.17	1486.6	82.20	9051.6				
		蒙古栎	36270.44	4134918.6	5162.98	450771.8	30607.10	3611785.1	460.04	67296.1	40.32	5065.6

表4 黑龙江重点国有林区乔木林各龄组面积、蓄积按起源和优势树种（组）统计表（续86）

单位：公顷、立方米

统计单位	起源	优势树种（组）	合计		幼龄林		中龄林		近熟林		成、过熟林	
			面积	蓄积	面积	蓄积	面积	蓄积	面积	蓄积	面积	蓄积
双鸭山林业局	天然	白桦	10007.30	1156445.2	1171.55	100823.0	8628.87	1016378.6	190.54	38035.8	16.34	1207.8
		枫桦	3643.62	460399.9	194.73	18610.6	3112.56	393683.2	307.62	44385.8	28.71	3720.3
		黑桦	749.43	68517.7	81.30	5873.3	665.79	61844.3	2.34	800.1		
		水曲柳	10756.42	1237467.5	721.74	66974.5	9498.86	1105839.5	390.50	50563.0	145.32	14090.5
		胡桃楸	1486.35	165161.5	19.04	1126.4	1337.61	145072.6	129.70	18962.5		
		黄波罗	360.16	29922.9	34.74	2174.3	325.42	27748.6				
		榆树	1914.45	170699.2	149.06	5513.9	1657.68	153789.2	97.37	10404.3	10.34	991.8
		椴树	9019.96	1002791.6	919.46	79214.7	7991.48	911504.6	88.22	8596.4	20.80	3475.9
		杨树	752.52	94005.5	70.48	5767.6	650.11	85151.8	31.93	3086.1		
		柳树	128.73	7107.1	63.07	1737.2	65.06	5336.2	0.60	33.7		
		山杨	25539.19	3622094.8	1167.21	122174.6	19835.21	2804996.1	2934.47	464904.9	1602.30	230019.2
		毛赤杨	1573.59	108080.9	438.66	17942.0	1073.35	83805.2	36.61	3520.0	24.97	2813.7
		槭树	3446.42	396441.7	172.43	14967.3	2671.00	290135.0	602.99	91339.4		
		山槐	2379.03	225633.7	318.04	29024.0	1849.01	174297.8	20.15	2330.1	191.83	19981.8
		暴马丁香	227.40	15696.8	54.19	1524.7	168.77	13737.1	4.44	435.0		
		青楷槭	134.03	13609.1	41.81	3314.2	92.22	10294.9				
		波纹柳	19.76	1777.9	0.17	2.0	14.73	1369.1			4.86	406.8
		稠李	9.99	405.7	5.76	149.7	4.23	256.0				
		山桃稠李	46.21	5377.2			46.21	5377.2				
		山丁子	11.32	885.9	7.34	473.9	3.98	412.0				
		其他阔叶树种	8.12	424.7	2.13	78.8	5.99	345.9				
	人工	合计	6609.62	863181.7	1406.09	122481.2	3585.55	500942.3	1245.12	189180.1	372.86	50578.1
		云杉	28.62	409.3	26.22	238.4	2.40	170.9				
		落叶松	5523.40	757291.0	889.52	82889.4	3101.33	445775.1	1203.03	184001.8	329.52	44624.7
		红松	429.06	55024.3	195.07	22877.5	221.33	30404.2	12.66	1742.6		
		樟子松	193.08	19604.8	92.19	4836.4	31.33	5594.7	26.22	3220.3	43.34	5953.4
		水曲柳	19.93	128.4	19.53	82.9	0.40	45.5				
		胡桃楸	1.07		1.07							
		榆树	1.30	148.4			1.30	148.4				
		其他硬阔类	104.35	10634.3	80.28	7897.0	24.07	2737.3				
		杨树	3.11	217.6	0.87	33.1			2.24	184.5		
		其他软阔类	16.62	699.8	3.56	97.6	13.06	602.2				
		山杨	286.14	18956.8	96.08	3528.9	189.09	15397.0	0.97	30.9		
		其他阔叶树种	2.94	67.0	1.70		1.24	67.0				
	其中：人天混	合计	3393.03	452126.3	459.94	55565.2	2382.49	320517.6	426.24	61655.6	124.36	14387.9
		落叶松	3031.70	412219.8	275.03	34816.6	2222.65	303467.4	410.40	59642.7	123.62	14293.1
		红松	169.01	21926.0	92.10	12221.2	67.11	8355.0	9.80	1349.8		
		樟子松	28.40	4511.3	8.10	499.7	16.73	3469.1	2.83	447.7	0.74	94.8
		榆树	1.30	148.4			1.30	148.4				
		其他硬阔类	104.35	10634.3	80.28	7897.0	24.07	2737.3				
		杨树	3.11	217.6	0.87	33.1			2.24	184.5		

表 4　黑龙江重点国有林区乔木林各龄组面积、蓄积按起源和优势树种（组）统计表（续 87）

单位：公顷、立方米

统计单位	起源	优势树种（组）	合计		幼龄林		中龄林		近熟林		成、过熟林	
			面积	蓄积	面积	蓄积	面积	蓄积	面积	蓄积	面积	蓄积
双鸭山林业局	其中：人天混	其他软阔类	16.62	699.8	3.56	97.6	13.06	602.2				
		山杨	38.54	1769.1			37.57	1738.2	0.97	30.9		
带岭林业实验局	合计	合计	93800.54	13416377.7	9907.40	736154.1	56834.81	8098758.5	20131.18	3320404.4	6927.15	1261060.7
		冷杉	13552.12	2188256.8	206.42	19950.1	8396.12	1262957.9	3916.71	702825.1	1032.87	202523.7
		云杉	10355.37	1201237.5	4018.38	273488.9	5056.73	702940.3	983.86	181655.8	296.40	43152.5
		落叶松	10605.88	1709924.1	673.66	42049.0	4795.67	725812.5	3571.83	610650.5	1564.72	331412.1
		红松	10655.67	1452116.1	2932.33	238885.3	6805.92	1025764.3	572.40	104498.9	345.02	82967.6
		樟子松	130.55	19971.3	15.81	657.7	26.52	4438.6	26.66	4306.0	61.56	10569.0
		蒙古栎	2908.02	411482.2	9.25	432.1	2186.58	304773.6	699.79	104261.8	12.40	2014.7
		白桦	5914.49	794273.6	347.29	22412.1	4390.78	601791.9	830.48	117266.1	345.94	52803.5
		枫桦	18688.45	2720260.1	1117.05	100847.2	11658.50	1659531.4	4497.29	725557.6	1415.61	234323.9
		黑桦	51.72	7282.3			33.27	4029.9	18.45	3252.4		
		水曲柳	6143.85	854604.0	104.47	5981.3	4471.95	612846.7	1477.49	222526.9	89.94	13249.1
		胡桃楸	568.04	79114.3	33.38	2686.8	346.89	42494.8	160.54	28260.4	27.23	5672.3
		黄波罗	421.66	57055.4	10.56	717.9	340.36	47294.7	70.74	9042.8		
		榆树	2211.97	281415.9	41.14	1681.7	1176.65	140360.9	515.65	68811.1	478.53	70562.2
		其他硬阔类	142.45	20174.0	2.46	485.8	123.63	17669.1	16.36	2019.1		
		椴树	4304.55	621065.3	16.55	1017.4	2790.14	383298.7	1365.21	216057.4	132.65	20691.8
		杨树	237.80	38669.4	4.34	128.2	186.50	30570.7	44.50	7441.5	2.46	529.0
		其他软阔类	919.24	109161.4	276.51	19597.3	615.80	85686.1	16.21	2364.0	10.72	1514.0
		山杨	2845.51	457791.3	24.44	888.2	1226.25	183566.1	637.48	108191.8	957.34	165145.2
		毛赤杨	328.98	31717.3	23.36	1537.2	265.84	26779.3	38.25	3261.9	1.53	138.9
		槭树	1899.88	253759.0	19.88	1778.2	1289.58	162625.0	505.29	73999.8	85.13	15356.0
		山槐	29.48	3433.8	7.59	334.2	21.89	3099.6				
		暴马丁香	37.38	4781.0			37.38	4781.0				
		青楷槭	170.16	23946.0			124.74	18205.6	45.42	5740.4		
		花楷槭	425.19	42841.3			358.93	35903.6	17.96	1880.2	48.30	5057.5
		波纹柳	56.53	3665.2	19.98	537.3	34.52	2918.5	2.03	209.4		
		稠李	4.52	353.1	0.86	34.6	3.66	318.5				
		山桃稠李	62.48	7491.7			43.68	4114.0			18.80	3377.7
		岳桦	126.38	20471.1			25.80	4147.6	100.58	16323.5		
		其他阔叶树种	2.22	63.2	1.69	25.6	0.53	37.6				
	天然	合计	69018.05	10117193.0	2235.54	191913.8	45402.99	6371242.8	16155.89	2648129.1	5223.63	905907.3
		冷杉	13494.97	2179373.2	199.16	18311.3	8346.23	1255713.1	3916.71	702825.1	1032.87	202523.7
		云杉	5330.70	781458.1	266.14	31315.0	3932.96	544532.6	835.20	162458.0	296.40	43152.5
		落叶松	52.81	7532.1	7.73	541.4	45.08	6990.7				
		红松	3323.02	527040.8	29.19	1991.1	2502.24	360864.9	446.57	81217.2	345.02	82967.6
		蒙古栎	2908.02	411482.2	9.25	432.1	2186.58	304773.6	699.79	104261.8	12.40	2014.7
		白桦	5914.49	794273.6	347.29	22412.1	4390.78	601791.9	830.48	117266.1	345.94	52803.5
		枫桦	18688.45	2720260.1	1117.05	100847.2	11658.50	1659531.4	4497.29	725557.6	1415.61	234323.9
		黑桦	51.72	7282.3			33.27	4029.9	18.45	3252.4		

表 4 黑龙江重点国有林区乔木林各龄组面积、蓄积按起源和优势树种（组）统计表（续 88）

单位：公顷、立方米

统计单位	起源	优势树种（组）	合计		幼龄林		中龄林		近熟林		成、过熟林	
			面积	蓄积	面积	蓄积	面积	蓄积	面积	蓄积	面积	蓄积
带岭林业实验局	天然	水曲柳	5870.47	814456.8	71.58	4910.7	4234.71	574316.8	1474.24	221980.2	89.94	13249.1
		胡桃楸	548.92	77571.7	31.13	2673.1	330.02	40965.9	160.54	28260.4	27.23	5672.3
		黄波罗	404.14	53821.2	10.56	717.9	322.84	44060.5	70.74	9042.8		
		榆树	2179.38	277186.5	35.08	1540.8	1162.49	138747.4	505.39	66962.5	476.42	69935.8
		椴树	4239.10	610303.2	16.55	1017.4	2737.80	373981.8	1352.10	214612.2	132.65	20691.8
		杨树	237.80	38669.4	4.34	128.2	186.50	30570.7	44.50	7441.5	2.46	529.0
		山杨	2662.83	427053.9	18.82	854.0	1145.24	169592.1	605.84	102494.5	892.93	154113.3
		毛赤杨	321.69	31165.0	23.36	1537.2	265.84	26779.3	30.96	2709.6	1.53	138.9
		槭树	1877.42	251279.7	19.88	1778.2	1271.31	160511.8	501.10	73633.7	85.13	15356.0
		山槐	29.48	3433.8	7.59	334.2	21.89	3099.6				
		暴马丁香	37.38	4781.0			37.38	4781.0				
		青楷槭	170.16	23946.0			124.74	18205.6	45.42	5740.4		
		花楷槭	425.19	42841.3			358.93	35903.6	17.96	1880.2	48.30	5057.5
		波纹柳	56.53	3665.2	19.98	537.3	34.52	2918.5	2.03	209.4		
		稠李	4.52	353.1	0.86	34.6	3.66	318.5				
		山桃稠李	62.48	7491.7			43.68	4114.0			18.80	3377.7
		岳桦	126.38	20471.1			25.80	4147.6	100.58	16323.5		
	人工	合计	24782.49	3299184.7	7671.86	544240.3	11431.82	1727515.7	3975.29	672275.3	1703.52	355153.4
		冷杉	57.15	8883.6	7.26	1638.8	49.89	7244.8				
		云杉	5024.67	419779.4	3752.24	242173.9	1123.77	158407.7	148.66	19197.8		
		落叶松	10553.07	1702392.0	665.93	41507.6	4750.59	718821.8	3571.83	610650.5	1564.72	331412.1
		红松	7332.65	925075.3	2903.14	236894.2	4303.68	664899.4	125.83	23281.7		
		樟子松	130.55	19971.3	15.81	657.7	26.52	4438.6	26.66	4306.0	61.56	10569.0
		水曲柳	273.38	40147.2	32.89	1070.6	237.24	38529.9	3.25	546.7		
		胡桃楸	19.12	1542.6	2.25	13.7	16.87	1528.9				
		黄波罗	17.52	3234.2			17.52	3234.2				
		榆树	32.59	4229.4	6.06	140.9	14.16	1613.5	10.26	1848.6	2.11	626.4
		其他硬阔类	142.45	20174.0	2.46	485.8	123.63	17669.1	16.36	2019.1		
		椴树	65.45	10762.1			52.34	9316.9	13.11	1445.2		
		其他软阔类	919.24	109161.4	276.51	19597.3	615.80	85686.1	16.21	2364.0	10.72	1514.0
		山杨	182.68	30737.4	5.62	34.2	81.01	13974.0	31.64	5697.3	64.41	11031.9
		毛赤杨	7.29	552.3					7.29	552.3		
		槭树	22.46	2479.3			18.27	2113.2	4.19	366.1		
		其他阔叶树种	2.22	63.2	1.69	25.6	0.53	37.6				
	其中：人天混	合计	13581.63	1759946.2	4262.26	357189.0	6972.57	1031947.5	1710.38	259828.5	636.42	110981.2
		冷杉	57.15	8883.6	7.26	1638.8	49.89	7244.8				
		云杉	2150.68	211292.8	1470.54	119909.3	611.26	85782.3	68.88	5601.2		
		落叶松	4367.24	642670.7	191.61	17016.3	2126.18	300386.9	1470.02	224548.8	579.43	100718.7
		红松	5375.97	676475.2	2288.87	197562.1	3016.19	464513.5	70.91	14399.6		
		樟子松	19.22	3779.9			12.57	2432.8	3.97	940.6	2.68	406.5
		水曲柳	251.90	39067.6	18.34	819.5	230.31	37701.4	3.25	546.7		

表 4　黑龙江重点国有林区乔木林各龄组面积、蓄积按起源和优势树种（组）统计表（续 89）

单位：公顷、立方米

统计单位	起源	优势树种（组）	合计		幼龄林		中龄林		近熟林		成、过熟林	
			面积	蓄积	面积	蓄积	面积	蓄积	面积	蓄积	面积	蓄积
带岭林业实验局	其中：人天混	胡桃楸	15.21	1382.4			15.21	1382.4				
		黄波罗	17.52	3234.2			17.52	3234.2				
		榆树	32.59	4229.4	6.06	140.9	14.16	1613.5	10.26	1848.6	2.11	626.4
		其他硬阔类	142.45	20174.0	2.46	485.8	123.63	17669.1	16.36	2019.1		
		椴树	65.45	10762.1			52.34	9316.9	13.11	1445.2		
		其他软阔类	919.24	109161.4	276.51	19597.3	615.80	85686.1	16.21	2364.0	10.72	1514.0
		山杨	136.12	25744.7			68.71	12832.8	25.93	5196.3	41.48	7715.6
		毛赤杨	7.29	552.3					7.29	552.3		
		槭树	22.46	2479.3			18.27	2113.2	4.19	366.1		
		其他阔叶树种	1.14	56.6	0.61	19.0	0.53	37.6				
长岗实验林场	合计	合计	5497.93	515100.8	630.41	58295.8	3505.23	282358.5	1082.22	133804.4	280.07	40642.1
		云杉	16.20	721.9	16.20	721.9						
		落叶松	1693.98	202007.0	346.95	35887.3	592.96	62811.4	643.59	83149.4	110.48	20158.9
		红松	77.75	7922.9	67.94	6363.0	5.76	1016.4	4.05	543.5		
		樟子松	28.17	3898.2	0.88	97.1	10.90	1495.6	11.21	1624.2	5.18	681.3
		蒙古栎	666.26	55890.0	1.80	140.1	495.30	34118.1	57.81	7486.0	111.35	14145.8
		白桦	1105.37	87727.4	150.55	11912.8	885.49	67855.2	23.78	3308.7	45.55	4650.7
		水曲柳	999.02	80186.8	7.12	572.7	767.83	56355.2	224.07	23258.9		
		胡桃楸	140.81	10779.5	7.38	445.2	95.47	6767.0	37.96	3567.3		
		黄波罗	53.35	3211.0			53.35	3211.0				
		榆树	152.49	12349.6	15.15	1042.8	116.07	8872.8	13.76	1428.6	7.51	1005.4
		椴树	381.09	29849.5			353.78	26507.8	27.31	3341.7		
		柳树	0.73	46.5			0.73	46.5				
		其他软阔类	3.25	533.4			3.25	533.4				
		山杨	150.34	18497.7	11.35	785.5	100.31	11616.1	38.68	6096.1		
		槭树	4.17	284.1	4.17	284.1						
		波纹柳	23.17	1103.4	0.92	43.3	22.25	1060.1				
		稠李	1.78	91.9			1.78	91.9				
	天然	合计	3714.18	305050.3	185.21	14399.4	2940.29	222203.6	424.27	48645.4	164.41	19801.9
		落叶松	60.86	6027.0	2.50	204.1	58.36	5822.9				
		红松	4.05	543.5					4.05	543.5		
		樟子松	5.62	821.1			5.62	821.1				
		蒙古栎	666.26	55890.0	1.80	140.1	495.30	34118.1	57.81	7486.0	111.35	14145.8
		白桦	1105.37	87727.4	150.55	11912.8	885.49	67855.2	23.78	3308.7	45.55	4650.7
		水曲柳	999.02	80186.8	7.12	572.7	767.83	56355.2	224.07	23258.9		
		胡桃楸	133.43	10334.3			95.47	6767.0	37.96	3567.3		
		黄波罗	53.35	3211.0			53.35	3211.0				
		榆树	152.49	12349.6	15.15	1042.8	116.07	8872.8	13.76	1428.6	7.51	1005.4
		椴树	381.09	29849.5			353.78	26507.8	27.31	3341.7		
		柳树	0.73	46.5			0.73	46.5				
		山杨	122.79	16584.2	3.00	199.5	84.26	10674.0	35.53	5710.7		

表4 黑龙江重点国有林区乔木林各龄组面积、蓄积按起源和优势树种（组）统计表（续90）

单位：公顷、立方米

统计单位	起源	优势树种（组）	合计		幼龄林		中龄林		近熟林		成、过熟林	
			面积	蓄积	面积	蓄积	面积	蓄积	面积	蓄积	面积	蓄积
长岗实验林场	天然	槭树	4.17	284.1	4.17	284.1						
		波纹柳	23.17	1103.4	0.92	43.3	22.25	1060.1				
		稠李	1.78	91.9			1.78	91.9				
	人工	合计	1783.75	210050.5	445.20	43896.4	564.94	60154.9	657.95	85159.0	115.66	20840.2
		云杉	16.20	721.9	16.20	721.9						
		落叶松	1633.12	195980.0	344.45	35683.2	534.60	56988.5	643.59	83149.4	110.48	20158.9
		红松	73.70	7379.4	67.94	6363.0	5.76	1016.4				
		樟子松	22.55	3077.1	0.88	97.1	5.28	674.5	11.21	1624.2	5.18	681.3
		胡桃楸	7.38	445.2	7.38	445.2						
		其他软阔类	3.25	533.4			3.25	533.4				
		山杨	27.55	1913.5	8.35	586.0	16.05	942.1	3.15	385.4		
	其中：人天混	合计	510.87	53962.4	69.11	7572.0	232.72	21357.0	164.29	17640.5	44.75	7392.9
		云杉	11.91	467.0	11.91	467.0						
		落叶松	431.84	46170.0	20.83	2709.7	210.18	19388.4	158.27	16992.7	42.56	7079.2
		红松	38.35	4643.7	36.37	4395.3	1.98	248.4				
		樟子松	12.93	1565.4			4.72	603.9	6.02	647.8	2.19	313.7
		其他软阔类	3.25	533.4			3.25	533.4				
		山杨	12.59	582.9			12.59	582.9				
丽林实验林场	合计	合计	8002.16	1092101.6	536.94	57104.6	6193.19	811875.5	853.92	143192.1	418.11	79929.4
		冷杉	3231.44	431787.0	39.86	3894.5	3035.45	398788.3	156.13	29104.2		
		云杉	341.98	42719.8	38.55	3270.5	273.23	34322.0	27.26	4905.6	2.94	221.7
		落叶松	573.70	68562.3	77.16	8952.9	390.50	46404.7	67.25	8572.2	38.79	4632.5
		红松	1408.42	227852.3	73.12	8262.1	585.88	78003.2	423.95	74205.2	325.47	67381.8
		樟子松	17.10	2774.0	1.96	68.5	8.99	1726.9	5.47	869.6	0.68	109.0
		蒙古栎	2.24	76.2	2.24	76.2						
		白桦	1564.42	213480.3	219.68	21794.2	1285.66	182958.2	20.76	2659.1	38.32	6068.8
		枫桦	656.26	83272.0	66.17	8326.1	456.20	54823.0	133.89	20122.9		
		榆树	39.71	2896.3			29.85	1565.7			9.86	1330.6
		椴树	92.90	9811.6			92.90	9811.6				
		其他软阔类	8.98	1796.1	8.98	1796.1						
		山杨	22.89	3238.0	3.68	484.7			19.21	2753.3		
		毛赤杨	9.14	585.8	3.50	164.6	3.59	236.2			2.05	185.0
		槭树	30.94	3235.7			30.94	3235.7				
		波纹柳	2.04	14.2	2.04	14.2						
	天然	合计	7718.57	1054273.7	457.42	46173.3	6064.70	795036.3	831.03	139767.3	365.42	73296.8
		冷杉	3218.29	429461.0	39.86	3894.5	3022.30	396462.3	156.13	29104.2		
		云杉	321.28	40519.0	34.77	2839.0	256.31	32552.7	27.26	4905.6	2.94	221.7
		落叶松	391.28	44424.4	49.37	4746.6	292.08	33660.8	49.83	6017.0		
		红松	1358.19	221532.3	36.11	3833.2	585.88	78003.2	423.95	74205.2	312.25	65490.7
		樟子松	8.99	1726.9			8.99	1726.9				
		蒙古栎	2.24	76.2	2.24	76.2						

表 4　黑龙江重点国有林区乔木林各龄组面积、蓄积按起源和优势树种（组）统计表（续 91）

单位：公顷、立方米

统计单位	起源	优势树种（组）	合计		幼龄林		中龄林		近熟林		成、过熟林	
			面积	蓄积	面积	蓄积	面积	蓄积	面积	蓄积	面积	蓄积
丽林实验林场	天然	白桦	1564.42	213480.3	219.68	21794.2	1285.66	182958.2	20.76	2659.1	38.32	6068.8
		枫桦	656.26	83272.0	66.17	8326.1	456.20	54823.0	133.89	20122.9		
		榆树	39.71	2896.3			29.85	1565.7			9.86	1330.6
		椴树	92.90	9811.6			92.90	9811.6				
		山杨	22.89	3238.0	3.68	484.7			19.21	2753.3		
		毛赤杨	9.14	585.8	3.50	164.6	3.59	236.2			2.05	185.0
		槭树	30.94	3235.7			30.94	3235.7				
		波纹柳	2.04	14.2	2.04	14.2						
	人工	合计	283.59	37827.9	79.52	10931.3	128.49	16839.2	22.89	3424.8	52.69	6632.6
		冷杉	13.15	2326.0			13.15	2326.0				
		云杉	20.70	2200.8	3.78	431.5	16.92	1769.3				
		落叶松	182.42	24137.9	27.79	4206.3	98.42	12743.9	17.42	2555.2	38.79	4632.5
		红松	50.23	6320.0	37.01	4428.9					13.22	1891.1
		樟子松	8.11	1047.1	1.96	68.5			5.47	869.6	0.68	109.0
		其他软阔类	8.98	1796.1	8.98	1796.1						
	其中：人天混	合计	247.29	33284.2	66.57	9875.8	123.33	16129.1	17.42	2555.2	39.97	4724.1
		冷杉	13.15	2326.0			13.15	2326.0				
		云杉	20.16	2200.8	3.24	431.5	16.92	1769.3				
		落叶松	154.77	20641.3	17.34	3219.3	93.26	12033.8	17.42	2555.2	26.75	2833.0
		红松	50.23	6320.0	37.01	4428.9					13.22	1891.1
		其他软阔类	8.98	1796.1	8.98	1796.1						
江山娇实验林场	合计	合计	16087.32	2308154.5	2983.12	323788.3	7806.60	1136628.1	4181.39	659303.2	1116.21	188434.9
		冷杉	718.17	118716.3	40.78	4986.3	577.48	93818.9	62.99	14081.8	36.92	5829.3
		云杉	180.55	22870.1	89.98	7460.3	76.74	13368.5	13.83	2041.3		
		落叶松	1647.19	301492.8	79.57	10240.4	641.15	118959.3	450.69	84298.4	475.78	87994.7
		红松	2932.78	382060.0	1806.27	213941.5	900.12	132781.9	184.27	27845.0	42.12	7491.6
		樟子松	123.98	17661.5			20.09	2073.8	42.45	6377.7	61.44	9210.0
		蒙古栎	7394.69	1050069.9	515.19	46559.7	3947.12	547062.1	2682.67	416141.7	249.71	40306.4
		白桦	809.11	121229.1	80.97	7029.8	572.29	88230.5	145.72	24106.1	10.13	1862.7
		枫桦	64.92	8501.2			27.18	3721.6	37.74	4779.6		
		黑桦	39.70	5961.8	2.71	150.9	27.59	4096.0	9.40	1714.9		
		水曲柳	103.61	11041.5	30.22	2748.7	73.39	8292.8				
		胡桃楸	147.43	18380.8	2.33	151.3	82.91	9877.2	62.19	8352.3		
		黄波罗	2.03	127.6	1.13	59.5	0.90	68.1				
		榆树	68.83	7962.5			44.19	4195.3	24.64	3767.2		
		其他硬阔类	64.65	9121.4	10.95	1375.7	41.17	5536.5			12.53	2209.2
		椴树	638.83	83420.8	26.77	2637.6	325.60	43539.0	236.88	31332.5	49.58	5911.7
		杨树	18.35	2868.5							18.35	2868.5
		其他软阔类	6.37	734.4			6.37	734.4				
		山杨	436.10	63891.7	74.77	7449.4	112.27	16463.0	127.85	19732.9	121.21	20246.4
		槭树	681.21	81566.6	212.66	18521.2	330.04	43809.2	100.07	14731.8	38.44	4504.4
		波纹柳	8.82	476.0	8.82	476.0						

表 4　黑龙江重点国有林区乔木林各龄组面积、蓄积按起源和优势树种（组）统计表（续 92）

单位：公顷、立方米

统计单位	起源	优势树种（组）	合计		幼龄林		中龄林		近熟林		成、过熟林	
			面积	蓄积	面积	蓄积	面积	蓄积	面积	蓄积	面积	蓄积
江山娇实验林场	天然	合计	12240.51	1736641.9	1083.14	100941.2	6923.40	981185.9	3685.86	568362.3	548.11	86152.5
		冷杉	718.17	118716.3	40.78	4986.3	577.48	93818.9	62.99	14081.8	36.92	5829.3
		云杉	90.57	15409.8			76.74	13368.5	13.83	2041.3		
		落叶松	31.18	4066.1			31.18	4066.1				
		红松	1033.84	148470.7	103.68	11542.2	703.77	101591.9	184.27	27845.0	42.12	7491.6
		蒙古栎	7394.69	1050069.9	515.19	46559.7	3947.12	547062.1	2682.67	416141.7	249.71	40306.4
		白桦	805.72	121076.4	77.58	6877.1	572.29	88230.5	145.72	24106.1	10.13	1862.7
		枫桦	64.92	8501.2			27.18	3721.6	37.74	4779.6		
		黑桦	39.70	5961.8	2.71	150.9	27.59	4096.0	9.40	1714.9		
		水曲柳	89.16	9616.6	24.12	2270.0	65.04	7346.6				
		胡桃楸	143.96	18026.1	1.25	61.4	82.91	9877.2	59.80	8087.5		
		榆树	68.83	7962.5			44.19	4195.3	24.64	3767.2		
		椴树	638.83	83420.8	26.77	2637.6	325.60	43539.0	236.88	31332.5	49.58	5911.7
		山杨	436.10	63891.7	74.77	7449.4	112.27	16463.0	127.85	19732.9	121.21	20246.4
		槭树	676.02	80976.0	207.47	17930.6	330.04	43809.2	100.07	14731.8	38.44	4504.4
		波纹柳	8.82	476.0	8.82	476.0						
	人工	合计	3846.81	571512.6	1899.98	222847.1	883.20	155442.2	495.53	90940.9	568.10	102282.4
		云杉	89.98	7460.3	89.98	7460.3						
		落叶松	1616.01	297426.7	79.57	10240.4	609.97	114893.2	450.69	84298.4	475.78	87994.7
		红松	1898.94	233589.3	1702.59	202399.3	196.35	31190.0				
		樟子松	123.98	17661.5			20.09	2073.8	42.45	6377.7	61.44	9210.0
		白桦	3.39	152.7	3.39	152.7						
		水曲柳	14.45	1424.9	6.10	478.7	8.35	946.2				
		胡桃楸	3.47	354.7	1.08	89.9			2.39	264.8		
		黄波罗	2.03	127.6	1.13	59.5	0.90	68.1				
		其他硬阔类	64.65	9121.4	10.95	1375.7	41.17	5536.5			12.53	2209.2
		杨树	18.35	2868.5							18.35	2868.5
		其他软阔类	6.37	734.4			6.37	734.4				
		槭树	5.19	590.6	5.19	590.6						
	其中：人天混	合计	1502.30	191171.7	998.57	111819.2	341.66	53096.1	112.84	18589.4	49.23	7667.0
		云杉	15.30	1551.8	15.30	1551.8						
		落叶松	290.26	47018.4	29.20	4217.0	150.19	24502.8	106.29	17666.1	4.58	632.5
		红松	1078.03	125893.8	937.44	104043.6	140.59	21850.2				
		樟子松	42.01	6220.8			3.34	472.2	6.55	923.3	32.12	4825.3
		水曲柳	0.49	40.5	0.49	40.5						
		其他硬阔类	64.65	9121.4	10.95	1375.7	41.17	5536.5			12.53	2209.2
		其他软阔类	6.37	734.4			6.37	734.4				
		槭树	5.19	590.6	5.19	590.6						

表 4　黑龙江重点国有林区乔木林各龄组面积、蓄积按起源和优势树种（组）统计表（续 93）

单位：公顷、立方米

统计单位	起源	优势树种（组）	合计		幼龄林		中龄林		近熟林		成、过熟林	
			面积	蓄积	面积	蓄积	面积	蓄积	面积	蓄积	面积	蓄积
平山野生动物实验场	合计	合计	2357.59	263504.9	19.14	1193.5	650.72	66994.6	1190.36	134784.5	497.37	60532.3
		冷杉	5.79	260.7			5.79	260.7				
		落叶松	210.49	30634.8	0.67	57.5	115.50	16261.1	71.63	10758.9	22.69	3557.3
		樟子松	95.80	15443.8					20.22	2910.0	75.58	12533.8
		蒙古栎	702.74	71731.6	13.80	794.3	182.78	13775.4	506.16	57161.9		
		白桦	223.01	26577.1	0.43	4.4	93.74	10621.0	39.57	5272.1	89.27	10679.6
		水曲柳	97.51	10378.8			16.27	961.4	38.16	4592.0	43.08	4825.4
		胡桃楸	51.39	6140.7			23.52	2690.6			27.87	3450.1
		榆树	26.59	2958.8			4.07	285.3	11.32	1552.2	11.20	1121.3
		其他硬阔类	0.34	11.5							0.34	11.5
		椴树	587.86	62276.4	3.20	317.2	198.21	20146.2	282.94	31338.9	103.51	10474.1
		山杨	189.88	20884.0	1.04	20.1	10.84	1992.9	88.09	8970.0	89.91	9901.0
		槭树	166.19	16206.7					132.27	12228.5	33.92	3978.2
	天然	合计	2080.45	220895.2	18.47	1136.0	565.52	54261.0	1097.70	121068.5	398.76	44429.7
		冷杉	5.79	260.7			5.79	260.7				
		落叶松	30.30	3527.5			30.30	3527.5				
		蒙古栎	702.74	71731.6	13.80	794.3	182.78	13775.4	506.16	57161.9		
		白桦	223.01	26577.1	0.43	4.4	93.74	10621.0	39.57	5272.1	89.27	10679.6
		水曲柳	97.51	10378.8			16.27	961.4	38.16	4592.0	43.08	4825.4
		胡桃楸	51.39	6140.7			23.52	2690.6			27.87	3450.1
		榆树	26.59	2958.8			4.07	285.3	11.32	1552.2	11.20	1121.3
		椴树	587.86	62276.4	3.20	317.2	198.21	20146.2	282.94	31338.9	103.51	10474.1
		山杨	189.07	20836.9	1.04	20.1	10.84	1992.9	87.28	8922.9	89.91	9901.0
		槭树	166.19	16206.7					132.27	12228.5	33.92	3978.2
	人工	合计	277.14	42609.7	0.67	57.5	85.20	12733.6	92.66	13716.0	98.61	16102.6
		落叶松	180.19	27107.3	0.67	57.5	85.20	12733.6	71.63	10758.9	22.69	3557.3
		樟子松	95.80	15443.8					20.22	2910.0	75.58	12533.8
		其他硬阔类	0.34	11.5							0.34	11.5
		山杨	0.81	47.1					0.81	47.1		
	其中：人天混	合计	70.80	9842.7			42.56	5388.5	27.90	4442.7	0.34	11.5
		落叶松	58.69	8496.8			42.56	5388.5	16.13	3108.3		
		樟子松	11.77	1334.4					11.77	1334.4		
		其他硬阔类	0.34	11.5							0.34	11.5
肇东直属林场	合计	合计	167.89	13815.1	9.51	822.2	39.92	3249.2	21.85	2258.3	96.61	7485.4
		落叶松	2.97	489.7					2.71	445.3	0.26	44.4
		樟子松	36.57	3867.7	7.27	639.2	18.93	1718.0	0.78	82.7	9.59	1427.8
		水曲柳	3.88	113.0			2.29	78.7			1.59	34.3
		黄波罗	1.56	138.1	1.56	138.1						
		榆树	4.53	319.9			4.53	319.9				
		杨树	66.92	4339.4					6.00	453.4	60.92	3886.0
		山杨	51.46	4547.3	0.68	44.9	14.17	1132.6	12.36	1276.9	24.25	2092.9

表4 黑龙江重点国有林区乔木林各龄组面积、蓄积按起源和优势树种（组）统计表（续94）

单位：公顷、立方米

统计单位	起源	优势树种(组)	合计		幼龄林		中龄林		近熟林		成、过熟林	
			面积	蓄积	面积	蓄积	面积	蓄积	面积	蓄积	面积	蓄积
肇东直属林场	天然	合计	6.39	479.9	1.56	138.1	4.53	319.9	0.30	21.9		
		黄波罗	1.56	138.1	1.56	138.1						
		榆树	4.53	319.9			4.53	319.9				
		山杨	0.30	21.9					0.30	21.9		
	人工	合计	161.50	13335.2	7.95	684.1	35.39	2929.3	21.55	2236.4	96.61	7485.4
		落叶松	2.97	489.7					2.71	445.3	0.26	44.4
		樟子松	36.57	3867.7	7.27	639.2	18.93	1718.0	0.78	82.7	9.59	1427.8
		水曲柳	3.88	113.0			2.29	78.7			1.59	34.3
		杨树	66.92	4339.4					6.00	453.4	60.92	3886.0
		山杨	51.16	4525.4	0.68	44.9	14.17	1132.6	12.06	1255.0	24.25	2092.9
丰林自然保护区	合计	合计	17668.90	4775388.0			1773.50	367263.4	3539.94	890170.4	12355.46	3517954.2
		冷杉	2835.71	684647.8			237.94	43538.8	1038.50	258559.4	1559.27	382549.6
		云杉	304.50	57004.8			266.58	52268.2	7.54	1162.8	30.38	3573.8
		落叶松	514.39	104944.9			160.65	30632.7	352.45	74170.8	1.29	141.4
		红松	12189.53	3512521.5			190.29	42917.4	1739.56	467429.4	10259.68	3002174.7
		樟子松	2.54	452.5			2.54	452.5				
		白桦	1090.35	247777.4			794.76	173024.8	168.12	38495.8	127.47	36256.8
		枫桦	601.29	145846.3			115.70	23842.0	173.80	39969.5	311.79	82034.8
		榆树	79.55	11603.1			5.04	587.0	17.36	1170.2	57.15	9845.9
		椴树	42.61	9212.5					42.61	9212.5		
		山杨	8.43	1377.2							8.43	1377.2
	天然	合计	17661.93	4774595.9			1766.53	366471.3	3539.94	890170.4	12355.46	3517954.2
		冷杉	2835.71	684647.8			237.94	43538.8	1038.50	258559.4	1559.27	382549.6
		云杉	300.07	56665.2			262.15	51928.6	7.54	1162.8	30.38	3573.8
		落叶松	514.39	104944.9			160.65	30632.7	352.45	74170.8	1.29	141.4
		红松	12189.53	3512521.5			190.29	42917.4	1739.56	467429.4	10259.68	3002174.7
		白桦	1090.35	247777.4			794.76	173024.8	168.12	38495.8	127.47	36256.8
		枫桦	601.29	145846.3			115.70	23842.0	173.80	39969.5	311.79	82034.8
		榆树	79.55	11603.1			5.04	587.0	17.36	1170.2	57.15	9845.9
		椴树	42.61	9212.5					42.61	9212.5		
		山杨	8.43	1377.2							8.43	1377.2
	人工	合计	6.97	792.1			6.97	792.1				
		云杉	4.43	339.6			4.43	339.6				
		樟子松	2.54	452.5			2.54	452.5				
	其中：人天混	合计	4.43	339.6			4.43	339.6				
		云杉	4.43	339.6			4.43	339.6				

说明：（1）①本表中人工林合计中含《东北内蒙古重点国有林区森林资源规划设计调查技术规定》中起源为“人天混”数据；

②同时保留起源为“人天混”的统计结果明细；

（2）本表对蓄积量较小的树种进行了适当归并。

表 5　黑龙江重点国有林区国家级公益林面积按地类和保护等级统计表

单位：公顷

统计单位	保护等级	总计	林地													其他土地
			合计	乔木林地	灌木林地		未成林造林地	苗圃地	疏林地	无立木林地				宜林地	林业辅助生产用地	
					小计	其中：特殊灌木林地				小计	采伐迹地	火烧迹地	其他无立木林地			
黑龙江重点国有林区	合计	2340022.53	2339822.15	2322429.79	1207.58		1383.28	10.73	1278.17	1956.21		2.79	1953.42	10939.66	616.73	200.38
	一级	411245.28	411215.08	407280.77	600.54		94.67		296.44	177.03			177.03	2701.72	63.91	30.20
	二级	1928777.25	1928607.07	1915149.02	607.04		1288.61	10.73	981.73	1779.18		2.79	1776.39	8237.94	552.82	170.18
双丰林业局	合计	8833.87	8833.87	8833.73										0.14		
	二级	8833.87	8833.87	8833.73										0.14		
铁力林业局	合计	10992.62	10992.62	10989.12			0.16			0.13			0.13		3.21	
	二级	10992.62	10992.62	10989.12			0.16			0.13			0.13		3.21	
桃山林业局	合计	34152.07	34152.07	33950.89	19.88					37.53			37.53	137.07	6.70	
	二级	34152.07	34152.07	33950.89	19.88					37.53			37.53	137.07	6.70	
朗乡林业局	合计	35109.58	35097.99	35053.87						24.18			24.18	19.72	0.22	11.59
	一级	20040.60	20029.01	20002.30						13.20			13.20	13.44	0.07	11.59
	二级	15068.98	15068.98	15051.57						10.98			10.98	6.28	0.15	
南岔林业局	合计	86660.02	86659.77	86570.77			26.60		30.47	25.44			25.44	6.49		0.25
	二级	86660.02	86659.77	86570.77			26.60		30.47	25.44			25.44	6.49		0.25
金山屯林业局	合计	45241.15	45241.15	44940.46	14.39				10.66	61.70			61.70	190.07	23.87	
	二级	45241.15	45241.15	44940.46	14.39				10.66	61.70			61.70	190.07	23.87	
美溪林业局	合计	19333.65	19333.65	19313.49	6.04		2.50		10.98	0.64			0.64			
	二级	19333.65	19333.65	19313.49	6.04		2.50		10.98	0.64			0.64			
乌马河林业局	合计	26202.63	26175.52	26010.95	28.11		20.41	0.65	5.95	18.43			18.43	61.58	29.44	27.11
	一级	8545.77	8529.71	8511.89										3.76	14.06	16.06
	二级	17656.86	17645.81	17499.06	28.11		20.41	0.65	5.95	18.43			18.43	57.82	15.38	11.05
翠峦林业局	合计	74709.42	74709.42	74505.59	43.85				3.13	15.11			15.11	126.71	15.03	
	一级	54551.49	54551.49	54470.55	2.12					6.50			6.50	60.17	12.15	
	二级	20157.93	20157.93	20035.04	41.73				3.13	8.61			8.61	66.54	2.88	
友好林业局	合计	24313.52	24313.52	22923.66	1.56				169.13	10.59			10.59	1199.77	8.81	
	一级	9371.65	9371.65	8382.85					134.85					849.31	4.64	
	二级	14941.87	14941.87	14540.81	1.56				34.28	10.59			10.59	350.46	4.17	
上甘岭林业局	合计	54544.70	54544.52	53128.20				0.70	43.45	21.04			21.04	1345.38	5.75	0.18
	一级	20876.51	20876.51	19715.83						12.74			12.74	1143.92	4.02	
	二级	33668.19	33668.01	33412.37				0.70	43.45	8.30			8.30	201.46	1.73	0.18
五营林业局	合计	36578.63	36571.41	36439.09			65.06		48.78	2.15			2.15	16.33		7.22
	一级	7309.06	7309.06	7301.58					7.48							
	二级	29269.57	29262.35	29137.51			65.06		41.30	2.15			2.15	16.33		7.22
红星林业局	合计	56863.42	56863.42	53310.58	389.51				355.63	75.95			75.95	2668.56	63.19	
	二级	56863.42	56863.42	53310.58	389.51				355.63	75.95			75.95	2668.56	63.19	
新青林业局	合计	79965.74	79949.46	79179.21	0.87		3.67		189.39	114.43			114.43	458.15	3.74	16.28
	一级	29916.96	29916.96	29654.45			3.67		29.42	51.94			51.94	176.81	0.67	
	二级	50048.78	50032.50	49524.76	0.87				159.97	62.49			62.49	281.34	3.07	16.28

表 5　黑龙江重点国有林区国家级公益林面积按地类和保护等级统计表（续 1）

单位：公顷

统计单位	保护等级	总计	林地													其他土地
			合计	乔木林地	灌木林地		未成林造林地	苗圃地	疏林地	无立木林地				宜林地	林业辅助生产用地	
					小计	其中：特殊灌木林地				小计	采伐迹地	火烧迹地	其他无立木林地			
汤旺河林业局	合计	35817.47	35815.81	35213.27	28.25		0.33		25.39	11.68			11.68	518.13	18.76	1.66
	二级	35817.47	35815.81	35213.27	28.25		0.33		25.39	11.68			11.68	518.13	18.76	1.66
乌伊岭林业局	合计	64878.47	64877.51	64143.14			6.90		83.16	24.02			24.02	586.89	33.40	0.96
	一级	10899.99	10899.99	10779.79						0.39			0.39	113.22	6.59	
	二级	53978.48	53977.52	53363.35			6.90		83.16	23.63			23.63	473.67	26.81	0.96
伊春区森林经营所	合计	3538.60	3536.78	3435.37	39.13		28.92			11.13			11.13	20.55	1.68	1.82
	二级	3538.60	3536.78	3435.37	39.13		28.92			11.13			11.13	20.55	1.68	1.82
西林区林业局	合计	14280.59	14280.59	14152.37	16.23				2.76	30.72			30.72	74.36	4.15	
	二级	14280.59	14280.59	14152.37	16.23				2.76	30.72			30.72	74.36	4.15	
大海林林业局	合计	15287.96	15287.96	15262.27			1.69			16.67		2.79	13.88	5.98	1.35	
	二级	15287.96	15287.96	15262.27			1.69			16.67		2.79	13.88	5.98	1.35	
柴河林业局	合计	106357.03	106357.03	106137.64			216.56		2.83							
	一级	703.00	703.00	703.00												
	二级	105654.03	105654.03	105434.64			216.56		2.83							
东京城林业局	合计	47875.78	47875.78	47857.90	3.85		14.03									
	二级	47875.78	47875.78	47857.90	3.85		14.03									
穆棱林业局	合计	58599.73	58599.73	58549.79			49.94									
	一级	28673.22	28673.22	28669.57			3.65									
	二级	29926.51	29926.51	29880.22			46.29									
绥阳林业局	合计	167760.03	167760.03	167659.46	0.56		99.95								0.06	
	一级	42174.66	42174.66	42174.66												
	二级	125585.37	125585.37	125484.80	0.56		99.95								0.06	
海林林业局	合计	22426.76	22423.92	22405.14			3.10			0.46			0.46	14.47	0.75	2.84
	二级	22426.76	22423.92	22405.14			3.10			0.46			0.46	14.47	0.75	2.84
林口林业局	合计	71055.28	71055.28	70875.58	0.78		172.05		6.87							
	二级	71055.28	71055.28	70875.58	0.78		172.05		6.87							
八面通林业局	合计	50059.90	50059.90	49756.00	7.41		296.49									
	二级	50059.90	50059.90	49756.00	7.41		296.49									
青梅实验林场	合计	618.34	618.34	618.34												
	二级	618.34	618.34	618.34												
山河屯林业局	合计	112702.85	112696.97	112219.29			5.13		5.12	71.93			71.93	356.92	38.58	5.88
	一级	18334.53	18331.98	18305.48						9.42			9.42	15.54	1.54	2.55
	二级	94368.32	94364.99	93913.81			5.13		5.12	62.51			62.51	341.38	37.04	3.33
苇河林业局	合计	44735.40	44735.40	44593.92	0.15		5.89			10.38			10.38	80.85	44.21	
	二级	44735.40	44735.40	44593.92	0.15		5.89			10.38			10.38	80.85	44.21	
亚布力林业局	合计	94422.25	94397.84	94238.23			23.14			72.13			72.13	36.89	27.45	24.41
	一级	3351.09	3351.09	3351.03											0.06	
	二级	91071.16	91046.75	90887.20			23.14			72.13			72.13	36.89	27.39	24.41

表 5　黑龙江重点国有林区国家级公益林面积按地类和保护等级统计表（续 2）

单位：公顷

统计单位	保护等级	总计	林地													其他土地
			合计	乔木林地	灌木林地		未成林造林地	苗圃地	疏林地	无立木林地				宜林地	林业辅助生产用地	
					小计	其中：特殊灌木林地				小计	采伐迹地	火烧迹地	其他无立木林地			
兴隆林业局	合计	87730.05	87730.05	87585.03	4.23				1.07	42.45			42.45	89.76	7.51	
	一级	12538.68	12538.68	12537.06						0.17			0.17	1.45		
	二级	75191.37	75191.37	75047.97	4.23				1.07	42.28			42.28	88.31	7.51	
方正林业局	合计	80105.18	80012.12	79813.11			0.23			77.56			77.56	86.63	34.59	93.06
	一级	5002.17	5002.17	4982.22						0.96			0.96	1.16	17.83	
	二级	75103.01	75009.95	74830.89			0.23			76.60			76.60	85.47	16.76	93.06
绥棱林业局	合计	49264.42	49263.88	48309.13	519.55				98.64	234.83			234.83	91.98	9.75	0.54
	一级	27408.11	27408.11	26772.90	519.55				78.24	13.15			13.15	24.27		
	二级	21856.31	21855.77	21536.23					20.40	221.68			221.68	67.71	9.75	0.54
通北林业局	合计	63575.27	63575.27	63107.70					16.13	161.13			161.13	286.80	3.51	
	一级	31502.04	31502.04	31205.68					12.23	63.67			63.67	218.92	1.54	
	二级	32073.23	32073.23	31902.02					3.90	97.46			97.46	67.88	1.97	
沾河林业局	合计	67400.63	67400.63	66912.65			10.67		51.50	58.37			58.37	353.65	13.79	
	一级	13307.82	13307.82	13263.69						0.75			0.75	43.38		
	二级	54092.81	54092.81	53648.96			10.67		51.50	57.62			57.62	310.27	13.79	
东方红林业局	合计	111946.20	111944.79	111843.64			2.40		84.85	13.69			13.69		0.21	1.41
	一级	7021.02	7021.02	7013.81					7.21							
	二级	104925.18	104923.77	104829.83			2.40		77.64	13.69			13.69		0.21	1.41
迎春林业局	合计	39353.43	39353.43	39314.19			39.24									
	二级	39353.43	39353.43	39314.19			39.24									
清河林业局	合计	47184.80	47184.19	46773.01	2.28		155.59			45.68			45.68	194.17	13.46	0.61
	一级	11639.28	11639.28	11612.55			1.66			2.26			2.26	22.43	0.38	
	二级	35545.52	35544.91	35160.46	2.28		153.93			43.42			43.42	171.74	13.08	0.61
鹤北林业局	合计	137245.28	137241.23	134558.31			9.73	9.38	4.86	646.52			646.52	1820.76	191.67	4.05
	二级	137245.28	137241.23	134558.31			9.73	9.38	4.86	646.52			646.52	1820.76	191.67	4.05
桦南林业局	合计	68231.71	68231.71	68005.31	78.87		110.48		27.42	3.27			3.27	6.36		
	一级	39096.93	39096.93	38903.48	78.87		85.69		27.01	1.88			1.88			
	二级	29134.78	29134.78	29101.83			24.79		0.41	1.39			1.39	6.36		
鹤立林业局	合计	13576.40	13576.40	13576.17			0.23									
	二级	13576.40	13576.40	13576.17			0.23									
双鸭山林业局	合计	26756.00	26756.00	26733.29	2.08		12.19			3.61			3.61	3.84	0.99	
	二级	26756.00	26756.00	26733.29	2.08		12.19			3.61			3.61	3.84	0.99	
带岭林业实验局	合计	16655.78	16655.67	16618.23						0.81			0.81	28.49	8.14	0.11
	一级	1038.70	1038.70	1036.29										2.41		
	二级	15617.08	15616.97	15581.94						0.81			0.81	26.08	8.14	0.11
长岗实验林场	合计	803.36	803.36	800.75						0.34			0.34	1.45	0.82	
	二级	803.36	803.36	800.75						0.34			0.34	1.45	0.82	

表 5　黑龙江重点国有林区国家级公益林面积按地类和保护等级统计表（续 3）

单位：公顷

统计单位	保护等级	总计	林地												其他土地
			合计	乔木林地	灌木林地		未成林造林地	苗圃地	疏林地	无立木林地				宜林地	林业辅助生产用地	
					小计	其中：特殊灌木林地				小计	采伐迹地	火烧迹地	其他无立木林地			
丽林实验林场	合计	4019.10	4018.70	4004.09										13.97	0.64	0.40
	二级	4019.10	4018.70	4004.09										13.97	0.64	0.40
江山娇实验林场	合计	4682.22	4682.22	4664.42						11.33			11.33	6.47		
	二级	4682.22	4682.22	4664.42						11.33			11.33	6.47		
丰林自然保护区	合计	17575.24	17575.24	17543.44						0.18			0.18	30.32	1.30	
	一级	7942.00	7942.00	7930.11										11.53	0.36	
	二级	9633.24	9633.24	9613.33						0.18			0.18	18.79	0.94	

表 6　黑龙江重点国有林区用材林各龄级面积、蓄积按优势树种和可及度统计表

单位：公顷、立方米

统计单位	优势树种	可及度	合计		Ⅰ龄级		Ⅱ龄级		Ⅲ龄级		Ⅳ龄级		Ⅴ龄级		Ⅵ龄级		Ⅶ龄级		Ⅷ以上龄级	
			面积	蓄积	面积	蓄积	面积	蓄积	面积	蓄积	面积	蓄积	面积	蓄积	面积	蓄积	面积	蓄积	面积	蓄积
黑龙江重点国有林区	合计	合计	1901069.13	222403077.4	22681.09	841672.6	169786.06	14693480.4	916951.16	106971582.0	520325.56	65589885.7	203017.05	25059974.4	57843.15	7918307.8	8534.02	1087667.8	1931.04	240506.7
		即可及	258515.22	32689125.5									193137.79	23848919.9	55618.72	7602589.3	7942.08	1011446.6	1816.63	226169.7
		将可及	12224.03	1540347.1									9347.59	1142106.4	2214.37	314160.3	547.66	69743.4	114.41	14337.0
		不可及	586.01	76984.1									531.67	68948.1	10.06	1558.2	44.28	6477.8		
	冷杉	合计	215934.78	29180371.2	189.43	11488.4	7517.50	745717.1	114786.72	14895823.6	59309.36	8486598.5	31975.48	4745743.6	1774.09	243698.8	328.93	44066.8	53.27	7234.4
		即可及	31826.76	4729977.3									29718.10	4441072.4	1726.46	237603.7	328.93	44066.8	53.27	7234.4
		将可及	2261.67	304037.6									2214.04	297942.5	47.63	6095.1				
		不可及	43.34	6728.7									43.34	6728.7						
	云杉	合计	87467.69	10044073.2	3294.05	88991.5	7578.06	658530.1	16287.64	1754172.0	47749.55	5876802.1	7437.95	949392.7	4430.31	620610.9	611.73	87115.7	78.40	8458.2
		即可及	11064.93	1459977.5									6742.82	856884.7	3729.08	518394.5	514.63	76240.1	78.40	8458.2
		将可及	1464.25	201768.8									665.92	88676.8	701.23	102216.4	97.10	10875.6		
		不可及	29.21	3831.2									29.21	3831.2						
	落叶松	合计	199749.50	24542081.3	3323.47	120177.6	28985.21	2610489.8	110891.62	14049394.9	42808.39	5924050.3	12301.43	1644767.3	1122.17	149841.5	272.08	37547.3	45.13	5812.6
		即可及	13338.84	1800755.8									11939.11	1612832.3	1122.17	149841.5	232.43	32269.4	45.13	5812.6
		将可及	385.98	36113.6									346.33	30835.7			39.65	5277.9		
		不可及	15.99	1099.3									15.99	1099.3						
	红松	合计	93762.15	12128510.0	1493.16	66642.1	13234.12	1405624.8	31701.94	3999191.1	31749.42	4341143.4	7700.73	1091296.4	7225.01	1129240.8	626.09	89484.3	31.68	5887.1
		即可及	14914.51	2217540.2									7224.85	1020120.4	7053.41	1105313.4	604.57	86219.3	31.68	5887.1
		将可及	614.74	89731.6									443.14	65804.2	171.60	23927.4				
		不可及	54.26	8636.8									32.74	5371.8			21.52	3265.0		
	樟子松	合计	4131.49	519042.3	85.57	966.0	573.24	38285.4	1241.66	151608.2	1475.81	208858.2	737.19	116227.2	18.02	3097.3				
		即可及	755.21	119324.5									737.19	116227.2	18.02	3097.3				
	赤松	合计	106.14	9873.8			7.23	355.1	19.25	1504.0	14.87	1684.5	64.79	6330.2						
		即可及	64.79	6330.2									64.79	6330.2						
	紫杉	合计	52.09	7210.7					2.57	202.9			49.52	7007.8						
		即可及	49.52	7007.8									49.52	7007.8						
	蒙古栎	合计	191831.25	21473748.2	3721.77	142200.2	20291.27	1612814.7	126016.68	14143627.8	37921.60	5036603.1	3470.47	473844.7	302.72	48919.9	102.97	14546.8	3.77	1191.0
		即可及	3855.17	536278.8									3445.71	471621.1	302.72	48919.9	102.97	14546.8	3.77	1191.0
		将可及	24.76	2223.6									24.76	2223.6						
	白桦	合计	352318.32	36195855.1	3835.62	51390.9	24423.17	1123078.6	51543.83	4329288.3	145074.58	15521648.4	94869.22	10777428.3	28985.90	3932020.7	3075.26	398489.4	510.74	62510.5
		即可及	122721.79	14617029.5									90807.23	10325806.0	28507.05	3853549.3	2896.77	375163.7	510.74	62510.5
		将可及	4548.23	533193.9									3900.95	432955.0	468.79	76913.2	178.49	23325.7		
		不可及	171.10	20225.5									161.04	18667.3	10.06	1558.2				
	枫桦	合计	191735.18	23417849.4	1129.88	74506.4	15276.33	1559055.3	123336.62	15052313.6	40456.36	5281345.2	9090.44	1122490.3	2052.50	280203.2	386.48	46767.8	6.57	1167.6
		即可及	10377.60	1298643.2									8298.58	1018763.9	1744.68	240226.8	327.77	38484.9	6.57	1167.6
		将可及	1029.65	133189.7									685.88	88143.2	307.82	39976.4	35.95	5070.1		
		不可及	128.74	18796.0									105.98	15583.2			22.76	3212.8		

表 6　黑龙江重点国有林区用材林各龄级面积、蓄积按优势树种和可及度统计表（续 1）

单位：公顷、立方米

统计单位	优势树种	可及度	合计		Ⅰ龄级		Ⅱ龄级		Ⅲ龄级		Ⅳ龄级		Ⅴ龄级		Ⅵ龄级		Ⅶ龄级		Ⅷ以上龄级	
			面积	蓄积	面积	蓄积	面积	蓄积	面积	蓄积	面积	蓄积	面积	蓄积	面积	蓄积	面积	蓄积	面积	蓄积
黑龙江重点国有林区	黑桦	合计	25084.31	2327810.8	391.01	17828.6	2223.19	164894.1	19046.85	1781543.2	3213.73	342068.4	209.53	21476.5						
		即可及	209.53	21476.5									209.53	21476.5						
	水曲柳	合计	117881.95	13690670.2	1093.19	72772.7	12315.68	1559863.8	77987.10	8708588.9	22158.33	2831071.5	3492.66	390241.7	640.68	101243.0	194.31	26888.6		
		即可及	4165.80	498418.5									3363.53	375091.8	640.68	101243.0	161.59	22083.7		
		将可及	161.85	19954.8									129.13	15149.9			32.72	4804.9		
	胡桃楸	合计	35216.43	4044509.3	362.85	29544.6	3072.06	402863.7	22368.88	2468893.6	8502.34	1029554.6	869.07	108587.3	41.23	5065.5				
		即可及	910.30	113652.8									869.07	108587.3	41.23	5065.5				
	黄波罗	合计	5814.51	645698.9	143.91	13778.9	425.84	43936.3	3687.21	395093.5	1418.33	177219.5	139.22	15670.7						
		即可及	139.22	15670.7									139.22	15670.7						
	榆树	合计	38096.82	3640179.9	199.17	14323.7	1110.21	68338.9	7891.55	679611.5	6901.13	668059.2	14024.53	1342406.0	5629.32	607946.2	1559.09	167098.8	781.82	92395.6
		即可及	21195.61	2118441.6									13806.47	1318851.2	5311.54	572793.1	1410.19	148738.7	667.41	78058.6
		将可及	782.26	89445.1									201.17	21594.9	317.78	35153.1	148.90	18360.1	114.41	14337.0
		不可及	16.89	1959.9									16.89	1959.9						
	紫椴	合计	72701.83	8749844.7	305.16	16080.5	3669.80	370870.8	46112.44	5337415.1	19328.42	2605579.8	2493.30	303500.1	642.86	93264.2	94.83	14359.3	55.02	8774.9
		即可及	2910.66	370090.2									2117.95	253691.8	642.86	93264.2	94.83	14359.3	55.02	8774.9
		将可及	313.36	41531.8									313.36	41531.8						
		不可及	61.99	8276.5									61.99	8276.5						
	糠椴	合计	64131.36	7132608.7	662.00	38355.1	6953.06	734131.9	44426.64	4791989.5	10035.71	1313167.7	1553.38	179702.2	369.38	52408.8	73.53	12320.8	57.66	10532.7
		即可及	1926.94	240013.4									1471.16	170914.1	339.44	48274.9	58.68	10291.7	57.66	10532.7
		将可及	115.16	13299.4									70.37	7136.4	29.94	4133.9	14.85	2029.1		
		不可及	11.85	1651.7									11.85	1651.7						
	杨树	合计	44.85	6313.0	2.65	235.9	3.19	217.3	24.77	3297.0	1.97	183.9	11.16	2265.3	1.11	113.6				
		即可及	11.16	2265.3									11.16	2265.3						
		将可及	1.11	113.6											1.11	113.6				
	大青杨	合计	2912.37	352260.4	40.20	3684.9	344.99	28230.5	1534.08	181068.3	573.14	84502.7	131.55	15855.9	216.44	30699.8	41.47	6512.3	30.50	1706.0
		即可及	419.96	54774.0									131.55	15855.9	216.44	30699.8	41.47	6512.3	30.50	1706.0
	香杨	合计	1.06	154.3					1.06	154.3										
	柳树	合计	582.86	34384.8	57.15	523.4	227.80	7393.6	253.24	21593.8	10.39	875.8	33.79	3958.4	0.49	39.8				
		即可及	34.28	3998.2									33.79	3958.4	0.49	39.8				
	其他软阔类	合计	0.25		0.25															
	山杨	合计	124350.63	16920536.1	1294.46	48605.2	10722.95	842631.2	73333.22	10023109.9	26166.84	4104778.3	8705.36	1305947.2	3177.08	469925.6	773.37	103917.3	177.35	21621.4
		即可及	12394.91	1836671.2									8435.58	1266838.1	3008.61	444294.4	773.37	103917.3	177.35	21621.4
		将可及	438.25	64740.3									269.78	39109.1	168.47	25631.2				
	毛赤杨	合计	16119.52	1086945.1	585.86	15627.2	5381.60	236647.4	8805.06	702923.9	635.13	58866.2	497.38	49076.2	90.18	9880.1	64.97	6553.6	59.34	7370.5
		即可及	705.95	72258.5									491.46	48454.3	90.18	9880.1	64.97	6553.6	59.34	7370.5
		将可及	5.92	621.9									5.92	621.9						

表 6 黑龙江重点国有林区用材林各龄级面积、蓄积按优势树种和可及度统计表（续 2）

单位：公顷、立方米

统计单位	优势树种	可及度	合计		Ⅰ龄级		Ⅱ龄级		Ⅲ龄级		Ⅳ龄级		Ⅴ龄级		Ⅵ龄级		Ⅶ龄级		Ⅷ以上龄级	
			面积	蓄积	面积	蓄积	面积	蓄积	面积	蓄积	面积	蓄积	面积	蓄积	面积	蓄积	面积	蓄积	面积	蓄积
黑龙江重点国有林区	槭树	合计	50519.60	5365855.6	155.70	8240.6	3744.42	406221.6	30079.20	3004280.4	13552.24	1557969.5	2290.41	296475.4	606.57	82112.9	58.81	5496.4	32.25	5058.8
		即可及	2891.87	376029.0									2194.24	283360.9	606.57	82112.9	58.81	5496.4	32.25	5058.8
		将可及	74.84	10179.1									74.84	10179.1						
		不可及	21.33	2935.4									21.33	2935.4						
	山槐	合计	3565.28	323547.1			296.57	16540.1	1738.10	151153.3	503.17	47998.9	650.88	68273.1	280.05	30141.9	96.51	9439.8		
		即可及	1027.44	107854.8									650.88	68273.1	280.05	30141.9	96.51	9439.8		
	千金榆	合计	85.59	6804.3					85.59	6804.3										
	暴马丁香	合计	558.87	42797.6	37.33	2552.1	216.68	12560.6	207.46	17941.6	44.68	5241.9	26.01	2725.5			26.71	1775.9		
		即可及	52.72	4501.4									26.01	2725.5			26.71	1775.9		
	青楷槭	合计	1856.14	187548.4			53.92	2489.4	1192.69	113476.3	341.83	40468.2	54.45	6124.3	92.27	13622.0	113.44	10582.8	7.54	785.4
		即可及	267.70	31114.5									54.45	6124.3	92.27	13622.0	113.44	10582.8	7.54	785.4
	花楷槭	合计	1279.24	113742.9	4.46		162.13	9346.9	885.76	82077.4	123.99	13073.3	44.76	4160.7	58.14	5084.6				
		即可及	71.59	6402.2									13.45	1317.6	58.14	5084.6				
		不可及	31.31	2843.1									31.31	2843.1						
	波纹柳	合计	1798.69	89975.7	237.04	2738.9	756.59	23387.3	651.03	48893.4	82.34	8926.4	55.38	5139.2	16.31	890.5				
		即可及	71.69	6029.7									55.38	5139.2	16.31	890.5				
	稠李	合计	268.08	17274.0	8.68	116.8	56.38	2309.4	174.49	11989.9	23.12	2471.6	5.41	386.3						
		即可及	5.41	386.3									5.41	386.3						
	山桃稠李	合计	694.39	81986.6	1.88	8.1	3.79	129.6	448.04	50147.8	108.07	15661.3	29.28	3242.7	69.89	8093.0	33.44	4704.1		
		即可及	132.61	16039.8									29.28	3242.7	69.89	8093.0	33.44	4704.1		
	山丁子	合计	213.46	12367.3	11.09	252.6	32.93	1289.2	141.77	9074.7	27.67	1750.8								
	东北山杏	合计	75.89	1248.0	9.84	11.4	66.05	1236.6												
	山梨	合计	2.40	109.1			1.54	84.7	0.86	24.4										
	兴安鼠李	合计	4.21	335.8			0.63	39.8			3.58	296.0								
	水榆花楸	合计	0.15				0.15													
	花曲柳	合计	36.92	2700.3					36.92	2700.3										
	钻天柳	合计	22.37	2471.3			1.53	121.1	8.62	609.3	9.47	1366.5	2.32	231.2	0.43	143.2				
		即可及	0.75	172.1									0.32	28.9	0.43	143.2				
		将可及	2.00	202.3									2.00	202.3						
	假色槭	合计	5.00	104.2			5.00	104.2												
	其他亚乔木	合计	55.51	3677.8	4.26	28.3	51.25	3649.5												
双丰林业局	合计	合计	24363.79	3057901.2	154.54	3462.3	1834.32	120274.4	7734.82	972004.9	8594.47	1181902.1	3042.27	394768.5	2585.02	330819.3	278.71	36306.5	139.64	18363.2
		即可及	6045.64	780257.5									3042.27	394768.5	2585.02	330819.3	278.71	36306.5	139.64	18363.2
	冷杉	合计	97.61	14867.8					73.78	10581.6			23.83	4286.2						
		即可及	23.83	4286.2									23.83	4286.2						
	云杉	合计	110.12	6499.7	39.97	376.6	42.14	2495.6	27.10	3516.5					0.91	111.0				
		即可及	0.91	111.0											0.91	111.0				

表6 黑龙江重点国有林区用材林各龄级面积、蓄积按优势树种和可及度统计表（续3）

单位：公顷、立方米

统计单位	优势树种	可及度	合计		Ⅰ龄级		Ⅱ龄级		Ⅲ龄级		Ⅳ龄级		Ⅴ龄级		Ⅵ龄级		Ⅶ龄级		Ⅷ以上龄级	
			面积	蓄积	面积	蓄积	面积	蓄积	面积	蓄积	面积	蓄积	面积	蓄积	面积	蓄积	面积	蓄积	面积	蓄积
双丰林业局	落叶松	合计	4259.88	616058.5	43.77	174.3	895.17	58590.7	1802.82	299893.7	1260.00	208449.7	192.20	41124.7	26.47	3024.5	39.45	4800.9		
		即可及	258.12	48950.1									192.20	41124.7	26.47	3024.5	39.45	4800.9		
	红松	合计	143.47	19069.5	11.09		0.12	3.5	78.22	9787.6	24.15	4569.2					29.89	4709.2		
		即可及	29.89	4709.2													29.89	4709.2		
	樟子松	合计	28.35	3505.7	0.67		2.56	9.8	2.04	51.8	23.08	3444.1								
	蒙古栎	合计	1155.61	149742.7			49.70	3907.6	408.31	52321.8	596.48	77420.1	101.12	16093.2						
		即可及	101.12	16093.2									101.12	16093.2						
	白桦	合计	4681.79	567355.9	17.87	30.3	197.97	10191.1	198.62	10494.6	911.43	103043.9	1548.52	190581.4	1643.50	225413.1	65.27	12120.4	98.61	15481.1
		即可及	3355.90	443596.0									1548.52	190581.4	1643.50	225413.1	65.27	12120.4	98.61	15481.1
	枫桦	合计	578.19	88928.0					78.59	11135.2	424.70	64884.1	74.90	12908.7						
		即可及	74.90	12908.7									74.90	12908.7						
	黑桦	合计	117.05	15355.2			0.81	82.7	111.74	14816.4	2.31	210.3	2.19	245.8						
		即可及	2.19	245.8									2.19	245.8						
	水曲柳	合计	4074.65	523855.3	21.02	1627.0	23.73	1257.0	1678.15	195698.1	2102.48	293189.1	249.27	32084.1						
		即可及	249.27	32084.1									249.27	32084.1						
	胡桃楸	合计	1016.49	133221.2			5.61	29.8	367.63	37307.0	497.83	72508.6	145.42	23375.8						
		即可及	145.42	23375.8									145.42	23375.8						
	黄波罗	合计	150.26	23050.1					14.26	627.0	100.43	17375.9	35.57	5047.2						
		即可及	35.57	5047.2									35.57	5047.2						
	榆树	合计	2022.61	201256.6			2.91	136.2	134.95	6159.5	235.42	22789.6	585.05	54566.6	914.14	102270.7	136.31	13452.6	13.83	1881.4
		即可及	1649.33	172171.3									585.05	54566.6	914.14	102270.7	136.31	13452.6	13.83	1881.4
	紫椴	合计	935.28	106541.8			53.27	4020.3	395.75	45587.4	486.26	56934.1								
	糠椴	合计	1974.17	250229.3	12.23	1045.2	222.65	22628.5	1183.92	145413.4	555.37	81142.2								
	大青杨	合计	33.67	1620.0							6.47	619.3							27.20	1000.7
		即可及	27.20	1000.7															27.20	1000.7
	柳树	合计	20.66	1175.1	5.06	77.2	0.80	42.5	14.05	981.7	0.75	73.7								
	山杨	合计	1358.91	185331.5	0.16	1.2	130.51	9284.8	596.38	77144.1	552.20	84331.5	71.87	13346.5			7.79	1223.4		
		即可及	79.66	14569.9									71.87	13346.5			7.79	1223.4		
	毛赤杨	合计	48.26	3856.3					35.93	2748.0			12.33	1108.3						
		即可及	12.33	1108.3									12.33	1108.3						
	槭树	合计	1287.98	133388.0	2.70	130.5	30.41	2293.4	443.66	40290.3	811.21	90673.8								
	山槐	合计	5.12	194.0			3.26	90.9	1.86	103.1										
	暴马丁香	合计	8.99	29.0			8.99	29.0												
	波纹柳	合计	201.64	8716.4			150.08	4596.2	50.55	4071.2	1.01	49.0								
	稠李	合计	13.85	1086.0			0.23	22.2	10.73	869.9	2.89	193.9								
	山丁子	合计	39.18	2967.6			13.40	562.6	25.78	2405.0										

表 6　黑龙江重点国有林区用材林各龄级面积、蓄积按优势树种和可及度统计表（续 4）

单位：公顷、立方米

统计单位	优势树种	可及度	合计		Ⅰ龄级		Ⅱ龄级		Ⅲ龄级		Ⅳ龄级		Ⅴ龄级		Ⅵ龄级		Ⅶ龄级		Ⅷ以上龄级	
			面积	蓄积	面积	蓄积	面积	蓄积	面积	蓄积	面积	蓄积	面积	蓄积	面积	蓄积	面积	蓄积	面积	蓄积
铁力林业局	合计	合计	42504.80	6171127.9	240.86	7611.5	5826.79	773230.1	22522.60	3391103.3	8861.50	1280270.2	4407.43	617165.2	495.96	74407.7	133.92	24499.4	15.74	2840.5
		即可及	5053.05	718912.8									4407.43	617165.2	495.96	74407.7	133.92	24499.4	15.74	2840.5
	冷杉	合计	458.41	62715.0			46.51	5634.2	188.85	25090.9	148.06	18713.7	74.99	13276.2						
		即可及	74.99	13276.2									74.99	13276.2						
	云杉	合计	698.13	92946.7	60.32	3521.8	251.97	38786.1	89.24	12050.1	280.92	37112.8	15.68	1475.9						
		即可及	15.68	1475.9									15.68	1475.9						
	落叶松	合计	2963.93	528278.1	44.40	1296.4	429.13	57591.8	2053.71	379384.2	402.65	84291.5	22.55	4432.3	11.49	1281.9				
		即可及	34.04	5714.2									22.55	4432.3	11.49	1281.9				
	红松	合计	132.02	24525.6	0.21		47.15	6681.2	8.70	984.7	26.35	4961.1					49.61	11898.6		
		即可及	49.61	11898.6													49.61	11898.6		
	樟子松	合计	4.95	312.7	2.58		0.52	10.5			1.85	302.2								
	蒙古栎	合计	358.75	57101.6	2.60	171.8	12.28	1052.2	189.45	30275.8	122.19	19026.9	32.23	6574.9						
		即可及	32.23	6574.9									32.23	6574.9						
	白桦	合计	7697.84	982654.5	10.68	127.2	385.09	17840.0	802.25	87599.6	3722.05	467243.4	2548.57	371071.2	212.65	36087.5	16.55	2685.6		
		即可及	2777.77	409844.3									2548.57	371071.2	212.65	36087.5	16.55	2685.6		
	枫桦	合计	11493.45	1777027.9	31.01	788.7	1755.45	266863.1	8035.49	1235324.1	1547.67	254355.5	123.83	19696.5						
		即可及	123.83	19696.5									123.83	19696.5						
	黑桦	合计	21.39	3119.4					21.39	3119.4										
	水曲柳	合计	7604.93	1117120.9	43.18	948.0	1058.27	147026.1	5761.16	846665.9	704.66	116387.3	37.66	6093.6						
		即可及	37.66	6093.6									37.66	6093.6						
	胡桃楸	合计	2541.48	370375.2	7.26	421.5	440.74	66934.4	1747.74	247996.2	344.59	54940.2	1.15	82.9						
		即可及	1.15	82.9									1.15	82.9						
	黄波罗	合计	389.76	56073.9	0.51		1.57	151.8	358.63	51048.0	29.05	4874.1								
	榆树	合计	2587.83	305302.6	0.98		23.83	1153.4	29.16	2041.5	812.13	90994.7	1404.48	170155.2	243.41	30214.7	67.76	9915.2	6.08	827.9
		即可及	1721.73	211113.0									1404.48	170155.2	243.41	30214.7	67.76	9915.2	6.08	827.9
	紫椴	合计	900.97	127934.7			96.25	11894.5	729.74	102239.6	65.32	11788.0							9.66	2012.6
		即可及	9.66	2012.6															9.66	2012.6
	糠椴	合计	1108.63	167647.0			419.06	48977.4	611.61	102867.0	77.96	15802.6								
	大青杨	合计	85.66	16434.7			35.65	4722.5	5.35	595.8	44.66	11116.4								
	柳树	合计	59.79	6545.2			4.04	24.6	55.75	6520.6										
	山杨	合计	1932.67	311092.6	7.18	119.2	479.10	75030.4	1068.87	168170.6	321.59	54369.0	27.95	6723.0	27.98	6680.4				
		即可及	55.93	13403.4									27.95	6723.0	27.98	6680.4				
	毛赤杨	合计	281.61	18226.8	8.04	1.0	138.19	6865.4	135.38	11360.4										
	槭树	合计	904.39	119782.1			119.15	14367.5	463.77	54598.7	209.80	33990.8	111.67	16825.1						
		即可及	111.67	16825.1									111.67	16825.1						

表6 黑龙江重点国有林区用材林各龄级面积、蓄积按优势树种和可及度统计表（续5）

单位：公顷、立方米

统计单位	优势树种	可及度	合计		Ⅰ龄级		Ⅱ龄级		Ⅲ龄级		Ⅳ龄级		Ⅴ龄级		Ⅵ龄级		Ⅶ龄级		Ⅷ以上龄级	
			面积	蓄积	面积	蓄积	面积	蓄积	面积	蓄积	面积	蓄积	面积	蓄积	面积	蓄积	面积	蓄积	面积	蓄积
铁力林业局	暴马丁香	合计	97.53	5566.8			59.04	1023.3	31.82	3785.1			6.67	758.4						
		即可及	6.67	758.4									6.67	758.4						
	花楷槭	合计	86.15	14070.9					86.15	14070.9										
	波纹柳	合计	70.64	4197.9	15.88	99.1	21.06	317.2	33.70	3781.6										
	稠李	合计	23.46	1931.9	6.03	116.8	2.74	282.5	14.69	1532.6										
	钻天柳	合计	0.43	143.2											0.43	143.2				
		即可及	0.43	143.2											0.43	143.2				
桃山林业局	合计	合计	13538.57	1606174.1	11.67	357.6	598.95	49165.6	9856.47	1206615.4	1389.04	166176.4	1535.39	168651.0	147.05	15208.1				
		即可及	1572.07	171346.3									1425.02	156138.2	147.05	15208.1				
		将可及	110.37	12512.8									110.37	12512.8						
	冷杉	合计	705.16	82261.0					611.15	70396.9	51.77	6291.5	11.65	1798.9	30.59	3773.7				
		即可及	42.24	5572.6									11.65	1798.9	30.59	3773.7				
	云杉	合计	368.63	48724.9	0.08		33.99	2625.7	173.90	24350.7	121.17	15310.5	39.49	6438.0						
		即可及	39.49	6438.0									39.49	6438.0						
	落叶松	合计	1938.76	305392.6	5.50	280.9	86.86	11262.2	1127.57	197809.8	479.02	66509.6	239.81	29530.1						
		即可及	198.79	24590.6									198.79	24590.6						
		将可及	41.02	4939.5									41.02	4939.5						
	红松	合计	1539.27	195115.9			23.87	2240.7	1284.76	158680.5	162.94	25059.3	67.70	9135.4						
		即可及	60.42	8376.5									60.42	8376.5						
		将可及	7.28	758.9									7.28	758.9						
	樟子松	合计	1.99	131.3	0.38		0.53	43.9	1.08	87.4										
	蒙古栎	合计	391.54	43408.0			3.51	261.0	366.59	40882.6	7.56	643.5	13.88	1620.9						
		即可及	13.88	1620.9									13.88	1620.9						
	白桦	合计	979.75	101018.8	0.11		35.49	1796.4	83.21	7768.3	213.17	18952.2	634.11	70819.4	13.66	1682.5				
		即可及	603.33	68117.6									589.67	66435.1	13.66	1682.5				
		将可及	44.44	4384.3									44.44	4384.3						
	枫桦	合计	3583.42	432374.1			155.84	15048.9	3220.17	398515.0	105.63	9371.3	101.78	9438.9						
		即可及	101.78	9438.9									101.78	9438.9						
	水曲柳	合计	1242.68	123121.2	0.98	17.3	91.37	7445.2	1110.75	111788.6	18.70	2254.0	20.88	1616.1						
		即可及	20.88	1616.1									20.88	1616.1						
	胡桃楸	合计	213.24	21660.4	0.19	3.6	0.10	1.9	183.42	18317.7	29.53	3337.2								
	黄波罗	合计	57.59	4263.6			1.15	46.1	56.44	4217.5										
	榆树	合计	814.22	71595.3			36.83	2947.3	244.27	20040.9	146.42	12441.9	303.95	28158.9	82.75	8006.3				
		即可及	369.07	33735.1									286.32	25728.8	82.75	8006.3				
		将可及	17.63	2430.1									17.63	2430.1						
	紫椴	合计	107.29	14004.0			1.52	108.2	103.86	13747.1	1.91	148.7								
	糠椴	合计	70.74	7710.5			0.33	22.9	70.41	7687.6										
	杨树	合计	1.10	53.3					1.10	53.3										

表 6　黑龙江重点国有林区用材林各龄级面积、蓄积按优势树种和可及度统计表（续 6）

单位：公顷、立方米

统计单位	优势树种	可及度	合计		Ⅰ龄级		Ⅱ龄级		Ⅲ龄级		Ⅳ龄级		Ⅴ龄级		Ⅵ龄级		Ⅶ龄级		Ⅷ以上龄级	
			面积	蓄积	面积	蓄积	面积	蓄积	面积	蓄积	面积	蓄积	面积	蓄积	面积	蓄积	面积	蓄积	面积	蓄积
桃山林业局	大青杨	合计	94.10	8970.1			32.77	2124.2	39.65	4668.6	9.49	1301.8			12.19	875.5				
		即可及	12.19	875.5											12.19	875.5				
	柳树	合计	56.30	4162.9	1.78	55.8	18.85	464.5	35.67	3642.6										
	山杨	合计	689.80	84061.7			1.66	62.1	609.84	76373.4	3.31	319.6	67.13	6436.5	7.86	870.1				
		即可及	74.99	7306.6									67.13	6436.5	7.86	870.1				
	毛赤杨	合计	88.86	5798.0			38.79	694.2	16.35	1149.3	33.72	3954.5								
	槭树	合计	303.02	32238.7			12.78	1568.0	290.24	30670.7										
	暴马丁香	合计	23.72	2331.0					19.02	2050.2	4.70	280.8								
	青楷槭	合计	63.03	6905.1					63.03	6905.1										
	花楷槭	合计	101.00	3981.9					101.00	3981.9										
	波纹柳	合计	30.56	789.3			16.13	143.6	14.43	645.7										
	稠李	合计	18.92	808.3	2.65		6.24	256.1	4.62	165.9			5.41	386.3						
		即可及	5.41	386.3									5.41	386.3						
	山桃稠李	合计	46.36	4797.1					17.08	1554.4			29.28	3242.7						
		即可及	29.28	3242.7									29.28	3242.7						
	山丁子	合计	0.34	2.5			0.34	2.5												
	钻天柳	合计	7.18	492.6					6.86	463.7			0.32	28.9						
		即可及	0.32	28.9									0.32	28.9						
朗乡林业局	合计	合计	63770.49	6162543.3	465.90	11161.3	6033.87	328359.8	23211.43	2195541.9	21626.62	2231290.3	8710.19	987445.1	2244.24	240960.6	1191.07	133432.4	287.17	34351.9
		即可及	12432.67	1396190.0									8710.19	987445.1	2244.24	240960.6	1191.07	133432.4	287.17	34351.9
	冷杉	合计	8947.42	990682.9			218.19	17769.3	2457.38	246301.9	2933.77	312643.8	2934.29	363115.8	266.02	33761.2	137.77	17090.9		
		即可及	3338.08	413967.9									2934.29	363115.8	266.02	33761.2	137.77	17090.9		
	云杉	合计	4428.59	415108.2	136.02	1239.2	579.51	39230.9	578.82	52424.8	1830.08	168420.8	696.81	75336.9	397.90	46744.5	207.00	31326.6	2.45	384.5
		即可及	1304.16	153792.5									696.81	75336.9	397.90	46744.5	207.00	31326.6	2.45	384.5
	落叶松	合计	2851.63	246598.1	2.11	80.4	903.21	30788.5	730.10	77369.2	1035.32	114952.0	95.55	13793.0	66.56	8086.5	12.28	959.0	6.50	569.5
		即可及	180.89	23408.0									95.55	13793.0	66.56	8086.5	12.28	959.0	6.50	569.5
	红松	合计	5314.51	544376.8	32.47	1234.4	1157.60	97919.3	1521.98	159336.5	1580.22	150696.6	555.15	70486.1	350.33	48623.9	115.14	15754.4	1.62	325.6
		即可及	1022.24	135190.0									555.15	70486.1	350.33	48623.9	115.14	15754.4	1.62	325.6
	樟子松	合计	16.82	1992.5							7.43	904.1	8.88	961.4	0.51	127.0				
		即可及	9.39	1088.4									8.88	961.4	0.51	127.0				
	蒙古栎	合计	1243.09	138483.4			4.38	92.0	578.91	61229.0	583.77	67963.9	72.29	8658.2			3.74	540.3		
		即可及	76.03	9198.5									72.29	8658.2			3.74	540.3		
	白桦	合计	3439.36	274086.3	0.26		155.36	4916.3	802.19	38890.3	790.96	66624.6	1039.24	102070.1	505.20	46401.7	113.11	10302.0	33.04	4881.3
		即可及	1690.59	163655.1									1039.24	102070.1	505.20	46401.7	113.11	10302.0	33.04	4881.3
	枫桦	合计	19945.41	1902454.1	233.98	7428.0	1780.93	102361.0	8750.26	832962.3	7242.15	747028.7	1620.30	174409.6	96.20	9640.3	221.59	28624.2		
		即可及	1938.09	212674.1									1620.30	174409.6	96.20	9640.3	221.59	28624.2		
	水曲柳	合计	5976.36	608835.8	41.81	494.2	106.11	6983.9	3082.47	287264.6	2451.53	280062.0	276.16	30842.3			18.28	3188.8		
		即可及	294.44	34031.1									276.16	30842.3			18.28	3188.8		

表 6 黑龙江重点国有林区用材林各龄级面积、蓄积按优势树种和可及度统计表（续 7）

单位：公顷、立方米

统计单位	优势树种	可及度	合计		Ⅰ龄级		Ⅱ龄级		Ⅲ龄级		Ⅳ龄级		Ⅴ龄级		Ⅵ龄级		Ⅶ龄级		Ⅷ以上龄级	
			面积	蓄积	面积	蓄积	面积	蓄积	面积	蓄积	面积	蓄积	面积	蓄积	面积	蓄积	面积	蓄积	面积	蓄积
朗乡林业局	胡桃楸	合计	890.16	90430.6	18.97	685.1	40.52	1221.3	441.11	41454.6	350.99	42463.5	38.57	4606.1						
		即可及	38.57	4606.1									38.57	4606.1						
	黄波罗	合计	507.37	53759.8					228.74	22174.3	265.28	30385.4	13.35	1200.1						
		即可及	13.35	1200.1									13.35	1200.1						
	榆树	合计	1550.47	123639.8			45.58	1563.5	1.08	32.4	128.89	9376.4	472.43	41339.2	396.00	27520.2	332.55	22510.7	173.94	21297.4
		即可及	1374.92	112667.5									472.43	41339.2	396.00	27520.2	332.55	22510.7	173.94	21297.4
	紫椴	合计	685.10	83280.7			25.31	2024.8	463.19	53053.6	196.60	28202.3								
	糠椴	合计	2088.02	186677.2			26.93	1106.6	988.51	84821.6	825.79	75989.8	246.79	24759.2						
		即可及	246.79	24759.2									246.79	24759.2						
	杨树	合计	11.16	2265.3									11.16	2265.3						
		即可及	11.16	2265.3									11.16	2265.3						
	大青杨	合计	148.33	14973.2			27.09	413.4	79.87	9524.6	13.12	869.2	1.91	161.0	26.34	4005.0				
		即可及	28.25	4166.0									1.91	161.0	26.34	4005.0				
	柳树	合计	10.08	644.5					10.08	644.5										
	山杨	合计	2856.59	224099.9			837.79	18021.7	807.59	81013.9	507.45	43211.7	478.57	57242.3	139.18	16050.3	29.61	3135.5	56.40	5424.5
		即可及	703.76	81852.6									478.57	57242.3	139.18	16050.3	29.61	3135.5	56.40	5424.5
	毛赤杨	合计	325.45	15852.1			71.32	1473.0	222.40	13205.0	31.73	1174.1								
	槭树	合计	1934.42	191192.0			26.13	1807.3	1084.40	101289.2	705.49	74738.8	105.18	11887.6					13.22	1469.1
		即可及	118.40	13356.7									105.18	11887.6					13.22	1469.1
	暴马丁香	合计	25.56	1778.1			3.47	296.7	22.09	1481.4										
	青楷槭	合计	88.45	9168.6					43.65	3788.0	20.49	2610.5	24.31	2770.1						
		即可及	24.31	2770.1									24.31	2770.1						
	花楷槭	合计	227.64	17646.3			15.31	237.6	163.13	13557.0	49.20	3851.7								
	波纹柳	合计	80.83	7426.1	0.28		9.13	132.7	10.46	596.9	41.71	5155.7	19.25	1540.8						
		即可及	19.25	1540.8									19.25	1540.8						
	稠李	合计	39.26	3729.3					23.94	1754.1	15.32	1975.2								
	山桃稠李	合计	138.41	13361.7					119.08	11372.2	19.33	1989.5								
南岔林业局	合计	合计	35449.51	4530019.2	542.36	11056.5	1352.85	94038.7	21377.24	2746892.0	8185.76	1133899.8	3208.48	430148.1	609.48	83377.2	151.61	26878.6	21.73	3728.3
		即可及	3991.30	544132.2									3208.48	430148.1	609.48	83377.2	151.61	26878.6	21.73	3728.3
	冷杉	合计	4260.24	564497.8	22.19	259.8			3480.74	456099.6	467.61	63746.8	284.73	43772.7	4.97	618.9				
		即可及	289.70	44391.6									284.73	43772.7	4.97	618.9				
	云杉	合计	1001.99	131438.4	78.91	1898.1	142.35	12852.8	107.51	17455.5	653.59	97215.9			19.63	2016.1				
		即可及	19.63	2016.1											19.63	2016.1				
	落叶松	合计	3021.44	546651.7	5.26	23.9	108.16	11361.5	1520.57	265293.4	1008.79	195381.1	209.82	43604.1	94.75	15655.6	56.94	12049.3	17.15	3282.8
		即可及	378.66	74591.8									209.82	43604.1	94.75	15655.6	56.94	12049.3	17.15	3282.8

表 6　黑龙江重点国有林区用材林各龄级面积、蓄积按优势树种和可及度统计表（续 8）

单位：公顷、立方米

统计单位	优势树种	可及度	合计		Ⅰ龄级		Ⅱ龄级		Ⅲ龄级		Ⅳ龄级		Ⅴ龄级		Ⅵ龄级		Ⅶ龄级		Ⅷ以上龄级	
			面积	蓄积	面积	蓄积	面积	蓄积	面积	蓄积	面积	蓄积	面积	蓄积	面积	蓄积	面积	蓄积	面积	蓄积
南岔林业局	红松	合计	1698.49	233300.0	20.53	299.9	154.40	14409.1	881.88	131656.3	564.19	73540.8	10.10	2145.3	67.39	11248.6				
		即可及	77.49	13393.9									10.10	2145.3	67.39	11248.6				
	樟子松	合计	242.18	37362.3	2.72	2.1	5.92	132.5	21.45	3069.9	98.03	14266.4	114.06	19891.4						
		即可及	114.06	19891.4									114.06	19891.4						
	蒙古栎	合计	4683.52	519565.4	15.25	134.2	196.61	13543.9	3876.77	427926.9	594.89	77960.4								
	白桦	合计	5152.49	559799.9	141.86	1402.4	324.48	7978.9	213.12	10173.2	2101.73	235526.1	2118.14	267655.1	178.79	24284.5	74.37	12779.7		
		即可及	2371.30	304719.3									2118.14	267655.1	178.79	24284.5	74.37	12779.7		
	枫桦	合计	5613.98	724530.1	146.18	4073.9	203.28	23331.5	4804.44	636388.9	399.63	52760.5	60.45	7975.3						
		即可及	60.45	7975.3									60.45	7975.3						
	黑桦	合计	157.13	14165.9			1.37	57.3	151.57	13873.7	4.19	234.9								
	水曲柳	合计	1687.65	229541.7	13.00	360.1	3.28	127.2	1333.24	171686.2	338.13	57368.2								
	胡桃楸	合计	531.78	63604.7	16.61	1140.0	0.14	13.3	312.85	37306.7	202.18	25144.7								
	黄波罗	合计	62.67	6220.6	0.44				25.23	2141.5	37.00	4079.1								
	榆树	合计	636.60	59000.2	4.73		9.30	210.2	12.80	405.6	173.62	16718.4	276.37	25944.9	134.90	13226.0	20.30	2049.6	4.58	445.5
		即可及	436.15	41666.0									276.37	25944.9	134.90	13226.0	20.30	2049.6	4.58	445.5
	紫椴	合计	1244.96	154855.4	35.23	1366.0	4.40	24.9	824.94	98004.5	380.39	55460.0								
	糠椴	合计	1424.54	187999.8	0.34	6.6	30.45	1817.3	1237.05	168760.6	151.84	16872.1			4.86	543.2				
		即可及	4.86	543.2											4.86	543.2				
	大青杨	合计	4.22	811.9									3.29	565.0	0.93	246.9				
		即可及	4.22	811.9									3.29	565.0	0.93	246.9				
	柳树	合计	22.50	1027.4	0.84		4.00	40.9	13.98	694.1	3.68	292.4								
	山杨	合计	2108.43	306574.6			49.90	3041.1	1113.76	157162.5	756.82	116345.2	97.24	15173.6	90.71	14852.2				
		即可及	187.95	30025.8									97.24	15173.6	90.71	14852.2				
	毛赤杨	合计	448.92	31454.4	16.33	53.2	62.15	2693.7	309.16	22147.2	27.00	3139.6	34.28	3420.7						
		即可及	34.28	3420.7									34.28	3420.7						
	槭树	合计	937.30	107315.0			23.19	1955.4	805.00	91012.8	109.11	14346.8								
	山槐	合计	39.84	3026.4			2.41		32.48	2614.2	4.95	412.2								
	青楷槭	合计	167.92	19195.5					149.12	18048.7	18.80	1146.8								
	花楷槭	合计	109.68	14456.5					68.80	7915.5	40.88	6541.0								
	波纹柳	合计	124.48	7424.9	21.71	36.3	21.82	394.9	68.40	6308.5					12.55	685.2				
		即可及	12.55	685.2											12.55	685.2				
	稠李	合计	12.79	517.0			4.54	19.5	8.25	497.5										
	山桃稠李	合计	48.71	5400.4							48.71	5400.4								
	山丁子	合计	5.06	281.3	0.23		0.70	32.8	4.13	248.5										

表 6 黑龙江重点国有林区用材林各龄级面积、蓄积按优势树种和可及度统计表（续 9）

单位：公顷、立方米

统计单位	优势树种	可及度	合计		Ⅰ龄级		Ⅱ龄级		Ⅲ龄级		Ⅳ龄级		Ⅴ龄级		Ⅵ龄级		Ⅶ龄级		Ⅷ以上龄级	
			面积	蓄积	面积	蓄积	面积	蓄积	面积	蓄积	面积	蓄积	面积	蓄积	面积	蓄积	面积	蓄积	面积	蓄积
金山屯林业局	合计	合计	81620.09	10483359.8	329.17	13148.9	3036.36	270583.9	42127.25	5249645.4	23642.54	3247153.6	10930.11	1446887.0	1331.51	223933.7	148.26	22364.1	74.89	9643.2
		即可及	11468.96	1591490.0									9973.40	1345089.5	1282.84	215156.6	137.83	21600.7	74.89	9643.2
		将可及	1015.81	111338.0									956.71	101797.5	48.67	8777.1	10.43	763.4		
	冷杉	合计	18174.27	2497834.4			238.65	19155.1	10603.00	1367429.3	5298.59	791225.6	2003.53	315547.5	10.35	1177.6			20.15	3299.3
		即可及	1956.09	310087.4									1925.59	305610.5	10.35	1177.6			20.15	3299.3
		将可及	77.94	9937.0									77.94	9937.0						
	云杉	合计	9008.12	1149032.5	66.64	2677.2	278.90	28275.0	1747.37	205804.3	6141.65	809376.7	539.29	70241.1	178.56	26082.3	0.97	232.0	54.74	6343.9
		即可及	773.56	102899.3									539.29	70241.1	178.56	26082.3	0.97	232.0	54.74	6343.9
	落叶松	合计	5016.48	700348.1	74.98	3758.4	526.00	58797.8	3363.13	484903.1	730.51	107748.5	305.13	43296.9			16.73	1843.4		
		即可及	264.34	38870.8									258.04	37790.8			6.30	1080.0		
		将可及	57.52	6269.5									47.09	5506.1			10.43	763.4		
	红松	合计	12725.85	1685543.1	4.27	264.9	381.81	44426.4	4388.54	526352.6	5882.91	815209.4	1382.10	180053.9	650.40	114921.4	35.82	4314.5		
		即可及	1923.83	280863.2									1286.28	170404.4	601.73	106144.3	35.82	4314.5		
		将可及	144.49	18426.6									95.82	9649.5	48.67	8777.1				
	樟子松	合计	107.77	12069.6	6.01	190.7	12.38	326.4	43.80	6196.0	34.19	3996.2	11.39	1360.3						
		即可及	11.39	1360.3									11.39	1360.3						
	赤松	合计	0.91	44.7									0.91	44.7						
		即可及	0.91	44.7									0.91	44.7						
	蒙古栎	合计	4790.76	600787.0	1.05	74.6	168.34	17241.6	4242.14	517966.3	345.28	60698.7	27.41	3022.8	6.54	1783.0				
		即可及	29.90	4500.9									23.36	2717.9	6.54	1783.0				
		将可及	4.05	304.9									4.05	304.9						
	白桦	合计	11374.87	1398595.8	16.98	278.0	410.43	28458.9	1295.87	137641.6	3501.84	428978.3	5664.72	717819.6	390.29	69445.2	94.74	15974.2		
		即可及	5489.97	734459.0									5004.94	649039.6	390.29	69445.2	94.74	15974.2		
		将可及	659.78	68780.0									659.78	68780.0						
	枫桦	合计	11975.21	1482850.2	70.16	4366.7	368.12	28745.0	9772.58	1211683.8	1297.28	179059.5	460.55	58106.5	6.52	888.7				
		即可及	395.04	51375.2									388.52	50486.5	6.52	888.7				
		将可及	72.03	7620.0									72.03	7620.0						
	黑桦	合计	44.47	3547.8	0.37		3.62	305.0	34.48	3015.9			6.00	226.9						
		即可及	6.00	226.9									6.00	226.9						
	水曲柳	合计	523.09	47259.8	5.40		8.10	518.0	501.67	45985.2	7.92	756.6								
	胡桃楸	合计	0.78		0.78															
	黄波罗	合计	46.25	7894.8							46.25	7894.8								
	榆树	合计	438.80	31319.2			34.28	1045.3	65.92	3501.2	92.25	5965.1	229.39	19304.9	16.96	1502.7				
		即可及	246.35	20807.6									229.39	19304.9	16.96	1502.7				
	紫椴	合计	817.46	94860.0			57.73	6079.3	650.67	75590.5	60.89	7610.5	48.17	5579.7						
		即可及	48.17	5579.7									48.17	5579.7						
	糠椴	合计	529.53	51938.7	2.36	184.9	72.85	6739.7	378.79	37386.1	5.07	588.1	25.24	1970.4	45.22	5069.5				
		即可及	70.46	7039.9									25.24	1970.4	45.22	5069.5				

表6　黑龙江重点国有林区用材林各龄级面积、蓄积按优势树种和可及度统计表（续10）

单位：公顷、立方米

统计单位	优势树种	可及度	合计		Ⅰ龄级		Ⅱ龄级		Ⅲ龄级		Ⅳ龄级		Ⅴ龄级		Ⅵ龄级		Ⅶ龄级		Ⅷ以上龄级	
			面积	蓄积	面积	蓄积	面积	蓄积	面积	蓄积	面积	蓄积	面积	蓄积	面积	蓄积	面积	蓄积	面积	蓄积
金山屯林业局	大青杨	合计	187.42	15721.2	2.57	62.2	11.85	366.0	167.54	14546.7	5.46	746.3								
	柳树	合计	76.79	5529.2	4.35	76.7	36.30	1284.7	7.12	531.5			29.02	3636.3						
		即可及	29.02	3636.3									29.02	3636.3						
	其他软阔类	合计	0.25		0.25															
	山杨	合计	4050.24	557827.3	49.75	832.5	237.00	20964.0	3395.74	484502.7	145.07	21909.7	196.01	26555.1	26.67	3063.3				
		即可及	222.68	29618.4									196.01	26555.1	26.67	3063.3				
	毛赤杨	合计	840.88	55572.6	15.01	248.1	156.28	6567.8	666.32	48643.1	3.27	113.6								
	槭树	合计	504.59	52787.9	3.08	72.6	6.24	428.0	452.71	47010.0	41.31	5156.9	1.25	120.4						
		即可及	1.25	120.4									1.25	120.4						
	山槐	合计	91.30	7847.7					91.30	7847.7										
	暴马丁香	合计	4.63	296.4			0.98	46.6	3.65	249.8										
	青楷槭	合计	80.17	5872.3			8.60	269.1	71.57	5603.2										
	花楷槭	合计	40.61	3867.3			0.17	6.5	40.44	3860.8										
	波纹柳	合计	8.41	295.5			8.41	295.5												
	稠李	合计	31.33	1756.6			5.43	172.2	23.10	1465.3	2.80	119.1								
	山桃稠李	合计	89.30	10330.9			1.28	12.2	88.02	10318.7										
	山丁子	合计	36.73	1615.8	5.16	61.4	0.78	18.0	30.79	1536.4										
	兴安鼠李	合计	0.63	39.8			0.63	39.8												
	钻天柳	合计	0.99	73.6					0.99	73.6										
	其他亚乔木	合计	1.20				1.20													
美溪林业局	合计	合计	75585.70	9305523.8	509.03	23670.9	3926.00	328383.4	42051.37	5196933.5	17328.37	2313392.4	9417.27	1113018.5	1578.15	221754.8	755.94	104937.2	19.57	3433.1
		即可及	9119.38	1085153.2									7307.96	836744.0	1310.17	177656.5	481.68	67319.6	19.57	3433.1
		将可及	2494.67	339783.9									1952.43	258068.0	267.98	44098.3	274.26	37617.6		
		不可及	156.88	18206.5									156.88	18206.5						
	冷杉	合计	16570.75	2248505.0			558.06	54223.9	11448.55	1512801.4	3325.48	499906.6	1025.09	150650.0	150.85	21206.7	62.72	9716.4		
		即可及	843.85	118347.1									630.28	87424.0	150.85	21206.7	62.72	9716.4		
		将可及	394.81	63226.0									394.81	63226.0						
	云杉	合计	8900.50	1145137.7	103.29	6506.1	870.20	84510.5	1652.65	189520.3	4918.38	675869.6	958.33	124582.3	288.54	50628.2	109.11	13520.7		
		即可及	737.51	96217.3									559.47	69936.7	127.86	19912.2	50.18	6368.4		
		将可及	618.47	92513.9									398.86	54645.6	160.68	30716.0	58.93	7152.3		
	落叶松	合计	4854.33	537428.4	35.87	588.3	484.48	41557.1	3794.28	436268.7	237.83	25147.2	285.16	31663.2	8.43	1044.0	8.28	1159.9		
		即可及	293.59	32707.2									285.16	31663.2	8.43	1044.0				
		将可及	8.28	1159.9													8.28	1159.9		
	红松	合计	3387.82	433746.6			122.99	10227.1	1512.55	187749.2	1393.84	190922.6	145.39	19052.1	161.57	19134.3	51.48	6661.3		
		即可及	323.59	41624.4									145.39	19052.1	126.72	15911.0	51.48	6661.3		
		将可及	34.85	3223.3											34.85	3223.3				
	樟子松	合计	3.10	313.3			0.76	95.7	2.34	217.6										

表 6　黑龙江重点国有林区用材林各龄级面积、蓄积按优势树种和可及度统计表（续 11）

单位：公顷、立方米

统计单位	优势树种	可及度	合计		Ⅰ龄级		Ⅱ龄级		Ⅲ龄级		Ⅳ龄级		Ⅴ龄级		Ⅵ龄级		Ⅶ龄级		Ⅷ以上龄级	
			面积	蓄积	面积	蓄积	面积	蓄积	面积	蓄积	面积	蓄积	面积	蓄积	面积	蓄积	面积	蓄积	面积	蓄积
美溪林业局	蒙古栎	合计	3335.75	411064.9	20.30	94.1	122.54	10341.0	2561.23	302794.6	530.11	87245.3	101.57	10589.9						
		即可及	101.57	10589.9									101.57	10589.9						
	白桦	合计	15203.13	1632148.1	181.74	3037.2	311.80	15677.2	2400.05	223033.5	4756.33	511897.5	6413.98	724557.4	822.39	110683.8	316.84	43261.5		
		即可及	6117.91	702879.7									5135.99	570801.1	779.88	104658.7	202.04	27419.9		
		将可及	1278.42	157416.5									1121.11	135549.8	42.51	6025.1	114.80	15841.6		
		不可及	156.88	18206.5									156.88	18206.5						
	枫桦	合计	17330.58	2209021.4	27.53	1890.0	830.74	76379.5	14233.12	1794351.0	1892.71	292267.2	264.14	31357.0	59.37	9374.7	22.97	3402.0		
		即可及	329.81	41790.8									264.14	31357.0	59.37	9374.7	6.30	1059.1		
		将可及	16.67	2342.9													16.67	2342.9		
	黑桦	合计	64.99	4028.6			1.38	39.8	53.21	3278.5	10.40	710.3								
	水曲柳	合计	157.36	13039.3	5.34	124.2	10.25	374.6	55.97	5055.0			53.08	2680.6			32.72	4804.9		
		即可及	53.08	2680.6									53.08	2680.6						
		将可及	32.72	4804.9													32.72	4804.9		
	胡桃楸	合计	1.42	43.7			1.42	43.7												
	黄波罗	合计	25.16	2889.7					25.16	2889.7										
	榆树	合计	269.22	25191.0	69.23	9346.6	20.10	681.0	19.05	530.2	59.36	3847.7	41.35	2736.5	23.67	2487.1	36.46	5561.9		
		即可及	71.76	6399.3									39.64	2637.2	23.67	2487.1	8.45	1275.0		
		将可及	29.72	4386.2									1.71	99.3			28.01	4286.9		
	紫椴	合计	758.13	90073.1	0.34	5.5	1.54	127.3	698.05	82192.6	22.36	3205.2	35.84	4542.5						
		将可及	35.84	4542.5									35.84	4542.5						
	糠椴	合计	194.52	26592.6									55.56	6846.2	63.33	7196.0	56.06	9117.3	19.57	3433.1
		即可及	149.73	20429.6									55.56	6846.2	33.39	3062.1	41.21	7088.2	19.57	3433.1
		将可及	44.79	6163.0											29.94	4133.9	14.85	2029.1		
	杨树	合计	20.21	3040.2	2.27	235.9	0.19	12.1	17.75	2792.2										
	大青杨	合计	6.23	388.1	1.16	31.3			5.07	356.8										
	柳树	合计	30.50	1323.5	8.01	150.7	13.39	637.5	9.10	535.3										
	山杨	合计	2876.46	393324.6			269.45	20196.6	2380.89	344970.5	163.12	20162.0	3.70	264.2			59.30	7731.3		
		即可及	62.90	7990.7									3.60	259.4			59.30	7731.3		
		将可及	0.10	4.8									0.10	4.8						
	毛赤杨	合计	1234.42	89682.8	52.59	1637.2	298.03	13078.4	872.68	73939.5	9.92	934.8	1.20	92.9						
		即可及	1.20	92.9									1.20	92.9						
	槭树	合计	315.91	36585.8	0.36	8.0			274.14	31897.7	8.53	1276.4	32.88	3403.7						
		即可及	32.88	3403.7									32.88	3403.7						
	山槐	合计	29.33	1203.0			0.29	2.4	29.04	1200.6										
	暴马丁香	合计	1.19	10.4			1.19	10.4												
	青楷槭	合计	1.36	100.5					1.36	100.5										

表 6 黑龙江重点国有林区用材林各龄级面积、蓄积按优势树种和可及度统计表（续 12）

单位：公顷、立方米

统计单位	优势树种	可及度	合计		Ⅰ龄级		Ⅱ龄级		Ⅲ龄级		Ⅳ龄级		Ⅴ龄级		Ⅵ龄级		Ⅶ龄级		Ⅷ以上龄级	
			面积	蓄积	面积	蓄积	面积	蓄积	面积	蓄积	面积	蓄积	面积	蓄积	面积	蓄积	面积	蓄积	面积	蓄积
美溪林业局	花楷槭	合计	3.10	46.2			3.10	46.2												
	波纹柳	合计	1.44	32.2	0.53	7.7	0.91	24.5												
	稠李	合计	1.25				1.25													
	山桃稠李	合计	4.51	367.7	0.47	8.1			4.04	359.6										
	山丁子	合计	3.03	195.4			1.94	96.9	1.09	98.5										
乌马河林业局	合计	合计	17699.90	1908223.8	211.68	8017.9	961.69	70431.0	9247.84	1079048.1	5397.59	568202.9	1798.00	173135.9	49.46	5839.3	33.64	3548.7		
		即可及	1881.10	182523.9									1798.00	173135.9	49.46	5839.3	33.64	3548.7		
	冷杉	合计	1234.66	129108.4					889.62	91378.3	311.96	34262.6	33.08	3467.5						
		即可及	33.08	3467.5									33.08	3467.5						
	云杉	合计	1995.62	182661.4	72.19	4156.9	69.92	4831.9	427.37	39262.9	1031.21	98248.1	356.21	31939.4	5.08	673.5	33.64	3548.7		
		即可及	394.93	36161.6									356.21	31939.4	5.08	673.5	33.64	3548.7		
	落叶松	合计	2782.75	363330.8	33.27	2199.5	455.64	41078.1	1838.38	246718.8	341.16	57257.1	110.40	15567.4	3.90	509.9				
		即可及	114.30	16077.3									110.40	15567.4	3.90	509.9				
	红松	合计	2756.46	347541.3	3.30	285.4	28.63	3807.9	1395.71	175215.6	1208.80	151862.8	79.54	11713.7	40.48	4655.9				
		即可及	120.02	16369.6									79.54	11713.7	40.48	4655.9				
	樟子松	合计	194.50	20733.4	2.95		54.70	3137.8	100.32	8782.6	30.30	7461.0	6.23	1352.0						
		即可及	6.23	1352.0									6.23	1352.0						
	蒙古栎	合计	1125.47	142521.4			24.86	1558.4	1040.14	132562.4			60.47	8400.6						
		即可及	60.47	8400.6									60.47	8400.6						
	白桦	合计	3984.19	342038.5	80.28	342.9	241.31	10212.2	538.32	50761.2	2251.49	201418.9	872.79	79303.3						
		即可及	872.79	79303.3									872.79	79303.3						
	枫桦	合计	1527.14	173122.2					1500.15	169547.3	26.99	3574.9								
	黑桦	合计	42.55	4310.8			3.45	205.6	39.10	4105.2										
	水曲柳	合计	441.24	42406.2					393.86	38582.9			47.38	3823.3						
		即可及	47.38	3823.3									47.38	3823.3						
	胡桃楸	合计	8.06	822.5							8.06	822.5								
	榆树	合计	450.09	32901.7			26.99	1318.3	76.56	6838.3	166.46	10602.6	180.08	14142.5						
		即可及	180.08	14142.5									180.08	14142.5						
	紫椴	合计	218.64	21705.0	12.44	861.7	31.24	3549.0	124.48	14033.1			50.48	3261.2						
		即可及	50.48	3261.2									50.48	3261.2						
	糠椴	合计	214.58	24611.8			2.39	133.9	210.85	24312.9			1.34	165.0						
		即可及	1.34	165.0									1.34	165.0						
	大青杨	合计	125.64	13581.6					125.64	13581.6										
	柳树	合计	2.00	22.0			2.00	22.0												
	山杨	合计	351.72	43325.2	7.25	171.5	1.53	72.7	342.94	43081.0										
	毛赤杨	合计	123.53	10888.9			19.03	503.2	83.34	7693.3	21.16	2692.4								
	槭树	合计	76.43	7370.3					76.43	7370.3										
	山槐	合计	44.52	5204.6					44.52	5204.6										
	稠李	合计	0.11	15.8					0.11	15.8										

表 6　黑龙江重点国有林区用材林各龄级面积、蓄积按优势树种和可及度统计表（续 13）

单位：公顷、立方米

统计单位	优势树种	可及度	合计		Ⅰ龄级		Ⅱ龄级		Ⅲ龄级		Ⅳ龄级		Ⅴ龄级		Ⅵ龄级		Ⅶ龄级		Ⅷ以上龄级	
			面积	蓄积	面积	蓄积	面积	蓄积	面积	蓄积	面积	蓄积	面积	蓄积	面积	蓄积	面积	蓄积	面积	蓄积
翠峦林业局	合计	合计	19781.20	2114989.8	63.67	560.3	640.73	50489.3	12863.25	1433857.5	3310.28	317777.7	2798.17	300793.7	52.10	6286.9	31.79	3494.6	21.21	1729.8
		即可及	2710.38	295166.9									2623.47	284713.7	33.91	5228.8	31.79	3494.6	21.21	1729.8
		将可及	148.73	12335.4									130.54	11277.3	18.19	1058.1				
		不可及	44.16	4802.7									44.16	4802.7						
	冷杉	合计	1862.04	199869.7					1504.54	159406.2	138.57	14915.5	185.02	20319.2	33.91	5228.8				
		即可及	214.25	25034.6									180.34	19805.8	33.91	5228.8				
		将可及	4.68	513.4									4.68	513.4						
	云杉	合计	1820.55	168496.0	3.91	71.6	29.94	2313.0	468.84	43455.6	1169.58	108205.3	97.73	9589.7			29.34	3131.0	21.21	1729.8
		即可及	148.28	14450.5									97.73	9589.7			29.34	3131.0	21.21	1729.8
	落叶松	合计	768.98	82043.9	6.13	113.5	185.19	12966.8	410.50	43133.9	42.23	6935.4	122.48	18530.7			2.45	363.6		
		即可及	124.14	18865.8									121.69	18502.2			2.45	363.6		
		将可及	0.79	28.5									0.79	28.5						
	红松	合计	944.28	113626.7			75.43	5806.1	581.58	71317.9	192.19	24302.2	95.08	12200.5						
		即可及	93.19	12046.8									93.19	12046.8						
		将可及	1.89	153.7									1.89	153.7						
	樟子松	合计	3.37	148.0			3.37	148.0												
	蒙古栎	合计	14.57	1016.4	2.82	94.4			11.75	922.0										
	白桦	合计	3678.78	340928.6	44.92	141.2	135.14	10012.0	675.48	61074.9	1471.25	128574.1	1351.99	141126.4						
		即可及	1317.83	138546.1									1317.83	138546.1						
		将可及	34.16	2580.3									34.16	2580.3						
	枫桦	合计	8473.14	979200.8			150.87	16610.6	7998.62	923387.4	141.92	16233.5	163.54	21911.2	18.19	1058.1				
		即可及	150.69	19951.6									150.69	19951.6						
		将可及	18.19	1058.1											18.19	1058.1				
		不可及	12.85	1959.6									12.85	1959.6						
	水曲柳	合计	135.21	14962.0	0.81		0.36	9.7	131.23	14605.5			2.81	346.8						
		即可及	2.81	346.8									2.81	346.8						
	胡桃楸	合计	69.74	5638.6	0.65				69.09	5638.6										
	黄波罗	合计	10.33	717.9					10.33	717.9										
	榆树	合计	653.38	54662.4					73.72	5811.4	105.68	9117.0	473.98	39734.0						
		即可及	390.88	32354.5									390.88	32354.5						
		将可及	83.10	7379.5									83.10	7379.5						
	紫椴	合计	186.63	20144.0	1.71	45.4			120.80	14068.3			64.12	6030.3						
		即可及	64.12	6030.3									64.12	6030.3						
	糠椴	合计	44.15	4687.4					44.15	4687.4										
	柳树	合计	5.83	362.3			2.60	125.1	1.53	91.1			1.70	146.1						
		即可及	1.70	146.1									1.70	146.1						
	山杨	合计	467.25	69999.9	1.28	40.0	2.29	57.1	266.82	37893.4	43.16	9119.0	153.70	22890.4						
		即可及	153.70	22890.4									153.70	22890.4						

表 6　黑龙江重点国有林区用材林各龄级面积、蓄积按优势树种和可及度统计表（续 14）

单位：公顷、立方米

统计单位	优势树种	可及度	合计		Ⅰ龄级		Ⅱ龄级		Ⅲ龄级		Ⅳ龄级		Ⅴ龄级		Ⅵ龄级		Ⅶ龄级		Ⅷ以上龄级	
			面积	蓄积	面积	蓄积	面积	蓄积	面积	蓄积	面积	蓄积	面积	蓄积	面积	蓄积	面积	蓄积	面积	蓄积
翠峦林业局	毛赤杨	合计	197.43	13681.4	1.44	54.2	48.04	2312.5	91.87	6098.7	1.37	90.7	54.71	5125.3						
		即可及	48.79	4503.4									48.79	4503.4						
		将可及	5.92	621.9									5.92	621.9						
	槭树	合计	226.01	25540.9					221.68	25255.9	4.33	285.0								
	青楷槭	合计	118.50	11419.3					118.50	11419.3										
	花楷槭	合计	79.69	6832.5					48.38	3989.4			31.31	2843.1						
		不可及	31.31	2843.1									31.31	2843.1						
	稠李	合计	21.34	1011.1			7.50	128.4	13.84	882.7										
友好林业局	合计	合计	80438.88	6794593.5	369.74	19923.4	4983.61	331830.2	35808.42	3051846.2	27778.91	2432989.1	9873.31	816913.4	1185.46	105507.3	294.89	24197.9	144.54	11386.0
		即可及	11273.14	937707.4									9709.37	801769.6	1166.82	103631.9	252.41	20919.9	144.54	11386.0
		将可及	225.06	20297.2									163.94	15143.8	18.64	1875.4	42.48	3278.0		
	冷杉	合计	11240.79	1061627.7	17.90	994.5	196.58	14076.8	7093.85	645769.1	2590.62	277977.7	1200.48	110672.0	116.23	9878.2	25.13	2259.4		
		即可及	1341.84	122809.6									1200.48	110672.0	116.23	9878.2	25.13	2259.4		
	云杉	合计	9116.07	838576.6	51.21	2733.5	301.26	22779.2	2570.53	226001.5	5391.52	515581.4	596.06	53327.6	182.59	16372.4	22.90	1781.0		
		即可及	760.01	67824.6									596.06	53327.6	163.95	14497.0				
		将可及	41.54	3656.4											18.64	1875.4	22.90	1781.0		
	落叶松	合计	9659.73	940158.1	95.91	5957.6	1199.43	123765.9	6883.25	681681.4	1089.07	96441.0	340.79	28186.3	44.93	3624.7	6.35	501.2		
		即可及	392.07	32312.2									340.79	28186.3	44.93	3624.7	6.35	501.2		
	红松	合计	1307.02	132459.4	11.14	748.5			325.65	29168.1	697.25	70818.8	225.30	24324.0	47.68	7400.0				
		即可及	272.98	31724.0									225.30	24324.0	47.68	7400.0				
	樟子松	合计	103.22	13506.2			2.77	196.5	64.46	6853.3	21.39	3345.7	14.60	3110.7						
		即可及	14.60	3110.7									14.60	3110.7						
	蒙古栎	合计	1932.95	170632.4	0.60	27.6	67.13	5180.8	1680.95	146252.0	171.43	17831.2	12.84	1340.8						
		即可及	12.84	1340.8									12.84	1340.8						
	白桦	合计	36172.64	2753964.8	133.15	6012.6	2101.01	94113.8	9876.86	713063.6	16264.45	1314338.8	6723.80	536937.8	718.26	61305.1	219.29	17618.3	135.82	10574.8
		即可及	7659.63	614080.1									6605.84	526078.9	718.26	61305.1	199.71	16121.3	135.82	10574.8
		将可及	137.54	12355.9									117.96	10858.9			19.58	1497.0		
	枫桦	合计	5930.91	489160.8	17.93	1592.3	209.46	15227.7	4518.28	368717.3	891.95	78989.4	269.94	22573.1	23.35	2061.0				
		即可及	293.29	24634.1									269.94	22573.1	23.35	2061.0				
	黑桦	合计	241.11	17094.9					213.33	14574.6	26.58	2452.7	1.20	67.6						
		即可及	1.20	67.6									1.20	67.6						
	水曲柳	合计	180.68	16009.2					139.52	10794.7	41.16	5214.5								
	榆树	合计	525.09	36206.7			10.47	393.1	70.52	3702.8	65.54	5417.0	314.63	20732.5	52.42	4865.9	2.79	284.2	8.72	811.2
		即可及	378.56	26693.8									314.63	20732.5	52.42	4865.9	2.79	284.2	8.72	811.2
	紫椴	合计	36.95	4598.3					36.95	4598.3										
	糠椴	合计	1787.15	139560.1			256.09	17975.4	1259.30	97847.7	179.17	15612.9	92.59	8124.1						
		即可及	46.61	3839.2									46.61	3839.2						
		将可及	45.98	4284.9									45.98	4284.9						

表 6　黑龙江重点国有林区用材林各龄级面积、蓄积按优势树种和可及度统计表（续 15）

单位：公顷、立方米

统计单位	优势树种	可及度	合计		Ⅰ龄级		Ⅱ龄级		Ⅲ龄级		Ⅳ龄级		Ⅴ龄级		Ⅵ龄级		Ⅶ龄级		Ⅷ以上龄级	
			面积	蓄积	面积	蓄积	面积	蓄积	面积	蓄积	面积	蓄积	面积	蓄积	面积	蓄积	面积	蓄积	面积	蓄积
友好林业局	大青杨	合计	181.34	14889.8			23.91	2169.0	87.94	7421.2	46.64	3442.7	22.85	1856.9						
		即可及	22.85	1856.9									22.85	1856.9						
	柳树	合计	1.64	75.8							1.64	75.8								
	山杨	合计	1687.01	144317.9	27.98	1135.8	525.64	30919.3	767.57	80289.6	296.04	25089.1	51.35	5130.3			18.43	1753.8		
		即可及	69.78	6884.1									51.35	5130.3			18.43	1753.8		
	毛赤杨	合计	112.57	6349.9	13.92	721.0	87.68	4936.2	10.97	692.7										
	槭树	合计	219.83	15308.4					208.49	14418.3	4.46	360.4	6.88	529.7						
		即可及	6.88	529.7									6.88	529.7						
	暴马丁香	合计	2.18	96.5			2.18	96.5												
上甘岭林业局	合计	合计	15477.77	2135506.2	14.16	85.3	1604.28	161599.0	5401.69	737075.7	6026.29	870246.5	1167.87	167959.6	1178.05	186341.2	82.98	11911.1	2.45	287.8
		即可及	2431.35	366499.7									1167.87	167959.6	1178.05	186341.2	82.98	11911.1	2.45	287.8
	冷杉	合计	1761.55	229841.1			300.80	28596.6	1089.49	147985.3	291.32	40617.1	79.94	12642.1						
		即可及	79.94	12642.1									79.94	12642.1						
	云杉	合计	1447.49	157289.1	6.83	65.7	200.28	16192.5	243.36	21990.5	744.10	84629.7	119.53	15746.4	133.39	18664.3				
		即可及	252.92	34410.7									119.53	15746.4	133.39	18664.3				
	落叶松	合计	1253.92	160192.4			331.80	33318.0	763.33	100866.3	138.47	22048.5	11.50	2374.3	8.82	1585.3				
		即可及	20.32	3959.6									11.50	2374.3	8.82	1585.3				
	红松	合计	986.05	138778.4			468.95	64959.0	35.85	3417.8	345.31	48597.5	38.98	5556.1	96.96	16248.0				
		即可及	135.94	21804.1									38.98	5556.1	96.96	16248.0				
	樟子松	合计	5.22	173.8			4.44				0.78	173.8								
	蒙古栎	合计	78.84	8983.9			1.08	107.1	77.76	8876.8										
	白桦	合计	5955.05	846176.6	6.21		56.10	1067.7	540.15	39528.5	3463.65	518496.8	909.45	130594.4	905.76	146123.9	71.28	10077.5	2.45	287.8
		即可及	1888.94	287083.6									909.45	130594.4	905.76	146123.9	71.28	10077.5	2.45	287.8
	枫桦	合计	2647.59	412574.1	1.12	19.6	48.90	5883.4	1983.32	314503.5	614.25	92167.6								
	黑桦	合计	16.71	2017.0					16.71	2017.0										
	水曲柳	合计	184.85	22348.9			16.67	1360.9	117.82	15060.5	50.36	5927.5								
	榆树	合计	135.14	15134.6					10.96	437.5	70.89	8097.5	8.47	1046.3	33.12	3719.7	11.70	1833.6		
		即可及	53.29	6599.6									8.47	1046.3	33.12	3719.7	11.70	1833.6		
	糠椴	合计	584.75	85234.6			45.42	2690.8	321.55	47589.7	217.78	34954.1								
	山杨	合计	307.69	45798.9			66.03	2871.9	154.01	28613.0	87.65	14314.0								
	毛赤杨	合计	58.14	4326.7			58.14	4326.7												
	槭树	合计	52.10	6505.2			2.99	93.5	47.38	6189.3	1.73	222.4								
	稠李	合计	2.68	130.9			2.68	130.9												
五营林业局	合计	合计	15513.16	2109156.2	12.55	124.5	562.36	48827.6	7087.00	936098.9	5152.24	718504.0	2235.43	333484.2	463.58	72117.0				
		即可及	2699.01	405601.2									2235.43	333484.2	463.58	72117.0				
	冷杉	合计	7931.67	1119228.9			195.21	18994.7	4190.16	569752.3	2570.11	371573.9	976.19	158908.0						
		即可及	976.19	158908.0									976.19	158908.0						
	云杉	合计	1843.13	234267.7	7.84	34.3	71.04	7229.4	387.75	51758.5	1128.18	143253.8	108.61	14243.0	139.71	17748.7				
		即可及	248.32	31991.7									108.61	14243.0	139.71	17748.7				

表 6　黑龙江重点国有林区用材林各龄级面积、蓄积按优势树种和可及度统计表（续 16）

单位：公顷、立方米

统计单位	优势树种	可及度	合计		Ⅰ龄级		Ⅱ龄级		Ⅲ龄级		Ⅳ龄级		Ⅴ龄级		Ⅵ龄级		Ⅶ龄级		Ⅷ以上龄级	
			面积	蓄积	面积	蓄积	面积	蓄积	面积	蓄积	面积	蓄积	面积	蓄积	面积	蓄积	面积	蓄积	面积	蓄积
五营林业局	落叶松	合计	870.79	85484.9			49.91	2979.2	716.13	72451.7	104.75	10054.0								
	红松	合计	579.28	80676.7					121.84	16249.3	230.21	30859.3	218.75	32055.3	8.48	1512.8				
		即可及	227.23	33568.1									218.75	32055.3	8.48	1512.8				
	樟子松	合计	9.58	474.6			6.93	53.6					2.65	421.0						
		即可及	2.65	421.0									2.65	421.0						
	白桦	合计	1815.32	230359.7	1.48	11.0	156.99	11434.8	86.07	5782.8	422.73	43069.0	890.75	123993.7	257.30	46068.4				
		即可及	1148.05	170062.1									890.75	123993.7	257.30	46068.4				
	枫桦	合计	2264.23	336200.4	2.45	79.2	45.67	6546.3	1481.37	206017.7	696.26	119694.0	38.48	3863.2						
		即可及	38.48	3863.2									38.48	3863.2						
	水曲柳	合计	21.53	1806.9					21.53	1806.9										
	椴椴	合计	31.59	3637.1					31.59	3637.1										
	山杨	合计	58.03	8549.8			10.57	218.4	47.46	8331.4										
	毛赤杨	合计	28.40	1682.4			25.30	1371.2	3.10	311.2										
	山槐	合计	0.74				0.74													
	波纹柳	合计	0.78		0.78															
	山桃稠李	合计	58.09	6787.1											58.09	6787.1				
		即可及	58.09	6787.1											58.09	6787.1				
红星林业局	合计	合计	47142.94	3976398.4	312.92	14691.0	4155.40	249929.6	25479.71	2179245.8	12198.39	1060047.7	4459.57	415013.5	490.10	52446.0	46.85	5024.8		
		即可及	3380.86	328386.9									3007.54	288233.7	341.34	36877.7	31.98	3275.5		
		将可及	1615.66	144097.4									1452.03	126779.8	148.76	15568.3	14.87	1749.3		
	冷杉	合计	7722.37	738383.0			539.28	36440.9	5234.87	512131.4	1602.39	151749.7	277.64	28748.7	68.19	9312.3				
		即可及	302.62	33884.8									256.84	26360.5	45.78	7524.3				
		将可及	43.21	4176.2									20.80	2388.2	22.41	1788.0				
	云杉	合计	2800.71	226495.5	5.16	157.8	193.93	12303.0	1207.42	94462.0	1306.35	113213.3	83.75	5766.0	4.10	593.4				
		即可及	60.71	3399.7									60.71	3399.7						
		将可及	27.14	2959.7									23.04	2366.3	4.10	593.4				
	落叶松	合计	10346.51	732927.8	79.24	3497.1	1448.43	86077.1	5931.21	431257.1	2458.34	180618.2	429.29	31478.3						
		即可及	244.51	20282.3									244.51	20282.3						
		将可及	184.78	11196.0									184.78	11196.0						
	红松	合计	1348.11	117075.3	0.50	8.3	40.77	2241.7	600.37	45869.8	427.36	41077.3	210.04	21660.0	52.34	4916.8	16.73	1301.4		
		即可及	207.88	21827.4									138.81	15609.2	52.34	4916.8	16.73	1301.4		
		将可及	71.23	6050.8									71.23	6050.8						
	樟子松	合计	4.99	431.5							4.99	431.5								
	蒙古栎	合计	478.37	44596.8			4.88	260.0	425.90	39147.6	47.59	5189.2								
	白桦	合计	16028.01	1303229.8	225.10	10895.7	1230.62	67510.3	5606.56	420772.1	5615.11	491233.9	3087.65	286651.7	248.10	24416.8	14.87	1749.3		
		即可及	2210.11	210799.8									2021.09	191960.9	189.02	18838.9				
		将可及	1140.51	102018.0									1066.56	94690.8	59.08	5577.9	14.87	1749.3		

表 6 黑龙江重点国有林区用材林各龄级面积、蓄积按优势树种和可及度统计表（续 17）

单位：公顷、立方米

统计单位	优势树种	可及度	合计		Ⅰ龄级		Ⅱ龄级		Ⅲ龄级		Ⅳ龄级		Ⅴ龄级		Ⅵ龄级		Ⅶ龄级		Ⅷ以上龄级	
			面积	蓄积	面积	蓄积	面积	蓄积	面积	蓄积	面积	蓄积	面积	蓄积	面积	蓄积	面积	蓄积	面积	蓄积
红星林业局	枫桦	合计	6398.57	629846.0			381.00	29879.4	5620.63	559132.4	352.44	37234.2	44.50	3600.0						
		即可及	44.50	3600.0									44.50	3600.0						
	黑桦	合计	21.98	3149.3					4.73	373.2	17.25	2776.1								
	水曲柳	合计	31.31	1888.2					24.64	1409.4			6.67	478.8						
		即可及	6.67	478.8									6.67	478.8						
	榆树	合计	56.39	5079.6					13.01	1079.6	5.89	377.3	4.59	398.6	32.90	3224.1				
		即可及	37.49	3622.7									4.59	398.6	32.90	3224.1				
	糠椴	合计	277.26	22013.8			46.34	2482.1	206.34	17573.7	24.58	1958.0								
	大青杨	合计	40.20	4753.7					40.20	4753.7										
	山杨	合计	1092.14	118793.0			7.49	335.3	355.33	37887.1	336.10	34189.0	293.50	34424.9	84.47	9982.6	15.25	1974.1		
		即可及	244.43	28684.9									207.88	24337.2	21.30	2373.6	15.25	1974.1		
		将可及	148.79	17696.7									85.62	10087.7	63.17	7609.0				
	毛赤杨	合计	416.96	22961.9			214.65	10470.5	180.37	10684.9			21.94	1806.5						
		即可及	21.94	1806.5									21.94	1806.5						
	槭树	合计	15.51	2223.8					15.51	2223.8										
	暴马丁香	合计	30.42	1243.3			30.42	1243.3												
	青楷槭	合计	8.92	316.4					8.92	316.4										
	波纹柳	合计	24.21	989.7	2.92	132.1	17.59	686.0	3.70	171.6										
新青林业局	合计	合计	61031.25	7065270.5	542.61	22815.8	8473.74	709129.9	28886.32	3381092.3	18176.53	2267841.7	2996.03	411503.4	1928.64	270197.7	26.79	2643.2	0.59	46.5
		即可及	4952.05	684390.8									2996.03	411503.4	1928.64	270197.7	26.79	2643.2	0.59	46.5
	冷杉	合计	8511.76	1110751.4	22.37	636.4	1145.72	102644.1	4781.17	619417.5	2013.06	304547.6	517.49	78410.7	31.95	5095.1				
		即可及	549.44	83505.8									517.49	78410.7	31.95	5095.1				
	云杉	合计	3637.87	428305.1	9.71	214.3	202.22	17949.9	227.10	23487.6	2627.55	306673.5	283.47	39260.9	275.03	38986.3	12.79	1732.6		
		即可及	571.29	79979.8									283.47	39260.9	275.03	38986.3	12.79	1732.6		
	落叶松	合计	8347.02	917666.2	135.22	3115.5	2122.27	190681.7	5467.66	655805.6	553.96	61398.6	52.21	5660.9	6.07	719.6	9.63	284.3		
		即可及	67.91	6664.8									52.21	5660.9	6.07	719.6	9.63	284.3		
	红松	合计	2626.57	382977.5	28.73	3887.5	55.59	7099.6	192.22	22130.4	1621.68	239022.4	455.57	70634.9	272.78	40202.7				
		即可及	728.35	110837.6									455.57	70634.9	272.78	40202.7				
	樟子松	合计	3.93	280.0					3.93	280.0										
	蒙古栎	合计	5877.97	638362.0	35.12	1547.0	934.91	84159.6	4713.68	525923.6	194.26	26731.8								
	白桦	合计	16903.23	1851582.2	68.13	82.6	955.25	58748.8	3614.77	324011.0	9424.77	1091239.3	1583.38	204481.9	1256.93	173018.6				
		即可及	2840.31	377500.5									1583.38	204481.9	1256.93	173018.6				
	枫桦	合计	6013.88	764207.2	2.58		913.29	75669.2	4081.55	542500.3	941.24	134753.6	49.70	6747.7	25.52	4536.4				
		即可及	75.22	11284.1									49.70	6747.7	25.52	4536.4				
	黑桦	合计	496.50	60337.7			20.44	2033.8	418.58	49493.6	57.48	8810.3								
	水曲柳	合计	124.85	11874.0			2.16	120.2	101.64	10018.1	21.05	1735.7								
	黄波罗	合计	71.69	7968.9			23.72	2240.7	25.87	2625.8	22.10	3102.4								

表 6　黑龙江重点国有林区用材林各龄级面积、蓄积按优势树种和可及度统计表（续 18）

单位：公顷、立方米

统计单位	优势树种	可及度	合计		Ⅰ龄级		Ⅱ龄级		Ⅲ龄级		Ⅳ龄级		Ⅴ龄级		Ⅵ龄级		Ⅶ龄级		Ⅷ以上龄级	
			面积	蓄积	面积	蓄积	面积	蓄积	面积	蓄积	面积	蓄积	面积	蓄积	面积	蓄积	面积	蓄积	面积	蓄积
新青林业局	榆树	合计	242.75	24616.3					12.59	1133.3	151.13	13584.9	24.20	2885.4	54.24	6966.2			0.59	46.5
		即可及	79.03	9898.1									24.20	2885.4	54.24	6966.2			0.59	46.5
	紫椴	合计	149.76	18983.5					52.73	5637.6	97.03	13345.9								
	糠椴	合计	2778.70	290636.1			350.95	30273.2	2238.73	235455.3	185.39	24641.1			3.63	266.5				
		即可及	3.63	266.5											3.63	266.5				
	大青杨	合计	58.13	3888.5	1.67	28.3	51.27	3396.1	5.19	464.1										
	山杨	合计	4011.11	456233.6	169.19	11022.1	1313.67	116181.1	2352.60	303296.2	145.00	21923.2	23.79	2778.4	2.49	406.3	4.37	626.3		
		即可及	30.65	3811.0									23.79	2778.4	2.49	406.3	4.37	626.3		
	毛赤杨	合计	476.56	24302.7	52.56	2009.0	343.85	16136.2	47.46	3143.8	26.47	2371.1	6.22	642.6						
		即可及	6.22	642.6									6.22	642.6						
	槭树	合计	647.33	69678.3			13.21	454.2	544.63	55981.4	89.49	13242.7								
	山槐	合计	4.87	717.6							4.87	717.6								
	波纹柳	合计	28.96	1070.5	13.07	244.8	11.67	538.6	4.22	287.1										
	其他亚乔木	合计	17.81	831.2	4.26	28.3	13.55	802.9												
汤旺河林业局	合计	合计	59405.27	6276372.3	362.45	5028.9	2434.98	152032.7	29209.95	3001619.1	18654.91	2122893.0	7901.21	868145.3	752.93	114018.2	55.72	8700.0	33.12	3935.1
		即可及	8197.04	929188.3									7375.80	805201.7	732.40	111351.5	55.72	8700.0	33.12	3935.1
		将可及	543.27	65332.3									522.74	62665.6	20.53	2666.7				
		不可及	2.67	278.0									2.67	278.0						
	冷杉	合计	18857.26	2453078.6	35.19	1642.4	136.81	11690.8	10448.56	1314622.7	6615.81	888694.3	1533.27	221020.5	36.38	8764.9	18.12	2707.9	33.12	3935.1
		即可及	1357.81	203490.8									1270.19	188082.9	36.38	8764.9	18.12	2707.9	33.12	3935.1
		将可及	263.08	32937.6									263.08	32937.6						
	云杉	合计	3374.75	354105.0	4.63	59.3	75.40	5145.7	392.44	36485.7	2352.35	239860.0	388.02	45886.7	150.79	25507.7	11.12	1159.9		
		即可及	549.93	72554.3									388.02	45886.7	150.79	25507.7	11.12	1159.9		
	落叶松	合计	7343.53	601824.1	175.77	1547.9	434.62	22021.7	4852.13	420175.3	1632.17	134290.0	248.84	23789.2						
		即可及	248.42	23760.4									248.42	23760.4						
		将可及	0.42	28.8									0.42	28.8						
	红松	合计	2748.50	363671.2			71.19	8467.6	373.84	44994.5	1484.41	193211.1	471.60	60587.7	320.98	51578.1	26.48	4832.2		
		即可及	789.14	113511.6									441.68	57101.3	320.98	51578.1	26.48	4832.2		
		将可及	29.92	3486.4									29.92	3486.4						
	樟子松	合计	13.52	1642.8					13.08	1610.1	0.44	32.7								
	蒙古栎	合计	4552.60	410159.4			133.17	7718.2	3775.28	328934.4	501.53	56332.3	91.08	10254.7	51.54	6919.8				
		即可及	142.62	17174.5									91.08	10254.7	51.54	6919.8				
	白桦	合计	13952.34	1293644.3	123.71	1018.2	809.74	45131.2	2414.34	206170.2	5534.31	543584.1	4880.33	476716.9	189.91	21023.7				
		即可及	4817.72	468583.1									4648.34	450226.1	169.38	18357.0				
		将可及	249.85	28879.5									229.32	26212.8	20.53	2666.7				
		不可及	2.67	278.0									2.67	278.0						
	枫桦	合计	1101.94	129230.0			50.60	2969.5	805.07	94936.2	172.32	22475.1	73.95	8849.2						
		即可及	73.95	8849.2									73.95	8849.2						

表 6　黑龙江重点国有林区用材林各龄级面积、蓄积按优势树种和可及度统计表（续 19）

单位：公顷、立方米

统计单位	优势树种	可及度	合计		Ⅰ龄级		Ⅱ龄级		Ⅲ龄级		Ⅳ龄级		Ⅴ龄级		Ⅵ龄级		Ⅶ龄级		Ⅷ以上龄级	
			面积	蓄积	面积	蓄积	面积	蓄积	面积	蓄积	面积	蓄积	面积	蓄积	面积	蓄积	面积	蓄积	面积	蓄积
汤旺河林业局	黑桦	合计	2094.15	166806.3	0.43	24.1	155.20	11696.1	1876.93	149630.6	9.42	678.3	52.17	4777.2						
		即可及	52.17	4777.2									52.17	4777.2						
	水曲柳	合计	47.38	3877.3					47.38	3877.3										
	榆树	合计	113.90	5667.9			1.25	24.4	29.76	829.7	28.20	1371.0	51.36	3218.8	3.33	224.0				
		即可及	54.69	3442.8									51.36	3218.8	3.33	224.0				
	紫椴	合计	911.15	78925.7			51.39	5087.8	805.78	66065.3	22.90	3433.1	31.08	4339.5						
		即可及	31.08	4339.5									31.08	4339.5						
	糠椴	合计	57.03	5188.2					57.03	5188.2										
	大青杨	合计	149.00	12048.3			27.48	1691.0	121.52	10357.3										
	香杨	合计	1.06	154.3					1.06	154.3										
	柳树	合计	12.20	406.7	1.58		8.73	253.3	1.55	122.1	0.34	31.3								
	山杨	合计	2674.37	291818.3			245.82	20857.9	2246.37	244212.1	182.18	26748.3								
	毛赤杨	合计	620.36	33931.0	14.56	364.3	220.53	8757.5	378.77	24237.8	6.50	571.4								
	槭树	合计	490.83	47320.4	5.95	358.3	1.57	98.2	346.37	30936.0	57.43	7223.0	79.51	8704.9						
		即可及	79.51	8704.9									79.51	8704.9						
	山槐	合计	227.26	16429.8			4.50	195.6	169.00	11948.5	53.76	4285.7								
	青楷槭	合计	53.69	6130.8					53.69	6130.8										
	稠李	合计	6.78	218.3			6.78	218.3												
	山丁子	合计	1.67	93.6	0.63	14.4	0.20	7.9			0.84	71.3								
乌伊岭林业局	合计	合计	73847.96	6627095.1	3893.31	44661.0	7452.78	233861.9	28859.66	2855470.5	20741.69	2204997.1	10465.74	1024534.8	2249.56	238965.2	170.44	22233.9	14.78	2370.7
		即可及	12900.52	1288104.6									10465.74	1024534.8	2249.56	238965.2	170.44	22233.9	14.78	2370.7
	冷杉	合计	7208.34	1022653.0	27.92	3556.8	39.70	3376.5	4842.21	675283.4	1986.32	292571.4	312.19	47864.9						
		即可及	312.19	47864.9									312.19	47864.9						
	云杉	合计	4891.50	610911.8	52.36	904.9	66.77	6247.3	444.89	58067.5	3487.58	428152.9	529.92	72052.7	309.98	45486.5				
		即可及	839.90	117539.2									529.92	72052.7	309.98	45486.5				
	落叶松	合计	8390.63	726813.6	98.45	3219.1	345.25	17821.6	6230.22	559568.9	1063.99	93304.0	612.42	50528.6	31.75	1898.9	3.19	145.5	5.36	327.0
		即可及	652.72	52900.0									612.42	50528.6	31.75	1898.9	3.19	145.5	5.36	327.0
	红松	合计	887.88	105323.3			11.70	1557.6	23.40	2735.1	684.42	77717.3	87.84	10123.3	80.52	13190.0				
		即可及	168.36	23313.3									87.84	10123.3	80.52	13190.0				
	樟子松	合计	27.26	2957.6					3.44	685.2	21.98	2150.0	1.84	122.4						
		即可及	1.84	122.4									1.84	122.4						
	蒙古栎	合计	8963.15	685578.9	1251.17	19601.4	900.78	34028.5	4037.85	337499.4	2535.76	264829.8	237.59	29619.8						
		即可及	237.59	29619.8									237.59	29619.8						
	白桦	合计	27004.71	2004842.5	1861.06	10506.2	4475.24	105952.6	1246.38	60587.1	9306.69	877516.3	8182.68	755443.1	1774.37	173860.6	158.29	20976.6		
		即可及	10115.34	950280.3									8182.68	755443.1	1774.37	173860.6	158.29	20976.6		
	枫桦	合计	118.05	17076.8			40.90	5718.1			77.15	11358.7								
	黑桦	合计	6072.25	445784.2	141.50	1978.5	410.93	19884.4	4529.92	342447.9	989.90	81473.4								
	水曲柳	合计	1.67	164.4					1.67	164.4										

表 6　黑龙江重点国有林区用材林各龄级面积、蓄积按优势树种和可及度统计表（续 20）

单位：公顷、立方米

统计单位	优势树种	可及度	合计		Ⅰ龄级		Ⅱ龄级		Ⅲ龄级		Ⅳ龄级		Ⅴ龄级		Ⅵ龄级		Ⅶ龄级		Ⅷ以上龄级	
			面积	蓄积	面积	蓄积	面积	蓄积	面积	蓄积	面积	蓄积	面积	蓄积	面积	蓄积	面积	蓄积	面积	蓄积
乌伊岭林业局	榆树	合计	185.44	11847.9	53.41	331.8	1.80	24.5	11.82	449.0	13.36	959.8	83.58	7354.8	12.51	1616.2	8.96	1111.8		
		即可及	105.05	10082.8									83.58	7354.8	12.51	1616.2	8.96	1111.8		
	紫椴	合计	1625.42	155467.9	54.31	2862.9	75.57	5744.4	1364.41	134661.9	131.13	12198.7								
	糠椴	合计	84.70	11411.5			51.54	7180.0	33.16	4231.5										
	柳树	合计	11.46	8.4			11.46	8.4												
	山杨	合计	6320.22	660923.7	335.57	1628.3	786.87	22037.9	4325.62	523575.3	408.39	57505.6	417.68	51425.2	36.67	2707.7			9.42	2043.7
		即可及	463.77	56176.6									417.68	51425.2	36.67	2707.7			9.42	2043.7
	毛赤杨	合计	1222.78	91347.4	17.39	71.1	218.85	4100.1	983.23	87018.2	3.31	158.0								
	槭树	合计	502.46	45525.0					474.20	40794.4	28.26	4730.6								
	山槐	合计	107.59	11038.7					107.59	11038.7										
	暴马丁香	合计	14.22	1533.3					14.22	1533.3										
	青楷槭	合计	181.14	14892.9					178.04	14568.1	3.10	324.8								
	波纹柳	合计	19.70	431.1	0.17		15.42	180.0			0.35	45.8			3.76	205.3				
		即可及	3.76	205.3											3.76	205.3				
	山丁子	合计	7.39	561.2					7.39	561.2										
伊春区森林经营所	合计	合计	94.04	8381.7	0.72	32.1	36.62	2750.3	53.05	4882.8	3.65	716.5								
	云杉	合计	2.13	39.1			2.13	39.1												
	落叶松	合计	43.97	4667.4			27.96	2455.7	13.42	1636.6	2.59	575.1								
	红松	合计	2.77	443.9					2.77	443.9										
	樟子松	合计	9.35	1081.8					8.29	940.4	1.06	141.4								
	蒙古栎	合计	6.72	516.5			1.95	168.7	4.77	347.8										
	白桦	合计	12.48	785.8					12.48	785.8										
	黑桦	合计	0.51	47.1					0.51	47.1										
	榆树	合计	2.51	52.6					2.51	52.6										
	糠椴	合计	1.94	189.1					1.94	189.1										
	山杨	合计	10.29	469.2			4.58	86.8	5.71	382.4										
	毛赤杨	合计	0.72	32.1	0.72	32.1														
	槭树	合计	0.65	57.1					0.65	57.1										
西林区林业局	合计	合计	44.06	2317.9	2.26	22.5	33.69	1570.2	8.11	725.2										
	云杉	合计	10.54	71.3	1.52		9.02	71.3												
	落叶松	合计	16.78	1360.4			13.36	1095.5	3.42	264.9										
	红松	合计	0.79	91.8					0.79	91.8										
	黑桦	合计	0.50	37.4					0.50	37.4										
	大青杨	合计	0.29	24.5					0.29	24.5										
	柳树	合计	3.59	173.4	0.21	4.6	3.38	168.8												
	山杨	合计	8.12	473.3	0.53	17.9	4.48	148.8	3.11	306.6										
	毛赤杨	合计	3.45	85.8			3.45	85.8												

表6 黑龙江重点国有林区用材林各龄级面积、蓄积按优势树种和可及度统计表（续21）

单位：公顷、立方米

统计单位	优势树种	可及度	合计		Ⅰ龄级		Ⅱ龄级		Ⅲ龄级		Ⅳ龄级		Ⅴ龄级		Ⅵ龄级		Ⅶ龄级		Ⅷ以上龄级	
			面积	蓄积	面积	蓄积	面积	蓄积	面积	蓄积	面积	蓄积	面积	蓄积	面积	蓄积	面积	蓄积	面积	蓄积
大海林林业局	合计	合计	15202.22	1700383.4	534.99	44378.1	7026.42	702071.9	5172.37	641534.8	2256.27	284684.1	97.27	12544.3	114.90	15170.2				
		即可及	212.17	27714.5									97.27	12544.3	114.90	15170.2				
	冷杉	合计	4526.37	525779.9	21.89	1960.5	1825.93	184680.2	1676.09	206593.8	970.27	128499.3	16.07	1892.5	16.12	2153.6				
		即可及	32.19	4046.1									16.07	1892.5	16.12	2153.6				
	云杉	合计	849.00	94407.8	0.88	72.5	167.01	16214.5	143.79	16653.9	526.08	60134.1			11.24	1332.8				
		即可及	11.24	1332.8											11.24	1332.8				
	落叶松	合计	1513.93	197242.3	127.60	9492.4	625.77	77611.7	660.70	95364.6	83.65	12167.3	16.21	2606.3						
		即可及	16.21	2606.3									16.21	2606.3						
	红松	合计	593.43	70184.8	33.11	1816.9	128.30	13413.2	411.59	52432.1	4.81	581.4			15.62	1941.2				
		即可及	15.62	1941.2											15.62	1941.2				
	樟子松	合计	61.48	6642.8	2.14	112.0	14.49	1033.1	29.07	3320.7	15.78	2177.0								
	蒙古栎	合计	1057.48	102916.7	27.78	2046.5	830.28	76816.9	157.72	19096.9	41.70	4956.4								
	白桦	合计	637.69	63345.6	22.28	2133.1	395.79	36529.0	117.70	11431.4	31.34	3898.6	14.20	1253.9	56.38	8099.6				
		即可及	70.58	9353.5									14.20	1253.9	56.38	8099.6				
	枫桦	合计	3823.45	411108.1	210.99	18469.2	1871.94	186532.7	1244.33	143176.1	454.87	57246.6	41.32	5683.5						
		即可及	41.32	5683.5									41.32	5683.5						
	黑桦	合计	44.95	4234.7			44.95	4234.7												
	水曲柳	合计	884.22	94779.6			582.04	57452.1	223.92	27723.4	78.26	9604.1								
	榆树	合计	120.95	12040.4			61.34	5245.9	44.20	5209.2	5.94	477.2	9.47	1108.1						
		即可及	9.47	1108.1									9.47	1108.1						
	椴椴	合计	533.78	57676.0			265.45	24387.5	244.89	30543.7	23.44	2744.8								
	杨树	合计	0.87	86.8			0.87	86.8												
	大青杨	合计	34.80	3563.1	34.80	3563.1														
	山杨	合计	237.88	29177.9	24.16	2268.3	64.08	5801.6	113.97	17267.7	20.13	2197.3			15.54	1643.0				
		即可及	15.54	1643.0											15.54	1643.0				
	毛赤杨	合计	22.88	1601.7			22.88	1601.7												
	槭树	合计	255.57	25363.2	29.36	2443.6	121.81	10198.3	104.40	12721.3										
	波纹柳	合计	3.49	232.0			3.49	232.0												
柴河林业局	合计	合计	90634.72	11448818.2	671.17	38962.6	8342.92	943300.4	36825.70	4602974.5	30452.23	3961346.1	8978.93	1189126.3	4568.38	608783.3	587.12	76891.9	208.27	27433.1
		即可及	10506.63	1387217.1									6675.31	877141.2	3360.06	447420.4	377.40	49559.4	93.86	13096.1
		将可及	3490.48	464871.8									2012.37	269875.4	1198.26	159804.7	165.44	20854.7	114.41	14337.0
		不可及	345.59	50145.7									291.25	42109.7	10.06	1558.2	44.28	6477.8		
	冷杉	合计	7984.46	1030291.8	13.47	625.5	613.01	74914.0	3307.36	414283.3	2143.33	280379.0	1803.90	244075.0	69.06	12027.8	34.33	3987.2		
		即可及	1185.92	159773.5									1107.75	148065.6	43.84	7720.7	34.33	3987.2		
		将可及	678.03	93587.8									652.81	89280.7	25.22	4307.1				
		不可及	43.34	6728.7									43.34	6728.7						

表 6　黑龙江重点国有林区用材林各龄级面积、蓄积按优势树种和可及度统计表（续 22）

单位：公顷、立方米

统计单位	优势树种	可及度	合计		Ⅰ龄级		Ⅱ龄级		Ⅲ龄级		Ⅳ龄级		Ⅴ龄级		Ⅵ龄级		Ⅶ龄级		Ⅷ以上龄级	
			面积	蓄积	面积	蓄积	面积	蓄积	面积	蓄积	面积	蓄积	面积	蓄积	面积	蓄积	面积	蓄积	面积	蓄积
柴河林业局	云杉	合计	6517.17	782250.9	320.18	16607.0	726.10	83593.9	1401.75	165732.3	2475.48	301968.6	759.82	103919.4	818.57	108487.4	15.27	1942.3		
		即可及	816.57	111204.7									486.59	68423.3	329.98	42781.4				
		将可及	747.88	99313.2									244.02	31664.9	488.59	65706.0	15.27	1942.3		
		不可及	29.21	3831.2									29.21	3831.2						
	落叶松	合计	3281.10	485137.9	47.12	2323.5	340.60	30091.5	848.99	116191.5	1668.94	272688.4	352.40	60175.8	2.11	312.6	20.94	3354.6		
		即可及	354.51	60488.4									352.40	60175.8	2.11	312.6				
		将可及	20.94	3354.6													20.94	3354.6		
	红松	合计	6097.00	796272.5	86.84	2500.7	1373.13	169784.2	2067.29	282065.4	1950.55	257624.0	368.69	51700.9	195.79	24624.7	53.84	7840.6	0.87	132.0
		即可及	478.56	63589.3									261.16	35507.4	184.21	23374.3	32.32	4575.6	0.87	132.0
		将可及	86.90	12090.3									75.32	10839.9	11.58	1250.4				
		不可及	53.73	8618.6									32.21	5353.6			21.52	3265.0		
	樟子松	合计	48.72	5638.7			1.40	91.9	5.00	706.9	42.32	4839.9								
	蒙古栎	合计	538.62	55113.7	16.49	1199.5	156.32	14257.6	84.41	10401.0	232.75	23510.7	48.65	5744.9						
		即可及	34.25	4593.4									34.25	4593.4						
		将可及	14.40	1151.5									14.40	1151.5						
	白桦	合计	1633.16	207286.4	7.57	588.0	146.18	15409.8	263.30	34087.8	539.00	65640.1	242.40	30566.1	319.04	43573.5	92.24	13810.8	23.43	3610.3
		即可及	645.35	87294.1									242.40	30566.1	287.28	39306.9	92.24	13810.8	23.43	3610.3
		将可及	21.70	2708.4											21.70	2708.4				
		不可及	10.06	1558.2											10.06	1558.2				
	枫桦	合计	30714.02	3856596.7	49.51	4306.3	2727.60	304773.4	13674.75	1701478.9	10277.19	1322038.6	2988.85	391566.1	928.46	124165.2	67.66	8268.2		
		即可及	3041.03	396244.8									2376.58	308669.7	638.83	85246.9	25.62	2328.2		
		将可及	828.05	110918.3									519.14	69272.8	289.63	38918.3	19.28	2727.2		
		不可及	115.89	16836.4									93.13	13623.6			22.76	3212.8		
	黑桦	合计	31.37	3642.9					15.08	1606.0	16.29	2036.9								
	水曲柳	合计	9639.44	1198652.9	47.40	4964.2	836.68	102629.5	5591.93	690564.4	2957.34	374431.1	206.09	26063.7						
		即可及	102.53	12406.1									102.53	12406.1						
		将可及	103.56	13657.6									103.56	13657.6						
	胡桃楸	合计	1973.50	246022.7	1.55	145.0	16.29	1667.0	1223.04	149682.3	732.62	94528.4								
	黄波罗	合计	220.50	27959.9	0.64		3.36	317.3	146.41	18377.8	70.09	9264.8								
	榆树	合计	4285.31	507245.5	13.65	1220.1	20.94	1825.1	458.07	53905.7	1267.49	148584.0	830.41	94204.1	1263.77	153717.3	292.37	36860.7	138.61	16928.5
		即可及	2006.99	240795.3									792.84	89348.7	1007.53	124825.0	182.42	24030.1	24.20	2591.5
		将可及	508.13	59554.6									27.53	3494.7	256.24	28892.3	109.95	12830.6	114.41	14337.0
		不可及	10.04	1360.7									10.04	1360.7						
	紫椴	合计	7166.66	931166.6	12.34	978.6	342.39	39254.3	3444.26	441572.5	2581.24	342919.4	615.67	81341.3	125.40	18338.2			45.36	6762.3
		即可及	524.08	70675.6									353.32	45575.1	125.40	18338.2			45.36	6762.3
		将可及	200.36	27489.7									200.36	27489.7						
		不可及	61.99	8276.5									61.99	8276.5						
	糠椴	合计	274.48	35635.4			21.23	1503.5	199.93	27157.1	53.32	6974.8								

表6 黑龙江重点国有林区用材林各龄级面积、蓄积按优势树种和可及度统计表（续23）

单位：公顷、立方米

统计单位	优势树种	可及度	合计		Ⅰ龄级		Ⅱ龄级		Ⅲ龄级		Ⅳ龄级		Ⅴ龄级		Ⅵ龄级		Ⅶ龄级		Ⅷ以上龄级	
			面积	蓄积	面积	蓄积	面积	蓄积	面积	蓄积	面积	蓄积	面积	蓄积	面积	蓄积	面积	蓄积	面积	蓄积
柴河林业局	大青杨	合计	635.50	85425.0			36.87	4625.6	238.72	31064.1	194.37	29779.5	69.13	7658.2	96.41	12297.6				
		即可及	165.54	19955.8									69.13	7658.2	96.41	12297.6				
	山杨	合计	3489.37	474818.3	1.20	97.0	237.89	26810.3	1200.28	156183.2	999.96	141783.4	375.27	49309.8	664.30	99807.1	10.47	827.5		
		即可及	846.35	119280.0									276.88	36667.6	559.00	81784.9	10.47	827.5		
		将可及	203.69	30664.4									98.39	12642.2	105.30	18022.2				
	毛赤杨	合计	546.91	51294.1	4.53	305.8	331.69	31354.1	173.16	14816.6	37.53	4817.6								
	槭树	合计	5270.26	642702.3	5.00	342.8	292.00	30772.1	2371.05	281547.5	2201.09	276009.3	315.65	42598.7	85.47	11431.9				
		即可及	304.95	40916.1									219.48	29484.2	85.47	11431.9				
		将可及	74.84	10179.1									74.84	10179.1						
		不可及	21.33	2935.4									21.33	2935.4						
	山槐	合计	2.96	263.0					2.96	263.0										
	暴马丁香	合计	63.17	4377.1	34.08	2437.0	29.09	1940.1												
	青楷槭	合计	74.96	8582.8					74.96	8582.8										
	花楷槭	合计	85.91	6816.3	4.46		58.36	4923.5	23.09	1892.8										
	波纹柳	合计	47.18	3922.3	5.14	321.6	31.04	2700.0	9.14	739.6	1.86	161.1								
	稠李	合计	0.75	61.7			0.75	61.7												
	钻天柳	合计	12.24	1640.8					0.77	72.0	9.47	1366.5	2.00	202.3						
		将可及	2.00	202.3									2.00	202.3						
东京城林业局	合计	合计	119756.51	18203279.1	492.77	12608.0	3932.30	340950.9	43886.62	6416759.1	47525.50	7534898.2	16994.53	2777045.8	6367.58	1036163.8	454.53	70636.4	102.68	14216.9
		即可及	22994.04	3737341.2									16383.03	2671611.3	6064.74	982119.2	443.59	69393.8	102.68	14216.9
		将可及	925.28	160721.7									611.50	105434.5	302.84	54044.6	10.94	1242.6		
	冷杉	合计	33072.07	5370058.8	5.09		151.85	21519.2	12810.54	2063219.3	11394.73	1819928.2	8679.65	1460551.9	30.21	4840.2				
		即可及	8709.86	1465392.1									8679.65	1460551.9	30.21	4840.2				
	云杉	合计	6141.01	965101.2	54.02	1749.4	217.34	14564.8	482.92	75053.6	4277.56	706725.6	325.17	50339.9	784.00	116667.9				
		即可及	1109.17	167007.8									325.17	50339.9	784.00	116667.9				
	落叶松	合计	5390.36	916128.7	34.08	269.0	950.29	80978.5	1907.37	342464.5	2257.84	447846.5	228.99	42551.0	10.47	1953.5	1.32	65.7		
		即可及	240.78	44570.2									228.99	42551.0	10.47	1953.5	1.32	65.7		
	红松	合计	10373.93	1572554.0	339.83	9782.3	1148.49	118258.5	808.03	126795.0	5266.06	842197.8	959.49	171789.0	1773.21	294005.9	78.82	9725.5		
		即可及	2622.88	435219.2									797.81	136924.0	1746.25	288569.7	78.82	9725.5		
		将可及	188.64	40301.2									161.68	34865.0	26.96	5436.2				
	樟子松	合计	193.50	33397.5	4.02	8.7	1.01	58.0	12.28	2511.5	144.16	23857.9	32.03	6961.4						
		即可及	32.03	6961.4									32.03	6961.4						
	赤松	合计	1.38	194.3							0.50	38.7	0.88	155.6						
		即可及	0.88	155.6									0.88	155.6						
	蒙古栎	合计	19109.21	2540233.4	29.05	234.5	727.16	51522.0	10903.91	1418761.9	7002.23	1002238.2	446.86	67476.8						
		即可及	446.86	67476.8									446.86	67476.8						

表 6　黑龙江重点国有林区用材林各龄级面积、蓄积按优势树种和可及度统计表（续 24）

单位：公顷、立方米

统计单位	优势树种	可及度	合计		Ⅰ龄级		Ⅱ龄级		Ⅲ龄级		Ⅳ龄级		Ⅴ龄级		Ⅵ龄级		Ⅶ龄级		Ⅷ以上龄级	
			面积	蓄积	面积	蓄积	面积	蓄积	面积	蓄积	面积	蓄积	面积	蓄积	面积	蓄积	面积	蓄积	面积	蓄积
东京城林业局	白桦	合计	11251.88	1708925.1	5.90		214.73	9909.9	473.81	56246.6	2861.28	424015.5	4233.65	645634.1	3183.93	525223.9	197.31	36885.8	81.27	11009.3
		即可及	7110.39	1121136.3									3879.19	592022.6	2952.62	481218.6	197.31	36885.8	81.27	11009.3
		将可及	585.77	97616.8									354.46	53611.5	231.31	44005.3				
	枫桦	合计	6918.51	1076120.3	2.37		69.22	6148.1	4066.20	605013.4	2535.23	427833.8	245.49	37125.0						
		即可及	245.49	37125.0									245.49	37125.0						
	黑桦	合计	353.14	36719.4	3.68	189.5	18.35	1463.8	204.37	20808.7	76.65	8526.6	50.09	5730.8						
		即可及	50.09	5730.8									50.09	5730.8						
	水曲柳	合计	3154.64	412285.1	4.48		74.26	8186.8	1611.44	215371.5	1315.74	165240.4	148.72	23486.4						
		即可及	148.72	23486.4									148.72	23486.4						
	胡桃楸	合计	331.28	42488.1					185.54	23877.0	145.74	18611.1								
	黄波罗	合计	28.20	3606.6					28.20	3606.6										
	榆树	合计	1103.97	127119.7			0.48	8.3	62.66	2776.3	37.21	3574.3	589.43	72821.2	270.96	31913.6	129.17	13831.5	14.06	2194.5
		即可及	904.14	108456.4									545.46	66362.5	226.39	27310.5	118.23	12588.9	14.06	2194.5
		将可及	99.48	12304.4									43.97	6458.7	44.57	4603.1	10.94	1242.6		
	紫椴	合计	11363.21	1673200.6			60.34	6641.1	5616.56	781334.1	5425.05	846437.2	261.26	38788.2						
		即可及	261.26	38788.2									261.26	38788.2						
	糠椴	合计	1739.03	239821.0	4.76	185.1	12.48	762.8	993.55	132459.3	728.24	106413.8								
	大青杨	合计	148.89	26120.1			11.78	1008.9	8.18	1023.8	85.89	15872.4	20.28	3427.0	22.76	4788.0				
		即可及	43.04	8215.0									20.28	3427.0	22.76	4788.0				
	柳树	合计	5.08	125.6			4.09	58.9	0.99	66.7										
	山杨	合计	6065.75	1097649.1	5.49	189.5	104.70	10796.2	2120.53	352593.2	2783.15	523740.6	725.33	145538.1	271.29	53650.5	47.91	10127.9	7.35	1013.1
		即可及	1000.49	199830.3									673.94	135038.8	271.29	53650.5	47.91	10127.9	7.35	1013.1
		将可及	51.39	10499.3									51.39	10499.3						
	毛赤杨	合计	332.32	23865.2			84.54	3161.9	151.44	11090.5	82.80	8128.7	13.54	1484.1						
		即可及	13.54	1484.1									13.54	1484.1						
	槭树	合计	2254.16	289999.6			24.77	3687.5	1240.25	159856.7	968.97	124596.0	20.17	1859.4						
		即可及	20.17	1859.4									20.17	1859.4						
	山槐	合计	48.14	4524.6			0.62	24.8	34.02	3173.9			13.50	1325.9						
		即可及	13.50	1325.9									13.50	1325.9						
	暴马丁香	合计	31.94	4363.7			1.36	55.1	6.67	617.4	23.91	3691.2								
	青楷槭	合计	180.72	20047.5			40.72	1886.2	26.13	2491.2	108.98	15087.7			4.89	582.4				
		即可及	4.89	582.4											4.89	582.4				
	花楷槭	合计	115.82	15077.6					99.96	12539.7					15.86	2537.9				
		即可及	15.86	2537.9											15.86	2537.9				
	波纹柳	合计	44.79	3256.3			13.72	249.6	31.07	3006.7										
	兴安鼠李	合计	3.58	296.0							3.58	296.0								

表6 黑龙江重点国有林区用材林各龄级面积、蓄积按优势树种和可及度统计表（续25）

单位：公顷、立方米

统计单位	优势树种	可及度	合计		Ⅰ龄级		Ⅱ龄级		Ⅲ龄级		Ⅳ龄级		Ⅴ龄级		Ⅵ龄级		Ⅶ龄级		Ⅷ以上龄级	
			面积	蓄积	面积	蓄积	面积	蓄积	面积	蓄积	面积	蓄积	面积	蓄积	面积	蓄积	面积	蓄积	面积	蓄积
穆棱林业局	合计	合计	68528.20	9987910.0	405.58	6131.1	2338.08	188815.0	31411.58	4476085.0	21644.83	3428113.6	9044.96	1323249.4	3643.08	560147.7	27.38	3946.8	12.71	1421.4
		即可及	12728.13	1888765.3									9044.96	1323249.4	3643.08	560147.7	27.38	3946.8	12.71	1421.4
	冷杉	合计	18657.18	2839181.1			99.61	13526.6	10374.62	1516428.0	5984.54	989331.2	1799.03	262405.1	399.38	57490.2				
		即可及	2198.41	319895.3									1799.03	262405.1	399.38	57490.2				
	云杉	合计	2146.56	255526.2	207.88	3236.7	283.26	13854.6	652.36	84162.7	648.20	101725.1	230.58	34082.0	124.28	18465.1				
		即可及	354.86	52547.1									230.58	34082.0	124.28	18465.1				
	落叶松	合计	6838.70	1037933.6	34.87	94.0	713.40	71076.1	1420.60	222648.2	2509.19	412744.6	1918.57	293501.0	229.36	36448.3			12.71	1421.4
		即可及	2160.64	331370.7									1918.57	293501.0	229.36	36448.3			12.71	1421.4
	红松	合计	8831.49	1346639.3	30.91	719.8	332.65	42119.5	3342.69	502527.1	3332.41	510020.7	996.47	157952.7	796.36	133299.5				
		即可及	1792.83	291252.2									996.47	157952.7	796.36	133299.5				
	樟子松	合计	307.61	45590.8	2.96		8.32	802.5	14.72	1535.9	60.59	9253.6	216.09	33362.0	4.93	636.8				
		即可及	221.02	33998.8									216.09	33362.0	4.93	636.8				
	蒙古栎	合计	5447.84	747315.4	78.90	1783.2	452.66	23399.3	3251.44	446665.1	1454.64	242610.8	135.77	22710.2	50.26	6781.1	24.17	3365.7		
		即可及	210.20	32857.0									135.77	22710.2	50.26	6781.1	24.17	3365.7		
	白桦	合计	8876.79	1240828.0	16.75	174.9	123.34	4965.2	878.53	114385.0	2650.03	366864.1	3273.22	461560.6	1934.92	292878.2				
		即可及	5208.14	754438.8									3273.22	461560.6	1934.92	292878.2				
	枫桦	合计	4435.28	678049.6			2.04	32.9	2589.31	368030.6	1786.35	302112.6	57.58	7873.5						
		即可及	57.58	7873.5									57.58	7873.5						
	黑桦	合计	19.19	1501.4	2.95	4.2	2.62	97.2	6.42	609.5	3.25	491.7	3.95	298.8						
		即可及	3.95	298.8									3.95	298.8						
	水曲柳	合计	1741.87	241444.8	6.42	11.7	3.68	66.0	1314.48	171192.3	394.98	67803.2	22.31	2371.6						
		即可及	22.31	2371.6									22.31	2371.6						
	胡桃楸	合计	9.54	522.3	1.49	42.7	5.10	203.1	2.95	276.5										
	榆树	合计	245.65	23438.7			0.71	5.8	43.19	2661.5	103.40	9563.9	77.39	8602.1	18.95	2368.2	2.01	237.2		
		即可及	98.35	11207.5									77.39	8602.1	18.95	2368.2	2.01	237.2		
	紫椴	合计	4508.56	611111.3			80.24	10087.7	2987.55	396076.7	1241.93	179129.1	144.38	19500.4	54.46	6317.4				
		即可及	198.84	25817.8									144.38	19500.4	54.46	6317.4				
	糠椴	合计	1049.96	126137.6	1.81	27.5	7.94	419.5	848.87	101412.0	175.88	22795.4	15.46	1483.2						
		即可及	15.46	1483.2									15.46	1483.2						
	大青杨	合计	9.44	1030.2			3.00	134.4	4.71	708.8			1.73	187.0						
		即可及	1.73	187.0									1.73	187.0						
	柳树	合计	3.17	43.1	1.66	36.4	1.51	6.7												
	山杨	合计	4545.56	714675.8			65.60	3522.2	3233.34	498445.5	1143.25	197827.8	71.99	9073.5	30.18	5462.9	1.20	343.9		
		即可及	103.37	14880.3									71.99	9073.5	30.18	5462.9	1.20	343.9		
	毛赤杨	合计	203.11	16298.2			62.93	2832.4	138.52	13330.7	0.08	7.0	1.58	128.1						
		即可及	1.58	128.1									1.58	128.1						
	槭树	合计	470.39	52386.9			13.82	297.5	244.50	30000.1	143.48	15021.1	68.59	7068.2						
		即可及	68.59	7068.2									68.59	7068.2						

表 6　黑龙江重点国有林区用材林各龄级面积、蓄积按优势树种和可及度统计表（续 26）

单位：公顷、立方米

统计单位	优势树种	可及度	合计		Ⅰ龄级		Ⅱ龄级		Ⅲ龄级		Ⅳ龄级		Ⅴ龄级		Ⅵ龄级		Ⅶ龄级		Ⅷ以上龄级	
			面积	蓄积	面积	蓄积	面积	蓄积	面积	蓄积	面积	蓄积	面积	蓄积	面积	蓄积	面积	蓄积	面积	蓄积
穆棱林业局	山槐	合计	54.03	5239.9					35.35	3552.0	8.41	598.5	10.27	1089.4						
		即可及	10.27	1089.4									10.27	1089.4						
	花楷槭	合计	23.25	1293.0					23.25	1293.0										
	波纹柳	合计	35.02	390.9	18.98		9.31	128.3	4.18	143.8	2.55	118.8								
	山丁子	合计	1.81	95.3			0.14	0.9			1.67	94.4								
	东北山杏	合计	66.05	1236.6			66.05	1236.6												
	水榆花楸	合计	0.15				0.15													
绥阳林业局	合计	合计	68601.39	8498097.6	694.25	22569.1	6521.03	625933.0	37894.89	4734073.9	14876.95	1992836.1	6374.45	818575.8	2034.71	275141.2	205.11	28968.5		
		即可及	8614.27	1122685.5									6374.45	818575.8	2034.71	275141.2	205.11	28968.5		
	冷杉	合计	9073.70	1252340.3			334.04	48492.3	5814.10	788478.0	1958.06	289095.4	819.99	108437.7	147.51	17836.9				
		即可及	967.50	126274.6									819.99	108437.7	147.51	17836.9				
	云杉	合计	995.78	89417.6	204.98	4631.4	181.65	12741.0	294.51	30275.4	314.27	41747.4			0.37	22.4				
		即可及	0.37	22.4											0.37	22.4				
	落叶松	合计	9881.20	1219934.7	224.53	6402.7	1156.16	125707.6	5356.03	673922.0	2178.15	295428.5	693.45	82424.1	230.85	30485.4	42.03	5564.4		
		即可及	966.33	118473.9									693.45	82424.1	230.85	30485.4	42.03	5564.4		
	红松	合计	7497.29	917585.9	31.86	2350.7	1399.25	147794.7	4167.52	523359.6	1096.27	142393.0	560.59	72871.7	216.69	25486.4	25.11	3329.8		
		即可及	802.39	101687.9									560.59	72871.7	216.69	25486.4	25.11	3329.8		
	樟子松	合计	91.57	11410.4	7.05	3.0	1.22	20.2	42.80	5606.7	24.95	2846.2	7.58	1319.6	7.97	1614.7				
		即可及	15.55	2934.3									7.58	1319.6	7.97	1614.7				
	赤松	合计	43.16	4781.4			7.23	355.1	17.36	1344.3	12.00	1570.1	6.57	1511.9						
		即可及	6.57	1511.9									6.57	1511.9						
	蒙古栎	合计	12690.04	1409398.8	176.71	8789.0	1830.55	156458.3	8114.20	928892.1	2347.02	285808.2	162.35	22458.8	4.30	450.4	54.91	6542.0		
		即可及	221.56	29451.2									162.35	22458.8	4.30	450.4	54.91	6542.0		
	白桦	合计	8371.60	1061698.0	12.30	44.5	216.17	15081.8	1238.05	138697.7	2767.42	352021.8	3100.50	410959.2	1037.16	144893.0				
		即可及	4137.66	555852.2									3100.50	410959.2	1037.16	144893.0				
	枫桦	合计	2916.58	367320.4	0.34				2124.11	258424.7	780.22	107370.1	11.91	1525.6						
		即可及	11.91	1525.6									11.91	1525.6						
	黑桦	合计	424.61	45548.0			32.07	2491.0	277.89	28528.2	114.65	14528.8								
	水曲柳	合计	679.06	77134.0			32.76	2142.2	580.32	67371.9	44.88	5657.5			12.22	912.9	8.88	1049.5		
		即可及	21.10	1962.4											12.22	912.9	8.88	1049.5		
	胡桃楸	合计	118.22	11985.8					74.41	7705.4	43.81	4280.4								
	榆树	合计	155.66	11798.4			12.03	443.5	8.30	253.5	45.47	4248.9	83.12	6367.2	6.74	485.3				
		即可及	89.86	6852.5									83.12	6367.2	6.74	485.3				
	紫椴	合计	8364.68	1086018.4	15.23	31.8	597.92	61125.8	5586.50	723311.0	1596.50	222984.2	304.83	36627.0	190.37	29553.9	73.33	12384.7		
		即可及	568.53	78565.6									304.83	36627.0	190.37	29553.9	73.33	12384.7		
	糠椴	合计	873.28	125096.5			31.72	3381.0	787.45	114819.8	27.42	4369.4	26.69	2526.3						
		即可及	26.69	2526.3									26.69	2526.3						

表6　黑龙江重点国有林区用材林各龄级面积、蓄积按优势树种和可及度统计表（续27）

单位：公顷、立方米

统计单位	优势树种	可及度	合计		Ⅰ龄级		Ⅱ龄级		Ⅲ龄级		Ⅳ龄级		Ⅴ龄级		Ⅵ龄级		Ⅶ龄级		Ⅷ以上龄级	
			面积	蓄积	面积	蓄积	面积	蓄积	面积	蓄积	面积	蓄积	面积	蓄积	面积	蓄积	面积	蓄积	面积	蓄积
绥阳林业局	大青杨	合计	7.87	580.4					6.78	419.2			0.57	104.7	0.52	56.5				
		即可及	1.09	161.2									0.57	104.7	0.52	56.5				
	柳树	合计	11.68	377.8			8.85	223.3					2.83	154.5						
		即可及	2.83	154.5									2.83	154.5						
	山杨	合计	4341.73	592133.5	0.49	26.3	255.49	16977.7	2433.89	342303.8	1251.30	180828.5	343.44	42437.1	56.27	9462.0	0.85	98.1		
		即可及	400.56	51997.2									343.44	42437.1	56.27	9462.0	0.85	98.1		
	毛赤杨	合计	852.72	64055.1	20.76	289.7	208.94	8556.6	365.51	27991.8	104.95	11048.5	152.56	16168.5						
		即可及	152.56	16168.5									152.56	16168.5						
	槭树	合计	802.09	110300.6			156.47	22035.6	404.17	53582.3	145.68	23958.6			95.77	10724.1				
		即可及	95.77	10724.1											95.77	10724.1				
	山槐	合计	333.43	34091.4			26.41	779.0	167.08	15736.0	15.83	1833.4	96.14	12585.7	27.97	3157.3				
		即可及	124.11	15743.0									96.14	12585.7	27.97	3157.3				
	暴马丁香	合计	5.65	563.3					5.65	563.3										
	波纹柳	合计	63.58	3833.1			32.10	1126.3	22.05	1793.4	8.10	817.2	1.33	96.2						
		即可及	1.33	96.2									1.33	96.2						
	稠李	合计	6.21	693.8					6.21	693.8										
海林林业局	合计	合计	14973.86	1629305.9	83.84	5084.7	386.19	31768.6	9253.48	961093.1	4061.59	497308.3	878.00	99411.8	251.96	27373.9	58.80	7265.5		
		即可及	1047.49	113370.2									794.20	87168.4	223.73	23174.1	29.56	3027.7		
		将可及	141.27	20681.0									83.80	12243.4	28.23	4199.8	29.24	4237.8		
	冷杉	合计	1501.90	180086.1					1074.46	123297.3	305.26	41236.6	104.90	13973.0			17.28	1579.2		
		即可及	75.96	7041.7									58.68	5462.5			17.28	1579.2		
		将可及	46.22	8510.5									46.22	8510.5						
	云杉	合计	851.03	76971.5	9.50		44.69	3622.1	149.05	11965.1	598.24	57391.8			49.55	3992.5				
		即可及	49.55	3992.5											49.55	3992.5				
	落叶松	合计	1369.70	174217.5	1.87		157.03	16100.6	363.50	47729.4	594.71	79089.5	223.00	28004.0	29.59	3294.0				
		即可及	252.59	31298.0									223.00	28004.0	29.59	3294.0				
	红松	合计	1255.17	165408.5	1.61		53.88	6490.7	616.44	83797.6	428.50	55111.3	94.94	10722.7	59.80	9286.2				
		即可及	154.74	20008.9									94.94	10722.7	59.80	9286.2				
	樟子松	合计	73.80	10805.5	1.52		8.59	879.9	10.46	1586.1	34.06	5611.3	19.17	2728.2						
		即可及	19.17	2728.2									19.17	2728.2						
	蒙古栎	合计	1888.84	248179.3	5.98		50.68	3406.0	977.18	116761.5	833.48	124984.8	21.52	3027.0						
		即可及	21.52	3027.0									21.52	3027.0						
	白桦	合计	654.81	72003.4	12.32		20.28	319.2	98.76	9911.8	301.67	36058.1	141.77	14949.4	50.77	6527.1	29.24	4237.8		
		即可及	126.73	13543.8									104.19	11216.5	22.54	2327.3				
		将可及	95.05	12170.5									37.58	3732.9	28.23	4199.8	29.24	4237.8		
	枫桦	合计	1810.80	168446.8					1697.46	157298.8	102.78	9850.9	10.56	1297.1						
		即可及	10.56	1297.1									10.56	1297.1						
	黑桦	合计	0.23		0.23															

表6　黑龙江重点国有林区用材林各龄级面积、蓄积按优势树种和可及度统计表（续28）

单位：公顷、立方米

统计单位	优势树种	可及度	合计		Ⅰ龄级		Ⅱ龄级		Ⅲ龄级		Ⅳ龄级		Ⅴ龄级		Ⅵ龄级		Ⅶ龄级		Ⅷ以上龄级	
			面积	蓄积	面积	蓄积	面积	蓄积	面积	蓄积	面积	蓄积	面积	蓄积	面积	蓄积	面积	蓄积	面积	蓄积
海林林业局	水曲柳	合计	2493.50	250463.2	44.30	5072.8			2318.84	232804.6	114.68	11324.2			15.68	1261.6				
		即可及	15.68	1261.6											15.68	1261.6				
	胡桃楸	合计	263.51	26680.2					237.22	23779.8	26.29	2900.4								
	黄波罗	合计	4.05	300.8					4.05	300.8										
	榆树	合计	567.01	49040.5			8.95	185.7	82.46	5647.6	198.95	16881.8	262.14	24710.4	2.23	166.5	12.28	1448.5		
		即可及	276.65	26325.4									262.14	24710.4	2.23	166.5	12.28	1448.5		
	紫椴	合计	999.96	98811.0			0.35	19.2	723.39	67010.3	276.22	31781.5								
	糠椴	合计	103.85	7894.6					103.85	7894.6										
	大青杨	合计	2.19	82.0			1.50	20.4							0.69	61.6				
		即可及	0.69	61.6											0.69	61.6				
	柳树	合计	0.34		0.34															
	山杨	合计	49.08	5367.2					47.71	5129.5					1.37	237.7				
		即可及	1.37	237.7											1.37	237.7				
	毛赤杨	合计	112.30	7561.4			24.46	438.2	87.84	7123.2										
	槭树	合计	829.61	77427.0	0.21				582.65	52340.9	246.75	25086.1								
	山槐	合计	7.64	524.3					7.64	524.3										
	花楷槭	合计	56.64	3808.5					14.36	1261.8					42.28	2546.7				
		即可及	42.28	2546.7											42.28	2546.7				
	波纹柳	合计	76.90	5168.0	5.96	11.9	14.78	228.0	56.16	4928.1										
	稠李	合计	1.00	58.6			1.00	58.6												
林口林业局	合计	合计	40471.19	4268346.5	1890.49	59364.4	7012.88	472705.4	17227.70	1935097.6	9014.14	1123764.6	3118.15	392949.7	1614.83	217918.6	575.60	65087.1	17.40	1459.1
		即可及	5325.98	677414.5									3118.15	392949.7	1614.83	217918.6	575.60	65087.1	17.40	1459.1
	冷杉	合计	622.94	93645.1	2.84		2.02	233.2	479.66	68086.4	58.65	8503.4	74.02	15271.0			5.75	1551.1		
		即可及	79.77	16822.1									74.02	15271.0			5.75	1551.1		
	云杉	合计	679.89	20185.7	484.57	6523.1	155.93	7646.9	2.66	257.6	25.40	3627.9					11.33	2130.2		
		即可及	11.33	2130.2													11.33	2130.2		
	落叶松	合计	8300.95	991654.9	270.51	1969.3	1090.04	53118.2	2294.97	298505.3	3778.36	522263.3	826.55	110940.6	40.52	4858.2				
		即可及	867.07	115798.8									826.55	110940.6	40.52	4858.2				
	红松	合计	3803.29	382552.8	226.62	16076.9	2567.88	244405.1	981.93	117931.3	26.86	4139.5								
	樟子松	合计	976.23	128881.1	29.07		9.89	554.2	108.26	13700.9	582.37	77487.3	242.03	36419.9	4.61	718.8				
		即可及	246.64	37138.7									242.03	36419.9	4.61	718.8				
	赤松	合计	58.80	4693.7							2.37	75.7	56.43	4618.0						
		即可及	56.43	4618.0									56.43	4618.0						
	蒙古栎	合计	9733.59	793481.1	653.58	19268.8	2252.46	116001.3	5364.84	496470.4	1383.44	152943.0	79.27	8797.6						
		即可及	79.27	8797.6									79.27	8797.6						
	白桦	合计	5141.33	565587.1	25.15	104.7	274.07	11301.2	465.88	39771.5	1328.37	134335.6	1041.58	121823.9	1461.06	197956.7	529.88	59025.0	15.34	1268.5
		即可及	3047.86	380074.1									1041.58	121823.9	1461.06	197956.7	529.88	59025.0	15.34	1268.5

表6 黑龙江重点国有林区用材林各龄级面积、蓄积按优势树种和可及度统计表（续29）

单位：公顷、立方米

统计单位	优势树种	可及度	合计		Ⅰ龄级		Ⅱ龄级		Ⅲ龄级		Ⅳ龄级		Ⅴ龄级		Ⅵ龄级		Ⅶ龄级		Ⅷ以上龄级	
			面积	蓄积	面积	蓄积	面积	蓄积	面积	蓄积	面积	蓄积	面积	蓄积	面积	蓄积	面积	蓄积	面积	蓄积
林口林业局	枫桦	合计	1870.28	254383.8	4.17	35.4			1647.99	230348.9	206.57	22421.9	11.55	1577.6						
		即可及	11.55	1577.6									11.55	1577.6						
	黑桦	合计	209.59	22651.2	6.22	187.8	10.19	671.0	160.08	18487.7	33.10	3304.7								
	水曲柳	合计	1616.45	203469.8	36.27	5242.6	15.11	917.1	1455.41	185142.1	99.60	11320.1	10.06	847.9						
		即可及	10.06	847.9									10.06	847.9						
	胡桃楸	合计	164.56	16733.6	35.49	6697.4	9.71	516.7	97.32	7544.7	22.04	1974.8								
	黄波罗	合计	20.86	3190.4					20.86	3190.4										
	榆树	合计	126.31	8488.4			4.28	118.0	22.88	529.5	20.18	1281.1	47.18	3901.2	2.12	208.5	28.30	2344.5	1.37	105.6
		即可及	78.97	6559.8									47.18	3901.2	2.12	208.5	28.30	2344.5	1.37	105.6
	紫椴	合计	1880.70	190919.5	26.92	1946.3	128.52	12847.3	1255.87	126370.6	360.83	38271.1	108.56	11484.2						
		即可及	108.56	11484.2									108.56	11484.2						
	糠椴	合计	2673.89	317164.2	19.44	495.6	198.45	14432.6	2098.19	252626.6	337.03	46246.2	20.78	3363.2						
		即可及	20.78	3363.2									20.78	3363.2						
	大青杨	合计	4.54	741.9					0.28	11.0			4.26	730.9						
		即可及	4.26	730.9									4.26	730.9						
	柳树	合计	4.53	449.1					4.53	449.1										
	山杨	合计	1981.61	241713.8	5.93	24.5	51.49	2887.5	507.38	58867.9	716.07	92791.9	593.19	72844.3	106.52	14176.4	0.34	36.3	0.69	85.0
		即可及	700.74	87142.0									593.19	72844.3	106.52	14176.4	0.34	36.3	0.69	85.0
	毛赤杨	合计	322.85	10593.3	20.75	288.0	212.72	6576.7	89.38	3728.6										
	槭树	合计	194.46	14950.3	20.59	290.8	7.90	348.2	135.55	11506.2	27.73	2475.7	2.69	329.4						
		即可及	2.69	329.4									2.69	329.4						
	山槐	合计	35.19	1459.3			14.86	70.2	15.84	1123.0	4.49	266.1								
	青楷槭	合计	2.94	210.6					2.94	210.6										
	波纹柳	合计	27.70	333.6	9.23	29.8	4.01	60.0	13.78	208.5	0.68	35.3								
	山丁子	合计	7.01	176.4	3.30	172.0	3.35		0.36	4.4										
	东北山杏	合计	9.84	11.4	9.84	11.4														
	山梨	合计	0.86	24.4					0.86	24.4										
八面通林业局	合计	合计	20041.60	1847879.3	236.94	10060.8	2585.77	165924.8	10515.47	997347.8	4506.85	452571.4	2031.71	206044.6	134.77	13095.0	28.26	2571.3	1.83	263.6
		即可及	2196.57	221974.5									2031.71	206044.6	134.77	13095.0	28.26	2571.3	1.83	263.6
	冷杉	合计	2547.68	260816.8					1676.07	170627.4	349.72	36548.7	497.99	51721.6	23.90	1919.1				
		即可及	521.89	53640.7									497.99	51721.6	23.90	1919.1				
	云杉	合计	525.01	42332.6	19.33	495.2	162.82	7619.7	207.20	20272.8	41.36	4367.8	81.12	8445.5	13.18	1131.6				
		即可及	94.30	9577.1									81.12	8445.5	13.18	1131.6				
	落叶松	合计	3717.77	388314.4	37.40	2110.2	506.54	33179.0	1075.83	110961.5	1613.94	182059.5	484.06	60004.2						
		即可及	484.06	60004.2									484.06	60004.2						
	红松	合计	1279.84	122382.6	37.59	1177.9	692.61	61301.8	431.54	47896.1	51.42	6035.3	43.09	3484.6	23.59	2486.9				
		即可及	66.68	5971.5									43.09	3484.6	23.59	2486.9				
	樟子松	合计	58.46	7401.9			0.82	32.3	3.08	322.0	54.56	7047.6								

表6 黑龙江重点国有林区用材林各龄级面积、蓄积按优势树种和可及度统计表（续30）

单位：公顷、立方米

统计单位	优势树种	可及度	合计		Ⅰ龄级		Ⅱ龄级		Ⅲ龄级		Ⅳ龄级		Ⅴ龄级		Ⅵ龄级		Ⅶ龄级		Ⅷ以上龄级	
			面积	蓄积	面积	蓄积	面积	蓄积	面积	蓄积	面积	蓄积	面积	蓄积	面积	蓄积	面积	蓄积	面积	蓄积
八面通林业局	蒙古栎	合计	2921.22	215109.3	93.50	4106.1	755.17	36537.4	1703.84	140658.8	355.47	32566.2	13.24	1240.8						
		即可及	13.24	1240.8									13.24	1240.8						
	白桦	合计	2818.51	235648.4	36.27	1632.5	69.77	3072.0	892.39	74540.3	1082.90	89584.4	701.70	63270.8	21.05	2087.1	14.43	1461.3		
		即可及	737.18	66819.2									701.70	63270.8	21.05	2087.1	14.43	1461.3		
	枫桦	合计	710.94	73913.1					620.21	63915.6	86.87	9652.9	3.86	344.6						
		即可及	3.86	344.6									3.86	344.6						
	黑桦	合计	227.35	19316.1			2.77	248.1	197.01	16393.2	27.57	2674.8								
	水曲柳	合计	292.57	28735.2	3.76	188.0	1.85	125.2	156.62	15139.1	89.15	8949.8	30.71	3552.6			10.48	780.5		
		即可及	41.19	4333.1									30.71	3552.6			10.48	780.5		
	胡桃楸	合计	74.79	6924.9			3.06	148.8	71.73	6776.1										
	榆树	合计	127.39	9568.2			3.01	99.9	4.58	328.5	5.44	311.5	95.45	6989.6	13.73	1245.6	3.35	329.5	1.83	263.6
		即可及	114.36	8828.3									95.45	6989.6	13.73	1245.6	3.35	329.5	1.83	263.6
	紫椴	合计	3397.65	321262.4			238.62	16264.7	2878.60	274504.5	251.04	27788.1	29.39	2705.1						
		即可及	29.39	2705.1									29.39	2705.1						
	糠椴	合计	24.36	2331.3					24.36	2331.3										
	大青杨	合计	3.17	303.5							3.17	303.5								
	山杨	合计	837.00	79104.5			48.73	2919.4	286.44	28150.7	411.41	39524.5	51.10	4285.2	39.32	4224.7				
		即可及	90.42	8509.9									51.10	4285.2	39.32	4224.7				
	毛赤杨	合计	198.66	9326.1	7.40	321.1	85.18	3746.9	55.21	2545.8	50.87	2712.3								
	槭树	合计	251.29	23925.0			0.60	48.5	218.73	21432.0	31.96	2444.5								
	山槐	合计	8.44	364.6			8.44	364.6												
	波纹柳	合计	18.18	751.0	1.69	29.8	4.46	169.1	12.03	552.1										
	山丁子	合计	1.32	47.4			1.32	47.4												
青梅实验林场	合计	合计	868.04	101755.1	67.19	3711.3	393.27	52369.5	394.72	44972.7	12.86	701.6								
	云杉	合计	19.55	1224.6	18.18	1164.6	1.37	60.0												
	落叶松	合计	361.33	43924.0	19.15	1077.5	127.67	18191.1	201.65	23953.8	12.86	701.6								
	红松	合计	147.98	23707.1			145.74	23285.8	2.24	421.3										
	樟子松	合计	178.36	19570.5	6.33	438.8	56.09	5922.4	115.94	13209.3										
	蒙古栎	合计	150.75	12531.7	17.38	749.4	60.90	4732.5	72.47	7049.8										
	山杨	合计	10.07	797.2	6.15	281.0	1.50	177.7	2.42	338.5										
山河屯林业局	合计	合计	13073.32	1479031.5	142.73	2257.0	883.14	54439.4	8816.24	1034699.4	2052.45	254333.1	897.95	99673.1	272.36	32101.3	4.93	791.8	3.52	736.4
		即可及	1178.76	133302.6									897.95	99673.1	272.36	32101.3	4.93	791.8	3.52	736.4
	云杉	合计	230.85	22394.5	35.70	608.2	88.60	7709.4	103.91	13580.5			2.64	496.4						
		即可及	2.64	496.4									2.64	496.4						
	落叶松	合计	1890.13	230114.2	16.70	4.4	291.49	19100.9	1337.61	174368.2	223.48	33793.7	20.64	2810.8	0.21	36.2				
		即可及	20.85	2847.0									20.64	2810.8	0.21	36.2				
	红松	合计	111.32	12282.1	10.70		3.84	342.5	18.77	2062.3	67.24	8465.0	10.53	1384.6	0.24	27.7				
		即可及	10.77	1412.3									10.53	1384.6	0.24	27.7				

表6 黑龙江重点国有林区用材林各龄级面积、蓄积按优势树种和可及度统计表（续31）

单位：公顷、立方米

统计单位	优势树种	可及度	合计		Ⅰ龄级		Ⅱ龄级		Ⅲ龄级		Ⅳ龄级		Ⅴ龄级		Ⅵ龄级		Ⅶ龄级		Ⅷ以上龄级	
			面积	蓄积	面积	蓄积	面积	蓄积	面积	蓄积	面积	蓄积	面积	蓄积	面积	蓄积	面积	蓄积	面积	蓄积
山河屯林业局	樟子松	合计	5.86	408.4					4.31	160.8	0.96	139.3	0.59	108.3						
		即可及	0.59	108.3									0.59	108.3						
	蒙古栎	合计	707.07	83788.1	49.57	1495.9	96.68	7805.0	385.32	48582.7	175.50	25904.5								
	白桦	合计	1118.31	111606.6	12.34	51.7	47.61	810.4	133.48	5911.8	508.67	53325.2	346.29	42812.4	69.92	8695.1				
		即可及	416.21	51507.5									346.29	42812.4	69.92	8695.1				
	枫桦	合计	77.77	10262.7					77.77	10262.7										
	水曲柳	合计	3465.48	382156.3	9.76	15.8	270.05	16067.1	2914.13	330868.9	271.54	35204.5								
	胡桃楸	合计	2499.75	303967.1	2.77	71.6	20.86	1150.1	2067.42	251247.1	408.70	51498.3								
	黄波罗	合计	34.76	3994.6					27.03	3198.4	7.73	796.2								
	榆树	合计	752.66	71772.0			0.68	6.1	73.09	3970.4	45.95	3158.9	495.93	49338.1	135.93	15209.8	0.86	57.6	0.22	31.1
		即可及	632.94	64636.6									495.93	49338.1	135.93	15209.8	0.86	57.6	0.22	31.1
	紫椴	合计	234.37	28888.1			1.16	29.1	202.56	25355.4	30.65	3503.6								
	糠椴	合计	237.15	28080.6			8.65	344.1	227.02	27532.9	1.48	203.6								
	大青杨	合计	38.86	5761.1			3.07	85.4	0.17	14.5	25.62	3908.6	6.28	997.2			0.42	50.1	3.30	705.3
		即可及	10.00	1752.6									6.28	997.2			0.42	50.1	3.30	705.3
	柳树	合计	0.75	7.5	0.48	2.1	0.27	5.4												
	山杨	合计	363.54	43427.9	0.18	1.8	7.99	308.9	211.79	24901.1	113.99	14107.6	7.19	1150.5	18.75	2273.9	3.65	684.1		
		即可及	29.59	4108.5									7.19	1150.5	18.75	2273.9	3.65	684.1		
	槭树	合计	1105.83	123735.4			15.87	196.3	923.12	103666.1	166.84	19873.0								
	山槐	合计	138.04	13942.6			2.31	50.8	77.12	7109.6	3.44	348.8	7.86	574.8	47.31	5858.6				
		即可及	55.17	6433.4									7.86	574.8	47.31	5858.6				
	暴马丁香	合计	6.11	48.2			6.11	48.2												
	波纹柳	合计	50.50	2229.3	4.53	5.5	13.69	215.5	31.62	1906.0	0.66	102.3								
	稠李	合计	4.21	164.2			4.21	164.2												
苇河林业局	合计	合计	27078.44	3080676.4	417.81	17495.6	1811.11	152496.6	19602.84	2320141.5	2567.95	302061.5	2565.79	272523.1	72.53	9601.4	40.41	6356.7		
		即可及	2678.20	288463.0									2565.26	272504.9	72.53	9601.4	40.41	6356.7		
		不可及	0.53	18.2									0.53	18.2						
	云杉	合计	708.94	44389.2	310.09	14543.7	235.58	16372.7	163.03	13456.3			0.24	16.5						
		即可及	0.24	16.5									0.24	16.5						
	落叶松	合计	7219.19	1113903.0	28.79	119.1	557.14	63342.0	5465.88	874423.3	823.84	126044.5	340.06	49613.9	3.48	360.2				
		即可及	343.54	49974.1									340.06	49613.9	3.48	360.2				
	红松	合计	323.13	33899.2	27.59	1585.0	37.41	3169.6	235.69	27305.7	4.25	417.8	17.16	1328.1	0.28	37.9	0.75	55.1		
		即可及	17.66	1402.9									16.63	1309.9	0.28	37.9	0.75	55.1		
		不可及	0.53	18.2									0.53	18.2						
	樟子松	合计	23.26	2987.7			3.88	143.6	1.79	317.0	14.85	1952.8	2.74	574.3						
		即可及	2.74	574.3									2.74	574.3						
	蒙古栎	合计	800.43	98470.2	0.09	1.3	49.88	2928.6	737.92	93028.4	12.11	2496.9	0.43	15.0						
		即可及	0.43	15.0									0.43	15.0						

表 6　黑龙江重点国有林区用材林各龄级面积、蓄积按优势树种和可及度统计表（续 32）

单位：公顷、立方米

统计单位	优势树种	可及度	合计		Ⅰ龄级		Ⅱ龄级		Ⅲ龄级		Ⅳ龄级		Ⅴ龄级		Ⅵ龄级		Ⅶ龄级		Ⅷ以上龄级	
			面积	蓄积	面积	蓄积	面积	蓄积	面积	蓄积	面积	蓄积	面积	蓄积	面积	蓄积	面积	蓄积	面积	蓄积
苇河林业局	白桦	合计	2071.84	214040.7	9.42	336.5	57.71	2730.8	245.21	19871.7	891.41	88806.4	868.09	102295.3						
		即可及	868.09	102295.3									868.09	102295.3						
	枫桦	合计	0.09	3.4					0.09	3.4										
	水曲柳	合计	3766.14	354413.7	4.88	134.3	195.50	15630.5	3187.63	304555.5	93.70	9054.4	284.43	25039.0						
		即可及	284.43	25039.0									284.43	25039.0						
	胡桃楸	合计	2647.09	258093.9	0.71	19.5	115.54	10388.7	2480.31	242643.5			50.53	5042.2						
		即可及	50.53	5042.2									50.53	5042.2						
	黄波罗	合计	189.54	18942.7	3.75		1.83	106.9	183.96	18835.8										
	榆树	合计	2914.59	258502.5	1.99	120.7	156.63	10806.7	1263.97	119633.5	532.26	45708.6	933.91	79504.8	25.83	2728.2				
		即可及	959.74	82233.0									933.91	79504.8	25.83	2728.2				
	紫椴	合计	952.35	99975.1	0.97	12.9	7.30	413.7	943.87	99527.2	0.21	21.3								
	糠椴	合计	1341.70	149640.9	4.65	232.0	23.38	1226.7	1267.84	141417.1	45.59	6743.8	0.24	21.3						
		即可及	0.24	21.3									0.24	21.3						
	杨树	合计	0.38		0.38															
	大青杨	合计	259.62	35899.0			3.08	129.9	165.02	22444.6	8.84	692.3	1.25	168.0	41.77	6162.6	39.66	6301.6		
		即可及	82.68	12632.2									1.25	168.0	41.77	6162.6	39.66	6301.6		
	柳树	合计	98.27	5837.0	3.98	39.7	52.90	2219.3	40.22	3416.7	1.17	161.3								
	山杨	合计	1395.30	178584.7	10.31	83.6	94.34	8040.4	1115.29	144552.2	107.48	16691.3	66.71	8904.7	1.17	312.5				
		即可及	67.88	9217.2									66.71	8904.7	1.17	312.5				
	毛赤杨	合计	22.19	530.3	4.70	147.0	17.49	383.3												
	槭树	合计	2250.86	208029.4	2.26	5.2	129.23	11148.5	2087.13	193605.6	32.24	3270.1								
	山槐	合计	77.53	3795.7			63.51	2878.8	14.02	916.9										
	暴马丁香	合计	3.25	115.1	3.25	115.1														
	青楷槭	合计	2.54	176.7			2.54	176.7												
	波纹柳	合计	2.11	79.6					2.11	79.6										
	稠李	合计	2.95	103.6			2.19	57.1	0.76	46.5										
	山桃稠李	合计	2.63	123.2			2.51	117.4	0.12	5.8										
	山丁子	合计	0.98	55.2					0.98	55.2										
	山梨	合计	1.54	84.7			1.54	84.7												
亚布力林业局	合计	合计	66192.16	5856090.2	1227.69	24772.3	4862.18	389964.7	43266.95	3875117.2	11492.23	1114410.9	4457.26	374780.6	757.08	63803.1	56.62	6803.5	72.15	6437.9
		即可及	5343.11	451825.1									4457.26	374780.6	757.08	63803.1	56.62	6803.5	72.15	6437.9
	冷杉	合计	97.99	6238.6					97.99	6238.6										
	云杉	合计	425.23	23934.5	133.45	1488.0	137.51	10192.3	152.24	12204.4	2.03	49.8								
	落叶松	合计	6707.25	818121.4	515.16	13851.7	1873.63	213079.4	3195.13	442142.7	847.68	118947.6	219.97	23640.0	55.68	6460.0				
		即可及	275.65	30100.0									219.97	23640.0	55.68	6460.0				
	红松	合计	1196.43	84423.1	224.52	1177.6	169.47	10266.9	666.98	59992.6	126.63	12087.1	5.23	635.1	3.60	263.8				
		即可及	8.83	898.9									5.23	635.1	3.60	263.8				
	樟子松	合计	211.76	18294.7	8.62		94.91	7664.4	97.66	9593.0	9.88	934.2	0.69	103.1						
		即可及	0.69	103.1									0.69	103.1						
	蒙古栎	合计	4616.56	391368.6	22.85	221.2	483.67	26632.3	3730.93	322717.9	379.11	41797.2								

表6 黑龙江重点国有林区用材林各龄级面积、蓄积按优势树种和可及度统计表（续33）

单位：公顷、立方米

统计单位	优势树种	可及度	合计		Ⅰ龄级		Ⅱ龄级		Ⅲ龄级		Ⅳ龄级		Ⅴ龄级		Ⅵ龄级		Ⅶ龄级		Ⅷ以上龄级	
			面积	蓄积	面积	蓄积	面积	蓄积	面积	蓄积	面积	蓄积	面积	蓄积	面积	蓄积	面积	蓄积	面积	蓄积
亚布力林业局	白桦	合计	1932.52	166245.2	17.62	81.6	185.47	7690.6	312.74	23885.0	845.35	87298.5	541.85	44807.1	29.49	2482.4				
		即可及	571.34	47289.5									541.85	44807.1	29.49	2482.4				
	枫桦	合计	1766.76	155777.9					115.14	8093.7	1046.99	87969.0	604.63	59715.2						
		即可及	604.63	59715.2									604.63	59715.2						
	水曲柳	合计	13279.47	1106020.0	56.98	694.8	331.90	19914.8	10692.02	891785.6	1631.84	146677.5	515.13	41526.4	16.12	1204.1	35.48	4216.8		
		即可及	566.73	46947.3									515.13	41526.4	16.12	1204.1	35.48	4216.8		
	胡桃楸	合计	5105.39	412029.8	51.81	2911.3	59.50	4101.7	2933.96	233947.8	1954.19	163105.2	105.93	7963.8						
		即可及	105.93	7963.8									105.93	7963.8						
	黄波罗	合计	8.45	292.9	1.79		5.70	232.6	0.66	37.8	0.30	22.5								
	榆树	合计	5764.32	451455.6	2.32	17.0	96.68	5685.4	2157.73	164842.5	814.58	72679.2	2010.97	152023.7	588.92	47214.5	21.14	2586.7	71.98	6406.6
		即可及	2693.01	208231.5									2010.97	152023.7	588.92	47214.5	21.14	2586.7	71.98	6406.6
	紫椴	合计	2496.37	219731.8	16.33	435.8	205.95	11005.9	1883.02	166891.1	389.54	41185.3			1.53	213.7				
		即可及	1.53	213.7											1.53	213.7				
	糠椴	合计	10595.23	908766.6	86.31	2193.5	613.98	39248.2	8969.57	775999.0	834.83	85666.7	90.54	5659.2						
		即可及	90.54	5659.2									90.54	5659.2						
	大青杨	合计	67.34	6344.0					51.32	4531.9	16.02	1812.1								
	柳树	合计	7.14		1.90		5.24													
	山杨	合计	5482.60	558387.2	47.91	1445.4	424.00	26437.5	3768.04	391673.8	936.39	106230.1	244.35	26604.5	61.74	5964.6			0.17	31.3
		即可及	306.26	32600.4									244.35	26604.5	61.74	5964.6			0.17	31.3
	毛赤杨	合计	86.81	4440.2	2.01	18.6	36.53	1133.9	48.27	3287.7										
	槭树	合计	5947.71	496081.9	8.46	152.1	118.76	6374.8	4048.45	329844.8	1654.07	147607.7	117.97	12102.5						
		即可及	117.97	12102.5									117.97	12102.5						
	山槐	合计	196.35	17042.7					196.35	17042.7										
	千金榆	合计	85.59	6804.3					85.59	6804.3										
	暴马丁香	合计	0.37	138.4							0.37	138.4								
	青楷槭	合计	10.76	667.1					10.76	667.1										
	波纹柳	合计	59.62	923.6	27.30	83.7	19.28	304.0	12.72	516.5	0.32	19.4								
	稠李	合计	41.79	2560.1					39.68	2376.7	2.11	183.4								
	山桃稠李	合计	1.41		1.41															
	山丁子	合计	0.94		0.94															
兴隆林业局	合计	合计	44685.51	4727198.9	1194.14	102088.0	6194.12	587853.2	26278.23	2730949.7	7188.50	885816.0	3000.38	315618.8	672.81	82349.1	157.33	22524.1		
		即可及	3710.43	407524.9									2897.26	304309.4	655.84	80691.4	157.33	22524.1		
		将可及	120.09	12967.1									103.12	11309.4	16.97	1657.7				
	冷杉	合计	205.70	21914.6			19.71	2221.0	144.68	14620.5	41.31	5073.1								
	云杉	合计	183.36	21858.6	17.12	1897.0	25.87	3473.3	54.95	6844.1	36.45	5374.4	48.97	4269.8						
		即可及	48.97	4269.8									48.97	4269.8						
	落叶松	合计	4465.60	674757.7	23.99	2411.9	1018.12	148701.6	2464.93	382297.1	684.23	106507.1	250.11	31837.2	24.22	3002.8				
		即可及	240.54	30415.0									216.32	27412.2	24.22	3002.8				
		将可及	33.79	4425.0									33.79	4425.0						

表6　黑龙江重点国有林区用材林各龄级面积、蓄积按优势树种和可及度统计表（续34）

单位：公顷、立方米

统计单位	优势树种	可及度	合计		Ⅰ龄级		Ⅱ龄级		Ⅲ龄级		Ⅳ龄级		Ⅴ龄级		Ⅵ龄级		Ⅶ龄级		Ⅷ以上龄级	
			面积	蓄积	面积	蓄积	面积	蓄积	面积	蓄积	面积	蓄积	面积	蓄积	面积	蓄积	面积	蓄积	面积	蓄积
兴隆林业局	红松	合计	1138.36	125531.0	27.07	2928.5	5.29	637.0	922.21	98189.2	163.67	21172.3			20.12	2604.0				
		即可及	20.12	2604.0											20.12	2604.0				
	樟子松	合计	68.33	10026.5			2.63	255.5	28.05	4308.7	37.65	5462.3								
	蒙古栎	合计	3686.57	393834.6	36.40	2766.0	393.99	33519.2	2662.69	271769.8	593.49	85779.6								
	白桦	合计	5274.52	528428.0	50.30	3416.6	788.86	68378.2	1435.33	138596.5	1221.47	125804.6	1521.91	158902.1	203.41	26532.1	53.24	6797.9		
		即可及	1754.40	188141.7									1497.75	154811.7	203.41	26532.1	53.24	6797.9		
		将可及	24.16	4090.4									24.16	4090.4						
	枫桦	合计	1667.01	168355.2	40.23	2949.6	477.44	40271.0	792.80	77536.8	254.34	32807.6	41.65	6049.5	60.55	8740.7				
		即可及	102.20	14790.2									41.65	6049.5	60.55	8740.7				
	黑桦	合计	212.90	20552.9	74.60	5534.1	0.78	8.4	115.12	11481.0	22.40	3529.4								
	水曲柳	合计	6140.52	601651.7	245.65	20524.9	813.87	65937.1	4014.51	394596.0	915.22	105308.9	107.86	8887.4			43.41	6397.4		
		即可及	125.70	13792.5									82.29	7395.1			43.41	6397.4		
		将可及	25.57	1492.3									25.57	1492.3						
	胡桃楸	合计	2976.22	304461.3	107.40	9942.8	437.09	40315.8	2082.20	209611.8	342.06	44028.7	7.47	562.2						
		即可及	7.47	562.2									7.47	562.2						
	黄波罗	合计	1869.06	183535.6	126.61	13351.9	146.35	12720.4	1235.32	115998.4	339.45	39030.0	21.33	2434.9						
		即可及	21.33	2434.9									21.33	2434.9						
	榆树	合计	3520.01	330788.9	27.70	2094.5	325.82	25758.4	1720.01	161305.9	469.67	47588.2	651.66	58161.3	302.02	32006.4	23.13	3874.2		
		即可及	940.24	91082.5									632.06	56859.6	285.05	30348.7	23.13	3874.2		
		将可及	36.57	2959.4									19.60	1301.7	16.97	1657.7				
	紫椴	合计	771.13	76504.4			16.71	1645.2	619.28	60716.2	103.06	11608.3	32.08	2534.7						
		即可及	32.08	2534.7									32.08	2534.7						
	糠椴	合计	6011.23	599459.5	201.31	17518.3	754.45	61965.5	4407.74	433363.5	647.73	86612.2								
	大青杨	合计	129.88	16900.8			45.09	6388.5	84.79	10512.3										
	柳树	合计	32.48	2218.7			1.47	84.7	31.01	2134.0										
	山杨	合计	2762.22	290226.2	167.80	13007.6	597.26	50592.1	1355.91	142589.1	375.33	46634.2	184.46	25391.6	43.91	6557.0	37.55	5454.6		
		即可及	265.92	37403.2									184.46	25391.6	43.91	6557.0	37.55	5454.6		
	毛赤杨	合计	38.24	2798.9	1.84	128.3	18.01	1254.2	18.39	1416.4										
	槭树	合计	3349.10	339749.1	46.12	3616.0	300.16	23452.8	1975.09	185131.1	919.31	111933.8	89.84	12709.3	18.58	2906.1				
		即可及	108.42	15615.4									89.84	12709.3	18.58	2906.1				
	山槐	合计	87.68	6231.5					43.68	2841.8	20.30	1478.0	23.70	1911.7						
		即可及	23.70	1911.7									23.70	1911.7						
	暴马丁香	合计	53.01	4266.4					33.67	2299.3			19.34	1967.1						
		即可及	19.34	1967.1									19.34	1967.1						
	波纹柳	合计	2.11	133.5			1.63	98.2	0.48	35.3										
	稠李	合计	21.60	1356.0			3.52	175.1	18.08	1180.9										
	山桃稠李	合计	17.31	1574.0					17.31	1574.0										
	山丁子	合计	1.36	83.3							1.36	83.3								

表 6　黑龙江重点国有林区用材林各龄级面积、蓄积按优势树种和可及度统计表（续 35）

单位：公顷、立方米

统计单位	优势树种	可及度	合计		Ⅰ龄级		Ⅱ龄级		Ⅲ龄级		Ⅳ龄级		Ⅴ龄级		Ⅵ龄级		Ⅶ龄级		Ⅷ以上龄级	
			面积	蓄积	面积	蓄积	面积	蓄积	面积	蓄积	面积	蓄积	面积	蓄积	面积	蓄积	面积	蓄积	面积	蓄积
方正林业局	合计	合计	41335.64	4715366.3	523.53	43060.2	5860.68	612440.6	20873.95	2367122.3	8415.39	997227.3	4333.92	529976.1	1038.84	126894.6	137.43	17733.4	151.90	20911.8
		即可及	4657.76	575050.8									3408.35	418077.0	960.08	118328.6	137.43	17733.4	151.90	20911.8
		将可及	1004.33	120465.1									925.57	111899.1	78.76	8566.0				
	冷杉	合计	3294.00	393879.8			247.56	27492.8	801.95	96735.7	655.21	79400.2	1391.72	167094.5	197.56	23156.6				
		即可及	835.58	99102.0									638.02	75945.4	197.56	23156.6				
		将可及	753.70	91149.1									753.70	91149.1						
	云杉	合计	478.50	50471.3	21.87	502.6	115.35	7120.8	64.14	7734.8	162.66	19078.5	85.26	12709.0	29.22	3325.6				
		即可及	85.26	12709.0									85.26	12709.0						
		将可及	29.22	3325.6											29.22	3325.6				
	落叶松	合计	3384.80	455652.0	6.35	530.8	172.20	20153.4	1834.11	239500.8	987.49	137537.3	343.60	51859.4	41.05	6070.3				
		即可及	384.65	57929.7									343.60	51859.4	41.05	6070.3				
	红松	合计	1964.74	217015.5	63.30	6630.8	468.58	48729.7	341.31	41001.9	778.14	84819.1			246.32	27419.0	67.09	8415.0		
		即可及	263.87	30593.6											196.78	22178.6	67.09	8415.0		
		将可及	49.54	5240.4											49.54	5240.4				
	樟子松	合计	42.71	5200.8	2.09	210.7	7.66	913.9	0.16	18.1	11.33	1380.4	21.47	2677.7						
		即可及	21.47	2677.7									21.47	2677.7						
	蒙古栎	合计	3919.41	419021.8	227.83	18854.7	828.40	74940.8	1650.60	182562.4	1064.10	125502.2	147.49	17057.6			0.99	104.1		
		即可及	148.48	17161.7									147.49	17057.6			0.99	104.1		
	白桦	合计	1181.92	138672.9	1.87	164.8	216.87	21887.2	162.09	18048.3	703.99	85940.7	86.21	11125.1	10.89	1506.8				
		即可及	97.10	12631.9									86.21	11125.1	10.89	1506.8				
	枫桦	合计	3873.92	435090.7	33.40	245.5	1315.29	143299.0	1394.84	154414.5	631.77	75769.2	280.40	33398.2	218.22	27964.3				
		即可及	403.91	50112.1									185.69	22147.8	218.22	27964.3				
		将可及	94.71	11250.4									94.71	11250.4						
	黑桦	合计	75.35	8669.2	1.12	93.4	18.40	1707.7	50.62	6111.0	5.21	757.1								
	水曲柳	合计	7463.30	802445.4	99.00	10434.3	1467.97	160810.1	4996.49	536422.5	648.15	68091.6	251.69	26686.9						
		即可及	251.69	26686.9									251.69	26686.9						
	胡桃楸	合计	2745.47	291743.1	14.86	742.7	40.21	4239.0	2097.66	224089.9	491.05	51404.6	101.69	11266.9						
		即可及	101.69	11266.9									101.69	11266.9						
	黄波罗	合计	56.31	5733.1					8.55	828.1			47.76	4905.0						
		即可及	47.76	4905.0									47.76	4905.0						
	榆树	合计	1860.68	221395.0			34.80	3409.5	212.36	21592.4	182.15	21865.7	1045.17	125648.7	215.49	27633.8	60.26	7904.3	110.45	13340.6
		即可及	1431.37	174527.4									1045.17	125648.7	215.49	27633.8	60.26	7904.3	110.45	13340.6
	紫椴	合计	6910.00	794382.5	43.43	3934.0	576.47	60545.3	4518.52	518150.1	1259.69	150601.7	439.79	52524.5	72.10	8626.9				
		即可及	434.73	51651.8									362.63	43024.9	72.10	8626.9				
		将可及	77.16	9499.6									77.16	9499.6						
	糠椴	合计	264.71	31442.9			40.08	4173.6	170.37	18686.3	16.17	1483.4							38.09	7099.6
		即可及	38.09	7099.6															38.09	7099.6

表 6　黑龙江重点国有林区用材林各龄级面积、蓄积按优势树种和可及度统计表（续 36）

单位：公顷、立方米

统计单位	优势树种	可及度	合计		Ⅰ龄级		Ⅱ龄级		Ⅲ龄级		Ⅳ龄级		Ⅴ龄级		Ⅵ龄级		Ⅶ龄级		Ⅷ以上龄级	
			面积	蓄积	面积	蓄积	面积	蓄积	面积	蓄积	面积	蓄积	面积	蓄积	面积	蓄积	面积	蓄积	面积	蓄积
方正林业局	大青杨	合计	26.05	3294.4			3.92	453.7	16.35	2223.9	4.39	456.2					1.39	160.6		
		即可及	1.39	160.6													1.39	160.6		
	山杨	合计	1782.88	222158.7	2.37	202.5	265.92	29013.4	1296.53	161706.7	140.63	19014.7	58.38	9409.1	7.99	1191.3	7.70	1149.4	3.36	471.6
		即可及	77.43	12221.4									58.38	9409.1	7.99	1191.3	7.70	1149.4	3.36	471.6
	毛赤杨	合计	68.27	6969.9	4.33	363.1	12.47	1105.1	50.81	5418.7	0.66	83.0								
	槭树	合计	1860.88	203727.2			3.74	307.2	1155.26	126214.2	668.59	73592.3	33.29	3613.5						
		即可及	33.29	3613.5									33.29	3613.5						
	暴马丁香	合计	1.34	70.1					1.34	70.1										
	花楷槭	合计	38.66	4362.4					38.66	4362.4										
	波纹柳	合计	40.04	3854.4	1.71	150.3	23.09	2025.2	11.23	1229.5	4.01	449.4								
	其他亚乔木	合计	1.70	113.2			1.70	113.2												
绥棱林业局	合计	合计	33821.91	3769248.8	196.82	10950.3	987.45	81380.0	15368.74	1733981.3	12254.78	1355876.5	4821.02	557561.5	173.02	27009.6			20.08	2489.6
		即可及	4790.26	553402.3									4663.70	535746.7	106.48	15166.0			20.08	2489.6
		将可及	223.86	33658.4									157.32	21814.8	66.54	11843.6				
	冷杉	合计	1164.75	141104.6			121.40	9780.9	361.35	42380.5	380.27	47204.5	301.73	41738.7						
		即可及	301.73	41738.7									301.73	41738.7						
	云杉	合计	2285.73	263783.2	10.49	464.4	165.42	16902.4	614.53	63394.4	1307.17	154415.8	188.12	28606.2						
		即可及	188.12	28606.2									188.12	28606.2						
	落叶松	合计	2293.45	269228.7	35.25	1690.9	209.43	14977.0	1412.66	167340.4	440.29	58172.0	195.82	27048.4						
		即可及	184.28	24692.8									184.28	24692.8						
		将可及	11.54	2355.6									11.54	2355.6						
	红松	合计	249.57	33872.5	0.31	11.5	9.88	757.7	154.05	22086.2	85.33	11017.1								
	樟子松	合计	37.59	4832.6			0.19	11.4	18.35	2106.7	19.05	2714.5								
	蒙古栎	合计	323.64	39951.4					269.15	32614.4	49.61	6692.4	4.88	644.6						
		即可及	4.88	644.6									4.88	644.6						
	白桦	合计	14597.57	1578595.3			300.10	22030.1	2604.23	273782.5	8736.43	937629.9	2822.13	322539.3	134.68	22613.5				
		即可及	2746.38	314097.2									2677.13	303213.7	69.25	10883.5				
		将可及	210.43	31055.6									145.00	19325.6	65.43	11730.0				
	枫桦	合计	7025.74	815842.0			79.26	9111.5	6517.66	758879.9	327.57	36189.7	99.15	11499.1	2.10	161.8				
		即可及	101.25	11660.9									99.15	11499.1	2.10	161.8				
	黑桦	合计	389.42	34751.8	20.69	1439.8	6.83	673.1	247.13	22814.7	54.20	4922.9	60.57	4901.3						
		即可及	60.57	4901.3									60.57	4901.3						
	水曲柳	合计	1312.03	144693.4	82.78	3949.4	13.11	1217.0	1154.10	131132.3	20.23	2366.2	41.81	6028.5						
		即可及	41.81	6028.5									41.81	6028.5						
	胡桃楸	合计	63.19	5372.5	47.30	3394.3			15.89	1978.2										
	黄波罗	合计	19.27	2543.6					19.27	2543.6										

表6 黑龙江重点国有林区用材林各龄级面积、蓄积按优势树种和可及度统计表（续37）

单位：公顷、立方米

统计单位	优势树种	可及度	合计		Ⅰ龄级		Ⅱ龄级		Ⅲ龄级		Ⅳ龄级		Ⅴ龄级		Ⅵ龄级		Ⅶ龄级		Ⅷ以上龄级	
			面积	蓄积	面积	蓄积	面积	蓄积	面积	蓄积	面积	蓄积	面积	蓄积	面积	蓄积	面积	蓄积	面积	蓄积
绥棱林业局	榆树	合计	1038.65	104196.2			10.30	848.5	239.43	26070.8	72.51	8535.6	661.20	62131.0	35.13	4120.7			20.08	2489.6
		即可及	716.41	68741.3									661.20	62131.0	35.13	4120.7			20.08	2489.6
	紫椴	合计	43.67	6549.0					43.67	6549.0										
	糠椴	合计	251.42	26357.8					217.14	23270.4			34.28	3087.4						
		即可及	34.28	3087.4									34.28	3087.4						
	杨树	合计	7.26	721.4			1.26	85.3	2.92	338.6	1.97	183.9			1.11	113.6				
		将可及	1.11	113.6											1.11	113.6				
	山杨	合计	1844.23	203973.6			18.67	1023.7	1029.82	113811.7	718.41	81537.8	77.33	7600.4						
		即可及	76.55	7466.8									76.55	7466.8						
		将可及	0.78	133.6									0.78	133.6						
	毛赤杨	合计	12.01	801.5			6.16	434.2	5.85	367.3										
	槭树	合计	779.17	85801.3					403.43	39770.5	41.74	4294.2	334.00	41736.6						
		即可及	334.00	41736.6									334.00	41736.6						
	波纹柳	合计	1.99	116.1			1.99	116.1												
	稠李	合计	8.31	605.5			7.12	556.6	1.19	48.9										
	花曲柳	合计	36.92	2700.3					36.92	2700.3										
	钻天柳	合计	1.53	121.1			1.53	121.1												
	其他亚乔木	合计	34.80	2733.4			34.80	2733.4												
通北林业局	合计	合计	24833.39	2545678.3	178.25	2793.3	2170.07	81733.3	11340.19	1226443.8	9206.11	995120.7	1572.87	193979.9	365.90	45607.3				
		即可及	1938.77	239587.2									1572.87	193979.9	365.90	45607.3				
	冷杉	合计	34.41	6801.8					20.55	4126.7			13.86	2675.1						
		即可及	13.86	2675.1									13.86	2675.1						
	云杉	合计	195.76	10248.9	65.50		72.95	3403.7			24.90	2512.1			32.41	4333.1				
		即可及	32.41	4333.1											32.41	4333.1				
	落叶松	合计	2812.43	297170.5	23.23	62.9	143.49	5227.3	1853.35	214760.0	743.41	72241.7	48.95	4878.6						
		即可及	48.95	4878.6									48.95	4878.6						
	红松	合计	78.62	10716.4	2.47		35.18	3989.5	40.97	6726.9										
	樟子松	合计	122.66	16125.1					61.26	6199.7	61.40	9925.4								
	蒙古栎	合计	4472.63	464783.4	42.44	2370.6	151.87	8243.0	3640.68	370583.1	594.94	75589.2	42.70	7997.5						
		即可及	42.70	7997.5									42.70	7997.5						
	白桦	合计	10796.95	978701.5	28.76	145.0	1350.91	42980.0	990.14	73000.1	6679.96	647385.2	1422.78	174851.8	324.40	40339.4				
		即可及	1747.18	215191.2									1422.78	174851.8	324.40	40339.4				
	枫桦	合计	27.40	2601.5					27.40	2601.5										
	黑桦	合计	1087.82	98232.0	1.35	19.5	70.49	3549.6	891.44	80987.1	124.54	13675.8								
	水曲柳	合计	42.43	4541.6					42.43	4541.6										
	榆树	合计	185.76	13711.7					81.52	3906.3	50.57	5293.7	44.58	3576.9	9.09	934.8				
		即可及	53.67	4511.7									44.58	3576.9	9.09	934.8				
	紫椴	合计	228.80	28195.4					142.52	16845.2	86.28	11350.2								

表6　黑龙江重点国有林区用材林各龄级面积、蓄积按优势树种和可及度统计表（续38）

单位：公顷、立方米

统计单位	优势树种	可及度	合计		Ⅰ龄级		Ⅱ龄级		Ⅲ龄级		Ⅳ龄级		Ⅴ龄级		Ⅵ龄级		Ⅶ龄级		Ⅷ以上龄级	
			面积	蓄积	面积	蓄积	面积	蓄积	面积	蓄积	面积	蓄积	面积	蓄积	面积	蓄积	面积	蓄积	面积	蓄积
通北林业局	糠椴	合计	489.35	43152.5					467.64	41974.6	21.71	1177.9								
	山杨	合计	3700.05	538035.8			169.61	10508.8	2730.52	372991.9	799.92	154535.1								
	毛赤杨	合计	232.46	9220.2	14.50	195.3	136.07	3123.4	81.89	5901.5										
	槭树	合计	286.36	22732.0					267.88	21297.6	18.48	1434.4								
	波纹柳	合计	39.50	708.0			39.50	708.0												
沾河林业局	合计	合计	145292.29	16335103.7	1121.46	35687.1	16683.04	1152649.3	59538.89	6837501.9	49137.98	5979627.7	13764.80	1696127.8	4644.10	584911.4	381.22	45224.2	20.80	3374.3
		即可及	18810.92	2329637.7									13764.80	1696127.8	4644.10	584911.4	381.22	45224.2	20.80	3374.3
	冷杉	合计	2465.18	362147.0	20.57	1812.5	227.68	20974.4	938.00	136761.7	1023.30	160317.6	226.69	38032.8	28.94	4248.0				
		即可及	255.63	42280.8									226.69	38032.8	28.94	4248.0				
	云杉	合计	4007.55	589107.2	7.62	307.4	121.54	8738.3	361.70	41700.2	2646.40	393787.4	414.88	67661.2	318.34	52452.9	137.07	24459.8		
		即可及	870.29	144573.9									414.88	67661.2	318.34	52452.9	137.07	24459.8		
	落叶松	合计	28262.70	3499192.0	256.90	15646.8	5386.28	487091.1	17256.74	2259932.5	4406.04	610675.5	914.14	120960.6	25.35	3357.4	17.25	1528.1		
		即可及	956.74	125846.1									914.14	120960.6	25.35	3357.4	17.25	1528.1		
	红松	合计	420.58	55432.4	0.76		105.42	11316.2	6.91	446.0	204.43	26153.1	51.02	10075.3	52.04	7441.8				
		即可及	103.06	17517.1									51.02	10075.3	52.04	7441.8				
	樟子松	合计	45.25	5500.2					37.37	4303.4	7.88	1196.8								
	蒙古栎	合计	27691.45	3164754.3	59.39	6034.2	2508.45	191431.4	18374.91	2061492.3	6376.03	835471.5	372.67	70324.9						
		即可及	372.67	70324.9									372.67	70324.9						
	白桦	合计	60005.77	6159691.4	375.88	382.9	5955.02	270543.8	7793.42	628251.5	30267.96	3434092.5	11240.27	1296702.0	4142.29	508002.3	210.13	18342.1	20.80	3374.3
		即可及	15613.49	1826420.7									11240.27	1296702.0	4142.29	508002.3	210.13	18342.1	20.80	3374.3
	枫桦	合计	24.88	2159.4	9.11	796.8	15.77	1362.6												
	黑桦	合计	8773.47	889419.9	62.23	5059.4	976.77	72162.8	6317.92	648959.5	1383.19	158010.1	33.36	5228.1						
		即可及	33.36	5228.1									33.36	5228.1						
	水曲柳	合计	104.32	10714.1					53.14	4835.7	51.18	5878.4								
	榆树	合计	493.24	37927.7			11.33	617.8	84.28	6416.5	329.31	26066.3	51.55	3932.9			16.77	894.2		
		即可及	68.32	4827.1									51.55	3932.9			16.77	894.2		
	紫椴	合计	1123.74	116351.8					842.81	85319.8	280.93	31032.0								
	糠椴	合计	3296.32	387135.0			266.89	24067.6	2133.95	248286.5	895.48	114780.9								
	山杨	合计	6868.15	906565.5	142.72	2959.2	533.54	39360.3	4690.56	647199.3	1171.83	170054.0	252.36	37583.7	77.14	9409.0				
		即可及	329.50	46992.7									252.36	37583.7	77.14	9409.0				
	毛赤杨	合计	891.54	42130.1	126.09	2066.3	562.50	24067.6	196.54	15420.5			6.41	575.7						
		即可及	6.41	575.7									6.41	575.7						
	槭树	合计	755.62	106210.0			9.51	871.3	450.64	48176.5	94.02	12111.6	201.45	45050.6						
		即可及	201.45	45050.6									201.45	45050.6						
	波纹柳	合计	62.53	665.7	60.19	621.6	2.34	44.1												

表6 黑龙江重点国有林区用材林各龄级面积、蓄积按优势树种和可及度统计表（续39）

单位：公顷、立方米

统计单位	优势树种	可及度	合计		Ⅰ龄级		Ⅱ龄级		Ⅲ龄级		Ⅳ龄级		Ⅴ龄级		Ⅵ龄级		Ⅶ龄级		Ⅷ以上龄级	
			面积	蓄积	面积	蓄积	面积	蓄积	面积	蓄积	面积	蓄积	面积	蓄积	面积	蓄积	面积	蓄积	面积	蓄积
东方红林业局	合计	合计	117558.18	16114794.9	696.95	41816.9	15971.76	2174858.7	51946.89	6930820.5	31302.30	4525385.8	10475.04	1400164.7	5737.90	864431.1	1158.29	143824.7	269.05	33492.5
		即可及	17640.28	2441913.0									10475.04	1400164.7	5737.90	864431.1	1158.29	143824.7	269.05	33492.5
	冷杉	合计	442.08	69747.8					246.11	30866.1	195.97	38881.7								
	云杉	合计	322.94	34361.1	40.58	2411.4	79.25	8004.0			203.11	23945.7								
	落叶松	合计	2018.07	303760.1	137.37	8816.1	471.63	46960.3	906.72	156065.8	456.71	83125.4	45.64	8792.5						
		即可及	45.64	8792.5									45.64	8792.5						
	红松	合计	492.25	74147.7	29.75	26.3	68.46	8094.2	42.04	3923.3	54.87	7259.7	42.33	5113.6	254.80	49730.6				
		即可及	297.13	54844.2									42.33	5113.6	254.80	49730.6				
	樟子松	合计	0.34	29.1					0.34	29.1										
	蒙古栎	合计	13502.24	1888802.6	126.30	10951.9	2046.16	290018.8	7395.55	999090.9	3397.98	509435.5	326.50	41623.8	186.82	32496.0	19.16	3994.7	3.77	1191.0
		即可及	536.25	79305.5									326.50	41623.8	186.82	32496.0	19.16	3994.7	3.77	1191.0
	白桦	合计	12872.78	1599591.5	36.51	1287.0	213.31	9108.0	308.31	31666.6	4825.65	567470.0	5031.39	626612.0	2154.30	319742.0	292.82	42770.7	10.49	935.2
		即可及	7489.00	990059.9									5031.39	626612.0	2154.30	319742.0	292.82	42770.7	10.49	935.2
	枫桦	合计	4770.79	661128.5	2.20		259.76	39706.9	1516.57	210628.2	1730.89	224974.1	709.15	99832.3	545.65	84819.4			6.57	1167.6
		即可及	1261.37	185819.3									709.15	99832.3	545.65	84819.4			6.57	1167.6
	黑桦	合计	289.22	39204.7			224.19	30096.3	58.75	8098.1	6.28	1010.3								
	水曲柳	合计	25079.82	3349869.8	100.11	5667.7	4820.32	751212.2	13344.40	1645753.8	5566.22	768554.5	631.46	76794.4	596.66	97864.4	20.65	4022.8		
		即可及	1248.77	178681.6									631.46	76794.4	596.66	97864.4	20.65	4022.8		
	胡桃楸	合计	8326.74	1149237.1	15.84	2313.6	1569.07	236521.0	3895.70	510863.3	2509.00	351695.8	295.90	42777.9	41.23	5065.5				
		即可及	337.13	47843.4									295.90	42777.9	41.23	5065.5				
	黄波罗	合计	734.49	92330.1	9.04	367.5	222.47	25783.1	363.83	47750.3	139.15	18429.2								
	榆树	合计	1684.84	171156.7			12.60	563.4	61.56	5058.4	131.78	8372.1	723.53	69866.8	297.35	33490.5	287.41	34179.2	170.61	19626.3
		即可及	1478.90	157162.8									723.53	69866.8	297.35	33490.5	287.41	34179.2	170.61	19626.3
	紫椴	合计	2513.02	317244.0			379.32	50766.0	1549.40	187571.8	408.72	51564.5	17.49	2728.1	158.09	24613.6				
		即可及	175.58	27341.7									17.49	2728.1	158.09	24613.6				
	糠椴	合计	11779.42	1537817.6	66.09	4636.0	2411.04	349843.3	6230.37	738829.0	2747.94	393080.8	150.62	21002.3	173.36	30426.2				
		即可及	323.98	51428.5									150.62	21002.3	173.36	30426.2				
	大青杨	合计	16.16	2281.4					3.79	494.7					12.37	1786.7				
		即可及	12.37	1786.7											12.37	1786.7				
	柳树	合计	31.33	249.5	20.17	41.4	10.41	192.3	0.75	15.8										
	山杨	合计	21403.90	3588825.9	5.64	125.6	714.27	71804.0	11822.95	1914463.7	6233.43	1161782.7	1718.36	314529.2	591.96	88000.4	266.25	31923.0	51.04	6197.3
		即可及	2627.61	440649.9									1718.36	314529.2	591.96	88000.4	266.25	31923.0	51.04	6197.3
	毛赤杨	合计	1976.70	164063.8	96.03	4765.6	588.14	24922.6	956.64	96599.6	68.98	7579.7	111.76	13762.6	90.18	9880.1	64.97	6553.6		
		即可及	266.91	30196.3									111.76	13762.6	90.18	9880.1	64.97	6553.6		
	槭树	合计	8214.53	956384.8	2.61	148.6	1723.22	220636.9	2967.61	312018.2	2545.30	296770.3	529.87	63885.2	391.83	55905.5	35.06	3430.4	19.03	3589.7
		即可及	975.79	126810.8									529.87	63885.2	391.83	55905.5	35.06	3430.4	19.03	3589.7
	山槐	合计	499.45	45709.5			54.13	2706.3	170.37	15345.8	24.59	2050.9	106.24	9341.8	144.12	16264.7				
		即可及	250.36	25606.5									106.24	9341.8	144.12	16264.7				

表 6　黑龙江重点国有林区用材林各龄级面积、蓄积按优势树种和可及度统计表（续 40）

单位：公顷、立方米

统计单位	优势树种	可及度	合计		Ⅰ龄级		Ⅱ龄级		Ⅲ龄级		Ⅳ龄级		Ⅴ龄级		Ⅵ龄级		Ⅶ龄级		Ⅷ以上龄级	
			面积	蓄积	面积	蓄积	面积	蓄积	面积	蓄积	面积	蓄积	面积	蓄积	面积	蓄积	面积	蓄积	面积	蓄积
东方红林业局	暴马丁香	合计	103.64	9598.6			57.35	6408.3	5.50	395.4	15.70	1131.5					25.09	1663.4		
		即可及	25.09	1663.4													25.09	1663.4		
	青楷槭	合计	234.83	27399.4					26.47	2991.6					87.38	13039.6	113.44	10582.8	7.54	785.4
		即可及	208.36	24407.8											87.38	13039.6	113.44	10582.8	7.54	785.4
	花楷槭	合计	24.85	494.9			24.85	494.9												
	波纹柳	合计	80.87	7199.0	8.71	258.2	21.81	1015.9	15.55	2422.7			34.80	3502.2						
		即可及	34.80	3502.2									34.80	3502.2						
	山桃稠李	合计	142.88	24159.7					57.61	9878.3	40.03	8271.4			11.80	1305.9	33.44	4704.1		
		即可及	45.24	6010.0											11.80	1305.9	33.44	4704.1		
迎春林业局	合计	合计	37547.79	4217659.7	820.90	37557.0	4612.37	448296.4	19404.99	2149538.1	7930.85	1000959.6	3714.48	449052.1	811.94	106231.9	212.63	21890.7	39.63	4133.9
		即可及	4778.68	581308.6									3714.48	449052.1	811.94	106231.9	212.63	21890.7	39.63	4133.9
	云杉	合计	216.09	6463.8	186.09	2536.9	30.00	3926.9												
	落叶松	合计	6906.77	898527.4	28.49	178.5	827.28	75691.0	3498.94	464462.5	1932.03	273738.7	618.97	84286.2	1.06	170.5				
		即可及	620.03	84456.7									618.97	84286.2	1.06	170.5				
	红松	合计	711.69	84022.9	85.30	6762.2	471.64	56858.0	94.78	12429.1							59.97	7973.6		
		即可及	59.97	7973.6													59.97	7973.6		
	樟子松	合计	43.77	5436.2			5.47	75.2	13.07	1707.2	25.23	3653.8								
	蒙古栎	合计	7792.58	832227.5	128.51	7481.0	813.64	68830.2	5012.70	536560.1	1134.72	140671.2	699.75	78195.4	3.26	489.6				
		即可及	703.01	78685.0									699.75	78195.4	3.26	489.6				
	白桦	合计	2027.43	197238.7	29.41	2362.5	364.37	30810.7	425.85	42838.1	717.67	73297.6	373.29	36225.2	109.03	10829.1	7.81	875.5		
		即可及	490.13	47929.8									373.29	36225.2	109.03	10829.1	7.81	875.5		
	枫桦	合计	786.18	79819.8			34.65	3009.4	22.43	2294.6	288.86	30975.9	313.18	32461.3	52.80	4605.2	74.26	6473.4		
		即可及	440.24	43539.9									313.18	32461.3	52.80	4605.2	74.26	6473.4		
	黑桦	合计	200.30	21371.3			7.16	806.1	143.50	15176.0	49.64	5389.2								
	水曲柳	合计	3582.47	342741.8	111.45	7973.2	231.92	21658.1	2654.09	252361.2	358.49	37521.1	202.11	20800.3			24.41	2427.9		
		即可及	226.52	23228.2									202.11	20800.3			24.41	2427.9		
	胡桃楸	合计	1187.02	109983.6	25.03		37.81	3201.2	854.28	80325.9	153.73	14154.4	116.17	12302.1						
		即可及	116.17	12302.1									116.17	12302.1						
	黄波罗	合计	161.11	15541.0					124.94	12213.8	18.81	1707.5	17.36	1619.7						
		即可及	17.36	1619.7									17.36	1619.7						
	榆树	合计	324.52	29070.0	1.02	32.8	7.34	259.1	57.31	4860.2	55.69	5129.7	76.00	6587.9	125.26	11999.8			1.90	200.5
		即可及	203.16	18788.2									76.00	6587.9	125.26	11999.8			1.90	200.5
	紫椴	合计	3612.06	373050.8	53.05	2085.0	328.55	30650.7	2032.05	210161.5	1001.07	109197.0	172.64	18538.0	3.20	444.0	21.50	1974.6		
		即可及	197.34	20956.6									172.64	18538.0	3.20	444.0	21.50	1974.6		
	糠椴	合计	454.47	51883.3	7.77	577.2			373.64	42023.0	5.13	562.2	67.93	8720.9						
		即可及	67.93	8720.9									67.93	8720.9						
	山杨	合计	8038.54	1031797.4	161.58	7333.0	1336.89	142692.7	3232.57	392179.5	1900.28	278346.4	866.15	130664.3	502.41	76548.4	0.93	99.7	37.73	3933.4
		即可及	1407.22	211245.8									866.15	130664.3	502.41	76548.4	0.93	99.7	37.73	3933.4

表6 黑龙江重点国有林区用材林各龄级面积、蓄积按优势树种和可及度统计表（续41）

单位：公顷、立方米

统计单位	优势树种	可及度	合计		Ⅰ龄级		Ⅱ龄级		Ⅲ龄级		Ⅳ龄级		Ⅴ龄级		Ⅵ龄级		Ⅶ龄级		Ⅷ以上龄级	
			面积	蓄积	面积	蓄积	面积	蓄积	面积	蓄积	面积	蓄积	面积	蓄积	面积	蓄积	面积	蓄积	面积	蓄积
迎春林业局	毛赤杨	合计	294.62	26185.3	2.29	234.7	113.16	9634.7	177.78	16164.2			1.39	151.7						
		即可及	1.39	151.7									1.39	151.7						
	槭树	合计	1160.72	108576.9			2.49	192.4	640.52	60059.2	289.50	26614.9	189.54	18499.1	14.92	1145.3	23.75	2066.0		
		即可及	228.21	21710.4									189.54	18499.1	14.92	1145.3	23.75	2066.0		
	山槐	合计	44.46	3514.7					44.46	3514.7										
	波纹柳	合计	2.99	207.3	0.91				2.08	207.3										
清河林业局	合计	合计	16419.57	1650612.7	852.45	52361.8	2989.86	224265.2	11116.53	1231305.9	865.53	84769.9	550.62	53651.2	38.68	3681.2	5.90	577.5		
		即可及	589.01	57333.3									544.43	53074.6	38.68	3681.2	5.90	577.5		
		不可及	6.19	576.6									6.19	576.6						
	落叶松	合计	3566.30	478302.5	199.71	15061.2	525.55	57360.0	2763.04	398389.8	46.25	4626.8	31.75	2864.7						
		即可及	31.75	2864.7									31.75	2864.7						
	红松	合计	728.98	79255.5	8.85	799.5	60.43	5581.4	593.53	64642.5	16.10	2136.8	50.07	6095.3						
		即可及	50.07	6095.3									50.07	6095.3						
	樟子松	合计	299.72	38579.9			22.24	1218.4	264.49	35771.1	10.19	1213.8	2.80	376.6						
		即可及	2.80	376.6									2.80	376.6						
	紫杉	合计	2.57	202.9					2.57	202.9										
	蒙古栎	合计	5575.88	508301.4	324.81	19461.5	1451.02	99055.2	3715.29	379639.2	82.82	9956.3	1.94	189.2						
		即可及	1.94	189.2									1.94	189.2						
	白桦	合计	1575.13	138683.1	25.50	1426.0	263.75	20250.6	425.02	36306.0	543.26	49820.9	315.18	30656.5	2.42	223.1				
		即可及	317.60	30879.6									315.18	30656.5	2.42	223.1				
	枫桦	合计	48.94	3558.5	25.05	1219.8			23.89	2338.7										
	黑桦	合计	430.06	34636.2	60.12	3096.7	71.28	3763.0	295.17	27483.5	3.49	293.0								
	水曲柳	合计	1065.12	99798.5	3.96	286.7	56.84	4594.8	1003.48	94838.1	0.46	49.1	0.38	29.8						
		即可及	0.38	29.8									0.38	29.8						
	胡桃楸	合计	419.43	42085.9	1.51	117.2	39.50	2802.8	374.57	38823.3			3.85	342.6						
		即可及	3.85	342.6									3.85	342.6						
	黄波罗	合计	0.61	75.6					0.61	75.6										
	榆树	合计	428.11	37426.3	23.34	1160.2	21.46	1108.2	161.90	14887.1	37.03	3352.8	142.22	12882.4	36.26	3458.1	5.90	577.5		
		即可及	178.19	16341.4									136.03	12305.8	36.26	3458.1	5.90	577.5		
		不可及	6.19	576.6									6.19	576.6						
	紫椴	合计	4.76	287.5					4.76	287.5										
	糠椴	合计	1313.72	108687.3	95.71	5133.6	262.19	14284.4	877.57	80945.5	78.25	8323.8								
	大青杨	合计	1.12	91.7			1.12	91.7												
	柳树	合计	4.17	256.0			1.09	39.6	3.08	216.4										
	山杨	合计	351.62	26816.7	71.55	3823.1	127.65	8040.6	144.90	13866.9	7.52	1086.1								
	毛赤杨	合计	58.02	3954.9	3.57	171.7	54.37	3777.0	0.08	6.2										

表 6　黑龙江重点国有林区用材林各龄级面积、蓄积按优势树种和可及度统计表（续 42）

单位：公顷、立方米

统计单位	优势树种	可及度	合计		Ⅰ龄级		Ⅱ龄级		Ⅲ龄级		Ⅳ龄级		Ⅴ龄级		Ⅵ龄级		Ⅶ龄级		Ⅷ以上龄级	
			面积	蓄积	面积	蓄积	面积	蓄积	面积	蓄积	面积	蓄积	面积	蓄积	面积	蓄积	面积	蓄积	面积	蓄积
清河林业局	槭树	合计	467.97	43526.3	0.22	2.2			425.16	39399.5	40.16	3910.5	2.43	214.1						
		即可及	2.43	214.1									2.43	214.1						
	青楷槭	合计	2.06	157.4			2.06	157.4												
	波纹柳	合计	75.28	5928.6	8.55	602.4	29.31	2140.1	37.42	3186.1										
鹤北林业局	合计	合计	81041.70	9127598.7	365.47	6824.6	4695.67	220282.6	39946.41	4356287.2	18783.73	2293592.8	11057.61	1410203.7	5677.01	773749.0	494.83	63588.9	20.97	3069.9
		即可及	17250.42	2250611.5									11057.61	1410203.7	5677.01	773749.0	494.83	63588.9	20.97	3069.9
	冷杉	合计	9401.54	1333790.2			55.05	4809.6	3393.34	431233.1	1923.23	254500.8	3978.30	633784.2	51.62	9462.5				
		即可及	4029.92	643246.7									3978.30	633784.2	51.62	9462.5				
	云杉	合计	974.70	103012.5	29.15	139.6	399.57	34187.5	106.03	15997.4	215.91	26320.8	113.60	12953.1	110.44	13414.1				
		即可及	224.04	26367.2									113.60	12953.1	110.44	13414.1				
	落叶松	合计	4477.76	525455.4	60.61	103.8	493.91	27949.3	2647.56	347498.2	844.58	108172.9	339.46	33472.0	91.64	8259.2				
		即可及	431.10	41731.2									339.46	33472.0	91.64	8259.2				
	红松	合计	2122.18	302360.7	5.25	262.5	195.80	21872.4	85.97	13075.2	447.08	57085.0	164.37	22311.0	1223.71	187754.6				
		即可及	1388.08	210065.6									164.37	22311.0	1223.71	187754.6				
	樟子松	合计	83.98	12182.5	0.49				74.74	10844.3	5.69	804.8	3.06	533.4						
		即可及	3.06	533.4									3.06	533.4						
	蒙古栎	合计	16279.00	1933947.2	9.84	272.9	388.69	27006.0	12528.40	1455406.1	3180.18	427889.7	171.89	23372.5						
		即可及	171.89	23372.5									171.89	23372.5						
	白桦	合计	15255.83	1561109.8	86.40	890.4	915.93	22239.7	791.95	35839.7	3956.05	383032.1	5253.37	556903.7	3890.15	514630.7	342.00	44608.9	19.98	2964.6
		即可及	9505.50	1119107.9									5253.37	556903.7	3890.15	514630.7	342.00	44608.9	19.98	2964.6
	枫桦	合计	4820.08	534917.0	26.16	627.8	432.74	23223.3	2287.14	245344.1	2009.27	255884.5	64.77	9837.3						
		即可及	64.77	9837.3									64.77	9837.3						
	黑桦	合计	2527.95	270764.6	4.32	114.6	58.40	3177.0	2307.32	243548.3	157.91	23924.7								
	水曲柳	合计	747.65	85124.8			15.23	539.6	466.02	49658.4	266.40	34926.8								
	胡桃楸	合计	15.30	1333.7					15.30	1333.7										
	黄波罗	合计	917.81	98007.2					600.32	61370.5	313.64	36172.9	3.85	463.8						
		即可及	3.85	463.8									3.85	463.8						
	榆树	合计	478.87	34848.7	0.18		77.22	942.5	39.44	1516.1	36.14	2826.4	225.97	18315.2	69.19	7763.0	29.74	3380.2	0.99	105.3
		即可及	325.89	29563.7									225.97	18315.2	69.19	7763.0	29.74	3380.2	0.99	105.3
	紫椴	合计	5848.63	622442.8			67.96	3146.9	3173.44	302330.9	2473.23	302474.1	96.29	9334.4	37.71	5156.5				
		即可及	134.00	14490.9									96.29	9334.4	37.71	5156.5				
	糠椴	合计	4048.69	441080.2	70.56	3798.0	221.66	12589.7	3204.76	351356.4	522.97	68315.4	28.74	5020.7						
		即可及	28.74	5020.7									28.74	5020.7						
	大青杨	合计	169.32	13574.5			21.20	281.6	99.25	8199.3	48.87	5093.6								
	柳树	合计	15.22	479.9	4.03		7.65	177.3			2.81	241.3	0.24	21.5	0.49	39.8				
		即可及	0.73	61.3									0.24	21.5	0.49	39.8				

表6 黑龙江重点国有林区用材林各龄级面积、蓄积按优势树种和可及度统计表（续43）

单位：公顷、立方米

统计单位	优势树种	可及度	合计		Ⅰ龄级		Ⅱ龄级		Ⅲ龄级		Ⅳ龄级		Ⅴ龄级		Ⅵ龄级		Ⅶ龄级		Ⅷ以上龄级	
			面积	蓄积	面积	蓄积	面积	蓄积	面积	蓄积	面积	蓄积	面积	蓄积	面积	蓄积	面积	蓄积	面积	蓄积
鹤北林业局	山杨	合计	5587.86	696450.5	8.73	93.7	259.51	10991.4	3461.25	407767.8	1043.11	161131.8	490.11	73597.4	202.06	27268.6	123.09	15599.8		
		即可及	815.26	116465.8									490.11	73597.4	202.06	27268.6	123.09	15599.8		
	毛赤杨	合计	2454.97	144028.3	32.13	421.4	685.72	18536.6	1580.17	114497.7	86.22	6658.1	70.73	3914.5						
		即可及	70.73	3914.5									70.73	3914.5						
	槭树	合计	3655.07	329242.0	2.73	10.0	187.77	6507.4	2430.91	208714.5	1010.94	110995.3	22.72	3014.8						
		即可及	22.72	3014.8									22.72	3014.8						
	山槐	合计	132.24	14792.9					82.67	8334.2	49.57	6458.7								
	暴马丁香	合计	32.71	2541.5					32.71	2541.5										
	青楷槭	合计	368.77	38325.1					194.67	18259.0	143.96	16711.9	30.14	3354.2						
		即可及	30.14	3354.2									30.14	3354.2						
	花楷槭	合计	152.29	9383.8			20.12	140.8	98.26	6562.4	33.91	2680.6								
	波纹柳	合计	347.65	10074.9	24.06	85.1	187.92	1911.7	123.61	6787.5	12.06	1290.6								
	稠李	合计	6.54	369.5			0.20	6.0	6.34	363.5										
	山桃稠李	合计	44.04	3746.9					44.04	3746.9										
	山丁子	合计	75.05	4211.6	0.83	4.8	3.42	46.3	70.80	4160.5										
桦南林业局	合计	合计	23288.92	3000177.4	671.17	39335.2	3329.07	402391.2	9717.64	1334556.6	6068.44	794157.9	2507.65	308872.6	617.99	78454.2	289.67	31535.8	87.29	10873.9
		即可及	3502.60	429736.5									2507.65	308872.6	617.99	78454.2	289.67	31535.8	87.29	10873.9
	冷杉	合计	135.47	27646.8					38.45	9187.8	73.92	11732.4	23.10	6726.6						
		即可及	23.10	6726.6									23.10	6726.6						
	云杉	合计	43.69	3544.7	17.96	48.2					18.39	2056.3	2.27	495.5	5.07	944.7				
		即可及	7.34	1440.2									2.27	495.5	5.07	944.7				
	落叶松	合计	2939.33	442874.8	187.51	7258.0	544.62	58416.5	976.32	177525.7	1015.04	163387.7	215.84	36286.9						
		即可及	215.84	36286.9									215.84	36286.9						
	红松	合计	229.56	42581.1	1.85	147.4	81.66	15104.1	2.31	212.6	60.84	10869.5	51.68	10857.2	31.22	5390.3				
		即可及	82.90	16247.5									51.68	10857.2	31.22	5390.3				
	樟子松	合计	236.01	18171.4	1.03		195.89	12040.0	18.82	2389.0	20.27	3742.4								
	蒙古栎	合计	3121.37	360904.5	140.09	7005.0	297.64	27939.4	1996.10	244146.9	687.54	81813.2								
	白桦	合计	3251.30	383587.4	10.91	159.4	66.20	2115.9	182.70	30557.2	1021.58	124880.8	1372.66	152675.9	458.08	56287.8	111.22	13407.0	27.95	3503.4
		即可及	1969.91	225874.1									1372.66	152675.9	458.08	56287.8	111.22	13407.0	27.95	3503.4
	枫桦	合计	1508.30	238035.0	101.76	15917.1	62.76	11488.0	1014.37	162770.9	217.91	30422.4	111.50	17436.6						
		即可及	111.50	17436.6									111.50	17436.6						
	黑桦	合计	83.77	7337.9	1.19	87.0	50.08	4378.1	31.64	2825.2	0.86	47.6								
	水曲柳	合计	4730.62	603616.3	87.88	3937.8	990.88	139877.1	2378.93	292739.5	1176.34	151338.9	96.59	15723.0						
		即可及	96.59	15723.0									96.59	15723.0						
	胡桃楸	合计	506.39	66206.4	12.63	896.3	188.64	26294.5	161.17	22353.8	143.95	16661.8								
	黄波罗	合计	61.52	6988.8			19.69	2337.4	39.23	4463.0	2.60	188.4								
	榆树	合计	338.20	34793.3	0.62		2.33	108.4	56.25	7171.3	22.94	2195.5	173.28	16570.5	62.41	7525.9	20.37	1221.7		
		即可及	256.06	25318.1									173.28	16570.5	62.41	7525.9	20.37	1221.7		

表 6　黑龙江重点国有林区用材林各龄级面积、蓄积按优势树种和可及度统计表（续 44）

单位：公顷、立方米

统计单位	优势树种	可及度	合计		Ⅰ龄级		Ⅱ龄级		Ⅲ龄级		Ⅳ龄级		Ⅴ龄级		Ⅵ龄级		Ⅶ龄级		Ⅷ以上龄级	
			面积	蓄积	面积	蓄积	面积	蓄积	面积	蓄积	面积	蓄积	面积	蓄积	面积	蓄积	面积	蓄积	面积	蓄积
桦南林业局	紫椴	合计	697.03	78058.2	6.18	327.6	185.41	23330.6	449.45	48219.0	55.99	6181.0								
	糠椴	合计	1109.87	147476.6	46.64	1700.0	257.53	35565.8	522.86	72562.8	282.84	37648.0								
	大青杨	合计	187.95	33916.5					137.38	26427.9	50.57	7488.6								
	柳树	合计	6.72	318.8			0.91	20.9	5.81	297.9										
	山杨	合计	2327.19	328504.1	10.89	893.6	46.45	3661.2	1221.71	186021.4	753.42	99858.3	173.56	22409.3	61.21	8305.5	59.95	7354.8		
		即可及	294.72	38069.6									173.56	22409.3	61.21	8305.5	59.95	7354.8		
	毛赤杨	合计	363.65	29418.6	34.54	695.4	43.92	2086.1	188.05	16840.2	31.59	1829.0	6.21	597.4					59.34	7370.5
		即可及	65.55	7967.9									6.21	597.4					59.34	7370.5
	槭树	合计	626.29	71768.1	9.49	262.4	289.46	37523.0	220.36	21445.8	106.98	12536.9								
	山槐	合计	701.99	68763.2					28.99	2852.0	295.53	27377.7	280.96	29093.7			96.51	9439.8		
		即可及	377.47	38533.5									280.96	29093.7			96.51	9439.8		
	暴马丁香	合计	2.14	136.6					0.52	24.1							1.62	112.5		
		即可及	1.62	112.5													1.62	112.5		
	波纹柳	合计	50.28	3905.9					44.74	3506.2	5.54	399.7								
	稠李	合计	1.03	11.4					1.03	11.4										
	山丁子	合计	24.25	1506.8					0.45	5.0	23.80	1501.8								
	假色槭	合计	5.00	104.2			5.00	104.2												
鹤立林业局	合计	合计	13929.12	1392043.8	319.15	1575.2	715.38	29373.8	9754.43	1013827.4	1844.56	206618.1	1125.37	120619.6	138.06	16195.0	28.76	3622.8	3.41	211.9
		即可及	1295.60	140649.3									1125.37	120619.6	138.06	16195.0	28.76	3622.8	3.41	211.9
	冷杉	合计	653.35	74263.2			28.86	1970.4	346.29	40130.9	254.33	28933.0	23.87	3228.9						
		即可及	23.87	3228.9									23.87	3228.9						
	云杉	合计	115.60	15449.5	16.44				1.09	104.4	26.39	2614.5	71.68	12730.6						
		即可及	71.68	12730.6									71.68	12730.6						
	落叶松	合计	1395.44	126439.5	71.01	9.8	226.97	9225.9	741.00	75053.5	283.43	32519.5	39.75	5397.5	6.15	712.9	23.72	3308.5	3.41	211.9
		即可及	73.03	9630.8									39.75	5397.5	6.15	712.9	23.72	3308.5	3.41	211.9
	红松	合计	826.90	98326.5	12.30		38.26	3044.6	589.33	73462.7	187.01	21819.2								
	樟子松	合计	35.81	2477.9	4.94		10.48	262.0	1.44	168.5	18.95	2047.4								
	蒙古栎	合计	1930.99	187752.0	24.45	290.1	99.96	5046.9	1595.18	156433.8	211.40	25981.2								
	白桦	合计	1708.21	153169.9	81.08	770.0	92.08	1930.7	113.67	3794.6	443.37	45098.9	881.69	89317.2	94.75	12171.7	1.57	86.8		
		即可及	978.01	101575.7									881.69	89317.2	94.75	12171.7	1.57	86.8		
	枫桦	合计	2963.35	301872.6			40.18	331.0	2846.50	293799.0	76.67	7742.6								
	黑桦	合计	263.84	24731.2	10.01		26.84	853.0	211.53	22460.0	15.46	1418.2								
	水曲柳	合计	681.32	64944.5	11.75		33.66	1660.8	587.81	57284.3	24.90	3093.6	23.20	2905.8						
		即可及	23.20	2905.8									23.20	2905.8						
	胡桃楸	合计	145.35	16935.4					145.35	16935.4										
	黄波罗	合计	64.03	9055.7					47.31	6652.4	16.72	2403.3								
	榆树	合计	126.14	8598.9			9.49	118.6	1.92	79.4	16.38	575.2	57.72	4287.8	37.16	3310.4	3.47	227.5		
		即可及	98.35	7825.7									57.72	4287.8	37.16	3310.4	3.47	227.5		

表6 黑龙江重点国有林区用材林各龄级面积、蓄积按优势树种和可及度统计表（续45）

单位：公顷、立方米

统计单位	优势树种	可及度	合计		Ⅰ龄级		Ⅱ龄级		Ⅲ龄级		Ⅳ龄级		Ⅴ龄级		Ⅵ龄级		Ⅶ龄级		Ⅷ以上龄级	
			面积	蓄积	面积	蓄积	面积	蓄积	面积	蓄积	面积	蓄积	面积	蓄积	面积	蓄积	面积	蓄积	面积	蓄积
鹤立林业局	紫椴	合计	378.52	35417.2	13.45	239.0	1.19	100.0	331.69	31414.6	26.87	3163.0	5.32	500.6						
		即可及	5.32	500.6									5.32	500.6						
	糠椴	合计	417.52	40835.4	36.54	199.3	0.35	3.9	351.76	37466.0	28.87	3166.2								
	大青杨	合计	0.61	60.7					0.61	60.7										
	柳树	合计	25.83	1153.4	1.35	18.3	24.48	1135.1												
	山杨	合计	1320.14	157929.9	2.53		42.97	1437.5	1100.48	133794.8	165.47	21764.0	8.69	933.6						
		即可及	8.69	933.6									8.69	933.6						
	毛赤杨	合计	98.01	5024.4	17.83	24.0	10.42	266.1	67.14	4446.7	2.62	287.6								
	槭树	合计	288.12	26599.6	11.34	24.7	25.98	1868.6	228.15	22551.4	22.65	2154.9								
	山槐	合计	72.63	5692.3					72.63	5692.3										
	暴马丁香	合计	10.72	741.8					10.72	741.8										
	青楷槭	合计	183.11	14452.2					163.53	12898.5	19.58	1553.7								
	花楷槭	合计	93.73	8107.4					80.28	6789.8			13.45	1317.6						
		即可及	13.45	1317.6									13.45	1317.6						
	波纹柳	合计	41.60	1897.9	4.13		3.21	118.7	30.77	1497.1	3.49	282.1								
	山桃稠李	合计	88.25	10114.8					88.25	10114.8										
双鸭山林业局	合计	合计	23148.12	2929767.7	155.01	7780.6	1749.39	157692.9	15428.03	2024614.1	2650.28	347708.4	2979.95	369890.0	143.49	13813.1	41.97	8268.6		
		即可及	2970.27	367730.3									2784.81	345648.6	143.49	13813.1	41.97	8268.6		
		将可及	165.15	21285.0									165.15	21285.0						
		不可及	29.99	2956.4									29.99	2956.4						
	冷杉	合计	907.72	114680.9					702.68	87164.7	96.21	12438.7	108.83	15077.5						
		即可及	108.83	15077.5									108.83	15077.5						
	云杉	合计	236.16	32071.1	3.39				116.75	14766.8	107.85	16180.4			8.17	1123.9				
		即可及	8.17	1123.9											8.17	1123.9				
	落叶松	合计	2274.62	294768.3	21.12	1218.0	180.76	18134.3	1412.21	186650.9	337.37	46550.7	323.16	42214.4						
		即可及	280.27	38758.9									280.27	38758.9						
		将可及	26.90	2356.2									26.90	2356.2						
		不可及	15.99	1099.3									15.99	1099.3						
	红松	合计	831.68	116322.1			46.08	7587.9	650.42	89462.0	98.75	14557.9	36.43	4714.3						
		即可及	36.43	4714.3									36.43	4714.3						
	樟子松	合计	62.85	6061.4			29.88	1833.2	2.02	269.6	13.22	1555.7	17.73	2402.9						
		即可及	17.73	2402.9									17.73	2402.9						
	赤松	合计	1.89	159.7					1.89	159.7										
	紫杉	合计	49.52	7007.8									49.52	7007.8						
		即可及	49.52	7007.8									49.52	7007.8						
	蒙古栎	合计	4198.09	471018.6	97.25	4837.7	872.89	80711.5	3154.56	379624.5	55.36	4091.4	18.03	1753.5						
		即可及	11.72	986.3									11.72	986.3						
		将可及	6.31	767.2									6.31	767.2						

表 6　黑龙江重点国有林区用材林各龄级面积、蓄积按优势树种和可及度统计表（续 46）

单位：公顷、立方米

统计单位	优势树种	可及度	合计		Ⅰ龄级		Ⅱ龄级		Ⅲ龄级		Ⅳ龄级		Ⅴ龄级		Ⅵ龄级		Ⅶ龄级		Ⅷ以上龄级	
			面积	蓄积	面积	蓄积	面积	蓄积	面积	蓄积	面积	蓄积	面积	蓄积	面积	蓄积	面积	蓄积	面积	蓄积
双鸭山林业局	白桦	合计	2898.87	346949.8			84.22	6607.0	497.50	53598.3	1405.72	176834.6	911.43	109909.9						
		即可及	843.52	100589.4									843.52	100589.4						
		将可及	66.42	9137.7									66.42	9137.7						
		不可及	1.49	182.8									1.49	182.8						
	枫桦	合计	227.69	32867.1					168.83	24135.0	48.30	7665.9	10.56	1066.2						
		即可及	10.56	1066.2									10.56	1066.2						
	黑桦	合计	35.75	3065.0			3.82	208.5	31.93	2856.5										
	水曲柳	合计	2098.64	265649.5	2.71		0.54	22.0	1871.13	234352.2	13.75	2004.5	210.51	29270.8						
		即可及	210.51	29270.8									210.51	29270.8						
	胡桃楸	合计	208.13	24357.3			8.04	339.3	163.07	17224.6	37.02	6793.4								
	黄波罗	合计	67.95	5793.3					67.95	5793.3										
	榆树	合计	376.05	36723.6			10.18	338.1	109.87	10574.9	62.59	6830.8	190.14	18745.3	3.27	234.5				
		即可及	185.12	18526.3									181.85	18291.8	3.27	234.5				
		将可及	7.63	430.9									7.63	430.9						
		不可及	0.66	22.6									0.66	22.6						
	紫椴	合计	395.70	40260.8	13.23	948.0	53.18	4336.8	293.38	31835.6			35.91	3140.4						
		即可及	35.91	3140.4									35.91	3140.4						
	糠椴	合计	944.93	112947.2					121.30	12125.8	55.00	6271.8	679.76	83752.7	71.40	7593.4	17.47	3203.5		
		即可及	732.39	90046.4									643.52	79249.5	71.40	7593.4	17.47	3203.5		
		将可及	24.39	2851.5									24.39	2851.5						
		不可及	11.85	1651.7									11.85	1651.7						
	杨树	合计	3.87	146.0			0.87	33.1	3.00	112.9										
	大青杨	合计	3.56	546.8							3.56	546.8								
	柳树	合计	22.81	1412.0	1.41	20.5	3.38	157.8	18.02	1233.7										
	山杨	合计	5923.50	887319.3	15.90	756.4	243.05	22558.3	5077.03	778538.1	289.81	42014.5	273.21	38386.9			24.50	5065.1		
		即可及	264.21	37710.5									239.71	32645.4			24.50	5065.1		
		将可及	33.50	5741.5									33.50	5741.5						
	毛赤杨	合计	332.76	28088.5			43.56	1994.7	282.64	25502.8	4.04	493.7	2.52	97.3						
		即可及	2.52	97.3									2.52	97.3						
	槭树	合计	448.42	47779.8			53.84	3312.0	390.28	43761.5	4.30	706.3								
	山槐	合计	566.92	51598.9			107.50	9042.5	269.13	23173.7	17.43	2171.3	112.21	12350.1	60.65	4861.3				
		即可及	172.86	17211.4									112.21	12350.1	60.65	4861.3				
	暴马丁香	合计	19.97	1588.9			0.09		19.88	1588.9										
	波纹柳	合计	0.81	25.7			0.17	2.0	0.64	23.7										
	稠李	合计	1.92	84.4					1.92	84.4										
	山丁子	合计	7.34	473.9			7.34	473.9												

表 6 黑龙江重点国有林区用材林各龄级面积、蓄积按优势树种和可及度统计表（续 47）

单位：公顷、立方米

统计单位	优势树种	可及度	合计		Ⅰ龄级		Ⅱ龄级		Ⅲ龄级		Ⅳ龄级		Ⅴ龄级		Ⅵ龄级		Ⅶ龄级		Ⅷ以上龄级	
			面积	蓄积	面积	蓄积	面积	蓄积	面积	蓄积	面积	蓄积	面积	蓄积	面积	蓄积	面积	蓄积	面积	蓄积
带岭林业实验局	合计	合计	21313.20	2898806.0	490.87	9948.6	3296.88	371407.2	8546.75	1170994.2	5895.52	875734.1	2299.68	351102.5	516.61	80045.3	172.16	27139.2	94.73	12434.9
		即可及	3083.18	470721.9									2299.68	351102.5	516.61	80045.3	172.16	27139.2	94.73	12434.9
	冷杉	合计	3189.31	492817.8			168.31	21580.9	1261.73	182331.0	1032.67	167428.1	638.42	104556.6	60.35	11746.5	27.83	5174.7		
		即可及	726.60	121477.8									638.42	104556.6	60.35	11746.5	27.83	5174.7		
	云杉	合计	2735.38	290919.9	350.66	3401.0	728.31	73048.3	426.81	53119.0	884.52	109405.1	298.46	46534.9	25.43	3260.7	21.19	2150.9		
		即可及	345.08	51946.5									298.46	46534.9	25.43	3260.7	21.19	2150.9		
	落叶松	合计	2378.21	375841.9	26.40	404.4	233.28	21137.7	1094.43	153089.7	905.25	178036.8	80.07	14925.3	27.26	6629.1	11.52	1618.9		
		即可及	118.85	23173.3									80.07	14925.3	27.26	6629.1	11.52	1618.9		
	红松	合计	2738.94	360277.2	64.81	3080.2	775.83	91110.0	992.37	146784.4	629.90	79750.7	177.12	24914.9	96.01	14209.9	2.90	427.1		
		即可及	276.03	39551.9									177.12	24914.9	96.01	14209.9	2.90	427.1		
	樟子松	合计	17.72	3047.4					7.39	1759.4	0.55	42.7	9.78	1245.3						
		即可及	9.78	1245.3									9.78	1245.3						
	蒙古栎	合计	274.74	38360.5			0.73	19.0	240.99	33675.4	24.84	3205.6	8.18	1460.5						
		即可及	8.18	1460.5									8.18	1460.5						
	白桦	合计	1726.39	220649.5			19.38	676.1	134.00	15886.0	745.67	90825.0	567.69	74494.3	169.33	25513.5	48.76	8634.7	41.56	4619.9
		即可及	827.34	113262.4									567.69	74494.3	169.33	25513.5	48.76	8634.7	41.56	4619.9
	枫桦	合计	3809.01	521308.3	44.35	3019.4	932.03	115990.4	1978.78	271742.7	700.01	105603.7	138.27	22764.7	15.57	2187.4				
		即可及	153.84	24952.1									138.27	22764.7	15.57	2187.4				
	黑桦	合计	12.74	1658.8					11.23	1478.5	1.51	180.3								
	水曲柳	合计	1286.76	178439.8			202.25	23542.6	781.82	108999.4	289.29	43776.2	13.40	2121.6						
		即可及	13.40	2121.6									13.40	2121.6						
	胡桃楸	合计	146.88	20084.2			32.03	2639.7	64.84	9646.9	50.01	7797.6								
	黄波罗	合计	32.88	4840.1					23.15	3347.1	9.73	1493.0								
	榆树	合计	366.45	41685.6			8.27	338.8	35.89	3368.5	82.47	8135.5	84.95	9658.1	107.16	14367.0	5.73	424.2	41.98	5393.5
		即可及	239.82	29842.8									84.95	9658.1	107.16	14367.0	5.73	424.2	41.98	5393.5
	紫椴	合计	232.52	28641.4					217.94	26580.7	14.58	2060.7								
	糠椴	合计	833.76	116235.9			30.59	3904.4	514.43	68702.8	264.34	39114.6	16.82	3200.1	7.58	1314.0				
		即可及	24.40	4514.1									16.82	3200.1	7.58	1314.0				
	大青杨	合计	42.81	6764.9			4.34	128.2	38.47	6636.7										
	山杨	合计	766.89	122215.5	4.04	24.6	28.79	5327.3	286.42	40512.1	132.61	21500.5	241.69	42903.6	7.92	817.2	54.23	8708.7	11.19	2421.5
		即可及	315.03	54851.0									241.69	42903.6	7.92	817.2	54.23	8708.7	11.19	2421.5
	毛赤杨	合计	68.22	4661.9			15.46	1287.0	52.42	3354.1	0.34	20.8								
	槭树	合计	512.50	57658.2			25.75	3011.0	361.61	38000.2	100.31	14324.4	24.83	2322.6						
		即可及	24.83	2322.6									24.83	2322.6						

表 6　黑龙江重点国有林区用材林各龄级面积、蓄积按优势树种和可及度统计表（续 48）

单位：公顷、立方米

统计单位	优势树种	可及度	合计		Ⅰ龄级		Ⅱ龄级		Ⅲ龄级		Ⅳ龄级		Ⅴ龄级		Ⅵ龄级		Ⅶ龄级		Ⅷ以上龄级	
			面积	蓄积	面积	蓄积	面积	蓄积	面积	蓄积	面积	蓄积	面积	蓄积	面积	蓄积	面积	蓄积	面积	蓄积
带岭林业实验局	山槐	合计	7.59	334.2			7.59	334.2												
	暴马丁香	合计	16.41	1363.1			16.41	1363.1												
	青楷槭	合计	32.27	3528.2					5.35	495.4	26.92	3032.8								
	花楷槭	合计	40.22	3497.4			40.22	3497.4												
	波纹柳	合计	32.11	2751.2	0.61	19.0	27.31	2471.1	4.19	261.1										
	山桃稠李	合计	12.49	1223.1					12.49	1223.1										
长岗实验林场	合计	合计	1112.55	110739.0	75.76	4487.4	138.75	14785.7	428.78	37353.0	404.91	48239.9	64.35	5873.0						
		即可及	64.35	5873.0									64.35	5873.0						
	云杉	合计	12.23	516.0	12.23	516.0														
	落叶松	合计	747.19	81688.2	45.85	2743.3	103.41	12132.3	226.68	21815.8	355.96	43451.3	15.29	1545.5						
		即可及	15.29	1545.5									15.29	1545.5						
	红松	合计	4.17	154.7	4.17	154.7														
	樟子松	合计	2.44	285.1			0.88	97.1	0.56	70.6			1.00	117.4						
		即可及	1.00	117.4									1.00	117.4						
	蒙古栎	合计	36.84	2483.6					36.84	2483.6										
	白桦	合计	141.34	12357.2	9.34	789.3	24.82	1899.9	19.71	1560.9	48.95	4788.6	38.52	3318.5						
		即可及	38.52	3318.5									38.52	3318.5						
	水曲柳	合计	84.97	7362.7			1.46	103.8	81.22	7118.9			2.29	140.0						
		即可及	2.29	140.0									2.29	140.0						
	胡桃楸	合计	3.11	205.8					3.11	205.8										
	榆树	合计	7.25	751.6									7.25	751.6						
		即可及	7.25	751.6									7.25	751.6						
	椴椴	合计	59.78	4043.4					59.78	4043.4										
	山杨	合计	9.06	606.6			8.18	552.6	0.88	54.0										
	槭树	合计	4.17	284.1	4.17	284.1														
丽林实验林场	合计	合计	908.35	123662.4	52.11	7092.4	58.17	5881.5	397.08	50897.5	316.81	48522.7	37.45	4454.2	28.76	3639.4			17.97	3174.7
		即可及	84.18	11268.3									37.45	4454.2	28.76	3639.4			17.97	3174.7
	冷杉	合计	351.62	49131.7					228.68	31402.9	122.94	17728.8								
	云杉	合计	55.01	5739.2			10.90	1052.8	18.90	2191.6	22.97	2248.7	2.24	246.1						
		即可及	2.24	246.1									2.24	246.1						
	落叶松	合计	77.55	9257.3					56.57	6428.0	7.46	1040.3	13.52	1789.0						
		即可及	13.52	1789.0									13.52	1789.0						
	红松	合计	57.24	9092.7			3.81	541.2			18.04	3134.1			17.42	2242.7			17.97	3174.7
		即可及	35.39	5417.4											17.42	2242.7			17.97	3174.7
	樟子松	合计	5.47	869.6							5.47	869.6								

表 6 黑龙江重点国有林区用材林各龄级面积、蓄积按优势树种和可及度统计表（续 49）

单位：公顷、立方米

统计单位	优势树种	可及度	合计		Ⅰ龄级		Ⅱ龄级		Ⅲ龄级		Ⅳ龄级		Ⅴ龄级		Ⅵ龄级		Ⅶ龄级		Ⅷ以上龄级	
			面积	蓄积	面积	蓄积	面积	蓄积	面积	蓄积	面积	蓄积	面积	蓄积	面积	蓄积	面积	蓄积	面积	蓄积
丽林实验林场	白桦	合计	158.97	22118.4	4.81	411.3	22.65	1731.4	27.96	3264.1	70.52	12895.8	21.69	2419.1	11.34	1396.7				
		即可及	33.03	3815.8									21.69	2419.1	11.34	1396.7				
	枫桦	合计	141.72	20506.9	47.30	6681.1	20.60	2541.9	4.41	678.5	69.41	10605.4								
	椴椴	合计	60.56	6932.4					60.56	6932.4										
	波纹柳	合计	0.21	14.2			0.21	14.2												
江山娇实验林场	合计	合计	2084.80	306762.4	62.00	4487.3	286.67	30739.5	804.89	115475.7	517.38	84486.1	325.61	57257.1	64.57	9815.9	12.46	2246.0	11.22	2254.8
		即可及	413.86	71573.8									325.61	57257.1	64.57	9815.9	12.46	2246.0	11.22	2254.8
	冷杉	合计	61.06	8100.8			6.96	918.7	54.10	7182.1										
	云杉	合计	58.53	8283.2	15.60	1029.9	6.07	601.3	23.03	4610.7					13.83	2041.3				
		即可及	13.83	2041.3											13.83	2041.3				
	落叶松	合计	546.61	95313.3	6.02	474.6	11.65	1544.6	116.27	21426.6	189.36	35090.1	223.31	36777.4						
		即可及	223.31	36777.4									223.31	36777.4						
	红松	合计	527.25	73166.2	23.55	1921.8	174.95	19921.6	104.38	13981.4	124.03	19868.3	28.38	5617.1	48.28	7355.2	12.46	2246.0	11.22	2254.8
		即可及	100.34	17473.1									28.38	5617.1	48.28	7355.2	12.46	2246.0	11.22	2254.8
	樟子松	合计	8.93	1452.4							8.93	1452.4								
	蒙古栎	合计	374.51	47177.8	3.67	234.1	65.30	5935.5	267.38	34595.8	20.29	2834.1	17.87	3578.3						
		即可及	17.87	3578.3									17.87	3578.3						
	白桦	合计	300.92	45884.1	3.39	152.7	11.56	1027.2	105.38	15419.0	126.93	18265.7	53.66	11019.5						
		即可及	53.66	11019.5									53.66	11019.5						
	水曲柳	合计	13.70	1410.6	2.11	103.7	3.50	334.5	8.09	972.4										
	胡桃楸	合计	12.42	1257.7			1.08	89.9			8.95	903.0	2.39	264.8						
		即可及	2.39	264.8									2.39	264.8						
	黄波罗	合计	2.03	127.6	1.13	59.5			0.90	68.1										
	榆树	合计	19.79	3161.4							19.79	3161.4								
	椴椴	合计	96.90	12912.2	5.48	422.3			72.32	9578.8	19.10	2911.1								
	大青杨	合计	2.46	419.4											2.46	419.4				
		即可及	2.46	419.4											2.46	419.4				
	槭树	合计	59.69	8095.7	1.05	88.7	5.60	366.2	53.04	7640.8										
肇东直属林场	合计	合计	17.06	1328.8			2.42	221.5	4.00	317.7	9.86	711.7	0.78	77.9						
		即可及	0.78	77.9									0.78	77.9						
	樟子松	合计	7.20	617.1			2.42	221.5	4.00	317.7			0.78	77.9						
		即可及	0.78	77.9									0.78	77.9						
	大青杨	合计	6.00	453.4							6.00	453.4								
	山杨	合计	3.86	258.3							3.86	258.3								

表 7　黑龙江重点国有林区可造林封育地面积按立地类型统计表

单位：公顷

统计单位	立地类型	合计	疏林地	一般灌木林地	无立木林地				宜林地			
					小计	采伐迹地	火烧迹地	其他无立木林地	小计	宜林荒山荒地	宜林沙荒地	其他宜林地
黑龙江重点国有林区	合计	1220583.56	5720.58	8955.14	849173.44	45.46	55.12	849072.86	356734.40	34754.49	1918.38	320061.53
	低山平坡厚层土类型	819486.59	3478.16	6001.73	523942.06	1.69	5.67	523934.70	286064.64	16994.76	444.96	268624.92
	低山平坡中层土类型	155277.04	821.93	1931.71	115594.79	3.30	2.79	115588.70	36928.61	3425.43	922.55	32580.63
	低山平坡薄层土类型	3945.93		3.85	2857.26			2857.26	1084.82	139.57	229.88	715.37
	低山缓阳坡厚层土类型	80649.14	534.49	250.73	66612.17	31.66	28.76	66551.75	13251.75	3970.49	46.90	9234.36
	低山缓阳坡中层土类型	41191.98	179.50	249.52	37490.33			37490.33	3272.63	2415.20	50.95	806.48
	低山缓阳坡薄层土类型	783.45		9.91	599.01			599.01	174.53	161.60	11.07	1.86
	低山缓阴坡厚层土类型	69332.71	361.62	176.20	58674.24	8.81		58665.43	10120.65	3195.77	62.30	6862.58
	低山缓阴坡中层土类型	36094.05	135.26	42.29	33511.40		17.90	33493.50	2405.10	1664.30	55.16	685.64
	低山缓阴坡薄层土类型	812.47	0.84	3.94	678.86			678.86	128.83	115.84	3.76	9.23
	低山斜阳坡厚层土类型	2945.95	60.58	103.33	2119.24			2119.24	662.80	505.38	1.78	155.64
	低山斜阳坡中层土类型	3566.31	36.10	31.09	2807.93			2807.93	691.19	630.35	29.66	31.18
	低山斜阳坡薄层土类型	224.67		21.68	103.00			103.00	99.99	95.76	4.23	
	低山斜阴坡厚层土类型	1981.77	6.87	1.52	1594.37			1594.37	379.01	297.97	2.84	78.20
	低山斜阴坡中层土类型	2626.02	14.53	5.04	2165.58			2165.58	440.87	423.08	6.67	11.12
	低山斜阴坡薄层土类型	74.08		2.73	30.87			30.87	40.48	40.33	0.15	
	低山陡阳坡厚层土类型	512.16	33.93	23.70	116.12			116.12	338.41	221.40		117.01
	低山陡阳坡中层土类型	369.97	2.96	1.51	132.66			132.66	232.84	208.84	4.87	19.13
	低山陡阳坡薄层土类型	141.24		55.87	13.46			13.46	71.91	63.94	7.97	
	低山陡阴坡厚层土类型	176.18			56.45			56.45	119.73	30.58		89.15
	低山陡阴坡中层土类型	126.71	4.63	23.41	47.19			47.19	51.48	33.14	17.49	0.85
	低山陡阴坡薄层土类型	13.58	0.69	0.39	3.38			3.38	9.12	9.12		
	低山急阳坡厚层土类型	50.71			9.17			9.17	41.54	20.20	1.04	20.30
	低山急阳坡中层土类型	99.10	21.61	9.87	5.83			5.83	61.79	58.32	3.47	
	低山急阳坡薄层土类型	22.92			0.62			0.62	22.30	17.01	5.29	
	低山急阴坡厚层土类型	54.93	25.84		1.39			1.39	27.70	9.46	0.36	17.88
	低山急阴坡中层土类型	6.50							6.50	6.50		
	低山急阴坡薄层土类型	1.01							1.01		1.01	
	低山险坡厚层土类型	3.21	1.04		2.17			2.17				
	低山险坡中层土类型	7.20		5.12	1.93			1.93	0.15	0.15		
	低山险坡薄层土类型	5.98			1.96			1.96	4.02		4.02	
双丰林业局	合计	18521.51	59.90		14710.57			14710.57	3751.04	98.80		3652.24
	低山平坡厚层土类型	16346.11	59.90		12936.03			12936.03	3350.18	85.14		3265.04
	低山平坡中层土类型	993.82			715.69			715.69	278.13	9.40		268.73
	低山平坡薄层土类型	0.41							0.41			0.41
	低山缓阳坡厚层土类型	572.98			521.39			521.39	51.59	2.91		48.68
	低山缓阳坡中层土类型	10.30			6.90			6.90	3.40			3.40
	低山缓阴坡厚层土类型	583.43			517.83			517.83	65.60	1.19		64.41
	低山缓阴坡中层土类型	2.48			0.75			0.75	1.73	0.16		1.57

表 7　黑龙江重点国有林区可造林封育地面积按立地类型统计表（续 1）

单位：公顷

统计单位	立地类型	合计	疏林地	一般灌木林地	无立木林地				宜林地			
					小计	采伐迹地	火烧迹地	其他无立木林地	小计	宜林荒山荒地	宜林沙荒地	其他宜林地
双丰林业局	低山斜阳坡中层土类型	10.11			10.11			10.11				
	低山斜阴坡厚层土类型	1.87			1.87			1.87				
铁力林业局	合计	20671.72	8.88		17830.11			17830.11	2832.73	141.53	5.31	2685.89
	低山平坡厚层土类型	15136.89	4.56		13091.71			13091.71	2040.62	114.19	0.48	1925.95
	低山平坡中层土类型	1951.30			1297.29			1297.29	654.01	11.03	4.83	638.15
	低山平坡薄层土类型	15.04			8.93			8.93	6.11			6.11
	低山缓阳坡厚层土类型	1753.79			1707.07			1707.07	46.72	5.77		40.95
	低山缓阳坡中层土类型	273.26	1.16		234.82			234.82	37.28	0.96		36.32
	低山缓阴坡厚层土类型	780.70	3.16		736.33			736.33	41.21	2.80		38.41
	低山缓阴坡中层土类型	82.30			81.97			81.97	0.33	0.33		
	低山斜阳坡厚层土类型	171.71			170.43			170.43	1.28	1.28		
	低山斜阳坡中层土类型	252.15			248.08			248.08	4.07	4.07		
	低山斜阴坡厚层土类型	183.79			183.05			183.05	0.74	0.74		
	低山斜阴坡中层土类型	70.43			70.43			70.43				
	低山陡阳坡中层土类型	0.36							0.36	0.36		
桃山林业局	合计	28796.76	1.81	87.32	27673.54			27673.54	1034.09	288.70	29.27	716.12
	低山平坡厚层土类型	24547.00		63.24	23645.98			23645.98	837.78	225.21	27.68	584.89
	低山平坡中层土类型	6.19			6.19			6.19				
	低山缓阳坡厚层土类型	2802.91	1.81	2.16	2723.13			2723.13	75.81	42.03	0.50	33.28
	低山缓阳坡中层土类型	0.97			0.90			0.90	0.07	0.07		
	低山缓阴坡厚层土类型	1343.84		1.06	1229.85			1229.85	112.93	16.07	1.09	95.77
	低山缓阴坡中层土类型	1.42			1.42			1.42				
	低山斜阳坡厚层土类型	74.35		15.19	54.82			54.82	4.34	2.16		2.18
	低山斜阳坡中层土类型	0.27			0.27			0.27				
	低山斜阴坡厚层土类型	10.24		1.52	8.48			8.48	0.24	0.24		
	低山陡阳坡厚层土类型	9.00		4.15	2.22			2.22	2.63	2.63		
	低山陡阳坡中层土类型	0.28			0.28			0.28				
	低山急阳坡厚层土类型	0.29							0.29	0.29		
朗乡林业局	合计	6312.24	57.99		5613.77	7.80		5605.97	640.48	145.74	1.00	493.74
	低山平坡厚层土类型	3398.06	9.85		2924.34			2924.34	463.87	82.01	0.70	381.16
	低山平坡中层土类型	802.02	3.72		762.27			762.27	36.03	5.91		30.12
	低山平坡薄层土类型	2.42			2.42			2.42				
	低山缓阳坡厚层土类型	1184.52	1.45		1101.99	7.80		1094.19	81.08	22.12		58.96
	低山缓阳坡中层土类型	50.05	13.67		34.59			34.59	1.79	0.96		0.83
	低山缓阴坡厚层土类型	647.56	2.20		609.12			609.12	36.24	21.86	0.30	14.08
	低山缓阴坡中层土类型	129.54			116.72			116.72	12.82	4.23		8.59
	低山斜阳坡厚层土类型	51.18			48.43			48.43	2.75	2.75		
	低山斜阳坡中层土类型	12.67	7.67		0.94			0.94	4.06	4.06		
	低山斜阴坡厚层土类型	1.85			1.39			1.39	0.46	0.46		
	低山斜阴坡中层土类型	1.25			1.25			1.25				

表 7　黑龙江重点国有林区可造林封育地面积按立地类型统计表（续 2）

单位：公顷

统计单位	立地类型	合计	疏林地	一般灌木林地	无立木林地				宜林地			
					小计	采伐迹地	火烧迹地	其他无立木林地	小计	宜林荒山荒地	宜林沙荒地	其他宜林地
朗乡林业局	低山陡阳坡厚层土类型	20.42	19.43		0.99			0.99				
	低山陡阳坡中层土类型	0.33			0.33			0.33				
	低山陡阴坡厚层土类型	8.96			8.58			8.58	0.38	0.38		
	低山陡阴坡中层土类型	0.41			0.41			0.41				
	低山急阳坡中层土类型	1.00							1.00	1.00		
南岔林业局	合计	19358.21	150.80	0.33	15321.51			15321.51	3885.57	375.15	26.43	3483.99
	低山平坡厚层土类型	13688.67	76.87		11033.19			11033.19	2578.61	182.12		2396.49
	低山平坡中层土类型	815.68	19.02		449.24			449.24	347.42	11.72	5.78	329.92
	低山平坡薄层土类型	17.91			1.97			1.97	15.94		15.94	
	低山缓阳坡厚层土类型	2647.02	18.99	0.33	2094.70			2094.70	533.00	81.27	1.32	450.41
	低山缓阳坡中层土类型	223.26	1.56		158.92			158.92	62.78	18.36		44.42
	低山缓阳坡薄层土类型	3.53			2.91			2.91	0.62	0.62		
	低山缓阴坡厚层土类型	1678.00	8.60		1403.08			1403.08	266.32	54.21	0.52	211.59
	低山缓阴坡中层土类型	152.67	0.95		104.65			104.65	47.07	9.10		37.97
	低山缓阴坡薄层土类型	1.31							1.31	1.31		
	低山斜阳坡厚层土类型	61.87			52.10			52.10	9.77	0.60	0.76	8.41
	低山斜阳坡中层土类型	1.60			1.60			1.60				
	低山斜阴坡厚层土类型	12.50			11.45			11.45	1.05	0.26		0.79
	低山斜阴坡中层土类型	1.91			1.39			1.39	0.52	0.52		
	低山陡阳坡厚层土类型	7.99			3.82			3.82	4.17	1.43		2.74
	低山陡阳坡中层土类型	4.29							4.29	4.29		
	低山陡阴坡厚层土类型	2.90			1.65			1.65	1.25			1.25
	低山急阳坡厚层土类型	6.54			0.84			0.84	5.70	5.70		
	低山急阳坡中层土类型	27.36	21.61						5.75	3.64	2.11	
	低山急阴坡厚层土类型	2.16	2.16									
	低山险坡厚层土类型	1.04	1.04									
金山屯林业局	合计	5837.35	12.00	138.02	3396.86			3396.86	2290.47	714.54	68.83	1507.10
	低山平坡厚层土类型	4361.06	9.86	80.93	2499.45			2499.45	1770.82	483.15	42.15	1245.52
	低山平坡中层土类型	559.19	0.64	18.01	415.64			415.64	124.90	26.76	8.99	89.15
	低山平坡薄层土类型	13.32		2.51	2.79			2.79	8.02	1.17	6.85	
	低山缓阳坡厚层土类型	465.57		8.16	231.99			231.99	225.42	98.95	4.06	122.41
	低山缓阳坡中层土类型	127.94		20.98	60.89			60.89	46.07	43.94		2.13
	低山缓阳坡薄层土类型	1.71			1.59			1.59	0.12		0.12	
	低山缓阴坡厚层土类型	228.62	0.23	4.98	158.42			158.42	64.99	31.11		33.88
	低山缓阴坡中层土类型	16.88		1.32	8.79			8.79	6.77	4.74	1.87	0.16
	低山缓阴坡薄层土类型	0.86							0.86		0.86	
	低山斜阳坡厚层土类型	12.52	1.27	0.73	3.47			3.47	7.05	5.66		1.39
	低山斜阳坡中层土类型	0.63			0.28			0.28	0.35	0.11		0.24
	低山斜阴坡厚层土类型	21.45			3.97			3.97	17.48	10.09		7.39
	低山斜阴坡中层土类型	5.50							5.50	1.65		3.85

表7　黑龙江重点国有林区可造林封育地面积按立地类型统计表（续3）

单位：公顷

统计单位	立地类型	合计	疏林地	一般灌木林地	无立木林地				宜林地			
					小计	采伐迹地	火烧迹地	其他无立木林地	小计	宜林荒山荒地	宜林沙荒地	其他宜林地
金山屯林业局	低山陡阳坡厚层土类型	10.39		0.40	5.05			5.05	4.94	3.96		0.98
	低山陡阴坡厚层土类型	4.53			4.53			4.53				
	低山急阳坡薄层土类型	6.67							6.67	3.10	3.57	
	低山急阴坡厚层土类型	0.36							0.36		0.36	
	低山险坡中层土类型	0.15							0.15	0.15		
美溪林业局	合计	11908.70		282.44	4193.88	1.69		4192.19	7432.38	1884.05	22.44	5525.89
	低山平坡厚层土类型	9733.36		228.92	3714.73	1.69		3713.04	5789.71	822.04	17.89	4949.78
	低山平坡中层土类型	457.28		29.62	209.44			209.44	218.22	50.52	1.50	166.20
	低山平坡薄层土类型	7.28		1.25	1.68			1.68	4.35	1.72	2.63	
	低山缓阳坡厚层土类型	713.10		1.98	164.93			164.93	546.19	379.87	0.26	166.06
	低山缓阳坡中层土类型	96.23		4.61	3.87			3.87	87.75	22.78		64.97
	低山缓阳坡薄层土类型	0.56			0.40			0.40	0.16		0.16	
	低山缓阴坡厚层土类型	464.74		7.25	84.55			84.55	372.94	206.26		166.68
	低山缓阴坡中层土类型	26.37		4.74	5.35			5.35	16.28	5.58		10.70
	低山斜阳坡厚层土类型	150.84		1.82	2.50			2.50	146.52	146.37		0.15
	低山斜阳坡中层土类型	25.27		2.25	0.73			0.73	22.29	22.29		
	低山斜阴坡厚层土类型	101.21			4.41			4.41	96.80	95.45		1.35
	低山斜阴坡中层土类型	6.31							6.31	6.31		
	低山陡阳坡厚层土类型	109.80			0.77			0.77	109.03	109.03		
	低山陡阴坡厚层土类型	16.35			0.52			0.52	15.83	15.83		
乌马河林业局	合计	8400.62	165.38	103.68	4469.18			4469.18	3662.38	1338.98	47.99	2275.41
	低山平坡厚层土类型	7677.97	133.72	80.40	4225.38			4225.38	3238.47	1207.93	37.73	1992.81
	低山平坡中层土类型	42.29	13.19		15.97			15.97	13.13	3.41	7.71	2.01
	低山缓阳坡厚层土类型	337.00	6.11	5.63	57.12			57.12	268.14	59.45		208.69
	低山缓阳坡中层土类型	15.02		2.42	8.87			8.87	3.73	2.15		1.58
	低山缓阴坡厚层土类型	260.25	6.41	13.72	141.03			141.03	99.09	50.31	0.17	48.61
	低山缓阴坡中层土类型	15.69			15.69			15.69				
	低山斜阳坡厚层土类型	6.87			0.24			0.24	6.63	5.66		0.97
	低山斜阳坡中层土类型	4.88			4.88			4.88				
	低山斜阴坡厚层土类型	29.03	5.95						23.08	7.92	1.34	13.82
	低山陡阳坡厚层土类型	1.47							1.47	1.47		
	低山陡阳坡中层土类型	1.81		1.51					0.30	0.30		
	低山陡阴坡厚层土类型	7.30							7.30	0.38		6.92
	低山急阳坡厚层土类型	1.04							1.04		1.04	
翠峦林业局	合计	5668.05	5.52	211.74	4046.92			4046.92	1403.87	747.05	59.68	597.14
	低山平坡厚层土类型	4602.57	0.66	181.82	3419.85			3419.85	1000.24	533.46	19.33	447.45
	低山平坡中层土类型	334.50	3.69	7.35	246.19			246.19	77.27	32.74	40.35	4.18
	低山平坡薄层土类型	4.79			3.91			3.91	0.88	0.88		
	低山缓阳坡厚层土类型	370.16	1.17	12.97	175.06			175.06	180.96	84.24		96.72
	低山缓阳坡中层土类型	22.47			10.67			10.67	11.80	8.56		3.24

表 7　黑龙江重点国有林区可造林封育地面积按立地类型统计表（续 4）

单位：公顷

统计单位	立地类型	合计	疏林地	一般灌木林地	无立木林地				宜林地			
					小计	采伐迹地	火烧迹地	其他无立木林地	小计	宜林荒山荒地	宜林沙荒地	其他宜林地
翠峦林业局	低山缓阴坡厚层土类型	299.26		9.19	179.46			179.46	110.61	80.85		29.76
	低山缓阴坡中层土类型	20.11			4.32			4.32	15.79			15.79
	低山斜阳坡厚层土类型	5.12			0.20			0.20	4.92	4.92		
	低山斜阴坡厚层土类型	3.20			2.98			2.98	0.22	0.22		
	低山陡阳坡厚层土类型	4.28			4.28			4.28				
	低山陡阴坡厚层土类型	1.18							1.18	1.18		
	低山险坡中层土类型	0.41		0.41								
友好林业局	合计	34609.88	876.91	2741.03	8007.52		5.67	8001.85	22984.42	399.08	40.44	22544.90
	低山平坡厚层土类型	26787.93	652.75	2551.40	4769.80		5.67	4764.13	18813.98	240.26	36.76	18536.96
	低山平坡中层土类型	6769.49	31.53	66.57	3116.13			3116.13	3555.26	118.22	2.22	3434.82
	低山缓阳坡厚层土类型	665.66	157.19	122.00	95.01			95.01	291.46	26.58		264.88
	低山缓阳坡中层土类型	86.98			19.56			19.56	67.42	0.18		67.24
	低山缓阴坡厚层土类型	232.14	9.34		5.63			5.63	217.17	12.30	1.46	203.41
	低山缓阴坡中层土类型	38.15	26.10		1.11			1.11	10.94	0.33		10.61
	低山斜阳坡厚层土类型	7.02							7.02	1.21		5.81
	低山斜阳坡中层土类型	1.43			0.28			0.28	1.15			1.15
	低山斜阴坡中层土类型	0.94							0.94			0.94
	低山陡阳坡厚层土类型	1.52		1.06					0.46			0.46
	低山陡阴坡厚层土类型	18.13							18.13			18.13
	低山陡阴坡中层土类型	0.49							0.49			0.49
上甘岭林业局	合计	26272.00	117.68		4390.05			4390.05	21764.27	5.19		21759.08
	低山平坡厚层土类型	26142.08			4377.81			4377.81	21764.27	5.19		21759.08
	低山平坡中层土类型	60.72	57.50		3.22			3.22				
	低山缓阴坡中层土类型	68.24	59.22		9.02			9.02				
	低山斜阴坡中层土类型	0.96	0.96									
五营林业局	合计	5510.64	107.43		885.81		46.66	839.15	4517.40	8.13	3.74	4505.53
	低山平坡厚层土类型	4554.21	88.94		712.41			712.41	3752.86	2.35		3750.51
	低山平坡中层土类型	830.53	7.38		81.30			81.30	741.85			741.85
	低山平坡薄层土类型	6.24							6.24		3.74	2.50
	低山缓阳坡厚层土类型	53.58	5.67		47.14		28.76	18.38	0.77	0.77		
	低山缓阳坡中层土类型	3.43			0.84			0.84	2.59	2.59		
	低山缓阴坡厚层土类型	18.53			16.35			16.35	2.18			2.18
	低山缓阴坡中层土类型	26.08	5.44		20.64		17.90	2.74				
	低山斜阳坡厚层土类型	2.28			1.16			1.16	1.12	1.12		
	低山斜阳坡中层土类型	2.91			1.99			1.99	0.92			0.92
	低山斜阴坡厚层土类型	0.40							0.40	0.40		
	低山斜阴坡中层土类型	1.40			1.40			1.40				
	低山陡阳坡厚层土类型	0.23			0.23			0.23				
	低山陡阳坡中层土类型	1.15			0.25			0.25	0.90	0.90		
	低山陡阴坡厚层土类型	9.67			2.10			2.10	7.57			7.57

表 7　黑龙江重点国有林区可造林封育地面积按立地类型统计表（续 5）

单位：公顷

统计单位	立地类型	合计	疏林地	一般灌木林地	无立木林地				宜林地			
					小计	采伐迹地	火烧迹地	其他无立木林地	小计	宜林荒山荒地	宜林沙荒地	其他宜林地
红星林业局	合计	50999.13	1266.39	3091.19	21861.24			21861.24	24780.31	57.83		24722.48
	低山平坡厚层土类型	40554.40	779.65	1277.16	16540.78			16540.78	21956.81	36.18		21920.63
	低山平坡中层土类型	6562.11	436.02	1614.52	2540.76			2540.76	1970.81	21.65		1949.16
	低山平坡薄层土类型	16.49			16.49			16.49				
	低山缓阳坡厚层土类型	972.08	38.59	13.09	662.08			662.08	258.32			258.32
	低山缓阳坡中层土类型	329.46		108.77	168.51			168.51	52.18			52.18
	低山缓阴坡厚层土类型	2363.98	8.33	45.22	1846.39			1846.39	464.04			464.04
	低山缓阴坡中层土类型	111.27	3.80	5.13	70.62			70.62	31.72			31.72
	低山斜阳坡厚层土类型	50.06			3.99			3.99	46.07			46.07
	低山斜阳坡中层土类型	12.92		9.21	3.71			3.71				
	低山斜阴坡中层土类型	0.37			0.37			0.37				
	低山陡阳坡厚层土类型	21.75		18.09	3.66			3.66				
	低山陡阳坡中层土类型	1.92			1.92			1.92				
	低山陡阴坡中层土类型	2.32			1.96			1.96	0.36			0.36
新青林业局	合计	33515.25	408.07	83.01	18772.02			18772.02	14252.15	829.92	0.98	13421.25
	低山平坡厚层土类型	29192.83	237.33	77.96	15975.55			15975.55	12901.99	492.67	0.81	12408.51
	低山平坡中层土类型	478.12	41.58	5.05	212.67			212.67	218.82	23.07		195.75
	低山平坡薄层土类型	0.03			0.03			0.03				
	低山缓阳坡厚层土类型	2172.84	33.48		1655.61			1655.61	483.75	164.04		319.71
	低山缓阳坡中层土类型	57.09	32.12		7.33			7.33	17.64	9.84		7.80
	低山缓阴坡厚层土类型	1514.32	40.94		899.24			899.24	574.14	115.74	0.17	458.23
	低山缓阴坡中层土类型	15.54			13.53			13.53	2.01			2.01
	低山斜阳坡厚层土类型	42.93			4.37			4.37	38.56	20.26		18.30
	低山斜阳坡中层土类型	22.79	22.62		0.17			0.17				
	低山斜阴坡厚层土类型	8.51			1.64			1.64	6.87			6.87
	低山陡阳坡厚层土类型	8.17			1.83			1.83	6.34	2.27		4.07
	低山陡阴坡厚层土类型	0.87							0.87	0.87		
	低山急阳坡厚层土类型	1.21			0.05			0.05	1.16	1.16		
汤旺河林业局	合计	12132.32	265.18	126.49	6058.67			6058.67	5681.98	1012.75	5.25	4663.98
	低山平坡厚层土类型	8753.59	178.74	110.59	4005.11			4005.11	4459.15	548.23	1.77	3909.15
	低山平坡中层土类型	191.54	28.05	1.40	15.00			15.00	147.09	16.80	2.68	127.61
	低山平坡薄层土类型	0.44							0.44		0.44	
	低山缓阳坡厚层土类型	1897.50	49.85	7.36	1319.53			1319.53	520.76	114.53	0.14	406.09
	低山缓阳坡中层土类型	8.20			0.46			0.46	7.74	4.66		3.08
	低山缓阳坡薄层土类型	2.03			2.03			2.03				
	低山缓阴坡厚层土类型	1158.46	7.83	6.70	702.84			702.84	441.09	226.82	0.22	214.05
	低山缓阴坡中层土类型	13.87		0.44	6.17			6.17	7.26	3.75		3.51
	低山斜阳坡厚层土类型	50.24	0.71		3.24			3.24	46.29	46.29		
	低山斜阴坡厚层土类型	54.99			3.32			3.32	51.67	51.67		
	低山斜阴坡中层土类型	0.20			0.20			0.20				

表 7 黑龙江重点国有林区可造林封育地面积按立地类型统计表（续 6）

单位：公顷

统计单位	立地类型	合计	疏林地	一般灌木林地	无立木林地				宜林地			
					小计	采伐迹地	火烧迹地	其他无立木林地	小计	宜林荒山荒地	宜林沙荒地	其他宜林地
汤旺河林业局	低山陡阳坡厚层土类型	0.77			0.77			0.77				
	低山陡阴坡厚层土类型	0.49							0.49			0.49
乌伊岭林业局	合计	37815.46	701.43		15012.65	26.13		14986.52	22101.38	8517.02	2.69	13581.67
	低山平坡厚层土类型	28386.76	354.52		11483.56			11483.56	16548.68	5559.85	2.33	10986.50
	低山平坡中层土类型	1567.97			95.52			95.52	1472.45	62.43		1410.02
	低山平坡薄层土类型	10.22			9.86			9.86	0.36		0.36	
	低山缓阳坡厚层土类型	4612.54	151.22		2145.96	18.69		2127.27	2315.36	1563.06		752.30
	低山缓阳坡中层土类型	37.38	9.71		4.53			4.53	23.14	15.97		7.17
	低山缓阳坡薄层土类型	3.27							3.27	3.27		
	低山缓阴坡厚层土类型	2801.58	141.44		1224.37	7.44		1216.93	1435.77	1024.03		411.74
	低山缓阴坡中层土类型	9.08			0.23			0.23	8.85	2.75		6.10
	低山斜阳坡厚层土类型	109.73	30.04		24.11			24.11	55.58	55.58		
	低山斜阳坡中层土类型	32.68			0.36			0.36	32.32	32.32		
	低山斜阴坡厚层土类型	88.25			19.24			19.24	69.01	69.01		
	低山斜阴坡中层土类型	1.15							1.15	1.15		
	低山陡阳坡厚层土类型	80.62	14.50		0.88			0.88	65.24	57.40		7.84
	低山陡阳坡中层土类型	6.77			0.16			0.16	6.61	6.61		
	低山陡阴坡厚层土类型	0.87			0.87			0.87				
	低山陡阴坡中层土类型	1.35			0.17			0.17	1.18	1.18		
	低山急阳坡厚层土类型	12.03			2.63			2.63	9.40	9.40		
	低山急阳坡中层土类型	37.68							37.68	37.68		
	低山急阳坡薄层土类型	5.87							5.87	5.87		
	低山急阴坡厚层土类型	9.66			0.20			0.20	9.46	9.46		
伊春区森林经营所	合计	650.86		203.08	339.15			339.15	108.63	4.44		104.19
	低山平坡厚层土类型	533.45		123.51	337.05			337.05	72.89	4.44		68.45
	低山缓阳坡厚层土类型	22.71		10.87	1.72			1.72	10.12			10.12
	低山缓阴坡厚层土类型	94.70		68.70	0.38			0.38	25.62			25.62
西林区林业局	合计	2644.59	8.66	103.85	1793.10			1793.10	738.98	129.53	37.47	571.98
	低山平坡厚层土类型	1865.53	3.05	53.99	1427.46			1427.46	381.03	76.38	14.49	290.16
	低山平坡中层土类型	420.95	0.88	21.59	202.58			202.58	195.90	8.82	10.83	176.25
	低山平坡薄层土类型	13.59							13.59		11.48	2.11
	低山缓阳坡厚层土类型	144.56	2.44	16.02	64.09			64.09	62.01	20.57		41.44
	低山缓阳坡中层土类型	22.03			14.73			14.73	7.30	2.79	0.67	3.84
	低山缓阳坡薄层土类型	1.17							1.17			1.17
	低山缓阴坡厚层土类型	75.69			43.23			43.23	32.46	7.50		24.96
	低山缓阴坡中层土类型	19.42	2.04	0.74	1.72			1.72	14.92	3.69		11.23
	低山斜阳坡厚层土类型	28.67		1.29	16.27			16.27	11.11	0.49		10.62
	低山斜阳坡中层土类型	16.26		0.35	6.29			6.29	9.62	3.65		5.97
	低山斜阴坡厚层土类型	14.79			7.96			7.96	6.83	5.01		1.82
	低山斜阴坡中层土类型	0.25	0.25									

表 7 黑龙江重点国有林区可造林封育地面积按立地类型统计表（续 7）

单位：公顷

统计单位	立地类型	合计	疏林地	一般灌木林地	无立木林地				宜林地			
					小计	采伐迹地	火烧迹地	其他无立木林地	小计	宜林荒山荒地	宜林沙荒地	其他宜林地
西林区林业局	低山陡阳坡厚层土类型	0.74			0.47			0.47	0.27	0.27		
	低山陡阴坡厚层土类型	2.13							2.13			2.13
	低山急阳坡厚层土类型	5.63			4.99			4.99	0.64	0.36		0.28
	低山急阳坡中层土类型	9.87		9.87								
	低山险坡厚层土类型	2.17			2.17			2.17				
	低山险坡中层土类型	1.14			1.14			1.14				
大海林林业局	合计	6197.82	86.87	160.20	4563.58		2.79	4560.79	1387.17	343.09	35.13	1008.95
	低山平坡厚层土类型	4359.98	15.47	107.32	3379.16			3379.16	858.03	63.67	8.49	785.87
	低山平坡中层土类型	903.61		6.59	681.53		2.79	678.74	215.49	40.31	18.54	156.64
	低山平坡薄层土类型	0.74			0.10			0.10	0.64			0.64
	低山缓阳坡厚层土类型	352.52	2.70	11.30	286.84			286.84	51.68	26.07		25.61
	低山缓阳坡中层土类型	293.67	68.70	9.28	89.59			89.59	126.10	114.80	1.93	9.37
	低山缓阴坡厚层土类型	88.01		7.27	39.45			39.45	41.29	22.79	3.44	15.06
	低山缓阴坡中层土类型	167.66		18.44	66.13			66.13	83.09	69.70	1.37	12.02
	低山斜阳坡厚层土类型	2.44			0.32			0.32	2.12			2.12
	低山斜阳坡中层土类型	5.48			3.91			3.91	1.57	0.69		0.88
	低山斜阴坡中层土类型	7.47			3.90			3.90	3.57	2.83		0.74
	低山陡阳坡厚层土类型	1.74			1.74			1.74				
	低山陡阳坡中层土类型	6.09			5.98			5.98	0.11	0.11		
	低山陡阴坡中层土类型	3.39			2.00			2.00	1.39	1.39		
	低山急阳坡中层土类型	4.23			2.14			2.14	2.09	0.73	1.36	
	低山险坡中层土类型	0.79			0.79			0.79				
柴河林业局	合计	20585.67	44.77		18824.58			18824.58	1716.32	1011.58	63.37	641.37
	低山平坡厚层土类型	2132.32	0.60		1483.25			1483.25	648.47	97.78	0.52	550.17
	低山平坡中层土类型	5452.18	1.99		5084.17			5084.17	366.02	248.14	28.40	89.48
	低山平坡薄层土类型	25.24			11.34			11.34	13.90		12.18	1.72
	低山缓阳坡厚层土类型	927.84			873.40			873.40	54.44	54.44		
	低山缓阳坡中层土类型	5010.37	32.65		4696.79			4696.79	280.93	271.45	9.48	
	低山缓阳坡薄层土类型	2.82			2.44			2.44	0.38		0.38	
	低山缓阴坡厚层土类型	906.92			801.77			801.77	105.15	105.15		
	低山缓阴坡中层土类型	5400.41	5.61		5241.50			5241.50	153.30	146.18	7.12	
	低山缓阴坡薄层土类型	39.03	0.84		36.43			36.43	1.76		1.76	
	低山斜阳坡厚层土类型	34.26			26.67			26.67	7.59	7.59		
	低山斜阳坡中层土类型	236.37			206.86			206.86	29.51	29.51		
	低山斜阳坡薄层土类型	70.16			66.65			66.65	3.51	0.37	3.14	
	低山斜阴坡厚层土类型	53.78			53.05			53.05	0.73	0.73		
	低山斜阴坡中层土类型	247.34			203.22			203.22	44.12	43.98	0.14	
	低山斜阴坡薄层土类型	16.57			16.42			16.42	0.15		0.15	
	低山陡阳坡厚层土类型	1.56			1.56			1.56				
	低山陡阳坡中层土类型	12.66			10.43			10.43	2.23	2.23		

表7　黑龙江重点国有林区可造林封育地面积按立地类型统计表（续8）

单位：公顷

统计单位	立地类型	合计	疏林地	一般灌木林地	无立木林地				宜林地			
					小计	采伐迹地	火烧迹地	其他无立木林地	小计	宜林荒山荒地	宜林沙荒地	其他宜林地
柴河林业局	低山陡阳坡薄层土类型	2.87			2.64			2.64	0.23	0.13	0.10	
	低山陡阴坡厚层土类型	0.11			0.11			0.11				
	低山陡阴坡中层土类型	8.32	3.08		4.56			4.56	0.68	0.68		
	低山陡阴坡薄层土类型	0.45			0.45			0.45				
	低山急阳坡中层土类型	2.57			0.71			0.71	1.86	1.86		
	低山急阴坡厚层土类型	0.16			0.16			0.16				
	低山急阴坡中层土类型	1.36							1.36	1.36		
东京城林业局	合计	32918.83		17.57	27708.90			27708.90	5192.36	785.28	118.35	4288.73
	低山平坡厚层土类型	10446.11			7668.85			7668.85	2777.26	148.61	6.87	2621.78
	低山平坡中层土类型	4423.08			2764.35			2764.35	1658.73	185.05	52.45	1421.23
	低山平坡薄层土类型	95.23			33.52			33.52	61.71	16.08	44.38	1.25
	低山缓阳坡厚层土类型	3798.19			3662.07			3662.07	136.12	55.97		80.15
	低山缓阳坡中层土类型	3813.07		6.96	3615.91			3615.91	190.20	110.54	7.43	72.23
	低山缓阳坡薄层土类型	196.98		7.83	174.76			174.76	14.39	13.70		0.69
	低山缓阴坡厚层土类型	5309.46			5214.55			5214.55	94.91	67.87	3.82	23.22
	低山缓阴坡中层土类型	4114.08			3937.22			3937.22	176.86	114.15	3.40	59.31
	低山缓阴坡薄层土类型	176.04			155.17			155.17	20.87	13.22		7.65
	低山斜阳坡厚层土类型	184.70			181.40			181.40	3.30	3.30		
	低山斜阳坡中层土类型	92.53			63.47			63.47	29.06	28.86		0.20
	低山斜阳坡薄层土类型	27.10		2.78	18.77			18.77	5.55	5.55		
	低山斜阴坡厚层土类型	72.91			71.63			71.63	1.28	0.75		0.53
	低山斜阴坡中层土类型	117.23			109.69			109.69	7.54	7.54		
	低山斜阴坡薄层土类型	8.91			6.80			6.80	2.11	2.11		
	低山陡阳坡厚层土类型	15.49			14.54			14.54	0.95	0.95		
	低山陡阳坡中层土类型	6.66			3.52			3.52	3.14	2.65		0.49
	低山陡阳坡薄层土类型	2.80			2.80			2.80				
	低山陡阴坡厚层土类型	5.38			5.38			5.38				
	低山陡阴坡中层土类型	3.66			1.57			1.57	2.09	2.09		
	低山陡阴坡薄层土类型	2.93			2.93			2.93				
	低山急阳坡中层土类型	6.29							6.29	6.29		
穆棱林业局	合计	23536.12	1.63	2.03	19976.47			19976.47	3555.99	822.61	38.32	2695.06
	低山平坡厚层土类型	7970.91		1.26	5292.88			5292.88	2676.77	169.35		2507.42
	低山平坡中层土类型	2303.99			1938.88			1938.88	365.11	177.47		187.64
	低山平坡薄层土类型	59.74			22.72			22.72	37.02	2.00	35.02	
	低山缓阳坡厚层土类型	3131.38			3060.69			3060.69	70.69	70.69		
	低山缓阳坡中层土类型	2856.38		0.77	2677.26			2677.26	178.35	176.53	1.82	
	低山缓阳坡薄层土类型	220.10			218.15			218.15	1.95	1.95		
	低山缓阴坡厚层土类型	4090.58			4049.90			4049.90	40.68	40.68		
	低山缓阴坡中层土类型	2488.29	1.63		2386.24			2386.24	100.42	100.42		
	低山缓阴坡薄层土类型	168.95			168.95			168.95				

表 7　黑龙江重点国有林区可造林封育地面积按立地类型统计表（续 9）

单位：公顷

统计单位	立地类型	合计	疏林地	一般灌木林地	无立木林地				宜林地			
					小计	采伐迹地	火烧迹地	其他无立木林地	小计	宜林荒山荒地	宜林沙荒地	其他宜林地
穆棱林业局	低山斜阳坡厚层土类型	41.21			36.30			36.30	4.91	4.91		
	低山斜阳坡中层土类型	85.26			59.09			59.09	26.17	26.17		
	低山斜阳坡薄层土类型	2.29			2.29			2.29				
	低山斜阴坡厚层土类型	23.92			23.92			23.92				
	低山斜阴坡中层土类型	39.17			35.78			35.78	3.39	3.30	0.09	
	低山斜阴坡薄层土类型	0.40			0.40			0.40				
	低山陡阳坡厚层土类型	0.92			0.92			0.92				
	低山陡阳坡中层土类型	31.72			1.57			1.57	30.15	29.37	0.78	
	低山陡阳坡薄层土类型	14.45			0.53			0.53	13.92	13.92		
	低山陡阴坡中层土类型	3.10							3.10	3.10		
	低山急阳坡中层土类型	2.42							2.42	2.42		
	低山急阳坡薄层土类型	0.94							0.94	0.33	0.61	
绥阳林业局	合计	36937.61	5.46	6.77	30578.17			30578.17	6347.21	1780.97	177.31	4388.93
	低山平坡厚层土类型	9036.13	3.16		6566.56			6566.56	2466.41	262.98	5.55	2197.88
	低山平坡中层土类型	8197.30	1.12	1.38	5446.12			5446.12	2748.68	508.86	51.43	2188.39
	低山平坡薄层土类型	398.51			344.37			344.37	54.14	22.57	28.91	2.66
	低山缓阳坡厚层土类型	6050.87		4.65	5803.57			5803.57	242.65	241.62	1.03	
	低山缓阳坡中层土类型	4313.20	1.18	0.74	4068.23			4068.23	243.05	217.24	25.81	
	低山缓阳坡薄层土类型	109.49			95.95			95.95	13.54	10.04	3.50	
	低山缓阴坡厚层土类型	4004.23			3850.64			3850.64	153.59	150.17	3.42	
	低山缓阴坡中层土类型	4128.43			3910.72			3910.72	217.71	193.57	24.14	
	低山缓阴坡薄层土类型	186.36			152.87			152.87	33.49	33.49		
	低山斜阳坡厚层土类型	84.91			66.61			66.61	18.30	18.30		
	低山斜阳坡中层土类型	139.35			87.85			87.85	51.50	38.84	12.66	
	低山斜阳坡薄层土类型	21.06			5.57			5.57	15.49	14.40	1.09	
	低山斜阴坡厚层土类型	73.16			66.68			66.68	6.48	6.48		
	低山斜阴坡中层土类型	120.30			106.25			106.25	14.05	11.95	2.10	
	低山斜阴坡薄层土类型	4.87							4.87	4.87		
	低山陡阳坡厚层土类型	0.98							0.98	0.98		
	低山陡阳坡中层土类型	33.25			1.31			1.31	31.94	28.28	3.66	
	低山陡阳坡薄层土类型	19.67			1.02			1.02	18.65	10.78	7.87	
	低山陡阴坡中层土类型	0.47							0.47	0.47		
	低山陡阴坡薄层土类型	2.57							2.57	2.57		
	低山急阳坡中层土类型	4.15			1.89			1.89	2.26	2.26		
	低山急阳坡薄层土类型	1.36							1.36	0.25	1.11	
	低山急阴坡薄层土类型	1.01							1.01		1.01	
	低山险坡薄层土类型	5.98			1.96			1.96	4.02		4.02	
海林林业局	合计	8382.39	17.62	17.81	7329.85			7329.85	1017.11	443.30	5.24	568.57
	低山平坡厚层土类型	4109.05		16.09	3506.27			3506.27	586.69	89.51		497.18
	低山平坡中层土类型	1729.23	8.80		1511.99			1511.99	208.44	137.05		71.39

表 7　黑龙江重点国有林区可造林封育地面积按立地类型统计表（续 10）

单位：公顷

统计单位	立地类型	合计	疏林地	一般灌木林地	无立木林地				宜林地			
					小计	采伐迹地	火烧迹地	其他无立木林地	小计	宜林荒山荒地	宜林沙荒地	其他宜林地
海林林业局	低山平坡薄层土类型	19.79			11.12			11.12	8.67	4.57	4.10	
	低山缓阳坡厚层土类型	909.96	0.98		848.38			848.38	60.60	60.60		
	低山缓阳坡中层土类型	414.25	0.42		351.82			351.82	62.01	62.01		
	低山缓阳坡薄层土类型	0.56			0.10			0.10	0.46	0.46		
	低山缓阴坡厚层土类型	788.81		0.78	772.70			772.70	15.33	15.33		
	低山缓阴坡中层土类型	335.40	1.59	0.94	299.19			299.19	33.68	33.68		
	低山缓阴坡薄层土类型	2.22			1.08			1.08	1.14		1.14	
	低山斜阳坡厚层土类型	0.98			0.98			0.98				
	低山斜阳坡中层土类型	19.21	4.33		3.02			3.02	11.86	11.86		
	低山斜阴坡厚层土类型	19.00			18.76			18.76	0.24	0.24		
	低山斜阴坡中层土类型	20.41	1.50		4.44			4.44	14.47	14.47		
	低山陡阳坡中层土类型	8.64							8.64	8.64		
	低山陡阳坡薄层土类型	3.60							3.60	3.60		
	低山陡阴坡中层土类型	1.28							1.28	1.28		
林口林业局	合计	46680.74	12.52	140.04	41902.03			41902.03	4626.15	2595.62	32.32	1998.21
	低山平坡厚层土类型	3760.12	2.98	3.62	2370.90			2370.90	1382.62	47.59		1335.03
	低山平坡中层土类型	8793.82		17.79	7885.30			7885.30	890.73	260.54	0.75	629.44
	低山平坡薄层土类型	142.32		0.09	21.20			21.20	121.03	55.72	31.57	33.74
	低山缓阳坡厚层土类型	3266.70		0.42	3191.16			3191.16	75.12	75.12		
	低山缓阳坡中层土类型	12766.39		20.87	12115.03			12115.03	630.49	630.49		
	低山缓阳坡薄层土类型	126.61		2.08	7.28			7.28	117.25	117.25		
	低山缓阴坡厚层土类型	3046.18		1.87	2986.28			2986.28	58.03	58.03		
	低山缓阴坡中层土类型	10696.48	0.50	6.80	10205.05			10205.05	484.13	484.13		
	低山缓阴坡薄层土类型	71.29		3.94	5.61			5.61	61.74	61.74		
	低山斜阳坡厚层土类型	271.54			218.76			218.76	52.78	52.78		
	低山斜阳坡中层土类型	1631.03	1.48	3.56	1366.13			1366.13	259.86	259.86		
	低山斜阳坡薄层土类型	90.84		18.90	2.13			2.13	69.81	69.81		
	低山斜阴坡厚层土类型	258.76			246.97			246.97	11.79	11.79		
	低山斜阴坡中层土类型	1492.40	2.36	1.11	1243.41			1243.41	245.52	245.52		
	低山斜阴坡薄层土类型	37.29		2.73	3.34			3.34	31.22	31.22		
	低山陡阳坡中层土类型	103.60	2.96		7.65			7.65	92.99	92.99		
	低山陡阳坡薄层土类型	74.99		55.87					19.12	19.12		
	低山陡阴坡厚层土类型	0.37			0.37			0.37				
	低山陡阴坡中层土类型	35.83	1.55		25.46			25.46	8.82	8.82		
	低山陡阴坡薄层土类型	5.77	0.69	0.39					4.69	4.69		
	低山急阳坡中层土类型	0.95							0.95	0.95		
	低山急阳坡薄层土类型	7.46							7.46	7.46		
八面通林业局	合计	40660.78	2.19	55.79	36312.27			36312.27	4290.53	1207.36		3083.17
	低山平坡厚层土类型	2845.10			32.75			32.75	2812.35	35.07		2777.28
	低山平坡中层土类型	33337.96	0.46	28.76	32472.96			32472.96	835.78	529.89		305.89

表7 黑龙江重点国有林区可造林封育地面积按立地类型统计表（续11）

单位：公顷

统计单位	立地类型	合计	疏林地	一般灌木林地	无立木林地				宜林地			
					小计	采伐迹地	火烧迹地	其他无立木林地	小计	宜林荒山荒地	宜林沙荒地	其他宜林地
八面通林业局	低山平坡薄层土类型	21.15			4.95			4.95	16.20	16.20		
	低山缓阳坡厚层土类型	12.12		0.79	4.77			4.77	6.56	6.56		
	低山缓阳坡中层土类型	1906.19	0.85	18.69	1634.26			1634.26	252.39	252.39		
	低山缓阳坡薄层土类型	15.89			5.69			5.69	10.20	10.20		
	低山缓阴坡厚层土类型	20.24	0.88		12.12			12.12	7.24	7.24		
	低山缓阴坡中层土类型	1785.16			1583.60			1583.60	201.56	201.56		
	低山缓阴坡薄层土类型	9.31			6.33			6.33	2.98	2.98		
	低山斜阳坡厚层土类型	2.60		0.32	2.03			2.03	0.25	0.25		
	低山斜阳坡中层土类型	414.61		4.03	353.37			353.37	57.21	57.21		
	低山斜阳坡薄层土类型	10.57			5.26			5.26	5.31	5.31		
	低山斜阴坡厚层土类型	3.44			3.16			3.16	0.28	0.28		
	低山斜阴坡中层土类型	215.79		3.20	168.04			168.04	44.55	44.55		
	低山斜阴坡薄层土类型	4.28			2.93			2.93	1.35	1.35		
	低山陡阳坡厚层土类型	2.72			0.64			0.64	2.08	2.08		
	低山陡阳坡中层土类型	26.11			11.21			11.21	14.90	14.90		
	低山陡阳坡薄层土类型	20.91			4.90			4.90	16.01	16.01		
	低山陡阴坡厚层土类型	2.48			1.01			1.01	1.47	1.47		
	低山陡阴坡中层土类型	0.81			0.81			0.81				
	低山陡阴坡薄层土类型	1.86							1.86	1.86		
	低山急阳坡中层土类型	0.86			0.86			0.86				
	低山急阳坡薄层土类型	0.62			0.62			0.62				
青梅实验林场	合计	1241.17			1157.98			1157.98	83.19	53.14		30.05
	低山平坡厚层土类型	25.69			0.08			0.08	25.61			25.61
	低山平坡中层土类型	194.32			181.34			181.34	12.98	12.98		
	低山缓阳坡厚层土类型	25.34			20.90			20.90	4.44			4.44
	低山缓阳坡中层土类型	438.03			426.69			426.69	11.34	11.34		
	低山缓阴坡厚层土类型	7.31			7.31			7.31				
	低山缓阴坡中层土类型	452.05			442.78			442.78	9.27	9.27		
	低山斜阳坡厚层土类型	0.08			0.08			0.08				
	低山斜阳坡中层土类型	47.63			42.70			42.70	4.93	4.93		
	低山斜阴坡厚层土类型	17.02			17.02			17.02				
	低山斜阴坡中层土类型	19.85			19.08			19.08	0.77	0.77		
	低山陡阳坡厚层土类型	13.85							13.85	13.85		
山河屯林业局	合计	20054.98	5.35		18842.13			18842.13	1207.50	152.17	5.22	1050.11
	低山平坡厚层土类型	14822.77	2.41		13856.32			13856.32	964.04	33.15	0.22	930.67
	低山平坡中层土类型	1057.92			986.28			986.28	71.64	10.42		61.22
	低山平坡薄层土类型	24.33			19.59			19.59	4.74		4.74	
	低山缓阳坡厚层土类型	1803.48			1719.80			1719.80	83.68	32.29	0.26	51.13
	低山缓阳坡中层土类型	214.19			207.01			207.01	7.18	7.18		
	低山缓阴坡厚层土类型	1624.91	2.02		1605.93			1605.93	16.96	9.87		7.09
	低山缓阴坡中层土类型	239.27			221.76			221.76	17.51	17.51		
	低山斜阳坡厚层土类型	63.80			61.57			61.57	2.23	2.23		

表 7　黑龙江重点国有林区可造林封育地面积按立地类型统计表（续 12）

单位：公顷

统计单位	立地类型	合计	疏林地	一般灌木林地	无立木林地				宜林地			
					小计	采伐迹地	火烧迹地	其他无立木林地	小计	宜林荒山荒地	宜林沙荒地	其他宜林地
山河屯林业局	低山斜阳坡中层土类型	31.30			30.11			30.11	1.19	1.19		
	低山斜阴坡厚层土类型	77.15	0.92		65.11			65.11	11.12	11.12		
	低山斜阴坡中层土类型	13.03			12.40			12.40	0.63	0.63		
	低山陡阳坡厚层土类型	3.22							3.22	3.22		
	低山陡阳坡中层土类型	55.19			55.19			55.19				
	低山陡阴坡厚层土类型	9.30			0.09			0.09	9.21	9.21		
	低山陡阴坡中层土类型	8.69							8.69	8.69		
	低山急阳坡厚层土类型	0.32							0.32	0.32		
	低山急阴坡厚层土类型	0.97			0.97			0.97				
	低山急阴坡中层土类型	5.14							5.14	5.14		
苇河林业局	合计	24519.87	94.05	148.54	22303.70			22303.70	1973.58	857.30	85.92	1030.36
	低山平坡厚层土类型	14850.61	16.96	103.61	13602.73			13602.73	1127.31	264.02	11.52	851.77
	低山平坡中层土类型	816.39		30.32	651.78			651.78	134.29	91.18	16.66	26.45
	低山平坡薄层土类型	11.28							11.28		11.28	
	低山缓阳坡厚层土类型	4238.87	15.68	1.03	4048.52			4048.52	173.64	104.62	1.24	67.78
	低山缓阳坡中层土类型	464.14	0.38	3.64	291.15			291.15	168.97	145.30	3.81	19.86
	低山缓阳坡薄层土类型	3.19			3.19			3.19				
	低山缓阴坡厚层土类型	2728.28	9.97	5.47	2609.94			2609.94	102.90	70.23		32.67
	低山缓阴坡中层土类型	534.30		3.74	415.14			415.14	115.42	111.82	3.60	
	低山斜阳坡厚层土类型	314.18	27.38		258.07			258.07	28.73	12.49		16.24
	低山斜阳坡中层土类型	102.41			56.96			56.96	45.45	29.90	15.55	
	低山斜阳坡薄层土类型	0.43			0.43			0.43				
	低山斜阴坡厚层土类型	292.63			272.18			272.18	20.45	4.86		15.59
	低山斜阴坡中层土类型	55.80		0.73	48.01			48.01	7.06	2.72	4.34	
	低山陡阳坡厚层土类型	19.69			7.53			7.53	12.16	12.16		
	低山陡阳坡中层土类型	25.51			19.09			19.09	6.42	5.99	0.43	
	低山陡阴坡厚层土类型	16.05			14.79			14.79	1.26	1.26		
	低山陡阴坡中层土类型	22.43			4.19			4.19	18.24	0.75	17.49	
	低山急阴坡厚层土类型	23.68	23.68									
亚布力林业局	合计	32574.72	9.46	154.28	31514.99			31514.99	895.99	522.18	22.78	351.03
	低山平坡厚层土类型	14272.53		5.36	13959.57			13959.57	307.60	58.49	0.21	248.90
	低山平坡中层土类型	6048.15		6.74	5844.97			5844.97	196.44	82.15	12.72	101.57
	低山平坡薄层土类型	2089.99			2078.57			2078.57	11.42	9.37	1.49	0.56
	低山缓阳坡厚层土类型	2647.63		1.00	2624.80			2624.80	21.83	21.83		
	低山缓阳坡中层土类型	2164.29		33.79	1972.86			1972.86	157.64	157.64		
	低山缓阳坡薄层土类型	91.85			82.69			82.69	9.16	2.25	6.91	
	低山缓阴坡厚层土类型	2655.73			2641.44			2641.44	14.29	14.29		
	低山缓阴坡中层土类型	1846.01			1769.45			1769.45	76.56	76.56		
	低山缓阴坡薄层土类型	148.21			147.32			147.32	0.89	0.89		
	低山斜阳坡厚层土类型	191.17		83.98	101.80			101.80	5.39	5.39		
	低山斜阳坡中层土类型	153.47			98.70			98.70	54.77	53.32	1.45	
	低山斜阳坡薄层土类型	0.32							0.32	0.32		

表 7 黑龙江重点国有林区可造林封育地面积按立地类型统计表（续 13）

单位：公顷

统计单位	立地类型	合计	疏林地	一般灌木林地	无立木林地				宜林地			
					小计	采伐迹地	火烧迹地	其他无立木林地	小计	宜林荒山荒地	宜林沙荒地	其他宜林地
亚布力林业局	低山斜阴坡厚层土类型	95.12			90.77			90.77	4.35	4.35		
	低山斜阴坡中层土类型	127.39	9.46		89.00			89.00	28.93	28.93		
	低山斜阴坡薄层土类型	0.78							0.78	0.78		
	低山陡阳坡厚层土类型	0.65			0.65			0.65				
	低山陡阳坡中层土类型	10.81			6.40			6.40	4.41	4.41		
	低山陡阳坡薄层土类型	0.58			0.20			0.20	0.38	0.38		
	低山陡阴坡厚层土类型	5.80			5.80			5.80				
	低山陡阴坡中层土类型	24.24		23.41					0.83	0.83		
兴隆林业局	合计	20474.82	36.95	28.74	19489.74			19489.74	919.39	171.20	0.57	747.62
	低山平坡厚层土类型	15079.90	11.33	10.86	14434.82			14434.82	622.89	141.82	0.37	480.70
	低山平坡中层土类型	3251.93	25.62	6.19	3054.89			3054.89	165.23	0.70		164.53
	低山平坡薄层土类型	1.51			1.51			1.51				
	低山缓阳坡厚层土类型	1331.78			1281.43			1281.43	50.35	13.11		37.24
	低山缓阳坡中层土类型	255.23			213.50			213.50	41.73	0.45		41.28
	低山缓阴坡厚层土类型	383.31			354.88			354.88	28.43	9.68		18.75
	低山缓阴坡中层土类型	42.31			39.88			39.88	2.43			2.43
	低山斜阳坡厚层土类型	53.43			51.14			51.14	2.29	1.68	0.20	0.41
	低山斜阳坡中层土类型	51.84		11.69	35.22			35.22	4.93	3.76		1.17
	低山斜阴坡厚层土类型	9.66			9.66			9.66				
	低山斜阴坡中层土类型	2.58			2.58			2.58				
	低山陡阳坡厚层土类型	3.13			2.58			2.58	0.55			0.55
	低山陡阳坡中层土类型	4.87			4.31			4.31	0.56			0.56
	低山陡阴坡厚层土类型	3.34			3.34			3.34				
方正林业局	合计	16233.66			15883.63			15883.63	350.03	129.86	93.66	126.51
	低山平坡厚层土类型	3873.64			3767.31			3767.31	106.33	23.87		82.46
	低山平坡中层土类型	6072.59			5901.20			5901.20	171.39	33.68	93.66	44.05
	低山平坡薄层土类型	26.68			21.92			21.92	4.76	4.76		
	低山缓阳坡厚层土类型	980.51			969.92			969.92	10.59	10.59		
	低山缓阳坡中层土类型	2331.13			2303.51			2303.51	27.62	27.62		
	低山缓阳坡薄层土类型	2.46			1.83			1.83	0.63	0.63		
	低山缓阴坡厚层土类型	1079.13			1066.97			1066.97	12.16	12.16		
	低山缓阴坡中层土类型	1739.32			1726.34			1726.34	12.98	12.98		
	低山缓阴坡薄层土类型	5.10			5.10			5.10				
	低山斜阳坡厚层土类型	15.30			14.60			14.60	0.70	0.70		
	低山斜阳坡中层土类型	44.87			43.43			43.43	1.44	1.44		
	低山斜阳坡薄层土类型	1.90			1.90			1.90				
	低山斜阴坡厚层土类型	23.19			22.51			22.51	0.68	0.68		
	低山斜阴坡中层土类型	27.61			27.61			27.61				
	低山斜阴坡薄层土类型	0.98			0.98			0.98				
	低山陡阳坡厚层土类型	0.36			0.36			0.36				

表 7 黑龙江重点国有林区可造林封育地面积按立地类型统计表（续 14）

单位：公顷

统计单位	立地类型	合计	疏林地	一般灌木林地	无立木林地				宜林地			
					小计	采伐迹地	火烧迹地	其他无立木林地	小计	宜林荒山荒地	宜林沙荒地	其他宜林地
方正林业局	低山陡阳坡中层土类型	1.03			0.48			0.48	0.55	0.55		
	低山陡阳坡薄层土类型	1.37			1.37			1.37				
	低山陡阴坡中层土类型	6.26			6.06			6.06	0.20	0.20		
	低山急阳坡中层土类型	0.23			0.23			0.23				
绥棱林业局	合计	43692.15	223.38	659.11	31248.37			31248.37	11561.29	75.38	2.00	11483.91
	低山平坡厚层土类型	37675.00	181.78	659.01	27235.70			27235.70	9598.51	18.01		9580.50
	低山平坡中层土类型	3745.78	11.20	0.10	2365.66			2365.66	1368.82	0.46		1368.36
	低山平坡薄层土类型	2.41			0.41			0.41	2.00		2.00	
	低山缓阳坡厚层土类型	1368.13	11.77		1000.05			1000.05	356.31			356.31
	低山缓阳坡中层土类型	50.14			21.09			21.09	29.05	17.57		11.48
	低山缓阴坡厚层土类型	774.60			607.78			607.78	166.82	29.25		137.57
	低山缓阴坡中层土类型	39.26	18.63		11.33			11.33	9.30	4.50		4.80
	低山斜阳坡厚层土类型	8.38			2.38			2.38	6.00	2.31		3.69
	低山斜阳坡中层土类型	18.43			1.14			1.14	17.29	0.53		16.76
	低山斜阴坡厚层土类型	0.70			0.70			0.70				
	低山斜阴坡中层土类型	4.44							4.44			4.44
	低山陡阳坡厚层土类型	0.82			0.82			0.82				
	低山陡阳坡中层土类型	2.75							2.75	2.75		
	低山陡阴坡厚层土类型	1.31			1.31			1.31				
通北林业局	合计	104549.02	115.02		80458.41			80458.41	23975.59	499.74		23475.85
	低山平坡厚层土类型	88921.46	26.68		72172.07			72172.07	16722.71	369.83		16352.88
	低山平坡中层土类型	3508.97	63.64		3.93			3.93	3441.40	0.32		3441.08
	低山缓阳坡厚层土类型	6493.02	10.42		4456.58			4456.58	2026.02	37.54		1988.48
	低山缓阳坡中层土类型	209.39	13.26						196.13			196.13
	低山缓阴坡厚层土类型	5153.27	1.02		3787.21			3787.21	1365.04	92.05		1272.99
	低山缓阴坡中层土类型	217.58							217.58			217.58
	低山斜阳坡厚层土类型	31.26			30.75			30.75	0.51			0.51
	低山斜阴坡厚层土类型	7.07			7.07			7.07				
	低山斜阴坡中层土类型	1.15							1.15			1.15
	低山陡阳坡厚层土类型	5.85			0.80			0.80	5.05			5.05
沾河林业局	合计	125573.63	510.06		42152.73	6.54		42146.19	82910.84	2415.68	5.85	80489.31
	低山平坡厚层土类型	104602.16	348.25		33300.40			33300.40	70953.51	1712.19	5.30	69236.02
	低山平坡中层土类型	9122.53	26.89		2449.24			2449.24	6646.40	102.95	0.55	6542.90
	低山缓阳坡厚层土类型	5210.97	24.97		2717.73	5.17		2712.56	2468.27	195.30		2272.97
	低山缓阳坡中层土类型	289.58			142.12			142.12	147.46	15.59		131.87
	低山缓阴坡厚层土类型	5750.08	109.95		3425.44	1.37		3424.07	2214.69	338.74		1875.95
	低山缓阴坡中层土类型	247.72			69.08			69.08	178.64	16.57		162.07
	低山斜阳坡厚层土类型	58.61			4.15			4.15	54.46	16.68		37.78
	低山斜阳坡中层土类型	3.89			1.01			1.01	2.88			2.88
	低山斜阴坡厚层土类型	38.58			10.44			10.44	28.14			28.14

表 7 黑龙江重点国有林区可造林封育地面积按立地类型统计表（续 15）

单位：公顷

统计单位	立地类型	合计	疏林地	一般灌木林地	无立木林地				宜林地			
					小计	采伐迹地	火烧迹地	其他无立木林地	小计	宜林荒山荒地	宜林沙荒地	其他宜林地
沾河林业局	低山斜阴坡中层土类型	0.71			0.71			0.71				
	低山陡阳坡厚层土类型	130.00			27.16			27.16	102.84	7.52		95.32
	低山陡阳坡中层土类型	22.58			2.44			2.44	20.14	3.51		16.63
	低山陡阴坡厚层土类型	51.92			2.15			2.15	49.77			49.77
	低山陡阴坡中层土类型	3.66							3.66	3.66		
	低山急阳坡厚层土类型	23.65			0.66			0.66	22.99	2.97		20.02
	低山急阴坡厚层土类型	16.99							16.99			16.99
东方红林业局	合计	65773.52	160.00		29800.45			29800.45	35813.07	1169.15	492.18	34151.74
	低山平坡厚层土类型	54530.20	127.21		23741.30			23741.30	30661.69	1006.89	2.87	29651.93
	低山平坡中层土类型	10468.02	32.79		5945.62			5945.62	4489.61	162.12	488.21	3839.28
	低山平坡薄层土类型	775.30			113.53			113.53	661.77	0.14	1.10	660.53
迎春林业局	合计	68522.49	13.59		67010.37			67010.37	1498.53	366.13		1132.40
	低山平坡厚层土类型	52106.52			50859.63			50859.63	1246.89	156.65		1090.24
	低山平坡中层土类型	1049.68			922.38			922.38	127.30	85.14		42.16
	低山平坡薄层土类型	50.16			48.86			48.86	1.30	1.30		
	低山缓阳坡厚层土类型	7048.64			7033.07			7033.07	15.57	15.57		
	低山缓阳坡中层土类型	166.64	3.84		120.20			120.20	42.60	42.60		
	低山缓阳坡薄层土类型	1.23							1.23	1.23		
	低山缓阴坡厚层土类型	7829.75			7809.17			7809.17	20.58	20.58		
	低山缓阴坡中层土类型	239.45	9.75		197.01			197.01	32.69	32.69		
	低山斜阳坡厚层土类型	3.94			3.94			3.94				
	低山斜阳坡中层土类型	8.36			3.05			3.05	5.31	5.31		
	低山斜阴坡厚层土类型	7.50			7.50			7.50				
	低山斜阴坡中层土类型	10.62			5.56			5.56	5.06	5.06		
清河林业局	合计	15196.96	67.95	52.48	11705.25			11705.25	3371.28	260.09		3111.19
	低山平坡厚层土类型	13156.22	67.95	38.35	10424.16			10424.16	2625.76	217.69		2408.07
	低山平坡中层土类型	1101.94		10.93	487.49			487.49	603.52	27.42		576.10
	低山缓阳坡厚层土类型	440.66		3.20	385.50			385.50	51.96	5.00		46.96
	低山缓阳坡中层土类型	72.49			59.04			59.04	13.45	6.03		7.42
	低山缓阴坡厚层土类型	283.42			222.44			222.44	60.98	3.74		57.24
	低山缓阴坡中层土类型	96.64			86.39			86.39	10.25	0.21		10.04
	低山斜阳坡厚层土类型	10.72			10.08			10.08	0.64			0.64
	低山斜阳坡中层土类型	11.49			11.49			11.49				
	低山斜阴坡厚层土类型	16.44			16.06			16.06	0.38			0.38
	低山斜阴坡中层土类型	0.20			0.20			0.20				
	低山陡阳坡厚层土类型	0.12			0.12			0.12				
	低山陡阳坡中层土类型	1.45							1.45			1.45
	低山陡阴坡厚层土类型	5.17			2.28			2.28	2.89			2.89
鹤北林业局	合计	24384.00	33.99		10421.31			10421.31	13928.70	423.68	237.42	13267.60
	低山平坡厚层土类型	18931.21	33.99		7697.65			7697.65	11199.57	268.37	147.40	10783.80

表 7　黑龙江重点国有林区可造林封育地面积按立地类型统计表（续 16）

单位：公顷

统计单位	立地类型	合计	疏林地	一般灌木林地	无立木林地				宜林地			
					小计	采伐迹地	火烧迹地	其他无立木林地	小计	宜林荒山荒地	宜林沙荒地	其他宜林地
鹤北林业局	低山平坡中层土类型	1396.02			302.76			302.76	1093.26	34.23	4.62	1054.41
	低山平坡薄层土类型	5.74			2.64			2.64	3.10	1.35		1.75
	低山缓阳坡厚层土类型	2069.94			1297.15			1297.15	772.79	67.90	37.97	666.92
	低山缓阳坡中层土类型	162.30			149.54			149.54	12.76	2.07		10.69
	低山缓阴坡厚层土类型	1643.20			878.58			878.58	764.62	45.14	47.43	672.05
	低山缓阴坡中层土类型	133.46			58.03			58.03	75.43	1.28		74.15
	低山缓阴坡薄层土类型	3.79							3.79	2.21		1.58
	低山斜阳坡厚层土类型	12.94			12.59			12.59	0.35			0.35
	低山斜阳坡中层土类型	2.14							2.14	1.13		1.01
	低山斜阴坡厚层土类型	20.06			20.06			20.06				
	低山斜阴坡中层土类型	2.31			2.31			2.31				
	低山急阴坡厚层土类型	0.89							0.89			0.89
桦南林业局	合计	67734.57	48.26	80.19	65183.36			65183.36	2422.76	982.39	74.94	1365.43
	低山平坡厚层土类型	51766.60	42.04	56.54	50112.50			50112.50	1555.52	719.87	39.41	796.24
	低山平坡中层土类型	15895.84	6.22	23.65	15001.75			15001.75	864.22	260.89	35.53	567.80
	低山平坡薄层土类型	72.13			69.11			69.11	3.02	1.63		1.39
鹤立林业局	合计	11725.68			9990.74	3.30		9987.44	1734.94	89.61	14.34	1630.99
	低山平坡厚层土类型	7050.87			5816.13			5816.13	1234.74	53.64	8.23	1172.87
	低山平坡中层土类型	1714.82			1589.54	3.30		1586.24	125.28	6.11	3.71	115.46
	低山平坡薄层土类型	2.41			0.39			0.39	2.02		2.02	
	低山缓阳坡厚层土类型	1549.22			1392.84			1392.84	156.38	20.21	0.12	136.05
	低山缓阳坡中层土类型	31.36			24.19			24.19	7.17	0.73		6.44
	低山缓阴坡厚层土类型	1351.53			1145.56			1145.56	205.97	8.92	0.26	196.79
	低山缓阴坡中层土类型	11.84			9.32			9.32	2.52			2.52
	低山斜阳坡厚层土类型	6.03			6.03			6.03				
	低山斜阴坡厚层土类型	7.60			6.74			6.74	0.86			0.86
双鸭山林业局	合计	27199.28		256.05	25718.63			25718.63	1224.60	538.47	56.56	629.57
	低山平坡厚层土类型	13699.51		166.43	12762.17			12762.17	770.91	214.79	0.92	555.20
	低山平坡中层土类型	1505.69		35.15	1408.66			1408.66	61.88	14.97	30.43	16.48
	低山平坡薄层土类型	10.99			1.65			1.65	9.34	0.11	9.23	
	低山缓阳坡厚层土类型	5160.77		27.77	4996.19			4996.19	136.81	107.52		29.29
	低山缓阳坡中层土类型	461.82		18.00	437.20			437.20	6.62	6.62		
	低山缓阴坡厚层土类型	4975.12		3.99	4824.15			4824.15	146.98	119.04		27.94
	低山缓阴坡中层土类型	246.49			230.51			230.51	15.98	2.32	13.66	
	低山斜阳坡厚层土类型	691.91			642.16			642.16	49.75	48.93	0.82	
	低山斜阳坡中层土类型	69.46			60.73			60.73	8.73	8.73		
	低山斜阴坡厚层土类型	328.70			314.00			314.00	14.70	12.54	1.50	0.66
	低山斜阴坡中层土类型	9.55			8.35			8.35	1.20	1.20		
	低山陡阳坡厚层土类型	31.36			31.15			31.15	0.21	0.21		
	低山陡阳坡中层土类型	0.14			0.14			0.14				

表 7 黑龙江重点国有林区可造林封育地面积按立地类型统计表（续 17）

单位：公顷

统计单位	立地类型	合计	疏林地	一般灌木林地	无立木林地				宜林地			
					小计	采伐迹地	火烧迹地	其他无立木林地	小计	宜林荒山荒地	宜林沙荒地	其他宜林地
双鸭山林业局	低山陡阴坡厚层土类型	1.57			1.57			1.57				
	低山急阳坡中层土类型	1.49							1.49	1.49		
	低山险坡中层土类型	4.71		4.71								
带岭林业实验局	合计	1453.37	2.96		1273.22			1273.22	177.19	79.75	4.96	92.48
	低山平坡厚层土类型	1192.76	2.96		1072.52			1072.52	117.28	46.47	4.96	65.85
	低山平坡中层土类型	18.38			11.58			11.58	6.80	2.04		4.76
	低山平坡薄层土类型	1.68			1.68			1.68				
	低山缓阳坡厚层土类型	93.45			68.89			68.89	24.56	10.81		13.75
	低山缓阳坡中层土类型	1.64							1.64	0.13		1.51
	低山缓阴坡厚层土类型	126.84			118.55			118.55	8.29	2.44		5.85
	低山缓阴坡中层土类型	0.76							0.76			0.76
	低山斜阳坡厚层土类型	17.86							17.86	17.86		
长岗实验林场	合计	1510.46		1.16	1322.70			1322.70	186.60	19.68		166.92
	低山平坡厚层土类型	1438.12		1.16	1254.61			1254.61	182.35	16.52		165.83
	低山缓阳坡厚层土类型	53.74			50.36			50.36	3.38	2.36		1.02
	低山缓阴坡厚层土类型	18.60			17.73			17.73	0.87	0.80		0.07
丽林实验林场	合计	5.36			5.09			5.09	0.27	0.27		
	低山平坡厚层土类型	1.87			1.60			1.60	0.27	0.27		
	低山缓阳坡厚层土类型	0.26			0.26			0.26				
	低山缓阴坡厚层土类型	3.23			3.23			3.23				
江山娇实验林场	合计	1926.70			1653.79			1653.79	272.91	42.31		230.60
	低山平坡厚层土类型	70.85			16.15			16.15	54.70	9.99		44.71
	低山平坡中层土类型	323.20			315.32			315.32	7.88	7.88		
	低山缓阳坡厚层土类型	221.69			30.76			30.76	190.93	15.66		175.27
	低山缓阳坡中层土类型	1142.02			1136.95			1136.95	5.07	5.07		
	低山缓阴坡厚层土类型	22.24			9.82			9.82	12.42	1.80		10.62
	低山缓阴坡中层土类型	142.57			142.03			142.03	0.54	0.54		
	低山斜阳坡厚层土类型	2.26			1.50			1.50	0.76	0.76		
	低山斜阳坡中层土类型	0.61							0.61	0.61		
	低山斜阴坡厚层土类型	0.62			0.62			0.62				
	低山陡阳坡厚层土类型	0.58			0.58			0.58				
	低山急阴坡厚层土类型	0.06			0.06			0.06				
平山野生动物实验场	合计	246.30	10.48		33.35			33.35	202.47	200.75	0.42	1.30
	低山平坡厚层土类型	46.21			16.66			16.66	29.55	29.55		
	低山平坡薄层土类型	0.42							0.42		0.42	
	低山缓阳坡厚层土类型	57.04			4.09			4.09	52.95	52.95		
	低山缓阴坡厚层土类型	121.93	9.30		12.60			12.60	100.03	98.73		1.30
	低山斜阳坡厚层土类型	16.05	1.18						14.87	14.87		
	低山斜阴坡厚层土类型	2.68							2.68	2.68		
	低山陡阳坡厚层土类型	1.97							1.97	1.97		

表 7　黑龙江重点国有林区可造林封育地面积按立地类型统计表（续 18）

单位：公顷

统计单位	立地类型	合计	疏林地	一般灌木林地	无立木林地				宜林地			
					小计	采伐迹地	火烧迹地	其他无立木林地	小计	宜林荒山荒地	宜林沙荒地	其他宜林地
肇东直属林场	合计	405.56	3.99	2.20	382.05			382.05	17.32	17.32		
	低山平坡厚层土类型	405.56	3.99	2.20	382.05			382.05	17.32	17.32		
丰林自然保护区	合计	60.04			49.05			49.05	10.99			10.99
	低山平坡厚层土类型	44.14			35.12			35.12	9.02			9.02
	低山缓阳坡厚层土类型	15.90			13.93			13.93	1.97			1.97

表8 黑龙江重点国有林区乔木林各龄组面积、蓄积按林种、起源和林分类型统计表

单位：公顷、立方米

统计单位	林种	起源	林分类型	合计		幼龄林		中龄林		近熟林		成熟林		过熟林	
				面积	蓄积	面积	蓄积	面积	蓄积	面积	蓄积	面积	蓄积	面积	蓄积
黑龙江重点国有林区	合计	合计	合计	8684955.28	1011472405.5	1132579.97	86109871.3	5764478.52	673845689.6	1479651.84	204445172.0	282016.37	41700656.0	26228.58	5371016.6
			纯林	1758735.34	194901182.2	474327.39	31306463.5	950530.50	112547396.3	267690.59	38787319.6	57891.32	9972692.1	8295.54	2287310.7
			混交林	6926219.94	816571223.3	658252.58	54803407.8	4813948.02	561298293.3	1211961.25	165657852.4	224125.05	31727963.9	17933.04	3083705.9
			针叶混交林	424067.68	55649255.1	38516.11	3345983.4	310900.47	39822918.2	61751.80	9942972.7	11143.42	2128763.4	1755.88	408617.4
			针阔混交林	1777064.85	218889336.4	209665.14	18376767.8	1249240.36	153989938.2	256157.51	37223461.0	55055.19	8008483.3	6946.65	1290686.1
			阔叶混交林	4725087.41	542032631.8	410071.33	33080656.6	3253807.19	367485436.9	894051.94	118491418.7	157926.44	21590717.2	9230.51	1384402.4
		天然	合计	7829815.01	900719202.6	893770.57	65155702.6	5358101.25	616207370.2	1319820.30	180116885.8	233921.66	34156495.2	24201.23	5082748.8
			纯林	1290405.21	133005376.8	324581.90	18193760.5	754492.72	83009046.3	175115.06	24366301.6	28184.97	5183794.8	8030.56	2252473.6
			混交林	6539409.80	767713825.8	569188.67	46961942.1	4603608.53	533198323.9	1144705.24	155750584.2	205736.69	28972700.4	16170.67	2830275.2
			针叶混交林	360382.74	47583100.1	23276.27	2139409.0	280862.47	35698497.6	47991.42	7912833.2	6694.93	1450465.5	1557.65	381894.8
			针阔混交林	1456139.13	178263524.5	136755.50	11769704.4	1069613.51	130088937.6	202994.54	29375728.4	41230.55	5944627.3	5545.03	1084526.8
			阔叶混交林	4722887.93	541867201.2	409156.90	33052828.7	3253132.55	367410888.7	893719.28	118462022.6	157811.21	21577607.6	9067.99	1363853.6
		人工	合计	855140.27	110753202.9	238809.40	20954168.7	406377.27	57638319.4	159831.54	24328286.2	48094.71	7544160.8	2027.35	288267.8
			纯林	468330.13	61895805.4	149745.49	13112703.0	196037.78	29538350.0	92575.53	14421018.0	29706.35	4788897.3	264.98	34837.1
			混交林	386810.14	48857397.5	89063.91	7841465.7	210339.49	28099969.4	67256.01	9907268.2	18388.36	2755263.5	1762.37	253430.7
			针叶混交林	63684.94	8066155.0	15239.84	1206574.4	30038.00	4124420.6	13760.38	2030139.5	4448.49	678297.9	198.23	26722.6
			针阔混交林	320925.72	40625811.9	72909.64	6607063.4	179626.85	23901000.6	53162.97	7847732.6	13824.64	2063856.0	1401.62	206159.3
			阔叶混交林	2199.48	165430.6	914.43	27827.9	674.64	74548.2	332.66	29396.1	115.23	13109.6	162.52	20548.8
		其中：人天混	合计	402763.46	50031022.5	113596.22	10375348.0	213446.02	28486585.4	58644.84	8632007.8	15363.88	2291886.5	1712.50	245194.8
			纯林	53256.46	5629196.6	35966.01	3329374.5	17047.94	2267986.2	242.51	31835.9				
			混交林	349507.00	44401825.9	77630.21	7045973.5	196398.08	26218599.2	58402.33	8600171.9	15363.88	2291886.5	1712.50	245194.8
			针叶混交林	28206.28	3759270.0	4738.02	451520.7	16716.13	2317270.1	5078.42	742051.9	1475.48	221704.7	198.23	26722.6
			针阔混交林	319512.50	40516475.0	72090.50	6568935.3	179202.11	23850996.4	53039.48	7832792.7	13793.73	2059336.4	1386.68	204414.2
			阔叶混交林	1788.22	126080.9	801.69	25517.5	479.84	50332.7	284.43	25327.3	94.67	10845.4	127.59	14058.0
	防护林	合计	合计	4625532.32	539836704.8	583879.78	44237544.5	3086767.46	363669403.8	800917.72	110073770.7	147177.32	20898356.2	6790.04	957629.6
			纯林	991048.47	109809702.8	272836.14	18694461.4	528802.56	63696402.2	158119.19	22570427.3	31040.33	4816786.8	250.25	31625.1
			混交林	3634483.85	430027002.0	311043.64	25543083.1	2557964.90	299973001.6	642798.53	87503343.4	116136.99	16081569.4	6539.79	926004.5
			针叶混交林	191294.27	24997989.9	17196.48	1399897.2	143380.49	18734001.2	26444.51	4168774.0	4059.86	665599.7	212.93	29717.8
			针阔混交林	878374.18	108533084.7	95143.60	8413611.4	626692.45	77732604.6	126046.61	18050688.7	28440.34	4032037.6	2051.18	304142.4
			阔叶混交林	2564815.40	296495927.4	198703.56	15729574.5	1787891.96	203506395.8	490307.41	65283880.7	83636.79	11383932.1	4275.68	592144.3
		天然	合计	4066321.38	466754960.1	432816.13	30892818.8	2822351.42	325822731.4	691265.73	93437289.9	114381.57	15828087.6	5506.53	774032.4
			纯林	675811.90	67938330.5	174548.22	9969006.3	398696.46	44026753.5	91788.13	12318125.0	10686.68	1611348.0	92.41	13097.7
			混交林	3390509.48	398816629.6	258267.91	20923812.5	2423654.96	281795977.9	599477.60	81119164.9	103694.89	14216739.6	5414.12	760934.7
			针叶混交林	149694.77	19595384.5	7921.44	674498.1	123274.90	15888834.9	17474.87	2830136.6	978.01	194506.1	45.55	7408.8
			针阔混交林	677051.48	82812520.0	52009.71	4532984.2	512875.91	62445012.2	91875.00	13022554.7	19128.86	2642778.6	1162.00	169190.3
			阔叶混交林	2563763.23	296408725.1	198336.76	15716330.2	1787504.15	203462130.8	490127.73	65266473.6	83588.02	11379454.9	4206.57	584335.6

表 8　黑龙江重点国有林区乔木林各龄组面积、蓄积按林种、起源和林分类型统计表（续 1）

单位：公顷、立方米

统计单位	林种	起源	林分类型	合计		幼龄林		中龄林		近熟林		成熟林		过熟林	
				面积	蓄积	面积	蓄积	面积	蓄积	面积	蓄积	面积	蓄积	面积	蓄积
黑龙江重点国有林区	防护林	人工	合计	559210.94	73081744.7	151063.65	13344725.7	264416.04	37846672.4	109651.99	16636480.8	32795.75	5070268.6	1283.51	183597.2
			纯林	315236.57	41871372.3	98287.92	8725455.1	130106.10	19669648.7	66331.06	10252302.3	20353.65	3205438.8	157.84	18527.4
			混交林	243974.37	31210372.4	52775.73	4619270.6	134309.94	18177023.7	43320.93	6384178.5	12442.10	1864829.8	1125.67	165069.8
			针叶混交林	41599.50	5402605.4	9275.04	725399.1	20105.59	2845166.3	8969.64	1338637.4	3081.85	471093.6	167.38	22309.0
			针阔混交林	201322.70	25720564.7	43133.89	3880627.2	113816.54	15287592.4	34171.61	5028134.0	9311.48	1389259.0	889.18	134952.1
			阔叶混交林	1052.17	87202.3	366.80	13244.3	387.81	44265.0	179.68	17407.1	48.77	4477.2	69.11	7808.7
		其中：人天混	合计	257151.86	32177108.5	72148.40	6581060.1	136433.10	18423252.3	37189.84	5477558.5	10263.92	1531262.5	1116.60	163975.1
			纯林	37628.51	3952074.9	26331.69	2442498.1	11155.72	1489507.1	141.10	20069.7				
			混交林	219523.35	28225033.6	45816.71	4138562.0	125277.38	16933745.2	37048.74	5457488.8	10263.92	1531262.5	1116.60	163975.1
			针叶混交林	17929.21	2481641.7	2692.18	258960.8	11395.29	1642861.0	2737.44	416043.0	936.92	141467.9	167.38	22309.0
			针阔混交林	200703.89	25672075.4	42778.29	3866542.3	113597.78	15258439.2	34145.28	5025467.5	9293.36	1386674.3	889.18	134952.1
			阔叶混交林	890.25	71316.5	346.24	13058.9	284.31	32445.0	166.02	15978.3	33.64	3120.3	60.04	6714.0
	特用林	合计	合计	2158316.92	249231786.9	308689.10	22707855.5	1382258.65	157244443.7	372296.57	52221432.5	78696.73	13038404.0	16375.87	4019651.2
			纯林	473775.29	53417589.9	117615.95	7035817.6	260012.67	29814500.7	69856.78	10467077.1	18347.75	3858761.5	7942.14	2241433.0
			混交林	1684541.63	195814197.0	191073.15	15672037.9	1122245.98	127429943.0	302439.79	41754355.4	60348.98	9179642.5	8433.73	1778218.2
			针叶混交林	124736.81	17173972.1	10959.48	1051948.8	83038.28	10477171.1	23296.45	3983609.4	5943.34	1289178.5	1499.26	372064.3
			针阔混交林	433698.72	52745350.3	63521.65	5327147.9	284059.34	33991340.0	67492.85	10227222.7	14722.12	2343588.6	3902.76	856051.1
			阔叶混交林	1126106.10	125894874.6	116592.02	9292941.2	755148.36	82961431.9	211650.49	27543523.3	39683.52	5546875.4	3031.71	550102.8
		天然	合计	2030674.52	232939407.0	269322.60	19183949.3	1319453.71	148548951.0	353605.80	49290869.8	72295.53	11949759.5	15996.88	3965877.4
			纯林	413495.39	45348245.5	96899.29	5202240.8	233901.58	25882551.6	60603.14	8934549.2	14223.87	3098148.9	7867.51	2230755.0
			混交林	1617179.13	187591161.5	172423.31	13981708.5	1085552.13	122666399.4	293002.66	40356320.6	58071.66	8851610.6	8129.37	1735122.4
			针叶混交林	114160.32	15859584.6	7965.52	798772.8	78553.84	9876099.0	20979.19	3647695.0	5163.53	1165006.8	1498.24	372011.0
			针阔混交林	377151.48	45861372.9	47903.08	3890924.5	251989.62	29843673.6	60399.84	9167802.9	13233.66	2140567.2	3625.28	818404.7
			阔叶混交林	1125867.33	125870204.0	116554.71	9292011.2	755008.67	82946626.8	211623.63	27540822.7	39674.47	5546036.6	3005.85	544706.7
		人工	合计	127642.40	16292379.9	39366.50	3523906.2	62804.94	8695492.7	18690.77	2930562.7	6401.20	1088644.5	378.99	53773.8
			纯林	60279.90	8069344.4	20716.66	1833576.8	26111.09	3931949.1	9253.64	1532527.9	4123.88	760612.6	74.63	10678.0
			混交林	67362.50	8223035.5	18649.84	1690329.4	36693.85	4763543.6	9437.13	1398034.8	2277.32	328031.9	304.36	43095.8
			针叶混交林	10576.49	1314387.5	2993.96	253176.0	4484.44	601072.1	2317.26	335914.4	779.81	124171.7	1.02	53.3
			针阔混交林	56547.24	6883977.4	15618.57	1436223.4	32069.72	4147666.4	7093.01	1059419.8	1488.46	203021.4	277.48	37646.4
			阔叶混交林	238.77	24670.6	37.31	930.0	139.69	14805.1	26.86	2700.6	9.05	838.8	25.86	5396.1
		其中：人天混	合计	68500.46	8230896.2	20858.84	1910964.7	37109.25	4792321.7	8345.34	1225807.9	1910.76	264425.9	276.27	37376.0
			纯林	6713.52	713766.3	4053.94	369696.7	2606.98	338482.7	52.60	5586.9				
			混交林	61786.94	7517129.9	16804.90	1541268.0	34502.27	4453839.0	8292.74	1220221.0	1910.76	264425.9	276.27	37376.0
			针叶混交林	5196.47	631459.6	1207.67	109952.8	2386.07	301752.8	1186.48	158983.2	415.23	60717.5	1.02	53.3
			针阔混交林	56391.65	6867488.6	15560.95	1430385.2	31983.07	4137801.7	7083.92	1058957.6	1488.46	203021.4	275.25	37322.7
			阔叶混交林	198.82	18181.7	36.28	930.0	133.13	14284.5	22.34	2280.2	7.07	687.0		

表 8 黑龙江重点国有林区乔木林各龄组面积、蓄积按林种、起源和林分类型统计表（续 2）

单位：公顷、立方米

统计单位	林种	起源	林分类型	合计		幼龄林		中龄林		近熟林		成熟林		过熟林	
				面积	蓄积	面积	蓄积	面积	蓄积	面积	蓄积	面积	蓄积	面积	蓄积
黑龙江重点国有林区	用材林	合计	合计	1901069.13	222403077.4	239976.04	19163761.9	1295451.13	152931758.5	306436.97	42149925.4	56142.32	7763895.8	3062.67	393735.8
			纯林	293877.85	31673203.9	83842.81	5575586.8	161714.61	19036448.9	39714.04	5749771.8	8503.24	1297143.8	103.15	14252.6
			混交林	1607191.28	190729873.5	156133.23	13588175.1	1133736.52	133895309.6	266722.93	36400153.6	47639.08	6466752.0	2959.52	379483.2
			针叶混交林	108036.60	13477293.1	10360.15	894137.4	84481.70	10611745.9	12010.84	1790589.3	1140.22	173985.2	43.69	6835.3
			针阔混交林	464991.95	57610901.4	50999.89	4636008.5	338488.57	42265993.6	62618.05	8945549.6	11892.73	1632857.1	992.71	130492.6
			阔叶混交林	1034162.73	119641679.0	94773.19	8058029.2	710766.25	81017570.1	192094.04	25664014.7	34606.13	4659909.7	1923.12	242155.3
		天然	合计	1732789.72	201024044.9	191603.65	15078226.4	1216295.50	141835648.7	274948.19	37388682.7	47244.56	6378648.1	2697.82	342839.0
			纯林	201071.71	19718161.0	53108.76	3021917.0	121894.68	13099741.2	22723.21	3113584.0	3274.42	474297.9	70.64	8620.9
			混交林	1531718.01	181305883.9	138494.89	12056309.4	1094400.82	128735907.5	252224.98	34275098.7	43970.14	5904350.2	2627.18	334218.1
			针叶混交林	96527.65	12128131.0	7389.31	666138.1	79033.73	9933563.7	9537.36	1435001.6	553.39	90952.6	13.86	2475.0
			针阔混交林	401936.17	49589631.6	36842.71	3345795.7	304747.98	37800251.8	50719.70	7185370.8	8868.03	1161281.5	757.75	96931.8
			阔叶混交林	1033254.19	119588121.3	94262.87	8044375.6	710619.11	81002092.0	191967.92	25654726.3	34548.72	4652116.1	1855.57	234811.3
		人工	合计	168279.41	21379032.5	48372.39	4085535.5	79155.63	11096109.8	31488.78	4761242.7	8897.76	1385247.7	364.85	50896.8
			纯林	92806.14	11955042.9	30734.05	2553669.8	39819.93	5936707.7	16990.83	2636187.8	5228.82	822845.9	32.51	5631.7
			混交林	75473.27	9423989.6	17638.34	1531865.7	39335.70	5159402.1	14497.95	2125054.9	3668.94	562401.8	332.34	45265.1
			针叶混交林	11508.95	1349162.1	2970.84	227999.3	5447.97	678182.2	2473.48	355587.7	586.83	83032.6	29.83	4360.3
			针阔混交林	63055.78	8021269.8	14157.18	1290212.8	33740.59	4465741.8	11898.35	1760178.8	3024.70	471575.6	234.96	33560.8
			阔叶混交林	908.54	53557.7	510.32	13653.6	147.14	15478.1	126.12	9288.4	57.41	7793.6	67.55	7344.0
		其中：人天混	合计	77111.14	9623017.8	20588.98	1883323.2	39903.67	5271011.4	13109.66	1928641.4	3189.20	496198.1	319.63	43843.7
			纯林	8914.43	963355.4	5580.38	517179.7	3285.24	439996.4	48.81	6179.3				
			混交林	68196.71	8659662.4	15008.60	1366143.5	36618.43	4831015.0	13060.85	1922462.1	3189.20	496198.1	319.63	43843.7
			针叶混交林	5080.60	646168.7	838.17	82607.1	2934.77	372656.3	1154.50	167025.7	123.33	19519.3	29.83	4360.3
			针阔混交林	62416.96	7976911.0	13751.26	1272007.8	33621.26	4454755.5	11810.28	1748367.6	3011.91	469640.7	222.25	32139.4
			阔叶混交林	699.15	36582.7	419.17	11528.6	62.40	3603.2	96.07	7068.8	53.96	7038.1	67.55	7344.0
	经济林	合计	合计	36.91	836.4	35.05	709.4	1.28	83.6	0.58	43.4				
			纯林	33.73	685.6	32.49	597.7	0.66	44.5	0.58	43.4				
			混交林	3.18	150.8	2.56	111.7	0.62	39.1						
			阔叶混交林	3.18	150.8	2.56	111.7	0.62	39.1						
		天然	合计	29.39	790.6	28.19	708.1	0.62	39.1	0.58	43.4				
			纯林	26.21	639.8	25.63	596.4			0.58	43.4				
			混交林	3.18	150.8	2.56	111.7	0.62	39.1						
			阔叶混交林	3.18	150.8	2.56	111.7	0.62	39.1						
		人工	合计	7.52	45.8	6.86	1.3	0.66	44.5						
			纯林	7.52	45.8	6.86	1.3	0.66	44.5						

表 8　黑龙江重点国有林区乔木林各龄组面积、蓄积按林种、起源和林分类型统计表（续 3）

单位：公顷、立方米

统计单位	林种	起源	林分类型	合计		幼龄林		中龄林		近熟林		成熟林		过熟林	
				面积	蓄积	面积	蓄积	面积	蓄积	面积	蓄积	面积	蓄积	面积	蓄积
双丰林业局	合计	合计	合计	111295.84	15565910.0	5851.72	409402.0	51335.22	6926620.6	45671.63	6908230.8	8192.65	1284712.8	244.62	36943.8
			纯林	13641.47	2144363.2	1770.55	106804.9	6769.97	1125353.3	4472.55	784642.3	626.36	126945.1	2.04	617.6
			混交林	97654.37	13421546.8	4081.17	302597.1	44565.25	5801267.3	41199.08	6123588.5	7566.29	1157767.7	242.58	36326.2
			针叶混交林	341.86	48978.6	94.95	5892.0	122.69	20296.1	113.48	21098.3	10.74	1692.2		
			针阔混交林	11657.93	1706619.5	1086.51	78544.2	5758.16	861409.7	3773.26	598977.6	848.48	136961.2	191.52	30726.8
			阔叶混交林	85654.58	11665948.7	2899.71	218160.9	38684.40	4919561.5	37312.34	5503512.6	6707.07	1019114.3	51.06	5599.4
		天然	合计	92761.40	12628708.9	3571.82	241551.8	41793.32	5329660.2	39881.72	5891018.3	7344.25	1136537.4	170.29	29941.2
			纯林	5092.11	647890.4	668.58	23158.2	2525.03	323450.6	1682.59	252092.9	215.91	49188.7		
			混交林	87669.29	11980818.5	2903.24	218393.6	39268.29	5006209.6	38199.13	5638925.4	7128.34	1087348.7	170.29	29941.2
			针叶混交林	24.15	4569.2			24.15	4569.2						
			针阔混交林	2039.75	314237.7	3.53	232.7	581.04	84973.6	886.79	135412.8	421.27	68234.4	147.12	25384.2
			阔叶混交林	85605.39	11662011.6	2899.71	218160.9	38663.10	4916666.8	37312.34	5503512.6	6707.07	1019114.3	23.17	4557.0
		人工	合计	18534.44	2937201.1	2279.90	167850.2	9541.90	1596960.4	5789.91	1017212.5	848.40	148175.4	74.33	7002.6
			纯林	8549.36	1496472.8	1101.97	83646.7	4244.94	801902.7	2789.96	532549.4	410.45	77756.4	2.04	617.6
			混交林	9985.08	1440728.3	1177.93	84203.5	5296.96	795057.7	2999.95	484663.1	437.95	70419.0	72.29	6385.0
			针叶混交林	317.71	44409.4	94.95	5892.0	98.54	15726.9	113.48	21098.3	10.74	1692.2		
			针阔混交林	9618.18	1392381.8	1082.98	78311.5	5177.12	776436.1	2886.47	463564.8	427.21	68726.8	44.40	5342.6
			阔叶混交林	49.19	3937.1			21.30	2894.7					27.89	1042.4
		其中：人天混	合计	9657.50	1408667.3	982.75	75077.9	5239.54	784784.9	2935.71	473692.7	427.21	68726.8	72.29	6385.0
			纯林	39.74	5112.1	0.12	3.5	36.19	4643.9	3.43	464.7				
			混交林	9617.76	1403555.2	982.63	75074.4	5203.35	780141.0	2932.28	473228.0	427.21	68726.8	72.29	6385.0
			针叶混交林	57.57	10891.0	6.83	417.6	4.93	810.2	45.81	9663.2				
			针阔混交林	9511.00	1388727.1	975.80	74656.8	5177.12	776436.1	2886.47	463564.8	427.21	68726.8	44.40	5342.6
			阔叶混交林	49.19	3937.1			21.30	2894.7					27.89	1042.4
	防护林	合计	合计	77161.60	11145817.7	3411.44	259447.5	36941.94	5165766.6	30899.33	4801924.7	5853.83	909158.0	55.06	9520.9
			纯林	8839.09	1451158.1	930.81	64289.6	4733.10	813007.2	2959.64	538265.7	215.54	35595.6		
			混交林	68322.51	9694659.6	2480.63	195157.9	32208.84	4352759.4	27939.69	4263659.0	5638.29	873562.4	55.06	9520.9
			针叶混交林	111.06	18428.0	2.77		79.40	13572.8	25.53	4339.4	3.36	515.8		
			针阔混交林	8218.86	1249146.4	521.51	37750.8	4398.48	675939.8	2672.08	432756.3	585.93	95546.1	40.86	7153.4
			阔叶混交林	59992.59	8427085.2	1956.35	157407.1	27730.96	3663246.8	25242.08	3826563.3	5049.00	777500.5	14.20	2367.5
		天然	合计	64594.32	9053795.8	2393.44	173366.7	29844.69	3948090.8	26905.38	4089046.9	5395.75	833770.5	55.06	9520.9
			纯林	3238.39	421004.5	433.56	15726.9	1727.04	231148.8	1054.75	169743.1	23.04	4385.7		
			混交林	61355.93	8632791.3	1959.88	157639.8	28117.65	3716942.0	25850.63	3919303.8	5372.71	829384.8	55.06	9520.9
			针阔混交林	1384.64	208600.8	3.53	232.7	407.99	56589.9	608.55	92740.5	323.71	51884.3	40.86	7153.4
			阔叶混交林	59971.29	8424190.5	1956.35	157407.1	27709.66	3660352.1	25242.08	3826563.3	5049.00	777500.5	14.20	2367.5

表 8　黑龙江重点国有林区乔木林各龄组面积、蓄积按林种、起源和林分类型统计表（续 4）

单位：公顷、立方米

统计单位	林种	起源	林分类型	合计		幼龄林		中龄林		近熟林		成熟林		过熟林	
				面积	蓄积	面积	蓄积	面积	蓄积	面积	蓄积	面积	蓄积	面积	蓄积
双丰林业局	防护林	人工	合计	12567.28	2092021.9	1018.00	86080.8	7097.25	1217675.8	3993.95	712877.8	458.08	75387.5		
			纯林	5600.70	1030153.6	497.25	48562.7	3006.06	581858.4	1904.89	368522.6	192.50	31209.9		
			混交林	6966.58	1061868.3	520.75	37518.1	4091.19	635817.4	2089.06	344355.2	265.58	44177.6		
			针叶混交林	111.06	18428.0	2.77		79.40	13572.8	25.53	4339.4	3.36	515.8		
			针阔混交林	6834.22	1040545.6	517.98	37518.1	3990.49	619349.9	2063.53	340015.8	262.22	43661.8		
			阔叶混交林	21.30	2894.7			21.30	2894.7						
		其中：人天混	合计	6857.19	1046272.0	490.29	36692.5	4037.72	625437.2	2066.96	340480.5	262.22	43661.8		
			纯林	24.43	2847.1			21.00	2382.4	3.43	464.7				
			混交林	6832.76	1043424.9	490.29	36692.5	4016.72	623054.8	2063.53	340015.8	262.22	43661.8		
			针叶混交林	4.93	810.2			4.93	810.2						
			针阔混交林	6806.53	1039720.0	490.29	36692.5	3990.49	619349.9	2063.53	340015.8	262.22	43661.8		
			阔叶混交林	21.30	2894.7			21.30	2894.7						
	特用林	合计	合计	9770.45	1362191.1	117.85	9563.7	3687.46	429952.5	4766.45	722725.7	1083.57	179551.3	115.12	20397.9
			纯林	939.37	153659.6	14.35	458.6	295.03	36652.1	399.81	62170.9	230.18	54378.0		
			混交林	8831.08	1208531.5	103.50	9105.1	3392.43	393300.4	4366.64	660554.8	853.39	125173.3	115.12	20397.9
			针叶混交林	80.24	16165.7					72.86	14989.3	7.38	1176.4		
			针阔混交林	538.22	87164.6	22.11	851.1	98.15	15642.1	201.90	36182.2	109.80	16258.4	106.26	18230.8
			阔叶混交林	8212.62	1105201.2	81.39	8254.0	3294.28	377658.3	4091.88	609383.3	736.21	107738.5	8.86	2167.1
		天然	合计	9171.92	1256559.7	93.06	8564.4	3576.55	412480.6	4466.53	663141.5	920.66	151975.3	115.12	20397.9
			纯林	692.40	104963.5	11.67	310.4	261.97	31847.0	299.45	39891.9	119.31	32914.2		
			混交林	8479.52	1151596.2	81.39	8254.0	3314.58	380633.6	4167.08	623249.6	801.35	119061.1	115.12	20397.9
			针阔混交林	266.90	46395.0			20.30	2975.3	75.20	13866.3	65.14	11322.6	106.26	18230.8
			阔叶混交林	8212.62	1105201.2	81.39	8254.0	3294.28	377658.3	4091.88	609383.3	736.21	107738.5	8.86	2167.1
		人工	合计	598.53	105631.4	24.79	999.3	110.91	17471.9	299.92	59584.2	162.91	27576.0		
			纯林	246.97	48696.1	2.68	148.2	33.06	4805.1	100.36	22279.0	110.87	21463.8		
			混交林	351.56	56935.3	22.11	851.1	77.85	12666.8	199.56	37305.2	52.04	6112.2		
			针叶混交林	80.24	16165.7					72.86	14989.3	7.38	1176.4		
			针阔混交林	271.32	40769.6	22.11	851.1	77.85	12666.8	126.70	22315.9	44.66	4935.8		
		其中：人天混	合计	317.13	50432.8	22.11	851.1	77.85	12666.8	172.51	31979.1	44.66	4935.8		
			混交林	317.13	50432.8	22.11	851.1	77.85	12666.8	172.51	31979.1	44.66	4935.8		
			针叶混交林	45.81	9663.2					45.81	9663.2				
			针阔混交林	271.32	40769.6	22.11	851.1	77.85	12666.8	126.70	22315.9	44.66	4935.8		

表 8 黑龙江重点国有林区乔木林各龄组面积、蓄积按林种、起源和林分类型统计表（续 5）

单位：公顷、立方米

统计单位	林种	起源	林分类型	合计		幼龄林		中龄林		近熟林		成熟林		过熟林	
				面积	蓄积	面积	蓄积	面积	蓄积	面积	蓄积	面积	蓄积	面积	蓄积
双丰林业局	用材林	合计	合计	24363.79	3057901.2	2322.43	140390.8	10705.82	1330901.5	10005.85	1383580.4	1255.25	196003.5	74.44	7025.0
			纯林	3863.01	539545.5	825.39	42056.7	1741.84	275694.0	1113.10	184205.7	180.64	36971.5	2.04	617.6
			混交林	20500.78	2518355.7	1497.04	98334.1	8963.98	1055207.5	8892.75	1199374.7	1074.61	159032.0	72.40	6407.4
			针叶混交林	150.56	14384.9	92.18	5892.0	43.29	6723.3	15.09	1769.6				
			针阔混交林	2900.85	370308.5	542.89	39942.3	1261.53	169827.8	899.28	130039.1	152.75	25156.7	44.40	5342.6
			阔叶混交林	17449.37	2133662.3	861.97	52499.8	7659.16	878656.4	7978.38	1067566.0	921.86	133875.3	28.00	1064.8
		天然	合计	18995.16	2318353.4	1085.32	59620.7	8372.08	969088.8	8509.81	1138829.9	1027.84	150791.6	0.11	22.4
			纯林	1161.32	121922.4	223.35	7120.9	536.02	60454.8	328.39	42457.9	73.56	11888.8		
			混交林	17833.84	2196431.0	861.97	52499.8	7836.06	908634.0	8181.42	1096372.0	954.28	138902.8	0.11	22.4
			针叶混交林	24.15	4569.2			24.15	4569.2						
			针阔混交林	388.21	59241.9			152.75	25408.4	203.04	28806.0	32.42	5027.5		
			阔叶混交林	17421.48	2132619.9	861.97	52499.8	7659.16	878656.4	7978.38	1067566.0	921.86	133875.3	0.11	22.4
		人工	合计	5368.63	739547.8	1237.11	80770.1	2333.74	361812.7	1496.04	244750.5	227.41	45211.9	74.33	7002.6
			纯林	2701.69	417623.1	602.04	34935.8	1205.82	215239.2	784.71	141747.8	107.08	25082.7	2.04	617.6
			混交林	2666.94	321924.7	635.07	45834.3	1127.92	146573.5	711.33	103002.7	120.33	20129.2	72.29	6385.0
			针叶混交林	126.41	9815.7	92.18	5892.0	19.14	2154.1	15.09	1769.6				
			针阔混交林	2512.64	311066.6	542.89	39942.3	1108.78	144419.4	696.24	101233.1	120.33	20129.2	44.40	5342.6
			阔叶混交林	27.89	1042.4									27.89	1042.4
		其中：人天混	合计	2483.18	311962.5	470.35	37534.3	1123.97	146680.9	696.24	101233.1	120.33	20129.2	72.29	6385.0
			纯林	15.31	2265.0	0.12	3.5	15.19	2261.5						
			混交林	2467.87	309697.5	470.23	37530.8	1108.78	144419.4	696.24	101233.1	120.33	20129.2	72.29	6385.0
			针叶混交林	6.83	417.6	6.83	417.6								
			针阔混交林	2433.15	308237.5	463.40	37113.2	1108.78	144419.4	696.24	101233.1	120.33	20129.2	44.40	5342.6
			阔叶混交林	27.89	1042.4									27.89	1042.4
铁力林业局	合计	合计	合计	180590.99	26797942.6	6354.38	430810.7	138857.07	20428314.3	30879.65	5150151.9	4450.32	780333.2	49.57	8332.5
			纯林	14555.07	2117703.1	2136.75	135434.3	10609.39	1644434.4	1532.41	271966.4	276.52	65868.0		
			混交林	166035.92	24680239.5	4217.63	295376.4	128247.68	18783879.9	29347.24	4878185.5	4173.80	714465.2	49.57	8332.5
			针叶混交林	1060.41	174752.6	56.05	8789.3	769.27	120451.5	92.72	13739.9	142.37	31771.9		
			针阔混交林	15840.61	2513641.9	970.45	94038.6	11228.39	1748006.9	2996.87	529613.7	635.24	139970.1	9.66	2012.6
			阔叶混交林	149134.90	21991845.0	3191.13	192548.5	116250.02	16915421.5	26257.65	4334831.9	3396.19	542723.2	39.91	6319.9
		天然	合计	167060.42	24463612.0	5096.14	309959.7	129265.21	18723162.5	28621.67	4738490.1	4027.83	683667.2	49.57	8332.5
			纯林	9799.10	1211358.5	1492.27	67864.9	7387.52	987926.9	811.79	131868.5	107.52	23698.2		
			混交林	157261.32	23252253.5	3603.87	242094.8	121877.69	17735235.6	27809.88	4606621.6	3920.31	659969.0	49.57	8332.5
			针叶混交林	559.55	92905.8	21.39	5340.2	408.65	61976.5	38.65	4219.0	90.86	21370.1		
			针阔混交林	7594.32	1170353.6	393.74	44206.1	5230.27	758673.9	1527.39	269585.3	433.26	95875.7	9.66	2012.6
			阔叶混交林	149107.45	21988994.1	3188.74	192548.5	116238.77	16914585.2	26243.84	4332817.3	3396.19	542723.2	39.91	6319.9

表8 黑龙江重点国有林区乔木林各龄组面积、蓄积按林种、起源和林分类型统计表（续6）

单位：公顷、立方米

统计单位	林种	起源	林分类型	合计 面积	合计 蓄积	幼龄林 面积	幼龄林 蓄积	中龄林 面积	中龄林 蓄积	近熟林 面积	近熟林 蓄积	成熟林 面积	成熟林 蓄积	过熟林 面积	过熟林 蓄积
铁力林业局	合计	人工	合计	13530.57	2334330.6	1258.24	120851.0	9591.86	1705151.8	2257.98	411661.8	422.49	96666.0		
			纯林	4755.97	906344.6	644.48	67569.4	3221.87	656507.5	720.62	140097.9	169.00	42169.8		
			混交林	8774.60	1427986.0	613.76	53281.6	6369.99	1048644.3	1537.36	271563.9	253.49	54496.2		
			针叶混交林	500.86	81846.8	34.66	3449.1	360.62	58475.0	54.07	9520.9	51.51	10401.8		
			针阔混交林	8246.29	1343288.3	576.71	49832.5	5998.12	989333.0	1469.48	260028.4	201.98	44094.4		
			阔叶混交林	27.45	2850.9	2.39		11.25	836.3	13.81	2014.6				
		其中：人天混	合计	8719.68	1415765.9	647.88	55975.4	6293.99	1035849.7	1535.54	271362.2	242.27	52578.6		
			纯林	57.26	5522.8	52.72	4806.2	4.54	716.6						
			混交林	8662.42	1410243.1	595.16	51169.2	6289.45	1035133.1	1535.54	271362.2	242.27	52578.6		
			针叶混交林	393.84	64381.3	18.11	1336.7	283.19	45241.2	52.25	9319.2	40.29	8484.2		
			针阔混交林	8242.42	1343010.9	575.95	49832.5	5995.01	989055.6	1469.48	260028.4	201.98	44094.4		
			阔叶混交林	26.16	2850.9	1.10		11.25	836.3	13.81	2014.6				
	防护林	合计	合计	103057.11	15449341.9	3274.66	214490.6	82296.49	12338267.8	15795.95	2608093.0	1656.18	282998.5	33.83	5492.0
			纯林	7289.76	1106011.2	868.34	51754.4	5910.20	964961.8	466.75	80827.1	44.47	8467.9		
			混交林	95767.35	14343330.7	2406.32	162736.2	76386.29	11373306.0	15329.20	2527265.9	1611.71	274530.6	33.83	5492.0
			针叶混交林	590.20	93903.3	16.13	991.6	506.51	83481.0	42.02	5214.2	25.54	4216.5		
			针阔混交林	8728.69	1394739.6	474.96	44408.9	6522.78	1022294.9	1447.02	259149.2	283.93	68886.6		
			阔叶混交林	86448.46	12854687.8	1915.23	117335.7	69357.00	10267530.1	13840.16	2262902.5	1302.24	201427.5	33.83	5492.0
		天然	合计	96090.00	14230602.1	2707.09	161371.4	76587.61	11300506.8	15186.22	2499554.6	1575.25	263677.3	33.83	5492.0
			纯林	4971.43	638710.1	653.65	30903.1	3941.85	543878.5	345.69	58220.8	30.24	5707.7		
			混交林	91118.57	13591892.0	2053.44	130468.3	72645.76	10756628.3	14840.53	2441333.8	1545.01	257969.6	33.83	5492.0
			针叶混交林	293.43	47585.7			233.77	39993.7	34.12	3375.5	25.54	4216.5		
			针阔混交林	4378.47	689618.5	140.00	13132.6	3054.99	449104.5	966.25	175055.8	217.23	52325.6		
			阔叶混交林	86446.67	12854687.8	1913.44	117335.7	69357.00	10267530.1	13840.16	2262902.5	1302.24	201427.5	33.83	5492.0
		人工	合计	6967.11	1218739.8	567.57	53119.2	5708.88	1037761.0	609.73	108538.4	80.93	19321.2		
			纯林	2318.33	467301.1	214.69	20851.3	1968.35	421083.3	121.06	22606.3	14.23	2760.2		
			混交林	4648.78	751438.7	352.88	32267.9	3740.53	616677.7	488.67	85932.1	66.70	16561.0		
			针叶混交林	296.77	46317.6	16.13	991.6	272.74	43487.3	7.90	1838.7				
			针阔混交林	4350.22	705121.1	334.96	31276.3	3467.79	573190.4	480.77	84093.4	66.70	16561.0		
			阔叶混交林	1.79		1.79									
		其中：人天混	合计	4634.24	747578.7	390.38	36206.9	3688.49	608878.7	488.67	85932.1	66.70	16561.0		
			纯林	44.50	4140.8	43.59	3939.0	0.91	201.8						
			混交林	4589.74	743437.9	346.79	32267.9	3687.58	608676.9	488.67	85932.1	66.70	16561.0		
			针叶混交林	238.77	38316.8	11.08	991.6	219.79	35486.5	7.90	1838.7				
			针阔混交林	4349.87	705121.1	334.61	31276.3	3467.79	573190.4	480.77	84093.4	66.70	16561.0		
			阔叶混交林	1.10		1.10									

表 8　黑龙江重点国有林区乔木林各龄组面积、蓄积按林种、起源和林分类型统计表（续 7）

单位：公顷、立方米

统计单位	林种	起源	林分类型	合计		幼龄林		中龄林		近熟林		成熟林		过熟林	
				面积	蓄积	面积	蓄积	面积	蓄积	面积	蓄积	面积	蓄积	面积	蓄积
铁力林业局	特用林	合计	合计	35029.08	5177472.8	1173.87	70321.6	26759.01	3900922.2	6354.25	1072468.9	741.95	133760.1		
			纯林	3758.34	514106.3	581.34	29490.4	2526.02	371399.1	565.78	93723.5	85.20	19493.3		
			混交林	31270.74	4663366.5	592.53	40831.2	24232.99	3529523.1	5788.47	978745.4	656.75	114266.8		
			针叶混交林	225.59	45272.9	28.69	5687.6	76.01	13033.6	44.35	7480.5	76.54	19071.2		
			针阔混交林	2801.39	462813.3	121.51	14216.2	1972.67	325058.4	547.97	91978.8	159.24	31559.9		
			阔叶混交林	28243.76	4155280.3	442.33	20927.4	22184.31	3191431.1	5196.15	879286.1	420.97	63635.7		
		天然	合计	32395.55	4730674.0	983.20	56794.3	24945.58	3578262.4	5761.47	969838.4	705.30	125778.9		
			纯林	2733.10	333919.8	461.30	21037.2	1865.78	244415.2	337.02	52657.2	69.00	15810.2		
			混交林	29662.45	4396754.2	521.90	35757.1	23079.80	3333847.2	5424.45	917181.2	636.30	109968.7		
			针叶混交林	100.97	25067.4	21.39	5340.2	14.26	2573.6			65.32	17153.6		
			针阔混交林	1335.17	218601.5	58.78	9489.5	884.27	140022.9	242.11	39909.7	150.01	29179.4		
			阔叶混交林	28226.31	4153085.3	441.73	20927.4	22181.27	3191250.7	5182.34	877271.5	420.97	63635.7		
		人工	合计	2633.53	446798.8	190.67	13527.3	1813.43	322659.8	592.78	102630.5	36.65	7981.2		
			纯林	1025.24	180186.5	120.04	8453.2	660.24	126983.9	228.76	41066.3	16.20	3683.1		
			混交林	1608.29	266612.3	70.63	5074.1	1153.19	195675.9	364.02	61564.2	20.45	4298.1		
			针叶混交林	124.62	20205.5	7.30	347.4	61.75	10460.0	44.35	7480.5	11.22	1917.6		
			针阔混交林	1466.22	244211.8	62.73	4726.7	1088.40	185035.5	305.86	52069.1	9.23	2380.5		
			阔叶混交林	17.45	2195.0	0.60		3.04	180.4	13.81	2014.6				
		其中：人天混	合计	1580.71	261174.3	69.76	5071.8	1137.70	192157.8	364.02	61564.2	9.23	2380.5		
			纯林	3.20	460.1			3.20	460.1						
			混交林	1577.51	260714.2	69.76	5071.8	1134.50	191697.7	364.02	61564.2	9.23	2380.5		
			针叶混交林	94.44	14307.4	7.03	345.1	43.06	6481.8	44.35	7480.5				
			针阔混交林	1466.22	244211.8	62.73	4726.7	1088.40	185035.5	305.86	52069.1	9.23	2380.5		
			阔叶混交林	16.85	2195.0			3.04	180.4	13.81	2014.6				
	用材林	合计	合计	42504.80	6171127.9	1905.85	145998.5	29801.57	4189124.3	8729.45	1469590.0	2052.19	363574.6	15.74	2840.5
			纯林	3506.97	497585.6	687.07	54189.5	2173.17	308073.5	499.88	97415.8	146.85	37906.8		
			混交林	38997.83	5673542.3	1218.78	91809.0	27628.40	3881050.8	8229.57	1372174.2	1905.34	325667.8	15.74	2840.5
			针叶混交林	244.62	35576.4	11.23	2110.1	186.75	23936.9	6.35	1045.2	40.29	8484.2		
			针阔混交林	4310.53	656089.0	373.98	35413.5	2732.94	400653.6	1001.88	178485.7	192.07	39523.6	9.66	2012.6
			阔叶混交林	34442.68	4981876.9	833.57	54285.4	24708.71	3456460.3	7221.34	1192643.3	1672.98	277660.0	6.08	827.9
		天然	合计	38574.87	5502335.9	1405.85	91794.0	27732.02	3844393.3	7673.98	1269097.1	1747.28	294211.0	15.74	2840.5
			纯林	2094.57	238728.6	377.32	15924.6	1579.89	199633.2	129.08	20990.5	8.28	2180.3		
			混交林	36480.30	5263607.3	1028.53	75869.4	26152.13	3644760.1	7544.90	1248106.6	1739.00	292030.7	15.74	2840.5
			针叶混交林	165.15	20252.7			160.62	19409.2	4.53	843.5				
			针阔混交林	1880.68	262133.6	194.96	21584.0	1291.01	169546.5	319.03	54619.8	66.02	14370.7	9.66	2012.6
			阔叶混交林	34434.47	4981221.0	833.57	54285.4	24700.50	3455804.4	7221.34	1192643.3	1672.98	277660.0	6.08	827.9

表 8　黑龙江重点国有林区乔木林各龄组面积、蓄积按林种、起源和林分类型统计表（续 8）

单位：公顷、立方米

统计单位	林种	起源	林分类型	合计		幼龄林		中龄林		近熟林		成熟林		过熟林	
				面积	蓄积	面积	蓄积	面积	蓄积	面积	蓄积	面积	蓄积	面积	蓄积
铁力林业局	用材林	人工	合计	3929.93	668792.0	500.00	54204.5	2069.55	344731.0	1055.47	200492.9	304.91	69363.6		
			纯林	1412.40	258857.0	309.75	38264.9	593.28	108440.3	370.80	76425.3	138.57	35726.5		
			混交林	2517.53	409935.0	190.25	15939.6	1476.27	236290.7	684.67	124067.6	166.34	33637.1		
			针叶混交林	79.47	15323.7	11.23	2110.1	26.13	4527.7	1.82	201.7	40.29	8484.2		
			针阔混交林	2429.85	393955.4	179.02	13829.5	1441.93	231107.1	682.85	123865.9	126.05	25152.9		
			阔叶混交林	8.21	655.9			8.21	655.9						
		其中：人天混	合计	2504.73	407012.9	187.74	14696.7	1467.80	234813.2	682.85	123865.9	166.34	33637.1		
			纯林	9.56	921.9	9.13	867.2	0.43	54.7						
			混交林	2495.17	406091.0	178.61	13829.5	1467.37	234758.5	682.85	123865.9	166.34	33637.1		
			针叶混交林	60.63	11757.1			20.34	3272.9			40.29	8484.2		
			针阔混交林	2426.33	393678.0	178.61	13829.5	1438.82	230829.7	682.85	123865.9	126.05	25152.9		
			阔叶混交林	8.21	655.9			8.21	655.9						
桃山林业局	合计	合计	合计	138134.28	16298782.8	12042.43	1051305.0	114575.57	13614307.0	6562.19	939395.9	4932.74	691223.6	21.35	2551.3
			纯林	9210.53	1374368.1	1525.37	130548.4	6622.14	1054125.6	878.01	154597.9	185.01	35096.2		
			混交林	128923.75	14924414.7	10517.06	920756.6	107953.43	12560181.4	5684.18	784798.0	4747.73	656127.4	21.35	2551.3
			针叶混交林	2004.13	332423.0	273.30	40507.7	819.71	112836.5	161.67	26773.0	749.45	152305.8		
			针阔混交林	24298.75	3142675.1	2784.86	324481.8	18745.95	2430966.9	1694.83	244580.3	1055.37	140698.6	17.74	1947.5
			阔叶混交林	102620.87	11449316.6	7458.90	555767.1	88387.77	10016378.0	3827.68	513444.7	2942.91	363123.0	3.61	603.8
		天然	合计	123623.90	13893866.7	9659.62	710807.0	104946.53	11948188.1	4815.27	650118.1	4181.13	582202.2	21.35	2551.3
			纯林	3887.32	344538.6	971.50	53204.4	2805.80	280272.8	108.76	10945.3	1.26	116.1		
			混交林	119736.58	13549328.1	8688.12	657602.6	102140.73	11667915.3	4706.51	639172.8	4179.87	582086.1	21.35	2551.3
			针叶混交林	1251.87	210031.8	31.91	3067.0	488.66	55508.3	46.15	7478.5	685.15	143978.0		
			针阔混交林	15972.75	1902329.3	1221.08	100724.2	13295.62	1598965.1	861.74	123369.7	576.57	77322.8	17.74	1947.5
			阔叶混交林	102511.96	11436967.0	7435.13	553811.4	88356.45	10013441.9	3798.62	508324.6	2918.15	360785.3	3.61	603.8
		人工	合计	14510.38	2404916.1	2382.81	340498.0	9629.04	1666118.9	1746.92	289277.8	751.61	109021.4		
			纯林	5323.21	1029829.5	553.87	77344.0	3816.34	773852.8	769.25	143652.6	183.75	34980.1		
			混交林	9187.17	1375086.6	1828.94	263154.0	5812.70	892266.1	977.67	145625.2	567.86	74041.3		
			针叶混交林	752.26	122391.2	241.39	37440.7	331.05	57328.2	115.52	19294.5	64.30	8327.8		
			针阔混交林	8326.00	1240345.8	1563.78	223757.6	5450.33	832001.8	833.09	121210.6	478.80	63375.8		
			阔叶混交林	108.91	12349.6	23.77	1955.7	31.32	2936.1	29.06	5120.1	24.76	2337.7		
		其中：人天混	合计	9501.25	1428040.0	1757.98	260082.6	6262.02	959701.8	941.95	137074.2	539.30	71181.4		
			纯林	556.13	86520.6	3.20	268.9	552.93	86251.7						
			混交林	8945.12	1341519.4	1754.78	259813.7	5709.09	873450.1	941.95	137074.2	539.30	71181.4		
			针叶混交林	556.14	91465.2	196.01	35017.3	244.59	40236.5	79.80	10743.5	35.74	5467.9		
			针阔混交林	8293.52	1239250.0	1535.11	222840.7	5446.52	831822.9	833.09	121210.6	478.80	63375.8		
			阔叶混交林	95.46	10804.2	23.66	1955.7	17.98	1390.7	29.06	5120.1	24.76	2337.7		

表 8　黑龙江重点国有林区乔木林各龄组面积、蓄积按林种、起源和林分类型统计表（续 9）

单位：公顷、立方米

统计单位	林种	起源	林分类型	合计		幼龄林		中龄林		近熟林		成熟林		过熟林	
				面积	蓄积	面积	蓄积	面积	蓄积	面积	蓄积	面积	蓄积	面积	蓄积
桃山林业局	防护林	合计	合计	120719.15	14186108.3	10583.35	933068.2	100547.56	11928064.7	5770.68	832630.6	3796.21	489793.5	21.35	2551.3
			纯林	7663.78	1164133.5	1228.12	104397.6	5458.08	883926.1	799.17	141962.8	178.41	33847.0		
			混交林	113055.37	13021974.8	9355.23	828670.6	95089.48	11044138.6	4971.51	690667.8	3617.80	455946.5	21.35	2551.3
			针叶混交林	945.37	139275.4	249.01	38026.7	586.24	82417.4	45.82	10503.5	64.30	8327.8		
			针阔混交林	21148.49	2724099.6	2595.63	309625.0	16398.10	2118568.2	1299.47	187290.0	837.55	106668.9	17.74	1947.5
			阔叶混交林	90961.51	10158599.8	6510.59	481018.9	78105.14	8843153.0	3626.22	492874.3	2715.95	340949.8	3.61	603.8
		天然	合计	108110.72	12085920.5	8339.55	608825.5	92349.27	10503848.8	4290.46	582393.8	3110.09	388301.1	21.35	2551.3
			纯林	3105.18	274453.3	763.82	38755.4	2246.71	227650.1	93.71	7960.6	0.94	87.2		
			混交林	105005.54	11811467.2	7575.73	570070.1	90102.56	10276198.7	4196.75	574433.2	3109.15	388213.9	21.35	2551.3
			针叶混交林	366.00	42363.1	9.26	649.3	356.74	41713.8						
			针阔混交林	13749.83	1619945.5	1059.32	88545.4	11667.41	1394047.3	599.59	86679.0	405.77	48726.3	17.74	1947.5
			阔叶混交林	90889.71	10149158.6	6507.15	480875.4	78078.41	8840437.6	3597.16	487754.2	2703.38	339487.6	3.61	603.8
		人工	合计	12608.43	2100187.8	2243.80	324242.7	8198.29	1424215.9	1480.22	250236.8	686.12	101492.4		
			纯林	4558.60	889680.2	464.30	65642.2	3211.37	656276.0	705.46	134002.2	177.47	33759.8		
			混交林	8049.83	1210507.6	1779.50	258600.5	4986.92	767939.9	774.76	116234.6	508.65	67732.6		
			针叶混交林	579.37	96912.3	239.75	37377.4	229.50	40703.6	45.82	10503.5	64.30	8327.8		
			针阔混交林	7398.66	1104154.1	1536.31	221079.6	4730.69	724520.9	699.88	100611.0	431.78	57942.6		
			阔叶混交林	71.80	9441.2	3.44	143.5	26.73	2715.4	29.06	5120.1	12.57	1462.2		
		其中：人天混	合计	8314.62	1254637.9	1707.09	255323.5	5388.40	826758.1	739.04	107683.6	480.09	64872.7		
			纯林	493.80	76362.0			493.80	76362.0						
			混交林	7820.82	1178275.9	1707.09	255323.5	4894.60	750396.1	739.04	107683.6	480.09	64872.7		
			针叶混交林	396.18	67321.8	196.01	35017.3	154.33	24884.1	10.10	1952.5	35.74	5467.9		
			针阔混交林	7366.18	1103058.3	1507.64	220162.7	4726.88	724342.0	699.88	100611.0	431.78	57942.6		
			阔叶混交林	58.46	7895.8	3.44	143.5	13.39	1170.0	29.06	5120.1	12.57	1462.2		
	特用林	合计	合计	3876.56	506500.4	642.43	52449.1	2176.50	250288.9	175.21	27707.9	882.42	176054.5		
			纯林	223.88	33864.3	60.48	5665.9	149.84	25366.0	13.56	2832.4				
			混交林	3652.68	472636.1	581.95	46783.2	2026.66	224922.9	161.65	24875.5	882.42	176054.5		
			针叶混交林	731.30	151456.5					46.15	7478.5	685.15	143978.0		
			针阔混交林	616.08	77430.8	133.35	9465.1	197.05	22014.9	114.88	17354.3	170.80	28596.5		
			阔叶混交林	2305.30	243748.8	448.60	37318.1	1829.61	202908.0	0.62	42.7	26.47	3480.0		
		天然	合计	3665.76	470695.8	619.42	49886.8	2010.96	221126.9	152.96	23627.6	882.42	176054.5		
			纯林	110.99	12734.4	54.91	4763.6	42.52	5138.4	13.56	2832.4				
			混交林	3554.77	457961.4	564.51	45123.2	1968.44	215988.5	139.40	20795.2	882.42	176054.5		
			针叶混交林	731.30	151456.5					46.15	7478.5	685.15	143978.0		
			针阔混交林	518.17	62756.1	115.91	7805.1	138.83	13080.5	92.63	13274.0	170.80	28596.5		
			阔叶混交林	2305.30	243748.8	448.60	37318.1	1829.61	202908.0	0.62	42.7	26.47	3480.0		

表 8 黑龙江重点国有林区乔木林各龄组面积、蓄积按林种、起源和林分类型统计表（续 10）

单位：公顷、立方米

统计单位	林种	起源	林分类型	合计		幼龄林		中龄林		近熟林		成熟林		过熟林	
				面积	蓄积	面积	蓄积	面积	蓄积	面积	蓄积	面积	蓄积	面积	蓄积
桃山林业局	特用林	人工	合计	210.80	35804.6	23.01	2562.3	165.54	29162.0	22.25	4080.3				
			纯林	112.89	21129.9	5.57	902.3	107.32	20227.6						
			混交林	97.91	14674.7	17.44	1660.0	58.22	8934.4	22.25	4080.3				
			针阔混交林	97.91	14674.7	17.44	1660.0	58.22	8934.4	22.25	4080.3				
		其中：人天混	合计	97.91	14674.7	17.44	1660.0	58.22	8934.4	22.25	4080.3				
			混交林	97.91	14674.7	17.44	1660.0	58.22	8934.4	22.25	4080.3				
			针阔混交林	97.91	14674.7	17.44	1660.0	58.22	8934.4	22.25	4080.3				
	用材林	合计	合计	13538.57	1606174.1	816.65	65787.7	11851.51	1435953.4	616.30	79057.4	254.11	25375.6		
			纯林	1322.87	176370.3	236.77	20484.9	1014.22	144833.5	65.28	9802.7	6.60	1249.2		
			混交林	12215.70	1429803.8	579.88	45302.8	10837.29	1291119.9	551.02	69254.7	247.51	24126.4		
			针叶混交林	327.46	41691.1	24.29	2481.0	233.47	30419.1	69.70	8791.0				
			针阔混交林	2534.18	341144.7	55.88	5391.7	2150.80	290383.8	280.48	39936.0	47.02	5433.2		
			阔叶混交林	9354.06	1046968.0	499.71	37430.1	8453.02	970317.0	200.84	20527.7	200.49	18693.2		
		天然	合计	11847.42	1337250.4	700.65	52094.7	10586.30	1223212.4	371.85	44096.7	188.62	17846.6		
			纯林	671.15	57350.9	152.77	9685.4	516.57	47484.3	1.49	152.3	0.32	28.9		
			混交林	11176.27	1279899.5	547.88	42409.3	10069.73	1175728.1	370.36	43944.4	188.30	17817.7		
			针叶混交林	154.57	16212.2	22.65	2417.7	131.92	13794.5						
			针阔混交林	1704.75	219627.7	45.85	4373.7	1489.38	191837.3	169.52	23416.7				
			阔叶混交林	9316.95	1044059.6	479.38	35617.9	8448.43	970096.3	200.84	20527.7	188.30	17817.7		
		人工	合计	1691.15	268923.7	116.00	13693.0	1265.21	212741.0	244.45	34960.7	65.49	7529.0		
			纯林	651.72	119019.4	84.00	10799.5	497.65	97349.2	63.79	9650.4	6.28	1220.3		
			混交林	1039.43	149904.3	32.00	2893.5	767.56	115391.8	180.66	25310.3	59.21	6308.7		
			针叶混交林	172.89	25478.9	1.64	63.3	101.55	16624.6	69.70	8791.0				
			针阔混交林	829.43	121517.0	10.03	1018.0	661.42	98546.5	110.96	16519.3	47.02	5433.2		
			阔叶混交林	37.11	2908.4	20.33	1812.2	4.59	220.7			12.19	875.5		
		其中：人天混	合计	1088.72	158727.4	33.45	3099.1	815.40	124009.3	180.66	25310.3	59.21	6308.7		
			纯林	62.33	10158.6	3.20	268.9	59.13	9889.7						
			混交林	1026.39	148568.8	30.25	2830.2	756.27	114119.6	180.66	25310.3	59.21	6308.7		
			针叶混交林	159.96	24143.4			90.26	15352.4	69.70	8791.0				
			针阔混交林	829.43	121517.0	10.03	1018.0	661.42	98546.5	110.96	16519.3	47.02	5433.2		
			阔叶混交林	37.00	2908.4	20.22	1812.2	4.59	220.7			12.19	875.5		
朗乡林业局	合计	合计	合计	254584.12	26641765.4	26460.56	1501285.7	150500.31	16049956.4	61547.56	7090010.1	14395.25	1765142.3	1680.44	235370.9
			纯林	33214.91	3070178.8	11053.95	602894.7	15070.01	1565540.1	5440.76	628093.9	1356.40	215841.7	293.79	57808.4
			混交林	221369.21	23571586.6	15406.61	898391.0	135430.30	14484416.3	56106.80	6461916.2	13038.85	1549300.6	1386.65	177562.5
			针叶混交林	14005.72	1590097.4	1591.03	113621.8	7720.76	856777.4	3780.74	469438.5	796.55	129431.7	116.64	20828.0
			针阔混交林	81269.17	8783282.0	6833.91	455649.4	49876.01	5438737.4	19322.51	2268724.4	4698.89	554551.0	537.85	65619.8
			阔叶混交林	126094.32	13198207.2	6981.67	329119.8	77833.53	8188901.5	33003.55	3723753.3	7543.41	865317.9	732.16	91114.7

表 8　黑龙江重点国有林区乔木林各龄组面积、蓄积按林种、起源和林分类型统计表（续 11）

单位：公顷、立方米

统计单位	林种	起源	林分类型	合计 面积	合计 蓄积	幼龄林 面积	幼龄林 蓄积	中龄林 面积	中龄林 蓄积	近熟林 面积	近熟林 蓄积	成熟林 面积	成熟林 蓄积	过熟林 面积	过熟林 蓄积
朗乡林业局	合计	天然	合计	217425.70	23091716.5	13536.80	702232.2	134503.24	14268719.0	54579.13	6316529.8	13209.13	1575395.7	1597.40	228839.8
			纯林	15080.75	1352789.6	3710.10	156197.2	7633.19	730425.0	2594.24	292033.0	849.43	116326.0	293.79	57808.4
			混交林	202344.95	21738926.9	9826.70	546035.0	126870.05	13538294.0	51984.89	6024496.8	12359.70	1459069.7	1303.61	171031.4
			针叶混交林	10036.32	1179312.7	375.82	25281.2	6211.21	676929.3	2698.59	353712.2	634.06	102562.0	116.64	20828.0
			针阔混交林	67100.99	7391962.7	3133.61	209648.0	42858.51	4674845.6	16453.34	1956424.3	4187.47	491373.5	468.06	59671.3
			阔叶混交林	125207.64	13167651.5	6317.27	311105.8	77800.33	8186519.1	32832.96	3714360.3	7538.17	865134.2	718.91	90532.1
		人工	合计	37158.42	3550048.9	12923.76	799053.5	15997.07	1781237.4	6968.43	773480.3	1186.12	189746.6	83.04	6531.1
			纯林	18134.16	1717389.2	7343.85	446697.5	7436.82	835115.1	2846.52	336060.9	506.97	99515.7		
			混交林	19024.26	1832659.7	5579.91	352356.0	8560.25	946122.3	4121.91	437419.4	679.15	90230.9	83.04	6531.1
			针叶混交林	3969.40	410784.7	1215.21	88340.6	1509.55	179848.1	1082.15	115726.3	162.49	26869.7		
			针阔混交林	14168.18	1391319.3	3700.30	246001.4	7017.50	763891.8	2869.17	312300.1	511.42	63177.5	69.79	5948.5
			阔叶混交林	886.68	30555.7	664.40	18014.0	33.20	2382.4	170.59	9393.0	5.24	183.7	13.25	582.6
		其中：人天混	合计	23689.66	2262596.3	8140.16	564693.4	10856.82	1188721.4	4008.79	424897.7	600.85	77752.7	83.04	6531.1
			纯林	6182.32	573335.6	3156.82	250596.1	2950.88	314560.3	74.62	8179.2				
			混交林	17507.34	1689260.7	4983.34	314097.3	7905.94	874161.1	3934.17	416718.5	600.85	77752.7	83.04	6531.1
			针叶混交林	2800.35	287404.4	798.32	54437.1	1002.40	122669.1	915.44	95906.7	84.19	14391.5		
			针阔混交林	13911.74	1373232.4	3595.41	242925.1	6870.34	749109.6	2864.78	312071.7	511.42	63177.5	69.79	5948.5
			阔叶混交林	795.25	28623.9	589.61	16735.1	33.20	2382.4	153.95	8740.1	5.24	183.7	13.25	582.6
	防护林	合计	合计	152615.35	16259299.3	14630.16	842022.1	98463.41	10815123.8	32092.42	3717147.7	6808.21	818036.5	621.15	66969.2
			纯林	18920.37	1703047.5	6221.18	354218.7	9693.49	1016066.4	2547.94	276923.0	451.70	54820.8	6.06	1018.6
			混交林	133694.98	14556251.8	8408.98	487803.4	88769.92	9799057.4	29544.48	3440224.7	6356.51	763215.7	615.09	65950.6
			针叶混交林	6536.12	730984.8	799.22	55754.6	4082.97	473138.0	1420.56	170768.4	196.03	25878.5	37.34	5445.3
			针阔混交林	47044.73	5165859.7	3701.10	258111.5	31507.08	3524845.7	9450.82	1105585.4	2152.05	255674.7	233.68	21642.4
			阔叶混交林	80114.13	8659407.3	3908.66	173937.3	53179.87	5801073.7	18673.10	2163870.9	4008.43	481662.5	344.07	38862.9
		天然	合计	130538.43	14077593.5	7730.31	377111.7	87543.03	9579443.3	28353.11	3296864.7	6351.01	761963.6	560.97	62210.2
			纯林	8922.63	743215.8	2349.88	94992.3	5119.10	498592.1	1095.28	108456.5	352.31	40156.3	6.06	1018.6
			混交林	121615.80	13334377.7	5380.43	282119.4	82423.93	9080851.2	27257.83	3188408.2	5998.70	721807.3	554.91	61191.6
			针叶混交林	4376.35	496936.1	207.10	12178.2	3025.76	341352.6	950.96	116842.8	155.19	21117.2	37.34	5445.3
			针阔混交林	37515.45	4192550.7	1534.87	104159.1	26235.12	2939215.2	7718.39	912499.1	1840.32	219211.3	186.75	17466.0
			阔叶混交林	79724.00	8644890.9	3638.46	165782.1	53163.05	5800283.4	18588.48	2159066.3	4003.19	481478.8	330.82	38280.3
		人工	合计	22076.92	2181705.8	6899.85	464910.4	10920.38	1235680.5	3739.31	420283.0	457.20	56072.9	60.18	4759.0
			纯林	9997.74	959831.7	3871.30	259226.4	4574.39	517474.3	1452.66	168466.5	99.39	14664.5		
			混交林	12079.18	1221874.1	3028.55	205684.0	6345.99	718206.2	2286.65	251816.5	357.81	41408.4	60.18	4759.0
			针叶混交林	2159.77	234048.7	592.12	43576.4	1057.21	131785.4	469.60	53925.6	40.84	4761.3		
			针阔混交林	9529.28	973309.0	2166.23	153952.4	5271.96	585630.5	1732.43	193086.3	311.73	36463.4	46.93	4176.4
			阔叶混交林	390.13	14516.4	270.20	8155.2	16.82	790.3	84.62	4804.6	5.24	183.7	13.25	582.6

表8 黑龙江重点国有林区乔木林各龄组面积、蓄积按林种、起源和林分类型统计表（续12）

单位：公顷、立方米

统计单位	林种	起源	林分类型	合计		幼龄林		中龄林		近熟林		成熟林		过熟林	
				面积	蓄积	面积	蓄积	面积	蓄积	面积	蓄积	面积	蓄积	面积	蓄积
朗乡林业局	防护林	其中：人天混	合计	14772.29	1457892.0	4523.61	320710.6	7599.21	845403.7	2245.51	247874.9	343.78	39143.8	60.18	4759.0
			纯林	3523.12	321115.4	1882.66	148374.6	1627.03	171312.6	13.43	1428.2				
			混交林	11249.17	1136776.6	2640.95	172336.0	5972.18	674091.1	2232.08	246446.7	343.78	39143.8	60.18	4759.0
			针叶混交林	1460.67	161313.4	249.33	11859.0	769.50	98401.9	415.03	48555.8	26.81	2496.7		
			针阔混交林	9398.37	960946.8	2121.42	152321.8	5185.86	574898.9	1732.43	193086.3	311.73	36463.4	46.93	4176.4
			阔叶混交林	390.13	14516.4	270.20	8155.2	16.82	790.3	84.62	4804.6	5.24	183.7	13.25	582.6
	特用林	合计	合计	38198.28	4219922.8	3910.81	236141.8	20233.16	2127691.0	10479.57	1313254.0	2998.55	434479.9	576.19	108356.1
			纯林	6801.24	797257.2	1574.58	103735.7	2527.16	272651.7	1764.45	233793.0	692.18	135267.3	242.87	51809.5
			混交林	31397.04	3422665.6	2336.23	132406.1	17706.00	1855039.3	8715.12	1079461.0	2306.37	299212.6	333.32	56546.6
			针叶混交林	2932.67	372937.3	470.20	35790.8	973.55	113850.3	1005.80	132750.6	403.82	75162.9	79.30	15382.7
			针阔混交林	12163.20	1399697.2	865.76	49825.4	6642.87	736218.6	3657.64	481196.7	877.38	108967.0	119.55	23489.5
			阔叶混交林	16301.17	1650031.1	1000.27	46789.9	10089.58	1004970.4	4051.68	465513.7	1025.17	115082.7	134.47	17674.4
		天然	合计	30986.43	3482969.1	1674.86	94487.4	17713.81	1861162.8	8565.43	1094362.8	2460.22	324843.6	572.11	108112.5
			纯林	2756.51	348521.4	303.08	17636.2	1115.68	115691.3	768.21	106139.1	326.67	57245.3	242.87	51809.5
			混交林	28229.92	3134447.7	1371.78	76851.2	16598.13	1745471.5	7797.22	988223.7	2133.55	267598.3	329.24	56303.0
			针叶混交林	1886.52	269104.7	9.41	745.4	725.71	85311.3	728.77	106184.2	343.33	61481.1	79.30	15382.7
			针阔混交林	10101.72	1218025.2	396.68	30171.5	5799.22	656781.9	3025.30	416791.4	765.05	91034.5	115.47	23245.9
			阔叶混交林	16241.68	1647317.8	965.69	45934.3	10073.20	1003378.3	4043.15	465248.1	1025.17	115082.7	134.47	17674.4
		人工	合计	7211.85	736953.7	2235.95	141654.4	2519.35	266528.2	1914.14	218891.2	538.33	109636.3	4.08	243.6
			纯林	4044.73	448735.8	1271.50	86099.5	1411.48	156960.4	996.24	127653.9	365.51	78022.0		
			混交林	3167.12	288217.9	964.45	55554.9	1107.87	109567.8	917.90	91237.3	172.82	31614.3	4.08	243.6
			针叶混交林	1046.15	103832.6	460.79	35045.4	247.84	28539.0	277.03	26566.4	60.49	13681.8		
			针阔混交林	2061.48	181672.0	469.08	19653.9	843.65	79436.7	632.34	64405.3	112.33	17932.5	4.08	243.6
			阔叶混交林	59.49	2713.3	34.58	855.6	16.38	1592.1	8.53	265.6				
		其中：人天混	合计	4382.01	389356.9	1718.35	116143.3	1617.14	160564.9	902.32	86904.8	140.12	25500.3	4.08	243.6
			纯林	1477.95	136104.6	766.47	60688.7	673.18	71395.4	38.30	4020.5				
			混交林	2904.06	253252.3	951.88	55454.6	943.96	89169.5	864.02	82884.3	140.12	25500.3	4.08	243.6
			针叶混交林	811.54	71612.0	448.22	34945.1	107.99	10657.3	227.54	18441.8	27.79	7567.8		
			针阔混交林	2033.03	178927.0	469.08	19653.9	819.59	76920.1	627.95	64176.9	112.33	17932.5	4.08	243.6
			阔叶混交林	59.49	2713.3	34.58	855.6	16.38	1592.1	8.53	265.6				
	用材林	合计	合计	63770.49	6162543.3	7919.59	423121.8	31803.74	3107141.6	18975.57	2059608.4	4588.49	512625.9	483.10	60045.6
			纯林	7493.30	569874.1	3258.19	144940.3	2849.36	276822.0	1128.37	117377.9	212.52	25753.6	44.86	4980.3
			混交林	56277.19	5592669.2	4661.40	278181.5	28954.38	2830319.6	17847.20	1942230.5	4375.97	486872.3	438.24	55065.3
			针叶混交林	4536.93	486175.3	321.61	22076.4	2664.24	269789.1	1354.38	165919.5	196.70	28390.3		
			针阔混交林	22061.24	2217725.1	2267.05	147712.5	11726.06	1177673.1	6214.05	681942.3	1669.46	189909.3	184.62	20487.9
			阔叶混交林	29679.02	2888768.8	2072.74	108392.6	14564.08	1382857.4	10278.77	1094368.7	2509.81	268572.7	253.62	34577.4

表 8　黑龙江重点国有林区乔木林各龄组面积、蓄积按林种、起源和林分类型统计表（续 13）

单位：公顷、立方米

统计单位	林种	起源	林分类型	合计		幼龄林		中龄林		近熟林		成熟林		过熟林	
				面积	蓄积	面积	蓄积	面积	蓄积	面积	蓄积	面积	蓄积	面积	蓄积
朗乡林业局	用材林	天然	合计	55900.84	5531153.9	4131.63	230633.1	29246.40	2828112.9	17660.59	1925302.3	4397.90	488588.5	464.32	58517.1
			纯林	3401.61	261052.4	1057.14	43568.7	1398.41	116141.6	730.75	77437.4	170.45	18924.4	44.86	4980.3
			混交林	52499.23	5270101.5	3074.49	187064.4	27847.99	2711971.3	16929.84	1847864.9	4227.45	469664.1	419.46	53536.8
			针叶混交林	3773.45	413271.9	159.31	12357.6	2459.74	250265.4	1018.86	130685.2	135.54	19963.7		
			针阔混交林	19483.82	1981386.8	1202.06	75317.4	10824.17	1078848.5	5709.65	627133.8	1582.10	181127.7	165.84	18959.4
			阔叶混交林	29241.96	2875442.8	1713.12	99389.4	14564.08	1382857.4	10201.33	1090045.9	2509.81	268572.7	253.62	34577.4
		人工	合计	7869.65	631389.4	3787.96	192488.7	2557.34	279028.7	1314.98	134306.1	190.59	24037.4	18.78	1528.5
			纯林	4091.69	308821.7	2201.05	101371.6	1450.95	160680.4	397.62	39940.5	42.07	6829.2		
			混交林	3777.96	322567.7	1586.91	91117.1	1106.39	118348.3	917.36	94365.6	148.52	17208.2	18.78	1528.5
			针叶混交林	763.48	72903.4	162.30	9718.8	204.50	19523.7	335.52	35234.3	61.16	8426.6		
			针阔混交林	2577.42	236338.3	1064.99	72395.1	901.89	98824.6	504.40	54808.5	87.36	8781.6	18.78	1528.5
			阔叶混交林	437.06	13326.0	359.62	9003.2			77.44	4322.8				
		其中：人天混	合计	4535.36	415347.4	1898.20	127839.5	1640.47	182752.8	860.96	90118.0	116.95	13108.6	18.78	1528.5
			纯林	1181.25	116115.6	507.69	41532.8	650.67	71852.3	22.89	2730.5				
			混交林	3354.11	299231.8	1390.51	86306.7	989.80	110900.5	838.07	87387.5	116.95	13108.6	18.78	1528.5
			针叶混交林	528.14	54479.0	100.77	7633.0	124.91	13609.9	272.87	28909.1	29.59	4327.0		
			针阔混交林	2480.34	233358.6	1004.91	70949.4	864.89	97290.6	504.40	54808.5	87.36	8781.6	18.78	1528.5
			阔叶混交林	345.63	11394.2	284.83	7724.3			60.80	3669.9				
南岔林业局	合计	合计	合计	260859.32	32716472.2	18327.17	1013945.4	197988.95	24499790.3	35877.52	5706326.2	8000.54	1380608.6	665.14	115801.7
			纯林	55205.86	7396370.9	5923.36	259874.8	35523.95	4590439.1	10356.93	1880397.1	3356.05	655457.6	45.57	10202.3
			混交林	205653.46	25320101.3	12403.81	754070.6	162465.00	19909351.2	25520.59	3825929.1	4644.49	725151.0	619.57	105599.4
			针叶混交林	8406.79	1317982.9	445.56	18059.9	5778.01	914526.7	1465.77	269796.4	678.85	109182.2	38.60	6417.7
			针阔混交林	56714.20	7828504.8	3853.56	347128.2	43103.72	5902669.3	6969.78	1121490.5	2223.84	360338.0	563.30	96878.8
			阔叶混交林	140532.47	16173613.6	8104.69	388882.5	113583.27	13092155.2	17085.04	2434642.2	1741.80	255630.8	17.67	2302.9
		天然	合计	212685.91	24905784.9	14526.39	772825.8	170846.33	20117796.5	24725.55	3626498.3	2516.19	374222.1	71.45	14442.2
			纯林	29835.63	2902422.6	4080.94	134563.2	22377.18	2292567.8	3133.31	437822.2	201.02	27613.4	43.18	9856.0
			混交林	182850.28	22003362.3	10445.45	638262.6	148469.15	17825228.7	21592.24	3188676.1	2315.17	346608.7	28.27	4586.2
			针叶混交林	3482.76	517500.4	117.04	4428.4	3126.30	461213.0	239.42	51859.0				
			针阔混交林	38852.99	5313951.6	2223.72	244951.7	31776.25	4273488.4	4267.78	702174.9	573.37	90977.9	11.87	2358.7
			阔叶混交林	140514.53	16171910.3	8104.69	388882.5	113566.60	13090527.3	17085.04	2434642.2	1741.80	255630.8	16.40	2227.5
		人工	合计	48173.41	7810687.3	3800.78	241119.6	27142.62	4381993.8	11151.97	2079827.9	5484.35	1006386.5	593.69	101359.5
			纯林	25370.23	4493948.3	1842.42	125311.6	13146.77	2297871.3	7223.62	1442574.9	3155.03	627844.2	2.39	346.3
			混交林	22803.18	3316739.0	1958.36	115808.0	13995.85	2084122.5	3928.35	637253.0	2329.32	378542.3	591.30	101013.2
			针叶混交林	4924.03	800482.5	328.52	13631.5	2651.71	453313.7	1226.35	217937.4	678.85	109182.2	38.60	6417.7
			针阔混交林	17861.21	2514553.2	1629.84	102176.5	11327.47	1629180.9	2702.00	419315.6	1650.47	269360.1	551.43	94520.1
			阔叶混交林	17.94	1703.3			16.67	1627.9					1.27	75.4

表 8　黑龙江重点国有林区乔木林各龄组面积、蓄积按林种、起源和林分类型统计表（续 14）

单位：公顷、立方米

统计单位	林种	起源	林分类型	合计		幼龄林		中龄林		近熟林		成熟林		过熟林	
				面积	蓄积	面积	蓄积	面积	蓄积	面积	蓄积	面积	蓄积	面积	蓄积
南岔林业局	合计	其中：人天混	合计	23047.20	3224089.9	2491.41	162101.2	15109.83	2186202.3	2895.45	459889.9	1959.21	314883.3	591.30	101013.2
			纯林	3338.17	383921.0	823.31	57749.4	2513.82	325994.1	1.04	177.5				
			混交林	19709.03	2840168.9	1668.10	104351.8	12596.01	1860208.2	2894.41	459712.4	1959.21	314883.3	591.30	101013.2
			针叶混交林	1843.82	325312.3	38.86	2175.3	1251.87	229399.4	198.34	40775.6	316.15	46544.3	38.60	6417.7
			针阔混交林	17847.27	2513153.3	1629.24	102176.5	11327.47	1629180.9	2696.07	418936.8	1643.06	268339.0	551.43	94520.1
			阔叶混交林	17.94	1703.3			16.67	1627.9					1.27	75.4
	防护林	合计	合计	161074.07	21078220.9	12884.08	720086.3	118106.92	15283649.8	23363.29	3901860.6	6213.78	1087643.0	506.00	84981.2
			纯林	34647.92	5003680.8	4267.92	188729.5	20702.44	2934781.0	7051.40	1355581.0	2623.77	524243.0	2.39	346.3
			混交林	126426.15	16074540.1	8616.16	531356.8	97404.48	12348868.8	16311.89	2546279.6	3590.01	563400.0	503.61	84634.9
			针叶混交林	6764.82	1071922.2	332.75	14141.4	4629.32	740083.0	1112.31	206721.9	668.99	107841.0	21.45	3134.9
			针阔混交林	39778.46	5556672.8	2667.48	247534.0	30035.95	4140787.7	4973.82	816989.6	1620.32	269936.9	480.89	81424.6
			阔叶混交林	79882.87	9445945.1	5615.93	269681.4	62739.21	7467998.1	10225.76	1522568.1	1300.70	185622.1	1.27	75.4
		天然	合计	122751.36	14742356.4	10207.10	542187.8	96379.22	11719321.0	14385.01	2214594.5	1768.16	263894.4	11.87	2358.7
			纯林	13744.06	1266347.4	2847.22	90908.7	9918.29	1029101.1	894.42	131814.4	84.13	14523.2		
			混交林	109007.30	13476009.0	7359.88	451279.1	86460.93	10690219.9	13490.59	2082780.1	1684.03	249371.2	11.87	2358.7
			针叶混交林	2564.29	386810.2	86.45	3973.7	2294.85	341810.5	182.99	41026.0				
			针阔混交林	26561.41	3643329.1	1657.50	177624.0	21426.87	2880411.3	3081.84	519186.0	383.33	63749.1	11.87	2358.7
			阔叶混交林	79881.60	9445869.7	5615.93	269681.4	62739.21	7467998.1	10225.76	1522568.1	1300.70	185622.1		
		人工	合计	38322.71	6335864.5	2676.98	177898.5	21727.70	3564328.8	8978.28	1687266.1	4445.62	823748.6	494.13	82622.5
			纯林	20903.86	3737333.4	1420.70	97820.8	10784.15	1905679.9	6156.98	1223766.6	2539.64	509719.8	2.39	346.3
			混交林	17418.85	2598531.1	1256.28	80077.7	10943.55	1658648.9	2821.30	463499.5	1905.98	314028.8	491.74	82276.2
			针叶混交林	4200.53	685112.0	246.30	10167.7	2334.47	398272.5	929.32	165695.9	668.99	107841.0	21.45	3134.9
			针阔混交林	13217.05	1913343.7	1009.98	69910.0	8609.08	1260376.4	1891.98	297803.6	1236.99	206187.8	469.02	79065.9
			阔叶混交林	1.27	75.4									1.27	75.4
		其中：人天混	合计	17453.72	2505590.8	1693.27	118210.8	11683.34	1723717.6	2044.42	330263.9	1540.95	251122.3	491.74	82276.2
			纯林	2548.71	293454.9	644.43	46125.5	1903.24	247151.9	1.04	177.5				
			混交林	14905.01	2212135.9	1048.84	72085.3	9780.10	1476565.7	2043.38	330086.4	1540.95	251122.3	491.74	82276.2
			针叶混交林	1700.03	300116.7	38.86	2175.3	1171.02	216189.3	157.33	32661.6	311.37	45955.6	21.45	3134.9
			针阔混交林	13203.71	1911943.8	1009.98	69910.0	8609.08	1260376.4	1886.05	297424.8	1229.58	205166.7	469.02	79065.9
			阔叶混交林	1.27	75.4									1.27	75.4
	特用林	合计	合计	64335.74	7108232.1	3169.81	152696.3	52615.17	5737174.4	7506.11	1048414.3	962.76	154742.2	81.89	15204.9
			纯林	16288.97	1797132.6	974.61	44168.5	12438.17	1320809.1	2366.09	341408.6	466.92	80890.4	43.18	9856.0
			混交林	48046.77	5311099.5	2195.20	108527.8	40177.00	4416365.3	5140.02	707005.7	495.84	73851.8	38.71	5348.9
			针叶混交林	374.70	62221.4	35.19	1235.4	216.95	36998.7	117.78	23398.6	4.78	588.7		
			针阔混交林	5326.50	686216.0	542.80	27155.3	3974.11	539940.9	590.41	89445.7	193.71	26269.2	25.47	3404.9
			阔叶混交林	42345.57	4562662.1	1617.21	80137.1	35985.94	3839425.7	4431.83	594161.4	297.35	46993.9	13.24	1944.0

表 8　黑龙江重点国有林区乔木林各龄组面积、蓄积按林种、起源和林分类型统计表（续 15）

单位：公顷、立方米

统计单位	林种	起源	林分类型	合计面积	合计蓄积	幼龄林面积	幼龄林蓄积	中龄林面积	中龄林蓄积	近熟林面积	近熟林蓄积	成熟林面积	成熟林蓄积	过熟林面积	过熟林蓄积
南岔林业局	特用林	天然	合计	59505.01	6436603.2	2468.69	119789.0	49987.64	5359847.2	6611.81	889371.7	380.45	55795.3	56.42	11800.0
			纯林	14488.55	1512432.7	758.87	32086.4	11556.34	1184300.5	2079.36	282048.8	50.80	4141.0	43.18	9856.0
			混交林	45016.46	4924170.5	1709.82	87702.6	38431.30	4175546.7	4532.45	607322.9	329.65	51654.3	13.24	1944.0
			针叶混交林	122.52	19573.1			122.52	19573.1						
			针阔混交林	2565.04	343563.2	92.61	7565.5	2339.51	318175.8	100.62	13161.5	32.30	4660.4		
			阔叶混交林	42328.90	4561034.2	1617.21	80137.1	35969.27	3837797.8	4431.83	594161.4	297.35	46993.9	13.24	1944.0
		人工	合计	4830.73	671628.9	701.12	32907.3	2627.53	377327.2	894.30	159042.6	582.31	98946.9	25.47	3404.9
			纯林	1800.42	284699.9	215.74	12082.1	881.83	136508.6	286.73	59359.8	416.12	76749.4		
			混交林	3030.31	386929.0	485.38	20825.2	1745.70	240818.6	607.57	99682.8	166.19	22197.5	25.47	3404.9
			针叶混交林	252.18	42648.3	35.19	1235.4	94.43	17425.6	117.78	23398.6	4.78	588.7		
			针阔混交林	2761.46	342652.8	450.19	19589.8	1634.60	221765.1	489.79	76284.2	161.41	21608.8	25.47	3404.9
			阔叶混交林	16.67	1627.9			16.67	1627.9						
		其中：人天混	合计	3265.67	398428.2	576.33	28725.6	2007.89	267816.0	489.79	76284.2	166.19	22197.5	25.47	3404.9
			纯林	455.67	49223.4	126.74	9135.8	328.93	40087.6						
			混交林	2810.00	349204.8	449.59	19589.8	1678.96	227728.4	489.79	76284.2	166.19	22197.5	25.47	3404.9
			针叶混交林	32.47	4924.1			27.69	4335.4			4.78	588.7		
			针阔混交林	2760.86	342652.8	449.59	19589.8	1634.60	221765.1	489.79	76284.2	161.41	21608.8	25.47	3404.9
			阔叶混交林	16.67	1627.9			16.67	1627.9						
	用材林	合计	合计	35449.51	4530019.2	2273.28	141162.8	27266.86	3478966.1	5008.12	756051.3	824.00	138223.4	77.25	15615.6
			纯林	4268.97	595557.5	680.83	26976.8	2383.34	334849.0	939.44	183407.5	265.36	50324.2		
			混交林	31180.54	3934461.7	1592.45	114186.0	24883.52	3144117.1	4068.68	572643.8	558.64	87899.2	77.25	15615.6
			针叶混交林	1267.27	183839.3	77.62	2683.1	931.74	137445.0	235.68	39675.9	5.08	752.5	17.15	3282.8
			针阔混交林	11609.24	1585616.0	643.28	72438.9	9093.66	1221940.7	1405.55	215055.2	409.81	64131.9	56.94	12049.3
			阔叶混交林	18304.03	2165006.4	871.55	39064.0	14858.12	1784731.4	2427.45	317912.7	143.75	23014.8	3.16	283.5
		天然	合计	30429.54	3726825.3	1850.60	110849.0	24479.47	3038628.3	3728.73	522532.1	367.58	54532.4	3.16	283.5
			纯林	1603.02	123642.5	474.85	11568.1	902.55	79166.2	159.53	23959.0	66.09	8949.2		
			混交林	28826.52	3603182.8	1375.75	99280.9	23576.92	2959462.1	3569.20	498573.1	301.49	45583.2	3.16	283.5
			针叶混交林	795.95	111117.1	30.59	454.7	708.93	99829.4	56.43	10833.0				
			针阔混交林	9726.54	1327059.3	473.61	59762.2	8009.87	1074901.3	1085.32	169827.4	157.74	22568.4		
			阔叶混交林	18304.03	2165006.4	871.55	39064.0	14858.12	1784731.4	2427.45	317912.7	143.75	23014.8	3.16	283.5
		人工	合计	5019.97	803193.9	422.68	30313.8	2787.39	440337.8	1279.39	233519.2	456.42	83691.0	74.09	15332.1
			纯林	2665.95	471915.0	205.98	15408.7	1480.79	255682.8	779.91	159448.5	199.27	41375.0		
			混交林	2354.02	331278.9	216.70	14905.1	1306.60	184655.0	499.48	74070.7	257.15	42316.0	74.09	15332.1
			针叶混交林	471.32	72722.2	47.03	2228.4	222.81	37615.6	179.25	28842.9	5.08	752.5	17.15	3282.8
			针阔混交林	1882.70	258556.7	169.67	12676.7	1083.79	147039.4	320.23	45227.8	252.07	41563.5	56.94	12049.3
		其中：人天混	合计	2327.81	320070.9	221.81	15164.8	1418.60	194668.7	361.24	53341.8	252.07	41563.5	74.09	15332.1
			纯林	333.79	41242.7	52.14	2488.1	281.65	38754.6						
			混交林	1994.02	278828.2	169.67	12676.7	1136.95	155914.1	361.24	53341.8	252.07	41563.5	74.09	15332.1
			针叶混交林	111.32	20271.5			53.16	8874.7	41.01	8114.0			17.15	3282.8
			针阔混交林	1882.70	258556.7	169.67	12676.7	1083.79	147039.4	320.23	45227.8	252.07	41563.5	56.94	12049.3

表 8 黑龙江重点国有林区乔木林各龄组面积、蓄积按林种、起源和林分类型统计表（续 16）

单位：公顷、立方米

统计单位	林种	起源	林分类型	合计		幼龄林		中龄林		近熟林		成熟林		过熟林	
				面积	蓄积	面积	蓄积	面积	蓄积	面积	蓄积	面积	蓄积	面积	蓄积
金山屯林业局	合计	合计	合计	174891.87	22628257.0	11199.41	1029437.2	154065.38	19960102.8	7682.81	1288646.8	1487.42	225777.7	456.85	124292.5
			纯林	18482.36	2588292.2	3001.87	276937.7	13999.63	1993369.3	915.71	164945.3	237.31	47310.2	327.84	105729.7
			混交林	156409.51	20039964.8	8197.54	752499.5	140065.75	17966733.5	6767.10	1123701.5	1250.11	178467.5	129.01	18562.8
			针叶混交林	17788.26	2522476.7	1122.43	103674.3	15706.95	2235776.0	942.62	180447.4	16.26	2579.0		
			针阔混交林	70772.72	9394521.0	3720.58	380497.4	62656.24	8289036.4	3654.91	618666.7	621.49	88643.8	119.50	17676.7
			阔叶混交林	67848.53	8122967.1	3354.53	268327.8	61702.56	7441921.1	2169.57	324587.4	612.36	87244.7	9.51	886.1
		天然	合计	158860.76	20252607.6	8036.51	653538.5	142242.46	18126951.0	6803.16	1144129.6	1321.78	203696.0	456.85	124292.5
			纯林	11748.42	1513460.7	1423.16	93478.3	9461.46	1199633.1	433.37	86023.9	102.59	28595.7	327.84	105729.7
			混交林	147112.34	18739146.9	6613.35	560060.2	132781.00	16927317.9	6369.79	1058105.7	1219.19	175100.3	129.01	18562.8
			针叶混交林	15459.23	2182210.5	748.88	62534.1	13946.36	1972100.0	763.99	147576.4				
			针阔混交林	63810.13	8433977.1	2515.41	229199.2	57132.08	7513296.8	3436.23	585941.9	606.91	87862.5	119.50	17676.7
			阔叶混交林	67842.98	8122959.3	3349.06	268326.9	61702.56	7441921.1	2169.57	324587.4	612.28	87237.8	9.51	886.1
		人工	合计	16031.11	2375649.4	3162.90	375898.7	11822.92	1833151.8	879.65	144517.2	165.64	22081.7		
			纯林	6733.94	1074831.5	1578.71	183459.4	4538.17	793736.2	482.34	78921.4	134.72	18714.5		
			混交林	9297.17	1300817.9	1584.19	192439.3	7284.75	1039415.6	397.31	65595.8	30.92	3367.2		
			针叶混交林	2329.03	340266.2	373.55	41140.2	1760.59	263676.0	178.63	32871.0	16.26	2579.0		
			针阔混交林	6962.59	960543.9	1205.17	151298.2	5524.16	775739.6	218.68	32724.8	14.58	781.3		
			阔叶混交林	5.55	7.8	5.47	0.9					0.08	6.9		
		其中：人天混	合计	9662.38	1371681.5	1909.84	250836.4	7434.58	1071393.3	303.30	48663.6	14.66	788.2		
			纯林	1343.33	213846.4	525.84	78703.0	817.49	135143.4						
			混交林	8319.05	1157835.1	1384.00	172133.4	6617.09	936249.9	303.30	48663.6	14.66	788.2		
			针叶混交林	1352.44	197316.6	174.23	20855.5	1093.59	160522.3	84.62	15938.8				
			针阔混交林	6961.06	960510.7	1204.30	151277.0	5523.50	775727.6	218.68	32724.8	14.58	781.3		
			阔叶混交林	5.55	7.8	5.47	0.9					0.08	6.9		
	防护林	合计	合计	70631.53	9132826.4	4730.94	457651.4	63113.78	8225745.7	2143.32	359692.8	600.23	83813.0	43.26	5923.5
			纯林	10126.72	1427072.6	1650.46	170376.5	7907.83	1165079.8	457.75	76589.9	110.68	15026.4		
			混交林	60504.81	7705753.8	3080.48	287274.9	55205.95	7060665.9	1685.57	283102.9	489.55	68786.6	43.26	5923.5
			针叶混交林	5931.88	841111.2	345.10	30428.9	5322.21	762110.8	259.78	47945.5	4.79	626.0		
			针阔混交林	25213.28	3337909.5	1444.32	153437.6	22709.49	3005411.8	757.42	132755.5	268.30	41267.2	33.75	5037.4
			阔叶混交林	29359.65	3526733.1	1291.06	103408.4	27174.25	3293143.3	668.37	102401.9	216.46	26893.4	9.51	886.1
		天然	合计	61088.17	7688934.1	2849.97	227193.6	56120.41	7115341.9	1599.44	271953.6	475.09	68521.5	43.26	5923.5
			纯林	5955.75	743914.7	651.90	43188.5	5182.23	679632.6	116.63	19944.5	4.99	1149.1		
			混交林	55132.42	6945019.4	2198.07	184005.1	50938.18	6435709.3	1482.81	252009.1	470.10	67372.4	43.26	5923.5
			针叶混交林	4903.35	688693.3	171.50	13491.5	4529.69	637495.9	202.16	37705.9				
			针阔混交林	20869.50	2729599.9	735.51	67105.2	19234.24	2505070.1	612.28	111901.3	253.72	40485.9	33.75	5037.4
			阔叶混交林	29359.57	3526726.2	1291.06	103408.4	27174.25	3293143.3	668.37	102401.9	216.38	26886.5	9.51	886.1

表 8 黑龙江重点国有林区乔木林各龄组面积、蓄积按林种、起源和林分类型统计表（续 17）

单位：公顷、立方米

统计单位	林种	起源	林分类型	合计面积	合计蓄积	幼龄林面积	幼龄林蓄积	中龄林面积	中龄林蓄积	近熟林面积	近熟林蓄积	成熟林面积	成熟林蓄积	过熟林面积	过熟林蓄积
金山屯林业局	防护林	人工	合计	9543.36	1443892.3	1880.97	230457.8	6993.37	1110403.8	543.88	87739.2	125.14	15291.5		
			纯林	4170.97	683157.9	998.56	127188.0	2725.60	485447.2	341.12	56645.4	105.69	13877.3		
			混交林	5372.39	760734.4	882.41	103269.8	4267.77	624956.6	202.76	31093.8	19.45	1414.2		
			针叶混交林	1028.53	152417.9	173.60	16937.4	792.52	124614.9	57.62	10239.6	4.79	626.0		
			针阔混交林	4343.78	608309.6	708.81	86332.4	3475.25	500341.7	145.14	20854.2	14.58	781.3		
			阔叶混交林	0.08	6.9							0.08	6.9		
		其中：人天混	合计	5656.18	815434.9	1167.20	154442.6	4329.18	639349.9	145.14	20854.2	14.66	788.2		
			纯林	1006.24	164305.4	428.37	65931.9	577.87	98373.5						
			混交林	4649.94	651129.5	738.83	88510.7	3751.31	540976.4	145.14	20854.2	14.66	788.2		
			针叶混交林	306.08	42813.0	30.02	2178.3	276.06	40634.7						
			针阔混交林	4343.78	608309.6	708.81	86332.4	3475.25	500341.7	145.14	20854.2	14.58	781.3		
			阔叶混交林	0.08	6.9							0.08	6.9		
	特用林	合计	合计	22640.25	3012070.8	1309.88	124522.2	19193.58	2474682.1	1533.67	249546.7	233.19	51321.6	369.93	111998.2
			纯林	2590.58	426908.5	281.87	24491.8	1669.28	222529.8	211.50	46276.5	100.09	27880.7	327.84	105729.7
			混交林	20049.67	2585162.3	1028.01	100030.4	17524.30	2252152.3	1322.17	203270.2	133.10	23440.9	42.09	6268.5
			针叶混交林	1696.33	254429.8	90.21	9835.4	1441.67	216416.6	164.45	28177.8				
			针阔混交林	8978.98	1214542.5	508.93	54888.4	7657.66	1029094.0	715.02	115614.6	55.28	8677.0	42.09	6268.5
			阔叶混交林	9374.36	1116190.0	428.87	35306.6	8424.97	1006641.7	442.70	59477.8	77.82	14763.9		
		天然	合计	21392.45	2834850.7	998.92	86010.4	18275.48	2338791.8	1517.42	247162.8	230.70	50887.5	369.93	111998.2
			纯林	2157.71	359215.3	145.93	8371.1	1380.02	172148.5	206.32	45519.4	97.60	27446.6	327.84	105729.7
			混交林	19234.74	2475635.4	852.99	77639.3	16895.46	2166643.3	1311.10	201643.4	133.10	23440.9	42.09	6268.5
			针叶混交林	1555.13	236083.5	55.43	6022.9	1346.32	203509.6	153.38	26551.0				
			针阔混交林	8305.25	1123361.9	368.69	36309.8	7124.17	956492.0	715.02	115614.6	55.28	8677.0	42.09	6268.5
			阔叶混交林	9374.36	1116190.0	428.87	35306.6	8424.97	1006641.7	442.70	59477.8	77.82	14763.9		
		人工	合计	1247.80	177220.1	310.96	38511.8	918.10	135890.3	16.25	2383.9	2.49	434.1		
			纯林	432.87	67693.2	135.94	16120.7	289.26	50381.3	5.18	757.1	2.49	434.1		
			混交林	814.93	109526.9	175.02	22391.1	628.84	85509.0	11.07	1626.8				
			针叶混交林	141.20	18346.3	34.78	3812.5	95.35	12907.0	11.07	1626.8				
			针阔混交林	673.73	91180.6	140.24	18578.6	533.49	72602.0						
		其中：人天混	合计	841.99	112438.8	225.58	28208.6	605.34	82603.4	11.07	1626.8				
			纯林	61.69	6901.1	61.69	6901.1								
			混交林	780.30	105537.7	163.89	21307.5	605.34	82603.4	11.07	1626.8				
			针叶混交林	106.65	14358.0	23.73	2729.8	71.85	10001.4	11.07	1626.8				
			针阔混交林	673.65	91179.7	140.16	18577.7	533.49	72602.0						

表8 黑龙江重点国有林区乔木林各龄组面积、蓄积按林种、起源和林分类型统计表（续18）

单位：公顷、立方米

统计单位	林种	起源	林分类型	合计		幼龄林		中龄林		近熟林		成熟林		过熟林	
				面积	蓄积	面积	蓄积	面积	蓄积	面积	蓄积	面积	蓄积	面积	蓄积
金山屯林业局	用材林	合计	合计	81620.09	10483359.8	5158.59	447263.6	71758.02	9259675.0	4005.82	679407.3	654.00	90643.1	43.66	6370.8
			纯林	5765.06	734311.1	1069.54	82069.4	4422.52	605759.7	246.46	42078.9	26.54	4403.1		
			混交林	75855.03	9749048.7	4089.05	365194.2	67335.50	8653915.3	3759.36	637328.4	627.46	86240.0	43.66	6370.8
			针叶混交林	10160.05	1426935.7	687.12	63410.0	8943.07	1257248.6	518.39	104324.1	11.47	1953.0		
			针阔混交林	36580.46	4842069.0	1767.33	172171.4	32289.09	4254530.6	2182.47	370296.6	297.91	38699.6	43.66	6370.8
			阔叶混交林	29114.52	3480044.0	1634.60	129612.8	26103.34	3142136.1	1058.50	162707.7	318.08	45587.4		
		天然	合计	76380.14	9728822.8	4187.62	340334.5	67846.57	8672817.3	3686.30	625013.2	615.99	84287.0	43.66	6370.8
			纯林	3634.96	410330.7	625.33	41918.7	2899.21	347852.0	110.42	20560.0				
			混交林	72745.18	9318492.1	3562.29	298415.8	64947.36	8324965.3	3575.88	604453.2	615.99	84287.0	43.66	6370.8
			针叶混交林	9000.75	1257433.7	521.95	43019.7	8070.35	1131094.5	408.45	83319.5				
			针阔混交林	34635.38	4581015.3	1411.21	125784.2	30773.67	4051734.7	2108.93	358426.0	297.91	38699.6	43.66	6370.8
			阔叶混交林	29109.05	3480043.1	1629.13	129611.9	26103.34	3142136.1	1058.50	162707.7	318.08	45587.4		
		人工	合计	5239.95	754537.0	970.97	106929.1	3911.45	586857.7	319.52	54394.1	38.01	6356.1		
			纯林	2130.10	323980.4	444.21	40150.7	1523.31	257907.7	136.04	21518.9	26.54	4403.1		
			混交林	3109.85	430556.6	526.76	66778.4	2388.14	328950.0	183.48	32875.2	11.47	1953.0		
			针叶混交林	1159.30	169502.0	165.17	20390.3	872.72	126154.1	109.94	21004.6	11.47	1953.0		
			针阔混交林	1945.08	261053.7	356.12	46387.2	1515.42	202795.9	73.54	11870.6				
			阔叶混交林	5.47	0.9	5.47	0.9								
		其中：人天混	合计	3164.21	443807.8	517.06	68185.2	2500.06	349440.0	147.09	26182.6				
			纯林	275.40	42639.9	35.78	5870.0	239.62	36769.9						
			混交林	2888.81	401167.9	481.28	62315.2	2260.44	312670.1	147.09	26182.6				
			针叶混交林	939.71	140145.6	120.48	15947.4	745.68	109886.2	73.55	14312.0				
			针阔混交林	1943.63	261021.4	355.33	46366.9	1514.76	202783.9	73.54	11870.6				
			阔叶混交林	5.47	0.9	5.47	0.9								
美溪林业局	合计	合计	合计	208636.24	26231911.0	19341.43	1554454.6	167666.81	21399711.4	16307.50	2492822.1	4271.62	621205.0	1048.88	163717.9
			纯林	22139.01	2463544.8	5167.71	330942.9	15429.35	1898110.8	1306.35	202406.9	235.60	32084.2		
			混交林	186497.23	23768366.2	14173.72	1223511.7	152237.46	19501600.6	15001.15	2290415.2	4036.02	589120.8	1048.88	163717.9
			针叶混交林	15374.81	2062422.6	1383.09	130832.4	12947.83	1741985.8	951.54	167260.3	92.35	22344.1		
			针阔混交林	82918.38	10965709.8	6067.58	605993.7	68942.60	9155159.6	5984.08	932753.1	1798.53	255270.6	125.59	16532.8
			阔叶混交林	88204.04	10740233.8	6723.05	486685.6	70347.03	8604455.2	8065.53	1190401.8	2145.14	311506.1	923.29	147185.1
		天然	合计	194533.66	24485545.6	15213.88	1131582.4	158568.46	20193074.0	15645.57	2403574.6	4056.87	593596.7	1048.88	163717.9
			纯林	16282.49	1698435.7	3586.81	175839.5	11648.41	1358663.1	873.49	141324.9	173.78	22608.2		
			混交林	178251.17	22787109.9	11627.07	955742.9	146920.05	18834410.9	14772.08	2262249.7	3883.09	570988.5	1048.88	163717.9
			针叶混交林	13004.95	1752337.5	808.29	75143.5	11295.99	1509179.6	853.75	153319.1	46.92	14695.3		
			针阔混交林	77042.93	10294546.0	4096.48	393921.2	65277.03	8720776.1	5852.80	918528.8	1691.03	244787.1	125.59	16532.8
			阔叶混交林	88203.29	10740226.4	6722.30	486678.2	70347.03	8604455.2	8065.53	1190401.8	2145.14	311506.1	923.29	147185.1

表 8　黑龙江重点国有林区乔木林各龄组面积、蓄积按林种、起源和林分类型统计表（续 19）

单位：公顷、立方米

统计单位	林种	起源	林分类型	合计		幼龄林		中龄林		近熟林		成熟林		过熟林	
				面积	蓄积	面积	蓄积	面积	蓄积	面积	蓄积	面积	蓄积	面积	蓄积
美溪林业局	合计	人工	合计	14102.58	1746365.4	4127.55	422872.2	9098.35	1206637.4	661.93	89247.5	214.75	27608.3		
			纯林	5856.52	765109.1	1580.90	155103.4	3780.94	539447.7	432.86	61082.0	61.82	9476.0		
			混交林	8246.06	981256.3	2546.65	267768.8	5317.41	667189.7	229.07	28165.5	152.93	18132.3		
			针叶混交林	2369.86	310085.1	574.80	55688.9	1651.84	232806.2	97.79	13941.2	45.43	7648.8		
			针阔混交林	5875.45	671163.8	1971.10	212072.5	3665.57	434383.5	131.28	14224.3	107.50	10483.5		
			阔叶混交林	0.75	7.4	0.75	7.4								
		其中：人天混	合计	7568.61	894357.0	2398.05	251731.6	4850.11	606455.5	212.95	25686.4	107.50	10483.5		
			纯林	151.88	20809.4	53.90	6603.0	94.19	13829.2	3.79	377.2				
			混交林	7416.73	873547.6	2344.15	245128.6	4755.92	592626.3	209.16	25309.2	107.50	10483.5		
			针叶混交林	1540.53	202376.4	372.30	33048.7	1090.35	158242.8	77.88	11084.9				
			针阔混交林	5875.45	671163.8	1971.10	212072.5	3665.57	434383.5	131.28	14224.3	107.50	10483.5		
			阔叶混交林	0.75	7.4	0.75	7.4								
	防护林	合计	合计	116985.87	15046969.0	10090.60	805742.4	92503.92	12037899.3	10501.19	1626586.0	3113.08	454577.6	777.08	122163.7
			纯林	11209.73	1275479.3	2734.09	173704.6	7482.49	950186.1	820.54	125563.7	172.61	26024.9		
			混交林	105776.14	13771489.7	7356.51	632037.8	85021.43	11087713.2	9680.65	1501022.3	2940.47	428552.7	777.08	122163.7
			针叶混交林	9254.26	1261223.1	677.48	58951.3	7857.10	1077918.2	674.25	116704.8	45.43	7648.8		
			针阔混交林	47150.90	6361954.2	3148.82	342674.5	38378.92	5162626.7	4176.03	648202.6	1398.23	202158.2	48.90	6292.2
			阔叶混交林	49370.98	6148312.4	3530.21	230412.0	38785.41	4847168.3	4830.37	736114.9	1496.81	218745.7	728.18	115871.5
		天然	合计	108052.21	13879596.2	7898.22	562270.2	86494.90	11212372.3	9947.40	1551901.7	2934.61	430888.3	777.08	122163.7
			纯林	7513.06	786706.9	1846.03	81930.5	5055.32	608598.9	486.72	77651.7	124.99	18525.8		
			混交林	100539.15	13092889.3	6052.19	480339.7	81439.58	10603773.4	9460.68	1474250.0	2809.62	412362.5	777.08	122163.7
			针叶混交林	7632.61	1031181.5	438.10	38501.5	6611.92	888777.4	582.59	103902.6				
			针阔混交林	43535.56	5913395.4	2083.88	211426.2	36042.25	4867827.7	4047.72	634232.5	1312.81	193616.8	48.90	6292.2
			阔叶混交林	49370.98	6148312.4	3530.21	230412.0	38785.41	4847168.3	4830.37	736114.9	1496.81	218745.7	728.18	115871.5
		人工	合计	8933.66	1167372.8	2192.38	243472.2	6009.02	825527.0	553.79	74684.3	178.47	23689.3		
			纯林	3696.67	488772.4	888.06	91774.1	2427.17	341587.2	333.82	47912.0	47.62	7499.1		
			混交林	5236.99	678600.4	1304.32	151698.1	3581.85	483939.8	219.97	26772.3	130.85	16190.2		
			针叶混交林	1621.65	230041.6	239.38	20449.8	1245.18	189140.8	91.66	12802.2	45.43	7648.8		
			针阔混交林	3615.34	448558.8	1064.94	131248.3	2336.67	294799.0	128.31	13970.1	85.42	8541.4		
		其中：人天混	合计	4796.98	618098.1	1252.30	148120.8	3259.20	437519.9	200.06	23916.0	85.42	8541.4		
			纯林	87.40	12235.8	21.87	2743.0	65.53	9492.8						
			混交林	4709.58	605862.3	1230.43	145377.8	3193.67	428027.1	200.06	23916.0	85.42	8541.4		
			针叶混交林	1094.24	157303.5	165.49	14129.5	857.00	133228.1	71.75	9945.9				
			针阔混交林	3615.34	448558.8	1064.94	131248.3	2336.67	294799.0	128.31	13970.1	85.42	8541.4		

表 8 黑龙江重点国有林区乔木林各龄组面积、蓄积按林种、起源和林分类型统计表（续 20）

单位：公顷、立方米

统计单位	林种	起源	林分类型	合计		幼龄林		中龄林		近熟林		成熟林		过熟林	
				面积	蓄积	面积	蓄积	面积	蓄积	面积	蓄积	面积	蓄积	面积	蓄积
美溪林业局	特用林	合计	合计	16064.67	1879418.2	2155.79	176356.6	12371.19	1455615.2	1156.11	181899.0	330.03	54274.4	51.55	11273.0
			纯林	3778.42	422720.8	753.37	58213.2	2758.08	319773.0	223.81	40750.2	43.16	3984.4		
			混交林	12286.25	1456697.4	1402.42	118143.4	9613.11	1135842.2	932.30	141148.8	286.87	50290.0	51.55	11273.0
			针叶混交林	540.13	73212.5	190.54	21077.0	302.67	37440.2			46.92	14695.3		
			针阔混交林	2748.32	345558.2	327.71	29246.9	1886.04	232409.2	453.60	75493.3	80.97	8408.8		
			阔叶混交林	8997.80	1037926.7	884.17	67819.5	7424.40	865992.8	478.70	65655.5	158.98	27185.9	51.55	11273.0
		天然	合计	14870.89	1748714.4	1575.09	116072.3	11803.49	1391358.2	1134.73	178045.9	306.03	51965.0	51.55	11273.0
			纯林	3384.69	377841.4	472.42	29988.5	2671.98	307835.0	202.43	36897.1	37.86	3120.8		
			混交林	11486.20	1370873.0	1102.67	86083.8	9131.51	1083523.2	932.30	141148.8	268.17	48844.2	51.55	11273.0
			针叶混交林	384.40	53946.6	61.34	6493.6	276.14	32757.7			46.92	14695.3		
			针阔混交林	2104.00	278999.7	157.16	11770.7	1430.97	184772.7	453.60	75493.3	62.27	6963.0		
			阔叶混交林	8997.80	1037926.7	884.17	67819.5	7424.40	865992.8	478.70	65655.5	158.98	27185.9	51.55	11273.0
		人工	合计	1193.78	130703.8	580.70	60284.3	567.70	64257.0	21.38	3853.1	24.00	2309.4		
			纯林	393.73	44879.4	280.95	28224.7	86.10	11938.0	21.38	3853.1	5.30	863.6		
			混交林	800.05	85824.4	299.75	32059.6	481.60	52319.0			18.70	1445.8		
			针叶混交林	155.73	19265.9	129.20	14583.4	26.53	4682.5						
			针阔混交林	644.32	66558.5	170.55	17476.2	455.07	47636.5			18.70	1445.8		
		其中：人天混	合计	733.88	76573.2	243.75	24453.4	471.43	50674.0			18.70	1445.8		
			纯林	48.39	6897.5	32.03	3860.0	16.36	3037.5						
			混交林	685.49	69675.7	211.72	20593.4	455.07	47636.5			18.70	1445.8		
			针叶混交林	41.17	3117.2	41.17	3117.2								
			针阔混交林	644.32	66558.5	170.55	17476.2	455.07	47636.5			18.70	1445.8		
	用材林	合计	合计	75585.70	9305523.8	7095.04	572355.6	62791.70	7906196.9	4650.20	684337.1	828.51	112353.0	220.25	30281.2
			纯林	7150.86	765344.7	1680.25	99025.1	5188.78	628151.7	262.00	36093.0	19.83	2074.9		
			混交林	68434.84	8540179.1	5414.79	473330.5	57602.92	7278045.2	4388.20	648244.1	808.68	110278.1	220.25	30281.2
			针叶混交林	5580.42	727987.0	515.07	50804.1	4788.06	626627.4	277.29	50555.5				
			针阔混交林	33019.16	4258197.4	2591.05	234072.3	28677.64	3760123.7	1354.45	209057.2	319.33	44703.6	76.69	10240.6
			阔叶混交林	29835.26	3553994.7	2308.67	188454.1	24137.22	2891294.1	2756.46	388631.4	489.35	65574.5	143.56	20040.6
		天然	合计	71610.56	8857235.0	5740.57	453239.9	60270.07	7589343.5	4563.44	673627.0	816.23	110743.4	220.25	30281.2
			纯林	5384.74	533887.4	1268.36	63920.5	3921.11	442229.2	184.34	26776.1	10.93	961.6		
			混交林	66225.82	8323347.6	4472.21	389319.4	56348.96	7147114.3	4379.10	646850.9	805.30	109781.8	220.25	30281.2
			针叶混交林	4987.94	667209.4	308.85	30148.4	4407.93	587644.5	271.16	49416.5				
			针阔混交林	31403.37	4102150.9	1855.44	170724.3	27803.81	3668175.7	1351.48	208803.0	315.95	44207.3	76.69	10240.6
			阔叶混交林	29834.51	3553987.3	2307.92	188446.7	24137.22	2891294.1	2756.46	388631.4	489.35	65574.5	143.56	20040.6
		人工	合计	3975.14	448288.8	1354.47	119115.7	2521.63	316853.4	86.76	10710.1	12.28	1609.6		
			纯林	1766.12	231457.3	411.89	35104.6	1267.67	185922.5	77.66	9316.9	8.90	1113.3		
			混交林	2209.02	216831.5	942.58	84011.1	1253.96	130930.9	9.10	1393.2	3.38	496.3		
			针叶混交林	592.48	60777.6	206.22	20655.7	380.13	38982.9	6.13	1139.0				
			针阔混交林	1615.79	156046.5	735.61	63348.0	873.83	91948.0	2.97	254.2	3.38	496.3		
			阔叶混交林	0.75	7.4	0.75	7.4								

表 8　黑龙江重点国有林区乔木林各龄组面积、蓄积按林种、起源和林分类型统计表（续 21）

单位：公顷、立方米

统计单位	林种	起源	林分类型	合计		幼龄林		中龄林		近熟林		成熟林		过熟林	
				面积	蓄积	面积	蓄积	面积	蓄积	面积	蓄积	面积	蓄积	面积	蓄积
美溪林业局	用材林	其中：人天混	合计	2037.75	199685.7	902.00	79157.4	1119.48	118261.6	12.89	1770.4	3.38	496.3		
			纯林	16.09	1676.1			12.30	1298.9	3.79	377.2				
			混交林	2021.66	198009.6	902.00	79157.4	1107.18	116962.7	9.10	1393.2	3.38	496.3		
			针叶混交林	405.12	41955.7	165.64	15802.0	233.35	25014.7	6.13	1139.0				
			针阔混交林	1615.79	156046.5	735.61	63348.0	873.83	91948.0	2.97	254.2	3.38	496.3		
			阔叶混交林	0.75	7.4	0.75	7.4								
乌马河林业局	合计	合计	合计	110308.26	11282484.2	13226.95	893115.8	93057.08	9826217.1	3325.97	474997.3	534.43	64276.6	163.83	23877.4
			纯林	12392.68	1364786.7	3380.87	228014.7	8350.77	1014860.3	592.37	107397.2	67.22	14051.1	1.45	463.4
			混交林	97915.58	9917697.5	9846.08	665101.1	84706.31	8811356.8	2733.60	367600.1	467.21	50225.5	162.38	23414.0
			针叶混交林	5663.06	633335.2	789.98	67424.7	4752.78	548125.5	75.38	13434.1	43.90	4297.6	1.02	53.3
			针阔混交林	34012.21	3532492.1	4443.45	355834.1	28420.82	3028333.7	825.15	110331.8	186.40	17473.1	136.39	20519.4
			阔叶混交林	58240.31	5751870.2	4612.65	241842.3	51532.71	5234897.6	1833.07	243834.2	236.91	28454.8	24.97	2841.3
		天然	合计	99292.53	9815359.0	11049.55	690166.7	85011.37	8706812.1	2647.84	349278.5	420.96	45277.6	162.81	23824.1
			纯林	7919.00	718706.8	2153.38	113547.1	5640.04	587435.5	113.00	15763.3	11.13	1497.5	1.45	463.4
			混交林	91373.53	9096652.2	8896.17	576619.6	79371.33	8119376.6	2534.84	333515.2	409.83	43780.1	161.36	23360.7
			针叶混交林	3900.08	403197.0	555.35	51089.7	3314.08	348377.1	30.65	3730.2				
			针阔混交林	29233.14	2941585.0	3728.17	283687.6	24524.54	2536101.9	671.12	85950.8	172.92	15325.3	136.39	20519.4
			阔叶混交林	58240.31	5751870.2	4612.65	241842.3	51532.71	5234897.6	1833.07	243834.2	236.91	28454.8	24.97	2841.3
		人工	合计	11015.73	1467125.2	2177.40	202949.1	8045.71	1119405.0	678.13	125718.8	113.47	18999.0	1.02	53.3
			纯林	4473.68	646079.9	1227.49	114467.6	2710.73	427424.8	479.37	91633.9	56.09	12553.6		
			混交林	6542.05	821045.3	949.91	88481.5	5334.98	691980.2	198.76	34084.9	57.38	6445.4	1.02	53.3
			针叶混交林	1762.98	230138.2	234.63	16335.0	1438.70	199748.4	44.73	9703.9	43.90	4297.6	1.02	53.3
			针阔混交林	4779.07	590907.1	715.28	72146.5	3896.28	492231.8	154.03	24381.0	13.48	2147.8		
		其中：人天混	合计	6373.01	797687.5	841.35	83502.8	5304.80	681062.1	168.46	26623.9	57.38	6445.4	1.02	53.3
			纯林	196.27	27271.0	13.45	1656.8	182.82	25614.2						
			混交林	6176.74	770416.5	827.90	81846.0	5121.98	655447.9	168.46	26623.9	57.38	6445.4	1.02	53.3
			针叶混交林	1400.26	179915.5	115.21	10105.6	1225.70	163216.1	14.43	2242.9	43.90	4297.6	1.02	53.3
			针阔混交林	4776.48	590501.0	712.69	71740.4	3896.28	492231.8	154.03	24381.0	13.48	2147.8		
	防护林	合计	合计	58579.72	6367138.0	3129.24	208930.2	52773.35	5773445.4	2234.31	325573.0	331.90	40451.7	110.92	18737.7
			纯林	5957.79	709842.5	1085.08	68936.0	4540.46	576731.8	292.36	55501.6	38.44	8209.7	1.45	463.4
			混交林	52621.93	5657295.5	2044.16	139994.2	48232.89	5196713.6	1941.95	270071.4	293.46	32242.0	109.47	18274.3
			针叶混交林	2384.10	291539.9	231.73	19372.2	2150.15	271709.8	2.22	457.9				
			针阔混交林	15547.36	1720252.4	1009.33	77814.2	13928.39	1554572.9	431.00	64319.9	94.14	8112.4	84.50	15433.0
			阔叶混交林	34690.47	3645503.2	803.10	42807.8	32154.35	3370430.9	1508.73	205293.6	199.32	24129.6	24.97	2841.3
		天然	合计	53514.66	5642025.7	2446.41	145868.8	48798.85	5187408.1	1860.09	257366.0	298.39	32645.1	110.92	18737.7
			纯林	3913.17	393916.6	643.29	25650.5	3208.46	356702.6	48.84	9602.6	11.13	1497.5	1.45	463.4
			混交林	49601.49	5248109.1	1803.12	120218.3	45590.39	4830705.5	1811.25	247763.4	287.26	31147.6	109.47	18274.3
			针叶混交林	1599.27	178690.7	138.66	14008.0	1460.61	164682.7						
			针阔混交林	13311.75	1423915.2	861.36	63402.5	11975.43	1295591.9	302.52	42469.8	87.94	7018.0	84.50	15433.0
			阔叶混交林	34690.47	3645503.2	803.10	42807.8	32154.35	3370430.9	1508.73	205293.6	199.32	24129.6	24.97	2841.3

表8 黑龙江重点国有林区乔木林各龄组面积、蓄积按林种、起源和林分类型统计表（续22）

单位：公顷、立方米

统计单位	林种	起源	林分类型	合计		幼龄林		中龄林		近熟林		成熟林		过熟林	
				面积	蓄积	面积	蓄积	面积	蓄积	面积	蓄积	面积	蓄积	面积	蓄积
乌马河林业局	防护林	人工	合计	5065.06	725112.3	682.83	63061.4	3974.50	586037.3	374.22	68207.0	33.51	7806.6		
			纯林	2044.62	315925.9	441.79	43285.5	1332.00	220029.2	243.52	45899.0	27.31	6712.2		
			混交林	3020.44	409186.4	241.04	19775.9	2642.50	366008.1	130.70	22308.0	6.20	1094.4		
			针叶混交林	784.83	112849.2	93.07	5364.2	689.54	107027.1	2.22	457.9				
			针阔混交林	2235.61	296337.2	147.97	14411.7	1952.96	258981.0	128.48	21850.1	6.20	1094.4		
		其中：人天混	合计	2984.62	405857.4	207.57	20988.4	2640.15	361466.6	130.70	22308.0	6.20	1094.4		
			纯林	123.19	17038.4	13.45	1656.8	109.74	15381.6						
			混交林	2861.43	388819.0	194.12	19331.6	2530.41	346085.0	130.70	22308.0	6.20	1094.4		
			针叶混交林	628.41	92887.9	48.74	5326.0	577.45	87104.0	2.22	457.9				
			针阔混交林	2233.02	295931.1	145.38	14005.6	1952.96	258981.0	128.48	21850.1	6.20	1094.4		
	特用林	合计	合计	34028.64	3007122.4	8351.14	564929.5	24722.96	2332350.1	760.56	89782.8	141.07	14920.3	52.91	5139.7
			纯林	3192.92	301529.6	1393.40	101720.2	1692.25	186136.8	99.03	12133.7	8.24	1538.9		
			混交林	30835.72	2705592.8	6957.74	463209.3	23030.71	2146213.3	661.53	77649.1	132.83	13381.4	52.91	5139.7
			针叶混交林	1926.88	188989.9	431.76	39444.7	1410.69	140045.3	39.51	5149.0	43.90	4297.6	1.02	53.3
			针阔混交林	12812.45	1186364.3	2992.70	241827.4	9378.36	896076.5	338.16	38615.4	51.34	4758.6	51.89	5086.4
			阔叶混交林	16096.39	1330238.6	3533.28	181937.2	12241.66	1110091.5	283.86	33884.7	37.59	4325.2		
		天然	合计	31510.96	2718030.3	7599.86	487907.9	23054.53	2133708.7	715.75	82243.5	88.93	9083.8	51.89	5086.4
			纯林	2440.33	195664.8	1129.96	74459.0	1247.29	115192.6	63.08	6013.2				
			混交林	29070.63	2522365.5	6469.90	413448.9	21807.24	2018516.1	652.67	76230.3	88.93	9083.8	51.89	5086.4
			针叶混交林	1353.58	131914.5	343.17	31690.1	979.76	96494.2	30.65	3730.2				
			针阔混交林	11620.66	1060212.4	2593.45	199821.6	8585.82	811930.4	338.16	38615.4	51.34	4758.6	51.89	5086.4
			阔叶混交林	16096.39	1330238.6	3533.28	181937.2	12241.66	1110091.5	283.86	33884.7	37.59	4325.2		
		人工	合计	2517.68	289092.1	751.28	77021.6	1668.43	198641.4	44.81	7539.3	52.14	5836.5	1.02	53.3
			纯林	752.59	105864.8	263.44	27261.2	444.96	70944.2	35.95	6120.5	8.24	1538.9		
			混交林	1765.09	183227.3	487.84	49760.4	1223.47	127697.2	8.86	1418.8	43.90	4297.6	1.02	53.3
			针叶混交林	573.30	57075.4	88.59	7754.6	430.93	43551.1	8.86	1418.8	43.90	4297.6	1.02	53.3
			针阔混交林	1191.79	126151.9	399.25	42005.8	792.54	84146.1						
		其中：人天混	合计	1711.00	178434.2	438.04	45404.7	1219.18	127259.8	8.86	1418.8	43.90	4297.6	1.02	53.3
			纯林	29.45	3178.0			29.45	3178.0						
			混交林	1681.55	175256.2	438.04	45404.7	1189.73	124081.8	8.86	1418.8	43.90	4297.6	1.02	53.3
			针叶混交林	489.76	49104.3	38.79	3398.9	397.19	39935.7	8.86	1418.8	43.90	4297.6	1.02	53.3
			针阔混交林	1191.79	126151.9	399.25	42005.8	792.54	84146.1						
	用材林	合计	合计	17699.90	1908223.8	1746.57	119256.1	15560.77	1720421.6	331.10	59641.5	61.46	8904.6		
			纯林	3241.97	353414.6	902.39	57358.5	2118.06	251991.7	200.98	39761.9	20.54	4302.5		
			混交林	14457.93	1554809.2	844.18	61897.6	13442.71	1468429.9	130.12	19879.6	40.92	4602.1		
			针叶混交林	1352.08	152805.4	126.49	8607.8	1191.94	136370.4	33.65	7827.2				
			针阔混交林	5652.40	625875.4	441.42	36192.5	5114.07	577684.3	55.99	7396.5	40.92	4602.1		
			阔叶混交林	7453.45	776128.4	276.27	17097.3	7136.70	754375.2	40.48	4655.9				

表 8　黑龙江重点国有林区乔木林各龄组面积、蓄积按林种、起源和林分类型统计表（续 23）

单位：公顷、立方米

统计单位	林种	起源	林分类型	合计 面积	合计 蓄积	幼龄林 面积	幼龄林 蓄积	中龄林 面积	中龄林 蓄积	近熟林 面积	近熟林 蓄积	成熟林 面积	成熟林 蓄积	过熟林 面积	过熟林 蓄积
乌马河林业局	用材林	天然	合计	14266.91	1455303.0	1003.28	56390.0	13157.99	1385695.3	72.00	9669.0	33.64	3548.7		
			纯林	1565.50	129125.4	380.13	13437.6	1184.29	115540.3	1.08	147.5				
			混交林	12701.41	1326177.6	623.15	42952.4	11973.70	1270155.0	70.92	9521.5	33.64	3548.7		
			针叶混交林	947.23	92591.8	73.52	5391.6	873.71	87200.2						
			针阔混交林	4300.73	457457.4	273.36	20463.5	3963.29	428579.6	30.44	4865.6	33.64	3548.7		
			阔叶混交林	7453.45	776128.4	276.27	17097.3	7136.70	754375.2	40.48	4655.9				
		人工	合计	3432.99	452920.8	743.29	62866.1	2402.78	334726.3	259.10	49972.5	27.82	5355.9		
			纯林	1676.47	224289.2	522.26	43920.9	933.77	136451.4	199.90	39614.4	20.54	4302.5		
			混交林	1756.52	228631.6	221.03	18945.2	1469.01	198274.9	59.20	10358.1	7.28	1053.4		
			针叶混交林	404.85	60213.6	52.97	3216.2	318.23	49170.2	33.65	7827.2				
			针阔混交林	1351.67	168418.0	168.06	15729.0	1150.78	149104.7	25.55	2530.9	7.28	1053.4		
		其中：人天混	合计	1677.39	213395.9	195.74	17109.7	1445.47	192335.7	28.90	2897.1	7.28	1053.4		
			纯林	43.63	7054.6			43.63	7054.6						
			混交林	1633.76	206341.3	195.74	17109.7	1401.84	185281.1	28.90	2897.1	7.28	1053.4		
			针叶混交林	282.09	37923.3	27.68	1380.7	251.06	36176.4	3.35	366.2				
			针阔混交林	1351.67	168418.0	168.06	15729.0	1150.78	149104.7	25.55	2530.9	7.28	1053.4		
翠峦林业局	合计	合计	合计	145093.37	12779436.0	39797.86	2681633.8	98718.78	9409137.6	4153.39	403817.5	2416.00	284126.0	7.34	721.1
			纯林	8592.13	678490.4	4469.48	269395.5	3748.01	357938.9	205.32	20438.7	161.98	29996.2	7.34	721.1
			混交林	136501.24	12100945.6	35328.38	2412238.3	94970.77	9051198.7	3948.07	383378.8	2254.02	254129.8		
			针叶混交林	5341.28	458625.1	2263.94	174658.2	3072.71	283247.0	2.80	416.6	1.83	303.3		
			针阔混交林	43800.83	3897366.0	14797.31	1122809.5	27247.94	2586065.6	1152.55	123614.2	603.03	64876.7		
			阔叶混交林	87359.13	7744954.5	18267.13	1114770.6	64650.12	6181886.1	2792.72	259348.0	1649.16	188949.8		
		天然	合计	140417.79	12327808.8	37027.51	2452562.9	96915.74	9199169.8	4063.92	392329.3	2410.62	283746.8		
			纯林	7190.72	534616.2	3833.60	218630.5	3028.99	269921.1	166.15	16068.4	161.98	29996.2		
			混交林	133227.07	11793192.6	33193.91	2233932.4	93886.75	8929248.7	3897.77	376260.9	2248.64	253750.6		
			针叶混交林	4555.82	385216.7	1828.48	135079.4	2723.18	249454.5	2.33	379.5	1.83	303.3		
			针阔混交林	41312.12	3663021.4	13098.30	984082.4	26513.45	2497908.1	1102.72	116533.4	597.65	64497.5		
			阔叶混交林	87359.13	7744954.5	18267.13	1114770.6	64650.12	6181886.1	2792.72	259348.0	1649.16	188949.8		
		人工	合计	4675.58	451627.2	2770.35	229070.9	1803.04	209967.8	89.47	11488.2	5.38	379.2	7.34	721.1
			纯林	1401.41	143874.2	635.88	50765.0	719.02	88017.8	39.17	4370.3			7.34	721.1
			混交林	3274.17	307753.0	2134.47	178305.9	1084.02	121950.0	50.30	7117.9	5.38	379.2		
			针叶混交林	785.46	73408.4	435.46	39578.8	349.53	33792.5	0.47	37.1				
			针阔混交林	2488.71	234344.6	1699.01	138727.1	734.49	88157.5	49.83	7080.8	5.38	379.2		
		其中：人天混	合计	3258.79	315055.8	2029.87	171351.1	1153.23	134697.2	70.31	8628.3	5.38	379.2		
			纯林	260.36	29438.3	100.13	8449.5	139.75	19441.3	20.48	1547.5				
			混交林	2998.43	285617.5	1929.74	162901.6	1013.48	115255.9	49.83	7080.8	5.38	379.2		
			针叶混交林	538.26	53775.7	251.54	25968.8	286.72	27806.9						
			针阔混交林	2460.17	231841.8	1678.20	136932.8	726.76	87449.0	49.83	7080.8	5.38	379.2		

表 8　黑龙江重点国有林区乔木林各龄组面积、蓄积按林种、起源和林分类型统计表（续 24）

单位：公顷、立方米

统计单位	林种	起源	林分类型	合计		幼龄林		中龄林		近熟林		成熟林		过熟林	
				面积	蓄积	面积	蓄积	面积	蓄积	面积	蓄积	面积	蓄积	面积	蓄积
翠峦林业局	防护林	合计	合计	38122.64	4009076.4	2084.67	163858.6	34368.19	3642874.9	767.82	92400.8	901.96	109942.1		
			纯林	1732.42	170895.4	264.74	17304.7	1410.07	147412.6	57.61	6178.1				
			混交林	36390.22	3838181.0	1819.93	146553.9	32958.12	3495462.3	710.21	86222.7	901.96	109942.1		
			针叶混交林	811.97	77401.6	197.84	17265.5	614.13	60136.1						
			针阔混交林	8196.04	846695.9	683.71	58575.8	7007.16	725885.3	184.49	22155.6	320.68	40079.2		
			阔叶混交林	27382.21	2914083.5	938.38	70712.6	25336.83	2709440.9	525.72	64067.1	581.28	69862.9		
		天然	合计	37446.87	3934846.4	1867.36	141362.6	33930.92	3592748.7	746.63	90793.0	901.96	109942.1		
			纯林	1450.15	136040.0	177.85	8966.5	1235.17	122442.9	37.13	4630.6				
			混交林	35996.72	3798806.4	1689.51	132396.1	32695.75	3470305.8	709.50	86162.4	901.96	109942.1		
			针叶混交林	681.64	63061.9	156.45	11413.9	525.19	51648.0						
			针阔混交林	7932.87	821661.0	594.68	50269.6	6833.73	709216.9	183.78	22095.3	320.68	40079.2		
			阔叶混交林	27382.21	2914083.5	938.38	70712.6	25336.83	2709440.9	525.72	64067.1	581.28	69862.9		
		人工	合计	675.77	74230.0	217.31	22496.0	437.27	50126.2	21.19	1607.8				
			纯林	282.27	34855.4	86.89	8338.2	174.90	24969.7	20.48	1547.5				
			混交林	393.50	39374.6	130.42	14157.8	262.37	25156.5	0.71	60.3				
			针叶混交林	130.33	14339.7	41.39	5851.6	88.94	8488.1						
			针阔混交林	263.17	25034.9	89.03	8306.2	173.43	16668.4	0.71	60.3				
		其中：人天混	合计	411.31	40818.8	129.22	14142.3	260.90	25068.7	21.19	1607.8				
			纯林	38.98	3766.1			18.50	2218.6	20.48	1547.5				
			混交林	372.33	37052.7	129.22	14142.3	242.40	22850.1	0.71	60.3				
			针叶混交林	109.16	12017.8	40.19	5836.1	68.97	6181.7						
			针阔混交林	263.17	25034.9	89.03	8306.2	173.43	16668.4	0.71	60.3				
	特用林	合计	合计	87189.53	6655369.8	36300.31	2404532.7	46721.09	3862607.6	3048.31	265842.3	1114.93	122029.7	4.89	357.5
			纯林	5890.64	412484.0	3990.69	235277.2	1604.06	135415.3	129.02	11437.8	161.98	29996.2	4.89	357.5
			混交林	81298.89	6242885.8	32309.62	2169255.5	45117.03	3727192.3	2919.29	254404.5	952.95	92033.5		
			针叶混交林	3979.27	331917.0	1971.34	148258.6	2003.30	182938.5	2.80	416.6	1.83	303.3		
			针阔混交林	30269.43	2500971.4	13408.66	1004350.8	15784.03	1391603.5	844.94	85080.4	231.80	19936.7		
			阔叶混交林	47050.19	3409997.4	16929.62	1016646.1	27329.70	2152650.3	2071.55	168907.5	719.32	71793.5		
		天然	合计	83941.10	6356019.8	34064.15	2225078.5	45745.14	3746393.5	3022.26	262897.3	1109.55	121650.5		
			纯林	5074.03	334985.7	3498.20	197786.8	1284.83	95764.9	129.02	11437.8	161.98	29996.2		
			混交林	78867.07	6021034.1	30565.95	2027291.7	44460.31	3650628.6	2893.24	251459.5	947.57	91654.3		
			针叶混交林	3387.12	279272.9	1637.65	120717.9	1745.31	157872.2	2.33	379.5	1.83	303.3		
			针阔混交林	28429.76	2331763.8	11998.68	889927.7	15385.30	1340106.1	819.36	82172.5	226.42	19557.5		
			阔叶混交林	47050.19	3409997.4	16929.62	1016646.1	27329.70	2152650.3	2071.55	168907.5	719.32	71793.5		
		人工	合计	3248.43	299350.0	2236.16	179454.2	975.95	116214.1	26.05	2945.0	5.38	379.2	4.89	357.5
			纯林	816.61	77498.3	492.49	37490.4	319.23	39650.4					4.89	357.5
			混交林	2431.82	221851.7	1743.67	141963.8	656.72	76563.7	26.05	2945.0	5.38	379.2		
			针叶混交林	592.15	52644.1	333.69	27540.7	257.99	25066.3	0.47	37.1				
			针阔混交林	1839.67	169207.6	1409.98	114423.1	398.73	51497.4	25.58	2907.9	5.38	379.2		

表 8　黑龙江重点国有林区乔木林各龄组面积、蓄积按林种、起源和林分类型统计表（续 25）

单位：公顷、立方米

统计单位	林种	起源	林分类型	合计		幼龄林		中龄林		近熟林		成熟林		过熟林	
				面积	蓄积	面积	蓄积	面积	蓄积	面积	蓄积	面积	蓄积	面积	蓄积
翠峦林业局	特用林	其中：人天混	合计	2408.85	227001.6	1673.46	137174.2	704.43	86540.3	25.58	2907.9	5.38	379.2		
			纯林	188.08	21867.2	100.13	8449.5	87.95	13417.7						
			混交林	2220.77	205134.4	1573.33	128724.7	616.48	73122.6	25.58	2907.9	5.38	379.2		
			针叶混交林	381.10	35926.8	163.35	14301.6	217.75	21625.2						
			针阔混交林	1839.67	169207.6	1409.98	114423.1	398.73	51497.4	25.58	2907.9	5.38	379.2		
	用材林	合计	合计	19781.20	2114989.8	1412.88	113242.5	17629.50	1903655.1	337.26	45574.4	399.11	52154.2	2.45	363.6
			纯林	969.07	95111.0	214.05	16813.6	733.88	75111.0	18.69	2822.8			2.45	363.6
			混交林	18812.13	2019878.8	1198.83	96428.9	16895.62	1828544.1	318.57	42751.6	399.11	52154.2		
			针叶混交林	550.04	49306.5	94.76	9134.1	455.28	40172.4						
			针阔混交林	5335.36	549698.7	704.94	59882.9	4456.75	468576.8	123.12	16378.2	50.55	4860.8		
			阔叶混交林	12926.73	1420873.6	399.13	27411.9	11983.59	1319794.9	195.45	26373.4	348.56	47293.4		
		天然	合计	19029.82	2036942.6	1096.00	86121.8	17239.68	1860027.6	295.03	38639.0	399.11	52154.2		
			纯林	666.54	63590.5	157.55	11877.2	508.99	51713.3						
			混交林	18363.28	1973352.1	938.45	74244.6	16730.69	1808314.3	295.03	38639.0	399.11	52154.2		
			针叶混交林	487.06	42881.9	34.38	2947.6	452.68	39934.3						
			针阔混交林	4949.49	509596.6	504.94	43885.1	4294.42	448585.1	99.58	12265.6	50.55	4860.8		
			阔叶混交林	12926.73	1420873.6	399.13	27411.9	11983.59	1319794.9	195.45	26373.4	348.56	47293.4		
		人工	合计	751.38	78047.2	316.88	27120.7	389.82	43627.5	42.23	6935.4			2.45	363.6
			纯林	302.53	31520.5	56.50	4936.4	224.89	23397.7	18.69	2822.8			2.45	363.6
			混交林	448.85	46526.7	260.38	22184.3	164.93	20229.8	23.54	4112.6				
			针叶混交林	62.98	6424.6	60.38	6186.5	2.60	238.1						
			针阔混交林	385.87	40102.1	200.00	15997.8	162.33	19991.7	23.54	4112.6				
		其中：人天混	合计	438.63	47235.4	227.19	20034.6	187.90	23088.2	23.54	4112.6				
			纯林	33.30	3805.0			33.30	3805.0						
			混交林	405.33	43430.4	227.19	20034.6	154.60	19283.2	23.54	4112.6				
			针叶混交林	48.00	5831.1	48.00	5831.1								
			针阔混交林	357.33	37599.3	179.19	14203.5	154.60	19283.2	23.54	4112.6				
友好林业局	合计	合计	合计	240804.67	22152158.4	52539.96	3595240.2	170660.34	16329197.9	14111.21	1684038.9	2125.82	230376.5	1367.34	313304.9
			纯林	61469.01	5872784.5	23467.30	1383804.4	35230.69	3920189.2	1666.30	273611.1	200.50	33811.9	904.22	261367.9
			混交林	179335.66	16279373.9	29072.66	2211435.8	135429.65	12409008.7	12444.91	1410427.8	1925.32	196564.6	463.12	51937.0
			针叶混交林	31990.55	3353864.0	2569.28	209445.5	26653.96	2802242.0	2264.72	287645.1	171.23	19235.2	331.36	35296.2
			针阔混交林	81130.13	6896593.3	14964.27	1210914.1	60984.26	5130418.0	4116.01	441660.5	947.13	98313.6	118.46	15287.1
			阔叶混交林	66214.98	6028916.6	11539.11	791076.2	47791.43	4476348.7	6064.18	681122.2	806.96	79015.8	13.30	1353.7
		天然	合计	225556.94	20154153.0	48438.23	3215847.6	160617.78	14904476.1	13173.31	1520137.5	1960.28	200386.9	1367.34	313304.9
			纯林	53511.66	4548458.7	22055.09	1219094.4	29312.35	2896171.5	1110.96	154614.7	129.04	17210.2	904.22	261367.9
			混交林	172045.28	15605694.3	26383.14	1996753.2	131305.43	12008304.6	12062.35	1365522.8	1831.24	183176.7	463.12	51937.0
			针叶混交林	30149.37	3169986.9	2084.25	164372.0	25481.41	2684504.2	2081.58	266634.1	170.77	19180.4	331.36	35296.2
			针阔混交林	75680.93	6406790.8	12759.78	1041305.0	58032.59	4847451.7	3916.59	417766.5	853.51	84980.5	118.46	15287.1
			阔叶混交林	66214.98	6028916.6	11539.11	791076.2	47791.43	4476348.7	6064.18	681122.2	806.96	79015.8	13.30	1353.7

表 8 黑龙江重点国有林区乔木林各龄组面积、蓄积按林种、起源和林分类型统计表（续 26）

单位：公顷、立方米

统计单位	林种	起源	林分类型	合计		幼龄林		中龄林		近熟林		成熟林		过熟林	
				面积	蓄积	面积	蓄积	面积	蓄积	面积	蓄积	面积	蓄积	面积	蓄积
友好林业局	合计	人工	合计	15247.73	1998005.4	4101.73	379392.6	10042.56	1424721.8	937.90	163901.4	165.54	29989.6		
			纯林	7957.35	1324325.8	1412.21	164710.0	5918.34	1024017.7	555.34	118996.4	71.46	16601.7		
			混交林	7290.38	673679.6	2689.52	214682.6	4124.22	400704.1	382.56	44905.0	94.08	13387.9		
			针叶混交林	1841.18	183877.1	485.03	45073.5	1172.55	117737.8	183.14	21011.0	0.46	54.8		
			针阔混交林	5449.20	489802.5	2204.49	169609.1	2951.67	282966.3	199.42	23894.0	93.62	13333.1		
		其中：人天混	合计	6780.91	626820.1	2584.02	209587.7	3806.44	366392.3	296.83	37507.0	93.62	13333.1		
			纯林	90.75	9425.7	42.15	3256.0	48.60	6169.7						
			混交林	6690.16	617394.4	2541.87	206331.7	3757.84	360222.6	296.83	37507.0	93.62	13333.1		
			针叶混交林	1248.20	128220.4	337.38	36722.6	813.41	77884.8	97.41	13613.0				
			针阔混交林	5441.96	489174.0	2204.49	169609.1	2944.43	282337.8	199.42	23894.0	93.62	13333.1		
	防护林	合计	合计	100642.06	9799438.4	18837.90	1370672.5	72786.49	7323238.6	7968.99	981371.5	1008.21	118993.3	40.47	5162.5
			纯林	24875.86	2576920.9	8005.49	533230.9	15729.68	1852132.4	1037.48	174490.8	103.21	17066.8		
			混交林	75766.20	7222517.5	10832.41	837441.6	57056.81	5471106.2	6931.51	806880.7	905.00	101926.5	40.47	5162.5
			针叶混交林	9348.11	970642.6	675.57	62364.4	7581.36	771630.0	1076.95	134682.6	14.23	1965.6		
			针阔混交林	33590.10	3066336.5	5042.35	413428.0	25880.01	2352591.5	2115.39	234921.0	511.88	60233.5	40.47	5162.5
			阔叶混交林	32827.99	3185538.4	5114.49	361649.2	23595.44	2346884.7	3739.17	437277.1	378.89	39727.4		
		天然	合计	91424.24	8545516.6	16954.80	1194948.8	66309.61	6402916.7	7205.12	841839.3	914.24	100649.3	40.47	5162.5
			纯林	19628.93	1716007.4	7229.63	449119.1	11762.82	1186157.4	565.35	71585.8	71.13	9145.1		
			混交林	71795.31	6829509.2	9725.17	745829.7	54546.79	5216759.3	6639.77	770253.5	843.11	91504.2	40.47	5162.5
			针叶混交林	8169.09	844294.9	428.32	34332.1	6818.81	692731.9	907.73	115265.3	14.23	1965.6		
			针阔混交林	30798.23	2799675.9	4182.36	349848.4	24132.54	2177142.7	1992.87	217711.1	449.99	49811.2	40.47	5162.5
			阔叶混交林	32827.99	3185538.4	5114.49	361649.2	23595.44	2346884.7	3739.17	437277.1	378.89	39727.4		
		人工	合计	9217.82	1253921.8	1883.10	175723.7	6476.88	920321.9	763.87	139532.2	93.97	18344.0		
			纯林	5246.93	860913.5	775.86	84111.8	3966.86	665975.0	472.13	102905.0	32.08	7921.7		
			混交林	3970.89	393008.3	1107.24	91611.9	2510.02	254346.9	291.74	36627.2	61.89	10422.3		
			针叶混交林	1179.02	126347.7	247.25	28032.3	762.55	78898.1	169.22	19417.3				
			针阔混交林	2791.87	266660.6	859.99	63579.6	1747.47	175448.8	122.52	17209.9	61.89	10422.3		
		其中：人天混	合计	3677.32	366674.3	1075.50	90779.0	2320.00	234650.1	219.93	30822.9	61.89	10422.3		
			纯林	52.92	5977.9	9.82	789.6	43.10	5188.3						
			混交林	3624.40	360696.4	1065.68	89989.4	2276.90	229461.8	219.93	30822.9	61.89	10422.3		
			针叶混交林	839.77	94664.3	205.69	26409.8	536.67	54641.5	97.41	13613.0				
			针阔混交林	2784.63	266032.1	859.99	63579.6	1740.23	174820.3	122.52	17209.9	61.89	10422.3		
	特用林	合计	合计	59723.73	5558126.5	19315.60	1182122.8	36064.92	3643695.5	2512.29	367235.0	546.05	60666.2	1284.87	304407.0
			纯林	21732.28	1875829.3	11333.39	571143.8	9033.50	963141.3	389.75	67645.4	71.42	12530.9	904.22	261367.9
			混交林	37991.45	3682297.2	7982.21	610979.0	27031.42	2680554.2	2122.54	299589.6	474.63	48135.3	380.65	43039.1
			针叶混交林	10138.67	1156875.5	786.47	57004.3	8394.77	959921.6	489.17	89642.4	136.90	15011.0	331.36	35296.2
			针阔混交林	16669.01	1452724.7	4397.69	371760.1	11703.77	1001499.2	452.23	63792.2	76.92	9038.7	38.40	6634.5
			阔叶混交林	11183.77	1072697.0	2798.05	182214.6	6932.88	719133.4	1181.14	146155.0	260.81	24085.6	10.89	1108.4

表 8 黑龙江重点国有林区乔木林各龄组面积、蓄积按林种、起源和林分类型统计表（续 27）

单位：公顷、立方米

统计单位	林种	起源	林分类型	合计 面积	合计 蓄积	幼龄林 面积	幼龄林 蓄积	中龄林 面积	中龄林 蓄积	近熟林 面积	近熟林 蓄积	成熟林 面积	成熟林 蓄积	过熟林 面积	过熟林 蓄积
友好林业局	特用林	天然	合计	56772.98	5205652.7	17787.66	1057609.7	34756.15	3435290.1	2446.68	355100.0	497.62	53245.9	1284.87	304407.0
			纯林	20674.26	1694121.2	11067.27	546233.5	8318.36	822803.1	335.60	56501.7	48.81	7215.0	904.22	261367.9
			混交林	36098.72	3511531.5	6720.39	511376.2	26437.79	2612487.0	2111.08	298598.3	448.81	46030.9	380.65	43039.1
			针叶混交林	9893.74	1135606.3	608.46	46088.9	8327.85	949567.8	489.17	89642.4	136.90	15011.0	331.36	35296.2
			针阔混交林	15021.21	1303228.2	3313.88	283072.7	11177.06	943785.8	440.77	62800.9	51.10	6934.3	38.40	6634.5
			阔叶混交林	11183.77	1072697.0	2798.05	182214.6	6932.88	719133.4	1181.14	146155.0	260.81	24085.6	10.89	1108.4
		人工	合计	2950.75	352473.8	1527.94	124513.1	1308.77	208405.4	65.61	12135.0	48.43	7420.3		
			纯林	1058.02	181708.1	266.12	24910.3	715.14	140338.2	54.15	11143.7	22.61	5315.9		
			混交林	1892.73	170765.7	1261.82	99602.8	593.63	68067.2	11.46	991.3	25.82	2104.4		
			针叶混交林	244.93	21269.2	178.01	10915.4	66.92	10353.8						
			针阔混交林	1647.80	149496.5	1083.81	88687.4	526.71	57713.4	11.46	991.3	25.82	2104.4		
		其中：人天混	合计	1787.18	159431.0	1200.70	96430.0	549.20	59905.3	11.46	991.3	25.82	2104.4		
			纯林	32.33	2466.4	32.33	2466.4								
			混交林	1754.85	156964.6	1168.37	93963.6	549.20	59905.3	11.46	991.3	25.82	2104.4		
			针叶混交林	107.05	7468.1	84.56	5276.2	22.49	2191.9						
			针阔混交林	1647.80	149496.5	1083.81	88687.4	526.71	57713.4	11.46	991.3	25.82	2104.4		
	用材林	合计	合计	80438.88	6794593.5	14386.46	1042444.9	61808.93	5362263.8	3629.93	335432.4	571.56	50717.0	42.00	3735.4
			纯林	14860.87	1420034.3	4128.42	279429.7	10467.51	1104915.5	239.07	31474.9	25.87	4214.2		
			混交林	65578.01	5374559.2	10258.04	763015.2	51341.42	4257348.3	3390.86	303957.5	545.69	46502.8	42.00	3735.4
			针叶混交林	12503.77	1226345.9	1107.24	90076.8	10677.83	1070690.4	698.60	63320.1	20.10	2258.6		
			针阔混交林	30871.02	2377532.1	5524.23	425726.0	23400.48	1776327.3	1548.39	142947.3	358.33	29041.4	39.59	3490.1
			阔叶混交林	22203.22	1770681.2	3626.57	247212.4	17263.11	1410330.6	1143.87	97690.1	167.26	15202.8	2.41	245.3
		天然	合计	77359.72	6402983.7	13695.77	963289.1	59552.02	5066269.3	3521.51	323198.2	548.42	46491.7	42.00	3735.4
			纯林	13208.47	1138330.1	3758.19	223741.8	9231.17	887211.0	210.01	26527.2	9.10	850.1		
			混交林	64151.25	5264653.6	9937.58	739547.3	50320.85	4179058.3	3311.50	296671.0	539.32	45641.6	42.00	3735.4
			针叶混交林	12086.54	1190085.7	1047.47	83951.0	10334.75	1042204.5	684.68	61726.4	19.64	2203.8		
			针阔混交林	29861.49	2303886.7	5263.54	408383.9	22722.99	1726523.2	1482.95	137254.5	352.42	28235.0	39.59	3490.1
			阔叶混交林	22203.22	1770681.2	3626.57	247212.4	17263.11	1410330.6	1143.87	97690.1	167.26	15202.8	2.41	245.3
		人工	合计	3079.16	391609.8	690.69	79155.8	2256.91	295994.5	108.42	12234.2	23.14	4225.3		
			纯林	1652.40	281704.2	370.23	55687.9	1236.34	217704.5	29.06	4947.7	16.77	3364.1		
			混交林	1426.76	109905.6	320.46	23467.9	1020.57	78290.0	79.36	7286.5	6.37	861.2		
			针叶混交林	417.23	36260.2	59.77	6125.8	343.08	28485.9	13.92	1593.7	0.46	54.8		
			针阔混交林	1009.53	73645.4	260.69	17342.1	677.49	49804.1	65.44	5692.8	5.91	806.4		
		其中：人天混	合计	1316.41	100714.8	307.82	22378.7	937.24	71836.9	65.44	5692.8	5.91	806.4		
			纯林	5.50	981.4			5.50	981.4						
			混交林	1310.91	99733.4	307.82	22378.7	931.74	70855.5	65.44	5692.8	5.91	806.4		
			针叶混交林	301.38	26088.0	47.13	5036.6	254.25	21051.4						
			针阔混交林	1009.53	73645.4	260.69	17342.1	677.49	49804.1	65.44	5692.8	5.91	806.4		

表 8　黑龙江重点国有林区乔木林各龄组面积、蓄积按林种、起源和林分类型统计表（续 28）

单位：公顷、立方米

统计单位	林种	起源	林分类型	合计		幼龄林		中龄林		近熟林		成熟林		过熟林	
				面积	蓄积	面积	蓄积	面积	蓄积	面积	蓄积	面积	蓄积	面积	蓄积
上甘岭林业局	合计	合计	合计	116389.35	14382613.3	21155.50	1454202.0	81419.40	10890592.4	12197.75	1724916.1	1273.87	212704.2	342.83	100198.6
			纯林	39033.00	4258916.6	13021.08	787246.1	21843.18	2881127.7	3346.83	408317.7	541.40	92686.4	280.51	89538.7
			混交林	77356.35	10123696.7	8134.42	666955.9	59576.22	8009464.7	8850.92	1316598.4	732.47	120017.8	62.32	10659.9
			针叶混交林	9973.21	1303172.3	1490.81	141701.1	7990.06	1085809.3	472.06	71855.8	20.28	3806.1		
			针阔混交林	30679.40	3867808.1	4285.29	390205.7	23689.33	3081544.2	2267.08	327853.9	375.38	57544.4	62.32	10659.9
			阔叶混交林	36703.74	4952716.3	2358.32	135049.1	27896.83	3842111.2	6111.78	916888.7	336.81	58667.3		
		天然	合计	105754.58	12859568.6	15889.62	803596.2	76912.29	10164140.8	11501.35	1606325.2	1126.78	187493.0	324.54	98013.4
			纯林	32888.67	3348253.6	9131.99	290919.8	19913.03	2538950.9	3068.08	346075.7	495.06	82768.5	280.51	89538.7
			混交林	72865.91	9511315.0	6757.63	512676.4	56999.26	7625189.9	8433.27	1260249.5	631.72	104724.5	44.03	8474.7
			针叶混交林	8545.21	1104862.4	1083.66	95063.7	7195.62	964688.6	262.55	44092.6	3.38	1017.5		
			针阔混交林	27616.96	3453736.3	3315.65	282563.6	21906.81	2818390.1	2058.94	299268.2	291.53	45039.7	44.03	8474.7
			阔叶混交林	36703.74	4952716.3	2358.32	135049.1	27896.83	3842111.2	6111.78	916888.7	336.81	58667.3		
		人工	合计	10634.77	1523044.7	5265.88	650605.8	4507.11	726451.6	696.40	118590.9	147.09	25211.2	18.29	2185.2
			纯林	6144.33	910663.0	3889.09	496326.3	1930.15	342176.8	278.75	62242.0	46.34	9917.9		
			混交林	4490.44	612381.7	1376.79	154279.5	2576.96	384274.8	417.65	56348.9	100.75	15293.3	18.29	2185.2
			针叶混交林	1428.00	198309.9	407.15	46637.4	794.44	121120.7	209.51	27763.2	16.90	2788.6		
			针阔混交林	3062.44	414071.8	969.64	107642.1	1782.52	263154.1	208.14	28585.7	83.85	12504.7	18.29	2185.2
		其中：人天混	合计	5661.92	769929.2	2672.88	326923.7	2459.68	370766.8	410.32	54760.2	100.75	15293.3	18.29	2185.2
			纯林	1588.87	207853.6	1515.94	194962.4	72.93	12891.2						
			混交林	4073.05	562075.6	1156.94	131961.3	2386.75	357875.6	410.32	54760.2	100.75	15293.3	18.29	2185.2
			针叶混交林	1010.61	148003.8	187.30	24319.2	604.23	94721.5	202.18	26174.5	16.90	2788.6		
			针阔混交林	3062.44	414071.8	969.64	107642.1	1782.52	263154.1	208.14	28585.7	83.85	12504.7	18.29	2185.2
	防护林	合计	合计	55646.56	7515350.1	7696.29	735010.2	42727.17	5970227.4	4838.06	746236.0	366.75	61691.3	18.29	2185.2
			纯林	13996.72	1867199.2	4075.02	423373.9	8807.41	1268472.4	974.10	152015.8	140.19	23337.1		
			混交林	41649.84	5648150.9	3621.27	311636.3	33919.76	4701755.0	3863.96	594220.2	226.56	38354.2	18.29	2185.2
			针叶混交林	6595.24	886458.4	767.73	72928.4	5541.44	767167.9	286.07	46362.1				
			针阔混交林	17548.73	2281702.5	2211.86	195243.6	14012.50	1891848.5	1217.55	178617.6	88.53	13807.6	18.29	2185.2
			阔叶混交林	17505.87	2479990.0	641.68	43464.3	14365.82	2042738.6	2360.34	369240.5	138.03	24546.6		
		天然	合计	49069.06	6567037.9	4562.57	350716.3	39910.96	5514027.0	4326.45	658121.0	269.08	44173.6		
			纯林	10059.89	1284839.8	1576.88	105399.6	7642.71	1062881.4	735.30	100698.3	105.00	15860.5		
			混交林	39009.17	5282198.1	2985.69	245316.7	32268.25	4451145.6	3591.15	557422.7	164.08	28313.1		
			针叶混交林	5489.83	733794.6	471.85	39875.4	4902.94	670344.0	115.04	23575.2				
			针阔混交林	16013.47	2068413.5	1872.16	161977.0	12999.49	1738063.0	1115.77	164607.0	26.05	3766.5		
			阔叶混交林	17505.87	2479990.0	641.68	43464.3	14365.82	2042738.6	2360.34	369240.5	138.03	24546.6		
		人工	合计	6577.50	948312.2	3133.72	384293.9	2816.21	456200.4	511.61	88115.0	97.67	17517.7	18.29	2185.2
			纯林	3936.83	582359.4	2498.14	317974.3	1164.70	205591.0	238.80	51317.5	35.19	7476.6		
			混交林	2640.67	365952.8	635.58	66319.6	1651.51	250609.4	272.81	36797.5	62.48	10041.1	18.29	2185.2
			针叶混交林	1105.41	152663.8	295.88	33053.0	638.50	96823.9	171.03	22786.9				
			针阔混交林	1535.26	213289.0	339.70	33266.6	1013.01	153785.5	101.78	14010.6	62.48	10041.1	18.29	2185.2

表 8 黑龙江重点国有林区乔木林各龄组面积、蓄积按林种、起源和林分类型统计表（续 29）

单位：公顷、立方米

统计单位	林种	起源	林分类型	合计		幼龄林		中龄林		近熟林		成熟林		过熟林	
				面积	蓄积	面积	蓄积	面积	蓄积	面积	蓄积	面积	蓄积	面积	蓄积
上甘岭林业局	防护林	其中：人天混	合计	3377.96	469292.0	1375.98	166852.8	1655.73	255004.1	265.48	35208.8	62.48	10041.1	18.29	2185.2
			纯林	970.34	128287.5	914.45	118378.6	55.89	9908.9						
			混交林	2407.62	341004.5	461.53	48474.2	1599.84	245095.2	265.48	35208.8	62.48	10041.1	18.29	2185.2
			针叶混交林	872.36	127715.5	121.83	15207.6	586.83	91309.7	163.70	21198.2				
			针阔混交林	1535.26	213289.0	339.70	33266.6	1013.01	153785.5	101.78	14010.6	62.48	10041.1	18.29	2185.2
	特用林	合计	合计	45265.02	4731757.0	11393.77	520303.4	28268.14	3450017.4	4769.39	577406.0	509.18	86016.8	324.54	98013.4
			纯林	21770.38	1952574.9	8090.76	270002.8	10930.95	1312396.9	2097.10	214650.1	371.06	65986.4	280.51	89538.7
			混交林	23494.64	2779182.1	3303.01	250300.6	17337.19	2137620.5	2672.29	362755.9	138.12	20030.4	44.03	8474.7
			针叶混交林	1875.30	249945.2	156.85	14630.2	1550.66	210991.5	147.51	20517.4	20.28	3806.1		
			针阔混交林	8150.77	917948.6	1714.65	165183.9	5812.11	664642.5	511.95	68567.2	68.03	11080.3	44.03	8474.7
			阔叶混交林	13468.57	1611288.3	1431.51	70486.5	9974.42	1261986.5	2012.83	273671.3	49.81	5144.0		
		天然	合计	42161.24	4300879.2	9875.74	335973.1	26797.27	3221723.7	4681.80	564230.9	481.89	80938.1	324.54	98013.4
			纯林	20347.62	1744978.7	7273.17	169819.7	10351.97	1211369.6	2081.30	210554.4	360.67	63696.3	280.51	89538.7
			混交林	21813.62	2555900.5	2602.57	166153.4	16445.30	2010354.1	2600.50	353676.5	121.22	17241.8	44.03	8474.7
			针叶混交林	1629.60	214893.2	70.97	4156.7	1407.74	189201.6	147.51	20517.4	3.38	1017.5		
			针阔混交林	6715.45	729719.0	1100.09	91510.2	5063.14	559166.0	440.16	59487.8	68.03	11080.3	44.03	8474.7
			阔叶混交林	13468.57	1611288.3	1431.51	70486.5	9974.42	1261986.5	2012.83	273671.3	49.81	5144.0		
		人工	合计	3103.78	430877.8	1518.03	184330.3	1470.87	228293.7	87.59	13175.1	27.29	5078.7		
			纯林	1422.76	207596.2	817.59	100183.1	578.98	101027.3	15.80	4095.7	10.39	2290.1		
			混交林	1681.02	223281.6	700.44	84147.2	891.89	127266.4	71.79	9079.4	16.90	2788.6		
			针叶混交林	245.70	35052.0	85.88	10473.5	142.92	21789.9			16.90	2788.6		
			针阔混交林	1435.32	188229.6	614.56	73673.7	748.97	105476.5	71.79	9079.4				
		其中：人天混	合计	1857.27	244786.7	988.75	121436.9	779.83	111481.8	71.79	9079.4	16.90	2788.6		
			纯林	339.88	44679.1	322.84	41696.8	17.04	2982.3						
			混交林	1517.39	200107.6	665.91	79740.1	762.79	108499.5	71.79	9079.4	16.90	2788.6		
			针叶混交林	82.07	11878.0	51.35	6066.4	13.82	3023.0			16.90	2788.6		
			针阔混交林	1435.32	188229.6	614.56	73673.7	748.97	105476.5	71.79	9079.4				
	用材林	合计	合计	15477.77	2135506.2	2065.44	198888.4	10424.09	1470347.6	2590.30	401274.1	397.94	64996.1		
			纯林	3265.90	439142.5	855.30	93869.4	2104.82	300258.4	275.63	41651.8	30.15	3362.9		
			混交林	12211.87	1696363.7	1210.14	105019.0	8319.27	1170089.2	2314.67	359622.3	367.79	61633.2		
			针叶混交林	1502.67	166768.7	566.23	54142.5	897.96	107649.9	38.48	4976.3				
			针阔混交林	4979.90	668157.0	358.78	29778.2	3864.72	525053.2	537.58	80669.1	218.82	32656.5		
			阔叶混交林	5729.30	861438.0	285.13	21098.3	3556.59	537386.1	1738.61	273976.9	148.97	28976.7		
		天然	合计	14524.28	1991651.5	1451.31	116906.8	10204.06	1428390.1	2493.10	383973.3	375.81	62381.3		
			纯林	2481.16	318435.1	281.94	15700.5	1918.35	264699.9	251.48	34823.0	29.39	3211.7		
			混交林	12043.12	1673216.4	1169.37	101206.3	8285.71	1163690.2	2241.62	349150.3	346.42	59169.6		
			针叶混交林	1425.78	156174.6	540.84	51031.6	884.94	105143.0						
			针阔混交林	4888.04	655603.8	343.40	29076.4	3844.18	521161.1	503.01	75173.4	197.45	30192.9		
			阔叶混交林	5729.30	861438.0	285.13	21098.3	3556.59	537386.1	1738.61	273976.9	148.97	28976.7		

表 8　黑龙江重点国有林区乔木林各龄组面积、蓄积按林种、起源和林分类型统计表（续 30）

单位：公顷、立方米

统计单位	林种	起源	林分类型	合计 面积	合计 蓄积	幼龄林 面积	幼龄林 蓄积	中龄林 面积	中龄林 蓄积	近熟林 面积	近熟林 蓄积	成熟林 面积	成熟林 蓄积	过熟林 面积	过熟林 蓄积
上甘岭林业局	用材林	人工	合计	953.49	143854.7	614.13	81981.6	220.03	41957.5	97.20	17300.8	22.13	2614.8		
			纯林	784.74	120707.4	573.36	78168.9	186.47	35558.5	24.15	6828.8	0.76	151.2		
			混交林	168.75	23147.3	40.77	3812.7	33.56	6399.0	73.05	10472.0	21.37	2463.6		
			针叶混交林	76.89	10594.1	25.39	3110.9	13.02	2506.9	38.48	4976.3				
			针阔混交林	91.86	12553.2	15.38	701.8	20.54	3892.1	34.57	5495.7	21.37	2463.6		
		其中：人天混	合计	426.69	55850.5	308.15	38634.0	24.12	4280.9	73.05	10472.0	21.37	2463.6		
			纯林	278.65	34887.0	278.65	34887.0								
			混交林	148.04	20963.5	29.50	3747.0	24.12	4280.9	73.05	10472.0	21.37	2463.6		
			针叶混交林	56.18	8410.3	14.12	3045.2	3.58	388.8	38.48	4976.3				
			针阔混交林	91.86	12553.2	15.38	701.8	20.54	3892.1	34.57	5495.7	21.37	2463.6		
五营林业局	合计	合计	合计	112533.16	15466599.8	8162.73	738328.8	86580.59	11851292.9	13895.04	2214854.6	3486.91	594523.8	407.89	67599.7
			纯林	13013.23	1683032.6	2057.17	144999.0	9447.46	1219956.1	833.61	152968.1	614.57	145223.1	60.42	19886.3
			混交林	99519.93	13783567.2	6105.56	593329.8	77133.13	10631336.8	13061.43	2061886.5	2872.34	449300.7	347.47	47713.4
			针叶混交林	20381.11	2841078.2	816.53	82083.5	16207.91	2220119.6	2734.97	445586.4	577.73	87189.5	43.97	6099.2
			针阔混交林	54171.31	7448639.8	4243.19	429079.3	41939.98	5775834.0	5997.66	933411.5	1694.15	269119.9	296.33	41195.1
			阔叶混交林	24967.51	3493849.2	1045.84	82167.0	18985.24	2635383.2	4328.80	682888.6	600.46	92991.3	7.17	419.1
		天然	合计	96547.70	13343748.3	5937.10	552304.5	76776.21	10513919.7	11953.86	1927692.8	1812.94	329525.9	67.59	20305.4
			纯林	10264.83	1353598.4	1246.54	89655.8	7653.78	967537.4	733.84	138705.5	570.25	137813.4	60.42	19886.3
			混交林	86282.87	11990149.9	4690.56	462648.7	69122.43	9546382.3	11220.02	1788987.3	1242.69	191712.5	7.17	419.1
			针叶混交林	16084.22	2262391.9	423.36	42144.4	13444.98	1846125.5	2081.85	348995.5	134.03	25126.5		
			针阔混交林	45316.07	6249110.4	3225.54	338907.5	36772.96	5079505.0	4809.37	757103.2	508.20	73594.7		
			阔叶混交林	24882.58	3478647.6	1041.66	81596.8	18904.49	2620751.8	4328.80	682888.6	600.46	92991.3	7.17	419.1
		人工	合计	15985.46	2122851.5	2225.63	186024.3	9804.38	1337373.2	1941.18	287161.8	1673.97	264997.9	340.30	47294.3
			纯林	2748.40	329434.2	810.63	55343.2	1793.68	252418.7	99.77	14262.6	44.32	7409.7		
			混交林	13237.06	1793417.3	1415.00	130681.1	8010.70	1084954.5	1841.41	272899.2	1629.65	257588.2	340.30	47294.3
			针叶混交林	4296.89	578686.3	393.17	39939.1	2762.93	373994.1	653.12	96590.9	443.70	62063.0	43.97	6099.2
			针阔混交林	8855.24	1199529.4	1017.65	90171.8	5167.02	696329.0	1188.29	176308.3	1185.95	195525.2	296.33	41195.1
			阔叶混交林	84.93	15201.6	4.18	570.2	80.75	14631.4						
		其中：人天混	合计	13511.08	1834169.9	1450.21	137706.3	8366.42	1133020.2	1776.99	264079.4	1577.16	252069.7	340.30	47294.3
			纯林	652.18	82707.2	139.79	14372.6	512.39	68334.6						
			混交林	12858.90	1751462.7	1310.42	123333.7	7854.03	1064685.6	1776.99	264079.4	1577.16	252069.7	340.30	47294.3
			针叶混交林	3945.70	541719.4	288.59	32591.7	2633.23	358712.9	588.70	87771.1	391.21	56544.5	43.97	6099.2
			针阔混交林	8855.24	1199529.4	1017.65	90171.8	5167.02	696329.0	1188.29	176308.3	1185.95	195525.2	296.33	41195.1
			阔叶混交林	57.96	10213.9	4.18	570.2	53.78	9643.7						

表 8　黑龙江重点国有林区乔木林各龄组面积、蓄积按林种、起源和林分类型统计表（续 31）

单位：公顷、立方米

统计单位	林种	起源	林分类型	合计		幼龄林		中龄林		近熟林		成熟林		过熟林	
				面积	蓄积	面积	蓄积	面积	蓄积	面积	蓄积	面积	蓄积	面积	蓄积
五营林业局	防护林	合计	合计	68554.09	9460293.4	4634.64	412138.5	52084.26	7224991.4	9348.14	1433678.5	2328.61	366967.4	158.44	22517.6
			纯林	6389.03	784228.8	1190.38	74172.4	4695.22	631152.6	444.10	67437.5	59.33	11466.3		
			混交林	62165.06	8676064.6	3444.26	337966.1	47389.04	6593838.8	8904.04	1366241.0	2269.28	355501.1	158.44	22517.6
			针叶混交林	12012.81	1656786.9	475.74	47314.3	9884.26	1355490.1	1312.68	209823.7	296.16	38059.6	43.97	6099.2
			针阔混交林	32571.09	4532921.0	2368.48	244105.5	24450.80	3399419.9	4236.76	643337.5	1407.75	230058.8	107.30	15999.3
			阔叶混交林	17581.16	2486356.7	600.04	46546.3	13053.98	1838928.8	3354.60	513079.8	565.37	87382.7	7.17	419.1
		天然	合计	56169.15	7774936.2	2688.97	248484.5	45044.28	6224139.0	7500.38	1159464.1	928.35	142429.5	7.17	419.1
			纯林	4325.00	536501.8	429.65	22019.0	3511.57	453343.0	353.12	54482.2	30.66	6657.6		
			混交林	51844.15	7238434.4	2259.32	226465.5	41532.71	5770796.0	7147.26	1104981.9	897.69	135771.9	7.17	419.1
			针叶混交林	8043.90	1118765.2	99.55	9672.6	7265.61	993602.3	660.18	113329.8	18.56	2160.5		
			针阔混交林	26304.02	3648514.1	1563.91	170816.8	21293.87	2952896.3	3132.48	478572.3	313.76	46228.7		
			阔叶混交林	17496.23	2471155.1	595.86	45976.1	12973.23	1824297.4	3354.60	513079.8	565.37	87382.7	7.17	419.1
		人工	合计	12384.94	1685357.2	1945.67	163654.0	7039.98	1000852.4	1847.76	274214.4	1400.26	224537.9	151.27	22098.5
			纯林	2064.03	247727.0	760.73	52153.4	1183.65	177809.6	90.98	12955.3	28.67	4808.7		
			混交林	10320.91	1437630.2	1184.94	111500.6	5856.33	823042.8	1756.78	261259.1	1371.59	219729.2	151.27	22098.5
			针叶混交林	3968.91	538021.7	376.19	37641.7	2618.65	361887.8	652.50	96493.9	277.60	35899.1	43.97	6099.2
			针阔混交林	6267.07	884406.9	804.57	73288.7	3156.93	446523.6	1104.28	164765.2	1093.99	183830.1	107.30	15999.3
			阔叶混交林	84.93	15201.6	4.18	570.2	80.75	14631.4						
		其中：人天混	合计	10571.67	1475598.3	1221.50	118481.2	6187.44	868368.6	1692.36	252439.3	1319.10	214210.7	151.27	22098.5
			纯林	625.94	79762.9	138.16	14168.2	487.78	65594.7						
			混交林	9945.73	1395835.4	1083.34	104313.0	5699.66	802773.9	1692.36	252439.3	1319.10	214210.7	151.27	22098.5
			针叶混交林	3620.70	501214.6	274.59	30454.1	2488.95	346606.6	588.08	87674.1	225.11	30380.6	43.97	6099.2
			针阔混交林	6267.07	884406.9	804.57	73288.7	3156.93	446523.6	1104.28	164765.2	1093.99	183830.1	107.30	15999.3
			阔叶混交林	57.96	10213.9	4.18	570.2	53.78	9643.7						
	特用林	合计	合计	28465.91	3897150.2	2614.73	244706.9	22073.69	2953631.9	2468.96	437244.2	1059.08	216485.1	249.45	45082.1
			纯林	5614.32	781456.7	681.01	60719.9	4002.82	500769.2	317.48	66745.5	552.59	133335.8	60.42	19886.3
			混交林	22851.59	3115693.5	1933.72	183987.0	18070.87	2452862.7	2151.48	370498.7	506.49	83149.3	189.03	25195.8
			针叶混交林	4799.26	700879.3	211.17	20389.4	3328.89	465605.7	977.63	165754.3	281.57	49129.9		
			针阔混交林	12957.97	1736248.8	1383.45	136015.7	10391.80	1408199.6	803.86	138426.9	189.83	28410.8	189.03	25195.8
			阔叶混交林	5094.36	678565.4	339.10	27581.9	4350.18	579057.4	369.99	66317.5	35.09	5608.6		
		天然	合计	25401.46	3527011.0	2360.48	223193.1	19817.00	2683188.7	2375.54	424296.8	788.02	176446.1	60.42	19886.3
			纯林	4994.47	704438.8	654.78	58274.6	3430.99	429683.9	308.69	65438.2	539.59	131155.8	60.42	19886.3
			混交林	20406.99	2822572.2	1705.70	164918.5	16386.01	2253504.8	2066.85	358858.6	248.43	45290.3		
			针叶混交林	4564.50	667002.8	195.33	18189.4	3276.69	460190.1	977.01	165657.3	115.47	22966.0		
			针阔混交林	10748.13	1477004.0	1171.27	119147.2	8759.14	1214257.3	719.85	126883.8	97.87	16715.7		
			阔叶混交林	5094.36	678565.4	339.10	27581.9	4350.18	579057.4	369.99	66317.5	35.09	5608.6		

表 8 黑龙江重点国有林区乔木林各龄组面积、蓄积按林种、起源和林分类型统计表（续 32）

单位：公顷、立方米

统计单位	林种	起源	林分类型	合计 面积	合计 蓄积	幼龄林 面积	幼龄林 蓄积	中龄林 面积	中龄林 蓄积	近熟林 面积	近熟林 蓄积	成熟林 面积	成熟林 蓄积	过熟林 面积	过熟林 蓄积
五营林业局	特用林	人工	合计	3064.45	370139.2	254.25	21513.8	2256.69	270443.2	93.42	12947.4	271.06	40039.0	189.03	25195.8
			纯林	619.85	77017.9	26.23	2445.3	571.83	71085.3	8.79	1307.3	13.00	2180.0		
			混交林	2444.60	293121.3	228.02	19068.5	1684.86	199357.9	84.63	11640.1	258.06	37859.0	189.03	25195.8
			针叶混交林	234.76	33876.5	15.84	2200.0	52.20	5415.6	0.62	97.0	166.10	26163.9		
			针阔混交林	2209.84	259244.8	212.18	16868.5	1632.66	193942.3	84.01	11543.1	91.96	11695.1	189.03	25195.8
		其中：人天混	合计	2467.86	295905.8	226.67	19113.1	1709.47	202097.8	84.63	11640.1	258.06	37859.0	189.03	25195.8
			纯林	26.24	2944.3	1.63	204.4	24.61	2739.9						
			混交林	2441.62	292961.5	225.04	18908.7	1684.86	199357.9	84.63	11640.1	258.06	37859.0	189.03	25195.8
			针叶混交林	231.78	33716.7	12.86	2040.2	52.20	5415.6	0.62	97.0	166.10	26163.9		
			针阔混交林	2209.84	259244.8	212.18	16868.5	1632.66	193942.3	84.01	11543.1	91.96	11695.1	189.03	25195.8
	用材林	合计	合计	15513.16	2109156.2	913.36	81483.4	12422.64	1672669.6	2077.94	343931.9	99.22	11071.3		
			纯林	1009.88	117347.1	185.78	10106.7	749.42	88034.3	72.03	18785.1	2.65	421.0		
			混交林	14503.28	1991809.1	727.58	71376.7	11673.22	1584635.3	2005.91	325146.8	96.57	10650.3		
			针叶混交林	3569.04	483412.0	129.62	14379.8	2994.76	399023.8	444.66	70008.4				
			针阔混交林	8642.25	1179470.0	491.26	48958.1	7097.38	968214.5	957.04	151647.1	96.57	10650.3		
			阔叶混交林	2291.99	328927.1	106.70	8038.8	1581.08	217397.0	604.21	103491.3				
		天然	合计	14977.09	2041801.1	887.65	80626.9	11914.93	1606592.0	2077.94	343931.9	96.57	10650.3		
			纯林	945.36	112657.8	162.11	9362.2	711.22	84510.5	72.03	18785.1				
			混交林	14031.73	1929143.3	725.54	71264.7	11203.71	1522081.5	2005.91	325146.8	96.57	10650.3		
			针叶混交林	3475.82	476623.9	128.48	14282.4	2902.68	392333.1	444.66	70008.4				
			针阔混交林	8263.92	1123592.3	490.36	48943.5	6719.95	912351.4	957.04	151647.1	96.57	10650.3		
			阔叶混交林	2291.99	328927.1	106.70	8038.8	1581.08	217397.0	604.21	103491.3				
		人工	合计	536.07	67355.1	25.71	856.5	507.71	66077.6			2.65	421.0		
			纯林	64.52	4689.3	23.67	744.5	38.20	3523.8			2.65	421.0		
			混交林	471.55	62665.8	2.04	112.0	469.51	62553.8						
			针叶混交林	93.22	6788.1	1.14	97.4	92.08	6690.7						
			针阔混交林	378.33	55877.7	0.90	14.6	377.43	55863.1						
		其中：人天混	合计	471.55	62665.8	2.04	112.0	469.51	62553.8						
			混交林	471.55	62665.8	2.04	112.0	469.51	62553.8						
			针叶混交林	93.22	6788.1	1.14	97.4	92.08	6690.7						
			针阔混交林	378.33	55877.7	0.90	14.6	377.43	55863.1						
红星林业局	合计	合计	合计	206783.67	18791593.3	43484.43	3044532.8	142445.13	13269112.3	18302.37	2142190.1	2214.74	284553.6	337.00	51204.5
			纯林	83956.17	7371407.2	19467.60	1406272.9	57538.16	5163307.3	6547.20	733026.4	166.07	30679.3	237.14	38121.3
			混交林	122827.50	11420186.1	24016.83	1638259.9	84906.97	8105805.0	11755.17	1409163.7	2048.67	253874.3	99.86	13083.2
			针叶混交林	15191.15	1354771.5	3171.88	239292.5	11288.72	1017507.3	645.88	84241.8	61.89	8726.4	22.78	5003.5
			针阔混交林	47656.48	4065525.8	12208.65	783835.6	33048.65	3014098.8	1818.40	205285.4	563.83	60179.7	16.95	2126.3
			阔叶混交林	59979.87	5999888.8	8636.30	615131.8	40569.60	4074198.9	9290.89	1119636.5	1422.95	184968.2	60.13	5953.4

表 8　黑龙江重点国有林区乔木林各龄组面积、蓄积按林种、起源和林分类型统计表（续 33）

单位：公顷、立方米

统计单位	林种	起源	林分类型	合计		幼龄林		中龄林		近熟林		成熟林		过熟林	
				面积	蓄积	面积	蓄积	面积	蓄积	面积	蓄积	面积	蓄积	面积	蓄积
红星林业局	合计	天然	合计	199035.42	18035441.6	40981.63	2866398.5	138593.63	12855865.0	16965.93	1983485.2	2157.23	278488.4	337.00	51204.5
			纯林	79148.31	6881938.3	18025.64	1285346.2	55070.61	4906360.4	5656.87	622156.8	158.05	29953.6	237.14	38121.3
			混交林	119887.11	11153503.3	22955.99	1581052.3	83523.02	7949504.6	11309.06	1361328.4	1999.18	248534.8	99.86	13083.2
			针叶混交林	14530.88	1290196.0	3051.28	232195.0	10919.80	978385.8	475.13	65885.3	61.89	8726.4	22.78	5003.5
			针阔混交林	45376.36	3863418.5	11268.41	733725.5	32033.62	2896919.9	1543.04	175806.6	514.34	54840.2	16.95	2126.3
			阔叶混交林	59979.87	5999888.8	8636.30	615131.8	40569.60	4074198.9	9290.89	1119636.5	1422.95	184968.2	60.13	5953.4
		人工	合计	7748.25	756151.7	2502.80	178134.3	3851.50	413247.3	1336.44	158704.9	57.51	6065.2		
			纯林	4807.86	489468.9	1441.96	120926.7	2467.55	256946.9	890.33	110869.6	8.02	725.7		
			混交林	2940.39	266682.8	1060.84	57207.6	1383.95	156300.4	446.11	47835.3	49.49	5339.5		
			针叶混交林	660.27	64575.5	120.60	7097.5	368.92	39121.5	170.75	18356.5				
			针阔混交林	2280.12	202107.3	940.24	50110.1	1015.03	117178.9	275.36	29478.8	49.49	5339.5		
		其中：人天混	合计	3076.87	277760.4	1059.08	57178.2	1522.19	167407.4	446.11	47835.3	49.49	5339.5		
			纯林	142.06	11609.9			142.06	11609.9						
			混交林	2934.81	266150.5	1059.08	57178.2	1380.13	155797.5	446.11	47835.3	49.49	5339.5		
			针叶混交林	656.45	64072.6	120.60	7097.5	365.10	38618.6	170.75	18356.5				
			针阔混交林	2278.36	202077.9	938.48	50080.7	1015.03	117178.9	275.36	29478.8	49.49	5339.5		
	防护林	合计	合计	78841.63	6995576.1	19785.18	1354696.1	53465.74	4989819.5	4959.25	571203.5	630.04	79582.3	1.42	274.7
			纯林	28951.62	2434879.8	8917.99	622838.7	18187.25	1618242.3	1796.87	187881.4	48.09	5642.7	1.42	274.7
			混交林	49890.01	4560696.3	10867.19	731857.4	35278.49	3371577.2	3162.38	383322.1	581.95	73939.6		
			针叶混交林	7282.64	638137.3	1804.06	134460.6	5180.50	464398.4	298.08	39278.3				
			针阔混交林	23169.32	2012268.5	5800.72	367245.6	16019.33	1493892.5	1095.08	124685.7	254.19	26444.7		
			阔叶混交林	19438.05	1910290.5	3262.41	230151.2	14078.66	1413286.3	1769.22	219358.1	327.76	47494.9		
		天然	合计	75150.45	6627894.8	18941.26	1306770.3	51501.58	4769095.3	4118.99	476797.4	587.20	74957.1	1.42	274.7
			纯林	26623.92	2204945.0	8436.25	595240.7	16955.47	1488648.0	1190.71	115864.6	40.07	4917.0	1.42	274.7
			混交林	48526.53	4422949.8	10505.01	711529.6	34546.11	3280447.3	2928.28	360932.8	547.13	70040.1		
			针叶混交林	6918.63	603443.0	1688.94	127511.1	4984.42	440961.7	245.27	34970.2				
			针阔混交林	22169.85	1909216.3	5553.66	353867.3	15483.03	1426199.3	913.79	106604.5	219.37	22545.2		
			阔叶混交林	19438.05	1910290.5	3262.41	230151.2	14078.66	1413286.3	1769.22	219358.1	327.76	47494.9		
		人工	合计	3691.18	367681.3	843.92	47925.8	1964.16	220724.2	840.26	94406.1	42.84	4625.2		
			纯林	2327.70	229934.8	481.74	27598.0	1231.78	129594.3	606.16	72016.8	8.02	725.7		
			混交林	1363.48	137746.5	362.18	20327.8	732.38	91129.9	234.10	22389.3	34.82	3899.5		
			针叶混交林	364.01	34694.3	115.12	6949.5	196.08	23436.7	52.81	4308.1				
			针阔混交林	999.47	103052.2	247.06	13378.3	536.30	67693.2	181.29	18081.2	34.82	3899.5		
		其中：人天混	合计	1369.63	138856.0	362.18	20327.8	738.53	92239.4	234.10	22389.3	34.82	3899.5		
			纯林	6.15	1109.5			6.15	1109.5						
			混交林	1363.48	137746.5	362.18	20327.8	732.38	91129.9	234.10	22389.3	34.82	3899.5		
			针叶混交林	364.01	34694.3	115.12	6949.5	196.08	23436.7	52.81	4308.1				
			针阔混交林	999.47	103052.2	247.06	13378.3	536.30	67693.2	181.29	18081.2	34.82	3899.5		

表 8　黑龙江重点国有林区乔木林各龄组面积、蓄积按林种、起源和林分类型统计表（续 34）

单位：公顷、立方米

统计单位	林种	起源	林分类型	合计		幼龄林		中龄林		近熟林		成熟林		过熟林	
				面积	蓄积	面积	蓄积	面积	蓄积	面积	蓄积	面积	蓄积	面积	蓄积
红星林业局	特用林	合计	合计	80799.10	7819618.8	12587.55	930408.3	55164.15	5301798.5	11643.11	1390356.2	1100.69	149401.5	303.60	47654.3
			纯林	41099.43	3904266.9	6685.67	525467.4	29777.98	2817394.7	4282.08	498521.6	117.98	25036.6	235.72	37846.6
			混交林	39699.67	3915351.9	5901.88	404940.9	25386.17	2484403.8	7361.03	891834.6	982.71	124364.9	67.88	9807.7
			针叶混交林	735.97	86644.7	33.02	2320.4	500.89	48924.5	117.39	21669.9	61.89	8726.4	22.78	5003.5
			针阔混交林	6539.36	541448.3	1663.91	99085.4	4670.10	418529.7	205.35	23833.2				
			阔叶混交林	32424.34	3287258.9	4204.95	303535.1	20215.18	2016949.6	7038.29	846331.5	920.82	115638.5	45.10	4804.2
		天然	合计	78217.28	7577386.0	11212.27	815469.6	54093.74	5189755.3	11506.98	1375105.3	1100.69	149401.5	303.60	47654.3
			纯林	39320.06	3711727.9	5855.97	437909.0	28958.26	2727204.5	4152.13	483731.2	117.98	25036.6	235.72	37846.6
			混交林	38897.22	3865658.1	5356.30	377560.6	25135.48	2462550.8	7354.85	891374.1	982.71	124364.9	67.88	9807.7
			针叶混交林	686.28	81104.9	33.02	2320.4	451.20	43384.7	117.39	21669.9	61.89	8726.4	22.78	5003.5
			针阔混交林	5786.60	497294.3	1118.33	71705.1	4469.10	402216.5	199.17	23372.7				
			阔叶混交林	32424.34	3287258.9	4204.95	303535.1	20215.18	2016949.6	7038.29	846331.5	920.82	115638.5	45.10	4804.2
		人工	合计	2581.82	242232.8	1375.28	114938.7	1070.41	112043.2	136.13	15250.9				
			纯林	1779.37	192539.0	829.70	87558.4	819.72	90190.2	129.95	14790.4				
			混交林	802.45	49693.8	545.58	27380.3	250.69	21853.0	6.18	460.5				
			针叶混交林	49.69	5539.8			49.69	5539.8						
			针阔混交林	752.76	44154.0	545.58	27380.3	201.00	16313.2	6.18	460.5				
		其中：人天混	合计	798.63	49190.9	545.58	27380.3	246.87	21350.1	6.18	460.5				
			混交林	798.63	49190.9	545.58	27380.3	246.87	21350.1	6.18	460.5				
			针叶混交林	45.87	5036.9			45.87	5036.9						
			针阔混交林	752.76	44154.0	545.58	27380.3	201.00	16313.2	6.18	460.5				
	用材林	合计	合计	47142.94	3976398.4	11111.70	759428.4	33815.24	2977494.3	1700.01	180630.4	484.01	55569.8	31.98	3275.5
			纯林	13905.12	1032260.5	3863.94	257966.8	9572.93	727670.3	468.25	46623.4				
			混交林	33237.82	2944137.9	7247.76	501461.6	24242.31	2249824.0	1231.76	134007.0	484.01	55569.8	31.98	3275.5
			针叶混交林	7172.54	629989.5	1334.80	102511.5	5607.33	504184.4	230.41	23293.6				
			针阔混交林	17947.80	1511809.0	4744.02	317504.6	12359.22	1101676.6	517.97	56766.5	309.64	33735.0	16.95	2126.3
			阔叶混交林	8117.48	802339.4	1168.94	81445.5	6275.76	643963.0	483.38	53946.9	174.37	21834.8	15.03	1149.2
		天然	合计	45667.69	3830160.8	10828.10	744158.6	32998.31	2897014.4	1339.96	131582.5	469.34	54129.8	31.98	3275.5
			纯林	13204.33	965265.4	3733.42	252196.5	9156.88	690507.9	314.03	22561.0				
			混交林	32463.36	2864895.4	7094.68	491962.1	23841.43	2206506.5	1025.93	109021.5	469.34	54129.8	31.98	3275.5
			针叶混交林	6925.97	605648.1	1329.32	102363.5	5484.18	494039.4	112.47	9245.2				
			针阔混交林	17419.91	1456907.9	4596.42	308153.1	12081.49	1068504.1	430.08	45829.4	294.97	32295.0	16.95	2126.3
			阔叶混交林	8117.48	802339.4	1168.94	81445.5	6275.76	643963.0	483.38	53946.9	174.37	21834.8	15.03	1149.2
		人工	合计	1475.25	146237.6	283.60	15269.8	816.93	80479.9	360.05	49047.9	14.67	1440.0		
			纯林	700.79	66995.1	130.52	5770.3	416.05	37162.4	154.22	24062.4				
			混交林	774.46	79242.5	153.08	9499.5	400.88	43317.5	205.83	24985.5	14.67	1440.0		
			针叶混交林	246.57	24341.4	5.48	148.0	123.15	10145.0	117.94	14048.4				
			针阔混交林	527.89	54901.1	147.60	9351.5	277.73	33172.5	87.89	10937.1	14.67	1440.0		

表 8 黑龙江重点国有林区乔木林各龄组面积、蓄积按林种、起源和林分类型统计表（续 35）

单位：公顷、立方米

统计单位	林种	起源	林分类型	合计面积	合计蓄积	幼龄林面积	幼龄林蓄积	中龄林面积	中龄林蓄积	近熟林面积	近熟林蓄积	成熟林面积	成熟林蓄积	过熟林面积	过熟林蓄积
红星林业局	用材林	其中：人天混	合计	908.61	89713.5	151.32	9470.1	536.79	53817.9	205.83	24985.5	14.67	1440.0		
			纯林	135.91	10500.4			135.91	10500.4						
			混交林	772.70	79213.1	151.32	9470.1	400.88	43317.5	205.83	24985.5	14.67	1440.0		
			针叶混交林	246.57	24341.4	5.48	148.0	123.15	10145.0	117.94	14048.4				
			针阔混交林	526.13	54871.7	145.84	9322.1	277.73	33172.5	87.89	10937.1	14.67	1440.0		
新青林业局	合计	合计	合计	252388.74	30831172.9	41934.02	3458667.7	185637.80	23081134.0	22422.76	3634142.0	2099.28	571330.5	294.88	85898.7
			纯林	45038.73	5275861.3	12628.54	879562.4	27587.63	3324158.5	3453.79	603039.2	1137.86	392078.4	230.91	77022.8
			混交林	207350.01	25555311.6	29305.48	2579105.3	158050.17	19756975.5	18968.97	3031102.8	961.42	179252.1	63.97	8875.9
			针叶混交林	21557.53	2950744.5	1690.03	154111.0	17803.70	2399978.4	1821.93	324105.5	241.87	72549.6		
			针阔混交林	78254.04	9707426.3	10624.71	952206.4	63049.25	7988167.8	4351.20	728893.8	186.34	33276.4	42.54	4881.9
			阔叶混交林	107538.44	12897140.8	16990.74	1472787.9	77197.22	9368829.3	12795.84	1978103.5	533.21	73426.1	21.43	3994.0
		天然	合计	244955.59	29868900.7	38964.11	3167546.9	181488.47	22460259.0	22251.53	3605381.5	1999.14	554696.5	252.34	81016.8
			纯林	41846.83	4843586.4	11287.66	746178.9	25768.84	3032927.0	3421.56	595379.3	1137.86	392078.4	230.91	77022.8
			混交林	203108.76	25025314.3	27676.45	2421368.0	155719.63	19427332.0	18829.97	3010002.2	861.28	162618.1	21.43	3994.0
			针叶混交林	20430.84	2809412.3	1314.39	122677.6	17132.89	2302853.3	1783.88	317363.7	199.68	66517.7		
			针阔混交林	75139.48	9318761.2	9371.32	825902.5	61389.52	7755649.4	4250.25	714535.0	128.39	22674.3		
			阔叶混交林	107538.44	12897140.8	16990.74	1472787.9	77197.22	9368829.3	12795.84	1978103.5	533.21	73426.1	21.43	3994.0
		人工	合计	7433.15	962272.2	2969.91	291120.8	4149.33	620875.0	171.23	28760.5	100.14	16634.0	42.54	4881.9
			纯林	3191.90	432274.9	1340.88	133383.5	1818.79	291231.5	32.23	7659.9				
			混交林	4241.25	529997.3	1629.03	157737.3	2330.54	329643.5	139.00	21100.6	100.14	16634.0	42.54	4881.9
			针叶混交林	1126.69	141332.2	375.64	31433.4	670.81	97125.1	38.05	6741.8	42.19	6031.9		
			针阔混交林	3114.56	388665.1	1253.39	126303.9	1659.73	232518.4	100.95	14358.8	57.95	10602.1	42.54	4881.9
		其中：人天混	合计	4056.62	505470.7	1593.30	157701.9	2197.89	309067.0	122.75	17185.9	100.14	16634.0	42.54	4881.9
			纯林	93.99	11515.5	70.93	8147.8	23.06	3367.7						
			混交林	3962.63	493955.2	1522.37	149554.1	2174.83	305699.3	122.75	17185.9	100.14	16634.0	42.54	4881.9
			针叶混交林	865.16	106278.9	286.07	24239.0	515.10	73180.9	21.80	2827.1	42.19	6031.9		
			针阔混交林	3097.47	387676.3	1236.30	125315.1	1659.73	232518.4	100.95	14358.8	57.95	10602.1	42.54	4881.9
	防护林	合计	合计	121017.54	15000967.2	18628.69	1558951.6	89964.58	11275027.0	11460.40	1918147.7	913.90	240875.6	49.97	7965.3
			纯林	19817.79	2234919.5	5760.20	392091.5	12391.75	1504679.4	1330.77	219075.0	335.07	119073.6		
			混交林	101199.75	12766047.7	12868.49	1166860.1	77572.83	9770347.6	10129.63	1699072.7	578.83	121802.0	49.97	7965.3
			针叶混交林	15011.27	2044038.0	1067.34	95281.4	12583.39	1673317.7	1199.48	219267.3	161.06	56171.6		
			针阔混交林	44300.43	5503336.7	5246.58	483815.8	36124.94	4514889.4	2767.57	477526.9	128.43	22507.0	32.91	4597.6
			阔叶混交林	41888.05	5218673.0	6554.57	587762.9	28864.50	3582140.5	6162.58	1002278.5	289.34	43123.4	17.06	3367.7
		天然	合计	116799.14	14439317.1	16919.30	1390523.9	87643.48	10913477.9	11394.14	1906481.3	825.16	225466.3	17.06	3367.7
			纯林	17960.57	1977548.5	5019.88	318421.1	11297.81	1326521.9	1307.81	213531.9	335.07	119073.6		
			混交林	98838.57	12461768.6	11899.42	1072102.8	76345.67	9586956.0	10086.33	1692949.4	490.09	106392.7	17.06	3367.7
			针叶混交林	14309.86	1958277.7	825.01	75600.5	12160.84	1612718.5	1199.48	219267.3	124.53	50691.4		
			针阔混交林	42640.66	5284817.9	4519.84	408739.4	35320.33	4392097.0	2724.27	471403.6	76.22	12577.9		
			阔叶混交林	41888.05	5218673.0	6554.57	587762.9	28864.50	3582140.5	6162.58	1002278.5	289.34	43123.4	17.06	3367.7

表 8 黑龙江重点国有林区乔木林各龄组面积、蓄积按林种、起源和林分类型统计表（续 36）

单位：公顷、立方米

统计单位	林种	起源	林分类型	合计 面积	合计 蓄积	幼龄林 面积	幼龄林 蓄积	中龄林 面积	中龄林 蓄积	近熟林 面积	近熟林 蓄积	成熟林 面积	成熟林 蓄积	过熟林 面积	过熟林 蓄积
新青林业局	防护林	人工	合计	4218.40	561650.1	1709.39	168427.7	2321.10	361549.1	66.26	11666.4	88.74	15409.3	32.91	4597.6
			纯林	1857.22	257371.0	740.32	73670.4	1093.94	178157.5	22.96	5543.1				
			混交林	2361.18	304279.1	969.07	94757.3	1227.16	183391.6	43.30	6123.3	88.74	15409.3	32.91	4597.6
			针叶混交林	701.41	85760.3	242.33	19680.9	422.55	60599.2			36.53	5480.2		
			针阔混交林	1659.77	218518.8	726.74	75076.4	804.61	122792.4	43.30	6123.3	52.21	9929.1	32.91	4597.6
		其中：人天混	合计	2234.58	287435.6	953.84	95473.9	1115.79	165831.5	43.30	6123.3	88.74	15409.3	32.91	4597.6
			纯林	80.64	10426.7	57.58	7059.0	23.06	3367.7						
			混交林	2153.94	277008.9	896.26	88414.9	1092.73	162463.8	43.30	6123.3	88.74	15409.3	32.91	4597.6
			针叶混交林	511.26	59478.9	186.61	14327.3	288.12	39671.4			36.53	5480.2		
			针阔混交林	1642.68	217530.0	709.65	74087.6	804.61	122792.4	43.30	6123.3	52.21	9929.1	32.91	4597.6
	特用林	合计	合计	70339.95	8764935.2	10251.08	798552.1	52154.46	6469310.0	6686.53	1113118.8	1016.97	306931.5	230.91	77022.8
			纯林	14528.02	1918038.0	3344.55	221338.2	8719.29	1054211.2	1431.40	292554.1	801.87	272911.7	230.91	77022.8
			混交林	55811.93	6846897.2	6906.53	577213.9	43435.17	5415098.8	5255.13	820564.7	215.10	34019.8		
			针叶混交林	955.55	150745.0	88.38	8493.7	691.18	101304.1	121.02	27912.7	54.97	13034.5		
			针阔混交林	12905.43	1726747.9	1115.98	90405.9	10965.95	1489191.6	795.89	141089.9	27.61	6060.5		
			阔叶混交林	41950.95	4969404.3	5702.17	478314.3	31778.04	3824603.1	4338.22	651562.1	132.52	14924.8		
		天然	合计	69995.31	8725337.3	10084.68	787161.8	52012.76	6449390.1	6649.99	1104831.1	1016.97	306931.5	230.91	77022.8
			纯林	14335.48	1893828.3	3266.29	215038.4	8612.73	1038165.2	1423.68	290690.2	801.87	272911.7	230.91	77022.8
			混交林	55659.83	6831509.0	6818.39	572123.4	43400.03	5411224.9	5226.31	814140.9	215.10	34019.8		
			针叶混交林	910.98	144983.3	61.51	6923.6	689.73	101027.2	104.77	23998.0	54.97	13034.5		
			针阔混交林	12797.90	1717121.4	1054.71	86885.5	10932.26	1485594.6	783.32	138580.8	27.61	6060.5		
			阔叶混交林	41950.95	4969404.3	5702.17	478314.3	31778.04	3824603.1	4338.22	651562.1	132.52	14924.8		
		人工	合计	344.64	39597.9	166.40	11390.3	141.70	19919.9	36.54	8287.7				
			纯林	192.54	24209.7	78.26	6299.8	106.56	16046.0	7.72	1863.9				
			混交林	152.10	15388.2	88.14	5090.5	35.14	3873.9	28.82	6423.8				
			针叶混交林	44.57	5761.7	26.87	1570.1	1.45	276.9	16.25	3914.7				
			针阔混交林	107.53	9626.5	61.27	3520.4	33.69	3597.0	12.57	2509.1				
		其中：人天混	合计	121.68	11010.3	75.42	4904.2	33.69	3597.0	12.57	2509.1				
			混交林	121.68	11010.3	75.42	4904.2	33.69	3597.0	12.57	2509.1				
			针叶混交林	14.15	1383.8	14.15	1383.8								
			针阔混交林	107.53	9626.5	61.27	3520.4	33.69	3597.0	12.57	2509.1				
	用材林	合计	合计	61031.25	7065270.5	13054.25	1101164.0	43518.76	5336797.0	4275.83	602875.5	168.41	23523.4	14.00	910.6
			纯林	10692.92	1122903.8	3523.79	266132.7	6476.59	765267.9	691.62	91410.1	0.92	93.1		
			混交林	50338.33	5942366.7	9530.46	835031.3	37042.17	4571529.1	3584.21	511465.4	167.49	23430.3	14.00	910.6
			针叶混交林	5590.71	755961.5	534.31	50335.9	4529.13	625356.6	501.43	76925.5	25.84	3343.5		
			针阔混交林	21048.18	2477341.7	4262.15	377984.7	15958.36	1984086.8	787.74	110277.0	30.30	4708.9	9.63	284.3
			阔叶混交林	23699.44	2709063.5	4734.00	406710.7	16554.68	1962085.7	2295.04	324262.9	111.35	15377.9	4.37	626.3

表 8　黑龙江重点国有林区乔木林各龄组面积、蓄积按林种、起源和林分类型统计表（续 37）

单位：公顷、立方米

统计单位	林种	起源	林分类型	合计		幼龄林		中龄林		近熟林		成熟林		过熟林	
				面积	蓄积	面积	蓄积	面积	蓄积	面积	蓄积	面积	蓄积	面积	蓄积
新青林业局	用材林	天然	合计	58161.14	6704246.3	11960.13	989861.2	41832.23	5097391.0	4207.40	594069.1	157.01	22298.7	4.37	626.3
			纯林	9550.78	972209.6	3001.49	212719.4	5858.30	668239.9	690.07	91157.2	0.92	93.1		
			混交林	48610.36	5732036.7	8958.64	777141.8	35973.93	4429151.1	3517.33	502911.9	156.09	22205.6	4.37	626.3
			针叶混交林	5210.00	706151.3	427.87	40153.5	4282.32	589107.6	479.63	74098.4	20.18	2791.8		
			针阔混交林	19700.92	2316821.9	3796.77	330277.6	15136.93	1877957.8	742.66	104550.6	24.56	4035.9		
			阔叶混交林	23699.44	2709063.5	4734.00	406710.7	16554.68	1962085.7	2295.04	324262.9	111.35	15377.9	4.37	626.3
		人工	合计	2870.11	361024.2	1094.12	111302.8	1686.53	239406.0	68.43	8806.4	11.40	1224.7	9.63	284.3
			纯林	1142.14	150694.2	522.30	53413.3	618.29	97028.0	1.55	252.9				
			混交林	1727.97	210330.0	571.82	57889.5	1068.24	142378.0	66.88	8553.5	11.40	1224.7	9.63	284.3
			针叶混交林	380.71	49810.2	106.44	10182.4	246.81	36249.0	21.80	2827.1	5.66	551.7		
			针阔混交林	1347.26	160519.8	465.38	47707.1	821.43	106129.0	45.08	5726.4	5.74	673.0	9.63	284.3
		其中：人天混	合计	1700.36	207024.8	564.04	57323.8	1048.41	139638.5	66.88	8553.5	11.40	1224.7	9.63	284.3
			纯林	13.35	1088.8	13.35	1088.8								
			混交林	1687.01	205936.0	550.69	56235.0	1048.41	139638.5	66.88	8553.5	11.40	1224.7	9.63	284.3
			针叶混交林	339.75	45416.2	85.31	8527.9	226.98	33509.5	21.80	2827.1	5.66	551.7		
			针阔混交林	1347.26	160519.8	465.38	47707.1	821.43	106129.0	45.08	5726.4	5.74	673.0	9.63	284.3
汤旺河林业局	合计	合计	合计	199993.64	22200683.9	15825.99	970272.9	167720.22	18860195.0	14246.66	1990841.4	2200.77	379374.6		
			纯林	27298.81	2498861.8	7326.92	399897.9	17347.92	1681479.6	2019.71	281880.6	604.26	135603.7		
			混交林	172694.83	19701822.1	8499.07	570375.0	150372.30	17178715.4	12226.95	1708960.8	1596.51	243770.9		
			针叶混交林	46280.29	6006851.3	982.40	80669.0	41056.69	5222730.4	3850.09	617602.9	391.11	85849.0		
			针阔混交林	68089.86	8240401.1	2616.83	211476.9	60458.86	7290377.3	4428.94	649527.0	585.23	89019.9		
			阔叶混交林	58324.68	5454569.7	4899.84	278229.1	48856.75	4665607.7	3947.92	441830.9	620.17	68902.0		
		天然	合计	196467.00	21801396.0	14726.53	873522.9	165589.13	18598433.1	14050.90	1962948.8	2100.44	366491.2		
			纯林	25737.32	2315367.3	6828.94	358542.3	16448.06	1564320.7	1892.73	262324.7	567.59	130179.6		
			混交林	170729.68	19486028.7	7897.59	514980.6	149141.07	17034112.4	12158.17	1700624.1	1532.85	236311.6		
			针叶混交林	45810.70	5954373.4	768.09	59839.2	40860.11	5198089.7	3850.09	617602.9	332.41	78841.6		
			针阔混交林	66600.85	8077479.5	2230.97	176991.8	59429.45	7170729.4	4360.16	641190.3	580.27	88568.0		
			阔叶混交林	58318.13	5454175.8	4898.53	278149.6	48851.51	4665293.3	3947.92	441830.9	620.17	68902.0		
		人工	合计	3526.64	399287.9	1099.46	96750.0	2131.09	261761.9	195.76	27892.6	100.33	12883.4		
			纯林	1561.49	183494.5	497.98	41355.6	899.86	117158.9	126.98	19555.9	36.67	5424.1		
			混交林	1965.15	215793.4	601.48	55394.4	1231.23	144603.0	68.78	8336.7	63.66	7459.3		
			针叶混交林	469.59	52477.9	214.31	20829.8	196.58	24640.7			58.70	7007.4		
			针阔混交林	1489.01	162921.6	385.86	34485.1	1029.41	119647.9	68.78	8336.7	4.96	451.9		
			阔叶混交林	6.55	393.9	1.31	79.5	5.24	314.4						
		其中：人天混	合计	1912.55	209873.7	558.39	50161.5	1221.72	143916.2	68.78	8336.7	63.66	7459.3		
			纯林	46.26	2812.5	44.00	2470.2	2.26	342.3						
			混交林	1866.29	207061.2	514.39	47691.3	1219.46	143573.9	68.78	8336.7	63.66	7459.3		
			针叶混交林	375.36	43961.5	127.71	13126.7	188.95	23827.4			58.70	7007.4		
			针阔混交林	1488.52	162921.6	385.37	34485.1	1029.41	119647.9	68.78	8336.7	4.96	451.9		
			阔叶混交林	2.41	178.1	1.31	79.5	1.10	98.6						

表8 黑龙江重点国有林区乔木林各龄组面积、蓄积按林种、起源和林分类型统计表（续38）

单位：公顷、立方米

统计单位	林种	起源	林分类型	合计		幼龄林		中龄林		近熟林		成熟林		过熟林	
				面积	蓄积	面积	蓄积	面积	蓄积	面积	蓄积	面积	蓄积	面积	蓄积
汤旺河林业局	防护林	合计	合计	114809.55	12978720.0	9460.03	535444.8	98788.72	11504613.0	5947.68	854579.5	613.12	84082.7		
			纯林	14463.72	1203286.5	4566.22	227718.9	9425.85	911908.8	437.57	58454.3	34.08	5204.5		
			混交林	100345.83	11775433.5	4893.81	307725.9	89362.87	10592704.2	5510.11	796125.2	579.04	78878.2		
			针叶混交林	26922.72	3533833.7	550.65	38715.6	24754.96	3221878.3	1617.11	273239.8				
			针阔混交林	42976.13	5265317.5	1464.01	115803.3	38800.54	4755407.2	2332.38	339588.7	379.20	54518.3		
			阔叶混交林	30446.98	2976282.3	2879.15	153207.0	25807.37	2615418.7	1560.62	183296.7	199.84	24359.9		
		天然	合计	112831.07	12755932.0	8882.21	489632.5	97502.44	11344785.3	5866.40	841861.6	580.02	79652.6		
			纯林	13639.73	1110860.9	4303.99	207818.0	8905.85	847804.7	424.63	54040.4	5.26	1197.8		
			混交林	99191.34	11645071.1	4578.22	281814.5	88596.59	10496980.6	5441.77	787821.2	574.76	78454.8		
			针叶混交林	26678.47	3508193.6	451.40	31799.7	24609.96	3203154.1	1617.11	273239.8				
			针阔混交林	42072.44	5160989.1	1248.98	96887.3	38184.50	4678722.2	2264.04	331284.7	374.92	54094.9		
			阔叶混交林	30440.43	2975888.4	2877.84	153127.5	25802.13	2615104.3	1560.62	183296.7	199.84	24359.9		
		人工	合计	1978.48	222788.0	577.82	45812.3	1286.28	159827.7	81.28	12717.9	33.10	4430.1		
			纯林	823.99	92425.6	262.23	19900.9	520.00	64104.1	12.94	4413.9	28.82	4006.7		
			混交林	1154.49	130362.4	315.59	25911.4	766.28	95723.6	68.34	8304.0	4.28	423.4		
			针叶混交林	244.25	25640.1	99.25	6915.9	145.00	18724.2						
			针阔混交林	903.69	104328.4	215.03	18916.0	616.04	76685.0	68.34	8304.0	4.28	423.4		
			阔叶混交林	6.55	393.9	1.31	79.5	5.24	314.4						
		其中：人天混	合计	1157.37	130780.9	321.31	26348.9	763.44	95704.6	68.34	8304.0	4.28	423.4		
			纯林	44.98	2637.8	43.68	2441.0	1.30	196.8						
			混交林	1112.39	128143.1	277.63	23907.9	762.14	95507.8	68.34	8304.0	4.28	423.4		
			针叶混交林	206.29	23636.6	61.29	4912.4	145.00	18724.2						
			针阔混交林	903.69	104328.4	215.03	18916.0	616.04	76685.0	68.34	8304.0	4.28	423.4		
			阔叶混交林	2.41	178.1	1.31	79.5	1.10	98.6						
	特用林	合计	合计	25778.82	2945591.6	2276.61	187424.0	16489.95	1743048.2	5717.68	764913.3	1294.58	250206.1		
			纯林	5074.40	627469.5	1259.71	97220.9	1848.17	199763.8	1409.71	202349.7	556.81	128135.1		
			混交林	20704.42	2318122.1	1016.90	90203.1	14641.78	1543284.4	4307.97	562563.6	737.77	122071.0		
			针叶混交林	5992.80	823495.4	211.38	25097.3	3944.53	498410.2	1508.64	227736.0	328.25	72251.9		
			针阔混交林	5437.33	662742.9	316.36	29578.4	3831.64	442687.7	1145.47	164153.7	143.86	26323.1		
			阔叶混交林	9274.29	831883.8	489.16	35527.4	6865.61	602186.5	1653.86	170673.9	265.66	23496.0		
		天然	合计	24966.12	2850977.2	1918.37	148311.9	16205.71	1709507.9	5606.16	749958.7	1235.88	243198.7		
			纯林	4746.87	587000.8	1133.06	83395.8	1758.81	188074.8	1298.19	187395.1	556.81	128135.1		
			混交林	20219.25	2263976.4	785.31	64916.1	14446.90	1521433.1	4307.97	562563.6	679.07	115063.6		
			针叶混交林	5786.12	798739.0	97.82	11183.4	3910.11	494575.1	1508.64	227736.0	269.55	65244.5		
			针阔混交林	5158.84	633353.6	198.33	18205.3	3671.18	424671.5	1145.47	164153.7	143.86	26323.1		
			阔叶混交林	9274.29	831883.8	489.16	35527.4	6865.61	602186.5	1653.86	170673.9	265.66	23496.0		

表 8 黑龙江重点国有林区乔木林各龄组面积、蓄积按林种、起源和林分类型统计表（续 39）

单位：公顷、立方米

统计单位	林种	起源	林分类型	合计 面积	合计 蓄积	幼龄林 面积	幼龄林 蓄积	中龄林 面积	中龄林 蓄积	近熟林 面积	近熟林 蓄积	成熟林 面积	成熟林 蓄积	过熟林 面积	过熟林 蓄积
汤旺河林业局	特用林	人工	合计	812.70	94614.4	358.24	39112.1	284.24	33540.3	111.52	14954.6	58.70	7007.4		
			纯林	327.53	40468.7	126.65	13825.1	89.36	11689.0	111.52	14954.6				
			混交林	485.17	54145.7	231.59	25287.0	194.88	21851.3			58.70	7007.4		
			针叶混交林	206.68	24756.4	113.56	13913.9	34.42	3835.1			58.70	7007.4		
			针阔混交林	278.49	29389.3	118.03	11373.1	160.46	18016.2						
		其中：人天混	合计	438.03	48446.1	184.45	19587.4	194.88	21851.3			58.70	7007.4		
			混交林	438.03	48446.1	184.45	19587.4	194.88	21851.3			58.70	7007.4		
			针叶混交林	159.54	19056.8	66.42	8214.3	34.42	3835.1			58.70	7007.4		
			针阔混交林	278.49	29389.3	118.03	11373.1	160.46	18016.2						
	用材林	合计	合计	59405.27	6276372.3	4089.35	247404.1	52441.55	5612533.8	2581.30	371348.6	293.07	45085.8		
			纯林	7760.69	668105.8	1500.99	74958.1	6073.90	569807.0	172.43	21076.6	13.37	2264.1		
			混交林	51644.58	5608266.5	2588.36	172446.0	46367.65	5042726.8	2408.87	350272.0	279.70	42821.7		
			针叶混交林	13364.77	1649522.2	220.37	16856.1	12357.20	1502441.9	724.34	116627.1	62.86	13597.1		
			针阔混交林	19676.40	2312340.7	836.46	66095.2	17826.68	2092282.4	951.09	145784.6	62.17	8178.5		
			阔叶混交林	18603.41	1646403.6	1531.53	89494.7	16183.77	1448002.5	733.44	87860.3	154.67	21046.1		
		天然	合计	58669.81	6194486.8	3925.95	235578.5	51880.98	5544139.9	2578.34	371128.5	284.54	43639.9		
			纯林	7350.72	617505.6	1391.89	67328.5	5783.40	528441.2	169.91	20889.2	5.52	846.7		
			混交林	51319.09	5576981.2	2534.06	168250.0	46097.58	5015698.7	2408.43	350239.3	279.02	42793.2		
			针叶混交林	13346.11	1647440.8	218.87	16856.1	12340.04	1500360.5	724.34	116627.1	62.86	13597.1		
			针阔混交林	19369.57	2283136.8	783.66	61899.2	17573.77	2067335.7	950.65	145751.9	61.49	8150.0		
			阔叶混交林	18603.41	1646403.6	1531.53	89494.7	16183.77	1448002.5	733.44	87860.3	154.67	21046.1		
		人工	合计	735.46	81885.5	163.40	11825.6	560.57	68393.9	2.96	220.1	8.53	1445.9		
			纯林	409.97	50600.2	109.10	7629.6	290.50	41365.8	2.52	187.4	7.85	1417.4		
			混交林	325.49	31285.3	54.30	4196.0	270.07	27028.1	0.44	32.7	0.68	28.5		
			针叶混交林	18.66	2081.4	1.50		17.16	2081.4						
			针阔混交林	306.83	29203.9	52.80	4196.0	252.91	24946.7	0.44	32.7	0.68	28.5		
		其中：人天混	合计	317.15	30646.7	52.63	4225.2	263.40	26360.3	0.44	32.7	0.68	28.5		
			纯林	1.28	174.7	0.32	29.2	0.96	145.5						
			混交林	315.87	30472.0	52.31	4196.0	262.44	26214.8	0.44	32.7	0.68	28.5		
			针叶混交林	9.53	1268.1			9.53	1268.1						
			针阔混交林	306.34	29203.9	52.31	4196.0	252.91	24946.7	0.44	32.7	0.68	28.5		
乌伊岭林业局	合计	合计	合计	264771.26	22852875.7	39736.10	1306445.2	184151.43	17358626.9	34795.38	3527140.1	5836.62	638683.7	251.73	21979.8
			纯林	41691.94	2674565.0	14406.41	346052.9	23321.21	1920873.1	3713.76	381435.2	250.56	26203.8		
			混交林	223079.32	20178310.7	25329.69	960392.3	160830.22	15437753.8	31081.62	3145704.9	5586.06	612479.9	251.73	21979.8
			针叶混交林	18887.92	2285981.4	444.48	33871.6	16772.07	2040172.1	1642.83	209191.2	23.18	2419.5	5.36	327.0
			针阔混交林	68794.79	6845697.4	4971.37	337636.2	55327.97	5622323.3	6783.56	705209.2	1554.94	167490.9	156.95	13037.8
			阔叶混交林	135396.61	11046631.9	19913.84	588884.5	88730.18	7775258.4	22655.23	2231304.5	4007.94	442569.5	89.42	8615.0

表 8 黑龙江重点国有林区乔木林各龄组面积、蓄积按林种、起源和林分类型统计表（续 40）

单位：公顷、立方米

统计单位	林种	起源	林分类型	合计面积	合计蓄积	幼龄林面积	幼龄林蓄积	中龄林面积	中龄林蓄积	近熟林面积	近熟林蓄积	成熟林面积	成熟林蓄积	过熟林面积	过熟林蓄积
乌伊岭林业局	合计	天然	合计	261202.43	22468686.7	38864.08	1270140.4	182440.05	17134400.7	33950.88	3416774.6	5750.73	629479.8	196.69	17891.2
			纯林	39943.56	2466642.7	13972.94	325968.0	22433.46	1794208.1	3298.61	321702.6	238.55	24764.0		
			混交林	221258.87	20002044.0	24891.14	944172.4	160006.59	15340192.6	30652.27	3095072.0	5512.18	604715.8	196.69	17891.2
			针叶混交林	18493.25	2251862.3	333.37	28918.1	16655.80	2029598.8	1499.73	192929.5	4.35	415.9		
			针阔混交林	67369.01	6703549.8	4643.93	326369.8	54620.61	5535335.4	6497.31	670838.0	1499.89	161730.4	107.27	9276.2
			阔叶混交林	135396.61	11046631.9	19913.84	588884.5	88730.18	7775258.4	22655.23	2231304.5	4007.94	442569.5	89.42	8615.0
		人工	合计	3568.83	384189.0	872.02	36304.8	1711.38	224226.2	844.50	110365.5	85.89	9203.9	55.04	4088.6
			纯林	1748.38	207922.3	433.47	20084.9	887.75	126665.0	415.15	59732.6	12.01	1439.8		
			混交林	1820.45	176266.7	438.55	16219.9	823.63	97561.2	429.35	50632.9	73.88	7764.1	55.04	4088.6
			针叶混交林	394.67	34119.1	111.11	4953.5	116.27	10573.3	143.10	16261.7	18.83	2003.6	5.36	327.0
			针阔混交林	1425.78	142147.6	327.44	11266.4	707.36	86987.9	286.25	34371.2	55.05	5760.5	49.68	3761.6
		其中：人天混	合计	1849.10	176348.0	470.33	16573.9	823.15	97430.3	426.70	50491.1	73.88	7764.1	55.04	4088.6
			纯林	114.99	5397.4	76.93	2802.8	38.06	2594.6						
			混交林	1734.11	170950.6	393.40	13771.1	785.09	94835.7	426.70	50491.1	73.88	7764.1	55.04	4088.6
			针叶混交林	308.33	28803.0	65.96	2504.7	77.73	7847.8	140.45	16119.9	18.83	2003.6	5.36	327.0
			针阔混交林	1425.78	142147.6	327.44	11266.4	707.36	86987.9	286.25	34371.2	55.05	5760.5	49.68	3761.6
	防护林	合计	合计	163257.17	13641500.1	24532.72	829015.8	114543.93	10400098.2	20606.12	2024578.3	3458.80	377899.0	115.60	9908.8
			纯林	25962.39	1686524.2	8411.37	219131.8	15256.27	1234246.5	2157.74	216509.7	137.01	16636.2		
			混交林	137294.78	11954975.9	16121.35	609884.0	99287.66	9165851.7	18448.38	1808068.6	3321.79	361262.8	115.60	9908.8
			针叶混交林	9430.48	1100412.9	360.07	27473.0	8343.45	981988.8	703.78	88531.6	23.18	2419.5		
			针阔混交林	39595.93	3725009.1	3336.07	205080.1	31985.64	3101019.9	3511.47	341739.0	713.07	73408.5	49.68	3761.6
			阔叶混交林	88268.37	7129553.9	12425.21	377330.9	58958.57	5082843.0	14233.13	1377798.0	2585.54	285434.8	65.92	6147.2
		天然	合计	161329.80	13412804.1	24154.09	813670.1	113460.27	10247955.8	20246.43	1974097.1	3403.09	370933.9	65.92	6147.2
			纯林	24963.28	1546929.5	8274.47	213622.2	14692.91	1144100.0	1869.06	173888.5	126.84	15318.8		
			混交林	136366.52	11865874.6	15879.62	600047.9	98767.36	9103855.8	18377.37	1800208.6	3276.25	355615.1	65.92	6147.2
			针叶混交林	9273.82	1087896.0	285.33	24236.3	8290.20	975778.8	693.94	87465.0	4.35	415.9		
			针阔混交林	38824.33	3648424.7	3169.08	198480.7	31518.59	3045234.0	3450.30	334945.6	686.36	69764.4		
			阔叶混交林	88268.37	7129553.9	12425.21	377330.9	58958.57	5082843.0	14233.13	1377798.0	2585.54	285434.8	65.92	6147.2
		人工	合计	1927.37	228696.0	378.63	15345.7	1083.66	152142.4	359.69	50481.2	55.71	6965.1	49.68	3761.6
			纯林	999.11	139594.7	136.90	5509.6	563.36	90146.5	288.68	42621.2	10.17	1317.4		
			混交林	928.26	89101.3	241.73	9836.1	520.30	61995.9	71.01	7860.0	45.54	5647.7	49.68	3761.6
			针叶混交林	156.66	12516.9	74.74	3236.7	53.25	6210.0	9.84	1066.6	18.83	2003.6		
			针阔混交林	771.60	76584.4	166.99	6599.4	467.05	55785.9	61.17	6793.4	26.71	3644.1	49.68	3761.6
		其中：人天混	合计	893.43	86141.5	210.73	7647.3	516.47	61224.9	71.01	7860.0	45.54	5647.7	49.68	3761.6
			混交林	893.43	86141.5	210.73	7647.3	516.47	61224.9	71.01	7860.0	45.54	5647.7	49.68	3761.6
			针叶混交林	121.83	9557.1	43.74	1047.9	49.42	5439.0	9.84	1066.6	18.83	2003.6		
			针阔混交林	771.60	76584.4	166.99	6599.4	467.05	55785.9	61.17	6793.4	26.71	3644.1	49.68	3761.6

表 8　黑龙江重点国有林区乔木林各龄组面积、蓄积按林种、起源和林分类型统计表（续 41）

单位：公顷、立方米

统计单位	林种	起源	林分类型	合计		幼龄林		中龄林		近熟林		成熟林		过熟林	
				面积	蓄积	面积	蓄积	面积	蓄积	面积	蓄积	面积	蓄积	面积	蓄积
乌伊岭林业局	特用林	合计	合计	27666.13	2584280.5	2169.23	82691.4	17010.73	1604203.0	6886.73	735114.3	1478.09	152571.5	121.35	9700.3
			纯林	4815.59	389941.1	878.62	28460.3	2908.63	237450.5	961.11	120501.6	67.23	3528.7		
			混交林	22850.54	2194339.4	1290.61	54231.1	14102.10	1366752.5	5925.62	614612.7	1410.86	149042.8	121.35	9700.3
			针叶混交林	3348.74	398808.9	18.40	727.2	2675.02	317152.1	655.32	80929.6				
			针阔混交林	9056.12	899986.3	482.22	26544.9	6213.82	629170.2	1705.86	177198.8	556.37	59839.9	97.85	7232.5
			阔叶混交林	10445.68	895544.2	789.99	26959.0	5213.26	420430.2	3564.44	356484.3	854.49	89202.9	23.50	2467.8
		天然	合计	26637.70	2473828.9	2042.90	77059.6	16598.24	1559062.8	6425.46	677551.1	1449.75	150455.1	121.35	9700.3
			纯林	4408.70	351845.7	772.15	23573.7	2711.49	219077.8	857.83	105665.5	67.23	3528.7		
			混交林	22229.00	2121983.2	1270.75	53485.9	13886.75	1339985.0	5567.63	571885.6	1382.52	146926.4	121.35	9700.3
			针叶混交林	3178.77	381683.9			2656.71	315949.4	522.06	65734.5				
			针阔混交林	8604.55	844755.1	480.76	26526.9	6016.78	603605.4	1481.13	149666.8	528.03	57723.5	97.85	7232.5
			阔叶混交林	10445.68	895544.2	789.99	26959.0	5213.26	420430.2	3564.44	356484.3	854.49	89202.9	23.50	2467.8
		人工	合计	1028.43	110451.6	126.33	5631.8	412.49	45140.2	461.27	57563.2	28.34	2116.4		
			纯林	406.89	38095.4	106.47	4886.6	197.14	18372.7	103.28	14836.1				
			混交林	621.54	72356.2	19.86	745.2	215.35	26767.5	357.99	42727.1	28.34	2116.4		
			针叶混交林	169.97	17125.0	18.40	727.2	18.31	1202.7	133.26	15195.1				
			针阔混交林	451.57	55231.2	1.46	18.0	197.04	25564.8	224.73	27532.0	28.34	2116.4		
		其中：人天混	合计	719.73	77351.8	82.64	3288.0	253.41	29362.1	355.34	42585.3	28.34	2116.4		
			纯林	114.99	5397.4	76.93	2802.8	38.06	2594.6						
			混交林	604.74	71954.4	5.71	485.2	215.35	26767.5	355.34	42585.3	28.34	2116.4		
			针叶混交林	153.17	16723.2	4.25	467.2	18.31	1202.7	130.61	15053.3				
			针阔混交林	451.57	55231.2	1.46	18.0	197.04	25564.8	224.73	27532.0	28.34	2116.4		
	用材林	合计	合计	73847.96	6627095.1	13034.15	394738.0	52596.77	5354325.7	7302.53	767447.5	899.73	108213.2	14.78	2370.7
			纯林	10913.96	598099.7	5116.42	98460.8	5156.31	449176.1	594.91	44423.9	46.32	6038.9		
			混交林	62934.00	6028995.4	7917.73	296277.2	47440.46	4905149.6	6707.62	723023.6	853.41	102174.3	14.78	2370.7
			针叶混交林	6108.70	786759.6	66.01	5671.4	5753.60	741031.2	283.73	39730.0			5.36	327.0
			针阔混交林	20142.74	2220702.0	1153.08	106011.2	17128.51	1892133.2	1566.23	186271.4	285.50	34242.5	9.42	2043.7
			阔叶混交林	36682.56	3021533.8	6698.64	184594.6	24558.35	2271985.2	4857.66	497022.2	567.91	67931.8		
		天然	合计	73234.93	6582053.7	12667.09	379410.7	52381.54	5327382.1	7278.99	765126.4	897.89	108090.8	9.42	2043.7
			纯林	10571.58	567867.5	4926.32	88772.1	5029.06	431030.3	571.72	42148.6	44.48	5916.5		
			混交林	62663.35	6014186.2	7740.77	290638.6	47352.48	4896351.8	6707.27	722977.8	853.41	102174.3	9.42	2043.7
			针叶混交林	6040.66	782282.4	48.04	4681.8	5708.89	737870.6	283.73	39730.0				
			针阔混交林	19940.13	2210370.0	994.09	101362.2	17085.24	1886496.0	1565.88	186225.6	285.50	34242.5	9.42	2043.7
			阔叶混交林	36682.56	3021533.8	6698.64	184594.6	24558.35	2271985.2	4857.66	497022.2	567.91	67931.8		
		人工	合计	613.03	45041.4	367.06	15327.3	215.23	26943.6	23.54	2321.1	1.84	122.4	5.36	327.0
			纯林	342.38	30232.2	190.10	9688.7	127.25	18145.8	23.19	2275.3	1.84	122.4		
			混交林	270.65	14809.2	176.96	5638.6	87.98	8797.8	0.35	45.8			5.36	327.0
			针叶混交林	68.04	4477.2	17.97	989.6	44.71	3160.6					5.36	327.0
			针阔混交林	202.61	10332.0	158.99	4649.0	43.27	5637.2	0.35	45.8				

表 8 黑龙江重点国有林区乔木林各龄组面积、蓄积按林种、起源和林分类型统计表（续 42）

单位：公顷、立方米

统计单位	林种	起源	林分类型	合计		幼龄林		中龄林		近熟林		成熟林		过熟林	
				面积	蓄积	面积	蓄积	面积	蓄积	面积	蓄积	面积	蓄积	面积	蓄积
乌伊岭林业局	用材林	其中：人天混	合计	235.94	12854.7	176.96	5638.6	53.27	6843.3	0.35	45.8			5.36	327.0
			混交林	235.94	12854.7	176.96	5638.6	53.27	6843.3	0.35	45.8			5.36	327.0
			针叶混交林	33.33	2522.7	17.97	989.6	10.00	1206.1					5.36	327.0
			针阔混交林	202.61	10332.0	158.99	4649.0	43.27	5637.2	0.35	45.8				
伊春区森林经营所	合计	合计	合计	3830.08	502756.7	263.32	19814.8	2311.02	267608.6	1255.74	215333.3				
			纯林	1240.64	144828.1	137.96	8946.2	821.58	94129.1	281.10	41752.8				
			混交林	2589.44	357928.6	125.36	10868.6	1489.44	173479.5	974.64	173580.5				
			针叶混交林	397.11	73175.9	0.60	5.5	64.65	9250.9	331.86	63919.5				
			针阔混交林	1005.22	145076.0	75.71	8032.3	552.11	70793.2	377.40	66250.5				
			阔叶混交林	1187.11	139676.7	49.05	2830.8	872.68	93435.4	265.38	43410.5				
		天然	合计	2635.45	334048.0	204.60	15038.0	1530.08	164772.3	900.77	154237.7				
			纯林	666.72	64758.5	90.63	4819.2	392.32	34336.4	183.77	25602.9				
			混交林	1968.73	269289.5	113.97	10218.8	1137.76	130435.9	717.00	128634.8				
			针叶混交林	89.67	21481.7					89.67	21481.7				
			针阔混交林	691.95	108131.1	64.92	7388.0	265.08	37000.5	361.95	63742.6				
			阔叶混交林	1187.11	139676.7	49.05	2830.8	872.68	93435.4	265.38	43410.5				
		人工	合计	1194.63	168708.7	58.72	4776.8	780.94	102836.3	354.97	61095.6				
			纯林	573.92	80069.6	47.33	4127.0	429.26	59792.7	97.33	16149.9				
			混交林	620.71	88639.1	11.39	649.8	351.68	43043.6	257.64	44945.7				
			针叶混交林	307.44	51694.2	0.60	5.5	64.65	9250.9	242.19	42437.8				
			针阔混交林	313.27	36944.9	10.79	644.3	287.03	33792.7	15.45	2507.9				
		其中：人天混	合计	434.68	54292.6	16.26	1158.7	369.95	44202.8	48.47	8931.1				
			纯林	58.58	6554.4	5.47	514.4	53.11	6040.0						
			混交林	376.10	47738.2	10.79	644.3	316.84	38162.8	48.47	8931.1				
			针叶混交林	62.83	10793.3			29.81	4370.1	33.02	6423.2				
			针阔混交林	313.27	36944.9	10.79	644.3	287.03	33792.7	15.45	2507.9				
	防护林	合计	合计	3736.04	494375.0	212.44	16334.6	2271.51	263423.6	1252.09	214616.8				
			纯林	1182.16	138510.3	108.56	6417.9	795.66	90996.0	277.94	41096.4				
			混交林	2553.88	355864.7	103.88	9916.7	1475.85	172427.6	974.15	173520.4				
			针叶混交林	396.62	73115.8	0.60	5.5	64.65	9250.9	331.37	63859.4				
			针阔混交林	1001.03	144837.8	73.58	7993.2	550.05	70594.1	377.40	66250.5				
			阔叶混交林	1156.23	137911.1	29.70	1918.0	861.15	92582.6	265.38	43410.5				
		天然	合计	2599.80	331973.1	183.81	14052.6	1515.22	163682.8	900.77	154237.7				
			纯林	661.95	64449.2	89.19	4746.6	388.99	34099.7	183.77	25602.9				
			混交林	1937.85	267523.9	94.62	9306.0	1126.23	129583.1	717.00	128634.8				
			针叶混交林	89.67	21481.7					89.67	21481.7				
			针阔混交林	691.95	108131.1	64.92	7388.0	265.08	37000.5	361.95	63742.6				
			阔叶混交林	1156.23	137911.1	29.70	1918.0	861.15	92582.6	265.38	43410.5				

表 8 黑龙江重点国有林区乔木林各龄组面积、蓄积按林种、起源和林分类型统计表（续 43）

单位：公顷、立方米

统计单位	林种	起源	林分类型	合计 面积	合计 蓄积	幼龄林 面积	幼龄林 蓄积	中龄林 面积	中龄林 蓄积	近熟林 面积	近熟林 蓄积	成熟林 面积	成熟林 蓄积	过熟林 面积	过熟林 蓄积
伊春区森林经营所	防护林	人工	合计	1136.24	162401.9	28.63	2282.0	756.29	99740.8	351.32	60379.1				
			纯林	520.21	74061.1	19.37	1671.3	406.67	56896.3	94.17	15493.5				
			混交林	616.03	88340.8	9.26	610.7	349.62	42844.5	257.15	44885.6				
			针叶混交林	306.95	51634.1	0.60	5.5	64.65	9250.9	241.70	42377.7				
			针阔混交林	309.08	36706.7	8.66	605.2	284.97	33593.6	15.45	2507.9				
		其中：人天混	合计	430.49	54054.4	14.13	1119.6	367.89	44003.7	48.47	8931.1				
			纯林	58.58	6554.4	5.47	514.4	53.11	6040.0						
			混交林	371.91	47500.0	8.66	605.2	314.78	37963.7	48.47	8931.1				
			针叶混交林	62.83	10793.3			29.81	4370.1	33.02	6423.2				
			针阔混交林	309.08	36706.7	8.66	605.2	284.97	33593.6	15.45	2507.9				
	用材林	合计	合计	94.04	8381.7	50.88	3480.2	39.51	4185.0	3.65	716.5				
			纯林	58.48	6317.8	29.40	2528.3	25.92	3133.1	3.16	656.4				
			混交林	35.56	2063.9	21.48	951.9	13.59	1051.9	0.49	60.1				
			针叶混交林	0.49	60.1					0.49	60.1				
			针阔混交林	4.19	238.2	2.13	39.1	2.06	199.1						
			阔叶混交林	30.88	1765.6	19.35	912.8	11.53	852.8						
		天然	合计	35.65	2074.9	20.79	985.4	14.86	1089.5						
			纯林	4.77	309.3	1.44	72.6	3.33	236.7						
			混交林	30.88	1765.6	19.35	912.8	11.53	852.8						
			阔叶混交林	30.88	1765.6	19.35	912.8	11.53	852.8						
		人工	合计	58.39	6306.8	30.09	2494.8	24.65	3095.5	3.65	716.5				
			纯林	53.71	6008.5	27.96	2455.7	22.59	2896.4	3.16	656.4				
			混交林	4.68	298.3	2.13	39.1	2.06	199.1	0.49	60.1				
			针叶混交林	0.49	60.1					0.49	60.1				
			针阔混交林	4.19	238.2	2.13	39.1	2.06	199.1						
		其中：人天混	合计	4.19	238.2	2.13	39.1	2.06	199.1						
			混交林	4.19	238.2	2.13	39.1	2.06	199.1						
			针阔混交林	4.19	238.2	2.13	39.1	2.06	199.1						
西林区林业局	合计	合计	合计	33139.03	4029205.6	4363.96	411009.6	27647.40	3434778.3	1021.84	165403.2	70.53	11620.0	35.30	6394.5
			纯林	6696.34	861111.5	1507.85	142208.3	4767.35	643870.1	420.27	74968.3	0.87	64.8		
			混交林	26442.69	3168094.1	2856.11	268801.3	22880.05	2790908.2	601.57	90434.9	69.66	11555.2	35.30	6394.5
			针叶混交林	1645.17	246138.4	97.21	10208.8	1376.49	204483.2	154.41	28114.9	17.06	3331.5		
			针阔混交林	8740.66	1113664.8	789.26	89419.5	7641.52	977229.0	247.58	36431.7	27.00	4190.1	35.30	6394.5
			阔叶混交林	16056.86	1808290.9	1969.64	169173.0	13862.04	1609196.0	199.58	25888.3	25.60	4033.6		
		天然	合计	29870.46	3575788.0	3577.85	329811.4	25720.98	3157121.9	546.03	84821.1	25.60	4033.6		
			纯林	4886.89	605303.3	1012.45	94080.4	3805.57	496076.1	68.87	15146.8				
			混交林	24983.57	2970484.7	2565.40	235731.0	21915.41	2661045.8	477.16	69674.3	25.60	4033.6		
			针叶混交林	1228.94	177220.5	72.53	7698.5	1097.84	159122.5	58.57	10399.5				
			针阔混交林	7697.77	984973.3	523.23	58859.5	6955.53	892727.3	219.01	33386.5				
			阔叶混交林	16056.86	1808290.9	1969.64	169173.0	13862.04	1609196.0	199.58	25888.3	25.60	4033.6		

表 8　黑龙江重点国有林区乔木林各龄组面积、蓄积按林种、起源和林分类型统计表（续 44）

单位：公顷、立方米

统计单位	林种	起源	林分类型	合计		幼龄林		中龄林		近熟林		成熟林		过熟林	
				面积	蓄积	面积	蓄积	面积	蓄积	面积	蓄积	面积	蓄积	面积	蓄积
西林区林业局	合计	人工	合计	3268.57	453417.6	786.11	81198.2	1926.42	277656.4	475.81	80582.1	44.93	7586.4	35.30	6394.5
			纯林	1809.45	255808.2	495.40	48127.9	961.78	147794.0	351.40	59821.5	0.87	64.8		
			混交林	1459.12	197609.4	290.71	33070.3	964.64	129862.4	124.41	20760.6	44.06	7521.6	35.30	6394.5
			针叶混交林	416.23	68917.9	24.68	2510.3	278.65	45360.7	95.84	17715.4	17.06	3331.5		
			针阔混交林	1042.89	128691.5	266.03	30560.0	685.99	84501.7	28.57	3045.2	27.00	4190.1	35.30	6394.5
		其中：人天混	合计	1275.99	165089.5	310.76	35180.4	847.47	111483.8	48.25	6181.6	34.21	5849.2	35.30	6394.5
			纯林	118.94	15475.6	42.44	4430.2	56.82	7909.0	19.68	3136.4				
			混交林	1157.05	149613.9	268.32	30750.2	790.65	103574.8	28.57	3045.2	34.21	5849.2	35.30	6394.5
			针叶混交林	114.16	20922.4	2.29	190.2	104.66	19073.1			7.21	1659.1		
			针阔混交林	1042.89	128691.5	266.03	30560.0	685.99	84501.7	28.57	3045.2	27.00	4190.1	35.30	6394.5
	防护林	合计	合计	26173.26	3204784.8	3594.94	345763.1	21479.00	2680760.6	997.66	160887.2	66.36	10979.4	35.30	6394.5
			纯林	5149.10	665073.2	1282.93	122937.5	3463.67	470737.7	401.63	71333.2	0.87	64.8		
			混交林	21024.16	2539711.6	2312.01	222825.6	18015.33	2210022.9	596.03	89554.0	65.49	10914.6	35.30	6394.5
			针叶混交林	1410.93	212518.0	96.65	10163.4	1142.81	170908.2	154.41	28114.9	17.06	3331.5		
			针阔混交林	7586.88	970450.7	675.16	80272.7	6607.38	844042.6	242.04	35550.8	27.00	4190.1	35.30	6394.5
			阔叶混交林	12026.35	1356742.9	1540.20	132389.5	10265.14	1195072.1	199.58	25888.3	21.43	3393.0		
		天然	合计	23043.90	2765377.8	2875.59	269249.5	19624.36	2412284.3	522.52	80451.0	21.43	3393.0		
			纯林	3373.19	411753.1	813.47	76209.1	2508.82	323886.4	50.90	11657.6				
			混交林	19670.71	2353624.7	2062.12	193040.4	17115.54	2088397.9	471.62	68793.4	21.43	3393.0		
			针叶混交林	995.26	143645.5	72.53	7698.5	864.16	125547.5	58.57	10399.5				
			针阔混交林	6649.10	853236.3	449.39	52952.4	5986.24	767778.3	213.47	32505.6				
			阔叶混交林	12026.35	1356742.9	1540.20	132389.5	10265.14	1195072.1	199.58	25888.3	21.43	3393.0		
		人工	合计	3129.36	439407.0	719.35	76513.6	1854.64	268476.3	475.14	80436.2	44.93	7586.4	35.30	6394.5
			纯林	1775.91	253320.1	469.46	46728.4	954.85	146851.3	350.73	59675.6	0.87	64.8		
			混交林	1353.45	186086.9	249.89	29785.2	899.79	121625.0	124.41	20760.6	44.06	7521.6	35.30	6394.5
			针叶混交林	415.67	68872.5	24.12	2464.9	278.65	45360.7	95.84	17715.4	17.06	3331.5		
			针阔混交林	937.78	117214.4	225.77	27320.3	621.14	76264.3	28.57	3045.2	27.00	4190.1	35.30	6394.5
		其中：人天混	合计	1170.88	153612.4	270.50	31940.7	782.62	103246.4	48.25	6181.6	34.21	5849.2	35.30	6394.5
			纯林	118.94	15475.6	42.44	4430.2	56.82	7909.0	19.68	3136.4				
			混交林	1051.94	138136.8	228.06	27510.5	725.80	95337.4	28.57	3045.2	34.21	5849.2	35.30	6394.5
			针叶混交林	114.16	20922.4	2.29	190.2	104.66	19073.1			7.21	1659.1		
			针阔混交林	937.78	117214.4	225.77	27320.3	621.14	76264.3	28.57	3045.2	27.00	4190.1	35.30	6394.5
	特用林	合计	合计	6921.71	822102.9	733.07	63653.8	6160.29	753292.5	24.18	4516.0	4.17	640.6		
			纯林	1510.86	194115.9	193.36	17880.4	1298.86	172600.4	18.64	3635.1				
			混交林	5410.85	627987.0	539.71	45773.4	4861.43	580692.1	5.54	880.9	4.17	640.6		
			针叶混交林	234.24	33620.4	0.56	45.4	233.68	33575.0						
			针阔混交林	1150.64	143037.4	113.75	9125.9	1031.35	133030.6	5.54	880.9				
			阔叶混交林	4025.97	451329.2	425.40	36602.1	3596.40	414086.5			4.17	640.6		

表 8　黑龙江重点国有林区乔木林各龄组面积、蓄积按林种、起源和林分类型统计表（续 45）

单位：公顷、立方米

统计单位	林种	起源	林分类型	合计		幼龄林		中龄林		近熟林		成熟林		过熟林	
				面积	蓄积	面积	蓄积	面积	蓄积	面积	蓄积	面积	蓄积	面积	蓄积
西林区林业局	特用林	天然	合计	6811.25	809661.2	690.56	60156.9	6093.01	744493.6	23.51	4370.1	4.17	640.6		
			纯林	1502.93	193020.0	191.32	17647.7	1293.64	171883.1	17.97	3489.2				
			混交林	5308.32	616641.2	499.24	42509.2	4799.37	572610.5	5.54	880.9	4.17	640.6		
			针叶混交林	233.68	33575.0			233.68	33575.0						
			针阔混交林	1048.67	131737.0	73.84	5907.1	969.29	124949.0	5.54	880.9				
			阔叶混交林	4025.97	451329.2	425.40	36602.1	3596.40	414086.5			4.17	640.6		
		人工	合计	110.46	12441.7	42.51	3496.9	67.28	8798.9	0.67	145.9				
			纯林	7.93	1095.9	2.04	232.7	5.22	717.3	0.67	145.9				
			混交林	102.53	11345.8	40.47	3264.2	62.06	8081.6						
			针叶混交林	0.56	45.4	0.56	45.4								
			针阔混交林	101.97	11300.4	39.91	3218.8	62.06	8081.6						
		其中：人天混	合计	101.97	11300.4	39.91	3218.8	62.06	8081.6						
			混交林	101.97	11300.4	39.91	3218.8	62.06	8081.6						
			针阔混交林	101.97	11300.4	39.91	3218.8	62.06	8081.6						
	用材林	合计	合计	44.06	2317.9	35.95	1592.7	8.11	725.2						
			纯林	36.38	1922.4	31.56	1390.4	4.82	532.0						
			混交林	7.68	395.5	4.39	202.3	3.29	193.2						
			针阔混交林	3.14	176.7	0.35	20.9	2.79	155.8						
			阔叶混交林	4.54	218.8	4.04	181.4	0.50	37.4						
		天然	合计	15.31	749.0	11.70	405.0	3.61	344.0						
			纯林	10.77	530.2	7.66	223.6	3.11	306.6						
			混交林	4.54	218.8	4.04	181.4	0.50	37.4						
			阔叶混交林	4.54	218.8	4.04	181.4	0.50	37.4						
		人工	合计	28.75	1568.9	24.25	1187.7	4.50	381.2						
			纯林	25.61	1392.2	23.90	1166.8	1.71	225.4						
			混交林	3.14	176.7	0.35	20.9	2.79	155.8						
			针阔混交林	3.14	176.7	0.35	20.9	2.79	155.8						
		其中：人天混	合计	3.14	176.7	0.35	20.9	2.79	155.8						
			混交林	3.14	176.7	0.35	20.9	2.79	155.8						
			针阔混交林	3.14	176.7	0.35	20.9	2.79	155.8						
大海林林业局	合计	合计	合计	255306.26	29827202.1	42640.83	4077442.0	161611.97	18932889.6	44154.23	5813674.6	6668.34	940506.0	230.89	62689.9
			纯林	30666.03	3597684.2	9596.16	880779.2	15004.08	1906718.1	4903.90	634200.2	1161.89	175986.7		
			混交林	224640.23	26229517.9	33044.67	3196662.8	146607.89	17026171.5	39250.33	5179474.4	5506.45	764519.3	230.89	62689.9
			针叶混交林	44212.50	5183267.8	3626.28	359154.3	33418.26	3852433.4	6798.28	884776.1	325.92	50110.7	43.76	36793.3
			针阔混交林	88779.18	10624358.0	11951.47	1222027.6	55470.37	6479021.1	18269.72	2477750.5	2957.00	426964.9	130.62	18593.9
			阔叶混交林	91648.55	10421892.1	17466.92	1615480.9	57719.26	6694717.0	14182.33	1816947.8	2223.53	287443.7	56.51	7302.7

表 8　黑龙江重点国有林区乔木林各龄组面积、蓄积按林种、起源和林分类型统计表（续 46）

单位：公顷、立方米

统计单位	林种	起源	林分类型	合计 面积	合计 蓄积	幼龄林 面积	幼龄林 蓄积	中龄林 面积	中龄林 蓄积	近熟林 面积	近熟林 蓄积	成熟林 面积	成熟林 蓄积	过熟林 面积	过熟林 蓄积
大海林林业局	合计	天然	合计	232136.87	27091005.8	34694.88	3320089.5	149429.15	17354191.8	41317.08	5436870.3	6464.87	917164.3	230.89	62689.9
			纯林	16448.53	1885459.4	4133.31	361367.3	8508.92	1012966.4	2789.35	352297.2	1016.95	158828.5		
			混交林	215688.34	25205546.4	30561.57	2958722.2	140920.23	16341225.4	38527.73	5084573.1	5447.92	758335.8	230.89	62689.9
			针叶混交林	41584.17	4867074.6	3057.54	307538.3	31948.72	3667769.5	6230.26	807365.3	303.89	47608.2	43.76	36793.3
			针阔混交林	82460.58	9917009.0	10037.11	1035703.0	51257.21	5979168.2	18115.14	2460260.0	2920.50	423283.9	130.62	18593.9
			阔叶混交林	91643.59	10421462.8	17466.92	1615480.9	57714.30	6694287.7	14182.33	1816947.8	2223.53	287443.7	56.51	7302.7
		人工	合计	23169.39	2736196.3	7945.95	757352.5	12182.82	1578697.8	2837.15	376804.3	203.47	23341.7		
			纯林	14217.50	1712224.8	5462.85	519411.9	6495.16	893751.7	2114.55	281903.0	144.94	17158.2		
			混交林	8951.89	1023971.5	2483.10	237940.6	5687.66	684946.1	722.60	94901.3	58.53	6183.5		
			针叶混交林	2628.33	316193.2	568.74	51616.0	1469.54	184663.9	568.02	77410.8	22.03	2502.5		
			针阔混交林	6318.60	707349.0	1914.36	186324.6	4213.16	499852.9	154.58	17490.5	36.50	3681.0		
			阔叶混交林	4.96	429.3			4.96	429.3						
		其中：人天混	合计	8169.26	918079.3	2649.49	248974.9	5093.74	617827.7	367.50	45093.2	58.53	6183.5		
			纯林	978.54	100008.1	653.14	55162.2	312.94	43533.0	12.46	1312.9				
			混交林	7190.72	818071.2	1996.35	193812.7	4780.80	574294.7	355.04	43780.3	58.53	6183.5		
			针叶混交林	897.59	113080.9	104.85	9547.4	570.25	74741.2	200.46	26289.8	22.03	2502.5		
			针阔混交林	6293.13	704990.3	1891.50	184265.3	4210.55	499553.5	154.58	17490.5	36.50	3681.0		
	防护林	合计	合计	52389.99	6069520.2	11793.03	1128933.8	30293.44	3600287.6	9373.83	1218898.5	840.36	108062.9	89.33	13337.4
			纯林	7102.20	796603.5	2362.80	217225.3	3089.97	383445.6	1475.01	175932.0	174.42	20000.6		
			混交林	45287.79	5272916.7	9430.23	911708.5	27203.47	3216842.0	7898.82	1042966.5	665.94	88062.3	89.33	13337.4
			针叶混交林	3676.81	465949.6	463.89	48268.1	2751.15	351974.2	461.77	65707.3				
			针阔混交林	13259.14	1580963.3	3275.50	338790.4	7914.60	949780.8	1932.55	270997.3	103.67	15360.1	32.82	6034.7
			阔叶混交林	28351.84	3226003.8	5690.84	524650.0	16537.72	1915087.0	5504.50	706261.9	562.27	72702.2	56.51	7302.7
		天然	合计	46533.06	5394473.1	9702.96	929336.4	27652.98	3267432.2	8361.48	1089053.0	726.31	95314.1	89.33	13337.4
			纯林	2979.86	316762.1	930.76	77879.5	1298.10	152981.4	690.63	78649.4	60.37	7251.8		
			混交林	43553.20	5077711.0	8772.20	851456.9	26354.88	3114450.8	7670.85	1010403.6	665.94	88062.3	89.33	13337.4
			针叶混交林	3004.20	383377.4	315.80	33334.1	2454.60	316898.9	233.80	33144.4				
			针阔混交林	12197.16	1468329.8	2765.56	293472.8	7362.56	882464.9	1932.55	270997.3	103.67	15360.1	32.82	6034.7
			阔叶混交林	28351.84	3226003.8	5690.84	524650.0	16537.72	1915087.0	5504.50	706261.9	562.27	72702.2	56.51	7302.7
		人工	合计	5856.93	675047.1	2090.07	199597.4	2640.46	332855.4	1012.35	129845.5	114.05	12748.8		
			纯林	4122.34	479841.4	1432.04	139345.8	1791.87	230464.2	784.38	97282.6	114.05	12748.8		
			混交林	1734.59	195205.7	658.03	60251.6	848.59	102391.2	227.97	32562.9				
			针叶混交林	672.61	82572.2	148.09	14934.0	296.55	35075.3	227.97	32562.9				
			针阔混交林	1061.98	112633.5	509.94	45317.6	552.04	67315.9						
		其中：人天混	合计	1418.09	150679.8	698.11	61911.3	719.98	88768.5						
			纯林	208.71	20784.4	165.92	14555.8	42.79	6228.6						
			混交林	1209.38	129895.4	532.19	47355.5	677.19	82539.9						
			针叶混交林	153.57	17852.4	25.81	2329.0	127.76	15523.4						
			针阔混交林	1055.81	112043.0	506.38	45026.5	549.43	67016.5						

表 8　黑龙江重点国有林区乔木林各龄组面积、蓄积按林种、起源和林分类型统计表（续 47）

单位：公顷、立方米

统计单位	林种	起源	林分类型	合计 面积	合计 蓄积	幼龄林 面积	幼龄林 蓄积	中龄林 面积	中龄林 蓄积	近熟林 面积	近熟林 蓄积	成熟林 面积	成熟林 蓄积	过熟林 面积	过熟林 蓄积
大海林林业局	特用林	合计	合计	187714.05	22057298.5	22852.10	2155414.9	124711.60	14504009.0	34265.20	4527642.8	5743.59	820879.3	141.56	49352.5
			纯林	21007.94	2494314.0	6258.55	566816.2	10485.81	1333736.8	3292.32	440381.2	971.26	153379.8		
			混交林	166706.11	19562984.5	16593.55	1588598.7	114225.79	13170272.2	30972.88	4087261.6	4772.33	667499.5	141.56	49352.5
			针叶混交林	38076.27	4424253.6	2285.99	220706.0	29100.16	3299467.3	6320.44	817176.3	325.92	50110.7	43.76	36793.3
			针阔混交林	70634.14	8490913.7	5892.52	588278.0	45589.46	5290060.0	16227.89	2191685.7	2826.47	408330.8	97.80	12559.2
			阔叶混交林	57995.70	6647817.2	8415.04	779614.7	39536.17	4580744.9	8424.55	1078399.6	1619.94	209058.0		
		天然	合计	172309.41	20237777.8	17879.92	1695850.7	116093.35	13387258.0	32524.20	4292423.9	5670.38	812892.7	141.56	49352.5
			纯林	12422.58	1455803.9	2843.48	253012.3	6576.57	783714.2	2045.95	267500.7	956.58	151576.7		
			混交林	159886.83	18781973.9	15036.44	1442838.4	109516.78	12603543.8	30478.25	4024923.2	4713.80	661316.0	141.56	49352.5
			针叶混交林	36173.77	4196452.3	1891.18	186813.2	27954.55	3152909.2	5980.39	772328.4	303.89	47608.2	43.76	36793.3
			针阔混交林	65722.32	7938133.7	4730.22	476410.5	42031.02	4870319.0	16073.31	2174195.2	2789.97	404649.8	97.80	12559.2
			阔叶混交林	57990.74	6647387.9	8415.04	779614.7	39531.21	4580315.6	8424.55	1078399.6	1619.94	209058.0		
		人工	合计	15404.64	1819520.7	4972.18	459564.2	8618.25	1116751.0	1741.00	235218.9	73.21	7986.6		
			纯林	8585.36	1038510.1	3415.07	313803.9	3909.24	550022.6	1246.37	172880.5	14.68	1803.1		
			混交林	6819.28	781010.6	1557.11	145760.3	4709.01	566728.4	494.63	62338.4	58.53	6183.5		
			针叶混交林	1902.50	227801.3	394.81	33892.8	1145.61	146558.1	340.05	44847.9	22.03	2502.5		
			针阔混交林	4911.82	552780.0	1162.30	111867.5	3558.44	419741.0	154.58	17490.5	36.50	3681.0		
			阔叶混交林	4.96	429.3			4.96	429.3						
		其中：人天混	合计	6360.80	719581.9	1703.63	156964.4	4231.14	511340.8	367.50	45093.2	58.53	6183.5		
			纯林	735.49	74739.1	487.22	40606.4	235.81	32819.8	12.46	1312.9				
			混交林	5625.31	644842.8	1216.41	116358.0	3995.33	478521.0	355.04	43780.3	58.53	6183.5		
			针叶混交林	713.49	92062.8	54.11	4490.5	436.89	58780.0	200.46	26289.8	22.03	2502.5		
			针阔混交林	4911.82	552780.0	1162.30	111867.5	3558.44	419741.0	154.58	17490.5	36.50	3681.0		
	用材林	合计	合计	15202.22	1700383.4	7995.70	793093.3	6606.93	828593.0	515.20	67133.3	84.39	11563.8		
			纯林	2555.89	306766.7	974.81	96737.7	1428.30	189535.7	136.57	17887.0	16.21	2606.3		
			混交林	12646.33	1393616.7	7020.89	696355.6	5178.63	639057.3	378.63	49246.3	68.18	8957.5		
			针叶混交林	2459.42	293064.6	876.40	90180.2	1566.95	200991.9	16.07	1892.5				
			针阔混交林	4885.90	552481.0	2783.45	294959.2	1966.31	239180.3	109.28	15067.5	26.86	3274.0		
			阔叶混交林	5301.01	548071.1	3361.04	311216.2	1645.37	198885.1	253.28	32286.3	41.32	5683.5		
		天然	合计	13294.40	1458754.9	7112.00	694902.4	5682.82	699501.6	431.40	55393.4	68.18	8957.5		
			纯林	1046.09	112893.4	359.07	30475.5	634.25	76270.8	52.77	6147.1				
			混交林	12248.31	1345861.5	6752.93	664426.9	5048.57	623230.8	378.63	49246.3	68.18	8957.5		
			针叶混交林	2406.20	287244.9	850.56	87391.0	1539.57	197961.4	16.07	1892.5				
			针阔混交林	4541.10	510545.5	2541.33	265819.7	1863.63	226384.3	109.28	15067.5	26.86	3274.0		
			阔叶混交林	5301.01	548071.1	3361.04	311216.2	1645.37	198885.1	253.28	32286.3	41.32	5683.5		
		人工	合计	1907.82	241628.5	883.70	98190.9	924.11	129091.4	83.80	11739.9	16.21	2606.3		
			纯林	1509.80	193873.3	615.74	66262.2	794.05	113264.9	83.80	11739.9	16.21	2606.3		
			混交林	398.02	47755.2	267.96	31928.7	130.06	15826.5						
			针叶混交林	53.22	5819.7	25.84	2789.2	27.38	3030.5						
			针阔混交林	344.80	41935.5	242.12	29139.5	102.68	12796.0						

表8 黑龙江重点国有林区乔木林各龄组面积、蓄积按林种、起源和林分类型统计表（续48）

单位：公顷、立方米

统计单位	林种	起源	林分类型	合计		幼龄林		中龄林		近熟林		成熟林		过熟林	
				面积	蓄积	面积	蓄积	面积	蓄积	面积	蓄积	面积	蓄积	面积	蓄积
大海林林业局	用材林	其中：人天混	合计	390.37	47817.6	247.75	30099.2	142.62	17718.4						
			纯林	34.34	4484.6			34.34	4484.6						
			混交林	356.03	43333.0	247.75	30099.2	108.28	13233.8						
			针叶混交林	30.53	3165.7	24.93	2727.9	5.60	437.8						
			针阔混交林	325.50	40167.3	222.82	27371.3	102.68	12796.0						
柴河林业局	合计	合计	合计	315042.62	39459056.0	60825.55	6019927.7	131109.97	16579052.6	96363.77	13107319.5	26235.25	3683687.6	508.08	69068.6
			纯林	62852.97	7063099.0	30236.70	2753959.1	13638.34	1708815.4	14135.94	1885752.3	4812.83	711062.6	29.16	3509.6
			混交林	252189.65	32395957.0	30588.85	3265968.6	117471.63	14870237.2	82227.83	11221567.2	21422.42	2972625.0	478.92	65559.0
			针叶混交林	7899.03	979973.2	1918.55	183754.8	3910.71	509935.2	1787.01	242753.3	282.76	43529.9		
			针阔混交林	60746.43	8121205.2	8437.98	941996.3	25298.28	3323842.7	19967.10	2871863.4	6923.20	966255.3	119.87	17247.5
			阔叶混交林	183544.19	23294778.6	20232.32	2140217.5	88262.64	11036459.3	60473.72	8106950.5	14216.46	1962839.8	359.05	48311.5
		天然	合计	274346.21	34133717.2	43977.34	4276904.0	122920.83	15403640.0	83413.96	11133207.8	23552.52	3254655.7	481.56	65309.7
			纯林	35687.54	3657118.0	17740.57	1425161.7	8603.98	1006051.1	6261.42	780440.3	3057.99	442359.6	23.58	3105.3
			混交林	238658.67	30476599.2	26236.77	2851742.3	114316.85	14397588.9	77152.54	10352767.5	20494.53	2812296.1	457.98	62204.4
			针叶混交林	5666.11	710515.4	1034.29	104161.0	3485.27	449121.8	1052.93	141890.5	93.62	15342.1		
			针阔混交林	49452.21	6471650.5	4972.39	607549.1	22570.55	2912167.8	15625.89	2103926.5	6184.45	834114.2	98.93	13892.9
			阔叶混交林	183540.35	23294433.3	20230.09	2140032.2	88261.03	11036299.3	60473.72	8106950.5	14216.46	1962839.8	359.05	48311.5
		人工	合计	40696.41	5325338.8	16848.21	1743023.7	8189.14	1175412.6	12949.81	1974111.7	2682.73	429031.9	26.52	3758.9
			纯林	27165.43	3405981.0	12496.13	1328797.4	5034.36	702764.3	7874.52	1105312.0	1754.84	268703.0	5.58	404.3
			混交林	13530.98	1919357.8	4352.08	414226.3	3154.78	472648.3	5075.29	868799.7	927.89	160328.9	20.94	3354.6
			针叶混交林	2232.92	269457.8	884.26	79593.8	425.44	60813.4	734.08	100862.8	189.14	28187.8		
			针阔混交林	11294.22	1649554.7	3465.59	334447.2	2727.73	411674.9	4341.21	767936.9	738.75	132141.1	20.94	3354.6
			阔叶混交林	3.84	345.3	2.23	185.3	1.61	160.0						
		其中：人天混	合计	17344.86	2377318.7	8458.46	895980.7	3605.61	547165.7	4460.94	788721.8	798.91	142095.9	20.94	3354.6
			纯林	5719.15	673021.2	4937.94	554758.3	759.08	115191.3	22.13	3071.6				
			混交林	11625.71	1704297.5	3520.52	341222.4	2846.53	431974.4	4438.81	785650.2	798.91	142095.9	20.94	3354.6
			针叶混交林	349.81	55135.3	74.86	7327.7	117.19	20139.5	97.60	17713.3	60.16	9954.8		
			针阔混交林	11272.06	1648816.9	3443.43	333709.4	2727.73	411674.9	4341.21	767936.9	738.75	132141.1	20.94	3354.6
			阔叶混交林	3.84	345.3	2.23	185.3	1.61	160.0						
	防护林	合计	合计	213763.47	26547701.9	48266.69	4618627.2	83193.71	10556579.2	64464.65	8865040.2	17431.96	2451124.3	406.46	56331.0
			纯林	53720.29	5927776.5	26671.27	2389243.9	11443.83	1422322.5	12176.75	1621655.9	3400.31	491169.6	28.13	3384.6
			混交林	160043.18	20619925.4	21595.42	2229383.3	71749.88	9134256.7	52287.90	7243384.3	14031.65	1959954.7	378.33	52946.4
			针叶混交林	4662.49	578658.6	1230.56	116058.4	2012.36	267686.4	1223.39	165726.4	196.18	29187.4		
			针阔混交林	38974.62	5267330.7	5950.69	641935.5	15890.39	2117929.2	12659.64	1876651.2	4374.97	616921.9	98.93	13892.9
			阔叶混交林	116406.07	14773936.1	14414.17	1471389.4	53847.13	6748641.1	38404.87	5201006.7	9460.50	1313845.4	279.40	39053.5

表 8　黑龙江重点国有林区乔木林各龄组面积、蓄积按林种、起源和林分类型统计表（续 49）

单位：公顷、立方米

统计单位	林种	起源	林分类型	合计 面积	合计 蓄积	幼龄林 面积	幼龄林 蓄积	中龄林 面积	中龄林 蓄积	近熟林 面积	近熟林 蓄积	成熟林 面积	成熟林 蓄积	过熟林 面积	过熟林 蓄积
柴河林业局	防护林	天然	合计	178226.36	21918485.5	33598.27	3096278.8	76007.49	9532133.8	53150.23	7155880.2	15068.46	2078141.0	401.91	56051.7
			纯林	29160.45	2826682.3	16010.65	1248560.8	6899.54	795230.4	4529.59	548481.5	1697.09	231304.3	23.58	3105.3
			混交林	149065.91	19091803.2	17587.62	1847718.0	69107.95	8736903.4	48620.64	6607398.7	13371.37	1846836.7	378.33	52946.4
			针叶混交林	2734.87	342936.4	500.37	48485.1	1660.77	216862.6	564.44	76216.7	9.29	1372.0		
			针阔混交林	29928.81	3975276.0	2675.31	328028.8	13601.66	1771559.7	9651.33	1330175.3	3901.58	531619.3	98.93	13892.9
			阔叶混交林	116402.23	14773590.8	14411.94	1471204.1	53845.52	6748481.1	38404.87	5201006.7	9460.50	1313845.4	279.40	39053.5
		人工	合计	35537.11	4629216.4	14668.42	1522348.4	7186.22	1024445.4	11314.42	1709160.0	2363.50	372983.3	4.55	279.3
			纯林	24559.84	3101094.2	10660.62	1140683.1	4544.29	627092.1	7647.16	1073174.4	1703.22	259865.3	4.55	279.3
			混交林	10977.27	1528122.2	4007.80	381665.3	2641.93	397353.3	3667.26	635985.6	660.28	113118.0		
			针叶混交林	1927.62	235722.2	730.19	67573.3	351.59	50823.8	658.95	89509.7	186.89	27815.4		
			针阔混交林	9045.81	1292054.7	3275.38	313906.7	2288.73	346369.5	3008.31	546475.9	473.39	85302.6		
			阔叶混交林	3.84	345.3	2.23	185.3	1.61	160.0						
		其中：人天混	合计	13918.16	1860802.1	7379.61	766019.3	2926.41	440188.5	3078.59	559336.9	533.55	95257.4		
			纯林	4629.68	526221.6	4075.46	447905.2	554.22	78316.4						
			混交林	9288.48	1334580.5	3304.15	318114.1	2372.19	361872.1	3078.59	559336.9	533.55	95257.4		
			针叶混交林	259.85	42826.0	47.56	4667.6	81.85	15342.6	70.28	12861.0	60.16	9954.8		
			针阔混交林	9024.79	1291409.2	3254.36	313261.2	2288.73	346369.5	3008.31	546475.9	473.39	85302.6		
			阔叶混交林	3.84	345.3	2.23	185.3	1.61	160.0						
	特用林	合计	合计	10644.43	1462535.9	1200.38	126201.0	4538.75	585887.8	3365.57	498496.9	1537.18	251662.9	2.55	287.3
			纯林	2023.15	302307.7	529.59	54353.8	423.24	55649.9	526.14	88536.7	544.18	103767.3		
			混交林	8621.28	1160228.2	670.79	71847.2	4115.51	530237.9	2839.43	409960.2	993.00	147895.6	2.55	287.3
			针叶混交林	38.20	3288.0	30.09	2229.1	1.95	224.5	6.16	834.4				
			针阔混交林	897.15	148301.6	54.25	6474.5	297.32	53992.7	245.32	38836.6	300.26	48997.8		
			阔叶混交林	7685.93	1008638.6	586.45	63143.6	3816.24	476020.7	2587.95	370289.2	692.74	98897.8	2.55	287.3
		天然	合计	10322.44	1422130.2	1005.41	103953.2	4462.82	574733.0	3324.93	492903.0	1526.73	250253.7	2.55	287.3
			纯林	1789.52	271892.9	371.39	34946.7	381.72	49315.1	492.23	83863.8	544.18	103767.3		
			混交林	8532.92	1150237.3	634.02	69006.5	4081.10	525417.9	2832.70	409039.2	982.55	146486.4	2.55	287.3
			针阔混交林	846.99	141598.7	47.57	5862.9	264.86	49397.2	244.75	38750.0	289.81	47588.6		
			阔叶混交林	7685.93	1008638.6	586.45	63143.6	3816.24	476020.7	2587.95	370289.2	692.74	98897.8	2.55	287.3
		人工	合计	321.99	40405.7	194.97	22247.8	75.93	11154.8	40.64	5593.9	10.45	1409.2		
			纯林	233.63	30414.8	158.20	19407.1	41.52	6334.8	33.91	4672.9				
			混交林	88.36	9990.9	36.77	2840.7	34.41	4820.0	6.73	921.0	10.45	1409.2		
			针叶混交林	38.20	3288.0	30.09	2229.1	1.95	224.5	6.16	834.4				
			针阔混交林	50.16	6702.9	6.68	611.6	32.46	4595.5	0.57	86.6	10.45	1409.2		
		其中：人天混	合计	139.89	18795.3	96.04	12628.6	32.83	4670.9	0.57	86.6	10.45	1409.2		
			纯林	89.73	12092.4	89.36	12017.0	0.37	75.4						
			混交林	50.16	6702.9	6.68	611.6	32.46	4595.5	0.57	86.6	10.45	1409.2		
			针阔混交林	50.16	6702.9	6.68	611.6	32.46	4595.5	0.57	86.6	10.45	1409.2		

表 8 黑龙江重点国有林区乔木林各龄组面积、蓄积按林种、起源和林分类型统计表（续 50）

单位：公顷、立方米

统计单位	林种	起源	林分类型	合计 面积	合计 蓄积	幼龄林 面积	幼龄林 蓄积	中龄林 面积	中龄林 蓄积	近熟林 面积	近熟林 蓄积	成熟林 面积	成熟林 蓄积	过熟林 面积	过熟林 蓄积
柴河林业局	用材林	合计	合计	90634.72	11448818.2	11358.48	1275099.5	43377.51	5436585.6	28533.55	3743782.4	7266.11	980900.4	99.07	12450.3
			纯林	7109.53	833014.8	3035.84	310361.4	1771.27	230843.0	1433.05	175559.7	868.34	116125.7	1.03	125.0
			混交林	83525.19	10615803.4	8322.64	964738.1	41606.24	5205742.6	27100.50	3568222.7	6397.77	864774.7	98.04	12325.3
			针叶混交林	3198.34	398026.6	657.90	65467.3	1896.40	242024.3	557.46	76192.5	86.58	14342.5		
			针阔混交林	20874.66	2705572.9	2433.04	293586.3	9110.57	1151920.8	7062.14	956375.6	2247.97	300335.6	20.94	3354.6
			阔叶混交林	59452.19	7512203.9	5231.70	605684.5	30599.27	3811797.5	19480.90	2535654.6	4063.22	550096.6	77.10	8970.7
		天然	合计	85797.41	10793101.5	9373.66	1076672.0	42450.52	5296773.2	26938.80	3484424.6	6957.33	926261.0	77.10	8970.7
			纯林	4737.57	558542.8	1358.53	141654.2	1322.72	161505.6	1239.60	148095.0	816.72	107288.0		
			混交林	81059.84	10234558.7	8015.13	935017.8	41127.80	5135267.6	25699.20	3336329.6	6140.61	818973.0	77.10	8970.7
			针叶混交林	2931.24	367579.0	533.92	55675.9	1824.50	232259.2	488.49	65673.8	84.33	13970.1		
			针阔混交林	18676.41	2354775.8	2249.51	273657.4	8704.03	1091210.9	5729.81	735001.2	1993.06	254906.3		
			阔叶混交林	59452.19	7512203.9	5231.70	605684.5	30599.27	3811797.5	19480.90	2535654.6	4063.22	550096.6	77.10	8970.7
		人工	合计	4837.31	655716.7	1984.82	198427.5	926.99	139812.4	1594.75	259357.8	308.78	54639.4	21.97	3479.6
			纯林	2371.96	274472.0	1677.31	168707.2	448.55	69337.4	193.45	27464.7	51.62	8837.7	1.03	125.0
			混交林	2465.35	381244.7	307.51	29720.3	478.44	70475.0	1401.30	231893.1	257.16	45801.7	20.94	3354.6
			针叶混交林	267.10	30447.6	123.98	9791.4	71.90	9765.1	68.97	10518.7	2.25	372.4		
			针阔混交林	2198.25	350797.1	183.53	19928.9	406.54	60709.9	1332.33	221374.4	254.91	45429.3	20.94	3354.6
		其中：人天混	合计	3286.81	497721.3	982.81	117332.8	646.37	102306.3	1381.78	229298.3	254.91	45429.3	20.94	3354.6
			纯林	999.74	134707.2	773.12	94836.1	204.49	36799.5	22.13	3071.6				
			混交林	2287.07	363014.1	209.69	22496.7	441.88	65506.8	1359.65	226226.7	254.91	45429.3	20.94	3354.6
			针叶混交林	89.96	12309.3	27.30	2660.1	35.34	4796.9	27.32	4852.3				
			针阔混交林	2197.11	350704.8	182.39	19836.6	406.54	60709.9	1332.33	221374.4	254.91	45429.3	20.94	3354.6
东京城林业局	合计	合计	合计	369093.41	52733192.5	37829.47	3277310.0	210025.45	30509199.8	105491.34	16388722.1	15371.21	2488090.4	375.94	69870.2
			纯林	123284.48	16753732.0	25302.77	2086980.7	59500.61	8512429.4	32811.56	5169946.7	5663.01	982875.8	6.53	1499.4
			混交林	245808.93	35979460.5	12526.70	1190329.3	150524.84	21996770.4	72679.78	11218775.4	9708.20	1505214.6	369.41	68370.8
			针叶混交林	12198.93	1783154.7	827.01	63668.1	7615.04	1115540.4	3178.71	506552.7	537.77	88234.8	40.40	9158.7
			针阔混交林	73491.62	11319055.5	5399.64	567116.1	50571.26	7920535.6	15174.66	2496231.2	2230.45	315016.6	115.61	20156.0
			阔叶混交林	160118.38	22877250.3	6300.05	559545.1	92338.54	12960694.4	54326.41	8215991.5	6939.98	1101963.2	213.40	39056.1
		天然	合计	325045.18	46479842.6	21011.76	1736853.8	196737.42	28347572.7	95956.46	14624575.3	10965.25	1701319.6	374.29	69521.2
			纯林	92558.29	12303663.9	12264.79	867087.2	51720.29	7169813.9	26173.72	3888120.7	2394.61	377491.7	4.88	1150.4
			混交林	232486.89	34176178.7	8746.97	869766.6	145017.13	21177758.8	69782.74	10736454.6	8570.64	1323827.9	369.41	68370.8
			针叶混交林	9493.07	1388207.4	254.25	17737.2	6958.19	1011887.7	2130.85	330064.4	109.38	19359.4	40.40	9158.7
			针阔混交林	62876.29	9910749.6	2192.67	292484.3	45721.25	7205205.3	13325.48	2190398.7	1521.28	202505.3	115.61	20156.0
			阔叶混交林	160117.53	22877221.7	6300.05	559545.1	92337.69	12960665.8	54326.41	8215991.5	6939.98	1101963.2	213.40	39056.1
		人工	合计	44048.23	6253349.9	16817.71	1540456.2	13288.03	2161627.1	9534.88	1764146.8	4405.96	786770.8	1.65	349.0
			纯林	30726.19	4450068.1	13037.98	1219893.5	7780.32	1342615.5	6637.84	1281826.0	3268.40	605384.1	1.65	349.0
			混交林	13322.04	1803281.8	3779.73	320562.7	5507.71	819011.6	2897.04	482320.8	1137.56	181386.7		
			针叶混交林	2705.86	394947.3	572.76	45930.9	656.85	103652.7	1047.86	176488.3	428.39	68875.4		
			针阔混交林	10615.33	1408305.9	3206.97	274631.8	4850.01	715330.3	1849.18	305832.5	709.17	112511.3		
			阔叶混交林	0.85	28.6			0.85	28.6						

表 8　黑龙江重点国有林区乔木林各龄组面积、蓄积按林种、起源和林分类型统计表（续 51）

单位：公顷、立方米

统计单位	林种	起源	林分类型	合计面积	合计蓄积	幼龄林面积	幼龄林蓄积	中龄林面积	中龄林蓄积	近熟林面积	近熟林蓄积	成熟林面积	成熟林蓄积	过熟林面积	过熟林蓄积
东京城林业局	合计	其中：人天混	合计	16138.37	1983966.0	7672.44	695999.2	5719.00	835390.8	2037.76	340064.7	709.17	112511.3		
			纯林	5187.25	511829.0	4478.69	420315.3	708.56	91513.7						
			混交林	10951.12	1472137.0	3193.75	275683.9	5010.44	743877.1	2037.76	340064.7	709.17	112511.3		
			针叶混交林	367.68	64709.2	11.52	1530.0	167.58	28947.0	188.58	34232.2				
			针阔混交林	10583.44	1407427.8	3182.23	274153.9	4842.86	714930.1	1849.18	305832.5	709.17	112511.3		
	防护林	合计	合计	218060.92	30471880.3	26880.67	2386516.7	119967.66	17146429.9	59925.57	9129843.7	11102.25	1774047.1	184.77	35042.9
			纯林	83874.15	11428758.6	18779.19	1635200.5	39216.89	5658619.7	21431.02	3371287.7	4447.05	763650.7		
			混交林	134186.77	19043121.7	8101.48	751316.2	80750.77	11487810.2	38494.55	5758556.0	6655.20	1010396.4	184.77	35042.9
			针叶混交林	7466.09	1034314.4	643.06	50454.9	4481.92	618842.2	1918.91	296647.9	422.20	68369.4		
			针阔混交林	35123.50	5135884.4	3447.90	348782.1	23102.13	3457830.9	6643.09	1053207.1	1871.01	264245.3	59.37	11819.0
			阔叶混交林	91597.18	12872922.9	4010.52	352079.2	53166.72	7411137.1	29932.55	4408701.0	4361.99	677781.7	125.40	23223.9
		天然	合计	186056.46	25944340.2	14603.84	1213565.5	110208.72	15580784.3	53487.81	7966283.1	7571.32	1148664.4	184.77	35042.9
			纯林	61066.93	8136858.5	8926.67	666641.4	33451.41	4673539.7	16923.95	2520392.7	1764.90	276284.7		
			混交林	124989.53	17807481.7	5677.17	546924.1	76757.31	10907244.6	36563.86	5445890.4	5806.42	872379.7	184.77	35042.9
			针叶混交林	5522.05	752884.3	242.93	17491.2	3992.21	542437.2	1193.63	175848.9	93.28	17107.0		
			针阔混交林	27871.15	4181703.1	1423.72	177353.7	19599.23	2953698.9	5437.68	861340.5	1351.15	177491.0	59.37	11819.0
			阔叶混交林	91596.33	12872894.3	4010.52	352079.2	53165.87	7411108.5	29932.55	4408701.0	4361.99	677781.7	125.40	23223.9
		人工	合计	32004.46	4527540.1	12276.83	1172951.2	9758.94	1565645.6	6437.76	1163560.6	3530.93	625382.7		
			纯林	22807.22	3291900.1	9852.52	968559.1	5765.48	985080.0	4507.07	850895.0	2682.15	487366.0		
			混交林	9197.24	1235640.0	2424.31	204392.1	3993.46	580565.6	1930.69	312665.6	848.78	138016.7		
			针叶混交林	1944.04	281430.1	400.13	32963.7	489.71	76405.0	725.28	120799.0	328.92	51262.4		
			针阔混交林	7252.35	954181.3	2024.18	171428.4	3502.90	504132.0	1205.41	191866.6	519.86	86754.3		
			阔叶混交林	0.85	28.6			0.85	28.6						
		其中：人天混	合计	11600.64	1401051.2	5652.40	517763.4	4112.34	584848.4	1316.04	211685.1	519.86	86754.3		
			纯林	4135.91	405964.2	3640.30	345204.9	495.61	60759.3						
			混交林	7464.73	995087.0	2012.10	172558.5	3616.73	524089.1	1316.04	211685.1	519.86	86754.3		
			针叶混交林	233.11	41183.8	7.91	1385.8	114.57	19979.5	110.63	19818.5				
			针阔混交林	7231.62	953903.2	2004.19	171172.7	3502.16	504109.6	1205.41	191866.6	519.86	86754.3		
	特用林	合计	合计	31275.98	4058033.1	5150.49	348433.3	17476.30	2380071.5	7291.05	1107271.9	1259.85	204411.7	98.29	17844.7
			纯林	21715.80	2865846.7	3609.60	240187.4	12179.89	1690978.8	5218.19	806340.7	706.47	127990.8	1.65	349.0
			混交林	9560.18	1192186.4	1540.89	108245.9	5296.41	689092.7	2072.86	300931.2	553.38	76420.9	96.64	17495.7
			针叶混交林	437.91	70518.7	69.75	5330.7	21.81	4818.7	205.35	33841.7	100.60	17368.9	40.40	9158.7
			针阔混交林	1669.78	205176.9	658.27	55074.5	605.46	91567.4	175.36	28382.4	174.45	21815.6	56.24	8337.0
			阔叶混交林	7452.49	916490.8	812.87	47840.7	4669.14	592706.6	1692.15	238707.1	278.33	37236.4		
		天然	合计	26497.88	3402612.6	3254.90	189875.1	16156.45	2167329.9	6371.94	939352.1	617.95	88559.8	96.64	17495.7
			纯林	18577.61	2424490.7	2383.85	138902.4	11322.11	1556395.6	4584.48	685033.8	287.17	44158.9		
			混交林	7920.27	978121.9	871.05	50972.7	4834.34	610934.3	1787.46	254318.3	330.78	44400.9	96.64	17495.7
			针叶混交林	135.18	24606.6					78.68	13195.5	16.10	2252.4	40.40	9158.7
			针阔混交林	332.60	37024.5	58.18	3132.0	165.20	18227.7	16.63	2415.7	36.35	4912.1	56.24	8337.0
			阔叶混交林	7452.49	916490.8	812.87	47840.7	4669.14	592706.6	1692.15	238707.1	278.33	37236.4		

表 8　黑龙江重点国有林区乔木林各龄组面积、蓄积按林种、起源和林分类型统计表（续 52）

单位：公顷、立方米

统计单位	林种	起源	林分类型	合计 面积	合计 蓄积	幼龄林 面积	幼龄林 蓄积	中龄林 面积	中龄林 蓄积	近熟林 面积	近熟林 蓄积	成熟林 面积	成熟林 蓄积	过熟林 面积	过熟林 蓄积
东京城林业局	特用林	人工	合计	4778.10	655420.5	1895.59	158558.2	1319.85	212741.6	919.11	167919.8	641.90	115851.9	1.65	349.0
			纯林	3138.19	441356.0	1225.75	101285.0	857.78	134583.2	633.71	121306.9	419.30	83831.9	1.65	349.0
			混交林	1639.91	214064.5	669.84	57273.2	462.07	78158.4	285.40	46612.9	222.60	32020.0		
			针叶混交林	302.73	45912.1	69.75	5330.7	21.81	4818.7	126.67	20646.2	84.50	15116.5		
			针阔混交林	1337.18	168152.4	600.09	51942.5	440.26	73339.7	158.73	25966.7	138.10	16903.5		
		其中：人天混	合计	1841.92	224656.5	952.64	86287.5	579.11	93169.9	172.07	28295.6	138.10	16903.5		
			纯林	492.54	54253.2	353.69	34423.0	138.85	19830.2						
			混交林	1349.38	170403.3	598.95	51864.5	440.26	73339.7	172.07	28295.6	138.10	16903.5		
			针叶混交林	16.95	2473.1	3.61	144.2			13.34	2328.9				
			针阔混交林	1332.43	167930.2	595.34	51720.3	440.26	73339.7	158.73	25966.7	138.10	16903.5		
	用材林	合计	合计	119756.51	18203279.1	5798.31	542360.0	72581.49	10982698.4	38274.72	6151606.5	3009.11	509631.6	92.88	16982.6
			纯林	17694.53	2459126.7	2913.98	211592.8	8103.83	1162830.9	6162.35	992318.3	509.49	91234.3	4.88	1150.4
			混交林	102061.98	15744152.4	2884.33	330767.2	64477.66	9819867.5	32112.37	5159288.2	2499.62	418397.3	88.00	15832.2
			针叶混交林	4294.93	678321.6	114.20	7882.5	3111.31	491879.5	1054.45	176063.1	14.97	2496.5		
			针阔混交林	36698.34	5977994.2	1293.47	163259.5	26863.67	4371137.3	8356.21	1414641.7	184.99	28955.7		
			阔叶混交林	61068.71	9087836.6	1476.66	159625.2	34502.68	4956850.7	22701.71	3568583.4	2299.66	386945.1	88.00	15832.2
		天然	合计	112490.84	17132889.8	3153.02	333413.2	70372.25	10599458.5	36096.71	5718940.1	2775.98	464095.4	92.88	16982.6
			纯林	12913.75	1742314.7	954.27	61543.4	6946.77	939878.6	4665.29	682694.2	342.54	57048.1	4.88	1150.4
			混交林	99577.09	15390575.1	2198.75	271869.8	63425.48	9659579.9	31431.42	5036245.9	2433.44	407047.3	88.00	15832.2
			针叶混交林	3835.84	610716.5	11.32	246.0	2965.98	469450.5	858.54	141020.0				
			针阔混交林	34672.54	5692022.0	710.77	111998.6	25956.82	4233278.7	7871.17	1326642.5	133.78	20102.2		
			阔叶混交林	61068.71	9087836.6	1476.66	159625.2	34502.68	4956850.7	22701.71	3568583.4	2299.66	386945.1	88.00	15832.2
		人工	合计	7265.67	1070389.3	2645.29	208946.8	2209.24	383239.9	2178.01	432666.4	233.13	45536.2		
			纯林	4780.78	716812.0	1959.71	150049.4	1157.06	222952.3	1497.06	309624.1	166.95	34186.2		
			混交林	2484.89	353577.3	685.58	58897.4	1052.18	160287.6	680.95	123042.3	66.18	11350.0		
			针叶混交林	459.09	67605.1	102.88	7636.5	145.33	22429.0	195.91	35043.1	14.97	2496.5		
			针阔混交林	2025.80	285972.2	582.70	51260.9	906.85	137858.6	485.04	87999.2	51.21	8853.5		
		其中：人天混	合计	2695.81	358258.3	1067.40	91948.3	1027.55	157372.5	549.65	100084.0	51.21	8853.5		
			纯林	558.80	51611.6	484.70	40687.4	74.10	10924.2						
			混交林	2137.01	306646.7	582.70	51260.9	953.45	146448.3	549.65	100084.0	51.21	8853.5		
			针叶混交林	117.62	21052.3			53.01	8967.5	64.61	12084.8				
			针阔混交林	2019.39	285594.4	582.70	51260.9	900.44	137480.8	485.04	87999.2	51.21	8853.5		
穆棱林业局	合计	合计	合计	240253.78	35112136.3	16679.38	1414717.0	156075.60	22576455.9	58211.37	9554753.6	9231.20	1557006.2	56.23	9203.6
			纯林	47195.55	6865797.6	7420.36	562602.9	22497.98	3290489.3	12202.25	2151703.4	5069.09	859370.7	5.87	1631.3
			混交林	193058.23	28246338.7	9259.02	852114.1	133577.62	19285966.6	46009.12	7403050.2	4162.11	697635.5	50.36	7572.3
			针叶混交林	14726.52	2321423.5	1388.52	163408.7	9317.47	1470696.2	3477.97	591360.6	542.56	95958.0		
			针阔混交林	68426.63	10428055.8	3456.15	338056.3	46652.10	7093627.7	16729.63	2729403.5	1576.04	265546.9	12.71	1421.4
			阔叶混交林	109905.08	15496859.4	4414.35	350649.1	77608.05	10721642.7	25801.52	4082286.1	2043.51	336130.6	37.65	6150.9

表 8　黑龙江重点国有林区乔木林各龄组面积、蓄积按林种、起源和林分类型统计表（续 53）

单位：公顷、立方米

统计单位	林种	起源	林分类型	合计 面积	合计 蓄积	幼龄林 面积	幼龄林 蓄积	中龄林 面积	中龄林 蓄积	近熟林 面积	近熟林 蓄积	成熟林 面积	成熟林 蓄积	过熟林 面积	过熟林 蓄积
穆棱林业局	合计	天然	合计	214695.67	31105059.2	11711.30	1000878.5	150206.91	21609521.3	49077.56	7851086.6	3657.58	636134.5	42.32	7438.3
			纯林	32813.02	4537915.6	4791.30	340038.4	20139.62	2877310.6	6989.00	1149819.9	888.43	169459.3	4.67	1287.4
			混交林	181882.65	26567143.6	6920.00	660840.1	130067.29	18732210.7	42088.56	6701266.7	2769.15	466675.2	37.65	6150.9
			针叶混交林	12234.38	1946717.6	791.73	118331.4	8834.70	1397220.2	2607.95	431166.0				
			针阔混交林	59754.24	9124042.8	1721.68	191954.8	43627.83	6613728.8	13679.09	2187814.6	725.64	130544.6		
			阔叶混交林	109894.03	15496383.2	4406.59	350553.9	77604.76	10721261.7	25801.52	4082286.1	2043.51	336130.6	37.65	6150.9
		人工	合计	25558.11	4007077.1	4968.08	413838.5	5868.69	966934.6	9133.81	1703667.0	5573.62	920871.7	13.91	1765.3
			纯林	14382.53	2327882.0	2629.06	222564.5	2358.36	413178.7	5213.25	1001883.5	4180.66	689911.4	1.20	343.9
			混交林	11175.58	1679195.1	2339.02	191274.0	3510.33	553755.9	3920.56	701783.5	1392.96	230960.3	12.71	1421.4
			针叶混交林	2492.14	374705.9	596.79	45077.3	482.77	73476.0	870.02	160194.6	542.56	95958.0		
			针阔混交林	8672.39	1304013.0	1734.47	146101.5	3024.27	479898.9	3050.54	541588.9	850.40	135002.3	12.71	1421.4
			阔叶混交林	11.05	476.2	7.76	95.2	3.29	381.0						
		其中：人天混	合计	9414.63	1409699.4	2035.38	172399.0	3237.03	514935.4	3257.53	581576.9	884.69	140788.1		
			纯林	237.48	19584.7	200.41	14112.9	37.07	5471.8						
			混交林	9177.15	1390114.7	1834.97	158286.1	3199.96	509463.6	3257.53	581576.9	884.69	140788.1		
			针叶混交林	567.22	93832.3	116.62	12842.4	209.32	35216.1	206.99	39988.0	34.29	5785.8		
			针阔混交林	8600.94	1295806.2	1712.65	145348.5	2987.35	473866.5	3050.54	541588.9	850.40	135002.3		
			阔叶混交林	8.99	476.2	5.70	95.2	3.29	381.0						
	防护林	合计	合计	128741.27	18362788.1	10946.89	903514.4	77624.27	10892613.0	34763.62	5653204.3	5367.67	907077.3	38.82	6379.1
			纯林	32321.90	4649569.6	5118.09	391130.5	15724.43	2260512.5	8613.95	1498302.6	2864.26	499395.8	1.17	228.2
			混交林	96419.37	13713218.5	5828.80	512383.9	61899.84	8632100.5	26149.67	4154901.7	2503.41	407681.5	37.65	6150.9
			针叶混交林	7476.52	1133634.7	482.32	47052.8	4621.63	688938.9	2080.27	339958.1	292.30	57684.9		
			针阔混交林	29267.44	4343530.4	2066.73	199258.1	17183.23	2544268.0	9206.90	1476334.8	810.58	123669.5		
			阔叶混交林	59675.41	8236053.4	3279.75	266073.0	40094.98	5398893.6	14862.50	2338608.8	1400.53	226327.1	37.65	6150.9
		天然	合计	112639.36	15780367.5	7952.40	643582.4	73860.81	10270893.7	28448.52	4454542.1	2338.81	404970.2	38.82	6379.1
			纯林	23762.96	3210278.9	3708.73	270552.6	14322.18	2008963.7	5064.88	798509.1	666.00	132025.3	1.17	228.2
			混交林	88876.40	12570088.6	4243.67	373029.8	59538.63	8261930.0	23383.64	3656033.0	1672.81	272944.9	37.65	6150.9
			针叶混交林	5889.06	876068.1	151.74	15848.2	4236.60	631967.5	1500.72	228252.4				
			针阔混交林	23315.22	3458348.1	812.18	91108.6	15210.34	2231449.9	7020.42	1089171.8	272.28	46617.8		
			阔叶混交林	59672.12	8235672.4	3279.75	266073.0	40091.69	5398512.6	14862.50	2338608.8	1400.53	226327.1	37.65	6150.9
		人工	合计	16101.91	2582420.6	2994.49	259932.0	3763.46	621719.3	6315.10	1198662.2	3028.86	502107.1		
			纯林	8558.94	1439290.7	1409.36	120577.9	1402.25	251548.8	3549.07	699793.5	2198.26	367370.5		
			混交林	7542.97	1143129.9	1585.13	139354.1	2361.21	370170.5	2766.03	498868.7	830.60	134736.6		
			针叶混交林	1587.46	257566.6	330.58	31204.6	385.03	56971.4	579.55	111705.7	292.30	57684.9		
			针阔混交林	5952.22	885182.3	1254.55	108149.5	1972.89	312818.1	2186.48	387163.0	538.30	77051.7		
			阔叶混交林	3.29	381.0			3.29	381.0						

表 8　黑龙江重点国有林区乔木林各龄组面积、蓄积按林种、起源和林分类型统计表（续 54）

单位：公顷、立方米

统计单位	林种	起源	林分类型	合计		幼龄林		中龄林		近熟林		成熟林		过熟林	
				面积	蓄积	面积	蓄积	面积	蓄积	面积	蓄积	面积	蓄积	面积	蓄积
穆棱林业局	防护林	其中：人天混	合计	6409.93	943661.8	1489.53	127192.1	2110.17	333629.5	2254.48	402601.7	555.75	80238.5		
			纯林	209.11	16314.9	182.21	12559.9	26.90	3755.0						
			混交林	6200.82	927346.9	1307.32	114632.2	2083.27	329874.5	2254.48	402601.7	555.75	80238.5		
			针叶混交林	301.30	48468.0	73.82	7235.7	142.03	22606.8	68.00	15438.7	17.45	3186.8		
			针阔混交林	5896.23	878497.9	1233.50	107396.5	1937.95	306886.7	2186.48	387163.0	538.30	77051.7		
			阔叶混交林	3.29	381.0			3.29	381.0						
	特用林	合计	合计	42984.31	6761438.2	2794.91	295669.9	32903.84	5089278.5	6026.44	1129489.3	1255.62	245941.3	3.50	1059.2
			纯林	7196.78	1165408.9	568.64	50900.0	4319.52	652166.3	1627.64	330535.0	677.48	130748.4	3.50	1059.2
			混交林	35787.53	5596029.3	2226.27	244769.9	28584.32	4437112.2	4398.80	798954.3	578.14	115192.9		
			针叶混交林	2956.44	514018.7	706.89	109552.4	1501.43	250606.2	718.98	148365.0	29.14	5495.1		
			针阔混交林	14931.69	2421492.4	904.23	90665.2	11956.74	1932158.4	1805.38	346490.7	265.34	52178.1		
			阔叶混交林	17899.40	2660518.2	615.15	44552.3	15126.15	2254347.6	1874.44	304098.6	283.66	57519.7		
		天然	合计	40350.83	6300535.3	2386.99	263297.9	32171.01	4960695.9	5180.55	956961.3	608.78	118521.0	3.50	1059.2
			纯林	5833.82	902369.1	435.56	41967.5	4050.85	603262.3	1237.96	238532.9	105.95	17547.2	3.50	1059.2
			混交林	34517.01	5398166.2	1951.43	221330.4	28120.16	4357433.6	3942.59	718428.4	502.83	100973.8		
			针叶混交林	2637.06	461427.2	639.99	102483.2	1417.08	235128.3	579.99	123815.7				
			针阔混交林	13980.55	2276220.8	696.29	74294.9	11576.93	1867957.7	1488.16	290514.1	219.17	43454.1		
			阔叶混交林	17899.40	2660518.2	615.15	44552.3	15126.15	2254347.6	1874.44	304098.6	283.66	57519.7		
		人工	合计	2633.48	460902.9	407.92	32372.0	732.83	128582.6	845.89	172528.0	646.84	127420.3		
			纯林	1362.96	263039.8	133.08	8932.5	268.67	48904.0	389.68	92002.1	571.53	113201.2		
			混交林	1270.52	197863.1	274.84	23439.5	464.16	79678.6	456.21	80525.9	75.31	14219.1		
			针叶混交林	319.38	52591.5	66.90	7069.2	84.35	15477.9	138.99	24549.3	29.14	5495.1		
			针阔混交林	951.14	145271.6	207.94	16370.3	379.81	64200.7	317.22	55976.6	46.17	8724.0		
		其中：人天混	合计	1218.90	191032.4	250.98	22304.8	451.75	77458.0	456.21	80525.9	59.96	10743.7		
			纯林	10.40	1080.4	5.75	432.4	4.65	648.0						
			混交林	1208.50	189952.0	245.23	21872.4	447.10	76810.0	456.21	80525.9	59.96	10743.7		
			针叶混交林	257.36	44680.4	37.29	5502.1	67.29	12609.3	138.99	24549.3	13.79	2019.7		
			针阔混交林	951.14	145271.6	207.94	16370.3	379.81	64200.7	317.22	55976.6	46.17	8724.0		
	用材林	合计	合计	68528.20	9987910.0	2937.58	215532.7	45547.49	6594564.4	17421.31	2772060.0	2607.91	403987.6	13.91	1765.3
			纯林	7676.87	1050819.1	1733.63	120572.4	2454.03	377810.5	1960.66	322865.8	1527.35	229226.5	1.20	343.9
			混交林	60851.33	8937090.9	1203.95	94960.3	43093.46	6216753.9	15460.65	2449194.2	1080.56	174761.1	12.71	1421.4
			针叶混交林	4293.56	673770.1	199.31	6803.5	3194.41	531151.1	678.72	103037.5	221.12	32778.0		
			针阔混交林	24227.50	3663033.0	485.19	48133.0	17512.13	2617201.3	5717.35	906578.0	500.12	89699.3	12.71	1421.4
			阔叶混交林	32330.27	4600287.8	519.45	40023.8	22386.92	3068401.5	9064.58	1439578.7	359.32	52283.8		
		天然	合计	61705.48	9024156.4	1371.91	93998.2	44175.09	6377931.7	15448.49	2439583.2	709.99	112643.3		
			纯林	3216.24	425267.6	647.01	27518.3	1766.59	265084.6	686.16	112777.9	116.48	19886.8		
			混交林	58489.24	8598888.8	724.90	66479.9	42408.50	6112847.1	14762.33	2326805.3	593.51	92756.5		
			针叶混交林	3708.26	609222.3			3181.02	530124.4	527.24	79097.9				
			针阔混交林	22458.47	3389473.9	213.21	26551.3	16840.56	2514321.2	5170.51	808128.7	234.19	40472.7		
			阔叶混交林	32322.51	4600192.6	511.69	39928.6	22386.92	3068401.5	9064.58	1439578.7	359.32	52283.8		

表8　黑龙江重点国有林区乔木林各龄组面积、蓄积按林种、起源和林分类型统计表（续55）

单位：公顷、立方米

统计单位	林种	起源	林分类型	合计		幼龄林		中龄林		近熟林		成熟林		过熟林	
				面积	蓄积	面积	蓄积	面积	蓄积	面积	蓄积	面积	蓄积	面积	蓄积
穆棱林业局	用材林	人工	合计	6822.72	963753.6	1565.67	121534.5	1372.40	216632.7	1972.82	332476.8	1897.92	291344.3	13.91	1765.3
			纯林	4460.63	625551.5	1086.62	93054.1	687.44	112725.9	1274.50	210087.9	1410.87	209339.7	1.20	343.9
			混交林	2362.09	338202.1	479.05	28480.4	684.96	103906.8	698.32	122388.9	487.05	82004.6	12.71	1421.4
			针叶混交林	585.30	64547.8	199.31	6803.5	13.39	1026.7	151.48	23939.6	221.12	32778.0		
			针阔混交林	1769.03	273559.1	271.98	21581.7	671.57	102880.1	546.84	98449.3	265.93	49226.6	12.71	1421.4
			阔叶混交林	7.76	95.2	7.76	95.2								
		其中：人天混	合计	1785.80	275005.2	294.87	22902.1	675.11	103847.9	546.84	98449.3	268.98	49805.9		
			纯林	17.97	2189.4	12.45	1120.6	5.52	1068.8						
			混交林	1767.83	272815.8	282.42	21781.5	669.59	102779.1	546.84	98449.3	268.98	49805.9		
			针叶混交林	8.56	683.9	5.51	104.6					3.05	579.3		
			针阔混交林	1753.57	272036.7	271.21	21581.7	669.59	102779.1	546.84	98449.3	265.93	49226.6		
			阔叶混交林	5.70	95.2	5.70	95.2								
绥阳林业局	合计	合计	合计	473281.14	55625069.3	61370.21	4875675.8	303865.90	36520194.0	96549.61	12734560.2	11130.13	1449166.4	365.29	45472.9
			纯林	159140.66	17635691.1	33136.38	2470773.5	95895.69	11206978.4	28073.71	3696771.0	2031.94	260627.7	2.94	540.5
			混交林	314140.48	37989378.2	28233.83	2404902.3	207970.21	25313215.6	68475.90	9037789.2	9098.19	1188538.7	362.35	44932.4
			针叶混交林	10096.74	1395112.5	2064.58	193897.0	6605.94	988909.8	1369.56	204132.0	56.66	8173.7		
			针阔混交林	72200.92	9565756.8	10481.59	989713.4	47215.38	6462214.0	12496.34	1819127.9	1774.61	265012.8	233.00	29688.7
			阔叶混交林	231842.82	27028508.9	15687.66	1221291.9	154148.89	17862091.8	54610.00	7014529.3	7266.92	915352.2	129.35	15243.7
		天然	合计	418992.91	49342170.5	40294.81	3206226.3	278888.92	33067550.7	89424.91	11725391.0	10122.73	1312346.4	261.54	30656.1
			纯林	129394.36	14123611.5	18468.24	1207350.1	84310.98	9473069.5	24937.78	3233125.4	1676.68	209994.4	0.68	72.1
			混交林	289598.55	35218559.0	21826.57	1998876.2	194577.94	23594481.2	64487.13	8492265.6	8446.05	1102352.0	260.86	30584.0
			针叶混交林	7616.38	1141458.7	1112.68	147805.8	5594.74	849970.2	908.96	143682.7				
			针阔混交林	50190.57	7053448.1	5033.30	630292.1	34847.50	4883384.2	8995.64	1336672.5	1182.62	187759.0	131.51	15340.3
			阔叶混交林	231791.60	27023652.2	15680.59	1220778.3	154135.70	17861126.8	54582.53	7011910.4	7263.43	914593.0	129.35	15243.7
		人工	合计	54288.23	6282898.8	21075.40	1669449.5	24976.98	3452643.3	7124.70	1009169.2	1007.40	136820.0	103.75	14816.8
			纯林	29746.30	3512079.6	14668.14	1263423.4	11584.71	1733908.9	3135.93	463645.6	355.26	50633.3	2.26	468.4
			混交林	24541.93	2770819.2	6407.26	406026.1	13392.27	1718734.4	3988.77	545523.6	652.14	86186.7	101.49	14348.4
			针叶混交林	2480.36	253653.8	951.90	46091.2	1011.20	138939.6	460.60	60449.3	56.66	8173.7		
			针阔混交林	22010.35	2512308.7	5448.29	359421.3	12367.88	1578829.8	3500.70	482455.4	591.99	77253.8	101.49	14348.4
			阔叶混交林	51.22	4856.7	7.07	513.6	13.19	965.0	27.47	2618.9	3.49	759.2		
		其中：人天混	合计	25143.20	2826108.4	7773.30	567515.3	13101.26	1677785.2	3574.37	489143.0	592.78	77316.5	101.49	14348.4
			纯林	2726.99	269636.0	2227.72	202341.5	499.27	67294.5						
			混交林	22416.21	2556472.4	5545.58	365173.8	12601.99	1610490.7	3574.37	489143.0	592.78	77316.5	101.49	14348.4
			针叶混交林	377.36	42188.2	95.45	5585.3	220.92	30695.9	60.99	5907.0				
			针阔混交林	21990.89	2510140.7	5443.62	359091.6	12367.88	1578829.8	3485.91	480617.1	591.99	77253.8	101.49	14348.4
			阔叶混交林	47.96	4143.5	6.51	496.9	13.19	965.0	27.47	2618.9	0.79	62.7		

表8 黑龙江重点国有林区乔木林各龄组面积、蓄积按林种、起源和林分类型统计表（续56）

单位：公顷、立方米

统计单位	林种	起源	林分类型	合计		幼龄林		中龄林		近熟林		成熟林		过熟林	
				面积	蓄积	面积	蓄积	面积	蓄积	面积	蓄积	面积	蓄积	面积	蓄积
绥阳林业局			合计	266009.05	29331904.4	39642.70	2814531.6	169460.64	19229730.2	52417.79	6719958.1	4318.33	545704.4	169.59	21980.1
	防护林	合计	纯林	109167.50	11775830.5	24183.17	1766441.5	65902.68	7537960.5	17883.17	2318358.4	1197.07	152699.8	1.41	370.3
			混交林	156841.55	17556073.9	15459.53	1048090.1	103557.96	11691769.7	34534.62	4401599.7	3121.26	393004.6	168.18	21609.8
			针叶混交林	1964.19	204080.3	659.08	24721.9	879.47	124465.2	386.18	48072.7	39.46	6820.5		
			针阔混交林	25071.75	2955664.7	4771.27	309546.4	15465.56	1990861.0	4314.49	587947.5	389.97	50408.4	130.46	16901.4
			阔叶混交林	129805.61	14396328.9	10029.18	713821.8	87212.93	9576443.5	29833.95	3765579.5	2691.83	335775.7	37.72	4708.4
		天然	合计	224454.69	24544755.5	23399.94	1561499.2	149685.93	16470740.7	47495.37	6028198.7	3764.73	471491.1	108.72	12825.8
			纯林	86404.11	9090588.5	12959.57	809555.6	56650.70	6145414.3	15831.58	2016043.4	962.26	119575.2		
			混交林	138050.58	15454167.0	10440.37	751943.6	93035.23	10325326.4	31663.79	4012155.3	2802.47	351915.9	108.72	12825.8
			针叶混交林	207.70	30160.5	20.99	2536.7	85.79	14391.6	100.92	13232.2				
			针阔混交林	8073.39	1030951.3	397.27	36098.7	5737.30	734569.8	1756.39	235962.5	111.43	16202.9	71.00	8117.4
			阔叶混交林	129769.49	14393055.2	10022.11	713308.2	87212.14	9576365.0	29806.48	3762960.6	2691.04	335713.0	37.72	4708.4
		人工	合计	41554.36	4787148.9	16242.76	1253032.4	19774.71	2758989.5	4922.42	691759.4	553.60	74213.3	60.87	9154.3
			纯林	22763.39	2685242.0	11223.60	956885.9	9251.98	1392546.2	2051.59	302315.0	234.81	33124.6	1.41	370.3
			混交林	18790.97	2101906.9	5019.16	296146.5	10522.73	1366443.3	2870.83	389444.4	318.79	41088.7	59.46	8784.0
			针叶混交林	1756.49	173919.8	638.09	22185.2	793.68	110073.6	285.26	34840.5	39.46	6820.5		
			针阔混交林	16998.36	1924713.4	4374.00	273447.7	9728.26	1256291.2	2558.10	351985.0	278.54	34205.5	59.46	8784.0
			阔叶混交林	36.12	3273.7	7.07	513.6	0.79	78.5	27.47	2618.9	0.79	62.7		
		其中：人天混	合计	19568.22	2182310.7	6313.32	449776.5	10304.14	1332147.7	2611.97	357334.3	279.33	34268.2	59.46	8784.0
			纯林	2296.76	229339.6	1860.87	172036.9	435.89	57302.7						
			混交林	17271.46	1952971.1	4452.45	277739.6	9868.25	1274845.0	2611.97	357334.3	279.33	34268.2	59.46	8784.0
			针叶混交林	241.84	25330.4	76.24	4124.7	139.20	18475.3	26.40	2730.4				
			针阔混交林	16994.06	1924383.7	4369.70	273118.0	9728.26	1256291.2	2558.10	351985.0	278.54	34205.5	59.46	8784.0
			阔叶混交林	35.56	3257.0	6.51	496.9	0.79	78.5	27.47	2618.9	0.79	62.7		
	特用林	合计	合计	138670.70	17795067.3	12742.27	1213180.8	88539.08	11475106.8	32540.77	4456856.8	4695.76	632092.6	152.82	17830.3
			纯林	38472.83	4539018.2	5496.81	415173.9	23693.93	2883501.5	8529.14	1145316.3	752.27	94954.4	0.68	72.1
			混交林	100197.87	13256049.1	7245.46	798006.9	64845.15	8591605.3	24011.63	3311540.5	3943.49	537138.2	152.14	17758.2
			针叶混交林	5765.88	886924.4	904.02	120726.4	4077.84	640765.2	784.02	125432.8				
			针阔混交林	28472.18	4186496.7	3215.51	399969.7	19316.33	2823961.9	5157.18	828664.4	722.65	126677.8	60.51	7222.9
			阔叶混交林	65959.81	8182628.0	3125.93	277310.8	41450.98	5126878.2	18070.43	2357443.3	3220.84	410460.4	91.63	10535.3
		天然	合计	134645.36	17346874.5	10562.01	1034313.7	87237.58	11287964.8	32040.06	4379945.5	4652.89	626820.2	152.82	17830.3
			纯林	35781.56	4223108.9	3894.40	280088.0	23008.11	2767798.2	8168.00	1085342.1	710.37	89808.5	0.68	72.1
			混交林	98863.80	13123765.6	6667.61	754225.7	64229.47	8520166.6	23872.06	3294603.4	3942.52	537011.7	152.14	17758.2
			针叶混交林	5541.19	866255.9	830.96	117512.4	3984.99	629756.6	725.24	118986.9				
			针阔混交林	27375.20	4075768.2	2710.72	359402.5	18805.90	2764418.3	5076.39	818173.2	721.68	126551.3	60.51	7222.9
			阔叶混交林	65947.41	8181741.5	3125.93	277310.8	41438.58	5125991.7	18070.43	2357443.3	3220.84	410460.4	91.63	10535.3

表 8　黑龙江重点国有林区乔木林各龄组面积、蓄积按林种、起源和林分类型统计表（续 57）

单位：公顷、立方米

统计单位	林种	起源	林分类型	合计		幼龄林		中龄林		近熟林		成熟林		过熟林	
				面积	蓄积	面积	蓄积	面积	蓄积	面积	蓄积	面积	蓄积	面积	蓄积
绥阳林业局	特用林	人工	合计	4025.34	448192.8	2180.26	178867.1	1301.50	187142.0	500.71	76911.3	42.87	5272.4		
			纯林	2691.27	315909.3	1602.41	135085.9	685.82	115703.3	361.14	59974.2	41.90	5145.9		
			混交林	1334.07	132283.5	577.85	43781.2	615.68	71438.7	139.57	16937.1	0.97	126.5		
			针叶混交林	224.69	20668.5	73.06	3214.0	92.85	11008.6	58.78	6445.9				
			针阔混交林	1096.98	110728.5	504.79	40567.2	510.43	59543.6	80.79	10491.2	0.97	126.5		
			阔叶混交林	12.40	886.5			12.40	886.5						
		其中：人天混	合计	1298.31	133737.2	577.12	47702.4	604.84	72240.5	115.38	13667.8	0.97	126.5		
			纯林	90.39	10924.3	66.46	6871.0	23.93	4053.3						
			混交林	1207.92	122812.9	510.66	40831.4	580.91	68187.2	115.38	13667.8	0.97	126.5		
			针叶混交林	98.54	11197.9	5.87	264.2	58.08	7757.1	34.59	3176.6				
			针阔混交林	1096.98	110728.5	504.79	40567.2	510.43	59543.6	80.79	10491.2	0.97	126.5		
			阔叶混交林	12.40	886.5			12.40	886.5						
	用材林	合计	合计	68601.39	8498097.6	8985.24	847963.4	45866.18	5815357.0	11591.05	1557745.3	2116.04	271369.4	42.88	5662.5
			纯林	11500.33	1320842.4	3456.40	289158.1	6299.08	785516.4	1661.40	233096.3	82.60	12973.5	0.85	98.1
			混交林	57101.06	7177255.2	5528.84	558805.3	39567.10	5029840.6	9929.65	1324649.0	2033.44	258395.9	42.03	5564.4
			针叶混交林	2366.67	304107.8	501.48	48448.7	1648.63	223679.4	199.36	30626.5	17.20	1353.2		
			针阔混交林	18656.99	2423595.4	2494.81	280197.3	12433.49	1647391.1	3024.67	402516.0	661.99	87926.6	42.03	5564.4
			阔叶混交林	36077.40	4449552.0	2532.55	230159.3	25484.98	3158770.1	6705.62	891506.5	1354.25	169116.1		
		天然	合计	59892.86	7450540.5	6332.86	610413.4	41965.41	5308845.2	9889.48	1317246.8	1705.11	214035.1		
			纯林	7208.69	809914.1	1614.27	117706.5	4652.17	559857.0	938.20	131739.9	4.05	610.7		
			混交林	52684.17	6640626.4	4718.59	492706.9	37313.24	4748988.2	8951.28	1185506.9	1701.06	213424.4		
			针叶混交林	1867.49	245042.3	260.73	27756.7	1523.96	205822.0	82.80	11463.6				
			针阔混交林	14741.98	1946728.6	1925.31	234790.9	10304.30	1384396.1	2162.86	282536.8	349.51	45004.8		
			阔叶混交林	36074.70	4448855.5	2532.55	230159.3	25484.98	3158770.1	6705.62	891506.5	1351.55	168419.6		
		人工	合计	8708.53	1047557.1	2652.38	237550.0	3900.77	506511.8	1701.57	240498.5	410.93	57334.3	42.88	5662.5
			纯林	4291.64	510928.3	1842.13	171451.6	1646.91	225659.4	723.20	101356.4	78.55	12362.8	0.85	98.1
			混交林	4416.89	536628.8	810.25	66098.4	2253.86	280852.4	978.37	139142.1	332.38	44971.5	42.03	5564.4
			针叶混交林	499.18	59065.5	240.75	20692.0	124.67	17857.4	116.56	19162.9	17.20	1353.2		
			针阔混交林	3915.01	476866.8	569.50	45406.4	2129.19	262995.0	861.81	119979.2	312.48	42921.8	42.03	5564.4
			阔叶混交林	2.70	696.5							2.70	696.5		
		其中：人天混	合计	4276.67	510060.5	882.86	70036.4	2192.28	273397.0	847.02	118140.9	312.48	42921.8	42.03	5564.4
			纯林	339.84	29372.1	300.39	23433.6	39.45	5938.5						
			混交林	3936.83	480688.4	582.47	46602.8	2152.83	267458.5	847.02	118140.9	312.48	42921.8	42.03	5564.4
			针叶混交林	36.98	5659.9	13.34	1196.4	23.64	4463.5						
			针阔混交林	3899.85	475028.5	569.13	45406.4	2129.19	262995.0	847.02	118140.9	312.48	42921.8	42.03	5564.4

表 8 黑龙江重点国有林区乔木林各龄组面积、蓄积按林种、起源和林分类型统计表（续 58）

单位：公顷、立方米

统计单位	林种	起源	林分类型	合计		幼龄林		中龄林		近熟林		成熟林		过熟林	
				面积	蓄积	面积	蓄积	面积	蓄积	面积	蓄积	面积	蓄积	面积	蓄积
海林林业局	合计	合计	合计	145331.64	16115834.0	6678.50	516684.3	93436.83	10134922.8	40010.28	4800121.2	4995.63	640875.5	210.40	23230.2
			纯林	24106.85	3099738.2	3920.51	306815.6	11186.73	1492532.1	6498.21	950765.0	2495.01	348739.7	6.39	885.8
			混交林	121224.79	13016095.8	2757.99	209868.7	82250.10	8642390.7	33512.07	3849356.2	2500.62	292135.8	204.01	22344.4
			针叶混交林	3238.54	426024.0	175.37	15575.6	1400.46	192731.9	1100.36	147559.7	527.35	66234.0	35.00	3922.8
			针阔混交林	22912.04	2716598.4	1074.34	99880.8	15725.83	1841125.5	5654.53	721286.3	411.73	49974.0	45.61	4331.8
			阔叶混交林	95074.21	9873473.4	1508.28	94412.3	65123.81	6608533.3	26757.18	2980510.2	1561.54	175927.8	123.40	14089.8
		天然	合计	120763.07	12826502.1	3175.67	162386.8	83126.48	8712711.2	32521.27	3731405.6	1770.64	201576.9	169.01	18421.6
			纯林	7728.68	810638.9	1347.08	37558.8	4470.45	508383.7	1838.07	254236.6	73.08	10459.8		
			混交林	113034.39	12015863.2	1828.59	124828.0	78656.03	8204327.5	30683.20	3477169.0	1697.56	191117.1	169.01	18421.6
			针叶混交林	797.31	114089.3	7.18	707.8	723.33	103131.9	66.80	10249.6				
			针阔混交林	17193.65	2031386.3	313.90	29732.3	12838.73	1495704.6	3859.39	486428.3	136.02	15189.3	45.61	4331.8
			阔叶混交林	95043.43	9870387.6	1507.51	94387.9	65093.97	6605491.0	26757.01	2980491.1	1561.54	175927.8	123.40	14089.8
		人工	合计	24568.57	3289331.9	3502.83	354297.5	10310.35	1422211.6	7489.01	1068715.6	3224.99	439298.6	41.39	4808.6
			纯林	16378.17	2289099.3	2573.43	269256.8	6716.28	984148.4	4660.14	696528.4	2421.93	338279.9	6.39	885.8
			混交林	8190.40	1000232.6	929.40	85040.7	3594.07	438063.2	2828.87	372187.2	803.06	101018.7	35.00	3922.8
			针叶混交林	2441.23	311934.7	168.19	14867.8	677.13	89600.0	1033.56	137310.1	527.35	66234.0	35.00	3922.8
			针阔混交林	5718.39	685212.1	760.44	70148.5	2887.10	345420.9	1795.14	234858.0	275.71	34784.7		
			阔叶混交林	30.78	3085.8	0.77	24.4	29.84	3042.3	0.17	19.1				
		其中：人天混	合计	6782.52	818015.6	1017.92	97814.4	3450.56	418137.9	1974.21	261131.6	304.83	37008.9	35.00	3922.8
			纯林	671.11	81736.6	255.31	27206.2	415.80	54530.4						
			混交林	6111.41	736279.0	762.61	70608.2	3034.76	363607.5	1974.21	261131.6	304.83	37008.9	35.00	3922.8
			针叶混交林	414.11	53531.4	8.78	628.1	157.44	20248.9	183.77	26507.4	29.12	2224.2	35.00	3922.8
			针阔混交林	5668.72	679772.2	753.49	69955.7	2849.08	340407.6	1790.44	234624.2	275.71	34784.7		
			阔叶混交林	28.58	2975.4	0.34	24.4	28.24	2951.0						
	防护林	合计	合计	57100.32	6361522.1	4278.51	335199.3	35585.74	3978006.4	14573.18	1723843.8	2604.84	317618.8	58.05	6853.8
			纯林	14680.38	1878767.7	2843.13	226553.3	6675.27	923437.9	3746.69	543133.0	1409.19	184790.4	6.10	853.1
			混交林	42419.94	4482754.4	1435.38	108646.0	28910.47	3054568.5	10826.49	1180710.8	1195.65	132828.4	51.95	6000.7
			针叶混交林	1670.07	215063.0	86.87	7546.0	647.21	85995.7	534.99	73108.8	366.00	44489.7	35.00	3922.8
			针阔混交林	5875.70	667702.2	509.40	45961.4	3796.85	439200.2	1396.55	162228.8	172.90	20311.8		
			阔叶混交林	34874.17	3599989.2	839.11	55138.6	24466.41	2529372.6	8894.95	945373.2	656.75	68026.9	16.95	2077.9
		天然	合计	42516.47	4396886.7	1912.58	87659.9	29520.00	3117421.8	10365.21	1115575.2	701.73	74151.9	16.95	2077.9
			纯林	3938.83	369411.6	1003.84	26118.2	2157.66	244155.8	747.23	94927.7	30.10	4209.9		
			混交林	38577.64	4027475.1	908.74	61541.7	27362.34	2873266.0	9617.98	1020647.5	671.63	69942.0	16.95	2077.9
			针叶混交林	220.83	31342.2	0.86	44.9	214.83	30760.2	5.14	537.1				
			针阔混交林	3483.22	396199.8	68.77	6358.2	2681.51	313170.2	718.06	74756.3	14.88	1915.1		
			阔叶混交林	34873.59	3599933.1	839.11	55138.6	24466.00	2529335.6	8894.78	945354.1	656.75	68026.9	16.95	2077.9

表 8　黑龙江重点国有林区乔木林各龄组面积、蓄积按林种、起源和林分类型统计表（续 59）

单位：公顷、立方米

统计单位	林种	起源	林分类型	合计		幼龄林		中龄林		近熟林		成熟林		过熟林	
				面积	蓄积	面积	蓄积	面积	蓄积	面积	蓄积	面积	蓄积	面积	蓄积
海林林业局	防护林	人工	合计	14583.85	1964635.4	2365.93	247539.4	6065.74	860584.6	4207.97	608268.6	1903.11	243466.9	41.10	4775.9
			纯林	10741.55	1509356.1	1839.29	200435.1	4517.61	679282.1	2999.46	448205.3	1379.09	180580.5	6.10	853.1
			混交林	3842.30	455279.3	526.64	47104.3	1548.13	181302.5	1208.51	160063.3	524.02	62886.4	35.00	3922.8
			针叶混交林	1449.24	183720.8	86.01	7501.1	432.38	55235.5	529.85	72571.7	366.00	44489.7	35.00	3922.8
			针阔混交林	2392.48	271502.4	440.63	39603.2	1115.34	126030.0	678.49	87472.5	158.02	18396.7		
			阔叶混交林	0.58	56.1			0.41	37.0	0.17	19.1				
		其中：人天混	合计	2927.49	333516.0	623.58	57582.8	1406.95	162766.7	702.46	90630.7	159.50	18613.0	35.00	3922.8
			纯林	416.69	48006.7	184.54	18154.0	232.15	29852.7						
			混交林	2510.80	285509.3	439.04	39428.8	1174.80	132914.0	702.46	90630.7	159.50	18613.0	35.00	3922.8
			针叶混交林	119.50	14144.3			59.05	6847.0	23.97	3158.2	1.48	216.3	35.00	3922.8
			针阔混交林	2390.89	271328.0	439.04	39428.8	1115.34	126030.0	678.49	87472.5	158.02	18396.7		
			阔叶混交林	0.41	37.0			0.41	37.0						
	特用林	合计	合计	73257.46	8125006.0	1840.49	134263.9	46886.39	5017632.7	22451.16	2686830.1	1927.07	269902.9	152.35	16376.4
			纯林	7061.27	906622.5	818.87	61495.0	3550.46	440510.6	1810.05	267615.1	881.60	136969.1	0.29	32.7
			混交林	66196.19	7218383.5	1021.62	72768.9	43335.93	4577122.1	20641.11	2419215.0	1045.47	132933.8	152.06	16343.7
			针叶混交林	1280.48	176195.1	65.26	6505.3	586.85	85154.5	501.55	66600.1	126.82	17935.2		
			针阔混交林	14685.15	1772833.1	387.71	33557.3	10133.24	1193411.0	3967.79	520233.7	150.80	21299.3	45.61	4331.8
			阔叶混交林	50230.56	5269355.3	568.65	32706.3	32615.84	3298556.6	16171.77	1832381.2	767.85	93699.3	106.45	12011.9
		天然	合计	65022.73	7031753.7	1024.93	59458.0	43216.96	4540955.4	19769.73	2308404.6	859.05	106592.0	152.06	16343.7
			纯林	2684.78	298868.8	259.99	8634.3	1782.72	201545.6	605.18	83498.7	36.89	5190.2		
			混交林	62337.95	6732884.9	764.94	50823.7	41434.24	4339409.8	19164.55	2224905.9	822.16	101401.8	152.06	16343.7
			针叶混交林	434.90	64465.8	6.32	662.9	366.92	54090.4	61.66	9712.5				
			针阔混交林	11702.35	1402069.1	190.40	17454.5	8480.91	989768.1	2931.12	382812.2	54.31	7702.5	45.61	4331.8
			阔叶混交林	50200.70	5266350.0	568.22	32706.3	32586.41	3295551.3	16171.77	1832381.2	767.85	93699.3	106.45	12011.9
		人工	合计	8234.73	1093252.3	815.56	74805.9	3669.43	476677.3	2681.43	378425.5	1068.02	163310.9	0.29	32.7
			纯林	4376.49	607753.7	558.88	52860.7	1767.74	238965.0	1204.87	184116.4	844.71	131778.9	0.29	32.7
			混交林	3858.24	485498.6	256.68	21945.2	1901.69	237712.3	1476.56	194309.1	223.31	31532.0		
			针叶混交林	845.58	111729.3	58.94	5842.4	219.93	31064.1	439.89	56887.6	126.82	17935.2		
			针阔混交林	2982.80	370764.0	197.31	16102.8	1652.33	203642.9	1036.67	137421.5	96.49	13596.8		
			阔叶混交林	29.86	3005.3	0.43		29.43	3005.3						
		其中：人天混	合计	3449.06	431983.3	257.41	23832.0	1875.75	232009.7	1191.77	160536.9	124.13	15604.7		
			纯林	191.22	24165.3	56.00	7101.1	135.22	17064.2						
			混交林	3257.84	407818.0	201.41	16730.9	1740.53	214945.5	1191.77	160536.9	124.13	15604.7		
			针叶混交林	294.61	39387.1	8.78	628.1	98.39	13401.9	159.80	23349.2	27.64	2007.9		
			针阔混交林	2935.40	365516.9	192.63	16102.8	1614.31	198629.6	1031.97	137187.7	96.49	13596.8		
			阔叶混交林	27.83	2914.0			27.83	2914.0						

表 8　黑龙江重点国有林区乔木林各龄组面积、蓄积按林种、起源和林分类型统计表（续 60）

单位：公顷、立方米

统计单位	林种	起源	林分类型	合计 面积	合计 蓄积	幼龄林 面积	幼龄林 蓄积	中龄林 面积	中龄林 蓄积	近熟林 面积	近熟林 蓄积	成熟林 面积	成熟林 蓄积	过熟林 面积	过熟林 蓄积
海林林业局	用材林		合计	14973.86	1629305.9	559.50	47221.1	10964.70	1139283.7	2985.94	389447.3	463.72	53353.8		
			纯林	2365.20	314348.0	258.51	18767.3	961.00	128583.6	941.47	140016.9	204.22	26980.2		
		合计	混交林	12608.66	1314957.9	300.99	28453.8	10003.70	1010700.1	2044.47	249430.4	259.50	26373.6		
			针叶混交林	287.99	34765.9	23.24	1524.3	166.40	21581.7	63.82	7850.8	34.53	3809.1		
			针阔混交林	2351.19	276063.1	177.23	20362.1	1795.74	208514.3	290.19	38823.8	88.03	8362.9		
			阔叶混交林	9969.48	1004128.9	100.52	6567.4	8041.56	780604.1	1690.46	202755.8	136.94	14201.6		
		天然	合计	13223.87	1397861.7	238.16	15268.9	10389.52	1054334.0	2386.33	307425.8	209.86	20833.0		
			纯林	1105.07	142358.5	83.25	2806.3	530.07	62682.3	485.66	75810.2	6.09	1059.7		
			混交林	12118.80	1255503.2	154.91	12462.6	9859.45	991651.7	1900.67	231615.6	203.77	19773.3		
			针叶混交林	141.58	18281.3			141.58	18281.3						
			针阔混交林	2008.08	233117.4	54.73	5919.6	1676.31	192766.3	210.21	28859.8	66.83	5571.7		
			阔叶混交林	9969.14	1004104.5	100.18	6543.0	8041.56	780604.1	1690.46	202755.8	136.94	14201.6		
		人工	合计	1749.99	231444.2	321.34	31952.2	575.18	84949.7	599.61	82021.5	253.86	32520.8		
			纯林	1260.13	171989.5	175.26	15961.0	430.93	65901.3	455.81	64206.7	198.13	25920.5		
			混交林	489.86	59454.7	146.08	15991.2	144.25	19048.4	143.80	17814.8	55.73	6600.3		
			针叶混交林	146.41	16484.6	23.24	1524.3	24.82	3300.4	63.82	7850.8	34.53	3809.1		
			针阔混交林	343.11	42945.7	122.50	14442.5	119.43	15748.0	79.98	9964.0	21.20	2791.2		
			阔叶混交林	0.34	24.4	0.34	24.4								
		其中：人天混	合计	405.97	52516.3	136.93	16399.6	167.86	23361.5	79.98	9964.0	21.20	2791.2		
			纯林	63.20	9564.6	14.77	1951.1	48.43	7613.5						
			混交林	342.77	42951.7	122.16	14448.5	119.43	15748.0	79.98	9964.0	21.20	2791.2		
			针阔混交林	342.43	42927.3	121.82	14424.1	119.43	15748.0	79.98	9964.0	21.20	2791.2		
			阔叶混交林	0.34	24.4	0.34	24.4								
林口林业局	合计	合计	合计	219689.79	21493458.9	63889.80	3753333.7	102563.09	10739471.4	42064.96	5440412.4	11153.98	1557900.5	17.96	2340.9
			纯林	121470.57	10882860.9	49748.65	2880784.8	44732.58	4465688.9	21096.64	2721131.2	5888.14	814619.5	4.56	636.5
			混交林	98219.22	10610598.0	14141.15	872548.9	57830.51	6273782.5	20968.32	2719281.2	5265.84	743281.0	13.40	1704.4
			针叶混交林	2790.52	270194.5	1119.18	46644.1	742.49	92942.5	750.44	106067.8	178.41	24540.1		
			针阔混交林	14454.37	1571600.0	3469.79	185389.6	6434.74	773975.1	3538.50	461902.9	1007.69	149733.3	3.65	599.1
			阔叶混交林	80974.33	8768803.5	9552.18	640515.2	50653.28	5406864.9	16679.38	2151310.5	4079.74	569007.6	9.75	1105.3
		天然	合计	157097.74	14698222.9	40415.09	2052161.3	86007.72	8720752.6	25491.86	3194034.7	5170.57	729676.2	12.50	1598.1
			纯林	73415.57	5517721.6	30809.83	1405205.9	33297.57	3018144.8	8308.82	956242.3	995.13	137528.4	4.22	600.2
			混交林	83682.17	9180501.3	9605.26	646955.4	52710.15	5702607.8	17183.04	2237792.4	4175.44	592147.8	8.28	997.9
			针叶混交林	426.74	72059.8			303.76	44980.6	105.63	23325.1	17.35	3754.1		
			针阔混交林	2302.54	341985.6	54.23	6449.2	1754.29	250859.2	408.73	64641.1	85.29	20036.1		
			阔叶混交林	80952.89	8766455.9	9551.03	640506.2	50652.10	5406768.0	16668.68	2149826.2	4072.80	568357.6	8.28	997.9

表 8　黑龙江重点国有林区乔木林各龄组面积、蓄积按林种、起源和林分类型统计表（续 61）

单位：公顷、立方米

统计单位	林种	起源	林分类型	合计		幼龄林		中龄林		近熟林		成熟林		过熟林	
				面积	蓄积	面积	蓄积	面积	蓄积	面积	蓄积	面积	蓄积	面积	蓄积
林口林业局	合计	人工	合计	62592.05	6795236.0	23474.71	1701172.4	16555.37	2018718.8	16573.10	2246377.7	5983.41	828224.3	5.46	742.8
			纯林	48055.00	5365139.3	18938.82	1475578.9	11435.01	1447544.1	12787.82	1764888.9	4893.01	677091.1	0.34	36.3
			混交林	14537.05	1430096.7	4535.89	225593.5	5120.36	571174.7	3785.28	481488.8	1090.40	151133.2	5.12	706.5
			针叶混交林	2363.78	198134.7	1119.18	46644.1	438.73	47961.9	644.81	82742.7	161.06	20786.0		
			针阔混交林	12151.83	1229614.4	3415.56	178940.4	4680.45	523115.9	3129.77	397261.8	922.40	129697.2	3.65	599.1
			阔叶混交林	21.44	2347.6	1.15	9.0	1.18	96.9	10.70	1484.3	6.94	650.0	1.47	107.4
		其中：人天混	合计	19186.90	1765590.2	9795.57	641591.2	5288.66	590524.9	3169.73	402592.2	927.82	130175.4	5.12	706.5
			纯林	7020.79	531981.3	6400.95	462896.5	597.25	66167.5	22.59	2917.3				
			混交林	12166.11	1233608.9	3394.62	178694.7	4691.41	524357.4	3147.14	399674.9	927.82	130175.4	5.12	706.5
			针叶混交林	24.74	2461.4	2.38		14.10	1380.3	8.26	1081.1				
			针阔混交林	12120.68	1228858.9	3391.09	178685.7	4676.13	522880.2	3128.18	397109.5	921.63	129584.4	3.65	599.1
			阔叶混交林	20.69	2288.6	1.15	9.0	1.18	96.9	10.70	1484.3	6.19	591.0	1.47	107.4
	防护林	合计	合计	165114.97	15828652.8	51902.32	3035998.3	75412.10	7820515.8	29961.12	3856957.0	7826.72	1113562.3	12.71	1619.4
			纯林	94595.19	8321345.3	40819.98	2349354.7	33948.08	3388038.5	15450.50	1976441.3	4376.63	607510.8		
			混交林	70519.78	7507307.5	11082.34	686643.6	41464.02	4432477.3	14510.62	1880515.7	3450.09	506051.5	12.71	1619.4
			针叶混交林	2109.08	192241.6	900.96	38386.5	524.61	62155.0	569.61	77353.6	113.90	14346.5		
			针阔混交林	11239.82	1233336.9	2622.89	141684.4	5207.72	629981.5	2568.24	333131.2	837.32	127940.7	3.65	599.1
			阔叶混交林	57170.88	6081729.0	7558.49	506572.7	35731.69	3740340.8	11372.77	1470030.9	2498.87	363764.3	9.06	1020.3
		天然	合计	117442.42	10662324.2	33780.96	1699843.7	62561.58	6260652.1	17936.58	2241993.2	3155.71	458922.3	7.59	912.9
			纯林	58150.91	4258697.9	26174.04	1187055.0	25265.96	2295239.6	6139.63	701354.2	571.28	75049.1		
			混交林	59291.51	6403626.3	7606.92	512788.7	37295.62	3965412.5	11796.95	1540639.0	2584.43	383873.2	7.59	912.9
			针叶混交林	239.33	38533.2			185.49	27057.4	53.57	11403.0	0.27	72.8		
			针阔混交林	1894.65	285052.7	48.43	6216.0	1379.62	198111.2	381.31	60689.4	85.29	20036.1		
			阔叶混交林	57157.53	6080040.4	7558.49	506572.7	35730.51	3740243.9	11362.07	1468546.6	2498.87	363764.3	7.59	912.9
		人工	合计	47672.55	5166328.6	18121.36	1336154.6	12850.52	1559863.7	12024.54	1614963.8	4671.01	654640.0	5.12	706.5
			纯林	36444.28	4062647.4	14645.94	1162299.7	8682.12	1092798.9	9310.87	1275087.1	3805.35	532461.7		
			混交林	11228.27	1103681.2	3475.42	173854.9	4168.40	467064.8	2713.67	339876.7	865.66	122178.3	5.12	706.5
			针叶混交林	1869.75	153708.4	900.96	38386.5	339.12	35097.6	516.04	65950.6	113.63	14273.7		
			针阔混交林	9345.17	948284.2	2574.46	135468.4	3828.10	431870.3	2186.93	272441.8	752.03	107904.6	3.65	599.1
			阔叶混交林	13.35	1688.6			1.18	96.9	10.70	1484.3			1.47	107.4
		其中：人天混	合计	14904.78	1363680.0	7667.97	501377.4	4253.54	476032.1	2226.89	277772.2	751.26	107791.8	5.12	706.5
			纯林	5537.86	411840.8	5100.79	366003.2	414.48	42920.3	22.59	2917.3				
			混交林	9366.92	951839.2	2567.18	135374.2	3839.06	433111.8	2204.30	274854.9	751.26	107791.8	5.12	706.5
			针叶混交林	22.36	2461.4			14.10	1380.3	8.26	1081.1				
			针阔混交林	9331.21	947689.2	2567.18	135374.2	3823.78	431634.6	2185.34	272289.5	751.26	107791.8	3.65	599.1
			阔叶混交林	13.35	1688.6			1.18	96.9	10.70	1484.3			1.47	107.4

表 8　黑龙江重点国有林区乔木林各龄组面积、蓄积按林种、起源和林分类型统计表（续 62）

单位：公顷、立方米

统计单位	林种	起源	林分类型	合计		幼龄林		中龄林		近熟林		成熟林		过熟林	
				面积	蓄积	面积	蓄积	面积	蓄积	面积	蓄积	面积	蓄积	面积	蓄积
林口林业局	特用林	合计	合计	14066.72	1395623.2	2581.54	145146.8	7841.31	745571.2	3011.38	398098.7	628.27	106206.3	4.22	600.2
			纯林	8123.45	736296.4	2016.32	108250.1	4234.71	385084.2	1512.68	190701.7	355.52	51660.2	4.22	600.2
			混交林	5943.27	659326.8	565.22	36896.7	3606.60	360487.0	1498.70	207397.0	272.75	54546.1		
			针叶混交林	5.99	1017.1	0.32	30.7	1.51	250.0			4.16	736.4		
			针阔混交林	205.04	16346.5	85.94	5425.7	90.27	6951.0	19.48	2260.3	9.35	1709.5		
			阔叶混交林	5732.24	641963.2	478.96	31440.3	3514.82	353286.0	1479.22	205136.7	259.24	52100.2		
		天然	合计	12985.58	1281713.4	2154.58	113521.8	7513.02	711469.1	2827.05	366525.4	486.71	89596.9	4.22	600.2
			纯林	7259.53	640341.2	1675.62	82081.5	3998.20	358183.1	1347.83	161388.7	233.66	38087.7	4.22	600.2
			混交林	5726.05	641372.2	478.96	31440.3	3514.82	353286.0	1479.22	205136.7	253.05	51509.2		
			阔叶混交林	5726.05	641372.2	478.96	31440.3	3514.82	353286.0	1479.22	205136.7	253.05	51509.2		
		人工	合计	1081.14	113909.8	426.96	31625.0	328.29	34102.1	184.33	31573.3	141.56	16609.4		
			纯林	863.92	95955.2	340.70	26168.6	236.51	26901.1	164.85	29313.0	121.86	13572.5		
			混交林	217.22	17954.6	86.26	5456.4	91.78	7201.0	19.48	2260.3	19.70	3036.9		
			针叶混交林	5.99	1017.1	0.32	30.7	1.51	250.0			4.16	736.4		
			针阔混交林	205.04	16346.5	85.94	5425.7	90.27	6951.0	19.48	2260.3	9.35	1709.5		
			阔叶混交林	6.19	591.0							6.19	591.0		
		其中：人天混	合计	357.07	27294.1	213.22	14169.7	108.83	8563.6	19.48	2260.3	15.54	2300.5		
			纯林	145.84	10356.6	127.28	8744.0	18.56	1612.6						
			混交林	211.23	16937.5	85.94	5425.7	90.27	6951.0	19.48	2260.3	15.54	2300.5		
			针阔混交林	205.04	16346.5	85.94	5425.7	90.27	6951.0	19.48	2260.3	9.35	1709.5		
			阔叶混交林	6.19	591.0							6.19	591.0		
	用材林	合计	合计	40471.19	4268346.5	9370.89	571479.2	19308.40	2173300.8	9091.88	1185313.3	2698.99	338131.9	1.03	121.3
			纯林	18718.20	1824533.6	6879.86	422582.3	6549.13	692521.7	4132.88	553944.8	1155.99	155448.5	0.34	36.3
			混交林	21752.99	2443812.9	2491.03	148896.9	12759.27	1480779.1	4959.00	631368.5	1543.00	182683.4	0.69	85.0
			针叶混交林	675.45	76935.8	217.90	8226.9	216.37	30537.5	180.83	28714.2	60.35	9457.2		
			针阔混交林	3009.51	321916.6	760.96	38279.5	1136.75	137042.6	950.78	126511.4	161.02	20083.1		
			阔叶混交林	18068.03	2044960.5	1512.17	102390.5	11406.15	1313199.0	3827.39	476142.9	1321.63	153143.1	0.69	85.0
		天然	合计	26640.35	2753394.7	4451.36	238087.7	15932.50	1748592.3	4727.65	585472.7	1528.15	181157.0	0.69	85.0
			纯林	7978.92	618042.7	2934.54	135473.0	4033.41	364722.1	820.78	93456.0	190.19	24391.6		
			混交林	18661.43	2135352.0	1516.82	102614.7	11899.09	1383870.2	3906.87	492016.7	1337.96	156765.4	0.69	85.0
			针叶混交林	187.41	33526.6			118.27	17923.2	52.06	11922.1	17.08	3681.3		
			针阔混交林	407.89	56932.9	5.80	233.2	374.67	52748.0	27.42	3951.7				
			阔叶混交林	18066.13	2044892.5	1511.02	102381.5	11406.15	1313199.0	3827.39	476142.9	1320.88	153084.1	0.69	85.0
		人工	合计	13830.84	1514951.8	4919.53	333391.5	3375.90	424708.5	4364.23	599840.6	1170.84	156974.9	0.34	36.3
			纯林	10739.28	1206490.9	3945.32	287109.3	2515.72	327799.6	3312.10	460488.8	965.80	131056.9	0.34	36.3
			混交林	3091.56	308460.9	974.21	46282.2	860.18	96908.9	1052.13	139351.8	205.04	25918.0		
			针叶混交林	488.04	43409.2	217.90	8226.9	98.10	12614.3	128.77	16792.1	43.27	5775.9		
			针阔混交林	2601.62	264983.7	755.16	38046.3	762.08	84294.6	923.36	122559.7	161.02	20083.1		
			阔叶混交林	1.90	68.0	1.15	9.0					0.75	59.0		

表 8　黑龙江重点国有林区乔木林各龄组面积、蓄积按林种、起源和林分类型统计表（续 63）

单位：公顷、立方米

统计单位	林种	起源	林分类型	合计		幼龄林		中龄林		近熟林		成熟林		过熟林	
				面积	蓄积	面积	蓄积	面积	蓄积	面积	蓄积	面积	蓄积	面积	蓄积
林口林业局	用材林	其中：人天混	合计	3925.05	374616.1	1914.38	126044.1	926.29	105929.2	923.36	122559.7	161.02	20083.1		
			纯林	1337.09	109783.9	1172.88	88149.3	164.21	21634.6						
			混交林	2587.96	264832.2	741.50	37894.8	762.08	84294.6	923.36	122559.7	161.02	20083.1		
			针叶混交林	2.38		2.38									
			针阔混交林	2584.43	264823.2	737.97	37885.8	762.08	84294.6	923.36	122559.7	161.02	20083.1		
			阔叶混交林	1.15	9.0	1.15	9.0								
	经济林	合计	合计	36.91	836.4	35.05	709.4	1.28	83.6	0.58	43.4				
			纯林	33.73	685.6	32.49	597.7	0.66	44.5	0.58	43.4				
			混交林	3.18	150.8	2.56	111.7	0.62	39.1						
			阔叶混交林	3.18	150.8	2.56	111.7	0.62	39.1						
		天然	合计	29.39	790.6	28.19	708.1	0.62	39.1	0.58	43.4				
			纯林	26.21	639.8	25.63	596.4			0.58	43.4				
			混交林	3.18	150.8	2.56	111.7	0.62	39.1						
			阔叶混交林	3.18	150.8	2.56	111.7	0.62	39.1						
		人工	合计	7.52	45.8	6.86	1.3	0.66	44.5						
			纯林	7.52	45.8	6.86	1.3	0.66	44.5						
八面通林业局	合计	合计	合计	125535.88	11116963.2	33015.16	2021680.0	61266.76	5710213.8	25530.07	2723237.0	5698.24	658220.7	25.65	3611.7
			纯林	70522.31	6095293.7	23411.90	1355015.7	27737.26	2609746.3	16166.79	1752918.5	3186.67	374729.4	19.69	2883.8
			混交林	55013.57	5021669.5	9603.26	666664.3	33529.50	3100467.5	9363.28	970318.5	2511.57	283491.3	5.96	727.9
			针叶混交林	3020.02	305735.4	576.73	36913.5	1114.54	111419.8	1052.65	123330.8	276.10	34071.3		
			针阔混交林	13169.24	1290540.8	2540.23	185239.2	6795.43	673735.9	2848.28	315609.4	985.30	115956.3		
			阔叶混交林	38824.31	3425393.3	6486.30	444511.6	25619.53	2315311.8	5462.35	531378.3	1250.17	133463.7	5.96	727.9
		天然	合计	80468.21	6503849.0	21462.81	1161323.4	46942.48	4190835.0	10348.77	968763.9	1712.32	182663.1	1.83	263.6
			纯林	35346.94	2434785.8	14362.21	652746.1	16507.16	1385109.7	4140.66	361041.3	336.91	35888.7		
			混交林	45121.27	4069063.2	7100.60	508577.3	30435.32	2805725.3	6208.11	607722.6	1375.41	146774.4	1.83	263.6
			针叶混交林	941.17	96092.6	35.33	3029.3	747.06	76270.4	158.78	16792.9				
			针阔混交林	5359.92	548041.6	578.97	61036.4	4068.73	414143.1	586.98	59551.4	125.24	13310.7		
			阔叶混交林	38820.18	3424929.0	6486.30	444511.6	25619.53	2315311.8	5462.35	531378.3	1250.17	133463.7	1.83	263.6
		人工	合计	45067.67	4613114.2	11552.35	860356.6	14324.28	1519378.8	15181.30	1754473.1	3985.92	475557.6	23.82	3348.1
			纯林	35175.37	3660507.9	9049.69	702269.6	11230.10	1224636.6	12026.13	1391877.2	2849.76	338840.7	19.69	2883.8
			混交林	9892.30	952606.3	2502.66	158087.0	3094.18	294742.2	3155.17	362595.9	1136.16	136716.9	4.13	464.3
			针叶混交林	2078.85	209642.8	541.40	33884.2	367.48	35149.4	893.87	106537.9	276.10	34071.3		
			针阔混交林	7809.32	742499.2	1961.26	124202.8	2726.70	259592.8	2261.30	256058.0	860.06	102645.6		
			阔叶混交林	4.13	464.3									4.13	464.3
		其中：人天混	合计	11319.33	1043473.0	4851.02	357831.7	3306.88	323236.9	2257.63	255137.4	899.67	106802.7	4.13	464.3
			纯林	3440.83	295184.2	2882.05	233213.1	558.78	61971.1						
			混交林	7878.50	748288.8	1968.97	124618.6	2748.10	261265.8	2257.63	255137.4	899.67	106802.7	4.13	464.3
			针叶混交林	86.57	7734.3	18.56	1359.9	21.40	1673.0	7.00	544.3	39.61	4157.1		
			针阔混交林	7787.80	740090.2	1950.41	123258.7	2726.70	259592.8	2250.63	254593.1	860.06	102645.6		
			阔叶混交林	4.13	464.3									4.13	464.3

表 8　黑龙江重点国有林区乔木林各龄组面积、蓄积按林种、起源和林分类型统计表（续 64）

单位：公顷、立方米

统计单位	林种	起源	林分类型	合计		幼龄林		中龄林		近熟林		成熟林		过熟林	
				面积	蓄积	面积	蓄积	面积	蓄积	面积	蓄积	面积	蓄积	面积	蓄积
八面通林业局	防护林	合计	合计	97183.74	8643854.1	27034.42	1660764.7	44513.98	4187838.6	20670.87	2223032.8	4941.64	568958.6	22.83	3259.4
			纯林	57496.93	5029487.0	19538.41	1139417.4	21525.54	2069195.3	13627.89	1492091.5	2786.39	325987.7	18.70	2795.1
			混交林	39686.81	3614367.1	7496.01	521347.3	22988.44	2118643.3	7042.98	730941.3	2155.25	242970.9	4.13	464.3
			针叶混交林	2139.08	215264.4	422.82	25091.2	679.18	65972.6	776.47	92131.7	260.61	32068.9		
			针阔混交林	9126.49	898393.0	1872.94	137072.1	4231.71	418419.0	2199.59	246680.0	822.25	96221.9		
			阔叶混交林	28421.24	2500709.7	5200.25	359184.0	18077.55	1634251.7	4066.92	392129.6	1072.39	114680.1	4.13	464.3
		天然	合计	57570.49	4562792.1	17303.03	925579.6	31625.23	2820513.2	7205.15	663290.4	1437.08	153408.9		
			纯林	26323.62	1770682.8	11766.21	529719.4	11333.97	959456.0	2943.99	251910.3	279.45	29597.1		
			混交林	31246.87	2792109.3	5536.82	395860.2	20291.26	1861057.2	4261.16	411380.1	1157.63	123811.8		
			针叶混交林	412.88	38700.8	10.51	831.0	383.35	36389.2	19.02	1480.6				
			针阔混交林	2416.88	253163.1	326.06	35845.2	1830.36	190416.3	175.22	17769.9	85.24	9131.7		
			阔叶混交林	28417.11	2500245.4	5200.25	359184.0	18077.55	1634251.7	4066.92	392129.6	1072.39	114680.1		
		人工	合计	39613.25	4081062.0	9731.39	735185.1	12888.75	1367325.4	13465.72	1559742.4	3504.56	415549.7	22.83	3259.4
			纯林	31173.31	3258804.2	7772.20	609698.0	10191.57	1109739.3	10683.90	1240181.2	2506.94	296390.6	18.70	2795.1
			混交林	8439.94	822257.8	1959.19	125487.1	2697.18	257586.1	2781.82	319561.2	997.62	119159.1	4.13	464.3
			针叶混交林	1726.20	176563.6	412.31	24260.2	295.83	29583.4	757.45	90651.1	260.61	32068.9		
			针阔混交林	6709.61	645229.9	1546.88	101226.9	2401.35	228002.7	2024.37	228910.1	737.01	87090.2		
			阔叶混交林	4.13	464.3									4.13	464.3
		其中：人天混	合计	9622.97	898511.1	3955.35	299682.7	2861.81	278442.6	2025.06	228674.2	776.62	91247.3	4.13	464.3
			纯林	2833.72	246313.4	2394.66	197546.5	439.06	48766.9						
			混交林	6789.25	652197.7	1560.69	102136.2	2422.75	229675.7	2025.06	228674.2	776.62	91247.3	4.13	464.3
			针叶混交林	81.82	7283.7	13.81	909.3	21.40	1673.0	7.00	544.3	39.61	4157.1		
			针阔混交林	6703.30	644449.7	1546.88	101226.9	2401.35	228002.7	2018.06	228129.9	737.01	87090.2		
			阔叶混交林	4.13	464.3									4.13	464.3
	特用林	合计	合计	8310.54	625229.8	2447.28	123882.8	4535.95	370843.3	1230.30	117728.5	96.02	12686.5	0.99	88.7
			纯林	6655.17	488592.7	1975.53	95907.5	3622.83	292833.2	1002.95	93355.9	52.87	6407.4	0.99	88.7
			混交林	1655.37	136637.1	471.75	27975.3	913.12	78010.1	227.35	24372.6	43.15	6279.1		
			针叶混交林	11.82	582.4	10.96	514.6	0.86	67.8						
			针阔混交林	126.01	7625.8	108.99	6012.7	13.66	1264.8	3.36	348.3				
			阔叶混交林	1517.54	128428.9	351.80	21448.0	898.60	76677.5	223.99	24024.3	43.15	6279.1		
		天然	合计	7787.80	586128.2	2115.18	105782.3	4399.47	356699.8	1185.78	112316.2	87.37	11329.9		
			纯林	6270.26	457699.3	1763.38	84334.3	3500.87	280022.3	961.79	88291.9	44.22	5050.8		
			混交林	1517.54	128428.9	351.80	21448.0	898.60	76677.5	223.99	24024.3	43.15	6279.1		
			阔叶混交林	1517.54	128428.9	351.80	21448.0	898.60	76677.5	223.99	24024.3	43.15	6279.1		
		人工	合计	522.74	39101.6	332.10	18100.5	136.48	14143.5	44.52	5412.3	8.65	1356.6	0.99	88.7
			纯林	384.91	30893.4	212.15	11573.2	121.96	12810.9	41.16	5064.0	8.65	1356.6	0.99	88.7
			混交林	137.83	8208.2	119.95	6527.3	14.52	1332.6	3.36	348.3				
			针叶混交林	11.82	582.4	10.96	514.6	0.86	67.8						
			针阔混交林	126.01	7625.8	108.99	6012.7	13.66	1264.8	3.36	348.3				

表 8　黑龙江重点国有林区乔木林各龄组面积、蓄积按林种、起源和林分类型统计表（续 65）

单位：公顷、立方米

统计单位	林种	起源	林分类型	合计		幼龄林		中龄林		近熟林		成熟林		过熟林	
				面积	蓄积	面积	蓄积	面积	蓄积	面积	蓄积	面积	蓄积	面积	蓄积
八面通林业局	特用林	其中：人天混	合计	175.16	10916.7	158.14	9303.6	13.66	1264.8	3.36	348.3				
			纯林	49.15	3290.9	49.15	3290.9								
			混交林	126.01	7625.8	108.99	6012.7	13.66	1264.8	3.36	348.3				
			针阔混交林	126.01	7625.8	108.99	6012.7	13.66	1264.8	3.36	348.3				
	用材林	合计	合计	20041.60	1847879.3	3533.46	237032.5	12216.83	1151531.9	3628.90	382475.7	660.58	76575.6	1.83	263.6
			纯林	6370.21	577214.0	1897.96	119690.8	2588.89	247717.8	1535.95	167471.1	347.41	42334.3		
			混交林	13671.39	1270665.3	1635.50	117341.7	9627.94	903814.1	2092.95	215004.6	313.17	34241.3	1.83	263.6
			针叶混交林	869.12	89888.6	142.95	11307.7	434.50	45379.4	276.18	31199.1	15.49	2002.4		
			针阔混交林	3916.74	384522.0	558.30	42154.4	2550.06	254052.1	645.33	68581.1	163.05	19734.4		
			阔叶混交林	8885.53	796254.7	934.25	63879.6	6643.38	604382.6	1171.44	115224.4	134.63	12504.5	1.83	263.6
		天然	合计	15109.92	1354928.7	2044.60	129961.5	10917.78	1013622.0	1957.84	193157.3	187.87	17924.3	1.83	263.6
			纯林	2753.06	206403.7	832.62	38692.4	1672.32	145631.4	234.88	20839.1	13.24	1240.8		
			混交林	12356.86	1148525.0	1211.98	91269.1	9245.46	867990.6	1722.96	172318.2	174.63	16683.5	1.83	263.6
			针叶混交林	528.29	57391.8	24.82	2198.3	363.71	39881.2	139.76	15312.3				
			针阔混交林	2943.04	294878.5	252.91	25191.2	2238.37	223726.8	411.76	41781.5	40.00	4179.0		
			阔叶混交林	8885.53	796254.7	934.25	63879.6	6643.38	604382.6	1171.44	115224.4	134.63	12504.5	1.83	263.6
		人工	合计	4931.68	492950.6	1488.86	107071.0	1299.05	137909.9	1671.06	189318.4	472.71	58651.3		
			纯林	3617.15	370810.3	1065.34	80998.4	916.57	102086.4	1301.07	146632.0	334.17	41093.5		
			混交林	1314.53	122140.3	423.52	26072.6	382.48	35823.5	369.99	42686.4	138.54	17557.8		
			针叶混交林	340.83	32496.8	118.13	9109.4	70.79	5498.2	136.42	15886.8	15.49	2002.4		
			针阔混交林	973.70	89643.5	305.39	16963.2	311.69	30325.3	233.57	26799.6	123.05	15555.4		
		其中：人天混	合计	1521.20	134045.2	737.53	48845.4	431.41	43529.5	229.21	26114.9	123.05	15555.4		
			纯林	557.96	45579.9	438.24	32375.7	119.72	13204.2						
			混交林	963.24	88465.3	299.29	16469.7	311.69	30325.3	229.21	26114.9	123.05	15555.4		
			针叶混交林	4.75	450.6	4.75	450.6								
			针阔混交林	958.49	88014.7	294.54	16019.1	311.69	30325.3	229.21	26114.9	123.05	15555.4		
青梅实验林场	合计	合计	合计	3397.26	359995.3	2047.00	207036.7	1337.40	152257.0	12.86	701.6				
			纯林	2722.93	293281.4	1701.96	172668.1	1014.22	120355.1	6.75	258.2				
			混交林	674.33	66713.9	345.04	34368.6	323.18	31901.9	6.11	443.4				
			针叶混交林	37.13	4015.4	31.92	3107.0	5.21	908.4						
			针阔混交林	71.07	7734.4	34.79	3277.4	30.17	4013.6	6.11	443.4				
			阔叶混交林	566.13	54964.1	278.33	27984.2	287.80	26979.9						
		天然	合计	2146.58	205555.0	1409.23	131476.7	737.35	74078.3						
			纯林	1580.45	150590.9	1130.90	103492.5	449.55	47098.4						
			混交林	566.13	54964.1	278.33	27984.2	287.80	26979.9						
			阔叶混交林	566.13	54964.1	278.33	27984.2	287.80	26979.9						

表 8 黑龙江重点国有林区乔木林各龄组面积、蓄积按林种、起源和林分类型统计表（续 66）

单位：公顷、立方米

统计单位	林种	起源	林分类型	合计		幼龄林		中龄林		近熟林		成熟林		过熟林	
				面积	蓄积	面积	蓄积	面积	蓄积	面积	蓄积	面积	蓄积	面积	蓄积
青梅实验林场	合计	人工	合计	1250.68	154440.3	637.77	75560.0	600.05	78178.7	12.86	701.6				
			纯林	1142.48	142690.5	571.06	69175.6	564.67	73256.7	6.75	258.2				
			混交林	108.20	11749.8	66.71	6384.4	35.38	4922.0	6.11	443.4				
			针叶混交林	37.13	4015.4	31.92	3107.0	5.21	908.4						
			针阔混交林	71.07	7734.4	34.79	3277.4	30.17	4013.6	6.11	443.4				
		其中：人天混	合计	71.83	7828.6	35.55	3371.6	30.17	4013.6	6.11	443.4				
			纯林	1.90	168.3	1.90	168.3								
			混交林	69.93	7660.3	33.65	3203.3	30.17	4013.6	6.11	443.4				
			针阔混交林	69.93	7660.3	33.65	3203.3	30.17	4013.6	6.11	443.4				
	防护林	合计	合计	958.28	102826.7	546.91	53311.4	411.37	49515.3						
			纯林	777.91	86318.9	447.83	44566.5	330.08	41752.4						
			混交林	180.37	16507.8	99.08	8744.9	81.29	7762.9						
			针叶混交林	6.29	1027.4	1.08	119.0	5.21	908.4						
			阔叶混交林	174.08	15480.4	98.00	8625.9	76.08	6854.5						
		天然	合计	687.11	67515.9	440.33	42512.0	246.78	25003.9						
			纯林	513.03	52035.5	342.33	33886.1	170.70	18149.4						
			混交林	174.08	15480.4	98.00	8625.9	76.08	6854.5						
			阔叶混交林	174.08	15480.4	98.00	8625.9	76.08	6854.5						
		人工	合计	271.17	35310.8	106.58	10799.4	164.59	24511.4						
			纯林	264.88	34283.4	105.50	10680.4	159.38	23603.0						
			混交林	6.29	1027.4	1.08	119.0	5.21	908.4						
			针叶混交林	6.29	1027.4	1.08	119.0	5.21	908.4						
		其中：人天混	合计	1.90	168.3	1.90	168.3								
			纯林	1.90	168.3	1.90	168.3								
	特用林	合计	合计	1570.94	155413.5	1039.63	97644.5	531.31	57769.0						
			纯林	1123.77	109556.5	823.52	74887.4	300.25	34669.1						
			混交林	447.17	45857.0	216.11	22757.1	231.06	23099.9						
			针叶混交林	12.22	981.9	12.22	981.9								
			针阔混交林	51.50	6076.9	32.16	3102.4	19.34	2974.5						
			阔叶混交林	383.45	38798.2	171.73	18672.8	211.72	20125.4						
		天然	合计	1308.72	125507.4	890.62	83482.8	418.10	42024.6						
			纯林	925.27	86709.2	718.89	64810.0	206.38	21899.2						
			混交林	383.45	38798.2	171.73	18672.8	211.72	20125.4						
			阔叶混交林	383.45	38798.2	171.73	18672.8	211.72	20125.4						
		人工	合计	262.22	29906.1	149.01	14161.7	113.21	15744.4						
			纯林	198.50	22847.3	104.63	10077.4	93.87	12769.9						
			混交林	63.72	7058.8	44.38	4084.3	19.34	2974.5						
			针叶混交林	12.22	981.9	12.22	981.9								
			针阔混交林	51.50	6076.9	32.16	3102.4	19.34	2974.5						

表 8　黑龙江重点国有林区乔木林各龄组面积、蓄积按林种、起源和林分类型统计表（续 67）

单位：公顷、立方米

统计单位	林种	起源	林分类型	合计		幼龄林		中龄林		近熟林		成熟林		过熟林	
				面积	蓄积	面积	蓄积	面积	蓄积	面积	蓄积	面积	蓄积	面积	蓄积
青梅实验林场	特用林	其中：人天混	合计	50.36	6002.8	31.02	3028.3	19.34	2974.5						
			混交林	50.36	6002.8	31.02	3028.3	19.34	2974.5						
			针阔混交林	50.36	6002.8	31.02	3028.3	19.34	2974.5						
	用材林	合计	合计	868.04	101755.1	460.46	56080.8	394.72	44972.7	12.86	701.6				
			纯林	821.25	97406.0	430.61	53214.2	383.89	43933.6	6.75	258.2				
			混交林	46.79	4349.1	29.85	2866.6	10.83	1039.1	6.11	443.4				
			针叶混交林	18.62	2006.1	18.62	2006.1								
			针阔混交林	19.57	1657.5	2.63	175.0	10.83	1039.1	6.11	443.4				
			阔叶混交林	8.60	685.5	8.60	685.5								
		天然	合计	150.75	12531.7	78.28	5481.9	72.47	7049.8						
			纯林	142.15	11846.2	69.68	4796.4	72.47	7049.8						
			混交林	8.60	685.5	8.60	685.5								
			阔叶混交林	8.60	685.5	8.60	685.5								
		人工	合计	717.29	89223.4	382.18	50598.9	322.25	37922.9	12.86	701.6				
			纯林	679.10	85559.8	360.93	48417.8	311.42	36883.8	6.75	258.2				
			混交林	38.19	3663.6	21.25	2181.1	10.83	1039.1	6.11	443.4				
			针叶混交林	18.62	2006.1	18.62	2006.1								
			针阔混交林	19.57	1657.5	2.63	175.0	10.83	1039.1	6.11	443.4				
		其中：人天混	合计	19.57	1657.5	2.63	175.0	10.83	1039.1	6.11	443.4				
			混交林	19.57	1657.5	2.63	175.0	10.83	1039.1	6.11	443.4				
			针阔混交林	19.57	1657.5	2.63	175.0	10.83	1039.1	6.11	443.4				
山河屯林业局	合计	合计	合计	181392.88	21250150.1	8368.76	570007.9	118907.76	13471675.0	46611.03	6295813.0	6781.32	849867.6	724.01	62786.6
			纯林	21088.87	2267869.5	2901.51	173692.7	13327.05	1486821.9	3817.87	507947.7	614.09	74005.9	428.35	25401.3
			混交林	160304.01	18982280.6	5467.25	396315.2	105580.71	11984853.1	42793.16	5787865.3	6167.23	775861.7	295.66	37385.3
			针叶混交林	4874.12	574818.6	725.77	65734.8	3383.42	404842.0	734.01	101471.1	30.92	2770.7		
			针阔混交林	23190.29	2749640.9	1512.84	129181.8	14414.22	1665059.8	5988.03	802294.9	1189.06	143629.4	86.14	9475.0
			阔叶混交林	132239.60	15657821.1	3228.64	201398.6	87783.07	9914951.3	36071.12	4884099.3	4947.25	629461.6	209.52	27910.3
		天然	合计	167627.46	19652496.8	5404.81	353778.2	110293.77	12407945.5	44744.31	6028565.2	6532.25	812139.3	652.32	50068.6
			纯林	14199.78	1487374.7	906.77	34897.1	9330.56	974391.0	3089.23	407770.1	464.44	48878.9	408.78	21437.6
			混交林	153427.68	18165122.1	4498.04	318881.1	100963.21	11433554.5	41655.08	5620795.1	6067.81	763260.4	243.54	28631.0
			针叶混交林	3663.01	445963.1	300.26	30888.9	2755.87	333443.0	581.43	79724.2	25.45	1907.0		
			针阔混交林	17626.42	2074644.1	979.92	86593.6	10482.99	1192497.7	5007.34	657421.0	1096.29	132015.0	59.88	6116.8
			阔叶混交林	132138.25	15644514.9	3217.86	201398.6	87724.35	9907613.8	36066.31	4883649.9	4946.07	629338.4	183.66	22514.2
		人工	合计	13765.42	1597653.3	2963.95	216229.7	8613.99	1063729.5	1866.72	267247.8	249.07	37728.3	71.69	12718.0
			纯林	6889.09	780494.8	1994.74	138795.6	3996.49	512430.9	728.64	100177.6	149.65	25127.0	19.57	3963.7
			混交林	6876.33	817158.5	969.21	77434.1	4617.50	551298.6	1138.08	167070.2	99.42	12601.3	52.12	8754.3
			针叶混交林	1211.11	128855.5	425.51	34845.9	627.55	71399.0	152.58	21746.9	5.47	863.7		
			针阔混交林	5563.87	674996.8	532.92	42588.2	3931.23	472562.1	980.69	144873.9	92.77	11614.4	26.26	3358.2
			阔叶混交林	101.35	13306.2	10.78		58.72	7337.5	4.81	449.4	1.18	123.2	25.86	5396.1

表 8 黑龙江重点国有林区乔木林各龄组面积、蓄积按林种、起源和林分类型统计表（续 68）

单位：公顷、立方米

统计单位	林种	起源	林分类型	合计		幼龄林		中龄林		近熟林		成熟林		过熟林	
				面积	蓄积	面积	蓄积	面积	蓄积	面积	蓄积	面积	蓄积	面积	蓄积
			合计	5903.88	718568.5	565.35	45926.9	4183.13	504367.9	1037.42	153501.6	93.95	11737.6	24.03	3034.5
			纯林	188.38	20941.1	48.52	3703.5	129.19	16125.9	10.67	1111.7				
山河屯林业局	合计	其中：人天混	混交林	5715.50	697627.4	516.83	42223.4	4053.94	488242.0	1026.75	152389.9	93.95	11737.6	24.03	3034.5
			针叶混交林	143.44	19638.9			70.53	9064.3	72.91	10574.6				
			针阔混交林	5514.01	670771.7	516.83	42223.4	3926.83	472113.1	953.55	141786.3	92.77	11614.4	24.03	3034.5
			阔叶混交林	58.05	7216.8			56.58	7064.6	0.29	29.0	1.18	123.2		
	防护林	合计	合计	109830.15	13329815.4	3474.02	239082.1	72096.76	8341621.6	32748.50	4536648.0	1509.81	212254.1	1.06	209.6
			纯林	13320.32	1512674.2	1706.42	106986.3	8613.62	995517.4	2817.55	381144.5	181.67	28816.4	1.06	209.6
			混交林	96509.83	11817141.2	1767.60	132095.8	63483.14	7346104.2	29930.95	4155503.5	1328.14	183437.7		
			针叶混交林	1404.75	174923.0	304.26	28504.6	613.23	68984.4	481.79	76570.3	5.47	863.7		
			针阔混交林	9207.49	1166301.2	436.46	35876.3	4782.58	572119.4	3666.06	511887.4	322.39	46418.1		
			阔叶混交林	85897.59	10475917.0	1026.88	67714.9	58087.33	6705000.4	25783.10	3567045.8	1000.28	136155.9		
		天然	合计	100234.31	12205395.1	1492.17	84872.5	66144.68	7608174.6	31273.27	4329093.2	1324.19	183254.8		
			纯林	8506.16	954201.5	408.59	14939.6	5818.03	630431.3	2206.44	299478.1	73.10	9352.5		
			混交林	91728.15	11251193.6	1083.58	69932.9	60326.65	6977743.3	29066.83	4029615.1	1251.09	173902.3		
			针叶混交林	514.07	77372.0	4.48	264.3	175.55	21476.0	334.04	55631.7				
			针阔混交林	5330.88	698329.7	63.00	1953.7	2065.91	251539.8	2949.98	406966.6	251.99	37869.6		
			阔叶混交林	85883.20	10475491.9	1016.10	67714.9	58085.19	6704727.5	25782.81	3567016.8	999.10	136032.7		
		人工	合计	9595.84	1124420.3	1981.85	154209.6	5952.08	733447.0	1475.23	207554.8	185.62	28999.3	1.06	209.6
			纯林	4814.16	558472.7	1297.83	92046.7	2795.59	365086.1	611.11	81666.4	108.57	19463.9	1.06	209.6
			混交林	4781.68	565947.6	684.02	62162.9	3156.49	368360.9	864.12	125888.4	77.05	9535.4		
			针叶混交林	890.68	97551.0	299.78	28240.3	437.68	47508.4	147.75	20938.6	5.47	863.7		
			针阔混交林	3876.61	467971.5	373.46	33922.6	2716.67	320579.6	716.08	104920.8	70.40	8548.5		
			阔叶混交林	14.39	425.1	10.78		2.14	272.9	0.29	29.0	1.18	123.2		
		其中：人天混	合计	4103.23	496482.4	399.21	36267.0	2839.90	335815.9	792.54	115727.8	71.58	8671.7		
			纯林	150.40	15989.9	41.84	2709.2	97.89	12169.0	10.67	1111.7				
			混交林	3952.83	480492.5	357.37	33557.8	2742.01	323646.9	781.87	114616.1	71.58	8671.7		
			针叶混交林	96.12	13251.9			26.76	3242.0	69.36	10009.9				
			针阔混交林	3855.24	467088.4	357.37	33557.8	2715.25	320404.9	712.22	104577.2	70.40	8548.5		
			阔叶混交林	1.47	152.2					0.29	29.0	1.18	123.2		
	特用林	合计	合计	58489.41	6441303.2	3662.30	264347.2	36722.97	3946168.4	12226.96	1545935.6	5161.60	623714.5	715.58	61137.5
			纯林	5540.74	526125.4	667.06	39081.0	3226.95	319111.3	822.42	102743.8	404.39	41437.1	419.92	23752.2
			混交林	52948.67	5915177.8	2995.24	225266.2	33496.02	3627057.1	11404.54	1443191.8	4757.21	582277.4	295.66	37385.3
			针叶混交林	3306.73	384623.4	361.13	33971.1	2667.93	323844.5	252.22	24900.8	25.45	1907.0		
			针阔混交林	12666.64	1409716.8	978.72	87600.6	8686.95	966457.4	2066.60	251446.5	848.23	94737.3	86.14	9475.0
			阔叶混交林	36975.30	4120837.6	1655.39	103694.5	22141.14	2336755.2	9085.72	1166844.5	3883.53	485633.1	209.52	27910.3

表 8　黑龙江重点国有林区乔木林各龄组面积、蓄积按林种、起源和林分类型统计表（续 69）

单位：公顷、立方米

统计单位	林种	起源	林分类型	合计		幼龄林		中龄林		近熟林		成熟林		过熟林	
				面积	蓄积	面积	蓄积	面积	蓄积	面积	蓄积	面积	蓄积	面积	蓄积
山河屯林业局	特用林	天然	合计	56906.28	6271113.7	3202.69	234484.0	35797.52	3839361.9	12113.56	1526758.3	5140.19	620440.9	652.32	50068.6
			纯林	4752.70	443301.4	334.60	15525.0	2859.76	275810.9	762.65	91772.5	386.91	38755.4	408.78	21437.6
			混交林	52153.58	5827812.3	2868.09	218959.0	32937.76	3563551.0	11350.91	1434985.8	4753.28	581685.5	243.54	28631.0
			针叶混交林	3146.30	368094.7	295.78	30624.6	2577.68	311470.6	247.39	24092.5	25.45	1907.0		
			针阔混交林	12118.94	1351761.1	916.92	84639.9	8275.52	922389.8	2022.32	244469.2	844.30	94145.4	59.88	6116.8
			阔叶混交林	36888.34	4107956.5	1655.39	103694.5	22084.56	2329690.6	9081.20	1166424.1	3883.53	485633.1	183.66	22514.2
		人工	合计	1583.13	170189.5	459.61	29863.2	925.45	106806.5	113.40	19177.3	21.41	3273.6	63.26	11068.9
			纯林	788.04	82824.0	332.46	23556.0	367.19	43300.4	59.77	10971.3	17.48	2681.7	11.14	2314.6
			混交林	795.09	87365.5	127.15	6307.2	558.26	63506.1	53.63	8206.0	3.93	591.9	52.12	8754.3
			针叶混交林	160.43	16528.7	65.35	3346.5	90.25	12373.9	4.83	808.3				
			针阔混交林	547.70	57955.7	61.80	2960.7	411.43	44067.6	44.28	6977.3	3.93	591.9	26.26	3358.2
			阔叶混交林	86.96	12881.1			56.58	7064.6	4.52	420.4			25.86	5396.1
		其中：人天混	合计	676.61	75167.3	68.48	3955.0	532.34	60043.9	47.83	7542.0	3.93	591.9	24.03	3034.5
			纯林	30.22	4358.0	6.68	994.3	23.54	3363.7						
			混交林	646.39	70809.3	61.80	2960.7	508.80	56680.2	47.83	7542.0	3.93	591.9	24.03	3034.5
			针叶混交林	47.32	6387.0			43.77	5822.3	3.55	564.7				
			针阔混交林	542.49	57357.7	61.80	2960.7	408.45	43793.3	44.28	6977.3	3.93	591.9	24.03	3034.5
			阔叶混交林	56.58	7064.6			56.58	7064.6						
	用材林	合计	合计	13073.32	1479031.5	1232.44	66578.6	10088.03	1183885.0	1635.57	213229.4	109.91	13899.0	7.37	1439.5
			纯林	2227.81	229069.9	528.03	27625.4	1486.48	172193.2	177.90	24059.4	28.03	3752.4	7.37	1439.5
			混交林	10845.51	1249961.6	704.41	38953.2	8601.55	1011691.8	1457.67	189170.0	81.88	10146.6		
			针叶混交林	162.64	15272.2	60.38	3259.1	102.26	12013.1						
			针阔混交林	1316.16	173622.9	97.66	5704.9	944.69	126483.0	255.37	38961.0	18.44	2474.0		
			阔叶混交林	9366.71	1061066.5	546.37	29989.2	7554.60	873195.7	1202.30	150209.0	63.44	7672.6		
		天然	合计	10486.87	1175988.0	709.95	34421.7	8351.57	960409.0	1357.48	172713.7	67.87	8443.6		
			纯林	940.92	89871.8	163.58	4432.5	652.77	68148.8	120.14	16519.5	4.43	771.0		
			混交林	9545.95	1086116.2	546.37	29989.2	7698.80	892260.2	1237.34	156194.2	63.44	7672.6		
			针叶混交林	2.64	496.4			2.64	496.4						
			针阔混交林	176.60	24553.3			141.56	18568.1	35.04	5985.2				
			阔叶混交林	9366.71	1061066.5	546.37	29989.2	7554.60	873195.7	1202.30	150209.0	63.44	7672.6		
		人工	合计	2586.45	303043.5	522.49	32156.9	1736.46	223476.0	278.09	40515.7	42.04	5455.4	7.37	1439.5
			纯林	1286.89	139198.1	364.45	23192.9	833.71	104044.4	57.76	7539.9	23.60	2981.4	7.37	1439.5
			混交林	1299.56	163845.4	158.04	8964.0	902.75	119431.6	220.33	32975.8	18.44	2474.0		
			针叶混交林	160.00	14775.8	60.38	3259.1	99.62	11516.7						
			针阔混交林	1139.56	149069.6	97.66	5704.9	803.13	107914.9	220.33	32975.8	18.44	2474.0		
		其中：人天混	合计	1124.04	146918.8	97.66	5704.9	810.89	108508.1	197.05	30231.8	18.44	2474.0		
			纯林	7.76	593.2			7.76	593.2						
			混交林	1116.28	146325.6	97.66	5704.9	803.13	107914.9	197.05	30231.8	18.44	2474.0		
			针阔混交林	1116.28	146325.6	97.66	5704.9	803.13	107914.9	197.05	30231.8	18.44	2474.0		

表 8 黑龙江重点国有林区乔木林各龄组面积、蓄积按林种、起源和林分类型统计表（续 70）

单位：公顷、立方米

统计单位	林种	起源	林分类型	合计		幼龄林		中龄林		近熟林		成熟林		过熟林	
				面积	蓄积	面积	蓄积	面积	蓄积	面积	蓄积	面积	蓄积	面积	蓄积
苇河林业局	合计	合计	合计	163234.73	16290502.7	13523.54	956103.5	134298.61	13491928.7	12909.81	1534889.4	2384.61	291001.8	118.16	16579.3
			纯林	21635.11	2606572.6	3832.21	249401.2	15110.68	1960009.3	2180.56	318987.1	491.08	76159.2	20.58	2015.8
			混交林	141599.62	13683930.1	9691.33	706702.3	119187.93	11531919.4	10729.25	1215902.3	1893.53	214842.6	97.58	14563.5
			针叶混交林	1384.08	153398.2	513.80	43814.2	439.79	50296.0	384.66	53076.7	45.83	6211.3		
			针阔混交林	16555.21	1863263.4	1993.84	187972.0	12397.17	1418048.6	1606.46	188598.5	557.74	68644.3		
			阔叶混交林	123660.33	11667268.5	7183.69	474916.1	106350.97	10063574.8	8738.13	974227.1	1289.96	139987.0	97.58	14563.5
		天然	合计	141804.39	13329328.2	8885.79	572421.9	120503.24	11356913.2	10838.09	1228586.1	1527.44	165036.9	49.83	6370.1
			纯林	10770.82	1049832.4	955.22	52380.4	8583.73	833521.3	1048.81	142290.1	164.80	19992.9	18.26	1647.7
			混交林	131033.57	12279495.8	7930.57	520041.5	111919.51	10523391.9	9789.28	1086296.0	1362.64	145044.0	31.57	4722.4
			针叶混交林	272.53	19597.6	119.11	7195.2	153.42	12402.4						
			针阔混交林	7393.51	628317.9	640.84	38547.8	5577.99	465743.0	1056.46	112479.8	118.22	11547.3		
			阔叶混交林	123367.53	11631580.3	7170.62	474298.5	106188.10	10045246.5	8732.82	973816.2	1244.42	133496.7	31.57	4722.4
		人工	合计	21430.34	2961174.5	4637.75	383681.6	13795.37	2135015.5	2071.72	306303.3	857.17	125964.9	68.33	10209.2
			纯林	10864.29	1556740.2	2876.99	197020.8	6526.95	1126488.0	1131.75	176697.0	326.28	56166.3	2.32	368.1
			混交林	10566.05	1404434.3	1760.76	186660.8	7268.42	1008527.5	939.97	129606.3	530.89	69798.6	66.01	9841.1
			针叶混交林	1111.55	133800.6	394.69	36619.0	286.37	37893.6	384.66	53076.7	45.83	6211.3		
			针阔混交林	9161.70	1234945.5	1353.00	149424.2	6819.18	952305.6	550.00	76118.7	439.52	57097.0		
			阔叶混交林	292.80	35688.2	13.07	617.6	162.87	18328.3	5.31	410.9	45.54	6490.3	66.01	9841.1
		其中：人天混	合计	9815.84	1310771.8	1455.10	158982.6	7138.54	986674.6	673.02	91919.7	483.17	63353.8	66.01	9841.1
			纯林	310.68	33406.3	110.23	10595.8	200.45	22810.5						
			混交林	9505.16	1277365.5	1344.87	148386.8	6938.09	963864.1	673.02	91919.7	483.17	63353.8	66.01	9841.1
			针叶混交林	131.65	16952.5	1.99	179.4	8.29	1055.2	121.37	15717.9				
			针阔混交林	9134.61	1231560.4	1340.70	148010.5	6806.28	950567.7	550.00	76118.7	437.63	56863.5		
			阔叶混交林	238.90	28852.6	2.18	196.9	123.52	12241.2	1.65	83.1	45.54	6490.3	66.01	9841.1
	防护林	合计	合计	85449.22	8502685.3	6018.54	407218.0	71217.78	7113538.0	7055.10	854230.0	1101.84	119663.8	55.96	8035.5
			纯林	10561.42	1277464.7	1870.85	110978.5	7422.13	984851.5	1124.31	163618.7	143.69	17973.9	0.44	42.1
			混交林	74887.80	7225220.6	4147.69	296239.5	63795.65	6128686.5	5930.79	690611.3	958.15	101689.9	55.52	7993.4
			针叶混交林	911.55	102417.3	231.77	16341.8	352.00	39481.0	319.49	45202.4	8.29	1392.1		
			针阔混交林	9610.80	1019064.4	818.23	60931.4	7370.18	792584.9	1100.89	131338.4	321.50	34209.7		
			阔叶混交林	64365.45	6103738.9	3097.69	218966.3	56073.47	5296620.6	4510.41	514070.5	628.36	66088.1	55.52	7993.4
		天然	合计	73918.44	6971357.0	3695.42	250272.1	63732.62	5981883.0	5662.01	652149.3	799.22	82598.7	29.17	4453.9
			纯林	4621.03	455212.4	305.01	15807.4	3847.47	375860.3	412.14	58253.7	56.41	5291.0		
			混交林	69297.41	6516144.6	3390.41	234464.7	59885.15	5606022.7	5249.87	593895.6	742.81	77307.7	29.17	4453.9
			针叶混交林	171.83	13293.5	19.37	930.6	152.46	12362.9						
			针阔混交林	4925.10	415689.2	281.83	14736.9	3783.94	309496.8	741.11	79908.2	118.22	11547.3		
			阔叶混交林	64200.48	6087161.9	3089.21	218797.2	55948.75	5284163.0	4508.76	513987.4	624.59	65760.4	29.17	4453.9

表 8　黑龙江重点国有林区乔木林各龄组面积、蓄积按林种、起源和林分类型统计表（续 71）

单位：公顷、立方米

统计单位	林种	起源	林分类型	合计		幼龄林		中龄林		近熟林		成熟林		过熟林	
				面积	蓄积	面积	蓄积	面积	蓄积	面积	蓄积	面积	蓄积	面积	蓄积
苇河林业局	防护林	人工	合计	11530.78	1531328.3	2323.12	156945.9	7485.16	1131655.0	1393.09	202080.7	302.62	37065.1	26.79	3581.6
			纯林	5940.39	822252.3	1565.84	95171.1	3574.66	608991.2	712.17	105365.0	87.28	12682.9	0.44	42.1
			混交林	5590.39	709076.0	757.28	61774.8	3910.50	522663.8	680.92	96715.7	215.34	24382.2	26.35	3539.5
			针叶混交林	739.72	89123.8	212.40	15411.2	199.54	27118.1	319.49	45202.4	8.29	1392.1		
			针阔混交林	4685.70	603375.2	536.40	46194.5	3586.24	483088.1	359.78	51430.2	203.28	22662.4		
			阔叶混交林	164.97	16577.0	8.48	169.1	124.72	12457.6	1.65	83.1	3.77	327.7	26.35	3539.5
		其中：人天混	合计	5064.96	646795.3	567.36	50081.9	3841.44	510207.5	424.65	60209.8	205.16	22756.6	26.35	3539.5
			纯林	180.07	20914.8	35.33	4416.7	144.74	16498.1						
			混交林	4884.89	625880.5	532.03	45665.2	3696.70	493709.4	424.65	60209.8	205.16	22756.6	26.35	3539.5
			针叶混交林	67.02	9075.0			3.80	378.5	63.22	8696.5				
			针阔混交林	4666.46	600873.0	531.95	45663.7	3573.34	481350.2	359.78	51430.2	201.39	22428.9		
			阔叶混交林	151.41	15932.5	0.08	1.5	119.56	11980.7	1.65	83.1	3.77	327.7	26.35	3539.5
	特用林	合计	合计	50707.07	4707141.0	4850.83	339990.6	39656.90	3660398.1	5116.14	566105.6	1060.66	138404.5	22.54	2242.2
			纯林	6408.86	698664.2	964.16	76449.7	4388.13	468132.7	702.12	95595.7	334.31	56512.4	20.14	1973.7
			混交林	44298.21	4008476.8	3886.67	263540.9	35268.77	3192265.4	4414.02	470509.9	726.35	81892.1	2.40	268.5
			针叶混交林	295.29	32241.2	203.84	20961.5	2.42	112.8	64.87	7859.3	24.16	3307.6		
			针阔混交林	3542.27	363518.9	755.47	77648.0	2228.10	223505.8	410.27	42989.0	148.43	19376.1		
			阔叶混交林	40460.65	3612716.7	2927.36	164931.4	33038.25	2968646.8	3938.88	419661.6	553.76	59208.4	2.40	268.5
		天然	合计	47856.15	4315108.4	3825.03	222455.1	38475.71	3482847.1	4874.60	534202.8	660.15	73687.2	20.66	1916.2
			纯林	5035.51	502882.1	439.76	27458.1	3850.73	377327.9	620.37	81969.6	106.39	14478.8	18.26	1647.7
			混交林	42820.64	3812226.3	3385.27	194997.0	34624.98	3105519.2	4254.23	452233.2	553.76	59208.4	2.40	268.5
			针叶混交林	100.70	6304.1	99.74	6264.6	0.96	39.5						
			针阔混交林	2259.29	193205.5	358.17	23801.0	1585.77	136832.9	315.35	32571.6				
			阔叶混交林	40460.65	3612716.7	2927.36	164931.4	33038.25	2968646.8	3938.88	419661.6	553.76	59208.4	2.40	268.5
		人工	合计	2850.92	392032.6	1025.80	117535.5	1181.19	177551.0	241.54	31902.8	400.51	64717.3	1.88	326.0
			纯林	1373.35	195782.1	524.40	48991.6	537.40	90804.8	81.75	13626.1	227.92	42033.6	1.88	326.0
			混交林	1477.57	196250.5	501.40	68543.9	643.79	86746.2	159.79	18276.7	172.59	22683.7		
			针叶混交林	194.59	25937.1	104.10	14696.9	1.46	73.3	64.87	7859.3	24.16	3307.6		
			针阔混交林	1282.98	170313.4	397.30	53847.0	642.33	86672.9	94.92	10417.4	148.43	19376.1		
		其中：人天混	合计	1393.85	181903.1	427.57	57417.8	664.78	87670.4	153.07	17438.8	148.43	19376.1		
			纯林	57.83	5215.6	35.38	4218.1	22.45	997.5						
			混交林	1336.02	176687.5	392.19	53199.7	642.33	86672.9	153.07	17438.8	148.43	19376.1		
			针叶混交林	58.15	7021.4					58.15	7021.4				
			针阔混交林	1277.87	169666.1	392.19	53199.7	642.33	86672.9	94.92	10417.4	148.43	19376.1		

表 8 黑龙江重点国有林区乔木林各龄组面积、蓄积按林种、起源和林分类型统计表（续 72）

单位：公顷、立方米

统计单位	林种	起源	林分类型	合计		幼龄林		中龄林		近熟林		成熟林		过熟林	
				面积	蓄积	面积	蓄积	面积	蓄积	面积	蓄积	面积	蓄积	面积	蓄积
			合计	27078.44	3080676.4	2654.17	208894.9	23423.93	2717992.6	738.57	114553.8	222.11	32933.5	39.66	6301.6
苇河林业局	用材林	合计	纯林	4664.83	630443.7	997.20	61973.0	3300.42	507025.1	354.13	59772.7	13.08	1672.9		
			混交林	22413.61	2450232.7	1656.97	146921.9	20123.51	2210967.5	384.44	54781.1	209.03	31260.6	39.66	6301.6
			针叶混交林	177.24	18739.7	78.19	6510.9	85.37	10702.2	0.30	15.0	13.38	1511.6		
			针阔混交林	3402.14	480680.1	420.14	49392.6	2798.89	401957.9	95.30	14271.1	87.81	15058.5		
			阔叶混交林	18834.23	1950812.9	1158.64	91018.4	17239.25	1798307.4	288.84	40495.0	107.84	14690.5	39.66	6301.6
		天然	合计	20029.80	2042862.8	1365.34	99694.7	18294.91	1892183.1	301.48	42234.0	68.07	8751.0		
			纯林	1114.28	91737.9	210.45	9114.9	885.53	80333.1	16.30	2066.8	2.00	223.1		
			混交林	18915.52	1951124.9	1154.89	90579.8	17409.38	1811850.0	285.18	40167.2	66.07	8527.9		
			针阔混交林	209.12	19423.2	0.84	9.9	208.28	19413.3						
			阔叶混交林	18706.40	1931701.7	1154.05	90569.9	17201.10	1792436.7	285.18	40167.2	66.07	8527.9		
		人工	合计	7048.64	1037813.6	1288.83	109200.2	5129.02	825809.5	437.09	72319.8	154.04	24182.5	39.66	6301.6
			纯林	3550.55	538705.8	786.75	52858.1	2414.89	426692.0	337.83	57705.9	11.08	1449.8		
			混交林	3498.09	499107.8	502.08	56342.1	2714.13	399117.5	99.26	14613.9	142.96	22732.7	39.66	6301.6
			针叶混交林	177.24	18739.7	78.19	6510.9	85.37	10702.2	0.30	15.0	13.38	1511.6		
			针阔混交林	3193.02	461256.9	419.30	49382.7	2590.61	382544.6	95.30	14271.1	87.81	15058.5		
			阔叶混交林	127.83	19111.2	4.59	448.5	38.15	5870.7	3.66	327.8	41.77	6162.6	39.66	6301.6
		其中：人天混	合计	3357.03	482073.4	460.17	51482.9	2632.32	388796.7	95.30	14271.1	129.58	21221.1	39.66	6301.6
			纯林	72.78	7275.9	39.52	1961.0	33.26	5314.9						
			混交林	3284.25	474797.5	420.65	49521.9	2599.06	383481.8	95.30	14271.1	129.58	21221.1	39.66	6301.6
			针叶混交林	6.48	856.1	1.99	179.4	4.49	676.7						
			针阔混交林	3190.28	461021.3	416.56	49147.1	2590.61	382544.6	95.30	14271.1	87.81	15058.5		
			阔叶混交林	87.49	12920.1	2.10	195.4	3.96	260.5			41.77	6162.6	39.66	6301.6
亚布力林业局	合计	合计	合计	268583.70	26728381.9	15486.52	1129315.2	162908.80	15362405.3	78378.22	8764022.1	10818.30	1344242.5	991.86	128396.8
			纯林	21667.36	2295730.2	6398.51	491701.0	11625.77	1341686.3	3212.39	410029.5	430.52	52282.1	0.17	31.3
			混交林	246916.34	24432651.7	9088.01	637614.2	151283.03	14020719.0	75165.83	8353992.6	10387.78	1291960.4	991.69	128365.5
			针叶混交林	881.20	81123.9	334.87	21961.1	483.91	52181.3	53.81	5798.0	8.61	1183.5		
			针阔混交林	9139.04	1024698.9	1066.63	83090.9	4790.34	520509.5	2654.95	332653.7	526.01	75726.2	101.11	12718.6
			阔叶混交林	236896.10	23326828.9	7686.51	532562.2	146008.78	13448028.2	72457.07	8015540.9	9853.16	1215050.7	890.58	115646.9
		天然	合计	251657.72	24738484.4	8816.38	593927.0	154994.76	14245285.7	76464.17	8480293.5	10403.08	1292375.6	979.33	126602.6
			纯林	9318.58	825506.9	1104.30	55161.7	6142.14	541560.6	1920.82	211163.3	151.32	17621.3		
			混交林	242339.14	23912977.5	7712.08	538765.3	148852.62	13703725.1	74543.35	8269130.2	10251.76	1274754.3	979.33	126602.6
			针叶混交林	153.95	13741.9			149.90	13272.3	4.05	469.6				
			针阔混交林	5481.92	588094.4	77.20	8165.2	2775.85	250429.8	2131.50	258047.8	408.62	60495.9	88.75	10955.7
			阔叶混交林	236703.27	23311141.2	7634.88	530600.1	145926.87	13440023.0	72407.80	8010612.8	9843.14	1214258.4	890.58	115646.9

表 8　黑龙江重点国有林区乔木林各龄组面积、蓄积按林种、起源和林分类型统计表（续 73）

单位：公顷、立方米

统计单位	林种	起源	林分类型	合计		幼龄林		中龄林		近熟林		成熟林		过熟林	
				面积	蓄积	面积	蓄积	面积	蓄积	面积	蓄积	面积	蓄积	面积	蓄积
亚布力林业局	合计	人工	合计	16925.98	1989897.5	6670.14	535388.2	7914.04	1117119.6	1914.05	283728.6	415.22	51866.9	12.53	1794.2
			纯林	12348.78	1470223.3	5294.21	436539.3	5483.63	800125.7	1291.57	198866.2	279.20	34660.8	0.17	31.3
			混交林	4577.20	519674.2	1375.93	98848.9	2430.41	316993.9	622.48	84862.4	136.02	17206.1	12.36	1762.9
			针叶混交林	727.25	67382.0	334.87	21961.1	334.01	38909.0	49.76	5328.4	8.61	1183.5		
			针阔混交林	3657.12	436604.5	989.43	74925.7	2014.49	270079.7	523.45	74605.9	117.39	15230.3	12.36	1762.9
			阔叶混交林	192.83	15687.7	51.63	1962.1	81.91	8005.2	49.27	4928.1	10.02	792.3		
		其中：人天混	合计	3931.07	462925.3	1161.13	91417.1	2098.06	278663.6	548.92	76987.2	110.60	14094.5	12.36	1762.9
			纯林	403.94	35373.7	308.33	24591.1	95.61	10782.6						
			混交林	3527.13	427551.6	852.80	66826.0	2002.45	267881.0	548.92	76987.2	110.60	14094.5	12.36	1762.9
			针叶混交林	33.40	4719.2	1.70	158.1	25.30	3706.8	6.40	854.3				
			针阔混交林	3395.14	416729.7	811.30	65299.9	1944.39	261719.0	516.49	73853.4	110.60	14094.5	12.36	1762.9
			阔叶混交林	98.59	6102.7	39.80	1368.0	32.76	2455.2	26.03	2279.5				
	防护林	合计	合计	176324.96	18371745.4	8004.88	600388.1	100826.78	9823082.7	58012.37	6712423.7	8658.85	1127214.0	822.08	108636.9
			纯林	11003.00	1227108.4	3081.84	232803.1	5810.34	701028.1	1885.25	262024.7	225.57	31252.5		
			混交林	165321.96	17144637.0	4923.04	367585.0	95016.44	9122054.6	56127.12	6450399.0	8433.28	1095961.5	822.08	108636.9
			针叶混交林	457.51	45399.8	215.25	15385.9	196.95	24658.8	44.22	5086.9	1.09	268.2		
			针阔混交林	7010.20	790977.8	593.61	54386.1	3475.55	361629.6	2448.42	302105.2	441.21	66012.8	51.41	6844.1
			阔叶混交林	157854.25	16308259.4	4114.18	297813.0	91343.94	8735766.2	53634.48	6143206.9	7990.98	1029680.5	770.67	101792.8
		天然	合计	168146.79	17346189.4	4714.29	332345.9	97245.97	9265642.8	56927.85	6543735.7	8448.96	1097591.0	809.72	106874.0
			纯林	5211.45	488731.6	573.30	29133.0	3340.93	300259.3	1180.46	145013.6	116.76	14325.7		
			混交林	162935.34	16857457.8	4140.99	303212.9	93905.04	8965383.5	55747.39	6398722.1	8332.20	1083265.3	809.72	106874.0
			针叶混交林	104.91	10335.0			100.86	9865.4	4.05	469.6				
			针阔混交林	5050.14	543713.6	52.78	6120.3	2484.72	221679.7	2122.35	256455.3	351.24	54377.1	39.05	5081.2
			阔叶混交林	157780.29	16303409.2	4088.21	297092.6	91319.46	8733838.4	53620.99	6141797.2	7980.96	1028888.2	770.67	101792.8
		人工	合计	8178.17	1025556.0	3290.59	268042.2	3580.81	557439.9	1084.52	168688.0	209.89	29623.0	12.36	1762.9
			纯林	5791.55	738376.8	2508.54	203670.1	2469.41	400768.8	704.79	117011.1	108.81	16926.8		
			混交林	2386.62	287179.2	782.05	64372.1	1111.40	156671.1	379.73	51676.9	101.08	12696.2	12.36	1762.9
			针叶混交林	352.60	35064.8	215.25	15385.9	96.09	14793.4	40.17	4617.3	1.09	268.2		
			针阔混交林	1960.06	247264.2	540.83	48265.8	990.83	139949.9	326.07	45649.9	89.97	11635.7	12.36	1762.9
			阔叶混交林	73.96	4850.2	25.97	720.4	24.48	1927.8	13.49	1409.7	10.02	792.3		
		其中：人天混	合计	2260.58	274012.3	775.23	67370.6	1058.75	147877.3	329.33	46205.9	84.91	10795.6	12.36	1762.9
			纯林	333.96	29328.3	268.91	21402.8	65.05	7925.5						
			混交林	1926.62	244684.0	506.32	45967.8	993.70	139951.8	329.33	46205.9	84.91	10795.6	12.36	1762.9
			针叶混交林	33.40	4719.2	1.70	158.1	25.30	3706.8	6.40	854.3				
			针阔混交林	1851.85	237867.0	478.78	45090.4	952.87	134866.5	322.93	45351.6	84.91	10795.6	12.36	1762.9
			阔叶混交林	41.37	2097.8	25.84	719.3	15.53	1378.5						

表 8 黑龙江重点国有林区乔木林各龄组面积、蓄积按林种、起源和林分类型统计表（续 74）

单位：公顷、立方米

统计单位	林种	起源	林分类型	合计		幼龄林		中龄林		近熟林		成熟林		过熟林	
				面积	蓄积	面积	蓄积	面积	蓄积	面积	蓄积	面积	蓄积	面积	蓄积
			合计	26066.58	2500546.3	836.76	71627.5	14452.12	1291009.9	9826.75	1036639.4	781.34	81540.9	169.61	19728.6
		合计	纯林	1431.74	124153.4	165.42	11334.9	1067.87	93299.6	196.47	19339.9	1.98	179.0		
			混交林	24634.84	2376392.9	671.34	60292.6	13384.25	1197710.3	9630.28	1017299.5	779.36	81361.9	169.61	19728.6
			针叶混交林	51.40	3406.9	2.36		49.04	3406.9						
			针阔混交林	360.68	40484.2	24.41	2418.9	232.89	25138.1	48.40	6502.7	5.28	550.0	49.70	5874.5
			阔叶混交林	24222.76	2332501.8	644.57	57873.7	13102.32	1169165.3	9581.88	1010796.8	774.08	80811.9	119.91	13854.1
		天然	合计	25842.22	2471984.4	753.17	63262.7	14355.13	1276340.9	9784.95	1031290.3	779.36	81361.9	169.61	19728.6
			纯林	1307.97	108412.4	108.60	5389.0	1005.45	84122.4	193.92	18901.0				
			混交林	24534.25	2363572.0	644.57	57873.7	13349.68	1192218.5	9591.03	1012389.3	779.36	81361.9	169.61	19728.6
			针叶混交林	49.04	3406.9			49.04	3406.9						
	特用林		针阔混交林	262.45	27663.3			198.32	19646.3	9.15	1592.5	5.28	550.0	49.70	5874.5
			阔叶混交林	24222.76	2332501.8	644.57	57873.7	13102.32	1169165.3	9581.88	1010796.8	774.08	80811.9	119.91	13854.1
		人工	合计	224.36	28561.9	83.59	8364.8	96.99	14669.0	41.80	5349.1	1.98	179.0		
			纯林	123.77	15741.0	56.82	5945.9	62.42	9177.2	2.55	438.9	1.98	179.0		
			混交林	100.59	12820.9	26.77	2418.9	34.57	5491.8	39.25	4910.2				
			针叶混交林	2.36		2.36									
			针阔混交林	98.23	12820.9	24.41	2418.9	34.57	5491.8	39.25	4910.2				
亚布力林业局		其中：人天混	合计	104.55	13759.6	30.73	3357.6	34.57	5491.8	39.25	4910.2				
			纯林	6.32	938.7	6.32	938.7								
			混交林	98.23	12820.9	24.41	2418.9	34.57	5491.8	39.25	4910.2				
			针阔混交林	98.23	12820.9	24.41	2418.9	34.57	5491.8	39.25	4910.2				
		合计	合计	66192.16	5856090.2	6644.88	457299.6	47629.90	4248312.7	10539.10	1014959.0	1378.11	135487.6	0.17	31.3
			纯林	9232.62	944468.4	3151.25	247563.0	4747.56	547358.6	1130.67	128664.9	202.97	20850.6	0.17	31.3
			混交林	56959.54	4911621.8	3493.63	209736.6	42882.34	3700954.1	9408.43	886294.1	1175.14	114637.0		
			针叶混交林	372.29	32317.2	117.26	6575.2	237.92	24115.6	9.59	711.1	7.52	915.3		
			针阔混交林	1768.16	193236.9	448.61	26285.9	1081.90	133741.8	158.13	24045.8	79.52	9163.4		
			阔叶混交林	54819.09	4686067.7	2927.76	176875.5	41562.52	3543096.7	9240.71	861537.2	1088.10	104558.3		
		天然	合计	57668.71	4920310.6	3348.92	198318.4	43393.66	3703302.0	9751.37	905267.5	1174.76	113422.7		
			纯林	2799.16	228362.9	422.40	20639.7	1795.76	157178.9	546.44	47248.7	34.56	3295.6		
	用材林		混交林	54869.55	4691947.7	2926.52	177678.7	41597.90	3546123.1	9204.93	858018.8	1140.20	110127.1		
			针阔混交林	169.33	16717.5	24.42	2044.9	92.81	9103.8			52.10	5568.8		
			阔叶混交林	54700.22	4675230.2	2902.10	175633.8	41505.09	3537019.3	9204.93	858018.8	1088.10	104558.3		
		人工	合计	8523.45	935779.6	3295.96	258981.2	4236.24	545010.7	787.73	109691.5	203.35	22064.9	0.17	31.3
			纯林	6433.46	716105.5	2728.85	226923.3	2951.80	390179.7	584.23	81416.2	168.41	17555.0	0.17	31.3
			混交林	2089.99	219674.1	567.11	32057.9	1284.44	154831.0	203.50	28275.3	34.94	4509.9		
			针叶混交林	372.29	32317.2	117.26	6575.2	237.92	24115.6	9.59	711.1	7.52	915.3		
			针阔混交林	1598.83	176519.4	424.19	24241.0	989.09	124638.0	158.13	24045.8	27.42	3594.6		
			阔叶混交林	118.87	10837.5	25.66	1241.7	57.43	6077.4	35.78	3518.4				

表 8　黑龙江重点国有林区乔木林各龄组面积、蓄积按林种、起源和林分类型统计表（续 75）

单位：公顷、立方米

统计单位	林种	起源	林分类型	合计		幼龄林		中龄林		近熟林		成熟林		过熟林	
				面积	蓄积	面积	蓄积	面积	蓄积	面积	蓄积	面积	蓄积	面积	蓄积
亚布力林业局	用材林	其中：人天混	合计	1565.94	175153.4	355.17	20688.9	1004.74	125294.5	180.34	25871.1	25.69	3298.9		
			纯林	63.66	5106.7	33.10	2249.6	30.56	2857.1						
			混交林	1502.28	170046.7	322.07	18439.3	974.18	122437.4	180.34	25871.1	25.69	3298.9		
			针阔混交林	1445.06	166041.8	308.11	17790.6	956.95	121360.7	154.31	23591.6	25.69	3298.9		
			阔叶混交林	57.22	4004.9	13.96	648.7	17.23	1076.7	26.03	2279.5				
兴隆林业局	合计	合计	合计	281029.66	31147276.3	43694.39	4121304.5	175480.93	18605300.9	51236.52	6854020.0	10189.75	1497577.5	428.07	69073.4
			纯林	24325.24	3152501.8	8505.58	945660.6	13001.65	1801560.5	2524.18	364784.5	293.83	40496.2		
			混交林	256704.42	27994774.5	35188.81	3175643.9	162479.28	16803740.4	48712.34	6489235.5	9895.92	1457081.3	428.07	69073.4
			针叶混交林	1541.43	204903.8	406.36	51543.3	889.87	117410.6	165.18	24085.1	80.02	11864.8		
			针阔混交林	22115.54	2981026.0	5296.68	685983.0	12579.56	1712596.3	2902.18	397900.9	1257.41	173431.5	79.71	11114.3
			阔叶混交林	233047.45	24808844.7	29485.77	2438117.6	149009.85	14973733.5	45644.98	6067249.5	8558.49	1271785.0	348.36	57959.1
		天然	合计	261811.64	28161071.0	37395.77	3245655.7	164166.79	16761571.7	49840.11	6614226.0	9994.47	1472489.0	414.50	67128.6
			纯林	16539.42	1798630.8	5740.54	544698.5	8623.69	971971.3	1887.34	242129.8	287.85	39831.2		
			混交林	245272.22	26362440.2	31655.23	2700957.2	155543.10	15789600.4	47952.77	6372096.2	9706.62	1432657.8	414.50	67128.6
			针叶混交林	1030.71	132968.9	296.90	37468.4	541.45	67543.0	127.14	18218.7	65.22	9738.8		
			针阔混交林	11219.86	1424409.7	1872.56	225371.2	5991.80	748323.9	2192.88	288466.3	1082.91	151134.0	79.71	11114.3
			阔叶混交林	233021.65	24805061.6	29485.77	2438117.6	149009.85	14973733.5	45632.75	6065411.2	8558.49	1271785.0	334.79	56014.3
		人工	合计	19218.02	2986205.3	6298.62	875648.8	11314.14	1843729.2	1396.41	239794.0	195.28	25088.5	13.57	1944.8
			纯林	7785.82	1353871.0	2765.04	400962.1	4377.96	829589.2	636.84	122654.7	5.98	665.0		
			混交林	11432.20	1632334.3	3533.58	474686.7	6936.18	1014140.0	759.57	117139.3	189.30	24423.5	13.57	1944.8
			针叶混交林	510.72	71934.9	109.46	14074.9	348.42	49867.6	38.04	5866.4	14.80	2126.0		
			针阔混交林	10895.68	1556616.3	3424.12	460611.8	6587.76	964272.4	709.30	109434.6	174.50	22297.5		
			阔叶混交林	25.80	3783.1					12.23	1838.3			13.57	1944.8
		其中：人天混	合计	11232.01	1607446.3	3534.99	473124.4	6741.68	991874.7	752.47	116078.9	189.30	24423.5	13.57	1944.8
			纯林	219.31	33089.0	85.48	9034.9	133.83	24054.1						
			混交林	11012.70	1574357.3	3449.51	464089.5	6607.85	967820.6	752.47	116078.9	189.30	24423.5	13.57	1944.8
			针叶混交林	101.03	15347.4	35.20	4867.2	20.09	3548.2	30.94	4806.0	14.80	2126.0		
			针阔混交林	10885.87	1555226.8	3414.31	459222.3	6587.76	964272.4	709.30	109434.6	174.50	22297.5		
			阔叶混交林	25.80	3783.1					12.23	1838.3			13.57	1944.8
	防护林	合计	合计	122265.26	13670540.2	18136.98	1700632.8	74479.32	7871348.2	24783.44	3373685.0	4660.14	691125.6	205.38	33748.6
			纯林	8967.49	1171348.1	2802.07	303119.1	5213.02	739173.2	811.44	108358.7	140.96	20697.1		
			混交林	113297.77	12499192.1	15334.91	1397513.7	69266.30	7132175.0	23972.00	3265326.3	4519.18	670428.5	205.38	33748.6
			针叶混交林	647.07	87691.7	118.77	15643.2	439.88	59435.7	88.42	12612.8				
			针阔混交林	9165.79	1224316.8	2371.30	309945.7	5312.56	710593.7	1044.90	140586.6	437.03	63190.8		
			阔叶混交林	103484.91	11187183.6	12844.84	1071924.8	63513.86	6362145.6	22838.68	3112126.9	4082.15	607237.7	205.38	33748.6

表 8　黑龙江重点国有林区乔木林各龄组面积、蓄积按林种、起源和林分类型统计表（续 76）

单位：公顷、立方米

统计单位	林种	起源	林分类型	合计		幼龄林		中龄林		近熟林		成熟林		过熟林	
				面积	蓄积	面积	蓄积	面积	蓄积	面积	蓄积	面积	蓄积	面积	蓄积
			合计	113646.98	12374500.5	15354.40	1321785.0	69162.56	7032773.5	24367.44	3309754.2	4570.77	678384.0	191.81	31803.8
兴隆林业局	防护林	天然	纯林	5804.17	634569.2	1812.10	166874.1	3119.30	353209.9	734.84	94073.7	137.93	20411.5		
			混交林	107842.81	11739931.3	13542.30	1154910.9	66043.26	6679563.6	23632.60	3215680.5	4432.84	657972.5	191.81	31803.8
			针叶混交林	342.17	44576.7	52.12	6659.4	236.95	30788.7	53.10	7128.6				
			针阔混交林	4041.53	511954.1	645.34	76326.7	2292.45	286629.3	753.05	98263.3	350.69	50734.8		
			阔叶混交林	103459.11	11183400.5	12844.84	1071924.8	63513.86	6362145.6	22826.45	3110288.6	4082.15	607237.7	191.81	31803.8
		人工	合计	8618.28	1296039.7	2782.58	378847.8	5316.76	838574.7	416.00	63930.8	89.37	12741.6	13.57	1944.8
			纯林	3163.32	536778.9	989.97	136245.0	2093.72	385963.3	76.60	14285.0	3.03	285.6		
			混交林	5454.96	759260.8	1792.61	242602.8	3223.04	452611.4	339.40	49645.8	86.34	12456.0	13.57	1944.8
			针叶混交林	304.90	43115.0	66.65	8983.8	202.93	28647.0	35.32	5484.2				
			针阔混交林	5124.26	712362.7	1725.96	233619.0	3020.11	423964.4	291.85	42323.3	86.34	12456.0		
			阔叶混交林	25.80	3783.1					12.23	1838.3			13.57	1944.8
		其中：人天混	合计	5289.47	738249.2	1768.95	238399.3	3085.59	436481.5	335.02	48967.6	86.34	12456.0	13.57	1944.8
			纯林	83.99	12758.0	25.78	2127.3	58.21	10630.7						
			混交林	5205.48	725491.2	1743.17	236272.0	3027.38	425850.8	335.02	48967.6	86.34	12456.0	13.57	1944.8
			针叶混交林	57.88	9667.1	19.67	2974.7	7.27	1886.4	30.94	4806.0				
			针阔混交林	5121.80	712041.0	1723.50	233297.3	3020.11	423964.4	291.85	42323.3	86.34	12456.0		
			阔叶混交林	25.80	3783.1					12.23	1838.3			13.57	1944.8
	特用林	合计	合计	114078.89	12749537.2	17236.64	1645359.4	71446.06	7664485.4	20333.80	2693441.3	4906.75	720782.2	155.64	25468.9
			纯林	10890.15	1407901.4	3988.01	444808.6	5484.12	753208.2	1291.49	193007.4	126.53	16877.2		
			混交林	103188.74	11341635.8	13248.63	1200550.8	65961.94	6911277.2	19042.31	2500433.9	4780.22	703905.0	155.64	25468.9
			针叶混交林	827.02	107790.2	287.59	35900.1	385.37	48935.2	74.04	11090.1	80.02	11864.8		
			针阔混交林	9973.81	1332074.2	2261.34	285533.8	5435.80	740420.6	1454.95	194269.4	742.01	100736.1	79.71	11114.3
			阔叶混交林	92387.91	9901771.4	10699.70	879116.9	60140.77	6121921.4	17513.32	2295074.4	3958.19	591304.1	75.93	14354.6
		天然	合计	107281.82	11658112.2	14818.01	1311056.7	67649.27	7013907.0	19850.66	2598606.0	4808.24	709073.6	155.64	25468.9
			纯林	7742.09	845965.5	2713.70	260217.9	3961.99	449340.1	942.82	119909.7	123.58	16497.8		
			混交林	99539.73	10812146.7	12104.31	1050838.8	63687.28	6564566.9	18907.84	2478696.3	4684.66	692575.8	155.64	25468.9
			针叶混交林	688.54	88392.2	244.78	30809.0	304.50	36754.3	74.04	11090.1	65.22	9738.8		
			针阔混交林	6463.28	821983.1	1159.83	140912.9	3242.01	405891.2	1320.48	172531.8	661.25	91532.9	79.71	11114.3
			阔叶混交林	92387.91	9901771.4	10699.70	879116.9	60140.77	6121921.4	17513.32	2295074.4	3958.19	591304.1	75.93	14354.6
		人工	合计	6797.07	1091425.0	2418.63	334302.7	3796.79	650578.4	483.14	94835.3	98.51	11708.6		
			纯林	3148.06	561935.9	1274.31	184590.7	1522.13	303868.1	348.67	73097.7	2.95	379.4		
			混交林	3649.01	529489.1	1144.32	149712.0	2274.66	346710.3	134.47	21737.6	95.56	11329.2		
			针叶混交林	138.48	19398.0	42.81	5091.1	80.87	12180.9			14.80	2126.0		
			针阔混交林	3510.53	510091.1	1101.51	144620.9	2193.79	334529.4	134.47	21737.6	80.76	9203.2		
		其中：人天混	合计	3667.19	532242.6	1169.39	152353.2	2267.77	346822.6	134.47	21737.6	95.56	11329.2		
			纯林	120.86	17539.0	59.70	6907.6	61.16	10631.4						
			混交林	3546.33	514703.6	1109.69	145445.6	2206.61	336191.2	134.47	21737.6	95.56	11329.2		
			针叶混交林	43.15	5680.3	15.53	1892.5	12.82	1661.8			14.80	2126.0		
			针阔混交林	3503.18	509023.3	1094.16	143553.1	2193.79	334529.4	134.47	21737.6	80.76	9203.2		

表 8　黑龙江重点国有林区乔木林各龄组面积、蓄积按林种、起源和林分类型统计表（续 77）

单位：公顷、立方米

统计单位	林种	起源	林分类型	合计		幼龄林		中龄林		近熟林		成熟林		过熟林	
				面积	蓄积	面积	蓄积	面积	蓄积	面积	蓄积	面积	蓄积	面积	蓄积
兴隆林业局	用材林	合计	合计	44685.51	4727198.9	8320.77	775312.3	29555.55	3069467.3	6119.28	786893.7	622.86	85669.7	67.05	9855.9
			纯林	4467.60	573252.3	1715.50	197732.9	2304.51	309179.1	421.25	63418.4	26.34	2921.9		
			混交林	40217.91	4153946.6	6605.27	577579.4	27251.04	2760288.2	5698.03	723475.3	596.52	82747.8	67.05	9855.9
			针叶混交林	67.34	9421.9			64.62	9039.7	2.72	382.2				
			针阔混交林	2975.94	424635.0	664.04	90503.5	1831.20	261582.0	402.33	63044.9	78.37	9504.6		
			阔叶混交林	37174.63	3719889.7	5941.23	487075.9	25355.22	2489666.5	5292.98	660048.2	518.15	73243.2	67.05	9855.9
		天然	合计	40882.84	4128458.3	7223.36	612814.0	27354.96	2714891.2	5622.01	705865.8	615.46	85031.4	67.05	9855.9
			纯林	2993.16	318096.1	1214.74	117606.5	1542.40	169421.3	209.68	28146.4	26.34	2921.9		
			混交林	37889.68	3810362.2	6008.62	495207.5	25812.56	2545469.9	5412.33	677719.4	589.12	82109.5	67.05	9855.9
			针阔混交林	715.05	90472.5	67.39	8131.6	457.34	55803.4	119.35	17671.2	70.97	8866.3		
			阔叶混交林	37174.63	3719889.7	5941.23	487075.9	25355.22	2489666.5	5292.98	660048.2	518.15	73243.2	67.05	9855.9
		人工	合计	3802.67	598740.6	1097.41	162498.3	2200.59	354576.1	497.27	81027.9	7.40	638.3		
			纯林	1474.44	255156.2	500.76	80126.4	762.11	139757.8	211.57	35272.0				
			混交林	2328.23	343584.4	596.65	82371.9	1438.48	214818.3	285.70	45755.9	7.40	638.3		
			针叶混交林	67.34	9421.9			64.62	9039.7	2.72	382.2				
			针阔混交林	2260.89	334162.5	596.65	82371.9	1373.86	205778.6	282.98	45373.7	7.40	638.3		
		其中：人天混	合计	2275.35	336954.5	596.65	82371.9	1388.32	208570.6	282.98	45373.7	7.40	638.3		
			纯林	14.46	2792.0			14.46	2792.0						
			混交林	2260.89	334162.5	596.65	82371.9	1373.86	205778.6	282.98	45373.7	7.40	638.3		
			针阔混交林	2260.89	334162.5	596.65	82371.9	1373.86	205778.6	282.98	45373.7	7.40	638.3		
方正林业局	合计	合计	合计	182746.10	20983447.6	25534.74	2572166.0	99335.85	11421120.9	44248.57	5267977.9	13148.39	1653905.5	478.55	68277.3
			纯林	28555.45	3195743.3	9704.34	896405.8	11034.49	1300192.8	5597.38	697363.6	2082.45	281530.4	136.79	20250.7
			混交林	154190.65	17787704.3	15830.40	1675760.2	88301.36	10120928.1	38651.19	4570614.3	11065.94	1372375.1	341.76	48026.6
			针叶混交林	2661.54	330758.6	351.68	39108.9	1016.09	123467.6	1122.06	143880.7	171.71	24301.4		
			针阔混交林	16033.35	1998285.8	1325.86	154260.6	6795.42	838393.0	5572.71	696057.5	2339.36	309574.7		
			阔叶混交林	135495.76	15458659.9	14152.86	1482390.7	80489.85	9159067.5	31956.42	3730676.1	8554.87	1038499.0	341.76	48026.6
		天然	合计	167051.56	19039791.5	22226.06	2249898.6	92675.24	10576309.9	39907.56	4685932.4	11816.77	1467345.9	425.93	60304.7
			纯林	19330.04	2077875.6	7260.18	674019.8	7371.65	834436.6	3291.28	383479.9	1318.58	172962.0	88.35	12977.3
			混交林	147721.52	16961915.9	14965.88	1575878.8	85303.59	9741873.3	36616.28	4302452.5	10498.19	1294383.9	337.58	47327.4
			针叶混交林	1980.19	242217.2	204.42	22633.6	838.40	100761.1	820.25	103974.4	117.12	14848.1		
			针阔混交林	10270.48	1263900.0	613.33	71402.0	3975.34	482044.7	3839.61	467802.0	1842.20	242651.3		
			阔叶混交林	135470.85	15455798.7	14148.13	1481843.2	80489.85	9159067.5	31956.42	3730676.1	8538.87	1036884.5	337.58	47327.4
		人工	合计	15694.54	1943656.1	3308.68	322267.4	6660.61	844811.0	4341.01	582045.5	1331.62	186559.6	52.62	7972.6
			纯林	9225.41	1117867.7	2444.16	222386.0	3662.84	465756.2	2306.10	313883.7	763.87	108568.4	48.44	7273.4
			混交林	6469.13	825788.4	864.52	99881.4	2997.77	379054.8	2034.91	268161.8	567.75	77991.2	4.18	699.2
			针叶混交林	681.35	88541.4	147.26	16475.3	177.69	22706.5	301.81	39906.3	54.59	9453.3		
			针阔混交林	5762.87	734385.8	712.53	82858.6	2820.08	356348.3	1733.10	228255.5	497.16	66923.4		
			阔叶混交林	24.91	2861.2	4.73	547.5					16.00	1614.5	4.18	699.2

表8 黑龙江重点国有林区乔木林各龄组面积、蓄积按林种、起源和林分类型统计表（续78）

单位：公顷、立方米

统计单位	林种	起源	林分类型	合计面积	合计蓄积	幼龄林面积	幼龄林蓄积	中龄林面积	中龄林蓄积	近熟林面积	近熟林蓄积	成熟林面积	成熟林蓄积	过熟林面积	过熟林蓄积
方正林业局	合计	其中：人天混	合计	7276.50	901915.7	1780.99	192188.1	3055.92	386283.9	1945.59	257486.8	494.00	65956.9		
			纯林	1150.38	118998.6	1028.54	104502.6	121.84	14496.0						
			混交林	6126.12	782917.1	752.45	87685.5	2934.08	371787.9	1945.59	257486.8	494.00	65956.9		
			针叶混交林	376.38	50633.6	35.65	4324.0	126.21	16843.3	214.52	29466.3				
			针阔混交林	5734.12	730686.1	712.07	82814.0	2807.87	354944.6	1731.07	228020.5	483.11	64907.0		
			阔叶混交林	15.62	1597.4	4.73	547.5					10.89	1049.9		
	防护林	合计	合计	111849.79	12785860.8	16380.56	1631010.8	58787.21	6726393.1	27838.46	3325951.6	8600.41	1068442.3	243.15	34063.0
			纯林	18066.23	1992915.0	6830.99	626741.6	6472.54	756100.6	3549.67	450684.5	1171.80	153147.8	41.23	6240.5
			混交林	93783.56	10792945.8	9549.57	1004269.2	52314.67	5970292.5	24288.79	2875267.1	7428.61	915294.5	201.92	27822.5
			针叶混交林	840.25	106738.8	99.04	11013.3	148.53	18685.6	555.55	71744.2	37.13	5295.7		
			针阔混交林	9290.17	1136964.0	632.44	73047.9	3788.37	460907.4	3511.38	432921.7	1357.98	170087.0		
			阔叶混交林	83653.14	9549243.0	8818.09	920208.0	48377.77	5490699.5	20221.86	2370601.2	6033.50	739911.8	201.92	27822.5
		天然	合计	101360.94	11509895.9	14081.27	1410278.4	54601.75	6200838.0	24720.60	2913777.5	7759.58	957878.7	197.74	27123.3
			纯林	11652.44	1227060.7	5101.69	471575.8	4149.64	465590.3	1703.54	199693.1	697.57	90201.5		
			混交林	89708.50	10282835.2	8979.58	938702.6	50452.11	5735247.7	23017.06	2714084.4	7062.01	867677.2	197.74	27123.3
			针叶混交林	487.01	61692.3			76.25	9102.1	387.52	49022.6	23.24	3567.6		
			针阔混交林	5592.38	674665.1	166.22	19042.1	1998.09	235446.1	2407.68	294460.6	1020.39	125716.3		
			阔叶混交林	83629.11	9546477.8	8813.36	919660.5	48377.77	5490699.5	20221.86	2370601.2	6018.38	738393.3	197.74	27123.3
		人工	合计	10488.85	1275964.9	2299.29	220732.4	4185.46	525555.1	3117.86	412174.1	840.83	110563.6	45.41	6939.7
			纯林	6413.79	765854.3	1729.30	155165.8	2322.90	290510.3	1846.13	250991.4	474.23	62946.3	41.23	6240.5
			混交林	4075.06	510110.6	569.99	65566.6	1862.56	235044.8	1271.73	161182.7	366.60	47617.3	4.18	699.2
			针叶混交林	353.24	45046.5	99.04	11013.3	72.28	9583.5	168.03	22721.6	13.89	1728.1		
			针阔混交林	3697.79	462298.9	466.22	54005.8	1790.28	225461.3	1103.70	138461.1	337.59	44370.7		
			阔叶混交林	24.03	2765.2	4.73	547.5					15.12	1518.5	4.18	699.2
		其中：人天混	合计	4636.40	564761.9	1239.55	133656.9	1864.87	235035.1	1187.37	151122.5	344.61	44947.4		
			纯林	774.09	79436.5	732.95	74779.6	41.14	4656.9						
			混交林	3862.31	485325.4	506.60	58877.3	1823.73	230378.2	1187.37	151122.5	344.61	44947.4		
			针叶混交林	167.01	23541.0	35.65	4324.0	45.66	6320.6	85.70	12896.4				
			针阔混交林	3680.56	460283.0	466.22	54005.8	1778.07	224057.6	1101.67	138226.1	334.60	43993.5		
			阔叶混交林	14.74	1501.4	4.73	547.5					10.01	953.9		
	特用林	合计	合计	29560.67	3482220.5	2371.15	241776.5	16049.36	1891361.2	8660.62	1016768.2	2335.61	311984.4	143.93	20330.2
			纯林	3757.69	442447.4	811.78	79550.3	1442.96	173407.5	943.07	110795.0	472.52	65821.4	87.36	12873.2
			混交林	25802.98	3039773.1	1559.37	162226.2	14606.40	1717953.7	7717.55	905973.2	1863.09	246163.0	56.57	7457.0
			针叶混交林	206.01	28912.2	14.16	1951.9	164.47	21625.6			27.38	5334.7		
			针阔混交林	2507.08	334156.3	126.41	13373.8	1170.48	151014.3	731.30	95011.9	478.89	74756.3		
			阔叶混交林	23089.89	2676704.6	1418.80	146900.5	13271.45	1545313.8	6986.25	810961.3	1356.82	166072.0	56.57	7457.0

表 8　黑龙江重点国有林区乔木林各龄组面积、蓄积按林种、起源和林分类型统计表（续 79）

单位：公顷、立方米

统计单位	林种	起源	林分类型	合计		幼龄林		中龄林		近熟林		成熟林		过熟林	
				面积	蓄积	面积	蓄积	面积	蓄积	面积	蓄积	面积	蓄积	面积	蓄积
方正林业局	特用林	天然	合计	28266.47	3312242.1	2063.24	207245.6	15339.65	1797974.1	8473.76	990206.5	2245.89	296485.7	143.93	20330.2
			纯林	3165.34	365493.2	579.42	53800.7	1166.57	135563.2	915.27	106639.0	416.72	56617.1	87.36	12873.2
			混交林	25101.13	2946748.9	1483.82	153444.9	14173.08	1662410.9	7558.49	883567.5	1829.17	239868.6	56.57	7457.0
			针叶混交林	106.30	13566.5			106.30	13566.5						
			针阔混交林	1905.82	256573.8	65.02	6544.4	795.33	103530.6	572.24	72606.2	473.23	73892.6		
			阔叶混交林	23089.01	2676608.6	1418.80	146900.5	13271.45	1545313.8	6986.25	810961.3	1355.94	165976.0	56.57	7457.0
		人工	合计	1294.20	169978.4	307.91	34530.9	709.71	93387.1	186.86	26561.7	89.72	15498.7		
			纯林	592.35	76954.2	232.36	25749.6	276.39	37844.3	27.80	4156.0	55.80	9204.3		
			混交林	701.85	93024.2	75.55	8781.3	433.32	55542.8	159.06	22405.7	33.92	6294.4		
			针叶混交林	99.71	15345.7	14.16	1951.9	58.17	8059.1			27.38	5334.7		
			针阔混交林	601.26	77582.5	61.39	6829.4	375.15	47483.7	159.06	22405.7	5.66	863.7		
			阔叶混交林	0.88	96.0							0.88	96.0		
		其中：人天混	合计	708.62	91763.0	106.41	12416.0	436.61	55981.6	159.06	22405.7	6.54	959.7		
			纯林	48.31	6025.4	45.02	5586.6	3.29	438.8						
			混交林	660.31	85737.6	61.39	6829.4	433.32	55542.8	159.06	22405.7	6.54	959.7		
			针叶混交林	58.17	8059.1			58.17	8059.1						
			针阔混交林	601.26	77582.5	61.39	6829.4	375.15	47483.7	159.06	22405.7	5.66	863.7		
			阔叶混交林	0.88	96.0							0.88	96.0		
	用材林	合计	合计	41335.64	4715366.3	6783.03	699378.7	24499.28	2803366.6	7749.49	925258.1	2212.37	273478.8	91.47	13884.1
			纯林	6731.53	760380.9	2061.57	190113.9	3118.99	370684.7	1104.64	135884.1	438.13	62561.2	8.20	1137.0
			混交林	34604.11	3954985.4	4721.46	509264.8	21380.29	2432681.9	6644.85	789374.0	1774.24	210917.6	83.27	12747.1
			针叶混交林	1615.28	195107.6	238.48	26143.7	703.09	83156.4	566.51	72136.5	107.20	13671.0		
			针阔混交林	4236.10	527165.5	567.01	67838.9	1836.57	226471.3	1330.03	168123.9	502.49	64731.4		
			阔叶混交林	28752.73	3232712.3	3915.97	415282.2	18840.63	2123054.2	4748.31	549113.6	1164.55	132515.2	83.27	12747.1
		天然	合计	37424.15	4217653.5	6081.55	632374.6	22733.84	2577497.8	6713.20	781948.4	1811.30	212981.5	84.26	12851.2
			纯林	4512.26	485321.7	1579.07	148643.3	2055.44	233283.1	672.47	77147.8	204.29	26143.4	0.99	104.1
			混交林	32911.89	3732331.8	4502.48	483731.3	20678.40	2344214.7	6040.73	704800.6	1607.01	186838.1	83.27	12747.1
			针叶混交林	1386.88	166958.4	204.42	22633.6	655.85	78092.5	432.73	54951.8	93.88	11280.5		
			针阔混交林	2772.28	332661.1	382.09	45815.5	1181.92	143068.0	859.69	100735.2	348.58	43042.4		
			阔叶混交林	28752.73	3232712.3	3915.97	415282.2	18840.63	2123054.2	4748.31	549113.6	1164.55	132515.2	83.27	12747.1
		人工	合计	3911.49	497712.8	701.48	67004.1	1765.44	225868.8	1036.29	143309.7	401.07	60497.3	7.21	1032.9
			纯林	2219.27	275059.2	482.50	41470.6	1063.55	137401.6	432.17	58736.3	233.84	36417.8	7.21	1032.9
			混交林	1692.22	222653.6	218.98	25533.5	701.89	88467.2	604.12	84573.4	167.23	24079.5		
			针叶混交林	228.40	28149.2	34.06	3510.1	47.24	5063.9	133.78	17184.7	13.32	2390.5		
			针阔混交林	1463.82	194504.4	184.92	22023.4	654.65	83403.3	470.34	67388.7	153.91	21689.0		
		其中：人天混	合计	1931.48	245390.8	435.03	46115.2	754.44	95267.2	599.16	83958.6	142.85	20049.8		
			纯林	327.98	33536.7	250.57	24136.4	77.41	9400.3						
			混交林	1603.50	211854.1	184.46	21978.8	677.03	85866.9	599.16	83958.6	142.85	20049.8		
			针叶混交林	151.20	19033.5			22.38	2463.6	128.82	16569.9				
			针阔混交林	1452.30	192820.6	184.46	21978.8	654.65	83403.3	470.34	67388.7	142.85	20049.8		

表 8 黑龙江重点国有林区乔木林各龄组面积、蓄积按林种、起源和林分类型统计表（续 80）

单位：公顷、立方米

统计单位	林种	起源	林分类型	合计		幼龄林		中龄林		近熟林		成熟林		过熟林	
				面积	蓄积	面积	蓄积	面积	蓄积	面积	蓄积	面积	蓄积	面积	蓄积
绥棱林业局	合计	合计	合计	167852.56	18496670.9	16974.48	1354437.5	141002.38	15784241.8	7654.89	1054774.3	2220.81	303217.3		
			纯林	26191.17	2674501.6	5140.74	345895.0	19285.39	2078538.9	1326.60	186210.2	438.44	63857.5		
			混交林	141661.39	15822169.3	11833.74	1008542.5	121716.99	13705702.9	6328.29	868564.1	1782.37	239359.8		
			针叶混交林	6811.84	814055.5	1203.28	110105.6	4666.15	555436.2	856.77	135183.5	85.64	13330.2		
			针阔混交林	41902.92	4913465.9	3625.20	332421.3	36884.21	4368731.1	1006.51	156906.2	387.00	55407.3		
			阔叶混交林	92946.63	10094647.9	7005.26	566015.6	80166.63	8781535.6	4465.01	576474.4	1309.73	170622.3		
		天然	合计	147491.57	15982372.4	13482.91	1045876.7	124941.83	13700912.6	6958.98	952210.3	2107.85	283372.8		
			纯林	18948.41	1725741.7	3835.26	244354.7	13737.28	1291981.1	1016.43	141167.8	359.44	48238.1		
			混交林	128543.16	14256630.7	9647.65	801522.0	111204.55	12408931.5	5942.55	811042.5	1748.41	235134.7		
			针叶混交林	4053.99	501577.7	631.33	58569.6	2697.76	326915.8	647.64	103921.8	77.26	12170.5		
			针阔混交林	31542.54	3660405.1	2011.06	176936.8	28340.16	3300480.1	829.90	130646.3	361.42	52341.9		
			阔叶混交林	92946.63	10094647.9	7005.26	566015.6	80166.63	8781535.6	4465.01	576474.4	1309.73	170622.3		
		人工	合计	20360.99	2514298.5	3491.57	308560.8	16060.55	2083329.2	695.91	102564.0	112.96	19844.5		
			纯林	7242.76	948759.9	1305.48	101540.3	5548.11	786557.8	310.17	45042.4	79.00	15619.4		
			混交林	13118.23	1565538.6	2186.09	207020.5	10512.44	1296771.4	385.74	57521.6	33.96	4225.1		
			针叶混交林	2757.85	312477.8	571.95	51536.0	1968.39	228520.4	209.13	31261.7	8.38	1159.7		
			针阔混交林	10360.38	1253060.8	1614.14	155484.5	8544.05	1068251.0	176.61	26259.9	25.58	3065.4		
		其中：人天混	合计	12454.25	1503603.2	1945.24	187461.0	10101.12	1255900.4	379.85	56764.1	28.04	3477.7		
			纯林	167.97	20464.5	43.21	4806.1	124.76	15658.4						
			混交林	12286.28	1483138.7	1902.03	182654.9	9976.36	1240242.0	379.85	56764.1	28.04	3477.7		
			针叶混交林	1925.90	230077.9	287.89	27170.4	1432.31	171991.0	203.24	30504.2	2.46	412.3		
			针阔混交林	10360.38	1253060.8	1614.14	155484.5	8544.05	1068251.0	176.61	26259.9	25.58	3065.4		
	防护林	合计	合计	112589.98	12452461.7	11453.98	931251.6	93702.56	10491875.3	5882.04	815609.3	1551.40	213725.5		
			纯林	17235.85	1804779.3	3005.44	203710.8	12966.41	1417280.7	928.81	135518.1	335.19	48269.7		
			混交林	95354.13	10647682.4	8448.54	727540.8	80736.15	9074594.6	4953.23	680091.2	1216.21	165455.8		
			针叶混交林	4288.89	520590.9	745.12	68123.7	2828.71	341675.8	657.93	102104.4	57.13	8687.0		
			针阔混交林	26817.66	3152089.5	2375.17	220995.6	23308.01	2759746.5	781.67	122353.3	352.81	48994.1		
			阔叶混交林	64247.58	6975002.0	5328.25	438421.5	54599.43	5973172.3	3513.63	455633.5	806.27	107774.7		
		天然	合计	99149.08	10774940.7	9171.21	730099.8	82990.71	9081872.9	5494.07	758581.8	1493.09	204386.2		
			纯林	11994.53	1103592.9	2208.78	142454.6	8705.28	807007.4	772.09	111387.7	308.38	42743.2		
			混交林	87154.55	9671347.8	6962.43	587645.2	74285.43	8274865.5	4721.98	647194.1	1184.71	161643.0		
			针叶混交林	2372.81	302551.2	273.82	26853.4	1548.03	189581.3	499.75	78176.9	51.21	7939.6		
			针阔混交林	20534.16	2393794.6	1360.36	122370.3	18137.97	2112111.9	708.60	113383.7	327.23	45928.7		
			阔叶混交林	64247.58	6975002.0	5328.25	438421.5	54599.43	5973172.3	3513.63	455633.5	806.27	107774.7		
		人工	合计	13440.90	1677521.0	2282.77	201151.8	10711.85	1410002.4	387.97	57027.5	58.31	9339.3		
			纯林	5241.32	701186.4	796.66	61256.2	4261.13	610273.3	156.72	24130.4	26.81	5526.5		
			混交林	8199.58	976334.6	1486.11	139895.6	6450.72	799729.1	231.25	32897.1	31.50	3812.8		
			针叶混交林	1916.08	218039.7	471.30	41270.3	1280.68	152094.5	158.18	23927.5	5.92	747.4		
			针阔混交林	6283.50	758294.9	1014.81	98625.3	5170.04	647634.6	73.07	8969.6	25.58	3065.4		

表 8　黑龙江重点国有林区乔木林各龄组面积、蓄积按林种、起源和林分类型统计表（续 81）

单位：公顷、立方米

统计单位	林种	起源	林分类型	合计		幼龄林		中龄林		近熟林		成熟林		过熟林	
				面积	蓄积	面积	蓄积	面积	蓄积	面积	蓄积	面积	蓄积	面积	蓄积
绥棱林业局	防护林	其中：人天混	合计	7741.31	930472.4	1296.45	124565.6	6193.92	770701.8	225.36	32139.6	25.58	3065.4		
			纯林	114.30	13706.6	33.33	4048.4	80.97	9658.2						
			混交林	7627.01	916765.8	1263.12	120517.2	6112.95	761043.6	225.36	32139.6	25.58	3065.4		
			针叶混交林	1343.51	158470.9	248.31	21891.9	942.91	113409.0	152.29	23170.0				
			针阔混交林	6283.50	758294.9	1014.81	98625.3	5170.04	647634.6	73.07	8969.6	25.58	3065.4		
	特用林	合计	合计	21440.67	2274960.4	3485.38	262684.6	17085.90	1893310.6	746.82	100624.5	122.57	18340.7		
			纯林	5432.83	527929.9	1438.88	94072.9	3680.79	394679.2	275.36	34492.0	37.80	4685.8		
			混交林	16007.84	1747030.5	2046.50	168611.7	13405.11	1498631.4	471.46	66132.5	84.77	13654.9		
			针叶混交林	821.53	103902.0	164.56	14580.8	480.50	59012.3	150.42	26078.0	26.05	4230.9		
			针阔混交林	6819.80	807423.0	774.30	71218.3	5893.05	708976.2	123.74	21423.5	28.71	5805.0		
			阔叶混交林	8366.51	835705.5	1107.64	82812.6	7031.56	730642.9	197.30	18631.0	30.01	3619.0		
		天然	合计	17411.81	1758715.5	2738.68	193706.5	13938.09	1467627.0	624.17	81366.4	110.87	16015.6		
			纯林	4496.86	400442.6	1184.47	73723.0	3076.05	298509.3	210.24	25849.6	26.10	2360.7		
			混交林	12914.95	1358272.9	1554.21	119983.5	10862.04	1169117.7	413.93	55516.8	84.77	13654.9		
			针叶混交林	564.48	69216.0	144.75	11668.1	245.79	27572.1	147.89	25744.9	26.05	4230.9		
			针阔混交林	3983.96	453351.4	301.82	25502.8	3584.69	410902.7	68.74	11140.9	28.71	5805.0		
			阔叶混交林	8366.51	835705.5	1107.64	82812.6	7031.56	730642.9	197.30	18631.0	30.01	3619.0		
		人工	合计	4028.86	516244.9	746.70	68978.1	3147.81	425683.6	122.65	19258.1	11.70	2325.1		
			纯林	935.97	127487.3	254.41	20349.9	604.74	96169.9	65.12	8642.4	11.70	2325.1		
			混交林	3092.89	388757.6	492.29	48628.2	2543.07	329513.7	57.53	10615.7				
			针叶混交林	257.05	34686.0	19.81	2912.7	234.71	31440.2	2.53	333.1				
			针阔混交林	2835.84	354071.6	472.48	45715.5	2308.36	298073.5	55.00	10282.6				
		其中：人天混	合计	3053.52	384866.1	481.44	47719.2	2514.55	326531.2	57.53	10615.7				
			混交林	3053.52	384866.1	481.44	47719.2	2514.55	326531.2	57.53	10615.7				
			针叶混交林	217.68	30794.5	8.96	2003.7	206.19	28457.7	2.53	333.1				
			针阔混交林	2835.84	354071.6	472.48	45715.5	2308.36	298073.5	55.00	10282.6				
	用材林	合计	合计	33821.91	3769248.8	2035.12	160501.3	30213.92	3399055.9	1026.03	138540.5	546.84	71151.1		
			纯林	3522.49	341792.4	696.42	48111.3	2638.19	266579.0	122.43	16200.1	65.45	10902.0		
			混交林	30299.42	3427456.4	1338.70	112390.0	27575.73	3132476.9	903.60	122340.4	481.39	60249.1		
			针叶混交林	1701.42	189562.6	293.60	27401.1	1356.94	154748.1	48.42	7001.1	2.46	412.3		
			针阔混交林	8265.46	953953.4	475.73	40207.4	7683.15	900008.4	101.10	13129.4	5.48	608.2		
			阔叶混交林	20332.54	2283940.4	569.37	44781.5	18535.64	2077720.4	754.08	102209.9	473.45	59228.6		
		天然	合计	30930.68	3448716.2	1573.02	122070.4	28013.03	3151412.7	840.74	112262.1	503.89	62971.0		
			纯林	2457.02	221706.2	442.01	28177.1	1955.95	186464.4	34.10	3930.5	24.96	3134.2		
			混交林	28473.66	3227010.0	1131.01	93893.3	26057.08	2964948.3	806.64	108331.6	478.93	59836.8		
			针叶混交林	1116.70	129810.5	212.76	20048.1	903.94	109762.4						
			针阔混交林	7024.42	813259.1	348.88	29063.7	6617.50	777465.5	52.56	6121.7	5.48	608.2		
			阔叶混交林	20332.54	2283940.4	569.37	44781.5	18535.64	2077720.4	754.08	102209.9	473.45	59228.6		

表8　黑龙江重点国有林区乔木林各龄组面积、蓄积按林种、起源和林分类型统计表（续82）

单位：公顷、立方米

统计单位	林种	起源	林分类型	合计		幼龄林		中龄林		近熟林		成熟林		过熟林	
				面积	蓄积	面积	蓄积	面积	蓄积	面积	蓄积	面积	蓄积	面积	蓄积
绥棱林业局	用材林	人工	合计	2891.23	320532.6	462.10	38430.9	2200.89	247643.2	185.29	26278.4	42.95	8180.1		
			纯林	1065.47	120086.2	254.41	19934.2	682.24	80114.6	88.33	12269.6	40.49	7767.8		
			混交林	1825.76	200446.4	207.69	18496.7	1518.65	167528.6	96.96	14008.8	2.46	412.3		
			针叶混交林	584.72	59752.1	80.84	7353.0	453.00	44985.7	48.42	7001.1	2.46	412.3		
			针阔混交林	1241.04	140694.3	126.85	11143.7	1065.65	122542.9	48.54	7007.7				
		其中：人天混	合计	1659.42	188264.7	167.35	15176.2	1392.65	158667.4	96.96	14008.8	2.46	412.3		
			纯林	53.67	6757.9	9.88	757.7	43.79	6000.2						
			混交林	1605.75	181506.8	157.47	14418.5	1348.86	152667.2	96.96	14008.8	2.46	412.3		
			针叶混交林	364.71	40812.5	30.62	3274.8	283.21	30124.3	48.42	7001.1	2.46	412.3		
			针阔混交林	1241.04	140694.3	126.85	11143.7	1065.65	122542.9	48.54	7007.7				
通北林业局	合计	合计	合计	201775.64	20816876.7	25366.83	1498177.3	161008.49	17025859.8	14982.92	2211854.0	396.12	78847.8	21.28	2137.8
			纯林	50138.49	4753331.2	13446.19	700807.2	33597.62	3551901.6	2933.83	466893.1	160.85	33729.3		
			混交林	151637.15	16063545.5	11920.64	797370.1	127410.87	13473958.2	12049.09	1744960.9	235.27	45118.5	21.28	2137.8
			针叶混交林	6615.37	668874.2	110.86	5410.6	6004.37	580813.3	479.58	79185.6	20.56	3464.7		
			针阔混交林	30125.66	3162221.4	3309.59	223160.3	23761.62	2539420.9	3009.33	391055.3	45.12	8584.9		
			阔叶混交林	114896.12	12232449.9	8500.19	568799.2	97644.88	10353724.0	8560.18	1274720.0	169.59	33068.9	21.28	2137.8
		天然	合计	176723.56	17900304.9	21161.94	1236953.4	143774.01	14894832.0	11377.69	1688995.9	388.64	77385.8	21.28	2137.8
			纯林	40597.73	3559391.0	11583.38	600999.6	27175.90	2675481.7	1685.08	250642.4	153.37	32267.3		
			混交林	136125.83	14340913.9	9578.56	635953.8	116598.11	12219350.3	9692.61	1438353.5	235.27	45118.5	21.28	2137.8
			针叶混交林	5781.30	569575.9	28.59	3259.8	5421.76	510037.7	310.39	52813.7	20.56	3464.7		
			针阔混交林	15448.41	1538888.1	1049.78	63894.8	13531.47	1355588.6	822.04	110819.8	45.12	8584.9		
			阔叶混交林	114896.12	12232449.9	8500.19	568799.2	97644.88	10353724.0	8560.18	1274720.0	169.59	33068.9	21.28	2137.8
		人工	合计	25052.08	2916571.8	4204.89	261223.9	17234.48	2131027.8	3605.23	522858.1	7.48	1462.0		
			纯林	9540.76	1193940.2	1862.81	99807.6	6421.72	876419.9	1248.75	216250.7	7.48	1462.0		
			混交林	15511.32	1722631.6	2342.08	161416.3	10812.76	1254607.9	2356.48	306607.4				
			针叶混交林	834.07	99298.3	82.27	2150.8	582.61	70775.6	169.19	26371.9				
			针阔混交林	14677.25	1623333.3	2259.81	159265.5	10230.15	1183832.3	2187.29	280235.5				
		其中：人天混	合计	15684.28	1756227.4	2563.62	191432.9	10805.78	1265391.6	2314.88	299402.9				
			纯林	505.96	69666.1	285.51	31138.5	220.45	38527.6						
			混交林	15178.32	1686561.3	2278.11	160294.4	10585.33	1226864.0	2314.88	299402.9				
			针叶混交林	501.07	63228.0	18.30	1028.9	355.18	43031.7	127.59	19167.4				
			针阔混交林	14677.25	1623333.3	2259.81	159265.5	10230.15	1183832.3	2187.29	280235.5				
	防护林	合计	合计	124792.54	13116706.7	14196.89	919655.4	101849.49	10850560.2	8607.37	1322082.5	138.79	24408.6		
			纯林	28621.55	2830482.4	7567.22	433068.6	19610.09	2130377.2	1438.19	265915.2	6.05	1121.4		
			混交林	96170.99	10286224.3	6629.67	486586.8	82239.40	8720183.0	7169.18	1056167.3	132.74	23287.2		
			针叶混交林	5977.76	580716.4	54.34	4113.8	5623.80	532822.1	279.06	40315.8	20.56	3464.7		
			针阔混交林	18204.05	1870593.8	2244.23	164836.5	14079.83	1462353.4	1839.99	235593.3	40.00	7810.6		
			阔叶混交林	71989.18	7834914.1	4331.10	317636.5	62535.77	6725007.5	5050.13	780258.2	72.18	12011.9		

表 8 黑龙江重点国有林区乔木林各龄组面积、蓄积按林种、起源和林分类型统计表（续 83）

单位：公顷、立方米

统计单位	林种	起源	林分类型	合计		幼龄林		中龄林		近熟林		成熟林		过熟林	
				面积	蓄积	面积	蓄积	面积	蓄积	面积	蓄积	面积	蓄积	面积	蓄积
通北林业局	防护林	天然	合计	108997.07	11262422.2	11390.08	718122.7	91130.92	9536655.1	6337.28	983235.8	138.79	24408.6		
			纯林	22170.95	2014040.6	6334.23	354904.2	15160.63	1539718.2	670.04	118296.8	6.05	1121.4		
			混交林	86826.12	9248381.6	5055.85	363218.5	75970.29	7996936.9	5667.24	864939.0	132.74	23287.2		
			针叶混交林	5479.81	524171.2	28.59	3259.8	5266.20	493582.6	164.46	23864.1	20.56	3464.7		
			针阔混交林	9357.13	889296.3	696.16	42322.2	8168.32	778346.8	452.65	60816.7	40.00	7810.6		
			阔叶混交林	71989.18	7834914.1	4331.10	317636.5	62535.77	6725007.5	5050.13	780258.2	72.18	12011.9		
		人工	合计	15795.47	1854284.5	2806.81	201532.7	10718.57	1313905.1	2270.09	338846.7				
			纯林	6450.60	816441.8	1232.99	78164.4	4449.46	590659.0	768.15	147618.4				
			混交林	9344.87	1037842.7	1573.82	123368.3	6269.11	723246.1	1501.94	191228.3				
			针叶混交林	497.95	56545.2	25.75	854.0	357.60	39239.5	114.60	16451.7				
			针阔混交林	8846.92	981297.5	1548.07	122514.3	5911.51	684006.6	1387.34	174776.6				
		其中：人天混	合计	9566.52	1073551.4	1791.49	148873.6	6296.30	737787.9	1478.73	186889.9				
			纯林	400.67	55038.6	230.84	25505.3	169.83	29533.3						
			混交林	9165.85	1018512.8	1560.65	123368.3	6126.47	708254.6	1478.73	186889.9				
			针叶混交林	318.93	37215.3	12.58	854.0	214.96	24248.0	91.39	12113.3				
			针阔混交林	8846.92	981297.5	1548.07	122514.3	5911.51	684006.6	1387.34	174776.6				
	特用林	合计	合计	52149.71	5154491.7	7749.96	417088.9	40501.67	4182693.1	3662.17	506130.2	214.63	46441.7	21.28	2137.8
			纯林	14403.46	1292808.9	3866.15	184727.5	9448.16	949591.5	934.35	125882.0	154.80	32607.9		
			混交林	37746.25	3861682.8	3883.81	232361.4	31053.51	3233101.6	2727.82	380248.2	59.83	13833.8	21.28	2137.8
			针叶混交林	522.67	75914.3	44.66	1296.8	342.90	45473.4	135.11	29144.1				
			针阔混交林	9372.95	1044786.1	763.06	42660.5	7957.69	908335.9	647.08	93015.4	5.12	774.3		
			阔叶混交林	27850.63	2740982.4	3076.09	188404.1	22752.92	2279292.3	1945.63	258088.7	54.71	13059.5	21.28	2137.8
		天然	合计	45576.84	4397482.2	6743.15	372943.6	35616.90	3576738.6	2988.36	400682.5	207.15	44979.7	21.28	2137.8
			纯林	12549.89	1072938.6	3392.12	168091.9	8296.69	783841.2	713.76	89859.6	147.32	31145.9		
			混交林	33026.95	3324543.6	3351.03	204851.7	27320.21	2792897.4	2274.60	310822.9	59.83	13833.8	21.28	2137.8
			针叶混交林	240.97	38060.9			134.86	14877.4	106.11	23183.5				
			针阔混交林	4935.35	545500.3	274.94	16447.6	4432.43	498727.7	222.86	29550.7	5.12	774.3		
			阔叶混交林	27850.63	2740982.4	3076.09	188404.1	22752.92	2279292.3	1945.63	258088.7	54.71	13059.5	21.28	2137.8
		人工	合计	6572.87	757009.5	1006.81	44145.3	4884.77	605954.5	673.81	105447.7	7.48	1462.0		
			纯林	1853.57	219870.3	474.03	16635.6	1151.47	165750.3	220.59	36022.4	7.48	1462.0		
			混交林	4719.30	537139.2	532.78	27509.7	3733.30	440204.2	453.22	69425.3				
			针叶混交林	281.70	37853.4	44.66	1296.8	208.04	30596.0	29.00	5960.6				
			针阔混交林	4437.60	499285.8	488.12	26212.9	3525.26	409608.2	424.22	63464.7				
		其中：人天混	合计	4642.91	528792.2	521.94	28837.9	3667.75	430529.0	453.22	69425.3				
			纯林	39.88	5088.5	28.10	2450.1	11.78	2638.4						
			混交林	4603.03	523703.7	493.84	26387.8	3655.97	427890.6	453.22	69425.3				
			针叶混交林	165.43	24417.9	5.72	174.9	130.71	18282.4	29.00	5960.6				
			针阔混交林	4437.60	499285.8	488.12	26212.9	3525.26	409608.2	424.22	63464.7				

表 8　黑龙江重点国有林区乔木林各龄组面积、蓄积按林种、起源和林分类型统计表（续 84）

单位：公顷、立方米

统计单位	林种	起源	林分类型	合计		幼龄林		中龄林		近熟林		成熟林		过熟林	
				面积	蓄积	面积	蓄积	面积	蓄积	面积	蓄积	面积	蓄积	面积	蓄积
通北林业局	用材林	合计	合计	24833.39	2545678.3	3419.98	161433.0	18657.33	1992606.5	2713.38	383641.3	42.70	7997.5		
			纯林	7113.48	630039.9	2012.82	83011.1	4539.37	471932.9	561.29	75095.9				
			混交林	17719.91	1915638.4	1407.16	78421.9	14117.96	1520673.6	2152.09	308545.4	42.70	7997.5		
			针叶混交林	114.94	12243.5	11.86		37.67	2517.8	65.41	9725.7				
			针阔混交林	2548.66	246841.5	302.30	15663.3	1724.10	168731.6	522.26	62446.6				
			阔叶混交林	15056.31	1656553.4	1093.00	62758.6	12356.19	1349424.2	1564.42	236373.1	42.70	7997.5		
		天然	合计	22149.65	2240400.5	3028.71	145887.1	17026.19	1781438.3	2052.05	305077.6	42.70	7997.5		
			纯林	5876.89	472411.8	1857.03	78003.5	3718.58	351922.3	301.28	42486.0				
			混交林	16272.76	1767988.7	1171.68	67883.6	13307.61	1429516.0	1750.77	262591.6	42.70	7997.5		
			针叶混交林	60.52	7343.8			20.70	1577.7	39.82	5766.1				
			针阔混交林	1155.93	104091.5	78.68	5125.0	930.72	78514.1	146.53	20452.4				
			阔叶混交林	15056.31	1656553.4	1093.00	62758.6	12356.19	1349424.2	1564.42	236373.1	42.70	7997.5		
		人工	合计	2683.74	305277.8	391.27	15545.9	1631.14	211168.2	661.33	78563.7				
			纯林	1236.59	157628.1	155.79	5007.6	820.79	120010.6	260.01	32609.9				
			混交林	1447.15	147649.7	235.48	10538.3	810.35	91157.6	401.32	45953.8				
			针叶混交林	54.42	4899.7	11.86		16.97	940.1	25.59	3959.6				
			针阔混交林	1392.73	142750.0	223.62	10538.3	793.38	90217.5	375.73	41994.2				
		其中：人天混	合计	1474.85	153883.8	250.19	13721.4	841.73	97074.7	382.93	43087.7				
			纯林	65.41	9539.0	26.57	3183.1	38.84	6355.9						
			混交林	1409.44	144344.8	223.62	10538.3	802.89	90718.8	382.93	43087.7				
			针叶混交林	16.71	1594.8			9.51	501.3	7.20	1093.5				
			针阔混交林	1392.73	142750.0	223.62	10538.3	793.38	90217.5	375.73	41994.2				
沾河林业局	合计	合计	合计	619490.30	67523063.9	122570.51	7219471.7	408956.63	47917973.4	79289.69	10901873.2	8380.16	1430375.3	293.31	53370.3
			纯林	157197.94	14301102.9	59768.78	2783422.2	78797.45	8801822.4	17154.24	2397491.3	1377.98	289403.1	99.49	28963.9
			混交林	462292.36	53221961.0	62801.73	4436049.5	330159.18	39116151.0	62135.45	8504381.9	7002.18	1140972.2	193.82	24406.4
			针叶混交林	30315.02	4716206.5	1723.64	153327.8	22012.84	3300000.9	5999.65	1135351.9	574.98	126987.3	3.91	538.6
			针阔混交林	169739.75	19661097.2	27471.23	1907235.3	123771.99	15170169.8	16201.04	2261327.4	2217.38	312155.1	78.11	10209.6
			阔叶混交林	262237.59	28844657.3	33606.86	2375486.4	184374.35	20645980.3	39934.76	5107702.6	4209.82	701829.8	111.80	13658.2
		天然	合计	602447.82	65408835.0	116523.38	6730259.4	399733.32	46562640.7	77648.36	10648150.5	8266.15	1416270.9	276.61	51513.5
			纯林	149579.94	13206261.9	57444.96	2565474.2	74596.84	8110091.8	16082.00	2215070.9	1356.65	286661.1	99.49	28963.9
			混交林	452867.88	52202573.1	59078.42	4164785.2	325136.48	38452548.9	61566.36	8433079.6	6909.50	1129609.8	177.12	22549.6
			针叶混交林	29621.04	4632027.9	1463.95	136833.6	21615.59	3238459.3	5975.88	1130900.6	565.62	125834.4		
			针阔混交林	161009.25	18725887.9	24007.61	1652465.2	119146.54	14568109.3	15655.72	2194476.4	2134.06	301945.6	65.32	8891.4
			阔叶混交林	262237.59	28844657.3	33606.86	2375486.4	184374.35	20645980.3	39934.76	5107702.6	4209.82	701829.8	111.80	13658.2
		人工	合计	17042.48	2114228.9	6047.13	489212.3	9223.31	1355332.7	1641.33	253722.7	114.01	14104.4	16.70	1856.8
			纯林	7618.00	1094841.0	2323.82	217948.0	4200.61	691730.6	1072.24	182420.4	21.33	2742.0		
			混交林	9424.48	1019387.9	3723.31	271264.3	5022.70	663602.1	569.09	71302.3	92.68	11362.4	16.70	1856.8
			针叶混交林	693.98	84178.6	259.69	16494.2	397.25	61541.6	23.77	4451.3	9.36	1152.9	3.91	538.6
			针阔混交林	8730.50	935209.3	3463.62	254770.1	4625.45	602060.5	545.32	66851.0	83.32	10209.5	12.79	1318.2

表 8 黑龙江重点国有林区乔木林各龄组面积、蓄积按林种、起源和林分类型统计表（续 85）

单位：公顷、立方米

统计单位	林种	起源	林分类型	合计		幼龄林		中龄林		近熟林		成熟林		过熟林	
				面积	蓄积	面积	蓄积	面积	蓄积	面积	蓄积	面积	蓄积	面积	蓄积
沾河林业局	合计	其中：人天混	合计	9249.34	996481.8	3661.93	266722.2	4908.94	645238.1	569.09	71302.3	92.68	11362.4	16.70	1856.8
			纯林	59.32	1888.8	59.32	1888.8								
			混交林	9190.02	994593.0	3602.61	264833.4	4908.94	645238.1	569.09	71302.3	92.68	11362.4	16.70	1856.8
			针叶混交林	459.52	59383.7	138.99	10063.3	283.49	43177.6	23.77	4451.3	9.36	1152.9	3.91	538.6
			针阔混交林	8730.50	935209.3	3463.62	254770.1	4625.45	602060.5	545.32	66851.0	83.32	10209.5	12.79	1318.2
	防护林	合计	合计	258976.94	29681887.6	40385.59	2507229.7	178442.82	21539145.3	36432.08	5001983.9	3586.21	616870.2	130.24	16658.5
			纯林	59508.00	5815765.8	19141.13	982251.3	32083.03	3712047.2	8064.84	1086431.0	215.74	34255.5	3.26	780.8
			混交林	199468.94	23866121.8	21244.46	1524978.4	146359.79	17827098.1	28367.24	3915552.9	3370.47	582614.7	126.98	15877.7
			针叶混交林	10475.90	1701028.4	672.16	61191.4	7236.35	1169856.2	2455.28	443669.9	112.11	26310.9		
			针阔混交林	70745.01	8628369.0	8817.78	635227.2	53360.34	6773120.1	7646.68	1077081.6	888.87	138658.6	31.34	4281.5
			阔叶混交林	118248.03	13536724.4	11754.52	828559.8	85763.10	9884121.8	18265.28	2394801.4	2369.49	417645.2	95.64	11596.2
		天然	合计	247675.33	28214673.6	37386.28	2263682.0	171482.29	20520513.8	35124.13	4800000.2	3565.18	615137.3	117.45	15340.3
			纯林	54346.21	5051358.3	17857.09	856576.1	29044.92	3219037.9	7227.90	940960.5	213.04	34003.0	3.26	780.8
			混交林	193329.12	23163315.3	19529.19	1407105.9	142437.37	17301475.9	27896.23	3859039.7	3352.14	581134.3	114.19	14559.5
			针叶混交林	9958.30	1632413.5	531.50	51878.2	6874.75	1113155.4	2441.34	441256.4	110.71	26123.5		
			针阔混交林	65122.79	7994177.4	7243.17	526667.9	49799.52	6304198.7	7189.61	1022981.9	871.94	137365.6	18.55	2963.3
			阔叶混交林	118248.03	13536724.4	11754.52	828559.8	85763.10	9884121.8	18265.28	2394801.4	2369.49	417645.2	95.64	11596.2
		人工	合计	11301.61	1467214.0	2999.31	243547.7	6960.53	1018631.5	1307.95	201983.7	21.03	1732.9	12.79	1318.2
			纯林	5161.79	764407.5	1284.04	125675.2	3038.11	493009.3	836.94	145470.5	2.70	252.5		
			混交林	6139.82	702806.5	1715.27	117872.5	3922.42	525622.2	471.01	56513.2	18.33	1480.4	12.79	1318.2
			针叶混交林	517.60	68614.9	140.66	9313.2	361.60	56700.8	13.94	2413.5	1.40	187.4		
			针阔混交林	5622.22	634191.6	1574.61	108559.3	3560.82	468921.4	457.07	54099.7	16.93	1293.0	12.79	1318.2
		其中：人天混	合计	5955.13	681671.0	1633.28	113189.9	3819.72	509169.3	471.01	56513.2	18.33	1480.4	12.79	1318.2
			纯林	9.07	393.8	9.07	393.8								
			混交林	5946.06	681277.2	1624.21	112796.1	3819.72	509169.3	471.01	56513.2	18.33	1480.4	12.79	1318.2
			针叶混交林	323.84	47085.6	49.60	4236.8	258.90	40247.9	13.94	2413.5	1.40	187.4		
			针阔混交林	5622.22	634191.6	1574.61	108559.3	3560.82	468921.4	457.07	54099.7	16.93	1293.0	12.79	1318.2
	特用林	合计	合计	215221.07	21506072.6	56134.11	2847091.4	128818.82	14227059.8	26733.42	3809828.9	3375.56	585919.3	159.16	36173.2
			纯林	67748.42	5606553.3	30404.43	1224376.3	29528.58	3130120.1	6598.16	973064.5	1121.02	250809.3	96.23	28183.1
			混交林	147472.65	15899519.3	25729.68	1622715.1	99290.24	11096939.7	20135.26	2836764.4	2254.54	335110.0	62.93	7990.1
			针叶混交林	15967.74	2461473.3	676.28	55800.1	11561.42	1660372.4	3277.53	646313.6	452.51	98987.2		
			针阔混交林	62005.80	6482386.5	12788.44	774067.4	42363.45	4753238.0	5948.11	844655.9	859.03	104497.1	46.77	5928.1
			阔叶混交林	69499.11	6955659.5	12264.96	792847.6	45365.37	4683329.3	10909.62	1345794.9	943.00	131625.7	16.16	2062.0
		天然	合计	212608.09	21294085.4	54234.54	2721945.0	128226.42	14154985.9	26641.67	3797800.5	3346.30	583180.8	159.16	36173.2
			纯林	66908.03	5533607.3	29821.86	1185943.0	29308.96	3100214.5	6564.30	968815.7	1116.68	250451.0	96.23	28183.1
			混交林	145700.06	15760478.1	24412.68	1536002.0	98917.46	11054771.4	20077.37	2828984.8	2229.62	332729.8	62.93	7990.1
			针叶混交林	15861.62	2453105.8	594.75	50362.3	11536.83	1657442.7	3277.53	646313.6	452.51	98987.2		
			针阔混交林	60339.33	6351712.8	11552.97	692792.1	42015.26	4713999.4	5890.22	836876.3	834.11	102116.9	46.77	5928.1
			阔叶混交林	69499.11	6955659.5	12264.96	792847.6	45365.37	4683329.3	10909.62	1345794.9	943.00	131625.7	16.16	2062.0

表 8 黑龙江重点国有林区乔木林各龄组面积、蓄积按林种、起源和林分类型统计表（续 86）

单位：公顷、立方米

统计单位	林种	起源	林分类型	合计 面积	合计 蓄积	幼龄林 面积	幼龄林 蓄积	中龄林 面积	中龄林 蓄积	近熟林 面积	近熟林 蓄积	成熟林 面积	成熟林 蓄积	过熟林 面积	过熟林 蓄积
沾河林业局	特用林	人工	合计	2612.98	211987.2	1899.57	125146.4	592.40	72073.9	91.75	12028.4	29.26	2738.5		
			纯林	840.39	72946.0	582.57	38433.3	219.62	29905.6	33.86	4248.8	4.34	358.3		
			混交林	1772.59	139041.2	1317.00	86713.1	372.78	42168.3	57.89	7779.6	24.92	2380.2		
			针叶混交林	106.12	8367.5	81.53	5437.8	24.59	2929.7						
			针阔混交林	1666.47	130673.7	1235.47	81275.3	348.19	39238.6	57.89	7779.6	24.92	2380.2		
		其中：人天混	合计	1784.17	139455.0	1328.58	87126.9	372.78	42168.3	57.89	7779.6	24.92	2380.2		
			纯林	30.91	627.3	30.91	627.3								
			混交林	1753.26	138827.7	1297.67	86499.6	372.78	42168.3	57.89	7779.6	24.92	2380.2		
			针叶混交林	86.79	8154.0	62.20	5224.3	24.59	2929.7						
			针阔混交林	1666.47	130673.7	1235.47	81275.3	348.19	39238.6	57.89	7779.6	24.92	2380.2		
	用材林	合计	合计	145292.29	16335103.7	26050.81	1865150.6	101694.99	12151768.3	16124.19	2090060.4	1418.39	227585.8	3.91	538.6
			纯林	29941.52	2878783.8	10223.22	576794.6	17185.84	1959655.1	2491.24	337995.8	41.22	4338.3		
			混交林	115350.77	13456319.9	15827.59	1288356.0	84509.15	10192113.2	13632.95	1752064.6	1377.17	223247.5	3.91	538.6
			针叶混交林	3871.38	553704.8	375.20	36336.3	3215.07	469772.3	266.84	45368.4	10.36	1689.2	3.91	538.6
			针阔混交林	36988.94	4550341.7	5865.01	497940.7	28048.20	3643811.7	2606.25	339589.9	469.48	68999.4		
			阔叶混交林	74490.45	8352273.4	9587.38	754079.0	53245.88	6078529.2	10759.86	1367106.3	897.33	152558.9		
		天然	合计	142164.40	15900076.0	24902.56	1744632.4	100024.61	11887141.0	15882.56	2050349.8	1354.67	217952.8		
			纯林	28325.70	2621296.3	9766.01	522955.1	16242.96	1790839.4	2289.80	305294.7	26.93	2207.1		
			混交林	113838.70	13278779.7	15136.55	1221677.3	83781.65	10096301.6	13592.76	1745055.1	1327.74	215745.7		
			针叶混交林	3801.12	546508.6	337.70	34593.1	3204.01	467861.2	257.01	43330.6	2.40	723.7		
			针阔混交林	35547.13	4379997.7	5211.47	433005.2	27331.76	3549911.2	2575.89	334618.2	428.01	62463.1		
			阔叶混交林	74490.45	8352273.4	9587.38	754079.0	53245.88	6078529.2	10759.86	1367106.3	897.33	152558.9		
		人工	合计	3127.89	435027.7	1148.25	120518.2	1670.38	264627.3	241.63	39710.6	63.72	9633.0	3.91	538.6
			纯林	1615.82	257487.5	457.21	53839.5	942.88	168815.7	201.44	32701.1	14.29	2131.2		
			混交林	1512.07	177540.2	691.04	66678.7	727.50	95811.6	40.19	7009.5	49.43	7501.8	3.91	538.6
			针叶混交林	70.26	7196.2	37.50	1743.2	11.06	1911.1	9.83	2037.8	7.96	965.5	3.91	538.6
			针阔混交林	1441.81	170344.0	653.54	64935.5	716.44	93900.5	30.36	4971.7	41.47	6536.3		
		其中：人天混	合计	1510.04	175355.8	700.07	66405.4	716.44	93900.5	40.19	7009.5	49.43	7501.8	3.91	538.6
			纯林	19.34	867.7	19.34	867.7								
			混交林	1490.70	174488.1	680.73	65537.7	716.44	93900.5	40.19	7009.5	49.43	7501.8	3.91	538.6
			针叶混交林	48.89	4144.1	27.19	602.2			9.83	2037.8	7.96	965.5	3.91	538.6
			针阔混交林	1441.81	170344.0	653.54	64935.5	716.44	93900.5	30.36	4971.7	41.47	6536.3		
东方红林业局	合计	合计	合计	348217.10	49707051.3	44686.81	6049643.3	180219.43	23857925.6	90925.51	14186436.9	27634.09	4646480.9	4751.26	966564.6
			纯林	35305.17	5358019.3	5030.95	341630.8	17697.99	2548632.2	9682.93	1787409.9	2804.78	655683.4	88.52	24663.0
			混交林	312911.93	44349032.0	39655.86	5708012.5	162521.44	21309293.4	81242.58	12399027.0	24829.31	3990797.5	4662.74	941901.6
			针叶混交林	912.58	185044.1	71.70	5477.1	712.33	149184.7	124.37	29855.8	4.18	526.5		
			针阔混交林	20250.93	3738374.8	3477.90	497880.0	6512.19	1103330.4	5221.13	1081909.0	3343.99	639188.3	1695.72	416067.1
			阔叶混交林	291748.42	40425613.1	36106.26	5204655.4	155296.92	20056778.3	75897.08	11287262.2	21481.14	3351082.7	2967.02	525834.5

表 8　黑龙江重点国有林区乔木林各龄组面积、蓄积按林种、起源和林分类型统计表（续 87）

单位：公顷、立方米

统计单位	林种	起源	林分类型	合计		幼龄林		中龄林		近熟林		成熟林		过熟林	
				面积	蓄积	面积	蓄积	面积	蓄积	面积	蓄积	面积	蓄积	面积	蓄积
东方红林业局	合计	天然	合计	334473.50	47588221.4	39338.08	5401694.0	174499.47	22893013.1	88741.97	13765558.6	27142.72	4561391.1	4751.26	966564.6
			纯林	30741.16	4705539.2	3002.62	159643.4	15903.56	2235727.4	9018.85	1643835.0	2727.61	641670.4	88.52	24663.0
			混交林	303732.34	42882682.2	36335.46	5242050.6	158595.91	20657285.7	79723.12	12121723.6	24415.11	3919720.7	4662.74	941901.6
			针叶混交林	752.92	163893.0			658.82	140240.9	94.10	23652.1				
			针阔混交林	11231.00	2293176.1	229.20	37395.2	2640.17	460266.5	3731.94	810809.3	2933.97	568638.0	1695.72	416067.1
			阔叶混交林	291748.42	40425613.1	36106.26	5204655.4	155296.92	20056778.3	75897.08	11287262.2	21481.14	3351082.7	2967.02	525834.5
		人工	合计	13743.60	2118829.9	5348.73	647949.3	5719.96	964912.5	2183.54	420878.3	491.37	85089.8		
			纯林	4564.01	652480.1	2028.33	181987.4	1794.43	312904.8	664.08	143574.9	77.17	14013.0		
			混交林	9179.59	1466349.8	3320.40	465961.9	3925.53	652007.7	1519.46	277303.4	414.20	71076.8		
			针叶混交林	159.66	21151.1	71.70	5477.1	53.51	8943.8	30.27	6203.7	4.18	526.5		
			针阔混交林	9019.93	1445198.7	3248.70	460484.8	3872.02	643063.9	1489.19	271099.7	410.02	70550.3		
		其中：人天混	合计	9593.94	1523203.6	3569.72	495757.7	4120.22	684733.6	1493.98	272162.0	410.02	70550.3		
			纯林	565.74	76177.3	318.51	34841.4	247.23	41335.9						
			混交林	9028.20	1447026.3	3251.21	460916.3	3872.99	643397.7	1493.98	272162.0	410.02	70550.3		
			针叶混交林	9.32	1853.6	2.51	431.5	2.02	359.8	4.79	1062.3				
			针阔混交林	9018.88	1445172.7	3248.70	460484.8	3870.97	643037.9	1489.19	271099.7	410.02	70550.3		
	防护林	合计	合计	109787.58	15513126.5	15887.25	2162658.0	60536.97	8295244.2	26620.63	4073360.4	6096.21	898221.7	646.52	83642.2
			纯林	11133.99	1657186.3	1851.13	129872.9	6446.50	996783.4	2420.64	457041.8	415.72	73488.2		
			混交林	98653.59	13855940.2	14036.12	2032785.1	54090.47	7298460.8	24199.99	3616318.6	5680.49	824733.5	646.52	83642.2
			针叶混交林	147.50	20913.2	49.95	4146.7	76.34	12703.6	17.03	3536.4	4.18	526.5		
			针阔混交林	6269.25	1005296.0	1916.38	275646.3	2527.50	426043.7	1095.41	195693.4	674.08	99553.4	55.88	8359.2
			阔叶混交林	92236.84	12829731.0	12069.79	1752992.1	51486.63	6859713.5	23087.55	3417088.8	5002.23	724653.6	590.64	75283.0
		天然	合计	101820.09	14247851.8	12971.15	1801309.9	57164.57	7711430.0	25286.93	3813533.2	5750.92	837936.5	646.52	83642.2
			纯林	8713.98	1289434.4	864.32	43036.3	5390.75	802487.3	2078.74	377401.7	380.17	66509.1		
			混交林	93106.11	12958417.4	12106.83	1758273.6	51773.82	6908942.7	23208.19	3436131.5	5370.75	771427.4	646.52	83642.2
			针叶混交林	46.03	7708.5			46.03	7708.5						
			针阔混交林	823.24	120977.9	37.04	5281.5	241.16	41520.7	120.64	19042.7	368.52	46773.8	55.88	8359.2
			阔叶混交林	92236.84	12829731.0	12069.79	1752992.1	51486.63	6859713.5	23087.55	3417088.8	5002.23	724653.6	590.64	75283.0
		人工	合计	7967.49	1265274.7	2916.10	361348.1	3372.40	583814.2	1333.70	259827.2	345.29	60285.2		
			纯林	2420.01	367751.9	986.81	86836.6	1055.75	194296.1	341.90	79640.1	35.55	6979.1		
			混交林	5547.48	897522.8	1929.29	274511.5	2316.65	389518.1	991.80	180187.1	309.74	53306.1		
			针叶混交林	101.47	13204.7	49.95	4146.7	30.31	4995.1	17.03	3536.4	4.18	526.5		
			针阔混交林	5446.01	884318.1	1879.34	270364.8	2286.34	384523.0	974.77	176650.7	305.56	52779.6		
		其中：人天混	合计	5765.26	933165.4	2027.55	289659.9	2457.38	414075.2	974.77	176650.7	305.56	52779.6		
			纯林	318.72	48840.1	148.21	19295.1	170.51	29545.0						
			混交林	5446.54	884325.3	1879.34	270364.8	2286.87	384530.2	974.77	176650.7	305.56	52779.6		
			针叶混交林	0.53	7.2			0.53	7.2						
			针阔混交林	5446.01	884318.1	1879.34	270364.8	2286.34	384523.0	974.77	176650.7	305.56	52779.6		

表 8　黑龙江重点国有林区乔木林各龄组面积、蓄积按林种、起源和林分类型统计表（续 88）

单位：公顷、立方米

统计单位	林种	起源	林分类型	合计		幼龄林		中龄林		近熟林		成熟林		过熟林	
				面积	蓄积	面积	蓄积	面积	蓄积	面积	蓄积	面积	蓄积	面积	蓄积
东方红林业局	特用林	合计	合计	120871.34	18079129.9	12357.00	1707106.9	56608.46	7290474.1	35437.98	5792211.6	13155.75	2501485.2	3312.15	787852.1
			纯林	14423.25	2323944.1	1258.41	81600.5	6048.63	788865.7	4949.50	909203.3	2079.31	519676.0	87.40	24598.6
			混交林	106448.09	15755185.8	11098.59	1625506.4	50559.83	6501608.4	30488.48	4883008.3	11076.44	1981809.2	3224.75	763253.5
			针叶混交林	569.47	125796.0	10.86	738.4	458.28	99996.4	100.33	25061.2				
			针阔混交林	9649.12	2073534.3	471.04	65436.5	2202.33	406283.2	3366.75	765577.7	2155.69	451152.7	1453.31	385084.2
			阔叶混交林	96229.50	13555855.5	10616.69	1559331.5	47899.22	5995328.8	27021.40	4092369.4	8920.75	1530656.5	1771.44	378169.3
		天然	合计	118832.41	17775600.2	11628.47	1626207.3	55710.40	7146774.2	35107.26	5725872.0	13074.13	2488894.6	3312.15	787852.1
			纯林	13524.76	2195367.5	890.62	47369.4	5715.32	736355.1	4780.30	871899.9	2051.12	515144.5	87.40	24598.6
			混交林	105307.65	15580232.7	10737.85	1578837.9	49995.08	6410419.1	30326.96	4853972.1	11023.01	1973750.1	3224.75	763253.5
			针叶混交林	530.67	120052.4			436.57	96400.3	94.10	23652.1				
			针阔混交林	8547.48	1904324.8	121.16	19506.4	1659.29	318690.0	3211.46	737950.6	2102.26	443093.6	1453.31	385084.2
			阔叶混交林	96229.50	13555855.5	10616.69	1559331.5	47899.22	5995328.8	27021.40	4092369.4	8920.75	1530656.5	1771.44	378169.3
		人工	合计	2038.93	303529.7	728.53	80899.6	898.06	143699.9	330.72	66339.6	81.62	12590.6		
			纯林	898.49	128576.6	367.79	34231.1	333.31	52510.6	169.20	37303.4	28.19	4531.5		
			混交林	1140.44	174953.1	360.74	46668.5	564.75	91189.3	161.52	29036.2	53.43	8059.1		
			针叶混交林	38.80	5743.6	10.86	738.4	21.71	3596.1	6.23	1409.1				
			针阔混交林	1101.64	169209.5	349.88	45930.1	543.04	87593.2	155.29	27627.1	53.43	8059.1		
		其中：人天混	合计	1247.95	188380.2	437.75	55444.4	601.48	97249.6	155.29	27627.1	53.43	8059.1		
			纯林	143.80	18739.2	85.36	9082.8	58.44	9656.4						
			混交林	1104.15	169641.0	352.39	46361.6	543.04	87593.2	155.29	27627.1	53.43	8059.1		
			针叶混交林	2.51	431.5	2.51	431.5								
			针阔混交林	1101.64	169209.5	349.88	45930.1	543.04	87593.2	155.29	27627.1	53.43	8059.1		
	用材林	合计	合计	117558.18	16114794.9	16442.56	2179878.4	63074.00	8272207.3	28866.90	4320864.9	8382.13	1246774.0	792.59	95070.3
			纯林	9747.93	1376888.9	1921.41	130157.4	5202.86	762983.1	2312.79	421164.8	309.75	62519.2	1.12	64.4
			混交林	107810.25	14737906.0	14521.15	2049721.0	57871.14	7509224.2	26554.11	3899700.1	8072.38	1184254.8	791.47	95005.9
			针叶混交林	195.61	38334.9	10.89	592.0	177.71	36484.7	7.01	1258.2				
			针阔混交林	4332.56	659544.5	1090.48	156797.2	1782.36	271003.5	758.97	120637.9	514.22	88482.2	186.53	22623.7
			阔叶混交林	103282.08	14040026.6	13419.78	1892331.8	55911.07	7201736.0	25788.13	3777804.0	7558.16	1095772.6	604.94	72382.2
		天然	合计	113821.00	15564769.4	14738.46	1974176.8	61624.50	8034808.9	28347.78	4226153.4	8317.67	1234560.0	792.59	95070.3
			纯林	8502.42	1220737.3	1247.68	69237.7	4797.49	696885.0	2159.81	394533.4	296.32	60016.8	1.12	64.4
			混交林	105318.58	14344032.1	13490.78	1904939.1	56827.01	7337923.9	26187.97	3831620.0	8021.35	1174543.2	791.47	95005.9
			针叶混交林	176.22	36132.1			176.22	36132.1						
			针阔混交林	1860.28	267873.4	71.00	12607.3	739.72	100055.8	399.84	53816.0	463.19	78770.6	186.53	22623.7
			阔叶混交林	103282.08	14040026.6	13419.78	1892331.8	55911.07	7201736.0	25788.13	3777804.0	7558.16	1095772.6	604.94	72382.2
		人工	合计	3737.18	550025.5	1704.10	205701.6	1449.50	237398.4	519.12	94711.5	64.46	12214.0		
			纯林	1245.51	156151.6	673.73	60919.7	405.37	66098.1	152.98	26631.4	13.43	2502.4		
			混交林	2491.67	393873.9	1030.37	144781.9	1044.13	171300.3	366.14	68080.1	51.03	9711.6		
			针叶混交林	19.39	2202.8	10.89	592.0	1.49	352.6	7.01	1258.2				
			针阔混交林	2472.28	391671.1	1019.48	144189.9	1042.64	170947.7	359.13	66821.9	51.03	9711.6		

表 8　黑龙江重点国有林区乔木林各龄组面积、蓄积按林种、起源和林分类型统计表（续 89）

单位：公顷、立方米

统计单位	林种	起源	林分类型	合计		幼龄林		中龄林		近熟林		成熟林		过熟林	
				面积	蓄积	面积	蓄积	面积	蓄积	面积	蓄积	面积	蓄积	面积	蓄积
东方红林业局	用材林	其中：人天混	合计	2580.73	401658.0	1104.42	150653.4	1061.36	173408.8	363.92	67884.2	51.03	9711.6		
			纯林	103.22	8598.0	84.94	6463.5	18.28	2134.5						
			混交林	2477.51	393060.0	1019.48	144189.9	1043.08	171274.3	363.92	67884.2	51.03	9711.6		
			针叶混交林	6.28	1414.9			1.49	352.6	4.79	1062.3				
			针阔混交林	2471.23	391645.1	1019.48	144189.9	1041.59	170921.7	359.13	66821.9	51.03	9711.6		
迎春林业局	合计	合计	合计	142759.32	15934737.5	19100.80	1693749.9	81914.71	9151916.6	29790.85	3667844.0	11491.56	1373168.5	461.40	48058.5
			纯林	37091.06	4333346.9	9969.12	890768.0	18521.69	2253374.7	6276.55	866049.0	2259.74	314998.1	63.96	8157.1
			混交林	105668.26	11601390.6	9131.68	802981.9	63393.02	6898541.9	23514.30	2801795.0	9231.82	1058170.4	397.44	39901.4
			针叶混交林	168.51	22243.2	56.14	5467.4	20.50	2677.3	77.74	11449.8	14.13	2648.7		
			针阔混交林	11238.43	1503808.7	1366.90	123740.1	4587.76	619832.3	4372.16	625536.3	911.61	134700.0		
			阔叶混交林	94261.32	10075338.7	7708.64	673774.4	58784.76	6276032.3	19064.40	2164808.9	8306.08	920821.7	397.44	39901.4
		天然	合计	121565.44	13216077.1	14181.40	1250736.0	73951.85	8070285.3	23135.02	2714107.8	9848.13	1134682.8	449.04	46265.2
			纯林	27263.92	3134652.7	6471.15	576846.7	15148.21	1792286.5	4070.62	549298.9	1522.34	209856.8	51.60	6363.8
			混交林	94301.52	10081424.4	7710.25	673889.3	58803.64	6277998.8	19064.40	2164808.9	8325.79	924826.0	397.44	39901.4
			针阔混交林	40.20	6085.7	1.61	114.9	18.88	1966.5			19.71	4004.3		
			阔叶混交林	94261.32	10075338.7	7708.64	673774.4	58784.76	6276032.3	19064.40	2164808.9	8306.08	920821.7	397.44	39901.4
		人工	合计	21193.88	2718660.4	4919.40	443013.9	7962.86	1081631.3	6655.83	953736.2	1643.43	238485.7	12.36	1793.3
			纯林	9827.14	1198694.2	3497.97	313921.3	3373.48	461088.2	2205.93	316750.1	737.40	105141.3	12.36	1793.3
			混交林	11366.74	1519966.2	1421.43	129092.6	4589.38	620543.1	4449.90	636986.1	906.03	133344.4		
			针叶混交林	168.51	22243.2	56.14	5467.4	20.50	2677.3	77.74	11449.8	14.13	2648.7		
			针阔混交林	11198.23	1497723.0	1365.29	123625.2	4568.88	617865.8	4372.16	625536.3	891.90	130695.7		
		其中：人天混	合计	12578.65	1662874.9	2676.51	280414.5	4638.08	626228.4	4372.16	625536.3	891.90	130695.7		
			纯林	1430.19	169507.6	1334.41	156789.3	95.78	12718.3						
			混交林	11148.46	1493367.3	1342.10	123625.2	4542.30	613510.1	4372.16	625536.3	891.90	130695.7		
			针叶混交林	2.67	316.6			2.67	316.6						
			针阔混交林	11145.79	1493050.7	1342.10	123625.2	4539.63	613193.5	4372.16	625536.3	891.90	130695.7		
	防护林	合计	合计	64041.31	7333310.7	8213.12	733662.3	36222.72	4143771.2	13910.39	1763625.1	5520.68	672008.2	174.40	20243.9
			纯林	17125.49	2039465.3	4499.77	402590.7	8351.55	1050499.7	3178.30	435411.2	1048.24	144586.7	47.63	6377.0
			混交林	46915.82	5293845.4	3713.35	331071.6	27871.17	3093271.5	10732.09	1328213.9	4472.44	527421.5	126.77	13866.9
			针叶混交林	97.71	13445.9	41.91	4160.1			41.67	6637.1	14.13	2648.7		
			针阔混交林	6331.42	851232.2	675.98	64282.6	2360.99	313038.7	2794.01	400017.7	500.44	73893.2		
			阔叶混交林	40486.69	4429167.3	2995.46	262628.9	25510.18	2780232.8	7896.41	921559.1	3957.87	450879.6	126.77	13866.9
		天然	合计	51842.49	5749548.7	5492.97	476617.4	31948.84	3567728.8	9665.98	1154575.4	4572.66	532176.5	162.04	18450.6
			纯林	11342.57	1318922.5	2497.51	213988.5	6425.43	786037.1	1769.57	233016.3	614.79	81296.9	35.27	4583.7
			混交林	40499.92	4430626.2	2995.46	262628.9	25523.41	2781691.7	7896.41	921559.1	3957.87	450879.6	126.77	13866.9
			针阔混交林	13.23	1458.9			13.23	1458.9						
			阔叶混交林	40486.69	4429167.3	2995.46	262628.9	25510.18	2780232.8	7896.41	921559.1	3957.87	450879.6	126.77	13866.9

表 8 黑龙江重点国有林区乔木林各龄组面积、蓄积按林种、起源和林分类型统计表（续 90）

单位：公顷、立方米

统计单位	林种	起源	林分类型	合计		幼龄林		中龄林		近熟林		成熟林		过熟林	
				面积	蓄积	面积	蓄积	面积	蓄积	面积	蓄积	面积	蓄积	面积	蓄积
迎春林业局	防护林	人工	合计	12198.82	1583762.0	2720.15	257044.9	4273.88	576042.4	4244.41	609049.7	948.02	139831.7	12.36	1793.3
			纯林	5782.92	720542.8	2002.26	188602.2	1926.12	264462.6	1408.73	202394.9	433.45	63289.8	12.36	1793.3
			混交林	6415.90	863219.2	717.89	68442.7	2347.76	311579.8	2835.68	406654.8	514.57	76541.9		
			针叶混交林	97.71	13445.9	41.91	4160.1			41.67	6637.1	14.13	2648.7		
			针阔混交林	6318.19	849773.3	675.98	64282.6	2347.76	311579.8	2794.01	400017.7	500.44	73893.2		
		其中：人天混	合计	7122.53	951265.5	1399.47	154720.0	2428.61	322634.6	2794.01	400017.7	500.44	73893.2		
			纯林	816.69	101492.2	735.84	90437.4	80.85	11054.8						
			混交林	6305.84	849773.3	663.63	64282.6	2347.76	311579.8	2794.01	400017.7	500.44	73893.2		
			针阔混交林	6305.84	849773.3	663.63	64282.6	2347.76	311579.8	2794.01	400017.7	500.44	73893.2		
	特用林	合计	合计	41170.22	4383767.1	5119.32	441377.0	24145.58	2569609.2	9110.72	1052164.0	2691.15	309878.1	103.45	10738.8
			纯林	9322.57	1004761.8	2309.61	195808.8	5108.76	564505.1	1552.98	195795.2	351.22	48652.7		
			混交林	31847.65	3379005.3	2809.71	245568.2	19036.82	2005104.1	7557.74	856368.8	2339.93	261225.4	103.45	10738.8
			针叶混交林	4.89	316.6	2.22		2.67	316.6						
			针阔混交林	1145.63	145924.5	215.98	15674.7	539.15	72035.2	338.62	49811.4	51.88	8403.2		
			阔叶混交林	30697.13	3232764.2	2591.51	229893.5	18495.00	1932752.3	7219.12	806557.4	2288.05	252822.2	103.45	10738.8
		天然	合计	39389.41	4168893.9	4550.82	398823.8	23539.69	2488025.3	8640.71	983081.9	2554.74	288224.1	103.45	10738.8
			纯林	8686.63	935622.1	1959.31	168930.3	5039.04	554765.4	1421.59	176524.5	266.69	35401.9		
			混交林	30702.78	3233271.8	2591.51	229893.5	18500.65	1933259.9	7219.12	806557.4	2288.05	252822.2	103.45	10738.8
			针阔混交林	5.65	507.6			5.65	507.6						
			阔叶混交林	30697.13	3232764.2	2591.51	229893.5	18495.00	1932752.3	7219.12	806557.4	2288.05	252822.2	103.45	10738.8
		人工	合计	1780.81	214873.2	568.50	42553.2	605.89	81583.9	470.01	69082.1	136.41	21654.0		
			纯林	635.94	69139.7	350.30	26878.5	69.72	9739.7	131.39	19270.7	84.53	13250.8		
			混交林	1144.87	145733.5	218.20	15674.7	536.17	71844.2	338.62	49811.4	51.88	8403.2		
			针叶混交林	4.89	316.6	2.22		2.67	316.6						
			针阔混交林	1139.98	145416.9	215.98	15674.7	533.50	71527.6	338.62	49811.4	51.88	8403.2		
		其中：人天混	合计	1327.07	163962.8	398.29	33652.8	538.28	72095.4	338.62	49811.4	51.88	8403.2		
			纯林	184.42	18229.3	182.31	17978.1	2.11	251.2						
			混交林	1142.65	145733.5	215.98	15674.7	536.17	71844.2	338.62	49811.4	51.88	8403.2		
			针叶混交林	2.67	316.6			2.67	316.6						
			针阔混交林	1139.98	145416.9	215.98	15674.7	533.50	71527.6	338.62	49811.4	51.88	8403.2		
	用材林	合计	合计	37547.79	4217659.7	5768.36	518710.6	21546.41	2438536.2	6769.74	852054.9	3279.73	391282.2	183.55	17075.8
			纯林	10643.00	1289119.8	3159.74	292368.5	5061.38	638369.9	1545.27	234842.6	860.28	121758.7	16.33	1780.1
			混交林	26904.79	2928539.9	2608.62	226342.1	16485.03	1800166.3	5224.47	617212.3	2419.45	269523.5	167.22	15295.7
			针叶混交林	65.91	8480.7	12.01	1307.3	17.83	2360.7	36.07	4812.7				
			针阔混交林	3761.38	506652.0	474.94	43782.8	1687.62	234758.4	1239.53	175707.2	359.29	52403.6		
			阔叶混交林	23077.50	2413407.2	2121.67	181252.0	14779.58	1563047.2	3948.87	436692.4	2060.16	217119.9	167.22	15295.7

表 8 黑龙江重点国有林区乔木林各龄组面积、蓄积按林种、起源和林分类型统计表（续 91）

单位：公顷、立方米

统计单位	林种	起源	林分类型	合计		幼龄林		中龄林		近熟林		成熟林		过熟林	
				面积	蓄积	面积	蓄积	面积	蓄积	面积	蓄积	面积	蓄积	面积	蓄积
迎春林业局	用材林	天然	合计	30333.54	3297634.5	4137.61	375294.8	18463.32	2014531.2	4828.33	576450.5	2720.73	314282.2	183.55	17075.8
			纯林	7234.72	880108.1	2014.33	193927.9	3683.74	451484.0	879.46	139758.1	640.86	93158.0	16.33	1780.1
			混交林	23098.82	2417526.4	2123.28	181366.9	14779.58	1563047.2	3948.87	436692.4	2079.87	221124.2	167.22	15295.7
			针阔混交林	21.32	4119.2	1.61	114.9					19.71	4004.3		
			阔叶混交林	23077.50	2413407.2	2121.67	181252.0	14779.58	1563047.2	3948.87	436692.4	2060.16	217119.9	167.22	15295.7
		人工	合计	7214.25	920025.2	1630.75	143415.8	3083.09	424005.0	1941.41	275604.4	559.00	77000.0		
			纯林	3408.28	409011.7	1145.41	98440.6	1377.64	186885.9	665.81	95084.5	219.42	28600.7		
			混交林	3805.97	511013.5	485.34	44975.2	1705.45	237119.1	1275.60	180519.9	339.58	48399.3		
			针叶混交林	65.91	8480.7	12.01	1307.3	17.83	2360.7	36.07	4812.7				
			针阔混交林	3740.06	502532.8	473.33	43667.9	1687.62	234758.4	1239.53	175707.2	339.58	48399.3		
		其中：人天混	合计	4129.05	547646.6	878.75	92041.7	1671.19	231498.4	1239.53	175707.2	339.58	48399.3		
			纯林	429.08	49786.1	416.26	48373.8	12.82	1412.3						
			混交林	3699.97	497860.5	462.49	43667.9	1658.37	230086.1	1239.53	175707.2	339.58	48399.3		
			针阔混交林	3699.97	497860.5	462.49	43667.9	1658.37	230086.1	1239.53	175707.2	339.58	48399.3		
清河林业局	合计	合计	合计	128178.64	12716733.6	14643.19	1009106.4	99084.34	10129158.9	11935.14	1307880.0	2515.97	270588.3		
			纯林	17204.52	1995937.1	3408.58	314853.0	12672.30	1544829.9	959.35	119704.2	164.29	16550.0		
			混交林	110974.12	10720796.5	11234.61	694253.4	86412.04	8584329.0	10975.79	1188175.8	2351.68	254038.3		
			针叶混交林	2938.80	328880.7	142.89	11823.6	2561.86	289541.5	214.47	25646.9	19.58	1868.7		
			针阔混交林	23510.25	2572312.1	1833.17	174677.9	16235.94	1787809.1	4738.47	526221.9	702.67	83603.2		
			阔叶混交林	84525.07	7819603.7	9258.55	507751.9	67614.24	6506978.4	6022.85	636307.0	1629.43	168566.4		
		天然	合计	116263.48	11155348.8	12389.50	772759.9	89712.25	8843629.9	11705.64	1275776.5	2456.09	263182.5		
			纯林	11713.71	1237785.1	2258.83	194989.4	8524.31	935074.2	781.36	92834.4	149.21	14887.1		
			混交林	104549.77	9917563.7	10130.67	577770.5	81187.94	7908555.7	10924.28	1182942.1	2306.88	248295.4		
			针叶混交林	2027.82	202860.2	87.45	6223.9	1711.64	169729.4	209.15	25038.2	19.58	1868.7		
			针阔混交林	18000.67	1895459.4	784.67	63794.7	11864.85	1232096.9	4693.28	521707.5	657.87	77860.3		
			阔叶混交林	84521.28	7819244.1	9258.55	507751.9	67611.45	6506729.4	6021.85	636196.4	1629.43	168566.4		
		人工	合计	11915.16	1561384.8	2253.69	236346.5	9372.09	1285529.0	229.50	32103.5	59.88	7405.8		
			纯林	5490.81	758152.0	1149.75	119863.6	4147.99	609755.7	177.99	26869.8	15.08	1662.9		
			混交林	6424.35	803232.8	1103.94	116482.9	5224.10	675773.3	51.51	5233.7	44.80	5742.9		
			针叶混交林	910.98	126020.5	55.44	5599.7	850.22	119812.1	5.32	608.7				
			针阔混交林	5509.58	676852.7	1048.50	110883.2	4371.09	555712.2	45.19	4514.4	44.80	5742.9		
			阔叶混交林	3.79	359.6			2.79	249.0	1.00	110.6				
		其中：人天混	合计	5990.86	740099.0	1248.39	135326.0	4651.48	594405.1	46.19	4625.0	44.80	5742.9		
			纯林	349.51	43992.3	199.89	24442.8	149.62	19549.5						
			混交林	5641.35	696106.7	1048.50	110883.2	4501.86	574855.6	46.19	4625.0	44.80	5742.9		
			针叶混交林	128.22	18908.1			128.22	18908.1						
			针阔混交林	5509.34	676839.0	1048.50	110883.2	4370.85	555698.5	45.19	4514.4	44.80	5742.9		
			阔叶混交林	3.79	359.6			2.79	249.0	1.00	110.6				

表 8 黑龙江重点国有林区乔木林各龄组面积、蓄积按林种、起源和林分类型统计表（续 92）

单位：公顷、立方米

统计单位	林种	起源	林分类型	合计		幼龄林		中龄林		近熟林		成熟林		过熟林	
				面积	蓄积	面积	蓄积	面积	蓄积	面积	蓄积	面积	蓄积	面积	蓄积
清河林业局	防护林	合计	合计	64692.47	6180458.6	5818.23	399501.4	49941.17	4826383.0	6777.68	721793.0	2155.39	232781.2		
			纯林	5559.36	597735.6	984.57	96102.9	4019.84	431271.3	468.63	61674.0	86.32	8687.4		
			混交林	59133.11	5582723.0	4833.66	303398.5	45921.33	4395111.7	6309.05	660119.0	2069.07	224093.8		
			针叶混交林	1274.59	138449.8	97.98	7483.5	1075.89	119488.8	81.14	9608.8	19.58	1868.7		
			针阔混交林	12587.19	1317665.2	1001.61	89284.8	7930.92	823282.1	2954.79	321871.7	699.87	83226.6		
			阔叶混交林	45271.33	4126608.0	3734.07	206630.2	36914.52	3452340.8	3273.12	328638.5	1349.62	138998.5		
		天然	合计	60400.68	5634328.0	5069.66	315858.7	46616.67	4395381.8	6616.04	697335.5	2098.31	225752.0		
			纯林	3839.68	366141.7	650.76	54104.9	2795.96	265918.5	321.72	39093.8	71.24	7024.5		
			混交林	56561.00	5268186.3	4418.90	261753.8	43820.71	4129463.3	6294.32	658241.7	2027.07	218727.5		
			针叶混交林	787.76	72256.4	87.45	6223.9	599.59	54555.0	81.14	9608.8	19.58	1868.7		
			针阔混交林	10501.91	1069321.9	597.38	48899.7	6306.60	622567.5	2940.06	319994.4	657.87	77860.3		
			阔叶混交林	45271.33	4126608.0	3734.07	206630.2	36914.52	3452340.8	3273.12	328638.5	1349.62	138998.5		
		人工	合计	4291.79	546130.6	748.57	83642.7	3324.50	431001.2	161.64	24457.5	57.08	7029.2		
			纯林	1719.68	231593.9	333.81	41998.0	1223.88	165352.8	146.91	22580.2	15.08	1662.9		
			混交林	2572.11	314536.7	414.76	41644.7	2100.62	265648.4	14.73	1877.3	42.00	5366.3		
			针叶混交林	486.83	66193.4	10.53	1259.6	476.30	64933.8						
			针阔混交林	2085.28	248343.3	404.23	40385.1	1624.32	200714.6	14.73	1877.3	42.00	5366.3		
		其中：人天混	合计	2273.30	272736.3	465.22	48599.6	1751.35	216893.1	14.73	1877.3	42.00	5366.3		
			纯林	134.86	17399.3	60.99	8214.5	73.87	9184.8						
			混交林	2138.44	255337.0	404.23	40385.1	1677.48	207708.3	14.73	1877.3	42.00	5366.3		
			针叶混交林	53.16	6993.7			53.16	6993.7						
			针阔混交林	2085.28	248343.3	404.23	40385.1	1624.32	200714.6	14.73	1877.3	42.00	5366.3		
	特用林	合计	合计	47066.60	4885662.3	4810.19	321545.7	37086.83	3977709.7	4817.70	549553.9	351.88	36853.0		
			纯林	7087.36	852765.6	1055.87	95196.9	5527.06	698561.5	426.46	51144.6	77.97	7862.6		
			混交林	39979.24	4032896.7	3754.32	226348.8	31559.77	3279148.2	4391.24	498409.3	273.91	28990.4		
			针叶混交林	1396.63	154053.4	43.25	4167.3	1223.39	134207.0	129.99	15679.1				
			针阔混交林	8868.77	1006652.6	469.93	45384.3	6645.62	759555.2	1753.22	201713.1				
			阔叶混交林	29713.84	2872190.7	3241.14	176797.2	23690.76	2385386.0	2508.03	281017.1	273.91	28990.4		
		天然	合计	43819.27	4451314.6	4204.95	260980.3	34455.11	3605447.1	4807.33	548034.2	351.88	36853.0		
			纯林	5645.66	651411.8	776.52	69288.1	4373.10	524386.5	418.07	49874.6	77.97	7862.6		
			混交林	38173.61	3799902.8	3428.43	191692.2	30082.01	3081060.6	4389.26	498159.6	273.91	28990.4		
			针叶混交林	1239.14	130567.8			1111.13	115138.4	128.01	15429.4				
			针阔混交林	7220.86	797163.3	187.29	14895.0	5280.35	580555.2	1753.22	201713.1				
			阔叶混交林	29713.61	2872171.7	3241.14	176797.2	23690.53	2385367.0	2508.03	281017.1	273.91	28990.4		
		人工	合计	3247.33	434347.7	605.24	60565.4	2631.72	372262.6	10.37	1519.7				
			纯林	1441.70	201353.8	279.35	25908.8	1153.96	174175.0	8.39	1270.0				
			混交林	1805.63	232993.9	325.89	34656.6	1477.76	198087.6	1.98	249.7				
			针叶混交林	157.49	23485.6	43.25	4167.3	112.26	19068.6	1.98	249.7				
			针阔混交林	1647.91	209489.3	282.64	30489.3	1365.27	179000.0						
			阔叶混交林	0.23	19.0			0.23	19.0						

表 8　黑龙江重点国有林区乔木林各龄组面积、蓄积按林种、起源和林分类型统计表（续 93）

单位：公顷、立方米

统计单位	林种	起源	林分类型	合计		幼龄林		中龄林		近熟林		成熟林		过熟林	
				面积	蓄积	面积	蓄积	面积	蓄积	面积	蓄积	面积	蓄积	面积	蓄积
清河林业局	特用林	其中：人天混	合计	1851.06	239014.4	378.76	42183.5	1472.30	196830.9						
			纯林	145.65	19177.2	96.12	11694.2	49.53	7483.0						
			混交林	1705.41	219837.2	282.64	30489.3	1422.77	189347.9						
			针叶混交林	57.51	10342.6			57.51	10342.6						
			针阔混交林	1647.67	209475.6	282.64	30489.3	1365.03	178986.3						
			阔叶混交林	0.23	19.0			0.23	19.0						
	用材林	合计	合计	16419.57	1650612.7	4014.77	288059.3	12056.34	1325066.2	339.76	36533.1	8.70	954.1		
			纯林	4557.80	545435.9	1368.14	123553.2	3125.40	414997.1	64.26	6885.6				
			混交林	11861.77	1105176.8	2646.63	164506.1	8930.94	910069.1	275.50	29647.5	8.70	954.1		
			针叶混交林	267.58	36377.5	1.66	172.8	262.58	35845.7	3.34	359.0				
			针阔混交林	2054.29	247994.3	361.63	40008.8	1659.40	204971.8	30.46	2637.1	2.80	376.6		
			阔叶混交林	9539.90	820805.0	2283.34	124324.5	7008.96	669251.6	241.70	26651.4	5.90	577.5		
		天然	合计	12043.53	1069706.2	3114.89	195920.9	8640.47	842801.0	282.27	30406.8	5.90	577.5		
			纯林	2228.37	220231.6	831.55	71596.4	1355.25	144769.2	41.57	3866.0				
			混交林	9815.16	849474.6	2283.34	124324.5	7285.22	698031.8	240.70	26540.8	5.90	577.5		
			针叶混交林	0.92	36.0			0.92	36.0						
			针阔混交林	277.90	28974.2			277.90	28974.2						
			阔叶混交林	9536.34	820464.4	2283.34	124324.5	7006.40	669021.6	240.70	26540.8	5.90	577.5		
		人工	合计	4376.04	580906.5	899.88	92138.4	3415.87	482265.2	57.49	6126.3	2.80	376.6		
			纯林	2329.43	325204.3	536.59	51956.8	1770.15	270227.9	22.69	3019.6				
			混交林	2046.61	255702.2	363.29	40181.6	1645.72	212037.3	34.80	3106.7	2.80	376.6		
			针叶混交林	266.66	36341.5	1.66	172.8	261.66	35809.7	3.34	359.0				
			针阔混交林	1776.39	219020.1	361.63	40008.8	1381.50	175997.6	30.46	2637.1	2.80	376.6		
			阔叶混交林	3.56	340.6			2.56	230.0	1.00	110.6				
		其中：人天混	合计	1866.50	228348.3	404.41	44542.9	1427.83	180681.1	31.46	2747.7	2.80	376.6		
			纯林	69.00	7415.8	42.78	4534.1	26.22	2881.7						
			混交林	1797.50	220932.5	361.63	40008.8	1401.61	177799.4	31.46	2747.7	2.80	376.6		
			针叶混交林	17.55	1571.8			17.55	1571.8						
			针阔混交林	1776.39	219020.1	361.63	40008.8	1381.50	175997.6	30.46	2637.1	2.80	376.6		
			阔叶混交林	3.56	340.6			2.56	230.0	1.00	110.6				
鹤北林业局	合计	合计	合计	353727.93	42020398.5	20833.61	875330.7	235932.84	26712079.1	91295.35	13604268.1	5442.21	798430.7	223.92	30289.9
			纯林	69876.50	8024890.3	8382.32	343890.7	46551.35	5275918.0	14231.12	2283252.9	700.41	119546.3	11.30	2282.4
			混交林	283851.43	33995508.2	12451.29	531440.0	189381.49	21436161.1	77064.23	11321015.2	4741.80	678884.4	212.62	28007.5
			针叶混交林	9911.61	1645615.4	282.11	22017.1	4848.00	703780.6	4756.57	915317.4	24.93	4500.3		
			针阔混交林	44133.37	5960285.4	2346.67	119105.6	25148.34	3045019.6	16298.85	2739879.1	339.51	56281.1		
			阔叶混交林	229806.45	26389607.4	9822.51	390317.3	159385.15	17687360.9	56008.81	7665818.7	4377.36	618103.0	212.62	28007.5

表 8　黑龙江重点国有林区乔木林各龄组面积、蓄积按林种、起源和林分类型统计表（续 94）

单位：公顷、立方米

统计单位	林种	起源	林分类型	合计		幼龄林		中龄林		近熟林		成熟林		过熟林	
				面积	蓄积	面积	蓄积	面积	蓄积	面积	蓄积	面积	蓄积	面积	蓄积
鹤北林业局	合计	天然	合计	338030.00	40291413.3	16286.15	595257.1	226645.46	25543349.4	89649.76	13349335.7	5229.06	773676.2	219.57	29794.9
			纯林	61687.24	7052275.5	6166.15	191691.7	41828.84	4643228.6	13156.43	2116073.9	528.87	99493.9	6.95	1787.4
			混交林	276342.76	33239137.8	10120.00	403565.4	184816.62	20900120.8	76493.33	11233261.8	4700.19	674182.3	212.62	28007.5
			针叶混交林	9257.73	1564953.8	18.40	1619.6	4568.23	663166.1	4662.69	898649.1	8.41	1519.0		
			针阔混交林	37283.66	5284813.7	284.17	11865.6	20863.24	2549593.8	15821.83	2668794.0	314.42	54560.3		
			阔叶混交林	229801.37	26389370.3	9817.43	390080.2	159385.15	17687360.9	56008.81	7665818.7	4377.36	618103.0	212.62	28007.5
		人工	合计	15697.93	1728985.2	4547.46	280073.6	9287.38	1168729.7	1645.59	254932.4	213.15	24754.5	4.35	495.0
			纯林	8189.26	972614.8	2216.17	152199.0	4722.51	632689.4	1074.69	167179.0	171.54	20052.4	4.35	495.0
			混交林	7508.67	756370.4	2331.29	127874.6	4564.87	536040.3	570.90	87753.4	41.61	4702.1		
			针叶混交林	653.88	80661.6	263.71	20397.5	279.77	40614.5	93.88	16668.3	16.52	2981.3		
			针阔混交林	6849.71	675471.7	2062.50	107240.0	4285.10	495425.8	477.02	71085.1	25.09	1720.8		
			阔叶混交林	5.08	237.1	5.08	237.1								
		其中：人天混	合计	7270.36	736965.7	2167.26	118393.7	4538.47	533875.7	539.54	82975.5	25.09	1720.8		
			纯林	139.35	16254.4	82.18	7479.4	57.17	8775.0						
			混交林	7131.01	720711.3	2085.08	110914.3	4481.30	525100.7	539.54	82975.5	25.09	1720.8		
			针叶混交林	285.91	45293.2	27.19	3727.9	196.20	29674.9	62.52	11890.4				
			针阔混交林	6840.02	675181.0	2052.81	106949.3	4285.10	495425.8	477.02	71085.1	25.09	1720.8		
			阔叶混交林	5.08	237.1	5.08	237.1								
	防护林	合计	合计	206493.65	24018191.4	11634.89	465730.4	147275.45	16716218.5	44490.13	6372771.7	3025.33	455086.1	67.85	8384.7
			纯林	43034.23	4717613.9	5043.81	200674.1	30143.30	3364502.2	7432.93	1082208.0	405.35	68488.8	8.84	1740.8
			混交林	163459.42	19300577.5	6591.08	265056.3	117132.15	13351716.3	37057.20	5290563.7	2619.98	386597.3	59.01	6643.9
			针叶混交林	3961.33	657057.8	40.56	1814.0	2520.36	394653.8	1380.18	256951.7	20.23	3638.3		
			针阔混交林	23366.40	2943640.2	1652.29	74188.6	16050.09	1960738.0	5588.02	896568.6	76.00	12145.0		
			阔叶混交林	136131.69	15699879.5	4898.23	189053.7	98561.70	10996324.5	30089.00	4137043.4	2523.75	370814.0	59.01	6643.9
		天然	合计	195739.18	22852564.8	8684.13	296377.4	140793.00	15922821.4	43267.51	6185268.4	2931.04	440207.9	63.50	7889.7
			纯林	37402.41	4050852.4	3633.06	102726.8	26835.46	2934694.7	6590.13	954508.1	339.27	57677.0	4.49	1245.8
			混交林	158336.77	18801712.4	5051.07	193650.6	113957.54	12988126.7	36677.38	5230760.3	2591.77	382530.9	59.01	6643.9
			针叶混交林	3629.05	610838.3	0.88	42.8	2317.11	366162.0	1307.35	243976.5	3.71	657.0		
			针阔混交林	18581.11	2491231.7	157.04	4791.2	13078.73	1625640.2	5281.03	849740.4	64.31	11059.9		
			阔叶混交林	136126.61	15699642.4	4893.15	188816.6	98561.70	10996324.5	30089.00	4137043.4	2523.75	370814.0	59.01	6643.9
		人工	合计	10754.47	1165626.6	2950.76	169353.0	6482.45	793397.1	1222.62	187503.3	94.29	14878.2	4.35	495.0
			纯林	5631.82	666761.5	1410.75	97947.3	3307.84	429807.5	842.80	127699.9	66.08	10811.8	4.35	495.0
			混交林	5122.65	498865.1	1540.01	71405.7	3174.61	363589.6	379.82	59803.4	28.21	4066.4		
			针叶混交林	332.28	46219.5	39.68	1771.2	203.25	28491.8	72.83	12975.2	16.52	2981.3		
			针阔混交林	4785.29	452408.5	1495.25	69397.4	2971.36	335097.8	306.99	46828.2	11.69	1085.1		
			阔叶混交林	5.08	237.1	5.08	237.1								

表 8 黑龙江重点国有林区乔木林各龄组面积、蓄积按林种、起源和林分类型统计表（续 95）

单位：公顷、立方米

统计单位	林种	起源	林分类型	合计		幼龄林		中龄林		近熟林		成熟林		过熟林	
				面积	蓄积	面积	蓄积	面积	蓄积	面积	蓄积	面积	蓄积	面积	蓄积
鹤北林业局	防护林	其中：人天混	合计	5032.59	488833.3	1521.11	70965.1	3150.60	361666.0	349.19	55117.1	11.69	1085.1		
			纯林	87.64	10396.3	30.47	1621.3	57.17	8775.0						
			混交林	4944.95	478437.0	1490.64	69343.8	3093.43	352891.0	349.19	55117.1	11.69	1085.1		
			针叶混交林	164.27	26082.1			122.07	17793.2	42.20	8288.9				
			针阔混交林	4775.60	452117.8	1485.56	69106.7	2971.36	335097.8	306.99	46828.2	11.69	1085.1		
			阔叶混交林	5.08	237.1	5.08	237.1								
	特用林	合计	合计	66192.58	8874608.4	3341.55	148640.6	36663.37	4287367.9	25496.08	4321658.4	658.60	110636.1	32.98	6305.4
			纯林	14696.30	2022133.4	1214.49	53843.3	8368.10	986753.2	4957.19	944383.1	156.52	37153.8		
			混交林	51496.28	6852475.0	2127.06	94797.3	28295.27	3300614.7	20538.89	3377275.3	502.08	73482.3	32.98	6305.4
			针叶混交林	1905.31	395167.8	69.96	3177.0	259.90	36777.0	1570.75	354351.8	4.70	862.0		
			针阔混交林	7003.25	1260274.2	147.39	9794.0	1277.65	157959.2	5570.90	1090684.7	7.31	1836.3		
			阔叶混交林	42587.72	5197033.0	1909.71	81826.3	26757.72	3105878.5	13397.24	1932238.8	490.07	70784.0	32.98	6305.4
		天然	合计	65506.85	8809572.8	2989.82	127039.8	36352.06	4247474.7	25473.39	4318116.8	658.60	110636.1	32.98	6305.4
			纯林	14429.94	1996198.5	1076.17	45066.6	8244.62	970299.9	4952.63	943678.2	156.52	37153.8		
			混交林	51076.91	6813374.3	1913.65	81973.2	28107.44	3277174.8	20520.76	3374438.6	502.08	73482.3	32.98	6305.4
			针叶混交林	1832.36	391350.8			259.90	36777.0	1567.76	353711.8	4.70	862.0		
			针阔混交林	6656.83	1224990.5	3.94	146.9	1089.82	134519.3	5555.76	1088488.0	7.31	1836.3		
			阔叶混交林	42587.72	5197033.0	1909.71	81826.3	26757.72	3105878.5	13397.24	1932238.8	490.07	70784.0	32.98	6305.4
		人工	合计	685.73	65035.6	351.73	21600.8	311.31	39893.2	22.69	3541.6				
			纯林	266.36	25934.9	138.32	8776.7	123.48	16453.3	4.56	704.9				
			混交林	419.37	39100.7	213.41	12824.1	187.83	23439.9	18.13	2836.7				
			针叶混交林	72.95	3817.0	69.96	3177.0			2.99	640.0				
			针阔混交林	346.42	35283.7	143.45	9647.1	187.83	23439.9	15.14	2196.7				
		其中：人天混	合计	361.41	36927.5	155.45	10650.9	187.83	23439.9	18.13	2836.7				
			纯林	12.00	1003.8	12.00	1003.8								
			混交林	349.41	35923.7	143.45	9647.1	187.83	23439.9	18.13	2836.7				
			针叶混交林	2.99	640.0					2.99	640.0				
			针阔混交林	346.42	35283.7	143.45	9647.1	187.83	23439.9	15.14	2196.7				
	用材林	合计	合计	81041.70	9127598.7	5857.17	260959.7	51994.02	5708492.7	21309.14	2909838.0	1758.28	232708.5	123.09	15599.8
			纯林	12145.97	1285143.0	2124.02	89373.3	8039.95	924662.6	1841.00	256661.8	138.54	13903.7	2.46	541.6
			混交林	68895.73	7842455.7	3733.15	171586.4	43954.07	4783830.1	19468.14	2653176.2	1619.74	218804.8	120.63	15058.2
			针叶混交林	4044.97	593389.8	171.59	17026.1	2067.74	272349.8	1805.64	304013.9				
			针阔混交林	13763.72	1756371.0	546.99	35123.0	7820.60	926322.4	5139.93	752625.8	256.20	42299.8		
			阔叶混交林	51087.04	5492694.9	3014.57	119437.3	34065.73	3585157.9	12522.57	1596536.5	1363.54	176505.0	120.63	15058.2
		天然	合计	76783.97	8629275.7	4612.20	171839.9	49500.40	5373053.3	20908.86	2845950.5	1639.42	222832.2	123.09	15599.8
			纯林	9854.89	1005224.6	1456.92	43898.3	6748.76	738234.0	1613.67	217887.6	33.08	4663.1	2.46	541.6
			混交林	66929.08	7624051.1	3155.28	127941.6	42751.64	4634819.3	19295.19	2628062.9	1606.34	218169.1	120.63	15058.2
			针叶混交林	3796.32	562764.7	17.52	1576.8	1991.22	260227.1	1787.58	300960.8				
			针阔混交林	12045.72	1568591.5	123.19	6927.5	6694.69	789434.3	4985.04	730565.6	242.80	41664.1		
			阔叶混交林	51087.04	5492694.9	3014.57	119437.3	34065.73	3585157.9	12522.57	1596536.5	1363.54	176505.0	120.63	15058.2

表 8 黑龙江重点国有林区乔木林各龄组面积、蓄积按林种、起源和林分类型统计表（续 96）

单位：公顷、立方米

统计单位	林种	起源	林分类型	合计		幼龄林		中龄林		近熟林		成熟林		过熟林	
				面积	蓄积	面积	蓄积	面积	蓄积	面积	蓄积	面积	蓄积	面积	蓄积
鹤北林业局	用材林	人工	合计	4257.73	498323.0	1244.97	89119.8	2493.62	335439.4	400.28	63887.5	118.86	9876.3		
			纯林	2291.08	279918.4	667.10	45475.0	1291.19	186428.6	227.33	38774.2	105.46	9240.6		
			混交林	1966.65	218404.6	577.87	43644.8	1202.43	149010.8	172.95	25113.3	13.40	635.7		
			针叶混交林	248.65	30625.1	154.07	15449.3	76.52	12122.7	18.06	3053.1				
			针阔混交林	1718.00	187779.5	423.80	28195.5	1125.91	136888.1	154.89	22060.2	13.40	635.7		
		其中：人天混	合计	1876.36	211204.9	490.70	36777.7	1200.04	148769.8	172.22	25021.7	13.40	635.7		
			纯林	39.71	4854.3	39.71	4854.3								
			混交林	1836.65	206350.6	450.99	31923.4	1200.04	148769.8	172.22	25021.7	13.40	635.7		
			针叶混交林	118.65	18571.1	27.19	3727.9	74.13	11881.7	17.33	2961.5				
			针阔混交林	1718.00	187779.5	423.80	28195.5	1125.91	136888.1	154.89	22060.2	13.40	635.7		
桦南林业局	合计	合计	合计	156712.84	20327279.4	25185.67	2881350.6	102826.61	13275038.1	22921.57	3309156.7	5068.78	756985.4	710.21	104748.6
			纯林	28781.61	3649794.0	6815.68	522518.9	17276.45	2410691.7	4304.63	648618.4	384.85	67965.0		
			混交林	127931.23	16677485.4	18369.99	2358831.7	85550.16	10864346.4	18616.94	2660538.3	4683.93	689020.4	710.21	104748.6
			针叶混交林	1386.51	229406.5	265.39	23963.2	612.64	112100.3	449.43	80508.3	59.05	12834.7		
			针阔混交林	16655.69	2689632.4	4578.30	678740.5	6804.91	1103321.1	3833.63	660868.9	1141.04	197430.5	297.81	49271.4
			阔叶混交林	109889.03	13758446.5	13526.30	1656128.0	78132.61	9648925.0	14333.88	1919161.1	3483.84	478755.2	412.40	55477.2
		天然	合计	128322.26	16025427.3	15981.74	1868254.6	90553.65	11185717.8	16807.71	2250029.1	4284.53	619936.7	694.63	101489.1
			纯林	15129.36	1703060.1	2010.26	127183.4	11167.58	1332891.1	1869.98	231089.8	81.54	11895.8		
			混交林	113192.90	14322367.2	13971.48	1741071.2	79386.07	9852826.7	14937.73	2018939.3	4202.99	608040.9	694.63	101489.1
			针叶混交林	27.43	7160.3			27.43	7160.3						
			针阔混交林	3367.35	566075.7	466.73	86940.5	1287.15	203050.6	612.09	100787.0	719.15	129285.7	282.23	46011.9
			阔叶混交林	109798.12	13749131.2	13504.75	1654130.7	78071.49	9642615.8	14325.64	1918152.3	3483.84	478755.2	412.40	55477.2
		人工	合计	28390.58	4301852.1	9203.93	1013096.0	12272.96	2089320.3	6113.86	1059127.6	784.25	137048.7	15.58	3259.5
			纯林	13652.25	1946733.9	4805.42	395335.5	6108.87	1077800.6	2434.65	417528.6	303.31	56069.2		
			混交林	14738.33	2355118.2	4398.51	617760.5	6164.09	1011519.7	3679.21	641599.0	480.94	80979.5	15.58	3259.5
			针叶混交林	1359.08	222246.2	265.39	23963.2	585.21	104940.0	449.43	80508.3	59.05	12834.7		
			针阔混交林	13288.34	2123556.7	4111.57	591800.0	5517.76	900270.5	3221.54	560081.9	421.89	68144.8	15.58	3259.5
			阔叶混交林	90.91	9315.3	21.55	1997.3	61.12	6309.2	8.24	1008.8				
		其中：人天混	合计	13772.98	2204964.1	4218.69	601980.6	5768.03	944580.1	3326.65	582414.7	444.03	72729.2	15.58	3259.5
			纯林	216.17	28811.3	108.46	9859.4	107.71	18951.9						
			混交林	13556.81	2176152.8	4110.23	592121.2	5660.32	925628.2	3326.65	582414.7	444.03	72729.2	15.58	3259.5
			针叶混交林	286.11	55094.7			124.25	22949.6	139.72	27560.7	22.14	4584.4		
			针阔混交林	13221.74	2115486.2	4088.68	590123.9	5516.90	900112.8	3178.69	553845.2	421.89	68144.8	15.58	3259.5
			阔叶混交林	48.96	5571.9	21.55	1997.3	19.17	2565.8	8.24	1008.8				

表 8　黑龙江重点国有林区乔木林各龄组面积、蓄积按林种、起源和林分类型统计表（续 97）

单位：公顷、立方米

统计单位	林种	起源	林分类型	合计 面积	合计 蓄积	幼龄林 面积	幼龄林 蓄积	中龄林 面积	中龄林 蓄积	近熟林 面积	近熟林 蓄积	成熟林 面积	成熟林 蓄积	过熟林 面积	过熟林 蓄积
桦南林业局	防护林	合计	合计	67146.89	8828405.9	12209.72	1366426.6	44780.78	5905796.7	8478.68	1285936.7	1468.26	235609.2	209.45	34636.7
			纯林	14812.21	1852502.9	4327.15	336053.1	8470.24	1201626.7	1820.96	278992.4	193.86	35830.7		
			混交林	52334.68	6975903.0	7882.57	1030373.5	36310.54	4704170.0	6657.72	1006944.3	1274.40	199778.5	209.45	34636.7
			针叶混交林	480.41	83071.9	90.75	7875.1	202.31	37892.5	143.91	28087.6	43.44	9216.7		
			针阔混交林	7500.82	1230899.5	2212.84	331256.0	3447.09	578637.8	1456.65	251104.9	270.28	47485.2	113.96	22415.6
			阔叶混交林	44353.45	5661931.6	5578.98	691242.4	32661.14	4087639.7	5057.16	727751.8	960.68	143076.6	95.49	12221.1
		天然	合计	53254.17	6721774.9	7022.47	816224.4	38707.73	4820011.4	6120.58	868168.0	1209.52	185993.9	193.87	31377.2
			纯林	7373.30	806792.1	1166.97	72649.2	5342.17	625522.6	832.36	103292.9	31.80	5327.4		
			混交林	45880.87	5914982.8	5855.50	743575.2	33365.56	4194488.8	5288.22	764875.1	1177.72	180666.5	193.87	31377.2
			针阔混交林	1608.39	261283.3	296.37	54255.7	765.54	113158.3	231.06	37123.3	217.04	37589.9	98.38	19156.1
			阔叶混交林	44272.48	5653699.5	5559.13	689319.5	32600.02	4081330.5	5057.16	727751.8	960.68	143076.6	95.49	12221.1
		人工	合计	13892.72	2106631.0	5187.25	550202.2	6073.05	1085785.3	2358.10	417768.7	258.74	49615.3	15.58	3259.5
			纯林	7438.91	1045710.8	3160.18	263403.9	3128.07	576104.1	988.60	175699.5	162.06	30503.3		
			混交林	6453.81	1060920.2	2027.07	286798.3	2944.98	509681.2	1369.50	242069.2	96.68	19112.0	15.58	3259.5
			针叶混交林	480.41	83071.9	90.75	7875.1	202.31	37892.5	143.91	28087.6	43.44	9216.7		
			针阔混交林	5892.43	969616.2	1916.47	277000.3	2681.55	465479.5	1225.59	213981.6	53.24	9895.3	15.58	3259.5
			阔叶混交林	80.97	8232.1	19.85	1922.9	61.12	6309.2						
		其中：人天混	合计	6169.22	1016317.1	1996.66	283269.9	2792.78	486249.3	1288.82	229058.7	75.38	14479.7	15.58	3259.5
			纯林	88.66	8531.1	67.63	4808.2	21.03	3722.9						
			混交林	6080.56	1007786.0	1929.03	278461.7	2771.75	482526.4	1288.82	229058.7	75.38	14479.7	15.58	3259.5
			针叶混交林	158.29	34447.0			71.89	14638.8	64.26	15223.8	22.14	4584.4		
			针阔混交林	5883.25	968850.3	1909.18	276538.8	2680.69	465321.8	1224.56	213834.9	53.24	9895.3	15.58	3259.5
			阔叶混交林	39.02	4488.7	19.85	1922.9	19.17	2565.8						
	特用林	合计	合计	66277.03	8498696.1	8736.30	1035440.4	45939.20	5764595.8	8866.53	1286215.8	2479.61	370113.2	255.39	42330.9
			纯林	10565.73	1389435.2	1425.92	106888.1	7263.21	992963.5	1692.18	258371.2	184.42	31212.4		
			混交林	55711.30	7109260.9	7310.38	928552.3	38675.99	4771632.3	7174.35	1027844.6	2295.19	338900.8	255.39	42330.9
			针叶混交林	727.22	118493.7	94.60	8392.3	362.69	62814.4	254.32	43669.0	15.61	3618.0		
			针阔混交林	6275.57	1008350.6	1537.41	228994.7	2397.42	363911.9	1678.96	297637.0	531.30	97249.2	130.48	20557.8
			阔叶混交林	48708.51	5982416.6	5678.37	691165.3	35915.88	4344906.0	5241.07	686538.6	1748.28	238033.6	124.91	21773.1
		天然	合计	55867.32	6892716.0	6305.06	744578.4	40956.69	4970937.2	6158.08	813350.9	2192.10	321518.6	255.39	42330.9
			纯林	6111.49	730057.5	555.52	39591.7	4870.84	601042.7	635.39	82854.7	49.74	6568.4		
			混交林	49755.83	6162658.5	5749.54	704986.7	36085.85	4369894.5	5522.69	730496.2	2142.36	314950.2	255.39	42330.9
			针阔混交林	1049.02	180316.3	72.87	13895.8	169.97	24988.5	281.62	43957.6	394.08	76916.6	130.48	20557.8
			阔叶混交林	48706.81	5982342.2	5676.67	691090.9	35915.88	4344906.0	5241.07	686538.6	1748.28	238033.6	124.91	21773.1
		人工	合计	10409.71	1605980.1	2431.24	290862.0	4982.51	793658.6	2708.45	472864.9	287.51	48594.6		
			纯林	4454.24	659377.7	870.40	67296.4	2392.37	391920.8	1056.79	175516.5	134.68	24644.0		
			混交林	5955.47	946602.4	1560.84	223565.6	2590.14	401737.8	1651.66	297348.4	152.83	23950.6		
			针叶混交林	727.22	118493.7	94.60	8392.3	362.69	62814.4	254.32	43669.0	15.61	3618.0		
			针阔混交林	5226.55	828034.3	1464.54	215098.9	2227.45	338923.4	1397.34	253679.4	137.22	20332.6		
			阔叶混交林	1.70	74.4	1.70	74.4								

表 8 黑龙江重点国有林区乔木林各龄组面积、蓄积按林种、起源和林分类型统计表（续 98）

单位：公顷、立方米

统计单位	林种	起源	林分类型	合计		幼龄林		中龄林		近熟林		成熟林		过熟林	
				面积	蓄积	面积	蓄积	面积	蓄积	面积	蓄积	面积	蓄积	面积	蓄积
桦南林业局	特用林	其中：人天混	合计	5411.97	858186.2	1488.51	218309.7	2364.64	362279.3	1421.60	257264.6	137.22	20332.6		
			纯林	115.92	19396.1	31.09	4351.0	84.83	15045.1						
			混交林	5296.05	838790.1	1457.42	213958.7	2279.81	347234.2	1421.60	257264.6	137.22	20332.6		
			针叶混交林	76.62	11896.0			52.36	8310.8	24.26	3585.2				
			针阔混交林	5217.73	826819.7	1455.72	213884.3	2227.45	338923.4	1397.34	253679.4	137.22	20332.6		
			阔叶混交林	1.70	74.4	1.70	74.4								
	用材林	合计	合计	23288.92	3000177.4	4239.65	479483.6	12106.63	1604645.6	5576.36	737004.2	1120.91	151263.0	245.37	27781.0
			纯林	3403.67	407855.9	1062.61	79577.7	1543.00	216101.5	791.49	111254.8	6.57	921.9		
			混交林	19885.25	2592321.5	3177.04	399905.9	10563.63	1388544.1	4784.87	625749.4	1114.34	150341.1	245.37	27781.0
			针叶混交林	178.88	27840.9	80.04	7695.8	47.64	11393.4	51.20	8751.7				
			针阔混交林	2879.30	450382.3	828.05	118489.8	960.40	160771.4	698.02	112127.0	339.46	52696.1	53.37	6298.0
			阔叶混交林	16827.07	2114098.3	2268.95	273720.3	9555.59	1216379.3	4035.65	504870.7	774.88	97645.0	192.00	21483.0
		天然	合计	19200.77	2410936.4	2654.21	307451.8	10889.23	1394769.2	4529.05	568510.2	882.91	112424.2	245.37	27781.0
			纯林	1644.57	166210.5	287.77	14942.5	954.57	106325.8	402.23	44942.2				
			混交林	17556.20	2244725.9	2366.44	292509.3	9934.66	1288443.4	4126.82	523568.0	882.91	112424.2	245.37	27781.0
			针叶混交林	27.43	7160.3			27.43	7160.3						
			针阔混交林	709.94	124476.1	97.49	18789.0	351.64	64903.8	99.41	19706.1	108.03	14779.2	53.37	6298.0
			阔叶混交林	16818.83	2113089.5	2268.95	273720.3	9555.59	1216379.3	4027.41	503861.9	774.88	97645.0	192.00	21483.0
		人工	合计	4088.15	589241.0	1585.44	172031.8	1217.40	209876.4	1047.31	168494.0	238.00	38838.8		
			纯林	1759.10	241645.4	774.84	64635.2	588.43	109775.7	389.26	66312.6	6.57	921.9		
			混交林	2329.05	347595.6	810.60	107396.6	628.97	100100.7	658.05	102181.4	231.43	37916.9		
			针叶混交林	151.45	20680.6	80.04	7695.8	20.21	4233.1	51.20	8751.7				
			针阔混交林	2169.36	325906.2	730.56	99700.8	608.76	95867.6	598.61	92420.9	231.43	37916.9		
			阔叶混交林	8.24	1008.8					8.24	1008.8				
		其中：人天混	合计	2191.79	330460.8	733.52	100401.0	610.61	96051.5	616.23	96091.4	231.43	37916.9		
			纯林	11.59	884.1	9.74	700.2	1.85	183.9						
			混交林	2180.20	329576.7	723.78	99700.8	608.76	95867.6	616.23	96091.4	231.43	37916.9		
			针叶混交林	51.20	8751.7					51.20	8751.7				
			针阔混交林	2120.76	319816.2	723.78	99700.8	608.76	95867.6	556.79	86330.9	231.43	37916.9		
			阔叶混交林	8.24	1008.8					8.24	1008.8				
鹤立林业局	合计	合计	合计	58706.96	6072925.9	4665.69	170632.1	46879.74	5047518.2	6510.50	772658.7	544.20	68339.1	106.83	13777.8
			纯林	13806.55	1386978.1	2061.30	66466.2	9875.35	1099529.4	1651.81	195155.7	158.59	17705.6	59.50	8121.2
			混交林	44900.41	4685947.8	2604.39	104165.9	37004.39	3947988.8	4858.69	577503.0	385.61	50633.5	47.33	5656.6
			针叶混交林	531.86	64050.8	55.86	1041.5	348.66	45425.8	123.93	17371.6			3.41	211.9
			针阔混交林	9442.60	1058326.8	764.12	34798.2	7047.97	814133.1	1503.12	192878.9	83.47	11071.9	43.92	5444.7
			阔叶混交林	34925.95	3563570.2	1784.41	68326.2	29607.76	3088429.9	3231.64	367252.5	302.14	39561.6		

表 8　黑龙江重点国有林区乔木林各龄组面积、蓄积按林种、起源和林分类型统计表（续 99）

单位：公顷、立方米

统计单位	林种	起源	林分类型	合计		幼龄林		中龄林		近熟林		成熟林		过熟林	
				面积	蓄积	面积	蓄积	面积	蓄积	面积	蓄积	面积	蓄积	面积	蓄积
鹤立林业局	合计	天然	合计	49329.15	5114478.9	2852.46	94271.0	40528.70	4314342.7	5565.85	658001.3	382.14	47863.9		
			纯林	8729.77	850187.1	1070.49	19600.5	6508.53	701505.7	1104.94	124602.6	45.81	4478.3		
			混交林	40599.38	4264291.8	1781.97	74670.5	34020.17	3612837.0	4460.91	533398.7	336.33	43385.6		
			针叶混交林	187.86	27354.6			120.18	16355.0	67.68	10999.6				
			针阔混交林	5566.90	674269.8	78.89	7247.1	4292.23	508052.1	1161.59	155146.6	34.19	3824.0		
			阔叶混交林	34844.62	3562667.4	1703.08	67423.4	29607.76	3088429.9	3231.64	367252.5	302.14	39561.6		
		人工	合计	9377.81	958447.0	1813.23	76361.1	6351.04	733175.5	944.65	114657.4	162.06	20475.2	106.83	13777.8
			纯林	5076.78	536791.0	990.81	46865.7	3366.82	398023.7	546.87	70553.1	112.78	13227.3	59.50	8121.2
			混交林	4301.03	421656.0	822.42	29495.4	2984.22	335151.8	397.78	44104.3	49.28	7247.9	47.33	5656.6
			针叶混交林	344.00	36696.2	55.86	1041.5	228.48	29070.8	56.25	6372.0			3.41	211.9
			针阔混交林	3875.70	384057.0	685.23	27551.1	2755.74	306081.0	341.53	37732.3	49.28	7247.9	43.92	5444.7
			阔叶混交林	81.33	902.8	81.33	902.8								
		其中：人天混	合计	5090.45	516527.6	987.20	45196.4	3644.07	418019.2	362.57	40407.5	49.28	7247.9	47.33	5656.6
			纯林	1153.07	131179.2	243.80	17222.5	887.96	111100.0	21.31	2856.7				
			混交林	3937.38	385348.4	743.40	27973.9	2756.11	306919.2	341.26	37550.8	49.28	7247.9	47.33	5656.6
			针叶混交林	27.10	3202.1			21.52	2840.1	2.17	150.1			3.41	211.9
			针阔混交林	3828.95	381243.5	662.07	27071.1	2734.59	304079.1	339.09	37400.7	49.28	7247.9	43.92	5444.7
			阔叶混交林	81.33	902.8	81.33	902.8								
	防护林	合计	合计	29065.70	3133950.4	2065.83	68362.3	23030.00	2575234.3	3695.62	452885.9	248.34	34420.0	25.91	3047.9
			纯林	6047.22	606633.6	927.45	21896.3	4450.09	506157.6	634.38	73969.5	35.30	4610.2		
			混交林	23018.48	2527316.8	1138.38	46466.0	18579.91	2069076.7	3061.24	378916.4	213.04	29809.8	25.91	3047.9
			针叶混交林	317.26	45199.9	14.52	130.1	227.77	33580.9	74.97	11488.9				
			针阔混交林	5454.24	634166.9	230.98	13533.3	4111.71	477960.9	1070.71	137639.7	14.93	1985.1	25.91	3047.9
			阔叶混交林	17246.98	1847950.0	892.88	32802.6	14240.43	1557534.9	1915.56	229787.8	198.11	27824.7		
		天然	合计	24481.95	2641738.1	1501.76	48268.9	19408.46	2152569.1	3372.74	412996.7	198.99	27903.4		
			纯林	3652.65	348345.7	560.54	10189.6	2631.39	288598.7	459.84	49478.7	0.88	78.7		
			混交林	20829.30	2293392.4	941.22	38079.3	16777.07	1863970.4	2912.90	363518.0	198.11	27824.7		
			针叶混交林	151.48	21874.9			89.57	11914.5	61.91	9960.4				
			针阔混交林	3432.53	423567.5	50.03	5276.7	2447.07	294521.0	935.43	123769.8				
			阔叶混交林	17245.29	1847950.0	891.19	32802.6	14240.43	1557534.9	1915.56	229787.8	198.11	27824.7		
		人工	合计	4583.75	492212.3	564.07	20093.4	3621.54	422665.2	322.88	39889.2	49.35	6516.6	25.91	3047.9
			纯林	2394.57	258287.9	366.91	11706.7	1818.70	217558.9	174.54	24490.8	34.42	4531.5		
			混交林	2189.18	233924.4	197.16	8386.7	1802.84	205106.3	148.34	15398.4	14.93	1985.1	25.91	3047.9
			针叶混交林	165.78	23325.0	14.52	130.1	138.20	21666.4	13.06	1528.5				
			针阔混交林	2021.71	210599.4	180.95	8256.6	1664.64	183439.9	135.28	13869.9	14.93	1985.1	25.91	3047.9
			阔叶混交林	1.69		1.69									

表 8　黑龙江重点国有林区乔木林各龄组面积、蓄积按林种、起源和林分类型统计表（续 100）

单位：公顷、立方米

统计单位	林种	起源	林分类型	合计 面积	合计 蓄积	幼龄林 面积	幼龄林 蓄积	中龄林 面积	中龄林 蓄积	近熟林 面积	近熟林 蓄积	成熟林 面积	成熟林 蓄积	过熟林 面积	过熟林 蓄积
鹤立林业局	防护林	其中：人天混	合计	2638.46	281031.8	267.92	13204.9	2175.22	246502.3	154.48	16291.6	14.93	1985.1	25.91	3047.9
			纯林	610.84	69846.1	85.28	4948.3	506.09	62294.6	19.47	2603.2				
			混交林	2027.62	211185.7	182.64	8256.6	1669.13	184207.7	135.01	13688.4	14.93	1985.1	25.91	3047.9
			针叶混交林	7.15	968.9			4.98	818.8	2.17	150.1				
			针阔混交林	2018.78	210216.8	180.95	8256.6	1664.15	183388.9	132.84	13538.3	14.93	1985.1	25.91	3047.9
			阔叶混交林	1.69		1.69									
	特用林	合计	合计	15712.14	1546931.7	1451.76	67598.4	12442.51	1274519.2	1558.07	174421.9	206.01	23182.7	53.79	7209.5
			纯林	5359.72	544281.5	727.91	33843.2	3940.90	428698.1	549.67	65534.9	87.45	8995.8	53.79	7209.5
			混交林	10352.42	1002650.2	723.85	33755.2	8501.61	845821.1	1008.40	108887.0	118.56	14186.9		
			针叶混交林	73.57	7081.4	15.22	409.6	31.40	3148.2	26.95	3523.6				
			针阔混交林	1122.57	113617.2	190.97	8939.1	759.08	79993.9	151.10	21646.8	21.42	3037.4		
			阔叶混交林	9156.28	881951.6	517.66	24406.5	7711.13	762679.0	830.35	83716.6	97.14	11149.5		
		天然	合计	13722.57	1351897.3	828.96	30407.9	11360.43	1153993.6	1387.31	151185.7	145.87	16310.1		
			纯林	4143.90	420766.5	311.30	6001.4	3313.53	355026.3	482.39	56151.0	36.68	3587.8		
			混交林	9578.67	931130.8	517.66	24406.5	8046.90	798967.3	904.92	95034.7	109.19	12722.3		
			针叶混交林	5.77	1039.2					5.77	1039.2				
			针阔混交林	416.62	48140.0			335.77	36288.3	68.80	10278.9	12.05	1572.8		
			阔叶混交林	9156.28	881951.6	517.66	24406.5	7711.13	762679.0	830.35	83716.6	97.14	11149.5		
		人工	合计	1989.57	195034.4	622.80	37190.5	1082.08	120525.6	170.76	23236.2	60.14	6872.6	53.79	7209.5
			纯林	1215.82	123515.0	416.61	27841.8	627.37	73671.8	67.28	9383.9	50.77	5408.0	53.79	7209.5
			混交林	773.75	71519.4	206.19	9348.7	454.71	46853.8	103.48	13852.3	9.37	1464.6		
			针叶混交林	67.80	6042.2	15.22	409.6	31.40	3148.2	21.18	2484.4				
			针阔混交林	705.95	65477.2	190.97	8939.1	423.31	43705.6	82.30	11367.9	9.37	1464.6		
		其中：人天混	合计	1065.46	104614.0	322.30	19368.7	649.65	72159.3	84.14	11621.4	9.37	1464.6		
			纯林	387.71	41533.6	138.87	10875.5	247.00	30404.6	1.84	253.5				
			混交林	677.75	63080.4	183.43	8493.2	402.65	41754.7	82.30	11367.9	9.37	1464.6		
			针阔混交林	677.75	63080.4	183.43	8493.2	402.65	41754.7	82.30	11367.9	9.37	1464.6		
	用材林	合计	合计	13929.12	1392043.8	1148.10	34671.4	11407.23	1197764.7	1256.81	145350.9	89.85	10736.4	27.13	3520.4
			纯林	2399.61	236063.0	405.94	10726.7	1484.36	164673.7	467.76	55651.3	35.84	4099.6	5.71	911.7
			混交林	11529.51	1155980.8	742.16	23944.7	9922.87	1033091.0	789.05	89699.6	54.01	6636.8	21.42	2608.7
			针叶混交林	141.03	11769.5	26.12	501.8	89.49	8696.7	22.01	2359.1			3.41	211.9
			针阔混交林	2865.79	310542.7	342.17	12325.8	2177.18	256178.3	281.31	33592.4	47.12	6049.4	18.01	2396.8
			阔叶混交林	8522.69	833668.6	373.87	11117.1	7656.20	768216.0	485.73	53748.1	6.89	587.4		
		天然	合计	11124.63	1120843.5	521.74	15594.2	9759.81	1007780.0	805.80	93818.9	37.28	3650.4		
			纯林	933.22	81074.9	198.65	3409.5	563.61	57880.7	162.71	18972.9	8.25	811.8		
			混交林	10191.41	1039768.6	323.09	12184.7	9196.20	949899.3	643.09	74846.0	29.03	2838.6		
			针叶混交林	30.61	4440.5			30.61	4440.5						
			针阔混交林	1717.75	202562.3	28.86	1970.4	1509.39	177242.8	157.36	21097.9	22.14	2251.2		
			阔叶混交林	8443.05	832765.8	294.23	10214.3	7656.20	768216.0	485.73	53748.1	6.89	587.4		

表 8　黑龙江重点国有林区乔木林各龄组面积、蓄积按林种、起源和林分类型统计表（续 101）

单位：公顷、立方米

统计单位	林种	起源	林分类型	合计 面积	合计 蓄积	幼龄林 面积	幼龄林 蓄积	中龄林 面积	中龄林 蓄积	近熟林 面积	近熟林 蓄积	成熟林 面积	成熟林 蓄积	过熟林 面积	过熟林 蓄积
鹤立林业局	用材林	人工	合计	2804.49	271200.3	626.36	19077.2	1647.42	189984.7	451.01	51532.0	52.57	7086.0	27.13	3520.4
			纯林	1466.39	154988.1	207.29	7317.2	920.75	106793.0	305.05	36678.4	27.59	3287.8	5.71	911.7
			混交林	1338.10	116212.2	419.07	11760.0	726.67	83191.7	145.96	14853.6	24.98	3798.2	21.42	2608.7
			针叶混交林	110.42	7329.0	26.12	501.8	58.88	4256.2	22.01	2359.1			3.41	211.9
			针阔混交林	1148.04	107980.4	313.31	10355.4	667.79	78935.5	123.95	12494.5	24.98	3798.2	18.01	2396.8
			阔叶混交林	79.64	902.8	79.64	902.8								
		其中：人天混	合计	1386.53	130881.8	396.98	12622.8	819.20	99357.6	123.95	12494.5	24.98	3798.2	21.42	2608.7
			纯林	154.52	19799.5	19.65	1398.7	134.87	18400.8						
			混交林	1232.01	111082.3	377.33	11224.1	684.33	80956.8	123.95	12494.5	24.98	3798.2	21.42	2608.7
			针叶混交林	19.95	2233.2			16.54	2021.3					3.41	211.9
			针阔混交林	1132.42	107946.3	297.69	10321.3	667.79	78935.5	123.95	12494.5	24.98	3798.2	18.01	2396.8
			阔叶混交林	79.64	902.8	79.64	902.8								
双鸭山林业局	合计	合计	合计	125004.92	15076938.2	12814.09	1104004.8	102285.96	12513066.8	7314.95	1111025.9	2386.44	316841.1	203.48	31999.6
			纯林	19870.85	2336642.9	4078.17	294927.7	14289.06	1801295.3	1301.45	209027.4	202.17	31392.5		
			混交林	105134.07	12740295.3	8735.92	809077.1	87996.90	10711771.5	6013.50	901998.5	2184.27	285448.6	203.48	31999.6
			针叶混交林	310.30	43271.8	43.21	1912.5	149.70	22371.6	62.82	12520.5	54.57	6467.2		
			针阔混交林	6862.73	933688.9	511.51	60282.1	5244.74	706550.5	913.91	143713.5	192.57	23142.8		
			阔叶混交林	97961.04	11763334.6	8181.20	746882.5	82602.46	9982849.4	5036.77	745764.5	1937.13	255838.6	203.48	31999.6
		天然	合计	118395.30	14213756.5	11408.00	981523.6	98700.41	12012124.5	6069.83	921845.8	2013.58	266263.0	203.48	31999.6
			纯林	16769.26	1940696.7	3123.46	223079.7	13092.17	1621924.1	545.39	94023.4	8.24	1669.5		
			混交林	101626.04	12273059.8	8284.54	758443.9	85608.24	10390200.4	5524.44	827822.4	2005.34	264593.5	203.48	31999.6
			针叶混交林	92.74	15068.0			92.74	15068.0						
			针阔混交林	3624.84	498249.9	103.34	11561.4	2965.62	395875.7	487.67	82057.9	68.21	8754.9		
			阔叶混交林	97908.46	11759741.9	8181.20	746882.5	82549.88	9979256.7	5036.77	745764.5	1937.13	255838.6	203.48	31999.6
		人工	合计	6609.62	863181.7	1406.09	122481.2	3585.55	500942.3	1245.12	189180.1	372.86	50578.1		
			纯林	3101.59	395946.2	954.71	71848.0	1196.89	179371.2	756.06	115004.0	193.93	29723.0		
			混交林	3508.03	467235.5	451.38	50633.2	2388.66	321571.1	489.06	74176.1	178.93	20855.1		
			针叶混交林	217.56	28203.8	43.21	1912.5	56.96	7303.6	62.82	12520.5	54.57	6467.2		
			针阔混交林	3237.89	435439.0	408.17	48720.7	2279.12	310674.8	426.24	61655.6	124.36	14387.9		
			阔叶混交林	52.58	3592.7			52.58	3592.7						
		其中：人天混	合计	3393.03	452126.3	459.94	55565.2	2382.49	320517.6	426.24	61655.6	124.36	14387.9		
			纯林	80.96	11091.0	50.00	6597.5	30.96	4493.5						
			混交林	3312.07	441035.3	409.94	48967.7	2351.53	316024.1	426.24	61655.6	124.36	14387.9		
			针叶混交林	38.16	4652.7	1.77	247.0	36.39	4405.7						
			针阔混交林	3231.68	434053.9	408.17	48720.7	2272.91	309289.7	426.24	61655.6	124.36	14387.9		
			阔叶混交林	42.23	2328.7			42.23	2328.7						

表 8　黑龙江重点国有林区乔木林各龄组面积、蓄积按林种、起源和林分类型统计表（续 102）

单位：公顷、立方米

统计单位	林种	起源	林分类型	合计		幼龄林		中龄林		近熟林		成熟林		过熟林	
				面积	蓄积	面积	蓄积	面积	蓄积	面积	蓄积	面积	蓄积	面积	蓄积
双鸭山林业局	防护林	合计	合计	83584.49	9964246.2	7873.69	673705.6	68196.87	8181968.3	5779.71	872144.3	1555.24	209493.5	178.98	26934.5
			纯林	10290.90	1177226.9	2112.61	137015.2	7308.45	905784.3	764.97	118322.9	104.87	16104.5		
			混交林	73293.59	8787019.3	5761.08	536690.4	60888.42	7276184.0	5014.74	753821.4	1450.37	193389.0	178.98	26934.5
			针叶混交林	120.24	17975.5	5.26	324.7	96.88	15333.1	12.63	1412.3	5.47	905.4		
			针阔混交林	4178.77	580447.8	316.65	42163.3	3031.44	412668.4	684.74	108259.1	145.94	17357.0		
			阔叶混交林	68994.58	8188596.0	5439.17	494202.4	57760.10	6848182.5	4317.37	644150.0	1298.96	175126.6	178.98	26934.5
		天然	合计	79579.87	9431051.5	7146.42	603432.6	65897.29	7859637.1	4985.14	756707.6	1372.04	184339.7	178.98	26934.5
			纯林	8541.37	956218.6	1648.88	102806.5	6597.69	803271.1	289.93	49682.8	4.87	458.2		
			混交林	71038.50	8474832.9	5497.54	500626.1	59299.60	7056366.0	4695.21	707024.8	1367.17	183881.5	178.98	26934.5
			针叶混交林	76.34	12332.2			76.34	12332.2						
			针阔混交林	1983.96	275074.0	58.37	6423.7	1479.54	197020.6	377.84	62874.8	68.21	8754.9		
			阔叶混交林	68978.20	8187426.7	5439.17	494202.4	57743.72	6847013.2	4317.37	644150.0	1298.96	175126.6	178.98	26934.5
		人工	合计	4004.62	533194.7	727.27	70273.0	2299.58	322331.2	794.57	115436.7	183.20	25153.8		
			纯林	1749.53	221008.3	463.73	34208.7	710.76	102513.2	475.04	68640.1	100.00	15646.3		
			混交林	2255.09	312186.4	263.54	36064.3	1588.82	219818.0	319.53	46796.6	83.20	9507.5		
			针叶混交林	43.90	5643.3	5.26	324.7	20.54	3000.9	12.63	1412.3	5.47	905.4		
			针阔混交林	2194.81	305373.8	258.28	35739.6	1551.90	215647.8	306.90	45384.3	77.73	8602.1		
			阔叶混交林	16.38	1169.3			16.38	1169.3						
		其中：人天混	合计	2302.17	318722.4	310.05	42584.1	1607.49	222151.9	306.90	45384.3	77.73	8602.1		
			纯林	80.96	11091.0	50.00	6597.5	30.96	4493.5						
			混交林	2221.21	307631.4	260.05	35986.6	1576.53	217658.4	306.90	45384.3	77.73	8602.1		
			针叶混交林	15.54	2377.5	1.77	247.0	13.77	2130.5						
			针阔混交林	2189.29	304084.6	258.28	35739.6	1546.38	214358.6	306.90	45384.3	77.73	8602.1		
			阔叶混交林	16.38	1169.3			16.38	1169.3						
	特用林	合计	合计	18272.31	2182924.3	2581.52	217767.9	14545.94	1782184.6	683.27	118205.6	461.58	64766.2		
			纯林	6718.74	825615.0	1354.46	110413.1	5006.94	647648.6	294.05	56816.4	63.29	10736.9		
			混交林	11553.57	1357309.3	1227.06	107354.8	9539.00	1134536.0	389.22	61389.2	398.29	54029.3		
			针叶混交林	88.34	13072.6	34.60	1448.1			35.28	9359.1	18.46	2265.4		
			针阔混交林	281.56	36086.8	46.57	4338.1	165.89	22021.1	43.57	5875.0	25.53	3852.6		
			阔叶混交林	11183.67	1308149.9	1145.89	101568.6	9373.11	1112514.9	310.37	46155.1	354.30	47911.3		
		天然	合计	17359.73	2057110.8	2220.20	190911.4	14256.12	1733532.6	528.50	84595.2	354.91	48071.6		
			纯林	6116.49	741929.5	1054.76	86746.8	4857.70	618580.5	203.42	36441.9	0.61	160.3		
			混交林	11243.24	1315181.3	1165.44	104164.6	9398.42	1114952.1	325.08	48153.3	354.30	47911.3		
			针阔混交林	59.57	7031.4	19.55	2596.0	25.31	2437.2	14.71	1998.2				
			阔叶混交林	11183.67	1308149.9	1145.89	101568.6	9373.11	1112514.9	310.37	46155.1	354.30	47911.3		
		人工	合计	912.58	125813.5	361.32	26856.5	289.82	48652.0	154.77	33610.4	106.67	16694.6		
			纯林	602.25	83685.5	299.70	23666.3	149.24	29068.1	90.63	20374.5	62.68	10576.6		
			混交林	310.33	42128.0	61.62	3190.2	140.58	19583.9	64.14	13235.9	43.99	6118.0		
			针叶混交林	88.34	13072.6	34.60	1448.1			35.28	9359.1	18.46	2265.4		
			针阔混交林	221.99	29055.4	27.02	1742.1	140.58	19583.9	28.86	3876.8	25.53	3852.6		

表 8　黑龙江重点国有林区乔木林各龄组面积、蓄积按林种、起源和林分类型统计表（续 103）

单位：公顷、立方米

统计单位	林种	起源	林分类型	合计 面积	合计 蓄积	幼龄林 面积	幼龄林 蓄积	中龄林 面积	中龄林 蓄积	近熟林 面积	近熟林 蓄积	成熟林 面积	成熟林 蓄积	过熟林 面积	过熟林 蓄积
双鸭山林业局	特用林	其中：人天混	合计	221.30	28959.5	27.02	1742.1	139.89	19488.0	28.86	3876.8	25.53	3852.6		
			混交林	221.30	28959.5	27.02	1742.1	139.89	19488.0	28.86	3876.8	25.53	3852.6		
			针阔混交林	221.30	28959.5	27.02	1742.1	139.89	19488.0	28.86	3876.8	25.53	3852.6		
	用材林	合计	合计	23148.12	2929767.7	2358.88	212531.3	19543.15	2548913.9	851.97	120676.0	369.62	42581.4	24.50	5065.1
			纯林	2861.21	333801.0	611.10	47499.4	1973.67	247862.4	242.43	33888.1	34.01	4551.1		
			混交林	20286.91	2595966.7	1747.78	165031.9	17569.48	2301051.5	609.54	86787.9	335.61	38030.3	24.50	5065.1
			针叶混交林	101.72	12223.7	3.35	139.7	52.82	7038.5	14.91	1749.1	30.64	3296.4		
			针阔混交林	2402.40	317154.3	148.29	13780.7	2047.41	271861.0	185.60	29579.4	21.10	1933.2		
			阔叶混交林	17782.79	2266588.7	1596.14	151111.5	15469.25	2022152.0	409.03	55459.4	283.87	32800.7	24.50	5065.1
		天然	合计	21455.70	2725594.2	2041.38	187179.6	18547.00	2418954.8	556.19	80543.0	286.63	33851.7	24.50	5065.1
			纯林	2111.40	242548.6	419.82	33526.4	1636.78	200072.5	52.04	7898.7	2.76	1051.0		
			混交林	19344.30	2483045.6	1621.56	153653.2	16910.22	2218882.3	504.15	72644.3	283.87	32800.7	24.50	5065.1
			针叶混交林	16.40	2735.8			16.40	2735.8						
			针阔混交林	1581.31	216144.5	25.42	2541.7	1460.77	196417.9	95.12	17184.9				
			阔叶混交林	17746.59	2264165.3	1596.14	151111.5	15433.05	2019728.6	409.03	55459.4	283.87	32800.7	24.50	5065.1
		人工	合计	1692.42	204173.5	317.50	25351.7	996.15	129959.1	295.78	40133.0	82.99	8729.7		
			纯林	749.81	91252.4	191.28	13973.0	336.89	47789.9	190.39	25989.4	31.25	3500.1		
			混交林	942.61	112921.1	126.22	11378.7	659.26	82169.2	105.39	14143.6	51.74	5229.6		
			针叶混交林	85.32	9487.9	3.35	139.7	36.42	4302.7	14.91	1749.1	30.64	3296.4		
			针阔混交林	821.09	101009.8	122.87	11239.0	586.64	75443.1	90.48	12394.5	21.10	1933.2		
			阔叶混交林	36.20	2423.4			36.20	2423.4						
		其中：人天混	合计	869.56	104444.4	122.87	11239.0	635.11	78877.7	90.48	12394.5	21.10	1933.2		
			混交林	869.56	104444.4	122.87	11239.0	635.11	78877.7	90.48	12394.5	21.10	1933.2		
			针叶混交林	22.62	2275.2			22.62	2275.2						
			针阔混交林	821.09	101009.8	122.87	11239.0	586.64	75443.1	90.48	12394.5	21.10	1933.2		
			阔叶混交林	25.85	1159.4			25.85	1159.4						
带岭林业实验局	合计	合计	合计	93800.54	13416377.7	9907.40	736154.1	56834.81	8098758.5	20131.18	3320404.4	6246.82	1137098.1	680.33	123962.6
			纯林	17755.00	2428193.1	5204.43	335051.6	8220.50	1248949.0	2916.50	524047.8	1297.78	286804.7	115.79	33340.0
			混交林	76045.54	10988184.6	4702.97	401102.5	48614.31	6849809.5	17214.68	2796356.6	4949.04	850293.4	564.54	90622.6
			针叶混交林	9290.37	1447222.1	1074.85	87600.0	4749.38	714613.6	2475.54	457880.3	924.38	175869.6	66.22	11258.6
			针阔混交林	33605.35	4872981.4	2509.03	219600.3	20435.59	2892244.9	7731.16	1267596.5	2447.63	416196.5	481.94	77343.2
			阔叶混交林	33149.82	4667981.1	1119.09	93902.2	23429.34	3242951.0	7007.98	1070879.8	1577.03	258227.3	16.38	2020.8
		天然	合计	69018.05	10117193.0	2235.54	191913.8	45402.99	6371242.8	16155.89	2648129.1	4638.59	797097.3	585.04	108810.0
			纯林	3888.13	557892.3	491.85	32371.4	2052.78	285232.6	920.45	149330.9	314.24	58887.1	108.81	32070.3
			混交林	65129.92	9559300.7	1743.69	159542.4	43350.21	6086010.2	15235.44	2498798.2	4324.35	738210.2	476.23	76739.7
			针叶混交林	6331.12	1056568.1	120.34	11656.8	3729.31	564635.1	1791.88	347884.3	667.52	127953.4	22.07	4438.5
			针阔混交林	25655.97	3835011.6	509.27	54091.7	16191.56	2278424.1	6435.58	1080034.1	2081.78	352181.3	437.78	70280.4
			阔叶混交林	33142.83	4667721.0	1114.08	93793.9	23429.34	3242951.0	7007.98	1070879.8	1575.05	258075.5	16.38	2020.8

表 8 黑龙江重点国有林区乔木林各龄组面积、蓄积按林种、起源和林分类型统计表（续 104）

单位：公顷、立方米

统计单位	林种	起源	林分类型	合计 面积	合计 蓄积	幼龄林 面积	幼龄林 蓄积	中龄林 面积	中龄林 蓄积	近熟林 面积	近熟林 蓄积	成熟林 面积	成熟林 蓄积	过熟林 面积	过熟林 蓄积
带岭林业实验局	合计	人工	合计	24782.49	3299184.7	7671.86	544240.3	11431.82	1727515.7	3975.29	672275.3	1608.23	340000.8	95.29	15152.6
			纯林	13866.87	1870300.8	4712.58	302680.2	6167.72	963716.4	1996.05	374716.9	983.54	227917.6	6.98	1269.7
			混交林	10915.62	1428883.9	2959.28	241560.1	5264.10	763799.3	1979.24	297558.4	624.69	112083.2	88.31	13882.9
			针叶混交林	2959.25	390654.0	954.51	75943.2	1020.07	149978.5	683.66	109996.0	256.86	47916.2	44.15	6820.1
			针阔混交林	7949.38	1037969.8	1999.76	165508.6	4244.03	613820.8	1295.58	187562.4	365.85	64015.2	44.16	7062.8
			阔叶混交林	6.99	260.1	5.01	108.3					1.98	151.8		
		其中：人天混	合计	13581.63	1759946.2	4262.26	357189.0	6972.57	1031947.5	1710.38	259828.5	548.11	97098.3	88.31	13882.9
			纯林	4218.98	508329.5	2001.80	163999.1	2186.87	337647.2	30.31	6683.2				
			混交林	9362.65	1251616.7	2260.46	193189.9	4785.70	694300.3	1680.07	253145.3	548.11	97098.3	88.31	13882.9
			针叶混交林	1501.73	219094.3	349.16	33128.7	541.67	80479.5	384.49	65582.9	182.26	33083.1	44.15	6820.1
			针阔混交林	7855.91	1032414.1	1906.29	159952.9	4244.03	613820.8	1295.58	187562.4	365.85	64015.2	44.16	7062.8
			阔叶混交林	5.01	108.3	5.01	108.3								
	防护林	合计	合计	50474.40	7175203.3	6185.15	456317.3	31922.03	4657700.8	9178.03	1522717.7	2895.89	494661.0	293.30	43806.5
			纯林	9613.19	1297727.3	3050.93	199569.4	4785.73	763348.7	1267.21	236754.6	490.77	96019.5	18.55	2035.1
			混交林	40861.21	5877476.0	3134.22	256747.9	27136.30	3894352.1	7910.82	1285963.1	2405.12	398641.5	274.75	41771.4
			针叶混交林	5242.91	778122.3	780.75	61655.4	2825.31	424277.6	1104.43	196395.1	480.06	87010.6	52.36	8783.6
			针阔混交林	17985.93	2568249.5	1633.53	135605.3	11001.22	1576663.5	3858.86	618724.4	1277.39	205490.8	214.93	31765.5
			阔叶混交林	17632.37	2531104.2	719.94	59487.2	13309.77	1893411.0	2947.53	470843.6	647.67	106140.1	7.46	1222.3
		天然	合计	35438.48	5162626.6	1437.88	118090.7	24489.44	3495817.0	7112.48	1159348.0	2152.37	353022.4	246.31	36348.5
			纯林	1730.03	223398.0	322.00	22574.9	998.62	139672.6	278.22	40090.7	115.48	19662.6	15.71	1397.2
			混交林	33708.45	4939228.6	1115.88	95515.8	23490.82	3356144.4	6834.26	1119257.3	2036.89	333359.8	230.60	34951.3
			针叶混交林	3338.62	529615.4	87.82	8748.2	2193.69	329350.6	745.14	137787.0	303.76	51766.1	8.21	1963.5
			针阔混交林	12737.46	1878509.0	308.12	27280.4	7987.36	1133382.8	3141.59	510626.7	1085.46	175453.6	214.93	31765.5
			阔叶混交林	17632.37	2531104.2	719.94	59487.2	13309.77	1893411.0	2947.53	470843.6	647.67	106140.1	7.46	1222.3
		人工	合计	15035.92	2012576.7	4747.27	338226.6	7432.59	1161883.8	2065.55	363369.7	743.52	141638.6	46.99	7458.0
			纯林	7883.16	1074329.3	2728.93	176994.5	3787.11	623676.1	988.99	196663.9	375.29	76356.9	2.84	637.9
			混交林	7152.76	938247.4	2018.34	161232.1	3645.48	538207.7	1076.56	166705.8	368.23	65281.7	44.15	6820.1
			针叶混交林	1904.29	248506.9	692.93	52907.2	631.62	94927.0	359.29	58608.1	176.30	35244.5	44.15	6820.1
			针阔混交林	5248.47	689740.5	1325.41	108324.9	3013.86	443280.7	717.27	108097.7	191.93	30037.2		
		其中：人天混	合计	8734.79	1139786.8	2823.96	233177.4	4606.19	697642.3	939.42	146873.4	321.07	55273.6	44.15	6820.1
			纯林	2541.64	308803.4	1267.71	102682.2	1243.62	199438.0	30.31	6683.2				
			混交林	6193.15	830983.4	1556.25	130495.2	3362.57	498204.3	909.11	140190.2	321.07	55273.6	44.15	6820.1
			针叶混交林	983.37	142463.6	269.53	23391.0	348.71	54923.6	191.84	32092.5	129.14	25236.4	44.15	6820.1
			针阔混交林	5209.78	688519.8	1286.72	107104.2	3013.86	443280.7	717.27	108097.7	191.93	30037.2		
	特用林	合计	合计	22012.94	3342368.4	1825.67	141634.6	12328.38	1760252.7	5832.92	1027700.8	1813.28	357861.7	212.69	54918.6
			纯林	4372.66	651042.0	1149.02	79696.1	1659.74	248924.5	1009.59	186180.9	461.21	105567.4	93.10	30673.1
			混交林	17640.28	2691326.4	676.65	61938.5	10668.64	1511328.2	4823.33	841519.9	1352.07	252294.3	119.59	24245.5
			针叶混交林	1915.21	362130.4	91.81	9811.9	774.84	126908.4	759.00	163851.1	289.56	61559.0		
			针阔混交林	7107.49	1120963.1	402.47	35092.4	4136.18	606592.2	1798.56	331186.6	659.61	124644.9	110.67	23447.0
			阔叶混交林	8617.58	1208232.9	182.37	17034.2	5757.62	777827.6	2265.77	346482.2	402.90	66090.4	8.92	798.5

表 8　黑龙江重点国有林区乔木林各龄组面积、蓄积按林种、起源和林分类型统计表（续 105）

单位：公顷、立方米

统计单位	林种	起源	林分类型	合计		幼龄林		中龄林		近熟林		成熟林		过熟林	
				面积	蓄积	面积	蓄积	面积	蓄积	面积	蓄积	面积	蓄积	面积	蓄积
带岭林业实验局	特用林	天然	合计	17782.58	2775715.2	352.07	32660.9	10797.38	1530857.3	5054.51	895941.7	1398.57	266780.6	180.05	49474.7
			纯林	1577.46	265845.5	85.45	4687.0	727.83	104660.1	515.64	93950.0	155.44	31875.3	93.10	30673.1
			混交林	16205.12	2509869.7	266.62	27973.9	10069.55	1426197.2	4538.87	801991.7	1243.13	234905.3	86.95	18801.6
			针叶混交林	1608.49	320521.3			681.79	114054.2	680.42	153020.4	246.28	53446.7		
			针阔混交林	5981.03	981267.3	84.25	10939.7	3630.14	534315.4	1592.68	302489.1	595.93	115520.0	78.03	18003.1
			阔叶混交林	8615.60	1208081.1	182.37	17034.2	5757.62	777827.6	2265.77	346482.2	400.92	65938.6	8.92	798.5
		人工	合计	4230.36	566653.2	1473.60	108973.7	1531.00	229395.4	778.41	131759.1	414.71	91081.1	32.64	5443.9
			纯林	2795.20	385196.5	1063.57	75009.1	931.91	144264.4	493.95	92230.9	305.77	73692.1		
			混交林	1435.16	181456.7	410.03	33964.6	599.09	85131.0	284.46	39528.2	108.94	17389.0	32.64	5443.9
			针叶混交林	306.72	41609.1	91.81	9811.9	93.05	12854.2	78.58	10830.7	43.28	8112.3		
			针阔混交林	1126.46	139695.8	318.22	24152.7	506.04	72276.8	205.88	28697.5	63.68	9124.9	32.64	5443.9
			阔叶混交林	1.98	151.8							1.98	151.8		
		其中：人天混	合计	1973.41	237889.7	745.74	58440.7	856.71	125132.3	255.84	36100.5	82.48	12772.3	32.64	5443.9
			纯林	664.54	71118.4	397.86	29542.4	266.68	41576.0						
			混交林	1308.87	166771.3	347.88	28898.3	590.03	83556.3	255.84	36100.5	82.48	12772.3	32.64	5443.9
			针叶混交林	199.96	29240.9	47.21	6911.0	83.99	11279.5	49.96	7403.0	18.80	3647.4		
			针阔混交林	1108.91	137530.4	300.67	21987.3	506.04	72276.8	205.88	28697.5	63.68	9124.9	32.64	5443.9
	用材林	合计	合计	21313.20	2898806.0	1896.58	138202.2	12584.40	1680805.0	5120.23	769985.9	1537.65	284575.4	174.34	25237.5
			纯林	3769.15	479423.8	1004.48	55786.1	1775.03	236675.8	639.70	101112.3	345.80	85217.8	4.14	631.8
			混交林	17544.05	2419382.2	892.10	82416.1	10809.37	1444129.2	4480.53	668873.6	1191.85	199357.6	170.20	24605.7
			针叶混交林	2132.25	306969.4	202.29	16132.7	1149.23	163427.6	612.11	97634.1	154.76	27300.0	13.86	2475.0
			针阔混交林	8511.93	1183768.8	473.03	48902.6	5298.19	708989.2	2073.74	317685.5	510.63	86060.8	156.34	22130.7
			阔叶混交林	6899.87	928644.0	216.78	17380.8	4361.95	571712.4	1794.68	253554.0	526.46	85996.8		
		天然	合计	15796.99	2178851.2	445.59	41162.2	10116.17	1344568.5	3988.90	592839.4	1087.65	177294.3	158.68	22986.8
			纯林	580.64	68648.8	84.40	5109.5	326.33	40899.9	126.59	15290.2	43.32	7349.2		
			混交林	15216.35	2110202.4	361.19	36052.7	9789.84	1303668.6	3862.31	577549.2	1044.33	169945.1	158.68	22986.8
			针叶混交林	1384.01	206431.4	32.52	2908.6	853.83	121230.3	366.32	57076.9	117.48	22740.6	13.86	2475.0
			针阔混交林	6937.48	975235.3	116.90	15871.6	4574.06	610725.9	1701.31	266918.3	400.39	61207.7	144.82	20511.8
			阔叶混交林	6894.86	928535.7	211.77	17272.5	4361.95	571712.4	1794.68	253554.0	526.46	85996.8		
		人工	合计	5516.21	719954.8	1450.99	97040.0	2468.23	336236.5	1131.33	177146.5	450.00	107281.1	15.66	2250.7
			纯林	3188.51	410775.0	920.08	50676.6	1448.70	195775.9	513.11	85822.1	302.48	77868.6	4.14	631.8
			混交林	2327.70	309179.8	530.91	46363.4	1019.53	140460.6	618.22	91324.4	147.52	29412.5	11.52	1618.9
			针叶混交林	748.24	100538.0	169.77	13224.1	295.40	42197.3	245.79	40557.2	37.28	4559.4		
			针阔混交林	1574.45	208533.5	356.13	33031.0	724.13	98263.3	372.43	50767.2	110.24	24853.1	11.52	1618.9
			阔叶混交林	5.01	108.3	5.01	108.3								

表 8 黑龙江重点国有林区乔木林各龄组面积、蓄积按林种、起源和林分类型统计表（续 106）

单位：公顷、立方米

统计单位	林种	起源	林分类型	合计		幼龄林		中龄林		近熟林		成熟林		过熟林	
				面积	蓄积	面积	蓄积	面积	蓄积	面积	蓄积	面积	蓄积	面积	蓄积
带岭林业实验局	用材林	其中：人天混	合计	2873.43	382269.7	692.56	65570.9	1509.67	209172.9	515.12	76854.6	144.56	29052.4	11.52	1618.9
			纯林	1012.80	128407.7	336.23	31774.5	676.57	96633.2						
			混交林	1860.63	253862.0	356.33	33796.4	833.10	112539.7	515.12	76854.6	144.56	29052.4	11.52	1618.9
			针叶混交林	318.40	47389.8	32.42	2826.7	108.97	14276.4	142.69	26087.4	34.32	4199.3		
			针阔混交林	1537.22	206363.9	318.90	30861.4	724.13	98263.3	372.43	50767.2	110.24	24853.1	11.52	1618.9
			阔叶混交林	5.01	108.3	5.01	108.3								
长岗实验林场	合计	合计	合计	5497.93	515100.8	630.41	58295.8	3505.23	282358.5	1082.22	133804.4	280.07	40642.1		
			纯林	1461.51	172558.4	421.67	40452.6	459.83	48418.8	498.94	68019.5	81.07	15667.5		
			混交林	4036.42	342542.4	208.74	17843.2	3045.40	233939.7	583.28	65784.9	199.00	24974.6		
			针叶混交林	100.92	9040.5	9.35	476.2	41.60	3041.2	48.65	5351.8	1.32	171.3		
			针阔混交林	499.79	52483.6	56.48	5877.9	234.27	21572.3	164.29	17640.5	44.75	7392.9		
			阔叶混交林	3435.71	281018.3	142.91	11489.1	2769.53	209326.2	370.34	42792.6	152.93	17410.4		
		天然	合计	3714.18	305050.3	185.21	14399.4	2940.29	222203.6	424.27	48645.4	164.41	19801.9		
			纯林	278.47	24032.0	42.30	2910.3	170.76	12877.4	53.93	5852.8	11.48	2391.5		
			混交林	3435.71	281018.3	142.91	11489.1	2769.53	209326.2	370.34	42792.6	152.93	17410.4		
			阔叶混交林	3435.71	281018.3	142.91	11489.1	2769.53	209326.2	370.34	42792.6	152.93	17410.4		
		人工	合计	1783.75	210050.5	445.20	43896.4	564.94	60154.9	657.95	85159.0	115.66	20840.2		
			纯林	1183.04	148526.4	379.37	37542.3	289.07	35541.4	445.01	62166.7	69.59	13276.0		
			混交林	600.71	61524.1	65.83	6354.1	275.87	24613.5	212.94	22992.3	46.07	7564.2		
			针叶混交林	100.92	9040.5	9.35	476.2	41.60	3041.2	48.65	5351.8	1.32	171.3		
			针阔混交林	499.79	52483.6	56.48	5877.9	234.27	21572.3	164.29	17640.5	44.75	7392.9		
		其中：人天混	合计	510.87	53962.4	69.11	7572.0	232.72	21357.0	164.29	17640.5	44.75	7392.9		
			纯林	12.63	1694.1	12.63	1694.1								
			混交林	498.24	52268.3	56.48	5877.9	232.72	21357.0	164.29	17640.5	44.75	7392.9		
			针阔混交林	498.24	52268.3	56.48	5877.9	232.72	21357.0	164.29	17640.5	44.75	7392.9		
	防护林	合计	合计	1363.27	141491.5	156.02	14998.6	845.79	75267.9	197.33	27139.3	164.13	24085.7		
			纯林	342.93	42378.4	127.80	12526.0	111.05	13363.1	61.01	6733.6	43.07	9755.7		
			混交林	1020.34	99113.1	28.22	2472.6	734.74	61904.8	136.32	20405.7	121.06	14330.0		
			针阔混交林	98.82	11732.4			81.61	9062.5	14.21	2109.2	3.00	560.7		
			阔叶混交林	921.52	87380.7	28.22	2472.6	653.13	52842.3	122.11	18296.5	118.06	13769.3		
		天然	合计	988.28	93439.1	30.74	2657.8	686.66	56096.9	152.82	20915.1	118.06	13769.3		
			纯林	66.76	6058.4	2.52	185.2	33.53	3254.6	30.71	2618.6				
			混交林	921.52	87380.7	28.22	2472.6	653.13	52842.3	122.11	18296.5	118.06	13769.3		
			阔叶混交林	921.52	87380.7	28.22	2472.6	653.13	52842.3	122.11	18296.5	118.06	13769.3		
		人工	合计	374.99	48052.4	125.28	12340.8	159.13	19171.0	44.51	6224.2	46.07	10316.4		
			纯林	276.17	36320.0	125.28	12340.8	77.52	10108.5	30.30	4115.0	43.07	9755.7		
			混交林	98.82	11732.4			81.61	9062.5	14.21	2109.2	3.00	560.7		
			针阔混交林	98.82	11732.4			81.61	9062.5	14.21	2109.2	3.00	560.7		
		其中：人天混	合计	107.06	12718.8	9.79	1201.7	80.06	8847.2	14.21	2109.2	3.00	560.7		
			纯林	9.79	1201.7	9.79	1201.7								
			混交林	97.27	11517.1			80.06	8847.2	14.21	2109.2	3.00	560.7		
			针阔混交林	97.27	11517.1			80.06	8847.2	14.21	2109.2	3.00	560.7		

表 8　黑龙江重点国有林区乔木林各龄组面积、蓄积按林种、起源和林分类型统计表（续 107）

单位：公顷、立方米

统计单位	林种	起源	林分类型	合计		幼龄林		中龄林		近熟林		成熟林		过熟林	
				面积	蓄积	面积	蓄积	面积	蓄积	面积	蓄积	面积	蓄积	面积	蓄积
长岗实验林场	特用林	合计	合计	3022.11	262870.3	240.17	22463.2	2153.36	162299.8	528.93	63213.8	99.65	14893.5		
			纯林	618.11	69837.8	152.98	14830.8	228.63	20591.9	201.44	28917.1	35.06	5498.0		
			混交林	2404.00	193032.5	87.19	7632.4	1924.73	141707.9	327.49	34296.7	64.59	9395.5		
			针叶混交林	26.35	3581.4	3.97	205.9			22.38	3375.5				
			针阔混交林	202.66	22664.4	25.74	2820.9	90.32	7664.0	56.88	6425.1	29.72	5754.4		
			阔叶混交林	2174.99	166786.7	57.48	4605.6	1834.41	134043.9	248.23	24496.1	34.87	3641.1		
		天然	合计	2365.38	183171.3	93.35	6975.8	1954.23	142432.6	271.45	27730.3	46.35	6032.6		
			纯林	190.39	16384.6	35.87	2370.2	119.82	8388.7	23.22	3234.2	11.48	2391.5		
			混交林	2174.99	166786.7	57.48	4605.6	1834.41	134043.9	248.23	24496.1	34.87	3641.1		
			阔叶混交林	2174.99	166786.7	57.48	4605.6	1834.41	134043.9	248.23	24496.1	34.87	3641.1		
		人工	合计	656.73	79699.0	146.82	15487.4	199.13	19867.2	257.48	35483.5	53.30	8860.9		
			纯林	427.72	53453.2	117.11	12460.6	108.81	12203.2	178.22	25682.9	23.58	3106.5		
			混交林	229.01	26245.8	29.71	3026.8	90.32	7664.0	79.26	9800.6	29.72	5754.4		
			针叶混交林	26.35	3581.4	3.97	205.9			22.38	3375.5				
			针阔混交林	202.66	22664.4	25.74	2820.9	90.32	7664.0	56.88	6425.1	29.72	5754.4		
		其中：人天混	合计	205.50	23156.8	28.58	3313.3	90.32	7664.0	56.88	6425.1	29.72	5754.4		
			纯林	2.84	492.4	2.84	492.4								
			混交林	202.66	22664.4	25.74	2820.9	90.32	7664.0	56.88	6425.1	29.72	5754.4		
			针阔混交林	202.66	22664.4	25.74	2820.9	90.32	7664.0	56.88	6425.1	29.72	5754.4		
	用材林	合计	合计	1112.55	110739.0	234.22	20834.0	506.08	44790.8	355.96	43451.3	16.29	1662.9		
			纯林	500.47	60342.2	140.89	13095.8	120.15	14463.8	236.49	32368.8	2.94	413.8		
			混交林	612.08	50396.8	93.33	7738.2	385.93	30327.0	119.47	11082.5	13.35	1249.1		
			针叶混交林	74.57	5459.1	5.38	270.3	41.60	3041.2	26.27	1976.3	1.32	171.3		
			针阔混交林	198.31	18086.8	30.74	3057.0	62.34	4845.8	93.20	9106.2	12.03	1077.8		
			阔叶混交林	339.20	26850.9	57.21	4410.9	281.99	22440.0						
		天然	合计	360.52	28439.9	61.12	4765.8	299.40	23674.1						
			纯林	21.32	1589.0	3.91	354.9	17.41	1234.1						
			混交林	339.20	26850.9	57.21	4410.9	281.99	22440.0						
			阔叶混交林	339.20	26850.9	57.21	4410.9	281.99	22440.0						
		人工	合计	752.03	82299.1	173.10	16068.2	206.68	21116.7	355.96	43451.3	16.29	1662.9		
			纯林	479.15	58753.2	136.98	12740.9	102.74	13229.7	236.49	32368.8	2.94	413.8		
			混交林	272.88	23545.9	36.12	3327.3	103.94	7887.0	119.47	11082.5	13.35	1249.1		
			针叶混交林	74.57	5459.1	5.38	270.3	41.60	3041.2	26.27	1976.3	1.32	171.3		
			针阔混交林	198.31	18086.8	30.74	3057.0	62.34	4845.8	93.20	9106.2	12.03	1077.8		
		其中：人天混	合计	198.31	18086.8	30.74	3057.0	62.34	4845.8	93.20	9106.2	12.03	1077.8		
			混交林	198.31	18086.8	30.74	3057.0	62.34	4845.8	93.20	9106.2	12.03	1077.8		
			针阔混交林	198.31	18086.8	30.74	3057.0	62.34	4845.8	93.20	9106.2	12.03	1077.8		

表 8 黑龙江重点国有林区乔木林各龄组面积、蓄积按林种、起源和林分类型统计表（续 108）

单位：公顷、立方米

统计单位	林种	起源	林分类型	合计		幼龄林		中龄林		近熟林		成熟林		过熟林	
				面积	蓄积	面积	蓄积	面积	蓄积	面积	蓄积	面积	蓄积	面积	蓄积
丽林实验林场	合计	合计	合计	8002.16	1092101.6	536.94	57104.6	6193.19	811875.5	853.92	143192.1	385.44	76266.8	32.67	3662.6
			纯林	969.70	160482.7	95.63	8785.5	423.28	60578.4	164.99	32192.2	285.80	58926.6		
			混交林	7032.46	931618.9	441.31	48319.1	5769.91	751297.1	688.93	110999.9	99.64	17340.2	32.67	3662.6
			针叶混交林	2827.77	388247.4	99.97	10688.1	2243.02	298420.5	454.92	75700.0	7.05	1106.8	22.81	2332.0
			针阔混交林	3503.86	453752.0	246.96	27425.0	2986.36	382824.9	173.04	26563.2	89.25	15788.6	8.25	1150.3
			阔叶混交林	700.83	89619.5	94.38	10206.0	540.53	70051.7	60.97	8736.7	3.34	444.8	1.61	180.3
		天然	合计	7718.57	1054273.7	457.42	46173.3	6064.70	795036.3	831.03	139767.3	355.56	71966.2	9.86	1330.6
			纯林	909.86	153115.0	53.67	4036.4	418.12	59868.3	164.99	32192.2	273.08	57018.1		
			混交林	6808.71	901158.7	403.75	42136.9	5646.58	735168.0	666.04	107575.1	82.48	14948.1	9.86	1330.6
			针叶混交林	2714.72	374055.7	74.63	6733.5	2194.99	292926.3	441.99	73790.1	3.11	605.8		
			针阔混交林	3393.16	437483.5	234.74	25197.4	2911.06	372190.0	163.08	25048.3	76.03	13897.5	8.25	1150.3
			阔叶混交林	700.83	89619.5	94.38	10206.0	540.53	70051.7	60.97	8736.7	3.34	444.8	1.61	180.3
		人工	合计	283.59	37827.9	79.52	10931.3	128.49	16839.2	22.89	3424.8	29.88	4300.6	22.81	2332.0
			纯林	59.84	7367.7	41.96	4749.1	5.16	710.1			12.72	1908.5		
			混交林	223.75	30460.2	37.56	6182.2	123.33	16129.1	22.89	3424.8	17.16	2392.1	22.81	2332.0
			针叶混交林	113.05	14191.7	25.34	3954.6	48.03	5494.2	12.93	1909.9	3.94	501.0	22.81	2332.0
			针阔混交林	110.70	16268.5	12.22	2227.6	75.30	10634.9	9.96	1514.9	13.22	1891.1		
		其中：人天混	合计	247.29	33284.2	66.57	9875.8	123.33	16129.1	17.42	2555.2	17.16	2392.1	22.81	2332.0
			纯林	37.01	4428.9	37.01	4428.9								
			混交林	210.28	28855.3	29.56	5446.9	123.33	16129.1	17.42	2555.2	17.16	2392.1	22.81	2332.0
			针叶混交林	99.58	12586.8	17.34	3219.3	48.03	5494.2	7.46	1040.3	3.94	501.0	22.81	2332.0
			针阔混交林	110.70	16268.5	12.22	2227.6	75.30	10634.9	9.96	1514.9	13.22	1891.1		
	防护林	合计	合计	4609.69	631212.5	286.46	31230.7	3769.65	508200.3	382.35	63158.8	138.56	24960.1	32.67	3662.6
			纯林	423.39	63929.4	69.91	6625.1	218.63	33592.6	92.82	15486.0	42.03	8225.7		
			混交林	4186.30	567283.1	216.55	24605.6	3551.02	474607.7	289.53	47672.8	96.53	16734.4	32.67	3662.6
			针叶混交林	1536.19	211333.6	67.30	7935.3	1258.12	169273.2	184.02	31292.1	3.94	501.0	22.81	2332.0
			针阔混交林	2195.10	292991.9	115.46	12223.9	1926.26	254788.4	55.88	9040.7	89.25	15788.6	8.25	1150.3
			阔叶混交林	455.01	62957.6	33.79	4446.4	366.64	50546.1	49.63	7340.0	3.34	444.8	1.61	180.3
		天然	合计	4398.42	602843.8	222.01	22940.4	3685.48	496269.4	372.39	61643.9	108.68	20659.5	9.86	1330.6
			纯林	368.18	57257.6	31.76	2417.2	214.29	33037.2	92.82	15486.0	29.31	6317.2		
			混交林	4030.24	545586.2	190.25	20523.2	3471.19	463232.2	279.57	46157.9	79.37	14342.3	9.86	1330.6
			针叶混交林	1454.03	200450.7	41.96	3980.7	1228.05	165177.9	184.02	31292.1				
			针阔混交林	2121.20	282177.9	114.50	12096.1	1876.50	247508.2	45.92	7525.8	76.03	13897.5	8.25	1150.3
			阔叶混交林	455.01	62957.6	33.79	4446.4	366.64	50546.1	49.63	7340.0	3.34	444.8	1.61	180.3
		人工	合计	211.27	28368.7	64.45	8290.3	84.17	11930.9	9.96	1514.9	29.88	4300.6	22.81	2332.0
			纯林	55.21	6671.8	38.15	4207.9	4.34	555.4			12.72	1908.5		
			混交林	156.06	21696.9	26.30	4082.4	79.83	11375.5	9.96	1514.9	17.16	2392.1	22.81	2332.0
			针叶混交林	82.16	10882.9	25.34	3954.6	30.07	4095.3			3.94	501.0	22.81	2332.0
			针阔混交林	73.90	10814.0	0.96	127.8	49.76	7280.2	9.96	1514.9	13.22	1891.1		

表 8　黑龙江重点国有林区乔木林各龄组面积、蓄积按林种、起源和林分类型统计表（续 109）

单位：公顷、立方米

统计单位	林种	起源	林分类型	合计		幼龄林		中龄林		近熟林		成熟林		过熟林	
				面积	蓄积	面积	蓄积	面积	蓄积	面积	蓄积	面积	蓄积	面积	蓄积
丽林实验林场	防护林	其中：人天混	合计	181.26	24849.3	51.50	7234.8	79.83	11375.5	9.96	1514.9	17.16	2392.1	22.81	2332.0
			纯林	33.20	3887.7	33.20	3887.7								
			混交林	148.06	20961.6	18.30	3347.1	79.83	11375.5	9.96	1514.9	17.16	2392.1	22.81	2332.0
			针叶混交林	74.16	10147.6	17.34	3219.3	30.07	4095.3			3.94	501.0	22.81	2332.0
			针阔混交林	73.90	10814.0	0.96	127.8	49.76	7280.2	9.96	1514.9	13.22	1891.1		
	特用林	合计	合计	2484.12	337226.7	131.02	11802.0	1719.31	206681.3	404.88	70611.4	228.91	48132.0		
			纯林	464.03	84584.4	9.18	655.3	174.30	21939.4	54.75	14463.5	225.80	47526.2		
			混交林	2020.09	252642.3	121.84	11146.7	1545.01	184741.9	350.13	56147.9	3.11	605.8		
			针叶混交林	1011.09	138730.4	21.77	1700.0	728.24	93926.6	257.97	42498.0	3.11	605.8		
			针阔混交林	847.81	97838.7	60.08	6229.0	695.57	77959.8	92.16	13649.9				
			阔叶混交林	161.19	16073.2	39.99	3217.7	121.20	12855.5						
		天然	合计	2481.02	336768.3	128.74	11498.3	1718.49	206526.6	404.88	70611.4	228.91	48132.0		
			纯林	463.21	84429.7	9.18	655.3	173.48	21784.7	54.75	14463.5	225.80	47526.2		
			混交林	2017.81	252338.6	119.56	10843.0	1545.01	184741.9	350.13	56147.9	3.11	605.8		
			针叶混交林	1011.09	138730.4	21.77	1700.0	728.24	93926.6	257.97	42498.0	3.11	605.8		
			针阔混交林	845.53	97535.0	57.80	5925.3	695.57	77959.8	92.16	13649.9				
			阔叶混交林	161.19	16073.2	39.99	3217.7	121.20	12855.5						
		人工	合计	3.10	458.4	2.28	303.7	0.82	154.7						
			纯林	0.82	154.7			0.82	154.7						
			混交林	2.28	303.7	2.28	303.7								
			针阔混交林	2.28	303.7	2.28	303.7								
		其中：人天混	合计	2.28	303.7	2.28	303.7								
			混交林	2.28	303.7	2.28	303.7								
			针阔混交林	2.28	303.7	2.28	303.7								
	用材林	合计	合计	908.35	123662.4	119.46	14071.9	704.23	96993.9	66.69	9421.9	17.97	3174.7		
			纯林	82.28	11968.9	16.54	1505.1	30.35	5046.4	17.42	2242.7	17.97	3174.7		
			混交林	826.07	111693.5	102.92	12566.8	673.88	91947.5	49.27	7179.2				
			针叶混交林	280.49	38183.4	10.90	1052.8	256.66	35220.7	12.93	1909.9				
			针阔混交林	460.95	62921.4	71.42	8972.1	364.53	50076.7	25.00	3872.6				
			阔叶混交林	84.63	10588.7	20.60	2541.9	52.69	6650.1	11.34	1396.7				
		天然	合计	839.13	114661.6	106.67	11734.6	660.73	92240.3	53.76	7512.0	17.97	3174.7		
			纯林	78.47	11427.7	12.73	963.9	30.35	5046.4	17.42	2242.7	17.97	3174.7		
			混交林	760.66	103233.9	93.94	10770.7	630.38	87193.9	36.34	5269.3				
			针叶混交林	249.60	34874.6	10.90	1052.8	238.70	33821.8						
			针阔混交林	426.43	57770.6	62.44	7176.0	338.99	46722.0	25.00	3872.6				
			阔叶混交林	84.63	10588.7	20.60	2541.9	52.69	6650.1	11.34	1396.7				
		人工	合计	69.22	9000.8	12.79	2337.3	43.50	4753.6	12.93	1909.9				
			纯林	3.81	541.2	3.81	541.2								
			混交林	65.41	8459.6	8.98	1796.1	43.50	4753.6	12.93	1909.9				
			针叶混交林	30.89	3308.8			17.96	1398.9	12.93	1909.9				
			针阔混交林	34.52	5150.8	8.98	1796.1	25.54	3354.7						

表8 黑龙江重点国有林区乔木林各龄组面积、蓄积按林种、起源和林分类型统计表（续110）

单位：公顷、立方米

统计单位	林种	起源	林分类型	合计		幼龄林		中龄林		近熟林		成熟林		过熟林	
				面积	蓄积	面积	蓄积	面积	蓄积	面积	蓄积	面积	蓄积	面积	蓄积
丽林实验林场	用材林	其中：人天混	合计	63.75	8131.2	12.79	2337.3	43.50	4753.6	7.46	1040.3				
			纯林	3.81	541.2	3.81	541.2								
			混交林	59.94	7590.0	8.98	1796.1	43.50	4753.6	7.46	1040.3				
			针叶混交林	25.42	2439.2			17.96	1398.9	7.46	1040.3				
			针阔混交林	34.52	5150.8	8.98	1796.1	25.54	3354.7						
江山娇实验林场	合计	合计	合计	16087.32	2308154.5	2983.12	323788.3	7806.60	1136628.1	4181.39	659303.2	1057.73	176363.1	58.48	12071.8
			纯林	8487.53	1232328.1	2219.45	248927.1	3368.74	502892.9	2210.92	357013.3	683.80	122704.6	4.62	790.2
			混交林	7599.79	1075826.4	763.67	74861.2	4437.86	633735.2	1970.47	302289.9	373.93	53658.5	53.86	11281.6
			针叶混交林	243.52	36214.9	32.69	3538.5	186.35	28193.4	8.78	1535.5	15.70	2947.5		
			针阔混交林	1522.23	234832.4	188.76	20855.4	891.11	141634.1	326.78	54309.1	104.36	15779.0	11.22	2254.8
			阔叶混交林	5834.04	804779.1	542.22	50467.3	3360.40	463907.7	1634.91	246445.3	253.87	34932.0	42.64	9026.8
		天然	合计	12240.51	1736641.9	1083.14	100941.2	6923.40	981185.9	3685.86	568362.3	494.25	74870.9	53.86	11281.6
			纯林	5179.35	739955.6	432.58	38078.8	2724.51	383852.6	1837.01	286197.3	185.25	31826.9		
			混交林	7061.16	996686.3	650.56	62862.4	4198.89	597333.3	1848.85	282165.0	309.00	43044.0	53.86	11281.6
			针叶混交林	187.07	28210.5	19.80	2143.3	167.27	26067.2						
			针阔混交林	1040.05	163696.7	88.54	10251.8	671.22	107358.4	213.94	35719.7	55.13	8112.0	11.22	2254.8
			阔叶混交林	5834.04	804779.1	542.22	50467.3	3360.40	463907.7	1634.91	246445.3	253.87	34932.0	42.64	9026.8
		人工	合计	3846.81	571512.6	1899.98	222847.1	883.20	155442.2	495.53	90940.9	563.48	101492.2	4.62	790.2
			纯林	3308.18	492372.5	1786.87	210848.3	644.23	119040.3	373.91	70816.0	498.55	90877.7	4.62	790.2
			混交林	538.63	79140.1	113.11	11998.8	238.97	36401.9	121.62	20124.9	64.93	10614.5		
			针叶混交林	56.45	8004.4	12.89	1395.2	19.08	2126.2	8.78	1535.5	15.70	2947.5		
			针阔混交林	482.18	71135.7	100.22	10603.6	219.89	34275.7	112.84	18589.4	49.23	7667.0		
		其中：人天混	合计	1502.30	191171.7	998.57	111819.2	341.66	53096.1	112.84	18589.4	49.23	7667.0		
			纯林	1030.79	121624.5	902.93	101791.7	127.86	19832.8						
			混交林	471.51	69547.2	95.64	10027.5	213.80	33263.3	112.84	18589.4	49.23	7667.0		
			针阔混交林	471.51	69547.2	95.64	10027.5	213.80	33263.3	112.84	18589.4	49.23	7667.0		
	防护林	合计	合计	8738.66	1242959.9	1977.64	225966.7	4466.80	651574.8	1748.13	277306.1	498.83	78295.3	47.26	9817.0
			纯林	4002.36	569257.6	1488.60	176351.1	1752.11	260402.5	518.44	89989.8	238.59	41724.0	4.62	790.2
			混交林	4736.30	673702.3	489.04	49615.6	2714.69	391172.3	1229.69	187316.3	260.24	36571.3	42.64	9026.8
			针叶混交林	198.73	30801.0	25.71	2717.0	148.54	23601.0	8.78	1535.5	15.70	2947.5		
			针阔混交林	979.36	155927.9	115.67	14230.1	593.91	98367.9	196.60	32749.4	73.18	10580.5		
			阔叶混交林	3558.21	486973.4	347.66	32668.5	1972.24	269203.4	1024.31	153031.4	171.36	23043.3	42.64	9026.8
		天然	合计	6432.22	908042.3	635.43	60843.8	3961.11	565012.4	1503.18	232744.8	289.86	40414.5	42.64	9026.8
			纯林	2001.45	282105.9	198.22	18229.5	1361.46	192092.4	365.29	60192.2	76.48	11591.8		
			混交林	4430.77	625936.4	437.21	42614.3	2599.65	372920.0	1137.89	172552.6	213.38	28822.7	42.64	9026.8
			针叶混交林	162.23	24724.0	19.80	2143.3	142.43	22580.7						
			针阔混交林	710.33	114239.0	69.75	7802.5	484.98	81135.9	113.58	19521.2	42.02	5779.4		
			阔叶混交林	3558.21	486973.4	347.66	32668.5	1972.24	269203.4	1024.31	153031.4	171.36	23043.3	42.64	9026.8

表 8 黑龙江重点国有林区乔木林各龄组面积、蓄积按林种、起源和林分类型统计表（续 111）

单位：公顷、立方米

统计单位	林种	起源	林分类型	合计		幼龄林		中龄林		近熟林		成熟林		过熟林	
				面积	蓄积	面积	蓄积	面积	蓄积	面积	蓄积	面积	蓄积	面积	蓄积
江山娇实验林场	防护林	人工	合计	2306.44	334917.6	1342.21	165122.9	505.69	86562.4	244.95	44561.3	208.97	37880.8	4.62	790.2
			纯林	2000.91	287151.7	1290.38	158121.6	390.65	68310.1	153.15	29797.6	162.11	30132.2	4.62	790.2
			混交林	305.53	47765.9	51.83	7001.3	115.04	18252.3	91.80	14763.7	46.86	7748.6		
			针叶混交林	36.50	6077.0	5.91	573.7	6.11	1020.3	8.78	1535.5	15.70	2947.5		
			针阔混交林	269.03	41688.9	45.92	6427.6	108.93	17232.0	83.02	13228.2	31.16	4801.1		
		其中：人天混	合计	1000.16	132836.2	655.28	78754.5	230.70	36052.4	83.02	13228.2	31.16	4801.1		
			纯林	739.76	92567.4	611.90	72734.6	127.86	19832.8						
			混交林	260.40	40268.8	43.38	6019.9	102.84	16219.6	83.02	13228.2	31.16	4801.1		
			针阔混交林	260.40	40268.8	43.38	6019.9	102.84	16219.6	83.02	13228.2	31.16	4801.1		
	特用林	合计	合计	5263.86	758432.2	644.85	61298.6	2287.43	328548.7	2041.89	315870.8	289.69	52714.1		
			纯林	3535.64	522788.7	463.02	45213.8	1380.34	206177.1	1472.84	227614.0	219.44	43783.8		
			混交林	1728.22	235643.5	181.83	16084.8	907.09	122371.6	569.05	88256.8	70.25	8930.3		
			针叶混交林	19.95	1927.4	6.98	821.5	12.97	1105.9						
			针阔混交林	242.55	33225.1	30.80	1836.1	139.65	18841.0	54.03	9682.1	18.07	2865.9		
			阔叶混交林	1465.72	200491.0	144.05	13427.2	754.47	102424.7	515.02	78574.7	52.18	6064.4		
		天然	合计	4502.21	642323.2	317.20	27704.0	2032.07	282021.2	1991.99	306298.5	160.95	26299.5		
			纯林	2928.49	426619.6	173.15	14276.8	1204.68	170523.0	1441.89	221584.7	108.77	20235.1		
			混交林	1573.72	215703.6	144.05	13427.2	827.39	111498.2	550.10	84713.8	52.18	6064.4		
			针阔混交林	108.00	15212.6			72.92	9073.5	35.08	6139.1				
			阔叶混交林	1465.72	200491.0	144.05	13427.2	754.47	102424.7	515.02	78574.7	52.18	6064.4		
		人工	合计	761.65	116109.0	327.65	33594.6	255.36	46527.5	49.90	9572.3	128.74	26414.6		
			纯林	607.15	96169.1	289.87	30937.0	175.66	35654.1	30.95	6029.3	110.67	23548.7		
			混交林	154.50	19939.9	37.78	2657.6	79.70	10873.4	18.95	3543.0	18.07	2865.9		
			针叶混交林	19.95	1927.4	6.98	821.5	12.97	1105.9						
			针阔混交林	134.55	18012.5	30.80	1836.1	66.73	9767.5	18.95	3543.0	18.07	2865.9		
		其中：人天混	合计	274.23	31275.0	170.48	15098.6	66.73	9767.5	18.95	3543.0	18.07	2865.9		
			纯林	139.68	13262.5	139.68	13262.5								
			混交林	134.55	18012.5	30.80	1836.1	66.73	9767.5	18.95	3543.0	18.07	2865.9		
			针阔混交林	134.55	18012.5	30.80	1836.1	66.73	9767.5	18.95	3543.0	18.07	2865.9		
	用材林	合计	合计	2084.80	306762.4	360.63	36523.0	1052.37	156504.6	391.37	66126.3	269.21	45353.7	11.22	2254.8
			纯林	949.53	140281.8	267.83	27362.2	236.29	36313.3	219.64	39409.5	225.77	37196.8		
			混交林	1135.27	166480.6	92.80	9160.8	816.08	120191.3	171.73	26716.8	43.44	8156.9	11.22	2254.8
			针叶混交林	24.84	3486.5			24.84	3486.5						
			针阔混交林	300.32	45679.4	42.29	4789.2	157.55	24425.2	76.15	11877.6	13.11	2332.6	11.22	2254.8
			阔叶混交林	810.11	117314.7	50.51	4371.6	633.69	92279.6	95.58	14839.2	30.33	5824.3		
		天然	合计	1306.08	186276.4	130.51	12393.4	930.22	134152.3	190.69	29319.0	43.44	8156.9	11.22	2254.8
			纯林	249.41	31230.1	61.21	5572.5	158.37	21237.2	29.83	4420.4				
			混交林	1056.67	155046.3	69.30	6820.9	771.85	112915.1	160.86	24898.6	43.44	8156.9	11.22	2254.8
			针叶混交林	24.84	3486.5			24.84	3486.5						
			针阔混交林	221.72	34245.1	18.79	2449.3	113.32	17149.0	65.28	10059.4	13.11	2332.6	11.22	2254.8
			阔叶混交林	810.11	117314.7	50.51	4371.6	633.69	92279.6	95.58	14839.2	30.33	5824.3		

表 8 黑龙江重点国有林区乔木林各龄组面积、蓄积按林种、起源和林分类型统计表（续 112）

单位：公顷、立方米

统计单位	林种	起源	林分类型	合计 面积	合计 蓄积	幼龄林 面积	幼龄林 蓄积	中龄林 面积	中龄林 蓄积	近熟林 面积	近熟林 蓄积	成熟林 面积	成熟林 蓄积	过熟林 面积	过熟林 蓄积
江山娇实验林场	用材林	人工	合计	778.72	120486.0	230.12	24129.6	122.15	22352.3	200.68	36807.3	225.77	37196.8		
			纯林	700.12	109051.7	206.62	21789.7	77.92	15076.1	189.81	34989.1	225.77	37196.8		
			混交林	78.60	11434.3	23.50	2339.9	44.23	7276.2	10.87	1818.2				
			针阔混交林	78.60	11434.3	23.50	2339.9	44.23	7276.2	10.87	1818.2				
		其中：人天混	合计	227.91	27060.5	172.81	17966.1	44.23	7276.2	10.87	1818.2				
			纯林	151.35	15794.6	151.35	15794.6								
			混交林	76.56	11265.9	21.46	2171.5	44.23	7276.2	10.87	1818.2				
			针阔混交林	76.56	11265.9	21.46	2171.5	44.23	7276.2	10.87	1818.2				
平山野生动物实验场	合计	合计	合计	2357.59	263504.9	19.14	1193.5	650.72	66994.6	1190.36	134784.5	474.92	58052.2	22.45	2480.1
			纯林	320.98	46096.0	6.59	165.9	70.28	9756.9	110.51	15712.1	133.60	20461.1		
			混交林	2036.61	217408.9	12.55	1027.6	580.44	57237.7	1079.85	119072.4	341.32	37591.1	22.45	2480.1
			针叶混交林	2.50	145.6			1.93	61.1			0.57	84.5		
			针阔混交林	70.80	9842.7			42.56	5388.5	27.90	4442.7	0.34	11.5		
			阔叶混交林	1963.31	207420.6	12.55	1027.6	535.95	51788.1	1051.95	114629.7	340.41	37495.1	22.45	2480.1
		天然	合计	2080.45	220895.2	18.47	1136.0	565.52	54261.0	1097.70	121068.5	376.31	41949.6	22.45	2480.1
			纯林	115.21	13413.5	5.92	108.4	27.64	2411.8	45.75	6438.8	35.90	4454.5		
			混交林	1965.24	207481.7	12.55	1027.6	537.88	51849.2	1051.95	114629.7	340.41	37495.1	22.45	2480.1
			针叶混交林	1.93	61.1			1.93	61.1						
			阔叶混交林	1963.31	207420.6	12.55	1027.6	535.95	51788.1	1051.95	114629.7	340.41	37495.1	22.45	2480.1
		人工	合计	277.14	42609.7	0.67	57.5	85.20	12733.6	92.66	13716.0	98.61	16102.6		
			纯林	205.77	32682.5	0.67	57.5	42.64	7345.1	64.76	9273.3	97.70	16006.6		
			混交林	71.37	9927.2			42.56	5388.5	27.90	4442.7	0.91	96.0		
			针叶混交林	0.57	84.5							0.57	84.5		
			针阔混交林	70.80	9842.7			42.56	5388.5	27.90	4442.7	0.34	11.5		
		其中：人天混	合计	70.80	9842.7			42.56	5388.5	27.90	4442.7	0.34	11.5		
			混交林	70.80	9842.7			42.56	5388.5	27.90	4442.7	0.34	11.5		
			针阔混交林	70.80	9842.7			42.56	5388.5	27.90	4442.7	0.34	11.5		
	防护林	合计	合计	2357.59	263504.9	19.14	1193.5	650.72	66994.6	1190.36	134784.5	474.92	58052.2	22.45	2480.1
			纯林	320.98	46096.0	6.59	165.9	70.28	9756.9	110.51	15712.1	133.60	20461.1		
			混交林	2036.61	217408.9	12.55	1027.6	580.44	57237.7	1079.85	119072.4	341.32	37591.1	22.45	2480.1
			针叶混交林	2.50	145.6			1.93	61.1			0.57	84.5		
			针阔混交林	70.80	9842.7			42.56	5388.5	27.90	4442.7	0.34	11.5		
			阔叶混交林	1963.31	207420.6	12.55	1027.6	535.95	51788.1	1051.95	114629.7	340.41	37495.1	22.45	2480.1
		天然	合计	2080.45	220895.2	18.47	1136.0	565.52	54261.0	1097.70	121068.5	376.31	41949.6	22.45	2480.1
			纯林	115.21	13413.5	5.92	108.4	27.64	2411.8	45.75	6438.8	35.90	4454.5		
			混交林	1965.24	207481.7	12.55	1027.6	537.88	51849.2	1051.95	114629.7	340.41	37495.1	22.45	2480.1
			针叶混交林	1.93	61.1			1.93	61.1						
			阔叶混交林	1963.31	207420.6	12.55	1027.6	535.95	51788.1	1051.95	114629.7	340.41	37495.1	22.45	2480.1

表 8　黑龙江重点国有林区乔木林各龄组面积、蓄积按林种、起源和林分类型统计表（续 113）

单位：公顷、立方米

统计单位	林种	起源	林分类型	合计		幼龄林		中龄林		近熟林		成熟林		过熟林	
				面积	蓄积	面积	蓄积	面积	蓄积	面积	蓄积	面积	蓄积	面积	蓄积
平山野生动物实验场	防护林	人工	合计	277.14	42609.7	0.67	57.5	85.20	12733.6	92.66	13716.0	98.61	16102.6		
			纯林	205.77	32682.5	0.67	57.5	42.64	7345.1	64.76	9273.3	97.70	16006.6		
			混交林	71.37	9927.2			42.56	5388.5	27.90	4442.7	0.91	96.0		
			针叶混交林	0.57	84.5							0.57	84.5		
			针阔混交林	70.80	9842.7			42.56	5388.5	27.90	4442.7	0.34	11.5		
		其中：人天混	合计	70.80	9842.7			42.56	5388.5	27.90	4442.7	0.34	11.5		
			混交林	70.80	9842.7			42.56	5388.5	27.90	4442.7	0.34	11.5		
			针阔混交林	70.80	9842.7			42.56	5388.5	27.90	4442.7	0.34	11.5		
肇东直属林场	合计	合计	合计	167.89	13815.1	9.51	822.2	39.92	3249.2	21.85	2258.3	33.93	3415.2	62.68	4070.2
			纯林	163.00	13419.6	9.51	822.2	39.92	3249.2	21.85	2258.3	33.93	3415.2	57.79	3674.7
			混交林	4.89	395.5									4.89	395.5
			阔叶混交林	4.89	395.5									4.89	395.5
		天然	合计	6.39	479.9	1.56	138.1	4.53	319.9	0.30	21.9				
			纯林	6.39	479.9	1.56	138.1	4.53	319.9	0.30	21.9				
		人工	合计	161.50	13335.2	7.95	684.1	35.39	2929.3	21.55	2236.4	33.93	3415.2	62.68	4070.2
			纯林	156.61	12939.7	7.95	684.1	35.39	2929.3	21.55	2236.4	33.93	3415.2	57.79	3674.7
			混交林	4.89	395.5									4.89	395.5
			阔叶混交林	4.89	395.5									4.89	395.5
	防护林	合计	合计	150.83	12486.3	7.09	600.7	35.92	2931.5	11.99	1546.6	33.15	3337.3	62.68	4070.2
			纯林	145.94	12090.8	7.09	600.7	35.92	2931.5	11.99	1546.6	33.15	3337.3	57.79	3674.7
			混交林	4.89	395.5									4.89	395.5
			阔叶混交林	4.89	395.5									4.89	395.5
		天然	合计	6.39	479.9	1.56	138.1	4.53	319.9	0.30	21.9				
			纯林	6.39	479.9	1.56	138.1	4.53	319.9	0.30	21.9				
		人工	合计	144.44	12006.4	5.53	462.6	31.39	2611.6	11.69	1524.7	33.15	3337.3	62.68	4070.2
			纯林	139.55	11610.9	5.53	462.6	31.39	2611.6	11.69	1524.7	33.15	3337.3	57.79	3674.7
			混交林	4.89	395.5									4.89	395.5
			阔叶混交林	4.89	395.5									4.89	395.5
	用材林	合计	合计	17.06	1328.8	2.42	221.5	4.00	317.7	9.86	711.7	0.78	77.9		
			纯林	17.06	1328.8	2.42	221.5	4.00	317.7	9.86	711.7	0.78	77.9		
		人工	合计	17.06	1328.8	2.42	221.5	4.00	317.7	9.86	711.7	0.78	77.9		
			纯林	17.06	1328.8	2.42	221.5	4.00	317.7	9.86	711.7	0.78	77.9		
丰林自然保护区	合计	合计	合计	17668.90	4775388.0			1773.50	367263.4	3539.94	890170.4	5661.26	1532923.2	6694.20	1985031.0
			纯林	8007.49	2388497.7			47.77	9730.7	733.26	199820.3	2484.15	722394.0	4742.31	1456552.7
			混交林	9661.41	2386890.3			1725.73	357532.7	2806.68	690350.1	3177.11	810529.2	1951.89	528478.3
			针叶混交林	5847.54	1479960.2			492.98	97225.4	2138.41	530601.6	2235.51	581756.6	980.64	270376.6
			针阔混交林	2908.87	714766.0			808.77	170086.1	465.22	118212.7	663.63	168365.5	971.25	258101.7
			阔叶混交林	905.00	192164.1			423.98	90221.2	203.05	41535.8	277.97	60407.1		

表 8　黑龙江重点国有林区乔木林各龄组面积、蓄积按林种、起源和林分类型统计表（续 114）

单位：公顷、立方米

统计单位	林种	起源	林分类型	合计		幼龄林		中龄林		近熟林		成熟林		过熟林	
				面积	蓄积	面积	蓄积	面积	蓄积	面积	蓄积	面积	蓄积	面积	蓄积
丰林自然保护区	合计	天然	合计	17661.93	4774595.9			1766.53	366471.3	3539.94	890170.4	5661.26	1532923.2	6694.20	1985031.0
			纯林	8004.95	2388045.2			45.23	9278.2	733.26	199820.3	2484.15	722394.0	4742.31	1456552.7
			混交林	9656.98	2386550.7			1721.30	357193.1	2806.68	690350.1	3177.11	810529.2	1951.89	528478.3
			针叶混交林	5847.54	1479960.2			492.98	97225.4	2138.41	530601.6	2235.51	581756.6	980.64	270376.6
			针阔混交林	2904.44	714426.4			804.34	169746.5	465.22	118212.7	663.63	168365.5	971.25	258101.7
			阔叶混交林	905.00	192164.1			423.98	90221.2	203.05	41535.8	277.97	60407.1		
		人工	合计	6.97	792.1			6.97	792.1						
			纯林	2.54	452.5			2.54	452.5						
			混交林	4.43	339.6			4.43	339.6						
			针阔混交林	4.43	339.6			4.43	339.6						
		其中：人天混	合计	4.43	339.6			4.43	339.6						
			混交林	4.43	339.6			4.43	339.6						
			针阔混交林	4.43	339.6			4.43	339.6						
	特用林	合计	合计	17668.90	4775388.0			1773.50	367263.4	3539.94	890170.4	5661.26	1532923.2	6694.20	1985031.0
			纯林	8007.49	2388497.7			47.77	9730.7	733.26	199820.3	2484.15	722394.0	4742.31	1456552.7
			混交林	9661.41	2386890.3			1725.73	357532.7	2806.68	690350.1	3177.11	810529.2	1951.89	528478.3
			针叶混交林	5847.54	1479960.2			492.98	97225.4	2138.41	530601.6	2235.51	581756.6	980.64	270376.6
			针阔混交林	2908.87	714766.0			808.77	170086.1	465.22	118212.7	663.63	168365.5	971.25	258101.7
			阔叶混交林	905.00	192164.1			423.98	90221.2	203.05	41535.8	277.97	60407.1		
		天然	合计	17661.93	4774595.9			1766.53	366471.3	3539.94	890170.4	5661.26	1532923.2	6694.20	1985031.0
			纯林	8004.95	2388045.2			45.23	9278.2	733.26	199820.3	2484.15	722394.0	4742.31	1456552.7
			混交林	9656.98	2386550.7			1721.30	357193.1	2806.68	690350.1	3177.11	810529.2	1951.89	528478.3
			针叶混交林	5847.54	1479960.2			492.98	97225.4	2138.41	530601.6	2235.51	581756.6	980.64	270376.6
			针阔混交林	2904.44	714426.4			804.34	169746.5	465.22	118212.7	663.63	168365.5	971.25	258101.7
			阔叶混交林	905.00	192164.1			423.98	90221.2	203.05	41535.8	277.97	60407.1		
		人工	合计	6.97	792.1			6.97	792.1						
			纯林	2.54	452.5			2.54	452.5						
			混交林	4.43	339.6			4.43	339.6						
			针阔混交林	4.43	339.6			4.43	339.6						
		其中：人天混	合计	4.43	339.6			4.43	339.6						
			混交林	4.43	339.6			4.43	339.6						
			针阔混交林	4.43	339.6			4.43	339.6						

说明：①本表中人工林合计中含《东北内蒙古重点国有林区森林资源规划设计调查技术规定》中起源为“人天混”数据；

②同时保留起源为“人天混”的统计结果明细。

表 9　黑龙江重点国有林区经济林各产期面积（株数）按林木经营权、起源和优势树种统计表

单位：公顷、株

统计单位	林木经营权	起源	优势树种（组）	面积合计	乔木经济林										灌木经济林				
					合计		产前期		初产期		盛产期		衰产期		合计	产前期	初产期	盛产期	衰产期
					面积	株数	面积	株数	面积	株数	面积	株数	面积	株数	面积	面积	面积	面积	面积
黑龙江重点国有林区	合计	合计	合计	36.91	36.91	63378	36.91	63378											
			山丁子	3.97	3.97	1588	3.97	1588											
			其他	32.94	32.94	61790	32.94	61790											
		天然	合计	29.39	29.39	54549	29.39	54549											
			山丁子	3.97	3.97	1588	3.97	1588											
			其他	25.42	25.42	52961	25.42	52961											
		人工	合计	7.52	7.52	8829	7.52	8829											
			其他	7.52	7.52	8829	7.52	8829											
	国有	合计	合计	36.91	36.91	63378	36.91	63378											
			山丁子	3.97	3.97	1588	3.97	1588											
			其他	32.94	32.94	61790	32.94	61790											
		天然	合计	29.39	29.39	54549	29.39	54549											
			山丁子	3.97	3.97	1588	3.97	1588											
			其他	25.42	25.42	52961	25.42	52961											
		人工	合计	7.52	7.52	8829	7.52	8829											
			其他	7.52	7.52	8829	7.52	8829											
林口林业局	合计	合计	合计	36.91	36.91	63378	36.91	63378											
			山丁子	3.97	3.97	1588	3.97	1588											
			其他	32.94	32.94	61790	32.94	61790											
		天然	合计	29.39	29.39	54549	29.39	54549											
			山丁子	3.97	3.97	1588	3.97	1588											
			其他	25.42	25.42	52961	25.42	52961											
		人工	合计	7.52	7.52	8829	7.52	8829											
			其他	7.52	7.52	8829	7.52	8829											
	国有	合计	合计	36.91	36.91	63378	36.91	63378											
			山丁子	3.97	3.97	1588	3.97	1588											
			其他	32.94	32.94	61790	32.94	61790											
		天然	合计	29.39	29.39	54549	29.39	54549											
			山丁子	3.97	3.97	1588	3.97	1588											
			其他	25.42	25.42	52961	25.42	52961											
		人工	合计	7.52	7.52	8829	7.52	8829											
			其他	7.52	7.52	8829	7.52	8829											

说明：①本表中人工林合计中含《东北内蒙古重点国有林区森林资源规划设计调查技术规定》中起源为“人天混”数据；
②同时保留起源为“人天混”的统计结果明细。

表 1 黑龙江大兴安岭重点国有林区各类土地面积统计表

单位：公顷

统计单位	林地使用权	森林类别	总计	林地													其他土地	森林面积
				合计	乔木林地	灌木林地		未成林造林地	苗圃地	疏林地	无立木林地				宜林地	林业辅助生产用地		
						小计	其中：特殊灌木林地				小计	采伐迹地	火烧迹地	其他无立木林地				
黑龙江大兴安岭重点国有林区	合计	合计	8027897.00	7905990.56	6888823.99	14087.28		650.47	433.63	3240.77	161402.99	10.08	672.42	160720.49	812632.25	24719.18	121906.44	6888823.99
		公益林	4360479.94	4256537.30	3652305.00	12347.36		343.45	319.00	1388.56	92313.48	8.07	210.76	92094.65	485470.91	12049.54	103942.64	3652305.00
		商品林	3667417.06	3649453.26	3236518.99	1739.92		307.02	114.63	1852.21	69089.51	2.01	461.66	68625.84	327161.34	12669.64	17963.80	3236518.99
	国有	合计	7912967.00	7840655.13	6876005.88	14076.99		650.47	433.63	3156.37	155364.65	9.71	672.42	154682.52	766952.85	24014.29	72311.87	6876005.88
		公益林	4274229.10	4216692.08	3644146.03	12347.36		343.45	319.00	1311.00	87280.53	7.70	210.76	87062.07	459444.89	11499.82	57537.02	3644146.03
		商品林	3638737.90	3623963.05	3231859.85	1729.63		307.02	114.63	1845.37	68084.12	2.01	461.66	67620.45	307507.96	12514.47	14774.85	3231859.85
	集体	合计	114930.00	65335.43	12818.11	10.29				84.40	6038.34	0.37		6037.97	45679.40	704.89	49594.57	12818.11
		公益林	86250.84	39845.22	8158.97					77.56	5032.95	0.37		5032.58	26026.02	549.72	46405.62	8158.97
		商品林	28679.16	25490.21	4659.14	10.29				6.84	1005.39			1005.39	19653.38	155.17	3188.95	4659.14
西林吉林业局	合计	合计	594539.00	589292.98	548129.02	1397.61		74.97	87.00	668.97	231.48			231.48	35730.98	2972.95	5246.02	548129.02
		公益林	257446.35	255331.16	241620.64	1369.20		0.84		267.27	195.21			195.21	11235.08	642.92	2115.19	241620.64
		商品林	337092.65	333961.82	306508.38	28.41		74.13	87.00	401.70	36.27			36.27	24495.90	2330.03	3130.83	306508.38
	国有	合计	593305.00	588454.89	547815.02	1397.61		74.97	87.00	668.97	154.75			154.75	35307.53	2949.04	4850.11	547815.02
		公益林	256212.35	254493.07	241306.64	1369.20		0.84		267.27	118.48			118.48	10811.63	619.01	1719.28	241306.64
		商品林	337092.65	333961.82	306508.38	28.41		74.13	87.00	401.70	36.27			36.27	24495.90	2330.03	3130.83	306508.38
	集体	合计	1234.00	838.09	314.00						76.73			76.73	423.45	23.91	395.91	314.00
		公益林	1234.00	838.09	314.00						76.73			76.73	423.45	23.91	395.91	314.00
图强林业局	合计	合计	505541.00	502229.84	465214.61			92.64	21.00	3.45	875.59	4.94	9.35	861.30	34640.95	1381.60	3311.16	465214.61
		公益林	297250.41	294287.09	272484.25			73.82	21.00		816.98	2.93		814.05	19907.44	983.60	2963.32	272484.25
		商品林	208290.59	207942.75	192730.36			18.82		3.45	58.61	2.01	9.35	47.25	14733.51	398.00	347.84	192730.36
	国有	合计	504609.00	501383.08	464762.62			92.64	21.00	3.45	871.20	4.94	9.35	856.91	34255.98	1376.19	3225.92	464762.62
		公益林	296318.41	293440.33	272032.26			73.82	21.00		812.59	2.93		809.66	19522.47	978.19	2878.08	272032.26
		商品林	208290.59	207942.75	192730.36			18.82		3.45	58.61	2.01	9.35	47.25	14733.51	398.00	347.84	192730.36
	集体	合计	932.00	846.76	451.99						4.39			4.39	384.97	5.41	85.24	451.99
		公益林	932.00	846.76	451.99						4.39			4.39	384.97	5.41	85.24	451.99
阿木尔林业局	合计	合计	487233.00	480600.26	443959.47	520.92		94.12	48.00	137.60	811.28	4.77	82.20	724.31	33607.44	1421.43	6632.74	443959.47
		公益林	248632.66	242201.02	216978.22	520.92		11.36	48.00	58.22	751.79	4.77	82.20	664.82	23079.09	753.42	6431.64	216978.22
		商品林	238600.34	238399.24	226981.25			82.76		79.38	59.49			59.49	10528.35	668.01	201.10	226981.25
	国有	合计	483874.00	479408.35	443425.08	520.92		94.12	48.00	137.60	719.75	4.77	82.20	632.78	33083.76	1379.12	4465.65	443425.08
		公益林	245273.66	241009.11	216443.83	520.92		11.36	48.00	58.22	660.26	4.77	82.20	573.29	22555.41	711.11	4264.55	216443.83
		商品林	238600.34	238399.24	226981.25			82.76		79.38	59.49			59.49	10528.35	668.01	201.10	226981.25
	集体	合计	3359.00	1191.91	534.39						91.53			91.53	523.68	42.31	2167.09	534.39
		公益林	3359.00	1191.91	534.39						91.53			91.53	523.68	42.31	2167.09	534.39

表 1　黑龙江大兴安岭重点国有林区各类土地面积统计表（续 1）

单位：公顷

统计单位	林地使用权	森林类别	总计	林地													其他土地	森林面积
				合计	乔木林地	灌木林地		未成林造林地	苗圃地	疏林地	无立木林地				宜林地	林业辅助生产用地		
						小计	其中：特殊灌木林地				小计	采伐迹地	火烧迹地	其他无立木林地				
塔河林业局	合计	合计	868265.00	861545.75	793332.08	716.39		40.93	98.00	35.60	2395.73		27.45	2368.28	61940.02	2987.00	6719.25	793332.08
		公益林	377143.36	372268.62	338631.91	696.08		32.61	98.00	22.43	2234.19		16.37	2217.82	29308.60	1244.80	4874.74	338631.91
		商品林	491121.64	489277.13	454700.17	20.31		8.32		13.17	161.54		11.08	150.46	32631.42	1742.20	1844.51	454700.17
	国有	合计	862926.00	856812.10	792346.19	716.39		40.93	98.00	35.60	2159.07		27.45	2131.62	58433.95	2981.97	6113.90	792346.19
		公益林	372531.09	368236.80	338003.80	696.08		32.61	98.00	22.43	2017.03		16.37	2000.66	26127.08	1239.77	4294.29	338003.80
		商品林	490394.91	488575.30	454342.39	20.31		8.32		13.17	142.04		11.08	130.96	32306.87	1742.20	1819.61	454342.39
	集体	合计	5339.00	4733.65	985.89						236.66			236.66	3506.07	5.03	605.35	985.89
		公益林	4612.27	4031.82	628.11						217.16			217.16	3181.52	5.03	580.45	628.11
		商品林	726.73	701.83	357.78						19.50			19.50	324.55		24.90	357.78
呼中林业局	合计	合计	770031.00	766382.16	740828.71	5459.17			18.00	106.39	697.29		219.71	477.58	17328.55	1944.05	3648.84	740828.71
		公益林	462231.87	459289.25	440973.57	4743.70			18.00	45.11	345.67		11.91	333.76	11917.21	1245.99	2942.62	440973.57
		商品林	307799.13	307092.91	299855.14	715.47				61.28	351.62		207.80	143.82	5411.34	698.06	706.22	299855.14
	国有	合计	770031.00	766382.16	740828.71	5459.17			18.00	106.39	697.29		219.71	477.58	17328.55	1944.05	3648.84	740828.71
		公益林	462231.87	459289.25	440973.57	4743.70			18.00	45.11	345.67		11.91	333.76	11917.21	1245.99	2942.62	440973.57
		商品林	307799.13	307092.91	299855.14	715.47				61.28	351.62		207.80	143.82	5411.34	698.06	706.22	299855.14
新林林业局	合计	合计	869971.00	866676.87	824008.93	1204.21		27.91	27.63	87.72	1700.07		82.71	1617.36	36984.53	2635.87	3294.13	824008.93
		公益林	297116.55	296481.22	286077.53	296.89		5.36		37.58	461.90		52.16	409.74	8945.37	656.59	635.33	286077.53
		商品林	572854.45	570195.65	537931.40	907.32		22.55	27.63	50.14	1238.17		30.55	1207.62	28039.16	1979.28	2658.80	537931.40
	国有	合计	869971.00	866676.87	824008.93	1204.21		27.91	27.63	87.72	1700.07		82.71	1617.36	36984.53	2635.87	3294.13	824008.93
		公益林	297116.55	296481.22	286077.53	296.89		5.36		37.58	461.90		52.16	409.74	8945.37	656.59	635.33	286077.53
		商品林	572854.45	570195.65	537931.40	907.32		22.55	27.63	50.14	1238.17		30.55	1207.62	28039.16	1979.28	2658.80	537931.40
十八站林业局	合计	合计	634438.00	608793.77	527252.05			59.86	41.00	988.78	10664.29	0.37	235.52	10428.40	67099.75	2688.04	25644.23	527252.05
		公益林	344225.60	319457.51	277631.85			43.36	41.00	586.22	9836.65	0.37	48.12	9788.16	29719.29	1599.14	24768.09	277631.85
		商品林	290212.40	289336.26	249620.20			16.50		402.56	827.64		187.40	640.24	37380.46	1088.90	876.14	249620.20
	国有	合计	602487.00	590718.30	522435.75			59.86	41.00	904.38	9286.31		235.52	9050.79	55374.91	2616.09	11768.70	522435.75
		公益林	320954.13	309727.07	274846.78			43.36	41.00	508.66	8582.94		48.12	8534.82	24147.03	1557.30	11227.06	274846.78
		商品林	281532.87	280991.23	247588.97			16.50		395.72	703.37		187.40	515.97	31227.88	1058.79	541.64	247588.97
	集体	合计	31951.00	18075.47	4816.30					84.40	1377.98	0.37		1377.61	11724.84	71.95	13875.53	4816.30
		公益林	23271.47	9730.44	2785.07					77.56	1253.71	0.37		1253.34	5572.26	41.84	13541.03	2785.07
		商品林	8679.53	8345.03	2031.23					6.84	124.27			124.27	6152.58	30.11	334.50	2031.23

表1 黑龙江大兴安岭重点国有林区各类土地面积统计表（续2）

单位：公顷

统计单位	林地使用权	森林类别	总计	林地											宜林地	林业辅助生产用地	其他土地	森林面积
				合计	乔木林地	灌木林地		未成林造林地	苗圃地	疏林地	无立木林地							
						小计	其中：特殊灌木林地				小计	采伐迹地	火烧迹地	其他无立木林地				
韩家园林业局	合计	合计	802099.00	758878.87	618073.27	384.21		36.57	16.00	3.60	36131.52			36131.52	101724.94	2508.76	43220.13	618073.27
		公益林	375792.81	336130.23	261822.68	315.80		5.79	16.00		23230.82			23230.82	49328.26	1410.88	39662.58	261822.68
		商品林	426306.19	422748.64	356250.59	68.41		30.78		3.60	12900.70			12900.70	52396.68	1097.88	3557.55	356250.59
	国有	合计	733960.00	722363.80	612704.88	373.92		36.57	16.00	3.60	32137.31			32137.31	75139.04	1952.48	11596.20	612704.88
		公益林	326926.71	316058.51	258724.42	315.80		5.79	16.00		20098.23			20098.23	35918.61	979.66	10868.20	258724.42
		商品林	407033.29	406305.29	353980.46	58.12		30.78		3.60	12039.08			12039.08	39220.43	972.82	728.00	353980.46
	集体	合计	68139.00	36515.07	5368.39	10.29					3994.21			3994.21	26585.90	556.28	31623.93	5368.39
		公益林	48866.10	20071.72	3098.26						3132.59			3132.59	13409.65	431.22	28794.38	3098.26
		商品林	19272.90	16443.35	2270.13	10.29					861.62			861.62	13176.25	125.06	2829.55	2270.13
松岭林业局	合计	合计	677505.00	675804.84	588976.93			198.33	27.00	837.21	2915.13		1.53	2913.60	81026.30	1823.94	1700.16	588976.93
		公益林	333959.51	332786.36	284405.87			152.05	27.00	8.61	2120.89			2120.89	45262.34	809.60	1173.15	284405.87
		商品林	343545.49	343018.48	304571.06			46.28		828.60	794.24		1.53	792.71	35763.96	1014.34	527.01	304571.06
	国有	合计	677505.00	675804.84	588976.93			198.33	27.00	837.21	2915.13		1.53	2913.60	81026.30	1823.94	1700.16	588976.93
		公益林	333959.51	332786.36	284405.87			152.05	27.00	8.61	2120.89			2120.89	45262.34	809.60	1173.15	284405.87
		商品林	343545.49	343018.48	304571.06			46.28		828.60	794.24		1.53	792.71	35763.96	1014.34	527.01	304571.06
加格达奇林业局	合计	合计	837151.00	823236.69	542702.85			11.94	50.00	8.33	92095.52		13.95	92081.57	185293.31	3074.74	13914.31	542702.85
		公益林	385556.82	375756.31	235332.41			5.06	50.00		39434.29			39434.29	99512.75	1421.80	9800.51	235332.41
		商品林	451594.18	447480.38	307370.44			6.88		8.33	52661.23		13.95	52647.28	85780.56	1652.94	4113.80	307370.44
	国有	合计	837151.00	823236.69	542702.85			11.94	50.00	8.33	92095.52		13.95	92081.57	185293.31	3074.74	13914.31	542702.85
		公益林	385556.82	375756.31	235332.41			5.06	50.00		39434.29			39434.29	99512.75	1421.80	9800.51	235332.41
		商品林	451594.18	447480.38	307370.44			6.88		8.33	52661.23		13.95	52647.28	85780.56	1652.94	4113.80	307370.44
呼中自然保护区	合计	合计	167213.00	166725.00	152242.44	4066.04									10341.85	74.67	488.00	152242.44
		公益林	167213.00	166725.00	152242.44	4066.04									10341.85	74.67	488.00	152242.44
	国有	合计	167213.00	166725.00	152242.44	4066.04									10341.85	74.67	488.00	152242.44
		公益林	167213.00	166725.00	152242.44	4066.04									10341.85	74.67	488.00	152242.44
南瓮河自然保护区	合计	合计	229523.00	228677.70	141309.50					29.67	19.73			19.73	87126.04	192.76	845.30	141309.50
		公益林	229523.00	228677.70	141309.50					29.67	19.73			19.73	87126.04	192.76	845.30	141309.50
	国有	合计	229523.00	228677.70	141309.50					29.67	19.73			19.73	87126.04	192.76	845.30	141309.50
		公益林	229523.00	228677.70	141309.50					29.67	19.73			19.73	87126.04	192.76	845.30	141309.50
双河自然保护区	合计	合计	88849.00	86480.98	80137.94					188.50	294.84			294.84	5687.35	172.35	2368.02	80137.94
		公益林	88849.00	86480.98	80137.94					188.50	294.84			294.84	5687.35	172.35	2368.02	80137.94
	国有	合计	86510.00	84190.40	79934.55					188.50	38.00			38.00	3857.00	172.35	2319.60	79934.55
		公益林	86510.00	84190.40	79934.55					188.50	38.00			38.00	3857.00	172.35	2319.60	79934.55
	集体	合计	2339.00	2290.58	203.39						256.84			256.84	1830.35		48.42	203.39
		公益林	2339.00	2290.58	203.39						256.84			256.84	1830.35		48.42	203.39

表 1　黑龙江大兴安岭重点国有林区各类土地面积统计表（续 3）

单位：公顷

统计单位	林地使用权	森林类别	总计	林地													其他土地	森林面积
				合计	乔木林地	灌木林地		未成林造林地	苗圃地	疏林地	无立木林地				宜林地	林业辅助生产用地		
						小计	其中：特殊灌木林地				小计	采伐迹地	火烧迹地	其他无立木林地				
绰纳河保护区	合计	合计	105580.00	105414.85	92277.98					77.89	136.19			136.19	12844.67	78.12	165.15	92277.98
		公益林	105580.00	105414.85	92277.98					77.89	136.19			136.19	12844.67	78.12	165.15	92277.98
	国有	合计	105141.00	104975.85	92277.98					77.89	136.19			136.19	12405.67	78.12	165.15	92277.98
		公益林	105141.00	104975.85	92277.98					77.89	136.19			136.19	12405.67	78.12	165.15	92277.98
	集体	合计	439.00	439.00											439.00			
		公益林	439.00	439.00											439.00			
多布库尔自然保护区	合计	合计	128959.00	128146.35	82735.96						12274.58			12274.58	32944.89	190.92	812.65	82735.96
		公益林	128959.00	128146.35	82735.96						12274.58			12274.58	32944.89	190.92	812.65	82735.96
	国有	合计	128959.00	128146.35	82735.96						12274.58			12274.58	32944.89	190.92	812.65	82735.96
		公益林	128959.00	128146.35	82735.96						12274.58			12274.58	32944.89	190.92	812.65	82735.96
北极村自然保护区	合计	合计	137553.00	133907.85	130694.45					67.06					2781.14	365.20	3645.15	130694.45
		公益林	137553.00	133907.85	130694.45					67.06					2781.14	365.20	3645.15	130694.45
	国有	合计	136355.00	133502.95	130550.69					67.06					2520.00	365.20	2852.05	130550.69
		公益林	136355.00	133502.95	130550.69					67.06					2520.00	365.20	2852.05	130550.69
	集体	合计	1198.00	404.90	143.76										261.14		793.10	143.76
		公益林	1198.00	404.90	143.76										261.14		793.10	143.76
岭峰自然保护区	合计	合计	68373.00	68287.80	67478.75	338.73		13.20							383.54	73.58	85.20	67478.75
		公益林	68373.00	68287.80	67478.75	338.73		13.20							383.54	73.58	85.20	67478.75
	国有	合计	68373.00	68287.80	67478.75	338.73		13.20							383.54	73.58	85.20	67478.75
		公益林	68373.00	68287.80	67478.75	338.73		13.20							383.54	73.58	85.20	67478.75
盘中自然保护区	合计	合计	55074.00	54908.00	49469.05						159.75			159.75	5146.00	133.20	166.00	49469.05
		公益林	55074.00	54908.00	49469.05						159.75			159.75	5146.00	133.20	166.00	49469.05
	国有	合计	55074.00	54908.00	49469.05						159.75			159.75	5146.00	133.20	166.00	49469.05
		公益林	55074.00	54908.00	49469.05						159.75			159.75	5146.00	133.20	166.00	49469.05

说明：森林面积 = 乔木林地面积 + 特殊灌木林地面积。

表 2 黑龙江大兴安岭重点国有林区各类林木面积（株数）、蓄积统计表

单位：公顷、立方米、万株

统计单位	林木经营权	活立木总蓄积	乔木林		疏林		四旁树		散生木	
			面积	蓄积	面积	蓄积	株数	蓄积	株数	蓄积
黑龙江大兴安岭重点国有林区	合计	589413380.2	6888823.99	575178872.9	3240.77	74816.6			2282.4098	14159690.7
	国有	588646423.7	6876005.88	574506749.8	3156.37	73565.7			2258.9821	14066108.2
	集体	766956.5	12818.11	672123.1	84.40	1250.9			23.4277	93582.5
西林吉林业局	合计	47627396.8	548129.02	46879993.6	668.97	30271.2			94.3220	717132.0
	国有	47616894.0	547815.02	46869490.8	668.97	30271.2			94.3220	717132.0
	集体	10502.8	314.00	10502.8						
图强林业局	合计	36365321.4	465214.61	35353434.7	3.45	34.6			171.0783	1011852.1
	国有	36328735.2	464762.62	35317501.7	3.45	34.6			170.9449	1011198.9
	集体	36586.2	451.99	35933.0					0.1334	653.2
阿木尔林业局	合计	36103858.1	443959.47	35359755.1	137.60	6002.9			148.2564	738100.1
	国有	36070680.9	443425.08	35326777.7	137.60	6002.9			148.2181	737900.3
	集体	33177.2	534.39	32977.4					0.0383	199.8
塔河林业局	合计	69750357.0	793332.08	68356248.6	35.60	1540.5			228.6300	1392567.9
	国有	69688096.4	792346.19	68296916.2	35.60	1540.5			227.7237	1389639.7
	集体	62260.6	985.89	59332.4					0.9063	2928.2
呼中林业局	合计	68493841.9	740828.71	68169715.7	106.39	1116.3			62.5605	323009.9
	国有	68493841.9	740828.71	68169715.7	106.39	1116.3			62.5605	323009.9
新林林业局	合计	75245284.9	824008.93	73383868.2	87.72	1451.3			319.8166	1859965.4
	国有	75245284.9	824008.93	73383868.2	87.72	1451.3			319.8166	1859965.4
十八站林业局	合计	33407283.3	527252.05	31630855.2	988.78	13311.4			351.4017	1763116.7
	国有	33192016.2	522435.75	31449854.1	904.38	12060.5			341.9485	1730101.6
	集体	215267.1	4816.30	181001.1	84.40	1250.9			9.4532	33015.1
韩家园林业局	合计	49999479.5	618073.27	48254161.1	3.60	62.1			255.5974	1745256.3
	国有	49631405.1	612704.88	47942791.4	3.60	62.1			242.7091	1688551.6
	集体	368074.4	5368.39	311369.7					12.8883	56704.7
松岭林业局	合计	49881782.5	588976.93	47731208.3	837.21	10542.3			214.0010	2140031.9
	国有	49881782.5	588976.93	47731208.3	837.21	10542.3			214.0010	2140031.9
加格达奇林业局	合计	40677157.9	542702.85	39665740.3	8.33	89.9			195.3791	1011327.7
	国有	40677157.9	542702.85	39665740.3	8.33	89.9			195.3791	1011327.7
呼中自然保护区	合计	18368565.4	152242.44	18310987.1					10.0275	57578.3
	国有	18368565.4	152242.44	18310987.1					10.0275	57578.3
南瓮河自然保护区	合计	15357855.4	141309.50	14540308.8	29.67	601.2			160.9667	816945.4
	国有	15357855.4	141309.50	14540308.8	29.67	601.2			160.9667	816945.4
双河自然保护区	合计	10166672.3	80137.94	10147601.2	188.50	7467.7			2.0912	11603.4
	国有	10138736.7	79934.55	10119665.6	188.50	7467.7			2.0912	11603.4
	集体	27935.6	203.39	27935.6						
绰纳河保护区	合计	11323759.6	92277.98	11316376.0	77.89	903.9			0.9699	6479.7
	国有	11323759.6	92277.98	11316376.0	77.89	903.9			0.9699	6479.7
多布库尔自然保护区	合计	6065473.9	82735.96	5945092.1					24.0177	120381.8
	国有	6065473.9	82735.96	5945092.1					24.0177	120381.8

表 2　黑龙江大兴安岭重点国有林区各类林木面积（株数）、蓄积统计表（续 1）

单位：公顷、立方米、万株

统计单位	林木经营权	活立木总蓄积	乔木林		疏林		四旁树		散生木	
			面积	蓄积	面积	蓄积	株数	蓄积	株数	蓄积
北极村自然保护区	合计	11544496.6	130694.45	11237115.5	67.06	1421.3			27.2409	305959.8
	国有	11531344.0	130550.69	11224044.4	67.06	1421.3			27.2327	305878.3
	集体	13152.6	143.76	13071.1					0.0082	81.5
岭峰自然保护区	合计	6640854.1	67478.75	6628839.1					1.3767	12015.0
	国有	6640854.1	67478.75	6628839.1					1.3767	12015.0
盘中自然保护区	合计	2393939.6	49469.05	2267572.3					14.6762	126367.3
	国有	2393939.6	49469.05	2267572.3					14.6762	126367.3

表 3　黑龙江大兴安岭重点国有林区有林地、疏林地、灌木林地按林种和龄组面积、蓄积统计表

单位：公顷、立方米

统计单位	林种	亚林种	郁闭度（覆盖度）等级	合计		乔木林地												疏林地		灌木林地		
						小计		幼龄林		中龄林		近熟林		成熟林		过熟林				小计	特殊灌木林地	一般灌木林地
				面积	蓄积	面积	蓄积	面积	蓄积	面积	蓄积	面积	蓄积	面积	蓄积	面积	蓄积	面积	蓄积	面积	面积	面积
黑龙江大兴安岭重点国有林区	合计	合计	合计	6906152.04	575253689.5	6888823.99	575178872.9	1318055.00	58039653.3	4079452.28	364829876.0	804326.51	79087859.1	610444.40	64686655.6	76545.80	8534828.9	3240.77	74816.6	14087.28		14087.28
			低（疏）	381641.70	13475844.1	379792.33	13475844.1	152261.60	2458247.7	141409.81	6139026.1	37866.53	2000630.6	37808.58	2317302.6	10445.81	560637.1			1849.37		1849.37
			中	5956966.44	506386978.2	5949660.69	506386978.2	1037433.80	47423400.0	3566011.41	319184192.6	721451.16	71346146.2	559777.14	60628821.2	64987.18	7804418.2			7305.75		7305.75
			高（密）	564303.13	55316050.6	559370.97	55316050.6	128359.60	8158005.6	372031.06	39506657.3	45008.82	5741082.3	12858.68	1740531.8	1112.81	169773.6			4932.16		4932.16
	防护林	合计	合计	3196136.33	269623274.6	3182760.85	269594894.2	556041.37	22274815.9	1802110.76	161120103.8	378104.16	37601072.4	394279.07	42683034.2	52225.49	5915867.9	1065.33	28380.4	12310.15		12310.15
			低（疏）	204469.62	7299001.5	202891.95	7299001.5	82427.73	1224295.9	69539.05	3083573.7	19903.86	1066654.4	24788.22	1569325.5	6233.09	355152.0			1577.67		1577.67
			中	2747833.61	239040540.7	2741705.10	239040540.7	419941.17	17661484.7	1569826.16	140869859.5	341151.72	34447993.2	365370.18	40591607.2	45415.87	5469596.1			6128.51		6128.51
			高（密）	242767.77	23255352.0	238163.80	23255352.0	53672.47	3389035.3	162745.55	17166670.6	17048.58	2086424.8	4120.67	522101.5	576.53	91119.8			4603.97		4603.97
		水源涵养林	合计	837861.42	76081969.5	831721.80	76078885.0	108749.96	2416287.7	312078.71	27690377.4	141211.04	14903229.0	229365.52	26197023.3	40316.57	4871967.6	136.32	3084.5	6003.30		6003.30
			低（疏）	77554.21	2746477.0	77152.88	2746477.0	34661.75	416849.8	20198.20	912896.1	7318.56	423257.3	12033.58	806890.2	2940.79	186583.6			401.33		401.33
			中	740104.05	71423461.0	736911.81	71423461.0	72179.72	1933630.8	280666.21	25557862.7	130667.32	14044526.0	216452.39	25274509.9	36946.17	4612931.6			3192.24		3192.24
			高（密）	20066.84	1908947.0	17657.11	1908947.0	1908.49	65807.1	11214.30	1219618.6	3225.16	435445.7	879.55	115623.2	429.61	72452.4			2409.73		2409.73
		水土保持林	合计	1845866.31	154490854.8	1839033.86	154471333.0	293152.74	13261264.7	1186402.60	106780428.1	202837.81	19156593.0	147023.31	14512586.2	9617.40	760461.0	713.55	19521.8	6118.90		6118.90
			低（疏）	100385.53	3734537.3	99397.14	3734537.3	31508.71	521902.9	41290.49	1752381.7	11228.98	565730.3	12266.62	734084.8	3102.34	160437.6			988.39		988.39
			中	1580070.28	134731542.3	1577134.01	134731542.3	225329.74	10316961.6	1030619.64	92797635.8	181777.82	17460883.3	132981.76	13567576.9	6425.05	588484.7			2936.27		2936.27
			高（密）	164696.95	16005253.4	162502.71	16005253.4	36314.29	2422400.2	114492.47	12230410.6	9831.01	1129979.4	1774.93	210924.5	90.01	11538.7			2194.24		2194.24
		护岸林	合计	512408.60	39050450.3	512005.19	39044676.2	154138.67	6597263.5	303629.45	26649298.3	34055.31	3541250.4	17890.24	1973424.7	2291.52	283439.3	215.46	5774.1	187.95		187.95
			低（疏）	26529.88	817987.2	26341.93	817987.2	16257.27	285543.2	8050.36	418295.9	1356.32	77666.8	488.02	28350.5	189.96	8130.8			187.95		187.95
			中	427659.28	32885537.4	427659.28	32885537.4	122431.71	5410892.3	258540.31	22514361.0	28706.58	2942583.9	15936.03	1749520.4	2044.65	268179.8					
			高（密）	58003.98	5341151.6	58003.98	5341151.6	15449.69	900828.0	37038.78	3716641.4	3992.41	520999.7	1466.19	195553.8	56.91	7128.7					

表3 黑龙江大兴安岭重点国有林区有林地、疏林地、灌木林地按林种和龄组面积、蓄积统计表（续1）

单位：公顷、立方米

统计单位	林种	亚林种	郁闭度（覆盖度）等级	合计		乔木林地												疏林地		灌木林地		
						小计		幼龄林		中龄林		近熟林		成熟林		过熟林				小计	特殊灌木林地	一般灌木林地
				面积	蓄积	面积	蓄积	面积	蓄积	面积	蓄积	面积	蓄积	面积	蓄积	面积	蓄积	面积	蓄积	面积	面积	面积
黑龙江大兴安岭重点国有林区	特用林	合计	合计	469904.59	41581702.2	469544.15	41570015.2	89639.61	3421795.5	251821.99	22970764.7	66889.48	7931273.5	48943.18	5631163.7	12249.89	1615017.8	323.23	11687.0	37.21		37.21
			低（疏）	17382.55	515194.8	17345.34	515194.8	9157.33	130894.0	5453.89	230927.6	1254.58	66223.1	1229.36	74217.4	250.18	12932.7			37.21		37.21
			中	390623.81	34139397.2	390623.81	34139397.2	72918.44	2947377.3	205928.08	18259873.9	55753.41	6359384.2	44341.32	5024757.2	11682.56	1548004.6					
			高（密）	61575.00	6915423.2	61575.00	6915423.2	7563.84	343524.2	40440.02	4479963.2	9881.49	1505666.2	3372.50	532189.1	317.15	54080.5					
		国防林	合计	119784.20	8402928.4	119710.08	8401968.8	41668.50	1455871.3	62345.19	5358862.9	8291.61	825066.7	7343.57	753225.2	61.21	8942.7	36.91	959.6	37.21		37.21
			低（疏）	4288.02	77244.4	4250.81	77244.4	3450.25	41957.3	646.83	26715.9	118.41	6418.0	35.32	2153.2					37.21		37.21
			中	97077.21	6626562.2	97077.21	6626562.2	35490.86	1277414.9	48396.11	4059301.2	6269.71	590694.7	6915.37	698410.0	5.16	741.4					
			高（密）	18382.06	1698162.2	18382.06	1698162.2	2727.39	136499.1	13302.25	1272845.8	1903.49	227954.0	392.88	52662.0	56.05	8201.3					
		实验林	合计	6226.37	449343.3	6226.37	449343.3	1684.07	85705.6	3187.62	245282.2	817.62	69294.8	510.12	47092.7	26.94	1968.0					
			低（疏）	358.60	9105.5	358.60	9105.5	342.05	8638.9	16.55	466.6											
			中	4620.18	333615.9	4620.18	333615.9	1131.38	63614.7	2335.08	172857.9	675.93	53351.0	450.85	41824.3	26.94	1968.0					
			高（密）	1247.59	106621.9	1247.59	106621.9	210.64	13452.0	835.99	71957.7	141.69	15943.8	59.27	5268.4							
		种质资源林（母树林）	合计	7800.36	684156.0	7800.36	684156.0	633.22	32322.1	6220.32	555651.0	749.50	79242.9	197.32	16940.0							
			低（疏）	153.65	4970.7	153.65	4970.7	21.31	805.8	111.35	3449.8			20.99	715.1							
			中	6465.19	554516.0	6465.19	554516.0	590.86	30880.5	4996.29	435038.8	701.71	72371.8	176.33	16224.9							
			高（密）	1181.52	124669.3	1181.52	124669.3	21.05	635.8	1112.68	117162.4	47.79	6871.1									
		环境保护林	合计	10317.30	903993.0	10317.30	903993.0	749.25	27551.3	8675.29	780191.5	587.27	64439.5	297.74	30919.5	7.75	891.2					
			低（疏）	825.26	32500.5	825.26	32500.5	282.15	5574.1	519.95	24724.8	1.16	140.3	22.00	2061.3							
			中	7356.19	623520.6	7356.19	623520.6	402.58	18852.0	6422.74	552724.2	284.02	28729.3	246.85	23215.1							
			高（密）	2135.85	247971.9	2135.85	247971.9	64.52	3125.2	1732.60	202742.5	302.09	35569.9	28.89	5643.1	7.75	891.2					

表 3　黑龙江大兴安岭重点国有林区有林地、疏林地、灌木林地按林种和龄组面积、蓄积统计表（续 2）

单位：公顷、立方米

统计单位	林种	亚林种	郁闭度（覆盖度）等级	合计		乔木林地												疏林地		灌木林地		
						小计		幼龄林		中龄林		近熟林		成熟林		过熟林				小计	特殊灌木林地	一般灌木林地
				面积	蓄积	面积	蓄积	面积	蓄积	面积	蓄积	面积	蓄积	面积	蓄积	面积	蓄积	面积	蓄积	面积	面积	面积
黑龙江大兴安岭重点国有林区	特用林	风景林	合计	2770.53	205871.3	2770.53	205871.3	936.13	51838.6	1703.81	143034.0	114.16	9040.1	16.43	1958.6							
			低（疏）	78.58	4707.0	78.58	4707.0	0.53	8.0	61.62	2740.4			16.43	1958.6							
			中	2511.54	187157.2	2511.54	187157.2	817.75	44793.4	1600.10	134840.4	93.69	7523.4									
			高（密）	180.41	14007.1	180.41	14007.1	117.85	7037.2	42.09	5453.2	20.47	1516.7									
		自然保护区林	合计	323005.83	30935410.2	322719.51	30924682.8	43968.44	1768506.6	169689.76	15887743.1	56329.32	6884189.5	40578.00	4781027.7	12153.99	1603215.9	286.32	10727.4			
			低（疏）	11678.44	386666.7	11678.44	386666.7	5061.04	73909.9	4097.59	172830.1	1135.01	59664.8	1134.62	67329.2	250.18	12932.7					
			中	272593.50	25814025.3	272593.50	25814025.3	34485.01	1511821.8	142177.76	12905111.4	47728.35	5606714.0	36551.92	4245082.9	11650.46	1545295.2					
			高（密）	38447.57	4723990.8	38447.57	4723990.8	4422.39	182774.9	23414.41	2809801.6	7465.96	1217810.7	2891.46	468615.6	253.35	44988.0					
	用材林	合计	合计	3240111.12	264048712.7	3236518.99	264013963.5	672374.02	32343041.9	2025519.53	180739007.5	359332.87	33555513.2	167222.15	16372457.7	12070.42	1003943.2	1852.21	34749.2	1739.92		1739.92
			低（疏）	159789.53	5661647.8	159555.04	5661647.8	60676.54	1103057.8	66416.87	2824524.8	16708.09	867753.1	11791.00	673759.7	3962.54	192552.4			234.49		234.49
			中	2818509.02	233207040.3	2817331.78	233207040.3	544574.19	26814538.0	1790257.17	160054459.2	324546.03	30538768.8	150065.64	15012456.8	7888.75	786817.5			1177.24		1177.24
			高（密）	259960.36	25145275.4	259632.17	25145275.4	67123.29	4425446.1	168845.49	17860023.5	18078.75	2148991.3	5365.51	686241.2	219.13	24573.3			328.19		328.19
		短轮伐期工业原料用材林	合计	491409.07	41402975.7	490846.15	41399195.0	119641.84	6467717.0	309671.67	29112821.7	42292.34	3985476.2	17732.87	1709830.8	1507.43	123349.3	553.27	3780.7	9.65		9.65
			低（疏）	18973.14	647964.4	18973.14	647964.4	10265.85	215593.5	6283.34	302135.4	1218.94	61097.6	825.58	50401.7	379.43	18736.2					
			中	426190.73	36344312.5	426181.08	36344312.5	95412.96	5256761.9	275512.64	25854239.3	38230.29	3599342.3	15916.90	1531593.3	1108.29	102375.7			9.65		9.65
			高（密）	45691.93	4406918.1	45691.93	4406918.1	13963.03	995361.6	27875.69	2956447.0	2843.11	325036.3	990.39	127835.8	19.71	2237.4					
		一般用材林	合计	2748702.05	222645737.0	2745672.84	222614768.5	552732.18	25875324.9	1715847.86	151626185.8	317040.53	29570037.0	149489.28	14662626.9	10562.99	880593.9	1298.94	30968.5	1730.27		1730.27
			低（疏）	140816.39	5013683.4	140581.90	5013683.4	50410.69	887464.3	60133.53	2522389.4	15489.15	806655.5	10965.42	623358.0	3583.11	173816.2			234.49		234.49
			中	2392318.29	196862727.8	2391150.70	196862727.8	449161.23	21557776.1	1514744.53	134200219.9	286315.74	26939426.5	134148.74	13480863.5	6780.46	684441.8			1167.59		1167.59
			高（密）	214268.43	20738357.3	213940.24	20738357.3	53160.26	3430084.5	140969.80	14903576.5	15235.64	1823955.0	4375.12	558405.4	199.42	22335.9			328.19		328.19

表 3　黑龙江大兴安岭重点国有林区有林地、疏林地、灌木林地按林种和龄组面积、蓄积统计表（续 3）

单位：公顷、立方米

统计单位	林种	亚林种	郁闭度（覆盖度）等级	合计		乔木林地														疏林地		灌木林地		
						小计		幼龄林		中龄林		近熟林		成熟林		过熟林						小计	特殊灌木林地	一般灌木林地
				面积	蓄积	面积	蓄积	面积	蓄积	面积	蓄积	面积	蓄积	面积	蓄积	面积	蓄积			面积	蓄积	面积	面积	面积
西林吉林业局	合计	合计	合计	550195.60	46910264.8	548129.02	46879993.6	98162.82	5287906.1	212810.12	18103085.8	135231.78	13293714.8	99171.99	9935517.2	2752.31	259769.7			668.97	30271.2	1397.61		1397.61
			低（疏）	30878.41	1164942.5	30179.81	1164942.5	7105.50	148938.7	11981.20	449883.3	6322.96	306070.8	4447.55	243378.3	322.60	16671.4					698.60		698.60
			中	482768.05	42550754.0	482069.04	42550754.0	78562.66	4392199.6	182913.52	15917189.6	123861.81	12362958.8	94301.34	9635307.7	2429.71	243098.3					699.01		699.01
			高（密）	35880.17	3164297.1	35880.17	3164297.1	12494.66	746767.8	17915.40	1736012.9	5047.01	624685.2	423.10	56831.2									
	防护林	合计	合计	235868.31	22031798.6	234251.77	22022458.0	23751.63	1162351.9	85947.29	7962330.1	62020.39	6460470.0	60752.10	6258933.1	1780.36	178372.9			247.34	9340.6	1369.20		1369.20
			低（疏）	9355.42	386627.9	8685.23	386627.9	1619.35	37839.5	3004.18	123251.4	1987.35	104609.8	1995.39	116532.9	78.96	4394.3					670.19		670.19
			中	213170.47	20405442.4	212471.46	20405442.4	17737.77	856895.1	77312.11	7276941.7	57196.58	5982423.1	58523.60	6115203.9	1701.40	173978.6					699.01		699.01
			高（密）	13095.08	1230387.7	13095.08	1230387.7	4394.51	267617.3	5631.00	562137.0	2836.46	373437.1	233.11	27196.3									
		水源涵养林	合计	34295.25	3620940.0	34212.71	3618799.5	3099.54	176623.6	5959.99	554962.9	14235.65	1650626.2	10445.88	1186530.7	471.65	50056.1			82.54	2140.5			
			低（疏）	505.78	24918.0	505.78	24918.0	51.50	489.2	25.07	552.8	133.21	7158.2	271.21	15341.5	24.79	1376.3							
			中	30336.75	3220356.5	30336.75	3220356.5	2597.98	149928.4	4631.35	422589.4	12485.89	1427969.7	10174.67	1171189.2	446.86	48679.8							
			高（密）	3370.18	373525.0	3370.18	373525.0	450.06	26206.0	1303.57	131820.7	1616.55	215498.3											
		水土保持林	合计	177401.67	17018786.2	175867.67	17011586.1	8230.61	410784.6	71331.67	6874855.4	45532.80	4609109.2	49463.88	4988520.1	1308.71	128316.8			164.80	7200.1	1369.20		1369.20
			低（疏）	8139.37	345962.9	7469.18	345962.9	1177.76	29992.4	2825.64	120566.4	1697.02	91429.6	1714.59	100956.5	54.17	3018.0					670.19		670.19
			中	164257.85	16106707.4	163558.84	16106707.4	6273.44	318399.1	65824.29	6434238.9	42690.39	4368403.3	47516.18	4860367.3	1254.54	125298.8					699.01		699.01
			高（密）	4839.65	558915.8	4839.65	558915.8	779.41	62393.1	2681.74	320050.1	1145.39	149276.3	233.11	27196.3									
		护岸林	合计	24171.39	1392072.4	24171.39	1392072.4	12421.48	574943.7	8655.63	532511.8	2251.94	200734.6	842.34	83882.3									
			低（疏）	710.27	15747.0	710.27	15747.0	390.09	7357.9	153.47	2132.2	157.12	6022.0	9.59	234.9									
			中	18575.87	1078378.5	18575.87	1078378.5	8866.35	388567.6	6856.47	420113.4	2020.30	186050.1	832.75	83647.4									
			高（密）	4885.25	297946.9	4885.25	297946.9	3165.04	179018.2	1645.69	110266.2	74.52	8662.5											

表 3 黑龙江大兴安岭重点国有林区有林地、疏林地、灌木林地按林种和龄组面积、蓄积统计表（续 4）

单位：公顷、立方米

统计单位	林种	亚林种	郁闭度（覆盖度）等级	合计		乔木林地														疏林地		灌木林地		
						小计		幼龄林		中龄林		近熟林		成熟林		过熟林						小计	特殊灌木林地	一般灌木林地
				面积	蓄积	面积	蓄积	面积	蓄积	面积	蓄积	面积	蓄积	面积	蓄积	面积	蓄积			面积	蓄积	面积	面积	面积
西林吉林业局	特用林	合计	合计	7388.80	626721.6	7368.87	624365.8	541.54	28505.6	1493.59	88017.4	2075.05	194317.0	3224.14	312016.9	34.55	1508.9			19.93	2355.8			
			低（疏）	424.72	17708.1	424.72	17708.1	82.77	232.3	39.45	1076.6	44.94	2083.5	223.01	12806.8	34.55	1508.9							
			中	6743.86	596055.5	6743.86	596055.5	453.35	27984.3	1259.27	76627.6	2030.11	192233.5	3001.13	299210.1									
			高（密）	200.29	10602.2	200.29	10602.2	5.42	289.0	194.87	10313.2													
		国防林	合计	223.88	15164.7	223.88	15164.7			108.35	5035.2	98.67	8532.0	16.86	1597.5									
			中	190.75	13949.2	190.75	13949.2			75.22	3819.7	98.67	8532.0	16.86	1597.5									
			高（密）	33.13	1215.5	33.13	1215.5			33.13	1215.5													
		种质资源林（母树林）	合计	1047.40	55549.8	1047.40	55549.8	124.38	9040.8	883.83	45184.8	18.20	609.1	20.99	715.1									
			低（疏）	60.44	1791.7	60.44	1791.7			39.45	1076.6			20.99	715.1									
			中	825.22	44660.4	825.22	44660.4	124.38	9040.8	682.64	35010.5	18.20	609.1											
			高（密）	161.74	9097.7	161.74	9097.7			161.74	9097.7													
		环境保护林	合计	178.39	3812.0	178.39	3812.0	82.77	232.3	95.62	3579.7													
			低（疏）	82.77	232.3	82.77	232.3	82.77	232.3															
			中	95.62	3579.7	95.62	3579.7			95.62	3579.7													
		自然保护区林	合计	5939.13	552195.1	5919.20	549839.3	334.39	19232.5	405.79	34217.7	1958.18	185175.9	3186.29	309704.3	34.55	1508.9			19.93	2355.8			
			低（疏）	281.51	15684.1	281.51	15684.1					44.94	2083.5	202.02	12091.7	34.55	1508.9							
			中	5632.27	533866.2	5632.27	533866.2	328.97	18943.5	405.79	34217.7	1913.24	183092.4	2984.27	297612.6									
			高（密）	5.42	289.0	5.42	289.0	5.42	289.0															

表 3　黑龙江大兴安岭重点国有林区有林地、疏林地、灌木林地按林种和龄组面积、蓄积统计表（续 5）

单位：公顷、立方米

统计单位	林种	亚林种	郁闭度（覆盖度）等级	合计		乔木林地												疏林地		灌木林地		
						小计		幼龄林		中龄林		近熟林		成熟林		过熟林				小计	特殊灌木林地	一般灌木林地
				面积	蓄积	面积	蓄积	面积	蓄积	面积	蓄积	面积	蓄积	面积	蓄积	面积	蓄积	面积	蓄积	面积	面积	面积
西林吉林业局	用材林	合计	合计	306938.49	24251744.6	306508.38	24233169.8	73869.65	4097048.6	125369.24	10052738.3	71136.34	6638927.8	35195.75	3364567.2	937.40	79887.9	401.70	18574.8	28.41		28.41
			低（疏）	21098.27	760606.5	21069.86	760606.5	5403.38	110866.9	8937.57	325555.3	4290.67	199377.5	2229.15	114038.6	209.09	10768.2			28.41		28.41
			中	262853.72	21549256.1	262853.72	21549256.1	60371.54	3507320.2	104342.14	8563620.3	64635.12	6188302.2	32776.61	3220893.7	728.31	69119.7					
			高（密）	22584.80	1923307.2	22584.80	1923307.2	8094.73	478861.5	12089.53	1163562.7	2210.55	251248.1	189.99	29634.9							
		短轮伐期工业原料用材林	合计	43303.84	3249998.5	43303.84	3249998.5	14373.98	808634.0	16557.76	1242901.7	8678.84	851020.6	3502.08	330736.2	191.18	16706.0					
			低（疏）	2472.75	77185.1	2472.75	77185.1	949.33	21418.0	900.46	28984.5	414.49	17657.9	190.20	8438.2	18.27	686.5					
			中	38626.59	3020707.2	38626.59	3020707.2	12502.26	731328.5	14423.09	1124212.5	8216.45	826848.7	3311.88	322298.0	172.91	16019.5					
			高（密）	2204.50	152106.2	2204.50	152106.2	922.39	55887.5	1234.21	89704.7	47.90	6514.0									
		一般用材林	合计	263634.65	21001746.1	263204.54	20983171.3	59495.67	3288414.6	108811.48	8809836.6	62457.50	5787907.2	31693.67	3033831.0	746.22	63181.9	401.70	18574.8	28.41		28.41
			低（疏）	18625.52	683421.4	18597.11	683421.4	4454.05	89448.9	8037.11	296570.8	3876.18	181719.6	2038.95	105600.4	190.82	10081.7			28.41		28.41
			中	224227.13	18528548.9	224227.13	18528548.9	47869.28	2775991.7	89919.05	7439407.8	56418.67	5361453.5	29464.73	2898595.7	555.40	53100.2					
			高（密）	20380.30	1771201.0	20380.30	1771201.0	7172.34	422974.0	10855.32	1073858.0	2162.65	244734.1	189.99	29634.9							
图强林业局	合计	合计	合计	465218.06	35353469.3	465214.61	35353434.7	131575.99	8169667.9	233719.98	18444609.6	61059.72	5089610.5	36627.22	3443905.1	2231.70	205641.6	3.45	34.6			
			低（疏）	30033.93	978870.6	30033.93	978870.6	9765.46	131842.1	12290.60	462826.4	4699.88	219203.1	2984.75	150550.7	293.24	14448.3					
			中	399195.97	30965893.0	399195.97	30965893.0	105246.84	6599853.4	205061.29	16354317.8	54400.90	4652690.3	32640.48	3178028.5	1846.46	181003.0					
			高（密）	35984.71	3408671.1	35984.71	3408671.1	16563.69	1437972.4	16368.09	1627465.4	1958.94	217717.1	1001.99	115325.9	92.00	10190.3					

表3 黑龙江大兴安岭重点国有林区有林地、疏林地、灌木林地按林种和龄组面积、蓄积统计表（续6）

单位：公顷、立方米

统计单位	林种	亚林种	郁闭度（覆盖度）等级	合计		乔木林地												疏林地		灌木林地		
						小计		幼龄林		中龄林		近熟林		成熟林		过熟林				小计	特殊灌木林地	一般灌木林地
				面积	蓄积	面积	蓄积	面积	蓄积	面积	蓄积	面积	蓄积	面积	蓄积	面积	蓄积	面积	蓄积	面积	面积	面积
图强林业局	防护林	合计	合计	265140.38	20187448.0	265140.38	20187448.0	90462.72	5683052.8	134358.61	11022180.3	23734.00	1967032.1	15667.54	1433212.1	917.51	81970.7					
			低（疏）	16415.01	535546.4	16415.01	535546.4	5977.50	91344.5	6374.59	252111.4	2003.10	90994.0	1936.45	96348.4	123.37	4748.1					
			中	226384.71	17494637.6	226384.71	17494637.6	72568.42	4542162.7	118489.79	9773622.7	21082.13	1799583.4	13450.23	1302046.2	794.14	77222.6					
			高（密）	22340.66	2157264.0	22340.66	2157264.0	11916.80	1049545.6	9494.23	996446.2	648.77	76454.7	280.86	34817.5							
		水土保持林	合计	225211.14	17567742.6	225211.14	17567742.6	63840.09	4125553.3	122571.78	10114527.6	22808.59	1880219.4	15073.17	1365471.6	917.51	81970.7					
			低（疏）	14495.02	493580.4	14495.02	493580.4	4429.99	67677.1	6091.80	238998.2	1937.47	87055.0	1912.39	95102.0	123.37	4748.1					
			中	192033.34	15249895.3	192033.34	15249895.3	50196.67	3231904.9	107499.43	8929313.6	20482.45	1750241.2	13060.65	1261213.0	794.14	77222.6					
			高（密）	18682.78	1824266.9	18682.78	1824266.9	9213.43	825971.3	8980.55	946215.8	388.67	42923.2	100.13	9156.6							
		护岸林	合计	39929.24	2619705.4	39929.24	2619705.4	26622.63	1557499.5	11786.83	907652.7	925.41	86812.7	594.37	67740.5							
			低（疏）	1919.99	41966.0	1919.99	41966.0	1547.51	23667.4	282.79	13113.2	65.63	3939.0	24.06	1246.4							
			中	34351.37	2244742.3	34351.37	2244742.3	22371.75	1310257.8	10990.36	844309.1	599.68	49342.2	389.58	40833.2							
			高（密）	3657.88	332997.1	3657.88	332997.1	2703.37	223574.3	513.68	50230.4	260.10	33531.5	180.73	25660.9							
	特用林	合计	合计	7343.87	608073.7	7343.87	608073.7	2788.40	207010.8	3505.71	275066.3	715.28	85208.7	329.32	40046.5	5.16	741.4					
			低（疏）	245.22	7022.6	245.22	7022.6	78.28	617.7	128.42	3869.3	23.19	1492.1	15.33	1043.5							
			中	5817.85	468656.3	5817.85	468656.3	2092.83	153816.1	3065.34	243153.7	398.06	41720.7	256.46	29224.4	5.16	741.4					
			高（密）	1280.80	132394.8	1280.80	132394.8	617.29	52577.0	311.95	28043.3	294.03	41995.9	57.53	9778.6							
		国防林	合计	6141.58	518467.9	6141.58	518467.9	2668.08	201528.0	2468.74	196501.5	670.28	79650.5	329.32	40046.5	5.16	741.4					
			低（疏）	191.45	4509.0	191.45	4509.0	78.28	617.7	74.65	1355.7	23.19	1492.1	15.33	1043.5							
			中	4790.53	391008.8	4790.53	391008.8	1975.04	148386.2	2200.81	176494.3	353.06	36162.5	256.46	29224.4	5.16	741.4					
			高（密）	1159.60	122950.1	1159.60	122950.1	614.76	52524.1	193.28	18651.5	294.03	41995.9	57.53	9778.6							

表 3　黑龙江大兴安岭重点国有林区有林地、疏林地、灌木林地按林种和龄组面积、蓄积统计表（续 7）

单位：公顷、立方米

统计单位	林种	亚林种	郁闭度（覆盖度）等级	合计		乔木林地												疏林地		灌木林地		
						小计		幼龄林		中龄林		近熟林		成熟林		过熟林				小计	特殊灌木林地	一般灌木林地
				面积	蓄积	面积	蓄积	面积	蓄积	面积	蓄积	面积	蓄积	面积	蓄积	面积	蓄积	面积	蓄积	面积	面积	面积
图强林业局	特用林	种质资源（母树林）	合计	722.94	49166.6	722.94	49166.6	117.79	5429.9	560.15	38178.5	45.00	5558.2									
			中	604.27	39774.8	604.27	39774.8	117.79	5429.9	441.48	28786.7	45.00	5558.2									
			高（密）	118.67	9391.8	118.67	9391.8			118.67	9391.8											
		风景林	合计	479.35	40439.2	479.35	40439.2	2.53	52.9	476.82	40386.3											
			低（疏）	53.77	2513.6	53.77	2513.6			53.77	2513.6											
			中	423.05	37872.7	423.05	37872.7			423.05	37872.7											
			高（密）	2.53	52.9	2.53	52.9	2.53	52.9													
	用材林	合计	合计	192733.81	14557947.6	192730.36	14557913.0	38324.87	2279604.3	95855.66	7147363.0	36610.44	3037369.7	20630.36	1970646.5	1309.03	122929.5	3.45	34.6			
			低（疏）	13373.70	436301.6	13373.70	436301.6	3709.68	39879.9	5787.59	206845.7	2673.59	126717.0	1032.97	53158.8	169.87	9700.2					
			中	166993.41	13002599.1	166993.41	13002599.1	30585.59	1903874.6	83506.16	6337541.4	32920.71	2811386.2	18933.79	1846757.9	1047.16	103039.0					
			高（密）	12363.25	1119012.3	12363.25	1119012.3	4029.60	335849.8	6561.91	602975.9	1016.14	99266.5	663.60	70729.8	92.00	10190.3					
		短轮伐期工业原料用材林	合计	36279.36	2314470.1	36279.36	2314470.1	20279.12	1189943.0	11063.99	766328.0	3672.00	261785.3	1111.00	84129.6	153.25	12284.2					
			低（疏）	2971.23	59166.0	2971.23	59166.0	2092.44	20219.8	446.29	15309.4	212.04	10457.7	148.71	7285.6	71.75	5893.5					
			中	31307.49	2074890.6	31307.49	2074890.6	16925.11	1060168.4	10151.11	708951.4	3238.73	228523.8	930.75	73093.7	61.79	4153.3					
			高（密）	2000.64	180413.5	2000.64	180413.5	1261.57	109554.8	466.59	42067.2	221.23	22803.8	31.54	3750.3	19.71	2237.4					
		一般用材林	合计	156454.45	12243477.5	156451.00	12243442.9	18045.75	1089661.3	84791.67	6381035.0	32938.44	2775584.4	19519.36	1886516.9	1155.78	110645.3	3.45	34.6			
			低（疏）	10402.47	377135.6	10402.47	377135.6	1617.24	19660.1	5341.30	191536.3	2461.55	116259.3	884.26	45873.2	98.12	3806.7					
			中	135685.92	10927708.5	135685.92	10927708.5	13660.48	843706.2	73355.05	5628590.0	29681.98	2582862.4	18003.04	1773664.2	985.37	98885.7					
			高（密）	10362.61	938598.8	10362.61	938598.8	2768.03	226295.0	6095.32	560908.7	794.91	76462.7	632.06	66979.5	72.29	7952.9					

表 3 黑龙江大兴安岭重点国有林区有林地、疏林地、灌木林地按林种和龄组面积、蓄积统计表（续 8）

单位：公顷、立方米

统计单位	林种	亚林种	郁闭度（覆盖度）等级	乔木林地 合计		小计		幼龄林		中龄林		近熟林		成熟林		过熟林		疏林地		灌木林地 小计	特殊灌木林地	一般灌木林地
				面积	蓄积	面积	蓄积	面积	蓄积	面积	蓄积	面积	蓄积	面积	蓄积	面积	蓄积	面积	蓄积	面积	面积	面积
阿木尔林业局	合计	合计	合计	444617.99	35365758.0	443959.47	35359755.1	153122.39	10517558.2	243352.24	20705363.0	37577.26	3209250.4	9206.27	858713.5	701.31	68870.0	137.60	6002.9	520.92		520.92
			低（疏）	23021.54	983394.9	23021.54	983394.9	6885.63	259735.3	13024.76	573362.0	2441.40	110412.7	576.38	32116.7	93.37	7768.2					
			中	392351.44	31662860.3	391884.12	31662860.3	132876.71	9205573.4	216154.86	18663200.6	33824.27	2946554.8	8420.34	786429.7	607.94	61101.8			467.32		467.32
			高（密）	29107.41	2713499.9	29053.81	2713499.9	13360.05	1052249.5	14172.62	1468800.4	1311.59	152282.9	209.55	40167.1					53.60		53.60
	防护林	合计	合计	199934.47	15802322.4	199355.33	15798458.2	44943.42	2771648.7	137013.04	11609193.2	13363.14	1049476.7	3735.12	333815.3	300.61	34324.3	58.22	3864.2	520.92		520.92
			低（疏）	13971.63	542614.1	13971.63	542614.1	2570.97	53130.4	9460.65	406015.2	1620.90	68272.7	300.42	13894.2	18.69	1301.6					
			中	170325.90	13821587.9	169858.58	13821587.9	37335.98	2367406.5	117832.27	10211884.0	11009.44	894859.9	3398.97	314414.8	281.92	33022.7			467.32		467.32
			高（密）	15578.72	1434256.2	15525.12	1434256.2	5036.47	351111.8	9720.12	991294.0	732.80	86344.1	35.73	5506.3					53.60		53.60
		水源涵养林	合计	44817.92	3559602.7	44340.00	3559602.7	1741.12	59172.0	34219.95	2791059.8	6308.40	502878.3	1880.08	184725.1	190.45	21767.5			477.92		477.92
			低（疏）	5373.03	190973.8	5373.03	190973.8	985.24	13942.6	3420.13	137996.5	819.14	33076.6	129.83	4656.5	18.69	1301.6					
			中	34385.88	2836892.9	33961.56	2836892.9	728.68	42991.4	26426.75	2200329.5	4919.85	398543.8	1714.52	174562.3	171.76	20465.9			424.32		424.32
			高（密）	5059.01	531736.0	5005.41	531736.0	27.20	2238.0	4373.07	452733.8	569.41	71257.9	35.73	5506.3					53.60		53.60
		水土保持林	合计	106579.18	8451832.6	106511.68	8450772.7	23892.74	1496238.6	75001.39	6360951.8	6170.14	478537.3	1337.25	102488.2	110.16	12556.8	24.50	1059.9	43.00		43.00
			低（疏）	6363.63	259569.9	6363.63	259569.9	652.05	15151.2	4773.40	201915.9	782.07	33921.9	156.11	8580.9							
			中	92005.24	7476786.0	91962.24	7476786.0	19721.56	1233285.9	65695.16	5703052.6	5254.22	433983.4	1181.14	93907.3	110.16	12556.8			43.00		43.00
			高（密）	8185.81	714416.8	8185.81	714416.8	3519.13	247801.5	4532.83	455983.3	133.85	10632.0									
		护岸林	合计	48537.37	3790887.1	48503.65	3788082.8	19309.56	1216238.1	27791.70	2457181.6	884.60	68061.1	517.79	46602.0			33.72	2804.3			
			低（疏）	2234.97	92070.4	2234.97	92070.4	933.68	24036.6	1267.12	66102.8	19.69	1274.2	14.48	656.8							
			中	43934.78	3507909.0	43934.78	3507909.0	16885.74	1091129.2	25710.36	2308501.9	835.37	62332.7	503.31	45945.2							
			高（密）	2333.90	188103.4	2333.90	188103.4	1490.14	101072.3	814.22	82576.9	29.54	4454.2									

表 3　黑龙江大兴安岭重点国有林区有林地、疏林地、灌木林地按林种和龄组面积、蓄积统计表（续 9）

单位：公顷、立方米

统计单位	林种	亚林种	郁闭度（覆盖度）等级	合计		乔木林地												疏林地		灌木林地		
						小计		幼龄林		中龄林		近熟林		成熟林		过熟林				小计	特殊灌木林地	一般灌木林地
				面积	蓄积	面积	蓄积	面积	蓄积	面积	蓄积	面积	蓄积	面积	蓄积	面积	蓄积	面积	蓄积	面积	面积	面积
阿木尔林业局	特用林	合计	合计	17622.89	1469208.7	17622.89	1469208.7	12069.90	909596.2	5418.30	544471.0	134.69	15141.5									
			低（疏）	111.27	5898.1	111.27	5898.1	77.95	3524.5	33.32	2373.6											
			中	16385.69	1340601.0	16385.69	1340601.0	11466.49	857765.8	4784.51	467693.7	134.69	15141.5									
			高（密）	1125.93	122709.6	1125.93	122709.6	525.46	48305.9	600.47	74403.7											
		国防林	合计	17584.59	1465999.5	17584.59	1465999.5	12069.90	909596.2	5418.30	544471.0	96.39	11932.3									
			低（疏）	111.27	5898.1	111.27	5898.1	77.95	3524.5	33.32	2373.6											
			中	16347.39	1337391.8	16347.39	1337391.8	11466.49	857765.8	4784.51	467693.7	96.39	11932.3									
			高（密）	1125.93	122709.6	1125.93	122709.6	525.46	48305.9	600.47	74403.7											
		种质资源林（母树林）	合计	38.30	3209.2	38.30	3209.2					38.30	3209.2									
			中	38.30	3209.2	38.30	3209.2					38.30	3209.2									
	用材林	合计	合计	227060.63	18094226.9	226981.25	18092088.2	96109.07	6836313.3	100920.90	8551698.8	24079.43	2144632.2	5471.15	524898.2	400.70	34545.7	79.38	2138.7			
			低（疏）	8938.64	434882.7	8938.64	434882.7	4236.71	203080.4	3530.79	164973.2	820.50	42140.0	275.96	18222.5	74.68	6466.6					
			中	205639.85	16500671.4	205639.85	16500671.4	84074.24	5980401.1	93538.08	7983622.9	22680.14	2036553.4	5021.37	472014.9	326.02	28079.1					
			高（密）	12402.76	1156534.1	12402.76	1156534.1	7798.12	652831.8	3852.03	403102.7	578.79	65938.8	173.82	34660.8							
		短轮伐期工业原料用材林	合计	38100.10	2951747.3	38100.10	2951747.3	18098.72	1339350.1	14653.11	1157378.0	4099.94	348117.6	1160.70	99373.3	87.63	7528.3					
			低（疏）	1838.17	90179.8	1838.17	90179.8	1223.32	57598.9	349.62	17638.9	216.50	11852.0	48.73	3090.0							
			中	33491.94	2613685.6	33491.94	2613685.6	14771.16	1096507.0	13896.42	1100154.3	3629.20	313657.0	1107.53	95839.0	87.63	7528.3					
			高（密）	2769.99	247881.9	2769.99	247881.9	2104.24	185244.2	407.07	39584.8	254.24	22608.6	4.44	444.3							

表3 黑龙江大兴安岭重点国有林区有林地、疏林地、灌木林地按林种和龄组面积、蓄积统计表（续10）

单位：公顷、立方米

统计单位	林种	亚林种	郁闭度（覆盖度）等级	合计		乔木林地														疏林地		灌木林地		
						小计		幼龄林		中龄林		近熟林		成熟林		过熟林				小计	特殊灌木林地	一般灌木林地
				面积	蓄积	面积	蓄积	面积	蓄积	面积	蓄积	面积	蓄积	面积	蓄积	面积	蓄积	面积	蓄积	面积	面积	面积
阿木尔林业局	用材林	一般用材林	合计	188960.53	15142479.6	188881.15	15140340.9	78010.35	5496963.2	86267.79	7394320.8	19979.49	1796514.6	4310.45	425524.9	313.07	27017.4	79.38	2138.7			
			低（疏）	7100.47	344702.9	7100.47	344702.9	3013.39	145481.5	3181.17	147334.3	604.00	30288.0	227.23	15132.5	74.68	6466.6					
			中	172147.91	13886985.8	172147.91	13886985.8	69303.08	4883894.1	79641.66	6883468.6	19050.94	1722896.4	3913.84	376175.9	238.39	20550.8					
			高（密）	9632.77	908652.2	9632.77	908652.2	5693.88	467587.6	3444.96	363517.9	324.55	43330.2	169.38	34216.5							
塔河林业局	合计	合计	合计	794084.07	68357789.1	793332.08	68356248.6	202593.94	11781460.6	517924.25	49190473.4	60765.83	6104393.2	11812.70	1254310.6	235.36	25610.8	35.60	1540.5	716.39		716.39
			低（疏）	19086.50	641556.9	19086.50	641556.9	8241.31	189733.8	9074.30	353016.3	1440.08	78603.7	329.41	20163.7	1.40	39.4					
			中	669126.78	57571397.3	668410.39	57571397.3	156231.11	8970692.0	452425.84	42668869.5	49774.37	4884850.6	9841.08	1034379.9	137.99	12605.3			716.39		716.39
			高（密）	105835.19	10143294.4	105835.19	10143294.4	38121.52	2621034.8	56424.11	6168587.6	9551.38	1140938.9	1642.21	199767.0	95.97	12966.1					
	防护林	合计	合计	319653.11	27222729.9	318934.60	27221423.2	65492.38	3426896.8	224054.91	20948219.1	24515.76	2374368.7	4820.60	465647.2	50.95	6291.4	22.43	1306.7	696.08		696.08
			低（疏）	10608.75	348936.1	10608.75	348936.1	4452.84	94687.6	5243.60	204638.1	630.70	31569.0	281.61	18041.4							
			中	262201.31	22324127.6	261505.23	22324127.6	47762.83	2453991.6	190133.13	17622882.9	19720.12	1865535.7	3878.12	380190.8	11.03	1526.6			696.08		696.08
			高（密）	46820.62	4548359.5	46820.62	4548359.5	13276.71	878217.6	28678.18	3120698.1	4164.94	477264.0	660.87	67415.0	39.92	4764.8					
		水土保持林	合计	254477.03	20958574.6	253758.52	20957267.9	55279.91	2845700.3	174176.80	15823862.3	20648.17	1954819.1	3643.54	331488.1	10.10	1398.1	22.43	1306.7	696.08		696.08
			低（疏）	9527.57	300739.1	9527.57	300739.1	3811.19	69295.2	4842.12	183601.5	592.65	29801.0	281.61	18041.4							
			中	205162.07	16879700.5	204465.99	16879700.5	39239.52	1969154.1	145810.89	13119166.3	16438.65	1515445.6	2966.83	274536.4	10.10	1398.1			696.08		696.08
			高（密）	39764.96	3776828.3	39764.96	3776828.3	12229.20	807251.0	23523.79	2521094.5	3616.87	409572.5	395.10	38910.3							
		护岸林	合计	65176.08	6264155.3	65176.08	6264155.3	10212.47	581196.5	49878.11	5124356.8	3867.59	419549.6	1177.06	134159.1	40.85	4893.3					
			低（疏）	1081.18	48197.0	1081.18	48197.0	641.65	25392.4	401.48	21036.6	38.05	1768.0									
			中	57039.24	5444427.1	57039.24	5444427.1	8523.31	484837.5	44322.24	4503716.6	3281.47	350090.1	911.29	105654.4	0.93	128.5					
			高（密）	7055.66	771531.2	7055.66	771531.2	1047.51	70966.6	5154.39	599603.6	548.07	67691.5	265.77	28504.7	39.92	4764.8					

表 3　黑龙江大兴安岭重点国有林区有林地、疏林地、灌木林地按林种和龄组面积、蓄积统计表（续 11）

单位：公顷、立方米

统计单位	林种	亚林种	郁闭度（覆盖度）等级	合计		乔木林地												疏林地		灌木林地		
						小计		幼龄林		中龄林		近熟林		成熟林		过熟林				小计	特殊灌木林地	一般灌木林地
				面积	蓄积	面积	蓄积	面积	蓄积	面积	蓄积	面积	蓄积	面积	蓄积	面积	蓄积	面积	蓄积	面积	面积	面积
塔河林业局	特用林	合计	合计	19697.31	1966596.6	19697.31	1966596.6	702.65	37967.4	15978.89	1583271.0	2297.95	259873.7	661.77	77283.2	56.05	8201.3					
			低（疏）	163.04	7518.3	163.04	7518.3	15.62	313.8	126.13	6336.5	21.29	868.0									
			中	16342.90	1582959.9	16342.90	1582959.9	687.03	37653.6	13728.67	1335824.9	1516.72	164125.8	410.48	45355.6							
			高（密）	3191.37	376118.4	3191.37	376118.4			2124.09	241109.6	759.94	94879.9	251.29	31927.6	56.05	8201.3					
		国防林	合计	15456.37	1590437.5	15456.37	1590437.5	497.43	30350.5	12972.58	1330169.9	1294.18	145893.6	636.13	75822.2	56.05	8201.3					
			低（疏）	76.59	4899.3	76.59	4899.3			74.19	4788.8	2.40	110.5									
			中	13212.61	1315803.1	13212.61	1315803.1	497.43	30350.5	11552.62	1158605.0	777.72	82953.0	384.84	43894.6							
			高（密）	2167.17	269735.1	2167.17	269735.1			1345.77	166776.1	514.06	62830.1	251.29	31927.6	56.05	8201.3					
		种质资源林（母树林）	合计	1244.94	106821.1	1244.94	106821.1	156.74	5300.3	946.34	86505.1	141.86	15015.7									
			低（疏）	5.30	213.1	5.30	213.1			5.30	213.1											
			中	985.41	78106.0	985.41	78106.0	156.74	5300.3	686.81	57790.0	141.86	15015.7									
			高（密）	254.23	28502.0	254.23	28502.0			254.23	28502.0											
		环境保护林	合计	917.41	69140.9	917.41	69140.9	34.02	2017.2	797.12	57304.3	60.63	8358.4	25.64	1461.0							
			低（疏）	7.26	143.3	7.26	143.3	1.16	14.4	6.10	128.9											
			中	673.50	45598.9	673.50	45598.9	32.86	2002.8	614.74	42120.2	0.26	14.9	25.64	1461.0							
			高（密）	236.65	23398.7	236.65	23398.7			176.28	15055.2	60.37	8343.5									
		自然保护区林	合计	2078.59	200197.1	2078.59	200197.1	14.46	299.4	1262.85	109291.7	801.28	90606.0									
			低（疏）	73.89	2262.6	73.89	2262.6	14.46	299.4	40.54	1205.7	18.89	757.5									
			中	1471.38	143451.9	1471.38	143451.9			874.50	77309.7	596.88	66142.2									
			高（密）	533.32	54482.6	533.32	54482.6			347.81	30776.3	185.51	23706.3									

表 3　黑龙江大兴安岭重点国有林区有林地、疏林地、灌木林地按林种和龄组面积、蓄积统计表（续 12）

单位：公顷、立方米

统计单位	林种	亚林种	郁闭度（覆盖度）等级	合计		乔木林地												疏林地		灌木林地		
						小计		幼龄林		中龄林		近熟林		成熟林		过熟林				小计	特殊灌木林地	一般灌木林地
				面积	蓄积	面积	蓄积	面积	蓄积	面积	蓄积	面积	蓄积	面积	蓄积	面积	蓄积	面积	蓄积	面积	面积	面积
塔河林业局	用材林	合计	合计	454733.65	39168462.6	454700.17	39168228.8	136398.91	8316596.4	277890.45	26658983.3	33952.12	3470150.8	6330.33	711380.2	128.36	11118.1	13.17	233.8	20.31		20.31
			低（疏）	8314.71	285102.5	8314.71	285102.5	3772.85	94732.4	3704.57	142041.7	788.09	46166.7	47.80	2122.3	1.40	39.4					
			中	390582.57	33664309.8	390562.26	33664309.8	107781.25	6479046.8	248564.04	23710161.7	28537.53	2855189.1	5552.48	608833.5	126.96	11078.7			20.31		20.31
			高（密）	55823.20	5218816.5	55823.20	5218816.5	24844.81	1742817.2	25621.84	2806779.9	4626.50	568795.0	730.05	100424.4							
		短轮伐期工业原料用材林	合计	72844.36	6392664.0	72844.36	6392664.0	25951.52	1741211.8	42196.01	4159419.8	3644.87	374764.7	1045.97	116865.1	5.99	402.6					
			低（疏）	397.57	13486.6	397.57	13486.6	111.64	631.0	284.00	12815.5			1.93	40.1							
			中	62961.35	5527758.5	62961.35	5527758.5	20668.12	1361765.1	38200.62	3756501.5	3379.55	340405.2	707.07	68684.1	5.99	402.6					
			高（密）	9485.44	851418.9	9485.44	851418.9	5171.76	378815.7	3711.39	390102.8	265.32	34359.5	336.97	48140.9							
		一般用材林	合计	381889.29	32775798.6	381855.81	32775564.8	110447.39	6575384.6	235694.44	22499563.5	30307.25	3095386.1	5284.36	594515.1	122.37	10715.5	13.17	233.8	20.31		20.31
			低（疏）	7917.14	271615.9	7917.14	271615.9	3661.21	94101.4	3420.57	129226.2	788.09	46166.7	45.87	2082.2	1.40	39.4					
			中	327621.22	28136551.3	327600.91	28136551.3	87113.13	5117281.7	210363.42	19953660.2	25157.98	2514783.9	4845.41	540149.4	120.97	10676.1			20.31		20.31
			高（密）	46337.76	4367397.6	46337.76	4367397.6	19673.05	1364001.5	21910.45	2416677.1	4361.18	534435.5	393.08	52283.5							
呼中林业局	合计	合计	合计	746394.27	68170832.0	740828.71	68169715.7	22323.27	1510699.2	379519.95	33402090.0	183821.88	17954428.1	136841.35	13872208.1	18322.26	1430290.3	106.39	1116.3	5459.17		5459.17
			低（疏）	68610.70	3789041.3	67995.78	3789041.3	4818.38	196682.5	25541.36	1263902.6	12250.27	726219.6	17493.30	1193406.4	7892.47	408830.2			614.92		614.92
			中	667043.53	63573277.8	665166.99	63573277.8	17451.20	1310679.4	348619.97	31587375.7	169541.73	17005217.8	119219.35	12660665.9	10334.74	1009339.0			1876.54		1876.54
			高（密）	10633.65	807396.6	7665.94	807396.6	53.69	3337.3	5358.62	550811.7	2029.88	222990.7	128.70	18135.8	95.05	12121.1			2967.71		2967.71
	防护林	合计	合计	445246.63	40792819.4	440457.82	40792269.6	11981.99	804548.5	203372.58	17898769.0	115280.87	11329039.2	97820.11	9788677.9	12002.27	971235.0	45.11	549.8	4743.70		4743.70
			低（疏）	42427.19	2422000.8	41949.94	2422000.8	2711.18	112160.4	13883.39	705484.1	8177.71	476435.7	12587.23	874297.3	4590.43	253623.3			477.25		477.25
			中	396425.83	37999124.2	395099.40	37999124.2	9270.81	692388.1	187575.91	16994104.4	105801.79	10707532.6	85134.10	8899608.5	7316.79	705490.6			1326.43		1326.43
			高（密）	6348.50	371144.6	3408.48	371144.6			1913.28	199180.5	1301.37	145070.9	98.78	14772.1	95.05	12121.1			2940.02		2940.02

表 3　黑龙江大兴安岭重点国有林区有林地、疏林地、灌木林地按林种和龄组面积、蓄积统计表（续 13）

单位：公顷、立方米

统计单位	林种	亚林种	郁闭度（覆盖度）等级	合计		乔木林地														灌木林地		
						小计		幼龄林		中龄林		近熟林		成熟林		过熟林		疏林地		小计	特殊灌木林地	一般灌木林地
				面积	蓄积	面积	蓄积	面积	蓄积	面积	蓄积	面积	蓄积	面积	蓄积	面积	蓄积	面积	蓄积	面积	面积	面积
呼中林业局	防护林	水源涵养林	合计	103224.90	9736137.1	102094.92	9736056.6	2218.25	129566.7	23041.04	2042670.5	35457.55	3572035.3	36299.17	3531766.1	5078.91	460018.0	9.37	80.5	1120.61		1120.61
			低（疏）	11325.66	782524.8	11072.26	782524.8	331.91	14937.4	1682.13	99092.7	2306.63	162166.2	5091.57	401887.7	1660.02	104440.8			253.40		253.40
			中	91057.73	8951922.4	91005.54	8951922.4	1886.34	114629.3	21346.83	1942550.8	33150.92	3409869.1	31207.60	3129878.4	3413.85	354994.8			52.19		52.19
			高（密）	832.14	1609.4	17.12	1609.4			12.08	1027.0					5.04	582.4			815.02		815.02
		水土保持林	合计	288939.17	25940845.5	285280.34	25940376.2	6442.02	410718.6	143184.14	12347183.2	71654.30	6905123.1	57684.00	5824350.9	6315.88	453000.4	35.74	469.3	3623.09		3623.09
			低（疏）	26287.73	1342985.3	26063.88	1342985.3	1465.54	52422.8	9379.39	421065.6	5261.59	273832.0	7157.77	451241.1	2799.59	144423.8			223.85		223.85
			中	257256.15	24244519.0	255981.91	24244519.0	4976.48	358295.8	131969.58	11735352.3	65182.12	6495495.3	50427.45	5358337.7	3426.28	297037.9			1274.24		1274.24
			高（密）	5359.55	352871.9	3234.55	352871.9			1835.17	190765.3	1210.59	135795.8	98.78	14772.1	90.01	11538.7			2125.00		2125.00
		护岸林	合计	53082.56	5115836.8	53082.56	5115836.8	3321.72	264263.2	37147.40	3508915.3	8169.02	851880.8	3836.94	432560.9	607.48	58216.6					
			低（疏）	4813.80	296490.7	4813.80	296490.7	913.73	44800.2	2821.87	185325.8	609.49	40437.5	337.89	21168.5	130.82	4758.7					
			中	48111.95	4802682.8	48111.95	4802682.8	2407.99	219463.0	34259.50	3316201.3	7468.75	802168.2	3499.05	411392.4	476.66	53457.9					
			高（密）	156.81	16663.3	156.81	16663.3			66.03	7388.2	90.78	9275.1									
	特用林	合计	合计	515.75	44336.8	515.75	44336.8	72.56	4498.7	415.04	36973.2			28.15	2864.9							
			低（疏）	4.23	120.7	4.23	120.7			4.23	120.7											
			中	499.35	42266.0	499.35	42266.0	72.56	4498.7	398.64	34902.4			28.15	2864.9							
			高（密）	12.17	1950.1	12.17	1950.1			12.17	1950.1											
		种质资源林（母树林）	合计	515.75	44336.8	515.75	44336.8	72.56	4498.7	415.04	36973.2			28.15	2864.9							
			低（疏）	4.23	120.7	4.23	120.7			4.23	120.7											
			中	499.35	42266.0	499.35	42266.0	72.56	4498.7	398.64	34902.4			28.15	2864.9							
			高（密）	12.17	1950.1	12.17	1950.1			12.17	1950.1											

表 3 黑龙江大兴安岭重点国有林区有林地、疏林地、灌木林地按林种和龄组面积、蓄积统计表（续 14）

单位：公顷、立方米

统计单位	林种	亚林种	郁闭度（覆盖度）等级	合计		乔木林地												疏林地		灌木林地		
						小计		幼龄林		中龄林		近熟林		成熟林		过熟林				小计	特殊灌木林地	一般灌木林地
				面积	蓄积	面积	蓄积	面积	蓄积	面积	蓄积	面积	蓄积	面积	蓄积	面积	蓄积	面积	蓄积	面积	面积	面积
呼中林业局	用材林	合计	合计	300631.89	27333675.8	299855.14	27333109.3	10268.72	701652.0	175732.33	15466347.8	68541.01	6625388.9	38993.09	4080665.3	6319.99	459055.3	61.28	566.5	715.47		715.47
			低（疏）	26179.28	1366919.8	26041.61	1366919.8	2107.20	84522.1	11653.74	558297.8	4072.56	249783.9	4906.07	319109.1	3302.04	155206.9			137.67		137.67
			中	270118.35	25531887.6	269568.24	25531887.6	8107.83	613792.6	160645.42	14558368.9	63739.94	6297685.2	34057.10	3758192.5	3017.95	303848.4			550.11		550.11
			高（密）	4272.98	434301.9	4245.29	434301.9	53.69	3337.3	3433.17	349681.1	728.51	77919.8	29.92	3363.7					27.69		27.69
		短轮伐期工业原料用材林	合计	49334.05	4469509.3	49324.40	4469509.3	2816.86	167210.3	39582.21	3616925.9	4786.46	482605.8	1517.52	158972.3	621.35	43795.0			9.65		9.65
			低（疏）	3281.77	159985.7	3281.77	159985.7	807.98	28413.5	1894.99	97883.3	133.13	7659.5	156.26	13873.2	289.41	12156.2					
			中	45792.33	4282446.2	45782.68	4282446.2	2008.88	138796.8	37464.05	3496136.9	4616.55	470774.6	1361.26	145099.1	331.94	31638.8			9.65		9.65
			高（密）	259.95	27077.4	259.95	27077.4			223.17	22905.7	36.78	4171.7									
		一般用材林	合计	251297.84	22864166.5	250530.74	22863600.0	7451.86	534441.7	136150.12	11849421.9	63754.55	6142783.1	37475.57	3921693.0	5698.64	415260.3	61.28	566.5	705.82		705.82
			低（疏）	22897.51	1206934.1	22759.84	1206934.1	1299.22	56108.6	9758.75	460414.5	3939.43	242124.4	4749.81	305235.9	3012.63	143050.7			137.67		137.67
			中	224326.02	21249441.4	223785.56	21249441.4	6098.95	474995.8	123181.37	11062232.0	59123.39	5826910.6	32695.84	3613093.4	2686.01	272209.6			540.46		540.46
			高（密）	4013.03	407224.5	3985.34	407224.5	53.69	3337.3	3210.00	326775.4	691.73	73748.1	29.92	3363.7					27.69		27.69
新林林业局	合计	合计	合计	825300.86	73385319.5	824008.93	73383868.2	56289.31	1858618.2	692786.60	64423513.8	48130.07	4575659.9	25354.00	2385865.5	1448.95	140210.8	87.72	1451.3	1204.21		1204.21
			低（疏）	38997.93	1365250.4	38994.22	1365250.4	10295.96	138703.9	23904.58	986156.2	2610.57	130135.1	2071.01	102981.3	112.10	7273.9			3.71		3.71
			中	694659.53	61689202.4	693828.77	61689202.4	39593.16	1336175.7	590556.57	54329347.1	40422.42	3802203.3	22017.81	2101474.6	1238.81	120001.7			830.76		830.76
			高（密）	91555.68	10329415.4	91185.94	10329415.4	6400.19	383738.6	78325.45	9108010.5	5097.08	643321.5	1265.18	181409.6	98.04	12935.2			369.74		369.74
	防护林	合计	合计	273463.42	25160636.5	273128.95	25160319.5	27589.42	881509.3	229439.85	22708109.3	9139.81	890581.4	6257.27	616342.9	702.60	63776.6	37.58	317.0	296.89		296.89
			低（疏）	10916.69	310609.0	10912.98	310609.0	4903.79	56924.5	5383.83	220102.3	207.94	10389.1	312.75	16151.0	104.67	7042.1			3.71		3.71
			中	229568.52	20978711.0	229344.58	20978711.0	20519.31	681767.5	194818.09	18949220.6	7668.07	725122.1	5741.18	565866.3	597.93	56734.5			223.94		223.94
			高（密）	32940.63	3870999.5	32871.39	3870999.5	2166.32	142817.3	29237.93	3538786.4	1263.80	155070.2	203.34	34325.6					69.24		69.24

表 3　黑龙江大兴安岭重点国有林区有林地、疏林地、灌木林地按林种和龄组面积、蓄积统计表（续 15）

单位：公顷、立方米

统计单位	林种	亚林种	郁闭度（覆盖度）等级	合计		乔木林地												疏林地		灌木林地		
						小计		幼龄林		中龄林		近熟林		成熟林		过熟林				小计	特殊灌木林地	一般灌木林地
				面积	蓄积	面积	蓄积	面积	蓄积	面积	蓄积	面积	蓄积	面积	蓄积	面积	蓄积	面积	蓄积	面积	面积	面积
新林林业局	防护林	水土保持林	合计	272800.63	25077315.1	272466.16	25076998.1	27589.42	881509.3	228777.06	22624787.9	9139.81	890581.4	6257.27	616342.9	702.60	63776.6	37.58	317.0	296.89		296.89
			低（疏）	10894.43	308690.5	10890.72	308690.5	4903.79	56924.5	5361.57	218183.8	207.94	10389.1	312.75	16151.0	104.67	7042.1			3.71		3.71
			中	229222.85	20939626.8	228998.91	20939626.8	20519.31	681767.5	194472.42	18910136.4	7668.07	725122.1	5741.18	565866.3	597.93	56734.5			223.94		223.94
			高（密）	32645.77	3828680.8	32576.53	3828680.8	2166.32	142817.3	28943.07	3496467.7	1263.80	155070.2	203.34	34325.6					69.24		69.24
		护岸林	合计	662.79	83321.4	662.79	83321.4			662.79	83321.4											
			低（疏）	22.26	1918.5	22.26	1918.5			22.26	1918.5											
			中	345.67	39084.2	345.67	39084.2			345.67	39084.2											
			高（密）	294.86	42318.7	294.86	42318.7			294.86	42318.7											
	特用林	合计	合计	12948.58	1229689.6	12948.58	1229689.6	400.62	13054.3	11544.97	1109266.4	716.79	75689.8	278.45	30787.9	7.75	891.2					
			低（疏）	633.34	31156.6	633.34	31156.6	51.00	1117.8	542.75	25878.6	1.16	140.3	38.43	4019.9							
			中	10174.92	948279.7	10174.92	948279.7	166.64	8677.1	9350.98	874385.4	446.17	44092.3	211.13	21124.9							
			高（密）	2140.32	250253.3	2140.32	250253.3	182.98	3259.4	1651.24	209002.4	269.46	31457.2	28.89	5643.1	7.75	891.2					
		母树林（种质资源林）	合计	772.18	79188.2	772.18	79188.2			591.57	60224.6	171.22	18035.1	9.39	928.5							
			中	718.33	70235.8	718.33	70235.8			565.46	55503.0	143.48	13804.3	9.39	928.5							
			高（密）	53.85	8952.4	53.85	8952.4			26.11	4721.6	27.74	4230.8									
		环境保护林	合计	8287.99	780591.7	8287.99	780591.7	140.74	6861.2	7366.05	689217.2	520.82	55721.3	252.63	27900.8	7.75	891.2					
			低（疏）	564.40	27517.3	564.40	27517.3	27.39	719.8	513.85	24595.9	1.16	140.3	22.00	2061.3							
			中	6046.66	545182.0	6046.66	545182.0	111.98	6025.0	5455.00	490606.0	277.94	28354.6	201.74	20196.4							
			高（密）	1676.93	207892.4	1676.93	207892.4	1.37	116.4	1397.20	174015.3	241.72	27226.4	28.89	5643.1	7.75	891.2					

表 3 黑龙江大兴安岭重点国有林区有林地、疏林地、灌木林地按林种和龄组面积、蓄积统计表（续 16）

单位：公顷、立方米

统计单位	林种	亚林种	郁闭度（覆盖度）等级	合计		乔木林地												疏林地		灌木林地		
						小计		幼龄林		中龄林		近熟林		成熟林		过熟林				小计	特殊灌木林地	一般灌木林地
				面积	蓄积	面积	蓄积	面积	蓄积	面积	蓄积	面积	蓄积	面积	蓄积	面积	蓄积	面积	蓄积	面积	面积	面积
新林林业局	特用林	风景林	合计	226.52	24818.9	226.52	24818.9	0.53	8.0	208.96	22802.6	0.60	49.7	16.43	1958.6							
			低（疏）	24.81	2193.4	24.81	2193.4	0.53	8.0	7.85	226.8			16.43	1958.6							
			中	159.62	17172.3	159.62	17172.3			159.02	17122.6	0.60	49.7									
			高（密）	42.09	5453.2	42.09	5453.2			42.09	5453.2											
		自然保护区林	合计	3661.89	345090.8	3661.89	345090.8	259.35	6185.1	3378.39	337022.0	24.15	1883.7									
			低（疏）	44.13	1445.9	44.13	1445.9	23.08	390.0	21.05	1055.9											
			中	3250.31	315689.6	3250.31	315689.6	54.66	2652.1	3171.50	311153.8	24.15	1883.7									
			高（密）	367.45	27955.3	367.45	27955.3	181.61	3143.0	185.84	24812.3											
	用材林	合计	合计	538888.86	46994993.4	537931.40	46993859.1	28299.27	964054.6	451801.78	40606138.1	38273.47	3609388.7	18818.28	1738734.7	738.60	75543.0	50.14	1134.3	907.32		907.32
			低（疏）	27447.90	1023484.8	27447.90	1023484.8	5341.17	80661.6	17978.00	740175.3	2401.47	119605.7	1719.83	82810.4	7.43	231.8					
			中	454916.09	39762211.7	454309.27	39762211.7	18907.21	645731.1	386387.50	34505741.1	32308.18	3032988.9	16065.50	1514483.4	640.88	63267.2			606.82		606.82
			高（密）	56474.73	6208162.6	56174.23	6208162.6	4050.89	237661.9	47436.28	5360221.7	3563.82	456794.1	1032.95	141440.9	90.29	12044.0			300.50		300.50
		短轮伐期工业原料用材林	合计	81608.33	7700957.9	81608.33	7700957.9	2255.93	119888.5	67213.25	6408006.7	7397.23	710484.6	4707.02	459324.2	34.90	3253.9					
			低（疏）	1632.44	69994.0	1632.44	69994.0	553.57	12986.2	877.37	40078.0	101.62	8008.9	99.88	8920.9							
			中	68267.13	6267646.7	68267.13	6267646.7	1330.69	78217.9	56037.11	5155954.8	6438.81	601542.8	4425.62	428677.3	34.90	3253.9					
			高（密）	11708.76	1363317.2	11708.76	1363317.2	371.67	28684.4	10298.77	1211973.9	856.80	100932.9	181.52	21726.0							
		一般用材林	合计	457280.53	39294035.5	456323.07	39292901.2	26043.34	844166.1	384588.53	34198131.4	30876.24	2898904.1	14111.26	1279410.5	703.70	72289.1	50.14	1134.3	907.32		907.32
			低（疏）	25815.46	953490.8	25815.46	953490.8	4787.60	67675.4	17100.63	700097.3	2299.85	111596.8	1619.95	73889.5	7.43	231.8					
			中	386648.96	33494565.0	386042.14	33494565.0	17576.52	567513.2	330350.39	29349786.3	25869.37	2431446.1	11639.88	1085806.1	605.98	60013.3			606.82		606.82
			高（密）	44765.97	4844845.4	44465.47	4844845.4	3679.22	208977.5	37137.51	4148247.8	2707.02	355861.2	851.43	119714.9	90.29	12044.0			300.50		300.50

表3　黑龙江大兴安岭重点国有林区有林地、疏林地、灌木林地按林种和龄组面积、蓄积统计表（续17）

单位：公顷、立方米

统计单位	林种	亚林种	郁闭度（覆盖度）等级	合计		乔木林地												疏林地		灌木林地		
						小计		幼龄林		中龄林		近熟林		成熟林		过熟林				小计	特殊灌木林地	一般灌木林地
				面积	蓄积	面积	蓄积	面积	蓄积	面积	蓄积	面积	蓄积	面积	蓄积	面积	蓄积	面积	蓄积	面积	面积	面积
十八站林业局	合计	合计	合计	528240.83	31644166.6	527252.05	31630855.2	186983.02	2068766.8	294807.53	25459596.7	28582.16	2587858.4	16685.75	1499050.6	193.59	15582.7	988.78	13311.4			
			低（疏）	29559.76	549931.4	29559.76	549931.4	20296.21	189735.5	7555.33	279129.7	889.98	40957.7	787.59	38411.0	30.65	1697.5					
			中	428338.93	24707806.2	428338.93	24707806.2	156409.65	1660265.5	233072.43	19585771.0	23961.53	2129103.2	14732.38	1318781.3	162.94	13885.2					
			高（密）	69353.36	6373117.6	69353.36	6373117.6	10277.16	218765.8	54179.77	5594696.0	3730.65	417797.5	1165.78	141858.3							
	防护林	合计	合计	248305.57	17337302.3	247737.88	17326065.5	60713.50	805764.3	159699.40	13977227.9	17002.15	1568471.2	10143.27	959649.6	179.56	14952.5	567.69	11236.8			
			低（疏）	11157.21	280174.0	11157.21	280174.0	6287.31	88312.6	3707.77	136200.3	610.13	28368.4	528.63	25895.9	23.37	1396.8					
			中	197026.34	13320521.1	197026.34	13320521.1	49986.28	622223.4	123353.84	10499207.1	14761.31	1356651.1	8768.72	828883.8	156.19	13555.7					
			高（密）	39554.33	3725370.4	39554.33	3725370.4	4439.91	95228.3	32637.79	3341820.5	1630.71	183451.7	845.92	104869.9							
		水土保持林	合计	182668.71	12979304.7	182240.21	12970135.9	39479.77	602072.4	123042.74	10569872.2	12402.94	1129314.7	7161.13	656506.0	153.63	12370.6	428.50	9168.8			
			低（疏）	8802.98	236800.9	8802.98	236800.9	4637.92	71738.0	3298.35	121823.3	379.74	18769.9	466.43	23264.1	20.54	1205.6					
			中	143989.39	10052968.1	143989.39	10052968.1	31345.21	455298.1	95438.50	8033135.3	10887.67	985566.4	6184.92	567803.3	133.09	11165.0					
			高（密）	29447.84	2680366.9	29447.84	2680366.9	3496.64	75036.3	24305.89	2414913.6	1135.53	124978.4	509.78	65438.6							
		护岸林	合计	65636.86	4357997.6	65497.67	4355929.6	21233.73	203691.9	36656.66	3407355.7	4599.21	439156.5	2982.14	303143.6	25.93	2581.9	139.19	2068.0			
			低（疏）	2354.23	43373.1	2354.23	43373.1	1649.39	16574.6	409.42	14377.0	230.39	9598.5	62.20	2631.8	2.83	191.2					
			中	53036.95	3267553.0	53036.95	3267553.0	18641.07	166925.3	27915.34	2466071.8	3873.64	371084.7	2583.80	261080.5	23.10	2390.7					
			高（密）	10106.49	1045003.5	10106.49	1045003.5	943.27	20192.0	8331.90	926906.9	495.18	58473.3	336.14	39431.3							
	特用林	合计	合计	29912.50	1286133.3	29893.97	1285563.3	16340.02	104543.1	12287.55	1064015.3	772.23	71170.6	494.17	45834.3			18.53	570.0			
			低（疏）	903.48	15943.5	903.48	15943.5	568.59	2991.6	316.75	11777.7	4.59	453.6	13.55	720.6							
			中	24823.24	941375.8	24823.24	941375.8	14805.43	90603.0	8903.36	746611.6	633.83	59047.5	480.62	45113.7							
			高（密）	4167.25	328244.0	4167.25	328244.0	966.00	10948.5	3067.44	305626.0	133.81	11669.5									

表3 黑龙江大兴安岭重点国有林区有林地、疏林地、灌木林地按林种和龄组面积、蓄积统计表（续18）

单位：公顷、立方米

统计单位	林种	亚林种	郁闭度（覆盖度）等级	合计		乔木林地														疏林地		灌木林地		
						小计		幼龄林		中龄林		近熟林		成熟林		过熟林					小计	特殊灌木林地	一般灌木林地
				面积	蓄积	面积	蓄积	面积	蓄积	面积	蓄积	面积	蓄积	面积	蓄积	面积	蓄积	面积	蓄积	面积	面积	面积
十八站林业局	特用林	国防林	合计	29546.88	1258236.1	29528.35	1257666.1	16340.02	104543.1	12039.13	1045825.7	706.40	64273.4	442.80	43023.9			18.53	570.0			
			低（疏）	877.38	15269.5	877.38	15269.5	568.59	2991.6	290.65	11103.7	4.59	453.6	13.55	720.6							
			中	24610.65	925747.7	24610.65	925747.7	14805.43	90603.0	8787.92	738050.8	588.05	54790.6	429.25	42303.3							
			高（密）	4040.32	316648.9	4040.32	316648.9	966.00	10948.5	2960.56	296671.2	113.76	9029.2									
		种质资源林（母树林）	合计	365.62	27897.2	365.62	27897.2			248.42	18189.6	65.83	6897.2	51.37	2810.4							
			低（疏）	26.10	674.0	26.10	674.0			26.10	674.0											
			中	212.59	15628.1	212.59	15628.1			115.44	8560.8	45.78	4256.9	51.37	2810.4							
			高（密）	126.93	11595.1	126.93	11595.1			106.88	8954.8	20.05	2640.3									
	用材林	合计	合计	250022.76	13020731.0	249620.20	13019226.4	109929.50	1158459.4	122820.58	10418353.5	10807.78	948216.6	6048.31	493566.7	14.03	630.2	402.56	1504.6			
			低（疏）	17499.07	253813.9	17499.07	253813.9	13440.31	98431.3	3530.81	131151.7	275.26	12135.7	245.41	11794.5	7.28	300.7					
			中	206489.35	10445909.3	206489.35	10445909.3	91617.94	947439.1	100815.23	8339952.3	8566.39	713404.6	5483.04	444783.8	6.75	329.5					
			高（密）	25631.78	2319503.2	25631.78	2319503.2	4871.25	112589.0	18474.54	1947249.5	1966.13	222676.3	319.86	36988.4							
		短轮伐期工业原料用材林	合计	33944.37	1293127.4	33584.81	1292044.9	19258.72	170136.5	12252.94	973355.3	1790.51	130440.3	282.64	18112.8			359.56	1082.5			
			低（疏）	3033.63	17323.1	3033.63	17323.1	2867.73	10915.5	47.39	1732.8	85.38	3036.0	33.13	1638.8							
			中	26524.40	927071.0	26524.40	927071.0	15716.38	124061.9	9081.21	679788.3	1477.30	106746.8	249.51	16474.0							
			高（密）	4026.78	347650.8	4026.78	347650.8	674.61	35159.1	3124.34	291834.2	227.83	20657.5									
		一般用材林	合计	216078.39	11727603.6	216035.39	11727181.5	90670.78	988322.9	110567.64	9444998.2	9017.27	817776.3	5765.67	475453.9	14.03	630.2	43.00	422.1			
			低（疏）	14465.44	236490.8	14465.44	236490.8	10572.58	87515.8	3483.42	129418.9	189.88	9099.7	212.28	10155.7	7.28	300.7					
			中	179964.95	9518838.3	179964.95	9518838.3	75901.56	823377.2	91734.02	7660164.0	7089.09	606657.8	5233.53	428309.8	6.75	329.5					
			高（密）	21605.00	1971852.4	21605.00	1971852.4	4196.64	77429.9	15350.20	1655415.3	1738.30	202018.8	319.86	36988.4							

表 3　黑龙江大兴安岭重点国有林区有林地、疏林地、灌木林地按林种和龄组面积、蓄积统计表（续 19）

单位：公顷、立方米

统计单位	林种	亚林种	郁闭度（覆盖度）等级	合计		乔木林地												疏林地		灌木林地		
						小计		幼龄林		中龄林		近熟林		成熟林		过熟林				小计	特殊灌木林地	一般灌木林地
				面积	蓄积	面积	蓄积	面积	蓄积	面积	蓄积	面积	蓄积	面积	蓄积	面积	蓄积	面积	蓄积	面积	面积	面积
韩家园林业局	合计	合计	合计	618461.08	48254223.2	618073.27	48254161.1	143997.80	4269687.6	429549.57	39486735.9	26121.81	2603515.5	16927.50	1743024.8	1476.59	151197.3	3.60	62.1	384.21		384.21
			低（疏）	38630.98	859267.8	38246.77	859267.8	29656.14	417270.0	7290.39	369360.7	580.76	30274.5	528.73	32524.0	190.75	9838.6			384.21		384.21
			中	512710.62	41193754.2	512710.62	41193754.2	102806.21	3292821.6	369459.19	33792742.0	24187.41	2415288.2	14971.97	1551543.7	1285.84	141358.7					
			高（密）	67115.88	6201139.1	67115.88	6201139.1	11535.45	559596.0	52799.99	5324633.2	1353.64	157952.8	1426.80	158957.1							
	防护林	合计	合计	236135.95	16913739.2	235857.36	16913739.2	63197.73	1819561.3	165897.90	14475420.0	4310.61	392095.4	2396.67	223823.8	54.45	2838.7			278.59		278.59
			低（疏）	15333.71	296806.5	15055.12	296806.5	11782.42	137576.2	3088.50	146387.6	106.42	6235.6	77.78	6607.1					278.59		278.59
			中	186833.68	13669783.9	186833.68	13669783.9	44900.23	1385361.1	135995.62	11743760.2	3769.07	338852.0	2114.31	198971.9	54.45	2838.7					
			高（密）	33968.56	2947148.8	33968.56	2947148.8	6515.08	296624.0	26813.78	2585272.2	435.12	47007.8	204.58	18244.8							
		水源涵养林	合计	2651.35	102852.2	2651.35	102852.2	1613.34	37783.0	1037.39	64998.5	0.62	70.7									
			低（疏）	397.67	6626.8	397.67	6626.8	377.76	6004.9	19.91	621.9											
			中	2113.47	87923.0	2113.47	87923.0	1168.62	27982.8	944.23	59869.5	0.62	70.7									
			高（密）	140.21	8302.4	140.21	8302.4	66.96	3795.3	73.25	4507.1											
		水土保持林	合计	150407.12	11252414.0	150316.48	11252414.0	34728.09	1092695.1	109360.13	9588842.8	3942.22	355724.4	2231.59	212313.0	54.45	2838.7			90.64		90.64
			低（疏）	7179.96	157429.9	7089.32	157429.9	5348.09	66182.8	1558.65	78498.1	104.80	6141.9	77.78	6607.1					90.64		90.64
			中	124055.75	9429996.8	124055.75	9429996.8	25753.45	847590.7	92816.13	8079547.2	3476.20	311948.4	1955.52	188071.8	54.45	2838.7					
			高（密）	19171.41	1664987.3	19171.41	1664987.3	3626.55	178921.6	14985.35	1430797.5	361.22	37634.1	198.29	17634.1							
		护岸林	合计	83077.48	5558473.0	82889.53	5558473.0	26856.30	689083.2	55500.38	4821578.7	367.77	36300.3	165.08	11510.8					187.95		187.95
			低（疏）	7756.08	132749.8	7568.13	132749.8	6056.57	65388.5	1509.94	67267.6	1.62	93.7							187.95		187.95
			中	60664.46	4151864.1	60664.46	4151864.1	17978.16	509787.6	42235.26	3604343.5	292.25	26832.9	158.79	10900.1							
			高（密）	14656.94	1273859.1	14656.94	1273859.1	2821.57	113907.1	11755.18	1149967.6	73.90	9373.7	6.29	610.7							

表 3 黑龙江大兴安岭重点国有林区有林地、疏林地、灌木林地按林种和龄组面积、蓄积统计表（续 20）

单位：公顷、立方米

统计单位	林种	亚林种	郁闭度（覆盖度）等级	合计		乔木林地												疏林地		灌木林地		
						小计		幼龄林		中龄林		近熟林		成熟林		过熟林				小计	特殊灌木林地	一般灌木林地
				面积	蓄积	面积	蓄积	面积	蓄积	面积	蓄积	面积	蓄积	面积	蓄积	面积	蓄积	面积	蓄积	面积	面积	面积
韩家园林业局	特用林	合计	合计	26002.53	1511033.7	25965.32	1511033.7	10161.73	228918.9	15664.86	1267145.3	138.73	14969.5							37.21		37.21
			低（疏）	2938.64	43220.6	2901.43	43220.6	2756.89	37466.1	144.54	5754.5									37.21		37.21
			中	19051.87	1097589.5	19051.87	1097589.5	6713.74	160995.6	12236.77	925576.2	101.36	11017.7									
			高（密）	4012.02	370223.6	4012.02	370223.6	691.10	30457.2	3283.55	335814.6	37.37	3951.8									
		国防林	合计	23298.69	1262167.5	23261.48	1262167.5	9529.36	188821.8	13644.81	1064624.1	87.31	8721.6							37.21		37.21
			低（疏）	2864.38	39521.7	2827.17	39521.7	2704.33	34698.4	122.84	4823.3									37.21		37.21
			中	17049.61	920046.0	17049.61	920046.0	6243.62	130941.8	10756.05	784334.4	49.94	4769.8									
			高（密）	3384.70	302599.8	3384.70	302599.8	581.41	23181.6	2765.92	275466.4	37.37	3951.8									
		种质资源林（母树林）	合计	1330.03	144743.3	1330.03	144743.3	0.45	8.9	1278.16	138486.5	51.42	6247.9									
			低（疏）	21.70	931.2	21.70	931.2			21.70	931.2											
			中	911.81	93712.7	911.81	93712.7	0.45	8.9	859.94	87455.9	51.42	6247.9									
			高（密）	396.52	50099.4	396.52	50099.4			396.52	50099.4											
		环境保护林	合计	379.87	25591.5	379.87	25591.5	174.73	9979.2	205.14	15612.3											
			低（疏）	52.56	2767.7	52.56	2767.7	52.56	2767.7													
			中	165.94	10223.2	165.94	10223.2	81.91	4859.7	84.03	5363.5											
			高（密）	161.37	12600.6	161.37	12600.6	40.26	2351.8	121.11	10248.8											
		风景林	合计	993.94	78531.4	993.94	78531.4	457.19	30109.0	536.75	48422.4											
			中	924.51	73607.6	924.51	73607.6	387.76	25185.2	536.75	48422.4											
			高（密）	69.43	4923.8	69.43	4923.8	69.43	4923.8													

表3　黑龙江大兴安岭重点国有林区有林地、疏林地、灌木林地按林种和龄组面积、蓄积统计表（续21）

单位：公顷、立方米

统计单位	林种	亚林种	郁闭度（覆盖度）等级	合计		乔木林地												疏林地		灌木林地		
						小计		幼龄林		中龄林		近熟林		成熟林		过熟林				小计	特殊灌木林地	一般灌木林地
				面积	蓄积	面积	蓄积	面积	蓄积	面积	蓄积	面积	蓄积	面积	蓄积	面积	蓄积	面积	蓄积	面积	面积	面积
韩家园林业局	用材林	合计	合计	356322.60	29829450.3	356250.59	29829388.2	70638.34	2221207.4	247986.81	23744170.6	21672.47	2196450.6	14530.83	1519201.0	1422.14	148358.6	3.60	62.1	68.41		68.41
			低（疏）	20358.63	519240.7	20290.22	519240.7	15116.83	242227.7	4057.35	217218.6	474.34	24038.9	450.95	25916.9	190.75	9838.6			68.41		68.41
			中	306825.07	26426380.8	306825.07	26426380.8	51192.24	1746464.9	221226.80	21123405.6	20316.98	2065418.5	12857.66	1352571.8	1231.39	138520.0					
			高（密）	29135.30	2883766.7	29135.30	2883766.7	4329.27	232514.8	22702.66	2403546.4	881.15	106993.2	1222.22	140712.3							
		短轮伐期工业原料用材林	合计	40491.52	3199884.5	40491.52	3199884.5	9329.37	404845.7	28384.61	2536852.6	1333.13	104075.2	1313.72	141178.5	130.69	12932.5					
			低（疏）	1647.26	101770.5	1647.26	101770.5	1018.32	53408.2	609.87	47162.8	19.07	1199.5									
			中	31952.11	2520893.0	31952.11	2520893.0	6594.21	280861.0	23099.55	2037603.7	1094.08	80704.4	1033.58	108791.4	130.69	12932.5					
			高（密）	6892.15	577221.0	6892.15	577221.0	1716.84	70576.5	4675.19	452086.1	219.98	22171.3	280.14	32387.1							
		一般用材林	合计	315831.08	26629565.8	315759.07	26629503.7	61308.97	1816361.7	219602.20	21207318.0	20339.34	2092375.4	13217.11	1378022.5	1291.45	135426.1	3.60	62.1	68.41		68.41
			低（疏）	18711.37	417470.2	18642.96	417470.2	14098.51	188819.5	3447.48	170055.8	455.27	22839.4	450.95	25916.9	190.75	9838.6			68.41		68.41
			中	274872.96	23905487.8	274872.96	23905487.8	44598.03	1465603.9	198127.25	19085801.9	19222.90	1984714.1	11824.08	1243780.4	1100.70	125587.5					
			高（密）	22243.15	2306545.7	22243.15	2306545.7	2612.43	161938.3	18027.47	1951460.3	661.17	84821.9	942.08	108325.2							
松岭林业局	合计	合计	合计	589814.14	47741750.6	588976.93	47731208.3	105097.26	2501289.7	431645.69	40135088.7	33341.16	3246690.4	18092.91	1766489.3	799.91	81650.2	837.21	10542.3			
			低（疏）	43419.61	1170073.9	43419.61	1170073.9	24671.60	256473.3	16036.38	763218.4	1428.79	78736.5	1269.75	71113.2	13.09	532.5					
			中	519253.04	43785601.7	519253.04	43785601.7	76347.83	2014169.1	396161.63	37195125.5	30148.73	2936311.9	15821.35	1560888.2	773.50	79107.0					
			高（密）	26304.28	2775532.7	26304.28	2775532.7	4077.83	230647.3	19447.68	2176744.8	1763.64	231642.0	1001.81	134487.9	13.32	2010.7					
	防护林	合计	合计	283486.97	19177960.4	283478.36	19177828.0	86405.10	1508326.2	178141.40	15794288.2	10789.60	1059309.0	7510.37	752346.9	631.89	63557.7	8.61	132.4			
			低（疏）	33237.07	742612.0	33237.07	742612.0	22596.46	207617.6	9638.50	473736.8	564.68	33842.1	424.34	26883.0	13.09	532.5					
			中	243171.64	17715864.0	243171.64	17715864.0	61824.79	1206942.3	164376.84	14822225.2	9618.38	939701.4	6746.15	685980.6	605.48	61014.5					
			高（密）	7069.65	719352.0	7069.65	719352.0	1983.85	93766.3	4126.06	498326.2	606.54	85765.5	339.88	39483.3	13.32	2010.7					

表 3 黑龙江大兴安岭重点国有林区有林地、疏林地、灌木林地按林种和龄组面积、蓄积统计表（续 22）

单位：公顷、立方米

统计单位	林种	亚林种	郁闭度（覆盖度）等级	合计		乔木林地												疏林地		灌木林地		
						小计		幼龄林		中龄林		近熟林		成熟林		过熟林				小计	特殊灌木林地	一般灌木林地
				面积	蓄积	面积	蓄积	面积	蓄积	面积	蓄积	面积	蓄积	面积	蓄积	面积	蓄积	面积	蓄积	面积	面积	面积
松岭林业局	防护林	水源涵养林	合计	134414.90	6365002.2	134406.29	6364869.8	64105.38	657246.0	61001.49	4835488.0	4006.05	363986.8	4705.33	449032.7	588.04	59116.3	8.61	132.4			
			低（疏）	26693.57	490163.1	26693.57	490163.1	19508.40	152854.3	6445.78	298407.7	347.47	18080.0	378.83	20288.6	13.09	532.5					
			中	105131.68	5663387.3	105131.68	5663387.3	43520.55	488142.0	53531.66	4402388.1	3513.65	324615.0	4004.19	391669.1	561.63	56573.1					
			高（密）	2581.04	211319.4	2581.04	211319.4	1076.43	16249.7	1024.05	134692.2	144.93	21291.8	322.31	37075.0	13.32	2010.7					
		水土保持林	合计	129937.24	11208652.3	129937.24	11208652.3	17934.12	600906.5	103595.53	9743162.9	5692.17	570240.9	2679.79	290821.4	35.63	3520.6					
			低（疏）	5667.48	214778.5	5667.48	214778.5	2663.60	44511.1	2834.86	154660.0	123.51	9013.0	45.51	6594.4							
			中	121430.26	10677064.9	121430.26	10677064.9	15049.93	543935.9	98414.97	9321350.5	5300.60	524747.3	2629.13	283510.6	35.63	3520.6					
			高（密）	2839.50	316808.9	2839.50	316808.9	220.59	12459.5	2345.70	267152.4	268.06	36480.6	5.15	716.4							
		护岸林	合计	19134.83	1604305.9	19134.83	1604305.9	4365.60	250173.7	13544.38	1215637.3	1091.38	125081.3	125.25	12492.8	8.22	920.8					
			低（疏）	876.02	37670.4	876.02	37670.4	424.46	10252.2	357.86	20669.1	93.70	6749.1									
			中	16609.70	1375411.8	16609.70	1375411.8	3254.31	174864.4	12430.21	1098486.6	804.13	90339.1	112.83	10800.9	8.22	920.8					
			高（密）	1649.11	191223.7	1649.11	191223.7	686.83	65057.1	756.31	96481.6	193.55	27993.1	12.42	1691.9							
	特用林	合计	合计	927.51	100154.7	927.51	100154.7	41.64	1406.2	755.97	83105.9	62.52	9134.5	67.38	6508.1							
			低（疏）	10.92	297.1	10.92	297.1			10.92	297.1											
			中	880.23	95412.6	880.23	95412.6	41.64	1406.2	708.69	78363.8	62.52	9134.5	67.38	6508.1							
			高（密）	36.36	4445.0	36.36	4445.0			36.36	4445.0											
		种质资源林（母树林）	合计	927.51	100154.7	927.51	100154.7	41.64	1406.2	755.97	83105.9	62.52	9134.5	67.38	6508.1							
			低（疏）	10.92	297.1	10.92	297.1			10.92	297.1											
			中	880.23	95412.6	880.23	95412.6	41.64	1406.2	708.69	78363.8	62.52	9134.5	67.38	6508.1							
			高（密）	36.36	4445.0	36.36	4445.0			36.36	4445.0											

表 3　黑龙江大兴安岭重点国有林区有林地、疏林地、灌木林地按林种和龄组面积、蓄积统计表（续 23）

单位：公顷、立方米

统计单位	林种	亚林种	郁闭度（覆盖度）等级	合计		乔木林地														疏林地		灌木林地		
						小计		幼龄林		中龄林		近熟林		成熟林		过熟林				小计	特殊灌木林地	一般灌木林地
				面积	蓄积	面积	蓄积	面积	蓄积	面积	蓄积	面积	蓄积	面积	蓄积	面积	蓄积	面积	蓄积	面积	面积	面积
松岭林业局	用材林	合计	合计	305399.66	28463635.5	304571.06	28453225.6	18650.52	991557.3	252748.32	24257694.6	22489.04	2178246.9	10515.16	1007634.3	168.02	18092.5	828.60	10409.9			
			低（疏）	10171.62	427164.8	10171.62	427164.8	2075.14	48855.7	6386.96	289184.5	864.11	44894.4	845.41	44230.2							
			中	275201.17	25974325.1	275201.17	25974325.1	14481.40	805820.6	231076.10	22294536.5	20467.83	1987476.0	9007.82	868399.5	168.02	18092.5					
			高（密）	19198.27	2051735.7	19198.27	2051735.7	2093.98	136881.0	15285.26	1673973.6	1157.10	145876.5	661.93	95004.6							
		短轮伐期工业原料用材林	合计	59562.99	6530583.5	59369.28	6527885.3	1984.39	72610.1	52378.80	5928042.8	3339.91	363808.6	1582.54	153827.0	83.64	9596.8	193.71	2698.2			
			低（疏）	1544.32	50809.7	1544.32	50809.7	535.70	6151.6	825.17	36317.1	36.71	1226.1	146.74	7114.9							
			中	56209.49	6335831.8	56209.49	6335831.8	839.62	51355.2	50840.38	5805587.2	3165.83	343967.7	1280.02	125324.9	83.64	9596.8					
			高（密）	1615.47	141243.8	1615.47	141243.8	609.07	15103.3	713.25	86138.5	137.37	18614.8	155.78	21387.2							
		一般用材林	合计	245836.67	21933052.0	245201.78	21925340.3	16666.13	918947.2	200369.52	18329651.8	19149.13	1814438.3	8932.62	853807.3	84.38	8495.7	634.89	7711.7			
			低（疏）	8627.30	376355.1	8627.30	376355.1	1539.44	42704.1	5561.79	252867.4	827.40	43668.3	698.67	37115.3							
			中	218991.68	19638493.3	218991.68	19638493.3	13641.78	754465.4	180235.72	16488949.3	17302.00	1643508.3	7727.80	743074.6	84.38	8495.7					
			高（密）	17582.80	1910491.9	17582.80	1910491.9	1484.91	121777.7	14572.01	1587835.1	1019.73	127261.7	506.15	73617.4							
加格达奇林业局	合计	合计	合计	542711.18	39665830.2	542702.85	39665740.3	146394.47	7405950.6	324188.92	26023063.8	50712.31	4381046.7	20076.04	1749565.5	1331.11	106113.7	8.33	89.9			
			低（疏）	18212.80	408444.1	18212.80	408444.1	15871.85	291214.2	1800.30	89841.7	306.27	14594.1	211.41	11968.4	22.97	825.7					
			中	493126.93	36647268.7	493126.93	36647268.7	121559.32	6500942.7	302839.16	24238798.9	48092.62	4114554.7	19364.53	1690023.4	1271.30	102949.0					
			高（密）	31363.12	2610027.5	31363.12	2610027.5	8963.30	613793.7	19549.46	1694423.2	2313.42	251897.9	500.10	47573.7	36.84	2339.0					
	防护林	合计	合计	226255.57	16693673.2	226255.57	16693673.2	53827.11	2502957.7	145194.37	11835943.6	17724.55	1567770.1	8837.52	736638.5	672.02	50363.3					
			低（疏）	11301.63	242386.3	11301.63	242386.3	9915.32	180090.8	930.61	40157.0	258.77	11700.8	173.96	9612.0	22.97	825.7					
			中	207104.63	15789997.1	207104.63	15789997.1	42205.91	2217980.3	139021.19	11329361.7	16664.58	1475114.9	8563.90	718002.6	649.05	49537.6					
			高（密）	7849.31	661289.8	7849.31	661289.8	1705.88	104886.6	5242.57	466424.9	801.20	80954.4	99.66	9023.9							

表3 黑龙江大兴安岭重点国有林区有林地、疏林地、灌木林地按林种和龄组面积、蓄积统计表（续24）

单位：公顷、立方米

统计单位	林种	亚林种	郁闭度（覆盖度）等级	合计		乔木林地												疏林地		灌木林地		
						小计		幼龄林		中龄林		近熟林		成熟林		过熟林				小计	特殊灌木林地	一般灌木林地
				面积	蓄积	面积	蓄积	面积	蓄积	面积	蓄积	面积	蓄积	面积	蓄积	面积	蓄积	面积	蓄积	面积	面积	面积
加格达奇林业局	防护林	水源涵养林	合计	118011.64	9144645.7	118011.64	9144645.7	20640.30	928385.7	81843.99	6844892.6	9616.22	891884.0	5311.25	435581.5	599.88	43901.9					
			低（疏）	5646.00	107543.8	5646.00	107543.8	5101.01	82454.1	425.08	18870.9	96.94	5393.1			22.97	825.7					
			中	110561.72	8852729.3	110561.72	8852729.3	15345.30	834258.4	79978.06	6670920.5	9396.32	871793.2	5265.13	432681.0	576.91	43076.2					
			高（密）	1803.92	184372.6	1803.92	184372.6	193.99	11673.2	1440.85	155101.2	122.96	14697.7	46.12	2900.5							
		水土保持林	合计	57444.42	4035387.2	57444.42	4035387.2	15735.97	795086.0	35361.36	2732382.0	4846.67	382923.5	1491.69	124284.0	8.73	711.7					
			低（疏）	3027.36	73999.9	3027.36	73999.9	2418.78	48007.8	324.71	13068.9	142.19	5376.9	141.68	7546.3							
			中	50657.38	3674277.5	50657.38	3674277.5	12254.17	677329.6	32678.27	2532342.7	4397.45	349930.3	1318.76	113963.2	8.73	711.7					
			高（密）	3759.68	287109.8	3759.68	287109.8	1063.02	69748.6	2358.38	186970.4	307.03	27616.3	31.25	2774.5							
		护岸林	合计	50799.51	3513640.3	50799.51	3513640.3	17450.84	779486.0	27989.02	2258669.0	3261.66	292962.6	2034.58	176773.0	63.41	5749.7					
			低（疏）	2628.27	60842.6	2628.27	60842.6	2395.53	49628.9	180.82	8217.2	19.64	930.8	32.28	2065.7							
			中	45885.53	3262990.3	45885.53	3262990.3	14606.44	706392.3	26364.86	2126098.5	2870.81	253391.4	1980.01	171358.4	63.41	5749.7					
			高（密）	2285.71	189807.4	2285.71	189807.4	448.87	23464.8	1443.34	124353.3	371.21	38640.4	22.29	3348.9							
	特用林	合计	合计	9076.84	638312.0	9076.84	638312.0	2682.19	126444.3	4601.09	351600.7	1216.99	106535.6	549.63	51763.4	26.94	1968.0					
			低（疏）	503.46	11927.3	503.46	11927.3	483.26	11323.6	20.20	603.7											
			中	7132.86	507782.2	7132.86	507782.2	1898.46	98315.4	3662.27	271928.7	1054.83	89075.1	490.36	46495.0	26.94	1968.0					
			高（密）	1440.52	118602.5	1440.52	118602.5	300.47	16805.3	918.62	79068.3	162.16	17460.5	59.27	5268.4							
		实验林	合计	6226.37	449343.3	6226.37	449343.3	1684.07	85705.6	3187.62	245282.2	817.62	69294.8	510.12	47092.7	26.94	1968.0					
			低（疏）	358.60	9105.5	358.60	9105.5	342.05	8638.9	16.55	466.6											
			中	4620.18	333615.9	4620.18	333615.9	1131.38	63614.7	2335.08	172857.9	675.93	53351.0	450.85	41824.3	26.94	1968.0					
			高（密）	1247.59	106621.9	1247.59	106621.9	210.64	13452.0	835.99	71957.7	141.69	15943.8	59.27	5268.4							

表3 黑龙江大兴安岭重点国有林区有林地、疏林地、灌木林地按林种和龄组面积、蓄积统计表（续25）

单位：公顷、立方米

统计单位	林种	亚林种	郁闭度（覆盖度）等级	乔木林地 合计 面积	合计 蓄积	小计 面积	小计 蓄积	幼龄林 面积	幼龄林 蓄积	中龄林 面积	中龄林 蓄积	近熟林 面积	近熟林 蓄积	成熟林 面积	成熟林 蓄积	过熟林 面积	过熟林 蓄积	疏林地 面积	疏林地 蓄积	灌木林地 小计 面积	特殊灌木林地 面积	一般灌木林地 面积
加格达奇林业局	特用林	种质资源林（母树林）	合计	835.69	73089.1	835.69	73089.1	119.66	6637.3	540.84	48802.8	155.15	14536.0	20.04	3113.0							
			低（疏）	24.96	942.9	24.96	942.9	21.31	805.8	3.65	137.1											
			中	789.68	71510.4	789.68	71510.4	77.30	5195.7	537.19	48665.7	155.15	14536.0	20.04	3113.0							
			高（密）	21.05	635.8	21.05	635.8	21.05	635.8													
		环境保护林	合计	553.64	24856.9	553.64	24856.9	316.99	8461.4	211.36	14478.0	5.82	359.8	19.47	1557.7							
			低（疏）	118.27	1839.9	118.27	1839.9	118.27	1839.9													
			中	374.47	18936.8	374.47	18936.8	175.83	5964.5	173.35	11054.8	5.82	359.8	19.47	1557.7							
			高（密）	60.90	4080.2	60.90	4080.2	22.89	657.0	38.01	3423.2											
		风景林	合计	1070.72	62081.8	1070.72	62081.8	475.88	21668.7	481.28	31422.7	113.56	8990.4									
			中	1004.36	58504.6	1004.36	58504.6	429.99	19608.2	481.28	31422.7	93.09	7473.7									
			高（密）	66.36	3577.2	66.36	3577.2	45.89	2060.5			20.47	1516.7									
		自然保护区林	合计	390.42	28940.9	390.42	28940.9	85.59	3971.3	179.99	11615.0	124.84	13354.6									
			低（疏）	1.63	39.0	1.63	39.0	1.63	39.0													
			中	344.17	25214.5	344.17	25214.5	83.96	3932.3	135.37	7927.6	124.84	13354.6									
			高（密）	44.62	3687.4	44.62	3687.4			44.62	3687.4											
	用材林	合计	合计	307378.77	22333845.0	307370.44	22333755.1	89885.17	4776548.6	174393.46	13835519.5	31770.77	2706741.0	10688.89	961163.6	632.15	53782.4	8.33	89.9			
			低（疏）	6407.71	154130.5	6407.71	154130.5	5473.27	99799.8	849.49	49081.0	47.50	2893.3	37.45	2356.4							
			中	278889.44	20349489.4	278889.44	20349489.4	77454.95	4184647.0	160155.70	12637508.5	30373.21	2550364.7	10310.27	925525.8	595.31	51443.4					
			高（密）	22073.29	1830135.2	22073.29	1830135.2	6956.95	492101.8	13388.27	1148930.0	1350.06	153483.0	341.17	33281.4	36.84	2339.0					

表3 黑龙江大兴安岭重点国有林区有林地、疏林地、灌木林地按林种和龄组面积、蓄积统计表（续26）

单位：公顷、立方米

统计单位	林种	亚林种	郁闭度（覆盖度）等级	合计		乔木林地														疏林地		灌木林地		
						小计		幼龄林		中龄林		近熟林		成熟林		过熟林						小计	特殊灌木林地	一般灌木林地
				面积	蓄积	面积	蓄积	面积	蓄积	面积	蓄积	面积	蓄积	面积	蓄积	面积	蓄积			面积	蓄积	面积	面积	面积
加格达奇林业局	用材林	短轮伐期工业原料用材林	合计	35940.15	3300033.2	35940.15	3300033.2	5293.23	453887.0	25388.99	2323610.9	3549.45	358373.5	1509.68	147311.8	198.80	16850.0							
			低（疏）	154.00	8063.9	154.00	8063.9	105.82	3850.8	48.18	4213.1													
			中	31057.90	2773381.9	31057.90	2773381.9	4056.53	333700.1	22319.10	1989348.7	2973.79	286171.3	1509.68	147311.8	198.80	16850.0							
			高（密）	4728.25	518587.4	4728.25	518587.4	1130.88	116336.1	3021.71	330049.1	575.66	72202.2											
		一般用材林	合计	271438.62	19033811.8	271430.29	19033721.9	84591.94	4322661.6	149004.47	11511908.6	28221.32	2348367.5	9179.21	813851.8	433.35	36932.4			8.33	89.9			
			低（疏）	6253.71	146066.6	6253.71	146066.6	5367.45	95949.0	801.31	44867.9	47.50	2893.3	37.45	2356.4									
			中	247831.54	17576107.5	247831.54	17576107.5	73398.42	3850946.9	137836.60	10648159.8	27399.42	2264193.4	8800.59	778214.0	396.51	34593.4							
			高（密）	17345.04	1311547.8	17345.04	1311547.8	5826.07	375765.7	10366.56	818880.9	774.40	81280.8	341.17	33281.4	36.84	2339.0							
呼中自然保护区	合计	合计	合计	156308.48	18310987.1	152242.44	18310987.1	2102.79	65512.7	7795.71	582461.1	23286.04	2506346.7	88849.62	11269200.5	30208.28	3887466.1					4066.04		4066.04
			低（疏）	8928.85	465248.7	8793.97	465248.7	1968.54	59980.1	1488.49	56530.9	1605.16	93881.4	2811.35	191097.1	920.43	63759.2					134.88		134.88
			中	144638.30	17680135.2	142248.25	17680135.2	134.25	5532.6	5841.80	478712.7	21654.35	2409852.5	85741.25	11032189.8	28876.60	3753847.6					2390.05		2390.05
			高（密）	2741.33	165603.2	1200.22	165603.2			465.42	47217.5	26.53	2612.8	297.02	45913.6	411.25	69859.3					1541.11		1541.11
	防护林	合计	合计	156308.48	18310987.1	152242.44	18310987.1	2102.79	65512.7	7795.71	582461.1	23286.04	2506346.7	88849.62	11269200.5	30208.28	3887466.1					4066.04		4066.04
			低（疏）	8928.85	465248.7	8793.97	465248.7	1968.54	59980.1	1488.49	56530.9	1605.16	93881.4	2811.35	191097.1	920.43	63759.2					134.88		134.88
			中	144638.30	17680135.2	142248.25	17680135.2	134.25	5532.6	5841.80	478712.7	21654.35	2409852.5	85741.25	11032189.8	28876.60	3753847.6					2390.05		2390.05
			高（密）	2741.33	165603.2	1200.22	165603.2			465.42	47217.5	26.53	2612.8	297.02	45913.6	411.25	69859.3					1541.11		1541.11
		水源涵养林	合计	156308.48	18310987.1	152242.44	18310987.1	2102.79	65512.7	7795.71	582461.1	23286.04	2506346.7	88849.62	11269200.5	30208.28	3887466.1					4066.04		4066.04
			低（疏）	8928.85	465248.7	8793.97	465248.7	1968.54	59980.1	1488.49	56530.9	1605.16	93881.4	2811.35	191097.1	920.43	63759.2					134.88		134.88
			中	144638.30	17680135.2	142248.25	17680135.2	134.25	5532.6	5841.80	478712.7	21654.35	2409852.5	85741.25	11032189.8	28876.60	3753847.6					2390.05		2390.05
			高（密）	2741.33	165603.2	1200.22	165603.2			465.42	47217.5	26.53	2612.8	297.02	45913.6	411.25	69859.3					1541.11		1541.11

表3 黑龙江大兴安岭重点国有林区有林地、疏林地、灌木林地按林种和龄组面积、蓄积统计表（续27）

单位：公顷、立方米

统计单位	林种	亚林种	郁闭度（覆盖度）等级	合计		乔木林地														疏林地		灌木林地		
						小计		幼龄林		中龄林		近熟林		成熟林		过熟林						小计	特殊灌木林地	一般灌木林地
				面积	蓄积	面积	蓄积	面积	蓄积	面积	蓄积	面积	蓄积	面积	蓄积	面积	蓄积			面积	蓄积	面积	面积	面积
南瓮河自然保护区	合计	合计	合计	141339.17	14540910.0	141309.50	14540308.8	12384.23	344784.2	86519.10	9157359.3	28837.02	3384296.3	11968.05	1454529.5	1601.10	199339.5			29.67	601.2			
			低（疏）	13372.28	456609.4	13372.28	456609.4	6044.79	81707.4	5281.55	267835.3	1213.09	64617.9	739.06	36381.3	93.79	6067.5							
			中	126972.82	13938135.5	126972.82	13938135.5	6262.62	257924.4	80700.19	8806655.3	27322.97	3269919.5	11179.73	1410364.3	1507.31	193272.0							
			高（密）	964.40	145563.9	964.40	145563.9	76.82	5152.4	537.36	82868.7	300.96	49758.9	49.26	7783.9									
	防护林	合计	合计	141339.17	14540910.0	141309.50	14540308.8	12384.23	344784.2	86519.10	9157359.3	28837.02	3384296.3	11968.05	1454529.5	1601.10	199339.5			29.67	601.2			
			低（疏）	13372.28	456609.4	13372.28	456609.4	6044.79	81707.4	5281.55	267835.3	1213.09	64617.9	739.06	36381.3	93.79	6067.5							
			中	126972.82	13938135.5	126972.82	13938135.5	6262.62	257924.4	80700.19	8806655.3	27322.97	3269919.5	11179.73	1410364.3	1507.31	193272.0							
			高（密）	964.40	145563.9	964.40	145563.9	76.82	5152.4	537.36	82868.7	300.96	49758.9	49.26	7783.9									
		水源涵养林	合计	141339.17	14540910.0	141309.50	14540308.8	12384.23	344784.2	86519.10	9157359.3	28837.02	3384296.3	11968.05	1454529.5	1601.10	199339.5			29.67	601.2			
			低（疏）	13372.28	456609.4	13372.28	456609.4	6044.79	81707.4	5281.55	267835.3	1213.09	64617.9	739.06	36381.3	93.79	6067.5							
			中	126972.82	13938135.5	126972.82	13938135.5	6262.62	257924.4	80700.19	8806655.3	27322.97	3269919.5	11179.73	1410364.3	1507.31	193272.0							
			高（密）	964.40	145563.9	964.40	145563.9	76.82	5152.4	537.36	82868.7	300.96	49758.9	49.26	7783.9									
双河自然保护区	合计	合计	合计	80326.44	10155068.9	80137.94	10147601.2	3701.53	50622.9	29658.63	3682723.6	20097.22	2671363.7	17156.30	2385764.4	9524.26	1357126.6			188.50	7467.7			
			低（疏）	4175.32	156582.0	4175.32	156582.0	1930.10	18032.5	1027.40	58555.9	546.56	34824.3	500.31	33531.6	170.95	11637.7							
			中	62886.17	7985868.6	62886.17	7985868.6	1476.33	28730.6	22797.90	2729492.6	15070.67	1928985.4	14355.70	1984867.3	9185.57	1313792.7							
			高（密）	13076.45	2005150.6	13076.45	2005150.6	295.10	3859.8	5833.33	894675.1	4479.99	707554.0	2300.29	367365.5	167.74	31696.2							
	防护林	合计	合计	13917.81	1871121.7	13917.81	1871121.7	374.82	7348.8	4177.68	561891.1	5026.61	677153.1	2938.41	433428.2	1400.29	191300.5							
			低（疏）	343.21	12943.9	343.21	12943.9	94.50	621.6	94.61	3364.0	97.79	5777.4			56.31	3180.9							
			中	10871.55	1449242.6	10871.55	1449242.6	280.32	6727.2	3292.98	446045.2	3517.40	455763.9	2436.87	352586.7	1343.98	188119.6							
			高（密）	2703.05	408935.2	2703.05	408935.2			790.09	112481.9	1411.42	215611.8	501.54	80841.5									

表3 黑龙江大兴安岭重点国有林区有林地、疏林地、灌木林地按林种和龄组面积、蓄积统计表（续28）

单位：公顷、立方米

统计单位	林种	亚林种	郁闭度（覆盖度）等级	合计		乔木林地													疏林地		灌木林地		
						小计		幼龄林		中龄林		近熟林		成熟林		过熟林				小计	特殊灌木林地	一般灌木林地
				面积	蓄积	面积	蓄积	面积	蓄积	面积	蓄积	面积	蓄积	面积	蓄积	面积	蓄积	面积	蓄积	面积	面积	面积
双河自然保护区	防护林	护岸林	合计	13917.81	1871121.7	13917.81	1871121.7	374.82	7348.8	4177.68	561891.1	5026.61	677153.1	2938.41	433428.2	1400.29	191300.5					
			低（疏）	343.21	12943.9	343.21	12943.9	94.50	621.6	94.61	3364.0	97.79	5777.4			56.31	3180.9					
			中	10871.55	1449242.6	10871.55	1449242.6	280.32	6727.2	3292.98	446045.2	3517.40	455763.9	2436.87	352586.7	1343.98	188119.6					
			高（密）	2703.05	408935.2	2703.05	408935.2			790.09	112481.9	1411.42	215611.8	501.54	80841.5							
	特用林	合计	合计	66408.63	8283947.2	66220.13	8276479.5	3326.71	43274.1	25480.95	3120832.5	15070.61	1994210.6	14217.89	1952336.2	8123.97	1165826.1	188.50	7467.7			
			低（疏）	3832.11	143638.1	3832.11	143638.1	1835.60	17410.9	932.79	55191.9	448.77	29046.9	500.31	33531.6	114.64	8456.8					
			中	52014.62	6536626.0	52014.62	6536626.0	1196.01	22003.4	19504.92	2283447.4	11553.27	1473221.5	11918.83	1632280.6	7841.59	1125673.1					
			高（密）	10373.40	1596215.4	10373.40	1596215.4	295.10	3859.8	5043.24	782193.2	3068.57	491942.2	1798.75	286524.0	167.74	31696.2					
		自然保护区林	合计	66408.63	8283947.2	66220.13	8276479.5	3326.71	43274.1	25480.95	3120832.5	15070.61	1994210.6	14217.89	1952336.2	8123.97	1165826.1	188.50	7467.7			
			低（疏）	3832.11	143638.1	3832.11	143638.1	1835.60	17410.9	932.79	55191.9	448.77	29046.9	500.31	33531.6	114.64	8456.8					
			中	52014.62	6536626.0	52014.62	6536626.0	1196.01	22003.4	19504.92	2283447.4	11553.27	1473221.5	11918.83	1632280.6	7841.59	1125673.1					
			高（密）	10373.40	1596215.4	10373.40	1596215.4	295.10	3859.8	5043.24	782193.2	3068.57	491942.2	1798.75	286524.0	167.74	31696.2					
绰纳河保护区	合计	合计	合计	92355.87	11317279.9	92277.98	11316376.0	409.19	9090.9	51710.39	6242021.8	26021.79	3365069.9	10865.20	1329376.5	3271.41	370816.9	77.89	903.9			
			低（疏）	1111.05	48097.7	1111.05	48097.7	90.08	579.2	410.37	23166.5	359.52	13865.5	171.01	8622.9	80.07	1863.6					
			中	79815.05	9422973.3	79815.05	9422973.3	256.33	5192.1	44152.68	5090756.5	22538.74	2812777.0	9761.57	1158586.2	3105.73	355661.5					
			高（密）	11351.88	1845305.0	11351.88	1845305.0	62.78	3319.6	7147.34	1128098.8	3123.53	538427.4	932.62	162167.4	85.61	13291.8					
	特用林	合计	合计	92355.87	11317279.9	92277.98	11316376.0	409.19	9090.9	51710.39	6242021.8	26021.79	3365069.9	10865.20	1329376.5	3271.41	370816.9	77.89	903.9			
			低（疏）	1111.05	48097.7	1111.05	48097.7	90.08	579.2	410.37	23166.5	359.52	13865.5	171.01	8622.9	80.07	1863.6					
			中	79815.05	9422973.3	79815.05	9422973.3	256.33	5192.1	44152.68	5090756.5	22538.74	2812777.0	9761.57	1158586.2	3105.73	355661.5					
			高（密）	11351.88	1845305.0	11351.88	1845305.0	62.78	3319.6	7147.34	1128098.8	3123.53	538427.4	932.62	162167.4	85.61	13291.8					

表3　黑龙江大兴安岭重点国有林区有林地、疏林地、灌木林地按林种和龄组面积、蓄积统计表（续29）

单位：公顷、立方米

统计单位	林种	亚林种	郁闭度（覆盖度）等级	合计		乔木林地												疏林地		灌木林地		
						小计		幼龄林		中龄林		近熟林		成熟林		过熟林				小计	特殊灌木林地	一般灌木林地
				面积	蓄积	面积	蓄积	面积	蓄积	面积	蓄积	面积	蓄积	面积	蓄积	面积	蓄积	面积	蓄积	面积	面积	面积
绰纳河保护区	特用林	自然保护区林	合计	92355.87	11317279.9	92277.98	11316376.0	409.19	9090.9	51710.39	6242021.8	26021.79	3365069.9	10865.20	1329376.5	3271.41	370816.9	77.89	903.9			
			低（疏）	1111.05	48097.7	1111.05	48097.7	90.08	579.2	410.37	23166.5	359.52	13865.5	171.01	8622.9	80.07	1863.6					
			中	79815.05	9422973.3	79815.05	9422973.3	256.33	5192.1	44152.68	5090756.5	22538.74	2812777.0	9761.57	1158586.2	3105.73	355661.5					
			高（密）	11351.88	1845305.0	11351.88	1845305.0	62.78	3319.6	7147.34	1128098.8	3123.53	538427.4	932.62	162167.4	85.61	13291.8					
多布库尔自然保护区	合计	合计	合计	82735.96	5945092.1	82735.96	5945092.1	14023.07	753412.7	58379.00	4294282.5	6506.63	571774.8	3580.68	303952.3	246.58	21669.8					
			低（疏）	1810.28	50731.7	1810.28	50731.7	1190.20	27187.5	582.96	21598.2	10.17	433.5	6.03	409.1	20.92	1103.4					
			中	75050.01	5446224.9	75050.01	5446224.9	11118.45	615931.5	53991.38	3969252.2	6273.41	550954.0	3441.11	289520.8	225.66	20566.4					
			高（密）	5875.67	448135.5	5875.67	448135.5	1714.42	110293.7	3804.66	303432.1	223.05	20387.3	133.54	14022.4							
	防护林	合计	合计	14306.35	958203.9	14306.35	958203.9	2100.36	97228.3	10360.36	703588.7	1323.68	112624.0	504.43	43655.0	17.52	1107.9					
			低（疏）	520.95	12580.3	520.95	12580.3	336.26	6789.6	184.69	5790.7											
			中	12332.04	822883.4	12332.04	822883.4	1410.35	64553.9	9318.69	622650.9	1185.65	102114.1	399.83	32456.6	17.52	1107.9					
			高（密）	1453.36	122740.2	1453.36	122740.2	353.75	25884.8	856.98	75147.1	138.03	10509.9	104.60	11198.4							
		护岸林	合计	14306.35	958203.9	14306.35	958203.9	2100.36	97228.3	10360.36	703588.7	1323.68	112624.0	504.43	43655.0	17.52	1107.9					
			低（疏）	520.95	12580.3	520.95	12580.3	336.26	6789.6	184.69	5790.7											
			中	12332.04	822883.4	12332.04	822883.4	1410.35	64553.9	9318.69	622650.9	1185.65	102114.1	399.83	32456.6	17.52	1107.9					
			高（密）	1453.36	122740.2	1453.36	122740.2	353.75	25884.8	856.98	75147.1	138.03	10509.9	104.60	11198.4							

表 3 黑龙江大兴安岭重点国有林区有林地、疏林地、灌木林地按林种和龄组面积、蓄积统计表（续 30）

单位：公顷、立方米

统计单位	林种	亚林种	郁闭度（覆盖度）等级	合计		乔木林地												疏林地		灌木林地		
						小计		幼龄林		中龄林		近熟林		成熟林		过熟林				小计	特殊灌木林地	一般灌木林地
				面积	蓄积	面积	蓄积	面积	蓄积	面积	蓄积	面积	蓄积	面积	蓄积	面积	蓄积	面积	蓄积	面积	面积	面积
多布库尔自然保护区	特用林	合计	合计	68429.61	4986888.2	68429.61	4986888.2	11922.71	656184.4	48018.64	3590693.8	5182.95	459150.8	3076.25	260297.3	229.06	20561.9					
			低（疏）	1289.33	38151.4	1289.33	38151.4	853.94	20397.9	398.27	15807.5	10.17	433.5	6.03	409.1	20.92	1103.4					
			中	62717.97	4623341.5	62717.97	4623341.5	9708.10	551377.6	44672.69	3346601.3	5087.76	448839.9	3041.28	257064.2	208.14	19458.5					
			高（密）	4422.31	325395.3	4422.31	325395.3	1360.67	84408.9	2947.68	228285.0	85.02	9877.4	28.94	2824.0							
		自然保护区林	合计	68429.61	4986888.2	68429.61	4986888.2	11922.71	656184.4	48018.64	3590693.8	5182.95	459150.8	3076.25	260297.3	229.06	20561.9					
			低（疏）	1289.33	38151.4	1289.33	38151.4	853.94	20397.9	398.27	15807.5	10.17	433.5	6.03	409.1	20.92	1103.4					
			中	62717.97	4623341.5	62717.97	4623341.5	9708.10	551377.6	44672.69	3346601.3	5087.76	448839.9	3041.28	257064.2	208.14	19458.5					
			高（密）	4422.31	325395.3	4422.31	325395.3	1360.67	84408.9	2947.68	228285.0	85.02	9877.4	28.94	2824.0							
北极村自然保护区	合计	合计	合计	130761.51	11238536.8	130694.45	11237115.5	14351.55	814223.7	59567.79	4124479.8	21935.86	2343561.4	34222.19	3895168.9	617.06	59681.7	67.06	1421.3			
			低（疏）	2886.40	104469.7	2886.40	104469.7	778.54	10716.6	752.32	18780.5	435.88	24865.5	918.53	50058.3	1.13	48.8					
			中	106334.00	9328407.8	106334.00	9328407.8	12502.85	739827.3	40457.61	2615108.0	19614.33	2089745.2	33160.27	3826458.3	598.94	57269.0					
			高（密）	21474.05	1804238.0	21474.05	1804238.0	1070.16	63679.8	18357.86	1490591.3	1885.65	228950.7	143.39	18652.3	16.99	2363.9					
	防护林	合计	合计	60112.33	5708895.6	60063.65	5707863.9	4795.73	199369.4	23244.06	1633929.1	12448.24	1436308.8	19421.30	2417617.3	154.32	20639.3	48.68	1031.7			
			低（疏）	1636.94	67564.0	1636.94	67564.0	414.49	5865.6	311.45	9154.0	253.03	15500.3	656.84	36995.3	1.13	48.8					
			中	50842.62	4970602.9	50842.62	4970602.9	3895.57	162781.4	16649.16	1091361.2	11456.56	1325308.2	18705.13	2372925.5	136.20	18226.6					
			高（密）	7584.09	669697.0	7584.09	669697.0	485.67	30722.4	6283.45	533413.9	738.65	95500.3	59.33	7696.5	16.99	2363.9					
		水源涵养林	合计	34980.33	4072053.4	34974.20	4071923.5	466.14	10056.0	6974.10	656867.3	10258.01	1212888.7	17249.45	2190140.8	26.50	1970.7	6.13	129.9			
			低（疏）	987.33	55128.5	987.33	55128.5			98.99	3631.1	237.89	14799.7	649.32	36648.9	1.13	48.8					
			中	31605.38	3750404.4	31605.38	3750404.4	465.20	10003.6	4961.30	450657.3	9576.30	1137760.7	16577.21	2150060.9	25.37	1921.9					
			高（密）	2381.49	266390.6	2381.49	266390.6	0.94	52.4	1913.81	202578.9	443.82	60328.3	22.92	3431.0							

表 3　黑龙江大兴安岭重点国有林区有林地、疏林地、灌木林地按林种和龄组面积、蓄积统计表（续 31）

单位：公顷、立方米

统计单位	林种	亚林种	郁闭度（覆盖度）等级	合计		乔木林地														疏林地		灌木林地		
						小计		幼龄林		中龄林		近熟林		成熟林		过熟林						小计	特殊灌木林地	一般灌木林地
				面积	蓄积	面积	蓄积	面积	蓄积	面积	蓄积	面积	蓄积	面积	蓄积	面积	蓄积			面积	蓄积	面积	面积	面积
北极村自然保护区	防护林	护岸林	合计	25132.00	1636842.2	25089.45	1635940.4	4329.59	189313.4	16269.96	977061.8	2190.23	223420.1	2171.85	227476.5	127.82	18668.6			42.55	901.8			
			低（疏）	649.61	12435.5	649.61	12435.5	414.49	5865.6	212.46	5522.9	15.14	700.6	7.52	346.4									
			中	19237.24	1220198.5	19237.24	1220198.5	3430.37	152777.8	11687.86	640703.9	1880.26	187547.5	2127.92	222864.6	110.83	16304.7							
			高（密）	5202.60	403306.4	5202.60	403306.4	484.73	30670.0	4369.64	330835.0	294.83	35172.0	36.41	4265.5	16.99	2363.9							
	特用林	合计	合计	70649.18	5529641.2	70630.80	5529251.6	9555.82	614854.3	36323.73	2490550.7	9487.62	907252.6	14800.89	1477551.6	462.74	39042.4			18.38	389.6			
			低（疏）	1249.46	36905.7	1249.46	36905.7	364.05	4851.0	440.87	9626.5	182.85	9365.2	261.69	13063.0									
			中	55491.38	4357804.9	55491.38	4357804.9	8607.28	577045.9	23808.45	1523746.8	8157.77	764437.0	14455.14	1453532.8	462.74	39042.4							
			高（密）	13889.96	1134541.0	13889.96	1134541.0	584.49	32957.4	12074.41	957177.4	1147.00	133450.4	84.06	10955.8									
		国防林	合计	27532.21	2292455.2	27513.83	2292065.6	563.71	21031.7	15693.28	1172235.5	5338.38	506063.3	5918.46	592735.1					18.38	389.6			
			低（疏）	166.95	7146.8	166.95	7146.8	21.10	125.1	51.18	2270.8	88.23	4361.8	6.44	389.1									
			中	20875.67	1722615.6	20875.67	1722615.6	502.85	19367.6	10238.98	730303.3	4305.88	391554.5	5827.96	581390.2									
			高（密）	6471.21	562303.2	6471.21	562303.2	39.76	1539.0	5403.12	439661.4	944.27	110147.0	84.06	10955.8									
		自然保护区林	合计	43116.97	3237186.0	43116.97	3237186.0	8992.11	593822.6	20630.45	1318315.2	4149.24	401189.3	8882.43	884816.5	462.74	39042.4							
			低（疏）	1082.51	29758.9	1082.51	29758.9	342.95	4725.9	389.69	7355.7	94.62	5003.4	255.25	12673.9									
			中	34615.71	2635189.3	34615.71	2635189.3	8104.43	557678.3	13569.47	793443.5	3851.89	372882.5	8627.18	872142.6	462.74	39042.4							
			高（密）	7418.75	572237.8	7418.75	572237.8	544.73	31418.4	6671.29	517516.0	202.73	23303.4											

表 3　黑龙江大兴安岭重点国有林区有林地、疏林地、灌木林地按林种和龄组面积、蓄积统计表（续 32）

单位：公顷、立方米

统计单位	林种	亚林种	郁闭度（覆盖度）等级	合计		乔木林地														疏林地		灌木林地		
						小计		幼龄林		中龄林		近熟林		成熟林		过熟林						小计	特殊灌木林地	一般灌木林地
				面积	蓄积	面积	蓄积	面积	蓄积	面积	蓄积	面积	蓄积	面积	蓄积	面积	蓄积			面积	蓄积	面积	面积	面积
岭峰自然保护区	合计	合计	合计	67817.48	6628839.1	67478.75	6628839.1	378.87	7157.8	3685.95	159617.4	9205.48	818216.0	52656.69	5495516.4	1551.76	148331.5					338.73		338.73
			低（疏）	4324.04	166740.1	4310.99	166740.1	292.60	4479.8	1311.07	29356.3	559.03	24084.2	1962.41	100588.6	185.88	8231.2					13.05		13.05
			中	63300.32	6441574.5	62974.64	6441574.5	70.18	2237.9	2304.04	123189.6	8646.45	794131.8	50588.09	5381914.9	1365.88	140100.3					325.68		325.68
			高（密）	193.12	20524.5	193.12	20524.5	16.09	440.1	70.84	7071.5			106.19	13012.9									
	防护林	合计	合计	67817.48	6628839.1	67478.75	6628839.1	378.87	7157.8	3685.95	159617.4	9205.48	818216.0	52656.69	5495516.4	1551.76	148331.5					338.73		338.73
			低（疏）	4324.04	166740.1	4310.99	166740.1	292.60	4479.8	1311.07	29356.3	559.03	24084.2	1962.41	100588.6	185.88	8231.2					13.05		13.05
			中	63300.32	6441574.5	62974.64	6441574.5	70.18	2237.9	2304.04	123189.6	8646.45	794131.8	50588.09	5381914.9	1365.88	140100.3					325.68		325.68
			高（密）	193.12	20524.5	193.12	20524.5	16.09	440.1	70.84	7071.5			106.19	13012.9									
		水源涵养林	合计	67817.48	6628839.1	67478.75	6628839.1	378.87	7157.8	3685.95	159617.4	9205.48	818216.0	52656.69	5495516.4	1551.76	148331.5					338.73		338.73
			低（疏）	4324.04	166740.1	4310.99	166740.1	292.60	4479.8	1311.07	29356.3	559.03	24084.2	1962.41	100588.6	185.88	8231.2					13.05		13.05
			中	63300.32	6441574.5	62974.64	6441574.5	70.18	2237.9	2304.04	123189.6	8646.45	794131.8	50588.09	5381914.9	1365.88	140100.3					325.68		325.68
			高（密）	193.12	20524.5	193.12	20524.5	16.09	440.1	70.84	7071.5			106.19	13012.9									
盘中自然保护区	合计	合计	合计	49469.05	2267572.3	49469.05	2267572.3	24163.50	623243.5	21830.86	1213309.8	3092.49	381062.4	349.94	44496.9	32.26	5459.7							
			低（疏）	4581.32	116591.0	4581.32	116591.0	2358.71	35235.3	2056.45	72505.2	166.16	8850.5											
			中	39394.95	1795842.8	39394.95	1795842.8	18528.10	484651.2	18501.35	1038288.0	2114.45	240047.2	218.79	27396.7	32.26	5459.7							
			高（密）	5492.78	355138.5	5492.78	355138.5	3276.69	103357.0	1273.06	102516.6	811.88	132164.7	131.15	17100.2									

表 3　黑龙江大兴安岭重点国有林区有林地、疏林地、灌木林地按林种和龄组面积、蓄积统计表（续 33）

单位：公顷、立方米

统计单位	林种	亚林种	郁闭度（覆盖度）等级	合计		乔木林地												疏林地		灌木林地		
						小计		幼龄林		中龄林		近熟林		成熟林		过熟林				小计	特殊灌木林地	一般灌木林地
				面积	蓄积	面积	蓄积	面积	蓄积	面积	蓄积	面积	蓄积	面积	蓄积	面积	蓄积	面积	蓄积	面积	面积	面积
盘中自然保护区	防护林	合计	合计	8844.33	283887.3	8844.33	283887.3	5539.57	186797.2	3208.55	89576.4	96.21	7513.7									
			低（疏）	619.04	9002.0	619.04	9002.0	459.41	5167.7	151.57	3458.3	8.06	376.0									
			中	6662.93	218169.8	6662.93	218169.8	3775.55	134608.7	2810.51	78034.1	76.87	5527.0									
			高（密）	1562.36	56715.5	1562.36	56715.5	1304.61	47020.8	246.47	8084.0	11.28	1610.7									
		护岸林	合计	8844.33	283887.3	8844.33	283887.3	5539.57	186797.2	3208.55	89576.4	96.21	7513.7									
			低（疏）	619.04	9002.0	619.04	9002.0	459.41	5167.7	151.57	3458.3	8.06	376.0									
			中	6662.93	218169.8	6662.93	218169.8	3775.55	134608.7	2810.51	78034.1	76.87	5527.0									
			高（密）	1562.36	56715.5	1562.36	56715.5	1304.61	47020.8	246.47	8084.0	11.28	1610.7									
	特用林	合计	合计	40624.72	1983685.0	40624.72	1983685.0	18623.93	436446.3	18622.31	1123733.4	2996.28	373548.7	349.94	44496.9	32.26	5459.7					
			低（疏）	3962.28	107589.0	3962.28	107589.0	1899.30	30067.6	1904.88	69046.9	158.10	8474.5									
			中	32732.02	1577673.0	32732.02	1577673.0	14752.55	350042.5	15690.84	960253.9	2037.58	234520.2	218.79	27396.7	32.26	5459.7					
			高（密）	3930.42	298423.0	3930.42	298423.0	1972.08	56336.2	1026.59	94432.6	800.60	130554.0	131.15	17100.2							
		自然保护区林	合计	40624.72	1983685.0	40624.72	1983685.0	18623.93	436446.3	18622.31	1123733.4	2996.28	373548.7	349.94	44496.9	32.26	5459.7					
			低（疏）	3962.28	107589.0	3962.28	107589.0	1899.30	30067.6	1904.88	69046.9	158.10	8474.5									
			中	32732.02	1577673.0	32732.02	1577673.0	14752.55	350042.5	15690.84	960253.9	2037.58	234520.2	218.79	27396.7	32.26	5459.7					
			高（密）	3930.42	298423.0	3930.42	298423.0	1972.08	56336.2	1026.59	94432.6	800.60	130554.0	131.15	17100.2							

说明：①郁闭度分低（0.20~0.39）、中（0.40~0.69）、高（0.70 以上）三级统计；
②覆盖度分疏（30%~49%）、中（50%~69%）、密（70% 以上）三级统计；
③郁闭度（覆盖度）等级各分项统计不含疏林地。

表 4　黑龙江大兴安岭重点国有林区乔木林各龄组面积、蓄积按起源和优势树种（组）统计表

单位：公顷、立方米

统计单位	起源	优势树种（组）	合计		幼龄林		中龄林		近熟林		成、过熟林	
			面积	蓄积	面积	蓄积	面积	蓄积	面积	蓄积	面积	蓄积
黑龙江大兴安岭重点国有林区	合计	合计	6888823.99	575178872.9	1318055.00	58039653.3	4079452.28	364829876.0	804326.51	79087859.1	686990.20	73221484.5
		云杉	28359.51	2664228.0	744.04	40273.2	23323.86	2215971.1	3273.72	307015.5	1017.89	100968.2
		落叶松	3204641.10	293541736.8	152203.72	9167730.4	2156995.39	194059846.3	449305.34	43197529.4	446136.65	47116630.7
		红松	52.03	7354.9	52.03	7354.9						
		樟子松	93134.00	9198521.9	9049.77	394124.5	53923.37	5296309.4	17585.78	1968782.6	12575.08	1539305.4
		蒙古栎	176321.59	9145745.5	97212.24	3653802.0	45083.39	2848405.6	16800.25	1253242.2	17225.71	1390295.7
		白桦	2975524.29	233156257.3	861849.85	38579101.7	1659756.47	147628889.5	281031.70	28301238.4	172886.27	18647027.7
		黑桦	32427.77	1882428.4	16689.35	897407.4	13374.43	813987.7	1662.26	117822.0	701.73	53211.3
		水曲柳	552.30	61013.1	238.37	17002.6	307.55	43307.1			6.38	703.4
		榆树	498.94	19675.6	39.90	1042.1	362.80	13319.8	30.11	1619.3	66.13	3694.4
		椴树	29.35	1305.9	29.35	1305.9						
		杨树	9947.12	971170.5	565.08	32131.1	4588.60	367917.3	2130.28	236272.8	2663.16	334849.3
		柳树	21809.93	1485526.7	4607.09	121610.1	10865.76	773094.8	2470.56	219589.6	3866.52	371232.2
		其他软阔类	9112.33	467561.1	8687.18	432996.8	425.15	34564.3				
		山杨	336413.73	22576347.2	166087.03	4693770.6	110445.51	10734263.1	30036.51	3484747.3	29844.68	3663566.2
	天然	合计	6700982.48	564342876.4	1269598.99	55572197.9	3949511.30	357305496.0	795457.93	78302714.6	686414.26	73162467.9
		云杉	28173.18	2656691.5	635.33	37467.2	23275.90	2213015.3	3247.53	305488.7	1014.42	100720.3
		落叶松	3038639.33	283878344.9	115160.36	7236509.1	2036070.21	187043567.1	441756.78	42527606.2	445651.98	47070662.5
		樟子松	81130.50	8538306.2	6912.60	326550.6	45438.67	4830162.6	16291.95	1855088.1	12487.28	1526504.9
		蒙古栎	176321.59	9145745.5	97212.24	3653802.0	45083.39	2848405.6	16800.25	1253242.2	17225.71	1390295.7
		白桦	2975524.29	233156257.3	861849.85	38579101.7	1659756.47	147628889.5	281031.70	28301238.4	172886.27	18647027.7
		黑桦	32427.77	1882428.4	16689.35	897407.4	13374.43	813987.7	1662.26	117822.0	701.73	53211.3
		水曲柳	552.30	61013.1	238.37	17002.6	307.55	43307.1			6.38	703.4
		榆树	498.94	19675.6	39.90	1042.1	362.80	13319.8	30.11	1619.3	66.13	3694.4
		椴树	29.35	1305.9	29.35	1305.9						
		杨树	9947.12	971170.5	565.08	32131.1	4588.60	367917.3	2130.28	236272.8	2663.16	334849.3
		柳树	21809.93	1485526.7	4607.09	121610.1	10865.76	773094.8	2470.56	219589.6	3866.52	371232.2
		山杨	335928.18	22546410.8	165659.47	4668268.1	110387.52	10729829.2	30036.51	3484747.3	29844.68	3663566.2
	人工	合计	187841.51	10835996.5	48456.01	2467455.4	129940.98	7524380.0	8868.58	785144.5	575.94	59016.6
		云杉	186.33	7536.5	108.71	2806.0	47.96	2955.8	26.19	1526.8	3.47	247.9
		落叶松	166001.77	9663391.9	37043.36	1931221.3	120925.18	7016279.2	7548.56	669923.2	484.67	45968.2
		红松	52.03	7354.9	52.03	7354.9						
		樟子松	12003.50	660215.7	2137.17	67573.9	8484.70	466146.8	1293.83	113694.5	87.80	12800.5
		其他软阔类	9112.33	467561.1	8687.18	432996.8	425.15	34564.3				
		山杨	485.55	29936.4	427.56	25502.5	57.99	4433.9				

表 4　黑龙江大兴安岭重点国有林区乔木林各龄组面积、蓄积按起源和优势树种（组）统计表（续 1）

单位：公顷、立方米

统计单位	起源	优势树种（组）	合计		幼龄林		中龄林		近熟林		成、过熟林	
			面积	蓄积	面积	蓄积	面积	蓄积	面积	蓄积	面积	蓄积
黑龙江大兴安岭重点国有林区	其中：人天混	合计	32952.48	1929645.4	12852.92	642272.9	19328.30	1222303.4	766.52	64733.9	4.74	335.2
		云杉	25.42	1370.3	8.70	210.1	14.69	1012.9			2.03	147.3
		落叶松	21678.35	1349361.3	3540.99	177494.7	17411.59	1109920.0	723.06	61758.7	2.71	187.9
		樟子松	1650.83	81416.3	188.49	6068.8	1418.88	72372.3	43.46	2975.2		
		其他软阔类	9112.33	467561.1	8687.18	432996.8	425.15	34564.3				
		山杨	485.55	29936.4	427.56	25502.5	57.99	4433.9				
西林吉林业局	合计	合计	548129.02	46879993.6	98162.82	5287906.1	212810.12	18103085.8	135231.78	13293714.8	101924.30	10195286.9
		落叶松	302396.74	26344177.3	9441.51	391242.2	130576.90	10511936.4	92736.56	8812969.4	69641.77	6628029.3
		樟子松	10679.55	1063843.1	1146.09	41670.4	4416.89	448021.7	2793.11	316835.9	2323.46	257315.1
		白桦	223966.67	18631921.2	79837.41	4354433.4	75338.08	6930014.8	39347.76	4114747.2	29443.42	3232725.8
		柳树	151.80	5322.4	51.13	928.0	100.67	4394.4				
		其他软阔类	641.19	28634.3	641.19	28634.3						
		山杨	10293.07	806095.3	7045.49	470997.8	2377.58	208718.5	354.35	49162.3	515.65	77216.7
	天然	合计	519912.80	45659360.8	92313.61	5058522.6	190535.07	17115790.8	135139.82	13289760.5	101924.30	10195286.9
		落叶松	276428.59	25220836.6	4551.59	202618.9	109500.59	9577323.2	92734.64	8812865.2	69641.77	6628029.3
		樟子松	9104.40	997448.4	827.99	29544.5	3249.88	397603.0	2703.07	312985.8	2323.46	257315.1
		白桦	223966.67	18631921.2	79837.41	4354433.4	75338.08	6930014.8	39347.76	4114747.2	29443.42	3232725.8
		柳树	151.80	5322.4	51.13	928.0	100.67	4394.4				
		山杨	10261.34	803832.2	7045.49	470997.8	2345.85	206455.4	354.35	49162.3	515.65	77216.7
	人工	合计	28216.22	1220632.8	5849.21	229383.5	22275.05	987295.0	91.96	3954.3		
		落叶松	25968.15	1123340.7	4889.92	188623.3	21076.31	934613.2	1.92	104.2		
		樟子松	1575.15	66394.7	318.10	12125.9	1167.01	50418.7	90.04	3850.1		
		其他软阔类	641.19	28634.3	641.19	28634.3						
		山杨	31.73	2263.1			31.73	2263.1				
	其中：人天混	合计	4084.68	187993.8	1388.95	56681.5	2694.85	131271.2	0.88	41.1		
		落叶松	3283.47	150806.0	714.66	26950.8	2567.93	123814.1	0.88	41.1		
		樟子松	128.29	6290.4	33.10	1096.4	95.19	5194.0				
		其他软阔类	641.19	28634.3	641.19	28634.3						
		山杨	31.73	2263.1			31.73	2263.1				
图强林业局	合计	合计	465214.61	35353434.7	131575.99	8169667.9	233719.98	18444609.6	61059.72	5089610.5	38858.92	3649546.7
		云杉	505.05	45441.2	62.37	4981.1	437.33	39786.3	5.35	673.8		
		落叶松	191614.76	14165350.2	5673.03	233882.4	125696.02	9022945.2	42338.53	3301833.9	17907.18	1606688.7
		樟子松	16515.66	1561786.5	1038.29	45581.7	8448.69	700062.7	2930.31	305336.7	4098.37	510805.4
		白桦	242497.85	18422893.0	114028.06	7110677.1	96940.03	8438549.9	15416.75	1432909.9	16113.01	1440756.1
		黑桦	44.98	4624.2					44.98	4624.2		
		榆树	10.40	121.4	7.91	72.1	2.49	49.3				
		杨树	35.87	2035.0			26.40	1023.5	9.47	1011.5		
		柳树	312.72	11784.7	218.68	6551.2	94.04	5233.5				
		其他软阔类	3138.16	161475.7	3136.52	161404.3	1.64	71.4				
		山杨	10539.16	977922.8	7411.13	606518.0	2073.34	236887.8	314.33	43220.5	740.36	91296.5

表4 黑龙江大兴安岭重点国有林区乔木林各龄组面积、蓄积按起源和优势树种（组）统计表（续2）

单位：公顷、立方米

统计单位	起源	优势树种（组）	合计		幼龄林		中龄林		近熟林		成、过熟林	
			面积	蓄积	面积	蓄积	面积	蓄积	面积	蓄积	面积	蓄积
图强林业局	天然	合计	447459.17	34436219.4	127178.12	7967048.9	220707.73	17754734.7	60714.40	5064889.1	38858.92	3649546.7
		云杉	499.69	45297.6	61.67	4975.2	432.67	39648.6	5.35	673.8		
		落叶松	180376.12	13606818.8	4745.98	207276.4	115678.64	8511505.6	42044.32	3281348.1	17907.18	1606688.7
		樟子松	13280.09	1373352.1	842.40	39609.1	5460.12	521836.5	2879.20	301101.1	4098.37	510805.4
		白桦	242497.85	18422893.0	114028.06	7110677.1	96940.03	8438549.9	15416.75	1432909.9	16113.01	1440756.1
		黑桦	44.98	4624.2					44.98	4624.2		
		榆树	10.40	121.4	7.91	72.1	2.49	49.3				
		杨树	35.87	2035.0			26.40	1023.5	9.47	1011.5		
		柳树	312.72	11784.7	218.68	6551.2	94.04	5233.5				
		山杨	10401.45	969292.6	7273.42	597887.8	2073.34	236887.8	314.33	43220.5	740.36	91296.5
	人工	合计	17755.44	917215.3	4397.87	202619.0	13012.25	689874.9	345.32	24721.4		
		云杉	5.36	143.6	0.70	5.9	4.66	137.7				
		落叶松	11238.64	558531.4	927.05	26606.0	10017.38	511439.6	294.21	20485.8		
		樟子松	3235.57	188434.4	195.89	5972.6	2988.57	178226.2	51.11	4235.6		
		其他软阔类	3138.16	161475.7	3136.52	161404.3	1.64	71.4				
		山杨	137.71	8630.2	137.71	8630.2						
	其中：人天混	合计	7954.24	419049.7	3721.43	181731.0	4082.56	227940.4	150.25	9378.3		
		落叶松	4009.81	212396.2	442.67	11448.9	3427.42	192219.1	139.72	8728.2		
		樟子松	668.56	36547.6	4.53	247.6	653.50	35649.9	10.53	650.1		
		其他软阔类	3138.16	161475.7	3136.52	161404.3	1.64	71.4				
		山杨	137.71	8630.2	137.71	8630.2						
阿木尔林业局	合计	合计	443959.47	35359755.1	153122.39	10517558.2	243352.24	20705363.0	37577.26	3209250.4	9907.58	927583.5
		云杉	1770.59	131723.8	99.26	6145.7	1057.10	76048.7	562.11	43822.6	52.12	5706.8
		落叶松	171131.83	13522631.2	10810.67	523788.0	131032.42	10615709.3	25308.84	2046185.1	3979.90	336948.8
		樟子松	15288.74	1396455.4	2062.20	105574.5	9971.78	912151.1	2424.87	259746.9	829.89	118982.9
		白桦	240579.00	19075621.0	128923.34	8976184.2	97991.84	8852616.3	8809.58	803709.9	4854.24	443110.6
		杨树	116.05	7458.8			76.92	3932.9	39.13	3525.9		
		柳树	1602.50	89846.9	30.42	985.4	1572.08	88861.5				
		其他软阔类	1078.37	61653.0	1078.37	61653.0						
		山杨	12392.39	1074365.0	10118.13	843227.4	1650.10	156043.2	432.73	52260.0	191.43	22834.4
	天然	合计	435368.97	34902833.4	151663.88	10435501.9	236378.76	20340444.4	37418.75	3199303.6	9907.58	927583.5
		云杉	1770.59	131723.8	99.26	6145.7	1057.10	76048.7	562.11	43822.6	52.12	5706.8
		落叶松	165415.80	13223001.3	10573.47	512452.6	125618.16	10330629.2	25244.27	2042970.7	3979.90	336948.8
		樟子松	13601.35	1309388.5	2013.14	103828.7	8427.39	833562.4	2330.93	253014.5	829.89	118982.9
		白桦	240579.00	19075621.0	128923.34	8976184.2	97991.84	8852616.3	8809.58	803709.9	4854.24	443110.6
		杨树	116.05	7458.8			76.92	3932.9	39.13	3525.9		
		柳树	1602.50	89846.9	30.42	985.4	1572.08	88861.5				
		山杨	12283.68	1065793.1	10024.25	835905.3	1635.27	154793.4	432.73	52260.0	191.43	22834.4

表 4　黑龙江大兴安岭重点国有林区乔木林各龄组面积、蓄积按起源和优势树种（组）统计表（续 3）

单位：公顷、立方米

统计单位	起源	优势树种（组）	合计		幼龄林		中龄林		近熟林		成、过熟林	
			面积	蓄积	面积	蓄积	面积	蓄积	面积	蓄积	面积	蓄积
阿木尔林业局	人工	合计	8590.50	456921.7	1458.51	82056.3	6973.48	364918.6	158.51	9946.8		
		落叶松	5716.03	299629.9	237.20	11335.4	5414.26	285080.1	64.57	3214.4		
		樟子松	1687.39	87066.9	49.06	1745.8	1544.39	78588.7	93.94	6732.4		
		其他软阔类	1078.37	61653.0	1078.37	61653.0						
		山杨	108.71	8571.9	93.88	7322.1	14.83	1249.8				
	其中：人天混	合计	3751.04	215266.1	1256.72	72335.2	2483.37	142195.9	10.95	735.0		
		落叶松	2293.30	129293.8	81.16	3166.2	2208.49	125942.5	3.65	185.1		
		樟子松	270.66	15747.4	3.31	193.9	260.05	15003.6	7.30	549.9		
		其他软阔类	1078.37	61653.0	1078.37	61653.0						
		山杨	108.71	8571.9	93.88	7322.1	14.83	1249.8				
塔河林业局	合计	合计	793332.08	68356248.6	202593.94	11781460.6	517924.25	49190473.4	60765.83	6104393.2	12048.06	1279921.4
		云杉	10409.52	941543.1	342.13	19545.3	8145.14	727343.9	1869.19	187937.2	53.06	6716.7
		落叶松	309257.77	28205837.3	26775.25	1493236.8	258966.73	24416488.5	21242.49	2078423.7	2273.30	217688.3
		樟子松	22488.55	2276522.4	2039.06	91220.5	16284.74	1693285.3	3402.10	391178.2	762.65	100838.4
		蒙古栎	226.11	16792.2	129.55	8663.4	96.56	8128.8				
		白桦	412597.47	33715274.6	155665.32	9057509.3	218957.67	20883362.8	30932.71	3059109.4	7041.77	715293.1
		黑桦	10.13	1026.2			10.13	1026.2				
		水曲柳	274.19	41281.9			274.19	41281.9				
		榆树	256.42	9269.6			255.23	9216.2	1.19	53.4		
		杨树	1547.11	116482.1			1358.99	92283.5	134.99	13080.1	53.13	11118.5
		柳树	2316.54	179615.4	4.72	232.3	2105.09	161453.2	90.53	6422.5	116.20	11507.4
		其他软阔类	2935.55	155194.0	2906.89	152824.6	28.66	2369.4				
		山杨	31012.72	2697409.8	14731.02	958228.4	11441.12	1154233.7	3092.63	368188.7	1747.95	216759.0
	天然	合计	769168.73	67223852.8	193551.28	11475441.0	502836.68	48367295.2	60751.76	6103155.5	12029.01	1277961.1
		云杉	10376.06	940601.1	316.67	19284.9	8138.52	726776.7	1869.19	187937.2	51.68	6602.3
		落叶松	289814.81	27321639.1	21032.43	1353057.9	245277.66	23673212.6	21234.13	2077868.2	2270.59	217500.4
		樟子松	20890.33	2193504.4	1814.55	86733.9	14931.70	1617094.1	3396.39	390496.0	747.69	99180.4
		蒙古栎	226.11	16792.2	129.55	8663.4	96.56	8128.8				
		白桦	412597.47	33715274.6	155665.32	9057509.3	218957.67	20883362.8	30932.71	3059109.4	7041.77	715293.1
		黑桦	10.13	1026.2			10.13	1026.2				
		水曲柳	274.19	41281.9			274.19	41281.9				
		榆树	256.42	9269.6			255.23	9216.2	1.19	53.4		
		杨树	1547.11	116482.1			1358.99	92283.5	134.99	13080.1	53.13	11118.5
		柳树	2316.54	179615.4	4.72	232.3	2105.09	161453.2	90.53	6422.5	116.20	11507.4
		山杨	30859.56	2688366.2	14588.04	949959.3	11430.94	1153459.2	3092.63	368188.7	1747.95	216759.0

表4 黑龙江大兴安岭重点国有林区乔木林各龄组面积、蓄积按起源和优势树种（组）统计表（续4）

单位：公顷、立方米

统计单位	起源	优势树种（组）	合计		幼龄林		中龄林		近熟林		成、过熟林	
			面积	蓄积	面积	蓄积	面积	蓄积	面积	蓄积	面积	蓄积
塔河林业局	人工	合计	24163.35	1132395.8	9042.66	306019.6	15087.57	823178.2	14.07	1237.7	19.05	1960.3
		云杉	33.46	942.0	25.46	260.4	6.62	567.2			1.38	114.4
		落叶松	19442.96	884198.2	5742.82	140178.9	13689.07	743275.9	8.36	555.5	2.71	187.9
		樟子松	1598.22	83018.0	224.51	4486.6	1353.04	76191.2	5.71	682.2	14.96	1658.0
		其他软阔类	2935.55	155194.0	2906.89	152824.6	28.66	2369.4				
		山杨	153.16	9043.6	142.98	8269.1	10.18	774.5				
	其中：人天混	合计	7540.81	410664.3	3411.19	180663.4	4125.53	229698.6			4.09	302.3
		云杉	10.08	324.5	8.70	210.1					1.38	114.4
		落叶松	4087.62	232554.5	352.62	19359.6	3732.29	213007.0			2.71	187.9
		樟子松	354.40	13547.7			354.40	13547.7				
		其他软阔类	2935.55	155194.0	2906.89	152824.6	28.66	2369.4				
		山杨	153.16	9043.6	142.98	8269.1	10.18	774.5				
呼中林业局	合计	合计	740828.71	68169715.7	22323.27	1510699.2	379519.95	33402090.0	183821.88	17954428.1	155163.61	15302498.4
		云杉	150.15	11271.9			150.15	11271.9				
		落叶松	537568.05	49065266.7	15100.89	1128333.0	250575.56	21740811.5	139606.01	13462877.5	132285.59	12733244.7
		樟子松	3406.47	318348.6	251.77	16149.5	1943.38	162514.5	678.64	79589.7	532.68	60094.9
		白桦	179487.59	16461461.1	5577.43	295662.8	117051.27	10410057.8	39768.89	3949465.1	17090.00	1806275.4
		杨树	2425.08	291880.0	403.01	24228.9	501.71	48038.8	452.12	59895.1	1068.24	159717.2
		柳树	4302.27	395223.5	855.31	38865.7	1814.68	180212.2	936.63	98809.6	695.65	77336.0
		山杨	13489.10	1626263.9	134.86	7459.3	7483.20	849183.3	2379.59	303791.1	3491.45	465830.2
	天然	合计	732018.29	67758210.6	22091.66	1503155.0	372731.21	33134936.5	182237.93	17837152.4	154957.49	15282966.7
		云杉	150.15	11271.9			150.15	11271.9				
		落叶松	529151.41	48676246.2	14874.52	1120929.0	244125.97	21491107.5	138071.45	13350496.7	132079.47	12713713.0
		樟子松	3012.69	295864.0	246.53	16009.3	1604.23	145065.0	629.25	74694.8	532.68	60094.9
		白桦	179487.59	16461461.1	5577.43	295662.8	117051.27	10410057.8	39768.89	3949465.1	17090.00	1806275.4
		杨树	2425.08	291880.0	403.01	24228.9	501.71	48038.8	452.12	59895.1	1068.24	159717.2
		柳树	4302.27	395223.5	855.31	38865.7	1814.68	180212.2	936.63	98809.6	695.65	77336.0
		山杨	13489.10	1626263.9	134.86	7459.3	7483.20	849183.3	2379.59	303791.1	3491.45	465830.2
	人工	合计	8810.42	411505.1	231.61	7544.2	6788.74	267153.5	1583.95	117275.7	206.12	19531.7
		落叶松	8416.64	389020.5	226.37	7404.0	6449.59	249704.0	1534.56	112380.8	206.12	19531.7
		樟子松	393.78	22484.6	5.24	140.2	339.15	17449.5	49.39	4894.9		
	其中：人天混	合计	316.32	22770.6	10.27	328.2	186.73	11863.9	119.32	10578.5		
		落叶松	292.18	21217.4	10.27	328.2	186.73	11863.9	95.18	9025.3		
		樟子松	24.14	1553.2					24.14	1553.2		

表 4　黑龙江大兴安岭重点国有林区乔木林各龄组面积、蓄积按起源和优势树种（组）统计表（续 5）

单位：公顷、立方米

统计单位	起源	优势树种（组）	合计		幼龄林		中龄林		近熟林		成、过熟林	
			面积	蓄积	面积	蓄积	面积	蓄积	面积	蓄积	面积	蓄积
新林林业局	合计	合计	824008.93	73383868.2	56289.31	1858618.2	692786.60	64423513.8	48130.07	4575659.9	26802.95	2526076.3
		云杉	14020.87	1418058.2	157.51	7013.8	12318.18	1264403.1	659.54	61295.5	885.64	85345.8
		落叶松	418414.28	37212286.7	18698.47	1075198.5	368115.82	33357990.7	19815.73	1762733.0	11784.26	1016364.5
		红松	52.03	7354.9	52.03	7354.9						
		樟子松	7735.18	878946.5	421.14	18188.7	5737.69	685976.2	1353.46	154316.7	222.89	20464.9
		蒙古栎	1309.83	98933.6	43.13	2267.4	916.35	66836.4	255.22	19332.8	95.13	10497.0
		白桦	356689.79	31449504.0	32482.18	640454.2	295158.31	28001815.6	21108.36	2047972.6	7940.94	759261.6
		黑桦	47.91	3155.6	2.96	175.2	44.95	2980.4				
		水曲柳	278.11	19731.2	238.37	17002.6	33.36	2025.2			6.38	703.4
		榆树	27.83	851.9			16.48	474.4			11.35	377.5
		杨树	1693.81	142969.6	3.82	119.1	918.14	72101.4	198.71	15917.7	573.14	54831.4
		柳树	3147.11	277513.6	169.51	10932.1	995.16	92100.1	343.76	27631.3	1638.68	146850.1
		其他软阔类	97.60	1995.9	64.54	272.7	33.06	1723.2				
		山杨	20494.58	1872566.5	3955.65	79639.0	8499.10	875087.1	4395.29	486460.3	3644.54	431380.1
	天然	合计	820366.95	73174045.8	54558.80	1812952.4	691169.35	64294624.1	47856.12	4542983.7	26782.68	2523485.6
		云杉	14018.67	1418017.2	155.96	7005.7	12318.18	1264403.1	659.54	61295.5	884.99	85312.9
		落叶松	415150.32	37019258.6	17288.25	1040211.3	366545.35	33233523.8	19552.08	1731716.8	11764.64	1013806.7
		樟子松	7508.99	871544.0	218.97	15145.8	5723.97	683276.6	1343.16	152656.7	222.89	20464.9
		蒙古栎	1309.83	98933.6	43.13	2267.4	916.35	66836.4	255.22	19332.8	95.13	10497.0
		白桦	356689.79	31449504.0	32482.18	640454.2	295158.31	28001815.6	21108.36	2047972.6	7940.94	759261.6
		黑桦	47.91	3155.6	2.96	175.2	44.95	2980.4				
		水曲柳	278.11	19731.2	238.37	17002.6	33.36	2025.2			6.38	703.4
		榆树	27.83	851.9			16.48	474.4			11.35	377.5
		杨树	1693.81	142969.6	3.82	119.1	918.14	72101.4	198.71	15917.7	573.14	54831.4
		柳树	3147.11	277513.6	169.51	10932.1	995.16	92100.1	343.76	27631.3	1638.68	146850.1
		山杨	20494.58	1872566.5	3955.65	79639.0	8499.10	875087.1	4395.29	486460.3	3644.54	431380.1
	人工	合计	3641.98	209822.4	1730.51	45665.8	1617.25	128889.7	273.95	32676.2	20.27	2590.7
		云杉	2.20	41.0	1.55	8.1					0.65	32.9
		落叶松	3263.96	193028.1	1410.22	34987.2	1570.47	124466.9	263.65	31016.2	19.62	2557.8
		红松	52.03	7354.9	52.03	7354.9						
		樟子松	226.19	7402.5	202.17	3042.9	13.72	2699.6	10.30	1660.0		
		其他软阔类	97.60	1995.9	64.54	272.7	33.06	1723.2				
	其中：人天混	合计	1037.24	40773.8	601.84	7000.1	423.16	32826.2	11.59	914.6	0.65	32.9
		云杉	0.65	32.9							0.65	32.9
		落叶松	935.80	38506.5	535.60	6710.9	390.10	31103.0	10.10	692.6		
		樟子松	3.19	238.5	1.70	16.5			1.49	222.0		
		其他软阔类	97.60	1995.9	64.54	272.7	33.06	1723.2				

表4 黑龙江大兴安岭重点国有林区乔木林各龄组面积、蓄积按起源和优势树种（组）统计表（续6）

单位：公顷、立方米

统计单位	起源	优势树种（组）	合计		幼龄林		中龄林		近熟林		成、过熟林	
			面积	蓄积	面积	蓄积	面积	蓄积	面积	蓄积	面积	蓄积
十八站林业局	合计	合计	527252.05	31630855.2	186983.02	2068766.8	294807.53	25459596.7	28582.16	2587858.4	16879.34	1514633.3
		云杉	542.99	36198.2	0.90	21.5	498.31	33988.5	43.78	2188.2		
		落叶松	154558.53	13077036.7	9181.24	531039.5	140336.64	12130822.3	4074.30	330489.6	966.35	84685.3
		樟子松	4156.06	431203.1	573.50	23508.1	2355.39	255660.6	817.13	96885.6	410.04	55148.8
		蒙古栎	7439.70	81684.5	6896.36	46560.9	495.63	32525.4	47.71	2598.2		
		白桦	280093.87	15622993.6	110996.57	1061557.0	140023.48	12019903.4	18722.37	1665361.8	10351.45	876171.4
		黑桦	82.80	1536.3	59.71	501.7	5.99	246.7	17.10	787.9		
		榆树	25.78	1650.4	8.54	259.4	15.26	1308.8			1.98	82.2
		杨树	3471.83	346796.6	44.25	725.5	1381.02	122500.9	1253.24	138642.8	793.32	84927.4
		柳树	4773.18	300009.7	744.72	7816.5	2172.09	134863.0	865.39	63663.3	990.98	93666.9
		其他软阔类	534.81	4626.9	533.41	4583.9	1.40	43.0				
		山杨	71572.50	1727119.2	57943.82	392192.8	7522.32	727734.1	2741.14	287241.0	3365.22	319951.3
	天然	合计	525452.06	31543502.6	186059.82	2058049.5	294031.29	25390553.0	28497.28	2582804.3	16863.67	1512095.8
		云杉	542.99	36198.2	0.90	21.5	498.31	33988.5	43.78	2188.2		
		落叶松	153506.17	12998956.3	8995.95	527923.1	139561.80	12061821.6	3989.42	325435.5	959.00	83776.1
		樟子松	3960.47	426748.8	386.23	20682.1	2355.39	255660.6	817.13	96885.6	401.72	53520.5
		蒙古栎	7439.70	81684.5	6896.36	46560.9	495.63	32525.4	47.71	2598.2		
		白桦	280093.87	15622993.6	110996.57	1061557.0	140023.48	12019903.4	18722.37	1665361.8	10351.45	876171.4
		黑桦	82.80	1536.3	59.71	501.7	5.99	246.7	17.10	787.9		
		榆树	25.78	1650.4	8.54	259.4	15.26	1308.8			1.98	82.2
		杨树	3471.83	346796.6	44.25	725.5	1381.02	122500.9	1253.24	138642.8	793.32	84927.4
		柳树	4773.18	300009.7	744.72	7816.5	2172.09	134863.0	865.39	63663.3	990.98	93666.9
		山杨	71555.27	1726928.2	57926.59	392001.8	7522.32	727734.1	2741.14	287241.0	3365.22	319951.3
	人工	合计	1799.99	87352.6	923.20	10717.3	776.24	69043.7	84.88	5054.1	15.67	2537.5
		落叶松	1052.36	78080.4	185.29	3116.4	774.84	69000.7	84.88	5054.1	7.35	909.2
		樟子松	195.59	4454.3	187.27	2826.0					8.32	1628.3
		其他软阔类	534.81	4626.9	533.41	4583.9	1.40	43.0				
		山杨	17.23	191.0	17.23	191.0						
	其中：人天混	合计	815.82	12139.8	779.22	8364.8	36.60	3775.0				
		落叶松	149.17	5427.1	113.97	1695.1	35.20	3732.0				
		樟子松	114.61	1894.8	114.61	1894.8						
		其他软阔类	534.81	4626.9	533.41	4583.9	1.40	43.0				
		山杨	17.23	191.0	17.23	191.0						
韩家园林业局	合计	合计	618073.27	48254161.1	143997.80	4269687.6	429549.57	39486735.9	26121.81	2603515.5	18404.09	1894222.1
		云杉	274.71	20634.0	0.87	34.2	265.42	20042.9	8.42	556.9		
		落叶松	274715.97	26979761.9	15285.89	1165458.0	251574.30	24998319.4	5812.13	598705.4	2043.65	217279.1
		樟子松	2154.79	188758.6	228.04	6868.8	1811.56	170187.9	115.19	11701.9		
		蒙古栎	35455.17	1139621.3	27572.78	612548.4	5588.57	370864.5	1480.25	100815.2	813.57	55393.2
		白桦	219226.47	13950795.0	71952.78	1690437.4	129644.51	10575585.2	10166.06	969784.6	7463.12	714987.8
		黑桦	13991.97	697963.4	7264.61	325035.6	6570.64	366257.3	47.90	2546.8	108.82	4123.7

表 4　黑龙江大兴安岭重点国有林区乔木林各龄组面积、蓄积按起源和优势树种（组）统计表（续 7）

单位：公顷、立方米

统计单位	起源	优势树种(组)	合计		幼龄林		中龄林		近熟林		成、过熟林	
			面积	蓄积	面积	蓄积	面积	蓄积	面积	蓄积	面积	蓄积
韩家园林业局	合计	榆树	169.52	7474.7	14.46	403.0	73.34	2271.1	28.92	1565.9	52.80	3234.7
		椴树	6.94	523.0	6.94	523.0						
		杨树	26.40	1575.7	11.73	476.5	4.95	260.5			9.72	838.7
		柳树	710.65	24234.9	248.52	3459.3	441.41	19274.5	10.72	787.1	10.00	714.0
		山杨	71340.68	5242818.6	21411.18	464443.4	33574.87	2963672.6	8452.22	917051.7	7902.41	897650.9
	天然	合计	617775.91	48248278.1	143759.85	4268055.8	429518.00	39483293.1	26120.63	2603376.5	18377.43	1893552.7
		云杉	262.33	19689.7	0.87	34.2	253.04	19098.6	8.42	556.9		
		落叶松	274448.56	26976616.2	15053.79	1163903.5	251566.27	24997468.3	5811.51	598634.7	2016.99	216609.7
		樟子松	2137.22	186965.6	222.19	6791.5	1800.40	168540.5	114.63	11633.6		
		蒙古栎	35455.17	1139621.3	27572.78	612548.4	5588.57	370864.5	1480.25	100815.2	813.57	55393.2
		白桦	219226.47	13950795.0	71952.78	1690437.4	129644.51	10575585.2	10166.06	969784.6	7463.12	714987.8
		黑桦	13991.97	697963.4	7264.61	325035.6	6570.64	366257.3	47.90	2546.8	108.82	4123.7
		榆树	169.52	7474.7	14.46	403.0	73.34	2271.1	28.92	1565.9	52.80	3234.7
		椴树	6.94	523.0	6.94	523.0						
		杨树	26.40	1575.7	11.73	476.5	4.95	260.5			9.72	838.7
		柳树	710.65	24234.9	248.52	3459.3	441.41	19274.5	10.72	787.1	10.00	714.0
		山杨	71340.68	5242818.6	21411.18	464443.4	33574.87	2963672.6	8452.22	917051.7	7902.41	897650.9
	人工	合计	297.36	5883.0	237.95	1631.8	31.57	3442.8	1.18	139.0	26.66	669.4
		云杉	12.38	944.3			12.38	944.3				
		落叶松	267.41	3145.7	232.10	1554.5	8.03	851.1	0.62	70.7	26.66	669.4
		樟子松	17.57	1793.0	5.85	77.3	11.16	1647.4	0.56	68.3		
	其中：人天混	合计	13.40	1069.2			13.40	1069.2				
		云杉	12.38	944.3			12.38	944.3				
		落叶松	1.02	124.9			1.02	124.9				
松岭林业局	合计	合计	588976.93	47731208.3	105097.26	2501289.7	431645.69	40135088.7	33341.16	3246690.4	18892.82	1848139.5
		云杉	129.73	8553.6			128.29	8453.0			1.44	100.6
		落叶松	263609.57	24142643.2	10833.85	767120.4	238252.62	21994068.5	10191.15	980365.7	4331.95	401088.6
		樟子松	135.51	9123.0	102.41	5317.1	19.73	2643.4	13.37	1162.5		
		蒙古栎	26246.46	1567581.4	11884.50	426195.6	10599.15	782833.2	1863.16	167581.2	1899.65	190971.4
		白桦	230868.28	18136043.4	46882.41	861310.5	157148.28	14712682.7	17385.07	1683943.6	9452.52	878106.6
		黑桦	591.88	34708.4	261.61	11980.7	241.87	16409.3	51.88	2586.4	36.52	3732.0
		榆树	8.99	307.6	8.99	307.6						
		杨树	101.67	6631.0	33.12	1240.7	47.05	2713.6			21.50	2676.7
		柳树	162.31	9521.2	36.05	1689.3	108.15	6980.6	14.61	666.0	3.50	185.3
		其他软阔类	113.77	6441.2	78.40	3267.7	35.37	3173.5				
		山杨	67008.76	3809654.3	34975.92	422860.1	25065.18	2605130.9	3821.92	410385.0	3145.74	371278.3

表4 黑龙江大兴安岭重点国有林区乔木林各龄组面积、蓄积按起源和优势树种（组）统计表（续8）

单位：公顷、立方米

统计单位	起源	优势树种（组）	合计		幼龄林		中龄林		近熟林		成、过熟林	
			面积	蓄积	面积	蓄积	面积	蓄积	面积	蓄积	面积	蓄积
松岭林业局	天然	合计	583756.42	47217363.4	102732.37	2297795.3	429552.21	39917922.5	32783.04	3173622.0	18688.80	1828023.6
		云杉	127.47	8390.9			127.47	8390.9				
		落叶松	258637.08	23640987.6	8661.02	571017.2	236200.29	21780437.3	9646.40	908459.8	4129.37	381073.3
		樟子松	28.22	3814.1	12.20	1323.6	16.02	2490.5				
		蒙古栎	26246.46	1567581.4	11884.50	426195.6	10599.15	782833.2	1863.16	167581.2	1899.65	190971.4
		白桦	230868.28	18136043.4	46882.41	861310.5	157148.28	14712682.7	17385.07	1683943.6	9452.52	878106.6
		黑桦	591.88	34708.4	261.61	11980.7	241.87	16409.3	51.88	2586.4	36.52	3732.0
		榆树	8.99	307.6	8.99	307.6						
		杨树	101.67	6631.0	33.12	1240.7	47.05	2713.6			21.50	2676.7
		柳树	162.31	9521.2	36.05	1689.3	108.15	6980.6	14.61	666.0	3.50	185.3
		山杨	66984.06	3809377.8	34952.47	422730.1	25063.93	2604984.4	3821.92	410385.0	3145.74	371278.3
	人工	合计	5220.51	513844.9	2364.89	203494.4	2093.48	217166.2	558.12	73068.4	204.02	20115.9
		云杉	2.26	162.7			0.82	62.1			1.44	100.6
		落叶松	4972.49	501655.6	2172.83	196103.2	2052.33	213631.2	544.75	71905.9	202.58	20015.3
		樟子松	107.29	5308.9	90.21	3993.5	3.71	152.9	13.37	1162.5		
		其他软阔类	113.77	6441.2	78.40	3267.7	35.37	3173.5				
		山杨	24.70	276.5	23.45	130.0	1.25	146.5				
	其中：人天混	合计	1208.14	99632.1	1034.46	84610.7	169.50	14769.3	4.18	252.1		
		落叶松	1042.02	90440.1	904.96	78738.7	132.88	11449.3	4.18	252.1		
		樟子松	27.65	2474.3	27.65	2474.3						
		其他软阔类	113.77	6441.2	78.40	3267.7	35.37	3173.5				
		山杨	24.70	276.5	23.45	130.0	1.25	146.5				
加格达奇林业局	合计	合计	542702.85	39665740.3	146394.47	7405950.6	324188.92	26023063.8	50712.31	4381046.7	21407.15	1855679.2
		云杉	130.67	5302.9	81.00	2531.6	23.48	1244.5	26.19	1526.8		
		落叶松	98067.69	8149143.2	17348.43	1133256.9	66590.87	5641554.4	12430.92	1208850.6	1697.47	165481.3
		樟子松	2207.87	172772.3	671.95	22045.3	491.99	50804.3	979.41	90408.5	64.52	9514.2
		蒙古栎	87635.56	5149961.9	45302.50	2335427.4	19776.55	1156178.6	11205.20	788191.7	11351.31	870164.2
		白桦	324743.82	24157663.9	68851.70	3069603.6	223617.74	18149792.0	24413.95	2165439.2	7860.43	772829.1
		黑桦	15895.09	1023758.2	8785.49	545843.0	5494.80	358324.8	1244.18	88700.0	370.62	30890.4
		椴树	22.41	782.9	22.41	782.9						
		杨树	74.99	7304.5	38.60	3889.7	36.39	3414.8				
		柳树	3485.96	122770.2	2133.14	48893.8	1302.82	70409.4	50.00	3467.0		
		其他软阔类	457.59	40451.1	177.70	17101.6	279.89	23349.5				
		山杨	9981.20	835829.2	2981.55	226574.8	6574.39	567991.5	362.46	34462.9	62.80	6800.0

表 4 黑龙江大兴安岭重点国有林区乔木林各龄组面积、蓄积按起源和优势树种（组）统计表（续 9）

单位：公顷、立方米

统计单位	起源	优势树种（组）	合计		幼龄林		中龄林		近熟林		成、过熟林	
			面积	蓄积	面积	蓄积	面积	蓄积	面积	蓄积	面积	蓄积
加格达奇林业局	天然	合计	491416.80	35796012.1	130759.26	6415829.5	293241.37	23580985.0	46093.17	3955129.5	21323.00	1844068.1
		落叶松	49542.55	4489006.4	2651.41	185327.8	36395.92	3265425.5	8817.38	874868.7	1677.84	163384.4
		樟子松	47.53	9895.0	4.77	446.6	42.76	9448.4				
		蒙古栎	87635.56	5149961.9	45302.50	2335427.4	19776.55	1156178.6	11205.20	788191.7	11351.31	870164.2
		白桦	324743.82	24157663.9	68851.70	3069603.6	223617.74	18149792.0	24413.95	2165439.2	7860.43	772829.1
		黑桦	15895.09	1023758.2	8785.49	545843.0	5494.80	358324.8	1244.18	88700.0	370.62	30890.4
		椴树	22.41	782.9	22.41	782.9						
		杨树	74.99	7304.5	38.60	3889.7	36.39	3414.8				
		柳树	3485.96	122770.2	2133.14	48893.8	1302.82	70409.4	50.00	3467.0		
		山杨	9968.89	834869.1	2969.24	225614.7	6574.39	567991.5	362.46	34462.9	62.80	6800.0
	人工	合计	51286.05	3869728.2	15635.21	990121.1	30947.55	2442078.8	4619.14	425917.2	84.15	11611.1
		云杉	130.67	5302.9	81.00	2531.6	23.48	1244.5	26.19	1526.8		
		落叶松	48525.14	3660136.8	14697.02	947929.1	30194.95	2376128.9	3613.54	333981.9	19.63	2096.9
		樟子松	2160.34	162877.3	667.18	21598.7	449.23	41355.9	979.41	90408.5	64.52	9514.2
		其他软阔类	457.59	40451.1	177.70	17101.6	279.89	23349.5				
		山杨	12.31	960.1	12.31	960.1						
	其中：人天混	合计	4581.88	438687.0	417.48	35744.0	3728.26	360432.7	436.14	42510.3		
		云杉	2.31	68.6			2.31	68.6				
		落叶松	4093.00	395399.2	223.88	17537.0	3432.98	335351.9	436.14	42510.3		
		樟子松	16.67	1808.0	3.59	145.3	13.08	1662.7				
		其他软阔类	457.59	40451.1	177.70	17101.6	279.89	23349.5				
		山杨	12.31	960.1	12.31	960.1						
呼中自然保护区	合计	合计	152242.44	18310987.1	2102.79	65512.7	7795.71	582461.1	23286.04	2506346.7	119057.90	15156666.6
		落叶松	146468.26	17577198.4	2102.79	65512.7	6945.97	506442.3	22544.95	2427782.0	114874.55	14577461.4
		白桦	5380.69	679777.3			773.78	64028.2	725.64	76004.5	3881.27	539744.6
		杨树	165.00	21826.9			20.89	1087.5			144.11	20739.4
		柳树	93.85	10238.9							93.85	10238.9
		山杨	134.64	21945.6			55.07	10903.1	15.45	2560.2	64.12	8482.3
	天然	合计	152242.44	18310987.1	2102.79	65512.7	7795.71	582461.1	23286.04	2506346.7	119057.90	15156666.6
		落叶松	146468.26	17577198.4	2102.79	65512.7	6945.97	506442.3	22544.95	2427782.0	114874.55	14577461.4
		白桦	5380.69	679777.3			773.78	64028.2	725.64	76004.5	3881.27	539744.6
		杨树	165.00	21826.9			20.89	1087.5			144.11	20739.4
		柳树	93.85	10238.9							93.85	10238.9
		山杨	134.64	21945.6			55.07	10903.1	15.45	2560.2	64.12	8482.3

表 4 黑龙江大兴安岭重点国有林区乔木林各龄组面积、蓄积按起源和优势树种（组）统计表（续 10）

单位：公顷、立方米

统计单位	起源	优势树种（组）	合计		幼龄林		中龄林		近熟林		成、过熟林	
			面积	蓄积	面积	蓄积	面积	蓄积	面积	蓄积	面积	蓄积
南瓮河自然保护区	合计	合计	141309.50	14540308.8	12384.23	344784.2	86519.10	9157359.3	28837.02	3384296.3	13569.15	1653869.0
		云杉	139.47	13060.9			65.52	6288.3	73.95	6772.6		
		落叶松	91218.45	9916810.4	2918.15	210348.1	68812.50	7345701.5	15564.25	1870190.4	3923.55	490570.4
		蒙古栎	2052.53	201400.1	292.90	17791.5	614.54	59509.0	507.87	53588.9	637.22	70510.7
		白桦	42877.69	3725168.8	9078.28	109263.8	16031.81	1627746.7	10750.91	1181482.6	7016.69	806675.7
		黑桦	130.87	9461.4			130.87	9461.4				
		柳树	1.77	82.0					1.77	82.0		
		山杨	4888.72	674325.2	94.90	7380.8	863.86	108652.4	1938.27	272179.8	1991.69	286112.2
	天然	合计	141309.50	14540308.8	12384.23	344784.2	86519.10	9157359.3	28837.02	3384296.3	13569.15	1653869.0
		云杉	139.47	13060.9			65.52	6288.3	73.95	6772.6		
		落叶松	91218.45	9916810.4	2918.15	210348.1	68812.50	7345701.5	15564.25	1870190.4	3923.55	490570.4
		蒙古栎	2052.53	201400.1	292.90	17791.5	614.54	59509.0	507.87	53588.9	637.22	70510.7
		白桦	42877.69	3725168.8	9078.28	109263.8	16031.81	1627746.7	10750.91	1181482.6	7016.69	806675.7
		黑桦	130.87	9461.4			130.87	9461.4				
		柳树	1.77	82.0					1.77	82.0		
		山杨	4888.72	674325.2	94.90	7380.8	863.86	108652.4	1938.27	272179.8	1991.69	286112.2
双河自然保护区	合计	合计	80137.94	10147601.2	3701.53	50622.9	29658.63	3682723.6	20097.22	2671363.7	26680.56	3742891.0
		云杉	180.59	24705.8			140.38	20157.7	14.58	1449.8	25.63	3098.3
		落叶松	27611.29	3616790.8	471.28	14663.0	18115.58	2337289.4	3767.12	546134.9	5257.31	718703.5
		樟子松	827.65	122670.9			167.68	20759.2	254.95	35095.4	405.02	66816.3
		蒙古栎	57.59	1251.8	50.24	467.5	7.35	784.3				
		白桦	48296.88	5915872.8	2876.21	32549.5	10964.53	1258676.4	15166.11	1943429.7	19290.03	2681217.2
		柳树	430.38	34984.9	74.08	763.3			38.64	3488.0	317.66	30733.6
		山杨	2733.56	431324.2	229.72	2179.6	263.11	45056.6	855.82	141765.9	1384.91	242322.1
	天然	合计	79992.06	10146404.4	3644.83	50157.8	29569.45	3681991.9	20097.22	2671363.7	26680.56	3742891.0
		云杉	180.59	24705.8			140.38	20157.7	14.58	1449.8	25.63	3098.3
		落叶松	27465.41	3615594.0	414.58	14197.9	18026.40	2336557.7	3767.12	546134.9	5257.31	718703.5
		樟子松	827.65	122670.9			167.68	20759.2	254.95	35095.4	405.02	66816.3
		蒙古栎	57.59	1251.8	50.24	467.5	7.35	784.3				
		白桦	48296.88	5915872.8	2876.21	32549.5	10964.53	1258676.4	15166.11	1943429.7	19290.03	2681217.2
		柳树	430.38	34984.9	74.08	763.3			38.64	3488.0	317.66	30733.6
		山杨	2733.56	431324.2	229.72	2179.6	263.11	45056.6	855.82	141765.9	1384.91	242322.1
	人工	合计	145.88	1196.8	56.70	465.1	89.18	731.7				
		落叶松	145.88	1196.8	56.70	465.1	89.18	731.7				
	其中：人天混	合计	136.04	1116.1	46.86	384.4	89.18	731.7				
		落叶松	136.04	1116.1	46.86	384.4	89.18	731.7				

表 4 黑龙江大兴安岭重点国有林区乔木林各龄组面积、蓄积按起源和优势树种（组）统计表（续 11）

单位：公顷、立方米

统计单位	起源	优势树种（组）	合计		幼龄林		中龄林		近熟林		成、过熟林	
			面积	蓄积	面积	蓄积	面积	蓄积	面积	蓄积	面积	蓄积
绰纳河保护区	合计	合计	92277.98	11316376.0	409.19	9090.9	51710.39	6242021.8	26021.79	3365069.9	14136.61	1700193.4
		落叶松	68103.29	8407339.1	66.24	1417.3	49121.07	5987388.4	15389.13	2026885.2	3526.85	391648.2
		蒙古栎	902.93	65953.3	19.52	835.7	194.31	10789.3	323.08	26939.7	366.02	27388.6
		白桦	20887.09	2515236.3	283.00	5938.0	2250.24	224285.6	9619.36	1218063.7	8734.49	1066949.0
		黑桦	35.64	1280.3	22.21	615.4	13.43	664.9				
		山杨	2349.03	326567.0	18.22	284.5	131.34	18893.6	690.22	93181.3	1509.25	214207.6
	天然	合计	92185.98	11313302.6	409.19	9090.9	51630.19	6240250.2	26009.99	3363768.1	14136.61	1700193.4
		落叶松	68011.29	8404265.7	66.24	1417.3	49040.87	5985616.8	15377.33	2025583.4	3526.85	391648.2
		蒙古栎	902.93	65953.3	19.52	835.7	194.31	10789.3	323.08	26939.7	366.02	27388.6
		白桦	20887.09	2515236.3	283.00	5938.0	2250.24	224285.6	9619.36	1218063.7	8734.49	1066949.0
		黑桦	35.64	1280.3	22.21	615.4	13.43	664.9				
		山杨	2349.03	326567.0	18.22	284.5	131.34	18893.6	690.22	93181.3	1509.25	214207.6
	人工	合计	92.00	3073.4			80.20	1771.6	11.80	1301.8		
		落叶松	92.00	3073.4			80.20	1771.6	11.80	1301.8		
	其中：人天混	合计	73.47	1692.7			73.47	1692.7				
		落叶松	73.47	1692.7			73.47	1692.7				
多布库尔自然保护区	合计	合计	82735.96	5945092.1	14023.07	753412.7	58379.00	4294282.5	6506.63	571774.8	3827.26	325622.1
		落叶松	18498.35	1478216.2	4320.42	319023.9	13110.82	1067264.6	1007.68	85457.9	59.43	6469.8
		樟子松	174.89	14731.3	129.04	9933.0	45.85	4798.3				
		蒙古栎	14995.71	822565.4	5020.76	203044.2	6794.38	359956.1	1117.76	94194.5	2062.81	165370.6
		白桦	46000.78	3401664.6	3956.77	182181.4	36515.22	2717672.3	4009.54	362494.4	1519.25	139316.5
		黑桦	1596.50	104914.4	292.76	13255.8	861.75	58616.7	256.22	18576.7	185.77	14465.2
		杨树	19.16	1303.2	19.16	1303.2						
		柳树	155.91	10399.5	1.05	27.3	102.08	6305.8	52.78	4066.4		
		其他软阔类	45.13	3834.3			45.13	3834.3				
		山杨	1249.53	107463.2	283.11	24643.9	903.77	75834.4	62.65	6984.9		
	天然	合计	64979.80	4530137.9	9810.51	442001.9	45825.35	3274419.8	5516.68	488094.1	3827.26	325622.1
		落叶松	962.21	81827.6	236.90	17546.1	648.15	56034.5	17.73	1777.2	59.43	6469.8
		蒙古栎	14995.71	822565.4	5020.76	203044.2	6794.38	359956.1	1117.76	94194.5	2062.81	165370.6
		白桦	46000.78	3401664.6	3956.77	182181.4	36515.22	2717672.3	4009.54	362494.4	1519.25	139316.5
		黑桦	1596.50	104914.4	292.76	13255.8	861.75	58616.7	256.22	18576.7	185.77	14465.2
		杨树	19.16	1303.2	19.16	1303.2						
		柳树	155.91	10399.5	1.05	27.3	102.08	6305.8	52.78	4066.4		
		山杨	1249.53	107463.2	283.11	24643.9	903.77	75834.4	62.65	6984.9		
	人工	合计	17756.16	1414954.2	4212.56	311410.8	12553.65	1019862.7	989.95	83680.7		
		落叶松	17536.14	1396388.6	4083.52	301477.8	12462.67	1011230.1	989.95	83680.7		
		樟子松	174.89	14731.3	129.04	9933.0	45.85	4798.3				
		其他软阔类	45.13	3834.3			45.13	3834.3				

表4 黑龙江大兴安岭重点国有林区乔木林各龄组面积、蓄积按起源和优势树种（组）统计表（续12）

单位：公顷、立方米

统计单位	起源	优势树种（组）	合计		幼龄林		中龄林		近熟林		成、过熟林	
			面积	蓄积	面积	蓄积	面积	蓄积	面积	蓄积	面积	蓄积
多布库尔自然保护区	其中：人天混	合计	403.92	37498.9	114.34	11174.9	289.58	26324.0				
		落叶松	358.79	33664.6	114.34	11174.9	244.45	22489.7				
		其他软阔类	45.13	3834.3			45.13	3834.3				
北极村自然保护区	合计	合计	130694.45	11237115.5	14351.55	814223.7	59567.79	4124479.8	21935.86	2343561.4	34839.25	3954850.6
		落叶松	58131.92	5556442.6	2127.42	97410.3	17949.04	1338890.4	11591.67	1147726.0	26463.79	2972415.9
		樟子松	2792.54	272113.2	103.59	3422.5	878.09	69827.0	546.59	61941.2	1264.27	136922.5
		白桦	65902.31	5125359.7	10782.64	623496.4	38513.10	2562554.3	9582.54	1105241.4	7024.03	834067.6
		杨树	270.15	24907.1	11.39	147.5	216.14	20559.9	42.62	4199.7		
		柳树	162.98	13978.9	39.76	465.9	57.49	3006.6	65.73	10506.4		
		山杨	3434.55	244314.0	1286.75	89281.1	1953.93	129641.6	106.71	13946.7	87.16	11444.6
	天然	合计	123718.07	10940499.2	12964.70	753489.4	54062.82	3891728.1	21851.30	2340431.1	34839.25	3954850.6
		落叶松	51468.48	5268527.2	803.22	38307.4	12694.36	1113208.2	11507.11	1144595.7	26463.79	2972415.9
		樟子松	2479.60	263412.3	40.94	1791.1	627.80	62757.5	546.59	61941.2	1264.27	136922.5
		白桦	65902.31	5125359.7	10782.64	623496.4	38513.10	2562554.3	9582.54	1105241.4	7024.03	834067.6
		杨树	270.15	24907.1	11.39	147.5	216.14	20559.9	42.62	4199.7		
		柳树	162.98	13978.9	39.76	465.9	57.49	3006.6	65.73	10506.4		
		山杨	3434.55	244314.0	1286.75	89281.1	1953.93	129641.6	106.71	13946.7	87.16	11444.6
	人工	合计	6976.38	296616.3	1386.85	60734.3	5504.97	232751.7	84.56	3130.3		
		落叶松	6663.44	287915.4	1324.20	59102.9	5254.68	225682.2	84.56	3130.3		
		樟子松	312.94	8700.9	62.65	1631.4	250.29	7069.5				
	其中：人天混	合计	416.78	16752.8			383.57	16428.8	33.21	324.0		
		落叶松	374.12	15438.4			340.91	15114.4	33.21	324.0		
		樟子松	42.66	1314.4			42.66	1314.4				
岭峰自然保护区	合计	合计	67478.75	6628839.1	378.87	7157.8	3685.95	159617.4	9205.48	818216.0	54208.45	5643847.9
		落叶松	51283.91	4930807.1	66.55	1273.3	2019.98	77097.4	4193.86	317183.9	45003.52	4535252.5
		樟子松	2547.75	275225.8	180.35	2919.8	193.94	15160.1	626.74	68174.0	1546.72	188971.9
		白桦	13647.09	1422806.2	131.97	2964.7	1472.03	67359.9	4384.88	432858.1	7658.21	919623.5
	天然	合计	67431.88	6628681.6	378.87	7157.8	3639.08	159459.9	9205.48	818216.0	54208.45	5643847.9
		落叶松	51237.04	4930649.6	66.55	1273.3	1973.11	76939.9	4193.86	317183.9	45003.52	4535252.5
		樟子松	2547.75	275225.8	180.35	2919.8	193.94	15160.1	626.74	68174.0	1546.72	188971.9
		白桦	13647.09	1422806.2	131.97	2964.7	1472.03	67359.9	4384.88	432858.1	7658.21	919623.5
	人工	合计	46.87	157.5			46.87	157.5				
		落叶松	46.87	157.5			46.87	157.5				
盘中自然保护区	合计	合计	49469.05	2267572.3	24163.50	623243.5	21830.86	1213309.8	3092.49	381062.4	382.20	49956.6
		云杉	105.17	7734.4			94.56	6942.3	10.61	792.1		
		落叶松	21990.44	1193997.8	981.64	15526.1	19202.55	969126.1	1690.02	192735.2	116.23	16610.4
		樟子松	2022.79	216021.2	102.34	1724.6	1155.97	104457.1	649.91	96409.4	114.57	13430.1
		白桦	21780.95	746200.8	19543.78	504878.4	1364.55	132185.6	721.22	89220.7	151.40	19916.1
		其他软阔类	70.16	3254.7	70.16	3254.7						
		山杨	3499.54	100363.4	3465.58	97859.7	13.23	598.7	20.73	1905.0		

表 4　黑龙江大兴安岭重点国有林区乔木林各龄组面积、蓄积按起源和优势树种（组）统计表（续 13）

单位：公顷、立方米

统计单位	起源	优势树种（组）	合计		幼龄林		中龄林		近熟林		成、过熟林	
			面积	蓄积	面积	蓄积	面积	蓄积	面积	蓄积	面积	蓄积
盘中自然保护区	天然	合计	36426.65	1972875.8	23235.22	607651.3	9767.93	937246.4	3041.30	378021.5	382.20	49956.6
		云杉	105.17	7734.4			94.56	6942.3	10.61	792.1		
		落叶松	9336.78	910104.9	123.52	3188.6	7458.20	700611.6	1638.83	189694.3	116.23	16610.4
		樟子松	1704.21	208472.3	102.34	1724.6	837.39	96908.2	649.91	96409.4	114.57	13430.1
		白桦	21780.95	746200.8	19543.78	504878.4	1364.55	132185.6	721.22	89220.7	151.40	19916.1
		山杨	3499.54	100363.4	3465.58	97859.7	13.23	598.7	20.73	1905.0		
	人工	合计	13042.40	294696.5	928.28	15592.2	12062.93	276063.4	51.19	3040.9		
		落叶松	12653.66	283892.9	858.12	12337.5	11744.35	268514.5	51.19	3040.9		
		樟子松	318.58	7548.9			318.58	7548.9				
		其他软阔类	70.16	3254.7	70.16	3254.7						
	其中：人天混	合计	618.70	24538.5	70.16	3254.7	548.54	21283.8				
		落叶松	548.54	21283.8			548.54	21283.8				
		其他软阔类	70.16	3254.7	70.16	3254.7						

说明：（1）①本表中人工林合计中含《东北内蒙古重点国有林区森林资源规划设计调查技术规定》中起源为“人天混”数据；

②同时保留起源为“人天混”的统计结果明细；

（2）本表对蓄积量较小的树种进行了适当归并。

表 5 黑龙江大兴安岭重点国有林区国家级公益林面积按地类和保护等级统计表

单位：公顷

统计单位	保护等级	总计	林地													其他土地
			合计	乔木林地	灌木林地		未成林造林地	苗圃地	疏林地	无立木林地				宜林地	林业辅助生产用地	
					小计	其中：特殊灌木林地				小计	采伐迹地	火烧迹地	其他无立木林地			
黑龙江大兴安岭重点国有林区	合计	2091177.77	2088034.27	1810874.28	6213.40		281.31	223.94	615.87	26690.08	1.08	64.69	26624.31	237621.50	5513.89	3143.50
	一级	1089353.43	1088823.64	951533.24	5085.15		35.05		408.89	4258.33			4258.33	126096.33	1406.65	529.79
	二级	1001824.34	999210.63	859341.04	1128.25		246.26	223.94	206.98	22431.75	1.08	64.69	22365.98	111525.17	4107.24	2613.71
西林吉林业局	合计	63910.74	62364.41	58444.20			0.84		82.54	102.01			102.01	3377.80	357.02	1546.33
	一级	35860.92	35439.76	34780.07			0.84		82.54	14.13			14.13	422.69	139.49	421.16
	二级	28049.82	26924.65	23664.13						87.88			87.88	2955.11	217.53	1125.17
图强林业局	合计	109752.32	109336.02	98455.83			45.27	21.00		431.31	1.08		430.23	9774.19	608.42	416.30
	二级	109752.32	109336.02	98455.83			45.27	21.00		431.31	1.08		430.23	9774.19	608.42	416.30
阿木尔林业局	合计	113905.81	113633.85	107423.40	462.86		2.56	2.94	33.72	224.74		41.08	183.66	5134.65	348.98	271.96
	一级	45951.56	45931.75	44303.22	462.86					11.86			11.86	1102.10	51.71	19.81
	二级	67954.25	67702.10	63120.18			2.56	2.94	33.72	212.88		41.08	171.80	4032.55	297.27	252.15
塔河林业局	合计	92094.42	91711.20	79840.76			24.58	98.00		1467.87		9.60	1458.27	9747.09	532.90	383.22
	一级	143.46	143.46	0.81										142.65		
	二级	91950.96	91567.74	79839.95			24.58	98.00		1467.87		9.60	1458.27	9604.44	532.90	383.22
呼中林业局	合计	161753.58	161720.33	154470.55	1120.61			18.00		46.37			46.37	6014.59	50.21	33.25
	一级	107938.90	107935.33	101769.95	1120.61					2.03			2.03	5013.21	29.53	3.57
	二级	53814.68	53785.00	52700.60				18.00		44.34			44.34	1001.38	20.68	29.68
新林林业局	合计	689.00	689.00	662.79										26.21		
	二级	689.00	689.00	662.79										26.21		
十八站林业局	合计	112890.80	112888.76	93279.16			42.28	41.00	130.07	7666.90		14.01	7652.89	10634.84	1094.51	2.04
	二级	112890.80	112888.76	93279.16			42.28	41.00	130.07	7666.90		14.01	7652.89	10634.84	1094.51	2.04
韩家园林业局	合计	121388.14	121092.30	106418.63	225.16		0.53	16.00		3474.16			3474.16	10628.71	329.11	295.84
	一级	2960.70	2960.70	1384.72						688.34			688.34	873.32	14.32	
	二级	118427.44	118131.60	105033.91	225.16		0.53	16.00		2785.82			2785.82	9755.39	314.79	295.84
松岭林业局	合计	182930.02	182930.02	153541.12			152.05	27.00	8.61	1236.41			1236.41	27402.55	562.28	
	一级	155268.00	155268.00	134406.29			23.65		8.61	182.76			182.76	20401.26	245.43	
	二级	27662.02	27662.02	19134.83			128.40	27.00		1053.65			1053.65	7001.29	316.85	
加格达奇林业局	合计	213213.83	213162.17	167668.64						10535.15			10535.15	34431.52	526.86	51.66
	一级	142031.26	142030.48	115987.19						2418.80			2418.80	23447.22	177.27	0.78
	二级	71182.57	71131.69	51681.45						8116.35			8116.35	10984.30	349.59	50.88
呼中自然保护区	合计	166725.00	166725.00	152242.44	4066.04									10341.85	74.67	
	一级	99351.00	99351.00	92458.34	3162.95									3710.41	19.30	
	二级	67374.00	67374.00	59784.10	903.09									6631.44	55.37	
南瓮河自然保护区	合计	228504.00	228501.40	141299.73					29.67	18.97			18.97	86960.27	192.76	2.60
	一级	138364.00	138361.40	80002.83					29.67	6.33			6.33	58183.77	138.80	2.60
	二级	90140.00	90140.00	61296.90						12.64			12.64	28776.50	53.96	

表 5　黑龙江大兴安岭重点国有林区国家级公益林面积按地类和保护等级统计表（续 1）

单位：公顷

统计单位	保护等级	总计	林地											宜林地	林业辅助生产用地	其他土地
			合计	乔木林地	灌木林地		未成林造林地	苗圃地	疏林地	无立木林地						
					小计	其中：特殊灌木林地				小计	采伐迹地	火烧迹地	其他无立木林地			
双河自然保护区	合计	84190.40	84139.09	79892.81					188.50	42.47			42.47	3846.25	169.06	51.31
	一级	63604.20	63552.89	60759.73					188.50	4.84			4.84	2489.52	110.30	51.31
	二级	20586.20	20586.20	19133.08						37.63			37.63	1356.73	58.76	
绰纳河保护区	合计	100479.82	100448.72	91982.99					77.89	41.88			41.88	8268.43	77.53	31.10
	一级	64914.39	64908.39	60589.52					48.73					4223.83	46.31	6.00
	二级	35565.43	35540.33	31393.47					29.16	41.88			41.88	4044.60	31.22	25.10
多布库尔自然保护区	合计	86669.16	86668.35	81678.00						1242.09			1242.09	3701.24	47.02	0.81
	一级	51045.62	51045.62	47480.57						929.24			929.24	2608.34	27.47	
	二级	35623.54	35622.73	34197.43						312.85			312.85	1092.90	19.55	0.81
北极村自然保护区	合计	128938.01	128921.75	126648.02					64.87					1873.08	335.78	16.26
	一级	93588.54	93581.76	91950.05					50.84					1287.95	292.92	6.78
	二级	35349.47	35339.99	34697.97					14.03					585.13	42.86	9.48
岭峰自然保护区	合计	68214.68	68197.47	67456.16	338.73		13.20							315.80	73.58	17.21
	一级	48829.34	48812.13	48115.80	338.73		10.56							293.47	53.57	17.21
	二级	19385.34	19385.34	19340.36			2.64							22.33	20.01	
盘中自然保护区	合计	54928.04	54904.43	49469.05						159.75			159.75	5142.43	133.20	23.61
	一级	39501.54	39500.97	37544.15										1896.59	60.23	0.57
	二级	15426.50	15403.46	11924.90						159.75			159.75	3245.84	72.97	23.04

表 6 黑龙江大兴安岭重点国有林区用材林各龄级面积、蓄积按优势树种和可及度统计表

单位：公顷、立方米

统计单位	优势树种	可及度	合计		Ⅰ龄级		Ⅱ龄级		Ⅲ龄级		Ⅳ龄级		Ⅴ龄级		Ⅵ龄级		Ⅶ龄级		Ⅷ以上龄级	
			面积	蓄积	面积	蓄积	面积	蓄积	面积	蓄积	面积	蓄积	面积	蓄积	面积	蓄积	面积	蓄积	面积	蓄积
黑龙江大兴安岭重点国有林区	合计	合计	3236518.99	264013963.5	29717.09	505879.2	291316.79	9654716.2	1071443.52	85201190.9	762130.13	67086983.5	754869.86	69749520.5	217713.06	21114392.9	81654.00	8117481.2	27674.54	2583799.1
		即可及	996099.68	93637874.4									696223.01	64404469.5	198171.01	19274830.9	74841.67	7460328.7	26863.99	2498245.3
		将可及	57167.83	5355748.7									39834.05	3653738.5	12363.90	1207316.5	4393.30	431172.2	576.58	63521.5
		不可及	28643.95	2571570.6									18812.80	1691312.5	7178.15	632245.5	2419.03	225980.3	233.97	22032.3
	云杉	合计	17490.63	1637760.6	18.31	58.4	383.05	20494.3	8946.91	849437.3	5320.11	501479.8	2180.29	197524.6	435.59	50769.9	190.16	16495.1	16.21	1501.2
		即可及	2822.25	266290.8									2180.29	197524.6	435.59	50769.9	190.16	16495.1	16.21	1501.2
	落叶松	合计	1431197.41	126237372.3	4472.13	165831.0	75596.63	5002636.7	670605.04	59203272.5	411866.92	37273201.9	181796.58	16478170.4	59578.30	5674156.9	20358.02	1928637.4	6923.79	511465.5
		即可及	246803.40	22596798.4									169384.04	15369213.3	52115.55	4974204.1	18637.29	1770703.5	6666.52	482677.5
		将可及	10918.25	1059518.4									5249.14	487463.4	4539.55	452216.1	973.70	96708.3	155.86	23130.6
		不可及	10935.04	936113.4									7163.40	621493.7	2923.20	247736.7	747.03	61225.6	101.41	5657.4
	红松	合计	52.03	7354.9			52.03	7354.9												
	樟子松	合计	46036.28	4568228.9	620.95	14151.7	4152.75	193653.0	13108.92	1181340.7	13751.48	1507052.7	8938.91	990768.0	3540.91	452574.0	1587.67	191223.6	334.69	37465.2
		即可及	14032.20	1625252.7									8766.08	966798.6	3419.45	439060.8	1531.87	185348.6	314.80	34044.7
		将可及	169.05	20016.0									57.06	6998.9	63.58	7769.0	45.92	4753.5	2.49	494.6
		不可及	200.93	26762.1									115.77	16970.5	57.88	5744.2	9.88	1121.5	17.40	2925.9
	蒙古栎	合计	84450.31	4488871.5	15309.31	222938.2	31957.66	1696190.8	20777.17	1355562.6	10326.98	747907.0	3440.24	269379.0	2262.67	170332.9	371.94	26245.5	4.34	315.5
		即可及	5129.52	395794.9									3164.17	248396.5	1674.84	127356.4	286.17	19726.5	4.34	315.5
		将可及	474.74	35728.6									235.80	17527.9	153.17	11681.7	85.77	6519.0		
		不可及	474.93	34749.4									40.27	3454.6	434.66	31294.8				
	白桦	合计	1472864.58	113486662.6	7021.20	66201.8	131433.05	1880083.9	323916.71	20195573.2	295959.66	24874246.8	520503.53	47956380.9	133303.66	12703810.8	46090.83	4445666.6	14635.94	1364698.6
		即可及	658736.25	61308526.8									479341.60	44177413.3	123515.36	11794985.1	41676.35	4014660.0	14202.94	1321468.4
		将可及	40364.80	3726860.5									30801.91	2817704.2	6384.41	601063.9	2845.98	276225.9	332.50	31866.5
		不可及	15432.91	1435169.6									10360.02	961263.4	3403.89	307761.8	1568.50	154780.7	100.50	11363.7
	黑桦	合计	14156.95	833613.7	851.70	14677.7	6313.22	372012.6	6013.50	378343.9	547.00	35807.5	373.99	27331.8	57.54	5440.2				
		即可及	335.37	24670.6									277.83	19230.4	57.54	5440.2				
		将可及	96.16	8101.4									96.16	8101.4						
	水曲柳	合计	33.36	2025.2					33.36	2025.2										
	榆树	合计	264.52	9526.7					8.99	307.6	97.10	2443.6	145.89	6344.6	1.19	53.4	11.35	377.5		
		即可及	147.10	6202.3									134.56	5771.4	1.19	53.4	11.35	377.5		
		不可及	11.33	573.2									11.33	573.2						
	椴树	合计	22.41	782.9			22.41	782.9												
	杨树	合计	2405.17	244063.0			1.73	26.6	13.82	569.0	264.68	20610.2	716.42	52098.9	340.91	32412.2	543.01	69915.5	524.60	68430.6
		即可及	1885.56	208064.5									536.28	42819.6	281.67	26898.8	543.01	69915.5	524.60	68430.6
		将可及	21.20	971.4									21.20	971.4						
		不可及	218.18	13821.3									158.94	8307.9	59.24	5513.4				

表 6　黑龙江大兴安岭重点国有林区用材林各龄级面积、蓄积按优势树种和可及度统计表（续 1）

单位：公顷、立方米

统计单位	优势树种	可及度	合计		Ⅰ龄级		Ⅱ龄级		Ⅲ龄级		Ⅳ龄级		Ⅴ龄级		Ⅵ龄级		Ⅶ龄级		Ⅷ以上龄级	
			面积	蓄积	面积	蓄积	面积	蓄积	面积	蓄积	面积	蓄积	面积	蓄积	面积	蓄积	面积	蓄积	面积	蓄积
黑龙江大兴安岭重点国有林区	柳树	合计	3525.29	277552.4			304.92	11414.9	129.03	4700.5	484.95	36453.8	865.18	72087.5	456.52	41467.6	771.28	68217.9	513.41	43210.2
		即可及	2250.11	193313.1									610.95	51692.7	354.47	30192.3	771.28	68217.9	513.41	43210.2
		将可及	168.27	19246.0									66.22	7970.7	102.05	11275.3				
		不可及	188.01	12424.1									188.01	12424.1						
	山杨	合计	164020.05	12220148.8	1423.49	22020.4	41099.34	470065.6	27890.07	2030058.4	23511.25	2087780.2	35908.83	3699434.8	17735.77	1983375.0	11729.74	1370702.1	4721.56	556712.3
		即可及	63957.92	7012960.3									31827.21	3325609.1	16315.35	1825869.9	11194.19	1314884.1	4621.17	546597.2
		将可及	4955.36	485306.4									3306.56	307000.6	1121.14	123310.5	441.93	46965.5	85.73	8029.8
		不可及	1182.62	111957.5									775.06	66825.1	299.28	34194.6	93.62	8852.5	14.66	2085.3
西林吉林业局	合计	合计	306508.38	24233169.8	559.53	11595.3	11686.19	457244.8	89588.42	5080429.8	68790.41	5793264.1	78076.72	7240413.9	39864.25	3869518.3	15677.54	1572087.7	2265.32	208615.9
		即可及	113688.53	10766781.2									66157.56	6100962.2	33374.67	3272247.1	12096.71	1202043.8	2059.59	191528.1
		将可及	9759.43	972174.1									5214.29	512383.9	2764.66	263255.1	1676.16	185104.7	104.32	11430.4
		不可及	12435.87	1151680.5									6704.87	627067.8	3724.92	334016.1	1904.67	184939.2	101.41	5657.4
	落叶松	合计	153053.41	12196511.5	207.52	9102.1	6241.68	266294.4	26526.80	1348785.3	49866.44	4320802.9	48210.30	4302753.0	17362.84	1572042.8	4076.92	337245.9	560.91	39485.1
		即可及	57478.32	5115307.6									40534.64	3606427.9	13435.08	1229099.2	3079.05	249447.1	429.55	30333.4
		将可及	5070.94	468458.0									3030.63	277990.9	1656.69	151455.9	353.67	35516.9	29.95	3494.3
		不可及	7661.71	667761.2									4645.03	418334.2	2271.07	191487.7	644.20	52281.9	101.41	5657.4
	樟子松	合计	6143.43	581530.5	109.21	1557.7	550.57	18213.4	1437.69	103436.0	1664.78	200746.4	1179.30	127277.7	827.45	91708.7	374.43	38590.6		
		即可及	2104.97	221792.1									1042.36	107207.8	741.30	81506.8	321.31	33077.5		
		将可及	163.66	19232.0									54.16	6709.5	63.58	7769.0	45.92	4753.5		
		不可及	112.55	16552.9									82.78	13360.4	22.57	2432.9	7.20	759.6		
	白桦	合计	140310.95	10926291.6	223.38	860.0	4533.08	158932.0	56782.97	3285254.5	16231.02	1193771.4	28331.55	2771317.0	21600.10	2197159.3	10971.41	1158533.5	1637.44	160463.9
		即可及	53359.11	5336055.0									24230.04	2348692.1	19124.43	1953033.6	8441.57	881801.5	1563.07	152527.8
		将可及	4524.83	484484.1									2129.50	227683.5	1044.39	104030.2	1276.57	144834.3	74.37	7936.1
		不可及	4656.56	466934.6									1972.01	194941.4	1431.28	140095.5	1253.27	131897.7		
	山杨	合计	7000.59	528836.2	19.42	75.5	360.86	13805.0	4840.96	342954.0	1028.17	77943.4	355.57	39066.2	73.86	8607.5	254.78	37717.7	66.97	8666.9
		即可及	746.13	93626.5									350.52	38634.4	73.86	8607.5	254.78	37717.7	66.97	8666.9
		不可及	5.05	431.8									5.05	431.8						
图强林业局	合计	合计	192730.36	14557913.0	2206.29	11181.0	2813.83	113043.7	63043.71	4034886.0	35677.44	2745462.9	57758.33	4705160.2	17186.25	1613956.0	10379.58	984809.1	3664.93	349414.1
		即可及	83150.39	7157100.2									53803.07	4367388.6	15688.99	1487295.4	10101.46	966734.9	3556.87	335681.3
		将可及	713.24	58998.3									414.00	34860.4	176.32	16404.5	120.43	7238.8	2.49	494.6
		不可及	5125.46	437240.9									3541.26	302911.2	1320.94	110256.1	157.69	10835.4	105.57	13238.2
	云杉	合计	72.85	4128.6							72.85	4128.6								
	落叶松	合计	90584.70	6611755.5	91.76	736.1	2233.83	96338.3	28615.23	1801012.3	24601.94	1825595.7	25565.53	2003874.0	6671.83	599928.9	2335.13	243849.4	469.45	40420.8
		即可及	32794.54	2715178.4									23781.06	1869772.7	6208.90	561135.5	2335.13	243849.4	469.45	40420.8
		将可及	189.41	16036.3									121.38	9964.8	68.03	6071.5				
		不可及	2057.99	156858.4									1663.09	124136.5	394.90	32721.9				

表 6 黑龙江大兴安岭重点国有林区用材林各龄级面积、蓄积按优势树种和可及度统计表（续 2）

单位：公顷、立方米

统计单位	优势树种	可及度	合计		Ⅰ龄级		Ⅱ龄级		Ⅲ龄级		Ⅳ龄级		Ⅴ龄级		Ⅵ龄级		Ⅶ龄级		Ⅷ以上龄级	
			面积	蓄积	面积	蓄积	面积	蓄积	面积	蓄积	面积	蓄积	面积	蓄积	面积	蓄积	面积	蓄积	面积	蓄积
图强林业局	樟子松	合计	6880.34	695484.7	40.46	385.8	220.77	10577.6	1123.73	78494.1	1501.69	138120.9	1753.54	178892.5	1223.05	159423.9	909.25	118176.3	107.85	11413.6
		即可及	3931.78	459715.8									1742.14	177206.1	1195.11	156702.2	906.57	117814.4	87.96	7993.1
		将可及	2.49	494.6															2.49	494.6
		不可及	59.42	7695.9									11.40	1686.4	27.94	2721.7	2.68	361.9	17.40	2925.9
	白桦	合计	92689.91	6991961.0	2074.07	10059.1	347.41	6037.6	32347.91	2085843.6	9287.05	753270.7	29608.84	2427980.2	9146.25	831983.0	6841.46	584956.1	3036.92	291830.7
		即可及	45135.59	3824473.6									27449.45	2225996.3	8139.86	746837.5	6587.60	568490.3	2958.68	283149.5
		将可及	499.76	41220.9									292.62	24895.6	108.29	10333.0	98.85	5992.3		
		不可及	2998.12	271055.5									1866.77	177088.3	898.10	74812.5	155.01	10473.5	78.24	8681.2
	杨树	合计	3.27	125.9							3.27	125.9								
	山杨	合计	2499.29	254457.3			11.82	90.2	956.84	69536.0	210.64	24221.1	830.42	94413.5	145.12	22620.2	293.74	37827.3	50.71	5749.0
		即可及	1288.48	157732.4									830.42	94413.5	145.12	22620.2	272.16	36580.8	40.78	4117.9
		将可及	21.58	1246.5													21.58	1246.5		
		不可及	9.93	1631.1															9.93	1631.1
阿木尔林业局	合计	合计	226981.25	18092088.2	414.26	18775.3	11764.05	691401.8	115349.87	8609991.1	48019.92	4061929.4	38350.05	3486074.6	9123.84	870871.8	2725.95	247940.1	1233.31	105104.1
		即可及	51292.66	4697478.3									38216.93	3474151.9	9116.47	870282.2	2725.95	247940.1	1233.31	105104.1
		将可及	100.29	8958.0									100.29	8958.0						
		不可及	40.20	3554.3									32.83	2964.7	7.37	589.6				
	云杉	合计	1358.59	101421.2			52.59	3236.0	408.71	29427.3	349.30	24390.5	503.89	39770.7	44.10	4596.7				
		即可及	547.99	44367.4									503.89	39770.7	44.10	4596.7				
	落叶松	合计	79977.89	6454197.5	282.41	13680.0	4952.89	277574.1	28314.54	2256516.6	30377.26	2529186.8	14284.54	1221305.9	1299.75	115536.2	414.35	35836.5	52.15	4561.4
		即可及	16050.79	1377240.0									14284.54	1221305.9	1299.75	115536.2	414.35	35836.5	52.15	4561.4
	樟子松	合计	9719.02	876459.4	52.24	2226.8	1526.07	74601.7	2695.86	197911.0	2833.60	291772.3	1921.24	209136.7	568.74	86266.8	121.27	14544.1		
		即可及	2579.39	307144.9									1896.75	206923.6	561.37	85677.2	121.27	14544.1		
		将可及	2.90	289.4									2.90	289.4						
		不可及	28.96	2513.3									21.59	1923.7	7.37	589.6				
	白桦	合计	127721.71	9945365.8	79.61	2868.5	4663.56	292136.9	77296.25	5559052.7	14251.71	1200144.8	21406.15	1993323.6	6825.32	620663.0	2032.02	178939.2	1167.09	98237.1
		即可及	31321.95	2881453.3									21297.52	1983614.0	6825.32	620663.0	2032.02	178939.2	1167.09	98237.1
		将可及	97.39	8668.6									97.39	8668.6						
		不可及	11.24	1041.0									11.24	1041.0						
	柳树	合计	9.60	397.7							9.60	397.7								
	山杨	合计	8194.44	714246.6			568.94	43853.1	6634.51	567083.5	198.45	16037.3	234.23	22537.7	385.93	43809.1	158.31	18620.3	14.07	2305.6
		即可及	792.54	87272.7									234.23	22537.7	385.93	43809.1	158.31	18620.3	14.07	2305.6
塔河林业局	合计	合计	454700.17	39168228.8	1146.34	48043.6	17680.36	1062668.5	235975.60	18517814.5	87128.65	8282109.5	87720.99	8637105.9	20158.40	2071324.0	4482.04	507991.6	407.79	41171.2
		即可及	110484.63	11053720.8									85691.27	8455231.8	19903.53	2049326.2	4482.04	507991.6	407.79	41171.2
		将可及	996.16	98270.8									869.39	88133.6	126.77	10137.2				
		不可及	1288.43	105601.1									1160.33	93740.5	128.10	11860.6				
	云杉	合计	6729.88	610275.0	16.76	50.3	156.50	9478.9	3675.92	329195.4	1501.05	136634.0	1327.97	128314.1	51.68	6602.3				
		即可及	1379.65	134916.4									1327.97	128314.1	51.68	6602.3				

表 6 黑龙江大兴安岭重点国有林区用材林各龄级面积、蓄积按优势树种和可及度统计表（续 3）

单位：公顷、立方米

统计单位	优势树种	可及度	合计		Ⅰ龄级		Ⅱ龄级		Ⅲ龄级		Ⅳ龄级		Ⅴ龄级		Ⅵ龄级		Ⅶ龄级		Ⅷ以上龄级	
			面积	蓄积	面积	蓄积	面积	蓄积	面积	蓄积	面积	蓄积	面积	蓄积	面积	蓄积	面积	蓄积	面积	蓄积
塔河林业局	落叶松	合计	164234.24	15343975.6	595.92	29593.8	12207.92	817126.1	108434.97	10330886.8	30200.43	2896014.3	11548.43	1151886.8	929.84	89341.4	291.73	26624.6	25.00	2501.8
		即可及	12764.85	1267432.9									11526.00	1149806.3	922.12	88500.2	291.73	26624.6	25.00	2501.8
		将可及	13.02	1352.0									13.02	1352.0						
		不可及	17.13	1569.7									9.41	728.5	7.72	841.2				
	樟子松	合计	14820.53	1571940.8	168.58	4939.1	1024.33	52216.8	6270.98	650109.5	4197.04	482286.6	2472.11	290723.7	568.29	75431.5	93.64	13767.6	25.56	2466.0
		即可及	3159.60	382388.8									2472.11	290723.7	568.29	75431.5	93.64	13767.6	25.56	2466.0
	蒙古栎	合计	76.96	3673.4			55.44	1934.9	21.52	1738.5										
	白桦	合计	248703.27	19968804.2	301.52	11499.2	3806.83	163989.1	107117.64	6492048.4	48409.81	4524608.5	68897.41	6735094.3	16967.36	1700143.0	3049.03	326305.5	153.67	15116.2
		即可及	87230.55	8602527.4									67248.40	6576605.9	16779.45	1684499.8	3049.03	326305.5	153.67	15116.2
		将可及	983.14	96918.8									856.37	86781.6	126.77	10137.2				
		不可及	853.78	77212.8									792.64	71706.8	61.14	5506.0				
	榆树	合计	182.79	7327.1							57.02	1660.1	124.58	5613.6	1.19	53.4				
		即可及	114.44	5093.8									113.25	5040.4	1.19	53.4				
		不可及	11.33	573.2									11.33	573.2						
	杨树	合计	306.41	18033.4							5.75	453.2	236.90	11825.6	63.01	5680.4	0.75	74.2		
		即可及	82.48	3758.9									77.96	3517.7	3.77	167.0	0.75	74.2		
		不可及	218.18	13821.3									158.94	8307.9	59.24	5513.4				
	柳树	合计	659.34	47877.4							160.67	10968.1	479.27	35474.9	8.09	971.3	6.70	305.4	4.61	157.7
		即可及	310.66	24485.2									291.26	23050.8	8.09	971.3	6.70	305.4	4.61	157.7
		不可及	188.01	12424.1									188.01	12424.1						
	山杨	合计	18986.75	1596321.9	63.56	1961.2	429.34	17922.7	10454.57	713835.9	2596.88	229484.7	2634.32	278172.9	1568.94	193100.7	1040.19	140914.3	198.95	20929.5
		即可及	5442.40	633117.4									2634.32	278172.9	1568.94	193100.7	1040.19	140914.3	198.95	20929.5
	合计	合计	299855.14	27333109.3	139.94	6630.7	8171.57	560264.7	37230.58	2865644.1	95645.36	8567282.0	97494.46	9253335.4	40205.28	4067771.4	13451.67	1403719.4	7516.28	608461.6
		即可及	152312.05	14702674.2									95022.03	9030412.8	36590.89	3690432.3	13182.85	1373367.5	7516.28	608461.6
		将可及	6355.64	630613.6									2472.43	222922.6	3614.39	377339.1	268.82	30351.9		
	云杉	合计	65.09	6190.1					19.71	1444.1	45.38	4746.0								
呼中林业局	落叶松	合计	211600.91	19162634.0	122.65	6149.7	7555.04	541242.3	34606.42	2680056.1	78672.67	7120749.7	51572.37	4977819.1	24097.97	2499257.8	9842.48	1000462.4	5131.31	336896.9
		即可及	86640.38	8407476.7									50315.25	4863073.6	21600.72	2235041.6	9593.10	972464.6	5131.31	336896.9
		将可及	4003.75	406959.5									1257.12	114745.5	2497.25	264216.2	249.38	27997.8		
	樟子松	合计	2312.04	218094.9			126.98	4992.6	647.24	49387.3	582.53	51989.3	533.06	61779.6	220.95	26360.5			201.28	23585.6
		即可及	955.29	111725.7									533.06	61779.6	220.95	26360.5			201.28	23585.6
	白桦	合计	78453.72	7063674.9	17.29	481.0	360.20	10349.8	1908.34	131104.1	14529.85	1201661.1	42773.03	3909154.4	15032.60	1442258.6	2573.90	259027.0	1258.51	109638.9
		即可及	59749.07	5547414.8									41699.71	3816430.0	14236.39	1364673.0	2554.46	256672.9	1258.51	109638.9
		将可及	1888.97	172664.1									1073.32	92724.4	796.21	77585.6	19.44	2354.1		
	杨树	合计	906.29	132005.2							111.16	11051.4	34.66	4652.4	105.94	13369.4	319.52	48660.2	335.01	54271.8
		即可及	795.13	120953.8									34.66	4652.4	105.94	13369.4	319.52	48660.2	335.01	54271.8

表6 黑龙江大兴安岭重点国有林区用材林各龄级面积、蓄积按优势树种和可及度统计表（续4）

单位：公顷、立方米

统计单位	优势树种	可及度	合计 面积	合计 蓄积	Ⅰ龄级 面积	Ⅰ龄级 蓄积	Ⅱ龄级 面积	Ⅱ龄级 蓄积	Ⅲ龄级 面积	Ⅲ龄级 蓄积	Ⅳ龄级 面积	Ⅳ龄级 蓄积	Ⅴ龄级 面积	Ⅴ龄级 蓄积	Ⅵ龄级 面积	Ⅵ龄级 蓄积	Ⅶ龄级 面积	Ⅶ龄级 蓄积	Ⅷ以上龄级 面积	Ⅷ以上龄级 蓄积
呼中林业局	柳树	合计	784.12	73619.1			88.04	2838.8	8.55	819.0	194.73	18394.1	216.32	24614.1	201.03	21461.6	32.72	2860.2	42.73	2631.3
		即可及	324.53	32321.2									150.10	16643.4	98.98	10186.3	32.72	2860.2	42.73	2631.3
		将可及	168.27	19246.0									66.22	7970.7	102.05	11275.3				
	山杨	合计	5732.97	676891.1			41.31	841.2	40.32	2833.5	1509.04	158690.4	2365.02	275315.8	546.79	65063.5	683.05	92709.6	547.44	81437.1
		即可及	3847.65	482782.0									2289.25	267833.8	327.91	40801.5	683.05	92709.6	547.44	81437.1
		将可及	294.65	31744.0									75.77	7482.0	218.88	24262.0				
新林林业局	合计	合计	537931.40	46993859.1	2257.68	32479.7	22194.48	735985.4	174248.33	15227026.5	142582.16	12581477.5	155083.97	14443076.6	28001.28	2663979.0	10552.19	1015208.9	3011.31	294625.5
		即可及	191803.27	17980649.6									150886.85	14073169.6	27469.35	2607413.6	10440.49	1005895.1	3006.58	294171.3
		将可及	3643.78	327868.5									3322.23	296330.6	223.66	23504.2	97.89	8033.7		
		不可及	1201.70	108371.9									874.89	73576.4	308.27	33061.2	13.81	1280.1	4.73	454.2
	云杉	合计	8892.65	890308.1	1.55	8.1	141.44	6461.2	4701.82	479739.9	3161.65	317648.8	340.01	28882.9	339.81	39570.9	190.16	16495.1	16.21	1501.2
		即可及	886.19	86450.1									340.01	28882.9	339.81	39570.9	190.16	16495.1	16.21	1501.2
	落叶松	合计	276890.88	23954342.4	1276.11	23196.4	9779.44	585808.1	164409.41	14444324.3	79160.10	6982636.8	14817.28	1301607.7	5360.65	434364.8	1700.58	136742.0	387.31	45662.3
		即可及	22232.11	1915937.9									14789.64	1299726.9	5354.58	433806.7	1700.58	136742.0	387.31	45662.3
		将可及	6.07	558.1											6.07	558.1				
		不可及	27.64	1880.8									27.64	1880.8						
	红松	合计	52.03	7354.9			52.03	7354.9												
	樟子松	合计	3237.84	350501.4	30.80	161.9	254.81	8075.7	363.97	38100.7	1678.27	201300.7	694.53	83761.0	131.58	13323.4	83.88	5778.0		
		即可及	909.99	102862.4									694.53	83761.0	131.58	13323.4	83.88	5778.0		
	蒙古栎	合计	1228.09	95273.0	3.19	107.5	39.94	2159.9	843.02	63985.0	246.81	18523.6	95.13	10497.0						
		即可及	95.13	10497.0									95.13	10497.0						
	白桦	合计	229627.28	20061363.8	477.22	3984.1	10412.18	88197.2	3492.84	176782.2	56571.74	4912668.3	134725.66	12594465.3	17667.50	1698355.1	5148.55	487930.4	1131.59	98981.2
		即可及	154731.68	14531143.5									131098.12	12273941.0	17461.41	1679229.8	5040.56	478991.5	1131.59	98981.2
		将可及	3515.36	312681.0									3278.97	291803.3	138.50	12844.0	97.89	8033.7		
		不可及	426.26	35907.5									348.57	28721.0	67.59	6281.3	10.10	905.2		
	黑桦	合计	47.91	3155.6			2.96	175.2	44.95	2980.4										
	水曲柳	合计	33.36	2025.2					33.36	2025.2										
	榆树	合计	27.83	851.9									16.48	474.4			11.35	377.5		
		即可及	27.83	851.9									16.48	474.4			11.35	377.5		
	杨树	合计	1115.79	88479.0			1.73	26.6	2.09	92.5	144.50	8979.7	397.53	32239.8	161.75	12193.4	222.74	21181.1	185.45	13765.9
		即可及	967.47	79380.2									397.53	32239.8	161.75	12193.4	222.74	21181.1	185.45	13765.9
	柳树	合计	1754.87	144422.7			109.57	6166.0	16.54	916.8	30.28	1716.1	158.47	11382.6	247.40	19034.7	726.54	64785.3	466.07	40421.2
		即可及	1598.48	135623.8									158.47	11382.6	247.40	19034.7	726.54	64785.3	466.07	40421.2
	山杨	合计	15022.87	1395781.1	468.81	5021.7	1400.38	31560.6	340.33	18079.5	1588.81	138003.5	3838.88	379765.9	4092.59	447136.7	2468.39	281919.5	824.68	94293.7
		即可及	10354.39	1117902.8									3296.94	332264.0	3772.82	410254.7	2464.68	281544.6	819.95	93839.5
		将可及	122.35	14629.4									43.26	4527.3	79.09	10102.1				
		不可及	747.80	70583.6									498.68	42974.6	240.68	26779.9	3.71	374.9	4.73	454.2

表 6　黑龙江大兴安岭重点国有林区用材林各龄级面积、蓄积按优势树种和可及度统计表（续 5）

单位：公顷、立方米

统计单位	优势树种	可及度	合计		Ⅰ龄级		Ⅱ龄级		Ⅲ龄级		Ⅳ龄级		Ⅴ龄级		Ⅵ龄级		Ⅶ龄级		Ⅷ以上龄级	
			面积	蓄积	面积	蓄积	面积	蓄积	面积	蓄积	面积	蓄积	面积	蓄积	面积	蓄积	面积	蓄积	面积	蓄积
十八站林业局	合计	合计	249620.20	13019226.4	3303.27	21746.3	101869.27	942804.1	47405.84	3780094.1	34111.56	2790605.6	47815.31	4186743.6	9260.12	819170.9	4653.24	378782.1	1201.59	99279.7
		即可及	58967.80	5134118.8									44344.43	3886906.2	8965.44	786494.3	4485.12	363279.8	1172.81	97438.5
		将可及	3854.06	337568.8									3362.48	287548.7	294.68	32676.6	168.12	15502.3	28.78	1841.2
		不可及	108.40	12288.7									108.40	12288.7						
	云杉	合计	77.59	4463.9					45.77	2818.1	31.82	1645.8								
	落叶松	合计	66978.08	5506233.7	157.12	4672.7	4954.50	299103.0	42184.58	3549478.7	18000.48	1522979.8	1382.00	109972.3	202.74	15628.7	96.66	4398.5		
		即可及	1636.62	126587.4									1337.22	106560.2	202.74	15628.7	96.66	4398.5		
		将可及	44.78	3412.1									44.78	3412.1						
	樟子松	合计	1856.54	175923.3	129.57	1504.1	257.08	16536.2	153.99	15675.4	998.30	110659.4	311.55	31122.0	0.85	59.2	5.20	367.0		
		即可及	317.60	31548.2									311.55	31122.0	0.85	59.2	5.20	367.0		
	蒙古栎	合计	2279.83	34572.9	1917.17	9965.5	66.53	4906.1	264.54	18212.9	31.59	1488.4								
	白桦	合计	143213.96	6519605.7	988.72	5013.4	67954.48	447201.3	4529.30	183961.2	14271.37	1079755.8	43145.48	3757885.6	8074.06	700326.6	3494.99	283739.7	755.56	61722.1
		即可及	51637.31	4465670.0									39740.87	3463196.7	7842.79	674355.0	3326.87	268237.4	726.78	59880.9
		将可及	3724.38	325715.3									3296.21	282400.2	231.27	25971.6	168.12	15502.3	28.78	1841.2
		不可及	108.40	12288.7									108.40	12288.7						
	杨树	合计	19.96	2361.0									9.75	1192.0	10.21	1169.0				
		即可及	19.96	2361.0									9.75	1192.0	10.21	1169.0				
	柳树	合计	9.75	416.2							6.14	263.0	1.79	71.5			1.82	81.7		
		即可及	3.61	153.2									1.79	71.5			1.82	81.7		
	山杨	合计	35184.49	775649.7	110.69	590.6	28636.68	175057.5	227.66	9947.8	771.86	73813.4	2964.74	286500.2	972.26	101987.4	1054.57	90195.2	446.03	37557.6
		即可及	5352.70	507799.0									2943.25	284763.8	908.85	95282.4	1054.57	90195.2	446.03	37557.6
		将可及	84.90	8441.4									21.49	1736.4	63.41	6705.0				
韩家园林业局	合计	合计	356250.59	29829388.2	16546.95	272603.4	47315.63	1581968.6	120412.69	11847807.5	81703.93	7553199.7	59974.05	5383213.9	16389.32	1692866.1	8999.81	971190.9	4908.21	526538.1
		即可及	78015.63	7413140.1									51325.87	4594983.0	14263.33	1472280.2	7870.39	860114.2	4556.04	485762.7
		将可及	8884.09	849583.7									5986.96	540364.7	1629.03	175763.9	915.93	92679.7	352.17	40775.4
		不可及	3371.67	311085.2									2661.22	247866.2	496.96	44822.0	213.49	18397.0		
	云杉	合计	261.46	19655.5					94.98	6812.5	158.06	12286.1	8.42	556.9						
		即可及	8.42	556.9									8.42	556.9						
	落叶松	合计	165460.71	16937645.7	991.48	50798.3	8771.34	774258.5	106986.52	11032910.4	41751.12	4351640.2	4990.47	515570.4	1131.53	111290.8	540.59	59239.9	297.66	41937.2
		即可及	5745.61	597277.5									4442.51	459928.8	722.03	72626.4	409.32	42421.4	171.75	22300.9
		将可及	536.57	66413.6									172.12	19279.6	159.99	15978.5	78.55	11519.2	125.91	19636.3
		不可及	678.07	64347.2									375.84	36362.0	249.51	22685.9	52.72	5299.3		
	樟子松	合计	387.11	36501.1	84.19	2918.0	2.14	118.7	162.81	20136.1	83.45	7819.6	54.52	5508.7						
		即可及	54.52	5508.7									54.52	5508.7						
	蒙古栎	合计	19337.60	677290.2	11725.32	166773.6	1732.34	100792.4	3620.56	256369.6	1445.81	97961.4	682.61	47956.6	95.33	5790.1	31.29	1331.0	4.34	315.5
		即可及	722.38	48541.2									594.77	41483.4	91.98	5411.3	31.29	1331.0	4.34	315.5
		将可及	47.57	3018.6									47.57	3018.6						
		不可及	43.62	3833.4									40.27	3454.6	3.35	378.8				

表 6 黑龙江大兴安岭重点国有林区用材林各龄级面积、蓄积按优势树种和可及度统计表（续 6）

单位：公顷、立方米

统计单位	优势树种	可及度	合计		Ⅰ龄级		Ⅱ龄级		Ⅲ龄级		Ⅳ龄级		Ⅴ龄级		Ⅵ龄级		Ⅶ龄级		Ⅷ以上龄级	
			面积	蓄积	面积	蓄积	面积	蓄积	面积	蓄积	面积	蓄积	面积	蓄积	面积	蓄积	面积	蓄积	面积	蓄积
韩家园林业局	白桦	合计	120983.72	8277548.2	2276.48	26211.1	26560.58	448600.6	5091.70	265682.9	29724.64	2383988.4	42514.63	3717022.2	8287.51	799872.0	4190.48	422721.7	2337.70	213449.3
		即可及	49242.36	4408106.8									36223.54	3148379.5	7225.98	690416.5	3611.79	370879.4	2181.05	198431.4
		将可及	5707.96	526742.5									4171.77	370301.6	871.71	94200.8	507.83	47222.2	156.65	15017.9
		不可及	2380.00	218215.9									2119.32	198341.1	189.82	15254.7	70.86	4620.1		
	黑桦	合计	5861.04	302853.4	799.34	12171.7	2143.37	119877.1	2772.06	164943.5	37.45	1737.4	108.82	4123.7						
		即可及	108.82	4123.7									108.82	4123.7						
	榆树	合计	44.91	1040.1							40.08	783.5	4.83	256.6						
		即可及	4.83	256.6									4.83	256.6						
	杨树	合计	11.73	476.5					11.73	476.5										
	柳树	合计	23.19	1207.0			3.27	74.6	0.25	2.9	10.34	585.1	9.33	544.4						
		即可及	9.33	544.4									9.33	544.4						
	山杨	合计	43879.12	3575170.5	670.14	13730.7	8102.59	138246.7	1672.08	100473.1	8452.98	696398.0	11600.42	1091674.4	6874.95	775913.2	4237.45	487898.3	2268.51	270836.1
		即可及	22119.36	2348224.3									9879.13	934201.0	6223.34	703826.0	3817.99	445482.4	2198.90	264714.9
		将可及	2591.99	253409.0									1595.50	147764.9	597.33	65584.6	329.55	33938.3	69.61	6121.2
		不可及	269.98	24688.7									125.79	9708.5	54.28	6502.6	89.91	8477.6		
松岭林业局	合计	合计	304571.06	28453225.6	1516.55	28447.9	12283.45	697170.1	105482.98	9579534.1	78227.92	7519065.0	81415.51	8123724.1	17524.35	1707426.9	6781.68	675770.1	1338.62	122087.4
		即可及	89434.26	8984056.1									66473.05	6714394.1	15607.86	1536663.7	6103.55	619890.8	1249.80	113107.5
		将可及	15317.02	1429584.3									12827.71	1211052.2	1722.36	153672.9	678.13	55879.3	88.82	8979.9
		不可及	2308.88	215368.1									2114.75	198277.8	194.13	17090.3				
	落叶松	合计	156701.71	14755841.5	557.37	17329.3	5896.36	463548.7	96693.02	9042205.3	45260.41	4470446.6	5870.40	546752.8	1962.45	177295.2	461.70	38263.6		
		即可及	7790.80	713210.8									5526.19	510404.2	1851.75	167943.1	412.86	34863.5		
		将可及	486.72	46496.4									327.18	33744.2	110.70	9352.1	48.84	3400.1		
		不可及	17.03	2604.4									17.03	2604.4						
	樟子松	合计	69.97	4897.0	0.70	3.8	49.54	2249.8	10.09	1102.3	9.64	1541.1								
	蒙古栎	合计	7763.76	515322.0	284.70	5248.7	2252.36	131688.6	3885.26	266298.5	871.58	74031.6	469.86	38054.6						
		即可及	436.15	34709.7									436.15	34709.7						
		将可及	33.71	3344.9									33.71	3344.9						
	白桦	合计	117823.32	10924018.9	582.91	5225.4	2926.72	72479.6	3811.42	209899.4	27207.75	2488936.4	64743.76	6376397.5	12743.26	1229901.6	4777.22	454421.3	1030.28	86757.7
		即可及	68141.01	6740870.6									51840.48	5161402.0	11104.22	1086059.4	4238.73	413722.8	957.58	79686.4
		将可及	13011.52	1208466.1									10951.10	1033032.3	1449.23	127664.0	538.49	40698.5	72.70	7071.3
		不可及	2141.99	198141.4									1952.18	181963.2	189.81	16178.2				
	黑桦	合计	124.12	11870.3			28.27	3509.0	44.09	3988.7	15.24	640.6	36.52	3732.0						
		即可及	36.52	3732.0									36.52	3732.0						
	榆树	合计	8.99	307.6					8.99	307.6										
	杨树	合计	41.72	2582.0									37.58	2189.1					4.14	392.9
		即可及	20.52	1610.6									16.38	1217.7					4.14	392.9
		将可及	21.20	971.4									21.20	971.4						

表 6　黑龙江大兴安岭重点国有林区用材林各龄级面积、蓄积按优势树种和可及度统计表（续 7）

单位：公顷、立方米

统计单位	优势树种	可及度	合计		Ⅰ龄级		Ⅱ龄级		Ⅲ龄级		Ⅳ龄级		Ⅴ龄级		Ⅵ龄级		Ⅶ龄级		Ⅷ以上龄级	
			面积	蓄积	面积	蓄积	面积	蓄积	面积	蓄积	面积	蓄积	面积	蓄积	面积	蓄积	面积	蓄积	面积	蓄积
松岭林业局	柳树	合计	112.20	6001.3					35.51	1686.3	73.19	4129.7					3.50	185.3		
		即可及	3.50	185.3													3.50	185.3		
	山杨	合计	21925.27	2232385.0	90.87	640.7	1130.20	23694.4	994.60	54046.0	4790.11	479339.0	10257.39	1156598.1	2818.64	300230.1	1539.26	182899.9	304.20	34936.8
		即可及	13005.76	1489737.1									8617.33	1002928.5	2651.89	282661.2	1448.46	171119.2	288.08	33028.2
		将可及	1763.87	170305.5									1494.52	139959.4	162.43	16656.8	90.80	11780.7	16.12	1908.6
		不可及	149.86	14622.3									145.54	13710.2	4.32	912.1				
加格达奇林业局	合计	合计	307370.44	22333755.1	1626.28	54376.0	55537.96	2812164.5	82705.50	5657963.2	90242.78	7192587.8	51180.47	4290672.3	19999.97	1737508.5	3950.30	359981.3	2127.18	228501.5
		即可及	66950.46	5748155.1									44301.95	3706869.3	17190.48	1502395.9	3353.11	313070.9	2104.92	225819.0
		将可及	7544.12	642128.6									5264.27	451183.8	1812.03	154563.0	467.82	36381.8		
		不可及	2763.34	226379.9									1614.25	132619.2	997.46	80549.6	129.37	10528.6	22.26	2682.5
	云杉	合计	32.52	1318.2			32.52	1318.2												
	落叶松	合计	65714.88	5314234.9	189.79	10572.6	13003.63	881343.2	33833.55	2717096.7	13976.07	1253149.1	3555.26	346628.4	558.70	59470.3	597.88	45974.6		
		即可及	3669.38	361149.2									2846.99	282206.8	517.88	54886.5	304.51	24055.9		
		将可及	566.99	49832.4									282.91	26974.3	40.82	4583.8	243.26	18274.3		
		不可及	475.47	41091.7									425.36	37447.3			50.11	3644.4		
	樟子松	合计	609.46	56895.8	5.20	454.5	140.46	6070.5	242.56	26988.3	202.18	20816.4	19.06	2566.1						
		即可及	19.06	2566.1									19.06	2566.1						
	蒙古栎	合计	53764.07	3162740.0	1378.93	40842.9	27811.05	1454708.9	12142.27	748958.1	7731.19	555902.0	2192.64	172870.8	2167.34	164542.8	340.65	24914.5		
		即可及	3875.86	302047.0									2038.12	161706.4	1582.86	121945.1	254.88	18395.5		
		将可及	393.46	29365.1									154.52	11164.4	153.17	11681.7	85.77	6519.0		
		不可及	431.31	30916.0											431.31	30916.0				
	白桦	合计	173336.74	12808028.5			9868.01	192159.8	31538.34	1805944.2	65474.72	5135441.4	44357.02	3673740.8	16959.70	1483148.6	3011.77	289092.2	2127.18	228501.5
		即可及	58187.62	4970811.8									38513.47	3179155.8	14775.51	1295217.5	2793.72	270619.5	2104.92	225819.0
		将可及	6411.49	549299.1									4654.66	399413.1	1618.04	138297.5	138.79	11588.5		
		不可及	1856.56	154372.2									1188.89	95171.9	566.15	49633.6	79.26	6884.2	22.26	2682.5
	黑桦	合计	8123.88	515734.4	52.36	2506.0	4138.62	248451.3	3152.40	206431.3	494.31	33429.5	228.65	19476.1	57.54	5440.2				
		即可及	190.03	16814.9									132.49	11374.7	57.54	5440.2				
		将可及	96.16	8101.4									96.16	8101.4						
	椴树	合计	22.41	782.9			22.41	782.9												
	柳树	合计	172.22	3611.0			104.04	2335.5	68.18	1275.5										
	山杨	合计	5594.26	470409.4			417.22	24994.2	1728.20	151269.1	2364.31	193849.4	827.84	75390.1	256.69	24906.6				
		即可及	1008.51	94766.1									751.82	69859.5	256.69	24906.6				
		将可及	76.02	5530.6									76.02	5530.6						

表7 黑龙江大兴安岭重点国有林区可造林封育地面积按立地类型统计表

单位：公顷

统计单位	立地类型	合计	疏林地	一般灌木林地	无立木林地				宜林地			
					小计	采伐迹地	火烧迹地	其他无立木林地	小计	宜林荒山荒地	宜林沙荒地	其他宜林地
黑龙江大兴安岭重点国有林区	合计	991325.87	3203.35	14087.28	161402.99	10.08	672.42	160720.49	812632.25	86003.62	19980.89	706647.74
	草类河滩森林土	3951.16	519.54		1244.45			1244.45	2187.17	1212.86	421.70	552.61
	谷地杂草草甸土	19960.99	25.23		13860.30			13860.30	6075.46	2456.35	618.24	3000.87
	谷地灌木沼泽土	315943.85	578.55		4220.72			4220.72	311144.58	2267.26	4837.56	304039.76
	谷地苔草小叶章沼泽土	174091.96	13.49		3559.72			3559.72	170518.75	150.54	228.82	170139.39
	谷地塔头苔草沼泽土	220312.49	34.94		813.22			813.22	219464.33	396.14	361.54	218706.65
	缓坡胡枝子暗棕壤	68540.06	10.54	382.79	61013.76		13.95	60999.81	7132.97	5607.21	594.00	931.76
	缓坡榛子草甸暗棕壤	946.99	14.56		185.59		107.19	78.40	746.84	746.63	0.21	
	缓坡草类生草棕针土	101879.08	611.48	19.70	72108.98	3.99	102.45	72002.54	29138.92	17238.61	7336.54	4563.77
	缓坡杜鹃典型棕针土	50767.25	1258.04	175.68	3885.97	6.09	314.63	3565.25	45447.56	40047.27	1630.35	3769.94
	缓坡杜香潜育棕针土	20105.56	112.38	9029.04	150.90		44.76	106.14	10813.24	9717.24	258.97	837.03
	斜坡榛子、胡枝子暗棕壤	1057.33		1.42	44.08		1.09	42.99	1011.83	664.07	283.65	64.11
	斜坡杜鹃典型棕针土	6715.43	5.23	678.51	294.48		80.06	214.42	5737.21	3958.07	1761.08	18.06
	斜坡阳向粗骨棕针土	67.19			7.91			7.91	59.28	44.89	14.39	
	阴向陡坡典型棕针土	336.80			0.56			0.56	336.24	82.55	253.50	0.19
	阳向陡坡粗骨棕针土	831.08	13.77		1.03			1.03	816.28	300.61	515.67	
	岭脊急坡粗骨棕针土	493.34	2.19	1.40	1.57			1.57	488.18	246.98	217.60	23.60
	偃松冻层棕色针叶林土	5325.31	3.41	3798.74	9.75		8.29	1.46	1513.41	866.34	647.07	
西林吉林业局	合计	38029.04	668.97	1397.61	231.48			231.48	35730.98	6179.11	602.84	28949.03
	谷地灌木沼泽土	21110.42							21110.42			21110.42
	谷地苔草小叶章沼泽土	6458.02							6458.02			6458.02
	谷地塔头苔草沼泽土	202.26							202.26			202.26
	缓坡草类生草棕针土	4779.70	349.55		231.48			231.48	4198.67	2682.05	474.11	1042.51
	缓坡杜鹃典型棕针土	1405.93	236.82						1169.11	921.55	115.88	131.68
	缓坡杜香潜育棕针土	2057.04	82.60	84.52					1889.92	1888.41	0.21	1.30
	斜坡杜鹃典型棕针土	64.88							64.88	51.26	10.78	2.84
	阴向陡坡典型棕针土	0.63							0.63	0.26	0.37	
	阳向陡坡粗骨棕针土	15.60							15.60	15.60		
	岭脊急坡粗骨棕针土	7.78							7.78	7.78		
	偃松冻层棕色针叶林土	1926.78		1313.09					613.69	612.20	1.49	
图强林业局	合计	35519.99	3.45		875.59	4.94	9.35	861.30	34640.95	2089.39	142.17	32409.39
	谷地灌木沼泽土	29145.22							29145.22			29145.22
	谷地苔草小叶章沼泽土	3064.47							3064.47			3064.47
	谷地塔头苔草沼泽土	191.49							191.49			191.49
	缓坡草类生草棕针土	1729.23			585.42	3.62	9.35	572.45	1143.81	1044.79	90.81	8.21
	缓坡杜鹃典型棕针土	865.96	3.45		228.36	1.32		227.04	634.15	608.76	25.39	
	缓坡杜香潜育棕针土	207.04							207.04	207.04		
	斜坡杜鹃典型棕针土	217.62			61.81			61.81	155.81	131.60	24.21	
	阴向陡坡典型棕针土	24.86							24.86	24.72	0.14	
	阳向陡坡粗骨棕针土	53.49							53.49	52.20	1.29	
	偃松冻层棕色针叶林土	20.61							20.61	20.28	0.33	

表 7　黑龙江大兴安岭重点国有林区可造林封育地面积按立地类型统计表（续 1）

单位：公顷

统计单位	立地类型	合计	疏林地	一般灌木林地	无立木林地				宜林地			
					小计	采伐迹地	火烧迹地	其他无立木林地	小计	宜林荒山荒地	宜林沙荒地	其他宜林地
阿木尔林业局	合计	35077.24	137.60	520.92	811.28	4.77	82.20	724.31	33607.44	1905.20	1064.77	30637.47
	谷地灌木沼泽土	21085.05			1.05			1.05	21084.00			21084.00
	谷地苔草小叶章沼泽土	9295.38			22.30			22.30	9273.08			9273.08
	谷地塔头苔草沼泽土	207.46							207.46			207.46
	缓坡草类生草棕针土	1811.50	30.90		655.67		14.68	640.99	1124.93	742.39	319.89	62.65
	缓坡杜鹃典型棕针土	1228.56	106.70		106.87	4.77	45.62	56.48	1014.99	898.68	106.03	10.28
	缓坡杜香潜育棕针土	114.01			22.94		21.90	1.04	91.07	91.07		
	斜坡杜鹃典型棕针土	164.32			2.45			2.45	161.87	79.02	82.85	
	阴向陡坡典型棕针土	37.11							37.11	5.25	31.86	
	阳向陡坡粗骨棕针土	126.46							126.46	35.44	91.02	
	岭脊急坡粗骨棕针土	58.61							58.61	32.96	25.65	
	偃松冻层棕色针叶林土	948.78		520.92					427.86	20.39	407.47	
塔河林业局	合计	65087.74	35.60	716.39	2395.73		27.45	2368.28	61940.02	3836.85	1978.66	56124.51
	谷地灌木沼泽土	40403.24							40403.24			40403.24
	谷地苔草小叶章沼泽土	14376.01							14376.01			14376.01
	谷地塔头苔草沼泽土	1242.30							1242.30			1242.30
	缓坡草类生草棕针土	5231.85	11.86		2262.75			2262.75	2957.24	1865.84	993.70	97.70
	缓坡杜鹃典型棕针土	1961.07	23.74		99.05		27.45	71.60	1838.28	1448.69	384.33	5.26
	缓坡杜香潜育棕针土	219.55			26.48			26.48	193.07	189.72	3.35	
	斜坡杜鹃典型棕针土	542.05			6.20			6.20	535.85	169.70	366.15	
	阴向陡坡典型棕针土	47.14			0.34			0.34	46.80	0.49	46.31	
	阳向陡坡粗骨棕针土	99.82							99.82	43.46	56.36	
	岭脊急坡粗骨棕针土	8.37			0.91			0.91	7.46	6.81	0.65	
	偃松冻层棕色针叶林土	956.34		716.39					239.95	112.14	127.81	
呼中林业局	合计	23574.82	89.81	5459.17	697.29		219.71	477.58	17328.55	10561.72	1387.59	5379.24
	草类河滩森林土	25.28	13.76		9.01			9.01	2.51		2.51	
	谷地杂草草甸土	39.70	25.23		5.87			5.87	8.60	5.67		2.93
	谷地灌木沼泽土	3757.56	43.41		0.09			0.09	3714.06	623.19	18.32	3072.55
	谷地苔草小叶章沼泽土	677.08			0.28			0.28	676.80		16.53	660.27
	谷地塔头苔草沼泽土	598.92			0.49			0.49	598.43	16.94		581.49
	缓坡胡枝子暗棕壤	1.69							1.69		1.69	
	缓坡草类生草棕针土	355.10			65.31			65.31	289.79	158.49	121.32	9.98
	缓坡杜鹃典型棕针土	5835.01	7.41	136.00	468.51		142.97	325.54	5223.09	4688.43	280.95	253.71
	缓坡杜香潜育棕针土	8972.91		4784.12	65.11			65.11	4123.68	3230.35	97.47	795.86
	斜坡杜鹃典型棕针土	2867.21		480.95	80.92		75.84	5.08	2305.34	1647.78	655.11	2.45
	岭脊急坡粗骨棕针土	255.78		1.40	0.66			0.66	253.72	122.75	130.97	
	偃松冻层棕色针叶林土	188.58		56.70	1.04		0.90	0.14	130.84	68.12	62.72	

表 7　黑龙江大兴安岭重点国有林区可造林封育地面积按立地类型统计表（续 2）

单位：公顷

统计单位	立地类型	合计	疏林地	一般灌木林地	无立木林地				宜林地			
					小计	采伐迹地	火烧迹地	其他无立木林地	小计	宜林荒山荒地	宜林沙荒地	其他宜林地
新林林业局	合计	39976.53	87.72	1204.21	1700.07		82.71	1617.36	36984.53	2170.72	1440.39	33373.42
	草类河滩森林土	77.17							77.17	1.34	72.09	3.74
	谷地杂草草甸土	956.73			737.28			737.28	219.45	50.98	2.06	166.41
	谷地灌木沼泽土	25552.65			1.76			1.76	25550.89	29.56	4.73	25516.60
	谷地苔草小叶章沼泽土	608.70							608.70	12.29		596.41
	谷地塔头苔草沼泽土	7158.67	34.94		8.47			8.47	7115.26	90.57	1.50	7023.19
	缓坡胡枝子暗棕壤	1.17							1.17	1.17		
	缓坡草类生草棕针土	1506.56		19.70	753.39		30.25	723.14	733.47	564.34	153.79	15.34
	缓坡杜鹃典型棕针土	1656.75	41.34		156.13		17.99	138.14	1459.28	1113.07	334.54	11.67
	缓坡杜香潜育棕针土	468.48	5.06	6.03	23.65		22.86	0.79	433.74	238.05	155.82	39.87
	斜坡榛子、胡枝子暗棕壤	10.06							10.06	10.06		
	斜坡杜鹃典型棕针土	511.64		28.38	10.02		4.22	5.80	473.24	33.33	439.91	
	斜坡阳向粗骨棕针土	12.40							12.40	4.22	8.18	
	阴向陡坡典型棕针土	69.73			0.22			0.22	69.51	0.95	68.37	0.19
	阳向陡坡粗骨棕针土	143.54	2.97		0.44			0.44	140.13	11.72	128.41	
	岭脊急坡粗骨棕针土	23.74							23.74		23.74	
	偃松冻层棕色针叶林土	1218.54	3.41	1150.10	8.71		7.39	1.32	56.32	9.07	47.25	
十八站林业局	合计	78752.82	988.78		10664.29	0.37	235.52	10428.40	67099.75	6184.43	989.52	59925.80
	草类河滩森林土	692.63			60.87			60.87	631.76	425.20	11.51	195.05
	谷地杂草草甸土	3886.62			1151.58			1151.58	2735.04	1504.39	10.29	1220.36
	谷地灌木沼泽土	28106.17	535.14		78.98			78.98	27492.05	80.43		27411.62
	谷地苔草小叶章沼泽土	10734.31	4.88		102.07			102.07	10627.36	66.51	12.03	10548.82
	谷地塔头苔草沼泽土	18010.70			30.71			30.71	17979.99	137.86	6.16	17835.97
	缓坡胡枝子暗棕壤	83.52	2.21		26.60			26.60	54.71	44.02	0.14	10.55
	缓坡榛子草甸暗棕壤	241.95	14.56		109.08		107.19	1.89	118.31	118.10	0.21	
	缓坡草类生草棕针土	15708.92	45.83		8776.77	0.37	46.64	8729.76	6886.32	3571.47	678.20	2636.65
	缓坡杜鹃典型棕针土	1163.08	386.16		313.77		80.60	233.17	463.15	189.06	207.31	66.78
	缓坡杜香潜育棕针土	6.32			5.00			5.00	1.32	0.91	0.41	
	斜坡榛子、胡枝子暗棕壤	17.98			1.09		1.09		16.89	16.89		
	斜坡杜鹃典型棕针土	70.26			7.77			7.77	62.49	5.29	57.20	
	斜坡阳向粗骨棕针土	4.82							4.82	4.82		
	阴向陡坡典型棕针土	0.57							0.57	0.57		
	阳向陡坡粗骨棕针土	24.97							24.97	18.91	6.06	
韩家园林业局	合计	138244.27	3.60	384.21	36131.52			36131.52	101724.94	9194.25	8301.80	84228.89
	草类河滩森林土	2272.21			1119.06			1119.06	1153.15	711.75	324.12	117.28
	谷地杂草草甸土	12252.35			11147.35			11147.35	1105.00	506.42	473.84	124.74
	谷地灌木沼泽土	39864.51			53.28			53.28	39811.23	339.18	3531.57	35940.48
	谷地苔草小叶章沼泽土	15306.67			82.63			82.63	15224.04	7.86	172.59	15043.59
	谷地塔头苔草沼泽土	33744.15			681.09			681.09	33063.06	37.49	351.94	32673.63
	缓坡胡枝子暗棕壤	22555.61		382.79	20302.30			20302.30	1870.52	1342.13	280.49	247.90

表 7　黑龙江大兴安岭重点国有林区可造林封育地面积按立地类型统计表（续 3）

单位：公顷

统计单位	立地类型	合计	疏林地	一般灌木林地	无立木林地				宜林地			
					小计	采伐迹地	火烧迹地	其他无立木林地	小计	宜林荒山荒地	宜林沙荒地	其他宜林地
韩家园林业局	缓坡榛子草甸暗棕壤	1.69			1.69			1.69				
	缓坡草类生草棕针土	8011.33	3.60		2612.98			2612.98	5394.75	2714.89	2602.40	77.46
	缓坡杜鹃典型棕针土	3165.02			90.07			90.07	3074.95	3046.19	26.20	2.56
	缓坡杜香潜育棕针土	23.40			7.72			7.72	15.68	15.21	0.47	
	斜坡榛子、胡枝子暗棕壤	577.18		1.42	21.99			21.99	553.77	305.06	247.46	1.25
	斜坡杜鹃典型棕针土	58.86			3.45			3.45	55.41	48.79	6.62	
	斜坡阳向粗骨棕针土	29.53			7.91			7.91	21.62	19.49	2.13	
	阴向陡坡典型棕针土	132.34							132.34	40.04	92.30	
	阳向陡坡粗骨棕针土	247.08							247.08	59.75	187.33	
	岭脊急坡粗骨棕针土	2.34							2.34		2.34	
松岭林业局	合计	84778.64	837.21		2915.13		1.53	2913.60	81026.30	3839.62	331.76	76854.92
	草类河滩森林土	880.51	505.78		53.62			53.62	321.11	74.57	10.00	236.54
	谷地杂草草甸土	1676.48			229.53			229.53	1446.95	264.73	0.15	1182.07
	谷地灌木沼泽土	37162.25			236.48			236.48	36925.77	419.47	8.46	36497.84
	谷地苔草小叶章沼泽土	14419.70	8.61		613.28			613.28	13797.81	32.44	3.30	13762.07
	谷地塔头苔草沼泽土	25264.98			84.33			84.33	25180.65	112.52		25068.13
	缓坡胡枝子暗棕壤	625.56			125.29			125.29	500.27	488.46	8.48	3.33
	缓坡榛子草甸暗棕壤	703.35			74.82			74.82	628.53	628.53		
	缓坡草类生草棕针土	2699.45	145.44		1482.49		1.53	1480.96	1071.52	931.61	83.47	56.44
	缓坡杜鹃典型棕针土	1008.07	173.84		5.79			5.79	828.44	697.33	82.61	48.50
	斜坡榛子、胡枝子暗棕壤	75.51			0.34			0.34	75.17	68.74	6.43	
	斜坡杜鹃典型棕针土	172.50	3.54		8.57			8.57	160.39	89.16	71.23	
	斜坡阳向粗骨棕针土	20.44							20.44	16.36	4.08	
	阴向陡坡典型棕针土	9.55							9.55	1.20	8.35	
	阳向陡坡粗骨棕针土	60.29			0.59			0.59	59.70	14.50	45.20	
加格达奇林业局	合计	277397.16	8.33		92095.52		13.95	92081.57	185293.31	3938.26	1934.53	179420.52
	草类河滩森林土	3.36			1.89			1.89	1.47		1.47	
	谷地杂草草甸土	672.06			549.82			549.82	122.24	104.23	10.78	7.23
	谷地灌木沼泽土	10217.97			3849.08			3849.08	6368.89	121.04	776.52	5471.33
	谷地苔草小叶章沼泽土	62462.04			2672.60			2672.60	59789.44	31.44		59758.00
	谷地塔头苔草沼泽土	112792.29			8.13			8.13	112784.16	0.76	1.94	112781.46
	缓坡胡枝子暗棕壤	41582.14	8.33		39665.43		13.95	39651.48	1908.38	1339.76	262.94	305.68
	缓坡草类生草棕针土	45246.48			42821.28			42821.28	2425.20	1260.30	822.78	342.12
	缓坡杜鹃典型棕针土	3855.15			2399.46			2399.46	1455.69	703.64	1.22	750.83
	缓坡杜香潜育棕针土	14.12							14.12	12.88	1.24	
	斜坡榛子、胡枝子暗棕壤	183.52			20.66			20.66	162.86	133.10	29.76	
	斜坡杜鹃典型棕针土	357.50			107.17			107.17	250.33	220.58	25.88	3.87
	岭脊急坡粗骨棕针土	10.53							10.53	10.53		

表7 黑龙江大兴安岭重点国有林区可造林封育地面积按立地类型统计表（续4）

单位：公顷

统计单位	立地类型	合计	疏林地	一般灌木林地	无立木林地				宜林地			
					小计	采伐迹地	火烧迹地	其他无立木林地	小计	宜林荒山荒地	宜林沙荒地	其他宜林地
呼中自然保护区	合计	14407.89		4066.04					10341.85	9074.71	80.62	1186.52
	谷地塔头苔草沼泽土	1186.52							1186.52			1186.52
	缓坡草类生草棕针土	715.13							715.13	715.13		
	缓坡杜鹃典型棕针土	3895.23		39.68					3855.55	3813.02	42.53	
	缓坡杜香潜育棕针土	7603.73		3815.64					3788.09	3788.09		
	斜坡杜鹃典型棕针土	878.30		169.18					709.12	690.53	18.59	
	岭脊急坡粗骨棕针土	63.30							63.30	43.80	19.50	
	偃松冻层棕色针叶林土	65.68		41.54					24.14	24.14		
南瓮河自然保护区	合计	87175.44	29.67		19.73			19.73	87126.04	23228.98	27.93	63869.13
	谷地杂草草甸土	232.86							232.86			232.86
	谷地灌木沼泽土	53881.32							53881.32	597.31		53284.01
	谷地苔草小叶章沼泽土	4220.13							4220.13		24.37	4195.76
	谷地塔头苔草沼泽土	4810.38							4810.38			4810.38
	缓坡胡枝子暗棕壤	2254.80							2254.80	1999.67		255.13
	缓坡杜鹃典型棕针土	21374.51	29.67		17.96			17.96	21326.88	20232.33	3.56	1090.99
	斜坡榛子、胡枝子暗棕壤	83.81							83.81	83.81		
	斜坡杜鹃典型棕针土	303.04			1.77			1.77	301.27	301.27		
	岭脊急坡粗骨棕针土	14.59							14.59	14.59		
双河自然保护区	合计	6170.69	188.50		294.84			294.84	5687.35	1087.63	63.11	4536.61
	谷地灌木沼泽土	120.99							120.99			120.99
	谷地苔草小叶章沼泽土	4335.75							4335.75			4335.75
	谷地塔头苔草沼泽土	77.85							77.85			77.85
	缓坡草类生草棕针土	649.01	24.30		294.84			294.84	329.87	293.44	36.43	
	缓坡杜鹃典型棕针土	931.02	139.48						791.54	769.72	19.80	2.02
	缓坡杜香潜育棕针土	24.72	24.72									
	斜坡杜鹃典型棕针土	19.32							19.32	18.24	1.08	
	阴向陡坡典型棕针土	5.80							5.80		5.80	
	阳向陡坡粗骨棕针土	0.78							0.78	0.78		
	岭脊急坡粗骨棕针土	5.45							5.45	5.45		
绰纳河保护区	合计	13037.91	57.05		136.19			136.19	12844.67	506.70	1307.29	11030.68
	谷地杂草草甸土	185.39							185.39		121.12	64.27
	谷地灌木沼泽土	555.04							555.04	57.08	497.96	
	谷地苔草小叶章沼泽土	64.61			64.61			64.61				
	谷地塔头苔草沼泽土	9370.26							9370.26			9370.26
	缓坡胡枝子暗棕壤	546.28			68.86			68.86	477.42	329.53	40.26	107.63
	缓坡草类生草棕针土	635.92			2.72			2.72	633.20		633.20	
	缓坡杜鹃典型棕针土	1513.04	57.05						1455.99	60.53		1395.46
	斜坡榛子、胡枝子暗棕壤	109.06							109.06	46.20		62.86
	斜坡杜鹃典型棕针土	19.96							19.96	13.36		6.60
	岭脊急坡粗骨棕针土	38.35							38.35		14.75	23.60

表 7　黑龙江大兴安岭重点国有林区可造林封育地面积按立地类型统计表（续 5）

单位：公顷

统计单位	立地类型	合计	疏林地	一般灌木林地	无立木林地				宜林地			
					小计	采伐迹地	火烧迹地	其他无立木林地	小计	宜林荒山荒地	宜林沙荒地	其他宜林地
多布库尔自然保护区	合计	45219.47			12274.58			12274.58	32944.89	490.25	3.16	32451.48
	谷地杂草草甸土	58.80			38.87			38.87	19.93	19.93		
	谷地苔草小叶章沼泽土	26835.68			1.95			1.95	26833.73			26833.73
	谷地塔头苔草沼泽土	5439.73							5439.73			5439.73
	缓坡胡枝子暗棕壤	889.29			825.28			825.28	64.01	62.47		1.54
	缓坡草类生草棕针土	11908.09			11404.13			11404.13	503.96	326.62	3.16	174.18
	斜坡榛子、胡枝子暗棕壤	0.21							0.21	0.21		
	斜坡杜鹃典型棕针土	87.67			4.35			4.35	83.32	81.02		2.30
北极村自然保护区	合计	2848.20	67.06						2781.14	954.28	292.30	1534.56
	谷地灌木沼泽土	1482.03							1482.03			1482.03
	谷地塔头苔草沼泽土	12.00							12.00			12.00
	缓坡草类生草棕针土	410.60							410.60	77.77	292.30	40.53
	缓坡杜鹃典型棕针土	659.95	52.38						607.57	607.57		
	斜坡杜鹃典型棕针土	260.39	1.69						258.70	258.70		
	阴向陡坡典型棕针土	1.64							1.64	1.64		
	阳向陡坡粗骨棕针土	19.40	10.80						8.60	8.60		
	岭脊急坡粗骨棕针土	2.19	2.19									
岭峰自然保护区	合计	722.27		338.73					383.54	86.55	30.98	266.01
	谷地灌木沼泽土	266.01							266.01			266.01
	缓坡草类生草棕针土	112.58							112.58	81.60	30.98	
	缓坡杜鹃典型棕针土	3.65							3.65	3.65		
	缓坡杜香潜育棕针土	338.73		338.73								
	斜坡杜鹃典型棕针土	1.30							1.30	1.30		
盘中自然保护区	合计	5305.75			159.75			159.75	5146.00	674.97	1.47	4469.56
	谷地灌木沼泽土	3233.42							3233.42			3233.42
	谷地苔草小叶章沼泽土	1233.41							1233.41			1233.41
	谷地塔头苔草沼泽土	2.53							2.53			2.53
	缓坡草类生草棕针土	367.63			159.75			159.75	207.88	207.88		
	缓坡杜鹃典型棕针土	245.25							245.25	245.05		0.20
	缓坡杜香潜育棕针土	55.51							55.51	55.51		
	斜坡杜鹃典型棕针土	118.61							118.61	117.14	1.47	
	阴向陡坡典型棕针土	7.43							7.43	7.43		
	阳向陡坡粗骨棕针土	39.65							39.65	39.65		
	岭脊急坡粗骨棕针土	2.31							2.31	2.31		

表 8 黑龙江大兴安岭重点国有林区乔木林各龄组面积、蓄积按林种、起源和林分类型统计表

单位：公顷、立方米

统计单位	林种	起源	林分类型	合计		幼龄林		中龄林		近熟林		成熟林		过熟林	
				面积	蓄积	面积	蓄积	面积	蓄积	面积	蓄积	面积	蓄积	面积	蓄积
黑龙江大兴安岭重点国有林区	合计	合计	合计	6888823.99	575178872.9	1318055.00	58039653.3	4079452.28	364829876.0	804326.51	79087859.1	610444.40	64686655.6	76545.80	8534828.9
			纯林	3627541.16	287349435.4	859001.54	39600892.6	1889106.38	160346411.5	431769.17	40515445.6	391966.96	40751476.9	55697.11	6135208.8
			混交林	3261282.83	287829437.5	459053.46	18438760.7	2190345.90	204483464.5	372557.34	38572413.5	218477.44	23935178.7	20848.69	2399620.1
			针叶混交林	287663.62	28664097.1	8603.48	502216.0	193470.39	18847387.5	46225.15	4833832.5	38268.96	4354598.1	1095.64	126063.0
			针阔混交林	1739702.07	166770359.4	91307.87	5556346.9	1332786.56	127525919.2	205756.96	21465219.3	99108.98	11020066.5	10741.70	1202807.5
			阔叶混交林	1233917.14	92394981.0	359142.11	12380197.8	664088.95	58110157.8	120575.23	12273361.7	81099.50	8560514.1	9011.35	1070749.6
		天然	合计	6700982.48	564342876.4	1269598.99	55572197.9	3949511.30	357305496.0	795457.93	78302714.6	609912.36	64631906.2	76501.90	8530561.7
			纯林	3480986.29	278856631.8	824645.33	37827384.3	1785112.26	154367184.1	424131.54	39833842.3	391443.95	40697279.5	55653.21	6130941.6
			混交林	3219996.19	285486244.6	444953.66	17744813.6	2164399.04	202938311.9	371326.39	38468872.3	218468.41	23934626.7	20848.69	2399620.1
			针叶混交林	277466.85	28141531.8	7253.89	438456.3	185138.30	18430843.4	45715.73	4791902.2	38263.29	4354266.9	1095.64	126063.0
			针阔混交林	1708612.20	164949731.8	78557.66	4926159.5	1315171.79	126397310.7	205035.43	21403608.4	99105.62	11019845.7	10741.70	1202807.5
			阔叶混交林	1233917.14	92394981.0	359142.11	12380197.8	664088.95	58110157.8	120575.23	12273361.7	81099.50	8560514.1	9011.35	1070749.6
		人工	合计	187841.51	10835996.5	48456.01	2467455.4	129940.98	7524380.0	8868.58	785144.5	532.04	54749.4	43.90	4267.2
			纯林	146554.87	8492803.6	34356.21	1773508.3	103994.12	5979227.4	7637.63	681603.3	523.01	54197.4	43.90	4267.2
			混交林	41286.64	2343192.9	14099.80	693947.1	25946.86	1545152.6	1230.95	103541.2	9.03	552.0		
			针叶混交林	10196.77	522565.3	1349.59	63759.7	8332.09	416544.1	509.42	41930.3	5.67	331.2		
			针阔混交林	31089.87	1820627.6	12750.21	630187.4	17614.77	1128608.5	721.53	61610.9	3.36	220.8		
		其中：人天混	合计	32952.48	1929645.4	12852.92	642272.9	19328.30	1222303.4	766.52	64733.9	4.74	335.2		
			混交林	32952.48	1929645.4	12852.92	642272.9	19328.30	1222303.4	766.52	64733.9	4.74	335.2		
			针叶混交林	1862.61	109017.8	102.71	12085.5	1713.53	93694.9	44.99	3123.0	1.38	114.4		
			针阔混交林	31089.87	1820627.6	12750.21	630187.4	17614.77	1128608.5	721.53	61610.9	3.36	220.8		
	防护林	合计	合计	3182760.85	269594894.2	556041.37	22274815.9	1802110.76	161120103.8	378104.16	37601072.4	394279.07	42683034.2	52225.49	5915867.9
			纯林	1783147.09	146657091.9	355051.31	14869157.2	873843.77	74803422.0	225117.07	21492191.1	284928.72	30460839.0	44206.22	5031482.6
			混交林	1399613.76	122937802.3	200990.06	7405658.7	928266.99	86316681.8	152987.09	16108881.3	109350.35	12222195.2	8019.27	884385.3
			针叶混交林	118077.76	12028199.7	3216.28	183595.6	74878.88	7339862.9	16706.42	1811428.3	22950.57	2658787.2	325.61	34525.7
			针阔混交林	768069.50	73704332.6	38332.71	2206023.2	575665.48	54779731.5	94568.36	9958976.2	55141.86	6292327.9	4361.09	467273.8
			阔叶混交林	513466.50	37205270.0	159441.07	5016039.9	277722.63	24197087.4	41712.31	4338476.8	31257.92	3271080.1	3332.57	382585.8
		天然	合计	3122030.47	266520850.3	538102.93	21502594.2	1763182.98	159148384.7	374523.14	37302386.1	394029.51	42655053.5	52191.91	5912431.8
			纯林	1737682.90	144384305.0	343452.70	14401525.7	843335.52	73284800.1	222039.40	21236887.8	284682.64	30433044.9	44172.64	5028046.5
			混交林	1384347.57	122136545.3	194650.23	7101068.5	919847.46	85863584.6	152483.74	16065498.3	109346.87	12222008.6	8019.27	884385.3
			针叶混交林	114892.78	11857572.6	2842.03	170213.3	72327.33	7207637.3	16450.72	1786595.7	22947.09	2658600.6	325.61	34525.7
			针阔混交林	755988.29	73073702.7	32367.13	1914815.3	569797.50	54458859.9	94320.71	9940425.8	55141.86	6292327.9	4361.09	467273.8
			阔叶混交林	513466.50	37205270.0	159441.07	5016039.9	277722.63	24197087.4	41712.31	4338476.8	31257.92	3271080.1	3332.57	382585.8
		人工	合计	60730.38	3074043.9	17938.44	772221.7	38927.78	1971719.1	3581.02	298686.3	249.56	27980.7	33.58	3436.1
			纯林	45464.19	2272786.9	11598.61	467631.5	30508.25	1518621.9	3077.67	255303.3	246.08	27794.1	33.58	3436.1
			混交林	15266.19	801257.0	6339.83	304590.2	8419.53	453097.2	503.35	43383.0	3.48	186.6		
			针叶混交林	3184.98	170627.1	374.25	13382.3	2551.55	132225.6	255.70	24832.6	3.48	186.6		
			针阔混交林	12081.21	630629.9	5965.58	291207.9	5867.98	320871.6	247.65	18550.4				

表 8　黑龙江大兴安岭重点国有林区乔木林各龄组面积、蓄积按林种、起源和林分类型统计表（续 1）

单位：公顷、立方米

统计单位	林种	起源	林分类型	合计		幼龄林		中龄林		近熟林		成熟林		过熟林	
				面积	蓄积	面积	蓄积	面积	蓄积	面积	蓄积	面积	蓄积	面积	蓄积
黑龙江大兴安岭重点国有林区	防护林	其中：人天混	合计	12511.91	656398.4	6003.71	295465.5	6258.59	342277.2	249.61	18655.7				
			混交林	12511.91	656398.4	6003.71	295465.5	6258.59	342277.2	249.61	18655.7				
			针叶混交林	430.70	25768.5	38.13	4257.6	390.61	21405.6	1.96	105.3				
			针阔混交林	12081.21	630629.9	5965.58	291207.9	5867.98	320871.6	247.65	18550.4				
	特用林	合计	合计	469544.15	41570015.2	89639.61	3421795.5	251821.99	22970764.7	66889.48	7931273.5	48943.18	5631163.7	12249.89	1615017.8
			纯林	227794.34	18351605.9	55807.74	2441756.2	119554.46	10090674.5	26983.78	2961124.4	20289.42	2186314.7	5158.94	671736.1
			混交林	241749.81	23218409.3	33831.87	980039.3	132267.53	12880090.2	39905.70	4970149.1	28653.76	3444849.0	7090.95	943281.7
			针叶混交林	18372.39	1892137.4	472.44	22183.8	10626.25	1054441.0	3481.76	401076.9	3631.67	387671.6	160.27	26764.1
			针阔混交林	116372.58	13162350.1	3161.68	156399.9	73768.72	8086745.8	22268.99	2822092.0	13598.83	1637299.5	3574.36	459812.9
			阔叶混交林	107004.84	8163921.8	30197.75	801455.6	47872.56	3738903.4	14154.95	1746980.2	11423.26	1419877.9	3356.32	456704.7
		天然	合计	433451.96	39525946.7	82437.04	3025622.2	224371.52	21450510.0	65470.37	7806746.0	48923.14	5628050.7	12249.89	1615017.8
			纯林	194727.10	16456450.0	49437.21	2083433.9	94214.18	8678040.3	25647.39	2840038.0	20269.38	2183201.7	5158.94	671736.1
			混交林	238724.86	23069496.7	32999.83	942188.3	130157.34	12772469.7	39822.98	4966708.0	28653.76	3444849.0	7090.95	943281.7
			针叶混交林	17189.14	1841199.0	239.19	11858.9	9725.76	1016944.6	3432.25	397959.8	3631.67	387671.6	160.27	26764.1
			针阔混交林	114530.88	13064375.9	2562.89	128873.8	72559.02	8016621.7	22235.78	2821768.0	13598.83	1637299.5	3574.36	459812.9
			阔叶混交林	107004.84	8163921.8	30197.75	801455.6	47872.56	3738903.4	14154.95	1746980.2	11423.26	1419877.9	3356.32	456704.7
		人工	合计	36092.19	2044068.5	7202.57	396173.3	27450.47	1520254.7	1419.11	124527.5	20.04	3113.0		
			纯林	33067.24	1895155.9	6370.53	358322.3	25340.28	1412634.2	1336.39	121086.4	20.04	3113.0		
			混交林	3024.95	148912.6	832.04	37851.0	2110.19	107620.5	82.72	3441.1				
			针叶混交林	1183.25	50938.4	233.25	10324.9	900.49	37496.4	49.51	3117.1				
			针阔混交林	1841.70	97974.2	598.79	27526.1	1209.70	70124.1	33.21	324.0				
		其中：人天混	合计	1912.50	101041.7	598.79	27526.1	1279.01	72969.6	34.70	546.0				
			混交林	1912.50	101041.7	598.79	27526.1	1279.01	72969.6	34.70	546.0				
			针叶混交林	70.80	3067.5			69.31	2845.5	1.49	222.0				
			针阔混交林	1841.70	97974.2	598.79	27526.1	1209.70	70124.1	33.21	324.0				
	用材林	合计	合计	3236518.99	264013963.5	672374.02	32343041.9	2025519.53	180739007.5	359332.87	33555513.2	167222.15	16372457.7	12070.42	1003943.2
			纯林	1616599.73	122340737.6	448142.49	22289979.2	895708.15	75452315.0	179668.32	16062130.1	86748.82	8104323.2	6331.95	431990.1
			混交林	1619919.26	141673225.9	224231.53	10053062.7	1129811.38	105286692.5	179664.55	17493383.1	80473.33	8268134.5	5738.47	571953.1
			针叶混交林	151213.47	14743760.0	4914.76	296436.6	107965.26	10453083.6	26036.97	2621327.3	11686.72	1308139.3	609.76	64773.2
			针阔混交林	855259.99	79903676.7	49813.48	3193923.8	683352.36	64659441.9	88919.61	8684151.1	30368.29	3090439.1	2806.25	275720.8
			阔叶混交林	613445.80	47025789.2	169503.29	6562702.3	338493.76	30174167.0	64707.97	6187904.7	38418.32	3869556.1	2322.46	231459.1
		天然	合计	3145500.05	258296079.4	649059.02	31043981.5	1961956.80	176706601.3	355464.42	33193582.5	166959.71	16348802.0	12060.10	1003112.1
			纯林	1548576.29	118015876.8	431755.42	21342424.7	847562.56	72404343.7	176444.75	15756916.5	86491.93	8081032.9	6321.63	431159.0
			混交林	1596923.76	140280202.6	217303.60	9701556.8	1114394.24	104302257.6	179019.67	17436666.0	80467.78	8267769.1	5738.47	571953.1
			针叶混交林	145384.93	14442760.2	4172.67	256384.1	103085.21	10206261.5	25832.76	2607346.7	11684.53	1307994.7	609.76	64773.2
			针阔混交林	838093.03	78811653.2	43627.64	2882470.4	672815.27	63921829.1	88478.94	8641414.6	30364.93	3090218.3	2806.25	275720.8
			阔叶混交林	613445.80	47025789.2	169503.29	6562702.3	338493.76	30174167.0	64707.97	6187904.7	38418.32	3869556.1	2322.46	231459.1

表8 黑龙江大兴安岭重点国有林区乔木林各龄组面积、蓄积按林种、起源和林分类型统计表（续2）

单位：公顷、立方米

统计单位	林种	起源	林分类型	合计		幼龄林		中龄林		近熟林		成熟林		过熟林	
				面积	蓄积	面积	蓄积	面积	蓄积	面积	蓄积	面积	蓄积	面积	蓄积
黑龙江大兴安岭重点国有林区	用材林	人工	合计	91018.94	5717884.1	23315.00	1299060.4	63562.73	4032406.2	3868.45	361930.7	262.44	23655.7	10.32	831.1
			纯林	68023.44	4324860.8	16387.07	947554.5	48145.59	3047971.3	3223.57	305213.6	256.89	23290.3	10.32	831.1
			混交林	22995.50	1393023.3	6927.93	351505.9	15417.14	984434.9	644.88	56717.1	5.55	365.4		
			针叶混交林	5828.54	300999.8	742.09	40052.5	4880.05	246822.1	204.21	13980.6	2.19	144.6		
			针阔混交林	17166.96	1092023.5	6185.84	311453.4	10537.09	737612.8	440.67	42736.5	3.36	220.8		
		其中：人天混	合计	18528.07	1172205.3	6250.42	319281.3	11790.70	807056.6	482.21	45532.2	4.74	335.2		
			混交林	18528.07	1172205.3	6250.42	319281.3	11790.70	807056.6	482.21	45532.2	4.74	335.2		
			针叶混交林	1361.11	80181.8	64.58	7827.9	1253.61	69443.8	41.54	2795.7	1.38	114.4		
			针阔混交林	17166.96	1092023.5	6185.84	311453.4	10537.09	737612.8	440.67	42736.5	3.36	220.8		
西林吉林业局	合计	合计	合计	548129.02	46879993.6	98162.82	5287906.1	212810.12	18103085.8	135231.78	13293714.8	99171.99	9935517.2	2752.31	259769.7
			纯林	372047.65	29948267.6	78246.15	4222646.3	130970.55	10281471.1	89156.17	8354179.0	71630.24	6911884.7	2044.54	178086.5
			混交林	176081.37	16931726.0	19916.67	1065259.8	81839.57	7821614.7	46075.61	4939535.8	27541.75	3023632.5	707.77	81683.2
			针叶混交林	35774.12	3713307.1	1070.85	43090.3	15530.60	1547818.7	11070.99	1206887.7	8090.57	914550.0	11.11	960.4
			针阔混交林	113246.58	10986839.5	6998.03	316953.3	55805.51	5317104.4	31762.35	3334352.2	18080.02	1947457.9	600.67	70971.7
			阔叶混交林	27060.67	2231579.4	11847.79	705216.2	10503.46	956691.6	3242.27	398295.9	1371.16	161624.6	95.99	9751.1
		天然	合计	519912.80	45659360.8	92313.61	5058522.6	190535.07	17115790.8	135139.82	13289760.5	99171.99	9935517.2	2752.31	259769.7
			纯林	349830.83	28990277.2	74143.76	4064939.2	112880.01	9483257.4	89132.28	8352109.4	71630.24	6911884.7	2044.54	178086.5
			混交林	170081.97	16669083.6	18169.85	993583.4	77655.06	7632533.4	46007.54	4937651.1	27541.75	3023632.5	707.77	81683.2
			针叶混交林	33823.15	3636399.9	712.98	28095.4	14004.69	1487750.0	11003.80	1205044.1	8090.57	914550.0	11.11	960.4
			针阔混交林	109198.15	10801104.3	5609.08	260271.8	53146.91	5188091.8	31761.47	3334311.1	18080.02	1947457.9	600.67	70971.7
			阔叶混交林	27060.67	2231579.4	11847.79	705216.2	10503.46	956691.6	3242.27	398295.9	1371.16	161624.6	95.99	9751.1
		人工	合计	28216.22	1220632.8	5849.21	229383.5	22275.05	987295.0	91.96	3954.3				
			纯林	22216.82	957990.4	4102.39	157707.1	18090.54	798213.7	23.89	2069.6				
			混交林	5999.40	262642.4	1746.82	71676.4	4184.51	189081.3	68.07	1884.7				
			针叶混交林	1950.97	76907.2	357.87	14994.9	1525.91	60068.7	67.19	1843.6				
			针阔混交林	4048.43	185735.2	1388.95	56681.5	2658.60	129012.6	0.88	41.1				
		其中：人天混	合计	4084.68	187993.8	1388.95	56681.5	2694.85	131271.2	0.88	41.1				
			混交林	4084.68	187993.8	1388.95	56681.5	2694.85	131271.2	0.88	41.1				
			针叶混交林	36.25	2258.6			36.25	2258.6						
			针阔混交林	4048.43	185735.2	1388.95	56681.5	2658.60	129012.6	0.88	41.1				
	防护林	合计	合计	234251.77	22022458.0	23751.63	1162351.9	85947.29	7962330.1	62020.39	6460470.0	60752.10	6258933.1	1780.36	178372.9
			纯林	156499.82	14033240.0	17891.44	840649.5	51914.39	4541117.4	40076.24	3999469.8	45230.39	4522409.6	1387.36	129593.7
			混交林	77751.95	7989218.0	5860.19	321702.4	34032.90	3421212.7	21944.15	2461000.2	15521.71	1736523.5	393.00	48779.2
			针叶混交林	15621.21	1759242.6	305.35	14459.7	5315.12	581927.2	5320.33	619544.6	4669.30	542350.7	11.11	960.4
			针阔混交林	51704.03	5290174.7	1738.11	89001.6	24254.97	2412197.0	14990.01	1613470.7	10390.54	1131901.0	330.40	43604.4
			阔叶混交林	10426.71	939800.7	3816.73	218241.1	4462.81	427088.5	1633.81	227984.9	461.87	62271.8	51.49	4214.4

表 8　黑龙江大兴安岭重点国有林区乔木林各龄组面积、蓄积按林种、起源和林分类型统计表（续 3）

单位：公顷、立方米

统计单位	林种	起源	林分类型	合计		幼龄林		中龄林		近熟林		成熟林		过熟林	
				面积	蓄积	面积	蓄积	面积	蓄积	面积	蓄积	面积	蓄积	面积	蓄积
西林吉林业局	防护林	天然	合计	228606.29	21775060.4	22458.74	1113671.9	81595.68	7763827.4	62019.41	6460255.1	60752.10	6258933.1	1780.36	178372.9
			纯林	151291.82	13803007.7	16874.49	803678.8	47724.32	4348070.7	40075.26	3999254.9	45230.39	4522409.6	1387.36	129593.7
			混交林	77314.47	7972052.7	5584.25	309993.1	33871.36	3415756.7	21944.15	2461000.2	15521.71	1736523.5	393.00	48779.2
			针叶混交林	15411.81	1753319.1	213.84	12594.0	5197.23	577869.4	5320.33	619544.6	4669.30	542350.7	11.11	960.4
			针阔混交林	51475.95	5278932.9	1553.68	79158.0	24211.32	2410798.8	14990.01	1613470.7	10390.54	1131901.0	330.40	43604.4
			阔叶混交林	10426.71	939800.7	3816.73	218241.1	4462.81	427088.5	1633.81	227984.9	461.87	62271.8	51.49	4214.4
		人工	合计	5645.48	247397.6	1292.89	48680.0	4351.61	198502.7	0.98	214.9				
			纯林	5208.00	230232.3	1016.95	36970.7	4190.07	193046.7	0.98	214.9				
			混交林	437.48	17165.3	275.94	11709.3	161.54	5456.0						
			针叶混交林	209.40	5923.5	91.51	1865.7	117.89	4057.8						
			针阔混交林	228.08	11241.8	184.43	9843.6	43.65	1398.2						
		其中：人天混	合计	228.08	11241.8	184.43	9843.6	43.65	1398.2						
			混交林	228.08	11241.8	184.43	9843.6	43.65	1398.2						
			针阔混交林	228.08	11241.8	184.43	9843.6	43.65	1398.2						
	特用林	合计	合计	7368.87	624365.8	541.54	28505.6	1493.59	88017.4	2075.05	194317.0	3224.14	312016.9	34.55	1508.9
			纯林	4823.97	392011.0	236.18	11109.1	955.06	48300.1	1256.65	114103.6	2341.53	216989.3	34.55	1508.9
			混交林	2544.90	232354.8	305.36	17396.5	538.53	39717.3	818.40	80213.4	882.61	95027.6		
			针叶混交林	641.15	50196.3	40.98	1743.5	190.17	11780.8	226.82	19388.1	183.18	17283.9		
			针阔混交林	1685.94	167585.9	185.05	8306.1	209.88	20710.8	591.58	60825.3	699.43	77743.7		
			阔叶混交林	217.81	14572.6	79.33	7346.9	138.48	7225.7						
		天然	合计	6292.62	577634.3	329.84	24545.3	647.24	45855.3	2056.85	193707.9	3224.14	312016.9	34.55	1508.9
			纯林	4095.15	360161.0	170.12	10897.4	292.30	16661.8	1256.65	114103.6	2341.53	216989.3	34.55	1508.9
			混交林	2197.47	217473.3	159.72	13647.9	354.94	29193.5	800.20	79604.3	882.61	95027.6		
			针叶混交林	467.46	41811.2	10.92	419.5	64.74	5328.8	208.62	18779.0	183.18	17283.9		
			针阔混交林	1512.20	161089.5	69.47	5881.5	151.72	16639.0	591.58	60825.3	699.43	77743.7		
			阔叶混交林	217.81	14572.6	79.33	7346.9	138.48	7225.7						
		人工	合计	1076.25	46731.5	211.70	3960.3	846.35	42162.1	18.20	609.1				
			纯林	728.82	31850.0	66.06	211.7	662.76	31638.3						
			混交林	347.43	14881.5	145.64	3748.6	183.59	10523.8	18.20	609.1				
			针叶混交林	173.69	8385.1	30.06	1324.0	125.43	6452.0	18.20	609.1				
			针阔混交林	173.74	6496.4	115.58	2424.6	58.16	4071.8						
		其中：人天混	合计	173.74	6496.4	115.58	2424.6	58.16	4071.8						
			混交林	173.74	6496.4	115.58	2424.6	58.16	4071.8						
			针阔混交林	173.74	6496.4	115.58	2424.6	58.16	4071.8						

表 8 黑龙江大兴安岭重点国有林区乔木林各龄组面积、蓄积按林种、起源和林分类型统计表（续 4）

单位：公顷、立方米

统计单位	林种	起源	林分类型	合计		幼龄林		中龄林		近熟林		成熟林		过熟林	
				面积	蓄积	面积	蓄积	面积	蓄积	面积	蓄积	面积	蓄积	面积	蓄积
西林吉林业局	用材林	合计	合计	306508.38	24233169.8	73869.65	4097048.6	125369.24	10052738.3	71136.34	6638927.8	35195.75	3364567.2	937.40	79887.9
			纯林	210723.86	15523016.6	60118.53	3370887.7	78101.10	5692053.6	47823.28	4240605.6	24058.32	2172485.8	622.63	46983.9
			混交林	95784.52	8710153.2	13751.12	726160.9	47268.14	4360684.7	23313.06	2398322.2	11137.43	1192081.4	314.77	32904.0
			针叶混交林	19511.76	1903868.2	724.52	26887.1	10025.31	954110.7	5523.84	567955.0	3238.09	354915.4		
			针阔混交林	59856.61	5529078.9	5074.87	219645.6	31340.66	2884196.6	16180.76	1660056.2	6990.05	737813.2	270.27	27367.3
			阔叶混交林	16416.15	1277206.1	7951.73	479628.2	5902.17	522377.4	1608.46	170311.0	909.29	99352.8	44.50	5536.7
		天然	合计	285013.89	23306666.1	69525.03	3920305.4	108292.15	9306108.1	71063.56	6635797.5	35195.75	3364567.2	937.40	79887.9
			纯林	194443.86	14827108.5	57099.15	3250363.0	64863.39	5118524.9	47800.37	4238750.9	24058.32	2172485.8	622.63	46983.9
			混交林	90570.03	8479557.6	12425.88	669942.4	43428.76	4187583.2	23263.19	2397046.6	11137.43	1192081.4	314.77	32904.0
			针叶混交林	17943.88	1841269.6	488.22	15081.9	8742.72	904551.8	5474.85	566720.5	3238.09	354915.4		
			针阔混交林	56210.00	5361081.9	3985.93	175232.3	28783.87	2760654.0	16179.88	1660015.1	6990.05	737813.2	270.27	27367.3
			阔叶混交林	16416.15	1277206.1	7951.73	479628.2	5902.17	522377.4	1608.46	170311.0	909.29	99352.8	44.50	5536.7
		人工	合计	21494.49	926503.7	4344.62	176743.2	17077.09	746630.2	72.78	3130.3				
			纯林	16280.00	695908.1	3019.38	120524.7	13237.71	573528.7	22.91	1854.7				
			混交林	5214.49	230595.6	1325.24	56218.5	3839.38	173101.5	49.87	1275.6				
			针叶混交林	1567.88	62598.6	236.30	11805.2	1282.59	49558.9	48.99	1234.5				
			针阔混交林	3646.61	167997.0	1088.94	44413.3	2556.79	123542.6	0.88	41.1				
		其中：人天混	合计	3682.86	170255.6	1088.94	44413.3	2593.04	125801.2	0.88	41.1				
			混交林	3682.86	170255.6	1088.94	44413.3	2593.04	125801.2	0.88	41.1				
			针叶混交林	36.25	2258.6			36.25	2258.6						
			针阔混交林	3646.61	167997.0	1088.94	44413.3	2556.79	123542.6	0.88	41.1				
图强林业局	合计	合计	合计	465214.61	35353434.7	131575.99	8169667.9	233719.98	18444609.6	61059.72	5089610.5	36627.22	3443905.1	2231.70	205641.6
			纯林	322899.00	23283556.3	112713.44	7005543.7	152867.45	11645296.7	35454.48	2723553.8	20615.37	1810392.0	1248.26	98770.1
			混交林	142315.61	12069878.4	18862.55	1164124.2	80852.53	6799312.9	25605.24	2366056.7	16011.85	1633513.1	983.44	106871.5
			针叶混交林	26634.99	2445666.4	757.73	35287.1	14682.48	1239439.5	6026.13	594612.2	5000.41	558484.4	168.24	17843.2
			针阔混交林	99389.44	8268248.2	8541.44	438815.0	61486.30	5104350.0	18570.11	1665960.8	10001.30	974716.9	790.29	84405.5
			阔叶混交林	16291.18	1355963.8	9563.38	690022.1	4683.75	455523.4	1009.00	105483.7	1010.14	100311.8	24.91	4622.8
		天然	合计	447459.17	34436219.4	127178.12	7967048.9	220707.73	17754734.7	60714.40	5064889.1	36627.22	3443905.1	2231.70	205641.6
			纯林	315013.54	22875646.4	112213.15	6992724.4	145638.65	11262523.3	35298.11	2711236.6	20615.37	1810392.0	1248.26	98770.1
			混交林	132445.63	11560573.0	14964.97	974324.5	75069.08	6492211.4	25416.29	2353652.5	16011.85	1633513.1	983.44	106871.5
			针叶混交林	24439.26	2341484.7	581.58	27218.4	12703.56	1146457.7	5985.47	591481.0	5000.41	558484.4	168.24	17843.2
			针阔混交林	91715.19	7863124.5	4820.01	257084.0	57681.77	4890230.3	18421.82	1656687.8	10001.30	974716.9	790.29	84405.5
			阔叶混交林	16291.18	1355963.8	9563.38	690022.1	4683.75	455523.4	1009.00	105483.7	1010.14	100311.8	24.91	4622.8
		人工	合计	17755.44	917215.3	4397.87	202619.0	13012.25	689874.9	345.32	24721.4				
			纯林	7885.46	407909.9	500.29	12819.3	7228.80	382773.4	156.37	12317.2				
			混交林	9869.98	509305.4	3897.58	189799.7	5783.45	307101.5	188.95	12404.2				
			针叶混交林	2195.73	104181.7	176.15	8068.7	1978.92	92981.8	40.66	3131.2				
			针阔混交林	7674.25	405123.7	3721.43	181731.0	3804.53	214119.7	148.29	9273.0				

表 8　黑龙江大兴安岭重点国有林区乔木林各龄组面积、蓄积按林种、起源和林分类型统计表（续 5）

单位：公顷、立方米

统计单位	林种	起源	林分类型	合计		幼龄林		中龄林		近熟林		成熟林		过熟林	
				面积	蓄积	面积	蓄积	面积	蓄积	面积	蓄积	面积	蓄积	面积	蓄积
图强林业局	合计	其中：人天混	合计	7954.24	419049.7	3721.43	181731.0	4082.56	227940.4	150.25	9378.3				
			混交林	7954.24	419049.7	3721.43	181731.0	4082.56	227940.4	150.25	9378.3				
			针叶混交林	279.99	13926.0			278.03	13820.7	1.96	105.3				
			针阔混交林	7674.25	405123.7	3721.43	181731.0	3804.53	214119.7	148.29	9273.0				
	防护林	合计	合计	265140.38	20187448.0	90462.72	5683052.8	134358.61	11022180.3	23734.00	1967032.1	15667.54	1433212.1	917.51	81970.7
			纯林	185798.90	13485729.2	75278.05	4723263.7	86393.56	6850804.3	14680.77	1127924.9	8931.46	745539.6	515.06	38196.7
			混交林	79341.48	6701718.8	15184.67	959789.1	47965.05	4171376.0	9053.23	839107.2	6736.08	687672.5	402.45	43774.0
			针叶混交林	13002.56	1170598.1	504.93	25200.2	8266.94	703564.6	1895.39	190360.2	2296.66	246976.7	38.64	4496.4
			针阔混交林	55409.77	4648824.4	6533.20	334901.6	37454.02	3242114.3	7006.27	635105.7	4077.38	402048.0	338.90	34654.8
			阔叶混交林	10929.15	882296.3	8146.54	599687.3	2244.09	225697.1	151.57	13641.3	362.04	38647.8	24.91	4622.8
		天然	合计	252090.96	19498297.8	87101.55	5519089.0	124993.94	10519620.2	23410.42	1944405.8	15667.54	1433212.1	917.51	81970.7
			纯林	180215.73	13189052.1	75000.13	4715313.4	81222.94	6572299.6	14546.14	1117702.8	8931.46	745539.6	515.06	38196.7
			混交林	71875.23	6309245.7	12101.42	803775.6	43771.00	3947320.6	8864.28	826703.0	6736.08	687672.5	402.45	43774.0
			针叶混交林	11569.58	1099961.0	447.06	21180.8	6932.49	640078.1	1854.73	187229.0	2296.66	246976.7	38.64	4496.4
			针阔混交林	49376.50	4326988.4	3507.82	182907.5	34594.42	3081545.4	6857.98	625832.7	4077.38	402048.0	338.90	34654.8
			阔叶混交林	10929.15	882296.3	8146.54	599687.3	2244.09	225697.1	151.57	13641.3	362.04	38647.8	24.91	4622.8
		人工	合计	13049.42	689150.2	3361.17	163963.8	9364.67	502560.1	323.58	22626.3				
			纯林	5583.17	296677.1	277.92	7950.3	5170.62	278504.7	134.63	10222.1				
			混交林	7466.25	392473.1	3083.25	156013.5	4194.05	224055.4	188.95	12404.2				
			针叶混交林	1432.98	70637.1	57.87	4019.4	1334.45	63486.5	40.66	3131.2				
			针阔混交林	6033.27	321836.0	3025.38	151994.1	2859.60	160568.9	148.29	9273.0				
		其中：人天混	合计	6251.82	333745.9	3025.38	151994.1	3076.19	172373.5	150.25	9378.3				
			混交林	6251.82	333745.9	3025.38	151994.1	3076.19	172373.5	150.25	9378.3				
			针叶混交林	218.55	11909.9			216.59	11804.6	1.96	105.3				
			针阔混交林	6033.27	321836.0	3025.38	151994.1	2859.60	160568.9	148.29	9273.0				
	特用林	合计	合计	7343.87	608073.7	2788.40	207010.8	3505.71	275066.3	715.28	85208.7	329.32	40046.5	5.16	741.4
			纯林	5201.25	408021.1	2259.54	164686.3	2428.04	190800.1	337.28	34257.1	176.39	18277.6		
			混交林	2142.62	200052.6	528.86	42324.5	1077.67	84266.2	378.00	50951.6	152.93	21768.9	5.16	741.4
			针叶混交林	161.96	9641.2	4.80	247.8	157.16	9393.4						
			针阔混交林	977.51	79280.1	160.46	9116.9	552.18	38299.5	145.11	16061.1	114.60	15061.2	5.16	741.4
			阔叶混交林	1003.15	111131.3	363.60	32959.8	368.33	36573.3	232.89	34890.5	38.33	6707.7		
		天然	合计	6589.14	565995.5	2710.97	204066.4	2850.15	238027.6	693.54	83113.6	329.32	40046.5	5.16	741.4
			纯林	4753.35	378833.2	2259.54	164686.3	2001.88	163707.3	315.54	32162.0	176.39	18277.6		
			混交林	1835.79	187162.3	451.43	39380.1	848.27	74320.3	378.00	50951.6	152.93	21768.9	5.16	741.4
			针叶混交林	15.85	1310.5	4.80	247.8	11.05	1062.7						
			针阔混交林	816.79	74720.5	83.03	6172.5	468.89	36684.3	145.11	16061.1	114.60	15061.2	5.16	741.4
			阔叶混交林	1003.15	111131.3	363.60	32959.8	368.33	36573.3	232.89	34890.5	38.33	6707.7		

表 8 黑龙江大兴安岭重点国有林区乔木林各龄组面积、蓄积按林种、起源和林分类型统计表（续 6）

单位：公顷、立方米

统计单位	林种	起源	林分类型	合计		幼龄林		中龄林		近熟林		成熟林		过熟林	
				面积	蓄积	面积	蓄积	面积	蓄积	面积	蓄积	面积	蓄积	面积	蓄积
图强林业局	特用林	人工	合计	754.73	42078.2	77.43	2944.4	655.56	37038.7	21.74	2095.1				
			纯林	447.90	29187.9			426.16	27092.8	21.74	2095.1				
			混交林	306.83	12890.3	77.43	2944.4	229.40	9945.9						
			针叶混交林	146.11	8330.7			146.11	8330.7						
			针阔混交林	160.72	4559.6	77.43	2944.4	83.29	1615.2						
		其中：人天混	合计	173.06	4771.7	77.43	2944.4	95.63	1827.3						
			混交林	173.06	4771.7	77.43	2944.4	95.63	1827.3						
			针叶混交林	12.34	212.1			12.34	212.1						
			针阔混交林	160.72	4559.6	77.43	2944.4	83.29	1615.2						
	用材林	合计	合计	192730.36	14557913.0	38324.87	2279604.3	95855.66	7147363.0	36610.44	3037369.7	20630.36	1970646.5	1309.03	122929.5
			纯林	131898.85	9389806.0	35175.85	2117593.7	64045.85	4603692.3	20436.43	1561371.8	11507.52	1046574.8	733.20	60573.4
			混交林	60831.51	5168107.0	3149.02	162010.6	31809.81	2543670.7	16174.01	1475997.9	9122.84	924071.7	575.83	62356.1
			针叶混交林	13470.47	1265427.1	248.00	9839.1	6258.38	526481.5	4130.74	404252.0	2703.75	311507.7	129.60	13346.8
			针阔混交林	43002.16	3540143.7	1847.78	94796.5	23480.10	1823936.2	11418.73	1014794.0	5809.32	557607.7	446.23	49009.3
			阔叶混交林	4358.88	362536.2	1053.24	57375.0	2071.33	193253.0	624.54	56951.9	609.77	54956.3		
		天然	合计	188779.07	14371926.1	37365.60	2243893.5	92863.64	6997086.9	36610.44	3037369.7	20630.36	1970646.5	1309.03	122929.5
			纯林	130044.46	9307761.1	34953.48	2112724.7	62413.83	4526516.4	20436.43	1561371.8	11507.52	1046574.8	733.20	60573.4
			混交林	58734.61	5064165.0	2412.12	131168.8	30449.81	2470570.5	16174.01	1475997.9	9122.84	924071.7	575.83	62356.1
			针叶混交林	12853.83	1240213.2	129.72	5789.8	5760.02	505316.9	4130.74	404252.0	2703.75	311507.7	129.60	13346.8.
			针阔混交林	41521.90	3461415.6	1229.16	68004.0	22618.46	1772000.6	11418.73	1014794.0	5809.32	557607.7	446.23	49009.3
			阔叶混交林	4358.88	362536.2	1053.24	57375.0	2071.33	193253.0	624.54	56951.9	609.77	54956.3		
		人工	合计	3951.29	185986.9	959.27	35710.8	2992.02	150276.1						
			纯林	1854.39	82044.9	222.37	4869.0	1632.02	77175.9						
			混交林	2096.90	103942.0	736.90	30841.8	1360.00	73100.2						
			针叶混交林	616.64	25213.9	118.28	4049.3	498.36	21164.6						
			针阔混交林	1480.26	78728.1	618.62	26792.5	861.64	51935.6						
		其中：人天混	合计	1529.36	80532.1	618.62	26792.5	910.74	53739.6						
			混交林	1529.36	80532.1	618.62	26792.5	910.74	53739.6						
			针叶混交林	49.10	1804.0			49.10	1804.0						
			针阔混交林	1480.26	78728.1	618.62	26792.5	861.64	51935.6						
阿木尔林业局	合计	合计	合计	443959.47	35359755.1	153122.39	10517558.2	243352.24	20705363.0	37577.26	3209250.4	9206.27	858713.5	701.31	68870.0
			纯林	283919.17	21599838.6	126775.44	8762017.2	131065.56	10696392.6	20939.34	1699284.6	4692.90	397525.0	445.93	44619.2
			混交林	160040.30	13759916.5	26346.95	1755541.0	112286.68	10008970.4	16637.92	1509965.8	4513.37	461188.5	255.38	24250.8
			针叶混交林	28899.44	2513933.4	1675.68	80673.8	21865.49	1931753.2	4318.58	380546.3	1039.69	120960.1		
			针阔混交林	105037.12	9106204.5	11468.03	686644.8	79627.53	7127850.1	11111.30	1010230.8	2614.47	261601.9	215.79	19876.9
			阔叶混交林	26103.74	2139778.6	13203.24	988222.4	10793.66	949367.1	1208.04	119188.7	859.21	78626.5	39.59	4373.9

表 8　黑龙江大兴安岭重点国有林区乔木林各龄组面积、蓄积按林种、起源和林分类型统计表（续 7）

单位：公顷、立方米

统计单位	林种	起源	林分类型	合计		幼龄林		中龄林		近熟林		成熟林		过熟林	
				面积	蓄积	面积	蓄积	面积	蓄积	面积	蓄积	面积	蓄积	面积	蓄积
阿木尔林业局	合计	天然	合计	435368.97	34902833.4	151663.88	10435501.9	236378.76	20340444.4	37418.75	3199303.6	9206.27	858713.5	701.31	68870.0
			纯林	280467.60	21431398.6	126626.79	8756067.3	127861.23	10539992.4	20840.75	1693194.7	4692.90	397525.0	445.93	44619.2
			混交林	154901.37	13471434.8	25037.09	1679434.6	108517.53	9800452.0	16578.00	1506108.9	4513.37	461188.5	255.38	24250.8
			针叶混交林	26705.63	2397536.1	1612.92	76255.8	19790.71	1823445.7	4262.31	376874.5	1039.69	120960.1		
			针阔混交林	102092.00	8934120.1	10220.93	614956.4	77933.16	7027639.2	11107.65	1010045.7	2614.47	261601.9	215.79	19876.9
			阔叶混交林	26103.74	2139778.6	13203.24	988222.4	10793.66	949367.1	1208.04	119188.7	859.21	78626.5	39.59	4373.9
		人工	合计	8590.50	456921.7	1458.51	82056.3	6973.48	364918.6	158.51	9946.8				
			纯林	3451.57	168440.0	148.65	5949.9	3204.33	156400.2	98.59	6089.9				
			混交林	5138.93	288481.7	1309.86	76106.4	3769.15	208518.4	59.92	3856.9				
			针叶混交林	2193.81	116397.3	62.76	4418.0	2074.78	108307.5	56.27	3671.8				
			针阔混交林	2945.12	172084.4	1247.10	71688.4	1694.37	100210.9	3.65	185.1				
		其中：人天混	合计	3751.04	215266.1	1256.72	72335.2	2483.37	142195.9	10.95	735.0				
			混交林	3751.04	215266.1	1256.72	72335.2	2483.37	142195.9	10.95	735.0				
			针叶混交林	805.92	43181.7	9.62	646.8	789.00	41985.0	7.30	549.9				
			针阔混交林	2945.12	172084.4	1247.10	71688.4	1694.37	100210.9	3.65	185.1				
	防护林	合计	合计	199355.33	15798458.2	44943.42	2771648.7	137013.04	11609193.2	13363.14	1049476.7	3735.12	333815.3	300.61	34324.3
			纯林	129993.24	9742648.1	36896.51	2260329.7	80926.52	6572945.2	9577.96	698353.1	2337.88	182672.4	254.37	28347.7
			混交林	69362.09	6055810.1	8046.91	511319.0	56086.52	5036248.0	3785.18	351123.6	1397.24	151142.9	46.24	5976.6
			针叶混交林	11168.59	994019.7	611.72	26988.7	9848.77	892066.6	447.64	41779.8	260.46	33184.6		
			针阔混交林	46698.57	4138366.6	3526.58	208236.1	38741.16	3503612.9	3247.81	302582.7	1136.78	117958.3	46.24	5976.6
			阔叶混交林	11494.93	923423.8	3908.61	276094.2	7496.59	640568.5	89.73	6761.1				
		天然	合计	198185.92	15749081.6	44753.56	2763696.3	136033.49	11567769.0	13363.14	1049476.7	3735.12	333815.3	300.61	34324.3
			纯林	129351.83	9718197.5	36881.49	2259722.6	80300.13	6549101.7	9577.96	698353.1	2337.88	182672.4	254.37	28347.7
			混交林	68834.09	6030884.1	7872.07	503973.7	55733.36	5018667.3	3785.18	351123.6	1397.24	151142.9	46.24	5976.6
			针叶混交林	10962.19	982068.3	611.72	26988.7	9642.37	880115.2	447.64	41779.8	260.46	33184.6		
			针阔混交林	46376.97	4125392.0	3351.74	200890.8	38594.40	3497983.6	3247.81	302582.7	1136.78	117958.3	46.24	5976.6
			阔叶混交林	11494.93	923423.8	3908.61	276094.2	7496.59	640568.5	89.73	6761.1				
		人工	合计	1169.41	49376.6	189.86	7952.4	979.55	41424.2						
			纯林	641.41	24450.6	15.02	607.1	626.39	23843.5						
			混交林	528.00	24926.0	174.84	7345.3	353.16	17580.7						
			针叶混交林	206.40	11951.4			206.40	11951.4						
			针阔混交林	321.60	12974.6	174.84	7345.3	146.76	5629.3						
		其中：人天混	合计	357.13	16101.2	174.84	7345.3	182.29	8755.9						
			混交林	357.13	16101.2	174.84	7345.3	182.29	8755.9						
			针叶混交林	35.53	3126.6			35.53	3126.6						
			针阔混交林	321.60	12974.6	174.84	7345.3	146.76	5629.3						

表8 黑龙江大兴安岭重点国有林区乔木林各龄组面积、蓄积按林种、起源和林分类型统计表（续8）

单位：公顷、立方米

统计单位	林种	起源	林分类型	合计		幼龄林		中龄林		近熟林		成熟林		过熟林	
				面积	蓄积	面积	蓄积	面积	蓄积	面积	蓄积	面积	蓄积	面积	蓄积
阿木尔林业局	特用林	合计	合计	17622.89	1469208.7	12069.90	909596.2	5418.30	544471.0	134.69	15141.5				
			纯林	12965.51	1042570.2	10553.30	800814.6	2277.52	226614.1	134.69	15141.5				
			混交林	4657.38	426638.5	1516.60	108781.6	3140.78	317856.9						
			针叶混交林	147.73	14454.0	52.06	4254.5	95.67	10199.5						
			针阔混交林	3109.02	287500.3	454.52	26629.4	2654.50	260870.9						
			阔叶混交林	1400.63	124684.2	1010.02	77897.7	390.61	46786.5						
		天然	合计	17547.71	1465918.8	11994.72	906306.3	5418.30	544471.0	134.69	15141.5				
			纯林	12965.51	1042570.2	10553.30	800814.6	2277.52	226614.1	134.69	15141.5				
			混交林	4582.20	423348.6	1441.42	105491.7	3140.78	317856.9						
			针叶混交林	147.73	14454.0	52.06	4254.5	95.67	10199.5						
			针阔混交林	3033.84	284210.4	379.34	23339.5	2654.50	260870.9						
			阔叶混交林	1400.63	124684.2	1010.02	77897.7	390.61	46786.5						
		人工	合计	75.18	3289.9	75.18	3289.9								
			混交林	75.18	3289.9	75.18	3289.9								
			针阔混交林	75.18	3289.9	75.18	3289.9								
		其中：人天混	合计	75.18	3289.9	75.18	3289.9								
			混交林	75.18	3289.9	75.18	3289.9								
			针阔混交林	75.18	3289.9	75.18	3289.9								
	用材林	合计	合计	226981.25	18092088.2	96109.07	6836313.3	100920.90	8551698.8	24079.43	2144632.2	5471.15	524898.2	400.70	34545.7
			纯林	140960.42	10814620.3	79325.63	5700872.9	47861.52	3896833.3	11226.69	985790.0	2355.02	214852.6	191.56	16271.5
			混交林	86020.83	7277467.9	16783.44	1135440.4	53059.38	4654865.5	12852.74	1158842.2	3116.13	310045.6	209.14	18274.2
			针叶混交林	17583.12	1505459.7	1011.90	49430.6	11921.05	1029487.1	3870.94	338766.5	779.23	87775.5		
			针阔混交林	55229.53	4680337.6	7486.93	451779.3	38231.87	3363366.3	7863.49	707648.1	1477.69	143643.6	169.55	13900.3
			阔叶混交林	13208.18	1091670.6	8284.61	634230.5	2906.46	262012.1	1118.31	112427.6	859.21	78626.5	39.59	4373.9
		天然	合计	219635.34	17687833.0	94915.60	6765499.3	94926.97	8228204.4	23920.92	2134685.4	5471.15	524898.2	400.70	34545.7
			纯林	138150.26	10670630.9	79192.00	5695530.1	45283.58	3764276.6	11128.10	979700.1	2355.02	214852.6	191.56	16271.5
			混交林	81485.08	7017202.1	15723.60	1069969.2	49643.39	4463927.8	12792.82	1154985.3	3116.13	310045.6	209.14	18274.2
			针叶混交林	15595.71	1401013.8	949.14	45012.6	10052.67	933131.0	3814.67	335094.7	779.23	87775.5		
			针阔混交林	52681.19	4524517.7	6489.85	390726.1	36684.26	3268784.7	7859.84	707463.0	1477.69	143643.6	169.55	13900.3
			阔叶混交林	13208.18	1091670.6	8284.61	634230.5	2906.46	262012.1	1118.31	112427.6	859.21	78626.5	39.59	4373.9
		人工	合计	7345.91	404255.2	1193.47	70814.0	5993.93	323494.4	158.51	9946.8				
			纯林	2810.16	143989.4	133.63	5342.8	2577.94	132556.7	98.59	6089.9				
			混交林	4535.75	260265.8	1059.84	65471.2	3415.99	190937.7	59.92	3856.9				
			针叶混交林	1987.41	104445.9	62.76	4418.0	1868.38	96356.1	56.27	3671.8				
			针阔混交林	2548.34	155819.9	997.08	61053.2	1547.61	94581.6	3.65	185.1				
		其中：人天混	合计	3318.73	195875.0	1006.70	61700.0	2301.08	133440.0	10.95	735.0				
			混交林	3318.73	195875.0	1006.70	61700.0	2301.08	133440.0	10.95	735.0				
			针叶混交林	770.39	40055.1	9.62	646.8	753.47	38858.4	7.30	549.9				
			针阔混交林	2548.34	155819.9	997.08	61053.2	1547.61	94581.6	3.65	185.1				

表 8　黑龙江大兴安岭重点国有林区乔木林各龄组面积、蓄积按林种、起源和林分类型统计表（续 9）

单位：公顷、立方米

统计单位	林种	起源	林分类型	合计		幼龄林		中龄林		近熟林		成熟林		过熟林	
				面积	蓄积	面积	蓄积	面积	蓄积	面积	蓄积	面积	蓄积	面积	蓄积
塔河林业局	合计	合计	合计	793332.08	68356248.6	202593.94	11781460.6	517924.25	49190473.4	60765.83	6104393.2	11812.70	1254310.6	235.36	25610.8
			纯林	434907.43	34173244.3	157754.49	8963560.4	244405.96	22070170.0	27419.35	2608281.6	5291.01	527549.0	36.62	3683.3
			混交林	358424.65	34183004.3	44839.45	2817900.2	273518.29	27120303.4	33346.48	3496111.6	6521.69	726761.6	198.74	21927.5
			针叶混交林	65796.24	6584441.0	2104.08	128364.4	53039.18	5304564.5	9675.06	1037939.6	952.36	111106.5	25.56	2466.0
			针阔混交林	211696.82	20148203.6	18845.03	1115423.0	173806.90	17064556.5	16550.02	1703346.0	2464.59	261536.6	30.28	3341.5
			阔叶混交林	80931.59	7450359.7	23890.34	1574112.8	46672.21	4751182.4	7121.40	754826.0	3104.74	354118.5	142.90	16120.0
		天然	合计	769168.73	67223852.8	193551.28	11475441.0	502836.68	48367295.2	60751.76	6103155.5	11793.65	1252350.3	235.36	25610.8
			纯林	419656.95	33518499.6	152499.26	8851079.4	234438.93	21530771.8	27405.28	2607043.9	5276.86	525921.2	36.62	3683.3
			混交林	349511.78	33705353.2	41052.02	2624361.6	268397.75	26836523.4	33346.48	3496111.6	6516.79	726429.1	198.74	21927.5
			针叶混交林	64172.62	6503376.9	1676.78	108519.0	51845.05	5243490.4	9675.06	1037939.6	950.17	110961.9	25.56	2466.0
			针阔混交林	204407.57	19751616.6	15484.90	941729.8	169880.49	16841850.6	16550.02	1703346.0	2461.88	261348.7	30.28	3341.5
			阔叶混交林	80931.59	7450359.7	23890.34	1574112.8	46672.21	4751182.4	7121.40	754826.0	3104.74	354118.5	142.90	16120.0
		人工	合计	24163.35	1132395.8	9042.66	306019.6	15087.57	823178.2	14.07	1237.7	19.05	1960.3		
			纯林	15250.48	654744.7	5255.23	112481.0	9967.03	539398.2	14.07	1237.7	14.15	1627.8		
			混交林	8912.87	477651.1	3787.43	193538.6	5120.54	283780.0			4.90	332.5		
			针叶混交林	1623.62	81064.1	427.30	19845.4	1194.13	61074.1			2.19	144.6		
			针阔混交林	7289.25	396587.0	3360.13	173693.2	3926.41	222705.9			2.71	187.9		
		其中：人天混	合计	7540.81	410664.3	3411.19	180663.4	4125.53	229698.6			4.09	302.3		
			混交林	7540.81	410664.3	3411.19	180663.4	4125.53	229698.6			4.09	302.3		
			针叶混交林	251.56	14077.3	51.06	6970.2	199.12	6992.7			1.38	114.4		
			针阔混交林	7289.25	396587.0	3360.13	173693.2	3926.41	222705.9			2.71	187.9		
	防护林	合计	合计	318934.60	27221423.2	65492.38	3426896.8	224054.91	20948219.1	24515.76	2374368.7	4820.60	465647.2	50.95	6291.4
			纯林	181918.95	14282664.5	50482.61	2561728.7	115331.09	10235514.6	13374.91	1230010.1	2706.86	252856.7	23.48	2554.4
			混交林	137015.65	12938758.7	15009.77	865168.1	108723.82	10712704.5	11140.85	1144358.6	2113.74	212790.5	27.47	3737.0
			针叶混交林	20598.93	1984014.7	855.50	46450.7	17212.01	1676596.0	2370.81	243133.1	160.61	17834.9		
			针阔混交林	85336.62	8009047.6	7612.25	421463.8	71145.39	6922733.7	5825.10	589091.7	742.85	74231.8	11.03	1526.6
			阔叶混交林	31080.10	2945696.4	6542.02	397253.6	20366.42	2113374.8	2944.94	312133.8	1210.28	120723.8	16.44	2210.4
		天然	合计	303684.96	26643389.6	59086.89	3269271.0	215210.76	20527811.3	24515.76	2374368.7	4820.60	465647.2	50.95	6291.4
			纯林	170797.80	13894203.5	45899.85	2478820.5	108792.70	9929961.8	13374.91	1230010.1	2706.86	252856.7	23.48	2554.4
			混交林	132887.16	12749186.1	13187.04	790450.5	106418.06	10597849.5	11140.85	1144358.6	2113.74	212790.5	27.47	3737.0
			针叶混交林	19850.80	1951105.8	676.85	43484.6	16642.53	1646653.2	2370.81	243133.1	160.61	17834.9		
			针阔混交林	81956.26	7852383.9	5968.17	349712.3	69409.11	6837821.5	5825.10	589091.7	742.85	74231.8	11.03	1526.6
			阔叶混交林	31080.10	2945696.4	6542.02	397253.6	20366.42	2113374.8	2944.94	312133.8	1210.28	120723.8	16.44	2210.4
		人工	合计	15249.64	578033.6	6405.49	157625.8	8844.15	420407.8						
			纯林	11121.15	388461.0	4582.76	82908.2	6538.39	305552.8						
			混交林	4128.49	189572.6	1822.73	74717.6	2305.76	114855.0						
			针叶混交林	748.13	32908.9	178.65	2966.1	569.48	29942.8						
			针阔混交林	3380.36	156663.7	1644.08	71751.5	1736.28	84912.2						

表8 黑龙江大兴安岭重点国有林区乔木林各龄组面积、蓄积按林种、起源和林分类型统计表（续10）

单位：公顷、立方米

统计单位	林种	起源	林分类型	合计		幼龄林		中龄林		近熟林		成熟林		过熟林	
				面积	蓄积	面积	蓄积	面积	蓄积	面积	蓄积	面积	蓄积	面积	蓄积
塔河林业局	防护林	其中：人天混	合计	3439.86	157178.6	1644.08	71751.5	1795.78	85427.1						
			混交林	3439.86	157178.6	1644.08	71751.5	1795.78	85427.1						
			针叶混交林	59.50	514.9			59.50	514.9						
			针阔混交林	3380.36	156663.7	1644.08	71751.5	1736.28	84912.2						
	特用林	合计	合计	19697.31	1966596.6	702.65	37967.4	15978.89	1583271.0	2297.95	259873.7	661.77	77283.2	56.05	8201.3
			纯林	9088.86	838732.7	594.44	30987.3	7534.35	707429.2	808.50	83726.8	151.57	16589.4		
			混交林	10608.45	1127863.9	108.21	6980.1	8444.54	875841.8	1489.45	176146.9	510.20	60693.8	56.05	8201.3
			针叶混交林	2017.61	223651.9	18.35	395.8	1270.91	134532.7	728.35	88723.4				
			针阔混交林	6486.20	675514.8	89.86	6584.3	5560.86	574682.4	575.35	62633.0	260.13	31615.1		
			阔叶混交林	2104.64	228697.2			1612.77	166626.7	185.75	24790.5	250.07	29078.7	56.05	8201.3
		天然	合计	19296.07	1937215.6	690.25	37401.4	15590.05	1554456.0	2297.95	259873.7	661.77	77283.2	56.05	8201.3
			纯林	8763.31	814733.8	582.04	30421.3	7221.20	683996.3	808.50	83726.8	151.57	16589.4		
			混交林	10532.76	1122481.8	108.21	6980.1	8368.85	870459.7	1489.45	176146.9	510.20	60693.8	56.05	8201.3
			针叶混交林	2003.37	222692.7	18.35	395.8	1256.67	133573.5	728.35	88723.4				
			针阔混交林	6424.75	671091.9	89.86	6584.3	5499.41	570259.5	575.35	62633.0	260.13	31615.1		
			阔叶混交林	2104.64	228697.2			1612.77	166626.7	185.75	24790.5	250.07	29078.7	56.05	8201.3
		人工	合计	401.24	29381.0	12.40	566.0	388.84	28815.0						
			纯林	325.55	23998.9	12.40	566.0	313.15	23432.9						
			混交林	75.69	5382.1			75.69	5382.1						
			针叶混交林	14.24	959.2			14.24	959.2						
			针阔混交林	61.45	4422.9			61.45	4422.9						
		其中：人天混	合计	61.45	4422.9			61.45	4422.9						
			混交林	61.45	4422.9			61.45	4422.9						
			针阔混交林	61.45	4422.9			61.45	4422.9						
	用材林	合计	合计	454700.17	39168228.8	136398.91	8316596.4	277890.45	26658983.3	33952.12	3470150.8	6330.33	711380.2	128.36	11118.1
			纯林	243899.62	19051847.1	106677.44	6370844.4	121540.52	11127226.2	13235.94	1294544.7	2432.58	258102.9	13.14	1128.9
			混交林	210800.55	20116381.7	29721.47	1945752.0	156349.93	15531757.1	20716.18	2175606.1	3897.75	453277.3	115.22	9989.2
			针叶混交林	43179.70	4376774.4	1230.23	81517.9	34556.26	3493435.8	6575.90	706083.1	791.75	93271.6	25.56	2466.0
			针阔混交林	119874.00	11463641.2	11142.92	687374.9	97100.65	9567140.4	10149.57	1051621.3	1461.61	155689.7	19.25	1814.9
			阔叶混交林	47746.85	4275966.1	17348.32	1176859.2	24693.02	2471180.9	3990.71	417901.7	1644.39	204316.0	70.41	5708.3
		天然	合计	446187.70	38643247.6	133774.14	8168768.6	272035.87	26285027.9	33938.05	3468913.1	6311.28	709419.9	128.36	11118.1
			纯林	240095.84	18809562.3	106017.37	6341837.6	118425.03	10916813.7	13221.87	1293307.0	2418.43	256475.1	13.14	1128.9
			混交林	206091.86	19833685.3	27756.77	1826931.0	153610.84	15368214.2	20716.18	2175606.1	3892.85	452944.8	115.22	9989.2
			针叶混交林	42318.45	4329578.4	981.58	64638.6	33945.85	3463263.7	6575.90	706083.1	789.56	93127.0	25.56	2466.0
			针阔混交林	116026.56	11228140.8	9426.87	585433.2	94971.97	9433769.6	10149.57	1051621.3	1458.90	155501.8	19.25	1814.9
			阔叶混交林	47746.85	4275966.1	17348.32	1176859.2	24693.02	2471180.9	3990.71	417901.7	1644.39	204316.0	70.41	5708.3

表 8　黑龙江大兴安岭重点国有林区乔木林各龄组面积、蓄积按林种、起源和林分类型统计表（续 11）

单位：公顷、立方米

统计单位	林种	起源	林分类型	合计		幼龄林		中龄林		近熟林		成熟林		过熟林	
				面积	蓄积	面积	蓄积	面积	蓄积	面积	蓄积	面积	蓄积	面积	蓄积
塔河林业局	用材林	人工	合计	8512.47	524981.2	2624.77	147827.8	5854.58	373955.4	14.07	1237.7	19.05	1960.3		
			纯林	3803.78	242284.8	660.07	29006.8	3115.49	210412.5	14.07	1237.7	14.15	1627.8		
			混交林	4708.69	282696.4	1964.70	118821.0	2739.09	163542.9			4.90	332.5		
			针叶混交林	861.25	47196.0	248.65	16879.3	610.41	30172.1			2.19	144.6		
			针阔混交林	3847.44	235500.4	1716.05	101941.7	2128.68	133370.8			2.71	187.9		
		其中：人天混	合计	4039.50	249062.8	1767.11	108911.9	2268.30	139848.6			4.09	302.3		
			混交林	4039.50	249062.8	1767.11	108911.9	2268.30	139848.6			4.09	302.3		
			针叶混交林	192.06	13562.4	51.06	6970.2	139.62	6477.8			1.38	114.4		
			针阔混交林	3847.44	235500.4	1716.05	101941.7	2128.68	133370.8			2.71	187.9		
呼中林业局	合计	合计	合计	740828.71	68169715.7	22323.27	1510699.2	379519.95	33402090.0	183821.88	17954428.1	136841.35	13872208.1	18322.26	1430290.3
			纯林	498731.25	44527619.8	15194.67	909444.1	224521.50	18734873.0	133508.31	12802368.3	111491.22	11043646.9	14015.55	1037287.5
			混交林	242097.46	23642095.9	7128.60	601255.1	154998.45	14667217.0	50313.57	5152059.8	25350.13	2828561.2	4306.71	393002.8
			针叶混交林	22983.66	2300245.0	586.64	48655.1	12616.39	1192928.8	5132.58	534757.2	4104.01	465807.9	544.04	58096.0
			针阔混交林	182294.94	17491082.7	5763.00	501004.6	119964.50	11219557.1	37843.17	3834857.3	15827.28	1703437.3	2896.99	232226.4
			阔叶混交林	36818.86	3850768.2	778.96	51595.4	22417.56	2254731.1	7337.82	782445.3	5418.84	659316.0	865.68	102680.4
		天然	合计	732018.29	67758210.6	22091.66	1503155.0	372731.21	33134936.5	182237.93	17837152.4	136679.13	13856943.6	18278.36	1426023.1
			纯林	490386.67	44149202.0	14978.57	902368.3	218038.52	18486418.2	132068.93	12699012.8	111329.00	11028382.4	13971.65	1033020.3
			混交林	241631.62	23609008.6	7113.09	600786.7	154692.69	14648518.3	50169.00	5138139.6	25350.13	2828561.2	4306.71	393002.8
			针叶混交林	22792.35	2287116.6	581.40	48514.9	12479.71	1184835.5	5083.19	529862.3	4104.01	465807.9	544.04	58096.0
			针阔混交林	182020.41	17471123.8	5752.73	500676.4	119795.42	11208951.7	37747.99	3825832.0	15827.28	1703437.3	2896.99	232226.4
			阔叶混交林	36818.86	3850768.2	778.96	51595.4	22417.56	2254731.1	7337.82	782445.3	5418.84	659316.0	865.68	102680.4
		人工	合计	8810.42	411505.1	231.61	7544.2	6788.74	267153.5	1583.95	117275.7	162.22	15264.5	43.90	4267.2
			纯林	8344.58	378417.8	216.10	7075.8	6482.98	248454.8	1439.38	103355.5	162.22	15264.5	43.90	4267.2
			混交林	465.84	33087.3	15.51	468.4	305.76	18698.7	144.57	13920.2				
			针叶混交林	191.31	13128.4	5.24	140.2	136.68	8093.3	49.39	4894.9				
			针阔混交林	274.53	19958.9	10.27	328.2	169.08	10605.4	95.18	9025.3				
		其中：人天混	合计	316.32	22770.6	10.27	328.2	186.73	11863.9	119.32	10578.5				
			混交林	316.32	22770.6	10.27	328.2	186.73	11863.9	119.32	10578.5				
			针叶混交林	41.79	2811.7			17.65	1258.5	24.14	1553.2				
			针阔混交林	274.53	19958.9	10.27	328.2	169.08	10605.4	95.18	9025.3				
	防护林	合计	合计	440457.82	40792269.6	11981.99	804548.5	203372.58	17898769.0	115280.87	11329039.2	97820.11	9788677.9	12002.27	971235.0
			纯林	311217.55	28109583.4	8849.82	523837.5	125435.68	10514388.3	84745.26	8187777.4	82463.73	8111915.1	9723.06	771665.1
			混交林	129240.27	12682686.2	3132.17	280711.0	77936.90	7384380.7	30535.61	3141261.8	15356.38	1676762.8	2279.21	199569.9
			针叶混交林	8379.21	826930.7	299.29	29229.1	4936.68	458354.3	1843.19	198278.7	1179.48	129281.5	120.57	11787.1
			针阔混交林	100852.94	9707201.4	2515.81	227761.0	62152.00	5810657.4	23773.93	2398897.1	10709.90	1133020.0	1701.30	136865.9
			阔叶混交林	20008.12	2148554.1	317.07	23720.9	10848.22	1115369.0	4918.49	544086.0	3467.00	414461.3	457.34	50916.9

表 8 黑龙江大兴安岭重点国有林区乔木林各龄组面积、蓄积按林种、起源和林分类型统计表（续 12）

单位：公顷、立方米

统计单位	林种	起源	林分类型	合计		幼龄林		中龄林		近熟林		成熟林		过熟林	
				面积	蓄积	面积	蓄积	面积	蓄积	面积	蓄积	面积	蓄积	面积	蓄积
呼中林业局	防护林	天然	合计	434835.09	40551019.2	11872.78	801609.2	199003.58	17746338.2	114272.35	11257321.9	97717.69	9777951.0	11968.69	967798.9
			纯林	305861.40	27887700.4	8740.61	520898.2	121212.83	10368957.9	83857.17	8128427.1	82361.31	8101188.2	9689.48	768229.0
			混交林	128973.69	12663318.8	3132.17	280711.0	77790.75	7377380.3	30415.18	3128894.8	15356.38	1676762.8	2279.21	199569.9
			针叶混交林	8300.31	821604.3	299.29	29229.1	4883.03	456369.6	1817.94	194937.0	1179.48	129281.5	120.57	11787.1
			针阔混交林	100665.26	9693160.4	2515.81	227761.0	62059.50	5805641.7	23678.75	2389871.8	10709.90	1133020.0	1701.30	136865.9
			阔叶混交林	20008.12	2148554.1	317.07	23720.9	10848.22	1115369.0	4918.49	544086.0	3467.00	414461.3	457.34	50916.9
		人工	合计	5622.73	241250.4	109.21	2939.3	4369.00	152430.8	1008.52	71717.3	102.42	10726.9	33.58	3436.1
			纯林	5356.15	221883.0	109.21	2939.3	4222.85	145430.4	888.09	59350.3	102.42	10726.9	33.58	3436.1
			混交林	266.58	19367.4			146.15	7000.4	120.43	12367.0				
			针叶混交林	78.90	5326.4			53.65	1984.7	25.25	3341.7				
			针阔混交林	187.68	14041.0			92.50	5015.7	95.18	9025.3				
		其中：人天混	合计	187.68	14041.0			92.50	5015.7	95.18	9025.3				
			混交林	187.68	14041.0			92.50	5015.7	95.18	9025.3				
			针阔混交林	187.68	14041.0			92.50	5015.7	95.18	9025.3				
	特用林	合计	合计	515.75	44336.8	72.56	4498.7	415.04	36973.2			28.15	2864.9		
			纯林	310.96	23474.9			308.09	23120.4			2.87	354.5		
			混交林	204.79	20861.9	72.56	4498.7	106.95	13852.8			25.28	2510.4		
			针叶混交林	153.75	15552.1	37.64	944.2	90.83	12097.5			25.28	2510.4		
			针阔混交林	51.04	5309.8	34.92	3554.5	16.12	1755.3						
		天然	合计	491.84	43499.9	67.32	4358.5	396.37	36276.5			28.15	2864.9		
			纯林	292.29	22778.2			289.42	22423.7			2.87	354.5		
			混交林	199.55	20721.7	67.32	4358.5	106.95	13852.8			25.28	2510.4		
			针叶混交林	148.51	15411.9	32.40	804.0	90.83	12097.5			25.28	2510.4		
			针阔混交林	51.04	5309.8	34.92	3554.5	16.12	1755.3						
		人工	合计	23.91	836.9	5.24	140.2	18.67	696.7						
			纯林	18.67	696.7			18.67	696.7						
			混交林	5.24	140.2	5.24	140.2								
			针叶混交林	5.24	140.2	5.24	140.2								
	用材林	合计	合计	299855.14	27333109.3	10268.72	701652.0	175732.33	15466347.8	68541.01	6625388.9	38993.09	4080665.3	6319.99	459055.3
			纯林	187202.74	16394561.5	6344.85	385606.6	98777.73	8197364.3	48763.05	4614590.9	29024.62	2931377.3	4292.49	265622.4
			混交林	112652.40	10938547.8	3923.87	316045.4	76954.60	7268983.5	19777.96	2010798.0	9968.47	1149288.0	2027.50	193432.9
			针叶混交林	14450.70	1457762.2	249.71	18481.8	7588.88	722477.0	3289.39	336478.5	2899.25	334016.0	423.47	46308.9
			针阔混交林	81390.96	7778571.5	3212.27	269689.1	57796.38	5407144.4	14069.24	1435960.2	5117.38	570417.3	1195.69	95360.5
			阔叶混交林	16810.74	1702214.1	461.89	27874.5	11569.34	1139362.1	2419.33	238359.3	1951.84	244854.7	408.34	51763.5
		天然	合计	296691.36	27163691.5	10151.56	697187.3	173331.26	15352321.8	67965.58	6579830.5	38933.29	4076127.7	6309.67	458224.2
			纯林	184232.98	16238723.4	6237.96	381470.1	96536.27	8095036.6	48211.76	4570585.7	28964.82	2926839.7	4282.17	264791.3
			混交林	112458.38	10924968.1	3913.60	315717.2	76794.99	7257285.2	19753.82	2009244.8	9968.47	1149288.0	2027.50	193432.9
			针叶混交林	14343.53	1450100.4	249.71	18481.8	7505.85	716368.4	3265.25	334925.3	2899.25	334016.0	423.47	46308.9
			针阔混交林	81304.11	7772653.6	3202.00	269360.9	57719.80	5401554.7	14069.24	1435960.2	5117.38	570417.3	1195.69	95360.5
			阔叶混交林	16810.74	1702214.1	461.89	27874.5	11569.34	1139362.1	2419.33	238359.3	1951.84	244854.7	408.34	51763.5

表 8　黑龙江大兴安岭重点国有林区乔木林各龄组面积、蓄积按林种、起源和林分类型统计表（续 13）

单位：公顷、立方米

统计单位	林种	起源	林分类型	合计		幼龄林		中龄林		近熟林		成熟林		过熟林	
				面积	蓄积	面积	蓄积	面积	蓄积	面积	蓄积	面积	蓄积	面积	蓄积
呼中林业局	用材林	人工	合计	3163.78	169417.8	117.16	4464.7	2401.07	114026.0	575.43	45558.4	59.80	4537.6	10.32	831.1
			纯林	2969.76	155838.1	106.89	4136.5	2241.46	102327.7	551.29	44005.2	59.80	4537.6	10.32	831.1
			混交林	194.02	13579.7	10.27	328.2	159.61	11698.3	24.14	1553.2				
			针叶混交林	107.17	7661.8			83.03	6108.6	24.14	1553.2				
			针阔混交林	86.85	5917.9	10.27	328.2	76.58	5589.7						
		其中：人天混	合计	128.64	8729.6	10.27	328.2	94.23	6848.2	24.14	1553.2				
			混交林	128.64	8729.6	10.27	328.2	94.23	6848.2	24.14	1553.2				
			针叶混交林	41.79	2811.7			17.65	1258.5	24.14	1553.2				
			针阔混交林	86.85	5917.9	10.27	328.2	76.58	5589.7						
新林林业局	合计	合计	合计	824008.93	73383868.2	56289.31	1858618.2	692786.60	64423513.8	48130.07	4575659.9	25354.00	2385865.5	1448.95	140210.8
			纯林	417097.01	34114879.4	41728.78	1147381.6	341901.44	30085983.6	20704.59	1809793.9	12072.48	1017193.3	689.72	54527.0
			混交林	406911.92	39268988.8	14560.53	711236.6	350885.16	34337530.2	27425.48	2765866.0	13281.52	1368672.2	759.23	85683.8
			针叶混交林	57716.51	5859959.9	1426.35	99748.0	51126.90	5229215.6	3194.89	337370.9	1902.92	189410.2	65.45	4215.2
			针阔混交林	268572.61	25828017.9	8855.70	513458.0	241508.38	23457901.3	13114.36	1303226.8	4542.37	487886.8	551.80	65545.0
			阔叶混交林	80622.80	7581011.0	4278.48	98030.6	58249.88	5650413.3	11116.23	1125268.3	6836.23	691375.2	141.98	15923.6
		天然	合计	820366.95	73174045.8	54558.80	1812952.4	691169.35	64294624.1	47856.12	4542983.7	25333.73	2383274.8	1448.95	140210.8
			纯林	414536.29	33946289.8	40644.13	1109174.9	340707.35	29989920.1	20442.23	1778032.3	12052.86	1014635.5	689.72	54527.0
			混交林	405830.66	39227756.0	13914.67	703777.5	350462.00	34304704.0	27413.89	2764951.4	13280.87	1368639.3	759.23	85683.8
			针叶混交林	57337.14	5832865.8	1340.30	94820.5	50845.17	5207963.6	3183.30	336456.3	1902.92	189410.2	65.45	4215.2
			针阔混交林	267870.72	25813879.2	8295.89	510926.4	241366.95	23446327.1	13114.36	1303226.8	4541.72	487853.9	551.80	65545.0
			阔叶混交林	80622.80	7581011.0	4278.48	98030.6	58249.88	5650413.3	11116.23	1125268.3	6836.23	691375.2	141.98	15923.6
		人工	合计	3641.98	209822.4	1730.51	45665.8	1617.25	128889.7	273.95	32676.2	20.27	2590.7		
			纯林	2560.72	168589.6	1084.65	38206.7	1194.09	96063.5	262.36	31761.6	19.62	2557.8		
			混交林	1081.26	41232.8	645.86	7459.1	423.16	32826.2	11.59	914.6	0.65	32.9		
			针叶混交林	379.37	27094.1	86.05	4927.5	281.73	21252.0	11.59	914.6				
			针阔混交林	701.89	14138.7	559.81	2531.6	141.43	11574.2			0.65	32.9		
		其中：人天混	合计	1037.24	40773.8	601.84	7000.1	423.16	32826.2	11.59	914.6	0.65	32.9		
			混交林	1037.24	40773.8	601.84	7000.1	423.16	32826.2	11.59	914.6	0.65	32.9		
			针叶混交林	335.35	26635.1	42.03	4468.5	281.73	21252.0	11.59	914.6				
			针阔混交林	701.89	14138.7	559.81	2531.6	141.43	11574.2			0.65	32.9		
	防护林	合计	合计	273128.95	25160319.5	27589.42	881509.3	229439.85	22708109.3	9139.81	890581.4	6257.27	616342.9	702.60	63776.6
			纯林	149284.24	12668680.8	21217.91	561253.7	119706.05	11356788.5	4399.75	400410.7	3635.08	326758.0	325.45	23469.9
			混交林	123844.71	12491638.7	6371.51	320255.6	109733.80	11351320.8	4740.06	490170.7	2622.19	289584.9	377.15	40306.7
			针叶混交林	22359.98	2363870.6	457.79	33553.8	20105.66	2139948.4	1086.31	119491.6	675.90	69313.1	34.32	1563.7
			针阔混交林	82977.14	8401184.7	3466.39	236632.8	75160.18	7704506.9	2870.09	286650.9	1246.21	147408.4	234.27	25985.7
			阔叶混交林	18507.59	1726583.4	2447.33	50069.0	14467.96	1506865.5	783.66	84028.2	700.08	72863.4	108.56	12757.3

表 8 黑龙江大兴安岭重点国有林区乔木林各龄组面积、蓄积按林种、起源和林分类型统计表（续 14）

单位：公顷、立方米

统计单位	林种	起源	林分类型	合计		幼龄林		中龄林		近熟林		成熟林		过熟林	
				面积	蓄积	面积	蓄积	面积	蓄积	面积	蓄积	面积	蓄积	面积	蓄积
新林林业局	防护林	天然	合计	271774.28	25062674.1	27089.04	861675.0	228667.34	22640566.1	9058.03	880313.5	6257.27	616342.9	702.60	63776.6
			纯林	148168.42	12589405.6	20818.70	546056.0	119071.22	11302978.9	4317.97	390142.8	3635.08	326758.0	325.45	23469.9
			混交林	123605.86	12473268.5	6270.34	315619.0	109596.12	11337587.2	4740.06	490170.7	2622.19	289584.9	377.15	40306.7
			针叶混交林	22242.86	2353653.5	419.66	29296.2	20026.67	2133988.9	1086.31	119491.6	675.90	69313.1	34.32	1563.7
			针阔混交林	82855.41	8393031.6	3403.35	236253.8	75101.49	7696732.8	2870.09	286650.9	1246.21	147408.4	234.27	25985.7
			阔叶混交林	18507.59	1726583.4	2447.33	50069.0	14467.96	1506865.5	783.66	84028.2	700.08	72863.4	108.56	12757.3
		人工	合计	1354.67	97645.4	500.38	19834.3	772.51	67543.2	81.78	10267.9				
			纯林	1115.82	79275.2	399.21	15197.7	634.83	53809.6	81.78	10267.9				
			混交林	238.85	18370.2	101.17	4636.6	137.68	13733.6						
			针叶混交林	117.12	10217.1	38.13	4257.6	78.99	5959.5						
			针阔混交林	121.73	8153.1	63.04	379.0	58.69	7774.1						
		其中：人天混	合计	238.85	18370.2	101.17	4636.6	137.68	13733.6						
			混交林	238.85	18370.2	101.17	4636.6	137.68	13733.6						
			针叶混交林	117.12	10217.1	38.13	4257.6	78.99	5959.5						
			针阔混交林	121.73	8153.1	63.04	379.0	58.69	7774.1						
	特用林	合计	合计	12948.58	1229689.6	400.62	13054.3	11544.97	1109266.4	716.79	75689.8	278.45	30787.9	7.75	891.2
			纯林	5480.25	505229.6	372.11	12473.7	4657.24	440764.2	360.26	42275.4	82.89	8825.1	7.75	891.2
			混交林	7468.33	724460.0	28.51	580.6	6887.73	668502.2	356.53	33414.4	195.56	21962.8		
			针叶混交林	1417.90	141278.3			1324.79	132206.0	93.11	9072.3				
			针阔混交林	4488.52	438879.8	25.09	434.5	4344.48	425961.1	84.85	9949.8	34.10	2534.4		
			阔叶混交林	1561.91	144301.9	3.42	146.1	1218.46	110335.1	178.57	14392.3	161.46	19428.4		
		天然	合计	12703.00	1202666.0	383.20	11595.5	11483.11	1103625.6	550.49	55765.8	278.45	30787.9	7.75	891.2
			纯林	5236.16	478428.0	354.69	11014.9	4595.38	435123.4	195.45	22573.4	82.89	8825.1	7.75	891.2
			混交林	7466.84	724238.0	28.51	580.6	6887.73	668502.2	355.04	33192.4	195.56	21962.8		
			针叶混交林	1416.41	141056.3			1324.79	132206.0	91.62	8850.3				
			针阔混交林	4488.52	438879.8	25.09	434.5	4344.48	425961.1	84.85	9949.8	34.10	2534.4		
			阔叶混交林	1561.91	144301.9	3.42	146.1	1218.46	110335.1	178.57	14392.3	161.46	19428.4		
		人工	合计	245.58	27023.6	17.42	1458.8	61.86	5640.8	166.30	19924.0				
			纯林	244.09	26801.6	17.42	1458.8	61.86	5640.8	164.81	19702.0				
			混交林	1.49	222.0					1.49	222.0				
			针叶混交林	1.49	222.0					1.49	222.0				
		其中：人天混	合计	1.49	222.0					1.49	222.0				
			混交林	1.49	222.0					1.49	222.0				
			针叶混交林	1.49	222.0					1.49	222.0				

表 8　黑龙江大兴安岭重点国有林区乔木林各龄组面积、蓄积按林种、起源和林分类型统计表（续 15）

单位：公顷、立方米

统计单位	林种	起源	林分类型	合计 面积	合计 蓄积	幼龄林 面积	幼龄林 蓄积	中龄林 面积	中龄林 蓄积	近熟林 面积	近熟林 蓄积	成熟林 面积	成熟林 蓄积	过熟林 面积	过熟林 蓄积
新林林业局	用材林	合计	合计	537931.40	46993859.1	28299.27	964054.6	451801.78	40606138.1	38273.47	3609388.7	18818.28	1738734.7	738.60	75543.0
			纯林	262332.52	20940969.0	20138.76	573654.2	217538.15	18288430.9	15944.58	1367107.8	8354.51	681610.2	356.52	30165.9
			混交林	275598.88	26052890.1	8160.51	390400.4	234263.63	22317707.2	22328.89	2242280.9	10463.77	1057124.5	382.08	45377.1
			针叶混交林	33938.63	3354811.0	968.56	66194.2	29696.45	2957061.2	2015.47	208807.0	1227.02	120097.1	31.13	2651.5
			针阔混交林	181106.95	16987953.4	5364.22	276390.7	162003.72	15327433.3	10159.42	1006626.1	3262.06	337944.0	317.53	39559.3
			阔叶混交林	60553.30	5710125.7	1827.73	47815.5	42563.46	4033212.7	10154.00	1026847.8	5974.69	599083.4	33.42	3166.3
		天然	合计	535889.67	46908705.7	27086.56	939681.9	451018.90	40550432.4	38247.60	3606904.4	18798.01	1736144.0	738.60	75543.0
			纯林	261131.71	20878456.2	19470.74	552104.0	217040.75	18251817.8	15928.81	1365316.1	8334.89	679052.4	356.52	30165.9
			混交林	274757.96	26030249.5	7615.82	387577.9	233978.15	22298614.6	22318.79	2241588.3	10463.12	1057091.6	382.08	45377.1
			针叶混交林	33677.87	3338156.0	920.64	65524.3	29493.71	2941768.7	2005.37	208114.4	1227.02	120097.1	31.13	2651.5
			针阔混交林	180526.79	16981967.8	4867.45	274238.1	161920.98	15323633.2	10159.42	1006626.1	3261.41	337911.1	317.53	39559.3
			阔叶混交林	60553.30	5710125.7	1827.73	47815.5	42563.46	4033212.7	10154.00	1026847.8	5974.69	599083.4	33.42	3166.3
		人工	合计	2041.73	85153.4	1212.71	24372.7	782.88	55705.7	25.87	2484.3	20.27	2590.7		
			纯林	1200.81	62512.8	668.02	21550.2	497.40	36613.1	15.77	1791.7	19.62	2557.8		
			混交林	840.92	22640.6	544.69	2822.5	285.48	19092.6	10.10	692.6	0.65	32.9		
			针叶混交林	260.76	16655.0	47.92	669.9	202.74	15292.5	10.10	692.6				
			针阔混交林	580.16	5985.6	496.77	2152.6	82.74	3800.1			0.65	32.9		
		其中：人天混	合计	796.90	22181.6	500.67	2363.5	285.48	19092.6	10.10	692.6	0.65	32.9		
			混交林	796.90	22181.6	500.67	2363.5	285.48	19092.6	10.10	692.6	0.65	32.9		
			针叶混交林	216.74	16196.0	3.90	210.9	202.74	15292.5	10.10	692.6				
			针阔混交林	580.16	5985.6	496.77	2152.6	82.74	3800.1			0.65	32.9		
十八站林业局	合计	合计	合计	527252.05	31630855.2	186983.02	2068766.8	294807.53	25459596.7	28582.16	2587858.4	16685.75	1499050.6	193.59	15582.7
			纯林	226937.71	12190928.2	94520.34	1049766.4	116530.73	9742260.2	10612.09	920254.5	5203.34	473717.8	71.21	4929.3
			混交林	300314.34	19439927.0	92462.68	1019000.4	178276.80	15717336.5	17970.07	1667603.9	11482.41	1025332.8	122.38	10653.4
			针叶混交林	11146.74	1075440.5	241.33	19390.5	9954.23	957372.4	814.19	84345.0	136.99	14332.6		
			针阔混交林	130146.18	11120021.8	6540.73	378329.2	116090.92	10102807.8	5100.09	425222.1	2376.45	209865.2	37.99	3797.5
			阔叶混交林	159021.42	7244464.7	85680.62	621280.7	52231.65	4657156.3	12055.79	1158036.8	8968.97	801135.0	84.39	6855.9
		天然	合计	525452.06	31543502.6	186059.82	2058049.5	294031.29	25390553.0	28497.28	2582804.3	16670.08	1496513.1	193.59	15582.7
			纯林	225953.54	12115715.4	94376.36	1047413.9	115791.09	9676991.5	10527.21	915200.4	5187.67	471180.3	71.21	4929.3
			混交林	299498.52	19427787.2	91683.46	1010635.6	178240.20	15713561.5	17970.07	1667603.9	11482.41	1025332.8	122.38	10653.4
			针叶混交林	11146.74	1075440.5	241.33	19390.5	9954.23	957372.4	814.19	84345.0	136.99	14332.6		
			针阔混交林	129330.36	11107882.0	5761.51	369964.4	116054.32	10099032.8	5100.09	425222.1	2376.45	209865.2	37.99	3797.5
			阔叶混交林	159021.42	7244464.7	85680.62	621280.7	52231.65	4657156.3	12055.79	1158036.8	8968.97	801135.0	84.39	6855.9
		人工	合计	1799.99	87352.6	923.20	10717.3	776.24	69043.7	84.88	5054.1	15.67	2537.5		
			纯林	984.17	75212.8	143.98	2352.5	739.64	65268.7	84.88	5054.1	15.67	2537.5		
			混交林	815.82	12139.8	779.22	8364.8	36.60	3775.0						
			针阔混交林	815.82	12139.8	779.22	8364.8	36.60	3775.0						
		其中：人天混	合计	815.82	12139.8	779.22	8364.8	36.60	3775.0						
			混交林	815.82	12139.8	779.22	8364.8	36.60	3775.0						
			针阔混交林	815.82	12139.8	779.22	8364.8	36.60	3775.0						

表 8 黑龙江大兴安岭重点国有林区乔木林各龄组面积、蓄积按林种、起源和林分类型统计表（续 16）

单位：公顷、立方米

统计单位	林种	起源	林分类型	合计		幼龄林		中龄林		近熟林		成熟林		过熟林	
				面积	蓄积	面积	蓄积	面积	蓄积	面积	蓄积	面积	蓄积	面积	蓄积
十八站林业局	防护林	合计	合计	247737.88	17326065.5	60713.50	805764.3	159699.40	13977227.9	17002.15	1568471.2	10143.27	959649.6	179.56	14952.5
			纯林	99709.66	6633816.8	27158.16	394278.5	62979.70	5366929.9	6091.77	538724.9	3416.10	329254.9	63.93	4628.6
			混交林	148028.22	10692248.7	33555.34	411485.8	96719.70	8610298.0	10910.38	1029746.3	6727.17	630394.7	115.63	10323.9
			针叶混交林	5780.02	561300.5	28.15	1614.5	5127.33	493017.3	505.27	53901.4	119.27	12767.3		
			针阔混交林	70407.08	6117953.1	2781.77	146851.1	63607.58	5616154.7	2673.24	222596.5	1313.25	128882.8	31.24	3468.0
			阔叶混交林	71841.12	4012995.1	30745.42	263020.2	27984.79	2501126.0	7731.87	753248.4	5294.65	488744.6	84.39	6855.9
		天然	合计	247380.17	17313330.0	60464.32	802159.3	159657.47	13972643.7	16947.30	1566015.2	10131.52	957559.3	179.56	14952.5
			纯林	99606.84	6627626.1	27128.67	393486.3	62972.97	5366077.7	6036.92	536268.9	3404.35	327164.6	63.93	4628.6
			混交林	147773.33	10685703.9	33335.65	408673.0	96684.50	8606566.0	10910.38	1029746.3	6727.17	630394.7	115.63	10323.9
			针叶混交林	5780.02	561300.5	28.15	1614.5	5127.33	493017.3	505.27	53901.4	119.27	12767.3		
			针阔混交林	70152.19	6111408.3	2562.08	144038.3	63572.38	5612422.7	2673.24	222596.5	1313.25	128882.8	31.24	3468.0
			阔叶混交林	71841.12	4012995.1	30745.42	263020.2	27984.79	2501126.0	7731.87	753248.4	5294.65	488744.6	84.39	6855.9
		人工	合计	357.71	12735.5	249.18	3605.0	41.93	4584.2	54.85	2456.0	11.75	2090.3		
			纯林	102.82	6190.7	29.49	792.2	6.73	852.2	54.85	2456.0	11.75	2090.3		
			混交林	254.89	6544.8	219.69	2812.8	35.20	3732.0						
			针阔混交林	254.89	6544.8	219.69	2812.8	35.20	3732.0						
		其中：人天混	合计	254.89	6544.8	219.69	2812.8	35.20	3732.0						
			混交林	254.89	6544.8	219.69	2812.8	35.20	3732.0						
			针阔混交林	254.89	6544.8	219.69	2812.8	35.20	3732.0						
	特用林	合计	合计	29893.97	1285563.3	16340.02	104543.1	12287.55	1064015.3	772.23	71170.6	494.17	45834.3		
			纯林	7956.41	313348.8	4513.41	32737.0	3007.64	246775.0	332.61	27632.9	102.75	6203.9		
			混交林	21937.56	972214.5	11826.61	71806.1	9279.91	817240.3	439.62	43537.7	391.42	39630.4		
			针叶混交林	539.80	51125.1	34.40	2442.6	503.30	48580.8	2.10	101.7				
			针阔混交林	7266.39	634168.6	149.10	4693.8	6888.12	609632.9	167.30	14309.2	61.87	5532.7		
			阔叶混交林	14131.37	286920.8	11643.11	64669.7	1888.49	159026.6	270.22	29126.8	329.55	34097.7		
		天然	合计	29829.89	1285370.5	16275.94	104350.3	12287.55	1064015.3	772.23	71170.6	494.17	45834.3		
			纯林	7956.41	313348.8	4513.41	32737.0	3007.64	246775.0	332.61	27632.9	102.75	6203.9		
			混交林	21873.48	972021.7	11762.53	71613.3	9279.91	817240.3	439.62	43537.7	391.42	39630.4		
			针叶混交林	539.80	51125.1	34.40	2442.6	503.30	48580.8	2.10	101.7				
			针阔混交林	7202.31	633975.8	85.02	4501.0	6888.12	609632.9	167.30	14309.2	61.87	5532.7		
			阔叶混交林	14131.37	286920.8	11643.11	64669.7	1888.49	159026.6	270.22	29126.8	329.55	34097.7		
		人工	合计	64.08	192.8	64.08	192.8								
			混交林	64.08	192.8	64.08	192.8								
			针阔混交林	64.08	192.8	64.08	192.8								
		其中：人天混	合计	64.08	192.8	64.08	192.8								
			混交林	64.08	192.8	64.08	192.8								
			针阔混交林	64.08	192.8	64.08	192.8								

表 8 黑龙江大兴安岭重点国有林区乔木林各龄组面积、蓄积按林种、起源和林分类型统计表（续 17）

单位：公顷、立方米

统计单位	林种	起源	林分类型	合计		幼龄林		中龄林		近熟林		成熟林		过熟林	
				面积	蓄积	面积	蓄积	面积	蓄积	面积	蓄积	面积	蓄积	面积	蓄积
十八站林业局	用材林	合计	合计	249620.20	13019226.4	109929.50	1158459.4	122820.58	10418353.5	10807.78	948216.6	6048.31	493566.7	14.03	630.2
			纯林	119271.64	5243762.6	62848.77	622750.9	50543.39	4128555.3	4187.71	353896.7	1684.49	138259.0	7.28	300.7
			混交林	130348.56	7775463.8	47080.73	535708.5	72277.19	6289798.2	6620.07	594319.9	4363.82	355307.7	6.75	329.5
			针叶混交林	4826.92	463014.9	178.78	15333.4	4323.60	415774.3	306.82	30341.9	17.72	1565.3		
			针阔混交林	52472.71	4367900.1	3609.86	226784.3	45595.22	3877020.2	2259.55	188316.4	1001.33	75449.7	6.75	329.5
			阔叶混交林	73048.93	2944548.8	43292.09	293590.8	22358.37	1997003.7	4053.70	375661.6	3344.77	278292.7		
		天然	合计	248242.00	12944802.1	109319.56	1151539.9	122086.27	10353894.0	10777.75	945618.5	6044.39	493119.5	14.03	630.2
			纯林	118390.29	5174740.5	62734.28	621190.6	49810.48	4064138.8	4157.68	351298.6	1680.57	137811.8	7.28	300.7
			混交林	129851.71	7770061.6	46585.28	530349.3	72275.79	6289755.2	6620.07	594319.9	4363.82	355307.7	6.75	329.5
			针叶混交林	4826.92	463014.9	178.78	15333.4	4323.60	415774.3	306.82	30341.9	17.72	1565.3		
			针阔混交林	51975.86	4362497.9	3114.41	221425.1	45593.82	3876977.2	2259.55	188316.4	1001.33	75449.7	6.75	329.5
			阔叶混交林	73048.93	2944548.8	43292.09	293590.8	22358.37	1997003.7	4053.70	375661.6	3344.77	278292.7		
		人工	合计	1378.20	74424.3	609.94	6919.5	734.31	64459.5	30.03	2598.1	3.92	447.2		
			纯林	881.35	69022.1	114.49	1560.3	732.91	64416.5	30.03	2598.1	3.92	447.2		
			混交林	496.85	5402.2	495.45	5359.2	1.40	43.0						
			针阔混交林	496.85	5402.2	495.45	5359.2	1.40	43.0						
		其中：人天混	合计	496.85	5402.2	495.45	5359.2	1.40	43.0						
			混交林	496.85	5402.2	495.45	5359.2	1.40	43.0						
			针阔混交林	496.85	5402.2	495.45	5359.2	1.40	43.0						
韩家园林业局	合计	合计	合计	618073.27	48254161.1	143997.80	4269687.6	429549.57	39486735.9	26121.81	2603515.5	16927.50	1743024.8	1476.59	151197.3
			纯林	192192.04	14936173.1	53678.43	1418064.3	131673.07	12852341.4	4502.52	447931.6	2321.62	215690.0	16.40	2145.8
			混交林	425881.23	33317988.0	90319.37	2851623.3	297876.50	26634394.5	21619.29	2155583.9	14605.88	1527334.8	1460.19	149051.5
			针叶混交林	6853.80	668269.0	310.21	28940.9	6260.16	612479.5	253.52	21857.9	29.91	4990.7		
			针阔混交林	194925.07	18503492.0	10515.62	771333.3	175804.30	16824465.1	6067.77	628429.9	2159.49	232500.0	377.89	46763.7
			阔叶混交林	224102.36	14146227.0	79493.54	2051349.1	115812.04	9197449.9	15298.00	1505296.1	12416.48	1289844.1	1082.30	102287.8
		天然	合计	617775.91	48248278.1	143759.85	4268055.8	429518.00	39483293.1	26120.63	2603376.5	16900.84	1742355.4	1476.59	151197.3
			纯林	191909.38	14931379.6	53441.78	1416452.8	131654.90	12849967.8	4501.34	447792.6	2294.96	215020.6	16.40	2145.8
			混交林	425866.53	33316898.5	90318.07	2851603.0	297863.10	26633325.3	21619.29	2155583.9	14605.88	1527334.8	1460.19	149051.5
			针叶混交林	6852.50	668248.7	308.91	28920.6	6260.16	612479.5	253.52	21857.9	29.91	4990.7		
			针阔混交林	194911.67	18502422.8	10515.62	771333.3	175790.90	16823395.9	6067.77	628429.9	2159.49	232500.0	377.89	46763.7
			阔叶混交林	224102.36	14146227.0	79493.54	2051349.1	115812.04	9197449.9	15298.00	1505296.1	12416.48	1289844.1	1082.30	102287.8
		人工	合计	297.36	5883.0	237.95	1631.8	31.57	3442.8	1.18	139.0	26.66	669.4		
			纯林	282.66	4793.5	236.65	1611.5	18.17	2373.6	1.18	139.0	26.66	669.4		
			混交林	14.70	1089.5	1.30	20.3	13.40	1069.2						
			针叶混交林	1.30	20.3	1.30	20.3								
			针阔混交林	13.40	1069.2			13.40	1069.2						
		其中：人天混	合计	13.40	1069.2			13.40	1069.2						
			混交林	13.40	1069.2			13.40	1069.2						
			针阔混交林	13.40	1069.2			13.40	1069.2						

表 8 黑龙江大兴安岭重点国有林区乔木林各龄组面积、蓄积按林种、起源和林分类型统计表（续 18）

单位：公顷、立方米

统计单位	林种	起源	林分类型	合计 面积	合计 蓄积	幼龄林 面积	幼龄林 蓄积	中龄林 面积	中龄林 蓄积	近熟林 面积	近熟林 蓄积	成熟林 面积	成熟林 蓄积	过熟林 面积	过熟林 蓄积
韩家园林业局	防护林	合计	合计	235857.36	16913739.2	63197.73	1819561.3	165897.90	14475420.0	4310.61	392095.4	2396.67	223823.8	54.45	2838.7
			纯林	73745.58	5333789.0	22556.99	580623.3	50105.88	4652137.9	904.55	84986.7	175.72	15825.5	2.44	215.6
			混交林	162111.78	11579950.2	40640.74	1238938.0	115792.02	9823282.1	3406.06	307108.7	2220.95	207998.3	52.01	2623.1
			针叶混交林	2685.20	260215.1	45.56	3679.4	2586.54	250456.7	53.10	6079.0				
			针阔混交林	73868.46	6564222.9	3865.67	223768.9	68745.56	6214291.9	1090.65	110895.6	114.57	12643.4	52.01	2623.1
			阔叶混交林	85558.12	4755512.2	36729.51	1011489.7	44459.92	3358533.5	2262.31	190134.1	2106.38	195354.9		
		天然	合计	235609.44	16909401.6	62975.65	1818028.8	165873.24	14472753.9	4309.43	391956.4	2396.67	223823.8	54.45	2838.7
			纯林	73511.34	5330416.0	22336.21	579111.1	50093.60	4650416.1	903.37	84847.7	175.72	15825.5	2.44	215.6
			混交林	162098.10	11578985.6	40639.44	1238917.7	115779.64	9822337.8	3406.06	307108.7	2220.95	207998.3	52.01	2623.1
			针叶混交林	2683.90	260194.8	44.26	3659.1	2586.54	250456.7	53.10	6079.0				
			针阔混交林	73856.08	6563278.6	3865.67	223768.9	68733.18	6213347.6	1090.65	110895.6	114.57	12643.4	52.01	2623.1
			阔叶混交林	85558.12	4755512.2	36729.51	1011489.7	44459.92	3358533.5	2262.31	190134.1	2106.38	195354.9		
		人工	合计	247.92	4337.6	222.08	1532.5	24.66	2666.1	1.18	139.0				
			纯林	234.24	3373.0	220.78	1512.2	12.28	1721.8	1.18	139.0				
			混交林	13.68	964.6	1.30	20.3	12.38	944.3						
			针叶混交林	1.30	20.3	1.30	20.3								
			针阔混交林	12.38	944.3			12.38	944.3						
		其中：人天混	合计	12.38	944.3			12.38	944.3						
			混交林	12.38	944.3			12.38	944.3						
			针阔混交林	12.38	944.3			12.38	944.3						
	特用林	合计	合计	25965.32	1511033.7	10161.73	228918.9	15664.86	1267145.3	138.73	14969.5				
			纯林	6848.16	385158.3	3153.87	57083.1	3638.60	322173.6	55.69	5901.6				
			混交林	19117.16	1125875.4	7007.86	171835.8	12026.26	944971.7	83.04	9067.9				
			针叶混交林	422.26	37039.1			422.26	37039.1						
			针阔混交林	5995.10	526739.9	381.93	21435.0	5592.88	503778.3	20.29	1526.6				
			阔叶混交林	12699.80	562096.4	6625.93	150400.8	6011.12	404154.3	62.75	7541.3				
		天然	合计	25965.32	1511033.7	10161.73	228918.9	15664.86	1267145.3	138.73	14969.5				
			纯林	6848.16	385158.3	3153.87	57083.1	3638.60	322173.6	55.69	5901.6				
			混交林	19117.16	1125875.4	7007.86	171835.8	12026.26	944971.7	83.04	9067.9				
			针叶混交林	422.26	37039.1			422.26	37039.1						
			针阔混交林	5995.10	526739.9	381.93	21435.0	5592.88	503778.3	20.29	1526.6				
			阔叶混交林	12699.80	562096.4	6625.93	150400.8	6011.12	404154.3	62.75	7541.3				
	用材林	合计	合计	356250.59	29829388.2	70638.34	2221207.4	247986.81	23744170.6	21672.47	2196450.6	14530.83	1519201.0	1422.14	148358.6
			纯林	111598.30	9217225.8	27967.57	780357.9	77928.59	7878029.9	3542.28	357043.3	2145.90	199864.5	13.96	1930.2
			混交林	244652.29	20612162.4	42670.77	1440849.5	170058.22	15866140.7	18130.19	1839407.3	12384.93	1319336.5	1408.18	146428.4
			针叶混交林	3746.34	371014.8	264.65	25261.5	3251.36	324983.7	200.42	15778.9	29.91	4990.7		
			针阔混交林	115061.51	11412529.2	6268.02	526129.4	101465.86	10106394.9	4956.83	516007.7	2044.92	219856.6	325.88	44140.6
			阔叶混交林	125844.44	8828618.4	36138.10	889458.6	65341.00	5434762.1	12972.94	1307620.7	10310.10	1094489.2	1082.30	102287.8

表 8　黑龙江大兴安岭重点国有林区乔木林各龄组面积、蓄积按林种、起源和林分类型统计表（续 19）

单位：公顷、立方米

统计单位	林种	起源	林分类型	合计		幼龄林		中龄林		近熟林		成熟林		过熟林	
				面积	蓄积	面积	蓄积	面积	蓄积	面积	蓄积	面积	蓄积	面积	蓄积
韩家园林业局	用材林	天然	合计	356201.15	29827842.8	70622.47	2221108.1	247979.90	23743393.9	21672.47	2196450.6	14504.17	1518531.6	1422.14	148358.6
			纯林	111549.88	9215805.3	27951.70	780258.6	77922.70	7877378.1	3542.28	357043.3	2119.24	199195.1	13.96	1930.2
			混交林	244651.27	20612037.5	42670.77	1440849.5	170057.20	15866015.8	18130.19	1839407.3	12384.93	1319336.5	1408.18	146428.4
			针叶混交林	3746.34	371014.8	264.65	25261.5	3251.36	324983.7	200.42	15778.9	29.91	4990.7		
			针阔混交林	115060.49	11412404.3	6268.02	526129.4	101464.84	10106270.0	4956.83	516007.7	2044.92	219856.6	325.88	44140.6
			阔叶混交林	125844.44	8828618.4	36138.10	889458.6	65341.00	5434762.1	12972.94	1307620.7	10310.10	1094489.2	1082.30	102287.8
		人工	合计	49.44	1545.4	15.87	99.3	6.91	776.7			26.66	669.4		
			纯林	48.42	1420.5	15.87	99.3	5.89	651.8			26.66	669.4		
			混交林	1.02	124.9			1.02	124.9						
			针阔混交林	1.02	124.9			1.02	124.9						
		其中：人天混	合计	1.02	124.9			1.02	124.9						
			混交林	1.02	124.9			1.02	124.9						
			针阔混交林	1.02	124.9			1.02	124.9						
松岭林业局	合计	合计	合计	588976.93	47731208.3	105097.26	2501289.7	431645.69	40135088.7	33341.16	3246690.4	18092.91	1766489.3	799.91	81650.2
			纯林	207950.28	14664143.2	51796.33	1021787.7	140971.18	12230895.4	10161.25	953574.5	4718.61	426435.9	302.91	31449.7
			混交林	381026.65	33067065.1	53300.93	1479502.0	290674.51	27904193.3	23179.91	2293115.9	13374.30	1340053.4	497.00	50200.5
			针叶混交林	196.23	13443.7	13.54	1419.1	164.16	11003.8	15.05	834.2	3.48	186.6		
			针阔混交林	189395.67	18047119.6	7086.24	454362.5	169519.13	16355833.7	8583.58	840173.0	4136.72	390216.8	70.00	6533.6
			阔叶混交林	191434.75	15006501.8	46201.15	1023720.4	120991.22	11537355.8	14581.28	1452108.7	9234.10	949650.0	427.00	43666.9
		天然	合计	583756.42	47217363.4	102732.37	2297795.3	429552.21	39917922.5	32783.04	3173622.0	17888.89	1746373.4	799.91	81650.2
			纯林	203965.20	14251421.0	50469.21	903062.9	139052.65	12028809.4	9622.36	881592.4	4518.07	406506.6	302.91	31449.7
			混交林	379791.22	32965942.4	52263.16	1394732.4	290499.56	27889113.1	23160.68	2292029.6	13370.82	1339866.8	497.00	50200.5
			针叶混交林	168.94	11953.1	10.23	1260.2	158.71	10692.9						
			针阔混交林	188187.53	17947487.5	6051.78	369751.8	169349.63	16341064.4	8579.40	839920.9	4136.72	390216.8	70.00	6533.6
			阔叶混交林	191434.75	15006501.8	46201.15	1023720.4	120991.22	11537355.8	14581.28	1452108.7	9234.10	949650.0	427.00	43666.9
		人工	合计	5220.51	513844.9	2364.89	203494.4	2093.48	217166.2	558.12	73068.4	204.02	20115.9		
			纯林	3985.08	412722.2	1327.12	118724.8	1918.53	202086.0	538.89	71982.1	200.54	19929.3		
			混交林	1235.43	101122.7	1037.77	84769.6	174.95	15080.2	19.23	1086.3	3.48	186.6		
			针叶混交林	27.29	1490.6	3.31	158.9	5.45	310.9	15.05	834.2	3.48	186.6		
			针阔混交林	1208.14	99632.1	1034.46	84610.7	169.50	14769.3	4.18	252.1				
		其中：人天混	合计	1208.14	99632.1	1034.46	84610.7	169.50	14769.3	4.18	252.1				
			混交林	1208.14	99632.1	1034.46	84610.7	169.50	14769.3	4.18	252.1				
			针阔混交林	1208.14	99632.1	1034.46	84610.7	169.50	14769.3	4.18	252.1				

表 8 黑龙江大兴安岭重点国有林区乔木林各龄组面积、蓄积按林种、起源和林分类型统计表（续 20）

单位：公顷、立方米

统计单位	林种	起源	林分类型	合计		幼龄林		中龄林		近熟林		成熟林		过熟林	
				面积	蓄积	面积	蓄积	面积	蓄积	面积	蓄积	面积	蓄积	面积	蓄积
松岭林业局	防护林	合计	合计	283478.36	19177828.0	86405.10	1508326.2	178141.40	15794288.2	10789.60	1059309.0	7510.37	752346.9	631.89	63557.7
			纯林	120100.25	7112623.7	44601.07	693662.4	69218.92	5828307.0	3939.86	374547.5	2074.07	188831.5	266.33	27275.3
			混交林	163378.11	12065204.3	41804.03	814663.8	108922.48	9965981.2	6849.74	684761.5	5436.30	563515.4	365.56	36282.4
			针叶混交林	180.73	11920.8	3.31	158.9	158.89	10741.1	15.05	834.2	3.48	186.6		
			针阔混交林	69579.83	6332228.6	2968.45	143411.3	61845.04	5727135.3	3040.72	298901.5	1678.75	157459.1	46.87	5321.4
			阔叶混交林	93617.55	5721054.9	38832.27	671093.6	46918.55	4228104.8	3793.97	385025.8	3754.07	405869.7	318.69	30961.0
		天然	合计	280398.83	18863468.6	85071.01	1392787.8	176800.08	15644386.3	10495.45	1021718.3	7400.40	741018.5	631.89	63557.7
			纯林	117788.30	6853923.3	43924.41	625364.5	67965.04	5685550.7	3664.94	338043.1	1967.58	177689.7	266.33	27275.3
			混交林	162610.53	12009545.3	41146.60	767423.3	108835.04	9958835.6	6830.51	683675.2	5432.82	563328.8	365.56	36282.4
			针叶混交林	157.59	10575.7			157.59	10575.7						
			针阔混交林	68835.39	6277914.7	2314.33	96329.7	61758.90	5720155.1	3036.54	298649.4	1678.75	157459.1	46.87	5321.4
			阔叶混交林	93617.55	5721054.9	38832.27	671093.6	46918.55	4228104.8	3793.97	385025.8	3754.07	405869.7	318.69	30961.0
		人工	合计	3079.53	314359.4	1334.09	115538.4	1341.32	149901.9	294.15	37590.7	109.97	11328.4		
			纯林	2311.95	258700.4	676.66	68297.9	1253.88	142756.3	274.92	36504.4	106.49	11141.8		
			混交林	767.58	55659.0	657.43	47240.5	87.44	7145.6	19.23	1086.3	3.48	186.6		
			针叶混交林	23.14	1345.1	3.31	158.9	1.30	165.4	15.05	834.2	3.48	186.6		
			针阔混交林	744.44	54313.9	654.12	47081.6	86.14	6980.2	4.18	252.1				
		其中：人天混	合计	744.44	54313.9	654.12	47081.6	86.14	6980.2	4.18	252.1				
			混交林	744.44	54313.9	654.12	47081.6	86.14	6980.2	4.18	252.1				
			针阔混交林	744.44	54313.9	654.12	47081.6	86.14	6980.2	4.18	252.1				
	特用林	合计	合计	927.51	100154.7	41.64	1406.2	755.97	83105.9	62.52	9134.5	67.38	6508.1		
			纯林	570.54	69510.7			463.90	57511.6	39.26	5491.0	67.38	6508.1		
			混交林	356.97	30644.0	41.64	1406.2	292.07	25594.3	23.26	3643.5				
			针阔混交林	278.97	24792.8			255.71	21149.3	23.26	3643.5				
			阔叶混交林	78.00	5851.2	41.64	1406.2	36.36	4445.0						
		天然	合计	898.71	98282.6	41.64	1406.2	727.17	81233.8	62.52	9134.5	67.38	6508.1		
			纯林	541.74	67638.6			435.10	55639.5	39.26	5491.0	67.38	6508.1		
			混交林	356.97	30644.0	41.64	1406.2	292.07	25594.3	23.26	3643.5				
			针阔混交林	278.97	24792.8			255.71	21149.3	23.26	3643.5				
			阔叶混交林	78.00	5851.2	41.64	1406.2	36.36	4445.0						
		人工	合计	28.80	1872.1			28.80	1872.1						
			纯林	28.80	1872.1			28.80	1872.1						
	用材林	合计	合计	304571.06	28453225.6	18650.52	991557.3	252748.32	24257694.6	22489.04	2178246.9	10515.16	1007634.3	168.02	18092.5
			纯林	87279.49	7482008.8	7195.26	328125.3	71288.36	6345076.8	6182.13	573536.0	2577.16	231096.3	36.58	4174.4
			混交林	217291.57	20971216.8	11455.26	663432.0	181459.96	17912617.8	16306.91	1604710.9	7938.00	776538.0	131.44	13918.1
			针叶混交林	15.50	1522.9	10.23	1260.2	5.27	262.7						
			针阔混交林	119536.87	11690098.2	4117.79	310951.2	107418.38	10607549.1	5519.60	537628.0	2457.97	232757.7	23.13	1212.2
			阔叶混交林	97739.20	9279595.7	7327.24	351220.6	74036.31	7304806.0	10787.31	1067082.9	5480.03	543780.3	108.31	12705.9

表 8　黑龙江大兴安岭重点国有林区乔木林各龄组面积、蓄积按林种、起源和林分类型统计表（续 21）

单位：公顷、立方米

统计单位	林种	起源	林分类型	合计		幼龄林		中龄林		近熟林		成熟林		过熟林	
				面积	蓄积	面积	蓄积	面积	蓄积	面积	蓄积	面积	蓄积	面积	蓄积
松岭林业局	用材林	天然	合计	302458.88	28255612.2	17619.72	903601.3	252024.96	24192302.4	22225.07	2142769.2	10421.11	998846.8	168.02	18092.5
			纯林	85635.16	7329859.1	6544.80	277698.4	70652.51	6287619.2	5918.16	538058.3	2483.11	222308.8	36.58	4174.4
			混交林	216823.72	20925753.1	11074.92	625902.9	181372.45	17904683.2	16306.91	1604710.9	7938.00	776538.0	131.44	13918.1
			针叶混交林	11.35	1377.4	10.23	1260.2	1.12	117.2						
			针阔混交林	119073.17	11644780.0	3737.45	273422.1	107335.02	10599760.0	5519.60	537628.0	2457.97	232757.7	23.13	1212.2
			阔叶混交林	97739.20	9279595.7	7327.24	351220.6	74036.31	7304806.0	10787.31	1067082.9	5480.03	543780.3	108.31	12705.9
		人工	合计	2112.18	197613.4	1030.80	87956.0	723.36	65392.2	263.97	35477.7	94.05	8787.5		
			纯林	1644.33	152149.7	650.46	50426.9	635.85	57457.6	263.97	35477.7	94.05	8787.5		
			混交林	467.85	45463.7	380.34	37529.1	87.51	7934.6						
			针叶混交林	4.15	145.5			4.15	145.5						
			针阔混交林	463.70	45318.2	380.34	37529.1	83.36	7789.1						
		其中：人天混	合计	463.70	45318.2	380.34	37529.1	83.36	7789.1						
			混交林	463.70	45318.2	380.34	37529.1	83.36	7789.1						
			针阔混交林	463.70	45318.2	380.34	37529.1	83.36	7789.1						
加格达奇林业局	合计	合计	合计	542702.85	39665740.3	146394.47	7405950.6	324188.92	26023063.8	50712.31	4381046.7	20076.04	1749565.5	1331.11	106113.7
			纯林	207885.39	13859893.1	72803.67	3195401.6	116137.27	9039900.0	13996.39	1193996.4	4664.99	410633.8	283.07	19961.3
			混交林	334817.46	25805847.2	73590.80	4210549.0	208051.65	16983163.8	36715.92	3187050.3	15411.05	1338931.7	1048.04	86152.4
			针叶混交林	990.96	83936.7	131.94	5632.3	496.82	42817.3	362.20	35487.1				
			针阔混交林	50359.32	4557908.9	2556.17	189209.8	35617.13	3231413.9	10899.49	1023070.0	1254.56	111188.3	31.97	3026.9
			阔叶混交林	283467.18	21164001.6	70902.69	4015706.9	171937.70	13708932.6	25454.23	2128493.2	14156.49	1227743.4	1016.07	83125.5
		天然	合计	491416.80	35796012.1	130759.26	6415829.5	293241.37	23580985.0	46093.17	3955129.5	19991.89	1737954.4	1331.11	106113.7
			纯林	162008.14	10499058.7	57709.86	2246253.8	89351.71	6996591.4	10082.66	837229.5	4580.84	399022.7	283.07	19961.3
			混交林	329408.66	25296953.4	73049.40	4169575.7	203889.66	16584393.6	36010.51	3117900.0	15411.05	1338931.7	1048.04	86152.4
			针叶混交林	109.26	10235.9	8.02	403.0	8.31	985.8	92.93	8847.1				
			针阔混交林	45832.22	4122715.9	2138.69	153465.8	31943.65	2874475.2	10463.35	980559.7	1254.56	111188.3	31.97	3026.9
			阔叶混交林	283467.18	21164001.6	70902.69	4015706.9	171937.70	13708932.6	25454.23	2128493.2	14156.49	1227743.4	1016.07	83125.5
		人工	合计	51286.05	3869728.2	15635.21	990121.1	30947.55	2442078.8	4619.14	425917.2	84.15	11611.1		
			纯林	45877.25	3360834.4	15093.81	949147.8	26785.56	2043308.6	3913.73	356766.9	84.15	11611.1		
			混交林	5408.80	508893.8	541.40	40973.3	4161.99	398770.2	705.41	69150.3				
			针叶混交林	881.70	73700.8	123.92	5229.3	488.51	41831.5	269.27	26640.0				
			针阔混交林	4527.10	435193.0	417.48	35744.0	3673.48	356938.7	436.14	42510.3				
		其中：人天混	合计	4581.88	438687.0	417.48	35744.0	3728.26	360432.7	436.14	42510.3				
			混交林	4581.88	438687.0	417.48	35744.0	3728.26	360432.7	436.14	42510.3				
			针叶混交林	54.78	3494.0			54.78	3494.0						
			针阔混交林	4527.10	435193.0	417.48	35744.0	3673.48	356938.7	436.14	42510.3				

表 8　黑龙江大兴安岭重点国有林区乔木林各龄组面积、蓄积按林种、起源和林分类型统计表（续 22）

单位：公顷、立方米

统计单位	林种	起源	林分类型	合计		幼龄林		中龄林		近熟林		成熟林		过熟林	
				面积	蓄积	面积	蓄积	面积	蓄积	面积	蓄积	面积	蓄积	面积	蓄积
加格达奇林业局	防护林	合计	合计	226255.57	16693673.2	53827.11	2502957.7	145194.37	11835943.6	17724.55	1567770.1	8837.52	736638.5	672.02	50363.3
			纯林	81469.33	5233432.5	28831.55	1089498.8	45618.09	3553080.7	4908.81	410521.4	1892.40	165209.1	218.48	15122.5
			混交林	144786.24	11460240.7	24995.56	1413458.9	99576.28	8282862.9	12815.74	1157248.7	6945.12	571429.4	453.54	35240.8
			针叶混交林	359.09	33625.6	11.50	497.3	138.66	12791.6	208.93	20336.7				
			针阔混交林	22179.51	2071428.8	740.76	49606.4	16373.08	1512316.8	4557.07	457576.9	508.60	51928.7		
			阔叶混交林	122247.64	9355186.3	24243.30	1363355.2	83064.54	6757754.5	8049.74	679335.1	6436.52	519500.7	453.54	35240.8
		天然	合计	219349.42	16199967.7	50592.35	2308943.5	143045.69	11668870.4	16227.26	1438987.1	8812.10	732803.4	672.02	50363.3
			纯林	75127.40	4792785.3	25600.27	895578.9	43855.41	3421446.0	3586.26	299263.9	1866.98	161374.0	218.48	15122.5
			混交林	144222.02	11407182.4	24992.08	1413364.6	99190.28	8247424.4	12641.00	1139723.2	6945.12	571429.4	453.54	35240.8
			针叶混交林	42.21	3214.2	8.02	403.0			34.19	2811.2				
			针阔混交林	21932.17	2048781.9	740.76	49606.4	16125.74	1489669.9	4557.07	457576.9	508.60	51928.7		
			阔叶混交林	122247.64	9355186.3	24243.30	1363355.2	83064.54	6757754.5	8049.74	679335.1	6436.52	519500.7	453.54	35240.8
		人工	合计	6906.15	493705.5	3234.76	194014.2	2148.68	167073.2	1497.29	128783.0	25.42	3835.1		
			纯林	6341.93	440647.2	3231.28	193919.9	1762.68	131634.7	1322.55	111257.5	25.42	3835.1		
			混交林	564.22	53058.3	3.48	94.3	386.00	35438.5	174.74	17525.5				
			针叶混交林	316.88	30411.4	3.48	94.3	138.66	12791.6	174.74	17525.5				
			针阔混交林	247.34	22646.9			247.34	22646.9						
		其中：人天混	合计	247.34	22646.9			247.34	22646.9						
			混交林	247.34	22646.9			247.34	22646.9						
			针阔混交林	247.34	22646.9			247.34	22646.9						
	特用林	合计	合计	9076.84	638312.0	2682.19	126444.3	4601.09	351600.7	1216.99	106535.6	549.63	51763.4	26.94	1968.0
			纯林	4983.77	343540.7	1622.29	66617.2	2436.24	191766.9	761.35	69831.7	163.89	15324.9		
			混交林	4093.07	294771.3	1059.90	59827.1	2164.85	159833.8	455.64	36703.9	385.74	36438.5	26.94	1968.0
			针叶混交林	141.54	6206.3	92.26	2904.2	19.46	1016.1	29.82	2286.0				
			针阔混交林	451.12	33057.2	126.59	9220.6	324.53	23836.6						
			阔叶混交林	3500.41	255507.8	841.05	47702.3	1820.86	134981.1	425.82	34417.9	385.74	36438.5	26.94	1968.0
		天然	合计	5666.39	410292.1	1488.13	74489.8	2798.80	214285.1	822.93	70898.8	529.59	48650.4	26.94	1968.0
			纯林	1978.89	143043.9	555.65	21427.3	882.28	72923.8	397.11	36480.9	143.85	12211.9		
			混交林	3687.50	267248.2	932.48	53062.5	1916.52	141361.3	425.82	34417.9	385.74	36438.5	26.94	1968.0
			针阔混交林	187.09	11740.4	91.43	5360.2	95.66	6380.2						
			阔叶混交林	3500.41	255507.8	841.05	47702.3	1820.86	134981.1	425.82	34417.9	385.74	36438.5	26.94	1968.0
		人工	合计	3410.45	228019.9	1194.06	51954.5	1802.29	137315.6	394.06	35636.8	20.04	3113.0		
			纯林	3004.88	200496.8	1066.64	45189.9	1553.96	118843.1	364.24	33350.8	20.04	3113.0		
			混交林	405.57	27523.1	127.42	6764.6	248.33	18472.5	29.82	2286.0				
			针叶混交林	141.54	6206.3	92.26	2904.2	19.46	1016.1	29.82	2286.0				
			针阔混交林	264.03	21316.8	35.16	3860.4	228.87	17456.4						
		其中：人天混	合计	264.03	21316.8	35.16	3860.4	228.87	17456.4						
			混交林	264.03	21316.8	35.16	3860.4	228.87	17456.4						
			针阔混交林	264.03	21316.8	35.16	3860.4	228.87	17456.4						

表 8　黑龙江大兴安岭重点国有林区乔木林各龄组面积、蓄积按林种、起源和林分类型统计表（续 23）

单位：公顷、立方米

统计单位	林种	起源	林分类型	合计		幼龄林		中龄林		近熟林		成熟林		过熟林	
				面积	蓄积	面积	蓄积	面积	蓄积	面积	蓄积	面积	蓄积	面积	蓄积
加格达奇林业局	用材林	合计	合计	307370.44	22333755.1	89885.17	4776548.6	174393.46	13835519.5	31770.77	2706741.0	10688.89	961163.6	632.15	53782.4
			纯林	121432.29	8282919.9	42349.83	2039285.6	68082.94	5295052.4	8326.23	713643.3	2608.70	230099.8	64.59	4838.8
			混交林	185938.15	14050835.2	47535.34	2737263.0	106310.52	8540467.1	23444.54	1993097.7	8080.19	731063.8	567.56	48943.6
			针叶混交林	490.33	44104.8	28.18	2230.8	338.70	29009.6	123.45	12864.4				
			针阔混交林	27728.69	2453422.9	1688.82	130382.8	18919.52	1695260.5	6342.42	565493.1	745.96	59259.6	31.97	3026.9
			阔叶混交林	157719.13	11553307.5	45818.34	2604649.4	87052.30	6816197.0	16978.67	1414740.2	7334.23	671804.2	535.59	45916.7
		天然	合计	266400.99	19185752.3	78678.78	4032396.2	147396.88	11697829.5	29042.98	2445243.6	10650.20	956500.6	632.15	53782.4
			纯林	84901.85	5563229.5	31553.94	1329247.6	44614.02	3502221.6	6099.29	501484.7	2570.01	225436.8	64.59	4838.8
			混交林	181499.14	13622522.8	47124.84	2703148.6	102782.86	8195607.9	22943.69	1943758.9	8080.19	731063.8	567.56	48943.6
			针叶混交林	67.05	7021.7			8.31	985.8	58.74	6035.9				
			针阔混交林	23712.96	2062193.6	1306.50	98499.2	15722.25	1378425.1	5906.28	522982.8	745.96	59259.6	31.97	3026.9
			阔叶混交林	157719.13	11553307.5	45818.34	2604649.4	87052.30	6816197.0	16978.67	1414740.2	7334.23	671804.2	535.59	45916.7
		人工	合计	40969.45	3148002.8	11206.39	744152.4	26996.58	2137690.0	2727.79	261497.4	38.69	4663.0		
			纯林	36530.44	2719690.4	10795.89	710038.0	23468.92	1792830.8	2226.94	212158.6	38.69	4663.0		
			混交林	4439.01	428312.4	410.50	34114.4	3527.66	344859.2	500.85	49338.8				
			针叶混交林	423.28	37083.1	28.18	2230.8	330.39	28023.8	64.71	6828.5				
			针阔混交林	4015.73	391229.3	382.32	31883.6	3197.27	316835.4	436.14	42510.3				
		其中：人天混	合计	4070.51	394723.3	382.32	31883.6	3252.05	320329.4	436.14	42510.3				
			混交林	4070.51	394723.3	382.32	31883.6	3252.05	320329.4	436.14	42510.3				
			针叶混交林	54.78	3494.0			54.78	3494.0						
			针阔混交林	4015.73	391229.3	382.32	31883.6	3197.27	316835.4	436.14	42510.3				
呼中自然保护区	合计	合计	合计	152242.44	18310987.1	2102.79	65512.7	7795.71	582461.1	23286.04	2506346.7	88849.62	11269200.5	30208.28	3887466.1
			纯林	138855.37	16659816.2	2102.79	65512.7	6323.08	451748.2	19300.06	2036160.3	81960.69	10364744.2	29168.75	3741650.8
			混交林	13387.07	1651170.9			1472.63	130712.9	3985.98	470186.4	6888.93	904456.3	1039.53	145815.3
			针叶混交林	36.87	2896.1							36.87	2896.1		
			针阔混交林	12269.47	1508169.0			1472.63	130712.9	3877.38	457497.3	5965.76	786691.9	953.70	133266.9
			阔叶混交林	1080.73	140105.8					108.60	12689.1	886.30	114868.3	85.83	12548.4
		天然	合计	152242.44	18310987.1	2102.79	65512.7	7795.71	582461.1	23286.04	2506346.7	88849.62	11269200.5	30208.28	3887466.1
			纯林	138855.37	16659816.2	2102.79	65512.7	6323.08	451748.2	19300.06	2036160.3	81960.69	10364744.2	29168.75	3741650.8
			混交林	13387.07	1651170.9			1472.63	130712.9	3985.98	470186.4	6888.93	904456.3	1039.53	145815.3
			针叶混交林	36.87	2896.1							36.87	2896.1		
			针阔混交林	12269.47	1508169.0			1472.63	130712.9	3877.38	457497.3	5965.76	786691.9	953.70	133266.9
			阔叶混交林	1080.73	140105.8					108.60	12689.1	886.30	114868.3	85.83	12548.4
	防护林	合计	合计	152242.44	18310987.1	2102.79	65512.7	7795.71	582461.1	23286.04	2506346.7	88849.62	11269200.5	30208.28	3887466.1
			纯林	138855.37	16659816.2	2102.79	65512.7	6323.08	451748.2	19300.06	2036160.3	81960.69	10364744.2	29168.75	3741650.8
			混交林	13387.07	1651170.9			1472.63	130712.9	3985.98	470186.4	6888.93	904456.3	1039.53	145815.3
			针叶混交林	36.87	2896.1							36.87	2896.1		
			针阔混交林	12269.47	1508169.0			1472.63	130712.9	3877.38	457497.3	5965.76	786691.9	953.70	133266.9
			阔叶混交林	1080.73	140105.8					108.60	12689.1	886.30	114868.3	85.83	12548.4

表 8　黑龙江大兴安岭重点国有林区乔木林各龄组面积、蓄积按林种、起源和林分类型统计表（续 24）

单位：公顷、立方米

统计单位	林种	起源	林分类型	合计 面积	合计 蓄积	幼龄林 面积	幼龄林 蓄积	中龄林 面积	中龄林 蓄积	近熟林 面积	近熟林 蓄积	成熟林 面积	成熟林 蓄积	过熟林 面积	过熟林 蓄积
呼中自然保护区	防护林	天然	合计	152242.44	18310987.1	2102.79	65512.7	7795.71	582461.1	23286.04	2506346.7	88849.62	11269200.5	30208.28	3887466.1
			纯林	138855.37	16659816.2	2102.79	65512.7	6323.08	451748.2	19300.06	2036160.3	81960.69	10364744.2	29168.75	3741650.8
			混交林	13387.07	1651170.9			1472.63	130712.9	3985.98	470186.4	6888.93	904456.3	1039.53	145815.3
			针叶混交林	36.87	2896.1							36.87	2896.1		
			针阔混交林	12269.47	1508169.0			1472.63	130712.9	3877.38	457497.3	5965.76	786691.9	953.70	133266.9
			阔叶混交林	1080.73	140105.8					108.60	12689.1	886.30	114868.3	85.83	12548.4
南瓮河自然保护区	合计	合计	合计	141309.50	14540308.8	12384.23	344784.2	86519.10	9157359.3	28837.02	3384296.3	11968.05	1454529.5	1601.10	199339.5
			纯林	52973.94	4656706.9	9095.62	212530.7	33199.11	3277452.2	8466.80	914509.0	2090.56	236317.8	121.85	15897.2
			混交林	88335.56	9883601.9	3288.61	132253.5	53319.99	5879907.1	20370.22	2469787.3	9877.49	1218211.7	1479.25	183442.3
			针叶混交林	308.84	31760.0	4.29	213.4	99.90	11359.3	191.33	19166.2	13.32	1021.1		
			针阔混交林	69004.94	7677163.1	2182.68	107601.4	47723.47	5285095.7	13987.92	1687884.5	4717.38	555724.1	393.49	40857.4
			阔叶混交林	19021.78	2174678.8	1101.64	24438.7	5496.62	583452.1	6190.97	762736.6	5146.79	661466.5	1085.76	142584.9
		天然	合计	141309.50	14540308.8	12384.23	344784.2	86519.10	9157359.3	28837.02	3384296.3	11968.05	1454529.5	1601.10	199339.5
			纯林	52973.94	4656706.9	9095.62	212530.7	33199.11	3277452.2	8466.80	914509.0	2090.56	236317.8	121.85	15897.2
			混交林	88335.56	9883601.9	3288.61	132253.5	53319.99	5879907.1	20370.22	2469787.3	9877.49	1218211.7	1479.25	183442.3
			针叶混交林	308.84	31760.0	4.29	213.4	99.90	11359.3	191.33	19166.2	13.32	1021.1		
			针阔混交林	69004.94	7677163.1	2182.68	107601.4	47723.47	5285095.7	13987.92	1687884.5	4717.38	555724.1	393.49	40857.4
			阔叶混交林	19021.78	2174678.8	1101.64	24438.7	5496.62	583452.1	6190.97	762736.6	5146.79	661466.5	1085.76	142584.9
	防护林	合计	合计	141309.50	14540308.8	12384.23	344784.2	86519.10	9157359.3	28837.02	3384296.3	11968.05	1454529.5	1601.10	199339.5
			纯林	52973.94	4656706.9	9095.62	212530.7	33199.11	3277452.2	8466.80	914509.0	2090.56	236317.8	121.85	15897.2
			混交林	88335.56	9883601.9	3288.61	132253.5	53319.99	5879907.1	20370.22	2469787.3	9877.49	1218211.7	1479.25	183442.3
			针叶混交林	308.84	31760.0	4.29	213.4	99.90	11359.3	191.33	19166.2	13.32	1021.1		
			针阔混交林	69004.94	7677163.1	2182.68	107601.4	47723.47	5285095.7	13987.92	1687884.5	4717.38	555724.1	393.49	40857.4
			阔叶混交林	19021.78	2174678.8	1101.64	24438.7	5496.62	583452.1	6190.97	762736.6	5146.79	661466.5	1085.76	142584.9
		天然	合计	141309.50	14540308.8	12384.23	344784.2	86519.10	9157359.3	28837.02	3384296.3	11968.05	1454529.5	1601.10	199339.5
			纯林	52973.94	4656706.9	9095.62	212530.7	33199.11	3277452.2	8466.80	914509.0	2090.56	236317.8	121.85	15897.2
			混交林	88335.56	9883601.9	3288.61	132253.5	53319.99	5879907.1	20370.22	2469787.3	9877.49	1218211.7	1479.25	183442.3
			针叶混交林	308.84	31760.0	4.29	213.4	99.90	11359.3	191.33	19166.2	13.32	1021.1		
			针阔混交林	69004.94	7677163.1	2182.68	107601.4	47723.47	5285095.7	13987.92	1687884.5	4717.38	555724.1	393.49	40857.4
			阔叶混交林	19021.78	2174678.8	1101.64	24438.7	5496.62	583452.1	6190.97	762736.6	5146.79	661466.5	1085.76	142584.9
双河自然保护区	合计	合计	合计	80137.94	10147601.2	3701.53	50622.9	29658.63	3682723.6	20097.22	2671363.7	17156.30	2385764.4	9524.26	1357126.6
			纯林	37625.34	4377081.4	2874.54	34869.4	12882.72	1477270.5	9674.53	1205183.6	7415.83	991015.5	4777.72	668742.4
			混交林	42512.60	5770519.8	826.99	15753.5	16775.91	2205453.1	10422.69	1466180.1	9740.47	1394748.9	4746.54	688384.2
			针叶混交林	2991.50	425757.9			1718.20	244225.0	457.94	64008.9	655.09	90759.9	160.27	26764.1
			针阔混交林	25252.84	3342444.8	256.49	7637.1	12255.24	1591050.9	5457.35	735188.1	4955.74	680820.8	2328.02	327747.9
			阔叶混交林	14268.26	2002317.1	570.50	8116.4	2802.47	370177.2	4507.40	666983.1	4129.64	623168.2	2258.25	333872.2

表 8 黑龙江大兴安岭重点国有林区乔木林各龄组面积、蓄积按林种、起源和林分类型统计表（续 25）

单位：公顷、立方米

统计单位	林种	起源	林分类型	合计		幼龄林		中龄林		近熟林		成熟林		过熟林	
				面积	蓄积	面积	蓄积	面积	蓄积	面积	蓄积	面积	蓄积	面积	蓄积
双河自然保护区	合计	天然	合计	79992.06	10146404.4	3644.83	50157.8	29569.45	3681991.9	20097.22	2671363.7	17156.30	2385764.4	9524.26	1357126.6
			纯林	37615.50	4377000.7	2864.70	34788.7	12882.72	1477270.5	9674.53	1205183.6	7415.83	991015.5	4777.72	668742.4
			混交林	42376.56	5769403.7	780.13	15369.1	16686.73	2204721.4	10422.69	1466180.1	9740.47	1394748.9	4746.54	688384.2
			针叶混交林	2991.50	425757.9			1718.20	244225.0	457.94	64008.9	655.09	90759.9	160.27	26764.1
			针阔混交林	25116.80	3341328.7	209.63	7252.7	12166.06	1590319.2	5457.35	735188.1	4955.74	680820.8	2328.02	327747.9
			阔叶混交林	14268.26	2002317.1	570.50	8116.4	2802.47	370177.2	4507.40	666983.1	4129.64	623168.2	2258.25	333872.2
		人工	合计	145.88	1196.8	56.70	465.1	89.18	731.7						
			纯林	9.84	80.7	9.84	80.7								
			混交林	136.04	1116.1	46.86	384.4	89.18	731.7						
			针阔混交林	136.04	1116.1	46.86	384.4	89.18	731.7						
		其中：人天混	合计	136.04	1116.1	46.86	384.4	89.18	731.7						
			混交林	136.04	1116.1	46.86	384.4	89.18	731.7						
			针阔混交林	136.04	1116.1	46.86	384.4	89.18	731.7						
	防护林	合计	合计	13917.81	1871121.7	374.82	7348.8	4177.68	561891.1	5026.61	677153.1	2938.41	433428.2	1400.29	191300.5
			纯林	6465.08	792701.8	255.82	2137.1	1848.49	218250.0	2519.89	312581.4	1242.26	175953.1	598.62	83780.2
			混交林	7452.73	1078419.9	119.00	5211.7	2329.19	343641.1	2506.72	364571.7	1696.15	257475.1	801.67	107520.3
			针叶混交林	281.66	39128.2			140.04	21472.0	141.62	17656.2				
			针阔混交林	3818.28	570903.3	96.80	5022.5	1479.28	226499.6	1149.95	169522.5	918.68	140903.5	173.57	28955.2
			阔叶混交林	3352.79	468388.4	22.20	189.2	709.87	95669.5	1215.15	177393.0	777.47	116571.6	628.10	78565.1
		天然	合计	13917.81	1871121.7	374.82	7348.8	4177.68	561891.1	5026.61	677153.1	2938.41	433428.2	1400.29	191300.5
			纯林	6465.08	792701.8	255.82	2137.1	1848.49	218250.0	2519.89	312581.4	1242.26	175953.1	598.62	83780.2
			混交林	7452.73	1078419.9	119.00	5211.7	2329.19	343641.1	2506.72	364571.7	1696.15	257475.1	801.67	107520.3
			针叶混交林	281.66	39128.2			140.04	21472.0	141.62	17656.2				
			针阔混交林	3818.28	570903.3	96.80	5022.5	1479.28	226499.6	1149.95	169522.5	918.68	140903.5	173.57	28955.2
			阔叶混交林	3352.79	468388.4	22.20	189.2	709.87	95669.5	1215.15	177393.0	777.47	116571.6	628.10	78565.1
	特用林	合计	合计	66220.13	8276479.5	3326.71	43274.1	25480.95	3120832.5	15070.61	1994210.6	14217.89	1952336.2	8123.97	1165826.1
			纯林	31160.26	3584379.6	2618.72	32732.3	11034.23	1259020.5	7154.64	892602.2	6173.57	815062.4	4179.10	584962.2
			混交林	35059.87	4692099.9	707.99	10541.8	14446.72	1861812.0	7915.97	1101608.4	8044.32	1137273.8	3944.87	580863.9
			针叶混交林	2709.84	386629.7			1578.16	222753.0	316.32	46352.7	655.09	90759.9	160.27	26764.1
			针阔混交林	21434.56	2771541.5	159.69	2614.6	10775.96	1364551.3	4307.40	565665.6	4037.06	539917.3	2154.45	298792.7
			阔叶混交林	10915.47	1533928.7	548.30	7927.2	2092.60	274507.7	3292.25	489590.1	3352.17	506596.6	1630.15	255307.1
		天然	合计	66074.25	8275282.7	3270.01	42809.0	25391.77	3120100.8	15070.61	1994210.6	14217.89	1952336.2	8123.97	1165826.1
			纯林	31150.42	3584298.9	2608.88	32651.6	11034.23	1259020.5	7154.64	892602.2	6173.57	815062.4	4179.10	584962.2
			混交林	34923.83	4690983.8	661.13	10157.4	14357.54	1861080.3	7915.97	1101608.4	8044.32	1137273.8	3944.87	580863.9
			针叶混交林	2709.84	386629.7			1578.16	222753.0	316.32	46352.7	655.09	90759.9	160.27	26764.1
			针阔混交林	21298.52	2770425.4	112.83	2230.2	10686.78	1363819.6	4307.40	565665.6	4037.06	539917.3	2154.45	298792.7
			阔叶混交林	10915.47	1533928.7	548.30	7927.2	2092.60	274507.7	3292.25	489590.1	3352.17	506596.6	1630.15	255307.1

表 8 黑龙江大兴安岭重点国有林区乔木林各龄组面积、蓄积按林种、起源和林分类型统计表（续 26）

单位：公顷、立方米

统计单位	林种	起源	林分类型	合计 面积	合计 蓄积	幼龄林 面积	幼龄林 蓄积	中龄林 面积	中龄林 蓄积	近熟林 面积	近熟林 蓄积	成熟林 面积	成熟林 蓄积	过熟林 面积	过熟林 蓄积
双河自然保护区	特用林	人工	合计	145.88	1196.8	56.70	465.1	89.18	731.7						
			纯林	9.84	80.7	9.84	80.7								
			混交林	136.04	1116.1	46.86	384.4	89.18	731.7						
			针阔混交林	136.04	1116.1	46.86	384.4	89.18	731.7						
		其中：人天混	合计	136.04	1116.1	46.86	384.4	89.18	731.7						
			混交林	136.04	1116.1	46.86	384.4	89.18	731.7						
			针阔混交林	136.04	1116.1	46.86	384.4	89.18	731.7						
绰纳河保护区	合计	合计	合计	92277.98	11316376.0	409.19	9090.9	51710.39	6242021.8	26021.79	3365069.9	10865.20	1329376.5	3271.41	370816.9
			纯林	32869.68	3765682.8	175.09	4953.1	23473.74	2723809.0	6636.85	774005.1	2233.12	232163.2	350.88	30752.4
			混交林	59408.30	7550693.2	234.10	4137.8	28236.65	3518212.8	19384.94	2591064.8	8632.08	1097213.3	2920.53	340064.5
			针叶混交林	485.22	59093.0			356.21	41734.6	129.01	17358.4				
			针阔混交林	46435.08	5911325.3	94.30	866.1	26898.22	3388663.6	13691.72	1824244.9	4382.70	541284.0	1368.14	156266.7
			阔叶混交林	12488.00	1580274.9	139.80	3271.7	982.22	87814.6	5564.21	749461.5	4249.38	555929.3	1552.39	183797.8
		天然	合计	92185.98	11313302.6	409.19	9090.9	51630.19	6240250.2	26009.99	3363768.1	10865.20	1329376.5	3271.41	370816.9
			纯林	32851.15	3764302.1	175.09	4953.1	23467.01	2723730.1	6625.05	772703.3	2233.12	232163.2	350.88	30752.4
			混交林	59334.83	7549000.5	234.10	4137.8	28163.18	3516520.1	19384.94	2591064.8	8632.08	1097213.3	2920.53	340064.5
			针叶混交林	485.22	59093.0			356.21	41734.6	129.01	17358.4				
			针阔混交林	46361.61	5909632.6	94.30	866.1	26824.75	3386970.9	13691.72	1824244.9	4382.70	541284.0	1368.14	156266.7
			阔叶混交林	12488.00	1580274.9	139.80	3271.7	982.22	87814.6	5564.21	749461.5	4249.38	555929.3	1552.39	183797.8
		人工	合计	92.00	3073.4			80.20	1771.6	11.80	1301.8				
			纯林	18.53	1380.7			6.73	78.9	11.80	1301.8				
			混交林	73.47	1692.7			73.47	1692.7						
			针阔混交林	73.47	1692.7			73.47	1692.7						
		其中：人天混	合计	73.47	1692.7			73.47	1692.7						
			混交林	73.47	1692.7			73.47	1692.7						
			针阔混交林	73.47	1692.7			73.47	1692.7						
	特用林	合计	合计	92277.98	11316376.0	409.19	9090.9	51710.39	6242021.8	26021.79	3365069.9	10865.20	1329376.5	3271.41	370816.9
			纯林	32869.68	3765682.8	175.09	4953.1	23473.74	2723809.0	6636.85	774005.1	2233.12	232163.2	350.88	30752.4
			混交林	59408.30	7550693.2	234.10	4137.8	28236.65	3518212.8	19384.94	2591064.8	8632.08	1097213.3	2920.53	340064.5
			针叶混交林	485.22	59093.0			356.21	41734.6	129.01	17358.4				
			针阔混交林	46435.08	5911325.3	94.30	866.1	26898.22	3388663.6	13691.72	1824244.9	4382.70	541284.0	1368.14	156266.7
			阔叶混交林	12488.00	1580274.9	139.80	3271.7	982.22	87814.6	5564.21	749461.5	4249.38	555929.3	1552.39	183797.8
		天然	合计	92185.98	11313302.6	409.19	9090.9	51630.19	6240250.2	26009.99	3363768.1	10865.20	1329376.5	3271.41	370816.9
			纯林	32851.15	3764302.1	175.09	4953.1	23467.01	2723730.1	6625.05	772703.3	2233.12	232163.2	350.88	30752.4
			混交林	59334.83	7549000.5	234.10	4137.8	28163.18	3516520.1	19384.94	2591064.8	8632.08	1097213.3	2920.53	340064.5
			针叶混交林	485.22	59093.0			356.21	41734.6	129.01	17358.4				
			针阔混交林	46361.61	5909632.6	94.30	866.1	26824.75	3386970.9	13691.72	1824244.9	4382.70	541284.0	1368.14	156266.7
			阔叶混交林	12488.00	1580274.9	139.80	3271.7	982.22	87814.6	5564.21	749461.5	4249.38	555929.3	1552.39	183797.8

表 8　黑龙江大兴安岭重点国有林区乔木林各龄组面积、蓄积按林种、起源和林分类型统计表（续 27）

单位：公顷、立方米

统计单位	林种	起源	林分类型	合计		幼龄林		中龄林		近熟林		成熟林		过熟林	
				面积	蓄积	面积	蓄积	面积	蓄积	面积	蓄积	面积	蓄积	面积	蓄积
绰纳河保护区	特用林	人工	合计	92.00	3073.4			80.20	1771.6	11.80	1301.8				
			纯林	18.53	1380.7			6.73	78.9	11.80	1301.8				
			混交林	73.47	1692.7			73.47	1692.7						
			针阔混交林	73.47	1692.7			73.47	1692.7						
		其中：人天混	合计	73.47	1692.7			73.47	1692.7						
			混交林	73.47	1692.7			73.47	1692.7						
			针阔混交林	73.47	1692.7			73.47	1692.7						
多布库尔自然保护区	合计	合计	合计	82735.96	5945092.1	14023.07	753412.7	58379.00	4294282.5	6506.63	571774.8	3580.68	303952.3	246.58	21669.8
			纯林	36584.79	2568999.6	8441.82	467759.4	24908.75	1822224.0	2268.93	196219.5	827.02	69665.3	138.27	13131.4
			混交林	46151.17	3376092.5	5581.25	285653.3	33470.25	2472058.5	4237.70	375555.3	2753.66	234287.0	108.31	8538.4
			针叶混交林	86.95	8776.1	46.94	4478.9	40.01	4297.2						
			针阔混交林	1167.47	104412.5	242.78	23247.6	865.26	74695.1			59.43	6469.8		
			阔叶混交林	44896.75	3262903.9	5291.53	257926.8	32564.98	2393066.2	4237.70	375555.3	2694.23	227817.2	108.31	8538.4
		天然	合计	64979.80	4530137.9	9810.51	442001.9	45825.35	3274419.8	5516.68	488094.1	3580.68	303952.3	246.58	21669.8
			纯林	19319.50	1200320.4	4390.54	172002.4	12684.69	832982.5	1278.98	112538.8	827.02	69665.3	138.27	13131.4
			混交林	45660.30	3329817.5	5419.97	269999.5	33140.66	2441437.3	4237.70	375555.3	2753.66	234287.0	108.31	8538.4
			针阔混交林	763.55	66913.6	128.44	12072.7	575.68	48371.1			59.43	6469.8		
			阔叶混交林	44896.75	3262903.9	5291.53	257926.8	32564.98	2393066.2	4237.70	375555.3	2694.23	227817.2	108.31	8538.4
		人工	合计	17756.16	1414954.2	4212.56	311410.8	12553.65	1019862.7	989.95	83680.7				
			纯林	17265.29	1368679.2	4051.28	295757.0	12224.06	989241.5	989.95	83680.7				
			混交林	490.87	46275.0	161.28	15653.8	329.59	30621.2						
			针叶混交林	86.95	8776.1	46.94	4478.9	40.01	4297.2						
			针阔混交林	403.92	37498.9	114.34	11174.9	289.58	26324.0						
		其中：人天混	合计	403.92	37498.9	114.34	11174.9	289.58	26324.0						
			混交林	403.92	37498.9	114.34	11174.9	289.58	26324.0						
			针阔混交林	403.92	37498.9	114.34	11174.9	289.58	26324.0						
	防护林	合计	合计	14306.35	958203.9	2100.36	97228.3	10360.36	703588.7	1323.68	112624.0	504.43	43655.0	17.52	1107.9
			纯林	5257.55	307099.8	1298.15	55540.2	3470.16	211783.7	448.04	36528.7	41.20	3247.2		
			混交林	9048.80	651104.1	802.21	41688.1	6890.20	491805.0	875.64	76095.3	463.23	40407.8	17.52	1107.9
			针阔混交林	410.53	35221.1			380.04	31575.3			30.49	3645.8		
			阔叶混交林	8638.27	615883.0	802.21	41688.1	6510.16	460229.7	875.64	76095.3	432.74	36762.0	17.52	1107.9
		天然	合计	12617.93	836996.1	1870.08	82070.3	9220.91	622430.1	1004.99	87732.8	504.43	43655.0	17.52	1107.9
			纯林	3587.22	186858.1	1067.87	40382.2	2348.80	131591.2	129.35	11637.5	41.20	3247.2		
			混交林	9030.71	650138.0	802.21	41688.1	6872.11	490838.9	875.64	76095.3	463.23	40407.8	17.52	1107.9
			针阔混交林	392.44	34255.0			361.95	30609.2			30.49	3645.8		
			阔叶混交林	8638.27	615883.0	802.21	41688.1	6510.16	460229.7	875.64	76095.3	432.74	36762.0	17.52	1107.9
		人工	合计	1688.42	121207.8	230.28	15158.0	1139.45	81158.6	318.69	24891.2				
			纯林	1670.33	120241.7	230.28	15158.0	1121.36	80192.5	318.69	24891.2				
			混交林	18.09	966.1			18.09	966.1						
			针阔混交林	18.09	966.1			18.09	966.1						

表 8　黑龙江大兴安岭重点国有林区乔木林各龄组面积、蓄积按林种、起源和林分类型统计表（续 28）

单位：公顷、立方米

统计单位	林种	起源	林分类型	合计		幼龄林		中龄林		近熟林		成熟林		过熟林	
				面积	蓄积	面积	蓄积	面积	蓄积	面积	蓄积	面积	蓄积	面积	蓄积
多布库尔自然保护区	防护林	其中：人天混	合计	18.09	966.1			18.09	966.1						
			混交林	18.09	966.1			18.09	966.1						
			针阔混交林	18.09	966.1			18.09	966.1						
	特用林	合计	合计	68429.61	4986888.2	11922.71	656184.4	48018.64	3590693.8	5182.95	459150.8	3076.25	260297.3	229.06	20561.9
			纯林	31327.24	2261899.8	7143.67	412219.2	21438.59	1610440.3	1820.89	159690.8	785.82	66418.1	138.27	13131.4
			混交林	37102.37	2724988.4	4779.04	243965.2	26580.05	1980253.5	3362.06	299460.0	2290.43	193879.2	90.79	7430.5
			针叶混交林	86.95	8776.1	46.94	4478.9	40.01	4297.2						
			针阔混交林	756.94	69191.4	242.78	23247.6	485.22	43119.8			28.94	2824.0		
			阔叶混交林	36258.48	2647020.9	4489.32	216238.7	26054.82	1932836.5	3362.06	299460.0	2261.49	191055.2	90.79	7430.5
		天然	合计	52361.87	3693141.8	7940.43	359931.6	36604.44	2651989.7	4511.69	400361.3	3076.25	260297.3	229.06	20561.9
			纯林	15732.28	1013462.3	3322.67	131620.2	10335.89	701391.3	1149.63	100901.3	785.82	66418.1	138.27	13131.4
			混交林	36629.59	2679679.5	4617.76	228311.4	26268.55	1950598.4	3362.06	299460.0	2290.43	193879.2	90.79	7430.5
			针阔混交林	371.11	32658.6	128.44	12072.7	213.73	17761.9			28.94	2824.0		
			阔叶混交林	36258.48	2647020.9	4489.32	216238.7	26054.82	1932836.5	3362.06	299460.0	2261.49	191055.2	90.79	7430.5
		人工	合计	16067.74	1293746.4	3982.28	296252.8	11414.20	938704.1	671.26	58789.5				
			纯林	15594.96	1248437.5	3821.00	280599.0	11102.70	909049.0	671.26	58789.5				
			混交林	472.78	45308.9	161.28	15653.8	311.50	29655.1						
			针叶混交林	86.95	8776.1	46.94	4478.9	40.01	4297.2						
			针阔混交林	385.83	36532.8	114.34	11174.9	271.49	25357.9						
		其中：人天混	合计	385.83	36532.8	114.34	11174.9	271.49	25357.9						
			混交林	385.83	36532.8	114.34	11174.9	271.49	25357.9						
			针阔混交林	385.83	36532.8	114.34	11174.9	271.49	25357.9						
北极村自然保护区	合计	合计	合计	130694.45	11237115.5	14351.55	814223.7	59567.79	4124479.8	21935.86	2343561.4	34222.19	3895168.9	617.06	59681.7
			纯林	77385.24	5976084.5	11515.53	634169.8	37770.39	2337347.8	10577.23	1105413.5	17018.66	1852216.0	503.43	46937.4
			混交林	53309.21	5261031.0	2836.02	180053.9	21797.40	1787132.0	11358.63	1238147.9	17203.53	2042952.9	113.63	12744.3
			针叶混交林	12972.74	1390277.9	153.51	5236.3	3005.53	270875.7	2867.03	293677.3	6893.91	812879.8	52.76	7608.8
			针阔混交林	28476.27	2958450.8	611.29	31644.0	11059.37	976133.9	7025.69	775384.5	9719.05	1170152.9	60.87	5135.5
			阔叶混交林	11860.20	912302.3	2071.22	143173.6	7732.50	540122.4	1465.91	169086.1	590.57	59920.2		
		天然	合计	123718.07	10940499.2	12964.70	753489.4	54062.82	3891728.1	21851.30	2340431.1	34222.19	3895168.9	617.06	59681.7
			纯林	71173.97	5706518.7	10187.43	574913.1	32938.57	2129845.0	10525.88	1102607.2	17018.66	1852216.0	503.43	46937.4
			混交林	52544.10	5233980.5	2777.27	178576.3	21124.25	1761883.1	11325.42	1237823.9	17203.53	2042952.9	113.63	12744.3
			针叶混交林	12624.41	1379980.2	94.76	3758.7	2715.95	262055.6	2867.03	293677.3	6893.91	812879.8	52.76	7608.8
			针阔混交林	28059.49	2941698.0	611.29	31644.0	10675.80	959705.1	6992.48	775060.5	9719.05	1170152.9	60.87	5135.5
			阔叶混交林	11860.20	912302.3	2071.22	143173.6	7732.50	540122.4	1465.91	169086.1	590.57	59920.2		
		人工	合计	6976.38	296616.3	1386.85	60734.3	5504.97	232751.7	84.56	3130.3				
			纯林	6211.27	269565.8	1328.10	59256.7	4831.82	207502.8	51.35	2806.3				
			混交林	765.11	27050.5	58.75	1477.6	673.15	25248.9	33.21	324.0				
			针叶混交林	348.33	10297.7	58.75	1477.6	289.58	8820.1						
			针阔混交林	416.78	16752.8			383.57	16428.8	33.21	324.0				

表 8　黑龙江大兴安岭重点国有林区乔木林各龄组面积、蓄积按林种、起源和林分类型统计表（续 29）

单位：公顷、立方米

统计单位	林种	起源	林分类型	合计		幼龄林		中龄林		近熟林		成熟林		过熟林	
				面积	蓄积	面积	蓄积	面积	蓄积	面积	蓄积	面积	蓄积	面积	蓄积
北极村自然保护区	合计	其中：人天混	合计	416.78	16752.8			383.57	16428.8	33.21	324.0				
			混交林	416.78	16752.8			383.57	16428.8	33.21	324.0				
			针阔混交林	416.78	16752.8			383.57	16428.8	33.21	324.0				
	防护林	合计	合计	60063.65	5707863.9	4795.73	199369.4	23244.06	1633929.1	12448.24	1436308.8	19421.30	2417617.3	154.32	20639.3
			纯林	33828.08	2820266.6	4235.49	171050.5	15331.29	965943.0	4961.42	574539.4	9212.58	1096826.6	87.30	11907.1
			混交林	26235.57	2887597.3	560.24	28318.9	7912.77	667986.1	7486.82	861769.4	10208.72	1320790.7	67.02	8732.2
			针叶混交林	6686.20	807822.3	8.50	464.0	721.51	71199.9	1719.14	187330.2	4184.29	541219.4	52.76	7608.8
			针阔混交林	15309.93	1745871.0	154.36	8909.9	4499.17	413532.3	4839.44	565707.8	5802.70	756597.6	14.26	1123.4
			阔叶混交林	4239.44	333904.0	397.38	18945.0	2692.09	183253.9	928.24	108731.4	221.73	22973.7		
		天然	合计	56776.10	5554667.1	4017.65	158559.9	20734.59	1521541.8	12448.24	1436308.8	19421.30	2417617.3	154.32	20639.3
			纯林	30886.80	2681500.7	3457.41	130241.0	13168.09	867986.6	4961.42	574539.4	9212.58	1096826.6	87.30	11907.1
			混交林	25889.30	2873166.4	560.24	28318.9	7566.50	653555.2	7486.82	861769.4	10208.72	1320790.7	67.02	8732.2
			针叶混交林	6637.35	805990.7	8.50	464.0	672.66	69368.3	1719.14	187330.2	4184.29	541219.4	52.76	7608.8
			针阔混交林	15012.51	1733271.7	154.36	8909.9	4201.75	400933.0	4839.44	565707.8	5802.70	756597.6	14.26	1123.4
			阔叶混交林	4239.44	333904.0	397.38	18945.0	2692.09	183253.9	928.24	108731.4	221.73	22973.7		
		人工	合计	3287.55	153196.8	778.08	40809.5	2509.47	112387.3						
			纯林	2941.28	138765.9	778.08	40809.5	2163.20	97956.4						
			混交林	346.27	14430.9			346.27	14430.9						
			针叶混交林	48.85	1831.6			48.85	1831.6						
			针阔混交林	297.42	12599.3			297.42	12599.3						
		其中：人天混	合计	297.42	12599.3			297.42	12599.3						
			混交林	297.42	12599.3			297.42	12599.3						
			针阔混交林	297.42	12599.3			297.42	12599.3						
	特用林	合计	合计	70630.80	5529251.6	9555.82	614854.3	36323.73	2490550.7	9487.62	907252.6	14800.89	1477551.6	462.74	39042.4
			纯林	43557.16	3155817.9	7280.04	463119.3	22439.10	1371404.8	5615.81	530874.1	7806.08	755389.4	416.13	35030.3
			混交林	27073.64	2373433.7	2275.78	151735.0	13884.63	1119145.9	3871.81	376378.5	6994.81	722162.2	46.61	4012.1
			针叶混交林	6286.54	582455.6	145.01	4772.3	2284.02	199675.8	1147.89	106347.1	2709.62	271660.4		
			针阔混交林	13166.34	1212579.8	456.93	22734.1	6560.20	562601.6	2186.25	209676.7	3916.35	413555.3	46.61	4012.1
			阔叶混交林	7620.76	578398.3	1673.84	124228.6	5040.41	356868.5	537.67	60354.7	368.84	36946.5		
		天然	合计	66941.97	5385832.1	8947.05	594929.5	33328.23	2370186.3	9403.06	904122.3	14800.89	1477551.6	462.74	39042.4
			纯林	40287.17	3025018.0	6730.02	444672.1	19770.48	1261858.4	5564.46	528067.8	7806.08	755389.4	416.13	35030.3
			混交林	26654.80	2360814.1	2217.03	150257.4	13557.75	1108327.9	3838.60	376054.5	6994.81	722162.2	46.61	4012.1
			针叶混交林	5987.06	573989.5	86.26	3294.7	2043.29	192687.3	1147.89	106347.1	2709.62	271660.4		
			针阔混交林	13046.98	1208426.3	456.93	22734.1	6474.05	558772.1	2153.04	209352.7	3916.35	413555.3	46.61	4012.1
			阔叶混交林	7620.76	578398.3	1673.84	124228.6	5040.41	356868.5	537.67	60354.7	368.84	36946.5		
		人工	合计	3688.83	143419.5	608.77	19924.8	2995.50	120364.4	84.56	3130.3				
			纯林	3269.99	130799.9	550.02	18447.2	2668.62	109546.4	51.35	2806.3				
			混交林	418.84	12619.6	58.75	1477.6	326.88	10818.0	33.21	324.0				
			针叶混交林	299.48	8466.1	58.75	1477.6	240.73	6988.5						
			针阔混交林	119.36	4153.5			86.15	3829.5	33.21	324.0				

表 8 黑龙江大兴安岭重点国有林区乔木林各龄组面积、蓄积按林种、起源和林分类型统计表（续 30）

单位：公顷、立方米

统计单位	林种	起源	林分类型	合计		幼龄林		中龄林		近熟林		成熟林		过熟林	
				面积	蓄积	面积	蓄积	面积	蓄积	面积	蓄积	面积	蓄积	面积	蓄积
北极村自然保护区	特用林	其中：人天混	合计	119.36	4153.5			86.15	3829.5	33.21	324.0				
			混交林	119.36	4153.5			86.15	3829.5	33.21	324.0				
			针阔混交林	119.36	4153.5			86.15	3829.5	33.21	324.0				
岭峰自然保护区	合计	合计	合计	67478.75	6628839.1	378.87	7157.8	3685.95	159617.4	9205.48	818216.0	52656.69	5495516.4	1551.76	148331.5
			纯林	49018.24	4572244.1	298.48	6071.9	3119.45	128508.6	6632.83	558008.1	37517.74	3742477.7	1449.74	137177.8
			混交林	18460.51	2056595.0	80.39	1085.9	566.50	31108.8	2572.65	260207.9	15138.95	1753038.7	102.02	11153.7
			针叶混交林	10579.76	1177668.8	80.39	1085.9	179.98	13558.0	900.25	93160.4	9350.93	1061755.2	68.21	8109.3
			针阔混交林	7847.13	874473.5			386.52	17550.8	1638.78	162594.8	5788.02	691283.5	33.81	3044.4
			阔叶混交林	33.62	4452.7					33.62	4452.7				
		天然	合计	67431.88	6628681.6	378.87	7157.8	3639.08	159459.9	9205.48	818216.0	52656.69	5495516.4	1551.76	148331.5
			纯林	48971.37	4572086.6	298.48	6071.9	3072.58	128351.1	6632.83	558008.1	37517.74	3742477.7	1449.74	137177.8
			混交林	18460.51	2056595.0	80.39	1085.9	566.50	31108.8	2572.65	260207.9	15138.95	1753038.7	102.02	11153.7
			针叶混交林	10579.76	1177668.8	80.39	1085.9	179.98	13558.0	900.25	93160.4	9350.93	1061755.2	68.21	8109.3
			针阔混交林	7847.13	874473.5			386.52	17550.8	1638.78	162594.8	5788.02	691283.5	33.81	3044.4
			阔叶混交林	33.62	4452.7					33.62	4452.7				
		人工	合计	46.87	157.5			46.87	157.5						
			纯林	46.87	157.5			46.87	157.5						
	防护林	合计	合计	67478.75	6628839.1	378.87	7157.8	3685.95	159617.4	9205.48	818216.0	52656.69	5495516.4	1551.76	148331.5
			纯林	49018.24	4572244.1	298.48	6071.9	3119.45	128508.6	6632.83	558008.1	37517.74	3742477.7	1449.74	137177.8
			混交林	18460.51	2056595.0	80.39	1085.9	566.50	31108.8	2572.65	260207.9	15138.95	1753038.7	102.02	11153.7
			针叶混交林	10579.76	1177668.8	80.39	1085.9	179.98	13558.0	900.25	93160.4	9350.93	1061755.2	68.21	8109.3
			针阔混交林	7847.13	874473.5			386.52	17550.8	1638.78	162594.8	5788.02	691283.5	33.81	3044.4
			阔叶混交林	33.62	4452.7					33.62	4452.7				
		天然	合计	67431.88	6628681.6	378.87	7157.8	3639.08	159459.9	9205.48	818216.0	52656.69	5495516.4	1551.76	148331.5
			纯林	48971.37	4572086.6	298.48	6071.9	3072.58	128351.1	6632.83	558008.1	37517.74	3742477.7	1449.74	137177.8
			混交林	18460.51	2056595.0	80.39	1085.9	566.50	31108.8	2572.65	260207.9	15138.95	1753038.7	102.02	11153.7
			针叶混交林	10579.76	1177668.8	80.39	1085.9	179.98	13558.0	900.25	93160.4	9350.93	1061755.2	68.21	8109.3
			针阔混交林	7847.13	874473.5			386.52	17550.8	1638.78	162594.8	5788.02	691283.5	33.81	3044.4
			阔叶混交林	33.62	4452.7					33.62	4452.7				
		人工	合计	46.87	157.5			46.87	157.5						
			纯林	46.87	157.5			46.87	157.5						
盘中自然保护区	合计	合计	合计	49469.05	2267572.3	24163.50	623243.5	21830.86	1213309.8	3092.49	381062.4	349.94	44496.9	32.26	5459.7
			纯林	37661.63	1474276.3	19285.93	479412.3	16384.43	748467.2	1757.45	212728.3	201.56	28208.8	32.26	5459.7
			混交林	11807.42	793296.0	4877.57	143831.2	5446.43	464842.6	1335.04	168334.1	148.38	16288.1		
			针叶混交林	3209.05	309224.6			2334.15	191944.4	816.40	111823.2	58.50	5457.0		
			针阔混交林	4185.12	336781.7	750.34	19817.2	2895.25	256176.4	475.88	53556.3	63.65	7231.8		
			阔叶混交林	4413.25	147289.7	4127.23	124014.0	217.03	16721.8	42.76	2954.6	26.23	3599.3		

表 8　黑龙江大兴安岭重点国有林区乔木林各龄组面积、蓄积按林种、起源和林分类型统计表（续 31）

单位：公顷、立方米

统计单位	林种	起源	林分类型	合计		幼龄林		中龄林		近熟林		成熟林		过熟林	
				面积	蓄积	面积	蓄积	面积	蓄积	面积	蓄积	面积	蓄积	面积	蓄积
盘中自然保护区	合计	天然	合计	36426.65	1972875.8	23235.22	607651.3	9767.93	937246.4	3041.30	378021.5	349.94	44496.9	32.26	5459.7
			纯林	25497.35	1210991.9	18427.81	467074.8	5129.46	500561.2	1706.26	209687.4	201.56	28208.8	32.26	5459.7
			混交林	10929.30	761883.9	4807.41	140576.5	4638.47	436685.2	1335.04	168334.1	148.38	16288.1		
			针叶混交林	2892.66	299717.6			2017.76	182437.4	816.40	111823.2	58.50	5457.0		
			针阔混交林	3623.39	314876.6	680.18	16562.5	2403.68	237526.0	475.88	53556.3	63.65	7231.8		
			阔叶混交林	4413.25	147289.7	4127.23	124014.0	217.03	16721.8	42.76	2954.6	26.23	3599.3		
		人工	合计	13042.40	294696.5	928.28	15592.2	12062.93	276063.4	51.19	3040.9				
			纯林	12164.28	263284.4	858.12	12337.5	11254.97	247906.0	51.19	3040.9				
			混交林	878.12	31412.1	70.16	3254.7	807.96	28157.4						
			针叶混交林	316.39	9507.0			316.39	9507.0						
			针阔混交林	561.73	21905.1	70.16	3254.7	491.57	18650.4						
		其中：人天混	合计	618.70	24538.5	70.16	3254.7	548.54	21283.8						
			混交林	618.70	24538.5	70.16	3254.7	548.54	21283.8						
			针叶混交林	56.97	2633.4			56.97	2633.4						
			针阔混交林	561.73	21905.1	70.16	3254.7	491.57	18650.4						
	防护林	合计	合计	8844.33	283887.3	5539.57	186797.2	3208.55	89576.4	96.21	7513.7				
			纯林	7011.31	212048.5	4000.85	127188.3	2922.31	77722.5	88.15	7137.7				
			混交林	1833.02	71838.8	1538.72	59608.9	286.24	11853.9	8.06	376.0				
			针叶混交林	48.91	3185.9			40.85	2809.9	8.06	376.0				
			针阔混交林	395.27	11898.8	149.88	2854.8	245.39	9044.0						
			阔叶混交林	1388.84	56754.1	1388.84	56754.1								
		天然	合计	5819.45	212397.3	5508.60	186228.7	214.64	18654.9	96.21	7513.7				
			纯林	4222.24	148317.2	3969.88	126619.8	164.21	14559.7	88.15	7137.7				
			混交林	1597.21	64080.1	1538.72	59608.9	50.43	4095.2	8.06	376.0				
			针叶混交林	47.03	3131.6			38.97	2755.6	8.06	376.0				
			针阔混交林	161.34	4194.4	149.88	2854.8	11.46	1339.6						
			阔叶混交林	1388.84	56754.1	1388.84	56754.1								
		人工	合计	3024.88	71490.0	30.97	568.5	2993.91	70921.5						
			纯林	2789.07	63731.3	30.97	568.5	2758.10	63162.8						
			混交林	235.81	7758.7			235.81	7758.7						
			针叶混交林	1.88	54.3			1.88	54.3						
			针阔混交林	233.93	7704.4			233.93	7704.4						
		其中：人天混	合计	233.93	7704.4			233.93	7704.4						
			混交林	233.93	7704.4			233.93	7704.4						
			针阔混交林	233.93	7704.4			233.93	7704.4						

表 8 黑龙江大兴安岭重点国有林区乔木林各龄组面积、蓄积按林种、起源和林分类型统计表（续 32）

单位：公顷、立方米

统计单位	林种	起源	林分类型	合计		幼龄林		中龄林		近熟林		成熟林		过熟林	
				面积	蓄积	面积	蓄积	面积	蓄积	面积	蓄积	面积	蓄积	面积	蓄积
盘中自然保护区	特用林	合计	合计	40624.72	1983685.0	18623.93	436446.3	18622.31	1123733.4	2996.28	373548.7	349.94	44496.9	32.26	5459.7
			纯林	30650.32	1262227.8	15285.08	352224.0	13462.12	670744.7	1669.30	205590.6	201.56	28208.8	32.26	5459.7
			混交林	9974.40	721457.2	3338.85	84222.3	5160.19	452988.7	1326.98	167958.1	148.38	16288.1		
			针叶混交林	3160.14	306038.7			2293.30	189134.5	808.34	111447.2	58.50	5457.0		
			针阔混交林	3789.85	324882.9	600.46	16962.4	2649.86	247132.4	475.88	53556.3	63.65	7231.8		
			阔叶混交林	3024.41	90535.6	2738.39	67259.9	217.03	16721.8	42.76	2954.6	26.23	3599.3		
		天然	合计	30607.20	1760478.5	17726.62	421422.6	9553.29	918591.5	2945.09	370507.8	349.94	44496.9	32.26	5459.7
			纯林	21275.11	1062674.7	14457.93	340455.0	4965.25	486001.5	1618.11	202549.7	201.56	28208.8	32.26	5459.7
			混交林	9332.09	697803.8	3268.69	80967.6	4588.04	432590.0	1326.98	167958.1	148.38	16288.1		
			针叶混交林	2845.63	296586.0			1978.79	179681.8	808.34	111447.2	58.50	5457.0		
			针阔混交林	3462.05	310682.2	530.30	13707.7	2392.22	236186.4	475.88	53556.3	63.65	7231.8		
			阔叶混交林	3024.41	90535.6	2738.39	67259.9	217.03	16721.8	42.76	2954.6	26.23	3599.3		
		人工	合计	10017.52	223206.5	897.31	15023.7	9069.02	205141.9	51.19	3040.9				
			纯林	9375.21	199553.1	827.15	11769.0	8496.87	184743.2	51.19	3040.9				
			混交林	642.31	23653.4	70.16	3254.7	572.15	20398.7						
			针叶混交林	314.51	9452.7			314.51	9452.7						
			针阔混交林	327.80	14200.7	70.16	3254.7	257.64	10946.0						
		其中：人天混	合计	384.77	16834.1	70.16	3254.7	314.61	13579.4						
			混交林	384.77	16834.1	70.16	3254.7	314.61	13579.4						
			针叶混交林	56.97	2633.4			56.97	2633.4						
			针阔混交林	327.80	14200.7	70.16	3254.7	257.64	10946.0						

说明：①本表中人工林合计中含《东北内蒙古重点国有林区森林资源规划设计调查技术规定》中起源为“人天混”数据；
②同时保留起源为“人天混”的统计结果明细。